2024 | 한국산업인력공단 **국가기술자격**

고시넷 고패스

산업위생관리기사 필기

10년간 기출문제집

**산위관기
베스트셀러**

**유형별 핵심이론
관련 실기
출제연혁**

gosinet
(주)고시넷

최근 10년간 출제경향 분석

최근 10년간 신규유형 문제의 출제비율은 총 2,900문제 중 195문제로 6.7%(회당 6.72문항)이며, 나머지 총 2,705문제(93.3%)는 중복문제 혹은 유사문제로 출제되었습니다. 즉, 산업위생관리기사는 체계적인 기출분석을 통해서 합격이 가능한 시험입니다.

● 20년간의 기출 DB를 기반으로 10년 동안 중복문제의 출제문항 수는 2,900문항 중 2,009문항으로 69.3%에 달합니다.

과목	1과목	2과목	3과목	4과목	5과목	합계
중복문제	369(63.6%)	368(63.4%)	375(64.7%)	440(75.9%)	457(78.8%)	2,009(69.3%)
유사문제	148(25.5%)	172(29.7%)	163(28.1%)	113(19.5%)	100(17.2%)	696(24.0%)
신규문제	63(10.9%)	40(6.9%)	42(7.2%)	27(4.7%)	23(4.0%)	195(6.7%)
합계	580(100%)	580(100%)	580(100%)	580(100%)	580(100%)	2,900(100%)

● 20년간의 기출 DB를 기반으로 최근 5년분 기출문제를 학습할 경우 중복문제를 만날 가능성은 100문항 중 27.1문항(27.07%), 10년분 기출문제를 학습할 경우에는 47.7문항(47.66%)이었습니다.

과목	1과목	2과목	3과목	4과목	5과목	합계
5년분 학습	4.48문항	4.79문항	4.45문항	6.38문항	6.97문항	27.07문항
10년분 학습	8.14문항	8.52문항	8.97문항	10.62문항	11.41문항	47.66문항

이로써 10년분 기출문제에 대한 암기학습만 할 경우 합격점수에 해당하는 62점(평균 60점)에는 12문항이 부족하다는 것을 알 수 있습니다. 암기학습뿐 아니라 관련 배경에 대한 최소한의 학습도 필요합니다.

과목별 분석

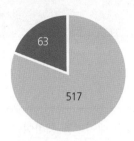

1과목 · 산업위생학개론

10년간 기출문제의 분석 결과 중복유형 문제는
총 517문항이며, 이를 유형별로 정리하면 114개의
유형입니다. 즉, 114개의 유형을 학습할 경우
517문항(89.1%)을 해결할 수 있습니다.

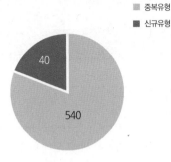

2과목 · 작업위생 측정 및 평가

10년간 기출문제의 분석 결과 중복유형 문제는
총 540문항이며, 이를 유형별로 정리하면 94개의
유형입니다. 즉, 94개의 유형을 학습할 경우
540문항(93.1%)을 해결할 수 있습니다.

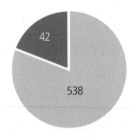

3과목 · 작업환경관리대책

10년간 기출문제의 분석 결과 중복유형 문제는
총 538문항이며, 이를 유형별로 정리하면 99개의
유형입니다. 즉, 99개의 유형을 학습할 경우
538문항(92.8%)을 해결할 수 있습니다.

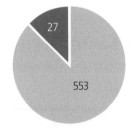

4과목 · 물리적 유해인자관리

10년간 기출문제의 분석 결과 중복유형 문제는
총 553문항이며, 이를 유형별로 정리하면 109개의
유형입니다. 즉, 109개의 유형을 학습할 경우
533문항(91.9%)을 해결할 수 있습니다.

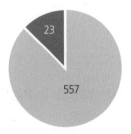

5과목 · 산업독성학

10년간 기출문제의 분석 결과 중복유형 문제는
총 557문항이며, 이를 유형별로 정리하면 116개의
유형입니다. 즉, 116개의 유형을 학습할 경우
557문항(96.0%)을 해결할 수 있습니다.

어떻게 학습할 것인가?

앞서 10년간의 기출문제 분석내용을 확인하였습니다. 이렇게 분석된 데이터를 통하여 가장 효율적인 학습방법을 연구 검토한 결과를 제시합니다.

분석자료에서 보듯이 기출문제 암기만으로는 합격이 힘듭니다. 10년분 기출문제를 모두 암기하더라도 중복문제는 48문항 정도로, 합격점수인 60점에는 12점 이상이 모자랍니다.

• 기출문제와 함께 20년간 기출문제를 정리한 기본적인 이론을 유형별로 정리한 유형별 핵심이론을 제시합니다. 이론서를 별도로 참고하지 않더라도 기출문제와 관련 해설, 유형별 핵심이론으로 충분히 학습효과를 거둘 수 있을 것입니다.

• 필기 합격 후 치르는 필답형 실기시험은 외워서 주관식으로 적어야 하는 시험입니다. 필기와는 달리 내용을 완벽하게 암기하지 못하면 답을 적을 수가 없습니다. 그런 데 반해 준비기간은 1달 남짓으로 짧아 당회차 합격이 힘듭니다. 그러므로 실기에도 나오는 내용을 필기시험 준비 시 좀더 집중적으로 보게 된다면 필기는 물론 당회차 실기시험 대비에도 큰 도움이 됩니다. 이에 유형별 핵심이론과 함께 해당 내용이 실기시험에 출제되었는지를 연혁과 함께 표시했습니다.

• 회차별 출제문제 분석을 통해서 해당 회차의 문제 난이도, 출제유형, 실기 관련 내역, 합격률 등을 종합적으로 분석하여 제시하였습니다.

최소한 2번은 정독하시기 바라며, 틀린 문제는 오답노트를 통해서 다시 한 번 확인하시기를 추천드립니다.

여러분의 자격증 취득을 기원합니다.

산업위생관리기사 상세정보

자격종목

자격명		관련부처	시행기관
산업위생관리기사	Engineer Industrial Hygiene Management	고용노동부	한국산업인력공단

검정현황

■ 필기시험

	2013	2014	2015	2016	2017	2018	2019	2020	2021	2022	2023	합계
응시인원	2,190	2,976	3,163	3,585	3,910	3,706	4,084	4,203	5,474	7,027	10,554	50,872
합격인원	967	1,346	1,299	1,772	1,916	1,766	2,088	2,088	2,825	3,357	5,088	24,512
합격률	44.2%	45.2%	41.1%	49.4%	49.0%	47.7%	51.1%	49.7%	51.6%	47.8%	48.2%	48.2%

■ 실기시험

	2013	2014	2015	2016	2017	2018	2019	2020	2021	2022	2023	합계
응시인원	1,500	1,944	2,374	2,518	3,216	3,114	3,327	2,964	3,316	4,613	5,596	34,482
합격인원	615	490	1,191	894	1,419	1,029	1,692	1,801	1,967	2,630	3,273	17,001
합격률	41.0%	25.2%	50.2%	35.5%	44.1%	33.0%	50.9%	60.8%	59.3%	57.0%	58.5%	49.3%

■ 취득방법

구분	필기		실기
시험과목	① 산업위생학개론　　② 작업위측정 및 평가 ③ 작업환경관리대책　④ 물리적 유해인자관리 ⑤ 산업독성학		작업환경관리 실무
검정방법	객관식 4지 택일형, 과목당 20문항(과목당 30분)		필답형(3시간, 100점)
합격기준	과목당 100점 만점에 40점 이상, 전과목 평균 60점 이상		100점 만점에 60점 이상
■ 필기시험 합격자는 당해 필기시험 발표일로부터 2년간 필기시험이 면제된다.			

시험 접수부터 자격증 취득까지

필기시험 ✏️

- 큐넷 회원가입후 응시자격 확인 가능

- 원서접수: http://www.q-net.or.kr
- 각 시험의 필기시험 원서접수 일정 확인

- 준비물: 수험표, 신분증, 볼펜, (공학용 계산기)
- 필기시험 일정 및 응시 장소 확인

- 합격발표: http://www.q-net.or.kr
- 각 시험의 합격발표 일정 확인

실기시험 ✏️

- 원서접수: http://www.q-net.or.kr
- 각 시험의 실기시험 원서접수 일정 확인

- 실기시험의 준비물 확인
- 실기시험 일정 및 응시 장소 확인

- 합격발표: http://www.q-net.or.kr
- 각 시험의 합격발표 일정 확인

- 인터넷 발급: http://www.q-net.or.kr
- 방문 발급: 신분증 지참 후 발급장소(지부/지사) 방문

출제문제 분석 · 2022년 2회

구분	1과목	2과목	3과목	4과목	5과목	합계
New유형	0	3	2	0	0	5
New문제	3	12	13	3	1	32
또나온문제	12	4	2	8	7	33
자꾸나온문제	5	4	5	9	12	35
합계	20	20	20	20	20	100

- New유형은 New문제 중 기존 기출문제와 완전히 다른 유형의 문제를 말합니다.
- New문제는 기존에 출제되지 않은 문제로 이번에 처음 출제되는 문제입니다.
- 또나온문제는 기존에 출제된 적이 1번 있는 문제를 말합니다.
- 자꾸나온문제는 기존에 출제된 적이 2번 이상 있는 문제를 말합니다. 그만큼 중요한 문제입니다.

⏳ 몇 년분의 기출문제를 공부해야 합격할 수 있을까요?

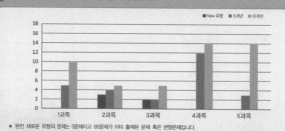

- 완전 새로운 유형의 문제는 5문제이고 95문제가 이미 출제된 문제 혹은 변형문제입니다.
- 5년분(2018~2022) 기출에서 동일문제가 26문항이 출제되었고, 10년분(2013~2022) 기출에서 동일문제가 48문항이 출제되었습니다.

🔋 실기에 나왔어요!! 일타쌍피 – 사전체크!!

실기시험은 필답형으로 진행됩니다. 객관식의 필기와 달리 주관식인 관계로 아는 만큼 적을 수 있습니다. 최근 계산문제의 비중이 많이 감소하고 있지만 절반 정도의 이론 문제와 절반 정도의 계산문제가 출제된다고 보시면 됩니다. 계산문제의 경우 나오는 문제유형이 거의 정해져 있습니다. 필기 공부할 때 미리 실기에 나오는 내용을 체크하시고 그부분만큼은 잘 공부해 두신다면 당 회차 실기까지 한 번에 잡을 수 있습니다.

- 총 30개의 유형별 핵심이론이 실기시험과 연동되어 있습니다.

💡 분석의견

합격률이 46.1%로 평균 수준인 회차였습니다.
10년 기출을 학습할 경우 기출과 동일한 문제가 2, 3과목에서 각각 5문제로 과락 점수 이하로 출제되었지만 과락만 면한다면 전체적으로는 꽤 많은 동일문제가 출제되어 합격에 어려움이 없는 회차입니다.
10년분 기출문제와 유형별 핵심이론의 2~3회 정독이면 합격 가능한 것으로 판단됩니다.

구분	1과목	2과목	3과목	4과
New유형	0	3	2	0
New문제	3	12	13	3
또나온문제	12	4	2	8
자꾸나온문제	5	4	5	9
합계	20	20	20	2

한 번도 출제된 적이 없는 새로운 유형의 문제 (New유형)와 처음으로 출제된 문제(New문제), 중복해서 2번 출제된 문제와 3번 이상 출제된 문제로 구분하여 정리하였습니다.

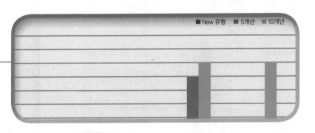

■ New 유형 ■ 5개년 ■ 10개년

각 과목별로 5년 혹은 10년간의 기출문제와 동일한 문제가 몇 문항씩 출제되었는지를 보여줍니다.

📖 실기에 나왔어요!! 일타쌍피—사전체크!!

실기시험은 필답형으로 진행됩니다. 객관식의 필기와 달리 주관식인 관계로 아는 만큼 적을 절반 정도의 이론 문제와 절반 정도의 계산문제가 출제된다고 보시면 됩니다. 계산문제의 경우 미리 실기에 나오는 내용을 체크하시고 그부분만큼은 잘 공부해 두신다면 당 회차 실기까지
● 총 39개의 유형별 핵심이론이 실기시험과 연동되어 있습니다.

각 문항 아래에 위치한 유형별 핵심이론에 최근 10년 동안 실기시험에 출제된 내용이 몇 개나 있는지를 보여줍니다. 필기시험을 위한 공부지만 실기에도 나왔다면 더욱 확실하게 학습할 필요가 있을 겁니다. 동일 회차 한 번에 최종합격까지 가시려는 분은 필기 학습 시 꼭! 유념하시기 바랍니다.

💡 분석의견

합격률이 46.1%로 평균 수준인 회차였습니다.
10년 기출을 학습할 경우 기출과 동일한 문제가 2, 3과목에서 각각 5문제로 과락 점수 이
동일문제가 출제되어 합격에 어려움이 없는 회차입니다.
10년분 기출문제와 유형별 핵심이론의 2~3회 정독이면 합격 가능한 것으로 판단됩니

해당 회차 난이도 등을 분석하여 효율적인 학습을 위한 의견을 제시하였습니다.

– 회차별 기출문제 시작부분에서 해당 회차 합격률과 10년 합격률 추이를 보여줍니다.

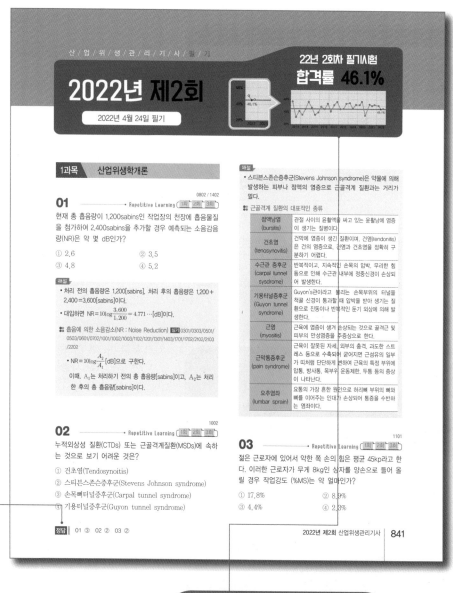

산 / 업 / 위 / 생 / 관 / 리 / 기 / 사 / 필 / 기

2022년 제2회

2022년 4월 24일 필기

22년 2회차 필기시험
합격률 46.1%

1과목 산업위생학개론

0802 / 1402

01 ──── ● Repetitive Learning [1회][2회][3회]

현재 총 흡음량이 1,200sabins인 작업장의 천장에 흡음물질을 첨가하여 2,400sabins를 추가할 경우 예측되는 소음감음량(NR)은 약 몇 dB인가?

① 2.6 ② 3.5
③ 4.8 ④ 5.2

해설
- 처리 전의 흡음량은 1,200[sabins], 처리 후의 흡음량은 1,200 + 2,400=3,600[sabins]이다.
- 대입하면 $NR=10\log\frac{3,600}{1,200}=4.771\cdots[dB]$이다.
- **흡음에 의한 소음감소(NR : Noise Reduction)** [실기] 0301/0303/0501/ 0503/0601/0702/1001/1002/1003/1102/1201/1301/1403/1701/1702/2102/2103 /2202
  - $NR=10\log\frac{A_2}{A_1}[dB]$으로 구한다.
  - 이때, A_1는 처리하기 전의 총 흡음량[sabins]이고, A_2는 처리한 후의 총 흡음량[sabins]이다.

1002

02 ──── ● Repetitive Learning [1회][2회][3회]

누적외상성 질환(CTDs) 또는 근골격계질환(MSDs)에 속하는 것으로 보기 어려운 것은?

① 건초염(Tendosynoitis)
② 스티븐스존슨증후군(Stevens Johnson syndrome)
③ 손목뼈터널증후군(Carpal tunnel syndrome)
④ 기용터널증후군(Guyon tunnel syndrome)

정답 01 ③ 02 ② 03 ②

해설
- 스티븐스존슨증후군(Stevens Johnson syndrome)은 약물에 의해 발생하는 피부나 점액의 염증으로 근골격계 질환과는 거리가 멀다.
- **근골격계 질환의 대표적인 종류**

점액낭염 (bursitis)	관절 사이의 윤활액을 싸고 있는 윤활낭에 염증이 생기는 질병이다.
건초염 (tenosynovitis)	건막에 염증이 생긴 질환이며, 건염(tendonitis)은 건의 염증으로, 건염과 건초염을 정확히 구분하기 어렵다.
수근관 증후군 (carpal tunnel sysdrome)	반복적이고, 지속적인 손목의 압박, 무리한 힘 등으로 인해 수근관 내부에 정중신경이 손상되어 발생한다.
기용터널증후군 (Guyon tunnel syndrome)	Guyon's관이라고 불리는 손목위의 터널을 척골 신경이 통과할 때 압박을 받아 생기는 질환으로 진동이나 반복적인 둔기 외상에 의해 발생한다.
근염 (myositis)	근육에 염증이 생겨 손상되는 것으로 골격근 및 피부의 만성염증을 주증상으로 한다.
근막통증후군 (pain syndrome)	근육이 잘못된 자세, 외부의 충격, 과도한 스트레스 등으로 수축되어 굳어지면 근섬유의 일부가 띠처럼 단단하게 변하여 근육의 특정 부위에 압통, 방사통, 목부위 운동제한, 두통 등의 증상이 나타난다.
요추염좌 (lumbar sprain)	요통의 가장 흔한 원인으로 허리뼈 부위의 뼈와 뼈를 이어주는 인대가 손상되어 통증을 수반하는 염좌이다.

1101

03 ──── ● Repetitive Learning [1회][2회][3회]

젊은 근로자에 있어서 약한 쪽 손의 힘은 평균 45kp라고 한다. 이러한 근로자가 무게 8kg인 상자를 양손으로 들어 올릴 경우 작업강도 (%MS)는 약 얼마인가?

① 17.8% ② 8.9%
③ 4.4% ④ 2.3%

빠르게 답을 확인할 수 있도록 각 페이지 하단에 해당 페이지 문제의 정답을 보여줍니다.

해당 회차의 합격률과 10년간의 합격률 추이를 보여줍니다. 이를 통해 해당 회차의 문제 난이도와 학습 시 자신의 합격 가능성 등을 예측할 수 있습니다.

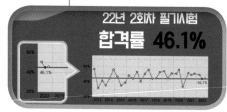

22년 2회차 필기시험
합격률 46.1%

– 문제마다 출제연혁(실기 출제연혁 포함), 오답 및 부가해설, 유형별 핵심이론을 제공합니다.

각자의 스타일에 맞게 공부한 횟수 혹은 날짜 등을 표시할 수 있는 반복학습 체크바를 제공합니다.

문제의 출제연혁을 제공하여 중요도 및 분류근거를 제공합니다.

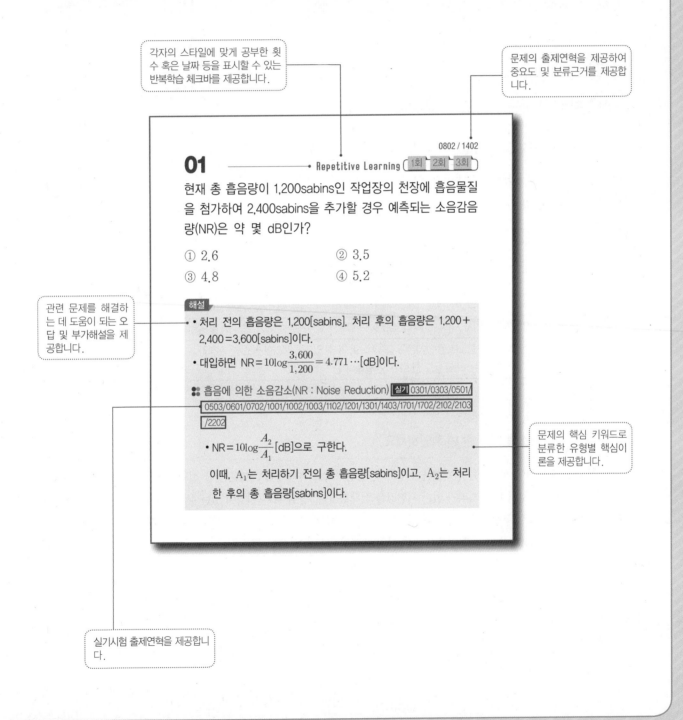

0802 / 1402

01 ─── Repetitive Learning 〔1회 2회 3회〕

현재 총 흡음량이 1,200sabins인 작업장의 천장에 흡음물질을 첨가하여 2,400sabins을 추가할 경우 예측되는 소음감음량(NR)은 약 몇 dB인가?

① 2.6 　　　　　　② 3.5
③ 4.8 　　　　　　④ 5.2

해설

- 처리 전의 흡음량은 1,200[sabins], 처리 후의 흡음량은 1,200+2,400=3,600[sabins]이다.
- 대입하면 $NR = 10\log\dfrac{3,600}{1,200} = 4.771\cdots$[dB]이다.

∷ 흡음에 의한 소음감소(NR : Noise Reduction) 〔실기〕0301/0303/0501/0503/0601/0702/1001/1002/1003/1102/1201/1301/1403/1701/1702/2102/2103/2202

- $NR = 10\log\dfrac{A_2}{A_1}$[dB]으로 구한다.

이때, A_1는 처리하기 전의 총 흡음량[sabins]이고, A_2는 처리한 후의 총 흡음량[sabins]이다.

관련 문제를 해결하는 데 도움이 되는 오답 및 부가해설을 제공합니다.

문제의 핵심 키워드로 분류한 유형별 핵심이론을 제공합니다.

실기시험 출제연혁을 제공합니다.

시험장 스케치

시험 전날

1. 시험장에 가지고 갈 준비물은 하루 전날 미리 챙겨두세요.

의외로 시험장에 꼭 챙겨야 할 물품을 안 가져와서 허둥대는 분이 꽤 있습니다. 그러다 보면 마음이 급해지고, 하지 않아야 할 실수도 하는 경우가 많으니 미리 챙겨서 편안한 마음으로 좋은 결과를 만들었으면 좋겠습니다.

준비물	비고
수험표	없을 경우 여러 가지로 불편합니다. 수험번호라도 메모해 가세요.
신분증	법정 신분증이 없으면 시험을 볼 수 없습니다. 반드시 챙기셔야 합니다.
볼펜	인적사항 기재 및 계산문제 계산을 위해 검은색 볼펜 하나는 챙겨가는 게 좋습니다.
공학용 계산기	산업위생관리기사 시험에 지수나 로그 등의 결과를 요구하는 문제가 꽤 많이 출제됩니다. 반드시 챙겨가셔야 합니다.
기타	핵심요약집, 오답노트 등 단시간에 집중적으로 볼 수 있도록 정리한 참고서, 시침과 분침이 있는 손목시계(시험장에 시계가 대부분 있기는 하죠) 등도 챙겨가시면 좋습니다.

2. 시험시간과 장소를 다시 한 번 확인하세요.

원서 접수 시에 본인이 시험장을 선택했을 것입니다. 일반적으로 자택에서 가까운 곳을 선택했겠지만 CBT 시험이다보니 원하는 시간에 시험치기 위해 거리가 있는 시험장을 선택했거나, 당일 다른 일정이 있는 분들은 해당 일정을 수행하기 편리한 장소를 시험장으로 선택하는 경우도 있습니다. 이런 경우 시험장의 위치를 정확히 알지 못할 수가 있습니다. 해당 시험장으로 가는 교통편을 미리 확인해서 당일 아침 헤매지 않도록 하여야 합니다.

시험 당일

1. 시험장에 가능한 일찍 도착하도록 하세요.

집에서 공부할 때에는 이런 저런 주변 여건 등으로 집중적인 학습이 어려웠더라도 시험장에 도착해서부터는 엄청 집중해서 학습이 가능합니다. 짧은 시간이지만 시험 전 잠시 봤던 내용이 시험에 나오면 정말 기분 좋게 정답을 체크할 수 있습니다. 그러니 시험 당일 조금 귀찮더라도 1~2시간 일찍 시험장에 도착해 대기실 등에서 미리 준비해 온 정리집(오답노트)으로 마무리 공부를 해 보세요. 집에서 3~4시간 동안 해도 긴가민가하던 암기내용이 시험장에서는 1~2시간 만에 머리에 쏙쏙 들어올 것입니다.

2. 매사에 허둥대는 당신, 수험자 유의사항을 천천히 읽으며 마음을 가다듬도록 하세요.

입실시간이 되어 시험장에 입실하면 감독관 2분이 시험장에 들어오면서 시험준비가 시작됩니다. 인원체크, 좌석 배정, 신분확인, 연습장(계산문제 계산용) 배부, 휴대폰 수거, 계산기 초기화 등 시험과 관련하여 사전에 처리할 일들을 진행하십니다. 긴장되는 시간이기도 하고 혹은 쓸데없는 시간이라고 생각할 수도 있습니다. 하지만 감독관 입장에서는 정해진 루틴에 따라 처리해야하는 업무이고 수험생 입장에서는 어쩔 수 없이 기다려야하는 시간입니다. 감독관의 안내에 따라 화장실에 다녀오지 않으신 분들은 다녀오신 뒤에 차분히 그동안 공부한 내용들을 기억속에서 떠올려 보시기 바랍니다. 수험자 정보 확인이 끝나면 수험자 유의사항을 확인할 수 있습니다. 꼼꼼이 읽어보시기 바랍니다. 읽어보시면서 긴장된 마음을 차분하게 정리하시기 바랍니다.

3. 시험시간에 쫓기지 마세요.

산업위생관리기사 필기시험은 총 5과목 100문항을 2시간 30분 동안 해결하도록 하고 있습니다.

그러나 CBT 시험이다보니 시험장에 산업위생관리기사 외 다른 기사 시험을 치르는 분들과 함께 시험을 치르게 됩니다. 그리고 CBT의 경우는 퇴실이 자유롭습니다. 즉, 10분도 되지 않아 시험을 포기하고 일어서서 나가는 분들도 있습니다. 주변 환경에 연연하지 마시고 자신의 페이스대로 시험시간을 최대한 활용하셔서 문제를 풀어나가시기 바랍니다. '혹시라도 나만 남게 되는 것은 아닌가?', '감독관이 눈치 주는 것 아닌가?' 하는 생각들로 인해 시험이 끝나지도 않았는데 서두르다 답안체크를 잘못하거나 정답을 알고도 못 쓰는 경우가 허다합니다. 일찍 나가는 분들 중 일부는 열심히 공부해서 충분히 좋은 점수를 내는 분들도 있지만 아무리 봐도 몰라서 그냥 포기하는 분들도 꽤 됩니다. 그런 분들보다는 끝까지 남아서 문제를 풀어가는 당신의 합격 가능성이 더 높습니다. 일찍 나가는 데 연연하지 마시고 당신의 페이스대로 진행하십시오. 시간이 남는다면 문제의 마지막 구절(~옳은 것은? 혹은 잘못된 것은? 등)이라도 다시 한 번 체크하면서 점검하시기 바랍니다. 이렇게 해서 실수로 잘못 이해한 문제를 한 두 문제 걸러낼 수 있다면 불합격이라는 세 글자에서 '불'이라는 글자를 떨구어 내는 소중한 시간이 될 수도 있습니다.

4. 처음 체크한 답안이 정답인 경우가 많습니다.

전공자를 제외하고 산업위생관리기사 시험을 준비하는 수험생들의 대부분은 최소 5년 이상의 기출문제를 2~3번은 정독하거나 학습한 수험생입니다. 그렇지만 모든 문제를 다 기억하기는 힘듭니다. 시험문제를 읽다 보면 "아, 이 문제 본 적 있어." "답은 2번" 그래서 2번으로 체크하는 경우가 있습니다. 그런데 시간을 두고 꼼꼼히 읽다 보면 다른 문제들과 헷갈리기 시작해서 2번이 아닌 것 같은 생각이 듭니다. 정확하게 암기하지 않아 자신감이 떨어지는 경우이죠. 이런 경우 위아래의 답들과 비교해 보다가 답을 바꾸는 경우가 종종 있습니다. 그런데 사실은 처음에 체크했던 답이 정답인 경우가 더 많습니다. 체크한 답을 바꾸실 때는 정말 심사숙고하셔야 할 필요가 있음을 다시 한 번 강조합니다.

5. 찍기라고 해서 아무 번호나 찍어서는 안 됩니다.

우리는 초등학교 시절부터 산업위생관리기사 시험을 보고 있는 지금에 이르기까지 수많은 시험을 경험해 온 전문가들입니다. 그렇게 시험을 치르면서 찍기에 통달하신 분도 계시겠지만 정답 찍기는 만만한 경험은 절대 아닙니다. 충분히 고득점을 내는 분들이 아니라면 한두 문제가 합격의 당락을 결정하는 중요한 역할을 하는 만큼 찍기에도 전략이 필요합니다.

일단 아는 문제들은 확실하게 풀어서 정확한 답안을 만드는 것이 우선입니다. 충분히 시간을 두고 아는 문제들을 모두 해결하셨다면 이제 찍기 타임에 들어갑니다. 남은 문제들은 크게 두 가지 유형으로 구분될 수 있습니다. 첫 번째 유형은 어느 정도 내용을 파악하고 있어서 전혀 말도 되지 않는 보기들을 골라낼 수 있는 문제들입니다. 그런 문제들의 경우는 일단 오답이 확실한 보기들을 골라낸 후 남은 정답 후보들 중에서 자신만의 일정한 기준으로 답을 선택합니다. 그 기준이 너무 흔들릴 경우 답만 피해갈 수 있으므로 어느 정도의 객관적인 기준에 맞도록 적용이 되어야 합니다.

두 번째 유형은, 정말 아무리 봐도 본 적도 없고 답을 알 수 없는 문제들입니다. 문제를 봐도 보기를 봐도 정말 모르겠다면 과감한 선택이 필요합니다. 10여년 이상 무수한 시험들을 거쳐 온 우리 수험생들은 자기 나름의 방법이 있을 것입니다. 그 방법에 따라 일관되게 답을 선택하시기 바라며, 선택하셨다면 흔들리지 마시고 마킹 후 답안지를 전송하시기 바랍니다.

2022년 3회차부터는 기사 필기시험도 모두 CBT 시험으로 변경되어 PC가 설치된 시험장에서 시험을 치르고, 시험종료 후 답안을 전송하면 본인의 점수 확인이 즉시 가능합니다.

답안을 전송하게 되면 과목별 점수와 평균점수, 그리고 필기시험 합격여부가 나옵니다.

만약 합격점수 이상일 경우 합격(예정)이라고 표시됩니다. 이후 필기시험 합격(예정)자에 한해 응시자격을 증빙할 서류를 제출하여야 최종합격자로 분류되어 실기시험에 응시할 자격이 부여됩니다.

합격하셨다면 바로 서류 제출하시고 실기시험을 준비하세요.

이 책의 차례

2013년 기출문제

2013년 1회차 기출문제   002

2013년 2회차 기출문제   032

2013년 3회차 기출문제   062

2014년 기출문제

2014년 1회차 기출문제   092

2014년 2회차 기출문제   122

2014년 3회차 기출문제   152

2015년 기출문제

2015년 1회차 기출문제   182

2015년 2회차 기출문제   214

2015년 3회차 기출문제   244

2016년 기출문제

2016년 1회차 기출문제   274

2016년 2회차 기출문제   304

2016년 3회차 기출문제   334

2017년 기출문제

2017년 1회차 기출문제   366

2017년 2회차 기출문제   396

2017년 3회차 기출문제   424

2018년 기출문제

2018년 1회차 기출문제	452
2018년 2회차 기출문제	484
2018년 3회차 기출문제	512

2019년 기출문제

2019년 1회차 기출문제	542
2019년 2회차 기출문제	572
2019년 3회차 기출문제	602

2020년 기출문제

2020년 1 · 2회 통합회차 기출문제	632
2020년 3회차 기출문제	662
2020년 4회차 기출문제	692

2021년 기출문제

2021년 1회차 기출문제	720
2021년 2회차 기출문제	750
2021년 3회차 기출문제	780

2022년 기출문제

2022년 1회차 기출문제	810
2022년 2회차 기출문제	840

2024 | 한국산업인력공단 **국가기술자격**

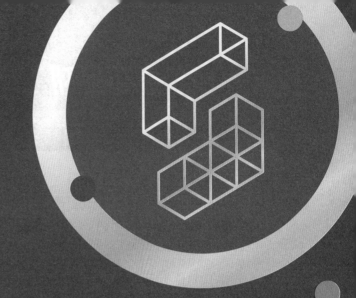

고시넷 고패스

산업위생관리기사 필기

10년간 기출문제집

● 2013~2022년 2회 총 29회분 수록

산위관기
베스트셀러

유형별 핵심이론
관련 실기
출제연혁

gosinet
(주)고시넷

구분	1과목	2과목	3과목	4과목	5과목	합계
New유형	1	1	0	1	2	5
New문제	5	3	9	5	9	31
또나온문제	12	9	6	5	6	38
자꾸나온문제	3	8	5	10	5	31
합계	20	20	20	20	20	100

● New유형은 New문제 중 기존 기출문제와 완전히 다른 유형의 문제를 말합니다.
● New문제는 기존에 출제되지 않은 문제로 이번에 처음 출제되는 문제입니다.
● 또나온문제는 기존에 출제된 적이 1번 있는 문제를 말합니다.
● 자꾸나온문제는 기존에 출제된 적이 2번 이상 있는 문제를 말합니다. 그만큼 중요한 문제입니다.

몇 년분의 기출문제를 공부해야 합격할 수 있을까요?

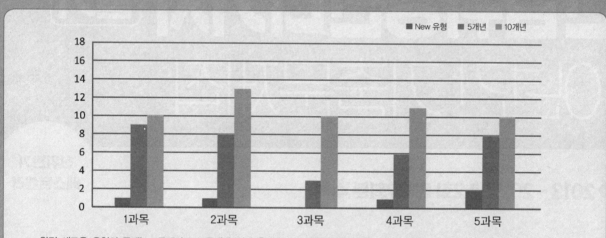

● 완전 새로운 유형의 문제는 5문제이고 95문제가 이미 출제된 문제 혹은 변형문제입니다.
● 5년분(2018~2022) 기출에서 동일문제가 34문항이 출제되었고, 10년분(2013~2022) 기출에서 동일문제가 54문항이 출제되었습니다.

실기에 나왔어요!! 일타쌍피-사전체크!!

실기시험은 필답형으로 진행됩니다. 객관식의 필기와 달리 주관식인 관계로 아는 만큼 적을 수 있습니다. 최근 계산문제의 비중이 많이 감소하고 있지만 절반 정도의 이론 문제와 절반 정도의 계산문제가 출제된다고 보시면 됩니다. 계산문제의 경우 나오는 문제유형이 거의 정해져 있습니다. 필기 공부할 때 미리 실기에 나오는 내용을 체크하시고 그부분만큼은 잘 공부해 두신다면 당 회차 실기까지 한 번에 잡을 수 있습니다.
● 총 43개의 유형별 핵심이론이 실기시험과 연동되어 있습니다.

분석의견

합격률이 56.4%로 대단히 높았던 회차였습니다.
10년 기출을 학습할 경우 동일한 문제가 최소 10문제 이상이 출제될 만큼 중요한 문제들이 많이 배치된 회차입니다.
10년분 기출문제와 유형별 핵심이론의 2회 정독이면 합격 가능한 것으로 판단됩니다.

2013년 제1회

2013년 3월 10일 필기

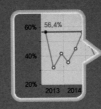
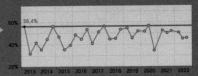

1과목   산업위생학개론

2102

01 ────────── Repetitive Learning 1회 2회 3회

톨루엔(TLV＝50ppm)을 사용하는 작업장의 작업시간이 10시간일 때 허용기준을 보정하여야 한다. OSHA 보정법과 Brief and Scala 보정법을 적용하였을 경우 보정된 허용기준치 간의 차이는 얼마인가?

① 1ppm
② 2.5ppm
③ 5ppm
④ 10ppm

해설

- OSHA 보정법에서는 1일 10시간 작업이고, 8시간 노출기준이 50ppm이므로 대입하면 보정노출기준＝$50 \times (\frac{8}{10} = 0.8) = 40$ppm 이 된다.
- Brief and Scala 보정법에서는 1일 10시간 작업이고, 8시간 노출기준이 50ppm이므로 대입하면 보정노출기준
  $= 50 \times (\frac{8}{10}) \times \frac{24-10}{16} = 50 \times \frac{112}{160} = 35$ppm 이 된다.
- 두 보정법의 차이는 $40 - 35 = 5$ppm이다.

⁂ 보정방법

ㄱ OSHA 보정

- 보정된 노출기준은 8시간 노출기준 $\times \frac{8시간}{1일\ 노출시간}$ 으로 구한다.
- 만약 만성중독으로 작업시간이 주단위로 부여되는 경우 노출기준 $\times \frac{40시간}{1주\ 노출시간}$ 으로 구한다.

ㄴ Brief and Scala 보정 [실기] 0303/0401/0601/0701/0801/0802/0803/1203/1503/1603/1902/2003

- 노출기준 보정계수는 $(\frac{8}{H}) \times \frac{24-H}{16}$ 으로 구한 후 주어진 TLV값을 곱해준다.
- 만약 만성중독으로 작업시간이 주단위로 부여되는 경우 노출기준 보정계수는 $(\frac{40}{H}) \times \frac{168-H}{128}$ 으로 구한 후 주어진 TLV값을 곱해준다.

02 ────────── Repetitive Learning 1회 2회 3회

다음 중 근골격계질환의 위험요인에 대한 설명으로 적절하지 않은 것은?

① 큰 변화가 없는 반복동작일수록 근골격계질환의 발생 위험이 증가한다.
② 정적작업보다 동적작업에서 근골격계질환의 발생 위험이 더 크다.
③ 작업공정에 장애물이 있으면 근골격계질환의 발생 위험이 더 커진다.
④ 21℃ 이하의 저온작업장에서 근골격계질환의 발생 위험이 더 커진다.

해설

- 근골격계 질환은 동적작업보다 정적인 작업에서 발생 위험이 더 크다.

⁂ 누적외상성장애(CTDs : Cumulative Trauma Disorders)

ㄱ 개념

- 적어도 1주일 이상 또는 과거 1년간 적어도 한 달에 한번 이상 상지의 관절 부위(목, 어깨, 팔꿈치 및 손목)에서 지속되는 증상(통증, 쑤시는 느낌, 뻣뻣함, 화끈거리는 느낌, 무감각 또는 찌릿찌릿함)이 있고, 현재의 작업으로부터 증상이 시작되어야 한다.(미국 산업안전보건연구원)
- 반복적인 동작, 부적절한 작업자세, 무리한 힘의 사용, 날카로운 면과의 신체접촉, 진동 및 온도 등의 요인에 의하여 발생하는 건강장해로서 목, 어깨, 허리, 팔·다리의 신경·근육 및 그 주변 신체조직 등에 나타나는 질환을 말한다.

ⓛ 원인
- 불안전한 자세에서 장기간 고정된 한 가지 작업
- 작업속도가 빠른 상태에서 힘을 주는 반복작업
- 작업내용의 변화가 없거나 휴식시간 없이 손과 팔을 과도하게 사용하는 작업
- 장시간의 정적인 작업을 계속하는 작업

03 ——•Repetitive Learning 1회 2회 3회

재해통계지수 중 종합재해지수를 올바르게 나타낸 것은?

① $\sqrt{도수율 \times 강도율}$

② $\sqrt{도수율 \times 연천인율}$

③ $\sqrt{강도율 \times 연천인율}$

④ 연천인율 $\times \sqrt{도수율 \times 강도율}$

해설
- 종합재해지수는 강도율과 도수율(빈도율)의 기하평균이다.

✪ 종합재해지수(FSI) 실기 0503/0602
- 기업 간 재해지수의 종합적인 비교 및 안전성적의 비교를 위해 사용한다.
- 재해의 빈도와 상해의 강약도를 혼합하여 집계하는 지표이다.
- 강도율과 도수율(빈도율)의 기하평균이므로 종합재해지수는 $\sqrt{도수율 \times 강도율}$로 구한다.

0603

04 ——•Repetitive Learning 1회 2회 3회

다음 중 피로에 관한 내용과 가장 거리가 먼 것은?

① 에너지원의 소모

② 신체 조절기능의 저하

③ 체내에서의 물리·화학적 변조

④ 물질대사에 의한 노폐물의 체내 소모

해설
- 피로는 물질대사에 의한 노폐물의 체내 축적과 관련있다.

✪ 산업피로의 발생현상(기전)
- 산소, 영양소 등의 에너지원의 소모
- 신체 조절기능의 저하
- 체내 생리대사의 물리·화학적 변조
- 물질대사에 의한 피로물질의 체내 축적

0603

05 ——•Repetitive Learning 1회 2회 3회

육체적작업능력(PWC)이 16kcal/min인 근로자가 1일 8시간 동안 물체를 운반하고 있다. 이때의 작업대사량은 8kcal/min이고, 휴식 시의 대사량은 1.5kcal/min이다. 이 사람이 쉬지 않고 계속하여 일할 수 있는 최대 허용시간은?(단, $\log T_{end} = b_0 + b_1 \cdot E$, $b_0 = 3.720$, $b_1 = -0.1949$)

① 145분

② 185분

③ 245분

④ 285분

해설
- 작업 대사량($E_0 = 8$)이 주어졌으므로 최대작업시간 $\log(T_{end}) = 3.720 - 0.1949 \times E_0$에 대입하면 $\log(T_{end}) = 3.720 - 0.1949 \times 8 = 3.720 - 1.559 = 2.161$이다.
- $T_{end} = 10^{2.161} = 144.877$이다.

✪ 사이또와 오시마의 실동률과 계속작업 한계시간 실기 2203
- 실노동률 = 85 - (5 × RMR)[%]로 구한다.
- 작업대사율(R)이 주어질 경우 계속작업 한계시간(CMT)은 $\log(CMT) = 3.724 - 3.25\log(R)$로 구한다. 이때 R은 RMR을 의미한다.
- 작업 대사량(E_0)이 주어질 경우 최대작업시간 $\log(T_{end}) = 3.720 - 0.1949 \times E_0$으로 구한다.

1001

06 ——•Repetitive Learning 1회 2회 3회

다음 중 재해성 질병의 인정시 종합적으로 판단하는 사항으로 틀린 것은?

① 재해의 성질과 강도

② 재해가 작용한 신체부위

③ 재해가 발생할 때까지의 시간적 관계

④ 작업내용과 그 작업에 종사한 기간 또는 유해 작업의 정도

해설
- ④는 재해성 질병이 아닌 직업성 질병의 경우 판단사항에 해당한다.

✪ 재해성 질병의 인정시 종합적 판단사항
- 재해의 성질과 강도
- 재해가 작용한 신체부위
- 재해가 발생할 때까지의 시간적 관계

07 ——————• Repetitive Learning 〔1회 2회 3회〕

다음 중 개정된 NIOSH의 권고중량한계(Recommended Weight Limit, RWL)에서 모든 조건이 가장 좋지 않을 경우 허용되는 최대 중량은?

① 15kg
② 23kg
③ 32kg
④ 40kg

해설

- RWL=23kg×HM×VM×DM×AM×FM×CM으로 구하는 데 값이 클수록 좋다.
  이때 사용하는 부하상수 23kg은 모든 조건이 최악일 때 허용되는 최대 무게이다.

▮ 권장무게한계(RWL : Recommended Weight Limit) 〔실기〕2003

- RWL=23kg×HM×VM×DM×AM×FM×CM으로 구한다.

HM(수평계수)	• 63cm를 기준으로 한 수평거리 • 25/H로 구한다.
VM(수직계수)	• 75cm를 기준으로 한 수직거리 • 1−0.003(혹은 V−75)로 구한다.
DM(거리계수)	• 물체를 수직이동시킨 거리 • 0.82+4.5/D로 구한다.
AM(비대칭계수)	• 신체중심에서 물건중심까지의 비틀린 각도 • 1−0.0032A로 구한다.
FM(빈도계수)	1분동안의 반복횟수
CM(결합계수)	손잡이의 잡기 편한 정도

- RWL 값이 클수록 좋다.

08 ——————• Repetitive Learning 〔1회 2회 3회〕

다음 중 육체적 작업능력에 영향을 미치는 요소와 내용을 잘못 연결한 것은?

① 작업 특징−동기
② 육체적 조건−연령
③ 환경 요소−온도
④ 정신적 요소−태도

해설

- 동기는 정신적 요소에 해당한다. 작업 특징에는 작업의 강도, 작업시간 등이 있다.

▮ 육체적 작업능력에 영향을 미치는 요소와 내용

육체적 요소	연령, 성별, 체격 등
정신적 요소	태도, 동기
환경적 요소	온도, 압력, 소음, 조명 등
작업 특징	작업의 강도, 작업시간, 작업장의 지형 등

09 ——————• Repetitive Learning 〔1회 2회 3회〕

실내 공기오염과 가장 관계가 적은 인체 내의 증상은?

① 광과민증(photosensitization)
② 빌딩증후군(sick building syndrome)
③ 건물관련질병(building related disease)
④ 복합화합물질민감증(multiple chemical sensitivity)

해설

- 광과민증은 피부가 자외선 등 햇빛에 노출됐을 때 민감하게 반응하는 것을 말한다.

▮ 실내공기 오염에 따른 영향

화학적 물질	• 새차(집)증후군 • 화학물질과민증 • 헌집증후군 • 빌딩증후군
생물학적 물질	• 레지오넬라 질환 • 과민성 폐렴 • 가습기 열병

10 ——————• Repetitive Learning 〔1회 2회 3회〕

산업안전보건법령에 따라 작업환경 측정방법에 있어 동일 작업근로자수가 100명을 초과하는 경우 최대 시료채취 근로자수는 몇 명으로 조정할 수 있는가?

① 10명
② 15명
③ 20명
④ 50명

해설

- 동일 작업근로자수가 100명을 초과하는 경우에는 최대 시료채취 근로자수를 20명으로 조정할 수 있다.

▮ 시료채취 근로자 수 〔실기〕0802/1201/2202

- 단위작업 장소에서 최고 노출근로자 2명 이상에 대하여 동시에 개인시료채취 방법으로 측정하되, 단위작업 장소에 근로자가 1명인 경우에는 그러하지 아니하며, 동일 작업근로자수가 10명을 초과하는 경우에는 매 5명당 1명 이상 추가하여 측정하여야 한다. 다만, 동일 작업근로자수가 100명을 초과하는 경우에는 최대 시료채취 근로자수를 20명으로 조정할 수 있다.
- 지역시료채취 방법으로 측정을 하는 경우 단위작업장소 내에서 2개 이상의 지점에 대하여 동시에 측정하여야 한다. 다만, 단위작업 장소의 넓이가 50평방미터 이상인 경우에는 매 30평방미터마다 1개 지점 이상을 추가로 측정하여야 한다.

11

●━━━━━━━━ Repetitive Learning 1회 2회 3회

새로운 건물이나 새로 지은 집에 입주하기 전 실내를 모두 닫고 30℃ 이상으로 5~6시간 유지시킨 후 1시간 정도 환기를 하는 방식을 여러 번 반복하여 실내의 휘발성 유기화합물이나 포름알데히드의 저감효과를 얻는 방법을 무엇이라 하는가?

① Bake out
② Heating up
③ Room Heating
④ Burning up

해설

• Bake out은 인위적인 VOC(휘발성 유기화합물) 물질의 배출을 통해 새집증후군 등을 예방하기 위한 조치이다.

❖ Bake out

• 인위적인 VOC(휘발성 유기화합물) 물질의 배출을 통해 새집증후군 등을 예방하기 위한 조치이다.
• 새로운 건물이나 새로 지은 집에 입주하기 전 실내를 모두 닫고 30℃ 이상으로 5~6시간 유지시킨 후 1시간 정도 환기를 하는 방식을 여러 번 반복하여 실내의 휘발성 유기화합물이나 포름알데히드의 저감효과를 얻는 방법을 말한다.
• 실내 오염물질의 약 70%까지 제거가 가능하다.

12

●━━━━━━━━ Repetitive Learning 1회 2회 3회

1800년대 산업보건에 관한 법률로서 실제로 효과를 거둔 영국의 공장법의 내용과 거리가 가장 먼 것은?

① 감독관을 임명하여 공장을 감독한다.
② 근로자에게 교육을 시키도록 의무화한다.
③ 18세 미만 근로자의 야간작업을 금지한다.
④ 작업할 수 있는 연령을 8세 이상으로 제한한다.

해설

• 작업할 수 있는 연령을 9세 이상으로 제한하였다.

❖ 공장법(Factories Act)

• 1833년에 제정된 영국의 산업보건에 관한 법률로서 실제적인 효과를 거둔 공장법 다운 공장법으로 평가받고 있다.
• 감독관을 임명하여 공장을 감독하도록 하였다.
• 9세 이하 아동의 노동을 전면 금지하고, 주간 작업시간을 48시간으로 제한하였다.
• 노동시간을 9~13세 아동은 하루 9시간 이내, 13~18세 아동은 하루 12시간 이내로 제한하고, 1일 2시간 이상의 의무 교육을 실시하게 하였다.
• 18세 미만 근로자의 야간작업을 금지한다.

13

●━━━━━━━━ Repetitive Learning 1회 2회 3회

다음 중 산업위생의 정의와 가장 거리가 먼 것은?

① 사회적 건강 유지 및 증진
② 근로자의 체력 증진 및 진료
③ 육체적, 정신적 건강 유지 및 증진
④ 생리적, 심리적으로 적합한 작업환경에 배치

해설

• 근로자의 질병을 진료하는 것은 산업위생과 거리가 멀다.

❖ 산업위생 실기 1403

• 근로자의 육체적, 정신적 건강과 사회적 건강 유지 및 증진을 위해 근로자를 생리적, 심리적으로 적합한 작업환경에 배치시키는 것을 말한다.
• 미국산업위생학회(AHIA)에서는 근로자 및 일반대중에게 질병, 건강장애, 불쾌감을 일으킬 수 있는 작업환경요인과 스트레스를 예측, 측정, 평가 및 관리하는 과학이며 기술이라고 정의했다.
• 1950년 국제노동기구(ILO)와 세계보건기구(WHO) 공동위원회에서는 근로자들의 육체적, 정신적 그리고 사회적 건강을 고도로 유지 증진시키고, 작업조건으로 인한 질병을 예방하고 건강에 유해한 취업을 방지하며, 근로자를 생리적으로나 심리적으로 적합한 작업환경에 배치하는 것이라고 정의하였다.

14

●━━━━━━━━ Repetitive Learning 1회 2회 3회

다음 중 직장에서의 피로방지 대책이 아닌 것은?

① 적절한 시기에 작업을 전환하고 교대시킨다.
② 부적합한 환경을 개선하고 쾌적한 환경을 조성한다.
③ 적절한 근육을 사용하고 특정 부위에 부하가 걸리도록 한다.
④ 적절한 근로시간과 연속작업시간을 배분하여 작업을 수행한다.

해설

• 피로를 방지하기 위해서는 특정 부위에 부하가 걸리도록 해서는 안 된다.

❖ 작업에 수반된 피로의 회복대책

• 충분한 영양을 섭취한다.
• 목욕이나 가벼운 체조를 한다.
• 휴식과 수면을 자주 취한다.
• 작업환경을 정리·정돈한다.
• 불필요한 동작을 피하고, 에너지 소모를 적게 한다.
• 힘든 노동은 가능한 한 기계화한다.

- 장시간 휴식하는 것보다 짧은 시간 여러 번 쉬는 것이 피로회복에 효과적이다.
- 동적인 작업을 늘리고, 정적인 작업을 줄인다.
- 커피, 홍차, 엽차, 비타민B, 비타민C 등의 적정한 영양제를 보급한다.
- 음악감상과 오락 등 취미생활을 한다.

1001

15 • Repetitive Learning 1회 2회 3회

다음 중 작업공정에 따라 발생 가능성이 가장 높은 직업성 질환을 올바르게 연결한 것은?

① 용광로 작업 – 치통, 부비강통, 이(耳)통
② 갱내 착암작업 – 전광성 안염
③ 샌드 블래스팅(sand blasting) – 백내장
④ 축전지 제조 – 납 중독

- 용광로작업에서는 백내장이 발생하기 쉽다.
- 갱내 착암작업은 진폐증이 발생하기 쉽다.
- 샌드 블래스팅(sand blasting)은 직업성 폐질환, 폐암 등이 발생하기 쉽다.

❖ 작업공정과 직업성 질환

축전지 제조	납 중독, 빈혈, 소화기 장애
타이핑 작업	목위팔(경견완)증후군
광산작업, 무기분진	진폐증
방직산업	면폐증
크롬도금	피부점막, 궤양, 폐암, 비중격천공
고기압	잠함병
저기압	폐수종, 고산병, 치통, 이염, 부비강염
유리제조, 용광로, 세라믹	백내장

0903 / 2001

16 • Repetitive Learning 1회 2회 3회

작업환경측정기관이 작업환경측정을 한 경우 결과를 시료채취를 마친 날부터 며칠 이내에 관할 지방고용노동관서의 장에게 제출하여야 하는가?(단, 제출기간의 연장은 고려하지 않는다)

① 30일   ② 60일
③ 90일   ④ 120일

- 작업환경측정기관이 작업환경측정을 한 경우에는 시료채취를 마친 날부터 30일 이내에 작업환경측정 결과표를 전자적 방법으로 지방고용노동관서의 장에게 제출해야 한다.

❖ 작업환경측정 결과의 보고

- 사업주는 작업환경측정을 한 경우에는 작업환경측정 결과보고서에 작업환경측정 결과표를 첨부하여 시료채취를 마친 날부터 30일 이내에 관할 지방고용노동관서의 장에게 제출해야 한다. 다만, 시료분석 및 평가에 상당한 시간이 걸려 시료채취를 마친 날부터 30일 이내에 보고하는 것이 어려운 사업장의 사업주는 고용노동부장관이 정하여 고시하는 바에 따라 그 사실을 증명하여 관할 지방고용노동관서의 장에게 신고하면 30일의 범위에서 제출기간을 연장할 수 있다.
- 작업환경측정기관이 작업환경측정을 한 경우에는 시료채취를 마친 날부터 30일 이내에 작업환경측정 결과표를 전자적 방법으로 지방고용노동관서의 장에게 제출해야 한다.
- 사업주는 작업환경측정 결과 노출기준을 초과한 작업공정이 있는 경우에는 해당 시설·설비의 설치·개선 또는 건강진단의 실시 등 적절한 조치를 하고 시료채취를 마친 날부터 60일 이내에 해당 작업공정의 개선을 증명할 수 있는 서류 또는 개선계획을 관할 지방고용노동관서의 장에게 제출해야 한다.
- 작업환경측정 결과의 보고내용, 방식 및 절차에 관한 사항은 고용노동부장관이 정하여 고시한다.

2003

17 • Repetitive Learning 1회 2회 3회

산업안전보건법령상 사업주가 사업을 할 때 근로자의 건강장해를 예방하기 위하여 필요한 보건상의 조치를 하여야 할 항목이 아닌 것은?

① 사업장에서 배출되는 기계·액체 또는 찌꺼기 등에 의한 건강장해
② 폭발성, 발화성 및 인화성 물질 등에 의한 위험 작업의 건강장해
③ 계측감시, 컴퓨터 단말기 조작, 정밀공작 등의 작업에 의한 건강장해
④ 단순반복작업 또는 인체에 과도한 부담을 주는 작업에 의한 건강장해

- 보건조치가 필요한 경우는 ①, ③, ④ 외에 원재료·가스·증기·분진·흄·미스트·산소결핍·병원체 등에 의한 건강장해나 방사선·유해광선·고온·저온·초음파·소음·진동·이상기압 등에 의한 건강장해, 그리고 환기·채광·조명·보온·방습·청결 등의 적정기준을 유지하지 아니하여 발생하는 건강장해이다.

보건조치가 필요한 경우

- 원재료·가스·증기·분진·흄(fume, 열이나 화학반응에 의하여 형성된 고체증기가 응축되어 생긴 미세입자를 말한다)·미스트(mist, 공기 중에 떠다니는 작은 액체방울을 말한다)·산소결핍·병원체 등에 의한 건강장해
- 방사선·유해광선·고온·저온·초음파·소음·진동·이상기압 등에 의한 건강장해
- 사업장에서 배출되는 기체·액체 또는 찌꺼기 등에 의한 건강장해
- 계측감시(計測監視), 컴퓨터 단말기 조작, 정밀공작(精密工作) 등의 작업에 의한 건강장해
- 단순반복작업 또는 인체에 과도한 부담을 주는 작업에 의한 건강장해
- 환기·채광·조명·보온·방습·청결 등의 적정기준을 유지하지 아니하여 발생하는 건강장해

18 ──────● Repetitive Learning (1회 2회 3회)

0601 / 0702 / 1501 / 2103

직업적성검사 가운데 생리적 기능검사의 항목에 해당하지 않는 것은?

① 지각동작검사　　② 감각기능 검사
③ 심폐기능검사　　④ 체력검사

해설

- ①은 심리학적 적성검사 항목이다.

생리적 적성검사

감각기능검사	혈액, 근전도, 심박수 등 검사
심폐기능검사	자전거를 이용한 운동부하 검사
체력검사	달리기, 던지기, 턱걸이 등

19 ──────● Repetitive Learning (1회 2회 3회)

1703

미국산업위생학술원(AAIH)에서 채택한 산업위생전문가의 윤리강령 중 근로자에 대한 책임과 가장 거리가 먼 것은?

① 위험 요소와 예방조치에 대하여 근로자와 상담해야 한다.
② 근로자의 건강 보호가 산업위생전문가의 1차적인 책임이라는 것을 인식해야 한다.
③ 위험요인의 측정, 평가 및 관리에 있어서 외부의 압력에 굴하지 않고 근로자 중심으로 판단한다.
④ 근로자와 기타 여러 사람의 건강과 안녕이 산업위생전문가의 판단에 좌우된다는 것을 깨달아야 한다.

해설

- 산업위생전문가는 근로자에 대한 책임과 관련하여 위험요인의 측정, 평가 및 관리에 있어서 외부의 압력에 굴하지 않고 중립적이고 객관적인 태도를 취해야 한다.

산업위생전문가의 윤리강령 중 근로자에 대한 책임

- 근로자의 건강 보호가 산업위생전문가의 1차적인 책임이라는 것을 인식해야 한다.
- 근로자와 기타 여러 사람의 건강과 안녕이 산업위생전문가의 판단에 좌우된다는 것을 깨달아야 한다.
- 위험 요소와 예방조치에 대하여 근로자와 상담해야 한다.
- 위험요인의 측정, 평가 및 관리에 있어서 외부의 압력에 굴하지 않고 중립적이고 객관적인 태도를 취한다.

20 ──────● Repetitive Learning (1회 2회 3회)

0501 / 2003 / 2103

산업안전보건법령상 발암성 정보물질의 표기법 중 '사람에게 충분한 발암성 증거가 있는 물질'에 대한 표기방법으로 옳은 것은?

① 1　　　　② 1A
③ 2A　　　④ 2B

해설

- 산업안전보건법령상 발암성의 구분은 구분 1A, 1B, 2를 원칙으로 한다.

산업안전보건법령상 발암성(carcinogenicity) 물질 분류

- 발암성의 구분은 구분 1A, 1B, 2를 원칙으로 하되, 구분 1A와 1B의 소구분이 어려운 경우에만 구분 1, 2로 통합 적용할 수 있다.
- 발암성 구분 1의 분류기준은 구분 1A 또는 1B에 속하는 것으로 인적 경험에 의해 발암성이 있다고 인정되거나 동물시험을 통해 인체에 대해 발암성이 있다고 추정되는 물질을 말한다.

1A	사람에게 충분한 발암성 증거가 있는 물질
1B	시험동물에서 발암성 증거가 충분히 있거나, 시험동물과 사람 모두에서 제한된 발암성 증거가 있는 물질
2	사람이나 동물에서 제한된 증거가 있지만, 구분 1로 분류하기에는 증거가 충분하지 않은 물질

21

1101 / 1102 / 1502 / 1503 / 1802 / 2101

● Repetitive Learning (1회 2회 3회)

일정한 온도조건에서 가스의 부피와 압력이 반비례하는 것과 가장 관계가 있는 법칙은?

① 보일의 법칙
② 샤를의 법칙
③ 라울의 법칙
④ 게이-루삭의 법칙

해설

- 샤를의 법칙은 압력과 몰수가 일정할 때, 기체의 부피는 온도에 비례함을 증명한다.
- 라울의 법칙은 증기의 각 성분의 부분압은 용액의 분압과 평형을 이룬다는 것을 증명한다.
- 게이-루삭의 법칙은 같은 온도와 같은 압력에서 반응 기체와 생성 기체의 부피는 일정한 정수가 성립함을 증명한다.

✲✲ 보일의 법칙

- 기체의 온도와 몰수가 일정할 때, 기체의 부피는 압력에 반비례한다.
- PV = 상수이다.(온도와 몰수가 일정)

22

0601

● Repetitive Learning (1회 2회 3회)

다음 중 1차 표준기구로만 짝지어진 것은?

① 로타미터, Pitot 튜브, 폐활량계
② 비누거품미터, 가스치환병, 폐활량계
③ 건식가스미터, 비누거품미터, 폐활량계
④ 비누거품미터, 폐활량계, 열선기류계

해설

- 로타미터는 유량을 측정할 때 흔히 사용되는 2차 표준기구이다.
- 건식가스미터는 주로 현장에서 사용하는 2차 표준기구이다.
- 열선기류계는 공기채취기구의 보정에 사용되는 2차 표준기구이다.

✲✲ 표준기구 실기 1203/1802/2002/2203

ㄱ 1차 표준기구
- 물리적 차원인 공간의 부피를 직접 측정할 수 있는 기구로 정확도는 ±1% 이내이다.
- 폐활량계, 가스치환병, 유리피스톤미터, 흑연피스톤미터, Pitot튜브, 비누거품미터, 가스미터 등이 있다.

ㄴ 2차 표준기구
- 2차표준기기는 1차 표준기기를 이용하여 보정해야 하는 기구로 정확도는 ±5% 이내이다.
- 습식테스트(Wet-test)미터, 벤튜리미터, 열선기류계, 오리피스미터, 건식가스미터, 로타미터 등이 있다.

23

● Repetitive Learning (1회 2회 3회)

"물질을 취급 또는 보관하는 동안에 기체 또는 미생물이 침입하지 않도록 내용물을 보호하는 용기"는 다음 중 어느 것인가?(단, 고용노동부 고시 기준)

① 밀폐용기
② 기밀용기
③ 밀봉용기
④ 차광용기

해설

- 밀폐용기는 이물이 들어가거나 내용물이 손실되지 않도록 보호하는 용기이다.
- 기밀용기는 외부로부터 공기 또는 다른 기체가 침입하지 않도록 보호하는 용기이다.
- 차광용기는 광선이 투과되지 않도록 보호하는 용기이다.

✲✲ 용기

- 시험용액 또는 시험에 관계된 물질을 보존, 운반 또는 조작하기 위하여 넣어두는 것으로 시험에 지장을 주지 않도록 깨끗한 것을 뜻한다.

밀폐용기 (密閉容器)	물질을 취급 또는 보관하는 동안에 이물(異物)이 들어가거나 내용물이 손실되지 않도록 보호하는 용기
기밀용기 (氣密容器)	물질을 취급 또는 보관하는 동안에 외부로부터의 공기 또는 다른 기체가 침입하지 않도록 내용물을 보호하는 용기
밀봉용기 (密封容器)	물질을 취급 또는 보관하는 동안에 기체 또는 미생물이 침입하지 않도록 내용물을 보호하는 용기
차광용기 (遮光容器)	광선이 투과되지 않는 갈색용기 또는 투과하지 않게 포장을 한 용기로서 취급 또는 보관하는 동안에 내용물의 광화학적 변화를 방지할 수 있는 용기

24

1203 / 1603 / 1901 / 2102

● Repetitive Learning (1회 2회 3회)

입자의 크기에 따라 여과기전 및 채취효율이 다르다. 입자크기가 0.1~0.5μm일 때 주된 여과 기전은?

① 충돌과 간섭
② 확산과 간섭
③ 차단과 간섭
④ 침강과 간섭

해설

- 입자의 크기가 $1\mu m$ 미만인 경우 확산, 간섭이 주요 작용기전에 해당한다.

✲✲ 입자의 크기에 따른 작용기전 실기 0303/1101/1303/1401/1803

입자의 크기		작용기전
$1\mu m$ 미만	0.01~0.1	확산
	0.1~0.5	확산, 간섭(직접차단)
	0.5~1.0	관성충돌, 간섭(직접차단)
1~5μm		침전(침강)
5~30μm		충돌

25 ────── • Repetitive Learning 1회 2회 3회

유사노출그룹(HEG)에 관한 내용으로 틀린 것은?

① 시료 채취수를 경제적으로 하는데 목적이 있다.
② 유사노출그룹은 우선 유사한 유해인자별로 구분한 후 유해인자의 동질성을 보다 확보하기 위해 조직을 분석한다.
③ 역학조사 수행할 때 사건이 발생된 근로자가 속한 유사노출그룹의 노출농도를 근거로 노출원인 및 농도를 추정할 수 있다.
④ 유사노출그룹은 노출되는 유해인자의 농도와 특성이 유사하거나 동일한 근로자 그룹을 말하며 유해인자의 특성이 동일하다는 것은 노출되는 유해인자가 동일하고 농도가 일정한 변이 내에서 통계적으로 유사하다는 의미이다.

해설

• 유사노출그룹이란 특정 유해인자에 통계적으로 유사한 농도 혹은 강도에 노출되는 근로자의 그룹으로 분류하는 것으로 모든 근로자의 노출농도를 경제적으로 평가하고자 하는데 목적이 있다.

✷✷ 유사노출그룹(HEG) 설정 [실기] 0501/0601/0702/0901/1203/1303/1503
• 유사노출그룹이란 특정 유해인자에 통계적으로 유사한 농도 혹은 강도에 노출되는 근로자의 그룹으로 분류하는 것을 말한다.
• 모든 근로자의 노출농도를 평가하고자 하는데 목적이 있다.
• 조직, 공정, 작업범주 그리고 공정과 작업내용별로 구분하여 설정한다.
• 모든 근로자를 유사한 노출그룹별로 구분하고 그룹별로 대표적인 근로자를 선택하여 측정하면 측정하지 않은 근로자의 노출농도까지도 추정할 수 있다.
• 유사노출그룹 설정을 위한 목적 중 시료채취수를 경제적으로 하기 위함도 있다.

26 ────── • Repetitive Learning 1회 2회 3회

옥내 작업장의 유해가스를 신속히 측정하기 위한 가스 검지관에 관한 내용으로 틀린 것은?

① 민감도가 낮으며 비교적 고농도에만 적용이 가능하다.
② 특이도가 낮다. 즉 다른 방해물질의 영향을 받기 쉬워 오차가 크다.
③ 측정대상물질의 동정이 되어 있지 않아도 다양한 오염물질의 측정이 가능하다.
④ 숙련된 산업위생전문가가 아니더라도 어느 정도만 숙지하면 사용할 수 있다.

해설

• 검지관은 한 가지 물질에 반응할 수 있도록 제조되어 있어 측정대상물질의 동정이 되어있어야 한다.

✷✷ 검지관법의 특성
㉠ 개요
• 오염물질의 농도에 비례한 검지관의 변색층 길이를 읽어 농도를 측정하는 방법과 검지관 안에서 색변화와 표준 색표를 비교하여 농도를 결정하는 방법이 있다.
㉡ 장·단점 [실기] 1803/2101

장점	• 사용이 간편하고 복잡한 분석실 분석이 필요 없다. • 맨홀, 밀폐공간에서의 산소가 부족하거나 폭발성 가스로 인하여 안전이 문제가 될 때 유용하게 사용될 수 있다. • 숙련된 산업위생전문가가 아니더라도 어느 정도만 숙지하면 사용할 수 있다. • 반응시간이 빨라서 빠른 시간에 측정결과를 알 수 있다.
단점	• 민감도가 낮아 비교적 고농도에만 적용이 가능하다. • 특이도가 낮아 다른 방해물질의 영향을 받기 쉬워 오차가 크다. • 검지관은 한 가지 물질에 반응할 수 있도록 제조되어 있어 측정대상물질의 동정이 되어있어야 한다. • 색변화가 시간에 따라 변하므로 제조자가 정한 시간에 읽어야 한다. • 색변화가 선명하지 않아 주관적으로 읽을 수 있어 판독자에 따라 변이가 심하다.

27 ────── • Repetitive Learning 1회 2회 3회

종단속도가 0.632m/hr인 입자가 있다. 이 입자의 직경이 3μm라면 비중은?

① 0.65 ② 0.55
③ 0.86 ④ 0.77

해설

• 입자의 비중 $SG = \dfrac{V}{0.003 \times d^2}$ 으로 구할 수 있다.
• 주어진 값을 대입하면 $SG = \dfrac{0.632 \times 100/3600}{0.003 \times 3^2} = \dfrac{0.01755\cdots}{0.027}$
$= 0.650\cdots$이 된다.

✷✷ 리프만(Lippmann)의 침강속도 [실기] 0302/0401/0901/1103/1203/1502/1603/1902
• 스토크스의 법칙을 대신하여 산업보건분야에서 간편하게 침강속도를 구하는 식으로 많이 사용된다.

$V = 0.003 \times SG \times d^2$ 이다.	• V : 침강속도(cm/sec) • SG : 입자의 비중(g/cm^3) • d : 입자의 직경(μm)

28 ● Repetitive Learning 〔1회 2회 3회〕

작업장의 소음 측정시 소음계의 청감보정회로는?(단, 고용노동부 고시를 기준으로 한다)

① A 특성
② B 특성
③ C 특성
④ D 특성

해설

• 소음계의 청감보정회로는 A특성으로 한다.

❖ 소음의 측정방법

• 소음측정에 사용되는 기기는 누적소음 노출량측정기, 적분형소음계 또는 이와 동등 이상의 성능이 있는 것으로 하되 개인시료채취 방법이 불가능한 경우에는 지시소음계를 사용할 수 있으며, 발생시간을 고려한 등가소음레벨 방법으로 측정할 것

단, 소음발생 간격이 1초 미만을 유지하면서 계속적으로 발생되는 소음(연속음)을 지시소음계 또는 이와 동등 이상의 성능이 있는 기기로 측정할 경우	• 소음계 지시침의 동작은 느린(Slow) 상태로 한다. • 소음계의 지시치가 변동하지 않는 경우에는 해당 지시치를 그 측정점에서의 소음수준으로 한다.

• 소음계의 청감보정회로는 A특성으로 할 것
• 누적소음노출량 측정기로 소음을 측정하는 경우에는 Criteria는 90dB, Exchange Rate는 5dB, Threshold는 80dB로 기기를 설정할 것
• 소음이 1초 이상의 간격을 유지하면서 최대음압수준이 120dB(A) 이상의 소음인 경우에는 소음수준에 따른 1분 동안의 발생횟수를 측정할 것

29 ● Repetitive Learning 〔1회 2회 3회〕

작업환경 측정 시 유량, 측정시간, 회수율, 분석 등에 의한 오차가 각각 20%, 15%, 10%, 5% 일 때 누적오차는?

① 약 29.5%
② 약 27.4%
③ 약 25.8%
④ 약 23.3%

해설

• 누적오차 $E_c = \sqrt{20^2 + 15^2 + 10^2 + 5^2} = \sqrt{750} = 27.386 \cdots [\%]$ 이다.

❖ 누적오차

• 조건이 같을 경우 항상 같은 크기, 같은 방향으로 일어나는 오차를 말한다.
• 누적오차 $E_c = \sqrt{E_1^2 + E_2^2 + \cdots + E_n^2}$ 으로 구한다.

30 ● Repetitive Learning 〔1회 2회 3회〕

흉곽성 입자상물질(TPM)의 평균입경(μm)은?(단, ACGIH 기준)

① 1
② 4
③ 10
④ 50

해설

• 흉곽성 먼지는 기관지와 폐포 등 폐 내부의 공기통로와 가스교환 부위에 침착되는 먼지로서 공기역학적 지름이 30μm 이하의 크기를 가지며 평균입경은 10μm이다.

❖ 입자상 물질의 분류 실기 0303/0402/0502/0701/0703/0802/1303/1402/1502/1601/1701/1802/1901/2202

흡입성 먼지	주로 비강, 인후두, 기관 등 호흡기의 기도 부위에 축적됨으로써 호흡기계 독성을 유발하는 분진으로 평균입경이 100μm이다.
흉곽성 먼지	기관지와 폐포 등 폐 내부의 공기통로와 가스교환 부위에 침착되는 먼지로서 공기역학적 지름이 30μm 이하의 크기를 가지며 평균입경은 10μm이다.
호흡성 먼지	폐포에 침착하여 독성을 나타내며 평균입자 크기는 4μm이고, 공기 역학적 직경이 10μm 미만인 먼지를 말한다.

31 ● Repetitive Learning 〔1회 2회 3회〕

산업안전보건법령상 누적소음노출량 측정기로 소음을 측정하는 경우의 기기설정값은?

• Criteria (Ⓐ)dB • Exchange Rate (Ⓑ)dB • Threshold (Ⓒ)dB

① Ⓐ : 80, Ⓑ : 10, Ⓒ : 90
② Ⓐ : 90, Ⓑ : 10, Ⓒ : 80
③ Ⓐ : 80, Ⓑ : 4, Ⓒ : 90
④ Ⓐ : 90, Ⓑ : 5, Ⓒ : 80

해설

• 기기설정값은 Threshold=80dB, Criteria=90dB, Exchange Rate=5dB이다.

❖ 누적소음 노출량 측정기

• 작업자가 여러 작업장소를 이동하면서 작업하는 경우, 근로자에게 직접 부착하여 작업시간(8시간) 동안 작업자가 노출되는 소음 노출량을 측정하는 기계를 말한다.
• 기기설정값은 Threshold=80dB, Criteria=90dB, Exchange Rate=5dB이다.

32 ━━━━━ ● Repetitive Learning ⟮1회 2회 3회⟯

2102

산업위생통계에서 적용하는 변이계수에 대한 설명으로 틀린 것은?

① 표준오차에 대한 평균값의 크기를 나타낸 수치이다.
② 통계집단의 측정값들에 대한 균일성, 정밀성 정도를 표현하는 것이다.
③ 단위가 서로 다른 집단이나 특성값의 상호 산포도를 비교하는데 이용될 수 있다.
④ 평균값의 크기가 0에 가까울수록 변이계수의 의의가 작아지는 단점이 있다.

> **해설**
> - 평균값에 대한 표준편차의 크기를 백분율[%]로 나타낸 것이다.
> :: 변이계수(Coefficient of Variation) **실기** 0501/0602/0702/1003
>   - 평균값에 대한 표준편차의 크기를 백분율[%]로 나타낸 것이다.
>   - 변이계수는 $\dfrac{표준편차}{산술평균} \times 100$으로 구한다.
>   - 측정단위와 무관하게 독립적으로 산출된다.
>   - 단위가 서로 다른 집단이나 특성값의 상호 산포도를 비교하는데 이용한다.
>   - 통계집단의 측정값들에 대한 균일성, 정밀성 정도를 표현하는 것이다.
>   - 평균값의 크기가 0에 가까울수록 변이계수의 의의가 작아지는 단점이 있다.

33 ━━━━━ ● Repetitive Learning ⟮1회 2회 3회⟯

1603 / 1903

작업장에서 오염물질 농도를 측정했을 때 일산화탄소(CO)가 0.01%이었다면 이 때 일산화탄소 농도(mg/m^3)는 약 얼마인가?(단, 25℃, 1기압 기준이다)

① 95
② 105
③ 115
④ 125

> **해설**
> - ppm 단위를 mg/m^3으로 변환하려면 ppm×(분자량/24.45)이다. 24.45는 표준상태(25도, 1기압)에서 기체의 부피이다.
> - 주어진 온도와 기압 일산화탄소의 농도는 $\dfrac{0.01}{100} = 1 \times 10^{-4}$이므로 100ppm이 된다.
> - 일산화탄소의 분자량은 12+16=28이다.
> - 주어진 값을 대입하면 $100 \times \left(\dfrac{28}{24.45}\right) = 114.519 \cdots$[mg/$m^3$]이다.

━━━━━

> :: ppm 단위의 mg/m^3으로 변환
> - ppm 단위를 mg/m^3으로 변환하려면 $\dfrac{ppm \times 분자량}{기체부피}$이다.
> - 24.45는 표준상태(25도, 1기압)에서 기체의 부피이다.
> - 온도가 다를 경우 $24.45 \times \dfrac{273 + 온도}{273 + 25}$로 기체의 부피를 구한다.

34 ━━━━━ ● Repetitive Learning ⟮1회 2회 3회⟯

1002

어떤 작업장에서 하이 볼륨 시료채취기(High volume sampler)를 1.1m^3/분의 유속에서 1시간 30분간 작동시킨 후, 여과지(filter paper)에 채취된 납 성분을 전처리과정을 거쳐 산(acid)과 증류수 용액 100mL에 추출하였다. 이 용액의 7.5mL를 취하여 250mL 용기에 넣고 증류수를 더하여 250mL가 되게 하여 분석한 결과 9.80mg/L이었다. 작업장 공기 내의 납 농도는 몇 mg/m^3인가?(단, 납의 원자량은 207, 100% 추출된다고 가정한다)

① 0.08
② 0.16
③ 0.33
④ 0.48

> **해설**
> - 공기채취량은 1.1m^3/min × 90min × 1.0 = 99m^3이다.
> - 납의 채취량은 9.80mg/1000mL인데 이 납은 $\dfrac{100 \times 250}{7.5}$에서 가져온 것이므로 곱하면 32.667mg이 된다.
> - 대입하면 $\dfrac{32.667}{99} = 0.3299 \cdots$[mg/$m^3$]이다.
> :: 시료채취 시의 농도계산 **실기** 0402/0403/0503/0601/0701/0703/0801/ 0802/0803/0901/0902/0903/1001/1002/1101/1103/1301/1401/1502/1603/ 1801/1802/1901/1903/2002/2004/2101/2102/2201
> - 농도 $C = \dfrac{(W'-W)-(B'-B)}{V}$로 구한다. 이때 C는 농도 [mg/m^3], W'는 채취 후 여과지 무게[μg], W는 채취 전 여과지 무게[μg], B'는 채취 후 공여과지 무게[μg], B는 채취 전 공여과지 무게[μg], V는 공기채취량으로 펌프의 평균유속[L/min]×시료채취시간[min]으로 구한다.
> - 공시료가 0인 경우 농도 $C = \dfrac{(W'-W)}{V}$으로 구한다.

35 ━━━━━ ● Repetitive Learning ⟮1회 2회 3회⟯

2103

공기 중 유기용제 시료를 활성탄관으로 채취하였을 때 가장 적절한 탈착용매는?

① 황산
② 사염화탄소
③ 중크롬산칼륨
④ 이황화탄소

- 활성탄으로 시료채취 시 많이 사용되는 용매는 이황화탄소이다.

흡착제 탈착을 위한 이황화탄소 용매
- 활성탄으로 시료채취 시 많이 사용된다.
- 탈착효율이 좋다.
- GC의 불꽃이온화 검출기에서 반응성이 낮아 피크가 작게 나와 분석에 유리하다.
- 독성이 매우 크기 때문에 사용할 때 주의하여야 하며 인화성이 크므로 분석하는 곳은 환기가 잘되어야 한다.

1702

36 ————————— • Repetitive Learning 〔1회 2회 3회〕

작업환경공기 중의 벤젠농도를 측정한 결과 8mg/m^3, 5mg/m^3, 7mg/m^3, 3ppm, 6mg/m^3 이었을 때, 기하평균은 약 몇 mg/m^3인가?(단, 벤젠의 분자량은 78이고, 기온은 25℃이다)

① 7.4 ② 6.9

③ 5.3 ④ 4.8

- 기하평균은 주어진 n개의 값들을 곱해서 나온 값의 n제곱근이다.
- 단위를 통일한다. ppm 단위를 mg/m^3으로 변환하려면 ppm×(분자량/24.45)이다. 24.45는 표준상태(25도, 1기압)에서 기체의 부피이다.
- 주어진 값을 대입하면 $3 \times \left(\dfrac{78}{24.45} \right) = 9.57 \cdots$이다.
- 단위가 통일되었으므로 주어진 값을 기하평균식에 대입하면 $\sqrt[5]{8 \times 5 \times 7 \times 9.57 \times 6} = 6.93815 \cdots$이다.

기하평균(GM) 실기 0303/0403/0502/0601/0702/0801/0803/1102/1301/1403/1703/1801/2102
- 주어진 n개의 값들을 곱해서 나온 값의 n제곱근이다.
- $x_1, x_2, \cdots, x_n$의 자료가 주어질 때 기하평균 GM은 $\sqrt[n]{x_1 \times x_2 \times \cdots \times x_n}$으로 구하거나 $logGM = \dfrac{logX_1 + logX_2 + \cdots + logX_n}{N}$을 역대수를 취해서 구할 수 있다.
- 작업장에서 생화학적 측정치나 유해물질의 농도를 평가할 때 일반적으로 사용되는 평균치이다.
- 작업환경 중 분진의 측정 농도가 대수정규분포를 할 때 측정 자료의 대표치로 사용된다.
- 인구증가율, 물가상승률, 경제성장률 등의 연속적인 변화율 데이터를 기반으로 어떤 구간에서의 평균 변화율을 구할 때 사용된다.

0801

37 ————————— • Repetitive Learning 〔1회 2회 3회〕

가스상 물질에 대한 시료채취 방법 중 [순간시료채취 방법을 사용할 수 없는 경우]와 가장 거리가 먼 것은?

① 유해물질의 농도가 시간에 따라 변할 때
② 반응성이 없는 가스상 유해물질일 때
③ 시간가중 평균치를 구하고자 할 때
④ 공기 중 유해물질의 농도가 낮을 때

- 순간시료채취방법을 사용할 수 없는 경우는 연속시료채취방법을 사용해야 하는 경우로 ①, ③, ④가 대표적인 경우이다.

순간시료채취 방법
- ㉠ 개요
  - 작업시간이 단시간인 경우에 사용하는 시료채취방법이다.
  - 근로자 건강진단 시 채취하는 혈액과 뇨가 대표적인 대상물이다.
- ㉡ 사용할 수 없는 경우
  - 유해물질의 농도가 시간에 따라 변할 때
  - 시간가중 평균치를 구하고자 할 때
  - 공기 중 유해물질의 농도가 낮을 때

0602 / 0902 / 1003 / 1401 / 1402 / 1702

38 ————————— • Repetitive Learning 〔1회 2회 3회〕

열, 화학물질, 압력 등에 강한 특성을 가지고 있어 석탄 건류나 증류 등의 고열공정에서 발생하는 다핵방향족탄화수소를 채취하는데 이용되는 여과지는?

① 은막 여과지 ② PVC 여과지
③ MCE 여과지 ④ PTFE 여과지

- 은막 여과지는 균일한 금속은을 소결하여 만든 것으로 코크스 제조공정에서 발생되는 코크스 오븐 배출물질을 채취하는데 이용된다.
- PVC막 여과지는 유리규산을 채취하여 X-선 회절법으로 분석하거나 공해성 먼지, 총 먼지 등의 중량분석을 위한 측정에 이용된다.
- MCE막 여과지는 납, 철, 크롬 등 금속과 석면, 유리섬유 등을 포집한다.

PTFE막 여과지(테프론)
- 농약, 알칼리성 먼지, 콜타르피치 등을 채취한다.
- 열, 화학물질, 압력 등에 강한 특성이 있다.
- 석탄건류나 증류 등의 고열 공정에서 발생되는 다핵방향족 탄화수소를 채취할 때 사용된다.

---

39 ———————• Repetitive Learning (1회 2회 3회)

20℃, 1기압에서 에틸렌글리콜의 증기압이 0.1mmHg이라면 공기 중 포화농도(ppm)는?

① 약 56
② 약 112
③ 약 132
④ 약 156

해설

- 증기압이 0.1mmHg를 대입하면
$$\frac{0.1}{760} \times 1,000,000 = 131.578 \cdots [\text{ppm}]\text{이다.}$$

최고(포화)농도와 유효비중 [실기] 0302/0602/0603/0802/1001/1002/1103/1503/1701/1802/1902/2101

- 최고(포화)농도는 $\frac{P}{760} \times 100[\%] = \frac{P}{760} \times 1,000,000[\text{ppm}]$으로 구한다.
- 유효비중은 $\dfrac{(\text{농도} \times \text{비중}) + (10^6 - \text{농도}) \times \text{공기비중}(1.0)}{10^6}$ 으로 구한다.

1102 / 1601 / 2003 / 2004

40 ———————• Repetitive Learning (1회 2회 3회)

셀룰로오즈 에스테르 막여과지에 관한 설명으로 틀린 것은?

① 산에 쉽게 용해된다.
② 유해물질이 표면에 주로 침착되어 현미경 분석에 유리하다.
③ 흡습성이 적어 중량분석에 주로 적용된다.
④ 중금속 시료재취에 유리하다.

해설

- 여과지의 원료인 셀룰로오스가 수분을 흡수하기 때문에 중량분석에는 부정확하여 잘 사용하지 않는다.

MCE 막(Mixed cellulose ester membrane filter)여과지
[실기] 0301/0602/1002/1003/1103/1302/1803/2103

- 여과지 구멍의 크기는 0.45~0.8μm가 일반적으로 사용된다.
- 여과지는 산에 쉽게 용해되므로 입자상 물질 중의 금속을 채취하여 원자 흡광광도법으로 분석하거나, 시료가 여과지의 표면 또는 표면 가까운 곳에 침착되므로 석면, 유리섬유 등 현미경분석을 취한 시료채취 등에 이용된다.
- 납, 철, 크롬 등 금속과 석면, 유리섬유 등을 포집할 수 있다.
- 산업용 축전지를 제조하는 사업장에서 공기 중 납 농도를 측정하기 위해 사용할 때 사용된다.

---

41 ———————• Repetitive Learning (1회 2회 3회)

메틸메타크릴레이트가 7m×14m×2m의 체적을 가진 방에 저장되어 있으며 공기를 공급하기 전에 측정한 농도는 400ppm이었다. 이 방으로 환기량을 20m^3/min을 공급한 후 노출기준인 100ppm으로 달성되는 데 걸리는 시간은?

① 약 13.6분
② 약 18.4분
③ 약 23.2분
④ 약 27.6분

해설

- 작업장의 기적은 7×14×2 = 196m^3이다.
- 유효환기량이 20m^3/min, C_1이 400, C_2가 100이므로 대입하면
$$t = -\frac{196}{20} ln\left(\frac{100}{400}\right) = 13.586[\text{min}]\text{이다.}$$

유해물질의 농도를 감소시키기 위한 환기

ⓐ 농도 C_1에서 C_2까지 농도를 감소시키는데 걸리는 시간 [실기]
0302/0403/0602/0603/0902/1103/1301/1303/1702/1703/1802/2102

- 감소시간 $t = -\dfrac{V}{Q} ln\left(\dfrac{C_2}{C_1}\right)$로 구한다. 이때 V는 작업장 체적[m^3], Q는 공기의 유입속도[m^3/min], C_2는 희석후 농도[ppm], C_1은 희석전 농도[ppm]이다.

ⓑ 작업을 중지한 후 t분 지난 후 농도 C_2 [실기] 1102/1903

- t분이 지난 후의 농도 $C_2 = C_1 \cdot e^{-\frac{Q}{V}t}$로 구한다.

1702

42 ———————• Repetitive Learning (1회 2회 3회)

여포집진기에서 처리할 배기 가스량이 2m^3/sec이고 여포집진기의 면적이 6m^{2}일 때 여과속도는 약 몇 cm/sec인가?

① 25
② 30
③ 33
④ 36

해설

- 대입하면 여과속도는 $\frac{2}{6} = 0.33 \cdots$[m/sec]이나 구하고자 하는 단위가 [cm/sec]이므로 100을 곱하면 33.33[cm/sec]가 된다.

여과속도

- 여포제진장치에서 여과속도 = $\dfrac{\text{배기가스량}}{\text{여포 총면적}}$[m/sec]로 구한다. 이때 배기가스량[$m^3$/sec], 여포 총면적[$m^2$]이다.

43

●Repetitive Learning 〔1회 2회 3회〕

작업환경 내의 공기를 치환하기 위해 전체 환기법을 사용할 때의 조건으로 맞지 않는 것은?

① 소량의 오염물질이 일정 속도로 작업장으로 배출될 때
② 유해물질의 독성이 작을 때
③ 동일작업장 내에 배출원이 고정성일 때
④ 작업공정상 국소배기가 불가능할 때

> **해설**
> • 오염발생원이 이동성인 경우 전체 환기를 적용할 수 있다.
>
> ✦✦ 전체 환기법을 적용할 수 있는 일반적인 상황 **실기** 0301/0503/0702/ 0801/0902/1101/1203/1501/1602/1803/1901/1902/2002/2003/2004/2103/ 2201
> • 작업장 특성상 국소배기장치의 설치가 불가능한 경우
> • 동일사업장에 다수의 오염발생원이 분산되어 있는 경우
> • 오염발생원이 이동성인 경우
> • 소량의 오염물질이 일정한 시간과 속도로 사업장으로 배출되는 경우
> • 오염발생원의 유해물질 발생량이 적거나 유해물질의 독성이 작을 때
> • 오염발생원이 근로자가 근무하는 장소로부터 멀리 떨어져 있거나 공기 중 유해물질농도가 노출기준 이하인 경우
> • 배출원에서 유해물질 발생량이 적어 국소배기로 환기하면 비경제적일 때
> • 오염물질이 증기나 가스일 때

1603

44

●Repetitive Learning 〔1회 2회 3회〕

공기 중의 사염화탄소 농도가 0.3%라면 정화통의 사용 가능 시간은?(단, 사염화탄소 0.5%에서 100분간 사용 가능한 정화통 기준)

① 166분   ② 181분
③ 218분   ④ 235분

> **해설**
> • 방독마스크의 성능이 0.5%에서 60분이므로 대입하면
> 사용 가능 시간 = $\frac{0.5 \times 100}{0.3}$ = 166.67분이 된다.
>
> ✦✦ 방독마스크의 사용 가능 시간 **실기** 1101/1401
> • 방독마스크의 유효시간, 파과시간이라고도 한다.
> • 사용 가능 시간 = $\frac{표준유효시간 \times 시험농도}{공기 중 유해가스농도}$ 로 구한다.
> • 할당보호계수 = $\frac{작업장 오염물질 농도}{방독마스크 내부 농도}$ 으로 구한다.

45

●Repetitive Learning 〔1회 2회 3회〕

작업장에 직경이 5μm이면서 비중이 3.5인 입자와 직경이 6μm이면서 비중이 2.2인 입자가 있다. 작업장의 높이가 6m일 때 모든 입자가 가라앉는 최소 시간은?

① 약 42분   ② 약 72분
③ 약 102분   ④ 약 132분

> **해설**
> • 리프만의 침강속도 공식에 대입하면 침강속도 $V_1 = 0.003 \times 5^2 \times 3.5 = 0.2625$인 입자와 $V_2 = 0.003 \times 6^2 \times 2.2 = 0.2376$[cm/sec] 인 입자가 있다.
> • 속도가 느린 입자가 늦게 가라앉을 것이므로 모든 입자가 가라앉는데 걸리는 시간은 속도가 느린 입자의 속도를 기준으로 하면 된다.
> • 공장이 높이가 600cm이므로 대입하면 $\frac{600}{0.2376}$[sec]가 되는데 구하는 것은 분이므로 60으로 나눠주면 42.087분이 된다.
>
> ✦✦ 가라앉는데 걸리는 시간
> • 걸리는 시간은 $\frac{작업장의 높이[cm]}{침강속도[cm/sec]}$[sec]로 구한다.

1502 / 1703

46

●Repetitive Learning 〔1회 2회 3회〕

덕트 직경이 30cm이고 공기유속이 5m/s일 때, 레이놀즈수는 약 얼마인가?(단, 공기의 점성계수는 20℃에서 1.85×10^{-5}kg/sec · m, 공기밀도는 20℃에서 1.2kg/m^3이다)

① 97,300   ② 117,500
③ 124,400   ④ 135,200

> **해설**
> • 덕트 직경, 공기유속, 점성계수, 밀도가 주어졌으므로 레이놀즈수는 $Re = \frac{\rho v_s L}{\mu}$로 구할 수 있다.
> • 대입하면 $Re = \frac{1.2 \times 5 \times 0.3}{1.85 \times 10^{-5}} = 0.97297\cdots \times 10^5$이 된다.
>
> ✦✦ 레이놀즈(Reynolds)수 계산 **실기** 0303/0403/0502/0503/0603/0702/ 1001/1201/1203/1301/1401/1601/1702/1801/1901/1902/1903/2001/2101/2103/ 2201/2203
> • $Re = \frac{\rho v_s^2/L}{\mu v_s/L^2} = \frac{\rho v_s L}{\mu} = \frac{v_s L}{\nu} = \frac{관성력}{점성력}$로 구할 수 있다.
> v_s는 유동의 평균속도[m/s]
> L은 특성길이(관의 내경, 평판의 길이 등)[m]
> μ는 유체의 점성계수[kg/sec · m]
> ν는 유체의 동점성계수[m^2/s]
> ρ는 유체의 밀도[kg/m^3]

47

0902 / 1001 / 1502 / 2001

• Repetitive Learning 1회 2회 3회

강제환기의 효과를 제고하기 위한 원칙으로 틀린 것은?

① 오염물질 배출구는 가능한 한 오염원으로부터 가까운 곳에 설치하여 점 환기 현상을 방지한다.
② 공기배출구와 근로자의 작업 위치 사이에 오염원이 위치하여야 한다.
③ 공기가 배출되면서 오염장소를 통과하도록 공기배출구와 유입구의 위치를 선정한다.
④ 오염원 주위에 다른 작업공정이 있으면 공기배출량을 공급량보다 약간 크게 하여 음압을 형성하여 주위 근로자에게 오염물질이 확산되지 않도록 한다.

해설

• 오염물질 배출구는 가능한 한 오염원으로부터 가까운 곳에 설치하여 점 환기효과를 얻어야 한다.

✿ 강제환기를 실시하는 데 환기효과를 제고시킬 수 있는 필요 원칙
실기 1201/1402/1703/2001/2202
• 오염물질 사용량을 조사하여 필요 환기량을 계산한다.
• 배출공기를 보충하기 위하여 청정공기를 공급할 수 있다.
• 오염물질 배출구는 가능한 한 오염원으로부터 가까운 곳에 설치하여 점환기 효과를 얻는다.
• 공기배출구와 근로자의 작업 위치 사이에 오염원이 위치하여야 한다.
• 공기가 배출되면서 오염장소를 통과하도록 공기배출구와 유입구의 위치를 선정한다.
• 건물 밖으로 배출된 오염공기가 다시 건물 안으로 유입되지 않도록 배출구 높이를 적절히 설계하고 창문이나 문 근처에 위치하지 않도록 한다.
• 오염원 주위에 다른 작업공정이 있으면 공기배출량을 공급량보다 약간 크게 하여 음압을 형성하여 주위 근로자에게 오염물질이 확산되지 않도록 한다.

48

1503

• Repetitive Learning 1회 2회 3회

어떤 작업장에서 메틸알코올(비중 0.792, 분자량 32.04)이 시간당 1.0L 증발되어 공기를 오염시키고 있다. 여유계수 K 값은 3이고, 허용기준 TLV는 200ppm이라면 이 작업장을 전체 환기시키는 데 요구되는 필요환기량은?(단, 1기압, 21℃ 기준)

① $120m^3$/min
② $150m^3$/min
③ $180m^3$/min
④ $210m^3$/min

해설

• 공기 중에 계속 오염물질이 발생하고 있는 경우의 필요환기량
$Q = \dfrac{G \times K}{TLV}$로 구한다.

• 증발하는 메틸알코올의 양은 있지만 공기 중에 발생하는 오염물질의 양은 없으므로 공기 중에 발생하는 오염물질의 양을 구한다.

• 비중은 질량/부피이므로 이를 이용하면 메틸알코올 1L는 1000ml ×0.792 =792g/hr이다.

• 공기 중에 발생하고 있는 오염물질의 용량은 0℃, 1기압에 1몰당 22.4L인데 현재 21℃라고 했으므로 $22.4 \times \dfrac{294}{273} = 24.12 \cdots$L이므로 792g은 $\dfrac{792}{32.04} = 24.719 \cdots$몰이므로 596.22L/hr이 발생한다.

• TLV는 200ppm이고 이는 200mL/m^3이므로 필요환기량
$Q = \dfrac{596.22 \times 1,000 \times 3}{200} = 8,943.37m^3$/ hr이 된다.

• 구하고자 하는 필요 환기량은 분당이므로 60으로 나눠주면 149.056m^3/min가 된다.

✿ 필요 환기량 실기 0401/0502/0601/0602/0603/0703/0801/0803/0901/0903/1001/1002/1101/1201/1302/1403/1501/1601/1602/1702/1703/1801/1803/1903/2001/2003/2004/2101/2201
• 후드로 유입되는 오염물질을 포함한 공기량을 말한다.
• 필요 환기량 Q=A · V로 구한다. 여기서 A는 개구면적, V는 제어속도이다.
• 공기 중에 계속 오염물질이 발생하고 있는 경우의 필요환기량
$Q = \dfrac{G \times K}{TLV}$로 구한다. 이때 G는 공기 중에 발생하고 있는 오염물질의 용량, TLV는 허용기준, K는 여유계수이다.

49

1503

• Repetitive Learning 1회 2회 3회

송풍량(Q)이 300m^3/min일 때 송풍기의 회전속도는 150RPM이었다. 송풍량을 500m^3/min으로 확대시킬 경우 같은 송풍기의 회전속도는 대략 몇 RPM이 되는가?(단, 기타 조건은 같다고 가정함)

① 약 200RPM
② 약 250RPM
③ 약 300RPM
④ 약 350RPM

해설

• 송풍량은 회전속도(비)에 비례한다.
• 송풍기의 크기와 공기 비중이 일정한 상태에서 송풍량이 $\dfrac{5}{3}$배로 증가하면 송풍기의 회전속도도 $\dfrac{5}{3}$배로 증가한다.
• $150 \times \dfrac{5}{3} = 250$RPM이 된다.

송풍기의 상사법칙 실기 0402/0403/0501/0701/0803/0902/0903/1001/1102/1103/1201/1303/1401/1501/1502/1503/1603/1703/1802/1901/1903/2001/2002

송풍기 크기 일정 공기 비중 일정	• 송풍량은 회전속도(비)에 비례한다. • 풍압(정압)은 회전속도(비)의 제곱에 비례한다. • 동력은 회전속도(비)의 세제곱에 비례한다.
송풍기 회전수 일정 공기의 중량 일정	• 송풍량은 회전차 직경의 세제곱에 비례한다. • 풍압(정압)은 회전차 직경의 제곱에 비례한다. • 동력은 회전차 직경의 오제곱에 비례한다.
송풍기 회전수 일정 송풍기 크기 일정	• 송풍량은 비중과 온도에 무관하다. • 풍압(정압)은 비중에 비례, 절대온도에 반비례한다. • 동력은 비중에 비례, 절대온도에 반비례한다.

51 ●—————● Repetitive Learning 〔1회 2회 3회〕

공기가 20℃의 송풍관 내에서 20m/sec의 유속으로 흐르는 상태에서는 속도압은?(단, 공기밀도는 1.2kg/m^3로 한다)

① 약 15.5mmH₂O

② 약 24.5mmH₂O

③ 약 33.5mmH₂O

④ 약 40.2mmH₂O

해설

• 속도압(동압) $VP = \dfrac{\gamma V^2}{2g}[mmH_2O]$로 구한다.

• 주어진 값들을 대입하면 $VP = \dfrac{1.2 \times 20^2}{2 \times 9.8} = 24.489 \cdots [mmH_2O]$ 가 된다.

속도압(동압) 실기 0402/0602/0803/1003/1101/1301/1402/1502/1601/1602/1703/1802/2001/2201

• 속도압(VP)은 전압(TP)에서 정압(SP)을 뺀 값으로 구한다.

• 동압 $VP = \dfrac{\gamma V^2}{2g}[mmH_2O]$로 구한다. 이때 γ는 표준공기일 경우 1.203[kgf/m^3]이며, g는 중력가속도로 9.81[m/s^2]이다.

• VP[mmH_2O]를 알면 공기속도는 $V = 4.043 \times \sqrt{VP}$[m/s]로 구한다.

50 ●—————● Repetitive Learning 〔1회 2회 3회〕

어떤 단순후드의 유입계수가 0.90이고 속도압이 20 mmH₂O일 때 후드의 유입손실은?

① 2.4mmH₂O

② 3.6mmH₂O

③ 4.7mmH₂O

④ 6.8mmH₂O

해설

• 유입손실계수(F) = $\dfrac{1 - C_e^2}{C_e^2} = \dfrac{1}{C_e^2} - 1$이므로 대입하면

$\dfrac{1}{0.9^2} - 1 = 0.234 \cdots$이다.

• 유입손실은 VP×F이므로 대입하면 $20 \times 0.234 = 4.69 mmH_2O$가 된다.

후드의 유입계수와 유입손실계수 실기 0502/0801/0901/1001/1102/1303/1602/1603/1903/2002/2103

• 후드에서의 압력손실이 유량의 저하로 나타나는 현상이다.

• 유입계수 C_e가 1에 가까울수록 이상적인 후드에 가깝다.

• 유입계수는 속도압/후드정압의 제곱근으로 구할 수 있다.

• 유입계수(C_e) = $\dfrac{실제적\ 유량}{이론적\ 유량} = \dfrac{실제\ 흡인유량}{이론\ 흡인유량} = \sqrt{\dfrac{1}{1+F}}$으로 구한다.

이때 F는 후드의 유입손실계수로 $\dfrac{\triangle P}{VP}$ 즉, $\dfrac{압력손실}{속도압(동압)}$으로 구할 수 있다.

• 유입(압력)손실계수(F) = $\dfrac{1 - C_e^2}{C_e^2} = \dfrac{1}{C_e^2} - 1$로 구한다.

52 ●—————● Repetitive Learning 〔1회 2회 3회〕

다음 중 국소배기장치에서 공기공급시스템이 필요한 이유와 가장 거리가 먼 것은?

① 에너지 절감

② 안전사고 예방

③ 작업장의 교차기류 촉진

④ 국소배기장치의 효율 유지

해설

• 작업장의 교차기류(방해기류)의 생성을 방지하기 위해서 공기공급시스템이 필요하다.

공기공급시스템

ㄱ) 개요

• 보충용 공기의 공급장치를 말한다.

ㄴ) 필요 이유 실기 0502/1303/1601/2003

• 연료를 절약하기 위해서

• 작업장 내 안전사고를 예방하기 위해서

• 국소배기장치의 적절하고 효율적인 운영을 위해서

• 작업장의 교차기류(방해기류)의 생성을 방지하기 위해서

53

전기집진기의 장점에 관한 설명으로 옳지 않은 것은?

① 낮은 압력손실로 대량의 가스를 처리할 수 있다.

② 가연성 입자의 처리가 용이하다.

③ 회수가치성이 있는 입자 포집이 가능하다.

④ 고온의 가스를 처리할 수 있어 보일러와 철강로 등에 설치할 수 있다.

해설

• 전기집진장치는 가스물질이나 가연성 입자의 처리가 곤란하다.

✿ 전기집진장치 실기 1801

　㉠ 개요

　　• 0.01㎛ 정도의 미세분진까지 모든 종류의 고체, 액체 입자를 효율적으로 포집할 수 있는 집진기이다.

　　• 코로나 방전과 정전기력을 이용하여 먼지를 처리한다.

　㉡ 장·단점

장점	• 넓은 범위의 입경과 분진농도에 집진효율이 높다. • 압력손실이 낮으므로 송풍기의 운전 및 유지비가 적게 소요된다. • 고온 가스를 처리할 수 있어 보일러와 철강로 등에 설치할 수 있다. • 낮은 압력손실로 대량의 가스를 처리할 수 있다. • 회수가치성이 있는 입자 포집이 가능하다. • 건식 및 습식으로 집진할 수 있다.
단점	• 설치 공간을 많이 차지한다. • 초기 설치비와 설치 공간이 많이 든다. • 가스물질이나 가연성 입자의 처리가 곤란하다. • 전압변동과 같은 조건변동에 적응하기 어렵다.

54

원심력 송풍기 중 전향 날개형 송풍기에 관한 설명으로 틀린 것은?

① 송풍기의 임펠러가 다람쥐 쳇바퀴 모양으로 생겼으며 송풍기 깃이 회전방향과 동일한 방향으로 설계되어 있다.

② 평판형 송풍기라고도 하며 깃이 분진의 자체정화가 가능한 구조로 되어 있다.

③ 동일 송풍량을 발생시키기 위한 임펠러 회전속도는 상대적으로 낮아 소음 문제가 거의 없다.

④ 이송시켜야 할 공기량은 많으나 압력손실이 작게 걸리는 전체환기나 공기조화용으로 널리 사용된다.

해설

• ②는 방사날개형 송풍기에 대한 설명이다.

✿ 전향 날개형 송풍기

　• 송풍기의 임펠러가 다람쥐 쳇바퀴 모양으로 생겼으며 송풍기 깃이 회전방향과 동일한 방향으로 설계되어 있다.

　• 동일 송풍량을 발생시키기 위한 임펠러 회전속도가 상대적으로 낮아 소음문제가 거의 발생하지 않는다.

　• 이송시켜야 할 공기량은 많으나 압력손실이 적게 걸리는 전체 환기나 공기 조화용으로 사용된다.

　• 높은 압력손실에서 송풍량이 급격하게 떨어진다.

　• 강도문제가 그리 중요하지 않기 때문에 저가로 제작이 가능하다.

55

청력보호구의 차음효과를 높이기 위한 유의사항 중 틀린 것은?

① 청력보호구는 머리의 모양이나 귓구멍에 잘 맞는 것을 사용한다.

② 청력보호구는 잘 고정시켜서 보호구 자체의 진동을 최소한도로 줄여야 한다.

③ 청력보호구는 기공(氣孔)이 많은 재료를 사용하여 제조한다.

④ 귀덮개 형식의 보호구는 머리카락이 길 때와 안경테가 굵어서 잘 밀착되지 않을 때는 사용이 어렵다.

해설

• 청력보호구는 기공(氣孔)이 많으면 기공 속의 수분이 귀염증을 유발할 수 있으므로 기공이 많은 재료를 피해야 한다.

✿ 청력보호구의 차음효과

　• 소음으로 인한 청력손실을 예방하는 최소한의 대책이다.

　• 청력보호구는 머리의 모양이나 귓구멍에 잘 맞는 것을 사용한다.

　• 청력보호구는 잘 고정시켜서 보호구 자체의 진동을 최소한도로 줄여야 한다.

　• 청력보호구는 기공(氣孔)이 많으면 기공 속의 수분이 귀염증을 유발할 수 있으므로 기공이 많은 재료를 피해야 한다.

　• 귀덮개 형식의 보호구는 머리카락이 길 때와 안경테가 굵어서 잘 밀착되지 않을 때는 사용이 어렵다.

56

작업환경 개선의 기본원칙인 대치의 방법과 가장 거리가 먼 것은?

① 장소의 변경　　　　② 시설의 변경

③ 공정의 변경　　　　④ 물질의 변경

해설

- 대치의 3원칙은 시설, 공정, 물질의 변경이다.

- 🔆 작업환경 개선의 기본원칙 [실기] 0803/1103/1501/1603/2202
  - 설비 개선 등의 조치 등이 어려울 경우 노출 가능성이 있는 근로자에게 보호구를 착용할 수 있도록 한다.

대치	• 가장 효과적이며 우수한 관리대책이다. • 대치의 3원칙은 시설, 공정, 물질의 변경이다. • 물질대치는 경우에 따라서 지금까지 알려지지 않았던 전혀 다른 장해를 줄 수 있음 • 장비대치는 적절한 대치방법 개발의 어려움
격리	• 작업자와 유해인자 사이에 장벽을 놓는 것 • 보호구를 사용하는 것도 격리의 한 방법 • 거리, 시간, 공정, 작업자 전체를 대상으로 실시하는 대책 • 비교적 간단하고 효과도 좋음
환기	• 설계, 시설설치, 유지보수가 필요 • 공정을 그대로 유지하면서 효율적 관리가능한 방법은 국소배기방식
교육	• 노출 근로자 관리방안으로 교육훈련 및 보호구 착용

57

1502

━━━━━━━━ ● Repetitive Learning 〔1회 2회 3회〕

유효전압이 $120\,\mathrm{mmH_2O}$, 송풍량이 $306\,\mathrm{m^3/min}$인 송풍기의 축동력이 7.5kW일 때 이 송풍기의 전압 효율은?(단, 기타 조건은 고려하지 않음)

① 65%
② 70%
③ 75%
④ 80%

해설

- 송풍량이 분당으로 주어질 때 송풍기 소요동력은 $\dfrac{송풍량 \times 전압}{6,120 \times 효율}$ ×여유율[kW]로 구할 수 있으므로 이를 이용해 전압 효율을 구할 수 있다.
- 다른 조건 없이 전압, 송풍량, 동력만 주어지므로 효율은 $\dfrac{송풍량 \times 전압}{동력 \times 6,120} \times 100[\%]$으로 구할 수 있다.
- 대입하면 $\dfrac{306 \times 120}{7.5 \times 6,120} \times 100 = 80[\%]$가 된다.

- 🔆 송풍기의 소요동력 [실기] 0402/0403/0602/0603/0901/1101/1201/1402/1501/1601/1802/1903
  - 송풍량이 초당으로 주어질 때 $\dfrac{송풍량 \times 전압}{6,120 \times 효율} \times 여유율[kW]$로 구한다.
  - 송풍량이 분당으로 주어질 때 $\dfrac{송풍량 \times 전압}{6,120 \times 효율} \times 여유율[kW]$로 구한다.
  - 여유율이 주어지지 않을 때는 1을 적용한다.

58

━━━━━━━━ ● Repetitive Learning 〔1회 2회 3회〕

작업환경의 관리원칙인 대치 중 물질의 변경에 따른 개선 예로 가장 거리가 먼 것은?

① 성냥 제조 시 : 황린 대신 적린으로 변경
② 금속세척작업 : TCE를 대신하여 계면활성제로 변경
③ 세탁 시 화재예방 : 불화탄화수소 대신 사염화탄소로 변경
④ 분체 입자 : 큰 입자로 대치

해설

- 세탁 시 화재 예방을 위해 석유나프타 대신 4클로로에틸렌을 사용해야 한다.

- 🔆 대치의 원칙

시설의 변경	• 가연성 물질을 유리병 대신 철제통에 저장 • Fume 배출 드라프트의 창을 안전 유리창으로 교체
공정의 변경	• 건식공법의 습식공법으로 전환 • 전기 흡착식 페인트 분무방식 사용 • 금속을 두들겨 자르던 공정을 톱으로 절단 • 알코올을 사용한 엔진 개발 • 도자기 제조공정에서 건조 후에 하던 점토의 조합을 건조 전에 실시 • 땜질한 납 연마 시 고속회전 그라인더의 사용을 저속 Oscillating-typesander로 변경
물질의 변경	• 성냥 제조시 황린 대신 적린 사용 • 단열재 석면을 대신하여 유리섬유나 암면 또는 스티로폼 등을 사용 • 야광시계 자판에 Radium을 인으로 대치 • 금속표면을 블라스팅할 때 사용재료로서 모래 대신 철 구슬을 사용 • 페인트 희석제를 석유나프타에서 사염화탄소로 대치 • 분체 입자를 큰 입자로 대체 • 금속세척 시 TCE를 대신하여 계면활성제로 변경 • 세탁 시 화재 예방을 위해 석유나프타 대신 4클로로에틸렌을 사용 • 세척작업에 사용되는 사염화탄소를 트리클로로에틸렌으로 전환 • 아조염료의 합성에 벤지딘 대신 디클로로벤지딘을 사용 • 페인트 내에 들어있는 납을 아연 성분으로 전환

59

━━━━━━━━ ● Repetitive Learning 〔1회 2회 3회〕

온도 125℃, 800mmHg인 관내로 $100\,m^3/\mathrm{min}$의 유량의 기체가 흐르고 있다. 표준상태(21℃, 760mmHg)인 유량으로는 얼마인가?

① 약 $52\mathrm{m^3/min}$
② 약 $69\mathrm{m^3/min}$
③ 약 $78\mathrm{m^3/min}$
④ 약 $83\mathrm{m^3/min}$

해설

- 유량은 부피와 같은 개념으로 취급하면 되므로 보일-샤를의 법칙

이 성립해야 하므로 $V_2 = V_1 \times \dfrac{T_2}{T_1} \times \dfrac{P_1}{P_2}$ 로 구할 수 있다.

- 대입하면 $V_2 = 100 \times \dfrac{294}{398} \times \dfrac{800}{760} = 77.757 \cdots [m^3/min]$가 된다.

⁂ 보일-샤를의 법칙 [실기] 0701/0702/0803/0901/0903/1001/1102/1302/1401/1403/1702/1903/2003

- 기체의 압력, 온도, 부피의 관계를 나타낸 법칙이다.

- $\dfrac{P_1 V_1}{T_1} = \dfrac{P_2 V_2}{T_2}$ 이 성립한다. 여기서 P는 압력, V는 부피, T는 절대온도(273+섭씨온도)이다.

60 ──────── • Repetitive Learning (1회 2회 3회)

후드로부터 25cm 떨어진 곳에 있는 금속제품의 연마 공정에서 발생되는 금속먼지를 제거하고자 한다. 제어속도는 5m/sec로 설정하였다. 후드 직경이 40cm인 원형 후드를 이용하여 제어하고자 한다. 이때의 환기량(m^3/분)은?(단, 원형 후드는 공간에 위치하며 플랜지가 부착되었음)

① $129 m^3/$분 　② $149 m^3/$분
③ $169 m^3/$분 　④ $189 m^3/$분

해설

- 공간에 위치하며, 플랜지가 있으므로 필요 환기량
  $Q = 60 \times 0.75 \times V_c (10X^2 + A)[m^3/min]$이다.
- 단면적은 반지름이 0.20이므로 $\pi r^2 = 3.14 \times 0.2^2 = 0.1256[m^2]$이다.
- 대입하면 $Q = 60 \times 0.75 \times 5 \times (10 \times 0.25^2 + 0.1256) = 168.885$
  $[m^3/min]$이다.

⁂ 측방 외부식 플랜지 부착 원형 또는 장방형 후드 [실기] 0601/0702/1502/1601/1701/1803/2002/2003/2201

- 자유공간에 위치하며, 플랜지가 있는 경우에 해당한다.
- 필요 환기량 $Q = 60 \times 0.75 \times V_c (10X^2 + A)$로 구한다. 이때 Q는 필요 환기량$[m^3/min]$, V_c는 제어속도$[m/sec]$, A는 개구면적$[m^2]$, X는 후드의 중심선으로부터 발생원까지의 거리$[m]$이다.

0902 / 1702

61 ──────── • Repetitive Learning (1회 2회 3회)

충격소음에 대한 정의로 맞는 것은?

① 최대음압수준에 100dB(A) 이상인 소음이 1초 이상의 간격으로 발생하는 것을 말한다.
② 최대음압수준에 100dB(A) 이상인 소음이 2초 이상의 간격으로 발생하는 것을 말한다.
③ 최대음압수준에 120dB(A) 이상인 소음이 1초 이상의 간격으로 발생하는 것을 말한다.
④ 최대음압수준에 130dB(A) 이상인 소음이 2초 이상의 간격으로 발생하는 것을 말한다.

해설

- 충격소음이라 함은 최대음압수준에 120dB(A) 이상인 소음이 1초 이상의 간격으로 발생하는 것을 말한다.

⁂ 소음 노출기준

　㉠ 소음의 허용기준

1일 노출시간(hr)	허용 음압수준(dBA)
8	90
4	95
2	100
1	105
1/2	110
1/4	115

　㉡ 충격소음 허용기준

- 최대 음압수준이 140dB(A)를 초과하는 충격소음에 노출되어서는 안 된다.
- 충격소음이라 함은 최대음압수준에 120dB(A) 이상인 소음이 1초 이상의 간격으로 발생하는 것을 말한다.

충격소음강도(dBA)	허용 노출 횟수(회)
140	100
130	1,000
120	10,000

62 ──────── • Repetitive Learning (1회 2회 3회)

유해광선 중 적외선의 생체작용으로 인하여 발생될 수 있는 장해와 가장 관계가 적은 것은?

① 안장해　　　　　　② 피부장해
③ 조혈장해　　　　　④ 두부장해

- 적외선은 피부조직 온도를 상승시켜 충혈, 혈관확장, 백내장, 각막손상, 두부장해, 뇌막자극으로 인한 열사병을 일으키는 유해광선이다.

∷ 적외선
- 용광로나 가열로에서 주로 발생되며 열의 노출과 관련되어 있어 열선이라고도 하는 비전리방사선이다.
- 물체가 작열(灼熱)되면 방출되므로 광물이나 금속의 용해작업, 로(furnace)작업 특히 제강, 용접, 야금공정, 초자제조공정, 레이저, 가열램프 등에서 발생된다.
- 태양으로부터 방출되는 복사에너지의 52%를 차지한다.
- 파장이 700nm~1mm에 해당한다.
- 피부조직 온도를 상승시켜 충혈, 혈관확장, 백내장, 각막손상, 두부장해, 뇌막자극으로 인한 열사병을 일으키는 유해광선이다.

해설

- 단위면적당 질량이 2배로 증가하면 투과손실은 6dB 증가효과를 갖는다.

∷ 투과손실
- 재료의 한쪽 면에 입사되는 소리에너지와 재료의 후면으로 통과되어 나오는 소리에너지의 차이를 말한다.
- 투과손실은 차음 성능을 dB 단위로 나타내는 수치라 할 수 있다.
- 투과손실의 값이 클수록 차음성능이 우수한 재료라 할 수 있다.
- 투과손실 $TL = 20\log\dfrac{mw}{2\rho c}$ 로 구할 수 있다. 이때 m은 질량, w는 각주파수, ρ는 공기의 밀도, c는 음속에 해당한다.
- 동일한 벽일 경우 단위면적당 질량 m이 증가할수록 투과손실이 증가한다.
- 단위면적당 질량이 2배로 증가하면 투과손실은 6dB 증가효과를 갖는다.

2102

63 ●━━ Repetitive Learning (1회 2회 3회)

다음 중 이상기압의 인체작용으로 2차적인 가압현상과 가장 거리가 먼 것은?(단, 화학적 장해를 말한다)

① 질소마취　　　　　② 산소 중독
③ 이산화탄소의 중독　④ 일산화탄소의 작용

해설

- 고압 환경의 2차성 압력현상에는 질소마취, 산소중독, 이산화탄소 중독 등이 있다.

∷ 고압 환경의 생체작용
- 1차성 압력현상 – 생체강과 환경간의 기압차이로 인한 기계적 작용으로 울혈, 부종, 출혈, 동통과 함께 귀, 부비강, 치아의 압통 등이 발생할 수 있다.
- 2차성 압력현상 – 고압하의 대기가스의 독성으로 인한 현상으로 질소마취, 산소 중독, 이산화탄소 중독 등이 있다.

0301 / 0402 / 0702 / 1601 / 1801 / 2101 / 2103

64 ●━━ Repetitive Learning (1회 2회 3회)

작업장에 흔히 발생하는 일반 소음의 차음효과(transmission loss)를 위해서 장벽을 설치한다. 이때 장벽의 단위 표면적당 무게를 2배씩 증가함에 따라 차음효과는 약 얼마씩 증가하는가?

① 2dB　　　　　② 6dB
③ 10dB　　　　 ④ 16dB

1801

65 ●━━ Repetitive Learning (1회 2회 3회)

저기압의 작업환경에 대한 인체의 영향을 설명한 것으로 틀린 것은?

① 고도 18,000ft 이상이 되면 21% 이상의 산소를 필요로 하게 된다.
② 인체 내 산소 소모가 줄어들게 되어 호흡수, 맥박수가 감소한다.
③ 고도 10,000ft까지는 시력, 협조운동의 가벼운 장해 및 피로를 유발한다.
④ 고도상승으로 기압이 저하되면 공기의 산소분압이 저하되고 동시에 폐포내 산소분압도 저하된다.

해설

- 저기압의 영향으로 산소결핍을 보충하기 위하여 호흡수, 맥박수가 증가된다.

∷ 저기압 인체 영향
- 저기압의 영향으로 산소결핍을 보충하기 위하여 호흡수, 맥박수가 증가된다.
- 고도상승으로 기압이 저하되면 공기의 산소분압이 저하되고 동시에 폐포내 산소분압도 저하된다.
- 고도 10,000ft까지는 시력, 협조운동의 가벼운 장해 및 피로를 유발한다.
- 고도 18,000ft 이상이 되면 21% 이상의 산소를 필요로 하게 된다.

---

66 ———————● Repetitive Learning (1회 2회 3회)

다음 중 감압병의 예방 및 치료에 관한 설명으로 옳은 것은?

① 고압환경에서 작업할 때는 질소를 헬륨으로 대치한 공기를 호흡시키도록 한다.

② 잠수 및 감압방법에 익숙한 사람을 제외하고는 1분에 20m씩 잠수하는 것이 안전하다.

③ 정상기압보다 1.25기압을 넘지 않는 고압환경에 장시간 노출되었을 때는 서서히 감압시키도록 한다.

④ 감압병의 증상이 발생하였을 때는 인공적 산소 고압실에 넣어 산소를 공급시키도록 한다.

해설

- 잠수 및 감압방법은 특별히 잠수에 익숙한 사람을 제외하고는 1분에 10m 정도씩 잠수하는 것이 안전하다.
- Haldane의 실험근거상 정상기압보다 1.25기압을 넘지 않는 고압환경에는 아무리 오랫동안 폭로되거나 아무리 빨리 감압하더라도 기포를 형성하지 않는다.
- 감압병의 증상을 보일 경우 환자를 원래의 고압환경에 복귀시키거나 인공적 고압실에 넣어 혈관 및 조직 속에 발생한 질소의 기포를 다시 용해시킨 후 천천히 감압한다.

⁑ 감압병의 예방 및 치료
- 고압환경에서의 작업시간을 제한한다.
- 감압이 끝날 무렵에 순수한 산소를 흡입시키면 감압시간을 25%가량 단축시킬 수 있다.
- 특별히 잠수에 익숙한 사람을 제외하고는 10m/min 속도 정도로 잠수하는 것이 안전하다.
- 고압환경에서 작업할 때는 질소를 헬륨으로 대치한 공기를 호흡시키도록 한다.
- Haldane의 실험근거상 정상기압보다 1.25기압을 넘지 않는 고압환경에는 아무리 오랫동안 폭로되거나 아무리 빨리 감압하더라도 기포를 형성하지 않는다.
- 감압병의 증상을 보일 경우 환자를 원래의 고압환경에 복귀시키거나 인공적 고압실에 넣어 혈관 및 조직 속에 발생한 질소의 기포를 다시 용해시킨 후 천천히 감압한다.

67 ———————● Repetitive Learning (1회 2회 3회)

다음 중 음압이 2배로 증가하면 음압레벨(sound pressure level)은 몇 dB 증가하는가?

① 2   ② 3

③ 6   ④ 12

해설

- 기준음은 그대로인데 측정하려는 음압이 2배 증가했으므로 SPL은 $20\log\left(\frac{2}{1}\right)[dB]$ 증가하는 것이 되므로 $20 \times 0.301 = 6.02[dB]$이 증가한다.

⁑ 음압레벨(SPL ; Sound Pressure Level) 실기 0403/0501/0503/0901/1001/1102/1403/2004
- 기준이 되는 소리의 압력과 비교하여 로그적으로 표현한 값이다.
- $SPL = 20\log\left(\frac{P}{P_0}\right)[dB]$로 구한다. 여기서 P_0는 기준음압으로 $2 \times 10^{-5}[N/m^2]$ 혹은 $2 \times 10^{-4}[dyne/cm^2]$이다.
- 자유공간에 위치한 점음원의 음압레벨(SPL)은 음향파워레벨(PWL)$-20\log r -11$로 구한다. 이때 r은 소음원으로부터의 거리[m]이다.

68 ———————● Repetitive Learning (1회 2회 3회)

해수면의 산소분압은 약 얼마인가?(단, 표준상태 기준이며, 공기 중 산소함유량은 21vol%이다)

① 90mmHg   ② 160mmHg

③ 210mmHg   ④ 230mmHg

해설

- 해수면의 산소함유량은 21vol%이므로 산소의 분압은 $760 \times 0.21 = 159.6$mmHg이다.

⁑ 대기 중의 산소분압 실기 0702
- 분압이란 대기 중 특정 기체가 차지하는 압력의 비를 말한다.
- 대기압은 1atm=760mmHg=$10,332mmH_2O$=101.325kPa이다.
- 대기 중 산소는 21%의 비율로 존재하므로 산소의 분압은 $760 \times 0.21 = 159.6$mmHg이다.
- 산소의 분압은 산소의 농도에 비례한다.

69 ———————● Repetitive Learning (1회 2회 3회)

다음 중 열피로(Heat fatigue)에 관한 설명으로 가장 거리가 먼 것은?

① 권태감, 졸도, 과다발한, 냉습한 피부 등의 증상을 보이며 직장온도가 경미하게 상승할 수도 있다.

② 말초혈관 확장에 따른 요구 증대만큼의 혈관운동 조절이나 심박출력의 증대가 없을 때 발생한다.

③ 탈수로 인하여 혈장량이 감소할 때 발생한다.

④ 신체 내부에 체온조절계통이 기능을 잃어 발생하며, 수분 및 염분을 보충해주어야 한다.

- ④의 설명은 열경련에 대한 설명이다.

열피로(Heat fatigue)
- 고온환경에서 육체노동에 종사할 때 일어나기 쉬운 것으로 탈수로 인하여 혈장량이 감소할 때 발생하는 건강장해이다.
- 고온환경에서 장시간 노출되어 말초혈관 운동신경의 조절장애와 심박출량의 부족으로 순환부전, 특히 대뇌피질의 혈류량 부족이 주원인이다.
- 말초혈관 확장에 따른 요구 증대만큼의 혈관운동 조절이나 심박출력의 증대가 없을 때 발생한다.
- 권태감, 졸도, 과다발한, 냉습한 피부 등의 증상을 보이며 직장온도가 경미하게 상승할 수도 있다.

해설

- 전리방사선과 비전리방사선을 구분하는 에너지 강도는 약 12eV이다.

방사선의 구분
- 이온화 성질, 주파수, 파장 등에 따라 전리방사선과 비전리방사선으로 구분한다.
- 전리방사선과 비전리방사선을 구분하는 에너지 강도는 약 12eV이다.

전리방사선	중성자, X선, 알파(α)선, 베타(β)선, 감마(γ)선,
비전리방사선	자외선, 적외선, 레이저, 마이크로파, 가시광선, 극저주파, 라디오파

70

Repetitive Learning 1회 2회 3회

어떤 작업자가 일하는 동안 줄곧 약 75dB의 소음에 노출되었다면 55세에 이르러 그 사람의 청력도(Audiogram)에 나타날 유형으로 가장 가능성이 큰 것은?

① 고주파영역에서 청력손실이 증가한다.
② 2,000Hz에서 가장 큰 청력장애가 나타난다.
③ 저주파영역에 20~30dB의 청력손실이 나타난다.
④ 전체 주파영역에서 고르게 20~30dB의 청력손실이 일어난다.

해설

- 나이가 들어가면서 노인성 난청에 의해 고주파수대(약 6,000Hz)가 더 안들리게 될 가능성이 크다.

노인성 난청
- 나이가 들면서 청력이 손실되어 잘 듣지 못하는 증상을 말한다.
- 새소리나 귀뚜라미 소리와 같은 고주파수대(약 6,000Hz)가 더 안들리게 된다.
- 고주파영역으로 갈수록 큰 청력손실이 예상된다.

0703/0903

72

Repetitive Learning 1회 2회 3회

다음 중 광원으로부터의 밝기에 관한 설명으로 틀린 것은?

① 루멘은 1촉광의 광원으로부터 한 단위 입체각으로 나가는 광속의 단위이다.
② 밝기는 조사평면과 광원에 대한 수직평면이 이루는 각(cosine)에 비례한다.
③ 밝기는 광원으로부터의 거리 제곱에 반비례한다.
④ 1촉광은 4π루멘으로 나타낼 수 있다.

해설

- 밝기는 조사평면과 광원에 대한 수직평면이 이루는 각(cosine)에 반비례한다.

광원으로부터의 밝기
- 루멘은 1촉광의 광원으로부터 한 단위 입체각으로 나가는 광속의 단위이다.
- 밝기는 조사평면과 광원에 대한 수직평면이 이루는 각(cosine)에 반비례한다.
- 밝기는 광원으로부터의 거리 제곱에 반비례한다.
- 1촉광은 4π루멘으로 나타낼 수 있다.

1702

71

Repetitive Learning 1회 2회 3회

다음 설명 중 (   ) 안에 알맞은 내용은?

생체를 이온화시키는 최소에너지를 방사선을 구분하는 에너지 경계선으로 한다. 따라서 (   ) 이상의 광자에너지를 가지는 경우를 이온화 방사선이라 부른다.

① 1eV
② 12eV
③ 25eV
④ 50eV

0601 / 0902 / 1302

73

Repetitive Learning 1회 2회 3회

다음 중 한랭 환경에서의 일반적인 열평형방정식으로 옳은 것은?(단, ΔS은 생체 열용량의 변화, E는 증발에 의한 열방산, M은 작업대사량, R은 복사에 의한 열의 득실, C는 대류에 의한 열의 득실을 나타낸다)

① $\Delta S = M - E - R - C$
② $\Delta S = M - E + R - C$
③ $\Delta S = -M + E - R - C$
④ $\Delta S = -M + E + R + C$

해설

- 한랭환경에서는 복사 및 대류는 음(−)수 값을 취한다.

❖ **인체의 열교환**
　㉠ **경로**
　　• 복사 – 한겨울에 햇볕을 쬐면 기온은 차지만 따스함을 느끼는 것
　　• 대류 – 같은 온도에서도 바람이 부느냐 불지 않느냐에 따라 열손실이 달라지는 것
　　• 전도 – 달구어진 옥상 바닥에 손바닥을 짚을 때 손바닥으로 열이 전해지는 것
　　• 증발 – 피부 표면을 통해 인체의 열이 증발하는 것
　㉡ **열교환과정** 실기 0503/0801/0903/1403/1502/2201
　　• S=(M−W)±R±C−E
　　단, S는 열 축적, M은 대사, W는 일, R은 복사, C는 대류, E는 증발을 의미한다.
　　• 한랭환경에서는 복사 및 대류는 음(−)수 값을 취한다.
　　• 열교환에 영향을 미치는 요소에는 기온(Temperature), 기습(Humidity), 기류(Air movement) 등이 있다.

0602 / 1602

74 ● Repetitive Learning 1회 2회 3회

레이저(Lasers)에 관한 설명으로 틀린 것은?

① 레이저광에 가장 민감한 표적기관은 눈이다.
② 레이저광은 출력이 대단히 강력하고 극히 좁은 파장범위를 갖기 때문에 쉽게 산란하지 않는다.
③ 파장, 조사량 또는 시간 및 개인의 감수성에 따라 피부에 홍반, 수포형성, 색소침착 등이 생긴다.
④ 레이저광 중 에너지의 양을 지속적으로 축적하여 강력한 파동을 발생시키는 것을 지속파라 한다.

해설

- 레이저광 중 에너지의 양을 지속적으로 축적하여 강력한 파동을 발생시키는 것을 맥동파라 하고 이는 지속파보다 그 장해를 주는 정도가 크다.

❖ **레이저(Lasers)**
　• 레이저란 자외선, 가시광선, 적외선 가운데 인위적으로 특정 파장부위를 강력하게 증폭시켜 얻은 복사선이다.
　• 양자역학을 응용하여 아주 짧은 파장의 전자기파를 증폭 또는 발진하여 발생시키며, 단일파장이고 위상이 고르며 간섭현상이 일어나기 쉬운 특성이 있는 비전리방사선이다.
　• 강력하고 예리한 지향성을 지닌 광선이다.
　• 출력이 대단히 강력하고 극히 좁은 파장범위를 갖기 때문에 쉽게 산란하지 않는다.
　• 레이저광에 가장 민감한 표적기관은 눈이다.

- 파장, 조사량 또는 시간 및 개인의 감수성에 따라 피부에 홍반, 수포형성, 색소침착 등이 생기며 이는 가역적이다.
- 위험정도는 광선의 강도와 파장, 노출기간, 노출된 신체부위에 따라 달라진다.
- 레이저장해는 광선의 파장과 특정 조직의 광선 흡수능력에 따라 장해출현 부위가 달라진다.
- 200~400nm의 자외선 레이저광에서는 파장이 짧아질수록 눈에 대한 투과력이 감소한다.
- 피부에 대한 영향은 700nm~1mm에서 다소 강하게 작용한다.
- 레이저광 중 에너지의 양을 지속적으로 축적하여 강력한 파동을 발생시키는 것을 맥동파라 하고 이는 지속파보다 그 장해를 주는 정도가 크다.

0501 / 1801

75 ● Repetitive Learning 1회 2회 3회

다음 중 0.01W/m^2의 소리에너지를 발생시키고 있는 음원의 음향파워레벨(PWL, dB)은 얼마인가?

① 100
② 120
③ 140
④ 150

해설

- PWL = $10\log(W/W_0)$dB에서 W_0는 10^{-12}W이고, W가 0.01W이므로 대입하면 $10\log\left(\dfrac{10^{-2}}{10^{-12}}\right) = 10\log10^{10} = 100$dB이다.

❖ **음향파워레벨(PWL; Sound PoWer Level, 음력레벨)** 실기 0502/1603
　• 음향출력($W = I[W/m^2] \times S[m^2]$)의 양변에 대수를 취해 구한 값을 음향파워레벨, 음력레벨(PWL)이라 한다.
　• PWL = $10\log\dfrac{W}{W_0}$[dB]로 구한다. 여기서 W_0는 기준음향파워로 10^{-12}[W]이다.
　• PWL = SPL + 10logS로 구한다.
　이때, SPL은 음의 압력레벨, S는 음파의 확산면적[m^2]을 말한다.

0402 / 0403

76 ● Repetitive Learning 1회 2회 3회

다음 중 재질이 일정하지 않으며 균일하지 않으므로 정확한 설계가 곤란하고 처짐을 크게 할 수 없으며 고유진동수가 10Hz 전후밖에 되지 않아 진동방지보다는 고체음의 전파방지에 유익한 방진재료는?

① 방진고무
② felt
③ 공기용수철
④ 코르크

해설

- 방진고무는 소형 또는 중형기계에 주로 많이 사용하며 적절한 방진 설계를 하면 높은 효과를 얻을 수 있는 방진 방법이다.
- 펠트는 양모의 축융성을 이용하여 양모 또는 양모와 다른 섬유와의 혼합섬유를 수분, 열, 압력을 가하여 문질러서 얻는 재료로 양탄자 등을 만들 때 사용하는 방진재료이다.
- 공기스프링은 지지하중이 크게 변하는 경우에는 높이 조정변에 의해 그 높이를 조절할 수 있어 설비의 높이를 일정레벨을 유지시킬 수 있으며, 하중 변화에 따라 고유진동수를 일정하게 유지할 수 있고, 부하능력이 광범위하고 자동제어가 가능한 방진재료이다.

⁑ 코르크

- 재질이 일정하지 않으며 균일하지 않으므로 정확한 설계가 곤란하고 처짐을 크게 할 수 없으며 고유진동수가 10Hz 전후밖에 되지 않아 진동방지보다는 고체음의 전파방지에 유익한 방진재료이다.

해설

- 광색은 주광색에 가깝도록 할 것
- 장시간 작업시 가급적 간접조명이 되도록 설치할 것
- 일반적인 작업 시 좌상방에서 비치도록 할 것

⁑ 인공조명시에 고려하여야 할 사항

- 조명도를 균등히 유지할 것
- 경제적이며 취급이 용이할 것
- 광색은 주광색에 가깝도록 할 것
- 장시간 작업시 가급적 간접조명이 되도록 설치할 것
- 폭발성 또는 발화성이 없으며 유해가스를 발생하지 않을 것
- 일반적인 작업 시 좌상방에서 비치도록 할 것

---

77 ──────────● Repetitive Learning [1회 2회 3회]

0803

다음 중 전신진동에 있어 장기별 고유진동수가 올바르게 연결된 것은?

① 두개골 : 5~10Hz
② 흉강 : 15~35Hz
③ 안구 : 60~90Hz
④ 골반 : 50~100Hz

해설

- 인체의 경우 각 부분마다 공명하는 주파수가 다른데 두개골은 20~30Hz, 흉강은 6Hz, 골반은 8Hz에 공명한다.

⁑ 주파수 대역별 인체의 공명

- 1~3Hz에서 신체가 함께 움직여 멀미(motion sickness)와 같은 동요감을 느끼면서 호흡이 힘들고 산소소비가 증가한다.
- 4~12Hz에서 압박감과 동통감을 받게 된다.
- 6Hz에서 가슴과 등에 심한 통증을 느낀다.
- 20~30Hz 진동에 두부와 견부는 공명하며 시력 및 청력장애가 나타난다.
- 60~90Hz 진동에 안구는 공명한다.

---

78 ──────────● Repetitive Learning [1회 2회 3회]

다음 중 인공조명시에 고려하여야 할 사항으로 옳은 것은?

① 폭발과 발화성이 없을 것
② 광색은 야광색에 가까울 것
③ 장시간 작업 시 광원은 직접조명으로 할 것
④ 일반적인 작업 시 우상방에서 비치도록 할 것

---

79 ──────────● Repetitive Learning [1회 2회 3회]

2004

한랭 환경에서 발생할 수 있는 건강장해에 관한 설명으로 옳지 않은 것은?

① 혈관의 이상은 저온 노출로 유발되거나 악화된다.
② 참호족과 침수족은 지속적인 국소의 산소결핍 때문이며, 모세혈관 벽이 손상되는 것이다.
③ 전신체온강화는 단시간의 한랭폭로에 따른 일시적 체온상실에 따라 발생하는 중증장해에 속한다.
④ 동상에 대한 저항은 개인에 따라 차이가 있으나 중증환자의 경우 근육 및 신경조직 등 심부조직이 손상된다.

해설

- 전신체온강화는 장시간 한랭노출과 체열상실로 인한 급성 중증장애로, 심부온도가 37℃에서 26.7℃ 이하로 떨어지는 것을 말한다.

⁑ 한랭 환경에서의 건강장해

- 레이노씨 병과 같은 혈관 이상이 있을 경우에는 저온 노출로 유발되거나 그 증상이 악화된다.
- 참호족과 침수족은 지속적인 국소의 산소결핍 때문이며, 모세혈관 벽이 손상되는 것이다.(동상과 달리 영상의 온도에서 발생한다)
- 전신체온강화는 장시간 한랭노출과 체열상실로 인한 급성 중증장애로, 심부온도가 37℃에서 26.7℃ 이하로 떨어지는 것을 말한다.

---

80 ──────────● Repetitive Learning [1회 2회 3회]

0303 / 0502 / 0702 / 2004

다음 중 전리방사선에 대한 감수성이 가장 낮은 인체조직은?

① 골수
② 생식선
③ 신경조직
④ 임파조직

5과목 산업독성학

81 ——— Repetitive Learning (1회 2회 3회)

다음 중 발암성 및 생식독성물질로 알려진 Polychlori-nated Biphenyls(PCBs)가 과거에 가장 많이 사용 되었던 업종은?

① 식품공업
② 전기공업
③ 섬유공업
④ 폐기물처리업

해설

- 변압기내 절연유로 주로 사용되었으나 발암성으로 인해 사용이 중지되었다.

:: Polychlori-nated Biphenyls(PCBs)

- 강한 독성과 난분해성으로 암이나 내분비계장애(환경호르몬) 등을 유발하는 잔류성 유기오염물질이다.
- 변압기내 절연유로 주로 사용되었으나 2001년 스톡홀름협약으로 국제적 관리를 하게 되었다.

83 ——— Repetitive Learning (1회 2회 3회)

다음 중 납중독을 확인하는데 이용하는 시험으로 적절하지 않은 것은?

① 혈중의 납 농도
② 헴(heme)의 대사
③ 신경전달속도
④ EDTA 흡착능

해설

- EDTA는 흡착능이 아니라 이동사항을 측정해야한다.

:: 납중독 진단검사

- 소변 중 코프로포르피린이나 납, 델타-ALA의 배설량 측정
- 혈액검사(적혈구측정, 전혈비중측정)
- 혈액 중 징크-프로토포르피린(ZPP)의 측정
- 말초신경의 신경전달 속도
- 배설촉진제인 Ca-EDTA 이동사항
- 헴(Heme)합성과 관련된 효소의 혈중농도 측정
- 최근의 납의 노출정도는 혈액 중 납 농도로 확인할 수 있다.

82 ——— Repetitive Learning (1회 2회 3회)

규폐증(silicosis)에 관한 설명으로 옳지 않은 것은?

① 직업적으로 석영 분진에 노출될 때 발생하는 진폐증의 일종이다.
② 석면의 고농도분진을 단기적으로 흡입할 때 주로 발생되는 질병이다.
③ 채석장 및 모래분사 작업장에 종사하는 작업자들이 잘 걸리는 폐질환이다.
④ 역사적으로 보면 이집트의 미이라에서도 발견되는 오래된 질병이다.

84 ——— Repetitive Learning (1회 2회 3회)

다음 중 생물학적 노출지수(BEI)에 관한 설명으로 틀린 것은?

① 혈액에서 휘발성 물질의 생물학적 노출지수는 동맥 중의 농도를 말한다.
② 유해물질의 대사산물, 유해물질 자체 및 생화학적 변화 등을 총칭한다.
③ 배출이 빠르고 반감기가 5분 이내의 물질에 대해서는 시료채취시기가 대단히 중요하다.
④ 시료는 소변, 호기 및 혈액 등이 주로 이용된다.

- 혈액에서 휘발성 물질의 생물학적 노출지수는 정맥 중의 농도를 말한다.

:: 생물학적 노출지표(BEI)
- 노출근로자의 호기, 요, 혈액, 기타 생체시료로 분석하게 된다.
- 유해물질의 대사산물, 유해물질 자체 및 생화학적 변화 등을 총칭한다.
- 유해물의 전반적인 노출량을 추정할 수 있다.
- 현 환경이 잠재적으로 갖고 있는 건강장해 위험을 결정하는 데에 지침으로 이용된다.
- 배출이 빠르고 반감기가 5분 이내의 물질에서 대해서는 시료채취시기가 대단히 중요하다.
- 혈액에서 휘발성 물질의 생물학적 노출지수는 정맥 중의 농도를 말한다.

85 ●—————● Repetitive Learning ⟨1회 2회 3회⟩

다음 중 산업독성학의 활용과 가장 거리가 먼 것은?

① 작업장 화학물질의 노출기준 설정시 활용된다.
② 작업환경의 공기 중 화학물질의 분석기술에 활용된다.
③ 유해 화학물질의 안전한 사용을 위한 대책 수립에 활용된다.
④ 화학물질 노출을 생물학적으로 모니터링을 하는 역할에 활용된다.

- ②는 작업환경측정에 대한 설명이다.

:: 산업독성학의 활용
- 작업장 화학물질의 노출기준 설정시 활용된다.
- 유해 화학물질의 안전한 사용을 위한 대책 수립에 활용된다.
- 화학물질 노출을 생물학적으로 모니터링을 하는 역할에 활용된다.

1602

86 ●—————● Repetitive Learning ⟨1회 2회 3회⟩

다음 중 금속열에 관한 설명으로 틀린 것은?

① 고농도의 금속산화물을 흡입함으로써 발병된다.
② 용접, 전기도금, 제련과정에서 발생하는 경우가 많다.
③ 폐렴이나 폐결핵의 원인이 되며 증상은 유행성 감기와 비슷하다.
④ 주로 아연과 마그네슘, 망간산화물의 증기가 원인이 되지만 다른 금속에 의하여 생기기도 한다.

- 감기와 증상이 비슷하며, 하루가 지나면 점차 완화된다.

:: 금속열
- 중금속 노출에 의하여 나타나는 금속열은 흄 형태의 고농도 금속을 흡입하여 발생한다.
- 월요일 출근 후에 심해져서 월요일열(monday fever)이라고도 한다.
- 감기증상과 매우 비슷하여 오한, 구토감, 기침, 전신위약감 등의 증상이 있다.
- 금속열은 보통 3~4시간 지나면 증상이 회복되며, 길어도 2~4일 안에 회복된다.
- 카드뮴, 안티몬, 산화아연, 구리, 아연, 마그네슘 등 비교적 융점이 낮은 금속의 제련, 용해, 용접 시 발생하는 산화금속 흄을 흡입할 경우 생기는 발열성 질병이다.
- 철폐증은 철 분진 흡입 시 발생되는 금속열의 한 형태이다.
- 금속열이 발생하는 작업장에서는 개인 보호용구를 착용해야 한다.

0903 / 1601

87 ●—————● Repetitive Learning ⟨1회 2회 3회⟩

다음 설명의 (   )안에 알맞은 내용으로 나열된 것은?

> 단시간노출기준(STEL)이란 1회에 (㉠)분간 유해인자에 노출되는 경우의 기준으로 이 기준 이하에서는 1회 노출간격이 (㉡) 시간 이상인 경우 1일 작업시간 동안 (㉢)회까지 노출이 허용될 수 있는 기준을 말한다.

① ㉠ : 15 ㉡ : 1 ㉢ : 4   ② ㉠ : 20 ㉡ : 2 ㉢ : 5
③ ㉠ : 20 ㉡ : 3 ㉢ : 3   ④ ㉠ : 15 ㉡ : 1 ㉢ : 2

- 단시간노출기준(STEL)은 15분간의 시간가중평균노출값으로서 노출농도가 시간가중평균노출기준(TWA)을 초과하고 단시간노출기준(STEL) 이하인 경우에는 1회 노출 지속시간이 15분 미만이어야 하고, 이러한 상태가 1일 4회 이하로 발생하여야 하며, 각 노출의 간격은 60분 이상이어야 한다.

:: 단시간노출기준(STEL)
- 작업특성 상 노출수준이 불균일하거나 단시간에 고농도로 노출되어 단시간 노출평가가 필요하다고 판단되는 경우 노출되는 시간에 15분간씩 측정하여 단시간 노출값을 구한다.
- 15분간의 시간가중평균노출값으로서 노출농도가 시간가중평균노출기준(TWA)을 초과하고 단시간노출기준(STEL) 이하인 경우에는 1회 노출 지속시간이 15분 미만이어야 하고, 이러한 상태가 1일 4회 이하로 발생하여야 하며, 각 노출의 간격은 60분 이상이어야 한다.

88

0303 / 2201

● Repetitive Learning 1회 2회 3회

다음 중 유해인자에 노출된 집단에서의 질병발생률과 노출되지 않은 집단에서 질병발생률과의 비를 무엇이라 하는가?

① 교차비
② 상대위험비
③ 발병비
④ 기여위험비

해설

- 위험도를 나타내는 지표에는 상대위험비, 기여위험도, 교차비 등이 있다.
- 교차비는 질병이 있을 때 위험인자에 노출되었을 가능성과 질병이 없을 때 위험인자에 노출되었을 가능성의 비를 말한다.
- 기여위험비는 특정 위험요인노출이 질병 발생에 얼마나 기여하는지의 정도 또는 분율을 말한다.

✿ 위험도를 나타내는 지표 실기 0703/0902/1502/1602

상대위험비	유해인자에 노출된 집단에서의 질병발생률과 노출되지 않은 집단에서 질병발생률과의 비
기여위험도	특정 위험요인노출이 질병 발생에 얼마나 기여하는지의 정도 또는 분율
교차비 (odds ratio)	질병이 있을 때 위험인자에 노출되었을 가능성과 질병이 없을 때 위험인자에 노출되었을 가능성의 비

89

1802 / 2102

● Repetitive Learning 1회 2회 3회

적혈구의 산소운반 단백질을 무엇이라 하는가?

① 백혈구
② 단구
③ 혈소판
④ 헤모글로빈

해설

- 백혈구는 혈액 내 유일한 완전세포로 외부물질에 대하여 신체를 보호하는 면역기능을 수행한다.
- 단구는 혈액 내부를 돌아다니면서 세균이나 이물질을 분해하는 백혈구의 한 종류이다.
- 혈소판은 피를 응혈로 만드는 혈액응고에 중요한 역할을 하는 고형성분이다.

✿ 헤모글로빈(Hemoglobin)

- 적혈구의 산소운반 단백질을 말한다.
- 철을 함유한 적색의 헴(heme) 분자와 글로빈이 결합한 물질이다.
- 산화작용에 의해 헤모글로빈의 철성분이 메트헤모글로빈으로 전환된다.
- 통상적인 작업환경 공기에서 일산화탄소의 농도가 0.1%가 되면 인체의 헤모글로빈 50%가 불활성화 된다.

90

● Repetitive Learning 1회 2회 3회

다음 중 직업성 천식의 발생 작업으로 볼 수 없는 것은?

① 석면을 취급하는 근로자
② 밀가루를 취급하는 근로자
③ 폴리비닐 필름으로 고기를 싸거나 포장하는 정육업자
④ 폴리우레탄 생산공정에서 첨가제로 사용되는 TDI(toluene diisocyanate)를 취급하는 근로자

해설

- 석면취급은 석면폐증이나 폐암을 유발한다.

✿ 직업성 천식

- 작업환경에서 기도의 만성 염증성 질환인 기관지 천식이 발생한 것을 말한다.
- 작업장에서의 분진, 가스, 증기 혹은 연무 등에 노출되어 발생하는 기도의 가역적인 폐쇄를 보이는 질환이다.
- 알레르기 항원이 기도로 들어와 IgE를 생성한다. 항원과 결합된 항원전달세포가 림프절 내에 작용한다. 이때 비만세포로부터 Histamine, Leukotriene 등이 분비되어 기관지 수축이 일어난다.
- 원인물질에는 금속(백금, 니켈, 크롬, 알루미늄 등), 약제(항생제, 소화제 등), 생물학적 물질(털, 동물분비물, 목재분진, 곡물가루, 밀가루, 커피가루, 진드기 등), 화학물질(TDI, TMA, 반응성 아조염료 등) 등이 있다.

91

1001 / 1902

● Repetitive Learning 1회 2회 3회

다음 중 크롬에 관한 설명으로 틀린 것은?

① 6가 크롬은 발암성물질이다.
② 주로 소변을 통하여 배설된다.
③ 형광등 제조, 치과용 아말감 산업이 원인이 된다.
④ 만성 크롬중독인 경우 특별한 치료방법이 없다.

해설

- ③은 수은에 대한 설명이다.

✿ 크롬(Cr)

- 부식방지 및 도금 등에 사용된다.
- 급성중독 시 심한 신장장해를 일으키고, 만성중독 시 코, 폐 등의 점막이 충혈되어 화농성비염이 되고 차례로 깊이 들어가서 궤양이 되고 비강암이나 비중격천공을 유발한다.
- 장기간 흡입하는 경우 원발성 기관지암과 폐암이 발생한다.
- 피부궤양 발생 시 치료에는 Sodium citrate 용액, Sodium thiosulfate 용액, 10% CaNa2EDTA 연고 등을 사용한다.

92 ──────● Repetitive Learning 〔1회 2회 3회〕

다음 설명에 해당하는 중금속의 종류는?

> 이 중금속 중독의 특징적인 증상은 구내염, 근육진전, 정신증상이다. 급성중독 시 우유나 계란의 흰자를 먹이며, 만성중독 시 취급을 즉시 중지하고 BAL을 투여한다.

① 납   ② 크롬

③ 수은   ④ 카드뮴

해설

- 납은 포르피린과 헴(heme)의 합성에 관여하는 효소를 억제하며, 소화기계 및 조혈계에 영향을 준다.
- 크롬은 부식방지 및 도금 등에 사용되며 급성중독 시 심한 신장장해를 일으키고, 만성중독 시 코, 폐 등의 점막에 병변을 일으켜 비중격천공을 유발한다.
- 카드뮴은 칼슘대사에 장해를 주어 신결석을 동반한 신증후군이 나타나고 다량의 칼슘배설이 일어나 뼈의 통증, 골연화증 및 골수공증과 같은 골격계장해를 유발하는 중금속이다.

⁂ 수은(Hg)

  ㉠ 개요
- 인간의 연금술, 의약품 등에 가장 오래 사용해 왔던 중금속의 하나로 17세기 유럽에서 신사용 중절모자를 만드는 사람들에게 처음으로 발견되어 hatter's shake라고 하며 근육경련을 유발하는 중금속이다.
- 단백질을 침전시키며 thiol(–SH)기를 가진 효소의 작용을 억제하여 독성을 나타낸다.
- 뇌홍의 제조에 사용하며, 증기를 발생하여 산업중독을 일으킨다.
- 수은은 상온에서 액체상태로 존재하는 금속이다.

  ㉡ 분류
- 무기수은화합물은 대부분의 금속과 화합하여 아말감을 만든다.
- 무기수은화합물은 질산수은, 승홍, 뇌홍 등이 있으며, 유기수은화합물에는 페닐수은, 에틸수은 등이 있다.
- 유기수은 화합물로서는 아릴수은(무기수은) 화합물과 알킬수은 화합물이 있다.
- 메틸 및 에틸 등 알킬수은 화합물의 독성이 가장 강하다.

  ㉢ 인체에 미치는 영향과 대책 **실기** 0401
- 소화관으로는 2~7% 정도의 소량으로 흡수되며, 금속 형태로는 뇌, 혈액, 심근에 많이 분포된다.
- 중독의 특징적인 증상은 근육진전, 정신증상이고, 만성노출 시 식욕부진, 신기능부전, 구내염이 발생한다.
- 급성중독 시 우유와 계란의 흰자를 먹여 단백질과 해당 물질을 결합시켜 침전시키거나, BAL(dimercaprol)을 체중 1kg당 5mg을 근육주사로 투여하여야 한다.

---

93 ──────● Repetitive Learning 〔1회 2회 3회〕

다음 중 유기용제 노출을 생물학적 모니터링으로 평가할 때 일반적으로 가장 많이 활용되는 생체시료는?

① 혈액   ② 피부

③ 모발   ④ 소변

해설

- 생물학적 모니터링을 위한 시료에는 요, 혈액, 호기가 있는데 그중 요가 일반적으로 가장 많이 활용되고 있다.

⁂ 생물학적 모니터링을 위한 시료 실기 0401/0802/1602
- 요 중의 유해인자나 대사산물(가장 많이 사용)
- 혈액 중의 유해인자나 대사산물
- 호기(exhaled air) 중의 유해인자나 대사산물

94 ──────● Repetitive Learning 〔1회 2회 3회〕

다음 중 각종 유해물질에 의한 유해성을 지배하는 인자로 가장 적합하지 않은 것은?

① 적응속도   ② 개인의 감수성

③ 노출시간   ④ 농도

해설

- 유해물질에 의한 유해성을 지배하는 인자에는 ②, ③, ④ 외에 작업강도, 기상조건 등이 있다.

⁂ 유해물질에 의한 유해성을 지배하는 인자 실기 0703/1902/2103
- 개인의 감수성
- 노출시간
- 농도
- 작업강도
- 기상조건

95 ──────● Repetitive Learning 〔1회 2회 3회〕

다음 중 작업환경 내의 유해물질 노출기준의 적용에 대한 설명으로 틀린 것은?

① 근로자들의 건강장해를 예방하기 위한 기준이다.

② 노출기준은 대기오염의 평가 또는 관리상의 지표로 사용하여서는 안 된다.

③ 노출기준은 유해물질이 단독으로 존재할 때의 기준이다.

④ 노출기준은 과중한 작업을 할 때도 똑같이 적용하는 특징이 있다.

- 노출기준은 1일 8시간 평균농도이므로 1일 8시간을 초과하여 작업을 하는 경우 그대로 적용할 수 없다.

❖ 작업환경 내의 유해물질 노출기준의 적용
- 근로자들의 건강장해를 예방하기 위한 기준이다.
- 노출기준은 대기오염의 평가 또는 관리상의 지표로 사용하여서는 안 된다.
- 노출기준은 유해물질이 단독으로 존재할 때의 기준이다.
- 노출기준은 1일 8시간 평균농도이므로 1일 8시간을 초과하여 작업을 하는 경우 그대로 적용할 수 없다.
- 노출기준은 피부로 흡수되는 양은 고려하지 않았다.
- 노출기준은 작업장에서 일하는 근로자의 건강장해를 예방하기 위한 기준이고, 유해조건을 평가하는 기준이다.

96 ● Repetitive Learning 〔1회 2회 3회〕

건강영향에 따른 분진의 분류와 유발물질의 종류를 잘못 짝 지은 것은?

① 진폐성 분진-규산, 석면, 활석, 흑연
② 불활성 분진-석탄, 시멘트, 탄화규소
③ 알레르기성 분진-크롬, 망간, 황 및 유기성 분진
④ 발암성 분진-석면, 니켈카보닐, 아민계 색소

- 크롬산은 자극성 분진, 망간과 황은 중독성 분진에 속한다.

❖ 건강영향에 따른 분진의 분류와 유발물질

유기성 분진	목분진, 면, 밀가루
알레르기성 분진	꽃가루, 털, 나무가루 등의 유기성 분진
진폐성 분진	규산, 석면, 활석, 흑연
발암성 분진	석면, 니켈카보닐, 아민계 색소
불활성 분진	석탄, 시멘트, 탄화규소
자극성 분진	산·알칼리·불화물, 크롬산
중독성 분진	수은, 납, 카드뮴, 망간, 안티몬, 베릴륨, 인, 황

2202

97 ● Repetitive Learning 〔1회 2회 3회〕

다음 중 20년간 석면을 사용하여 브레이크 라이닝과 패드를 만들었던 근로자가 걸릴 수 있는 질병과 가장 거리가 먼 것은?

① 폐암
② 급성골수성백혈병
③ 석면폐증
④ 악성중피종

- 급성골수성백혈병의 원인은 정확히 규명되지 않았으나 주로 유전적 소인, 흡연이나 방사선 조사, 화학약품 등에 기인한다.

❖ 석면과 직업병
- 석면취급 작업장에 오랫동안 근무한 근로자가 걸릴 수 있는 질병에는 석면폐증, 폐암, 늑막암, 위암, 악성중피종, 중피종암 등이 있다.
- 규폐증을 초래하는 유리규산(free silica)과 달리 석면(asbestos)은 악성중피종을 초래한다.

98 ● Repetitive Learning 〔1회 2회 3회〕

기도와 기관지에 침착된 먼지는 점막 섬모운동과 같은 방어 작용에 의해 정화되는데 다음 중 정화작용을 방해하는 물질이 아닌 것은?

① 카드뮴(Cd)
② 니켈(Ni)
③ 황화합물(SO_X)
④ 이산화탄소(CO_2)

- 점액 섬모운동을 방해하는 물질에는 카드뮴, 니켈, 황화합물 등이 있다.

❖ 먼지의 정화과정
- 어떤 먼지는 폐포벽을 통과하여 림프계나 다른 부위로 들어가기도 한다.
- 폐에 침착된 먼지는 식세포에 의하여 포위되어, 포위된 먼지의 일부는 미세 기관지로 운반되고 점액 섬모운동에 의하여 정화된다.
- 점액 섬모운동을 방해하는 물질에는 카드뮴, 니켈, 황화합물 등이 있다.
- 폐에서 먼지를 포위하는 식세포는 수명이 다한 후 사멸하고 다시 새로운 식세포가 먼지를 포위하는 과정이 계속적으로 일어난다.

0803

99 ● Repetitive Learning 〔1회 2회 3회〕

다음 물질을 급성 전신중독 시 독성이 가장 강한 것부터 약한 순서대로 나열한 것은?

① 크실렌>톨루엔>벤젠
② 톨루엔>벤젠>크실렌
③ 톨루엔>크실렌>벤젠
④ 벤젠>톨루엔>크실렌

- 급성 전신중독 시 독성은 톨루엔>크실렌>벤젠 순이다.

∷ 톨루엔($C_6H_5CH_3$) 실기 0801/1501/2004

- 급성 전신중독을 일으키는 가장 강한 방향족 탄화수소이다.
- 생물학적 노출지표는 요 중 마뇨산(hippuric acid), o-크레졸(오르소-크레졸)이다.
- 페인트, 락카, 신나 등에 쓰이는 용제로 스프레이 도장 작업 등에서 만성적으로 폭로된다.
- 인체에 과량 흡입될 경우 위장관계의 기능장애, 두통이나 환각증세와 같은 신경장애를 일으키는 등 중추신경계에 영향을 준다.

0902 / 1601 / 1901

100 ─────── ● Repetitive Learning (1회 2회 3회)

납의 독성에 대한 인체실험 결과, 안전흡수량이 체중kg 당 0.005mg이었다. 1일 8시간 작업 시의 허용농도(mg/m^3)는?(단, 근로자의 평균 체중은 70kg, 해당 작업 시의 폐환기율은 시간당 1.25m^3으로 가정한다)

① 0.030
② 0.035
③ 0.040
④ 0.045

- 체내흡수량(안전흡수량)과 관련된 문제이다.
- 체내 흡수량(mg)=C×T×V×R로 구할 수 있다.
- 문제는 작업 시의 허용농도 즉, C를 구하는 문제이므로
  $\frac{체내흡수량}{T×V×R}$로 구할 수 있다.
- 체내 흡수량은 몸무게×몸무게당 안전흡수량=70×0.005=0.35이다.
- 따라서 C=0.35/(8×1.25×1.0)=0.035가 된다.

∷ 체내흡수량(SHD : Safe Human Dose) 실기 0301/0501/0601/0801/1001/1201/1402/1602/1701/2002/2003

- 사람에게 안전한 양으로 안전흡수량, 안전폭로량이라고도 한다.
- 동물실험을 통하여 산출한 독물량의 한계치(NOED : No-Observable Effect Dose)를 사람에게 적용하기 위해 인간의 안전폭로량(SHD)을 계산할 때 안전계수와 체중, 독성물질에 대한 역치(THDh)를 고려한다.
- C×T×V×R[mg]으로 구한다.
  C : 공기 중 유해물질농도[mg/m^3]
  T : 노출시간[hr]
  V : 폐환기율, 호흡률[m^3/hr]
  R : 체내잔류율(주어지지 않을 경우 1.0)

구분	1과목	2과목	3과목	4과목	5과목	합계
New유형	4	0	0	0	1	5
New문제	5	8	10	2	5	30
또나온문제	12	5	7	11	4	39
자꾸나온문제	3	7	3	7	11	31
합계	20	20	20	20	20	100

- New유형은 New문제 중 기존 기출문제와 완전히 다른 유형의 문제를 말합니다.
- New문제는 기존에 출제되지 않은 문제로 이번에 처음 출제되는 문제입니다.
- 또나온문제는 기존에 출제된 적이 1번 있는 문제를 말합니다.
- 자꾸나온문제는 기존에 출제된 적이 2번 이상 있는 문제를 말합니다. 그만큼 중요한 문제입니다.

몇 년분의 기출문제를 공부해야 합격할 수 있을까요?

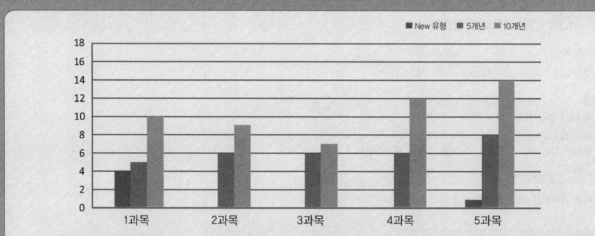

- 완전 새로운 유형의 문제는 5문제이고 95문제가 이미 출제된 문제 혹은 변형문제입니다.
- 5년분(2018~2022) 기출에서 동일문제가 31문항이 출제되었고, 10년분(2013~2022) 기출에서 동일문제가 52문항이 출제되었습니다.

실기에 나왔어요!! 일타쌍피−사전체크!!

실기시험은 필답형으로 진행됩니다. 객관식의 필기와 달리 주관식인 관계로 아는 만큼 적을 수 있습니다. 최근 계산문제의 비중이 많이 감소하고 있지만 절반 정도의 이론 문제와 절반 정도의 계산문제가 출제된다고 보시면 됩니다. 계산문제의 경우 나오는 문제유형이 거의 정해져 있습니다. 필기 공부할 때 미리 실기에 나오는 내용을 체크하시고 그부분만큼은 잘 공부해 두신다면 당 회차 실기까지 한 번에 잡을 수 있습니다.

- 총 43개의 유형별 핵심이론이 실기시험과 연동되어 있습니다.

분석의견

합격률이 31.9%로 역대급으로 낮았던 회차였습니다.
10년 기출을 학습할 경우 3과목의 경우 동일한 문제가 7문제로 과락점수 이하로 출제되었지만 다른 과목은 모두 과락 점수 이상으로 출제되어 현재 시점에서는 그다지 어려운 난이도는 아니라고 봅니다.
10년분 기출문제와 유형별 핵심이론의 2~3회 정독이면 합격 가능한 것으로 판단됩니다.

2013년 제2회

2013년 6월 2일 필기

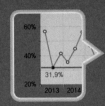

13년 2회차 필기시험
합격률 31.9%

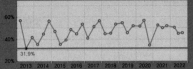

1과목 산업위생학개론

01 ● Repetitive Learning (1회 2회 3회)

1902

NIOSH의 권고중량한계(Recommended Weight Limit, RWL)에 사용되는 승수(multiplier)가 아닌 것은?

① 들기거리(Lift Multiplier)
② 이동거리(Distance Multiplier)
③ 수평거리(Horizontal Multiplier)
④ 비대칭각도(Asymmetry Multiplier)

해설

• 권장무게한계는 HM, VM, DM, AM, FM, CM을 승수로 한다.
 권장무게한계(RWL : Recommended Weight Limit) 실기 2003
• RWL=23kg×HM×VM×DM×AM×FM×CM으로 구한다.

HM(수평계수)	• 63cm를 기준으로 한 수평거리 • 25/H로 구한다.
VM(수직계수)	• 75cm를 기준으로 한 수직거리 • 1−0.003(혹은 V−75)로 구한다.
DM(거리계수)	• 물체를 수직이동시킨 거리 • 0.82+4.5/D로 구한다.
AM(비대칭계수)	• 신체중심에서 물건중심까지의 비틀린 각도 • 1−0.0032A로 구한다.
FM(빈도계수)	1분동안의 반복횟수
CM(결합계수)	손잡이의 잡기 편한 정도

• RWL 값이 클수록 좋다.

02 ● Repetitive Learning (1회 2회 3회)

구리(Cu)의 공기 중 농도가 0.05mg/m^3이다. 작업자의 노출시간은 8시간이며, 폐환기율은 1.25m^3/h, 체내 잔류율은 1이라고 할 때, 체내 흡수량은?

① 0.1mg
② 0.2mg
③ 0.5mg
④ 0.8mg

해설

• 체내흡수량(안전흡수량)과 관련된 문제이다.
• 체내 흡수량(mg)=C×T×V×R로 구할 수 있다.
• 대입하면 체내 흡수량=0.05×8×1.25×1=0.5가 된다.

 체내흡수량(SHD : Safe Human Dose) 실기 0301/0501/0601/0801/1001/1201/1402/1602/1701/2002/2003

• 사람에게 안전한 양으로 안전흡수량, 안전폭로량이라고도 한다.
• 동물실험을 통하여 산출한 독물량의 한계치(NOED : No−Observable Effect Dose)를 사람에게 적용하기 위해 인간의 안전폭로량(SHD)을 계산할 때 안전계수와 체중, 독성물질에 대한 역치(THDh)를 고려한다.
• C×T×V×R[mg]으로 구한다.
  C : 공기 중 유해물질농도[mg/m^3]
  T : 노출시간[hr]
  V : 폐환기율, 호흡률[m^3/hr]
  R : 체내잔류율(주어지지 않을 경우 1.0)

03 ● Repetitive Learning (1회 2회 3회)

1702

도수율(Frequency Rate of Injury)이 10인 사업장에서 작업자가 평생동안 작업할 경우 발생할 수 있는 재해의 건수는? (단, 평생의 총근로시간수는 120,000시간으로 한다)

① 0.8건
② 1.2건
③ 2.4건
④ 12건

- 도수율은 100만시간당 재해건수로 10이라는 의미는 100만시간당 10건의 재해가 발생하므로 10만 시간당 1건이 발생한다.
- 작업자가 평생동안 일하는 근로시간이 120,000시간이므로 1.2건이 발생한다.
- 🔣 도수율(FR : frequency Rate of injury) [실기] 0502/0503/0602
  - 100만 시간당 발생한 재해건수를 의미한다.
  - 도수율 = $\dfrac{\text{연간재해건수}}{\text{연간총근로시간}} \times 10^6$로 구한다.
  - 연간 근무일수나 하루 근무시간수가 주어지지 않을 경우 하루 8시간, 1년 300일 근무하는 것으로 간주한다.

- 실노동률 = 85 − (5×RMR)[%]로 구한다.
- RMR이 10이므로 대입하면 85 − (5×10) = 35%가 된다.
- 주어진 작업대사율을 대입하면 log(CMT) = 3.724 − 3.25log(10) = 0.474이므로 CMT = 2.9785분이다.
- 🔣 사이또와 오시마의 실동률과 계속작업 한계시간 [실기] 2203
  - 실노동률 = 85 − (5×RMR)[%]로 구한다.
  - 작업대사율(R)이 주어질 경우 계속작업 한계시간(CMT)은 log(CMT) = 3.724 − 3.25log(R)로 구한다. 이때 R은 RMR을 의미한다.
  - 작업 대사량(E_0)이 주어질 경우 최대작업시간 log(T_{end}) = 3.720 − 0.1949×E_0으로 구한다.

04 ────────● Repetitive Learning (1회 2회 3회)

0902

다음 중 근육운동에 동원되는 주요 에너지원 중에서 가장 먼저 소비되는 에너지원은?

① CP   ② ATP
③ 포도당   ④ 글리코겐

- 혐기성 대사는 ATP(아데노신 삼인산) → CP(크레아틴 인산) → glycogen(글리코겐) 혹은 glucose(포도당)순으로 에너지를 공급받는다. 그 중 ATP(아데노신 삼인산)가 가장 먼저 소비되는 에너지원이다.
- 🔣 혐기성 대사 [실기] 1401
  - 호기성 대사가 대사과정을 통해 생성된 에너지인데 반해 혐기성 대사는 근육에 저장된 화학적 에너지를 말한다.
  - 혐기성 대사는 ATP(아데노신 삼인산) → CP(크레아틴 인산) → glycogen(글리코겐) 혹은 glucose(포도당)순으로 에너지를 공급받는다.
  - glucose(포도당)의 경우 혐기성에서 3개의 ATP 분자를 생성하지만 호기성 대사로 39개를 생성한다. 즉, 혐기 및 호기에 모두 사용된다.

05 ────────● Repetitive Learning (1회 2회 3회)

2103

RMR이 10인 격심한 작업을 하는 근로자의 실동률(A)과 계속작업의 한계시간(B)으로 옳은 것은?(단, 실동률은 사이또 오시마식을 적용한다)

① A : 55%, B : 약 7분
② A : 45%, B : 약 5분
③ A : 35%, B : 약 3분
④ A : 25%, B : 약 1분

06 ────────● Repetitive Learning (1회 2회 3회)

1001

다음 중 피로에 관한 설명으로 틀린 것은?

① 자율신경계의 조절기능이 주간은 부교감신경, 야간은 교감신경의 긴장 강화로 주간 수면은 야간 수면에 비해 효과가 떨어진다.
② 충분한 영양을 취하는 것은 휴식과 더불어 피로방지의 중요한 방법이다.
③ 피로의 주관적 측정방법으로는 CMI(Control Medical Index)를 이용한다.
④ 피로현상은 개인차가 심하여 작업에 대한 개체의 반응을 어디서부터 피로현상이라고 타각적 수치로 찾아내기는 어렵다.

- 교감신경은 주로 주간에 활성화되며, 부교감신경은 주로 야간에 활성화된다.
- 🔣 피로
  - 피로는 질병이 아니고 원래 가역적인 생체반응이며 건강장해에 대한 경고적 반응이다.
  - 피로현상은 개인차가 심하여 작업에 대한 개체의 반응을 어디서부터 피로현상이라고 타각적 수치로 찾아내기는 어렵다.
  - 충분한 영양섭취와 휴식은 피로의 예방에 유효한 방법이다.
  - 젖산은 피로물질로 피로감의 증가는 젖산의 증가와 관련된다.
  - 교감신경은 주로 주간에 활성화되며, 부교감신경은 주로 야간에 활성화된다.
  - 피로의 주관적 측정방법으로는 CMI(Cornel Medical Index)를 이용한다.

07 ● Repetitive Learning 1회 2회 3회

유해인자와 그로 인하여 발생되는 직업병의 연결이 틀린 것은?

① 크롬 - 폐암
② 이상기압 - 폐수종
③ 망간 - 신장염
④ 수은 - 악성중피종

해설

- 악성중피종은 석면이 유발시킨다.

석면과 직업병
- 석면취급 작업장에 오래동안 근무한 근로자가 걸릴 수 있는 질병에는 석면폐증, 폐암, 늑막암, 위암, 악성중피종, 중피종암 등이 있다.
- 규폐증을 초래하는 유리규산(free silica)과 달리 석면(asbestos)은 악성중피종을 초래한다.

08 ● Repetitive Learning 1회 2회 3회

사업장에서 근로자가 하루에 25kg 이상의 중량물을 몇 회이상 들면 근골격계 부담작업에 해당되는가?

① 5회
② 10회
③ 15회
④ 20회

해설

- 하루에 10회 이상 25kg 이상의 물체를 드는 작업을 근골격계 부담작업이라 한다.

근골격계 부담작업
- 하루에 4시간 이상 집중적으로 자료입력 등을 위해 키보드 또는 마우스를 조작하는 작업
- 하루에 총 2시간 이상 목, 어깨, 팔꿈치, 손목 또는 손을 사용하여 같은 동작을 반복하는 작업
- 하루에 총 2시간 이상 머리 위에 손이 있거나, 팔꿈치가 어깨위에 있거나, 팔꿈치를 몸통으로부터 들거나, 팔꿈치를 몸통뒤쪽에 위치하도록 하는 상태에서 이루어지는 작업
- 지지되지 않은 상태이거나 임의로 자세를 바꿀 수 없는 조건에서, 하루에 총 2시간 이상 목이나 허리를 구부리거나 트는 상태에서 이루어지는 작업
- 하루에 총 2시간 이상 쪼그리고 앉거나 무릎을 굽힌 자세에서 이루어지는 작업
- 하루에 총 2시간 이상 지지되지 않은 상태에서 1kg 이상의 물건을 한손의 손가락으로 집어 옮기거나, 2kg 이상에 상응하는 힘을 가하여 한손의 손가락으로 물건을 쥐는 작업
- 하루에 총 2시간 이상 지지되지 않은 상태에서 4.5kg 이상의 물건을 한 손으로 들거나 동일한 힘으로 쥐는 작업
- 하루에 10회 이상 25kg 이상의 물체를 드는 작업
- 하루에 25회 이상 10kg 이상의 물체를 무릎 아래에서 들거나, 어깨 위에서 들거나, 팔을 뻗은 상태에서 드는 작업

- 하루에 총 2시간 이상, 분당 2회 이상 4.5kg 이상의 물체를 드는 작업
- 하루에 총 2시간 이상 시간당 10회 이상 손 또는 무릎을 사용하여 반복적으로 충격을 가하는 작업

09 ● Repetitive Learning 1회 2회 3회

실내공기오염물질 중 석면에 대한 일반적인 설명으로 거리가 먼 것은?

① 석면의 발암성 정보물질의 표기는 1A에 해당한다.
② 과거 내열성, 단열성, 절연성 및 견인력 등 뛰어난 특성때문에 여러분야에서 사용되었다.
③ 석면의 여러 종류 중 건강에 가장 치명적인 영향을 미치는 것은 사문석 계열의 청석면이다.
④ 작업환경측정에서 석면은 길이가 5μm 보다 크고, 길이대 넓이의 비가 3:1 이상인 섬유만 개수한다.

해설

- 백석면은 사문석 계열이지만 인체에 치명적인 영향을 끼치는 청석면은 각섬석 계열이다.

석면
- 석면의 발암성 정보물질의 표기는 1A에 해당한다.
- 과거 내열성, 단열성, 절연성 및 견인력 등 뛰어난 특성 때문에 여러분야에서 사용되었다.
- 석면의 여러 종류 중 건강에 가장 치명적인 영향을 미치는 것은 각섬석 계열의 청석면이다.
- 작업환경측정에서 석면은 길이가 5μm 보다 크고, 길이 대 넓이의 비가 3:1 이상인 섬유만 개수한다.

10 ● Repetitive Learning 1회 2회 3회

다음 중 영양소의 작용과 그 작용에 관여하는 주된 영양소의 종류를 잘못 연결한 것은?

① 체내에서 산화 연소하여 에너지를 공급하는 것 → 탄수화물, 지방질 및 단백질
② 몸의 구성성분을 보급하고 영양소의 체내 흡수기능을 조절하는 것 → 탄수화물, 유기질, 물
③ 체내조직을 구성하고, 분해 소비되는 물질의 공급원이 되는 것 → 단백질, 무기질, 물
④ 여러 영양소의 영양적 작용의 매개가 되고 생활기능을 조절하는 것 → 비타민, 무기질, 물

- 유기질은 탄소를 함유하는 유기화합물로 탄수화물, 지방질, 단백질, 비타민을 말한다.

영양소와 조절소
- 영양소는 건강한 일상생활을 위해서 필요한 물질로 단백질, 탄수화물, 지방, 무기질, 비타민, 물 등이 있다.
- 에너지를 제공하는 탄수화물, 지방, 단백질을 열량소라 한다.
- 생체조직을 구성하는 무기질, 단백질, 물을 구성소라 한다.
- 신체기능을 조절하는 무기질, 비타민, 물을 조절소라 한다.

---

11 ——————— • Repetitive Learning 〔1회 2회 3회〕

다음 중 산업안전보건법상 고용노동부장관에 의한 보건관리 전문기관의 지정 취소 및 업무정지에 관한 설명으로 틀린 것은?

① 고용노동부장관은 업무정지 기간 중에 업무를 수행한 경우 그 지정을 취소하여야 한다.
② 고용노동부장관은 거짓이나 그 밖의 부정한 방법으로 지정을 받은 경우 그 지정을 취소하여야 한다.
③ 지정이 취소된 자는 지정이 취소된 날부터 1년 이내에는 안전관리대행기관으로 지정받을 수 없다.
④ 고용노동부장관은 지정받은 사항을 위반하여 업무를 수행한 경우 6개월 이내의 기간을 정하여 그 업무의 정지를 명할 수 있다.

- 지정이 취소된 자는 지정이 취소된 날부터 2년 이내에는 각각 해당 안전관리전문기관 또는 보건관리전문기관으로 지정받을 수 없다.

보건관리전문기관의 지정과 취소
ㄱ 개요
- 대통령령으로 정하는 인력·시설 및 장비 등의 요건을 갖추어 고용노동부장관의 지정을 받아야 한다.
- 지정이 취소된 자는 지정이 취소된 날부터 2년 이내에는 각각 해당 안전관리전문기관 또는 보건관리전문기관으로 지정받을 수 없다.
ㄴ 지정 취소나 6개월 업무 정지 사유
- 거짓이나 그 밖의 부정한 방법으로 지정을 받은 경우
- 업무정지 기간 중에 업무를 수행한 경우
- 지정 요건을 충족하지 못한 경우
- 지정받은 사항을 위반하여 업무를 수행한 경우
- 그 밖에 대통령령으로 정하는 사유에 해당하는 경우

0901

12 ——————— • Repetitive Learning 〔1회 2회 3회〕

다음 중 산업위생 관련 기관의 약자와 명칭이 잘못 연결된 것은?

① ACGIH : 미국산업위생협회
② OSHA : 산업안전보건청(미국)
③ NIOSH : 국립산업안전보건연구원(미국)
④ IARC : 국제암연구소

- ACGIH는 미국정부산업위생전문가협의회를 말한다. 미국의 산업위생학회는 AIHA이다.

산업위생 관련 기관 실기 0301/1101/1602/1702

국가	기관약어	기관명
한국	KOSHA	한국산업안전보건공단
미국	OSHA	미국산업안전보건청
	AIHA	미국산업위생학회
	ACGIH	미국정부산업위생전문가협의회
	NIOSH	미국국립산업안전보건연구원
영국	BOHS	영국산업위생학회

0803 / 1902 / 1903

13 ——————— • Repetitive Learning 〔1회 2회 3회〕

미국산업위생학술원(AAIH)이 채택한 윤리강령 중 산업위생 전문가가 지켜야 할 책임과 거리가 먼 것은?

① 기업체의 기밀은 누설하지 않는다.
② 과학적 방법의 적용과 자료의 해석에서 객관성을 유지한다.
③ 근로자, 사회 및 전문 직종의 이익을 위해 과학적 지식을 공개하고 발표한다.
④ 전문적 판단이 타협에 의하여 좌우될 수 있는 상황에 개입하여 객관적 자료로 판단한다.

- 산업위생전문가는 전문적 판단이 타협에 의하여 좌우될 수 있거나 이해관계가 있는 상황에는 개입하지 않아야 한다.

산업위생전문가의 윤리강령 중 산업위생전문가로서의 책임
- 산업위생 활동을 통해 얻은 개인 및 기업의 정보는 누설하지 않는다.
- 전문적 판단이 타협에 의하여 좌우될 수 있거나 이해관계가 있는 상황에는 개입하지 않는다.

- 쾌적한 작업환경을 만들기 위해 산업위생이론을 적용하고 책임 있게 행동한다.
- 성실성과 학문적 실력 면에서 최고 수준을 유지한다.
- 과학적 방법의 적용과 자료의 해석에 객관성을 유지한다.
- 전문분야로서의 산업위생을 학문적으로 발전시킨다.
- 근로자, 사회 및 전문 직종의 이익을 위해 과학적 지식을 공개하고 발표한다.

0702 / 1202 / 1603 / 2003

14 ●────────── Repetitive Learning 〔 1회 2회 3회 〕

직업성 변이(occupational stigmata)의 정의로 옳은 것은?

① 직업에 따라 체온량의 변화가 일어나는 것이다.
② 직업에 따라 체지방량의 변화가 일어나는 것이다.
③ 직업에 따라 신체 활동량의 변화가 일어나는 것이다.
④ 직업에 따라 신체 형태와 기능에 국소적 변화가 일어나는 것이다.

해설

- 직업성 변이(occupational stigmata)란 직업에 따라 신체 형태와 기능에 국소적 변화를 말한다.

⁂ 노동의 적응과 장애
- 인체는 환경에서 오는 여러 자극(stress)에 대하여 적응하려는 반응을 일으킨다.
- 적응증상군은 인체에 적응이 일어나는 과정은 뇌하수체와 부신피질을 중심으로 한 특유의 반응을 말한다.
- 직업성 변이(occupational stigmata)란 직업에 따라 신체 형태와 기능에 국소적 변화를 말한다.
- 순화란 외부의 환경변화나 신체활동이 반복되면 조절기능이 원활해지며, 이에 숙련 습득된 상태를 말한다.

15 ●────────── Repetitive Learning 〔 1회 2회 3회 〕

산업안전보건법령상 사업주가 근로자의 건강장해 예방을 위하여 작업시간 중 적정한 휴식을 주어야 하는 고열, 한랭 또는 다습한 옥내 작업장에 해당하지 않는 것은?(단, 기타 고용노동부장관이 별도로 인정하는 장소는 제외한다)

① 녹인 유리로 유리제품을 성형하는 장소
② 도자기나 기와 등을 소성(燒成)하는 장소
③ 다량의 기화공기, 얼음 등을 취급하는 장소
④ 다량의 증기를 사용하여 가죽을 탈지(脫脂)하는 장소

해설

- ①, ②, ④는 유리 · 흙 · 돌 · 광물의 먼지가 심하게 날리는 장소에서 하는 작업으로 적정한 휴식이 필요한 업무이다.

⁂ 필요한 안전조치 및 보건조치 외에 작업과 휴식의 적정한 배분 등의 근로자 건강보호 조치를 필요로 하는 업무
- 갱(坑) 내에서 하는 작업
- 다량의 고열물체를 취급하는 작업과 현저히 덥고 뜨거운 장소에서 하는 작업
- 다량의 저온물체를 취급하는 작업과 현저히 춥고 차가운 장소에서 하는 작업
- 라듐방사선이나 엑스선, 그 밖의 유해 방사선을 취급하는 작업
- 유리 · 흙 · 돌 · 광물의 먼지가 심하게 날리는 장소에서 하는 작업
- 강렬한 소음이 발생하는 장소에서 하는 작업
- 착암기(바위에 구멍을 뚫는 기계) 등에 의하여 신체에 강렬한 진동을 주는 작업
- 인력(人力)으로 중량물을 취급하는 작업
- 납 · 수은 · 크롬 · 망간 · 카드뮴 등의 중금속 또는 이황화탄소 · 유기용제, 그 밖에 고용노동부령으로 정하는 특정 화학물질의 먼지 · 증기 또는 가스가 많이 발생하는 장소에서 하는 작업

1603

16 ●────────── Repetitive Learning 〔 1회 2회 3회 〕

산업 스트레스 발생요인으로 집단 간의 갈등이 너무 낮은 경우 집단 간의 갈등을 기능적인 수준까지 자극하는 갈등 촉진기법에 해당되지 않는 것은?

① 자원의 확대
② 경쟁의 자극
③ 조직구조의 변경
④ 커뮤니케이션의 증대

해설

- 자원의 확대는 집단갈등을 해결하는 기법에 해당한다.

⁂ 집단갈등 촉진기법

커뮤니케이션의 증대	의사소통의 내용이나 경로를 갈등을 촉진하는 방향으로 조정
조직구조의 변경	기존 부서에 새로운 성원을 추가하는 등의 변화를 통해 정체상태의 부서를 자극
경쟁의 자극	단위부서들간의 경쟁상황을 조성

17

—————————● Repetitive Learning 1회 2회 3회

다음 중 "화학물질의 분류·표시 및 물질안전보건자료에 관한 기준"에서 정한 경고표지의 기재항목 작성방법으로 틀린 것은?

① 대상화학물질이 "해골과 X자형 뼈"와 "감탄부호(!)"의 그림문자에 모두 해당되는 경우에는 "해골과 X자형 뼈"의 그림문자만을 표시한다.

② 대상화학물질이 부식성 그림문자와 자극성 그림문자에 모두 해당되는 경우에는 부식성 그림문자만을 표시한다.

③ 대상화학물질이 호흡기 과민성 그림문자와 피부 과민성 그림문자에 모두 해당되는 경우에는 호흡기 과민성 그림문자만을 표시한다.

④ 대상화학물질이 4개 이상의 그림문자에 해당하는 경우 유해·위험의 우선순위별로 2가지의 그림문자만을 표시할 수 있다.

해설

- 대상화학물질이 5개 이상의 그림문자에 해당되는 경우에는 4개의 그림문자만을 표시할 수 있다.

❖ 경고표지의 기재항목 작성방법
- "해골과 X자형 뼈" 그림문자와 "감탄부호(!)" 그림문자에 모두 해당되는 경우에는 "해골과 X자형 뼈" 그림문자만을 표시한다.
- 부식성 그림문자와 피부자극성 또는 눈 자극성 그림문자에 모두 해당되는 경우에는 부식성 그림문자만을 표시한다.
- 호흡기 과민성 그림문자와 피부 과민성, 피부 자극성 또는 눈 자극성 그림문자에 모두 해당되는 경우에는 호흡기 과민성 그림문자만을 표시한다.
- 5개 이상의 그림문자에 해당되는 경우에는 4개의 그림문자만을 표시할 수 있다.

18

1702

—————————● Repetitive Learning 1회 2회 3회

산업재해에 따른 보상에 있어 보험급여에 해당하지 않는 것은?

① 유족급여
② 직업재활급여
③ 대체인력훈련비
④ 상병(傷病)보상연금

해설

- 산업재해보상보험법령상 보험급여의 종류에는 ①, ②, ④ 외에 요양급여, 휴업급여, 장해급여, 간병급여, 장례비가 있다.

❖ 보험급여의 종류
- 요양급여
- 휴업급여
- 장해급여
- 간병급여
- 유족급여
- 상병(傷病)보상연금
- 장례비
- 직업재활급여

19

—————————● Repetitive Learning 1회 2회 3회

다음 중 작업환경측정 및 정도관리 등에 관한 고시에 따른 유해인자의 측정농도 평가방법으로 틀린 것은?

① STEL 허용기준이 설정되어 있는 유해인자가 작업시간내 간헐적(단시간)으로 노출되는 경우에는 15분간씩 측정하여 단시간 노출값을 구한다.

② 측정한 값이 허용기준 TWA를 초과하고 허용기준 STEL 이하인 때 1회 노출지속시간이 15분 이상인 경우 허용기준을 초과한 것으로 판정한다.

③ 측정한 값이 허용기준 TWA를 초과하고 허용기준 STEL 이하인 때 1일 4회를 초과하여 노출되는 경우 허용기준을 초과한 것으로 판정한다.

④ 측정한 값이 허용기준 TWA를 초과하고 허용기준 STEL 이하인 때 각 회의 간격이 90분 미만인 경우 허용기준을 초과한 것으로 판정한다.

해설

- 2회 이상 측정한 단시간 노출농도값이 단시간노출기준과 시간가중평균기준값 사이의 경우로서 15분 이상 연속 노출되는 경우, 노출과 노출사이의 간격이 1시간 미만인 경우, 1일 4회를 초과하는 경우에는 노출기준 초과로 평가하여야 한다.

❖ 측정결과의 판정
- 측정을 한 경우에는 측정시간 동안의 농도를 해당 노출기준과 직접 비교하여 평가하여야 한다.
- 2회 이상 측정한 단시간 노출농도값이 단시간노출기준과 시간가중평균기준값 사이의 경우로서 15분 이상 연속 노출되는 경우, 노출과 노출사이의 간격이 1시간 미만인 경우, 1일 4회를 초과하는 경우에는 노출기준 초과로 평가하여야 한다.

20

Repetitive Learning 1회 2회 3회

0601

1980~1990년대 우리나라에 대표적으로 집단 직업병을 유발시켰던 이 물질은 비스코스레이온 합성에 사용되며 급성으로 고농도 노출 시 사망할 수 있고, 1,000ppm 수준에서는 환상을 보는 정신이상을 유발한다. 만성독성으로는 뇌경색증, 다발성신경염, 협심증, 신부전증 등을 유발하는 이 물질은 무엇인가?

① 벤젠 ② 이황화탄소
③ 카드뮴 ④ 2-브로모프로판

해설

• 원진레이온 공장에서 발생한 집단 직업병은 이황화탄소(CS_2)로 인해 발생되었다.

❖ 원진레이온 이황화탄소 집단 중독
 • 1991년 원진레이온 공장에서의 집단적인 직업병을 유발한 사건이다.
 • 이황화탄소(CS_2)로 인해 발생되었다.

2과목 작업위생측정 및 평가

21

Repetitive Learning 1회 2회 3회

0501 / 0703

유사노출그룹을 설정하는 목적과 가장 거리가 먼 것은?

① 시료채취수를 경제적으로 하는데 있다.
② 모든 근로자의 노출농도를 평가하고자 하는데 있다.
③ 역학조사 수행시 사건이 발생된 근로자가 속한 유사 노출 그룹의 노출농도를 근거로 노출원인 및 농도를 추정하는데 있다.
④ 법적 노출기준의 적합성 여부를 평가하고자 하는 데 있다.

해설

• 유사노출그룹이란 특정 유해인자에 통계적으로 유사한 농도 혹은 강도에 노출되는 근로자의 그룹으로 분류하는 것으로 모든 근로자의 노출농도를 경제적으로 평가하고자 하는데 목적이 있다.

❖ 유사노출그룹(HEG) 설정 0501/0601/0702/0901/1203/1303/1503
 • 유사노출그룹이란 특정 유해인자에 통계적으로 유사한 농도 혹은 강도에 노출되는 근로자의 그룹으로 분류하는 것을 말한다.
 • 모든 근로자의 노출농도를 평가하고자 하는데 목적이 있다.

• 조직, 공정, 작업범주 그리고 공정과 작업내용별로 구분하여 설정한다.
• 모든 근로자를 유사한 노출그룹별로 구분하고 그룹별로 대표적인 근로자를 선택하여 측정하면 측정하지 않은 근로자의 노출농도까지도 추정할 수 있다.
• 유사노출그룹 설정을 위한 목적 중 시료채취를 경제적으로 하기 위함도 있다.

22

Repetitive Learning 1회 2회 3회

0301

NaOH 2g을 용해시켜 조제한 1000mL의 용액을 0.1N-HCl 용액으로 중화적정시 소요되는 HCl용액의 용량은?(단, 나트륨 원자량 : 23)

① 1000mL ② 800mL
③ 600mL ④ 500mL

해설

• 염기에 해당하는 수산화나트륨은 당량이 1eq/mol이므로 2g이 1000mL에 놓아 있는 경우는 몰질량이 40g이므로 2/40=0.05M이고 이는 0.05N이 된다.
• 산에 해당하는 염산의 당량 역시 1eq/mol이므로 0.1N은 0.1M이므로 $0.05 \times 1,000 = 0.1 \times x$에서 $x = 50/0.1 = 500mL$가 된다.

❖ 중화적정
 • 이미 알고 있는 산 또는 염기의 용액을 사용하여 농도를 모르는 염기 또는 산의 농도를 알아내는 방법이다.
 • NV=N'V'으로 구할 수 있다.

23

Repetitive Learning 1회 2회 3회

1601

입자상 물질의 채취를 위한 섬유상 여과지인 유리섬유 여과지에 관한 설명으로 틀린 것은?

① 흡습성이 적고 열에 강하다.
② 결합제 첨가형과 결합제 비첨가형이 있다.
③ 와트만(Whatman) 여과지가 대표적이다.
④ 유해물질이 여과지의 안층에도 채취된다.

해설

• 와트만 여과지는 셀룰로오스 여과지의 대표적인 종류이다.

❖ 유리섬유 여과지
 • 입자상 물질의 채취를 위한 섬유상 여과지이다.
 • 흡습성이 적고 열에 강하다.
 • 결합제 첨가형과 결합제 비첨가형이 있다.
 • 유해물질이 여과지의 안층에도 채취된다.

24

어느 작업장에 Benzene의 농도를 측정한 결과가 3ppm, 4ppm, 5ppm, 5ppm, 4ppm이었다면 이 측정값들의 기하평균(ppm)은?

① 약 4.13
② 약 4.23
③ 약 4.33
④ 약 4.43

해설
- 기하평균은 주어진 n개의 값들을 곱해서 나온 값의 n제곱근이다.
- 주어진 값을 기하평균식에 대입하면
  $\sqrt[5]{3 \times 4 \times 5 \times 5 \times 4} = 4.1289\cdots$이다.

기하평균(GM) 실기 0303/0403/0502/0601/0702/0801/0803/1102/1301/1403/1703/1801/2102
- 주어진 n개의 값들을 곱해서 나온 값의 n제곱근이다.
- $x_1, x_2, \cdots, x_n$의 자료가 주어질 때 기하평균 GM은
  $\sqrt[n]{x_1 \times x_2 \times \cdots \times x_n}$으로 구하거나 $\log GM = \dfrac{\log X_1 + \log X_2 + \cdots + \log X_n}{N}$을 역대수를 취해서 구할 수 있다.
- 작업장에서 생화학적 측정치나 유해물질의 농도를 평가할 때 일반적으로 사용되는 평균치이다.
- 작업환경 중 분진의 측정 농도가 대수정규분포를 할 때 측정자료의 대표치로 사용된다.
- 인구증가율, 물가상승률, 경제성장률 등의 연속적인 변화율 데이터를 기반으로 어떤 구간에서의 평균 변화율을 구할 때 사용된다.

25

한 공정에서 음압수준이 75dB인 소음이 발생되는 장비 1대와 81dB인 소음이 발생되는 장비 1대가 각각 설치되어 있을 때, 이 장비들이 동시에 가동되는 경우 발생되는 소음의 음압수준은 약 몇 dB인가?

① 82
② 84
③ 86
④ 88

해설
- 합성소음은 $10\log(10^{7.5} + 10^{8.1}) = 10 \times 8.197 = 81.970$이 된다.

합성소음 실기 0401/0801/0901/1403/1602
- 동일한 공간 내에서 2개 이상의 소음원에 대한 소음이 발생할 때 전체 소음의 크기를 말한다.
- 합성소음[dB(A)] $= 10\log(10^{\frac{SPL_1}{10}} + \cdots + 10^{\frac{SPL_i}{10}})$으로 구할 수 있다.
  이때, $SPL_1, \cdots, SPL_i$는 개별 소음도를 의미한다.

26

석면측정방법 중 전자현미경법에 관한 설명으로 틀린 것은?

① 석면의 감별분석이 가능하다.
② 분석시간이 짧고 비용이 적게 소요된다.
③ 공기 중 석면시료분석에 가장 정확한 방법이다.
④ 위상차현미경으로 볼 수 없는 매우 가는 섬유도 관찰이 가능하다.

해설
- 석면의 측정방법에는 위상차현미경법이 주로 사용되나 위상차현미경법으로 검출이 불가능한 경우 전자현미경법을 사용한다. 전자현미경법은 가장 정확한 분석방법이나 비싸고 시간이 많이 소요되는 단점을 갖는다.

전자현미경법
- 석면의 감별(성분)분석이 가능하다.
- 공기 중 석면시료분석에 가장 정확한 방법이다.
- 위상차현미경으로 볼 수 없는 매우 가는 섬유도 관찰이 가능하다.
- 값이 비싸고 분석시간이 많이 소요되는 단점이 있다.

27

작업장에서 10,000ppm의 사염화에틸렌(분자량=166)이 공기 중에 함유되었다면 이 작업장 공기의 비중은?(단, 표준기압, 온도이며 공기의 분자량은 29)

① 1.028
② 1.032
③ 1.047
④ 1.054

해설
- ppm의 단위로 사염화에틸렌이 공기 중에 함유되었다고 하였으므로 전체 부피를 1,000,000으로 계산한다.
- 공기의 비중이 1이므로 사염화에틸렌의 비중은 $\dfrac{166}{29}$로 계산한다.
- 혼합비중은 $\dfrac{\left(10,000 \times \frac{166}{29}\right) + (990,000 \times 1)}{1,000,000} = 1.0472\cdots$가 된다.

혼합비중의 계산
- 두 물질이 혼합되어 있을 때의 비중은 혼합된 무게가 혼합된 부피에서 차지하는 비로 구한다.
- 혼합비중은 $\dfrac{\text{혼합무게}}{\text{혼합부피}}$로 구한다.

28

Repetitive Learning 1회 2회 3회

톨루엔(Toluene, MW＝92.14) 농도가 100ppm인 사업장에서 채취유량은 0.15L/min으로 가스크로마토그래피의 정량한계가 0.2mg이다. 채취할 최소시간은?(단, 25℃, 1기압 기준)

① 약 1.5분 ② 약 3.5분
③ 약 5.5분 ④ 약 7.5분

해설

• 100ppm을 세제곱미터당 밀리그램(mg/m^3)으로 변환하면
$\frac{100 \times 92.14}{24.45} = 376.850 \cdots mg/m^3$이다.

• 노출농도 $376.85 mg/m^3$인 곳에서 정량한계가 0.2mg인 활성탄관으로 분당 0.15L($0.15 \times 10^{-3} m^3$)의 속도로 채취할 때 걸리는 시간은 $376.85 mg/m^3 = \frac{0.2mg}{0.15 \times 10^{-3} m^3/분 \times x분}$으로 구할 수 있다.

• x를 기준으로 정리하면 $\frac{0.2}{0.15 \times 10^{-3} \times 376.85} = 3.5381 \cdots$이 되므로 3.5분이 된다.

노출기준
• 화학적 인자의 가스, 증기, 분진, 흄(fume), 미스트(mist) 등의 농도는 피피엠(ppm) 또는 세제곱미터당 밀리그램(mg/m^3)으로 표시한다. 다만, 석면의 농도 표시는 세제곱센티미터당 섬유개수(개/cm^3)로 표시한다.
• 피피엠(ppm)과 세제곱미터당 밀리그램(mg/m^3)간의 상호 농도변환은 노출기준(mg/m^3)＝$\frac{노출기준(ppm) \times 그램분자량}{24.45(25℃, 1기압 기준)}$으로 구한다.
• 소음수준의 측정단위는 데시벨[dB(A)]로 표시한다.
• 고열(복사열 포함)의 측정단위는 습구흑구온도지수(WBGT)를 구하여 섭씨온도(℃)로 표시한다.

0903 / 1701

29

Repetitive Learning 1회 2회 3회

소음 측정에 관한 설명 중 (   )안에 알맞은 것은?(단, 고용노동부 고시 기준)

> 누적소음노출량 측정기로 소음을 측정하는 경우에는 Criteria는 (㉠)dB, Exchange Rate는 5dB, Threshold는 (㉡)dB로 기기를 설정할 것

① ㉠ 70, ㉡ 80 ② ㉠ 80, ㉡ 70
③ ㉠ 80, ㉡ 90 ④ ㉠ 90, ㉡ 80

해설

• 기기설정값은 Threshold＝80dB, Criteria＝90dB, Exchange Rate＝5dB이다.

누적소음 노출량 측정기
• 작업자가 여러 작업장소를 이동하면서 작업하는 경우, 근로자에게 직접 부착하여 작업시간(8시간) 동안 작업자가 노출되는 소음 노출량을 측정하는 기계를 말한다.
• 기기설정값은 Threshold＝80dB, Criteria＝90dB, Exchange Rate＝5dB이다.

30

Repetitive Learning 1회 2회 3회

한 소음원에서 발생되는 음압실효치의 크기가 2N/m²인 경우 음압수준(Sound Pressure Level)은?

① 80dB ② 90dB
③ 100dB ④ 110dB

해설

• $P = 2$, $P_0 = 0.00002$로 주어졌으므로 대입하면 SPL＝$20\log(\frac{2}{0.00002})$＝100[dB]이 된다.

음압레벨(SPL ; Sound Pressure Level) 실기 0403/0501/0503/0901/1001/1102/1403/2004
• 기준이 되는 소리의 압력과 비교하여 로그적으로 표현한 값이다.
• SPL＝$20\log\left(\frac{P}{P_0}\right)$[dB]로 구한다. 여기서 P_0는 기준음압으로 2×10^{-5}[N/m²] 혹은 2×10^{-4}[dyne/cm²]이다.
• 자유공간에 위치한 점음원의 음압레벨(SPL)은 음향파워레벨(PWL)－$20\log r$－11로 구한다. 이때 r은 소음원으로부터의 거리[m]이다. 11은 $10\log(4\pi)$의 값이다.

31

Repetitive Learning 1회 2회 3회

50% 톨루엔(Toluene, TLV＝375mg/m³), 10% 벤젠(Benzene, TLV＝30mg/m³), 40% 노르말헥산(n-Hexane, TLV＝180mg/m³)의 유기용제가 혼합된 원료를 사용할 때, 작업장 공기 중의 허용농도는?(단, 유기용제간 상호작용은 없음)

① 115mg/m³ ② 125mg/m³
③ 135mg/m³ ④ 145mg/m³

해설

- 혼합물을 구성하는 각 성분의 구성비가 주어졌으므로 혼합물의 허용농도는 $\dfrac{1}{\dfrac{0.5}{375}+\dfrac{0.1}{30}+\dfrac{0.4}{180}}=145.16[mg/m^3]$이 된다.

∷ 혼합물의 허용농도 실기 0401/0403/0802/2203

- 혼합물을 구성하는 각 성분의 구성비($f_1, f_2, \cdots, f_n$)이 주어지면 혼합물의 허용농도는 $\dfrac{1}{\dfrac{f_1}{TLV_1}+\dfrac{f_2}{TLV_2}+\cdots+\dfrac{f_n}{TLV_n}}$ [mg/m^3]으로 구할 수 있다.

- 주어진 값을 대입하면

$$\dfrac{\dfrac{0.0018}{760}}{0.05\times\dfrac{24.45\times10^{-3}}{200.59\times10^3}}=\dfrac{2.3684\cdots}{0.006094\cdots}=388.644\cdots$$이다.

∷ VHR(Vapor Hazard Ratio) 실기 1401/1703/2102

- 증기화 위험비를 말한다.
- VHR은 $\dfrac{발생농도}{노출기준}$으로 구한다.

---

32 ●───── Repetitive Learning (1회 2회 3회)

0.05M NaOH 용액 500mL를 준비하는데 NaOH는 몇 g이 필요한가?(단, Na의 원자량은 23)

① 1.0　　　　　　② 1.5

③ 2.0　　　　　　④ 2.5

해설

- 1몰 NaOH 용액 1L에 포함된 NaOH의 양은 40g이므로 0.05몰의 NaOH에는 1:40=0.05:x이므로 x는 2g이다.
- 그러나 용액이 500mL이므로 2g의 절반인 1g이 필요하다.

∷ 몰농도

- 1L의 용액에 포함된 용질의 몰수를 말한다.
- 몰농도 = $\dfrac{용질의 몰수}{용액의 부피(L)}$로 구한다.

0702 / 0802 / 1803

33 ●───── Repetitive Learning (1회 2회 3회)

수은의 노출기준이 0.05mg/m^3이고 증기압이 0.0018mmHg인 경우, VHR(Vapor Hazard Ratio)는 약 얼마인가?(단, 25℃, 1기압 기준이며, 수은 원자량은 200.59이다)

① 306　　　　　　② 321

③ 354　　　　　　④ 389

해설

- 발생농도는 0.0018mmHg이고 이는 기압으로 표시하면 $\dfrac{0.0018mmHg}{760mmHg}=\dfrac{0.0018}{760}$이 된다.
- 25℃, 1기압 기준 수은의 노출기준을 계산하기 위해서는 25℃, 1기압에서의 부피(24.45L)와 질량(200.59g)을 구해서 곱해줘야 한다.

즉, $0.05mg/m^3\times\dfrac{24.45\times10^{-3}m^3}{200.59\times10^3mg}=0.05\times\dfrac{24.45\times10^{-3}}{200.59\times10^3}$이다.

1601 / 2103

34 ●───── Repetitive Learning (1회 2회 3회)

입자상 물질을 채취하는 방법 중 직경분립충돌기의 장점으로 틀린 것은?

① 호흡기에 무분별로 침착된 입자크기의 자료를 추정할 수 있다.

② 흡입성, 흉곽성, 호흡성 입자의 크기별 분포와 농도를 계산할 수 있다.

③ 시료 채취 준비에 시간이 적게 걸리며 비교적 채취가 용이하다.

④ 입자의 질량 크기 분포를 얻을 수 있다.

해설

- 직경분립충돌기는 채취 준비에 시간이 많이 걸리며 시료 채취가 까다롭다.

∷ 직경분립충돌기(Cascade Impactor) 실기 0701/1003/1302

　㉠ 개요 및 특징

- 호흡성, 흉곽성, 흡입성 분진 입자의 관성력에 의해 충돌기의 표면에 충돌하여 채취하는 채취기구이다.
- 공기가 옆에서 유입되지 않도록 각 충돌기의 철저한 조립과 장착이 필요하다.
- 호흡성, 흉곽성, 흡입성 입자의 크기별 분포와 농도를 계산할 수 있다.
- 호흡기의 부분별로 침착된 입자크기의 자료를 추정할 수 있다.
- 입자의 질량 크기 분포를 얻을 수 있다.

　㉡ 단점

- 시료 채취가 까다롭고 비용이 많이 든다.
- 되튐으로 인한 시료의 손실이 일어날 수 있다.
- 채취 준비에 시간이 많이 걸리며 경험이 있는 전문가가 철저한 준비를 통하여 측정하여야 한다.
- 공기가 유입되지 않도록 각 충돌기의 철저한 조립과 장착이 필요하다.

35

어느 작업장이 Dibromoethane 10ppm(TLV : 20ppm), Carbon tetrachloride 5ppm(TLV : 10ppm) 및 Dichloroethane 20ppm (TLV : 50ppm)으로 오염되었을 경우 평가 결과는?(단, 이들은 상가작용을 일으킨다고 가정함)

① 허용기준 초과
② 허용기준 초과하지 않음
③ 허용기준과 동일
④ 판정 불가능

해설

- 이 혼합물의 노출지수를 구해보면 $\frac{10}{20}+\frac{5}{10}+\frac{20}{50}=\frac{14}{10}=1.4$이므로 노출기준을 초과하였다.

혼합물의 노출지수와 농도 실기 0303/0403/0501/0703/0801/0802/0901 /0903/1002/1203/1303/1402/1503/1601/1701/1703/1801/1803/1901/2001/ 2004/2101/2102/2103/2203

- 화학물질이 2종 이상 혼재하는 경우에 혼재하는 물질 간에 유해성이 인체의 서로 다른 부위에 작용한다는 증거가 없는 한 유해작용은 가중되므로 노출기준은 $\frac{C_1}{T_1}+\frac{C_2}{T_2}+\cdots+\frac{C_n}{T_n}$으로 산출하되, 산출되는 수치(노출지수)가 1을 초과하지 아니하는 것으로 한다. 이때 C는 화학물질 각각의 측정치이고, T는 화학물질 각각의 노출기준이다.
- 노출지수가 구해지면 해당 혼합물의 농도는 $\frac{C_1+C_2+\cdots+C_n}{노출지수}$[ppm]으로 구할 수 있다.

36

검지관의 장·단점으로 틀린 것은?

① 측정대상물질의 동정이 미리 되어 있지 않아도 측정이 가능하다.
② 민감도가 낮으며 비교적 고농도에 적용이 가능하다.
③ 특이도가 낮다. 즉, 다른 방해물질의 영향을 받기 쉬워 오차가 크다.
④ 색이 시간에 따라 변화하므로 제조자가 정한 시간에 읽어야 한다.

해설

- 검지관은 한 가지 물질에 반응할 수 있도록 제조되어 있어 측정대상물질의 동정이 되어있어야 한다.

검지관법의 특성

① 개요
- 오염물질의 농도에 비례한 검지관의 변색층 길이를 읽어 농도를 측정하는 방법과 검지관 안에서 색변화와 표준 색표를 비교하여 농도를 결정하는 방법이 있다.

① 장·단점  실기 1803/2101

장점	• 사용이 간편하고 복잡한 분석실 분석이 필요 없다. • 맨홀, 밀폐공간에서의 산소가 부족하거나 폭발성 가스로 인하여 안전이 문제가 될 때 유용하게 사용될 수 있다. • 숙련된 산업위생전문가가 아니더라도 어느 정도만 숙지하면 사용할 수 있다. • 반응시간이 빨라서 빠른 시간에 측정결과를 알 수 있다.
단점	• 민감도가 낮아 비교적 고농도에만 적용이 가능하다. • 특이도가 낮아 다른 방해물질의 영향을 받기 쉬워 오차가 크다. • 검지관은 한 가지 물질에 반응할 수 있도록 제조되어 있어 측정대상물질의 동정이 되어있어야 한다. • 색변화가 시간에 따라 변하므로 제조자가 정한 시간에 읽어야 한다. • 색변화가 선명하지 않아 주관적으로 읽을 수 있어 판독자에 따라 변이가 심하다.

37

유리규산을 채취하여 X-선 회절법으로 분석하는데 적절하고 6가 크롬 그리고 아연산화물의 채취에 이용하며 수분에 영향이 크지 않아 공해성 먼지, 총 먼지 등의 중량분석을 위한 측정에 사용하는 막 여과지로 가장 적합한 것은?

① MCE 막여과지
② PVC 막여과지
③ PTFE 막여과지
④ 은 막여과지

해설

- MCE막 여과지는 납, 철, 크롬 등 금속과 석면, 유리섬유 등을 포집한다.
- PTFE막 여과지는 열, 화학물질, 압력 등에 강한 특성을 갖고 있어 석탄건류나 증류 등의 고열 공정에서 발생되는 다핵방향족 탄화수소를 채취할 때 사용된다.
- 은막 여과지는 균일한 금속은을 소결하여 만든 것으로 코크스 제조공정에서 발생되는 코크스 오븐 배출물질을 채취하는데 이용된다.

PVC막 여과지 실기 0503

- 습기 및 수분에 가장 영향을 적게 받는다.
- 전기적인 전하를 가지고 있어 채취 시 입자가 반발하여 채취효율을 떨어뜨리는 경우 채취 전에 세제용액으로 처리해서 개선할 수 있다.

- 유리규산을 채취하여 X−선 회절법으로 분석하는데 적절하다.
- 6가크롬, 아연산화물의 채취에 이용한다.
- 공해성 먼지, 총 먼지 등의 중량분석에 용이하다.

38 ────── • Repetitive Learning [1회 2회 3회]

2차 표준기구와 가장 거리가 먼 것은?

① 습식테스트미터
② 오리피스미터
③ 흑연피스톤 미터
④ 열선기류계

해설

- 흑연피스톤미터는 공기시료 채취 시 공기유량과 용량을 보정하는 1차 표준기구이다.

:: 표준기구들의 특징
ㄱ 1차 표준기구
- 폐활량계(Spirometer)는 폐기능을 검사와 1차 용량 표준으로 사용하는 1차 표준기구이다.
- 가스치환병은 정확도가 높아 실험실에서 주로 사용하는 1차 표준기구이다.
- 펌프의 유량을 보정하는 데 1차 표준으로서 비누거품미터가 가장 널리 사용된다.
- 흑연피스톤미터는 공기시료 채취 시 공기유량과 용량을 보정하는 표준기구이다.
ㄴ 2차 표준기구
- 건식가스미터는 일반적 사용범위가 10~150L/분이고 정확도는 ±1%이며 주로 현장에서 사용된다.
- 습식테스트미터는 일반적 사용범위가 0.5~230L/분이고 정확도는 ±0.5%이며 실험실에서 주로 사용된다.

1902

39 ────── • Repetitive Learning [1회 2회 3회]

흡착관인 실리카겔관에 사용되는 실리카겔에 관한 설명으로 틀린 것은?

① 추출용액이 화학분석이나 기기분석에 방해물질로 작용하는 경우가 많지 않다.
② 실리카겔은 극성물질을 강하가 흡착하므로 작업장에 여러 종류의 극성물질이 공존할 때는 극성이 강한 물질이 극성이 약한 물질을 치환하게 된다.
③ 파라핀류가 케톤류보다 극성이 강하기 때문에 실리카겔에 대한 친화력도 강하다.
④ 매우 유독한 이황화탄소를 탈착용매로 사용하지 않는다.

해설

- 케톤류가 파라핀류보다 극성이 강하기 때문에 실리카겔에 대한 친화력도 강하다.

:: 실리카겔 흡착 [실기] 0502
- 실리카겔은 규산나트륨과 황산의 반응에서 유도된 무정형의 물질이다.
- 추출액이 화학분석이나 기기분석에 방해물질로 작용하는 경우가 많지 않다.
- 활성탄으로 채취가 어려운 아닐린, 오르쏘−톨루이딘 등의 아민류나 몇몇 무기물질의 채취도 가능하다.
- 극성을 띠고 흡습성이 강하므로 습도가 높을수록 파과용량이 감소한다.
- 극성물질을 채취한 경우 물, 메탄올 등 다양한 용매로 쉽게 탈착되고, 추출액이 화학분석이나 기기분석에 방해 물질로 작용하는 경우가 많지 않다.
- 유독한 이황화탄소를 탈착 용매로 사용하지 않는다.

40 ────── • Repetitive Learning [1회 2회 3회]

다음은 흉곽성 먼지(TPM, ACGIH 기준)에 관한 내용이다. ( )안에 내용으로 옳은 것은?

> 가스교환지역인 폐포나 폐기도에 침착되었을 때 독성을 나타내는 입자상 크기이다. 50%가 침착되는 평균입자의 크기는 ( )이다.

① 2μm
② 4μm
③ 10μm
④ 50μm

해설

- 흉곽성 먼지는 기관지와 폐포 등 폐 내부의 공기통로와 가스교환 부위에 침착되는 먼지로서 공기역학적 지름이 30μm 이하의 크기를 가지며 평균입경은 10μm이다.

:: 입자상 물질의 분류 [실기] 0303/0402/0502/0701/0703/0802/1303/1402/1502/1601/1701/1802/1901/2202

흡입성 먼지	주로 비강, 인후두, 기관 등 호흡기의 기도 부위에 축적됨으로써 호흡기계 독성을 유발하는 분진으로 평균입경이 100μm이다.
흉곽성 먼지	기관지와 폐포 등 폐 내부의 공기통로와 가스교환 부위에 침착되는 먼지로서 공기역학적 지름이 30μm 이하의 크기를 가지며 평균입경은 10μm이다.
호흡성 먼지	폐포에 침착하여 독성을 나타내며 평균입자 크기는 4μm이고, 공기역학적 직경이 10μm 미만인 먼지를 말한다.

41 ──────● Repetitive Learning [1회 2회 3회]

2103

흡입관의 정압과 속도압이 각각 −30.5mmH₂O, 7.2 mmH₂O이고, 배출관의 정압과 속도압이 각각 20.0 mmH₂O, 15mmH₂O이면, 송풍기의 유효전압은?

① 58.3mmH₂O
② 64.2mmH₂O
③ 72.3mmH₂O
④ 81.1mmH₂O

> **해설**
> - 전압 FTP＝송풍기 출구 전압−송풍기 입구 전압이다.
> - 송풍기 출구 전압은 출구 정압＋출구 속도압이다.
> - 송풍기 입구 전압은 입구 정압＋입구 속도압이다.
> - 전압 FTP＝(20＋15)−(−30.5＋7.2)＝58.3mmH_2O가 된다.
>
> ✖ 송풍기 전압(FTP) 실기 0301/0501/0803/1201/1403/1702/1802/2002
> - 전압 FTP＝송풍기 출구 전압−송풍기 입구 전압이다.
> - 송풍기 출구 전압은 출구 정압＋출구 속도압이다.
> - 송풍기 입구 전압은 입구 정압＋입구 속도압이다.

42 ──────● Repetitive Learning [1회 2회 3회]

관경이 200mm인 직관 속을 공기가 흐르고 있다. 공기의 동점성계수가 1.5×10^{-5}(m²/sec)이고, 레이놀즈수가 20,000이라면 직관의 풍량(m³/hr)은?

① 약 130
② 약 150
③ 약 170
④ 약 190

> **해설**
> - 레이놀즈의 수 $Re = 20,000$, $\nu = 1.5 \times 10^{-5}$ m²/s, 관의 내경 $L = 0.2$m이 주어졌으므로 공기의 속도를 구할 수 있다.
> - $Re = \dfrac{v_s L}{\nu}$에서 $v_s = \dfrac{Re \times \nu}{L} = \dfrac{20,000 \times 1.5 \times 10^{-5}}{0.2} = 1.5$m/s 이다.
> - 풍량은 관의 단면적×속도이므로 관의 단면적은 $\dfrac{\pi D^2}{4}$ m²이므로 대입하면 $\dfrac{\pi \times 0.2^2}{4}$ m²이다. 풍량은 $\dfrac{\pi \times 0.2^2}{4} \times 1.5 = 0.04712\cdots$ m³/sec이다.
> - 문제에서는 시간당의 풍량을 구하고 있으므로 3,600을 곱해주면 $169.632\cdots$ m³/hr이 된다.

✖ 레이놀즈(Reynolds)수 계산 실기 0303/0403/0502/0503/0603/0702/1001/1201/1203/1301/1401/1601/1702/1801/1901/1902/1903/2001/2101/2103/2201/2203

- $Re = \dfrac{\rho v_s^2 / L}{\mu v_s / L^2} = \dfrac{\rho v_s L}{\mu} = \dfrac{v_s L}{\nu} = \dfrac{관성력}{점성력}$로 구할 수 있다.

  v_s는 유동의 평균속도[m/s]

  L은 특성길이(관의 내경, 평판의 길이 등)[m]

  μ는 유체의 점성계수[kg/sec·m]

  ν는 유체의 동점성계수[m²/s]

  ρ는 유체의 밀도[kg/m^3]

43 ──────● Repetitive Learning [1회 2회 3회]

1902

작업장에서 Methylene chloride(비중＝1.336, 분자량＝84.94, TLV＝500ppm)를 500g/hr를 사용할 때, 필요한 환기량은 약 몇 m^3/min인가?(단, 안전계수는 7이고, 실내온도는 21℃이다)

① 26.3
② 33.1
③ 42.0
④ 51.3

> **해설**
> - 공기 중에 발생하고 있는 B물질의 용량은 0℃, 1기압에 1몰당 22.4L인데 현재 21℃라고 했으므로 $22.4 \times \dfrac{294}{273} = 24.12\cdots$L이므로 500g은 $\dfrac{500}{84.94} = 5.8865\cdots$몰이므로 141.98L/hr이 발생한다.
> - TLV는 500ppm이고 이는 500mL/m^3이므로 필요환기량 $Q = \dfrac{141.98 \times 1,000 \times 7}{500} = 1987.72 m^3$/ hr이 된다.
> - 구하고자 하는 필요 환기량은 분당이므로 60으로 나눠주면 $33.129 m^3$/min가 된다.
>
> ✖ 필요 환기량 실기 0401/0502/0601/0602/0603/0703/0801/0803/0901/0903/1001/1002/1101/1201/1302/1403/1501/1601/1602/1702/1703/1801/1803/1903/2001/2003/2004/2101/2201
> - 후드로 유입되는 오염물질을 포함한 공기량을 말한다.
> - 필요 환기량 Q＝A·V로 구한다. 여기서 A는 개구면적, V는 제어속도이다.
> - 공기 중에 계속 오염물질이 발생하고 있는 경우의 필요환기량 $Q = \dfrac{G \times K}{TLV}$로 구한다. 이때 G는 공기 중에 발생하고 있는 오염물질의 용량, TLV는 허용기준, K는 여유계수이다.

44 ——————● Repetitive Learning (1회 2회 3회)

송풍기 전압이 125mmH₂O이고, 송풍기의 총 송풍량이 20,000 m^3/h 일 때 소요동력은?(단. 송풍기 효율 80%, 안전율 50%)

① 8.1kW
② 10.3kW
③ 12.8kW
④ 14.2kW

해설

- 송풍량이 시간당으로 주어졌으므로

$$\frac{송풍량 \times \frac{1}{60} \times 전압}{6,120 \times 효율} \times 여유율[kW]로 구한다.$$

- 안전율이 50%이므로 여유율은 1.5를 곱한다.
- 대입하면 $\frac{20,000 \times \frac{1}{60} \times 125}{6,120 \times 0.8} \times 1.5 = 12.7655\cdots$ 가 된다.

❖ 송풍기의 소요동력 [실기] 0402/0403/0602/0603/0901/1101/1201/1402/1501/1601/1802/1903

- 송풍량이 초당으로 주어질 때 $\frac{송풍량 \times 60 \times 전압}{6,120 \times 효율} \times 여유율$ [kW]로 구한다.
- 송풍량이 분당으로 주어질 때 $\frac{송풍량 \times 전압}{6,120 \times 효율} \times 여유율[kW]로$ 구한다.
- 여유율이 주어지지 않을 때는 1을 적용한다.

2103

45 ——————● Repetitive Learning (1회 2회 3회)

터보(Turbo) 송풍기에 관한 설명으로 틀린 것은?

① 후향 날개형 송풍기라고도 한다.
② 송풍기의 깃이 회전방향 반대편으로 경사지게 설계되어 있다.
③ 고농도 분진함유 공기를 이송시킬 경우, 집진기 후단에 설치하여 사용해야 한다.
④ 방사날개형이나 전향 날개형 송풍기에 비해 효율이 떨어진다.

해설

- 원심력송풍기 중 효율이 가장 좋은 송풍기는 후향 날개형 송풍기이다.

❖ 후향 날개형 송풍기(Turbo 송풍기) [실기] 2004
- 송풍량이 증가하여도 동력이 증가하지 않는 장점을 가지고 있어 한계부하 송풍기 또는 비행기 날개형 송풍기라고 한다.
- 원심력송풍기 중 효율이 가장 좋은 송풍기이다.

- 분진농도가 낮은 공기나 고농도 분진 함유 공기를 이송시킬 경우, 집진기 후단에 설치한다.
- 회전날개가 회전방향 반대편으로 경사지게 설계되어 있어 충분한 압력을 발생시킨다.
- 고농도 분진함유 공기를 이송시킬 경우 회전날개 뒷면에 퇴적되어 효율이 떨어진다.
- 고농도 분진함유 공기를 이송시킬 경우 집진기 후단에 설치하여야 한다.
- 깃의 모양은 두께가 균일한 것과 익형이 있다.

46 ——————● Repetitive Learning (1회 2회 3회)

A 유기용제의 증기압이 80mmHg이라면 이때 밀폐된 작업장 내 포화농도는 몇 %인가?(단, 대기압 1기압, 기온 21℃)

① 8.6%
② 10.5%
③ 12.4%
④ 14.3%

해설

- 증기압이 80mmHg를 대입하면 $\frac{80}{760} \times 100 = 10.526\cdots$[%]이다.

❖ 최고(포화)농도와 유효비중 [실기] 0302/0602/0603/0802/1001/1002/1103/1503/1701/1802/1902/2101

- 최고(포화)농도는 $\frac{P}{760} \times 100[\%] = \frac{P}{760} \times 1,000,000[ppm]$으로 구한다.
- 유효비중은 $\frac{(농도 \times 비중) + (10^6 - 농도) \times 공기비중(1.0)}{10^6}$으로 구한다.

47 ——————● Repetitive Learning (1회 2회 3회)

작업대 위에서 용접을 할 때 흄을 포집 제거하기 위해 작업면에 고정된 플랜지가 붙은 외부식 장방형 후드를 설치했다. 개구면에서 포촉점까지의 거리는 0.25m, 제어속도는 0.5m/s, 후드 개구면적이 0.5m^2일 때 소요 송풍량은?

① 약 0.14m^3/s
② 약 0.28m^3/s
③ 약 0.36m^3/s
④ 약 0.42m^3/s

해설

- 작업대에 부착하며, 플랜지가 있는 경우의 외부식 후드에 해당하므로 필요 환기량 $Q = 60 \times 0.5 \times V_c(10X^2 + A)$로 구하는데 구하는 송풍량이 초당 송풍량이므로 $Q = 0.5 \times V_c(10X^2 + A)$로 구한다.

- 대입하면 $Q = 0.5 \times 0.5(10 \times 0.25^2 + 0.5) = 0.28125[m^3/\text{sec}]$가 된다.

⁑ 외부식 측방형 후드 실기 0401/0702/0902/1002/1502/1702/1703/1902/2103/2201

- 작업대에 부착하며, 플랜지가 있는 경우에 해당한다.
- 필요 환기량 $Q = 60 \times 0.5 \times V_c(10X^2 + A)$로 구한다. 이때 Q는 필요 환기량$[m^3/\text{min}]$, V_c는 제어속도[m/sec], A는 개구면적$[m^2]$, X는 후드의 중심선으로부터 발생원까지의 거리[m]이다.

---

48 ──────── ● Repetitive Learning (1회 2회 3회)

밀도가 1.2kg/m^3인 공기가 송풍관 내에서 24m/s의 속도로 흐른다면, 이때 속도압은?

① 19.3mmH$_2$O
② 28.3mmH$_2$O
③ 35.3mmH$_2$O
④ 48.3mmH$_2$O

해설

- 속도압(동압) $VP = \dfrac{\gamma V^2}{2g}[mmH_2O]$로 구한다.
- 주어진 값들을 대입하면 $VP = \dfrac{1.2 \times 24^2}{2 \times 9.8} = 35.265\cdots[mmH_2O]$가 된다.

⁑ 속도압(동압) 실기 0402/0602/0803/1003/1101/1301/1402/1502/1601/1602/1703/1802/2001/2201

- 속도압(VP)은 전압(TP)에서 정압(SP)을 뺀 값으로 구한다.
- 동압 $VP = \dfrac{\gamma V^2}{2g}[mmH_2O]$로 구한다. 이때 γ는 표준공기일 경우 1.203$[kgf/m^3]$이며, g는 중력가속도로 9.81$[m/s^2]$이다.
- VP$[mmH_2O]$를 알면 공기속도는 $V = 4.043 \times \sqrt{VP}$[m/s]로 구한다.

0401 / 0502 / 0703 / 1002 / 1301 / 1803 / 1903

49 ──────── ● Repetitive Learning (1회 2회 3회)

다음 중 국소배기장치에서 공기공급시스템이 필요한 이유와 가장 거리가 먼 것은?

① 에너지 절감
② 안전사고 예방
③ 작업장의 교차기류 촉진
④ 국소배기장치의 효율 유지

해설

- 작업장의 교차기류(방해기류)의 생성을 방지하기 위해서 공기공급시스템이 필요하다.

⁑ 공기공급시스템

ㄱ 개요
- 보충용 공기의 공급장치를 말한다.

ㄴ 필요 이유 실기 0502/1303/1601/2003
- 연료를 절약하기 위해서
- 작업장 내 안전사고를 예방하기 위해서
- 국소배기장치의 적절하고 효율적인 운영을 위해서
- 작업장의 교차기류(방해기류)의 생성을 방지하기 위해서

1503

50 ──────── ● Repetitive Learning (1회 2회 3회)

귀덮개와 비교하여 귀마개를 사용하기에 적합한 환경이 아닌 것은?

① 덥고 습한 환경에서 사용할 때
② 장시간 사용할 때
③ 간헐적 소음에 노출될 때
④ 다른 보호구와 동시 사용할 때

해설

- 간헐적 소음 노출 시 사용하는 것은 귀덮개이다.

⁑ 귀마개와 귀덮개의 비교 실기 1603/1902/2001

귀마개	귀덮개
• 좁은 장소에서도 사용이 가능하다.	• 간헐적 소음 노출 시 사용한다.
• 고온 작업 장소에서도 사용이 가능하다.	• 쉽게 착용할 수 있다.
• 부피가 작아서 휴대하기 편리하다.	• 일관성 있는 차음효과를 얻을 수 있다.
• 다른 보호구와 동시 사용할 때 편리하다.	• 크기를 여러 가지로 할 필요가 없다.
• 외청도를 오염시킬 수 있으며, 외청도에 이상이 없는 경우에 사용이 가능하다.	• 착용여부를 쉽게 확인할 수 있다.
• 제대로 착용하는 데 시간은 걸린다.	• 귀에 염증이 있어도 사용할 수 있다.

1603 / 1901

51 ──────── ● Repetitive Learning (1회 2회 3회)

주물사, 고온가스를 취급하는 공정에 환기시설을 설치하고자 할 때, 다음 중 덕트의 재료로 가장 적절한 것은?

① 아연도금 강판
② 중질 콘크리트
③ 스테인레스 강판
④ 흑피 강판

해설

- ①은 유기용제, ②는 전리방사선, ③은 염소계 용제를 취급할 때 사용하는 덕트의 재료이다.

:: 이송물질별 덕트의 재질

유기용제	아연도금 강판
주물사, 고온가스	흑피 강판
강산. 염소계 용제	스테인리스스틸 강판
알칼리	강판
전리방사선	중질 콘크리트 덕트

0903

52 ——————● Repetitive Learning (1회 2회 3회)

강제환기를 실시할 때 환기효과를 제고할 수 있는 원칙으로 틀린 것은?

① 오염물질 배출구는 오염원과 적절한 거리를 유지하도록 설치하여 점환기 현상을 방지한다.

② 공기배출구와 근로자의 작업 위치 사이에 오염원이 위치하여야 한다.

③ 건물 밖으로 배출된 오염공기가 다시 건물 안으로 유입되지 않도록 배출구 높이를 적절히 설계하고 창문이나 문 근처에 위치하지 않도록 한다.

④ 공기가 배출되면서 오염장소를 통과하도록 공기배출구와 유입구의 위치를 선정한다.

해설

- 오염물질 배출구는 가능한 한 오염원으로부터 가까운 곳에 설치하여 점환기 효과를 얻어야 한다.

:: 강제환기를 실시하는 데 환기효과를 제고시킬 수 있는 필요 원칙

실기 1201/1402/1703/2001/2202

- 오염물질 사용량을 조사하여 필요 환기량을 계산한다.
- 배출공기를 보충하기 위하여 청정공기를 공급할 수 있다.
- 오염물질 배출구는 가능한 한 오염원으로부터 가까운 곳에 설치하여 점환기 효과를 얻는다.
- 공기배출구와 근로자의 작업 위치 사이에 오염원이 위치하여야 한다.
- 공기가 배출되면서 오염장소를 통과하도록 공기배출구와 유입구의 위치를 선정한다.
- 건물 밖으로 배출된 오염공기가 다시 건물 안으로 유입되지 않도록 배출구 높이를 적절히 설계하고 창문이나 문 근처에 위치하지 않도록 한다.
- 오염원 주위에 다른 작업공정이 있으면 공기배출량을 공급량보다 약간 크게 하여 음압을 형성하여 주위 근로자에게 오염물질이 확산되지 않도록 한다.

53 ——————● Repetitive Learning (1회 2회 3회)

작업환경관리의 원칙 중 대치에 관한 내용으로 가장 거리가 먼 것은?

① 금속세척 시 벤젠사용 대신에 트리클로로에틸렌을 사용한다.

② 성냥 제조 시에 황린 대신에 적린을 사용한다.

③ 분체 입자를 큰 입자로 대치한다.

④ 금속을 두드려서 자르는 대신 톱으로 자른다.

해설

- 작업환경 개선을 위해서는 금속세척 시 TCE를 대신하여 계면활성제로 변경해야 한다.

:: 대치의 원칙

시설의 변경	• 가연성 물질을 유리병 대신 철제통에 저장 • Fume 배출 드라프트의 창을 안전 유리창으로 교체
공정의 변경	• 건식공법의 습식공법으로 전환 • 전기 흡착식 페인트 분무방식 사용 • 금속을 두들겨 자르던 공정을 톱으로 절단 • 알코올을 사용한 엔진 개발 • 도기 제조공정에서 건조 후에 하던 점토의 조합을 건조 전에 실시 • 땜질한 납 연마 시 고속회전 그라인더의 사용을 저속 Oscillating-typesander로 변경
물질의 변경	• 성냥 제조시 황린 대신 적린 사용 • 단열재 석면을 대신하여 유리섬유나 암면 또는 스티로폼 등을 사용 • 야광시계 자판에 Radium을 인으로 대치 • 금속표면을 블라스팅할 때 사용재료로서 모래 대신 철 구슬을 사용 • 페인트 희석제를 석유나프타에서 사염화탄소로 대치 • 분체 입자를 큰 입자로 대체 • 금속세척 시 TCE를 대신하여 계면활성제로 변경 • 세탁 시 화재 예방을 위해 석유나프타 대신 4클로로에틸렌을 사용 • 세척작업에 사용되는 사염화탄소를 트리클로로에틸렌으로 전환 • 아조염료의 합성에 벤지딘 대신 디클로로벤지딘을 사용 • 페인트 내에 들어있는 납을 아연 성분으로 전환

54 ——————● Repetitive Learning (1회 2회 3회)

직경이 25cm, 길이가 30m인 원형 덕트에 유체가 흘러갈 때 마찰손실(mmH_2O)은?(단, 마찰계수 : 0.002, 덕트 관의 속도압 : $20mmH_2O$, 공기밀도 : $1.2kg/m^3$)

① 3.8

② 4.8

③ 5.8

④ 6.8

- 압력손실 $\triangle P = \lambda \times \dfrac{L}{D} \times VP$로 구한다.

- 대입하면 $\triangle P = 0.002 \times \dfrac{30}{0.25} \times 20 = 4.8 [mmH_2O]$이다.

⁑ 덕트(원형 유체관)의 압력손실(달시의 방정식) 실기 0302/0303/0401/
0501/0502/0503/0602/0701/0702/0703/0802/0901/0903/1002/1102/1201/
1203/1301/1403/1501/1502/1601/1902/2002/2004/2101/2201

- 유체관을 통해 유체가 흘러갈 때 발생하는 마찰손실을 말한다.
- 마찰손실의 계산은 등거리방법 또는 속도압방법을 적용한다.
- 압력손실 $\triangle P = F \times VP$로 구한다. F는 압력손실계수로

$4 \times f \times \dfrac{L}{D}$ 혹은 $\lambda \times \dfrac{L}{D}$로 구한다. 이때, λ는 관의 마찰계수,

D는 덕트의 직경, L은 덕트의 길이이다.

55 ──────● Repetitive Learning (1회 2회 3회)

유입계수(Ce) 0.7인 후드의 압력손실계수(Fn)는?

① 0.42
② 0.61
③ 0.72
④ 1.04

- 유입손실계수(F) $= \dfrac{1 - C_e^2}{C_e^2} = \dfrac{1}{C_e^2} - 1$이므로 대입하면

$\dfrac{1}{0.7^2} - 1 = 1.0408 \cdots$이다.

⁑ 후드의 유입계수와 유입손실계수 실기 0502/0801/0901/1001/1102/1303/
1602/1603/1903/2002/2103

- 후드에서의 압력손실이 유량의 저하로 나타나는 현상이다.
- 유입계수 C_e가 1에 가까울수록 이상적인 후드에 가깝다.
- 유입계수는 속도압/후드정압의 제곱근으로 구할 수 있다.
- 유입계수(C_e) $= \dfrac{실제적 유량}{이론적 유량} = \dfrac{실제 흡인유량}{이론 흡인유량} = \sqrt{\dfrac{1}{1+F}}$ 으로

구한다.

이때 F는 후드의 유입손실계수로 $\dfrac{\triangle P}{VP}$ 즉, $\dfrac{압력손실}{속도압(동압)}$으로

구할 수 있다.

- 유입(압력)손실계수(F) $= \dfrac{1 - C_e^2}{C_e^2} = \dfrac{1}{C_e^2} - 1$로 구한다.

56 ──────● Repetitive Learning (1회 2회 3회)

국소환기시스템의 덕트설계에 있어서 덕트 합류 시 균형 유
지방법인 설계에 의한 정압균형 유지법의 장단점으로 틀린
것은?

① 설계유량 산정이 잘못되었을 경우, 수정은 덕트 크기 변
경을 필요로 한다.
② 설계 시 잘못된 유량의 조정이 용이하다.
③ 최대 저항경로 선정이 잘못되어도 설계 시 쉽게 발견할
수 있다.
④ 설계가 복잡하고 시간이 걸린다.

- 정압균형 유지법은 유량조절이 곤란하므로 설계 시 잘못된 유량을
고치기가 어렵다.

⁑ 정압조절평형법(유속조절평형법, 정압균형유지법) 실기 0801/0901/
1301/1303/1901

- 저항이 큰 쪽의 덕트 직경을 약간 크게 혹은 작게함으로써 저
항을 줄이거나 늘려 합류점의 정압이 같아지도록 하는 방법을
말한다.
- 분지관의 수가 적고 고독성 물질이나 폭발성, 방사성 분진을 대
상으로 사용한다.

장점	- 설계가 정확할 때는 가장 효율적인 시설이 된다. - 송풍량은 근로자나 운전자의 의도대로 쉽게 변경되지 않는다. - 유속의 범위가 적절히 선택되면 덕트의 폐쇄가 일어나지 않는다. - 설계 시 잘못 설계된 분지관 또는 저항이 가장 큰 분지관을 쉽게 발견할 수 있다. - 예기치 않은 침식 및 부식이나 퇴적문제가 일어나지 않는다.
단점	- 설계가 어렵고 시간이 많이 걸린다. - 설계 시 잘못된 유량의 수정이 어렵다. - 때에 따라 전체 필요한 최소유량보다 더 초과될 수 있다. - 설치 후 변경이나 변경에 대한 유연성이 낮다.

0301

57 ──────● Repetitive Learning (1회 2회 3회)

귀덮개를 설명한 것 중 옳은 것은?

① 귀마개보다 차음효과의 개인차가 적다.
② 귀덮개의 크기를 여러 가지로 할 필요가 있다.
③ 근로자들이 보호구를 착용하고 있는지를 쉽게 알 수
없다.
④ 귀마개보다 차음효과가 적다.

1802

58 ──────── Repetitive Learning (1회 2회 3회)

덕트의 속도압이 35mmH$_2$O, 후드의 압력손실이 15mmH$_2$O일 때 후드의 유입계수는?

① 0.84 ② 0.75
③ 0.68 ④ 0.54

해설

- 정압(SP_h) = 유입손실+동압 =VP(1+유입손실계수)이므로 유입손실 =VP×유입손실계수이다. 유입손실이 후드의 압력손실이므로 이를 대입해서 유입손실계수를 구해 유입계수를 구할 수 있다.

- 유입손실계수 = $\frac{유입손실}{속도압}$ 이므로 $\frac{15}{35}$ = 0.4285… 즉, 0.43이다.

- 유입손실계수(F) = $\frac{1-C_e^\ell}{C_e^\ell}$ = $\frac{1}{C_e^\ell}$ − 1이므로 유입계수

  $C_e = \sqrt{\frac{1}{1+F}}$ 이다.

- 유입계수는 $\sqrt{\frac{1}{1+0.43}}$ = 0.8362… 가 된다.

❖ 후드의 유입계수와 유입손실계수 실기 0502/0801/0901/1001/1102/1303/1602/1603/1903/2002/2103

문제 55번 유형별 핵심이론 ❖ 참조

59 ──────── Repetitive Learning (1회 2회 3회)

작업장에 설치된 국소배기장치의 제어속도를 증가시키기 위해 송풍기 날개의 회전수를 15% 증가시켰다면 동력은 약 몇 % 증가할 것으로 예측되는가?(단, 기타 조건은 같다고 가정함)

① 약 41% ② 약 52%
③ 약 63% ④ 약 74%

해설

- 송풍기의 크기와 공기 비중이 일정한 상태에서 회전속도가 1.15배로 증가하면 풍압은 $(1.15)^3$ = 1.52배로 증가한다. 즉, 52% 증가한다.

해설

❖ 송풍기의 상사법칙 실기 0402/0403/0501/0701/0803/0902/0903/1001/1102/1103/1201/1303/1401/1501/1502/1503/1603/1703/1802/1901/1903/2001/2002

송풍기 크기 일정 공기 비중 일정	• 송풍량은 회전속도(비)에 비례한다. • 풍압(정압)은 회전속도(비)의 제곱에 비례한다. • 동력은 회전속도(비)의 세제곱에 비례한다.
송풍기 회전수 일정 공기의 중량 일정	• 송풍량은 회전차 직경의 세제곱에 비례한다. • 풍압(정압)은 회전차 직경의 제곱에 비례한다. • 동력은 회전차 직경의 오제곱에 비례한다.
송풍기 회전수 일정 송풍기 크기 일정	• 송풍량은 비중과 온도에 무관하다. • 풍압(정압)은 비중에 비례, 절대온도에 반비례한다. • 동력은 비중에 비례, 절대온도에 반비례한다.

0701 / 0803 / 0901

60 ──────── Repetitive Learning (1회 2회 3회)

방진마스크의 필요조건으로 틀린 것은?

① 흡기와 배기저항 모두 낮은 것이 좋다.
② 흡기저항 상승률이 높은 것이 좋다.
③ 안면밀착성이 큰 것이 좋다.
④ 무게중심은 안면에 강한 압박감을 주지 않는 위치에 있는 것이 좋다.

해설

- 방진마스크 흡기저항 상승률은 낮은 것이 좋다.
- ❖ 방진마스크의 필요조건
  - 흡기와 배기저항 모두 낮은 것이 좋다.
  - 흡기저항 상승률이 낮은 것이 좋다.
  - 안면밀착성이 큰 것이 좋다.
  - 포집효율이 높은 것이 좋다.
  - 비휘발성 입자에 대한 보호가 가능하다.
  - 무게중심은 안면에 강한 압박감을 주지 않는 위치에 있는 것이 좋다.
  - 여과효율이 우수하려면 필터에 사용되는 섬유의 직경이 작고 조밀하게 압축되어야 한다.

61

1702

Repetitive Learning 1회 2회 3회

비전리방사선으로만 나열한 것은?

① α선, β선, 레이저, 자외선
② 적외선, 레이저, 마이크로파, α선
③ 마이크로파, 중성자, 레이저, 자외선
④ 자외선, 레이저, 마이크로파, 가시광선

해설

- 알파선, 베타선, 중성자선은 전리방사산에 해당된다.

☷ 방사선의 구분

- 이온화 성질, 주파수, 파장 등에 따라 전리방사선과 비전리방사선으로 구분한다.
- 전리방사선과 비전리방사선을 구분하는 에너지 강도는 약 12eV이다.

| 전리방사선 | 중성자, X선, 알파(α)선, 베타(β)선, 감마(γ)선, |
| 비전리방사선 | 자외선, 적외선, 레이저, 마이크로파, 가시광선, 극저주파, 라디오파 |

62

0301 / 0302 / 0603 / 1903

Repetitive Learning 1회 2회 3회

감압에 따른 기포 형성량을 좌우하는 요인이 아닌 것은?

① 감압속도
② 체내 가스의 팽창 정도
③ 조직에 용해된 가스량
④ 혈류를 변화시키는 상태

해설

- 감압에 따른 질소 기포 형성량을 결정하는 요인에는 감압속도, 조직에 용해된 가스량, 혈류를 변화시키는 상태 등이 있다.

☷ 감압에 따른 질소 기포 형성 요인

- 감압속도
- 고기압에 폭로된 정도와 시간, 체내의 지방량은 조직에 용해된 가스량을 결정한다.
- 감압 시 연령, 기온, 운동, 공포감, 음주 등은 혈류를 변화시키는 상태를 결정한다.

63

0502 / 0702

Repetitive Learning 1회 2회 3회

다음 중 저기압이 인체에 미치는 영향으로 틀린 것은?

① 급성고산병 증상은 48시간 내에 최고도에 달하였다가 2~3일이면 소실된다.
② 고공성 폐수종은 어린아이보다 순화적응속도가 느린 어른에게 많이 일어난다.
③ 고공성 폐수종은 진해성 기침과 호흡곤란이 나타나고, 폐동맥이 혈압이 상승한다.
④ 급성고산병은 극도의 우울증, 두통, 식욕상실을 보이는 임상 증세군이며 가장 특징적인 것은 흥분성이다.

해설

- 고공성 폐수종은 어른보다 아이들에게서 많이 발생한다.

☷ 고공성 폐수종

- 어른보다 아이들에게서 많이 발생한다.
- 고공 순화된 사람이 해면에 돌아올 때에도 흔히 일어난다.
- 산소공급과 해면 귀환으로 급속히 소실되며, 증세는 반복해서 발병하는 경향이 있다.
- 진해성 기침과 호흡곤란이 나타나고 폐동맥 혈압이 상승한다.

64

1602

Repetitive Learning 1회 2회 3회

일반적으로 인공조명 시 고려하여야 할 사항으로 가장 적절하지 않은 것은?

① 광색은 백색에 가깝게 한다.
② 가급적 간접조명이 되도록 한다.
③ 조도는 작업상 충분히 유지시킨다.
④ 조명도는 균등히 유지할 수 있어야 한다.

해설

- 광색은 주광색에 가깝도록 할 것

☷ 인공조명시에 고려하여야 할 사항

- 조명도를 균등히 유지할 것
- 경제적이며 취급이 용이할 것
- 광색은 주광색에 가깝도록 할 것
- 장시간 작업시 가급적 간접조명이 되도록 설치할 것
- 폭발성 또는 발화성이 없으며 유해가스를 발생하지 않을 것
- 일반적인 작업 시 좌상방에서 비치도록 할 것

65

● Repetitive Learning 1회 2회 3회

음(Sound)의 용어를 설명한 것으로 틀린 것은?

① 음선-음의 진행방향을 나타내는 선으로 파면에 수직한다.
② 파면-다수의 음원이 동시에 작용할 때 접촉하는 에너지가 동일한 점들을 연결한 선이다.
③ 음파-공기 등의 매질을 통하여 전파하는 소밀파이며, 순음의 경우 정현파적으로 변화한다.
④ 파동-음에너지의 전달은 매질의 운동에너지와 위치에너지의 교번작용으로 이루어진다.

해설

• 파면은 파동의 동일한 위상을 연결한 선을 말한다.

음(Sound)의 용어

음선	음의 진행방향을 나타내는 선으로 파면에 수직한다.
파면	파동의 동일한 위상을 연결한 선을 말한다.
음파	공기 등의 매질을 통하여 전파하는 소밀파이며, 순음의 경우 정현파적으로 변화한다.
파동	음에너지의 전달은 매질의 운동에너지와 위치에너지의 교번작용으로 이루어진다.

66

0603

● Repetitive Learning 1회 2회 3회

방진고무에 관한 설명으로 틀린 것은?

① 내유 및 내열성이 약하다.
② 공기 중의 오존에 의해 산화된다.
③ 고무 자체 내부마찰에 의한 저항을 얻을 수 없다.
④ 고주파 진동의 차진에 양호하다.

해설

• 방진고무는 고무 자체의 내부마찰에 의해 저항을 얻을 수 있다.

방진고무

　㉠ 개요
　　• 소형 또는 중형기계에 주로 많이 사용하며 적절한 방진 설계를 하면 높은 효과를 얻을 수 있는 방진 방법이다.
　㉡ 특징

장점	• 형상의 선택이 비교적 자유롭다. • 자체의 내부마찰에 의해 저항을 얻을 수 있어 고주파 진동의 차진(遮振)에 양호하다. • 설계 자료가 잘 되어 있어서 용수철 정수를 광범위하게 선택할 수 있다. • 여러 가지 형태로 된 철물에 견고하게 부착할 수 있다.
단점	• 내후성, 내유성, 내약품성의 단점이 있다. • 내부마찰에 의한 발열 때문에 열화된다. • 공기 중의 오존에 의해 산화된다.

67

● Repetitive Learning 1회 2회 3회

다음 중 마이크로파의 생체작용에 관한 설명으로 틀린 것은?

① 눈에 대한 작용 : 10~100MHz의 마이크로파는 백내장을 일으킨다.
② 혈액의 변화 : 백혈구 증가, 망상적 혈구의 출현, 혈소감소 등을 보인다.
③ 생식기능에 미치는 영향 : 생식기능상의 장해를 유발할 가능성이 기록되고 있다.
④ 열작용 : 일반적으로 150MHz 이하의 마이크로파는 신체에 흡수되어도 감지되지 않는다.

해설

• 눈에 백내장을 일으키는 마이크로파의 주파수 범위는 1,000~10,000MHz이다.

마이크로파(Microwave)

　• 주파수의 범위는 10~30,000MHz 정도이다.
　• 중추신경에 대하여는 300~1,200MHz의 주파수 범위에서 가장 민감하다.
　• 주파수 1,000~10,000Hz의 영역에서 백내장을 일으키며, 이는 조직온도의 상승과 관계가 있다.
　• 마이크로파의 열작용에 많은 영향을 받는 기관은 생식기와 눈이다.
　• 두통, 피로감, 기억력 감퇴 등의 증상을 유발시킨다.
　• 유전 및 생식기능에 영향을 주며, 중추신경계의 증상으로 성적 흥분 감퇴, 정서 불안정 등을 일으킨다.
　• 혈액 내의 백혈구 수의 증가, 망상 적혈구의 출현, 혈소판의 감소가 나타난다.
　• 체표면은 조기에 온감을 느낀다.
　• 마이크로파의 에너지량은 거리의 제곱에 반비례한다.

68

1903

● Repetitive Learning 1회 2회 3회

피부로 감지할 수 없는 불감기류의 최고 기류범위는 얼마인가?

① 약 0.5m/s 이하　　② 약 1.0m/s 이하
③ 약 1.3m/s 이하　　④ 약 1.5m/s 이하

해설

• 불감기류는 인체가 피부로 감지할 수 없는 기류로 보통 0.5m/s 이하의 기류를 말한다.

불감기류

　• 인체가 피부로 감지할 수 없는 기류를 말한다.
　• 보통 0.5m/s 이하의 기류를 말한다.
　• 피부 표면에서 방열작용을 촉진하여 체온조절에 중요한 역할을 한다.

52 산업위생관리기사 필기 과년도

65 ② 66 ③ 67 ① 68 ① **정답**

69

• Repetitive Learning 1회 2회 3회

다음 방사선의 단위 중 1Gy에 해당되는 것은?

① 10^2erg/g
② 0.1Ci
③ 1,000rem
④ 100rad

해설

• 1Gy는 100rad에 해당한다.

❖ 흡수선량
• 질량당 흡수된 방사선 에너지의 양을 나타내는 단위이다.
• 과거에는 라드(rad), 현재는 그레이(Gy)를 사용한다.
• 1Gy는 100rad에 해당한다.

70

• Repetitive Learning 1회 2회 3회

음압이 4배가 되면 음압레벨(dB)은 약 얼마 정도 증가하겠는가?

① 3dB
② 6dB
③ 12dB
④ 24dB

해설

• 기준음은 그대로인데 측정하려는 음압이 4배 증가했으므로 SPL은 $20\log(\frac{4}{1})$[dB] 증가하는 것이 되므로 $20 \times 0.602 = 12.04$[dB]이 증가한다.

❖ 음압레벨(SPL ; Sound Pressure Level) 실기 0403/0501/0503/0901/1001/1102/1403/2004

문제 30번 유형별 핵심이론 ❖ 참조

71

• Repetitive Learning 1회 2회 3회

반향시간(Reverberation time)에 관한 설명으로 맞는 것은?

① 반향시간과 작업장의 공간부피만 알면 흡음량을 추정할 수 있다.
② 소음원에서 소음발생이 중지한 후 소음의 감소는 시간의 제곱에 반비례하여 감소한다.
③ 반향시간은 소음이 닿는 면적을 계산하기 어려운 실외에서의 흡음량을 추정하기 위하여 주로 사용한다.
④ 소음원에서 발생하는 소음과 배경소음간의 차이가 40dB인 경우에는 60dB만큼 소음이 감소하지 않기 때문에 반향시간을 측정할 수 없다.

해설

• 반향시간 $T = 0.163\frac{V}{A} = 0.163\frac{V}{\sum S_i \alpha_i}$ 로 구하므로 반향시간과 작업장의 공간부피만 알면 흡음량을 추정할 수 있다.

❖ 반향시간(잔향시간, Reverberation time) 실기 0402
• 반(잔)향은 음이 갑자기 끊겼을 때 그 소리가 바로 그치지 않고 차츰 감쇠해가는 현상을 말하는데 그 음압레벨이 −60dB에 이르는데 걸리는 시간을 말한다.
• 반향시간과 작업장의 공간부피만 알면 흡음량을 추정할 수 있다.
• 반향시간 $T = 0.163\frac{V}{A} = 0.163\frac{V}{\sum S_i \alpha_i}$ 로 구할 수 있다. 이때 V는 공간의 부피[m^3], A는 공간에서의 흡음량[m^2]이다.
• 반향시간은 실내공간의 크기에 비례한다.

72

• Repetitive Learning 1회 2회 3회

산업안전보건법령상 공기 중의 산소농도가 몇 % 미만인 상태를 산소결핍이라 하는가?

① 16%
② 18%
③ 20%
④ 23%

해설

• 산소결핍이란 공기 중의 산소농도가 18% 미만인 상태를 말한다.

❖ 밀폐공간 관련 용어 실기 0603/0903/1402/1903/2203

밀폐공간	산소결핍, 유해가스로 인한 질식 · 화재 · 폭발 등의 위험이 있는 장소
유해가스	탄산가스 · 일산화탄소 · 황화수소 등의 기체로서 인체에 유해한 영향을 미치는 물질
적정공기	산소농도의 범위가 18퍼센트 이상 23.5퍼센트 미만, 탄산가스의 농도가 1.5퍼센트 미만, 일산화탄소의 농도가 30피피엠 미만, 황화수소의 농도가 10피피엠 미만인 수준의 공기
산소결핍	공기 중의 산소농도가 18퍼센트 미만인 상태
산소결핍증	산소가 결핍된 공기를 들이마심으로써 생기는 증상

73

• Repetitive Learning 1회 2회 3회

청력손실이 500Hz에서 12dB, 1,000Hz에서 10dB, 2,000Hz에서 10dB, 4,000Hz에서 20dB일 때 6분법에 의한 평균 청력손실은 얼마인가?

① 19dB
② 16dB
③ 12dB
④ 8dB

- $a = 12$, $b = 10$, $c = 10$, $d = 20$이므로 대입하면 평균 청력 손실은 $\dfrac{12 + 2 \times 10 + 2 \times 10 + 20}{6} = \dfrac{72}{6} = 12[dB]$이 된다.

∷ 평균 청력 손실
- 6분법에 의해 계산한다.
- 500Hz(a), 1000Hz(b), 2000Hz(c), 4000Hz(d)로 계산하며 소수점 이하는 버린다.
- 평균 청력 손실 $= \dfrac{a + 2b + 2c + d}{6}$으로 구한다.

74

다음 중 전리방사선에 대한 감수성의 크기를 올바른 순서대로 나열한 것은?

> ㉠ 상피세포
> ㉡ 골수, 흉선 및 림프조직(조혈기관)
> ㉢ 근육세포
> ㉣ 신경조직

① ㉠ > ㉡ > ㉢ > ㉣
② ㉡ > ㉠ > ㉢ > ㉣
③ ㉠ > ㉣ > ㉡ > ㉢
④ ㉡ > ㉢ > ㉣ > ㉠

- 전리방사선에 대한 감수성이 가장 민감한 조직은 골수, 림프조직(임파구), 생식세포, 조혈기관, 눈의 수정체 등이 있다.
- 전리방사선에 대한 감수성이 가장 둔감한 조직은 골, 연골, 신경, 간, 콩팥, 근육조직 등이 있다.

∷ 전리방사선에 대한 감수성

고도 감수성	골수, 림프조직(임파구), 생식세포, 조혈기관, 눈의 수정체
중증도 감수성	피부 및 위장관의 상피세포, 혈관내피세포, 결체조직
저 감수성	골, 연골, 신경, 간, 콩팥, 근육

75

다음 중 고압 환경의 영향에 있어 2차적인 가압현상에 해당하지 않는 것은?

① 질소 마취
② 조직의 통증
③ 산소 중독
④ 이산화탄소 중독

- ②는 생체강과 환경간의 기압차이로 인한 기계적 작용으로 1차성 압력현상에 해당한다.

∷ 고압 환경의 생체작용
- 1차성 압력현상 - 생체강과 환경간의 기압차이로 인한 기계적 작용으로 울혈, 부종, 출혈, 동통과 함께 귀, 부비강, 치아의 압통 등이 발생할 수 있다.
- 2차성 압력현상 - 고압하의 대기가스의 독성으로 인한 현상으로 질소마취, 산소 중독, 이산화탄소 중독 등이 있다.

76

음의 세기 레벨이 80dB에서 85dB로 증가하면 음의 세기는 약 몇 배가 증가하겠는가?

① 1.5배
② 1.8배
③ 2.2배
④ 2.4배

- 음의 세기 레벨(SIL)이 80dB일 때의 음의 세기 $I_{80} = I_0 \times 10^{\frac{SIL}{10}}$ 이고, 이는 $10^{-12} \times 10^8 = 10^{-4}[W/m^2]$이다.
- 음의 세기 레벨(SIL)이 85dB일 때의 음의 세기 $I_{85} = I_0 \times 10^{\frac{SIL}{10}}$ 이고, 이는 $10^{-12} \times 10^{8.5} = 3.16 \times 10^{-4}[W/m^2]$이다.
- 구해진 값을 비로 표시하면
$$\frac{(3.16 \times 10^{-4}) - 10^{-4}}{10^{-4}} = \frac{2.16 \times 10^{-4}}{10^{-4}} = 2.16 배이다.$$

∷ 음의 세기 수준(SIL : Sound Intensity Level)
- 음의 세기를 말하며, 그 정도를 표시하는 값이다.
- 어떤 음의 세기와 기준 음의 세기의 비의 상용로그 값을 10배 한 것이다.
- SIL과 SPL은 ρC가 400rayls(25℃, 760mmHg)일 때 실용적으로 일치한다고 본다.
- 음의 세기 수준 SIL $= 10\log\left(\dfrac{I}{I_o}\right)[dB]$로 구한다. 여기서 I_0는 최소 가청음 세기로 $10^{-12}[W/m^2]$이다.

77

다음 중 한랭 환경에서의 일반적인 열평형방정식으로 옳은 것은?(단, $\triangle S$은 생체 열용량의 변화, E는 증발에 의한 열방산, M은 작업대사량, R은 복사에 의한 열의 득실, C는 대류에 의한 열의 득실을 나타낸다)

① $\triangle S = M - E - R - C$
② $\triangle S = M - E + R - C$
③ $\triangle S = -M + E - R - C$
④ $\triangle S = -M + E + R + C$

해설

- 한랭환경에서는 복사 및 대류는 음(−)수 값을 취한다.

인체의 열교환

ㄱ 경로
- 복사 – 한겨울에 햇볕을 쬐면 기온은 차지만 따스함을 느끼는 것
- 대류 – 같은 온도에서도 바람이 부느냐 불지 않느냐에 따라 열손실이 달라지는 것
- 전도 – 달구어진 옥상 바닥에 손바닥을 짚을 때 손바닥으로 열이 전해지는 것
- 증발 – 피부 표면을 통해 인체의 열이 증발하는 것

ㄴ 열교환과정 실기 0503/0801/0903/1403/1502/2201
- $S=(M-W)\pm R\pm C-E$
  단, S는 열 축적, M은 대사, W는 일, R은 복사, C는 대류, E는 증발을 의미한다.
- 한랭환경에서는 복사 및 대류는 음(−)수 값을 취한다.
- 열교환에 영향을 미치는 요소에는 기온(Temperature), 기습(Humidity), 기류(Air movement) 등이 있다.

0603 / 1001 / 1801 / 2201

78 ● Repetitive Learning (1회 2회 3회)

빛과 밝기의 단위에 관한 설명으로 틀린 것은?

① 반사율은 조도에 대한 휘도의 비로 표시한다.
② 광원으로부터 나오는 빛의 양을 광속이라고 하며 단위는 루멘을 사용한다.
③ 입사면의 단면적에 대한 광도의 비를 조도라 하며 단위는 촉광을 사용한다.
④ 광원으로부터 나오는 빛의 세기를 광도라고 하며 단위는 칸델라를 사용한다.

해설

- 입사면의 단면적에 대한 광도의 비를 조도라 하며 단위는 럭스(Lux)를 사용한다.

조도(照度)
- 조도는 특정 지점에 도달하는 광의 밀도를 말한다.
- 단위는 럭스(Lux)를 사용한다.
- 1Lux는 1lumen의 빛이 $1m^2$의 평면상에 수직으로 비칠 때의 밝기이다.
- 반사체의 반사율과는 상관없이 일정한 값을 갖는다.
- 거리의 제곱에 반비례하고, 광도에 비례하므로 $\dfrac{광도}{(거리)^2}$으로 구한다.

0401 / 0902 / 1602

79 ● Repetitive Learning (1회 2회 3회)

습구온도를 측정하기 위한 측정기기와 측정시간의 기준을 알맞게 나타낸 것은?(단, 고용노동부 고시 기준)

① 자연습구온도계 : 15분 이상
② 자연습구온도계 : 25분 이상
③ 아스만통풍건습계 : 15분 이상
④ 아스만통풍건습계 : 25분 이상

해설

- 습구온도의 측정은 0.5도 간격의 눈금이 있는 아스만통풍건습계(25분 이상), 자연습구온도를 측정할 수 있는 기기(5분 이상) 또는 이와 동등 이상의 성능이 있는 측정기기를 사용해야 한다.

측정구분에 의한 측정기기와 측정시간 실기 1001

구분	측정기기	측정시간
습구온도	0.5도 간격의 눈금이 있는 아스만통풍건습계, 자연습구온도를 측정할 수 있는 기기 또는 이와 동등 이상의 성능이 있는 측정기기	• 아스만통풍건습계 : 25분 이상 • 자연습구온도계 : 5분 이상
흑구 및 습구흑구온도	직경이 5센티미터 이상되는 흑구온도계 또는 습구흑구온도(WBGT)를 동시에 측정할 수 있는 기기	• 직경이 15센티미터일 경우 25분 이상 • 직경이 7.5센티미터 또는 5센티미터일 경우 5분 이상

---

80 ● Repetitive Learning (1회 2회 3회)

다음 중 진동의 생체작용에 관한 설명으로 틀린 것은?

① 전신진동의 영향이나 장해는 자율신경, 특히 순환기에 크게 나타난다.
② 산소소비량은 전신진동으로 증가되고, 폐환기도 촉진된다.
③ 위장장해, 내장하수증, 척추이상 등은 국소진동에 영향으로 인한 비교적 특징적인 장해이다.
④ 그라인더 등의 손공구를 저온환경에서 사용할 때에 Raynaud 현상이 일어날 수 있다.

해설

- 진신진동으로 인해 위장장해, 내장하수증, 척추이상, 내분비계 장해 등이 나타난다.

- 납이 인체 내로 흡수되면 혈청 내 철과 망상적혈구의 수는 증가한다.
- 임상증상은 위장계통장해, 신경근육계통의 장해, 중추신경계통의 장해 등 크게 3가지로 나눌 수 있다.
- 주 발생사업장은 활자의 문선, 조판작업, 납 축전지 제조업, 염화비닐 취급 작업, 크리스탈 유리 원료의 혼합, 페인트, 배관공, 탄환제조 및 용접작업 등이다.

5과목　산업독성학

81　● Repetitive Learning 〔1회〕〔2회〕〔3회〕

다음 중 납중독에 관한 설명으로 옳은 것은?

① 유기납의 경우 주로 호흡기와 소화기를 통하여 흡수된다.
② 무기납중독은 약품에 의한 킬레이트화합물에 반응하지 않는다.
③ 납중독 치료에 사용되는 납배설 촉진제는 신장이 나쁜 사람에게는 금기로 되어 있다.
④ 혈중의 납양은 체내에 축적된 납의 총량을 반영하여 최근에 흡수된 납양을 나타내 준다.

해설
- 유기납의 경우 피부를 통해서 잘 흡수된다.
- 유기납중독은 약품에 의한 킬레이트화합물에 반응하지 않는다.
- 혈중의 납 양은 최근에 흡수된 양을 나타낸다.

:: 납중독
- 납은 원자량 207.21, 비중 11.34의 청색 또는 은회색의 연한 중금속이다.
- 납은 포르피린과 헴(heme)의 합성에 관여하는 효소를 억제하며, 소화기계 및 조혈계에 영향을 준다.
- 1~5세의 소아 이미증(pica)환자에게서 발생하기 쉽다.
- 인체에 흡수되면 뼈에 주로 축적되며, 조혈장해를 일으킨다.
- 무기성 납으로 인한 중독 시 원활한 체내 배출을 위해 사용하는 배설촉진제로 Ca-EDTA를 사용하는데 신장이 나쁜 사람에게는 사용하지 않는 것이 좋다.
- 요 중 δ-ALAD 활성치가 저하되고, 코프로포르피린과 델타 아미노레블린산은 증가한다.
- 적혈구 내 프로토포르피린이 증가한다.

82　● Repetitive Learning 〔1회〕〔2회〕〔3회〕

미국 산업위생전문가 협의회(ACGIH)에서 규정한 유해물질 허용기준에 관한 사항과 관계없는 것은?

① TLV-C : 최고치 허용농도 기준
② TLV-TWA : 8시간 평균 노출기준
③ TLV-TLM : 시간가중 한계농도 기준
④ TLV-STEL : 단시간 노출의 허용농도 기준

해설
- TLV의 종류에는 TWA, STEL, C 등이 있다.

:: TLV(Threshold Limit Value)
　㉠ 개요
- 미국 산업위생전문가회의(ACGIH; American Conference of Governmental Industrial Hygienists)에서 채택한 허용농도의 기준이다.
- 동물실험자료, 인체실험자료, 사업장 역학조사 등을 근거로 한다.
- 가장 대표적인 유독성 지표로 만성중독과 관련이 깊다.
- 계속적 작업으로 인한 환경에 적용되더라도 건강에 악영향을 미치지 않는 물질 농도를 말한다.

　㉡ 종류　실기 0403/0703/1702/2002

TLV-TWA	시간가중평균농도로 1일 8시간(1주 40시간) 작업을 기준으로 하여 유해요인의 측정농도에 발생시간을 곱하여 8시간으로 나눈 농도
TLV-STEL	근로자가 1회 15분간 유해요인에 노출되는 경우의 허용농도로 이 농도 이하에서는 1회 노출 간격이 1시간 이상인 경우 1일 작업시간 동안 4회까지 노출이 허용될 수 있는 농도
TLV-C	최고허용농도(Ceiling 농도)라 함은 근로자가 1일 작업시간 동안 잠시라도 노출되어서는 안 되는 최고 허용농도

83 ● Repetitive Learning 1회 2회 3회

다음 중 크롬에 의한 급성중독의 특징과 가장 관계가 깊은 것은?

① 혈액장해
② 신장장해
③ 피부습진
④ 중추신경장해

해설
- 크롬은 급성중독 시 심한 신장장해를 일으키고, 만성중독 시 코, 폐 등의 점막이 충혈되어 화농성비염이 되고 차례로 깊이 들어가서 궤양이 되고 비강암이나 비중격천공을 유발한다.

:: 크롬(Cr)
- 부식방지 및 도금 등에 사용된다.
- 급성중독 시 심한 신장장해를 일으키고, 만성중독 시 코, 폐 등의 점막이 충혈되어 화농성비염이 되고 차례로 깊이 들어가서 궤양이 되고 비강암이나 비중격천공을 유발한다.
- 장기간 흡입하는 경우 원발성 기관지암과 폐암이 발생한다.
- 피부궤양 발생 시 치료에는 Sodium citrate 용액, Sodium thiosulfate 용액, 10% CaNa2EDTA 연고 등을 사용한다.

84 ● Repetitive Learning 1회 2회 3회
0902 / 1701

다음은 납이 발생되는 환경에서 납 노출을 평가하는 활동이다. 순서가 맞게 나열된 것은?

> ㉠ 납의 독성과 노출기준 등을 MSDS를 통해 찾아본다.
> ㉡ 납에 대한 노출을 측정하고 분석한다.
> ㉢ 납에 노출되는 것은 부적합하므로 시설개선을 해야 한다.
> ㉣ 납에 대한 노출 정도를 노출기준과 비교한다.
> ㉤ 납이 어떻게 발생되는지 예비 조사한다.

① ㉠→㉡→㉢→㉣→㉤
② ㉢→㉡→㉠→㉣→㉤
③ ㉤→㉠→㉡→㉣→㉢
④ ㉤→㉡→㉠→㉣→㉢

해설
- 예비조사 후 MSDS 검색하며, 측정·분석 후 기준과 비교하여 부적합한 곳을 개선한다.

:: 납 노출 평가 활동 순서
- 납이 어떻게 발생되는지 예비 조사한다.
- 납의 독성과 노출기준 등을 MSDS를 통해 찾아본다.
- 납에 대한 노출을 측정하고 분석한다.
- 납에 대한 노출 정도를 노출기준과 비교한다.
- 납에 노출되는 것은 부적합하므로 시설개선을 해야 한다.

85 ● Repetitive Learning 1회 2회 3회
1603

카드뮴 중독의 발생 가능성이 가장 큰 산업작업 또는 제품으로만 나열된 것은?

① 니켈, 알루미늄과의 합금, 살균제, 페인트
② 페인트 및 안료의 제조, 도자기 제조, 인쇄업
③ 금, 은의 정련, 청동 주석 등의 도금, 인견제조
④ 가죽제조, 내화벽돌 제조, 시멘트제조업, 화학비료공업

해설
- 카드뮴은 주로 납광물이나 아연광물을 제련할 때 부산물로 얻어지며, 니켈, 알루미늄과의 합금, 살균제, 페인트 등을 취급하는 곳에서 노출위험성이 크다.

:: 카드뮴
- 카드뮴은 부드럽고 연성이 있는 금속으로 납광물이나 아연광물을 제련할 때 부산물로 얻어진다.
- 주로 니켈, 알루미늄과의 합금, 살균제, 페인트 등을 취급하는 곳에서 노출위험성이 크다.
- 흡수된 카드뮴은 혈장단백질과 결합하여 최종적으로 간이나 신장에 축적된다.
- 인체 내에서 –SH기와 결합하여 독성을 나타낸다.
- 중금속 중에서 칼슘대사에 장애를 주어 신결석을 동반한 신증후군이 나타나고 폐기종, 만성기관지염 같은 폐질환을 일으키고, 다량의 칼슘배설이 일어나 뼈의 통증, 골연화증 및 골수공증과 같은 골격계 장해를 유발한다.
- 카드뮴에 의한 급성노출 및 만성노출 후의 장기적인 속발증은 고환의 기능쇠퇴, 폐기종, 간손상 등이다.
- 체내에 노출되면 저분자 단백질인 metallothionein이라는 단백질을 합성하여 독성을 감소시킨다.

86 ● Repetitive Learning 1회 2회 3회
1603

흡인된 분진이 폐 조직에 축적되어 병적인 변화를 일으키는 질환을 총괄적으로 의미하는 용어는?

① 천식
② 질식
③ 진폐증
④ 중독증

해설
- 흡인된 분진이 폐 조직에 축적되어 병적인 변화를 일으키는 질환으로 폐에 분진이 쌓여 폐가 점차 굳어가는 병은 진폐증이다.

진폐증
- 흡인된 분진이 폐 조직에 축적되어 병적인 변화를 일으키는 질환으로 폐에 분진이 쌓여 폐가 점차 굳어가는 병을 말한다.
- 길이가 5~8µm보다 길고, 두께가 0.25~1.5µm보다 얇은 섬유성 분진이 진폐증을 가장 잘 일으킨다.
- 진폐증 발병요인에는 분진의 농도, 분진의 크기, 분진의 종류, 작업강도 및 분진에 폭로된 기간 등이 있다.
- 병리적 변화에 따라 교원성 진폐증과 비교원성 진폐증으로 구분된다.

교원성	• 폐표조직의 비가역성 변화나 파괴가 있고, 영구적이다. • 규폐증, 석면폐증 등
비교원성	• 폐조직이 정상적, 간질반응이 경미, 조직반응은 가역성이다. • 용접공폐증, 주석폐증, 바륨폐증 등

유기용제의 중추신경 활성억제 및 자극 순서
ㄱ 억제작용의 순위
- 알칸<알켄<알코올<유기산<에스테르<에테르<할로겐화합물
ㄴ 자극작용의 순위
- 알칸<알코올<알데히드 또는 케톤<유기산<아민류
ㄷ 극성의 크기 순서
- 파라핀<방향족 탄화수소<에스테르<케톤<알데하이드<알코올<물

0501 / 0702 / 1001 / 1602

89 • Repetitive Learning 1회 2회 3회
입자의 호흡기계 축적기전이 아닌 것은?
① 충돌 ② 변성
③ 차단 ④ 확산

해설
- 입자의 호흡기계를 통한 축적 작용기전은 충돌, 침전, 차단, 확산이 있다.

입자의 호흡기계 축적
- 작용기전은 충돌, 침전, 차단, 확산이 있다.
- 호흡기 내에 침착하는데 작용하는 기전 중 가장 역할이 큰 것은 확산이다.

충돌	비강, 인후두 부위 등 공기흐름의 방향이 바뀌는 경우 입자가 공기흐름에 따라 순행하지 못하고 공기흐름이 변환되는 부위에 부딪혀 침착되는 현상
침전	기관지, 모세기관지 등 폐의 심층부에서 공기흐름이 느려지게 되면 자연스럽게 낙하하여 침착되는 현상
차단	길이가 긴 입자가 호흡기계로 들어오면 그 입자의 가장자리가 기도의 표면을 스치면서 침착되는 현상
확산	미세입자(입자의 크기가 0.5µm 이하)들이 주위의 기체분자와 충돌하여 무질서한 운동을 하다가 주위 세포의 표면에 침착되는 현상

0601 / 0701 / 0801 / 2201 / 2202

88 • Repetitive Learning 1회 2회 3회
다음의 유기용제 중 중추신경 활성 억제작용이 가장 큰 것은?
① 유기산 ② 알코올
③ 에테르 ④ 알칸

해설
- 유기용제의 중추신경 활성 억제작용의 순위는 알칸<알켄<알코올<유기산<에스테르<에테르<할로겐화합물 순으로 커진다.

87 • Repetitive Learning 1회 2회 3회
다음 중 코와 인후를 자극하며, 중등도 이하의 농도에서 두통, 흉통, 오심, 구토, 무후각증을 일으키는 유해물질은?
① 브롬 ② 포스겐
③ 불소 ④ 암모니아

해설
- 암모니아는 특유의 자극적인 냄새가 나는 무색의 기체로 중등도 이하의 농도에서 두통, 흉통, 오심, 구토, 무후각증을 일으킨다.

암모니아(NH_3)
- 특유의 자극적인 냄새가 나는 무색의 기체이다.
- 코와 인후를 자극하며, 중등도 이하의 농도에서 두통, 흉통, 오심, 구토, 무각증을 일으킨다.
- 피부 점막에 작용하여 눈의 결막, 각막을 자극하며 폐부종, 성대경련, 호흡장애 및 기관지경련 등을 초래한다.

90 • Repetitive Learning 1회 2회 3회
다음 중 화학물질의 건강영향 또는 그 정도를 좌우하는 인자와 가장 거리가 먼 것은?
① 숙련도 ② 작업강도
③ 노출시간 ④ 개인의 감수성

해설
- 화학물질의 건강영향 또는 그 정도를 좌우하는 인자에는 ②, ③, ④ 외에 농도, 기상조건 등이 있다.

☸ 유해물질에 의한 유해성을 지배하는 인자 실기 0703/1902/2103
- 개인의 감수성
- 노출시간
- 농도
- 작업강도
- 기상조건

91 ●━━━ Repetitive Learning [1회] [2회] [3회]

다음 중 피부의 색소를 감소시키는 물질은?

① 페놀
② 구리
③ 크롬
④ 니켈

해설

- 접촉 시 피부의 색소변형을 일으켜 피부 색소를 감소시키는 물질은 페놀이다.

☸ 피부 색소
- 멜라닌은 피부, 모발, 눈의 음영과 색을 내는 색소이다.
- 색소침착은 피부의 멜라닌 양으로 결정된다.
- 접촉 시 피부의 색소변형을 일으켜 피부 색소를 감소시키는 물질은 페놀이다.
- 화학물질 노출로 색소 증가의 원인물질은 콜타르, 햇빛, 만성 피부염 등이다.

0803 / 1002 / 1603

92 ●━━━ Repetitive Learning [1회] [2회] [3회]

유기용제 중독을 스크린하는 다음 검사법의 민감도(sensitivity)는 얼마인가?

구분		실제값(질병)		합계
		양성	음성	
검사법	양성	15	25	40
	음성	5	15	20
합계		20	40	60

① 25.0%
② 37.5%
③ 62.5%
④ 75.0%

해설

- 실제 환자인 사람 20명 중 검사법에 의해 환자로 판명된 경우는 15명이므로 민감도는 $\frac{15}{20} = 0.75$이므로 75%가 된다.

☸ 검사법의 민감도(sensitivity)
- 실제 환자인 사람 중에서 새로운 진단방법이 환자라고 판명한 사람의 비율을 말한다.
- 실제 환자인 사람은 중독진단에서 양성인 인원수이다.

- 새로운 검사법에 의해 환자인 사람은 새로운 검사법에 의해 양성인 인원수이다.

2202

93 ●━━━ Repetitive Learning [1회] [2회] [3회]

납에 노출된 근로자가 납중독 되었는지를 확인하기 위하여 소변을 시료로 채취하였을 경우 다음 중 측정할 수 있는 항목이 아닌 것은?

① 델타-ALA
② 납 정량
③ coproporphyrin
④ protoporphyrin

해설

- ④는 혈액검사로 채취하는 내용이다.

☸ 납중독 진단검사
- 소변 중 코프로포르피린이나 납, 델타-ALA의 배설량 측정
- 혈액검사(적혈구측정, 전혈비중측정)
- 혈액 중 징크-프로토포르피린(ZPP)의 측정
- 말초신경의 신경전달 속도
- 배설촉진제인 Ca-EDTA 이동사항
- 헴(Heme)합성과 관련된 효소의 혈중농도 측정
- 최근의 납의 노출정도는 혈액 중 납 농도로 확인할 수 있다.

1801 / 2201

94 ●━━━ Repetitive Learning [1회] [2회] [3회]

단순 질식제로 볼 수 없는 것은?

① 메탄
② 질소
③ 오존
④ 헬륨

해설

- 오존은 폐기능을 저하시켜 산화작용을 방해한다는 측면에서 화학적 질식제에 가까우나 질식제로 분류하지는 않는다.

☸ 질식제
- 질식제란 조직 내의 산화작용을 방해하는 화학물질을 말한다.
- 질식제는 단순 질식제와 화학적 질식제로 구분할 수 있다.

단순 질식제	• 생리적으로는 아무 작용도 하지 않으나 공기 중에 많이 존재하여 산소분압을 저하시켜 조직에 필요한 산소의 공급부족을 초래하는 물질
	• 수소, 질소, 헬륨, 이산화탄소, 메탄, 아세틸렌 등
화학적 질식제	• 혈액 중 산소운반능력을 방해하는 물질
	• 일산화탄소, 아닐린, 시안화수소 등
	• 기도나 폐 조직을 손상시키는 물질
	• 황화수소, 포스겐 등

95

— • Repetitive Learning (1회 2회 3회)

독성실험단계에 있어 제1단계(동물에 대한 급성노출시험)에 관한 내용과 가장 거리가 먼 것은?

① 생식독성과 최기형성 독성실험을 한다.
② 눈과 피부에 대한 자극성 실험을 한다.
③ 변이원성에 대하여 1차적인 스크리닝 실험을 한다.
④ 치사성과 기관장해에 대한 양-반응곡선을 작성한다.

해설

• 급성독성시험으로 얻을 수 있는 일반적인 정보에는 눈, 피부에 대한 자극성, 치사성, 기관장애, 변이원성 등이 있다.

** 급성독성시험

• 시험물질을 실험동물에 1회 투여하였을 때 단기간 내에 나타나는 독성을 질적·양적으로 검사하는 실험을 말한다.
• 급성독성시험으로 얻을 수 있는 일반적인 정보에는 눈, 피부에 대한 자극성, 치사성, 기관장애, 변이원성 등이 있다.
• 만성독성시험으로 얻을 수 있는 내용에는 장기의 독성, 변이원성, 행동특성 등이 있다.

• ⓔ에서 공기 중 노출기준(TLV)은 생물학적 노출기준(BEI)보다 더 많다.

** 생물학적 모니터링

• 작업자의 생물학적 시료에서 화학물질의 노출을 추정하는 것을 말한다.
• 모든 노출경로에 의한 흡수정도를 나타낼 수 있다.
• 최근의 노출량이나 과거로부터 축적된 노출량을 파악한다.
• 건강상의 위험은 생물학적 검체에서 물질별 결정인자를 생물학적 노출지수와 비교하여 평가된다.
• 근로자 노출 평가와 건강상의 영향 평가 두 가지 목적으로 모두 사용될 수 있다.
• 생물학적 검체인 호기, 소변, 혈액 등에서 결정인자를 측정하여 노출정도를 추정하는 방법이다.
• 결정인자는 공기 중에서 흡수된 화학물질이나 그것의 대사산물 또는 화학물질에 의해 생긴 가역적인 생화학적 변화이다.
• 내재용량은 최근에 흡수된 화학물질의 양, 여러 신체 부분이나 몸 전체에서 저장된 화학물질의 양, 체내 주요 조직이나 부위의 작용과 결합한 화학물질의 양을 나타낸다.
• 공기 중 노출기준(TLV)이 설정된 화학물질의 수는 생물학적 노출기준(BEI)보다 더 많다.

96

— • Repetitive Learning (1회 2회 3회)

다음 보기는 노출에 대한 생물학적 모니터링에 관한 설명이다. 보기 중 틀린 것으로만 조합된 것은?

ⓐ 생물학적 검체인 호기, 소변, 혈액 등에서 결정인자를 측정하여 노출정도를 추정하는 방법이다.
ⓑ 결정인자는 공기 중에서 흡수된 화학물질이나 그것의 대사산물 또는 화학물질에 의해 생긴 비가역적인 생화학적 변화이다.
ⓒ 공기 중의 농도를 측정하는 것이 개인의 건강위험을 보다 직접적으로 평가할 수 있다.
ⓓ 목적은 화학물질에 대한 현재나 과거의 노출이 안전한 것인지를 확인하는 것이다.
ⓔ 공기 중 노출기준이 설정된 화학물질의 수만큼 노출기준(BEI)이 있다.

① ⓐ, ⓑ, ⓒ   ② ⓐ, ⓒ, ⓓ
③ ⓑ, ⓒ, ⓔ   ④ ⓑ, ⓓ, ⓔ

해설

• ⓑ에서 결정인자는 화학물질에 의해 생긴 가역적인 생화학적 변화이다.
• ⓒ에서 공기 중의 농도를 측정하는 것은 개인의 건강위험을 간접적으로 평가할 수 있다.

97

— • Repetitive Learning (1회 2회 3회)

다음 중 유해물질이 인체로 침투하는 경로로써 가장 거리가 먼 것은?

① 호흡기계   ② 신경계
③ 소화기계   ④ 피부

해설

• 유해물질이 인체에 침입할 때 접촉면은 호흡기>피부>소화기 순이다.

** 유해물질의 인체 침입

• 접촉면적이 큰 순서대로 호흡기>피부>소화기 순이다.
• 호흡기계통이 공기 중에 분산되어 있는 유해물질의 인체 내 침입경로 중 유해물질이 가장 많이 유입되는 경로에 해당한다.

98

— • Repetitive Learning (1회 2회 3회)

고농도로 폭로되면 중추신경계 장해 외에 간장이나 신장에 장해가 일어나 황달, 단백뇨, 혈뇨의 증상을 보이는 할로겐화 탄화수소로 적절한 것은?

① 벤젠   ② 톨루엔
③ 사염화탄소   ④ 파라니트로클로로벤젠

해설

- 사염화탄소는 탈지용 용매로 사용되는 물질로 간장, 신장에 만성적인 영향을 미친다.

:: 사염화탄소
- 피부로부터 흡수되어 전신중독을 일으킬 수 있는 물질이다.
- 인체 노출 시 간의 장해인 중심소엽성 괴사를 일으키는 지방족 할로겐화 탄화수소이다.
- 탈지용 용매로 사용되는 물질로 간장, 신장에 만성적인 영향을 미친다.
- 초기 증상으로는 지속적인 두통, 구역 또는 구토, 복부선통과 설사, 간압통 등이 나타난다.
- 고농도로 폭로되면 중추신경계 장해 외에 간장이나 신장에 장해가 일어나 황달, 단백뇨, 혈뇨의 증상을 보이며, 완전 무뇨증이 되면 사망할 수도 있다.

- 유기수은 화합물로서는 아릴수은(무기수은) 화합물과 알킬수은 화합물이 있다.
- 메틸 및 에틸 등 알킬수은 화합물의 독성이 가장 강하다.
ⓒ 인체에 미치는 영향과 대책  0401
- 소화관으로는 2~7% 정도의 소량으로 흡수되며, 금속 형태로는 뇌, 혈액, 심근에 많이 분포된다.
- 중독의 특징적인 증상은 근육진전, 정신증상이고, 만성노출 시 식욕부진, 신기능부전, 구내염이 발생한다.
- 급성중독 시 우유와 계란의 흰자를 먹여 단백질과 해당 물질을 결합시켜 침전시키거나, BAL(dimercaprol)을 체중 1kg당 5mg을 근육주사로 투여하여야 한다.

---

99 ──────● Repetitive Learning [1회][2회][3회]

0903 / 1801 / 2003

단백질을 침전시키며 thiol(-SH)기를 가진 효소의 작용을 억제하여 독성을 나타내는 것은?

① 수은   ② 구리
③ 아연   ④ 코발트

해설

- 아연은 금속열을 초래하는 대표물질로 전신(계통)적 장애를 유발한다.
- 구리는 급성·만성적으로 사람 건강에 장애를 유발하는 물질이며 급성 소화기계 장애를 유발, 간이나 신장에 장애를 일으킬 수 있다.
- 코발트의 분진과 흄은 주로 호흡기로 흡수되며, 흡인된 인자는 폐에 침착한 후 천천히 체내로 흡수되어 폐간질의 섬유화, 폐간질염을 일으키고 호흡기 및 피부를 감작시킨다.

:: 수은(Hg)
ⓐ 개요
- 인간의 연금술, 의약품 등에 가장 오래 사용해 왔던 중금속의 하나로 17세기 유럽에서 신사용 중절모자를 만드는 사람들에게 처음으로 발견되어 hatter's shake라고 하며 근육경련을 유발하는 중금속이다.
- 단백질을 침전시키며 thiol(-SH)기를 가진 효소의 작용을 억제하여 독성을 나타낸다.
- 뇌홍의 제조에 사용하며, 증기를 발생하여 산업중독을 일으킨다.
- 수은은 상온에서 액체상태로 존재하는 금속이다.
ⓑ 분류
- 무기수은화합물은 대부분의 금속과 화합하여 아말감을 만든다.
- 무기수은화합물은 질산수은, 승홍, 뇌홍 등이 있으며, 유기수은화합물에는 페닐수은, 에틸수은 등이 있다.

---

100 ──────● Repetitive Learning [1회][2회][3회]

1901

페니실린을 비롯한 약품을 정제하기 위한 추출제 혹은 냉동제 및 합성수지에 이용되는 물질로 가장 적절한 것은?

① 벤젠
② 클로로포름
③ 브롬화메틸
④ 핵사클로로나프탈렌

해설

- 벤젠은 만성노출에 의한 조혈장해를 유발시키며, 급성 골수성 백혈병을 일으키는 대표적인 방향족 탄화수소 물질이다.

:: 클로로포름
- 탄소와 수소, 염소로 이뤄진 화합물이다.
- 페니실린을 비롯한 약품을 정제하기 위한 추출제 혹은 냉동제 및 합성수지에 이용되는 물질이다.
- 간장, 신장의 암발생에 주로 영향을 미친다.

구분	1과목	2과목	3과목	4과목	5과목	합계
New유형	3	0	0	2	0	5
New문제	10	5	4	10	4	33
또나온문제	3	5	10	6	7	31
자꾸나온문제	7	10	6	4	9	36
합계	20	20	20	20	20	100

- New유형은 New문제 중 기존 기출문제와 완전히 다른 유형의 문제를 말합니다.
- New문제는 기존에 출제되지 않은 문제로 이번에 처음 출제되는 문제입니다.
- 또나온문제는 기존에 출제된 적이 1번 있는 문제를 말합니다.
- 자꾸나온문제는 기존에 출제된 적이 2번 이상 있는 문제를 말합니다. 그만큼 중요한 문제입니다.

몇 년분의 기출문제를 공부해야 합격할 수 있을까요?

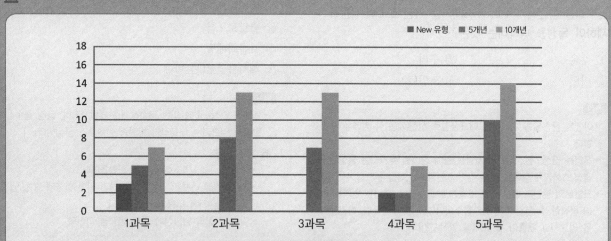

- 완전 새로운 유형의 문제는 5문제이고 95문제가 이미 출제된 문제 혹은 변형문제입니다.
- 5년분(2018~2022) 기출에서 동일문제가 32문항이 출제되었고, 10년분(2013~2022) 기출에서 동일문제가 52문항이 출제되었습니다.

실기에 나왔어요!! 일타쌍피—사전체크!!

실기시험은 필답형으로 진행됩니다. 객관식의 필기와 달리 주관식인 관계로 아는 만큼 적을 수 있습니다. 최근 계산문제의 비중이 많이 감소하고 있지만 절반 정도의 이론 문제와 절반 정도의 계산문제가 출제된다고 보시면 됩니다. 계산문제의 경우 나오는 문제유형이 거의 정해져 있습니다. 필기 공부할 때 미리 실기에 나오는 내용을 체크하시고 그부분만큼은 잘 공부해 두신다면 당 회차 실기까지 한 번에 잡을 수 있습니다.

- 총 37개의 유형별 핵심이론이 실기시험과 연동되어 있습니다.

분석의견

합격률이 41.7%로 어느정도 평균 수준에 가깝게 회복되었던 회차였습니다.
10년 기출을 학습할 경우 기출과 동일한 문제가 4과목 5문제, 1과목 7문제로 다소 낮게 출제되었습니다. 그렇지만 과락만 면한다면 전체적으로는 꽤 많은 동일문제가 출제되어 합격에 어려움이 없는 회차입니다.
10년분 기출문제와 유형별 핵심이론의 2~3회 정독이면 합격 가능한 것으로 판단됩니다.

2013년 제3회

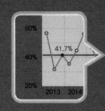

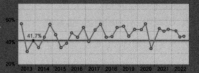

1과목	산업위생학개론

01 · Repetitive Learning (1회 2회 3회)

다음 중 중량물 취급 시 주의사항으로 틀린 것은?

① 몸을 회전하면서 작업한다.
② 허리를 곧게 펴서 작업한다.
③ 다리 힘을 이용하여 서서히 일어선다.
④ 운반체 가까이 접근하여 운반물을 손 전체로 꽉 쥔다.

해설
• 방향전환 시는 몸을 틀지말고 먼저 이동방향으로 발을 옮긴다.

:: 인력 하물 인양 시 몸의 자세
• 허리를 편 채로 앞을 주시하면서 다리만을 움직여 이동한다.
• 방향전환 시는 몸을 틀지말고 먼저 이동방향으로 발을 옮긴다.
• 한쪽 발은 들어올리는 물체를 향하여 안전하게 고정시키고 다른 발은 그 뒤에 안전하게 고정시킬 것
• 등은 항상 직립한 상태를 유지하여 가능한 한 지면과 수직이 되도록 할 것
• 팔은 몸에 밀착시키고 끌어당기는 자세를 취하며 가능한 한 수평거리를 짧게 할 것
• 손가락으로만 인양물을 잡아서는 아니 되며 손바닥으로 인양물 전체를 잡을 것
• 대퇴부에 부하를 주는 상태에서 무릎을 굽히고, 필요한 경우 무릎을 펴서 인양할 것

0902

02 · Repetitive Learning (1회 2회 3회)

다음 중 산업위생통계에 있어 대푯값에 해당하지 않는 것은?

① 중앙값   ② 표준편차값
③ 최빈값   ④ 산술평균값

해설
• 표준편차는 산포도에 해당한다.

:: 대푯값의 종류

산술평균	주어진 값을 모두 더한 후 그 개수로 나눈 값
기하평균	주어진 n개의 값들을 곱해서 나온 값의 n제곱근
가중평균	가중값을 반영하여 구한 평균
중앙값	주어진 데이터들을 순서대로 정렬하였을 때 가장 가운데 위치한 값
최빈값	가장 자주 발생한 값

03 · Repetitive Learning (1회 2회 3회)

다음 중 산업 스트레스의 관리에 있어서 집단차원에서의 스트레스 관리에 대한 내용과 가장 거리가 먼 것은?

① 직무 재설계
② 사회적 지원의 제공
③ 운동과 직무 외의 관심
④ 개인의 적응수준 제고

해설
• ③은 개인차원에서의 스트레스 관리 내용에 해당한다.

:: 스트레스의 관리

개인차원	• 자신의 한계와 문제의 징후를 인식하여 해결방안 도출 • 명상, 요가 등 긴장 이완훈련 • 신체검사 및 건강검사 • 운동과 직무 외의 관심 • 적절한 시간관리
집단차원	• 직무의 재설계 • 사회적 지원의 제공 • 개인의 적응수준 제고 • 참여적 의사결정 • 우호적인 직장 분위기의 조성

정답 | 01 ① 02 ② 03 ③

04 ──────●Repetitive Learning (1회 2회 3회)

직업병을 판단할 때 참고하는 자료로 적합하지 않은 것은?

① 업무내용과 종사기간
② 발병 이전의 신체이상과 과거력
③ 기업의 산업재해 통계와 산재보험료
④ 작업환경측정 자료와 취급물질의 유해성 자료

해설
- 특정 직업병 판단 시에 기업의 산업재해 통계 및 산재보험료는 참고자료로 적합하지 않다.
- 직업병 판단 시 참고자료
  - 업무내용과 종사기간
  - 발병 이전의 신체이상과 과거력
  - 작업환경측정 자료와 취급물질의 유해성 자료
  - 중독 등 해당 직업병의 특유한 증상과 임상소견의 유무
  - 직업력과 질병
  - 문제 공정의 물질안전보건자료

05 ──────●Repetitive Learning (1회 2회 3회)

매년 "화학물질과 물리적 인자에 대한 노출기준 및 생물학적 노출지수"를 발간하여 노출기준 제정에 있어서 국제적으로 선구적인 역할을 담당하고 있는 기관은?

① 미국산업위생학회(AIHA)
② 미국직업안전위생관리국(OSHA)
③ 미국국립산업안전보건연구원(NIOSH)
④ 미국정부산업위생전문가협의회(ACGIH)

해설
- ①은 유해화학물질 노출기준으로 WEEL을 정한 기관으로 산업위생을 정의한 미국의 민간기관이다.
- ②는 미국 노동부의 기관으로 미국 전체 근로자들이 쾌적하고 안전한 환경에서 일할 권리를 보장하는 것을 목적으로 일하는 기관이다.
- ③은 유해화학물질 노출기준으로 REL을 정한 미국의 대표적인 보호구 인증기관이다.
- 미국정부산업위생전문가협의회(ACGIH) 실기 0301/1602
  - American Conference of Governmental Industrial Hygienists
  - 매년"화학물질과 물리적 인자에 대한 노출기준 및 생물학적 노출지수"를 발간하여 노출기준 제정에 있어서 국제적으로 선구적인 역할을 담당하고 있는 기관이다.
  - 유해화학물질 노출기준으로 TLV, 생물학적 노출기준으로 BEI를 정한 기관이다.

06 ──────●Repetitive Learning (1회 2회 3회)

화학적 원인에 의한 직업성 질환으로 볼 수 없는 것은?

① 정맥류 　　　　② 수전증
③ 치아산식증 　　④ 시신경 장해

해설
- 정맥류는 근골격계 질환 등 물리적 요인에 의한 직업성 질환이다.
- 직업성 질환 발생의 요인
  ㉠ 직접적 원인

환경요인	・물리적 요인 : 고열, 진동, 소음, 고기압 등 ・화학적 요인 : 이산화탄소, 일산화탄소, 수은, 납, 석면 등 ・생물학적 요인 : 각종 미생물
작업요인	・인간공학적 요인 : 작업자세, 작업방법 등

  ㉡ 간접적 원인
  - 작업강도, 작업시간 등

07 ──────●Repetitive Learning (1회 2회 3회)

다음 중 실내공기오염(indoor air pollution)과 관련 질환에 대한 설명으로 틀린 것은?

① 실내공기 문제에 대한 증상은 명확히 정의된 질병들보다 불특정한 증상이 더 많다.
② BRI(Building Related Illness)는 건물 공기에 대한 노출로 인해 야기된 질병을 지칭하는 것으로 증상의 진단이 불가능하며 공기 중에 있는 물질에 간접적인 원인이 있는 질병이다.
③ 레지오넬라균은 주요 호흡기 질병의 원인균 중 하나로써 1년까지도 물속에서 생존하는 균으로 알려져 있다.
④ SBS(Sick Building Syndrome)는 점유자들이 건물에서 보내는 시간과 관계하여 특별한 증상이 없이 건강과 편안함에 영향을 받는 것을 말한다.

해설
- ②는 SBS에 대한 설명이다. BRI는 SBS와 달리 건물 또는 건물과 관련된 자재나 설비로 인해 발생되었다는 확증이 있을 때의 증상이나 병을 말한다.
- 실내공기질 오염으로 인한 질환
  - 복합적인 실내환경으로 인한 인체의 영향으로 발생하는 빌딩증후군(SBS, Sick Building Syndrome)은 불특정 증상(눈, 코, 목 자극 및 피로, 집중력 감소 등)이 나타나나 노출지역을 벗어나면 호전된다.

- BRI(Building Related Illness)는 SBS와 달리 건물 또는 건물과 관련된 자재나 설비로 인해 발생되었다는 확증이 있을 때의 증상이나 병을 말한다.
- 생물학적 물질로 인한 질환으로 노출지역을 벗어나더라도 호전되지 않아 치료가 요구되는 질환에는 레지오넬라병(Legionnaires disease), 과민성 폐렴(Hypersensitivity pneumonitis), 가습기열(humidifier fever) 등이 있다.

1002 / 1703 / 2101

08 ● Repetitive Learning 1회 2회 3회

하인리히는 사고예방대책의 기본원리 5단계를 맞게 나타낸 것은?

① 조직 → 사실의 발견 → 분석 · 평가 → 시정책의 선정 → 시정책의 적용
② 조직 → 분석 · 평가 → 사실의 발견 → 시정책의 선정 → 시정책의 적용
③ 사실의 발견 → 조직 → 분석 · 평가 → 시정책의 선정 → 시정책의 적용
④ 사실의 발견 → 조직 → 시정책의 선정 → 시정책의 적용 → 분석 · 평가

해설
- 하인리히의 사고예방의 기본원리 5단계는 순서대로 안전관리조직과 규정, 현상파악, 원인규명, 시정책의 선정, 시정책의 적용 순으로 적용된다.

❖ 하인리히의 사고예방대책 기본원리 5단계

단계	단계별 과정
1단계	안전관리조직과 규정
2단계	사실의 발견으로 현상파악
3단계	분석을 통한 원인규명
4단계	시정방법의 선정
5단계	시정책의 적용

09 ● Repetitive Learning 1회 2회 3회

인쇄공장 바닥 한가운데에 인쇄기 한 대가 있다. 인쇄기로부터 10m와 20m 떨어진 지점에서 1,000Hz의 음압수준을 측정한 결과 각각 88dB과 86dB이었다. 이 작업장의 총 흡음량은 약 얼마인가?

① 861sabins
② 1,322sabins
③ 2,435sabins
④ 3,422sabins

해설
- r이 10, $\triangle P$이 $88-86=2$이고, 바닥이므로 방향성계수 Q=1을 대입하면 총 흡음량 A=

$$\frac{64 \times 3.14 \times 10^2 \times \left(1 - 10^{\frac{2}{10}}\right)}{2 \times \left(10^{\frac{2}{10}} - 4\right)} = \frac{-11754.0136}{-4.8302\cdots} = 2,433.442\cdots$$

sabins가 된다.

❖ 총 흡음량
- 각각 r과 2r의 지점에서 측정한 소음의 음압수준차가 $\triangle P$라고 할 때 총 흡음량을 구할 수 있다.
- $A[sabins] = \dfrac{64 \times \pi \times r^2 \times \left(1 - 10^{\frac{\triangle P}{10}}\right)}{Q \times \left(10^{\frac{\triangle P}{10}} - 4\right)}$

이때 Q는 방향성계수로 자유공간(1), 바닥(2)가 주어진다.

10 ● Repetitive Learning 1회 2회 3회

다음 중 전신피로에 관한 설명으로 틀린 것은?

① 작업에 의한 근육 내 글리코겐 농도의 변화는 작업자의 훈련유무에 따라 차이를 보인다.
② 작업강도가 증가하면 근육 내 글리코겐량이 비례적으로 증가되어 근육피로가 발생한다.
③ 작업강도가 높을수록 혈중 포도당 농도는 급속히 저하하며, 이에 따라 피로감이 빨리 온다.
④ 작업대사량의 증가에 따라 산소소비량도 비례하여 증가하나, 작업대사량이 일정 한계를 넘으면 산소소비량은 증가하지 않는다.

해설
- 작업강도가 높을수록, 작업시간이 길어질수록 근육 내 글리코겐의 소모량이 증가하며 이는 전신피로의 원인이 된다.

❖ 전신피로
- 생리학적 원인에는 근육 내 글리코겐양의 감소, 산소공급의 부족, 혈중 포도당 농도의 저하, 젖산의 생성 및 축적 등이 있다.
- 작업에 의한 근육 내 글리코겐 농도의 변화는 작업자의 훈련유무에 따라 차이를 보인다.
- 작업강도가 높을수록, 작업시간이 길어질수록 글리코겐의 소모량이 증가하여 피로감이 빨리 온다.
- 작업강도가 높을수록 혈중 포도당 농도는 급속히 저하하며, 이에 따라 피로감이 빨리 온다.
- 작업대사량의 증가에 따라 산소소비량도 비례하여 증가하나, 작업대사량이 일정 한계를 넘으면 산소소비량은 증가하지 않는다.

정답 | 08 ① 09 ③ 10 ②   2013년 제3회 산업위생관리기사 **65**

11

다음 중 산업안전보건법에 의한 건강관리구분 판정 결과 "직업성 질병의 소견을 보여 사후관리가 필요한 근로자"를 나타내는 것은?

① C1   ② C2

③ D1   ④ R

해설

- C1은 직업성 질병으로 진전될 우려가 있어 추적검사 등 관찰이 필요한 근로자를 말한다.
- C2는 일반질병으로 진전될 우려가 있어 추적관찰이 필요한 근로자를 말한다.
- R은 건강진단 1차 검사결과 건강수준의 평가가 곤란하거나 질병이 의심되는 근로자(제2차건강진단 대상자)를 말한다.

:: 건강관리구분의 판정

A		건강관리상 사후관리가 필요 없는 근로자(건강한 근로자)
C	C1	직업성 질병으로 진전될 우려가 있어 추적검사 등 관찰이 필요한 근로자(직업병 요관찰자)
	C2	일반질병으로 진전될 우려가 있어 추적관찰이 필요한 근로자(일반질병 요관찰자)
	D1	직업성 질병의 소견을 보여 사후관리가 필요한 근로자(직업병 유소견자)
	D2	일반 질병의 소견을 보여 사후관리가 필요한 근로자(일반질병 유소견자)
	R	건강진단 1차 검사결과 건강수준의 평가가 곤란하거나 질병이 의심되는 근로자(제2차건강진단 대상자)

12

0602 / 0803

산업피로의 검사방법 중에서 CMI(Cornel Medical Index)조사에 해당하는 것은?

① 생리적 기능검사   ② 생화학적 검사

③ 동작 분석   ④ 피로자각 증상

해설

- CMI는 피로 및 건강에 대한 피조사자의 자각증상을 조사할 수 있다.

:: CMI(Cornel Medical Index)

- 미국 코넬대학에서 고안한 건강상태 파악방법이다.
- 피로 및 건강에 대한 피조사자의 자각증상을 조사할 수 있다.
- 눈과 귀, 호흡기, 심장, 혈관계통, 소화기계통, 근육·골격계통, 피부, 신경계통, 생식계통, 피로, 질병발생빈도, 과거병력, 습관, 적응상태, 우울상태, 불안상태, 신경과민상태, 분노, 긴장상태 등 총 18개 항목에 대한 해답을 분석하여 건강상태를 파악하는 방법이다.

13

다음 중 사업장의 보건관리에 대한 내용으로 틀린 것은?

① 고용노동부장관은 근로자의 건강을 보호하기 위하여 필요하다고 인정할 때는 사업주에게 특정 근로자에 대한 임시건강진단의 실시나 그 밖에 필요한 조치를 명 할 수 있다.

② 사업주는 산업안전보건위원회 또는 근로자대표가 요구할 때는 본인의 동의 없이도 건강진단을 한 건강진단기관으로 하여금 건강진단 결과에 대한 설명을 하도록 할 수 있다.

③ 고용노동부장관은 직업성 질환의 진단 및 예방, 발생원인의 규명을 위하여 필요하다고 인정할 때는 근로자의 질병과 작업장의 유해요인의 상관관계에 관한 직업성 질환 역학조사를 할 수 있다.

④ 사업주는 유해하거나 위험한 작업으로써 대통령령으로 정하는 작업에 종사하는 근로자에게는 1일 6시간, 1주 34시간을 초과하여 근로하게 하여서는 아니 된다.

해설

- 사업주는 산업안전보건위원회 또는 근로자대표가 요구할 때에는 직접 또는 건강진단을 한 건강진단기관에 건강진단 결과에 대하여 설명하도록 하여야 한다. 다만, 개별 근로자의 건강진단 결과는 본인의 동의 없이 공개해서는 아니 된다.

:: 건강진단에 관한 사업주의 의무

- 사업주는 건강진단을 실시하는 경우 근로자대표가 요구하면 근로자대표를 참석시켜야 한다.
- 사업주는 산업안전보건위원회 또는 근로자대표가 요구할 때에는 직접 또는 건강진단을 한 건강진단기관에 건강진단 결과에 대하여 설명하도록 하여야 한다. 다만, 개별 근로자의 건강진단 결과는 본인의 동의 없이 공개해서는 아니 된다.
- 사업주는 건강진단의 결과를 근로자의 건강 보호 및 유지 외의 목적으로 사용해서는 아니 된다.
- 사업주는 건강진단의 결과 근로자의 건강을 유지하기 위하여 필요하다고 인정할 때에는 작업장소 변경, 작업 전환, 근로시간 단축, 야간근로(오후 10시부터 다음 날 오전 6시까지 사이의 근로를 말한다)의 제한, 작업환경측정 또는 시설·설비의 설치·개선 등 고용노동부령으로 정하는 바에 따라 적절한 조치를 하여야 한다.
- 적절한 조치를 하여야 하는 사업주로서 고용노동부령으로 정하는 사업주는 그 조치 결과를 고용노동부령으로 정하는 바에 따라 고용노동부장관에게 제출하여야 한다.

14

● Repetitive Learning 1회 2회 3회

다음 중 사무실 공기관리 지침에 관한 설명으로 틀린 것은?

① 사무실 공기의 관리기준은 8시간 시간가중평균농도를 기준으로 한다.
② PM10이란 입경이 10μm 이하인 먼지를 의미한다.
③ 총부유세균의 단위는 CFU/m^3 로 $1m^3$ 중에 존재하고 있는 집락형성 세균 개체 수를 의미한다.
④ 사무실 공기질의 모든 항목에 대한 측정결과는 측정치 전체에 대한 평균값을 이용하여 평가한다.

해설

• 이산화탄소는 각 지점에서 측정한 측정치 중 최고값을 기준으로 비교·평가한다.

✿ 측정결과의 평가
  • 관리기준은 8시간 시간가중평균농도 기준이다.
  • 사무실 공기질의 측정결과는 측정치 전체에 대한 평균값을 제2조의 오염물질별 관리기준과 비교하여 평가한다. 다만, 이산화탄소는 각 지점에서 측정한 측정치 중 최고값을 기준으로 비교·평가한다.

15

● Repetitive Learning 1회 2회 3회

다음 중 근육작업 근로자에게 비타민 B1을 공급하는 이유로 가장 적절한 것은?

① 영양소를 환원시키는 작용이 있다.
② 비타민 B1이 산화될 때 많은 열량을 발생한다.
③ 글리코겐합성을 돕는 효소의 활동을 증가시킨다.
④ 호기적 산화를 도와 근육의 열량공급을 원활하게 해준다.

해설

• 비타민 B1은 호기적 산화를 도와 근육의 열량공급을 원활하게 해주고 신진대사를 좋게 해 피로물질이 축적되는 것을 막는 효과가 있으므로 근육 노동시 특히 보급해 주어야 하는 비타민이다.

✿ 비타민 B1
  • 탄수화물과 에너지 대사에 필요한 영양소이다.
  • 돼지고기, 육류의 내장, 감자류, 완두콩, 버섯 등에 많다.
  • 호기적 산화를 도와 근육의 열량공급을 원활하게 해 주고 신진대사를 좋게 해 피로물질이 축적되는 것을 막는 효과가 있으므로 근육 노동시 특히 보급해 주어야 하는 비타민이다.

16

● Repetitive Learning 1회 2회 3회

작업이 요구하는 힘이 5kg이고, 근로자가 가지고 있는 최대 힘이 20kg이라면 작업강도는 몇 %MS가 되는가?

① 4%   ② 10%
③ 25%   ④ 40%

해설

• RF는 5, MS는 20이 주어졌으므로 $\%MS = \dfrac{5}{20} \times 100 = 25\%$이다.

✿ 작업강도(%MS) 실기 0502
  • 근로자가 가지는 최대 힘(MS)에 대한 작업이 요구하는 힘(RF)을 백분율로 표시하는 값이다.
  • $\dfrac{RF}{MS} \times 100$으로 구한다. 이때 RF는 작업이 요구하는 힘, MS는 근로자가 가지고 있는 약한 손의 최대힘이다.
  • 15% 미만이며 국소피로로 오지 않으며, 30% 이상일 때 불쾌감이 생기면서 국소피로를 야기한다.
  • 적정작업시간(초)은 $671,120 \times \%MS^{-2.222}$[초]로 구한다.

17

● Repetitive Learning 1회 2회 3회

미국산업위생학술원(AAIH)이 채택한 윤리강령 중 기업주와 고객에 대한 책임에 해당하는 내용은?

① 일반 대중에 관한 사항은 정직하게 발표한다.
② 위험 요소와 예방조치에 관하여 근로자와 상담한다.
③ 성실성과 학문적 실력 면에서 최고 수준을 유지한다.
④ 궁극적으로 기업주와 고객보다 근로자의 건강 보호에 있다.

해설

• ①은 일반 대중에 대한 책임에 해당한다.
• ②는 근로자에 대한 책임에 해당한다.
• ③은 전문가로서의 책임에 해당한다.

✿ 산업위생전문가의 윤리강령 중 기업주와 고객에 대한 책임
  • 궁극적으로 기업주와 고객보다 근로자의 건강 보호에 있다.
  • 결과와 결론을 뒷받침할 수 있도록 기록을 유지하고 산업위생 사업을 전문가답게 운영, 관리한다.
  • 신뢰를 중요시하고, 정직하게 충고하며, 결과와 권고사항을 정확히 보고한다.
  • 쾌적한 작업환경을 달성하기 위해 산업위생 원리들을 적용할 때 책임감을 갖고 행동한다.

정답 14 ④ 15 ④ 16 ③ 17 ④

2013년 제3회 산업위생관리기사 **67**

18

• Repetitive Learning 1회 2회 3회

1803

상시근로자수가 100명인 A 사업장의 연간 재해발생건수가 15건이다. 이때의 사상자가 20명 발생하였다면 이 사업장의 도수율은 약 얼마인가?(단, 근로자는 1인당 연간 2,200시간을 근무하였다)

① 68.18
② 90.91
③ 150.00
④ 200.00

해설

• 연간총근로시간은 100명×2,200시간이므로 220,000시간이므로 도수율은 $\frac{15}{220,000} \times 1,000,000 = 68.18\cdots$ 이다.

도수율(FR : frequency Rate of injury) 실기 0502/0503/0602
- 100만 시간당 발생한 재해건수를 의미한다.
- 도수율 $= \frac{\text{연간 재해건수}}{\text{연간 총근로시간}} \times 10^6$ 로 구한다.
- 연간 근무일수나 하루 근무시간수가 주어지지 않을 경우 하루 8시간, 1년 300일 근무하는 것으로 간주한다.

해설

- 노출기준은 대기오염의 평가 또는 관리상의 지표로 사용하여서는 아니 된다.

노출기준 사용상의 유의사항
- 각 유해인자의 노출기준은 해당 유해인자가 단독으로 존재하는 경우의 노출기준을 말하며, 2종 또는 그 이상의 유해인자가 혼재하는 경우에는 각 유해인자의 상가작용으로 유해성이 증가할 수 있으므로 시간가중평균노출기준(TWA)에 따라 산출하는 노출기준을 사용하여야 한다.
- 노출기준은 1일 8시간 작업을 기준으로 하여 제정된 것이므로 이를 이용할 경우에는 근로시간, 작업의 강도, 온열조건, 이상기압 등이 노출기준 적용에 영향을 미칠 수 있으므로 이와 같은 제반요인을 특별히 고려하여야 한다.
- 유해인자에 대한 감수성은 개인에 따라 차이가 있고, 노출기준 이하의 작업환경에서도 직업성 질병에 이환되는 경우가 있으므로 노출기준은 직업병진단에 사용하거나 노출기준 이하의 작업환경이라는 이유만으로 직업성질병의 이환을 부정하는 근거 또는 반증자료로 사용하여서는 아니 된다.
- 노출기준은 대기오염의 평가 또는 관리상의 지표로 사용하여서는 아니 된다.

19

• Repetitive Learning 1회 2회 3회

다음 중 산업안전보건법에 따른 노출기준 사용상의 유의 사항에 관한 설명으로 틀린 것은?

① 노출기준은 대기오염의 평가 또는 관리상의 지표로 사용할 수 있다.
② 각 유해인자의 노출기준은 해당 유해인자가 단독으로 존재하는 경우의 노출기준을 말한다.
③ 노출기준은 1일 8시간 작업을 기준으로 하여 제정된 것이므로 이를 이용할 경우에는 근로시간, 작업의 강도, 온열조건, 이상기압 등이 노출기준 적용에 영향을 미칠 수 있으므로 이와 같은 제반요인을 특별히 고려하여야 한다.
④ 유해인자에 대한 감수성은 개인에 따라 차이가 있고, 노출기준 이하의 작업환경에서도 직업성 질병에 이환되는 경우가 있으므로 노출기준은 직업병진단에 사용하거나 노출기준 이하의 작업환경이라는 이유만으로 직업성질병의 이환을 부정하는 근거 또는 반증자료로 사용하여서는 아니 된다.

20

• Repetitive Learning 1회 2회 3회

다음 중 산업위생의 기본적인 과제를 가장 올바르게 표현한 것은?

① 작업환경에 의한 정신적 영향과 적합한 환경의 연구
② 작업능력의 신장 및 저하에 따른 작업조건의 연구
③ 작업장에서 배출된 유해물질이 대기오염에 미치는 영향에 대한 연구
④ 노동력 재생산과 사회 심리적 조건에 관한 연구

해설

- 산업위생은 근로자의 건강과 쾌적한 작업환경을 연구하는 학문으로 작업능력의 신장 및 저하에 따른 작업조건의 연구를 기본적인 과제로 하고 있다.

산업위생의 기본적인 과제
- 작업환경에 의한 신체적 영향과 최적환경의 연구
- 작업능력의 신장 및 저하에 따른 작업조건의 연구
- 작업능률 저하에 따른 작업조건에 관한 연구
- 작업환경이 미치는 건강장애에 관한 연구
- 노동 재생산과 사회 경제적 조건의 연구

21
━━━━━● Repetitive Learning (1회 2회 3회)

1702 / 2003

두 개의 버블러를 연속적으로 연결하여 시료를 채취할 때, 첫 번째 버블러의 채취효율이 75%이고, 두 번째 버블러의 채취효율이 90%이면 전체 채취효율(%)은?

① 91.5   ② 93.5

③ 95.5   ④ 97.5

해설
- 첫 번째 버블러의 효율이 0.75, 두 번째 버블러의 효율이 0.90이므로 대입하면 0.75+(1−0.75)×0.9=0.75+0.225=0.975로 97.5%이다.

✷ 2개의 버블러를 연속 연결하여 채취할 때 채취효율
- 2개의 버블러를 연결하여 채취할 때 첫 번째 버블러에서 채취하지 못한 것들을 두 번째 버블러에서 채취하는 방법이다.
- 1번째 채취효율+(1−1번째 채취효율)×2번째 채취효율로 계산한다.

22
━━━━━● Repetitive Learning (1회 2회 3회)

입자상 물질 시료 채취용 여과지에 대한 설명으로 틀린 것은?

① 유리섬유 여과지는 흡습성이 적고, 열에 강함
② PVC막 여과지는 흡습성이 적고 가벼움
③ MCE막 여과지는 산에 잘 녹아 중량분석에 적당함
④ 은막 여과지는 코크스 제조공정에서 발생되는 코크스 오븐 배출물질 채취에 사용됨

해설
- 중량분석에 이용되는 것은 PVC막 여과지이다.

✷ MCE막(Mixed cellulose ester membrane filter) 여과지 실기 0301/0602/1002/1003/1103/1302/1803/2103
- 여과지 구멍의 크기는 0.45~0.8μm가 일반적으로 사용된다.
- 여과지는 산에 쉽게 용해되므로 입자상 물질 중의 금속을 채취하여 원자 흡광광도법으로 분석하거나, 시료가 여과지의 표면 또는 표면 가까운 곳에 침착되므로 석면, 유리섬유 등 현미경분석을 취한 시료채취 등에 이용된다.
- 납, 철, 크롬 등 금속과 석면, 유리섬유 등을 포집할 수 있다.
- 산업용 축전지를 제조하는 사업장에서 공기 중 납 농도를 측정하기 위해 사용할 때 사용된다.

23
━━━━━● Repetitive Learning (1회 2회 3회)

0502 / 0602 / 0902 / 1403

입자상 물질 채취를 위하여 사용되는 직경분립충돌기의 장점 또는 단점으로 틀린 것은?

① 호흡기의 부분별로 침착된 입자 크기의 자료를 추정할 수 있다.
② 되튐으로 인한 시료의 손실이 일어날 수 있다.
③ 채취 준비 시간이 적게 소요된다.
④ 입자의 질량 크기 분포를 얻을 수 있다.

해설
- 직경분립충돌기는 시료 채취가 까다롭고 채취 준비에 시간이 많이 걸린다.

✷ 직경분립충돌기(Cascade Impactor) 실기 0701/1003/1302
⊙ 개요 및 특징
- 호흡성, 흉곽성, 흡입성 분진 입자의 관성력에 의해 충돌기의 표면에 충돌하여 채취하는 채취기구이다.
- 공기가 옆에서 유입되지 않도록 각 충돌기의 철저한 조립과 장착이 필요하다.
- 호흡성, 흉곽성, 흡입성 입자의 크기별 분포와 농도를 계산할 수 있다.
- 호흡기의 부분별로 침착된 입자 크기의 자료를 추정할 수 있다.
- 입자의 질량 크기 분포를 얻을 수 있다.
ⓛ 단점
- 시료 채취가 까다롭고 비용이 많이 든다.
- 되튐으로 인한 시료의 손실이 일어날 수 있다.
- 채취 준비에 시간이 많이 걸리며 경험이 있는 전문가가 철저한 준비를 통하여 측정하여야 한다.
- 공기가 유입되지 않도록 각 충돌기의 철저한 조립과 장착이 필요하다.

24
━━━━━● Repetitive Learning (1회 2회 3회)

알고 있는 공기 중 농도를 만드는 방법인 Dynamic Method의 장단점으로 틀린 것은?

① 만들기가 복잡하고 가격이 고가이다.
② 일정한 부피만 만들 수 있어 장시간 사용이 어렵다.
③ 소량의 누출이나 벽면에 의한 손실은 무시할 수 있다.
④ 다양한 농도범위에서 제조 가능하다.

해설
- Dynamic Method는 다양한 부피와 다양한 농도범위에서 제조가 가능한 장점을 갖는다.

Dynamic Method
- 알고 있는 공기 중 농도를 만드는 방법이다.
- 희석공기와 오염물질을 연속적으로 흘려주어 연속적으로 일정한 농도를 유지하면서 만드는 방법이다.

장점	• 다양한 농도범위에서 제조 가능하다. • 가스, 증기, 에어로졸 실험도 가능하다. • 소량의 누출이나 벽면에 의한 손실은 무시한다. • 온·습도 조절이 가능하다. • 다양한 실험이 가능하다.
단점	• 농도를 일정하게 유지하기 위해 연속적으로 희석공기와 오염물질을 흘려줘야 하므로 운반용으로 제작하기에 부적당하다. • 만들기가 복잡하고 가격이 고가이다. • 일정한 농도 유지가 어렵고 지속적인 모니터링이 필요하다.

1701 / 2201

25 Repetitive Learning 1회 2회 3회

공장에서 A용제 30%(TLV 1,200mg/m^3), B용제 30%(TLV 1,400mg/m^3) 및 C용제 40%(TLV 1,600mg/m^3)의 중량비로 조성된 액체 용제가 증발되어 작업환경을 오염시킬 경우 이 혼합물의 허용농도(mg/m^3)는?(단, 혼합물의 성분은 상가작용을 한다)

① 약 1,400
② 약 1,450
③ 약 1,500
④ 약 1,550

해설
- 혼합물을 구성하는 각 성분의 구성비가 주어졌으므로 혼합물의 허용농도는 $\dfrac{1}{\dfrac{0.3}{1,200}+\dfrac{0.3}{1,400}+\dfrac{0.4}{1,600}}=1,400[mg/m^3]$이 된다.

혼합물의 허용농도 실기 0401/0403/0802
- 혼합물을 구성하는 각 성분의 구성비($f_1, f_2, \cdots, f_n$)이 주어지면 혼합물의 허용농도는 $\dfrac{1}{\dfrac{f_1}{TLV_1}+\dfrac{f_2}{TLV_2}+\cdots+\dfrac{f_n}{TLV_n}}$
[mg/m^3]으로 구할 수 있다

1702 / 2001

26 Repetitive Learning 1회 2회 3회

다음 중 활성탄에 흡착된 유기화합물을 탈착하는데 가장 많이 사용하는 용매는?

① 톨루엔
② 이황화탄소
③ 클로로포름
④ 메틸클로로포름

해설
- 활성탄으로 시료채취 시 많이 사용되는 용매는 이황화탄소이다.

흡착제 탈착을 위한 이황화탄소 용매
- 활성탄으로 시료채취 시 많이 사용된다.
- 탈착효율이 좋다.
- GC의 불꽃이온화 검출기에서 반응성이 낮아 피크가 작게 나와 분석에 유리하다.
- 독성이 매우 크기 때문에 사용할 때 주의하여야 하며 인화성이 크므로 분석하는 곳은 환기가 잘되어야 한다.

0601 / 0701 / 1603

27 Repetitive Learning 1회 2회 3회

산업보건분야에서 스토크스의 법칙에 따른 침강속도를 구하는 식을 대신하여 간편하게 계산하는 식으로 적절한 것은? (단, V : 종단속도(cm/sec), SG : 입자의 비중, d : 입자의 직경(μm), 입자크기는 1~50μm)

① $V=0.001 \times SG \times d^2$
② $V=0.003 \times SG \times d^2$
③ $V=0.005 \times SG \times d^2$
④ $V=0.009 \times SG \times d^2$

해설
- 스토크스의 법칙을 대신하는 리프만의 침강속도 식에서 침강속도는 0.003×입자의 비중×입자의 직경의 제곱으로 구한다.

리프만(Lippmann)의 침강속도 실기 0302/0401/0901/1103/1203/1502/1603/1902
- 스토크스의 법칙을 대신하여 산업보건분야에서 간편하게 침강속도를 구하는 식으로 많이 사용된다.

$V=0.003 \times SG \times d^2$이다.	• V : 침강속도(cm/sec) • SG : 입자의 비중(g/cm^3) • d : 입자의 직경(μm)

28 Repetitive Learning 1회 2회 3회

공기 중 벤젠농도를 측정한 결과 17mg/m^3으로 검출되었다. 현재, 공기의 온도가 25℃, 기압은 1.0atm이고 벤젠의 분자량이 78이라면 공기 중 농도는 몇 ppm인가?

① 6.9ppm
② 5.3ppm
③ 3.1ppm
④ 2.2ppm

해설
- mg/m^3을 ppm으로 변환해야 하므로 표준상태에서 $\dfrac{24.45}{78}$를 곱하면 $17 \times \dfrac{24.45}{78}=5.328\cdots[ppm]$이 된다.

⁑ mg/m^3의 ppm 단위로의 변환 `실기` 0302/0303/0802/0902/1002/2103

- mg/m^3단위를 ppm으로 변환하려면 $\dfrac{\text{mg}/m^3 \times \text{기체부피}}{\text{분자량}}$로 구한다.
- 24.45는 표준상태(25도, 1기압)에서 기체의 부피이다.
- 온도가 다를 경우 $24.45 \times \dfrac{273 + \text{온도}}{273 + 25}$로 기체의 부피를 구한다.

⁑ 입자상 물질의 분류 `실기` 0303/0402/0502/0701/0703/0802/1303/1402/1502/1601/1701/1802/1901/2202

흡입성 먼지	주로 비강, 인후두, 기관 등 호흡기의 기도 부위에 축적됨으로써 호흡기계 독성을 유발하는 분진으로 평균입경이 100㎛이다.
흉곽성 먼지	기관지와 폐포 등 폐 내부의 공기통로와 가스교환 부위에 침착되는 먼지로서 공기역학적 지름이 30㎛ 이하의 크기를 가지며 평균입경은 10㎛이다.
호흡성 먼지	폐포에 침착하여 독성을 나타내며 평균입자 크기는 4㎛이고, 공기 역학적 직경이 10㎛ 미만인 먼지를 말한다.

29 ————• Repetitive Learning 〔1회 2회 3회〕

다음 용제 중 극성이 가장 강한 것은?

① 에스테르류　　　　② 케톤류
③ 방향족 탄화수소류　④ 알데하이드류

해설

- 극성의 크기는 파라핀<방향족 탄화수소<에스테르<케톤<알데하이드<알코올<물 순으로 커진다.
- ⁑ 유기용제의 중추신경 활성억제 및 자극 순서
  - ㉠ 억제작용의 순위
    - 알칸<알켄<알코올<유기산<에스테르<에테르<할로겐화합물
  - ㉡ 자극작용의 순위
    - 알칸<알코올<알데히드 또는 케톤<유기산<아민류
  - ㉢ 극성의 크기 순서
    - 파라핀<방향족 탄화수소<에스테르<케톤<알데하이드<알코올<물

0501 / 1003 / 1601

30 ————• Repetitive Learning 〔1회 2회 3회〕

미국 ACGIH에서 정의한 (A) 흉곽성 먼지(Thoracic particulate mass, TPM)와 (B) 호흡성 먼지(Respirable particulate mass, RPM)의 평균입자크기로 옳은 것은?

① (A) 5㎛, (B) 15㎛　② (A) 15㎛, (B) 5㎛
③ (A) 4㎛, (B) 10㎛　④ (A) 10㎛, (B) 4㎛

해설

- 흉곽성 먼지는 기관지와 폐포 등 폐 내부의 공기통로와 가스교환 부위에 침착되는 먼지로서 공기역학적 지름이 30㎛ 이하의 크기를 가지며 평균입경은 10㎛이다.
- 호흡성 먼지는 폐포에 침착하여 독성을 나타내며 평균입자 크기는 4㎛이고, 공기역학적 직경이 10㎛ 미만인 먼지를 말한다.

0403 / 1701

31 ————• Repetitive Learning 〔1회 2회 3회〕

유량, 측정시간, 회수율, 분석에 대한 오차가 각각 10, 5, 7, 5%였다. 만약 유량에 의한 오차(10%)를 5%로 개선시켰다면 개선 후의 누적 오차(%)는?

① 약 8.9　　　　② 약 11.1
③ 약 12.4　　　④ 약 14.3

해설

- 변경 전의 누적오차
  $E_c = \sqrt{10^2 + 5^2 + 7^2 + 5^2} = \sqrt{199} = 14.106 \cdots [\%]$이다.
- 변경 후의 누적오차
  $E_c = \sqrt{5^2 + 5^2 + 7^2 + 5^2} = \sqrt{124} = 11.135 \cdots [\%]$이다.
- ⁑ 누적오차
  - 조건이 같을 경우 항상 같은 크기, 같은 방향으로 일어나는 오차를 말한다.
  - 누적오차 $E_c = \sqrt{E_1^2 + E_2^2 + \cdots + E_n^2}$ 으로 구한다.

1903

32 ————• Repetitive Learning 〔1회 2회 3회〕

초기 무게가 1.260g인 깨끗한 PVC 여과지를 하이볼륨(High-volume) 시료 채취기에 장착하여 작업장에서 오전 9시부터 오후 5시까지 2.5L/분의 유량으로 시료 채취기를 작동시킨 후 여과지의 무게를 측정한 결과가 1.280g이었다면 채취한 입자상 물질의 작업장 내 평균농도(mg/m^3)는?

① 7.8　　　　② 13.4
③ 16.7　　　④ 19.2

해설

- 평균농도(mg/m^3)를 물었음에 유의한다.
- 채취량은 1280 - 1260 = 20mg이다.

정답 | 29 ④　30 ④　31 ②　32 ③　　　　　2013년 제3회 산업위생관리기사 | 71

- 측정시간은 17−9=8시간이고, 유속은 2.5L/분이므로 공기흡입량은 480×2.5L=1,200L이므로 $1.2m^3$이다.
- 대입하면 평균농도 $=\frac{20}{1.2}=16.666\cdots[mg/m^3]$이 된다.

❖ 입자상 물질의 농도 평가 실기 0402/0403/0503/0601/0701/0703/0801/0802/0803/0901/0902/0903/1001/1002/1101/1103/1301/1401/1502/1603/1801/1802/1901/1903/2002/2004/2101/2102/2201
- 입자상 물질 농도는 8시간 작업 시의 평균농도로 한다.
- 평균농도는 $\frac{채취량}{총공기흡입량}=\frac{채취량}{측정시간\times유속}$으로 구할 수 있다.
- 1일 작업시간 동안 6시간 이내 측정한 경우의 입자상 물질 농도는 측정시간 동안의 시간가중평균치를 산출하여 그 기간 동안의 평균농도로 하고 이를 8시간 시간가중평균하여 8시간 작업 시의 평균농도로 한다.
- 1일 작업시간이 8시간을 초과하는 경우에는 보정노출기준(=8시간 노출기준×($\frac{8}{1일\ 노출시간}$))을 산출하여 평가한다.

33
Repetitive Learning (1회 2회 3회)

1/1 옥타브 밴드 중심주파수가 125Hz일 때 하한 주파수로 가장 적절한 것은?

① 70Hz
② 80Hz
③ 90Hz
④ 100Hz

해설
- $fc=125$이므로 하한 주파수 $fl=\frac{125}{\sqrt{2}}=88.388\cdots$Hz가 된다.

❖ 주파수 분석 실기 0601/0902/1401/1501/1701
- 소음의 특성을 분석하여 소음 방지기술에 활용하는 방법이다.
- 1/1 옥타브 밴드 분석 시 $\frac{fu}{fl}=2$, $fc=\sqrt{fl\times fu}=\sqrt{2}fl$로 구한다. 이때 fl은 하한 주파수, fu는 상한 주파수, fc는 중심 주파수이다.

0703 / 1302 / 1801
34
Repetitive Learning (1회 2회 3회)

석면측정방법 중 전자현미경법에 관한 설명으로 틀린 것은?

① 석면의 감별분석이 가능하다.
② 분석시간이 짧고 비용이 적게 소요된다.
③ 공기 중 석면시료분석에 가장 정확한 방법이다.
④ 위상차현미경으로 볼 수 없는 매우 가는 섬유도 관찰이 가능하다.

해설
- 석면의 측정방법에는 위상차현미경법이 주로 사용되나 위상차현미경법으로 검출이 불가능한 경우 전자현미경법을 사용한다. 전자현미경법은 가장 정확한 분석방법이나 비싸고 시간이 많이 소요되는 단점을 갖는다.

❖ 전자현미경법
- 석면의 감별(성분)분석이 가능하다.
- 공기 중 석면시료분석에 가장 정확한 방법이다.
- 위상차현미경으로 볼 수 없는 매우 가는 섬유도 관찰이 가능하다.
- 값이 비싸고 분석시간이 많이 소요되는 단점이 있다.

1802
35
Repetitive Learning (1회 2회 3회)

옥외(태양광선이 내리쬐지 않는 장소)의 온열조건이 다음과 같은 경우에 습구흑구온도 지수(WBGT)는?

건구온도 : 30℃, 자연습구온도 : 25℃, 흑구온도 : 40℃

① 28.5℃
② 29.5℃
③ 30.5℃
④ 31.0℃

해설
- 일사가 영향을 미치지 않는 옥외는 옥내와 마찬가지로 일사의 영향이 없어 자연습구(0.7)와 흑구온도(0.3)만으로 WBGT가 결정되므로 WBGT=0.7×25+0.3×40=17.5+12=29.5℃가 된다.

❖ 습구흑구온도(WBGT : Wet Bulb Globe Temperature) 지수
ㄱ 개요
- 건구온도, 습구온도 및 흑구온도에 비례하며, 열중증 예방을 위해 고온에서의 작업휴식시간비를 결정하는 지표로 더위지수라고도 한다.
- 표시단위는 섭씨온도(℃)로 표시하며, WBGT가 높을수록 휴식시간이 증가되어야 한다.
- 미국국립산업안전보건연구원(NIOSH)뿐만 아니라 국내에서도 습구흑구온도를 측정하고 지수를 산출하여 평가에 사용한다.
- 과거에 쓰이던 감각온도와 근사한 값인데 감각온도와 다른 점은 기류를 전혀 고려하지 않았다는 점이다.
ㄴ 산출방법 실기 0501/0503/0602/0702/0703/1101/1201/1302/1303/1503/2102/2201/2202/2203
- 옥내에서는 WBGT=0.7NWT+0.3GT이다. 이때 NWT는 자연습구, GT는 흑구온도이다.(일사가 영향을 미치지 않는 옥외도 옥내로 취급한다)
- 일사가 영향을 미치는 옥외에서는 건구온도인 dB를 반영하지만 옥내에서는 일사의 영향이 없으므로 자연습구와 흑구온도만으로 WBGT가 결정된다.

- 일사가 영향을 미치는 옥외에서는 WBGT=0.7NWT+0.2GT +0.1DB이며 이때 NWT는 자연습구, GT는 흑구온도, DB는 건구온도이다.

36 ———————— • Repetitive Learning (1회 2회 3회)

가스 측정을 위한 흡착제인 활성탄의 제한점에 관한 내용으로 틀린 것은?

① 휘발성이 매우 큰 저분자량의 탄화수소 화합물의 채취 효율이 떨어짐
② 암모니아, 에틸렌, 염화수소와 같은 고비점 화합물에 비효과적임
③ 비교적 높은 습도는 활성탄의 흡착용량을 저하시킴
④ 케톤의 경우 활성탄 표면에서 물을 포함하는 반응에 의해 파괴되어 탈착률과 안정성에 부적절함

해설

- 활성탄은 암모니아, 염화수소와 같은 저비점 화합물에 비효과적이다.

흡착제인 활성탄의 제한점
- 암모니아, 에틸렌, 염화수소와 같은 저비점 화합물에 비효과적이다.
- 표면의 산화력으로 인해 반응성이 큰 mercaptan aldehyde 포집에 부적합하다.
- 비교적 높은 습도는 활성탄의 흡착용량을 저하시킨다.
- 케톤의 경우 활성탄 표면에서 물을 포함하는 반응에 의해 파괴되어 탈착률과 안정성에 부적절하다.
- 휘발성이 매우 큰 저분자량의 탄화수소 화합물의 채취효율이 떨어진다.

37 ———————— • Repetitive Learning (1회 2회 3회)

소음작업장에서 두 기계 각각의 음압레벨이 90dB로 동일하게 나타났다면 두 기계가 모두 가동되는 이 작업장의 음압레벨은?(단, 기타 조건은 같음)

① 93dB
② 95dB
③ 97dB
④ 99dB

해설

- 90dB(A)의 소음 2개가 만드는 합성소음은 $10\log(10^{9.0}+10^{9.0})=10\times9.301=93.01$이 된다.

합성소음 실기 0401/0801/0901/1403/1602
- 동일한 공간 내에서 2개 이상의 소음원에 대한 소음이 발생할 때 전체 소음의 크기를 말한다.
- 합성소음$[dB(A)]=10\log(10^{\frac{SPL_1}{10}}+\cdots+10^{\frac{SPL_i}{10}})$으로 구할 수 있다.
  이때, $SPL_1,\cdots,SPL_i$는 개별 소음도를 의미한다.

0903 / 1901
38 ———————— • Repetitive Learning (1회 2회 3회)

다음은 공기유량을 보정하는데 사용하는 표준기구 들이다. 다음 중 1차 표준기구가 아닌 것은?

① 오리피스미터
② 폐활량계
③ 가스치환병
④ 유리피스톤미터

해설

- 오리피스미터는 대표적인 2차 표준기구에 해당한다.

표준기구 실기 1203/1802/2002/2203
- ㉠ 1차 표준기구
  - 물리적 차원인 공간의 부피를 직접 측정할 수 있는 기구로 정확도는 ±1% 이내이다.
  - 폐활량계, 가스치환병, 유리피스톤미터, 흑연피스톤미터, Pitot튜브, 비누거품미터, 가스미터 등이 있다.
- ㉡ 2차 표준기구
  - 2차표준기기는 1차 표준기기를 이용하여 보정해야 하는 기구로 정확도는 ±5% 이내이다.
  - 습식테스트(Wet-test)미터, 벤투리미터, 열선기류계, 오리피스미터, 건식가스미터, 로타미터 등이 있다.

1702
39 ———————— • Repetitive Learning (1회 2회 3회)

NaOH 10g을 10L의 용액에 녹였을 때, 이 용액의 몰농도(M)는?(단, 나트륨 원자량은 23이다)

① 0.025
② 0.25
③ 0.05
④ 0.5

해설

- 10g을 10L에 녹이므로 1L에는 1g이 된다.
- 1몰 NaOH 용액 1L에 포함된 NaOH의 양은 40g이므로 1g이 포함된 NaOH 용액의 몰농도는 $1:40=x:1$이다.
- $x=\dfrac{1}{40}=0.025$몰이 된다.

36 ② 37 ① 38 ① 39 ①

몰농도

- 1L의 용액에 포함된 용질의 몰수를 말한다.

- 몰농도 $= \dfrac{\text{용질의 몰수}}{\text{용액의 부피(L)}}$ 로 구한다.

---

40 ━━━━━━━━━━ • Repetitive Learning (1회 2회 3회)

1802

어느 작업장의 n-Hexane의 농도를 측정한 결과가 24.5ppm, 20.2ppm, 25.1ppm, 22.4ppm, 23.9ppm일 때, 기하평균값은 약 몇ppm인가?

① 21.2 ② 22.8
③ 23.2 ④ 24.1

해설

- 기하평균은 주어진 n개의 값들을 곱해서 나온 값의 n제곱근이다.
- 주어진 값을 기하평균식에 대입하면
  $\sqrt[5]{24.5 \times 20.2 \times 25.1 \times 22.4 \times 23.9} = 23.1508 \cdots$ 이다.

- **기하평균(GM)** 실기 0303/0403/0502/0601/0702/0801/0803/1102/1301/1403/1703/1801/2102
  - 주어진 n개의 값들을 곱해서 나온 값의 n제곱근이다.
  - $x_1, x_2, \cdots, x_n$의 자료가 주어질 때 기하평균 GM은
    $\sqrt[n]{x_1 \times x_2 \times \cdots \times x_n}$ 으로 구하거나 logGM =
    $\dfrac{\log X_1 + \log X_2 + \cdots + \log X_n}{N}$ 을 역대수 취해서 구할 수 있다.
  - 작업장에서 생화학적 측정치나 유해물질의 농도를 평가할 때 일반적으로 사용되는 평균치이다.
  - 작업환경 중 분진의 측정 농도가 대수정규분포를 할 때 측정자료의 대표치로 사용된다.
  - 인구증가율, 물가상승률, 경제성장률 등의 연속적인 변화율 데이터를 기반으로 어떤 구간에서의 평균 변화율을 구할 때 사용된다.

---

41 ━━━━━━━━━━ • Repetitive Learning (1회 2회 3회)

1602

방진재료로 사용하는 방진고무의 장·단점으로 틀린 것은?

① 공기 중의 오존에 의해 산화된다.
② 내부마찰에 의한 발열 때문에 열화되고 내유 및 내열성이 약하다.
③ 동적배율이 낮아 스프링 정수의 선택범위가 좁다.
④ 고무 자체의 내부마찰에 의해 저항을 얻을 수 있고 고주파 진동의 차진에 양호하다.

해설

- 방진고무는 설계 자료가 잘 되어 있어서 용수철 정수를 광범위하게 선택할 수 있다.

- **방진고무**
  ㉠ 개요
    - 소형 또는 중형기계에 주로 많이 사용하며 적절한 방진 설계를 하면 높은 효과를 얻을 수 있는 방진 방법이다.
  ㉡ 특징

장점	• 형상의 선택이 비교적 자유롭다. • 자체의 내부마찰에 의해 저항을 얻을 수 있어 고주파 진동의 차진(遮振)에 양호하다. • 설계 자료가 잘 되어 있어서 용수철 정수를 광범위하게 선택할 수 있다. • 여러 가지 형태로 된 철물에 견고하게 부착할 수 있다.
단점	• 내후성, 내유성, 내약품성의 단점이 있다. • 내부마찰에 의한 발열 때문에 열화된다. • 공기 중의 오존에 의해 산화된다.

---

42 ━━━━━━━━━━ • Repetitive Learning (1회 2회 3회)

0802 / 1603

방독마스크를 효과적으로 사용할 수 있는 작업으로 가장 적절한 것은?

① 맨홀 작업
② 오래 방치된 우물 속의 작업
③ 오래 방치된 정화조 내 작업
④ 지상의 유해물질 중독 위험작업

해설

- 방독마스크는 일시적인 작업 또는 긴급용 유해물질 중독 위험작업에 사용한다.

시간당 공기의 교환횟수(ACH) 실기 0502/0802/1001/1102/1103/1203/1303/1403/1503/1702/1902/2002/2102/2103/2202

- 경과시간과 이산화탄소의 농도가 주어질 경우의 시간당 공기의 교환횟수는

$$\frac{\ln(\text{초기 } CO_2\text{농도}-\text{외부 } CO_2 \text{ 농도})-\ln(\text{경과 후 } CO_2\text{농도}-\text{외부 } CO_2 \text{ 농도})}{\text{경과 시간[hr]}}$$

로 구한다.

- 작업장 기적(용적)과 필요 환기량이 주어지는 경우의 시간당 공기교환 횟수는 $\frac{\text{필요환기량}(m^3/hr)}{\text{작업장 용적}(m^3)}$으로 구한다.

43 ———————— Repetitive Learning 1회 2회 3회

어느 유체관의 유속이 10m/sec이고 관의 반경이 15mm일 때 유량(m^3/hr)은?

① 약 25.5 ② 약 27.5
③ 약 29.5 ④ 약 31.5

해설

- 유량 $Q = A \times V$로 구한다.
- 관의 반경이 15mm일 때 단면적은 $\pi r^2 = 3.14 \times 0.015^2 = 0.0007065[m^2]$이 된다.
- 대입하면 유량은 $Q = 0.0007065 \times 10 = 0.007065[m^3/sec]$인데 문제에서 시간당 유량을 물었으므로 3600을 곱하면 $25.434[m^3/hr]$이 된다.

유량과 유속 실기 0401/0403/0502/0601/0603/0701/0903/1001/1002/1003/1101/1301/1302/1402/1501/1602/1603/1703/1901/2003

- 유량 $Q = A \times V$로 구한다. 이때 Q는 유량$[m^3/min]$, A는 단면적$[m^2]$, V는 유속$[m/min]$이다.
- 유량이 일정할 때 단면적이 감소하면 유속은 증가한다. 즉, $Q = A_1 \times V_1 = A_2 \times V_2$가 성립한다.

44 ———————— Repetitive Learning 1회 2회 3회

사무실 직원이 모두 퇴근한 6시 30분에 CO_2농도는 1,700ppm이었다. 4시간이 지난 후 다시 CO_2농도를 측정한 결과 CO_2농도는 800ppm이었다면, 사무실의 시간당 공기 교환 횟수는?(단, 외부공기 중 CO_2농도는 330ppm)

① 0.11 ② 0.19
③ 0.27 ④ 0.35

해설

- 주어진 값을 대입하면

$$\frac{\ln(1,700-330)-\ln(800-330)}{4} = 0.2675 \cdots \text{회가 된다.}$$

45 ———————— Repetitive Learning 1회 2회 3회

정압이 $3.5\,cm\,H_2O$인 송풍기의 회전속도를 180rpm에서 360rpm으로 증가시켰다면, 송풍기의 정압은 약 몇 $cm\,H_2O$인가?(단, 기타 조건은 같다고 가정한다)

① 16 ② 14
③ 12 ④ 10

해설

- 풍압(정압)은 회전속도(비)의 제곱에 비례한다.
- 송풍기의 크기와 공기 비중이 일정한 상태에서 회전속도가 2배로 증가하면 송풍기의 정압은 4배로 증가한다.
- 기존 정압이 3.5이므로 4배는 $14cm\,H_2O$가 된다.

송풍기의 상사법칙 실기 0402/0403/0501/0701/0803/0902/0903/1001/1102/1103/1201/1303/1401/1501/1502/1503/1603/1703/1802/1901/1903/2001/2002

송풍기 크기 일정 공기 비중 일정	• 송풍량은 회전속도(비)에 비례한다. • 풍압(정압)은 회전속도(비)의 제곱에 비례한다. • 동력은 회전속도(비)의 세제곱에 비례한다.
송풍기 회전수 일정 공기의 중량 일정	• 송풍량은 회전차 직경의 세제곱에 비례한다. • 풍압(정압)은 회전차 직경의 제곱에 비례한다. • 동력은 회전차 직경의 다섯 제곱에 비례한다.
송풍기 회전수 일정 송풍기 크기 일정	• 송풍량은 비중과 온도에 무관하다. • 풍압(정압)은 비중에 비례, 절대온도에 반비례한다. • 동력은 비중에 비례, 절대온도에 반비례한다.

46 ——————• Repetitive Learning 〔1회 2회 3회〕

개인보호구에서 귀덮개의 장점 중 틀린 것은?

① 귀마개보다 높은 차음효과를 얻을 수 있다.

② 동일한 크기의 귀덮개를 대부분의 근로자가 사용 할 수 있다.

③ 귀에 염증이 있어도 사용할 수 있다.

④ 고온에서 사용해도 불편이 없다.

해설

• 고온다습한 환경에서 불편이 없는 것은 귀마개의 특성이다.

∷ 귀마개와 귀덮개의 비교 **실기** 1603/1902/2001

귀마개	귀덮개
• 좁은 장소에서도 사용이 가능하다.	• 간헐적 소음 노출 시 사용한다.
• 고온 작업 장소에서도 사용이 가능하다.	• 쉽게 착용할 수 있다.
• 부피가 작아서 휴대하기 편리하다.	• 일관성 있는 차음효과를 얻을 수 있다.
• 다른 보호구와 동시 사용할 때 편리하다.	• 크기를 여러 가지로 할 필요가 없다.
• 외청도를 오염시킬 수 있으며, 외청도에 이상이 없는 경우에 사용이 가능하다.	• 착용여부를 쉽게 확인할 수 있다.
• 제대로 착용하는 데 시간은 걸린다.	• 귀에 염증이 있어도 사용할 수 있다.

47 ——————• Repetitive Learning 〔1회 2회 3회〕

방사날개형 송풍기에 관한 설명과 가장 거리가 먼 것은?

① 고농도 분진함유 공기나 부식성이 강한 공기를 이송시키는 데 많이 이용된다.

② 깃이 평판으로 되어 있다.

③ 가격이 저렴하고 효율이 높다.

④ 깃의 구조가 분진을 자체 정화할 수 있도록 되어 있다.

해설

• ③은 축류 송풍기의 특징이다.

∷ 방사 날개형 송풍기

• 평판형, 플레이트 송풍기라고도 한다.

• 깃이 평판으로 되어 있고 강도가 매우 높게 설계되어 있다.

• 깃의 구조가 분진을 자체 정화할 수 있도록 되어 있다.

• 고농도 분진 함유 공기나 부식성이 강한 공기를 이송하는데 사용된다.

48 ——————• Repetitive Learning 〔1회 2회 3회〕

송풍량이 100m³/min, 송풍기 전압이 120mmH₂O, 송풍기 효율이 65%, 여유율이 1.25인 송풍기의 소요동력은?

① 6.0kW ② 5.2kW

③ 4.5kW ④ 3.8kW

해설

• 송풍량이 분당으로 주어질 때 $\frac{송풍량 \times 전압}{6,120 \times 효율} \times 여유율$[kW]로 구한다.

• 대입하면 $\frac{100 \times 120}{6,120 \times 0.65} \times 1.25 = 3.7707\cdots$이 된다.

∷ 송풍기의 소요동력 **실기** 0402/0403/0602/0603/0901/1101/1201/1402/ 1501/1601/1802/1903

• 송풍량이 초당으로 주어질 때 $\frac{송풍량 \times 60 \times 전압}{6,120 \times 효율} \times 여유율$ [kW]로 구한다.

• 송풍량이 분당으로 주어질 때 $\frac{송풍량 \times 전압}{6,120 \times 효율} \times 여유율$[kW]로 구한다.

• 여유율이 주어지지 않을 때는 1을 적용한다.

49 ——————• Repetitive Learning 〔1회 2회 3회〕

강제환기를 실시할 때 환기효과를 제고시킬 수 있는 원칙으로 틀린 것은?

① 오염물질 배출구는 가능한 한 오염원으로부터 가까운 곳에 설치하여 점 환기의 효과를 얻는다.

② 공기가 배출되면서 오염장소를 통과하도록 공기배출구와 유입구의 위치를 선정한다.

③ 오염원 주위에 다른 작업공정이 있으면 공기배출량을 공급량보다 약간 크게 하여 음압을 형성하여 주위 근로자에게 오염물질이 확산되지 않도록 한다.

④ 공기배출구와 근로자의 작업 위치 사이에 오염원이 위치하지 않도록 주의 하여야 한다.

해설

• 공기배출구와 근로자의 작업 위치 사이에 오염원이 위치해야 한다.

∷ 강제환기를 실시하는 데 환기효과를 제고시킬 수 있는 필요 원칙
실기 1201/1402/1703/2001/2202

• 오염물질 사용량을 조사하여 필요 환기량을 계산한다.

• 배출공기를 보충하기 위하여 청정공기를 공급할 수 있다.

- 오염물질 배출구는 가능한 한 오염원으로부터 가까운 곳에 설치하여 점환기 효과를 얻는다.
- 공기배출구와 근로자의 작업 위치 사이에 오염원이 위치하여야 한다.
- 공기가 배출되면서 오염장소를 통과하도록 공기배출구와 유입구의 위치를 선정한다.
- 건물 밖으로 배출된 오염공기가 다시 건물 안으로 유입되지 않도록 배출구 높이를 적절히 설계하고 창문이나 문 근처에 위치하지 않도록 한다.
- 오염원 주위에 다른 작업공정이 있으면 공기배출량을 공급량보다 약간 크게 하여 음압을 형성하여 주위 근로자에게 오염물질이 확산되지 않도록 한다.

50 ───────• Repetitive Learning (1회 2회 3회)

환기시설 내 기류의 기본적인 유체역학적 원리인 질량 보존법칙과 에너지 보존법칙의 전제조건과 가장 거리가 먼 것은?

① 환기시설 내외의 열교환을 고려한다.
② 공기의 압축이나 팽창을 무시한다.
③ 공기는 건조하다고 가정한다.
④ 대부분의 환기시설에서는 공기 중에 포함된 유해물질의 무게와 용량을 무시한다.

해설
- 환기시설 내외의 열교환은 무시한다.
- ❖ 환기시설 내 기류가 기본적 유체역학적 원리에 의하여 지배되기 위한 전제 조건 [실기] 0403/1302
  - 환기시설 내외의 열교환은 무시한다.
  - 공기의 압축이나 팽창을 무시한다.
  - 대부분의 환기시설에서는 공기 중에 포함된 유해물질의 무게와 용량을 무시한다.
  - 공기는 건조하다고 가정한다.

51 ───────• Repetitive Learning (1회 2회 3회)
1002

유해작업환경에 대한 개선대책 중 대치(substitution) 방법에 대한 설명으로 옳지 않은 것은?

① 야광시계의 자판을 라듐 대신 인을 사용한다.
② 분체 입자를 큰 것으로 바꾼다.
③ 아조염료의 합성에 디클로로벤지딘 대신 벤지딘을 사용한다.
④ 금속세척작업 시 TCE 대신에 계면활성제를 사용한다.

해설
- 아조염료의 합성에 벤지딘 대신 디클로로벤지딘을 사용한다.
- ❖ 대치의 원칙

시설의 변경	• 가연성 물질을 유리병 대신 철제통에 저장 • Fume 배출 드라프트의 창을 안전 유리창으로 교체
공정의 변경	• 건식공법의 습식공법으로 전환 • 전기 흡착식 페인트 분무방식 사용 • 금속을 두들겨 자르던 공정을 톱으로 절단 • 알코올을 사용한 엔진 개발 • 도자기 제조공정에서 건조 후에 하던 점토의 조합을 건조 전에 실시 • 땜질한 납 연마 시 고속회전 그라인더의 사용을 저속 Oscillating-typesander로 변경
물질의 변경	• 성냥 제조시 황린 대신 적린 사용 • 단열재 석면을 대신하여 유리섬유나 암면 또는 스티로폼 등을 사용 • 야광시계 자판에 Radium을 인으로 대치 • 금속표면을 블라스팅할 때 사용재료로서 모래 대신 철구슬을 사용 • 페인트 희석제를 석유나프타에서 사염화탄소로 대치 • 분체 입자를 큰 입자로 대체 • 금속세척 시 TCE를 대신하여 계면활성제로 변경 • 세탁 시 화재 예방을 위해 석유나프타 대신 4클로로에틸렌을 사용 • 세척작업에 사용되는 사염화탄소를 트리클로로에틸렌으로 전환 • 아조염료의 합성에 벤지딘 대신 디클로로벤지딘을 사용 • 페인트 내에 들어있는 납을 아연 성분으로 전환

52 ───────• Repetitive Learning (1회 2회 3회)
1603

유해성 유기용매 A가 7m×14m×4m의 체적을 가진 방에 저장되어 있다. 공기를 공급하기 전에 측정한 농도는 400ppm이었다. 이 방으로 $60m^3$/min의 공기를 공급한 후 노출기준인 100ppm으로 달성되는 데 걸리는 시간은?(단, 유해성 유기용매 증발 중단, 공급공기의 유해성 유기용매 농도는 0, 희석만 고려)

① 약 3분   ② 약 5분
③ 약 7분   ④ 약 9분

해설
- 작업장의 기적은 $7×14×4=392m^3$이다.
- 유효환기량이 $60m^3$/min, C_1이 400, C_2가 100이므로 대입하면 $t=-\frac{392}{60}ln\left(\frac{100}{400}\right)=9.057[min]$이다.

1701

53 ────────● Repetitive Learning (1회 2회 3회)

30,000rpm의 테트라클로로에틸렌(Tetrachloro ethylene)이 작업환경 중의 공기와 완전 혼합되어 있다. 이 혼합물의 유효비중은?(단, 테트라클로로에틸렌은 공기보다 5.7배 무겁다)

① 약 1.124　　　　② 약 1.141
③ 약 1.164　　　　④ 약 1.186

1801 / 2201

55 ────────● Repetitive Learning (1회 2회 3회)

공기 중의 포화증기압이 1.52mmHg인 유기용제가 공기 중에 도달할 수 있는 포화농도(ppm)는?

① 2,000　　　　② 4,000
③ 6,000　　　　④ 8,000

54 ────────● Repetitive Learning (1회 2회 3회)

원심력 집진장치(사이클론)에 대한 설명 중 옳지 않은 것은?

① 집진된 입자에 대한 블로우다운 영향을 최소화하여야 한다.
② 사이클론 원통의 길이가 길어지면 선회류수가 증가하여 집진율이 증가한다.
③ 입자 입경과 밀도가 클수록 집진율이 증가한다.
④ 사이클론의 원통의 직경이 클수록 집진율이 감소한다.

1801

56 ────────● Repetitive Learning (1회 2회 3회)

공기 중의 사염화탄소 농도가 0.2%일 때, 방독면의 사용 가능한 시간은 몇 분인가?(단, 방독면 정화통의 정화능력이 사염화탄소 0.5%에서 60분간 사용 가능하다)

① 110　　　　② 130
③ 150　　　　④ 180

- 방독마스크의 성능이 0.5%에서 60분이므로 대입하면

  사용 가능 시간 = $\frac{0.5 \times 60}{0.2}$ = 150분이 된다.

:: 방독마스크의 사용 가능 시간 실기 1101/1401

  - 방독마스크의 유효시간, 파과시간이라고도 한다.

  - 사용 가능 시간 = $\frac{표준유효시간 \times 시험농도}{공기\,중\,유해가스농도}$ 로 구한다.

  - 할당보호계수 = $\frac{작업장\,오염물질\,농도}{방독마스크\,내부\,농도}$ 으로 구한다.

2102

57 ——————• Repetitive Learning [1회 2회 3회]

플랜지 없는 외부식 사각형 후드가 설치되어 있다. 성능을 높이기 위해 플랜지 있는 외부식 사각형 후드로 작업대에 부착했을 때, 필요 환기량의 변화로 옳은 것은?(단, 포촉거리, 개구면적, 제어속도는 같다)

① 기존 대비 10%로 줄어든다.

② 기존 대비 25%로 줄어든다.

③ 기존 대비 50%로 줄어든다.

④ 기존 대비 75%로 줄어든다.

- 플랜지 없는 자유공간의 상방 외부식 장방형 후드의 환기량
  $Q = 60 \times V_c(10X^2 + A)$로 구하는데 반해, 작업대에 부착하는 플랜지 있는 외부식 측방형 후드의 환기량
  $Q = 60 \times 0.5 \times V_c(10X^2 + A)$로 구하므로 절반의 환기량으로도 같은 환기량을 만들 수 있다.

:: 외부식 측방형 후드 실기 0401/0702/0902/1002/1502/1702/1703/1902/2103/2201

  - 작업대에 부착하며, 플랜지가 있는 경우에 해당한다.

  - 필요 환기량 $Q = 60 \times 0.5 \times V_c(10X^2 + A)$로 구한다. 이때 Q는 필요 환기량$[m^3/min]$, V_c는 제어속도$[m/sec]$, A는 개구면적$[m^2]$, X는 후드의 중심선으로부터 발생원까지의 거리$[m]$이다.

:: 외부식 원형 또는 장방형 후드 실기 0303/0403/0503/0603/0801/1001/1002/1701/1703/1901/2003/2102

  - 공간에 위치하며, 플랜지가 없는 경우에 해당한다.

  - 기본식(Dalla Valle)은 $Q = 60 \times V_c(10X^2 + A)$로 구한다. 이때 Q는 필요 환기량$[m^3/min]$, V_c는 제어속도$[m/sec]$, A는 개구면적$[m^2]$, X는 후드의 중심선으로부터 발생원까지의 거리$[m]$이다.

1602 / 1901

58 ——————• Repetitive Learning [1회 2회 3회]

덕트 직경이 30cm이고 공기유속이 10m/sec일 때, 레이놀즈수는 약 얼마인가?(단, 공기의 점성계수는 1.85×10^{-5} kg/sec · m, 공기밀도는 1.2kg/m^3이다)

① 195,000

② 215,000

③ 235,000

④ 255,000

- 덕트 직경, 공기유속, 점성계수, 밀도가 주어졌으므로 레이놀즈수는 $Re = \frac{\rho v_s L}{\mu}$로 구할 수 있다.

- 대입하면 $Re = \frac{1.2 \times 10 \times 0.3}{1.85 \times 10^{-5}} = 1.945945 \cdots \times 10^5$이 된다.

:: 레이놀즈(Reynolds)수 계산 실기 0303/0403/0502/0503/0603/0702/1001/1201/1203/1301/1401/1601/1702/1801/1901/1902/1903/2001/2101/2103/2201/2203

- $Re = \frac{\rho v_s^2/L}{\mu v_s/L^2} = \frac{\rho v_s L}{\mu} = \frac{v_s L}{\nu} = \frac{관성력}{점성력}$로 구할 수 있다.

  v_s는 유동의 평균속도[m/s]

  L은 특성길이(관의 내경, 평판의 길이 등)[m]

  μ는 유체의 점성계수[kg/sec · m]

  ν는 유체의 동점성계수$[m^2/s]$

  ρ는 유체의 밀도[kg/m^3]

0403 / 0502 / 1901

59 ——————• Repetitive Learning [1회 2회 3회]

푸쉬풀 후드(push-pull hood)에 대한 설명으로 적합하지 않은 것은?

① 도금조와 같이 폭이 넓은 경우에 사용하면 포집효율을 증가시키면서 필요유량을 감소시킬 수 있다.

② 공정에서 작업물체를 처리조에 넣거나 꺼내는 중에 발생되는 공기막 파괴현상을 사전에 방지할 수 있다.

③ 개방조 한 변에서 압축공기를 이용하여 오염물질이 발생하는 표면에 공기를 불어 반대쪽에 오염물질이 도달하게 한다.

④ 제어속도는 푸쉬 제트기류에 의해 발생한다.

- 공정에서 작업물체를 처리조에 넣거나 꺼내는 중에 공기막이 파괴되어 오염물질이 발생할 수 있다.

밀어당김형 후드(push-pull hood)의 특징
- 공정에서 작업물체를 처리조에 넣거나 꺼내는 중에 공기막이 파괴되어 오염물질이 발생할 수 있다.
- 도금조와 같이 폭이 넓은 경우에 사용하면 포집효율을 증가시키면서 필요유량을 감소시킬 수 있다.
- 노즐로는 하나의 긴 슬롯, 구멍 뚫린 파이프 또는 개별노즐을 여러개 사용하는 방법이 있다.
- 노즐의 각도는 제트공기가 방해받지 않도록 하향 방향을 향하고 최대 20° 내를 유지하도록 한다.
- 개방조 한 변에서 압축공기를 이용하여 오염물질이 발생하는 표면에 공기를 불어 반대쪽에 오염물질이 도달하게 한다.
- 제어속도는 푸쉬 제트기류에 의해 발생한다.
- 흡인후드의 송풍량은 가압노즐 송풍량의 1.5~2배 정도이다.

1001 / 1103 / 1702

60 ──────• Repetitive Learning (1회 2회 3회)

다음 중 덕트 설치 시 압력손실을 줄이기 위한 주요사항과 가장 거리가 먼 것은?

① 덕트는 가능한 한 상향구배를 만든다.
② 덕트는 가능한 한 짧게 배치하도록 한다.
③ 가능한 한 후드의 가까운 곳에 설치한다.
④ 밴드의 수는 가능한 한 적게 하도록 한다.

해설
- 덕트는 공기가 아래로 흐르도록 하향구배를 원칙으로 한다.
- **덕트 설치 시 고려사항** [실기] 1301
  - 가능하면 길이는 짧게 하고 굴곡부의 수는 적게 한다.
  - 접속부의 안쪽은 돌출된 부분이 없도록 한다.
  - 공기가 아래로 흐르도록 하향구배를 원칙으로 한다.
  - 구부러짐 전·후에는 청소구를 만든다.
  - 덕트 내부에 오염물질이 쌓이지 않도록 이송속도를 유지한다.
  - 직경이 다른 덕트를 연결할 때는 경사 30° 이내의 테이퍼를 부착한다.
  - 덕트의 직경이 15cm 미만인 경우 새우등 곡관 3개 이상, 덕트의 직경이 15cm 이상인 경우 새우등 곡관 5개 이상을 사용한다.
  - 곡관의 중심선 곡률반경은 최대 덕트 직경의 2.5배 내외가 되도록 한다.
  - 송풍기를 연결할 때는 최소 덕트 직경의 6배 정도는 직선구간으로 한다.
  - 가급적 원형덕트를 사용하여 부득이 사각형 덕트를 사용할 경우는 가능한 한 정방형을 사용한다.
  - 수분이 응축될 경우 덕트 내로 들어가지 않도록 하며 경사나 배수구를 마련한다.

0703 / 1002 / 1903

61 ──────• Repetitive Learning (1회 2회 3회)

다음 중 소음 평가치의 단위로 가장 적절한 것은?

① phon
② NRN
③ NRR
④ Hz

해설
- phon 값은 1,000Hz에서의 순음의 음압수준(dB)에 해당한다.
- NRR은 차음평가지수를 나타내는 것이다.
- Hz는 음의 주파수를 나타내는 단위이다.
- **NRN(Noise Rating Number)**
  - 외부의 소음을 시간, 지역, 강도, 특성 등을 고려해 만든 소음평가지수이다.
  - 청력장애, 회화방해 및 시끄러움 3가지 관점에서 평가한 것이다.

---

62 ──────• Repetitive Learning (1회 2회 3회)

다음 중 적외선 노출에 대한 대책으로 적절하지 않은 것은?

① 차폐에 의해서 노출강도를 줄이기는 어렵다.
② 적외선으로부터 피해를 막기 위해서는 노출강도를 제한해야 한다.
③ 적외선으로부터 장해를 막기 위해서는 노출기간을 제한해야 한다.
④ 장해는 주로 망막이기 때문에 적외선 발생원을 직접 보는 것을 피해야 한다.

해설
- 차폐에 의해서 적외선의 노출강도를 줄일 수 있다.
- **적외선 노출에 대한 대책**
  - 차폐에 의해서 노출강도를 줄일 수 있다.
  - 적외선으로부터 피해를 막기 위해서는 노출강도를 제한해야 한다.
  - 적외선으로부터 장해를 막기 위해서는 노출기간을 제한해야 한다.
  - 장해는 주로 망막이기 때문에 적외선 발생원을 직접 보는 것을 피해야 한다.

---

63 ━━━━━━━━● Repetitive Learning 〔1회〕〔2회〕〔3회〕

단위시간에 일어나는 방사선 붕괴율을 나타내며, 초당 3.7×10^{10}개의 원자붕괴가 일어나는 방사능물질의 양으로 정의되는 것은?

① R   ② Ci
③ Gy   ④ Sv

해설

- ①은 노출선량의 단위이다.
- ③은 흡수선량의 단위이다.
- ④는 등가선량의 단위이다.
- ✿ 방사능의 단위(Ci, 큐리)
  - 단위시간에 일어나는 방사선 붕괴율을 의미한다.
  - 라듐(Radium)이 붕괴하는 원자의 수를 기초로 해서 정해진 개념이다.
  - 1초 동안에 3.7×10^{10}개의 원자 붕괴가 일어나는 방사성 물질의 양을 한 단위로 하는 전리방사선 단위이다.

---

64 ━━━━━━━━● Repetitive Learning 〔1회〕〔2회〕〔3회〕

다음 중 인공조명에 가장 적당한 광색은?

① 노란색   ② 주광색
③ 청색   ④ 황색

해설

- 광색은 주광색에 가깝도록 할 것
- ✿ 인공조명시에 고려하여야 할 사항
  - 조명도를 균등히 유지할 것
  - 경제적이며 취급이 용이할 것
  - 광색은 주광색에 가깝도록 할 것
  - 장시간 작업시 가급적 간접조명이 되도록 설치할 것
  - 폭발성 또는 발화성이 없으며 유해가스를 발생하지 않을 것
  - 일반적인 작업 시 좌상방에서 비치도록 할 것

---

65 ━━━━━━━━● Repetitive Learning 〔1회〕〔2회〕〔3회〕

3.5microbar를 음압레벨(음압도)로 전환한 값으로 적절한 것은?

① 65dB   ② 75dB
③ 85dB   ④ 95dB

해설

- 1microbar = 1[dyne/cm²]이므로 3.5microbar는 3.5[dyne/cm²]이다.
- SPL은 $20\log\left(\dfrac{3.5}{2 \times 10^{-4}}\right) = 20\log(1.75 \times 10^4) = 20 \times 4.24 \cdots$ $= 84.86$이다.
- ✿ 음압레벨(SPL ; Sound Pressure Level) **실기** 0403/0501/0503/0901/1001/1102/1403/2004
  - 기준이 되는 소리의 압력과 비교하여 로그적으로 표현한 값이다.
  - $SPL = 20\log\left(\dfrac{P}{P_0}\right)$[dB]로 구한다. 여기서 P_0는 기준음압으로 2×10^{-5}[N/m²] 혹은 2×10^{-4}[dyne/cm²]이다.
  - 자유공간에 위치한 점음원의 음압레벨(SPL)은 음향파워레벨(PWL) $- 20\log r - 11$로 구한다. 이때 r은 소음원으로부터의 거리[m]이다.

---

66 ━━━━━━━━● Repetitive Learning 〔1회〕〔2회〕〔3회〕

심해 잠수부가 해저 45m에서 작업을 할 때 인체가 받는 작용압과 절대압은 얼마인가?

① 작용압 : 5.5기압, 절대압 : 5.5기압
② 작용압 : 5.5기압, 절대압 : 4.5기압
③ 작용압 : 4.5기압, 절대압 : 5.5기압
④ 작용압 : 4.5기압, 절대압 : 4.5기압

해설

- 작용압은 수심 10m 마다 1기압씩 더해지므로 45m에는 4.5기압이 적용되고, 절대압은 5.5기압이 된다.
- ✿ 심해 잠수부가 해저에서 느끼는 작용압과 절대압
  - 작용압은 수심 10m 마다 1기압씩 증가한다.
  - 절대압은 작용압에 1기압을 더한 값이다.

---

67 ━━━━━━━━● Repetitive Learning 〔1회〕〔2회〕〔3회〕

경기도 K시의 한 작업장에서 소음을 측정한 결과 누적 노출량계로 3시간 측정한 값(dose)이 50%이었을 때, 측정시간 동안의 소음 평균치는 약 몇 dB(A)인가?

① 85   ② 88
③ 90   ④ 92

- TWA $=16.61 \log(\dfrac{D}{12.5 \times 노출시간})+90$으로 구하며, D는 누적소음 노출량[%]이다.
- 누적소음 노출량이 50%, 노출시간이 3시간이므로 대입하면 $16.61 \times \log(\dfrac{50}{(12.5 \times 3)})+90 = 92.075 \cdots$이다.

⁙ 시간가중평균 소음수준(TWA)[dB(A)] 실기 0801/0902/1101/1903/2202
- 노출기준은 8시간 시간가중치를 의미하며 90dB을 설정한다.
- TWA $=16.61 \log(\dfrac{D}{12.5 \times 노출시간})+90$으로 구하며, D는 누적 소음노출량[%]이다.
- 8시간 동안 측정치가 폭로량으로 산출되었을 경우에는 표를 이용하여 8시간 시간가중평균치로 환산한다.

해설

- 공기스프링은 지지하중이 크게 변하는 경우에는 높이 조정변에 의해 그 높이를 조절할 수 있어 설비의 높이를 일정레벨을 유지시킬 수 있으며, 하중 변화에 따라 고유진동수를 일정하게 유지할 수 있고, 부하능력이 광범위하고 자동제어가 가능한 방진재료이다.
- 코르크는 재질이 일정하지 않으며 균일하지 않으므로 정확한 설계가 곤란하고 처짐을 크게 할 수 없으며 고유진동수가 10Hz 전후밖에 되지 않아 진동방지보다는 고체음의 전파방지에 유익한 방진재료이다.
- 기초 개량은 건축물 등에서 사용하는 방진방법이다.

⁙ 방진고무
문제 41번의 유형별 핵심이론 ⁙ 참조

---

68 ●━━━━━ Repetitive Learning 〔1회 2회 3회〕
0701 / 0902

다음 중 전신진동이 인체에 미치는 영향으로 볼 수 없는 것은?

① Raynaud 현상이 일어난다.
② 말초혈관이 수축되고, 혈압이 상승된다.
③ 자율신경, 특히 순환기에 크게 나타난다.
④ 맥박이 증가하고, 피부의 전기저항도 일어난다.

해설
- 레이노 증후군은 국소진동에 의하여 손가락의 창백, 청색증, 저림, 냉감, 동통이 나타나는 장해이다.

⁙ 전신진동의 인체영향
- 사람이 느끼는 최소 진동역치는 55±5dB이다.
- 전신진동의 영향이나 장애는 자율신경 특히 순환기에 크게 나타난다.
- 산소소비량은 전신진동으로 증가되고, 폐환기도 촉진된다.
- 말초혈관이 수축되고 혈압상승 맥박증가를 보이며 피부 전기 저항의 저하도 나타낸다.
- 위장장해, 내장하수증, 척추이상, 내분비계 장해 등이 나타난다.

---

70 ●━━━━━ Repetitive Learning 〔1회 2회 3회〕
0502 / 0602

다음 중 한랭노출에 대한 신체적 장해의 설명으로 틀린 것은?

① 2도 동상은 물집이 생기거나 피부가 벗겨지는 결빙을 말한다.
② 전신 저체온증은 심부온도가 37℃에서 26.7℃ 이하로 떨어지는 것을 말한다.
③ 침수족은 동결온도 이상의 냉수에 오랫동안 노출되어 생긴다.
④ 침수족과 참호족의 발생조건은 유사하나 임상증상과 증후는 다르다.

해설
- 참호족과 침수족은 지속적인 국소의 산소결핍 때문이며, 모세혈관벽이 손상되는 것이다.

⁙ 한랭 환경에서의 건강장해
- 레이노씨 병과 같은 혈관 이상이 있을 경우에는 저온 노출로 유발되거나 그 증상이 악화된다.
- 참호족과 침수족은 지속적인 국소의 산소결핍 때문이며, 모세혈관 벽이 손상되는 것이다.(동상과 달리 영상의 온도에서 발생한다)
- 전신체온강화는 장시간 한랭노출과 체열상실로 인한 급성 중증 장애로, 심부온도가 37℃에서 26.7℃ 이하로 떨어지는 것을 말한다.

---

69 ●━━━━━ Repetitive Learning 〔1회 2회 3회〕

소형 또는 중형기계에 주로 많이 사용하며 적절한 방진 설계를 하면 높은 효과를 얻을 수 있는 방진 방법으로 다음 중 가장 적합한 것은?

① 공기스프링   ② 방진고무
③ 코르크   ④ 기초 개량

71
Repetitive Learning 1회 2회 3회

0601

다음 중 전리방사선에 관한 설명으로 틀린 것은?

① β입자는 핵에서 방출되면 양전하로 하전되어 있다.
② 중성자는 하전되어 있지 않으며 수소동위원소를 제외한 모든 원자핵에 존재한다.
③ X선의 에너지는 파장에 역비례하여 에너지가 클수록 파장은 짧아진다.
④ α입자는 핵에서 방출되는 입자로서 헬륨 원자의 핵과 같이 두 개의 양자와 두 개의 중성자로 구성되어 있다.

해설
• 베타(β)입자는 원자핵에서 방출되는 전자의 흐름이다.

✷ 베타(β)입자
• 원자핵에서 방출되는 전자의 흐름으로 알파(α)입자보다 가볍고 속도는 10배 빠르므로 충돌할 때마다 튕겨져서 방향을 바꾸는 전리 방사선이다.
• 외부 조사도 잠재적 위험이나 내부 조사가 더 큰 건강상의 문제를 일으킨다.

72
Repetitive Learning 1회 2회 3회

다음 중 소음방지 대책으로 가장 효과적인 것은?

① 보호구의 사용
② 소음관리규정 정비
③ 소음원의 제거
④ 내벽에 흡음재료 부착

해설
• 가장 효과적이고 우선적으로 고려해야 할 대책은 소음원의 제거이다.

✷ 소음대책
  ㉠ 개요
    • 가장 효과적이고 우선적으로 고려해야 할 대책은 소음원의 제거이다.
  ㉡ 전파경로의 대책
    • 거리감쇠 : 배치의 변경
    • 차폐효과 : 방음벽 설치
    • 지향성 : 음원방향 변경
    • 흡음 : 건물 내부 소음처리

73
Repetitive Learning 1회 2회 3회

다음은 어떤 고열장해에 대한 대책인가?

> 생리 식염수 1~2리터를 정맥 주사하거나 0.1%의 식염수를 마시게 하여 수분과 염분을 보충한다.

① 열경련(Heat cramp)
② 열사병(Heat stroke)
③ 열피로(Heat exhaustion)
④ 열쇠약(Heat prostration)

해설
• 열사병은 고온다습한 환경에서 격심한 육체노동을 할 때 발병하는 중추성 체온조절 기능장애이다.
• 열피로는 고온환경에서 육체노동에 종사할 때 일어나기 쉬운 것으로 탈수로 인하여 혈장량이 감소할 때 발생하는 건강장해이다.
• 열쇠약은 고열에 의한 만성적 체력소모 현상을 말한다.

✷ 열경련(Heat cramp) 1001/1803/2101
  ㉠ 개요
    • 장시간 온열환경에 노출 후 대량의 염분상실을 동반한 땀의 과다로 인하여 수의근의 유통성 경련이 발생하는 고열장해이다.
    • 고온환경에서 심한 육체노동을 할 때 잘 발생한다.
    • 복부와 사지 근육의 강직이 일어난다.
  ㉡ 대책
    • 생리 식염수 1~2리터를 정맥 주사하거나 0.1%의 식염수를 마시게 하여 수분과 염분을 보충한다.

74
Repetitive Learning 1회 2회 3회

다음 중 저압 환경에 대한 직업성 질환의 내용으로 틀린 것은?

① 고산병을 일으킨다.
② 폐수종을 일으킨다.
③ 신경 장해를 일으킨다.
④ 질소가스에 대한 마취작용이 원인이다.

해설
• ④는 고압환경에서의 직업성 질환에 대한 설명이다.

✷ 저기압 상태의 증상
  • 저산소증(Hypoxia)
  • 폐수종(Pulmonary edema)
  • 고산병(mountain sickness)
  • 항공치통, 항공이염, 항공부비강염 등
  • 극도의 우울증, 두통, 오심, 구토, 식욕상실 등이 발생한다.

75

다음 중 소음성 난청에 관한 설명으로 옳은 것은?

① 음압수준은 낮을수록 유해하다.
② 소음의 특성은 고주파음보다 저주파음이 더욱 유해하다.
③ 개인의 감수성은 소음에 노출된 모든 사람이 다 똑같이 반응한다.
④ 소음 노출 시간은 간헐적 노출이 계속적 노출보다 덜 유해하다.

해설
• 음압수준이 높을수록 유해하다.
• 고주파음역(4,000~6,000Hz)에서의 손실이 더 크다.
• 개인의 감수성에 따라 소음반응이 다양하다.

:: 소음성 난청 실기 0703/1501/2101
• 초기 증상을 C5-dip현상이라 한다.
• 대부분 양측성이며, 감각 신경성 난청에 속한다.
• 내이의 세포변성을 원인으로 볼 수 있다.
• 4,000Hz에 대한 청력손실이 특징적으로 나타난다.
• 고주파음역(4,000~6,000Hz)에서의 손실이 더 크다.
• 음압수준이 높을수록 유해하다.
• 소음성 난청은 심한 소음에 반복하여 노출되어 나타나는 영구적 청력 변화로 코르티 기관에 손상이 온 것이므로 회복이 불가능하다.

76

비전리방사선의 종류 중 옥외작업을 하면서 콜타르의 유도체, 벤조피렌, 안트라센 화합물과 상호작용하여 피부암을 유발시키는 것으로 알려진 비전리방사선은?

① γ선
② 자외선
③ 적외선
④ 마이크로파

해설
• 콜타르의 유도체, 벤조피렌, 안트라센 화합물과 상호작용하여 피부암을 유발하는 것은 자외선이다.

:: 자외선
• 100~400nm 정도의 파장을 갖는다.
• 피부의 색소침착 등 생물학적 작용이 활발하게 일어나서 Dorno 선이라고도 한다.(이때의 파장은 280~315nm 정도이다)
• 피부에 강한 특이적 홍반작용과 색소침착, 전기성 안염(전광선 안염), 피부암 발생 등의 장해를 일으킨다.
• 트리클로로에틸렌을 독성이 강한 포스겐으로 전환시킬 수 있는 광화학 작용을 한다.

77

공기의 구성성분에서 조성비율이 표준공기와 같을 때, 압력이 낮아져 고용노동부에서 정한 산소결핍장소에 해당하게 되는데, 이 기준에 해당하는 대기압 조건은 약 얼마인가?

① 650mmHg
② 670mmHg
③ 690mmHg
④ 710mmHg

해설
• 산소는 표준공기에서 21%의 조성을 가진다. 이때의 대기압은 760mmHg이다.
  그런데 압력이 낮아져서 산소결핍장소가 되었다고 하였는데 산소결핍장소가 되려면 산소의 조성이 18%가 되어야 한다.
• 즉, 21:760＝18:x가 되므로 $x = \frac{760 \times 18}{21} = 651.428 \cdots$ mmHg가 된다.

:: 공기의 조성
• 78%의 질소, 21%의 산소, 1%의 아르곤을 비롯한 기타 물질로 구성되어 있다.
• 표준대기압은 760mmHg이다.

78

다음 중 조명과 채광에 관한 설명으로 틀린 것은?

① 1m²당 1lumen의 빛이 비칠 때의 밝기를 1lux라고 한다.
② 사람이 밝기에 대한 감각은 방사되는 광속과 파장에 의해 결정된다.
③ 1 lumen은 단위 조도의 광원으로부터 입체각으로 나가는 광속의 단위이다.
④ 조명을 작업환경의 한 요인으로 볼 때 고려해야 할 중요한 사항은 조도와 조도의 분포, 눈부심과 휘도, 빛의 색이다.

해설
• 1루멘은 1cd의 광도를 갖는 광원에서 단위입체각으로 발산되는 광속의 단위이다.

:: 루멘(lumen)
• 1cd의 광도를 갖는 광원에서 단위입체각으로 발산되는 광속의 단위이다.
• 1m²당 1lumen의 빛이 비칠 때의 밝기를 1Lux라 한다.

79 ●Repetitive Learning (1회 2회 3회)

고압작업에 관한 설명으로 맞는 것은?

① 산소분압이 2기압을 초과하면 산소중독이 나타나 건강장
해를 초래한다.
② 일반적으로 고압환경에서는 산소 분압이 낮기 때문에 저
산소증을 유발한다.
③ SCUBA와 같이 호흡장치를 착용하고 잠수하는 것은 고
압환경에 해당되지 않는다.
④ 사람이 절대압 1기압에 이르는 고압환경에 노출되면 개
구부가 막혀 귀, 부비강, 치아 등에서 통증이나 압박감을
느끼게 된다.

해설
• 저압환경에서 산소 분압이 낮기 때문에 저산소증을 유발한다.
• SCUBA와 같이 호흡장치를 착용하고 잠수하는 것은 고압환경에
해당한다.
• 절대압 1기압은 표준기압이다.

:: 고압 환경의 2차적 가압현상
• 산소의 분압이 2기압이 넘으면 중독증세가 나타나며 시력장해,
정신혼란, 간질모양의 경련을 나타낸다.
• 산소중독에 따라 수지와 족지의 작열통, 시력장해, 정신혼란,
근육경련 등의 증상을 보이며 나아가서는 간질 모양의 경련을
나타낸다.
• 산소의 중독 작용은 운동이나 이산화탄소의 존재로 보다 악화
된다.
• 산소중독에 따른 증상은 고압산소에 대한 노출이 중지되면 멈
추게 된다.
• 4기압 이상에서 공기 중의 질소가스는 마취작용을 나타내며 알
코올 중독의 증상과 유사한 다행증이 발생한다.
• 이산화탄소의 증가는 산소의 독성과 질소의 마취작용을 촉진시
킨다.

80 ●Repetitive Learning (1회 2회 3회)

다음 중 안정된 상태에서 열 방산이 큰 것부터 작은순으로
올바르게 나열한 것은?

① 피부증발>복사>배뇨>호기증발
② 대류>호기증발>배뇨>피부증발
③ 피부증발>호기증발>전도 및 대류>배뇨
④ 전도 및 대류>피부증발>호기증발>배뇨

해설
• 안정된 상태에서의 열 방산은 피부에서 주로 이루어지며, 전도 및
대류>피부증발>호기증발>배뇨 순으로 열이 방산된다.

:: 열의 방산
• 대부분 인체의 피부를 통해서 이뤄진다.
• 물리적으로 복사, 전도, 대류, 수증기의 증발을 통해서 이뤄
진다.
• 안정된 상태에서의 열 방산은 전도 및 대류>피부증발>호기증
발>배뇨 순으로 이뤄진다.

5과목 산업독성학

81 ●Repetitive Learning (1회 2회 3회)

Haber의 법칙을 가장 잘 설명한 공식은?(단, K는 유해지수,
C는 농도, t는 시간이다)

① $K = C \div t$ ② $K = C \times t$
③ $K = t \div C$ ④ $K = C^2 \times t$

해설
• 하버의 법칙에서 유해물질지수는 노출시간과 노출농도의 곱으로
표시한다.

:: 하버(Haber)의 법칙
• 유해물질에 노출되었을 때 중독현상이 발생하기 위해 얼마나
노출되어야 하는지를 나타내는 법칙이다.
• $K = C \times t$로 표현한다. 이때 K는 유해지수, C는 농도, t는 시
간이다.

82 ●Repetitive Learning (1회 2회 3회)

할로겐화 탄화수소에 관한 설명으로 틀린 것은?

① 대개 중추신경계의 억제에 의한 마취작용이 나타난다.
② 가연성과 폭발의 위험성이 높으므로 취급시 주의하여야
한다.
③ 일반적으로 할로겐화탄화수소의 독성의 정도는 화합물의
분자량이 커질수록 증가한다.
④ 일반적으로 할로겐화탄화수소의 독성의 정도는 할로겐원
소의 수가 커질수록 증가한다.

• 할로겐화 탄화수소에는 가연성의 것도 있고, 불연성의 것도 있다.

할로겐화 탄화수소
• 방향족 혹은 지방족 탄화수소에 하나 혹은 그 이상의 수소원소가 염소, 불소, 브롬 등과 같은 할로겐 원소로 치환된 유기용제를 말한다.
• 대개 중추신경계의 억제에 의한 마취작용이 나타난다.
• 일반적으로 할로겐화탄화수소의 독성의 정도는 화합물의 분자량이나 할로겐 원소의 수가 커질수록 증가한다.

0702
83
Repetitive Learning 1회 2회 3회

ACGIH에서 제시한 TLV에서 유해화학물질의 노출기준 또는 허용기준에 "피부" 또는 "skin"이라는 표시가 되어있다면 무엇을 의미하는가?

① 그 물질은 피부로 흡수되어 전체 노출량에 기여할 수 있다.
② 그 화학물질은 피부질환을 일으킬 가능성이 있다.
③ 그 물질은 어느 때라도 피부와 접촉이 있으면 안 된다.
④ 그 물질은 피부가 관련되어야 독성학적으로 의미가 있다.

• Skin 표시 물질은 점막과 눈 그리고 경피로 흡수되어 전신 영향을 일으킬 수 있는 물질을 말한다.

TLV에서 Skin
• Skin 표시 물질은 점막과 눈 그리고 경피로 흡수되어 전신 영향을 일으킬 수 있는 물질을 말한다.
• 피부자극성을 의미하는 것은 아니다.

84
Repetitive Learning 1회 2회 3회

다음 중 스티렌(styrene)에 노출되었음을 알려 주는 요 중 대사산물은?

① 페놀
② 마뇨산
③ 만델린산
④ 메틸마뇨산

• ①은 벤젠의 생물학적 노출지표이다.
• ②는 톨루엔의 생물학적 노출지표이다.
• ④는 크실렌의 생체 내 대사산물이다.

유기용제별 생물학적 모니터링 대상(생체 내 대사산물) 실기 0803/1403/2101

벤젠	소변 중 총 페놀 소변 중 t,t-뮤코닉산(t,t-Muconic acid)
에틸벤젠	소변 중 만델린산
스티렌	소변 중 만델린산
톨루엔	소변 중 마뇨산(hippuric acid), o-크레졸
크실렌	소변 중 메틸마뇨산
이황화탄소	소변 중 TTCA
메탄올	혈액 및 소변 중 메틸알코올
노말헥산	소변 중 헥산디온(2,5-hexanedione)
MBK (methyl-n-butyl ketone)	소변 중 헥산디온(2,5-hexanedione)
니트로벤젠	혈액 중 메타헤모글로빈
카드뮴	혈액 및 소변 중 카드뮴(저분자량 단백질)
납	혈액 및 소변 중 납(ZPP, FEP)
일산화탄소	혈액 중 카복시헤모글로빈, 호기 중 일산화탄소

0402 / 1202 / 1803
85
Repetitive Learning 1회 2회 3회

납중독에 관한 설명으로 틀린 것은?

① 혈청 내 철이 감소한다.
② 요 중 δ-ALAD 활성치가 저하된다.
③ 적혈구 내 프로토포르피린이 증가한다.
④ 임상증상은 위장계통장해, 신경근육계통의 장해, 중추신경계통의 장해 등 크게 3가지로 나눌 수 있다.

• 납이 인체 내로 흡수되면 혈청 내 철은 증가한다. 실기

납중독
• 납은 원자량 207.21, 비중 11.34의 청색 또는 은회색의 연한 중금속이다.
• 납은 포르피린과 헴(heme)의 합성에 관여하는 효소를 억제하며, 소화기계 및 조혈계에 영향을 준다.
• 1~5세의 소아 이미증(pica)환자에게서 발생하기 쉽다.
• 인체에 흡수되면 뼈에 주로 축적되며, 조혈장해를 일으킨다.
• 무기성 납으로 인한 중독 시 원활한 체내 배출을 위해 사용하는 배설촉진제로 Ca-EDTA를 사용하는데 신장이 나쁜 사람에게는 사용하지 않는 것이 좋다.
• 요 중 δ-ALAD 활성치가 저하되고, 코프로포르피린과 델타 아미노레블린산은 증가한다.
• 적혈구 내 프로토포르피린이 증가한다.

- 납이 인체 내로 흡수되면 혈청 내 철과 망상적혈구의 수는 증가한다.
- 임상증상은 위장계통장해, 신경근육계통의 장해, 중추신경계통의 장해 등 크게 3가지로 나눌 수 있다.
- 주 발생사업장은 활자의 문선, 조판작업, 납 축전지 제조업, 염화비닐 취급 작업, 크리스탈 유리 원료의 혼합, 페인트, 배관공, 탄환제조 및 용접작업 등이다.

86 ──── • Repetitive Learning [1회][2회][3회]

다음 중 유해물질의 흡수에서 배설까지의 과정에 대한 설명으로 옳지 않은 것은?

① 흡수된 유해물질은 원래의 형태든, 대사산물의 형태로든 배설되기 위하여 수용성으로 대사된다.

② 흡수된 유해화학물질은 다양한 비특이적 효소에 의한 유해물질의 대사로 수용성이 증가되어 체외로의 배출이 용이하게 된다.

③ 간은 화학물질을 대사시키고 콩팥과 함께 배설시키는 기능을 담당하여, 다른 장기보다도 여러 유해물질의 농도가 낮다.

④ 유해물질은 조직에 분포되기 전에 먼저 몇 개의 막을 통과하여야 하며, 흡수속도는 유해물질의 물리화학적 성상과 막의 특성에 따라 결정된다.

해설

- 간은 화학물질을 대사시키고 콩팥과 함께 배설시키는 기능을 담당하여, 다른 장기보다도 여러 유해물질의 농도가 높다.

❖ 유해물질의 배설

- 흡수된 유해물질은 원래의 형태든, 대사산물의 형태로든 배설되기 위하여 수용성으로 대사된다.
- 흡수된 유해화학물질은 다양한 비특이적 효소에 의한 유해물질의 대사로 수용성이 증가되어 체외로의 배출이 용이하게 된다.
- 유해물질은 조직에 분포되기 전에 먼저 몇 개의 막을 통과하여야 하며, 흡수속도는 유해물질의 물리화학적 성상과 막의 특성에 따라 결정된다.
- 간은 화학물질을 대사시키고 콩팥과 함께 배설시키는 기능을 담당하여, 다른 장기보다도 여러 유해물질의 농도가 높다.
- 유해물질의 분포량은 혈중농도에 대한 투여량으로 산출한다.
- 유해물질의 혈장농도가 50%로 감소하는데 소요되는 시간을 반감기라고 한다.

87 ──── • Repetitive Learning [1회][2회][3회]

금속열에 관한 설명으로 옳지 않은 것은?

① 금속열이 발생하는 작업장에서는 개인 보호용구를 착용해야 한다.

② 금속 흄에 노출된 후 일정 시간의 잠복기를 지나 감기와 비슷한 증상이 나타난다.

③ 금속열은 일주일 정도가 지나면 증상은 회복되나 후유증으로 호흡기, 시신경 장애 등을 일으킨다.

④ 아연, 마그네슘 등 비교적 융점이 낮은 금속의 제련, 용해, 용접 시 발생하는 산화금속 흄을 흡입할 경우 생기는 발열성 질병이다.

해설

- 금속열은 보통 3~4시간 지나면 증상이 회복되며, 길어도 2~4일 안에 회복된다.

❖ 금속열

- 중금속 노출에 의하여 나타나는 금속열은 흄 형태의 고농도 금속을 흡입하여 발생한다.
- 월요일 출근 후에 심해져서 월요일열(monday fever)이라고도 한다.
- 감기증상과 매우 비슷하여 오한, 구토감, 기침, 전신위약감 등의 증상이 있다.
- 금속열은 보통 3~4시간 지나면 증상이 회복되며, 길어도 2~4일 안에 회복된다.
- 카드뮴, 안티몬, 산화아연, 구리, 아연, 마그네슘 등 비교적 융점이 낮은 금속의 제련, 용해, 용접 시 발생하는 산화금속 흄을 흡입할 경우 생기는 발열성 질병이다.
- 철폐증은 철 분진 흡입 시 발생되는 금속열의 한 형태이다.
- 금속열이 발생하는 작업장에서는 개인 보호용구를 착용해야 한다.

88 ──── • Repetitive Learning [1회][2회][3회]

다음 중 생물학적 모니터링에 관한 설명으로 적절하지 않은 것은?

① 생물학적 모니터링은 작업자의 생물학적 시료에서 화학물질의 노출 정도를 추정하는 것을 말한다.

② 근로자 노출평가와 건강상의 영향 평가 두 가지 목적으로 모두 사용될 수 있다.

③ 내재용량은 최근에 흡수된 화학물질의 양을 말한다.

④ 내재용량은 여러 신체 부분이나 몸 전체에서 저장된 화학물질의 양을 말하는 것은 아니다.

해설

- 내재용량은 최근에 흡수된 화학물질의 양, 여러 신체 부분이나 몸 전체에서 저장된 화학물질의 양, 체내 주요 조직이나 부위의 작용과 결합한 화학물질의 양을 나타낸다.

❖ 생물학적 모니터링

- 작업자의 생물학적 시료에서 화학물질의 노출을 추정하는 것을 말한다.
- 모든 노출경로에 의한 흡수정도를 나타낼 수 있다.
- 최근의 노출량이나 과거로부터 축적된 노출량을 파악한다.
- 건강상의 위험은 생물학적 검체에서 물질별 결정인자를 생물학적 노출지수와 비교하여 평가된다.
- 근로자 노출 평가와 건강상의 영향 평가 두 가지 목적으로 모두 사용될 수 있다.
- 생물학적 검체인 호기, 소변, 혈액 등에서 결정인자를 측정하여 노출정도를 추정하는 방법이다.
- 결정인자는 공기 중에서 흡수된 화학물질이나 그것의 대사산물 또는 화학물질에 의해 생긴 가역적인 생화학적 변화이다.
- 내재용량은 최근에 흡수된 화학물질의 양, 여러 신체 부분이나 몸 전체에서 저장된 화학물질의 양, 체내 주요 조직이나 부위의 작용과 결합한 화학물질의 양을 나타낸다.
- 공기 중 노출기준(TLV)이 설정된 화학물질의 수는 생물학적 노출기준(BEI)보다 더 많다.

89 ● Repetitive Learning 〔1회 2회 3회〕

다음 중 이황화탄소(CS_2)에 관한 설명으로 틀린 것은?

① 감각 및 운동신경 모두에 침범한다.
② 심한 경우 불안, 분노, 자살성향 등을 보이기도 한다.
③ 인조견, 셀로판, 수지와 고무제품의 용제 등에 이용된다.
④ 방향족 탄화수소물 중에서 유일하게 조혈장애를 유발한다.

해설

- 조혈장애를 일으키는 유일한 방향족 탄화수소물은 벤젠(C_6H_6)이다.

❖ 이황화탄소(CS_2)

- 휘발성이 매우 높은 무색 액체이다.
- 인조견, 셀로판 및 사염화탄소의 생산과 수지와 고무제품의 용제에 이용된다.
- 대부분 상기도를 통해서 체내에 흡수된다.
- 생물학적 폭로지표로는 TTCA검사가 이용된다.
- 감각 및 운동신경에 장애를 유발한다.
- 중추신경계에 대한 특징적인 독성작용으로 파킨슨 증후군과 심한 급성 혹은 아급성 뇌병증을 유발한다.
- 고혈압의 유병률과 콜레스테롤치의 상승빈도가 증가되어 뇌, 심장 및 신장의 동맥 경화성 질환을 초래한다.
- 심한 경우 불안, 분노, 자살성향 등을 보이기도 한다.

90 ● Repetitive Learning 〔1회 2회 3회〕

다음 중 중추신경의 자극작용이 가장 강한 유기용제는?

① 아민
② 알코올
③ 알칸
④ 알데히드

해설

- 유기용제의 중추신경 자극작용의 순위는 알칸<알코올<알데히드 또는 케톤<유기산<아민류 순으로 커진다.

❖ 유기용제의 중추신경 활성억제 및 자극 순서
  문제 29번의 유형별 핵심이론 ❖ 참조

91 ● Repetitive Learning 〔1회 2회 3회〕

다음 중 칼슘대사에 장해를 주어 신결석을 동반한 신증후군이 나타나고 다량의 칼슘배설이 일어나 뼈의 통증, 골연화증 및 골수공증과 같은 골격계장해를 유발하는 중금속은?

① 망간(Mn)
② 수은(Hg)
③ 비소(As)
④ 카드뮴(Cd)

해설

- 망간은 무력증, 식욕감퇴 등의 초기증세를 보이다 심해지면 중추신경계의 특정부위를 손상시켜 파킨슨증후군과 보행장해가 두드러지는 중금속이다.
- 수은은 hatter's shake라고 하며 근육경련을 유발하는 중금속이다.
- 비소는 은빛 광택을 내는 비금속으로 가열하면 녹지 않고 승화되며, 피부 특히 겨드랑이나 국부 등에 습진형 피부염이 생기며 피부암을 유발한다.

❖ 카드뮴

- 카드뮴은 부드럽고 연성이 있는 금속으로 납광물이나 아연광물을 제련할 때 부산물로 얻어진다.
- 주로 니켈, 알루미늄과의 합금, 살균제, 페인트 등을 취급하는 곳에서 노출위험성이 크다.
- 흡수된 카드뮴은 혈장단백질과 결합하여 최종적으로 간이나 신장에 축적된다.
- 인체 내에서 -SH기와 결합하여 독성을 나타낸다.
- 중금속 중에서 칼슘대사에 장애를 주어 신결석을 동반한 신증후군이 나타나고 폐기종, 만성기관지염 같은 폐질환을 일으키고, 다량의 칼슘배설이 일어나 뼈의 통증, 골연화증 및 골수공증과 같은 골격계 장해를 유발한다.
- 카드뮴에 의한 급성노출 및 만성노출 후의 장기적인 속발증은 고환의 기능쇠퇴, 폐기종, 간손상 등이다.
- 체내에 노출되면 저분자 단백질인 metallothionein이라는 단백질을 합성하여 독성을 감소시킨다.

92

● Repetitive Learning (1회 2회 3회)

어떤 물질의 독성에 관한 인체실험 결과 안전 흡수량이 체중 kg당 0.15mg이었다. 체중이 60kg인 근로자가 1일 8시간 작업할 경우 이 물질의 체내 흡수를 안전흡수량 이하로 유지하려면 공기 중 농도를 몇 mg/m^3 이하로 하여야 하는가?(단, 작업 시 폐환기율은 $1.25m^3/h$, 체내 잔류율은 1.0으로 한다)

① 0.5　　　　　　② 0.9
③ 4.0　　　　　　④ 9.0

해설

- 체내흡수량(안전흡수량)과 관련된 문제이다.
- 체내 흡수량(mg)=C×T×V×R로 구할 수 있다.
- 문제는 작업 시의 허용농도 즉, C를 구하는 문제이므로
  $\frac{체내흡수량}{T×V×R}$ 로 구할 수 있다.
- 체내 흡수량은 몸무게×몸무게당 안전흡수량=60×0.15=9이다.
- 따라서 C=9/(8×1.25×1.0)=0.9가 된다.

❖ 체내흡수량(SHD : Safe Human Dose) 실기 0301/0501/0601/0801/1001/1201/1402/1602/1701/2002/2003

- 사람에게 안전한 양으로 안전흡수량, 안전폭로량이라고도 한다.
- 동물실험을 통하여 산출한 독물량의 한계치(NOED : No-Observable Effect Dose)를 사람에게 적용하기 위해 인간의 안전폭로량(SHD)을 계산할 때 안전계수와 체중, 독성물질에 대한 역치(THDh)를 고려한다.
- C×T×V×R[mg]으로 구한다.
  C : 공기 중 유해물질농도[mg/m^3]
  T : 노출시간[hr]
  V : 폐환기율, 호흡률[m^3/hr]
  R : 체내잔류율(주어지지 않을 경우 1.0)

1702

93

● Repetitive Learning (1회 2회 3회)

공기역학적 직경(Aerodynamic diameter)에 대한 설명과 가장 거리가 먼 것은?

① 역학적 특성, 즉 침강속도 또는 종단속도에 의해 측정되는 먼지 크기이다.
② 직경분립충돌기(Cascade impactor)를 이용해 입자의 크기 및 형태 등을 분리한다.
③ 대상 입자와 같은 침강속도를 가지며 밀도가 1인 가상적인 구형의 직경으로 환산한 것이다.
④ 마틴 직경, 페렛 직경 및 등면적 직경(projected area diameter)의 세 가지로 나누어진다.

해설

- ④의 설명은 기하학적 직경의 종류를 설명한 것이다.

❖ 공기역학적 직경(Aerodynamic diameter) 실기 0603/0703/0901/1101/1402/1502/1701/1803/1903

- 대상 먼지와 침강속도가 같고, 밀도가 1이며 구형인 먼지의 직경으로 환산하여 표현하는 입자상 물질의 직경을 말한다.
- 입자의 공기 중 운동이나 호흡기 내의 침착기전을 설명할 때 유용하게 사용된다.
- 스토크스(Stokes) 입경과 함께 대표적인 역학적 등가직경을 구성한다.
- 역학적 특성, 즉 침강속도 또는 종단속도에 의해 측정되는 먼지 크기이다.
- 직경분립충돌기(Cascade impactor)를 이용해 입자의 크기 및 형태 등을 분리한다.

94

● Repetitive Learning (1회 2회 3회)

다음 중 남성 근로자에게 생식독성을 유발시키는 유해인자 또는 물질과 가장 거리가 먼 것은?

① X-선　　　　　② 항암제
③ 염산　　　　　④ 카드뮴

해설

- 염산은 생식독성 관련 자료가 없다.

❖ 성별 생식독성 유발 유해인자

남성	고온, 항암제, 마이크로파, X선, 망간, 납, 카드뮴, 음주, 흡연, 마약 등
여성	비타민 A, 칼륨, X선, 납, 저혈압, 저산소증, 알킬화제, 농약, 음주, 흡연, 마약, 풍진 등

1901

95

● Repetitive Learning (1회 2회 3회)

다음 중 채석장 및 모래분사 작업장(sandblasting) 작업자들이 석영을 과도하게 흡입하여 발생하는 질병은?

① 규폐증　　　　② 석면폐증
③ 탄폐증　　　　④ 면폐증

해설

- 규폐증은 건축업, 도자기 작업장, 채석장, 석재공장 등의 작업장에서 근무하는 근로자에게 발생할 수 있는 진폐증의 한 종류이다.

규폐증(silicosis)
- 주요 원인 물질은 0.5~5μm의 크기를 갖는 SiO_2(유리규산) 함유먼지, 암석분진 등의 혼합물질이다.
- 역사적으로 보면 이집트의 미이라에서도 발견되는 오래된 질병이다.
- 건축업, 도자기 작업장, 채석장, 석재공장 등의 작업장에서 근무하는 근로자에게 발생할 수 있는 진폐증의 한 종류이다.
- 폐결핵을 합병증으로 하여 폐하엽 부위에 많이 생기는 증상을 갖는다.

---

96 ────────── • Repetitive Learning    `2004`

직업성 폐암을 일으키는 물질을 가장 거리가 먼 것은?

① 니켈
② 석면
③ β-나프틸아민
④ 결정형 실리카

해설
- β-나프틸아민은 담배에 포함된 발암물질이다.

직업성 폐암 원인물질
- 석면이 가장 큰 원인물질이다.
- 그 외에도 다핵방향종탄화수소(PAH), 6가 크롬, 결정형 유리규산, 니켈화합물, 비소, 베릴륨, 카드뮴, 디젤 흄, 실리카 등이 있다.

---

97 ────────── • Repetitive Learning   `0702 / 0901`

다음 중 유기용제 중독자의 응급처치로 가장 적절하지 않은 것은?

① 용제가 묻은 의복을 벗긴다.
② 유기용제가 있는 장소로부터 대피시킨다.
③ 차가운 장소로 이동하여 정신을 긴장시킨다.
④ 의식 장애가 있을 때는 산소를 흡입시킨다.

해설
- 유기용제 중독자는 차가운 장소가 아니라 신선한 공기가 있는 곳으로 옮겨야 한다.

유기용제 중독자 응급처치
- 용제가 묻은 의복을 벗긴다.
- 유기용제가 있는 장소로부터 대피시킨다.
- 신선한 공기가 있는 곳으로 이동하여 옮긴다.
- 의식 장애가 있을 때는 산소를 흡입시킨다.

---

98 ────────── • Repetitive Learning `1601`

생물학적 모니터링을 위한 시료채취시간에 제한이 없는 것은?

① 소변 중 아세톤
② 소변 중 카드뮴
③ 호기 중 일산화탄소
④ 소변 중 총 크롬(6가)

해설
- 생물학적 노출지수 평가를 위한 시료 채취시간에 제한없이 채취가 능한 유해물질은 납, 니켈, 카드뮴 등이다.

생물학적 노출지표(BEI) 시료채취시기

당일 노출작업 종료 직후	DMF, 톨루엔, 크실렌, 헥산
4~5일간 연속작업 종료 직후	메틸클로로포름, 트리클로로에틸렌
수시	납, 니켈, 카드뮴
작업전	수은

---

99 ────────── • Repetitive Learning `2001`

작업환경에서 발생 될 수 있는 망간에 관한 설명으로 옳지 않은 것은?

① 주로 철합금으로 사용되며, 화학공업에서는 건전지 제조업에 사용된다.
② 만성노출 시 언어가 느려지고 무표정하게 되며, 파킨슨 증후군 등의 증상이 나타나기도 한다.
③ 망간은 호흡기, 소화기 및 피부를 통하여 흡수되며, 이 중에서 호흡기를 통한 경로가 가장 많고 위험하다.
④ 급성중독 시 신장장애를 일으켜 요독증(uremia)으로 8~10일 이내 사망하는 경우도 있다.

해설
- 요독증을 유발하는 것은 급성수은중독에 대한 설명이다.

망간(Mn)
- 망간은 직업성 만성중독 원인물질로 주로 철합금으로 사용되며, 화학공업에서는 건전지 제조업에 사용된다.
- 망간은 호흡기, 소화기 및 피부를 통하여 흡수되며, 이 중에서 호흡기를 통한 경로가 가장 많고 위험하다.
- 전기용접봉 제조업, 도자기 제조업에서 발생한다.
- 무력증, 식욕감퇴 등의 초기증세를 보이다 심해지면 언어장애, 균형감각상실 등 중추신경계의 특정 부위를 손상시켜 파킨슨증후군과 보행장해가 두드러지는 중금속이다.

다핵방향족 화합물(PAH)에 대한 설명으로 틀린 것은?

① 톨루엔, 크실렌 등이 대표적이라 할 수 있다.

② PAH는 벤젠고리가 2개 이상 연결된 것이다.

③ PAH는 배설을 쉽게 하기 위하여 수용성으로 대사된다.

④ PAH의 대사에 관여하는 효소는 시토크롬 P-448로 대사되는 중간산물이 발암성을 나타낸다.

해설

- 톨루엔이나 크실렌은 하나의 벤젠고리로 이루어진 방향족 탄화수소이다.

❖ 다핵방향족 탄화수소(PAHs)
- 벤젠고리가 2개 이상이다.
- 대사가 거의 되지 않는 지용성으로 체내에서는 배설되기 쉬운 수용성 형태로 만들기 위하여 수산화가 되어야 한다.
- 대사에 관여하는 효소는 시토크롬(cytochrome) P-450의 준개체단인 시토크롬 P-448로 대사되는 중간산물이 발암성을 나타낸다.
- 나프탈렌, 벤조피렌 등이 이에 해당된다.
- 철강제조업에서 석탄을 건류할 때나 아스팔트를 콜타르 피치로 포장할 때 발생한다.

출제문제 분석 2014년 1회

구분	1과목	2과목	3과목	4과목	5과목	합계
New유형	1	1	0	2	1	5
New문제	7	7	5	4	4	27
또나온문제	5	10	12	7	4	38
자꾸나온문제	8	3	3	9	12	35
합계	20	20	20	20	20	100

- New유형은 New문제 중 기존 기출문제와 완전히 다른 유형의 문제를 말합니다.
- New문제는 기존에 출제되지 않은 문제로 이번에 처음 출제되는 문제입니다.
- 또나온문제는 기존에 출제된 적이 1번 있는 문제를 말합니다.
- 자꾸나온문제는 기존에 출제된 적이 2번 이상 있는 문제를 말합니다. 그만큼 중요한 문제입니다.

몇 년분의 기출문제를 공부해야 합격할 수 있을까요?

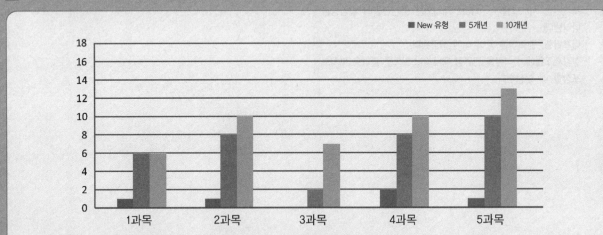

- 완전 새로운 유형의 문제는 5문제이고 95문제가 이미 출제된 문제 혹은 변형문제입니다.
- 5년분(2018~2022) 기출에서 동일문제가 34문항이 출제되었고, 10년분(2013~2022) 기출에서 동일문제가 46문항이 출제되었습니다.

실기에 나왔어요!! 일타쌍피-사전체크!!

실기시험은 필답형으로 진행됩니다. 객관식의 필기와 달리 주관식인 관계로 아는 만큼 적을 수 있습니다. 최근 계산문제의 비중이 많이 감소하고 있지만 절반 정도의 이론 문제와 절반 정도의 계산문제가 출제된다고 보시면 됩니다. 계산문제의 경우 나오는 문제유형이 거의 정해져 있습니다. 필기 공부할 때 미리 실기에 나오는 내용을 체크하시고 그부분만큼은 잘 공부해 두신다면 당 회차 실기까지 한 번에 잡을 수 있습니다.

- 총 43개의 유형별 핵심이론이 실기시험과 연동되어 있습니다.

분석의견

합격률이 35.3%로 다소 낮은 수준인 회차였습니다.
10년 기출을 학습할 경우 기출과 동일한 문제가 1과목 6문제, 3과목 7문제로 다소 낮게 출제되었습니다. 그렇지만 과락만 면한다면 전체적으로는 꽤 많은 동일문제가 출제되어 합격에 어려움이 없는 회차입니다.
10년분 기출문제와 유형별 핵심이론의 2~3회 정독이면 합격 가능한 것으로 판단됩니다.

2014년 제1회

2014년 3월 2일 필기

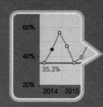

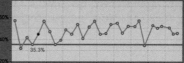

1과목 산업위생학개론

01 ● Repetitive Learning 〔1회〕〔2회〕〔3회〕

무색, 무취의 기체로서 흙, 콘크리트, 시멘트나 벽돌 등의 건축자재에 존재하였다가 공기 중으로 방출되며 지하공간에 더 높은 농도를 보이고, 폐암을 유발하는 실내공기 오염물질은 무엇인가?

① 라듐　　　　　　② 라돈
③ 비스무스　　　　④ 우라늄

해설

- 방사성 기체로 폐암 발생의 원인이 되는 실내공기 중 오염물질은 라돈이다.

❖ 라돈(Rn)

- 무색, 무취의 기체로서 흙, 콘크리트, 시멘트나 벽돌 등의 건축자재에 존재하였다가 공기 중으로 방출되며 지하공간에 더 높은 농도를 보이고, 폐암을 유발하는 실내공기 오염물질이다.
- 자연적으로 존재하는 암석이나 토양에서 발생하는 thorium, uranium의 붕괴로 인해 생성되는 방사성 가스이다.
- 라돈의 동위원소에는 Rn222, Rn220, Rn219가 있으며 이 중 반감기가 긴 Rn-222가 실내 공간에서 일체의 위해성 측면에서 주요 관심대상이다.
- 라돈의 붕괴로 방출되는 알파(α)선이 폐조직을 파괴하여 폐암을 유발한다.

02 ● Repetitive Learning 〔1회〕〔2회〕〔3회〕

직업과 적성에 대한 내용 중에서 심리적 적성검사에 해당되지 않는 것은?

① 지능검사　　　　② 기능검사
③ 체력검사　　　　④ 인성검사

해설

- 심리학적 적성검사에는 지능검사, 지각동작검사, 인성검사, 기능검사가 있다.

❖ 심리학적 적성검사

- 지능검사, 지각동작검사, 인성검사, 기능검사가 있다.

지능검사	언어, 기억, 추리, 귀납 관련 검사
지각동작검사	수족협조능, 운동속도능, 형태지각능 관련 검사
인성검사	성격, 태도, 정신상태 관련 검사
기능검사	직무에 관련된 기본지식과 숙련도, 사고력 등 직무평가에 관련된 항목을 추리검사의 형식으로 실시

03 ● Repetitive Learning 〔1회〕〔2회〕〔3회〕

1년간 연근로시간이 240,000시간인 작업장에 5건의 재해가 발생하여 500일의 휴업일수를 기록하였다. 연간근로일수를 300일로 할 때 강도율(Intensity rate)은 약 얼마인가?

① 1.7　　　　　　② 2.1
③ 2.7　　　　　　④ 3.2

해설

- 휴업일수 500일은 근로손실일수로 변환하면 $500 \times \left(\dfrac{300}{365}\right)$

  $= 410.9589\cdots$일이므로 강도율$= \dfrac{410.9589}{240,000} \times 1,000 = 1.712\cdots$가

  된다.

❖ 강도율(SR : Severity Rate of injury) 실기 0502/0503/0602

- 재해로 인한 근로손실의 강도를 나타낸 값으로 연간 총 근로시간에서 1,000시간당 근로손실일수를 의미한다.
- 강도율$= \dfrac{근로손실일수}{연간총근로시간} \times 1,000$으로 구한다.
- 연간 근무일수나 하루 근무시간수가 주어지지 않을 경우 하루 8시간, 1년 300일 근무하는 것으로 간주한다.

1003 / 1903

04 ───── • Repetitive Learning 〔1회 2회 3회〕

다음 중 재해예방의 4원칙에 관한 설명으로 옳지 않은 것은?

① 재해발생과 손실의 관계는 우연적이므로 사고의 예방이 가장 중요하다.
② 재해발생에는 반드시 원인이 있으며, 사고와 원인의 관계는 필연적이다.
③ 재해는 예방이 불가능하므로 지속적인 교육이 필요하다.
④ 재해예방을 위한 가능한 안전대책은 반드시 존재한다.

해설
- 모든 사고는 예방이 가능하다.

❖ 하인리히의 재해예방의 4원칙

대책 선정의 원칙	사고의 원인을 발견하면 반드시 대책을 세워야 하며, 모든 사고는 대책 선정이 가능하다는 원칙
손실 우연의 원칙	사고로 인한 손실은 상황에 따라 다른 우연적이라는 원칙
예방 가능의 원칙	모든 사고는 예방이 가능하다는 원칙
원인 연계의 원칙	• 사고는 반드시 원인이 있으며 이는 복합적으로 필연적인 인과관계로 작용한다는 원칙 • 원인 계기의 원칙이라고도 한다.

05 ───── • Repetitive Learning 〔1회 2회 3회〕

다음 중 산업위생관리 업무와 가장 거리가 먼 것은?

① 직업성 질환에 대한 판정과 보상
② 유해작업환경에 대한 공학적인 조치
③ 작업조건에 대한 인간공학적인 평가
④ 작업환경에 대한 정확한 분석기법의 개발

해설
- 질환에 대한 판정과 보상은 질병판정위원회나 산업재해보상보험에서 담당하는 업무이다.

1202 / 1902

06 ───── • Repetitive Learning 〔1회 2회 3회〕

젊은 근로자의 약한 쪽 손의 힘은 평균 50kp이고, 이 근로자가 무게 10kg인 상자를 두손으로 들어 올릴 경우에 한 손의 작업강도(%MS)는 얼마인가?(단, 1kp는 질량 1kg을 중력의 크기로 당기는 힘을 말한다)

① 5　　　　　　　　② 10
③ 15　　　　　　　　④ 20

해설
- RF는 10kg, 약한 한쪽의 힘 MS가 50kg이므로 두 손은 100kg에 해당하므로 %MS $= \dfrac{10}{100} \times 100 = 10\%$이다.

❖ 작업강도(%MS) 실기 0502
- 근로자가 가지는 최대 힘(MS)에 대한 작업이 요구하는 힘(RF)을 백분율로 표시하는 값이다.
- $\dfrac{RF}{MS} \times 100$으로 구한다. 이때 RF는 작업이 요구하는 힘, MS는 근로자가 가지고 있는 약한 손의 최대힘이다.
- 15% 미만이며 국소피로로 오지 않으며, 30% 이상일 때 불쾌감이 생기면서 국소피로를 야기한다.
- 적정작업시간(초)은 $671,120 \times \%MS^{-2.222}$[초]로 구한다.

1002

07 ───── • Repetitive Learning 〔1회 2회 3회〕

다음 표를 이용하여 개정된 NIOSH의 들기작업 권고기준에 따른 권장무게한계(RWL)는 약 얼마인가?

계수	값
수평계수(HM)	0.5
수직계수(VM)	0.955
거리계수(DM)	0.91
비대칭계수(AM)	1
빈도계수(FM)	0.45
커플링계수(CM)	0.95

① 4.27kg　　　　　② 8.55kg
③ 12.82kg　　　　④ 21.36kg

해설

- RWL=23kg×HM×VM×DM×AM×FM×CM으로 구한다.
- 주어진 값을 대입하면 RWL=23kg×0.5×0.955×0.91×1×0.45 ×0.95 = 4.272kg이다.

✪ 권장무게한계(RWL : Recommended Weight Limit) 실기2003
- RWL=23kg×HM×VM×DM×AM×FM×CM으로 구한다.

HM(수평계수)	• 63cm를 기준으로 한 수평거리 • 25/H로 구한다.
VM(수직계수)	• 75cm를 기준으로 한 수직거리 • 1−0.003(혹은 V−75)로 구한다.
DM(거리계수)	• 물체를 수직이동시킨 거리 • 0.82+4.5/D로 구한다.
AM(비대칭계수)	• 신체중심에서 물건중심까지의 비틀린 각도 • 1−0.0032A로 구한다.
FM(빈도계수)	1분동안의 반복횟수
CM(결합계수)	손잡이의 잡기 편한 정도

- RWL 값이 클수록 좋다.

---

08 ────────● Repetitive Learning (1회 2회 3회)

산업위생관리 측면에서 피로의 예방대책으로 적절하지 않는 것은?

① 작업과정에 적절한 간격으로 휴식시간을 둔다.
② 각 개인에 따라 작업량을 조절한다.
③ 개인의 숙련도 등에 따라 작업속도를 조절한다.
④ 동적인 작업을 모두 정적인 작업으로 전환한다.

해설

- 피로 예방을 위해 동적인 작업을 늘리고, 정적인 작업을 줄인다.

✪ 작업에 수반된 피로의 회복대책
- 충분한 영양을 섭취한다.
- 목욕이나 가벼운 체조를 한다.
- 휴식과 수면을 자주 취한다.
- 작업환경을 정리·정돈한다.
- 불필요한 동작을 피하고, 에너지 소모를 적게 한다.
- 힘든 노동은 가능한 한 기계화한다.
- 장시간 휴식하는 것보다 짧은 시간 여러 번 쉬는 것이 피로회복에 효과적이다.
- 동적인 작업을 늘리고, 정적인 작업을 줄인다.
- 커피, 홍차, 엽차, 비타민B, 비타민C 등의 적정한 영양제를 보급한다.
- 음악감상과 오락 등 취미생활을 한다.

---

09 ────────● Repetitive Learning (1회 2회 3회)

산업안전보건법에 따라 사업주가 허가대상 유해물질을 제조하거나 사용하는 작업장의 보기 쉬운 장소에 반드시 게시하여야 하는 내용이 아닌 것은?

① 제조날짜
② 취급상의 주의사항
③ 인체에 미치는 영향
④ 착용하여야 할 보호구

해설

- 관리대상 유해물질을 취급하는 작업장의 보기 쉬운 장소에 게시할 내용에는 ②, ③, ④ 외에 관리대상 유해물질의 명칭, 응급조치와 긴급 방재 요령이 있다.

✪ 관리대상 유해물질을 취급하는 작업장의 보기 쉬운 장소에 게시할 내용 실기1803
- 관리대상 유해물질의 명칭
- 인체에 미치는 영향
- 취급상 주의사항
- 착용하여야 할 보호구
- 응급조치와 긴급 방재 요령

0501 / 0603 / 1101

10 ────────● Repetitive Learning (1회 2회 3회)

다음 중 산업안전보건법상 중대재해에 해당하지 않는 것은?

① 사망자가 1인 이상 발생한 재해
② 부상자가 동시에 5명 발생한 재해
③ 직업성 질병자가 동시에 12명 발생한 재해
④ 3개월 이상의 요양을 요하는 부상자가 동시에 3명이 발생한 재해

해설

- 부상자 또는 직업성 질병자가 동시에 10명 이상 발생한 재해를 중대재해로 한다.

✪ 중대재해(Major Accident)
㉠ 개요
- 산업재해 중 사망 등 재해 정도가 심한 것으로서 고용노동부령으로 정하는 재해를 말한다.
㉡ 종류
- 사망자가 1명 이상 발생한 재해
- 3개월 이상의 요양이 필요한 부상자가 동시에 2명 이상 발생한 재해
- 부상자 또는 직업성 질병자가 동시에 10명 이상 발생한 재해

11

Repetitive Learning 1회 2회 3회

다음 중 우리나라의 노출기준 단위가 다른 하나는?

① 결정체 석영
② 유리섬유 분진
③ 광물털섬유
④ 내화성 세라믹섬유

해설

- 분진 및 미스트 등 에어로졸(Aerosol)의 노출기준 표시단위는 세제곱미터당 밀리그램(mg/m^3)을 사용하지만 석면 및 내화성세라믹섬유의 노출기준 표시단위는 세제곱센티미터당 개수(개/cm^3)를 사용한다.

- **노출기준의 표시 단위**
  - 가스 및 증기의 노출기준 표시단위는 피피엠(ppm)을 사용한다.
  - 분진 및 미스트 등 에어로졸(Aerosol)의 노출기준 표시단위는 세제곱미터당 밀리그램(mg/m^3)을 사용한다. 다만, 석면 및 내화성세라믹섬유의 노출기준 표시단위는 세제곱센티미터당 개수(개/cm^3)를 사용한다.

12

0703 / 1802
Repetitive Learning 1회 2회 3회

미국산업위생학술원(AAIH)에서 채택한 산업위생전문가로서의 책임에 해당되지 않는 것은?

① 직업병을 평가하고 관리한다.
② 성실성과 학문적 실력에서 최고 수준을 유지한다.
③ 과학적 방법의 적용과 자료 해석의 객관성 유지
④ 전문분야로서의 산업위생을 학문적으로 발전시킨다.

해설

- 직업병의 평가와 관리는 산업위생전문가의 전문가로서의 책임과 거리가 멀다.

- **산업위생전문가의 윤리강령 중 산업위생전문가로서의 책임**
  - 산업위생 활동을 통해 얻은 개인 및 기업의 정보는 누설하지 않는다.
  - 전문적 판단이 타협에 의하여 좌우될 수 있거나 이해관계가 있는 상황에는 개입하지 않는다.
  - 쾌적한 작업환경을 만들기 위해 산업위생이론을 적용하고 책임 있게 행동한다.
  - 성실성과 학문적 실력 면에서 최고 수준을 유지한다.
  - 과학적 방법의 적용과 자료의 해석에 객관성을 유지한다.
  - 전문분야로서의 산업위생을 학문적으로 발전시킨다.
  - 근로자, 사회 및 전문 직종의 이익을 위해 과학적 지식을 공개하고 발표한다.

13

1902
Repetitive Learning 1회 2회 3회

L_5/S_1 디스크에 얼마 정도의 압력이 초과되면 대부분의 근로자에게 장해가 나타나는가?

① 3,400N
② 4,400N
③ 5,400N
④ 6,400N

해설

- ①은 AL 기준이고, ④는 MPL기준이다.
- MPL은 기준을 초과할 경우 대부분의 근로자에게 장해가 발생할 수 있는 기준선을 말한다.

- **L_5/S_1 디스크에 미치는 압력과 기준**
  - MPL=3AL의 관계를 갖는다.

AL (Action Limit)	• 압축력이 3,400N(340kg) 정도가 발생하는 상황 • 감시기준으로 이 기준까지는 근로자가 별 무리 없이 견딜 수 있는 기준이다.
MPL (Maximum Permissible Limit)	• 압축력이 6,400N(650kg) 정도가 발생하는 상황 • 넘어서는 안되는 상황(근로자에게 장해가 발생하는 상황)이라는 의미이다.

14

2003
Repetitive Learning 1회 2회 3회

주요 실내 오염물질의 발생원으로 보기 어려운 것은?

① 호흡
② 흡연
③ 자외선
④ 연소기기

해설

- 자외선은 실내 오염물질의 발생원으로 보기 어렵다.

- **실내 오염물질의 발생원**

인간활동	• 호흡에 의한 이산화탄소 • 음식쓰레기, 대화나 기침, 재채기로 인한 세균 • 옷이나 신발에 묻어있는 먼지 • 연소기기에서 발생하는 일산화탄소, 이산화질소 • 흡연으로 인한 타르, 니코틴, 일산화탄소, 포름알데히드
생활용품 및 사무용품	• TV, 청소기, 컴퓨터, 프린터 등에서 발생하는 오존, 이산화질소, 휘발성 유기물질(VOCs), 중금속, 초미세먼지 • 책이나 신문의 표백제, 포름알데히드, 톨루엔
건축자재	• 벽지 바닥재 등의 포름알데히드, 휘발성 유기화합물
외부 대기오염	• 자동차 배기가스 등 • 황사나 공사장의 비산먼지 등

15

Repetitive Learning 1회 2회 3회

다음 중 직업성 피부질환에 관한 내용으로 틀린 것은?

① 작업환경 내 유해인자에 노출되어 피부 및 부속기관에 병변이 발생되거나 악화되는 질환을 직업성 피부질환이라 한다.

② 피부종양은 발암물질과의 피부의 직접 접촉뿐만 아니라 다른 경로를 통한 전신적인 흡수에 의하여도 발생될 수 있다.

③ 미국의 경우 피부질환의 발생빈도가 낮아 사회적 손실을 적게 추정하고 있다.

④ 직업성 피부질환의 간접적 요인으로 인종, 아토피, 피부질환 등이 있다.

해설

- 미국을 비롯한 많은 나라들의 피부질환의 발생빈도는 대단히 높아 사회적 손실이 많이 발생하고 있다.

❖ 직업성 피부질환
- 작업환경 내 유해인자에 노출되어 피부 및 부속기관에 병변이 발생되거나 악화되는 질환을 직업성 피부질환이라 한다.
- 피부종양은 발암물질과의 피부의 직접 접촉뿐만 아니라 다른 경로를 통한 전신적인 흡수에 의하여도 발생될 수 있다.
- 미국을 비롯한 많은 나라들의 피부질환의 발생빈도는 대단히 높아 사회적 손실이 많이 발생하고 있다.
- 직업성 피부질환의 직접적인 요인에는 고온, 화학물질, 세균감염 등이 있다.
- 직업성 피부질환의 간접적 요인으로 연령, 땀, 인종, 아토피, 피부질환 등이 있다.
- 가장 빈번한 피부반응은 접촉성 피부염이고 이는 일반적인 보호기구로는 개선 효과가 거의 없다.
- 첩포시험은 알레르기성 접촉 피부염의 감작물질을 색출하는 기본시험이다.
- 일부 화학물질과 식물은 광선에 의해서 활성화되어 피부반응을 보일 수 있다.

16

0301 / 0601

Repetitive Learning 1회 2회 3회

고온에 순응된 사람들이 고온에 계속 노출되었을 때 나타나는 현상은?

① 심장박동 증가
② 땀의 분비속도 증가
③ 직장온도 증가
④ 피부온도 증가

해설

- 고온순화되지 않은 작업자는 대부분 시간당 0.7L 이내의 땀을 흘리지만 순화된 작업자는 시간당 최대 2L까지 땀을 배출한다.

❖ 고온에 순화(acclimatization) 실기 0501/1701

⑦ 개요
- 고온작업환경에서도 잘 적응할 수 있도록 순화된 신체 상태를 의미한다.
- 순화방법은 하루 100분씩 폭로하는 것이 가장 효과적이며 하루의 고온폭로 시간이 길다고 하여 고온순화가 빨리 이루어지는 것은 아니다.
- 고온순화는 매일 고온에 반복적이며 지속적으로 폭로시 4~6일에 주로 이루어지며, 고온에 폭로된 지 12~14일에 거의 완성되는 것으로 알려져 있다.
- 고온순화에 관계된 가장 중요한 외부영향요인은 영양과 수분보충이다.

ⓒ 과정
- 체표면에 있는 한선의 수가 증가한다.
- 위액 분비가 줄고 산도가 감소되어 식욕부진, 소화불량이 유발된다.
- 알도스테론의 분비가 증가되어 염분의 배설량이 억제된다.
- 처음에는 에너지 대사량이 증가하고 체온이 상승하지만 후에 근육이 이완하고 열생산도 정상으로 된다.
- 간기능 저하되고 콜레스테롤과 콜레스테롤 에스터의 비가 감소한다.
- 고온순화되지 않은 작업자는 대부분 시간당 0.7L 이내의 땀을 흘리지만 순화된 작업자는 시간당 최대 2L까지 땀을 배출한다.

17

0501 / 0703

Repetitive Learning 1회 2회 3회

피로의 현상과 피로조사방법 등을 나타낸 내용 중 가장 관계가 먼 것은?

① 피로현상은 개인차가 심하므로 직업에 대한 개체의 반응을 수치로 나타내기가 어렵다.

② 노동수명(turn over ratio)으로서 피로를 판정하는 것은 적합지 않다.

③ 피로조사는 피로도를 판가름하는데 그치지 않고 작업방법과 교대제 등을 과학적으로 검토할 필요가 있다.

④ 작업시간이 등차급수적으로 늘어나면 피로회복에 요하는 시간은 등비급수적으로 증가하게 된다.

해설

- 노동수명(turn over ratio)으로도 피로를 판정한다.

---

18 ● Repetitive Learning (1회 2회 3회)

다음 중 산업안전보건법령상 물질안전보건자료(MSDS)의 작성 원칙에 관한 설명으로 가장 거리가 먼 것은?

① MSDS의 작성단위는 「계량에 관한 법률」이 정하는 바에 의한다.
② MSDS는 한글로 작성하는 것을 원칙으로 하되 화학물질명, 외국기관명 등의 고유명사는 영어로 표기할 수 있다.
③ 각 작성항목은 빠짐없이 작성하여야 하며, 부득이 어느 항목에 대해 관련 정보를 얻을 수 없는 경우, 작성란은 공란으로 둔다.
④ 외국어로 되어 있는 MSDS를 번역하는 경우에는 자료의 신뢰성이 확보될 수 있도록 최초 작성기관명 및 시기를 함께 기재하여야 한다.

해설

• 각 작성항목은 빠짐없이 작성하여야 한다. 다만, 부득이 어느 항목에 대해 관련 정보를 얻을 수 없는 경우에는 작성란에 "자료 없음"이라고 기재하고, 적용이 불가능하거나 대상이 되지 않는 경우에는 작성란에 "해당 없음"이라고 기재한다.

❖ 물질안전보건자료(MSDS)의 작성원칙
• 물질안전보건자료는 한글로 작성하는 것을 원칙으로 하되 화학물질명, 외국기관명 등의 고유명사는 영어로 표기할 수 있다.
• 실험실에서 시험·연구목적으로 사용하는 시약으로서 물질안전보건자료가 외국어로 작성된 경우에는 한국어로 번역하지 아니할 수 있다.
• 시험결과를 반영하고자 하는 경우에는 해당국가의 우수실험실기준(GLP) 및 국제공인시험기관 인정(KOLAS)에 따라 수행한 시험결과를 우선적으로 고려하여야 한다.
• 외국어로 되어있는 물질안전보건자료를 번역하는 경우에는 자료의 신뢰성이 확보될 수 있도록 최초 작성기관명 및 시기를 함께 기재하여야 하며, 다른 형태의 관련 자료를 활용하여 물질안전보건자료를 작성하는 경우에는 참고문헌의 출처를 기재하여야 한다.

• 물질안전보건자료 작성에 필요한 용어, 작성에 필요한 기술지침은 한국산업안전보건공단이 정할 수 있다.
• 물질안전보건자료의 작성단위는 「계량에 관한 법률」이 정하는 바에 의한다.
• 각 작성항목은 빠짐없이 작성하여야 한다. 다만, 부득이 어느 항목에 대해 관련 정보를 얻을 수 없는 경우에는 작성란에 "자료 없음"이라고 기재하고, 적용이 불가능하거나 대상이 되지 않는 경우에는 작성란에 "해당 없음"이라고 기재한다.
• 화학제품에 관한 정보 중 용도는 용도분류체계에서 하나 이상을 선택하여 작성할 수 있다. 다만, 물질안전보건자료를 제출할 때에는 용도분류체계에서 하나 이상을 선택하여야 한다.
• 혼합물 내 함유된 화학물질 중 화학물질의 함유량이 한계농도인 1% 미만이거나 화학물질의 함유량이 한계농도 미만인 경우 항목에 대한 정보를 기재하지 아니할 수 있다.
• 구성 성분의 함유량을 기재하는 경우에는 함유량의 ±5퍼센트포인트(%P) 내에서 범위(하한 값~상한 값)로 함유량을 대신하여 표시할 수 있다.
• 물질안전보건자료를 작성할 때에는 취급근로자의 건강보호목적에 맞도록 성실하게 작성하여야 한다.

19 ● Repetitive Learning (1회 2회 3회)

다음 중 최대작업영역의 설명으로 가장 적당한 것은?

① 움직이지 않고 상지(上肢)를 뻗쳐서 닿는 범위
② 움직이지 않고 전박(前膊)과 손으로 조작할 수 있는 범위
③ 최대한 움직인 상태에서 상지(上肢)를 뻗쳐서 닿는 범위
④ 최대한 움직인 상태에서 전박(前膊)과 손으로 조작할 수 있는 범위

해설

• 최대작업영은 작업자가 움직이지 않으면서 최대한 팔을 뻗어 닿는 영역을 말한다.

❖ 최대작업영 실기 0303
• 최대한 팔을 뻗친 거리로 작업자가 가끔 하는 작업의 구간을 포함한다.
• 좌식 평면 작업대에서 어깨로부터 팔을 펴서 어깨를 축으로 하여 수평면상에 원을 그릴 때 부채꼴 원호의 내부지역을 말한다.
• 수평작업대에서 전완과 상완을 곧게 펴서 파악할 수 있는 구역을 말한다.

20

Repetitive Learning 1회 2회 3회

이탈리아 의사인 Ramazzini는 1700년에 "직업인의 질병(De Morbis Artificum Diatriba)"를 발간하였는데, 이 사람이 제시한 직업병의 원인과 가장 거리가 먼 것은?

① 근로자들의 과격한 동작
② 작업장을 관리하는 체계
③ 작업장에서 사용하는 유해물질
④ 근로자들의 불안전한 작업 자세

해설

- Bernarbino Ramazzini가 제시한 직업병의 원인에는 근로자들의 불안전한 작업자세와 과격한 동작, 작업장에서 사용하는 유해물질 등이 있다.

∷ Bernarbino Ramazzini
- 산업보건학의 시조로 불린다.
- 저서 [노동자의 질병]에서 직업병을 최초로 언급하였다.
- 제시한 직업병의 원인에는 근로자들의 불안전한 작업자세와 과격한 동작, 작업장에서 사용하는 유해물질

2과목   작업위생측정 및 평가

21

0602 / 0902 / 1003 / 1301 / 1402 / 1702

Repetitive Learning 1회 2회 3회

열, 화학물질, 압력 등에 강한 특성을 가지고 있어 석탄 건류나 증류 등의 고열공정에서 발생하는 다핵방향족탄화수소를 채취하는데 이용되는 여과지는?

① 은막 여과지   ② PVC 여과지
③ MCE 여과지   ④ PTFE 여과지

해설

- 은막 여과지는 균일한 금속은을 소결하여 만든 것으로 코크스 제조공정에서 발생되는 코크스 오븐 배출물질을 채취하는데 이용된다.
- PVC막 여과지는 유리규산을 채취하여 X-선 회절법으로 분석하거나 공해성 먼지, 총 먼지 등의 중량분석을 위한 측정에 이용된다.
- MCE막 여과지는 납, 철, 크롬 등 금속과 석면, 유리섬유 등을 포집한다.

∷ PTFE막 여과지(테프론)
- 농약, 알칼리성 먼지, 콜타르피치 등을 채취한다.
- 열, 화학물질, 압력 등에 강한 특성이 있다.
- 석탄건류나 증류 등의 고열 공정에서 발생되는 다핵방향족 탄화수소를 채취할 때 사용된다.

22

0703

Repetitive Learning 1회 2회 3회

습구온도 측정에 관한 설명으로 틀린 것은?(단, 고시 기준)

① 아스만통풍건습계는 눈금간격이 0.5도인 것을 사용한다.
② 아스만통풍건습계의 측정시간은 25분 이상이다.
③ 자연습구온도계의 측정시간은 5분 이상이다.
④ 습구흑구온도계의 측정시간은 15분 이상이다.

해설

- 습구흑구온도를 동시에 측정할 수 있는 기기에서 흑구의 직경이 15센티미터일 경우 25분 이상, 흑구의 직경이 7.5센티미터 혹은 5센티미터일 경우 5분 이상 측정해야 한다.

∷ 측정구분에 의한 측정기기와 측정시간 실기 1001

구분	측정기기	측정시간
습구온도	0.5도 간격의 눈금이 있는 아스만통풍건습계, 자연습구온도를 측정할 수 있는 기기 또는 이와 동등 이상의 성능이 있는 측정기기	• 아스만통풍건습계 : 25분 이상 • 자연습구온도계 : 5분 이상
흑구 및 습구흑구온도	직경이 5센티미터 이상되는 흑구온도계 또는 습구흑구온도(WBGT)를 동시에 측정할 수 있는 기기	• 직경이 15센티미터일 경우 25분 이상 • 직경이 7.5센티미터 또는 5센티미터일 경우 5분 이상

23

1902

Repetitive Learning 1회 2회 3회

어느 작업환경에서 발생되는 소음원 1개의 음압수준이 92dB이라면, 이와 동일한 소음원이 8개일 때의 전체 음압수준은?

① 101dB   ② 103dB
③ 105dB   ④ 107dB

해설

- 92dB(A)의 소음 8개가 만드는 합성소음은
$10\log(10^{9.2} \times 8) = 101.030\cdots dB(A)$이 된다.

∷ 합성소음 실기 0401/0801/0901/1403/1602
- 동일한 공간 내에서 2개 이상의 소음원에 대한 소음이 발생할 때 전체 소음의 크기를 말한다.
- 합성소음[dB(A)] $= 10\log(10^{\frac{SPL_1}{10}} + \cdots + 10^{\frac{SPL_i}{10}})$으로 구할 수 있다.
이때, $SPL_1, \cdots, SPL_i$는 개별 소음도를 의미한다.

24

━━━━━━ ● Repetitive Learning (1회 2회 3회)

어떤 작업장에서 벤젠(C_6H_6, 분자량은 78)의 8시간 평균 농도가 5ppm(부피단위)이었다. 측정당시의 작업장 온도는 20℃이었고, 대기압은 760mmHg(1atm)이었다. 이 온도와 대기압에서 벤젠 5ppm에 해당하는 mg/m^3은?

① 13.22
② 14.22
③ 15.22
④ 16.22

해설

- 24.45는 표준상태(25도, 1기압)에서 기체의 부피이다.
- 온도가 다를 경우 $24.45 \times \dfrac{273 + 온도}{273 + 25}$ 로 기체의 부피를 구한다.
- 20℃이므로 대입하면 기체의 부피는 $24.45 \times \dfrac{293}{298} = 24.04$L이다.
- 주어진 온도와 기압에서 벤젠의 농도는 5ppm이고, 분자량은 78이다.
- 주어진 값을 대입하면 $5 \times \left(\dfrac{78}{24.04} \right) = 16.222 \cdots [\text{mg}/m^3]$이다.

⁑ ppm 단위의 mg/m^3으로 변환

- ppm 단위를 mg/m^3으로 변환하려면 $\dfrac{ppm \times 분자량}{기체부피}$ 이다.
- 24.45는 표준상태(25도, 1기압)에서 기체의 부피이다.
- 온도가 다를 경우 $24.45 \times \dfrac{273 + 온도}{273 + 25}$ 로 기체의 부피를 구한다.

25

━━━━━━ ● Repetitive Learning (1회 2회 3회)

1801

태양광선이 내리쬐지 않는 옥외 작업장에서 온도를 측정결과, 건구온도는 30℃, 자연습구온도는 30℃, 흑구온도는 34℃이었을 때 습구흑구온도지수(WBGT)는 약 몇 ℃인가? (단, 고용노동부 고시를 기준으로 한다)

① 30.4
② 30.8
③ 31.2
④ 31.6

해설

- 일사가 영향을 미치지 않는 옥외는 옥내와 마찬가지로 일사의 영향이 없어 자연습구(0.7)와 흑구온도(0.3)만으로 WBGT가 결정되므로 WBGT=0.7×30+0.3×34=21+10.2=31.2℃가 된다.

⁑ 습구흑구온도(WBGT : Wet Bulb Globe Temperature) 지수

- ㉠ 개요
  - 건구온도, 습구온도 및 흑구온도에 비례하며, 열중증 예방을 위해 고온에서의 작업휴식시간비를 결정하는 지표로 더위지수라고도 한다.

- 표시단위는 섭씨온도(℃)로 표시하며, WBGT가 높을수록 휴식시간이 증가되어야 한다.
- 미국국립산업안전보건연구원(NIOSH)뿐만 아니라 국내에서도 습구흑구온도를 측정하고 지수를 산출하여 평가에 사용한다.
- 과거에 쓰이던 감각온도와 근사한 값인데 감각온도와 다른 점은 기류를 전혀 고려하지 않았다는 점이다.

- ㉡ 산출방법 **실기** 0501/0503/0602/0702/0703/1101/1201/1302/1303/1503/2102/2201/2202/2203
  - 옥내에서는 WBGT=0.7NWT+0.3GT이다. 이때 NWT는 자연습구, GT는 흑구온도이다.(일사가 영향을 미치지 않는 옥외도 옥내로 취급한다)
  - 일사가 영향을 미치는 옥외에서는 건구온도인 dB를 반영하지만 옥내에서는 일사의 영향이 없으므로 자연습구와 흑구온도만으로 WBGT가 결정된다.
  - 일사가 영향을 미치는 옥외에서는 WBGT=0.7NWT+0.2GT+0.1DB이며 이때 NWT는 자연습구, GT는 흑구온도, DB는 건구온도이다.

26

0902

━━━━━━ ● Repetitive Learning (1회 2회 3회)

흡착제로 사용되는 활성탄의 제한점에 관한 내용으로 옳지 않은 것은 무엇인가?

① 휘발성이 적은 고분자량의 탄화수소 화합물의 채취효율이 떨어짐
② 암모니아, 에틸렌, 염화수소와 같은 저비점 화합물은 비효과적임
③ 비교적 높은 속도는 활성탄의 흡착용량을 저하시킴
④ 케톤의 경우 활성탄 표면에서 물을 포함하는 반응에 의하여 파괴되어 탈착률과 안정성에서 부적절함

해설

- 휘발성이 매우 큰 저분자량의 탄화수소 화합물의 채취 효율이 떨어진다.

⁑ 흡착제인 활성탄의 제한점

- 암모니아, 에틸렌, 염화수소와 같은 저비점 화합물에 비효과적이다.
- 표면의 산화력으로 인해 반응성이 큰 mercaptan aldehyde 포집에 부적합하다.
- 비교적 높은 습도는 활성탄의 흡착용량을 저하시킨다.
- 케톤의 경우 활성탄 표면에서 물을 포함하는 반응에 의해 파괴되어 탈착률과 안정성에 부적절하다.
- 휘발성이 매우 큰 저분자량의 탄화수소 화합물의 채취효율이 떨어진다.

27 ──────── • Repetitive Learning (1회 2회 3회)

산업안전보건법령상 누적소음노출량 측정기로 소음을 측정하는 경우의 기기설정값은?

- Criteria (ⓐ)dB
- Exchange Rate (ⓑ)dB
- Threshold (ⓒ)dB

① ⓐ : 80, ⓑ : 10, ⓒ : 90
② ⓐ : 90, ⓑ : 10, ⓒ : 80
③ ⓐ : 80, ⓑ : 4, ⓒ : 90
④ ⓐ : 90, ⓑ : 5, ⓒ : 80

해설

- 기기설정값은 Threshold=80dB, Criteria=90dB, Exchange Rate =5dB이다.

❖ 누적소음 노출량 측정기
- 작업자가 여러 작업장소를 이동하면서 작업하는 경우, 근로자에게 직접 부착하여 작업시간(8시간) 동안 작업자가 노출되는 소음 노출량을 측정하는 기계를 말한다.
- 기기설정값은 Threshold=80dB, Criteria=90dB, Exchange Rate=5dB이다.

28 ──────── • Repetitive Learning (1회 2회 3회)

호흡기계의 어느 부위에 침착하더라도 독성을 나타내는 입자물질(비암이나 비중격천공을 일으키는 입자물질이 여기에 속함, 보통 입경 범위 0~100)로 옳은 것은?(단, 미국 ACGIH 기준)

① SPM
② IPM
③ TPM
④ RPM

해설

- 비강, 인후두, 기관 등 호흡기 침착 시 독성을 유발하는 흡입성 입자는 IPM이다.

❖ ACGIH의 입자크기별 기준 실기 0303/0402/0502/0701/0703/0802/ 1303/1402/1502/1601/1701/1802/1901/2202

흡입성 입자 (IPM)	• 비강, 인후두, 기관 등 호흡기 침착 시 독성 유발 • 평균 입경 $100\mu m$
흉곽성 입자 (TPM)	• 상기도, 하기도 침착 시 독성 유발 • 평균 입경 $10\mu m$
호흡성 입자 (RPM)	• 폐포 침착 시 독성유발 • 평균 입경 $4\mu m$

29 ──────── • Repetitive Learning (1회 2회 3회)

Hexane의 부분압은 150mmHg(OEL 500ppm)이었을 때 Vapor hazard Ration(VHR)는?

① 335
② 355
③ 375
④ 395

해설

- 발생농도는 150mmHg이고 이는 기압으로 표시하면 $\frac{150mmHg}{760mmHg} = \frac{150}{760}$ 이 된다.
- Hexane의 노출기준이 500ppm이므로 500×10^{-6}이다.
- 주어진 값을 대입하면 $\frac{\frac{150}{760}}{500 \times 10^{-6}} = \frac{0.19736\cdots}{0.0005\cdots} = 394.7368\cdots$ 이다.

❖ VHR(Vapor Hazard Ratio) 실기 1401/1703/2102
- 증기화 위험비를 말한다.
- VHR은 $\frac{발생농도}{노출기준}$ 으로 구한다.

1802
30 ──────── • Repetitive Learning (1회 2회 3회)

다음 2차 표준기구 중 주로 실험실에서 사용하는 것은?

① 비누거품미터
② 폐활량계
③ 유리피스톤미터
④ 습식테스트미터

해설

- ①, ②, ③은 1차 표준기구이다.
- 2차 표준기구 중 현장에서 주로 사용되는 기기는 건식가스미터이고, 실험실에서 주로 사용되는 기기는 습식테스트미터이다.

❖ 표준기구들의 특징
ⓐ 1차 표준기구
- 폐활량계(Spirometer)는 폐기능을 검사와 1차 용량 표준으로 사용하는 1차 표준기구이다.
- 가스치환병은 정확도가 높아 실험실에서 주로 사용하는 1차 표준기구이다.
- 펌프의 유량을 보정하는 데 1차 표준으로서 비누거품미터가 가장 널리 사용된다.
- 흑연피스톤미터는 공기시료 채취 시 공기유량과 용량을 보정하는 표준기구이다.

ⓑ 2차 표준기구
- 건식가스미터는 일반적 사용범위가 10~150L/분이고 정확도는 ±1%이며 주로 현장에서 사용된다.
- 습식테스트미터는 일반적 사용범위가 0.5~230L/분이고 정확도는 ±0.5%이며 실험실에서 주로 사용된다.

31

● Repetitive Learning 1회 2회 3회

순수한 물의 몰(M)농도는?(단, 표준 상태 기준)

① 35.2
② 45.3
③ 55.6
④ 65.7

해설

- 물의 밀도는 1g/ml이고 물의 몰질량은 18g/mol이다.
- 몰농도는 1리터의 용액에 포함된 용질의 몰수이므로 물의 밀도에서 1리터에는 물이 1,000g이 포함되므로 1,000g은 55.56몰이다. 즉, 몰 농도는 55.56M이 된다.

❖ 몰농도

- 1L의 용액에 포함된 용질의 몰수를 말한다.
- 몰농도 = $\dfrac{\text{용질의 몰수}}{\text{용액의 부피(L)}}$ 로 구한다.

32

0603

● Repetitive Learning 1회 2회 3회

유기성 또는 무기성 가스나 증기가 포함된 공기 또는 호기를 채취할 때 사용되는 시료채취백에 대한 설명으로 옳지 않은 것은?

① 시료채취 전에 백의 내부를 불활성가스로 몇 번 치환하여 내부 오염물질을 제거한다.
② 백의 재질이 채취하고자 하는 오염물질에 대한 투과성이 높아야 한다.
③ 백의 재질과 오염물질 간에 반응이 없어야 한다.
④ 분석할 때까지 오염물질이 안정하여야 한다.

해설

- 백의 재질이 채취하고자 하는 오염물질에 대한 투과성이 낮아야 한다.

❖ 시료채취백

- 유기성 또는 무기성 가스나 증기가 포함된 공기 또는 호기를 채취할 때 사용된다.
- 시료채취 전에 백의 내부를 불활성가스로 몇 번 치환하여 내부 오염물질을 제거한다.
- 백의 재질이 채취하고자 하는 오염물질에 대한 투과성이 낮아야 한다.
- 백의 재질과 오염물질 간에 반응이 없어야 한다.
- 분석할 때까지 오염물질이 안정하여야 한다.

33

0702 / 1701 / 2202

● Repetitive Learning 1회 2회 3회

직경분립충돌기에 관한 설명으로 틀린 것은?

① 흡입성, 흉곽성, 호흡성 입자의 크기별 분포와 농도를 계산할 수 있다.
② 호흡기의 부분별로 침착된 입자크기를 추정할 수 있다.
③ 입자의 질량 크기 분포를 얻을 수 있다.
④ 되튐 또는 과부하로 인한 시료 손실이 없어 비교적 정확한 측정이 가능하다.

해설

- 직경분립충돌기는 되튐으로 인한 시료의 손실이 일어날 수 있다.

❖ 직경분립충돌기(Cascade Impactor) 실기 0701/1003/1302

ㄱ 개요 및 특징
- 호흡성, 흉곽성, 흡입성 분진 입자의 관성력에 의해 충돌기의 표면에 충돌하여 채취하는 채취기구이다.
- 공기가 옆에서 유입되지 않도록 각 충돌기의 철저한 조립과 장착이 필요하다.
- 호흡성, 흉곽성, 흡입성 입자의 크기별 분포와 농도를 계산할 수 있다.
- 호흡기의 부분별로 침착된 입자크기의 자료를 추정할 수 있다.
- 입자의 질량 크기 분포를 얻을 수 있다.

ㄴ 단점
- 시료 채취가 까다롭고 비용이 많이 든다.
- 되튐으로 인한 시료의 손실이 일어날 수 있다.
- 채취 준비에 시간이 많이 걸리며 경험이 있는 전문가가 철저한 준비를 통하여 측정하여야 한다.
- 공기가 유입되지 않도록 각 충돌기의 철저한 조립과 장착이 필요하다.

34

1901

● Repetitive Learning 1회 2회 3회

유기용제 작업장에서 측정한 톨루엔 농도는 65, 150, 175, 63, 83, 112, 58, 49, 205, 178ppm일 때. 산술평균과 기하평균값은 약 몇 ppm인가?

① 산술평균 108.4, 기하평균 100.4
② 산술평균 108.4, 기하평균 117.6
③ 산술평균 113.8, 기하평균 100.4
④ 산술평균 113.8, 기하평균 117.6

해설

- 산술평균은

$$\frac{65+150+175+63+83+112+58+49+205+178}{10}=\frac{1138}{10}$$

$= 113.8$이다.

- 기하평균은

$$\sqrt[10]{65\times150\times175\times63\times83\times112\times58\times49\times205\times178}$$

$= 100.3570\cdots$이다.

❖ 산술평균과 기하평균 실기 0601/1403

- $x_1, x_2, \cdots, x_n$의 자료가 주어질 때 산술평균은

$$\frac{x_1+x_2+\cdots+x_n}{n}$$으로 구한다.

- $x_1, x_2, \cdots, x_n$의 자료가 주어질 때 기하평균은

$$\sqrt[n]{x_1\times x_2\times\cdots\times x_n}$$으로 구한다.

---

35 ●━━━━━━━● Repetitive Learning ⌈1회┃2회┃3회⌉

1701

작업장 내의 오염물질 측정 방법인 검지관법에 대한 설명으로 옳지 않은 것은?

① 민감도가 낮다.

② 특이도가 낮다.

③ 측정 대상 오염물질의 동정 없이 간편하게 측정할 수 있다.

④ 맨홀, 밀폐공간에서의 산소가 부족하거나 폭발성 가스로 인하여 안전이 문제가 될 때 유용하게 사용될 수 있다.

해설

- 검지관은 한 가지 물질에 반응할 수 있도록 제조되어 있어 측정대상물질의 동정이 되어있어야 한다.

❖ 검지관법의 특성

ㄱ 개요

- 오염물질의 농도에 비례한 검지관의 변색층 길이를 읽어 농도를 측정하는 방법과 검지관 안에서 색변화와 표준 색표를 비교하여 농도를 결정하는 방법이 있다.

ㄴ 장·단점 실기 1803/2101

장점	• 사용이 간편하고 복잡한 분석실 분석이 필요 없다. • 맨홀, 밀폐공간에서의 산소가 부족하거나 폭발성 가스로 인하여 안전이 문제가 될 때 유용하게 사용될 수 있다. • 숙련된 산업위생전문가가 아니더라도 어느 정도만 숙지하면 사용할 수 있다. • 반응시간이 빨라서 빠른 시간에 측정결과를 알 수 있다.

단점	• 민감도가 낮아 비교적 고농도에만 적용이 가능하다. • 특이도가 낮아 다른 방해물질의 영향을 받기 쉬워 오차가 크다. • 검지관은 한 가지 물질에 반응할 수 있도록 제조되어 있어 측정대상물질의 동정이 되어있어야 한다. • 색변화가 시간에 따라 변하므로 제조자가 정한 시간에 읽어야 한다. • 색변화가 선명하지 않아 주관적으로 읽을 수 있어 판독자에 따라 변이가 심하다.

---

36 ●━━━━━━━● Repetitive Learning ⌈1회┃2회┃3회⌉

1902

다음 중 PVC막 여과지에 관한 설명과 가장 거리가 먼 것은?

① 수분에 대한 영향이 크지 않다.

② 공해성 먼지, 총 먼지 등의 중량분석을 위한 측정에 이용된다.

③ 유리규산을 채취하여 X-선 회절법으로 분석하는데 적절하다.

④ 코크스 제조공정에서 발생되는 코크스 오븐 배출물질을 채취하는데 이용된다.

해설

- ④는 은막여과지에 대한 설명이다.

❖ PVC막 여과지 실기 0503

- 습기 및 수분에 가장 영향을 적게 받는다.
- 전기적인 전하를 가지고 있어 채취 시 입자가 반발하여 채취효율을 떨어뜨리는 경우 채취 전에 세제용액으로 처리해서 개선할 수 있다.
- 유리규산을 채취하여 X-선 회절법으로 분석하는데 적절하다.
- 6가크롬, 아연산화물의 채취에 이용한다.
- 공해성 먼지, 총 먼지 등의 중량분석에 용이하다.

---

37 ●━━━━━━━● Repetitive Learning ⌈1회┃2회┃3회⌉

1801

온도표시에 관한 내용으로 틀린 것은?

① 냉수는 4℃ 이하를 말한다.

② 실온은 1~35℃를 말한다.

③ 미온은 30~40℃를 말한다.

④ 온수는 60~70℃를 말한다.

• 냉수는 15℃ 이하를 말한다.

❀ 온도표시

표준온도	0℃
실온	1~35℃
상온	15~25℃
미온	30~40℃
냉수	15℃ 이하
온수	60~70℃
열수	100℃

38

• Repetitive Learning (1회 2회 3회)

흡착제를 이용하여 시료 채취를 할 때 영향을 주는 인자에 관한 설명으로 옳지 않은 것은?

① 흡착제의 크기 : 입자의 크기가 작을수록 표면적이 증가하여 채취효율이 증가하나 압력강하가 심하다.

② 온도 : 고온에서는 흡착 대상오염물질과 흡착제의 표면 사이의 반응속도가 증가하여 흡착에 유리하다.

③ 시료 채취속도 : 시료 채취속도가 높고 코팅된 흡착제일수록 파과가 일어나기 쉽다.

④ 오염물질 농도 : 공기 중 오염물질의 농도가 높을수록 파과 용량(흡착제에 흡착된 오염물질의 양(mg))은 증가하나 파과 공기량은 감소한다.

• 고온일수록 흡착 성질이 감소하며 파과가 일어나기 쉽다.

❀ 흡착제를 이용하여 시료를 채취할 때 영향을 주는 인자

온도	일반적으로 흡착은 발열 반응이므로 열역학적으로 온도가 낮을수록 흡착에 좋은 조건이며, 고온일수록 흡착성질이 감소하며 파과가 일어나기 쉽다.
습도	습도가 높으면 극성 흡착제를 사용할 때 파과 공기량이 적어진다.
오염물질 농도	공기 중 오염물질의 농도가 높을수록 파과 용량(흡착제에 흡착된 오염물질의 양(mg))은 증가하나 파과 공기량은 감소한다.
시료채취 유량	시료 채취 유량이 높으면 파과가 일어나기 쉬우며 코팅된 흡착제일수록 그 경향이 강하다.
흡착제의 크기	입자의 크기가 작을수록 표면적이 증가하여 채취효율이 증가하나 압력강하가 심하다.
흡착관의 크기	흡착관의 크기가 커지면 전체 흡착제의 표면적이 증가하여 채취용량이 증가하므로 파과가 쉽게 발생되지 않는다.

39

• Repetitive Learning (1회 2회 3회)

유해가스를 생리학적으로 분류할 때 단순 질식제와 가장 거리가 먼 것은?

① 아르곤 ② 메탄
③ 아세틸렌 ④ 오존

• 오존은 폐기능을 저하시켜 산화작용을 방해한다는 측면에서 화학적 질식제에 가까우나 질식제로 분류하지는 않는다.

❀ 질식제

• 질식제란 조직 내의 산화작용을 방해하는 화학물질을 말한다.

• 질식제는 단순 질식제와 화학적 질식제로 구분할 수 있다.

단순 질식제	• 생리적으로는 아무 작용도 하지 않으나 공기 중에 많이 존재하여 산소분압을 저하시켜 조직에 필요한 산소의 공급부족을 초래하는 물질 • 수소, 질소, 헬륨, 이산화탄소, 메탄, 아세틸렌 등
화학적 질식제	• 혈액 중 산소운반능력을 방해하는 물질 • 일산화탄소, 아닐린, 시안화수소 등
	• 기도나 폐 조직을 손상시키는 물질 • 황화수소, 포스겐 등

40

• Repetitive Learning (1회 2회 3회)

시료를 포집할 때 4%의 오차가, 또 포집된 시료를 분석할 때 3%의 오차가 발생하였다면 다른 오차는 발생하지 않았다고 가정할 때 누적오차는?

① 4% ② 5%
③ 6% ④ 7%

• 누적오차 $E_c = \sqrt{4^2 + 3^2} = \sqrt{25} = 5[\%]$이다.

❀ 누적오차

• 조건이 같을 경우 항상 같은 크기, 같은 방향으로 일어나는 오차를 말한다.

• 누적오차 $E_c = \sqrt{E_1^2 + E_2^2 + \cdots + E_n^2}$ 으로 구한다.

41

0703
● Repetitive Learning 1회 2회 3회

메틸메타크릴레이트가 7m×14m×4m의 체적을 가진 방에 저장되어 있다. 공기를 공급하기 전에 측정한 농도는 400ppm이었다. 이 방으로 환기량을 $10m^3$/min을 공급한 후 노출기준인 100ppm으로 달성되는데 걸리는 시간은?

① 26분   ② 37분
③ 48분   ④ 54분

해설

- 작업장의 기적은 7×14×4=$392m^3$이다.
- 유효환기량이 $10m^3$/min, C_1이 400, C_2가 100이므로 대입하면
  $t=-\dfrac{392}{10}ln\left(\dfrac{100}{400}\right)=54.343$[min]이다.

❖ 유해물질의 농도를 감소시키기 위한 환기

  ㉠ 농도 C_1에서 C_2까지 농도를 감소시키는데 걸리는 시간 실기
    0302/0403/0602/0603/0902/1103/1301/1303/1702/1703/1802/2102

    • 감소시간 $t=-\dfrac{V}{Q}ln\left(\dfrac{C_2}{C_1}\right)$로 구한다. 이때 V는 작업장 체적[m^3], Q는 공기의 유입속도[m^3/min], C_2는 희석후 농도[ppm], C_1은 희석전 농도[ppm]이다.

  ㉡ 작업을 중지한 후 t분 지난 후 농도 C_2 실기 1102/1903

    • t분이 지난 후의 농도 $C_2=C_1\cdot e^{-\frac{Q}{V}t}$로 구한다.

42

0501
● Repetitive Learning 1회 2회 3회

흡입관의 정압과 속도압이 각각 −30.5mmH$_2$O, 7.2 mmH$_2$O이고, 배출관의 정압과 속도압이 각각 23.0 mmH$_2$O, 15mmH$_2$O이면, 송풍기의 유효정압은?

① 46.3mmH$_2$O   ② 53.2mmH$_2$O
③ 62.1mmH$_2$O   ④ 68.4mmH$_2$O

해설

- 송풍기 정압 FSP=송풍기 출구 정압−송풍기 입구 전압이다.
- 주어진 값을 대입하면 23.0−(−30.5+7.2)=46.3mmH_2O이다.

❖ 송풍기 정압(FSP) 실기 0301/0501/0803/1201/1403/1702/1802/2002

  • 정압 FSP=송풍기전압(FTP)−송풍기 출구 속도압이다.
        =송풍기 출구 전압−송풍기 입구 전압−송풍기 출구 속도압이다.
        =송풍기 출구 정압−송풍기 입구 전압이다.

43

1703
● Repetitive Learning 1회 2회 3회

총압력손실계산법 중 정압조절평형법에 대한 설명과 가장 거리가 먼 것은?

① 설계가 어렵고 시간이 많이 걸린다.
② 예기치 않은 침식 및 부식이나 퇴적문제가 일어난다.
③ 송풍량은 근로자나 운전자의 의도대로 쉽게 변경되지 않는다.
④ 설계 시 잘못 설계된 분지관 또는 저항이 가장 큰 분지관을 쉽게 발견할 수 있다.

해설

- 정압조절평형법은 예기치 않은 침식 및 부식이나 퇴적문제가 일어나지 않는다.

❖ 정압조절평형법(유속조절평형법, 정압균형유지법) 실기 0801/0901/1301/1303/1901

  • 저항이 큰 쪽의 덕트 직경을 약간 크게 혹은 작게함으로써 저항을 줄이거나 늘려 합류점의 정압이 같아지도록 하는 방법을 말한다.
  • 분지관의 수가 적고 고독성 물질이나 폭발성, 방사성 분진을 대상으로 사용한다.

장점	• 설계가 정확할 때는 가장 효율적인 시설이 된다. • 송풍량은 근로자나 운전자의 의도대로 쉽게 변경되지 않는다. • 유속의 범위가 적절히 선택되면 덕트의 폐쇄가 일어나지 않는다. • 설계 시 잘못 설계된 분지관 또는 저항이 가장 큰 분지관을 쉽게 발견할 수 있다. • 예기치 않은 침식 및 부식이나 퇴적문제가 일어나지 않는다.
단점	• 설계가 어렵고 시간이 많이 걸린다. • 설계 시 잘못된 유량의 수정이 어렵다. • 때에 따라 전체 필요한 최소유량보다 더 초과될 수 있다. • 설치 후 변경이나 변경에 대한 유연성이 낮다.

44

0901 / 2103
● Repetitive Learning 1회 2회 3회

회전차 외경이 600mm인 원심 송풍기의 풍량은 $200m^3$/min이다. 회전차 외경이 1200mm인 동류(상사구조)의 송풍기가 동일한 회전수로 운전된다면 이 송풍기의 풍량은?(단, 두 경우 모두 표준공기를 취급한다)

① 1,000m^3/min   ② 1,200m^3/min
③ 1,400m^3/min   ④ 1,600m^3/min

해설

- 송풍량은 회전차 직경의 세제곱에 비례한다.
- 송풍기의 회전수와 공기의 중량이 일정한 상태에서 회전차 직경이 2배로 증가하면 풍량은 2^3배로 증가한다.
- $200 \times 2^3 = 1600[m^3/min]$이 된다.

✪ 송풍기의 상사법칙 **실기** 0402/0403/0501/0701/0803/0902/0903/1001/1102/1103/1201/1303/1401/1501/1502/1503/1603/1703/1802/1901/1903/2001/2002

송풍기 크기 일정 공기 비중 일정	• 송풍량은 회전속도(비)에 비례한다.
	• 풍압(정압)은 회전속도(비)의 제곱에 비례한다.
	• 동력은 회전속도(비)의 세제곱에 비례한다.
송풍기 회전수 일정 공기의 중량 일정	• 송풍량은 회전차 직경의 세제곱에 비례한다.
	• 풍압(정압)은 회전차 직경의 제곱에 비례한다.
	• 동력은 회전차 직경의 오제곱에 비례한다.
송풍기 회전수 일정 송풍기 크기 일정	• 송풍량은 비중과 온도에 무관하다.
	• 풍압(정압)은 비중에 비례, 절대온도에 반비례한다.
	• 동력은 비중에 비례, 절대온도에 반비례한다.

---

45 ● Repetitive Learning 〔1회 2회 3회〕

후드로부터 0.25m 떨어진 곳에 있는 공정에서 발생되는 먼지를 제어속도가 5m/s, 후드 직경이 0.4m인 원형 후드를 이용하여 제거하고자 한다. 이때 필요한 환기량(m^3/min)은?(단, 플랜지 등 기타 조건은 고려하지 않음)

① 약 205   ② 약 215
③ 약 225   ④ 약 235

해설

- 공간에 위치하며, 플랜지를 고려하지 않으므로 필요 환기량 $Q = 60 \times V_c(10X^2 + A)[m^3/min]$으로 구한다.
- 단면적은 반지름이 0.2이므로 $\pi r^2 = 3.14 \times 0.2^2 = 0.1256[m^2]$이다.
- 대입하면 $Q = 60 \times 5 \times (10 \times 0.25^2 + 0.1256) = 225.18[m^3/sec]$이다.

✪ 외부식 원형 또는 장방형 후드 **실기** 0303/0403/0503/0603/0801/1001/1002/1701/1703/1901/2003/2102

- 공간에 위치하며, 플랜지가 없는 경우에 해당한다.
- 기본식(Dalla Valle)은 $Q = 60 \times V_c(10X^2 + A)$로 구한다. 이때 Q는 필요 환기량[m^3/min], V_c는 제어속도[m/sec], A는 개구면적[m^2], X는 후드의 중심선으로부터 발생원까지의 거리[m]이다.

---

46 ● Repetitive Learning 〔1회 2회 3회〕

작업장에서 Methyl Ethyl Ketone을 시간당 1.5리터 사용할 경우 작업장의 필요 환기량(m^3/min)은?(단, MEK의 비중은 0.805, TLV는 200ppm, 분자량은 72.1이고, 안전계수 K는 7로 하며 1기압 21℃ 기준임)

① 약 235   ② 약 465
③ 약 565   ④ 약 695

해설

- 공기 중에 계속 오염물질이 발생하고 있는 경우의 필요환기량 $Q = \dfrac{G \times K}{TLV}$로 구한다.
- 증발하는 MEK의 양은 있지만 공기 중에 발생하는 오염물질의 양은 없으므로 공기 중에 발생하는 오염물질의 양을 구한다.
- 비중은 질량/부피이므로 이를 이용하면 MEK 1.5L는 1500ml ×0.805 =1,207.5g/hr이다.
- 공기 중에 발생하고 있는 오염물질의 용량은 0℃, 1기압에 1몰당 22.4L인데 현재 21℃라고 했으므로 $22.4 \times \dfrac{294}{273} = 24.12 \cdots$L이므로 1,207.5g은 $\dfrac{1,207.5}{72} = 16.770 \cdots$몰이므로 404.5L/hr이 발생한다.
- TLV는 200ppm이고 이는 200mL/m^3이므로 필요환기량 $Q = \dfrac{404.5 \times 1,000 \times 7}{200} = 14,157.5m^3$/hr이 된다.
- 구하고자 하는 필요 환기량은 분당이므로 60으로 나눠주면 235.96m^3/min가 된다.

✪ 필요 환기량 **실기** 0401/0502/0601/0602/0603/0703/0801/0803/0901/0903/1001/1002/1101/1201/1302/1403/1501/1601/1602/1702/1703/1801/1803/1903/2001/2003/2004/2101/2201

- 후드로 유입되는 오염물질을 포함한 공기량을 말한다.
- 필요 환기량 Q=A · V로 구한다. 여기서 A는 개구면적, V는 제어속도이다.
- 공기 중에 계속 오염물질이 발생하고 있는 경우의 필요환기량 $Q = \dfrac{G \times K}{TLV}$로 구한다. 이때 G는 공기 중에 발생하고 있는 오염물질의 용량, TLV는 허용기준, K는 여유계수이다.

---

47 ● Repetitive Learning 〔1회 2회 3회〕

덕트 직경이 15cm이고, 공기 유속이 30m/s일 때 Reynolds 수는? (단, 공기 점성계수는 1.8×10^{-5}kg/sec · m이고, 공기밀도는 1.2kg/m^3)

① 100,000   ② 200,000
③ 300,000   ④ 400,000

해설

- 덕트 직경, 공기유속, 점성계수, 밀도가 주어졌으므로 레이놀즈수
  는 $Re = \frac{\rho v_s L}{\mu}$로 구할 수 있다.
- 대입하면 $Re = \frac{1.2 \times 30 \times 0.15}{1.8 \times 10^{-5}} = 3 \times 10^5$이 된다.

레이놀즈(Reynolds)수 계산 [실기] 0303/0403/0502/0503/0603/0702/
1001/1201/1203/1301/1401/1601/1702/1801/1901/1902/1903/2001/2101/2103/
2201/2203

- $Re = \frac{\rho v_s^2 / L}{\mu v_s / L^2} = \frac{\rho v_s L}{\mu} = \frac{v_s L}{\nu} = \frac{관성력}{점성력}$로 구할 수 있다.

  v_s는 유동의 평균속도[m/s]

  L은 특성길이(관의 내경, 평판의 길이 등)[m]

  μ는 유체의 점성계수[kg/sec·m]

  ν는 유체의 동점성계수[m^2/s]

  ρ는 유체의 밀도[kg/m^3]

1003 / 1602

48 ——— ● Repetitive Learning 〔1회 2회 3회〕

지적온도(optimum temperature)에 미치는 영향인자들의 설명으로 가장 거리가 먼 것은?

① 작업량이 클수록 체열 생산량이 많아 지적온도는 낮아진다.
② 여름철이 겨울철보다 지적온도가 높다.
③ 더운 음식물, 알콜, 기름진 음식 등을 섭취하면 지적온도는 낮아진다.
④ 노인들보다 젊은 사람의 지적온도가 높다.

해설

- 노인들보다 젊은 사람의 지적온도가 낮다.

지적온도(optimum temperature) [실기] 2004

- 인간이 활동하기 가장 좋은 상태의 온열조건으로 환경온도를 감각온도로 표시한 것을 말한다.
- 관점에 따라 3가지로 구분하면 주관적 관점의 쾌적감각온도, 생리적 관점의 기능지적온도, 생산적 관점의 최고생산온도로 분류한다.
- 작업량이 클수록 체열 생산량이 많아 지적온도는 낮아진다.
- 여름철이 겨울철보다 지적온도가 높다.
- 더운 음식물, 알콜, 기름진 음식 등을 섭취하면 지적온도는 낮아진다.
- 노인들보다 젊은 사람의 지적온도가 낮다.

0902

49 ——— ● Repetitive Learning 〔1회 2회 3회〕

어느 유체관의 개구부에서 압력을 측정한 결과 정압이 −30 mmH₂O 이고, 전압(총압)이 −10mmH₂O이었다. 이 개구부의 유입손실계수(F)는?

① 0.3 ② 0.4
③ 0.5 ④ 0.6

해설

- 후드의 전압＝동압＋정압이다.
- 전압이 −10mmH_2O, 정압이 −30mmH_2O이므로 동압은 20 mmH_2O이다.
- 후드의 정압(SP_h)은 VP(1+F)에서 F＝$\frac{SP_h - VP}{VP} = \frac{30 - 20}{20}$ ＝0.5가 된다.

후드의 정압(SP_h) [실기] 0401/0403/0503/0701/0702/0703/0902/0903/
1001/1002/1003/1101/1303/1703/1902/2001/2101/2103

- 정지된 공기를 덕트 내로 흡입하여 덕트 내의 동압이 속도압이 되도록 하기 위하여 후드와 덕트의 접속부분에 걸어주어야 하는 부압(Negative Pressure)을 말한다.
- 이상적인 후드의 경우 정압은 덕트 내의 동압(VP)과 같다.
- 일반적인 후드의 경우 공기가 후드에 유입되면서 압력손실이 발생하는데 이를 유입손실이라고 한다. 이에 정압(SP_h)은 유입손실＋동압이 된다.
- 유입손실은 덕트내의 동압(VP)에 비례하고 이때의 비례상수가 유입손실계수이다. 그러므로 정압(SP_h)＝VP(1+유입손실계수)가 된다.

---

50 ——— ● Repetitive Learning 〔1회 2회 3회〕

작업환경 개선의 기본원칙으로 볼 수 없는 것은?

① 위치변경
② 공정변경
③ 시설변경
④ 물질변경

해설

- 대치의 3원칙은 시설, 공정, 물질의 변경이다.

✪ 작업환경 개선의 기본원칙 0803/1103/1501/1603/2202

- 설비 개선 등의 조치 등이 어려울 경우 노출 가능성이 있는 근로자에게 보호구를 착용할 수 있도록 한다.

대치	• 가장 효과적이며 우수한 관리대책이다. • 대치의 3원칙은 시설, 공정, 물질의 변경이다. • 물질대치는 경우에 따라서 지금까지 알려지지 않았던 전혀 다른 장해를 줄 수 있음 • 장비대치는 적절한 대치방법 개발의 어려움
격리	• 작업자와 유해인자 사이에 장벽을 놓는 것 • 보호구를 사용하는 것도 격리의 한 방법 • 거리, 시간, 공정, 작업자 전체를 대상으로 실시하는 대책 • 비교적 간단하고 효과도 좋음
환기	• 설계, 시설설치, 유지보수가 필요 • 공정을 그대로 유지하면서 효율적 관리가능한 방법은 국소배기방식
교육	• 노출 근로자 관리방안으로 교육훈련 및 보호구 착용

51 ──────• Repetitive Learning 〔 1회 2회 3회 〕
0701

원심력송풍기 중 후향 날개형 송풍기에 관한 설명으로 옳지 않은 것은?

① 송풍기 깃이 회전방향으로 경사지게 설계되어 충분한 압력을 발생시킬 수 있다.

② 고농도 분진함유 공기를 이송시킬 경우 깃 뒷면에 분진이 퇴적된다.

③ 고농도 분진함유 공기를 이송시킬 경우 집진기 후단에 설치하여야 한다.

④ 깃의 모양은 두께가 균일한 것과 익형이 있다.

해설
• 회전날개(송풍기 깃)가 회전방향 반대편으로 경사지게 설계되어 있어 충분한 압력을 발생시킨다.

✪ 후향 날개형 송풍기(Turbo 송풍기) 실기 2004
- 송풍량이 증가하여도 동력이 증가하지 않는 장점을 가지고 있어 한계부하 송풍기 또는 비행기 날개형 송풍기라고 한다.
- 원심력송풍기 중 효율이 가장 좋은 송풍기이다.
- 분진농도가 낮은 공기나 고농도 분진 함유 공기를 이송시킬 경우, 집진기 후단에 설치한다.
- 회전날개가 회전방향 반대편으로 경사지게 설계되어 있어 충분한 압력을 발생시킨다.
- 고농도 분진함유 공기를 이송시킬 경우 회전날개 뒷면에 퇴적되어 효율이 떨어진다.
- 고농도 분진함유 공기를 이송시킬 경우 집진기 후단에 설치하여야 한다.
- 깃의 모양은 두께가 균일한 것과 익형이 있다.

52 ──────• Repetitive Learning 〔 1회 2회 3회 〕
 0802

20℃의 송풍관 내부에 520m/분으로 공기가 흐르고 있을 때 속도압은?(단, 0℃ 공기밀도는 1.296kg/m^3이다)

① 7.5mmH₂O   ② 6.8mmH₂O
③ 5.2mmH₂O   ④ 4.6mmH₂O

해설
• 속도압(동압) $VP = \dfrac{\gamma V^2}{2g}[mmH_2O]$로 구한다.

• 속도는 분당 520m이므로 초당 8.67m/s에 해당한다.

• 주어진 값들을 대입하면 $VP = \dfrac{1.296 \times 8.67^2}{2 \times 9.8} = 4.970\cdots$가 되는데 되는데 0℃ 공기밀도를 대입했고, 온도가 20℃이므로 $4.970 \times \dfrac{273}{293} = 4.631\cdots[mmH_2O]$가 된다.

✪ 속도압(동압) 실기 0402/0602/0803/1003/1101/1301/1402/1502/1601/1602/ 1703/1802/2001/2201
- 속도압(VP)은 전압(TP)에서 정압(SP)을 뺀 값으로 구한다.
- 동압 $VP = \dfrac{\gamma V^2}{2g}[mmH_2O]$로 구한다. 이때 γ는 표준공기일 경우 1.203[kgf/m^3]이며, g는 중력가속도로 9.81[m/s^2]이다.
- VP[mmH_2O]를 알면 공기속도는 $V = 4.043 \times \sqrt{VP}$[m/s]로 구한다.

53 ──────• Repetitive Learning 〔 1회 2회 3회 〕
0302

자연환기의 가장 큰 원동력이 될 수 있는 것은 실내외 공기의 무엇에 기인하는가?

① 기압   ② 온도
③ 조도   ④ 기류

해설
• 온도 차이는 공기밀도의 차이로 인해 압력차를 발생시켜 자연환기의 가장 큰 원동력이 된다.

✪ 자연환기 실기 1002/1302/1602
- 작업장의 개구부를 통하여 바람이나 작업장 내외의 기온과 압력 차이에 의한 대류작용으로 행해지는 환기를 말한다.
- 온도 차이는 공기밀도의 차이로 인해 압력차를 발생시켜 자연환기의 가장 큰 원동력이 된다.
- 외부공기와 실내공기와의 압력차이가 0인 부분의 위치를 중성대(NPL)라 하며, 환기정도를 좌우하고 높을수록 환기효율이 양호하다.

54 ————————● Repetitive Learning ⟮1회 2회 3회⟯

작업장 내 교차기류 형성에 따른 영향과 가장 거리가 먼 것은?

① 국소배기장치의 제어속도가 영향을 받는다.

② 작업장의 음압으로 인해 형성된 높은 기류는 근로자에게 불쾌감을 준다.

③ 작업장 내의 오염된 공기를 다른 곳으로 분산시키기 곤란하다.

④ 먼지가 발생할 공정인 경우, 침강된 먼지를 비산, 이동시켜 다시 오염되는 결과를 야기한다.

해설
- 교차기류는 작업장 내의 오염된 공기를 다른 곳으로 분산시킨다.

✿ 작업장 내 교차기류
- 국소배기장치의 제어속도가 영향을 받는다.
- 작업장의 음압으로 인해 형성된 높은 기류는 근로자에게 불쾌감을 준다.
- 작업장 내의 오염된 공기를 다른 곳으로 분산시킨다.
- 먼지가 발생할 공정인 경우, 침강된 먼지를 비산, 이동시켜 다시 오염되는 결과를 야기한다.

✿ 후드의 유입계수와 유입손실계수 **실기** 0502/0801/0901/1001/1102/1303/1602/1603/1903/2002/2103
- 후드에서의 압력손실이 유량의 저하로 나타나는 현상이다.
- 유입계수 C_e가 1에 가까울수록 이상적인 후드에 가깝다.
- 유입계수는 속도압/후드정압의 제곱근으로 구할 수 있다.
- 유입계수$(C_e) = \dfrac{\text{실제적 유량}}{\text{이론적 유량}} = \dfrac{\text{실제 흡인유량}}{\text{이론 흡인유량}} = \sqrt{\dfrac{1}{1+F}}$ 으로 구한다.

  이때 F는 후드의 유입손실수로 $\dfrac{\triangle P}{VP}$ 즉,

  $\dfrac{\text{압력손실}}{\text{속도압(동압)}}$으로 구할 수 있다.
- 유입(압력)손실계수$(F) = \dfrac{1-C_e^2}{C_e^2} = \dfrac{1}{C_e^2} - 1$로 구한다.

55 ————————● Repetitive Learning ⟮1회 2회 3회⟯

후드의 유입계수가 0.82, 속도압이 $50\text{mmH}_2\text{O}$일 때 후드 압력손실은?

① $22.4\text{mmH}_2\text{O}$

② $24.4\text{mmH}_2\text{O}$

③ $26.4\text{mmH}_2\text{O}$

④ $28.4\text{mmH}_2\text{O}$

해설
- 유입손실계수$(F) = \dfrac{1-C_e^2}{C_e^2} = \dfrac{1}{C_e^2} - 1$이므로 대입하면

  $\dfrac{1}{0.82^2} - 1 = 0.4872\cdots$이다.
- 후드의 압력손실은 유입손실계수×속도압이므로 $0.4872 \times 50 = 24.3604\,mmH_2O$이다.

56 ————————● Repetitive Learning ⟮1회 2회 3회⟯

다음의 ( )에 들어갈 내용이 알맞게 조합된 것은?

원형직관에서 압력손실은 (㉠)에 비례하고, (㉡)에 반비례하며 속도의 (㉢)에 비례한다.

① ㉠ 송풍관의 길이, ㉡ 송풍관의 직경, ㉢ 제곱

② ㉠ 송풍관의 직경, ㉡ 송풍관의 길이, ㉢ 제곱

③ ㉠ 송풍관의 길이, ㉡ 속도압, ㉢ 세제곱

④ ㉠ 속도압, ㉡ 송풍관의 길이, ㉢ 세제곱

해설
- 유체가 송풍관 내에 흐를 때 압력손실과 인자에서 반비례하는 것은 관의 직경이고 제곱에 비례하는 것은 유체의 속도이다.

✿ 송풍관(duct)
- 오염공기를 공기청정장치를 통해 송풍기까지 운반하는 도관과 송풍기에서 배기구까지 운반하는 도관으로 구성된다.
- 관 내에서 유속이 가장 빠른 곳은 중심부($\frac{1}{2}$d)이다.
- 유체가 송풍관 내에 흐를 때 압력손실과 인자

비례	반비례
관의 길이 유체의 밀도 유체의 속도제곱 관내의 거칠기(조도)	관의 직경

57

Repetitive Learning 1회 2회 3회

유해물질을 제어하기 위해 작업장에 설치된 후드가 $300\,\mathrm{m^3}$/min으로 환기되도록 송풍기를 설치하였다. 설치 초기 시 후드정압은 $50\,\mathrm{mmH_2O}$였는데, 6개월 후에 후드 정압을 측정해 본 결과 절반으로 낮아졌다면 기타 조건에 변화가 없을 때 환기량은?(단, 상사법칙 적용)

① 환기량이 $252\,\mathrm{m^3}$/min으로 감소하였다.
② 환기량이 $212\,\mathrm{m^3}$/min으로 감소하였다.
③ 환기량이 $150\,\mathrm{m^3}$/min으로 감소하였다.
④ 환기량이 $125\,\mathrm{m^3}$/min으로 감소하였다.

해설

- 다른 모든 조건이 동일한 상태에서 후드의 정압이 절반으로 줄어들었을 때 환기량을 묻고 있다.
- 환기량은 덕트의 면적×속도인데 덕트의 면적도 일정하므로 속도와 관련된 식이다.
- 속도의 제곱이 후드의 정압과 비례하므로 환기량은 정압의 제곱근에 비례한다.
- 즉, $Q_2 = Q_1 \times \sqrt{\dfrac{SP_2}{SP_1}} = 300 \times \sqrt{0.5} = 212.132\cdots$가 된다.

❊ 후드의 정압(SP_h) **실기** 0401/0403/0503/0701/0702/0703/0902/0903/1001/1002/1003/1101/1303/1703/1902/2001/2101/2103

문제 49번의 유형별 핵심이론 ❊ 참조

58

0902

Repetitive Learning 1회 2회 3회

유해성이 적은 물질로 대치한 예로 옳지 않은 것은?

① 아조염료의 합성에서 디클로로벤지딘 대신 벤지딘을 사용한다.
② 야광시계의 자판을 라듐 대신 인을 사용한다.
③ 분체의 원료는 입자가 큰 것으로 바꾼다.
④ 성냥 제조시 황린 대신 적린을 사용한다.

해설

- 아조염료의 합성에 벤지딘 대신 디클로로벤지딘을 사용한다.

❊ 대치의 원칙

시설의 변경	• 가연성 물질을 유리병 대신 철제통에 저장 • Fume 배출 드라프트의 창을 안전 유리창으로 교체

공정의 변경	• 건식공법의 습식공법으로 전환 • 전기 흡착식 페인트 분무방식 사용 • 금속을 두들겨 자르던 공정을 톱으로 절단 • 알코올을 사용한 엔진 개발 • 도자기 제조공정에서 건조 후에 하던 점토의 조합을 건조 전에 실시 • 땜질한 납 연마 시 고속회전 그라인더의 사용을 저속 Oscillating-typesander로 변경
물질의 변경	• 성냥 제조시 황린 대신 적린 사용 • 단열재 석면을 대신하여 유리섬유나 암면 또는 스티로폼 등을 사용 • 야광시계 자판에 Radium을 인으로 대치 • 금속표면을 블라스팅할 때 사용재료로서 모래 대신 철구슬을 사용 • 페인트 희석제를 석유나프타에서 사염화탄소로 대치 • 분체 입자를 큰 입자로 대체 • 금속세척 시 TCE를 대신하여 계면활성제로 변경 • 세탁 시 화재 예방을 위해 석유나프타 대신 4클로로에틸렌을 사용 • 세척작업에 사용되는 사염화탄소를 트리클로로에틸렌으로 전환 • 아조염료의 합성에 벤지딘 대신 디클로로벤지딘을 사용 • 페인트 내에 들어있는 납을 아연 성분으로 전환

59

1702

Repetitive Learning 1회 2회 3회

다음 중 방독마스크 사용 용도와 가장 거리가 먼 것은?

① 산소결핍장소에서는 사용해서는 안 된다.
② 흡착제가 들어있는 카트리지나 캐니스터를 사용해야 한다.
③ IDLH(immediately dangerous to life and health) 상황에서 사용한다.
④ 일반적으로 흡착제로는 비극성의 유기증기에는 활성탄을, 극성 물질에는 실리카겔을 사용한다.

해설

- IDLH 상황에서는 공기호흡기나 송기마스크를 사용해야 한다.

❊ 방독마스크

- 일시적인 작업 또는 긴급용 유해물질 중독 위험작업에 사용한다.
- 산소농도가 18% 미만인 작업장에서는 사용하면 안 된다.
- 방독마스크의 정화통은 유해물질별로 구분하여 사용하도록 되어 있다.
- 방독마스크의 흡수제는 활성탄(비극성 유기증기), 실리카겔(극성물질), sodalime 등이 사용된다.

60 ─────● Repetitive Learning 1회 2회 3회

보호장구의 재질과 적용 물질에 대한 내용으로 옳지 않은 것은?

① Butyl 고무-비극성 용제에 효과적이다.
② 면-용제에는 사용하지 못한다.
③ 천연고무-극성용제에 효과적이다.
④ 가죽-용제에는 사용하지 못한다.

해설

• 부틸(Butyl) 고무는 극성 용제에 효과적이다.

✿ 보호구 재질과 적용 물질

면	고체상 물질에 효과적이다.(용제에는 사용 못함)
가죽	찰과상 예방 용도(용제에는 사용 못함)
천연고무	절단 및 찰과상 예방에 좋으며 수용성 용액, 극성 용제(물, 알콜, 케톤류 등)에 효과적이다.
부틸 고무	극성 용제(물, 알콜, 케톤류 등)에 효과적이다.
니트릴 고무 (viton)	비극성 용제(벤젠, 사염화탄소 등)에 효과적이다.
네오프렌 (Neoprene) 고무	비극성 용제(벤젠, 사염화탄소 등), 산, 부식성 물질에 효과적이다.
Ethylene Vinyl Alcohol	대부분의 화학물질에 효과적이다.

물리적 유해인자관리

1101 / 2202

61 ─────● Repetitive Learning 1회 2회 3회

현재 총 흡음량이 500sabins인 작업장의 천장에 흡음물질을 첨가하여 900sabins을 더할 경우 소음감소량은 약 얼마로 예측되는가?

① 2.5dB   ② 3.5dB
③ 4.5dB   ④ 5.5dB

해설

• 처리 전의 흡음량은 500[sabins], 처리 후의 흡음량은 500+900 =1,400[sabins]이다.

• 대입하면 $NR = 10\log\frac{1,400}{500} = 4.471 \cdots$[dB]이다.

✿ 흡음에 의한 소음감소(NR : Noise Reduction) 실기 0301/0303/0501/ 0503/0601/0702/1001/1002/1003/1102/1201/1301/1403/1701/1702/2102/2103 /2202

• $NR = 10\log\frac{A_2}{A_1}$[dB]으로 구한다.

이때, A_1는 처리하기 전의 총 흡음량[sabins]이고, A_2는 처리한 후의 총 흡음량[sabins]이다.

---

62 ─────● Repetitive Learning 1회 2회 3회

열중증 질환 중에서 체온이 현저히 상승하는 질환은?

① 열사병   ② 열피로
③ 열경련   ④ 열복통

해설

• 열사병은 발한에 의한 체열방출이 장해됨으로써 체내(특히 뇌)에 열이 축적되어 발생하는 고열장해로 고열이 발생하는 가장 위험한 열중증이다.

✿ 열사병(Heat stroke) 실기 1803/2101

ⓒ 개요
• 고열로 인하여 발생하는 건강장해 중 가장 위험성이 큰 열중증이다.
• 체온조절 중추신경계 등의 장해로 신체 내부의 체온 조절계통의 기능을 잃어 발생한다.
• 발한에 의한 체열방출이 장해됨으로써 체내(특히 뇌)에 열이 축적되어 발생한다.
• 응급조치 방법으로 얼음물에 담가서 체온을 39℃ 정도까지 내려주어야 한다.

ⓒ 증상
• 1차적으로 정신 착란, 의식결여 등의 증상이 발생하는 고열장해이다.
• 건조하고 높은 피부온도, 체온상승(직장 온도 41℃) 등이 나타나는 열중증이다.
• 피부에 땀이 나지 않아 건조할 때가 많다.

0301

63 ─────● Repetitive Learning 1회 2회 3회

다음 중 파장이 가장 긴 선은 무엇인가?

① 자외선   ② 적외선
③ 가시광선   ④ X-선

- 자외선은 100~400nm, 가시광선은 400~750nm, X선은 10nm~10pm의 파장을 갖는다.
- 보기를 파장의 길이 순으로 나열하면 X선<자외선<가시광선<적외선 순으로 길어진다.

✿ 비이온화 방사선(Non ionizing Radiation)
- 방사선을 조사했을 때 에너지가 낮아 원자를 이온화시키지 못하는 방사선을 말한다.
- 자외선(UV-A, B, C, V), 가시광선, 적외선, 각종 전파 등이 이에 해당한다.

영역	구분	파장	영향
자외선	UV-A	315~400nm	피부노화촉진
	UV-B	280~315nm	발진, 피부암, 광결막염
	UV-C	200~280nm	오존층에 흡수되어 지구 표면에 닿지 않는다.
	UV-V	100~200nm	
가시광선		400~750nm	각막손상, 피부화상
적외선	IR-A	700~1400mm	망막화상
	IR-B	1400~3000mm	각막화상, 백내장
	IR-C	3000nm~1mm	

64

다음 중 전신진동이 생체에 주는 영향에 관한 설명으로 틀린 것은?

① 전신진동의 영향이나 장해는 중추신경계 특히 내분비계통의 만성작용에 관해 잘 알려져 있다.
② 말초혈관이 수축되고 혈압상승, 맥박증가를 보이며 피부 전기저항의 저하도 나타낸다.
③ 산소소비량은 전신진동으로 증가되고 폐환기도 촉진된다.
④ 두부와 견부는 20~30Hz 진동에 공명하며, 안구는 60~90Hz 진동에 공명한다.

- 전신진동의 영향이나 장애는 자율신경 특히 순환기에 크게 나타난다.

✿ 전신진동의 인체영향
- 사람이 느끼는 최소 진동역치는 55±5dB이다.
- 전신진동의 영향이나 장애는 자율신경 특히 순환기에 크게 나타난다.
- 산소소비량은 전신진동으로 증가되고, 폐환기도 촉진된다.
- 말초혈관이 수축되고 혈압상승, 맥박증가를 보이며 피부 전기저항의 저하도 나타낸다.
- 위장장해, 내장하수증, 척추이상, 내분비계 장해 등이 나타난다.

65

다음 중 동상(Frostbite)에 관한 설명으로 가장 거리가 먼 것은?

① 피부의 동결은 -2~0℃에서 발생한다.
② 제2도 동상은 수포를 가진 광범위한 삼출성 염증을 유발시킨다.
③ 동상에 대한 저항은 개인차가 있으며 일반적으로 발가락은 6℃에 도달하면 아픔을 느낀다.
④ 직접적인 동결 이외에 한랭과 습기 또는 물에 지속적으로 접촉함으로 발생되며 국소산소결핍이 원인이다.

- ④는 참호족 혹은 침수족에 대한 설명이다.

✿ 동상(Frostbite)
  ㉠ 개요
  - 피부의 동결은 -2~0℃에서 발생한다.
  - 동상에 대한 저항은 개인차가 있으며 일반적으로 발가락은 6℃에 도달하면 아픔을 느낀다.
  ㉡ 종류와 증상

1도	발적과 경미한 부종
2도	수포형성과 삼출성 염증
3도	조직괴사로 괴저발생
4도	검고 두꺼운 가피 형성과 심한 관절통

66

10시간 동안 측정한 누적 소음노출량이 300%일 때 측정시간 평균 소음 수준은 약 얼마인가?

① 94.2dB(A)　　② 96.3dB(A)
③ 97.4dB(A)　　④ 98.6dB(A)

- $TWA = 16.61 \log\left(\frac{D}{12.5 \times 노출시간}\right) + 90$으로 구하며, D는 누적소음 노출량[%]이다.
- 누적소음 노출량이 300%, 노출시간이 10시간이므로 대입하면
  $16.61 \times \log\left(\frac{300}{12.5 \times 10}\right) + 90 = 96.315 \cdots$ 이다.

✿ 시간가중평균 소음수준(TWA)[dB(A)] 실기 0801/0902/1101/1903/2202
- 노출기준은 8시간 시간가중치를 의미하며 90dB를 설정한다.

- TWA $= 16.61 \log\left(\dfrac{D}{12.5 \times \text{노출시간}}\right) + 90$으로 구하며, D는 누적 소음노출량[%]이다.
- 8시간 동안 측정치가 폭로량으로 산출되었을 경우에는 표를 이용하여 8시간 시간가중평균치로 환산한다.

1703 / 2001

67 ●━━━━━● Repetitive Learning 〔1회〕〔2회〕〔3회〕

비이온화 방사선의 파장별 건강에 미치는 영향으로 옳지 않은 것은?

① UV-A : 315~400nm - 피부노화촉진
② IR-B : 780~1400nm - 백내장, 각막화상
③ UV-B : 280~315nm - 발진, 피부암, 광결막염
④ 가시광선 : 400~700nm - 광화학적이거나 열에 의한 각막손상, 피부화상

해설
- IR-B는 1400~300nm의 파장을 갖는다.

:: 비이온화 방사선(Non ionizing Radiation)
문제 63번의 유형별 핵심이론 :: **참조**

68 ●━━━━━● Repetitive Learning 〔1회〕〔2회〕〔3회〕

OSHA에서는 2000, 3000, 4000Hz에서 몇 dB 이상의 차이가 있을 때 유의한 청력 변화가 발생했다고 규정하는가?

① 5dB
② 10dB
③ 15dB
④ 20dB

해설
- OSHA STS 기준은 기초 청력검사와 비교하여 추적검사 기간에 어느 한쪽 귀에서 2, 3, 4kHz의 평균 청력역치가 10dB 이상 변화가 있는 경우 유의한 청력 변화가 발생했다고 규정한다.

:: 역치변동의 기준
- OSHA STS 기준 : 기초 청력검사와 비교하여 추적검사 기간에 어느 한쪽 귀에서 2, 3, 4kHz의 평균 청력역치가 10dB 이상 변화가 있는 경우
- NIOSH 기준 : 기초 청력검사와 비교하여 추적검사 기간에 0.5, 1, 2, 3kHz의 주파수에서는 10dB 이상의 변화나 4, 6kHz에서는 15dB 이상의 변화가 있는 경우

1602 / 1903

69 ●━━━━━● Repetitive Learning 〔1회〕〔2회〕〔3회〕

높은(고)기압에 의한 건강영향이 설명으로 틀린 것은?

① 청력의 저하, 귀의 압박감이 일어나며 심하면 고막파열이 일어날 수 있다.
② 부비강 개구부 감염 혹은 기형으로 폐쇄된 경우 심한구토, 두통 등의 증상을 일으킨다.
③ 압력상승이 급속한 경우 폐 및 혈액으로 탄산가스의 일과성 배출이 일어나 호흡이 억제된다.
④ 3~4 기압의 산소 혹은 이에 상당하는 공기 중 산소분압에 의하여 중추신경계의 장해에 기인하는 운동장해를 나타내는데 이것을 산소중독이라고 한다.

해설
- 압력상승이 급속한 경우 폐 및 혈액으로 탄산가스의 일과성 배출이 억제되어 산소의 독성과 질소의 마취작용이 증가하면서 동시에 호흡이 급해진다.

:: 높은(고)기압이 미치는 영향
- 청력의 저하, 귀의 압박감이 일어나며 심하면 고막파열이 일어날 수 있다.
- 부비강 개구부 감염 혹은 기형으로 폐쇄된 경우 심한구토, 두통 등의 증상을 일으킨다.
- 압력상승이 급속한 경우 폐 및 혈액으로 탄산가스의 일과성 배출이 억제되어 산소의 독성과 질소의 마취작용이 증가하면서 동시에 호흡이 급해진다.
- 3~4 기압의 산소 혹은 이에 상당하는 공기 중 산소분압에 의하여 중추신경계의 장해에 기인하는 운동장해를 나타내는데 이것을 산소중독이라고 한다.

70 ●━━━━━● Repetitive Learning 〔1회〕〔2회〕〔3회〕

날개수 10개의 송풍기가 1500rpm으로 운전되고 있다. 기본음 주파수는 얼마인가?

① 125Hz
② 250Hz
③ 500Hz
④ 1000Hz

해설
- 주어진 값을 대입하면 기본음 주파수는 $\dfrac{1500}{60} \times 10 = 250$[Hz]가 된다.

:: 송풍기의 기본음 주파수 계산식
- 기본음 주파수는 $\dfrac{\text{송풍기회전수}[rpm]}{60} \times \text{날개 수}$[Hz]로 구한다.

71 ——————— • Repetitive Learning 〔1회 2회 3회〕

다음 중 작업장 내 조명방법에 관한 설명으로 틀린 것은?

① 나트륨등은 색을 식별하는 작업장에 가장 적합하다.
② 백열전구와 고압수은등을 적절히 혼합시켜 주광에 가까운 빛을 얻는다.
③ 천정, 마루, 기계, 벽 등의 반사율을 크게 하면 조도를 일정하게 얻을 수 있다.
④ 천장에 바둑판형 형광등의 배열은 음영을 약하게 할 수 있다.

> 해설
> • 나트륨등은 단색 광원 아래에서 색채의 구분이 불가능하므로 색을 식별하는 작업장에 사용하기에 적합하지 않다.
>
> ✿ 작업장 내 조명방법
> • 백열전구와 고압수은등을 적절히 혼합시켜 주광에 가까운 빛을 얻는다.
> • 천정, 마루, 기계, 벽 등의 반사율을 크게 하면 조도를 일정하게 얻을 수 있다.
> • 천장에 바둑판형 형광등의 배열은 음영을 약하게 할 수 있다.
> • 형광등은 백색에 가까운 빛을 얻을 수 있다.
> • 수은등은 형광물질의 종류에 따라 임의의 광색을 얻을 수 있다.
> • 시계공장 등 작은 물건을 식별하는 작업을 하는 곳은 국소조명이 적합하다.
> • 나트륨등은 단색 광원 아래에서 색채의 구분이 불가능하므로 색을 식별하는 작업장에 사용하기에 적합하지 않다.

72 ——————— • Repetitive Learning 〔1회 2회 3회〕
0903 / 1802 / 2103

1,000Hz에서의 음압레벨을 기준으로 하여 등청감곡선을 나타내는 단위로 사용되는 것은?

① mel　　　　　　② bell
③ phon　　　　　　④ sone

> 해설
> • mel은 상대적으로 느껴지는 다른 주파수 음의 음조를 나타내는 단위이다.
> • sone은 기준 음(1,000Hz, 40dB)에 비해서 몇 배의 크기를 갖는가를 나타내는 단위이다.
>
> ✿ Phon
> • phon 값은 1,000Hz에서의 순음의 음압수준(dB)에 해당한다.
> • 즉, 음압수준이 120dB일 경우 1000Hz에서의 phon값은 120이 된다.

73 ——————— • Repetitive Learning 〔1회 2회 3회〕
0302 / 1703

방사선단위 "rem"에 대한 설명과 가장 거리가 먼 것은?

① 생체실효선량(dose-equivalent)이다.
② rem＝rad×RBE(상대적 생물학적 효과)로 나타낸다.
③ rem은 Roentgen Equivalent Man의 머리글자이다.
④ 피조사체 1g에 100erg의 에너지를 흡수한다는 의미이다.

> 해설
> • ④는 1라드(rad)에 대한 설명이다.
>
> ✿ 등가선량
> • 과거에는 렘(rem, Roentgen Equivalent Man), 현재는 시버트(Sv)를 사용한다.
> • 흡수선량이 생체에 주는 영향의 정도에 기초를 둔 생체실효선량(dose-equivalent)이다.
> • rem＝rad×RBE(상대적 생물학적 효과)로 나타낸다.

74 ——————— • Repetitive Learning 〔1회 2회 3회〕
2103

산업안전보건법에서 정하는 밀폐공간의 정의 중 "적정한 공기"에 해당하지 않는 것은 무엇인가?(단, 다른 성분의 조건은 적정한 것으로 가정한다)

① 일산화탄소 농도 100ppm 미만
② 황화수소 농도 10ppm 미만
③ 탄산가스 농도 1.5% 미만
④ 산소 농도 18% 이상 23.5% 미만

> 해설
> • 적정공기란 산소농도의 범위가 18퍼센트 이상 23.5퍼센트 미만, 탄산가스의 농도가 1.5퍼센트 미만, 일산화탄소의 농도가 30피피엠 미만, 황화수소의 농도가 10피피엠 미만인 수준의 공기를 말한다.
>
> ✿ 밀폐공간 관련 용어 　[실기] 0603/0903/1402/1903/2203
>
> | 밀폐공간 | 산소결핍, 유해가스로 인한 질식·화재·폭발 등의 위험이 있는 장소 |
> |---|---|
> | 유해가스 | 탄산가스·일산화탄소·황화수소 등의 기체로서 인체에 유해한 영향을 미치는 물질 |
> | 적정공기 | 산소농도의 범위가 18퍼센트 이상 23.5퍼센트 미만, 탄산가스의 농도가 1.5퍼센트 미만, 일산화탄소의 농도가 30피피엠 미만, 황화수소의 농도가 10피피엠 미만인 수준의 공기 |
> | 산소결핍 | 공기 중의 산소농도가 18퍼센트 미만인 상태 |
> | 산소결핍증 | 산소가 결핍된 공기를 들이마심으로써 생기는 증상 |

75 ── • Repetitive Learning 〔1회〕〔2회〕〔3회〕

다음 중 전신진동의 대책과 가장 거리가 먼 것은 무엇인가?

① 숙련자 지정　　② 전파경로 차단
③ 보건교육 실시　　④ 작업시간 단축

해설

- 숙련자의 지정이나 진동에 대한 적응은 진동에 대한 대책이 될 수 없다.

∷ 진동에 대한 대책
- 가장 적극적인 발생원에 대한 대책은 발생원의 제거이다.
- 발생원에 대한 대책에는 탄성지지, 가진력 감쇠, 기초중량의 부가 또는 경감 등이 있다.
- 전파경로 차단에는 수용자의 격리, 발진원의 격리, 구조물의 진동 최소화 등이 있다.
- 발진원과 작업자의 거리를 가능한 멀리한다.
- 보건교육을 실시한다.
- 작업시간 단축 및 교대제를 실시한다.
- 진동을 최소화하기 위하여 공학적으로 설계 및 관리한다.
- 완충물 등 방진제를 사용한다.
- 절연패드의 재질로는 코르크, 펠트(felt), 유리섬유 등을 사용한다.
- 진동공구의 무게는 10kg을 넘지 않게 하며 방진장갑 사용을 권장한다.

76 ── • Repetitive Learning 〔1회〕〔2회〕〔3회〕

빛의 단위 중 광도(luminance)의 단위에 해당하지 않는 것은?

① nit　　　　　② Lambert
③ cd/m^2　　　④ lumen/m^2

해설

- lumen/m^2은 1Lux로 조도의 단위이다.

∷ 조도(照度)
- 조도는 특정 지점에 도달하는 광의 밀도를 말한다.
- 단위는 럭스(Lux)를 사용한다.
- 1Lux는 1lumen의 빛이 1m^2의 평면상에 수직으로 비칠 때의 밝기이다.
- 반사체의 반사율과는 상관없이 일정한 값을 갖는다.
- 거리의 제곱에 반비례하고, 광도에 비례하므로 $\dfrac{광도}{(거리)^2}$으로 구한다.

77 ── • Repetitive Learning 〔1회〕〔2회〕〔3회〕

기류의 측정에 사용되는 기구가 아닌 것은?

① 흑구온도계
② 열선풍속계
③ 카타온도계
④ 풍차풍속계

해설

- 흑구온도계는 복사온도를 측정한다.

∷ 기류측정기기 1701

풍차풍속계	주로 옥외에서 1~150m/sec 범위의 풍속을 측정하는 데 사용하는 측정기구
열선풍속계	기온과 정압을 동시에 구할 수 있어 환기시설의 점검에 사용하는 측정기구로 기류속도가 아주 낮을 때 유용
카타온도계	기류의 방향이 일정하지 않거나, 실내 0.2~0.5m/s 정도의 불감기류를 측정할 때 사용하는 측정기구

78 ── • Repetitive Learning 〔1회〕〔2회〕〔3회〕

다음 중 방사선량 중 노출선량에 관한 설명으로 가장 알맞은 것은?

① 조직의 단위 질량당 노출되어 흡수된 에너지량이다.
② 방사선의 형태 및 에너지 수준에 따라 방사선 가중치를 부여한 선량이다.
③ 공기 1kg당 1쿨롱의 전하량을 갖는 이온을 생성하는 X선 또는 감마선량이다.
④ 인체 내 여러 조직으로의 영향을 합계하여 노출지수로 평가하기 위한 선량이다.

해설

- 노출선량의 단위인 Roentgen(R)은 공기 중에 방사선에 의해 생성되는 이온의 양으로 주로 X선 및 감마선의 조사량을 표시할 때 쓰인다.

∷ 노출선량
- 공기 1kg당 1쿨롱의 전하량을 갖는 이온을 생성하는 X선 또는 감마선량이다.
- Roentgen(R)을 단위로 사용한다.

79

기온이 0℃이고, 절대습도가 4.57mmHg일 때 0℃의 포화습도는 4.57mmHg라면 이때의 비교습도는 얼마인가?

① 30%
② 40%
③ 70%
④ 100%

해설

- 절대습도 $H = 4.57mmHg$, 포화습도 $H_s = 4.57mmHg$이므로 비교습도는 $\frac{4.57}{4.57} \times 100 = 100[\%]$이다.

❖ 습도의 구분 실기 0403

절대습도	• 공기 1m^3 중에 포함된 수증기의 양을 g으로 나타낸 것 • 건조공기 1kg당 포함된 수증기의 질량
포화습도	일정 온도에서 공기가 함유할 수 있는 최대 수증기량
상대습도	포화증기압과 현재 증기압의 비
비교습도	절대습도와 포화습도의 비

80

저기압의 영향에 관한 설명으로 틀린 것은?

① 산소결핍을 보충하기 위하여 호흡수, 맥박수가 증가된다.
② 고도 18,000ft(5468m)이상이 되면 21% 이상의 산소가 필요하게 된다.
③ 고도 10,000ft(3048m)까지는 시력, 협조운동의 가벼운 장해 및 피로를 유발한다.
④ 고도의 상승으로 기압이 저하되면 공기의 산소분압이 상승하여 폐포 내의 산소분압도 상승한다.

해설

- 고도의 상승으로 기압이 저하되면 공기의 산소분압이 저하되어 폐포 내의 산소분압도 저하한다.

❖ 저기압 인체 영향

- 저기압의 영향으로 산소결핍을 보충하기 위하여 호흡수, 맥박수가 증가된다.
- 고도상승으로 기압이 저하되면 공기의 산소분압이 저하되고 동시에 폐포내 산소분압도 저하된다.
- 고도 10,000ft까지는 시력, 협조운동의 가벼운 장해 및 피로를 유발한다.
- 고도 18,000ft 이상이 되면 21% 이상의 산소를 필요로 하게 된다.

5과목   산업독성학

81

다음 중 납중독에서 나타날 수 있는 증상을 모두 나열한 것은?

㉠ 빈혈	㉡ 신장장해
㉢ 중추 및 말초신경장애	㉣ 소화기 장해

① ㉠, ㉢
② ㉠, ㉡, ㉢
③ ㉡, ㉣
④ ㉠, ㉡, ㉢, ㉣

해설

- 납중독의 임상증상은 위장계통장해, 신경근육계통의 장해, 중추신경계통의 장해 등 크게 3가지로 나눌 수 있는데 보기의 모든 증상과 관련된다.

❖ 납중독

- 납은 원자량 207.21, 비중 11.34의 청색 또는 은회색의 연한 중금속이다.
- 납은 포르피린과 헴(heme)의 합성에 관여하는 효소를 억제하며, 소화기계 및 조혈계에 영향을 준다.
- 1~5세의 소아 이미증(pica)환자에게서 발생하기 쉽다.
- 인체에 흡수되면 뼈에 주로 축적되며, 조혈장해를 일으킨다.
- 무기성 납으로 인한 중독 시 원활한 체내 배출을 위해 사용하는 배설촉진제로 Ca-EDTA를 사용하는데 신장이 나쁜 사람에게는 사용하지 않는 것이 좋다.
- 요 중 δ-ALAD 활성치가 저하되고, 코프로포르피린과 델타 아미노레블린산은 증가한다.
- 적혈구 내 프로토포르피린이 증가한다.
- 납이 인체 내로 흡수되면 혈청 내 철과 망상적혈구의 수는 증가한다.
- 임상증상은 위장계통장해, 신경근육계통의 장해, 중추신경계통의 장해 등 크게 3가지로 나눌 수 있다.
- 주 발생사업장은 활자의 문선, 조판작업, 납 축전지 제조업, 염화비닐 취급 작업, 크리스탈 유리 원료의 혼합, 페인트, 배관공, 탄환제조 및 용접작업 등이다.

82

다음 중 농약에 의한 중독을 일으키는 것으로 인체에 대한 독성이 강한 유기인제 농약에 포함되지 않는 것은?

① 파라치온
② 말라치온
③ TEPP
④ 클로로팜

- 클로로팜은 마취제로 사용되는 유독한 물질이다.

유기인계 살충제
- 인을 함유한 유기화합물로 된 농약을 말한다.
- 유기인계 살충제인 파라치온의 개발 후 강력한 살충력이 증명되어 많은 유기인계 살충제가 개발 사용중에 있다.
- 인체에 중독을 일으키는 것은 체내에서 아세틸콜린에스테라제 효소와 결합하여 그 효소의 활성을 억제 하여 신경말단부에 지속적으로 과다한 아세틸콜린의 축적 때문이다.
- 종류에는 파라치온, 말라치온, 폴리돌, TEPP 등이 있다.

0402 / 1701

83 ●━━━━━━● Repetitive Learning 〔1회 2회 3회〕

독성물질 간의 상호작용을 잘못 표현한 것은? (단, 숫자는 독성값을 표시한 것이다)

① 길항작용 : 3+3=0
② 상승작용 : 3+3=5
③ 상가작용 : 3+3=6
④ 가승작용 : 3+0=10

해설
- 상승작용은 3+3이 더한 값인 6보다도 훨씬 커지는 값으로 나타나야 한다.

상승작용(synergistic) 실기 0602/1203/2201
- 2종 이상의 화학물질이 혼재해서 그 독성이 각 물질의 독성의 합보다 훨씬 커지는 것을 말한다.
- 공기 중의 두 가지 물질이 혼합되어 상대적 독성수치가 2+3=9와 같이 나타날 때의 반응이다.

1903

84 ●━━━━━━● Repetitive Learning 〔1회 2회 3회〕

다음 중 인체 순환기계에 대한 설명으로 틀린 것은?

① 인체의 각 구성세포에 영양소를 공급하며, 노폐물 등을 운반한다.
② 혈관계의 동맥은 심장에서 말초혈관으로 이동하는 원심성 혈관이다.
③ 림프관은 체내에서 들어온 감염성 미생물 및 이물질을 살균 또는 식균하는 역할을 한다.
④ 신체 방어에 필요한 혈액응고효소 등을 손상받은 부위로 수송한다.

해설
- ③은 림프절의 기능에 대한 설명이다.

순환기계
ⓐ 개요
- 인체의 각 구성세포에 영양소를 공급하며, 노폐물 등을 운반한다.
- 혈관계의 동맥은 심장에서 말초혈관으로 이동하는 원심성 혈관이다.
- 신체 방어에 필요한 혈액응고효소 등을 손상받은 부위로 수송한다.
- 림프계를 통해 체액을 되돌리고 질병을 방어하며, 흡수된 지방을 수송한다.
ⓑ 림프계

림프관	온몸에 분포하며, 림프 체액을 배출하고 집합관을 통해 체액을 정맥계로의 순환을 통해 이물질을 제거한다.
림프절	체내에서 들어온 감염성 미생물 및 이물질을 살균 또는 식균하는 역할을 한다.

0402

85 ●━━━━━━● Repetitive Learning 〔1회 2회 3회〕

다음 중 진폐증을 가장 잘 일으키는 섬유성 분진의 크기는?

① 길이가 5~8㎛보다 길고, 두께가 0.25~1.5㎛보다 얇은 것
② 길이가 5~8㎛보다 짧고, 두께가 0.25~1.5㎛보다 얇은 것
③ 길이가 5~8㎛보다 길고, 두께가 0.25~1.5㎛보다 두꺼운 것
④ 길이가 5~8㎛보다 짧고, 두께가 0.25~1.5㎛보다 두꺼운 것

해설
- 길이가 5~8㎛보다 길고, 두께가 0.25~1.5㎛보다 얇은 섬유성 분진이 진폐증을 가장 잘 일으킨다.

진폐증
- 흡인된 분진이 폐 조직에 축적되어 병적인 변화를 일으키는 질환으로 폐에 분진이 쌓여 폐가 점차 굳어가는 병을 말한다.
- 길이가 5~8㎛보다 길고, 두께가 0.25~1.5㎛보다 얇은 섬유성 분진이 진폐증을 가장 잘 일으킨다.
- 진폐증 발병요인에는 분진의 농도, 분진의 크기, 분진의 종류, 작업강도 및 분진에 폭로된 기간 등이 있다.

• 병리적 변화에 따라 교원성 진폐증과 비교원성 진폐증으로 구분된다.

교원성	• 폐표조직의 비가역성 변화나 파괴가 있고, 영구적이다. • 규폐증, 석면폐증 등
비교원성	• 폐조직이 정상적, 간질반응이 경미, 조직반응은 가역성이다. • 용접공폐증, 주석폐증, 바륨폐증 등

86 ──────── • Repetitive Learning [1회] [2회] [3회]

다음 중 발암성이 있다고 밝혀진 중금속이 아닌 것은?

① 니켈 　　　　　② 비스
③ 망간 　　　　　④ 6가크롬

해설

• 니켈은 합금, 도금 및 전지 등의 제조에 사용되며, 알레르기 반응, 폐암 및 비강암을 유발할 수 있는 중금속이다.

✿✿ 망간(Mn)
  • 망간은 직업성 만성중독 원인물질로 주로 철합금으로 사용되며, 화학공업에서는 건전지 제조업에 사용된다.
  • 망간은 호흡기, 소화기 및 피부를 통하여 흡수되며, 이 중에서 호흡기를 통한 경로가 가장 많고 위험하다.
  • 전기용접봉 제조업, 도자기 제조업에서 발생한다.
  • 무력증, 식욕감퇴 등의 초기증세를 보이다 심해지면 언어장애, 균형감각상실 등 중추신경계의 특정 부위를 손상시켜 파킨슨증후군과 보행장해가 두드러지는 중금속이다.

1902

87 ──────── • Repetitive Learning [1회] [2회] [3회]

다음 중 조혈장해를 일으키는 물질은?

① 납 　　　　　② 망간
③ 수은 　　　　　④ 우라늄

해설

• 망간은 신장염을 일으킨다.
• 수은은 미나마타 병과 관련되며 폐기관과 중추신경계, 위장관에 영향을 준다.
• 우라늄은 방사성 물질로 많은 양의 우라늄에 노출되면 신장 질환이 일어난다.

✿✿ 납중독
문제 81번의 유형별 핵심이론 ✿✿ 참조

88 ──────── • Repetitive Learning [1회] [2회] [3회]

폐와 대장에서 주로 암을 발생시키고, 플라스틱 산업, 합성섬유 제조, 합성고무 생산공정 등에서 노출되는 물질은?

① 아크릴로니트릴 　　　　　② 비소
③ 석면 　　　　　④ 벤젠

해설

• 비소는 은빛 광택을 내는 비금속으로 가열하면 녹지 않고 승화되며, 피부 특히 겨드랑이나 국부 등에 습진형 피부염이 생기며 피부암을 유발한다.

✿✿ 발암 유해물질

벤젠	혈액암(백혈병)	포름알데히드	혈액암, 비강암, 비인두암
벤지딘	방광암	비소	피부암
석면	폐암	아크릴로니트릴	폐암/대장암

0903 / 1101 / 1802 / 2101

89 ──────── • Repetitive Learning [1회] [2회] [3회]

입자상 물질의 호흡기계 침착기전 중 길이가 긴 입자가 호흡기계로 들어오면 그 입자의 가장자리가 기도의 표면을 스치게 됨으로써 침착하는 현상은?

① 충돌 　　　　　② 침전
③ 차단 　　　　　④ 확산

해설

• 충돌은 비강, 인후두 부위 등 공기흐름의 방향이 바뀌는 경우 입자가 공기흐름에 따라 순행하지 못하고 공기흐름이 변환되는 부위에 부딪혀 침착되는 현상을 말한다.
• 침전은 기관지, 모세기관지 등 폐의 심층부에서 공기흐름이 느려지게 되면 자연스럽게 낙하하여 침착되는 현상을 말한다.
• 확산은 미세입자(입자의 크기가 0.5μm 이하)들이 주위의 기체분자와 충돌하여 무질서한 운동을 하다가 주위 세포의 표면에 침착되는 현상을 말한다.

✿✿ 입자의 호흡기계 축적
  • 작용기전은 충돌, 침전, 차단, 확산이 있다.
  • 호흡기 내에 침착하는데 작용하는 기전 중 가장 역할이 큰 것은 확산이다.

충돌	비강, 인후두 부위 등 공기흐름의 방향이 바뀌는 경우 입자가 공기흐름에 따라 순행하지 못하고 공기흐름이 변환되는 부위에 부딪혀 침착되는 현상
침전	기관지, 모세기관지 등 폐의 심층부에서 공기흐름이 느려지게 되면 자연스럽게 낙하하여 침착되는 현상

차단	길이가 긴 입자가 호흡기계로 들어오면 그 입자의 가장자리가 기도의 표면을 스치면서 침착되는 현상
확산	미세입자(입자의 크기가 0.5μm 이하)들이 주위의 기체분자와 충돌하여 무질서한 운동을 하다가 주위 세포의 표면에 침착되는 현상

90
━━━━━━━━● Repetitive Learning (1회 2회 3회)

다음 중 노말헥산이 체내 대사과정을 거쳐 소변으로 배출되는 물질은?

① hippuric acid
② 2,5-hexanedione
③ hydroquinone
④ 8-hydroxy quionone

해설

- ①은 마뇨산으로 톨루엔의 생물학적 노출지표이다.
- ③은 하이드로퀴논으로 페놀의 한 종류이다.
- ④는 금속이온의 정량적 측정에 사용되는 킬레이트제이다.
- ∷ 유기용제별 생물학적 모니터링 대상(생체 내 대사산물) 실기 0803/ 1403/2101

벤젠	소변 중 총 페놀 소변 중 t,t-뮤코닉산(t,t-Muconic acid)
에틸벤젠	소변 중 만델린산
스티렌	소변 중 만델린산
톨루엔	소변 중 마뇨산(hippuric acid), o-크레졸
크실렌	소변 중 메틸마뇨산
이황화탄소	소변 중 TTCA
메탄올	혈액 및 소변 중 메틸알코올
노말헥산	소변 중 헥산디온(2,5-hexanedione)
MBK (methyl-n-butyl ketone)	소변 중 헥산디온(2,5-hexanedione)
니트로벤젠	혈액 중 메타헤모글로빈
카드뮴	혈액 및 소변 중 카드뮴(저분자량 단백질)
납	혈액 및 소변 중 납(ZPP, FEP)
일산화탄소	혈액 중 카복시헤모글로빈, 호기 중 일산화탄소

1102 / 1802

91
━━━━━━━━● Repetitive Learning (1회 2회 3회)

ACGIH에서 발암성 구분이 "A1"으로 정하고 있는 물질이 아닌 것은?

① 석면
② 텅스텐
③ 우라늄
④ 6가크롬 화합물

해설

- 텅스텐은 ACGIH의 Group A4로 인체 발암성 미분류 물질에 해당한다.
- ∷ 미국정부산업위생전문가협의회(ACGIH)의 Group A1 실기 0903
  - 인체에 대한 충분한 발암성 근거를 갖는 인체 발암성 확인 물질을 말한다.
  - 6가크롬, 석면, 벤지딘, 염화비닐, 니켈 황화합물의 배출물, 흄, 먼지 등이 이에 해당한다.

0502 / 1303 / 2102

92
━━━━━━━━● Repetitive Learning (1회 2회 3회)

다음 중 중추신경의 자극작용이 가장 강한 유기용제는?

① 아민
② 알코올
③ 알칸
④ 알데히드

해설

- 유기용제의 중추신경 자극작용의 순위는 알칸<알코올<알데히드 또는 케톤<유기산<아민류 순으로 커진다.
- ∷ 유기용제의 중추신경 활성억제 및 자극 순서
  - ㉠ 억제작용의 순위
    - 알칸<알켄<알코올<유기산<에스테르<에테르<할로겐 화합물
  - ㉡ 자극작용의 순위
    - 알칸<알코올<알데히드 또는 케톤<유기산<아민류
  - ㉢ 극성의 크기 순서
    - 파라핀<방향족 탄화수소<에스테르<케톤<알데하이드< 알코올<물

1701

93
━━━━━━━━● Repetitive Learning (1회 2회 3회)

생물학적 모니터링에 대한 설명으로 틀린 것은?

① 피부, 소화기계를 통한 유해인자의 종합적인 흡수 정도를 평가할 수 있다.
② 생물학적 시료를 분석하는 것은 작업환경 측정보다 훨씬 복잡하고 취급이 어렵다.
③ 건강상의 영향과 생물학적 변수와 상관성이 높아 공기 중의 노출기준(TLV)보다 훨씬 많은 생물학적 노출지수(BEI)가 있다.
④ 근로자의 유해인자에 대한 노출 정도를 소변, 호기, 혈액 중에서 그 물질이나 대사산물을 측정함으로써 노출 정도를 추정하는 방법을 의미한다.

- 공기 중 노출기준(TLV)은 생물학적 노출기준(BEI)보다 더 많다.

❖ 생물학적 모니터링
- 작업자의 생물학적 시료에서 화학물질의 노출을 추정하는 것을 말한다.
- 모든 노출경로에 의한 흡수정도를 나타낼 수 있다.
- 최근의 노출량이나 과거로부터 축적된 노출량을 파악한다.
- 건강상의 위험은 생물학적 검체에서 물질별 결정인자를 생물학적 노출지수와 비교하여 평가된다.
- 근로자 노출 평가와 건강상의 영향 평가 두 가지 목적으로 모두 사용될 수 있다.
- 생물학적 검체인 호기, 소변, 혈액 등에서 결정인자를 측정하여 노출정도를 추정하는 방법이다.
- 결정인자는 공기 중에서 흡수된 화학물질이나 그것의 대사산물 또는 화학물질에 의해 생긴 가역적인 생화학적 변화이다.
- 내재용량은 최근에 흡수된 화학물질의 양, 여러 신체 부분이나 몸 전체에서 저장된 화학물질의 양, 체내 주요 조직이나 부위의 작용과 결합한 화학물질의 양을 나타낸다.
- 공기 중 노출기준(TLV)이 설정된 화학물질의 수는 생물학적 노출기준(BEI)보다 더 많다.

0502 / 0703 / 0902

94 ──────● Repetitive Learning 〔1회 2회 3회〕

다음 중 입을 통화여 소화기계로 유입된 중금속의 체내 흡수기전으로 볼 수 없는 것은?

① 단순확산　　　　② 특이적 수송
③ 여과　　　　　　④ 음세포작용

- 소화기계로 유입된 중금속의 체내 흡수기전에는 확산(단순, 촉진)과 특이적 수송, 음세포작용 등이 있다.

❖ 소화기계로 유입된 중금속의 체내 흡수기전

단순확산 촉진확산	에너지(ATP) 소모 없이 농도 차에 의해 고농도에서 저농도로 물질이 이동하는 방식이다.
특이적 수송	농도 구배에 역행해서 저농도에서 고농도로 물질이 이동하는 경우로 ATP를 소모하는 방식이다.
음세포작용	막으로 둘러싸여 고분자물질을 수송하는 방식이다.

0903 / 1903

95 ──────● Repetitive Learning 〔1회 2회 3회〕

다음 중 생체 내에서 혈액과 화학작용을 일으켜서 질식을 일으키는 물질은?

① 수소　　　　　　② 헬륨
③ 질소　　　　　　④ 일산화탄소

- 일산화탄소는 생체 내에서 혈액과 화학작용을 일으켜서 질식을 일으킨다.

❖ 일산화탄소
- 무색 무취의 기체로서 연료가 불완전연소 시 발생한다.
- 생체 내에서 혈액과 화학작용을 일으켜서 질식을 일으킨다.
- 혈색소와 친화도가 산소보다 강하여 COHb(카르복시헤모글로빈)를 형성하여 조직에서 산소공급을 억제하며, 혈 중 COHb의 농도가 높아지면 HbO_2의 해리작용을 방해하는 물질이다.
- 갱도의 광부들은 일산화탄소에 민감한 카나리아 새를 이용해 탄광에서의 중독현상을 예방했다.
- 중독 시 고압산소실에서 집중 치료가 필요하다.

0803 / 1003 / 1801 / 2003

96 ──────● Repetitive Learning 〔1회 2회 3회〕

다음 중 가스상 물질의 호흡기계 축적을 결정하는 가장 중요한 인자는?

① 물질의 농도차　　② 물질의 입자분포
③ 물질의 발생기전　④ 물질의 수용성 정도

- 가스상 물질의 호흡기계 축적을 결정하는 가장 중요한 요인은 물질의 수용성이다. 이로 인해 수용성이 낮은 가스상 물질은 폐포까지 들어와 농도차에 의해 전신으로 퍼지지만 수용성이 큰 가스상 물질은 상부호흡기계 점액에 용해되어 침착하게 된다.

❖ 물질의 호흡기계 축적 실기 1602
- 호흡기계에 물질의 축적 정도를 결정하는 가장 중요한 요인은 입자의 크기이다.
- $1\mu m$ 이하의 입자는 97%가 폐포까지 도달하게 된다.
- 가스상 물질의 호흡기계 축적을 결정하는 가장 중요한 요인은 물질의 수용성이다. 이로 인해 수용성이 낮은 가스상 물질은 폐포까지 들어와 농도차에 의해 전신으로 퍼지지만 수용성이 큰 가스상 물질은 상부호흡기계 점액에 용해되어 침착하게 된다.
- 먼지가 호흡기계에 들어오면 인체는 점액 섬모운동과 폐포의 대식세포의 작용으로 방어기전을 수행한다.

0802 / 2103

97 ──────● Repetitive Learning 〔1회 2회 3회〕

대상 먼지와 침강속도가 같고, 밀도가 1이며 구형인 먼지의 직경으로 환산하여 표현하는 입자상 물질의 직경을 무엇이라 하는가?

① 입체적 직경　　　② 등면적 직경
③ 기하학적 직경　　④ 공기역학적 직경

해설

- 입자를 측정할 때 취급되는 직경은 크게 공기역학적 직경과 기하학적 직경으로 구분할 수 있다.
- 등면적 직경은 먼지면적과 동일면적 원의 직경으로 가장 정확한 것으로 물리적 직경의 한 종류에 해당한다.
- 기하학적 직경은 공기역학적 직경과 달리 물리적인 직경을 말한다.

✪ 공기역학적 직경(Aerodynamic diameter) 실기 0603/0703/0901/1101/1402/1502/1701/1803/1903

- 대상 먼지와 침강속도가 같고, 밀도가 1이며 구형인 먼지의 직경으로 환산하여 표현하는 입자상 물질의 직경을 말한다.
- 입자의 공기 중 운동이나 호흡기 내의 침착기전을 설명할 때 유용하게 사용된다.
- 스토크스(Stokes) 입경과 함께 대표적인 역학적 등가직경을 구성한다.
- 역학적 특성, 즉 침강속도 또는 종단속도에 의해 측정되는 먼지 크기이다.
- 직경분립충돌기(Cascade impactor)를 이용해 입자의 크기 및 형태 등을 분리한다.

---

98 ●━━━ Repetitive Learning

1001 / 1703

사람에 대한 안전용량(SHD)을 산출하는데 필요하지 않은 항목은?

① 독성량(TD)
② 안전인자(SF)
③ 사람의 표준 몸무게
④ 독성물질에 대한 역치(THDh)

해설

- 동물실험을 통하여 산출한 독물량의 한계치(NOED : No-Observable Effect Dose)를 사람에게 적용하기 위해 인간의 안전폭로량(SHD)을 계산할 때 안전계수와 체중, 독성물질에 대한 역치(THDh)를 고려한다.

✪ 체내흡수량(SHD : Safe Human Dose) 실기 0301/0501/0601/0801/1001/1201/1402/1602/1701/2002/2003

- 사람에게 안전한 양으로 안전흡수량, 안전폭로량이라고도 한다.
- 동물실험을 통하여 산출한 독물량의 한계치(NOED : No-Observable Effect Dose)를 사람에게 적용하기 위해 인간의 안전폭로량(SHD)을 계산할 때 안전계수와 체중, 독성물질에 대한 역치(THDh)를 고려한다.
- C×T×V×R[mg]으로 구한다.
  C : 공기 중 유해물질농도[mg/m^3]
  T : 노출시간[hr]
  V : 폐환기율, 호흡률[m^3/hr]
  R : 체내잔류율(주어지지 않을 경우 1.0)

---

99 ●━━━ Repetitive Learning

0303 / 0603

다음 중 산업독성에서 LD50의 정확한 의미는?

① 실험동물의 50%가 살아남을 확률이다.
② 실험동물의 50%가 죽게 되는 양이다.
③ 실험동물의 50%가 죽게 되는 농도이다.
④ 실험동물의 50%가 살아남을 비율이다.

해설

- LD50은 실험동물의 50%를 사망시킬 수 있는 물질의 양을 말한다.

✪ 독성실험에 관한 용어

LD50	실험동물의 50%를 사망시킬 수 있는 물질의 양
LC50	실험동물의 50%를 사망시킬 수 있는 물질의 농도(가스)
TD50	실험동물의 50%에서 심각한 독성반응이 나타나는 양
ED50	독성을 초래하지는 않지만 대상의 50%가 관찰 가능한 가역적인 반응이 나타나는 작용량
SNARL	악영향을 나타내는 반응이 없는 농도수준(Suggested No-Adverse-Response Level, SNARL)

---

100 ●━━━ Repetitive Learning 1회 2회 3회

0802 / 2004

생물학적 모니터링 방법 중 생물학적 결정인자로 보기 어려운 것은?

① 체액의 화학물질 또는 그 대사산물
② 표적조직에 작용하는 활성 화학물질의 양
③ 건강상의 영향을 초래하지 않은 부위나 조직
④ 처음으로 접촉하는 부위에 직접 독성영향을 야기하는 물질

해설

- 생물학적 결정인자에는 ①, ②, ③ 외에 비표적 조직에 작용하는 활성 화학물질의 양이 있다.

✪ 생물학적 모니터링 방법 중 생물학적 결정인자
  - 체액의 화학물질 또는 그 대사산물
  - 표적 및 비표적 조직에 작용하는 활성 화학물질의 양
  - 건강상의 영향을 초래하지 않은 부위나 조직

구분	1과목	2과목	3과목	4과목	5과목	합계
New유형	2	1	0	2	3	8
New문제	6	11	6	7	7	37
또나온문제	7	3	11	5	8	34
자꾸나온문제	7	6	3	8	5	29
합계	20	20	20	20	20	100

● New유형은 New문제 중 기존 기출문제와 완전히 다른 유형의 문제를 말합니다.
● New문제는 기존에 출제되지 않은 문제로 이번에 처음 출제되는 문제입니다.
● 또나온문제는 기존에 출제된 적이 1번 있는 문제를 말합니다.
● 자꾸나온문제는 기존에 출제된 적이 2번 이상 있는 문제를 말합니다. 그만큼 중요한 문제입니다.

몇 년분의 기출문제를 공부해야 합격할 수 있을까요?

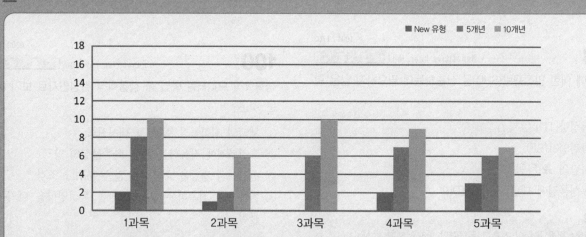

● 완전 새로운 유형의 문제는 8문제이고 92문제가 이미 출제된 문제 혹은 변형문제입니다.
● 5년분(2018~2022) 기출에서 동일문제가 29문항이 출제되었고, 10년분(2013~2022) 기출에서 동일문제가 42문항이 출제되었습니다.

실기에 나왔어요!! 일타쌍피-사전체크!!

실기시험은 필답형으로 진행됩니다. 객관식의 필기와 달리 주관식인 관계로 아는 만큼 적을 수 있습니다. 최근 계산문제의 비중이 많이 감소하고 있지만 절반 정도의 이론 문제와 절반 정도의 계산문제가 출제된다고 보시면 됩니다. 계산문제의 경우 나오는 문제유형이 거의 정해져 있습니다. 필기 공부할 때 미리 실기에 나오는 내용을 체크하시고 그부분만큼은 잘 공부해 두신다면 당 회차 실기까지 한 번에 잡을 수 있습니다.

● 총 38개의 유형별 핵심이론이 실기시험과 연동되어 있습니다.

분석의견

합격률이 44.7%로 평균 수준인 회차였습니다.
10년 기출을 학습할 경우 기출과 동일한 문제가 1과목에서 6문제로 과락 점수 이하로 출제되었지만 과락만 면한다면 전체적으로는 꽤 많은 동일문제가 출제되어 합격에 어려움이 없는 회차입니다.
10년분 기출문제와 유형별 핵심이론의 2~3회 정독이면 합격 가능한 것으로 판단됩니다.

2014년 제2회

2014년 5월 25일 필기

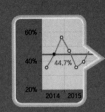 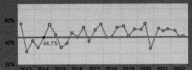

1과목 산업위생학개론

01 ● Repetitive Learning 〔1회 2회 3회〕

1303 / 1703

직업병을 판단할 때 참고하는 자료로 적합하지 않은 것은?

① 업무내용과 종사기간
② 발병 이전의 신체이상과 과거력
③ 기업의 산업재해 통계와 산재보험료
④ 작업환경측정 자료와 취급물질의 유해성 자료

해설
• 특정 직업병 판단 시에 기업의 산업재해 통계 및 산재보험료는 참고자료로 적합하지 않다.

:: 직업병 판단 시 참고자료
  • 업무내용과 종사기간
  • 발병 이전의 신체이상과 과거력
  • 작업환경측정 자료와 취급물질의 유해성 자료
  • 중독 등 해당 직업병의 특유한 증상과 임상소견의 유무
  • 직업력과 질병
  • 문제 공정의 물질안전보건자료

02 ● Repetitive Learning 〔1회 2회 3회〕

2202

다음 중 직업병의 원인이 되는 유해요인, 대상 직종과 직업병 종류의 연결이 잘못된 것은 무엇인가?

① 면분진-방직공-면폐증
② 이상기압-항공기조종-잠함병
③ 크롬-도금-피부점막 궤양 폐암
④ 납-축전지제조-빈혈, 소화기장애

해설
• 잠함병은 이상기압 중에서 고기압인 경우의 직업성 질환이고, 항공기 조종은 이상기압 중 저기압 환경을 말한다.

:: 작업공정과 직업성 질환

축전지 제조	납 중독, 빈혈, 소화기 장애
타이핑 작업	목위팔(경견완)증후군
광산작업, 무기분진	진폐증
방직산업	면폐증
크롬도금	피부점막, 궤양, 폐암, 비중격천공
고기압	잠함병
저기압	폐수종, 고산병, 치통, 이염, 부비강염
유리제조, 용광로, 세라믹	백내장

03 ● Repetitive Learning 〔1회 2회 3회〕

사업주는 신규화학물질의 안전보건자료를 작성함에 있어 인용할 수 있는 자료가 아닌 것은 무엇인가?

① 국내외에서 발간되는 저작권법상의 문헌에 등재되어 있는 유해성·위험성 조사자료
② 유해성·위험성 시험 전문연구기관에서 실시한 유해성·위험성 조사자료
③ 관련 전문학회지에 게재된 유해성위험성 조사자료
④ OPEC 회원국의 정부기관에서 인정하는 유해성·위험성 조사자료

해설
• OPEC 회원국의 정부기관이 아니라 경제협력개발기구(OECD) 회원국의 정부기관 및 국제연합기구에서 인정하는 유해성·위험성 조사자료를 인용할 수 있다.

:: 유해성·위험성 조사보고서 작성 시 인용자료
  • 유해성·위험성 시험 전문연구기관에서 실시한 유해·위험성 조사자료

- 관련 전문학회지에서 게재되었거나 학회에 발표된 유해성·위험성 조사자료
- 국내외에서 발간되는 「저작권법」상의 문헌에 등재되어 있는 유해성·위험성 조사자료
- 경제협력개발기구(OECD) 회원국의 정부기관 및 국제연합기구에서 인정하는 유해성·위험성 조사자료

04 ●━━━━━━━● Repetitive Learning (1회 2회 3회)

다음 중 산업위생 활동의 순서로 올바른 것은 무엇인가?

① 관리 → 인지 → 예측 → 측정 → 평가
② 인지 → 예측 → 측정 → 평가 → 관리
③ 예측 → 인지 → 측정 → 평가 → 관리
④ 측정 → 평가 → 관리 → 인지 → 예측

해설

- 산업위생 활동은 예측→인지→측정→평가→관리 순으로 진행한다.

❖ 산업위생 활동
- 산업위생사의 3가지 기능은 인지(Recognition), 평가(Evaluation), 대책(Control)이다.
- 미국산업위생학회(AIHA)에서 예측(Anticipation)을 추가하였다.
- 예측→인지→측정→평가→관리 순으로 진행한다.

예측 (Anticipation)	• 근로자의 건강장애와 영향을 사전에 예측
인지 (Recognition)	• 존재하는 유해인자를 파악하고, 이의 특성을 분류
측정	• 정성적·정량적 계측
평가 (Evaluation)	• 시료의 채취와 분석 • 예비조사의 목적과 범위 결정 • 노출정도를 노출기준과 통계적인 근거로 비교하여 판정
관리/대책 (Control)	• 유해인자로부터 근로자를 보호(공학적, 행정적 관리 외에 호흡기 등의 보호구)

05 ●━━━━━━━● Repetitive Learning (1회 2회 3회)

0802

다음 중 근골격계 질환의 특징으로 볼 수 없는 것은 무엇인가?

① 자각증상으로 시작된다.
② 손상의 정도를 측정하기 어렵다.
③ 관리의 목표는 질환의 최소화에 있다.
④ 환자의 발생이 집단적으로 발생하지 않는다.

해설

- 환자의 발생이 사업장별로 집단적으로 발생한다.

❖ 근골격계 질환의 특징
- 자각증상으로 시작된다.
- 손상의 정도를 측정하기 어렵다.
- 관리의 목표는 질환의 최소화에 있다.
- 환자의 발생이 사업장별로 집단적으로 발생한다.
- 노동력 손실에 따른 경제적 피해가 크다.
- 단편적인 작업환경개선으로 좋아질 수 없다.
- 악화되면 치료는 가능하나 악화와 회복이 반복된다.

0903 / 1703 / 2201

06 ●━━━━━━━● Repetitive Learning (1회 2회 3회)

작업시작 및 종료 시 호흡의 산소소비량에 대한 설명으로 옳지 않은 것은?

① 산소소비량은 작업부하가 계속 증가하면 일정한 비율로 계속 증가한다.
② 작업이 끝난 후에도 맥박과 호흡수가 작업개시 수준으로 즉시 돌아오지 않고 서서히 감소한다.
③ 작업부하 수준이 최대 산소소비량 수준보다 높아지게 되면, 젖산의 제거 속도가 생성 속도에 못 미치게 된다.
④ 작업이 끝난 후에 남아 있는 젖산을 제거하기 위해서는 산소가 더 필요하며, 이 때 동원되는 산소소비량을 산소부채(oxygen debt)라 한다.

해설

- 일정 한계까지는 작업부하가 증가하면 산소소비량 역시 증가하지만 일정 한계 이상이 되면 작업부하가 증가하더라도 산소소비량은 증가하지 않는다.

❖ 작업시작 및 종료 시 호흡의 산소소비량
- 일정 한계까지는 작업부하가 증가하면 산소소비량 역시 증가하지만 일정 한계 이상이 되면 작업부하가 증가하더라도 산소소비량은 증가하지 않는다.
- 작업이 끝난 후에도 맥박과 호흡수가 작업개시 수준으로 즉시 돌아오지 않고 서서히 감소한다.
- 작업부하 수준이 최대 산소소비량 수준보다 높아지게 되면, 젖산의 제거 속도가 생성 속도에 못 미치게 된다.
- 작업이 끝난 후에 남아 있는 젖산을 제거하기 위해서는 산소가 더 필요하며, 이때 동원되는 산소소비량을 산소부채(oxygen debt)라 한다.

07 —————————● Repetitive Learning (1회 2회 3회)

밀폐공간과 관련된 설명으로 틀린 것은?

① 산소결핍이란 공기 중의 산소농도가 16% 미만인 상태를 말한다.

② 산소결핍증이란 산소가 결핍된 공기를 들이마심으로써 생기는 증상을 말한다.

③ 유해가스란 탄산가스, 일산화탄소, 황화수소 등의 기체로서 인체에 유해한 영향을 미치는 물질을 말한다.

④ 적정공기란 산소농도의 범위가 18% 이상 23.5% 미만, 탄산가스의 농도가 1.5% 미만, 일산화탄소의 농도가 30ppm 미만, 황화수소의 농도가 10ppm 미만인 수준의 공기를 말한다.

해설

• 산소결핍이란 공기 중의 산소농도가 18% 미만인 상태를 말한다.

※ 밀폐공간 관련 용어 [실기] 0603/0903/1402/1903/2203

밀폐공간	산소결핍, 유해가스로 인한 질식·화재·폭발 등의 위험이 있는 장소
유해가스	탄산가스·일산화탄소·황화수소 등의 기체로서 인체에 유해한 영향을 미치는 물질
적정공기	산소농도의 범위가 18퍼센트 이상 23.5퍼센트 미만, 탄산가스의 농도가 1.5퍼센트 미만, 일산화탄소의 농도가 30피피엠 미만, 황화수소의 농도가 10피피엠 미만인 수준의 공기
산소결핍	공기 중의 산소농도가 18퍼센트 미만인 상태
산소결핍증	산소가 결핍된 공기를 들이마심으로써 생기는 증상

08 —————————● Repetitive Learning (1회 2회 3회)

다음 중 허용농도 상한치(Excursion limits)에 대한 설명으로 가장 거리가 먼 것은 무엇인가?

① 단시간허용노출기준(TLV-STEL)이 설정되어 있지 않은 물질에 대하여 적용한다.

② 시간가중평균치(TLV-TWA)의 3배는 1시간 이상을 초과할 수 없다.

③ 시간가중평균치(TLV-TWA)의 5배는 잠시라도 노출되어서는 안 된다.

④ 시간가중평균치(TLV-TWA)가 초과되어서는 아니 된다.

해설

• 허용기준 상한치는 TLV-TWA의 3배인 경우 30분 이하, 5배인 경우 잠시라도 노출되어서는 안 된다.

※ 허용기준 상한치 [실기] 1602

• TWA가 설정된 물질 중에 독성자료가 부족하여 TLV-STEL이 설정되지 않은 경우 단시간 상한치를 설정해야 한다.

• TLV-TWA의 3배 : 30분 이하

• TLV-TWA의 5배 : 잠시라도 노출되어서는 안 됨

09 —————————● Repetitive Learning (1회 2회 3회)

근로자가 건강장해를 호소하는 경우 사무실 공기관리 상태를 평가할 때 조사항목에 해당되지 않는 것은 무엇인가?

① 사무실 외 오염원 조사 등

② 근로자가 호소하는 증상 조사

③ 외부의 오염물질 유입경로 조사

④ 공기정화설비의 환기량 적정여부 조사

해설

• 사무실 공기관리 상태평가방법에는 ②, ③, ④ 외에 사무실 내 오염원 조사가 있다.

※ 사무실 공기관리 상태평가방법

• 근로자가 호소하는 증상(호흡기, 눈·피부 자극 등) 조사

• 공기정화설비의 환기량이 적정한지 여부조사

• 외부의 오염물질 유입경로 조사

• 사무실 내 오염원 조사 등

10 —————————● Repetitive Learning (1회 2회 3회)

산업재해를 분류할 때 "경미사고(minor accidents)" 혹은 "경미한 재해"란 어떤 상태를 말하는가?

① 통원 치료할 정도의 상해가 일어난 경우

② 사망하지는 않았으나 입원할 정도의 상해

③ 상해는 없고 재산상의 피해만 일어난 경우

④ 재산상의 피해는 없고 시간손실만 일어난 경우

해설

• ③은 유사사고(near-accidents)에 대한 설명이다.

※ 경미사고와 유사사고

• 경미사고(minor accidents)란 통원 치료할 정도의 상해가 일어난 경우를 말한다.

• 유사사고(near-accidents)란 상해 없이 재산피해만 발생하는 것을 말한다.

11 • Repetitive Learning (1회 2회 3회)

다음 중 역사상 최초로 기록된 직업병은 무엇인가?

① 규폐증
② 폐질환
③ 음낭암
④ 납중독

해설

- 기원전 4C에 Hippocrates가 광산에서의 납중독을 보고하였으며, 이를 최초의 직업병으로 분류한다.

:: 시대별 산업위생

B.C. 4세기	Hippocrates가 광산에서의 납중독을 보고하였다. 이는 역사상 최초의 직업병으로 분류
A.D. 1세기	Pilny the Elder는 아연 및 황의 인체 유해성을 주장, 먼지방지용 마스크로 동물의 방광 사용을 권장
A.D. 2세기	Galen은 해부학, 병리학에 관한 이론을 발표하였다. 아울러 구리광산의 산 증기의 위험성을 보고
1473년	Ulrich Ellenbog는 직업병과 위생에 관한 교육용 팜플렛 발간
16세기 초반	• Agricola는 광산에서의 호흡기 질환(천식증, 규폐증) 등을 주장한 광산업 관련 [광물에 대하여] 발간 및 환기와 마스크 사용을 권장함 • Philippus Paracelsus는 질병의 뿌리는 정신적 고통에서 비롯된다고 주장(독성학의 아버지)
17세기 후반	Bernarbino Ramazzini는 저서 [노동자의 질병]에서 직업병을 최초로 언급(산업보건학의 시조)
18세기	• 영국의 Percivall pott는 굴뚝청소부들의 직업병인 음낭암이 검댕(Soot)에 의해 발생되었음을 보고 • Sir George Baker는 사이다 공장에서 납에 의한 복통 발표
19세기 초반	• Robert Peel은 산업위생의 원리를 적용한 최초의 법률인 [도제건강 및 도덕법] 제정을 주도 • 1833년 산업보건에 관한 최초의 법률인 공장법 제정
19세기 후반	Rudolf Virchow는 의학의 사회성 속에서 노동자의 건강보호를 주창하여 근대병리학의 시조로 불리움
20세기 초반	• Loriga는 진동공구에 의한 수지(手指)의 Raynaud씨 증상을 보고 • 미국의 산업위생학자이며 산업의학자인 Alice Hamilton은 유해물질 노출과 질병과의 관계를 규명

12 • Repetitive Learning (1회 2회 3회)

다음 중 근육 노동시 특히 보급해 주어야 하는 비타민의 종류는 무엇인가?

① 비타민 A
② 비타민 B1
③ 비타민 C
④ 비타민 D

해설

- 비타민 B1은 호기적 산화를 도와 근육의 열량공급을 원활하게 해 주고 신진대사를 좋게 해 피로물질이 축적되는 것을 막는 효과가 있으므로 근육 노동시 특히 보급해 주어야 하는 비타민이다.

:: 비타민 B1

- 탄수화물과 에너지 대사에 필요한 영양소이다.
- 돼지고기, 육류의 내장, 감자류, 완두콩, 버섯 등에 많다.
- 호기적 산화를 도와 근육의 열량공급을 원활하게 해 주고 신진대사를 좋게 해 피로물질이 축적되는 것을 막는 효과가 있으므로 근육 노동시 특히 보급해 주어야 하는 비타민이다.

13 • Repetitive Learning (1회 2회 3회)

작업장에 존재하는 유해인자와 직업성 질환의 연결이 옳지 않은 것은?

① 망간－신경염
② 무기 분진－진폐증
③ 6가크롬－비중격천공
④ 이상기압－레이노씨 병

해설

- 레이노 증후군은 국소진동에 의하여 손가락의 창백, 청색증, 저림, 냉감, 동통이 나타나는 장해이다.

:: 작업공정과 직업성 질환
문제 2번의 유형별 핵심이론 :: 참조

14 • Repetitive Learning (1회 2회 3회)

온도가 15℃이고, 1기압인 작업장에 톨루엔이 200mg/m^3으로 존재할 경우 이를 ppm으로 환산하면 얼마인가?(단, 톨루엔의 분자량은 92.130이다)

① 53.1
② 51.2
③ 48.6
④ 11.3

해설

- 25℃, 1기압에서 기체의 부피는 24.45L이므로 15℃, 1기압에서는
$$24.45 \times \frac{288}{298} = 23.63L이다.$$

- 대입하면 $\frac{200 \times 23.63}{92.13} = 51.297 \cdots ppm$이 된다.

∷ mg/m^3의 ppm 단위로의 변환 실기 0302/0303/0802/0902/1002/2103

• mg/m^3단위를 ppm으로 변환하려면 $\dfrac{mg/m^3 \times 기체부피}{분자량}$로 구한다.

• 24.45는 표준상태(25도, 1기압)에서 기체의 부피이다.

• 온도가 다를 경우 $24.45 \times \dfrac{273 + 온도}{273 + 25}$로 기체의 부피를 구한다.

0803 / 1901

15 ─────● Repetitive Learning ⌈1회⌉⌈2회⌉⌈3회⌉

육체적 작업능력(PWC)이 15kcal/min인 근로자가 1일 8시간 물체를 운반하고 있다. 이때의 작업대사율이 6.5kcal/min이고, 휴식 시의 대사량이 1.5kcal/min일 때 매 시간당 적정 휴식시간은 약 얼마인가?(단, Hertig의 식을 적용한다)

① 18분 　　　　　　② 25분
③ 30분 　　　　　　④ 42분

해설

• PWC가 15kcal/min이므로 E_{max}는 5kcal/min이다.

• E_{task}는 6.5kcal/min이고, E_{rest}는 1.5kcal/min이므로 값을 대입하면 $T_{rest} = \left[\dfrac{5-6.5}{1.5-6.5}\right] \times 100 = \dfrac{1.5}{5} \times 100 = 30[\%]$가 된다.

• 1시간의 30%는 18분에 해당한다.

∷ Hertig의 적정휴식시간 실기 1401

• 시간당 적정휴식시간의 백분율 $T_{rest} = \left[\dfrac{E_{max} - E_{task}}{E_{rest} - E_{task}}\right] \times 100$ [%]으로 구한다.

　• E_{max}는 8시간 작업에 적합한 작업량으로 육체적 작업능력(PWC)의 1/3에 해당한다.
　• E_{rest}는 휴식 대사량이다.
　• E_{task}는 해당 작업 대사량이다.

---

16 ─────● Repetitive Learning ⌈1회⌉⌈2회⌉⌈3회⌉

보건관리자가 보건관리업무에 지장이 없는 범위 내에서 다른 업무를 겸할 수 있는 사업장은 상시근로자 몇 명 미만에서 가능한가?

① 100명 　　　　　　② 200명
③ 300명 　　　　　　④ 500명

해설

• 상시근로자 300명 이상을 사용하는 사업장은 보건관리자가 보건관리자의 업무에 전담해야 한다.

∷ 보건관리자 겸업 불가능 조건

• 상시근로자 300명 이상을 사용하는 사업장

1701

17 ─────● Repetitive Learning ⌈1회⌉⌈2회⌉⌈3회⌉

산업재해가 발생할 급박한 위험이 있거나 중대재해가 발생하였을 경우 취하는 행동으로 적합하지 않은 것은?

① 근로자는 직상급자에게 보고한 후 해당 작업을 즉시 중지시킨다.
② 사업주는 즉시 작업을 중지시키고 근로자를 작업장소로부터 대피시켜야 한다.
③ 고용노동부 장관은 근로감독관 등으로 하여금 안전·보건진단이나 그 밖의 필요한 조치를 하도록 할 수 있다.
④ 사업주는 급박한 위험에 대한 합리적인 근거가 있을 경우에 작업을 중지하고 대피한 근로자에게 해고 등의 불리한 처우를 해서는 안 된다.

해설

• 일단 재해와 관련된 기계부터 정지시킨 후 재해자 구호에 들어가야 한다. 구급자 긴급조치 후에 상급자에게 보고한다.

∷ 재해발생 시 조치사항

• 재해발생 시 모든 사항에 우선하여 재해자에 대한 응급조치를 취해야 한다.
• 긴급조치 → 재해조사 → 원인분석 → 대책수립의 순을 따른다.
• 긴급조치 과정은 재해 발생 기계의 정지 → 재해자의 구조 및 응급조치 → 상급 부서의 보고 → 2차 재해의 방지 → 현장 보존 순으로 진행한다.

0603 / 0903 / 1102 / 2001

18 ─────● Repetitive Learning ⌈1회⌉⌈2회⌉⌈3회⌉

산업위생전문가의 윤리강령 중 "전문가로서의 책임"과 가장 거리가 먼 것은 무엇인가?

① 기업체의 기밀은 누설하지 않는다.
② 과학적 방법의 적용과 자료의 해석에서 객관성을 유지한다.
③ 근로자, 사회 및 전문 직종의 이익을 위해 과학적 지식은 공개하거나 발표하지 않는다.
④ 전문적 판단이 타협에 의하여 좌우될 수 있는 상황에는 개입하지 않는다.

- 산업위생전문가는 전문가로서의 책임에 있어서 근로자, 사회 및 전문 직종의 이익을 위해 과학적 지식을 공개하고 발표하여야 한다.

산업위생전문가의 윤리강령 중 산업위생전문가로서의 책임
- 산업위생 활동을 통해 얻은 개인 및 기업의 정보는 누설하지 않는다.
- 전문적 판단이 타협에 의하여 좌우될 수 있거나 이해관계가 있는 상황에는 개입하지 않는다.
- 쾌적한 작업환경을 만들기 위해 산업위생이론을 적용하고 책임 있게 행동한다.
- 성실성과 학문적 실력 면에서 최고 수준을 유지한다.
- 과학적 방법의 적용과 자료의 해석에 객관성을 유지한다.
- 전문분야로서의 산업위생을 학문적으로 발전시킨다.
- 근로자, 사회 및 전문 직종의 이익을 위해 과학적 지식을 공개하고 발표한다.

- 처리 전의 흡음량은 1,200[sabins], 처리 후의 흡음량은 1,200 + 2,400 = 3,600[sabins]이다.
- 대입하면 $NR = 10\log\dfrac{3,600}{1,200} = 4.771\cdots[dB]$이다.

흡음에 의한 소음감소(NR : Noise Reduction) 실기 0301/0303/0501/
0503/0601/0702/1001/1002/1003/1102/1201/1301/1403/1701/1702/2102/2103
/2202
- $NR = 10\log\dfrac{A_2}{A_1}[dB]$으로 구한다.

  이때, A_1는 처리하기 전의 총 흡음량[sabins]이고, A_2는 처리한 후의 총 흡음량[sabins]이다.

0702 / 0803 / 1902 / 2103 / 2201

19 ● Repetitive Learning (1회 2회 3회)

심한 노동 후의 피로 현상으로 단기간의 휴식에 의해 회복될 수 없는 병적상태를 무엇이라 하는가?

① 곤비
② 과로
③ 전신피로
④ 국소피로

- 피로는 그 정도에 따라 3단계로 나눌 때 가장 심한 피로, 즉, 단기간의 휴식에 의해 회복될 수 없는 상태를 곤비라 한다.

피로의 정도에 따른 분류

보통피로	하루 저녁 잠을 잘 자고 나면 완전히 회복 될 수 있는 것
과로	다음 날까지도 피로상태가 계속되는 것
곤비	심한 노동 후의 피로 현상으로 단기간의 휴식에 의해 회복될 수 없는 병적상태

0802 / 2202

20 ● Repetitive Learning (1회 2회 3회)

현재 총 흡음량이 1,200sabins인 작업장의 천장에 흡음물질을 첨가하여 2,400sabins을 추가할 경우 예측되는 소음감음량(NR)은 약 몇 dB인가?

① 2.6
② 3.5
③ 4.8
④ 5.2

2과목
작업위생측정 및 평가

0702 / 0803 / 1902 / 2103 / 2201

21 ● Repetitive Learning (1회 2회 3회)

유기용제 취급 사업장의 메탄올 농도가 100.2, 89.3, 94.5, 99.8, 120.5ppm이다. 이 사업장의 기하평균 농도는 무엇인가?

① 약 100.3ppm
② 약 101.3ppm
③ 약 102.3ppm
④ 약 103.3ppm

- 기하평균은 주어진 n개의 값들을 곱해서 나온 값의 n제곱근이다.
- 주어진 값을 기하평균식에 대입하면

  $\sqrt[5]{100.2 \times 89.3 \times 94.5 \times 99.8 \times 120.5} = 100.33529\cdots$이다.

기하평균(GM) 실기 0303/0403/0502/0601/0702/0801/0803/1102/1301/
1403/1703/1801/2102
- 주어진 n개의 값들을 곱해서 나온 값의 n제곱근이다.
- $x_1, x_2, \cdots, x_n$의 자료가 주어질 때 기하평균 GM은
  $\sqrt[n]{x_1 \times x_2 \times \cdots \times x_n}$으로 구하거나 $\log GM = \dfrac{\log X_1 + \log X_2 + \cdots + \log X_n}{N}$을 역대수 취해서 구할 수 있다.
- 작업장에서 생화학적 측정치나 유해물질의 농도를 평가할 때 일반적으로 사용되는 평균치이다.
- 작업환경 중 분진의 측정 농도가 대수정규분포를 할 때 측정자료의 대표치로 사용된다.
- 인구증가율, 물가상승률, 경제성장률 등의 연속적인 변화율 데이터를 기반으로 어떤 구간에서의 평균 변화율을 구할 때 사용된다.

22 ────────● Repetitive Learning 〔1회 2회 3회〕

유사노출그룹(HEG)에 대한 설명 중 잘못된 것은 무엇인가?

① 시료채취 수를 경제적으로 하는 데 활용한다.
② 역학조사를 수행할 때 사건이 발생된 근로자가 속한 HEG
　 의 노출농도를 근거로 노출원인을 추정할 수 있다.
③ 모든 근로자의 노출정도를 추정하는데 활용하기는 어
　 렵다.
④ HEG는 조직, 공정, 작업범주 그리고 작업(업무)내용별
　 로 구분하여 설정할 수 있다.

해설
- 유사노출그룹이란 특정 유해인자에 통계적으로 유사한 농도 혹은 강도에 노출되는 근로자의 그룹으로 분류하는 것으로 모든 근로자의 노출농도를 경제적으로 평가하고자 하는데 목적이 있다.

:: 유사노출그룹(HEG) 설정　**실기** 0501/0601/0702/0901/1203/1303/1503
- 유사노출그룹이란 특정 유해인자에 통계적으로 유사한 농도 혹은 강도에 노출되는 근로자의 그룹으로 분류하는 것을 말한다.
- 모든 근로자의 노출농도를 평가하고자 하는데 목적이 있다.
- 조직, 공정, 작업범주 그리고 공정과 작업내용별로 구분하여 설정한다.
- 모든 근로자를 유사한 노출그룹별로 구분하고 그룹별로 대표적인 근로자를 선택하여 측정하면 측정하지 않은 근로자의 노출농도까지도 추정할 수 있다.
- 유사노출그룹 설정을 위한 목적 중 시료채취수를 경제적으로 하기 위함도 있다.

23 ────────● Repetitive Learning 〔1회 2회 3회〕

용접 작업자의 노출수준을 침착되는 부위에 따라 호흡성, 흉곽성, 흡입성 분진으로 구분하여 측정하고자 한다면 준비해야 할 측정 기구로 가장 적절한 것은 무엇인가?

① 임핀저　　　　　　　② Cyclone
③ Cascade Impactor　　④ 여과집진기

해설
- 임핀저(Impinger)는 액체에 공기 중 가스상의 물질을 흡수하여 채취하는 기구이다.
- 사이클론(Cyclone)은 호흡성 먼지를 채취하는 원심력 집진장치이다.
- 여과집진기는 함진가스가 여과재를 통과할 때 여과재가 장벽으로 작용하여 함진가스에서 먼지를 제거하는 장치이다.

:: 직경분립충돌기(Cascade Impactor)　**실기** 0701/1003/1302
　㉠ 개요 및 특징
- 호흡성, 흉곽성, 흡입성 분진 입자의 관성력에 의해 충돌기의 표면에 충돌하여 채취하는 채취기구이다.
- 공기가 옆에서 유입되지 않도록 각 충돌기의 철저한 조립과 장착이 필요하다.
- 호흡성, 흉곽성, 흡입성 입자의 크기별 분포와 농도를 계산할 수 있다.
- 호흡기의 부분별로 침착된 입자크기의 자료를 추정할 수 있다.
- 입자의 질량 크기 분포를 얻을 수 있다.
　㉡ 단점
- 시료 채취가 까다롭고 비용이 많이 든다.
- 되튐으로 인한 시료의 손실이 일어날 수 있다.
- 채취 준비에 시간이 많이 걸리며 경험이 있는 전문가가 철저한 준비를 통하여 측정하여야 한다.
- 공기가 유입되지 않도록 각 충돌기의 철저한 조립과 장착이 필요하다.

1102
24 ────────● Repetitive Learning 〔1회 2회 3회〕

2차 표준기구 중 일반적 사용범위가 10~150L/분, 정확도는 ±1%, 주 사용장소가 현장인 것은 무엇인가?

① 열선기류계　　　　　② 건식가스미터
③ 피톳튜브　　　　　　④ 오리피스미터

해설
- ③은 1차 표준기구이다.
- 2차 표준기기 중 현장에서 주로 사용되는 기기는 건식가스미터이고, 실험실에서 주로 사용되는 기기는 습식테스트미터이다.

:: 표준기구들의 특징
　㉠ 1차 표준기구
- 폐활량계(Spirometer)는 폐기능을 검사와 1차 용량 표준으로 사용하는 1차 표준기구이다.
- 가스치환병은 정확도가 높아 실험실에서 주로 사용하는 1차 표준기구이다.
- 펌프의 유량을 보정하는 데 1차 표준으로서 비누거품미터가 가장 널리 사용된다.
- 흑연피스톤미터는 공기시료 채취 시 공기유량과 용량을 보정하는 표준기구이다.
　㉡ 2차 표준기구
- 건식가스미터는 일반적 사용범위가 10~150L/분이고 정확도는 ±1%이며 주로 현장에서 사용된다.
- 습식테스트미터는 일반적 사용범위가 0.5~230L/분이고 정확도는 ±0.5%이며 실험실에서 주로 사용된다.

25 ────── Repetitive Learning (1회 2회 3회)

일정한 부피조건에서 압력과 온도가 비례한다는 표준 가스에 대한 법칙은?

① 보일 법칙
② 샤를 법칙
③ 게이－루삭 법칙
④ 라울 법칙

해설

- 보일 법칙은 온도와 몰수가 일정할 때, 기체의 부피는 압력에 반비례함을 증명한다.
- 샤를 법칙은 압력과 몰수가 일정할 때, 기체의 부피는 온도에 비례함을 증명한다.
- 라울의 법칙은 증기의 각 성분의 부분압은 용액의 분압과 평형을 이룬다는 것을 증명한다.

∷ 기체 반응의 법칙(게이－루삭 법칙)
- 기체들의 화학반응에서 같은 온도와 같은 압력에서 반응 기체와 생성 기체의 부피는 일정한 정수가 성립한다는 법칙이다.
- 일정한 부피조건에서 압력과 온도가 비례한다는 표준 가스에 대한 법칙이다.
- 산소와 수소가 반응해서 수증기를 생성할 때의 부피의 비는 1:2:2의 관계를 갖는다.($O_2 + 2H_2 \rightarrow 2H_2O$)

26 ────── Repetitive Learning (1회 2회 3회)

통계집단의 측정값들에 대한 균일성과 정밀성의 정도를 표현하는 것으로 평균값에 대한 표준편차의 크기를 백분율로 나타낸 것은?

① 정확도
② 변이계수
③ 신뢰편차율
④ 신뢰한계율

해설

- 평균값에 대한 표준편차의 크기를 백분율[%]로 나타낸 것은 변이계수이다.

∷ 변이계수(Coefficient of Variation) 실기 0501/0602/0702/1003
- 평균값에 대한 표준편차의 크기를 백분율[%]로 나타낸 것이다.
- 변이계수는 $\frac{표준편차}{산술평균} \times 100$으로 구한다.
- 측정단위와 무관하게 독립적으로 산출된다.
- 단위가 서로 다른 집단이나 특성값의 상호 산포도를 비교하는 데 이용한다.
- 통계집단의 측정값들에 대한 균일성, 정밀성 정도를 표현하는 것이다.
- 평균값의 크기가 0에 가까울수록 변이계수의 의의가 작아지는 단점이 있다.

27 ────── Repetitive Learning (1회 2회 3회)

유기용제인 trichloroethylene의 근로자 노출농도를 측정하고자 한다. 과거의 노출농도를 조사해 본 결과 평균 30ppm이었으며 활성탄 관(100mg/50mg)을 이용하여 0.20ℓ/분으로 채취하였다. trichloroethylene의 분자량은 131.39이고 가스크로마토그래피의 정량한계는 시료 당 0.5mg이라면 채취해야 할 최소한의 시간은?(단, 1기압, 25℃ 기준)

① 약 52분
② 약 34분
③ 약 22분
④ 약 16분

해설

- 30ppm을 세제곱미터당 밀리그램(mg/m^3)으로 변환하면 $\frac{30 \times 131.39}{24.45} = 161.2147\cdots mg/m^3$이다.
- 평균농도가 $161.21mg/m^3$인 곳에서 정량한계가 0.5mg인 활성탄 관으로 분당 0.2L$(0.2 \times 10^{-3}m^3)$의 속도로 채취할 때 걸리는 시간은 $161.21mg/m^3 = \frac{0.5mg}{0.2 \times 10^{-3}m^3/분 \times x분}$으로 구할 수 있다.
- x를 기준으로 정리하면 $\frac{0.5}{0.2 \times 10^{-3} \times 161.21} = 15.5077\cdots$가 되므로 약 16분이 된다.

∷ 노출기준
- 화학적 인자의 가스, 증기, 분진, 흄(fume), 미스트(mist) 등의 농도는 피피엠(ppm) 또는 세제곱미터당 밀리그램(mg/m^3)으로 표시한다. 다만, 석면의 농도 표시는 세제곱센티미터당 섬유개수(개/cm^3)로 표시한다.
- 피피엠(ppm)과 세제곱미터당 밀리그램(mg/m^3)간의 상호 농도변환은 노출기준(mg/m^3) = $\frac{노출기준(ppm) \times 그램분자량}{24.45(25℃, 1기압 기준)}$으로 구한다.
- 소음수준의 측정단위는 데시벨[dB(A)]로 표시한다.
- 고열(복사열 포함)의 측정단위는 습구흑구온도지수(WBGT)를 구하여 섭씨온도(℃)로 표시한다.

28 ────── Repetitive Learning (1회 2회 3회)

다음 중 검지관법의 특성으로 가장 거리가 먼 것은 무엇인가?

① 색변화가 시간에 따라 변하므로 제조자가 정한 시간에 읽어야 한다.
② 산업위생전문가의 지도 아래 사용되어야 한다.
③ 특이도가 낮다.
④ 다른 방해물질의 영향을 받지 않아 단시간 측정이 가능하다.

해설

- 특이도가 낮아 다른 방해물질의 영향을 받기 쉬워 오차가 크다.

검지관법의 특성

ⓐ 개요
- 오염물질의 농도에 비례한 검지관의 변색층 길이를 읽어 농도를 측정하는 방법과 검지관 안에서 색변화와 표준 색표를 비교하여 농도를 결정하는 방법이 있다.

ⓑ 장·단점 [실기] 1803/2101

장점	• 사용이 간편하고 복잡한 분석실 분석이 필요 없다. • 맨홀, 밀폐공간에서의 산소가 부족하거나 폭발성 가스로 인하여 안전이 문제가 될 때 유용하게 사용될 수 있다. • 숙련된 산업위생전문가가 아니더라도 어느 정도만 숙지하면 사용할 수 있다. • 반응시간이 빨라서 빠른 시간에 측정결과를 알 수 있다.
단점	• 민감도가 낮아 비교적 고농도에만 적용이 가능하다. • 특이도가 낮아 다른 방해물질의 영향을 받기 쉬워 오차가 크다. • 검지관은 한 가지 물질에 반응할 수 있도록 제조되어 있어 측정대상물질의 동정이 되어있어야 한다. • 색변화가 시간에 따라 변하므로 제조자가 정한 시간에 읽어야 한다. • 색변화가 선명하지 않아 주관적으로 읽을 수 있어 판독자에 따라 변이가 심하다.

30 ——————• Repetitive Learning [1회] [2회] [3회]

어떤 유해 작업장에 일산화탄소(CO)가 표준상태(0℃, 1기압)에서 15ppm 포함되어 있다. 이 공기 1Sm³ 중에 CO는 몇 μg 포함되어 있는가?

① 약 $9,200\mu g/\text{Sm}^3$
② 약 $10,800\mu g/\text{Sm}^3$
③ 약 $17,500\mu g/\text{Sm}^3$
④ 약 $18,800\mu g/\text{Sm}^3$

해설

- 0℃, 1기압에서 ppm 단위를 mg/m^3으로 변환하려면 ppm×(분자량/22.4)이다. 즉, 0℃, 1기압 조건에서의 부피를 Sm³으로 표시한다.
- 주어진 일산화탄소의 양은 15ppm이고, 일산화탄소의 분자량은 12+16=28이다.
- 주어진 값을 대입하면 $15 \times \left(\dfrac{28}{22.4}\right) = 18.75[mg/m^3]$인데 단위를 μg를 구하라고 했으므로 1,000을 곱해주면 된다. 즉, 18,750 $[\mu g/Sm^3]$이 된다.

ppm 단위의 mg/m^3으로 변환

- ppm 단위를 mg/m^3으로 변환하려면 $\dfrac{\text{ppm×분자량}}{\text{기체부피}}$이다.
- 24.45는 표준상태(25도, 1기압)에서 기체의 부피이다.
- 온도가 다를 경우 $24.45 \times \dfrac{273+\text{온도}}{273+25}$로 기체의 부피를 구한다.

29 ——————• Repetitive Learning [1회] [2회] [3회]

가스상 물질 측정을 위한 흡착제인 다공성 중합체에 관한 설명으로 올바르지 않은 것은?

① 활성탄보다 비표면적이 작다.
② 특별한 물질에 대한 선택성이 좋은 경우가 있다.
③ 대부분의 다공성 중합체는 스티렌, 에틸비닐벤젠 혹은 디비닐벤젠 중 하나와 극성을 띤 비닐화합물과의 공중합체이다.
④ 활성탄보다 흡착용량과 반응성이 크다.

해설

- 다공성 중합체는 활성탄보다 비표면적, 흡착용량, 반응성이 작다.

다공성 중합체

- 대부분의 다공성 중합체는 스티렌, 에틸비닐벤젠 혹은 디비닐벤젠 중 하나와 극성을 띤 비닐화합물과의 공중합체이다.
- 상품명으로는 Tenax tube, XAD tube 등이 있다.
- 활성탄보다 비표면적, 흡착용량, 반응성이 작다.
- 특별한 물질에 대한 선택성이 좋은 경우가 있다.

31 ——————• Repetitive Learning [1회] [2회] [3회]

어느 작업장에 소음발생 기계 4대가 설치되어 있다. 1대 가동 시 소음 레벨을 측정한 결과 82dB을 얻었다면 4대 동시 작동 시 소음 레벨은?(단, 기타 조건은 고려하지 않음)

① 89dB
② 88dB
③ 87dB
④ 86dB

해설

- 82dB(A)의 소음 4개가 만드는 합성소음은 $10\log(10^{8.2} \times 4) = 88.020\cdots$dB(A)이 된다.

합성소음 [실기] 0401/0801/0901/1403/1602

- 동일한 공간 내에서 2개 이상의 소음원에 대한 소음이 발생할 때 전체 소음의 크기를 말한다.
- 합성소음[dB(A)] = $10\log(10^{\frac{SPL_1}{10}} + \cdots + 10^{\frac{SPL_4}{10}})$으로 구할 수 있다.
  이때, $SPL_1, \cdots, SPL_4$는 개별 소음도를 의미한다.

32 ———• Repetitive Learning 〔1회 2회 3회〕

온열조건을 평가하는데 습구흑구온도지수(WBGT)를 사용한다. 태양광이 내리쬐는 옥외에서 측정결과가 다음과 같은 경우라 가정한다면 습구흑구온도지수(WBGT)는?

> 건구온도 : 30℃, 자연습구온도 : 32℃, 흑구온도 : 52℃

① 33.3℃

② 35.8℃

③ 37.2℃

④ 38.3℃

해설

- 일사가 영향을 미치는 옥외에서는 건구온도인 dB를 반영하여 WBGT가 결정되므로 WBGT=0.7NWT+0.2GT+0.1DT이다. 주어진 값을 반영하면 WBGT=0.7×32+0.2×52+0.1×30=22.4+10.4+3=35.8℃이다.

∷ 습구흑구온도(WBGT : Wet Bulb Globe Temperature) 지수

ㄱ 개요

- 건구온도, 습구온도 및 흑구온도에 비례하며, 열중증 예방을 위해 고온에서의 작업휴식시간비를 결정하는 지표로 더위지수라고도 한다.
- 표시단위는 섭씨온도(℃)로 표시하며, WBGT가 높을수록 휴식시간이 증가되어야 한다.
- 미국국립산업안전보건연구원(NIOSH)뿐만 아니라 국내에서도 습구흑구온도를 측정하고 지수를 산출하여 평가에 사용한다.
- 과거에 쓰이던 감각온도와 근사한 값인데 감각온도와 다른점은 기류를 전혀 고려하지 않았다는 점이다.

ㄴ 산출방법 **실기** 0501/0503/0602/0702/0703/1101/1201/1302/1303/ 1503/2102/2201/2202/2203

- 옥내에서는 WBGT=0.7NWT+0.3GT이다. 이때 NWT는 자연습구, GT는 흑구온도이다.(일사가 영향을 미치지 않는 옥외도 옥내로 취급한다)
- 일사가 영향을 미치는 옥외에서는 건구온도인 dB를 반영하지만 옥내에서는 일사의 영향이 없으므로 자연습구와 흑구온도만으로 WBGT가 결정된다.
- 일사가 영향을 미치는 옥외에서는 WBGT=0.7NWT+0.2GT+0.1DB이며 이때 NWT는 자연습구, GT는 흑구온도, DB는 건구온도이다.

1003

33 ———• Repetitive Learning 〔1회 2회 3회〕

음원이 아무런 방해물이 없는 작업장 중앙 바닥에 설치되어 있다면 음의 지향계수(Q)는 무엇인가?

① 0

② 1

③ 2

④ 4

해설

- 반사면이 바닥으로 1개 면을 접하는 경우로 음의 지향계수는 2^1 즉, 2가 된다.

∷ 음원의 위치별 음의 지향계수(Q)

- 지향계수란 특정 방향에 대한 음의 지향도를 의미한다.
- 반사면의 수 n에 대한 지향계수 Q는 2^n의 값을 가진다.

자유공간	Q=1
반자유공간 바닥	Q=2
두 면을 접하는 구역	Q=4
세 면을 접하는 구역	Q=8

1103 / 2001

34 ———• Repetitive Learning 〔1회 2회 3회〕

입경이 50μm이고 입자비중이 1.32인 입자의 침강속도는? (단, 입경이 1∼50μm인 먼지의 침강속도를 구하기 위해 산업위생 분야에서 주로 사용하는 식 적용)

① 8.6cm/sec

② 9.9cm/sec

③ 11.9cm/sec

④ 13.6cm/sec

해설

- 입자의 직경과 비중이 주어졌으므로 대입하면 침강속도 $V=0.003\times1.32\times50^2=9.9cm/sec$이다.

∷ 리프만(Lippmann)의 침강속도 **실기** 0302/0401/0901/1103/1203/1502/ 1603/1902

- 스토크스의 법칙을 대신하여 산업보건분야에서 간편하게 침강속도를 구하는 식으로 많이 사용된다.

$V=0.003\times SG\times d^2$ 이다.	• V : 침강속도(cm/sec) • SG : 입자의 비중(g/cm^3) • d : 입자의 직경(μm)

0802 / 1503 / 1801 / 1903 / 2004

35 ———• Repetitive Learning 〔1회 2회 3회〕

소음의 측정시간 및 횟수의 기준에 관한 내용으로 ( )에 들어갈 것으로 옳은 것은?(단, 고용노동부 고시를 기준으로 한다)

> 단위작업 장소에서의 소음발생시간이 6시간 이내인 경우나 소음발생원에서의 발생시간이 간헐적인 경우에는 발생시간 동안 연속 측정하거나 등간격으로 나누어 ( )회 이상 측정하여야 한다.

① 2회

② 3회

③ 4회

④ 6회

- 단위작업 장소에서의 소음발생시간이 6시간 이내인 경우나 소음 발생원에서의 발생시간이 간헐적인 경우에는 발생시간동안 연속 측정하거나 등간격으로 나누어 4회 이상 측정하여야 한다.

✿ 작업환경측정을 위한 소음측정 횟수 실기 1403

- 단위작업 장소에서 소음수준은 규정된 측정위치 및 지점에서 1 일 작업시간 동안 6시간 이상 연속 측정하거나 작업시간을 1시 간 간격으로 나누어 6회 이상 측정하여야 한다. 다만, 소음의 발생특성이 연속음으로서 측정치가 변동이 없다고 자격자 또는 지정측정기관이 판단한 경우에는 1시간 동안을 등간격으로 나누어 3회 이상 측정할 수 있다.
- 단위작업 장소에서의 소음발생시간이 6시간 이내인 경우나 소음발생원에서의 발생시간이 간헐적인 경우에는 발생시간동안 연속 측정하거나 등간격으로 나누어 4회 이상 측정하여야 한다.

0803

36 ● Repetitive Learning 1회 2회 3회

다음은 산업위생 분석 용어에 관한 내용이다. ( )안에 가장 적절한 내용은 무엇인가?

( )는(은) 검출한계가 정량분석에서 만족스런 개념을 제공 하지 못하기 때문에 검출한계의 개념을 보충하기 위해 도입되 었다. 이는 통계적인 개념보다는 일종의 약속이다.

① 변이계수　　　　② 오차한계
③ 표준편차　　　　④ 정량한계

- 검출한계가 정량분석에서 만족스런 개념을 제공하지 못하기 때문에 검출한계의 개념을 보충하기 위해 정량한계가 도입되었다.

✿ 검출한계와 정량한계

　㉠ 검출한계(LOD, Limit Of Detection)
　　- 주어진 신뢰수준에서 검출가능한 분석물의 최소질량을 말한다.
　　- 분석신호의 크기의 비에 따라 달라진다.
　㉡ 정량한계(LOQ)
　　- 분석기기가 검출할 수 있는 신뢰성을 가질 수 있는 최소 양이나 농도를 말한다.
　　- 검출한계가 정량분석에서 만족스런 개념을 제공하지 못하기 때문에 검출한계의 개념을 보충하기 위해 도입되었다.
　　- 표준편차의 10배 또는 검출한계의 3배 또는 3.3배로 정의한다.

0903 / 1702

37 ● Repetitive Learning 1회 2회 3회

Hexane의 부분압이 120mmHg이라면 VHR은 약 얼마인가? (단, Hexane의 OEL=500ppm이다)

① 271　　　　② 284
③ 316　　　　④ 343

- 발생농도는 120mmHg이고 이는 기압으로 표시하면 $\frac{120mmHg}{760mmHg} = \frac{120}{760}$이 된다.
- Hexane의 노출기준이 500ppm이므로 500×10^{-6}이다.
- 주어진 값을 대입하면 $\frac{\frac{120}{760}}{500 \times 10^{-6}} = \frac{0.15789\cdots}{0.0005\cdots} = 315.789\cdots$이다.

✿ VHR(Vapor Hazard Ratio) 실기 1401/1703/2102

- 증기화 위험비를 말한다.
- VHR은 $\frac{발생농도}{노출기준}$으로 구한다.

0602 / 0902 / 1003 / 1301 / 1401 / 1702

38 ● Repetitive Learning 1회 2회 3회

열, 화학물질, 압력 등에 강한 특성을 가지고 있어 석탄 건류 나 증류 등의 고열공정에서 발생하는 다핵방향족탄화수소를 채취하는데 이용되는 여과지는?

① 은막 여과지　　　　② PVC 여과지
③ MCE 여과지　　　　④ PTFE 여과지

- 은막 여과지는 균일한 금속은을 소결하여 만든 것으로 코크스 제 조공정에서 발생되는 코크스 오븐 배출물질을 채취하는데 이용된다.
- PVC막 여과지는 유리규산을 채취하여 X-선 회절법으로 분석하거나 공해성 먼지, 총 먼지 등의 중량분석을 위한 측정에 이용된다.
- MCE막 여과지는 납, 철, 크롬 등 금속과 석면, 유리섬유 등을 포집한다.

✿ PTFE막 여과지(테프론)

- 농약, 알칼리성 먼지, 콜타르피치 등을 채취한다.
- 열, 화학물질, 압력 등에 강한 특성이 있다.
- 석탄건류나 증류 등의 고열 공정에서 발생되는 다핵방향족 탄화수소를 채취할 때 사용된다.

39

● Repetitive Learning (1회 2회 3회)

어느 작업장에서 sampler를 사용하여 분진농도를 측정한 결과 sampling 전, 후의 filter 무게가 각각 21.3mg, 25.6mg을 얻었다. 이때 pump의 유량은 45L/min이었으며 480분 동안 시료를 채취하였다면 작업장의 분진농도는 얼마인가?

① $150\mu g/m^3$
② $200\mu g/m^3$
③ $250\mu g/m^3$
④ $300\mu g/m^3$

해설

- 공시료가 0인 경우이므로 농도 $C = \dfrac{(W-W)}{V}$ 으로 구한다.
- 포집 전 여과지의 무게는 21.3mg이고, 포집 후 여과지의 무게는 25.6mg이다.
- 대입하면 $\dfrac{25.6-21.3}{45\times480} = 0.00019907\cdots$[mg/L]인데 구하고자 하는 단위는 [$\mu g/m^3$]이므로 1000×1000을 곱하면 199.07[$\mu g/m^3$]이 된다.

⁑ 시료채취 시의 농도계산 실기 0402/0403/0503/0601/0701/0703/0801/0802/0803/0901/0902/0903/1001/1002/1101/1103/1301/1401/1502/1603/1801/1802/1901/1903/2002/2004/2101/2102/2201

- 농도 $C = \dfrac{(W-W)-(B-B)}{V}$ 로 구한다. 이때 C는 농도 [mg/m^3], W는 채취 후 여과지 무게[μg], W는 채취 전 여과지 무게[μg], B는 채취 후 공여과지 무게[μg], B는 채취 전 공여과지 무게[μg], V는 공기채취량으로 펌프의 평균유속[L/min]×시료채취시간[min]으로 구한다.
- 공시료가 0인 경우 농도 $C = \dfrac{(W-W)}{V}$ 으로 구한다.

40

● Repetitive Learning (1회 2회 3회)

다음의 여과지중 산에 쉽게 용해되므로 입자상물질 중의 금속을 채취하여 원자 흡광광도법으로 분석하는 데 적정한 것은 무엇인가?

① 은막 여과지
② PVC 여과지
③ MCE 여과지
④ 유리섬유 여과지

해설

- 은막 여과지는 균일한 금속은을 소결하여 만든 것으로 코크스 제조공정에서 발생되는 코크스 오븐 배출물질을 채취하는데 이용된다.
- PVC막 여과지는 유리규산을 채취하여 X-선 회절법으로 분석하거나 공해성 먼지, 총 먼지 등의 중량분석을 위한 측정에 이용된다.
- 유리섬유 여과지는 입자상 물질의 채취를 위한 섬유상 여과지이다.

⁑ MCE막(Mixed cellulose ester membrane filter) 여과지
실기 0301/0602/1002/1003/1103/1302/1803/2103
- 여과지 구멍의 크기는 0.45~0.8μm가 일반적으로 사용된다.
- 여과지는 산에 쉽게 용해되므로 입자상 물질 중의 금속을 채취하여 원자 흡광광도법으로 분석하거나, 시료가 여과지의 표면 또는 표면 가까운 곳에 침착되므로 석면, 유리섬유 등 현미경분석을 취한 시료채취 등에 이용된다.
- 납, 철, 크롬 등 금속과 석면, 유리섬유 등을 포집할 수 있다.
- 산업용 축전지를 제조하는 사업장에서 공기 중 납 농도를 측정하기 위해 사용할 때 사용된다.

3과목   작업환경관리대책

1002 / 1803

41

● Repetitive Learning (1회 2회 3회)

다음 중 밀어당김형 후드(push-pull hood)가 가장 효과적인 경우는?

① 오염원의 발산량이 많은 경우
② 오염원의 발산농도가 낮은 경우
③ 오염원의 발산농도가 높은 경우
④ 오염원 발산면의 폭이 넓은 경우

해설

- 푸쉬-풀 후드는 도금조와 같이 오염물질 발생원의 개방면적이 큰 작업공정에 주로 많이 사용하여 포집효율을 증가시키면서 필요유량을 대폭 감소시킬 수 있는 장점을 가진다.

⁑ 밀어당김형 후드(push-pull hood) 실기 0402/0603/1101
- 풀(Pull)형 후드와 푸시(Push) 장치를 결합하여 만들어진 후드를 말한다.
- 도금조와 같이 오염물질 발생원의 개방면적이 큰 작업공정에서 후드 반대편에 푸시에어(Push air)를 에어커튼 모양으로 밀어주어 적은 송풍량으로도 오염물질을 흡인할 수 있어 많이 사용한다.
- 포집효율을 증가시키면서 필요유량을 대폭 감소시킬 수 있는 장점을 가진다.
- 원료의 손실이 크고, 설계방법이 어려운 단점을 가진다.

42

● Repetitive Learning (1회 2회 3회)

후드의 유입계수가 0.86일 때 압력손실계수는 무엇인가?

① 약 0.25
② 약 0.35
③ 약 0.45
④ 약 0.55

해설

- 유입손실계수(F)= $\dfrac{1-C_e^2}{C_e^2}=\dfrac{1}{C_e^2}-1$ 이므로 대입하면

$$\dfrac{1}{0.86^2}-1=0.3520\cdots \text{이다.}$$

후드의 유입계수와 유입손실계수 [실기] 0502/0801/0901/1001/1102/1303/1602/1603/1903/2002/2103

- 후드에서의 압력손실이 유량의 저하로 나타나는 현상이다.
- 유입계수 C_e 가 1에 가까울수록 이상적인 후드에 가깝다.
- 유입계수는 속도압/후드정압의 제곱근으로 구할 수 있다.
- 유입계수(C_e)= $\dfrac{\text{실제적 유량}}{\text{이론적 유량}}=\dfrac{\text{실제 흡인유량}}{\text{이론 흡인유량}}=\sqrt{\dfrac{1}{1+F}}$ 으로 구한다.
- 이때 F는 후드의 유입손실계수로 $\dfrac{\triangle P}{VP}$ 즉, $\dfrac{\text{압력손실}}{\text{속도압(동압)}}$ 으로 구할 수 있다.
- 유입(압력)손실계수(F)= $\dfrac{1-C_e^2}{C_e^2}=\dfrac{1}{C_e^2}-1$ 로 구한다.

43 ——— Repetitive Learning 1회 2회 3회

용접 흄이 발생하는 공정의 작업대 면에 개구면적이 $0.6m^2$ 인 측방 외부식 테이블상 플랜지 부착 장방형 후드를 설치하였다. 제어속도가 0.4m/s, 환기량이 63.6㎥/min이라면, 제어거리는?

① 0.69m   ② 0.86m

③ 1.23m   ④ 1.52m

해설

- 작업대에 부착하며, 플랜지가 있는 경우의 외부식 후드에 해당하므로 필요 환기량 $Q=60\times0.5\times V_c(10X^2+A)$ 로 구한다.
- 대입하면 $63.6=60\times0.5\times0.4(10\times X^2+0.6)$ 에서 X 를 구하면 된다.
- $120X^2=63.6-7.2=56.40$ 이므로 $X^2=0.47$ 이고, $X=\sqrt{0.47}=0.6855\cdots$ 이다.

외부식 측방형 후드 [실기] 0401/0702/0902/1002/1502/1702/1703/1902/2103/2201

- 작업대에 부착하며, 플랜지가 있는 경우에 해당한다.
- 필요 환기량 $Q=60\times0.5\times V_c(10X^2+A)$ 로 구한다. 이때 Q 는 필요 환기량 $[m^3/min]$, V_c 는 제어속도[m/sec], A 는 개구면적 $[m^2]$, X 는 후드의 중심선으로부터 발생원까지의 거리[m]이다.

44 ——— Repetitive Learning 1회 2회 3회

A유체관의 압력을 측정한 결과, 정압이 $-18.56mmH_2O$ 이고 전압이 $20mmH_2O$ 였다. 이 유체관의 유속(m/s)은 약 얼마인가?(단, 공기밀도 1.21kg/㎥ 기준)

① 약 10   ② 약 15

③ 약 20   ④ 약 25

해설

- 속도압 VP 는 $20-(-18.56)=38.56mmH_2O$ 가 된다.
- 공기속도 $V=4.043\times\sqrt{VP}$ 에 대입하면 $V=4.043\times\sqrt{38.56}=25.1056\cdots[\text{m/s}]$ 이다.

속도압(동압) [실기] 0402/0602/0803/1003/1101/1301/1402/1502/1601/1602/1703/1802/2001/2201

- 속도압(VP)은 전압(TP)에서 정압(SP)을 뺀 값으로 구한다.
- 동압 $VP=\dfrac{\gamma V^2}{2g}[mmH_2O]$ 로 구한다. 이때 γ 는 표준공기일 경우 $1.203[kgf/m^3]$ 이며, g 는 중력가속도로 $9.81[m/s^2]$ 이다.
- $VP[mmH_2O]$ 를 알면 공기속도는 $V=4.043\times\sqrt{VP}[\text{m/s}]$ 로 구한다.

45 ——— Repetitive Learning 1회 2회 3회

호흡용 보호구에 관한 설명으로 가장 거리가 먼 것은?

① 방독마스크는 면, 모, 합성섬유 등을 필터로 사용한다.
② 방독마스크는 공기 중의 산소가 부족하면 사용할 수 없다.
③ 방독마스크는 일시적인 작업 또는 긴급용으로 사용하여야 한다.
④ 방진마스크는 비휘발성 입자에 대한 보호가 가능하다.

해설

- 방독마스크의 흡수제는 활성탄, 실리카겔, sodalime 등이 사용된다.

방독마스크

- 일시적인 작업 또는 긴급용 유해물질 중독 위험작업에 사용한다.
- 산소농도가 18% 미만인 작업장에서는 사용하면 안 된다.
- 방독마스크이 정화통은 유해물질별로 구분하여 사용하도록 되어 있다.
- 방독마스크의 흡수제는 활성탄(비극성 유기증기), 실리카겔(극성물질), sodalime 등이 사용된다.

46
• Repetitive Learning (1회 2회 3회)

양쪽 덕트 내의 정압이 다를 경우, 합류점에서 정압을 조절하는 방법인 공기조절용 댐퍼에 의한 균형유지법에 대한 설명으로 바르지 않은 것은?

① 임의로 댐퍼 조정 시 평형상태가 깨지는 단점이 있다.
② 시설 설치 후 변경하기 어려운 단점이 있다.
③ 최소 유량으로 균형유지가 가능한 장점이 있다.
④ 설계계산이 상대적으로 간단한 장점이 있다.

해설
• 댐퍼 균형유지법은 시설 설치 시 공장 내 방해물에 따른 약간의 설계 변경의 경우는 쉽게 가능하다.

🏷️ 덕트 합류 시 댐퍼를 이용한 균형유지법(저항조절평형법)
실기 0801/0802/0803/0901/1201/1301/1303/1503/1901/2102

장점	• 시설 설치 후 변경에 유연하게 대처 가능하다. • 설치 후 부적당한 배기유량 조절 가능하다. • 설계계산이 상대적으로 간단하다. • 최소유량으로 균형유지 가능하다. • 시설 설치 시 공장 내 방해물에 따른 약간의 설계 변경이 용이하다. • 임의로 유량을 조절하기 용이하다.
단점	• 임의로 댐퍼 조정시 평형상태가 깨진다. • 부분적으로 닫혀진 댐퍼의 부식, 침식 발생한다. • 시설 설치 후 균형을 맞추는 작업은 시설이 복잡해지면 매우 어렵다. • 최대 저항경로 선정이 잘못될 경우 설계 시 발견이 어렵다.

47
• Repetitive Learning (1회 2회 3회)

공장의 높이가 3m인 작업장에서 입자의 비중이 1.0이고, 직경이 1.0μm인 구형인 먼지가 바닥으로 모두 가라앉는데 걸리는 시간은 이론적으로 얼마가 되는가?

① 약 0.8시간
② 약 8시간
③ 약 18시간
④ 약 28시간

해설
• 리프만의 침강속도 공식에 대입하면 침강속도
$V = 0.003 \times 1 \times 1 = 0.003[cm/sec]$이다.
• 공장이 높이가 300cm이므로 대입하면 $\frac{300}{0.003}[sec]$가 되는데 구하는 것은 시간이므로 3,600으로 나눠주면 27.778시간이 된다.

🏷️ 가라앉는데 걸리는 시간
• 걸리는 시간은 $\frac{작업장의 높이[cm]}{침강속도[cm/sec]}[sec]$로 구한다.

48
1703
• Repetitive Learning (1회 2회 3회)

A분진의 노출기준은 10mg/m³이며 일반적으로 반면형 마스크의 할당보호계수(APF)는 10일 때, 반면형 마스크를 착용할 수 있는 작업장 내 A분진의 최대 농도는 얼마인가?

① 1mg/m³
② 10mg/m³
③ 50mg/m³
④ 100mg/m³

해설
• 주어진 값을 대입하면 MUC = 10mg/m³ × 10 = 100mg/m³이다.

🏷️ 최대사용농도(MUC : Maximum Use Concentration)
• 근로자가 어떤 호흡보호구를 착용하였을 때 보호를 해 주면서 사용할 수 있는 공기 중 최대사용농도를 말한다.
• MUC = 노출기준 × APF(할당보호계수)로 구한다.

49
0702
• Repetitive Learning (1회 2회 3회)

덕트 설치의 주요원칙으로 바르지 않은 것은?

① 밴드(구부러짐)의 수는 가능한 한 적게 하도록 한다.
② 구부러짐 전, 후에는 청소구를 만든다.
③ 공기 흐름은 상향구배를 원칙으로 한다.
④ 덕트는 가능한 한 짧게 배치하도록 한다.

해설
• 덕트는 공기가 아래로 흐르도록 하향구배를 원칙으로 한다.

🏷️ 덕트 설치 시 고려사항 **실기** 1301
• 가능하면 길이는 짧게 하고 굴곡부의 수는 적게 한다.
• 접속부의 안쪽은 돌출된 부분이 없도록 한다.
• 공기가 아래로 흐르도록 하향구배를 원칙으로 한다.
• 구부러짐 전 · 후에는 청소구를 만든다.
• 덕트 내부에 오염물질이 쌓이지 않도록 이송속도를 유지한다.
• 직경이 다른 덕트를 연결할 때는 경사 30° 이내의 테이퍼를 부착한다.
• 덕트의 직경이 15cm 미만인 경우 새우등 곡관 3개 이상, 덕트의 직경이 15cm 이상인 경우 새우등 곡관 5개 이상을 사용한다.
• 곡관의 중심선 곡률반경은 최대 덕트 직경의 2.5배 내외가 되도록 한다.
• 송풍기를 연결할 때는 최소 덕트 직경의 6배 정도는 직선구간으로 한다.
• 가급적 원형덕트를 사용하여 부득이 사각형 덕트를 사용할 경우는 가능한 한 정방형을 사용한다.
• 수분이 응축될 경우 덕트 내로 들어가지 않도록 하며 경사나 배수구를 마련한다.

50

Repetitive Learning 1회 2회 3회

원심력 송풍기의 종류 중 전향 날개형 송풍기에 관한 설명으로 옳지 않은 것은?

① 다익형 송풍기라고도 한다.

② 큰 압력손실에도 송풍량의 변동이 적은 장점이 있다.

③ 송풍기의 임펠러가 다람쥐 쳇바퀴 모양이며, 송풍기 깃이 회전방향과 동일한 방향으로 설계되어 있다.

④ 동일 송풍량을 발생시키기 위한 임펠러 회전속도가 상대적으로 낮아 소음문제가 거의 발생하지 않는다.

해설

• 큰 압력손실에서 송풍량이 급격하게 떨어지는 단점이 있다.

:: 전향 날개형 송풍기

- 다익형 송풍기라고도 한다.
- 송풍기의 임펠러가 다람쥐 쳇바퀴 모양이며, 송풍기 깃이 회전방향과 동일한 방향으로 설계되어 있다.
- 동일 송풍량을 발생시키기 위한 임펠러 회전속도가 상대적으로 낮아 소음문제가 거의 발생하지 않는다.
- 이송시켜야 할 공기량은 많으나 압력손실이 작게 걸리는 전체 환기나 공기조화용으로 널리 사용된다.
- 강도가 크게 요구되지 않기 때문에 적은 비용으로 제작 가능하다.
- 큰 압력손실에서 송풍량이 급격하게 떨어지는 단점이 있다.

51

Repetitive Learning 1회 2회 3회

송풍기의 송풍량이 $4.17 \text{m}^3/\text{sec}$이고 송풍기 전압이 $300 \text{mmH}_2\text{O}$인 경우 소요동력은 약 몇 kW인가?(단, 송풍기 효율은 0.85이다)

① 5.8   ② 14.4

③ 18.2   ④ 20.6

해설

• 송풍량이 초당으로 주어질 때 $\dfrac{송풍량 \times 60 \times 전압}{6,120 \times 효율} \times 여유율$[kW]로 구한다.

• 대입하면 $\dfrac{4.17 \times 60 \times 300}{6,120 \times 0.85} = 14.429 \cdots$가 된다.

:: 송풍기의 소요동력 실기 0402/0403/0602/0603/0901/1101/1201/1402/1501/1601/1802/1903

- 송풍량이 초당으로 주어질 때 $\dfrac{송풍량 \times 60 \times 전압}{6,120 \times 효율} \times 여유율$[kW]로 구한다.

• 송풍량이 분당으로 주어질 때 $\dfrac{송풍량 \times 전압}{6,120 \times 효율} \times 여유율$[kW]로 구한다.

• 여유율이 주어지지 않을 때는 1을 적용한다.

52

Repetitive Learning  1회 2회 3회

귀덮개의 장점을 모두 짝지은 것으로 가장 올바른 것은 무엇인가?

⊙ 귀마개보다 쉽게 착용할 수 있다.
ⓒ 귀마개보다 일관성 있는 차음효과를 얻을 수 있다.
ⓒ 크기를 여러 가지로 할 필요가 없다.
ⓔ 착용여부를 쉽게 확인할 수 있다.

① ⊙, ⓒ, ⓔ   ② ⊙, ⓒ, ⓒ

③ ⊙, ⓒ, ⓔ   ④ ⊙, ⓒ, ⓒ, ⓔ

해설

• 모두 귀덮개의 장점에 해당한다.

:: 귀마개와 귀덮개의 비교 실기 1603/1902/2001

귀마개	귀덮개
• 좁은 장소에서도 사용이 가능하다.	• 간헐적 소음 노출 시 사용한다.
• 고온 작업 장소에서도 사용이 가능하다.	• 쉽게 착용할 수 있다.
• 부피가 작아서 휴대하기 편리하다.	• 일관성 있는 차음효과를 얻을 수 있다.
• 다른 보호구와 동시 사용할 때 편리하다.	• 크기를 여러 가지로 할 필요가 없다.
• 외청도를 오염시킬 수 있으며, 외청도에 이상이 없는 경우에 사용이 가능하다.	• 착용여부를 쉽게 확인할 수 있다.
• 제대로 착용하는 데 시간은 걸린다.	• 귀에 염증이 있어도 사용할 수 있다.

53

Repetitive Learning 1회 2회 3회

다음 중 비극성용제에 대한 효과적인 보호장구의 재질로 가장 옳은 것은?

① 면   ② 천연고무

③ Nitrile 고무   ④ Butyl 고무

해설

• 면은 고체상 물질에 효과적이다.
• 천연고무와 부틸고무는 극성 용제에 효과적이다.

보호구 재질과 적용 물질

면	고체상 물질에 효과적이다.(용제에는 사용 못함)
가죽	찰과상 예방 용도(용제에는 사용 못함)
천연고무	절단 및 찰과상 예방에 좋으며 수용성 용액, 극성 용제(물, 알콜, 케톤류 등)에 효과적이다.
부틸 고무	극성 용제(물, 알콜, 케톤류 등)에 효과적이다.
니트릴 고무 (viton)	비극성 용제(벤젠, 사염화탄소 등)에 효과적이다.
네오프렌 (Neoprene) 고무	비극성 용제(벤젠, 사염화탄소 등), 산, 부식성 물질에 효과적이다.
Ethylene Vinyl Alcohol	대부분의 화학물질에 효과적이다.

필요 환기량 실기 0401/0502/0601/0602/0603/0703/0801/0803/0901/0903/1001/1002/1101/1201/1302/1403/1501/1601/1602/1702/1703/1801/1803/1903/2001/2003/2004/2101/2201

- 후드로 유입되는 오염물질을 포함한 공기량을 말한다.
- 필요 환기량 Q=A·V로 구한다. 여기서 A는 개구면적, V는 제어속도이다.
- 공기 중에 계속 오염물질이 발생하고 있는 경우의 필요환기량 Q=$\frac{G \times K}{TLV}$로 구한다. 이때 G는 공기 중에 발생하고 있는 오염물질의 용량, TLV는 허용기준, K는 여유계수이다.

54 ● Repetitive Learning 1회 2회 3회

21℃, 1기압의 어느 작업장에서 톨루엔과 이소프로필알코올을 각각 100g/h씩 사용(증발)할 때, 필요 환기량(m^3/h)은? (단, 두 물질은 상가작용을 하며, 톨루엔의 분량량은 92, TLV는 50ppm, 이소프로필알코올의 분자량은 60, TLV는 200ppm이고, 각 물질의 여유계수는 10으로 동일하다)

① 약 6,250
② 약 7,250
③ 약 8,650
④ 약 9,150

해설

- 공기 중에 계속 오염물질이 발생하고 있는 경우의 필요환기량 Q=$\frac{G \times K}{TLV}$로 구하며, 두 물질간의 화학작용이 없으므로 환기량의 합을 구하는 문제이다.
- 공기 중에 발생하고 있는 톨루엔 물질의 용량은 0℃, 1기압에 1몰당 22.4L인데 현재 21℃라고 했으므로 $22.4 \times \frac{294}{273}=24.12 \cdots$L이므로 100g은 $\frac{100}{92}=1.086 \cdots$몰이므로 26.22L/hr이 발생한다.
- TLV는 50ppm이고 이는 50mL/m^3이므로 필요환기량 Q=$\frac{26.22 \times 1,000 \times 10}{50}=5,244 m^3$/ hr이 된다.
- 공기 중에 발생하고 있는 이소프로필 알콜의 용량은 0℃, 1기압에 1몰당 22.4L인데 현재 21℃라고 했으므로 $22.4 \times \frac{294}{273}=24.12 \cdots$L이므로 100g은 $\frac{100}{60}=1.66 \cdots$몰이므로 40.2L/hr이 발생한다.
- TLV는 200ppm이고 이는 200mL/m^3이므로 필요환기량 Q=$\frac{40.2 \times 1,000 \times 10}{200}=2,010 m^3$/ hr이 된다.
- 두 물질의 환기량 합은 5,244+2,010=7254m^3/hr가 된다.

55 ● Repetitive Learning 1회 2회 3회

덕트(Duct)의 직경 환산 시 폭 a, 길이 b인 각관과 유체학적으로 등가인 원관의 직경 D의 계산식은 무엇인가?

① D = $\frac{ab}{2(a+b)}$
② D = $\frac{2ab}{a+b}$
③ D = $\frac{2(a+b)}{ab}$
④ D = $\frac{a+b}{2ab}$

해설

- 상당직경 D = $\frac{2ab}{a+b}$로 구한다.

상당직경

- 덕트(Duct)의 직경 환산 시 폭 a, 길이 b인 각관과 유체학적으로 등가인 원관의 직경 D를 말한다.
- 상당직경 D = $\frac{2ab}{a+b}$로 구한다.

56 ● Repetitive Learning 1회 2회 3회

강제환기를 실시하는 데 환기효과를 제고시킬 수 있는 필요 원칙 모두를 올바르게 짝지은 것은 무엇인가?

> ㉠ 배출구가 창문이나 문 근처에 위치하지 않도록 한다.
> ㉡ 배출공기를 보충하기 위하여 청정공기를 공급한다.
> ㉢ 공기배출구와 근로자의 작업 위치 사이에 오염원이 위치해야 한다.
> ㉣ 오염물질 배출구는 오염원으로부터 가까운 곳에 설치하여 점환기 현상을 방지한다.

① ㉠, ㉡, ㉢
② ㉠, ㉡, ㉣
③ ㉠, ㉡
④ ㉠, ㉡, ㉢, ㉣

- 오염물질 배출구는 가능한 한 오염원으로부터 가까운 곳에 설치하여 점 환기효과를 얻어야 한다.

❖ 강제환기를 실시하는 데 환기효과를 제고시킬 수 있는 필요 원칙
실기 1201/1402/1703/2001/2202

- 오염물질 사용량을 조사하여 필요 환기량을 계산한다.
- 배출공기를 보충하기 위하여 청정공기를 공급할 수 있다.
- 오염물질 배출구는 가능한 한 오염원으로부터 가까운 곳에 설치하여 점환기 효과를 얻는다.
- 공기배출구와 근로자의 작업 위치 사이에 오염원이 위치하여야 한다.
- 공기가 배출되면서 오염장소를 통과하도록 공기배출구와 유입구의 위치를 선정한다.
- 건물 밖으로 배출된 오염공기가 다시 건물 안으로 유입되지 않도록 배출구 높이를 적절히 설계하고 창문이나 문 근처에 위치하지 않도록 한다.
- 오염원 주위에 다른 작업공정이 있으면 공기배출량을 공급량보다 약간 크게 하여 음압을 형성하여 주위 근로자에게 오염물질이 확산되지 않도록 한다.

0803 / 1902

57 ——— Repetitive Learning 1회 2회 3회

체적이 $1,000m^3$이고 유효환기량이 $50m^3$/min인 작업장에 메틸클로로포름 증기가 발생하여 100ppm의 상태로 오염되었다. 이 상태에서 증기 발생이 중지되었다면 25ppm까지 농도를 감소시키는 데 걸리는 시간은?

① 약 17분
② 약 28분
③ 약 32분
④ 약 41분

- 작업장의 기적은 $1,000m^3$이다.
- 유효환기량이 $50m^3$/min, C_1이 100, C_2가 25이므로 대입하면
$t = -\dfrac{1,000}{50}ln\left(\dfrac{25}{100}\right) = 27.726$[min]이다.

❖ 유해물질의 농도를 감소시키기 위한 환기
  ㉠ 농도 C_1에서 C_2까지 농도를 감소시키는데 걸리는 시간 실기
    0302/0403/0602/0603/0902/1103/1301/1303/1702/1703/1802/2102

- 감소시간 $t = -\dfrac{V}{Q}ln\left(\dfrac{C_2}{C_1}\right)$로 구한다. 이때 V는 작업장 체적[m^3], Q는 공기의 유입속도[m^3/min], C_2는 희석후 농도[ppm], C_1은 희석전 농도[ppm]이다.

  ㉡ 작업을 중지한 후 t분 지난 후 농도 C_2 실기 1102/1903

- t분이 지난 후의 농도 $C_2 = C_1 \cdot e^{-\frac{Q}{V}t}$로 구한다.

---

58 ——— Repetitive Learning 1회 2회 3회

20℃의 공기가 직경 10cm인 원형 관 속을 흐르고 있다. 층류로 흐를 수 있는 최대 유량은?(단, 층류로 흐를 수 있는 임계 레이놀드수 Re = 2,100, 공기의 동점성계수 ν = 1.50 $\times10^{-5}m^2$/s이다)

① $0.318m^3$/min
② $0.228m^3$/min
③ $0.148m^3$/min
④ $0.078m^3$/min

- 레이놀즈의 수 Re = 2,100, $\nu = 1.50\times10^{-5}m^2$/s, 관의 내경 L = 0.1m이 주어졌으므로 공기의 속도를 구할 수 있다.
$Re = \dfrac{v_s L}{\nu}$에서 $v_s = \dfrac{Re\times\nu}{L} = \dfrac{2,100\times1.50\times10^{-5}}{0.1} = 0.315$m/s 이다.

- 유량은 관의 단면적×속도이므로 관의 단면적은 $\dfrac{\pi D^2}{4}$ m^2이므로 대입하면 $\dfrac{\pi\times0.1^2}{4}$ m^2이다.

  유량은 $\dfrac{\pi\times0.1^2}{4}\times0.315 = 0.00247\cdots m^3$/sec이다.

- 문제에서는 분당의 유량을 구하고 있으므로 60을 곱해주면 $0.14844\cdots m^3$/min가 된다.

❖ 레이놀즈(Reynolds)수 계산 실기 0303/0403/0502/0503/0603/0702/1001/1201/1203/1301/1401/1601/1702/1801/1901/1902/1903/2001/2101/2103/2201/2203

- $Re = \dfrac{\rho v_s^2/L}{\mu v_s/L^2} = \dfrac{\rho v_s L}{\mu} = \dfrac{v_s L}{\nu} = \dfrac{관성력}{점성력}$로 구할 수 있다.
  v_s는 유동의 평균속도[m/s]
  L은 특성길이(관의 내경, 평판의 길이 등)[m]
  μ는 유체의 점성계수[kg/sec · m]
  ν는 유체의 동점성계수[m^2/s]
  ρ는 유체의 밀도[kg/m^3]

1902

59 ——— Repetitive Learning 1회 2회 3회

다음은 분진발생 작업환경에 대한 대책이다. 옳은 것을 모두 고른 것은?

㉠ 연마작업에서는 국소배기장치가 필요하다.
㉡ 암석 굴진작업, 분쇄작업에서는 연속적인 살수가 필요하다.
㉢ 샌드블라스팅에 사용되는 모래를 철사(鐵砂)나 금강사(金剛砂)로 대치한다.

① ㉠, ㉡
② ㉡, ㉢
③ ㉠, ㉢
④ ㉠, ㉡, ㉢

- ⊙은 비산방지, ⓛ과 ⓒ은 발진의 방지대책에 해당한다.

∷ 분진 대책 실기 1603/1902/2103
- 발진방지를 위해서 생산기술의 변경 및 개량, 원재료 및 사용재료의 변경, 습식화에 의한 분진발생의 억제 등을 사용한다.
- 비산억제를 위해 밀폐 또는 포위, 국소배기장치를 설치한다.
- 근로자의 방진대책으로 호흡용보호구 사용, 작업시간과 작업강도의 조정, 의학적 관리를 실시한다.

1701

60 ──────●Repetitive Learning〔1회 2회 3회〕

1기압에서 혼합기체가 질소(N_2) 66%, 산소(O_2) 14%, 탄산가스 20%로 구성되어 있을 때 질소가스의 분압은?(단, 단위는 mmHg)

① 501.6 　　　　② 521.6
③ 541.6 　　　　④ 560.4

- 1기압은 760mmHg이므로 질소의 분압은 $760 \times 0.66 = 501.6$mmHg 이다.

∷ 분압 실기 0702
- 분압이란 대기 중 특정 기체가 차지하는 압력의 비를 말한다.
- 대기압은 1atm=760mmHg=10,332mmH_2O=101.325kPa이다.
- 최고농도 $= \frac{분압}{760} \times 10^6$[ppm]으로 구한다.

4과목	물리적 유해인자관리

0702

61 ──────●Repetitive Learning〔1회 2회 3회〕

태양광선이 내리쬐지 않는 작업장의 온열조건이 [보기]와 같을 때 습구흑구온도지수(WBGT)는 얼마인가?

> 건구온도 : 30℃, 자연습구온도 : 20℃, 흑구온도 : 50℃

① 10℃ 　　　　② 19℃
③ 29℃ 　　　　④ 50℃

- 일사가 영향을 미치지 않는 옥외는 옥내와 마찬가지로 일사의 영향이 없어 자연습구(0.7)와 흑구온도(0.3)만으로 WBGT가 결정되므로 WBGT=$0.7 \times 20 + 0.3 \times 50 = 14 + 15 = 29$℃가 된다.

∷ 습구흑구온도(WBGT : Wet Bulb Globe Temperature) 지수
문제 32번의 유형별 핵심이론 ∷ 참조

1103 / 2201

62 ──────●Repetitive Learning〔1회 2회 3회〕

18℃ 공기 중에서 800Hz인 음의 파장은 약 몇 m 인가?

① 0.35 　　　　② 0.43
③ 3.5 　　　　④ 4.3

- 18℃에서의 음속은 $V = 331.3 \times \sqrt{\frac{291}{273.15}} = 341.953 \cdots$이다.
- 음의 파장 $\lambda = \frac{341.953}{800} = 0.4274 \cdots$가 된다.

∷ 음의 파장
- 음의 파동이 주기적으로 반복되는 모양을 나타내는 구간의 길이를 말한다.
- 파장 $\lambda = \frac{V}{f}$로 구한다. V는 음의 속도, f는 주파수이다.
- 음속은 보통 0℃ 1기압에서 331.3m/sec, 15℃에서 340m/sec의 속도를 가지며, 온도에 따라서 $331.3\sqrt{\frac{T}{273.15}}$로 구하는데 이때 T는 절대온도이다.

0601 / 1803 / 2004

63 ──────●Repetitive Learning〔1회 2회 3회〕

산소농도가 6% 이하인 공기 중의 산소분압으로 옳은 것은? (단, 표준상태이며, 부피기준이다)

① 45mmHg 이하
② 55mmHg 이하
③ 65mmHg 이하
④ 75mmHg 이하

- 산소농도가 6% 이하이므로 산소의 분압은 $760 \times 0.06 = 45.6$mmHg 이하이다.

∷ 대기 중의 산소분압 실기 0702
- 분압이란 대기 중 특정 기체가 차지하는 압력의 비를 말한다.
- 대기압은 1atm=760mmHg=10,332mmH_2O=101.325kPa이다.
- 대기 중 산소는 21%의 비율로 존재하므로 산소의 분압은 $760 \times 0.21 = 159.6$mmHg이다.
- 산소의 분압은 산소의 농도에 비례한다.

64

Repetitive Learning 1회 2회 3회

광학방사선에서 사용되는 측정량과 단위의 연결이 바르지 않은 것은?

① 방사속 – W

② 광속 – Im(루멘)

③ 휘도 – cd/m²

④ 조도 – cd(칸델라)

해설

- 조도의 단위는 Lux이고, 칸델라는 광도의 단위이다.

광학방사선에서 측정량의 단위

- 방사속 – W
- 광속 – Im(루멘)
- 휘도 – cd/m²
- 조도 – Lux(럭스)
- 광도 – cd(칸델라)

1203 / 2003

65

Repetitive Learning 1회 2회 3회

다음 중 차음평가지수를 나타내는 것은?

① sone

② NRN

③ NRR

④ phon

해설

- sone은 기준 음(1,000Hz, 40dB)에 비해서 몇 배의 크기를 갖는가를 나타내는 단위이다.
- NRN은 외부의 소음을 시간, 지역, 강도, 특성 등을 고려해 만든 소음평가지수이다.
- phon 값은 1,000Hz에서의 순음의 음압수준(dB)에 해당한다.

NRR(Noise Reduction Rating)

- 차음평가지수를 나타낸다.
- 모든 소음에 대한 일반적인 차음률을 표시한다.

0302 / 0801

66

Repetitive Learning 1회 2회 3회

음의 크기 sone과 음의 크기레벨 phon과의 관계를 올바르게 나타낸 것은 무엇인가?(단, sone은 S, phon은 L로 표현한다)

① $S = 2^{(L-40)/10}$

② $S = 3^{(L-40)/10}$

③ $S = 4^{(L-40)/10}$

④ $S = 5^{(L-40)/10}$

해설

- phon의 값이 주어질 때 $sone = 2^{\frac{phon-40}{10}}$ 으로 구한다.

---

sone 값

- 인간이 청각으로 느끼는 소리의 크기를 측정하는 척도 중 하나이다.
- 기준 음에 비해서 몇 배의 크기를 갖느냐는 음의 sone값이 결정한다.
- 1sone은 40dB의 1,000Hz 순음의 크기로 40phon의 값을 의미한다.
- phon의 값이 주어질 때 $sone = 2^{\frac{phon-40}{10}}$ 으로 구한다.

67

Repetitive Learning 1회 2회 3회

레이저용 보안경을 착용하였을 때 4,000mW/cm^2의 레이저가 0.4mW/cm^2의 강도로 낮아진다면 이 보안경의 흡광도(Optical Density, OD)는 얼마인가?

① 2

② 3

③ 4

④ 8

해설

- 비추어진 복사량이 4,000mW/cm^2이고, 투과하는 복사량이 0.4mW/cm^2이므로 대입하면 $\log\frac{4,000}{0.4} = \log 10,000 = 4$가 된다.

보안경의 흡광도(Optical Density, OD)

- 보안경에 빛 등의 에너지 복사를 비추었을 때, 투과하는 복사량에 대한 비추어 준 복사량의 비율의 로그값을 말한다.
- 흡광도는 $\log\frac{\text{비추어진 복사량}}{\text{투과하는 복사량}}$ 으로 구한다.

0301 / 0502 / 0702 / 0801 / 0802 / 1403 / 1602 / 1702

68

Repetitive Learning 1회 2회 3회

소음성 난청인 C5-dip 현상은 어느 주파수에서 잘 일어나는가?

① 2,000Hz

② 4,000Hz

③ 6,000Hz

④ 8,000Hz

해설

- 소음성 난청의 초기 증상을 C5-dip현상이라 하며, 이는 4,000Hz에 대한 청력손실이 특징적으로 나타난다.

- 초기 증상을 C5-dip현상이라 한다.
- 대부분 양측성이며, 감각 신경성 난청에 속한다.
- 내이의 세포변성을 원인으로 볼 수 있다.
- 4,000Hz에 대한 청력손실이 특징적으로 나타난다.
- 고주파음역(4,000~6,000Hz)에서의 손실이 더 크다.
- 음압수준이 높을수록 유해하다.
- 소음성 난청은 심한 소음에 반복하여 노출되어 나타나는 영구적 청력 변화로 코르티 기관에 손상이 온 것이므로 회복이 불가능하다.

1702 / 2101

69 ●── Repetitive Learning 〔1회 2회 3회〕

진동 작업장의 환경관리 대책이나 근로자의 건강보호를 위한 조치로 옳지 않은 것은?

① 발진원과 작업자의 거리를 가능한 멀리한다.
② 작업자의 체온을 낮게 유지시키는 것이 바람직하다.
③ 절연패드의 재질로는 코르크, 펠트(felt), 유리섬유 등을 사용한다.
④ 진동공구의 무게는 10kg을 넘지 않게 하며 방진장갑 사용을 권장한다.

해설

- 진동에 대한 환경적인 대책에서 작업자의 체온은 따듯하게 유지시키는 것이 좋다.

:: 진동에 대한 대책
  - 가장 적극적인 발생원에 대한 대책은 발생원의 제거이다.
  - 발생원에 대한 대책에는 탄성지지, 가진력 감쇠, 기초중량의 부가 또는 경감 등이 있다.
  - 전파경로 차단에는 수용자의 격리, 발진원의 격리, 구조물의 진동 최소화 등이 있다.
  - 발진원과 작업자의 거리를 가능한 멀리한다.
  - 보건교육을 실시한다.
  - 작업시간 단축 및 교대제를 실시한다.
  - 진동을 최소화하기 위하여 공학적으로 설계 및 관리한다.
  - 완충물 등 방진제를 사용한다.
  - 절연패드의 재질로는 코르크, 펠트(felt), 유리섬유 등을 사용한다.
  - 진동공구의 무게는 10kg을 넘지 않게 하며 방진장갑 사용을 권장한다.

0802

70 ●── Repetitive Learning 〔1회 2회 3회〕

다음 중 마이크로파에 관한 설명으로 바르지 않은 것은?

① 주파수의 범위는 10~30,000MHz 정도이다.
② 혈액의 변화로는 백혈구의 감소, 혈소판의 증가 등이 나타난다.
③ 백내장을 일으킬 수 있으며 이것은 조직온도의 상승과 관계가 있다.
④ 중추신경에 대하여는 300~1,200MHz의 주파수 범위에서 가장 민감하다.

해설

- 마이크로파에 의해 혈액 내의 백혈구 수의 증가, 망상 적혈구의 출현, 혈소판의 감소가 나타난다.

:: 마이크로파(Microwave)
  - 주파수의 범위는 10~30,000MHz 정도이다.
  - 중추신경에 대하여는 300~1,200MHz의 주파수 범위에서 가장 민감하다.
  - 주파수 1,000~10,000Hz의 영역에서 백내장을 일으키며, 이는 조직온도의 상승과 관계가 있다.
  - 마이크로파의 열작용에 많은 영향을 받는 기관은 생식기와 눈이다.
  - 두통, 피로감, 기억력 감퇴 등의 증상을 유발시킨다.
  - 유전 및 생식기능에 영향을 주며, 중추신경계의 증상으로 성적 흥분 감퇴, 정서 불안정 등을 일으킨다.
  - 혈액 내의 백혈구 수의 증가, 망상 적혈구의 출현, 혈소판의 감소가 나타난다.
  - 체표면은 조기에 온감을 느낀다.
  - 마이크로파의 에너지량은 거리의 제곱에 반비례한다.

---

71 ●── Repetitive Learning 〔1회 2회 3회〕

다음 중 인체 각 부위별로 공명현상이 일어나는 진동의 크기를 올바르게 나타낸 것은 무엇인가?

① 둔부 : 2~4Hz
② 안구 : 6~9Hz
③ 구간과 상체 : 10~20Hz
④ 두부와 견부 : 20~30Hz

해설

- 인체의 경우 각 부분마다 공명하는 주파수가 다른데 둔부는 8Hz, 안구는 60~90Hz, 상체는 6Hz에 공명한다.

주파수 대역별 인체의 공명
- 1~3Hz에서 신체가 함께 움직여 멀미(motion sickness)와 같은 동요감을 느끼면서 호흡이 힘들고 산소소비가 증가한다.
- 4~12Hz에서 압박감과 동통감을 받게 된다.
- 6Hz에서 가슴과 등에 심한 통증을 느낀다.
- 20~30Hz 진동에 두부와 견부는 공명하며 시력 및 청력장애가 나타난다.
- 60~90Hz 진동에 안구는 공명한다.

72

0801 / 0903 / 2003

● Repetitive Learning 1회 2회 3회

전리방사선의 흡수선량이 생체에 영향을 주는 정도를 표시하는 선당량(생체실효선량)의 단위는?

① R
② Ci
③ Sv
④ Gy

해설
- 흡수선량이 생체에 영향을 주는 정도를 등가선량이라고 하고 이의 단위로 과거에는 렘(rem, Roentgen Equivalent Man), 현재는 시버트(Sv)를 사용한다.

∷ 등가선량
- 과거에는 렘(rem, Roentgen Equivalent Man), 현재는 시버트(Sv)를 사용한다.
- 흡수선량이 생체에 주는 영향의 정도에 기초를 둔 생체실효선량(dose-equivalent)이다.
- rem＝rad×RBE(상대적 생물학적 효과)로 나타낸다.

73

1702

● Repetitive Learning 1회 2회 3회

갱내부 조명부족과 관련한 질환으로 맞는 것은?

① 백내장
② 망막변성
③ 녹내장
④ 안구진탕증

해설
- 갱내부와 같이 어두운 장소에서 작업할 경우 안구진탕증이나 전광성 안염 등에 걸릴 수 있다.

∷ 안구진탕증
- 무의식적으로 눈동자가 흔들리는 증상을 말한다.
- 갱내부와 같이 어두운 장소에서 작업할 경우 걸릴 수 있다.

74

1002

● Repetitive Learning  1회 2회 3회

고도가 높은 곳에서 대기압을 측정하였더니 90,659Pa이었다. 이곳의 산소분압은 약 얼마가 되겠는가?(단, 공기 중의 산소는 21vol%이다)

① 135mmHg
② 143mmHg
③ 159mmHg
④ 680mmHg

해설
- 주어진 대기압이 pa의 단위이기 때문에 단위를 조정할 필요가 있다. 1기압일 때는 무시했지만 주어진 대기압이 90,659pa이므로 이를 atm으로 변환하려면 101,325pa로 나눠줘야 atm단위의 값으로 변환된다.
- 산소농도가 21vol%이므로 산소의 분압은

$$\frac{90,659}{101,325} \times 760 \times 0.21 = 142.80 \text{mmHg이다.}$$

∷ 대기 중의 산소분압 실기 0702
문제 63번의 유형별 핵심이론 ∷ 참조

75

0701 / 1901 / 2201

● Repetitive Learning 1회 2회 3회

다음 중 저온에 의한 장해에 관한 내용으로 바르지 않은 것은?

① 근육 긴장의 증가와 떨림이 발생한다.
② 혈압은 변화되지 않고 일정하게 유지된다.
③ 피부 표면의 혈관들과 피하조직이 수축된다.
④ 부종, 저림, 가려움, 심한 통증 등이 생긴다.

해설
- 저온환경에서는 혈압이 일시적으로 상승한다.

∷ 저온에 의한 생리적 영향
- ㉠ 1차적 영향
  - 피부혈관의 수축
  - 근육긴장의 증가와 전율
  - 화학적 대사작용의 증가
  - 체표면적의 감소
- ㉡ 2차적 영향
  - 말초혈관의 수축
  - 혈압의 일시적 상승
  - 조직대사의 증진과 식용항진

76
Repetitive Learning 1회 2회 3회

소음에 대한 미국 ACGIH의 8시간 노출기준은 몇 dB인가?

① 85   ② 90
③ 95   ④ 100

해설

- ACGIH는 85dB(3dB 변화율)을 채택하고 있다.

❖ 소음 노출기준

○ 국내(산업안전보건법) 소음의 허용기준
- 미국의 산업안전보건청과 같은 90dB(5dB 변화율)을 채택하고 있다.

1일 노출시간(hr)	허용 음압수준(dBA)
8	90
4	95
2	100
1	105
1/2	110
1/4	115

○ ACGIH 노출기준

1일 노출시간(hr)	허용 음압수준(dBA)
8	85
4	88
2	91
1	94
1/2	97
1/4	100

77
Repetitive Learning 1회 2회 3회

다음 중 잠함병의 주요 원인은 무엇인가?

① 온도   ② 광선
③ 소음   ④ 압력

해설

- 잠함병은 고기압상태에서 저기압으로 변할 때 체액 및 지방조직에 질소기포 증가로 인해 발생한다.

❖ 잠함병(감압병)
- 잠함과 같은 수중구조물에서 주로 발생하여 케이슨(Caisson)병이라고도 한다.
- 고기압상태에서 저기압으로 변할 때 체액 및 지방조직에 질소기포 증가로 인해 발생한다.
- 중추신경계 감압병은 고공비행사는 뇌에, 잠수사는 척수에 더 잘 발생한다.
- 동통성 관절장애(Bends)는 감압증에서 흔히 나타나는 급성장애이다.

- 질소의 기포가 뼈의 소동맥을 막아서 비감염성 골괴사를 일으키기도 한다.
- 관절, 심부 근육 및 뼈에 동통이 일어나는 것을 bends라 한다.
- 흉통 및 호흡곤란은 흔하지 않은 특수형 질식이다.
- 마비는 감압증에서 주로 나타나는 중증 합병증으로 하지의 강직성 마비가 나타나는데 이는 척수나 그 혈관에 기포가 형성되어 일어난다.
- 재가압 산소요법으로 주로 치료한다.

78
2003
Repetitive Learning 1회 2회 3회

감압환경의 설명 및 인체에 미치는 영향으로 옳은 것은?

① 인체와 환경사이의 기압차이 때문으로 부종, 출혈, 동통 등을 동반한다.
② 화학적 장해로 작업력의 저하, 기분의 변환, 여러 종류의 다행증이 일어난다.
③ 대기가스의 독성 때문으로 시력장애, 정신혼란, 간질 모양의 경련을 나타낸다.
④ 용해질소의 기포형성 때문으로 동통성 관절장애, 호흡곤란, 무균성 골괴사 등을 일으킨다.

해설

- ①, ②, ③은 모두 고압 환경의 생체작용이다.

❖ 잠함병(감압병)
문제 77번의 유형별 핵심이론 ❖ 참조

79
0802
Repetitive Learning 1회 2회 3회

전리방사선이 인체에 조사되면 [보기]와 같은 생체 구성성분의 손상을 일으키게 되는데 그 손상이 일어나는 순서를 올바르게 나열한 것은?

○ 발암현상
○ 세포수준의 손상
○ 조직 및 기관수준의 손상
○ 분자수준에서의 손상

① ○ → ○ → ○ → ○
② ○ → ○ → ○ → ○
③ ○ → ○ → ○ → ○
④ ○ → ○ → ○ → ○

- 방사선에 의한 분자수준의 손상은 극히 짧은 시간에 일어나며, 이후 세포 수준의 손상을 거쳐 조직 및 기관수준의 손상이 일어나서 암이 발생된다.

이온화 방사선의 건강영향

- 방사선은 생체내 구성원자나 분자에 결합되어 전자를 유리시켜 이온화하고 원자의 들뜸현상을 일으킨다.
- 반응성이 매우 큰 자유라디칼이 생성되어 단백질, 지질, 탄수화물, 그리고 DNA 등 생체 구성성분을 손상시킨다.
- 방사선에 의한 분자수준의 손상은 극히 짧은 시간에 일어나며, 이후 세포 수준의 손상을 거쳐 조직 및 기관수준의 손상이 일어나서 암이 발생된다.

80 ● Repetitive Learning (1회 2회 3회)

다음 중 습구흑구온도지수(WBGT)에 대한 설명으로 바르지 않은 것은?

① 표시단위는 절대온도(K)로 표시한다.
② 습구흑구온도지수는 옥외 및 옥내로 구분되며, 고온에서의 작업휴식시간비를 결정하는 지표로 활용된다.
③ 미국국립산업안전보건연구원(NIOSH) 뿐만 아니라 국내에서도 습구흑구온도를 측정하고 지수를 산출하여 평가에 사용한다.
④ 습구흑구온도는 과거에 쓰이던 감각온도와 근사한 값인데 감각온도와 다른 점은 기류를 전혀 고려하지 않았다는 점이다.

- 습구흑구온도의 단위는 섭씨온도(℃)로 표시한다.

습구흑구온도(WBGT : Wet Bulb Globe Temperature) 지수
문제 32번의 유형별 핵심이론 **참조**

81 ● Repetitive Learning (1회 2회 3회)

산업독성의 범위에 대한 설명으로 거리가 먼 것은 무엇인가?

① 독성물질이 산업 현장인 생산공정의 작업환경 중에서 나타내는 독성이다.
② 작업자들의 건강을 위협하는 독성물질의 독성을 대상으로 한다.
③ 공중보건을 위협하거나 우려가 있는 독성물질의 치료를 목적으로 한다.
④ 공업용 화학물질 취급 및 노출과 관련된 작업자의 건강 보호가 목적이다.

- 산업독성이란 공중보건이 아닌 산업현장의 작업자들의 건강을 위협하는 독성물질의 독성에 대해서 연구하는 것을 목적으로 한다.

산업독성의 범위

- 독성물질이 산업 현장인 생산공정의 작업환경 중에서 나타내는 독성이다.
- 작업자들의 건강을 위협하는 독성물질의 독성을 대상으로 한다.
- 공업용 화학물질 취급 및 노출과 관련된 작업자의 건강 보호가 목적이다.

82 ● Repetitive Learning (1회 2회 3회)

체내 흡수된 화학물질의 분포에 대한 설명으로 바르지 않은 것은?

① 간장과 신장은 화학물질과 결합하는 능력이 매우 크고, 다른 기관에 비하여 월등히 많은 양의 독성물질을 농축할 수 있다.
② 유기성 화학물질은 지용성이 높아 세포막을 쉽게 통과하지 못하기 때문에 지방조직에 독성물질이 잘 농축되지 않는다.
③ 불소와 납과 같은 독성물질은 뼈 조직에 침착되어 저장되며, 납의 경우 생체에 존재하는 양의 약 90%가 뼈 조직에 있다.
④ 화학물질이 혈장단백질과 결합하면 모세혈관을 통과하지 못하고 유리상태의 화학물질만 모세혈관을 통과하여 각 조직세포로 들어갈 수 있다.

해설
- 유기성 화학물질은 지용성이 높아 세포막을 쉽게 통과하여 지방조직에 독성물질이 잘 농축된다.

해설
- 유기성 화학물질은 지용성이 높아 세포막을 쉽게 통과하여 지방조직에 독성물질이 잘 농축된다.

❖ 체내 흡수된 화학물질의 분포
- 간장과 신장은 화학물질과 결합하는 능력이 매우 크고, 다른 기관에 비하여 월등히 많은 양의 독성물질을 농축할 수 있다.
- 유기성 화학물질은 지용성이 높아 세포막을 쉽게 통과하여 지방조직에 독성물질이 잘 농축된다.
- 불소와 납과 같은 독성물질은 뼈 조직에 침착되어 저장되며, 납의 경우 생체에 존재하는 양의 약 90%가 뼈 조직에 있다.
- 화학물질이 혈장단백질과 결합하면 모세혈관을 통과하지 못하고 유리상태의 화학물질만 모세혈관을 통과하여 각 조직세포로 들어갈 수 있다.

- 피하지방세포는 진피와 근육사이에 위치한 지방세포로 열손상을 방지하고 충격을 흡수하여 몸을 보호하는 역할을 한다.

❖ 표피
- 대부분 각질세포로 구성된다.
- 각질세포는 외부 환경으로부터 우리 몸을 보호하고, 우리 신체 내의 체액이 외부로 소실되는 것을 막는 방어막의 기능을 수행한다.
- 멜라닌세포와 랑게르한스세포가 존재한다.
- 멜라닌세포는 피부의 색소를 만드는 세포로 표피 및 진피, 모낭 등에 분포한다.
- 각화세포를 결합하는 조직은 케라틴 단백질이다.
- 각질층, 과립층, 유극층, 기저층으로 구성된다.
- 기저세포는 표피의 가장 아래쪽에 위치하여 진피와 접하는 기저층을 구성하는 세포이다.

83
━━━━━━━━ • Repetitive Learning (1회 2회 3회)

산업안전보건법령상 기타 분진의 산화규소 결정체 함유율과 노출기준으로 맞는 것은?

① 함유율 : 0.1% 이상, 노출기준 : $5mg/m^3$
② 함유율 : 0.1% 이상, 노출기준 : $10mg/m^3$
③ 함유율 : 1% 이상, 노출기준 : $5mg/m^3$
④ 함유율 : 1% 이하, 노출기준 : $10mg/m^3$

해설
- 기타분진 산화규소 결정체 1% 이하의 노출기준은 $10mg/m^3$이다.

❖ 기타분진(산화규소 결정체)의 노출기준
- 함유율 1% 이하
- 노출기준 $10mg/m^3$
- 산화규소 결정체 0.1% 이상인 경우 발암성 1A

84
━━━━━━━━ • Repetitive Learning (1회 2회 3회)

다음 중 피부의 색소침착(pigmentation)이 가능한 표피층 내의 세포는?

① 기저세포
② 멜라닌세포
③ 각질세포
④ 피하지방세포

해설
- 기저세포는 표피의 가장 아래쪽에 위치하여 진피와 접하는 기저층을 구성하는 세포이다.
- 각질세포는 외부 환경으로부터 우리 몸을 보호하고, 우리 신체 내의 체액이 외부로 소실되는 것을 막는 방어막의 기능을 수행한다.

85
━━━━━━━━ • Repetitive Learning (1회 2회 3회)

구리의 독성에 대한 인체실험 결과, 안전흡수량이 체중 kg당 0.008mg이었다. 1일 8시간 작업 시의 허용농도는 약 몇 mg/m^3인가?(단, 근로자 평균 체중은 70kg, 작업 시의 폐환기율은 $1.45m^3$/h, 체내 잔류율은 1.0으로 가정한다)

① 0.035
② 0.048
③ 0.056
④ 0.064

해설
- 체내흡수량(안전흡수량)과 관련된 문제이다.
- 체내 흡수량(mg)=C×T×V×R로 구할 수 있다.
- 문제는 작업 시의 허용농도 즉, C를 구하는 문제이므로 $\frac{체내흡수량}{T \times V \times R}$로 구할 수 있다.
- 체내 흡수량은 몸무게×몸무게당 안전흡수량=70×0.008=0.56이다.
- 따라서 C = $\frac{0.56}{8 \times 1.45 \times 1.0}$ =0.0482···가 된다.

❖ 체내흡수량(SHD : Safe Human Dose) 실기 0301/0501/0601/0801/1001/1201/1402/1602/1701/2002/2003
- 사람에게 안전한 양으로 안전흡수량, 안전폭로량이라고도 한다.
- 동물실험을 통하여 산출한 독물량의 한계치(NOED : No-Observable Effect Dose)를 사람에게 적용하기 위해 인간의 안전폭로량(SHD)을 계산할 때 안전계수와 체중, 독성물질에 대한 역치(THDh)를 고려한다.
- C×T×V×R[mg]으로 구한다.
  C : 공기 중 유해물질농도[mg/m^3]
  T : 노출시간[hr]
  V : 폐환기율, 호흡률[m^3/hr]
  R : 체내잔류율(주어지지 않을 경우 1.0)

86

Repetitive Learning 1회 2회 3회

0601

사업장 유해물질 중 비소에 대한 설명으로 바르지 않은 것은?

① 삼산화비소가 가장 문제가 된다.
② 호흡기 노출이 가장 문제가 된다.
③ 체내 -SH기를 파괴하여 독성을 나타낸다.
④ 용혈성 빈혈, 신장기능저하, 흑피증(피부침착) 등을 유발한다.

해설

• 비소는 생체 내의 -SH기를 갖는 효소작용을 저해시켜 세포 호흡에 장해를 일으킨다.

♣ 비소(As)

• 은빛 광택을 내는 비금속으로 가열하면 녹지 않고 승화되며, 피부 특히 겨드랑이나 국부 등에 습진형 피부염이 생기며 피부암을 유발한다.
• 5가보다는 3가의 비소화합물이 독성이 강하다.
• 생체 내의 -SH기를 갖는 효소작용을 저해시켜 세포 호흡에 장해를 일으킨다.
• 호흡기 노출이 가장 문제가 된다.
• 분말은 피부 또는 점막에 작용하여 염증 또는 궤양을 일으킨다.
• 용혈성 빈혈, 신장기능저하, 흑피증(피부침착) 등을 유발한다.
• 급성중독자에게 활성탄과 하제를 투여하고 구토를 유발시키며 확진 후 BAL를 투여하는 치료를 행하는 유해물질이다.

87

Repetitive Learning 1회 2회 3회

0801

다음 중 납중독의 임상증상과 가장 거리가 먼 것은?

① 위장장해
② 중추신경장해
③ 호흡기 계통의 장해
④ 신경 및 근육계통의 장해

해설

• 납중독의 임상증상은 위장계통장해, 신경근육계통의 장해, 중추신경계통의 장해 등 크게 3가지로 나눌 수 있다.

♣ 납중독

• 납은 원자량 207.21, 비중 11.34의 청색 또는 은회색의 연한 중금속이다.
• 납은 포르피린과 헴(heme)의 합성에 관여하는 효소를 억제하며, 소화기계 및 조혈계에 영향을 준다.

• 1~5세의 소아 이미증(pica)환자에게서 발생하기 쉽다.
• 인체에 흡수되면 뼈에 주로 축적되며, 조혈장해를 일으킨다.
• 무기성 납으로 인한 중독 시 원활한 체내 배출을 위해 사용하는 배설촉진제로 Ca-EDTA를 사용하는데 신장이 나쁜 사람에게는 사용하지 않는 것이 좋다.
• 요 중 δ-ALAD 활성치가 저하되고, 코프로포르피린과 델타 아미노레블린산은 증가한다.
• 적혈구 내 프로토포르피린이 증가한다.
• 납이 인체 내로 흡수되면 혈청 내 철과 망상적혈구의 수는 증가한다.
• 임상증상은 위장계통장해, 신경근육계통의 장해, 중추신경계통의 장해 등 크게 3가지로 나눌 수 있다.
• 주 발생사업장은 활자의 문선, 조판작업, 납 축전지 제조업, 염화비닐 취급 작업, 크리스탈 유리 원료의 혼합, 페인트, 배관공, 탄환제조 및 용접작업 등이다.

88

Repetitive Learning 1회 2회 3회

다음 중 유기용제별 중독의 특이증상을 올바르게 짝지어진 것은 무엇인가?

① 벤젠-간 장애
② MBK-조혈 장애
③ 염화탄화수소-시신경 장애
④ 에틸렌글리콜에테르-생식기능 장애

해설

• 벤젠의 특이증상은 조혈 장애이다.
• MBK(메틸부틸케톤)의 특이증상은 말초신경 장애이다.
• 염화탄화수소의 특이증상은 간 장애이다.

♣ 유기용제별 중독의 특이증상

벤젠	조혈 장애
에틸렌글리콜에테르	생식기능 장애
메탄올	시신경 장애
노르말헥산	다발성 주변신경 장애
메틸부틸케톤	말초신경 장애
이황화탄소	중추신경 및 말초신경 장애
염화탄화수소	간 장애
염화비닐	간 장애
톨루엔	중추신경 장애
크실렌	중추신경 장애

89

• Repetitive Learning [1회] [2회] [3회]

여성근로자의 생식독성 인자 중 연결이 잘못된 것은 무엇인가?

① 중금속 – 납
② 물리적 인자 – X선
③ 화학물질 – 알킬화제
④ 사회적 습관 – 루벨라 바이러스

해설

• 루벨라 바이러스는 호흡기를 통해 풍진을 전파하는 바이러스이다.

∷ 성별 생식독성 유발 유해인자

남성	고온, 항암제, 마이크로파, X선, 망간, 납, 카드뮴, 음주, 흡연, 마약 등
여성	비타민 A, 칼륨, X선, 납, 저혈압, 저산소증, 알킬화제, 농약, 음주, 흡연, 마약, 풍진 등

90

1803

• Repetitive Learning [1회] [2회] [3회]

작업장에서 생물학적 모니터링의 결정인자를 선택하는 근거를 설명한 것으로 틀린 것은?

① 충분히 특이적이다.
② 적절한 민감도를 갖는다.
③ 분석적인 변이나 생물학적 변이가 타당해야 한다.
④ 톨루엔에 대한 건강위험 평가는 크레졸보다 마뇨산이 신뢰성이 있는 결정인자이다.

해설

• 체내로 흡수된 톨루엔의 약 15~20%는 호기를 통해 배출된다. 그리고 나머지는 요 중 마뇨산(hippuric acid, HA)으로 그리고 일부는 크레졸(cresol)로 배설된다. 즉, 요 중에서는 마뇨산이 결정인자가 될 수 있지만 혈액과 호기의 경우는 톨루엔이 신뢰성 있는 결정인자가 되어야 한다.

∷ 생물학적 모니터링의 결정인자를 선택하는 근거
  • 결정인자가 충분히 특이적이어야 한다.
  • 적절한 민감도(sensitivity)를 가진 결정인자이어야 한다.
  • 검사에 대한 분석적인 변이나 생물학적 변이가 타당해야 한다.
  • 검체의 채취나 검사과정에서 대상자에게 불편을 주지 않아야 한다.

91

0601

• Repetitive Learning [1회] [2회] [3회]

흡입을 통하여 노출되는 유해인자로 인해 발생되는 암 종류를 틀리게 짝지은 것은 무엇인가?

① 비소 – 폐암
② 결정형 실리카 – 폐암
③ 베릴륨 – 간암
④ 6가크롬 – 비강암

해설

• 베릴륨은 소량으로도 독성을 갖는 금속으로 연무나 먼지의 호흡기 흡입을 통해 폐 염증을 유발, 폐암을 발생시킨다.

∷ 베릴륨(Be)
  • 소량으로도 독성을 갖는 금속으로 연무나 먼지의 호흡기 흡입을 통해 폐 염증을 유발한다.
  • 염화물, 황화물, 불화물과 같은 용해성 베릴륨화합물은 급성중독을 일으킨다.
  • 만성중독은 Neighborhood cases라고 불리는 금속이다.
  • 중독 예방을 위해 X선 촬영과 폐기능 검사가 포함된 정기 건강검진이 필요하다.

92

0902

• Repetitive Learning [1회] [2회] [3회]

다음은 노출기준의 정의에 관한 내용이다. ( ) 안에 알맞은 수치를 올바르게 나열된 것은?

> 단시간노출기준(STEL)이라 함은 근로자가 1회에 (㉠)분간 유해인자에 노출되는 경우의 기준으로 이 기준 이하에서는 1회 노출간격이 1시간 이상인 경우 1일 작업시간 동안 (㉡)회까지 노출이 허용될 수 있는 기준을 말한다.

① ㉠ 15, ㉡ 4
② ㉠ 30, ㉡ 4
③ ㉠ 15, ㉡ 2
④ ㉠ 30, ㉡ 2

해설

• 단시간노출기준(STEL)은 15분간의 시간가중평균노출값으로서 노출농도가 시간가중평균노출기준(TWA)을 초과하고 단시간노출기준(STEL) 이하인 경우에는 1회 노출 지속시간이 15분 미만이어야 하고, 이러한 상태가 1일 4회 이하로 발생하여야 하며, 각 노출의 간격은 60분 이상이어야 한다.

∷ 단시간노출기준(STEL)
  • 작업특성 상 노출수준이 불균일하거나 단시간에 고농도로 노출되어 단시간 노출평가가 필요하다고 판단되는 경우 노출되는 시간에 15분간씩 측정하여 단시간 노출값을 구한다.
  • 15분간의 시간가중평균노출값으로서 노출농도가 시간가중평균노출기준(TWA)을 초과하고 단시간노출기준(STEL) 이하인 경우에는 1회 노출 지속시간이 15분 미만이어야 하고, 이러한 상태가 1일 4회 이하로 발생하여야 하며, 각 노출의 간격은 60분 이상이어야 한다.

93

● Repetitive Learning (1회 2회 3회)

다음 중 주성분으로 규산과 산화마그네슘 등을 함유하고 있으며 중피종, 폐암 등을 유발하는 물질은 무엇인가?

① 석면
② 석탄
③ 흑연
④ 운모

해설

• 규폐증을 초래하는 유리규산(free silica)과 달리 석면(asbestos)은 악성중피종을 초래한다.

❖ 석면과 직업병
• 석면취급 작업장에 오래동안 근무한 근로자가 걸릴 수 있는 질병에는 석면폐증, 폐암, 늑막암, 위암, 악성중피종, 중피종암 등이 있다.
• 규폐증을 초래하는 유리규산(free silica)과 달리 석면(asbestos)은 악성중피종을 초래한다.

94

0902 / 1101 / 2001
● Repetitive Learning (1회 2회 3회)

기관지와 폐포 등 폐 내부의 공기통로와 가스교환 부위에 침착되는 먼지로서 공기역학적 지름이 30μm 이하의 크기를 가지는 것은?

① 흉곽성 먼지
② 호흡성 먼지
③ 흡입성 먼지
④ 침착성 먼지

해설

• 호흡성 먼지는 폐포에 침착하여 독성을 나타내며 평균입자 크기는 4μm이고, 공기 역학적 직경이 10μm 미만인 먼지를 말한다.
• 흡입성 먼지는 주로 비강, 인후두, 기관 등 호흡기의 기도 부위에 축적됨으로써 호흡기계 독성을 유발하는 분진으로 평균입경이 100μm이다.

❖ 입자상 물질의 분류 실기 0303/0402/0502/0701/0703/0802/1303/1402/1502/1601/1701/1802/1901/2202

흡입성 먼지	주로 비강, 인후두, 기관 등 호흡기의 기도 부위에 축적됨으로써 호흡기계 독성을 유발하는 분진으로 평균입경이 100μm이다.
흉곽성 먼지	기관지와 폐포 등 폐 내부의 공기통로와 가스교환 부위에 침착되는 먼지로서 공기역학적 지름이 30μm 이하의 크기를 가지며 평균입경은 10μm이다.
호흡성 먼지	폐포에 침착하여 독성을 나타내며 평균입자 크기는 4μm이고, 공기 역학적 직경이 10μm 미만인 먼지를 말한다.

95

1902
● Repetitive Learning (1회 2회 3회)

다음 중 유해물질의 독성 또는 건강영향을 결정하는 인자로 가장 거리가 먼 것은 무엇인가?

① 작업강도
② 인체 내 침입경로
③ 노출농도
④ 작업장 내 근로자수

해설

• 작업장 내 근로자의 수는 유해물질의 독성 또는 건강영향을 결정하는 인자와 거리가 멀다.

❖ 유해물질의 독성 또는 건강영향을 결정하는 인자
• 작업강도
• 인체 내 침입경로
• 노출농도와 노출시간
• 개인의 감수성
• 유해물질의 물리화학적 성질

96

● Repetitive Learning (1회 2회 3회)

다음 중 간장이 독성물질의 주된 표적이 되는 이유로 바르지 않은 것은?

① 혈액의 흐름이 많다.
② 대사효소가 많이 존재한다.
③ 크기가 다른 기관에 비하여 크다.
④ 여러 가지 복합적인 기능을 담당한다.

해설

• 간장은 체내 장기 중 가장 큰 장기이나 크기가 크다고 해서 독성물질의 주 표적이 되는 것은 아니다.

❖ 간장이 독성물질의 주된 표적이 되는 이유
• 간장은 혈액의 흐름이 매우 풍부하기 때문에 혈액을 통하여 쉽게 침투가 가능하다.
• 간장은 매우 복합적인 기능을 수행하기 때문에 기능의 손상가능성이 매우 높다.
• 간장은 문정맥을 통하여 소화기계로부터 혈액을 공급받기 때문에 소화기관을 통하여 흡수된 독성물질의 일차표적이 된다.
• 간장은 각종 대사효소가 집중적으로 분포되어 있고, 이들 효소 활동에 의해 다양한 대사 물질이 만들어지기 때문에 다른 기관에 비해 독성물질의 노출가능성이 매우 높다.

97

● Repetitive Learning 1회 2회 3회

다음 중 작업환경 내 발생하는 유기용제의 공통적인 비특이적 증상은 무엇인가?

① 중추신경계 활성억제
② 조혈기능 장애
③ 간 기능의 저하
④ 복통, 설사 및 시신경장애

해설

• 유기용제의 공통적인 비특이성 증상은 중추신경계에 작용하여 마취, 환각현상을 일으킨다.

❖ 유기용제와 중독

• 유기용제란 피용해물질의 성질을 변화시키지 않고 다른 물질을 녹일 수 있는 액체성 유기화합물질을 말한다.
• 유기용제가 인체로 들어오는 경로는 호흡기를 통한 경우가 가장 많으며 휘발성이 강해 다시 호흡기로 상당량이 배출된다.
• 체내로 들어온 유기용제는 산화, 환원, 가수분해로 이루어지는 생전환과 포합체를 형성하는 포합반응인 두 단계의 대사과정을 거친다.
• 지용성의 특성을 가지며 수용성의 대상물질이 되어 신장을 통해 요 중으로 배설된다.
• 공통적인 비특이성 증상은 중추신경계에 작용하여 마취, 환각현상을 일으킨다.
• 장시간 노출시 만성중독을 발생시킨다.
• 간장 장애를 일으킨다.
• 사염화탄소는 간장과 신장을 침범하는데 반하여 이황화탄소는 중추신경계통을 침해한다.
• 벤젠은 노출초기에는 빈혈증을 나타내고 장기간 노출되면 혈소판 감소, 백혈구 감소를 초래한다.

98

● Repetitive Learning 1회 2회 3회

사업장 근로자의 음주와 폐암에 대한 연구를 하려고 한다. 이때 혼란변수는 흡연, 성, 연령 등이 될 수 있는데 다음 중 그 이유로 가장 적합한 것은 무엇인가?

① 폐암 발생에만 유의하게 영향을 미칠 수 있기 때문에
② 음주와 유의한 관련이 있기 때문에
③ 음주와 폐암 발생 모두에 원인적 연관성을 갖기 때문에
④ 폐암에는 원인적 연관성이 있는데 음주와는 상관성이 없기 때문에

해설

• 흡연이 음주와 유의한 관련이 있으므로 혼란변수가 될 수 있다.

❖ 혼란변수

• 질병의 위험요인이며, 폭로 또는 치료 유무 등과 관련이 있어야 하며, 폭로 또는 치료유무와 질병간의 매개변수가 아닌 변수를 말한다.
• 혼란변수는 인과관계의 크기를 왜곡할 수 있다.

1003 / 1903

99

● Repetitive Learning 1회 2회 3회

다음 중 수은중독에 관한 설명으로 틀린 것은?

① 수은은 주로 골 조직과 신경에 많이 축적된다.
② 무기수은염류는 호흡기나 경구적 어느 경로라도 흡수된다.
③ 수은중독의 특징적인 증상은 구내염, 근육진전 등이 있다.
④ 전리된 수은이온은 단백질을 침전시키고, thiol기(SH)를 가진 효소작용을 억제한다.

해설

• 수은은 소화관으로는 2~7% 정도의 소량으로 흡수되며, 금속 형태로는 뇌, 혈액, 심근에 많이 분포된다.

❖ 수은(Hg)

ㄱ 개요
• 인간의 연금술, 의약품 등에 가장 오래 사용해 왔던 중금속의 하나로 17세기 유럽에서 신사용 중절모자를 만드는 사람들에게 처음으로 발견되어 hatter's shake라고 하며 근육경련을 유발하는 중금속이다.
• 단백질을 침전시키며 thiol(-SH)기를 가진 효소의 작용을 억제하여 독성을 나타낸다.
• 뇌홍의 제조에 사용하며, 증기를 발생하여 산업중독을 일으킨다.
• 수은은 상온에서 액체상태로 존재하는 금속이다.
ㄴ 분류
• 무기수은화합물은 대부분의 금속과 화합하여 아말감을 만든다.
• 무기수은화합물은 질산수은, 승홍, 뇌홍 등이 있으며, 유기수은화합물에는 페닐수은, 에틸수은 등이 있다.
• 유기수은 화합물로서는 아릴수은(무기수은) 화합물과 알킬수은 화합물이 있다.
• 메틸 및 에틸 등 알킬수은 화합물의 독성이 가장 강하다.
ㄷ 인체에 미치는 영향과 대책 **실기** 0401
• 소화관으로는 2~7% 정도의 소량으로 흡수되며, 금속 형태로는 뇌, 혈액, 심근에 많이 분포된다.
• 중독의 특징적인 증상은 근육진전, 정신증상이고, 만성노출시 식욕부진, 신기능부전, 구내염이 발생한다.

- 급성중독 시 우유와 계란의 흰자를 먹여 단백질과 해당 물
  질을 결합시켜 침전시키거나, BAL(dimercaprol)을 체중
  1kg당 5mg을 근육주사로 투여하여야 한다.

100 —————— • Repetitive Learning [1회 | 2회 | 3회]

직업성 천식을 유발하는 대표적인 물질로 나열된 것은?

① 알루미늄, 2-Bromopropane

② TDI(Toluene Diisocyanate), Asbestos

③ 실리카, DBCP(1,2-dibromo-3-chloropropane)

④ TDI(Toluene Diisocyanate), TMA(Trimellitic
  Anhydride)

해설
- 직업성 천식의 원인물질에는 금속(백금, 니켈, 크롬, 알루미늄 등),
  약제(항생제, 소화제 등), 생물학적 물질(털, 동물분비물, 목재분진,
  곡물가루, 밀가루, 커피가루, 진드기 등), 화학물질(TDI, TMA, 반응
  성 아조염료 등) 등이 있다.

❖ 직업성 천식
- 작업환경에서 기도의 만성 염증성 질환인 기관지 천식이 발생
  한 것을 말한다.
- 작업장에서의 분진, 가스, 증기 혹은 연무 등에 노출되어 발생
  하는 기도의 가역적인 폐쇄를 보이는 질환이다.
- 알레르기 항원이 기도로 들어와 IgE를 생성한다. 항원과 결합
  된 항원전달세포가 림프절 내에 작용한다. 이때 비만세포로부
  터 Histamine, Leukotriene 등이 분비되어 기관지 수축이 일어
  난다.
- 원인물질에는 금속(백금, 니켈, 크롬, 알루미늄 등), 약제(항생
  제, 소화제 등), 생물학적 물질(털, 동물분비물, 목재분진, 곡물
  가루, 밀가루, 커피가루, 진드기 등), 화학물질(TDI, TMA, 반응
  성 아조염료 등) 등이 있다.

구분	1과목	2과목	3과목	4과목	5과목	합계
New유형	3	1	1	1	0	6
New문제	7	7	7	8	4	33
또나온문제	8	6	6	4	5	29
자꾸나온문제	5	7	7	8	11	38
합계	20	20	20	20	20	100

- New유형은 New문제 중 기존 기출문제와 완전히 다른 유형의 문제를 말합니다.
- New문제는 기존에 출제되지 않은 문제로 이번에 처음 출제되는 문제입니다.
- 또나온문제는 기존에 출제된 적이 1번 있는 문제를 말합니다.
- 자꾸나온문제는 기존에 출제된 적이 2번 이상 있는 문제를 말합니다. 그만큼 중요한 문제입니다.

몇 년분의 기출문제를 공부해야 합격할 수 있을까요?

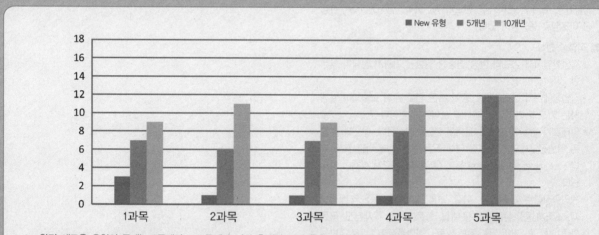

- 완전 새로운 유형의 문제는 6문제이고 94문제가 이미 출제된 문제 혹은 변형문제입니다.
- 5년분(2018~2022) 기출에서 동일문제가 40문항이 출제되었고, 10년분(2013~2022) 기출에서 동일문제가 52문항이 출제되었습니다.

실기에 나왔어요!! 일타쌍피─사전체크!!

실기시험은 필답형으로 진행됩니다. 객관식의 필기와 달리 주관식인 관계로 아는 만큼 적을 수 있습니다. 최근 계산문제의 비중이 많이 감소하고 있지만 절반 정도의 이론 문제와 절반 정도의 계산문제가 출제된다고 보시면 됩니다. 계산문제의 경우 나오는 문제유형이 거의 정해져 있습니다. 필기 공부할 때 미리 실기에 나오는 내용을 체크하시고 그부분만큼은 잘 공부해 두신다면 당 회차 실기까지 한 번에 잡을 수 있습니다.

- 총 41개의 유형별 핵심이론이 실기시험과 연동되어 있습니다.

분석의견

합격률이 56.1%로 역대급의 합격률을 보인 회차였습니다.
10년 기출을 학습할 경우 기출과 동일한 문제가 모든 과목에서 과락점수인 8개 이상 출제될 만큼 중요한 문제들이 많이 배치된 회차입니다.(기출문제가 많다는 것은 그만큼 중요한 문제가 배치되었으며, 기출문제로 학습한 수험자에게는 쉽다고 느껴집니다.)
10년분 기출문제와 유형별 핵심이론의 2회 정독이면 합격 가능한 것으로 판단됩니다.

2014년 제3회

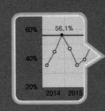

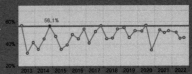

1과목 산업위생학개론

01 ● Repetitive Learning 〔1회 2회 3회〕

다음 중 산업위생의 기본적인 과제에 해당하지 않는 것은 무엇인가?

① 노동 재생산과 사회 경제적 조건의 연구
② 작업능률 저하에 따른 작업조건에 관한 연구
③ 작업환경의 유해물질이 대기오염에 미치는 연구
④ 작업환경에 의한 신체적 영향과 최적환경의 연구

해설
• 대기오염은 산업위생과 비교적 거리가 먼 연구과제에 해당한다.
⁑ 산업위생의 기본적인 과제
  • 작업환경에 의한 신체적 영향과 최적환경의 연구
  • 작업능력의 신장 및 저하에 따른 작업조건의 연구
  • 작업능률 저하에 따른 작업조건에 관한 연구
  • 작업환경이 미치는 건강장애에 관한 연구
  • 노동 재생산과 사회 경제적 조건의 연구

02 ● Repetitive Learning 〔1회 2회 3회〕

다음 중 바람직한 교대제에 대한 설명으로 바르지 않은 것은?

① 2교대 시 최저 3조로 편성한다.
② 각 반의 근무시간은 8시간으로 한다.
③ 야간근무의 연속일수는 2~3일로 한다.
④ 야근 후 다음 반으로 가는 간격은 24시간으로 한다.

해설
• 야근 후 다음 반으로 가는 간격은 최저 48시간을 가지도록 한다.

⁑ 바람직한 교대제
  ㉠ 기본
  • 각 반의 근무시간은 8시간으로 한다.
  • 2교대면 최저 3조의 정원을, 3교대면 4조 편성으로 한다.
  • 근무시간의 간격은 15~16시간 이상으로 하여야 한다.
  • 채용 후 건강관리로서 정기적으로 체중, 위장 증상 등을 기록해야 하며 체중이 3kg 이상 감소 시 정밀검사를 받도록 한다.
  • 근무 교대시간은 근로자의 수면을 방해하지 않도록 정해야 하며, 아침 교대시간은 아침 7시 이후에 하는 것이 바람직하다.
  • 근무시간은 8시간을 주기로 교대하며 야간 근무 시 충분한 휴식을 보장해주어야 한다.
  • 교대작업은 피로회복을 위해 역교대 근무 방식보다 전진근무 방식(주간근무 → 저녁근무 → 야간근무 → 주간근무)으로 하는 것이 좋다.
  ㉡ 야간근무 〔실기〕 2202
  • 야간근무의 연속은 2~3일 정도가 좋다.
  • 야근 교대시간은 상오 0시 이전에 하는 것이 좋다.
  • 야간근무 시 가면(假眠)시간은 근무시간에 따라 2~4시간으로 하는 것이 좋다.
  • 야근은 가면(假眠)을 하더라도 10시간 이내가 좋다.
  • 야근 후 다음 반으로 가는 간격은 최저 48시간을 가지도록 한다.
  • 상대적으로 가벼운 작업을 야간 근무조에 배치하고, 업무 내용을 탄력적으로 조정한다.

0803 / 1101 / 1302

03 ● Repetitive Learning 〔1회 2회 3회〕

사업장에서 근로자가 하루에 25kg 이상의 중량물을 몇 회 이상 들면 근골격계 부담작업에 해당되는가?

① 5회　　　　　② 10회
③ 15회　　　　　④ 20회

- 하루에 10회 이상 25kg 이상의 물체를 드는 작업을 근골격계 부담 작업이라 한다.

❖ 근골격계 부담작업

- 하루에 4시간 이상 집중적으로 자료입력 등을 위해 키보드 또는 마우스를 조작하는 작업
- 하루에 총 2시간 이상 목, 어깨, 팔꿈치, 손목 또는 손을 사용하여 같은 동작을 반복하는 작업
- 하루에 총 2시간 이상 머리 위에 손이 있거나, 팔꿈치가 어깨위에 있거나, 팔꿈치를 몸통으로부터 들거나, 팔꿈치를 몸통뒤쪽에 위치하도록 하는 상태에서 이루어지는 작업
- 지지되지 않은 상태이거나 임의로 자세를 바꿀 수 없는 조건에서, 하루에 총 2시간 이상 목이나 허리를 구부리거나 트는 상태에서 이루어지는 작업
- 하루에 총 2시간 이상 쪼그리고 앉거나 무릎을 굽힌 자세에서 이루어지는 작업
- 하루에 총 2시간 이상 지지되지 않은 상태에서 1kg 이상의 물건을 한손의 손가락으로 집어 옮기거나, 2kg 이상에 상응하는 힘을 가하여 한손의 손가락으로 물건을 쥐는 작업
- 하루에 총 2시간 이상 지지되지 않은 상태에서 4.5kg 이상의 물건을 한 손으로 들거나 동일한 힘으로 쥐는 작업
- 하루에 10회 이상 25kg 이상의 물체를 드는 작업
- 하루에 25회 이상 10kg 이상의 물체를 무릎 아래에서 들거나, 어깨 위에서 들거나, 팔을 뻗은 상태에서 드는 작업
- 하루에 총 2시간 이상, 분당 2회 이상 4.5kg 이상의 물체를 드는 작업
- 하루에 총 2시간 이상 시간당 10회 이상 손 또는 무릎을 사용하여 반복적으로 충격을 가하는 작업

04

50명의 근로자가 사업장에서 1년 동안에 6명의 부상자가 발생하였고 총 휴업일수가 219일이라면 근로손실일수와 강도율은 각각 얼마가 되겠는가?(단, 연간 근로시간수는 120,000시간이다)

① 근로손실일수 : 180일, 강도율 : 1.5일
② 근로손실일수 : 190일, 강도율 : 1.5일
③ 근로손실일수 : 180일, 강도율 : 2.5일
④ 근로손실일수 : 190일, 강도율 : 2.5일

- 연간근로시간수가 120,000시간이라는 것은 50명의 근로자가 하루 8시간씩, 1년 300일 근무했음을 의미한다.
- 휴업일수가 주어졌으므로 근로손실일수는 $219 \times \frac{300}{365}$ 에서 180일이 된다.

- 강도율 $= \frac{180}{120,000} \times 1,000 = 1.5$가 된다.

❖ 강도율(SR : Severity Rate of injury)

- 재해로 인한 근로손실의 강도를 나타낸 값으로 연간 총 근로시간에서 1,000시간당 근로손실일수를 의미한다.
- 강도율 $= \frac{근로손실일수}{연간총근로시간} \times 1,000$ 으로 구한다.
- 연간 근무일수나 하루 근무시간수가 주어지지 않을 경우 하루 8시간, 1년 300일 근무하는 것으로 간주한다.
- 휴업일수가 주어질 경우 근로손실일수를 구하기 위해 $\frac{연간근무일수}{365}$ 를 곱해준다.
- 근로자의 근속연수 등이 주어지지 않을 때 평생 근로손실일수는 한 개인이 평생 동안 근로한 시간을 100,000시간으로 볼 때의 근로손실일수이므로 강도율에 100을 곱하여 구한다.

05

사무실 공기관리 지침에서 관리하고 있는 오염물질 중 포름알데히드(HCHO)에 대한 설명으로 바르지 않은 것은?

① 자극적인 냄새를 가지며, 메틸알데히드라고도 한다.
② 일반주택 및 공공건물에 많이 사용하는 건축자재와 섬유 옷감이 그 발생원이 되고 있다.
③ 시료채취는 고체흡착관 또는 캐니스터로 수행한다.
④ 산업안전보건법상 사람에게 충분한 발암성 증거가 있는 물질(1A)로 분류되어 있다.

- 포름알데히드는 2,4-DNPH 코팅된 실리카겔관이 장착된 시료채취기로 채취한다.

❖ 사무실 공기 시료채취방법

미세먼지(PM10)	PM10 샘플러
초미세먼지(PM2.5)	PM2.5 샘플러
이산화탄소(CO_2)	비분산적외선검출기
일산화탄소(CO)	비분산적외선검출기 또는 전기화학검출기
이산화질소(NO_2)	고체흡착관
포름알데히드(HCHO)	2,4-DNPH 코팅된 실리카겔관
총휘발성유기화합물(TVOC)	고체흡착관 또는 캐니스터
라돈(radon)	라돈연속검출기, 알파트랙 등
총부유세균	충돌법을 이용한 부유세균채취기
곰팡이	충돌법을 이용한 부유진균채취기

06 ——————— • Repetitive Learning

작업대사율이 3인 강한작업을 하는 근로자의 실동률(%)은?

① 50   ② 60

③ 70   ④ 80

해설

- 사이또와 오시마의 실노동률 공식에 주어진 작업대사율을 대입하면 실동률은 85−(5×3)=70[%]가 된다.

※ 사이또와 오시마의 실동률과 계속작업 한계시간 실기 2203

- 실노동률=85−(5×RMR)[%]로 구한다.
- 작업대사율(R)이 주어질 경우 계속작업 한계시간(CMT)은 $\log(CMT)=3.724-3.25\log(R)$로 구한다. 이때 R은 RMR을 의미한다.
- 작업 대사량(E_0)이 주어질 경우 최대작업시간 $\log(T_{end})=3.720-0.1949\times E_0$으로 구한다.

---

07 ——————— • Repetitive Learning

작업장에서 누적된 스트레스를 개인차원에서 관리하는 방법에 대한 설명으로 옳지 않은 것은?

① 신체검사를 통하여 스트레스성 질환을 평가한다.
② 자신의 한계와 문제의 징후를 인식하여 해결방안을 도출한다.
③ 규칙적인 운동을 삼가하고 흡연, 음주 등을 통해 스트레스를 관리한다.
④ 명상, 요가 등의 긴장 이완훈련을 통하여 생리적 휴식상태를 점검한다.

해설

- 운동이나 직무 외의 관심을 권장해야 한다.

※ 스트레스의 관리

개인차원	• 자신의 한계와 문제의 징후를 인식하여 해결방안 도출 • 명상, 요가 등 긴장 이완훈련 • 신체검사 및 건강검사 • 운동과 직무 외의 관심 • 적절한 시간관리
집단차원	• 직무의 재설계 • 사회적 지원의 제공 • 개인의 적응수준 제고 • 참여적 의사결정 • 우호적인 직장 분위기의 조성

---

08 ——————— • Repetitive Learning

산업안전보건법상 사무실 공기질의 측정대상물질에 해당하지 않는 것은?

① 곰팡이   ② 일산화질소
③ 일산화탄소   ④ 총부유세균

해설

- 이산화질소와 달리 일산화질소는 사무실 공기질 측정대상에 해당되지 않는다.

※ 오염물질 관리기준 실기 0901/1002/1502/1603/2201

미세먼지(PM10)	$100\mu g/m^3$
초미세먼지(PM2.5)	$50\mu g/m^3$
이산화탄소(CO_2)	1,000ppm
일산화탄소(CO)	10ppm
이산화질소(NO_2)	0.1ppm
포름알데히드(HCHO)	$100\mu g/m^3$
총휘발성유기화합물(TVOC)	$500\mu g/m^3$
라돈(radon)	$148Bq/m^3$
총부유세균	$800CFU/m^3$
곰팡이	$500CFU/m^3$

---

09 ——————— • Repetitive Learning

산업위생 역사에서 영국의 외과의사 Percivall Pott에 대한 내용 중 틀린 것은?

① 직업성 암을 최초로 보고하였다.
② 산업혁명 이전의 산업위생 역사이다.
③ 어린이 굴뚝 청소부에게 많이 발생하던 음낭암(Scrotal cancer)의 원인물질을 검댕(Soot)이라고 규명하였다.
④ Pott의 노력으로 1788년 영국에서는 도제 건강 및 도덕법(Health and Morals of Apprentices Act)이 통과되었다.

해설

- Pott는 1788년에 굴뚝 청소부법이 통과되도록 노력하였다.

※ Percivall Pott

- 18세기 영국의 외과의사로 굴뚝청소부들의 직업병인 음낭암이 검댕(Soot) 속의 다환방향족 탄화수소에 의해 발생되었음을 보고하였다.
- 최초의 직업성 암에 대한 원인을 분석하였다.
- 1788년에 굴뚝 청소부법이 통과되도록 노력하였다.

10 ━━━━━━━━━━ • Repetitive Learning (1회 2회 3회)

다음 중 근육운동을 하는 동안 혐기성 대사에 동원되는 에너지원과 가장 거리가 먼 것은 무엇인가?

① 아세트알데히드 ② 크레아틴인산(CP)
③ 글리코겐 ④ 아데노신삼인산(ATP)

해설
- 혐기성 대사에 사용되는 에너지원에는 ATP, CP, glycogen, glucose가 있다.

☷ 혐기성 대사 [실기] 1401
- 호기성 대사가 대사과정을 통해 생성된 에너지인데 반해 혐기성 대사는 근육에 저장된 화학적 에너지를 말한다.
- 혐기성 대사는 ATP(아데노신 삼인산) → CP(크레아틴 인산) → glycogen(글리코겐) 혹은 glucose(포도당)순으로 에너지를 공급받는다.
- glucose(포도당)의 경우 혐기성에서 3개의 ATP 분자를 생성하지만 호기성 대사로 39개를 생성한다. 즉, 혐기 및 호기에 모두 사용된다.

11 ━━━━━━━━━━ • Repetitive Learning (1회 2회 3회)

온도 25℃, 1기압 하에서 분당 100mL씩 60분 동안 채취한 공기 중에서 벤젠이 3mg 검출되었다면 이때 검출된 벤젠은 약 몇 ppm인가?(단, 벤젠의 분자량은 78이다)

① 11 ② 15.7
③ 111 ④ 157

해설
- 총공기채취량은 100mL×60＝6000mL이다.
- 검출된 벤젠의 양은 3mg이다.
- 농도는 $\frac{3mg}{6L}=0.5[mg/L]=500[mg/m^3]$이 된다.
- mg/m^3을 ppm으로 변환해야 하므로 표준상태에서 $\frac{24.45}{78}$를 곱하면 $500\times\frac{24.45}{78}=156.73\cdots[ppm]$이 된다.

☷ mg/m^3의 ppm 단위로의 변환 [실기] 0302/0303/0802/0902/1002/2103
- mg/m^3단위를 ppm으로 변환하려면 $\frac{mg/m^3 \times 기체부피}{분자량}$로 구한다.
- 24.45는 표준상태(25도, 1기압)에서 기체의 부피이다.
- 온도가 다를 경우 $24.45\times\frac{273+온도}{273+25}$로 기체의 부피를 구한다.

12 ━━━━━━━━━━ • Repetitive Learning (1회 2회 3회)

주로 정적인 자세에서 인체의 특정부위를 지속적, 반복적으로 사용하거나 부적합한 자세로 장기간 작업할 때 나타나는 질환을 의미하는 것이 아닌 것은?

① 반복성긴장장애 ② 누적외상성질환
③ 작업관련성 신경계질환 ④ 작업관련성 근골격계질환

해설
- 우리나라에서는 근골격계 질환 관련(MSD), 미국에서는 누적외상성질환(CTD), 영국 및 호주에서는 반복성긴장장애(RSI), 스웨덴에서는 인간공학관련상해(ERI, OCD), 일본에서는 경견완증후군(Shoulder-arm syndrome)이라고 한다.

☷ 근골격계 질환 관련(MSD) 용어
- 특정 신체부위 및 근육의 과도한 사용으로 인해 근육, 관절, 혈관, 신경 등에 손상이 발생하여 해당 부위에 나타나는 만성적인 건강장해를 말한다.
- 미국에서는 누적외상성질환(CTD), 영국 및 호주에서는 반복성긴장장애(RSI), 스웨덴에서는 인간공학관련상해(ERI, OCD), 일본에서는 경견완증후군(Shoulder-arm syndrome)이라고 한다.

13 ━━━━━━━━━━ • Repetitive Learning (1회 2회 3회)

다음 중 직업성 질환으로 가장 거리가 먼 것은 무엇인가?

① 분진에 의하여 발생되는 진폐증
② 화학물질의 반응으로 인한 폭발 후유증
③ 화학적 유해인자에 의한 중독
④ 유해광선, 방사선 등의 물리적 인자에 의하여 발생되는 질환

해설
- 화학물질의 반응으로 인한 폭발 후유증은 돌발적인 상해로 재해로 취급되며, 직업성 질환으로 취급하지 않는다.

☷ 직업병 및 직업관련성 질환
- 작업관련성 질환은 작업에 의하여 악화되거나 작업과 관련하여 높은 발병률을 보이는 질병이다.
- 직업병은 일반적으로 단일요인에 의해, 작업관련성 질환은 다수의 원인 요인에 의해서 발병된다.
- 직업병은 직업에 의해 발생된 질병으로서 직업 환경 노출과 특정 질병 간에 인과관계는 분명하다.
- 작업관련성 질환은 작업환경과 업무수행상의 요인들이 다른 위험요인과 함께 질병발생의 복합적 병인 중 한 요인으로서 기여한다.

14 Repetitive Learning 〔1회 2회 3회〕

우리나라 고시에 따르면 하루에 몇 시간 이상 집중적으로 자료입력을 위해 키보드 또는 마우스를 조작하는 작업을 근 골격계 부담작업으로 분류하는가?

① 2시간 ② 4시간
③ 6시간 ④ 8시간

> **해설**
> • 하루에 4시간 이상 집중적으로 자료입력 등을 위해 키보드 또는 마우스를 조작하는 작업을 근골격계 부담작업이라 한다.
>
> **⁑ 근골격계 부담작업**
>   **문제 3번의 유형별 핵심이론 ⁑ 참조**

1102

15 Repetitive Learning 〔1회 2회 3회〕

다음 중 산업안전보건법상 대상화학물질에 대한 물질안전 보건자료(MSDS)로부터 알 수 있는 정보가 아닌 것은?

① 응급조치요령
② 법적규제 현황
③ 주요성분 검사방법
④ 노출방지 및 개인보호구

> **해설**
> • 주요성분 검사방법은 물질안전보건자료(MSDS)의 내용에 포함되지 않는다.
>
> **⁑ 물질안전보건자료(MSDS) 작성 시 포함되어야 할 항목과 순서**
>   1. 화학제품과 회사에 관한 정보
>   2. 유해성 · 위험성
>   3. 구성성분의 명칭 및 함유량
>   4. 응급조치요령
>   5. 폭발 · 화재시 대처방법
>   6. 누출사고시 대처방법
>   7. 취급 및 저장방법
>   8. 노출방지 및 개인보호구
>   9. 물리화학적 특성
>   10. 안정성 및 반응성
>   11. 독성에 관한 정보
>   12. 환경에 미치는 영향
>   13. 폐기 시 주의사항
>   14. 운송에 필요한 정보
>   15. 법적규제 현황
>   16. 그 밖의 참고사항

16 Repetitive Learning 〔1회 2회 3회〕

다음 중 산업피로의 원인이 되고 있는 스트레스에 의한 신체반응 증상으로 올바른 것은?

① 혈압의 상승
② 근육의 긴장 완화
③ 소화기관에서의 위산 분비 억제
④ 뇌하수체에서 아드레날린의 분비 감소

> **해설**
> • 스트레스를 받으면 근육이나 뇌, 심장에 더 많은 피를 보내기 위하여 맥박과 혈압은 증가한다.
>
> **⁑ 스트레스에 따른 신체반응**
>   • 혈소판이나 혈액응고 인자가 증가한다.
>   • 더 많은 산소를 얻기 위하여 호흡은 빨라진다.
>   • 근육이나 뇌, 심장에 더 많은 피를 보내기 위하여 맥박과 혈압은 증가한다.
>   • 행동을 할 준비를 위해 근육이 긴장한다.
>   • 상황판단과 빠른 행동을 위해 정신이 명료해지고 감각기관이 예민해진다.
>   • 중요한 장기인 뇌, 심장, 근육으로 가는 혈류는 증가한다.

1101

17 Repetitive Learning 〔1회 2회 3회〕

미국산업위생학술원(AAIH)에서 정하고 있는 산업위생전문 가로서 지켜야 할 윤리강령으로 바르지 않은 것은?

① 기업체의 기밀은 누설하지 않는다.
② 성실성과 학문적 실력 면에서 최고 수준을 유지한다.
③ 쾌적한 작업환경을 만들기 위한 시설 투자유치에 기여한다.
④ 과학적 방법의 적용과 자료의 해석에 객관성을 유지한다.

> **해설**
> • 산업위생전문가는 쾌적한 작업환경을 만들기 위해 시설 투자유치에 기여하는 것이 아니라 산업위생이론을 적용하고 책임있게 행동해야한다.
>
> **⁑ 산업위생전문가의 윤리강령 중 산업위생전문가로서의 책임**
>   • 산업위생 활동을 통해 얻은 개인 및 기업의 정보는 누설하지 않는다.
>   • 전문적 판단이 타협에 의하여 좌우될 수 있거나 이해관계가 있는 상황에는 개입하지 않는다.
>   • 쾌적한 작업환경을 만들기 위해 산업위생이론을 적용하고 책임있게 행동한다.
>   • 성실성과 학문적 실력 면에서 최고 수준을 유지한다.

- 과학적 방법의 적용과 자료의 해석에 객관성을 유지한다.
- 전문분야로서의 산업위생을 학문적으로 발전시킨다.
- 근로자, 사회 및 전문 직종의 이익을 위해 과학적 지식을 공개하고 발표한다.

18 ———— Repetitive Learning 〔1회〕〔2회〕〔3회〕

다음 중 안전보건교육에 관한 내용으로 바르지 않은 것은?

① 사업주는 당해 사업장의 근로자에 대하여 정기적으로 안전보건에 관한 교육을 실시한다.
② 사업주는 근로자를 채용할 때와 작업내용을 변경할 때는 당해 근로자에 대하여 당해 업무와 관계되는 안전보건에 관한 교육을 실시한다.
③ 사업주는 유해하거나 위험한 작업에 근로자를 사용할 때는 당해업무와 관계되는 안전보건에 관한 특별교육을 실시한다.
④ 사업주는 안전보건에 관한 교육을 교육부장관이 지정하는 교육기관에 위탁하여 실시한다.

해설

- 사업주는 안전보건교육을 고용노동부장관에게 등록한 안전보건교육기관에 위탁할 수 있다.
- ✦✦ 근로자에 대한 안전보건교육
  - 사업주는 소속 근로자에게 고용노동부령으로 정하는 바에 따라 정기적으로 안전보건교육을 하여야 한다.
  - 사업주는 근로자를 채용할 때와 작업내용을 변경할 때에는 그 근로자에게 고용노동부령으로 정하는 바에 따라 해당 작업에 필요한 안전보건교육을 하여야 한다.
  - 사업주는 근로자를 유해하거나 위험한 작업에 채용하거나 그 작업으로 작업내용을 변경할 때에는 고용노동부령으로 정하는 바에 따라 유해하거나 위험한 작업에 필요한 안전보건교육을 추가로 하여야 한다.
  - 사업주는 안전보건교육을 고용노동부장관에게 등록한 안전보건교육기관에 위탁할 수 있다.

1001 / 1802 / 2102

19 ———— Repetitive Learning 〔1회〕〔2회〕〔3회〕

다음 중 재해예방의 4원칙에 해당하지 않는 것은?

① 손실 우연의 원칙
② 원인 조사의 원칙
③ 예방 가능의 원칙
④ 대책 선정의 원칙

해설

- 재해예방의 4원칙에 포함되려면 원인 조사의 원칙이 아니라 원인 연계의 원칙이 되어야 한다.
- ✦✦ 하인리히의 재해예방의 4원칙

대책 선정의 원칙	사고의 원인을 발견하면 반드시 대책을 세워야 하며, 모든 사고는 대책 선정이 가능하다는 원칙
손실 우연의 원칙	사고로 인한 손실은 상황에 따라 다른 우연적이라는 원칙
예방 가능의 원칙	모든 사고는 예방이 가능하다는 원칙
원인 연계의 원칙	• 사고는 반드시 원인이 있으며 이는 복합적으로 필연적인 인과관계로 작용한다는 원칙 • 원인 계기의 원칙이라고도 한다.

20 ———— Repetitive Learning 〔1회〕〔2회〕〔3회〕

직업성 질환의 예방대책 중에서 근로자 대책에 속하지 않는 것은 무엇인가?

① 적절한 보호의의 착용
② 정기적인 근로자 건강진단의 실시
③ 생산라인의 개조 또는 국소배기시설의 설치
④ 보안경, 진동 장갑, 귀마개 등의 보호구 착용

해설

- ③은 작업장 측면에서의 대책에 해당한다.
- ✦✦ 직업성 질환에 대한 근로자 대책
  - 적절한 보호의의 착용
  - 정기적인 근로자 건강진단의 실시
  - 보안경, 진동 장갑, 귀마개 등의 보호구 착용

2과목 　작업위생측정 및 평가

21 ———— Repetitive Learning 〔1회〕〔2회〕〔3회〕

음원의 파워레벨을 Lw(dB), 음원에서의 수음점까지의 거리를 r(m), 음원의 지향계수를 Q라 할 때 음압레벨 L(dB)은 Lw − 20logr − 11 + 10logQ로 나타낸다. Lw가 107dB일 때 r이 2m이고, L이 96dB이었다면 음원의 지향계수는 무엇인가?

① 1
② 2
③ 3
④ 4

해설

- 음압레벨 L=Lw−20logr−11+10logQ에 주어진 값을 대입하면 96=107−20log2−11+10logQ 이므로 10logQ=20log2가 된다.
- logQ=2log2=0.602이므로 Q=$10^{0.602}$=3.999…이다.

※ 음압레벨(SPL ; Sound Pressure Level) **실기** 0403/0501/0503/0901/1001/1102/1403/2004

- 기준이 되는 소리의 압력과 비교하여 로그적으로 표현한 값이다.
- SPL=$20\log\left(\dfrac{P}{P_0}\right)$[dB]로 구한다. 여기서 P_0는 기준음압으로 2×10^{-5}[N/m^2] 혹은 2×10^{-4}[dyne/cm^2]이다.
- 자유공간에 위치한 점음원의 음압레벨(SPL)은 음향파워레벨(PWL)−20logr−11로 구한다. 이때 r은 소음원으로부터의 거리[m]이다. 11은 10log(4π)의 값이다.

0603 / 1703

22 —— ● Repetitive Learning [1회 2회 3회]

다음 중 2차 표준 보정기구와 가장 거리가 먼 것은?

① 폐활량계
② 열선기류계
③ 건식가스미터
④ 습식테스트미터

해설

- 폐활량계(Spirometer)는 폐기능을 검사와 1차 용량 표준으로 사용하는 1차 표준기구이다.
- **※ 표준기구들의 특징**
  ㉠ 1차 표준기구
  - 폐활량계(Spirometer)는 폐기능을 검사와 1차 용량 표준으로 사용하는 1차 표준기구이다.
  - 가스치환병은 정확도가 높아 실험실에서 주로 사용하는 1차 표준기구이다.
  - 펌프의 유량을 보정하는 데 1차 표준으로서 비누거품미터가 가장 널리 사용된다.
  - 흑연피스톤미터는 공기시료 채취 시 공기유량과 용량을 보정하는 표준기구이다.
  ㉡ 2차 표준기구
  - 건식가스미터는 일반적 사용범위가 10~150L/분이고 정확도는 ±1%이며 주로 현장에서 사용된다.
  - 습식테스트미터는 일반적 사용범위가 0.5~230L/분이고 정확도는 ±0.5%이며 실험실에서 주로 사용된다.

---

23 —— ● Repetitive Learning [1회 2회 3회]

흡착제인 활성탄의 제한점에 관한 내용으로 바르지 않은 것은?

① 휘발성이 매우 큰 저분자량의 탄화수소 화합물의 채취효율이 떨어짐
② 암모니아, 에틸렌, 염화수소와 같은 저비점 화합물에 비효과적임
③ 케톤의 경우 활성탄 표면에서 물을 포함하는 반응에 의해서 파괴되어 탈착률과 안정성에서 부적절함
④ 표면의 산화력으로 인해 반응성이 적은 mercaptan, aldehyde 포집에 부적합함

해설

- 표면의 산화력으로 인해 반응성이 큰 mercaptan aldehyde 포집에 부적합하다.
- **※ 흡착제인 활성탄의 제한점**
  - 암모니아, 에틸렌, 염화수소와 같은 저비점 화합물에 비효과적이다.
  - 표면의 산화력으로 인해 반응성이 큰 mercaptan aldehyde 포집에 부적합하다.
  - 비교적 높은 습도는 활성탄의 흡착용량을 저하시킨다.
  - 케톤의 경우 활성탄 표면에서 물을 포함하는 반응에 의해 파괴되어 탈착률과 안정성에 부적절하다.
  - 휘발성이 매우 큰 저분자량의 탄화수소 화합물의 채취효율이 떨어진다.

---

24 —— ● Repetitive Learning [1회 2회 3회]

가스상 물질 흡수액의 흡수효율을 높이기 위한 방법으로 올바르지 않은 것은?

① 가는 구멍이 많은 프리티드버블러 등 채취효율이 좋은 기구를 사용한다.
② 시료채취속도를 높인다.
③ 용액의 온도를 낮춘다.
④ 두 개 이상의 버블러를 연속적으로 연결한다.

해설

- 흡수효율을 높이려면 시료채취속도를 낮춰야 한다.
- **※ 흡수용액을 이용하여 시료를 포집할 때 흡수효율을 높이는 방법**
  실기 0601/1303/1802/2101
  - 시료채취유량을 낮춘다.
  - 용액의 온도를 낮추어 오염물질의 휘발성을 제한한다.
  - 가는 구멍이 많은 Fritted 버블러 등 채취 효율이 좋은 기구를 사용한다.
  - 두 개 이상의 버블러를 연속적으로 연결하여 용액의 양을 늘린다.

25

• Repetitive Learning (1회 2회 3회)

다음은 A전철역에서 측정한 오존의 농도이다. 기하평균 농도는 약 몇ppm인가?

4.42, 5.58, 1.26, 0.57, 5.82

① 2.07   ② 2.21

③ 2.53   ④ 2.74

해설

- $\sqrt[5]{4.42 \times 5.58 \times 1.26 \times 0.57 \times 5.82} = \sqrt[5]{103.092} = 2.527 \cdots$ 이다.

기하평균(GM) 실기 0303/0403/0502/0601/0702/0801/0803/1102/1301/1403/1703/1801/2102

- 주어진 n개의 값들을 곱해서 나온 값의 n제곱근이다.
- $x_1, x_2, \cdots, x_n$의 자료가 주어질 때 기하평균 GM은 $\sqrt[n]{x_1 \times x_2 \times \cdots \times x_n}$으로 구하거나 $\log GM = \dfrac{\log X_1 + \log X_2 + \cdots + \log X_n}{N}$을 역대수를 취해서 구할 수 있다.
- 작업장에서 생화학적 측정치나 유해물질의 농도를 평가할 때 일반적으로 사용되는 평균치이다.
- 작업환경 중 분진의 측정 농도가 대수정규분포를 할 때 측정 자료의 대표치로 사용된다.
- 인구증가율, 물가상승률, 경제성장률 등의 연속적인 변화율 데이터를 기반으로 어떤 구간에서의 평균 변화율을 구할 때 사용된다.

26

• Repetitive Learning (1회 2회 3회)

금속도장 작업장의 공기 중에 혼합된 기체의 농도와 TLV가 다음 표와 같을 때, 이 작업장의 노출지수(EI)는 얼마인가? (단, 상가작용 기준이며 농도 및 TLV의 단위는ppm이다)

기체명	기체의 농도	TLV
Toluene	55	100
MIBK	25	50
Acetone	280	750
MEK	90	200

① 1.573   ② 1.673

③ 1.773   ④ 1.873

해설

- 이 혼합물의 노출지수를 구해보면 $\dfrac{55}{100} + \dfrac{25}{50} + \dfrac{280}{750} + \dfrac{90}{200} = 1.873$이므로 노출기준을 초과하였다.

혼합물의 노출지수와 농도 실기 0303/0403/0501/0703/0801/0802/0901/0903/1002/1203/1303/1402/1503/1601/1701/1703/1801/1803/1901/2001/2004/2101/2102/2103

- 화학물질이 2종 이상 혼재하는 경우에 혼재하는 물질 간에 유해성이 인체의 서로 다른 부위에 작용한다는 증거가 없는 한 유해작용은 가중되므로 노출기준은 $\dfrac{C_1}{T_1} + \dfrac{C_2}{T_2} + \cdots + \dfrac{C_n}{T_n}$으로 산출하되, 산출되는 수치(노출지수)가 1을 초과하지 아니하는 것으로 한다. 이때 C는 화학물질 각각의 측정치이고, T는 화학물질 각각의 노출기준이다.
- 노출지수가 구해지면 해당 혼합물의 농도는 $\dfrac{C_1 + C_2 + \cdots + C_n}{\text{노출지수}}$[ppm]으로 구할 수 있다.

27

• Repetitive Learning (1회 2회 3회)

용접작업장에서 개인시료 펌프를 이용하여 9시 5분부터 11시 55분까지, 13시 5분부터 16시 23분까지 시료를 채취한 결과 공기량이 787L일 경우 펌프의 유량은 약 몇 L/min인가?

① 1.14   ② 2.14

③ 3.14   ④ 4.14

해설

- 채취 시간은 (11시 55분−9시 5분)+(16시 23분−13시 5분)=170+198=368분이다.
- 대입하면 $\dfrac{787}{368} = 2.1385 \cdots$[L/min]이다.

펌프의 유량

- 펌프의 유량 = $\dfrac{\text{채취 공기량}}{\text{채취 시간}}$[L/min]으로 구한다. 이때 채취공기량[L], 채취시간[min]이다.

28

• Repetitive Learning (1회 2회 3회)

어느 자동차공장의 프레스반 소음을 측정한 결과 측정치가 다음과 같았다면 이 프레스반의 소음의 중앙치(median)는 얼마인가?

79dB(A), 80dB(A), 77dB(A), 82dB(A)
88dB(A), 81dB(A), 84dB(A), 76dB(A)

① 80.5dB(A)   ② 81.5dB(A)

③ 82.5dB(A)   ④ 83.5dB(A)

- 주어진 데이터를 순서대로 배치하면 76, 77, 79, 80, 81, 82, 84, 88이고, 짝수개이므로 4번째와 5번째에 해당하는 80과 81의 산술 평균인 80.5가 중앙치가 된다.

중앙값(median)
- 주어진 데이터들을 순서대로 정렬하였을 때 가장 가운데 위치한 값을 말한다.
- 주어진 데이터가 짝수인 경우 가운데 2개 값의 평균값이다.

---

29 ——————● Repetitive Learning （1회　2회　3회） 0902

흡수액을 이용하여 액체 포집한 후 시료를 분석한 결과 다음과 같은 수치를 얻었다. 이 물질의 공기 중 농도는?

> 시료에서 정량된 분석량 40.5μg, 공시료에서 정량된 분석량 6.25μg, 시작 시 유량 1.2ℓ/min, 종료 시 유량 1.0ℓ/min, 포집시간 389분, 포집효율 80%

① 0.1mg/m^3　　　　② 0.2mg/m^3
③ 0.3mg/m^3　　　　④ 0.4mg/m^3

해설

- 시작시 유량과 종료 시 유량이 다르므로 유량의 평균치는
$$\frac{1.2+1.0}{2}=1.1\text{L/min이다.}$$
- 주어진 값을 대입하면 농도 $C=\dfrac{40.5-6.25}{1.1\times389\times0.8}=0.100\cdots$
[mg/m^3]이다.

흡수액을 이용한 채취 시 농도계산
- 농도 $C=\dfrac{W-B}{V\times DE}$ 로 구한다. 이때 C는 농도[mg/m^3], W는 시료 분석량[μg], B는 공시료 분석량[μg], DE는 표집효율, V는 공기채취량으로 평균유속[L/min]×채취시간[min]이다.

---

30 ——————● Repetitive Learning （1회　2회　3회） 2004

호흡성 먼지에 관한 내용으로 옳은 것은?(단, ACGIH를 기준으로 한다)

① 평균 입경은 1μm이다.
② 평균 입경은 4μm이다.
③ 평균 입경은 10μm이다.
④ 평균 입경은 50μm이다.

해설

- 호흡성 먼지는 폐포에 침착하여 독성을 나타내며 평균입자 크기는 4μm이고, 공기 역학적 직경이 10μm 미만인 먼지를 말한다.

입자상 물질의 분류 실기 0303/0402/0502/0701/0703/0802/1303/1402/1502/1601/1701/1802/1901/2202

흡입성 먼지	주로 비강, 인후두, 기관 등 호흡기의 기도 부위에 축적됨으로써 호흡기계 독성을 유발하는 분진으로 평균입경이 100μm이다.
흉곽성 먼지	기관지와 폐포 등 폐 내부의 공기통로와 가스교환 부위에 침착되는 먼지로서 공기역학적 지름이 30μm 이하의 크기를 가지며 평균입경은 10μm이다.
호흡성 먼지	폐포에 침착하여 독성을 나타내며 평균입자 크기는 4μm이고, 공기 역학적 직경이 10μm 미만인 먼지를 말한다.

---

31 ——————● Repetitive Learning （1회　2회　3회）

어느 작업장내의 공기 중 톨루엔(toluene)을 기체크로마토그래피 법으로 농도를 구한 결과 65.0mg/m^3이었다면 ppm 농도는 얼마인가?(단, 25℃, 1기압 기준, 톨루엔(toluene)의 분자량 : 92.14)

① 17.3ppm　　　　② 37.3ppm
③ 122.4ppm　　　　④ 246.4ppm

해설

- 대입하면 $\dfrac{65\times24.45}{92.14}=17.248\cdots$ppm이 된다.

mg/m^3의 ppm 단위로의 변환 실기 0302/0303/0802/0902/1002/2103
문제 11번의 유형별 핵심이론 ** 참조

---

32 ——————● Repetitive Learning （1회　2회　3회）

측정결과의 통계처리를 위한 산포도 측정방법에는 변량 상호간의 차이에 의하여 측정하는 방법과 평균값에 대한 변량의 편차에 의한 측정방법이 있다. 다음 중 변량 상호간의 차이에 의하여 산포도를 측정하는 방법으로 가장 올바른 것은?

① 평균차　　　　② 분산
③ 변이계수　　　　④ 표준편차

해설

- 평균차는 범위, 사분위편차와 함께 변량 상호간의 차이에 의한 산포도를 측정하는 방법이다.

산포도의 종류

평균차	두 값의 차이가 나타내는 변동에 대한 평균값
사분위편차	자료를 크기 순으로 나열한 경우 4등분 위치 값
범위	자료 중 가장 큰 값과 가장 작은 값의 차이
분산	편차의 제곱 합을 평균한 값
표준편차	분산의 양의 제곱근
평균편차	편차들의 제곱근 합의 산술평균
변이계수	평균값에 대한 표준편차의 크기를 백분율[%]로 표시

1002

33 ●───── Repetitive Learning 〔1회〕〔2회〕〔3회〕

입경이 50μm이고 입자비중이 1.5인 입자의 침강속도는 얼마인가?(단, 입경이 1~50μm인 먼지의 침강속도를 구하기 위해 산업위생분야에서 주로 사용하는 식 적용)

① 약 8.3cm/sec
② 약 11.3cm/sec
③ 약 13.3cm/sec
④ 약 15.3cm/sec

해설

• 입자의 직경과 비중이 주어졌으므로 대입하면 침강속도
$V = 0.003 \times 1.5 \times 50^2 = 11.25cm/\sec$이다.

리프만(Lippmann)의 침강속도 실기 0302/0401/0901/1103/1203/1502/1603/1902

• 스토크스의 법칙을 대신하여 산업보건분야에서 간편하게 침강속도를 구하는 식으로 많이 사용된다.

$V = 0.003 \times SG \times d^2$이다.	• V : 침강속도($cm/\sec$) • SG : 입자의 비중(g/cm^3) • d : 입자의 직경(μm)

1101 / 1801 / 2001

34 ●───── Repetitive Learning 〔1회〕〔2회〕〔3회〕

공장 내 지면에 설치된 한 기계로부터 10m 떨어진 지점의 소음이 70dB(A)일 때, 기계의 소음이 50dB(A)로 들리는 지점은 기계에서 몇 m 떨어진 곳인가?(단, 점음원을 기준으로 하고, 기타 조건은 고려하지 않는다)

① 50
② 100
③ 200
④ 400

해설

• $dB_2 = dB_1 - 20\log\left(\dfrac{d_2}{d_1}\right)$에서 $dB_1 = 70$, $d_1 = 10$, $dB_2 = 50$일 때의 d_2를 구하는 문제이다.

• 대입하면 $50 = 70 - 20\log\left(\dfrac{x}{10}\right)$이고, 정리하면 $\log\left(\dfrac{x}{10}\right) = 1$이 되는 x는 100이 되어야 한다.

음압수준 실기 1101

• 음압(Sound pressure)은 물리적으로 측정한 음의 크기를 말한다.
• 소음원으로부터 d_1만큼 떨어진 위치에서 음압수준이 dB_1일 경우 d_2만큼 떨어진 위치에서의 음압수준

$$dB_2 = dB_1 - 20\log\left(\dfrac{d_2}{d_1}\right)$$로 구한다.

• 소음원으로부터 거리와 음압수준은 역비례한다.

0502 / 0602 / 0902 / 1303

35 ●───── Repetitive Learning 〔1회〕〔2회〕〔3회〕

입자상 물질 채취를 위하여 사용되는 직경분립충돌기의 장점 또는 단점으로 틀린 것은?

① 호흡기의 부분별로 침착된 입자 크기의 자료를 추정할 수 있다.
② 되튐으로 인한 시료의 손실이 일어날 수 있다.
③ 채취 준비 시간이 적게 소요된다.
④ 입자의 질량 크기 분포를 얻을 수 있다.

해설

• 직경분립충돌기는 시료 채취가 까다롭고 채취 준비에 시간이 많이 걸린다.

직경분립충돌기(Cascade Impactor) 실기 0701/1003/1302

ㄱ. 개요 및 특징
• 호흡성, 흉곽성, 흡입성 분진 입자의 관성력에 의해 충돌기의 표면에 충돌하여 채취하는 채취기구이다.
• 공기가 옆에서 유입되지 않도록 각 충돌기의 철저한 조립과 장착이 필요하다.
• 호흡성, 흉곽성, 흡입성 입자의 크기별 분포와 농도를 계산할 수 있다.
• 호흡기의 부분별로 침착된 입자 크기의 자료를 추정할 수 있다.
• 입자의 질량 크기 분포를 얻을 수 있다.

ㄴ. 단점
• 시료 채취가 까다롭고 비용이 많이 든다.
• 되튐으로 인한 시료의 손실이 일어날 수 있다.
• 채취 준비에 시간이 많이 걸리며 경험이 있는 전문가가 철저한 준비를 통하여 측정하여야 한다.
• 공기가 유입되지 않도록 각 충돌기의 철저한 조립과 장착이 필요하다.

36

1002 / 1003 / 1103 / 1701

Repetitive Learning 1회 2회 3회

분석기기가 검출할 수 있는 신뢰성을 가질 수 있는 양인 정량한계(LOQ)는?

① 표준편차의 3배
② 표준편차의 3.3배
③ 표준편차의 5배
④ 표준편차의 10배

해설

- 정량한계는 표준편차의 10배 또는 검출한계의 3배 또는 3.3배로 정의한다.

검출한계와 정량한계

⊙ 검출한계(LOD, Limit Of Detection)
- 주어진 신뢰수준에서 검출가능한 분석물의 최소질량을 말한다.
- 분석신호의 크기의 비에 따라 달라진다.

ⓛ 정량한계(LOQ)
- 분석기기가 검출할 수 있는 신뢰성을 가질 수 있는 최소 양이나 농도를 말한다.
- 검출한계가 정량분석에서 만족스런 개념을 제공하지 못하기 때문에 검출한계의 개념을 보충하기 위해 도입되었다.
- 표준편차의 10배 또는 검출한계의 3배 또는 3.3배로 정의한다.

37

1101 / 1501 / 1702 / 2004

Repetitive Learning 1회 2회 3회

연속적으로 일정한 농도를 유지하면서 만드는 방법 중 Dynamic Method에 관한 설명으로 틀린 것은?

① 농도변화를 줄 수 있다.
② 대개 운반용으로 제작된다.
③ 만들기가 복잡하고, 가격이 고가이다.
④ 소량의 누출이나 벽면에 의한 손실은 무시할 수 있다.

해설

- 농도를 일정하게 유지하기 위해 연속적으로 희석공기와 오염물질을 흘려줘야 하므로 운반용으로 제작하기에 부적당하다.

Dynamic Method

- 알고 있는 공기 중 농도를 만드는 방법이다.
- 희석공기와 오염물질을 연속적으로 흘려주어 연속적으로 일정한 농도를 유지하면서 만드는 방법이다.

장점	• 다양한 농도범위에서 제조 가능하다. • 가스, 증기, 에어로졸 실험도 가능하다. • 소량의 누출이나 벽면에 의한 손실은 무시한다. • 온 · 습도 조절이 가능하다. • 다양한 실험이 가능하다.

단점	• 농도를 일정하게 유지하기 위해 연속적으로 희석공기와 오염물질을 흘려줘야 하므로 운반용으로 제작하기에 부적당하다. • 만들기가 복잡하고 가격이 고가이다. • 일정한 농도 유지가 어렵고 지속적인 모니터링이 필요하다.

38

Repetitive Learning 1회 2회 3회

유량, 측정시간, 회수율, 분석에 의한 오차가 각각 8%, 4%, 7%, 5%일 때의 누적오차는 얼마인가?

① 12.4%
② 15.4%
③ 17.6%
④ 19.3%

해설

- 누적오차 $E_c = \sqrt{8^2 + 4^2 + 7^2 + 5^2} = \sqrt{154} = 12.409 \cdots [\%]$이다.

누적오차

- 조건이 같을 경우 항상 같은 크기, 같은 방향으로 일어나는 오차를 말한다.
- 누적오차 $E_c = \sqrt{E_1^2 + E_2^2 + \cdots + E_n^2}$ 으로 구한다.

39

0801 / 1202 / 1703

Repetitive Learning 1회 2회 3회

다음 내용이 설명하는 막여과지는?

- 농약, 알칼리성 먼지, 콜타르피치 등을 채취한다.
- 열, 화학물질, 압력 등에 강한 특성이 있다.
- 석탄건류나 증류 등의 고열 고정에서 발생되는 다핵방향족 탄화수소를 채취하는데 이용된다.

① 은 막여과지
② PVC 막 여과지
③ 섬유상 막 여과지
④ PTFE 막 여과지

해설

- 은막 여과지는 균일한 금속은을 소결하여 만든 것으로 코크스 제조공정에서 발생되는 코크스 오븐 배출물질을 채취하는데 이용된다.
- PVC막 여과지는 유리규산을 채취하여 X-선 회절법으로 분석하거나 공해성 먼지, 총 먼지 등의 중량분석을 위한 측정에 이용된다.
- 섬유상 여과지는 직경 $2\mu m$ 이하의 섬유를 압착하여 제조한 여과지이다.

정답 36 ④ 37 ② 38 ① 39 ④

2014년 제3회 산업위생관리기사 **163**

- 농약, 알칼리성 먼지, 콜타르피치 등을 채취한다.
- 열, 화학물질, 압력 등에 강한 특성이 있다.
- 석탄건류나 증류 등의 고열 공정에서 발생되는 다핵방향족 탄화수소를 채취할 때 사용된다.

40

2004

● Repetitive Learning 〔1회 2회 3회〕

금속제품을 탈지 세정하는 공정에서 사용하는 유기용제인 트리클로로에틸렌이 근로자에게 노출되는 농도를 측정하고자 한다. 과거의 노출농도를 조사해 본 결과, 평균 50ppm이었을 때, 활성탄 관(100mg/50mg)을 이용하여 0.4L/min으로 채취하였다면 채취해야 할 시간(min)은?(단, 트키클로로에틸렌의 분자량은 131.39이고 기체크로마토그래피의 정량한계는 시료당 0.5mg, 1기압, 25℃ 기준으로 기타 조건은 고려하지 않는다)

① 2.4
② 3.2
③ 4.7
④ 5.3

해설

- 50ppm을 세제곱미터당 밀리그램(mg/m^3)으로 변환하면
  $\dfrac{50 \times 131.39}{24.45} = 268.6912 \cdots mg/m^3$ 이다.
- 평균농도가 $268.69 mg/m^3$인 곳에서 정량한계가 0.5mg인 활성탄 관으로 분당 0.4L($0.4 \times 10^{-3} m^3$)의 속도로 채취할 때 걸리는 시간은 $268.69 mg/m^3 = \dfrac{0.5mg}{0.4 \times 10^{-3} m^3/분 \times x분}$ 으로 구할 수 있다.
- x를 기준으로 정리하면 $\dfrac{0.5}{0.4 \times 10^{-3} \times 268.69} = 4.6522 \cdots$가 되므로 4.7분이 된다.

:: 노출기준
- 화학적 인자의 가스, 증기, 분진, 흄(fume), 미스트(mist) 등의 농도는 피피엠(ppm) 또는 세제곱미터당 밀리그램(mg/m^3)으로 표시한다. 다만, 석면의 농도 표시는 세제곱센티미터당 섬유개수(개/cm^3)로 표시한다.
- 피피엠(ppm)과 세제곱미터당 밀리그램(mg/m^3)간의 상호 농도변환은 노출기준(mg/m^3) = $\dfrac{노출기준(ppm) \times 그램분자량}{24.45(25℃, 1기압 기준)}$ 으로 구한다.
- 소음수준의 측정단위는 데시벨[dB(A)]로 표시한다.
- 고열(복사열 포함)의 측정단위는 습구흑구온도지수(WBGT)를 구하여 섭씨온도(℃)로 표시한다.

41

● Repetitive Learning 〔1회 2회 3회〕

도관 내 공기흐름에서의 Reynold수를 계산하기 위해 알아야 하는 요소로 가장 올바른 것은 무엇인가?

① 공기속도, 도관직경, 동점성계수
② 공기속도, 중력가속도, 공기밀도
③ 공기속도, 공기온도, 도관의 길이
④ 공기속도, 점성계수, 도관의 길이

해설

- 레이놀즈의 수를 구하기 위해서는 공기속도, 도관의 직경, 점성계수, 동점성계수, 유체의 밀도를 알아야 한다.

:: 레이놀즈(Reynolds)수 계산 [실기] 0303/0403/0502/0503/0603/0702/1001/1201/1203/1301/1401/1601/1702/1801/1901/1902/1903/2001/2101/2103/2201/2203

- $Re = \dfrac{\rho v_s^2/L}{\mu v_s/L^2} = \dfrac{\rho v_s L}{\mu} = \dfrac{v_s L}{\nu} = \dfrac{관성력}{점성력}$ 로 구할 수 있다.

  v_s는 유동의 평균속도[m/s]

  L은 특성길이(관의 내경, 평판의 길이 등)[m]

  μ는 유체의 점성계수[kg/sec·m]

  ν는 유체의 동점성계수[m^2/s]

  ρ는 유체의 밀도[kg/m^3]

42

1803 / 2004

● Repetitive Learning 〔1회 2회 3회〕

덕트의 설치 원칙과 가장 거리가 먼 것은?

① 가능한 한 후드와 먼 곳에 설치한다.
② 덕트는 강한 한 짧게 배치하도록 한다.
③ 밴드의 수는 가능한 한 적게 하도록 한다.
④ 공기가 아래로 흐르도록 하향구배를 만든다.

해설

- 덕트는 가능한 한 짧게 배치하도록 한다.

:: 덕트 설치 시 고려사항 [실기] 1301
- 가능하면 길이는 짧게 하고 굴곡부의 수는 적게 한다.
- 접속부의 안쪽은 돌출된 부분이 없도록 한다.
- 공기가 아래로 흐르도록 하향구배를 원칙으로 한다.
- 구부러짐 전·후에는 청소구를 만든다.
- 덕트 내부에 오염물질이 쌓이지 않도록 이송속도를 유지한다.
- 직경이 다른 덕트를 연결할 때는 경사 30° 이내의 테이퍼를 부착한다.

- 덕트의 직경이 15cm 미만인 경우 새우등 곡관 3개 이상, 덕트의 직경이 15cm 이상인 경우 새우등 곡관 5개 이상을 사용한다.
- 곡관의 중심선 곡률반경은 최대 덕트 직경의 2.5배 내외가 되도록 한다.
- 송풍기를 연결할 때는 최소 덕트 직경의 6배 정도는 직선구간으로 한다.
- 가급적 원형덕트를 사용하여 부득이 사각형 덕트를 사용할 경우는 가능한 한 정방형을 사용한다.
- 수분이 응축될 경우 덕트 내로 들어가지 않도록 하며 경사나 배수구를 마련한다.

43 ● Repetitive Learning (1회 2회 3회)

주 덕트에 분지관을 연결할 때 손실계수가 가장 큰 각도는 무엇인가?

① 30°
② 45°
③ 60°
④ 90°

해설
- 주관과 분지관의 연결은 15° 이내가 가장 적당하며, 90°에 가까워질수록 손실계수가 크다.

❖ 주관과 분지관의 연결
- 15° 이내가 가장 적당하다.
- 90°에 가까워질수록 손실계수가 크다.

44 ● Repetitive Learning (1회 2회 3회)

Methyl ethyl ketone(MEK)을 사용하는 접착작업장에서 1시간에 2ℓ가 휘발할 때 필요한 환기량은 얼마인가?(단, MEK의 비중은 0.805, 분자량은 72.06이며, K=3, 기온은 21℃, 기압은 760mmHg인 경우이며 MEK의 허용한계치는 200ppm이다)

① 약 $2,100 m^3/hr$
② 약 $4,100 m^3/hr$
③ 약 $6,100 m^3/hr$
④ 약 $8,100 m^3/hr$

해설
- 공기 중에 계속 오염물질이 발생하고 있는 경우의 필요환기량 $Q = \dfrac{G \times K}{TLV}$ 로 구한다.

- 증발하는 MEK의 양은 있지만 공기 중에 발생하는 오염물질의 양은 없으므로 공기 중에 발생하는 오염물질의 양을 구한다.
- 비중은 질량/부피이므로 이를 이용하면 MEK 2L는 2,000ml×0.805 = 1,610g/hr이다.
- 공기 중에 발생하고 있는 오염물질의 용량은 0℃, 1기압에 1몰당 22.4L인데 현재 21℃라고 했으므로 $22.4 \times \dfrac{294}{273} = 24.12 \cdots$ L이고, 1,610g은 $\dfrac{1,610}{72.06} = 22.34$몰이므로 538.9L/hr이 발생한다.
- TLV는 200ppm이고 이는 $200mL/m^3$이므로 필요환기량 $Q = \dfrac{538.9 \times 1,000 \times 3}{200} = 8,083.5 m^3/hr$이 된다.

❖ 필요 환기량 [실기] 0401/0502/0601/0602/0603/0703/0801/0803/0901/0903/1001/1002/1101/1201/1302/1403/1501/1601/1602/1702/1703/1801/1803/1903/2001/2003/2004/2101/2201
- 후드로 유입되는 오염물질을 포함한 공기량을 말한다.
- 필요 환기량 Q=A · V로 구한다. 여기서 A는 개구면적, V는 제어속도이다.
- 공기 중에 계속 오염물질이 발생하고 있는 경우의 필요환기량 $Q = \dfrac{G \times K}{TLV}$ 로 구한다. 이때 G는 공기 중에 발생하고 있는 오염물질의 용량, TLV는 허용기준, K는 여유계수이다.

0902 / 1103 / 1702 / 1901

45 ● Repetitive Learning (1회 2회 3회)

보호구의 보호정도와 한계를 나타내는데 필요한 보호계수(PF)를 산정하는 공식으로 옳은 것은?(단, 보호구 밖의 농도는 C_0이고, 보호구 안의 농도는 C_1이다)

① $PF = C_0 / C_1$
② $PF = C_1 / C_0$
③ $PF = (C_1 / C_0) \times 100$
④ $PF = (C_1 / C_0) \times 0.5$

해설
- $PF = \dfrac{\text{보호구 밖의 농도}}{\text{보호구 안의 농도}}$ 으로 구한다.

❖ 보호계수(Protection Factor, PF)
- 호흡보호구 바깥쪽에서의 공기 중 오염물질 농도와 안쪽에서의 오염물질 농도비로 착용자 보호의 정도를 나타내는 척도를 말한다.
- $PF = \dfrac{\text{보호구 밖의 농도}}{\text{보호구 안의 농도}}$ 으로 구한다.

46 ●—————————● Repetitive Learning (1회 2회 3회)

다음 중 국소배기장치를 반드시 설치해야 하는 경우와 가장 거리가 먼 것은?

① 발생원이 주로 이동하는 경우
② 유해물질의 발생량이 많은 경우
③ 법적으로 국소배기장치를 설치해야 하는 경우
④ 근로자의 작업 위치가 유해물질 발생원에 근접해 있는 경우

해설

• 발생원이 주로 고정형인 경우 국소배기장치를 설치한다.

❖ 국소배기장치의 설치 [실기] 0401/0502
• 발생원이 주로 고정형인 경우
• 발생주기가 균일하지 않는 경우
• 유해물질의 발생량이 많거나 독성이 강한 경우
• 근로자의 작업 위치가 유해물질 발생원에 근접해 있는 경우
• 법적으로 국소배기장치를 설치해야 하는 경우

47 ●—————————● Repetitive Learning (1회 2회 3회)

작업환경에서 발생하는 유해인자 제거나 저감을 위한 공학적 대책 중 물질의 대치로 바르지 않은 것은 무엇인가?

① 성냥 제조 시에 사용되는 적린을 백린으로 교체
② 금속표면을 블라스팅할 때 사용재료로 모래 대신 철구슬(shot) 사용
③ 보온재로 석면 대신 유리섬유나 암면 사용
④ 주물공정에서 실리카 모래 대신 그린(green) 모래로 주형을 채우도록 대치

해설

• 성냥 제조 시 물질의 대치에는 황린 대신 적린을 사용해야 한다.

❖ 대치의 원칙

시설의 변경	• 가연성 물질을 유리병 대신 철제통에 저장 • Fume 배출 드라프트의 창을 안전 유리창으로 교체
공정의 변경	• 건식공법의 습식공법으로 전환 • 전기 흡착식 페인트 분무방식 사용 • 금속을 두들겨 자르던 공정을 톱으로 절단 • 알코올을 사용한 엔진 개발 • 도자기 제조공정에서 건조 후에 하던 점토의 조합을 건조 전에 실시 • 땜질한 납 연마 시 고속회전 그라인더의 사용을 저속 Oscillating-typesander로 변경
물질의 변경	• 성냥 제조시 황린 대신 적린 사용 • 단열재 석면을 대신하여 유리섬유나 암면 또는 스티로폼 등을 사용 • 야광시계 자판에 Radium을 인으로 대치 • 금속표면을 블라스팅할 때 사용재료로서 모래 대신 철구슬을 사용 • 페인트 희석제를 석유나프타에서 사염화탄소로 대치 • 분체 입자를 큰 입자로 대체 • 금속세척 시 TCE를 대신하여 계면활성제로 변경 • 세탁 시 화재 예방을 위해 석유나프타 대신 4클로로에틸렌을 사용 • 세척작업에 사용되는 사염화탄소를 트리클로로에틸렌으로 전환 • 아조염료의 합성에 벤지딘 대신 디클로로벤지딘을 사용 • 페인트 내에 들어있는 납을 아연 성분으로 전환

48 ●—————————● Repetitive Learning (1회 2회 3회)

A 용제가 $800m^3$ 체적을 가진 방에 저장되어 있다. 공기를 공급하기 전에 측정한 농도가 400ppm이었을 때, 이 방을 환기량 $40m^3$/분으로 환기한다면 A 용제의 농도가 100ppm으로 줄어드는데 걸리는 시간은?(단, 유해물질은 추가적으로 발생하지 않고 고르게 분포되어 있다고 가정한다)

① 약 16분
② 약 28분
③ 약 34분
④ 약 42분

해설

• 작업장의 기적은 $800m^3$이다.
• 유효환기량이 $40m^3$/min, C_1이 400, C_2가 100이므로 대입하면
$t = -\dfrac{800}{40}ln\left(\dfrac{100}{400}\right) = 27.726[min]$이다.

❖ 유해물질의 농도를 감소시키기 위한 환기
ⓐ 농도 C_1에서 C_2까지 농도를 감소시키는데 걸리는 시간 [실기]
0302/0403/0602/0603/0902/1103/1301/1303/1702/1703/1802/2102

• 감소시간 $t = -\dfrac{V}{Q}ln\left(\dfrac{C_2}{C_1}\right)$로 구한다. 이때 V는 작업장 체적$[m^3]$, Q는 공기의 유입속도$[m^3/min]$, C_2는 희석후 농도[ppm], C_1은 희석전 농도[ppm]이다.

ⓑ 작업을 중지한 후 t분 지난 후 농도 C_2 [실기] 1102/1903

• t분이 지난 후의 농도 $C_2 = C_1 \cdot e^{-\frac{Q}{V}t}$로 구한다.

49

———— • Repetitive Learning (1회 2회 3회)

[일정한 압력조건에서 부피와 온도는 비례한다]는 산업환기의 기본법칙은 무엇인가?

① 게이−루삭의 법칙
② 라울의 법칙
③ 샤를의 법칙
④ 보일의 법칙

해설
- 게이−루삭의 법칙은 같은 온도와 같은 압력에서 반응 기체와 생성 기체의 부피는 일정한 정수가 성립함을 증명한다.
- 라울의 법칙은 증기의 각 성분의 부분압은 용액의 분압과 평형을 이룬다는 것을 증명한다.
- 보일 법칙은 온도와 몰수가 일정할 때, 기체의 부피는 압력에 반비례함을 증명한다.

☆ 샤를의 법칙
- 기체의 압력과 몰수가 일정할 때, 기체의 부피는 온도에 비례한다.
- $\frac{V}{T}$=상수(압력과 몰수가 일정)

50

———— • Repetitive Learning (1회 2회 3회)

방진마스크에 대한 설명으로 바르지 않은 것은?

① 여과효율이 우수하려면 필터에 사용되는 섬유의 직경이 작고 조밀하게 압축되어야 한다.
② 비휘발성 입자에 대한 보호가 가능하다.
③ 흡기저항 상승률이 높은 것이 좋다.
④ 흡기, 배기 저항은 낮은 것이 좋다.

해설
- 방진마스크 흡기저항 상승률은 낮은 것이 좋다.

☆ 방진마스크의 필요조건
- 흡기와 배기저항 모두 낮은 것이 좋다.
- 흡기저항 상승률이 낮은 것이 좋다.
- 안면밀착성이 큰 것이 좋다.
- 포집효율이 높은 것이 좋다.
- 비휘발성 입자에 대한 보호가 가능하다.
- 무게중심은 안면에 강한 압박감을 주지 않는 위치에 있는 것이 좋다.
- 여과효율이 우수하려면 필터에 사용되는 섬유의 직경이 작고 조밀하게 압축되어야 한다.

51

———— • Repetitive Learning (1회 2회 3회)

후향 날개형 송풍기가 2,000rpm으로 운전될 때 송풍량이 20m³/min, 송풍기 정압이 50mmH₂O, 축동력이 0.5kW였다. 다른 조건은 동일하고 송풍기의 rpm을 조절하여 3200rpm으로 운전한다면 송풍량, 송풍기 정압, 축동력은 얼마인가?

① 38m³/min, 80mmH₂O, 1.86kW
② 38m³/min, 128mmH₂O, 2.05kW
③ 32m³/min, 80mmH₂O, 1.86kW
④ 32m³/min, 128mmH₂O, 2.05kW

해설
- 송풍량은 상사법칙에서 송풍기의 회전속도에 비례하므로 $20 \times \frac{3,200}{2,000} = 32[m^3/min]$이 된다.
- 송풍기 정압은 상사법칙에서 송풍기의 회전속도의 제곱에 비례하므로 $50 \times \left(\frac{3,200}{2,000}\right)^2 = 128[mmH_2O]$가 된다.
- 송풍기의 동력은 상사법칙에서 송풍기의 회전속도의 세제곱에 비례하므로 $0.5 \times \left(\frac{3,200}{2,000}\right)^3 = 2.048[kW]$가 된다.

☆ 송풍기의 상사법칙 실기 0402/0403/0501/0701/0803/0902/0903/1001/1102/1103/1201/1303/1401/1501/1502/1503/1603/1703/1802/1901/1903/2001/2002

송풍기 크기 일정 공기 비중 일정	• 송풍량은 회전속도(비)에 비례한다. • 풍압(정압)은 회전속도(비)의 제곱에 비례한다. • 동력은 회전속도(비)의 세제곱에 비례한다.
송풍기 회전수 일정 공기의 중량 일정	• 송풍량은 회전차 직경의 세제곱에 비례한다. • 풍압(정압)은 회전차 직경의 제곱에 비례한다. • 동력은 회전차 직경의 오제곱에 비례한다.
송풍기 회전수 일정 송풍기 크기 일정	• 송풍량은 비중과 온도에 무관하다. • 풍압(정압)은 비중에 비례, 절대온도에 반비례한다. • 동력은 비중에 비례, 절대온도에 반비례한다.

52
• Repetitive Learning 1회 2회 3회

자연환기의 장·단점으로 바르지 않은 것은?

① 환기량 예측 자료를 구하기 쉬운 장점이 있다.

② 효율적인 자연환기는 냉방비 절감의 장점이 있다.

③ 외부 기상조건과 내부 작업조건에 따라 환기량 변화가 심한 단점이 있다.

④ 운전에 따른 에너지 비용이 없는 장점이 있다.

> **해설**
> • 자연환기는 환기량 예측 자료를 구하기 어렵다.
>
> ❖ 자연환기와 강제환기의 비교
>
> | | 자연환기 | 강제환기 |
> |---|---|---|
> | 장점 | • 적당한 온도 차와 바람이 있다면 비용면에서 상당히 효과적이다.
• 운전에 따른 에너지 비용이 없다. | • 외부 조건에 관계없이 작업환경을 일정하게 유지시킬 수 있다. |
> | 단점 | • 환기량 예측 자료를 구하기 어렵다.
• 외부 기상조건과 내부 작업조건에 따라 환기량 변화가 심하다. | |

53
1101
• Repetitive Learning 1회 2회 3회

원심력 송풍기 중 전향 날개형 송풍기에 관한 설명으로 올바르지 않은 것은?

① 송풍기의 임펠러가 다람쥐 쳇바퀴 모양으로 생겼다.

② 송풍기의 깃이 회전방향과 반대 방향으로 설계되어 있다.

③ 큰 압력손실에서 송풍량이 급격하게 떨어지는 단점이 있다.

④ 다익형 송풍기라고도 한다.

> **해설**
> • 전향 날개형 송풍기는 송풍기의 임펠러가 다람쥐 쳇바퀴 모양이며, 송풍기 깃이 회전방향과 동일한 방향으로 설계되어 있다.
>
> ❖ 전향 날개형 송풍기
> • 다익형 송풍기라고도 한다.
> • 송풍기의 임펠러가 다람쥐 쳇바퀴 모양이며, 송풍기 깃이 회전방향과 동일한 방향으로 설계되어 있다.
> • 동일 송풍량을 발생시키기 위한 임펠러 회전속도가 상대적으로 낮아 소음문제가 거의 발생하지 않는다.
> • 이송시켜야 할 공기량은 많으나 압력손실이 작게 걸리는 전체환기나 공기조화용으로 널리 사용된다.

• 강도가 크게 요구되지 않기 때문에 적은 비용으로 제작가능하다.
• 큰 압력손실에서 송풍량이 급격하게 떨어지는 단점이 있다.

54
1802
• Repetitive Learning 1회 2회 3회

후드로부터 0.25m 떨어진 곳에 있는 금속제품의 연마 공정에서 발생되는 금속먼지를 제거하기 위해 원형후드를 설치하였다면, 환기량은 약 몇 m^3/sec인가?(단, 제어속도는 2.5m/sec, 후드직경은 0.4m이고, 플랜지는 부착되지 않았다)

① 1.9 　　　　　② 2.3

③ 3.2 　　　　　④ 4.1

> **해설**
> • 공간에 위치하며, 플랜지가 없으므로 필요 환기량 $Q = 60 \times V_c(10X^2 + A)[m^3/min]$이며 $[m^3/sec]$로 구하려면 60을 나눠줘야 해서 $Q = V_c(10X^2 + A)$으로 구한다.
> • 단면적은 반지름이 0.2이므로 $\pi r^2 = 3.14 \times 0.2^2 = 0.1256[m^2]$이다.
> • 대입하면 $Q = 2.5 \times (10 \times 0.25^2 + 0.1256) = 1.8765[m^3/sec]$이다.
>
> ❖ 외부식 원형 또는 장방형 후드 **실기** 0303/0403/0503/0603/0801/1001/1002/1701/1703/1901/2003/2102
> • 공간에 위치하며, 플랜지가 없는 경우에 해당한다.
> • 기본식(Dalla Valle)은 $Q = 60 \times V_c(10X^2 + A)$로 구한다. 이때 Q는 필요 환기량$[m^3/min]$, V_c는 제어속도[m/sec], A는 개구면적$[m^2]$, X는 후드의 중심선으로부터 발생원까지의 거리[m]이다.

55
1701
• Repetitive Learning 1회 2회 3회

송풍기의 전압이 $300mmH_2O$이고, 풍량이 $400m^3$/min, 효율이 0.6일 때 소요동력(kW)은?

① 약 33 　　　　　② 약 45

③ 약 53 　　　　　④ 약 65

> **해설**
>
> • 송풍량이 분당으로 주어질 때 $\dfrac{송풍량 \times 전압}{6,120 \times 효율} \times 여유율[kW]$로 구한다.
> • 분당 송풍량이 주어지고, 여유율이 없으므로 주어진 값을 대입하면 축동력은 $\dfrac{400 \times 300}{6120 \times 0.6} = 32.679\cdots[kW]$이다.

56 ──── Repetitive Learning [1회][2회][3회]

공기 중에 사염화에틸렌이 300,000ppm 존재하고 있다면 사염화에틸렌과 공기의 혼합물 유효비중은 얼마인가?(단, 사염화에틸렌 증기비중은 5.7, 공기비중은 1.0)

① 2.14 ② 2.29
③ 2.41 ④ 2.67

해설

• 농도가 300,000ppm, 비중이 5.7이므로 대입하면

$\dfrac{(300,000 \times 5.7) + (1,000,000 - 300,000)}{1,000,000} = \dfrac{2,410,000}{1,000,000} = 2.41$

이다.

:: 최고(포화)농도와 유효비중 실기 0302/0602/0603/0802/1001/1002/
1103/1503/1701/1802/1902/2101

• 최고(포화)농도는 $\dfrac{P}{760} \times 100[\%] = \dfrac{P}{760} \times 1,000,000$[ppm]으로 구한다.

• 유효비중은 $\dfrac{(농도 \times 비중) + (10^6 - 농도) \times 공기비중(1.0)}{10^6}$ 으로 구한다.

0601 / 0903 / 2003

58 ──── Repetitive Learning [1회][2회][3회]

다음의 보호장구의 재질 중 극성용제에 가장 효과적인 것은?(단, 극성용제에는 알코올, 물, 케톤류 등을 포함한다)

① Neoprene고무 ② Butyl 고무
③ Viton ④ Nitrile 고무

해설

• ①, ③, ④는 모두 비극성 용제에 효과적이다.

:: 보호구 재질과 적용 물질

면	고체상 물질에 효과적이다.(용제에는 사용 못함)
가죽	찰과상 예방 용도(용제에는 사용 못함)
천연고무	절단 및 찰과상 예방에 좋으며 수용성 용액, 극성 용제(물, 알콜, 케톤류 등)에 효과적이다.
부틸 고무	극성 용제(물, 알콜, 케톤류 등)에 효과적이다.
니트릴 고무 (viton)	비극성 용제(벤젠, 사염화탄소 등)에 효과적이다.
네오프렌 (Neoprene) 고무	비극성 용제(벤젠, 사염화탄소 등), 산, 부식성 물질에 효과적이다.
Ethylene Vinyl Alcohol	대부분의 화학물질에 효과적이다.

1201 / 1803

57 ──── Repetitive Learning [1회][2회][3회]

직경이 400mm인 환기시설을 통해서 $50 m^3$/min의 표준 상태의 공기를 보낼 때 이 덕트 내의 유속(m/sec)은 얼마인가?

① 약 3.3m/sec ② 약 4.4m/sec
③ 약 6.6m/sec ④ 약 8.8m/sec

해설

• 직경이 주어졌으므로 단면적(πr^2)을 구할 수 있고, 유량이 주어졌으므로 유속을 $Q = A \times V$를 이용해 $V = \dfrac{Q}{A}$로 구할 수 있다.

0701

59 ──── Repetitive Learning [1회][2회][3회]

분압(증기압)이 6.0mmHg인 물질이 공기 중에서 도달할 수 있는 최고농도(포화농도, ppm)은 얼마인가?

① 약 4,800 ② 약 5,400
③ 약 6,600 ④ 약 7,900

- 분압이 6mmHg를 대입하면 $\frac{6}{760} \times 1,000,000 = 7,894.7368\cdots$ [ppm]이다.

📌 최고(포화)농도와 유효비중 실기 0302/0602/0603/0802/1001/1002/
1103/1503/1701/1802/1902/2101

문제 56번의 유형별 핵심이론 📌 참조

1001 / 2201

60 ●── Repetitive Learning (1회 2회 3회)

금속을 가공하는 음압수준이 98dB(A)인 공정에서 NRR이 17인 귀마개를 착용한다면 차음효과는 얼마인가?(단, OSHA 에서 차음효과를 예측하는 방법을 적용)

① 2dB(A)   ② 3dB(A)
③ 5dB(A)   ④ 7dB(A)

해설

- NRR이 17이므로 차음효과는 (17-7)×50%=5dB이다.
- 음압수준은 기존 작업장의 음압수준이 98dB이므로 5dB의 차음효과로 근로자가 노출되는 음압수준은 98-5=93dB이 된다.

📌 OSHA의 차음효과 계산법 실기 0601/0701/1001/1403/1801

- OSHA의 차음효과는 (NRR-7)×50%[dB]로 구한다.
이때, NRR(Noise Reduction Rating)은 차음평가수를 의미한다.

4과목 **물리적 유해인자관리**

61 ●── Repetitive Learning (1회 2회 3회)

다음 중 방사선의 단위환산이 잘못 연결된 것은 무엇인가?

① 1rad=0.1Gy
② 1rem=0.01Sv
③ 1rad=100erg/g
④ 1Bq=2.7×10^{-11}Ci

해설

- 1rad=100erg/g=0.01Gy이다.
📌 방사선 단위환산
  - 1rem=0.01Sv
  - 1rad=100erg/g=0.01Gy
  - 1Bq=2.7×10^{-11}Ci
  - 1Sv=100rem

---

62 ●── Repetitive Learning (1회 2회 3회)

다음 중 실내 음향수준을 결정하는데 필요한 요소가 아닌 것은 무엇인가?

① 밀폐정도
② 방의 색감
③ 방의 크기와 모양
④ 벽이나 실내장치의 흡음도

해설

- 방의 색감과 음향수준의 결정에 끼치는 영향은 거의 없다.
📌 실내 음향수준 결정 요소
  - 밀폐정도
  - 방의 크기와 모양
  - 벽이나 실내장치의 흡음도

2201

63 ●── Repetitive Learning (1회 2회 3회)

전리방사선의 종류에 해당하지 않는 것은?

① γ선   ② 중성자
③ 레이저   ④ β선

해설

- 레이저는 자외선, 적외선과 같은 비전리방사선에 해당한다.
📌 방사선의 구분
  - 이온화 성질, 주파수, 파장 등에 따라 전리방사선과 비전리방사선으로 구분한다.
  - 전리방사선과 비전리방사선을 구분하는 에너지 강도는 약 12eV이다.

전리방사선	중성자, X선, 알파(α)선, 베타(β)선, 감마(γ)선,
비전리방사선	자외선, 적외선, 레이저, 마이크로파, 가시광선, 극저주파, 라디오파

1802 / 2102 / 2202

64 ●── Repetitive Learning (1회 2회 3회)

감압에 따른 인체의 기포 형성량을 좌우하는 요인과 가장 거리가 먼 것은?

① 감압속도
② 산소공급량
③ 조직에 용해된 가스량
④ 혈류를 변화시키는 상태

해설

- 감압에 따른 질소 기포 형성량을 결정하는 요인에는 감압속도, 조직에 용해된 가스량, 혈류를 변화시키는 상태 등이 있다.

♦ 감압에 따른 질소 기포 형성 요인
  - 감압속도
  - 고기압에 폭로된 정도와 시간, 체내의 지방량은 조직에 용해된 가스량을 결정한다.
  - 감압 시 연령, 기온, 운동, 공포감, 음주 등은 혈류를 변화시키는 상태를 결정한다.

2003

65 ●——————● Repetitive Learning (1회 2회 3회)

레이노 현상(Raynaud's phenomenon)과 관련이 없는 것은?

① 방사선　　　　　　　② 국소진동
③ 혈액순환장애　　　　④ 저온환경

해설

- 그라인더 등의 손공구를 저온환경에서 사용할 때 나타나는 레이노 증후군은 국소진동에 의하여 손가락의 창백, 청색증, 저림, 냉감, 동통이 나타나는 장해이다.

♦ 레이노 현상(Raynaud's phenomenon)
  - 국소진동에 의하여 손가락의 창백, 청색증, 저림, 냉감, 동통이 나타나는 장해이다.
  - 그라인더 등의 손공구를 저온환경에서 사용할 때 나타나는 장해이다.

0901 / 2001

66 ●——————● Repetitive Learning (1회 2회 3회)

고압환경에서 발생할 수 있는 생체증상으로 볼 수 없는 것은?

① 부종　　　　　　　　② 압치통
③ 폐압박　　　　　　　④ 폐수종

해설

- 폐수종은 저압 환경의 생체작용에 해당한다.

♦ 고압 환경의 생체작용
  - 1차성 압력현상 – 생체강과 환경간의 기압차이로 인한 기계적 작용으로 울혈, 부종, 출혈, 동통과 함께 귀, 부비강, 치아의 압통 등이 발생할 수 있다.
  - 2차성 압력현상 – 고압하의 대기가스의 독성으로 인한 현상으로 질소마취, 산소 중독, 이산화탄소 중독 등이 있다.

0603 / 1603

67 ●——————● Repetitive Learning (1회 2회 3회)

공기 $1m^3$ 중에 포함된 수증기의 양을 g으로 나타낸 것을 무엇이라 하는가?

① 절대습도　　　　　　② 상대습도
③ 포화습도　　　　　　④ 한계습도

해설

- 상대습도는 포화증기압과 현재 증기압의 비를 말한다.
- 포화습도는 일정 온도에서 공기가 함유할 수 있는 최대 수증기량을 말한다.

♦ 습도의 구분 　실기 0403

절대습도	• 공기 $1m^3$ 중에 포함된 수증기의 양을 g으로 나타낸 것 • 건조공기 1kg당 포함된 수증기의 질량
포화습도	일정 온도에서 공기가 함유할 수 있는 최대 수증기량
상대습도	포화증기압과 현재 증기압의 비
비교습도	절대습도와 포화습도의 비

68 ●——————● Repetitive Learning (1회 2회 3회)

다음 중 산업안전보건법상 산소결핍, 유해가스로 인한 화재·폭발 등의 위험이 있는 밀폐공간 내 작업 시의 조치사항으로 적절하지 않은 것은 무엇인가?

① 밀폐공간 보건작업 프로그램을 수립하여 시행하여야 한다.
② 작업을 시작하기 전 근로자로 하여금 방독마스크를 착용하도록 한다.
③ 작업 장소에 근로자를 입장시킬 때와 퇴장시킬 때마다 인원을 점검하여야 한다.
④ 밀폐공간에는 관계 근로자가 아닌 사람의 출입을 금지하고, 그 내용을 보기 쉬운 장소에 게시하여야 한다.

해설

- 환기가 곤란한 경우 방독마스크가 아니라 공기호흡기 또는 송기마스크를 지급하여야 한다.

♦ 환기 등 　실기 2201
  - 사업주는 근로자가 밀폐공간에서 작업을 하는 경우에 작업을 시작하기 전과 작업 중에 해당 작업장을 적정공기 상태가 유지되도록 환기하여야 한다. 다만, 폭발이나 산화 등의 위험으로 인하여 환기할 수 없거나 작업의 성질상 환기하기가 매우 곤란한 경우에는 근로자에게 공기호흡기 또는 송기마스크를 지급하여 착용하도록 하고 환기하지 아니할 수 있다.
  - 근로자는 지급된 보호구를 착용하여야 한다.

69

다음 중 광원으로부터의 밝기에 관한 설명으로 바르지 않은 것은?

① 촉광에 반비례한다.
② 거리의 제곱에 반비례한다.
③ 조사평면과 수직평면이 이루는 각에 비례한다.
④ 색깔의 감각과 평면상의 반사율에 따라 밝기가 달라진다.

해설

• 촉광은 1steradian당 나오는 빛의 세기를 의미하는 광도로, 광원의 밝기(조도)는 촉광(광도)에 비례한다.

∷ 조도(照度)
• 조도는 특정 지점에 도달하는 광의 밀도를 말한다.
• 단위는 럭스(Lux)를 사용한다.
• 반사체의 반사율과는 상관없이 일정한 값을 갖는다.
• 거리의 제곱에 반비례하고, 광도에 비례하므로 $\dfrac{광도}{(거리)^2}$으로 구한다.

70

다음 중 비전리방사선이며, 건강선이라고 불리는 광선의 파장으로 가장 알맞은 것은 무엇인가?

① 50~200nm
② 280~320nm
③ 380~760nm
④ 780~1000nm

해설

• Dorno선의 파장은 280~315nm, 2,800Å~3,150Å 범위이다.

∷ 도르노선(Dorno-ray)
• 280~315nm, 2,800Å~3,150Å의 파장을 갖는 자외선이다.
• 비전리방사선이며, 건강선이라고 불리는 광선이다.
• 소독작용, 비타민 D 형성, 피부색소 침착 등 생물학적 작용이 강하다.

71

다음 중 피부에 강한 특이적 홍반작용과 색소침착, 피부암 발생 등의 장해를 모두 일으키는 것은?

① 가시광선
② 적외선
③ 마이크로파
④ 자외선

해설

• 자외선은 피부에 강한 특이적 홍반작용과 색소침착, 전기성 안염(전광선 안염), 피부암 발생 등의 장해를 일으킨다.

∷ 자외선
• 100~400nm 정도의 파장을 갖는다.
• 피부의 색소침착 등 생물학적 작용이 활발하게 일어나서 Dorno 선이라고도 한다.(이때의 파장은 280~315nm 정도이다)
• 피부에 강한 특이적 홍반작용과 색소침착, 전기성 안염(전광선 안염), 피부암 발생 등의 장해를 일으킨다.
• 트리클로로에틸렌을 독성이 강한 포스겐으로 전환시킬 수 있는 광화학적 작용을 한다.
• 콜타르의 유도체, 벤조피렌, 안트라센 화합물과 상호작용하여 피부암을 유발시킨다.

72

현재 총 흡음량이 2,000sabins인 작업장의 천장에 흡음물질을 첨가하여 3,000sabins을 더할 경우 소음감소는 어느 정도가 예측되겠는가?

① 4dB
② 6dB
③ 7dB
④ 10dB

해설

• 처리 전의 흡음량은 2,000[sabins], 처리 후의 흡음량은 2,000 + 3,000 = 5,000[sabins]이다.
• 대입하면 $NR = 10\log\dfrac{5,000}{2,000} = 3.979\cdots$[dB]이다.

∷ 흡음에 의한 소음감소(NR : Noise Reduction) 실기 0301/0303/0501/0503/0601/0702/1001/1002/1003/1102/1201/1301/1403/1701/1702/2102/2103/2202

• $NR = 10\log\dfrac{A_2}{A_1}$[dB]으로 구한다.
이때, A_1는 처리하기 전의 총 흡음량[sabins]이고, A_2는 처리한 후의 총 흡음량[sabins]이다.

73

옥내에서 측정한 흑구온도가 33℃, 습구온도가 20℃, 건구온도가 24℃일 때 옥내의 습구흑구온도지수(WBGT)는 얼마가 되겠는가?

① 23.9℃
② 23.0℃
③ 22.9℃
④ 22.0℃

- 옥내는 일사의 영향이 없어 자연습구(0.7)와 흑구온도(0.3)만으로 WBGT가 결정되므로 WBGT=0.7×20+0.3×33=14+9.9=23.9℃가 된다.

❖ 습구흑구온도(WBGT : Wet Bulb Globe Temperature) 지수
- ㉠ 개요
  - 건구온도, 습구온도 및 흑구온도에 비례하며, 열중증 예방을 위해 고온에서의 작업휴식시간비를 결정하는 지표로 더위지수라고도 한다.
  - 표시단위는 섭씨온도(℃)로 표시하며, WBGT가 높을수록 휴식시간이 증가되어야 한다.
  - 미국국립산업안전보건연구원(NIOSH)뿐만 아니라 국내에서도 습구흑구온도를 측정하고 지수를 산출하여 평가에 사용한다.
  - 과거에 쓰이던 감각온도와 근사한 값인데 감각온도와 다른 점은 기류를 전혀 고려하지 않았다는 점이다.
- ㉡ 산출방법 [실기] 0501/0503/0602/0702/0703/1101/1201/1302/1303/1503/2102/2201/2202/2203
  - 옥내에서는 WBGT=0.7NWT+0.3GT이다. 이때 NWT는 자연습구, GT는 흑구온도이다.(일사가 영향을 미치지 않는 옥외도 옥내로 취급한다)
  - 일사가 영향을 미치는 옥외에서는 건구온도인 dB를 반영하지만 옥내에서는 일사의 영향이 없으므로 자연습구와 흑구온도만으로 WBGT가 결정된다.
  - 일사가 영향을 미치는 옥외에서는 WBGT=0.7NWT+0.2GT+0.1DB이며 이때 NWT는 자연습구, GT는 흑구온도, DB는 건구온도이다.

---

75 ————●Repetitive Learning (1회 2회 3회)

다음 중 소음에 대한 작업환경 측정 시 소음의 변동이 심하거나 소음수준이 다른 여러 작업장소를 이동하면서 작업하는 경우 소음의 노출평가에 가장 적합한 소음기는 무엇인가?

① 보통소음기   ② 주파수분석기
③ 지시소음계   ④ 누적소음 노출량 측정기

해설

- 지시소음계는 소음계의 일종으로서, 마이크로폰으로 수용한 소음을 증폭(增幅)하여 계기에 직접 폰 또는 데시벨 눈금으로 지시하는 소음계를 말한다.
- 작업자가 여러 작업장소를 이동하면서 작업하는 경우, 근로자에게 직접 부착하여 작업시간(8시간) 동안 작업자가 노출되는 소음 노출량을 측정하는 기계를 누적소음 노출량 측정기라고 한다.

❖ 누적소음 노출량 측정기
- 작업자가 여러 작업장소를 이동하면서 작업하는 경우, 근로자에게 직접 부착하여 작업시간(8시간) 동안 작업자가 노출되는 소음 노출량을 측정하는 기계를 말한다.
- 기기설정값은 Threshold=80dB, Criteria=90dB, Exchange Rate=5dB이다.

0402 / 0701 / 1301 / 1602 / 1703

74 ————●Repetitive Learning (1회 2회 3회)

해수면의 산소분압은 약 얼마인가?(단, 표준상태 기준이며, 공기 중 산소함유량은 21vol%이다)

① 90mmHg   ② 160mmHg
③ 210mmHg   ④ 230mmHg

해설

- 해수면의 산소함유량은 21vol%이므로 산소의 분압은 760×0.21=159.6mmHg이다.

❖ 대기 중의 산소분압 [실기] 0702
- 분압이란 대기 중 특정 기체가 차지하는 압력의 비를 말한다.
- 대기압은 1atm=760mmHg=10,332mmH_2O=101.325kPa이다.
- 대기 중 산소는 21%의 비율로 존재하므로 산소의 분압은 760×0.21=159.6mmHg이다.
- 산소의 분압은 산소의 농도에 비례한다.

1003 / 1701 / 2004

76 ————●Repetitive Learning (1회 2회 3회)

25℃일 때, 공기 중에서 1,000Hz인 음의 파장은 약 몇 m인가?

① 0.035   ② 0.35
③ 3.5   ④ 35

해설

- 25℃에서의 음속은 $V=331.3 \times \sqrt{\dfrac{298}{273.15}} = 346.042 \cdots$이다.
- 음의 파장 $\lambda = \dfrac{346.042}{1,000} = 0.3460 \cdots$이 된다.

❖ 음의 파장
- 음의 파동이 주기적으로 반복되는 모양을 나타내는 구간의 길이를 말한다.
- 파장 $\lambda = \dfrac{V}{f}$로 구한다. V는 음의 속도, f는 주파수이다.
- 음속은 보통 0℃ 1기압에서 331.3m/sec, 15℃에서 340m/sec의 속도를 가지며, 온도에 따라서 $331.3\sqrt{\dfrac{T}{273.15}}$로 구하는데 이때 T는 절대온도이다.

77

• Repetitive Learning 1회 2회 3회

다음 중 한랭장애 예방에 관한 설명으로 적절하지 않은 것은 무엇인가?

① 방한복 등을 이용하여 신체를 보온하도록 한다.
② 고혈압자, 심장혈관장해 질환자와 간장 및 신장 질환자는 한랭작업을 피하도록 한다.
③ 작업환경 기온은 10℃ 이상으로 유지시키고, 바람이 있는 작업장은 방풍시설을 하여야 한다.
④ 구두는 약간 작은 것을 착용하고, 일부의 습기를 유지하도록 한다.

해설
• 불편한 장갑이나 구두는 압박을 통해 국소의 혈액순환장애를 일으키고, 젖은 장갑이나 신발은 동상의 위험을 높이므로 장갑과 신발은 가능한 약간 큰 것을 습기 없이 완전 건조하여 착용한다.

∷ 한랭장애 예방 실기 0401
• 방한복 등을 이용하여 신체를 보온하도록 한다.
• 고혈압자, 심장혈관장해 질환자와 간장 및 신장 질환자는 한랭작업을 피하도록 한다.
• 가능한 항상 발과 다리를 움직여 혈액순환을 돕는다.
• 작업환경 기온은 10℃ 이상으로 유지시키고, 바람이 있는 작업장은 방풍시설을 하여야 한다.
• 노출된 피부나 전신의 온도가 떨어지지 않도록 온도를 높이고 기류의 속도는 낮추어야 한다.
• 불편한 장갑이나 구두는 압박을 통해 국소의 혈액순환장애를 일으키고, 젖은 장갑이나 신발은 동상의 위험을 높이므로 장갑과 신발은 가능한 약간 큰 것을 습기 없이 완전 건조하여 착용한다.

78

0301 / 0502 / 0702 / 0801 / 0802 / 1402 / 1602 / 1702
• Repetitive Learning 1회 2회 3회

소음성 난청인 C5-dip 현상은 어느 주파수에서 잘 일어나는가?

① 2,000Hz   ② 4,000Hz
③ 6,000Hz   ④ 8,000Hz

해설
• 소음성 난청의 초기 증상을 C5-dip현상이라 하며, 이는 4,000Hz에 대한 청력손실이 특징적으로 나타난다.

∷ 소음성 난청 실기 0703/1501/2101
• 초기 증상을 C5-dip현상이라 한다.
• 대부분 양측성이며, 감각 신경성 난청에 속한다.
• 내이의 세포변성을 원인으로 볼 수 있다.

• 4,000Hz에 대한 청력손실이 특징적으로 나타난다.
• 고주파음역(4,000~6,000Hz)에서의 손실이 더 크다.
• 음압수준이 높을수록 유해하다.
• 소음성 난청은 심한 소음에 반복하여 노출되어 나타나는 영구적 청력 변화로 코르티 기관에 손상이 온 것이므로 회복이 불가능하다.

79

0702 / 1803
• Repetitive Learning 1회 2회 3회

소음의 종류에 대한 설명으로 맞는 것은?

① 연속음은 소음의 간격이 1초 이상을 유지하면서 계속적으로 발생하는 소음을 의미한다.
② 충격소음은 소음이 1초 미만의 간격으로 발생하면서, 1회 최대 허영기준은 120dB(A)이다.
③ 충격소음은 최대음압수준이 120dB(A)이상인 소음이 1초 이상의 간격으로 발생하는 것을 의미한다.
④ 단속음은 1일 작업 중 노출되는 여러 가지 음압수준을 나타내며 소음의 반복음의 간격이 3초 보다 큰 경우를 의미한다.

해설
• 연속음이란 하루 종일 일정한 소음이 발생하는 것으로 1초에 1회 이상일 때를 말한다.
• 단속음이란 발생되는 소음의 간격이 1초보다 클 때를 말한다.

∷ 소음 노출기준
　⑦ 소음의 허용기준

1일 노출시간(hr)	허용 음압수준(dBA)
8	90
4	95
2	100
1	105
1/2	110
1/4	115

　ⓒ 충격소음 허용기준
• 최대 음압수준이 140dB(A)를 초과하는 충격소음에 노출되어서는 안 된다.
• 충격소음이라 함은 최대음압수준에 120dB(A) 이상인 소음이 1초 이상의 간격으로 발생하는 것을 말한다.

충격소음강도(dBA)	허용 노출 횟수(회)
140	100
130	1,000
120	10,000

80 ──────• Repetitive Learning [1회 2회 3회]

다음 중 진동에 의한 생체반응에 관계하는 4인자와 가장 거리가 먼 것은?

① 방향　　　　　　② 노출시간
③ 개인감응도　　　④ 진동의 강도

해설

- 전신진동에 의한 생체반응에 관계하는 4인자는 진동의 강도, 진동수, 방향, 폭로시간이다.

❖ 전신진동
- 전신진동은 2~100Hz의 주파수 범위를 갖는다.
- 전신진동에 의한 생체반응에 관계하는 4인자는 진동의 강도, 진동수, 방향, 폭로시간이다.
- 진동이 작용하는 축에 따라 인체에 미치는 영향은 수직방향은 4~8Hz, 수평방향은 1~2Hz에서 가장 민감하다.
- 수평 및 수직진동이 동시에 가해지면 2배의 자각현상이 나타난다.

5과목	산업독성학

81 ──────• Repetitive Learning [1회 2회 3회]

다음 중 메탄올(CH_3OH)에 대한 설명으로 바르지 않은 것은?

① 메탄올은 호흡기 및 피부로 흡수된다.
② 메탄올은 공업용제로 사용되며, 신경독성물질이다.
③ 메탄올의 생물학적 노출지표는 소변 중 포름산이다.
④ 메탄올은 중간대사체에 의하여 시신경에 독성을 나타낸다.

해설

- 메탄올의 생물학적 노출지표는 소변 중 메탄올이다.

❖ 메탄올(CH_3OH)
- 메탄올의 생물학적 노출지표는 소변 중 메탄올이다.
- 메탄올은 호흡기 및 피부로 흡수된다.
- 메탄올은 중간대사체에 의하여 시신경에 독성을 나타낸다.
- 공업용제, 플라스틱, 필름제조 및 휘발유첨가제 등에 이용된다.
- 주요 독성은 시각장해, 중추신경계 작용억제, 혼수상태를 야기한다.
- 시각장해의 기전은 메탄올의 대사산물인 포름알데히드가 망막조직을 손상시키는 것이다.
- 메탄올 중독시 중탄산염의 투여와 혈액투석 치료가 도움이 된다.

---

82 ──────• Repetitive Learning [1회 2회 3회]

다음의 유기용제 중 특이증상이 "간 장해"인 것으로 가장 적합한 것은 무엇인가?

① 벤젠　　　　　　② 염화탄화수소
③ 노말헥산　　　　④ 에틸렌글리콜에테르

해설

- 벤젠은 만성노출에 의한 조혈장해를 유발시키며, 급성 골수성 백혈병을 일으키는 대표적인 방향족 탄화수소 물질이다.
- 노말헥산은 투명한 휘발성 액체로 페인트, 시너, 잉크 등의 용제로 사용되며 장기간 노출될 경우 말초신경장해가 초래되어 사지의 지각상실과 신근마비 등 다발성 신경장해를 일으키는 물질이다.
- 에틸렌글리콜에테르는 생식기 장애를 일으키는 물질이다.

❖ 염화탄화수소
- 하나 이상의 수소가 염소로 치환된 탄화수소이다.
- 비극성으로 물에 혼합되지 않는다.
- 클로로포름, 염화에틸렌, 사염화탄소, 사염화에틸렌 등이 있다.
- 염화비닐과 함께 간 장해를 일으키는 물질이다.

---

83 ──────• Repetitive Learning [1회 2회 3회]

카드뮴의 인체 내 축적기관으로만 나열된 것은?

① 뼈, 근육　　　　② 간, 신장
③ 뇌, 근육　　　　④ 혈액, 모발

해설

- 카드뮴은 인체 내 간, 신장, 장관벽 등에 축적된다.

❖ 카드뮴
- 카드뮴은 부드럽고 연성이 있는 금속으로 납광물이나 아연광물을 제련할 때 부산물로 얻어진다.
- 주로 니켈, 알루미늄과의 합금, 살균제, 페인트 등을 취급하는 곳에서 노출위험성이 크다.
- 흡수된 카드뮴은 혈장단백질과 결합하여 최종적으로 간이나 신장에 축적된다.
- 인체 내에서 −SH기와 결합하여 독성을 나타낸다.
- 중금속 중에서 칼슘대사에 장애를 주어 신결석을 동반한 신증후군이 나타나고 폐기종, 만성기관지염 같은 폐질환을 일으키고, 다량의 칼슘배설이 일어나 뼈의 통증, 골연화증 및 골수공증과 같은 골격계 장해를 유발한다.
- 카드뮴에 의한 급성노출 및 만성노출 후의 장기적인 속발증은 고환의 기능쇠퇴, 폐기종, 간손상 등이다.
- 체내에 노출되면 저분자 단백질인 metallothionein이라는 단백질을 합성하여 독성을 감소시킨다.

84

인쇄 및 도료 작업자에게 자주 발생하는 연(鉛)중독 증상과 관계없는 것은 무엇인가?

① 적혈구의 증가
② 치은의 연선(lead line)
③ 적혈구의 호염기성반점
④ 소변 중의 coproporphyrin 증가

> **해설**
> • 납중독으로 인해 적혈구는 위축되고 생존시간과 전해질이 감소한다.
> ❖ 납중독이 혈액에 미치는 영향
> • K+와 수분이 손실된다.
> • 삼투압에 의하여 적혈구가 위축된다.
> • 적혈구의 생존시간과 적혈구 내 전해질이 감소한다.
> • 헴(heme)의 합성에 관여하는 효소들의 활동을 억제해 혈색소량이 감소한다.
> • 적혈구 내 프로토포피린이 증가한다.
> • 혈청 내 철과 망상적혈구의 수는 증가한다.

85

먼지가 호흡기계로 들어올 때 인체가 가지고 있는 방어기전으로 가장 적정하게 조합된 것은?

① 면역작용과 폐내의 대사 작용
② 폐포의 활발한 가스교환과 대사 작용
③ 점액 섬모운동과 가스교환에 의한 정화
④ 점액 섬모운동과 폐포의 대식세포의 작용

> **해설**
> • 먼지가 호흡기계에 들어오면 인체는 점액 섬모운동과 폐포의 대식세포의 작용으로 방어기전을 수행한다.
> ❖ 물질의 호흡기계 축적 1602
> • 호흡기계에 물질의 축적 정도를 결정하는 가장 중요한 요인은 입자의 크기이다.
> • $1\mu m$ 이하의 입자는 97%가 폐포까지 도달하게 된다.
> • 가스상 물질의 호흡기계 축적을 결정하는 가장 중요한 요인은 물질의 수용성이다. 이로 인해 수용성이 낮은 가스상 물질은 폐포까지 들어와 농도차에 의해 전신으로 퍼지지만 수용성이 큰 가스상 물질은 상부호흡기계 점액에 용해되어 침착하게 된다.
> • 먼지가 호흡기계에 들어오면 인체는 점액 섬모운동과 폐포의 대식세포의 작용으로 방어기전을 수행한다.

86

미국정부산업위생전문가협의회(ACGIH)의 발암물질 구분으로 동물 발암성 확인물질, 인체 발암성 모름에 해당되는 Group은?

① A2　　　　② A3
③ A4　　　　④ A5

> **해설**
> • A2는 실험동물에 대한 발암성 근거는 충분하지만 사람에 대한 근거는 제한적인 물질을 말한다.
> • A4는 인체 발암성 의심되지만 확실한 연구결과가 없는 물질을 말한다.
> • A5는 인체 발암물질이 아니라는 결론이 난 물질을 말한다.
> ❖ 미국정부산업위생전문가협의회(ACGIH)의 발암물질 구분
>
> **실기** 0802/0902/1402
>
> | Group A1 | 인체 발암성 확인 물질 | 인체에 대한 충분한 발암성 근거 있음 |
> |---|---|---|
> | Group A2 | 인체 발암성 의심 물질 | 실험동물에 대한 발암성 근거는 충분하지만 사람에 대한 근거는 제한적임 |
> | Group A3 | 동물 발암성 확인 인체 발암성 모름 | 실험동물에 대한 발암성 입증되었으나 사람에 대한 연구에서 발암성 입증 못함 |
> | Group A4 | 인체 발암성 미분류 물질 | 인체 발암성 의심되지만 확실한 연구결과가 없음 |
> | Group A5 | 인체 발암성 미의심 물질 | 인체 발암물질이 아니라는 결론 |

87

진폐증의 종류 중 무기성 분진에 의한 것은?

① 면폐증　　　　② 석면폐증
③ 농부폐증　　　④ 목재분진 폐증

> **해설**
> • 석면폐증은 무기성 분진으로 인한 진폐증에 해당한다.
> ❖ 흡입 분진의 종류에 의한 진폐증의 분류
>
> | 무기성 분진 | 규폐증, 용접공폐증, 탄광부진폐증, 활석폐증, 석면폐증, 흑연폐증, 알루미늄폐증, 탄소폐증, 주석폐증, 규조토폐증 등 |
> |---|---|
> | 유기성 분진 | 면폐증, 설탕폐증, 농부폐증, 목조분진폐증, 연초폐증, 모발분진폐증 등 |

88 ● Repetitive Learning 〔1회 2회 3회〕

다음 중 유해화학물질에 의한 간의 중요한 장해인 중심소엽성 괴사를 일으키는 물질로 옳은 것은?

① 수은
② 사염화탄소
③ 이황화탄소
④ 에틸렌글리콜

해설

- 인체 노출 시 간의 장해인 중심소엽성 괴사를 일으키는 지방족 할로겐화 탄화수소는 사염화탄소이다.

✇ 사염화탄소
- 피부로부터 흡수되어 전신중독을 일으킬 수 있는 물질이다.
- 인체 노출 시 간의 장해인 중심소엽성 괴사를 일으키는 지방족 할로겐화 탄화수소이다.
- 탈지용 용매로 사용되는 물질로 간장, 신장에 만성적인 영향을 미친다.
- 초기 증상으로는 지속적인 두통, 구역 또는 구토, 복부선통과 설사, 간압통 등이 나타난다.
- 고농도로 폭로되면 중추신경계 장해 외에 간장이나 신장에 장해가 일어나 황달, 단백뇨, 혈뇨의 증상을 보이며, 완전 무뇨증이 되면 사망할 수도 있다.

89 ● Repetitive Learning 〔1회 2회 3회〕

다음 중 피부로부터 흡수되어 전신중독을 일으킬 수 있는 물질은 무엇인가?

① 질소
② 포스겐
③ 메탄
④ 사염화탄소

해설

- 사염화탄소는 피부로부터 흡수되어 전신중독을 일으킬 수 있는 물질이다.

✇ 사염화탄소
문제 88번의 유형별 핵심이론 ✇ 참조

90 ● Repetitive Learning 〔1회 2회 3회〕

물질 A의 독성에 관한 인체실험 결과, 안전흡수량이 체중 kg당 0.1mg이었다. 체중이 50kg인 근로자가 1일 8시간 작업할 경우 이 물질의 체내 흡수를 안전흡수량 이하로 유지하려면 공기 중 농도를 몇 mg/m^3 이하로 하여야 하는가?(단, 작업 시 폐환기율은 1.25m^3/h, 체내 잔류율은 1.0으로 한다)

① 0.5
② 1.0
③ 1.5
④ 2.0

해설

- 체내흡수량(안전흡수량)과 관련된 문제이다.
- 체내흡수량(mg)=C×T×V×R로 구할 수 있다.
- 문제는 작업 시의 허용농도 즉, C를 구하는 문제이므로 $\frac{체내흡수량}{T×V×R}$ 로 구할 수 있다.
- 체내 흡수량은 몸무게×몸무게당 안전흡수량=50×0.1=5이다.
- 따라서 C=5/(8×1.25×1.0)=0.5가 된다.

✇ 체내흡수량(SHD : Safe Human Dose) 실기 0301/0501/0601/0801/1001/1201/1402/1602/1701/2002/2003
- 사람에게 안전한 양으로 안전흡수량, 안전폭로량이라고도 한다.
- 동물실험을 통하여 산출한 독물량의 한계치(NOED : No-Observable Effect Dose)를 사람에게 적용하기 위해 인간의 안전폭로량(SHD)을 계산할 때 안전계수와 체중, 독성물질에 대한 역치(THDh)를 고려한다.
- C×T×V×R[mg]으로 구한다.
  C : 공기 중 유해물질농도[mg/m^3]
  T : 노출시간[hr]
  V : 폐환기율, 호흡률[m^3/hr]
  R : 체내잔류율(주어지지 않을 경우 1.0)

91 ● Repetitive Learning 〔1회 2회 3회〕

중금속의 노출 및 독성기전에 대한 설명으로 옳지 않은 것은?

① 작업환경 중 작업자가 흡입하는 금속형태는 흄과 먼지 형태이다.
② 대부분의 금속이 배설되는 가장 중요한 경로는 신장이다.
③ 크롬은 6가 크롬보다 3가 크롬이 체내흡수가 많이 된다.
④ 납에 노출될 수 있는 업종은 축전지 제조, 합금업체, 전자산업 등이다.

해설

- 3가 크롬은 피부 흡수가 어려우나 6가 크롬은 쉽게 피부를 통과한다.

✇ 3가 및 6가 크롬의 인체 작용 및 독성
- 3가 크롬은 피부 흡수가 어려우나 6가 크롬은 쉽게 피부를 통과한다.
- 세포막을 통과한 6가 크롬은 세포 내에서 수 분 내지 수 시간 만에 발암성을 가진 3가 형태로 환원된다.
- 6가에서 3가로의 환원이 세포질에서 일어나면 독성이 적으나 DNA의 근위부에서 일어나면 강한 변이원성을 나타낸다.
- 3가 크롬은 세포 내에서 핵산, nuclear enzyme, necleotide와 같은 세포핵과 결합될 때 발암성을 나타낸다.
- 산업장에서 노출의 관점으로 보면 3가 크롬보다 6가 크롬이 더욱 해롭다고 할 수 있다.
- 배설은 주로 소변을 통해 배설되며 대변으로는 소량 배출된다.

92

0803 / 1801 / 2202
• Repetitive Learning 〔1회 2회 3회〕

유해물질과 생물학적 노출지표와의 연결이 잘못된 것은?

① 벤젠－소변 중 페놀

② 톨루엔－소변 중 마뇨산(o－크레졸)

③ 크실렌－소변 중 카테콜

④ 스티렌－소변 중 만델린산

해설

• 크실렌은 소변 중 메틸마뇨산이 생물학적 노출지표이다.

✿✿ 유기용제별 생물학적 모니터링 대상(생체 내 대사산물) **실기** 0803/ 1403/2101

벤젠	소변 중 총 페놀 소변 중 t,t－뮤코닉산(t,t－Muconic acid)
에틸벤젠	소변 중 만델린산
스티렌	소변 중 만델린산
톨루엔	소변 중 마뇨산(hippuric acid), o－크레졸
크실렌	소변 중 메틸마뇨산
이황화탄소	소변 중 TTCA
메탄올	혈액 및 소변 중 메틸알코올
노말헥산	소변 중 헥산디온(2,5－hexanedione)
MBK (methyl-n-butyl ketone)	소변 중 헥산디온(2,5－hexanedione)
니트로벤젠	혈액 중 메타헤로글로빈
카드뮴	혈액 및 소변 중 카드뮴(저분자량 단백질)
납	혈액 및 소변 중 납(ZPP, FEP)
일산화탄소	혈액 중 카복시헤모글로빈, 호기 중 일산화탄소

93

1003
• Repetitive Learning 〔1회 2회 3회〕

작업장 공기 중에 노출되는 분진 및 유해물질로 인하여 나타나는 장해가 잘못 연결된 것은 무엇인가?

① 규산분진, 탄분진－진폐

② 니켈카르보닐, 석면－암

③ 카드뮴, 납, 망간－직업성 천식

④ 식물성, 동물성분진－알레르기성 질환

해설

• 직업성 천식은 이소시아네이트, 백금염, 곡물분진, 목재분진 등이 유발한다.

✿✿ 분진 및 유해물질로 인하여 나타나는 장해

• 규산분진, 탄분진－진폐

• 니켈카르보닐, 석면－암

• 이소시아네이트, 백금염, 곡물분진, 목재분진－직업성 천식

• 식물성, 동물성분진－알레르기성 질환

94

0901 / 1902
• Repetitive Learning 〔1회 2회 3회〕

다음 중 중금속에 의한 폐기능의 손상에 관한 설명으로 틀린 것은?

① 철폐증(siderosis)은 철 분진 흡입에 의한 암 발생(A1)이며, 중피종과 관련이 없다.

② 화학적 폐렴은 베릴륨, 산화카드뮴 에어로졸 노출에 의하여 발생하며 발열, 기침, 폐기종이 동반된다.

③ 금속열은 금속이 용융점 이상으로 가열될 때 형성되는 산화금속을 흄 형태로 흡입할 경우 발생한다.

④ 6가 크롬은 폐암과 비강암 유발인자로 작용한다.

해설

• 철폐증(siderosis)은 장기간 철분진을 흡입해 폐 내에 축적되어 나타나는 진폐증의 한 종류이다.

✿✿ 중금속에 의한 폐기능의 손상

• 철폐증(siderosis)은 장기간 철분진을 흡입해 폐 내에 축적되어 나타나는 진폐증의 한 종류이다.

• 화학적 폐렴은 베릴륨, 산화카드뮴 에어로졸 노출에 의하여 발생하며 발열, 기침, 폐기종이 동반된다.

• 금속열은 금속이 용융점 이상으로 가열될 때 형성되는 산화금속을 흄 형태로 흡입할 경우 발생한다.

• 6가 크롬은 폐암과 비강암 유발인자로 작용한다.

95

0803 / 1703 / 2003
• Repetitive Learning 〔1회 2회 3회〕

유해물질의 생리적 작용에 의한 분류에서 질식제를 단순 질식제와 화학적 질식제로 구분할 때 화학적 질식제에 해당하는 것은?

① 수소(H_2)

② 메탄(CH_4)

③ 헬륨(He)

④ 일산화탄소(CO)

해설
- 단순 질식제에는 수소, 질소, 헬륨, 이산화탄소, 메탄, 아세틸렌 등이 있다.

❖ 질식제
- 질식제란 조직 내의 산화작용을 방해하는 화학물질을 말한다.
- 질식제는 단순 질식제와 화학적 질식제로 구분할 수 있다.

단순 질식제	• 생리적으로는 아무 작용도 하지 않으나 공기 중에 많이 존재하여 산소분압을 저하시켜 조직에 필요한 산소의 공급부족을 초래하는 물질 • 수소, 질소, 헬륨, 이산화탄소, 메탄, 아세틸렌 등
화학적 질식제	• 혈액 중 산소운반능력을 방해하는 물질 • 일산화탄소, 아닐린, 시안화수소 등 • 기도나 폐 조직을 손상시키는 물질 • 황화수소, 포스겐 등

96 ——● Repetitive Learning 〔1회 2회 3회〕

화학적 질식제에 대한 설명으로 맞는 것은?

① 뇌순환 혈관에 존재하면서 농도에 비례하여 중추신경 작용을 억제한다.
② 피부와 점막에 작용하여 부식작용을 하거나 수포를 형성하는 물질로 고농도 하에서 호흡이 정지되고 구강 내 치아산식증 등을 유발한다.
③ 공기 중에 다량 존재하여 산소분압을 저하시켜 조직 세포에 필요한 산소를 공급하지 못하게 하여 산소부족 현상을 발생시킨다.
④ 혈액 중에서 혈색조와 결합한 후에 혈액의 산소운반 능력을 방해하거나, 또는 조직세포에 있는 철 산화요소를 불활성화시켜 세포의 산소수용 능력을 상실시킨다.

해설
- ③의 설명은 단순 질식제에 대한 설명이다.

❖ 질식제
문제 95번의 유형별 핵심이론 ❖ 참조

97 ——● Repetitive Learning 〔1회 2회 3회〕

다음 입자상 물질의 종류 중 액체나 고체의 2가지 상태로 존재할 수 있는 것은?

① 흄(fume)
② 증기(vapor)
③ 미스트(mist)
④ 스모크(smoke)

해설
- 흄은 금속이 용해되어 공기에 의하여 산화되어 미립자가 되어 분산하는 것이다.
- 증기는 상온에서 액체형태로 존재하는 가스상의 물질을 말한다.
- 미스트는 가스나 증기의 응축 혹은 화학반응에 의해 생성된 액체형태의 공기 중 부유물질이다.

❖ 스모크(smoke)
- 가연성 물질이 연소할 때 불완전 연소의 결과로 생기는 고체, 액체 상태의 미립자이다.
- 액체나 고체의 2가지 상태로 존재할 수 있다.

98 ——● Repetitive Learning 〔1회 2회 3회〕

알레르기성 접촉 피부염에 관한 설명으로 옳지 않은 것은?

① 알레르기성 반응은 극소량 노출에 의해서도 피부염이 발생할 수 있는 것이 특징이다.
② 알레르기 반응을 일으키는 관련세포는 대식세포, 림프구, 랑게르한스 세포로 구분된다.
③ 항원에 노출되고 일정시간이 지난 후에 다시 노출되었을 때 세포매개성 과민반응에 의하여 나타나는 부작용의 결과이다.
④ 알레르기원에 노출되고 이 물질이 알레르기원으로 작용하기 위해서는 일정기간이 소요되며 그 기간을 휴지기라 한다.

해설
- ④는 유도기에 대한 설명이다.

❖ 접촉성 피부염
- 알레르기성 접촉 피부염은 특정 화학제품에 선천적으로 민감한 일부의 사람들에게 나타나는 면역반응이다.
- 알레르기성 반응은 극소량 노출에 의해서도 피부염이 발생할 수 있는 것이 특징이다.
- 알레르기 반응을 일으키는 관련세포는 대식세포, 림프구, 랑게르한스 세포로 구분된다.
- 작업장에서 발생빈도가 높은 피부질환이다.
- 증상은 다양하지만 홍반과 부종을 동반하는 것이 특징이다.
- 원인물질은 크게 수분, 합성화학물질, 생물성 화학물질로 구분할 수 있다.
- 항원에 노출되고 일정시간이 지난 후에 다시 노출되었을 때 세포매개성 과민반응에 의하여 나타나는 부작용의 결과이다.
- 약물이 체내 대사체에 의해 피부에 영향을 준 상태에서 자외선에 노출되면 일어나는 광독성 반응은 홍반·부종·착색을 동반하기도 한다.

99 ────────● Repetitive Learning 〔1회 2회 3회〕

다음 중 사업장 역학연구의 신뢰도에 영향을 미치는 계통적 오류에 대한 설명으로 바르지 않은 것은?

① 편견으로부터 나타난다.
② 표본 수를 증가시킴으로써 오류를 제거할 수 있다.
③ 연구를 반복하더라도 똑같은 결과의 오류를 가져오게 된다.
④ 측정자의 편견, 측정기기의 문제성, 정보의 오류 등이 해당된다.

해설
- 계통적 오류는 연구를 반복하더라도 똑같은 결과의 오류를 가져오게 된다.

❝ 계통적 오류
- 편견으로부터 나타난다.
- 연구를 반복하더라도 똑같은 결과의 오류를 가져오게 된다.
- 측정자의 편견, 측정기기의 문제성, 정보의 오류 등이 해당된다.

100 ────────● Repetitive Learning 〔1회 2회 3회〕

생물학적 모니터링은 노출에 대한 것과 영향에 대한 것으로 구분된다. 다음 중 노출에 대한 생물학적 모니터링에 해당하는 것은 무엇인가?

① 일산화탄소-호기 중 일산화탄소
② 카드뮴-소변 중 저분자량 단백질
③ 납-적혈구 ZPP(zinc protoporphyrin)
④ 납-FEP(free erythrocytre protopor-phyrin)

해설
- ②, ③, ④는 영향에 대한 생물학적 모니터링에 해당한다.

❝ 유기용제별 생물학적 모니터링 대상(생체 내 대사산물) 실기 0803/1403/2101
문제 92번의 유형별 핵심이론 ❝ 참조

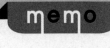

구분	1과목	2과목	3과목	4과목	5과목	합계
New유형	2	0	0	2	2	6
New문제	3	9	4	7	7	30
또나온문제	9	8	6	4	4	31
자꾸나온문제	8	3	10	9	9	39
합계	20	20	20	20	20	100

- New유형은 New문제 중 기존 기출문제와 완전히 다른 유형의 문제를 말합니다.
- New문제는 기존에 출제되지 않은 문제로 이번에 처음 출제되는 문제입니다.
- 또나온문제는 기존에 출제된 적이 1번 있는 문제를 말합니다.
- 자꾸나온문제는 기존에 출제된 적이 2번 이상 있는 문제를 말합니다. 그만큼 중요한 문제입니다.

⧖ 몇 년분의 기출문제를 공부해야 합격할 수 있을까요?

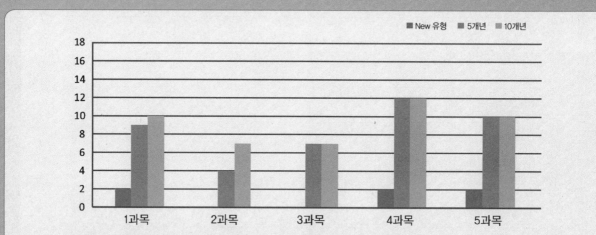

- 완전 새로운 유형의 문제는 6문제이고 94문제가 이미 출제된 문제 혹은 변형문제입니다.
- 5년분(2018~2022) 기출에서 동일문제가 42문항이 출제되었고, 10년분(2013~2022) 기출에서 동일문제가 46문항이 출제되었습니다.

📰 실기에 나왔어요!! 일타쌍피-사전체크!!

실기시험은 필답형으로 진행됩니다. 객관식의 필기와 달리 주관식인 관계로 아는 만큼 적을 수 있습니다. 최근 계산문제의 비중이 많이 감소하고 있지만 절반 정도의 이론 문제와 절반 정도의 계산문제가 출제된다고 보시면 됩니다. 계산문제의 경우 나오는 문제유형이 거의 정해져 있습니다. 필기 공부할 때 미리 실기에 나오는 내용을 체크하시고 그부분만큼은 잘 공부해 두신다면 당 회차 실기까지 한 번에 잡을 수 있습니다.
- 총 43개의 유형별 핵심이론이 실기시험과 연동되어 있습니다.

💡 분석의견

합격률이 46.9%로 평균 수준인 회차였습니다.
10년 기출을 학습할 경우 기출과 동일한 문제가 2과목과 3과목에서 각각 7문제로 과락 점수 이하로 출제되었지만 과락만 면한다면 전체적으로는 꽤 많은 동일문제가 출제되어 합격에 어려움이 없는 회차입니다.
10년분 기출문제와 유형별 핵심이론의 2~3회 정독이면 합격 가능한 것으로 판단됩니다.

2015년 제1회

2015년 3월 8일 필기

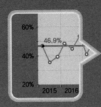

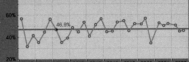

1과목 산업위생학개론

01 ●━━━━━━━━● Repetitive Learning 〔1회〕〔2회〕〔3회〕
1801

작업강도에 영향을 미치는 요인으로 틀린 것은?

① 작업밀도가 작다.
② 대인 접촉이 많다.
③ 열량소비량이 크다.
④ 작업대상의 종류가 많다.

해설
• 작업밀도가 작으면 작업강도는 낮아진다.
∷ 작업강도에 영향을 미치는 요인
  • 작업밀도가 크다.
  • 대인 접촉이 많다.
  • 열량소비량이 크다.
  • 작업대상의 종류가 많다.

02 ●━━━━━━━━● Repetitive Learning 〔1회〕〔2회〕〔3회〕
0601 / 0702 / 1301 / 2103

직업적성검사 가운데 생리적 기능검사의 항목에 해당하지 않는 것은?

① 지각동작검사 ② 감각기능 검사
③ 심폐기능검사 ④ 체력검사

해설
• ①은 심리학적 적성검사 항목이다.
∷ 생리적 적성검사

감각기능검사	혈액, 근전도, 심박수 등 검사
심폐기능검사	자전거를 이용한 운동부하 검사
체력검사	달리기, 던지기, 턱걸이 등

03 ●━━━━━━━━● Repetitive Learning 〔1회〕〔2회〕〔3회〕
0602

다음 중 전신피로에 있어 생리학적 원인에 속하지 않는 것은?

① 젖산의 감소
② 산소공급의 부족
③ 글리코겐량의 감소
④ 혈중 포도당 농도의 저하

해설
• 작업강도에 의해 글리코겐이 분해될 때 산소의 공급이 불충분하게 되면 젖산이 생성되어 축적되면서 화학반응이 잘 이루어지지 않아 피로가 발생한다.
∷ 전신피로
  • 생리학적 원인에는 근육 내 글리코겐양의 감소, 산소공급의 부족, 혈중 포도당 농도의 저하, 젖산의 생성 및 축적 등이 있다.
  • 작업에 의한 근육 내 글리코겐 농도의 변화는 작업자의 훈련유무에 따라 차이를 보인다.
  • 작업강도가 높을수록, 작업시간이 길어질수록 글리코겐의 소모량이 증가하여 피로감이 빨리 온다.
  • 작업강도가 높을수록 혈중 포도당 농도는 급속히 저하하며, 이에 따라 피로감이 빨리 온다.
  • 작업대사량의 증가에 따라 산소소비량도 비례하여 증가하나, 작업대사량이 일정 한계를 넘으면 산소소비량은 증가하지 않는다.

04 ●━━━━━━━━● Repetitive Learning 〔1회〕〔2회〕〔3회〕
0601

어떤 사업장에서 1,000명의 근로자가 1년 동안 작업하던 중 재해가 40건 발생하였다면 도수율은 얼마인가?(단, 1일 8시간, 연간 평균 근로일수 300일)

① 12.3 ② 16.7
③ 24.4 ④ 33.4

해설

- 연간총근로시간은 1,000명×8시간×300일이므로 2,400,000시간 이므로 도수율은 $\frac{40}{2,400,000} \times 1,000,000 = 16.66 \cdots$ 이다.

🔅 도수율(FR : frequency Rate of injury) 실기 0502/0503/0602
- 100만 시간당 발생한 재해건수를 의미한다.
- 도수율 $= \frac{\text{연간 재해 건수}}{\text{연간총 근로시간}} \times 10^6$ 로 구한다.
- 연간 근무일수나 하루 근무시간수가 주어지지 않을 경우 하루 8시간, 1년 300일 근무하는 것으로 간주한다.

05 ● Repetitive Learning (1회 2회 3회)

다음 중 노출기준에 피부(skin) 표시를 첨부하는 물질이 아닌 것은?

① 옥탄올−물 분배계수가 높은 물질
② 반복하여 피부에 도포했을 때 전신작용을 일으키는 물질
③ 손이나 팔에 의한 흡수가 몸 전체에서 많은 부분을 차지하는 물질
④ 동물을 이용한 급성중독 실험결과, 피부 흡수에 의한 치사량이 비교적 높은 물질

해설

- 급성 동물실험결과 피부흡수에 의한 치사량이 비교적 낮은 물질에 피부(skin) 표시를 첨부한다.

🔅 노출기준에 피부(skin) 표시를 첨부하는 물질 실기 1301
- 점막과 눈 그리고 경피로 흡수되어 전신 영향을 일으킬 수 있는 물질을 말한다.
- 옥탄올−물 분배계수가 높은 물질
- 반복하여 피부에 도포했을 때 전신작용을 일으키는 물질
- 손이나 팔에 의한 흡수가 몸 전체에서 많은 부분을 차지하는 물질
- 급성 동물실험결과 피부흡수에 의한 치사량이 비교적 낮은 물질(예 : 즉 1000mg/체중kg 이하일 때)

06 ● Repetitive Learning (1회 2회 3회)

다음 중 산업위생의 목적으로 가장 적합하지 않은 것은?

① 작업조건을 개선한다.
② 근로자의 작업능률을 향상시킨다.
③ 근로자의 건강을 유지 및 증진시킨다.
④ 유해한 작업환경으로 일어난 질병을 진단한다.

해설

- 질병을 진단하고 치료하는 것은 산업위생과 관련이 멀다.

🔅 산업위생의 목적
- 근로자의 건강을 유지·증진시키고 작업능률을 향상시킴
- 근로자들의 육체적, 정신적, 사회적 건강을 유지·증진시킴
- 작업환경 및 작업조건이 최적화되도록 개선하여 질병을 예방함

0403

07 ● Repetitive Learning (1회 2회 3회)

근로자로부터 40cm 떨어진 물체(9kg)를 바닥으로부터 150cm 들어 올리는 작업을 1분에 5회씩 1일 8시간 실시하였을 때 감시기준(AL, action limit)은 얼마인가?(단, H는 수평거리, V는 수직거리, D 는 이동거리. F는 작업빈도계수이다)

$$AL(kg) = 40(15/H)(1-0.004|V-75|)(0.7+7.5/D)(1-F/12)$$

① 2.6kg ② 3.6kg
③ 4.6kg ④ 5.6kg

해설

- 주어진 AL=40(kg)×(15/H)×{1−(0.004|V−75|)}×{0.7+(7.5/D)}×{1−(F/12)}로 구한다.
- 주어진 값을 대입하면
  AL=40×(15/40)×{1−(0.004|0−75|)}×{0.7+(7.5/150)}×{1−(5/12)}=4.593···이다.

🔅 NIOSH에서 제안한 중량물 취급작업의 권고치 중 감시기준(AL)
- 허리의 LS/S1 부위에서 압축력 3,400N(350kg중) 미만일 경우 대부분의 근로자가 견딜 수 있다는 것에서 만들어졌다.
- AL=40(kg)×(15/H)×{1−(0.004|V−75|)}×{0.7+(7.5/D)}×{1−(F/F_{max})}로 구한다. 여기서 H는 들기 시작지점에서의 손과 발목의 수평거리, V는 수직거리, D는 수직 이동거리, F는 분당 빈도수, F_{max} 는 최대 들기작업 빈도수이다.
- MPL=3AL 관계를 갖는다.

1003 / 1902

08 ● Repetitive Learning (1회 2회 3회)

산업안전법령상 사무실 공기관리의 관리대상 오염물질의 종류에 해당하지 않는 것은?

① 총휘발성유기화합물(TVOC)
② 총부유세균
③ 호흡성 분진(RPM)
④ 일산화탄소(CO)

184 산업위생관리기사 필기 과년도

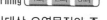 05 ④ 06 ④ 07 ③ 08 ③ 정답

- 호흡성 분진은 사무실 공기질 측정대상에 해당되지 않는다.

⁑ 오염물질 관리기준 실기 0901/1002/1502/1603/2201

미세먼지(PM10)	$100\,\mu g/m^3$
초미세먼지(PM2.5)	$50\,\mu g/m^3$
이산화탄소(CO_2)	1,000ppm
일산화탄소(CO)	10ppm
이산화질소(NO_2)	0.1ppm
포름알데히드(HCHO)	$100\,\mu g/m^3$
총휘발성유기화합물(TVOC)	$500\,\mu g/m^3$
라돈(radon)	$148Bq/m^3$
총부유세균	$800CFU/m^3$
곰팡이	$500CFU/m^3$

- 「첨단재생의료 및 첨단바이오의약품 안전 및 지원에 관한 법률」 제2조제5호에 따른 첨단바이오의약품
- 「총포·도검·화약류 등의 안전관리에 관한 법률」 제2조제3항에 따른 화약류
- 「폐기물관리법」 제2조제1호에 따른 폐기물
- 「화장품법」 제2조제1호에 따른 화장품
- 일반소비자의 생활용으로 제공되는 것(일반소비자의 생활용으로 제공되는 화학물질 또는 혼합물이 사업장 내에서 취급되는 경우를 포함한다)
- 고용노동부장관이 정하여 고시하는 연구·개발용 화학물질 또는 화학제품. 이 경우 자료의 제출만 제외된다.
- 그 밖에 고용노동부장관이 독성·폭발성 등으로 인한 위해의 정도가 적다고 인정하여 고시하는 화학물질

0703

09 ━━━━━━━━ ● Repetitive Learning 1회 2회 3회

다음 중 산업안전보건법상 "물질안전보건자료의 작성과 비치가 제외되는 대상물질"이 아닌 것은?

① "농약관리법"에 따른 농약
② "폐기물관리법"에 따른 폐기물
③ "대기관리법"에 따른 대기오염물질
④ "식품위생법"에 따른 식품 및 식품첨가물

- "대기관리법"에 따른 대기오염물질은 물질안전보건자료를 제출해야 한다.

⁑ 물질안전보건자료의 작성·제출 제외 대상 화학물질 실기 0702/1301
- 「건강기능식품에 관한 법률」 제3조제1호에 따른 건강기능식품
- 「농약관리법」 제2조제1호에 따른 농약
- 「마약류 관리에 관한 법률」 제2조제2호 및 제3호에 따른 마약 및 향정신성의약품
- 「비료관리법」 제2조제1호에 따른 비료
- 「사료관리법」 제2조제1호에 따른 사료
- 「생활주변방사선 안전관리법」 제2조제2호에 따른 원료물질
- 「생활화학제품 및 살생물제의 안전관리에 관한 법률」 제3조제4호 및 제8호에 따른 안전확인대상생활화학제품 및 살생물제품 중 일반소비자의 생활용으로 제공되는 제품
- 「식품위생법」 제2조제1호 및 제2호에 따른 식품 및 식품첨가물
- 「약사법」 제2조제4호 및 제7호에 따른 의약품 및 의약외품
- 「원자력안전법」 제2조제5호에 따른 방사성물질
- 「위생용품 관리법」 제2조제1호에 따른 위생용품
- 「의료기기법」 제2조제1항에 따른 의료기기

1003 / 2001

10 ━━━━━━━━ ● Repetitive Learning 1회 2회 3회

유해인자와 그로 인하여 발생되는 직업병이 올바르게 연결된 것은?

① 크롬－간암
② 이상기압－침수족
③ 망간－비중격천공
④ 석면－악성중피종

- 크롬은 폐암, 망간은 신장염, 이상기압은 폐수종을 유발시킨다.

⁑ 석면과 직업병
- 석면취급 작업장에 오래동안 근무한 근로자가 걸릴 수 있는 질병에는 석면폐증, 폐암, 늑막암, 위암, 악성중피종, 중피종암 등이 있다.
- 규폐증을 초래하는 유리규산(free silica)과 달리 석면(asbestos)은 악성중피종을 초래한다.

1002 / 2101

11 ━━━━━━━━ ● Repetitive Learning 1회 2회 3회

미국산업위생학회 등에서 산업위생전문가들이 지켜야 할 윤리강령을 채택한 바 있는데 다음 중 전문가로서의 책임에 해당되지 않는 것은?

① 기업체의 기밀은 누설하지 않는다.
② 전문분야로서의 산업위생 발전에 기여한다.
③ 근로자, 사회 및 전문분야의 이익을 위해 과학적 지식을 공개한다.
④ 위험요인의 측정, 평가 및 관리에 있어서 외부의 압력에 굴하지 않고 중립적 태도를 취한다.

1002

12 ──────● Repetitive Learning 〔1회 2회 3회〕

다음 중 산업안전보건법상 "충격소음작업"에 해당하는 것은?(단, 작업은 소음이 1초 이상의 간격으로 발생한다)

① 120데시벨을 초과하는 소음이 1일 1만회 이상 발생되는 작업

② 125데시벨을 초과하는 소음이 1일 1천회 이상 발생되는 작업

③ 130데시벨을 초과하는 소음이 1일 1백회 이상 발생되는 작업

④ 140데시벨을 초과하는 소음이 1일 10회 이상 발생되는 작업

해설

- 충격소음 허용기준에서 하루 100회의 충격소음에 노출되는 경우 140dBA, 하루 1,000회의 충격소음에 노출되는 경우 130dBA, 하루 10,000회의 충격소음에 노출되는 경우 120dBA를 초과하는 충격소음에 노출되어서는 안 된다.

⁑ 소음 노출기준

㉠ 소음의 허용기준

1일 노출시간(hr)	허용 음압수준(dBA)
8	90
4	95
2	100
1	105
1/2	110
1/4	115

㉡ 충격소음 허용기준

- 최대 음압수준이 140dB(A)를 초과하는 충격소음에 노출되어서는 안 된다.
- 충격소음이라 함은 최대음압수준에 120dB(A) 이상인 소음이 1초 이상의 간격으로 발생하는 것을 말한다.

충격소음강도(dBA)	허용 노출 횟수(회)
140	100
130	1,000
120	10,000

0803 / 2001

13 ──────● Repetitive Learning 〔1회 2회 3회〕

영국의 외과의사 Pott에 의하여 최초로 발견된 직업성 암은?

① 음낭암　　　　② 비암

③ 폐암　　　　④ 간암

해설

- Pott는 최초의 직업성 암인 음낭암의 원인이 검댕(Soot) 속의 다환방향족 탄화수소에 의해 발생되었음을 보고하였다.

⁑ Percivall Pott

- 18세기 영국의 외과의사로 굴뚝청소부들의 직업병인 음낭암이 검댕(Soot) 속의 다환방향족 탄화수소에 의해 발생되었음을 보고하였다.
- 최초의 직업성 암에 대한 원인을 분석하였다.
- 1788년에 굴뚝 청소부법이 통과되도록 노력하였다.

14 ──────● Repetitive Learning 〔1회 2회 3회〕

국내 직업병 발생에 대한 설명 중 틀린 것은?

① 1994년까지는 직업병 유소견자 현황에 진폐증이나 차지하는 비율이 66~80% 정도로 가장 높았고, 여기에 소음성 난청을 합치면 대략 90%가 넘어 직업병 유소견자의 대부분은 진폐와 소음 난청이었다.

② 1988년 15살의 "문송면"군은 온도계 제조회사에 입사한 지 3개월 만에 수은에 중독되어 사망에 이르렀다.

③ 경기도 화성시 모 디지털 회사에서 근무하는 외국인(태국) 근로자 8명에게서 노말헥산의 과다노출에 따른 다발성 말초신경염이 발생되었다.

④ 모 전자부품 업체에서 크실렌이라는 유기용제에 노출되어 생리 중단과 '재생불량성빈혈'이라는 건강상 장해가 일어나 사회문제가 되었다.

1101 / 1603

15 ─────● Repetitive Learning (1회 2회 3회)

다음 중 사고예방대책의 기본원리가 다음과 같을 때 각 단계를 순서대로 올바르게 나열한 것은?

㉠ 분석·평가	㉡ 시정책의 적용
㉢ 안전관리 조직	㉣ 시정책의 선정
㉤ 사실의 발견	

① ㉢ → ㉤ → ㉠ → ㉣ → ㉡
② ㉢ → ㉤ → ㉣ → ㉡ → ㉠
③ ㉤ → ㉢ → ㉣ → ㉡ → ㉠
④ ㉤ → ㉣ → ㉢ → ㉡ → ㉠

해설

- 하인리히의 사고예방의 기본원리 5단계는 순서대로 안전관리조직과 규정, 현상파악, 원인규명, 시정책의 선정, 시정책의 적용 순으로 적용된다.

❖ 하인리히의 사고예방대책 기본원리 5단계

단계	단계별 과정
1단계	안전관리조직과 규정
2단계	사실의 발견으로 현상파악
3단계	분석을 통한 원인규명
4단계	시정방법의 선정
5단계	시정책의 적용

1902

16 ─────● Repetitive Learning (1회 2회 3회)

인간공학에서 최대작업영역(maximum area)에 대한 설명으로 가장 적절한 것은?

① 허리에 불편 없이 적절히 조작할 수 있는 영역
② 팔과 다리를 이용하여 최대한 도달할 수 있는 영역
③ 어깨에서부터 팔을 뻗어 도달할 수 있는 최대 영역
④ 상완을 자연스럽게 몸에 붙인 채로 전완을 움직일 때 도달하는 영역

해설

- 최대작업역은 작업자가 움직이지 않으면서 최대한 팔을 뻗어 닿는 영역을 말한다.

❖ 최대작업역 [실기] 0303
- 최대한 팔을 뻗친 거리로 작업자가 가끔 하는 작업의 구간을 포함한다.
- 좌식 평면 작업대에서 어깨로부터 팔을 펴서 어깨를 축으로 하여 수평면상에 원을 그릴 때 부채꼴 원호의 내부지역을 말한다.
- 수평작업대에서 전완과 상완을 곧게 펴서 파악할 수 있는 구역을 말한다.

1902

17 ─────● Repetitive Learning (1회 2회 3회)

Flex-Time 제도의 설명으로 맞는 것은?

① 하루 중 자기가 편한 시간을 정하여 자유롭게 출·퇴근 하는 제도
② 주휴 2일제로 주당 40시간 이상의 근무를 원칙으로 하는 제도
③ 연중 4주간 년차 휴가를 정하여 근로자가 원하는 시기에 휴가를 갖는 제도
④ 작업상 전 근로자가 일하는 중추시간(core time)을 제외하고 주당 40시간 내외의 근로조건 하에서 자유롭게 출·퇴근 하는 제도

해설

- Flex-Time은 개인의 선택에 따라 근무 시간·근무 환경을 조절할 수 있는 제도를 말한다. 선택적 근로시간제라고도 한다.

❖ 유연근무제(Flex-Time) [실기] 1802
- 개인의 선택에 따라 근무 시간·근무 환경을 조절할 수 있는 제도를 말한다. 선택적 근로시간제라고도 한다.
- 작업상 전 근로자가 일하는 중추시간(core time)을 제외하고 주당 40시간 내외의 근로조건 하에서 자유롭게 출·퇴근 하는 제도이다.

0903 / 1801 / 2003

18 ─────● Repetitive Learning (1회 2회 3회)

Diethyl ketone(TLV=200ppm)을 사용하는 작업장의 작업 시간이 9시간일 때 허용기준을 보정하였다. OSHA 보정법과 법과 Brief and Scala 보정법을 적용하였을 경우 보정된 허용기준치 간의 차이는 약 몇 ppm인가?

① 5.05
② 11.11
③ 22.22
④ 33.33

- 먼저 OSHA 보정으로 보정된 노출기준은 $200 \times \dfrac{8}{9} = 177.78$이다.
- Brief and Scala 보정으로 노출기준 보정계수는 $\left(\dfrac{8}{9}\right) \times \dfrac{15}{16} = \dfrac{15}{18} = 0.833$이므로 주어진 TLV값 200을 곱하면 166.67이 된다.
- 2개의 보정된 허용기준치의 차이는 $177.78 - 166.67 = 11.11$[ppm]이다.

보정방법

① OSHA 보정

- 보정된 노출기준은 8시간 노출기준 $\times \dfrac{8시간}{1일\ 노출시간}$으로 구한다.
- 만약 만성중독으로 작업시간이 주단위로 부여되는 경우 노출기준 $\times \dfrac{40시간}{1주\ 노출시간}$으로 구한다.

② Brief and Scala 보정 실기 0303/0401/0601/0701/0801/0802/ 0803/1203/1503/1603/1902/2003

- 노출기준 보정계수는 $\left(\dfrac{8}{H}\right) \times \dfrac{24-H}{16}$으로 구한 후 주어진 TLV값을 곱해준다.
- 만약 만성중독으로 작업시간이 주단위로 부여되는 경우 노출기준 보정계수는 $\left(\dfrac{40}{H}\right) \times \dfrac{168-H}{128}$으로 구한 후 주어진 TLV값을 곱해준다.

19 ●Repetitive Learning 1회 2회 3회 1001

금속이 용해되어 액상 물질로 되고, 이것이 가스상 물질로 기화된 후 다시 응축되어 발생하는 고체입자를 무엇이라 하는가?

① 에어로졸(aerosol) ② 흄(fume)
③ 미스트(mist) ④ 스모그(smog)

해설

- 에어로졸은 유기물의 불완전 연소 시 발생한 액체와 고체의 미세한 입자가 공기 중에 부유되어 있는 혼합체이다.
- 미스트는 가스나 증기의 응축 혹은 화학반응에 의해 생성된 액체 형태의 공기 중 부유물질이다.
- 스모그는 연기를 뜻하는 스모크(smoke)와 안개를 뜻하는 포그(fog)의 합성어로 연기와 안개가 섞인 대기오염현상을 말한다.

흄(fume)
- 용접공정에서 흄이 발생하며, 용접 흄은 용접공폐의 원인이 된다.
- 금속이 용해되어 공기에 의하여 산화되어 미립자가 되어 분산하는 것이다.

- 흄은 상온에서 고체상태의 물질이 고온으로 액체화된 다음 증기화되고, 증기물의 응축 및 산화로 생기는 고체상의 미립자이다.
- 흄의 발생기전은 금속의 증기화, 증기물의 산화, 산화물의 응축이다.
- 일반적으로 흄은 모양이 불규칙하다.
- 상온 및 상압에서 고체상태이다.

0302 / 0603

20 ●Repetitive Learning 1회 2회 3회

작업대사율(RMR) 계산 시 직접적으로 필요한 항목과 가장 거리가 먼 것은?

① 작업시간
② 안정 시 열량
③ 기초 대사량
④ 작업에 소모된 열량

해설

- 작업대사율 계산 시 사용되는 인자에는 작업대사량, 기초대사량, 작업 시 소모되는 연량 혹은 산소량, 안정 시 소모되는 열량 혹은 산소량 등이 있다.

작업대사율(RMR : Relative Metabolic Rate)

① 개요
- RMR은 특정 작업을 수행하는 데 있어 작업강도를 작업에 사용되는 열량 측면에서 보는 한 가지 지표이다.
- 작업으로 소모되는 열량을 계산하기 위해 연령, 성별, 체격의 크기를 고려하여 사용하는 지수이다.
- $RMR = \dfrac{작업대사량}{기초대사량}$
  $= \dfrac{작업시\ 산소소모량 - 안정시\ 산소소모량}{기초대사량(산소소비량)}$로 구한다.

② 작업강도 구분

작업 구분	RMR	실노동률	1일 소비열량 [kcal]	소요 대사량
격심 작업	7 이상	50% 이하	남 : 3,500 이상 여 : 2,920 이상	
중(重) 작업	4~7	50~67%	남 : 3,050~3,500 여 : 2,600~2,920	350~500 kcal/hr
강 작업	2~4	67~76%	남 : 2,550~3,050 여 : 2,220~2,600	250~350 kcal/hr
중등 작업	1~2	76~80%	남 : 2,200~2,550 여 : 1,900~2,220	200~250 kcal/hr
경(輕) 작업	0~1	80% 이상	남 : 2,200 이하 여 : 1,900 이하	200kcal/hr

21

● Repetitive Learning [1회 2회 3회]

검지관 사용시 장단점으로 가장 거리가 먼 것은?

① 숙련된 산업위생전문가가 아니더라도 어느 정도만 숙지하면 사용 할 수 있다.
② 민감도가 낮아 비교적 고농도에 적용이 가능하다.
③ 특이도가 낮아 다른 방해물질의 영향을 받기 쉽다.
④ 측정대상물질의 동정 없이 측정이 용이하다.

해설

• 검지관은 한 가지 물질에 반응할 수 있도록 제조되어 있어 측정대상물질의 동정이 되어있어야 한다.

검지관법의 특성

㉠ 개요
  • 오염물질의 농도에 비례한 검지관의 변색층 길이를 읽어 농도를 측정하는 방법과 검지관 안에서 색변화와 표준 색표를 비교하여 농도를 결정하는 방법이 있다.

㉡ 장·단점 **실기** 1803/2101

장점	• 사용이 간편하고 복잡한 분석실 분석이 필요 없다. • 맨홀, 밀폐공간에서의 산소가 부족하거나 폭발성 가스로 인하여 안전이 문제가 될 때 유용하게 사용될 수 있다. • 숙련된 산업위생전문가가 아니더라도 어느 정도만 숙지하면 사용할 수 있다. • 반응시간이 빨라서 빠른 시간에 측정결과를 알 수 있다.
단점	• 민감도가 낮아 비교적 고농도에만 적용이 가능하다. • 특이도가 낮아 다른 방해물질의 영향을 받기 쉬워 오차가 크다. • 검지관은 한 가지 물질에 반응할 수 있도록 제조되어 있어 측정대상물질의 동정이 되어있어야 한다. • 색변화가 시간에 따라 변하므로 제조자가 정한 시간에 읽어야 한다. • 색변화가 선명하지 않아 주관적으로 읽을 수 있어 판독자에 따라 변이가 심하다.

22

● Repetitive Learning [1회 2회 3회]

어느 옥외 작업장의 온도를 측정한 결과, 건구온도 30℃, 자연습구온도 26℃, 흑구온도 36℃를 얻었다. 이 작업장의 WBGT는?(단, 태양광선이 내리쬐지 않는 장소)

① 28℃
② 29℃
③ 30℃
④ 31℃

해설

• 일사가 영향을 미치지 않는 옥외는 옥내와 마찬가지로 일사의 영향이 없어 자연습구(0.7)와 흑구온도(0.3)만으로 WBGT가 결정되므로 WBGT=0.7×26+0.3×36=18.2+10.8=29℃가 된다.

습구흑구온도(WBGT : Wet Bulb Globe Temperature) 지수

㉠ 개요
  • 건구온도, 습구온도 및 흑구온도에 비례하며, 열중증 예방을 위해 고온에서의 작업휴식시간비를 결정하는 지표로 더위지수라고도 한다.
  • 표시단위는 섭씨온도(℃)로 표시하며, WBGT가 높을수록 휴식시간이 증가되어야 한다.
  • 미국국립산업안전보건연구원(NIOSH)뿐만 아니라 국내에서도 습구흑구온도를 측정하고 지수를 산출하여 평가에 사용한다.
  • 과거에 쓰이던 감각온도와 근사한 값인데 감각온도와 다른 점은 기류를 전혀 고려하지 않았다는 점이다.

㉡ 산출방법 **실기** 0501/0503/0602/0702/0703/1101/1201/1302/1303/1503/2102/2201/2202/2203
  • 옥내에서는 WBGT=0.7NWT+0.3GT이다. 이때 NWT는 자연습구, GT는 흑구온도이다.(일사가 영향을 미치지 않는 옥외도 옥내로 취급한다)
  • 일사가 영향을 미치는 옥외에서는 건구온도인 dB를 반영하지만 옥내에서는 일사의 영향이 없으므로 자연습구와 흑구온도만으로 WBGT가 결정된다.
  • 일사가 영향을 미치는 옥외에서는 WBGT=0.7NWT+0.2GT+0.1DB이며 이때 NWT는 자연습구, GT는 흑구온도, DB는 건구온도이다.

0402

23

● Repetitive Learning [1회 2회 3회]

다음은 고열측정에 관한 내용이다. ( )안에 옳은 내용은? (단, 고시 기준)

흑구 및 습구흑구온도의 측정시간은 온도계의 직경이 ( )일 경우 5분 이상이다.

① 7.5센티미터 또는 5센티미터
② 15센티미터
③ 3센티미터 이상 5센티미터 미만
④ 15센티미터 미만

해설

• 습구흑구온도를 동시에 측정할 수 있는 기기에서 흑구의 직경이 15센티미터일 경우 25분 이상, 흑구의 직경이 7.5센티미터 혹은 5센티미터일 경우 5분 이상 측정해야 한다.

구분	측정기기	측정시간
습구온도	0.5도 간격의 눈금이 있는 아스만통풍건습계, 자연습구온도를 측정할 수 있는 기기 또는 이와 동등 이상의 성능이 있는 측정기기	• 아스만통풍건습계 : 25분 이상 • 자연습구온도계 : 5분 이상
흑구 및 습구흑구 온도	직경이 5센티미터 이상되는 흑구온도계 또는 습구흑구온도(WBGT)를 동시에 측정할 수 있는 기기	• 직경이 15센티미터일 경우 25분 이상 • 직경이 7.5센티미터 또는 5센티미터일 경우 5분 이상

---

24 — Repetitive Learning 1회 2회 3회

정량한계(LOQ)에 관한 설명으로 가장 옳은 것은?

① 검출한계의 2배로 정의
② 검출한계의 3배로 정의
③ 검출한계의 5배로 정의
④ 검출한계의 10배로 정의

해설

• 정량한계는 표준편차의 10배 또는 검출한계의 3배 또는 3.3배로 정의한다.

검출한계와 정량한계
 ㉠ 검출한계(LOD, Limit Of Detection)
  • 주어진 신뢰수준에서 검출가능한 분석물의 최소질량을 말한다.
  • 분석신호의 크기의 비에 따라 달라진다.
 ㉡ 정량한계(LOQ)
  • 분석기기가 검출할 수 있는 신뢰성을 가질 수 있는 최소 양이나 농도를 말한다.
  • 검출한계가 정량분석에서 만족스런 개념을 제공하지 못하기 때문에 검출한계의 개념을 보충하기 위해 도입되었다.
  • 표준편차의 10배 또는 검출한계의 3배 또는 3.3배로 정의한다.

---

25 — Repetitive Learning 1회 2회 3회

수은(알킬수은 제외)의 노출기준은 0.05mg/m^3이고 증기압은 0.0029mmHg이라면 VHR(Vapor Hazard Ratio)은?(단, 25℃, 1기압 기준, 수은 원자량 200.6)

① 약 330
② 약 430
③ 약 530
④ 약 630

해설

• 발생농도는 0.0029mmHg이고 이는 기압으로 표시하면
$$\frac{0.0029mmHg}{760mmHg} = \frac{0.0029}{760}$$ 이 된다.

• 25℃, 1기압 기준 수은의 노출기준을 계산하기 위해서는 25℃, 1기압에서의 부피(24.45L)와 질량(200.6g)을 구해서 곱해줘야 한다.
즉, $0.05mg/m^3 \times \frac{24.45 \times 10^{-3} m^3}{200.6 \times 10^3 mg} = 0.05 \times \frac{24.45 \times 10^{-3}}{200.6 \times 10^3}$ 이다.

• 주어진 값을 대입하면
$$\frac{\frac{0.0029}{760}}{0.05 \times \frac{24.45 \times 10^{-3}}{200.6 \times 10^3}} = \frac{3.8157\cdots}{0.006094\cdots} = 626.1568\cdots 이다.$$

VHR(Vapor Hazard Ratio) 실기1401/1703/2102
• 증기화 위험비를 말한다.
• VHR은 $\frac{발생농도}{노출기준}$으로 구한다.

0903

26 — Repetitive Learning 1회 2회 3회

입자상 물질의 측정 매체인 MCE(Mixed cellulose ester membrane) 여과지에 관한 설명으로 틀린 것은?

① 산에 쉽게 용해된다.
② MCE여과지의 원료인 셀룰로오스는 수분을 흡수하는 특성을 가지고 있다.
③ 시료가 여과지의 표면 또는 표면 가까운 데에 침착되므로 석면, 유리섬유 등 현미경 분석을 위한 시료채취에 이용 된다.
④ 입자상 물질에 대한 중량분석에 주로 적용된다.

해설

• 여과지의 원료인 셀룰로오스가 수분을 흡수하기 때문에 중량분석에는 부정확하여 잘 사용하지 않는다.

MCE막(Mixed cellulose ester membrane filter) 여과지 실기
0301/0602/1002/1003/1103/1302/1803/2103
 • 여과지 구멍의 크기는 0.45~0.8μm가 일반적으로 사용된다.
 • 여과지는 산에 쉽게 용해되므로 입자상 물질 중의 금속을 채취하여 원자 흡광광도법으로 분석하거나, 시료가 여과지의 표면 또는 표면 가까운 곳에 침착되므로 석면, 유리섬유 등 현미경분석을 취한 시료채취 등에 이용된다.
 • 납, 철, 크롬 등 금속과 석면, 유리섬유 등을 포집할 수 있다.
 • 산업용 축전지를 제조하는 사업장에서 공기 중 납 농도를 측정하기 위해 사용할 때 사용된다.

27 ●Repetitive Learning 〔1회 2회 3회〕

다음 중 2차 표준기구인 것은?

① 유리피스톤미터　　　② 폐활량계
③ 열선 기류계　　　　　④ 가스치환병

해설

• ①, ②, ④는 1차 표준기구에 해당한다.

⁑ 표준기구 **실기** 1203/1802/2002/2203

　㉠ 1차 표준기구
　• 물리적 차원인 공간의 부피를 직접 측정할 수 있는 기구로
　　정확도는 ±1% 이내이다.
　• 폐활량계, 가스치환병, 유리피스톤미터, 흑연피스톤미터,
　　Pitot튜브, 비누거품미터, 가스미터 등이 있다.
　㉡ 2차 표준기구
　• 2차표준기기는 1차 표준기기를 이용하여 보정해야 하는 기
　　구로 정확도는 ±5% 이내이다.
　• 습식테스트(Wet-test)미터, 벤투리미터, 열선기류계, 오리피
　　스미터, 건식가스미터, 로타미터 등이 있다.

28 ●Repetitive Learning 〔1회 2회 3회〕

'변이계수'에 관한 설명으로 틀린 것은?

① 평균값의 크기가 0에 가까울수록 변이계수의 의의는 커
　진다.
② 측정단위와 무관하게 독립적으로 산출된다.
③ 변이계수는 %로 표현된다.
④ 통계집단의 측정값들에 대한 균일성, 정밀성 정도를 표
　현하는 것이다.

해설

• 평균값의 크기가 0에 가까울수록 변이계수의 의의가 작아지는 단
　점이 있다.

⁑ 변이계수(Coefficient of Variation) **실기** 0501/0602/0702/1003
　• 평균값에 대한 표준편차의 크기를 백분율[%]로 나타낸 것이다.
　• 변이계수는 $\dfrac{표준편차}{산술평균} \times 100$으로 구한다.
　• 측정단위와 무관하게 독립적으로 산출된다.
　• 단위가 서로 다른 집단이나 특성값의 상호 산포도를 비교하는
　　데 이용한다.
　• 통계집단의 측정값들에 대한 균일성, 정밀성 정도를 표현하는
　　것이다.
　• 평균값의 크기가 0에 가까울수록 변이계수의 의의가 작아지는
　　단점이 있다.

29 ●Repetitive Learning 〔1회 2회 3회〕

연속적으로 일정한 농도를 유지하면서 만드는 방법 중
Dynamic Method에 관한 설명으로 틀린 것은?

① 농도변화를 줄 수 있다.
② 대개 운반용으로 제작된다.
③ 만들기가 복잡하고, 가격이 고가이다.
④ 소량의 누출이나 벽면에 의한 손실은 무시할 수 있다.

해설

• 농도를 일정하게 유지하기 위해 연속적으로 희석공기와 오염물질
　을 흘려줘야 하므로 운반용으로 제작하기에 부적당하다.

⁑ Dynamic Method
　• 알고 있는 공기 중 농도를 만드는 방법이다.
　• 희석공기와 오염물질을 연속적으로 흘려주어 연속적으로 일정
　　한 농도를 유지하면서 만드는 방법이다.

장점	• 다양한 농도범위에서 제조 가능하다. • 가스, 증기, 에어로졸 실험도 가능하다. • 소량의 누출이나 벽면에 의한 손실은 무시한다. • 온·습도 조절이 가능하다. • 다양한 실험이 가능하다.
단점	• 농도를 일정하게 유지하기 위해 연속적으로 희석공기와 　오염물질을 흘려줘야 하므로 운반용으로 제작하기에 부 　적당하다. • 만들기가 복잡하고 가격이 고가이다. • 일정한 농도 유지가 어렵고 지속적인 모니터링이 필요 　하다.

30 ●Repetitive Learning 〔1회 2회 3회〕

다음 중 활성탄관과 비교한 실리카겔관의 장점과 가장 거리
가 먼 것은?

① 수분을 잘 흡수하여 습도에 대한 민감도가 높다.
② 매우 유독한 이황화탄소를 탈착용매로 사용하지 않는다.
③ 극성물질을 채취한 경우 물, 에탄올 등 다양한 용매로 쉽
　게 탈착된다.
④ 추출액이 화학분석이나 기기분석에 방해물질로 작용하는
　경우가 많지 않다.

해설

• 실리카겔은 활성탄에 비해 극성을 띠고 흡습성이 강하므로 습도가
　높을수록 파과용량이 감소하는 단점을 갖는다.

∷ 실리카겔 흡착 실기 0502

- 실리카겔은 규산나트륨과 황산의 반응에서 유도된 무정형의 물질이다.
- 추출액이 화학분석이나 기기분석에 방해물질로 작용하는 경우가 많지 않다.
- 활성탄으로 채취가 어려운 아닐린, 오르쏘-톨루이딘 등의 아민류나 몇몇 무기물질의 채취도 가능하다.
- 극성을 띠고 흡습성이 강하므로 습도가 높을수록 파과용량이 감소한다.
- 극성물질을 채취한 경우 물, 메탄올 등 다양한 용매로 쉽게 탈착되고, 추출액이 화학분석이나 기기분석에 방해 물질로 작용하는 경우가 많지 않다.
- 유독한 이황화탄소를 탈착 용매로 사용하지 않는다.

---

31 ──── Repetitive Learning (1회 2회 3회)

직경분립충돌기(cascade impactor)의 특성을 설명한 것으로 옳지 않은 것은?

① 비용이 저렴하고 채취 준비가 간단하다.

② 공기가 옆에서 유입되지 않도록 각 충돌기의 철저한 조립과 장착이 필요하다.

③ 입자의 질량 크기 분포를 얻을 수 있다.

④ 흡입성, 흉곽성, 호흡성 입자의 크기별 분포와 농도를 얻을 수 있다.

해설

- 직경분립충돌기는 시료 채취가 까다롭고 비용이 많이 든다.

∷ 직경분립충돌기(Cascade Impactor) 실기 0701/1003/1302

ⓐ 개요 및 특징
  - 호흡성, 흉곽성, 흡입성 분진 입자의 관성력에 의해 충돌기의 표면에 충돌하여 채취하는 채취기구이다.
  - 공기가 옆에서 유입되지 않도록 각 충돌기의 철저한 조립과 장착이 필요하다.
  - 호흡성, 흉곽성, 흡입성 입자의 크기별 분포와 농도를 계산할 수 있다.
  - 호흡기의 부분별로 침착된 입자크기의 자료를 추정할 수 있다.
  - 입자의 질량 크기 분포를 얻을 수 있다.

ⓑ 단점
  - 시료 채취가 까다롭고 비용이 많이 든다.
  - 되튐으로 인한 시료의 손실이 일어날 수 있다.
  - 채취 준비에 시간이 많이 걸리며 경험이 있는 전문가가 철저한 준비를 통하여 측정하여야 한다.
  - 공기가 유입되지 않도록 각 충돌기의 철저한 조립과 장착이 필요하다.

---

32 ──── Repetitive Learning (1회 2회 3회)

어떤 음의 발생원의 음력(sound power)이 0.006W일 때, 음력수준(sound power level)은 약 몇 dB인가?

① 92   ② 94

③ 96   ④ 98

해설

- 음력이 0.006W인 점음원의 $PWL = 10\log\left(\dfrac{0.006}{10^{-12}}\right) = 97.7815\cdots$ [dB]이다.

∷ 음향파워레벨(PWL; Sound PoWer Level, 음력레벨) 실기 0502/1603

- 음향출력($W = I\,[W/m^2] \times S\,[m^2]$)의 양변에 대수를 취해 구한 값을 음향파워레벨, 음력레벨(PWL)이라 한다.
- $PWL = 10\log\dfrac{W}{W_0}$ [dB]로 구한다. 여기서 W_0는 기준음향파워로 10^{-12} [W]이다.
- $PWL = SPL + 10\log S$로 구한다.
  이때, SPL은 음의 압력레벨, S는 음파의 확산면적[m^2]을 말한다.

---

33 ──── Repetitive Learning (1회 2회 3회)

유량, 측정시간, 회수율, 분석에 의한 오차가 각각 10%, 5%, 10%, 5%일 때의 누적오차와 회수율에 의한 오차를 10%에서 7%로 감소(유형, 측정시간, 분석에 의한 오차율은 변화없음)시켰을 때 누적오차와의 차이는?

① 약 1.2%   ② 약 1.7%

③ 약 2.6%   ④ 약 3.4%

해설

- 변경 전의 누적오차
  $E_c = \sqrt{10^2 + 5^2 + 10^2 + 5^2} = \sqrt{250} = 15.811\cdots$ [%]이다.
- 변경 후의 누적오차
  $E_c = \sqrt{10^2 + 5^2 + 7^2 + 5^2} = \sqrt{199} = 14.106\cdots$ [%]이다.
- 누적오차의 차이는 $15.811 - 14.106 = 1.705$ [%]이다.

∷ 누적오차

- 조건이 같을 경우 항상 같은 크기, 같은 방향으로 일어나는 오차를 말한다.
- 누적오차 $E_c = \sqrt{E_1^2 + E_2^2 + \cdots + E_n^2}$ 으로 구한다.

---

34 ———————————● Repetitive Learning 〔1회〕〔2회〕〔3회〕

로타미터에 관한 설명으로 옳지 않은 것은?

① 유량을 측정하는 데 가장 흔히 사용되는 기기이다.

② 바닥으로 갈수록 점점 가늘어지는 수직관과 그 안에서 자유롭게 상하로 움직이는 부자로 이루어져 있다.

③ 관은 유리나 투명 플라스틱으로 되어 있으며 눈금이 새겨져 있다.

④ 최대 유량과 최소 유량의 비율이 100:1 범위이고 ±0.5% 이내의 정확성을 나타낸다.

해설

- 대부분의 로타미터는 최대유량과 최소유량의 비율은 10:1의 범위이고, 정확도는 ±1~25% 이내이다.

✺ 로타미터(rotameter)

- 유량을 측정할 때 흔히 사용되는 2차 표준기구이다.
- 유체가 위쪽으로 흐름에 따라 float도 위로 올라가며 float와 관 벽사이의 접촉면에서 발생되는 압력강하가 float를 충분히 지지해줄 때까지 올라간 float의 눈금을 읽어 측정한다.
- 바닥으로 갈수록 점점 가늘어지는 수직관과 그 안에서 자유롭게 상, 하로 움직이는 부자로 이루어져 있다.
- 관은 유리나 투명 플라스틱으로 되어 있으며 눈금이 새겨져 있다.
- 대부분의 로타미터는 최대유량과 최소유량의 비율은 10:1의 범위이다.
- 정확도는 ±1~25% 이내이다.

35 ———————————● Repetitive Learning 〔1회〕〔2회〕〔3회〕

화학공장의 작업장 내에 먼지 농도를 측정하였더니 5, 6, 5, 6, 6, 6, 4, 8, 9, 8ppm이었다. 이러한 측정치의 기하평균(ppm)은?

① 5.13 　　　　　　② 5.83

③ 6.13 　　　　　　④ 6.83

해설

- 기하평균은 주어진 n개의 값들을 곱해서 나온 값의 n제곱근이다.
- 주어진 값을 기하평균식에 대입하면
$\sqrt[10]{5 \times 6 \times 5 \times 6 \times 6 \times 6 \times 4 \times 8 \times 9 \times 8} = 6.1277 \cdots$이다.

✺ 기하평균(GM) [실기] 0303/0403/0502/0601/0702/0801/0803/1102/1301/1403/1703/1801/2102

- 주어진 n개의 값들을 곱해서 나온 값의 n제곱근이다.

- $x_1, x_2, \cdots, x_n$의 자료가 주어질 때 기하평균 GM은
$\sqrt[n]{x_1 \times x_2 \times \cdots \times x_n}$으로 구하거나 $logGM = \dfrac{logX_1 + logX_2 + \cdots + logX_n}{N}$을 역대수를 취해서 구할 수 있다.
- 작업장에서 생화학적 측정치나 유해물질의 농도를 평가할 때 일반적으로 사용되는 평균치이다.
- 작업환경 중 분진의 측정 농도가 대수정규분포를 할 때 측정 자료의 대표치로 사용된다.
- 인구증가율, 물가상승률, 경제성장률 등의 연속적인 변화율 데이터를 기반으로 어떤 구간에서의 평균 변화율을 구할 때 사용된다.

36 ———————————● Repetitive Learning 〔1회〕〔2회〕〔3회〕

임핀저(impinger)로 작업장 내 가스를 포집하는 경우, 첫 번째 임핀저의 포집효율이 90%이고 두 번째 임핀저의 포집효율은 50%이었다. 두 개를 직렬로 연결하여 포집하면 전체 포집효율은?

① 93% 　　　　　　② 95%

③ 97% 　　　　　　④ 99%

해설

- 임핀저(Impinger)는 액체에 공기 중 가스상의 물질을 흡수하여 채취하는 기구이다.
- 전체 포집효율 $\eta_T = 0.9 + 0.5 \times (1 - 0.9) = 0.95$이므로 95%이다.

✺ 전체 포집효율(총 집진율) [실기] 0702/0803/1401/1701/2003

- 임핀저를 이용한 가스 포집에서 전체 포집효율은 1차의 포집효율과 1차에서 포집하지 못한 가스를 2차에서 포집한 효율과의 합으로 구한다.
- 전체 포집효율 $\eta_T = \eta_1 + \eta_2(1 - \eta_1)$로 구한다.

37 ———————————● Repetitive Learning 〔1회〕〔2회〕〔3회〕

흡수용액을 이용하여 시료를 포집할 때 흡수효율을 높이는 방법과 거리가 먼 것은?

① 시료채취유량을 낮춘다.

② 용액의 온도를 높여 오염물질을 휘발시킨다.

③ 가는 구멍이 많은 Fritted 버블러 등 채취 효율이 좋은 기구를 사용한다.

④ 두 개 이상의 버블러를 연속적으로 연결하여 용액의 양을 늘린다.

해설

- 흡수효율을 높이려면 용액의 온도를 낮추어 오염물질의 휘발성을 제한한다.

- ✿ 흡수용액을 이용하여 시료를 포집할 때 흡수효율을 높이는 방법
  실기 0601/1303/1802/2101
  - 시료채취유량을 낮춘다.
  - 용액의 온도를 낮추어 오염물질의 휘발성을 제한한다.
  - 가는 구멍이 많은 Fritted 버블러 등 채취 효율이 좋은 기구를 사용한다.
  - 두 개 이상의 버블러를 연속적으로 연결하여 용액의 양을 늘린다.

38 ──────────● Repetitive Learning (1회 2회 3회)

세척제로 사용하는 트리클로로에틸렌의 근로자 노출농도 측정을 위해 과거의 노출농도를 조사해 본 결과, 평균 90ppm이었다. 활성탄 관을 이용하여 0.17ℓ/분으로 채취하고자 할 때 채취하여야 할 최소한의 시간(분)은?(단, 25℃, 1기압 기준, 트리클로로에틸렌의 분자량은 131.39, 가스크로마토그래피의 정량한계는 시료 당 0.4mg)

① 4.9분
② 7.8분
③ 11.4분
④ 13.7분

해설

- 90ppm을 세제곱미터당 밀리그램(mg/m^3)으로 변환하면
  $\dfrac{90 \times 131.39}{24.45} = 483.6441 \cdots mg/m^3$이다.

- 평균농도가 $483.64 mg/m^3$인 곳에서 정량한계가 0.4mg인 활성탄 관으로 분당 $0.17L(0.17 \times 10^{-3} m^3)$의 속도로 채취할 때 걸리는 시간은 $483.64 mg/m^3 = \dfrac{0.4 mg}{0.17 \times 10^{-3} m^3/분 \times x분}$으로 구할 수 있다.

- x를 기준으로 정리하면 $\dfrac{0.4}{0.17 \times 10^{-3} \times 483.64} = 4.8650 \cdots$이 되므로 4.9분이 된다.

- ✿ 노출기준
  - 화학적 인자의 가스, 증기, 분진, 흄(fume), 미스트(mist) 등의 농도는 피피엠(ppm) 또는 세제곱미터당 밀리그램(mg/m^3)으로 표시한다. 다만, 석면의 농도 표시는 세제곱센티미터당 섬유개수(개/cm^3)로 표시한다.
  - 피피엠(ppm)과 세제곱미터당 밀리그램(mg/m^3)간의 상호 농도변환은 노출기준(mg/m^3)=$\dfrac{노출기준(ppm) \times 그램분자량}{24.45(25℃, 1기압 기준)}$으로 구한다.
  - 소음수준의 측정단위는 데시벨[dB(A)]로 표시한다.
  - 고열(복사열 포함)의 측정단위는 습구흑구온도지수(WBGT)를 구하여 섭씨온도(℃)로 표시한다.

39 ──────────● Repetitive Learning (1회 2회 3회)

공장 내부에 소음(대당 PWL=85dB)을 발생시키는 기계가 있다. 이 기계 2대가 동시에 가동될 때 발생하는 PWL의 합은?

① 86dB
② 88dB
③ 90dB
④ 92dB

해설

- 85dB(A)의 소음 2개가 만드는 합성소음은
  $10\log(10^{8.5} + 10^{8.5}) = 10 \times 8.801 = 88.01$이 된다.

- ✿ 합성소음 실기 0401/0801/0901/1403/1602
  - 동일한 공간 내에서 2개 이상의 소음원에 대한 소음이 발생할 때 전체 소음의 크기를 말한다.
  - 합성소음[dB(A)]=$10\log(10^{\frac{SPL_1}{10}} + \cdots + 10^{\frac{SPL_i}{10}})$으로 구할 수 있다.
    이때, $SPL_1, \cdots, SPL_i$는 개별 소음도를 의미한다.

40 ──────────● Repetitive Learning (1회 2회 3회)

용접작업 중 발생되는 용접흄을 측정하기 위해 사용할 여과지를 화학천칭을 이용해 무게를 재었더니 70.11mg이었다. 이 여과지를 이용하여 2.5L/min의 시료채취 유량으로 120분간 측정을 실시한 후 잰 무게는 75.88mg이었다면 용접흄의 농도는?

① 약 13mg/m^3
② 약 19mg/m^3
③ 약 23mg/m^3
④ 약 28mg/m^3

해설

- 공시료가 0인 경우이므로 농도 $C = \dfrac{(W' - W)}{V}$으로 구한다.

- 대입하면 $\dfrac{75.88 - 70.11}{2.5 \times 120} = 0.01923 \cdots$[mg/L]인데 구하고자 하는 단위는 [mg/m^3]이므로 1000을 곱하면 19.23[mg/m^3]이 된다.

- ✿ 시료채취 시의 농도계산 실기 0402/0403/0503/0601/0701/0703/0801/
  0802/0803/0901/0902/0903/1001/1002/1101/1103/1301/1401/1502/1603/
  1801/1802/1901/1903/2002/2004/2101/2102/2201
  - 농도 $C = \dfrac{(W' - W) - (B' - B)}{V}$로 구한다. 이때 C는 농도
    [mg/m^3], W'는 채취 후 여과지 무게[μg], W는 채취 전 여과지 무게[μg], B'는 채취 후 공여과지 무게[μg], B는 채취 전 공여과지 무게[μg], V는 공기채취량으로 펌프의 평균유속[L/min]×시료채취시간[min]으로 구한다.
  - 공시료가 0인 경우 농도 $C = \dfrac{(W' - W)}{V}$으로 구한다.

41

1203
• Repetitive Learning 1회 2회 3회

톨루엔을 취급하는 근로자의 보호구 밖에서 측정한 톨루엔 농도가 30ppm이었고 보호구 안의 농도가 2ppm으로 나왔다면 보호계수(Protection factor, PF) 값은?(단, 표준 상태 기준)

① 15
② 30
③ 60
④ 120

해설

• PF = $\dfrac{보호구 \ 밖의 \ 농도}{보호구 \ 안의 \ 농도}$ 으로 구한다.

• 주어진 값을 대입하면 PF = $\dfrac{30}{2}$ = 15이 된다.

❖ 보호계수(Protection Factor, PF)
   • 호흡보호구 바깥쪽에서의 공기 중 오염물질 농도와 안쪽에서의 오염물질 농도비로 착용자 보호의 정도를 나타내는 척도를 말한다.
   • PF = $\dfrac{보호구 \ 밖의 \ 농도}{보호구 \ 안의 \ 농도}$ 으로 구한다.

42

0501 / 2004
• Repetitive Learning 1회 2회 3회

송풍관(duct) 내부에서 유속이 가장 빠른 곳은?(단, d는 송풍관의 직경을 의미한다)

① 위에서 1/10d 지점
② 위에서 1/5d 지점
③ 위에서 1/3d 지점
④ 위에서 1/2d 지점

해설

• 관 내에서 유속이 가장 빠른 곳은 중심부($\frac{1}{2}$d)이다.

❖ 송풍관(duct)
   • 오염공기를 공기청정장치를 통해 송풍기까지 운반하는 도관과 송풍기에서 배기구까지 운반하는 도관으로 구성된다.
   • 관 내에서 유속이 가장 빠른 곳은 중심부($\frac{1}{2}$d)이다.
   • 유체가 송풍관 내에 흐를 때 압력손실과 인자

비례	반비례
관의 길이 유체의 밀도 유체의 속도제곱 관내의 거칠기(조도)	관의 직경

43

1203
• Repetitive Learning 1회 2회 3회

대치(substitution)방법으로 유해 작업환경을 개선한 경우로 적절하지 않은 것은?

① 유연 휘발유를 무연 휘발유로 대치
② 블라스팅 재료로서 모래를 철구슬로 대치
③ 야광시계의 자판을 라듐에서 인으로 대치
④ 페인트 희석제를 사염화탄소에서 석유나프타로 대치

해설

• 페인트 희석제를 석유나프타에서 사염화탄소로 대치해야 한다.

❖ 대치의 원칙

시설의 변경	• 가연성 물질을 유리병 대신 철제통에 저장 • Fume 배출 드라프트의 창을 안전 유리창으로 교체
공정의 변경	• 건식공법의 습식공법으로 전환 • 전기 흡착식 페인트 분무방식 사용 • 금속을 두들겨 자르던 공정을 톱으로 절단 • 알코올을 사용한 엔진 개발 • 도자기 제조공정에서 건조 후에 하던 점토의 조합을 건조 전에 실시 • 땜질한 납 연마 시 고속회전 그라인더의 사용을 저속 Oscillating-typesander로 변경
물질의 변경	• 성냥 제조시 황린 대신 적린 사용 • 단열재 석면을 대신하여 유리섬유나 암면 또는 스티로폼 등을 사용 • 야광시계 자판에 Radium을 인으로 대치 • 금속표면을 블라스팅할 때 사용재료로서 모래 대신 철구슬을 사용 • 페인트 희석제를 석유나프타에서 사염화탄소로 대치 • 분체 입자를 큰 입자로 대체 • 금속세척 시 TCE를 대신하여 계면활성제로 변경 • 세탁 시 화재 예방을 위해 석유나프타 대신 4클로로에틸렌을 사용 • 세척작업에 사용되는 사염화탄소를 트리클로로에틸렌으로 전환 • 아조염료의 합성에 벤지딘 대신 디클로로벤지딘을 사용 • 페인트 내에 들어있는 납을 아연 성분으로 전환

44

1202 / 1903
• Repetitive Learning 1회 2회 3회

귀마개의 장단점과 가장 거리가 먼 것은?

① 제대로 착용하는 데 시간이 걸린다.
② 착용여부 파악이 곤란하다.
③ 보안경 착용 시 차음효과가 감소한다.
④ 귀마개 오염 시 감염 될 가능성이 있다.

- 귀마개는 보안경 등 다른 보호구와 동시 사용할 때 편리하다.

귀마개와 귀덮개의 비교 실기 1603/1902/2001

귀마개	귀덮개
• 좁은 장소에서도 사용이 가능하다. • 고온 작업 장소에서도 사용이 가능하다. • 부피가 작아서 휴대하기 편리하다. • 다른 보호구와 동시 사용할 때 편리하다. • 외청도를 오염시킬 수 있으며, 외청도에 이상이 없는 경우에 사용이 가능하다. • 제대로 착용하는 데 시간은 걸린다.	• 간헐적 소음 노출 시 사용한다. • 쉽게 착용할 수 있다. • 일관성 있는 차음효과를 얻을 수 있다. • 크기를 여러 가지로 할 필요가 없다. • 착용여부를 쉽게 확인할 수 있다. • 귀에 염증이 있어도 사용할 수 있다.

1003

45 ●━━━━━━━━━━━ Repetitive Learning 〔1회 2회 3회〕

공기정화장치의 한 종류인 원심력 제진장치의 분리계수 (separation factor)에 대한 설명으로 옳지 않은 것은?

① 분리계수는 중력가속도와 반비례한다.

② 사이클론에서 입자에 작용하는 원심력을 중력으로 나눈 값을 분리계수라 한다.

③ 분리계수는 입자의 접속방향속도에 반비례한다.

④ 분리계수는 사이클론의 원추하부 반경에 반비례한다.

해설

- 분리계수는 입자의 접속방향속도 제곱에 비례한다.

원심력 제진장치의 분리계수(separation factor)
- 사이클론에서 입자가 작용하는 원심력을 중력으로 나눈 값을 분리계수라 한다.
- 분리계수는 중력가속도와 반비례한다.
- 분리계수는 사이클론의 원추하부 반경에 반비례한다.
- 분리계수는 입자의 접속방향속도 제곱에 비례한다.

46 ●━━━━━━━━━━━ Repetitive Learning 〔1회 2회 3회〕

원심력 제진장치인 사이크론에 관한 설명 중 옳지 않은 것은?

① 함진가스에 선회류를 일으키는 원심력을 이용한다.

② 비교적 적은 비용으로 제진이 가능하다.

③ 가동부분이 많은 것이 기계적인 특징이다.

④ 원심력과 중력을 동시에 이용하기 때문에 입경이 크면 효율적이다.

해설

- 사이크론에는 가동부가 없는 것이 기계적인 특징이다.

원심력 집진장치
- 사이클론이라 불리우는 원심력 집진장치는 함진가스에 선회류를 일으키는 원심력을 이용해 비교적 적은 비용으로 제진이 가능한 장치이다.
- 사이크론에는 가동부가 없는 것이 기계적인 특징이다.
- 입자의 크기가 크고 모양이 구체에 가까울수록 집진효율이 증가한다.
- 사이클론 원통의 길이가 길어지면 선회류수가 증가하여 집진율이 증가한다.
- 입자 입경과 밀도가 클수록 집진율이 증가한다.
- 사이클론의 원통의 직경이 클수록 집진율이 감소한다.

0602 / 2101

47 ●━━━━━━━━━━━ Repetitive Learning 〔1회 2회 3회〕

어느 실내의 길이, 폭, 높이가 각각 25m, 10m, 3m이며 실내에 1시간당 18회의 환기를 하고자 한다. 직경 50cm의 개구부를 통하여 공기를 공급하고자 하면 개구부를 통과하는 공기의 유속(m/sec)은?

① 13.7

② 15.3

③ 17.2

④ 19.1

해설

- 공기교환 횟수가 $\dfrac{필요환기량}{작업장\ 기적(용적)}$ 이므로 필요환기량은 공기교환횟수×작업장 용적이다.

- 작업장 용적이 $25 \times 10 \times 3 = 750 m^3$ 이고, 환기횟수가 시간당 18회이므로 계산하면 필요환기량은 $13,500 m^3/h$이고 이를 초당으로 변형하면 $\dfrac{13500}{3600} = 3.75 m^3/sec$이다.

- 환기량 Q=AV에서 단면적 A는 $3.14 \times 0.25^2 = 0.19625 m^2$이므로 $V = \dfrac{3.75}{0.19625} = 19.108 \cdots [m/s]$가 된다.

시간당 공기의 교환횟수(ACH) 실기 0502/0802/1001/1102/1103/1203/ 1303/1403/1503/1702/1902/2002/2102/2103/2202
- 경과시간과 이산화탄소의 농도가 주어질 경우의 시간당 공기의 교환횟수는

$$\dfrac{\ln(초기\ CO_2농도 - 외부\ CO_2\ 농도) - \ln(경과\ 후\ CO_2농도 - 외부\ CO_2\ 농도)}{경과\ 시간[hr]}$$

로 구한다.
- 작업장 기적(용적)과 필요 환기량이 주어지는 경우의 시간당 공기교환 횟수는 $\dfrac{필요환기량(m^3/hr)}{작업장\ 용적(m^3)}$ 으로 구한다.

1103 / 1703 / 2202

48 ────────● Repetitive Learning 〔1회 2회 3회〕

오염물질의 농도가 200ppm까지 도달하였다가 오염물질 발생이 중지되었을 때, 공기 중 농도가 200ppm에서 19ppm으로 감소하는데 걸리는 시간은?(단, 환기를 통한 오염물질의 농도는 시간에 대한 지수함수(1차 반응)으로 근사된다고 가정하고 환기가 필요한 공간의 부피 V=3,000m^3, 환기량 Q=1.17m^3/s이다)

① 약 89분   ② 약 101분
③ 약 109분   ④ 약 115분

> 해설
> * 작업장의 기적은 3,000m^3이다.
> * 유효환기량이 1.17m^3/sec이므로 60을 곱해야 m^3/min가 되며, C_1이 200, C_2가 19이므로 대입하면
> $t = -\dfrac{3,000}{1.17 \times 60} ln\left(\dfrac{19}{200}\right) = 100.593$[min]이다.

> :: 유해물질의 농도를 감소시키기 위한 환기
> ㉠ 농도 C_1에서 C_2까지 농도를 감소시키는데 걸리는 시간 [실기]
> 0302/0403/0602/0603/0902/1103/1301/1303/1702/1703/1802/2102
> * 감소시간 $t = -\dfrac{V}{Q} ln\left(\dfrac{C_2}{C_1}\right)$로 구한다. 이때 V는 작업장 체적[m^3], Q는 공기의 유입속도[m^3/min], C_2는 희석후 농도[ppm], C_1은 희석전 농도[ppm]이다.
> ㉡ 작업을 중지한 후 t분 지난 후 농도 C_2 [실기] 1102/1903
> * t분이 지난 후의 농도 $C_2 = C_1 \cdot e^{-\frac{Q}{V}t}$로 구한다.

49 ────────● Repetitive Learning 〔1회 2회 3회〕

작업환경관리의 공학적 대책에서 기본적 원리인 대체(substitution)와 거리가 먼 것은?

① 자동차산업에서 납을 고속회전 그라인더로 깎아 내던 작업을 저속오실레이팅(oscillating) typesander 작업으로 바꾼다.
② 가연성 물질 저장시 사용하던 유리병을 안전한 철제 통으로 바꾼다.
③ 방사선 동위원소 취급장소를 밀폐하고, 원격장치를 설치한다.
④ 성냥제조시 황린 대신 적린을 사용하게 한다.

> 해설
> * ③은 대체가 아니라 격리 또는 밀폐에 해당한다.

> :: 대치의 원칙
> 문제 43번의 유형별 핵심이론 :: 참조

0601

50 ────────● Repetitive Learning 〔1회 2회 3회〕

0℃, 1기압인 표준상태에서 공기의 밀도가 1.293kg/Sm^3라고 할 때 25℃, 1기압에서의 공기밀도는 몇 kg/m^3인가?

① 0.903kg/m^3
② 1.085kg/m^3
③ 1.185kg/m^3
④ 1.411kg/m^3

> 해설
> * 공기의 밀도는 온도에 반비례하므로 25℃에서의 공기의 밀도는
> $1.293 \times \dfrac{273}{298} = 1.1845\cdots$[kg/$m^3$]이 된다.

> :: 속도압(동압) [실기] 0402/0602/0803/1003/1101/1301/1402/1502/1601/1602/1703/1802/2001/2201
> * 속도압(VP)은 전압(TP)에서 정압(SP)을 뺀 값으로 구한다.
> * 동압 $VP = \dfrac{\gamma V^2}{2g}$[$mmH_2O$]로 구한다. 이때 γ는 표준공기일 경우 1.203[kgf/m^3]이며, g는 중력가속도로 9.81[m/s^2]이다.
> * VP[mmH_2O]를 알면 공기속도는 $V = 4.043 \times \sqrt{VP}$[m/s]로 구한다.

0402 / 0602

51 ────────● Repetitive Learning 〔1회 2회 3회〕

덕트 합류 시 균형유지 방법 중 설계에 의한 정압균형유지법의 장·단점이 아닌 것은?

① 설계 시 잘못된 유량을 고치기가 용이함
② 설계가 복잡하고 시간이 걸림
③ 최대 저항 경로 선정이 잘못되어도 설계 시 쉽게 발견할 수 있음
④ 때에 따라 전체 필요한 최소유량보다 더 초과될 수 있음

> 해설
> * 정압균형 유지법은 유량조절이 곤란하므로 설계 시 잘못된 유량을 고치기가 어렵다.

❖ 정압조절평형법(유속조절평형법, 정압균형유지법) 실기 0801/0901/
1301/1303/1901

- 저항이 큰 쪽의 덕트 직경을 약간 크게 혹은 작게함으로써 저항을 줄이거나 늘려 합류점의 정압이 같아지도록 하는 방법을 말한다.
- 분지관의 수가 적고 고독성 물질이나 폭발성, 방사성 분진을 대상으로 사용한다.

장점	• 설계가 정확할 때는 가장 효율적인 시설이 된다. • 송풍량은 근로자나 운전자의 의도대로 쉽게 변경되지 않는다. • 유속의 범위가 적절히 선택되면 덕트의 폐쇄가 일어나지 않는다. • 설계 시 잘못 설계된 분지관 또는 저항이 가장 큰 분지관을 쉽게 발견할 수 있다. • 예기치 않은 침식 및 부식이나 퇴적문제가 일어나지 않는다.
단점	• 설계가 어렵고 시간이 많이 걸린다. • 설계 시 잘못된 유량의 수정이 어렵다. • 때에 따라 전체 필요한 최소유량보다 더 초과될 수 있다. • 설치 후 변경이나 변경에 대한 유연성이 낮다.

---

52 ━━━━━━━━● Repetitive Learning (1회 2회 3회)

다음 중 국소배기장치에 관한 주의사항과 가장 거리가 먼 것은?

① 유독물질의 경우에는 굴뚝에 흡인장치를 보강할 것
② 흡인되는 공기가 근로자의 호흡기를 거치지 않도록 할 것
③ 배기관은 유해물질이 발산하는 부위의 공기를 모두 흡입할 수 있는 성능을 갖출 것
④ 먼지를 제거할 때는 공기속도를 조절하여 배기관 안에서 먼지가 일어나도록 할 것

해설

- 국소배기장치의 먼지를 제거할 때는 공기속도를 조절하여 배기관 안에서 먼지가 일어나지 않도록 해야 한다.
- **❖ 국소배기장치 주의사항**
  - 유독물질의 경우에는 굴뚝에 흡인장치를 보강할 것
  - 흡인되는 공기가 근로자의 호흡기를 거치지 않도록 할 것
  - 배기관은 유해물질이 발산하는 부위의 공기를 모두 흡입할 수 있는 성능을 갖출 것
  - 먼지를 제거할 때는 공기속도를 조절하여 배기관 안에서 먼지가 일어나지 않도록 해야 한다.

---

53 ━━━━━━━━● Repetitive Learning (1회 2회 3회)

강제환기를 실시할 때 환기효과를 제고시킬 수 있는 방법이 아닌 것은?

① 공기배출구와 근로자의 작업 위치 사이에 오염원이 위치하지 않도록 하여야 한다.
② 배출구가 창문이나 문 근처에 위치하지 않도록 한다.
③ 오염물질 배출구는 가능한 한 오염원으로부터 가까운 곳에 설치하여 점환기 효과를 얻는다.
④ 공기가 배출되면서 오염장소를 통과하도록 공기배출구와 유입구의 위치를 선정한다.

해설

- 공기배출구와 근로자의 작업 위치 사이에 오염원이 위치하여야 한다.
- **❖ 강제환기를 실시하는 데 환기효과를 제고시킬 수 있는 필요 원칙** 실기 1201/1402/1703/2001/2202
  - 오염물질 사용량을 조사하여 필요 환기량을 계산한다.
  - 배출공기를 보충하기 위하여 청정공기를 공급할 수 있다.
  - 오염물질 배출구는 가능한 한 오염원으로부터 가까운 곳에 설치하여 점환기 효과를 얻는다.
  - 공기배출구와 근로자의 작업 위치 사이에 오염원이 위치하여야 한다.
  - 공기가 배출되면서 오염장소를 통과하도록 공기배출구와 유입구의 위치를 선정한다.
  - 건물 밖으로 배출된 오염공기가 다시 건물 안으로 유입되지 않도록 배출구 높이를 적절히 설계하고 창문이나 문 근처에 위치하지 않도록 한다.
  - 오염원 주위에 다른 작업공정이 있으면 공기배출량을 공급량보다 약간 크게 하여 음압을 형성하여 주위 근로자에게 오염물질이 확산되지 않도록 한다.

---

54 ━━━━━━━━● Repetitive Learning (1회 2회 3회)

어느 작업장에서 크실렌(Xylene)을 시간당 2리터(2 ℓ /hr) 사용할 경우 작업장의 희석 환기량(m^3/min)은?(단, 크실렌의 비중은 0.88, 분자량은 106, TLV는 100ppm이고 안전계수 K는 6, 실내온도 20℃이다)

① 약 200　　　　　　② 약 300
③ 약 400　　　　　　④ 약 500

- 공기 중에 계속 오염물질이 발생하고 있는 경우의 필요환기량 $Q = \dfrac{G \times K}{TLV}$ 로 구한다.
- 증발하는 크실렌의 양은 있지만 공기 중에 발생하는 오염물질의 양은 없으므로 공기 중에 발생하는 오염물질의 양을 구한다.
- 비중은 질량/부피이므로 이를 이용하면 크실렌 2L는 $2,000ml \times 0.88 = 1,760g/hr$이다.
- 공기 중에 발생하고 있는 오염물질의 용량은 0℃, 1기압에 1몰당 22.4L인데 현재 20℃라고 했으므로 $22.4 \times \dfrac{293}{273} = 24.04 \cdots L$이므로 1,760g은 $\dfrac{1,760}{106} = 16.6$몰이므로 399.15L/hr이 발생한다.
- TLV는 100ppm이고 이는 $100mL/m^3$이므로 필요환기량 $Q = \dfrac{399.15 \times 1,000 \times 6}{100} = 23,949.3 m^3/hr$이 된다.
- 구하고자 하는 필요 환기량은 분당이므로 60으로 나눠주면 $399.15 m^3/min$가 된다.

0401/0502/0601/0602/0603/0703/0801/0803/0901/0903/1001/1002/1101/1201/1302/1403/1501/1601/1602/1702/1703/1801/1803/1903/2001/2003/2004/2101/2201
- 후드로 유입되는 오염물질을 포함한 공기량을 말한다.
- 필요 환기량 $Q = A \cdot V$로 구한다. 여기서 A는 개구면적, V는 제어속도이다.
- 공기 중에 계속 오염물질이 발생하고 있는 경우의 필요환기량 $Q = \dfrac{G \times K}{TLV}$로 구한다. 이때 G는 공기 중에 발생하고 있는 오염물질의 용량, TLV는 허용기준, K는 여유계수이다.

1003

55 ──────● Repetitive Learning (1회 2회 3회)

작업장 내 열부하량이 10,000kcal/h이며, 외기온도 20℃, 작업장내 온도는 35℃이다. 이때 전체 환기를 위해 필요한 환기량(m^3/min)은?(단, 정압비열은 0.3kcal/$m^3 \cdot$ ℃)

① 약 37
② 약 47
③ 약 57
④ 약 67

- 작업장 내에서 열이 발생해서 이를 방열하기 위한 목적의 환기량 이므로 필요 환기량 $Q = \dfrac{H_s}{0.3 \triangle t}$로 구한다.
- H_s는 10,000kcal/hr이고, $\triangle t$는 $35 - 20 = 15$℃이므로 대입하면 $Q = \dfrac{10,000}{0.3 \times 15} = 2,222.22 \cdots [m^3/hr]$인데 문제에서는 분당의 환기량을 구하므로 60으로 나눠주면 $37.04[m^3/min]$이 된다.

0903/1302/1401/1402/1503/1702/1803/1901/2103
- $Q = \dfrac{H_s}{0.3 \triangle t}[m^3/hr]$로 구한다. 이때 Q는 필요 환기량, H_s는 작업장 내 열 부하량[kcal/hr], $\triangle t$는 급배기의 온도차[℃]이다.

0702 / 0803

56 ──────● Repetitive Learning (1회 2회 3회)

외부식 후드(포집형 후드)의 단점으로 틀린 것은?

① 포위식 후드보다 일반적으로 필요송풍량이 많다.
② 외부 난기류의 영향을 받아서 흡인효과가 떨어진다.
③ 기류속도가 후드주변에서 매우 빠르므로 유기용제나 미세 원료분말 등과 같은 물질의 손실이 크다.
④ 근로자가 발생원과 환기시설 사이에서 작업할 수 없어 여유계수가 커진다.

- 외부식 후드는 발생원을 포위하지 않고 발생원 가까운 곳에 설치하는 후드로 다른 형태에 비해 작업자가 방해를 받지 않고 작업할 수 있는 장점을 갖는다.

ㄱ 개요
  - 국소배기시설 중 가장 효과적인 형태이다.
  - 도금조와 사형주조에 주로 사용된다.
  - 발생원을 포위하지 않고 발생원 가까운 곳에 설치하는 후드로 다른 형태에 비해 작업자가 방해를 받지 않고 작업할 수 있는 장점을 갖는다.
ㄴ 단점
  - 포위식 후드보다 일반적으로 필요송풍량이 많다.
  - 외부 난기류의 영향을 받아서 흡인효과가 떨어진다.
  - 기류속도가 후드주변에서 매우 빠르므로 유기용제나 미세 원료분말 등과 같은 물질의 손실이 크다.

57 ──────● Repetitive Learning (1회 2회 3회)

유입계수 Ce = 0.82인 원형 후드가 있다. 덕트의 원면적이 $0.0314m^2$이고 필요 환기량 Q는 30m^3/min이라고 할 때 후드정압은?(단, 공기밀도 1.2kg/m^3 기준)

① 16mmH$_2$O
② 23mmH$_2$O
③ 32mmH$_2$O
④ 37mmH$_2$O

- 유입계수와 속도압으로 후드의 정압($\frac{VP}{C_e^2}$)을 구할 수 있다.

- 속도압 $VP = \frac{\gamma V^2}{2g}$로 구할 수 있다.

- 유속 $V = \frac{Q}{A} = \frac{30}{0.0314} = 955.41[m/min]$이므로 초당 유속은 15.92[m/s]이다.

- 대입하면 속도압 $VP = \frac{1.2 \times 15.92^2}{2 \times 9.8} = 15.52[mmH_2O]$이다.

- 후드의 정압은 $\frac{15.52}{0.82^2} = 23.081 \cdots [mmH_2O]$가 된다.

※ 후드의 유입계수와 유입손실계수 실기 0502/0801/0901/1001/1102/1303/1602/1603/1903/2002/2103

- 후드에서의 압력손실이 유량의 저하로 나타나는 현상이다.
- 유입계수 C_e가 1에 가까울수록 이상적인 후드에 가깝다.
- 유입계수는 속도압/후드정압의 제곱근으로 구할 수 있다.
- 유입계수(C_e) $= \frac{실제적\ 유량}{이론적\ 유량} = \frac{실제\ 흡인유량}{이론\ 흡인유량} = \sqrt{\frac{1}{1+F}}$으로 구한다.

  이때 F는 후드의 유입손실계수로 $\frac{\triangle P}{VP}$ 즉,

  $\frac{압력손실}{속도압(동압)}$으로 구할 수 있다.

- 유입(압력)손실계수(F) $= \frac{1-C_e^2}{C_e^2} = \frac{1}{C_e^2} - 1$로 구한다.

58
Repetitive Learning 1회 2회 3회

방진마스크의 적절한 구비조건만으로 짝지은 것은?

> ㉠ 하방 시야가 60도 이상되어야 한다.
> ㉡ 여과효율이 높고 흡배기 저항이 커야 한다.
> ㉢ 여과재료로서 면, 모, 합성섬유, 유리섬유, 금속섬유 등이 있다.

① ㉠, ㉡   ② ㉡, ㉢
③ ㉠, ㉢   ④ ㉠, ㉡, ㉢

- 방진마스크의 흡기 및 배기 저항은 낮은 것이 좋다.

※ 방진마스크 실기 2202

- 공기 중에 부유하는 미세 입자 물질을 흡입함으로써 인체에 장해의 우려가 있는 경우에 사용한다.
- 방진마스크의 종류에는 격리식과 직결식이 있고, 그 성능에 따라 특급, 1급 및 2급으로 나누어 진다.

- 방진마스크 필터의 재질은 면, 모, 합성섬유, 유리섬유, 금속섬유 등이다.
- 베릴륨, 석면 등에 대해서는 특급을 사용하여야 한다.
- 장시간 사용 시 분진의 포집효율이 감소하고 압력강하는 증가한다.
- 비휘발성 입자에 대한 보호만 가능하며, 가스 및 증기의 보호는 안 된다.
- 흡기저항 상승률은 낮은 것이 좋다.
- 하방 시야가 60도 이상되어야 한다.
- 반면형 마스크는 안경 및 고글을 착용한 경우 밀착에 영향을 미치므로 주의해야 한다.

0702 / 1003

59
Repetitive Learning 1회 2회 3회

1기압 동점성계수(20℃)는 $1.5 \times 10^{-5}(m^2/sec)$이고 유속은 10m/sec, 관 반경은 0.125m일 때 레이놀즈수는?

① 1.63×10^4 ② 1.67×10^5
③ 8.33×10^4 ④ 8.37×10^5

- 동점성계수 $\nu = 1.50 \times 10^{-5} m^2/s$, 유속은 10m/s, 관의 직경은 반경의 2배이므로 $L = 0.25m$이 주어졌으므로 $Re = \frac{v_s L}{\nu}$에 대입하면 $\frac{10 \times 0.25}{1.5 \times 10^{-5}} = 1.666 \cdots \times 10^5$이 된다.

※ 레이놀즈(Reynolds)수 계산 실기 0303/0403/0502/0503/0603/0702/1001/1201/1203/1301/1401/1601/1702/1801/1901/1902/1903/2001/2101/2103/2201/2203

- $Re = \frac{\rho v_s^2/L}{\mu v_s/L^2} = \frac{\rho v_s L}{\mu} = \frac{v_s L}{\nu} = \frac{관성력}{점성력}$로 구할 수 있다.

  v_s는 유동의 평균속도[m/s]
  L은 특성길이(관의 내경, 평판의 길이 등)[m]
  μ는 유체의 점성계수[kg/sec·m]
  ν는 유체의 동점성계수[m^2/s]
  ρ는 유체의 밀도[kg/m^3]

1201 / 1902

60
Repetitive Learning 1회 2회 3회

어떤 작업장의 음압수준이 100dB(A)이고 근로자가 NRR이 19인 귀마개를 착용하고 있다면 차음효과는?(단, OSHA 방법 기준)

① 2dB(A)   ② 4dB(A)
③ 6dB(A)   ④ 8dB(A)

> **해설**
> - NRR이 19이므로 차음효과는 (19-7)×50%=6dB이다.
> - 음압수준은 기존 작업장의 음압수준이 100dB이므로 6dB의 차음효과로 근로자가 노출되는 음압수준은 100-6=94dB이 된다.
>
> ❖ **OSHA의 차음효과 계산법** [실기] 0601/0701/1001/1403/1801
> - OSHA의 차음효과는 (NRR-7)×50%[dB]로 구한다.
>   이때, NRR(Noise Reduction Rating)은 차음평가수를 의미한다.

4과목 물리적 유해인자관리

0403 / 0902 / 1802 / 2201

61 ──────● Repetitive Learning [1회] [2회] [3회]

고압환경의 영향 중 2차적인 가압현상(화학적 장해)에 관한 설명으로 틀린 것은?

① 4기압 이상에서 공기 중의 질소가스는 마취작용을 나타낸다.
② 이산화탄소의 증가는 산소의 독성과 질소의 마취작용을 촉진시킨다.
③ 산소의 분압이 2기압을 넘으면 산소중독증세가 나타난다.
④ 산소중독은 고압산소에 대한 노출이 중지되어도 근육경련, 환청 등 후유증이 장기간 계속된다.

> **해설**
> - 산소중독증상은 고압산소에 대한 폭로가 중지되면 즉시 멈춘다.
>
> ❖ **고압 환경의 2차적 가압현상**
> - 산소의 분압이 2기압이 넘으면 중독증세가 나타나며 시력장해, 정신혼란, 간질모양의 경련을 나타낸다.
> - 산소중독에 따라 수지와 족지의 작열통, 시력장해, 정신혼란, 근육경련 등의 증상을 보이며 나아가서는 간질 모양의 경련을 나타낸다.
> - 산소의 중독 작용은 운동이나 이산화탄소의 존재로 보다 악화된다.
> - 산소중독에 따른 증상은 고압산소에 대한 노출이 중지되면 멈추게 된다.
> - 4기압 이상에서 공기 중의 질소가스는 마취작용을 나타내며 알코올 중독의 증상과 유사한 다행증이 발생한다.
> - 이산화탄소의 증가는 산소의 독성과 질소의 마취작용을 촉진시킨다.

1802

62 ──────● Repetitive Learning [1회] [2회] [3회]

소음성 난청에 영향을 미치는 요소에 대한 설명으로 틀린 것은?

① 음압수준이 높을수록 유해하다.
② 저주파음이 고주파음보다 더 유해하다.
③ 지속적 노출이 간헐적 노출보다 더 유해하다.
④ 개인의 감수성에 따라 소음반응이 다양하다.

> **해설**
> - 고주파음역(4,000~6,000Hz)에서의 손실이 더 크다.
>
> ❖ **소음성 난청** [실기] 0703/1501/2101
> - 초기 증상을 C5-dip현상이라 한다.
> - 대부분 양측성이며, 감각 신경성 난청에 속한다.
> - 내이의 세포변성을 원인으로 볼 수 있다.
> - 4,000Hz에 대한 청력손실이 특징적으로 나타난다.
> - 고주파음역(4,000~6,000Hz)에서의 손실이 더 크다.
> - 음압수준이 높을수록 유해하다.
> - 소음성 난청은 심한 소음에 반복하여 노출되어 나타나는 영구적 청력 변화로 코르티 기관에 손상이 온 것이므로 회복이 불가능하다.

1901 / 2102

63 ──────● Repetitive Learning [1회] [2회] [3회]

진동증후군(HAVS)에 대한 스톡홀름 워크숍의 분류로서 틀린 것은?

① 진동증후군의 단계를 0부터 4까지 5단계로 구분하였다.
② 1단계는 가벼운 증상으로 하나 또는 그 이상의 손가락 끝부분이 하얗게 변하는 증상을 의미한다.
③ 3단계는 심각한 증상으로 하나 또는 그 이상의 손가락 가운뎃 마디 부분까지 하얗게 변하는 증상이 나타나는 단계이다.
④ 4단계는 매우 심각한 증상으로 대부분의 손가락이 하얗게 변하는 증상과 함께 손끝에서 땀의 분비가 제대로 일어나지 않는 등의 변화가 나타나는 단계이다.

> **해설**
> - 3단계는 중증의 단계로 대부분의 손가락에 가끔 발작이 발생하는 단계이다.

1901 / 2202

64 ──────● Repetitive Learning 〔1회 2회 3회〕

다음의 빛과 밝기의 단위로 설명한 것으로 ㉠, ㉡에 해당하는 용어로 맞는 것은?

> 1루멘의 빛이 $1ft^2$의 평면상에 수직방향으로 비칠 때, 그 평면의 빛의 양, 즉 조도를 (㉠)(이)라 하고, $1m^2$의 평면에 1루멘의 빛이 비칠 때의 밝기를 1(㉡)(이)라고 한다.

① ㉠ : 캔들(Candle), ㉡ : 럭스(Lux)
② ㉠ : 럭스(Lux), ㉡ : 캔들(Candle)
③ ㉠ : 럭스(Lux), ㉡ : 푸트캔들(Foot candle)
④ ㉠ : 푸트캔들(Foot candle), ㉡ : 럭스(Lux)

해설

- 평면의 빛의 밝기는 Foot candle, 특정 지점에 도달하는 빛의 밝기는 럭스이다.

:: foot candle
- 1루멘의 빛이 $1ft^2$의 평면상에 수직 방향으로 비칠 때 그 평면의 빛 밝기를 말한다.
- 1fc(foot candle)은 약 10.8Lux에 해당한다.

:: 조도(照度)
- 조도는 특정 지점에 도달하는 광의 밀도를 말한다.
- 단위는 럭스(Lux)를 사용한다.
- 1Lux는 1lumen의 빛이 $1m^2$의 평면상에 수직으로 비칠 때의 밝기이다.
- 반사체의 반사율과는 상관없이 일정한 값을 갖는다.
- 거리의 제곱에 반비례하고, 광도에 비례하므로 $\dfrac{광도}{(거리)^2}$으로 구한다.

65 ──────● Repetitive Learning 〔1회 2회 3회〕

다음 중 소음대책에 대한 공학적 원리에 대한 설명으로 틀린 것은?

① 고주파음은 저주파음보다 격리 및 차폐로써의 소음감소 효과가 크다.
② 넓은 드라이브 벨트는 가는 드라이브 벨트로 대치하여 벨트 사이에 공간을 두는 것이 소음 발생을 줄일 수 있다.
③ 원형 톱날에는 고무 코팅재를 톱날 측면에 부착시키면 소음의 공명현상을 줄일 수 있다.
④ 덕트 내에 이음부를 많이 부착하면 흡음효과로 소음을 줄일 수 있다.

해설

- 덕트 내에 이음부를 많이 부착하면 소음은 늘어난다.

:: 소음대책에 대한 공학적 원리
- 고주파음은 저주파음보다 격리 및 차폐로써의 소음감소 효과가 크다.
- 고주파성분이 큰 공장이나 기계실 내에서는 다공질 재료에 의한 흡음처리가 효과적이다.
- 흡음효과에 방해를 주지 않기 위해서 다공질 재료 표면에 종이를 입혀서는 안 된다.
- 흡음효과를 높이기 위해서는 흡음재를 실내의 틈이나 가장자리에 부착하는 것이 좋다.
- 차음효과는 밀도가 큰 재질일수록 좋다.
- 넓은 드라이브 벨트는 가는 드라이브 벨트로 대치하여 벨트 사이에 공간을 두는 것이 소음 발생을 줄일 수 있다.
- 원형 톱날에는 고무 코팅재를 톱날 측면에 부착시키면 소음의 공명현상을 줄일 수 있다.
- 덕트 내에 이음부를 많이 부착하면 소음은 늘어난다.

0302 / 1901

66 ──────● Repetitive Learning 〔1회 2회 3회〕

감압병의 예방 및 치료에 관한 설명으로 틀린 것은?

① 고압환경에서의 작업시간을 제한한다.
② 감압이 끝날 무렵에 순수한 산소를 흡입시키면 감압시간을 25%가량 단축시킬 수 있다.
③ 특별히 잠수에 익숙한 사람을 제외하고는 10m/min 속도 정도로 잠수하는 것이 안전하다.
④ 헬륨은 질소보다 확산속도가 작고 체내에서 불안정적이므로 질소를 헬륨으로 대치한 공기로 호흡시킨다.

해설

- 고압환경에서 작업할 때는 질소를 헬륨으로 대치한 공기를 호흡시 키도록 하는 이유는 헬륨이 질소보다 확산속도가 크고 체내에서 안정적이기 때문이다.

∷ 감압병의 예방 및 치료
- 고압환경에서의 작업시간을 제한한다.
- 감압이 끝날 무렵에 순수한 산소를 흡입시키면 감압시간을 25%가량 단축시킬 수 있다.
- 특별히 잠수에 익숙한 사람을 제외하고는 10m/min 속도 정도 로 잠수하는 것이 안전하다.
- 고압환경에서 작업할 때는 질소를 헬륨으로 대치한 공기를 호 흡시키도록 한다.
- Haldane의 실험근거상 정상기압보다 1.25기압을 넘지 않는 고 압환경에는 아무리 오랫동안 폭로되거나 아무리 빨리 감압하더 라도 기포를 형성하지 않는다.
- 감압병의 증상을 보일 경우 환자를 원래의 고압환경에 복귀시 키거나 인공적 고압실에 넣어 혈관 및 조직 속에 발생한 질소 의 기포를 다시 용해시킨 후 천천히 감압한다.

68 ──────● Repetitive Learning 〔1회 2회 3회〕

전리방사선 중 α입자의 성질을 가장 잘 설명한 것은?

① 전리작용이 약하다.
② 투과력이 가장 강하다.
③ 전자핵에서 방출되며 양자 1개를 가진다.
④ 외부조사로 건강상의 위해가 오는 일은 드물다.

해설

- 외부조사로 인한 건강상의 위해는 극히 적으나 체내 흡입 및 섭취 로 인한 내부조사의 피해가 가장 큰 전리방사선은 알파(α) 선이다.

∷ 알파(α) 선
- 원자핵에서 방출되는 입자로서 헬륨원자의 핵과 같이 두 개의 양자와 두 개의 중성자로 구성되어 있다.
- 질량과 하전여부에 따라서 그 위험성이 결정된다.
- 투과력은 가장 약하나 전리작용은 가장 강하다.
- 외부조사로 인한 건강상의 위해는 극히 적으나 체내 흡입 및 섭취로 인한 내부조사의 피해가 가장 크다.
- 상대적 생물학적 효과(RBE)가 가장 크다.

67 ──────● Repetitive Learning 〔1회 2회 3회〕

다음 중 눈에 백내장을 일으키는 마이크로파의 주파수 범위 로 가장 적절한 것은?

① 1,000~10,000MHz   ② 40,000~100,000MHz
③ 500~700MHz   ④ 100~1,400MHz

해설

- 주파수 1,000~10,000Hz의 영역에서 백내장을 일으키며, 이는 조 직온도의 상승과 관계가 있다.

∷ 마이크로파(Microwave)
- 주파수의 범위는 10~30,000MHz 정도이다.
- 중추신경에 대하여는 300~1,200MHz의 주파수 범위에서 가장 민감하다.
- 주파수 1,000~10,000Hz의 영역에서 백내장을 일으키며, 이는 조직온도의 상승과 관계가 있다.
- 마이크로파의 열작용에 많은 영향을 받는 기관은 생식기와 눈 이다.
- 두통, 피로감, 기억력 감퇴 등의 증상을 유발시킨다.
- 유전 및 생식기능에 영향을 주며, 중추신경계의 증상으로 성적 흥분 감퇴, 정서 불안정 등을 일으킨다.
- 혈액 내의 백혈구 수의 증가, 망상 적혈구의 출현, 혈소판의 감 소가 나타난다.
- 체표면은 조기에 온감을 느낀다.
- 마이크로파의 에너지량은 거리의 제곱에 반비례한다.

69 ──────● Repetitive Learning 〔1회 2회 3회〕

물체가 작열(灼熱)되면 방출되므로 광물이나 금속의 용해작 업, 로(furnace)작업 특히 제강, 용접, 야금공정, 초자제조공 정, 레이저, 가열램프 등에서 발생되는 방사선은?

① X선   ② β선
③ 적외선   ④ 자외선

해설

- 용광로나 가열로에서 주로 발생되며 열의 노출과 관련되어 있어 열선이라고도 하는 비전리방사선은 적외선이다.

∷ 적외선
- 용광로나 가열로에서 주로 발생되며 열의 노출과 관련되어 있 어 열선이라고도 하는 비전리방사선이다.
- 물체가 작열(灼熱)되면 방출되므로 광물이나 금속의 용해작업, 로(furnace)작업 특히 제강, 용접, 야금공정, 초자제조공정, 레 이저, 가열램프 등에서 발생된다.
- 태양으로부터 방출되는 복사에너지의 52%를 차지한다.
- 파장이 700nm~1mm에 해당한다.
- 피부조직 온도를 상승시켜 충혈, 혈관확장, 백내장, 각막손상, 두부장해, 뇌막자극으로 인한 열사병을 일으키는 유해광선 이다.

70 ────── • Repetitive Learning

다음 중 열사병(Heat stroke)에 관한 설명으로 옳은 것은?

① 피부는 차갑고, 습한 상태로 된다.
② 지나친 발한에 의한 탈수와 염분 소실이 원인이다.
③ 보온을 시키고, 더운 커피를 마시게 한다.
④ 뇌 온도의 상승으로 체온조절중추의 기능이 장해를 받게 된다.

해설

• ②는 열경련에 대한 설명이다.

열사병(Heat stroke) 실기 1803/2101

㉠ 개요
• 고열로 인하여 발생하는 건강장해 중 가장 위험성이 큰 열중증이다.
• 체온조절 중추신경계 등의 장해로 신체 내부의 체온 조절계통의 기능을 잃어 발생한다.
• 발한에 의한 체열방출이 장해됨으로써 체내(특히 뇌)에 열이 축적되어 발생한다.
• 응급조치 방법으로 얼음물에 담가서 체온을 39℃ 정도까지 내려주어야 한다.

㉡ 증상
• 1차적으로 정신 착란, 의식결여 등의 증상이 발생하는 고열장해이다.
• 건조하고 높은 피부온도, 체온상승(직장 온도 41℃) 등이 나타나는 열중증이다.
• 피부에 땀이 나지 않아 건조할 때가 많다.

71 ────── • Repetitive Learning
0501 / 0702 / 1103 / 1903

국소진동에 노출된 경우에 인체에 장애를 발생시킬 수 있는 주파수 범위로 알맞은 것은?

① 10~150Hz
② 10~300Hz
③ 8~500Hz
④ 8~1,500Hz

해설

• 인체에 장애를 발생시킬 수 있는 국소진동의 주파수 범위는 8~1,500Hz이다.

국소진동
• 인체에 장애를 발생시킬 수 있는 주파수 범위는 8~1,500Hz이다.
• 그라인더 등의 손공구를 저온환경에서 사용할 때 나타나는 레이노 증후군은 국소진동에 의하여 손가락의 창백, 청색증, 저림, 냉감, 동통이 나타나는 장해이다.

72 ────── • Repetitive Learning

1sone이란 몇 Hz에서, 몇 dB의 음압레벨을 갖는 소음의 크기를 말하는가?

① 2,000Hz, 48dB
② 1,000Hz, 40dB
③ 1,500Hz, 45dB
④ 1,200Hz, 45dB

해설

• 1sone은 40dB의 1,000Hz 순음의 크기로 40phon의 값을 의미한다.

sone 값
• 인간이 청각으로 느끼는 소리의 크기를 측정하는 척도 중 하나이다.
• 기준 음에 비해서 몇 배의 크기를 갖느냐는 음의 sone값이 결정한다.
• 1sone은 40dB의 1,000Hz 순음의 크기로 40phon의 값을 의미한다.
• phon의 값이 주어질 때 $sone = 2^{\frac{phon-40}{10}}$ 으로 구한다.

73 ────── • Repetitive Learning
0901 / 1903

산업안전보건법령상 적정한 공기에 해당하는 것은?(단, 다른 성분의 조건은 적정한 것으로 가정한다)

① 탄산가스가 1.0%인 공기
② 산소농도가 16%인 공기
③ 산소농도가 25%인 공기
④ 황화수소 농도가 25ppm인 공기

해설

• 적정공기란 산소농도의 범위가 18퍼센트 이상 23.5퍼센트 미만, 탄산가스의 농도가 1.5퍼센트 미만, 일산화탄소의 농도가 30피피엠 미만, 황화수소의 농도가 10피피엠 미만인 수준의 공기를 말한다.

밀폐공간 관련 용어 실기 0603/0903/1402/1903/2203

밀폐공간	산소결핍, 유해가스로 인한 질식·화재·폭발 등의 위험이 있는 장소
유해가스	탄산가스·일산화탄소·황화수소 등의 기체로서 인체에 유해한 영향을 미치는 물질
적정공기	산소농도의 범위가 18퍼센트 이상 23.5퍼센트 미만, 탄산가스의 농도가 1.5퍼센트 미만, 일산화탄소의 농도가 30피피엠 미만, 황화수소의 농도가 10피피엠 미만인 수준의 공기
산소결핍	공기 중의 산소농도가 18퍼센트 미만인 상태
산소결핍증	산소가 결핍된 공기를 들이마심으로써 생기는 증상

74 ──────● Repetitive Learning 1회 2회 3회

동상의 종류와 증상이 잘못 연결된 것은?

① 1도 : 발적
② 2도 : 수포형성과 염증
③ 3도 : 조직괴사로 괴저발생
④ 4도 : 출혈

해설

- 4도 동상은 검고 두꺼운 가피 형성과 심한 관절통이 발생한다.

∷ 동상(Frostbite)

　㉠ 개요
- 피부의 동결은 −2~0℃에서 발생한다.
- 동상에 대한 저항은 개인차가 있으며 일반적으로 발가락은 6℃에 도달하면 아픔을 느낀다.

　㉡ 종류와 증상

1도	발적과 경미한 부종
2도	수포형성과 삼출성 염증
3도	조직괴사로 괴저발생
4도	검고 두꺼운 가피 형성과 심한 관절통

75 ──────● Repetitive Learning 1회 2회 3회

작업장의 환경에서는 기류의 방향이 일정하지 않거나, 실내 0.2~0.5m/s 정도의 불감기류를 측정할 때 사용하는 측정 기구로 가장 적절한 것은?

① 풍차풍속계
② 카타(Kata)온도계
③ 가열온도풍속계
④ 습구흡구온도계(WBGT)

해설

- 풍차풍속계는 주로 옥외에서 1~150m/sec 범위의 풍속을 측정하는데 사용하는 측정기구이다.
- 습구흡구온도계(WBGT)는 작업환경의 열적응성 평가 및 일사병 예방 가이드로 사용되는 WBGT 지수를 측정하는 계측기기이다.

∷ 카타(Kata)온도계
- 작업장의 환경에서 기류의 방향이 일정하지 않거나 실내 0.2~0.5m/s 정도의 불감기류를 측정할 때 사용되는 기류측정기기이다.
- 온도에 따른 알코올의 팽창, 수축원리를 이용하여 기류속도를 측정한다.
- 기기 내의 알코올이 위의 눈금에서 아래 눈금까지 하강하는데 소요되는 시간의 측정을 통해 기류를 측정한다.
- 표면에는 눈금이 아래위로 두 개 있는데 일반용은 아래가 95℉(35℃)이고, 위가 100℉(37.8℃)이다.

76 ──────● Repetitive Learning 1회 2회 3회

다음 중 사람의 청각에 대한 반응에 가깝게 음을 측정하여 나타낼 때 사용하는 단위는?

① dB(A)
② PWL(Sound Power Level)
③ SPL(Sound Pressure Level)
④ SIL(Sound Intensity Level)

해설

- PWL은 음원의 출력을 나타낸 것이다.
- SPL은 소리의 전파에 따른 압력의 변화에 해당하는 음압레벨을 나타낸다.
- SIL은 음의 세기 레벨 혹은 회화방해레벨로 회화를 방해하는 정도를 나타낸다.

∷ dB(A)
- 사람의 청각에 대한 반응에 가깝게 음을 측정하여 나타낼 때 사용하는 단위이다.
- A 특성치를 적용한 음압수준에서의 소음으로 산업안전보건법에서 소음의 기준단위로 사용한다.

77 ──────● Repetitive Learning 1회 2회 3회

자유공간에 위치한 점음원의 음향파워레벨(PWL)이 110dB 일 때, 이 점음원으로부터 100m 떨어진 곳의 음압레벨(SPL) 은?

① 49dB
② 59dB
③ 69dB
④ 79dB

해설

- 음향파워레벨(PWL)이 110[dB]이고, 거리가 100m이므로 대입하면 $SPL = 110 - 20\log 100 - 11 = 110 - 20 \times 2 - 11 = 110 - 51 = 59[dB]$ 이다.

∷ 음압레벨(SPL ; Sound Pressure Level) 실기 0403/0501/0503/0901/ 1001/1102/1403/2004
- 기준이 되는 소리의 압력과 비교하여 로그적으로 표현한 값이다.
- $SPL = 20\log\left(\dfrac{P}{P_0}\right)[dB]$로 구한다. 여기서 P_0는 기준음압으로 $2 \times 10^{-5}[N/m^2]$ 혹은 $2 \times 10^{-4}[dyne/cm^2]$이다.
- 자유공간에 위치한 점음원의 음압레벨(SPL)은 음향파워레벨 $(PWL) - 20\log r - 11$로 구한다. 이때 r은 소음원으로부터의 거리[m]이다.

78 ──────● Repetitive Learning 〔1회〕〔2회〕〔3회〕

다음 중 감압과정에서 감압속도가 너무 빨라서 나타나는 종격기종, 기흉의 원인이 되는 가스는?

① 산소
② 이산화탄소
③ 질소
④ 일산화탄소

해설

- 잠함병은 고기압상태에서 저기압으로 변할 때 체액 및 지방조직에 질소기포 증가로 인해 발생한다.

:: 잠함병(감압병)
- 잠함과 같은 수중구조물에서 주로 발생하여 케이슨(Caisson)병이라고도 한다.
- 고기압상태에서 저기압으로 변할 때 체액 및 지방조직에 질소기포 증가로 인해 발생한다.
- 중추신경계 감압병은 고공비행사는 뇌에, 잠수사는 척수에 더 잘 발생한다.
- 동통성 관절장애(Bends)는 감압증에서 흔히 나타나는 급성장애이다.
- 질소의 기포가 뼈의 소동맥을 막아서 비감염성 골괴사를 일으키기도 한다.
- 관절, 심부 근육 및 뼈에 동통이 일어나는 것을 bends라 한다.
- 흉통 및 호흡곤란은 흔하지 않은 특수형 질식이다.
- 마비는 감압증에서 주로 나타나는 중증 합병증으로 하지의 강직성 마비가 나타나는데 이는 척수나 그 혈관에 기포가 형성되어 일어난다.
- 재가압 산소요법으로 주로 치료한다.

79 ──────● Repetitive Learning 〔1회〕〔2회〕〔3회〕

다음 중 유해광선과 거리와의 노출관계를 올바르게 표현한 것은?

① 노출량은 거리에 비례한다.
② 노출량은 거리에 반비례한다.
③ 노출량은 거리의 제곱에 비례한다.
④ 노출량은 거리의 제곱에 반비례한다.

해설

- 유해광선 역시 빛으로 거리의 제곱에 반비례한다.

:: 조도(照度)
문제 64번의 유형별 핵심이론 :: 참조

80 ──────● Repetitive Learning 〔1회〕〔2회〕〔3회〕

작업장에서 통상 근로자의 눈을 보호하기 위하여 인공광선에 의해 충분한 조도를 확보하여야 한다. 다음의 조건 중 조도를 증가하지 않아도 되는 경우는?

① 피사체의 반사율이 증가할 때
② 시력이 나쁘거나 눈의 결함이 있을 때
③ 계속적으로 눈을 뜨고 정밀작업을 할 때
④ 취급물체가 주위와의 색깔의 대조가 뚜렷하지 않을 때

해설

- 피사체의 반사율이 감소할 때 조도를 증가해야 한다.

:: 조도를 증가해야 하는 경우
- 피사체의 반사율이 감소할 때
- 시력이 나쁘거나 눈의 결함이 있을 때
- 계속적으로 눈을 뜨고 정밀작업을 할 때
- 취급물체가 주위와의 색깔의 대조가 뚜렷하지 않을 때

5과목 　산업독성학

81 ──────● Repetitive Learning 〔1회〕〔2회〕〔3회〕

다음 중 암 발생 돌연변이로 알려진 유전자가 아닌 것은?

① jun
② integrin
③ ZPP(zinc protoporphyrin)
④ VEGF(vascular endothelial growth factor)

해설

- ZPP(zinc protoporphyrin)는 아연 프로토포르피린 검사로 헴의 합성과정 중 파괴를 분별할 수 있는 혈액검사를 말한다.

:: 암 발생 돌연변이로 알려진 유전자
- jun
- integrin
- VEGF(Vascular Endothelial Growth Factor)
- MMP(Matrix MettalloProteinase)

82 ──────● Repetitive Learning 〔1회 2회 3회〕

유기용제 중 벤젠에 대한 설명으로 옳지 않은 것은?

① 벤젠은 백혈병을 일으키는 원인물질이다.
② 벤젠은 만성장해로 조혈장해를 유발하지 않는다.
③ 벤젠은 빈혈을 일으켜 혈액의 모든 세포성분이 감소한다.
④ 벤젠은 주로 페놀로 대사되며 페놀은 벤젠의 생물학적 노출지표로 이용된다.

해설

• 벤젠은 만성장해로서 조혈장애를 유발시킨다.

❖ 벤젠(C_6H_6)
• 방향족 탄화수소 중 저농도에 장기간 노출되어 만성중독을 일으키는 경우 가장 위험하다.
• 만성노출에 의한 조혈장해를 유발시키며, 급성 골수성 백혈병을 일으키는 원인물질이다.
• 중독 시 재생불량성 빈혈을 일으켜 혈액의 모든 세포성분이 감소한다.
• 혈액조직에서 백혈구 수를 감소시켜 응고작용 결핍 등이 초래된다.
• 벤젠은 주로 페놀로 대사되며 페놀은 벤젠의 생물학적 노출지표로 이용된다.

83 ──────● Repetitive Learning 〔1회 2회 3회〕

다음 중 내재용량에 대한 개념으로 틀린 것은?

① 개인시료 채취량과 동일하다.
② 최근에 흡수된 화학물질의 양을 나타낸다.
③ 과거 수개월 동안 흡수된 화학물질의 양을 의미한다.
④ 체내 주요 조직이나 부위의 작용과 결합한 화학물질의 양을 의미한다.

해설

• 개인시료 채취란 개인시료채취기를 이용하여 가스·증기·분진·흄(fume)·미스트(mist) 등을 근로자의 호흡위치(호흡기를 중심으로 반경 30㎝인 반구)에서 채취하는 것으로 이를 통해 획득한 채취량은 내재용량과는 거리가 멀다.

❖ 내재용량
• 최근에 흡수된 화학물질의 양을 나타낸다.
• 과거 수개월 동안 흡수된 화학물질의 양을 의미한다.
• 체내 주요 조직이나 부위의 작용과 결합한 화학물질의 양을 의미한다.

84 ──────● Repetitive Learning 〔1회 2회 3회〕

다음 중 진폐증 발생에 관여하는 요인이 아닌 것은?

① 분진의 크기   ② 분진의 농도
③ 분진의 노출기간   ④ 분진의 각도

해설

• 진폐증 발병요인에는 분진의 농도, 분진의 크기, 분진의 종류, 작업강도 및 분진에 폭로된 기간 등이 있다.

❖ 진폐증
• 흡인된 분진이 폐 조직에 축적되어 병적인 변화를 일으키는 질환으로 폐에 분진이 쌓여 폐가 점차 굳어가는 병을 말한다.
• 길이가 5~8㎛보다 길고, 두께가 0.25~1.5㎛보다 얇은 섬유성 분진이 진폐증을 가장 잘 일으킨다.
• 진폐증 발병요인에는 분진의 농도, 분진의 크기, 분진의 종류, 작업강도 및 분진에 폭로된 기간 등이 있다.
• 병리적 변화에 따라 교원성 진폐증과 비교원성 진폐증으로 구분된다.

교원성	• 폐표조직의 비가역성 변화나 파괴가 있고, 영구적이다. • 규폐증, 석면폐증 등
비교원성	• 폐조직이 정상적, 간질반응이 경미, 조직반응은 가역성이다. • 용접공폐증, 주석폐증, 바륨폐증 등

85 ──────● Repetitive Learning 〔1회 2회 3회〕

다음 중 납중독을 확인하는 시험이 아닌 것은?

① 소변 중 단백질
② 혈중의 납 농도
③ 말초신경의 신경전달 속도
④ ALA(Amino Levulinic Acid) 축적

해설

• 소변검사를 통해서는 코프로포르피린 배설량이나 납량, 델타-ALA을 측정한다.

❖ 납중독 진단검사
• 소변 중 코프로포르피린이나 납, 델타-ALA의 배설량 측정
• 혈액검사(적혈구측정, 전혈비중측정)
• 혈액 중 징크-프로토포르피린(ZPP)의 측정
• 말초신경의 신경전달 속도
• 배설촉진제인 Ca-EDTA 이동사항
• 헴(Heme)합성과 관련된 효소의 혈중농도 측정
• 최근의 납의 노출정도는 혈액 중 납 농도로 확인할 수 있다.

86 ●━━━━━━━━● Repetitive Learning 1회 2회 3회

작업환경 중에서 부유 분진이 호흡기계에 축적되는 중요한 작용기전으로 가장 거리가 먼 것은?

① 충돌
② 침강
③ 농축
④ 확산

해설

- 입자의 호흡기계를 통한 축적 작용기전은 충돌, 침전, 차단, 확산이 있다.
- **입자의 호흡기계 축적**
  - 작용기전은 충돌, 침전, 차단, 확산이 있다.
  - 호흡기 내에 침착하는데 작용하는 기전 중 가장 역할이 큰 것은 확산이다.

충돌	비강, 인후두 부위 등 공기흐름의 방향이 바뀌는 경우 입자가 공기흐름에 따라 순행하지 못하고 공기흐름이 변환되는 부위에 부딪혀 침착되는 현상
침전	기관지, 모세기관지 등 폐의 심층부에서 공기흐름이 느려지게 되면 자연스럽게 낙하하여 침착되는 현상
차단	길이가 긴 입자가 호흡기계로 들어오면 그 입자의 가장자리가 기도의 표면을 스치면서 침착되는 현상
확산	미세입자(입자의 크기가 0.5㎛ 이하)들이 주위의 기체분자와 충돌하여 무질서한 운동을 하다가 주위 세포의 표면에 침착되는 현상

87 ●━━━━━━━━● Repetitive Learning 1회 2회 3회

다음 중 납중독 진단을 위한 검사로 적합하지 않은 것은?

① 소변 중 코프로포르피린 배설량 측정
② 혈액검사(적혈구측정, 전혈비중측정)
③ 혈액 중 징크-프로토포르피린(ZPP)의 측정
④ 소변 중 β2-microglobulin과 같은 저분자 단백질검사

해설

- 소변검사를 통해서는 코프로포르피린 배설량이나 납량, 델타-ALA를 측정한다.
- **납중독 진단검사**
  문제 85번의 유형별 핵심이론 **참조**

88 ●━━━━━━━━● Repetitive Learning 1회 2회 3회

급성중독으로 심한 신장장해로 과뇨증이 오며 더 진전되면 무뇨증을 일으켜 유독증으로 10일 안에 사망에 이르게 하는 물질은?

① 비소
② 크롬
③ 벤젠
④ 베릴륨

해설

- 비소는 은빛 광택을 내는 비금속으로 가열하면 녹지 않고 승화되며, 피부 특히 겨드랑이나 국부 등에 습진형 피부염이 생기며 피부암을 유발한다.
- 벤젠은 만성노출에 의한 조혈장해를 유발시키며, 급성 골수성 백혈병을 일으키는 원인물질이다.
- 베릴륨은 흡수경로는 주로 호흡기이고, 폐에 축적되어 폐질환을 유발하며, 만성중독은 Neighborhood cases라고 불리는 금속이다.
- **크롬(Cr)**
  - 부식방지 및 도금 등에 사용된다.
  - 급성중독 시 심한 신장장해를 일으키고, 만성중독 시 코, 폐 등의 점막이 충혈되어 화농성비염이 되고 차례로 깊이 들어가서 궤양이 되고 비강암이나 비중격천공을 유발한다.
  - 장기간 흡입하는 경우 원발성 기관지암과 폐암이 발생한다.
  - 피부궤양 발생 시 치료에는 Sodium citrate 용액, Sodium thiosulfate 용액, 10% CaNa2EDTA 연고 등을 사용한다.

89 ●━━━━━━━━● Repetitive Learning 1회 2회 3회

중추신경계에 억제작용이 가장 큰 것은?

① 알칸족
② 알코올족
③ 알켄족
④ 할로겐족

해설

- 유기용제의 중추신경 활성 억제작용의 순위는 알칸＜알켄＜알코올＜유기산＜에스테르＜에테르＜할로겐화합물 순으로 커진다.
- **유기용제의 중추신경 활성억제 및 자극 순서**
  - ㉠ 억제작용의 순위
    - 알칸＜알켄＜알코올＜유기산＜에스테르＜에테르＜할로겐화합물
  - ㉡ 자극작용의 순위
    - 알칸＜알코올＜알데히드 또는 케톤＜유기산＜아민류
  - ㉢ 극성의 크기 순서
    - 파라핀＜방향족 탄화수소＜에스테르＜케톤＜알데하이드＜알코올＜물

90 ────● Repetitive Learning (1회 2회 3회)

다음 중 납중독이 발생할 수 있는 작업장과 가장 관계가 적은 것은?

① 납의 용해작업
② 고무제품 접착작업
③ 활자의 문선, 조판작업
④ 축전지의 납 도포 작업

해설

- 납중독 주 발생사업장은 활자의 문선, 조판작업, 납 축전지 제조업, 염화비닐 취급 작업, 크리스탈 유리 원료의 혼합, 페인트, 배관공, 탄환제조 및 용접작업 등이다.

∷ 납중독

- 납은 원자량 207.21, 비중 11.34의 청색 또는 은회색의 연한 중금속이다.
- 납은 포르피린과 헴(heme)의 합성에 관여하는 효소를 억제하며, 소화기계 및 조혈계에 영향을 준다.
- 1~5세의 소아 이미증(pica)환자에게서 발생하기 쉽다.
- 인체에 흡수되면 뼈에 주로 축적되며, 조혈장해를 일으킨다.
- 무기성 납으로 인한 중독 시 원활한 체내 배출을 위해 사용하는 배설촉진제로 Ca-EDTA를 사용하는데 신장이 나쁜 사람에게는 사용하지 않는 것이 좋다.
- 요 중 δ-ALAD 활성치가 저하되고, 코프로포르피린과 델타 아미노레블린산은 증가한다.
- 적혈구 내 프로토포르피린이 증가한다.
- 납이 인체 내로 흡수되면 혈청 내 철과 망상적혈구의 수는 증가한다.
- 임상증상은 위장계통장해, 신경근육계통의 장해, 중추신경계통의 장해 등 크게 3가지로 나눌 수 있다.
- 주 발생사업장은 활자의 문선, 조판작업, 납 축전지 제조업, 염화비닐 취급 작업, 크리스탈 유리 원료의 혼합, 페인트, 배관공, 탄환제조 및 용접작업 등이다.

91 ────● Repetitive Learning (1회 2회 3회)

2202

다음 중 유해물질의 생체 내 배설과 관련된 설명으로 틀린 것은?

① 유해물질은 대부분 위(胃)에서 대사된다.
② 흡수된 유해물질은 수용성으로 대사된다.
③ 유해물질의 분포량은 혈중농도에 대한 투여량으로 산출한다.
④ 유해물질의 혈장농도가 50%로 감소하는데 소요되는 시간을 반감기라고 한다.

해설

- 유해물질은 주로 간에서 대사된다.

∷ 유해물질의 배설

- 흡수된 유해물질은 원래의 형태든, 대사산물의 형태로든 배설되기 위하여 수용성으로 대사된다.
- 흡수된 유해화학물질은 다양한 비특이적 효소에 의한 유해물질의 대사로 수용성이 증가되어 체외로의 배출이 용이하게 된다.
- 유해물질은 조직에 분포되기 전에 먼저 몇 개의 막을 통과하여야 하며, 흡수속도는 유해물질의 물리화학적 성상과 막의 특성에 따라 결정된다.
- 간은 화학물질을 대사시키고 콩팥과 함께 배설시키는 기능을 담당하여, 다른 장기보다도 여러 유해물질의 농도가 높다.
- 유해물질의 분포량은 혈중농도에 대한 투여량으로 산출한다.
- 유해물질의 혈장농도가 50%로 감소하는데 소요되는 시간을 반감기라고 한다.

92 ────● Repetitive Learning (1회 2회 3회)

2201

다음 중 호흡성 먼지(Respirabledust)에 대한 미국 ACGIH의 정의로 옳은 곳은?

① 크기가 10~100㎛로 코와 인후두를 통하여 기관지나 폐에 침착한다.
② 폐포에 도달하는 먼지로, 입경이 7.1㎛ 미만인 먼지를 말한다.
③ 평균 입경이 4㎛이고, 공기 역학적 직경이 10㎛ 미만인 먼지를 말한다.
④ 평균입경이 10㎛인 먼지로 흉곽성(thoracic)먼지라고도 말한다.

해설

- 호흡성 먼지는 폐포에 침착하여 독성을 나타내며 평균입자 크기는 4㎛이고, 공기 역학적 직경이 10㎛ 미만인 먼지를 말한다.

∷ 입자상 물질의 분류 실기 0303/0402/0502/0701/0703/0802/1303/1402/1502/1601/1701/1802/1901/2202

흡입성 먼지	주로 비강, 인후두, 기관 등 호흡기의 기도 부위에 축적됨으로써 호흡기계 독성을 유발하는 분진으로 평균입경이 100㎛이다.
흉곽성 먼지	기관지와 폐포 등 폐 내부의 공기통로와 가스교환 부위에 침착되는 먼지로서 공기역학적 지름이 30㎛ 이하의 크기를 가지며 평균입경은 10㎛이다.
호흡성 먼지	폐포에 침착하여 독성을 나타내며 평균입자 크기는 4㎛이고, 공기 역학적 직경이 10㎛ 미만인 먼지를 말한다.

93 ━━━━━━ • Repetitive Learning 1회 2회 3회

다음 중 유기용제와 그 특이증상을 짝지은 것으로 틀린 것은?

① 벤젠-조혈 장애
② 염화탄화수소-시신경 장애
③ 메틸부틸케톤-말초신경 장애
④ 이황화탄소-중추신경 및 말초신경 장애

해설

• 염화탄화수소의 특이증상은 간 장애이다.

유기용제별 중독의 특이증상

벤젠	조혈 장애
에틸렌글리콜에테르	생식기능 장애
메탄올	시신경 장애
노르말헥산	다발성 주변신경 장애
메틸부틸케톤	말초신경 장애
이황화탄소	중추신경 및 말초신경 장애
염화탄화수소	간 장애
염화비닐	간 장애
톨루엔	중추신경 장애
크실렌	중추신경 장애

94 ━━━━━━ • Repetitive Learning 1회 2회 3회

소변 중 화학물질 A의 농도는 28mg/mL, 단위시간(분)당 배설되는 소변의 부피는 1.5mL/min, 혈장 중 화학물질 A의 농도가 0.2mg/mL라면 단위시간(분)당 화학물질 A의 제거율(mL/min)은 얼마인가?

① 120
② 180
③ 210
④ 250

해설

• 주어진 값을 대입하면 제거율은 $1.5 \times \dfrac{28}{0.2} = 210[mL/min]$이다.

인체 내 화학물질 제거율

• 소변을 통해서 제거되는 인체 내 화학물질의 제거율은 소변의 양, 소변 내 화학물질의 농도, 혈장 내 화학물질의 농도를 알면 구할 수 있다.

• 제거율[mL/min]은

소변의 양[mL/min]$\times \dfrac{\text{소변 내 화학물질 농도[mg/mL]}}{\text{혈장 내 화학물질 농도[mg/mL]}}$ 로 구한다.

95 ━━━━━━ • Repetitive Learning 1회 2회 3회

근로자가 1일 작업시간 동안 잠시라도 노출되어서는 아니되는 기준을 나타내는 것은?

① TLV-C
② TLV-STEL
③ TLV-TWA
④ TLV-skin

해설

• TLV의 종류에는 TWA, STEL, C 등이 있다.
• TLV-TWA는 1일 8시간 작업을 기준으로 하여 유해요인의 측정농도에 발생시간을 곱하여 8시간으로 나눈 농도이다.
• TLV-STEL은 1회 노출 간격이 1시간 이상인 경우 1일 작업시간 동안 4회까지 노출이 허용될 수 있는 농도이다.

TLV(Threshold Limit Value) 실기 0301/1602

㉠ 개요

• 미국 산업위생전문가회의(ACGIH ; American Conference of Governmental Industrial Hygienists)에서 채택한 허용농도의 기준이다.
• 동물실험자료, 인체실험자료, 사업장 역학조사 등을 근거로 한다.
• 가장 대표적인 유독성 지표로 만성중독과 관련이 깊다.
• 계속적 작업으로 인한 환경에 적용되더라도 건강에 악영향을 미치지 않는 물질 농도를 말한다.

㉡ 종류 실기 0403/0703/1702/2002

TLV-TWA	시간가중평균농도로 1일 8시간(1주 40시간) 작업을 기준으로 하여 유해요인의 측정농도에 발생시간을 곱하여 8시간으로 나눈 농도
TLV-STEL	근로자가 1회 15분간 유해요인에 노출되는 경우의 허용농도로 이 농도 이하에서는 1회 노출 간격이 1시간 이상인 경우 1일 작업시간 동안 4회까지 노출이 허용될 수 있는 농도
TLV-C	최고허용농도(Ceiling 농도)라 함은 근로자가 1일 작업시간 동안 잠시라도 노출되어서는 안 되는 최고 허용농도

96 ━━━━━━ • Repetitive Learning 1회 2회 3회

다음 중 특정한 파장의 광선과 작용하여 광알러지성 피부염을 일으킬 수 있는 물질은?

① 아세톤(acetone)
② 아닐린(aniline)
③ 아크리딘(acridine)
④ 아세토니트릴(acetonitrile)

• 아크리딘은 핵산 하나를 탈락시키거나 첨가함으로써 돌연변이를 일으키는 물질로, 특정한 파장의 광선과 작용하여 광알러지성 피부염을 일으킬 수 있다.

⚮ 아크리딘(Acridine)

• 안트라센(anthracene)으로부터 유래된 알칼로이드이다.
• 핵산 하나를 탈락시키거나 첨가함으로써 돌연변이를 일으키는 물질이다.
• 피부에 닿으면 피부염과 광독성을 유발시킨다.
• 특정한 파장의 광선과 작용하여 광알러지성 피부염을 일으킬 수 있다.

---

97 ———— Repetitive Learning [1회 2회 3회]

다음 중 벤젠에 의한 혈액조직의 특정적인 단계별 변화를 설명한 것으로 틀린 것은?

① 1단계 : 백혈구 수의 감소로 인한 응고작용결핍이 나타난다.
② 1단계 : 혈액성분 감소로 인한 범혈구 감소증이 나타난다.
③ 2단계 : 벤젠의 노출이 계속되면 골수의 성장부전이 나타난다.
④ 더욱 장시간 노출되어 심한 경우 빈혈과 출혈이 나타나고 재생불량성 빈혈이 된다.

• 2단계에서 벤젠의 노출이 계속되면 골수가 과다증식한다.

⚮ 벤젠에 의한 혈액조직의 특정적인 단계별 변화

제1단계	• 백혈구 수의 감소로 인한 응고작용결핍이 나타난다. • 혈액성분 감소로 인한 범혈구 감소증이 나타난다.
제2단계	벤젠의 노출이 계속되면 골수가 과다증식한다.
제3단계	더욱 장시간 노출되어 심한 경우 빈혈과 출혈이 나타나고 재생불량성 빈혈이 된다.

0302 / 0802 / 1803

98 ———— Repetitive Learning [1회 2회 3회]

급성중독 시 우유와 계란의 흰자를 먹여 단백질과 해당 물질을 결합시켜 침전시키거나, BAL(dimercaprol)을 근육주사로 투여하여야 하는 물질은?

① 납   ② 크롬
③ 수은   ④ 카드뮴

• 납은 포르피린과 헴(heme)의 합성에 관여하는 효소를 억제하며, 소화기계 및 조혈계에 영향을 준다.
• 크롬은 부식방지 및 도금 등에 사용되며 급성중독 시 심한 신장장해를 일으키고, 만성중독 시 코, 폐 등의 점막에 병변을 일으켜 비중격천공을 유발한다.
• 카드뮴은 칼슘대사에 장해를 주어 신결석을 동반한 신증후군이 나타나고 다량의 칼슘배설이 일어나 뼈의 통증, 골연화증 및 골수공증과 같은 골격계장해를 유발하는 중금속이다.

⚮ 수은(Hg)

㉠ 개요
• 인간의 연금술, 의약품 등에 가장 오래 사용해 왔던 중금속의 하나로 17세기 유럽에서 신사용 중절모자를 만드는 사람들에게 처음으로 발견되어 hatter's shake라고 하며 근육경련을 유발하는 중금속이다.
• 단백질을 침전시키며 thiol(-SH)기를 가진 효소의 작용을 억제하여 독성을 나타낸다.
• 뇌홍의 제조에 사용하며, 증기를 발생하여 산업중독을 일으킨다.
• 수은은 상온에서 액체상태로 존재하는 금속이다.

㉡ 분류
• 무기수은화합물은 대부분의 금속과 화합하여 아말감을 만든다.
• 무기수은화합물은 질산수은, 승홍, 뇌홍 등이 있으며, 유기수은화합물에는 페닐수은, 에틸수은 등이 있다.
• 유기수은 화합물로서는 아릴수은(무기수은) 화합물과 알킬수은 화합물이 있다.
• 메틸 및 에틸 등 알킬수은 화합물의 독성이 가장 강하다.

㉢ 인체에 미치는 영향과 대책 [실기] 0401
• 소화관으로는 2~7% 정도의 소량으로 흡수되며, 금속 형태로는 뇌, 혈액, 심근에 많이 분포된다.
• 중독의 특징적인 증상은 근육진전, 정신증상이고, 만성노출 시 식욕부진, 신기능부전, 구내염이 발생한다.
• 급성중독 시 우유와 계란의 흰자를 먹여 단백질과 해당 물질을 결합시켜 침전시키거나, BAL(dimercaprol)을 체중 1kg당 5mg을 근육주사로 투여하여야 한다.

1003 / 1901

99 ———— Repetitive Learning [1회 2회 3회]

유해물질의 분류에 있어 질식제로 분류되지 않는 것은?

① H_2 ② N_2
③ O_3 ④ H_2S

• 수소와 질소는 단순 질식제에 해당된다.
• 황화수소는 기도나 폐조직을 손상시키는 화학적 질식제에 해당된다.

- 질식제란 조직 내의 산화작용을 방해하는 화학물질을 말한다.
- 질식제는 단순 질식제와 화학적 질식제로 구분할 수 있다.

단순 질식제	• 생리적으로는 아무 작용도 하지 않으나 공기 중에 많이 존재하여 산소분압을 저하시켜 조직에 필요한 산소의 공급부족을 초래하는 물질 • 수소, 질소, 헬륨, 이산화탄소, 메탄, 아세틸렌 등
화학적 질식제	• 혈액 중 산소운반능력을 방해하는 물질 • 일산화탄소, 아닐린, 시안화수소 등 • 기도나 폐 조직을 손상시키는 물질 • 황화수소, 포스겐 등

0703 / 2003

100 ——● Repetitive Learning 〔1회 2회 3회〕

독성물질 생체 내 변환에 관한 설명으로 옳지 않은 것은?

① 1상 반응은 산화, 환원, 가수분해 등의 과정을 통해 이루어진다.

② 2상 반응은 1상 반응이 불가능한 물질에 대한 추가적 축합반응이다.

③ 생체변환의 기전은 기존의 화합물보다 인체에서 제거하기 쉬운 대사물질로 변화시키는 것이다.

④ 생체 내 변환은 독성물질이나 약물의 제거에 대한 첫 번째 기전이며, 1상 반응과 2상 반응으로 구분된다.

해설

- 2상 반응은 1상 반응을 거친 물질을 수용성으로 만드는 포합반응이다.

독성물질의 생체전환

- 생체전환은 독성물질이나 약물의 제거에 대한 첫 번째 기전이며, 제1단계 반응과 제2단계 반응으로 구분된다.
- 1상 반응은 산화, 환원, 가수분해 등으로 이루어진다.
- 2상 반응은 1상 반응을 거친 물질을 수용성으로 만드는 포합반응이다.
- 생체변환의 기전은 기존의 화합물보다 인체에서 제거하기 쉬운 대사물질로 변화시키는 것이다.

구분	1과목	2과목	3과목	4과목	5과목	합계
New유형	3	2	3	0	1	9
New문제	7	4	3	7	6	27
또나온문제	6	6	9	7	5	33
자꾸나온문제	7	10	8	6	9	40
합계	20	20	20	20	20	100

- New유형은 New문제 중 기존 기출문제와 완전히 다른 유형의 문제를 말합니다.
- New문제는 기존에 출제되지 않은 문제로 이번에 처음 출제되는 문제입니다.
- 또나온문제는 기존에 출제된 적이 1번 있는 문제를 말합니다.
- 자꾸나온문제는 기존에 출제된 적이 2번 이상 있는 문제를 말합니다. 그만큼 중요한 문제입니다.

몇 년분의 기출문제를 공부해야 합격할 수 있을까요?

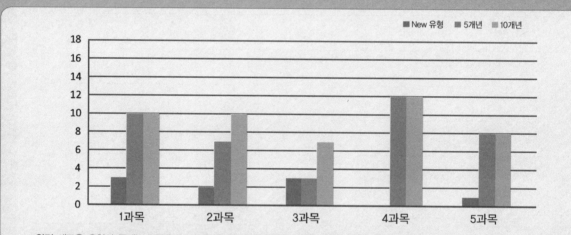

- 완전 새로운 유형의 문제는 9문제이고 91문제가 이미 출제된 문제 혹은 변형문제입니다.
- 5년분(2018~2022) 기출에서 동일문제가 40문항이 출제되었고, 10년분(2013~2022) 기출에서 동일문제가 47문항이 출제되었습니다.

실기에 나왔어요!! 일타쌍피-사전체크!!

실기시험은 필답형으로 진행됩니다. 객관식의 필기와 달리 주관식인 관계로 아는 만큼 적을 수 있습니다. 최근 계산문제의 비중이 많이 감소하고 있지만 절반 정도의 이론 문제와 절반 정도의 계산문제가 출제된다고 보시면 됩니다. 계산문제의 경우 나오는 문제유형이 거의 정해져 있습니다. 필기 공부할 때 미리 실기에 나오는 내용을 체크하시고 그부분만큼은 잘 공부해 두신다면 당 회차 실기까지 한 번에 잡을 수 있습니다.

- 총 36개의 유형별 핵심이론이 실기시험과 연동되어 있습니다.

분석의견

합격률이 35.7%로 다소 낮은 수준인 회차였습니다.
10년 기출을 학습할 경우 기출과 동일한 문제가 3과목에서 7문제로 다소 낮게 출제되었습니다. 그렇지만 과락만 면한다면 전체적으로는 꽤 많은 동일문제가 출제되어 합격에 어려움이 없는 회차입니다.
10년분 기출문제와 유형별 핵심이론의 2~3회 정독이면 합격 가능한 것으로 판단됩니다.

2015년 제2회

2015년 5월 31일 필기

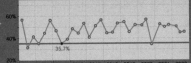

1과목 산업위생학개론

1503 / 1901

01 ● Repetitive Learning (1회 2회 3회)

미국산업위생학회(AHIA)에서 정한 산업위생의 정의로 옳은 것은?

① 작업장에서 인종, 정치적 이념, 종교적 갈등을 배제하고 작업자의 알권리를 최대한 확보해주는 사회과학적 기술이다.

② 작업자가 단순하게 허약하지 않거나 질병이 없는 상태가 아닌 육체적, 정신적 및 사회적인 안녕 상태를 유지하도록 관리하는 과학과 기술이다.

③ 근로자 및 일반대중에게 질병, 건강장애, 불쾌감을 일으킬 수 있는 작업환경요인과 스트레스를 예측, 측정, 평가 및 관리하는 과학이며 기술이다.

④ 노동 생산성보다는 인권이 소중하다는 이념하에 노사간 갈등을 최소화하고 협력을 도모하여 최대한 쾌적한 작업 환경을 유지 증진하는 사회과학이며 자연과학이다.

해설

• 미국산업위생학회(AHIA)에서는 산업위생을 근로자 및 일반대중에게 질병, 건강장애, 불쾌감을 일으킬 수 있는 작업환경요인과 스트레스를 예측, 측정, 평가 및 관리하는 과학이며 기술이라고 정의했다.

⠿ 산업위생 실기 1403

• 근로자의 육체적, 정신적 건강과 사회적 건강 유지 및 증진을 위해 근로자를 생리적, 심리적으로 적합한 작업환경에 배치시키는 것을 말한다.
• 미국산업위생학회(AHIA)에서는 근로자 및 일반대중에게 질병, 건강장애, 불쾌감을 일으킬 수 있는 작업환경요인과 스트레스를 예측, 측정, 평가 및 관리하는 과학이며 기술이라고 정의했다.

• 1950년 국제노동기구(ILO)와 세계보건기구(WHO) 공동위원회에서는 근로자들의 육체적, 정신적 그리고 사회적 건강을 고도로 유지 증진시키고, 작업조건으로 인한 질병을 예방하고 건강에 유해한 취업을 방지하며, 근로자를 생리적으로나 심리적으로 적합한 작업환경에 배치하는 것이라고 정의하였다.

1803

02 ● Repetitive Learning (1회 2회 3회)

육체적 작업능력(PWC)이 16kcal/min인 근로자가 1일 8시간 동안 물체를 운반하고 있고, 이때의 작업대사량은 9kcal/min이고, 휴식 시의 대사량은 1.5kcal/min이다. 적정 휴식시간과 작업시간으로 가장 적합한 것은?

① 매시간당 25분 휴식, 35분 작업
② 매시간당 29분 휴식, 31분 작업
③ 매시간당 35분 휴식, 25분 작업
④ 매시간당 39분 휴식, 21분 작업

해설

• PWC가 16kcal/min이므로 E_{max}는 5.33kcal/min이다.
• E_{task}는 9kcal/min이고, E_{rest}는 1.5kcal/min이므로 값을 대입하면 $T_{rest} = \left[\frac{5.33-9}{1.5-9}\right] \times 100 = \frac{3.67}{7.5} \times 100 = 48.93[\%]$가 된다.
• 적정한 휴식시간은 1시간의 48.93%에 해당하는 29분이므로, 작업시간은 31분이다.

⠿ Hertig의 적정휴식시간 실기 1401

• 시간당 적정휴식시간의 백분율 $T_{rest} = \left[\frac{E_{max}-E_{task}}{E_{rest}-E_{task}}\right] \times 100$

[%]으로 구한다.

• E_{max}는 8시간 작업에 적합한 작업량으로 육체적 작업능력(PWC)의 1/3에 해당한다.
• E_{rest}는 휴식 대사량이다.
• E_{task}는 해당 작업 대사량이다.

03

● Repetitive Learning 1회 2회 3회

다음 중 산업피로를 줄이기 위한 바람직한 교대근무에 관한 내용으로 틀린 것은?

① 근무시간의 간격은 15~16시간 이상으로 하여야 한다.
② 야간근무 교대 시간은 상오 0시 이전에 하는 것이 좋다.
③ 야간근무는 4일 이상 연속해야 피로에 적응할 수 있다.
④ 야간근무 시 가면(假免)시간은 근무시간에 따라 2~4시간으로 하는 것이 좋다.

해설

• 야간근무의 연속은 2~3일 정도가 좋다.

❖ 바람직한 교대제
  ㉠ 기본
    • 각 반의 근무시간은 8시간으로 한다.
    • 2교대면 최저 3조의 정원을, 3교대면 4조 편성으로 한다.
    • 근무시간의 간격은 15~16시간 이상으로 하여야 한다.
    • 채용 후 건강관리로서 정기적으로 체중, 위장 증상 등을 기록해야 하며 체중이 3kg 이상 감소 시 정밀검사를 받도록 한다.
    • 근무 교대시간은 근로자의 수면을 방해하지 않도록 정해야 하며, 아침 교대시간은 아침 7시 이후에 하는 것이 바람직하다.
    • 근무시간은 8시간을 주기로 교대하며 야간 근무 시 충분한 휴식을 보장해주어야 한다.
    • 교대작업은 피로회복을 위해 역교대 근무 방식보다 전진근무 방식(주간근무 → 저녁근무 → 야간근무 → 주간근무)으로 하는 것이 좋다.
  ㉡ 야간근무 실기 2202
    • 야간근무의 연속은 2~3일 정도가 좋다.
    • 야근 교대시간은 상오 0시 이전에 하는 것이 좋다.
    • 야간근무 시 가면(假眠)시간은 근무시간에 따라 2~4시간으로 하는 것이 좋다.
    • 야근은 가면(假眠)을 하더라도 10시간 이내가 좋다.
    • 야근 후 다음 반으로 가는 간격은 최저 48시간을 가지도록 한다.
    • 상대적으로 가벼운 작업을 야간 근무조에 배치하고, 업무 내용을 탄력적으로 조정한다.

04

0401 / 0501
● Repetitive Learning 1회 2회 3회

우리나라 직업병에 관한 역사에 있어 원진레이온(주)에서 발생한 사건의 주요 원인 물질은?

① 이황화탄소(CS_2)
② 수은(Hg)
③ 벤젠(C_6H_6)
④ 납(Pb)

해설

• 원진레이온 공장에서 발생한 집단 직업병은 이황화탄소(CS_2)로 인해 발생되었다.

❖ 원진레이온 이황화탄소 집단 중독
  • 1991년 원진레이온 공장에서의 집단적인 직업병을 유발한 사건이다.
  • 이황화탄소(CS_2)로 인해 발생되었다.

05

0702 / 0902 / 1901
● Repetitive Learning 1회 2회 3회

산업안전보건법령상 석면에 대한 작업환경측정결과 측정치가 노출기준을 초과하는 경우 그 측정일로부터 몇 개월에 몇 회 이상의 작업환경측정을 하여야 하는가?

① 1개월에 1회 이상
② 3개월에 1회 이상
③ 6개월에 1회 이상
④ 12개월에 1회 이상

해설

• 석면은 고용노동부장관이 정하여 고시하는 물질에 해당하는 화학적 인자에 해당하므로 측정치가 노출기준을 초과하는 경우 측정일부터 3개월에 1회 이상 작업환경측정을 해야 한다.

❖ 작업환경측정 주기 및 횟수 실기 1802/2004
  • 사업주는 작업장 또는 작업공정이 신규로 가동되거나 변경되는 등으로 작업환경측정 대상 작업장이 된 경우에는 그날부터 30일 이내에 작업환경측정을 하고, 그 후 반기(半期)에 1회 이상 정기적으로 작업환경을 측정해야 한다. 다만, 작업환경측정 결과가 다음의 어느 하나에 해당하는 작업장 또는 작업공정은 해당 유해인자에 대하여 그 측정일부터 3개월에 1회 이상 작업환경측정을 해야 한다.
    – 고용노동부장관이 정하여 고시하는 물질에 해당하는 화학적 인자의 측정치가 노출기준을 초과하는 경우
    – 고용노동부장관이 정하여 고시하는 물질에 해당하지 않는 화학적 인자의 측정치가 노출기준을 2배 이상 초과하는 경우
  • 사업주는 최근 1년간 작업공정에서 공정 설비의 변경, 작업방법의 변경, 설비의 이전, 사용 화학물질의 변경 등으로 작업환경측정 결과에 영향을 주는 변화가 없는 경우로서 다음 각 호의 어느 하나에 해당하는 경우에는 해당 유해인자에 대한 작업환경측정을 연(年) 1회 이상 할 수 있다. 다만, 고용노동부장관이 정하여 고시하는 물질을 취급하는 작업공정은 그렇지 않다.
    – 작업공정 내 소음의 작업환경측정 결과가 최근 2회 연속 85데시벨(dB) 미만인 경우
    – 작업공정 내 소음 외의 다른 모든 인자의 작업환경측정 결과가 최근 2회 연속 노출기준 미만인 경우

06 ────── Repetitive Learning ⟨1회 2회 3회⟩

다음 중 근육운동에 필요한 에너지를 생산하는 혐기성 대사의 반응이 아닌 것은?

① ATP+H_2O ⇆ ADP+P+free energy
② glycogen+ADP ⇆ citrate+ATP
③ glucose+P+ADP → Lactate+ATP
④ creatine phosphate+ADP ⇆ creatine+ATP

해설

- 탄수화물이 간에서 포도당으로 변하고, 포도당이 모여서 glycogen 이 된다. glycogen이 가수분해 되면 인산화된 포도당을 만들어 내며, 운동하는 근육에서 산소 없이 ATP를 합성하게 된다.
- ②의 citrate는 호기성 대사의 중간 생성물이다.

- **혐기성 대사 반응**
  - ATP+H_2O ⇆ ADP+P+free energy
  - glucose+P+ADP → Lactate+ATP
  - creatine phosphate+ADP ⇆ creatine+ATP

07 ────── Repetitive Learning ⟨1회 2회 3회⟩

다음 중 산업위생전문가로서 근로자에 대한 책임과 가장 관계가 깊은 것은?

① 근로자의 건강 보호가 산업위생전문가의 1차적인 책임이라는 것을 인식한다.
② 이해관계가 있는 상황에서는 고객의 입장에서 관련 자료를 제시한다.
③ 기업주에 대하여는 실현 가능한 개선점으로 선별하여 보고한다.
④ 적절하고도 확실한 사실을 근거로 전문적인 견해를 발표한다.

해설

- 산업위생전문가는 근로자에 대한 책임과 관련하여 근로자의 건강 보호가 산업위생전문가의 1차적인 책임이라는 것을 인식하는 것이 가장 중요하다.

- **산업위생전문가의 윤리강령 중 근로자에 대한 책임**
  - 근로자의 건강 보호가 산업위생전문가의 1차적인 책임이라는 것을 인식해야 한다.
  - 근로자와 기타 여러 사람의 건강과 안녕이 산업위생전문가의 판단에 좌우된다는 것을 깨달아야 한다.
  - 위험 요소와 예방조치에 대하여 근로자와 상담해야 한다.
  - 위험요인의 측정, 평가 및 관리에 있어서 외부의 압력에 굴하지 않고 중립적이고 객관적인 태도를 취한다.

08 ────── Repetitive Learning ⟨1회 2회 3회⟩

다음 중 "사무실 공기관리"에 대한 설명으로 틀린 것은?

① 관리기준은 8시간 시간가중평균농도 기준이다.
② 이산화탄소와 일산화탄소는 비분산적외선 검출기의 연속 측정에 의한 직독식 분석방법에 의한다.
③ 이산화탄소의 측정결과 평가는 각 지점에서 측정한 측정 치 중 평균값을 기준으로 비교·평가한다.
④ 공기의 측정시료는 사무실 내에서 공기의 질이 가장 나쁠 것으로 예상되는 2곳 이상에서 사무실 바닥면으로부터 0.9~1.5m의 높이에서 채취한다.

해설

- 이산화탄소는 각 지점에서 측정한 측정치 중 최고값을 기준으로 비교·평가한다.

- **측정결과의 평가**
  - 관리기준은 8시간 시간가중평균농도 기준이다.
  - 사무실 공기질의 측정결과는 측정치 전체에 대한 평균값을 제2조의 오염물질별 관리기준과 비교하여 평가한다. 다만, 이산화탄소는 각 지점에서 측정한 측정치 중 최고값을 기준으로 비교·평가한다.

09 ────── Repetitive Learning ⟨1회 2회 3회⟩

다음 중 인간의 행동에 영향을 미치는 산업안전심리의 5대 요소가 아닌 것은?

① 동기(motive)   ② 기질(temper)
③ 경계(caution)   ④ 습성(habits)

해설

- 산업안전심리의 5대 요소에는 습관, 동기, 감정, 기질, 습성이 있다.

- **산업안전심리의 5대 요소**

동기(Motive)	사람의 마음을 움직이는 원동력 및 행동을 일으키는 내적인 요인
기질(Temper)	생활환경이나 주위환경에 따라 개인마다 달라지기도 하는 타고난 개인의 성격, 능력 등 개인적인 특성
감정(Feeling)	희로애락 등 특정상황에서 인간 내면에서 발생하는 느낌이나 기분
습성(Habit)	공통된 생활양식이나 행동양식에 의해 습관이 되어버린 인간의 성질
습관(Custom)	성장과정에서 형성된 개인의 반복적인 행동

10

• Repetitive Learning 「 1회 │ 2회 │ 3회 」

다음은 직업성 질환과 그 원인이 되는 직업이 가장 적합하게 연결된 것은?

① 평편족-VDT 작업
② 진폐증-고압, 저압작업
③ 중추신경 장해-광산작업
④ 목위팔(경견완)증후군-타이핑작업

해설

• 진폐증은 광산작업과 관련된다.
• VDT 작업은 VDT증후군과 관련된다.

❖ 작업공정과 직업성 질환

축전지 제조	납 중독, 빈혈, 소화기 장애
타이핑 작업	목위팔(경견완)증후군
광산작업, 무기분진	진폐증
방직산업	면폐증
크롬도금	피부점막, 궤양, 폐암, 비중격천공
고기압	잠함병
저기압	폐수종, 고산병, 치통, 이염, 부비강염
유리제조, 용광로, 세라믹	백내장

11

• Repetitive Learning 「 1회 │ 2회 │ 3회 」

산업안전보건법령에 따라 근로자가 근골격계 부담작업을 하는 경우 유해요인조사의 주기는?

① 6개월   ② 2년
③ 3년   ④ 5년

해설

• 사업주는 근로자가 근골격계부담작업을 하는 경우에 3년마다 유해요인조사를 하여야 한다.

❖ 유해요인 조사 [실기]2202
• 사업주는 근로자가 근골격계부담작업을 하는 경우에 3년마다 유해요인조사를 하여야 한다. 다만, 신설되는 사업장의 경우에는 신설일부터 1년 이내에 최초의 유해요인 조사를 하여야 한다.
• 조사내용 : 설비·작업공정·작업량·작업속도 등 작업장 상황, 작업시간·작업자세·작업방법 등 작업조건, 작업과 관련된 근골격계질환 징후와 증상 유무 등
• 사업주는 유해요인 조사에 근로자 대표 또는 해당 작업 근로자를 참여시켜야 한다.

12

• Repetitive Learning 「 1회 │ 2회 │ 3회 」

전신피로의 원인으로 볼 수 없는 것은?

① 산소공급의 부족
② 작업강도의 증가
③ 혈중 포도당 농도의 저하
④ 근육 내 글리코겐 양의 증가

해설

• 작업강도가 높을수록, 작업시간이 길어질수록 글리코겐의 소모량이 증가하며 이는 전신피로의 원인이 된다.

❖ 전신피로
• 생리학적 원인에는 근육 내 글리코겐양의 감소, 산소공급의 부족, 혈중 포도당 농도의 저하, 젖산의 생성 및 축적 등이 있다.
• 작업에 의한 근육 내 글리코겐 농도의 변화는 작업자의 훈련유무에 따라 차이를 보인다.
• 작업강도가 높을수록, 작업시간이 길어질수록 글리코겐의 소모량이 증가하여 피로감이 빨리 온다.
• 작업강도가 높을수록 혈중 포도당 농도는 급속히 저하하며, 이에 따라 피로감이 빨리 온다.
• 작업대사량의 증가에 따라 산소소비량도 비례하여 증가하나, 작업대사량이 일정 한계를 넘으면 산소소비량은 증가하지 않는다.

13

• Repetitive Learning 「 1회 │ 2회 │ 3회 」

60명의 근로자가 작업하는 사업장에서 1년 동안에 3건의 재해가 발생하여 5명의 재해자가 발생하였다. 이때 근로손실일수가 35일이었다면 이 사업장의 도수율은 약 얼마인가? (단, 근로자는 1일 8시간씩 연간 300일을 근무하였다)

① 0.24   ② 20.83
③ 34.72   ④ 83.33

해설

• 연간총근로시간은 60명×8시간×300일이므로 144,000시간이므로 도수율은 $\frac{3}{144,000} \times 1,000,000 = 20.83 \cdots$ 이다.

❖ 도수율(FR : frequency Rate of injury) [실기] 0502/0503/0602
• 100만 시간당 발생한 재해건수를 의미한다.
• 도수율= $\frac{연간 재해건수}{연간 총근로시간} \times 10^6$로 구한다.
• 연간 근무일수나 하루 근무시간수가 주어지지 않을 경우 하루 8시간, 1년 300일 근무하는 것으로 간주한다.

14
● Repetitive Learning 1회 2회 3회

사고예방대책의 기본원리 5단계를 순서대로 나열한 것으로 맞는 것은?

① 사실의 발견 → 조직 → 분석 → 시정책(대책)의 선정 → 시정책(대책)의 적용

② 조직 → 분석 → 사실의 발견 → 시정책(대책)의 선정 → 시정책(대책)의 적용

③ 조직 → 사실의 발견 → 분석 → 시정책(대책)의 선정 → 시정책(대책)의 적용

④ 사실의 발견 → 분석 → 조직 → 시정책(대책)의 선정 → 시정책(대책)의 적용

해설

• 하인리히의 사고예방의 기본원리 5단계는 순서대로 안전관리조직과 규정, 현상파악, 원인규명, 시정책의 선정, 시정책의 적용 순으로 적용된다.

❖ 하인리히의 사고예방대책 기본원리 5단계

단계	단계별 과정
1단계	안전관리조직과 규정
2단계	사실의 발견으로 현상파악
3단계	분석을 통한 원인규명
4단계	시정방법의 선정
5단계	시정책의 적용

15
● Repetitive Learning 1회 2회 3회

다음 중 산업안전보건법상 산업재해의 정의로 가장 적합한 것은?

① 예기치 않은, 계획되지 않은 사고이며, 상해를 수반하는 경우를 말한다.

② 작업상의 재해 또는 작업환경으로부터의 무리한 근로의 결과로부터 발생되는 절상, 골절, 염좌 등의 상해를 말한다.

③ 근로자가 업무에 관계되는 건설물·설비·원재료·가스·증기·분진 등에 의하거나 작업 또는 그 밖의 업무로 인하여 사망 또는 부상하거나 질병에 걸리는 것을 말한다.

④ 불특정 다수에게 의도하지 않은 사고가 발생하여 신체적, 재산상의 손실이 발생하는 것을 말한다.

해설

• 산업재해란 노무를 제공하는 사람이 업무에 관계되는 건설물·설비·원재료·가스·증기·분진 등에 의하거나 작업 또는 그 밖의 업무로 인하여 사망 또는 부상하거나 질병에 걸리는 것을 말한다.

❖ 산업재해와 중대재해의 정의

ㄱ 산업재해

• 산업재해란 노무를 제공하는 사람이 업무에 관계되는 건설물·설비·원재료·가스·증기·분진 등에 의하거나 작업 또는 그 밖의 업무로 인하여 사망 또는 부상하거나 질병에 걸리는 것을 말한다.

ㄴ 중대재해

• 산업재해 중 사망 등 재해 정도가 심하거나 다수의 재해자가 발생한 경우로서 고용노동부령으로 정하는 재해를 말한다.

고용노동부령에서 정한 중대재해의 범위	• 사망자가 1명 이상 발생한 재해 • 3개월 이상의 요양이 필요한 부상자가 동시에 2명 이상 발생한 재해 • 부상자 또는 직업성 질병자가 동시에 10명 이상 발생한 재해

16
● Repetitive Learning 1회 2회 3회

NIOSH에서 제시한 권장무게한계가 6kg이고, 근로자가 실제 작업하는 중량물의 무게가 12kg일 경우 중량물 취급지수(LI)는?

① 0.5 　　　　② 1.0
③ 2.0 　　　　④ 6.0

해설

• LI=12kg/6kg=2가 된다.

❖ NIOSH에서 정한 중량물 들기작업지수(Lifting index, LI)

• 물체무게[kg]/RWL[kg]로 구한다.
• 취급하는 중량물의 중량이 RWL의 몇배인지를 나타낸다.
• LI가 작을수록 좋고, 1보다 크면 요통 발생이 있다.

17
● Repetitive Learning 1회 2회 3회

다음 중 일반적인 실내공기질 오염과 가장 관계가 적은 질환은?

① 규폐증(silicosis)
② 가습기 열(humidifier fever)
③ 레지오넬라병(Legionnaires disease)
④ 과민성 폐렴(Hypersensitivity pneumonitis)

해설

- 규폐증은 규산 성분이 있는 돌가루가 폐에 쌓여 발생하는 질환으로 광부, 석공, 도공 등에 유발되는 질환이다.

❖ 실내공기질 오염으로 인한 질환
- 복합적인 실내환경으로 인한 인체의 영향으로 발생하는 빌딩증후군(SBS, Sick Building Syndrome)은 불특정 증상(눈, 코, 목 자극 및 피로, 집중력 감소 등)이 나타나나 노출지역을 벗어나면 호전된다.
- BRI(Building Related Illness)는 SBS와 달리 건물 또는 건물과 관련된 자재나 설비로 인해 발생되었다는 확증이 있을 때의 증상이나 병을 말한다.
- 생물학적 물질로 인한 질환으로 노출지역을 벗어나더라도 호전되지 않아 치료가 요구되는 질환에는 레지오넬라병(Legionnaires disease), 과민성 폐렴(Hypersensitivity pneumonitis), 가습기열(humidifier fever) 등이 있다.

---

18 ──────● Repetitive Learning [1회] [2회] [3회]

0801

다음 중 물질안전보건자료(MSDS)와 관련한 기준에 따라 MSDS를 작성할 경우 반드시 포함되어야 하는 항목이 아닌 것은?

① 유해 · 위험성
② 게시방법 및 위치
③ 노출방지 및 개인보호구
④ 화학제품과 회사에 관한 정보

해설

- 게시방법 및 위치는 물질안전보건자료(MSDS)의 내용에 포함되지 않는다.

❖ 물질안전보건자료(MSDS) 작성 시 포함되어야 할 항목과 순서
1. 화학제품과 회사에 관한 정보
2. 유해성 · 위험성
3. 구성성분의 명칭 및 함유량
4. 응급조치요령
5. 폭발 · 화재시 대처방법
6. 누출사고시 대처방법
7. 취급 및 저장방법
8. 노출방지 및 개인보호구
9. 물리화학적 특성
10. 안정성 및 반응성
11. 독성에 관한 정보
12. 환경에 미치는 영향
13. 폐기 시 주의사항
14. 운송에 필요한 정보

---

19 ──────● Repetitive Learning [1회] [2회] [3회]

다음 중 산업정신건강에 대한 설명과 가장 거리가 먼 것은?

① 사업장에서 볼 수 있는 심인성 정신장해로는 성격이상, 노이로제, 히스테리 등이 있다.
② 직장에서 정신면의 건강관리상 특히 중요시되는 정신장해는 정신분열증, 조울병, 알콜중독 등이다.
③ 정신분열증이나 조울병은 과거에 내인성 정신병이라고 하였으나 최근에는 심인도 관련하여 발병하는 것으로 알려져 있다.
④ 정신건강은 단지 정신병, 신경증, 정신지체 등의 정신장해가 없는 것만을 의미한다.

해설

- 정신건강이란 정신 장해가 없는 것 뿐만 아니라 자신의 잠재력을 실현하고 공동체에 유익하도록 기여할 수 있는 것을 말한다.

❖ 산업정신건강
- 정신건강이란 정신 장해가 없는 것 뿐만 아니라 자신의 잠재력을 실현하고 공동체에 유익하도록 기여할 수 있는 것을 말한다.
- 사업장에서 볼 수 있는 심인성 정신장해로는 성격이상, 노이로제, 히스테리 등이 있다.
- 직장에서 정신면의 건강관리상 특히 중요시되는 정신장해는 정신분열증, 조울병, 알콜중독 등이다.
- 정신분열증이나 조울병은 과거에 내인성 정신병이라고 하였으나 최근에는 심인도 관련하여 발병하는 것으로 알려져 있다.

---

20 ──────● Repetitive Learning [1회] [2회] [3회]

다음 중 노출기준에 대한 설명으로 옳은 것은?

① 노출기준 이하의 노출에서는 모든 근로자에게 건강상의 영향을 나타내지 않는다.
② 노출기준은 질병이나 육체적 조건을 판단하기 위한 척도로 사용될 수 있다.
③ 작업장이 아닌 대기에서는 건강한 사람이 대상이 되기 때문에 동일한 노출기준을 사용할 수 있다.
④ 노출기준은 독성의 강도를 비교할 수 있는 지표가 아니다.

- 노출기준 이하의 작업환경에서도 직업성 질병에 이환되는 경우가 있으므로 노출기준은 직업병진단에 사용하거나 노출기준 이하의 작업환경이라는 이유만으로 직업성질병의 이환을 부정하는 근거 또는 반증자료로 사용하여서는 아니 된다.
- 노출기준은 질병이나 육체적 조건을 판단하기 위한 척도로 사용될 수 없다.
- 노출기준은 대기오염의 평가 또는 관리상의 지표로 사용하여서는 아니 된다.

❖ 노출기준 사용상의 유의사항
- 각 유해인자의 노출기준은 해당 유해인자가 단독으로 존재하는 경우의 노출기준을 말하며, 2종 또는 그 이상의 유해인자가 혼재하는 경우에는 각 유해인자의 상가작용으로 유해성이 증가할 수 있으므로 시간가중평균노출기준(TWA)에 따라 산출하는 노출기준을 사용하여야 한다.
- 노출기준은 1일 8시간 작업을 기준으로 하여 제정된 것이므로 이를 이용할 경우에는 근로시간, 작업의 강도, 온열조건, 이상기압 등이 노출기준 적용에 영향을 미칠 수 있으므로 이와 같은 제반요인을 특별히 고려하여야 한다.
- 유해인자에 대한 감수성은 개인에 따라 차이가 있고, 노출기준 이하의 작업환경에서도 직업성 질병에 이환되는 경우가 있으므로 노출기준은 직업병진단에 사용하거나 노출기준 이하의 작업환경이라는 이유만으로 직업성질병의 이환을 부정하는 근거 또는 반증자료로 사용하여서는 아니 된다.
- 노출기준은 대기오염의 평가 또는 관리상의 지표로 사용하여서는 아니 된다.

- 과거농도 ppm을 mg/m^3으로 바꾼다. 25℃, 분자량이 131.39이므로 $\frac{131.39}{24.45}$ 를 곱하면 $40 \times \frac{131.39}{24.45} = 214.9529 \cdots mg/m^3$가 된다.
- 정량한계가 0.4mg이므로 최소채취량[L]을 구하려면

$$\frac{0.4mg}{214.95mg/m^3} \times 1000 = 1.8609 \cdots [L]가 된다.$$

- 채취 최소시간은 최소채취량/채취속도이므로 $\frac{1.86}{0.14} = 13.2921 \cdots$ [min]이 된다.

❖ 채취 최소시간 구하는 법 0301/0403/0602/0801/0903/1801/2002
- 주어진 과거농도 ppm을 mg/m^3으로 바꾼다.
- 정량한계와 구해진 과거농도[mg/m^3]로 최소채취량[L]을 구한다.
- 구해진 최소채취량[L]을 분당채취유량으로 나눠 채취 최소시간을 구한다.

0701 / 1103

22 ——— ● Repetitive Learning [1회 2회 3회]

다음 중 계통오차의 종류로 거리가 먼 것은?

① 한 가지 실험측정을 반복할 때 측정값들의 변동으로 발생되는 오차
② 측정 및 분석기기의 부정확성으로 발생된 오차
③ 측정하는 개인의 선입관으로 발생된 오차
④ 측정 및 분석시 온도나 습도와 같이 알려진 외계의 영향으로 생기는 오차

- ①은 우발오차에 대한 설명이다.

❖ 계통오차 0602/0901/1301/1903
- 측정기 또는 분석기기의 미비로 기인되는 오차이다.
- 크기와 부호를 추정할 수 있고 보정할 수 있다.
- 계통오차의 종류로는 외계오차, 기계오차, 개인오차가 있다.
- 계통오차가 작을 때는 정확하다고 말한다.

작업위생측정 및 평가

0402

21 ——— ● Repetitive Learning [1회 2회 3회]

금속제품을 탈지 세정하는 공정에서 사용하는 유기용제인 trichloroethylene의 근로자 노출농도를 측정하고자 한다. 과거의 노출농도를 조사해본 결과, 평균 40ppm이었다. 활성탄관(100mg/50mg)을 이용하여 0.14L/분으로 채취하였다. 채취해야할 최소한의 시간(분)은?(단, trichloroethylene의 분자량 : 131.39, 25℃, 1기압, 가스크로마토그래피의 정량한계(LOQ : 0.4mg)

① 10.3   ② 13.3
③ 16.3   ④ 19.3

0603 / 1203

23 ——— ● Repetitive Learning [1회 2회 3회]

가스상 물질의 연속시료 채취방법 중 흡수액을 사용한 능동식 시료채취방법(시료채취 펌프를 이용하여 강제적으로 공기를 매체에 통과시키는 방법)의 일반적 시료 채취 유량 기준으로 가장 적절한 것은?

① 0.2L/분 이하   ② 1.0L/분 이하
③ 5.0L/분 이하   ④ 10.0L/분 이하

- 흡수액 시료채취유량은 1.0L/min 이하로 한다.

:: 능동식 시료채취방법
- 시료채취 펌프를 이용하여 강제적으로 공기를 매체에 통과시키는 방법이다.
- 흡착관 시료채취유량은 0.2L/min 이하로 한다.
- 흡수액 시료채취유량은 1.0L/min 이하로 한다.
- 흡착제, 흡수액, 시료채취 플라스틱백 등을 사용한다.

1201

24 ──────── • Repetitive Learning (1회 2회 3회)

처음 측정한 측정치는 유량, 측정시간, 회수율 및 분석 등에 의한 오차가 각각 15%, 3%, 9%, 5%였으나 유량에 의한 오차가 개선되어 10%로 감소되었다면 개선 전 측정치의 누적오차와 개선후의 측정치의 누적오차의 차이(%)는?

① 6.6% ② 5.6%
③ 4.6% ④ 3.8%

해설
- 변경 전의 누적오차
  $E_c = \sqrt{15^2 + 3^2 + 9^2 + 5^2} = \sqrt{340} = 18.439\cdots[\%]$이다.
- 변경 후의 누적오차
  $E_c = \sqrt{10^2 + 3^2 + 9^2 + 5^2} = \sqrt{215} = 14.662\cdots[\%]$이다.
- 누적오차의 차이는 $18.439 - 14.662 = 3.777[\%]$이다.

:: 누적오차
- 조건이 같을 경우 항상 같은 크기, 같은 방향으로 일어나는 오차를 말한다.
- 누적오차 $E_c = \sqrt{E_1^2 + E_2^2 + \cdots + E_n^2}$ 으로 구한다.

0702 / 0901 / 1803

25 ──────── • Repetitive Learning (1회 2회 3회)

다음 1차 표준기구 중 일반적 사용범위가 10~500mL/분이고, 정확도가 ±0.05~0.25%로 높아 실험실에서 주로 사용하는 것은?

① 폐활량계 ② 가스치환병
③ 건식가스미터 ④ 습식테스트미터

해설
- 폐활량계(Spirometer)는 폐기능을 검사와 1차 용량 표준으로 사용하는 1차 표준기구이다.
- 2차 표준기기 중 현장에서 주로 사용되는 기기는 건식가스미터이고, 실험실에서 주로 사용되는 기기는 습식테스트미터이다.

:: 표준기구들의 특징
- ㉠ 1차 표준기구
  - 폐활량계(Spirometer)는 폐기능을 검사와 1차 용량 표준으로 사용하는 1차 표준기구이다.
  - 가스치환병은 정확도가 높아 실험실에서 주로 사용하는 1차 표준기구이다.
  - 펌프의 유량을 보정하는 데 1차 표준으로서 비누거품미터가 가장 널리 사용된다.
  - 흑연피스톤미터는 공기시료 채취 시 공기유량과 용량을 보정하는 표준기구이다.
- ㉡ 2차 표준기구
  - 건식가스미터는 일반적 사용범위가 10~150L/분이고 정확도는 ±1%이며 주로 현장에서 사용된다.
  - 습식테스트미터는 일반적 사용범위가 0.5~230L/분이고 정확도는 ±0.5%이며 실험실에서 주로 사용된다.

---

26 ──────── • Repetitive Learning (1회 2회 3회)

냉동기에서 냉매체가 유출되고 있는지 검사하려고 할 때 가장 적합한 측정기구는 무엇인가?

① 스펙트로미터(Spectrometer)
② 가스크로마토그래피(Gas Chromatography)
③ 할로겐화합물 측정기기(Halide Meter)
④ 연소가스지시계(Combustible Gas Meter)

해설
- 최근에 CFC계(할로겐화 탄화수소계) 냉매를 주로 사용하므로 냉매의 누설을 탐지하기 위해 비눗물을 통해 접합부를 검사하거나 할라이드 토치나 할로겐 누설탐지기를 이용한다.

:: 냉동기 냉매
- 냉동장치나 열펌프 등의 사이클 내부를 순환하면서 증발부에서 증발하면서 주위의 열을 흡수하여 응축기를 통해 방출시키는 유체를 말한다.
- 최근에 CFC계(할로겐화 탄화수소계) 냉매를 주로 사용한다.
- 냉매의 누설을 탐지하기 위해 비눗물을 통해 접합부를 검사하거나 할라이드 토치나 할로겐 누설탐지기를 이용한다.

1202 / 1902

27 ──────── • Repetitive Learning (1회 2회 3회)

옥내작업장에서 측정한 건구온도가 73℃이고 자연습구온도 65℃, 흑구온도 81℃일 때, WBGT는?

① 64.4℃ ② 67.4℃
③ 69.8℃ ④ 71.0℃

- 일사가 영향을 미치는 옥외에서는 건구온도인 dB를 반영하지만 옥내에서는 일사의 영향이 없어 자연습구(0.7)와 흑구온도(0.3)만으로 WBGT가 결정되므로 WBGT=0.7×65+0.3×81=45.5+24.3=69.8℃가 된다.

습구흑구온도(WBGT : Wet Bulb Globe Temperature) 지수

㉠ 개요
- 건구온도, 습구온도 및 흑구온도에 비례하며, 열중증 예방을 위해 고온에서의 작업휴식시간비를 결정하는 지표로 더위지수라고도 한다.
- 표시단위는 섭씨온도(℃)로 표시하며, WBGT가 높을수록 휴식시간이 증가되어야 한다.
- 미국국립산업안전보건연구원(NIOSH)뿐만 아니라 국내에서도 습구흑구온도를 측정하고 지수를 산출하여 평가에 사용한다.
- 과거에 쓰이던 감각온도와 근사한 값인데 감각온도와 다른 점은 기류를 전혀 고려하지 않았다는 점이다.

㉡ 산출방법 실기 0501/0503/0602/0702/0703/1101/1201/1302/1303/1503/2102/2201/2202/2203
- 옥내에서는 WBGT=0.7NWT+0.3GT이다. 이때 NWT는 자연습구, GT는 흑구온도이다.(일사가 영향을 미치지 않는 옥외도 옥내로 취급한다)
- 일사가 영향을 미치는 옥외에서는 건구온도인 dB를 반영하지만 옥내에서는 일사의 영향이 없으므로 자연습구와 흑구온도만으로 WBGT가 결정된다.
- 일사가 영향을 미치는 옥외에서는 WBGT=0.7NWT+0.2GT+0.1DB이며 이때 NWT는 자연습구, GT는 흑구온도, DB는 건구온도이다.

---

28 ──────── • Repetitive Learning 1회 2회 3회

2103

근로자 개인의 청력 손실 여부를 알기 위하여 사용하는 청력 측정용 기기를 무엇이라고 하는가?

① Audiometer
② Sound level meter
③ Noise dos meter
④ Impact sound level meter

해설
- Sound level meter는 휴대용 소음측정기이다.
- Noise dos meter는 소음 노출량계 혹은 누적소음 노출량 측정기로 작업자가 여러 작업장소를 이동하면서 작업하는 경우, 근로자에게 직접 부착하여 작업시간(8시간) 동안 작업자가 노출되는 소음 노출량을 측정하는 기계를 말한다.
- Impact sound level meter 충격성 소음 측정기이다.

Audiometer
- 청력기, 청력계, 오디오미터라고 불리운다.
- 근로자 개인의 청력 손실 여부를 알기 위하여 사용하는 청력 측정용 기기를 말한다.

---

29 ──────── • Repetitive Learning 1회 2회 3회

0402 / 1602

산업위생통계에서 유해물질 농도를 표준화하려면 무엇을 알아야 하는가?

① 측정치와 노출기준
② 평균치와 표준편차
③ 측정치와 시료수
④ 기하 평균치와 기하 표준편차

해설
- 표준화값은 시간가중평균값(TWL) 혹은 단시간 노출값(STEL)을 허용기준으로 나누어 구한다.

표준화값 실기 0502/0503
- 허용기준 이하 유지대상 유해인자의 허용기준 초과여부 평가방법이다.
- 시간가중평균값(TWL) 혹은 단시간 노출값(STEL)을 허용기준으로 나누어 구한다.

즉, 표준화값 = $\dfrac{\text{시간가중평균값(단시간 노출값)}}{\text{허용기준}}$ 으로 구한다.

---

30 ──────── • Repetitive Learning 1회 2회 3회

1101 / 1102 / 1301 / 1503 / 1802 / 2101

일정한 온도조건에서 가스의 부피와 압력이 반비례하는 것과 가장 관계가 있는 법칙은?

① 보일의 법칙 　　　② 샤를의 법칙
③ 라울의 법칙 　　　④ 게이-루삭의 법칙

해설
- 샤를의 법칙은 압력과 몰수가 일정할 때, 기체의 부피는 온도에 비례함을 증명한다.
- 라울의 법칙은 증기의 각 성분의 부분압은 용액의 분압과 평형을 이룬다는 것을 증명한다.
- 게이-루삭의 법칙은 같은 온도와 같은 압력에서 반응 기체와 생성 기체의 부피는 일정한 정수가 성립함을 증명한다.

보일의 법칙
- 기체의 온도와 몰수가 일정할 때, 기체의 부피는 압력에 반비례한다.
- PV=상수이다.(온도와 몰수가 일정)

31

• Repetitive Learning 1회 2회 3회

작업환경의 감시(monitoring)에 관한 목적을 가장 적절하게 설명한 것은?

① 잠재적인 인체에 대한 유해성을 평가하고 적절한 보호대책을 결정하기 위함
② 유해물질에 의한 근로자의 폭로도를 평가하기 위함
③ 적절한 공학적 대책수립에 필요한 정보를 제공하기 위함
④ 공정변화로 인한 작업환경 변화의 파악을 위함

해설

• 작업환경을 감시하는 것은 근로자의 안전을 위해서이다.

❖ 작업환경 감시와 측정
  ㉠ 감시의 목적
    • 작업환경의 인체에 대한 잠재적인 유해성을 평가하고 적절한 보호대책을 결정하기 위해서이다.
  ㉡ 측정의 목적 실기 0603/1601
    • 환기시설을 가동하기 전과 후에 공기 중 유해물질농도를 측정하여 환기시설의 성능을 평가한다.
    • 근로자의 노출이 법적 기준인 허용농도를 초과하는지의 여부를 판단한다.
    • 역학조사시 근로자의 노출량을 파악하여 노출량과 반응과의 관계를 평가한다.

32

• Repetitive Learning 1회 2회 3회

직독식 측정기구가 전형적 방법에 비해 가지는 장점과 가장 거리가 먼 것은?

① 측정과 작동이 간편하여 인력과 분석비를 절감할 수 있다.
② 현장에서 실제 작업시간이나 어떤 순간에서 유해인자의 수준과 변화를 손쉽게 알 수 있다.
③ 직독식 기구로 유해물질을 측정하는 방법의 민감도와 특이성 외의 모든 특성은 전형적 방법과 유사하다.
④ 현장에서 즉각적인 자료가 요구될 때 매우 유용하게 이용될 수 있다.

해설

• 직독식은 민감도가 낮아 고농도 측정에 주로 이용되고, 특이도가 낮아 다른 물질의 영향을 받기 쉬운 단점을 갖는다.

❖ 직독식 측정기구 실기 1102
  • 직독식 측정기구란 측정값을 직접 눈으로 확인가능한 측정기구를 이용하여 현장에서 시료를 채취하고 농도를 측정할 수 있는 것을 말한다.

• 분진측정원리는 진동주파수, 흡수광량, 산란광의 강도 등이다.
• 검지관, 진공용기 등 비교적 간단한 기구와 함께 순간 시료 채취에 이용된다.
• 측정과 작동이 간편하여 인력과 분석비를 절감할 수 있다.
• 부피가 작아 휴대하기 편해 현장에서 실제 작업시간이나 어떤 순간에서의 유해인자 수준과 변화를 쉽게 알 수 있다.
• 현장에서 즉각적인 자료가 요구될 때 민감성과 특이성이 있는 경우 매우 유용하게 사용될 수 있다.
• 민감도와 특이도가 낮아 고농도 측정은 가능하나 다른 물질의 영향을 쉽게 받는다.
• 가스모니터, 가스검지관, 휴대용 GC, 입자상 물질측정기, 휴대용 적외선 분광광도계 등이 여기에 해당한다.

33

1201

• Repetitive Learning 1회 2회 3회

작업장 내 기류측정에 대한 설명으로 옳지 않은 것은?

① 풍차풍속계는 풍차의 회전속도로 풍속을 측정한다.
② 풍차풍속계는 보통 1~150m/sec 범위의 풍속을 측정하며 옥외용이다.
③ 기류속도가 아주 낮을 때는 카타온도계와 복사풍속계를 사용하는 것이 정확하다.
④ 카타온도계는 기류의 방향이 일정하지 않던가, 실내 0.2~0.5m/s 정도의 불감기류를 측정할 때 사용한다.

해설

• 기류속도가 아주 낮을 때는 열선풍속계를 사용하는 것이 정확하다.

❖ 기류측정기기 실기 1701

풍차풍속계	주로 옥외에서 1~150m/sec 범위의 풍속을 측정하는 데 사용하는 측정기구
열선풍속계	기온과 정압을 동시에 구할 수 있어 환기시설의 점검에 사용하는 측정기구로 기류속도가 아주 낮을 때 유용
카타온도계	기류의 방향이 일정하지 않거나, 실내 0.2~0.5m/s 정도의 불감기류를 측정할 때 사용하는 측정기구

34

0602 / 1703

• Repetitive Learning 1회 2회 3회

다음 중 직경이 5cm인 흑구 온도계의 온도 측정시간 기준은 무엇인가?(단, 고용노동부 고시를 기준으로 한다)

① 1분 이상
② 3분 이상
③ 5분 이상
④ 10분 이상

- 직경이 5센티미터 이상인 흑구온도계 또는 습구흑구온도를 동시에 측정할 수 있는 기기에서 직경이 5센티미터일 경우 5분 이상 측정해야 한다.

:: 측정구분에 의한 측정기기와 측정시간 [실기] 1001

구분	측정기기	측정시간
습구온도	0.5도 간격의 눈금이 있는 아스만통풍건습계, 자연습구온도를 측정할 수 있는 기기 또는 이와 동등 이상의 성능이 있는 측정기기	• 아스만통풍건습계 : 25분 이상 • 자연습구온도계 : 5분 이상
흑구 및 습구흑구온도	직경이 5센티미터 이상되는 흑구온도계 또는 습구흑구온도(WBGT)를 동시에 측정할 수 있는 기기	• 직경이 15센티미터일 경우 25분 이상 • 직경이 7.5센티미터 또는 5센티미터일 경우 5분 이상

1003 / 1803

35 ——● Repetitive Learning 〔1회 2회 3회〕

태양광선이 내리 쬐는 옥외작업장에서 온도가 다음과 같을 때, 습구흑구온도지수는 약 몇 ℃인가?(단, 고용노동부 고시를 기준으로 한다)

> 건구온도 : 30℃, 자연습구온도 : 28℃, 흑구온도 : 32℃

① 27
② 28
③ 29
④ 31

- 일사가 영향을 미치는 옥외에서는 건구온도인 dB를 반영하여 WBGT가 결정되므로 WBGT=0.7NWT+0.2GT+0.1DT이다. 주어진 값을 반영하면 WBGT=0.7×28+0.2×32+0.1×30=19.6+6.4+3=29℃이다.

:: 습구흑구온도(WBGT : Wet Bulb Globe Temperature) 지수
문제 27번의 유형별 핵심이론 :: 참조

0702

36 ——● Repetitive Learning 〔1회 2회 3회〕

제관공장에서 용접흄을 측정한 결과가 다음과 같다면 노출기준 초과여부평가로 알맞은 것은?

> 용접흄의 TWA : 5.27mg/m³
> 노출기준 : 5.0mg/m³
> SAE(시료채취 분석오차) : 0.12

① 초과
② 초과가능
③ 초과하지 않음
④ 평가할 수 없음

- 표준화값은 $\dfrac{5.27}{5.0} = 1.054$이다.

- 95% 신뢰구간은 $1.054-0.12 \sim 1.054+0.12$이므로 $0.934 \sim 1.174$까지로 기준점에 걸쳐져 있으므로 초과가능성이 있는 것으로 판단한다.

:: 표준화값과 분석 [실기] 0502/0503

- 표준화값은 $\dfrac{측정값}{노출기준}$ 으로 구한다.
- 신뢰하한값은 표준화값－SAE로 구한다.
- 신뢰상한값은 표준화값＋SAE로 구한다.

2003

37 ——● Repetitive Learning 〔1회 2회 3회〕

18℃ 770mmHg인 작업장에서 methylethyl ketone의 농도가 26ppm일 때 mg/m³단위로 환산된 농도는?(단, Methylethyl ketone의 분자량은 72g/mol이다)

① 64.5
② 79.4
③ 87.3
④ 93.2

- ppm 단위를 mg/m³으로 변환하려면 ppm×(분자량/24.45)이다. 24.45는 표준상태(25도, 1기압)에서 기체의 부피이다.
- 주어진 온도와 기압이 18℃, 770mmHg이므로 기체의 부피는 온도에는 비례하나 압력에는 반비례하므로

$$24.45 \times \frac{291}{298} \times \frac{760}{770} = 23.5655\cdots \text{mg}/m^3 \text{이다.}$$

- 주어진 값을 대입하면 $26 \times \left(\dfrac{72}{23.57}\right) = 79.422\cdots[\text{mg}/m^3]$이다.

:: ppm 단위의 mg/m³으로 변환

- ppm 단위를 mg/m³으로 변환하려면 $\dfrac{\text{ppm} \times \text{분자량}}{\text{기체부피}}$ 이다.
- 24.45는 표준상태(25도, 1기압)에서 기체의 부피이다.
- 온도가 다를 경우 $24.45 \times \dfrac{273+온도}{273+25}$ 로 기체의 부피를 구한다.

38 ——● Repetitive Learning 〔1회 2회 3회〕

유해가스의 생리학적 분류를 단순 질식제, 화학질식제, 자극가스 등으로 할 때 다음 중 단순질식제로 구분되는 것은?

① 일산화탄소
② 아세틸렌
③ 포름알데히드
④ 오존

해설

- 단순 질식제에는 수소, 질소, 헬륨, 이산화탄소, 메탄, 아세틸렌 등이 있다.

∷ 질식제
- 질식제란 조직 내의 산화작용을 방해하는 화학물질을 말한다.
- 질식제는 단순 질식제와 화학적 질식제로 구분할 수 있다.

단순 질식제	• 생리적으로는 아무 작용도 하지 않으나 공기 중에 많이 존재하여 산소분압을 저하시켜 조직에 필요한 산소의 공급부족을 초래하는 물질 • 수소, 질소, 헬륨, 이산화탄소, 메탄, 아세틸렌 등
화학적 질식제	• 혈액 중 산소운반능력을 방해하는 물질 • 일산화탄소, 아닐린, 시안화수소 등 • 기도나 폐 조직을 손상시키는 물질 • 황화수소, 포스겐 등

해설

- 측정기의 위치는 바닥 면으로부터 50센티미터 이상, 150센티미터 이하의 위치에서 측정한다.

∷ 고열의 측정방법 `실기` 1003
- 측정은 단위작업장소에서 측정대상이 되는 근로자의 주 작업 위치에서 측정한다.
- 측정기의 위치는 바닥 면으로부터 50센티미터 이상, 150센티미터 이하의 위치에서 측정한다.
- 측정기를 설치한 후 충분히 안정화 시킨 상태에서 1일 작업시간 중 가장 높은 고열에 노출되는 1시간을 10분 간격으로 연속하여 측정한다.

1201 / 2103

39 ───●Repetitive Learning [1회 2회 3회]

실리카겔과 친화력이 가장 큰 물질은?

① 알데하이드류　　② 올레핀류
③ 파라핀류　　　　④ 에스테르류

해설

- 실리카겔에 대한 친화력은 물>알코올류>알데히드류>케톤류>에스테르류>방향족 탄화수소류>올레핀류>파라핀류 순으로 약해진다.

∷ 실리카겔에 대한 친화력 순서
- 물>알코올류>알데히드류>케톤류>에스테르류>방향족 탄화수소류>올레핀류>파라핀류 순으로 약해진다.

0803 / 1101 / 1703

40 ───●Repetitive Learning [1회 2회 3회]

고열 측정방법에 관한 내용이다. (　)안에 맞는 내용은?(단, 고용노동부 고시 기준)

> 측정은 단위작업장소에서 측정대상이 되는 근로자의 작업행동 범위 내에서 주 작업 위치의 바닥면으로부터 (　)의 위치에서 행하여야 한다.

① 50cm 이상, 120cm 이하
② 50cm 이상, 150cm 이하
③ 80cm 이상, 120cm 이하
④ 80cm 이상, 150cm 이하

3과목　　**작업환경관리대책**

0903 / 1203

41 ───●Repetitive Learning [1회 2회 3회]

0℃, 1기압에서 이산화탄소의 비중은?

① 1.32　　② 1.43
③ 1.52　　④ 1.69

해설

- 물의 비중은 1, 이산화탄소의 비중은 1.52이다.

∷ 밀도와 비중
- 밀도는 부피/질량으로 구한 값을 말한다.
- 비중은 물과의 비교되는 밀도의 비를 말한다.
- 물의 비중은 1, 이산화탄소의 비중은 1.52이다.

0302 / 0801

42 ───●Repetitive Learning [1회 2회 3회]

분진대책 중의 하나인 발진의 방지 방법과 가장 거리가 먼 것은?

① 원재료 및 사용재료의 변경
② 생산기술의 변경 및 개량
③ 습식화에 의한 분진발생 억제
④ 밀폐 또는 포위

0801 / 1203

43 ●————● Repetitive Learning 〔1회〕〔2회〕〔3회〕

외부식 후드에서 플랜지가 붙고 공간에 설치된 후드와 플랜지가 붙고 면에 고정 설치된 후드의 필요 공기량을 비교할 때 플랜지가 붙고 면에 고정 설치된 후드는 플랜지가 붙고 공간에 설치된 후드에 비하여 필요 공기량을 약 몇 % 절감할 수 있는가?(단, 후드는 장방형 기준)

① 12% ② 20%

③ 25% ④ 33%

44 ●————● Repetitive Learning 〔1회〕〔2회〕〔3회〕

유해물의 발산을 제거하거나 감소시킬 수 있는 생산공정 작업방법 개량과 거리가 가장 먼 것은?

① 주물공정에서 쉘 몰드법을 채용한다.
② 석면 함유분체 원료를 건식믹서로 혼합하고 용제를 가하던 것을 용제를 가한 후 혼합한다.
③ 광산에서는 습식 착암기를 사용하여 파쇄, 연마작업을 한다.
④ 용제를 사용하는 분무도장을 에어스프레이 도장으로 바꾼다.

0501 / 2001

45 ●————● Repetitive Learning 〔1회〕〔2회〕〔3회〕

90° 곡관의 반경비가 2.0일 때 압력손실계수는 0.27이다. 속도압이 14mmH$_2$O라면 곡관의 압력손실(mmH$_2$O)은?

① 7.6 ② 5.5

③ 3.8 ④ 2.7

46

● Repetitive Learning (1회 2회 3회)

덕트 직경이 30cm이고 공기유속이 5m/s일 때, 레이놀즈수는 약 얼마인가?(단, 공기의 점성계수는 20℃에서 1.85×10^{-5}kg/sec · m, 공기밀도는 20℃에서 1.2kg/m^3이다)

① 97,300

② 117,500

③ 124,400

④ 135,200

해설

- 덕트 직경, 공기유속, 점성계수, 밀도가 주어졌으므로 레이놀즈수는 $Re = \frac{\rho v_s L}{\mu}$로 구할 수 있다.

- 대입하면 $Re = \frac{1.2 \times 5 \times 0.3}{1.85 \times 10^{-5}} = 0.97297 \cdots \times 10^5$이 된다.

✪ 레이놀즈(Reynolds)수 계산 **실기** 0303/0403/0502/0503/0603/0702/1001/1201/1203/1301/1401/1601/1702/1801/1901/1902/1903/2001/2101/2103/2201/2203

- $Re = \frac{\rho v_s^2 / L}{\mu v_s / L^2} = \frac{\rho v_s L}{\mu} = \frac{v_s L}{\nu} = \frac{관성력}{점성력}$로 구할 수 있다.

  v_s는 유동의 평균속도[m/s]

  L은 특성길이(관의 내경, 평판의 길이 등)[m]

  μ는 유체의 점성계수[kg/sec · m]

  ν는 유체의 동점성계수[m^2/s]

  ρ는 유체의 밀도[kg/m^3]

47

● Repetitive Learning (1회 2회 3회)

강제환기의 효과를 제고하기 위한 원칙으로 틀린 것은?

① 오염물질 배출구는 가능한 한 오염원으로부터 가까운 곳에 설치하여 점 환기 현상을 방지한다.

② 공기배출구와 근로자의 작업 위치 사이에 오염원이 위치하여야 한다.

③ 공기가 배출되면서 오염장소를 통과하도록 공기배출구와 유입구의 위치를 선정한다.

④ 오염원 주위에 다른 작업공정이 있으면 공기배출량을 공급량보다 약간 크게 하여 음압을 형성하여 주위 근로자에게 오염물질이 확산되지 않도록 한다.

해설

- 오염물질 배출구는 가능한 한 오염원으로부터 가까운 곳에 설치하여 점 환기효과를 얻어야 한다.

✪ 강제환기를 실시하는 데 환기효과를 제고시킬 수 있는 필요 원칙 **실기** 1201/1402/1703/2001/2202

- 오염물질 사용량을 조사하여 필요 환기량을 계산한다.

- 배출공기를 보충하기 위하여 청정공기를 공급할 수 있다.

- 오염물질 배출구는 가능한 한 오염원으로부터 가까운 곳에 설치하여 점환기 효과를 얻는다.

- 공기배출구와 근로자의 작업 위치 사이에 오염원이 위치하여야 한다.

- 공기가 배출되면서 오염장소를 통과하도록 공기배출구와 유입구의 위치를 선정한다.

- 건물 밖으로 배출된 오염공기가 다시 건물 안으로 유입되지 않도록 배출구 높이를 적절히 설계하고 창문이나 문 근처에 위치하지 않도록 한다.

- 오염원 주위에 다른 작업공정이 있으면 공기배출량을 공급량보다 약간 크게 하여 음압을 형성하여 주위 근로자에게 오염물질이 확산되지 않도록 한다.

48

● Repetitive Learning (1회 2회 3회)

한랭 작업장에서 일하고 있는 근로자의 관리에 대한 내용으로 옳지 않은 것은?

① 한랭에 대한 순화는 고온순화보다 빠르다.

② 노출된 피부나 전신의 온도가 떨어지지 않도록 온도를 높이고 기류의 속도를 낮추어야 한다.

③ 필요하다면 작업을 자신이 조절하게 한다.

④ 외부 액체가 스며들지 않도록 방수 처리된 의복을 입는다.

해설

- 한랭에 대한 순화는 고온순화보다 느리다.

✪ 한랭 작업장 근로자 관리 **실기** 0401

- 한랭에 대한 순화는 고온순화보다 느리다.

- 노출된 피부나 전신의 온도가 떨어지지 않도록 온도를 높이고 기류의 속도를 낮추어야 한다.

- 필요하다면 작업을 자신이 조절하게 한다.

- 외부 액체가 스며들지 않도록 방수 처리된 의복을 입는다.

- 구두나 장갑은 약간 여유있게 착용하도록 한다.

- 가능한 항상 팔과 다리를 움직여 혈액순환을 돕는다.

49

━━━━━━━ ● Repetitive Learning (1회 2회 3회)

흡인풍량이 200m³/min, 송풍기 유효전압이 150mmH₂O, 송풍기 효율이 80%, 여유율이 1.2인 송풍기의 소요동력은? (단, 송풍기 효율과 여유율을 고려함)

① 4.8kW
② 5.4kW
③ 6.7kW
④ 7.4kW

해설

- 송풍량이 분당으로 주어질 때 $\dfrac{송풍량 \times 전압}{6,120 \times 효율} \times 여유율$ [kW]로 구한다.

- 대입하면 $\dfrac{200 \times 150}{6,120 \times 0.8} \times 1.2 = 7.3529 \cdots$ 이 된다.

❖ 송풍기의 소요동력 실기 0402/0403/0602/0603/0901/1101/1201/1402/1501/1601/1802/1903

- 송풍량이 초당으로 주어질 때 $\dfrac{송풍량 \times 60 \times 전압}{6,120 \times 효율} \times 여유율$ [kW]로 구한다.

- 송풍량이 분당으로 주어질 때 $\dfrac{송풍량 \times 전압}{6,120 \times 효율} \times 여유율$ [kW]로 구한다.

- 여유율이 주어지지 않을 때는 1을 적용한다.

50

━━━━━━━ ● Repetitive Learning (1회 2회 3회)

마스크 성능 및 시험방법에 관한 설명으로 틀린 것은?

① 배기변의 작동기밀시험 : 내부의 압력이 상압으로 돌아올 때까지 시간은 5초 이내이어야 한다.
② 불연성시험 : 버너 불꽃의 끝부분에서 20mm위치의 불꽃온도를 800±50℃로 하여 마스크를 초당 6±0.5cm의 속도로 통과시킨다.
③ 분진포집효율시험 : 마스크에 석영분진함유공기를 매분 30L의 유량으로 통과시켜 통과 전후의 석영농도를 측정한다.
④ 배기저항시험 : 마스크에 공기를 매분 30L의 유량으로 통과시켜 마스크의 내외의 압력차를 측정한다.

해설

- 배기변의 작동기밀시험에서 내부의 압력이 상압으로 돌아올 때까지 시간은 15초 이상이어야 한다.

❖ 마스크 성능 및 시험방법

- 배기변의 작동기밀시험에서 내부의 압력이 상압으로 돌아올 때까지 시간은 15초 이상이어야 한다.

- 불연성시험에서 버너 불꽃의 끝부분에서 20mm위치의 불꽃온도를 800±50℃로 하여 마스크를 초당 6±0.5cm의 속도로 통과시킨다.
- 분진포집효율시험에서 마스크에 석영분진함유공기를 매분 30L의 유량으로 통과시켜 통과 전후의 석영농도를 측정한다.
- 배기저항시험에서 마스크에 공기를 매분 30L의 유량으로 통과시켜 마스크의 내외의 압력차를 측정한다.

51

━━━━━━━ ● Repetitive Learning (1회 2회 3회)

송풍기의 송풍량이 200m³/min이고, 송풍기 전압이 150mmH₂O이다. 송풍기의 효율이 0.8이라면 소요동력은 약 몇 kW인가?

① 4
② 6
③ 8
④ 10

해설

- 송풍량이 분당으로 주어질 때 $\dfrac{송풍량 \times 전압}{6,120 \times 효율} \times 여유율$ [kW]로 구한다.

- 대입하면 $\dfrac{200 \times 150}{6,120 \times 0.8} = 6.127 \cdots$ 이 된다.

❖ 송풍기의 소요동력 실기 0402/0403/0602/0603/0901/1101/1201/1402/1501/1601/1802/1903

문제 49번의 유형별 핵심이론 ❖ 참조

52

━━━━━━━ ● Repetitive Learning (1회 2회 3회)

유효전압이 120mmH₂O, 송풍량이 306m³/min인 송풍기의 축동력이 7.5kW일 때 이 송풍기의 전압 효율은?(단, 기타 조건은 고려하지 않음)

① 65%
② 70%
③ 75%
④ 80%

해설

- 송풍량이 분당으로 주어질 때 송풍기 소요동력은 $\dfrac{송풍량 \times 전압}{6,120 \times 효율} \times 여유율$ [kW]로 구할 수 있으므로 이를 이용해 전압 효율을 구할 수 있다.

- 다른 조건없이 전압, 송풍량, 동력만 주어지므로 효율은 $\dfrac{송풍량 \times 전압}{동력 \times 6,120} \times 100$ [%]으로 구할 수 있다.

- 대입하면 $\dfrac{306 \times 120}{7.5 \times 6,120} \times 100 = 80$ [%]가 된다.

1202
53 ———————• Repetitive Learning ⟨1회 2회 3회⟩

다음 보기에서 여과 집진장치의 장점만을 고른 것은?

a. 다양한 용량(송풍량)을 처리할 수 있다.
b. 습한 가스 처리에 효율적이다.
c. 미세입자에 대한 집진효율이 비교적 높은 편이다.
d. 여과재는 고온 및 부식성 물질에 손상되지 않는다.

① a, b
② a, c
③ c, d
④ b, d

해설
- 여과제진장치는 습식제진에 불리하다.
- 여과재는 고온 및 부식성 물질에 손상되어 수명이 단축된다.

:: 여과제진장치 [실기] 0702/1002
  ㉠ 개요
    - 여과재에 처리가스를 통과시켜 먼지를 분리, 제거하는 장치이다.
    - 고효율 집진이 가능하며 직접차단, 관성충돌, 확산, 중력침강 및 정전기력 등이 복합적으로 작용하는 집진장치이다.
    - 연속식은 고농도 함진 배기가스 처리에 적합하다.
  ㉡ 장점
    - 조작불량을 조기에 발견할 수 있다.
    - 다양한 용량(송풍량)을 처리할 수 있다.
    - 미세입자에 대한 집진효율이 비교적 높은 편이다.
    - 집진효율이 처리가스의 양과 밀도 변화에 영향이 적다.
    - 탈진방법과 여과재의 사용에 따른 설계상의 융통성이 있다.
  ㉢ 단점
    - 섬유 여포상에서 응축이 일어날 때 습한 가스를 취급할 수 없다.
    - 압력손실은 여과속도의 제곱에 비례하므로 다른 방식에 비해 크다.
    - 여과재는 고온 및 부식성 물질에 손상되어 수명이 단축된다.

1002
54 ———————• Repetitive Learning ⟨1회 2회 3회⟩

고속기류 내로 높은 초기 속도로 배출되는 작업조건에서 회전연삭, 블라스팅 작업공정시 제어속도로 적절한 것은?(단, 미국산업위생전문가협의회 권고 기준)

① 1.8m/sec
② 2.1m/sec
③ 8.8m/sec
④ 12.8m/sec

해설
- 고속기류 내로 높은 초기 속도로 배출되는 작업조건에서 회전연삭, 블라스팅 작업공정시 제어속도의 범위는 2.50~10.0m/sec 이다.

:: 작업조건에 따른 제어속도의 범위 기준(ACGIH)

작업조건	작업공정 사례	제어속도 (m/sec)
• 움직이지 않는 공기 중으로 속도 없이 배출됨 • 조용한 대기 중에 실제로 거의 속도가 없는 상태로 배출됨	• 탱크에서 증발, 탈지 등 • 액면에서 가스, 증기, 흄이 발생	0.25~0.5
약간의 공기 움직임이 있고 낮은 속도로 배출됨	스프레이 도장, 용접, 도금, 저속 컨베이어 운반	0.5~1.0
발생기류가 높고 유해물질이 활발하게 발생함	스프레이도장, 용기충진, 컨베이어 적재, 분쇄기	1.0~2.5
초고속기류 내로 높은 초기 속도로 배출됨	회전연삭, 블라스팅	2.5~10.0

0302
55 ———————• Repetitive Learning ⟨1회 2회 3회⟩

희석환기의 또 다른 목적은 화재나 폭발을 방지하기 위한 것이다. 폭발 하한치인 LEL(Lower Explosive Limit)에 대한 설명 중 틀린 것은?

① 폭발성, 인화성이 있는 가스 및 증기 혹은 입자상의 물질을 대상으로 한다.
② LEL은 근로자의 건강을 위해 만들어 놓은 TLV보다 낮은 값이다.
③ LEL의 단위는 %이다.
④ 오븐이나 덕트처럼 밀폐되고 환기가 계속적으로 가동되고 있는 곳에서는 LEL의 1/4을 유지하는 것이 안전하다.

해설
- LEL은 근로자의 건강을 위해 만들어 놓은 TLV(허용농도)보다 높은 값이다.

:: 폭발하한계(LEL; Lower Explosive Limit)
- 폭발성, 인화성이 있는 가스 및 증기 혹은 입자상의 물질을 대상으로 한다.
- 근로자의 건강을 위해 만들어 놓은 TLV(허용농도)보다 높은 값이다.
- 단위는 %이다.
- 오븐이나 덕트처럼 밀폐되고 환기가 계속적으로 가동되고 있는 곳에서는 LEL의 1/4을 유지하는 것이 안전하다.

56 ──────● Repetitive Learning 〔1회 2회 3회〕

산소가 결핍된 밀폐공간에서 작업하려고 한다. 다음 중 가장 적합한 호흡용 보호구는?

① 방진마스크
② 방독마스크
③ 송기마스크
④ 면체 여과식 마스크

해설
- 밀폐공간에서 작업할 때는 공기호흡기 또는 송기마스크를 지급하여야 한다.
- ▪▪ 환기 등 **실기** 2201
  - 사업주는 근로자가 밀폐공간에서 작업을 하는 경우에 작업을 시작하기 전과 작업 중에 해당 작업장을 적정공기 상태가 유지되도록 환기하여야 한다. 다만, 폭발이나 산화 등의 위험으로 인하여 환기할 수 없거나 작업의 성질상 환기하기가 매우 곤란한 경우에는 근로자에게 공기호흡기 또는 송기마스크를 지급하여 착용하도록 하고 환기하지 아니할 수 있다.
  - 근로자는 지급된 보호구를 착용하여야 한다.

57 ──────● Repetitive Learning 〔1회 2회 3회〕

열부하와 노동의 정도에 따라 근로자가 체온유지에 필요한 기류의 속도는 다르다. 작업조건과 그에 따른 적절한 기류속도 범위로 틀린 것은?

① 앉은 작업을 하는 고정작업장(계속노출)일 때 : 0.1~0.2m/sec
② 선 작업을 하는 고정작업장(계속노출)일 때 : 0.5~1m/sec
③ 저열부하와 경노동(간헐노출)일 때 : 5~10m/sec
④ 고열부하와 중노동(간헐노출)일 때 : 15~20m/sec

해설
- 앉은 작업을 하는 고정작업장(계속노출)의 경우 기류의 속도는 0.1m/sec 이하이다.
- ▪▪ 작업조건과 그에 따른 적절한 기류속도 범위

앉은 작업을 하는 고정작업장(계속노출)	0.1m/sec 이하
선 작업을 하는 고정작업장(계속노출)	0.5~1m/sec
저열부하와 경노동(간헐노출)	5~10m/sec
고열부하와 중노동(간헐노출)	15~20m/sec

58 ──────● Repetitive Learning 〔1회 2회 3회〕

귀덮개 착용 시 일반적으로 요구되는 차음 효과는?

① 저음에서 15dB 이상, 고음에서 30dB 이상
② 저음에서 20dB 이상, 고음에서 45dB 이상
③ 저음에서 25dB 이상, 고음에서 50dB 이상
④ 저음에서 30dB 이상, 고음에서 55dB 이상

해설
- 귀덮개의 차음효과는 저음에서 20dB 이상, 고음에서 45dB 이상이어야 한다.
- ▪▪ 귀마개와 귀덮개의 차음효과
  - 귀덮개의 차음효과는 저음에서 20dB 이상, 고음에서 45dB 이상이어야 한다.
  - 85~115dB의 경우 귀마개 또는 귀덮개를 사용한다.
  - 소음 정도가 120dB 이상인 경우는 귀마개와 귀덮개를 동시에 사용하여야 한다.

59 ──────● Repetitive Learning 〔1회 2회 3회〕

청력보호구의 차음효과를 높이기 위한 유의사항 중 틀린 것은?

① 청력보호구는 머리의 모양이나 귓구멍에 잘 맞는 것을 사용한다.
② 청력보호구는 잘 고정시켜서 보호구 자체의 진동을 최소한도로 줄여야 한다.
③ 청력보호구는 기공(氣孔)이 많은 재료를 사용하여 제조한다.
④ 귀덮개 형식의 보호구는 머리카락이 길 때와 안경테가 굵어서 잘 밀착되지 않을 때는 사용이 어렵다.

해설
- 청력보호구는 기공(氣孔)이 많으면 기공 속의 수분이 귀염증을 유발할 수 있으므로 기공이 많은 재료를 피해야 한다.
- ▪▪ 청력보호구의 차음효과
  - 소음으로 인한 청력손실을 예방하는 최소한의 대책이다.
  - 청력보호구는 머리의 모양이나 귓구멍에 잘 맞는 것을 사용한다.
  - 청력보호구는 잘 고정시켜서 보호구 자체의 진동을 최소한도로 줄여야 한다.
  - 청력보호구는 기공(氣孔)이 많으면 기공 속의 수분이 귀염증을 유발할 수 있으므로 기공이 많은 재료를 피해야 한다.
  - 귀덮개 형식의 보호구는 머리카락이 길 때와 안경테가 굵어서 잘 밀착되지 않을 때는 사용이 어렵다.

60

● Repetitive Learning 1회 2회 3회

입자의 직경이 80㎛인 분진 입자를 중력 침강실에서 처리하려고 한다. 입자의 밀도는 2g/㎤, 가스의 밀도는 1.2kg/㎥, 가스의 점성계수는 2.0×10^{-3}g/cm·s 일 때 침강속도는?(단, Stokes's 식 적용)

① 3.49×10^{-3}m/sec
② 3.49×10^{-2}m/sec
③ 4.49×10^{-3}m/sec
④ 4.49×10^{-2}m/sec

해설

- 침강속도의 단위가 m/sec이므로 이에 맞게 단위를 조정할 필요가 있다.
- 직경 80㎛는 $80 \times 10^{-6}m$이고 입자 밀도 $2g/cm^3 = 2 \times 10^{-3}kg/(10^{-2}m)^3 = 2,000kg/m^3$이며, 가스 점성계수 $2.0 \times 10^{-3}g/cm \cdot s = 2.0 \times 10^{-6}kg/10^{-2}m \cdot s = 2.0 \times 10^{-4}kg/m \cdot s$이다.
- $g = 9.8m/sec^2$, $d = 80 \times 10^{-6}m$, $\rho_1 = 2,000kg/m^3$, $\rho = 1.2kg/m^3$, $\mu = 2.0 \times 10^{-4}kg/m \cdot s$이므로 대입하면 $\dfrac{9.8 \times (80 \times 10^{-6})^2 \times (2,000 - 1.2)}{18 \times 2.0 \times 10^{-4}} = 0.0348 \cdots$이다.

✇ 스토크스(Stokes) 침강법칙에서의 침강속도 실기 0402/0502/1001/1502

- 물질의 침강속도는 중력가속도, 입자의 직경의 제곱, 분진입자의 밀도와 공기밀도의 차에 비례한다.
- 물질의 침강속도는 공기(기체)의 점성에 반비례한다.

$V = \dfrac{g \cdot d^2(\rho_1 - \rho)}{18\mu}$이다.	・V : 침강속도(cm/sec) ・g : 중력가속도($980cm/sec^2$) ・d : 입자의 직경(cm) ・ρ_1 : 입자의 밀도(g/cm^3) ・ρ : 공기밀도($0.0012g/cm^3$) ・μ : 공기점성계수($g/cm \cdot sec$)

4과목 물리적 유해인자관리

61

● Repetitive Learning 1회 2회 3회

다음 중 자외선에 관한 설명으로 틀린 것은?

① 비전리방사선이다.
② 태양광선, 고압수은증기등, 전기용접 등이 배출원이다.
③ 구름이나 눈에 반사되며, 고층구름이 낀 맑은 날에 가장 많다.
④ 태양에너지의 52%를 차지하며 보통 700~1400nm 파장을 말한다.

해설

- 태양으로부터 방출되는 복사에너지의 52%는 적외선이다. 자외선은 5%에 해당한다.

✇ 자외선

- 100~400nm 정도의 파장을 갖는다.
- 피부의 색소침착 등 생물학적 작용이 활발하게 일어나서 Dorno선이라고도 한다.(이때의 파장은 280~315nm 정도이다)
- 피부에 강한 특이적 홍반작용과 색소침착, 전기성 안염(전광선 안염), 피부암 발생 등의 장해를 일으킨다.
- 트리클로로에틸렌을 독성이 강한 포스겐으로 전환시킬 수 있는 광화학적 작용을 한다.
- 콜타르의 유도체, 벤조피렌, 안트라센 화합물과 상호작용하여 피부암을 유발시킨다.

62

● Repetitive Learning 1회 2회 3회

작업장의 습도를 측정한 결과 절대습도는 4.57mmHg, 포화습도는 18.25mmHg이었다. 이 작업장의 습도 상태에 대한 설명으로 맞는 것은?

① 적당하다.
② 너무 건조하다.
③ 습도가 높은 편이다.
④ 습도가 포화상태이다.

해설

- 절대습도 $H = 4.57mmHg$, 포화습도 $H_s = 18.25mmHg$이므로 비교습도는 $\dfrac{4.57}{18.25} \times 100 = 25.04 \cdots$%로 너무 건조한 상태이다.

✇ 습도의 구분 실기 0403

절대습도	・공기 $1m^3$ 중에 포함된 수증기의 양을 g으로 나타낸 것 ・건조공기 1kg당 포함된 수증기의 질량
포화습도	일정 온도에서 공기가 함유할 수 있는 최대 수증기량
상대습도	포화증기압과 현재 증기압의 비
비교습도	절대습도와 포화습도의 비

63

● Repetitive Learning 1회 2회 3회

고압환경에서 발생할 수 있는 화학적인 인체 작용이 아닌 것은?

① 일산화탄소 중독에 의한 호흡곤란
② 질소 마취작용에 의한 작업력 저하
③ 산소중독증상으로 간질 모양의 경련
④ 이산화탄소 불압증가에 의한 동통성 관절 장애

- 고압 환경의 2차적 가압현상에 관련된 유해인자는 산소, 질소, 이산화탄소이다.

📌 고압 환경의 2차적 가압현상
- 산소의 분압이 2기압이 넘으면 중독증세가 나타나며 시력장해, 정신혼란, 간질모양의 경련을 나타낸다.
- 산소중독에 따라 수지와 족지의 작열통, 시력장해, 정신혼란, 근육경련 등의 증상을 보이며 나아가서는 간질 모양의 경련을 나타낸다.
- 산소의 중독 작용은 운동이나 이산화탄소의 존재로 보다 악화된다.
- 산소중독에 따른 증상은 고압산소에 대한 노출이 중지되면 멈추게 된다.
- 4기압 이상에서 공기 중의 질소가스는 마취작용을 나타내며 알코올 중독의 증상과 유사한 다행증이 발생한다.
- 이산화탄소의 증가는 산소의 독성과 질소의 마취작용을 촉진시킨다.

- 원형창은 깊은 수심에 다이빙하는 다이버들이 수중에서 압력차에 의해서 주로 손상받는 기관이다.
- 삼반규관은 회전가속도를 감지하는 평형감각기관이다.
- 유스타키오관은 대기의 압력에 따라 중이의 압력을 조절하는 기관이다.

📌 코르티기관(Corti's organ)
- 내이의 달팽이관(cochlea) 속에 있는 청각 수용기관이다.
- 심한 소음에 반복 노출되면 코르티기관이 손상되어 일시적인 청력 변화는 영구적 청력변화로 변한다.

64 ———— ● Repetitive Learning (1회 2회 3회)

다음 중 자외선 노출로 인해 발생하는 인체의 건강영향이 아닌 것은?

① 색소 침착
② 광독성 장해
③ 피부 비후
④ 피부암 발생

- 광독성 장해는 여러 종류의 약물 또는 화학물질에 노출된 후 자외선과 반응하여 피부에 자극성을 나타내는 이상반응으로 자외선 노출보다는 약물에 대한 노출이 주 요인이다.

📌 자외선
문제 61번의 유형별 핵심이론 📌 참조

66 ———— ● Repetitive Learning (1회 2회 3회)

시간당 150kcal 열량이 소요되는 작업을 하는 실내 작업장이다. 다음 온도 조건에서 시간당 작업휴식시간비로 가장 적절한 것은?

- 흑구온도 : 32℃
- 건구온도 : 27℃
- 자연습구온도 : 30℃

작업휴식시간비 \ 작업강도	경작업	중등작업	중작업
계속작업	30.0	26.7	25.0
매시간 75% 작업, 25% 휴식	30.6	28.0	25.9
매시간 50% 작업, 50% 휴식	31.4	29.4	27.9
매시간 25% 작업, 75% 휴식	32.2	31.1	30.0

① 계속작업
② 매시간 25% 작업, 75% 휴식
③ 매시간 50% 작업, 50% 휴식
④ 매시간 75% 작업, 25% 휴식

- 고온에서의 작업휴식시간비를 결정하는 지표는 습구흑구온도이고, 옥내에서는 WBGT = 0.7NWT + 0.3GT로 구한다.
- 자연습구(NWT)는 30도이고, 흑구(GT)온도는 32도이므로 대입하면 0.7×30+0.3×32 = 21 + 9.6 = 30.6이다.
- 30.6에 해당하는 것은 경작업이고, 작업휴식시간비는 매시간 75% 작업, 25% 휴식이 적절하다.

📌 습구흑구온도(WBGT : Wet Bulb Globe Temperature) 지수
문제 27번의 유형별 핵심이론 📌 참조

65 ———— ● Repetitive Learning (1회 2회 3회)

2103

심한 소음에 반복 노출되면, 일시적인 청력 변화는 영구적 청력변화로 변하게 되는데, 이는 다음 중 어느 기관의 손상으로 인한 것인가?

① 원형창
② 코르티기관
③ 삼반규관
④ 유스타키오관

67

다음 중 산소결핍이 진행되면서 생체에 나타나는 영향을 올바르게 나열한 것은?

> ㉠ 가벼운 어지러움
> ㉡ 사망
> ㉢ 대뇌피질의 기능 저하
> ㉣ 중추성 기능장애

① ㉠ → ㉢ → ㉣ → ㉡
② ㉠ → ㉣ → ㉢ → ㉡
③ ㉢ → ㉠ → ㉣ → ㉡
④ ㉢ → ㉣ → ㉠ → ㉡

해설

- ㉠은 산소농도 12~16%, ㉡은 산소농도 6% 이하, ㉢은 산소농도 9~14%, ㉣은 산소농도 6~10%에서 일어나는 증상이다.
- **산소 농도에 따른 인체 증상**

12~16%	호흡·맥박의 증가, 두통·매스꺼움, 집중력 저하, 계산착오 등
9~14%	판단력 저하, 불안정한 정신상태, 기억상실, 대뇌피질 기능 저하, 의식몽롱 등
6~10%	의식상실, 중추신경장해, 안면창백, 전신근육 경련
6% 이하	호흡정지, 경련, 6분 이상 사망

68

1기압(atm)에 관한 설명으로 틀린 것은?

① 약 $1kgf/cm^2$과 동일하다.
② torr로는 0.76에 해당한다.
③ 수은주로 760mmHg과 동일하다.
④ 수주(水柱)로 $10332mmH_2O$에 해당한다.

해설

- 1기압은 760torr에 해당한다.
- **압력의 단위**
  - Pa, bar, at, atm, torr, psi, mmHg, mmH_2O 등이 사용된다.
  - $1atm = 760mmHg = 14.7psi = 101,325Pa = 10,332mmH_2O = 760torr = 1kgf/cm^2$의 관계를 갖는다.

69

현재 총 흡음량이 1,200sabins인 작업장의 천장에 흡음물질을 첨가하여 2,800sabins을 더할 경우 예측되는 소음감소량(dB)은 약 얼마인가?

① 3.5
② 4.2
③ 4.8
④ 5.2

해설

- 처리 전의 흡음량은 1,200[sabins], 처리 후의 흡음량은 1,200 + 2,800 = 4,000[sabins]이다.
- 대입하면 $NR = 10\log\dfrac{4,000}{1,200} = 5.228\cdots[dB]$이다.

흡음에 의한 소음감소(NR : Noise Reduction) **실기** 0301/0303/0501/0503/0601/0702/1001/1002/1003/1102/1201/1301/1403/1701/1702/2102/2103/2202

- $NR = 10\log\dfrac{A_2}{A_1}[dB]$으로 구한다.

  이때, A_1는 처리하기 전의 총 흡음량[sabins]이고, A_2는 처리한 후의 총 흡음량[sabins]이다.

70

일반적으로 소음계는 A, B, C 세 가지 특성에서 측정할 수 있도록 보정되어 있다. 그중 A 특성치는 몇 phon의 등감곡선에 기준한 것인가?

① 20phon
② 40phon
③ 70phon
④ 100phon

해설

- A 특성치란 대략 40phon의 등감곡선과 비슷하게 주파수에 따른 반응을 보정하여 측정한 음압 수준을 말한다.
- **소음계의 A, B, C 특성**
  - A 특성치란 대략 40phon의 등감곡선과 비슷하게 주파수에 따른 반응을 보정하여 측정한 음압 수준을 말한다.
  - B 특성치와 C 특성치는 각각 70phon과 100phon의 등감곡선과 비슷하게 보정하여 측정한 값을 말한다.
  - 일반적으로 소음계는 A, B, C 특성에서 음압을 측정할 수 있도록 보정되어 있으며 모든 주파수의 음압수준을 보정 없이 그대로 측정할 수도 있다. 즉, 세 값이 일치하는 주파수는 1,000Hz로 이때의 각 특성 보정치는 0이다.
  - A 특성치보다 C 특성치가 많이 크면 저주파 성분이 많고, A 특성치와 C 특성치가 같으면 고주파 성분이 많다.

71 ———————— Repetitive Learning (1회 2회 3회)

다음 중 외부조사보다 체내 흡입 및 섭취로 인한 내부조사의 피해가 가장 큰 전리방사선의 종류는?

① α선　　　　　　　② β선

③ γ선　　　　　　　④ χ선

해설

- 외부조사로 인한 건강상의 위해는 극히 적으나 체내 흡입 및 섭취로 인한 내부조사의 피해가 가장 큰 전리방사선은 알파(α) 선이다.

⁂ 알파(α) 선

- 원자핵에서 방출되는 입자로서 헬륨원자의 핵과 같이 두 개의 양자와 두 개의 중성자로 구성되어 있다.
- 질량과 하전여부에 따라서 그 위험성이 결정된다.
- 투과력은 가장 약하나 전리작용은 가장 강하다.
- 외부조사로 인한 건강상의 위해는 극히 적으나 체내 흡입 및 섭취로 인한 내부조사의 피해가 가장 크다.
- 상대적 생물학적 효과(RBE)가 가장 크다.

1803

72 ———————— Repetitive Learning (1회 2회 3회)

진동에 대한 설명으로 틀린 것은?

① 전신진동에 대해 인체는 대략 $0.01m/s^2$까지의 진동 가속도를 느낄 수 있다.

② 진동 시스템을 구성하는 3가지 요소는 질량(mass), 탄성(elasticity)과 댐핑(damping)이다.

③ 심한 진동에 노출될 경우 일부 노출군에서 뼈, 관절 및 신경, 근육, 혈관 등 연부조직에 병변이 나타난다.

④ 간헐적인 노출시간(주당 1일)에 대해 노출기준치를 초과하는 주파수-보정, 실효치, 성분가속도에 대한 급성노출은 반드시 더 유해하다.

해설

- 간헐적인 노출시간(주당 1일)에 대해 노출기준치를 초과하는 주파수-보정, 실효치, 성분가속도에 대한 급성노출은 반드시 더 유해하다고는 볼 수 없다.

⁂ 진동

- 진동의 종류에는 정현진동, 충격진동, 감쇠진동 등이 있다.
- 진동 시스템을 구성하는 3가지 요소는 질량(mass), 탄성(elasticity)과 댐핑(damping)이다.
- 진동의 강도는 가속도, 속도, 변위로 주로 표시한다.
- 전신진동에 대해 인체는 대략 $0.01m/s^2$까지의 진동 가속도를 느낄 수 있다.

0401

73 ———————— Repetitive Learning (1회 2회 3회)

전신진동은 진동이 작용하는 축에 따라 인체의 영향을 미치는 주파수의 범위가 다르다. 각 축에 따른 주파수의 범위로 옳은 것은?

① 수직방향 : 4~8Hz, 수평방향 : 1~2Hz

② 수직방향 : 10~20Hz, 수평방향 : 4~8Hz

③ 수직방향 : 2~100Hz, 수평방향 : 8~150Hz

④ 수직방향 : 8~1500Hz, 수평방향 : 50~100Hz

해설

- 진동이 작용하는 축에 따라 인체에 미치는 영향은 수직방향은 4~8Hz, 수평방향은 1~2Hz에서 가장 민감하다.

⁂ 전신진동

- 전신진동은 2~100Hz의 주파수 범위를 갖는다.
- 전신진동에 의한 생체반응에 관계하는 4인자는 진동의 강도, 진동수, 방향, 폭로시간이다.
- 진동이 작용하는 축에 따라 인체에 미치는 영향은 수직방향은 4~8Hz, 수평방향은 1~2Hz에서 가장 민감하다.
- 수평 및 수직진동이 동시에 가해지면 2배의 자각현상이 나타난다.

74 ———————— Repetitive Learning (1회 2회 3회)

작업기계에서 음향파워레벨(PWL)이 110dB 소음이 발생되고 있다. 이 기계의 음향파워는 몇 W(watt)인가?

① 0.05　　　　　　② 0.1

③ 1　　　　　　　④ 10

해설

- PWL이 주어졌으므로 역으로 대입해야 한다.
- $110 = 10\log\dfrac{W}{10^{-12}}$ 이므로 $\log\dfrac{W}{10^{-12}} = 11$이 되려면 W는 $10^{-1} = 0.1$이 되어야한다.

⁂ 음향파워레벨(PWL ; Sound PoWer Level, 음력레벨) 실기 0502/1603

- 음향출력($W = I[W/m^2] \times S[m^2]$)의 양변에 대수를 취해 구한 값을 음향파워레벨, 음력레벨(PWL)이라 한다.
- $PWL = 10\log\dfrac{W}{W_0}$[dB]로 구한다. 여기서 W_0는 기준음향파워로 10^{-12}[W]이다.
- PWL = SPL + 10 logS로 구한다.
  이때, SPL은 음의 압력레벨, S는 음파의 확산면적[m^2]을 말한다.

75
● Repetitive Learning

다음 중 단기간 동안 자외선(UV)에 초과 노출될 경우 발생할 수 있는 질병은?

① Hypothermia
② Welder's flash
③ Phossy jaw
④ White fingers syndrome

해설
- 단기간 자외선에 초과 노출되는 업무를 하는 용접공들에게서 주로 발생하는 안질환은 광자극성 각막염(Welder's flash)이다.
- ❖ 광자극성 각막염(Welder's flash)
  - 각막이 280~315nm의 자외선에 노출되어 발생하는 안질환이다.
  - 단기간 자외선에 초과 노출되는 업무를 하는 용접공들에게서 주로 발생한다.

76
● Repetitive Learning

한랭환경에 의한 건강장해에 대한 설명으로 옳지 않은 것은?

① 레이노씨 병과 같은 혈관 이상이 있을 경우에는 증상이 악화된다.
② 제2도 동상은 수포와 함께 광범위한 삼출성 염증이 일어나는 경우를 의미한다.
③ 참호족은 지속적인 국소의 영양결핍 때문이며, 한랭에 의한 신경조직의 손상이 발생한다.
④ 전신 저체온의 첫 증상은 억제하기 어려운 떨림과 냉(冷)감각이 생기고 심박동이 불규칙하고 느려지며, 맥박은 약해지고 혈압이 낮아진다.

해설
- 참호족과 침수족은 지속적인 국소의 산소결핍 때문이며, 모세혈관 벽이 손상되는 것이다.
- ❖ 한랭환경에서의 건강장해
  - 레이노씨 병과 같은 혈관 이상이 있을 경우에는 저온 노출로 유발되거나 그 증상이 악화된다.
  - 참호족과 침수족은 지속적인 국소의 산소결핍 때문이며, 모세혈관 벽이 손상되는 것이다.(동상과 달리 영상의 온도에서 발생한다)
  - 전신체온강화는 장시간 한랭노출과 체열상실로 인한 급성 중증 장애로, 심부온도가 37℃에서 26.7℃ 이하로 떨어지는 것을 말한다.

77
● Repetitive Learning

다음 중 자연채광을 이용한 조명방법으로 가장 적절하지 않은 것은?

① 입사각은 25° 미만이 좋다.
② 실내 각점의 개각은 4~5°가 좋다.
③ 창의 면적은 바닥면적의 15~20%가 이상적이다.
④ 창의 방향은 많은 채광을 요구할 경우 남향이 좋으며 조명의 평등을 요하는 작업실의 경우 북창이 좋다.

해설
- 실내각점의 개각은 4~5°, 입사각은 28° 이상이 좋다.
- ❖ 채광계획
  - 많은 채광을 요구하는 경우는 남향이 좋다.
  - 균일한 조명을 요구하는 작업실은 북향이 좋다.
  - 실내각점의 개각은 4~5°(개각이 클수록 밝다), 입사각은 28° 이상이 좋다.
  - 창의 면적은 방바닥 면적의 15~20%가 이상적이다.
  - 유리창은 청결한 상태여도 10~15% 조도가 감소되는 점을 고려한다.
  - 창의 높이를 증가시키는 것이 창의 크기를 증가시킨 것보다 조도에서 더욱 효과적이다.

78
● Repetitive Learning

산업안전보건법령(국내)에서 정하는 일일 8시간 기준의 소음노출기준과 ACGIH 노출기준의 비교 및 각각의 기준에 대한 노출시간 반감에 따른 소음변화율을 비교한 [표] 중 올바르게 구분한 것은?

구분	노출기준		소음변화율	
	국내	ACGIH	국내	ACGIH
㉠	90dB	85dB	3dB	3dB
㉡	90dB	90dB	5dB	5dB
㉢	90dB	85dB	5dB	3dB
㉣	90dB	90dB	3dB	5dB

① ㉠
② ㉡
③ ㉢
④ ㉣

해설
- 국내의 기준은 90dB(5dB 변화율), ACGIH는 85dB(3dB 변화율)을 채택하고 있다.

∷ 소음 노출기준

ⓛ 국내(산업안전보건법) 소음의 허용기준
  • 미국의 산업안전보건청과 같은 90dB(5dB 변화율)을 채택하고 있다.

1일 노출시간(hr)	허용 음압수준(dBA)
8	90
4	95
2	100
1	105
1/2	110
1/4	115

ⓛ ACGIH 노출기준

1일 노출시간(hr)	허용 음압수준(dBA)
8	85
4	88
2	91
1	94
1/2	97
1/4	100

1803

79 ——————● Repetitive Learning 〔1회 2회 3회〕

다음 설명 중 ( ) 안에 알맞은 내용으로 나열한 것은?

> 깊은 물에서 올라오거나 감압실 내에서 감압을 하는 도중에 폐압박의 경우와는 반대로 폐 속에 공기가 팽창한다. 이때는 감압에 의한 (㉠)과 (㉡)의 두 가지 건강상 문제가 발생한다.

① ㉠ 가스팽창, ㉡ 질소기포형성
② ㉠ 가스압축, ㉡ 이산화탄소중독
③ ㉠ 질소기포형성, ㉡ 산소중독
④ ㉠ 폐수종, ㉡ 저산소증

• 고기압상태에서 저기압으로 변할 때 폐 속의 공기는 팽창한다.
• 고기압상태에서 저기압으로 변할 때 체액 및 지방조직에서의 질소기포 증가로 감압병이 발생한다.

∷ 잠함병(감압병)
  • 잠함과 같은 수중구조물에서 주로 발생하여 케이슨(Caisson)병이라고도 한다.
  • 고기압상태에서 저기압으로 변할 때 체액 및 지방조직에 질소기포 증가로 인해 발생한다.
  • 중추신경계 감압병은 고공비행사는 뇌에, 잠수사는 척수에 더 잘 발생한다.

• 동통성 관절장애(Bends)는 감압증에서 흔히 나타나는 급성장애이다
• 질소의 기포가 뼈의 소동맥을 막아서 비감염성 골괴사를 일으키기도 한다.
• 관절, 심부 근육 및 뼈에 동통이 일어나는 것을 bends라 한다.
• 흉통 및 호흡곤란은 흔하지 않은 특수형 질식이다.
• 마비는 감압증에서 주로 나타나는 중증 합병증으로 하지의 강직성 마비가 나타나는데 이는 척수나 그 혈관에 기포가 형성되어 일어난다.
• 재가압 산소요법으로 주로 치료한다.

1903

80 ——————● Repetitive Learning 〔1회 2회 3회〕

조명을 작업환경의 한 요인으로 볼 때, 고려해야 할 사항이 아닌 것은?

① 빛의 색   ② 조명 시간
③ 눈부심과 휘도   ④ 조도와 조도의 분포

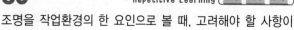

• 부적합한 조명은 작업자의 눈의 피로, 편두통, 두통 등의 증상을 일으켜 무기력증, 민감성, 집중력 저하 등 작업자의 건강에 영향을 주므로 신중한 선택이 필요하지만 조명 시간은 특별히 고려사항은 아니다.

∷ 작업환경의 한 요인으로서 조명 선택시 고려할 사항
  • 빛의 색
  • 눈부심과 휘도
  • 조도와 조도의 분포

5과목	산업독성학

1101 / 2201

81 ——————● Repetitive Learning 〔1회 2회 3회〕

다음 설명에 해당하는 중금속은?

> • 뇌홍의 제조에 사용
> • 소화관으로는 2~7% 정도의 소량으로 흡수
> • 금속 형태로는 뇌, 혈액, 심근에 많이 분포
> • 만성노출 시 식욕부진, 신기능부전, 구내염 발생

① 납(Pb)   ② 수은(Hg)
③ 카드뮴(Cd)   ④ 안티몬(Sb)

해설

- 납은 포르피린과 헴(heme)의 합성에 관여하는 효소를 억제하며, 소화기계 및 조혈계에 영향을 준다.
- 카드뮴은 칼슘대사에 장해를 주어 신결석을 동반한 신증후군이 나타나고 다량의 칼슘배설이 일어나 뼈의 통증, 골연화증 및 골수공증과 같은 골격계장해를 유발하는 중금속이다.

수은(Hg)

ⓐ 개요
- 인간의 연금술, 의약품 등에 가장 오래 사용해 왔던 중금속의 하나로 17세기 유럽에서 신사용 중절모자를 만드는 사람들에게 처음으로 발견되어 hatter's shake라고 하며 근육경련을 유발하는 중금속이다.
- 단백질을 침전시키며 thiol(-SH)기를 가진 효소의 작용을 억제하여 독성을 나타낸다.
- 뇌홍의 제조에 사용하며, 증기를 발생하여 산업중독을 일으킨다.
- 수은은 상온에서 액체상태로 존재하는 금속이다.

ⓑ 분류
- 무기수은화합물은 대부분의 금속과 화합하여 아말감을 만든다.
- 무기수은화합물은 질산수은, 승홍, 뇌홍 등이 있으며, 유기수은화합물에는 페닐수은, 에틸수은 등이 있다.
- 유기수은 화합물로서는 아릴수은(무기수은) 화합물과 알킬수은 화합물이 있다.
- 메틸 및 에틸 등 알킬수은 화합물의 독성이 가장 강하다.

ⓒ 인체에 미치는 영향과 대책 [실기] 0401
- 소화관으로는 2~7% 정도의 소량으로 흡수되고, 금속 형태로는 뇌, 혈액, 심근에 많이 분포된다.
- 중독의 특징적인 증상은 근육진전, 정신증상이고, 만성노출 시 식욕부진, 신기능부전, 구내염이 발생한다.
- 급성중독 시 우유와 계란의 흰자를 먹여 단백질과 해당 물질을 결합시켜 침전시키거나, BAL(dimercaprol)을 체중 1kg당 5mg을 근육주사로 투여하여야 한다.

82 ——● Repetitive Learning 1회 2회 3회

어떤 물질의 독성에 관한 인체실험 결과 안전 흡수량이 체중 1kg 당 0.15mg이었다. 체중이 70kg인 근로자가 1일 8시간 작업할 경우 이물질의 체내 흡수를 안전흡수량 이하로 유지하려면 공기 중 농도를 얼마 이하로 하여야 하는가?(단, 작업 시 폐환기율은 $1.3m^3$/h, 체내 잔류율은 1.0으로 한다)

① $0.52mg/m^3$ ② $1.01mg/m^3$
③ $1.57mg/m^3$ ④ $2.02mg/m^3$

해설

- 체내흡수량(안전흡수량)과 관련된 문제이다.
- 체내 흡수량(mg)=C×T×V×R로 구할 수 있다.
- 문제는 작업 시의 허용농도 즉, C를 구하는 문제이므로 $\frac{체내흡수량}{T×V×R}$로 구할 수 있다.
- 체내 흡수량은 몸무게×몸무게당 안전흡수량=70×0.15=10.5이다.
- 따라서 C=10.5/(8×1.3×1.0)=1.0096…이 된다.

체내흡수량(SHD : Safe Human Dose) [실기] 0301/0501/0601/0801/1001/1201/1402/1602/1701/2002/2003
- 사람에게 안전한 양으로 안전흡수량, 안전폭로량이라고도 한다.
- 동물실험을 통하여 산출한 독물량의 한계치(NOED : No-Observable Effect Dose)를 사람에게 적용하기 위해 인간의 안전폭로량(SHD)을 계산할 때 안전계수와 체중, 독성물질에 대한 역치(THDh)를 고려한다.
- C×T×V×R[mg]으로 구한다.
  C : 공기 중 유해물질농도[mg/m^3]
  T : 노출시간[hr]
  V : 폐환기율, 호흡률[m^3/hr]
  R : 체내잔류율(주어지지 않을 경우 1.0)

83 ——● Repetitive Learning 1회 2회 3회

주로 비강, 인후두, 기관 등 호흡기의 기도 부위에 축적됨으로써 호흡기계 독성을 유발하는 분진은?

① 흡입성 분진 ② 호흡성 분진
③ 흉곽성 분진 ④ 총부유 분진

해설

- 호흡성 먼지는 폐포에 침착하여 독성을 나타내며 평균입자 크기는 4μm이고, 공기 역학적 직경이 10μm 미만인 먼지를 말한다.
- 흉곽성 먼지는 기관지와 폐포 등 폐 내부의 공기통로와 가스교환 부위에 침착되는 먼지로서 공기역학적 지름이 30μm 이하의 크기를 가지며 평균입경은 10μm이다.

입자상 물질의 분류 [실기] 0303/0402/0502/0701/0703/0802/1303/1402/1502/1601/1701/1802/1901/2202

흡입성 먼지	주로 비강, 인후두, 기관 등 호흡기의 기도 부위에 축적됨으로써 호흡기계 독성을 유발하는 분진으로 평균입경이 100μm이다.
흉곽성 먼지	기관지와 폐포 등 폐 내부의 공기통로와 가스교환 부위에 침착되는 먼지로서 공기역학적 지름이 30μm 이하의 크기를 가지며 평균입경은 10μm이다.
호흡성 먼지	폐포에 침착하여 독성을 나타내며 평균입자 크기는 4μm이고, 공기 역학적 직경이 10μm 미만인 먼지를 말한다.

84

84 ──────── • Repetitive Learning [1회] [2회] [3회]

직업성 천식이 유발될 수 있는 근로자와 거리가 가장 먼 것은?

① 채석장에서 돌을 가공하는 근로자
② 목분진에 과도하게 노출되는 근로자
③ 빵집에서 밀가루에 노출되는 근로자
④ 폴리우레탄 페인트 생산에 TDI를 사용하는 근로자

해설

• 채석장의 돌 가공은 진폐증을 유발한다.

❖ 직업성 천식

• 작업환경에서 기도의 만성 염증성 질환인 기관지 천식이 발생한 것을 말한다.
• 작업장에서의 분진, 가스, 증기 혹은 연무 등에 노출되어 발생하는 기도의 가역적인 폐쇄를 보이는 질환이다.
• 알레르기 항원이 기도로 들어와 IgE를 생성한다. 항원과 결합된 항원전달세포가 림프절 내에 작용한다. 이때 비만세포로부터 Histamine, Leukotriene 등이 분비되어 기관지 수축이 일어난다.
• 원인물질에는 금속(백금, 니켈, 크롬, 알루미늄 등), 약제(항생제, 소화제 등), 생물학적 물질(털, 동물분비물, 목재분진, 곡물가루, 밀가루, 커피가루, 진드기 등), 화학물질(TDI, TMA, 반응성 아조염료 등) 등이 있다.

85 ──────── • Repetitive Learning [1회] [2회] [3회]

다음 중 수은의 배설에 관한 설명으로 틀린 것은?

① 유기수은화합물은 땀으로도 배설된다.
② 유기수은화합물은 대변으로 주로 배설된다.
③ 금속수은은 대변보다 소변으로 배설이 잘된다.
④ 무기수은화합물의 생물학적 반감기는 2주 이내이다.

해설

• 무기수은의 혈중 반감기는 4일, 소변에서의 반감기는 40~60일 정도이다.

❖ 수은의 배설

• 유기수은화합물은 대변으로 주로 배설되며, 땀으로도 배설된다.
• 금속수은은 대변보다 소변으로 배설이 잘된다.
• 무기수은은 소변과 대변으로 배설된다.
• 무기수은의 혈중 반감기는 4일, 소변에서의 반감기는 40~60일 정도이다.
• 유기수은인 메틸 수은의 반감기는 60~400일 정도이다.

86 ──────── • Repetitive Learning [1회] [2회] [3회]

흡입분진의 종류에 의한 진폐증의 분류 중 무기성 분진에 의한 진폐증이 아닌 것은?

① 규폐증   ② 면폐증
③ 철폐증   ④ 용접공폐증

해설

• 면폐증은 유기성 분진으로 인한 진폐증에 해당한다.

❖ 흡입 분진의 종류에 의한 진폐증의 분류

무기성 분진	규폐증, 용접공폐증, 탄광부진폐증, 활석폐증, 석면폐증, 흑연폐증, 알루미늄폐증, 탄소폐증, 주석폐증, 규조토폐증 등
유기성 분진	면폐증, 설탕폐증, 농부폐증, 목조분진폐증, 연초폐증, 모발분진폐증 등

87 ──────── • Repetitive Learning [1회] [2회] [3회]

다음 중 방향족 탄화수소 중 저농도에 장기간 노출되어 만성중독을 일으키는 경우 가장 위험한 것은?

① 벤젠   ② 크실렌
③ 톨루엔   ④ 에틸렌

해설

• 크실렌(Xylene)은 호흡기 자극, 피부 및 눈 자극 등 중추신경계에 영향을 주며, 장기간 폭로 될 경우 월경장애, 간 이상, 생식계 등에도 영향을 준다.
• 톨루엔은 인체에 과량 흡입될 경우 위장관계의 기능장애, 두통이나 환각증세와 같은 신경장애를 일으키는 등 중추신경계에 영향을 준다.
• 에틸렌은 독성 및 건강 유해성 정보가 분류되지 않은 물질로 강력한 인화성 물질이다.

❖ 벤젠(C_6H_6)

• 방향족 탄화수소 중 저농도에 장기간 노출되어 만성중독을 일으키는 경우 가장 위험하다.
• 만성노출에 의한 조혈장해를 유발시키며, 급성 골수성 백혈병을 일으키는 원인물질이다.
• 중독 시 재생불량성 빈혈을 일으켜 혈액의 모든 세포성분이 감소한다.
• 혈액조직에서 백혈구 수를 감소시켜 응고작용 결핍 등이 초래된다.
• 벤젠은 주로 페놀로 대사되며 페놀은 벤젠의 생물학적 노출지표로 이용된다.

88 ●────── Repetitive Learning 1회 2회 3회

다음 중 중추신경계 억제작용이 큰 유기화학물질의 순서로 옳은 것은?

① 유기산<알칸<알켄<알코올<에스테르<에테르
② 유기산<에스테르<에테르<알칸<알켄<알코올
③ 알칸<알켄<알코올<유기산<에스테르<에테르
④ 알코올<유기산<에스테르<에테르<알칸<알켄

해설

- 유기용제의 중추신경 활성 억제작용의 순위는 알칸<알켄<알코올<유기산<에스테르<에테르<할로겐화합물 순으로 커진다.

❖ 유기용제의 중추신경 활성억제 및 자극 순서

　㉠ 억제작용의 순위
- 알칸<알켄<알코올<유기산<에스테르<에테르<할로겐화합물

　㉡ 자극작용의 순위
- 알칸<알코올<알데히드 또는 케톤<유기산<아민류

　㉢ 극성의 크기 순서
- 파라핀<방향족 탄화수소<에스테르<케톤<알데하이드<알코올<물

0403

89 ●────── Repetitive Learning 1회 2회 3회

다음 중 유병률(P)은 10% 이하이고, 발생률(I)과 평균이환기간(D)이 시간 경과에 따라 일정하다고 할 때 다음 중 유병률과 발생률 사이의 관계로 옳은 것은?

① $P = \dfrac{I}{D^2}$　　　　② $P = \dfrac{I}{D}$

③ $P = I \times D^2$　　　　④ $P = I \times D$

해설

- 유병률(P)은 10% 이하이고, 발생률(I)과 평균이환기간(D)이 시간 경과에 따라 일정할 때 유병률과 발생률 사이의 관계는 $P = I \times D$ 이다.

❖ 유병률과 발생률
- 유병률은 특정 시점에서 대상 집단에서 특정 질환을 가진 개체 수의 백분율을 말한다.
- 유병률은 발생율과는 달리 시간개념이 적다.
- 발생률은 질병의 발생가능성이 있는 인구집단에서 일정 기간동안 발생한 질병의 수로 위험에 노출된 인구 중 질병에 걸릴 확률의 개념이다.
- 유병률(P)은 10% 이하이고, 발생률(I)과 평균이환기간(D)이 시간 경과에 따라 일정할 때 유병률과 발생률 사이의 관계는 $P = I \times D$이다.

90 ●────── Repetitive Learning 1회 2회 3회

다음 중 생물학적 모니터링(biological monitoring)에 대한 개념을 설명한 것으로 적절하지 않은 것은?

① 내재용량은 최근에 흡수된 화학물질의 양이다.
② 화학물질이 건강상 영향을 나타내는 조직이나 부위에 결합된 양을 말한다.
③ 여러 신체 부분이나 몸 전체에서 저장된 화학물질 중 호흡기계로 흡수된 물질을 의미한다.
④ 생물학적 모니터링에는 노출에 대한 모니터링과 건강상의 영향에 대한 모니터링으로 나눌 수 있다.

해설

- 생물학적 모니터링은 모든 노출경로에 의한 흡수정도를 나타낼 수 있다.

❖ 생물학적 모니터링
- 작업자의 생물학적 시료에서 화학물질의 노출을 추정하는 것을 말한다.
- 모든 노출경로에 의한 흡수정도를 나타낼 수 있다.
- 최근의 노출량이나 과거로부터 축적된 노출량을 파악한다.
- 건강상의 위험은 생물학적 검체에서 물질별 결정인자를 생물학적 노출지수와 비교하여 평가된다.
- 근로자 노출 평가와 건강상의 영향 평가 두 가지 목적으로 모두 사용될 수 있다.
- 생물학적 검체인 호기, 소변, 혈액 등에서 결정인자를 측정하여 노출정도를 추정하는 방법이다.
- 결정인자는 공기 중에서 흡수된 화학물질이나 그것의 대사산물 또는 화학물질에 의해 생긴 가역적인 생화학적 변화이다.
- 내재용량은 최근에 흡수된 화학물질의 양, 여러 신체 부분이나 몸 전체에서 저장된 화학물질의 양, 체내 주요 조직이나 부위의 작용과 결합한 화학물질의 양을 나타낸다.
- 공기 중 노출기준(TLV)이 설정된 화학물질의 수는 생물학적 노출기준(BEI)보다 더 많다.

91 ●────── Repetitive Learning 1회 2회 3회

다음 중 망간중독에 관한 설명으로 틀린 것은?

① 금속망간의 직업성 노출은 철강제조 분야에서 많다.
② 치료제는 CaEDTA가 있으며 중독시신경이나 뇌세포 손상 회복에 효과가 크다.
③ 망간의 노출이 계속되면 파킨슨증후군과 거의 비슷하게 될 수 있다.
④ 이산화망간 흄에 급성 폭로되면 열, 오한, 호흡곤란 등의 증상을 특징으로 하는 금속열을 일으킨다.

해설

- Ca-EDTA는 무기성 납으로 인한 중독 시 원활한 체내 배출을 위해 사용하는 배설촉진제로 망간중독의 치료와는 거리가 멀다.

❁ 망간중독
- 호흡기 노출이 주경로이다.
- 언어장애, 균형감각상실 등의 증세를 보인다.
- 전기용접봉 제조업, 도자기 제조업에서 빈번하게 발생된다.
- 이산화망간 흄에 급성 폭로되면 열, 오한, 호흡곤란 등의 증상을 특징으로 하는 금속열을 일으킨다.
- 금속망간의 직업성 노출은 철강제조 분야에서 많다.
- 망간의 노출이 계속되면 파킨슨증후군과 거의 비슷하게 될 수 있다.
- 망간의 만성중독을 일으키는 것은 2가의 망간화합물이다.

92 ────────● Repetitive Learning 〔1회 2회 3회〕

생리적으로는 아무 작용도 하지 않으나 공기 중에 많이 존재하여 산소분압을 저하시켜 조직에 필요한 산소의 공급부족을 초래하는 질식제는?

① 단순 질식제
② 화학적 질식제
③ 물리적 질식제
④ 생물학적 질식제

해설

- 화학적 질식제는 혈액 중 산소운반능력을 방해하거나 기도나 폐조직을 손상시키는 질식제를 말한다.

❁ 질식제
문제 38번의 유형별 핵심이론 ❁ 참조

93 ────────● Repetitive Learning 〔1회 2회 3회〕

피부 독성에 있어 경피흡수에 영향을 주는 인자와 가장 거리가 먼 것은?

① 온도
② 화학물질
③ 개인의 민감도
④ 용매(vehicle)

해설

- 피부 독성에 있어 경피흡수에 영향을 주는 인자에는 ②, ③, ④ 외에 작업시간이나 노출면적 등이 있다.

❁ 피부 독성에 있어 경피흡수에 영향을 주는 인자
- 화학물질
- 개인의 민감도
- 용매(vehicle)
- 작업시간이나 노출면적 등

94 ────────● Repetitive Learning 〔1회 2회 3회〕

다음 중 미국정부산업위생전문가협의회(ACGIH)의 노출기준(TLV) 적용에 관한 설명으로 틀린 것은?

① 기존의 질병을 판단하기 위한 척도이다.
② 산업위생전문가에 의하여 적용되어야 한다.
③ 독성의 강도를 비교할 수 있는 지표가 아니다.
④ 대기오염의 정도를 판단하는데 사용해서는 안 된다.

해설

- TLV는 기존의 질병이나 육체적 조건을 판단하기 위한 척도로 사용될 수 없다.

❁ TLV(Threshold Limit Value)의 적용 실기 0401/0602/0703/1201/1302/1502/1903
- 산업위생전문가에 의하여 적용되어야 한다.
- 기존의 질병이나 육체적 조건을 판단하기 위한 척도로 사용될 수 없다.
- 안전농도와 위험농도를 정확히 구분하는 경계선이 아니다.
- 24시간 노출 또는 정상 작업시간을 초과한 노출에 대한 독성평가에는 적용될 수 없다.
- 독성강도를 비교할 수 있는 지표로 사용하지 않아야 한다.
- 대기오염의 정도를 판단하는데 사용해서는 안 된다.

95 ────────● Repetitive Learning 〔1회 2회 3회〕

산업특성학 용어 중 무관찰영향수준(NOEL)에 관한 설명으로 틀린 것은?

① 주로 동물실험에서 유효량으로 이용된다.
② 아급성 또는 만성독성 시험에서 구해지는 지표이다.
③ 양-반응관계에서 안전하다고 여겨지는 양으로 간주한다.
④ NOEL의 투여에서는 투여하는 전 기간에 걸쳐 치사, 발병 및 병태생리학적 변화가 모든 실험대상에서 관찰되지 않는다.

해설

- 무관찰영향수준(NOEL)은 주로 동물실험에서 역치량으로 이용된다.

❁ 무관찰영향수준(NOEL)
- 만성독성 시험에 구해지는 지표이다.
- NOEL의 투여에서는 투여하는 전 기간에 걸쳐 치사, 발병 및 병태 생리학적 변화가 모든 실험대상에서 관찰되지 않는다.
- 양-반응관계에서 안전하다고 여겨지는 양으로 간주된다.
- 주로 동물실험에서 역치량(Threshold Dose, ThDo)으로 이용된다.

96 ——— • Repetitive Learning 〔1회 2회 3회〕

0303 / 0502 / 0902 / 2201

체내에 노출되면 metallothionein이라는 단백질을 합성하여 노출된 중금속의 독성을 감소시키는 경우가 있는데 이에 해당되는 중금속은?

① 납
② 니켈
③ 비소
④ 카드뮴

해설

- 납은 포르피린과 헴(heme)의 합성에 관여하는 효소를 억제하며, 소화기계 및 조혈계에 영향을 준다.
- 니켈은 합금, 도금 및 전지 등의 제조에 사용되며, 알레르기 반응, 폐암 및 비강암을 유발할 수 있는 중금속이다.
- 비소는 은빛 광택을 내는 비금속으로 가열하면 녹지 않고 승화되며, 피부 특히 겨드랑이나 국부 등에 습진형 피부염이 생기며 피부암을 유발한다.

⁑ 카드뮴

- 카드뮴은 부드럽고 연성이 있는 금속으로 납광물이나 아연광물을 제련할 때 부산물로 얻어진다.
- 주로 니켈, 알루미늄과의 합금, 살균제, 페인트 등을 취급하는 곳에서 노출위험성이 크다.
- 흡수된 카드뮴은 혈장단백질과 결합하여 최종적으로 간이나 신장에 축적된다.
- 인체 내에서 –SH기와 결합하여 독성을 나타낸다.
- 중금속 중에서 칼슘대사에 장애를 주어 신결석을 동반한 신증후군이 나타나고 폐기종, 만성기관지염 같은 폐질환을 일으키고, 다량의 칼슘배설이 일어나 뼈의 통증, 골연화증 및 골수공증과 같은 골격계 장애를 유발한다.
- 카드뮴에 의한 급성노출 및 만성노출 후의 장기적인 속발증은 고환의 기능쇠퇴, 폐기종, 간손상 등이다.
- 체내에 노출되면 저분자 단백질인 metallothionein이라는 단백질을 합성하여 독성을 감소시킨다.

97 ——— • Repetitive Learning 〔1회 2회 3회〕

0301 / 0702

금속열은 고농도의 금속산화물을 흡입함으로써 발병되는 질병이다. 다음 중 원인물질로 가장 대표적인 것은?

① 니켈
② 크롬
③ 아연
④ 비소

해설

- 주로 구리, 아연과 마그네슘, 망간산화물의 증기가 원인이 되지만 카드뮴, 안티몬, 산화아연 등에 의하여 생기기도 한다.

⁑ 금속열

- 중금속 노출에 의하여 나타나는 금속열은 흄 형태의 고농도 금속을 흡입하여 발생한다.
- 월요일 출근 후에 심해져서 월요일열(monday fever)이라고도 한다.
- 감기증상과 매우 비슷하여 오한, 구토감, 기침, 전신위약감 등의 증상이 있다.
- 금속열은 보통 3~4시간 지나면 증상이 회복되며, 길어도 2~4일 안에 회복된다.
- 카드뮴, 안티몬, 산화아연, 구리, 아연, 마그네슘 등 비교적 융점이 낮은 금속의 제련, 용해, 용접 시 발생하는 산화금속 흄을 흡입할 경우 생기는 발열성 질병이다.
- 철폐증은 철 분진 흡입 시 발생되는 금속열의 한 형태이다.
- 금속열이 발생하는 작업장에서는 개인 보호용구를 착용해야 한다.

98 ——— • Repetitive Learning 〔1회 2회 3회〕

1101

다음 중 생물학적 모니터링을 할 수 없거나 어려운 물질은?

① 카드뮴
② 유기용제
③ 톨루엔
④ 자극성 물질

해설

- 생물학적 모니터링은 작업자의 생물학적 시료에서 화학물질의 노출을 추정하는 것을 말하는데 자극성 물질에 대한 생물학적 노출지표로 활용할만한 것이 없어 모니터링 자체가 불가능하거나 어렵다.

⁑ 생물학적 모니터링

문제 90번의 유형별 핵심이론 ⁑ 참조

99 ——— • Repetitive Learning 〔1회 2회 3회〕

다음 중 이황화탄소(CS_2)에 관한 설명으로 틀린 것은?

① 감각 및 운동신경에 장애를 유발한다.
② 생물학적 노출지표는 소변 중의 삼염화에탄올 검사방법을 적용한다.
③ 휘발성이 강한 액체로서 인조견, 셀로판 및 사염화탄소의 생산과 수지와 고무제품의 용제에 이용된다.
④ 고혈압의 유병률과 콜레스테롤치의 상승빈도가 증가되어 뇌, 심장 및 신장의 동맥 경화성 질환을 초래한다.

- 생물학적 폭로지표로는 TTCA검사가 이용된다.

이황화탄소(CS_2)

- 휘발성이 매우 높은 무색 액체이다.
- 인조견, 셀로판 및 사염화탄소의 생산과 수지와 고무제품의 용제에 이용된다.
- 대부분 상기도를 통해서 체내에 흡수된다.
- 생물학적 폭로지표로는 TTCA검사가 이용된다.
- 감각 및 운동신경에 장애를 유발한다.
- 중추신경계에 대한 특징적인 독성작용으로 파킨슨 증후군과 심한 급성 혹은 아급성 뇌병증을 유발한다.
- 고혈압의 유병률과 콜레스테롤치의 상승빈도가 증가되어 뇌, 심장 및 신장의 동맥 경화성 질환을 초래한다.
- 심한 경우 불안, 분노, 자살성향 등을 보이기도 한다.

100 — • Repetitive Learning (1회 2회 3회)

다음 설명 중 ( ) 안에 들어갈 용어로 올바른 순서대로 나열된 것은?

> 산업위생에서 관리해야 할 유해인자의 특성은 (ⓐ)이나 (ⓑ), 그 자체가 아니고 근로자의 노출 가능성을 고려한 (ⓒ)이다.

① ⓐ 독성, ⓑ 유해성, ⓒ 위험
② ⓐ 위험, ⓑ 독성, ⓒ 유해성
③ ⓐ 유해성, ⓑ 위험, ⓒ 독성
④ ⓐ 반응성, ⓑ 독성, ⓒ 위험

- 산업위생에서 관리해야 할 유해인자의 특성은 독성이나 유해성, 그 자체가 아니고 근로자의 노출 가능성을 고려한 위험이다.

산업위생 관련 정의

- 산업위생에서 관리해야 할 유해인자의 특성은 독성이나 유해성, 그 자체가 아니고 근로자의 노출 가능성을 고려한 위험이다.
- 독성(toxicity)이란 화학물질이 사람에게 흡수되어 초래되는 바람직하지 않은 영향의 범위·정도·특성을 말한다.

구분	1과목	2과목	3과목	4과목	5과목	합계
New유형	0	1	1	3	3	8
New문제	5	3	3	5	8	24
또나온문제	8	8	12	7	7	42
자꾸나온문제	7	9	5	8	5	34
합계	20	20	20	20	20	100

● New유형은 New문제 중 기존 기출문제와 완전히 다른 유형의 문제를 말합니다.

● New문제는 기존에 출제되지 않은 문제로 이번에 처음 출제되는 문제입니다.

● 또나온문제는 기존에 출제된 적이 1번 있는 문제를 말합니다.

● 자꾸나온문제는 기존에 출제된 적이 2번 이상 있는 문제를 말합니다. 그만큼 중요한 문제입니다.

몇 년분의 기출문제를 공부해야 합격할 수 있을까요?

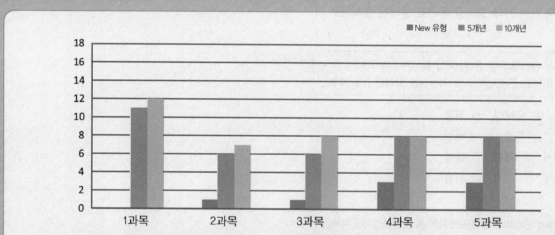

● 완전 새로운 유형의 문제는 8문제이고 92문제가 이미 출제된 문제 혹은 변형문제입니다.

● 5년분(2018~2022) 기출에서 동일문제가 39문항이 출제되었고, 10년분(2013~2022) 기출에서 동일문제가 43문항이 출제되었습니다.

실기에 나왔어요!! 일타쌍피-사전체크!!

실기시험은 필답형으로 진행됩니다. 객관식의 필기와 달리 주관식인 관계로 아는 만큼 적을 수 있습니다. 최근 계산문제의 비중이 많이 감소하고 있지만 절반 정도의 이론 문제와 절반 정도의 계산문제가 출제된다고 보시면 됩니다. 계산문제의 경우 나오는 문제유형이 거의 정해져 있습니다. 필기 공부할 때 미리 실기에 나오는 내용을 체크하시고 그부분만큼은 잘 공부해 두신다면 당 회차 실기까지 한 번에 잡을 수 있습니다.

● 총 40개의 유형별 핵심이론이 실기시험과 연동되어 있습니다.

분석의견

합격률이 39.3%로 다소 낮은 수준인 회차였습니다.

10년 기출을 학습할 경우 기출과 동일한 문제가 2과목에서 7문제로 과락 점수 이하로 출제되었습니다. 그 외에도 4, 5과목에서 신규 유형의 문제가 각각 3문제씩 출제되어 다소 어렵게 느낄 수 있는 회차입니다.

10년분 기출문제와 유형별 핵심이론의 3회 정독이면 합격 가능한 것으로 판단됩니다.

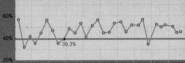

15년 3회차 필기시험

합격률 39.3%

2015년 제3회

2015년 8월 16일 필기

1502 / 1901

01 ──────────● Repetitive Learning [1회] [2회] [3회]

미국산업위생학회(AHIA)에서 정한 산업위생의 정의로 옳은 것은?

① 작업장에서 인종, 정치적 이념, 종교적 갈등을 배제하고 작업자의 알권리를 최대한 확보해주는 사회과학적 기술이다.

② 작업자가 단순하게 허약하지 않거나 질병이 없는 상태가 아닌 육체적, 정신적 및 사회적인 안녕 상태를 유지하도록 관리하는 과학과 기술이다.

③ 근로자 및 일반대중에게 질병, 건강장애, 불쾌감을 일으킬 수 있는 작업환경요인과 스트레스를 예측, 측정, 평가 및 관리하는 과학이며 기술이다.

④ 노동 생산성보다는 인권이 소중하다는 이념하에 노사간 갈등을 최소화하고 협력을 도모하여 최대한 쾌적한 작업환경을 유지 증진하는 사회과학이며 자연과학이다.

해설

• 미국산업위생학회(AHIA)에서는 산업위생을 근로자 및 일반대중에게 질병, 건강장애, 불쾌감을 일으킬 수 있는 작업환경요인과 스트레스를 예측, 측정, 평가 및 관리하는 과학이며 기술이라고 정의했다.

✿✿ 산업위생 **실기** 1403

• 근로자의 육체적, 정신적 건강과 사회적 건강 유지 및 증진을 위해 근로자를 생리적, 심리적으로 적합한 작업환경에 배치시키는 것을 말한다.

• 미국산업위생학회(AHIA)에서는 근로자 및 일반대중에게 질병, 건강장애, 불쾌감을 일으킬 수 있는 작업환경요인과 스트레스를 예측, 측정, 평가 및 관리하는 과학이며 기술이라고 정의했다.

• 1950년 국제노동기구(ILO)와 세계보건기구(WHO) 공동위원회에서는 근로자들의 육체적, 정신적 그리고 사회적 건강을 고도로 유지 증진시키고, 작업조건으로 인한 질병을 예방하고 건강에 유해한 취업을 방지하며, 근로자를 생리적으로나 심리적으로 적합한 작업환경에 배치하는 것이라고 정의하였다.

1103 / 1803

02 ──────────● Repetitive Learning [1회] [2회] [3회]

미국산업위생학회 등에서 산업위생전문가들이 지켜야 할 윤리강령을 채택한 바 있는데, 전문가로서의 책임에 해당하는 것은?

① 일반 대중에 관한 사항은 정직하게 발표한다.

② 성실성과 학문적 실력 측면에서 최고 수준을 유지한다.

③ 위험 요소와 예방 조치에 관하여 근로자와 상담한다.

④ 신뢰를 존중하여 정직하게 권고하고, 결과와 개선점을 정확히 보고한다.

해설

• ①은 일반 대중에 대한 책임에 해당한다.

• ③은 근로자에 대한 책임에 해당한다.

• ④는 기업주와 고객에 대한 책임에 해당한다.

✿✿ 산업위생전문가의 윤리강령 중 산업위생전문가로서의 책임

• 산업위생 활동을 통해 얻은 개인 및 기업의 정보는 누설하지 않는다.

• 전문적 판단이 타협에 의하여 좌우될 수 있거나 이해관계가 있는 상황에는 개입하지 않는다.

• 쾌적한 작업환경을 만들기 위해 산업위생이론을 적용하고 책임 있게 행동한다.

• 성실성과 학문적 실력 면에서 최고 수준을 유지한다.

• 과학적 방법의 적용과 자료의 해석에 객관성을 유지한다.

• 전문분야로서의 산업위생을 학문적으로 발전시킨다.

• 근로자, 사회 및 전문 직종의 이익을 위해 과학적 지식을 공개하고 발표한다.

03

• Repetitive Learning [1회 2회 3회]

산업안전보건법령에서 정하는 중대재해라고 볼 수 없는 것은?

① 사망자가 1명 이상 발생한 재해
② 3개월 이상의 요양을 요하는 부상자가 동시에 2명 이상 발생한 재해
③ 6개월 이상의 요양을 요하는 부상자가 동시에 1명 이상 발생한 재해
④ 부상자 또는 직업성질병자가 동시에 10명 이상 발생한 재해

해설

• 3개월 이상의 요양이 필요한 부상자가 동시에 2명 이상 발생한 재해를 중대재해로 한다.

• 중대재해(Major Accident)
  ㉠ 개요
    • 산업재해 중 사망 등 재해 정도가 심한 것으로서 고용노동부령으로 정하는 재해를 말한다.
  ㉡ 종류
    • 사망자가 1명 이상 발생한 재해
    • 3개월 이상의 요양이 필요한 부상자가 동시에 2명 이상 발생한 재해
    • 부상자 또는 직업성 질병자가 동시에 10명 이상 발생한 재해

04

1602
• Repetitive Learning [1회 2회 3회]

산업피로를 가장 적게 하고 생산량을 최고로 올릴 수 있는 경제적인 작업속도를 무엇이라 하는가?

① 지적속도   ② 산소섭취속도
③ 산소소비속도   ④ 작업효율속도

해설

• 산소섭취속도는 세포가 산소를 섭취하는 속도를 말한다.
• 산소소비속도는 미생물의 대사활성화 과정에서 소모되는 산소의 소모량을 말한다.

• 지적속도와 지적작업
  • 지적속도란 산업피로를 가장 적게 하고 생산량을 최고로 올릴 수 있는 경제적인 작업속도를 말한다.
  • 지적작업이란 피로를 가장 적게 하면서 생산량을 최고로 올릴 수 있는 경제적인 작업내용을 말한다.

05

2001
• Repetitive Learning [1회 2회 3회]

직업성 질환 발생의 요인을 직접적인 원인과 간접적인 원인으로 구분할 때 직접적인 원인에 해당되지 않는 것은?

① 물리적 환경요인
② 화학적 환경요인
③ 작업강도와 작업시간적 요인
④ 부자연스런 자세와 단순 반복 작업 등의 작업요인

해설

• ③은 간접적 요인에 해당한다.

• 직업성 질환 발생의 요인
  ㉠ 직접적 원인

환경요인	• 물리적 요인 : 고열, 진동, 소음, 고기압 등 • 화학적 요인 : 이산화탄소, 일산화탄소, 수은, 납, 석면 등 • 생물학적 요인 : 각종 미생물
작업요인	• 인간공학적 요인 : 작업자세, 작업방법 등

  ㉡ 간접적 원인
    • 작업강도, 작업시간 등

06

1901
• Repetitive Learning [1회 2회 3회]

산업안전보건법에서 산업재해를 예방하기 위하여 잠재적 위험성을 발견하고 그 개선대책을 수립할 목적으로 고용노동부장관이 지정하는 조사 평가를 무엇이라 하는가?

① 위험성 평가
② 작업환경측정 · 평가
③ 안전 · 보건진단
④ 유해성 · 위험성 조사

해설

• 위험성 평가란 유해 · 위험요인을 파악하고 해당 유해 · 위험요인에 의한 부상 또는 질병의 발생 가능성(빈도)과 중대성(강도)을 추정 · 결정하고 감소대책을 수립하여 실행하는 일련의 과정을 말한다.
• 작업환경측정이란 작업환경 실태를 파악하기 위하여 해당 근로자 또는 작업장에 대하여 사업주가 유해인자에 대한 측정계획을 수립한 후 시료(試料)를 채취하고 분석 · 평가하는 것을 말한다.

• 안전 · 보건진단의 법률적 정의
  • 산업재해를 예방하기 위하여 잠재적 위험성을 발견하고 그 개선대책을 수립할 목적으로 조사 · 평가하는 것을 말한다.

07 ● Repetitive Learning 1회 2회 3회

인간공학에서 고려해야 할 인간의 특성과 가장 거리가 먼 것은?

① 감각과 지각
② 운동과 근력
③ 감정과 생산능력
④ 기술, 집단에 대한 적응능력

해설

- 인간공학이란 인간이 사용하는 물건, 설비, 환경의 설계에 인간의 생리적, 심리적인 면에서의 특성이나 한계점을 고려함으로써 인간－기계 시스템의 안전성과 편리성, 효율성을 높이는 학문 분야이다.

✲ 인간공학(Ergonomics)

ㄱ 개요
- "Ergon(작업)+nomos(법칙)+ics(학문)"이 조합된 단어로 Human factors, Human engineering이라고도 한다.
- 인간의 특성과 한계 능력을 공학적으로 분석, 평가하여 이를 복잡한 체계의 설계에 응용함으로써 효율을 최대로 활용할 수 있도록 하는 학문 분야이다.
- 인간이 사용하는 물건, 설비, 환경의 설계에 인간의 생리적, 심리적인 면에서의 특성이나 한계점을 고려함으로써 인간－기계 시스템의 안전성과 편리성, 효율성을 높이는 학문 분야이다.

ㄴ 인간공학에서 고려할 인간의 특성
- 인간의 습성
- 인간의 감각과 지각
- 인간의 운동과 근력
- 신체의 크기와 작업환경
- 기술, 집단에 대한 적응능력

08 ● Repetitive Learning 1회 2회 3회

산업안전보건법령상 밀폐공간 작업으로 인한 건강장해 예방을 위하여 "적정한 공기"의 조성 조건으로 옳은 것은?

① 산소농도가 28% 이상 21% 미만, 탄산가스 농도가 1.5% 미만, 황화수소 농도가 10ppm미만 수준의 공기
② 산소농도가 16% 이상 23.5% 미만, 탄산가스 농도가 3% 미만, 황화수소 농도가 5ppm 미만 수준의 공기
③ 산소농도가 18% 이상 21% 미만, 탄산가스 농도가 1.5% 미만, 황화수소 농도가 5ppm 미만 수준의 공기
④ 산소농도가 18% 이상 23.5% 미만, 탄산가스 농도가 1.5% 미만, 황화수소 농도가 10ppm 미만 수준의 공기

해설

- 적정공기란 산소농도의 범위가 18퍼센트 이상 23.5퍼센트 미만, 탄산가스의 농도가 1.5퍼센트 미만, 일산화탄소의 농도가 30피피엠 미만, 황화수소의 농도가 10피피엠 미만인 수준의 공기를 말한다.

✲ 밀폐공간 관련 용어 실기 0603/0903/1402/1903/2203

밀폐공간	산소결핍, 유해가스로 인한 질식·화재·폭발 등의 위험이 있는 장소
유해가스	탄산가스·일산화탄소·황화수소 등의 기체로서 인체에 유해한 영향을 미치는 물질
적정공기	산소농도의 범위가 18퍼센트 이상 23.5퍼센트 미만, 탄산가스의 농도가 1.5퍼센트 미만, 일산화탄소의 농도가 30피피엠 미만, 황화수소의 농도가 10피피엠 미만인 수준의 공기
산소결핍	공기 중의 산소농도가 18퍼센트 미만인 상태
산소결핍증	산소가 결핍된 공기를 들이마심으로써 생기는 증상

09 ● Repetitive Learning 1회 2회 3회

직업성 질환의 범위에 대한 설명으로 틀린 것은?

① 합병증이 원발성 질환과 불가분의 관계를 가지는 경우를 포함한다.
② 직업상 업무에 기인하여 1차적으로 발생하는 원발성 질환은 제외한다.
③ 원발성 질환과 합병 작용하여 제2의 질환을 유발하는 경우를 포함한다.
④ 원발성 질환부위가 아닌 다른 부위에서도 동일한 원인에 의하여 제2의 질환을 일으키는 경우를 포함한다.

해설

- 직업상 업무에 기인하여 1차적으로 발생하는 원발성 질환은 직업성 질환에 포함된다.

✲ 직업성 질환의 범위

원발성 질환	직업상 업무에 기인하여 1차적으로 발생하는 질환
속발성 질환	원발성 질환에 기인하여 속발할 것으로 의학상 인정되는 경우 업무에 기인하지 않았다는 유력한 원인이 없는 한 직업성 질환으로 취급
합병증	• 원발성 질환과 합병하는 제2의 질환을 유발 • 합병증이 원발성 질환에 대하여 불가분의 관계를 가질 때 • 원발성 질환에서 떨어진 부위에 같은 원인에 의한 제2의 질환이 발생하는 경우

10

1103 / 1902

Repetitive Learning 1회 2회 3회

하인리히의 사고연쇄반응 이론(도미노 이론)에서 사고가 발생하기 바로 직전의 단계에 해당하는 것은?

① 개인적 결함
② 사회적 환경
③ 선진 기술의 미적용
④ 불안전한 행동 및 상태

해설

- 하인리히의 사고연쇄반응은 사회적 환경과 유전적 요소 → 개인적인 결함 → 불안전한 행동과 상태 → 사고 → 재해 순을 거친다.

❖ 하인리히의 사고연쇄반응(도미노) 이론

1단계	사회적 환경 및 유전적 요소	통제의 부족
2단계	개인적인 결함	기본적 원인
3단계	불안전한 행동 및 불안전한 상태	직접 원인
4단계	사고	
5단계	재해	

11

1003 / 1901

Repetitive Learning 1회 2회 3회

다음 중 실내공기의 오염에 따른 건강상의 영향을 나타내는 용어와 가장 거리가 먼 것은?

① 새차증후군
② 화학물질과민증
③ 헌집증후군
④ 스티븐슨존슨 증후군

해설

- 스티븐슨존슨 증후군은 약물에 의해 발생되는 피부나 점액 막의 염증이다.

❖ 실내공기 오염에 따른 영향

화학적 물질	• 새차(집)증후군 • 헌집증후군	• 화학물질과민증 • 빌딩증후군
생물학적 물질	• 레지오넬라 질환 • 가습기 열병	• 과민성 폐렴

12

Repetitive Learning 1회 2회 3회

미국산업위생전문가협의회(ACGIH)에서 1일 8시간 및 1주일 40시간의 평균농도로 거의 모든 근로자가 나쁜 영향을 받지 않고 노출될 수 있는 농도를 어떻게 표기하는가?

① MAC
② TLV-TWA
③ Ceiling
④ TLV-STEL

해설

- TLV-TWA는 시간가중평균농도로 1일 8시간(1주 40시간) 작업을 기준으로 하여 유해요인의 측정농도에 발생시간을 곱하여 8시간으로 나눈 농도이다.

❖ TLV(Threshold Limit Value) 실기 0301/1602

　㉠ 개요

- 미국 산업위생전문가회의(ACGIH; American Conference of Governmental Industrial Hygienists)에서 채택한 허용농도의 기준이다.
- 동물실험자료, 인체실험자료, 사업장 역학조사 등을 근거로 한다.
- 가장 대표적인 유독성 지표로 만성중독과 관련이 깊다.
- 계속적 작업으로 인한 환경에 적용되더라도 건강에 악영향을 미치지 않는 물질 농도를 말한다.

　㉡ 종류 실기 0403/0703/1702/2002

TLV-TWA	시간가중평균농도로 1일 8시간(1주 40시간) 작업을 기준으로 하여 유해요인의 측정농도에 발생시간을 곱하여 8시간으로 나눈 농도
TLV-STEL	근로자가 1회 15분간 유해요인에 노출되는 경우의 허용농도로 이 농도 이하에서는 1회 노출 간격이 1시간 이상인 경우 1일 작업시간 동안 4회까지 노출이 허용될 수 있는 농도
TLV-C	최고허용농도(Ceiling 농도)라 함은 근로자가 1일 작업시간 동안 잠시라도 노출되어서는 안 되는 최고 허용농도

13

2202

Repetitive Learning 1회 2회 3회

사무실 공기관리 지침상 근로자가 건강장해를 호소하는 경우 사무실 공기관리 상태를 평가하기 위해 사업주가 실시해야 하는 조사 항목으로 옳지 않은 것은?

① 사무실 조명의 조도 조사
② 외부의 오염물질 유입경로 조사
③ 공기정화시설 환기량의 적정여부 조사
④ 근로자가 호소하는 증상(호흡기, 눈, 피부 자극 등)에 대한 조사

해설

- 사무실 공기관리 상태평가방법에는 ②, ③, ④ 외에 사무실 내 오염원 조사가 있다.

❖ 사무실 공기관리 상태평가방법

- 근로자가 호소하는 증상(호흡기, 눈·피부 자극 등) 조사
- 공기정화설비의 환기량이 적정한지 여부조사
- 외부의 오염물질 유입경로 조사
- 사무실 내 오염원 조사 등

14

0303
● Repetitive Learning 1회 2회 3회

다음 중 산업피로의 증상에 대한 설명으로 틀린 것은?

① 혈당치가 높아지고 젖산, 탄산이 증가한다.
② 호흡이 빨라지고 혈액 중 CO_2의 양이 증가한다.
③ 체온은 처음에 높아지다가 피로가 심해지면 나중에 떨어진다.
④ 혈압은 처음에 높아지나 피로가 진행되면 나중에 오히려 떨어진다.

해설

• 산업피로로 인해 혈당치는 낮아진다.

✹ 산업피로의 증상 **실기** 0602/1601/1901
  • 혈액의 변화 : 혈액 중의 혈당치가 낮아지고 젖산과 탄산량이 증가하여 산혈증으로 된다.
  • 소변의 변화 : 소변량이 줄어드는 대신 단백질 또는 교질물질의 배설량은 증가하여 농도는 진해진다.
  • 혈압의 변화 : 혈압은 처음에 높아지나 피로가 진행되면 나중에 오히려 떨어진다.
  • 신경기능 및 체온의 변화 : 반사신경이 둔화되고, 체온은 처음에 높아지다가 피로가 심해지면 나중에 떨어진다.
  • 순환기능 및 호흡기능의 변화 : 호흡이 빨라지고 혈액 중 CO_2의 양이 증가한다.

15

0302 / 0603 / 1801
● Repetitive Learning 1회 2회 3회

18세기 영국의 외과의사 Pott에 의해 직업성 암(癌)으로 보고되었고, 오늘날 검댕 속의 다환방향족 탄화수소가 원인인 것으로 밝혀진 질병은?

① 폐암   ② 방광암
③ 중피종   ④ 음낭암

해설

• Pott는 최초의 직업성 암인 음낭암의 원인이 검댕(Soot) 속의 다환방향족 탄화수소에 의해 발생되었음을 보고하였다.

✹ Percivall Pott
  • 18세기 영국의 외과의사로 굴뚝청소부들의 직업병인 음낭암이 검댕(Soot) 속의 다환방향족 탄화수소에 의해 발생되었음을 보고하였다.
  • 최초의 직업성 암에 대한 원인을 분석하였다.
  • 1788년에 굴뚝 청소부법이 통과되도록 노력하였다.

16

● Repetitive Learning 1회 2회 3회

다음 중 교대근무와 보건관리에 관한 내용으로 가장 적합하지 않은 것은?

① 야간근무의 연속은 2~3일 정도가 좋다.
② 2교대는 최저 3조의 정원을, 3교대면 4조의 정원으로 편성한다.
③ 야근 후 다음 교대반으로 가는 간격은 최저 12시간을 가지도록 하여야 한다.
④ 채용 후 건강관리로서 정기적으로 체중, 위장 증상 등을 기록해야 하며 체중이 3kg 이상 감소 시 정밀검사를 받도록 한다.

해설

• 야근 후 다음 반으로 가는 간격은 최저 48시간을 가지도록 한다.

✹ 바람직한 교대제
  ㉠ 기본
    • 각 반의 근무시간은 8시간으로 한다.
    • 2교대면 최저 3조의 정원을, 3교대면 4조 편성으로 한다.
    • 근무시간의 간격은 15~16시간 이상으로 하여야 한다.
    • 채용 후 건강관리로서 정기적으로 체중, 위장 증상 등을 기록해야 하며 체중이 3kg 이상 감소 시 정밀검사를 받도록 한다.
    • 근무 교대시간은 근로자의 수면을 방해하지 않도록 정해야 하며, 아침 교대시간은 아침 7시 이후에 하는 것이 바람직하다.
    • 근무시간은 8시간을 주기로 교대하며 야간 근무 시 충분한 휴식을 보장해주어야 한다.
    • 교대작업은 피로회복을 위해 역교대 근무 방식보다 전진근무 방식(주간근무 → 저녁근무 → 야간근무 → 주간근무)으로 하는 것이 좋다.
  ㉡ 야간근무 **실기** 2202
    • 야간근무의 연속은 2~3일 정도가 좋다.
    • 야근 교대시간은 상오 0시 이전에 하는 것이 좋다.
    • 야간근무 시 가면(假眠)시간은 근무시간에 따라 2~4시간으로 하는 것이 좋다.
    • 야근은 가면(假眠)을 하더라도 10시간 이내가 좋다.
    • 야근 후 다음 반으로 가는 간격은 최저 48시간을 가지도록 한다.
    • 상대적으로 가벼운 작업을 야간 근무조에 배치하고, 업무 내용을 탄력적으로 조정한다.

17 ——————• Repetitive Learning 〔1회 2회 3회〕

작업자의 최대 작업영역(maximum working area)이란 무엇인가?

① 하지(下地)를 뻗어서 닿는 작업영역
② 상지(上肢)를 뻗어서 닿는 작업영역
③ 전박(前膊)을 뻗어서 닿는 작업영역
④ 후박(後膊)을 뻗어서 닿는 작업영역

해설
• 최대작업역은 작업자가 움직이지 않으면서 최대한 팔을 뻗어 닿는 영역을 말한다.

❖ 최대작업역 [실기] 0303
• 최대한 팔을 뻗친 거리로 작업자가 가끔 하는 작업의 구간을 포함한다.
• 좌식 평면 작업대에서 어깨로부터 팔을 펴서 어깨를 축으로 하여 수평면상에 원을 그릴 때 부채꼴 원호의 내부지역을 말한다.
• 수평작업대에서 전완과 상완을 곧게 펴서 파악할 수 있는 구역을 말한다.

18 ——————• Repetitive Learning 〔1회 2회 3회〕

중량물 취급과 관련하여 요통 발생에 관여하는 요인으로 가장 관계가 적은 것은?

① 근로자의 심리상태 및 조건
② 작업습관과 개인적인 생활태도
③ 요통 및 기타 장애(자동차 사고, 넘어짐)의 경력
④ 물리적 환경요인(작업빈도, 물체 위치·무게 및 크기)

해설
• 근로자의 심리상태 및 조건과 요통 발생은 크게 관련이 없다.

❖ 직업성 요통
ㄱ 개요
• 업무수행중 허리에 과도한 부담을 받아 허리부위에 발생한 급·만성 통증과 그로 인한 둔부 및 하지의 방사통을 말한다.
ㄴ 요통발생 위험작업
• 중량물을 들거나 밀거나 당기는 동작이 반복되는 작업
• 허리를 과도하게 굽히거나 젖히거나 비트는 자세가 반복되는 작업
• 과도한 전신진동에 장시간 노출되는 작업
• 장시간 자세의 변화 없이 지속적으로 서 있거나 앉아 있는 자세로 근육 긴장을 초래하는 작업
• 기타 허리부위에 과도한 부담을 초래하는 자세나 동작이 하나 이상 존재하는 작업

19 ——————• Repetitive Learning 〔1회 2회 3회〕

다음 중 스트레스에 관한 설명으로 잘못된 것은?

① 위협적인 환경 특성에 대한 개인의 반응이다.
② 스트레스가 아주 없거나 너무 많을 때는 역기능 스트레스로 작용한다.
③ 환경의 요구가 개인의 능력 한계를 벗어날 때 발생하는 개인의 환경과의 불균형 상태이다.
④ 스트레스를 지속적으로 받게 되면 인체는 자기조절 능력을 발휘하여 스트레스로부터 벗어난다.

해설
• 스트레스를 지속적으로 받게 되면 인체는 자기조절 능력이 저하되어 스트레스로부터 벗어나기 힘들어진다.

❖ 스트레스(stress)
• 위협적인 환경 특성에 대한 개인의 반응이다.
• 스트레스가 아주 없거나 너무 많을 때는 역기능 스트레스로 작용한다.
• 환경의 요구가 개인의 능력 한계를 벗어날 때 발생하는 개인의 환경과의 불균형 상태이다.
• 스트레스를 지속적으로 받게 되면 인체는 자기조절 능력이 저하되어 스트레스로부터 벗어나기 힘들어진다.

20 ——————• Repetitive Learning 〔1회 2회 3회〕

어떤 사업장에서 500명의 근로자가 1년 동안 작업하던 중 재해가 50건 발생하였으며 이로 인해 총근로시간 중 5%의 손실이 발생하였다면 이 사업장의 도수율은 약 얼마인가? (단, 근로자는 1일 8시간씩 연간 300일을 근무하였다)

① 14
② 24
③ 34
④ 44

해설
• 연간총근로시간은 500명×8시간×300일이므로 1,200,000시간인데 이 중 5%의 근로시간손실이 발생했으므로 5%에 해당하는 60,000시간을 제한 1,140,000시간이 총근로시간이 된다.
• 도수율 = $\frac{50}{1,140,000} \times 1,000,000 = 43.859\cdots$이다.

❖ 도수율(FR : frequency Rate of injury) [실기] 0502/0503/0602
• 100만 시간당 발생한 재해건수를 의미한다.
• 도수율 = $\frac{연간 재해 건수}{연간 총 근로시간} \times 10^6$로 구한다.
• 연간 근무일수나 하루 근무시간수가 주어지지 않을 경우 하루 8시간, 1년 300일 근무하는 것으로 간주한다.

0801

21 ——————— Repetitive Learning 〔1회 2회 3회〕

흡착제에 대한 설명으로 틀린 것은?

① 실리카 및 알루미나계 흡착제는 그 표면에서 물과 같은 극성분자를 선택적으로 흡착한다.

② 흡착제의 선정은 대개 극성오염물질이면 극성흡착제를, 비극성오염물질이면 비극성 흡착제를 사용하나 반드시 그러하지는 않다.

③ 활성탄은 다른 흡착제에 비하여 큰 비표면적을 갖고 있다.

④ 활성탄은 탄소의 불포화결합을 가진 분자를 선택적으로 흡착한다.

해설

- 탄소의 불포화결합은 극성 무기질 증기로 실리카, 알루미나계 흡착제를 주로 사용한다.

　❖ 활성탄(Activated charcoal)
- 작업장 내 다습한 공기에 포함된 비극성이고 분자의 크기가 큰 유기증기를 채취하기 가장 적합한 흡착제이다.
- 다른 흡착제에 비하여 큰 비표면적을 갖고 있다.
- 주로 알코올류, 할로겐화 탄화수소류, 에스테르류, 방향족 탄화수소류를 포집한다.

1103

22 ——————— Repetitive Learning 〔1회 2회 3회〕

작업장 기본특성 파악을 위한 예비조사 내용 중 유사노출그룹(HEG) 설정에 관한 설명으로 가장 거리가 먼 것은?

① 역학조사를 수행 시 사건이 발생된 근로자와 다른 노출그룹의 노출농도를 근거로 사건이 발생된 노출농도의 추정에 유용하며, 지역시료 채취만 인정된다.

② 조직, 공정, 작업범주 그리고 공정과 작업내용별로 구분하여 설정한다.

③ 모든 근로자를 유사한 노출그룹별로 구분하고 그룹별로 대표적인 근로자를 선택하여 측정하면 측정하지 않은 근로자의 노출농도까지도 추정할 수 있다.

④ 유사노출그룹 설정을 위한 목적 중 시료채취수를 경제적으로 하기 위함도 있다.

해설

- 유사노출그룹이란 특정 유해인자에 통계적으로 유사한 농도 혹은 강도에 노출되는 근로자의 그룹으로 분류하는 것으로 모든 근로자의 노출농도를 경제적으로 평가하고자 하는데 목적이 있다.

　❖ 유사노출그룹(HEG) 설정　실기 0501/0601/0702/0901/1203/1303/1503
- 유사노출그룹이란 특정 유해인자에 통계적으로 유사한 농도 혹은 강도에 노출되는 근로자의 그룹으로 분류하는 것을 말한다.
- 모든 근로자의 노출농도를 평가하고자 하는데 목적이 있다.
- 조직, 공정, 작업범주 그리고 공정과 작업내용별로 구분하여 설정한다.
- 모든 근로자를 유사한 노출그룹별로 구분하고 그룹별로 대표적인 근로자를 선택하여 측정하면 측정하지 않은 근로자의 노출농도까지도 추정할 수 있다.
- 유사노출그룹 설정을 위한 목적 중 시료채취수를 경제적으로 하기 위함도 있다.

0501

23 ——————— Repetitive Learning 〔1회 2회 3회〕

작업환경공기 중 벤젠(TLV 10ppm)이 5ppm, 톨루엔(TLV 100ppm)이 50ppm 및 크실렌(TLV 100ppm)이 60ppm으로 공존하고 있다고 하면 혼합물의 허용농도는?(단, 상가작용 기준)

① 78ppm　　　　　　② 72ppm

③ 68ppm　　　　　　④ 64ppm

해설

- 이 혼합물의 노출지수를 구해보면 $\dfrac{5}{10}+\dfrac{50}{100}+\dfrac{60}{100}=\dfrac{160}{100}=1.6$ 이므로 노출기준을 초과하였다.

- 노출지수가 1.6으로 구해졌으므로 농도는 $\dfrac{5+50+60}{1.6}=71.875$ [ppm]이 된다.

　❖ 혼합물의 노출지수와 농도　실기 0303/0403/0501/0703/0801/0802/ 0901/0903/1002/1203/1303/1402/1503/1601/1701/1703/1801/1803/1901/2001 /2004/2101/2102/2103/2203
- 화학물질이 2종 이상 혼재하는 경우에 혼재하는 물질 간에 유해성이 인체의 서로 다른 부위에 작용한다는 증거가 없는 한 유해작용은 가중되므로 노출기준은 $\dfrac{C_1}{T_1}+\dfrac{C_2}{T_2}+\cdots+\dfrac{C_n}{T_n}$ 으로 산출하되, 산출되는 수치(노출지수)가 1을 초과하지 아니하는 것으로 한다. 이때 C는 화학물질 각각의 측정치이고, T는 화학물질 각각의 노출기준이다.
- 노출지수가 구해지면 해당 혼합물의 농도는 $\dfrac{C_1+C_2+\cdots+C_n}{노출지수}$ [ppm]으로 구할 수 있다.

24 ●────────── Repetitive Learning 1회 2회 3회

일정한 온도조건에서 가스의 부피와 압력이 반비례하는 것과 가장 관계가 있는 법칙은?

① 보일의 법칙
② 샤를의 법칙
③ 라울의 법칙
④ 게이−루삭의 법칙

해설

- 샤를의 법칙은 압력과 몰수가 일정할 때, 기체의 부피는 온도에 비례함을 증명한다.
- 라울의 법칙은 증기의 각 성분의 부분압은 용액의 분압과 평형을 이룬다는 것을 증명한다.
- 게이−루삭의 법칙은 같은 온도와 같은 압력에서 반응 기체와 생성 기체의 부피는 일정한 정수가 성립함을 증명한다.

∷ 보일의 법칙

- 기체의 온도와 몰수가 일정할 때, 기체의 부피는 압력에 반비례한다.
- PV=상수이다.(온도와 몰수가 일정)

25 ●────────── Repetitive Learning 1회 2회 3회

활성탄관을 연결한 저유량 공기 시료채취펌프를 이용하여 벤젠증기(MW=78g/mol)을 $0.038m^3$ 채취하였다. GC를 이용하여 분석한 결과 478μg의 벤젠이 검출되었다면 벤젠 증기의 농도(ppm)는?(단, 온도 25℃, 1기압 기준, 기타 조건 고려 안 함)

① 1.87
② 2.34
③ 3.94
④ 4.78

해설

- $0.038m^3$ 중에 검출된 벤젠은 $478\mu g$이므로 농도는
  $\dfrac{478\mu g}{0.038m^3} = 12578.947\cdots[\mu g/m^3]$이 된다.
- $\mu g = 10^{-3}mg$이므로 $12578.95\mu g/m^3 = 12.58mg/m^3$이 된다.
- mg/m^3을 ppm으로 변환해야 하므로 표준상태에서 $\dfrac{24.45}{78}$를 곱하면 $12.58 \times \dfrac{24.45}{78} = 3.943\cdots[ppm]$이 된다.

∷ mg/m^3의 ppm 단위로의 변환 실기 0302/0303/0802/0902/1002/2103

- mg/m^3단위를 ppm으로 변환하려면 $\dfrac{mg/m^3 \times 기체부피}{분자량}$로 구한다.
- 24.45는 표준상태(25도, 1기압)에서 기체의 부피이다.
- 온도가 다를 경우 $24.45 \times \dfrac{273 + 온도}{273 + 25}$로 기체의 부피를 구한다.

26 ●────────── Repetitive Learning 1회 2회 3회

먼지 채취 시 사이클론이 충돌기에 비해 갖는 장점이라 볼 수 없는 것은?

① 사용이 간편하고 경제적이다.
② 호흡성 먼지에 대한 자료를 쉽게 얻을 수 있다.
③ 입자의 질량 크기 분포를 얻을 수 있다.
④ 매체의 코팅과 같은 별도의 특별한 처리가 필요 없다.

해설

- ③은 직경분립충돌기(Cascade Impactor)의 장점에 해당한다.

∷ 원심력 집진장치

- 사이클론이라 불리우는 원심력 집진장치는 함진가스에 선회류를 일으키는 원심력을 이용해 비교적 적은 비용으로 제진이 가능한 장치이다.
- 사이크론에는 가동부가 없는 것이 기계적인 특징이다.
- 입자의 크기가 크고 모양이 구체에 가까울수록 집진효율이 증가한다.
- 사이클론 원통의 길이가 길어지면 선회류수가 증가하여 집진율이 증가한다.
- 입자 입경과 밀도가 클수록 집진율이 증가한다.
- 사이클론의 원통의 직경이 클수록 집진율이 감소한다.

27 ●────────── Repetitive Learning 1회 2회 3회

3000mL의 0.004M의 황산용액을 만들려고 한다. 5M 황산을 이용할 경우 몇 mL가 필요한가?

① 5.6mL
② 4.8mL
③ 3.1mL
④ 2.4mL

해설

- 몰농도 1인 H_2SO_4용액 1L에 포함된 H_2SO_4의 양은 98g이므로 0.004몰의 H_2SO_4에는 1:98=0.004:x이므로 x는 0.392g이다.
- 그러나 용액이 3000mL이므로 0.392g의 3배인 1.176g이 필요하다.
- 5M의 황산용액은 1리터의 용액에 포함된 황산이 $5 \times 98 = 490g$이므로 1:490=x:1.176을 대입하면 $x = \dfrac{1.176}{490} = 0.0024[L]$가 필요하므로 2.4mL이다.

∷ 몰농도

- 1L의 용액에 포함된 용질의 몰수를 말한다.
- 몰농도= $\dfrac{용질의 몰수}{용액의 부피(L)}$로 구한다.

28

Repetitive Learning (1회 2회 3회)

다음은 작업장 소음측정에 관한 고용노동부 고시 내용이다. ( )안에 내용으로 옳은 것은?

누적소음노출량 측정기로 소음을 측정하는 경우에는 Criteria 90dB, Exchange Rate 5dB, Threshold ( )dB로 기기 설정을 하여야 한다.

① 50　　　　　　　② 60
③ 70　　　　　　　④ 80

해설

• 누적소음노출량 측정기로 소음을 측정하는 경우에는 Criteria는 90dB, Exchange Rate는 5dB, Threshold는 80dB로 기기를 설정한다.

소음의 측정방법

• 소음측정에 사용되는 기기는 누적소음 노출량측정기, 적분형소음계 또는 이와 동등 이상의 성능이 있는 것으로 하되 개인시료채취 방법이 불가능한 경우에는 지시소음계를 사용할 수 있으며, 발생시간을 고려한 등가소음레벨 방법으로 측정할 것

단. 소음발생 간격이 1초 미만을 유지하면서 계속적으로 발생되는 소음(연속음)을 지시소음계 또는 이와 동등 이상의 성능이 있는 기기로 측정할 경우	• 소음계 지시침의 동작은 느린(Slow) 상태로 한다. • 소음계의 지시치가 변동하지 않는 경우에는 해당 지시치를 그 측정점에서의 소음수준으로 한다.

• 소음계의 청감보정회로는 A특성으로 할 것
• 누적소음노출량 측정기로 소음을 측정하는 경우에는 Criteria는 90dB, Exchange Rate는 5dB, Threshold는 80dB로 기기를 설정할 것
• 소음이 1초 이상의 간격을 유지하면서 최대음압수준이 120dB(A) 이상의 소음인 경우에는 소음수준에 따른 1분 동안의 발생횟수를 측정할 것

29

Repetitive Learning (1회 2회 3회)

검지관의 장·단점으로 틀린 것은?

① 측정대상물질의 동정이 미리 되어 있지 않아도 측정이 가능하다.
② 민감도가 낮으며 비교적 고농도에 적용이 가능하다.
③ 특이도가 낮다. 즉, 다른 방해물질의 영향을 받기 쉬워 오차가 크다.
④ 색이 시간에 따라 변화하므로 제조자가 정한 시간에 읽어야 한다.

해설

• 검지관은 한 가지 물질에 반응할 수 있도록 제조되어 있어 측정대상물질의 동정이 되어있어야 한다.

검지관법의 특성

㉠ 개요
• 오염물질의 농도에 비례한 검지관의 변색층 길이를 읽어 농도를 측정하는 방법과 검지관 안에서 색변화와 표준 색표를 비교하여 농도를 결정하는 방법이 있다.

㉡ 장·단점　실기 1803/2101

장점	• 사용이 간편하고 복잡한 분석실 분석이 필요 없다. • 맨홀, 밀폐공간에서의 산소가 부족하거나 폭발성 가스로 인하여 안전이 문제가 될 때 유용하게 사용될 수 있다. • 숙련된 산업위생전문가가 아니더라도 어느 정도만 숙지하면 사용할 수 있다. • 반응시간이 빨라서 빠른 시간에 측정결과를 알 수 있다.
단점	• 민감도가 낮아 비교적 고농도에만 적용이 가능하다. • 특이도가 낮아 다른 방해물질의 영향을 받기 쉬워 오차가 크다. • 검지관은 한 가지 물질에 반응할 수 있도록 제조되어 있어 측정대상물질의 동정이 되어있어야 한다. • 색변화가 시간에 따라 변하므로 제조자가 정한 시간에 읽어야 한다. • 색변화가 선명하지 않아 주관적으로 읽을 수 있어 판독자에 따라 변이가 심하다.

30

Repetitive Learning (1회 2회 3회)

파과현상(breakthrough)에 영향을 미치는 요인이라고 볼 수 없는 것은?

① 포집대상인 작업장의 온도
② 탈착에 사용하는 용매의 종류
③ 포집을 끝마친 후부터 분석까지의 시간
④ 포집된 오염물질의 종류

해설

• 파과 용량에 영향을 미치는 요인에는 ①, ③, ④ 외에 습도, 오염물질의 농도, 흡착제와 흡착관의 크기, 유속 등이 있다.

파과 용량에 영향을 미치는 요인

• 포집된 오염물질의 종류와 농도
• 작업장의 온도와 습도
• 포집을 끝마친 후부터 분석까지의 시간
• 흡착제와 흡착관의 크기
• 유속

31
• Repetitive Learning (1회 2회 3회)

흡광광도법에서 사용되는 흡수셀의 재질 가운데 자외선 영역의 파장범위에 사용되는 재질은?

① 유리
② 석영
③ 플라스틱
④ 유리와 플라스틱

해설
• 유리는 가시광선 및 근적외부 영역의 파장범위에 사용된다.
• 플라스틱은 근적외부 영역의 파장범위에 사용된다.

❖ 흡수셀의 종류

유리	가시 및 근적외부 파장범위
석영	자외부 파장범위
플라스틱	근적외부 파장범위

32
0403 / 2102
• Repetitive Learning (1회 2회 3회)

세 개의 소음원의 소음수준을 한 지점에서 각각 측정해보니 첫 번째 소음원만 가동될 때 88dB, 두 번째 소음원만 가동될 때 86dB, 세 번째 소음원만이 가동될 때 91dB이었다. 세 개의 소음원이 동시에 가동될 때 측정 지점에서의 음압수준(dB)은?

① 91.6
② 93.6
③ 95.4
④ 100.2

해설
• 각각 88dB(A), 86dB(A), 91dB(A)의 소음 3개가 만드는 합성소음은 $10\log(10^{8.8}+10^{8.6}+10^{9.1})=93.594\cdots$dB(A)가 된다.

❖ 합성소음 실기 0401/0801/0901/1403/1602
  • 동일한 공간 내에서 2개 이상의 소음원에 대한 소음이 발생할 때 전체 소음의 크기를 말한다.
  • 합성소음[dB(A)] $=10\log(10^{\frac{SPL_1}{10}}+\cdots+10^{\frac{SPL_i}{10}})$으로 구할 수 있다.
   이때, $SPL_1, \cdots, SPL_i$는 개별 소음도를 의미한다.

33
0501 / 0901
• Repetitive Learning (1회 2회 3회)

먼지의 한쪽 끝 가장자리와 다른 쪽 끝 가장자리 사이의 거리로 과대평가될 가능성이 있는 입자성 물질의 직경은?

① 마틴 직경
② 페렛 직경
③ 공기역학 직경
④ 등면적 직경

해설
• 마틴 직경이란 정방형에서 투영면적을 2등분으로 하는 선분의 길이로 과소평가 가능성이 있는 입자성 물질의 직경이다.
• 공기역학 직경이란 분진과 침강속도가 동일하며 밀도가 1g/cm^3인 구형입자의 직경으로 입자의 특성파악에 주로 사용된다.
• 등면적 직경이란 먼지의 면적과 동일한 면적을 갖는 원의 직경으로 가장 정확한 입자성 물질의 직경이다.

❖ 페렛 직경(Feret's diameter) 실기 0301/0302/0403/0602/0701/0803/
0903/1201/1301/1703/1901/2001/2003/2101/2103
  • 먼지의 한쪽 끝 가장자리와 다른 쪽 끝 가장자리 사이의 거리로 과대평가될 가능성이 있는 입자성 물질의 직경을 말한다.
  • 무작위로 배향한 입자를 사이에 두고 각 입자에 대하여 평형선을 그었을 때의 길이를 말한다.

34
1203
• Repetitive Learning (1회 2회 3회)

Hexane의 부분압이 100mmHg(OEL 500ppm)이었을 때 VHRHexane은?

① 212.5
② 226.3
③ 247.2
④ 263.2

해설
• 발생농도는 100mmHg이고 이는 기압으로 표시하면
$\frac{100mmHg}{760mmHg}=\frac{100}{760}$이 된다.
• Hexane의 노출기준이 500ppm이므로 500×10^{-6}이다.
• 주어진 값을 대입하면 $\frac{\frac{100}{760}}{500\times10^{-6}}=\frac{0.13157\cdots}{0.0005\cdots}=263.1578\cdots$
이다.

❖ VHR(Vapor Hazard Ratio) 실기 1401/1703/2102
  • 증기화 위험비를 말한다.
  • VHR은 $\frac{발생농도}{노출기준}$으로 구한다.

35
0303 / 0502 / 1002 / 1302
• Repetitive Learning (1회 2회 3회)

유리규산을 채취하여 X-선 회절법으로 분석하는데 적절하고 6가 크롬 그리고 아연산화물의 채취에 이용하며 수분에 영향이 크지 않아 공해성 먼지, 총 먼지 등의 중량분석을 위한 측정에 사용하는 막 여과지로 가장 적합한 것은?

① MCE 막여과지
② PVC 막여과지
③ PTFE 막여과지
④ 은 막여과지

- MCE막 여과지는 납, 철, 크롬 등 금속과 석면, 유리섬유 등을 포집한다.
- PTFE막 여과지는 열, 화학물질, 압력 등에 강한 특성을 갖고 있어 석탄건류나 증류 등의 고열 공정에서 발생되는 다핵방향족 탄화수소를 채취할 때 사용된다.
- 은막 여과지는 균일한 금속은을 소결하여 만든 것으로 코크스 제조공정에서 발생되는 코크스 오븐 배출물질을 채취하는데 이용된다.

❖ PVC막 여과지 실기 0503

- 습기 및 수분에 가장 영향을 적게 받는다.
- 전기적인 전하를 가지고 있어 채취 시 입자가 반발하여 채취효율을 떨어뜨리는 경우 채취 전에 세제용액으로 처리해서 개선할 수 있다.
- 유리규산을 채취하여 X−선 회절법으로 분석하는데 적절하다.
- 6가크롬, 아연산화물의 채취에 이용한다.
- 공해성 먼지, 총 먼지 등의 중량분석에 용이하다.

---

37 ────────● Repetitive Learning [1회 2회 3회]

수동식 시료채취기(Passive Sampler)로 8시간 동안 벤젠을 포집하였다. 포집된 시료를 GC를 이용하여 분석한 결과 20,000ng이었으며 공시료는 0ng이었다. 회사에서 제시한 벤젠의 시료채취량은 35.6mL/분이고 탈착효율은 0.96이라면 공기 중 농도는 몇 ppm인가?(단, 벤젠의 분자량은 78, 25℃, 1기압 기준)

① 0.38
② 1.22
③ 5.87
④ 10.57

- 탈착효율이 0.96라는 것은 총공기채취량에서 오염물질을 효과적으로 탈착시키는 효율로 총공기채취량에 0.96을 곱해야 실제 공기 채취량이 된다.
- 공시료가 0인 경우 농도 $C = \dfrac{(W'-W)}{V}$으로 구한다. 이때 W'는 채취 후 여과지 무게[μg], W는 채취 전 여과지 무게[μg], V는 공기채취량으로 펌프의 평균유속[L/min]×시료채취시간[min]으로 구한다.
- 총공기채취량 중의 벤젠 양이 벤젠의 농도이므로 대입하면
 $\dfrac{20000 ng}{35.6 \times 8 \times 60 \times 0.96} = 1.219\cdots$[ng/mL]가 된다.
- $ng = 10^{-6} mg$이고, $ml = 10^{-6} m^3$이므로
 $1.219 ng/ml = 1.219 mg/m^3$이 된다.
- mg/m^3을 ppm으로 변환해야 하므로 표준상태에서 $\dfrac{24.45}{78}$를 곱하면 $1.219 \times \dfrac{24.45}{78} = 0.382\cdots$[ppm]이 된다.

❖ mg/m^3의 ppm 단위로의 변환 실기 0302/0303/0802/0902/1002/2103
문제 25번의 유형별 핵심이론 ❖ 참조

1101 / 1903

36 ────────● Repetitive Learning [1회 2회 3회]

입자상 물질인 흄(fume)에 관한 설명으로 옳지 않은 것은?

① 용접공정에서 흄이 발생한다.
② 일반적으로 흄은 모양이 불규칙하다.
③ 흄의 입자크기는 먼지보다 매우 커 폐포에 쉽게 도달하지 않는다.
④ 흄은 상온에서 고체상태의 물질이 고온으로 액체화된 다음 증기화되고, 증기물의 응축 및 산화로 생기는 고체상의 미립자이다.

- 흄의 크기는 먼지보다 작다.

❖ 흄(fume)

- 용접공정에서 흄이 발생하며, 용접 흄은 용접공폐의 원인이 된다.
- 금속이 용해되어 공기에 의하여 산화되어 미립자가 되어 분산하는 것이다.
- 흄은 상온에서 고체상태의 물질이 고온으로 액체화된 다음 증기화되고, 증기물의 응축 및 산화로 생기는 고체상의 미립자이다.
- 흄의 발생기전은 금속의 증기화, 증기물의 산화, 산화물의 응축이다.
- 일반적으로 흄은 모양이 불규칙하다.
- 상온 및 상압에서 고체상태이다.

0603 / 1203

38 ────────● Repetitive Learning [1회 2회 3회]

어느 작업장에서 Toluene의 농도를 측정한 결과 23.2ppm, 21.6ppm, 22.4ppm, 24.1ppm, 22.7ppm을 각각 얻었다. 기하평균 농도(ppm)는?

① 22.8
② 23.3
③ 23.6
④ 23.9

- 기하평균은 주어진 n개의 값들을 곱해서 나온 값의 n제곱근이다.
- 주어진 값을 기하평균식에 대입하면
 $\sqrt[5]{23.2 \times 21.6 \times 22.4 \times 24.1 \times 22.7} = 22.7848\cdots$이다.

:: 기하평균(GM) 실기 0303/0403/0502/0601/0702/0801/0803/1102/1301/1403/1703/1801/2102

- 주어진 n개의 값들을 곱해서 나온 값의 n제곱근이다.
- $x_1, x_2, \cdots, x_n$의 자료가 주어질 때 기하평균 GM은 $\sqrt[n]{x_1 \times x_2 \times \cdots \times x_n}$ 으로 구하거나 $\log GM = \dfrac{\log X_1 + \log X_2 + \cdots + \log X_n}{N}$ 을 역대수를 취해서 구할 수 있다.
- 작업장에서 생화학적 측정치나 유해물질의 농도를 평가할 때 일반적으로 사용되는 평균치이다.
- 작업환경 중 분진의 측정 농도가 대수정규분포를 할 때 측정자료의 대표치로 사용된다.
- 인구증가율, 물가상승률, 경제성장률 등의 연속적인 변화율 데이터를 기반으로 어떤 구간에서의 평균 변화율을 구할 때 사용된다.

ⓒ 2차 표준기구
- 건식가스미터는 일반적 사용범위가 10~150L/분이고 정확도는 ±1%이며 주로 현장에서 사용된다.
- 습식테스트미터는 일반적 사용범위가 0.5~230L/분이고 정확도는 ±0.5%이며 실험실에서 주로 사용된다.

2201

39 ── ● Repetitive Learning 1회 2회 3회

펌프유량 보정기구 중에서 1차 표준기구(Primary standards)로 사용하는 Pitot tube에 대한 설명에서 맞는 것은?

① Pitot tube의 정확성에는 한계가 있으며, 기류가 12.7m/s 이상일 때는 U자 튜브를 이용하고, 그 이하에서는 기울어진 튜브(inclined tube)를 이용한다.
② Pitot tube를 이용하여 곧 바로 기류를 측정할 수 있다.
③ Pitot tube를 이용하여 총압과 속도압을 구하여 정압을 계산한다.
④ 속도압이 25mmH₂O일 때 기류속도는 28.58m/s이다.

해설
- 피토튜브는 베르누이 원리를 이용해 유체의 속도를 측정하는 장치이다.
- 피토튜브를 이용해 총압과 정압을 구해 속도압을 계산한다.
- 속도압이 25mmH₂O이면 기류속도는 20.22m/s이다.

:: 표준기구들의 특징
ⓐ 1차 표준기구
- 폐활량계(Spirometer)는 폐기능을 검사와 1차 용량 표준으로 사용하는 1차 표준기구이다.
- 가스치환병은 정확도가 높아 실험실에서 주로 사용하는 1차 표준기구이다.
- 펌프의 유량을 보정하는데 1차 표준으로서 비누거품미터가 가장 널리 사용된다.
- 흑연피스톤미터는 공기시료 채취 시 공기유량과 용량을 보정하는 표준기구이다.

0802 / 1402 / 1801 / 1903 / 2004

40 ── ● Repetitive Learning 1회 2회 3회

소음의 측정시간 및 횟수의 기준에 관한 내용으로 ( )에 들어갈 것으로 옳은 것은?(단, 고용노동부 고시를 기준으로 한다)

단위작업장소에서의 소음발생시간이 6시간 이내인 경우나 소음발생원에서의 발생시간이 간헐적인 경우에는 발생시간 동안 연속 측정하거나 등간격으로 나누어 ( )회 이상 측정하여야 한다.

① 2회　　② 3회
③ 4회　　④ 6회

해설
- 단위작업장소에서의 소음발생시간이 6시간 이내인 경우나 소음발생원에서의 발생시간이 간헐적인 경우에는 발생시간동안 연속 측정하거나 등간격으로 나누어 4회 이상 측정하여야 한다.
:: 작업환경측정을 위한 소음측정 횟수 실기 1403
- 단위작업장소에서 소음수준은 규정된 측정위치 및 지점에서 1일 작업시간 동안 6시간 이상 연속 측정하거나 작업시간을 1시간 간격으로 나누어 6회 이상 측정하여야 한다. 다만, 소음의 발생특성이 연속음으로서 측정치가 변동이 없다고 자격자 또는 지정측정기관이 판단한 경우에는 1시간 동안을 등간격으로 나누어 3회 이상 측정할 수 있다.
- 단위작업장소에서의 소음발생시간이 6시간 이내인 경우나 소음발생원에서의 발생시간이 간헐적인 경우에는 발생시간동안 연속 측정하거나 등간격으로 나누어 4회 이상 측정하여야 한다.

41

0301

● Repetitive Learning (1회 2회 3회)

고열 발생원에 대한 공학적 대책 방법 중 대류에 의한 열흡수 경감법이 아닌 것은?

① 방열
② 일반환기
③ 국소환기
④ 차열판 설치

해설
- 차열판의 설치는 고열 발생원(용광로, 가열로, 압연기 등)의 복사열에 대한 차단방법에 해당한다.
- ** 고열 발생원에 대한 대책
  - 대류에 의한 열흡수의 경감 – 방열(Insulation)과 환기(Ventilation)
  - 복사열의 차단 – 차열판(Radiation shields)

42

1202

● Repetitive Learning (1회 2회 3회)

유해물질을 관리하기 위해 전체 환기를 적용할 수 있는 일반적인 상황과 가장 거리가 먼 것은?

① 작업자가 근무하는 장소로부터 오염발생원이 멀리 떨어져 있는 경우
② 오염발생원의 이동성이 없는 경우
③ 동일작업장에 다수의 오염발생원이 분산되어 있는 경우
④ 소량의 오염물질이 일정 속도로 작업장으로 배출되는 경우

해설
- 오염발생원이 이동성인 경우 전체 환기를 적용할 수 있다.
- ** 전체 환기법을 적용할 수 있는 일반적인 상황 [실기] 0301/0503/0702/0801/0902/1101/1203/1501/1602/1803/1901/1902/2002/2003/2004/2103/2201
  - 작업장 특성상 국소배기장치의 설치가 불가능한 경우
  - 동일사업장에 다수의 오염발생원이 분산되어 있는 경우
  - 오염발생원이 이동성인 경우
  - 소량의 오염물질이 일정한 시간과 속도로 사업장으로 배출되는 경우
  - 오염발생원의 유해물질 발생량이 적거나 유해물질의 독성이 작을 때
  - 오염발생원이 근로자가 근무하는 장소로부터 멀리 떨어져 있거나 공기 중 유해물질농도가 노출기준 이하인 경우
  - 배출원에서 유해물질 발생량이 적어 국소배기로 환기하면 비경제적일 때
  - 오염물질이 증기나 가스일 때

43

0603

● Repetitive Learning (1회 2회 3회)

차광 보호크림의 적용화학물질로 가장 알맞게 짝지어진 것은?

① 글리세린, 산화제이철
② 벤드나이드, 탄산 마그네슘
③ 밀랍 이산화티탄, 염화비닐수지
④ 탈수라놀린, 스테아린산

해설
- 차광 보호크림의 적용화학물질은 글리세린, 산화제이철 등이다.
- ** 크림
  - ㉠ 차광 보호크림
    - 적용화학물질은 글리세린, 산화제이철 등이다.
    - 자외선 등 직사광선 아래에서 작업하는 작업장에서 사용이 권장된다.
  - ㉡ 소수성크림
    - 적용화학물질이 밀랍, 탈수라놀린, 파라핀, 유동파라핀, 탄산마그네슘 등이다.
    - 광산류, 유기산, 염류 및 무기염류 취급작업에서 사용된다.

44

0601

● Repetitive Learning (1회 2회 3회)

일정장소에 설치되어 있는 콤프레셔나 압축공기실린더에서 호흡할 수 있는 공기를 보호구 안면부에 연결된 관을 통하여 공급하는 호흡용 보호기 중 폐력식에 관한 내용으로 가장 거리가 먼 것은?

① 누설가능성이 없다.
② 보호구 안에 음압이 생긴다.
③ demand식이라고도 한다.
④ 레귤레이터를 착용자가 호흡할 때 발생하는 압력에 따라 공기가 공급된다.

해설
- 폐력식 마스크는 보호구 안에 음압이 생기므로 누설가능성이 있다.
- ** 폐력식 마스크
  - 호스의 끝을 신선한 공기 중에 고정시키고 호스, 안면부를 통하여 착용자가 자신의 폐력으로 공기를 흡입하는 구조를 말한다.
  - demand식이라고도 한다.
  - 레귤레이터를 착용자가 호흡할 때 발생하는 압력에 따라 공기가 공급된다.
  - 보호구 안에 음압이 생기므로 누설가능성이 있다.

45

1301

• Repetitive Learning (1회 2회 3회)

송풍량(Q)이 $300m^3$/min일 때 송풍기의 회전속도는 150RPM 이었다. 송풍량을 $500m^3$/min으로 확대시킬 경우 같은 송 풍기의 회전속도는 대략 몇 RPM이 되는가?(단, 기타 조건 은 같다고 가정함)

① 약 200RPM
② 약 250RPM
③ 약 300RPM
④ 약 350RPM

해설

• 송풍량은 회전속도(비)에 비례한다.

• 송풍기의 크기와 공기 비중이 일정한 상태에서 송풍량이 $\frac{5}{3}$ 배로 증가하면 송풍기의 회전속도도 $\frac{5}{3}$ 배로 증가한다.

• $150 \times \frac{5}{3} = 250$RPM이 된다.

◈◈ 송풍기의 상사법칙 실기 0402/0403/0501/0701/0803/0902/0903/1001/ 1102/1103/1201/1303/1401/1501/1502/1503/1603/1703/1802/1901/1903/2001/ 2002

송풍기 크기 일정 공기 비중 일정	• 송풍량은 회전속도(비)에 비례한다. • 풍압(정압)은 회전속도(비)의 제곱에 비례한다. • 동력은 회전속도(비)의 세제곱에 비례한다.
송풍기 회전수 일정 공기의 중량 일정	• 송풍량은 회전차 직경의 세제곱에 비례한다. • 풍압(정압)은 회전차 직경의 제곱에 비례한다. • 동력은 회전차 직경의 오제곱에 비례한다.
송풍기 회전수 일정 송풍기 크기 일정	• 송풍량은 비중과 온도에 무관하다. • 풍압(정압)은 비중에 비례, 절대온도에 반비례한다. • 동력은 비중에 비례, 절대온도에 반비례한다.

46

2004

• Repetitive Learning (1회 2회 3회)

페인트 도장이나 농약 살포와 같이 공기 중에 가스 및 증기 상 물질과 분진이 동시에 존재하는 경우 호흡 보호구에 이 용되는 가장 적절한 공기 정화기는?

① 필터
② 만능형 캐니스터
③ 요오드를 입힌 활성탄
④ 금속산화물을 도포한 활성탄

해설

• 만능형 캐니스터는 방진마스크와 방독마스크의 기능을 합한 공기 정화기이다.

◈◈ 만능형 캐니스터

• 방진마스크와 방독마스크의 기능을 합한 공기정화기이다.
• 페인트 도장이나 농약 살포와 같이 공기 중에 가스 및 증기상 물질과 분진이 동시에 존재하는 경우의 호흡 보호구로 가장 적 절하다.

47

0902 / 2103

• Repetitive Learning (1회 2회 3회)

비중량이 1.255kgf/m^3인 공기가 20m/s의 속도로 덕트를 통과하고 있을 때의 동압은?

① 15mmH₂O
② 20mmH₂O
③ 25mmH₂O
④ 30mmH₂O

해설

• 속도압(동압) $VP = \frac{\gamma V^2}{2g}$ [mmH_2O]로 구한다.

• 주어진 값들을 대입하면 $VP = \frac{1.255 \times 20^2}{2 \times 9.8} = 25.612 \cdots$ [mmH_2O]가 된다.

◈◈ 속도압(동압) 실기 0402/0602/0803/1003/1101/1301/1402/1502/1601/1602/ 1703/1802/2001/2201

• 속도압(VP)은 전압(TP)에서 정압(SP)을 뺀 값으로 구한다.
• 동압 $VP = \frac{\gamma V^2}{2g}$ [mmH_2O]로 구한다. 이때 γ는 표준공기일 경우 1.203[kgf/m^3]이며, g는 중력가속도로 9.81[m/s^2]이다.
• VP[mmH_2O]를 알면 공기속도는 $V = 4.043 \times \sqrt{VP}$[m/s]로 구한다.

48

1201

• Repetitive Learning (1회 2회 3회)

강제환기를 실시할 때 따라야 하는 원칙으로 옳지 않은 것 은?

① 배출공기를 보충하기 위하여 청정공기를 공급한다.
② 공기배출구와 근로자의 작업 위치 사이에 오염원이 위치 하지 않도록 한다.
③ 오염물질 배출구는 가능한 한 오염원으로부터 가까운 곳 에 설치하여 점 환기의 효과를 얻는다.
④ 공기가 배출되면서 오염장소를 통과하도록 공기배출구와 유입구의 위치를 선정한다.

해설

- 공기배출구와 근로자의 작업 위치 사이에 오염원이 위치하여야 한다.

- **강제환기를 실시하는 데 환기효과를 제고시킬 수 있는 필요 원칙** 실기 1201/1402/1703/2001/2202
  - 오염물질 사용량을 조사하여 필요 환기량을 계산한다.
  - 배출공기를 보충하기 위하여 청정공기를 공급할 수 있다.
  - 오염물질 배출구는 가능한 한 오염원으로부터 가까운 곳에 설치하여 점환기 효과를 얻는다.
  - 공기배출구와 근로자의 작업 위치 사이에 오염원이 위치하여야 한다.
  - 공기가 배출되면서 오염장소를 통과하도록 공기배출구와 유입구의 위치를 선정한다.
  - 건물 밖으로 배출된 오염공기가 다시 건물 안으로 유입되지 않도록 배출구 높이를 적절히 설계하고 창문이나 문 근처에 위치하지 않도록 한다.
  - 오염원 주위에 다른 작업공정이 있으면 공기배출량을 공급량보다 약간 크게 하여 음압을 형성하여 주위 근로자에게 오염물질이 확산되지 않도록 한다.

1302

49 ●──── Repetitive Learning (1회 2회 3회)

귀덮개와 비교하여 귀마개를 사용하기에 적합한 환경이 아닌 것은?

① 덥고 습한 환경에서 사용할 때
② 장시간 사용할 때
③ 간헐적 소음에 노출될 때
④ 다른 보호구와 동시 사용할 때

해설

- 간헐적 소음 노출 시 사용하는 것은 귀덮개이다.

- **귀마개와 귀덮개의 비교** 실기 1603/1902/2001

귀마개	귀덮개
• 좁은 장소에서도 사용이 가능하다. • 고온 작업 장소에서도 사용이 가능하다. • 부피가 작아서 휴대하기 편리하다. • 다른 보호구와 동시 사용할 때 편리하다. • 외청도를 오염시킬 수 있으며, 외청도에 이상이 없는 경우에 사용이 가능하다. • 제대로 착용하는 데 시간은 걸린다.	• 간헐적 소음 노출 시 사용한다. • 쉽게 착용할 수 있다. • 일관성 있는 차음효과를 얻을 수 있다. • 크기를 여러 가지로 할 필요가 없다. • 착용여부를 쉽게 확인할 수 있다. • 귀에 염증이 있어도 사용할 수 있다.

0401 / 1102 / 1802

50 ●──── Repetitive Learning (1회 2회 3회)

송풍기의 송풍량이 $2m^3/sec$이고, 전압이 $100mmH_2O$일 때, 송풍기의 소요동력은 약 몇 kW인가?(단, 송풍기의 효율이 75%이다)

① 1.7
② 2.6
③ 4.4
④ 5.3

해설

- 송풍량이 초당으로 주어질 때 $\dfrac{송풍량 \times 60 \times 전압}{6,120 \times 효율} \times 여유율[kW]$로 구한다.
- 대입하면 $\dfrac{2 \times 60 \times 100}{6,120 \times 0.75} = 2.614\cdots$가 된다.

- **송풍기의 소요동력** 실기 0402/0403/0602/0603/0901/1101/1201/1402/1501/1601/1802/1903
  - 송풍량이 초당으로 주어질 때 $\dfrac{송풍량 \times 60 \times 전압}{6,120 \times 효율} \times 여유율$ [kW]로 구한다.
  - 송풍량이 분당으로 주어질 때 $\dfrac{송풍량 \times 전압}{6,120 \times 효율} \times 여유율$[kW]로 구한다.
  - 여유율이 주어지지 않을 때는 1을 적용한다.

0903 / 2004

51 ●──── Repetitive Learning (1회 2회 3회)

다음은 직관의 압력손실에 관한 설명으로 잘못된 것은?

① 직관의 마찰계수에 비례한다.
② 직관의 길이에 비례한다.
③ 직관의 직경에 비례한다.
④ 속도(관내유속)의 제곱에 비례한다.

해설

-  $\triangle P = F \times VP = 4 \times f \times \dfrac{L}{D} \times \dfrac{\gamma \times V^2}{2g}$로 직경에 반비례하고, 공기의 밀도, 유속, 길이, 마찰계수(조도) 등에 비례한다.

- **덕트(원형 유체관)의 압력손실(달시의 방정식)** 실기 0302/0303/0401/0501/0502/0503/0602/0701/0702/0703/0802/0901/0903/1002/1102/1201/1203/1301/1403/1501/1502/1601/1902/2002/2004/2101/2201
  - 유체관을 통해 유체가 흘러갈 때 발생하는 마찰손실을 말한다.
  - 마찰손실의 계산은 등거리방법 또는 속도압방법을 적용한다.
  - 압력손실 $\triangle P = F \times VP$로 구한다. F는 압력손실계수로 $4 \times f \times \dfrac{L}{D}$ 혹은 $\lambda \times \dfrac{L}{D}$로 구한다. 이때, λ는 관의 마찰계수, D는 덕트의 직경, L은 덕트의 길이이다.

---

52 •Repetitive Learning 1회 2회 3회

공기 온도가 50℃인 덕트의 유속이 4m/sec일 때, 이를 표준공기로 보정한 유속(V_C)은 얼마인가?(단, 밀도 1.2kg/m^3)

① 3.19m/sec
② 4.19m/sec
③ 5.19m/sec
④ 6.19m/sec

해설
- 공기의 밀도와 속도가 주어졌으므로 속도압을 이용해서 공기속도를 구할 수 있다. 속도압은 $VP = \dfrac{\gamma V^2}{2g}$로 구한다.
- 대입하면 속도압 $VP = \dfrac{1.2 \times 4^2}{2 \times 9.8} = 0.9795 \cdots [mmH_2O]$이다.
- 해당 속도압이 50℃에서의 값이므로 이를 표준온도 21℃로 보정하면 $VP = 0.9795 \times \dfrac{273+50}{273+21} = 1.076 \cdots [mmH_2O]$이다.
- 공기의 속도 $V = 4.043 \times \sqrt{VP}$에 대입하면 $V = 4.043 \times \sqrt{1.076} = 4.19 \cdots [m/s]$가 된다.

:: 속도압(동압) 실기 0402/0602/0803/1003/1101/1301/1402/1502/1601/1602/1703/1802/2001/2201

문제 47번의 유형별 핵심이론 :: 참조

53 •Repetitive Learning 1회 2회 3회

차음보호구에 대한 다음의 설명사항 중에서 알맞지 않은 것은?

① Ear plug는 외청도가 이상이 없는 경우에만 사용이 가능하다.
② Ear plug의 차음효과는 일반적으로 Ear muff보다 좋고, 개인차가 적다.
③ Ear muff는 일반적으로 저음의 차음효과는 20dB, 고음역의 차음효과는 45dB이상을 갖는다.
④ Ear muff는 Ear plug에 비하여 고온 작업장에서 착용하기가 어렵다.

해설
- 일반적으로 Ear muff의 차음효과는 Ear plug보다 좋고, 개인차가 적다.

:: 차음보호구
- 귀마개(Ear plug)와 귀덮개(Ear muff)가 있다.
- Ear plug는 외청도가 이상이 없는 경우에만 사용이 가능하다.

- 일반적으로 Ear muff의 차음효과는 Ear plug보다 좋고, 개인차가 적다.
- Ear muff는 일반적으로 저음의 차음효과는 20dB, 고음역의 차음효과는 45dB이상을 갖는다.
- Ear muff는 Ear plug에 비하여 고온 작업장에서 착용하기가 어렵다.

1003
54 •Repetitive Learning 1회 2회 3회

작업환경 관리에서 유해인자의 제거, 저감을 위한 공학적 대책으로 옳지 않은 것은?

① 보온재로 석면 대신 유리섬유나 암면 등의 사용
② 소음 저감을 위해 너트/볼트작업 대신 리벳팅(ribet) 사용
③ 광물을 채취할 때 건식공정 대신 습식공정의 사용
④ 주물공정에서 실리카 모래 대신 그린(green) 모래의 사용

해설
- 소음 저감을 위해서는 리벳팅 대신 너트/볼트 작업을 사용해야 한다.

:: 작업환경 개선 대책

공학적 대책	대체(Substitution), 격리(Isolation), 밀폐(Enclosure) 차단(Seperation), 환기(Ventilation)
행정(관리)적 대책	작업시간과 휴식시간의 조정, 교대근무, 작업전환, 관련 교육 등
개인건강대책	각종 보호구(안전모, 보호의, 보호장갑, 보안경, 귀마개 등)의 착용

0903 / 1103
55 •Repetitive Learning 1회 2회 3회

작업환경의 관리원칙인 대치 개선방법으로 옳지 않은 것은?

① 성냥 제조 시 황린 대신 적린을 사용함
② 세탁 시 화재 예방을 위해 석유나프타 대신 4클로로에틸렌을 사용함
③ 땜질한 납을 oscillating-type sander로 깎던 것을 고속회전 그라인더를 이용함
④ 분말로 출하되는 원료를 고형상태의 원료로 출하함

해설
- 자동차 산업의 작업환경 개선을 위해서는 땜질한 납 연마 시 고속회전 그라인더의 사용을 저속 Oscillating-typesander로 변경해야 한다.

대치의 원칙

시설의 변경	• 가연성 물질을 유리병 대신 철제통에 저장 • Fume 배출 드라프트의 창을 안전 유리창으로 교체
공정의 변경	• 건식공법의 습식공법으로 전환 • 전기 흡착식 페인트 분무방식 사용 • 금속을 두들겨 자르던 공정을 톱으로 절단 • 알코올을 사용한 엔진 개발 • 도자기 제조공정에서 건조 후에 하던 점토의 조합을 건조 전에 실시 • 땜질한 납 연마 시 고속회전 그라인더의 사용을 저속 Oscillating-typesander로 변경
물질의 변경	• 성냥 제조시 황린 대신 적린 사용 • 단열재 석면을 대신하여 유리섬유나 암면 또는 스티로폼 등을 사용 • 야광시계 자판에 Radium을 인으로 대치 • 금속표면을 블라스팅할 때 사용재료로서 모래 대신 철구슬을 사용 • 페인트 희석제를 석유나프타에서 사염화탄소로 대치 • 분체 입자를 큰 입자로 대체 • 금속세척 시 TCE를 대신하여 계면활성제로 변경 • 세탁 시 화재 예방을 위해 석유나프타 대신 4클로로에틸렌을 사용 • 세척작업에 사용되는 사염화탄소를 트리클로로에틸렌으로 전환 • 아조염료의 합성에 벤지딘 대신 디클로로벤지딘을 사용 • 페인트 내에 들어있는 납을 아연 성분으로 전환

56   ●━━━━━━● Repetitive Learning ⌈1회⌉2회⌈3회⌉ 1101

벤젠 2kg이 모두 증발하였다면 벤젠이 차지하는 부피는?
(단, 벤젠 비중 0.88, 분자량 78, 21℃ 1기압)

① 약 521L
② 약 618L
③ 약 736L
④ 약 871L

해설

• 공기 중에 발생하고 있는 오염물질의 용량은 0℃, 1기압에 1몰당 22.4L인데 현재 21℃라고 했으므로 $22.4 \times \frac{294}{273} = 24.12 \cdots$ L이므로 벤젠 2kg은 $\frac{2000}{78} = 25.64$ 몰이므로 618.5L가 발생한다.

⁑ 증기발생량 실기 0603/1303/1603/2002/2004

• 공기 중에 발생하는 오염물질의 양은 물질의 사용량과 비중, 온도와 증기압을 통해서 구할 수 있다.
• 오염물질의 증발량×비중으로 물질의 사용량을 구할 수 있다.
• 구해진 물질의 사용량의 몰수를 확인하면 0℃, 1기압에 1몰당 22.4L이므로 이 물질이 공기 중에 발생하는 증기의 부피를 구할 수 있다.

57   ●━━━━━━● Repetitive Learning ⌈1회⌉2회⌈3회⌉ 1301

어떤 작업장에서 메틸알코올(비중 0.792, 분자량 32.04)이 시간당 1.0L 증발되어 공기를 오염시키고 있다. 여유계수 K 값은 3이고, 허용기준 TLV는 200ppm이라면 이 작업장을 전체 환기시키는 데 요구되는 필요환기량은?(단, 1기압, 21℃ 기준)

① $120m^3/min$
② $150m^3/min$
③ $180m^3/min$
④ $210m^3/min$

해설

• 공기 중에 계속 오염물질이 발생하고 있는 경우의 필요환기량 $Q = \frac{G \times K}{TLV}$ 로 구한다.
• 증발하는 메틸알코올의 양은 있지만 공기 중에 발생하는 오염물질의 양은 없으므로 공기 중에 발생하는 오염물질의 양을 구한다.
• 비중은 질량/부피이므로 이를 이용하면 메틸알코올 1L는 1,000ml ×0.792=792g/hr이다.
• 공기 중에 발생하고 있는 오염물질의 용량은 0℃, 1기압에 1몰당 22.4L인데 현재 21℃라고 했으므로 $22.4 \times \frac{294}{273} = 24.12 \cdots$ L이므로 792g은 $\frac{792}{32.04} = 24.719 \cdots$ 몰이므로 596.22L/hr이 발생한다.
• TLV는 200ppm이고 이는 200mL/m^3이므로 필요환기량 $Q = \frac{596.22 \times 1,000 \times 3}{200} = 8,943.37m^3$/hr이 된다.
• 구하고자 하는 필요 환기량은 분당이므로 60으로 나눠주면 149.056m^3/min가 된다.

⁑ 필요 환기량 실기 0401/0502/0601/0602/0603/0703/0801/0803/0901/ 0903/1001/1002/1101/1201/1302/1403/1501/1601/1602/1702/1703/1801/1803/ 1903/2001/2003/2004/2101/2201

• 후드로 유입되는 오염물질을 포함한 공기량을 말한다.
• 필요 환기량 Q=A · V로 구한다. 여기서 A는 개구면적, V는 제어속도이다.
• 공기 중에 계속 오염물질이 발생하고 있는 경우의 필요환기량 $Q = \frac{G \times K}{TLV}$ 로 구한다. 이때 G는 공기 중에 발생하고 있는 오염물질의 용량, TLV는 허용기준, K는 여유계수이다.

58 ──────── • Repetitive Learning (1회 2회 3회)

다음 중 국소배기장치 설계의 순서로 가장 적절한 것은?

① 소요풍량 계산 → 후드형식 선정 → 제어속도 결정
② 제어속도 결정 → 소요풍량 계산 → 후드형식 선정
③ 후드형식 선정 → 제어속도 결정 → 소요풍량 계산
④ 후드형식 선정 → 소요풍량 계산 → 제어속도 결정

해설

- 국소배기장치 설계의 순서는 후드형식 선정 → 제어속도 결정 → 소요풍량 계산 → 반송속도 결정 → 배관내경 산출 → 후드 크기 결정 → 배관의 크기와 위치 선정 → 공기정화장치의 선정 → 송풍기의 선정 순으로 한다.

❖ 국소배기장치의 선정, 설계, 설치 **실기** 1802/2003
- 국소배기장치의 효율적인 선정과 설치를 위해서는 우선적으로 필요송풍량을 결정해야 한다. 필요송풍량에 따라 송풍기의 대수 및 규모를 결정하게 되며 이를 통해 투자비용과 운전비용이 결정된다.
- 설계의 순서는 후드형식 선정 → 제어속도 결정 → 소요풍량 계산 → 반송속도 결정 → 배관내경 산출 → 후드 크기 결정 → 배관의 크기와 위치 선정 → 공기정화장치의 선정 → 송풍기의 선정 순으로 한다.
- 설치의 순서는 반드시 후드 → 덕트 → 공기정화장치 → 송풍기 → 배기구의 순으로 한다.

59 ──────── • Repetitive Learning (1회 2회 3회)

사이클론 집진장치의 블로우 다운에 대한 설명으로 옳은 것은?

① 유효 원심력을 감소시켜 선회기류의 흐트러짐을 방지한다.
② 관 내 분진부착으로 인한 장치의 폐쇄현상을 방지한다.
③ 부분적 난류 증가로 집진된 입자가 재비산 된다.
④ 처리배기량의 50% 정도가 재유입되는 현상이다.

해설

- 블로우 다운은 먼지가 장치 내벽에 부착하여 축적되는 것을 방지한다.

❖ 사이클론의 블로우 다운(Blow down) **실기** 0501/0802/1602/2004
- 사이클론 내의 난류현상을 억제하여 집진먼지의 비산을 억제시켜 사이클론의 집진율을 높이는 방법이다.
- 집진함 또는 호퍼로부터 처리 배기량의 5~10%를 흡인해줌으로서 난류현상을 억제한다.
- 관 내 분진부착으로 인한 장치의 폐쇄현상을 방지한다.

60 ──────── • Repetitive Learning (1회 2회 3회)

폭과 길이의 비(종횡비, W/L)가 0.2 이하인 슬롯형 후드의 경우, 배풍량은 다음 중 어느 공식에 의해서 산출하는 것이 가장 적절하겠는가?(단, 플랜지가 부착되지 않았음, L : 길이, W : 폭, X : 오염원에서 후드 개구부까지의 거리, V : 제어속도, 단위는 적절하다고 가정함)

① $Q=2.6LVX$ ② $Q=3.7LVX$
③ $Q=4.3LVX$ ④ $Q=5.2LVX$

해설

- 외부식 슬롯형 후드의 배풍량 $Q=60 \times C \times L \times V_c \times X[m^3/min]$ 로 구한다. 초당 배풍량은 60으로 나눠야 하므로 $Q=C \times L \times V_c \times X[m^3/sec]$로 구하는데 종횡비가 0.2 이하인 슬롯형 후드의 경우 ACGIH에서 형상비로 3.7 사용을 권고한다.

❖ 외부식 슬롯형 후드의 필요송풍량
- 공간에 위치하며, 플랜지가 없는 경우에 해당한다.

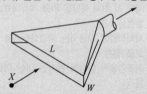

- 필요송풍량 $Q=60 \times C \times L \times V_c \times X$로 구한다. 이때 Q는 필요송풍량$[m^3/min]$이고, C는 형상계수, V_c는 제어속도[m/sec], L은 슬롯의 개구면 길이, X는 포집점까지의 거리[m]이다.
- ACGIH에서는 종횡비가 0.2 이하인 슬롯형 후드의 형상계수로 3.7을 사용한다.

전원주	5.0(ACGIH에서는 3.7)
$\frac{3}{4}$ 원주	4.1
$\frac{1}{2}$ 원주	2.8
$\frac{1}{4}$ 원주	1.6

61 ────── Repetitive Learning 〔1회 2회 3회〕

다음 중 조명 시의 고려사항으로 광원으로부터의 직접적인 눈부심을 없애기 위한 방법으로 가장 적당하지 않은 것은?

① 광원 또는 전등의 휘도를 줄인다.
② 광원을 시선에서 멀리 위치시킨다.
③ 광원 주위를 어둡게 하여 광도비를 높인다.
④ 눈이 부신 물체와 시선과의 각을 크게 한다.

해설
• 휘광원 주위를 밝게 하여 휘도비(광속발산비)를 줄인다.

 광원으로부터의 직접적인 눈부심을 없애기 위한 방법
  • 광원의 휘도를 줄이고, 광원의 수를 늘린다.
  • 가리개나 차양(Visor), 갓(Hood) 등을 사용한다.
  • 옥외 창 위에 드리우개(Overhang)를 설치한다.
  • 광원을 시선에서 멀리 위치시킨다.
  • 눈이 부신 물체와 시선과의 각을 크게 한다.
  • 휘광원 주위를 밝게 하여 휘도비(광속발산비)를 줄인다.

62 ────── Repetitive Learning 〔1회 2회 3회〕

수심 40m에서 작업을 할 때 작업자가 받는 절대압은 어느 정도인가?

① 3기압   ② 4기압
③ 5기압   ④ 6기압

해설
• 작용압은 수심 10m 마다 1기압씩 더해지므로 40m에는 4기압이 적용되므로, 절대압은 5기압이 된다.

 심해 잠수부가 해저에서 느끼는 작용압과 절대압
  • 작용압은 수심 10m 마다 1기압씩 증가한다.
  • 절대압은 작용압에 1기압을 더한 값이다.

0303 / 1203 / 2101
63 ────── Repetitive Learning 〔1회 2회 3회〕

다음 중 1루멘의 빛이 $1\,ft^2$의 평면상에 수직 방향으로 비칠 때 그 평면의 빛 밝기를 무엇이라고 하는가?

① 1Lux   ② 1candela
③ 1촉광   ④ 1foot candle

해설
• 1Lux는 1lumen의 빛이 $1\,m^2$의 평면상에 수직으로 비칠 때의 밝기이다.
• 1candela는 1스테라디안당 나오는 1cd의 빛이 나올 때의 빛의 양이다.
• 1촉광은 지름이 1인치 되는 촛불이 수평방향으로 비칠 때의 밝기이다.

 foot candle
  • 1루멘의 빛이 $1\,ft^2$의 평면상에 수직 방향으로 비칠 때 그 평면의 빛 밝기를 말한다.
  • 1fc(foot candle)은 약 10.8Lux에 해당한다.

0801 / 2003
64 ────── Repetitive Learning 〔1회 2회 3회〕

소음계(sound level meter)로 소음측정 시 A 및 C 특성으로 측정하였다. 만약 C 특성으로 측정한 값이 A 특성으로 측정한 값보다 훨씬 크다면 소음의 주파수영역은 어떻게 추정이 되겠는가?

① 저주파수가 주성분이다.
② 중주파수가 주성분이다.
③ 고주파수가 주성분이다.
④ 중 및 고주파수가 주성분이다.

해설
• A 특성치보다 C 특성치가 많이 크면 저주파 성분이 많고, A 특성치와 C 특성치가 같으면 고주파 성분이 많다.

 소음계의 A, B, C 특성
  • A 특성치란 대략 40phon의 등감곡선과 비슷하게 주파수에 따른 반응을 보정하여 측정한 음압 수준을 말한다.
  • B 특성치와 C 특성치는 각각 70phon과 100phon의 등감곡선과 비슷하게 보정하여 측정한 값을 말한다.
  • 일반적으로 소음계는 A, B, C 특성에서 음압을 측정할 수 있도록 보정되어 있으며 모든 주파수의 음압수준을 보정 없이 그대로 측정할 수도 있다. 즉, 세 값이 일치하는 주파수는 1,000Hz로 이때의 각 특성 보정치는 0이다.
  • A 특성치보다 C 특성치가 많이 크면 저주파 성분이 많고, A 특성치와 C 특성치가 같으면 고주파 성분이 많다.

0703 / 0801 / 1901
65 ────── Repetitive Learning 〔1회 2회 3회〕

다음 중 피부 투과력이 가장 큰 것은?

① α선   ② β선
③ X선   ④ 레이저

- 투과력을 순서대로 배열하면 중성자>X선 또는 γ선>β선>α선 순이다.

:: 방사선의 투과력
- 투과력을 순서대로 배열하면 중성자>X선 또는 γ선>β선>α선 순이다.
- 입자형태의 방사선(입자방사선)은 α선, β선, 중성자선 등이 있다.
- 빛이나 전파로 존재하는 방사선(전자기방사선)은 γ선, X선이 있다.

66 ● Repetitive Learning 1회 2회 3회

다음 중 이상기압의 영향으로 발생되는 고공성 폐수종에 관한 설명으로 틀린 것은?

① 어른보다 아이들에게서 많이 발생한다.
② 고공 순화된 사람이 해면에 돌아올 때에도 흔히 일어난다.
③ 산소공급과 해면 귀환으로 급속히 소실되며, 증세는 반복해서 발병하는 경향이 있다.
④ 진해성 기침과 호흡곤란이 나타나고 폐동맥 혈압이 급격히 낮아진다.

해설
- 고공성 폐수종으로는 폐동맥 혈압이 상승한다.

:: 고공성 폐수종
- 어른보다 아이들에게서 많이 발생한다.
- 고공 순화된 사람이 해면에 돌아올 때에도 흔히 일어난다.
- 산소공급과 해면 귀환으로 급속히 소실되며, 증세는 반복해서 발병하는 경향이 있다.
- 진해성 기침과 호흡곤란이 나타나고 폐동맥 혈압이 상승한다.

67 ● Repetitive Learning 1회 2회 3회

감압병 예방을 위한 이상기압 환경에 대한 대책으로 적절하지 않은 것은?

① 작업시간을 제한한다.
② 가급적 빨리 감압시킨다.
③ 순환기에 이상이 있는 사람은 취업 또는 작업을 제한한다.
④ 고압환경에서 작업 시 헬륨-산소혼합가스등으로 대체하여 이용한다.

해설
- 감압병의 증상을 보일 경우 환자를 원래의 고압환경에 복귀시키거나 인공적 고압실에 넣어 혈관 및 조직 속에 발생한 질소의 기포를 다시 용해시킨 후 천천히 감압한다.

:: 감압병의 예방 및 치료
- 고압환경에서의 작업시간을 제한한다.
- 감압이 끝날 무렵에 순수한 산소를 흡입시키면 감압시간을 25%가량 단축시킬 수 있다.
- 특별히 잠수에 익숙한 사람을 제외하고는 10m/min 속도 정도로 잠수하는 것이 안전하다.
- 고압환경에서 작업할 때는 질소를 헬륨으로 대치한 공기를 호흡시키도록 한다.
- Haldane의 실험근거상 정상기압보다 1.25기압을 넘지 않는 고압환경에는 아무리 오랫동안 폭로되거나 아무리 빨리 감압하더라도 기포를 형성하지 않는다.
- 감압병의 증상을 보일 경우 환자를 원래의 고압환경에 복귀시키거나 인공적 고압실에 넣어 혈관 및 조직 속에 발생한 질소의 기포를 다시 용해시킨 후 천천히 감압한다.

68 ● Repetitive Learning 1회 2회 3회

전리방사선 방어의 궁극적 목적은 가능한 한 방사선에 불필요하게 노출되는 것을 최소화 하는 데 있다. 국제방사선방호위원회(ICRP)가 노출을 최소화하기 위해 정한 원칙 3가지에 해당하지 않는 것은?

① 작업의 최적화
② 작업의 다양성
③ 작업의 정당성
④ 개개인의 노출량의 한계

해설
- 국제방사선방호위원회(ICRP) 노출 최소화 3원칙에는 작업의 최적화와 정당성, 개개인의 노출량의 한계가 있다.

:: 국제방사선방호위원회(ICRP) 노출 최소화 3원칙
- 작업의 최적화
- 작업의 정당성
- 개개인의 노출량의 한계

69 ● Repetitive Learning 1회 2회 3회

옥내의 작업장소에서 습구흑구온도를 측정한 결과 자연습구온도가 28도, 흑구온도는 30도, 건구온도는 25도를 나타내었다. 이때 습구흑구온도지수(WBFT)는 약 얼마인가?

① 31.5℃
② 29.4℃
③ 28.6℃
④ 28.1℃

- 옥내는 일사의 영향이 없어 자연습구(0.7)와 흑구온도(0.3)만으로 WBGT가 결정되므로 WBGT=0.7×28+0.3×30=19.6+9=28.6℃가 된다.

습구흑구온도(WBGT : Wet Bulb Globe Temperature) 지수

ⓐ 개요
- 건구온도, 습구온도 및 흑구온도에 비례하며, 열중증 예방을 위해 고온에서의 작업휴식시간비를 결정하는 지표로 더위지수라고도 한다.
- 표시단위는 섭씨온도(℃)로 표시하며, WBGT가 높을수록 휴식시간이 증가되어야 한다.
- 미국국립산업안전보건연구원(NIOSH)뿐만 아니라 국내에서도 습구흑구온도를 측정하고 지수를 산출하여 평가에 사용한다.
- 과거에 쓰이던 감각온도와 근사한 값인데 감각온도와 다른 점은 기류를 전혀 고려하지 않았다는 점이다.

ⓑ 산출방법 실기 0501/0503/0602/0702/0703/1101/1201/1302/1303/1503/2102/2201/2202/2203
- 옥내에서는 WBGT=0.7NWT+0.3GT이다. 이때 NWT는 자연습구, GT는 흑구온도이다.(일사가 영향을 미치지 않는 옥외도 옥내로 취급한다)
- 일사가 영향을 미치는 옥외에서는 건구온도인 dB를 반영하지만 옥내에서는 일사의 영향이 없으므로 자연습구와 흑구온도만으로 WBGT가 결정된다.
- 일사가 영향을 미치는 옥외에서는 WBGT=0.7NWT+0.2GT+0.1DB이며 이때 NWT는 자연습구, GT는 흑구온도, DB는 건구온도이다.

70 ───── • Repetitive Learning (1회 2회 3회)

다음 중 진동에 대한 설명으로 틀린 것은?

① 전신진동에 노출 시에는 산소소비량과 폐환기량이 감소한다.
② 60~90Hz 정도에서는 안구의 공명현상으로 시력장해가 온다.
③ 수직과 수평진동이 동시에 가해지면 2배의 자각현상이 나타난다.
④ 전신진동의 경우 3Hz 이하에서는 급성적 증상으로 상복부의 통증과 팽만감 및 구토 등이 있을 수 있다.

- 전신진동에 노출 시 산소소비량은 증가되고, 폐환기도 촉진된다.

전신진동의 인체영향
- 사람이 느끼는 최소 진동역치는 55±5dB이다.

- 전신진동의 영향이나 장애는 자율신경 특히 순환기에 크게 나타난다.
- 산소소비량은 전신진동으로 증가되고, 폐환기도 촉진된다.
- 말초혈관이 수축되고 혈압상승, 맥박증가를 보이며 피부 전기저항의 저하도 나타낸다.
- 위장장해, 내장하수증, 척추이상, 내분비계 장해 등이 나타난다.

0301 / 1903

71 ───── • Repetitive Learning (1회 2회 3회)

한랭환경으로 인하여 발생되거나 악화되는 질병과 가장 거리가 먼 것은?

① 동상(Frostbite)
② 지단자람증(Acrocyanosis)
③ 케이슨병(Caisson disease)
④ 레이노드씨 병(Raynaud's disease)

- 케이슨병(Caisson disease)은 고압환경에서 보통 기압으로 돌아올 때 발생되는 병이다. 주로 해녀들의 잠수병이 대표적인 예이다.

한랭환경에서의 건강장해
- 레이노씨 병과 같은 혈관 이상이 있을 경우에는 저온 노출로 유발되거나 그 증상이 악화된다.
- 참호족과 침수족은 지속적인 국소의 산소결핍 때문이며, 모세혈관 벽이 손상되는 것이다.(동상과 달리 영상의 온도에서 발생한다)
- 전신체온강하는 장시간 한랭노출과 체열상실로 인한 급성 중증 장애로, 심부온도가 37℃에서 26.7℃ 이하로 떨어지는 것을 말한다.

0602 / 0902

72 ───── • Repetitive Learning (1회 2회 3회)

다음 중 Tesla(T)는 무엇을 나타내는 단위인가?

① 전계강도   ② 자장강도
③ 전리밀도   ④ 자속밀도

- 테슬라는 자속밀도의 MKS 단위이다.

테슬라(T)
- 자속밀도의 MKS 단위이다.
- $T=wb/m^2=kg/(s^2 \cdot A)=N/(A \cdot m)=kg/(s \cdot C)$의 관계를 갖는다.
- CGS단위인 가우스와는 1T=10,000G의 관계를 갖는다.

73
━━━━━━━━━━ • Repetitive Learning (1회 2회 3회)

다음 중 자외선의 인체 내 작용에 대한 설명과 가장 거리가 먼 것은?

① 홍반은 250mm 이하에서 노출 시 가장 강한 영향을 준다.
② 자외선 노출에 의한 가장 심각한 만성영향은 피부암이다.
③ 280~320nm에서는 비타민 D의 생성이 활발해진다.
④ 254~280nm에서 강한 살균작용을 나타낸다.

해설
• 강한 홍반작용을 나타내는 자외선의 파장은 297nm 정도이다.

❖ 자외선의 인체에 미치는 영향
  • 진공자외선을 제외하고 생물학적 영향에 따라 3영역으로 구분된다.
  • 강한 홍반작용을 나타내는 자외선의 파장은 297nm(2000 - 2900Å) 정도이다.
  • 대부분은 신체표면에 흡수되기 때문에 주로 피부, 눈에 직접적인 영향을 초래한다.
  • 적혈구, 백혈구, 혈소판이 증가하고 두통, 흥분, 피로 등이 2차 증상이 있다.
  • 나이가 많을수록 흡수량이 많아져 백내장을 일으킬 수 있다.
  • 광이온화 작용을 가지고 있어 대기 중의 화학적 반응에 영향을 준다.
  • 사진감광작용, 형광, 광이온 작용을 가지고 있으나 전리작용은 나타나지 않는다.
  • 자외선 노출에 의한 가장 심각한 만성영향은 피부암이다.
  • 280~320nm(Dorno선)에서는 피부의 색소 침착, 소독작용, 비타민 D 형성 등 생물학적 작용이 강하다.
  • 254~280nm에서 강한 살균작용을 나타낸다.

74
━━━━━━━━━━ • Repetitive Learning (1회 2회 3회)

다음 중 소음성 난청에 관한 설명으로 틀린 것은?

① 소음성 난청의 초기 증상을 C5-dip현상이라 한다.
② 소음성 난청은 대체로 노인성 난청과 연령별 청력변화가 같다.
③ 소음성 난청은 대부분 양측성이며, 감각 신경성 난청에 속한다.
④ 소음성 난청은 주로 주파수 4000Hz 영역에서 시작하여 전영역으로 파급된다.

해설
• 노인성 난청은 나이가 들면서 청력이 손실되어 잘 듣지 못하는 증상으로 고주파수대(약 6,000Hz)가 잘 안들리는 증상으로 소음성 난청과는 다르다.

❖ 소음성 난청 실기 0703/1501/2101
  • 초기 증상을 C5-dip현상이라 한다.
  • 대부분 양측성이며, 감각 신경성 난청에 속한다.
  • 내이의 세포변성을 원인으로 볼 수 있다.
  • 4,000Hz에 대한 청력손실이 특징적으로 나타난다.
  • 고주파음역(4,000~6,000Hz)에서의 손실이 더 크다.
  • 음압수준이 높을수록 유해하다.
  • 소음성 난청은 심한 소음에 반복하여 노출되어 나타나는 영구적 청력 변화로 코르티 기관에 손상이 온 것이므로 회복이 불가능하다.

75
━━━━━━━━━━ • Repetitive Learning (1회 2회 3회)

다음 중 국소진동으로 인한 장해를 예방하기 위한 작업자에 대한 대책으로 가장 적절하지 않은 것은?

① 작업자는 공구의 손잡이를 세게 잡고 있어야 한다.
② 14℃ 이하의 옥외작업에서는 보온대책이 필요하다.
③ 가능한 공구를 기계적으로 지지(支持)해주어야 한다.
④ 진동공구를 사용하는 작업은 1일 2시간을 초과하지 말아야 한다.

해설
• 작업자는 공구의 손잡이를 너무 세게 잡지 않아야 한다.

❖ 국소진동 장해 예방대책
  • 작업자는 공구의 손잡이를 너무 세게 잡지 않아야 한다.
  • 14℃ 이하의 옥외작업에서는 보온대책이 필요하다.
  • 가능한 공구를 기계적으로 지지(支持)해주어야 한다.
  • 연속적인 진동 노출을 피하기 위해 휴식시간을 가진다.
  • 진동공구를 사용하는 작업은 1일 2시간을 초과하지 말아야 한다.
  • 방진장갑 등 진동보호구를 착용하여야 한다.
  • 인간공학적인 측면에서 진동공구의 무게는 10kg 이상 초과하지 않도록 한다.

76
0702
━━━━━━━━━━ • Repetitive Learning (1회 2회 3회)

환경온도를 감각온도로 표시한 것을 지적온도라 하는데 다음 중 3가지 관점에 따른 지적온도로 볼 수 없는 것은?

① 주관적 지적온도   ② 생리적 지적온도
③ 생산적 지적온도   ④ 개별적 지적온도

- 지적온도를 관점에 따라 3가지로 구분하면 주관적 관점의 쾌적감 각온도, 생리적 관점의 기능지적온도, 생산적 관점의 최고생산온 도로 분류한다.

지적온도(optimum temperature) 실기 2004

- 인간이 활동하기 가장 좋은 상태의 온열조건으로 환경온도를 감각온도로 표시한 것을 말한다.
- 관점에 따라 3가지로 구분하면 주관적 관점의 쾌적감각온도, 생리적 관점의 기능지적온도, 생산적 관점의 최고생산온도로 분류한다.
- 작업량이 클수록 체열 생산량이 많아 지적온도는 낮아진다.
- 여름철이 겨울철보다 지적온도가 높다.
- 더운 음식물, 알콜, 기름진 음식 등을 섭취하면 지적온도는 낮 아진다.
- 노인들보다 젊은 사람의 지적온도가 낮다.

77 ————————• Repetitive Learning [1회] [2회] [3회]

다음 중 산소결핍의 위험이 가장 적은 작업장소는?

① 실내에서 전기 용접을 실시하는 작업장소
② 장기간 사용하지 않은 우물 내부의 작업 장소
③ 장기간 밀폐된 보일러 탱크 내부의 작업 장소
④ 물품 저장을 위한 지하실 내부의 청소 작업 장소

- ②, ③, ④는 밀폐공간작업으로 산소결핍 가능성이 크다.

밀폐공간 작업

- 지층에 접하거나 통하는 우물·수직갱·터널·잠함·피트 또 는 그밖에 이와 유사한 것의 내부
- 장기간 사용하지 않은 우물 등의 내부
- 케이블·가스관 또는 지하에 부설되어 있는 매설물을 수용하기 위하여 지하에 부설한 암거·맨홀 또는 피트의 내부
- 빗물·하천의 유수 또는 용수가 있거나 있었던 통·암거·맨홀 또는 피트의 내부
- 바닷물이 있거나 있었던 열교환기·관·암거·맨홀·둑 또는 피트의 내부
- 장기간 밀폐된 강재(鋼材)의 보일러·탱크·반응탑이나 그 밖 에 그 내벽이 산화하기 쉬운 시설(그 내벽이 스테인리스강으로 된 것 또는 그 내벽의 산화를 방지하기 위하여 필요한 조치가 되어 있는 것은 제외한다)의 내부
- 석탄·아탄·황화광·강재·원목·건성유(乾性油)·어유(魚油) 또는 그 밖의 공기 중의 산소를 흡수하는 물질이 들어 있는 탱크 또는 호퍼(hopper) 등의 저장시설이나 선창의 내부
- 천장·바닥 또는 벽이 건성유를 함유하는 페인트로 도장되어 그 페인트가 건조되기 전에 밀폐된 지하실·창고 또는 탱크 등 통풍이 불충분한 시설의 내부

- 곡물 또는 사료의 저장용 창고 또는 피트의 내부, 과일의 숙성 용 창고 또는 피트의 내부, 종자의 발아용 창고 또는 피트의 내 부, 버섯류의 재배를 위하여 사용하고 있는 사일로(silo), 그 밖 에 곡물 또는 사료종자를 적재한 선창의 내부
- 간장·주류·효모 그 밖에 발효하는 물품이 들어 있거나 들어 있었던 탱크·창고 또는 양조주의 내부
- 분뇨, 오염된 흙, 썩은 물, 폐수, 오수, 그 밖에 부패하거나 분해 되기 쉬운 물질이 들어있는 정화조·침전조·집수조·탱크· 암거·맨홀·관 또는 피트의 내부
- 드라이아이스를 사용하는 냉장고·냉동고·냉동화물자동차 또 는 냉동컨테이너의 내부
- 헬륨·아르곤·질소·프레온·탄산가스 또는 그 밖의 불활성 기체가 들어 있거나 있었던 보일러·탱크 또는 반응탑 등 시설 의 내부
- 산소농도가 18퍼센트 미만 또는 23.5퍼센트 이상, 탄산가스농 도가 1.5퍼센트 이상, 일산화탄소농도가 30피피엠 이상 또는 황 화수소농도가 10피피엠 이상인 장소의 내부
- 갈탄·목탄·연탄난로를 사용하는 콘크리트 양생장소(養生場 所) 및 가설숙소 내부
- 화학물질이 들어있던 반응기 및 탱크의 내부
- 유해가스가 들어있던 배관이나 집진기의 내부
- 근로자가 상주(常住)하지 않는 공간으로서 출입이 제한되어 있 는 장소의 내부

78 ————————• Repetitive Learning [1회] [2회] [3회]
1202

가로 10m, 세로 7m, 높이 4m인 작업장의 흡음율이 바닥은 0.1, 천정은 0.2, 벽은 0.15이다. 이 방의 평균 흡음율은 얼마 인가?

① 0.10
② 0.15
③ 0.20
④ 0.25

- 바닥과 천정의 면적은 각각 $10 \times 7 = 70 m^2$ 이고, 벽의 면적은 $(7 \times 4 \times 2) + (10 \times 4 \times 2) = 136 m^2$ 이다.
- 평균 흡음율은 $\dfrac{70 \times 0.1 + 70 \times 0.2 + 136 \times 0.15}{70 + 70 + 136} = \dfrac{41.4}{276} = 0.15$ 가 된다.

흡음률

- 음의 흡수되는 정도를 말한다.
- 흡음계수는 1-반사율로 구한다.
- 다양한 재질의 공간에서 평균 흡음율은

$$\dfrac{\sum(\text{재질별흡음율} \times \text{재질별면적})}{\sum \text{재질별면적}} \text{으로 구한다.}$$

79

0803
● Repetitive Learning 1회 2회 3회

지상에서 음력이 10W인 소음원으로부터 10m 떨어진 곳의 음압수준은 약 얼마인가?(단, 음속은 344.4m/s, 공기의 밀도는 1.18kg/㎥이다)

① 96dB
② 99dB
③ 102dB
④ 105dB

해설

- 먼저 음력을 음력레벨(PWL)로 변환해야 하므로 대입하면
$10\log\dfrac{10}{10^{-12}}=130[dB]$가 된다.

- 자유공간에서의 SPL은 음향파워레벨(PWL)−$20\log r$ −11로 구하므로 대입하면 $SPL=130-20\log10-11=99[dB]$이 된다.

음향파워레벨(PWL, 음력레벨) 실기 1603

- $10\log\dfrac{W}{W_0}$[dB]로 구한다. 이때 W는 대상 음력[watt]이고, W_0는 기준음력으로 10^{-12}[watt]이다.

음압레벨(SPL ; Sound Pressure Level) 실기 0403/0501/0503/0901/1001/1102/1403/2004

- 기준이 되는 소리의 압력과 비교하여 로그적으로 표현한 값이다.
- $SPL=20\log\left(\dfrac{P}{P_0}\right)$[dB]로 구한다. 여기서 P_0는 기준음압으로 2×10^{-5}[N/㎡] 혹은 2×10^{-4}[dyne/㎠]이다.
- 자유공간에 위치한 점음원의 음압레벨(SPL)은 음향파워레벨(PWL)−$20\log r$−11로 구한다. 이때 r은 음원으로부터의 거리[m]이다. 11은 $10\log(4\pi)$의 값이다.

80

1201 / 1902
● Repetitive Learning 1회 2회 3회

다음 중 소음의 크기를 나타내는데 사용되는 단위로서 음향출력, 음의 세기 및 음압 등의 양을 비교하는 무차원의 단위인 dB을 나타내는 것은?(단, I_0=기준음향의 세기, I=발생음의 세기를 나타낸다)

① $dB = 10\log\dfrac{I}{I_0}$
② $dB = 20\log\dfrac{I}{I_0}$
③ $dB = 10\log\dfrac{I_0}{I}$
④ $dB = 20\log\dfrac{I_0}{I}$

해설

- 소음의 크기를 나타내는데 사용되는 무차원의 단위인 $dB = 10\log\dfrac{I}{I_0}$로 구하며, 이때 I_0=기준음향의 세기, I=발생음의 세기를 나타낸다.

dB(데시벨)

- 소음의 크기를 나타내는데 사용되는 단위이다.
- 음향출력, 음의 세기 및 음압 등의 양을 비교하는 무차원의 단위이다.
- $dB = 10\log\dfrac{I}{I_0}$로 구하며, 이때 I_0=기준음향의 세기, I=발생음의 세기를 나타낸다.

5과목	산업독성학

81

0601 / 0703 / 1903
● Repetitive Learning 1회 2회 3회

다음 중 카드뮴에 관한 설명으로 틀린 것은?

① 카드뮴은 부드럽고 연성이 있는 금속으로 납광물이나 아연광물을 제련할 때 부산물로 얻어진다.
② 흡수된 카드뮴은 혈장단백질과 결합하여 최종적으로 신장에 축적된다.
③ 인체 내에서 철을 필요로 하는 효소와의 결합반응으로 독성을 나타낸다.
④ 카드뮴 흄이나 먼지에 급성 노출되면 호흡기가 손상되며 사망에 이르기도 한다.

해설

- 인체 내에서 −SH기와 결합하여 독성을 나타낸다.

카드뮴

- 카드뮴은 부드럽고 연성이 있는 금속으로 납광물이나 아연광물을 제련할 때 부산물로 얻어진다.
- 주로 니켈, 알루미늄과의 합금, 살균제, 페인트 등을 취급하는 곳에서 노출위험성이 크다.
- 흡수된 카드뮴은 혈장단백질과 결합하여 최종적으로 간이나 신장에 축적된다.
- 인체 내에서 −SH기와 결합하여 독성을 나타낸다.
- 중금속 중에서 칼슘대사에 장애를 주어 신결석을 동반한 신증후군이 나타나고 폐기종, 만성기관지염 같은 폐질환을 일으키고, 다량의 칼슘배설이 일어나 뼈의 통증, 골연화증 및 골수공증과 같은 골격계 장해를 유발한다.
- 카드뮴에 의한 급성노출 및 만성노출 후의 장기적인 속발증은 고환의 기능쇠퇴, 폐기종, 간손상 등이다.
- 체내에 노출되면 저분자 단백질인 metallothionein이라는 단백질을 합성하여 독성을 감소시킨다.

82
● Repetitive Learning

다음 중 전향적 코호트 역학연구와 후향적 코호트 연구의 가장 큰 차이점은?

① 질병 종류
② 유해인자 종류
③ 질병 발생률
④ 연구개시 시점과 기간

해설
- 연구의 시작시기가 현재일 경우 전향적, 연구의 시작시기가 과거인 경우 후향적 코호트 연구라고 한다.

❖ 코호트 역학연구
- 특정 집단을 대상으로 특정 질병의 발생에 영향을 미치는 특성 혹은 질병의 원인으로 추측되는 이전에 노출된 정보를 수집한 후 특정 질병의 발생을 시간경과에 따라 추적 관찰하여 특정 요인에 노출되지 않은 집단과 비교하는 역학적 연구방법을 말한다.
- 연구의 시작시기가 현재일 경우 전향적, 연구의 시작시기가 과거인 경우 후향적 코호트 연구라고 한다.

0801

83
● Repetitive Learning (1회 2회 3회)

화학물질의 상호작용인 길항작용 중 배분적 길항작용에 대하여 가장 적절히 설명한 것은?

① 두 물질이 생체에서 서로 반대되는 생리적 기능을 갖는 관계로 동시에 투여한 경우
② 두 물질을 동시에 투여하였을 때 상호반응에 의하여 독성이 감소되는 경우
③ 독성물질의 생체과정인 흡수, 분포, 생전환, 배설 등의 변화를 일으켜 독성이 낮아지는 경우
④ 두 물질이 생체 내에서 같은 수용체에 결합하는 관계로 동시 투여시 경쟁관계로 인하여 독성이 감소되는 경우

해설
- 독성물질의 생체과정인 흡수, 분포, 생전환, 배설 등의 변화를 일으켜 독성이 낮아지는 경우를 배분적 길항작용이라고 한다.

❖ 길항작용(antagonism) 실기 0602/0603/1203/1502/2201/2203
- 2종 이상의 화학물질이 혼재했을 경우 서로의 작용을 감퇴시키거나 작용이 없도록 하는 경우를 말한다.
- 공기 중의 두 가지 물질이 혼합되어 상대적 독성수치가 2+3＝0과 같이 나타날 때의 반응이다.
- 기능적 길항작용, 배분적 길항작용, 수용적 길항작용, 화학적 길항작용 등이 있다.
- 독성물질의 생체과정인 흡수, 분포, 생전환, 배설 등의 변화를 일으켜 독성이 낮아지는 경우를 배분적 길항작용이라고 한다.

84
● Repetitive Learning (1회 2회 3회)

주요 원인 물질은 혼합물질이며, 건축업, 도자기 작업장, 채석장, 석재공장 등의 작업장에서 근무하는 근로자에게 발생할 수 있는 진폐증은?

① 석면폐증
② 용접공폐증
③ 철폐증
④ 규폐증

해설
- 규폐증은 건축업, 도자기 작업장, 채석장, 석재공장 등의 작업장에서 근무하는 근로자에게 발생할 수 있는 진폐증의 한 종류이다.

❖ 규폐증(silicosis)
- 주요 원인 물질은 0.5~5μm의 크기를 갖는 SiO_2(유리규산) 함유먼지, 암석분진 등의 혼합물질이다.
- 역사적으로 보면 이집트의 미이라에서도 발견되는 오래된 질병이다.
- 건축업, 도자기 작업장, 채석장, 석재공장 등의 작업장에서 근무하는 근로자에게 발생할 수 있는 진폐증의 한 종류이다.
- 폐결핵을 합병증으로 하여 폐하엽 부위에 많이 생기는 증상을 갖는다.

85
● Repetitive Learning (1회 2회 3회)

다음 중 피부에 묻었을 경우 피부를 강하게 자극하고, 피부로부터 흡수되어 간장장해 등의 중독증상을 일으키는 유해 화학물질은?

① 납(Lead)
② 헵탄(Heptane)
③ 아세톤(Acetone)
④ DMF(Dimethylformamide)

해설
- DMF(Dimethylformamide)는 용매로 사용하는 물질로 피부나 눈에 접촉하면 염증을 유발하며, 장기간 노출될 경우 간장 장해를 일으키는 발암물질이다.

❖ 피부에 건강상의 영향을 일으키는 화학물질
- PAH(다환 방향족 탄화수소)
- 절삭유
- 염화수소 및 질산 : 깊은 화상이나 피부염, 피부변색 유발
- 크롬 및 크롬산(피부에 궤양 유발)
- 황린 : 피부접촉에 의해 심한 피부염 유발
- DMF(Dimethylformamide) : 피부에 묻었을 경우 피부를 강하게 자극하고, 피부로부터 흡수되어 간장장해 등의 중독증상 유발

86 • Repetitive Learning 1회 2회 3회

다음 중 급성 중독자에게 활성탄과 하제를 투여하고 구토를 유발시키며, 확진되면 Dimercaprol로 치료를 시작하려는 유해물질은?(단, 쇼크의 치료는 강력한 정맥 수액제와 혈압상승제를 사용한다)

① 납(Pb)
② 크롬(Cr)
③ 비소(As)
④ 카드뮴(Cd)

해설
- 납은 포르피린과 헴(heme)의 합성에 관여하는 효소를 억제하며, 소화기계 및 조혈계에 영향을 준다.
- 크롬은 급성중독 시 심한 신장장해를 일으키고, 만성중독 시 코, 폐 등의 점막이 충혈되어 화농성비염이 되고 차례로 깊이 들어가서 궤양이 되고 비강암이나 비중격천공을 유발한다.
- 카드뮴은 중금속 중에서 칼슘대사에 장애를 주어 신결석을 동반한 신증후군이 나타나고 다량의 칼슘배설이 일어나 뼈의 통증, 골연화증 및 골수공증과 같은 골격계 장해를 유발한다.

☆ 비소(As)
- 은빛 광택을 내는 비금속으로 가열하면 녹지 않고 승화되며, 피부 특히 겨드랑이나 국부 등에 습진형 피부염이 생기며 피부암을 유발한다.
- 5가보다는 3가의 비소화합물이 독성이 강하다.
- 생체 내의 −SH기를 갖는 효소작용을 저해시켜 세포 호흡에 장해를 일으킨다.
- 호흡기 노출이 가장 문제가 된다.
- 분말은 피부 또는 점막에 작용하여 염증 또는 궤양을 일으킨다.
- 용혈성 빈혈, 신장기능저하, 흑피증(피부침착) 등을 유발한다.
- 급성중독자에게 활성탄과 하제를 투여하고 구토를 유발시키며 확진 후 BAL를 투여하는 치료를 행하는 유해물질이다.

87 • Repetitive Learning 1회 2회 3회

수은중독의 예방대책이 아닌 것은?

① 수은 주입과정을 밀폐공간 안에서 자동화한다.
② 작업장 내에서 음식물 섭취와 흡연 등의 행동을 금지한다.
③ 수은 취급 근로자의 비점막 궤양 생성 여부를 면밀히 관찰한다.
④ 작업장에 흘린 수은은 신체가 닿지 않는 방법으로 즉시 제거한다.

해설
- 비점막 궤양의 생성 여부를 관찰하는 것은 크롬 중독을 체크하기 위해서이다.

☆ 수은중독 예방대책
- 수은 주입과정을 밀폐공간 안에서 자동화한다.
- 작업장 내에서 음식물 섭취와 흡연 등의 행동을 금지한다.
- 작업장에 흘린 수은은 신체가 닿지 않는 방법으로 즉시 제거한다.

88 • Repetitive Learning 1회 2회 3회

독성을 지속기간에 따라 분류할 때 만성독성(chronic toxicity)에 해당되는 독성물질 투여(노출)기간은?(단, 실험동물에 외인성 물질을 투여하는 경우로 한정한다)

① 1일 이상~14일 정도
② 30일 이상~60일 정도
③ 3개월 이상~1년 정도
④ 1년 이상~3년 정도

해설
- 만성독성 및 반복투여(노출)독성은 무영향관찰용량/농도 등은 별도의 자료가 없는 경우 90일간 수행한 독성시험결과에 따른다.

☆ 만성독성 및 반복투여(노출)독성
- 만성독성 및 반복투여(노출)독성은 무영향관찰용량/농도를 기준으로 평가하되, 이 값은 일반적인 만성독성시험 등에서 규정된 조사해야 할 항목의 측정수치와 대조군 수치와의 통계상 유의적인 차이, 회복성, 재현성 및 용량반응 관계를 고려한다. 다만, 독성학적으로 적절하다고 판단되는 경우 무영향관찰용량/농도에 의하지 아니하고 최소영향관찰용량/농도를 기준으로 평가할 수 있다.
- 무영향관찰용량/농도 등은 별도의 자료가 없는 경우 90일간 수행한 독성시험결과에 따른다. 다만, 시험기간이 이와 다른 경우는 시험기간을 고려하여 환산하거나 외삽하여 평가할 수 있다.

89 • Repetitive Learning 1회 2회 3회

다음 중 천연가스, 석유정제산업, 지하석탄광업 등을 통해서 노출되며, 중추신경의 억제와 후각의 마비 증상을 유발하며, 치료로는 100% O_2를 투여하는 등의 조치가 필요한 물질은?

① 암모니아
② 포스겐
③ 오존
④ 황화수소

- 노출 시 중추신경의 억제와 후각의 마비 증상을 유발하는 물질은 황화수소이다.

황화수소(H_2S)
- 황과 수소로 이루어진 화합물이다.
- 달걀 썩는 것 같은 심한 부패성 냄새가 나는 물질이다.
- 천연가스, 석유정제산업, 지하석탄광업 등을 통해서 노출되며, 노출 시 중추신경의 억제와 후각의 마비 증상을 유발하며, 치료를 위하여 100% O_2를 투여하는 등의 조치가 필요하다.

90 ●── Repetitive Learning (1회 2회 3회)

1902

다음 중 납중독의 주요 증상에 포함되지 않는 것은?

① 혈중의 metallothionein 증가
② 적혈구 내 protoporphyrin 증가
③ 혈색소량 저하
④ 혈청 내 철 증가

- Metallothionein은 혈당단백질로 중금속을 완충하는 단백질을 유도하여 중금속의 독성을 감소시키는 역할을 하는데 중독이 진행되었다는 것은 혈중의 metallothionein이 합성되지 않았다는 것을 의미한다.

납중독
- 납은 원자량 207.21, 비중 11.34의 청색 또는 은회색의 연한 중금속이다.
- 납은 포르피린과 헴(heme)의 합성에 관여하는 효소를 억제하며, 소화기계 및 조혈계에 영향을 준다.
- 1~5세의 소아 이미증(pica)환자에게서 발생하기 쉽다.
- 인체에 흡수되면 뼈에 주로 축적되며, 조혈장해를 일으킨다.
- 무기성 납으로 인한 중독 시 원활한 체내 배출을 위해 사용하는 배설촉진제로 Ca–EDTA를 사용하는데 신장이 나쁜 사람에게는 사용하지 않는 것이 좋다.
- 요 중 δ–ALAD 활성치가 저하되고, 코프로포르피린과 델타 아미노레블린산은 증가한다.
- 적혈구 내 프로토포르피린이 증가한다.
- 납이 인체 내로 흡수되면 혈청 내 철과 망상적혈구의 수는 증가한다.
- 임상증상은 위장계통장해, 신경근육계통의 장해, 중추신경계통의 장해 등 크게 3가지로 나눌 수 있다.
- 주 발생사업장은 활자의 문선, 조판작업, 납 축전지 제조업, 염화비닐 취급 작업, 크리스탈 유리 원료의 혼합, 페인트, 배관공, 탄환제조 및 용접작업 등이다.

91 ●── Repetitive Learning (1회 2회 3회)

다음 중 작업장에서 일반적으로 금속에 대한 노출경로를 설명한 것으로 틀린 것은?

① 대부분 피부를 통해서 흡수되는 것이 일반적이다.
② 호흡기를 통해서 입자상 물질 중의 금속이 흡수된다.
③ 작업장 내에서 휴식시간에 음료수, 음식 등에 오염된 채로 소화관을 통해서 흡수될 수 있다.
④ 4–에틸납은 피부로 흡수될 수 있다.

- 작업장에서 금속에 대한 노출경로는 대부분 호흡기에 의해 흡수된다.

금속에 대한 노출경로
- 대부분 호흡기를 통해서 입자상 물질 중의 금속이 흡수된다.
- 작업장 내에서 휴식시간에 음료수, 음식 등에 오염된 채로 소화관을 통해서 흡수될 수 있다.
- 4–에틸납 등 유기납은 피부로 흡수될 수 있다.

92 ●── Repetitive Learning (1회 2회 3회)

다음 중 유해인자의 노출에 대한 생물학적 모니터링을 하는 방법과 가장 거리가 먼 것은?

① 유해인자의 공기 중 농도 측정
② 표적분자에 실제 활성인 화학물질에 대한 측정
③ 건강상 악영향을 초래하지 않은 내재용량의 측정
④ 근로자의 체액에서 화학물질이나 대사산물의 측정

- ①은 작업환경측정 시 필요한 시료이다.

생물학적 모니터링을 위한 시료 실기 0401/0802/1602
- 요 중의 유해인자나 대사산물(가장 많이 사용)
- 혈액 중의 유해인자나 대사산물
- 호기(exhaled air) 중의 유해인자나 대사산물

93 ●── Repetitive Learning (1회 2회 3회)

0901 / 1803

공기 중 일산화탄소 농도가 10mg/m^3인 작업장에서 1일 8시간 동안 작업하는 근로자가 흡입하는 일산화탄소의 양은 몇 mg인가?(단, 근로자의 시간당 평균 흡기량은 1,250L이다)

① 10
② 50
③ 100
④ 500

- 흡기량이 1,250L이므로 m^3으로 단위를 변환하면 $\dfrac{1,250}{1,000} = 1.25$ m^3가 된다.
- 주어진 값을 대입하면 일산화탄소 흡입량은 $10 \times 8 \times 1.25 = 100$ [mg]이다.

∷ 일산화탄소 흡입량

- 근로자 시간당 흡기량, 작업시간, 공기 중 일산화탄소 농도가 주어지면 일산화탄소 흡입량을 계산할 수 있다.
- 일산화탄소 흡입량[mg]은 근로자 시간당 흡기량[m^3/hr]×작업시간[hr]×공기 중 일산화탄소 농도[mg/m^3]로 구할 수 있다.

0902

94 ─────● Repetitive Learning (1회 2회 3회)

다음 중 단순 질식제에 해당하는 것은?

① 수소가스　　　　② 염소가스
③ 불소가스　　　　④ 암모니아가스

해설

- 단순 질식제에는 수소, 질소, 헬륨, 이산화탄소, 메탄, 아세틸렌 등이 있다.

∷ 질식제

- 질식제란 조직 내의 산화작용을 방해하는 화학물질을 말한다.
- 질식제는 단순 질식제와 화학적 질식제로 구분할 수 있다.

단순 질식제	• 생리적으로는 아무 작용도 하지 않으나 공기 중에 많이 존재하여 산소분압을 저하시켜 조직에 필요한 산소의 공급부족을 초래하는 물질 • 수소, 질소, 헬륨, 이산화탄소, 메탄, 아세틸렌 등
화학적 질식제	• 혈액 중 산소운반능력을 방해하는 물질 • 일산화탄소, 아닐린, 시안화수소 등 • 기도나 폐 조직을 손상시키는 물질 • 황화수소, 포스겐 등

1002 / 1501 / 2003 / 2103

95 ─────● Repetitive Learning (1회 2회 3회)

근로자가 1일 작업시간 동안 잠시라도 노출되어서는 아니되는 기준을 나타내는 것은?

① TLV-C　　　　② TLV-STEL
③ TLV-TWA　　　　④ TLV-skin

해설

- TLV의 종류에는 TWA, STEL, C 등이 있다.
- TLV-TWA는 1일 8시간 작업을 기준으로 하여 유해요인의 측정농도에 발생시간을 곱하여 8시간으로 나눈 농도이다.

- TLV-STEL은 1회 노출 간격이 1시간 이상인 경우 1일 작업시간 동안 4회까지 노출이 허용될 수 있는 농도이다.

∷ TLV(Threshold Limit Value) 실기 0301/1602

문제 12번의 유형별 핵심이론 ∷ 참조

---

96 ─────● Repetitive Learning (1회 2회 3회)

다음 중 "Cholinesterase"효소를 억압하여 신경증상을 나타내는 것은?

① 중금속화합물　　　　② 유기인제
③ 파라퀘트　　　　④ 비소화합물

해설

- 유기인계 살충제가 인체에 중독을 일으키는 것은 체내에서 아세틸콜린에스테라제 효소와 결합하여 그 효소의 활성을 억제하여 신경말단부에 지속적으로 과다한 아세틸콜린의 축적 때문이다.

∷ 유기인계 살충제

- 인을 함유한 유기화합물로 된 농약을 말한다.
- 유기인계 살충제인 파라치온의 개발 후 강력한 살충력이 증명되어 많은 유기인계 살충제가 개발 사용중에 있다.
- 인체에 중독을 일으키는 것은 체내에서 아세틸콜린에스테라제 효소와 결합하여 그 효소의 활성을 억제 하여 신경말단부에 지속적으로 과다한 아세틸콜린의 축적 때문이다.
- 종류에는 파라치온, 말라치온, 폴리돌, TEPP 등이 있다.

---

97 ─────● Repetitive Learning (1회 2회 3회)

다음 중 유해화학물질에 노출되었을 때 간장이 표적장기가 되는 주요 이유로 가장 거리가 먼 것은?

① 간장은 각종 대사효소가 집중적으로 분포되어 있고, 이들 효소활동에 의해 다양한 대사 물질이 만들어지지 때문에 다른 기관에 비해 독성물질의 노출가능성이 매우 높다.
② 간장은 대정맥을 통하여 소화기계로부터 혈액을 공급받기 때문에 소화기관을 통하여 흡수된 독성물질의 이차표적이 된다.
③ 간장은 정상적인 생활에서도 여러 가지 복잡한 생화학 반응 등 매우 복잡한 기능을 수행함에 따라 기능의 손상 가능성이 매우 높다.
④ 혈액의 흐름이 매우 풍부하기 때문에 혈액을 통해서 쉽게 침투가 가능하다.

해설

- 간장은 문정맥을 통하여 소화기계로부터 혈액을 공급받기 때문에 소화기관을 통하여 흡수된 독성물질의 일차표적이 된다.

∷ 간장이 독성물질의 주된 표적이 되는 이유

- 간장은 혈액의 흐름이 매우 풍부하기 때문에 혈액을 통하여 쉽게 침투가 가능하다.
- 간장은 매우 복합적인 기능을 수행하기 때문에 기능의 손상가능성이 매우 높다.
- 간장은 문정맥을 통하여 소화기계로부터 혈액을 공급받기 때문에 소화기관을 통하여 흡수된 독성물질의 일차표적이 된다.
- 간장은 각종 대사효소가 집중적으로 분포되어 있고, 이들 효소활동에 의해 다양한 대사 물질이 만들어지기 때문에 다른 기관에 비해 독성물질의 노출가능성이 매우 높다.

---

98 ──────────● Repetitive Learning 〔1회 2회 3회〕

벤젠 노출근로자의 생물학적 모니터링을 위하여 소변시료를 확보하였다. 다음 중 분석해야 하는 대사산물로 맞는 것은?

① 마뇨산(Hippuric acid)
② t,t-뮤코닉산(t,t-Muconic acid)
③ 메틸마뇨산(Methylhippuric acid)
④ 트리클로로아세트산(Trichloroacetic acid)

해설

- ①은 톨루엔의 생체 내 대사산물이다.
- ③은 크실렌의 생체 내 대사산물이다.
- ④는 고분자 물질의 생화학 실험에 사용되는 화합물이다.

∷ 유기용제별 생물학적 모니터링 대상(생체 내 대사산물) 〔실기〕0803/1403/2101

벤젠	소변 중 총 페놀 소변 중 t,t-뮤코닉산(t,t-Muconic acid)
에틸벤젠	소변 중 만델린산
스티렌	소변 중 만델린산
톨루엔	소변 중 마뇨산(hippuric acid), o-크레졸
크실렌	소변 중 메틸마뇨산
이황화탄소	소변 중 TTCA
메탄올	혈액 및 소변 중 메틸알코올
노말헥산	소변 중 헥산디온(2,5-hexanedione)
MBK (methyl-n-butyl ketone)	소변 중 헥산디온(2,5-hexanedione)
니트로벤젠	혈액 중 메타헤모글로빈
카드뮴	혈액 및 소변 중 카드뮴(저분자량 단백질)
납	혈액 및 소변 중 납(ZPP, FEP)
일산화탄소	혈액 중 카복시헤모글로빈, 호기 중 일산화탄소

---

99 ──────────● Repetitive Learning 〔1회 2회 3회〕

다음 중 폐포에 가장 잘 침착하는 분진의 크기는?

① $0.01\sim0.05\mu m$
② $0.5\sim5.0\mu m$
③ $5\sim10\mu m$
④ $10\sim20\mu m$

해설

- 폐포에 가장 잘 침착하는 분진은 $0.5\sim5.0\mu m$, 호흡기에 가장 큰 영향을 미치는 분진의 크기는 $2.5\sim10\mu m$이다.

∷ 분진의 크기와 인체영향

- $0.1\sim1.0\mu m$: 허파 속으로 들어가는 분진의 양이 최대가 되는 분진 크기(폐질환 초래)
- $0.5\sim5.0\mu m$: 폐포에 가장 잘 침착되는 분진 크기
- $2\sim8\mu m$: 유리규산(석영) 분진에 의한 규폐성 결정과 폐포벽 파괴 등 망상내피계 반응이 가장 자주 일어나는 분진 크기
- $2.5\sim10\mu m$: 호흡계 질환을 가진 사람에게 가장 심각한 영향을 끼치는 분진 크기
- $10\mu m$ 이상 : 코 속의 섬모가 대부분 제거

---

100 ──────────● Repetitive Learning 〔1회 2회 3회〕

폐에 침착된 먼지의 정화과정에 대한 설명으로 틀린 것은?

① 어떤 먼지는 폐포벽을 통과하여 림프계나 다른 부위로 들어가기도 한다.
② 먼지는 세포가 방출하는 효소에 의해 융해되지 않으므로 점액층에 의한 방출 이외에는 체내에 축적된다.
③ 폐에 침착된 먼지는 식세포에 의하여 포위되어, 포위된 먼지의 일부는 미세 기관지로 운반되고 점액 섬모운동에 의하여 정화된다.
④ 폐에서 먼지를 포위하는 식세포는 수명이 다한 후 사멸하고 다시 새로운 식세포가 먼지를 포위하는 과정이 계속적으로 일어난다.

해설

- 폐에 존재하는 대식세포는 침착된 먼지를 제거하는 역할을 수행한다.

∷ 먼지의 정화과정

- 어떤 먼지는 폐포벽을 통과하여 림프계나 다른 부위로 들어가기도 한다.
- 폐에 침착된 먼지는 식세포에 의하여 포위되어, 포위된 먼지의 일부는 미세 기관지로 운반되고 점액 섬모운동에 의하여 정화된다.
- 점액 섬모운동을 방해하는 물질에는 카드뮴, 니켈, 황화합물 등이 있다.
- 폐에서 먼지를 포위하는 식세포는 수명이 다한 후 사멸하고 다시 새로운 식세포가 먼지를 포위하는 과정이 계속적으로 일어난다.

구분	1과목	2과목	3과목	4과목	5과목	합계
New유형	2	0	1	2	0	5
New문제	6	4	9	6	3	28
또나온문제	8	8	5	5	9	35
자꾸나온문제	6	8	6	9	8	37
합계	20	20	20	20	20	100

- New유형은 New문제 중 기존 기출문제와 완전히 다른 유형의 문제를 말합니다.
- New문제는 기존에 출제되지 않은 문제로 이번에 처음 출제되는 문제입니다.
- 또나온문제는 기존에 출제된 적이 1번 있는 문제를 말합니다.
- 자꾸나온문제는 기존에 출제된 적이 2번 이상 있는 문제를 말합니다. 그만큼 중요한 문제입니다.

몇 년분의 기출문제를 공부해야 합격할 수 있을까요?

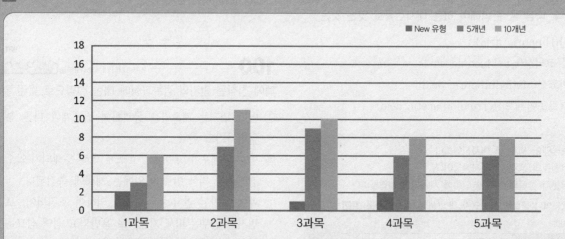

- 완전 새로운 유형의 문제는 5문제이고 95문제가 이미 출제된 문제 혹은 변형문제입니다.
- 5년분(2018~2022) 기출에서 동일문제가 31문항이 출제되었고, 10년분(2013~2022) 기출에서 동일문제가 43문항이 출제되었습니다.

실기에 나왔어요!! 일타쌍피–사전체크!!

실기시험은 필답형으로 진행됩니다. 객관식의 필기와 달리 주관식인 관계로 아는 만큼 적을 수 있습니다. 최근 계산문제의 비중이 많이 감소하고 있지만 절반 정도의 이론 문제와 절반 정도의 계산문제가 출제된다고 보시면 됩니다. 계산문제의 경우 나오는 문제유형이 거의 정해져 있습니다. 필기 공부할 때 미리 실기에 나오는 내용을 체크하시고 그부분만큼은 잘 공부해 두신다면 당 회차 실기까지 한 번에 잡을 수 있습니다.

- 총 39개의 유형별 핵심이론이 실기시험과 연동되어 있습니다.

분석의견

합격률이 48.1%로 평균을 약간 상회하는 회차였습니다.

10년 기출을 학습할 경우 기출과 동일한 문제가 1과목에서 6문제로 과락 점수 이하로 출제되었지만 과락만 면한다면 새로 나온 유형의 문제가 극히 적고 거의 기존 기출에서 변형되거나 동일하게 출제된 만큼 합격에 어려움이 없는 회차입니다.

10년분 기출문제와 유형별 핵심이론의 2~3회 정독이면 합격 가능한 것으로 판단됩니다.

2016년 제1회

2016년 3월 6일 필기

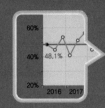

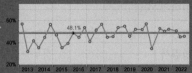

16년 1회차 필기시험

합격률 48.1%

1과목 **산업위생학개론**

01

0902

Repetitive Learning 〔1회〕〔2회〕〔3회〕

전신피로 정도를 평가하기 위한 측정 수치가 아닌 것은?(단, 측정 수치는 작업을 마친 직후 회복기의 심박수이다)

① 작업 종료 후 30~60초 사이의 평균 맥박수
② 작업 종료 후 60~90초 사이의 평균 맥박수
③ 작업 종료 후 120~150초 사이의 평균 맥박수
④ 작업 종료 후 150~180초 사이의 평균 맥박수

해설

• 전신피로 평가를 위한 회복기 심박수는 작업 종료 후 30~60초, 60~90초, 150~180초 사이의 평균 맥박수를 통해서 측정한다.

:: 전신피로 평가를 위한 회복기 심박수 측정 〔실기〕1103

• 작업 종료 후 30~60초, 60~90초, 150~180초 사이의 평균 맥박수를 통해서 측정한다.
• 심한 전신피로상태

HR30~60	110 초과
HR60~90	
HR150~180	차가 10미만인 경우

02

1102 / 2103

Repetitive Learning 〔1회〕〔2회〕〔3회〕

미국산업안전보건연구원(NIOSH)에서 제시한 중량물의 들기 작업에 관한 감시기준(Action Limit)과 최대 허용기준(Maximum Permissible Limit)의 관계를 바르게 나타낸 것은?

① MPL=3AL
② MPL=5AL
③ MPL=10AL
④ MPL=$\sqrt{2}$ AL

해설

• AL과 MPL은 MPL=3AL 관계를 갖는다.

:: NIOSH에서 제안한 중량물 취급작업의 권고치 중 감시기준(AL)

• 허리의 LS/S1 부위에서 압축력 3,400N(350kg중) 미만일 경우 대부분의 근로자가 견딜 수 있다는 것에서 만들어졌다.
• AL=40(kg)×(15/H)×{1−(0.004|V−75|)}×{0.7+(7.5/D)}×{1−(F/F_{max})}로 구한다. 여기서 H는 들기 시작지점에서의 손과 발목의 수평거리, V는 수직거리, D는 수직 이동거리, F는 분당 빈도수, F_{max}는 최대 들기작업 빈도수이다.
• MPL=3AL 관계를 갖는다.

03

Repetitive Learning 〔1회〕〔2회〕〔3회〕

사망에 대한 근로손실을 7,500일로 산출한 근거는 다음과 같다. ( )에 알맞은 내용으로만 나열한 것은?

> ⊙ 재해로 인한 사망자의 평균 연령을 ( )세로 본다.
> ⓛ 노동이 가능한 연령을 ( )세로 본다.
> ⓒ 1년 동안의 노동일수를 ( )일로 본다.

① 30, 55, 300
② 30, 60, 310
③ 35, 55, 300
④ 35, 60, 310

해설

• 사망에 대해 7,500일의 근로손실일수를 부여한 것은 25년(55−30) 동안 연간 300일 노동하는 것을 기준으로 한 것이다.

:: 장애등급별 근로손실일수

구분	사망	신체장애등급					
		1~3	4	5	6	7	8
근로손실일수	7,500	7,500	5,500	4,000	3,000	2,200	1,500

	신체장애등급					
9	10	11	12	13	14
1,000	600	400	200	100	50

---

04 ──── • Repetitive Learning 〔1회 2회 3회〕

심리학적 적성검사 중 직무에 관한 기본지식과 숙련도, 사고력 등 직무평가에 관련된 항목을 가지고 추리검사의 형식으로 실시하는 것은?

① 지능검사　　　　② 기능검사
③ 인성검사　　　　④ 직무능검사

해설

• 기능검사는 직무에 관한 기본지식과 숙련도, 사고력 등 직무평가에 관련된 항목을 가지고 추리검사의 형식으로 실시한다.

❖ 심리학적 적성검사
• 지능검사, 지각동작검사, 인성검사, 기능검사가 있다.

지능검사	언어, 기억, 추리, 귀납 관련 검사
지각동작검사	수족협조능, 운동속도능, 형태지각능 관련 검사
인성검사	성격, 태도, 정신상태 관련 검사
기능검사	직무에 관련된 기본지식과 숙련도, 사고력 등 직무평가에 관련된 항목을 추리검사의 형식으로 실시

0401

05 ──── • Repetitive Learning 〔1회 2회 3회〕

산업재해를 대비하여 작업근로자가 취해야 할 내용과 거리가 먼 것은?

① 보호구 착용
② 작업방법의 숙지
③ 사업장 내부의 정리정돈
④ 공정과 설비에 대한 검토

해설

• ④는 사업주가 취해야 할 내용이다.

❖ 산업재해에 대비한 근로자의 조치사항
• 보호구 착용
• 작업방법의 숙지
• 사업장 내부의 정리정돈

06 ──── • Repetitive Learning 〔1회 2회 3회〕

분진의 종류 중 산업안전보건법상 작업환경측정 대상이 아닌 것은?

① 목 분진(Wood dust)　② 지 분진(Paper dust)
③ 면 분진(Cotton dust)　④ 곡물 분진(Grain dust)

해설

• 산업안전보건법상 작업환경측정 대상의 분진에는 ①, ③, ④ 외에 광물성 분진, 석면 분진, 용접 흄, 유리섬유 등이 있다.

❖ 작업환경측정 대상 분진 〔실기〕 2202
• 광물성 분진(Mineral dust)
• 곡물 분진(Grain dusts)
• 면 분진(Cotton dusts)
• 목재 분진(Wood dusts)
• 석면 분진(Asbestos dusts)
• 용접 흄(Welding fume)
• 유리섬유(Glass fibers)

0903

07 ──── • Repetitive Learning 〔1회 2회 3회〕

영상표시단말기(VDT)의 작업자세로 틀린 것은?

① 발의 위치는 앞꿈치만 닿을 수 있도록 한다.
② 눈과 화면의 중심 사이의 거리는 40cm 이상이 되도록 한다.
③ 윗 팔과 아랫 팔이 이루는 각도는 90도 이상이 되도록 한다.
④ 아래팔은 손등과 일직선을 유지하여 손목이 꺾이지 않도록 한다.

해설

• 근로자의 발바닥 전면이 바닥면에 닿는 자세를 기본으로 한다.

❖ 영상표시단말기(VDT)의 작업자세
• 작업자의 시선은 수평선으로부터 아래로 10~15° 이내로 한다.
• 눈과 화면의 중심 사이의 거리는 40cm 이상이 되도록 한다.
• 윗팔(Upper Arm)은 자연스럽게 늘어뜨리고, 작업자의 어깨가 들리지 않아야 하며, 팔꿈치의 내각은 90° 이상(90~100°)이 되도록 한다.
• 아랫팔은 손등과 일직선을 유지하여 손목이 꺾이지 않도록 한다.
• 무릎의 내각(Knee Angle)은 90도 전후가 되도록 한다.
• 근로자의 발바닥 전면이 바닥면에 닿는 자세를 기본으로 한다.

0801 / 0901

08 ──── • Repetitive Learning 〔1회 2회 3회〕

영국에서 최초로 보고된 직업성 암의 종류는?

① 폐암　　　　② 골수암
③ 음낭암　　　④ 기관지암

- Pott는 최초의 직업성 암인 음낭암의 원인이 검댕(Soot) 속의 다환방향족 탄화수소에 의해 발생되었음을 보고하였다.

❖ Percivall Pott
- 18세기 영국의 외과의사로 굴뚝청소부들의 직업병인 음낭암이 검댕(Soot) 속의 다환방향족 탄화수소에 의해 발생되었음을 보고하였다.
- 최초의 직업성 암에 대한 원인을 분석하였다.
- 1788년에 굴뚝 청소부법이 통과되도록 노력하였다.

- 작업이나 운동이 격렬해져서 근육에 생성되는 젖산의 제거속도가 생성속도에 미치지 못하면, 활동이 끝난 후에도 남아있는 젖산을 제거하기 위하여 산소가 더 필요하게 되는 것으로 산소 빚, 산소 부채라고 한다.

❖ 산소 부채(Oxygen debt)
- 작업이나 운동이 격렬해져서 근육에 생성되는 젖산의 제거속도가 생성속도에 미치지 못하면, 활동이 끝난 후에도 남아있는 젖산을 제거하기 위하여 산소가 더 필요하게 되는 것으로 산소 빚이라고도 한다.
- 작업종료 후 맥박과 호흡수가 천천히 작업 개시 전의 수준으로 돌아오는 것과 관련된다.

1302

09 ● Repetitive Learning (1회 2회 3회)

실내공기오염물질 중 석면에 대한 일반적인 설명으로 거리가 먼 것은?

① 석면의 발암성 정보물질의 표기는 1A에 해당한다.
② 과거 내열성, 단열성, 절연성 및 견인력 등 뛰어난 특성 때문에 여러분야에서 사용되었다.
③ 석면의 여러 종류 중 건강에 가장 치명적인 영향을 미치는 것은 사문석 계열의 청석면이다.
④ 작업환경측정에서 석면은 길이가 5μm 보다 크고, 길이 대 넓이의 비가 3:1 이상인 섬유만 개수한다.

- 백석면은 사문석 계열이지만 인체에 치명적인 영향을 끼치는 청석면은 각섬석 계열이다.

❖ 석면
- 석면의 발암성 정보물질의 표기는 1A에 해당한다.
- 과거 내열성, 단열성, 절연성 및 견인력 등 뛰어난 특성 때문에 여러분야에서 사용되었다.
- 석면의 여러 종류 중 건강에 가장 치명적인 영향을 미치는 것은 각섬석 계열의 청석면이다.
- 작업환경측정에서 석면은 길이가 5μm 보다 크고, 길이 대 넓이의 비가 3:1 이상인 섬유만 개수한다.

0502 / 1003 / 2004

11 ● Repetitive Learning (1회 2회 3회)

미국산업위생학술원에서 채택한 산업위생전문가의 윤리강령 중 기업주와 고객에 대한 책임과 관계될 윤리강령은?

① 기업체의 기밀은 누설하지 않는다.
② 전문적 판단이 타협에 의하여 좌우될 수 있는 상황에는 개입하지 않는다.
③ 근로자, 사회 및 전문 직종의 이익을 위해 과학적 지식을 공개하고 발표한다.
④ 결과와 결론을 뒷받침할 수 있도록 기록을 유지하고 산업위생사업을 전문가답게 운영, 관리한다.

- ①과 ②, ③은 전문가로서의 책임에 해당한다.

❖ 산업위생전문가의 윤리강령 중 기업주와 고객에 대한 책임
- 궁극적으로 기업주와 고객보다 근로자의 건강 보호에 있다.
- 결과와 결론을 뒷받침할 수 있도록 기록을 유지하고 산업위생사업을 전문가답게 운영, 관리한다.
- 신뢰를 중요시하고, 정직하게 충고하며, 결과와 권고사항을 정확히 보고한다.
- 쾌적한 작업환경을 달성하기 위해 산업위생 원리들을 적용할 때 책임감을 갖고 행동한다.

0802

10 ● Repetitive Learning (1회 2회 3회)

다음 내용이 설명하는 것은?

작업 시 소비되는 산소소비량은 초기에 서서히 증가하다가 작업강도에 따라 일정한 양에 도달하고, 작업이 종료된 후 서서히 감소되어 일정 시간 동안 산소가 소비된다.

① 산소 부채　　　　② 산소 섭취량
③ 산소 부족량　　　④ 최대 산소량

12 ● Repetitive Learning (1회 2회 3회)

유리제조, 용광로 작업, 세라믹 제조과정에서 발생 가능성이 가장 높은 직업성 질환은?

① 요통　　　　　　② 근육경련
③ 백내장　　　　　④ 레이노현상

- 레이노 증후군은 국소진동에 의하여 손가락의 창백, 청색증, 저림, 냉감, 동통이 나타나는 장해이다.

작업공정과 직업성 질환

축전지 제조	납 중독, 빈혈, 소화기 장애
타이핑 작업	목위팔(경견완)증후군
광산작업, 무기분진	진폐증
방직산업	면폐증
크롬도금	피부점막, 궤양, 폐암, 비중격천공
고기압	잠함병
저기압	폐수종, 고산병, 치통, 이염, 부비강염
유리제조, 용광로, 세라믹	백내장

0501 / 0802 / 1003 / 1602

13 Repetitive Learning 〔1회 2회 3회〕

국소피로의 평가를 위하여 근전도(EMG)를 측정하였다. 피로한 근육이 정상 근육에 비하여 나타내는 근전도 상의 차이를 설명한 것으로 틀린 것은?

① 총전압이 감소한다.
② 평균주파수가 감소한다.
③ 저주파수(0~40Hz)에서 힘이 증가한다.
④ 고주파수(40~200Hz)에서 힘이 감소한다.

- 피로한 근육은 정상근육에 비해 총전압이 증가한다.

국소피로의 평가

ⓐ 개요
- 피로한 근육에서 측정된 근전도(EMG)를 이용해서 국소피로를 평가한다.

ⓑ 피로한 근육의 측정값
- 총전압이 증가한다.
- 평균주파수가 감소한다.
- 저주파수(0~40Hz)에서 힘(전압)이 증가한다.
- 고주파수(40~200Hz)에서 힘(전압)이 감소한다.

1203 / 2003 / 2201

14 Repetitive Learning 〔1회 2회 3회〕

온도 25℃, 1기압 하에서 분당 100mL씩 60분 동안 채취한 공기 중에서 벤젠이 5mg 검출되었다면 검출된 벤젠은 약 몇 ppm인가?(단, 벤젠의 분자량은 78이다)

① 15.7   ② 26.1
③ 157   ④ 261

- 총공기채취량은 100mL×60=6000mL이다.
- 검출된 벤젠의 양은 5mg이다.
- 농도는 $\frac{5mg}{6L}=0.833\cdots[mg/L]=833[mg/m^3]$이 된다.
- mg/m^3을 ppm으로 변환해야 하므로 표준상태에서 $\frac{24.45}{78}$를 곱하면 $833 \times \frac{24.45}{78}=261.113\cdots[ppm]$이 된다.

mg/m^3의 ppm 단위로의 변환 실기 0302/0303/0802/0902/1002/2103

- mg/m^3단위를 ppm으로 변환하려면 $\frac{mg/m^3 \times 기체부피}{분자량}$로 구한다.
- 24.45는 표준상태(25도, 1기압)에서 기체의 부피이다.
- 온도가 다를 경우 $24.45 \times \frac{273+온도}{273+25}$로 기체의 부피를 구한다.

1103

15 Repetitive Learning 〔1회 2회 3회〕

산업위생의 정의에 나타난 산업위생의 활동 단계 4가지 중 평가(Evaluation)에 포함되지 않는 것은?

① 시료의 채취와 분석
② 예비조사의 목적과 범위 결정
③ 노출정도를 노출기준과 통계적인 근거로 비교하여 판정
④ 물리적, 화학적, 생물학적, 인간공학적 유해인자 목록 작성

- ④는 존재하는 유해인자를 파악하고 이를 분류하는 인지(Recognition)에 대한 설명이다.

산업위생 활동

- 산업위생사의 3가지 기능은 인지(Recognition), 평가(Evaluation), 대책(Control)이다.
- 미국산업위생학회(AIHA)에서 예측(Anticipation)을 추가하였다.
- 예측 → 인지 → 측정 → 평가 → 관리 순으로 진행한다.

예측 (Anticipation)	• 근로자의 건강장애와 영향을 사전에 예측
인지 (Recognition)	• 존재하는 유해인자를 파악하고, 이의 특성을 분류
측정	• 정성적 · 정량적 계측
평가 (Evaluation)	• 시료의 채취와 분석 • 예비조사의 목적과 범위 결정 • 노출정도를 노출기준과 통계적인 근거로 비교하여 판정
관리/대책 (Control)	• 유해인자로부터 근로자를 보호(공학적, 행정적 관리 외에 호흡기 등의 보호구)

16 ─── Repetitive Learning [1회] [2회] [3회]

1103

물질안전보건자료(MSDS)의 작성원칙에 관한 설명으로 틀린 것은?

① MSDS는 한글로 작성하는 것을 원칙으로 한다.
② 실험실에서 시험·연구목적으로 사용하는 시약으로서 MSDS가 외국어로 작성된 경우에는 한국어로 번역하지 아니할 수 있다.
③ 외국어로 되어 있는 MSDS를 번역 하는 경우에는 자료의 신뢰성이 확보될 수 있도록 최초 작성기관명과 시기를 함께 기재하여야 한다.
④ 각 작성항목을 빠짐없이 작성하여야 하지만 부득이 어느 항목에 대해 관련 정보를 얻을 수 없는 경우에는 작성란에 "해당없음"이라 기재한다.

해설
- 각 작성항목은 빠짐없이 작성하여야 한다. 다만, 부득이 어느 항목에 대해 관련 정보를 얻을 수 없는 경우에는 작성란에 "자료 없음"이라고 기재하고, 적용이 불가능하거나 대상이 되지 않는 경우에는 작성란에 "해당 없음"이라고 기재한다.
- **물질안전보건자료(MSDS)의 작성원칙**
- 물질안전보건자료는 한글로 작성하는 것을 원칙으로 하되 화학물질명, 외국기관명 등의 고유명사는 영어로 표기할 수 있다.
- 실험실에서 시험·연구목적으로 사용하는 시약으로서 물질안전보건자료가 외국어로 작성된 경우에는 한국어로 번역하지 아니할 수 있다.
- 시험결과를 반영하고자 하는 경우에는 해당국가의 우수실험실 기준(GLP) 및 국제공인시험기관 인정(KOLAS)에 따라 수행한 시험결과를 우선적으로 고려하여야 한다.
- 외국어로 되어있는 물질안전보건자료를 번역하는 경우에는 자료의 신뢰성이 확보될 수 있도록 최초 작성기관명 및 시기를 함께 기재하여야 하며, 다른 형태의 관련 자료를 활용하여 물질안전보건자료를 작성하는 경우에는 참고문헌의 출처를 기재하여야 한다.
- 물질안전보건자료 작성에 필요한 용어, 작성에 필요한 기술지침은 한국산업안전보건공단이 정할 수 있다.
- 물질안전보건자료의 작성단위는「계량에 관한 법률」이 정하는 바에 의한다.
- 각 작성항목은 빠짐없이 작성하여야 한다. 다만, 부득이 어느 항목에 대해 관련 정보를 얻을 수 없는 경우에는 작성란에 "자료 없음"이라고 기재하고, 적용이 불가능하거나 대상이 되지 않는 경우에는 작성란에 "해당 없음"이라고 기재한다.
- 화학제품에 관한 정보 중 용도는 용도분류체계에서 하나 이상을 선택하여 작성할 수 있다. 다만, 물질안전보건자료를 제출할 때에는 용도분류체계에서 하나 이상을 선택하여야 한다.

- 혼합물 내 함유된 화학물질 중 화학물질의 함유량이 한계농도인 1% 미만이거나 화학물질의 함유량이 한계농도 미만인 경우 항목에 대한 정보를 기재하지 아니할 수 있다.
- 구성 성분의 함유량을 기재하는 경우에는 함유량의 ±5퍼센트포인트(%P) 내에서 범위(하한 값~상한 값)로 함유량을 대신하여 표시할 수 있다.
- 물질안전보건자료를 작성할 때에는 취급근로자의 건강보호목적에 맞도록 성실하게 작성하여야 한다.

17 ─── Repetitive Learning [1회] [2회] [3회]

교대제를 기업에서 채택하고 있는 이유와 거리가 먼 것은?

① 섬유공업, 건설사업에서 근로자의 고용기회의 확대를 위하여
② 의료, 방송 등 공공사업에서 국민생활과 이용자의 편의를 위하여
③ 화학공업, 석유정제 등 생산과정이 주야로 연속되지 않으면 안 되는 경우
④ 기계공업, 방직공업 등 시설투자의 상각을 조속히 달성코자 생산설비를 완전가동하고 있는 경우

해설
- 교대제와 근로자의 고용기회 확대는 거리가 멀다.
- **교대제를 채택하는 이유**
- 편의점, PC방 등 고객에게 24시간 서비스를 제공하기 위하여
- 의료, 방송 등 공공사업에서 국민생활과 이용자의 편의를 위하여
- 화학공업, 석유정제 등 생산과정이 주야로 연속되지 않으면 안 되는 경우
- 기계공업, 방직공업 등 시설투자의 상각을 조속히 달성코자 생산설비를 완전가동하고 있는 경우

18 ─── Repetitive Learning [1회] [2회] [3회]

1102

어떤 물질에 대한 작업환경을 측정한 결과 다음과 같은 TWA 결과값을 얻었다. 환산된 TWA는 약 얼마인가?

농도(ppm)	100	150	250	300
발생시간(분)	120	240	60	60

① 169ppm
② 198ppm
③ 220ppm
④ 256ppm

- 주어진 값을 대입하면 TWA 환산값은

$$\frac{2\times100+4\times150+1\times250+1\times300}{8}=168.75\text{가 된다.}$$

시간가중평균값(TWA, Time-Weighted Average) 실기 0302/1102/ 1302/1801/2002

- 1일 8시간 작업을 기준으로 한 평균노출농도이다.

- TWA 환산값 $=\dfrac{C_1 \cdot T_1 + C_2 \cdot T_2 + \cdots\cdots + C_n \cdot T_n}{8}$ 로 구한다.

이때, C : 유해인자의 측정농도(단위 : ppm, mg/㎥ 또는 개/㎤)

T : 유해인자의 발생시간(단위 : 시간)

19 ———• Repetitive Learning 1회 2회 3회

근로자의 산업안전보건을 위하여 사업주가 취하여야 할 일이 아닌 것은?

① 강렬한 소음을 내는 옥내 작업장에 대하여 흡음시설을 설치한다.

② 내부환기가 되는 갱에서 내연기관이 부족한 기계를 사용하지 않도록 한다.

③ 인체에 해로운 가스의 옥내 작업장에서 공기 중 함유 농도가 보건상 유해한 정도를 초과하지 않도록 조치한다.

④ 유해물질 취급작업으로 인하여 근로자에게 유해한 작업인 경우 그 원인을 제거하기 위하여 대체물 사용, 작업방법 및 시설의 변경 또는 개선 조치한다.

해설

- 밀폐공간(내부 환기가 불충분한 곳)에서 내연기관 설비를 가동하면 유해가스가 발생하여 질식을 일으킬 수 있으므로 내연기관이 많은 기계를 사용하지 않도록 해야 한다.

사업주의 근로자 산업안전보건 대책

- 강렬한 소음을 내는 옥내 작업장에 대하여 흡음시설을 설치한다.

- 내부 환기가 불충분한 곳에서 내연기관 설비를 가동하면 유해가스가 발생하여 질식을 일으킬 수 있으므로 내연기관이 많은 기계를 사용하지 않도록 해야 한다.

- 인체에 해로운 가스의 옥내 작업장에서 공기 중 함유 농도가 보건상 유해한 정도를 초과하지 않도록 조치한다.

- 유해물질 취급작업으로 인하여 근로자에게 유해한 작업인 경우 그 원인을 제거하기 위하여 대체물 사용, 작업방법 및 시설의 변경 또는 개선 조치한다.

20 ———• Repetitive Learning 1회 2회 3회

직업성 피부질환에 대한 설명으로 틀린 것은?

① 대부분은 화학물질에 의한 접촉피부염이다.

② 접촉피부염의 대부분은 알레르기에 의한 것이다.

③ 정확한 발생빈도와 원인물질의 추정은 거의 불가능하다.

④ 직업성 피부질환의 간접요인으로는 인종, 연령, 계절 등이 있다.

해설

- 직업성 피부질환의 대부분은 화학물질에 의한 접촉피부염이다. (80%는 자극에 의한 원발성 피부염, 20%는 알레르기에 의한 접촉피부염)

직업성 피부질환

- 작업환경에서 근로자가 취급하는 물질의 물리적 또는 화학적, 생물학적 요인에 의해 발생하는 피부질환을 말한다.

- 직업성 피부질환의 대부분은 화학물질에 의한 접촉피부염이다.(80%는 자극에 의한 원발성 피부염, 20%는 알레르기에 의한 접촉피부염)

- 정확한 발생빈도와 원인물질의 추정은 거의 불가능하다.

- 직업성 피부질환의 간접요인으로는 인종, 연령, 계절 등이 있다.

- 개인적 차원의 예방대책으로는 보호구, 피부 세척제, 보호크림의 활용이라 할 수 있다.

2과목 작업위생측정 및 평가

21 ———• Repetitive Learning 1회 2회 3회

누적소음노출량(D : %)을 적용하여 시간가중평균 소음수준(TWA : dB(A))을 산출하는 공식으로 옳은 것은?(단, 고용노동부 고시를 기준으로 한다)

① $TWA=16.61\log(D/100)+80$

② $TWA=19.81\log(D/100)+80$

③ $TWA=16.61\log(D/100)+90$

④ $TWA=19.81\log(D/100)+90$

해설

- 누적소음 노출량 평가는 8시간 동안 측정치가 폭로량으로 산출되었을 경우에는 표를 이용하여 8시간 시간가중평균치로 환산하거나 $TWA=16.61 \log(D/100)+90$으로 구한다. 이때 D는 누적소음 노출량[%]이다.

❖ 시간가중평균 소음수준(TWA)[dB(A)] `실기` 0801/0902/1101/1903/2202

• 노출기준은 8시간 시간가중치를 의미하며 90dB를 설정한다.

• TWA = $16.61 \log(\dfrac{D}{12.5 \times \text{노출시간}}) + 90$으로 구하며, D는 누적 소음노출량[%]이다.

• 8시간 동안 측정치가 폭로량으로 산출되었을 경우에는 표를 이용하여 8시간 시간가중평균치로 환산한다.

1102 / 1301 / 2003 / 2004

22 ●─── Repetitive Learning 1회 2회 3회

셀룰로오즈 에스테르 막여과지에 관한 설명으로 틀린 것은?

① 산에 쉽게 용해된다.

② 유해물질이 표면에 주로 침착되어 현미경 분식에 유리하다.

③ 흡습성이 적어 중량분석에 주로 적용된다.

④ 중금속 시료재취에 유리하다.

해설

• 여과지의 원료인 셀룰로오스가 수분을 흡수하기 때문에 중량분석에는 부정확하여 잘 사용하지 않는다.

❖ MCE 막(Mixed cellulose ester membrane filter)여과지 `실기` 0301/ 0602/1002/1003/1103/1302/1803/2103

• 여과지 구멍의 크기는 $0.45 \sim 0.8\mu m$이 일반적으로 사용된다.

• 여과지는 산에 쉽게 용해되므로 입자상 물질 중의 금속을 채취하여 원자 흡광광도법으로 분석하거나, 시료가 여과지의 표면 또는 표면 가까운 곳에 침착되므로 석면, 유리섬유 등 현미경분석을 취한 시료채취 등에 이용된다.

• 납, 철, 크롬 등 금속과 석면, 유리섬유 등을 포집할 수 있다.

• 산업용 축전지를 제조하는 사업장에서 공기 중 납 농도를 측정하기 위해 사용할 때 사용된다.

0903

23 ●─── Repetitive Learning 1회 2회 3회

흡착제를 이용하여 시료 채취를 할 때 영향을 주는 인자에 관한 설명으로 틀린 것은?

① 온도 : 온도가 높을수록 입자의 활성도가 커져 흡착에 좋으며 저온일수록 흡착능이 감소한다.

② 오염물질 농도 : 공기 중 오염물질 농도가 높을수록 파과용량은 증가하나 파과 공기량은 감소한다.

③ 흡착제의 크기 : 입자의 크기가 작을수록 표면적이 증가하여 채취효율이 증가하나 압력강하가 심하다.

④ 시료 채취속도 : 시료 채취속도가 높고 코팅된 흡착제일수록 파과가 일어나기 쉽다.

해설

• 고온일수록 흡착 성질이 감소하며 파과가 일어나기 쉽다.

❖ 흡착제를 이용하여 시료를 채취할 때 영향을 주는 인자

온도	일반적으로 흡착은 발열 반응이므로 열역학적으로 온도가 낮을수록 흡착에 좋은 조건이며, 고온일수록 흡착 성질이 감소하며 파과가 일어나기 쉽다.
습도	습도가 높으면 극성 흡착제를 사용할 때 파과 공기량이 적어진다.
오염물질 농도	공기 중 오염물질의 농도가 높을수록 파과 용량(흡착제에 흡착된 오염물질의 양(mg))은 증가하나 파과 공기량은 감소한다.
시료채취 유량	시료 채취 유량이 높으면 파과가 일어나기 쉬우며 코팅된 흡착제일수록 그 경향이 강하다.
흡착제의 크기	입자의 크기가 작을수록 표면적이 증가하여 채취효율이 증가하나 압력강하가 심하다.
흡착관의 크기	흡착관의 크기가 커지면 전체 흡착제의 표면적이 증가하여 채취용량이 증가하므로 파과가 쉽게 발생되지 않는다.

0802

24 ●─── Repetitive Learning 1회 2회 3회

활성탄관(charcoal tubes)을 사용하여 포집하기에 가장 부적합한 오염물질은?

① 할로겐화 탄화수소류　　② 에스테르류

③ 방향족 탄화수소류　　④ 니트로 벤젠류

해설

• 니트로 벤젠류는 극성으로 흡착에는 Silicagel tube를 주로 이용한다.

❖ 흡착방법에 따른 유해물질 `실기` 1901/1902

실리카겔관	아민류, 극성류의 유기용제, 무기산(불산, 염산), 니트로 벤젠류, 페놀류 등
활성탄관	비극성 유기용제, 방향족 탄화수소류, 에스테르류, 알코올류, 에테르류, 케톤류 등

0601

25 ●─── Repetitive Learning 1회 2회 3회

자연습구온도 31.0℃, 흑구온도 24.0℃, 건구온도 34.0℃, 실내작업장에서 시간당 400칼로리가 소모되며 계속작업을 실시하는 주조공장의 WBGT는?

① 28.9℃　　② 29.9℃

③ 30.9℃　　④ 31.9℃

- 옥내는 일사의 영향이 없어 자연습구(0.7)와 흑구온도(0.3)만으로 WBGT가 결정되므로 WBGT=0.7×31+0.3×24=21.7+7.2=28.9℃ 가 된다.

습구흑구온도(WBGT : Wet Bulb Globe Temperature) 지수

㉠ 개요
- 건구온도, 습구온도 및 흑구온도에 비례하며, 열중증 예방을 위해 고온에서의 작업휴식시간비를 결정하는 지표로 더위지수라고도 한다.
- 표시단위는 섭씨온도(℃)로 표시하며, WBGT가 높을수록 휴식시간이 증가되어야 한다.
- 미국국립산업안전보건연구원(NIOSH)뿐만 아니라 국내에서도 습구흑구온도를 측정하고 지수를 산출하여 평가에 사용한다.
- 과거에 쓰이던 감각온도와 근사한 값인데 감각온도와 다른 점은 기류를 전혀 고려하지 않았다는 점이다.

㉡ 산출방법 **실기** 0501/0503/0602/0702/0703/1101/1201/1302/1303/ 1503/2102/2201/2202/2203
- 옥내에서는 WBGT=0.7NWT+0.3GT이다. 이때 NWT는 자연습구, GT는 흑구온도이다.(일사가 영향을 미치지 않는 옥외도 옥내로 취급한다)
- 일사가 영향을 미치는 옥외에서는 건구온도인 dB를 반영하지만 옥내에서는 일사의 영향이 없으므로 자연습구와 흑구온도만으로 WBGT가 결정된다.
- 일사가 영향을 미치는 옥외에서는 WBGT=0.7NWT+0.2GT+0.1DB이며 이때 NWT는 자연습구, GT는 흑구온도, DB는 건구온도이다.

---

26 ●━━━━━━● Repetitive Learning ⌈1회 2회 3회⌉

입자상 물질의 채취를 위한 섬유상 여과지인 유리섬유 여과지에 관한 설명으로 틀린 것은?

① 흡습성이 적고 열에 강하다.
② 결합제 첨가형과 결합제 비첨가형이 있다.
③ 와트만(Whatman) 여과지가 대표적이다.
④ 유해물질이 여과지의 안층에도 채취된다.

해설

- 와트만 여과지는 셀룰로오스 여과지의 대표적인 종류이다.

유리섬유 여과지
- 입자상 물질의 채취를 위한 섬유상 여과지이다.
- 흡습성이 적고 열에 강하다.
- 결합제 첨가형과 결합제 비첨가형이 있다.
- 유해물질이 여과지의 안층에도 채취된다.

---

27 ●━━━━━━● Repetitive Learning ⌈1회 2회 3회⌉

일정한 부피조건에서 압력과 온도가 비례한다는 표준 가스에 대한 법칙은?

① 보일 법칙   ② 샤를 법칙
③ 게이-루삭 법칙   ④ 라울 법칙

해설

- 보일 법칙은 온도와 몰수가 일정할 때, 기체의 부피는 압력에 반비례함을 증명한다.
- 샤를 법칙은 압력과 몰수가 일정할 때, 기체의 부피는 온도에 비례함을 증명한다.
- 라울의 법칙은 증기의 각 성분의 부분압은 용액의 분압과 평형을 이룬다는 것을 증명한다.

기체 반응의 법칙(게이-루삭 법칙)
- 기체들의 화학반응에서 같은 온도와 같은 압력에서 반응 기체와 생성 기체의 부피는 일정한 정수가 성립한다는 법칙이다.
- 일정한 부피조건에서 압력과 온도가 비례한다는 표준 가스에 대한 법칙이다.
- 산소와 수소가 반응해서 수증기를 생성할 때의 부피의 비는 1:2:2의 관계를 갖는다.($O_2+2H_2 \rightarrow 2H_2O$)

---

28 ●━━━━━━● Repetitive Learning ⌈1회 2회 3회⌉

1차, 2차 표준기구에 관한 내용으로 틀린 것은?

① 1차 표준기구란 물리적 차원인 공간의 부피를 직접 측정할 수 있는 기구를 말한다.
② 1차 표준기구로 폐활량계가 사용된다.
③ Wet-test미터, Rota미터, Orifice미터는 2차 표준기구이다.
④ 2차 표준기구는 1차 표준기구를 보정하는 기구를 말한다.

해설

- 2차표준기기는 1차 표준기기를 이용하여 보정하는 기구이다.

표준기구 **실기** 1203/1802/2002/2203
㉠ 1차 표준기구
- 물리적 차원인 공간의 부피를 직접 측정할 수 있는 기구를 말한다.
- 폐활량계, 가스치환병, 유리피스톤미터, 흑연피스톤미터, Pitot튜브, 비누거품미터, 가스미터 등이 있다.
㉡ 2차 표준기구
- 2차표준기기는 1차 표준기기를 이용하여 보정해야 한다.
- 습식테스트(Wet-test)미터, 벤투리미터, 열선기류계, 오리피스미터, 건식가스미터, 로타미터 등이 있다.

---

29 ──────── Repetitive Learning 〔1회 2회 3회〕

입자상 물질을 채취하는 방법 중 직경분립충돌기의 장점으로 틀린 것은?

① 호흡기에 무분별로 침착된 입자크기의 자료를 추정할 수 있다.

② 흡입성, 흉곽성, 호흡성 입자의 크기별 분포와 농도를 계산할 수 있다.

③ 시료 채취 준비에 시간이 적게 걸리며 비교적 채취가 용이하다.

④ 입자의 질량 크기 분포를 얻을 수 있다.

해설

• 직경분립충돌기는 채취 준비에 시간이 많이 걸리며 시료 채취가 까다롭다.

✹ 직경분립충돌기(Cascade Impactor) 〔실기〕0701/1003/1302

　㉠ 개요 및 특징

　• 호흡성, 흉곽성, 흡입성 분진 입자의 관성력에 의해 충돌기의 표면에 충돌하여 채취하는 채취기구이다.

　• 공기가 옆에서 유입되지 않도록 각 충돌기의 철저한 조립과 장착이 필요하다.

　• 호흡성, 흉곽성, 흡입성 입자의 크기별 분포와 농도를 계산할 수 있다.

　• 호흡기의 부분별로 침착된 입자크기의 자료를 추정할 수 있다.

　• 입자의 질량 크기 분포를 얻을 수 있다.

　㉡ 단점

　• 시료 채취가 까다롭고 비용이 많이 든다.

　• 되튐으로 인한 시료의 손실이 일어날 수 있다.

　• 채취 준비에 시간이 많이 걸리며 경험이 있는 전문가가 철저한 준비를 통하여 측정하여야 한다.

　• 공기가 유입되지 않도록 각 충돌기의 철저한 조립과 장착이 필요하다.

30 ──────── Repetitive Learning 〔1회 2회 3회〕

소음의 변동이 심하지 않은 작업장에서 1시간 간격으로 8회 측정한 산술평균의 소음수준이 93.5dB(A)이었을 때, 작업시간이 8시간인 근로자의 하루 소음노출량(Noise dose ; %)은?(단, 기준소음노출시간과 수준 및 exchange rate은 OHSA 기준을 준용한다)

① 104　　　　　　　② 135

③ 162　　　　　　　④ 234

해설

• TWA $= 16.61 \log\left(\dfrac{D}{12.5 \times 노출시간}\right) + 90$으로 구하며, D는 누적소음노출량[%]이다.

• 산술평균의 소음수준이 93.5이므로 대입하면

$16.61 \times \log\left(\dfrac{x}{100}\right) + 90 = 93.5$를 만족하는 x를 구하는 문제이다.

$\log\left(\dfrac{x}{100}\right) = \dfrac{3.5}{16.61} = 0.2107$이므로　$\dfrac{x}{100} = 1.6244$이므로　x는 162.44가 된다.

✹ 시간가중평균 소음수준(TWA)[dB(A)] 〔실기〕0801/0902/1101/1903/2202

문제 21번의 유형별 핵심이론 ✹ 참조

31 ──────── Repetitive Learning 〔1회 2회 3회〕

다음의 유기용제 중 실리카겔에 대한 친화력이 가장 강한 것은?

① 알코올류　　　　　② 케톤류

③ 올레핀류　　　　　④ 에스테르류

해설

• 실리카겔에 대한 친화력은 물>알코올류>알데히드류>케톤류>에스테르류>방향족 탄화수소류>올레핀류>파라핀류 순으로 약해진다.

✹ 실리카겔에 대한 친화력 순서

• 물>알코올류>알데히드류>케톤류>에스테르류>방향족 탄화수소류>올레핀류>파라핀류 순으로 약해진다.

32 ──────── Repetitive Learning 〔1회 2회 3회〕

소음측정방법에 관한 내용으로 (　)에 알맞은 내용은?(단, 고용노동부 고시 기준)

> 소음이 1초 이상의 간격을 유지하면서 최대음압수준이 120db(A) 이상의 소음인 경우에는 소음수준에 따른 (　) 동안의 발생횟수를 측정할 것

① 1분　　　　　　　② 2분

③ 3분　　　　　　　④ 5분

해설

• 소음이 1초 이상의 간격을 유지하면서 최대음압수준이 120dB(A) 이상의 소음인 경우에는 소음수준에 따른 1분 동안의 발생횟수를 측정한다.

소음의 측정방법

- 소음측정에 사용되는 기기는 누적소음 노출량측정기, 적분형소음계 또는 이와 동등 이상의 성능이 있는 것으로 하되 개인시료채취 방법이 불가능한 경우에는 지시소음계를 사용할 수 있으며, 발생시간을 고려한 등가소음레벨 방법으로 측정할 것

단, 소음발생 간격이 1초 미만을 유지하면서 계속적으로 발생되는 소음(연속음)을 지시소음계 또는 이와 동등 이상의 성능이 있는 기기로 측정할 경우	• 소음계 지시침의 동작은 느린 (Slow) 상태로 한다. • 소음계의 지시치가 변동하지 않는 경우에는 해당 지시치를 그 측정점에서의 소음수준으로 한다.

- 소음계의 청감보정회로는 A특성으로 할 것
- 누적소음노출량 측정기로 소음을 측정하는 경우에는 Criteria는 90dB, Exchange Rate는 5dB, Threshold는 80dB로 기기를 설정할 것
- 소음이 1초 이상의 간격을 유지하면서 최대음압수준이 120dB(A) 이상의 소음인 경우에는 소음수준에 따른 1분 동안의 발생횟수를 측정할 것

0403 / 0701 / 0702 / 0901 / 1301 / 1401 / 1602 / 1603 / 1803 / 1903 / 2102 / 2202

33 ──────── • Repetitive Learning (1회 2회 3회)

산업안전보건법령상 누적소음노출량 측정기로 소음을 측정하는 경우의 기기설정값은?

- Criteria (Ⓐ)dB
- Exchange Rate (Ⓑ)dB
- Threshold (Ⓒ)dB

① Ⓐ : 80, Ⓑ : 10, Ⓒ : 90
② Ⓐ : 90, Ⓑ : 10, Ⓒ : 80
③ Ⓐ : 80, Ⓑ : 4, Ⓒ : 90
④ Ⓐ : 90, Ⓑ : 5, Ⓒ : 80

해설

- 기기설정값은 Threshold=80dB, Criteria=90dB, Exchange Rate =5dB이다.

누적소음 노출량. 측정기
- 작업자가 여러 작업장소를 이동하면서 작업하는 경우, 근로자에게 직접 부착하여 작업시간(8시간) 동안 작업자가 노출되는 소음 노출량을 측정하는 기계를 말한다.
- 기기설정값은 Threshold=80dB, Criteria=90dB, Exchange Rate=5dB이다.

34 ──────── • Repetitive Learning (1회 2회 3회)

유사노출그룹(HEG)에 관한 내용으로 틀린 것은?

① 시료 채취수를 경제적으로 하는데 목적이 있다.
② 유사노출그룹은 우선 유사한 유해인자별로 구분한 후 유해인자의 동질성을 보다 확보하기 위해 조직을 분석한다.
③ 역학조사 수행할 때 사건이 발생된 근로자가 속한 유사노출그룹의 노출농도를 근거로 노출원인 및 농도를 추정할 수 있다.
④ 유사노출그룹은 노출되는 유해인자의 농도와 특성이 유사하거나 동일한 근로자 그룹을 말하며 유해인자의 특성이 동일하다는 것은 노출되는 유해인자가 동일하고 농도가 일정한 변이 내에서 통계적으로 유사하다는 의미이다.

해설

- 유사노출그룹이란 특정 유해인자에 통계적으로 유사한 농도 혹은 강도에 노출되는 근로자의 그룹으로 분류하는 것으로 모든 근로자의 노출농도를 경제적으로 평가하고자 하는데 목적이 있다.

유사노출그룹(HEG) 설정 0501/0601/0702/0901/1203/1303/1503
- 유사노출그룹이란 특정 유해인자에 통계적으로 유사한 농도 혹은 강도에 노출되는 근로자의 그룹으로 분류하는 것을 말한다.
- 모든 근로자의 노출농도를 평가하고자 하는데 목적이 있다.
- 조직, 공정, 작업범주 그리고 공정과 작업내용별로 구분하여 설정한다.
- 모든 근로자를 유사한 노출그룹별로 구분하고 그룹별로 대표적인 근로자를 선택하여 측정하면 측정하지 않은 근로자의 노출농도까지도 추정할 수 있다.
- 유사노출그룹 설정을 위한 목적 중 시료채취수를 경제적으로 하기 위함도 있다.

35 ──────── • Repetitive Learning (1회 2회 3회)

시간가중평균기준(TWA)이 설정되어 있는 대상물질을 측정하는 경우에는 1일 작업시간 동안 6시간 이상 연속 측정하거나 작업시간을 등간격으로 나누어 6시간 이상 연속분리하여 측정하여야 한다. 다음 중 대상물질의 발생시간 동안 측정할 수 있는 경우가 아닌 것은?(단, 고용노동부 고시 기준)

① 대상물질의 발생시간이 6시간 이하인 경우
② 불규칙작업으로 6시간 이하의 작업
③ 발생원에서의 발생시간이 간헐적인 경우
④ 공정 및 취급인자 변동이 없는 경우

- 대상물질의 발생시간 동안 측정할 수 있는 경우에는 ①, ②, ③이 있다.

노출기준의 종류별 측정시간
- 시간가중평균기준(TWA)이 설정되어 있는 대상물질을 측정하는 경우에는 1일 작업시간 동안 6시간 이상 연속 측정하거나 작업시간을 등간격으로 나누어 6시간 이상 연속분리하여 측정하여야 한다.
- 대상물질의 발생시간 동안 측정하는 경우
  - 대상물질의 발생시간이 6시간 이하인 경우
  - 불규칙작업으로 6시간 이하의 작업
  - 발생원에서의 발생시간이 간헐적인 경우

0501 / 1003 / 1303

36 — Repetitive Learning 1회 2회 3회

미국 ACGIH에서 정의한 (A) 흉곽성 먼지(Thoracic particulate mass, TPM)와 (B) 호흡성 먼지(Respirable particulate mass, RPM)의 평균입자크기로 옳은 것은?

① (A) $5\mu m$, (B) $15\mu m$ ② (A) $15\mu m$, (B) $5\mu m$
③ (A) $4\mu m$, (B) $10\mu m$ ④ (A) $10\mu m$, (B) $4\mu m$

해설

- 흉곽성 먼지는 기관지와 폐포 등 폐 내부의 공기통로와 가스교환 부위에 침착되는 먼지로서 공기역학적 지름이 $30\mu m$ 이하의 크기를 가지며 평균입경은 $10\mu m$이다.
- 호흡성 먼지는 폐포에 침착하여 독성을 나타내며 평균입자 크기는 $4\mu m$이고, 공기 역학적 직경이 $10\mu m$ 미만인 먼지를 말한다.

입자상 물질의 분류 실기 0303/0402/0502/0701/0703/0802/1303/1402/
1502/1601/1701/1802/1901/2202

흡입성 먼지	주로 비강, 인후두, 기관 등 호흡기의 기도 부위에 축적됨으로써 호흡기계 독성을 유발하는 분진으로 평균입경이 $100\mu m$이다.
흉곽성 먼지	기관지와 폐포 등 폐 내부의 공기통로와 가스교환 부위에 침착되는 먼지로서 공기역학적 지름이 $30\mu m$ 이하의 크기를 가지며 평균입경은 $10\mu m$이다.
호흡성 먼지	폐포에 침착하여 독성을 나타내며 평균입자 크기는 $4\mu m$이고, 공기 역학적 직경이 $10\mu m$ 미만인 먼지를 말한다.

1001

37 — Repetitive Learning 1회 2회 3회

흡광광도계에서 빛의 강도가 i0인 단색광이 어떤 시료용액을 통과할 때 그 빛이 30%가 흡수될 경우, 흡광도는?

① 약 0.30 ② 약 0.24
③ 약 0.16 ④ 약 0.12

해설

- 흡수율이 0.3일 경우 투과율은 0.7로 흡광도 $A = \log\dfrac{1}{투과율}$ 로 구할 수 있다.
- 대입하면 $A = \log\dfrac{1}{0.7} = 0.1549\cdots$이 된다.

흡광도 실기 1003
- 물체가 빛을 흡수하는 정도를 나타낸다.
- 흡광도 $A = \xi Lc = \log\dfrac{I_o}{I_t} = \log\dfrac{1}{투과율}$ 로 구한다. 이때 ξ는 몰 흡광계수이고, 투과율은 (1−흡수율)로 구한다.

---

38 — Repetitive Learning 1회 2회 3회

40% 벤젠, 30% 아세톤 그리고 30% 톨루엔의 중량비로 조성된 용제가 증발되어 작업환경을 오염시키고 있다. 이때 각각의 TLV가 각각 $30mg/m^3$, $1,780mg/m^3$ 및 $375mg/m^3$이라면 이 작업장의 혼합물의 허용농도(mg/m^3)는?(단, 상가작용 기준)

① 47.9 ② 59.9
③ 69.9 ④ 76.9

해설

- 혼합물을 구성하는 각 성분의 구성비가 주어졌으므로 혼합물의 허용농도는 $\dfrac{1}{\dfrac{0.4}{30}+\dfrac{0.3}{1,780}+\dfrac{0.3}{375}} = 69.92[mg/m^3]$이 된다.

혼합물의 허용농도 실기 0401/0403/0802
- 혼합물을 구성하는 각 성분의 구성비($f_1, f_2, \cdots, f_n$)가 주어지면 혼합물의 허용농도는
$$\dfrac{1}{\dfrac{f_1}{TLV_1}+\dfrac{f_2}{TLV_2}+\cdots+\dfrac{f_n}{TLV_n}}$$
$[mg/m^3]$으로 구할 수 있다.

---

39 — Repetitive Learning 1회 2회 3회

시간당 200~350 kcal의 열량이 소모되는 중등작업 조건에서 WBGT측정치가 31.2℃일 때 고열작업 노출기준의 작업휴식조건은?

① 매시간 50% 작업, 50% 휴식 조건
② 매시간 75% 작업, 25% 휴식 조건
③ 매시간 25% 작업, 75% 휴식 조건
④ 계속 작업 조건

- 중등작업은 시간당 200~350kcal의 열량이 소요되는 작업을 말하며 중등작업일 경우 WBGT의 측정치가 31.2℃인 경우는 매시간 25% 작업, 75% 휴식을 취해야 하는 작업강도에 해당한다.

고온의 노출기준(단위 : ℃, WBGT) 실기 0703

작업강도 작업휴식시간비	경작업	중등작업	중작업
계속 작업	30.0	26.7	25.0
매시간 75%작업, 25%휴식	30.6	28.0	25.9
매시간 50%작업, 50%휴식	31.4	29.4	27.9
매시간 25%작업, 75%휴식	32.2	31.1	30.0

- 경작업 : 200kcal까지의 열량이 소요되는 작업을 말하며, 앉아서 또는 서서 기계의 조정을 하기 위하여 손 또는 팔을 가볍게 쓰는 일 등을 뜻함
- 중등작업 : 시간당 200~350kcal의 열량이 소요되는 작업을 말하며, 물체를 들거나 밀면서 걸어다니는 일 등을 뜻함
- 중작업 : 시간당 350~500kcal의 열량이 소요되는 작업을 말하며, 곡괭이질 또는 삽질하는 일 등을 뜻함

40
Repetitive Learning 1회 2회 3회

음압이 10배 증가하면 음압수준은 몇 dB이 증가하는가?

① 10dB
② 20dB
③ 30dB
④ 40dB

- 기준음은 그대로인데 측정하려는 음압이 10배 증가했으므로 SPL은 $20\log\left(\frac{10}{1}\right)$[dB] 증가하는 것이 되므로 20[dB]이 증가한다.

음압레벨(SPL ; Sound Pressure Level) 실기 0403/0501/0503/0901/1001/1102/1403/2004
- 기준이 되는 소리의 압력과 비교하여 로그적으로 표현한 값이다.
- SPL $= 20\log\left(\frac{P}{P_0}\right)$[dB]로 구한다. 여기서 P_0는 기준음압으로 2×10^{-5}[N/m^2] 혹은 2×10^{-4}[dyne/cm^2]이다.
- 자유공간에 위치한 점음원의 음압레벨(SPL)은 음향파워레벨(PWL)$-20\log r -11$로 구한다. 이때 r은 소음원으로부터의 거리[m]이다.

41
Repetitive Learning 1회 2회 3회

작업장에서 메틸에틸케톤(MEK : 허용기준 200ppm)이 3L/hr로 증발하여 작업장을 오염시키고 있다. 전체 (회석)환기를 위한 필요 환기량은?(단, K : 6, 분자량 : 72, 메틸에틸케톤 비중 : 0.805, 21℃, 1기압 상태 기준)

① 약 160m^3/min
② 약 280m^3/min
③ 약 330m^3/min
④ 약 410m^3/min

- 공기 중에 계속 오염물질이 발생하고 있는 경우의 필요환기량 $Q = \frac{G \times K}{TLV}$로 구한다.
- 증발하는 MEK의 양은 있지만 공기 중에 발생하는 오염물질의 양은 없으므로 공기 중에 발생하는 오염물질의 양을 구한다.
- 비중은 질량/부피이므로 이를 이용하면 MEK 3L는 3,000ml× 0.805=2,415g/hr이다.
- 공기 중에 발생하고 있는 오염물질의 용량은 0℃, 1기압에 1몰당 22.4L인데 현재 21℃라고 했으므로 $22.4\times\frac{294}{273}=24.12\cdots$L이므로 2,415g은 $\frac{2,415}{72}=33.54$몰이므로 809.025L/hr이 발생한다.
- TLV는 200ppm이고 이는 200mL/m^3이므로 필요환기량 $Q = \frac{809.025\times1,000\times6}{200}=24,270.75m^3$/hr이 된다.
- 구하고자 하는 필요 환기량은 분당이므로 60으로 나눠주면 404.5 m^3/min가 된다.

필요 환기량 실기 0401/0502/0601/0602/0603/0703/0801/0803/0901/0903/1001/1002/1101/1201/1302/1403/1501/1601/1602/1702/1703/1801/1803/1903/2001/2003/2004/2101/2201
- 후드로 유입되는 오염물질을 포함한 공기량을 말한다.
- 필요 환기량 Q=A·V로 구한다. 여기서 A는 개구면적, V는 제어속도이다.
- 공기 중에 계속 오염물질이 발생하고 있는 경우의 필요환기량 $Q = \frac{G \times K}{TLV}$로 구한다. 이때 G는 공기 중에 발생하고 있는 오염물질의 용량, TLV는 허용기준, K는 여유계수이다.

42
Repetitive Learning 1회 2회 3회

작업환경 개선대책 중 격리와 가장 거리가 먼 것은?

① 콘크리트 방호벽의 설치
② 원격조정
③ 자동화
④ 국소배기장치의 설치

- ④는 환기에 대한 설명이다.

작업환경 개선의 기본원칙 실기 0803/1103/1501/1603/2202

- 설비 개선 등의 조치 등이 어려울 경우 노출 가능성이 있는 근로자에게 보호구를 착용할 수 있도록 한다.

대치	• 가장 효과적이며 우수한 관리대책이다. • 대치의 3원칙은 시설, 공정, 물질의 변경이다. • 물질대치는 경우에 따라서 지금까지 알려지지 않았던 전혀 다른 장해를 줄 수 있음 • 장비대치는 적절한 대치방법 개발의 어려움
격리	• 작업자와 유해인자 사이에 장벽을 놓는 것 • 보호구를 사용하는 것도 격리의 한 방법 • 거리, 시간, 공정, 작업자 전체를 대상으로 실시하는 대책 • 비교적 간단하고 효과도 좋음
환기	• 설계, 시설설치, 유지보수가 필요 • 공정을 그대로 유지하면서 효율적 관리가능한 방법은 국소배기방식
교육	• 노출 근로자 관리방안으로 교육훈련 및 보호구 착용

43 ●Repetitive Learning (1회 2회 3회)

다음 중 보호구의 보호 정도를 나타내는 할당보호계수(APF)에 관한 설명으로 가장 거리가 먼 것은?

① 보호구 밖의 유량과 안의 유량 비(Q_o/Q_i)로 표현된다.
② APF를 이용하여 보호구에 대한 최대사용농도를 구할 수 있다.
③ APF가 100인 보호구를 착용하고 작업장에 들어가면 착용자는 외부 유해물질로부터 적어도 100배만큼의 보호를 받을 수 있다는 의미이다.
④ 일반적인 보호계수 개념의 특별한 적용으로서 적절히 밀착된 호흡기보호구를 훈련된 일련의 착용자들이 작업장에서 착용하였을 때 기대되는 최소 보호정도치를 말한다.

- 할당보호계수는 보호구 밖의 오염물질 농도와 안의 오염물질 농도 비로 표현된다.

할당보호계수(Assigned Protection Factor, APF)

- 잘 훈련된 착용자가 보호구를 착용하였을 때 각 호흡보호구가 제공할 수 있는 보호계수의 기대치를 말한다.
- 할당보호계수는 오염물질을 제거할 수 있는 정화통이 개발된 경우 적용하여야 하며, 개발되지 않은 경우는 농도에 관계없이 송기마스크 등 양압의 공기공급식 마스크를 착용하여야 한다.

- 할당보호계수는 보호구 밖의 오염물질 농도와 안의 오염물질 농도 비로 표현된다.
- 유해비를 산출하고 유해비보다 높은 할당보호계수의 호흡보호구를 산출한다.
- 유해비는 $\dfrac{오염물질\ 농도}{노출기준}$로 구한다.
- APF가 100인 보호구를 착용하고 작업장에 들어가면 착용자는 외부 유해물질로부터 적어도 100배만큼의 보호를 받을 수 있다는 의미이다.
- APF를 이용하여 보호구에 대한 최대사용농도를 구할 수 있다.
- APF 계수가 가장 큰 것은 양압 호흡기보호구－공기공급식 (SCBA, 압력식(개방/폐쇄식))－전면형이다.

44 ●Repetitive Learning (1회 2회 3회)

축류 송풍기에 관한 설명으로 가장 거리가 먼 것은?

① 전동기와 직결할 수 있고, 또 축방향 흐름이기 때문에 관로 도중에 설치할 수 있다.
② 가볍고 재료비 및 설치비용이 저렴하다.
③ 원통형으로 되어 있다.
④ 규정 풍량 범위가 넓어 가열공기 또는 오염공기의 취급에 유리하다.

- 축류 송풍기는 규정 풍량 이외에서는 효율이 떨어지므로 가열공기 또는 오염공기의 취급에 부적당하다.

축류 송풍기

- 전동기와 직결할 수 있고, 또 축방향 흐름이기 때문에 관로 도중에 설치할 수 있다.
- 원통형으로 되어 있다.
- 가볍고 재료비 및 설치비용이 저렴하다.
- 풍압이 낮으며, 원심송풍기보다 주속도가 커서 소음이 크다.
- 규정 풍량 이외에서는 효율이 떨어지므로 가열공기 또는 오염공기의 취급에 부적당하다.

45 ●Repetitive Learning (1회 2회 3회)

방진마스크에 대한 설명으로 옳은 것은?

① 무게 중심은 안면에 강한 압박감을 주는 위치여야 한다.
② 흡기저항 상승률이 높은 것이 좋다.
③ 필터의 여과효율이 높고 흡입저항이 클수록 좋다.
④ 비휘발성 입자에 대한 보호만 가능하고 가스 및 증기의 보호는 안 된다.

해설

- 방진마스크 흡기저항 상승률은 낮은 것이 좋다.
- 흡기 및 배기 저항은 낮은 것이 좋다.
- ❋ 방진마스크의 필요조건
  - 흡기와 배기저항 모두 낮은 것이 좋다.
  - 흡기저항 상승률이 낮은 것이 좋다.
  - 안면밀착성이 큰 것이 좋다.
  - 포집효율이 높은 것이 좋다.
  - 비휘발성 입자에 대한 보호가 가능하다.
  - 무게중심은 안면에 강한 압박감을 주지 않는 위치에 있는 것이 좋다.
  - 여과효율이 우수하려면 필터에 사용되는 섬유의 직경이 작고 조밀하게 압축되어야 한다.

---

47 ●──── Repetitive Learning (1회 2회 3회)

국소환기시설 설계에 있어 정압조절평형법의 장점으로 틀린 것은?

① 예기치 않은 침식 및 부식이나 퇴적문제가 일어나지 않는다.
② 설계 설치된 시설의 개조가 용이하여 장치변경이나 확장에 대한 유연성이 크다.
③ 설계가 정확할 때는 가장 효율적인 시설이 된다.
④ 설계 시 잘못 설계된 분지관 또는 저항이 제일 큰 분지관을 쉽게 발견 할 수 있다.

해설

- 정압조절평형법은 설치 후 변경이나 변경에 대한 유연성이 낮다.
- ❋ 정압조절평형법(유속조절평형법, 정압균형유지법) [실기] 0801/0901/1301/1303/1901
  - 저항이 큰 쪽의 덕트 직경을 약간 크게 혹은 작게함으로써 저항을 줄이거나 늘려 합류점의 정압이 같아지도록 하는 방법을 말한다.
  - 분지관의 수가 적고 고독성 물질이나 폭발성, 방사성 분진을 대상으로 사용한다.

장점	• 설계가 정확할 때는 가장 효율적인 시설이 된다. • 송풍량은 근로자나 운전자의 의도대로 쉽게 변경되지 않는다. • 유속의 범위가 적절히 선택되면 덕트의 폐쇄가 일어나지 않는다. • 설계 시 잘못 설계된 분지관 또는 저항이 가장 큰 분지관을 쉽게 발견할 수 있다. • 예기치 않은 침식 및 부식이나 퇴적문제가 일어나지 않는다.
단점	• 설계가 어렵고 시간이 많이 걸린다. • 설계 시 잘못된 유량의 수정이 어렵다. • 때에 따라 전체 필요한 최소유량보다 더 초과될 수 있다. • 설치 후 변경이나 변경에 대한 유연성이 낮다.

---

46 ●──── Repetitive Learning (1회 2회 3회)

다음 중 작업환경개선을 위해 전체 환기를 적용할 수 있는 상황과 가장 거리가 먼 것은?

① 오염발생원의 유해물질 발생량이 적은 경우
② 작업자가 근무하는 장소로부터 오염발생원이 멀리 떨어져 있는 경우
③ 소량의 오염물질이 일정 속도로 작업장으로 배출되는 경우
④ 동일작업장에 오염발생원이 한 군데로 집중되어 있는 경우

해설

- 동일사업장에 다수의 오염발생원이 분산되어 있는 경우 전체 환기를 적용할 수 있다.
- ❋ 전체 환기법을 적용할 수 있는 일반적인 상황 [실기] 0301/0503/0702/0801/0902/1101/1203/1501/1602/1803/1901/1902/2002/2003/2004/2103/2201
  - 작업장 특성상 국소배기장치의 설치가 불가능한 경우
  - 동일사업장에 다수의 오염발생원이 분산되어 있는 경우
  - 오염발생원이 이동성인 경우
  - 소량의 오염물질이 일정한 시간과 속도로 사업장으로 배출되는 경우
  - 오염발생원의 유해물질 발생량이 적거나 유해물질의 독성이 작을 때
  - 오염발생원이 근로자가 근무하는 장소로부터 멀리 떨어져 있거나 공기 중 유해물질농도가 노출기준 이하인 경우
  - 배출원에서 유해물질 발생량이 적어 국소배기로 환기하면 비경제적일 때
  - 오염물질이 증기나 가스일 때

---

48 ●──── Repetitive Learning (1회 2회 3회)

사무실 직원이 모두 퇴근한 6시 30분에 CO_2 농도는 1,700ppm이었다. 4시간이 지난 후 다시 CO_2 농도를 측정한 결과 CO_2 농도는 800ppm이었다면, 사무실의 시간당 공기 교환 횟수는?(단, 외부공기 중 CO_2 농도는 330ppm)

① 0.11
② 0.19
③ 0.27
④ 0.35

- 주어진 값을 대입하면

$$\frac{\ln(1,700-330)-\ln(800-330)}{4}=0.2675\cdots회가\ 된다.$$

- ✿ 시간당 공기의 교환횟수(ACH) [실기] 0502/0802/1001/1102/1103/1203/1303/1403/1503/1702/1902/2002/2102/2103/2202

  - 경과시간과 이산화탄소의 농도가 주어질 경우의 시간당 공기의 교환횟수는

  $$\frac{\ln(초기\ CO_2농도-외부\ CO_2\ 농도)-\ln(경과\ 후\ CO_2농도-외부\ CO_2\ 농도)}{경과\ 시간[hr]}$$

  로 구한다.
  - 작업장 기적(용적)과 필요 환기량이 주어지는 경우의 시간당 공기교환 횟수는 $\dfrac{필요환기량(m^3/hr)}{작업장\ 용적(m^3)}$ 으로 구한다.

1802

49 ────── ● Repetitive Learning 〔1회 2회 3회〕

A물질의 증기압이 50mmHg일 때, 포화증기농도(%)는?(단, 표준상태를 기준으로 한다)

① 4.8 ② 6.6
③ 10.0 ④ 12.2

- 증기압이 50mmHg를 대입하면 $\dfrac{50}{760}\times100=6.578\cdots[\%]$이다.

- ✿ 최고(포화)농도와 유효비중 [실기] 0302/0602/0603/0802/1001/1002/1103/1503/1701/1802/1902/2101

  - 최고(포화)농도는 $\dfrac{P}{760}\times100[\%]=\dfrac{P}{760}\times1,000,000[ppm]$으로 구한다.
  - 유효비중은 $\dfrac{(농도\times비중)+(10^6-농도)\times공기비중(1.0)}{10^6}$ 으로 구한다.

1003 / 2003

50 ────── ● Repetitive Learning 〔1회 2회 3회〕

다음 보기 중 공기공급시스템(보충용 공기의 공급장치)이 필요한 이유가 모두 선택된 것은?

| a. 연료를 절약하기 위해서 |
| b. 작업장 내 안전사고를 예방하기 위해서 |
| c. 국소배기장치를 적절하게 가동시키기 위해서 |
| d. 작업장의 교차기류를 유지하기 위해서 |

① a, b ② a, b, c
③ b, c, d ④ a, b, c, d

- 작업장의 교차기류(방해기류)의 생성을 방지하기 위해서 공기공급시스템이 필요하다.

- ✿ 공기공급시스템
  - ㉠ 개요
    - 보충용 공기의 공급장치를 말한다.
  - ㉡ 필요 이유 [실기] 0502/1303/1601/2003
    - 연료를 절약하기 위해서
    - 작업장 내 안전사고를 예방하기 위해서
    - 국소배기장치의 적절하고 효율적인 운영을 위해서
    - 작업장의 교차기류(방해기류)의 생성을 방지하기 위해서

---

51 ────── ● Repetitive Learning 〔1회 2회 3회〕

직경이 10cm인 원형 후드가 있다. 관내를 흐르는 유량이 $0.2m^3$/s라면 후드 입구에서 20cm 떨어진 곳에서의 제어속도(m/s)는?

① 0.29 ② 0.39
③ 0.49 ④ 0.59

- 후드 위치 및 플랜지에 대한 언급이 없으므로 기본식으로 필요 환기량 $Q=V_c(10X^2+A)[m^3/s]$로 제어속도를 구할 수 있다.
- 개구면적은 반지름이 0.05m이므로 $3.14\times0.05^2=0.00785[m^2]$이다.
- 대입하면 $0.2=V_c\times(10\times0.2^2+0.00785)$이므로

$$V_c=\frac{0.2}{0.40785}=0.4903\cdots[m/s]가\ 된다.$$

- ✿ 외부식 원형 또는 장방형 후드 [실기] 0303/0403/0503/0603/0801/1001/1002/1701/1703/1901/2003/2102
  - 공간에 위치하며, 플랜지가 없는 경우에 해당한다.
  - 기본식(Dalla Valle)은 $Q=60\times V_c(10X^2+A)$로 구한다. 이때 Q는 필요 환기량$[m^3/min]$, V_c는 제어속도$[m/sec]$, A는 개구면적$[m^2]$, X는 후드의 중심선으로부터 발생원까지의 거리[m]이다.

1103

52 ────── ● Repetitive Learning 〔1회 2회 3회〕

1기압, 온도 15℃ 조건에서 속도압이 $37.2mmH_2O$일 때 기류의 유속(m/sec)은?(단, 15℃, 1기압에서 공기의 밀도는 $1.225kg/m^3$이다)

① 24.4 ② 26.1
③ 28.3 ④ 29.6

해설

- VP[mmH_2O]를 알면 공기속도는 $V=4.043\times\sqrt{VP}$[m/s]로 구한다.
- 대입하면 $V=4.043\times\sqrt{37.2}=24.658\cdots$[m/s]이다.

∷ 속도압(동압) 실기 0402/0602/0803/1003/1101/1301/1402/1502/1601/1602/1703/1802/2001/2201

- 속도압(VP)은 전압(TP)에서 정압(SP)을 뺀 값으로 구한다.
- 동압 $VP=\dfrac{\gamma V^2}{2g}$[$mmH_2O$]로 구한다. 이때 γ는 표준공기일 경우 1.203[kgf/m^3]이며, g는 중력가속도로 9.81[m/s^2]이다.
- VP[mmH_2O]를 알면 공기속도는 $V=4.043\times\sqrt{VP}$[m/s]로 구한다.

---

53 ●Repetitive Learning 〔1회 2회 3회〕

사무실에서 일하는 근로자의 건강장해를 예방하기 위해 시간당 공기 교환 횟수는 6회 이상 되어야 한다. 사무실의 체적이 150m^3일 때 최소 필요한 환기량(m^3/min)은?

① 9 ② 12
③ 15 ④ 18

해설

- 필요환기량은 ACH×작업장 용적으로 구할 수 있다. 즉, 6×150=900m^3/hr인데, 구하고자하는 것은 분당 필요환기량이므로 60으로 나누면 15m^3/min이 된다.

∷ 시간당 공기의 교환횟수(ACH) 실기 0502/0802/1001/1102/1103/1203/1303/1403/1503/1702/1902/2002/2102/2103/2202
문제 48번의 유형별 핵심이론 ∷ 참조

1903

54 ●Repetitive Learning 〔1회 2회 3회〕

관(管)의 안지름이 200mm인 관을 통하여 공기를 55㎥/min의 유량으로 송풍할 때, 관 내 평균유속은 약 몇 m/sec인가?

① 21.8 ② 24.5
③ 29.2 ④ 32.2

해설

- 유량 $Q=A\times V$에서 유속 $V=\dfrac{Q}{A}$로 구한다.
- 관의 내경이 200mm일 때 단면적은 $\pi r^2=3.14\times0.1^2=0.0314$[$m^2$]이 된다.

- 분당의 유량이 55m^3/min이므로 초당으로 변환하면 0.917m^3/sec이므로 대입하면 유속 $V=\dfrac{0.917}{0.0314}=29.203\cdots$[m/s]가 된다.

∷ 유량과 유속 실기 0401/0403/0502/0601/0603/0701/0903/1001/1002/1003/1101/1301/1302/1402/1501/1602/1603/1703/1901/2003

- 유량 $Q=A\times V$로 구한다. 이때 Q는 유량[m^3/min], A는 단면적[m^2], V는 유속[m/min]이다.
- 유량이 일정할 때 단면적이 감소하면 유속은 증가한다. 즉, $Q=A_1\times V_1=A_2\times V_2$가 성립한다.

---

55 ●Repetitive Learning 〔1회 2회 3회〕

송풍량이 400m^3/min이고 송풍기전압이 100mmH_2O인 송풍기를 가동할 때 소요동력(kW)은?(단, 송풍기의 효율은 60%이다)

① 약 6.9 ② 약 8.4
③ 약 10.9 ④ 약 12.2

해설

- 송풍량이 분당으로 주어질 때 $\dfrac{송풍량\times전압}{6,120\times효율}\times여유율$[kW]로 구한다.
- 대입하면 $\dfrac{400\times100}{6,120\times0.6}=10.893\cdots$이 된다.

∷ 송풍기의 소요동력 실기 0402/0403/0602/0603/0901/1101/1201/1402/1501/1601/1802/1903

- 송풍량이 초당으로 주어질 때 $\dfrac{송풍량\times60\times전압}{6,120\times효율}\times여유율$[kW]로 구한다.
- 송풍량이 분당으로 주어질 때 $\dfrac{송풍량\times전압}{6,120\times효율}\times여유율$[kW]로 구한다.
- 여유율이 주어지지 않을 때는 1을 적용한다.

---

56 ●Repetitive Learning 〔1회 2회 3회〕

관내 유속이 1.25m/sec, 관 직경 0.05m일 때 Reynolds 수는?(단, 20℃, 1기압, 동점성계수 : $1.5\times10^{-5}m^2$/sec)

① 3,257 ② 4,167
③ 5,387 ④ 6,237

해설

- 동점성계수 $\nu = 1.5 \times 10^{-5} \, \text{m}^2/\text{s}$, 유속은 1.25m/s, 관의 직경 $L = 0.05$m가 주어졌으므로 $Re = \dfrac{v_s L}{\nu}$ 에 대입하면

$$\frac{1.25 \times 0.05}{1.5 \times 10^{-5}} = 4,166.66 \cdots \text{이 된다.}$$

레이놀즈(Reynolds)수 계산  0303/0403/0502/0503/0603/0702/1001/1201/1203/1301/1401/1601/1702/1801/1901/1902/1903/2001/2101/2103/2201/2203

- $Re = \dfrac{\rho v_s^2/L}{\mu v_s/L^2} = \dfrac{\rho v_s L}{\mu} = \dfrac{v_s L}{\nu} = \dfrac{\text{관성력}}{\text{점성력}}$ 로 구할 수 있다.

    v_s는 유동의 평균속도[m/s]
    L은 특성길이(관의 내경, 평판의 길이 등)[m]
    μ는 유체의 점성계수[kg/sec·m]
    ν는 유체의 동점성계수[m^2/s]
    ρ는 유체의 밀도[kg/m^3]

0401 / 2102

57 ———• Repetitive Learning 〔1회 2회 3회〕

공기정화장치의 한 종류인 원심력 집진기에서 절단입경(cut-size, Dc)은 무엇을 의미하는가?

① 100% 분리 포집되는 입자의 최소 입경
② 100% 처리효율로 제거되는 입자크기
③ 90% 이상 처리효율로 제거되는 입자크기
④ 50% 처리효율로 제거되는 입자크기

해설

- ②는 입계입경을 설명하고 있다.

분리한계입경
- 원심력 집진기에서 분진을 포집할 때 분리한계(포집한계)가 되는 분진의 크기를 말한다.
- 절단경 또는 절단입경은 부분집진효율 50%를 말한다.
- 입계입경은 부분집진효율 100%를 말한다.

58 ———• Repetitive Learning 〔1회 2회 3회〕

회전차 외경이 600mm인 레이디얼(방사날개형) 송풍기의 풍량은 $300\,m^3/\text{min}$, 송풍기 전압은 $60\text{mmH}_2\text{O}$, 축동력이 0.70kW이다. 회전차 외경이 1,000mm로 상사인 레이디얼(방사날개형) 송풍기가 같은 회전수로 운전될 때 전압(mmH_2O)은?(단, 공기 비중은 같음)

① 167
② 182
③ 214
④ 246

해설

- 풍압(정압)은 회전차 직경의 제곱에 비례한다.
- 송풍기의 회전수와 공기의 중량이 일정한 상태에서 회전차 직경이 $\dfrac{10}{6}$배로 증가하면 전압은 $\dfrac{100}{36}$배로 증가한다.
- $60 \times \dfrac{100}{36} = 166.66 \cdots \text{mmH}_2\text{O}$가 된다.

송풍기의 상사법칙  0402/0403/0501/0701/0803/0902/0903/1001/1102/1103/1201/1303/1401/1501/1502/1503/1603/1703/1802/1901/1903/2001/2002

송풍기 크기 일정 공기 비중 일정	• 송풍량은 회전속도(비)에 비례한다. • 풍압(정압)은 회전속도(비)의 제곱에 비례한다. • 동력은 회전속도(비)의 세제곱에 비례한다.
송풍기 회전수 일정 공기의 중량 일정	• 송풍량은 회전차 직경의 세제곱에 비례한다. • 풍압(정압)은 회전차 직경의 제곱에 비례한다. • 동력은 회전차 직경의 오제곱에 비례한다.
송풍기 회전수 일정 송풍기 크기 일정	• 송풍량은 비중과 온도에 무관하다. • 풍압(정압)은 비중에 비례, 절대온도에 반비례한다. • 동력은 비중에 비례, 절대온도에 반비례한다.

1101 / 2103

59 ———• Repetitive Learning 〔1회 2회 3회〕

정압회복계수가 0.72이고 정압회복량이 $7.2\text{mmH}_2\text{O}$인 원형 확대관의 압력손실은?

① $2.8\text{mmH}_2\text{O}$
② $3.6\text{mmH}_2\text{O}$
③ $4.2\text{mmH}_2\text{O}$
④ $5.3\text{mmH}_2\text{O}$

해설

- 정압회복량 $SP_2 - SP_1 = (1-\xi)(VP_1 - VP_2) = 7.20$이다.
- 정압회복계수$(1-\xi)$가 0.72이므로 ξ는 0.28이고, $(VP_1 - VP_2) = 10$이다.
- 압력손실은 $\xi \times (VP_1 - VP_2)$이므로 대입하면 $0.28 \times 10 = 2.8$ mmH_2O이다.

확대관의 압력손실 실기 1002/1203/1803/2103
- 정압회복량은 속도압의 강하량에서 압력손실의 차로 구한다.
- 정압회복량 $SP_2 - SP_1 = (1-\xi)(VP_1 - VP_2)$로 구한다. 이때 $(1-\xi)$는 정압회복계수 R이라고 한다. SP는 정압[mmH_2O]이고, VP는 속도압[mmH_2O]이다.
- 압력손실은 $\xi \times (VP_1 - VP_2)$로 구한다.

정답 | 57 ④ 58 ① 59 ①

2016년 제1회 산업위생관리기사 **291**

60 ──── • Repetitive Learning

어떤 작업장의 음압수준이 86dB(A)이고, 근로자는 귀덮개를 착용하고 있다. 귀덮개의 차음평가수는 NRR=19이다. 근로자가 노출되는 음압(예측)수준(dB(A))은?(단, OSHA 기준)

① 74
② 76
③ 78
④ 80

> **해설**
> • NRR이 19이므로 차음효과는 (19−7)×50%=6dB이다.
> • 음압수준은 기존 작업장의 음압수준이 86dB이므로 6dB의 차음효과로 근로자가 노출되는 음압수준은 86−6=80dB이 된다.
> ⚙ OSHA의 차음효과 계산법 [실기] 0601/0701/1001/1403/1801
> • OSHA의 차음효과는 (NRR−7)×50%[dB]로 구한다.
> 이때, NRR(Noise Reduction Rating)은 차음평가수를 의미한다.

4과목 물리적 유해인자관리

61 ──── • Repetitive Learning

조명에 대한 설명으로 틀린 것은?

① 갱 내부에서의 안구진탕증은 조명부족으로 발생할 수 있다.
② 망막변성 등 기질적 안질환은 조명부족에 의한 영향이 큰 안질환이다.
③ 조명부족 하에서 작은 대상물을 장시간 직시하면 근시를 유발할 수 있다.
④ 조명과잉은 망막을 자극해서 잔상을 동반한 시력장해 또는 시력협착을 일으킨다.

> **해설**
> • 망막변성 등 기질적 안질환은 망막 시세포 등의 유전자 이상으로 발생한다.
> ⚙ 조명과 안과질병
> • 갱내부와 같이 어두운 장소에서 작업할 경우 안구진탕증이나 전광성 안염 등에 걸릴 수 있다.
> • 조명부족 하에서 작은 대상물을 장시간 직시하면 근시를 유발할 수 있다.
> • 조명과잉은 망막을 자극해서 잔상을 동반한 시력장해 또는 시력협착을 일으킨다.

---

62 ──── • Repetitive Learning 1회 2회 3회

저압 환경상태에서 발생되는 질환이 아닌 것은?

① 폐수종
② 급성 고산병
③ 저산소증
④ 질소가스 마취 장해

> **해설**
> • 질소가스 마취작용은 고압에서 발생하는 질환이다.
> ⚙ 기압에 의한 질환
> • 고압에서는 질소가스의 마취작용, 산소중독, 이산화탄소중독이 발생할 수 있다.
> • 저압에서는 폐수종, 급성 고산병, 저산소증이 발생할 수 있다.

---

63 ──── • Repetitive Learning 1회 2회 3회

청력 손실차가 다음과 같을 때, 6분법에 의하여 판정하면 청력손실은 얼마인가?

| 500Hz에서 청력 손실차는 8 |
| 1,000Hz에서 청력 손실차는 12 |
| 2,000Hz에서 청력 손실차는 12 |
| 4,000Hz에서 청력 손실차는 22 |

① 12
② 13
③ 14
④ 15

> **해설**
> • $a=8$, $b=12$, $c=12$, $d=22$이므로 대입하면 평균 청력 손실은
> $$\frac{8+2\times12+2\times12+22}{6}=\frac{78}{6}=13[dB]$$이 된다.
> ⚙ 평균 청력 손실
> • 6분법에 의해 계산한다.
> • 500Hz(a), 1000Hz(b), 2000Hz(c), 4000Hz(d)로 계산하며 소수점 이하는 버린다.
> • 평균 청력 손실=$\frac{a+2b+2c+d}{6}$으로 구한다.

---

64 ──── • Repetitive Learning

불활성가스 용접에서는 자외선량이 많아 오존이 발생한다. 염화계 탄화수소에 자외선이 조사되어 분해될 경우 발생하는 유해물질로 맞은 것은?

① $COCl_2$(포스겐)
② HCl(염화수소)
③ NO_3(삼산화질소)
④ $HCHO$(포름알데히드)

0803 / 1003 / 2001

65 ———————● Repetitive Learning (1회 2회 3회)

빛에 관한 설명으로 옳지 않은 것은?

① 광원으로부터 나오는 빛의 세기를 조도라 한다.
② 단위 평면적에서 발산 또는 반사되는 광량을 휘도라 한다.
③ 루멘은 1촉광의 광원으로부터 단위 입체각으로 나가는 광속의 단위이다.
④ 조도는 어떤 면에 들어오는 광속의 양에 비례하고, 입사면의 단면적에 반비례한다.

0403 / 0801

66 ———————● Repetitive Learning (1회 2회 3회)

레이저광선에 가장 민감한 인체기관은?

① 눈　　　　　　　　② 소뇌
③ 갑상선　　　　　　④ 척수

- 양자역학을 응용하여 아주 짧은 파장의 전자기파를 증폭 또는 발진하여 발생시키며, 단일파장이고 위상이 고르며 간섭현상이 일어나기 쉬운 특성이 있는 비전리방사선이다.
- 강력하고 예리한 지향성을 지닌 광선이다.
- 출력이 대단히 강력하고 극히 좁은 파장범위를 갖기 때문에 쉽게 산란하지 않는다.
- 레이저광에 가장 민감한 표적기관은 눈이다.
- 파장, 조사량 또는 시간 및 개인의 감수성에 따라 피부에 홍반, 수포형성, 색소침착 등이 생기며 이는 가역적이다.
- 위험정도는 광선의 강도와 파장, 노출기간, 노출된 신체부위에 따라 달라진다.
- 레이저장해는 광선의 파장과 특정 조직의 광선 흡수능력에 따라 장해출현 부위가 달라진다.
- 200~400nm의 자외선 레이저광에서는 파장이 짧아질수록 눈에 대한 투과력이 감소한다.
- 피부에 대한 영향은 700nm~1mm에서 다소 강하게 작용한다.
- 레이저광 중 에너지의 양을 지속적으로 축적하여 강력한 파동을 발생시키는 것을 맥동파라 하고 이는 지속파보다 그 장해를 주는 정도가 크다.

1302

67 ———————● Repetitive Learning (1회 2회 3회)

다음 중 고압 환경의 영향에 있어 2차적인 가압현상에 해당하지 않는 것은?

① 질소마취　　　　　② 조직의 통증
③ 산소 중독　　　　　④ 이산화탄소 중독

68 ———————● Repetitive Learning (1회 2회 3회)

대상음의 음압이 1.0N/m²일 때 음압레벨(Sound Pressure Level)은 몇 dB인가?

① 91　　　　　　　　② 94
③ 97　　　　　　　　④ 100

- 측정하려는 소리의 크기가 1[N/m^2]이므로 SPL을 구하는 식에 대입하면 $20\log\left(\dfrac{1}{2\times10^{-5}}\right)$이므로 이는

$$20\log(5\times10^4)=20\times4.698\cdots\fallingdotseq93.98$$ 이다.

❖ 음압레벨(SPL ; Sound Pressure Level) 실기 0403/0501/0503/0901/1001/1102/1403/2004

문제 40번의 유형별 핵심이론 ❖ 참조

❖ 소음과 주파수 실기 1902
- 소음작업자의 영구성 청력손실은 4,000Hz에서 가장 심하다.
- 언어를 구성하는 주파수는 주로 250~3,000Hz의 범위이다.
- 젊은 사람의 가청주파수 영역은 20~20,000Hz의 범위가 일반적이다.
- 기준 음압은 이상적인 청력조건[1kHz]하에서 들을 수 있는 최소 가청음력으로 2×10^{-4} dyne/cm^2이다.

69
● Repetitive Learning (1회 2회 3회) 1202

화학적 질식제로 산소결핍장소에서 보건학적 의의가 가장 큰 것은?

① CO 　　　　② CO_2
③ SO_2 　　　　④ NO_2

해설
- 주어진 보기 중 질식제는 일산화탄소와 이산화탄소이다.
- 이산화탄소는 단순 질식제에 해당된다.

❖ 질식제
- 질식제란 조직 내의 산화작용을 방해하는 화학물질을 말한다.
- 질식제는 단순 질식제와 화학적 질식제로 구분할 수 있다.

단순 질식제	• 생리적으로는 아무 작용도 하지 않으나 공기 중에 많이 존재하여 산소분압을 저하시켜 조직에 필요한 산소의 공급부족을 초래하는 물질 • 수소, 질소, 헬륨, 이산화탄소, 메탄, 아세틸렌 등
화학적 질식제	• 혈액 중 산소운반능력을 방해하는 물질 • 일산화탄소, 아닐린, 시안화수소 등 • 기도나 폐 조직을 손상시키는 물질 • 황화수소, 포스겐 등

71
● Repetitive Learning (1회 2회 3회) 2202

한랭작업과 관련된 설명으로 옳지 않은 것은?

① 저체온증은 몸의 심부온도가 35℃ 이하로 내려간 것을 말한다.
② 손가락의 온도가 내려가면 손동작의 정밀도가 떨어지고 시간이 많이 걸려 작업능률이 저하된다.
③ 동상은 혹심한 한냉에 노출됨으로써 피부 및 피하조직 자체가 동결하여 조직이 손상되는 것을 말한다.
④ 근로자의 발이 한랭에 장기간 노출되고 동시에 지속적으로 습기나 물에 잠기게 되면 '선단자람증'의 원인이 된다.

해설
- ④는 참호족 혹은 침수족에 대한 설명이다.

❖ 한랭환경에서의 건강장해
- 레이노씨 병과 같은 혈관 이상이 있을 경우에는 저온 노출로 유발되거나 그 증상이 악화된다.
- 참호족과 침수족은 지속적인 국소의 산소결핍 때문이며, 모세혈관벽이 손상되는 것이다.(동상과 달리 영상의 온도에서 발생한다)
- 전신체온강화는 장시간 한랭노출과 체열상실로 인한 급성 중증 장애로, 심부온도가 37℃에서 26.7℃ 이하로 떨어지는 것을 말한다.

70
● Repetitive Learning (1회 2회 3회)

가청주파수 최대 범위로 맞는 것은?

① 10~80,000Hz 　　② 20~2,000Hz
③ 20~20,000Hz 　　④ 100~8,000Hz

해설
- 젊은 사람의 가청주파수 영역은 20~20,000Hz의 범위가 일반적이다.

72
0301 / 0402 / 0702 / 1301 / 1801 / 2101 / 2103
● Repetitive Learning (1회 2회 3회)

작업장에 흔히 발생하는 일반 소음의 차음효과(transmission loss)를 위해서 장벽을 설치한다. 이때 장벽의 단위 표면적당 무게를 2배씩 증가함에 따라 차음효과는 약 얼마씩 증가하는가?

① 2dB 　　　　② 6dB
③ 10dB 　　　　④ 16dB

- 단위면적당 질량이 2배로 증가하면 투과손실은 6dB 증가효과를 갖는다.

투과손실

- 재료의 한쪽 면에 입사되는 소리에너지와 재료의 후면으로 통과되어 나오는 소리에너지의 차이를 말한다.
- 투과손실은 차음 성능을 dB 단위로 나타내는 수치라 할 수 있다.
- 투과손실의 값이 클수록 차음성능이 우수한 재료라 할 수 있다.
- 투과손실 $TL = 20\log\frac{mw}{2\rho c}$ 로 구할 수 있다. 이때 m은 질량, w는 각주파수, ρ는 공기의 밀도, c는 음속에 해당한다.
- 동일한 벽일 경우 단위면적당 질량 m이 증가할수록 투과손실이 증가한다.
- 단위면적당 질량이 2배로 증가하면 투과손실은 6dB 증가효과를 갖는다.

---

73 ● Repetitive Learning 1회 2회 3회

진동이 발생되는 작업장에서 근로자에게 노출되는 양을 줄이기 위한 관리대책 중 적절하지 못한 것은?

① 진동전파 경로를 차단한다.
② 완충물 등 방진재료를 사용한다.
③ 공진을 확대시켜 진동을 최소화한다.
④ 작업시간의 단축 및 교대제를 실시한다.

- 공진이란 고유진동수와 외력의 강제진동수가 일치하여 진동의 진폭이 극대화 되는 현상으로 이를 최소화하여야 한다.

진동에 의한 작업자의 예방대책

- 진동전파 경로를 차단한다.
- 진동 수공구를 적절하게 유지보수하고 진동이 많이 발생되는 기구는 교체한다.
- 진동공구의 파워 및 무게는 작업자가 효과적인 작업 수행을 할 수 있는 범위 내에서 최소한의 것으로 선택한다.
- 공구의 손잡이를 너무 세게 잡지 않는다.
- 진동공구 사용시간의 단축 및 적절한 휴식시간을 부여한다.
- 진동공구와 비진동공구를 교대 사용토록 직무 배치한다.
- 완충물 등 방진재료를 사용한다.
- 진동방지장갑 착용한다.
- 진동의 감수성을 촉진시키는 물리적, 화학적 유해물질을 제거하거나 격리시킨다.
- 초과된 진동을 최소화시키기 위한 공학적인 설계와 관리를 철저히 한다.

---

74 ● Repetitive Learning 1회 2회 3회

단위시간에 일어나는 방사선 붕괴율을 나타내며, 초당 3.7×10^{10}개의 원자붕괴가 일어나는 방사능물질의 양으로 정의되는 것은?

① R
② Ci
③ Gy
④ Sv

- ①은 노출선량의 단위이다.
- ③은 흡수선량의 단위이다.
- ④는 등가선량의 단위이다.

방사능의 단위(Ci, 퀴리)

- 단위시간에 일어나는 방사선 붕괴율을 의미한다.
- 라듐(Radium)이 붕괴하는 원자의 수를 기초로 해서 정해진 개념이다.
- 1초 동안에 3.7×10^{10}개의 원자 붕괴가 일어나는 방사성 물질의 양을 한 단위로 하는 전리방사선 단위이다.

---

75 ● Repetitive Learning 1회 2회 3회

인체와 환경 사이의 열평형에 의하여 인체는 적절한 체온을 유지하려고 노력하는데 기본적인 열평형 방정식에 있어 신체 열용량의 변화가 0보다 크면 생산된 열이 축적되게 되고 체온조절중추인 시상하부에서 혈액온도를 감지하거나 신경망을 통하여 정보를 받아들여 체온 방산작용이 활발히 시작된다. 이러한 것은 무엇이라 하는가?

① 정신적 조절작용(spiritual thermo regulation)
② 물리적 조절작용(physical thermo regulation)
③ 화학적 조절작용(chemical thermo regulation)
④ 생물학적 조절작용(biological thermo regulation)

- 체열을 축적과 방산으로 체온을 유지하는 것은 물리적 조절작용에 해당한다.

고온환경에 노출시 체온조절

심혈관계 조절작용	• 피부혈관의 확대-체열 방출 확대 • 맥박 빨라지고, 심박출량 증가-피부 표면의 순환 혈액량 증가
화학적 조절작용	• 기초대사에 의한 체열 발생 감소-식욕부진, 음식의 섭취량 감소
물리적 조절작용	• 발한에 의한 증발열(체열) 방출

76

0403 / 0603 / 0903 / 1202

● Repetitive Learning 〔1회 2회 3회〕

다음 ( )안에 알맞은 수치는?

> 정상적인 공기 중의 산소함유량은 21vol%이며 그 절대량, 즉 산소분압은 해면에 있어서는 약 ( )mmHg이다.

① 160   ② 180

③ 210   ④ 230

해설

- 대기 중 산소는 21%의 비율로 존재하므로 산소의 분압은 760× 0.21=159.6mmHg이다.

❖ 대기 중의 산소분압 실기 0702

- 분압이란 대기 중 특정 기체가 차지하는 압력의 비를 말한다.
- 대기압은 1atm=760mmHg=10,332mmH₂O=101.325kPa이다.
- 대기 중 산소는 21%의 비율로 존재하므로 산소의 분압은 760 ×0.21=159.6mmHg이다.
- 산소의 분압은 산소의 농도에 비례한다.

77

0301 / 0701 / 1802

● Repetitive Learning 〔1회 2회 3회〕

열경련(Heat cramp)을 일으키는 가장 큰 원인은?

① 체온상승   ② 중추신경마비

③ 순환기계 부조화   ④ 체내수분 및 염분손실

해설

- 열경련은 장시간 온열환경에 노출됨으로써 수분과 염분의 소실로 인해 발생한다.

❖ 열경련(Heat cramp) 실기 1001/1803/2101

ⓐ 개요

- 장시간 온열환경에 노출 후 대량의 염분상실을 동반한 땀의 과다로 인하여 수의근의 유통성 경련이 발생하는 고열장해이다.
- 고온환경에서 심한 육체노동을 할 때 잘 발생한다.
- 복부와 사지 근육의 강직이 일어난다.

ⓑ 대책

- 생리 식염수 1~2리터를 정맥 주사하거나 0.1%의 식염수를 마시게 하여 수분과 염분을 보충한다.

78

1203 / 1903

● Repetitive Learning 〔1회 2회 3회〕

소음의 생리적 영향으로 볼 수 없는 것은?

① 혈압 감소   ② 맥박수 증가

③ 위분비액 감소   ④ 집중력 감소

해설

- 소음으로 인해 혈압과 맥박수는 증가한다.

❖ 소음의 생리적 영향

- 혈압상승, 맥박수 증가, 말초혈관의 수축
- 호흡속도의 감소와 호흡 크기의 증가
- 내분비선의 호르몬 방출 증가
- 동맥장애와 집중력 감소
- 스트레스로 인한 소화기 장애와 호흡기 장애

79

0401

● Repetitive Learning 〔1회 2회 3회〕

X−선과 동일한 특성을 가지는 전자파 전리방사선으로 원자의 핵에서 발생되고 깊은 투과성 때문에 외부노출에 의한 문제점이 지적되고 있는 것은?

① 중성자   ② 알파(α)선

③ 베타(β)선   ④ 감마(γ)선

해설

- X−선과 동일한 특성을 가지는 자연 발생적인 전리방사선은 감마(γ)선이다.

❖ 감마(γ)선

- X−선과 동일한 특성을 가지는 자연 발생적인 전리방사선이다.
- 원자의 핵에서 발생(전환 및 붕괴)되고 투과력이 커서 외부노출에 의한 문제점이 지적되는 방사선이다.

80

1203 / 1902 / 2201

● Repetitive Learning 〔1회 2회 3회〕

일반적으로 전신진동에 의한 생체반응에 관여하는 인자로 가장 거리가 먼 것은?

① 온도   ② 강도

③ 방향   ④ 진동수

해설

- 전신진동에 의한 생체반응에 관계하는 4인자는 진동의 강도, 진동수, 방향, 폭로시간이다.

❖ 전신진동

- 전신진동은 2~100Hz의 주파수 범위를 갖는다.
- 전신진동에 의한 생체반응에 관계하는 4인자는 진동의 강도, 진동수, 방향, 폭로시간이다.
- 진동이 작용하는 축에 따라 인체에 미치는 영향은 수직방향은 4~8Hz, 수평방향은 1~2Hz에서 가장 민감하다.
- 수평 및 수직진동이 동시에 가해지면 2배의 자각현상이 나타난다.

- 급성중독 시 우유와 계란의 흰자를 먹여 단백질과 해당 물질을 결합시켜 침전시키거나, BAL(dimercaprol)을 체중 1kg당 5mg을 근육주사로 투여하여야 한다.

0303 / 1002 / 1301 / 2202

81 ● Repetitive Learning 1회 2회 3회

다음 설명에 해당하는 중금속의 종류는?

이 중금속 중독의 특징적인 증상은 구내염, 근육진전, 정신증상이다. 급성중독 시 우유나 계란의 흰자를 먹으며, 만성중독 시 취급을 즉시 중지하고 BAL을 투여한다.

① 납 ② 크롬
③ 수은 ④ 카드뮴

해설

- 납은 포르피린과 헴(heme)의 합성에 관여하는 효소를 억제하며, 소화기계 및 조혈계에 영향을 준다.
- 크롬은 부식방지 및 도금 등에 사용되며 급성중독 시 심한 신장장해를 일으키고, 만성중독 시 코, 폐 등의 점막에 병변을 일으켜 비중격천공을 유발한다.
- 카드뮴은 칼슘대사에 장해를 주어 신결석을 동반한 신증후군이 나타나고 다량의 칼슘배설이 일어나 뼈의 통증, 골연화증 및 골수공증과 같은 골격계장해를 유발하는 중금속이다.

∷ 수은(Hg)

ㄱ 개요
- 인간의 연금술, 의약품 등에 가장 오래 사용해 왔던 중금속의 하나로 17세기 유럽에서 신사용 중절모자를 만드는 사람들에게 처음으로 발견되어 hatter's shake라고 하며 근육경련을 유발하는 중금속이다.
- 단백질을 침전시키며 thiol(-SH)기를 가진 효소의 작용을 억제하여 독성을 나타낸다.
- 뇌홍의 제조에 사용하며, 증기를 발생하여 산업중독을 일으킨다.
- 수은은 상온에서 액체상태로 존재하는 금속이다.

ㄴ 분류
- 무기수은화합물은 대부분의 금속과 화합하여 아말감을 만든다.
- 무기수은화합물은 질산수은, 승홍, 뇌홍 등이 있으며, 유기수은화합물에는 페닐수은, 에틸수은 등이 있다.
- 유기수은 화합물로서는 아릴수은(무기수은) 화합물과 알킬수은 화합물이 있다.
- 메틸 및 에틸 등 알킬수은 화합물의 독성이 가장 강하다.

ㄷ 인체에 미치는 영향과 대책 실기 0401
- 소화관으로는 2~7% 정도의 소량으로 흡수되며, 금속 형태로는 뇌, 혈액, 심근에 많이 분포된다.
- 중독의 특징적인 증상은 근육진전, 정신증상이고, 만성노출 시 식욕부진, 신기능부전, 구내염이 발생한다.

2102

82 ● Repetitive Learning 1회 2회 3회

건강영향에 따른 분진의 분류와 유발물질의 종류를 잘못 짝지은 것은?

① 유기성 분진-목분진, 면, 밀가루
② 알레르기성 분진-크롬산, 망간, 황
③ 진폐성 분진-규산, 석면, 활석, 흑연
④ 발암성 분진-석면, 니켈카보닐, 아민계 색소

해설

- 크롬산은 자극성 분진, 망간과 황은 중독성 분진에 속한다.

∷ 건강영향에 따른 분진의 분류와 유발물질

유기성 분진	목분진, 면, 밀가루
알레르기성 분진	꽃가루, 털, 나무가루 등의 유기성 분진
진폐성 분진	규산, 석면, 활석, 흑연
발암성 분진	석면, 니켈카보닐, 아민계 색소
불활성 분진	석탄, 시멘트, 탄화규소
자극성 분진	산 · 알칼리 · 불화물, 크롬산
중독성 분진	수은, 납, 카드뮴, 망간, 안티몬, 베릴륨, 인, 황

---

83 ● Repetitive Learning 1회 2회 3회

헤모글로빈의 철성분이 어떤 화학물질에 의하여 메트헤모글로빈으로 전환되기도 하는데 이러한 현상은 철성분이 어떠한 화학작용을 받기 때문인가?

① 산화작용 ② 환원작용
③ 착화물작용 ④ 가수분해작용

해설

- 산화작용에 의해 헤모글로빈의 철성분이 메트헤모글로빈(산화헤모글로빈, HbO_2)으로 전환된다.

∷ 헤모글로빈(Hemoglobin)
- 적혈구의 산소운반 단백질을 말한다.
- 철을 함유한 적색의 헴(heme) 분자와 글로빈이 결합한 물질이다.
- 산화작용에 의해 헤모글로빈의 철성분이 메트헤모글로빈으로 전환된다.
- 통상적인 작업환경 공기에서 일산화탄소의 농도가 0.1%가 되면 인체의 헤모글로빈 50%가 불활성화 된다.

84

유기용제의 화학적 성상에 따른 유기용제의 구분으로 볼 수 없는 것은?

① 신나류
② 글리콜류
③ 케톤류
④ 지방족 탄화수소

해설

- 화학적 성상에 따라 유기용제는 지방족 및 방향족 탄화수소, 할로겐화탄화수소, 알코올류, 케톤류, 에테르류, 글리콜류 등으로 구분한다.

⠿ 유기용제
- 탄화수소를 주성분으로 한 유기화합물질로 피용해물질의 성질을 변화시키지 않은 상태에서 용해시킬 수 있는 유기물질을 말한다.
- 화학적 성상에 따라 지방족 및 방향족 탄화수소, 할로겐화탄화수소, 알코올류, 케톤류, 에테르류, 글리콜류 등으로 구분한다.

지방족 및 방향족 탄화수소	벤젠, 톨루엔, 크실렌, 핵산, 헵탄 등
할로겐화탄화수소	트리클로로에틸렌, 사염화탄소 등
알코올류	메탄올, 에탄올, 이소프로필알코올 등
케톤류	메틸에틸케톤, 메소이소부틸케톤 등
에테르류	디메틸에테르, 메틸에틸에테르 등
글리콜류	에틸렌글리콜, 프로필렌글리콜, 피나콜 등

85

혈액독성의 평가내용으로 거리가 먼 것은?

① 백혈구수가 정상치보다 낮으면 재생 불량성 빈혈이 의심된다.
② 혈색소가 정상치보다 높으면 간장질환, 관절염이 의심된다.
③ 혈구용적이 정상치보다 높으면 탈수증과 다혈구증이 의심된다.
④ 혈소판수가 정상치보다 낮으면 골수기능저하가 의심된다.

해설

- 혈색소가 정상치보다 높으면 만성두통, 황달 등이 의심된다.

⠿ 혈액독성의 평가내용
- 백혈구수가 정상치보다 낮으면 재생 불량성 빈혈이 의심된다.
- 혈색소가 정상치보다 높으면 만성두통, 황달 등이 의심된다.
- 혈구용적이 정상치보다 높으면 탈수증과 다혈구증이 의심된다.
- 혈소판수가 정상치보다 낮으면 골수기능저하가 의심된다.

86

작업장 유해인자의 위해도 평가를 위해 고려하여야 할 요인과 거리가 먼 것은?

① 공간적 분포
② 조직적 특성
③ 평가의 합리성
④ 시간적 빈도와 기간

해설

- 위해도 평가 시 고려할 요인에는 공간적 분포, 조직적 특성, 시간적 빈도와 기간, 노출대상의 특성 등이 있다.

⠿ 작업환경 내 위해도
- 결정요인 : 위해성과 노출량
- 평가를 위한 고려 요인 : 공간적 분포, 조직적 특성, 시간적 빈도와 기간, 노출대상의 특성
- 평가에 영향을 미치는 것 : 유해인자의 위해성, 유해인자에 노출되는 근로자의 수, 노출되는 시간 및 공간적인 특성과 빈도

87

유해화학물질의 노출 정보에 관한 설명으로 틀린 것은?

① 위의 산도에 따라서 유해물질이 화학반응을 일으키기도 한다.
② 입으로 들어간 유해물질은 침이나 그 밖의 소화액에 의해 위장관에서 흡수된다.
③ 소화기계통으로 노출되는 경우가 호흡기로 노출되는 경우보다 흡수가 잘 이루어진다.
④ 소화기계통으로 침입하는 것은 위장관에서 산화, 환원, 분해과정을 거치면서 해독되기도 한다.

해설

- 작업장에서 유해물질의 주 흡수경로는 호흡기계이다.

⠿ 작업장 유해물질
- 작업장에서 유해물질의 주 흡수경로는 호흡기계이다.
- 입으로 들어간 유해물질은 침이나 그 밖의 소화액에 의해 위장관에서 흡수된다.
- 위의 산도에 따라서 유해물질이 화학반응을 일으키기도 한다.
- 소화기계통으로 침입하는 것은 위장관에서 산화, 환원, 분해과정을 거치면서 해독되기도 한다.
- 유해물질의 체내 배설은 주로 소변을 통해서 이루어진다.
- 납은 혈액, 일산화탄소는 헤모글로빈, 인은 골격의 기능장애를 일으킨다.
- 수은, 망간은 신경계통에 기능장애를 일으킨다.

88

1303 / 1902

• Repetitive Learning (1회 2회 3회)

다음 중 유해물질의 흡수에서 배설까지의 과정에 대한 설명으로 옳지 않은 것은?

① 흡수된 유해물질은 원래의 형태든, 대사산물의 형태로든 배설되기 위하여 수용성으로 대사된다.
② 흡수된 유해화학물질은 다양한 비특이적 효소에 의한 유해물질의 대사로 수용성이 증가되어 체외로의 배출이 용이하게 된다.
③ 간은 화학물질을 대사시키고 콩팥과 함께 배설시키는 기능을 담당하여, 다른 장기보다도 여러 유해물질의 농도가 낮다.
④ 유해물질은 조직에 분포되기 전에 먼저 몇 개의 막을 통과하여야 하며, 흡수속도는 유해물질의 물리화학적 성상과 막의 특성에 따라 결정된다.

해설

• 간은 화학물질을 대사시키고 콩팥과 함께 배설시키는 기능을 담당하여, 다른 장기보다도 여러 유해물질의 농도가 높다.

유해물질의 배설
• 흡수된 유해물질은 원래의 형태든, 대사산물의 형태로든 배설되기 위하여 수용성으로 대사된다.
• 흡수된 유해화학물질은 다양한 비특이적 효소에 의한 유해물질의 대사로 수용성이 증가되어 체외로의 배출이 용이하게 된다.
• 유해물질은 조직에 분포되기 전에 먼저 몇 개의 막을 통과하여야 하며, 흡수속도는 유해물질의 물리화학적 성상과 막의 특성에 따라 결정된다.
• 간은 화학물질을 대사시키고 콩팥과 함께 배설시키는 기능을 담당하여, 다른 장기보다도 여러 유해물질의 농도가 높다.
• 유해물질의 분포량은 혈중농도에 대한 투여량으로 산출한다.
• 유해물질의 혈장농도가 50%로 감소하는데 소요되는 시간을 반감기라고 한다.

89

• Repetitive Learning (1회 2회 3회)

납에 관한 설명으로 틀린 것은?

① 폐암을 야기하는 발암물질로 확인 되었다.
② 축전지제조업, 광명단제조업 근로자가 노출될 수 있다.
③ 최근의 납의 노출정도는 혈액 중 납 농도로 확인할 수 있다.
④ 납중독을 확인하는 데는 혈액 중 ZPP 농도를 이용할 수 있다.

해설

• 폐암을 유발하는 발암물질은 석면이나 크롬이다.

납중독 진단검사
• 소변 중 코프로포르피린이나 납, 델타-ALA의 배설량 측정
• 혈액검사(적혈구측정, 전혈비중측정)
• 혈액 중 징크-프로토포르피린(ZPP)의 측정
• 말초신경의 신경전달 속도
• 배설촉진제인 Ca-EDTA 이동사항
• 헴(Heme)합성과 관련된 효소의 혈중농도 측정
• 최근의 납의 노출정도는 혈액 중 납 농도로 확인할 수 있다.

90

0502

• Repetitive Learning (1회 2회 3회)

유기용제에 대한 생물학적지표로 이용되는 요 중 대사산물을 알맞게 짝지은 것은?

① 톨루엔-페놀
② 크실렌-페놀
③ 노말헥산-만델린산
④ 에틸벤젠-만델린산

해설

• 톨루엔의 생체 내 대사물은 마뇨산이다.
• 크실렌의 생체 내 대사물은 메틸마뇨산이다.
• 노말헥산의 생체 내 대사물은 헥산디온이다.

유기용제별 생물학적 모니터링 대상(생체 내 대사산물) [실기]0803/
1403/2101

벤젠	소변 중 총 페놀 소변 중 t,t-뮤코닉산(t,t-Muconic acid)
에틸벤젠	소변 중 만델린산
스티렌	소변 중 만델린산
톨루엔	소변 중 마뇨산(hippuric acid), o-크레졸
크실렌	소변 중 메틸마뇨산
이황화탄소	소변 중 TTCA
메탄올	혈액 및 소변 중 메틸알코올
노말헥산	소변 중 헥산디온(2,5-hexanedione)
MBK (methyl-n-butyl ketone)	소변 중 헥산디온(2,5-hexanedione)
니트로벤젠	혈액 중 메타헤로글로빈
카드뮴	혈액 및 소변 중 카드뮴(저분자량 단백질)
납	혈액 및 소변 중 납(ZPP, FEP)
일산화탄소	혈액 중 카복시헤모글로빈, 호기 중 일산화탄소

91 ────── • Repetitive Learning 1회 2회 3회

인체에 미치는 영향에 있어서 석면(asbestos)은 유리규산 (free silica)과 거의 비슷하지만 구별되는 특징이 있다. 석면에 의한 특징적 질병 혹은 증상은?

① 폐기종   ② 악성중피종
③ 호흡곤란   ④ 가슴의 통증

해설

• 규폐증을 초래하는 유리규산(free silica)과 달리 석면(asbestos)은 악성중피종을 초래한다.

░ 석면과 직업병

• 석면취급 작업장에 오래동안 근무한 근로자가 걸릴 수 있는 질병에는 석면폐증, 폐암, 늑막암, 위암, 악성중피종, 중피종암 등이 있다.
• 규폐증을 초래하는 유리규산(free silica)과 달리 석면(asbestos)은 악성중피종을 초래한다.

0302 / 0403

92 ────── • Repetitive Learning 1회 2회 3회

다음 내용과 가장 관계가 깊은 것은?

- 요중 코프로포르피린 증가
- 요중 델타 아미노레블린산 증가
- 혈중 프로토포르피린 증가

① 납   ② 비소
③ 수은   ④ 카드뮴

해설

• 비소는 은빛 광택을 내는 비금속으로 가열하면 녹지 않고 승화되며, 피부 특히 겨드랑이나 국부 등에 습진형 피부염이 생기며 피부암을 유발한다.
• 수은은 미나마타 병과 관련되며 폐기관과 중추신경계, 위장관에 영향을 준다.
• 카드뮴은 이따이이따이 병과 관련되며 폐부종과 폐렴, 호흡기, 신장, 골 등에 영향을 준다.

░ 납중독

• 납은 원자량 207.21, 비중 11.34의 청색 또는 은회색의 연한 중금속이다.
• 납은 포르피린과 헴(heme)의 합성에 관여하는 효소를 억제하며, 소화기계 및 조혈계에 영향을 준다.
• 1~5세의 소아 이미증(pica)환자에게서 발생하기 쉽다.
• 인체에 흡수되면 뼈에 주로 축적되며, 조혈장해를 일으킨다.

• 무기성 납으로 인한 중독 시 원활한 체내 배출을 위해 사용하는 배설촉진제로 Ca-EDTA를 사용하는데 신장이 나쁜 사람에게는 사용하지 않는 것이 좋다.
• 요 중 δ-ALAD 활성치가 저하되고, 코프로포르피린과 델타 아미노레블린산은 증가한다.
• 적혈구 내 프로토포르피린이 증가한다.
• 납이 인체 내로 흡수되면 혈청 내 철과 망상적혈구의 수는 증가한다.
• 임상증상은 위장계통장해, 신경근육계통의 장해, 중추신경계통의 장해 등 크게 3가지로 나눌 수 있다.
• 주 발생사업장은 활자의 문선, 조판작업, 납 축전지 제조업, 염화비닐 취급 작업, 크리스탈 유리 원료의 혼합, 페인트, 배관공, 탄환제조 및 용접작업 등이다.

1001

93 ────── • Repetitive Learning 1회 2회 3회

화기 등에 접촉하면 유독성의 포스겐이 발생하여 폐수종을 일으킬 수 있는 유기용제는?

① 벤젠   ② 크실렌
③ 노말헥산   ④ 염화에틸렌

해설

• 벤젠은 만성노출에 의한 조혈장해를 유발시키며, 급성 골수성 백혈병을 일으키는 대표적인 방향족 탄화수소 물질이다.
• 크실렌(Xylene)은 호흡기 자극, 피부 및 눈 자극 등 중추신경계에 영향을 주며, 장기간 폭로 될 경우 월경장애, 간 이상, 생식계 등에도 영향을 준다.
• 노말헥산은 투명한 휘발성 액체로 페인트, 시너, 잉크 등의 용제로 사용되며 장기간 노출될 경우 말초신경장해가 초래되어 사지의 지각상실과 신근마비 등 다발성 신경장해를 일으키는 물질이다.

░ 염화에틸렌

• 에틸렌에 염소를 첨가하여 얻은 화합물이다.
• 꽃향기가 나는 무색의 액체로 유지를 추출하는 용제나 유기화합물의 합성원료로 사용된다.
• 화기 등에 접촉하면 유독성의 포스겐이 발생하여 폐수종을 일으킬 수 있다.

0303

94 ────── • Repetitive Learning 1회 2회 3회

폐결핵을 합병증으로 하여 폐하엽 부위에 많이 생기는 증상으로 맞는 것은?

① 면폐증   ② 철폐증
③ 규폐증   ④ 석면폐증

해설

- 폐결핵을 합병증으로 하여 폐하엽 부위에 많이 생기는 증상을 갖는 것은 규폐증이다.

❖ 규폐증(silicosis)

- 주요 원인 물질은 0.5~5μm의 크기를 갖는 SiO_2(유리규산) 함유먼지, 암석분진 등의 혼합물질이다.
- 역사적으로 보면 이집트의 미이라에서도 발견되는 오래된 질병이다.
- 건축업, 도자기 작업장, 채석장, 석재공장 등의 작업장에서 근무하는 근로자에게 발생할 수 있는 진폐증의 한 종류이다.
- 폐결핵을 합병증으로 하여 폐하엽 부위에 많이 생기는 증상을 갖는다.

0902 / 1301 / 1901

95 ———— Repetitive Learning [1회] [2회] [3회]

납의 독성에 대한 인체실험 결과, 안전흡수량이 체중 kg 당 0.005mg이었다. 1일 8시간 작업 시의 허용농도(mg/m^3)는?(단, 근로자의 평균 체중은 70kg, 해당 작업 시의 폐환기율은 시간당 $1.25m^3$으로 가정한다)

① 0.030 ② 0.035
③ 0.040 ④ 0.045

해설

- 체내흡수량(안전흡수량)과 관련된 문제이다.
- 체내 흡수량(mg)=C×T×V×R로 구할 수 있다.
- 문제는 작업 시의 허용농도 즉, C를 구하는 문제이므로
   로 구할 수 있다.
- 체내 흡수량은 몸무게×몸무게당 안전흡수량=70×0.005=0.35이다.
- 따라서 C=0.35/(8×1.25×1.0)=0.035가 된다.

❖ 체내흡수량(SHD : Safe Human Dose) [실기] 0301/0501/0601/0801/1001/1201/1402/1602/1701/2002/2003

- 사람에게 안전한 양으로 안전흡수량, 안전폭로량이라고도 한다.
- 동물실험을 통하여 산출한 독물량의 한계치(NOED : No-Observable Effect Dose)를 사람에게 적용하기 위해 인간의 안전폭로량(SHD)을 계산할 때 안전계수와 체중, 독성물질에 대한 역치(THDh)를 고려한다.
- C×T×V×R[mg]으로 구한다.
  C : 공기 중 유해물질농도[mg/m^3]
  T : 노출시간[hr]
  V : 폐환기율, 호흡률[m^3/hr]
  R : 체내잔류율(주어지지 않을 경우 1.0)

2004

96 ———— Repetitive Learning [1회] [2회] [3회]

중금속 노출에 의하여 나타나는 금속열은 흄 형태의 금속을 흡입하여 발생되는데, 감기증상과 매우 비슷하여 오한, 구토감, 기침, 전신위약감 등의 증상이 있으며 월요일 출근 후에 심해져서 월요일열(monday fever)이라고도 한다. 다음 중 금속열을 일으키는 물질이 아닌 것은?

① 납 ② 카드뮴
③ 안티몬 ④ 산화아연

해설

- 주로 구리, 아연과 마그네슘, 망간산화물의 증기가 원인이 되지만 카드뮴, 안티몬, 산화아연 등에 의하여 생기기도 한다.

❖ 금속열

- 중금속 노출에 의하여 나타나는 금속열은 흄 형태의 고농도 금속을 흡입하여 발생한다.
- 월요일 출근 후에 심해져서 월요일열(monday fever)이라고도 한다.
- 감기증상과 매우 비슷하여 오한, 구토감, 기침, 전신위약감 등의 증상이 있다.
- 금속열은 보통 3~4시간 지나면 증상이 회복되며, 길어도 2~4일 안에 회복된다.
- 카드뮴, 안티몬, 산화아연, 구리, 아연, 마그네슘 등 비교적 융점이 낮은 금속의 제련, 용해, 용접 시 발생하는 산화금속 흄을 흡입할 경우 생기는 발열성 질병이다.
- 철폐증은 철 분진 흡입 시 발생되는 금속열의 한 형태이다.
- 금속열이 발생하는 작업장에서는 개인 보호용구를 착용해야 한다.

0903 / 1301

97 ———— Repetitive Learning [1회] [2회] [3회]

다음 설명의 ( ) 안에 알맞은 내용으로 나열된 것은?

> 단시간노출기준(STEL)이란 1회에 (㉠)분간 유해인자에 노출되는 경우의 기준으로 이 기준 이하에서는 1회 노출간격이 (㉡)시간 이상인 경우 1일 작업시간 동안 (㉢)회까지 노출이 허용될 수 있는 기준을 말한다.

① ㉠ : 15 ㉡ : 1 ㉢ : 4
② ㉠ : 20 ㉡ : 2 ㉢ : 5
③ ㉠ : 20 ㉡ : 3 ㉢ : 3
④ ㉠ : 15 ㉡ : 1 ㉢ : 2

- 단시간노출기준(STEL)은 15분간의 시간가중평균노출값으로서 노출농도가 시간가중평균노출기준(TWA)을 초과하고 단시간노출기준(STEL) 이하인 경우에는 1회 노출 지속시간이 15분 미만이어야 하고, 이러한 상태가 1일 4회 이하로 발생하여야 하며, 각 노출의 간격은 60분 이상이어야 한다.

단시간노출기준(STEL)
- 작업특성 상 노출수준이 불균일하거나 단시간에 고농도로 노출되어 단시간 노출평가가 필요하다고 판단되는 경우 노출되는 시간에 15분간씩 측정하여 단시간 노출값을 구한다.
- 15분간의 시간가중평균노출값으로서 노출농도가 시간가중평균노출기준(TWA)을 초과하고 단시간노출기준(STEL) 이하인 경우에는 1회 노출 지속시간이 15분 미만이어야 하고, 이러한 상태가 1일 4회 이하로 발생하여야 하며, 각 노출의 간격은 60분 이상이어야 한다.

---

98 ● Repetitive Learning [1회 2회 3회] `0601`

화학물질에 의한 암발생 이론 중 다단계 이론에서 언급되는 단계와 거리가 먼 것은?

① 개시 단계
② 진행 단계
③ 촉진 단계
④ 병리 단계

해설
- 다단계 발암기전은 개시단계－촉진단계－진행단계 순으로 진행된다.

다단계 발암기전
- 다단계 발암기전은 개시단계－촉진단계－진행단계 순으로 진행된다.
- 암유발 개시단계 : 발암원 DNA 공격으로 돌연변이 유발 단계
- 암유발 촉진단계 : TPA 등 발암원의 작용을 촉진하는 단계
- 암 진행단계 : 양성종양에서 악성종양으로 전환하여 악성종양의 특성이 발현되는 단계

---

99 ● Repetitive Learning [1회 2회 3회] `0301 / 2103`

무색의 휘발성 용액으로 도금 사업장에서 금속표면의 탈지 및 세정용, 드라이클리닝, 접착제 등으로 사용되며, 간 및 신장장해를 유발시키는 유기용제는?

① 톨루엔
② 노르말헥산
③ 트리클로로에틸렌
④ 클로로포름

해설

- 톨루엔은 페인트, 락카, 신나 등에 쓰이는 용제로 인체에 과량 흡입될 경우 위장관계의 기능장애, 두통이나 환각증세와 같은 신경장애를 일으키는 등 중추신경계에 영향을 주는 물질이다.
- 노말헥산은 투명한 휘발성 액체로 페인트, 시너, 잉크 등의 용제로 사용되며 장기간 노출될 경우 말초신경장해가 초래되어 사지의 지각상실과 신근마비 등 다발성 신경장해를 일으키는 물질이다.
- 클로로포름은 약품 정제를 하기 위한 추출제, 냉동제, 합성수지 등에 이용되는 물질로 간장, 신장의 암발생에 영향을 미친다.

트리클로로에틸렌(trichloroethylene)
- 무색의 휘발성 용액으로 염화탄화수소의 한 종류로 삼염화에틸렌이라고 한다.
- 도금 사업장에서 금속표면의 탈지 및 세정용, 드라이클리닝, 접착제 등으로 사용된다.
- 간 및 신장장해를 유발시키는 유기용제이다.
- 대사산물은 삼염화에탄올이다.
- 급성 피부질환인 스티븐슨존슨 증후군을 유발한다.

---

100 ● Repetitive Learning [1회 2회 3회] `1303`

생물학적 모니터링을 위한 시료채취시간에 제한이 없는 것은?

① 소변 중 아세톤
② 소변 중 카드뮴
③ 호기 중 일산화탄소
④ 소변 중 총 크롬(6가)

해설
- 생물학적 노출지수 평가를 위한 시료 채취시간에 제한없이 채취가 능한 유해물질은 납, 니켈, 카드뮴 등이다.

생물학적 노출지표(BEI) 시료채취시기

당일 노출작업 종료 직후	DMF, 톨루엔, 크실렌, 헥산
4~5일간 연속작업 종료 직후	메틸클로로포름, 트리클로로에틸렌
수시	납, 니켈, 카드뮴
작업전	수은

구분	1과목	2과목	3과목	4과목	5과목	합계
New유형	1	0	1	1	0	3
New문제	5	4	3	4	2	18
또나온문제	9	7	10	8	11	45
자꾸나온문제	6	9	7	8	7	37
합계	20	20	20	20	20	100

- New유형은 New문제 중 기존 기출문제와 완전히 다른 유형의 문제를 말합니다.
- New문제는 기존에 출제되지 않은 문제로 이번에 처음 출제되는 문제입니다.
- 또나온문제는 기존에 출제된 적이 1번 있는 문제를 말합니다.
- 자꾸나온문제는 기존에 출제된 적이 2번 이상 있는 문제를 말합니다. 그만큼 중요한 문제입니다.

몇 년분의 기출문제를 공부해야 합격할 수 있을까요?

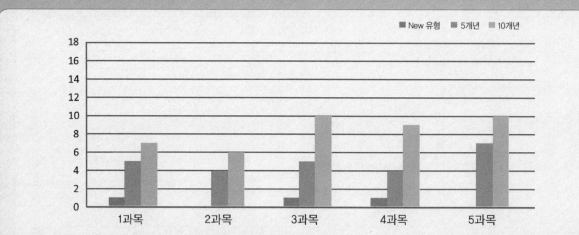

- 완전 새로운 유형의 문제는 3문제이고 97문제가 이미 출제된 문제 혹은 변형문제입니다.
- 5년분(2018~2022) 기출에서 동일문제가 25문항이 출제되었고, 10년분(2013~2022) 기출에서 동일문제가 42문항이 출제되었습니다.

실기에 나왔어요!! 일타쌍피-사전체크!!

실기시험은 필답형으로 진행됩니다. 객관식의 필기와 달리 주관식인 관계로 아는 만큼 적을 수 있습니다. 최근 계산문제의 비중이 많이 감소하고 있지만 절반 정도의 이론 문제와 절반 정도의 계산문제가 출제된다고 보시면 됩니다. 계산문제의 경우 나오는 문제유형이 거의 정해져 있습니다. 필기 공부할 때 미리 실기에 나오는 내용을 체크하시고 그부분만큼은 잘 공부해 두신다면 당 회차 실기까지 한 번에 잡을 수 있습니다.

- 총 40개의 유형별 핵심이론이 실기시험과 연동되어 있습니다.

분석의견

합격률이 44.8%로 평균 수준인 회차였습니다.
10년 기출을 학습할 경우 기출과 동일한 문제가 1과목과 2과목에서 각각 7, 6문제로 과락 점수 이하로 출제되었지만 과락만 면한다면 새로 나온 유형의 문제가 극히 적고 거의 기존 기출에서 변형되거나 동일하게 출제된 만큼 합격에 어려움이 없는 회차입니다.
10년분 기출문제와 유형별 핵심이론의 2~3회 정독이면 합격 가능한 것으로 판단됩니다.

2016년 제2회

2016년 5월 8일 필기

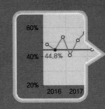
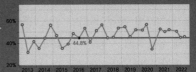
1과목 산업위생학개론

01 Repetitive Learning [1회 2회 3회]

1202

직업성 질환의 예방에 관한 설명으로 틀린 것은?

① 직업성 질환의 3차 예방은 대개 치료와 재활과정으로, 근로자들이 더 이상 노출되지 않도록 해야 하며 필요시 적절한 의학적 치료를 받아야 한다.

② 직업성 질환의 1차 예방은 원인인자의 제거나 원인이 되는 손상을 막는 것으로, 새로운 유해인자의 통제, 알려진 유해인자의 통제, 노출관리를 통해 할 수 있다.

③ 직업성 질환의 2차 예방은 근로자가 진료를 받기 전 단계인 초기에 질병을 발견하는 것으로, 질병의 선별검사, 감시, 주기적 의학적 검사, 법적인 의학적 검사를 통해 할 수 있다.

④ 직업성 질환은 전체적인 질병 이환율에 비해서는 비교적 높지만, 직업성 질환은 원인인자가 알려져 있고 유해인자에 대한 노출을 조절할 수 없으므로 안전 농도로 유지할 수 있기 때문에 예방대책을 마련할 수 있다.

해설

· 직업성 질환은 원인인자가 알려져 있고 유해인자에 대한 노출을 조절할 수 있으므로 안전 농도로 유지할 수 있기 때문에 예방대책을 마련할 수 있다.

⁑ 직업성 질환의 예방에 관한 설명

  · 직업성 질환은 전체적인 질병 이환율에 비해서는 비교적 높으나, 원인인자가 알려져 있고 유해인자에 대한 노출을 조절할 수 있어 안전 농도로 유지할 수 있기 때문에 예방대책을 마련할 수 있다.

  · 직업성 질환의 1차 예방은 원인인자의 제거나 원인이 되는 손상을 막는 것으로, 새로운 유해인자의 통제, 알려진 유해인자의 통제, 노출관리를 통해 할 수 있다.

  · 직업성 질환의 2차 예방은 근로자가 진료를 받기 전 단계인 초기에 질병을 발견하는 것으로, 질병의 선별검사, 감시, 주기적 의학적 검사, 법적인 의학적 검사를 통해 할 수 있다.

  · 직업성 질환의 3차 예방은 대개 치료와 재활 과정으로, 근로자들이 더 이상 노출되지 않도록 해야 하며 필요시 적절한 의학적 치료를 받아야 한다.

02 Repetitive Learning [1회 2회 3회]

육체적 작업능력이 16kcal/min인 근로자가 1일 8시간씩 일하고 있다. 이때 작업대사량은 8kcal/min이고, 휴식 시의 대사량은 1.2kcal/min이다. 1시간을 기준으로 할 때 이 근로자의 적정휴식시간은 약 얼마인가?

① 18.2분 ② 23.4분
③ 25.3분 ④ 30.5분

해설

· PWC가 16kcal/min이므로 E_{max}는 $\frac{16}{3} = 5.33 \cdots$ kcal/min이다.

· E_{task}는 8kcal/min이고, E_{rest}는 1.2kcal/min이므로 값을 대입하면

$$T_{rest} = \left[\frac{5.33 - 8}{1.22 - 8}\right] \times 100 = \frac{2.67}{6.78} \times 100 = 39.3805 \cdots [\%]$$가 된다.

· 1시간의 39.38%는 약 23.6분에 해당한다.

⁑ Hertig의 적정휴식시간 [실기] 1401

· 시간당 적정휴식시간의 백분율 $T_{rest} = \left[\frac{E_{max} - E_{task}}{E_{rest} - E_{task}}\right] \times 100$

[%]으로 구한다.

  · E_{max}는 8시간 작업에 적합한 작업량으로 육체적 작업능력(PWC)의 1/3에 해당한다.
  · E_{rest}는 휴식 대사량이다.
  · E_{task}는 해당 작업 대사량이다.

03 ───── ● Repetitive Learning ⟮ 1회 2회 3회 ⟯

근골격계질환 평가방법 중 JSI(Job Strain Index)에 대한 설명으로 틀린 것은?

① 주로 상지작업 특히 허리와 팔을 중심으로 이루어지는 작업에 유용하게 사용할 수 있다.
② JSI 평가결과의 점수가 7점 이상은 위험한 작업이므로 즉시 작업개선이 필요한 작업으로 관리기준을 제시하게 된다.
③ 이 평가방법은 손목의 특이적인 위험성만을 평가하고 있어 제한적인 작업에 대해서만 평가가 가능하고, 손, 손목 부위에서 중요한 진동에 대한 위험요인이 배제되었다는 단점이 있다.
④ 평가과정은 지속적인 힘에 대해 5등급으로 나누어 평가하고, 힘을 필요로 하는 작업의 비율, 손목의 부적절한 작업자세, 반복성, 작업속도, 작업시간 등 총 6가지 요소를 평가한 후 각각의 점수를 곱하여 최종 점수를 산출하게 된다.

해설 ▶
- 이 기법은 힘, 근육사용 기간, 작업 자세, 하루 작업시간 등 6개의 위험요소로 구성되어, 이를 곱한 값으로 상지질환의 위험성을 평가한다.

∷ JSI(Job Strain Index) 실기 1801
- 이 기법은 힘, 근육사용 기간, 작업 자세, 하루 작업시간 등 6개의 위험요소로 구성되어, 이를 곱한 값으로 상지질환의 위험성을 평가한다.
- JSI 평가결과의 점수가 7점 이상은 위험한 작업이므로 즉시 작업개선이 필요한 작업으로 관리기준을 제시하게 된다.
- 이 평가방법은 손목의 특이적인 위험성만을 평가하고 있어 제한적인 작업에 대해서만 평가가 가능하고, 손, 손목 부위에서 중요한 진동에 대한 위험요인이 배제되었다는 단점이 있다.
- 평가과정은 지속적인 힘에 대해 5등급으로 나누어 평가하고, 힘을 필요로 하는 작업의 비율, 손목의 부적절한 작업자세, 반복성, 작업속도, 작업시간 등 총 6가지 요소를 평가한 후 각각의 점수를 곱하여 최종 점수를 산출하게 된다.

04 ───── ● Repetitive Learning ⟮ 1회 2회 3회 ⟯

산업안전보건법령상 단위 작업장소에서 동일 작업 근로자수가 13명일 경우 시료채취 근로자수는 얼마가 되는가?

① 1명
② 2명
③ 3명
④ 4명

해설 ▶
- 10명 이하에서 2명 +10명 초과시 매 5명마다 1명 =3명이 된다.

∷ 시료채취 근로자 수 실기 0802/1201/2202
- 단위작업장소에서 최고 노출근로자 2명 이상에 대하여 동시에 개인시료채취 방법으로 측정하되, 단위작업장소에 근로자가 1명인 경우에는 그러하지 아니하며, 동일 작업근로자수가 10명을 초과하는 경우에는 매 5명당 1명 이상 추가하여 측정하여야 한다. 다만, 동일 작업근로자수가 100명을 초과하는 경우에는 최대 시료채취 근로자수를 20명으로 조정할 수 있다.
- 지역시료채취 방법으로 측정을 하는 경우 단위작업장소 내에서 2개 이상의 지점에 대하여 동시에 측정하여야 한다. 다만, 단위작업장소의 넓이가 50평방미터 이상인 경우에는 매 30평방미터마다 1개 지점 이상을 추가로 측정하여야 한다.

05 ───── ● Repetitive Learning ⟮ 1회 2회 3회 ⟯

주로 여름과 초가을에 흔히 발생되고 강제기류 난방장치, 가습장치, 저수조 온수장치 등 공기를 순환시키는 장치들과 냉각탑 등에 기생하여 실내·외로 확산되어 호흡기 질환을 유발시키는 세균은?

① 푸른곰팡이
② 나이세리아균
③ 바실러스균
④ 레지오넬라균

해설 ▶
- 대형건물의 냉각탑, 수계시설, 가습기 등 공기를 순환시키는 장치들에 기생하면서 호흡기 질환을 유발하는 세균은 레지오넬라균이다.

∷ 레지오넬라증
- 강제기류 난방장치, 가습장치, 저수조 온수장치 등 공기를 순환시키는 장치들과 냉각탑 등에 기생하여 실내·외로 확산되어 호흡기 질환이다.
- 레지오넬라균이 원인균이다.
- 주로 여름과 초가을에 흔히 발생된다.

06 ───── ● Repetitive Learning ⟮ 1회 2회 3회 ⟯

직업병의 발생요인 중 직접요인은 크게 환경요인과 작업요인으로 구분되는데 환경요인으로 볼 수 없는 것은?

① 진동현상
② 대기조건의 변화
③ 격렬한 근육운동
④ 화학물질의 취급 또는 발생

• ③은 인간공학적 요인에 해당하는 작업요인이다.

직업성 질환 발생의 요인

　㉠ 직접적 원인

환경요인	• 물리적 요인 : 고열, 진동, 소음, 고기압 등 • 화학적 요인 : 이산화탄소, 일산화탄소, 수은, 납, 석면 등 • 생물학적 요인 : 각종 미생물
작업요인	• 인간공학적 요인 : 작업자세, 작업방법 등

　㉡ 간접적 원인

　　• 작업강도, 작업시간 등

07 ● Repetitive Learning [1회][2회][3회]

재해예방의 4원칙에 대한 설명으로 옳지 않은 것은?

① 재해발생에는 반드시 그 원인이 있다.

② 재해가 발생하면 반드시 손실도 발생한다.

③ 재해는 원인 제거를 통하여 예방이 가능하다.

④ 재해예방을 위한 가능한 안전대책은 반드시 존재한다.

• 재해로 인한 손실은 상황에 따라 다른 우연적이다.

하인리히의 재해예방의 4원칙

대책 선정의 원칙	사고의 원인을 발견하면 반드시 대책을 세워야 하며, 모든 사고는 대책 선정이 가능하다는 원칙
손실 우연의 원칙	사고로 인한 손실은 상황에 따라 다른 우연적이라는 원칙
예방 가능의 원칙	모든 사고는 예방이 가능하다는 원칙
원인 연계의 원칙	• 사고는 반드시 원인이 있으며 이는 복합적으로 필연적인 인과관계로 작용한다는 원칙 • 원인 계기의 원칙이라고도 한다.

08 ● Repetitive Learning [1회][2회][3회]

미국산업위생학술원(American Academy of Industrial Hygiene)에서 산업위생 분야에 종사하는 사람들이 반드시 지켜야 할 윤리강령 중 전문가로서의 책임 부분에 해당하지 않는 것은?

① 기업체의 기밀은 누설하지 않는다.

② 근로자의 건강 보호 책임을 최우선으로 한다.

③ 전문 분야로서의 산업위생을 학문적으로 발전시킨다.

④ 과학적 방법의 적용과 자료의 해석에서 객관성을 유지한다.

• ②는 근로자에 대한 책임에 대한 설명이다.

산업위생전문가의 윤리강령 중 산업위생전문가로서의 책임

• 산업위생 활동을 통해 얻은 개인 및 기업의 정보는 누설하지 않는다.

• 전문적 판단이 타협에 의하여 좌우될 수 있거나 이해관계가 있는 상황에는 개입하지 않는다.

• 쾌적한 작업환경을 만들기 위해 산업위생이론을 적용하고 책임 있게 행동한다.

• 성실성과 학문적 실력 면에서 최고 수준을 유지한다.

• 과학적 방법의 적용과 자료의 해석에 객관성을 유지한다.

• 전문분야로서의 산업위생을 학문적으로 발전시킨다.

• 근로자, 사회 및 전문 직종의 이익을 위해 과학적 지식을 공개하고 발표한다.

09  ● Repetitive Learning 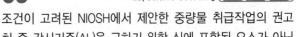 [1회][2회][3회]

조건이 고려된 NIOSH에서 제안한 중량물 취급작업의 권고치 중 감시기준(AL)을 구하기 위한 식에 포함된 요소가 아닌 것은?

① 대상 물체의 수평거리　　② 대상 물체의 이동거리

③ 대상 물체의 이동속도　　④ 중량물 취급작업의 빈도

• AL을 구하는 식에는 들기 시작지점에서의 손과 발목의 수평거리와 수직거리, 수직 이동거리, 분당 빈도수, 최대 들기작업 빈도수 등이 사용된다.

NIOSH에서 제안한 중량물 취급작업의 권고치 중 감시기준(AL)

• 허리의 LS/S1 부위에서 압축력 3,400N(350kg중) 미만일 경우 대부분의 근로자가 견딜 수 있다는 것에서 만들어졌다.

• $AL = 40(kg) \times (15/H) \times \{1 - (0.004|V - 75|)\} \times \{0.7 + (7.5/D)\} \times \{1 - (F/F_{max})\}$로 구한다. 여기서 H는 들기 시작지점에서의 손과 발목의 수평거리, V는 수직거리, D는 수직 이동거리, F는 분당 빈도수, F_{max}는 최대 들기작업 빈도수이다.

• $MPL = 3AL$ 관계를 갖는다.

10 ● Repetitive Learning [1회][2회][3회]

산업위생의 역사에서 직업과 질병의 관계가 있음을 알렸고, 광산에서의 납중독을 보고한 인물은?

① Larigo　　　　　　② Paracelsus

③ Percival Pott　　　④ Hippocrates

- Loriga는 진동공구에 의한 수지(手指)의 Raynaud씨 증상을 보고하였다.
- Paracelsus는 질병의 뿌리는 정신적 고통에서 비롯된다고 주장한 독성학의 아버지이다.
- Percivall potts는 굴뚝청소부들의 직업병인 음낭암이 검댕(Soot)에 의해 발생되었음을 보고하였다.

시대별 산업위생

B.C. 4세기	Hippocrates가 광산에서의 납중독을 보고하였다. 이는 역사상 최초의 직업병으로 분류
A.D. 1세기	Pilny the Elder는 아연 및 황의 인체 유해성을 주장, 먼지방지용 마스크로 동물의 방광 사용을 권장
A.D. 2세기	Galen은 해부학, 병리학에 관한 이론을 발표하였다. 아울러 구리광산의 산 증기의 위험성을 보고
1473년	Ulrich Ellenbog는 직업병과 위생에 관한 교육용 팜플렛 발간
16세기 초반	• Agricola는 광산에서의 호흡기 질환(천식증, 규폐증) 등을 주장한 광산업 관련 [광물에 대하여] 발간 및 환기와 마스크 사용을 권장함 • Philippus Paracelsus는 질병의 뿌리는 정신적 고통에서 비롯된다고 주장(독성학의 아버지)
17세기 후반	Bernarbino Ramazzini는 저서 [노동자의 질병]에서 직업병을 최초로 언급(산업보건학의 시조)
18세기	• 영국의 Percivall potts는 굴뚝청소부들의 직업병인 음낭암이 검댕(Soot)에 의해 발생되었음을 보고 • Sir George Baker는 사이다 공장에서 납에 의한 복통 발표
19세기 초반	• Robert Peel은 산업위생의 원리를 적용한 최초의 법률인 [도제건강 및 도덕법] 제정을 주도 • 1833년 산업보건에 관한 최초의 법률인 공장법 제정
19세기 후반	Rudolf Virchow는 의학의 사회성 속에서 노동자의 건강 보호를 주창하여 근대병리학의 시조로 불리움
20세기 초반	• Loriga는 진동공구에 의한 수지(手指)의 Raynaud씨 증상을 보고 • 미국의 산업위생학자이며 산업의학자인 Alice Hamilton은 유해물질 노출과 질병과의 관계를 규명

- 직업병 치료와 보상은 의학의 영역으로 산업위생과 거리가 멀다.

산업위생의 목적
- 작업환경의 개선
- 작업자의 건강 보호
- 작업조건의 인간공학적 개선
- 산업재해의 예방

1103

12
● Repetitive Learning 〔1회 2회 3회〕

우리나라의 화학물질의 노출기준에 관한 설명으로 틀린 것은?

① Skin이라고 표시된 물질은 피부 자극성을 뜻한다.
② 발암성 정보물질의 표기 중 1A는 사람에게 충분한 발암성 증거가 있는 물질을 의미한다.
③ Skin 표시 물질은 점막과 눈 그리고 경피로 흡수되어 전신 영향을 일으킬 수 있는 물질을 말한다.
④ 화학물질이 IARC 등의 발암성 등급과 NTP의 R등급을 모두 갖는 경우에는 NTP의 R등급은 고려하지 아니한다.

- Skin 표시 물질은 점막과 눈 그리고 경피로 흡수되어 전신 영향을 일으킬 수 있는 물질로, 피부자극성을 뜻하는 것이 아니다.

우리나라의 화학물질의 노출기준
- Skin 표시 물질은 점막과 눈 그리고 경피로 흡수되어 전신 영향을 일으킬 수 있는 물질을 말한다.(피부자극성을 뜻하는 것이 아님)
- 발암성 정보물질의 표기는 다음과 같다.

1A	사람에게 충분한 발암성 증거가 있는 물질
1B	시험동물에서 발암성 증거가 충분히 있거나, 시험동물과 사람 모두에서 제한된 발암성 증거가 있는 물질
2	사람이나 동물에서 제한된 증거가 있지만, 구분 1로 분류하기에는 증거가 충분하지 않는 물질

- 화학물질이 IARC 등의 발암성 등급과 NTP의 R등급을 모두 갖는 경우에는 NTP의 R등급은 고려하지 아니한다.

11
● Repetitive Learning 〔1회 2회 3회〕

산업위생의 목적과 거리가 먼 것은?

① 작업환경의 개선
② 작업자의 건강 보호
③ 직업병 치료와 보상
④ 작업조건의 인간공학적 개선

1503

13
● Repetitive Learning 〔1회 2회 3회〕

산업피로를 가장 적게 하고 생산량을 최고로 올릴 수 있는 경제적인 작업속도를 무엇이라 하는가?

① 지적속도
② 산소섭취속도
③ 산소소비속도
④ 작업효율속도

∷ 지적속도와 지적작업

> • 지적속도란 산업피로를 가장 적게 하고 생산량을 최고로 올릴 수 있는 경제적인 작업속도를 말한다.
> • 지적작업이란 피로를 가장 적게 하면서 생산량을 최고로 올릴 수 있는 경제적인 작업내용을 말한다.

0403 / 0901 / 1201 / 1203 / 1902

14 ——————• Repetitive Learning (1회 2회 3회)

심리학적 적성검사와 가장 거리가 먼 것은?

① 감각기능검사 ② 지능검사
③ 지각동작검사 ④ 인성검사

해설

> • 심리학적 적성검사에는 지능검사, 지각동작검사, 인성검사, 기능검사가 있다.

∷ 심리학적 적성검사

> • 지능검사, 지각동작검사, 인성검사, 기능검사가 있다.

지능검사	언어, 기억, 추리, 귀납 관련 검사
지각동작검사	수족협조능, 운동속도능, 형태지각능 관련 검사
인성검사	성격, 태도, 정신상태 관련 검사
기능검사	직무에 관련된 기본지식과 숙련도, 사고력 등 직무평가에 관련된 항목을 추리검사의 형식으로 실시

1002

15 ——————• Repetitive Learning (1회 2회 3회)

사무실 공기관리 지침에서 정한 사무실 공기의 오염물질에 대한 시료채취시간이 바르게 연결된 것은?

① 미세먼지 : 업무시간 동안 4시간 이상 연속 측정
② 포름알데히드 : 업무시간 동안 2시간 단위로 10분간 3회 측정
③ 이산화탄소 : 업무시작 후 1시간 전후 및 종료 전 1시간 전후 각각 30분간 측정
④ 일산화탄소 : 업무시작 후 1시간 이내 및 종료 전 1시간 이내 각각 10분간 측정

해설

> • 미세먼지는 업무시간 동안 6시간 이상 연속 측정한다.
> • 포름알데히드는 업무시작 후 1시간~종료 1시간 전에 30분간 2회 측정한다.
> • 이산화탄소는 업무시작 후 2시간 전후 및 종료 전 2시간 전후 10분간 측정한다.

∷ 사무실 공기질 측정시간 실기 2203

미세먼지(PM10)	업무시간(6시간 이상)
초미세먼지(PM2.5)	업무시간(6시간 이상)
이산화탄소(CO_2)	업무시작 후 2시간 전후 및 종료 전 2시간 전후(10분간)
일산화탄소(CO)	업무시작 후 1시간 전후 및 종료 전 1시간 전후(10분간)
이산화질소(NO_2)	업무시작 후 1시간~종료 1시간 전(1시간)
포름알데히드(HCHO)	업무시작 후 1시간~종료 1시간 전(30분간 2회)
총휘발성유기화합물(TVOC)	
라돈(radon)	3일 이상~3개월 이내 연속
총부유세균	업무시작 후 1시간~종류 1시간 전 (최고 실내온도 1회)
곰팡이	

---

16 ——————• Repetitive Learning (1회 2회 3회)

연간총근로시간수가 100,000시간인 사업장에서 1년 동안 재해가 50건 발생하였으며, 손실된 근로일수가 100일이었다. 이 사업장의 강도율은 얼마인가?

① 1 ② 2
③ 20 ④ 40

해설

> • 근로손실일수가 100일이므로 강도율$= \frac{100}{100,000} \times 1,000 = 1$이 된다.

∷ 강도율(SR : Severity Rate of injury) 실기 0502/0503/0602

> • 재해로 인한 근로손실의 강도를 나타낸 값으로 연간 총 근로시간에서 1,000시간당 근로손실일수를 의미한다.
> • 강도율$= \frac{\text{근로손실일수}}{\text{연간총근로시간}} \times 1,000$으로 구한다.
> • 연간 근무일수나 하루 근무시간수가 주어지지 않을 경우 하루 8시간, 1년 300일 근무하는 것으로 간주한다.
> • 휴업일수가 주어질 경우 근로손실일수를 구하기 위해 $\frac{\text{연간근무일수}}{365}$를 곱해준다.
> • 근로자의 근속연수 등이 주어지지 않을 때 평생 근로손실일수는 한 개인이 평생 동안 근로한 시간을 100,000시간으로 볼 때의 근로손실일수이므로 강도율에 100을 곱하여 구한다.

17

● Repetitive Learning (1회 2회 3회)

산업피로에 대한 대책으로 거리가 먼 것은?

① 정신신경 작업에 있어서는 몸을 가볍게 움직이는 휴식을 취하는 것이 좋다.

② 단위시간당 적정 작업량을 도모하기 위하여 일 또는 월 간 작업량을 적정화하여야 한다.

③ 전신의 근육을 쓰는 작업에서는 휴식 시에 체조 등으로 몸을 움직이는 편이 피로회복에 도움이 된다.

④ 작업 자세(물체와 눈과의 거리, 작업에 사용되는 신체 부위의 위치, 높이 등)를 적정하게 유지하는 것이 좋다.

해설

• 정신신경 작업자의 경우 작업 전후에 간단한 체조나 오락 같은 가벼운 운동이 산업피로 예방에 효과적이나 전신근육을 쓰는 작업자의 경우 충분한 수면, 목욕 등이 더 효과적이다.

※ 작업에 수반된 피로의 회복대책
- 충분한 영양을 섭취한다.
- 목욕이나 가벼운 체조를 한다.
- 휴식과 수면을 자주 취한다.
- 작업환경을 정리·정돈한다.
- 불필요한 동작을 피하고, 에너지 소모를 적게 한다.
- 힘든 노동은 가능한 한 기계화한다.
- 장시간 휴식하는 것보다 짧은 시간 여러 번 쉬는 것이 피로회복에 효과적이다.
- 동적인 작업을 늘리고, 정적인 작업을 줄인다.
- 커피, 홍차, 엽차, 비타민B, 비타민C 등의 적정한 영양제를 보급한다.
- 음악감상과 오락 등 취미생활을 한다.

18

0501 / 0703 / 0901

● Repetitive Learning (1회 2회 3회)

산업보건기준 규칙상 사업주는 몇 kg 이상의 중량을 들어 올리는 작업에 근로자를 종사하도록 할 때 아래와 같은 조치를 취하여야 하는가?

┌─────────────────────────────
│ – 주로 취급하는 물품에 대하여 근로자가 쉽게 알 수 있도록 물품의 중량과 무게 중심에 대하여 작업장 주변에 안내표시 할 것
│ – 취급하기 곤란한 물품에 대하여 손잡이를 붙이거나 갈고리, 진공빨판 등 적절한 보조도구를 활용할 것
└─────────────────────────────

① 3kg   ② 5kg
③ 10kg   ④ 15kg

해설

• 주어진 내용은 5킬로그램 이상의 중량물을 들어올리는 작업을 하는 경우 사업주의 조치사항에 해당한다.

※ 5킬로그램 이상의 중량물을 들어올리는 작업을 하는 경우 조치사항
- 주로 취급하는 물품에 대하여 근로자가 쉽게 알 수 있도록 물품의 중량과 무게중심에 대하여 작업장 주변에 안내표시를 할 것
- 취급하기 곤란한 물품은 손잡이를 붙이거나 갈고리, 진공빨판 등 적절한 보조도구를 활용할 것

19

0501 / 0802 / 1003 / 1601

● Repetitive Learning (1회 2회 3회)

국소피로의 평가를 위하여 근전도(EMG)를 측정하였다. 피로한 근육이 정상 근육에 비하여 나타내는 근전도 상의 차이를 설명한 것으로 틀린 것은?

① 총전압이 감소한다.

② 평균주파수가 감소한다.

③ 저주파수(0~40Hz)에서 힘이 증가한다.

④ 고주파수(40~200Hz)에서 힘이 감소한다.

해설

• 피로한 근육은 정상근육에 비해 총전압이 증가한다.

※ 국소피로의 평가
- ㉠ 개요
  - 피로한 근육에서 측정된 근전도(EMG)를 이용해서 국소피로를 평가한다.
- ㉡ 피로한 근육의 측정값
  - 총전압이 증가한다.
  - 평균주파수가 감소한다.
  - 저주파수(0~40Hz)에서 힘(전압)이 증가한다.
  - 고주파수(40~200Hz)에서 힘(전압)이 감소한다.

20

● Repetitive Learning (1회 2회 3회)

산업안전보건법령상 유해인자의 분류기준에 있어 다음 설명 중 ( ) 안에 해당되는 내용을 바르게 나열한 것은?

┌─────────────────────────────
│ 급성 독성 물질은 입 또는 피부를 통하여 (A)회 투여 또는 24시간 이내에 여러 차례로 나누어 투여하거나 호흡기를 통하여 (B)시간 동안 흡입하는 경우 유해한 영향을 일으키는 물질을 말한다.
└─────────────────────────────

① A : 1, B : 4   ② A : 1, B : 6
③ A : 2, B : 4   ④ A : 2, B : 6

- 급성 독성 물질은 입 또는 피부를 통하여 1회 투여 또는 24시간 이내에 여러 차례로 나누어 투여하거나 호흡기를 통하여 4시간 동안 흡입하는 경우 유해한 영향을 일으키는 물질을 말한다.

∴∵ 건강 및 환경 유해성 분류기준

급성 독성 물질	입 또는 피부를 통하여 1회 투여 또는 24시간 이내에 여러 차례로 나누어 투여하거나 호흡기를 통하여 4시간 동안 흡입하는 경우 유해한 영향을 일으키는 물질
피부 부식성 또는 자극성 물질	접촉 시 피부조직을 파괴하거나 자극을 일으키는 물질
심한 눈 손상성 또는 자극성 물질	접촉 시 눈 조직의 손상 또는 시력의 저하 등을 일으키는 물질

2과목 작업위생측정 및 평가

0703 / 1201

21 ──── • Repetitive Learning 〔1회 2회 3회〕

소음측정 시 단위작업장소에서 소음발생시간이 6시간 이내인 경우나 소음발생원에서의 발생시간이 간헐적인 경우의 측정시간 및 횟수기준으로 옳은 것은?(단, 고용노동부 고시기준)

① 발생시간 동안 연속 측정하거나 등 간격으로 나누어 2회 이상 측정하여야 한다.
② 발생시간 동안 연속 측정하거나 등 간격으로 나누어 4회 이상 측정하여야 한다.
③ 발생시간 동안 연속 측정하거나 등 간격으로 나누어 6회 이상 측정하여야 한다.
④ 발생시간 동안 연속 측정하거나 등 간격으로 나누어 8회 이상 측정하여야 한다.

- 단위작업장소에서의 소음발생시간이 6시간 이내인 경우나 소음발생원에서의 발생시간이 간헐적인 경우에는 발생시간동안 연속 측정하거나 등간격으로 나누어 4회 이상 측정하여야 한다.

∴∵ 작업환경측정을 위한 소음측정 횟수 [실기]1403
- 단위작업장소에서 소음수준은 규정된 측정위치 및 지점에서 1일 작업시간 동안 6시간 이상 연속 측정하거나 작업시간을 1시간 간격으로 나누어 6회 이상 측정하여야 한다. 다만, 소음의 발생특성이 연속음으로서 측정치가 변동이 없다고 자격자 또는 지정측정기관이 판단한 경우에는 1시간 동안을 등간격으로 나누어 3회 이상 측정할 수 있다.

- 단위작업장소에서의 소음발생시간이 6시간 이내인 경우나 소음발생원에서의 발생시간이 간헐적인 경우에는 발생시간동안 연속 측정하거나 등간격으로 나누어 4회 이상 측정하여야 한다.

0403 / 0701 / 0702 / 0901 / 1301 / 1401 / 1601 / 1603 / 1803 / 1903 / 2102 / 2202

22 ──── • Repetitive Learning 〔1회 2회 3회〕

산업안전보건법령상 누적소음노출량 측정기로 소음을 측정하는 경우의 기기설정값은?

- Criteria (Ⓐ)dB
- Exchange Rate (Ⓑ)dB
- Threshold (Ⓒ)dB

① Ⓐ : 80, Ⓑ : 10, Ⓒ : 90
② Ⓐ : 90, Ⓑ : 10, Ⓒ : 80
③ Ⓐ : 80, Ⓑ : 4, Ⓒ : 90
④ Ⓐ : 90, Ⓑ : 5, Ⓒ : 80

- 기기설정값은 Threshold=80dB, Criteria=90dB, Exchange Rate=5dB이다.

∴∵ 누적소음 노출량 측정기
- 작업자가 여러 작업장소를 이동하면서 작업하는 경우, 근로자에게 직접 부착하여 작업시간(8시간) 동안 작업자가 노출되는 소음 노출량을 측정하는 기계를 말한다.
- 기기설정값은 Threshold=80dB, Criteria=90dB, Exchange Rate=5dB이다.

1002

23 ──── • Repetitive Learning 〔1회 2회 3회〕

ACGIH에서는 입자상 물질을 크게 흡입성, 흉곽성, 호흡성으로 제시하고 있다. 다음 설명 중 옳은 것은?

① 흡입성 먼지는 기관지계나 폐포 어느 곳에 침착하더라도 유해한 입자상 물질로 보통 입자크기는 1~10㎛ 이내의 범위이다.
② 흉곽성 먼지는 가스교환부위인 폐기도에 침착하여 독성을 나타내며 평균 입자크기는 50㎛이다.
③ 흉곽성 먼지는 호흡기계 어느 부위에 침착하더라도 유해한 입자상 물질이며 평균입자크기는 25㎛이다.
④ 호흡성 먼지는 폐포에 침착하여 독성을 나타내며 평균입자 크기는 4㎛이다.

- 흡입성 먼지는 주로 비강, 인후두, 기관 등 호흡기의 기도 부위에 축적됨으로써 호흡기계 독성을 유발하는 분진으로 평균입경이 100μm이다.
- 흉곽성 먼지는 기관지와 폐포 등 폐 내부의 공기통로와 가스교환 부위에 침착되는 먼지로서 공기역학적 지름이 30μm 이하의 크기를 가지며 평균입경은 10μm이다.

✱✱ 입자상 물질의 분류 실기 0303/0402/0502/0701/0703/0802/1303/1402/ 1502/1601/1701/1802/1901/2202

흡입성 먼지	주로 비강, 인후두, 기관 등 호흡기의 기도 부위에 축적됨으로써 호흡기계 독성을 유발하는 분진으로 평균입경이 100μm이다.
흉곽성 먼지	기관지와 폐포 등 폐 내부의 공기통로와 가스교환 부위에 침착되는 먼지로서 공기역학적 지름이 30μm 이하의 크기를 가지며 평균입경은 10μm이다.
호흡성 먼지	폐포에 침착하여 독성을 나타내며 평균입자 크기는 4μm 이고, 공기 역학적 직경이 10μm 미만인 먼지를 말한다.

---

24 ──────●Repetitive Learning (1회 2회 3회)

어느 작업장의 소음 측정 결과가 다음과 같았다. 이때의 총 음압레벨(음압레벨 합산)은?(단, 기계 음압레벨 측정 기준)

A기계 : 95dB(A), B기계 : 90dB(A), C기계 : 88dB(A)

① 약 92.3dB(A)
② 약 94.6dB(A)
③ 약 96.8dB(A)
④ 약 98.2dB(A)

해설

- 합성소음은 $10\log(10^{9.5} + 10^{9.0} + 10^{8.8}) = 10 \times 9.680 = 96.80$이 된다.

✱✱ 합성소음 실기 0401/0801/0901/1403/1602

- 동일한 공간 내에서 2개 이상의 소음원에 대한 소음이 발생할 때 전체 소음의 크기를 말한다.
- 합성소음[dB(A)]$= 10\log(10^{\frac{SPL_1}{10}} + \cdots + 10^{\frac{SPL_i}{10}})$으로 구할 수 있다. 이때, $SPL_1, \cdots, SPL_i$는 개별 소음도를 의미한다.

---

25 ──────●Repetitive Learning (1회 2회 3회)

공기 중 석면을 막여과지에 채취한 후 전 처리하여 분석하는 방법으로 다른 방법에 비하여 간편하나 석면의 감별에 어려움이 있는 측정방법은?

① X선 회절법
② 편광현미경법
③ 위상차현미경법
④ 전자현미경법

해설

- 위상차현미경법은 실내 공기 중 석면 및 섬유상 먼지의 농도를 측정하기 위한 주 시험방법이나 석면의 감별이 어려울 경우 전자현미경법을 사용하여 측정한다.

✱✱ 위상차현미경법

- 실내 공기 중 석면 및 섬유상 먼지의 농도를 측정하기 위한 주 시험방법으로 사용된다.
- 공기 중 석면을 막여과지에 채취한 후 투명하게 전처리(아세톤 -트리아세틴 혹은 디메틸프탈레이트-디에틸옥살레이트)하여 분석하는 방법이다.
- 사용방법이 간편하나 석면의 감별에 어려움이 있다.

---

26 ──────●Repetitive Learning (1회 2회 3회)

화학시험의 일반사항 중 시약 및 표준물질에 관한 설명으로 틀린 것은?(단, 고용노동부 고시 기준)

① 분석에 사용하는 시약은 따로 규정이 없는 한 특급 또는 1급 이상이거나 이와 동등한 규격의 것을 사용하여야 한다.
② 분석에 사용되는 표준품은 원칙적으로 1급 이상이거나 이와 동등한 규격의 것을 사용하여야 한다.
③ 시료의 시험, 바탕시험 및 표준액에 대한 시험을 일련의 동일시험으로 행할 때에 사용하는 시약 또는 시액은 동일 로트로 조제된 것을 사용한다.
④ 분석에 사용하는 시약 중 단순히 염산으로 표시하였을 때는 농도 35.0~37.0% (비중(약)은 1.18) 이상의 것을 말한다.

해설

- 분석에 사용되는 표준품은 원칙적으로 특급시약을 사용하여야 한다.

✱✱ 화학시험의 일반사항 중 시약 및 표준물질

- 분석에 사용하는 시약은 따로 규정이 없는 한 특급 또는 1급 이상이거나 이와 동등한 규격의 것을 사용하여야 한다.
- 분석에 사용되는 표준품은 원칙적으로 특급시약을 사용하여야 한다.
- 시료의 시험, 바탕시험 및 표준액에 대한 시험을 일련의 동일시험으로 행할 때에 사용하는 시약 또는 시액은 동일 로트로 조제된 것을 사용한다.
- 분석에 사용하는 시약 중 단순히 염산으로 표시하였을 때는 농도 35.0~37.0% (비중(약)은 1.18) 이상의 것을 말한다.

27

Repetitive Learning [1회 2회 3회]

작업환경 공기 중에 벤젠(TLV=10ppm) 4ppm, 톨루엔(TLV =100ppm) 40ppm, 크실렌(TLV=150ppm) 50ppm이 공존하고 있는 경우에 이 작업환경 전체로서 노출기준의 초과 여부 및 혼합 유기용제의 농도는?

① 노출기준을 초과, 약 85ppm
② 노출기준을 초과, 약 98ppm
③ 노출기준을 초과하지 않음, 약 78ppm
④ 노출기준을 초과하지 않음, 약 93ppm

해설

- 이 혼합물의 노출지수를 구해보면
$$\frac{4}{10}+\frac{40}{100}+\frac{50}{150}=\frac{170}{150}=1.13$$이므로 노출기준을 초과하였다.

- 노출지수가 1.13으로 구해졌으므로 농도는 $\frac{4+40+50}{1.13}=83.19$ [ppm]이 된다.

혼합물의 노출지수와 농도 [실기] 0303/0403/0501/0703/0801/0802/ 0901/0903/1002/1203/1303/1402/1503/1601/1701/1703/1801/1803/1901/2001 /2004/2101/2102/2103/2203

- 화학물질이 2종 이상 혼재하는 경우에 혼재하는 물질 간에 유해성이 인체의 서로 다른 부위에 작용한다는 증거가 없는 한 유해작용은 가중되므로 노출기준은 $\frac{C_1}{T_1}+\frac{C_2}{T_2}+\cdots+\frac{C_n}{T_n}$으로 산출하되, 산출되는 수치(노출지수)가 1을 초과하지 아니하는 것으로 한다. 이때 C는 화학물질 각각의 측정치이고, T는 화학물질 각각의 노출기준이다.
- 노출지수가 구해지면 해당 혼합물의 농도는 $\frac{C_1+C_2+\cdots+C_n}{노출지수}$ [ppm]으로 구할 수 있다.

0901 / 2201

28

Repetitive Learning [1회 2회 3회]

고체 흡착제를 이용하여 시료채취를 할 때 영향을 주는 인자에 관한 설명으로 틀린 것은?

① 오염물질 농도 : 공기 중 오염물질의 농도가 높을수록 파과 용량은 증가한다.
② 습도 : 습도가 높으면 극성 흡착제를 사용할 때 파과 공기량이 적어진다.
③ 온도 : 일반적으로 흡착은 발열 반응이므로 열역학적으로 온도가 낮을수록 흡착에 좋은 조건이다.
④ 시료채취유량 : 시료 채취유량이 높으면 쉽게 파과가 일어나나 코팅된 흡착제인 경우는 그 경향이 약하다.

해설

- 시료 채취 유량이 높으면 파과가 일어나기 쉬우며 코팅된 흡착제일수록 그 경향이 강하다.

흡착제를 이용하여 시료를 채취할 때 영향을 주는 인자

온도	일반적으로 흡착은 발열 반응이므로 열역학적으로 온도가 낮을수록 흡착에 좋은 조건이며, 고온일수록 흡착 성질이 감소하며 파과가 일어나기 쉽다.
습도	습도가 높으면 극성 흡착제를 사용할 때 파과 공기량이 적어진다.
오염물질 농도	공기 중 오염물질의 농도가 높을수록 파과 용량(흡착제에 흡착된 오염물질의 양(mg))은 증가하나 파과 공기량은 감소한다.
시료채취 유량	시료 채취 유량이 높으면 파과가 일어나기 쉬우며 코팅된 흡착제일수록 그 경향이 강하다.
흡착제의 크기	입자의 크기가 작을수록 표면적이 증가하여 채취효율이 증가하나 압력강하가 심하다.
흡착관의 크기	흡착관의 크기가 커지면 전체 흡착제의 표면적이 증가하여 채취용량이 증가하므로 파과가 쉽게 발생되지 않는다.

0401 / 0902 / 1302

29

Repetitive Learning [1회 2회 3회]

습구온도를 측정하기 위한 측정기기와 측정시간의 기준을 알맞게 나타낸 것은?(단, 고용노동부 고시 기준)

① 자연습구온도계 : 15분 이상
② 자연습구온도계 : 25분 이상
③ 아스만통풍건습계 : 15분 이상
④ 아스만통풍건습계 : 25분 이상

해설

- 습구온도의 측정은 0.5도 간격의 눈금이 있는 아스만통풍건습계(25분 이상), 자연습구온도를 측정할 수 있는 기기(5분 이상) 또는 이와 동등 이상의 성능이 있는 측정기기를 사용해야 한다.

측정구분에 의한 측정기기와 측정시간 [실기] 1001

구분	측정기기	측정시간
습구온도	0.5도 간격의 눈금이 있는 아스만통풍건습계, 자연습구온도를 측정할 수 있는 기기 또는 이와 동등 이상의 성능이 있는 측정기기	• 아스만통풍건습계 : 25분 이상 • 자연습구온도계 : 5분 이상
흑구 및 습구흑구 온도	직경이 5센티미터 이상되는 흑구온도계 또는 습구흑구온도(WBGT)를 동시에 측정할 수 있는 기기	• 직경이 15센티미터일 경우 25분 이상 • 직경이 7.5센티미터 또는 5센티미터일 경우 5분 이상

30 ────────── ● Repetitive Learning (1회 2회 3회)

산업위생통계에서 유해물질 농도를 표준화하려면 무엇을 알아야 하는가?

① 측정치와 노출기준
② 평균치와 표준편차
③ 측정치와 시료수
④ 기하 평균치와 기하 표준편차

> **해설**
> • 표준화값은 시간가중평균값(TWL) 혹은 단시간 노출값(STEL)을 허용기준으로 나누어 구한다.
>
> **❖ 표준화값** 실기 0502/0503
> • 허용기준 이하 유지대상 유해인자의 허용기준 초과여부 평가방법이다.
> • 시간가중평균값(TWL) 혹은 단시간 노출값(STEL)을 허용기준으로 나누어 구한다. 즉,
> $$표준화값 = \frac{시간가중평균값(단시간\ 노출값)}{허용기준}\ 으로\ 구한다.$$

31 ────────── ● Repetitive Learning (1회 2회 3회)

시료 채취용 막여과지에 관한 설명으로 틀린 것은?

① MCE막 여과지 : 표면에 주로 침착되어 중량분석에 적당함
② PVC막 여과지 : 흡습성이 적음
③ PTFE막 여과지 : 열, 화학물질, 압력에 강한 특성이 있음
④ 은막 여과지 : 열적, 화학적 안정성이 있음

> **해설**
> • 중량분석에 이용되는 것은 PVC막 여과지이다.
>
> **❖ MCE 막**(Mixed cellulose ester membrane filter)여과지 실기 0301/0602/1002/1003/1103/1302/1803/2103
> • 여과지 구멍의 크기는 0.45 ~ 0.8㎛가 일반적으로 사용된다.
> • 여과지는 산에 쉽게 용해되므로 입자상 물질 중의 금속을 채취하여 원자 흡광광도법으로 분석하거나, 시료가 여과지의 표면 또는 표면 가까운 곳에 침착되므로 석면, 유리섬유 등 현미경분석을 위한 시료채취 등에 이용된다.
> • 납, 철, 크롬 등 금속과 석면, 유리섬유 등을 포집할 수 있다.
> • 산업용 축전지를 제조하는 사업장에서 공기 중 납 농도를 측정하기 위해 사용할 때 사용된다.

32 ────────── ● Repetitive Learning (1회 2회 3회)

다음은 고열 측정구분에 의한 측정기기와 측정시간에 관한 내용이다. ( ) 안에 옳은 내용은?(단, 고용노동부 고시 기준)

> 습구온도 : ( ) 간격의 눈금이 있는 아스만통풍 건습계, 자연습구온도를 측정할 수 있는 기기 또는 이와 동등 이상의 성능이 있는 측정기기

① 0.1도　　　　　　　② 0.2도
③ 0.5도　　　　　　　④ 1.0도

> **해설**
> • 습구온도의 측정은 0.5도 간격의 눈금이 있는 아스만통풍건습계, 자연습구온도를 측정할 수 있는 기기 또는 이와 동등 이상의 성능이 있는 측정기기를 사용해야 한다.
>
> **❖ 측정구분에 의한 측정기기와 측정시간** 실기 1001
> **문제 29번의 유형별 핵심이론 ❖ 참조**

33 ────────── ● Repetitive Learning (1회 2회 3회)

작업장 기본특성 파악을 위한 예비조사 내용 중 유사노출그룹(HEG) 설정에 관한 설명으로 알맞지 않은 것은?

① 조직, 공정, 작업범주 그리고 공정과 작업내용별로 구분하여 설정한다.
② 역학조사를 수행할 때 사건이 발생된 근로자와 다른 노출그룹의 노출농도를 근거로 사건 발생된 노출농도를 추정할 수 있다.
③ 모든 근로자의 노출농도를 평가하고자 하는데 목적이 있다.
④ 모든 근로자를 유사한 노출그룹별로 구분하고 그룹별로 대표적인 근로자를 선택하여 측정하면 측정하지 않은 근로자의 노출농도까지도 추정할 수 있다.

> **해설**
> • 역학조사시 동일노출그룹의 노출농도를 근거로 노출원인 및 노출농도를 추정할 수 있다.
>
> **❖ 유사노출그룹(HEG) 설정** 실기 〈0501/0601/0702/0901/1203/1303/1503〉
> • 유사노출그룹이란 특정 유해인자에 통계적으로 유사한 농도 혹은 강도에 노출되는 근로자의 그룹으로 분류하는 것을 말한다.
> • 모든 근로자의 노출농도를 평가하고자 하는데 목적이 있다.
> • 조직, 공정, 작업범주 그리고 공정과 작업내용별로 구분하여 설정한다.
> • 모든 근로자를 유사한 노출그룹별로 구분하고 그룹별로 대표적인 근로자를 선택하여 측정하면 측정하지 않은 근로자의 노출농도까지도 추정할 수 있다.

• 유사노출그룹 설정을 위한 목적 중 시료채취수를 경제적으로 하기 위함도 있다.

0501 / 0802 / 1101 / 1901

34 ──────● Repetitive Learning 〔1회〕〔2회〕〔3회〕

측정방법의 정밀도를 평가하는 변이계수(coefficient of variation, CV)를 알맞게 나타낸 것은?

① 표준편차/산술평균　　　② 기하평균/표준편차
③ 표준오차/표준편차　　　④ 표준편차/표준오차

해설

• 평균값에 대한 표준편차의 크기를 백분율[%]로 나타낸 것이다.

❖ 변이계수(Coefficient of Variation) 실기 0501/0602/0702/1003

• 평균값에 대한 표준편차의 크기를 백분율[%]로 나타낸 것이다.
• 변이계수는 $\dfrac{표준편차}{산술평균} \times 100$ 으로 구한다.
• 측정단위와 무관하게 독립적으로 산출된다.
• 단위가 서로 다른 집단이나 특성값의 상호 산포도를 비교하는 데 이용한다.
• 통계집단의 측정값들에 대한 균일성, 정밀성 정도를 표현하는 것이다.
• 평균값의 크기가 0에 가까울수록 변이계수의 의의가 작아지는 단점이 있다.

35 ──────● Repetitive Learning 〔1회〕〔2회〕〔3회〕

농약공장의 작업환경 내에는 TLV가 $0.1mg/m^3$인 파리티온과 TLV가 $0.5mg/m^3$인 EPN이 $2 : 3$의 비율로 혼합된 분진이 부유하고 있다. 이러한 혼합분진의 TLV(mg/m^3)는?

① 0.15　　　　　　　② 0.17
③ 0.19　　　　　　　④ 0.21

해설

• 혼합물을 구성하는 각 성분의 구성비가 주어졌으므로 혼합물의 허용농도는 $\dfrac{1}{\dfrac{0.4}{0.1} + \dfrac{0.6}{0.5}} = 0.192[mg/m^3]$ 이 된다.

❖ 혼합물의 허용농도 실기 0401/0403/0802

• 혼합물을 구성하는 각 성분의 구성비($f_1, f_2, \cdots, f_n$)이 주어지면
혼합물의 허용농도는 $\dfrac{1}{\dfrac{f_1}{TLV_1} + \dfrac{f_2}{TLV_2} + \cdots + \dfrac{f_n}{TLV_n}}$

$[mg/m^3]$으로 구할 수 있다.

0803 / 1203 / 1301 / 1903

36 ──────● Repetitive Learning 〔1회〕〔2회〕〔3회〕

흉곽성 입자상물질(TPM)의 평균입경(μm)은?(단, ACGIH 기준)

① 1　　　　　　　　② 4
③ 10　　　　　　　　④ 50

해설

• 흉곽성 먼지는 기관지와 폐포 등 폐 내부의 공기통로와 가스교환 부위에 침착되는 먼지로서 공기역학적 지름이 $30\mu m$ 이하의 크기를 가지며 평균입경은 $10\mu m$이다.

❖ 입자상 물질의 분류 실기 0303/0402/0502/0701/0703/0802/1303/1402/
1502/1601/1701/1802/1901/2202
문제 23번의 유형별 핵심이론 ❖ **참조**

1101

37 ──────● Repetitive Learning 〔1회〕〔2회〕〔3회〕

작업장에서 입자상 물질은 대개 여과원리에 따라 시료를 채취한다. 여과지의 공극보다 작은 입자가 여과지에 채취되는 기전은 여과이론으로 설명할 수 있는데 다음 중 여과이론에 관여하는 기전과 가장 거리가 먼 것은?

① 차단　　　　　　　② 확산
③ 흡착　　　　　　　④ 관성충돌

해설

• 여과포집이론의 기전은 중력침강, 관성충돌, 직접차단, 확산, 체질, 정전기력으로 분류된다.

❖ 여과포집이론의 기전 실기 0301/0501/0901/1201/1901/2001/2002/2003/
2102/2202
• 여과지의 공극보다 작은 입자가 여과지에 채취되는 기전을 말한다.
• 중력침강, 관성충돌, 직접차단, 확산, 체질, 정전기력으로 분류된다.

0602 / 1002

38 ──────● Repetitive Learning 〔1회〕〔2회〕〔3회〕

공기유량과 용량을 보정하는 데 사용되는 표준기구 중 1차 표준기구가 아닌 것은?

① 폐활량계　　　　　② 로타미터
③ 비누거품미터　　　④ 가스미터

- 로타미터는 유량을 측정할 때 흔히 사용되는 2차 표준기구이다.

✿ 표준기구 실기 1203/1802/2002/2203

　㉠ 1차 표준기구
　　• 물리적 차원인 공간의 부피를 직접 측정할 수 있는 기구로 정확도는 ±1% 이내이다.
　　• 폐활량계, 가스치환병, 유리피스톤미터, 흑연피스톤미터, Pitot튜브, 비누거품미터, 가스미터 등이 있다.

　㉡ 2차 표준기구
　　• 2차표준기기는 1차 표준기기를 이용하여 보정해야 하는 기구로 정확도는 ±5% 이내이다.
　　• 습식테스트(Wet-test)미터, 벤투리미터, 열선기류계, 오리피스미터, 건식가스미터, 로타미터 등이 있다.

39

종단속도가 0.632m/hr인 입자가 있다. 이 입자의 직경이 3μm라면 비중은?

① 0.65　　　　　　② 0.55

③ 0.86　　　　　　④ 0.77

해설

- 입자의 비중 $SG = \dfrac{V}{0.003 \times d^2}$ 으로 구할 수 있다.

- 주어진 값을 대입하면

$SG = \dfrac{0.632 \times 100/3600}{0.003 \times 3^2} = \dfrac{0.01755\cdots}{0.027} = 0.650\cdots$ 이 된다.

✿ 리프만(Lippmann)의 침강속도 실기 0302/0401/0901/1103/1203/1502/1603/1902

- 스토크스의 법칙을 대신하여 산업보건분야에서 간편하게 침강속도를 구하는 식으로 많이 사용된다.

$V = 0.003 \times SG \times d^2$ 이다.	• V : 침강속도($cm/\sec$) • SG : 입자의 비중(g/cm^3) • d : 입자의 직경(μm)

40

허용농도가 50ppm인 트리클로로에틸렌을 취급하는 작업장에 하루 10시간 근무한다면 그 조건에서의 허용농도치는? (단, Brief-Scala 보정방법 기준)

① 47ppm　　　　　② 42ppm

③ 39ppm　　　　　④ 35ppm

해설

- 1일 10시간 작업이고, 8시간 노출기준이 50ppm이므로 대입하면

보정노출기준 $= 50 \times \left(\dfrac{8}{10}\right) \times \dfrac{24-10}{16} = 50 \times \dfrac{112}{160} = 35ppm$이 된다.

✿ 보정방법

　㉠ OSHA 보정

　　• 보정된 노출기준은 8시간 노출기준 $\times \dfrac{8시간}{1일 노출시간}$ 으로 구한다.

　　• 만약 만성중독으로 작업시간이 주단위로 부여되는 경우 노출기준 $\times \dfrac{40시간}{1주 노출시간}$ 으로 구한다.

　㉡ Brief and Scala 보정 실기 0303/0401/0601/0701/0801/0802/0803/1203/1503/1603/1902/2003

　　• 노출기준 보정계수는 $\left(\dfrac{8}{H}\right) \times \dfrac{24-H}{16}$ 으로 구한 후 주어진 TLV값을 곱해준다.

　　• 만약 만성중독으로 작업시간이 주단위로 부여되는 경우 노출기준 보정계수는 $\left(\dfrac{40}{H}\right) \times \dfrac{168-H}{128}$ 으로 구한 후 주어진 TLV값을 곱해준다.

작업환경관리대책

41

25℃에서 공기의 점성계수 $\mu = 1.607 \times 10^{-4}$poise, 밀도 p =1.203kg/$m^3$이다. 이때 동점성 계수($m^2$/sec)는?

① 1.336×10^{-5}

② 1.736×10^{-5}

③ 1.336×10^{-6}

④ 1.736×10^{-6}

해설

- 점성계수의 단위 poise는 g/cm·s이다.

- 단위를 m^2/sec로 맞춰주려면 poise의 g을 kg으로($\dfrac{1}{1000}$), cm를 m(100)로 곱해줘야 하므로

동점성계수는 $\dfrac{1.607 \times 10^{-4} \times 100 \times \dfrac{1}{1000}}{1.203}$

$= 1.336 \times 10^{-5} [m^2/\sec]$가 된다.

점성(viscosity)
- 유체가 가지는 끈끈한 성질을 말한다.
- 점성계수는 유체의 점성 크기를 의미하는 값으로 단위로는 poise, kg/m · s, kgf · sec/m^2, Pa · s 등이 있다.
- 동점성계수는 층류와 난류를 구분하는 기준으로 $\nu = \dfrac{점성계수}{밀도}$ 로 구한다.

42

1903

●————● Repetitive Learning 〔1회 2회 3회〕

다음 중 덕트 내 공기의 압력을 측정할 때 사용하는 장비로 가장 적절한 것은?

① 피토관
② 타코메타
③ 열선유속계
④ 회전날개형 유속계

해설
- 피토관은 덕트 내 공기의 압력을 통해 속도압 및 정압을 측정한다.

덕트 내 풍속측정계 실기 1402/2004
- 피토관(pitot tube) : 덕트 내 공기의 압력을 통해 속도압 및 정압을 측정
- 풍차 풍속계 : 프로펠러를 설치해 그 회전운동을 이용해 풍속을 측정
- 열선식 풍속계 : 풍속과 풍량을 측정
- 그네날개형 풍속계

43

●————● Repetitive Learning 〔1회 2회 3회〕

산업위생의 목적과 거리가 먼 것은?

① 작업환경의 개선
② 작업자의 건강 보호
③ 직업병 치료와 보상
④ 작업조건의 인간공학적 개선

해설
- 직업병 치료와 보상은 의학의 영역으로 산업위생과 거리가 멀다.

산업위생의 목적
문제 11번의 유형별 핵심이론 참조

44

0303 / 0403 / 0601 / 0702 / 0803 / 0901 / 1301 / 1502

●————● Repetitive Learning 〔1회 2회 3회〕

청력보호구의 차음효과를 높이기 위한 유의사항 중 틀린 것은?

① 청력보호구는 머리의 모양이나 귓구멍에 잘 맞는 것을 사용한다.
② 청력보호구는 잘 고정시켜서 보호구 자체의 진동을 최소한도로 줄여야 한다.
③ 청력보호구는 기공(氣孔)이 많은 재료를 사용하여 제조한다.
④ 귀덮개 형식의 보호구는 머리카락이 길 때와 안경테가 굵어서 잘 밀착되지 않을 때는 사용이 어렵다.

해설
- 청력보호구는 기공(氣孔)이 많으면 기공 속의 수분이 귀염증을 유발할 수 있으므로 기공이 많은 재료를 피해야 한다.

청력보호구의 차음효과
- 소음으로 인한 청력손실을 예방하는 최소한의 대책이다.
- 청력보호구는 머리의 모양이나 귓구멍에 잘 맞는 것을 사용한다.
- 청력보호구는 잘 고정시켜서 보호구 자체의 진동을 최소한도로 줄여야 한다.
- 청력보호구는 기공(氣孔)이 많으면 기공 속의 수분이 귀염증을 유발할 수 있으므로 기공이 많은 재료를 피해야 한다.
- 귀덮개 형식의 보호구는 머리카락이 길 때와 안경테가 굵어서 잘 밀착되지 않을 때는 사용이 어렵다.

45

0301

●————● Repetitive Learning 〔1회 2회 3회〕

분진이나 섬유유리 등으로부터 피부를 직접 보호하기 위해 사용하는 산업용 피부보호제는?

① 수용성 물질차단 피부보호제
② 피막형성형 피부보호제
③ 지용성 물질차단 피부보호제
④ 광과민성 물질차단 피부보호제

해설
- 피막형성 피부보호제는 분진이나 섬유유리 등으로부터 피부를 직접 보호하기 위해 사용하는 산업용 피부보호제이다.

0902 / 2103

46 ● Repetitive Learning [1회] [2회] [3회]

환기시설 내 기류가 기본적 유체역학적 원리에 의하여 지배되기 위한 전제 조건에 관한 내용으로 틀린 것은?

① 환기시설 내외의 열교환은 무시한다.
② 공기의 압축이나 팽창을 무시한다.
③ 공기는 포화 수증기 상태로 가정한다.
④ 대부분의 환기시설에서는 공기 중에 포함된 유해물질의 무게와 용량을 무시한다.

해설

- 공기는 건조하다고 가정한다.
- **환기시설 내 기류가 기본적 유체역학적 원리에 의하여 지배되기 위한 전제 조건** 실기 0403/1302
  - 환기시설 내외의 열교환은 무시한다.
  - 공기의 압축이나 팽창을 무시한다.
  - 대부분의 환기시설에서는 공기 중에 포함된 유해물질의 무게와 용량을 무시한다.
  - 공기는 건조하다고 가정한다.

1003 / 1401

47 ● Repetitive Learning [1회] [2회] [3회]

지적온도(optimum temperature)에 미치는 영향인자들의 설명으로 가장 거리가 먼 것은?

① 작업량이 클수록 체열 생산량이 많아 지적온도는 낮아진다.
② 여름철이 겨울철보다 지적온도가 높다.
③ 더운 음식물, 알콜, 기름진 음식 등을 섭취하면 지적온도는 낮아진다.
④ 노인들보다 젊은 사람의 지적온도가 높다.

해설

- 노인들보다 젊은 사람의 지적온도가 낮다.
- **지적온도(optimum temperature)** 실기 2004
  - 인간이 활동하기 가장 좋은 상태의 온열조건으로 환경온도를 감각온도로 표시한 것을 말한다.
  - 관점에 따라 3가지로 구분하면 주관적 관점의 쾌적감각온도, 생리적 관점의 기능지적온도, 생산적 관점의 최고생산온도로 분류한다.
  - 작업량이 클수록 체열 생산량이 많아 지적온도는 낮아진다.
  - 여름철이 겨울철보다 지적온도가 높다.
  - 더운 음식물, 알콜, 기름진 음식 등을 섭취하면 지적온도는 낮아진다.
  - 노인들보다 젊은 사람의 지적온도가 낮다.

---

48 ● Repetitive Learning [1회] [2회] [3회]

송풍기 배출구의 총합정압은 $20\,mmH_2O$이고, 흡인구의 총압전압은 $-90\,mmH_2O$이며 송풍기 전후의 속도압은 $20\,mmH_2O$이다. 이 송풍기의 실효정압(mmH_2O)은?

① -130 ② -110
③ $+130$ ④ $+110$

해설

- 송풍기 정압 FSP=송풍기 출구 정압−송풍기 입구 전압이다.
- 주어진 값을 대입하면 $20-(-90)=110\,mmH_2O$이다.
- **송풍기 정압(FSP)** 실기 0301/0501/0803/1201/1403/1702/1802/2002
  - 정압 FSP=송풍기전압(FTP)−송풍기 출구 속도압이다.
    =송풍기 출구 전압−송풍기 입구 전압−송풍기 출구 속도압이다.
    =송풍기 출구 정압−송풍기 입구 전압이다.

1303 / 1901

49 ● Repetitive Learning [1회] [2회] [3회]

덕트 직경이 30cm이고 공기유속이 10m/sec일 때, 레이놀즈수는 약 얼마인가?(단, 공기의 점성계수는 1.85×10^{-5} kg/sec·m, 공기밀도는 1.2kg/m^3이다)

① 195,000 ② 215,000
③ 235,000 ④ 255,000

해설

- 덕트 직경, 공기유속, 점성계수, 밀도가 주어졌으므로 레이놀즈수는 $Re = \dfrac{\rho v_s L}{\mu}$로 구할 수 있다.

- 대입하면 $Re = \dfrac{1.2 \times 10 \times 0.3}{1.85 \times 10^{-5}} = 1.945945 \cdots \times 10^5$이 된다.

❖ 레이놀즈(Reynolds)수 계산 실기 0303/0403/0502/0503/0603/0702/
1001/1201/1203/1301/1401/1601/1702/1801/1901/1902/1903/2001/2101/2103/
2201/2203

- $Re = \dfrac{\rho v_s^2 / L}{\mu v_s / L^2} = \dfrac{\rho v_s L}{\mu} = \dfrac{v_s L}{\nu} = \dfrac{관성력}{점성력}$ 로 구할 수 있다.

  v_s는 유동의 평균속도[m/s]

  L은 특성길이(관의 내경, 평판의 길이 등)[m]

  μ는 유체의 점성계수[kg/sec · m]

  ν는 유체의 동점성계수[m^2/s]

  ρ는 유체의 밀도[kg/m^3]

50

1401

───── • **Repetitive Learning** (1회 2회 3회)

작업장에서 Methyl Ethyl Ketone을 시간당 1.5리터 사용할 경우 작업장의 필요 환기량(m^3/min)은?(단, MEK의 비중은 0.805, TLV는 200ppm, 분자량은 72.1이고, 안전계수 K는 7로 하며 1기압 21℃ 기준임)

① 약 235 　② 약 465

③ 약 565 　④ 약 695

해설

- 공기 중에 계속 오염물질이 발생하고 있는 경우의 필요환기량 $Q = \dfrac{G \times K}{TLV}$로 구한다.
- 증발하는 MEK의 양은 있지만 공기 중에 발생하는 오염물질의 양은 없으므로 공기 중에 발생하는 오염물질의 양을 구한다.
- 비중은 질량/부피이므로 이를 이용하면 MEK 1.5L는 1,500mL × 0.805 = 1,207.5g/hr이다.
- 공기 중에 발생하고 있는 오염물질의 용량은 0℃, 1기압에 1몰당 22.4L인데 현재 21℃라고 했으므로 $22.4 \times \dfrac{294}{273} = 24.12 \cdots$ L이므로 1,207.5g은 $\dfrac{1,207.5}{72} = 16.770 \cdots$ 몰이므로 404.5L/hr이 발생한다.
- TLV는 200ppm이고 이는 200mL/m^3이므로 필요환기량 $Q = \dfrac{404.5 \times 1,000 \times 7}{200} = 14,157.5 m^3$/hr이 된다.
- 구하고자 하는 필요 환기량은 분당이므로 60으로 나눠주면 235.96m^3/min가 된다.

❖ 필요 환기량 실기 0401/0502/0601/0602/0603/0703/0801/0803/0901/
0903/1001/1002/1101/1201/1302/1403/1501/1601/1602/1702/1703/1801/1803/
1903/2001/2003/2004/2101/2201

- 후드로 유입되는 오염물질을 포함한 공기량을 말한다.

- 필요 환기량 Q = A · V로 구한다. 여기서 A는 개구면적, V는 제어속도이다.
- 공기 중에 계속 오염물질이 발생하고 있는 경우의 필요환기량 $Q = \dfrac{G \times K}{TLV}$로 구한다. 이때 G는 공기 중에 발생하고 있는 오염물질의 용량, TLV는 허용기준, K는 여유계수이다.

51

2103

───── • **Repetitive Learning** (1회 2회 3회)

보호구에 대한 설명으로 틀린 것은?

① 정전복은 마찰에 의하여 발생되는 정전기의 대전을 방지하기 위하여 사용된다.

② 방열의에는 석면제나 섬유에 알루미늄 등을 증착한 알루미나이즈 방열의가 사용된다.

③ 위생복(보호의)에서 방한복, 방한화, 방한모는 −8℃ 이하인 급냉동 창고 하역작업 등에 이용된다.

④ 안면 보호구에는 일반 보호면, 용접면, 안전모, 방진마스크 등이 있다.

해설

- 안전모는 머리 보호구이고, 방진마스크는 호흡용 보호구이다.

❖ 보호구

- 보호구는 안전모(머리 보호구), 눈 보호구, 안면 보호구, 귀 보호구, 호흡용 보호구, 손 보호구, 발 보호구, 안전대, 신체 보호구 등으로 구분된다.
- 신체 보호구에는 내열 방화복, 정전복, 위생보호복, 앞치마 등이 있다.
- 안면 보호구에는 보안경, 보안면 등이 있다.
- 호흡용 보호구에는 방진마스크, 방독마스크, 송기마스크, 공기호흡기 등이 있다.

52

1103 / 2101

───── • **Repetitive Learning** (1회 2회 3회)

회전차 외경이 600mm인 원심 송풍기의 풍량은 200m^3/min이다. 회전차 외경이 1000mm인 동류(상사구조)의 송풍기가 동일한 회전수로 운전된다면 이 송풍기의 풍량(m^3/min)은?(단, 두 경우 모두 표준공기를 취급한다)

① 333 　② 556

③ 926 　④ 2572

해설

- 송풍량은 회전차 직경의 세제곱에 비례한다.
- 송풍기의 회전수와 공기의 중량이 일정한 상태에서 회전차 직경이 $\frac{10}{6}$ 배로 증가하면 풍량은 $\left(\frac{10}{6}\right)^3$ 배로 증가한다.
- $200 \times \left(\frac{10}{6}\right)^3 = 925.925 \cdots [m^3/min]$이 된다.

:: 송풍기의 상사법칙 실기 0402/0403/0501/0701/0803/0902/0903/1001/1102/1103/1201/1303/1401/1501/1502/1503/1603/1703/1802/1901/1903/2001/2002

송풍기 크기 일정 공기 비중 일정	• 송풍량은 회전속도(비)에 비례한다. • 풍압(정압)은 회전속도(비)의 제곱에 비례한다. • 동력은 회전속도(비)의 세제곱에 비례한다.
송풍기 회전수 일정 공기의 중량 일정	• 송풍량은 회전차 직경의 세제곱에 비례한다. • 풍압(정압)은 회전차 직경의 제곱에 비례한다. • 동력은 회전차 직경의 오제곱에 비례한다.
송풍기 회전수 일정 송풍기 크기 일정	• 송풍량은 비중과 온도에 무관하다. • 풍압(정압)은 비중에 비례, 절대온도에 반비례한다. • 동력은 비중에 비례, 절대온도에 반비례한다.

---

53 ──── • Repetitive Learning [1회] [2회] [3회] `1303`

방진재료로 사용하는 방진고무의 장·단점으로 틀린 것은?

① 공기 중의 오존에 의해 산화된다.
② 내부마찰에 의한 발열 때문에 열화되고 내유 및 내열성이 약하다.
③ 동적배율이 낮아 스프링 정수의 선택범위가 좁다.
④ 고무 자체의 내부마찰에 의해 저항을 얻을 수 있고 고주파 진동의 차진에 양호하다.

해설

- 방진고무는 설계 자료가 잘 되어 있어서 용수철 정수를 광범위하게 선택할 수 있다.

:: 방진고무
 ㉠ 개요
 • 소형 또는 중형기계에 주로 많이 사용하며 적절한 방진 설계를 하면 높은 효과를 얻을 수 있는 방진 방법이다.
 ㉡ 특징

장점	• 형상의 선택이 비교적 자유롭다. • 자체의 내부마찰에 의해 저항을 얻을 수 있어 고주파 진동의 차진(遮振)에 양호하다. • 설계 자료가 잘 되어 있어서 용수철 정수를 광범위하게 선택할 수 있다. • 여러 가지 형태로 된 철물에 견고하게 부착할 수 있다.

단점	• 내후성, 내유성, 내약품성의 단점이 있다. • 내부마찰에 의한 발열 때문에 열화된다. • 공기 중의 오존에 의해 산화된다.

54 ──── • Repetitive Learning [1회] [2회] [3회] `1001`

보호장구의 재질과 적용화학물질에 관한 내용으로 틀린 것은?

① Butyl 고무는 극성용제에 효과적으로 적용할 수 있다.
② 가죽은 기본적인 찰과상 예방이 되며 용제에는 사용하지 못한다.
③ 천연고무(latex)는 절단 및 찰과상 예방에 좋으며 수용성 용액, 극성 용제에 효과적으로 적용할 수 있다.
④ Viton은 구조적으로 강하며 극성용제에 효과적으로 사용할 수 있다.

해설

- Viton은 니트릴 고무로 비극성 용제에 효과적이다.

:: 보호구 재질과 적용 물질

면	고체상 물질에 효과적이다.(용제에는 사용 못함)
가죽	찰과상 예방 용도(용제에는 사용 못함)
천연고무	절단 및 찰과상 예방에 좋으며 수용성 용액, 극성 용제(물, 알콜, 케톤류 등)에 효과적이다.
부틸 고무	극성 용제(물, 알콜, 케톤류 등)에 효과적이다.
니트릴 고무 (viton)	비극성 용제(벤젠, 사염화탄소 등)에 효과적이다.
네오프렌 (Neoprene) 고무	비극성 용제(벤젠, 사염화탄소 등), 산, 부식성 물질에 효과적이다.
Ethylene Vinyl Alcohol	대부분의 화학물질에 효과적이다.

55 ──── • Repetitive Learning [1회] [2회] [3회] `1201`

여과집진장치의 장·단점으로 가장 거리가 먼 것은?

① 다양한 용량을 처리할 수 있다.
② 탈진방법과 여과재의 사용에 따른 설계상의 융통성이 있다.
③ 섬유 여포상에서 응축이 일어날 때 습한 가스를 취급할 수 없다.
④ 집진효율이 처리가스의 양과 밀도 변화에 영향이 크다.

- 집진효율이 처리가스의 양과 밀도 변화에 영향이 적다.

여과제진장치 실기 0702/1002

㉠ 개요
- 여과재에 처리가스를 통과시켜 먼지를 분리, 제거하는 장치이다.
- 고효율 집진이 가능하며 직접차단, 관성충돌, 확산, 중력침강 및 정전기력 등이 복합적으로 작용하는 집진장치이다.
- 연속식은 고농도 함진 배기가스 처리에 적합하다.

㉡ 장점
- 조작불량을 조기에 발견할 수 있다.
- 다양한 용량(송풍량)을 처리할 수 있다.
- 미세입자에 대한 집진효율이 비교적 높은 편이다.
- 집진효율이 처리가스의 양과 밀도 변화에 영향이 적다.
- 탈진방법과 여과재의 사용에 따른 설계상의 융통성이 있다.

㉢ 단점
- 섬유 여포상에서 응축이 일어날 때 습한 가스를 취급할 수 없다.
- 압력손실은 여과속도의 제곱에 비례하므로 다른 방식에 비해 크다.
- 여과재는 고온 및 부식성 물질에 손상되어 수명이 단축된다.

56 ─── ● Repetitive Learning [1회] [2회] [3회]

외부식 후드의 필요송풍량을 절약하는 방법에 대한 설명으로 틀린 것은?

① 가능한 발생원의 형태와 크기에 맞는 후드를 선택하고 그 후드의 개구면을 발생원에 접근시켜 설치한다.
② 발생원의 특성에 맞는 후드의 형식을 선정한다.
③ 후드의 크기는 유해물질이 밖으로 빠져나가지 않도록 가능한 크게 하는 편이 좋다.
④ 가능하면 발생원의 일부만이라도 후드 개구 안에 들어가도록 설치한다.

해설

- 후드의 크기는 유해물질이 밖으로 빠져나가지 않도록 가능한 작게 하는 편이 좋다.

외부식 후드의 필요송풍량을 절약하는 방법
- 가능한 발생원의 형태와 크기에 맞는 후드를 선택하고 그 후드의 개구면을 발생원에 접근시켜 설치한다.
- 발생원의 특성에 맞는 후드의 형식을 선정한다.
- 후드의 크기는 유해물질이 밖으로 빠져나가지 않도록 가능한 작게 하는 편이 좋다.
- 가능하면 발생원의 일부만이라도 후드 개구 안에 들어가도록 설치한다.

- 자유공간보다는 바닥이나 면에 고정된 것이, 플랜지가 없는 것보다는 플랜지를 부착한 것이 좋다.

0703 / 1701

57 ─── ● Repetitive Learning [1회] [2회] [3회]

덕트 주관에 45°로 분지관이 연결되어 있다. 주관과 분지관의 반응속도는 모두 18m/s이고, 주관의 압력손실계수는 0.2이며, 분지관의 압력손실계수는 0.28이다. 주관과 분지관의 합류에 의한 압력손실(mmH_2O)은?(단, 공기밀도는 $1.2kg/m^3$)

① 9.5
② 8.5
③ 7.5
④ 6.5

해설

- 속도와 밀도가 모두 동일하므로 속도압은 $\dfrac{1.2 \times 18^2}{2 \times 9.8} = 19.84$로 동일하다.
- 압력손실 $\triangle P = F \times VP$로 구한다.
- 주관의 압력손실은 $0.2 \times 19.84 = 3.970$이고, 분기관의 압력손실은 $0.28 \times 19.84 = 5.560$이므로 합류관 압력손실은 $3.97 + 5.56 = 9.53$ $[mmH_2O]$이다.

합류관 압력손실 실기 0502/0701/1603/1903
- 2개의 관이 합류되는 합류관의 압력손실은 주관과 분기관의 압력손실의 합과 같다.
- 압력손실 $\triangle P = F_1 \times VP_1 + F_2 \times VP_2$로 구한다.

1202

58 ─── ● Repetitive Learning [1회] [2회] [3회]

길이, 폭, 높이가 각각 30m, 10m, 4m인 실내공간을 1시간당 12회의 환기를 하고자 한다. 이 실내의 환기를 위한 유량(m^3/min)은?

① 240
② 290
③ 320
④ 360

해설

- 공기교환 횟수가 $\dfrac{필요환기량}{작업장 기적(용적)}$이므로 필요환기량은 공기교환횟수×작업장 용적이다.
- 작업장 용적이 $30 \times 10 \times 4 = 1,200 m^3$이고, 환기횟수가 시간당 12회이므로 계산하면 필요환기량은 $14,400 m^3$/h이고 이를 분당으로 변형하면 $\dfrac{14400}{60} = 240 m^3$/min이다.

시간당 공기의 교환횟수(ACH) 실기 0502/0802/1001/1102/1103/1203/1303/1403/1503/1702/1902/2002/2102/2103/2202

- 경과시간과 이산화탄소의 농도가 주어질 경우의 시간당 공기의 교환횟수는

$$\frac{\ln(\text{초기 } CO_2\text{농도}-\text{외부 } CO_2 \text{ 농도})-\ln(\text{경과 후 } CO_2\text{농도}-\text{외부 } CO_2 \text{ 농도})}{\text{경과 시간[hr]}}$$

로 구한다.
- 작업장 기적(용적)과 필요 환기량이 주어지는 경우의 시간당 공기교환 횟수는 $\dfrac{\text{필요환기량}(m^3/hr)}{\text{작업장 용적}(m^3)}$ 으로 구한다.

59
0302

● Repetitive Learning (1회 2회 3회)

연기발생기 이용에 관한 설명으로 가장 거리가 먼 것은?

① 오염물질의 확산이동 관찰
② 공기의 누출입에 의한 음과 축수상자의 이상음 점검
③ 후드로부터 오염물질의 이탈 요인 규명
④ 후드 성능에 미치는 난기류의 영향에 대한 평가

해설

- 연기발생기는 시각적으로 공기의 흐름을 확인하는 장치로 소리의 청취는 불가능하다.

연기발생기
- 오염물질의 확산이동 관찰
- 후드로부터 오염물질의 이탈 요인 규명
- 후드 성능에 미치는 난기류의 영향에 대한 평가

60
0801 / 1102

● Repetitive Learning (1회 2회 3회)

작업환경관리 원칙 중 대치에 관한 설명으로 옳지 않은 것은?

① 야광시계 자판에 Radium을 인으로 대치한다.
② 건조 전에 실시하던 점토배합을 건조 후 실시한다.
③ 금속세척 작업 시 TCE를 대신하여 계면활성제를 사용한다.
④ 분체 입자를 큰 입자로 대치한다.

해설

- 대치가 되려면 도자기 제조공정에서 건조 후에 하던 점토의 조합을 건조 전에 한다.

대치의 원칙

시설의 변경	• 가연성 물질을 유리병 대신 철제통에 저장 • Fume 배출 드라프트의 창을 안전 유리창으로 교체
공정의 변경	• 건식공법의 습식공법으로 전환 • 전기 흡착식 페인트 분무방식 사용 • 금속을 두들겨 자르던 공정을 톱으로 절단 • 알코올을 사용한 엔진 개발 • 도자기 제조공정에서 건조 후에 하던 점토의 조합을 건조 전에 실시 • 땜질한 납 연마 시 고속회전 그라인더의 사용을 저속 Oscillating-typesander로 변경
물질의 변경	• 성냥 제조시 황린 대신 적린 사용 • 단열재 석면을 대신하여 유리섬유나 암면 또는 스티로폼 등을 사용 • 야광시계 자판에 Radium을 인으로 대치 • 금속표면을 블라스팅할 때 사용재료로서 모래 대신 철구슬을 사용 • 페인트 희석제를 석유나프타에서 사염화탄소로 대치 • 분체 입자를 큰 입자로 대체 • 금속세척 시 TCE를 대신하여 계면활성제로 변경 • 세탁 시 화재 예방을 위해 석유나프타 대신 4클로로에틸렌을 사용 • 세척작업에 사용되는 사염화탄소를 트리클로로에틸렌으로 전환 • 아조염료의 합성에 벤지딘 대신 디클로로벤지딘을 사용 • 페인트 내에 들어있는 납을 아연 성분으로 전환

61
0603

● Repetitive Learning (1회 2회 3회)

인체에 적당한 기류(온열요소)속도 범위로 맞는 것은?

① 2~3m/min
② 6~7m/min
③ 12~13m/min
④ 16~17m/min

해설

- 인체에 적당한 온열요소 중 기류는 실내 0.2~0.3m/sec, 실외 1m/sec이며, 분당으로는 6~7m/min이다.

인체에 적당한 온열요소
- 기온 18±2℃이다.
- 기습은 40~70%이다.
- 기류는 실내 0.2~0.3m/sec, 실외 1m/sec이며, 분당으로는 6~7m/min이다.

62

0301 / 0703 / 2103

Repetitive Learning 〔1회 2회 3회〕

전리방사선이 인체에 미치는 영향에 관여하는 인자와 가장 거리가 먼 것은?

① 전리작용
② 회절과 산란
③ 피폭선량
④ 조직의 감수성

해설

• 전리방사선이 인체에 미치는 영향은 전리방사선의 투과력, 전리작용, 피폭방법, 피폭선량, 조직감수성 등에 따라 달라진다.
⁑ 전리방사선의 영향
　• 전리방사선의 물리적 에너지는 생체내에서 전리작용을 함으로 인해 생체에 파괴적으로 작용하여 염색체, 세포 그리고 조직의 파괴와 사멸을 초래한다.
　• 인체에 미치는 영향은 전리방사선의 투과력, 전리작용, 피폭방법, 피폭선량, 조직감수성 등에 따라 달라진다.

63

1202

Repetitive Learning 〔1회 2회 3회〕

70dB(A)의 소음을 발생하는 두 개의 기계가 동시에 소음을 발생시킨다면 얼마 정도가 되겠는가?

① 73dB(A)
② 76dB(A)
③ 80dB(A)
④ 140dB(A)

해설

• 70dB(A)의 소음 2개가 만드는 합성소음은
$10\log(10^{7.0}+10^{7.0}) = 10 \times 7.301 = 73.01$이 된다.

⁑ 합성소음 실기 0401/0801/0901/1403/1602
문제 24번의 유형별 핵심이론 ⁑ 참조

64

1101 / 2003

Repetitive Learning 〔1회 2회 3회〕

다음 중 저온에 의한 1차적 생리적 영향에 해당하는 것은?

① 말초혈관의 수축
② 근육긴장의 증가와 전율
③ 혈압의 일시적 상승
④ 조직대사의 증진과 식용항진

해설

• ①, ③, ④는 저온에 의한 2차적 영향에 해당한다.
⁑ 저온에 의한 생리적 영향
　㉠ 1차적 영향
　　• 피부혈관의 수축
　　• 근육긴장의 증가와 전율
　　• 화학적 대사작용의 증가
　　• 체표면적의 감소
　㉡ 2차적 영향
　　• 말초혈관의 수축
　　• 혈압의 일시적 상승
　　• 조직대사의 증진과 식용항진

65

1302

Repetitive Learning 〔1회 2회 3회〕

음(Sound)의 용어를 설명한 것으로 틀린 것은?

① 음선－음의 진행방향을 나타내는 선으로 파면에 수직한다.
② 파면－다수의 음원이 동시에 작용할 때 접촉하는 에너지가 동일한 점들을 연결한 선이다.
③ 음파－공기 등의 매질을 통하여 전파하는 소밀파이며, 순음의 경우 정현파적으로 변화한다.
④ 파동－음에너지의 전달은 매질의 운동에너지와 위치에너지의 교번작용으로 이루어진다.

해설

• 파면은 파동의 동일한 위상을 연결한 선을 말한다.
⁑ 음(Sound)의 용어

음선	음의 진행방향을 나타내는 선으로 파면에 수직한다.
파면	파동의 동일한 위상을 연결한 선을 말한다.
음파	공기 등의 매질을 통하여 전파하는 소밀파이며, 순음의 경우 정현파적으로 변화한다.
파동	음에너지의 전달은 매질의 운동에너지와 위치에너지의 교번작용으로 이루어진다.

66

0301 / 0701 / 0803

Repetitive Learning 〔1회 2회 3회〕

전리방사선을 인체 투과력이 큰 것에서부터 작은 순서대로 나열한 것은?

① γ선＞β선＞α선
② β선＞γ선＞α선
③ β선＞α선＞γ선
④ α선＞β선＞γ선

해설
- 투과력을 순서대로 배열하면 중성자>X선 또는 γ선>β선>α선 순이다.

🔖 방사선의 투과력
- 투과력을 순서대로 배열하면 중성자>X선 또는 γ선>β선>α선 순이다.
- 입자형태의 방사선(입자방사선)은 α선, β선, 중성자선 등이 있다.
- 빛이나 전파로 존재하는 방사선(전자기방사선)은 γ선, X선이 있다.

67 ────── Repetitive Learning 1회 2회 3회

일반소음의 차음효과는 벽체의 단위표적면에 대하여 벽체의 무게를 2배로 할 때 또는 주파수가 2배로 증가될 때 차음은 몇 dB 증가하는가?

① 2dB
② 6dB
③ 10dB
④ 15dB

해설
- 단위면적당 질량이 2배로 증가하면 투과손실은 6dB 증가효과를 갖는다.

🔖 투과손실
- 재료의 한쪽 면에 입사되는 소리에너지와 재료의 후면으로 통과되어 나오는 소리에너지의 차이를 말한다.
- 투과손실은 차음 성능을 dB 단위로 나타내는 수치라 할 수 있다.
- 투과손실의 값이 클수록 차음성능이 우수한 재료라 할 수 있다.
- 투과손실 $TL = 20\log\dfrac{mw}{2\rho c}$로 구할 수 있다. 이때 m은 질량, w는 각주파수, ρ는 공기의 밀도, c는 음속에 해당한다.
- 동일한 벽일 경우 단위면적당 질량 m이 증가할수록 투과손실이 증가한다.
- 단위면적당 질량이 2배로 증가하면 투과손실은 6dB 증가효과를 갖는다.

68 ────── Repetitive Learning 1회 2회 3회

다음 설명에 해당하는 방진재료는?

- 여러 가지 형태로 철물에 부착할 수 있다.
- 자체의 내부마찰에 의해 저항을 얻을 수 있다.
- 내구성 및 내약품성이 문제가 될 수 있다.

① 펠트
② 코일용수철
③ 방진고무
④ 공기용수철

해설
- 펠트는 양모의 축융성을 이용하여 양모 또는 양모와 다른 섬유와의 혼합섬유를 수분, 열, 압력을 가하여 문질러서 얻는 재료로 양탄자 등을 만들 때 사용하는 방진재료이다.
- 금속 스프링은 환경요소에 대한 저항성이 크며 저주파 차진에 좋으나 감쇠가 거의 없으며 공진 시에 전달률이 매우 큰 방진재료이다.
- 공기스프링은 지지하중이 크게 변하는 경우에는 높이 조정변에 의해 그 높이를 조절할 수 있어 설비의 높이를 일정레벨을 유지시킬 수 있으며, 하중 변화에 따라 고유진동수를 일정하게 유지할 수 있고, 부하능력이 광범위하고 자동제어가 가능한 방진재료이다.

🔖 방진고무
문제 53번의 유형별 핵심이론 🔖 참조

69 ────── Repetitive Learning 1회 2회 3회

소음성 난청인 C5-dip 현상은 어느 주파수에서 잘 일어나는가?

① 2,000Hz
② 4,000Hz
③ 6,000Hz
④ 8,000Hz

해설
- 소음성 난청의 초기 증상을 C5-dip현상이라 하며, 이는 4,000Hz에 대한 청력손실이 특징적으로 나타난다.

🔖 소음성 난청 0703/1501/2101
- 초기 증상을 C5-dip현상이라 한다.
- 대부분 양측성이며, 감각 신경성 난청에 속한다.
- 내이의 세포변성을 원인으로 볼 수 있다.
- 4,000Hz에 대한 청력손실이 특징적으로 나타난다.
- 고주파음역(4,000~6,000Hz)에서의 손실이 더 크다.
- 음압수준이 높을수록 유해하다.
- 소음성 난청은 심한 소음에 반복하여 노출되어 나타나는 영구적 청력 변화로 코르티 기관에 손상이 온 것이므로 회복이 불가능하다.

70 ────── Repetitive Learning 1회 2회 3회

해수면의 산소분압은 약 얼마인가?(단, 표준상태 기준이며, 공기 중 산소함유량은 21vol%이다)

① 90mmHg
② 160mmHg
③ 210mmHg
④ 230mmHg

해설
- 해수면의 산소함유량은 21vol%이므로 산소의 분압은 760×0.21= 159.6mmHg이다.

대기 중의 산소분압 실기 0702
- 분압이란 대기 중 특정 기체가 차지하는 압력의 비를 말한다.
- 대기압은 1atm=760mmHg=10,332mmH$_2$O=101.325kPa이다.
- 대기 중 산소는 21%의 비율로 존재하므로 산소의 분압은 760 ×0.21=159.6mmHg이다.
- 산소의 분압은 산소의 농도에 비례한다.

1401 / 1903

71 ●—— Repetitive Learning [1회] [2회] [3회]

높은(고)기압에 의한 건강영향이 설명으로 틀린 것은?

① 청력의 저하, 귀의 압박감이 일어나며 심하면 고막파열이 일어날 수 있다.

② 부비강 개구부 감염 혹은 기형으로 폐쇄된 경우 심한구토, 두통 등의 증상을 일으킨다.

③ 압력상승이 급속한 경우 폐 및 혈액으로 탄산가스의 일과성 배출이 일어나 호흡이 억제된다.

④ 3~4 기압의 산소 혹은 이에 상당하는 공기 중 산소분압에 의하여 중추신경계의 장해에 기인하는 운동장해를 나타내는 데 이것을 산소중독이라고 한다.

해설
- 압력상승이 급속한 경우 폐 및 혈액으로 탄산가스의 일과성 배출이 억제되어 산소의 독성과 질소의 마취작용이 증가하면서 동시에 호흡이 급해진다.

높은(고)기압 미치는 영향
- 청력의 저하, 귀의 압박감이 일어나며 심하면 고막파열이 일어날 수 있다.
- 부비강 개구부 감염 혹은 기형으로 폐쇄된 경우 심한구토, 두통 등의 증상을 일으킨다.
- 압력상승이 급속한 경우 폐 및 혈액으로 탄산가스의 일과성 배출이 억제되어 산소의 독성과 질소의 마취작용이 증가하면서 동시에 호흡이 급해진다.
- 3~4기압의 산소 혹은 이에 상당하는 공기 중 산소분압에 의하여 중추신경계의 장해에 기인하는 운동장해를 나타내는 데 이것을 산소중독이라고 한다.

0403 / 0603

72 ●—— Repetitive Learning [1회] [2회] [3회]

장시간 온열환경에 노출 후 대량의 염분상실을 동반한 땀의 과다로 인하여 발생하는 증상은?

① 열경련　　　　　② 열피로
③ 열사병　　　　　④ 열성발진

해설
- 열피로는 고온환경에서 육체노동에 종사할 때 일어나기 쉬운 것으로 탈수로 인하여 혈장량이 감소할 때 발생하는 건강장해이다.
- 열사병은 고온다습한 환경에서 격심한 육체노동을 할 때 발병하는 중추성 체온조절 기능장애이다.
- 열성발진은 작업환경에서 가장 흔히 발생하는 피부장해로서 땀에 젖은 피부 각질층이 떨어져 땀구멍을 막아 염증성 반응을 일으켜 붉은 구진 형태로 나타난다.

열경련(Heat cramp) 실기 1001/1803/2101
- ㉠ 개요
  - 장시간 온열환경에 노출 후 대량의 염분상실을 동반한 땀의 과다로 인하여 수의근의 유통성 경련이 발생하는 고열장해이다.
  - 고온환경에서 심한 육체노동을 할 때 잘 발생한다.
  - 복부와 사지 근육의 강직이 일어난다.
- ㉡ 대책
  - 생리 식염수 1~2리터를 정맥 주사하거나 0.1%의 식염수를 마시게 하여 수분과 염분을 보충한다.

1101

73 ●—— Repetitive Learning [1회] [2회] [3회]

레이노(Raynaud) 증후군의 발생 가능성이 가장 큰 작업은?

① 인쇄작업　　　　② 용접작업
③ 보일러 수리 및 가동　　④ 공기 해머(hammer) 작업

해설
- 레이노 증후군은 국소진동에 의해 발생하는데, 보기 중 국소진동이 발생하는 것은 공기 해머이다.

레이노 현상(Raynaud's phenomenon)
- 국소진동에 의하여 손가락의 창백, 청색증, 저림, 냉감, 동통이 나타나는 장해이다.
- 그라인더 등의 손공구를 저온환경에서 사용할 때 나타나는 장해이다.

0602 / 1301

74 ●—— Repetitive Learning [1회] [2회] [3회]

레이저(Lasers)에 관한 설명으로 틀린 것은?

① 레이저광에 가장 민감한 표적기관은 눈이다.

② 레이저광은 출력이 대단히 강력하고 극히 좁은 파장범위를 갖기 때문에 쉽게 산란하지 않는다.

③ 파장, 조사량 또는 시간 및 개인의 감수성에 따라 피부에 홍반, 수포형성, 색소침착 등이 생긴다.

④ 레이저광 중 에너지의 양을 지속적으로 축적하여 강력한 파동을 발생시키는 것을 지속파라 한다.

- 레이저광 중 에너지의 양을 지속적으로 축적하여 강력한 파동을 발생시키는 것을 맥동파라 하고 이는 지속파보다 그 장해를 주는 정도가 크다.

레이저(Lasers)
- 레이저란 자외선, 가시광선, 적외선 가운데 인위적으로 특정한 파장부위를 강력하게 증폭시켜 얻은 복사선이다.
- 양자역학을 응용하여 아주 짧은 파장의 전자기파를 증폭 또는 발진하여 발생시키며, 단일파장이고 위상이 고르며 간섭현상이 일어나기 쉬운 특성이 있는 비전리방사선이다.
- 강력하고 예리한 지향성을 지닌 광선이다.
- 출력이 대단히 강력하고 극히 좁은 파장범위를 갖기 때문에 쉽게 산란하지 않는다.
- 레이저광에 가장 민감한 표적기관은 눈이다.
- 파장, 조사량 또는 시간 및 개인의 감수성에 따라 피부에 홍반, 수포형성, 색소침착 등이 생기며 이는 가역적이다.
- 위험정도는 광선의 강도와 파장, 노출기간, 노출된 신체부위에 따라 달라진다.
- 레이저장해는 광선의 파장과 특정 조직의 광선 흡수능력에 따라 장해출현 부위가 달라진다.
- 200~400nm의 자외선 레이저광에서는 파장이 짧아질수록 눈에 대한 투과력이 감소한다.
- 피부에 대한 영향은 700nm~1mm에서 다소 강하게 작용한다.
- 레이저광 중 에너지의 양을 지속적으로 축적하여 강력한 파동을 발생시키는 것을 맥동파라 하고 이는 지속파보다 그 장해를 주는 정도가 크다.

---

75 ● Repetitive Learning ⌈1회⌉⌈2회⌉⌈3회⌉

0601

중심주파수가 8,000Hz인 경우, 하한 주파수와 상한 주파수로 가장 적절한 것은?(단, 1/1 옥타브 밴드 기준)

① 5,150Hz, 10,300Hz
② 5,220Hz, 10,500Hz
③ 5,420Hz, 11,000Hz
④ 5,650Hz, 11,300Hz

- $fc = 8,000$이므로 하한 주파수 $fl = \dfrac{8,000}{\sqrt{2}} = 5,656.854 \cdots$Hz가 된다.
- 하한 주파수가 5,657Hz이면, 상한 주파수는 11,314Hz가 된다.

주파수 분석 실기 0601/0902/1401/1501/1701
- 소음의 특성을 분석하여 소음 방지기술에 활용하는 방법이다.
- 1/1 옥타브 밴드 분석 시 $\dfrac{fu}{fl} = 2$, $fc = \sqrt{fl \times fu} = \sqrt{2}\,fl$로 구한다. 이때 fl은 하한 주파수, fu는 상한 주파수, fc는 중심 주파수이다.

---

76 ● Repetitive Learning ⌈1회⌉⌈2회⌉⌈3회⌉

감압과정에서 발생하는 감압병에 관한 설명으로 틀린 것은?

① 증상에 따른 진단은 매우 용이하다.
② 감압병의 치료는 재가압 산소요법이 최상이다.
③ 중추신경계 감압병은 고공비행사는 뇌에, 잠수사는 척수에 더 잘 발생한다.
④ 감압병 환자는 수중재가압으로 시행하여 현장에서 즉시 치료하는 것이 바람직하다.

- 감압병의 증상을 보일 경우 환자를 원래의 고압환경에 복귀시키거나 인공적 고압실에 넣어 혈관 및 조직 속에 발생한 질소의 기포를 다시 용해시킨 후 천천히 감압한다.

잠함병(감압병)
- 잠함과 같은 수중구조물에서 주로 발생하여 케이슨(Caisson)병이라고도 한다.
- 고기압상태에서 저기압으로 변할 때 체액 및 지방조직에 질소 기포 증가로 인해 발생한다.
- 중추신경계 감압병은 고공비행사는 뇌에, 잠수사는 척수에 더 잘 발생한다.
- 동통성 관절장애(Bends)는 감압증에서 흔히 나타나는 급성장애이다.
- 질소의 기포가 뼈의 소동맥을 막아서 비감염성 골괴사를 일으키기도 한다.
- 관절, 심부 근육 및 뼈에 동통이 일어나는 것을 bends라 한다.
- 흉통 및 호흡곤란은 흔하지 않은 특수형 질식이다.
- 마비는 감압증에서 주로 나타나는 중증 합병증으로 하지의 강직성 마비가 나타나는데 이는 척수나 그 혈관에 기포가 형성되어 일어난다.
- 재가압 산소요법으로 주로 치료한다.

---

77 ● Repetitive Learning ⌈1회⌉⌈2회⌉⌈3회⌉

빛과 밝기의 단위에 관한 내용으로 맞는 것은?

① Lumen : 1촉광의 광원으로부터 1m 거리에 1m² 면적에 투사되는 빛의 양
② 촉광 : 지름이 10cm 되는 촛불이 수평방향으로 비칠 때의 빛의 광도
③ Lux : 1루멘의 빛이 1m²의 구면상에 수직으로 비추어질 때의 그 평면의 빛 밝기
④ Foot-candle : 1촉광의 빛이 1in²의 평면상에 수평 방향으로 비칠 때의 그 평면의 빛의 밝기

- 1루멘은 1cd의 광도를 갖는 광원에서 단위입체각으로 발산되는 광속의 단위이다.
- 1촉광은 지름이 1인치 되는 촛불이 수평방향으로 비칠 때의 밝기이다.
- 1Foot-candle은 1루멘의 빛이 $1ft^2$의 평면상에 수직 방향으로 비칠 때 그 평면의 빛 밝기를 말한다.

- ∷ 조도(照度)
  - 조도는 특정 지점에 도달하는 광의 밀도를 말한다.
  - 단위는 럭스(Lux)를 사용한다.
  - 1Lux는 1lumen의 빛이 $1m^2$의 평면상에 수직으로 비칠 때의 밝기이다.
  - 반사체의 반사율과는 상관없이 일정한 값을 갖는다.
  - 거리의 제곱에 반비례하고, 광도에 비례하므로 $\frac{광도}{(거리)^2}$으로 구한다.

78
1302 • Repetitive Learning 1회 2회 3회

일반적으로 인공조명 시 고려하여야 할 사항으로 가장 적절하지 않은 것은?

① 광색은 백색에 가깝게 한다.
② 가급적 간접조명이 되도록 한다.
③ 조도는 작업상 충분히 유지시킨다.
④ 조명도는 균등히 유지할 수 있어야 한다.

- 광색은 주광색에 가깝도록 할 것

- ∷ 인공조명시에 고려하여야 할 사항
  - 조명도를 균등히 유지할 것
  - 경제적이며 취급이 용이할 것
  - 광색은 주광색에 가깝도록 할 것
  - 장시간 작업시 가급적 간접조명이 되도록 설치할 것
  - 폭발성 또는 발화성이 없으며 유해가스를 발생하지 않을 것
  - 일반적인 작업 시 좌상방에서 비치도록 할 것

79
0801 • Repetitive Learning 1회 2회 3회

마이크로파의 생체작용과 가장 거리가 먼 것은?

① 체표면은 조기에 온감을 느낀다.
② 두통, 피로감, 기억력 감퇴 등을 나타낸다.
③ 500~1,000Hz의 마이크로파는 백내장을 일으킨다.
④ 중추신경에 대해서는 300~1,200Hz의 주파수 범위에서 가장 민감하다.

- 주파수 1,000~10,000Hz의 영역에서 백내장을 일으키며, 이는 조직온도의 상승과 관계가 있다.

- ∷ 마이크로파(Microwave)
  - 주파수의 범위는 10~30,000MHz 정도이다.
  - 중추신경에 대하여는 300~1,200MHz의 주파수 범위에서 가장 민감하다.
  - 주파수 1,000~10,000Hz의 영역에서 백내장을 일으키며, 이는 조직온도의 상승과 관계가 있다.
  - 마이크로파의 열작용에 많은 영향을 받는 기관은 생식기와 눈이다.
  - 두통, 피로감, 기억력 감퇴 등의 증상을 유발시킨다.
  - 유전 및 생식기능에 영향을 주며, 중추신경계의 증상으로 성적 흥분 감퇴, 정서 불안정 등을 일으킨다.
  - 혈액 내의 백혈구 수의 증가, 망상 적혈구의 출현, 혈소판의 감소가 나타난다.
  - 체표면은 조기에 온감을 느낀다.
  - 마이크로파의 에너지량은 거리의 제곱에 반비례한다.

80
• Repetitive Learning 1회 2회 3회

고압 및 고압산소요법의 질병 치료기전과 가장 거리가 먼 것은?

① 간장 및 신장 등 내분비계 감수성 증가효과
② 체내에 형성된 기포의 크기를 감소시키는 압력효과
③ 혈장내 용존산소량을 증가시키는 산소분압 상승 효과
④ 모세혈관 신생촉진 및 백혈구의 살균능력항진 등창상 치료효과

- 간장 및 신장 등 내분비계 감수성 감소효과가 고압 질병의 치료기전이 된다.

- ∷ 고압 및 고압산소요법의 질병 치료기전
  - 간장 및 신장 등 내분비계 감수성 감소효과
  - 체내에 형성된 기포의 크기를 감소시키는 압력효과
  - 혈장내 용존산소량을 증가시키는 산소분압 상승 효과
  - 모세혈관 신생촉진 및 백혈구의 살균능력항진 등창상 치료효과

81

0302

● Repetitive Learning 1회 2회 3회

페노바비탈은 디란틴을 비활성화시키는 효소를 유도함으로써 급·만성의 독성이 감소될 수 있다. 이러한 상호작용을 무엇이라고 하는가?

① 상가작용
② 부가작용
③ 단독작용
④ 길항작용

해설

• 상가작용은 공기 중의 두 가지 물질이 혼합되어 상대적 독성수치가 2+3=5와 같이 나타날 때의 반응이다.

❉ 길항작용(antagonism) 실기 0602/0603/1203/1502/2201/2203
  • 2종 이상의 화학물질이 혼재했을 경우 서로의 작용을 감퇴시키거나 작용이 없도록 하는 경우를 말한다.
  • 공기 중의 두 가지 물질이 혼합되어 상대적 독성수치가 2+3=0과 같이 나타날 때의 반응이다.
  • 독성물질의 생체과정인 흡수, 분포, 생전환, 배설 등의 변화를 일으켜 독성이 낮아지는 경우를 배분적 길항작용이라고 한다.

82

0703 / 1201 / 1902

● Repetitive Learning 1회 2회 3회

화학적 질식제(chemical asphyxiant)에 심하게 노출되었을 경우 사망에 이르게 되는 이유로 적절한 것은?

① 폐에서 산소를 제거하기 때문
② 심장의 기능을 저하시키기 때문
③ 폐 속으로 들어가는 산소의 활용을 방해하기 때문
④ 신진대사 기능을 높여 가용한 산소가 부족해지기 때문

해설

• 화학적 질식제는 혈액 중 산소운반능력을 방해하거나 기도나 폐조직을 손상시키는 질식제를 말한다.

❉ 질식제
  • 질식제란 조직 내의 산화작용을 방해하는 화학물질을 말한다.
  • 질식제는 단순 질식제와 화학적 질식제로 구분할 수 있다.

단순 질식제	• 생리적으로는 아무 작용도 하지 않으나 공기 중에 많이 존재하여 산소분압을 저하시켜 조직에 필요한 산소의 공급부족을 초래하는 물질
	• 수소, 질소, 헬륨, 이산화탄소, 메탄, 아세틸렌 등
화학적 질식제	• 혈액 중 산소운반능력을 방해하는 물질
	• 일산화탄소, 아닐린, 시안화수소 등
	• 기도나 폐 조직을 손상시키는 물질
	• 황화수소, 포스겐 등

83

1102

● Repetitive Learning 1회 2회 3회

유해물질이 인체에 미치는 유해성(건강영향)을 좌우하는 인자로 그 영향이 적은 것은?

① 호흡량
② 개인의 감수성
③ 유해물질의 밀도
④ 유해물질의 노출시간

해설

• 유해물질이 인체에 미치는 영향을 결정하는 인자에는 ①, ②, ④ 외에 유해물질의 농도, 기상조건 등이 있다.

❉ 유해물질이 인체에 미치는 영향을 결정하는 인자
  • 작업강도 및 호흡량
  • 개인의 감수성
  • 유해물질의 농도
  • 유해물질의 노출시간
  • 기상조건

84

2102

● Repetitive Learning 1회 2회 3회

생물학적 모니터링(biological monitoring)에 관한 설명으로 옳지 않은 것은?

① 주목적은 근로자 채용 시기를 조정하기 위하여 실시한다.
② 건강에 영향을 미치는 바람직하지 않은 노출상태를 파악하는 것이다.
③ 최근의 노출량이나 과거로부터 축적된 노출량을 파악한다.
④ 건강상의 위험은 생물학적 검체에서 물질별 결정인자를 생물학적 노출지수와 비교하여 평가된다.

해설

• 생물학적 모니터링의 주 목적은 근로자 노출 평가와 건강상의 영향 평가에 있다.

❉ 생물학적 모니터링
  • 작업자의 생물학적 시료에서 화학물질의 노출을 추정하는 것을 말한다.
  • 모든 노출경로에 의한 흡수정도를 나타낼 수 있다.
  • 최근의 노출량이나 과거로부터 축적된 노출량을 파악한다.
  • 건강상의 위험은 생물학적 검체에서 물질별 결정인자를 생물학적 노출지수와 비교하여 평가된다.
  • 근로자 노출 평가와 건강상의 영향 평가 두 가지 목적으로 모두 사용될 수 있다.
  • 생물학적 검체인 호기, 소변, 혈액 등에서 결정인자를 측정하여 노출정도를 추정하는 방법이다.

- 결정인자는 공기 중에서 흡수된 화학물질이나 그것의 대사산물 또는 화학물질에 의해 생긴 가역적인 생화학적 변화이다.
- 내재용량은 최근에 흡수된 화학물질의 양, 여러 신체 부분이나 몸 전체에서 저장된 화학물질의 양, 체내 주요 조직이나 부위의 작용과 결합한 화학물질의 양을 나타낸다.
- 공기 중 노출기준(TLV)이 설정된 화학물질의 수는 생물학적 노출기준(BEI)보다 더 많다.

1202 / 1903

85 ──────● Repetitive Learning

다음 표와 같은 크롬중독을 스크린 하는 검사법을 개발하였다면 이 검사법의 특이도는 얼마인가?

구분		크롬중독진단		합계
		양성	음성	
검사법	양성	15	9	24
	음성	9	21	30
합계		24	30	54

① 68%　　　　　　② 69%
③ 70%　　　　　　④ 71%

해설
- 실제 정상인 사람 30명 중 검사법에 의해 정상으로 판명된 경우는 21명이므로 민감도는 $\frac{21}{30} = 0.7$이므로 70%가 된다.

∷ 검사법의 특이도(specificity)
- 실제 정상인 사람 중에서 새로운 진단방법이 정상이라고 판명한 사람의 비율을 말한다.
- 실제 정상인 사람은 중독진단에서 음성인 인원수이다.
- 새로운 검사법에 의해 정상인 사람은 새로운 검사법에 의해 음성인 인원수이다.

86 ──────● Repetitive Learning

진폐증을 일으키는 물질이 아닌 것은?

① 철　　　　　　　② 흑연
③ 베릴륨　　　　　④ 셀레늄

해설
- 셀레늄은 독성과 친화성이 있는 비금속 원소로 구리광석을 제련할 때 부산물로 얻어지는 물질이다. 다량일 경우 독성을 나타내지만 인체에 꼭 필요한 항산화물질로 산화스트레스를 줄이는 역할을 한다.

∷ 진폐증의 독성병리기전
- 진폐증의 대표적인 병리소견은 섬유증(fibrosis)이다.
- 섬유증이 동반되는 진폐증의 원인물질로는 석면, 알루미늄, 베릴륨, 철, 흑연, 석탄분진, 실리카 등이 있다.
- 폐포탐식세포는 분진탐식 과정에서 염증매개성 물질을 분비하고 중성구와 T cell과 같은 염증세포들을 활성화시켜 폐섬유화와 조직손상을 야기시킨다.
- 콜라겐 섬유가 증식하면 폐의 탄력성이 떨어져 호흡곤란, 지속적인 기침, 폐기능 저하를 가져온다.

1301

87 ──────● Repetitive Learning

다음 중 금속열에 관한 설명으로 틀린 것은?

① 고농도의 금속산화물을 흡입함으로써 발병된다.
② 용접, 전기도금, 제련과정에서 발생하는 경우가 많다.
③ 폐렴이나 폐결핵의 원인이 되며 증상은 유행성 감기와 비슷하다.
④ 주로 아연과 마그네슘, 망간산화물의 증기가 원인이 되지만 다른 금속에 의하여 생기기도 한다.

해설
- 감기와 증상이 비슷하며, 하루가 지나면 점차 완화된다.

∷ 금속열
- 중금속 노출에 의하여 나타나는 금속열은 흄 형태의 고농도 금속을 흡입하여 발생한다.
- 월요일 출근 후에 심해져서 월요일열(monday fever)이라고도 한다.
- 감기증상과 매우 비슷하여 오한, 구토감, 기침, 전신위약감 등의 증상이 있다.
- 금속열은 보통 3~4시간 지나면 증상이 회복되며, 길어도 2~4일 안에 회복된다.
- 카드뮴, 안티몬, 산화아연, 구리, 아연, 마그네슘 등 비교적 융점이 낮은 금속의 제련, 용해, 용접 시 발생하는 산화금속 흄을 흡입할 경우 생기는 발열성 질병이다.
- 철폐증은 철 분진 흡입 시 발생되는 금속열의 한 형태이다.
- 금속열이 발생하는 작업장에서는 개인 보호용구를 착용해야 한다.

0301 / 0501 / 0703 / 0902 / 1002 / 1201 / 1703

88 ──────● Repetitive Learning

다음 중 체내에서 유해물질을 분해하는 데 가장 중요한 역할을 하는 것은?

① 백혈구　　　　　② 혈압
③ 효소　　　　　　④ 적혈구

- 백혈구는 감염이나 외부물질에 대항하여 신체를 보호하는 면역기능을 수행한다.
- 혈압은 혈관의 벽에 대한 혈액의 압력으로 혈액을 이송하는 역할을 한다.
- 적혈구는 산소와 헤모글로빈을 운반하는 기능을 한다.

✿ 효소(enzyme)
- 단백질의 일종으로 반응을 일으키는 촉매제의 역할을 한다.
- 영양소를 소화·흡수시켜 활력을 발생시키고 새로운 조직을 만드는 역할을 한다.
- 체내의 항상을 유지하며 유해물질을 분해하며, 병원균에 대한 저항력을 강화시킨다.
- 단백질과 콜레스테롤의 대사에 관여한다.

89 ──────• Repetitive Learning (1회 2회 3회)

자극성 접촉피부염에 관한 설명으로 틀린 것은?

① 작업장에서 발생빈도가 가장 높은 피부질환이다.
② 증상은 다양하지만 홍반과 부종을 동반하는 것이 특징이다.
③ 원인물질은 크게 수분, 합성 화학물질, 생물성 화학물질로 구분할 수 있다.
④ 면역학적 반응에 따라 과거 노출경험이 있을 때 심하게 반응이 나타난다.

- ④는 알레르기성 접촉피부염에 대한 설명이다.

✿ 자극성 접촉피부염
- 일정 농도 이상의 물질이 피부에 닿아서 자극이 일어나는 피부의 염증이다.
- 작업장에서 발생빈도가 가장 높은 피부질환이다.
- 원인물질은 크게 수분, 합성 화학물질, 생물성 화학물질로 구분할 수 있다.
- 증상은 다양하지만 홍반과 부종을 동반하는 것이 특징이다.

90 ──────• Repetitive Learning (1회 2회 3회)
1101

다음 중 작업장에서 발생하는 독성물질에 대한 생식독성평가에서 기형발생의 원리에 중요한 요인으로 작용하는 것과 거리가 먼 것은?

① 원인물질의 용량   ② 사람의 감수성
③ 대사물질   ④ 노출시기

- 기형발생의 원리에 중요한 요인은 원인물질의 용량, 사람의 감수성, 노출시기 등이다.

✿ 독성물질에 대한 생식독성평가
  ㉠ 개요
  - 생식독성물질이란 생식기능, 생식능력 또는 태아의 발생·발육에 유해한 영향을 주는 물질을 말한다.
  - 생식기능 및 생식능력에 대한 유해영향이란 생식기능 및 생식능력에 대한 모든영향 즉, 생식기관의 변화, 생식가능 시기의 변화, 생식체의 생성 및 이동, 생식주기, 성적 행동, 수태나 분만, 수태결과, 생식기능의 조기노화, 생식계에 영향을 받는 기타기능들의 변화 등을 포함한다.
  ㉡ 기형발생의 원리에 중요한 요인
  - 원인물질의 용량
  - 사람의 감수성
  - 노출시기

91 ──────• Repetitive Learning (1회 2회 3회)
1902

동물실험에서 구해진 역치량을 사람에게 외삽하여 "사람에게 안전한 양"으로 추정한 것을 SHD(Safe Human Dose)라고 하는데 SHD 계산에 필요하지 않은 항목은?

① 배설률
② 노출시간
③ 호흡률
④ 폐흡수비율

- SHD 계산에 필요한 요소에는 유해물질농도, 노출시간, 호흡률(폐흡수비율), 체내잔류율 등이 있다.

✿ 체내흡수량(SHD : Safe Human Dose) 실기 0301/0501/0601/0801/1001/1201/1402/1602/1701/2002/2003
- 사람에게 안전한 양으로 안전흡수량, 안전폭로량이라고도 한다.
- 동물실험을 통하여 산출한 독물량의 한계치(NOED : No-Observable Effect Dose)를 사람에게 적용하기 위해 인간의 안전폭로량(SHD)을 계산할 때 안전계수와 체중, 독성물질에 대한 역치(THDh)를 고려한다.
- $C \times T \times V \times R$[mg]으로 구한다.
  C : 공기 중 유해물질농도[mg/m^3]
  T : 노출시간[hr]
  V : 폐환기율, 호흡률[m^3/hr]
  R : 체내잔류율(주어지지 않을 경우 1.0)

92 ──────● Repetitive Learning (1회 2회 3회)

메탄올의 시각장애 독성을 나타내는 대사단계의 순서로 맞는 것은?

① 메탄올 → 에탄올 → 포름산 → 포름알데히드
② 메탄올 → 아세트알데히드 → 아세테이트 → 물
③ 메탄올 → 아세트알데히드 → 포름알데히드 → 이산화탄소
④ 메탄올 → 포름알데히드 → 포름산 → 이산화탄소

해설

• 메탄올의 독성 대사단계는 메탄올 → 포름알데히드 → 포름산 → 이산화탄소 순이다.

✿ 메탄올의 시각장애 독성
  • 메탄올은 인체 내의 산화효소에 의해 포름알데히드와 포름산으로 분해된다.
  • 시각장해의 기전은 메탄올의 대사산물인 포름알데히드가 망막조직을 손상시키는 것이다.
  • 포름산은 간에서 대사되어 망막과 시신경에 독성으로 작용한다.
  • 대사단계는 메탄올 → 포름알데히드 → 포름산 → 이산화탄소 순이다.

93 ──────● Repetitive Learning (1회 2회 3회)

입자의 호흡기계 축적기전이 아닌 것은?

① 충돌
② 변성
③ 차단
④ 확산

해설

• 입자의 호흡기계를 통한 축적 작용기전은 충돌, 침전, 차단, 확산이 있다.

✿ 입자의 호흡기계 축적
  • 작용기전은 충돌, 침전, 차단, 확산이 있다.
  • 호흡기 내에 침착하는데 작용하는 기전 중 가장 역할이 큰 것은 확산이다.

충돌	비강, 인후두 부위 등 공기흐름의 방향이 바뀌는 경우 입자가 공기흐름에 따라 순행하지 못하고 공기흐름이 변환되는 부위에 부딪혀 침착되는 현상
침전	기관지, 모세기관지 등 폐의 심층부에서 공기흐름이 느려지게 되면 자연스럽게 낙하하여 침착되는 현상
차단	길이가 긴 입자가 호흡기계로 들어오면 그 입자의 가장자리가 기도의 표면을 스치면서 침착되는 현상
확산	미세입자(입자의 크기가 $0.5\mu m$ 이하)들이 주위의 기체분자와 충돌하여 무질서한 운동을 하다가 주위 세포의 표면에 침착되는 현상

94 ──────● Repetitive Learning (1회 2회 3회)

유기용제의 종류에 따른 중추신경계 억제작용을 작은 것부터 큰 것으로 순서대로 나타낸 것은?

① 에스테르<유기산<알코올<알켄<알칸
② 에스테르<알칸<알켄<알코올<유기산
③ 알칸<알켄<알코올<유기산<에스테르
④ 알켄<알코올<에스테르<알칸<유기산

해설

• 유기용제의 중추신경 활성 억제작용의 순위는 알칸<알켄<알코올<유기산<에스테르<에테르<할로겐화합물 순으로 커진다.

✿ 유기용제의 중추신경 활성억제 및 자극 순서
  ㉠ 억제작용의 순위
    • 알칸<알켄<알코올<유기산<에스테르<에테르<할로겐화합물
  ㉡ 자극작용의 순위
    • 알칸<알코올<알데히드 또는 케톤<유기산<아민류
  ㉢ 극성의 크기 순서
    • 파라핀<방향족 탄화수소<에스테르<케톤<알데하이드<알코올<물

95 ──────● Repetitive Learning (1회 2회 3회)

동물을 대상으로 약물을 투여했을 때 독성을 초래하지는 않지만 대상의 50%가 관찰 가능한 가역적인 반응이 나타나는 작용량을 무엇이라 하는가?

① LC50
② ED50
③ LD50
④ TD50

해설

• LC50은 실험동물의 50%를 사망시킬 수 있는 물질의 농도(가스)를 말한다.
• LD50은 실험동물의 50%를 사망시킬 수 있는 물질의 양을 말한다.
• TD50은 실험동물의 50%에서 심각한 독성반응이 나타나는 양을 말한다.

✿ 독성실험에 관한 용어

LD50	실험동물의 50%를 사망시킬 수 있는 물질의 양
LC50	실험동물의 50%를 사망시킬 수 있는 물질의 농도(가스)
TD50	실험동물의 50%에서 심각한 독성반응이 나타나는 양
ED50	독성을 초래하지는 않지만 대상의 50%가 관찰 가능한 가역적인 반응이 나타나는 작용량
SNARL	악영향을 나타내는 반응이 없는 농도수준(Suggested No-Adverse-Response Level, SNARL)

96

Repetitive Learning 1회 2회 3회

무기성 납으로 인한 중독 시 원활한 체내 배출을 위해 사용하는 배설촉진제는?

① β-BAL
② Ca-EDTA
③ δ-ALAD
④ 코프로폴피린

해설

• 무기성 납으로 인한 중독 시 원활한 체내 배출을 위해 사용하는 배설촉진제로 Ca-EDTA를 사용한다.

납중독

• 납은 원자량 207.21, 비중 11.34의 청색 또는 은회색의 연한 중금속이다.
• 납은 포르피린과 헴(heme)의 합성에 관여하는 효소를 억제하며, 소화기계 및 조혈계에 영향을 준다.
• 1~5세의 소아 이미증(pica)환자에게서 발생하기 쉽다.
• 인체에 흡수되면 뼈에 주로 축적되며, 조혈장해를 일으킨다.
• 무기성 납으로 인한 중독 시 원활한 체내 배출을 위해 사용하는 배설촉진제로 Ca-EDTA를 사용하는데 신장이 나쁜 사람에게는 사용하지 않는 것이 좋다.
• 요 중 δ-ALAD 활성치가 저하되고, 코프로포르피린과 델타 아미노레블린산은 증가한다.
• 적혈구 내 프로토포르피린이 증가한다.
• 납이 인체 내로 흡수되면 혈청 내 철과 망상적혈구의 수는 증가한다.
• 임상증상은 위장계통장해, 신경근육계통의 장해, 중추신경계통의 장해 등 크게 3가지로 나눌 수 있다.
• 주 발생사업장은 활자의 문선, 조판작업, 납 축전지 제조업, 염화비닐 취급 작업, 크리스탈 유리 원료의 혼합, 페인트, 배관공, 탄환제조 및 용접작업 등이다.

97

Repetitive Learning 1회 2회 3회

Haber의 법칙에서 유해물질지수는 노출시간(T)과 무엇의 곱으로 나타내는가?

① 상수(Constant)
② 용량(Capacity)
③ 천정치(Ceiling)
④ 농도(Concentration)

해설

• 하버의 법칙에서 유해물질지수는 노출시간과 노출농도의 곱으로 표시한다.

하버(Haber)의 법칙

• 유해물질에 노출되었을 때 중독현상이 발생하기 위해 얼마나 노출되어야 하는지를 나타내는 법칙이다.

• $K = C \times t$로 표현한다. 이때 K는 유해지수, C는 농도, t는 시간이다.

98

Repetitive Learning 1회 2회 3회

산업위생관리에서 사용되는 용어의 설명으로 틀린 것은?

① STEL은 단시간노출기준을 의미한다.
② LEL은 생물학적 허용기준을 의미한다.
③ TLV는 유해물질의 허용농도를 의미한다.
④ TWA는 시간가중평균노출기준을 의미한다.

해설

• LEL(Lower Explosive Limit)은 폭발하한계를 의미한다.

TLV(Threshold Limit Value) 0301/1602

㉠ 개요
• 미국 산업위생전문가회의(ACGIH; American Conference of Governmental Industrial Hygienists)에서 채택한 허용농도의 기준이다.
• 동물실험자료, 인체실험자료, 사업장 역학조사 등을 근거로 한다.
• 가장 대표적인 유독성 지표로 만성중독과 관련이 깊다.
• 계속적 작업으로 인한 환경에 적용되더라도 건강에 악영향을 미치지 않는 물질 농도를 말한다.

㉡ 종류 0403/0703/1702/2002

TLV-TWA	시간가중평균농도로 1일 8시간(1주 40시간) 작업을 기준으로 하여 유해요인의 측정농도에 발생시간을 곱하여 8시간으로 나눈 농도
TLV-STEL	근로자가 1회 15분간 유해요인에 노출되는 경우의 허용농도로 이 농도 이하에서는 1회 노출 간격이 1시간 이상인 경우 1일 작업시간 동안 4회까지 노출이 허용될 수 있는 농도
TLV-C	최고허용농도(Ceiling 농도)라 함은 근로자가 1일 작업시간 동안 잠시라도 노출되어서는 안 되는 최고 허용농도

99

Repetitive Learning 1회 2회 3회

MBK(methyl-n-butyl ketone)에 노출된 근로자의 소변 중 배설량으로 생물학적 노출지표에 이용되는 물질은?

① quinol
② phenol
③ 2, 5-hexanedione
④ 8-hydroxy quinone

- ①은 하이드로퀴논으로 페놀의 한 종류이다.
- ②는 벤젠의 생물학적 노출지표이다.
- ④는 금속이온의 정량적 측정에 사용되는 킬레이트제이다.

✦ 유기용제별 생물학적 모니터링 대상(생체 내 대사산물) 실기 0803/ 1403/2101

벤젠	소변 중 총 페놀 소변 중 t,t-뮤코닉산(t,t-Muconic acid)
에틸벤젠	소변 중 만델린산
스티렌	소변 중 만델린산
톨루엔	소변 중 마뇨산(hippuric acid), o-크레졸
크실렌	소변 중 메틸마뇨산
이황화탄소	소변 중 TTCA
메탄올	혈액 및 소변 중 메틸알코올
노말헥산	소변 중 헥산디온(2,5-hexanedione)
MBK (methyl-n-butyl ketone)	소변 중 헥산디온(2,5-hexanedione)
니트로벤젠	혈액 중 메타헤모글로빈
카드뮴	혈액 및 소변 중 카드뮴(저분자량 단백질)
납	혈액 및 소변 중 납(ZPP, FEP)
일산화탄소	혈액 중 카복시헤모글로빈, 호기 중 일산화탄소

0802

100 ——————• Repetitive Learning

납이 인체 내로 흡수됨으로써 초래되는 현상이 아닌 것은?

① 혈색소량 저하
② 혈청 내 철 감소
③ 망상적혈구수의 증가
④ 소변 중 코프로폴피린 증가

- 납이 인체 내로 흡수되면 혈청 내 철은 증가한다.

✦ 납중독
  문제 96번의 유형별 핵심이론 ✦ 참조

출제문제 분석 2016년 3회

구분	1과목	2과목	3과목	4과목	5과목	합계
New유형	5	2	1	0	0	8
New문제	10	7	3	4	4	28
또나온문제	7	7	9	9	6	38
자꾸나온문제	3	6	8	7	10	34
합계	20	20	20	20	20	100

- New유형은 New문제 중 기존 기출문제와 완전히 다른 유형의 문제를 말합니다.
- New문제는 기존에 출제되지 않은 문제로 이번에 처음 출제되는 문제입니다.
- 또나온문제는 기존에 출제된 적이 1번 있는 문제를 말합니다.
- 자꾸나온문제는 기존에 출제된 적이 2번 이상 있는 문제를 말합니다. 그만큼 중요한 문제입니다.

몇 년분의 기출문제를 공부해야 합격할 수 있을까요?

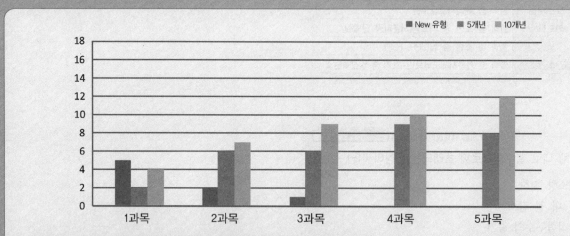

- 완전 새로운 유형의 문제는 8문제이고 92문제가 이미 출제된 문제 혹은 변형문제입니다.
- 5년분(2018~2022) 기출에서 동일문제가 31문항이 출제되었고, 10년분(2013~2022) 기출에서 동일문제가 42문항이 출제되었습니다.

실기에 나왔어요!! 일타쌍피-사전체크!!

실기시험은 필답형으로 진행됩니다. 객관식의 필기와 달리 주관식인 관계로 아는 만큼 적을 수 있습니다. 최근 계산문제의 비중이 많이 감소하고 있지만 절반 정도의 이론 문제와 절반 정도의 계산문제가 출제된다고 보시면 됩니다. 계산문제의 경우 나오는 문제유형이 거의 정해져 있습니다. 필기 공부할 때 미리 실기에 나오는 내용을 체크하시고 그부분만큼은 잘 공부해 두신다면 당 회차 실기까지 한 번에 잡을 수 있습니다.

- 총 39개의 유형별 핵심이론이 실기시험과 연동되어 있습니다.

분석의견

합격률이 53.6%로 평균을 훌쩍 뛰어넘는 수준으로 높은 회차였습니다.
10년 기출을 학습할 경우 기출과 동일한 문제가 1과목과 2과목에서 각각 4, 7문제로 과락 점수 이하로 출제되었고, 1과목의 경우는 새로운 유형의 문제가 5문제나 출제되어 현재 시점에서도 까다롭다고 느낄만한 난이도입니다.
10년분 기출문제와 유형별 핵심이론의 3회 정독이면 합격 가능한 것으로 판단됩니다.

2016년 제3회

2016년 8월 21일 필기

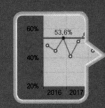
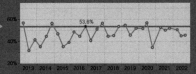

1과목 산업위생학개론

01 ━━━━━━━━━ • Repetitive Learning 〔1회〕〔2회〕〔3회〕

산업안전보건법의 '사무실 공기관리 지침'에서 정하는 근로자 1인당 사무실의 환기기준으로 적절한 것은?

① 최소 외기량 : $0.57m^3/hr$, 환기횟수 : 시간당 2회 이상
② 최소 외기량 : $0.57m^3/hr$, 환기횟수 : 시간당 4회 이상
③ 최소 외기량 : $0.57m^3/min$, 환기횟수 : 시간당 2회 이상
④ 최소 외기량 : $0.57m^3/min$, 환기횟수 : 시간당 4회 이상

해설

• 근로자 1인당 필요한 최소 외기량은 분당 $0.57m^3$ 이상이며, 환기횟수는 시간당 4회 이상으로 한다.

❖ 사무실의 환기기준 〔실기〕 0903/1102/1501

• 공기정화시설을 갖춘 사무실에서 근로자 1인당 필요한 최소 외기량은 분당 0.57세제곱미터 이상이며, 환기횟수는 시간당 4회 이상으로 한다.
• 공기측정 시료채집은 공기질이 최악이라고 판단되는 2곳 이상에서 해야 한다.
• 공기질 측정결과 전체 중 평균값을 오염물질별 관리기준과 비교하여 평가한다.
• CO는 연 1회 이상 업무시간 시작 후 2시간 전후 및 종료 전후에 각각 10분간 측정한다.

02 ━━━━━━━━━ • Repetitive Learning 〔1회〕〔2회〕〔3회〕

인간공학적인 의자 설계의 원칙과 거리가 먼 것은?

① 의자의 안전성
② 체중의 분포 설계
③ 의자 좌판의 높이
④ 의자 좌판의 깊이와 폭

해설

• 인간공학적 의자 설계에서 고려할 사항은 체중 분포, 상반신의 안정, 좌판의 높이, 좌판의 깊이와 폭 등이 있다.

❖ 인간공학적 의자 설계

ⓐ 개요
• 조절식 설계원칙을 적용하도록 한다.
• 자세와 동작에 따라 고려해야 할 인체측정 치수가 달라진다.
• 요부전만(腰部前彎)을 유지한다.
• 추간판(디스크)의 압력과 등근육의 정적 부하를 줄인다.
• 자세 고정을 줄인다.
• 여러 사람이 사용하는 의자의 경우 좌면 높이는 오금보다 약간 낮게(5% 오금높이) 유지한다.

ⓑ 고려할 사항
• 체중 분포
• 상반신의 안정
• 좌판의 높이(조절식을 기준으로 한다)
• 좌판의 깊이와 폭(폭은 최대치, 깊이는 최소치를 기준으로 한다)

03 ━━━━━━━━━ • Repetitive Learning 〔1회〕〔2회〕〔3회〕

산업피로의 증상과 가장 거리가 먼 것은?

① 혈액 및 소변의 소견
② 자각증상 및 타각증상
③ 신경기능 및 체온의 변화
④ 순환기능 및 호흡기능의 변화

해설

• ①, ③, ④ 외에 혈압의 변화 등이 있다.

:: 산업피로의 증상 [실기] 0602/1601/1901

- 혈액의 변화 : 혈액 중의 혈당치가 낮아지고 젖산과 탄산량이 증가하여 산혈증으로 된다.
- 소변의 변화 : 소변량이 줄어드는 대신 단백질 또는 교질물질의 배설량은 증가하여 농도는 진해진다.
- 혈압의 변화 : 혈압은 처음에 높아지나 피로가 진행되면 나중에 오히려 떨어진다.
- 신경기능 및 체온의 변화 : 반사신경이 둔화되고, 체온은 처음에 높아지다가 피로가 심해지면 나중에 떨어진다.
- 순환기능 및 호흡기능의 변화 : 호흡이 빨라지고 혈액 중 CO_2의 양이 증가한다.

---

04 ──────── • Repetitive Learning 1회 2회 3회

1994년에 ACGIH와 AIHA 등에서 제정하여 공포한 산업위생전문가의 윤리강령에서 사업주에 대한 책임에 해당되지 않는 내용은 무엇인가?

① 결과와 결론을 위해 사용된 모든 자료들을 정확히 기록·유지하여 보관한다.
② 전문가의 의견은 적절한 지식과 명확한 정의에 기초를 두고 있어야 한다.
③ 신뢰를 중요시하고, 정직하게 충고하며, 결과와 권고사항을 정확히 보고한다.
④ 쾌적한 작업환경을 달성하기 위해 산업위생 원리들을 적용할 때 책임감을 갖고 행동한다.

해설
- ②는 전문가로서의 책임에 해당한다.
:: 산업위생전문가의 윤리강령 중 기업주와 고객에 대한 책임
- 궁극적으로 기업주와 고객보다 근로자의 건강 보호에 있다.
- 결과와 결론을 뒷받침할 수 있도록 기록을 유지하고 산업위생 사업을 전문가답게 운영, 관리한다.
- 신뢰를 중요시하고, 정직하게 충고하며, 결과와 권고사항을 정확히 보고한다.
- 쾌적한 작업환경을 달성하기 위해 산업위생 원리들을 적용할 때 책임감을 갖고 행동한다.

1102 / 1303 / 2003
05 ──────── • Repetitive Learning 1회 2회 3회

화학적 원인에 의한 직업성 질환으로 볼 수 없는 것은?

① 정맥류　　　　② 수전증
③ 치아산식증　　　④ 시신경 장해

해설
- 정맥류는 근골격계 질환 등 물리적 요인에 의한 직업성 질환이다.
:: 직업성 질환 발생의 요인
　㉠ 직접적 원인

환경요인	· 물리적 요인 : 고열, 진동, 소음, 고기압 등 · 화학적 요인 : 이산화탄소, 일산화탄소, 수은, 납, 석면 등 · 생물학적 요인 : 각종 미생물
작업요인	· 인간공학적 요인 : 작업자세, 작업방법 등

　㉡ 간접적 원인
- 작업강도, 작업시간 등

1002
06 ──────── • Repetitive Learning 1회 2회 3회

화학물질 및 물리적 인자의 노출기준에 있어 2종 이상의 화학물질이 공기 중에 혼재하는 경우, 유해성이 인체의 서로 다른 조직에 영향을 미치는 근거가 없는 한, 유해물질들간의 상호작용은 어떤 것으로 간주하는가?

① 상승작용　　　　② 강화작용
③ 상가작용　　　　④ 길항작용

해설
- 상승작용은 2종 이상의 화학물질이 혼재해서 그 독성이 각 물질의 독성의 합보다 훨씬 커지는 것을 말한다.
- 강화작용은 상가작용과 상승작용을 통칭해서 말하는 개념이다.
- 길항작용은 2종 이상의 화학물질이 혼재했을 경우 서로의 작용을 감퇴시키거나 작용이 없도록 하는 경우를 말한다.
:: 상가작용(Addition) [실기] 0602/1203/2201/2203
- 2종 이상의 화학물질이 혼재하는 경우 그 2물질의 화학작용으로 인해 유해성이 가중되는 것을 말한다.
- 공기 중의 두 가지 물질이 혼합되어 상대적 독성수치가 2+3=5와 같이 나타날 때의 반응이다.
- 화학물질 및 물리적 인자의 노출기준에서 2종 이상의 화학물질이 공기 중에 혼재하는 경우, 유해성이 인체의 서로 다른 조직에 영향을 미치는 근거가 없는 한, 유해물질들간의 상호작용(상가작용)으로 인해 유해성이 증가할 수 있다고 규정한다.

1302
07 ──────── • Repetitive Learning 1회 2회 3회

산업 스트레스 발생요인으로 집단 간의 갈등이 너무 낮은 경우 집단 간의 갈등을 기능적인 수준까지 자극하는 갈등 촉진기법에 해당되지 않는 것은?

① 자원의 확대　　　　② 경쟁의 자극
③ 조직구조의 변경　　　④ 커뮤니케이션의 증대

- 자원의 확대는 집단갈등을 해결하는 기법에 해당한다.

❖ 집단갈등 촉진기법

커뮤니케이션의 증대	의사소통의 내용이나 경로를 갈등을 촉진하는 방향으로 조정
조직구조의 변경	기존 부서에 새로운 성원을 추가하는 등의 변화를 통해 정체상태의 부서를 자극
경쟁의 자극	단위 부서들 간의 경쟁상황을 조성

08 ──────── • Repetitive Learning (1회 2회 3회)

600명의 근로자가 근무하는 공장에서 1년에 30건의 재해가 발생하였다. 이 가운데 근로자들이 질병, 기타의 사유로 인하여 총근로시간 중 3%를 결근하였다면 이 공장의 도수율은 얼마인가?(단, 근무는 1주일에 40시간, 연간 50주를 근무한다)

① 25.77 ② 48.50
③ 49.55 ④ 50.00

- 연간총근로시간은 600명×40시간×50주이므로 1,200,000시간인데 3%를 결근하였다고 하므로 3%에 해당하는 36,000시간을 제한 1,164,000시간이 총근로시간이 된다.
- 도수율은 $\frac{30}{1,164,000} \times 1,000,000 = 25.773 \cdots$ 이다.

❖ 도수율(FR : frequency Rate of injury) 실기 0502/0503/0602
- 100만 시간당 발생한 재해건수를 의미한다.
- 도수율 $= \frac{\text{연간재해건수}}{\text{연간총근로시간}} \times 10^6$로 구한다.
- 연간 근무일수나 하루 근무시간수가 주어지지 않을 경우 하루 8시간, 1년 300일 근무하는 것으로 간주한다.

0702 / 1202 / 1302 / 2003

09 ──────── • Repetitive Learning (1회 2회 3회)

직업성 변이(occupational stigmata)의 정의로 옳은 것은?

① 직업에 따라 체온량의 변화가 일어나는 것이다.
② 직업에 따라 체지방량의 변화가 일어나는 것이다.
③ 직업에 따라 신체 활동량의 변화가 일어나는 것이다.
④ 직업에 따라 신체 형태와 기능에 국소적 변화가 일어나는 것이다.

- 직업성 변이(occupational stigmata)란 직업에 따라 신체 형태와 기능에 국소적 변화를 말한다.

❖ 노동의 적응과 장애
- 인체는 환경에서 오는 여러 자극(stress)에 대하여 적응하려는 반응을 일으킨다.
- 적응증상군은 인체에 적응이 일어나는 과정은 뇌하수체와 부신피질을 중심으로 한 특유의 반응을 말한다.
- 직업성 변이(occupational stigmata)란 직업에 따라 신체 형태와 기능에 국소적 변화를 말한다.
- 순화란 외부의 환경변화나 신체활동이 반복되면 조절기능이 원활해지며, 이에 숙련 습득된 상태를 말한다.

1203

10 ──────── • Repetitive Learning (1회 2회 3회)

근로자 건강진단실시 결과 건강관리구분에 따른 내용의 연결이 틀린 것은?

① R : 건강관리상 사후관리가 필요 없는 근로자
② C1 : 직업성 질병으로 진전될 우려가 있어 추적검사 등 관찰이 필요한 근로자
③ D1 : 직업성 질병의 소견을 보여 사후관리가 필요한 근로자
④ D2 : 일반 질병의 소견을 보여 사후관리가 필요한 근로자

- 건강관리상 사후관리가 필요 없는 근로자는 A로 판정한다.
- R로 판정되는 경우는 건강진단 1차 검사결과 건강수준의 평가가 곤란하거나 질병이 의심되는 근로자(제2차건강진단 대상자)이다.

❖ 건강관리구분의 판정

A		건강관리상 사후관리가 필요 없는 근로자(건강한 근로자)
C	C1	직업성 질병으로 진전될 우려가 있어 추적검사 등 관찰이 필요한 근로자 (직업병 요관찰자)
	C2	일반질병으로 진전될 우려가 있어 추적관찰이 필요한 근로자(일반질병 요관찰자)
	D1	직업성 질병의 소견을 보여 사후관리가 필요한 근로자 (직업병 유소견자)
	D2	일반 질병의 소견을 보여 사후관리가 필요한 근로자(일반질병 유소견자)
	R	건강진단 1차 검사결과 건강수준의 평가가 곤란하거나 질병이 의심되는 근로자(제2차건강진단 대상자)

11

• Repetitive Learning 1회 2회 3회

작업관련 근골격계 장애(Work-related Musculoskeletal Disorders, WMSDs)가 문제로 인식되는 이유 중 가장 적절치 못한 것은?

① WMSDs는 다양한 작업장과 다양한 직무활동에서 발생한다.
② WMSDs는 생산성을 저하시켜 제품과 서비스의 질을 저하시킨다.
③ WMSDs는 거의 모든 산업 분야에서 예방하기 어려운 상해 내지는 질환이다.
④ WMSDs는 특히 허리가 포함되었을 때 가장 비용이 많이 소요되는 직업성 질환이다.

해설

• WMSDs는 거의 모든 산업 분야에서 예방이 가능한 상해 내지는 질환이다.

⁜ 근골격계 장애(Work-related Musculoskeletal Disorders, WMSDs)

• WMSDs는 다양한 작업장과 다양한 직무활동에서 발생한다.
• WMSDs는 생산성을 저하시켜 제품과 서비스의 질을 저하시킨다.
• WMSDs는 특히 허리가 포함되었을 때 가장 비용이 많이 소요되는 직업성 질환이다.
• WMSDs는 거의 모든 산업 분야에서 예방이 가능한 상해 내지는 질환이다.

12

1101 / 1501

• Repetitive Learning 1회 2회 3회

다음 중 사고예방대책의 기본원리가 다음과 같을 때 각 단계를 순서대로 올바르게 나열한 것은?

㉠ 분석·평가	㉡ 시정책의 적용
㉢ 안전관리 조직	㉣ 시정책의 선정
㉤ 사실의 발견	

① ㉢→㉤→㉠→㉣→㉡
② ㉢→㉤→㉣→㉡→㉠
③ ㉤→㉢→㉣→㉡→㉠
④ ㉤→㉣→㉢→㉡→㉠

해설

• 하인리히의 사고예방의 기본원리 5단계는 순서대로 안전관리조직과 규정, 현상파악, 원인규명, 시정책의 선정, 시정책의 적용 순으로 적용된다.

⁜ 하인리히의 사고예방대책 기본원리 5단계

단계	단계별 과정
1단계	안전관리조직과 규정
2단계	사실의 발견으로 현상파악
3단계	분석을 통한 원인규명
4단계	시정방법의 선정
5단계	시정책의 적용

13

• Repetitive Learning 1회 2회 3회

아연과 황의 유해성을 주장하고 먼지 방지용 마스크로 동물의 방광을 사용토록 주장한 이는?

① Pliny   ② Ramazzini
③ Galen   ④ Paracelsus

해설

• Bernarbino Ramazzini는 저서 [노동자의 질병]에서 직업병을 최초로 언급(산업보건학의 시조)하였다.
• Galen은 해부학, 병리학에 관한 이론을 발표하였다. 아울러 구리광산의 산 증기의 위험성을 보고하였다.
• Philippus Paracelsus는 질병의 뿌리는 정신적 고통에서 비롯된다고 주장(독성학의 아버지)하였다.

⁜ 시대별 산업위생

B.C. 4세기	Hippocrates가 광산에서의 납중독을 보고하였다. 이는 역사상 최초의 직업병으로 분류
A.D. 1세기	Pilny the Elder는 아연 및 황의 인체 유해성을 주장, 먼지방지용 마스크로 동물의 방광 사용을 권장
A.D. 2세기	Galen은 해부학, 병리학에 관한 이론을 발표하였다. 아울러 구리광산의 산 증기의 위험성을 보고
1473년	Ulrich Ellenbog는 직업병과 위생에 관한 교육용 팜플렛 발간
16세기 초반	• Agricola는 광산에서의 호흡기 질환(천식증, 규폐증) 등을 주장한 광산업 관련 [광물에 대하여] 발간 및 환기와 마스크 사용을 권장함 • Philippus Paracelsus는 질병의 뿌리는 정신적 고통에서 비롯된다고 주장(독성학의 아버지)
17세기 후반	Bernarbino Ramazzini는 저서 [노동자의 질병]에서 직업병을 최초로 언급(산업보건학의 시조)
18세기	• 영국의 Percivall pott는 굴뚝청소부들의 직업병인 음낭암이 검댕(Soot)에 의해 발생되었음을 보고 • Sir George Baker는 사이다 공장에서 납에 의한 복통 발표
19세기 초반	• Robert Peel은 산업위생의 원리를 적용한 최초의 법률인 [도제건강 및 도덕법] 제정을 주도 • 1833년 산업보건에 관한 최초의 법률인 공장법 제정

19세기 후반	Rudolf Virchow는 의학의 사회성 속에서 노동자의 건강 보호를 주창하여 근대병리학의 시조로 불리움
20세기 초반	• Loriga는 진동공구에 의한 수지(手指)의 Raynaud 씨 증상을 보고 • 미국의 산업위생학자이며 산업의학자인 Alice Hamilton은 유해물질 노출과 질병과의 관계를 규명

1203

14 ── Repetitive Learning [1회 | 2회 | 3회]

MPWC가 17.5kcal/min인 사람이 1일 8시간 동안 물건 운반 작업을 하고 있다. 이때 작업대사량(에너지소비량)이 8.75kcal/min이고 휴식할 때 평균 대사량이 1.7kcal/min이라면, 지속작업의 허용시간은 약 몇 분인가?(단, 작업에 따른 두 가지 상수는 3.720, 0.1949를 적용한다)

① 88분 ② 103분
③ 319분 ④ 383분

해설

• 작업 대사량($E_0 = 8.75$)이 주어졌으므로 최대작업시간 $\log(T_{end})$ $= 3.720 - 0.1949 \times E_0$에 대입하면
$\log(T_{end}) = 3.720 - 0.1949 \times 8.75 = 3.720 - 1.705 = 2.015$이다.
• $T_{end} = 10^{2.015} = 103.51$이다.

:: 사이또와 오시마의 실동률과 계속작업 한계시간 **실기** 2203

• 실노동률 $= 85 - (5 \times RMR)$[%]로 구한다.
• 작업대사율(R)이 주어질 경우 계속작업 한계시간(CMT)은 $\log(CMT) = 3.724 - 3.25\log(R)$로 구한다. 이때 R은 RMR을 의미한다.
• 작업 대사량(E_0)이 주어질 경우
최대작업시간 $\log(T_{end}) = 3.720 - 0.1949 \times E_0$으로 구한다.

1103

15 ── Repetitive Learning [1회 | 2회 | 3회]

디아세톤(TLV=500ppm) 200ppm과 톨루엔 (TLV=50ppm) 35ppm이 각각 노출되어있는 실내 작업장에서 노출기준의 초과 여부를 평가한 결과로 맞는 것은?(단, 두 물질 간에 유해성이 인체의 서로 다른 부위에 작용한다는 증거가 없는 것으로 간주한다)

① 노출지수가 약 0.72이므로 노출기준 미만이다.
② 노출지수가 약 0.72이므로 노출기준을 초과하였다.
③ 노출지수가 약 1.1이므로 노출기준 미만이다.
④ 노출지수가 약 1.1이므로 노출기준을 초과하였다.

해설

• 이 혼합물의 노출지수를 구해보면 $\dfrac{200}{500} + \dfrac{35}{50} = \dfrac{550}{500} = 1.1$이므로 노출기준을 초과하였다.

:: 혼합물의 노출지수와 농도 **실기** 0303/0403/0501/0703/0801/0802/
0901/0903/1002/1203/1303/1402/1503/1601/1701/1703/1801/1803/1901/2001
/2004/2101/2102/2103/2203

• 화학물질이 2종 이상 혼재하는 경우에 혼재하는 물질 간에 유해성이 인체의 서로 다른 부위에 작용한다는 증거가 없는 한 유해작용은 가중되므로 노출기준은 $\dfrac{C_1}{T_1} + \dfrac{C_2}{T_2} + \cdots + \dfrac{C_n}{T_n}$으로 산출하되, 산출되는 수치(노출지수)가 1을 초과하지 아니하는 것으로 한다. 이때 C는 화학물질 각각의 측정치이고, T는 화학물질 각각의 노출기준이다.
• 노출지수가 구해지면 해당 혼합물의 농도는 $\dfrac{C_1 + C_2 + \cdots + C_n}{노출지수}$[ppm]으로 구할 수 있다.

16 ── Repetitive Learning [1회 | 2회 | 3회]

교대제에 대한 설명이 잘못된 것은?

① 산업보건면이나 관리면에서 가장 문제가 되는 것은 3교대제이다.
② 교대근무자와 주간근무자에 있어서 재해 발생률은 거의 비슷한 수준으로 발생한다.
③ 석유정제, 화학공업 등 생산과정이 주야로 연속되지 않으면 안 되는 산업에서 교대제를 채택하고 있다.
④ 젊은층의 교대근무자에게 있어서는 체중의 감소가 뚜렷하고 회복은 빠른 반면, 중년층에서는 체중의 변화가 적고 회복은 늦다.

해설

• 교대근무자의 재해 발생률이 주간근무자에 비해 훨씬 높다.

:: 교대제의 현황

• 산업보건면이나 관리면에서 가장 문제가 되는 것은 3교대제이다.
• 교대근무자의 재해 발생률이 주간근무자에 비해 훨씬 높다.
• 석유정제, 화학공업 등 생산과정이 주야로 연속되지 않으면 안 되는 산업에서 교대제를 채택하고 있다.
• 젊은층의 교대근무자에게 있어서는 체중의 감소가 뚜렷하고 회복은 빠른데 반해 중년층에서는 체중의 변화가 적고 회복은 늦다.

산업안전보건법상 보건관리자의 자격과 선임제도에 관한 설명으로 틀린 것은?

① 상시근로자 50인 이상 사업장은 보건관리자의 자격기준에 해당하는 자 중 1인 이상을 보건관리자로 선임하여야 한다.

② 보건관리대행은 보건관리자의 직무를 보건관리를 전문으로 행하는 외부기관에 위탁하여 수행하는 제도로 1990년부터 법적근거를 갖고 시행되고 있다.

③ 작업환경상에 유해요인이 상존하는 제조업은 근로자의 수가 2,000명을 초과하는 경우에 의사인 보건관리자 1인을 포함하는 3인의 보건관리자를 선임하여야 한다.

④ 보건관리자 자격기준은 의료법에 의한 의사 또는 간호사, 산업안전보건법에 의한 산업보건지도사, 국가기술자격법에 의한 산업위생관리산업기사 또는 환경관리산업기사(대기분야에 한함) 이상이다.

해설
- 작업환경상에 유해요인이 상존하는 제조업은 근로자의 수가 2,000명을 초과하는 경우에 의사인 보건관리자 1인을 포함하는 2인의 보건관리자를 선임하여야 한다.

✦✦ 보건관리자의 자격과 선임

사업의 종류	상시근로자 수	수	선임방법
1. 광업(광업 지원 서비스업은 제외한다) 2. 섬유제품 염색, 정리 및 마무리 가공업 3. 모피제품 제조업 4. 그 외 기타 의복액세서리 제조업(모피 액세서리에 한정한다)	상시근로자 50명 이상 500명 미만	1명 이상	보건관리자의 자격기준에 해당하는 자
5. 모피 및 가죽 제조업(원피가공 및 가죽 제조업은 제외한다) 6. 신발 및 신발부분품 제조업 7. 코크스, 연탄 및 석유정제품 제조업 8. 화학물질 및 화학제품 제조업; 의약품 제외	상시근로자 500명 이상 2천명 미만	2명 이상	
9. 의료용 물질 및 의약품 제조업 10. 고무 및 플라스틱제품 제조업 11. 비금속 광물제품 제조업 12. 1차 금속 제조업 13. 금속가공제품 제조업; 기계 및 가구 제외 14. 기타 기계 및 장비 제조업 15. 전자부품, 컴퓨터, 영상, 음향 및 통신장비 제조업 16. 전기장비 제조업 17. 자동차 및 트레일러 제조업 18. 기타 운송장비 제조업 19. 가구 제조업	상시근로자 2천명 이상	2명 이상	보건관리자의 자격기준에 해당하는 자로 선임하되, 의사나 간호사 1인을 포함
20. 해체, 선별 및 원료 재생업 21. 자동차 종합 수리업, 자동차 전문 수리업 22. 유해물질을 제조하는 사업과 그 유해물질을 사용하는 사업 중 고용노동부장관이 특히 보건관리를 할 필요가 있다고 인정하여 고시하는 사업 23. 기타 제조업	상시근로자 50명 이상 1천명 미만	1명 이상	보건관리자의 자격기준에 해당하는 자
	상시근로자 1천명 이상 3천명 미만	2명 이상	
	상시근로자 3천명 이상	2명 이상	보건관리자의 자격기준에 해당하는 자로 선임하되, 의사나 간호사 1인을 포함
24. 농업, 임업 및 어업 25. 전기, 가스, 증기 및 공기조절 공급업 26. 수도, 하수 및 폐기물 처리, 원료 재생업(제20호에 해당하는 사업은 제외한다) 27. 운수 및 창고업 28. 도매 및 소매업 29. 숙박 및 음식점업 30. 서적, 잡지 및 기타 인쇄물 출판업 31. 방송업 32. 우편 및 통신업	상시근로자 50명 이상 5천명 미만. 다만, 제35호의 경우에는 상시근로자 100명 이상 5천명 미만으로 한다.	1명 이상	보건관리자의 자격기준에 해당하는 자
33. 부동산업 34. 연구개발업 35. 사진 처리업 36. 사업시설 관리 및 조경 서비스업 37. 공공행정(청소, 시설관리, 조리 등 현업업무에 종사하는 사람으로서 고용노동부장관이 정하여 고시하는 사람으로 한정한다) 38. 교육서비스업 중 초등·중등·고등 교육기관, 특수학교·외국인학교 및 대안학교(청소, 시설관리, 조리 등 현업업무에 종사하는 사람으로서 고용노동부장관이 정하여 고시하는 사람으로 한정한다) 39. 청소년 수련시설 운영업 40. 보건업 41. 골프장 운영업 42. 개인 및 소비용품수리업(제21호에 해당하는 사업은 제외한다) 43. 세탁업	상시 근로자 5천명 이상	2명 이상	보건관리자의 자격기준에 해당하는 자로 선임하되, 의사나 간호사 1인을 포함

44. 건설업	공사금액 800억원 이상(토목공사업에 속하는 공사의 경우에는 1천억원 이상) 또는 상시 근로자 600명 이상	1명 이상[공사금액 800억원(토목공사업은 1천억원)을 기준으로 1,400억원이 증가할 때마다 또는 상시 근로자 600명을 기준으로 600명이 추가될 때마다 1명씩 추가한다]	보건관리자의 자격기준에 해당하는 자

1202

18 ── ● Repetitive Learning (1회 2회 3회)

산업위생의 정의에 있어 4가지 주요 활동에 해당하지 않는 것은?

① 관리(Control)   ② 평가(Evaluation)
③ 인지(Recognition)   ④ 보상(Compensation)

해설
• 산업위생의 4가지 활동에는 예측(Anticipation), 인지(Recognition), 평가(Evaluation), 관리/대책(Control)이 있다.

✿ 산업위생 활동
• 산업위생사의 3가지 기능은 인지(Recognition), 평가(Evaluation), 대책(Control)이다.
• 미국산업위생학회(AIHA)에서 예측(Anticipation)을 추가하였다.
• 예측 → 인지 → 측정 → 평가 → 관리 순으로 진행한다.

예측 (Anticipation)	• 근로자의 건강장해와 영향을 사전에 예측
인지 (Recognition)	• 존재하는 유해인자를 파악하고, 이의 특성을 분류
측정	• 정성적 · 정량적 계측
평가 (Evaluation)	• 시료의 채취와 분석 • 예비조사의 목적과 범위 결정 • 노출정도를 노출기준과 통계적인 근거로 비교하여 판정
관리/대책 (Control)	• 유해인자로부터 근로자를 보호(공학적, 행정적 관리 외에 호흡기 등의 보호구)

19 ── ● Repetitive Learning (1회 2회 3회)

우리나라 고용노동부에서 지정한 특별관리 물질에 해당하지 않는 것은?

① 페놀   ② 클로로포름
③ 황산   ④ 트리클로로에틸렌

해설
• 클로로포름은 관리대상 유해물질에도 포함되지 않는다.

✿ 특별관리물질 [실기] 1203
• 발암성 물질, 생식세포 변이원성 물질, 생식독성(生殖毒性) 물질 등 근로자에게 중대한 건강장해를 일으킬 우려가 있는 물질로서 관리대상 유해물질 중에서 특별관리물질로 표기된 물질을 말한다.
• 디니트로톨루엔, N,N−디메틸아세트아미드, 디메틸포름아미드, 1,2−디클로로에탄, 1,2−디클로로프로판, 2−메톡시에탄올, 2−메톡시에틸 아세테이트, 벤젠, 1,3−부타디엔, 1, 2−브로모프로판, 사염화탄소, 아크릴로니트릴, 아크릴아미드, 2−에톡시에탄올, 2−에톡시에틸 아세테이트, 에틸렌이민, 2,3−에폭시−1−프로판올, 1,2−에폭시프로판, 에피클로로히드린, 트리클로로에틸렌, 1,2,3−트리클로로프로판, 퍼클로로에틸렌, 페놀, 포름알데히드, 프로필렌이민, 황산 디메틸, 히드라진 및 그 수화물, 납 및 그 무기화합물, 수은 및 그 화합물, 삼산화안티몬, 카드뮴 및 그 화합물, 납 및 그 무기화합물, 황산, 산화에틸렌 등이 있다.

1103

20 ── ● Repetitive Learning (1회 2회 3회)

혐기성 대사에 사용되는 에너지원이 아닌 것은?

① 포도당   ② 크레아틴 인산
③ 단백질   ④ 아데노신 삼인산

해설
• glucose(포도당)의 경우 혐기성에서 3개의 ATP 분자를 생성하지만 호기성 대사로 39개를 생성한다. 즉, 혐기 및 호기에 모두 사용된다.
• 단백질은 호기성 대사에서만 사용되는 에너지원이다.

✿ 혐기성 대사 [실기] 1401
• 호기성 대사가 대사과정을 통해 생성된 에너지인데 반해 혐기성 대사는 근육에 저장된 화학적 에너지를 말한다.
• 혐기성 대사는 ATP(아데노신 삼인산) → CP(크레아틴 인산) → glycogen(글리코겐) 혹은 glucose(포도당)순으로 에너지를 공급받는다.
• glucose(포도당)의 경우 혐기성에서 3개의 ATP 분자를 생성하지만 호기성 대사로 39개를 생성한다. 즉, 혐기 및 호기에 모두 사용된다.

21 •Repetitive Learning ⟮ 1회 ⟯ 2회 ⟯ 3회 ⟯

0301

작업장 공기 중 벤젠증기를 활성탄관 흡착제로 채취할 때 작업장 공기 중 페놀이 함께 다량 존재하면 벤젠증기를 효율적으로 채취할 수 없게 되는 이유로 가장 적합한 것은?

① 벤젠과 흡착제와의 결합자리를 페놀이 우선적으로 차지하기 때문

② 실리카겔 흡착제가 벤젠과 페놀이 반응할 수 있는 장소로 이용되어 부산물을 생성하기 때문

③ 페놀이 실리카겔과 벤젠의 결합을 증가시키는 다리역할을 하여 분석 시 벤젠의 탈착을 어렵게 하기 때문

④ 벤젠과 페놀이 공기 내에서 서로 반응을 하여 벤젠의 일부가 손실되기 때문

해설

- 작업장 공기 중 벤젠증기를 활성탄관 흡착제로 채취할 때 작업장 공기 중 페놀이 함께 다량 존재하면 벤젠과 흡착제와의 결합자리를 페놀이 우선적으로 차지하기 때문에 벤젠증기를 효율적으로 채취할 수 없게 된다.

✸ 활성탄(Activated charcoal)
- 작업장 내 다습한 공기에 포함된 비극성이고 분자의 크기가 큰 유기증기를 채취하기 가장 적합한 흡착제이다.
- 다른 흡착제에 비하여 큰 비표면적을 갖고 있다.
- 주로 알코올류, 할로겐화 탄화수소류, 에스테르류, 방향족 탄화수소류를 포집한다.

22 •Repetitive Learning ⟮ 1회 ⟯ 2회 ⟯ 3회 ⟯

캐스케이드 임팩터(Cascade Impactor)에 의하여 에어로졸을 포집할 때 관여하는 충돌이론에 대한 설명이 잘못된 것은?

① 충돌이론에 의하여 차단점 직경(cutpoint diameter)을 예측할 수 있다.

② 충돌이론에 의하여 포집효율 곡선의 모양을 예측할 수 있다.

③ 충돌이론은 스토크스 수(stokes number)와 관계 되어 있다.

④ 레이놀즈 수(Reynolds Number)가 200을 초과하게 되면 충돌이론에 미치는 영향은 매우 크게 된다.

해설

- 레이놀즈 수(Reynolds Number)가 500~3,000 사이에서 이상적인 포집효율곡선이 만들어지며, 4,000을 초과할 경우 충돌이론에 미치는 영향은 매우 크게 된다.

✸ Cascade Impactor로 에어로졸 포집 시 충돌이론
- 충돌이론에 의하여 차단점 직경(cutpoint diameter)을 예측할 수 있다.
- 충돌이론에 의하여 포집효율 곡선의 모양을 예측할 수 있다.
- 충돌이론은 스토크스 수(stokes number)와 관계 되어 있다.
- 레이놀즈 수(Reynolds Number)가 500~3,000 사이에서 이상적인 포집효율곡선이 만들어지며, 4,000을 초과할 경우 충돌이론에 미치는 영향은 매우 크게 된다.

23 •Repetitive Learning ⟮ 1회 ⟯ 2회 ⟯ 3회 ⟯

1회 분석의 우연오차의 표준편차를 σ라 하였을 때 n회의 평균치의 표준편차는?

① σ/n ② $\sigma\sqrt{n}$
③ $\sqrt{n}/\sigma$ ④ $\sigma/\sqrt{n}$

해설

- 표준오차는 $\dfrac{표준편차}{\sqrt{자료의\ 수}}$ 이다.

✸ 표준오차
- 표본 평균에 대한 표준편차이다.
- 반복실험으로 구해진 표본 평균들이 k로부터 어느 정도 흩어져 있는가를 나타내는 척도이다.
- 표준오차는 $\dfrac{표준편차}{\sqrt{자료의\ 수}}$ 로 구한다.

0801

24 •Repetitive Learning ⟮ 1회 ⟯ 2회 ⟯ 3회 ⟯

원자가 가장 낮은 에너지 상태인 바닥에서 에너지를 흡수하면 들뜬 상태가 되고 들뜬 상태의 원자들이 낮은 에너지상태로 돌아올 때 에너지를 방출하게 된다. 금속마다 고유한 방출스펙트럼을 갖고 있으며 이를 측정하여 중금속을 분석하는 장비는?

① 불꽃 원자흡광광도계

② 비불꽃 원자흡광광도계

③ 이온크로마토그래피

④ 유도결합 플라즈마 분광광도계

- 금속마다의 고유한 방출스펙트럼을 측정하여 중금속을 분석하는 장비는 유도결합 플라스마 원자발광분석기이다.

⠿ 유도결합 플라스마 원자발광분석기
- 금속마다의 고유한 방출스펙트럼을 측정하여 중금속을 분석하는 장비이다.
- 동시에 여러 성분의 분석이 가능하며, 여러 금속을 분석할 경우 시간이 적게 소요된다.
- 검량선의 직선성 범위가 넓다.
- 분석의 정밀도가 높다.
- 원자흡광광도계보다 더 좋거나 적어도 같은 정밀도를 갖는다.
- 화학물질에 의한 방해로부터 거의 영향을 받지 않는다.
- 아르곤 가스를 소비하기 때문에 유지비용이 많이 든다.
- 분광학적 간섭과 매질효과에 의한 물리적 간섭, 그리고 이온화된 플라스마로 인한 화학적 간섭이 존재한다.

1102 / 1901 / 2201

25 ─────• Repetitive Learning (1회 2회 3회)

유량, 측정시간, 회수율 및 분석에 의한 오차가 각각 18%, 3%, 9%, 5%일 때, 누적오차는 약 몇 %인가?

① 18　　　　　　　　② 21

③ 24　　　　　　　　④ 29

해설

- 누적오차 $E_c = \sqrt{18^2 + 3^2 + 9^2 + 5^2} = \sqrt{439} = 20.952\cdots$[%]이다.

⠿ 누적오차
- 조건이 같을 경우 항상 같은 크기, 같은 방향으로 일어나는 오차를 말한다.
- 누적오차 $E_c = \sqrt{E_1^2 + E_2^2 + \cdots + E_n^2}$ 으로 구한다.

2004

26 ─────• Repetitive Learning (1회 2회 3회)

레이저광의 폭로량을 평가하는 사항에 해당하지 않는 항목은?

① 각막 표면에서의 조사량(J/cm^2) 또는 폭로량을 측정한다.
② 조사량의 서한도는 1mm 구경에 대한 평균치이다.
③ 레이저광과 같은 직사광파 형광등 또는 백열등과 같은 확산광은 구별하여 사용해야 한다.
④ 레이저광에 대한 눈의 허용량은 폭로 시간에 따라 수정되어야 한다.

해설

- 레이저광에 관한 눈의 허용량은 그 파장에 따라 수정되어야 한다.

⠿ 레이저광의 폭로량 평가
- 직사광과 확산광을 구별하여 사용한다.
- 조사량의 노출기준(서한도)은 1mm 구경에 대한 평균치이다.
- 각막 표면에서의 조사량(J/cm^2) 또는 노출량 (W/cm^2)을 측정한다.
- 레이저광에 관한 눈의 허용량은 그 파장에 따라 수정되어야 한다.
- 레이저광과 같은 직사광과 형광등 또는 백열등과 같은 확산광은 구별하여 사용해야 한다.

0303

27 ─────• Repetitive Learning (1회 2회 3회)

저온의 작업환경 공기온도를 측정하려고 한다. 영하 20℃까지 측정할 수 있는 온도계로 측정하려고 할 때 측정시간으로 가장 적합한 것은?

① 30초 이상　　　　　② 1분 이상
③ 3분 이상　　　　　④ 5분 이상

해설

- 영하 20℃까지 측정가능한 온도계로 측정하는 것이므로 연속작업인 경우 30분 이상 5분 간격으로, 간헐작업인 경우 5분 간격으로 측정하여야 하며, 기기의 안정을 고려하여 설치 후 5분이 지나면 측정하므로 측정시간은 최소 5분 이상은 되어야 한다.

⠿ 한랭작업의 측정방법
- 측정은 단위작업장소에서 측정대상이 되는 근로자의 작업행동 범위 내에서 주 작업 위치의 바닥 면으로부터 50cm 이상 150cm 이하의 위치에서 실시한다.
- 기온은 기기의 안정을 고려하여 설치 후 5분 이상 기다린 다음 측정한다.

기온	측정방법	
	연속작업	간헐작업
영하 30℃ 미만	20분 이상 1분 간격으로 측정	5분 간격으로 측정
영하 30℃ 이상	30분 이상 5분 간격으로 측정	

1301 / 1903

28 ─────• Repetitive Learning (1회 2회 3회)

작업장에서 오염물질 농도를 측정했을 때 일산화탄소(CO)가 0.01%이었다면 이때 일산화탄소 농도(mg/m^3)는 약 얼마인가?(단, 25℃, 1기압 기준이다)

① 95　　　　　　　　② 105
③ 115　　　　　　　　④ 125

- ppm 단위를 mg/m^3으로 변환하려면 ppm×(분자량/24.45)이다. 24.45는 표준상태(25도, 1기압)에서 기체의 부피이다.

- 주어진 온도와 기압 일산화탄소의 농도는 $\frac{0.01}{100}=1\times10^{-4}$이므로 100ppm이 된다.

- 일산화탄소의 분자량은 12+16=28이다.

- 주어진 값을 대입하면 $100\times\left(\frac{28}{24.45}\right)=114.519\cdots$[mg/$m^3$]이다.

ppm 단위의 mg/m^3으로 변환

- ppm 단위를 mg/m^3으로 변환하려면 $\frac{ppm\times분자량}{기체부피}$이다.
- 24.45는 표준상태(25도, 1기압)에서 기체의 부피이다.
- 온도가 다를 경우 $24.45\times\frac{273+온도}{273+25}$로 기체의 부피를 구한다.

---

29 ━━━━━━━━━━ • Repetitive Learning (1회 2회 3회)

0601

그라인딩 작업 시 발생되는 먼지를 개인 시료 포집기를 사용하여 유리섬유여과지로 포집하였다. 이때의 먼지농도 (mg/m^3)는?(단, 포집 전 유속은 1.5L/min, 여과지 무게는 0.436mg, 4시간의 포집하는 동안 유속 1.3L/min, 여과지의 무게는 0.948mg)

① 약 1.5
② 약 2.3
③ 약 3.1
④ 약 4.3

- 공시료가 0인 경우이므로 농도 $C=\frac{(W'-W)}{V}$으로 구한다.

- 평균유속은 $\frac{1.5+1.3}{2}=1.4$[L/min]d이고, 채취시간은 4시간이므로 240분이다.

- 대입하면 $\frac{0.948-0.436}{1.4\times240}=0.001523\cdots$[mg/L]인데 구하고자 하는 단위는 [mg/m^3]이므로 1000을 곱하면 1.523[mg/m^3]이 된다.

시료채취 시의 농도계산 실기 0402/0403/0503/0601/0701/0703/0801/0802/0803/0901/0902/0903/1001/1002/1101/1103/1301/1401/1502/1603/1801/1802/1901/1903/2002/2004/2101/2102/2201

- 농도 $C=\frac{(W'-W)-(B'-B)}{V}$로 구한다. 이때 C는 농도 [mg/m^3], W'는 채취 후 여과지 무게[μg], W는 채취 전 여과지 무게[μg], B'는 채취 후 공여과지 무게[μg], B는 채취 전 공여과지 무게[μg], V는 공기채취량으로 펌프의 평균유속 [L/min]×시료채취시간[min]으로 구한다.

- 공시료가 0인 경우 농도 $C=\frac{(W'-W)}{V}$으로 구한다.

---

30 ━━━━━━━━━━ • Repetitive Learning (1회 2회 3회)

0403

유체가 위쪽으로 흐름에 따라 float도 위로 올라가며 float와 관벽사이의 접촉면에서 발생되는 압력강하가 float를 충분히 지지해줄 때까지 올라간 float의 눈금을 읽어 측정하는 장비는?

① 오리피스미터(orifice meter)
② 벤츄리미터(venturi meter)
③ 로타미터(rotameter)
④ 유출노즐(flow nozzles)

- 유량을 측정할 때 흔히 사용되는 2차 표준기구는 로타미터이다.

로타미터(rotameter)

- 유량을 측정할 때 흔히 사용되는 2차 표준기구이다.
- 유체가 위쪽으로 흐름에 따라 float도 위로 올라가며 float와 관벽사이의 접촉면에서 발생하는 압력강하가 float를 충분히 지지해줄 때까지 올라간 float의 눈금을 읽어 측정한다.
- 바닥으로 갈수록 점점 가늘어지는 수직관과 그 안에서 자유롭게 상, 하로 움직이는 부자로 이루어져 있다.
- 관은 유리나 투명 플라스틱으로 되어 있으며 눈금이 새겨져 있다.
- 대부분의 로타미터는 최대유량과 최소유량의 비율은 10:1의 범위이다.
- 정확도는 ±1~25% 이내이다.

---

31 ━━━━━━━━━━ • Repetitive Learning (1회 2회 3회)

0601 / 0701 / 1303

산업보건분야에서 스토크스의 법칙에 따른 침강속도를 구하는 식을 대신하여 간편하게 계산하는 식으로 적절한 것은? (단, V : 종단속도(cm/sec), SG : 입자의 비중, d : 입자의 직경(μm), 입자크기는 1~50μm)

① $V=0.001\times SG\times d^2$
② $V=0.003\times SG\times d^2$
③ $V=0.005\times SG\times d^2$
④ $V=0.009\times SG\times d^2$

- 스토크스의 법칙을 대신하는 리프만의 침강속도 식에서 침강속도는 0.003×입자의 비중×입자의 직경의 제곱으로 구한다.

리프만(Lippmann)의 침강속도 실기 0302/0401/0901/1103/1203/1502/1603/1902

- 스토크스의 법칙을 대신하여 산업보건분야에서 간편하게 침강속도를 구하는 식으로 많이 사용된다.

| $V=0.003\times SG\times d^2$이다. | • V : 침강속도(cm/sec)
• SG : 입자의 비중(g/cm^3)
• d : 입자의 직경(μm) |

32

0502 / 1202

• Repetitive Learning 1회 2회 3회

고열 측정시간에 관한 기준으로 옳지 않은 것은?(단, 고시 기준)

① 흑구 습 습구흑구온도 측정시간 : 직경이 15센티미터일 경우 25분 이상

② 흑구 및 습구흑구온도 측정시간 : 직경이 7.5센티미터 또는 5센티미터일 경우 5분 이상

③ 습구온도 측정 시간 : 아스만통풍건습계 25분 이상

④ 습구온도 측정시간 : 자연습구온도계 15분 이상

해설

• 습구온도의 측정은 0.5도 간격의 눈금이 있는 아스만통풍건습계 (25분 이상), 자연습구온도를 측정할 수 있는 기기(5분 이상) 또는 이와 동등 이상의 성능이 있는 측정기기를 사용해야 한다.

:: 측정구분에 의한 측정기기와 측정시간 실기 1001

구분	측정기기	측정시간
습구온도	0.5도 간격의 눈금이 있는 아스만통풍건습계, 자연습구온도를 측정할 수 있는 기기 또는 이와 동등 이상의 성능이 있는 측정기기	• 아스만통풍건습계 : 25분 이상 • 자연습구온도계 : 5분 이상
흑구 및 습구흑구온도	직경이 5센티미터 이상되는 흑구온도계 또는 습구흑구온도(WBGT)를 동시에 측정할 수 있는 기기	• 직경이 15센티미터일 경우 25분 이상 • 직경이 7.5센티미터 또는 5센티미터일 경우 5분 이상

0403 / 0701 / 0702 / 0901 / 1301 / 1401 / 1601 / 1602 / 1803 / 1903 / 2102 / 2202

33

• Repetitive Learning 1회 2회 3회

산업안전보건법령상 누적소음노출량 측정기로 소음을 측정하는 경우의 기기설정값은?

• Criteria (Ⓐ)dB
• Exchange Rate (Ⓑ)dB
• Threshold (Ⓒ)dB

① Ⓐ : 80, Ⓑ : 10, Ⓒ : 90

② Ⓐ : 90, Ⓑ : 10, Ⓒ : 80

③ Ⓐ : 80, Ⓑ : 4, Ⓒ : 90

④ Ⓐ : 90, Ⓑ : 5, Ⓒ : 80

해설

• 기기설정값은 Threshold=80dB, Criteria=90dB, Exchange Rate =5dB이다.

:: 누적소음 노출량 측정기

• 작업자가 여러 작업장소를 이동하면서 작업하는 경우, 근로자에게 직접 부착하여 작업시간(8시간) 동안 작업자가 노출되는 소음 노출량을 측정하는 기계를 말한다.

• 기기설정값은 Threshold=80dB, Criteria=90dB, Exchange Rate=5dB이다.

34

• Repetitive Learning 1회 2회 3회

음압레벨이 105dB(A)인 연속소음에 대한 근로자 폭로 노출시간(시간/일) 허용기준은?(단, 우리나라 고용노동부의 허용기준)

① 0.5 ② 1

③ 2 ④ 4

해설

• 국내의 기준은 90dB(5dB 변화율)을 채택하고 있으므로 105dB의 경우 1시간을 허용기준으로 한다.

:: 소음 노출기준

ⓐ 국내(산업안전보건법) 소음의 허용기준

• 미국의 산업안전보건청과 같은 90dB(5dB 변화율)을 채택하고 있다.

1일 노출시간(hr)	허용 음압수준(dBA)
8	90
4	95
2	100
1	105
1/2	110
1/4	115

ⓑ ACGIH 노출기준

1일 노출시간(hr)	허용 음압수준(dBA)
8	85
4	88
2	91
1	94
1/2	97
1/4	100

1203 / 1301 / 1901 / 2102

35

• Repetitive Learning 1회 2회 3회

입자의 크기에 따라 여과기전 및 채취효율이 다르다. 입자크기가 0.1~0.5㎛일 때 주된 여과 기전은?

① 충돌과 간섭 ② 확산과 간섭

③ 차단과 간섭 ④ 침강과 간섭

- 입자의 크기가 $1\mu m$ 미만인 경우 확산, 간섭이 주요 작용기전에 해당한다.
- 입자의 크기에 따른 작용기전 **실기** 0303/1101/1303/1401/1803

입자의 크기		작용기전
$1\mu m$ 미만	0.01~0.1	확산
	0.1~0.5	확산, 간섭(직접차단)
	0.5~1.0	관성충돌, 간섭(직접차단)
1~5μm		침전(침강)
5~30μm		충돌

36 ────────• Repetitive Learning 〔1회 2회 3회〕

소음·진동공정시험기준에 따른 환경기준 중 소음측정방법으로 옳지 않은 것은?

① 소음계의 동특성은 원칙적으로 빠름(Fast) 모드로 하여 측정하여야 한다.
② 소음계와 소음도기록기를 연결하여 측정·기록하는 것을 원칙으로 한다.
③ 소음계 및 소음도기록기의 전언과 기기의 동작을 점검하고 매회 교정을 실시하여야 한다.
④ 소음계의 청감보정회로는 C특성에 고정하여 측정하여야 한다.

해설

- 소음진동공정시험기준에 따른 환경기준 중 소음측정방법에서 소음계의 청감보정회로는 A특성에 고정하여 측정하여야 한다.
- 소음진동공정시험기준에 따른 환경기준 중 소음측정방법
  - 소음계와 소음도기록기를 연결하여 측정·기록하는 것을 원칙으로 한다. 소음도 기록기가 없는 경우에는 소음계만으로 측정할 수 있다.
  - 소음계 및 소음도기록기의 전원과 기기의 동작을 점검하고 매회 교정을 실시하여야 한다. (소음계의 출력단자와 소음도기록기의 입력단자 연결)
  - 소음계의 레벨레인지 변환기는 측정지점의 소음도를 예비조사한 후 적절하게 고정시켜야 한다.
  - 소음계와 소음도기록기를 연결하여 사용할 경우에는 소음계의 과부하 출력이 소음기록치에 미치는 영향에 주의하여야 한다.
  - 소음계의 청감보정회로는 A특성에 고정하여 측정하여야 한다.
  - 소음계의 동특성은 원칙적으로 빠름(Fast)모드로 하여 측정하여야 한다.

37 ────────• Repetitive Learning 〔1회 2회 3회〕

어느 작업장 근로자가 400ppm의 Acetone(TLV=1,000ppm)과 50ppm의 Secbutyl acetone(TLV=200ppm)와 2-butanone(TLV=200ppm)에 폭로되었다. 이 근로자가 허용치 이하로 폭로되기 위해서는 2-butanone에 몇 ppm 이하에 폭로되어야 하는가?(단, 상가작용하는 것으로 가정함)

① 70ppm
② 82ppm
③ 114ppm
④ 122ppm

해설

- 3종류의 혼합물이므로 이 혼합물이 허용치 이하로 폭로되기 위해서는 $\frac{400}{1,000}+\frac{50}{200}+\frac{x}{200} \leq 1$이하가 되어야 하는 x를 구하는 문제이므로 각 항에 1,000을 곱하면 $400+250+5x \leq 1,000$을 만족하는 x는 70보다 작거나 같아야 한다.
- 혼합물의 노출지수와 농도 **실기** 0303/0403/0501/0703/0801/0802/0901/0903/1002/1203/1303/1402/1503/1601/1701/1703/1801/1803/1901/2001/2004/2101/2102/2103/2203
  문제 15번의 유형별 핵심이론 참조

38 ────────• Repetitive Learning 〔1회 2회 3회〕

산업보건분야에서는 입자상 물질의 크기를 표시하는데 주로 공기역학적(유체역학적) 직경을 사용한다. 공기역학적 직경에 관한 설명으로 옳은 것은?

① 대상먼지와 침강속도가 같고 밀도가 0.1이며 구형인 먼지의 직경으로 확산
② 대상먼지와 침강속도가 같고 밀도가 1이며 구형인 먼지의 직경으로 확산
③ 대상먼지와 침강속도가 다르고 밀도가 0.1이며 구형인 먼지의 직경으로 확산
④ 대상먼지와 침강속도가 다르고 밀도가 1이며 구형인 먼지의 직경으로 확산

해설

- 공기역학적 직경은 대상 먼지와 침강속도가 같고, 밀도가 1이며 구형인 먼지의 직경으로 환산하여 표현하는 입자상 물질의 직경을 말한다.

공기역학적 직경(Aerodynamic diameter) 실기 0603/0703/0901/1101/1402/1502/1701/1803/1903

- 대상 먼지와 침강속도가 같고, 밀도가 1이며 구형인 먼지의 직경으로 환산하여 표현하는 입자상 물질의 직경을 말한다.
- 입자의 공기 중 운동이나 호흡기 내의 침착기전을 설명할 때 유용하게 사용된다.
- 스토크스(Stokes) 입경과 함께 대표적인 역학적 등가직경을 구성한다.
- 역학적 특성, 즉 침강속도 또는 종단속도에 의해 측정되는 먼지 크기이다.
- 직경분립충돌기(Cascade impactor)를 이용해 입자의 크기 및 형태 등을 분리한다.

39 ●──────● Repetitive Learning [1회][2회][3회]

근로자가 일정 시간 동안 일정 농도의 유해물질에 노출될 때 체내에 흡수되는 유해물질의 양은 다음 식으로 구한다. 인자의 설명이 잘못된 것은? (단, 체내 흡수량(mg)=C×T×V×R)

① C : 공기 중 유해물질농도
② T : 노출시간
③ V : 작업공간 내의 공기기적
④ R : 체내 잔류율

해설
- V는 폐환기율 혹은 호흡률을 의미한다.

체내흡수량(SHD : Safe Human Dose) 실기 0301/0501/0601/0801/1001/1201/1402/1602/1701/2002/2003

- 사람에게 안전한 양으로 안전흡수량, 안전폭로량이라고도 한다.
- 동물실험을 통하여 산출한 독물량의 한계치(NOED : No-Observable Effect Dose)를 사람에게 적용하기 위해 인간의 안전폭로량(SHD)을 계산할 때 안전계수와 체중, 독성물질에 대한 역치(THDh)를 고려한다.
- C×T×V×R[mg]으로 구한다.
   C : 공기 중 유해물질농도[mg/m^3]
   T : 노출시간[hr]
   V : 폐환기율, 호흡률[m^3/hr]
   R : 체내잔류율(주어지지 않을 경우 1.0)

40 ●──────● Repetitive Learning [1회][2회][3회]

유해인자에 대한 노출평가방법인 위해도 평가(Risk assessment)를 설명한 것으로 가장 거리가 먼 것은?

① 위험이 가장 큰 유해인자를 결정하는 것이다.
② 유해인자가 본래 가지고 있는 위해성과 노출요인에 의해 결정된다.
③ 모든 유해인자 및 작업자, 공정을 대상으로 동일한 비중을 두면서 관리하기 위한 방안이다.
④ 노출량이 높고 건강상의 영향이 큰 유해인자인 경우 관리해야 할 우선순위도 높게 된다.

해설
- 위해도 평가는 모든 유해인자 및 작업자, 공정을 대상으로 우선순위를 결정하는 작업이다.

위해도 평가(Risk assessment)
- 유해인자에 대한 노출평가방법으로 위험이 가장 큰 유해인자를 결정하는 것이다.
- 유해인자가 본래 가지고 있는 위해성과 노출요인에 의해 결정된다.
- 모든 유해인자 및 작업자, 공정을 대상으로 우선순위를 결정하는 작업이다.
- 노출이 많고 건강상의 영향이 큰 인자인 경우 위해도가 크고, 관리해야 할 우선순위가 높게 된다.
- 4단계는 ① 위험성 확인 ② 노출량 반응 평가 ③ 노출 평가 ④ 위해도 결정으로 이뤄진다.

3과목	작업환경관리대책

41 ●──────● Repetitive Learning [1회][2회][3회]

작업환경개선대책 중 대치의 방법을 열거한 것이다. 공정변경의 대책으로 가장 거리가 먼 것은?

① 금속을 두드려서 자르는 대신 톱으로 자름
② 흄 배출용 드래프트 창 대신에 안전유리로 교체함
③ 작은 날개로 고속 회전시키는 송풍기를 큰 날개로 저속 회전시킴
④ 자동차 산업에서 땜질한 납 연마시 고속회전 그라인더의 사용을 저속 Oscillating-typesander로 변경함

- ②는 시설의 변경에 해당한다.

대치의 원칙

시설의 변경	• 가연성 물질을 유리병 대신 철제통에 저장 • Fume 배출 드라프트의 창을 안전 유리창으로 교체
공정의 변경	• 건식공법의 습식공법으로 전환 • 전기 흡착식 페인트 분무방식 사용 • 금속을 두들겨 자르던 공정을 톱으로 절단 • 알코올을 사용한 엔진 개발 • 도자기 제조공정에서 건조 후에 하던 점토의 조합을 건조 전에 실시 • 땜질한 납 연마 시 고속회전 그라인더의 사용을 저속 Oscillating-typesander로 변경
물질의 변경	• 성냥 제조시 황린 대신 적린 사용 • 단열재 석면을 대신하여 유리섬유나 암면 또는 스티로 폼 등을 사용 • 야광시계 자판에 Radium을 인으로 대치 • 금속표면을 블라스팅할 때 사용재료로서 모래 대신 철 구슬을 사용 • 페인트 희석제를 석유나프타에서 사염화탄소로 대치 • 분체 입자를 큰 입자로 대체 • 금속세척 시 TCE를 대신하여 계면활성제로 변경 • 세탁 시 화재 예방을 위해 석유나프타 대신 4클로로에 틸렌을 사용 • 세척작업에 사용되는 사염화탄소를 트리클로로에틸렌으로 전환 • 아조염료의 합성에 벤지딘 대신 디클로로벤지딘을 사용 • 페인트 내에 들어있는 납을 아연 성분으로 전환

---

42 ● Repetitive Learning (1회 2회 3회)

1302 / 1901

주물사, 고온가스를 취급하는 공정에 환기시설을 설치하고자 할 때, 다음 중 덕트의 재료로 가장 적절한 것은?

① 아연도금 강판
② 중질 콘크리트
③ 스테인레스 강판
④ 흑피 강판

해설

- ①은 유기용제, ②는 전리방사선, ③은 염소계 용제를 취급할 때 사용하는 덕트의 재료이다.

이송물질별 덕트의 재질

유기용제	아연도금 강판
주물사, 고온가스	흑피 강판
강산, 염소계 용제	스테인리스스틸 강판
알칼리	강판
전리방사선	중질 콘크리트 덕트

---

43 ● Repetitive Learning (1회 2회 3회)

0603 / 0702 / 1103 / 1901

주물작업 시 발생되는 유해인자로 가장 거리가 먼 것은?

① 소음 발생
② 금속흄 발생
③ 분진 발생
④ 자외선 발생

해설

- 자외선은 주물작업시 발생 가능한 유해인자와 거리가 멀다.

주물작업 시 발생되는 유해인자
- 소음
- 온열
- 분진과 금속흄(카드뮴, 크롬, 구리, 아연, 납, 망간 등)
- 가스 및 증기(이소프로필알콜, 포름알데히드, 페놀, 암모니아 등)

---

44 ● Repetitive Learning (1회 2회 3회)

0603

전체 환기를 적용하기 부적절한 경우는?

① 오염발생원이 근로자가 근무하는 장소와 근접되어있는 경우
② 소량의 오염물질이 일정한 시간과 속도로 사업장으로 배출되는 경우
③ 오염물질의 독성이 낮은 경우
④ 동일사업장에 다수의 오염발생원이 분산되어 있는 경우 전체 환기를 적용할 수 있다.

해설

- 작업자가 근무하는 장소로부터 오염발생원이 멀리 떨어져 있는 경우 전체 환기를 적용할 수 있다.

전체 환기법을 적용할 수 있는 일반적인 상황  0301/0503/0702/ 0801/0902/1101/1203/1501/1602/1803/1901/1902/2002/2003/2004/2103/ 2201
- 작업장 특성상 국소배기장치의 설치가 불가능한 경우
- 동일사업장에 다수의 오염발생원이 분산되어 있는 경우
- 오염발생원이 이동성인 경우
- 소량의 오염물질이 일정한 시간과 속도로 사업장으로 배출되는 경우
- 오염발생원의 유해물질 발생량이 적거나 유해물질의 독성이 작을 때
- 오염발생원이 근로자가 근무하는 장소로부터 멀리 떨어져 있거나 공기 중 유해물질농도가 노출기준 이하인 경우
- 배출원에서 유해물질 발생량이 적어 국소배기로 환기하면 비경제적일 때
- 오염물질이 증기나 가스일 때

---

45 ————————• Repetitive Learning [1회] [2회] [3회]

귀덮개의 사용 환경으로 가장 옳은 것은?

① 장시간 사용 시
② 간헐적 소음 노출 시
③ 덥고 습한 환경에서 작업 시
④ 다른 보호구와 동시 사용 시

해설

- 장시간, 덥고 습한 환경, 다른 보호구와의 동시 착용은 모두 귀마개의 사용환경에 해당한다.

❖ 귀마개와 귀덮개의 비교 **실기** 1603/1902/2001

귀마개	귀덮개
• 좁은 장소에서도 사용이 가능하다.	• 간헐적 소음 노출 시 사용한다.
• 고온 작업 장소에서도 사용이 가능하다.	• 쉽게 착용할 수 있다.
• 부피가 작아서 휴대하기 편리하다.	• 일관성 있는 차음효과를 얻을 수 있다.
• 다른 보호구와 동시 사용할 때 편리하다.	• 크기를 여러 가지로 할 필요가 없다.
• 외청도를 오염시킬 수 있으며, 외청도에 이상이 없는 경우에 사용이 가능하다.	• 착용여부를 쉽게 확인할 수 있다.
• 제대로 착용하는 데 시간은 걸린다.	• 귀에 염증이 있어도 사용할 수 있다.

46 ————————• Repetitive Learning [1회] [2회] [3회]

정상류가 흐르고 있는 유체 유동에 관한 연속방정식을 설명하는데 적용된 법칙은?

① 관성의 법칙
② 운동량의 법칙
③ 질량보존의 법칙
④ 점성의 법칙

해설

- 연속방정식은 정상류 흐름에 질량보존의 원리를 적용하여 얻은 유체역학적인 기본 이론이다.

❖ 연속방정식과 질량보존의 법칙

- 연속방정식은 정상류 흐름에 질량보존의 원리를 적용하여 얻은 유체역학적인 기본 이론이다.
- 유량 Q=AV로 구한다. 이때 A는 단면적, V는 평균속도이다.
- 정상류가 흐르고 있는 유체 유동에 있어서 유관 내 모든 단면에서의 질량유량은 같다.(질량유량은 임의의 단면적을 단위 시간 동안 통과하는 유체의 질량)
- 시간변화에 상관없이 질량유량은 변하지 않는다.
- 비압축성 정상유동에서 적용된다.

47 ————————• Repetitive Learning [1회] [2회] [3회]

후드의 유입계수가 0.7이고 속도압이 20mmH$_2$O일 때, 후드의 유입손실은 약 몇 mmH$_2$O인가?

① 10.5
② 20.8
③ 32.5
④ 40.8

해설

- 유입손실계수(F) $= \dfrac{1 - C_e^2}{C_e^2} = \dfrac{1}{C_e^2} - 1$ 이므로 대입하면

  $\dfrac{1}{0.7^2} - 1 = 1.0408 \cdots$ 이다.

- 유입손실은 VP×F이므로 대입하면 $20 \times 1.041 = 20.82 \, mmH_2O$가 된다.

❖ 후드의 유입계수와 유입손실계수 **실기** 0502/0801/0901/1001/1102/
1303/1602/1603/1903/2002/2103

- 후드에서의 압력손실이 유량의 저하로 나타나는 현상이다.
- 유입계수 C_e가 1에 가까울수록 이상적인 후드에 가깝다.
- 유입계수는 속도압/후드정압의 제곱근으로 구할 수 있다.
- 유입계수(C_e) $= \dfrac{실제적\ 유량}{이론적\ 유량} = \dfrac{실제\ 흡인유량}{이론\ 흡인유량} = \sqrt{\dfrac{1}{1+F}}$ 으로 구한다.

  이때 F는 후드의 유입손실계수로 $\dfrac{\Delta P}{VP}$ 즉, $\dfrac{압력손실}{속도압(동압)}$ 으로 구할 수 있다.

- 유입(압력)손실계수(F) $= \dfrac{1 - C_e^2}{C_e^2} = \dfrac{1}{C_e^2} - 1$ 로 구한다.

48 ————————• Repetitive Learning [1회] [2회] [3회]

공기 중의 사염화탄소 농도가 0.3%라면 정화통의 사용 가능 시간은?(단, 사염화탄소 0.5%에서 100분간 사용 가능한 정화통 기준)

① 166분
② 181분
③ 218분
④ 235분

해설

- 방독마스크의 성능이 0.5%에서 60분이므로 대입하면

  사용 가능 시간 $= \dfrac{0.5 \times 100}{0.3} = 166.67$분이 된다.

❖ 방독마스크의 사용 가능 시간 **실기** 1101/1401

- 방독마스크의 유효시간, 파과시간이라고도 한다.
- 사용 가능 시간 $= \dfrac{표준유효시간 \times 시험농도}{공기\ 중\ 유해가스농도}$ 로 구한다.
- 할당보호계수 $= \dfrac{작업장\ 오염물질\ 농도}{방독마스크\ 내부\ 농도}$ 으로 구한다.

49 ──────● Repetitive Learning 〔1회 2회 3회〕

유해성 유기용매 A가 7m×14m×4m의 체적을 가진 방에 저장되어 있다. 공기를 공급하기 전에 측정한 농도는 400ppm이었다. 이 방으로 $60m^3$/min의 공기를 공급한 후 노출기준인 100ppm으로 달성되는 데 걸리는 시간은?(단, 유해성 유기용매 증발 중단, 공급공기의 유해성 유기용매 농도는 0, 희석만 고려)

① 약 3분
② 약 5분
③ 약 7분
④ 약 9분

해설

- 작업장의 기적은 $7×14×4=392m^3$이다.
- 유효환기량이 $60m^3$/min, C_1이 400, C_2가 100이므로 대입하면 $t=-\dfrac{392}{60}ln\left(\dfrac{100}{400}\right)=9.057$[min]이다.

✿ **유해물질의 농도를 감소시키기 위한 환기**

ⓐ 농도 C_1에서 C_2까지 농도를 감소시키는데 걸리는 시간 〔실기〕
0302/0403/0602/0603/0902/1103/1301/1303/1702/1703/1802/2102

- 감소시간 $t=-\dfrac{V}{Q}ln\left(\dfrac{C_2}{C_1}\right)$로 구한다. 이때 V는 작업장 체적[m^3], Q는 공기의 유입속도[m^3/min], C_2는 희석후 농도[ppm], C_1은 희석전 농도[ppm]이다.

ⓑ 작업을 중지한 후 t분 지난 후 농도 C_2 〔실기〕 1102/1903

- t분이 지난 후의 농도 $C_2=C_1\cdot e^{-\frac{Q}{V}t}$로 구한다.

50 ──────● Repetitive Learning 〔1회 2회 3회〕

어떤 송풍기가 송풍기 유효전압 $100mmH_2O$이고 풍량은 16 m^3/min의 성능을 발휘한다. 전압효율이 80% 일 때 축동력(kW)은?

① 약 0.13
② 약 0.26
③ 약 0.33
④ 약 0.57

해설

- 송풍량이 분당으로 주어질 때 $\dfrac{송풍량×전압}{6,120×효율}×여유율$[kW]로 구한다.
- 분당 송풍량이 주어지고, 여유율이 없으므로 주어진 값을 대입하면 축동력은 $\dfrac{16×100}{6120×0.8}=0.326\cdots$[kW]이다.

✿ **송풍기의 소요동력** 〔실기〕 0402/0403/0602/0603/0901/1101/1201/1402/1501/1601/1802/1903

- 송풍량이 초당으로 주어질 때 $\dfrac{송풍량×60×전압}{6,120×효율}×여유율$ [kW]로 구한다.
- 송풍량이 분당으로 주어질 때 $\dfrac{송풍량×전압}{6,120×효율}×여유율$[kW]로 구한다.
- 여유율이 주어지지 않을 때는 1을 적용한다.

51 ──────● Repetitive Learning 〔1회 2회 3회〕

스토크스식에 근거한 중력침강속도에 대한 설명으로 틀린 것은?(단, 공기 중의 입자를 고려한다)

① 중력가속도에 비례한다.
② 입자직경의 제곱에 비례한다.
③ 공기의 점성계수에 반비례한다.
④ 입자와 공기의 밀도차에 반비례한다.

해설

- Stokes 침강법칙에서 침강속도는 분진입자의 밀도와 공기밀도의 차에 비례한다.

✿ **스토크스(Stokes) 침강법칙에서의 침강속도** 〔실기〕 0402/0502/1001/1502

- 물질의 침강속도는 중력가속도, 입자의 직경의 제곱, 분진입자의 밀도와 공기밀도의 차에 비례한다.
- 물질의 침강속도는 공기(기체)의 점성에 반비례한다.

$V=\dfrac{g\cdot d^2(\rho_1-\rho)}{18\mu}$이다.

- V : 침강속도(cm/sec)
- g : 중력가속도($980cm$/sec^2)
- d : 입자의 직경(cm)
- ρ_1 : 입자의 밀도(g/cm^3)
- ρ : 공기밀도($0.0012g$/cm^3)
- μ : 공기점성계수(g/$cm\cdot$sec)

52 ──────● Repetitive Learning 〔1회 2회 3회〕

송풍기의 회전수 변화에 따른 풍량, 풍압 및 동력에 대한 설명으로 옳은 것은?

① 풍량은 송풍기의 회전수에 비례한다.
② 풍압은 송풍기의 회전수에 반비례한다.
③ 동력은 송풍기의 회전수에 비례한다.
④ 동력은 송풍기 회전수의 제곱에 비례한다.

해설

- 송풍량은 회전속도(비)에 비례한다.

송풍기의 상사법칙 [실기] 0402/0403/0501/0701/0803/0902/0903/1001/1102/1103/1201/1303/1401/1501/1502/1503/1603/1703/1802/1901/1903/2001/2002

송풍기 크기 일정 공기 비중 일정	• 송풍량은 회전속도(비)에 비례한다. • 풍압(정압)은 회전속도(비)의 제곱에 비례한다. • 동력은 회전속도(비)의 세제곱에 비례한다.
송풍기 회전수 일정 공기의 중량 일정	• 송풍량은 회전차 직경의 세제곱에 비례한다. • 풍압(정압)은 회전차 직경의 제곱에 비례한다. • 동력은 회전차 직경의 오제곱에 비례한다.
송풍기 회전수 일정 송풍기 크기 일정	• 송풍량은 비중과 온도에 무관하다. • 풍압(정압)은 비중에 비례, 절대온도에 반비례한다. • 동력은 비중에 비례, 절대온도에 반비례한다.

---

54 ━━━━━ • Repetitive Learning [1회 2회 3회]

용접흄을 포집 제거하기 위해 작업대에 측방 외부식 테이블 상 장방형 후드를 설치하고자 한다. 개구면에서 포착점까지의 거리는 0.7m, 제어속도가 0.30m/s, 개구면적이 $0.7m^2$일 때 필요송풍량(m^3/min)은?(단, 작업대에 붙여 설치하며 플랜지 미부착)

① 35.3   ② 47.8

③ 56.7   ④ 68.5

해설

- 작업대에 위치하며, 플랜지가 없는 경우의 직사각형 후드의 필요환기량 $Q = 60 \times V_c(5X^2 + A)[m^3/min]$로 구한다.
- 대입하면 $Q = 60 \times 0.3(5 \times 0.7^2 + 0.7) = 56.7[m^3/min]$이다.

측방 외부식 테이블 모양의 장방형(직사각형) 후드 [실기] 0302
  - 면에 위치하며, 플랜지가 없는 경우에 해당한다.
  - 필요 환기량 $Q = 60 \times V_c(5X^2 + A)$로 구한다. 이때 Q는 필요환기량[m^3/min], V_c는 제어속도[m/sec], A는 개구면적[m^2], X는 후드의 중심선으로부터 발생원까지의 거리[m]이다.

---

53 ━━━━━ • Repetitive Learning [1회 2회 3회]

희석환기를 적용하기에 가장 부적당한 화학물질은?

① Acetone   ② Xylene

③ Toluene   ④ Ethylene Oxide

해설

- 오염물질의 독성이 낮은 경우 전체 환기를 적용할 수 있는데 ④의 경우는 독성이 강한 산화에틸렌으로 특별관리가 필요한 물질이므로 국소배기를 해야 한다.

전체 환기법을 적용할 수 있는 일반적인 상황 [실기] 0301/0503/0702/0801/0902/1101/1203/1501/1602/1803/1901/1902/2002/2003/2004/2103/2201
  - 작업장 특성상 국소배기장치의 설치가 불가능한 경우
  - 동일사업장에 다수의 오염발생원이 분산되어 있는 경우
  - 오염발생원이 이동성인 경우
  - 소량의 오염물질이 일정한 시간과 속도로 사업장으로 배출되는 경우
  - 오염발생원의 유해물질 발생량이 적거나 유해물질의 독성이 작을 때
  - 오염발생원이 근로자가 근무하는 장소로부터 멀리 떨어져 있거나 공기 중 유해물질농도가 노출기준 이하인 경우
  - 배출원에서 유해물질 발생량이 적어 국소배기로 환기하면 비경제적일 때
  - 오염물질이 증기나 가스일 때

---

55 ━━━━━ • Repetitive Learning [1회 2회 3회]

관성력 제진장치에 관한 설명으로 틀린 것은?

① 충돌 전의 처리가스 속도를 적당히 빠르게 하면 미세입자를 포집할 수 있다.
② 처리 후의 출구가스 속도가 느릴수록 미세입자를 포집할 수 있다.
③ 기류의 방향전환각도가 작을수록 압력손실이 적어져 제진효율이 높아진다.
④ 기류의 방향전환 회수가 많을수록 압력손실은 증가한다.

해설

- 관성력 제진장치에서 기류의 방향전환각도가 클수록 제진효율이 높아진다.

관성력 제진장치
  - 충돌 전의 처리가스 속도를 적당히 빠르게 하면 미세입자를 포집할 수 있다.
  - 처리 후의 출구가스 속도가 느릴수록 미세입자를 포집할 수 있다.
  - 기류의 방향전환 회수가 많을수록 압력손실은 증가한다.
  - 기류의 방향전환각도가 클수록 제진효율이 높아진다.

56 ——————● Repetitive Learning [1회] [2회] [3회]

작업장에서 Methyl alcohol(비중=0.792, 분자량=32.04, 허용농도=200ppm)을 시간당 2리터 사용하고 안전계수가 6, 실내온도가 20℃일 때 필요환기량(m^3/min)은 약 얼마인가?

① 400 ② 600
③ 800 ④ 1,000

- 공기 중에 계속 오염물질이 발생하고 있는 경우의 필요환기량 $Q=\dfrac{G \times K}{TLV}$로 구한다.
- 증발하는 메틸알코올의 양은 있지만 공기 중에 발생하는 오염물질의 양은 없으므로 공기 중에 발생하는 오염물질의 양을 구한다.
- 비중은 질량/부피이므로 이를 이용하면 메틸알코올 2L는 2,000ml ×0.792=1584g/hr이다.
- 공기 중에 발생하고 있는 오염물질의 용량은 0℃, 1기압에 1몰당 22.4L인데 현재 20℃라고 했으므로 $22.4 \times \dfrac{293}{273}=24.04\cdots$L이므로 1584g은 $\dfrac{1584}{32.04}=49.44$몰이므로 1,188.54L/hr이 발생한다.
- TLV는 200ppm이고 이는 200mL/m^3이므로 필요환기량 $Q=\dfrac{1188.54 \times 1,000 \times 6}{200}=35,656.13m^3/$ hr이 된다.
- 구하고자 하는 필요 환기량은 분당이므로 60으로 나눠주면 594.3 m^3/min가 된다.

▪▪ 필요 환기량 [실기] 0401/0502/0601/0602/0603/0703/0801/0803/0901/0903/1001/1002/1101/1201/1302/1403/1501/1601/1602/1702/1703/1801/1803/1903/2001/2003/2004/2101/2201
- 후드로 유입되는 오염물질을 포함한 공기량을 말한다.
- 필요 환기량 Q=A·V로 구한다. 여기서 A는 개구면적, V는 제어속도이다.
- 공기 중에 계속 오염물질이 발생하고 있는 경우의 필요환기량 $Q=\dfrac{G \times K}{TLV}$로 구한다. 이때 G는 공기 중에 발생하고 있는 오염물질의 용량, TLV는 허용기준, K는 여유계수이다.

57 ——————● Repetitive Learning [1회] [2회] [3회]

전기집진장치의 장단점으로 틀린 것은?

① 운전 및 유지비가 많이 든다.
② 설치 공간이 많이 든다.
③ 압력손실이 낮다.
④ 고온가스 처리가 가능하다.

- 전기집진장치는 초기 설치비는 많이 드나 운전 및 유지비용이 저렴하다.

▪▪ 전기집진장치 [실기] 1801
- ㉠ 개요
  - 0.01㎛ 정도의 미세분진까지 모든 종류의 고체, 액체 입자를 효율적으로 포집할 수 있는 집진기이다.
  - 코로나 방전과 정전기력을 이용하여 먼지를 처리한다.
- ㉡ 장·단점

장점	· 넓은 범위의 입경과 분진농도에 집진효율이 높다. · 압력손실이 낮으므로 송풍기의 운전 및 유지비가 적게 소요된다. · 고온 가스를 처리할 수 있어 보일러와 철강로 등에 설치할 수 있다. · 낮은 압력손실로 대량의 가스를 처리할 수 있다. · 회수가치성이 있는 입자 포집이 가능하다. · 건식 및 습식으로 집진할 수 있다.
단점	· 설치 공간을 많이 차지한다. · 초기 설치비와 설치 공간이 많이 든다. · 가스물질이나 가연성 입자의 처리가 곤란하다. · 전압변동과 같은 조건변동에 적응하기 어렵다.

58 ——————● Repetitive Learning [1회] [2회] [3회]

적용 화학물질이 밀랍, 탈수라놀린, 파라핀, 유동파라핀, 탄산마그네슘이며 적용용도로는 광산류, 유기산, 염류 및 무기염류 취급작업인 보호크림의 종류로 가장 알맞은 것은?

① 친수성크림 ② 차광크림
③ 소수성크림 ④ 피막형 크림

- 소수성크림의 적용화학물질은 밀랍, 탈수라놀린, 파라핀, 유동파라핀, 탄산마그네슘 등이다.

▪▪ 크림
- ㉠ 차광 보호크림
  - 적용 화학물질은 글리세린, 산화제이철 등이다.
  - 자외선 등 직사광선 아래에서 작업하는 작업장에서 사용이 권장된다.
- ㉡ 소수성크림
  - 적용화학물질이 밀랍, 탈수라놀린, 파라핀, 유동파라핀, 탄산마그네슘 등이다.
  - 광산류, 유기산, 염류 및 무기염류 취급작업에서 사용된다.

59

Repetitive Learning 1회 2회 3회

국소환기장치 설계에서 제어풍속에 대한 설명으로 가장 알맞은 것은?

① 작업장 내의 평균유속을 말한다.
② 발산되는 유해물질을 후드로 완전히 흡인하는데 필요한 기류속도이다.
③ 덕트 내의 기류속도를 말한다.
④ 일명 반송속도라고도 한다.

해설

- 덕트 내의 기류속도 즉, 반송속도란 덕트를 통하여 이동하는 유해물질이 덕트 내에서 퇴적이 일어나지 않는 상태로 이동시키기 위하여 필요한 최소 속도를 말한다.

ACGIH의 제어속도범위

- 제어속도, 제어풍속(Control velocity) 혹은 포착속도(Capture velocity)란 발산되는 유해물질을 후드로 완전히 흡인하는데 필요한 최소한의 기류속도이다.

작업조건	작업공정 사례	제어속도 (m/sec)
• 움직이지 않는 공기 중으로 속도 없이 배출됨 • 조용한 대기 중에 실제로 거의 속도가 없는 상태로 배출됨	• 탱크에서 증발, 탈지 등 • 액면에서 가스, 증기, 흄이 발생	0.25~0.5
약간의 공기 움직임이 있고 낮은 속도로 배출됨	스프레이 도장, 용접, 도금, 저속 컨베이어 운반	0.5~1.0
발생기류가 높고 유해물질이 활발하게 발생함	스프레이도장, 용기충진, 컨베이어 적재, 분쇄기	1.0~2.5
초고속기류 내로 높은 초기 속도로 배출됨	회전연삭, 블라스팅	2.5~10.0

60

0802 / 1303

Repetitive Learning 1회 2회 3회

방독마스크를 효과적으로 사용할 수 있는 작업으로 가장 적절한 것은?

① 맨홀 작업
② 오래 방치된 우물 속의 작업
③ 오래 방치된 정화조 내 작업
④ 지상의 유해물질 중독 위험작업

해설

- 방독마스크는 일시적인 작업 또는 긴급용 유해물질 중독 위험작업에 사용한다.

방독마스크

- 일시적인 작업 또는 긴급용 유해물질 중독 위험작업에 사용한다.
- 산소농도가 18% 미만인 작업장에서는 사용하면 안 된다.
- 방독마스크이 정화통은 유해물질별로 구분하여 사용하도록 되어 있다.
- 방독마스크의 흡수제는 활성탄(비극성 유기증기), 실리카겔(극성물질), sodalime 등이 사용된다.

4과목 **물리적 유해인자관리**

61

2201

Repetitive Learning 1회 2회 3회

자외선으로부터 눈을 보호하기 위한 차광보호구를 선정하고자 하는데 차광도가 큰 것이 없어 두 개를 겹쳐서 사용하였다. 각각의 차광도가 6과 3이었다면 두 개를 겹쳐서 사용한 경우의 차광도는 얼마인가?

① 6
② 8
③ 9
④ 18

해설

- 차광도가 각각 6, 3이므로 합성차광도 T=6+3-1=8이다.

차광도

- 빛을 차단하는 정도를 표시하는 단위이다.
- 차광도가 각각 a, b인 2개의 차광보호구를 겹쳐 사용할 경우의 차광도 T=a+b-1로 구한다.

62

0303 / 0701 / 0901 / 1903

Repetitive Learning 1회 2회 3회

진동에 의한 생체영향과 가장 거리가 먼 것은?

① C5 dip 현상
② Raynaud 현상
③ 내분비계 장해
④ 뼈 및 관절의 장해

해설

- C5 dip 현상은 소음성 난청의 초기 현상으로 진동과는 무관하다.

국소진동

- 인체에 장애를 발생시킬 수 있는 주파수 범위는 8~1,500Hz이다.
- 그라인더 등의 손공구를 저온환경에서 사용할 때 나타나는 레이노 증후군은 국소진동에 의하여 손가락의 창백, 청색증, 저림, 냉감, 동통이 나타나는 장해이다.

63

• Repetitive Learning 1회 2회 3회

감압병의 예방 및 치료의 방법으로 적절하지 않은 것은?

① 잠수 및 감압방법은 특별히 잠수에 익숙한 사람을 제외하고는 1분에 10m 정도씩 잠수하는 것이 안전하다.

② 감압이 끝날 무렵에 순수한 산소를 흡입시키면 예방적 효과와 함께 감압시간을 25%가량 단축시킬 수 있다.

③ 고압환경에서 작업 시 질소를 헬륨으로 대치할 경우 목소리를 변화시켜 성대에 손상을 입힐 수 있으므로 할로겐 가스로 대치한다.

④ 감압병의 증상을 보일 경우 환자를 원래의 고압환경에 복귀시키거나 인공적 고압실에 넣어 혈관 및 조직 속에 발생한 질소의 기포를 다시 용해시킨 후 천천히 감압한다.

해설

• 고압환경에서 작업할 때는 질소를 헬륨으로 대치한 공기를 호흡시키도록 한다.

❖ 감압병의 예방 및 치료

• 고압환경에서의 작업시간을 제한한다.
• 감압이 끝날 무렵에 순수한 산소를 흡입시키면 감압시간을 25%가량 단축시킬 수 있다.
• 특별히 잠수에 익숙한 사람을 제외하고는 10m/min 속도 정도로 잠수하는 것이 안전하다.
• 고압환경에서 작업할 때는 질소를 헬륨으로 대치한 공기를 호흡시키도록 한다.
• Haldane의 실험근거상 정상기압보다 1.25기압을 넘지 않는 고압환경에는 아무리 오랫동안 폭로되거나 아무리 빨리 감압하더라도 기포를 형성하지 않는다.
• 감압병의 증상을 보일 경우 환자를 원래의 고압환경에 복귀시키거나 인공적 고압실에 넣어 혈관 및 조직 속에 발생한 질소의 기포를 다시 용해시킨 후 천천히 감압한다.

64

1103

• Repetitive Learning 1회 2회 3회

한랭장해에 대한 예방법으로 적절하지 않은 것은?

① 의복 등은 습기를 제거한다.
② 과도한 피로를 피하고, 충분한 식사를 한다.
③ 가능한 항상 발과 다리를 움직여 혈액순환을 돕는다.
④ 가능한 꼭 맞는 구두, 장갑을 착용하여 한기가 들어오지 않도록 한다.

해설

• 불편한 장갑이나 구두는 압박을 통해 국소의 혈액순환장애를 일으키고, 젖은 장갑이나 신발은 동상의 위험을 높이므로 장갑과 신발은 가능한 약간 큰 것을 습기 없이 완전 건조하여 착용한다.

❖ 한랭장애 예방 실기 0401

• 방한복 등을 이용하여 신체를 보온하도록 한다.
• 고혈압자, 심장혈관장해 질환자와 간장 및 신장 질환자는 한랭작업을 피하도록 한다.
• 가능한 항상 발과 다리를 움직여 혈액순환을 돕는다.
• 작업환경 기온은 10℃ 이상으로 유지시키고, 바람이 있는 작업장은 방풍시설을 하여야 한다.
• 노출된 피부나 전신의 온도가 떨어지지 않도록 온도를 높이고 기류의 속도는 낮추어야 한다.
• 불편한 장갑이나 구두는 압박을 통해 국소의 혈액순환장애를 일으키고, 젖은 장갑이나 신발은 동상의 위험을 높이므로 장갑과 신발은 가능한 약간 큰 것을 습기 없이 완전 건조하여 착용한다.

65

1001

• Repetitive Learning 1회 2회 3회

등청감곡선에 의하면 인간의 청력은 저주파대역에서 둔감한 반응을 보인다. 따라서 작업현장에서 근로자에게 노출되는 소음을 측정할 경우 저주파 대역을 보정한 청감보정회로를 사용해야 하는데 이때 적합한 청감보정회로는?

① A 특성　　　　　　② B 특성
③ C 특성　　　　　　④ Plat 특성

해설

• 소음계의 청감보정회로는 A특성으로 한다.

❖ 소음의 측정방법

• 소음측정에 사용되는 기기는 누적소음 노출량측정기, 적분형소음계 또는 이와 동등 이상의 성능이 있는 것으로 하되 개인시료채취 방법이 불가능한 경우에는 지시소음계를 사용할 수 있으며, 발생시간을 고려한 등가소음레벨 방법으로 측정할 것

66

1902

• Repetitive Learning 1회 2회 3회

사무실 책상면으로부터 수직으로 1.4m의 거리에 1,000cd (모든 방향으로 일정하다)의 광도를 가지는 광원이 있다. 이 광원에 대한 책상에서의 조도(intensity of illumination, Lux)는 약 얼마인가?

① 410　　　　　　② 444
③ 510　　　　　　④ 544

해설

- 조도는 거리의 제곱에 반비례하고, 광도에 비례하므로 $\frac{광도}{(거리)^2}$ 으로 구한다.
- 대입하면 $\frac{1,000}{1.4^2} = 510.204 \cdots$ [Lux]이다.

조도(照度)
- 조도는 특정 지점에 도달하는 광의 밀도를 말한다.
- 단위는 럭스(Lux)를 사용한다.
- 1Lux는 1lumen의 빛이 $1m^2$의 평면상에 수직으로 비칠 때의 밝기이다.
- 반사체의 반사율과는 상관없이 일정한 값을 갖는다.
- 거리의 제곱에 반비례하고, 광도에 비례하므로 $\frac{광도}{(거리)^2}$으로 구한다.

1003

67 ── Repetitive Learning 〔1회 2회 3회〕

저기압 상태의 작업환경에서 나타날 수 있는 증상이 아닌 것은?

① 저산소증(Hypoxia)
② 잠함병(Caisson disease)
③ 폐수종(Pulmonary edema)
④ 고산병(mountain sickness)

해설
- 잠함병은 고기압 상태의 작업환경에서 발생하는 증상이다.

저기압 상태의 증상
- 저산소증(Hypoxia)
- 폐수종(Pulmonary edema)
- 고산병(mountain sickness)
- 항공치통, 항공이염, 항공부비강염 등
- 극도의 우울증, 두통, 오심, 구토, 식욕상실 등이 발생한다.

68 ── Repetitive Learning 〔1회 2회 3회〕

소음성 난청에 영향을 미치는 요소의 설명으로 틀린 것은?

① 음압 수준 : 높을수록 유해하다.
② 소음의 특성 : 고주파음이 저주파음보다 유해하다.
③ 노출시간 : 간헐적 노출이 계속적 노출보다 덜 유해하다.
④ 개인의 감수성 : 소음에 노출된 사람이 똑같이 반응한다.

해설
- 개인의 감수성에 따라 소음반응이 다양하다.

소음성 난청 실기 0703/1501/2101
- 초기 증상을 C5-dip현상이라 한다.
- 대부분 양측성이며, 감각 신경성 난청에 속한다.
- 내이의 세포변성을 원인으로 볼 수 있다.
- 4,000Hz에 대한 청력손실이 특징적으로 나타난다.
- 고주파음역(4,000~6,000Hz)에서의 손실이 더 크다.
- 음압수준이 높을수록 유해하다.
- 소음성 난청은 심한 소음에 반복하여 노출되어 나타나는 영구적 청력 변화로 코르티 기관에 손상이 온 것이므로 회복이 불가능하다.

69 ── Repetitive Learning 〔1회 2회 3회〕

내부마찰로 적당한 저항력을 가지며, 설계 및 부착이 비교적 간결하고, 금속과도 견고하게 접착할 수 있는 방진재료는?

① 코르크
② 펠트(Felt)
③ 방진고무
④ 공기용수철

해설
- 코르크는 재질이 일정하지 않으며 균일하지 않으므로 정확한 설계가 곤란하고 처짐을 크게 할 수 없으며 고유진동수가 10Hz 전후밖에 되지 않아 진동방지보다는 고체음의 전파방지에 유익한 방진재료이다.
- 펠트는 양모의 축융성을 이용하여 양모 또는 양모와 다른 섬유와의 혼합섬유를 수분, 열, 압력을 가하여 문질러서 얻는 재료로 양탄자 등을 만들 때 사용하는 방진재료이다.
- 공기스프링은 지지하중이 크게 변하는 경우에는 높이 조정변에 의해 그 높이를 조절할 수 있어 설비의 높이를 일정레벨을 유지시킬 수 있으며, 하중 변화에 따라 고유진동수를 일정하게 유지할 수 있고, 부하능력이 광범위하고 자동제어가 가능한 방진재료이다.

방진고무
ⓐ 개요
- 소형 또는 중형기계에 주로 많이 사용하며 적절한 방진 설계를 하면 높은 효과를 얻을 수 있는 방진 방법이다.

ⓑ 특징

장점	형상의 선택이 비교적 자유롭다.
	자체의 내부마찰에 의해 저항을 얻을 수 있어 고주파 진동의 차진(遮振)에 양호하다.
	설계 자료가 잘 되어 있어서 용수철 정수를 광범위하게 선택할 수 있다.
	여러 가지 형태로 된 철물에 견고하게 부착할 수 있다.
단점	내후성, 내유성, 내약품성의 단점이 있다.
	내부마찰에 의한 발열 때문에 열화된다.
	공기 중의 오존에 의해 산화된다.

70 ● Repetitive Learning 1회 2회 3회

공기 1m³ 중에 포함된 수증기의 양을 g으로 나타낸 것을 무엇이라 하는가?

① 절대습도
② 상대습도
③ 포화습도
④ 한계습도

해설

- 상대습도는 포화증기압과 현재 증기압의 비를 말한다.
- 포화습도는 일정 온도에서 공기가 함유할 수 있는 최대 수증기량을 말한다.

❖ 습도의 구분 실기 0403

절대습도	• 공기 1m³ 중에 포함된 수증기의 양을 g으로 나타낸 것 • 건조공기 1kg당 포함된 수증기의 질량
포화습도	일정 온도에서 공기가 함유할 수 있는 최대 수증기량
상대습도	포화증기압과 현재 증기압의 비
비교습도	절대습도와 포화습도의 비

71 ● Repetitive Learning 1회 2회 3회

유해한 환경의 산소결핍 장소에 출입 시 착용하여야 할 보호구와 가장 거리가 먼 것은?

① 방독마스크
② 송기마스크
③ 공기호흡기
④ 에어라인마스크

해설

- 밀폐공간에서 작업할 때는 방독마스크가 아니라 공기호흡기 또는 송기마스크를 지급하여야 한다.

❖ 환기 등 실기 2201

- 사업주는 근로자가 밀폐공간에서 작업을 하는 경우에 작업을 시작하기 전과 작업 중에 해당 작업장을 적정공기 상태가 유지되도록 환기하여야 한다. 다만, 폭발이나 산화 등의 위험으로 인하여 환기할 수 없거나 작업의 성질상 환기하기가 매우 곤란한 경우에는 근로자에게 공기호흡기 또는 송기마스크를 지급하여 착용하도록 하고 환기하지 아니할 수 있다.
- 근로자는 지급된 보호구를 착용하여야 한다.

72 ● Repetitive Learning 1회 2회 3회

빛 또는 밝기와 관련된 단위가 아닌 것은?

① weber
② candela
③ lumen
④ footlambert

해설

- weber는 자속(자기 선속)의 단위이다.

❖ 빛 또는 밝기 단위

루멘(lumen, lm)	시간당 광원으로부터 나오는 빛의 양을 의미하는 광속의 단위이다.
칸델라 (candela, cd)	1steradian당 나오는 빛의 세기를 의미하는 광도의 단위이다.
룩스(lux, lx)	특정 지점에 도달하는 광의 밀도를 의미하는 조도의 단위이다.
니트(nit, cd/m²)	광원에서 1m 떨어진 곳 범위 내에서의 반사된 빛을 포함한 빛의 밝기를 의미하는 휘도의 단위이다.

73 ● Repetitive Learning 1회 2회 3회

고소음으로 인한 소음성 난청 질환자를 예방하기 위한 작업환경관리방법 중 공학적 개선에 해당되지 않는 것은?

① 소음원의 밀폐
② 보호구의 지급
③ 소음원의 벽으로 격리
④ 작업장 흡음시설의 설치

해설

- 보호구의 지급은 개선대책이 아니라 소음 회피를 위한 소극적 대책에 해당한다.

❖ 소음성 난청 예방을 위한 공학적 개선사항

- 소음원의 밀폐
- 소음원의 벽으로 격리
- 작업장 흡음시설의 설치

74 ● Repetitive Learning 1회 2회 3회

이상기압과 건강장해에 대한 설명으로 맞는 것은?

① 고기압 조건은 주로 고공에서 비행업무에 종사하는 사람에게 나타나며 이를 다루는 학문을 항공의학 분야이다.
② 고기압 조건에서의 건강장해는 주로 기후의 변화로 인한 대기압의 변화 때문에 발생하며 휴식이 가장 좋은 대책이다.
③ 고압 조건에서 급격한 압력저하(감압)과정은 혈액과 조직에 녹아있던 질소가 기포를 형성하여 조직과 순환기계 손상을 일으킨다.
④ 고기압 조건에서 주요 건강장해 기전은 산소부족이므로 일차적인 응급치료는 고압산소실에서 치료하는 것이 바람직하다.

- ①은 대표적인 저압 조건에 대한 설명이다.
- ②의 설명은 저기압 조건에서의 건강장해에 대한 설명이다.
- ④에서의 설명은 저압 조건에서의 건강장해에 대한 설명이다.

❖ 고압 환경의 2차적 가압현상

- 산소의 분압이 2기압이 넘으면 중독증세가 나타나며 시력장해, 정신혼란, 간질모양의 경련을 나타낸다.
- 산소중독에 따라 수지와 족지의 작열통, 시력장해, 정신혼란, 근육경련 등의 증상을 보이며 나아가서는 간질 모양의 경련을 나타낸다.
- 산소의 중독 작용은 운동이나 이산화탄소의 존재로 보다 악화된다.
- 산소중독에 따른 증상은 고압산소에 대한 노출이 중지되면 멈추게 된다.
- 4기압 이상에서 공기 중의 질소가스는 마취작용을 나타내며 알코올 중독의 증상과 유사한 다행증이 발생한다.
- 이산화탄소의 증가는 산소의 독성과 질소의 마취작용을 촉진시킨다.

0303 / 0502 / 0601 / 1001 / 1101 / 2001 / 2101

75 ── ● Repetitive Learning 〔1회 2회 3회〕

인간 생체에서 이온화시키는데 필요한 최소에너지를 기준으로 전리방사선과 비전리방사선을 구분한다. 전리방사선과 비전리방사선을 구분하는 에너지의 강도는 약 얼마인가?

① 7eV ② 12eV
③ 17eV ④ 22eV

- 전리방사선과 비전리방사선을 구분하는 에너지 강도는 약 12eV이다.

❖ 방사선의 구분

- 이온화 성질, 주파수, 파장 등에 따라 전리방사선과 비전리방사선으로 구분한다.
- 전리방사선과 비전리방사선을 구분하는 에너지 강도는 약 12eV이다.

| 전리방사선 | 중성자, X선, 알파(α)선, 베타(β)선, 감마(γ)선, |
| 비전리방사선 | 자외선, 적외선, 레이저, 마이크로파, 가시광선, 극저주파, 라디오파 |

0403 / 0801

76 ── ● Repetitive Learning 〔1회 2회 3회〕

0.1W의 음향출력을 발생하는 소형 사이렌의 음향파워레벨(PWL)은 몇 dB인가?

① 90 ② 100
③ 110 ④ 120

- 대입하면 $10\log\dfrac{0.1}{10^{-12}} = 110[dB]$가 된다.

❖ 음향파워레벨(PWL ; Sound PoWer Level, 음력레벨) 실기 0502/1603

- 음향출력($W = I[W/m^2] \times S[m^2]$)의 양변에 대수를 취해 구한 값을 음향파워레벨, 음력레벨(PWL)이라 한다.
- $PWL = 10\log\dfrac{W}{W_0}[dB]$로 구한다. 여기서 W_0는 기준음향파워로 $10^{-12}[W]$이다.
- PWL = SPL + 10 logS로 구한다.
  이때, SPL은 음의 압력레벨, S는 음파의 확산면적$[m^2]$을 말한다.

0702

77 ── ● Repetitive Learning 〔1회 2회 3회〕

고온다습 환경에 노출될 때 발생하는 질병 중 뇌 온도의 상승으로 체온조절중추의 기능장해를 초래하는 질환은?

① 열사병 ② 열경련
③ 열피로 ④ 피부장해

- 열경련은 고온 환경에서 고된 육체적인 작업을 하면서 땀을 많이 흘릴 때 많은 물을 마시지만 신체의 염분 손실을 충당하지 못할 경우 발생한다.
- 열피로는 고온환경에서 육체노동에 종사할 때 일어나기 쉬운 것으로 탈수로 인하여 혈장량이 감소할 때 발생한다.

❖ 열사병(Heat stroke) 실기 1803/2101

㉠ 개요
- 고열로 인하여 발생하는 건강장해 중 가장 위험성이 큰 열중증이다.
- 체온조절 중추신경계 등의 장해로 신체 내부의 체온 조절계통의 기능을 잃어 발생한다.
- 발한에 의한 체열방출이 장해됨으로써 체내(특히 뇌)에 열이 축적되어 발생한다.
- 응급조치 방법으로 얼음물에 담가서 체온을 39℃ 정도까지 내려주어야 한다.

㉡ 증상
- 1차적으로 정신 착란, 의식결여 등의 증상이 발생하는 고열장해이다.
- 건조하고 높은 피부온도, 체온상승(직장 온도 41℃) 등이 나타나는 열중증이다.
- 피부에 땀이 나지 않아 건조할 때가 많다.

78

0602 / 0802 / 1902 / 2101

———— Repetitive Learning (1회 2회 3회)

다음 중 전리방사선의 영향에 대하여 감수성이 가장 큰 인체 내의 기관은?

① 폐   ② 혈관

③ 근육   ④ 골수

해설

• 전리방사선에 대한 감수성이 가장 민감한 조직은 골수, 림프조직(임파구), 생식세포, 조혈기관, 눈의 수정체 등이 있다.

전리방사선에 대한 감수성

고도 감수성	골수, 림프조직(임파구), 생식세포, 조혈기관, 눈의 수정체
중증도 감수성	피부 및 위장관의 상피세포, 혈관내피세포, 결체조직
저 감수성	골, 연골, 신경, 간, 콩팥, 근육

79

———— Repetitive Learning (1회 2회 3회)

해머 작업을 하는 작업장에서 발생되는 93dB(A)의 소음원이 3개 있다. 이 작업장의 전체 소음은 약 몇 dB(A)인가?

① 94.8   ② 96.8

③ 97.8   ④ 99.4

해설

• 93dB(A)의 소음 3개가 만드는 합성소음은
$10\log(10^{9.3} + 10^{9.3} + 10^{9.3}) = 10 \times 9.777 = 97.80$이 된다.

합성소음 실기 0401/0801/0901/1403/1602

• 동일한 공간 내에서 2개 이상의 소음원에 대한 소음이 발생할 때 전체 소음의 크기를 말한다.

• 합성소음[dB(A)] $= 10\log(10^{\frac{SPL_1}{10}} + \cdots + 10^{\frac{SPL_i}{10}})$으로 구할 수 있다.
이때, $SPL_1, \cdots, SPL_i$는 개별 소음도를 의미한다.

80

0802

———— Repetitive Learning (1회 2회 3회)

자외선에 관한 설명으로 틀린 것은?

① 비전리방사선이다.

② 200nm 이하의 자외선은 망막까지 도달한다.

③ 생체반응으로는 적혈구, 백혈구에 영향을 미친다.

④ 280~315nm의 자외선을 도르노선(Dornoray)이라고 한다.

해설

• 망막에 도달하는 빛은 400~1400nm의 파장을 갖는다.

자외선

• 100~400nm 정도의 파장을 갖는다.

• 피부의 색소침착 등 생물학적 작용이 활발하게 일어나서 Dorno선이라고도 한다.(이때의 파장은 280~315nm 정도이다)

• 피부에 강한 특이적 홍반작용과 색소침착, 전기성 안염(전광선 안염), 피부암 발생 등의 장해를 일으킨다.

• 트리클로로에틸렌을 독성이 강한 포스겐으로 전환시킬 수 있는 광화학 작용을 한다.

• 콜타르의 유도체, 벤조피렌, 안트라센 화합물과 상호작용하여 피부암을 유발시킨다.

5과목   산업독성학

81

1302

———— Repetitive Learning (1회 2회 3회)

흡인된 분진이 폐 조직에 축적되어 병적인 변화를 일으키는 질환을 총괄적으로 의미하는 용어는?

① 천식   ② 질식

③ 진폐증   ④ 중독증

해설

• 흡인된 분진이 폐 조직에 축적되어 병적인 변화를 일으키는 질환으로 폐에 분진이 쌓여 폐가 점차 굳어가는 병은 진폐증이다.

진폐증

• 흡인된 분진이 폐 조직에 축적되어 병적인 변화를 일으키는 질환으로 폐에 분진이 쌓여 폐가 점차 굳어가는 병을 말한다.

• 길이가 5~8μm보다 길고, 두께가 0.25~1.5μm보다 얇은 섬유성 분진이 진폐증을 가장 잘 일으킨다.

• 진폐증 발병요인에는 분진의 농도, 분진의 크기, 분진의 종류, 작업강도 및 분진에 폭로된 기간 등이 있다.

• 병리적 변화에 따라 교원성 진폐증과 비교원성 진폐증으로 구분된다.

교원성	• 폐표조직의 비가역성 변화나 파괴가 있고, 영구적이다. • 규폐증, 석면폐증 등
비교원성	• 폐조직이 정상적, 간질반응이 경미, 조직반응은 가역성이다. • 용접공폐증, 주석폐증, 바륨폐증 등

82
• Repetitive Learning 1회 2회 3회
1202

화학물질의 독성 특성을 설명한 것으로 틀린 것은?

① 혈액의 독성물질이란 임파액과 호르몬의 생산이나 그 정상 활동을 방해하는 것을 말한다.
② 중추신경계 독성물질이란 뇌, 척수에 작용하여 마취작용, 신경염, 정신장해 등을 일으킨다.
③ 화학성 질식성 물질이란 혈액중의 혈색소와 결합하여 산소운반능력을 방해하여 질식시키는 물질을 말한다.
④ 단순 질식성 물질이란 그 자체의 독성은 약하나 공기 중에 많이 존재하면 산소분압을 저하시켜 조직에 필요한 산소공급의 부족을 초래하는 물질을 말한다.

해설
• 혈액 독성물질은 혈액의 항상성을 유지하지 못하게 하여 이상증상을 일으키게 하는 물질을 말한다. 주로는 적혈구의 산소운반 기능을 방해하는 물질을 말한다.

❖ 화학물질의 독성 특성

혈액의 독성물질	혈액의 항상성을 유지하지 못하게 하여 이상증상을 일으키게 하는 물질을 말한다. 주로는 적혈구의 산소운반 기능을 방해하는 물질을 말한다.
중추신경계 독성물질	뇌, 척수에 작용하여 마취작용, 신경염, 정신장해 등을 일으키는 물질을 말한다.
화학적 질식성 물질	혈액중의 혈색소와 결합하여 산소운반능력을 방해하여 질식시키는 물질을 말한다.
단순 질식성 물질	그 자체의 독성은 약하나 공기 중에 많이 존재하면 산소분압을 저하시켜 조직에 필요한 산소공급의 부족을 초래하는 물질을 말한다.

83
• Repetitive Learning 1회 2회 3회
1202

신장을 통한 배설과정에 대한 설명으로 틀린 것은?

① 세뇨관을 통한 분비는 선택적으로 작용하며 능동 및 수동수송 방식으로 이루어진다.
② 신장을 통한 배설은 사구체 여과, 세뇨관, 재흡수, 그리고 세뇨관 분비에 의해 제거된다.
③ 세뇨관 내의 물질은 재흡수에 의해 혈중으로 돌아갈 수 있으나, 아미노산 및 독성물질은 재흡수되지 않는다.
④ 사구체를 통한 여과는 심장의 박동으로 생성되는 혈압 등의 정수압(hydrostaticpressure)의 차이에 의하여 일어난다.

해설
• 세뇨관 내의 물질은 재흡수에 의해 혈중으로 돌아가며, 아미노산 및 독성물질은 재흡수된다.

❖ 신장을 통한 배설
• 세뇨관을 통한 분비는 선택적으로 작용하며 능동 및 수동수송 방식으로 이루어진다.
• 신장을 통한 배설은 사구체 여과, 세뇨관, 재흡수, 그리고 세뇨관 분비에 의해 제거된다.
• 세뇨관 내의 물질은 재흡수에 의해 혈중으로 돌아가며, 아미노산 및 독성물질은 재흡수된다.
• 사구체를 통한 여과는 심장의 박동으로 생성되는 혈압 등의 정수압(hydrostaticpressure)의 차이에 의하여 일어난다.

84
• Repetitive Learning 1회 2회 3회
0701 / 1302

고농도로 폭로되면 중추신경계 장해 외에 간장이나 신장에 장해가 일어나 황달, 단백뇨, 혈뇨의 증상을 보이는 할로겐화 탄화수소로 적절한 것은?

① 벤젠
② 톨루엔
③ 사염화탄소
④ 파라니트로클로로벤젠

해설
• 사염화탄소는 탈지용 용매로 사용되는 물질로 간장, 신장에 만성적인 영향을 미친다.

❖ 사염화탄소
• 피부로부터 흡수되어 전신중독을 일으킬 수 있는 물질이다.
• 인체 노출 시 간의 장해인 중심소엽성 괴사를 일으키는 지방족 할로겐화 탄화소수이다.
• 탈지용 용매로 사용되는 물질로 간장, 신장에 만성적인 영향을 미친다.
• 초기 증상으로는 지속적인 두통, 구역 또는 구토, 복부선통과 설사, 간압통 등이 나타난다.
• 고농도로 폭로되면 중추신경계 장해 외에 간장이나 신장에 장해가 일어나 황달, 단백뇨, 혈뇨의 증상을 보이며, 완전 무뇨증이 되면 사망할 수도 있다.

85
• Repetitive Learning 1회 2회 3회
0501 / 0802

장기간 노출된 경우 간 조직세포에 섬유화증상이 나타나고, 특징적인 악성변화로 간에 혈관육종(hemangio-sarcoma)을 일으키는 물질은?

① 염화비닐
② 삼염화에틸렌
③ 메틸클로로포름
④ 사염화에틸렌

해설
- 장기간 노출된 경우 간 조직세포에 섬유화증상이 나타나고, 특징적인 악성변화로 간에 혈관육종(hemangio-sarcoma)을 일으키는 물질은 염화비닐이다.

✦✦ 염화비닐
- 플라스틱, 파이프, 케이블 코팅 재료 등 폴리비닐 중합체를 생산하는 데 많이 사용되는 물질이다.
- 가연성, 폭발성, 반응성 물질로 취급에 주의해야 한다.
- 간장해와 발암작용을 가진다.
- 장기간 노출된 경우 간 조직세포에 섬유화증상이 나타나고, 특징적인 악성변화로 간에 혈관육종(hemangio-sarcoma)을 일으킨다.

1003 / 2202

86 ── • Repetitive Learning [1회][2회][3회]

다음 중 금속의 독성에 관한 일반적인 특성을 설명한 것으로 틀린 것은?

① 금속의 대부분은 이온상태로 작용한다.
② 생리과정에 이온상태의 금속이 활용되는 정도는 용해도에 달려있다.
③ 용해성 금속염은 생체 내 여러 가지 물질과 작용하여 수용성 화합물로 전환된다.
④ 금속이온과 유기화합물 사이의 강한 결합력은 배설율에도 영향을 미치게 한다.

해설
- 용해성 금속염은 생체 내 여러 가지 물질과 작용하여 지용성 화합물로 전환된다.

✦✦ 금속의 독성에 관한 일반적인 특성
- 금속의 대부분은 이온상태로 작용한다.
- 생리과정에 이온상태의 금속이 활용되는 정도는 용해도에 달려있다.
- 용해성 금속염은 생체 내 여러 가지 물질과 작용하여 지용성 화합물로 전환된다.
- 금속이온과 유기화합물 사이의 강한 결합력은 배설율에도 영향을 미치게 한다.

1001 / 2101

87 ── • Repetitive Learning [1회][2회][3회]

납중독에 대한 치료방법의 일환으로 체내에 축적된 납을 배출하도록 하는데 사용되는 것은?

① Ca-EDTA
② DMPS
③ 2-PAM
④ Atropin

해설
- 무기성 납으로 인한 중독 시 원활한 체내 배출을 위해 사용하는 배설촉진제로 Ca-EDTA를 사용한다.

✦✦ 납중독
- 납은 원자량 207.21, 비중 11.34의 청색 또는 은회색의 연한 중금속이다.
- 납은 포르피린과 헴(heme)의 합성에 관여하는 효소를 억제하며, 소화기계 및 조혈계에 영향을 준다.
- 1~5세의 소아 이미증(pica)환자에게서 발생하기 쉽다.
- 인체에 흡수되면 뼈에 주로 축적되며, 조혈장해를 일으킨다.
- 무기성 납으로 인한 중독 시 원활한 체내 배출을 위해 사용하는 배설촉진제로 Ca-EDTA를 사용하는데 신장이 나쁜 사람에게는 사용하지 않는 것이 좋다.
- 요 중 δ-ALAD 활성치가 저하되고, 코프로포르피린과 델타 아미노레블린산은 증가한다.
- 적혈구 내 프로토포르피린이 증가한다.
- 납이 인체 내로 흡수되면 혈청 내 철과 망상적혈구의 수는 증가한다.
- 임상증상은 위장계통장해, 신경근육계통의 장해, 중추신경계통의 장해 등 크게 3가지로 나눌 수 있다.
- 주 발생사업장은 활자의 문선, 조판작업, 납 축전지 제조업, 염화비닐 취급 작업, 크리스탈 유리 원료의 혼합, 페인트, 배관공, 탄환제조 및 용접작업 등이다.

1903

88 ── • Repetitive Learning [1회][2회][3회]

ACGIH에 의하여 구분된 입자상 물질의 명칭과 입경을 연결된 것으로 틀린 것은?

① 폐포성 입자상 물질-평균입경이 1μm
② 호흡성 입자상 물질-평균입경이 4μm
③ 흉곽성 입자상 물질-평균입경이 10μm
④ 흡입성 입자상 물질-평균입경이 0~100μm

해설
- 입자상 물질은 크게 흡입성, 흉곽성, 호흡성으로 분류된다.

✦✦ 입자상 물질의 분류 [실기] 0303/0402/0502/0701/0703/0802/1303/1402/1502/1601/1701/1802/1901/2202

흡입성 먼지	주로 비강, 인후두, 기관 등 호흡기의 기도 부위에 축적됨으로써 호흡기계 독성을 유발하는 분진으로 평균입경이 100μm이다.
흉곽성 먼지	기관지와 폐포 등 폐 내부의 공기통로와 가스교환 부위에 침착되는 먼지로서 공기역학적 지름이 30μm 이하의 크기를 가지며 평균입경은 10μm이다.
호흡성 먼지	폐포에 침착하여 독성을 나타내며 평균입자 크기는 4μm이고, 공기 역학적 직경이 10μm 미만인 먼지를 말한다.

89

• Repetitive Learning (1회 2회 3회)

카드뮴의 노출과 영향에 대한 생물학적 지표를 맞게 나열한 것은?

① 혈중 카드뮴 - 혈중 ZPP
② 혈중 카드뮴 - 요중 마뇨산
③ 혈중 카드뮴 - 혈중 포르피린
④ 요중 카드뮴 - 요중 저분자량 단백질

해설

- ①은 납의 생물학적 지표이다.
- ②는 톨루엔의 생물학적 지표이다.
- ③의 포르피린은 적혈구의 혈색소에 많이 포함되어 있는 단백질로 헤모글로빈이 철과 결합할 수 있도록 한다.

❖ 유기용제별 생물학적 모니터링 대상(생체 내 대사산물) 실기 0803/ 1403/2101

벤젠	소변 중 총 페놀 소변 중 t,t-뮤코닉산(t,t-Muconic acid)
에틸벤젠	소변 중 만델린산
스티렌	소변 중 만델린산
톨루엔	소변 중 마뇨산(hippuric acid), o-크레졸
크실렌	소변 중 메틸마뇨산
이황화탄소	소변 중 TTCA
메탄올	혈액 및 소변 중 메틸알코올
노말헥산	소변 중 헥산디온(2,5-hexanedione)
MBK (methyl-n-butyl ketone)	소변 중 헥산디온(2,5-hexanedione)
니트로벤젠	혈액 중 메타헤로글로빈
카드뮴	혈액 및 소변 중 카드뮴(저분자량 단백질)
납	혈액 및 소변 중 납(ZPP, FEP)
일산화탄소	혈액 중 카복시헤모글로빈, 호기 중 일산화탄소

90

• Repetitive Learning (1회 2회 3회)

다음의 사례에 의심되는 유해인자는?

48세의 이씨는 10년 동안 용접작업을 하였다. 1998년부터 왼쪽 손 떨림, 구음장애, 왼쪽 상지의 근력저하 등의 소견이 나타났고, 주위 사람으로부터 걸을 때 팔을 흔들지 않는다는 이야기를 들었다. 몇 개월 후 한의원에서 중풍의 진단을 받고 한 달 동안 치료를 하였으나 증상의 변화는 없었다. 자기공명영상촬영에서 뇌기저핵 부위에 고신호강도 소견이 있었다.

① 크롬 ② 망간
③ 톨루엔 ④ 크실렌

해설

- 크롬은 부식방지 및 도금 등에 사용되며 급성중독 시 심한 신장장해를 일으키고, 만성중독 시 코, 폐 등의 점막에 병변을 일으켜 비중격천공을 유발한다.
- 톨루엔은 인체에 과량 흡입될 경우 위장관계의 기능장애, 두통이나 환각증세와 같은 신경장애를 일으키는 등 중추신경계에 영향을 준다.
- 크실렌(Xylene)은 호흡기 자극, 피부 및 눈 자극 등 중추신경계에 영향을 주며, 장기간 폭로 될 경우 월경장애, 간 이상, 생식계 등에도 영향을 준다.

❖ 망간(Mn)

- 망간은 직업성 만성중독 원인물질로 주로 철합금으로 사용되며, 화학공업에서는 건전지 제조업에 사용된다.
- 망간은 호흡기, 소화기 및 피부를 통하여 흡수되며, 이 중에서 호흡기를 통한 경로가 가장 많고 위험하다.
- 전기용접봉 제조업, 도자기 제조업에서 발생한다.
- 무력증, 식욕감퇴 등의 초기증세를 보이다 심해지면 언어장애, 균형감각상실 등 중추신경계의 특정 부위를 손상시켜 파킨슨증후군과 보행장해가 두드러지는 중금속이다.

91

0803 / 1002 / 1302

• Repetitive Learning (1회 2회 3회)

유기용제 중독을 스크린하는 다음 검사법의 민감도(sensitivity)는 얼마인가?

구분		실제값(질병)		합계
		양성	음성	
검사법	양성	15	25	40
	음성	5	15	20
합계		20	40	60

① 25.0% ② 37.5%
③ 62.5% ④ 75.0%

해설

- 실제 환자인 사람 20명 중 검사법에 의해 환자로 판별된 경우는 15명이므로 민감도는 $\frac{15}{20} = 0.75$이므로 75%가 된다.

❖ 검사법의 민감도(sensitivity)

- 실제 환자인 사람 중에서 새로운 진단방법이 환자라고 판별한 사람의 비율을 말한다.
- 실제 환자인 사람은 중독진단에서 양성인 인원수이다.
- 새로운 검사법에 의해 환자인 사람은 새로운 검사법에 의해 양성인 인원수이다.

92 ●Repetitive Learning 〔1회 2회 3회〕

유해화학물질의 노출기준을 정하고 있는 기관과 노출기준 명칭의 연결이 맞는 것은?

① OSHA : REL
② AIHA : MAC
③ ACGIH : TLV
④ NIOSH : PEL

해설

- 미국산업안전보건청(OSHA)에서 정한 노출기준은 PEL이다.
- 미국산업위생학회(AIHA)에서 정한 노출기준은 WEEL이다.
- 미국국립산업안전보건연구원(NIOSH)에서 정한 노출기준은 REL 이다.

🎯 국가 및 기관별 유해물질에 대한 허용기준 실기 1101/1702

국가	기관	노출기준
한국		화학물질 및 물리적 인자의 노출기준
미국	OSHA	PEL
	AIHA	WEEL
	ACGIH	TLV
	NIOSH	REL
영국	HSE	WEL
독일		TRGS

93 ●Repetitive Learning 〔1회 2회 3회〕

비중격천공을 유발시키는 물질은?

① 납(Pb)
② 크롬(Cr)
③ 수은(Hg)
④ 카드뮴(Cd)

해설

- 납은 포르피린과 헴(heme)의 합성에 관여하는 효소를 억제하며, 소화기계 및 조혈계에 영향을 준다.
- 수은은 hatter's shake라고 하며 근육경련을 유발하는 중금속이다.
- 카드뮴은 칼슘대사에 장해를 주어 신결석을 동반한 신증후군이 나타나고 다량의 칼슘배설이 일어나 뼈의 통증, 골연화증 및 골수공 증과 같은 골격계장해를 유발하는 중금속이다.

🎯 크롬(Cr)
- 부식방지 및 도금 등에 사용된다.
- 급성중독 시 심한 신장장해를 일으키고, 만성중독 시 코, 폐 등의 점막이 충혈되어 화농성비염이 되고 차례로 깊이 들어가서 궤양이 되고 비강암이나 비중격천공을 유발한다.
- 장기간 흡입하는 경우 원발성 기관지암과 폐암이 발생한다.
- 피부궤양 발생 시 치료에는 Sodium citrate 용액, Sodium thiosulfate 용액, 10% CaNa2EDTA 연고 등을 사용한다.

94 ●Repetitive Learning 〔1회 2회 3회〕

납중독에 대한 대표적인 임상증상으로 볼 수 없는 것은?

① 위장장해
② 안구장해
③ 중추신경장해
④ 신경 및 근육계통의 장해

해설

- 납중독의 임상증상은 위장계통장해, 신경근육계통의 장해, 중추신경계통의 장해 등 크게 3가지로 나눌 수 있다.

🎯 납중독
- 납은 원자량 207.21, 비중 11.34의 청색 또는 은회색의 연한 중금속이다.
- 납은 포르피린과 헴(heme)의 합성에 관여하는 효소를 억제하며, 소화기계 및 조혈계에 영향을 준다.
- 1~5세의 소아 이미증(pica)환자에게서 발생하기 쉽다.
- 인체에 흡수되면 뼈에 주로 축적되며, 조혈장해를 일으킨다.
- 무기성 납으로 인한 중독 시 원활한 체내 배출을 위해 사용하는 배설촉진제로 Ca-EDTA를 사용하는데 신장이 나쁜 사람에게는 사용하지 않는 것이 좋다.
- 요 중 δ-ALAD 활성치가 저하되고, 코프로포르피린과 델타 아미노레블린산은 증가한다.
- 적혈구 내 프로토포르피린이 증가한다.
- 납이 인체 내로 흡수되면 혈청 내 철과 망상적혈구의 수는 증가한다.
- 임상증상은 위장계통장해, 신경근육계통의 장해, 중추신경계통의 장해 등 크게 3가지로 나눌 수 있다.
- 주 발생사업장은 활자의 문선, 조판작업, 납 축전지 제조업, 염화비닐 취급 작업, 크리스탈 유리 원료의 혼합, 페인트, 배관공, 탄환제조 및 용접작업 등이다.

95 ●Repetitive Learning 〔1회 2회 3회〕

생물학적 노출지수(BEI)에 관한 설명으로 틀린 것은?

① 시료는 소변, 호기 및 혈액 등이 주로 이용된다.
② 혈액에서 휘발성 물질의 생물학적 노출지수는 동맥 중의 농도를 말한다.
③ 유해물질의 대사산물, 유해물질 자체 및 생화학적 변화 등을 총칭한다.
④ 배출이 빠르고 반감기가 5분 이내의 물질에 대해서는 시료재취 시기가 대단히 중요하다.

해설

- BEI는 생체 내에 침입한 유해물질의 총량 또는 유해물질에 의하여 일어난 생체변화의 강도를 지수로 표현한 것이다.

BEI(Biological Exposure Indices)

- 작업장의 유해물질을 공기 중 허용농도에 의존하는 것 이외에 근로자의 노출상태를 측정하는 방법으로, 근로자들의 조직과 체액 또는 호기를 검사하는 건강장애를 일으키는 일이 없이 노출될 수 있는 양을 규정한 것이다.
- 유해물질에 폭로된 생체시료 중의 유해물질 또는 그 대사물질 등에 대한 생물학적 감시(monitoring)을 실시하여 생체 내에 침입한 유해물질의 총량 또는 유해물질에 의하여 일어난 생체변화의 강도를 지수로 표현한 것이다.
- 시료는 소변, 호기 및 혈액 등이 주로 이용된다.
- 유해물질의 대사산물, 유해물질 자체 및 생화학적 변화 등을 총칭한다.
- 배출이 빠르고 반감기가 5분 이내의 물질에 대해서는 시료재취 시기가 대단히 중요하다.

1302

96 ──────● Repetitive Learning 〔1회〕〔2회〕〔3회〕

카드뮴 중독의 발생 가능성이 가장 큰 산업작업 또는 제품으로만 나열된 것은?

① 니켈, 알루미늄과의 합금, 살균제, 페인트
② 페인트 및 안료의 제조, 도자기 제조, 인쇄업
③ 금, 은의 정련, 청동 주석 등의 도금, 인견제조
④ 가죽제조, 내화벽돌 제조, 시멘트제조업, 화학비료공업

해설

- 카드늄은 주로 납광물이나 아연광물을 제련할 때 부산물로 얻어지며, 니켈, 알루미늄과의 합금, 살균제, 페인트 등을 취급하는 곳에서 노출위험성이 크다.

∷ 카드뮴

- 카드뮴은 부드럽고 연성이 있는 금속으로 납광물이나 아연광물을 제련할 때 부산물로 얻어진다.
- 주로 니켈, 알루미늄과의 합금, 살균제, 페인트 등을 취급하는 곳에서 노출위험성이 크다.
- 흡수된 카드뮴은 혈장단백질과 결합하여 최종적으로 간이나 신장에 축적된다.
- 인체 내에서 −SH기와 결합하여 독성을 나타낸다.
- 중금속 중에서 칼슘대사에 장애를 주어 신결석을 동반한 신증후군이 나타나고 폐기종, 만성기관지염 같은 폐질환을 일으키고, 다량의 칼슘배설이 일어나 뼈의 통증, 골연화증 및 골수공증과 같은 골격계 장해를 유발한다.
- 카드뮴에 의한 급성노출 및 만성노출 후의 장기적인 속발증은 고환의 기능쇠퇴, 폐기종, 간손상 등이다.
- 체내에 노출되면 저분자 단백질인 metallothionein이라는 단백질을 합성하여 독성을 감소시킨다.

1102 / 2003

97 ──────● Repetitive Learning 〔1회〕〔2회〕〔3회〕

중금속에 중독되었을 경우에 치료제로 BAL이나 Ca−EDTA 등 금속배설 촉진제를 투여해서는 안 되는 중금속은?

① 납   ② 비소
③ 망간   ④ 카드뮴

해설

- 납은 포르피린과 헴(heme)의 합성에 관여하는 효소를 억제하며, 소화기계 및 조혈계에 영향을 준다.
- 비소는 은빛 광택을 내는 비금속으로 가열하면 녹지 않고 승화되며, 피부 특히 겨드랑이나 국부 등에 습진형 피부염이 생기며 피부암을 유발한다.
- 망간은 mmT를 함유한 연료제조에 종사하는 근로자에게 노출되는 일이 많은 물질로 급성노출시 금속열과 조증 등을 유발한다.

∷ 카드뮴의 중독, 치료 및 예방대책

- 소변 속의 카드뮴 배설량은 카드뮴 흡수를 나타내는 지표가 된다.
- 칼슘대사에 장해를 주어 신결석을 동반한 증후군이 나타나고 다량의 칼슘배설이 일어난다.
- 폐활량 감소, 잔기량 증가 및 호흡곤란의 폐증세가 나타나며, 이 증세는 노출기간과 노출농도에 의해 좌우된다.
- 치료제로 BAL이나 Ca−EDTA 등 금속배설 촉진제를 투여해서는 안 된다.

0602 / 0701 / 0902 / 1201 / 2202

98 ──────● Repetitive Learning 〔1회〕〔2회〕〔3회〕

산업역학에서 이용되는 "상대위험도＝1"이 의미하는 것은?

① 질병의 위험이 증가함
② 노출군 전부가 발병하였음
③ 질병에 대한 방어효과가 있음
④ 노출과 질병 발생 사이에 연관 없음

해설

- 상대위험비는 유해인자에 노출된 집단에서의 질병발생률과 노출되지 않은 집단에서 질병발생률과의 비를 말하는데 이 값이 1이라는 것은 노출집단과 노출되지 않은 집단의 질병발생률이 같다는 의미이다.

∷ 위험도를 나타내는 지표 0703/0902/1502/1602

상대위험비	유해인자에 노출된 집단에서의 질병발생률과 노출되지 않은 집단에서 질병발생률과의 비
기여위험도	특정 위험요인노출이 질병 발생에 얼마나 기여하는지의 정도 또는 분율
교차비 (odds ratio)	질병이 있을 때 위험인자에 노출되었을 가능성(odds)과 질병이 없을 때 위험인자에 노출되었을 가능성(odds)의 비

---

99 ──────── • Repetitive Learning (1회 2회 3회)

규폐증(silicosis)에 관한 설명으로 옳지 않은 것은?

① 직업적으로 석영 분진에 노출될 때 발생하는 진폐증의 일종이다.
② 석면의 고농도분진을 단기적으로 흡입할 때 주로 발생되는 질병이다.
③ 채석장 및 모래분사 작업장에 종사하는 작업자들이 잘 걸리는 폐질환이다.
④ 역사적으로 보면 이집트의 미이라에서도 발견되는 오래된 질병이다.

해설

• 규폐증의 주요 원인 물질은 0.5~5μm의 크기를 갖는 SiO_2(유리규산) 함유먼지, 암석분진 등의 혼합물질이다.

◾◾ 규폐증(silicosis)

• 주요 원인 물질은 0.5~5μm의 크기를 갖는 SiO_2(유리규산) 함유먼지, 암석분진 등의 혼합물질이다.
• 역사적으로 보면 이집트의 미이라에서도 발견되는 오래된 질병이다.
• 건축업, 도자기 작업장, 채석장, 석재공장 등의 작업장에서 근무하는 근로자에게 발생할 수 있는 진폐증의 한 종류이다.
• 폐결핵을 합병증으로 하여 폐하엽 부위에 많이 생기는 증상을 갖는다.

100 ──────── • Repetitive Learning (1회 2회 3회)

유해물질이 인체 내에 침입 시 접촉면적이 큰 순서대로 나열된 것은?

① 소화기>피부>호흡기
② 호흡기>피부>소화기
③ 피부>소화기>호흡기
④ 소화기>호흡기>피부

해설

• 유해물질이 인체에 침입할 때 접촉면적은 호흡기>피부>소화기 순이다.

◾◾ 유해물질의 인체 침입

• 접촉면적이 큰 순서대로 호흡기>피부>소화기 순이다.
• 호흡기계통이 공기 중에 분산되어있는 유해물질의 인체 내 침입경로 중 유해물질이 가장 많이 유입되는 경로에 해당한다.

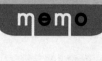

출제문제 분석 — 2017년 1회

구분	1과목	2과목	3과목	4과목	5과목	합계
New유형	5	1	0	2	3	11
New문제	11	7	1	10	6	35
또나온문제	5	6	11	8	3	33
자꾸나온문제	4	7	8	2	11	32
합계	20	20	20	20	20	100

- New유형은 New문제 중 기존 기출문제와 완전히 다른 유형의 문제를 말합니다.
- New문제는 기존에 출제되지 않은 문제로 이번에 처음 출제되는 문제입니다.
- 또나온문제는 기존에 출제된 적이 1번 있는 문제를 말합니다.
- 자꾸나온문제는 기존에 출제된 적이 2번 이상 있는 문제를 말합니다. 그만큼 중요한 문제입니다.

몇 년분의 기출문제를 공부해야 합격할 수 있을까요?

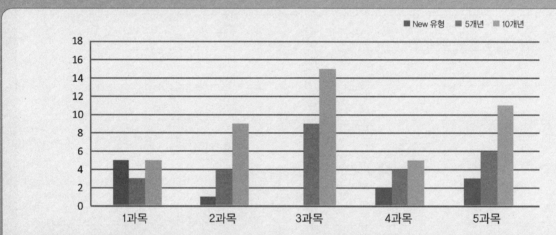

- 완전 새로운 유형의 문제는 11문제이고 89문제가 이미 출제된 문제 혹은 변형문제입니다.
- 5년분(2018~2022) 기출에서 동일문제가 26문항이 출제되었고, 10년분(2013~2022) 기출에서 동일문제가 45문항이 출제되었습니다.

실기에 나왔어요!! 일타쌍피–사전체크!!

실기시험은 필답형으로 진행됩니다. 객관식의 필기와 달리 주관식인 관계로 아는 만큼 적을 수 있습니다. 최근 계산문제의 비중이 많이 감소하고 있지만 절반 정도의 이론 문제와 절반 정도의 계산문제가 출제된다고 보시면 됩니다. 계산문제의 경우 나오는 문제유형이 거의 정해져 있습니다. 필기 공부할 때 미리 실기에 나오는 내용을 체크하시고 그부분만큼은 잘 공부해 두신다면 당 회차 실기까지 한 번에 잡을 수 있습니다.

- 총 33개의 유형별 핵심이론이 실기시험과 연동되어 있습니다.

분석의견

합격률이 41.1% 평균 보다 낮은 수준을 보였던 회차였습니다.

10년 기출을 학습할 경우 기출과 동일한 문제가 1과목과 4과목에서 각각 5문제씩 출제되었습니다. 아울러 1과목의 경우는 새로운 유형의 문제가 5문제나 출제되어 기출문제만으로 학습하신 수험생에게는 다소 어렵다고 느껴질만한 회차입니다.

10년분 기출문제와 유형별 핵심이론의 3회 정독은 되어야 합격 가능한 것으로 판단됩니다.

2017년 제1회

2017년 3월 5일 필기

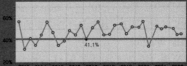

1과목 산업위생학개론

01

● Repetitive Learning [1회] [2회] [3회]

정상작업역을 설명한 것으로 맞는 것은?

① 전박을 뻗쳐서 닿는 작업영역
② 상지를 뻗쳐서 닿는 작업영역
③ 사지를 뻗쳐서 닿는 작업영역
④ 어깨를 뻗쳐서 닿는 작업영역

해설

• 정상작업역은 팔을 굽힌 상태에서 좌우의 손을 뻗어 닿는 영역을 말한다.

∷ 정상작업역 [실기] 0303

• 작업자가 팔꿈치를 몸에 붙이고 자연스럽게 움직일 수 있는 거리를 말한다.
• 상완을 자연스럽게 늘어뜨린 상태에서 전완을 뻗어 파악할 수 있는 영역을 말한다.
• 인간이 앉아서 작업대 위에 손을 움직여 나타나는 평면작업 중 팔을 굽히고도 편하게 작업을 하면서 좌우의 손을 움직여 생기는 작은 원호형의 영역을 말한다.

0802

02

● Repetitive Learning [1회] [2회] [3회]

작업대사량(RMR)을 계산하는 방법이 아닌 것은?

① $\dfrac{작업대사량}{기초대사량}$

② $\dfrac{기초작업대사량}{작업대사량}$

③ $\dfrac{작업시\ 열량소비량 - 안정시\ 열량소비량}{기초대사량}$

④ $\dfrac{작업시\ 산소소비량 - 안정시\ 산소소비량}{기초대사시\ 산소소비량}$

해설

• 작업대사율 RMR = $\dfrac{작업대사량}{기초대사량}$ =

$\dfrac{작업시\ 산소소모량 - 안정시\ 산소소모량}{기초대사량(산소소비량)}$로 구한다.

∷ 작업대사율(RMR : Relative Metabolic Rate)

㉠ 개요

• RMR은 특정 작업을 수행하는 데 있어 작업강도를 작업에 사용되는 열량 측면에서 보는 한 가지 지표이다.
• 작업으로 소모되는 열량을 계산하기 위해 연령, 성별, 체격의 크기를 고려하여 사용하는 지수이다.
• RMR = $\dfrac{작업대사량}{기초대사량}$ =

$\dfrac{작업시\ 산소소모량 - 안정시\ 산소소모량}{기초대사량(산소소비량)}$로 구한다.

㉡ 작업강도 구분

작업 구분	RMR	실노동률	1일 소비열량 [kcal]	소요 대사량
격심 작업	7 이상	50% 이하	남 : 3,500 이상 여 : 2,920 이상	
중(重) 작업	4~7	50~67%	남 : 3,050~3,500 여 : 2,600~2,920	350~500 kcal/hr
강 작업	2~4	67~76%	남 : 2,550~3,050 여 : 2,220~2,600	250~350 kcal/hr
중등 작업	1~2	76~80%	남 : 2,200~2,550 여 : 1,900~2,220	200~250 kcal/hr
경(輕) 작업	0~1	80% 이상	남 : 2,200 이하 여 : 1,900 이하	200kcal/hr

03

● Repetitive Learning [1회] [2회] [3회]

각 개인의 육체적 작업 능력(PWC, Physical Work Capacity)을 결정하는 요인이라고 볼 수 없는 것은?

① 대사 정도
② 호흡기계 활동
③ 소화기계 활동
④ 순환기계 활동

정답 | 01 ① 02 ② 03 ③

- PWC를 결정하는 요인에는 대사 정도, 호흡기계 활동, 순환기계 활동, 개인 심폐기능 등이 있다.
- 육체적 작업능력(PWC, Physical Work Capacity)
  - 일반적으로 젊은 남성이 평균 16kcal/min(여성은 12kcal/min) 정도의 작업은 피로를 느끼지 않고 하루에 4분간 계속할 수 있음을 의미한다.
  - PWC를 결정하는 요인에는 대사 정도, 호흡기계 활동, 순환기계 활동, 개인 심폐기능 등이 있다.
  - 하루 8시간 동안 피로를 느끼지 않고 일을 하는 작업강도는 육체적 작업능력의 1/3에 해당한다.

04 ──────● Repetitive Learning 〔1회 2회 3회〕

방직 공장의 면 분진 발생공정에서 측정한 공기 중 면 분진 농도가 2시간 2.5mg/m^3, 3시간은 1.8mg/m^3, 3시간은 2.6mg/m^3일 때, 해당 공정의 시간가중평균노출기준 환산 값은 약 얼마인가?

① 0.86mg/m^3
② 2.28mg/m^3
③ 2.35mg/m^3
④ 2.60mg/m^3

- 주어진 값을 대입하면 TWA 환산값은
$$\frac{2\times 2.5 + 3\times 1.8 + 3\times 2.6}{8} = 2.275[mg/m^3]$$가 된다.
- 시간가중평균값(TWA, Time–Weighted Average) 실기 0302/1102/1302/1801/2002
  - 1일 8시간 작업을 기준으로 한 평균노출농도이다.
  - TWA 환산값$= \dfrac{C_1 \cdot T_1 + C_1 \cdot T_1 + \cdots + C_n \cdot T_n}{8}$로 구한다.

  이때, C : 유해인자의 측정농도(단위 : ppm, mg/m³ 또는 개/㎤)

  T : 유해인자의 발생시간(단위 : 시간)

05 ──────● Repetitive Learning 〔1회 2회 3회〕

산업위생의 목적과 가장 거리가 먼 것은?

① 근로자의 건강을 유지 · 증진시키고 작업능률을 향상시킴
② 근로자들의 육체적, 정신적, 사회적 건강을 유지 · 증진시킴
③ 유해한 작업환경 및 조건으로 발생한 질병을 진단하고 치료함
④ 작업환경 및 작업조건이 최적화되도록 개선하여 질병을 예방함

- 질병을 진단하고 치료하는 것은 산업위생과 관련이 멀다.
- 산업위생의 목적
  - 근로자의 건강을 유지 · 증진시키고 작업능률을 향상시킴
  - 근로자들의 육체적, 정신적, 사회적 건강을 유지 · 증진시킴
  - 작업환경 및 작업조건이 최적화되도록 개선하여 질병을 예방함

06 ──────● Repetitive Learning 〔1회 2회 3회〕

스트레스 관리 방안 중 조직적 차원의 대응책으로 가장 적합하지 않는 것은?

① 직무 재설계
② 적절한 시간 관리
③ 참여적 의사결정
④ 우호적인 직장 분위기 조성

- ②는 개인차원에서의 스트레스 관리 내용에 해당한다.
- 스트레스의 관리

개인차원	• 자신의 한계와 문제의 징후를 인식하여 해결방안 도출 • 명상, 요가 등 긴장 이완훈련 • 신체검사 및 건강검사 • 운동과 직무 외의 관심 • 적절한 시간관리
집단차원	• 직무의 재설계 • 사회적 지원의 제공 • 개인의 적응수준 제고 • 참여적 의사결정 • 우호적인 직장 분위기의 조성

07 ──────● Repetitive Learning 〔1회 2회 3회〕

산업피로의 발생현상(기전)과 가장 관계가 없는 것은?

① 생체 내 조절기능의 변화
② 체내 생리대사의 물리 · 화학적 변화
③ 물질대사에 의한 피로물질의 체내 축적
④ 산소와 영양소 등의 에너지원 발생 증가

- 산소, 영양소 등의 에너지원은 소모된다.
- 산업피로의 발생현상(기전)
  - 산소, 영양소 등의 에너지원의 소모
  - 신체 조절기능의 저하
  - 체내 생리대사의 물리 · 화학적 변조
  - 물질대사에 의한 피로물질의 체내 축적

08

• Repetitive Learning (1회 2회 3회)

산업안전보건법상 근로자 건강진단의 종류가 아닌 것은?

① 퇴직후건강진단　　　　② 특수건강진단

③ 배치전건강진단　　　　④ 임시건강진단

해설

- 산업안전보건법 상 근로자 건강진단에는 ②, ③, ④외에 일반건강
  진단, 수시건강진단이 있다.

❖ 산업안전보건법 상 근로자 건강진단

일반건강진단	상시 사용하는 근로자의 건강관리를 위한 건강진단
특수건강진단	유해인자에 노출되는 업무에 종사하는 근로자 건강진단
배치전건강진단	근로자의 배치 예정 업무에 대한 적합성 평가를 위하여 건강진단
수시건강진단	유해인자로 인한 것이라고 의심되는 건강장해 증상을 보이거나 의학적 소견이 있는 근로자 중 보건관리자 등이 사업주에게 요청하여 실시하는 건강진단
임시건강진단	유해인자에 노출되는 근로자들에게 유사한 질병의 증상이 발생한 경우 등에 특정 근로자에 대한 건강진단

1001 / 1303

09

• Repetitive Learning (1회 2회 3회)

미국산업위생학술원(AAIH)이 채택한 윤리강령 중 기업주와
고객에 대한 책임에 해당하는 내용은?

① 일반 대중에 관한 사항은 정직하게 발표한다.

② 위험 요소와 예방조치에 관하여 근로자와 상담한다.

③ 성실성과 학문적 실력 면에서 최고 수준을 유지한다.

④ 궁극적으로 기업주와 고객보다 근로자의 건강 보호에 있다.

해설

- ①은 일반 대중에 대한 책임에 해당한다.
- ②는 근로자에 대한 책임에 해당한다.
- ③은 전문가로서의 책임에 해당한다.

❖ 산업위생전문가의 윤리강령 중 기업주와 고객에 대한 책임
- 궁극적으로 기업주와 고객보다 근로자의 건강 보호에 있다.
- 결과와 결론을 뒷받침할 수 있도록 기록을 유지하고 산업위생
  사업을 전문가답게 운영, 관리한다.
- 신뢰를 중요시하고, 정직하게 충고하며, 결과와 권고사항을 정
  확히 보고한다.
- 쾌적한 작업환경을 달성하기 위해 산업위생 원리들을 적용할
  때 책임감을 갖고 행동한다.

10

• Repetitive Learning (1회 2회 3회)

어떤 사업장에서 70명의 종업원이 1년간 작업하는데 1급 장
애 1명, 12급 장애 11명의 신체장애가 발생하였을 때 강도율
은?(단, 연간 근로일수는 290일, 일 근로시간은 8시간이다)

신체장애등급	1~3	11	12
근로손실일수	7,500	400	200

① 59.7　　　　　　② 72.0

③ 124.3　　　　　④ 360.0

해설

- 1급은 7,500일, 12급은 200일이므로 근로손실일수는 7,500＋
  11×200＝9,700일이다.
- 연간총근로시간은 70명×8시간×290일＝162,400시간이므로 강
  도율은 $\frac{9,700}{162,400}\times 1,000 = 59.729\cdots$이다.

❖ 강도율(SR : Severity Rate of injury) 실기 0502/0503/0602
- 재해로 인한 근로손실의 강도를 나타낸 값으로 연간 총 근로시
  간에서 1,000시간당 근로손실일수를 의미한다.
- 강도율＝$\frac{근로손실일수}{연간총근로시간}\times 1,000$으로 구한다.
- 연간 근무일수나 하루 근무시간수가 주어지지 않을 경우 하루
  8시간, 1년 300일 근무하는 것으로 간주한다.
- 휴업일수가 주어질 경우 근로손실일수를 구하기 위해
  $\frac{연간근무일수}{365}$를 곱해준다.
- 근로자의 근속연수 등이 주어지지 않을 때 평생 근로손실일수
  는 한 개인이 평생 동안 근로한 시간을 100,000시간으로 볼 때
  의 근로손실일수이므로 강도율에 100을 곱하여 구한다.

1402

11

• Repetitive Learning (1회 2회 3회)

산업재해가 발생할 급박한 위험이 있거나 중대재해가 발생
하였을 경우 취하는 행동으로 적합하지 않은 것은?

① 근로자는 직상급자에게 보고한 후 해당 작업을 즉시 중
지시킨다.

② 사업주는 즉시 작업을 중지시키고 근로자를 작업장소로
부터 대피시켜야 한다.

③ 고용노동부 장관은 근로감독관 등으로 하여금 안전 · 보
건진단이나 그 밖의 필요한 조치를 하도록 할 수 있다.

④ 사업주는 급박한 위험에 대한 합리적인 근거가 있을 경
우에 작업을 중지하고 대피한 근로자에게 해고 등의 불
리한 처우를 해서는 안 된다.

- 일단 재해와 관련된 기계부터 정지시킨 후 재해자 구호에 들어가야 한다. 구급자 긴급조치 후에 상급자에게 보고한다.

❖ 재해발생 시 조치사항
- 재해발생 시 모든 사항에 우선하여 재해자에 대한 응급조치를 취해야 한다.
- 긴급조치 → 재해조사 → 원인분석 → 대책수립의 순을 따른다.
- 긴급조치 과정은 재해 발생 기계의 정지 → 재해자의 구조 및 응급조치 → 상급 부서의 보고 → 2차 재해의 방지 → 현장 보존 순으로 진행한다.

0803 / 1002

12 ──── • Repetitive Learning (1회 2회 3회)

에틸벤젠(TLV = 100ppm)을 사용하는 작업장의 작업시간이 9시간일 때는 허용기준을 보정하여야 한다. OSHA 보정방법과 Brief & Scala 보정방법을 적용하였을 때 두 보정된 허용기준치 간의 차이는 약 얼마인가?

① 2.2ppm ② 3.3ppm
③ 4.2ppm ④ 5.6ppm

- 먼저 OSHA 보정으로 보정된 노출기준은 $100 \times \frac{8}{9} = 88.889$이다.
- Brief and Scala 보정으로 노출기준 보정계수는 $\left(\frac{8}{9}\right) \times \frac{15}{16} = \frac{15}{18} = 0.833$이므로 주어진 TLV값 100을 곱하면 83.33이 된다.
- 2개의 보정된 허용기준치의 차이는 $88.89 - 83.33 = 5.56$[ppm]이다.

❖ 보정방법
ⓐ OSHA 보정
- 보정된 노출기준은 8시간 노출기준$\times \frac{8시간}{1일 노출시간}$으로 구한다.
- 만약 만성중독으로 작업시간이 주단위로 부여되는 경우 노출기준$\times \frac{40시간}{1주 노출시간}$으로 구한다.

ⓑ Brief and Scala 보정 실기 0303/0401/0601/0701/0801/0802/0803/1203/1503/1603/1902/2003
- 노출기준 보정계수는 $\left(\frac{8}{H}\right) \times \frac{24-H}{16}$으로 구한 후 주어진 TLV값을 곱해준다.
- 만약 만성중독으로 작업시간이 주단위로 부여되는 경우 노출기준 보정계수는 $\left(\frac{40}{H}\right) \times \frac{168-H}{128}$으로 구한 후 주어진 TLV값을 곱해준다.

---

13 ──── • Repetitive Learning (1회 2회 3회)

우리나라 산업위생 역사와 관련된 내용 중 맞는 것은?

① 문송면 – 납중독 사건
② 원진레이온 – 이황화탄소 중독 사건
③ 근로복지공단 – 작업환경측정기관에 대한 정도관리제도 도입
④ 보건복지부 – 산업안전보건법 · 시행령 · 시행규칙의 제정 및 공포

- 문송면군은 1988년 수은중독으로 사망했다.
- ③과 ④의 정도관리제도나 산업안전보건법의 제정 및 공포는 고용노동부 소관이다.

❖ 우리나라 산업위생

1926년	공장보건위생법 제정
1953년	산업위생 최초의 법령인 근로기준법 제정
1963년	• 대한 산업보건협회 창립 • 노정국에서 노동청으로 성격
1977년	근로복지공사 설립, 부속병원 개설
1981년	• 노동청이 노동부로 승격 • 산업안전보건법 공포
1986년	유해물질의 허용농도 제정
1987년	한국산업안전공단 설립
1988년	문송면군의 수은중독 사망사고 발생
1990년	한국산업위생학회 창립
1991년	원진레이온(주)의 이황화탄소 중독사고 발생 – 집단 직업병

0903 / 2102

14 ──── • Repetitive Learning (1회 2회 3회)

산업피로에 대한 대책으로 맞는 것은?

① 커피, 홍차, 엽차 및 비타민 B_1은 피로회복에 도움이 되므로 공급한다.
② 피로한 후 장시간 휴식하는 것이 휴식시간을 여러 번으로 나누는 것보다 효과적이다.
③ 움직이는 작업은 피로를 가중시키므로 될수록 정적인 작업으로 전환하도록 한다.
④ 신체 리듬의 적용을 위하여 야간근무는 연속으로 7일 이상 실시하도록 한다.

- 장시간 휴식하는 것보다 짧은 시간 여러 번 쉬는 것이 피로회복에 효과적이다.
- 피로 예방을 위해 동적인 작업을 늘리고, 정적인 작업을 줄인다.
- 야간근무는 연속으로 3일을 초과하지 않도록 한다.

❖ 작업에 수반된 피로의 회복대책
  - 충분한 영양을 섭취한다.
  - 목욕이나 가벼운 체조를 한다.
  - 휴식과 수면을 자주 취한다.
  - 작업환경을 정리·정돈한다.
  - 불필요한 동작을 피하고, 에너지 소모를 적게 한다.
  - 힘든 노동은 가능한 한 기계화한다.
  - 장시간 휴식하는 것보다 짧은 시간 여러 번 쉬는 것이 피로회복에 효과적이다.
  - 동적인 작업을 늘리고, 정적인 작업을 줄인다.
  - 커피, 홍차, 엽차, 비타민B, 비타민C 등의 적정한 영양제를 보급한다.
  - 음악감상과 오락 등 취미생활을 한다.

15 ──────● Repetitive Learning 〔1회 2회 3회〕

산업안전보건법상 제조 등 금지 대상 물질이 아닌 것은?

① 황린 성냥
② 청석면, 갈석면
③ 디클로로벤지딘과 그 염
④ 4-니트로디페닐과 그 염

- ③은 허가 대상 유해물질에 해당한다.

❖ 제조 등이 금지되는 유해물질
  - β-나프틸아민[91-59-8]과 그 염(β-Naphthylamine and its salts)
  - 4-니트로디페닐[92-93-3]과 그 염(4-Nitrodiphenyl and its salts)
  - 백연[1319-46-6]을 포함한 페인트(포함된 중량의 비율이 2퍼센트 이하인 것은 제외한다)
  - 벤젠[71-43-2]을 포함하는 고무풀(포함된 중량의 비율이 5퍼센트 이하인 것은 제외한다)
  - 석면(Asbestos; 1332-21-4 등)
  - 폴리클로리네이티드 터페닐(Polychlorinated terphenyls; 61788-33-8 등)
  - 황린(黃燐)[12185-10-3] 성냥(Yellow phosphorus match)
  - 그 밖에 보건상 해로운 물질로서 산업재해보상보험및예방심의위원회의 심의를 거쳐 고용노동부장관이 정하는 유해물질

2004

16 ──────● Repetitive Learning 〔1회 2회 3회〕

산업안전보건법상 입자상 물질의 농도 평가에서 2회 이상 측정한 단시간 노출농도 값이 단시간 노출기준과 시간가중 평균 기준 값 사이일 때 노출기준 초과로 평가해야 하는 경우가 아닌 것은?

① 1일 4회를 초과하는 경우
② 15분 이상 연속 노출되는 경우
③ 노출과 노출 사이의 간격이 1시간 이내인 경우
④ 단위작업장소의 넓이가 30평방미터 이상인 경우

- 입자상 물질의 농도 평가에서 2회 이상 측정한 단시간 노출농도 값이 단시간 노출기준과 시간가중 평균 기준 값 사이일 때 노출기준 초과로 평가해야 하는 경우는 ①, ②, ③ 3가지 경우에 한한다.

❖ 2회 이상 측정한 단시간 노출농도 값이 단시간 노출기준과 시간가중 평균 기준 값 사이일 때 노출기준 초과로 평가해야 하는 경우
  - 15분 이상 연속 노출되는 경우
  - 노출과 노출사이의 간격이 1시간 미만인 경우
  - 1일 4회를 초과하는 경우

17 ──────● Repetitive Learning 〔1회 2회 3회〕

산업안전보건법 상 허용기준 대상 물질에 해당하지 않는 것은?

① 노말핵산
② I-브로모프로판
③ 포름알데히드
④ 디메틸포름아미드

- 2-브로모프로판은 허용기준 대상물질이나 I-브로모프로판은 대상에 포함되지 않는다.

❖ 허용기준 대상 물질
  - 납 및 그 무기화합물, 니켈(불용성 무기화합물), 디메틸포름아미드, 디클로로메탄, 디클로로프로판, 망간 및 그 무기화합물, 메탄올, 메틸렌 비스, 베릴륨 및 그 화합물, 벤젠, 부타디엔, 2-브로모프로판, 브롬화 메틸, 산화에틸렌, 석면, 6가크롬화합물(불용성, 수용성), 수은 및 그 무기화합물, 스티렌, 암모니아, 아크릴로니트릴, 아닐린, 염소, 염화비닐, 이황화탄소, 일산화탄소, 카드뮴 및 그 화합물, 코발트 및 그 무기화합물, 콜타르피치 휘발물, 톨루엔, 톨루엔-2,4-디이소시아네이트, 트리크롤로메탄, 트리클로로에틸렌, 포름알데히드, 노말헥산, 황산 등이다.

18

• Repetitive Learning 1회 2회 3회

사무실 등의 실내 환경에 대한 공기질 개선방법으로 가장 적합하지 않은 것은?

① 공기청정기를 설치한다.
② 실내 오염원을 제거한다.
③ 창문 개방 등에 따른 실외 공기의 환기량을 증대시킨다.
④ 친환경적이고 유해공기 오염물질의 배출 정도가 낮은 건축자재를 사용한다.

해설
- 창문 개방 등에 따른 실외 공기가 아니라 실내 공기의 환기량을 증대시킨다.
- 사무실 등의 실내 환경에 대한 공기질 개선방법
  - 공기청정기를 설치한다.
  - 실내 오염원을 제거한다.
  - 창문 개방 등에 따른 실내 공기의 환기량을 증대시킨다.
  - 친환경적이고 유해공기 오염물질의 배출 정도가 낮은 건축자재를 사용한다.

19

0803

• Repetitive Learning 1회 2회 3회

어떤 유해요인에 노출될 때 얼마만큼의 환자 수가 증가되는가를 설명해 주는 위험도는?

① 상대위험도
② 인자위험도
③ 기여위험도
④ 노출위험도

해설
- 위험도를 나타내는 지표에는 상대위험비, 기여위험도, 교차비 등이 있다.
- 상대위험비는 유해인자에 노출된 집단에서의 질병발생률과 노출되지 않은 집단에서 질병발생률과의 비를 말한다.
- 위험도를 나타내는 지표 **실기** 0703/0902/1502/1602

상대위험비	유해인자에 노출된 집단에서의 질병발생률과 노출되지 않은 집단에서 질병발생률과의 비
기여위험도	특정 위험요인노출이 질병 발생에 얼마나 기여하는지의 정도 또는 분율
교차비 (odds ratio)	질병이 있을 때 위험인자에 노출되었을 가능성 (odds)과 질병이 없을 때 위험인자에 노출되었을 가능성(odds)의 비

20

• Repetitive Learning 1회 2회 3회

공간의 효율적인 배치를 위해 적용되는 원리로 가장 거리가 먼 것은?

① 기능성 원리   ② 중요도의 원리
③ 사용빈도의 원리   ④ 독립성의 원리

해설
- 작업장은 사용빈도, 중요도, 기능별, 사용순서의 원칙에 의해 배치한다.
- 작업장 배치의 원칙
  - 사용빈도, 중요도, 기능별, 사용순서의 원칙에 의해 배치한다.
  - 작업의 흐름에 따라 기계를 배치한다.
  - 배치의 3단계는 지역배치 → 건물배치 → 기계배치 순으로 이뤄진다.
  - 공장 내외는 안전한 통로를 두어야 하며, 통로는 선을 그어 작업장과 명확히 구별하도록 한다.

2과목 작업위생측정 및 평가

21

0502

• Repetitive Learning 1회 2회 3회

작업장의 현장 총 흡음량은 600sabins이다. 천장과 벽 부분에 흡음재를 사용하여 작업장의 흡음량을 3,000sabins 추가하였을 때 흡음 대책에 따른 실내 소음의 저감량(dB)은?

① 약 12   ② 약 8
③ 약 4   ④ 약 3

해설
- 처리 전의 흡음량은 600[sabins], 처리 후의 흡음량은 600+3,000 = 3,600[sabins]이다.
- 대입하면 $NR = 10\log\dfrac{3,600}{600} = 7.781\cdots$[dB]이다.
- 흡음에 의한 소음감소(NR : Noise Reduction) **실기** 0301/0303/0501/0503/0601/0702/1001/1002/1003/1102/1201/1301/1403/1701/1702/2102/2103/2202
  - $NR = 10\log\dfrac{A_2}{A_1}$[dB]으로 구한다.
    이때, A_1는 처리하기 전의 총 흡음량[sabins]이고, A_2는 처리한 후의 총 흡음량[sabins]이다.

22 ————• Repetitive Learning 〔1회 2회 3회〕

일정한 부피조건에서 압력과 온도가 비례한다는 표준 가스에 대한 법칙은?

① 보일 법칙
② 샤를 법칙
③ 게이-루삭 법칙
④ 라울 법칙

해설
- 보일 법칙은 온도와 몰수가 일정할 때, 기체의 부피는 압력에 반비례함을 증명한다.
- 샤를 법칙은 압력과 몰수가 일정할 때, 기체의 부피는 온도에 비례함을 증명한다.
- 라울의 법칙은 증기의 각 성분의 부분압은 용액의 분압과 평형을 이룬다는 것을 증명한다.

:: 기체 반응의 법칙(게이-루삭 법칙)
- 기체들의 화학반응에서 같은 온도와 같은 압력에서 반응 기체와 생성 기체의 부피는 일정한 정수가 성립한다는 법칙이다.
- 일정한 부피조건에서 압력과 온도가 비례한다는 표준 가스에 대한 법칙이다.
- 산소와 수소가 반응해서 수증기를 생성할 때의 부피의 비는 1:2:2의 관계를 갖는다.($O_2 + 2H_2 \rightarrow 2H_2O$)

23 ————• Repetitive Learning 〔1회 2회 3회〕

분석기기가 검출할 수 있는 신뢰성을 가질 수 있는 양인 정량한계(LOQ)는?

① 표준편차의 3배
② 표준편차의 3.3배
③ 표준편차의 5배
④ 표준편차의 10배

해설
- 정량한계는 표준편차의 10배 또는 검출한계의 3배 또는 3.3배로 정의한다.

:: 검출한계와 정량한계
- ㉠ 검출한계(LOD, Limit Of Detection)
  - 주어진 신뢰수준에서 검출가능한 분석물의 최소질량을 말한다.
  - 분석신호의 크기의 비에 따라 달라진다.
- ㉡ 정량한계(LOQ)
  - 분석기기가 검출할 수 있는 신뢰성을 가질 수 있는 최소 양이나 농도를 말한다.
  - 검출한계가 정량분석에서 만족스런 개념을 제공하지 못하기 때문에 검출한계의 개념을 보충하기 위해 도입되었다.
  - 표준편차의 10배 또는 검출한계의 3배 또는 3.3배로 정의한다.

24 ————• Repetitive Learning 〔1회 2회 3회〕

작업환경 측정 결과 측정치가 5, 10, 15, 15, 10, 5, 7, 6, 9, 6의 10개일 때 표준편차는?(단, 단위＝ppm)

① 약 1.13
② 약 1.87
③ 약 2.13
④ 약 3.76

해설
- 산술평균을 구하면 88/10＝8.8이다.
- 편차의 제곱 합의 평균을 구하면

$$\frac{(5-8.8)^2+(10-8.8)^2+\cdots+(6-8.8)^2}{10-1}=\frac{127.6}{9}=14.177\cdots$$

이다.
- 양의제곱근을 취하면 3.765…가 된다.

:: 표준편차
- 편차의 제곱의 합을 평균을 분산이라고 하며, 분산의 양의 제곱근을 표준편차라 한다.
- 평균값으로부터 데이터에 대한 오차범위의 근사값이다.
- 표준편차가 작다는 것은 평균에 그만큼 많이 몰려있다는 의미이다.
- 표본표준편차 $S=\left[\dfrac{\sum\limits_{i=1}^{N}(x-\bar{x})^2}{N-1}\right]^{0.5}$ 로 구한다.

25 ————• Repetitive Learning 〔1회 2회 3회〕

공장에서 A용제 30%(TLV 1,200mg/m³), B용제 30%(TLV 1,400mg/m³) 및 C용제 40%(TLV 1,600mg/m³)의 중량비로 조성된 액체 용제가 증발되어 작업환경을 오염시킬 경우 이 혼합물의 허용농도(mg/m³)는?(단, 혼합물의 성분은 상가작용을 한다)

① 약 1,400
② 약 1,450
③ 약 1,500
④ 약 1,550

해설
- 혼합물을 구성하는 각 성분의 구성비가 주어졌으므로 혼합물의 허용농도는 $\dfrac{1}{\dfrac{0.3}{1,200}+\dfrac{0.3}{1,400}+\dfrac{0.4}{1,600}}=1,400[\text{mg/m}^3]$이 된다.

:: 혼합물의 허용농도 실기 0401/0403/0802
- 혼합물을 구성하는 각 성분의 구성비($f_1, f_2, \cdots, f_n$)이 주어지면 혼합물의 허용농도는 $\dfrac{1}{\dfrac{f_1}{TLV_1}+\dfrac{f_2}{TLV_2}+\cdots+\dfrac{f_n}{TLV_n}}$

[mg/m³]으로 구할 수 있다

26 ● Repetitive Learning [1회][2회][3회]

고열 측정구분에 따른 측정기기와 측정시간의 연결로 틀린 것은?(단, 고용노동부 고시 기준)

① 습구온도-0.5도 간격의 눈금이 있는 아스만통풍건습계 -25분 이상

② 습구온도-자연습구온도를 측정할 수 있는 기기-자연습구온도계 5분 이상

③ 흑구 및 습구흑구온도-직경이 5센티미터 이상인 흑구온도계 또는 습구흑구온도를 동시에 측정할 수 있는 기기-직경이 15센티미터일 경우 15분 이상

④ 흑구 및 습구흑구온도-직경이 5센티미터 이상인 흑구온도계 또는 습구흑구온도를 동시에 측정할 수 있는 기기-직경이 7.5센티미터 또는 5센티미터일 경우 5분 이상

해설

• 직경이 5센티미터 이상인 흑구온도계 또는 습구흑구온도를 동시에 측정할 수 있는 기기에서 직경이 15센티미터일 경우 25분 이상 측정해야 한다.

측정구분에 의한 측정기기와 측정시간 실기 1001

구분	측정기기	측정시간
습구온도	0.5도 간격의 눈금이 있는 아스만통풍건습계, 자연습구온도를 측정할 수 있는 기기 또는 이와 동등 이상의 성능이 있는 측정기기	• 아스만통풍건습계 : 25분 이상 • 자연습구온도계 : 5분 이상
흑구 및 습구흑구 온도	직경이 5센티미터 이상되는 흑구온도계 또는 습구흑구온도(WBGT)를 동시에 측정할 수 있는 기기	• 직경이 15센티미터일 경우 25분 이상 • 직경이 7.5센티미터 또는 5센티미터일 경우 5분 이상

27 ● Repetitive Learning [1회][2회][3회]

작업장 내 톨루엔 노출농도를 측정하고자 한다. 과거의 노출농도는 평균 50ppm이었다. 시료는 활성탄관을 이용하여 0.2L/min의 유량으로 채취한다. 톨루엔의 분자량은 92, 가스크로마토 그래피의 정량한계(LOQ)는 시료 당 0.5mg이다. 시료를 채취해야 할 최소한의 시간(분)은?(단, 작업장 내 온도는 25℃)

① 10.3   ② 13.3
③ 16.3   ④ 19.3

해설

• 과거농도 ppm을 mg/m^3으로 바꾼다. 25℃, 분자량이 92이므로 $\frac{92}{24.45}$를 곱하면 $50 \times \frac{92}{24.45} = 188.1390 \cdots mg/m^3$가 된다.

• 정량한계가 0.5mg이므로 최소채취량[L]을 구하려면 $\frac{0.5mg}{188.14mg/m^3} \times 1,000 = 2.6575 \cdots$[L]가 된다.

• 채취 최소시간은 최소채취량/채취속도이므로 $\frac{2.6575}{0.2} = 13.2879 \cdots$[min]이 된다.

채취 최소시간 구하는 법 실기 0301/0403/0602/0801/0903/1801/2002

• 주어진 과거농도 ppm을 mg/m^3으로 바꾼다.
• 정량한계와 구해진 과거농도[mg/m^3]로 최소채취량[L]을 구한다.
• 구해진 최소채취량[L]을 분당채취유량으로 나눠 채취 최소시간을 구한다.

28 ● Repetitive Learning [1회][2회][3회]

1N-HCl 500mL를 만들기 위해 필요한 진한 염산의 부피(mL)는?(단, 진한 염산의 물성은 비중 1.18, 함량 35%이다)

① 약 18   ② 약 36
③ 약 44   ④ 약 66

해설

• HCl의 당량은 1eq/mol이므로 몰농도와 노르말농도가 같은 값이다.
• 1몰 HCl 용액 1L에 포함된 HCl의 양은 36.5g이므로 500ml에는 18.25g이 필요하다.
• 1N-HCl 500mL에서 진한염산의 함량이 35%이므로 진한염산은 18.25/0.35=52.14g이 필요하다.
• 비중이 주어졌으므로 부피=질량/비중에 대입하면 52.14/1.18=44.2mL가 필요하다.

몰농도

• 1L의 용액에 포함된 용질의 몰수를 말한다.

• 몰농도 = $\frac{용질의 \ 몰수}{용액의 \ 부피(L)}$로 구한다.

29 ● Repetitive Learning [1회][2회][3회]

유량, 측정시간, 회수율, 분석에 대한 오차가 각각 10, 5, 7, 5%였다. 만약 유량에 의한 오차(10%)를 5%로 개선시켰다면 개선 후의 누적 오차(%)는?

① 약 8.9   ② 약 11.1
③ 약 12.4   ④ 약 14.3

- 변경 전의 누적오차

$E_c = \sqrt{10^2 + 5^2 + 7^2 + 5^2} = \sqrt{199} = 14.106 \cdots [\%]$이다.

- 변경 후의 누적오차

$E_c = \sqrt{5^2 + 5^2 + 7^2 + 5^2} = \sqrt{124} = 11.135 \cdots [\%]$이다.

✿ 누적오차
- 조건이 같을 경우 항상 같은 크기, 같은 방향으로 일어나는 오차를 말한다.
- 누적오차 $E_c = \sqrt{E_1^2 + E_2^2 + \cdots + E_n^2}$ 으로 구한다.

2102 / 2103

30 ──────── ● Repetitive Learning (1회 2회 3회)

옥내의 습구흑구온도지수(WBGT)를 산출하는 공식은?

① WBGT = 0.7NWT + 0.2GT + 0.1DT
② WBGT = 0.7NWT + 0.3GT
③ WBGT = 0.7NWT + 0.1GT + 0.2DT
④ WBGT = 0.7NWT + 0.12GT

- 일사가 영향을 미치는 옥외에서는 건구온도인 dB를 반영하지만 옥내에서는 일사의 영향이 없으므로 자연습구(0.7)와 흑구온도(0.3)만으로 WBGT가 결정된다.

✿ 습구흑구온도(WBGT : Wet Bulb Globe Temperature) 지수
㉠ 개요
- 건구온도, 습구온도 및 흑구온도에 비례하며, 열중증 예방을 위해 고온에서의 작업휴식시간비를 결정하는 지표로 더위지수라고도 한다.
- 표시단위는 섭씨온도(℃)로 표시하며, WBGT가 높을수록 휴식시간이 증가되어야 한다.
- 미국국립산업안전보건연구원(NIOSH)뿐만 아니라 국내에서도 습구흑구온도를 측정하고 지수를 산출하여 평가에 사용한다.
- 과거에 쓰이던 감각온도와 근사한 값인데 감각온도와 다른 점은 기류를 전혀 고려하지 않았다는 점이다.
㉡ 산출방법 실기 0501/0503/0602/0702/0703/1101/1201/1302/1303/1503/2102/2201/2202/2203
- 옥내에서는 WBGT = 0.7NWT + 0.3GT이다. 이때 NWT는 자연습구, GT는 흑구온도이다.(일사가 영향을 미치지 않는 옥외도 옥내로 취급한다)
- 일사가 영향을 미치는 옥외에서는 건구온도인 dB를 반영하지만 옥내에서는 일사의 영향이 없으므로 자연습구와 흑구온도만으로 WBGT가 결정된다.
- 일사가 영향을 미치는 옥외에서는 WBGT = 0.7NWT + 0.2GT + 0.1DB이며 이때 NWT는 자연습구, GT는 흑구온도, DB는 건구온도이다.

0702 / 1401 / 2202

31 ──────── ● Repetitive Learning (1회 2회 3회)

직경분립충돌기에 관한 설명으로 틀린 것은?

① 흡입성, 흉곽성, 호흡성 입자의 크기별 분포와 농도를 계산할 수 있다.
② 호흡기의 부분별로 침착된 입자크기를 추정할 수 있다.
③ 입자의 질량 크기 분포를 얻을 수 있다.
④ 되튐 또는 과부하로 인한 시료 손실이 없어 비교적 정확한 측정이 가능하다.

- 직경분립충돌기는 되튐으로 인한 시료의 손실이 일어날 수 있다.

✿ 직경분립충돌기(Cascade Impactor) 실기 0701/1003/1302
㉠ 개요 및 특징
- 호흡성, 흉곽성, 흡입성 분진 입자의 관성력에 의해 충돌기의 표면에 충돌하여 채취하는 채취기구이다.
- 공기가 옆에서 유입되지 않도록 각 충돌기의 철저한 조립과 장착이 필요하다.
- 호흡성, 흉곽성, 흡입성 입자의 크기별 분포와 농도를 계산할 수 있다.
- 호흡기의 부분별로 침착된 입자크기의 자료를 추정할 수 있다.
- 입자의 질량 크기 분포를 얻을 수 있다.
㉡ 단점
- 시료 채취가 까다롭고 비용이 많이 든다.
- 되튐으로 인한 시료의 손실이 일어날 수 있다.
- 채취 준비에 시간이 많이 걸리며 경험이 있는 전문가가 철저한 준비를 통하여 측정하여야 한다.
- 공기가 유입되지 않도록 각 충돌기의 철저한 조립과 장착이 필요하다.

---

32 ──────── ● Repetitive Learning (1회 2회 3회)

시료 측정 시 측정하고자 하는 시료의 피크와는 전혀 관계가 없는 피크가 크로마토그램에 때때로 나타나는 경우가 있는데 이것을 유령피크(Ghost peak)라고 한다. 유령피크의 발생 원인으로 가장 거리가 먼 것은?

① 칼럼이 충분하게 묵힘(aging)이 되지 않아서 칼럼에 남아있던 성분들이 배출되는 경우
② 주입부에 있던 오염물질이 증발되어 배출되는 경우
③ 운반기체가 오염된 경우
④ 주입부에 사용하는 격막(Septum)에서 오염물질이 방출되는 경우

- 유령피크는 반사의 영향, 컬럼과 이동상의 오염, 자동주입장치의 오염 또는 세척 용매의 오염 등의 이유로 발생하지만 운반기체의 오염과는 거리가 멀다.

:: 크로마토그램에서 유령피크
　㉠ 개요
　　• 시료 측정 시 측정하고자 하는 시료의 피크와는 전혀 관계가 없는 피크가 크로마토그램에 때때로 나타나는 경우를 말한다.
　　• HPLC 분석 시 주로 나타난다.
　㉡ 원인
　　• 칼럼이 충분하게 묵힘(aging)이 되지 않아서 칼럼에 남아있던 성분들이 배출되는 경우
　　• 주입부에 있던 오염물질이 증발되어 배출되는 경우
　　• 주입부에 사용하는 격막(Septum)에서 오염물질이 방출되는 경우

33

• Repetitive Learning 1회 2회 3회

유기용제 채취 시 적정한 공기채취용량(또는 시료채취시간)을 선정하는 데 고려하여야 하는 조건으로 가장 거리가 먼 것은?

① 공기 중의 예상 농도
② 채취 유속
③ 채취 시료 수
④ 분석기기의 최저 정량한계

해설

- 유기용제 채취 시 적정한 공기채취용량 선정 시 채취 시료의 수는 중요한 고려사항이 아니다.

:: 유기용제 채취 시 적정한 공기채취용량 선정 고려사항
　• 공기 중의 예상 농도
　• 채취 유속
　• 분석기기의 최저 정량한계

34

1401

• Repetitive Learning 1회 2회 3회

작업장 내의 오염물질 측정 방법인 검지관법에 대한 설명으로 옳지 않은 것은?

① 민감도가 낮다.
② 특이도가 낮다.
③ 측정 대상 오염물질의 동정 없이 간편하게 측정할 수 있다.
④ 맨홀, 밀폐공간에서의 산소가 부족하거나 폭발성 가스로 인하여 안전이 문제가 될 때 유용하게 사용될 수 있다.

해설

- 검지관은 한 가지 물질에 반응할 수 있도록 제조되어 있어 측정대상물질의 동정이 되어있어야 한다.

:: 검지관법의 특성
　㉠ 개요
　　• 오염물질의 농도에 비례한 검지관의 변색층 길이를 읽어 농도를 측정하는 방법과 검지관 안에서 색변화와 표준 색표를 비교하여 농도를 결정하는 방법이 있다.
　㉡ 장·단점　실기 1803/2101

장점	• 사용이 간편하고 복잡한 분석실 분석이 필요 없다. • 맨홀, 밀폐공간에서의 산소가 부족하거나 폭발성 가스로 인하여 안전이 문제가 될 때 유용하게 사용될 수 있다. • 숙련된 산업위생전문가가 아니더라도 어느 정도만 숙지하면 사용할 수 있다. • 반응시간이 빨라서 빠른 시간에 측정결과를 알 수 있다.
단점	• 민감도가 낮아 비교적 고농도에만 적용이 가능하다. • 특이도가 낮아 다른 방해물질의 영향을 받기 쉬워 오차가 크다. • 검지관은 한 가지 물질에 반응할 수 있도록 제조되어 있어 측정대상물질의 동정이 되어있어야 한다. • 색변화가 시간에 따라 변하므로 제조자가 정한 시간에 읽어야 한다. • 색변화가 선명하지 않아 주관적으로 읽을 수 있어 판독자에 따라 변이가 심하다.

35

0901

• Repetitive Learning 1회 2회 3회

가스크로마토그래피(GC) 분석에서 분해능(또는 분리도)을 높이기 위한 방법이 아닌 것은?

① 시료의 양을 적게 한다.
② 고정상의 양을 적게 한다.
③ 고체 지지체의 입자 크기를 작게 한다.
④ 분리관(Column)의 길이를 짧게 한다.

해설

- 분해능을 높이기 위해서는 분리관(Column)의 길이를 길게 해야 한다.

:: GC에서 분해능을 높이기 위한 방법
　• 시료의 양을 적게 한다.
　• 고정상의 양을 적게 한다.
　• 고체 지지체의 입자 크기를 작게 한다.
　• 분리관(Column)의 길이를 길게 한다.

36 ────── Repetitive Learning

소음 측정에 관한 설명 중 ( ) 안에 알맞은 것은?(단, 고용노동부 고시 기준)

> 누적소음노출량 측정기로 소음을 측정하는 경우에는 Criteria는 (㉠)dB, Exchange Rate는 5dB, Threshold는 (㉡)dB로 기기를 설정할 것

① ㉠ 70, ㉡ 80
② ㉠ 80, ㉡ 70
③ ㉠ 80, ㉡ 90
④ ㉠ 90, ㉡ 80

해설

- 기기설정값은 Threshold=80dB, Criteria=90dB, Exchange Rate =5dB이다.
- ❚❚ 누적소음 노출량 측정기
  - 작업자가 여러 작업장소를 이동하면서 작업하는 경우, 근로자에게 직접 부착하여 작업시간(8시간) 동안 작업자가 노출되는 소음 노출량을 측정하는 기계를 말한다.
  - 기기설정값은 Threshold=80dB, Criteria=90dB, Exchange Rate=5dB이다.

37 ────── Repetitive Learning

원자흡광분석기에 적용되어 사용되는 법칙은?

① 반데르발스(Van der Waals) 법칙
② 비어-람버트(Beer-Lambert) 법칙
③ 보일-샤를(Boyle-Charles) 법칙
④ 에너지 보존(Energy Conservation) 법칙

해설

- 원자흡광분광법에서 분석의 기초가 되는 법칙은 비어-람버트(Beer-Lambert) 법칙이다.
- ❚❚ 원자흡광분광법
  - ㉠ 개요
    - 시료를 중성원자로 증기화하여 생긴 기저상태의 원자가 그 원자증기층을 투과하는 특유 파장의 빛을 흡수하는 성질을 이용한다.
    - 원자흡광장치는 광원부, 시료원자화부, 단색화부, 측광부로 구성된다.
    - 가장 널리 쓰이는 광원은 중공음극 방전 램프이다.
    - 분광기는 일반적으로 회절격자나 프리즘을 이용한 분광기가 사용된다.
    - 선택된 파장의 빛을 시료액 층으로 통과시킨 후 흡광도를 측정하여 농도를 구한다.

- 분석의 기초가 되는 법칙은 비어-람버트(Beer-Lambert) 법칙이다.
- 표준액에 대한 흡광도와 농도의 관계를 구한 후, 시료의 흡광도를 측정하여 농도를 구한다.
  - ㉡ 기본원리
    - 모든 원자들은 빛을 흡수한다.
    - 빛을 흡수할 수 있는 곳에서 빛은 각 화학적 원소에 대한 특정 파장을 갖는다.
    - 흡수되는 빛의 양은 시료에 함유되어 있는 원자의 농도에 비례한다.

38 ────── Repetitive Learning

노출 대수정규분포에서 평균 노출을 가장 잘 나타내는 대푯값은?

① 기하평균
② 산술평균
③ 기하표준편차
④ 범위

해설

- 시간가중평균노출기준(TWA) 등에서 평균 노출을 나타내는 것은 산술평균이다.
- ❚❚ 대푯값의 종류

산술평균	주어진 값을 모두 더한 후 그 개수로 나눈 값
기하평균	주어진 n개의 값들을 곱해서 나온 값의 n제곱근
가중평균	가중값을 반영하여 구한 평균
중앙값	주어진 데이터들을 순서대로 정렬하였을 때 가장 가운데 위치한 값
최빈값	가장 자주 발생한 값

39 ────── Repetitive Learning

실리카겔 흡착에 대한 설명으로 틀린 것은?

① 실리카겔은 규산나트륨과 황산의 반응에서 유도된 무정형의 물질이다.
② 극성을 띠고 흡습성이 강하므로 습도가 높을수록 파과용량이 증가한다.
③ 추출액이 화학분석이나 기기분석에 방해물질로 작용하는 경우가 많지 않다.
④ 활성탄으로 채취가 어려운 아닐린, 오르쏘-톨루이딘 등의 아민류나 몇몇 무기물질의 채취도 가능하다.

- 실리카겔은 활성탄에 비해 극성을 띠고 흡습성이 강하므로 습도가 높을수록 파과용량이 감소하는 단점을 갖는다.

:: 실리카겔 흡착 실기 0502

- 실리카겔은 규산나트륨과 황산의 반응에서 유도된 무정형의 물질이다.
- 추출액이 화학분석이나 기기분석에 방해물질로 작용하는 경우가 많지 않다.
- 활성탄으로 채취가 어려운 아닐린, 오르쏘−톨루이딘 등의 아민류나 몇몇 무기물질의 채취도 가능하다.
- 극성을 띠고 흡습성이 강하므로 습도가 높을수록 파과용량이 감소한다.
- 극성물질을 채취한 경우 물, 메탄올 등 다양한 용매로 쉽게 탈착되고, 추출액이 화학분석이나 기기분석에 방해 물질로 작용하는 경우가 많지 않다.
- 유독한 이황화탄소를 탈착 용매로 사용하지 않는다.

40 ──────────● Repetitive Learning 〔1회 2회 3회〕

작업장에 소음 발생 기계 4대가 설치되어 있다. 1대 가동 시 소음 레벨을 측정한 결과 82dB을 얻었다면 4대 동시 작동 시 소음 레벨(dB)은?(단, 기타 조건은 고려하지 않음)

① 89   ② 88
③ 87   ④ 86

- 82dB(A)의 소음 4개가 만드는 합성소음은
$10\log(10^{8.2} + 10^{8.2} + 10^{8.2} + 10^{8.2}) = 10 \times 8.802 = 88.02$가 된다.

:: 합성소음 실기 0401/0801/0901/1403/1602

- 동일한 공간 내에서 2개 이상의 소음원에 대한 소음이 발생할 때 전체 소음의 크기를 말한다.
- 합성소음[dB(A)]$= 10\log(10^{\frac{SPL_1}{10}} + \cdots + 10^{\frac{SPL_i}{10}})$으로 구할 수 있다.
이때, $SPL_1, \cdots, SPL_i$는 개별 소음도를 의미한다.

1401
41 ──────────● Repetitive Learning 〔1회 2회 3회〕

다음의 ( )에 들어갈 내용이 알맞게 조합된 것은?

> 원형직관에서 압력손실은 (㉠)에 비례하고, (㉡)에 반비례하며 속도의 (㉢)에 비례한다.

① ㉠ 송풍관의 길이, ㉡ 송풍관의 직경, ㉢ 제곱
② ㉠ 송풍관의 직경, ㉡ 송풍관의 길이, ㉢ 제곱
③ ㉠ 송풍관의 길이, ㉡ 속도압, ㉢ 세제곱
④ ㉠ 속도압, ㉡ 송풍관의 길이, ㉢ 세제곱

- 유체가 송풍관 내에 흐를 때 압력손실과 인자에서 반비례하는 것은 관의 직경이고 제곱에 비례하는 것은 유체의 속도이다.

:: 송풍관(duct)

- 오염공기를 공기청정장치를 통해 송풍기까지 운반하는 도관과 송풍기에서 배기구까지 운반하는 도관으로 구성된다.
- 관 내에서 유속이 가장 빠른 곳은 중심부($\frac{1}{2}$d)이다.
- 유체가 송풍관 내에 흐를 때 압력손실과 인자

비례	반비례
관의 길이 유체의 밀도 유체의 속도제곱 관내의 거칠기(조도)	관의 직경

2004
42 ──────────● Repetitive Learning 〔1회 2회 3회〕

송풍기의 효율이 큰 순서대로 나열된 것은?

① 평판송풍기>다익송풍기>터보송풍기
② 다익송풍기>평판송풍기>터보송풍기
③ 터보송풍기>다익송풍기>평판송풍기
④ 터보송풍기>평판송풍기>다익송풍기

- 원심력식 송풍기 효율은 터보송풍기>평판송풍기>다익송풍기 순이다.

:: 원심력식 송풍기

- 케이싱 안에 장치된 회전차의 회전으로 발생된 원심력을 이용해 기체를 압송하는 송풍기이다.
- 효율은 터보송풍기>평판송풍기>다익송풍기 순이다.

---

43 ────────── ● Repetitive Learning 〔1회│2회│3회〕

다음은 방진마스크에 대한 설명이다. 옳지 않은 것은?

① 방진마스크는 인체에 유해한 분진, 연무, 흄, 미스트, 스프레이 입자를 작업자가 흡입하지 않도록 하는 보호구이다.

② 방진마스크의 종류에는 격리식과 직결식, 면체여과식이 있다.

③ 방진마스크의 필터는 활성탄과 실리카겔이 주로 사용된다.

④ 비휘발성 입자에 대한 보호만 가능하며, 가스 및 증기의 보호는 안 된다.

> **해설**
>
> • 방진마스크 필터의 재질은 면, 모, 합성섬유, 유리섬유, 금속섬유 등이다.
>
> ❖ 방진마스크 **[실기]** 2202
> • 공기 중에 부유하는 미세 입자 물질을 흡입함으로써 인체에 장해의 우려가 있는 경우에 사용한다.
> • 방진마스크의 종류에는 격리식과 직결식이 있고, 그 성능에 따라 특급, 1급 및 2급으로 나누어진다.
> • 방진마스크 필터의 재질은 면, 모, 합성섬유, 유리섬유, 금속섬유 등이다.
> • 베릴륨, 석면 등에 대해서는 특급을 사용하여야 한다.
> • 장시간 사용 시 분진의 포집효율이 감소하고 압력강하는 증가한다.
> • 비휘발성 입자에 대한 보호만 가능하며, 가스 및 증기의 보호는 안 된다.
> • 흡기저항 상승률은 낮은 것이 좋다.
> • 하방 시야가 60도 이상되어야 한다.
> • 반면형 마스크는 안경 및 고글을 착용한 경우 밀착에 영향을 미치므로 주의해야 한다.

44 ────────── ● Repetitive Learning 〔1회│2회│3회〕

전체환기의 목적에 해당되지 않는 것은?

① 발생된 유해물질을 완전히 제거하여 건강을 유지 · 증진한다.

② 유해물질의 농도를 감소시켜 건강을 유지 · 증진한다.

③ 화재나 폭발을 예방한다.

④ 실내의 온도와 습도를 조절한다.

> **해설**
>
> • 전체 환기란 국소배기가 어려운 곳에서 공간 내 유해물질이나 불필요하게 상승한 온도를 제거하기 위해 외부의 신선한 공기를 공급하는 것으로 유해물질을 완전히 제거하는 것이 아니다.
>
> ❖ 전체환기의 목적
> • 유해물질의 농도를 감소시켜 건강을 유지 · 증진한다.
> • 화재나 폭발을 예방한다.
> • 실내의 온도와 습도를 조절한다.

45 ────────── ● Repetitive Learning 〔1회│2회│3회〕

산업위생보호구와 가장 거리가 먼 것은?

① 내열 방화복　　　② 안전모

③ 일반 장갑　　　　④ 일반 보호면

> **해설**
>
> • 안전모는 안전보호구에 해당한다.
>
> ❖ 산업위생보호구
> • 눈 보호구, 귀 보호구, 호흡 보호구, 피부 보호구로 구분된다.
> • 눈 보호구에는 보안경과 보안면이 있다.
> • 귀 보호구에는 귀마개와 귀덮개가 있다.
> • 호흡 보호구에는 방진마스크, 방독마스크, 송기마스크, 공기호흡기 등이 있다.
> • 피부 보호구에는 보호의, 보호장갑, 장화, 그리고 전신보호복 등이 있다.

46 ────────── ● Repetitive Learning 〔1회│2회│3회〕

방사날개형 송풍기에 관한 설명과 가장 거리가 먼 것은?

① 고농도 분진함유 공기나 부식성이 강한 공기를 이송시키는 데 많이 이용된다.

② 깃이 평판으로 되어 있다.

③ 가격이 저렴하고 효율이 높다.

④ 깃의 구조가 분진을 자체 정화할 수 있도록 되어 있다.

> **해설**
>
> • ③은 축류 송풍기의 특징이다.
>
> ❖ 방사 날개형 송풍기
> • 평판형, 플레이트 송풍기라고도 한다.
> • 깃이 평판으로 되어 있고 강도가 매우 높게 설계되어 있다.
> • 깃의 구조가 분진을 자체 정화할 수 있도록 되어 있다.
> • 고농도 분진 함유 공기나 부식성이 강한 공기를 이송하는데 사용된다.

47 ──── Repetitive Learning 〔1회〕〔2회〕〔3회〕

덕트 주관에 45°로 분지관이 연결되어 있다. 주관과 분지관의 반응속도는 모두 18m/s이고, 주관의 압력손실계수는 0.20이며, 분지관의 압력손실계수는 0.28이다. 주관과 분지관의 합류에 의한 압력손실(mmH$_2$O)은?(단, 공기밀도는 1.2kg/m^{3}이다)

① 9.5　　　　　② 8.5

③ 7.5　　　　　④ 6.5

해설

- 속도와 밀도가 모두 동일하므로 속도압은 $\frac{1.2 \times 18^2}{2 \times 9.8} = 19.84$로 동일하다.
- 압력손실 $\triangle P = F \times VP$로 구한다.
- 주관의 압력손실은 $0.2 \times 19.84 = 3.97$이고, 분기관의 압력손실은 $0.28 \times 19.84 = 5.56$이므로 합류관 압력손실은 $3.97 + 5.56 = 9.53$ [mmH_2O]이다.

✿ 합류관 압력손실 〔실기〕0502/0701/1603/1903
- 2개의 관이 합류되는 합류관의 압력손실은 주관과 분기관의 압력손실의 합과 같다.
- 압력손실 $\triangle P = F_1 \times VP_1 + F_2 \times VP_2$로 구한다.

49 ──── Repetitive Learning 〔1회〕〔2회〕〔3회〕

송풍기의 전압이 300mmH$_2$O이고, 풍량이 400m^3/min, 효율이 0.6일 때 소요동력(kW)은?

① 약 33　　　　　② 약 45

③ 약 53　　　　　④ 약 65

해설

- 송풍량이 분당으로 주어질 때 $\frac{송풍량 \times 전압}{6,120 \times 효율} \times 여유율$[kW]로 구한다.
- 분당 송풍량이 주어지고, 여유율이 없으므로 주어진 값을 대입하면 축동력은 $\frac{400 \times 300}{6,120 \times 0.6} = 32.679 \cdots$[kW]이다.

✿ 송풍기의 소요동력 〔실기〕0402/0403/0602/0603/0901/1101/1201/1402/1501/1601/1802/1903
- 송풍량이 초당으로 주어질 때 $\frac{송풍량 \times 60 \times 전압}{6,120 \times 효율} \times 여유율$ [kW]로 구한다.
- 송풍량이 분당으로 주어질 때 $\frac{송풍량 \times 전압}{6,120 \times 효율} \times 여유율$[kW]로 구한다.
- 여유율이 주어지지 않을 때는 1을 적용한다.

48 ──── Repetitive Learning 〔1회〕〔2회〕〔3회〕

레이놀즈수(R$_e$)를 산출하는 공식은?(단, d : 덕트직경(m), v : 공기유속(m/s), μ : 공기의 점성계수(kg/sec · m), ρ : 공기밀도(kg/m^3))

① $R_e = (\mu \times \rho \times d)/v$　② $R_e = (\mu \times \rho \times v)/d$

③ $R_e = (\mu \times v \times d)/\rho$　④ $R_e = (v \times \rho \times d)/\mu$

해설

- $Re = \frac{\rho v_s^2/L}{\mu v_s/L^2} = \frac{\rho v_s L}{\mu} = \frac{v_s L}{\nu} = \frac{관성력}{점성력}$로 구한다.

✿ 레이놀즈(Reynolds)수 계산 〔실기〕0303/0403/0502/0503/0603/0702/1001/1201/1203/1301/1401/1601/1702/1801/1901/1902/1903/2001/2101/2103/2201/2203
- $Re = \frac{\rho v_s^2/L}{\mu v_s/L^2} = \frac{\rho v_s L}{\mu} = \frac{v_s L}{\nu} = \frac{관성력}{점성력}$로 구할 수 있다.

  v_s는 유동의 평균속도[m/s]

  L은 특성길이(관의 내경, 평판의 길이 등)[m]

  μ는 유체의 점성계수[kg/sec · m]

  ν는 유체의 동점성계수[m^2/s]

  ρ는 유체의 밀도[kg/m^3]

50 ──── Repetitive Learning 〔1회〕〔2회〕〔3회〕

30,000rpm의 테트라클로로에틸렌(Tetrachloro ethylene)이 작업환경 중의 공기와 완전 혼합되어 있다. 이 혼합물의 유효비중은?(단, 테트라클로로에틸렌은 공기보다 5.7배 무겁다)

① 약 1.124　　　　　② 약 1.141

③ 약 1.164　　　　　④ 약 1.186

해설

- 농도가 30,000ppm, 비중이 5.7이므로 대입하면
  $$\frac{(30,000 \times 5.7) + (1,000,000 - 30,000)}{1,000,000} = \frac{1,141,000}{1,000,000} = 1.141$$
  이다.

✿ 최고(포화)농도와 유효비중 〔실기〕0302/0602/0603/0802/1001/1002/1103/1503/1701/1802/1902/2101
- 최고(포화)농도는 $\frac{P}{760} \times 100[\%] = \frac{P}{760} \times 1,000,000$[ppm]으로 구한다.
- 유효비중은 $\frac{(농도 \times 비중) + (10^6 - 농도) \times 공기비중(1.0)}{10^6}$으로 구한다.

51 ———————— • Repetitive Learning 〔1회 2회 3회〕

움직이지 않는 공기 중으로 속도 없이 배출되는 작업조건(작업공정 : 탱크에서 증발)의 제어속도 범위(m/s)는?(단, ACGIH 권고 기준)

① 0.1~0.3 　　② 0.3~0.5

③ 0.5~1.0 　　④ 1.0~1.5

해설

- 탱크에서의 증발 등 움직이지 않는 공기 중으로 속도 없이 배출될 때 제어속도의 범위는 0.25~0.5m/sec이다.

❖ 작업조건에 따른 제어속도의 범위 기준(ACGIH)

작업조건	작업공정 사례	제어속도 (m/sec)
• 움직이지 않는 공기 중으로 속도 없이 배출됨 • 조용한 대기 중에 실제로 거의 속도가 없는 상태로 배출됨	• 탱크에서 증발, 탈지 등 • 액면에서 가스, 증기, 흄이 발생	0.25~0.5
약간의 공기 움직임이 있고 낮은 속도로 배출됨	스프레이 도장, 용접, 도금, 저속 컨베이어 운반	0.5~1.0
발생기류가 높고 유해물질이 활발하게 발생함	스프레이도장, 용기충진, 컨베이어 적재, 분쇄기	1.0~2.5
초고속기류 내로 높은 초기 속도로 배출됨	회전연삭, 블라스팅	2.5~10.0

52 ———————— • Repetitive Learning 〔1회 2회 3회〕

귀덮개 착용 시 일반적으로 요구되는 차음 효과는?

① 저음에서 15dB 이상, 고음에서 30dB 이상

② 저음에서 20dB 이상, 고음에서 45dB 이상

③ 저음에서 25dB 이상, 고음에서 50dB 이상

④ 저음에서 30dB 이상, 고음에서 55dB 이상

해설

- 귀덮개의 차음효과는 저음에서 20dB 이상, 고음에서 45dB 이상이어야 한다.

❖ 귀마개와 귀덮개의 차음효과

- 귀덮개의 차음효과는 저음에서 20dB 이상, 고음에서 45dB 이상이어야 한다.
- 85~115dB의 경우 귀마개 또는 귀덮개를 사용한다.
- 소음 정도가 120dB 이상인 경우는 귀마개와 귀덮개를 동시에 사용하여야 한다.

53 ———————— • Repetitive Learning 〔1회 2회 3회〕

강제환기를 실시하는 데 환기효과를 제고시킬 수 있는 필요 원칙 모두를 올바르게 짝지은 것은 무엇인가?

> ㉠ 배출구가 창문이나 문 근처에 위치하지 않도록 한다.
> ㉡ 배출공기를 보충하기 위하여 청정공기를 공급한다.
> ㉢ 공기배출구와 근로자의 작업 위치 사이에 오염원이 위치해야 한다.
> ㉣ 오염물질 배출구는 오염원으로부터 가까운 곳에 설치하여 점환기 현상을 방지한다.

① ㉠, ㉡, ㉢　　　② ㉠, ㉡, ㉣

③ ㉠, ㉡　　　　④ ㉠, ㉡, ㉢, ㉣

해설

- 오염물질 배출구는 가능한 한 오염원으로부터 가까운 곳에 설치하여 점환기 효과를 얻어야 한다.

❖ 강제환기를 실시하는 데 환기효과를 제고시킬 수 있는 필요 원칙

　 1201/1402/1703/2001/2202

- 오염물질 사용량을 조사하여 필요 환기량을 계산한다.
- 배출공기를 보충하기 위하여 청정공기를 공급할 수 있다.
- 오염물질 배출구는 가능한 한 오염원으로부터 가까운 곳에 설치하여 점환기 효과를 얻는다.
- 공기배출구와 근로자의 작업 위치 사이에 오염원이 위치하여야 한다.
- 공기가 배출되면서 오염장소를 통과하도록 공기배출구와 유입구의 위치를 선정한다.
- 건물 밖으로 배출된 오염공기가 다시 건물 안으로 유입되지 않도록 배출구 높이를 적절히 설계하고 창문이나 문 근처에 위치하지 않도록 한다.
- 오염원 주위에 다른 작업공정이 있으면 공기배출량을 공급량보다 약간 크게 하여 음압을 형성하여 주위 근로자에게 오염물질이 확산되지 않도록 한다.

54 ———————— • Repetitive Learning 〔1회 2회 3회〕

자연환기와 강제환기에 관한 설명으로 옳지 않은 것은?

① 강제환기는 외부 조건에 관계없이 작업환경을 일정하게 유지시킬 수 있다.

② 자연환기는 환기량 예측 자료를 구하기가 용이하다.

③ 자연환기는 적당한 온도 차와 바람이 있다면 비용면에서 상당히 효과적이다.

④ 자연환기는 외부 기상조건과 내부 작업조건에 따라 환기량 변화가 심하다.

- 자연환기는 환기량 예측 자료를 구하기 어렵다.

자연환기와 강제환기의 비교

	자연환기	강제환기
장점	• 적당한 온도 차와 바람이 있다면 비용면에서 상당히 효과적이다. • 운전에 따른 에너지 비용이 없다.	• 외부 조건에 관계없이 작업환경을 일정하게 유지시킬 수 있다.
단점	• 환기량 예측 자료를 구하기 어렵다. • 외부 기상조건과 내부 작업조건에 따라 환기량 변화가 심하다.	

1001 / 1401 / 1902

55 ──────● Repetitive Learning 〔1회 2회 3회〕

후드로부터 0.25m 떨어진 곳에 있는 공정에서 발생되는 먼지를 제어속도가 5m/s, 후드 직경이 0.4m인 원형 후드를 이용하여 제거하고자 한다. 이때 필요한 환기량(m^3/min)은?(단, 플랜지 등 기타 조건은 고려하지 않음)

① 약 205
② 약 215
③ 약 225
④ 약 235

해설

- 공간에 위치하며, 플랜지를 고려하지 않으므로 필요 환기량 $Q = 60 \times V_c(10X^2 + A)[m^3/min]$으로 구한다.
- 단면적은 반지름이 0.20이므로 $\pi r^2 = 3.14 \times 0.2^2 = 0.1256[m^2]$이다.
- 대입하면 $Q = 60 \times 5 \times (10 \times 0.25^2 + 0.1256) = 225.18[m^3/sec]$이다.

외부식 원형 또는 장방형 후드 실기 0303/0403/0503/0603/0801/1001/1002/1701/1703/1901/2003/2102

- 공간에 위치하며, 플랜지가 없는 경우에 해당한다.
- 기본식(Dalla Valle)은 $Q = 60 \times V_c(10X^2 + A)$로 구한다. 이때 Q는 필요 환기량$[m^3/min]$, V_c는 제어속도$[m/sec]$, A는 개구면적$[m^2]$, X는 후드의 중심선으로부터 발생원까지의 거리[m]이다.

0901

56 ──────● Repetitive Learning 〔1회 2회 3회〕

배출원이 많아서 여러 개의 후드를 주관에 연결한 경우(분지관의 수가 많고 덕트의 압력손실이 클 때) 총압력손실계산법으로 가장 적절한 방법은?

① 정압조절평형법
② 저항조절평형법
③ 등가조절평형법
④ 속도압평형법

해설

- 저항조절평형법은 총 압력손실을 계산할 때 압력손실이 가장 큰 분지관을 기준으로 산정하는 방식으로 배출원이 많아서 여러 개의 후드를 주관에 연결한 경우의 총압력손실계산법으로 가장 적절하다.

저항조절평형법(댐퍼조절평형법, 덕트균형유지법)

- 덕트에 댐퍼를 부착하여 압력을 조정하는 방법이다.
- 배출원이 많아서 여러 개의 후드를 주관에 연결한 경우(분지관의 수가 많고 덕트의 압력손실이 클 때) 총압력손실계산법으로 가장 적절한 방법이다.

1102 / 2202

57 ──────● Repetitive Learning 〔1회 2회 3회〕

후드의 유입계수가 0.86, 속도압 25mmH$_2$O 일 때 후드의 압력손실(mmH$_2$O)은?

① 8.8
② 12.2
③ 15.4
④ 17.2

해설

- 유입손실계수(F) = $\dfrac{1 - C_e^2}{C_e^2} = \dfrac{1}{C_e^2} - 1$이므로 대입하면

  $\dfrac{1}{0.86^2} - 1 = 0.3520\cdots$이다.

- 후드의 압력손실은 유입손실계수×속도압이므로 $0.3520 \times 25 = 8.8020\,mmH_2O$이다.

후드의 유입계수와 유입손실계수 실기 0502/0801/0901/1001/1102/1303/1602/1603/1903/2002/2103

- 후드에서의 압력손실이 유량의 저하로 나타나는 현상이다.
- 유입계수 C_e가 1에 가까울수록 이상적인 후드에 가깝다.
- 유입계수는 속도압/후드정압의 제곱근으로 구할 수 있다.
- 유입계수(C_e) = $\dfrac{실제적 유량}{이론적 유량} = \dfrac{실제 흡인유량}{이론 흡인유량} = \sqrt{\dfrac{1}{1+F}}$ 으로 구한다.

  이때 F는 후드의 유입손실계수로 $\dfrac{\Delta P}{VP}$ 즉, $\dfrac{압력손실}{속도압(동압)}$으로 구할 수 있다.

- 유입(압력)손실계수(F) = $\dfrac{1 - C_e^2}{C_e^2} = \dfrac{1}{C_e^2} - 1$로 구한다.

1402

58 ──────● Repetitive Learning 〔1회 2회 3회〕

1기압에서 혼합기체가 질소(N$_2$) 66%, 산소(O$_2$) 14%, 탄산가스 20%로 구성되어 있을 때 질소가스의 분압은?(단, 단위는 mmHg)

① 501.6
② 521.6
③ 541.6
④ 560.4

- 1기압은 760mmHg이므로 질소의 분압은 $760 \times 0.66 = 501.6$ mmHg이다.

🏷️ 분압 실기 0702

- 분압이란 대기 중 특정 기체가 차지하는 압력의 비를 말한다.
- 대기압은 1atm=760mmHg=10,332mmH_2O=101.325kPa이다.
- 최고농도 = $\frac{분압}{760} \times 10^6$[ppm]으로 구한다.

1902

59 ──────● Repetitive Learning 〔1회 2회 3회〕

슬롯 후드에서 슬롯의 역할은?

① 제어속도를 감소시킨다.
② 후드 제작에 필요한 재료를 절약한다.
③ 공기가 균일하게 흡입되도록 한다.
④ 제어속도를 증가시킨다.

- 슬롯 후드에서 슬롯은 공기가 균일하게 흡입되도록 하는 역할을 한다.

🏷️ 슬롯 후드

- 전기도금 공정에 가장 적합한 후드이다.
- 유해물질의 발생원을 포위하지 않고 발생원 가까운 위치에 설치하는 외부식의 대표적인 후드이다.
- 슬롯 후드에서 슬롯은 공기가 균일하게 흡입되도록 하는 역할을 한다.

1201 / 1902

60 ──────● Repetitive Learning 〔1회 2회 3회〕

환기시설 내 기류가 기본적인 유체역학적 원리에 따르기 위한 전제조건과 가장 거리가 먼 것은?

① 공기는 절대습도를 기준으로 한다.
② 환기시설 내외의 열교환은 무시한다.
③ 공기의 압축이나 팽창은 무시한다.
④ 공기 중에 포함된 유해물질의 무게와 용량을 무시한다.

- 공기는 건조하다고 가정한다.

🏷️ 환기시설 내 기류가 기본적 유체역학적 원리에 의하여 지배되기 위한 전제 조건 실기 0403/1302

- 환기시설 내외의 열교환은 무시한다.
- 공기의 압축이나 팽창을 무시한다.

- 대부분의 환기시설에서는 공기 중에 포함된 유해물질의 무게와 용량을 무시한다.
- 공기는 건조하다고 가정한다.

4과목   물리적 유해인자관리

1902

61 ──────● Repetitive Learning 〔1회 2회 3회〕

다음 설명에 해당하는 진동방진재료는?

> 여러 가지 형태로 된 철물에 견고하게 부착할 수 있는 반면, 내구성, 내약품성이 약하고 공기 중의 오존에 의해 산화된다는 단점을 가지고 있다.

① 코르크   ② 금속 스프링
③ 방진고무   ④ 공기스프링

- 코르크는 재질이 일정하지 않으며 균일하지 않으므로 정확한 설계가 곤란하고 처짐을 크게 할 수 없으며 고유진동수가 10Hz 전후밖에 되지 않아 진동방지보다는 고체음의 전파방지에 유익한 방진재료이다.
- 금속 스프링은 환경요소에 대한 저항성이 크며 저주파 차진에 좋으나 감쇠가 거의 없으며 공진 시에 전달률이 매우 큰 방진재료이다.
- 공기스프링은 지지하중이 크게 변하는 경우에는 높이 조정변에 의해 그 높이를 조절할 수 있어 설비의 높이를 일정레벨을 유지시킬 수 있으며, 하중 변화에 따라 고유진동수를 일정하게 유지할 수 있고, 부하능력이 광범위하고 자동제어가 가능한 방진재료이다.

🏷️ 방진고무

ⓐ 개요
  - 소형 또는 중형기계에 주로 많이 사용하며 적절한 방진 설계를 하면 높은 효과를 얻을 수 있는 방진 방법이다.
ⓑ 특징

장점	• 형상의 선택이 비교적 자유롭다. • 자체의 내부마찰에 의해 저항을 얻을 수 있어 고주파 진동의 차진(遮振)에 양호하다. • 설계 자료가 잘 되어 있어서 용수철 정수를 광범위하게 선택할 수 있다. • 여러 가지 형태로 된 철물에 견고하게 부착할 수 있다.
단점	• 내후성, 내유성, 내약품성의 단점이 있다. • 내부마찰에 의한 발열 때문에 열화된다. • 공기 중의 오존에 의해 산화된다.

---

62 ● Repetitive Learning 1회 2회 3회

소음에 대한 대책으로 적절하지 않은 것은?

① 차음효과는 밀도가 큰 재질일수록 좋다.

② 흡음효과에 방해를 주지 않기 위해서 다공질 재료 표면에 종이를 입혀서는 안 된다.

③ 흡음효과를 높이기 위해서는 흡음재를 실내의 틈이나 가장자리에 부착하는 것이 좋다.

④ 저주파성분이 큰 공장이나 기계실 내에서는 다공질 재료에 의한 흡음처리가 효과적이다.

해설
• 다공질 재료에 의한 흡음처리는 고주파 성분이 큰 공장이나 기계실에서 효과적이다. 저주파 성분의 경우는 진동흡음이나 공명흡음 작용을 이용하는 것이 효과적이다.

❖ 소음대책에 대한 공학적 원리
• 고주파음은 저주파음보다 격리 및 차폐로써의 소음감소 효과가 크다.
• 고주파성분이 큰 공장이나 기계실 내에서는 다공질 재료에 의한 흡음처리가 효과적이다.
• 흡음효과에 방해를 주지 않기 위해서 다공질 재료 표면에 종이를 입혀서는 안 된다.
• 흡음효과를 높이기 위해서는 흡음재를 실내의 틈이나 가장자리에 부착하는 것이 좋다.
• 차음효과는 밀도가 큰 재질일수록 좋다.
• 넓은 드라이브 벨트는 가는 드라이브 벨트로 대치하여 벨트 사이에 공간을 두는 것이 소음 발생을 줄일 수 있다.
• 원형 톱날에는 고무 코팅재를 톱날 측면에 부착시키면 소음의 공명현상을 줄일 수 있다.
• 덕트 내에 이음부를 많이 부착하면 소음은 늘어난다.

63 ● Repetitive Learning 1회 2회 3회

다음 파장 중 살균 작용이 가장 강한 자외선의 파장범위는?

① 220~234nm ② 254~280nm
③ 290~315nm ④ 325~400nm

해설
• 살균작용이 가장 강한 자외선 파장 범위는 254~280nm(2,540Å~2,800Å) 영역이다.

❖ 살균작용이 강한 자외선
• 살균작용이 가장 강한 자외선 파장 범위는 254~280nm(2,540Å~2,800Å) 영역이다.
• 단파장의 원자외선 영역으로 실내공기의 소독용으로 이용된다.

64 ● Repetitive Learning 1회 2회 3회

실내에서 박스를 들고 나르는 작업(300kcal/h)을 하고 있다. 온도가 다음과 같을 때 시간당 작업시간과 휴식시간의 비율로 가장 적절한 것은?

> [다음]
> • 자연습구온도 : 30℃
> • 흑구온도 : 31℃
> • 건구온도 : 28℃

① 5분 작업, 55분 휴식
② 15분 작업, 45분 휴식
③ 30분 작업, 30분 휴식
④ 45분 작업, 15분 휴식

해설
• 옥내는 일사의 영향이 없어 자연습구(0.7)와 흑구온도(0.3)만으로 WBGT가 결정되므로 WBGT = 0.7×30+0.3×31 = 21+9.3 = 30.3℃가 된다.
• 시간당 300kcal의 열량이 소요되는 작업은 중등작업인 경우로 WBGT의 측정치가 30.3℃인 경우는 매시간 25% 작업, 75% 휴식을 취해야 하는 작업강도에 해당한다.

❖ 고온의 노출기준(단위 : ℃, WBGT) 실기 0703

작업휴식시간비 \ 작업강도	경작업	중등작업	중작업
계속 작업	30.0	26.7	25.0
매시간 75%작업, 25%휴식	30.6	28.0	25.9
매시간 50%작업, 50%휴식	31.4	29.4	27.9
매시간 25%작업, 75%휴식	32.2	31.1	30.0

• 경작업 : 200kcal까지의 열량이 소요되는 작업을 말하며, 앉아서 또는 서서 기계의 조정을 하기 위하여 손 또는 팔을 가볍게 쓰는 일 등을 뜻함
• 중등작업 : 시간당 200~350kcal의 열량이 소요되는 작업을 말하며, 물체를 들거나 밀면서 걸어다니는 일 등을 뜻함
• 중작업 : 시간당 350~500kcal의 열량이 소요되는 작업을 말하며, 곡괭이질 또는 삽질하는 일 등을 뜻함

65 ● Repetitive Learning 1회 2회 3회

전리방사선의 영향에 대한 감수성이 가장 큰 인체 내 기관은?

① 혈관 ② 뼈 및 근육조직
③ 신경조직 ④ 골수 및 임파구

- 전리방사선에 대한 감수성이 가장 민감한 조직은 골수, 림프조직(임파구), 생식세포, 조혈기관, 눈의 수정체 등이 있다.

♣♣ 전리방사선에 대한 감수성

고도 감수성	골수, 림프조직(임파구), 생식세포, 조혈기관, 눈의 수정체
중증도 감수성	피부 및 위장관의 상피세포, 혈관내피세포, 결체조직
저 감수성	골, 연골, 신경, 간, 콩팥, 근육

2004

66
● Repetitive Learning [1회] [2회] [3회]

음압이 20N/㎡일 경우 음압수준(Sound pressure level)은 얼마인가?

① 100dB
② 110dB
③ 120dB
④ 130dB

- $P = 20$, $P_0 = 0.00002$로 주어졌으므로 대입하면

$$SPL = 20\log\left(\frac{20}{0.00002}\right) = 120[dB]이 된다.$$

♣♣ 음압레벨(SPL ; Sound Pressure Level) 실기 0403/0501/0503/0901/1001/1102/1403/2004

- 기준이 되는 소리의 압력과 비교하여 로그적으로 표현한 값이다.
- $SPL = 20\log\left(\frac{P}{P_0}\right)[dB]$로 구한다. 여기서 P_0는 기준음압으로 $2 \times 10^{-5}[N/m^2]$ 혹은 $2 \times 10^{-4}[dyne/cm^2]$이다.
- 자유공간에 위치한 점음원의 음압레벨(SPL)은 음향파워레벨(PWL) $- 20\log r - 11$로 구한다. 이때 r은 소음원으로부터의 거리[m]이다. 11은 $10\log(4\pi)$의 값이다.

67
● Repetitive Learning [1회] [2회] [3회]

기류의 측정에 쓰이는 기기에 대한 설명으로 틀린 것은?

① 옥내기류 측정에는 kata온도계가 쓰인다.
② 풍차 풍속계는 1m/sec 이하의 풍속을 측정하는 데 쓰이는 것으로 옥외용이다.
③ 열선풍속계는 기온과 정압을 동시에 구할 수 있어 환기시설의 점검에 유용하게 쓰인다.
④ kata 온도계의 표면에는 눈금이 아래위로 두 개 있는데 일반용은 아래가 95℉(35℃)이고, 위가 100℉(37.8℃)이다.

- 풍차풍속계는 주로 옥외에서 1~150m/sec 범위의 풍속을 측정하는데 사용하는 측정기구이다.

♣♣ 기류측정기기 실기 1701

풍차풍속계	주로 옥외에서 1~150m/sec 범위의 풍속을 측정하는데 사용하는 측정기구
열선풍속계	기온과 정압을 동시에 구할 수 있어 환기시설의 점검에 사용하는 측정기구로 기류속도가 아주 낮을 때 유용
카타온도계	기류의 방향이 일정하지 않거나, 실내 0.2~0.5m/s 정도의 불감기류를 측정할 때 사용하는 측정기구

68
● Repetitive Learning [1회] [2회] [3회]

파장이 400~760nm이면 어떤 종류의 비전리방사선인가?

① 적외선
② 라디오파
③ 마이크로파
④ 가시광선

- 적외선은 700~1mm의 파장을 갖는다.
- 라디오파는 몇 m~수천 km의 파장을 갖는다.
- 마이크로파는 1mm~10cm의 파장을 갖는다.

♣♣ 비이온화 방사선(Non ionizing Radiation)

- 방사선을 조사했을 때 에너지가 낮아 원자를 이온화시키지 못하는 방사선을 말한다.
- 자외선(UV-A, B, C, V), 가시광선, 적외선, 각종 전파 등이 이에 해당한다.

영역	구분	파장	영향
자외선	UV-A	315~400nm	피부노화촉진
	UV-B	280~315nm	발진, 피부암, 광결막염
	UV-C	200~280nm	오존층에 흡수되어 지구 표면에 닿지 않는다.
	UV-V	100~200nm	
가시광선		400~750nm	각막손상, 피부화상
적외선	IR-A	700~1400mm	망막화상
	IR-B	1400~3000mm	각막화상, 백내장
	IR-C	3000nm~1mm	

1003 / 1403 / 2004

69
● Repetitive Learning [1회] [2회] [3회]

25℃일 때, 공기 중에서 1,000Hz인 음의 파장은 약 몇 m 인가?

① 0.035
② 0.35
③ 3.5
④ 35

- 25℃에서의 음속은 $V = 331.3 \times \sqrt{\dfrac{298}{273.15}} = 346.042 \cdots$ 이다.

- 음의 파장 $\lambda = \dfrac{346.042}{1,000} = 0.3460 \cdots$ 이 된다.

음의 파장

- 음의 파동이 주기적으로 반복되는 모양을 나타내는 구간의 길이를 말한다.
- 파장 $\lambda = \dfrac{V}{f}$ 로 구한다. V는 음의 속도, f는 주파수이다.
- 음속은 보통 0℃ 1기압에서 331.3m/sec, 15℃에서 340m/sec의 속도를 가지며, 온도에 따라서 $331.3\sqrt{\dfrac{T}{273.15}}$ 로 구하는데 이때 T는 절대온도이다.

70 ──────── Repetitive Learning (1회 2회 3회)

마이크로파의 생물학적 작용에 대한 설명 중 틀린 것은?

① 인체에 흡수된 마이크로파는 기본적으로 열로 전환된다.
② 마이크로파의 열적용에 가장 많은 영향을 받는 기관은 생식기와 눈이다.
③ 광선의 파장과 특정 조직의 광선 흡수 능력에 따라 장해 출현 부위가 달라진다.
④ 일반적으로 150MHz 이하의 마이크로파와 라디오파는 흡수되어도 감지되지 않는다.

- 마이크로파는 광선의 파장뿐 아니라 피폭시간, 피폭된 조직에 따라 장해 출현 부위가 달라진다. ③의 설명은 레이저에 대한 설명이다.

마이크로파의 생물학적 작용

ⓗ 개요
- 인체에 흡수된 마이크로파는 기본적으로 열로 전환된다.
- 마이크로파에 의한 표적기관은 눈이다.
- 마이크로파는 중추신경계통에 작용하며 혈압은 폭로 초기에 상승하나 곧 억제효과를 내어 저혈압을 초래한다.
- 일반적으로 150MHz 이하의 마이크로파와 라디오파는 흡수되어도 감지되지 않는다.
- 광선의 파장, 피폭시간, 피폭된 조직에 따라 장해 출현 부위가 달라진다.

ⓛ 파장과 투과성
- 3cm 이하 파장은 외피에 흡수된다.
- 3~10cm 파장은 1mm~1cm정도 피부 내로 투과한다.
- 25~200cm 파장은 세포조직과 신체기관까지 투과한다.
- 200cm 이상의 파장은 거의 모든 인체 조직을 투과한다.

71 ──────── Repetitive Learning (1회 2회 3회)

작업장의 자연채광 계획 수립에 관한 설명으로 맞는 것은?

① 실내의 입사각은 4~5°가 좋다.
② 창의 방향은 많은 채광을 요구할 경우 북향이 좋다.
③ 창의 방향은 조명의 평등을 요하는 작업실인 경우 남향이 좋다.
④ 창의 면적은 일반적으로 바닥 면적의 15~20%가 이상적이다.

- 실내각점의 개각은 4~5°, 입사각은 28° 이상이 좋다.
- 많은 채광을 요구하는 경우는 남향이 좋다.
- 균일한 조명을 요구하는 작업실은 북향이 좋다.

채광계획

- 많은 채광을 요구하는 경우는 남향이 좋다.
- 균일한 조명을 요구하는 작업실은 북향이 좋다.
- 실내각점의 개각은 4~5°(개각이 클수록 밝다), 입사각은 28° 이상이 좋다.
- 창의 면적은 방바닥 면적의 15~20%가 이상적이다.
- 유리창은 청결한 상태여도 10~15% 조도가 감소되는 점을 고려한다.
- 창의 높이를 증가시키는 것이 창의 크기를 증가시킨 것보다 조도에서 더욱 효과적이다.

1101 / 2201

72 ──────── Repetitive Learning (1회 2회 3회)

소음에 의한 청력장해가 가장 잘 일어나는 주파수는?

① 1,000Hz　　　　② 2,000Hz
③ 4,000Hz　　　　④ 8,000Hz

- 소음성 난청의 초기 증상을 C5-dip현상이라 하며, 이는 4,000Hz에 대한 청력손실이 특징적으로 나타난다.

소음성 난청 실기 0703/1501/2101

- 초기 증상을 C5-dip현상이라 한다.
- 대부분 양측성이며, 감각 신경성 난청에 속한다.
- 내이의 세포변성을 원인으로 볼 수 있다.
- 4,000Hz에 대한 청력손실이 특징적으로 나타난다.
- 고주파음역(4,000~6,000Hz)에서의 손실이 더 크다.
- 음압수준이 높을수록 유해하다.
- 소음성 난청은 심한 소음에 반복하여 노출되어 나타나는 영구적 청력 변화로 코르티 기관에 손상이 온 것이므로 회복이 불가능하다.

73 ——————————• Repetitive Learning (1회 2회 3회)

산업안전보건법상의 이상기압에 대한 설명으로 틀린 것은?

① 이상기압이란 압력이 제곱센티미터당 1킬로그램 이상인 기압을 말한다.

② 사업주는 잠수작업을 하는 잠수작업자에게 고농도의 산소만을 마시도록 하여야 한다.

③ 사업주는 기압조절실에서 고압작업자에게 가압을 하는 경우 1분에 제곱센티미터당 0.8킬로그램 이하의 속도를 가압하여야 한다.

④ 사업주는 근로자가 고압작업에 종사하는 경우에 작업실 공기의 부피가 근로자 1인당 4세제곱미터 이상이 되도록 하여야 한다.

해설

• 잠수작업을 하는 잠수작업자의 호흡기체에는 고농도 산소, 나이트록스라 불리는 질소와 혼합된 산소 혹은 헬리옥스라 불리는 헬륨과 산소를 혼합한 기체 등이 있다.

✱✱ 이상기압 작업

- 이상기압이란 압력이 제곱센티미터당 1킬로그램 이상인 기압을 말한다.
- 잠수작업을 하는 잠수작업자의 호흡기체에는 고농도 산소, 나이트록스라 불리는 질소와 혼합된 산소 혹은 헬리옥스라 불리는 헬륨과 산소를 혼합한 기체 등이 있다.
- 사업주는 기압조절실에서 고압작업자에게 가압을 하는 경우 1분에 제곱센티미터당 0.8킬로그램 이하의 속도를 가압하여야 한다.
- 사업주는 근로자가 고압작업에 종사하는 경우에 작업실 공기의 부피가 근로자 1인당 4세제곱미터 이상이 되도록 하여야 한다.

74 ——————————• Repetitive Learning (1회 2회 3회)

소음에 관한 설명으로 틀린 것은?

① 소음작업자의 영구성 청력손실은 4,000Hz에서 가장 심하다.

② 언어를 구성하는 주파수는 주로 250~3,000Hz의 범위이다.

③ 젊은 사람의 가청주파수 영역은 20~20,000Hz의 범위가 일반적이다.

④ 기준 음압은 이상적인 청력조건하에서 들을 수 있는 최소 가청음력으로 0.02dyne/cm^{2}로 잡고 있다.

해설

• 기준 음압은 이상적인 청력조건[1kHz] 하에서 들을 수 있는 최소 가청음력으로 2×10^{-4}dyne/cm^{2}이다.

✱✱ 소음과 주파수 실기 1902

- 소음작업자의 영구성 청력손실은 4,000Hz에서 가장 심하다.
- 언어를 구성하는 주파수는 주로 250~3,000Hz의 범위이다.
- 젊은 사람의 가청주파수 영역은 20~20,000Hz의 범위가 일반적이다.
- 기준 음압은 이상적인 청력조건[1kHz]하에서 들을 수 있는 최소 가청음력으로 2×10^{-4}dyne/cm^{2}이다.

75 ——————————• Repetitive Learning (1회 2회 3회)

전신진동에 의한 건강장해의 설명으로 틀린 것은?

① 진동수 4~12Hz에서 압박감과 동통감을 받게 된다.

② 진동수 60~90Hz에서는 두개골이 공명하기 시작하여 안구가 공명한다.

③ 진동수 20~30Hz에서는 시력 및 청력 장애가 나타나기 시작한다.

④ 진동수 3Hz 이하이면 신체가 함께 움직여 motion sickness와 같은 동요감을 느낀다.

해설

• 인체의 경우 각 부분마다 공명하는 주파수가 다른데 20~30Hz 진동에서 두부와 견부는 공명한다.

✱✱ 주파수 대역별 인체의 공명

- 1~3Hz에서 신체가 함께 움직여 멀미(motion sickness)와 같은 동요감을 느끼면서 호흡이 힘들고 산소소비가 증가한다.
- 4~12Hz에서 압박감과 동통감을 받게 된다.
- 6Hz에서 가슴과 등에 심한 통증을 느낀다.
- 20~30Hz 진동에 두부와 견부는 공명하며 시력 및 청력장애가 나타난다.
- 60~90Hz 진동에 안구는 공명한다.

76 ——————————• Repetitive Learning (1회 2회 3회)

한랭환경에서 인체의 일차적 생리적 반응으로 볼 수 없는 것은?

① 피부혈관의 팽창

② 체표면적의 감소

③ 화학적 대사작용의 증가

④ 근육긴장의 증가와 떨림

- 한랭환경에서의 1차적 영향에서 피부혈관은 수축한다.

저온에 의한 생리적 영향
 ㉠ 1차적 영향
 • 피부혈관의 수축
 • 근육긴장의 증가와 전율
 • 화학적 대사작용의 증가
 • 체표면적의 감소
 ㉡ 2차적 영향
 • 말초혈관의 수축
 • 혈압의 일시적 상승
 • 조직대사의 증진과 식용항진

- 사업주는 근로자가 밀폐공간에서 작업을 하는 경우에 작업을 시작하기 전과 작업 중에 해당 작업장을 적정공기 상태가 유지되도록 환기하여야 한다. 다만, 폭발이나 산화 등의 위험으로 인하여 환기할 수 없거나 작업의 성질상 환기하기가 매우 곤란한 경우에는 근로자에게 공기호흡기 또는 송기마스크를 지급하여 착용하도록 하고 환기하지 아니할 수 있다.

밀폐공간에서의 작업 시 조치사항
- 사업주는 밀폐공간 보건작업 프로그램을 수립하여 시행하여야 한다.
- 사업주는 밀폐공간에는 관계 근로자가 아닌 사람의 출입을 금지하고, 그 내용을 보기 쉬운 장소에 제시하여야 한다.
- 사업주는 근로자가 밀폐공간에서 작업을 하는 경우에 작업을 시작하기 전과 작업 중에 해당 작업장을 적정공기 상태가 유지되도록 환기하여야 한다. 다만, 폭발이나 산화 등의 위험으로 인하여 환기할 수 없거나 작업의 성질상 환기하기가 매우 곤란한 경우에는 근로자에게 공기호흡기 또는 송기마스크를 지급하여 착용하도록 하고 환기하지 아니할 수 있다.
- 사업주는 근로자가 밀폐공간에서 작업을 하는 경우 그 장소에 근로자를 입장시키거나 퇴장시킬 때 마다 인원을 점검하여야 한다.
- 사업주는 근로자가 밀폐공간에서 작업을 하는 동안 작업상황을 감시할 수 있는 감시인을 지정하여 밀폐공간 외부에 배치하여야 한다.
- 사업주는 밀폐공간에서 작업하는 근로자가 산소결핍이나 유해가스로 인하여 추락할 우려가 있는 경우에는 해당 근로자에게 안전대나 구명밧줄, 공기호흡기 또는 송기마스크를 지급하여 착용하도록 하여야 한다.

77 ● Repetitive Learning (1회 2회 3회)

5,000m 이상의 고공에서 비행업무에 종사하는 사람에게 가장 큰 문제가 되는 것은?

① 산소 부족
② 질소 부족
③ 탄산가스
④ 일산화탄소

- 5,000m 이상의 고공은 공기가 해수면의 절반으로 산소가 절대적으로 부족하다.

5,000m 이상의 높은 고도 환경
- 저압, 저온의 환경이다.
- 공기가 해수면의 절반으로 산소가 절대적으로 부족하다.

78 ● Repetitive Learning (1회 2회 3회)

산업안전보건법상 산소 결핍, 유해가스로 인한 화재·폭발 등의 위험이 있는 밀폐공간 내에서 작업할 때의 조치사항으로 적합하지 않은 것은?

① 사업주는 밀폐공간 보건작업 프로그램을 수립하여 시행하여야 한다.
② 사업주는 밀폐공간에는 관계 근로자가 아닌 사람의 출입을 금지하고, 그 내용을 보기 쉬운 장소에 제시하여야 한다.
③ 사업주는 근로자가 밀폐공간에서 작업을 하는 경우 작업을 시작하기 전에 방독마스크를 착용하게 하여야 한다.
④ 사업주는 근로자가 밀폐공간에서 작업을 하는 경우 그 장소에 근로자를 입장시키거나 퇴장시킬 때 마다 인원을 점검하여야 한다.

79 ● Repetitive Learning (1회 2회 3회)

빛의 밝기 단위에 관한 설명 중 틀린 것은?

① 럭스(Lux)−$1ft^2$의 평면에 1루멘의 빛이 비칠 때의 밝기이다.
② 촉광(Candle)−지름이 1인치 되는 촛불이 수평방향으로 비칠 때가 1촉광이다.
③ 루멘(Lumen)−1촉광의 광원으로부터 한 단위 입체각으로 나가는 광속의 단위이다.
④ 푸트캔들(Foot Candle)−1루멘의 빛이 $1ft^2$의 평면상에 수직방향으로 비칠 때 그 평면의 빛의 양이다.

- 1Lux는 1lumen의 빛이 $1m^2$의 평면상에 수직으로 비칠 때의 밝기이고, ①은 1foot candle에 대한 설명이다.

❖ 조도(照度)

- 조도는 특정 지점에 도달하는 광의 밀도를 말한다.
- 단위는 럭스(Lux)를 사용한다.
- 1Lux는 1lumen의 빛이 $1m^2$의 평면상에 수직으로 비칠 때의 밝기이다.
- 반사체의 반사율과는 상관없이 일정한 값을 갖는다.
- 거리의 제곱에 반비례하고, 광도에 비례하므로 $\frac{광도}{(거리)^2}$으로 구한다.

80

●──── Repetitive Learning [1회 2회 3회]

고압작업에 관한 설명으로 맞는 것은?

① 산소분압이 2기압을 초과하면 산소중독이 나타나 건강장해를 초래한다.

② 일반적으로 고압환경에서는 산소 분압이 낮기 때문에 저산소증을 유발한다.

③ SCUBA와 같이 호흡장치를 착용하고 잠수하는 것은 고압환경에 해당되지 않는다.

④ 사람이 절대압 1기압에 이르는 고압환경에 노출되면 개구부가 막혀 귀, 부비강, 치아 등에서 통증이나 압박감을 느끼게 된다.

해설

- 저압환경에서 산소 분압이 낮기 때문에 저산소증을 유발한다.
- SCUBA와 같이 호흡장치를 착용하고 잠수하는 것은 고압환경에 해당한다.
- 절대압 1기압은 표준기압이다.

❖ 고압 환경의 2차적 가압현상

- 산소의 분압이 2기압이 넘으면 중독증세가 나타나며 시력장해, 정신혼란, 간질모양의 경련을 나타낸다.
- 산소중독에 따라 수지와 족지의 작열통, 시력장해, 정신혼란, 근육경련 등의 증상을 보이며 나아가서는 간질 모양의 경련을 나타낸다.
- 산소의 중독 작용은 운동이나 이산화탄소의 존재로 보다 악화된다.
- 산소중독에 따른 증상은 고압산소에 대한 노출이 중지되면 멈추게 된다.
- 4기압 이상에서 공기 중의 질소가스는 마취작용을 나타내며 알코올 중독의 증상과 유사한 다행증이 발생한다.
- 이산화탄소의 증가는 산소의 독성과 질소의 마취작용을 촉진시킨다.

5과목　**산업독성학**

0603 / 2003

81

●──── Repetitive Learning [1회 2회 3회]

이황화탄소(CS_2)에 중독될 가능성이 가장 높은 작업장은?

① 비료 제조 및 초자공 작업장

② 유리 제조 및 농약 제조 작업장

③ 타르, 도장 및 석유 정제 작업장

④ 인조견, 셀로판 및 사염화탄소 생산 작업장

해설

- 인조견, 셀로판 및 사염화탄소의 생산과 수지와 고무제품의 용제에 이용되는 것은 이황화탄소이다.

❖ 이황화탄소(CS_2)

- 휘발성이 매우 높은 무색 액체이다.
- 인조견, 셀로판 및 사염화탄소의 생산과 수지와 고무제품의 용제에 이용된다.
- 대부분 상기도를 통해서 체내에 흡수된다.
- 생물학적 폭로지표로는 TTCA검사가 이용된다.
- 감각 및 운동신경에 장애를 유발한다.
- 중추신경계에 대한 특징적인 독성작용으로 파킨슨 증후군과 심한 급성 혹은 아급성 뇌병증을 유발한다.
- 고혈압의 유병률과 콜레스테롤치의 상승빈도가 증가되어 뇌, 심장 및 신장의 동맥 경화성 질환을 초래한다.
- 심한 경우 불안, 분노, 자살성향 등을 보이기도 한다.

1402 / 1903 / 2201

82

●──── Repetitive Learning [1회 2회 3회]

산업안전보건법령상 기타 분진의 산화규소 결정체 함유율과 노출기준으로 맞는 것은?

① 함유율 : 0.1% 이상, 노출기준 : $5mg/m^3$

② 함유율 : 0.1% 이상, 노출기준 : $10mg/m^3$

③ 함유율 : 1% 이상, 노출기준 : $5mg/m^3$

④ 함유율 : 1% 이하, 노출기준 : $10mg/m^3$

해설

- 기타분진 산화규소 결정체 1% 이하의 노출기준은 $10mg/m^3$이다.

❖ 기타분진(산화규소 결정체)의 노출기준

- 함유율 1% 이하
- 노출기준 $10mg/m^3$
- 산화규소 결정체 0.1% 이상인 경우 발암성 1A

83

Repetitive Learning 1회 2회 3회

유기성 분진에 의한 것으로 체내 반응 보다는 직접적인 알레르기 반응을 일으키며 특히 호열성 방선균류의 과민증상이 많은 진폐증은?

① 농부폐증　　　② 규폐증
③ 석면폐증　　　④ 면폐증

해설

- 호열성 방선균류의 과민증상이 많은 유기성 분진에 의한 진폐증은 농부폐증이다.

✪ 농부폐증
  - 유기성 분진에 의한 진폐증의 한 종류이다.
  - 체내 반응 보다는 직접적인 알레르기 반응을 일으키며 특히 호열성 방선균류의 과민증상이 많다.

84

0302 / 1202

Repetitive Learning 1회 2회 3회

작업장의 유해물질을 공기 중 허용농도에 의존하는 것 이외에 근로자의 노출상태를 측정하는 방법으로, 근로자들의 조직과 체액 또는 호기를 검사하는 건강장애를 일으키는 일이 없이 노출될 수 있는 양을 규정한 것은?

① LD　　　　② SHD
③ BEI　　　　④ STEL

해설

- SHD는 사람에게 안전한 양으로 안전흡수량, 안전폭로량이라고도 한다.
- STEL은 단시간 노출기준으로 근로자가 1회 15분 동안 유해인자에 노출되는 경우의 기준을 말한다.

✪ BEI(Biological Exposure Indices)
  - 작업장의 유해물질을 공기 중 허용농도에 의존하는 것 이외에 근로자의 노출상태를 측정하는 방법으로, 근로자들의 조직과 체액 또는 호기를 검사하는 건강장애를 일으키는 일이 없이 노출될 수 있는 양을 규정한 것이다.
  - 유해물질에 폭로된 생체시료 중의 유해물질 또는 그 대사물질 등에 대한 생물학적 감시(monitoring)을 실시하여 생체 내에 침입한 유해물질의 총량 또는 유해물질에 의하여 일어난 생체변화의 강도를 지수로 표현한 것이다.
  - 시료는 소변, 호기 및 혈액 등이 주로 이용된다.
  - 유해물질의 대사산물, 유해물질 자체 및 생화학적 변화 등을 총칭한다.
  - 배출이 빠르고 반감기가 5분 이내의 물질에 대해서는 시료채취 시기가 대단히 중요하다.

85

0401 / 0703 / 1303

Repetitive Learning 1회 2회 3회

다핵방향족 화합물(PAH)에 대한 설명으로 틀린 것은?

① 톨루엔, 크실렌 등이 대표적이라 할 수 있다.
② PAH는 벤젠고리가 2개 이상 연결된 것이다.
③ PAH는 배설을 쉽게 하기 위하여 수용성으로 대사된다.
④ PAH의 대사에 관여하는 효소는 시토크롬 P-448로 대사되는 중간산물이 발암성을 나타낸다.

해설

- 톨루엔이나 크실렌은 하나의 벤젠고리로 이루어진 방향족 탄화수소이다.

✪ 다핵방향족 탄화수소(PAHs)
  - 벤젠고리가 2개 이상이다.
  - 대사가 거의 되지 않는 지용성으로 체내에서는 배설되기 쉬운 수용성 형태로 만들기 위하여 수산화가 되어야 한다.
  - 대사에 관여하는 효소는 시토크롬(cytochrome) P-450의 준개체단인 시토크롬 P-448로 대사되는 중간산물이 발암성을 나타낸다.
  - 나프탈렌, 벤조피렌 등이 이에 해당된다.
  - 철강제조업에서 석탄을 건류할 때나 아스팔트를 콜타르 피치로 포장할 때 발생한다.

86

Repetitive Learning 1회 2회 3회

크롬으로 인한 피부궤양 발생 시 치료에 사용하는 것과 가장 관계가 먼 것은?

① 10% BAL 용액
② Sodium citrate 용액
③ Sodium thiosulfate 용액
④ 10% CaNa2EDTA 연고

해설

- ①은 수은의 급성중독시 사용하는 처치방법이다.

✪ 크롬(Cr)
  - 부식방지 및 도금 등에 사용된다.
  - 급성중독시 심한 신장장해를 일으키고, 만성중독 시 코, 폐 등의 점막이 충혈되어 화농성비염이 되고 차례로 깊이 들어가서 궤양이 되고 비강암이나 비중격천공을 유발한다.
  - 장기간 흡입하는 경우 원발성 기관지암과 폐암이 발생한다.
  - 피부궤양 발생 시 치료에는 Sodium citrate 용액, Sodium thiosulfate 용액, 10% CaNa2EDTA 연고 등을 사용한다.

87 ──────── ● Repetitive Learning (1회 2회 3회)

다음 사례의 근로자에게서 의심되는 노출인자는?

> **[다음]**
> 41세 A씨는 1990년부터 1997년까지 기계공구제조업에서 산소 용접작업을 하다가 두통, 관절통, 전신근육통, 가슴답답함, 이가 시리고 아픈 증상이 있어 건강검진을 받았다. 건강검진 결과 단백뇨와 혈뇨가 있어 신장질환 유소견자 진단을 받았다. 이 유해인자의 혈중, 소변 중 농도가 직업병 예방을 위한 생물학적 노출기준을 초과하였다.

① 납　　　　　　　　② 망간
③ 수은　　　　　　　④ 카드뮴

해설
- 납은 포르피린과 헴(heme)의 합성에 관여하는 효소를 억제하며, 소화기계 및 조혈계에 영향을 준다.
- 망간은 mmT를 함유한 연료제조에 종사하는 근로자에게 노출되는 일이 많은 물질로 급성노출시 금속열과 조증 등을 유발한다.
- 수은은 hatter's shake라고 하며 근육경련을 유발하는 중금속이다.

❖ 카드뮴
- 카드뮴은 부드럽고 연성이 있는 금속으로 납광물이나 아연광물을 제련할 때 부산물로 얻어진다.
- 주로 니켈, 알루미늄과의 합금, 살균제, 페인트 등을 취급하는 곳에서 노출위험성이 크다.
- 흡수된 카드뮴은 혈장단백질과 결합하여 최종적으로 간이나 신장에 축적된다.
- 인체 내에서 −SH기와 결합하여 독성을 나타낸다.
- 중금속 중에서 칼슘대사에 장애를 주어 신결석을 동반한 신증후군이 나타나고 폐기종, 만성기관지염 같은 폐질환을 일으키고, 다량의 칼슘배설이 일어나 뼈의 통증, 골연화증 및 골수공증과 같은 골격계 장해를 유발한다.
- 카드뮴에 의한 급성노출 및 만성노출 후의 장기적인 속발증은 고환의 기능쇠퇴, 폐기종, 간손상 등이다.
- 체내에 노출되면 저분자 단백질인 metallothionein이라는 단백질을 합성하여 독성을 감소시킨다.

88 ──────── ● Repetitive Learning (1회 2회 3회)

유해물질과 생물학적 노출지표 물질이 잘못 연결된 것은?

① 납−소변 중 납
② 페놀−소변 중 총 페놀
③ 크실렌−소변 중 메틸마뇨산
④ 일산화탄소−소변 중 Carboxyhemoglobin

해설
- 일산화탄소의 생물학적 노출지표는 혈액 중 카복시헤모글로빈이다.

❖ 유기용제별 생물학적 모니터링 대상(생체 내 대사산물) 실기 0803/ 1403/2101

벤젠	소변 중 총 페놀 소변 중 t,t−뮤코닉산(t,t−Muconic acid)
에틸벤젠	소변 중 만델린산
스티렌	소변 중 만델린산
톨루엔	소변 중 마뇨산(hippuric acid), o−크레졸
크실렌	소변 중 메틸마뇨산
이황화탄소	소변 중 TTCA
메탄올	혈액 및 소변 중 메틸알코올
노말헥산	소변 중 헥산디온(2,5−hexanedione)
MBK (methyl−n−butyl ketone)	소변 중 헥산디온(2,5−hexanedione)
니트로벤젠	혈액 중 메타헤로글로빈
카드뮴	혈액 및 소변 중 카드뮴(저분자량 단백질)
납	혈액 및 소변 중 납(ZPP, FEP)
일산화탄소	혈액 중 카복시헤모글로빈, 호기 중 일산화탄소

89 ──────── ● Repetitive Learning (1회 2회 3회)

입자상 물질의 하나인 흄(Fume)의 발생기전 3단계에 해당하지 않는 것은?

① 산화　　　　　　　② 응축
③ 입자화　　　　　　④ 증기화

해설
- 흄의 발생기전은 금속의 증기화, 증기물의 산화, 산화물의 응축이다.

❖ 흄(fume) 실기 1402
- 용접공정에서 흄이 발생하며, 용접 흄은 용접공폐의 원인이 된다.
- 금속이 용해되어 공기에 의하여 산화되어 미립자가 되어 분산하는 것이다.
- 흄은 상온에서 고체상태의 물질이 고온으로 액체화된 다음 증기화되고, 증기물의 응축 및 산화로 생기는 고체상의 미립자이다.
- 흄의 발생기전은 금속의 증기화, 증기물의 산화, 산화물의 응축이다.
- 일반적으로 흄은 모양이 불규칙하다.
- 상온 및 상압에서 고체상태이다.

90 ──────── • Repetitive Learning 〔1회〕〔2회〕〔3회〕

인간의 연금술, 의약품 등에 가장 오래 사용해 왔던 중금속의 하나로 17세기 유럽에서 신사용 중절모자를 제조하는 데 사용하여 근육경련을 일으킨 물질은?

① 납   ② 비소
③ 수은   ④ 베릴륨

해설

• 납은 포르피린과 헴(heme)의 합성에 관여하는 효소를 억제하며, 소화기계 및 조혈계에 영향을 준다.
• 비소는 은빛 광택을 내는 비금속으로 가열하면 녹지 않고 승화되며, 피부 특히 겨드랑이나 국부 등에 습진형 피부염이 생기며 피부암을 유발한다.
• 베릴륨은 흡수경로는 주로 호흡기이고, 폐에 축적되어 폐질환을 유발하며, 만성중독은 Neighborhood cases라고 불리는 금속이다.

❖ 수은(Hg)
  ㉠ 개요
    • 인간의 연금술, 의약품 등에 가장 오래 사용해 왔던 중금속의 하나로 17세기 유럽에서 신사용 중절모자를 만드는 사람들에게 처음으로 발견되어 hatter's shake라고 하며 근육경련을 유발하는 중금속이다.
    • 단백질을 침전시키며 thiol(-SH)기를 가진 효소의 작용을 억제하여 독성을 나타낸다.
    • 뇌홍의 제조에 사용하며, 증기를 발생하여 산업중독을 일으킨다.
    • 수은은 상온에서 액체상태로 존재하는 금속이다.
  ㉡ 분류
    • 무기수은화합물은 대부분의 금속과 화합하여 아말감을 만든다.
    • 무기수은화합물은 질산수은, 승홍, 뇌홍 등이 있으며, 유기수은화합물에는 페닐수은, 에틸수은 등이 있다.
    • 유기수은 화합물로서는 아릴수은(무기수은) 화합물과 알킬수은 화합물이 있다.
    • 메틸 및 에틸 등 알킬수은 화합물의 독성이 가장 강하다.
  ㉢ 인체에 미치는 영향과 대책 **실기** 0401
    • 소화관으로는 2~7% 정도의 소량으로 흡수되며, 금속 형태로는 뇌, 혈액, 심근에 많이 분포된다.
    • 중독의 특징적인 증상은 근육진전, 정신증상이고, 만성노출 시 식욕부진, 신기능부전, 구내염이 발생한다.
    • 급성중독 시 우유와 계란의 흰자를 먹여 단백질과 해당 물질을 결합시켜 침전시키거나, BAL(dimercaprol)을 체중 1kg당 5mg을 근육주사로 투여하여야 한다.

91 ──────── • Repetitive Learning 〔1회〕〔2회〕〔3회〕

생물학적 모니터링에 대한 설명으로 틀린 것은?

① 피부, 소화기계를 통한 유해인자의 종합적인 흡수 정도를 평가할 수 있다.
② 생물학적 시료를 분석하는 것은 작업환경 측정보다 훨씬 복잡하고 취급이 어렵다.
③ 건강상의 영향과 생물학적 변수와 상관성이 높아 공기 중의 노출기준(TLB)보다 훨씬 많은 생물학적 노출지수(BEI)가 있다.
④ 근로자의 유해인자에 대한 노출 정도를 소변, 호기, 혈액 중에서 그 물질이나 대사산물을 측정함으로써 노출 정도를 추정하는 방법을 의미한다.

해설

• 공기 중 노출기준(TLV)은 생물학적 노출기준(BEI)보다 더 많다.
❖ 생물학적 모니터링
  • 작업자의 생물학적 시료에서 화학물질의 노출을 추정하는 것을 말한다.
  • 모든 노출경로에 의한 흡수정도를 나타낼 수 있다.
  • 최근의 노출량이나 과거로부터 축적된 노출량을 파악한다.
  • 건강상의 위험은 생물학적 검체에서 물질별 결정인자를 생물학적 노출지수와 비교하여 평가된다.
  • 근로자 노출 평가와 건강상의 영향 평가 두 가지 목적으로 모두 사용될 수 있다.
  • 생물학적 검체인 호기, 소변, 혈액 등에서 결정인자를 측정하여 노출정도를 추정하는 방법이다.
  • 결정인자는 공기 중에서 흡수된 화학물질이나 그것의 대사산물 또는 화학물질에 의해 생긴 가역적인 생화학적 변화이다.
  • 내재용량은 최근에 흡수된 화학물질의 양, 여러 신체 부분이나 몸 전체에서 저장된 화학물질의 양, 체내 주요 조직이나 부위의 작용과 결합한 화학물질의 양을 나타낸다.
  • 공기 중 노출기준(TLV)이 설정된 화학물질의 수는 생물학적 노출기준(BEI)보다 더 많다.

92 ──────── • Repetitive Learning 〔1회〕〔2회〕〔3회〕

산업안전보건법령상 사람에게 충분한 발암성 증거가 있는 물질(1A)에 포함되어 있지 않은 것은?

① 벤지딘(Benzidine)
② 베릴륨(Beryllium)
③ 에틸벤젠(Ethyl benzene)
④ 염화비닐(Vinyl chloride)

- 에틸벤젠은 발암성 2에 해당한다.

❖ 발암성 1A
- 산업안전보건법령상 사람에게 충분한 발암성 증거가 있는 물질을 말한다.
- 니켈, 1,2-디클로로프로판, 린데인, 목재분진, 베릴륨 및 그 화합물, 벤젠, 벤조피렌, 벤지딘, 부탄(이성체), 비소, 산화규소, 산화에틸렌, 석면, 우라늄, 염화비닐 , 크롬, 플루토늄, 황화카드뮴 등이다.

93 ──────── • Repetitive Learning (1회 2회 3회)

대사과정에 의해서 변화된 후에만 발암성을 나타내는 선행발암물질(Procarcinogen)로만 연결된 것은?

① PAH, Nitro samine
② PAH, methyl nitrosourea
③ Benzo(a)pyrene, dimethyl sulfate
④ Nitro samine, ethyl methane sulfonate

- methyl nitrosourea, dimethyl sulfate, EMS(ethyl methane sulfonate)은 직접적인 발암물질에 해당한다.

❖ 선행발암물질(Procarcinogen)
- 신진대사에 의해 변화된 후에 발암성을 나타내는 간접 발암원을 말한다.
- PAH, Nitro samine, benzo(a)pyrene, ethyl bromide 등이 대표적이다.

1101 / 2102

94 ──────── • Repetitive Learning (1회 2회 3회)

직업성 천식에 대한 설명으로 틀린 것은?

① 작업환경 중 천식을 유발하는 대표물질로 톨루엔 디이소시안산염(TDI), 무수트리멜리트산(TMA)을 들 수 있다.
② 항원공여세포가 탐식되면 T림프구 중 I형 T림프구(Type I killer T cell)가 특정 알레르기 항원을 인식한다.
③ 일단 질환에 이환하게 되면 작업환경에서 추후 소량의 동일한 유발물질에 노출되더라도 지속적으로 증상이 발현된다.
④ 직업성 천식은 근무시간에 증상이 점점 심해지고, 휴일 같은 비상근무시간에 증상이 완화되거나 없어지는 특징이 있다.

- 항원공여세포가 탐식되면 T림프구 중 I형 T림프구(Type I killer T cell)가 특정 알레르기 항원을 인식하지 못한다.

❖ 직업성 천식의 기전과 증상
- 작업환경 중 천식을 유발하는 대표물질로 톨루엔 디이소시안산염(TDI), 무수트리멜리트산(TMA)을 들 수 있다.
- 항원공여세포가 탐식되면 T림프구 중 I형 T림프구(Type I killer T cell)가 특정 알레르기 항원을 인식하지 못한다.
- 일단 질환에 이환하게 되면 작업환경에서 추후 소량의 동일한 유발물질에 노출되더라도 지속적으로 증상이 발현된다.
- 직업성 천식은 근무시간에 증상이 점점 심해지고, 휴일 같은 비상근무시간에 증상이 완화되거나 없어지는 특징이 있다.

95 ──────── • Repetitive Learning (1회 2회 3회)

직업성 천식을 확진하는 방법이 아닌 것은?

① 작업장 내 유발검사
② Ca−EDTA 이동시험
③ 증상 변화에 따른 추정
④ 특이항원 기관지 유발검사

- Ca−EDTA 이동시험은 납중독을 확진하는 방법이다.

❖ 직업성 천식 확진방법
- 작업장 내 유발검사
- 증상 변화에 따른 추정
- 특이항원 기관지 유발검사

0902 / 1302

96 ──────── • Repetitive Learning (1회 2회 3회)

다음은 납이 발생되는 환경에서 납 노출을 평가하는 활동이다. 순서가 맞게 나열된 것은?

┌─────────────────────────────────────┐
│ ㉠ 납의 독성과 노출기준 등을 MSDS를 통해 찾아본다. │
│ ㉡ 납에 대한 노출을 측정하고 분석한다. │
│ ㉢ 납에 노출되는 것은 부적합하므로 시설개선을 해야 한다. │
│ ㉣ 납에 대한 노출 정도를 노출기준과 비교한다. │
│ ㉤ 납이 어떻게 발생되는지 예비 조사한다. │
└─────────────────────────────────────┘

① ㉠ → ㉡ → ㉢ → ㉣ → ㉤
② ㉢ → ㉡ → ㉠ → ㉣ → ㉤
③ ㉤ → ㉠ → ㉡ → ㉣ → ㉢
④ ㉤ → ㉡ → ㉠ → ㉣ → ㉢

해설

- 예비조사 후 MSDS 검색하며, 측정·분석 후 기준과 비교하여 부적합한 곳을 개선한다.

✿ 납 노출 평가 활동 순서
  - 납이 어떻게 발생되는지 예비 조사한다.
  - 납의 독성과 노출기준 등을 MSDS를 통해 찾아본다.
  - 납에 대한 노출을 측정하고 분석한다.
  - 납에 대한 노출 정도를 노출기준과 비교한다.
  - 납에 노출되는 것은 부적합하므로 시설개선을 해야 한다.

97 ──────● Repetitive Learning (1회 2회 3회)

Haber의 법칙을 가장 잘 설명한 공식은?(단, K는 유해지수, C는 농도, t는 시간이다)

① $K = C \div t$ ② $K = C \times t$

③ $K = t \div C$ ④ $K = C^2 \times t$

해설

- 하버의 법칙에서 유해물질지수는 노출시간과 노출농도의 곱으로 표시한다.

✿ 하버(Haber)의 법칙
  - 유해물질에 노출되었을 때 중독현상이 발생하기 위해 얼마나 노출되어야 하는지를 나타내는 법칙이다.
  - $K = C \times t$로 표현한다. 이때 K는 유해지수, C는 농도, t는 시간이다.

98 ──────● Repetitive Learning (1회 2회 3회)

최근 스마트 기기의 등장으로 이를 활용하는 방법이 빠르게 소개되고 있다. 소음측정을 위하여 개발된 스마트 기기용 어플리케이션의 민감도(Sensitivity)를 확인하려고 한다. 85dB을 넘는 조건과 그렇지 않은 조건을 어플리케이션과 소음측정기로 동시에 측정하여 다음과 같은 결과를 얻었다. 이 스마트 기기 어플리케이션의 민감도는 얼마인가?

[다음]
- 어플리케이션을 이용하였을 때 85dB 이상이 30개소, 85dB 미만이 50개소
- 소음측정기를 이용하였을 때 85dB 이상이 25개소, 85dB 미만이 55개소
- 어플리케이션과 소음측정기 모두 85dB 이상은 18개소

① 60% ② 72%

③ 78% ④ 86%

해설

- 소음측정기를 사용해서 발견한 85dB 이상이 25개소라면 25개소가 실제 발생한 것으로 볼 수 있다.
- 어플리케이션으로 측정한 결과는 18개소이므로 민감도는

$$\frac{18}{25} = 0.72$$이다.

✿ 민감도
  - 실제 발생한 것 대비 특정 방법으로 검사했을 때 진단되는 비율을 말한다.
  - 소음측정기는 실제 발생한 것을 가장 정확하게 측정할 수 있는 방법이다.

99 ──────● Repetitive Learning (1회 2회 3회)

납중독의 대표적인 증상 및 징후로 틀린 것은?

① 간장장해

② 근육계통장해

③ 위장장해

④ 중추신경장해

해설

- 납중독의 임상증상은 위장계통장해, 신경근육계통의 장해, 중추신경계통의 장해 등 크게 3가지로 나눌 수 있다.

✿ 납중독
  - 납은 원자량 207.21, 비중 11.34의 청색 또는 은회색의 연한 중금속이다.
  - 납은 포르피린과 헴(heme)의 합성에 관여하는 효소를 억제하며, 소화기계 및 조혈계에 영향을 준다.
  - 1~5세의 소아 이미증(pica)환자에게서 발생하기 쉽다.
  - 인체에 흡수되면 뼈에 주로 축적되며, 조혈장해를 일으킨다.
  - 무기성 납으로 인한 중독 시 원활한 체내 배출을 위해 사용하는 배설촉진제로 Ca-EDTA를 사용하는데 신장이 나쁜 사람에게는 사용하지 않는 것이 좋다.
  - 요 중 δ-ALAD 활성치가 저하되고, 코프로포르피린과 델타 아미노레블린산이 증가한다.
  - 적혈구 내 프로토포르피린이 증가한다.
  - 납이 인체 내로 흡수되면 혈청 내 철과 망상적혈구의 수는 증가한다.
  - 임상증상은 위장계통장해, 신경근육계통의 장해, 중추신경계통의 장해 등 크게 3가지로 나눌 수 있다.
  - 주 발생사업장은 활자의 문선, 조판작업, 납 축전지 제조업, 염화비닐 취급 작업, 크리스탈 유리 원료의 혼합, 페인트, 배관공, 탄환제조 및 용접작업 등이다.

100 ──────────● Repetitive Learning (1회 `2회` `3회`)

독성물질 간의 상호작용을 잘못 표현한 것은? (단, 숫자는 독성값을 표시한 것이다)

① 길항작용 : 3+3=0

② 상승작용 : 3+3=5

③ 상가작용 : 3+3=6

④ 가승작용 : 3+0=10

해설

- 상승작용은 3+3이 더한 값인 6보다도 훨씬 커지는 값으로 나타나야 한다.

∷ 상승작용(synergistic) 실기 0602/1203/2201

- 2종 이상의 화학물질이 혼재해서 그 독성이 각 물질의 독성의 합보다 훨씬 커지는 것을 말한다.
- 공기 중의 두 가지 물질이 혼합되어 상대적 독성수치가 2+3= 9와 같이 나타날 때의 반응이다.

출제문제 분석 — 2017년 2회

구분	1과목	2과목	3과목	4과목	5과목	합계
New유형	2	1	1	0	0	4
New문제	9	3	7	3	3	25
또나온문제	8	12	8	13	8	49
자꾸나온문제	3	5	5	4	9	26
합계	20	20	20	20	20	100

● New유형은 New문제 중 기존 기출문제와 완전히 다른 유형의 문제를 말합니다.

● New문제는 기존에 출제되지 않은 문제로 이번에 처음 출제되는 문제입니다.

● 또나온문제는 기존에 출제된 적이 1번 있는 문제를 말합니다.

● 자꾸나온문제는 기존에 출제된 적이 2번 이상 있는 문제를 말합니다. 그만큼 중요한 문제입니다.

몇 년분의 기출문제를 공부해야 합격할 수 있을까요?

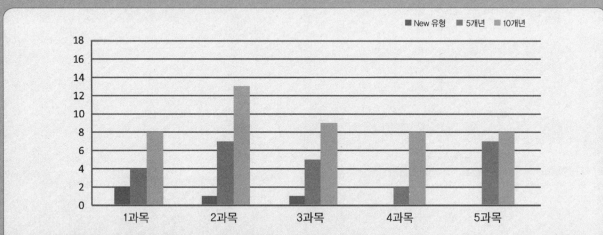

● 완전 새로운 유형의 문제는 4문제이고 96문제가 이미 출제된 문제 혹은 변형문제입니다.

● 5년분(2018~2022) 기출에서 동일문제가 25문항이 출제되었고, 10년분(2013~2022) 기출에서 동일문제가 46문항이 출제되었습니다.

실기에 나왔어요!! 일타쌍피-사전체크!!

실기시험은 필답형으로 진행됩니다. 객관식의 필기와 달리 주관식인 관계로 아는 만큼 적을 수 있습니다. 최근 계산문제의 비중이 많이 감소하고 있지만 절반 정도의 이론 문제와 절반 정도의 계산문제가 출제된다고 보시면 됩니다. 계산문제의 경우 나오는 문제유형이 거의 정해져 있습니다. 필기 공부할 때 미리 실기에 나오는 내용을 체크하시고 그부분만큼은 잘 공부해 두신다면 당 회차 실기까지 한 번에 잡을 수 있습니다.

● 총 34개의 유형별 핵심이론이 실기시험과 연동되어 있습니다.

분석의견

합격률이 51.3%로 평균을 훨씬 상회하는 회차였습니다.

10년 기출을 학습할 경우 기출과 동일한 문제가 모든 과목에서 과락 이상으로 출제되고, 새롭게 출제되는 유형의 문제도 4문제에 불과하여 기출문제로 시험을 준비하신 수험생들이 쉽다고 느낄만한 회차입니다.

10년분 기출문제와 유형별 핵심이론의 2회 정독이면 합격 가능한 것으로 판단됩니다.

2017년 제2회

2017년 5월 7일 필기

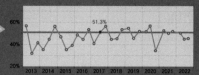

1과목 산업위생학개론

01

● Repetitive Learning 1회 2회 3회

고용노동부장관은 직업병의 발생원인을 찾아내거나 직업병의 예방을 위하여 필요하다고 인정할 때는 근로자의 질병과 화학물질 등 유해요인과의 상관관계에 관한 어떤 조사를 실시할 수 있는가?

① 역학조사
② 안전보건진단
③ 작업환경측정
④ 특수건강진단

해설

• 고용노동부장관은 직업성 질환의 진단 및 예방, 발생 원인의 규명을 위하여 필요하다고 인정할 때에는 근로자의 질환과 작업장의 유해요인의 상관관계에 관한 역학조사를 할 수 있다.

역학조사 실기 1102

• 고용노동부장관은 직업성 질환의 진단 및 예방, 발생 원인의 규명을 위하여 필요하다고 인정할 때에는 근로자의 질환과 작업장의 유해요인의 상관관계에 관한 역학조사를 할 수 있다.

• 사업주 및 근로자는 고용노동부장관이 역학조사를 실시하는 경우 적극 협조하여야 하며, 정당한 사유 없이 역학조사를 거부·방해하거나 기피해서는 아니 된다.

• 누구든지 역학조사 참석이 허용된 사람의 역학조사 참석을 거부하거나 방해해서는 아니 된다.

• 역학조사에 참석하는 사람은 역학조사 참석과정에서 알게 된 비밀을 누설하거나 도용해서는 아니 된다.

• 고용노동부장관은 역학조사를 위하여 필요하면 근로자의 건강진단 결과, 「국민건강보험법」에 따른 요양급여기록 및 건강검진 결과, 「고용보험법」에 따른 고용정보, 「암관리법」에 따른 질병정보 및 사망원인 정보 등을 관련 기관에 요청할 수 있다. 이 경우 자료의 제출을 요청받은 기관은 특별한 사유가 없으면 이에 따라야 한다.

• 역학조사의 방법·대상·절차, 그 밖에 필요한 사항은 고용노동부령으로 정한다.

02

● Repetitive Learning 1회 2회 3회

NIOSH의 들기 작업에 대한 평가방법은 여러 작업요인에 근거하여 가장 안전하게 취급할 수 있는 권고기준(Recommended Weight Limit, RWL)을 계산한다. RWL의 계산과정에서 각각의 변수들에 대한 설명으로 틀린 것은?

① 중량물 상수(Load Constant)는 변하지 않는 상수값으로 항상 23kg을 기준으로 한다.

② 운반 거리값(Distance Multiplier)은 최초의 위치에서 최종 운반위치까지의 수직이동거리(cm)를 의미한다.

③ 허리 비틀림 각도(Asymmetric Multiplier)는 물건을 들어 올릴 때 허리의 비틀림 각도(Asymmetric Multiplier)를 측정하여 $1-0.32 \times A$에 대입한다.

④ 수평 위치값(Horizontal Multiplier)은 몸의 수직선상의 중심에서 물체를 잡는 손의 중앙까지의 수평거리(H, cm)를 측정하여 25/H로 구한다.

해설

• 허리 비틀림 각도 즉, 비대칭계수는 $1-0.0032A$로 구한다.

권장무게한계(RWL : Recommended Weight Limit) 실기 2003

• $RWL = 23kg \times HM \times VM \times DM \times AM \times FM \times CM$으로 구한다.

HM(수평계수)	• 63cm를 기준으로 한 수평거리 • 25/H로 구한다.
VM(수직계수)	• 75cm를 기준으로 한 수직거리 • $1-0.003$(혹은 V−75)로 구한다.
DM(거리계수)	• 물체를 수직이동시킨 거리 • $0.82+4.5/D$로 구한다.
AM(비대칭계수)	• 신체중심에서 물건중심까지의 비틀린 각도 • $1-0.0032A$로 구한다.
FM(빈도계수)	1분동안의 반복횟수
CM(결합계수)	손잡이의 잡기 편한 정도

• RWL 값이 클수록 좋다.

정답 | 01 ① 02 ③

03 ────● Repetitive Learning 〔1회〕〔2회〕〔3회〕

우리나라 산업위생역사에서 중요한 원진레이온 공장에서의 집단적인 직업병 유발물질은 무엇인가?

① 수은(Hg)
② 디클로로메탄
③ 벤젠(Benzene)
④ 이황화탄소(CS_2)

해설
- 원진레이온 공장에서 발생한 집단 직업병은 이황화탄소(CS_2)로 인해 발생되었다.
- ✦ 원진레이온 이황화탄소 집단 중독
  - 1991년 원진레이온 공장에서의 집단적인 직업병을 유발한 사건이다.
  - 이황화탄소(CS_2)로 인해 발생되었다.

0402
04 ────● Repetitive Learning 〔1회〕〔2회〕〔3회〕

피로의 판정을 위한 평가(검사) 항목(종류)과 가장 거리가 먼 것은?

① 혈액
② 감각기능
③ 위장기능
④ 작업성적

해설
- 작업성적은 피로의 타각적 인지방법에 해당된다.
- 위장기능의 검사를 통해 피로를 판정하는 방법은 없다.
- ✦ 기능검사 방법과 검사항목

생리학적 방법	근전도(EMG), 뇌전도(EEG), 반사역치(PSR), 심전도(ECG), 인지역치(청력검사), 융합점멸주파수(Flicker) 등
생화학적 방법	혈액검사, 혈색소농도, 혈액수분, 응혈시간, 부신피질 등
심리학적 방법	피부저항(GSR), 정신작업, 동작분석, 변별역치, 행동기록, 연속반응시간, 전신자각증상 등

05 ────● Repetitive Learning 〔1회〕〔2회〕〔3회〕

산업위생관리에서 중점을 두어야 하는 구체적인 과제로 적합하지 않은 것은?

① 기계·기구의 방호장치 점검 및 적절한 개선
② 작업근로자의 작업자세와 육체적 부담의 인간공학적 평가
③ 기존 및 신규화학물질의 유해성 평가 및 사용대책의 수립
④ 고령근로자 및 여성근로자의 작업조건과 정신적 조건의 평가

해설
- ①은 안전관리자의 업무과제에 해당한다.
- ✦ 보건관리자의 업무 **실기** 1402/2202
  - 산업안전보건위원회 또는 노사협의체에서 심의·의결한 업무와 안전보건관리규정 및 취업규칙에서 정한 업무
  - 안전인증대상기계등과 자율안전확인대상기계등 중 보건과 관련된 보호구(保護具) 구입 시 적격품 선정에 관한 보좌 및 지도·조언
  - 위험성 평가에 관한 보좌 및 지도·조언
  - 물질안전보건자료의 게시 또는 비치에 관한 보좌 및 지도·조언
  - 산업보건의의 직무(보건관리자가 의사인 경우)
  - 해당 사업장 보건교육계획의 수립 및 보건교육 실시에 관한 보좌 및 지도·조언
  - 해당 사업장의 근로자를 보호하기 위한 의료행위(보건관리자가 의사 및 간호사인 경우로 한정한다)

    - 자주 발생하는 가벼운 부상에 대한 치료
    - 응급처치가 필요한 사람에 대한 처치
    - 부상·질병의 악화를 방지하기 위한 처치
    - 건강진단 결과 발견된 질병자의 요양 지도 및 관리
    - 가목부터 라목까지의 의료행위에 따르는 의약품의 투여

  - 작업장 내에서 사용되는 전체 환기장치 및 국소 배기장치 등에 관한 설비의 점검과 작업방법의 공학적 개선에 관한 보좌 및 지도·조언
  - 사업장 순회점검, 지도 및 조치 건의
  - 산업재해 발생의 원인 조사·분석 및 재발 방지를 위한 기술적 보좌 및 지도·조언
  - 산업재해에 관한 통계의 유지·관리·분석을 위한 보좌 및 지도·조언
  - 법 또는 법에 따른 명령으로 정한 보건에 관한 사항의 이행에 관한 보좌 및 지도·조언
  - 업무 수행 내용의 기록·유지
  - 그 밖에 보건과 관련된 작업관리 및 작업환경관리에 관한 사항으로서 고용노동부장관이 정하는 사항

1003
06 ────● Repetitive Learning 〔1회〕〔2회〕〔3회〕

산업안전보건법상 다음 설명에 해당하는 건강진단의 종류는?

> 특수건강진단 대상 업무에 종사할 근로자에 대하여 배치 예정 업무에 대한 적합성 평가를 위하여 사업주가 실시하는 건강진다.

① 배치전건강진단
② 일반건강진단
③ 수시건강진단
④ 임시건강진단

해설

- 일반건강진단은 상시 사용하는 근로자의 건강관리를 위한 건강진단이다.
- 수시건강진단은 유해인자로 인한 것이라고 의심되는 건강장해 증상을 보이거나 의학적 소견이 있는 근로자 중 보건관리자 등이 사업주에게 요청하여 실시하는 건강진단이다.
- 임시건강진단은 유해인자에 노출되는 근로자들에게 유사한 질병의 증상이 발생한 경우 등에 특정 근로자에 대한 건강진단이다.

❖ 산업안전보건법 상 근로자 건강진단

일반건강진단	상시 사용하는 근로자의 건강관리를 위한 건강진단
특수건강진단	유해인자에 노출되는 업무에 종사하는 근로자 건강진단
배치전건강진단	근로자의 배치 예정 업무에 대한 적합성 평가를 위하여 건강진단
수시건강진단	유해인자로 인한 것이라고 의심되는 건강장해 증상을 보이거나 의학적 소견이 있는 근로자 중 보건관리자 등이 사업주에게 요청하여 실시하는 건강진단
임시건강진단	유해인자에 노출되는 근로자들에게 유사한 질병의 증상이 발생한 경우 등에 특정 근로자에 대한 건강진단

---

07 ──────── Repetitive Learning (1회 2회 3회)

직업성 질환 중 직업상의 업무에 의하여 1차적으로 발생하는 질환은?

① 합병증
② 일반 질환
③ 원발성 질환
④ 속발성 질환

해설

- 직업성 질환은 원발성 질환, 속발성 질환 그리고 합병증으로 구분한다.
- 합병증은 원발성 질환과 합병 작용하는 직업성 질환을 말한다.
- 속발성 질환은 원발성 질환에 기인하여 속발된 질환이다.

❖ 직업성 질환의 범위

원발성 질환	직업상 업무에 기인하여 1차적으로 발생하는 질환
속발성 질환	원발성 질환에 기인하여 속발할 것으로 의학상 인정되는 경우 업무에 기인하지 않았다는 유력한 원인이 없는 한 직업성 질환으로 취급
합병증	• 원발성 질환과 합병하는 제2의 질환을 유발 • 합병증이 원발성 질환에 대하여 불가분의 관계를 가질 때 • 원발성 질환에서 떨어진 부위에 같은 원인에 의한 제2의 질환이 발생하는 경우

---

08 ──────── Repetitive Learning (1회 2회 3회)

산업재해에 따른 보상에 있어 보험급여에 해당하지 않는 것은?

① 유족급여
② 직업재활급여
③ 대체인력훈련비
④ 상병(傷病)보상연금

해설

- 산업재해보상보험법령상 보험급여의 종류에는 ①, ②, ④ 외에 요양급여, 휴업급여, 장해급여, 간병급여, 장례비가 있다.

❖ 보험급여의 종류

- 요양급여
- 휴업급여
- 장해급여
- 간병급여
- 유족급여
- 상병(傷病)보상연금
- 장례비
- 직업재활급여

---

09 ──────── Repetitive Learning (1회 2회 3회)

마이스터(D.Meister)가 정의한 내용으로 시스템으로부터 요구된 작업결과(Performance)와의 차이(Deviation)는 무엇을 의미하는가?

① 무의식 행동
② 인간실수
③ 주변적 동작
④ 지름길 반응

해설

- 마이스터(D.Meister)는 인간실수를 시스템으로부터 요구된 작업결과(Performance)와의 차이(Deviation)라고 정의했다.

❖ 인간실수

- 스웨인(Swain)은 허용되는 한계를 넘어서 나타나는 인간행동이라고 정의했다.
- 마이스터(D.Meister)는 시스템으로부터 요구된 작업결과(Performance)와의 차이(Deviation)라고 정의했다.
- 하인리히(Heinrich)는 불안전한 행동에 의해서 일어난다고 주장했다.

---

10 ──────── Repetitive Learning (1회 2회 3회)

도수율(Frequency Rate of Injury)이 10인 사업장에서 작업자가 평생동안 작업할 경우 발생할 수 있는 재해의 건수는? (단, 평생의 총근로시간수는 120,000시간으로 한다)

① 0.8건
② 1.2건
③ 2.4건
④ 12건

- 도수율은 100만시간당 재해건수로 10이라는 의미는 100만시간당 10건의 재해가 발생하므로 10만 시간당 1건이 발생한다.
- 작업자가 평생동안 일하는 근로시간이 120,000시간이므로 1.2건이 발생한다.

:: 도수율(FR : frequency Rate of injury) 실기 0502/0503/0602
- 100만 시간당 발생한 재해건수를 의미한다.
- 도수율 $= \dfrac{\text{연간 재해건수}}{\text{연간 총 근로시간}} \times 10^6$로 구한다.
- 연간 근무일수나 하루 근무시간수가 주어지지 않을 경우 하루 8시간, 1년 300일 근무하는 것으로 간주한다.

11 ────────• Repetitive Learning (1회 2회 3회)

어느 사업장에서 톨루엔($C_6H_5CH_3$)의 농도가 0℃일 때 100ppm이었다. 기압의 변화 없이 기온이 25℃로 올라갈 때 농도는 약 몇 mg/m^3로 예측되는가?

① 325mg/m^3 ② 346mg/m^3
③ 365mg/m^3 ④ 376mg/m^3

- ppm 단위를 mg/m^3으로 변환하려면 ppm×(분자량/24.45)이다. 24.45는 표준상태(25도, 1기압)에서 기체의 부피이다.
- 톨루엔의 분자량은 92.13이다.
- 주어진 값을 대입하면 $100 \times \left(\dfrac{92.13}{24.45}\right) = 376.8098 \cdots$이다.

:: ppm 단위의 mg/m^3으로 변환
- ppm 단위를 mg/m^3으로 변환하려면 $\dfrac{\text{ppm} \times \text{분자량}}{\text{기체부피}}$이다.
- 24.45는 표준상태(25도, 1기압)에서 기체의 부피이다.
- 온도가 다를 경우 $24.45 \times \dfrac{273 + \text{온도}}{273 + 25}$로 기체의 부피를 구한다.

12 ────────• Repetitive Learning (1회 2회 3회)

작업자세는 피로 또는 작업 능률과 밀접한 관계가 있는데, 바람직한 작업자세의 조건으로 보기 어려운 것은?

① 정적작업을 도모한다.
② 작업에 주로 사용하는 팔은 심장높이에 두도록 한다.
③ 작업물체와 눈과의 거리는 명시거리로 30cm 정도를 유지토록 한다.
④ 근육을 지속적으로 수축시키기 때문에 불안정한 자세는 피하도록 한다.

- 피로 예방을 위해 동적인 작업을 늘리고, 정적인 작업을 줄인다.

:: 작업에 수반된 피로의 회복대책
- 충분한 영양을 섭취한다.
- 목욕이나 가벼운 체조를 한다.
- 휴식과 수면을 자주 취한다.
- 작업환경을 정리·정돈한다.
- 불필요한 동작을 피하고, 에너지 소모를 적게 한다.
- 힘든 노동은 가능한 한 기계화한다.
- 장시간 휴식하는 것보다 짧은 시간 여러 번 쉬는 것이 피로회복에 효과적이다.
- 동적인 작업을 늘리고, 정적인 작업을 줄인다.
- 커피, 홍차, 엽차, 비타민B, 비타민C 등의 적정한 영양제를 보급한다.
- 음악감상과 오락 등 취미생활을 한다.

13 ────────• Repetitive Learning (1회 2회 3회) 1301

새로운 건물이나 새로 지은 집에 입주하기 전 실내를 모두 닫고 30℃ 이상으로 5~6시간 유지시킨 후 1시간 정도 환기를 하는 방식을 여러 번 반복하여 실내의 휘발성 유기화합물이나 포름알데히드의 저감효과를 얻는 방법을 무엇이라 하는가?

① Bake out   ② Heating up
③ Room Heating   ④ Burning up

- Bake out은 인위적인 VOC(휘발성 유기화합물) 물질의 배출을 통해 새집증후군 등을 예방하기 위한 조치이다.

:: Bake out
- 인위적인 VOC(휘발성 유기화합물) 물질의 배출을 통해 새집증후군 등을 예방하기 위한 조치이다.
- 새로운 건물이나 새로 지은 집에 입주하기 전 실내를 모두 닫고 30℃ 이상으로 5~6시간 유지시킨 후 1시간 정도 환기를 하는 방식을 여러 번 반복하여 실내의 휘발성 유기화합물이나 포름알데히드의 저감효과를 얻는 방법을 말한다.
- 실내 오염물질의 약 70%까지 제거가 가능하다.

14 ────────• Repetitive Learning (1회 2회 3회)

근골격계질환 작업위험요인의 인간공학적 평가방법이 아닌 것은?

① OWAS   ② RULA
③ REBA   ④ ICER

- ICER은 신약의 급여적정성을 평가하는 경제성 평가기법이다.

신체적 작업부하에 대한 인간공학적 평가도구

㉠ 개요
- 작업현장의 근골격계 질환을 발생시키는 작업에 대해 인간 공학적으로 평가하는 각종 평가기법을 말한다.
- 가장 대표적인 평가기법에는 OWAS, NLE, RULA, REBA 등이 있다.

㉡ 대표적인 평가기법
- OWAS(Ovako Working posture Analysing System)는 전신작업에 대한 인간공학적 평가기법으로 목, 다리, 허리/몸통 등을 대상으로 한다.
- NLE(NIOSH Lifting Equation)는 들기작업에 대한 인간공학적 평가기법이다.
- RULA(Rapid, Upper, Limb, Assessment)는 상지중심의 작업에 대한 인간공학적 평가기법이다.
- REBA(Rapid Entire Body Assessment)는 근골격계 질환 관련한 유해인자에 대한 개인작업자의 노출정도를 평가하는 평가기법이다.

2102

15 ● Repetitive Learning 〔1회〕〔2회〕〔3회〕

근로자가 노동환경에 노출될 때 유해인자에 대한 해치(Hatch)의 양-반응관계곡선의 기관장해 3단계에 해당하지 않는 것은?

① 보상단계
② 고장단계
③ 회복단계
④ 항상성 유지단계

- 해치(Hatch)의 양-반응관계곡선의 기관장해 3단계는 항상성 유지단계, 보상단계, 고장단계로 구성된다.

해치(Hatch)의 양-반응관계곡선의 기관장해 3단계

항상성 유지단계	정상상태를 유지하면서 유해인자 노출에 적응하는 단계
보상단계	방어기전을 이용해 기능장해를 방어하는 단계
고장단계	보상이 불가능하여 기관이 파괴되는 단계

1403

16 ● Repetitive Learning 〔1회〕〔2회〕〔3회〕

산업안전보건법상 사무실 공기질의 측정대상물질에 해당하지 않는 것은?

① 곰팡이
② 일산화질소
③ 일산화탄소
④ 총부유세균

- 이산화질소와 달리 일산화질소는 사무실 공기질 측정대상에 해당되지 않는다.

오염물질 관리기준 실기 0901/1002/1502/1603/2201

미세먼지(PM10)	$100\,\mu g/m^3$
초미세먼지(PM2.5)	$50\,\mu g/m^3$
이산화탄소(CO_2)	1,000ppm
일산화탄소(CO)	10ppm
이산화질소(NO_2)	0.1ppm
포름알데히드(HCHO)	$100\,\mu g/m^3$
총휘발성유기화합물(TVOC)	$500\,\mu g/m^3$
라돈(radon)	$148Bq/m^3$
총부유세균	$800CFU/m^3$
곰팡이	$500CFU/m^3$

0501 / 0902 / 2202

17 ● Repetitive Learning 〔1회〕〔2회〕〔3회〕

미국산업위생학술원(AAIH)에서 채택한 산업위생분야에 종사하는 사람들이 지켜야 할 윤리강령에 포함되지 않는 것은?

① 국가에 대한 책임
② 전문가로서의 책임
③ 일반대중에 대한 책임
④ 기업주와 고객에 대한 책임

- 윤리강령에는 산업위생전문가로서 근로자, 기업주와 고객, 일반대중에 대한 책임을 포함하고 있다.

산업위생분야 종사자의 윤리강령
- 1994년 미국 ABIH(American Board of Industrial Hygiene)에서 채택하였다.
- 산업위생전문가로서 근로자, 기업주와 고객, 일반대중에 대한 책임을 포함하고 있다.

2001

18 ● Repetitive Learning 〔1회〕〔2회〕〔3회〕

인간공학에서 고려해야 할 인간의 특성과 가장 거리가 먼 것은?

① 인간의 습성
② 신체의 크기와 작업환경
③ 기술, 집단에 대한 적응능력
④ 인간의 독립성 및 감정적 조화성

해설

- 인간공학이란 인간이 사용하는 물건, 설비, 환경의 설계에 인간의 생리적, 심리적인 면에서의 특성이나 한계점을 고려함으로써 인간－기계 시스템의 안전성과 편리성, 효율성을 높이는 학문 분야이다.

∷ 인간공학(Ergonomics)
- ㉠ 개요
  - "Ergon(작업)＋nomos(법칙)＋ics(학문)"이 조합된 단어로 Human factors, Human engineering이라고도 한다.
  - 인간의 특성과 한계 능력을 공학적으로 분석, 평가하여 이를 복잡한 체계의 설계에 응용함으로써 효율을 최대로 활용할 수 있도록 하는 학문 분야이다.
  - 인간이 사용하는 물건, 설비, 환경의 설계에 인간의 생리적, 심리적인 면에서의 특성이나 한계점을 고려함으로써 인간－기계 시스템의 안전성과 편리성, 효율성을 높이는 학문 분야이다.
- ㉡ 인간공학에서 고려할 인간의 특성
  - 인간의 습성
  - 인간의 감각과 지각
  - 인간의 운동과 근력
  - 신체의 크기와 작업환경
  - 기술, 집단에 대한 적응능력

---

19 ● Repetitive Learning 〔1회 2회 3회〕

ACGIH TLV 적용 시 주의사항으로 틀린 것은?

① 경험 있는 산업위생가가 적용해야 함
② 독성강도를 비교할 수 있는 지표가 아님
③ 안전과 위험농도를 구분하는 일반적 경계선으로 적용해야 함
④ 정상작업시간을 초과한 노출에 대한 독성평가에는 적용할 수 없음

해설

- TLV는 안전농도와 위험농도를 정확히 구분하는 경계선이 아니다.

∷ TLV(Threshold Limit Value)의 적용 [실기] 0401/0602/0703/1201/1302/1502/1903
- 산업위생전문가에 의하여 적용되어야 한다.
- 기존의 질병이나 육체적 조건을 판단하기 위한 척도로 사용될 수 없다.
- 안전농도와 위험농도를 정확히 구분하는 경계선이 아니다.
- 24시간 노출 또는 정상 작업시간을 초과한 노출에 대한 독성평가에는 적용될 수 없다.
- 독성강도를 비교할 수 있는 지표로 사용하지 않아야 한다.
- 대기오염의 정도를 판단하는데 사용해서는 안 된다.

---

20 ● Repetitive Learning 〔1회 2회 3회〕

육체적 작업능력(PWC)이 12kcal/min인 어느 여성이 8시간 동안 피로를 느끼지 않고 일을 하기 위한 작업강도는 어느 정도인가?

① 3kcal/min
② 4kcal/min
③ 6kcal/min
④ 12kcal/min

해설

- 8시간 동안 피로를 느끼지 않고 일을 하는 작업강도는 육체적 작업능력의 1/3에 해당하므로 4kcal/min이다.

∷ 육체적 작업능력(PWC, Physical Work Capacity)
- 일반적으로 젊은 남성이 평균 16kcal/min(여성은 12kcal/min) 정도의 작업은 피로를 느끼지 않고 하루에 4분간 계속할 수 있음을 의미한다.
- PWC를 결정하는 요인에는 대사 정도, 호흡기계 활동, 순환기계 활동, 개인 심폐기능 등이 있다.
- 하루 8시간 동안 피로를 느끼지 않고 일을 하는 작업강도는 육체적 작업능력의 1/3에 해당한다.

2과목	작업위생측정 및 평가

21 ● Repetitive Learning 〔1회 2회 3회〕

다음 중 1차 표준기구와 가장 거리가 먼 것은?

① 폐활량계
② Pitot 튜브
③ 비누거품미터
④ 습식테스트미터

해설

- 습식테스트미터는 주로 실험실에서 사용하는 2차 표준기구이다.

∷ 표준기구 [실기] 1203/1802/2002/2203
- ㉠ 1차 표준기구
  - 물리적 차원인 공간의 부피를 직접 측정할 수 있는 기구로 정확도는 ±1% 이내이다.
  - 폐활량계, 가스치환병, 유리피스톤미터, 흑연피스톤미터, Pitot튜브, 비누거품미터, 가스미터 등이 있다.
- ㉡ 2차 표준기구
  - 2차표준기기는 1차 표준기기를 이용하여 보정해야 하는 기구로 정확도는 ±5% 이내이다.
  - 습식테스트(Wet-test)미터, 벤투리미터, 열선기류계, 오리피스미터, 건식가스미터, 로타미터 등이 있다.

22

1303 / 2001

● Repetitive Learning 〔1회│2회│3회〕

다음 중 활성탄에 흡착된 유기화합물을 탈착하는데 가장 많이 사용하는 용매는?

① 톨루엔
② 이황화탄소
③ 클로로포름
④ 메틸클로로포름

해설

- 활성탄으로 시료채취 시 많이 사용되는 용매는 이황화탄소이다.

:: 흡착제 탈착을 위한 이황화탄소 용매
- 활성탄으로 시료채취 시 많이 사용된다.
- 탈착효율이 좋다.
- GC의 불꽃이온화 검출기에서 반응성이 낮아 피크가 작게 나와 분석에 유리하다.
- 독성이 매우 크기 때문에 사용할 때 주의하여야 하며 인화성이 크므로 분석하는 곳은 환기가 잘되어야 한다.

23

1101 / 1403 / 1501 / 2004

● Repetitive Learning 〔1회│2회│3회〕

연속적으로 일정한 농도를 유지하면서 만드는 방법 중 Dynamic Method에 관한 설명으로 틀린 것은?

① 농도변화를 줄 수 있다.
② 대개 운반용으로 제작된다.
③ 만들기가 복잡하고, 가격이 고가이다.
④ 소량의 누출이나 벽면에 의한 손실은 무시할 수 있다.

해설

- 농도를 일정하게 유지하기 위해 연속적으로 희석공기와 오염물질을 흘려줘야 하므로 운반용으로 제작하기에 부적당하다.

:: Dynamic Method
- 알고 있는 공기 중 농도를 만드는 방법이다.
- 희석공기와 오염물질을 연속적으로 흘려주어 연속적으로 일정한 농도를 유지하면서 만드는 방법이다.

장점	• 다양한 농도범위에서 제조 가능하다. • 가스, 증기, 에어로졸 실험도 가능하다. • 소량의 누출이나 벽면에 의한 손실은 무시한다. • 온·습도 조절이 가능하다. • 다양한 실험이 가능하다.
단점	• 농도를 일정하게 유지하기 위해 연속적으로 희석공기와 오염물질을 흘려줘야 하므로 운반용으로 제작하기에 부적당하다. • 만들기가 복잡하고 가격이 고가이다. • 일정한 농도 유지가 어렵고 지속적인 모니터링이 필요하다.

24

2004

● Repetitive Learning 〔1회│2회│3회〕

작업장의 유해인자에 대한 위해도 평가에 영향을 미치는 것과 가장 거리가 먼 것은?

① 유해인자의 위해성
② 휴식시간의 배분 정도
③ 유해인자에 노출되는 근로자수
④ 노출되는 시간 및 공간적인 특성과 빈도

해설

- 위해도 평가는 모든 유해인자 및 작업자, 공정을 대상으로 우선순위를 결정하는 작업이다.

:: 위해도 평가(Risk assessment)
- 유해인자에 대한 노출평가방법으로 위험이 가장 큰 유해인자를 결정하는 것이다.
- 유해인자가 본래 가지고 있는 위해성과 노출요인에 의해 결정된다.
- 모든 유해인자 및 작업자, 공정을 대상으로 우선순위를 결정하는 작업이다.
- 노출이 많고 건강상의 영향이 큰 인자인 경우 위해도가 크고, 관리해야 할 우선순위가 높게 된다.

25

0602 / 0902 / 1003 / 1301 / 1401 / 1402

● Repetitive Learning 〔1회│2회│3회〕

열, 화학물질, 압력 등에 강한 특성을 가지고 있어 석탄 건류나 증류 등의 고열공정에서 발생하는 다핵방향족탄화수소를 채취하는데 이용되는 여과지는?

① 은막 여과지
② PVC 여과지
③ MCE 여과지
④ PTFE 여과지

해설

- 은막 여과지는 균일한 금속은을 소결하여 만든 것으로 코크스 제조공정에서 발생되는 코크스 오븐 배출물질을 채취하는데 이용된다.
- PVC막 여과지는 유리규산을 채취하여 X-선 회절법으로 분석하거나 공해성 먼지, 총 먼지 등의 중량분석을 위한 측정에 이용된다.
- MCE막 여과지는 납, 철, 크롬 등 금속과 석면, 유리섬유 등을 포집한다.

:: PTFE막 여과지(테프론)
- 농약, 알칼리성 먼지, 콜타르피치 등을 채취한다.
- 열, 화학물질, 압력 등에 강한 특성이 있다.
- 석탄건류나 증류 등의 고열 공정에서 발생되는 다핵방향족 탄화수소를 채취할 때 사용된다.

26
• Repetitive Learning 1회 2회 3회

작업환경 측정의 단위 표시로 틀린 것은?(단, 고용노동부 고시를 기준으로 한다)

① 석면 농도 : 개/kg

② 분진, 흄의 농도 : mg/m^3 또는 ppm

③ 가스, 증기의 농도 : mg/m^3 또는 ppm

④ 고열(복사열 포함) : 습구흑구온도지수를 구하여 ℃로 표시

해설

• 석면의 농도 단위는 [개/cm^3]이다.

✿ 작업환경측정 단위 실기 0803/1403

- 화학적 인자의 가스, 증기, 분진, 흄(fume), 미스트(mist) 등의 농도는 피피엠(ppm) 또는 세제곱미터당 밀리그램(mg/m^3)으로 표시한다.
- 피피엠(ppm)과 세제곱미터당 밀리그램(mg/m^3)간의 상호 농도 변환은 노출기준(mg/m^3) = $\dfrac{노출기준(ppm) \times 그램분자량}{24.45(25℃, 1기압 기준)}$ 으로 구한다.
- 석면의 농도 표시는 세제곱센티미터당 섬유개수(개/cm^3)로 표시한다.
- 소음수준의 측정단위는 데시벨[dB(A)]로 표시한다.
- 고열(복사열 포함)의 측정단위는 습구흑구온도지수(WBGT)를 구하여 섭씨온도(℃)로 표시한다.

27
1202
• Repetitive Learning 1회 2회 3회

작업환경측정 시 온도 표시에 관한 설명으로 옳지 않은 것은?

① 열수 : 약 100℃

② 상온 : 15~25℃

③ 온수 : 50~60℃

④ 미온 : 30~40℃

해설

• 온수(溫水)는 60~70℃를 의미한다.

✿ 온도 표시 기준

- 온도의 표시는 셀시우스(Celcius)법에 따라 아라비아숫자 오른쪽에 ℃를 붙인다. 절대온도는 K로 표시하고 절대온도 0K는 -273℃로 한다.
- 상온은 15~25℃, 실온은 1~35℃, 미온은 30~40℃로 한다. 찬 곳은 따로 규정이 없는 한 0~15℃의 곳을 뜻한다.
- 냉수(冷水)는 15℃ 이하, 온수(溫水)는 60~70℃, 열수(熱水)는 약 100℃를 말한다.

28
1301
• Repetitive Learning 1회 2회 3회

작업환경공기 중의 벤젠농도를 측정한 결과 8mg/m^3, 5mg/m^3, 7mg/m^3, 3ppm, 6mg/m^3 이었을 때, 기하평균은 약 몇 mg/m^3인가?(단, 벤젠의 분자량은 78이고, 기온은 25℃이다)

① 7.4

② 6.9

③ 5.3

④ 4.8

해설

• 기하평균은 주어진 n개의 값들을 곱해서 나온 값의 n제곱근이다.

• 단위를 통일한다. ppm 단위를 mg/m^3으로 변환하려면 ppm×(분자량/24.45)이다. 24.45는 표준상태(25도, 1기압)에서 기체의 부피이다.

• 주어진 값을 대입하면 $3 \times \left(\dfrac{78}{24.45} \right) = 9.57 \cdots$ 이다.

• 단위가 통일되었으므로 주어진 값을 기하평균식에 대입하면 $\sqrt[5]{8 \times 5 \times 7 \times 9.57 \times 6} = 6.93815 \cdots$ 이다.

✿ 기하평균(GM) 실기 0303/0403/0502/0601/0702/0801/0803/1102/1301/1403/1703/1801/2102

- 주어진 n개의 값들을 곱해서 나온 값의 n제곱근이다.
- $x_1, x_2, \cdots, x_n$ 의 자료가 주어질 때 기하평균 GM은 $\sqrt[n]{x_1 \times x_2 \times \cdots \times x_n}$ 으로 구하거나 $logGM = \dfrac{logX_1 + logX_2 + \cdots + logX_n}{N}$ 을 역대수를 취해서 구할 수 있다.
- 작업장에서 생화학적 측정치나 유해물질의 농도를 평가할 때 일반적으로 사용되는 평균치이다.
- 작업환경 중 분진의 측정 농도가 대수정규분포를 할 때 측정 자료의 대표치로 사용된다.
- 인구증가율, 물가상승률, 경제성장률 등의 연속적인 변화율 데이터를 기반으로 어떤 구간에서의 평균 변화율을 구할 때 사용된다.

29
2102
• Repetitive Learning 1회 2회 3회

작업환경 내 105dB(A)의 소음이 30분, 110dB(A)소음이 15분, 115dB(A) 5분 발생하였을 때, 작업환경의 소음 정도는?(단, 105dB(A), 110dB(A), 115dB(A)의 1일 노출허용시간은 각각 1시간, 30분, 15분이고, 소음은 단속음이다)

① 허용기준초과

② 허용기준미달

③ 허용기준과 일치

④ 평가할 수 없음(조건부족)

- $D = \left[\dfrac{30}{60} + \dfrac{15}{30} + \dfrac{5}{15}\right] \times 100$이므로 계산하면 $\dfrac{80}{60} \times 100 = 133.33$

  [%]로 허용기준 100%를 초과하였다.

❖ 서로 다른 소음수준에 노출될 때의 소음노출량
- 소음노출지수라고도 한다.(%가 아닌 숫자값으로 표시)
- 전체 작업시간 동안 서로 다른 소음수준에 노출될 때의 소음노

  출량 $D = \left[\dfrac{C_1}{T_1} + \dfrac{C_2}{T_2} + \cdots + \dfrac{C_n}{T_n}\right] \times 100$으로 구한다. C는 dB별

  노출시간, T는 dB별 노출한계시간이다.
- 총 노출량 100%는 8시간 시간가중평균(TWA)이 90dB에 상응한다.

---

30 ●━━━━━ Repetitive Learning 1회 2회 3회

다음 중 가스크로마토그래피의 충진분리관에 사용되는 액상의 성질과 가장 거리가 먼 것은?

① 휘발성이 커야 한다.
② 열에 대해 안정해야 한다.
③ 시료 성분을 잘 녹일 수 있어야 한다.
④ 분리관의 최대온도보다 100℃ 이상에서 끓는점을 가져야 한다.

- 가스크로마토그래피의 충진분리관에 사용되는 액상은 휘발성이 작아야 한다.

❖ 가스크로마토그래피의 충진분리관에 사용되는 액상의 성질
- 휘발성과 점성이 작아야 한다.
- 열에 대해 안정해야 한다.
- 시료 성분을 잘 녹일 수 있어야 한다.
- 분리관의 최대온도보다 100℃ 이상에서 끓는점을 가져야 한다.

1303
31 ●━━━━━ Repetitive Learning 1회 2회 3회

NaOH 10g을 10L의 용액에 녹였을 때, 이 용액의 몰농도(M)는?(단, 나트륨 원자량은 23이다)

① 0.025
② 0.25
③ 0.05
④ 0.5

- 10g을 10L에 녹이므로 1L에는 1g이 된다.
- 1몰 NaOH 용액 1L에 포함된 NaOH의 양은 40g이므로 1g이 포함된 NaOH 용액의 몰농도는 $1 : 40 = x : 1$이다.

- $x = \dfrac{1}{40} = 0.025$몰이 된다.

❖ 몰농도
- 1L의 용액에 포함된 용질의 몰수를 말한다.
- 몰농도 $= \dfrac{\text{용질의 몰수}}{\text{용액의 부피(L)}}$로 구한다.

---

32 ●━━━━━ Repetitive Learning 1회 2회 3회

태양광선이 내리쬐지 않는 옥내에서 건구온도가 30℃, 자연습구온도가 32℃, 흑구온도가 35℃일 때, 습구흑구온도지수(WBGT)는?(단, 고용노동부 고시를 기준으로 한다)

① 32.9℃
② 33.3℃
③ 37.2℃
④ 38.3℃

- 일사가 영향을 미치는 옥외에서는 건구온도인 dB를 반영하지만 옥내에서는 일사의 영향이 없어 자연습구(0.7)와 흑구온도(0.3)만으로 WBGT가 결정되므로 WBGT=0.7×32+0.3×35=22.4+10.5=32.9℃가 된다.

❖ 습구흑구온도(WBGT : Wet Bulb Globe Temperature) 지수
㉠ 개요
- 건구온도, 습구온도 및 흑구온도에 비례하며, 열중증 예방을 위해 고온에서의 작업휴식시간비를 결정하는 지표로 더위지수라고도 한다.
- 표시단위는 섭씨온도(℃)로 표시하며, WBGT가 높을수록 휴식시간이 증가되어야 한다.
- 미국국립산업안전보건연구원(NIOSH)뿐만 아니라 국내에서도 습구흑구온도를 측정하고 지수를 산출하여 평가에 사용한다.
- 과거에 쓰이던 감각온도와 근사한 값인데 감각온도와 다른 점은 기류를 전혀 고려하지 않았다는 점이다.
㉡ 산출방법 실기 0501/0503/0602/0702/0703/1101/1201/1302/1303/1503/2102/2201/2202/2203
- 옥내에서는 WBGT=0.7NWT+0.3GT이다. 이때 NWT는 자연습구, GT는 흑구온도이다.(일사가 영향을 미치지 않는 옥외도 옥내로 취급한다)
- 일사가 영향을 미치는 옥외에서는 건구온도인 dB를 반영하지만 옥내에서는 일사의 영향이 없으므로 자연습구와 흑구온도만으로 WBGT가 결정된다.
- 일사가 영향을 미치는 옥외에서는 WBGT=0.7NWT+0.2GT+0.1DB이며 이때 NWT는 자연습구, GT는 흑구온도, DB는 건구온도이다.

33 ──────── • Repetitive Learning 1회 2회 3회

Hexane의 부분압이 120mmHg이라면 VHR은 약 얼마인가?(단, Hexane의 OEL=500ppm이다)

① 271　　　　　　② 284
③ 316　　　　　　④ 343

> **해설**
> - 발생농도는 120mmHg이고 이는 기압으로 표시하면 $\dfrac{120mmHg}{760mmHg} = \dfrac{120}{760}$ 이 된다.
> - Hexane의 노출기준이 500ppm이므로 500×10^{-6}이다.
> - 주어진 값을 대입하면 $\dfrac{\frac{120}{760}}{500 \times 10^{-6}} = \dfrac{0.15789\cdots}{0.0005\cdots} = 315.789\cdots$ 이다.
>
> :: VHR(Vapor Hazard Ratio) 실기 1401/1703/2102
> - 증기화 위험비를 말한다.
> - VHR은 $\dfrac{\text{발생농도}}{\text{노출기준}}$ 으로 구한다.

34 ──────── • Repetitive Learning 1회 2회 3회

시간당 약 150Kcal의 열량이 소모되는 경작업 조건에서 WBGT 측정치가 30.6℃일 때 고열작업 노출기준의 작업휴식조건으로 가장 적절한 것은?

① 계속 작업
② 매시간 25% 작업, 75% 휴식
③ 매시간 50% 작업, 50% 휴식
④ 매시간 75% 작업, 25% 휴식

> **해설**
> - 시간당 150Kcal의 열량을 소모하는 작업은 경작업으로 WBGT의 측정치가 30.6℃인 경우는 매시간 75%작업, 25%휴식을 취해야하는 작업강도에 해당한다.
>
> :: 고온의 노출기준(단위 : ℃, WBGT) 실기 0703
>
> | 작업휴식시간비 \ 작업강도 | 경작업 | 중등작업 | 중작업 |
> |---|---|---|---|
> | 계속 작업 | 30.0 | 26.7 | 25.0 |
> | 매시간 75%작업, 25%휴식 | 30.6 | 28.0 | 25.9 |
> | 매시간 50%작업, 50%휴식 | 31.4 | 29.4 | 27.9 |
> | 매시간 25%작업, 75%휴식 | 32.2 | 31.1 | 30.0 |
>
> - 경작업 : 200kcal까지의 열량이 소요되는 작업을 말하며, 앉아서 또는 서서 기계의 조정을 하기 위하여 손 또는 팔을 가볍게 쓰는 일 등을 뜻함

> - 중등작업 : 시간당 200~350kcal의 열량이 소요되는 작업을 말하며, 물체를 들거나 밀면서 걸어다니는 일 등을 뜻함
> - 중작업 : 시간당 350~500kcal의 열량이 소요되는 작업을 말하며, 곡괭이질 또는 삽질하는 일 등을 뜻함

35 ──────── • Repetitive Learning 1회 2회 3회

대푯값에 대한 설명 중 틀린 것은?

① 측정값 중 빈도가 가장 많은 수가 최빈값이다.
② 가중평균은 빈도를 가중치로 택하여 평균값을 계산한다.
③ 중앙값은 측정값을 모두 나열하였을 때 중앙에 위치하는 측정값이다.
④ 기하평균은 n개의 측정값이 있을 때 이들의 합을 개수로 나눈 값으로 산업위생분야에서 많이 사용한다.

> **해설**
> - 기하평균은 주어진 n개의 값들을 곱해서 나온 값의 n제곱근이다.
>
> :: 대푯값의 종류
>
> | | |
> |---|---|
> | 산술평균 | 주어진 값을 모두 더한 후 그 개수로 나눈 값 |
> | 기하평균 | 주어진 n개의 값들을 곱해서 나온 값의 n제곱근 |
> | 가중평균 | 가중값을 반영하여 구한 평균 |
> | 중앙값 | 주어진 데이터들을 순서대로 정렬하였을 때 가장 가운데 위치한 값 |
> | 최빈값 | 가장 자주 발생한 값 |

36 ──────── • Repetitive Learning 1회 2회 3회

두 개의 버블러를 연속적으로 연결하여 시료를 채취할 때, 첫 번째 버블러의 채취효율이 75%이고, 두 번째 버블러의 채취효율이 90%이면 전체 채취효율(%)은?

① 91.5　　　　　　② 93.5
③ 95.5　　　　　　④ 97.5

> **해설**
> - 첫 번째 버블러의 효율이 0.75, 두 번째 버블러의 효율이 0.90이므로 대입하면 $0.75 + (1-0.75) \times 0.9 = 0.75 + 0.225 = 0.975$로 97.5%이다.
>
> :: 2개의 버블러를 연속 연결하여 채취할 때 채취효율
> - 2개의 버블러를 연결하여 채취할 때 첫 번째 버블러에서 채취하지 못한 것들을 두 번째 버블러에서 채취하는 방법이다.
> - 1번째 채취효율+(1−1번째 채취효율)×2번째 채취효율로 계산한다.

37

37 ────── • Repetitive Learning [1회] [2회] [3회]

실내공간이 100m^3인 빈 실험실에 MEK(methyl ethyl ketone) 2mL가 기화되어 완전히 혼합되었을 때, 이때 실내의 MEK 농도는 약 몇 ppm인가?(단, MEK 비중은 0.805, 분자량은 72.1, 실내는 25℃, 1기압 기준이다)

① 2.3 　　　　　　② 3.7
③ 4.2 　　　　　　④ 5.5

해설

- 비중이 주어졌으므로 부피와 곱할 경우 질량을 구할 수 있다.
- 2mL의 MEK가 기화되었으므로 질량은 $2 \times 0.805 = 1.61g$이다.
- 농도를 구하면 $\dfrac{1.61 \times 10^3 mg}{100m^3} = 16.1[mg/m^3]$이다.
- 단위를 ppm으로 바꿔야 하므로 $\dfrac{24.45}{72.1}$을 곱하면 5.4597…ppm 이 된다.

⁂ mg/m^3의 ppm 단위로의 변환 【실기】 0302/0303/0802/0902/1002/2103

- mg/m^3단위를 ppm으로 변환하려면 $\dfrac{mg/m^3 \times 기체부피}{분자량}$로 구한다.
- 24.45는 표준상태(25도, 1기압)에서 기체의 부피이다.
- 온도가 다를 경우 $24.45 \times \dfrac{273 + 온도}{273 + 25}$로 기체의 부피를 구한다.

38

38 ────── • Repetitive Learning [1회] [2회] [3회]

작업장에 작동되는 기계 두 대의 소음레벨이 각각 98dB(A), 96dB(A)로 측정되었을 때, 두 대의 기계가 동시에 작동되었을 경우에 소음레벨은 약 몇 dB(A)인가?

① 98 　　　　　　② 100
③ 102 　　　　　　④ 104

해설

- 합성소음은 $10\log(10^{9.8} + 10^{9.6}) = 10 \times 10.012 = 100.12$가 된다.

⁂ 합성소음 【실기】 0401/0801/0901/1403/1602

- 동일한 공간 내에서 2개 이상의 소음원에 대한 소음이 발생할 때 전체 소음의 크기를 말한다.
- 합성소음[dB(A)] $= 10\log(10^{\frac{SPL_1}{10}} + \cdots + 10^{\frac{SPL_i}{10}})$으로 구할 수 있다.
  이때, $SPL_1, \cdots, SPL_i$는 개별 소음도를 의미한다.

39

39 ────── • Repetitive Learning [1회] [2회] [3회]

작업장의 소음 측정시 소음계의 청감보정회로는?(단, 고용노동부 고시를 기준으로 한다)

① A 특성 　　　　　② B 특성
③ C 특성 　　　　　④ D 특성

해설

- 소음계의 청감보정회로는 A특성으로 한다.

⁂ 소음의 측정방법

- 소음측정에 사용되는 기기는 누적소음 노출량측정기, 적분형소음계 또는 이와 동등 이상의 성능이 있는 것으로 하되 개인시료채취 방법이 불가능한 경우에는 지시소음계를 사용할 수 있으며, 발생시간을 고려한 등가소음레벨 방법으로 측정할 것

단, 소음발생 간격이 1초 미만을 유지하면서 계속적으로 발생되는 소음(연속음)을 지시소음계 또는 이와 동등 이상의 성능이 있는 기기로 측정할 경우	• 소음계 지시침의 동작은 느린(Slow) 상태로 한다. • 소음계의 지시치가 변동하지 않는 경우에는 해당 지시치를 그 측정점에서의 소음수준으로 한다.

- 소음계의 청감보정회로는 A특성으로 할 것
- 누적소음노출량 측정기로 소음을 측정하는 경우에는 Criteria는 90dB, Exchange Rate는 5dB, Threshold는 80dB로 기기를 설정할 것
- 소음이 1초 이상의 간격을 유지하면서 최대음압수준이 120dB(A) 이상의 소음인 경우에는 소음수준에 따른 1분 동안의 발생횟수를 측정할 것

40

40 ────── • Repetitive Learning [1회] [2회] [3회]

용접작업장에서 개인시료 펌프를 이용하여 9시 5분부터 11시 55분까지, 13시 5분부터 16시 23분까지 시료를 채취한 결과 공기량이 787L일 경우 펌프의 유량은 약 몇 L/min인가?

① 1.14 　　　　　　② 2.14
③ 3.14 　　　　　　④ 4.14

해설

- 채취 시간은 (11시 55분 − 9시 5분) + (16시 23분 − 13시 5분) = 170 + 198 = 368분이다.
- 대입하면 $\dfrac{787}{368} = 2.1385 \cdots [L/min]$이다.

⁂ 펌프의 유량

- 펌프의 유량 $= \dfrac{채취\ 공기량}{채취\ 시간}$ [L/min]으로 구한다. 이때 채취공기량[L], 채취시간[min]이다.

41

Repetitive Learning (1회 2회 3회)

다음 중 유해작업환경에 대한 개선대책 중 대체(substitution)에 대한 설명과 가장 거리가 먼 것은?

① 페인트 내에 들어있는 아연을 납 성분으로 전환한다.
② 큰 압축공기식 임펙트렌치를 저소음 유압식렌치로 교체한다.
③ 소음이 많이 발생하는 리벳팅 작업 대신 너트와 볼트작업으로 전환한다.
④ 유기용제 사용하는 세척공정을 스팀 세척이나, 비눗물을 이용하는 공정으로 전환한다.

해설

• 개선을 위해서는 페인트 내에 들어있는 납을 아연 성분으로 전환한다.

❖ 대치의 원칙

시설의 변경	• 가연성 물질을 유리병 대신 철제통에 저장 • Fume 배출 드라프트의 창을 안전 유리창으로 교체
공정의 변경	• 건식공법의 습식공법으로 전환 • 전기 흡착식 페인트 분무방식 사용 • 금속을 두들겨 자르던 공정을 톱으로 절단 • 알코올을 사용한 엔진 개발 • 도자기 제조공정에서 건조 후에 하던 점토의 조합을 건조 전에 실시 • 땜질한 납 연마 시 고속회전 그라인더의 사용을 저속 Oscillating−typesander로 변경
물질의 변경	• 성냥 제조시 황린 대신 적린 사용 • 단열재 석면을 대신하여 유리섬유나 암면 또는 스티로폼 등을 사용 • 야광시계 자판에 Radium을 인으로 대치 • 금속표면을 블라스팅할 때 사용재료로서 모래 대신 철 구슬을 사용 • 페인트 희석제를 석유나프타에서 사염화탄소로 대치 • 분체 입자를 큰 입자로 대체 • 금속세척 시 TCE를 대신하여 계면활성제로 변경 • 세탁 시 화재 예방을 위해 석유나프타 대신 4클로로에틸렌을 사용 • 세척작업에 사용되는 사염화탄소를 트리클로로에틸렌으로 전환 • 아조염료의 합성에 벤지딘 대신 디클로로벤지딘을 사용 • 페인트 내에 들어있는 납을 아연 성분으로 전환

42

Repetitive Learning (1회 2회 3회)

다음 중 덕트 내 공기에 의한 마찰손실에 영향을 주는 요소와 가장 거리가 먼 것은?

① 덕트 직경
② 공기 점도
③ 덕트의 재료
④ 덕트 면의 조도

해설

• $\Delta P = F \times VP = 4 \times f \times \dfrac{L}{D} \times \dfrac{\gamma \times V^2}{2g}$ 로 직경에 반비례하고, 공기의 밀도, 유속, 길이, 마찰계수(조도) 등에 비례한다.

❖ 덕트(원형 유체관)의 압력손실(달시의 방정식) **실기** 0302/0303/0401/0501/0502/0503/0602/0701/0702/0703/0802/0901/0903/1002/1102/1201/1203/1301/1403/1501/1502/1601/1902/2002/2004/2101/2201
   • 유체관을 통해 유체가 흘러갈 때 발생하는 마찰손실을 말한다.
   • 마찰손실의 계산은 등거리방법 또는 속도압방법을 적용한다.
   • 압력손실 $\Delta P = F \times VP$로 구한다. F는 압력손실계수로 $4 \times f \times \dfrac{L}{D}$ 혹은 $\lambda \times \dfrac{L}{D}$로 구한다. 이때, λ는 관의 마찰계수, D는 덕트의 직경, L은 덕트의 길이이다.

43

Repetitive Learning (1회 2회 3회)

다음 중 보호구를 착용하는 데 있어서 착용자의 책임으로 가장 거리가 먼 것은?

① 지시대로 착용해야 한다.
② 보호구가 손상되지 않도록 잘 관리해야 한다.
③ 매번 착용할 때마다 밀착도 체크를 실시해야 한다.
④ 노출 위험성의 평가 및 보호구에 대한 검사를 해야 한다.

해설

• ④는 착용자의 책임이 아니다. 고용노동부장관이 위험성 평가를 실시한다.

❖ 보호구 착용자의 책임과 의무
   • 지시대로 착용해야 한다.
   • 보호구가 손상되지 않도록 잘 관리해야 한다.
   • 매번 착용할 때마다 밀착도 체크를 실시해야 한다.

1102 / 2003

44

Repetitive Learning (1회 2회 3회)

층류영역에서 직경이 2μm이며 비중이 3인 입자상 물질의 침강속도는 약 몇 cm/sec인가?

① 0.032
② 0.036
③ 0.042
④ 0.046

- 스토크스의 법칙을 대신하는 리프만의 침강속도 식에서 침강속도는 0.003×입자의 비중×입자의 직경의 제곱으로 구한다.
- 주어진 값을 대입하면 침강속도 $V = 0.003 \times 3 \times 2^2 = 0.036$이다.

리프만(Lippmann)의 침강속도 실기 0302/0401/0901/1103/1203/1502/1603/1902

- 스토크스의 법칙을 대신하여 산업보건분야에서 간편하게 침강속도를 구하는 식으로 많이 사용된다.

$V = 0.003 \times SG \times d^2$이다.	• V : 침강속도(cm/sec) • SG : 입자의 비중(g/cm^3) • d : 입자의 직경(μm)

---

45 ● Repetitive Learning 1회 2회 3회 1103

보호장구의 재질과 적용 물질에 대한 내용으로 틀린 것은?

① 면 : 극성 용제에 효과적이다.
② 가죽 : 용제에는 사용하지 못한다.
③ Nitrile 고무 : 비극성 용제에 효과적이다.
④ 천연고무(latex) : 극성 용제에 효과적이다.

해설

- 면은 용제에는 사용하지 못한다.

보호구 재질과 적용 물질

면	고체상 물질에 효과적이다.(용제에는 사용 못함)
가죽	찰과상 예방 용도(용제에는 사용 못함)
천연고무	절단 및 찰과상 예방에 좋으며 수용성 용액, 극성 용제(물, 알콜, 케톤류 등)에 효과적이다.
부틸 고무	극성 용제(물, 알콜, 케톤류 등)에 효과적이다.
니트릴 고무 (viton)	비극성 용제(벤젠, 사염화탄소 등)에 효과적이다.
네오프렌 (Neoprene) 고무	비극성 용제(벤젠, 사염화탄소 등), 산, 부식성 물질에 효과적이다.
Ethylene Vinyl Alcohol	대부분의 화학물질에 효과적이다.

---

46 ● Repetitive Learning 1회 2회 3회 0902 / 1103 / 1403 / 1901

보호구의 보호정도와 한계를 나타내는데 필요한 보호계수(PF)를 산정하는 공식으로 옳은 것은?(단, 보호구 밖의 농도는 C_0이고, 보호구 안의 농도는 C_1이다)

① $PF = C_0 / C_1$
② $PF = C_1 / C_0$
③ $PF = (C_1 / C_0) \times 100$
④ $PF = (C_1 / C_0) \times 0.5$

해설

- $PF = \dfrac{\text{보호구 밖의 농도}}{\text{보호구 안의 농도}}$으로 구한다.

보호계수(Protection Factor, PF)

- 호흡보호구 바깥쪽에서의 공기 중 오염물질 농도와 안쪽에서의 오염물질 농도비로 착용자 보호의 정도를 나타내는 척도를 말한다.
- $PF = \dfrac{\text{보호구 밖의 농도}}{\text{보호구 안의 농도}}$으로 구한다.

---

47 ● Repetitive Learning 1회 2회 3회 2201

작업장에서 작업 공구와 재료 등에 적용할 수 있는 진동대책과 가장 거리가 먼 것은?

① 진동공구의 무게는 10kg 이상 초과하지 않도록 만들어야 한다.
② 강철로 코일용수철을 만들면 설계를 자유스럽게 할 수 있으나 Oil damper 등의 저항요소가 필요할 수 있다.
③ 방진고무를 사용하면 공진 시 진폭이 지나치게 커지지 않지만 내구성, 내약품성이 문제가 될 수 있다.
④ 코르크는 정확하게 설계할 수 있고 고유진동수가 20Hz 이상이므로 진동 방지에 유용하게 사용할 수 있다.

해설

- 코르크는 재질이 일정하지 않으며 균일하지 않으므로 정확한 설계가 곤란하고 처짐을 크게 할 수 없으며 고유진동수가 10Hz 전후밖에 되지 않아 진동방지보다는 고체음의 전파방지에 유익한 방진재료이다.

방진재료의 종류

방진 고무	소형 또는 중형기계에 주로 많이 사용하며 적절한 방진 설계를 하면 높은 효과를 얻을 수 있는 방진 방법이다.
공기 스프링	지지하중이 크게 변하는 경우에는 높이 조정변에 의해 그 높이를 조절할 수 있어 설비의 높이를 일정레벨을 유지시킬 수 있으며, 하중 변화에 따라 고유진동수를 일정하게 유지할 수 있고, 부하능력이 광범위하고 자동제어가 가능한 방진재료이다.
금속 스프링	환경요소에 대한 저항성이 크며 저주파 차진에 좋으나 감쇠가 거의 없으며 공진 시에 전달률이 매우 큰 방진재료이다.
코르크	재질이 일정하지 않으며 균일하지 않으므로 정확한 설계가 곤란하고 처짐을 크게 할 수 없으며 고유진동수가 10Hz 전후밖에 되지 않아 진동방지보다는 고체음의 전파방지에 유익한 방진재료이다.
펠트	양모의 축융성을 이용하여 양모 또는 양모와 다른 섬유와의 혼합섬유를 수분, 열, 압력을 가하여 문질러서 얻는 재료로 양탄자 등을 만들 때 사용하는 방진재료이다.

정답 45 ① 46 ① 47 ④   2017년 제2회 산업위생관리기사 **409**

48 ──────── • Repetitive Learning 〔1회〕〔2회〕〔3회〕

방진마스크에 관한 설명으로 틀린 것은?

① 비휘발성 입자에 대한 보호가 가능하다.
② 형태별로 전면 마스크와 반면 마스크가 있다.
③ 필터의 재질은 면, 모, 합성섬유, 유리섬유, 금속섬유 등이다.
④ 반면형 마스크는 안경을 쓴 사람에게 유리하며 밀착성이 우수하다.

해설

• 반면형 마스크는 안경 및 고글을 착용한 경우 밀착에 영향을 미치므로 주의해야 한다.

✦✦ 방진마스크 〔실기〕2202

• 공기 중에 부유하는 미세 입자 물질을 흡입함으로써 인체에 장해의 우려가 있는 경우에 사용한다.
• 방진마스크의 종류에는 격리식과 직결식이 있고, 그 성능에 따라 특급, 1급 및 2급으로 나누어 진다.
• 방진마스크 필터의 재질은 면, 모, 합성섬유, 유리섬유, 금속섬유 등이다.
• 베릴륨, 석면 등에 대해서는 특급을 사용하여야 한다.
• 장시간 사용 시 분진의 포집효율이 감소하고 압력강하는 증가한다.
• 비휘발성 입자에 대한 보호만 가능하며, 가스 및 증기의 보호는 안 된다.
• 흡기저항 상승률은 낮은 것이 좋다.
• 하방 시야가 60도 이상되어야 한다.
• 반면형 마스크는 안경 및 고글을 착용한 경우 밀착에 영향을 미치므로 주의해야 한다.

49 ──────── • Repetitive Learning 〔1회〕〔2회〕〔3회〕

다음 중 전체 환기를 실시하고자 할 때 고려해야 하는 원칙과 가장 거리가 먼 것은?

① 필요 환기량은 오염물질이 충분히 희석될 수 있는 양으로 설계한다.
② 오염물질이 발생하는 가장 가까운 위치에 배기구를 설치해야 한다.
③ 오염원 주위에 근로자의 작업공간이 존재할 경우에는 급기를 배기보다 약간 많이 한다.
④ 희석을 위한 공기가 급기구를 통하여 들어와서 오염물질이 있는 영역을 통과하여 배기구로 빠져나가도록 설계해야 한다.

해설

• 오염원 주위에 다른 작업공정이 있으면 공기배출량을 공급량보다 약간 크게 하여 음압을 형성하여 주위 근로자에게 오염물질이 확산되지 않도록 한다.

✦✦ 강제환기를 실시하는 데 환기효과를 제고시킬 수 있는 필요 원칙
〔실기〕1201/1402/1703/2001/2202

• 오염물질 사용량을 조사하여 필요 환기량을 계산한다.
• 배출공기를 보충하기 위하여 청정공기를 공급할 수 있다.
• 오염물질 배출구는 가능한 한 오염원으로부터 가까운 곳에 설치하여 점환기 효과를 얻는다.
• 공기배출구와 근로자의 작업 위치 사이에 오염원이 위치하여야 한다.
• 공기가 배출되면서 오염장소를 통과하도록 공기배출구와 유입구의 위치를 선정한다.
• 건물 밖으로 배출된 오염공기가 다시 건물 안으로 유입되지 않도록 배출구 높이를 적절히 설계하고 창문이나 문 근처에 위치하지 않도록 한다.
• 오염원 주위에 다른 작업공정이 있으면 공기배출량을 공급량보다 약간 크게 하여 음압을 형성하여 주위 근로자에게 오염물질이 확산되지 않도록 한다.

50 ──────── • Repetitive Learning 〔1회〕〔2회〕〔3회〕

원심력 송풍기 중 다익형 송풍기에 관한 설명으로 가장 거리가 먼 것은?

① 송풍기의 임펠러가 다람쥐 쳇바퀴 모양으로 생겼다.
② 큰 압력손실에서 송풍량이 급격하게 떨어지는 단점이 있다.
③ 고강도가 요구되기 때문에 제작비용이 비싸다는 단점이 있다.
④ 다른 송풍기와 비교하여 동일 송풍량을 발생시키기 위한 임펠러 회전속도가 상대적으로 낮기 때문에 소음이 작다.

해설

• 강도가 크게 요구되지 않기 때문에 적은 비용으로 제작가능하다.

✦✦ 전향 날개형 송풍기

• 다익형 송풍기라고도 한다.
• 송풍기의 임펠러가 다람쥐 쳇바퀴 모양이며, 송풍기 깃이 회전방향과 동일한 방향으로 설계되어 있다.
• 동일 송풍량을 발생시키기 위한 임펠러 회전속도가 상대적으로 낮아 소음문제가 거의 발생하지 않는다.
• 이송시켜야 할 공기량은 많으나 압력손실이 작게 걸리는 전체환기나 공기조화용으로 널리 사용된다.
• 강도가 크게 요구되지 않기 때문에 적은 비용으로 제작가능하다.
• 큰 압력손실에서 송풍량이 급격하게 떨어지는 단점이 있다.

51   —————————• Repetitive Learning 〔1회 2회 3회〕

다음 중 덕트 설치 시 압력손실을 줄이기 위한 주요사항과 가장 거리가 먼 것은?

① 덕트는 가능한 한 상향구배를 만든다.

② 덕트는 가능한 한 짧게 배치하도록 한다.

③ 가능한 한 후드의 가까운 곳에 설치한다.

④ 밴드의 수는 가능한 한 적게 하도록 한다.

해설

• 덕트는 공기가 아래로 흐르도록 하향구배를 원칙으로 한다.

❖ 덕트 설치 시 고려사항 [실기] 1301
  • 가능하면 길이는 짧게 하고 굴곡부의 수는 적게 한다.
  • 접속부의 안쪽은 돌출된 부분이 없도록 한다.
  • 공기가 아래로 흐르도록 하향구배를 원칙으로 한다.
  • 구부러짐 전·후에는 청소구를 만든다.
  • 덕트 내부에 오염물질이 쌓이지 않도록 이송속도를 유지한다.
  • 직경이 다른 덕트를 연결할 때는 경사 30° 이내의 테이퍼를 부착한다.
  • 덕트의 직경이 15cm 미만인 경우 새우등 곡관 3개 이상, 덕트의 직경이 15cm 이상인 경우 새우등 곡관 5개 이상을 사용한다.
  • 곡관의 중심선 곡률반경은 최대 덕트 직경의 2.5배 내외가 되도록 한다.
  • 송풍기를 연결할 때는 최소 덕트 직경의 6배 정도는 직선구간으로 한다.
  • 가급적 원형덕트를 사용하여 부득이 사각형 덕트를 사용할 경우는 가능한 한 정방형을 사용한다.
  • 수분이 응축될 경우 덕트 내로 들어가지 않도록 하며 경사나 배수구를 마련한다.

52   —————————• Repetitive Learning 〔1회 2회 3회〕

다음 중 방독마스크 사용 용도와 가장 거리가 먼 것은?

① 산소결핍장소에서는 사용해서는 안 된다.

② 흡착제가 들어있는 카트리지나 캐니스터를 사용해야 한다.

③ IDLH(immediately dangerous to life and health) 상황에서 사용한다.

④ 일반적으로 흡착제로는 비극성의 유기증기에는 활성탄을, 극성 물질에는 실리카겔을 사용한다.

해설

• IDLH 상황에서는 공기호흡기나 송기마스크를 사용해야 한다.

❖ 방독마스크
  • 일시적인 작업 또는 긴급용 유해물질 중독 위험작업에 사용한다.
  • 산소농도가 18% 미만인 작업장에서는 사용하면 안 된다.
  • 방독마스크이 정화통은 유해물질별로 구분하여 사용하도록 되어 있다.
  • 방독마스크의 흡수제는 활성탄(비극성 유기증기), 실리카겔(극성물질), sodalime 등이 사용된다.

53   —————————• Repetitive Learning 〔1회 2회 3회〕

관을 흐르는 유체의 양이 220 m^3/min일 때 속도압은 약 몇 mmH_2O인가?(단, 유체의 밀도는 1.21kg/m^3, 관의 단면적은 0.5m^2, 중력가속도는 9.8m/s^2이다)

① 2.1   ② 3.3

③ 4.6   ④ 5.9

해설

• 속도압(동압) $VP = \dfrac{\gamma V^2}{2g}[mmH_2O]$로 구한다.

• 유체의 양과 단면적을 알고 있으므로 유속을 구할 수 있다.

• 유량이 분당으로 주어졌으므로 초당으로 바꾸려면 60을 나눠줘야 하므로 유속 $V = \dfrac{(220/60)m^3/sec}{0.5m^2} = 7.33\cdots[m/s]$가 된다.

• 주어진 값들을 대입하면 $VP = \dfrac{1.21 \times 7.33^2}{2 \times 9.8} = 3.3169\cdots$ $[mmH_2O]$가 된다.

❖ 속도압(동압) [실기] 0402/0602/0803/1003/1101/1301/1402/1502/1601/1602/1703/1802/2001/2201
  • 속도압(VP)은 전압(TP)에서 정압(SP)을 뺀 값으로 구한다.
  • 동압 $VP = \dfrac{\gamma V^2}{2g}[mmH_2O]$로 구한다. 이때 γ는 표준공기일 경우 1.203[kgf/m^3]이며, g는 중력가속도로 9.81[m/s^2]이다.
  • VP[mmH_2O]를 알면 공기속도는 $V = 4.043 \times \sqrt{VP}$[m/s]로 구한다.

54   —————————• Repetitive Learning 〔1회 2회 3회〕

재순환 공기의 CO_2농도는 900ppm이고 급기의 CO_2농도는 700ppm일 때, 급기 중의 외부공기 포함량은 약 몇 %인가?(단, 외부공기의 CO_2농도는 330ppm이다)

① 30%   ② 35%

③ 40%   ④ 45%

해설

- 주어진 값을 대입하면 급기 중 재순환량은

$$\frac{700-330}{900-330} \times 100 = 64.91[\%]$$이다.

- 구하고자 하는 값은 급기 중 외부공기의 함량이므로 $100 - 64.91 = 35.09\%$이다.

❤️ 급기 중 재순환량 실기 0403/0601/0901/1003/1403/1802/2101

- $\frac{\text{급기공기 중 } CO_2 \text{ 농도} - \text{외부공기 중 } CO_2 \text{ 농도}}{\text{재순환공기 중 } CO_2 \text{ 농도} - \text{외부공기 중 } CO_2 \text{ 농도}} \times 100$으로 구한다.

---

55 ●━━━━━● Repetitive Learning 〔1회 2회 3회〕

일반적인 실내외 공기에서 자연환기의 영향을 주는 요소와 가장 거리가 먼 것은?

① 기압
② 온도
③ 조도
④ 바람

해설

- 조도는 특정 지점에 도달하는 광의 밀도로 실내외 공기 등과는 거리가 멀다.

❤️ 자연환기 실기 1002/1302/1602

- 작업장의 개구부를 통하여 바람이나 작업장 내외의 기온과 압력 차이에 의한 대류작용으로 행해지는 환기를 말한다.
- 온도 차이는 공기밀도의 차이로 인해 압력차를 발생시켜 자연환기의 가장 큰 원동력이 된다.
- 외부공기와 실내공기와의 압력차이가 0인 부분의 위치를 중성대(NPL)라 하며, 환기정도를 좌우하고 높을수록 환기효율이 양호하다.

---

56 ●━━━━━● Repetitive Learning 〔1회 2회 3회〕

여포집진기에서 처리할 배기 가스량이 $2m^3/sec$이고 여포집진기의 면적이 $6m^2$일 때 여과속도는 약 몇 cm/sec인가?

① 25
② 30
③ 33
④ 36

해설

- 대입하면 여과속도는 $\frac{2}{6} = 0.33\cdots[m/sec]$이나 구하고자 하는 단위가 [cm/sec]이므로 100을 곱하면 33.33[cm/sec]가 된다.

❤️ 여과속도

- 여포제진장치에서 여과속도 $= \frac{\text{배기가스량}}{\text{여포 총면적}}[m/sec]$로 구한다. 이때 배기가스량$[m^3/sec]$, 여포 총면적$[m^2]$이다.

---

57 ●━━━━━● Repetitive Learning 〔1회 2회 3회〕 1403

다음 중 국소배기장치를 반드시 설치해야 하는 경우와 가장 거리가 먼 것은?

① 발생원이 주로 이동하는 경우
② 유해물질의 발생량이 많은 경우
③ 법적으로 국소배기장치를 설치해야 하는 경우
④ 근로자의 작업 위치가 유해물질 발생원에 근접해 있는 경우

해설

- 발생원이 주로 고정형인 경우 국소배기장치를 설치한다.

❤️ 국소배기장치의 설치 실기 0401/0502

- 발생원이 주로 고정형인 경우
- 발생주기가 균일하지 않는 경우
- 유해물질의 발생량이 많거나 독성이 강한 경우
- 근로자의 작업 위치가 유해물질 발생원에 근접해 있는 경우
- 법적으로 국소배기장치를 설치해야 하는 경우

---

58 ●━━━━━● Repetitive Learning 〔1회 2회 3회〕 2102

다음 중 작업환경 개선에서 공학적인 대책과 가장 거리가 먼 것은?

① 환기
② 대체
③ 교육
④ 격리

해설

- 공학적 작업환경관리 대책에는 제거 또는 대치, 격리, 환기 등이 있다.

❤️ 공학적 작업환경관리 대책과 유의점

제거 또는 대치	• 가장 효과적이며 우수한 관리대책이다. • 물질대치는 경우에 따라서 지금까지 알려지지 않았던 전혀 다른 장해를 줄 수 있음 • 장비대치는 적절한 대치방법 개발의 어려움
격리	• 작업자와 유해인자 사이에 장벽을 놓는 것 • 보호구를 사용하는 것도 격리의 한 방법 • 거리, 시간, 공정, 작업자 전체를 대상으로 실시하는 대책 • 비교적 간단하고 효과도 좋음
환기	• 설계, 시설설치, 유지보수가 필요 • 공정을 그대로 유지하면서 효율적 관리가능한 방법은 국소배기방식

59

● Repetitive Learning (1회 2회 3회)

벤젠의 증기발생량이 400g/h일 때, 실내 벤젠의 평균농도를 10ppm 이하로 유지하기 위한 필요 환기량은 약 몇 m^3/min인가?(단, 벤젠 분자량은 78, 25℃ : 1기압 상태 기준, 안전계수는 1이다)

① 130   ② 150

③ 180   ④ 210

해설

- 공기 중에 계속 오염물질이 발생하고 있는 경우의 필요환기량 $Q = \dfrac{G \times K}{TLV}$로 구한다.
- 공기 중에 발생하고 있는 오염물질의 용량은 0℃, 1기압에 1몰당 22.4L인데 현재 25℃라고 했으므로 $22.4 \times \dfrac{298}{273} = 24.45 \cdots$ L이므로 400g은 $\dfrac{400}{78} = 5.13$몰이므로 125.4L/hr이 발생한다.
- TLV는 10ppm이고 이는 $10mL/m^3$이므로 필요환기량 $Q = \dfrac{125.4 \times 1,000 \times 1}{10} = 12,540 m^3/hr$이 된다.
- 분당의 환기량을 물었으므로 60으로 나눠주면 약 $209 m^3$/min이 된다.

●● 필요 환기량 [실기] 0401/0502/0601/0602/0603/0703/0801/0803/0901/0903/1001/1002/1101/1201/1302/1403/1501/1601/1602/1702/1703/1801/1803/1903/2001/2003/2004/2101/2201
- 후드로 유입되는 오염물질을 포함한 공기량을 말한다.
- 필요 환기량 $Q = A \cdot V$로 구한다. 여기서 A는 개구면적, V는 제어속도이다.
- 공기 중에 계속 오염물질이 발생하고 있는 경우의 필요환기량 $Q = \dfrac{G \times K}{TLV}$로 구한다. 이때 G는 공기 중에 발생하고 있는 오염물질의 용량, TLV는 허용기준, K는 여유계수이다.

60

● Repetitive Learning (1회 2회 3회)

다음 중 전기집진기의 설명으로 틀린 것은?

① 설치 공간을 많이 차지한다.
② 가연성 입자의 처리가 용이하다.
③ 넓은 범위의 입경과 분진농도에 집진효율이 높다.
④ 낮은 압력손실로 송풍기의 가동비용이 저렴하다.

해설
- 전기집진장치는 가스물질이나 가연성 입자의 처리가 곤란하다.

●● 전기집진장치 [실기] 1801
- ㉠ 개요
  - 0.01㎛ 정도의 미세분진까지 모든 종류의 고체, 액체 입자를 효율적으로 포집할 수 있는 집진기이다.
  - 코로나 방전과 정전기력을 이용하여 먼지를 처리한다.
- ㉡ 장·단점

장점	• 넓은 범위의 입경과 분진농도에 집진효율이 높다. • 압력손실이 낮으므로 송풍기의 운전 및 유지비가 적게 소요된다. • 고온 가스를 처리할 수 있어 보일러와 철강로 등에 설치할 수 있다. • 낮은 압력손실로 대량의 가스를 처리할 수 있다. • 회수가치성이 있는 입자 포집이 가능하다. • 건식 및 습식으로 집진할 수 있다.
단점	• 설치 공간을 많이 차지한다. • 초기 설치비와 설치 공간이 많이 든다. • 가스물질이나 가연성 입자의 처리가 곤란하다. • 전압변동과 같은 조건변동에 적응하기 어렵다.

4과목   **물리적 유해인자관리**

61

1301
● Repetitive Learning (1회 2회 3회)

다음 설명 중 ( ) 안에 안맞은 내용은?

> 생체를 이온화시키는 최소에너지를 방사선을 구분하는 에너지 경계선으로 한다. 따라서 ( ) 이상의 광자에너지를 가지는 경우를 이온화 방사선이라 부른다.

① 1eV   ② 12eV

③ 25eV   ④ 50eV

해설
- 전리방사선과 비전리방사선을 구분하는 에너지 강도는 약 12eV 이다.

●● 방사선의 구분
- 이온화 성질, 주파수, 파장 등에 따라 전리방사선과 비전리방사선으로 구분한다.
- 전리방사선과 비전리방사선을 구분하는 에너지 강도는 약 12eV이다.

전리방사선	중성자, X선, 알파(α)선, 베타(β)선, 감마(γ)선,
비전리방사선	자외선, 적외선, 레이저, 마이크로파, 가시광선, 극저주파, 라디오파

62

● Repetitive Learning (1회 2회 3회)

다음과 같은 작업조건에서 1일 8시간동안 작업하였다면, 1일 근무시간 동안 인체에 누적된 열량은 얼마인가?(단, 근로자의 체중은 60kg이다)

- 작업대사량 : +1.5kcal/kg/hr
- 대류에 의한 열전달 : +1.2kcal/kg/hr
- 복사열 전달 : +0.8kcal/kg/hr
- 피부에서의 총 땀 증발량 : 300g/hr
- 수분 증발열 : 580cal/g

① 242kcal ② 288kcal

③ 1,152kcal ④ 3,072kcal

해설

- 체중에 의해 조정되는 것부터 먼저 계산한다.
- 8시간 작업, 체중이 60kg이므로 작업대사량은 $60 \times 8 \times 1.5 = 720$ kcal, 대류에 의한 열 전달은 $60 \times 8 \times 1.2 = 576$kcal, 복사열 전달은 $60 \times 8 \times 0.8 = 384$kcal이다.
- 시간에 의해서만 조정되는 땀 증발량은 $\dfrac{8 \times 300 \times 580}{1,000} = 1,392$ kcal이다.
- 계산하면 $720 + 576 + 384 - 1,392 = 288$kcal이다.

❖ 인체의 열평형 방정식 **실기** 0503/0801/0903/1403/1502/2201
- 인체의 열생산은 음식물의 소화와 근육의 운동으로 인해 일어나며 대사, 전도, 대류, 복사 등이 이에 해당한다.
- 인체의 열방출은 땀의 분비와 호흡에 의해 일어나며 증발, 전도, 대류, 복사 등이 이에 해당한다.

$\triangle S = M \pm C \pm R - E$	• $\triangle S$: 인체 열용량(열축적 혹은 열손실) • M : 작업대사량 • C : 대류에 의한 열교환 • R : 복사에 의한 열교환 • E : 증발에 의한 열손실

- 체중에 의해 조정되는 것은 작업대사량, 대류, 복사에 의한 열교환이다.

63

● Repetitive Learning (1회 2회 3회)

공기의 구성성분에서 조성비율이 표준공기와 같을 때, 압력이 낮아져 고용노동부에서 정한 산소결핍장소에 해당하게 되는데, 이 기준에 해당하는 대기압 조건은 약 얼마인가?

① 650mmHg ② 670mmHg

③ 690mmHg ④ 710mmHg

해설

- 산소는 표준공기에서 21%의 조성을 가진다. 이때의 대기압은 760mmHg이다.
  그런데 압력이 낮아져서 산소결핍장소가 되었다고 하였는데 산소결핍장소가 되려면 산소의 조성이 18%가 되어야 한다.
- 즉, 21:760=18:x가 되므로 $x = \dfrac{760 \times 18}{21} = 651.428 \cdots$ mmHg가 된다.

❖ 공기의 조성
- 78%의 질소, 21%의 산소, 1%의 아르곤을 비롯한 기타 물질로 구성되어 있다.
- 표준대기압은 760mmHg이다.

64

● Repetitive Learning (1회 2회 3회)

소리의 크기가 20N/m²이라면 음압레벨은 몇 dB(A)인가?

① 110 ② 120

③ 130 ④ 140

해설

- 측정하려는 소리의 크기가 20[N/m²]이므로 SPL을 구하는 식에 대입하면 $20\log\left(\dfrac{20}{2 \times 10^{-5}}\right)$이므로 이는 $20\log 10^6 = 20 \times 6 = 120$이 된다.

❖ 음압레벨(SPL ; Sound Pressure Level) **실기** 0403/0501/0503/0901/1001/1102/1403/2004
- 기준이 되는 소리의 압력과 비교하여 로그적으로 표현한 값이다.
- SPL $= 20\log\left(\dfrac{P}{P_0}\right)$[dB]로 구한다. 여기서 P_0는 기준음압으로 2×10^{-5}[N/m²] 혹은 2×10^{-4}[dyne/cm²]이다.
- 자유공간에 위치한 점음원의 음압레벨(SPL)은 음향파워레벨(PWL) $- 20\log r - 11$로 구한다. 이때 r은 소음원으로부터의 거리[m]이다.

65

● Repetitive Learning (1회 2회 3회)

진동 작업장의 환경관리 대책이나 근로자의 건강보호를 위한 조치로 옳지 않은 것은?

① 발진원과 작업자의 거리를 가능한 멀리한다.
② 작업자의 체온을 낮게 유지시키는 것이 바람직하다.
③ 절연패드의 재질로는 코르크, 펠트(felt), 유리섬유 등을 사용한다.
④ 진동공구의 무게는 10kg을 넘지 않게 하며 방진장갑 사용을 권장한다.

- 진동에 대한 환경적인 대책에서 작업자의 체온은 따뜻하게 유지시키는 것이 좋다.

진동에 대한 대책
- 가장 적극적인 발생원에 대한 대책은 발생원의 제거이다.
- 발생원에 대한 대책에는 탄성지지, 가진력 감쇠, 기초중량의 부가 또는 경감 등이 있다.
- 전파경로 차단에는 수용자의 격리, 발진원의 격리, 구조물의 진동 최소화 등이 있다.
- 발진원과 작업자의 거리를 가능한 멀리한다.
- 보건교육을 실시한다.
- 작업시간 단축 및 교대제를 실시한다.
- 진동을 최소화하기 위하여 공학적으로 설계 및 관리한다.
- 완충물 등 방진제를 사용한다.
- 절연패드의 재질로는 코르크, 펠트(felt), 유리섬유 등을 사용한다.
- 진동공구의 무게는 10kg을 넘지 않게 하며 방진장갑 사용을 권장한다.

---

66 ──── Repetitive Learning 1회 2회 3회

레이노 현상(Raynaud phenomenon)의 주된 원인이 되는 것은?

① 소음   ② 고온
③ 진동   ④ 기압

해설
- 그라인더 등의 손공구를 저온환경에서 사용할 때 나타나는 레이노 증후군은 국소진동에 의하여 손가락의 창백, 청색증, 저림, 냉감, 동통이 나타나는 장해이다.

레이노 현상(Raynaud's phenomenon)
- 국소진동에 의하여 손가락의 창백, 청색증, 저림, 냉감, 동통이 나타나는 장해이다.
- 그라인더 등의 손공구를 저온환경에서 사용할 때 나타나는 장해이다.

---

67 ──── Repetitive Learning 1회 2회 3회

우리나라의 경우 누적소음노출량 측정기로 소음을 측정할 때 변환율(exchange rate)을 5dB로 설정하였다. 만약 소음에 노출되는 시간이 1일 2시간일 때 산업안전보건법에서 정하는 소음의 노출기준은 얼마인가?

① 80dB(A)   ② 85dB(A)
③ 95dB(A)   ④ 100dB(A)

해설
- 미국의 산업안전보건청은 우리나라와 같은 90dB(5dB 변화율)을 채택하고 있다.
- 90dB에서 8시간이므로 95dB에서 4시간, 100dB에서는 2시간이 된다.

소음 노출기준
○ 국내(산업안전보건법) 소음의 허용기준
- 미국의 산업안전보건청과 같은 90dB(5dB 변화율)을 채택하고 있다.

1일 노출시간(hr)	허용 음압수준(dBA)
8	90
4	95
2	100
1	105
1/2	110
1/4	115

○ ACGIH 노출기준

1일 노출시간(hr)	허용 음압수준(dBA)
8	85
4	88
2	91
1	94
1/2	97
1/4	100

---

68 ──── Repetitive Learning 1회 2회 3회

1루멘(Lumen)의 빛이 $1m^2$의 평면에 비칠 때의 밝기를 무엇이라 하는가?

① Lambert   ② 럭스(Lux)
③ 촉광(candle)   ④ 푸트캔들(Foot candle)

해설
- 1촉광은 지름이 1인치 되는 촛불이 수평방향으로 비칠 때의 밝기이다.
- 1Foot-candle은 1루멘의 빛이 $1ft^2$의 평면상에 수직 방향으로 비칠 때 그 평면의 빛 밝기를 말한다.

조도(照度)
- 조도는 특정 지점에 도달하는 광의 밀도를 말한다.
- 단위는 럭스(Lux)를 사용한다.
- 1Lux는 1lumen의 빛이 $1m^2$의 평면상에 수직으로 비칠 때의 밝기이다.
- 반사체의 반사율과는 상관없이 일정한 값을 갖는다.
- 거리의 제곱에 반비례하고, 광도에 비례하므로 $\dfrac{광도}{(거리)^2}$으로 구한다.

---

69 —————• Repetitive Learning 1회 2회 3회

고압환경에서의 2차적 가압현상에 의한 생체변환과 거리가 먼 것은?

① 질소마취
② 산소 중독
③ 질소기포의 형성
④ 이산화탄소의 영향

해설
- ③은 감압과정에 발생하는 생체변환에 해당한다.
- ❖ 고압 환경의 생체작용
  - 1차성 압력현상 – 생체강과 환경간의 기압차이로 인한 기계적 작용으로 울혈, 부종, 출혈, 동통과 함께 귀, 부비강, 치아의 압통 등이 발생할 수 있다.
  - 2차성 압력현상 – 고압하의 대기가스의 독성으로 인한 현상으로 질소마취, 산소 중독, 이산화탄소 중독 등이 있다.

70 —————• Repetitive Learning 1회 2회 3회

저온의 이차적 생리적 영향과 거리가 먼 것은?

① 말초냉각
② 식욕변화
③ 혈압변화
④ 피부혈관의 수축

해설
- ④는 저온의 1차적 영향에 해당한다.
- ❖ 저온에 의한 생리적 영향
  - ㉠ 1차적 영향
    - 피부혈관의 수축
    - 근육긴장의 증가와 전율
    - 화학적 대사작용의 증가
    - 체표면적의 감소
  - ㉡ 2차적 영향
    - 말초혈관의 수축
    - 혈압의 일시적 상승
    - 조직대사의 증진과 식용항진

71 —————• Repetitive Learning 1회 2회 3회

질소 기포 형성 효과에 있어 감압에 따른 기포 형성량에 영향을 주는 주요인자와 가장 거리가 먼 것은?

① 감압속도
② 체내 수분량
③ 고기압의 노출정도
④ 연령 등 혈류를 변화시키는 상태

해설
- 감압에 따른 질소 기포 형성량을 결정하는 요인에는 감압속도, 조직에 용해된 가스량, 혈류를 변화시키는 상태 등이 있다.
- 고기압에의 노출정도는 조직에 용해된 가스량을 결정하는 주요 요소이다.
- ❖ 감압에 따른 질소 기포 형성 요인
  - 감압속도
  - 고기압에 폭로된 정도와 시간, 체내의 지방량은 조직에 용해된 가스량을 결정한다.
  - 감압 시 연령, 기온, 운동, 공포감, 음주 등은 혈류를 변화시키는 상태를 결정한다.

72 —————• Repetitive Learning 1회 2회 3회

방사선의 단위환산이 잘못된 것은?

① 1rad=0.1Gy
② 1rem=0.01Sv
③ 1Sv=100rem
④ $1Bq=2.7\times10^{-11}Ci$

해설
- 1rad=100erg/g=0.01Gy이다.
- ❖ 방사선 단위환산
  - 1rem=0.01Sv
  - 1rad=100erg/g=0.01Gy
  - $1Bq=2.7\times10^{-11}Ci$
  - 1Sv=100rem

73 —————• Repetitive Learning 1회 2회 3회

충격소음에 대한 정의로 맞는 것은?

① 최대음압수준에 100dB(A) 이상인 소음이 1초 이상의 간격으로 발생하는 것을 말한다.
② 최대음압수준에 100dB(A) 이상인 소음이 2초 이상의 간격으로 발생하는 것을 말한다.
③ 최대음압수준에 120dB(A) 이상인 소음이 1초 이상의 간격으로 발생하는 것을 말한다.
④ 최대음압수준에 130dB(A) 이상인 소음이 2초 이상의 간격으로 발생하는 것을 말한다.

해설
- 충격소음이라 함은 최대음압수준에 120dB(A) 이상인 소음이 1초 이상의 간격으로 발생하는 것을 말한다.
- ❖ 소음 노출기준
  문제 67번의 유형별 핵심이론 ❖ 참조

74

1402

●—————— Repetitive Learning 〔 1회 2회 3회 〕

갱내부 조명부족과 관련한 질환으로 맞는 것은?

① 백내장 ② 망막변성
③ 녹내장 ④ 안구진탕증

해설
- 갱내부와 같이 어두운 장소에서 작업할 경우 안구진탕증이나 전광성 안염 등에 걸릴 수 있다.
  - **안구진탕증**
    - 무의식적으로 눈동자가 흔들리는 증상을 말한다.
    - 갱내부와 같이 어두운 장소에서 작업할 경우 걸릴 수 있다.

75

0301 / 0502 / 0702 / 0801 / 0802 / 1402 / 1403 / 1602

●—————— Repetitive Learning 〔 1회 2회 3회 〕

소음성 난청인 C5-dip 현상은 어느 주파수에서 잘 일어나는가?

① 2,000Hz ② 4,000Hz
③ 6,000Hz ④ 8,000Hz

해설
- 소음성 난청의 초기 증상을 C5-dip현상이라 하며, 이는 4,000Hz에 대한 청력손실이 특징적으로 나타난다.
  - **소음성 난청** 실기 0703/1501/2101
    - 초기 증상을 C5-dip현상이라 한다.
    - 대부분 양측성이며, 감각 신경성 난청에 속한다.
    - 내이의 세포변성을 원인으로 볼 수 있다.
    - 4,000Hz에 대한 청력손실이 특징적으로 나타난다.
    - 고주파음역(4,000~6,000Hz)에서의 손실이 더 크다.
    - 음압수준이 높을수록 유해하다.
    - 소음성 난청은 심한 소음에 반복하여 노출되어 나타나는 영구적 청력 변화로 코르티 기관에 손상이 온 것이므로 회복이 불가능하다.

76

1302

●—————— Repetitive Learning 〔 1회 2회 3회 〕

비전리방사선으로만 나열한 것은?

① α선, β선, 레이저, 자외선
② 적외선, 레이저, 마이크로파, α선
③ 마이크로파, 중성자, 레이저, 자외선
④ 자외선, 레이저, 마이크로파, 가시광선

해설
- 알파선, 베타선, 중성자선은 전리방사선에 해당된다.
  - **방사선의 구분**
    문제 61번의 유형별 핵심이론 ☆ 참조

77

●—————— Repetitive Learning 〔 1회 2회 3회 〕

피부의 색소침착 등 생물학적 작용이 활발하게 일어나서 Dorno선이라고 부르는 비전리방사선은?

① 적외선 ② 가시광선
③ 자외선 ④ 마이크로파

해설
- 자외선은 100~400nm 정도의 파장을 가지며 내부에 Dorno선을 포함한다.
  - **자외선**
    - 100~400nm 정도의 파장을 갖는다.
    - 피부의 색소침착 등 생물학적 작용이 활발하게 일어나서 Dorno선이라고도 한다.(이때의 파장은 280~315nm 정도이다)
    - 피부에 강한 특이적 홍반작용과 색소침착, 전기성 안염(전광선 안염), 피부암 발생 등의 장해를 일으킨다.
    - 트리클로로에틸렌을 독성이 강한 포스겐으로 전환시킬 수 있는 광화학 작용을 한다.
    - 콜타르의 유도체, 벤조피렌, 안트라센 화합물과 상호작용하여 피부암을 유발시킨다.

78

0901

●—————— Repetitive Learning 〔 1회 2회 3회 〕

소음발생의 대책으로 가장 먼저 고려해야 할 사항은?

① 소음원밀폐 ② 차음보호구착용
③ 소음전파차단 ④ 소음노출시간단축

해설
- 가장 효과적이고 우선적으로 고려해야 할 대책은 소음원의 제거이다.
  - **소음대책**
    ㉠ 개요
    - 가장 효과적이고 우선적으로 고려해야 할 대책은 소음원의 제거이다.
    ㉡ 전파경로의 대책
    - 거리감쇠 : 배치의 변경
    - 차폐효과 : 방음벽 설치
    - 지향성 : 음원방향 변경
    - 흡음 : 건물 내부 소음처리

79 ——— Repetitive Learning 1회 2회 3회

습구흑구온도지수(WBGT)에 관한 설명으로 맞는 것은?

① WBGT가 높을수록 휴식시간이 증가되어야 한다.
② WBGT는 건구온도와 습구온도에 비례하고, 흑구온도에
   반비례한다.
③ WBGT는 고온 환경을 나타내는 값이므로 실외작업에만
   적용한다.
④ WBGT는 복사열을 제외한 고열의 측정단위로 사용되며,
   화씨온도(°F)로 표현한다.

> **해설**
> • WBGT는 0.7NWT+0.2GT+0.1DB로 구하므로 건구온도와 습구온
>   도, 흑구온도에 비례한다.
> • WBGT는 고온 환경을 나타내는 값으로 옥내 및 옥외에 모두 적용
>   된다.
> • WBGT는 건구, 습구, 흑구(복사열)를 모두 고려한 지수로 섭씨온
>   도(℃)를 단위로 사용한다.
>
> ✤ 습구흑구온도(WBGT : Wet Bulb Globe Temperature) 지수
>   **문제 32번의 유형별 핵심이론 ✤ 참조**

80 ——— Repetitive Learning 1회 2회 3회

다음 중 압력이 가장 높은 것은?

① 2atm   ② 760mmHg
③ 14.7psi   ④ 101,325Pa

> **해설**
> • 1atm=760mmHg=14.7psi=101,325Pa이다.
> ✤ 압력의 단위
>   • Pa, bar, at, atm, torr, psi, mmHg, mmH_2O 등이 사용된다.
>   • 1atm=760mmHg=14.7psi=101,325Pa=10,332mmH_2O=
>   760torr=1kgf/cm^2의 관계를 갖는다.

5과목   산업독성학

81 ——— Repetitive Learning  1회 2회 3회

단시간 노출기준이 시간가중평균농도(TLV-TWA)와 단기간
노출기준(TLV-STEL) 사이일 경우 충족시켜야 하는 3가지
조건에 해당하지 않는 것은?

① 1일 4회를 초과해서는 안 된다.
② 15분 이상 지속 노출되어서는 안 된다.
③ 노출과 노출 사이에는 60분 이상의 간격이 있어야 한다.
④ TLV-TWA의 3배 농도에는 30분 이상 노출되어서는 안
   된다.

> **해설**
> • TLV-STEL의 3가지 조건은 ①, ②, ③이다.
> ✤ TLV(Threshold Limit Value) **실기** 0301/1602
>   ㉠ 개요
>   • 미국 산업위생전문가회의(ACGIH ; American Conference
>   of Governmental Industrial Hygienists)에서 채택한 허용농
>   도의 기준이다.
>   • 동물실험자료, 인체실험자료, 사업장 역학조사 등을 근거로
>   한다.
>   • 가장 대표적인 유독성 지표로 만성중독과 관련이 깊다.
>   • 계속적 작업으로 인한 환경에 적용되더라도 건강에 악영향
>   을 미치지 않는 물질 농도를 말한다.
>   ㉡ 종류 **실기** 0403/0703/1702/2002
>
> | TLV-TWA | 시간가중평균농도로 1일 8시간(1주 40시간) 작업을 기준으로 하여 유해요인의 측정농도에 발생시간을 곱하여 8시간으로 나눈 농도 |
> |---|---|
> | TLV-STEL | 근로자가 1회 15분간 유해요인에 노출되는 경우의 허용농도로 이 농도 이하에서는 1회 노출 간격이 1시간 이상인 경우 1일 작업시간 동안 4회까지 노출이 허용될 수 있는 농도 |
> | TLV-C | 최고허용농도(Ceiling 농도)라 함은 근로자가 1일 작업시간 동안 잠시라도 노출되어서는 안 되는 최고 허용농도 |

82 ——— Repetitive Learning  1회 2회 3회

석유정제공장에서 다량의 벤젠을 분리하는 공정의 근로자가
해당 유해물질에 반복적으로 계속해서 노출될 경우 발생 가
능성이 가장 높은 직업병은 무엇인가?

① 신장 손상   ② 직업성 천식
③ 급성골수성 백혈병   ④ 다발성말초신경장해

- 벤젠은 만성노출에 의한 조혈장해를 유발시키며, 급성 골수성 백혈병을 일으키는 원인물질이다.

∷ 벤젠(C_6H_6)
- 방향족 탄화수소 중 저농도에 장기간 노출되어 만성중독을 일으키는 경우 가장 위험하다.
- 만성노출에 의한 조혈장해를 유발시키며, 급성 골수성 백혈병을 일으키는 원인물질이다.
- 중독 시 재생불량성 빈혈을 일으켜 혈액의 모든 세포성분이 감소한다.
- 혈액조직에서 백혈구 수를 감소시켜 응고작용 결핍 등이 초래된다.
- 벤젠은 주로 페놀로 대사되며 페놀은 벤젠의 생물학적 노출지표로 이용된다.

0501 / 0703 / 0901

83 ──────● Repetitive Learning ⟮1회 2회 3회⟯

유기성 분진에 의한 진폐증은 어느 것인가?

① 탄소폐증
② 규폐증
③ 활석폐증
④ 농부폐증

해설
- 농부폐증은 유기성 분진으로 인한 진폐증에 해당한다.

∷ 흡입 분진의 종류에 의한 진폐증의 분류

무기성 분진	규폐증, 용접공폐증, 탄광부진폐증, 활석폐증, 석면폐증, 흑연폐증, 알루미늄폐증, 탄소폐증, 주석폐증, 규조토폐증 등
유기성 분진	면폐증, 설탕폐증, 농부폐증, 목조분진폐증, 연초폐증, 모발분진폐증 등

1101

84 ──────● Repetitive Learning ⟮1회 2회 3회⟯

유해화학물질의 생체막 투과 방법에 대한 다음 설명이 가리키는 것은?

> 운반체의 확산성을 이용하여 생체막을 통과하는 방법으로 운반체는 대부분 단백질로 되어 있다. 운반체의 수가 가장 많을 때 통과속도는 최대가 되지만 유사한 대상물질이 많이 존재하면 운반체의 결합에 경합하게 되어 투과속도가 선택적으로 억제된다. 일반적으로 필수영양소가 이 방법에 의하지만 필수영양소와 유사한 화학물질이 침투하여 운반체의 결합에 경합함으로서 생체막에 화학물질이 통과하여 독성이 나타나게 된다.

① 촉진확산
② 여과
③ 단순확산
④ 능동투과

- 단순확산은 인지질 2중층을 통해서 물질의 이동이 일어나지만, 촉진확산은 수송단백질을 통해서 물질의 이동이 일어난다.

∷ 단순확산과 촉진확산
- 둘다 공통적으로 에너지(ATP) 소모 없이 농도 차에 의해 고농도에서 저농도로 물질이 이동하는 방식이다.
- 단순확산은 인지질 2중층을 통해서 물질의 이동이 일어나지만, 촉진확산은 수송단백질을 통해서 물질의 이동이 일어난다.
- 단순확산은 농도차가 클수록 투과속도가 증가하지만, 촉진확산은 일정한 속도까지 증가하다가 유지된다.

1203

85 ──────● Repetitive Learning ⟮1회 2회 3회⟯

피부의 표피를 설명한 것으로 틀린 것은?

① 혈관 및 림프관이 분포한다.
② 대부분 각질세포로 구성된다.
③ 멜라닌세포와 랑게르한스세포가 존재한다.
④ 각화세포를 결합하는 조직은 케라틴 단백질이다.

해설
- 혈관 및 림프관이 분포하는 것은 진피층에 대한 설명이다.

∷ 진피
- 표피 아래의 두꺼운 세포층으로 피부의 탄력과 관련된다.
- 혈관 및 림프관이 분포한다.
- 모낭은 유해물질이 피부에 부착하여 체내로 침투되도록 확산측로의 역할을 수행하는 진피의 구조물이다.

1003 / 2202

86 ──────● Repetitive Learning ⟮1회 2회 3회⟯

남성 근로자의 생식독성 유발요인이 아닌 것은?

① 흡연
② 망간
③ 풍진
④ 카드뮴

해설
- 풍진은 관절통, 발진 등의 경증의 증상을 일으키는 전염성 바이러스성 감염이지만 산모가 임신 중 감염될 경우 중증의 선천적 결함을 야기할 수 있다.

∷ 성별 생식독성 유발 유해인자

남성	고온, 항암제, 마이크로파, X선, 망간, 납, 카드뮴, 음주, 흡연, 마약 등
여성	비타민 A, 칼륨, X선, 납, 저혈압, 저산소증, 알킬화제, 농약, 음주, 흡연, 마약, 풍진 등

87
Repetitive Learning 1회 2회 3회

직업성 천식을 유발하는 물질이 아닌 것은?

① 실리카
② 목분진
③ 무수트리멜리트산(TMA)
④ 톨루엔디이소시안산염(TDI)

해설

• 실리카는 유리규산으로 규폐증을 유발하는 물질이다.

✿ 직업성 천식
  • 작업환경에서 기도의 만성 염증성 질환인 기관지 천식이 발생한 것을 말한다.
  • 작업장에서의 분진, 가스, 증기 혹은 연무 등에 노출되어 발생하는 기도의 가역적인 폐쇄를 보이는 질환이다.
  • 알레르기 항원이 기도로 들어와 IgE를 생성한다. 항원과 결합된 항원전달세포가 림프절 내에 작용한다. 이때 비만세포로부터 Histamine, Leukotriene 등이 분비되어 기관지 수축이 일어난다.
  • 원인물질에는 금속(백금, 니켈, 크롬, 알루미늄 등), 약제(항생제, 소화제 등), 생물학적 물질(털, 동물분비물, 목재분진, 곡물가루, 밀가루, 커피가루, 진드기 등), 화학물질(TDI, TMA, 반응성 아조염료 등) 등이 있다.

88
1001 / 2101
Repetitive Learning 1회 2회 3회

수치로 나타낸 독성의 크기가 각각 2와 3인 두 물질이 화학적 상호작용에 의해 상대적 독성이 9로 상승하였다면 이러한 상호작용을 무엇이라 하는가?

① 상가작용
② 가승작용
③ 상승작용
④ 길항작용

해설

• 상가작용은 공기 중의 두 가지 물질이 혼합되어 상대적 독성수치가 2+3=5와 같이 나타날 때의 반응이다.
• 가승작용은 공기 중의 두 가지 물질이 혼합되어 상대적 독성수치가 2+0=10과 같이 나타날 때의 반응이다.
• 길항(상쇄)작용은 공기 중의 두 가지 물질이 혼합되어 상대적 독성수치가 2+3=0과 같이 나타날 때의 반응이다.

✿ 상승작용(synergistic) 실기 0602/1203/2201
  • 2종 이상의 화학물질이 혼재해서 그 독성이 각 물질의 독성의 합보다 훨씬 커지는 것을 말한다.
  • 공기 중의 두 가지 물질이 혼합되어 상대적 독성수치가 2+3=9와 같이 나타날 때의 반응이다.

89
0603
Repetitive Learning 1회 2회 3회

직업성 피부질환에 영향을 주는 직접적인 요인에 해당되는 항목은?

① 연령
② 인종
③ 고온
④ 피부의 종류

해설

• 고온은 직업성 피부질환의 직접원인에 해당한다.

✿ 직업성 피부질환
  • 작업환경 내 유해인자에 노출되어 피부 및 부속기관에 병변이 발생되거나 악화되는 질환을 직업성 피부질환이라 한다.
  • 피부종양은 발암물질과의 피부의 직접 접촉뿐만 아니라 다른 경로를 통한 전신적인 흡수에 의하여도 발생될 수 있다.
  • 미국을 비롯한 많은 나라들의 피부질환의 발생빈도는 대단히 높아 사회적 손실이 많이 발생하고 있다.
  • 직업성 피부질환의 직접적인 요인에는 고온, 화학물질, 세균감염 등이 있다.
  • 직업성 피부질환의 간접적 요인으로 연령, 땀, 인종, 아토피, 피부질환 등이 있다.
  • 가장 빈번한 피부반응은 접촉성 피부염이고 이는 일반적인 보호기구로는 개선 효과가 거의 없다.
  • 첩포시험은 알레르기성 접촉 피부염의 감작물질을 색출하는 기본시험이다.
  • 일부 화학물질과 식물은 광선에 의해서 활성화되어 피부반응을 보일 수 있다.

90
2004
Repetitive Learning 1회 2회 3회

합금, 도금 및 전지 등의 제조에 사용되며, 알레르기 반응, 폐암 및 비강암을 유발할 수 있는 중금속은?

① 비소
② 니켈
③ 베릴륨
④ 안티몬

해설

• 비소는 은빛 광택을 내는 비금속으로 가열하면 녹지 않고 승화되며, 피부 특히 겨드랑이나 국부 등에 습진형 피부염이 생기며 피부암을 유발한다.
• 베릴륨은 흡수경로는 주로 호흡기이고, 폐에 축적되어 폐질환을 유발하며, 만성중독은 Neighborhood cases라고 불리는 금속이다.

✿ 니켈
  • 합금, 도금 및 전지 등의 제조에 사용되는 중금속이다.
  • 알레르기 반응으로 접촉성 피부염이 발생한다.
  • 폐나 비강에 발암작용이 나타난다.
  • 호흡기 장해와 전신중독이 발생한다.

91

0603

Repetitive Learning 1회 2회 3회

물에 대하여 비교적 용해성이 낮고 상기도를 통과하여 폐수종을 일으킬 수 있는 자극제는?

① 염화수소   ② 암모니아

③ 불화수소   ④ 이산화질소

해설

• 상기도에 용해되지 않고 통과하여 폐조직에 작용하는 것은 폐포점막 자극제에 해당하며, 그중 이산화질소는 폐수종을 유발한다.

• ①, ②, ③은 모두 상기도 점막에서 용해되는 상기도 점막 자극제이다.

❖ 자극제

  ㉠ 개요

    • 피부와 점막에 작용하여 부식작용을 하거나 수포를 형성하는 물질을 자극제라고 하며 고농도가 눈에 들어가면 결막염과 각막염을 일으킨다.

    • 유해물질의 용해도에 따라 자극제를 상기도 점막자극제, 상기도 점막 및 폐조직 자극제, 종말 기관지 및 폐포점막 자극제로 구분한다.

  ㉡ 종류

상기도 점막 자극제	알데하이드, 암모니아, 염화수소, 불화수소, 아황산가스, 크롬산, 산화에틸렌
상기도 점막 및 폐조직 자극제	염소, 취소, 불소, 옥소, 청화염소, 오존, 요오드
종말 기관지 및 폐포점막 자극제	이산화질소, 염화비소, 포스겐($COCl_2$)

92

0901 / 2004

Repetitive Learning 1회 2회 3회

근로자의 유해물질 노출 및 흡수 정도를 종합적으로 평가하기 위하여 생물학적 측정이 필요하다. 또한 유해물질 배출 및 축적 속도에 따라 시료 채취시기를 적절히 정해야 하는데, 시료 채취시기에 제한을 가장 작게 받는 것은?

① 요중 납

② 호기중 벤젠

③ 요중 총 페놀

④ 혈중 총 무기수은

해설

• 요중 납은 아무 때나 수시로 채취한다.

• 요중 페놀은 응급노출 72시간 이내 작업종료 후 채취한다.

• 혈중 무기수은은 목요일이나 금요일 또는 4~5일간의 연속작업 작업종료 2시간 전부터 직후까지 채취한다.

❖ 생물학적 노출지표(BEI) 시료채취시기

당일 노출작업 종료 직후	DMF, 톨루엔, 크실렌, 헥산
4~5일간 연속작업 종료 직후	메틸클로로포름, 트리클로로에틸렌
수시	납, 니켈, 카드뮴
작업전	수은

93

1101 / 2101

Repetitive Learning 1회 2회 3회

인체에 흡수된 납(Pb) 성분이 주로 축적되는 곳은?

① 간   ② 뼈

③ 신장   ④ 근육

해설

• 납이 인체에 흡수되면 뼈에 주로 축적되며, 조혈장해를 일으킨다.

❖ 납중독

• 납은 원자량 207.21, 비중 11.34의 청색 또는 은회색의 연한 중금속이다.

• 납은 포르피린과 헴(heme)의 합성에 관여하는 효소를 억제하며, 소화기계 및 조혈계에 영향을 준다.

• 1~5세의 소아 이미증(pica)환자에게서 발생하기 쉽다.

• 인체에 흡수되면 뼈에 주로 축적되며, 조혈장해를 일으킨다.

• 무기성 납으로 인한 중독 시 원활한 체내 배출을 위해 사용하는 배설촉진제로 Ca-EDTA를 사용하는데 신장이 나쁜 사람에게는 사용하지 않는 것이 좋다.

• 요 중 δ-ALAD 활성치가 저하되고, 코프로포르피린과 델타 아미노레블린산은 증가한다.

• 적혈구 내 프로토포르피린이 증가한다.

• 납이 인체 내로 흡수되면 혈청 내 철과 망상적혈구의 수는 증가한다.

• 임상증상은 위장계통장해, 신경근육계통의 장해, 중추신경계통의 장해 등 크게 3가지로 나눌 수 있다.

• 주 발생사업장은 활자의 문선, 조판작업, 납 축전지 제조업, 염화비닐 취급 작업, 크리스탈 유리 원료의 혼합, 페인트, 배관공, 탄환제조 및 용접작업 등이다.

94

Repetitive Learning 1회 2회 3회

어느 근로자가 두통, 현기증, 구토, 피로감, 황달, 빈뇨 등의 증세를 보인다면, 어느 물질에 노출되었다고 볼 수 있는가?

① 납   ② 황화수소

③ 수은   ④ 사염화탄소

- 납중독의 초기증상은 권태, 체중감소, 식욕저하, 변비, 적혈구 감소, Hb의 저하 등이다.
- 수은중독의 초기증상은 만성피로, 어지러움, 우울증, 불안, 초조, 불면증, 식욕부진, 잇몸염증 및 출혈 등이다.

:: 사염화탄소

- 피부로부터 흡수되어 전신중독을 일으킬 수 있는 물질이다.
- 인체 노출 시 간의 장해인 중심소엽성 괴사를 일으키는 지방족 할로겐화 탄화수소이다.
- 탈지용 용매로 사용되는 물질로 간장, 신장에 만성적인 영향을 미친다.
- 초기 증상으로는 지속적인 두통, 구역 또는 구토, 복부선통과 설사, 간압통 등이 나타난다.
- 고농도로 폭로되면 중추신경계 장해 외에 간장이나 신장에 장해가 일어나 황달, 단백뇨, 혈뇨의 증상을 보이며, 완전 무뇨증이 되면 사망할 수도 있다.

1303

95 ●━━━━━━━● Repetitive Learning 1회 2회 3회

공기역학적 직경(Aerodynamic diameter)에 대한 설명과 가장 거리가 먼 것은?

① 역학적 특성, 즉 침강속도 또는 종단속도에 의해 측정되는 먼지 크기이다.
② 직경분립충돌기(Cascade impactor)를 이용해 입자의 크기 및 형태 등을 분리한다.
③ 대상 입자와 같은 침강속도를 가지며 밀도가 1인 가상적인 구형의 직경으로 환산한 것이다.
④ 마틴 직경, 페렛 직경 및 등면적 직경(projected area diameter)의 세 가지로 나누어진다.

해설

- ④의 설명은 기하학적 직경의 종류를 설명한 것이다.

:: 공기역학적 직경(Aerodynamic diameter) 실기 0603/0703/0901/1101/1402/1502/1701/1803/1903

- 대상 먼지와 침강속도가 같고, 밀도가 1이며 구형인 먼지의 직경으로 환산하여 표현하는 입자상 물질의 직경을 말한다.
- 입자의 공기 중 운동이나 호흡기 내의 침착기전을 설명할 때 유용하게 사용된다.
- 스토크스(Stokes) 입경과 함께 대표적인 역학적 등가직경을 구성한다.
- 역학적 특성, 즉 침강속도 또는 종단속도에 의해 측정되는 먼지 크기이다.
- 직경분립충돌기(Cascade impactor)를 이용해 입자의 크기 및 형태 등을 분리한다.

---

96 ●━━━━━━━● Repetitive Learning 1회 2회 3회

수은 중독에 관한 설명 중 틀린 것은?

① 주된 증상은 구내염, 근육진전, 정신증상이 있다.
② 급성중독인 경우의 치료는 10% EDTA를 투여한다.
③ 알킬수은화합물의 독성은 무기수은화합물의 독성보다 훨씬 강하다.
④ 전리된 수은이온이 단백질을 침전시키고 thiol 기(SH)를 가진 효소작용을 억제한다.

해설

- 급성중독 시 우유와 계란의 흰자를 먹여 단백질과 해당 물질을 결합시켜 침전시키거나, BAL(dimercaprol)을 체중 1kg당 5mg을 근육주사로 투여하여야 한다.

:: 수은(Hg)

㉠ 개요

- 인간의 연금술, 의약품 등에 가장 오래 사용해 왔던 중금속의 하나로 17세기 유럽에서 신사용 중절모자를 만드는 사람들에게 처음으로 발견되어 hatter's shake라고 하며 근육경련을 유발하는 중금속이다.
- 단백질을 침전시키며 thiol(-SH)기를 가진 효소의 작용을 억제하여 독성을 나타낸다.
- 뇌홍의 제조에 사용하며, 증기를 발생하여 산업중독을 일으킨다.
- 수은은 상온에서 액체상태로 존재하는 금속이다.

㉡ 분류

- 무기수은화합물은 대부분의 금속과 화합하여 아말감을 만든다.
- 무기수은화합물은 질산수은, 승홍, 뇌홍 등이 있으며, 유기수은화합물에는 페닐수은, 에틸수은 등이 있다.
- 유기수은 화합물로서는 아릴수은(무기수은) 화합물과 알킬수은 화합물이 있다.
- 메틸 및 에틸 등 알킬수은 화합물의 독성이 가장 강하다.

㉢ 인체에 미치는 영향과 대책 실기 0401

- 소화관으로는 2~7% 정도의 소량으로 흡수되며, 금속 형태로는 뇌, 혈액, 심근에 많이 분포된다.
- 중독의 특징적인 증상은 근육진전, 정신증상이고, 만성노출 시 식욕부진, 신기능부전, 구내염이 발생한다.
- 급성중독 시 우유와 계란의 흰자를 먹여 단백질과 해당 물질을 결합시켜 침전시키거나, BAL(dimercaprol)을 체중 1kg당 5mg을 근육주사로 투여하여야 한다.

97

Repetitive Learning 1회 2회 3회

0903 / 1101

벤젠에 노출되는 근로자 10명이 6개월 동안 근무하였고, 5명이 2년 동안 근무하였을 경우 노출인년(person-years of exposure)은 얼마인가?

① 10
② 15
③ 20
④ 25

해설

• $10 \times 0.5 + 5 \times 2 = 15$이다.

❖ 노출인년(person-years of exposure) 실기 1302/1901
  • 유해물질에 노출된 인원의 노출연수의 합을 말한다.
  • 개별 노출인원×노출연수의 합으로 구한다.

98

Repetitive Learning 1회 2회 3회

납은 적혈구 수명을 짧게 하고, 혈색소 합성에 장애를 발생시킨다. 납이 흡수됨으로 초래되는 결과로 틀린 것은?

① 요중 코프로폴피린 증가
② 혈청 및 δ-ALA 요중 증가
③ 적혈구내 프로토폴피린 증가
④ 혈중 β-마이크로글로빈 증가

해설

• ④는 카드뮴 중독시 나타나는 현상이다.

❖ 납중독
  문제 93번의 유형별 핵심이론 ❖ 참조

99

Repetitive Learning 1회 2회 3회

2003

3가 및 6가 크롬의 인체 작용 및 독성에 관한 내용으로 옳지 않은 것은?

① 산업장의 노출의 관점에서 보면 3가 크롬이 6가 크롬보다 더 해롭다.
② 3가 크롬은 피부 흡수가 어려우나 6가 크롬은 쉽게 피부를 통과한다.
③ 세포막을 통과한 6가 크롬은 세포 내에서 수 분 내지 수 시간 만에 발암성을 가진 3가 형태로 환원된다.
④ 6가에서 3가로의 환원이 세포질에서 일어나면 독성이 적으나 DNA의 근위부에서 일어나면 강한 변이원성을 나타낸다.

해설

• 산업장에서 노출의 관점으로 보면 3가 크롬보다 6가 크롬이 더욱 해롭다고 할 수 있다.

❖ 3가 및 6가 크롬의 인체 작용 및 독성
  • 3가 크롬은 피부 흡수가 어려우나 6가 크롬은 쉽게 피부를 통과한다.
  • 세포막을 통과한 6가 크롬은 세포 내에서 수 분 내지 수 시간 만에 발암성을 가진 3가 형태로 환원된다.
  • 6가에서 3가로의 환원이 세포질에서 일어나면 독성이 적으나 DNA의 근위부에서 일어나면 강한 변이원성을 나타낸다.
  • 3가 크롬은 세포 내에서 핵산, nuclear enzyme, necleotide와 같은 세포핵과 결합될 때 발암성을 나타낸다.
  • 산업장에서 노출의 관점으로 보면 3가 크롬보다 6가 크롬이 더욱 해롭다고 할 수 있다.
  • 배설은 주로 소변을 통해 배설되며 대변으로는 소량 배출된다.

100

Repetitive Learning 1회 2회 3회

0701 / 1001

중독 증상으로 파킨슨 증후군 소견이 나타날 수 있는 중금속은?

① 납
② 비소
③ 망간
④ 카드뮴

해설

• 납은 포르피린과 헴(heme)의 합성에 관여하는 효소를 억제하며, 소화기계 및 조혈계에 영향을 준다.
• 비소는 은빛 광택을 내는 비금속으로 가열하면 녹지 않고 승화되며, 피부 특히 겨드랑이나 국부 등에 습진형 피부염이 생기며 피부암을 유발한다.
• 카드뮴은 칼슘대사에 장해를 주어 신결석을 동반한 신증후군이 나타나고 다량의 칼슘배설이 일어나 뼈의 통증, 골연화증 및 골수공증과 같은 골격계장해를 유발하는 중금속이다.

❖ 망간(Mn)
  • 망간은 직업성 만성중독 원인물질로 주로 철합금으로 사용되며, 화학공업에서는 건전지 제조업에 사용된다.
  • 망간은 호흡기, 소화기 및 피부를 통하여 흡수되며, 이 중에서 호흡기를 통한 경로가 가장 많고 위험하다.
  • 전기용접봉 제조업, 도자기 제조업에서 발생한다.
  • 무력증, 식욕감퇴 등의 초기증세를 보이다 심해지면 언어장애, 균형감각상실 등 중추신경계의 특정 부위를 손상시켜 파킨슨증후군과 보행장해가 두드러지는 중금속이다.

구분	1과목	2과목	3과목	4과목	5과목	합계
New유형	6	1	0	0	1	8
New문제	12	6	7	3	5	33
또나온문제	4	8	8	3	4	27
자꾸나온문제	4	6	5	14	11	40
합계	20	20	20	20	20	100

- New유형은 New문제 중 기존 기출문제와 완전히 다른 유형의 문제를 말합니다.
- New문제는 기존에 출제되지 않은 문제로 이번에 처음 출제되는 문제입니다.
- 또나온문제는 기존에 출제된 적이 1번 있는 문제를 말합니다.
- 자꾸나온문제는 기존에 출제된 적이 2번 이상 있는 문제를 말합니다. 그만큼 중요한 문제입니다.

몇 년분의 기출문제를 공부해야 합격할 수 있을까요?

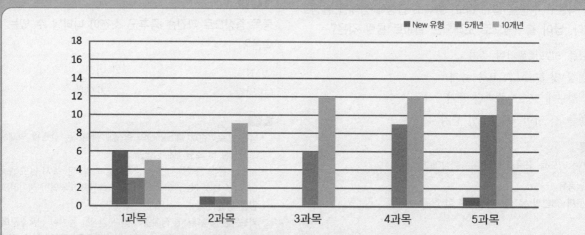

- 완전 새로운 유형의 문제는 8문제이고 92문제가 이미 출제된 문제 혹은 변형문제입니다.
- 5년분(2018~2022) 기출에서 동일문제가 29문항이 출제되었고, 10년분(2013~2022) 기출에서 동일문제가 50문항이 출제되었습니다.

 실기에 나왔어요!! 일타쌍피-사전체크!!

실기시험은 필답형으로 진행됩니다. 객관식의 필기와 달리 주관식인 관계로 아는 만큼 적을 수 있습니다. 최근 계산문제의 비중이 많이 감소하고 있지만 절반 정도의 이론 문제와 절반 정도의 계산문제가 출제된다고 보시면 됩니다. 계산문제의 경우 나오는 문제유형이 거의 정해져 있습니다. 필기 공부할 때 미리 실기에 나오는 내용을 체크하시고 그부분만큼은 잘 공부해 두신다면 당 회차 실기까지 한 번에 잡을 수 있습니다.

- 총 42개의 유형별 핵심이론이 실기시험과 연동되어 있습니다.

분석의견

합격률이 56.3%로 대단히 높았던 회차였습니다.

10년 기출을 학습할 경우 기출과 동일한 문제가 1과목에서 5문제가 출제되었으며, 해당 1과목에 새로운 유형의 문제가 6문제나 출제되어 1과목이 다소 어렵게 느껴질만한 회차이나 과락만 면한다면 다른 과목은 대단히 쉽게 출제가 된 회차입니다.

10년분 기출문제와 유형별 핵심이론의 2~3회 정독은 되어야 합격 가능한 것으로 판단됩니다.

2017년 제3회

2017년 8월 26일 필기

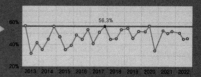

1과목　산업위생학개론

0701

01 ● Repetitive Learning (1회 2회 3회)

산업피로를 예방하기 위한 작업자세로서 부적당한 것은?

① 불필요한 동작을 피하고 에너지 소모를 줄인다.

② 의자는 높이를 조절할 수 있고 등받이가 있는 것이 좋다.

③ 힘든 노동은 가능한 기계화하여 육체적 부담을 줄인다.

④ 가능한 동적(動的)인 작업보다는 정적(靜的)인 작업을 하도록 한다.

> **해설**
> • 피로 예방을 위해 동적인 작업을 늘리고, 정적인 작업을 줄인다.
>
> ❖ 작업에 수반된 피로의 회복대책
> • 충분한 영양을 섭취한다.
> • 목욕이나 가벼운 체조를 한다.
> • 휴식과 수면을 자주 취한다.
> • 작업환경을 정리 · 정돈한다.
> • 불필요한 동작을 피하고, 에너지 소모를 적게 한다.
> • 힘든 노동은 가능한 한 기계화한다.
> • 장시간 휴식하는 것보다 짧은 시간 여러 번 쉬는 것이 피로회복에 효과적이다.
> • 동적인 작업을 늘리고, 정적인 작업을 줄인다.
> • 커피, 홍차, 엽차, 비타민B, 비타민C 등의 적정한 영양제를 보급한다.
> • 음악감상과 오락 등 취미생활을 한다.

02 ● Repetitive Learning (1회 2회 3회)

직업병이 발생된 원진레이온에서 사용한 원인 물질은?

① 납　　　　　　　② 사염화탄소

③ 수은　　　　　　④ 이황화탄소

> **해설**
> • 원진레이온 공장에서 발생한 집단 직업병은 이황화탄소(CS_2)로 인해 발생되었다.
>
> ❖ 원진레이온 이황화탄소 집단 중독
> • 1991년 원진레이온 공장에서의 집단적인 직업병을 유발한 사건이다.
> • 이황화탄소(CS_2)로 인해 발생되었다.

03 ● Repetitive Learning (1회 2회 3회)

공기 중에 분산되어있는 유해물질의 인체 내 침입경로 중 유해물질이 가장 많이 유입되는 경로는 무엇인가?

① 호흡기계통　　　② 피부계통

③ 소화기계통　　　④ 신경 · 생식계통

> **해설**
> • 유해물질이 인체에 침입할 때 접촉면적은 호흡기>피부>소화기 순이다.
>
> ❖ 유해물질의 인체 침입
> • 접촉면적이 큰 순서대로 호흡기>피부>소화기 순이다.
> • 호흡기계통이 공기 중에 분산되어있는 유해물질의 인체 내 침입경로 중 유해물질이 가장 많이 유입되는 경로에 해당한다.

04 ● Repetitive Learning (1회 2회 3회)

산업안전보건법에 근로자의 건강 보호를 위해 사업주가 실시하는 프로그램이 아닌 것은?

① 청력보존 프로그램

② 호흡기보호 프로그램

③ 방사선 예방관리 프로그램

④ 밀폐공간 보건작업 프로그램

- 산업안전보건법에 근로자의 건강 보호를 위해 사업주가 실시하는 프로그램에는 ①, ②, ④외에 근골격계질환 예방관리 프로그램이 있다.

☆ 근로자 건강보호 프로그램 실기 0602/1802/2203

청력보존 프로그램	소음노출 평가, 소음노출기준 초과에 따른 공학적 대책, 청력보호구의 지급과 착용, 소음의 유해성과 예방에 관한 교육, 정기적 청력검사, 기록·관리 사항 등이 포함된 소음성 난청을 예방·관리하기 위한 종합적인 계획을 말한다.
호흡기보호 프로그램	분진노출에 대한 평가, 분진노출기준 초과에 따른 공학적 대책, 호흡용 보호구의 지급 및 착용, 분진의 유해성과 예방에 관한 교육, 정기적 건강진단, 기록·관리 사항 등이 포함된 호흡기질환 예방·관리를 위한 종합적인 계획을 말한다.
밀폐공간 보건작업 프로그램	• 사업장 내 밀폐공간의 위치 파악 및 관리 방안 • 밀폐공간 내 질식·중독 등을 일으킬 수 있는 유해·위험 요인의 파악 및 관리 방안 • 밀폐공간 작업 시 사전 확인이 필요한 사항에 대한 확인 절차 • 안전보건교육 및 훈련 • 그 밖에 밀폐공간 작업 근로자의 건강장해 예방에 관한 사항
근골격계질환 예방관리 프로그램	유해요인 조사, 작업환경 개선, 의학적 관리, 교육·훈련, 평가에 관한 사항 등이 포함된 근골격계질환을 예방관리하기 위한 종합적인 계획을 말한다.

---

05 ● Repetitive Learning 1회 2회 3회

작업관련질환은 다양한 원인에 의해 발생할 수 있는 질병으로 개인적인 소인에 직업적 요인이 부가되어 발생하는 질병을 말한다. 다음 중 직업관련 질환에 해당하는 것은?

① 진폐증
② 악성중피종
③ 납중독
④ 근골격계 질환

- 근골격계 질환은 산업안전보건법에서 인정하는 대표적인 직업관련 질환이다.

☆ 근골격계 질환 실기 1201/2103

- 무리한 힘의 사용, 반복적인 동작, 부적절한 작업자세, 날카로운 면과의 신체접촉, 진동 및 온도 등의 요인으로 인해 근육과 신경, 힘줄, 인대, 관절 등의 조직이 손상되어 신체에 나타나는 건강장해를 말한다.
- 산업안전보건법에서 인정하는 대표적인 직업관련 질환이다.

---

06 ● Repetitive Learning 1회 2회 3회

수공구를 이용한 작업의 개선 원리로 가장 적합하지 않은 것은?

① 동력동구는 그 무게를 지탱할 수 있도록 매단다.
② 차단이나 진동 패드, 진동 장갑 등으로 손에 전달되는 진동 효과를 줄인다.
③ 손바닥 중앙에 스트레스를 분포시키는 손잡이를 가진 수공구를 선택한다.
④ 가능하면 손가락으로 잡는 pinch grip보다는 손바닥으로 감싸 안아 잡은 power grip을 이용한다.

- 손바닥 중앙이 아니라 손바닥 전체에 골고루 스트레스를 분산시키는 손잡이를 가진 수공구를 선택한다.

☆ 수공구를 이용한 작업개선 원리

- 손바닥 전체에 골고루 스트레스를 분산시키는 손잡이를 가진 수공구를 선택한다.
- 가능하면 손가락으로 잡는 pinch grip보다는 손바닥으로 감싸 안아 잡은 power grip을 이용한다.
- 손잡이는 접촉면적을 가능하면 크게 한다.
- 차단이나 진동 패드, 진동 장갑 등으로 손에 전달되는 진동 효과를 줄인다.
- 공구의 무게를 줄이고 사용 시 무게 균형이 유지되도록 한다.
- 동력동구는 그 무게를 지탱할 수 있도록 매단다.
- 공구 손잡이의 홈은 손바닥의 일부분에 많은 스트레스를 야기하므로 손잡이 표면에 홈이 있는 수공구를 피한다.

---

07 ● Repetitive Learning 1회 2회 3회

정도관리(Quality control)에 대한 설명 중 틀린 것은?

① 계통적 오차는 원인을 찾아낼 수 있으며 크기가 계량화되면 보정이 가능하다.
② 정확도란 측정치와 기준값(참값)간의 일치하는 정도라고 할 수 있으며, 정밀도는 여러 번 측정했을 때의 변이의 크기를 의미한다.
③ 정도관리에는 외부 정도관리와 내부 정도관리가 있으며, 우리나라의 정도관리는 작업환경 측정기관을 상대로 실시하고 있는 내부 정도관리에 속한다.
④ 미국 산업위생학회에 따르면 정도관리란 정확도와 정밀도의 크기를 알고 그것이 수용할만한 분석결과를 확보할 수 있는 작동적 절차를 포함하는 것이라고 정의하였다.

해설

- 우리나라의 정도관리는 내부 및 외부의 정도관리를 모두 포함하는 모든 관리적 수단을 지칭한다.

정도관리(Quality control)

- 작업환경측정, 분석치에 대한 정확도와 정밀도를 확보하기 위하여 지정측정기관의 작업환경측정·분석능력을 평가하고, 그 결과에 따라 지도 및 교육 기타 측정, 분석능력 향상을 위하여 행하는 모든 관리적 수단을 말한다.
- 우리나라 산업위생 분야의 발전에 큰 영향 가져온 제도로 작업환경측정기관의 분석능력 향상에 중요한 역할을 하였다.
- 미국 산업위생학회에 따르면 정도관리란 정확도와 정밀도의 크기를 알고 그것이 수용할 만한 분석결과를 확보할 수 있는 작동적 절차를 포함하는 것이라고 정의하였다.
- 계통적 오차는 원인을 찾아낼 수 있으며 크기가 계량화되면 보정이 가능하다.
- 정확도란 측정치와 기준값(참값)간의 일치하는 정도라고 할 수 있으며, 정밀도는 여러 번 측정했을 때 변이의 크기를 의미한다.

1002 / 1303 / 2101

08 ●—— Repetitive Learning (1회 2회 3회)

하인리히는 사고예방대책의 기본원리 5단계를 맞게 나타낸 것은?

① 조직 → 사실의 발견 → 분석·평가 → 시정책의 선정 → 시정책의 적용

② 조직 → 분석·평가 → 사실의 발견 → 시정책의 선정 → 시정책의 적용

③ 사실의 발견 → 조직 → 분석·평가 → 시정책의 선정 → 시정책의 적용

④ 사실의 발견 → 조직 → 시정책의 선정 → 시정책의 적용 → 분석·평가

해설

- 하인리히의 사고예방의 기본원리 5단계는 순서대로 안전관리조직과 규정, 현상파악, 원인규명, 시정책의 선정, 시정책의 적용 순으로 적용된다.

하인리히의 사고예방대책 기본원리 5단계

단계	단계별 과정
1단계	안전관리조직과 규정
2단계	사실의 발견으로 현상파악
3단계	분석을 통한 원인규명
4단계	시정방법의 선정
5단계	시정책의 적용

---

09 ●—— Repetitive Learning (1회 2회 3회)

작업이 어렵거나 기계·설비에 결함이 있거나 주의력의 집중이 혼란된 경우 및 심신에 근심이 있는 경우에 재해를 일으키는 자는 어느 분류에 속하는가?

① 미숙성 누발자
② 상황성 누발자
③ 소질성 누발자
④ 반복성 누발자

해설

- 작업이 어렵거나 설비의 결함, 심신의 근심 때문에 재해를 자주 겪은 사람은 상황성 누발자라 한다.

재해빈발자

미숙성 누발자	기능의 부족이나 환경에 익숙하지 못하기 때문에 재해를 자주 겪은 사람
상황성 누발자	작업이 어렵거나 설비의 결함, 심신의 근심 때문에 재해를 자주 겪은 사람
습관성 누발자	경험에 의하여 겁을 심하게 먹거나 신경과민이 되는 사람으로 재해를 자주 겪은 사람
소질성 누발자	개인적 잠재요인이나 개인의 특수한 성격으로 인해 재해를 자주 겪은 사람

---

10 ●—— Repetitive Learning (1회 2회 3회)

사업주가 근골격계부담작업에 근로자를 종사하도록 하는 경우 3년마다 실시하여야 하는 조사는?

① 유해요인 조사
② 근골격계부담 조사
③ 정기부담 조사
④ 근골격계작업 조사

해설

- 사업주는 근로자가 근골격계부담작업을 하는 경우에 3년마다 유해요인조사를 하여야 한다.

유해요인 조사 실기 2202

- 사업주는 근로자가 근골격계부담작업을 하는 경우에 3년마다 유해요인조사를 하여야 한다. 다만, 신설되는 사업장의 경우에는 신설일부터 1년 이내에 최초의 유해요인 조사를 하여야 한다.
- 조사내용 : 설비·작업공정·작업량·작업속도 등 작업장 상황, 작업시간·작업자세·작업방법 등 작업조건, 작업과 관련된 근골격계질환 징후와 증상 유무 등
- 사업주는 유해요인 조사에 근로자 대표 또는 해당 작업 근로자를 참여시켜야 한다.

11

1301 ● Repetitive Learning 1회 2회 3회

미국산업위생학술원(AAIH)에서 채택한 산업위생전문가의 윤리강령 중 근로자에 대한 책임과 가장 거리가 먼 것은?

① 위험 요소와 예방조치에 대하여 근로자와 상담해야 한다.
② 근로자의 건강 보호가 산업위생전문가의 1차적인 책임이라는 것을 인식해야 한다.
③ 위험요인의 측정, 평가 및 관리에 있어서 외부의 압력에 굴하지 않고 근로자 중심으로 판단한다.
④ 근로자와 기타 여러 사람의 건강과 안녕이 산업위생전문가의 판단에 좌우된다는 것을 깨달아야 한다.

해설

- 산업위생전문가는 근로자에 대한 책임과 관련하여 위험요인의 측정, 평가 및 관리에 있어서 외부의 압력에 굴하지 않고 중립적이고 객관적인 태도를 취해야 한다.

❖ 산업위생전문가의 윤리강령 중 근로자에 대한 책임
  - 근로자의 건강 보호가 산업위생전문가의 1차적인 책임이라는 것을 인식해야 한다.
  - 근로자와 기타 여러 사람의 건강과 안녕이 산업위생전문가의 판단에 좌우된다는 것을 깨달아야 한다.
  - 위험 요소와 예방조치에 대하여 근로자와 상담해야 한다.
  - 위험요인의 측정, 평가 및 관리에 있어서 외부의 압력에 굴하지 않고 중립적이고 객관적인 태도를 취한다.

12

1001 ● Repetitive Learning 1회 2회 3회

분진발생 공정에서 측정한 호흡성 분진의 농도가 다음과 같을 때 기하평균 농도는 약 몇 mg/m³인가?

2.5, 2.8, 3.1, 2.6, 2.9

① 2.62 ② 2.77
③ 2.92 ④ 3.03

해설

- 기하평균은 주어진 n개의 값들을 곱해서 나온 값의 n제곱근이다.
- 주어진 값을 기하평균식에 대입하면
  $\sqrt[5]{2.5 \times 2.8 \times 3.1 \times 2.6 \times 2.9} = 2.7718\cdots$ 이다.

❖ 기하평균(GM) 실기 0303/0403/0502/0601/0702/0801/0803/1102/1301/ 1403/1703/1801/2102
  - 주어진 n개의 값들을 곱해서 나온 값의 n제곱근이다.

- $x_1, x_2, \cdots, x_n$의 자료가 주어질 때 기하평균 GM은 $\sqrt[n]{x_1 \times x_2 \times \cdots \times x_n}$ 으로 구하거나 $\log GM = \dfrac{\log X_1 + \log X_2 + \cdots + \log X_n}{N}$ 을 역대수 취해서 구할 수 있다.
- 작업장에서 생화학적 측정치나 유해물질의 농도를 평가할 때 일반적으로 사용되는 평균치이다.
- 작업환경 중 분진의 측정 농도가 대수정규분포를 할 때 측정 자료의 대표치로 사용된다.
- 인구증가율, 물가상승률, 경제성장률 등의 연속적인 변화율 데이터를 기반으로 어떤 구간에서의 평균 변화율을 구할 때 사용된다.

13

● Repetitive Learning 1회 2회 3회

최대 작업역을 설명한 것으로 맞는 것은?

① 작업자가 작업할 때 전박을 뻗쳐서 닿는 범위
② 작업자가 작업할 때 사지를 뻗쳐서 닿는 범위
③ 작업자가 작업할 때 어깨를 뻗쳐서 닿는 범위
④ 작업자가 작업할 때 상지를 뻗쳐서 닿는 범위

해설

- 최대작업역은 작업자가 움직이지 않으면서 최대한 팔을 뻗어 닿는 영역을 말한다.

❖ 최대작업역 실기 0303
  - 최대한 팔을 뻗친 거리로 작업자가 가끔 하는 작업의 구간을 포함한다.
  - 좌식 평면 작업대에서 어깨로부터 팔을 펴서 어깨를 축으로 하여 수평면상에 원을 그릴 때 부채꼴 원호의 내부지역을 말한다.
  - 수평작업대에서 전완과 상완을 곧게 펴서 파악할 수 있는 구역을 말한다.

14

1201 ● Repetitive Learning 1회 2회 3회

육체적 작업능력(PWC)이 15kcal/min인 어느 근로자가 1일 8시간 동안 물체를 운반하고 있다. 작업대사율(E_{task})이 6.5kcal/min, 휴식 시의 대사량(E_{rest})이 1.5kcal/min일 때, 매 시간당 휴식시간과 작업시간의 배분으로 맞는 것은?(단, Hertig의 공식을 이용한다)

① 12분 휴식, 48분 작업
② 18분 휴식, 42분 작업
③ 24분 휴식, 36분 작업
④ 30분 휴식, 30분 작업

- PWC가 15kcal/min이므로 E_{max}는 5kcal/min이다.
- E_{task}는 6.5kcal/min이고, E_{rest}는 1.5kcal/min이므로 값을 대입하면 $T_{rest} = \left[\dfrac{5-6.5}{1.5-6.5}\right] \times 100 = \dfrac{1.5}{5} \times 100 = 30[\%]$가 된다.
- 적정한 휴식시간은 1시간의 30%에 해당하는 18분이므로, 작업시간은 42분이다.

Hertig의 적정휴식시간 실기 1401

- 시간당 적정휴식시간의 백분율 $T_{rest} = \left[\dfrac{E_{max}-E_{task}}{E_{rest}-E_{task}}\right] \times 100$ [%]으로 구한다.

  - E_{max}는 8시간 작업에 적합한 작업량으로 육체적 작업능력(PWC)의 1/3에 해당한다.
  - E_{rest}는 휴식 대사량이다.
  - E_{task}는 해당 작업 대사량이다.

0302 / 0602 / 0802 / 0903 / 1002 / 1202 / 1802

15 ● Repetitive Learning (1회 2회 3회)

전신피로 정도를 평가하기 위해 작업 직후의 심박수를 측정한다. 작업종료 후 30~60초, 60~90초, 150~180초 사이의 평균 맥박수가 각각 HR30~60, HR60~90, HR150~180일 때, 심한 전신피로 상태로 판단되는 경우는?

① HR30~60이 110을 초과하고, HR150~180와 HR60~90의 차이가 10 미만인 경우
② HR60~90이 110을 초과하고, HR150~180와 HR30~60의 차이가 10 미만인 경우
③ HR150~180이 110을 초과하고, HR30~60와 HR60~90의 차이가 10 미만인 경우
④ HR30~60, HR150~180의 차이가 10 이상이고, HR150~180와 HR60~90의 차이가 10 미만인 경우

- 심박수 측정 시 30~60초 사이의 평균 맥박수가 110을 초과하고, 60~90초와 150~180초의 평균 맥박수 차가 10 미만인 경우 심한 전신피로상태로 판단한다.

전신피로 평가를 위한 회복기 심박수 측정 실기 1103

- 작업 종료 후 30~60초, 60~90초, 150~180초 사이의 평균 맥박수를 통해서 측정한다.
- 심한 전신피로상태

HR30~60	110 초과
HR60~90	차가 10미만인 경우
HR150~180	

16 ● Repetitive Learning (1회 2회 3회)

외국의 산업위생역사에 대한 설명 중 인물과 업적이 잘못 연결된 것은?

① Galen – 구리광산에서 산 증기의 위험성 보고
② Georgious Agricola – 저서인 "광물에 관하여"를 남김
③ Pliny the Elder – 분진방지용 마스크로 동물의 방광사용 권장
④ Alice Hamilton – 폐질환의 원인물질을 Hg, S 및 염이라 주장

- Alice Hamilton은 유해물질 노출과 질병과의 관계를 규명하였다.

시대별 산업위생

B.C. 4세기	Hippocrates가 광산에서의 납중독을 보고하였다. 이는 역사상 최초의 직업병으로 분류
A.D. 1세기	Pilny the Elder는 아연 및 황의 인체 유해성을 주장. 먼지방지용 마스크로 동물의 방광 사용을 권장
A.D. 2세기	Galen은 해부학, 병리학에 관한 이론을 발표하였다. 아울러 구리광산의 산 증기의 위험성을 보고
1473년	Ulrich Ellenbog는 직업병과 위생에 관한 교육용 팜플렛 발간
16세기 초반	• Agricola는 광산에서의 호흡기 질환(천식증, 규폐증) 등을 주장한 광산업 관련 [광물에 대하여] 발간 및 환기와 마스크 사용을 권장함 • Philippus Paracelsus는 질병의 뿌리는 정신적 고통에서 비롯된다고 주장(독성학의 아버지)
17세기 후반	Bernarbino Ramazzini는 저서 [노동자의 질병]에서 직업병을 최초로 언급(산업보건학의 시조)
18세기	• 영국의 Percivall pott는 굴뚝청소부들의 직업병인 음낭암이 검댕(Soot)에 의해 발생되었음을 보고 • Sir George Baker는 사이다 공장에서 납에 의한 복통 발표
19세기 초반	• Robert Peel은 산업위생의 원리를 적용한 최초의 법률인 [도제건강 및 도덕법] 제정을 주도 • 1833년 산업보건에 관한 최초의 법률인 공장법 제정
19세기 후반	Rudolf Virchow는 의학의 사회성 속에서 노동자의 건강 보호를 주창하여 근대병리학의 시조로 불리움
20세기 초반	• Loriga는 진동공구에 의한 수지(手指)의 Raynaud씨 증상을 보고 • 미국의 산업위생학자이며 산업의학자인 Alice Hamilton은 유해물질 노출과 질병과의 관계를 규명

17

• Repetitive Learning 1회 2회 3회

작업시작 및 종료 시 호흡의 산소소비량에 대한 설명으로 옳지 않은 것은?

① 산소소비량은 작업부하가 계속 증가하면 일정한 비율로 계속 증가한다.

② 작업이 끝난 후에도 맥박과 호흡수가 작업개시 수준으로 즉시 돌아오지 않고 서서히 감소한다.

③ 작업부하 수준이 최대 산소소비량 수준보다 높아지게 되면, 젖산의 제거 속도가 생성 속도에 못 미치게 된다.

④ 작업이 끝난 후에 남아 있는 젖산을 제거하기 위해서는 산소가 더 필요하며, 이 때 동원되는 산소소비량을 산소부채(oxygen debt)라 한다.

해설

• 일정 한계까지는 작업부하가 증가하면 산소소비량 역시 증가하지만 일정 한계 이상이 되면 작업부하가 증가하더라도 산소소비량은 증가하지 않는다.

❖ 작업시작 및 종료 시 호흡의 산소소비량

• 일정 한계까지는 작업부하가 증가하면 산소소비량 역시 증가하지만 일정 한계 이상이 되면 작업부하가 증가하더라도 산소소비량은 증가하지 않는다.

• 작업이 끝난 후에도 맥박과 호흡수가 작업개시 수준으로 즉시 돌아오지 않고 서서히 감소한다.

• 작업부하 수준이 최대 산소소비량 수준보다 높아지게 되면, 젖산의 제거 속도가 생성 속도에 못 미치게 된다.

• 작업이 끝난 후에 남아 있는 젖산을 제거하기 위해서는 산소가 더 필요하며, 이때 동원되는 산소소비량을 산소부채(oxygen debt)라 한다.

18

• Repetitive Learning 1회 2회 3회

허용농도 설정의 이론적 배경으로 '인체실험자료'가 있다. 이러한 인체실험 시 반드시 고려해야 할 사항으로 틀린 것은?

① 자발적으로 실험에 참여하는 자를 대상으로 한다.

② 영구적 신체장애를 일으킬 가능성은 없어야 한다.

③ 인류 보건에 기여할 물질에 대해 우선적으로 적용한다.

④ 실험에 참여하는 자는 서명으로 실험에 참여할 것을 동의해야 한다.

해설

• 인체실험에서 고려해야 하는 사항은 피험자의 자율적 결정권과 자발적 동의 등 인간을 대상으로 한 연구의 윤리적·과학적 타당성이 중요하지 물질의 종류 및 기여도를 우선으로 하지 않아야 한다.

❖ 인체실험 고려사항

• 자발적으로 실험에 참여하는 자를 대상으로 한다.

• 영구적 신체장애를 일으킬 가능성은 없어야 한다.

• 실험에 참여하는 자는 서명으로 실험에 참여할 것을 동의해야 한다.

• 연구의 혜택이 이유없이 거부되어서는 안 된다.

19

• Repetitive Learning 1회 2회 3회

다음은 미국 ACGIH에서 제안하는 TLV-STEL을 설명한 것이다. 여기에서 단기간은 몇 분인가?

> 근로자가 자극, 만성 또는 불가역적 조직장애, 사고유발, 응급 시 대처능력의 저하 및 작업능률 저하 등을 초래할 정도의 마취를 일으키지 않고 단시간 동안 노출될 수 있는 농도이다.

① 5분 ② 15분
③ 30분 ④ 60분

해설

• TLV-STEL은 1회 15분간 유해요인에 노출되는 경우의 허용농도를 말한다.

❖ TLV(Threshold Limit Value) 실기 0301/1602

㉠ 개요

• 미국 산업위생전문가회의(ACGIH; American Conference of Governmental Industrial Hygienists)에서 채택한 허용농도의 기준이다.

• 동물실험자료, 인체실험자료, 사업장 역학조사 등을 근거로 한다.

• 가장 대표적인 유독성 지표로 만성중독과 관련이 깊다.

• 계속적 작업으로 인한 환경에 적용되더라도 건강에 악영향을 미치지 않는 물질 농도를 말한다.

㉡ 종류 실기 0403/0703/1702/2002

TLV-TWA	시간가중평균농도로 1일 8시간(1주 40시간) 작업을 기준으로 하여 유해요인의 측정농도에 발생시간을 곱하여 8시간으로 나눈 농도
TLV-STEL	근로자가 1회 15분간 유해요인에 노출되는 경우의 허용농도로 이 농도 이하에서는 1회 노출 간격이 1시간 이상인 경우 1일 작업시간 동안 4회까지 노출이 허용될 수 있는 농도
TLV-C	최고허용농도(Ceiling 농도)라 함은 근로자가 1일 작업시간 동안 잠시라도 노출되어서는 안 되는 최고 허용농도

20

● Repetitive Learning 〔1회 2회 3회〕

직업병을 판단할 때 참고하는 자료로 적합하지 않은 것은?

① 업무내용과 종사기간
② 발병 이전의 신체이상과 과거력
③ 기업의 산업재해 통계와 산재보험료
④ 작업환경측정 자료와 취급물질의 유해성 자료

해설

- 특정 직업병 판단 시에 기업의 산업재해 통계 및 산재보험료는 참고자료로 적합하지 않다.
- ❖ 직업병 판단 시 참고자료
  - 업무내용과 종사기간
  - 발병 이전의 신체이상과 과거력
  - 작업환경측정 자료와 취급물질의 유해성 자료
  - 중독 등 해당 직업병의 특유한 증상과 임상소견의 유무
  - 직업력과 질병
  - 문제 공정의 물질안전보건자료

| 2과목 | 작업위생측정 및 평가 |

21

● Repetitive Learning 〔1회 2회 3회〕

어떤 음의 발생원의 음력(sound power)이 0.006W일 때, 음력수준(sound power level)은 약 몇 dB인가?

① 92
② 94
③ 96
④ 98

해설

- 음력이 0.006W인 점음원의 $PWL = 10\log\left(\dfrac{0.006}{10^{-12}}\right) = 97.7815\cdots$ [dB]이다.
- ❖ 음향파워레벨(PWL ; Sound PoWer Level, 음력레벨) 실기 0502/1603
  - 음향출력($W = I[W/m^2] \times S[m^2]$)의 양변에 대수를 취해 구한 값을 음향파워레벨, 음력레벨(PWL)이라 한다.
  - $PWL = 10\log\dfrac{W}{W_0}$[dB]로 구한다. 여기서 W_0는 기준음향파워로 10^{-12}[W]이다.
  - PWL=SPL+10 logS로 구한다.
    이때, SPL은 음의 압력레벨, S는 음파의 확산면적$[m^2]$을 말한다.

22

● Repetitive Learning 〔1회 2회 3회〕

기기 내의 알코올이 위의 눈금에서 아래 눈금까지 하강하는 데 소요되는 시간을 측정하여 기류를 직접적으로 측정하는 기기는?

① 열선풍속계
② 카타온도계
③ 액정풍속계
④ 아스만통풍계

해설

- 열선풍속계는 기온과 정압을 동시에 구할 수 있어 환기시설의 점검에 사용하는 측정기구이다.
- Assmann 통풍건습계는 풍속의 영향을 최소화하기 위해 강제통풍장치를 이용한 건습구습도계이다.
- ❖ 카타(Kata)온도계
  - 작업장의 환경에서 기류의 방향이 일정하지 않거나 실내 0.2~0.5m/s 정도의 불감기류를 측정할 때 사용되는 기류측정 기기이다.
  - 온도에 따른 알코올의 팽창, 수축원리를 이용하여 기류속도를 측정한다.
  - 기기 내의 알코올이 위의 눈금에서 아래 눈금까지 하강하는데 소요되는 시간의 측정을 통해 기류를 측정한다.
  - 표면에는 눈금이 아래위로 두 개 있는데 일반용은 아래가 95°F (35℃)이고, 위가 100°F(37.8℃)이다.

23

● Repetitive Learning 〔1회 2회 3회〕

분자량이 245인 물질이 표준상태(25℃, 760mmHg)에서 체적농도로 1.0ppm일 때, 이 물질의 질량농도는 약 몇 mg/m^3인가?

① 3.1
② 4.5
③ 10.0
④ 14.0

해설

- ppm 단위를 mg/m^3으로 변환하려면 ppm×(분자량/24.45)이다. 24.45는 표준상태(25도, 1기압)에서 기체의 부피이다.
- 주어진 분자량은 245이다.
- 주어진 값을 대입하면 $1 \times \left(\dfrac{245}{24.45}\right) = 10.020\cdots mg/m^3$이다.
- ❖ ppm 단위의 mg/m^3으로 변환
  - ppm 단위를 mg/m^3으로 변환하려면 $\dfrac{ppm \times 분자량}{기체부피}$이다.
  - 24.45는 표준상태(25도, 1기압)에서 기체의 부피이다.
  - 온도가 다를 경우 $24.45 \times \dfrac{273+온도}{273+25}$로 기체의 부피를 구한다.

---

24 ────── • Repetitive Learning (1회 2회 3회)

다음 내용이 설명하는 막여과지는?

> • 농약, 알칼리성 먼지, 콜타르피치 등을 채취한다.
> • 열, 화학물질, 압력 등에 강한 특성이 있다.
> • 석탄건류나 증류 등의 고열 고정에서 발생되는 다핵방향족 탄화수소를 채취하는데 이용된다.

① 은 막여과지
② PVC 막 여과지
③ 섬유상 막 여과지
④ PTFE 막 여과지

해설

• 은막 여과지는 균일한 금속은을 소결하여 만든 것으로 코크스 제조공정에서 발생되는 코크스 오븐 배출물질을 채취하는데 이용된다.
• PVC막 여과지는 유리규산을 채취하여 X-선 회절법으로 분석하거나 공해성 먼지, 총 먼지 등의 중량분석을 위한 측정에 이용된다.
• 섬유상 여과지는 직경 $2\mu m$ 이하의 섬유를 압착하여 제조한 여과지이다.

➡ PTFE막 여과지(테프론)
• 농약, 알칼리성 먼지, 콜타르피치 등을 채취한다.
• 열, 화학물질, 압력 등에 강한 특성이 있다.
• 석탄건류나 증류 등의 고열 공정에서 발생되는 다핵방향족 탄화수소를 채취할 때 사용된다.

25 ────── • Repetitive Learning (1회 2회 3회)

가스크로마토그래피의 검출기에 관한 설명으로 옳지 않은 것은?(단, 고용노동부 고시를 기준으로 한다)

① 약 850℃까지 작동가능 해야 한다.
② 검출기는 시료에 대하여 선형적으로 감응해야 한다.
③ 검출기는 감도가 좋고 안정성과 재현성이 있어야 한다.
④ 검출기의 온도를 조절할 수 있는 가열기구 및 이를 측정할 수 있는 측정기구가 갖추어져야 한다.

해설

• 검출기는 약 400℃까지 작동가능 해야 한다.

➡ 가스크로마토그래피의 검출기
• 검출기의 온도를 조절할 수 있는 가열기구 및 이를 측정할 수 있는 측정기구가 갖추어져야 한다.
• 검출기는 감도가 좋고 안정성과 재현성이 있어야 하며, 시료에 대하여 선형적으로 감응해야 하고, 약 400℃까지 작동가능 해야 한다.

26 ────── • Repetitive Learning (1회 2회 3회)

고열 측정방법에 관한 내용이다. ( ) 안에 맞는 내용은?(단, 고용노동부 고시 기준)

> 측정은 단위작업장소에서 측정대상이 되는 근로자의 작업행동 범위 내에서 주 작업 위치의 바닥면으로부터 (   )의 위치에서 행하여야 한다.

① 50cm 이상, 120cm 이하
② 50cm 이상, 150cm 이하
③ 80cm 이상, 120cm 이하
④ 80cm 이상, 150cm 이하

해설

• 측정기의 위치는 바닥 면으로부터 50센티미터 이상, 150센티미터 이하의 위치에서 측정한다.

➡ 고열의 측정방법 [실기]1003
• 측정은 단위작업장소에서 측정대상이 되는 근로자의 주 작업 위치에서 측정한다.
• 측정기의 위치는 바닥 면으로부터 50센티미터 이상, 150센티미터 이하의 위치에서 측정한다.
• 측정기를 설치한 후 충분히 안정화 시킨 상태에서 1일 작업시간 중 가장 높은 고열에 노출되는 1시간을 10분 간격으로 연속하여 측정한다.

27 ────── • Repetitive Learning (1회 2회 3회)

음파 중 둘 또는 그 이상의 음파의 구조적 간섭에 의해 시간적으로 일정하게 음압의 최고와 최저가 반복되는 패턴의 파는?

① 발산파
② 구면파
③ 정재파
④ 평면파

해설

• 발산파는 음원으로부터 거리가 멀어질수록 더 넓게 퍼져나가는 파를 말한다.
• 구면파는 음원에서 모든 방향으로 동일한 에너지를 방출할 때 발생되는 파를 말한다.
• 평면파는 파면이 서로 평행한 파를 말한다.

➡ 정재파(standing wave)
• 음파 중 둘 또는 그 이상의 음파의 구조적 간섭에 의해 시간적으로 일정하게 음압의 최고(peak)와 최저(deep)가 반복되는 패턴의 파를 말한다.
• 정지한 채 진동만 하는 파형을 말한다.

28

• Repetitive Learning 1회 2회 3회

2102

처음 측정한 측정치는 유량, 측정시간, 회수율, 분석에 의한 오차가 각각 15%, 3%, 10%, 7%이었으나 유량에 의한 오차가 개선되어 10%로 감소되었다면 개선 전 측정치의 누적오차와 개선후의 측정치의 누적오차의 차이는 약 몇%인가?

① 6.5 ② 5.5
③ 4.5 ④ 3.5

해설

- 변경 전의 누적오차
$$E_c = \sqrt{15^2 + 3^2 + 10^2 + 7^2} = \sqrt{383} = 19.570 \cdots [\%] 이다.$$
- 변경 후의 누적오차
$$E_c = \sqrt{10^2 + 3^2 + 10^2 + 7^2} = \sqrt{258} = 16.062 \cdots [\%] 이다.$$
- 누적오차의 차이는 19.570 − 16.062 = 3.508[%]이다.
- ✱ 누적오차
  - 조건이 같을 경우 항상 같은 크기, 같은 방향으로 일어나는 오차를 말한다.
  - 누적오차 $E_c = \sqrt{E_1^2 + E_2^2 + \cdots + E_n^2}$ 으로 구한다.

29

• Repetitive Learning 1회 2회 3회

다음 중 수동식 시료채취기(passive sampler)의 포집원리와 가장 관계가 없는 것은?

① 확산 ② 투과
③ 흡착 ④ 흡수

해설

- 수동식 시료채취기는 확산, 투과, 흡착 원리를 이용하여 포집한다.
- ✱ 수동식 시료채취기(Passive sampler)의 포집원리 실기 0401
  - 채취효율에 영향을 끼치는 인자는 기류, 온도, 습도 등이 있다.
  - 확산, 투과, 흡착 원리를 이용하여 포집한다.
  - 최소한의 기류가 없어 채취기 표면에서 일단 확산에 의하여 오염물질이 제거되면 농도가 없어지거나 감소하는 결핍현상이 발생하므로 최소한의 기류유지에 주의해야 한다.

30

• Repetitive Learning 1회 2회 3회

1일 12시간 작업할 때 톨루엔(TLV-100ppm)의 보정노출기준은 약 몇 ppm인가?(단, 고용노동부 고시를 기준으로 한다)

① 25 ② 67
③ 75 ④ 150

해설

- 1일 12시간 작업이고, 8시간 노출기준이 100ppm이므로 대입하면
$$보정노출기준 = 100 \times \left(\frac{8}{12} = 0.6666 \cdots \right) = 66.67이 된다.$$
- ✱ 보정방법
  - ㉠ OSHA 보정
    - 보정된 노출기준은 8시간 노출기준 $\times \dfrac{8시간}{1일\ 노출시간}$ 으로 구한다.
    - 만약 만성중독으로 작업시간이 주단위로 부여되는 경우 노출기준 $\times \dfrac{40시간}{1주\ 노출시간}$ 으로 구한다.
  - ㉡ Brief and Scala 보정 실기 0303/0401/0601/0701/0801/0802/0803/1203/1503/1603/1902/2003
    - 노출기준 보정계수는 $\left(\dfrac{8}{H} \right) \times \dfrac{24 - H}{16}$ 으로 구한 후 주어진 TLV값을 곱해준다.
    - 만약 만성중독으로 작업시간이 주단위로 부여되는 경우 노출기준 보정계수는 $\left(\dfrac{40}{H} \right) \times \dfrac{168 - H}{128}$ 으로 구한 후 주어진 TLV값을 곱해준다.

31

• Repetitive Learning 1회 2회 3회

0603 / 1403

다음 중 2차 표준 보정기구와 가장 거리가 먼 것은?

① 폐활량계 ② 열선기류계
③ 건식가스미터 ④ 습식테스트미터

해설

- 폐활량계(Spirometer)는 폐기능을 검사와 1차 용량 표준으로 사용하는 1차 표준기구이다.
- ✱ 표준기구들의 특징
  - ㉠ 1차 표준기구
    - 폐활량계(Spirometer)는 폐기능을 검사와 1차 용량 표준으로 사용하는 1차 표준기구이다.
    - 가스치환병은 정확도가 높아 실험실에서 주로 사용하는 1차 표준기구이다.
    - 펌프의 유량을 보정하는 데 1차 표준으로서 비누거품미터가 가장 널리 사용된다.
    - 흑연피스톤미터는 공기시료 채취 시 공기유량과 용량을 보정하는 표준기구이다.
  - ㉡ 2차 표준기구
    - 건식가스미터는 일반적 사용범위가 10~150L/분이고 정확도는 ±1%이며 주로 현장에서 사용된다.
    - 습식테스트미터는 일반적 사용범위가 0.5~230L/분이고 정확도는 ±0.5%이며 실험실에서 주로 사용된다.

32

• Repetitive Learning (1회 2회 3회)

공장 내부에 소음 (대당 PWL＝85dB)을 발생시키는 기계가 있다. 이 기계 2대가 동시에 가동될 때 발생하는 PWL의 합은?

① 86dB ② 88dB
③ 90dB ④ 92dB

해설

• 85dB(A)의 소음 2개가 만드는 합성소음은
$10\log(10^{8.5} + 10^{8.5}) = 10 \times 8.801 = 88.01$이 된다.

⁝⁝ 합성소음 실기 0401/0801/0901/1403/1602

• 동일한 공간 내에서 2개 이상의 소음원에 대한 소음이 발생할 때 전체 소음의 크기를 말한다.

• 합성소음[dB(A)] $= 10\log(10^{\frac{SPL_1}{10}} + \cdots + 10^{\frac{SPL_i}{10}})$으로 구할 수 있다.
이때, $SPL_1, \cdots, SPL_i$는 개별 소음도를 의미한다.

33

• Repetitive Learning (1회 2회 3회)

유기용제 취급 사업장의 메탄올 농도 측정결과가 100, 89, 94, 99, 120ppm일 때, 이 사업장의 메탄올 농도의 기하평균은 약 몇 ppm인가?

① 100.3 ② 102.3
③ 104.3 ④ 106.3

해설

• 기하평균은 주어진 n개의 값들을 곱해서 나온 값의 n제곱근이다.
• 주어진 값을 기하평균식에 대입하면
$\sqrt[5]{100 \times 89 \times 94 \times 99 \times 120} = 99.8773\cdots$이다. 가장 가까운 값을 찾는다.

⁝⁝ 기하평균(GM) 실기 0303/0403/0502/0601/0702/0801/0803/1102/1301/
1403/1703/1801/2102
문제 12번의 유형별 핵심이론 ⁝⁝ 참조

34

• Repetitive Learning (1회 2회 3회)

다음 중 직경이 5cm인 흑구 온도계의 온도 측정시간 기준은 무엇인가?(단, 고용노동부 고시를 기준으로 한다)

① 1분 이상 ② 3분 이상
③ 5분 이상 ④ 10분 이상

해설

• 직경이 5센티미터 이상인 흑구온도계 또는 습구흑구온도를 동시에 측정할 수 있는 기기에서 직경이 5센티미터일 경우 5분 이상 측정해야 한다.

⁝⁝ 측정구분에 의한 측정기기와 측정시간 실기 1001

구분	측정기기	측정시간
습구온도	0.5도 간격의 눈금이 있는 아스만통풍건습계, 자연습구온도를 측정할 수 있는 기기 또는 이와 동등 이상의 성능이 있는 측정기기	• 아스만통풍건습계 : 25분 이상 • 자연습구온도계 : 5분 이상
흑구 및 습구흑구 온도	직경이 5센티미터 이상되는 흑구온도계 또는 습구흑구온도(WBGT)를 동시에 측정할 수 있는 기기	• 직경이 15센티미터일 경우 25분 이상 • 직경이 7.5센티미터 또는 5센티미터일 경우 5분 이상

35

• Repetitive Learning (1회 2회 3회)

다음 중 빛의 산란 원리를 이용한 직독식 먼지 측정기는?

① 분진광도계 ② 피에조밸런스
③ β-gauge계 ④ 유리섬유여과분진계

해설

• 피에조밸런스는 압전 결정 소자의 진동수 감도를 이용하여 분진의 농도를 측정하는 장비이다.
• β-gauge계는 베타 물질이 필터 매질에 수집된 입자상물질을 통과할 때 에너지가 베타 입자에서 흡수되는 것을 이용한 입자상 물질 측정장비이다.
• 유리섬유여과분진계는 유리섬유 여과지에 먼지가 관성충돌 할 때 여과지를 통해 분진을 집진하는 장비이다.

⁝⁝ 분진광도계

• 빛의 산란 원리를 이용하여 반사광이 가스 혼합물 내 입자에 의해 산란되고 이를 민감한 수신기가 감지하는 직독식 먼지 측정기이다.
• 감도가 높아 낮은 먼지농도에 적합하다.

36

• Repetitive Learning (1회 2회 3회)

다음 중 1일 8시간 및 1주일 40시간 동안의 평균농도를 말하는 것은?

① 천장값 ② 허용농도 상한치
③ 시간가중평균농도 ④ 단시간 노출허용농도

해설

- 시간가중평균값은 1일 8시간 작업을 기준으로 한 평균노출농도이다.

⁑ 시간가중평균값(TWA, Time-Weighted Average) 실기 0302/1102/1302/1801/2002

- 1일 8시간 작업을 기준으로 한 평균노출농도이다.
- TWA 환산값 $= \dfrac{C_1 \cdot T_1 + C_2 \cdot T_1 + \cdots + C_n \cdot T_n}{8}$ 로 구한다.

  이때, C : 유해인자의 측정농도(단위 : ppm, mg/m³ 또는 개/cm³)
  T : 유해인자의 발생시간(단위 : 시간)

0902

37 ─── Repetitive Learning 1회 2회 3회

흡착제를 이용하여 시료를 채취할 때 영향을 주는 인자에 관한 설명으로 옳지 않은 것은?

① 습도가 높으면 파과 공기량(파과가 일어날 때까지의 공기 채취량)이 작아진다.
② 시료 채취속도가 낮고 코팅되지 않은 흡착제일수록 파과가 쉽게 일어난다.
③ 공기 중 오염물질의 농도가 높을수록 파과 용량(흡착제에 흡착된 오염물질의 양)은 증가한다.
④ 고온에서는 흡착 대상오염물질과 흡착제의 표면 사이 또는 2종 이상의 흡착 대상 물질간 반응속도가 증가하여 분리한 조건이 된다.

해설

- 시료채취속도가 높고 코팅된 흡착제일수록 파과가 일어나기 쉽다.

⁑ 흡착제를 이용하여 시료를 채취할 때 영향을 주는 인자

온도	일반적으로 흡착은 발열 반응이므로 열역학적으로 온도가 낮을수록 흡착에 좋은 조건이며, 고온일수록 흡착 성질이 감소하며 파과가 일어나기 쉽다.
습도	습도가 높으면 극성 흡착제를 사용할 때 파과 공기량이 적어진다.
오염물질 농도	공기 중 오염물질의 농도가 높을수록 파과 용량(흡착제에 흡착된 오염물질의 양(mg))은 증가하나 파과 공기량은 감소한다.
시료채취 유량	시료 채취 유량이 높으면 파과가 일어나기 쉬우며 코팅된 흡착제일수록 그 경향이 강하다.
흡착제의 크기	입자의 크기가 작을수록 표면적이 증가하여 채취효율이 증가하나 압력강하가 심하다.
흡착관의 크기	흡착관의 크기가 커지면 전체 흡착제의 표면적이 증가하여 채취용량이 증가하므로 파과가 쉽게 발생되지 않는다.

---

38 ─── Repetitive Learning 1회 2회 3회

흡수용액을 이용하여 시료를 포집할 때 흡수효율을 높이는 방법과 거리가 먼 것은?

① 시료채취유량을 낮춘다.
② 용액의 온도를 높여 오염물질을 휘발시킨다.
③ 가는 구멍이 많은 Fritted 버블러 등 채취 효율이 좋은 기구를 사용한다.
④ 두 개 이상의 버블러를 연속적으로 연결하여 용액의 양을 늘린다.

해설

- 흡수효율을 높이려면 용액의 온도를 낮추어 오염물질의 휘발성을 제한한다.

⁑ 흡수용액을 이용하여 시료를 포집할 때 흡수효율을 높이는 방법
실기 0601/1303/1802/2101

- 시료채취유량을 낮춘다.
- 용액의 온도를 낮추어 오염물질의 휘발성을 제한한다.
- 가는 구멍이 많은 Fritted 버블러 등 채취 효율이 좋은 기구를 사용한다.
- 두 개 이상의 버블러를 연속적으로 연결하여 용액의 양을 늘린다.

0702 / 0801 / 1001 / 1002 / 1402

39 ─── Repetitive Learning 1회 2회 3회

통계집단의 측정값들에 대한 균일성과 정밀성의 정도를 표현하는 것으로 평균값에 대한 표준편차의 크기를 백분율로 나타낸 것은?

① 정확도　　　　　② 변이계수
③ 신뢰편차율　　　④ 신뢰한계율

해설

- 평균값에 대한 표준편차의 크기를 백분율[%]로 나타낸 것은 변이계수이다.

⁑ 변이계수(Coefficient of Variation) 실기 0501/0602/0702/1003

- 평균값에 대한 표준편차의 크기를 백분율[%]로 나타낸 것이다.
- 변이계수는 $\dfrac{표준편차}{산술평균} \times 100$ 으로 구한다.
- 측정단위와 무관하게 독립적으로 산출된다.
- 단위가 서로 다른 집단이나 특성값의 상호 산포도를 비교하는 데 이용한다.
- 통계집단의 측정값들에 대한 균일성, 정밀성 정도를 표현하는 것이다.
- 평균값의 크기가 0에 가까울수록 변이계수의 의의가 작아지는 단점이 있다.

---

40 ── ● Repetitive Learning 〔1회 2회 3회〕

다음 중 비극성 유기용제 포집에 가장 적합한 흡착제는?

① 활성탄
② 염화칼슘
③ 활성칼슘
④ 실리카겔

해설

- 비극성 유기용제 포집에 사용되는 흡착제는 활성탄, 골탄, 분자체 탄소 등이 있다.

✂ 활성탄(Activated charcoal)
- 작업장 내 다습한 공기에 포함된 비극성이고 분자의 크기가 큰 유기증기를 채취하기 가장 적합한 흡착제이다.
- 다른 흡착제에 비하여 큰 비표면적을 갖고 있다.
- 주로 알코올류, 할로겐화 탄화수소류, 에스테르류, 방향족 탄화수소류를 포집한다.

3과목　작업환경관리대책

1402

41 ── ● Repetitive Learning 〔1회 2회 3회〕

A분진의 노출기준은 10mg/m^3이며 일반적으로 반면형 마스크의 할당보호계수(APF)는 10일 때, 반면형 마스크를 착용할 수 있는 작업장 내 A분진의 최대 농도는 얼마인가?

① 1mg/m^3
② 10mg/m^3
③ 50mg/m^3
④ 100mg/m^3

해설

- 주어진 값을 대입하면 MUC = 10mg/m^3 × 10 = 100mg/m^3이다.

✂ 최대사용농도(MUC : Maximum Use Concentration)
- 근로자가 어떤 호흡보호구를 착용하였을 때 보호를 해 주면서 사용할 수 있는 공기 중 최대사용농도를 말한다.
- MUC = 노출기준 × APF(할당보호계수)로 구한다.

2003

42 ── ● Repetitive Learning 〔1회 2회 3회〕

입자상 물질을 처리하기 위한 공기정화장치로 가장 거리가 먼 것은?

① 사이클론
② 중력집진장치
③ 여과집진장치
④ 촉매산화에 의한 연소장치

해설

- 촉매산화에 의한 연소장치는 배기가스 중에 함유된 가연성 물질을 촉매에 의해 연소시키는 장치이다.

✂ 입자상 물질 처리를 위한 공기정화장치
- 사이클론
- 중력집진장치
- 여과집진장치
- 관성력집진장치
- 전기집진장치

1802

43 ── ● Repetitive Learning 〔1회 2회 3회〕

작업환경의 관리원칙 중 대치로 적절하지 않은 것은?

① 성냥 제조시에 황린 대신 적린을 사용한다.
② 분말로 출하되는 원료로 고형상태의 원료로 출하한다.
③ 광산에서 광물을 채취할 때 습식 공정 대신 건식 공정을 사용한다.
④ 단열재 석면을 대신하여 유리섬유나 암면 또는 스티로폼 등을 사용한다.

해설

- 건식공정이 습식공정으로 바뀌어야 올바른 대치가 된다.

✂ 대치의 원칙

시설의 변경	• 가연성 물질을 유리병 대신 철제통에 저장 • Fume 배출 드라프트의 창을 안전 유리창으로 교체
공정의 변경	• 건식공법의 습식공법으로 전환 • 전기 흡착식 페인트 분무방식 사용 • 금속을 두들겨 자르던 공정을 톱으로 절단 • 알코올을 사용한 엔진 개발 • 도자기 제조공정에서 건조 후에 하던 점토의 조합을 건조 전에 실시 • 땜질한 납 연마 시 고속회전 그라인더의 사용을 저속 Oscillating-typesander로 변경
물질의 변경	• 성냥 제조시 황린 대신 적린 사용 • 단열재 석면을 대신하여 유리섬유나 암면 또는 스티로폼 등을 사용 • 야광시계 자판에 Radium을 인으로 대치 • 금속표면을 블라스팅할 때 사용재료로서 모래 대신 철 구슬을 사용 • 페인트 희석제를 석유나프타에서 사염화탄소로 대치 • 분체 입자를 큰 입자로 대체 • 금속세척 시 TCE를 대신하여 계면활성제로 변경 • 세탁 시 화재 예방을 위해 석유나프타 대신 4클로로에틸렌을 사용 • 세척작업에 사용되는 사염화탄소를 트리클로로에틸렌으로 전환 • 아조염료의 합성에 벤지딘 대신 디클로로벤지딘을 사용 • 페인트 내에 들어있는 납을 아연 성분으로 전환

44 ──────── ● Repetitive Learning 〔1회〕〔2회〕〔3회〕

후드의 유입계수가 0.86일 때, 압력손실계수는 약 얼마인가?

① 0.25   ② 0.35

③ 0.45   ④ 0.55

해설

- 유입손실계수(F) $= \dfrac{1-C_e^2}{C_e^2} = \dfrac{1}{C_e^2} - 1$이므로 대입하면

  $\dfrac{1}{0.86^2} - 1 = 0.3520\cdots$이다.

- **후드의 유입계수와 유입손실계수** 〔실기〕0502/0801/0901/1001/1102/1303/1602/1603/1903/2002/2103

  - 후드에서의 압력손실이 유량의 저하로 나타나는 현상이다.
  - 유입계수 C_e가 1에 가까울수록 이상적인 후드에 가깝다.
  - 유입계수는 속도압/후드정압의 제곱근으로 구할 수 있다.
  - 유입계수(C_e) $= \dfrac{\text{실제적 유량}}{\text{이론적 유량}} = \dfrac{\text{실제 흡인유량}}{\text{이론 흡인유량}} = \sqrt{\dfrac{1}{1+F}}$ 으로 구한다.

    이때 F는 후드의 유입손실계수로 $\dfrac{\Delta P}{VP}$ 즉, $\dfrac{\text{압력손실}}{\text{속도압(동압)}}$ 으로 구할 수 있다.
  - 유입(압력)손실계수(F) $= \dfrac{1-C_e^2}{C_e^2} = \dfrac{1}{C_e^2} - 1$로 구한다.

45 ──────── ● Repetitive Learning 〔1회〕〔2회〕〔3회〕

자유공간에 설치한 폭과 높이의 비가 0.5인 사각형 후드의 필요 환기량(Q, m^3/s)을 구하는 식으로 옳은 것은?(단, L : 폭(m), W : 높이(m), V : 제어속도(m/s), X : 유해물질과 후드개구부 간의 거리(m), K : 안전계수)

① $Q=V(10X^2+LW)$ ② $Q=V(5.3X^2+2.7LW)$

③ $Q=3.7LVX$ ④ $Q=2.6LVX$

해설

- 공간에 위치하며, 플랜지가 없으므로 필요 환기량

  $Q=60 \times V_c(10X^2+A)[m^3/\text{min}]$이며 $[m^3/\text{sec}]$로 구하려면 60을 나눠줘야 해서 $Q=V_c(10X^2+A)$으로 구한다.

- **외부식 원형 또는 장방형 후드** 〔실기〕0303/0403/0503/0603/0801/1001/1002/1701/1703/1901/2003/2102

  - 공간에 위치하며, 플랜지가 없는 경우에 해당한다.
  - 기본식(Dalla Valle)은 $Q=60 \times V_c(10X^2+A)$로 구한다. 이때 Q는 필요 환기량$[m^3/\text{min}]$, V_c는 제어속도$[m/\text{sec}]$, A는 개구면적$[m^2]$, X는 후드의 중심선으로부터 발생원까지의 거리$[m]$이다.

46 ──────── ● Repetitive Learning 〔1회〕〔2회〕〔3회〕

다음 중 비극성용제에 대한 효과적인 보호장구의 재질로 가장 옳은 것은?

① 면   ② 천연고무

③ Nitrile 고무   ④ Butyl 고무

해설

- 면은 고체상 물질에 효과적이다.
- 천연고무와 부틸고무는 극성 용제에 효과적이다.

- **보호구 재질과 적용 물질**

면	고체상 물질에 효과적이다.(용제에는 사용 못함)
가죽	찰과상 예방 용도(용제에는 사용 못함)
천연고무	절단 및 찰과상 예방에 좋으며 수용성 용액, 극성 용제(물, 알콜, 케톤류 등)에 효과적이다.
부틸 고무	극성 용제(물, 알콜, 케톤류 등)에 효과적이다.
니트릴 고무 (viton)	비극성 용제(벤젠, 사염화탄소 등)에 효과적이다.
네오프렌 (Neoprene) 고무	비극성 용제(벤젠, 사염화탄소 등), 산, 부식성 물질에 효과적이다.
Ethylene Vinyl Alcohol	대부분의 화학물질에 효과적이다.

47 ──────── ● Repetitive Learning 〔1회〕〔2회〕〔3회〕

다음 중 자연환기에 대한 설명과 가장 거리가 먼 것은?

① 효율적인 자연환기는 냉방비 절감의 장점이 있다.

② 환기량 예측 자료를 구하기 쉬운 장점이 있다.

③ 운전에 따른 에너지 비용이 없는 장점이 있다.

④ 외부 기상조건과 내부 작업조건에 따라 환기량 변화가 심한 단점이 있다.

해설

- 자연환기는 환기량 예측 자료를 구하기 어렵다.

- **자연환기와 강제환기의 비교**

	자연환기	강제환기
장점	• 적당한 온도 차와 바람이 있다면 비용면에서 상당히 효과적이다. • 운전에 따른 에너지 비용이 없다.	• 외부 조건에 관계없이 작업환경을 일정하게 유지시킬 수 있다.
단점	• 환기량 예측 자료를 구하기 어렵다. • 외부 기상조건과 내부 작업조건에 따라 환기량 변화가 심하다.	

48

—————● Repetitive Learning (1회 2회 3회)

덕트 설치의 주요사항으로 옳은 것은?

① 구부러짐 전·후에는 청소구를 만든다.
② 공기 흐름은 상향구배를 원칙으로 한다.
③ 덕트는 가능한 한 길게 배치하도록 한다.
④ 밴드의 수는 가능한 한 많게 하도록 한다.

해설

- 덕트는 공기가 아래로 흐르도록 하향구배를 원칙으로 한다.
- 덕트는 가능한 한 짧게 배치하도록 한다.
- 밴드의 수는 가능한 한 적게 하도록 한다.

❖ 덕트 설치 시 고려사항 [실기]1301
  - 가능하면 길이는 짧게 하고 굴곡부의 수는 적게 한다.
  - 접속부의 안쪽은 돌출된 부분이 없도록 한다.
  - 공기가 아래로 흐르도록 하향구배를 원칙으로 한다.
  - 구부러짐 전·후에는 청소구를 만든다.
  - 덕트 내부에 오염물질이 쌓이지 않도록 이송속도를 유지한다.
  - 직경이 다른 덕트를 연결할 때는 경사 30° 이내의 테이퍼를 부착한다.
  - 덕트의 직경이 15cm 미만인 경우 새우등 곡관 3개 이상, 덕트의 직경이 15cm 이상인 경우 새우등 곡관 5개 이상을 사용한다.
  - 곡관의 중심선 곡률반경은 최대 덕트 직경의 2.5배 내외가 되도록 한다.
  - 송풍기를 연결할 때는 최소 덕트 직경의 6배 정도는 직선구간으로 한다.
  - 가급적 원형덕트를 사용하여 부득이 사각형 덕트를 사용할 경우는 가능한 한 정방형을 사용한다.
  - 수분이 응축될 경우 덕트 내로 들어가지 않도록 하며 경사나 배수구를 마련한다.

49

—————● Repetitive Learning (1회 2회 3회)

배기 덕트로 흐르는 오염공기의 속도압이 $6mmH_2O$일 때, 덕트 내 오염공기의 유속은 약 몇 m/s인가?(단, 오염공기밀도는 1.25kg/m^3이고, 중력가속도는 9.8m/s^2이다)

① 6.6
② 7.2
③ 8.3
④ 9.7

해설

- 속도압과 밀도, 중력가속도가 주어졌으므로 $VP = \dfrac{\gamma V^2}{2g}$를 이용하여 공기의 유속을 구할 수 있다. 공기의 유속 $V = \sqrt{\dfrac{VP \times 2g}{\gamma}}$로 구한다.

- 대입하면 공기의 속도 $V = \sqrt{\dfrac{6 \times 2 \times 9.8}{1.25}} = 9.699\cdots$[m/s]가 된다.

❖ 속도압(동압) [실기] 0402/0602/0803/1003/1101/1301/1402/1502/1601/1602/1703/1802/2001/2201
  - 속도압(VP)은 전압(TP)에서 정압(SP)을 뺀 값으로 구한다.
  - 동압 $VP = \dfrac{\gamma V^2}{2g}[mmH_2O]$로 구한다. 이때 γ는 표준공기일 경우 1.203[kgf/m^3]이며, g는 중력가속도로 9.81[m/s^2]이다.
  - VP[mmH_2O]를 알면 공기속도는 $V = 4.043 \times \sqrt{VP}$[m/s]로 구한다.

50

1502
—————● Repetitive Learning (1회 2회 3회)

송풍기의 송풍량이 200m^3/min이고, 송풍기 전압이 150mmH_2O이다. 송풍기의 효율이 0.80이라면 소요동력은 약 몇 kW인가?

① 4
② 6
③ 8
④ 10

해설

- 송풍량이 분당으로 주어질 때 $\dfrac{송풍량 \times 전압}{6,120 \times 효율} \times 여유율$[kW]로 구한다.
- 대입하면 $\dfrac{200 \times 150}{6,120 \times 0.8} = 6.127\cdots$이 된다.

❖ 송풍기의 소요동력 [실기] 0402/0403/0602/0603/0901/1101/1201/1402/1501/1601/1802/1903
  - 송풍량이 초당으로 주어질 때 $\dfrac{송풍량 \times 60 \times 전압}{6,120 \times 효율} \times 여유율$[kW]로 구한다.
  - 송풍량이 분당으로 주어질 때 $\dfrac{송풍량 \times 전압}{6,120 \times 효율} \times 여유율$[kW]로 구한다.
  - 여유율이 주어지지 않을 때는 1을 적용한다.

51

0601
—————● Repetitive Learning (1회 2회 3회)

송풍기의 동작점에 관한 설명으로 가장 알맞은 것은?

① 송풍기의 성능곡선과 시스템 동력곡선이 만나는 점
② 송풍기의 정압곡선과 시스템 효율곡선이 만나는 점
③ 송풍기의 성능곡선과 시스템 요구곡선이 만나는 점
④ 송풍기의 정압곡선과 시스템 동압곡선이 만나는 점

438 산업위생관리기사 필기 과년도

48 ① 49 ④ 50 ② 51 ③ |정답|

해설

- 송풍기의 성능곡선(Fan curve)과 시스템 요구곡선(System curve)이 만나는 점을 송풍기의 동작점 혹은 송풍기의 운전상태점이라고도 한다.
- ❖ 송풍기의 동작점
  - 송풍기의 성능곡선(Fan curve)과 시스템 요구곡선(System curve)이 만나는 점을 말한다.
  - 공기의 유동을 결정하는 지점이다.

1401

52 •Repetitive Learning (1회 2회 3회)

총압력손실계산법 중 정압조절평형법에 대한 설명과 가장 거리가 먼 것은?

① 설계가 어렵고 시간이 많이 걸린다.
② 예기치 않은 침식 및 부식이나 퇴적문제가 일어난다.
③ 송풍량은 근로자나 운전자의 의도대로 쉽게 변경되지 않는다.
④ 설계 시 잘못 설계된 분지관 또는 저항이 가장 큰 분지관을 쉽게 발견할 수 있다.

해설

- 정압조절평형법은 예기치 않은 침식 및 부식이나 퇴적문제가 일어나지 않는다.
- ❖ 정압조절평형법(유속조절평형법, 정압균형유지법) 실기 0801/0901/1301/1303/1901
  - 저항이 큰 쪽의 덕트 직경을 약간 크게 혹은 작게함으로써 저항을 줄이거나 늘려 합류점의 정압이 같아지도록 하는 방법을 말한다.
  - 분지관의 수가 적고 고독성 물질이나 폭발성, 방사성 분진을 대상으로 사용한다.

장점	• 설계가 정확할 때는 가장 효율적인 시설이 된다. • 송풍량은 근로자나 운전자의 의도대로 쉽게 변경되지 않는다. • 유속의 범위가 적절히 선택되면 덕트의 폐쇄가 일어나지 않는다. • 설계 시 잘못 설계된 분지관 또는 저항이 가장 큰 분지관을 쉽게 발견할 수 있다. • 예기치 않은 침식 및 부식이나 퇴적문제가 일어나지 않는다.
단점	• 설계가 어렵고 시간이 많이 걸린다. • 설계 시 잘못된 유량의 수정이 어렵다. • 때에 따라 전체 필요한 최소유량보다 더 초과될 수 있다. • 설치 후 변경이나 변경에 대한 유연성이 낮다.

1301 / 1502

53 •Repetitive Learning (1회 2회 3회)

덕트 직경이 30cm이고 공기유속이 5m/s일 때, 레이놀즈수는 약 얼마인가?(단, 공기의 점성계수는 20℃에서 1.85×10^{-5} kg/sec · m, 공기밀도는 20℃에서 1.2kg/m^3이다)

① 97,300
② 117,500
③ 124,400
④ 135,200

해설

- 덕트 직경, 공기유속, 점성계수, 밀도가 주어졌으므로 레이놀즈수는 $Re = \dfrac{\rho v_s L}{\mu}$로 구할 수 있다.
- 대입하면 $Re = \dfrac{1.2 \times 5 \times 0.3}{1.85 \times 10^{-5}} = 0.97297 \cdots \times 10^5$이 된다.
- ❖ 레이놀즈(Reynolds)수 계산 실기 0303/0403/0502/0503/0603/0702/1001/1201/1203/1301/1401/1601/1702/1801/1901/1902/1903/2001/2101/2103/2201/2203
  - $Re = \dfrac{\rho v_s^2 / L}{\mu v_s / L^2} = \dfrac{\rho v_s L}{\mu} = \dfrac{v_s L}{\nu} = \dfrac{관성력}{점성력}$로 구할 수 있다.
    v_s는 유동의 평균속도[m/s]
    L은 특성길이(관의 내경, 평판의 길이 등)[m]
    μ는 유체의 점성계수[kg/sec · m]
    ν는 유체의 동점성계수[m^2/s]
    ρ는 유체의 밀도[kg/m^3]

0402 / 1901 / 2201

54 •Repetitive Learning (1회 2회 3회)

국소배기시설에서 장치 배치 순서로 가장 적절한 것은?

① 송풍기 → 공기정화기 → 후드 → 덕트 → 배출구
② 공기정화기 → 후드 → 송풍기 → 덕트 → 배출구
③ 후드 → 덕트 → 공기정화기 → 송풍기 → 배출구
④ 후드 → 송풍기 → 공기정화기 → 덕트 → 배출구

해설

- 장치 배치 순서는 후드 → 덕트 → 공기정화기 → 송풍기 → 배출구 순이다.
- ❖ 국소배기시설
  - 오염원이 근로자에게 위험을 주기 전에 오염발생원 및 그 부근에서 이를 포집하여 제거하는 시설을 말한다.
  - 후드(hood), 덕트(duct), 공기정화기(air cleaner), 송풍기(fan) 등으로 구성된다.
  - 장치 배치 순서는 후드 → 덕트 → 공기정화기 → 송풍기 → 배출구 순이다.

55

— Repetitive Learning (1회 2회 3회)

다음 중 차음보호구인 귀마개(Ear Plug)에 대한 설명과 가장 거리가 먼 것은?

① 차음효과는 일반적으로 귀덮개보다 우수하다.
② 외청도에 이상이 없는 경우에 사용이 가능하다.
③ 더러운 손으로 만짐으로써 외청도를 오염시킬 수 있다.
④ 귀덮개와 비교하면 제대로 착용하는데 시간은 걸리나 부피가 작아서 휴대하기 편리하다.

해설

• 귀마개는 차음효과에 있어 귀덮개에 비해 떨어진다.

∷ 귀마개와 귀덮개의 비교 실기 1603/1902/2001

귀마개	귀덮개
• 좁은 장소에서도 사용이 가능하다. • 고온 작업 장소에서도 사용이 가능하다. • 부피가 작아서 휴대하기 편리하다. • 다른 보호구와 동시 사용할 때 편리하다. • 외청도를 오염시킬 수 있으며, 외청도에 이상이 없는 경우에 사용이 가능하다. • 제대로 착용하는데 시간은 걸린다.	• 간헐적 소음 노출 시 사용한다. • 쉽게 착용할 수 있다. • 일관성 있는 차음효과를 얻을 수 있다. • 크기를 여러 가지로 할 필요가 없다. • 착용여부를 쉽게 확인할 수 있다. • 귀에 염증이 있어도 사용할 수 있다.

56

— Repetitive Learning (1회 2회 3회)

오염물질의 농도가 200ppm까지 도달하였다가 오염물질 발생이 중지되었을 때, 공기 중 농도가 200ppm에서 19ppm으로 감소하는데 걸리는 시간은?(단, 환기를 통한 오염물질의 농도는 시간에 대한 지수함수(1차 반응)으로 근사된다고 가정하고 환기가 필요한 공간의 부피 V=3,000m^3, 환기량 Q =1.17m^3/s이다)

① 약 89분　　　② 약 101분
③ 약 109분　　　④ 약 115분

해설

• 작업장의 기적은 3,000m^3이다.
• 유효환기량이 1.17m^3/sec이므로 60을 곱해야 m^3/min가 되며, C_1이 200, C_2가 19이므로 대입하면

$$t=-\frac{3,000}{1.17\times60}ln\left(\frac{19}{200}\right)=100.593[min]이다.$$

∷ 유해물질의 농도를 감소시키기 위한 환기

ⓐ 농도 C_1에서 C_2까지 농도를 감소시키는데 걸리는 시간 실기

• 감소시간 $t=-\frac{V}{Q}ln\left(\frac{C_2}{C_1}\right)$로 구한다. 이때 V는 작업장 체적[m^3], Q는 공기의 유입속도[m^3/min], C_2는 희석후 농도[ppm], C_1은 희석전 농도[ppm]이다.

ⓑ 작업을 중지한 후 t분 지난 후 농도 C_2 실기 1102/1903

• t분이 지난 후의 농도 $C_2=C_1\cdot e^{-\frac{Q}{V}t}$로 구한다.

57

— Repetitive Learning (1회 2회 3회)

국소배기시설의 투자비용과 운전비를 적게하기 위한 조건으로 옳은 것은?

① 제어속도 증가
② 필요송풍량 감소
③ 후드개구면적 증가
④ 발생원과의 원거리 유지

해설

• 국소배기장치의 효율적인 선정과 설치를 위해서는 우선적으로 필요송풍량을 결정해야 한다. 필요송풍량에 따라 송풍기의 대수 및 규모를 결정하게 되며 이를 통해 투자비용과 운전비용이 결정된다.

∷ 국소배기장치의 선정, 설계, 설치 실기 1802/2003

• 국소배기장치의 효율적인 선정과 설치를 위해서는 우선적으로 필요송풍량을 결정해야 한다. 필요송풍량에 따라 송풍기의 대수 및 규모를 결정하게 되며 이를 통해 투자비용과 운전비용이 결정된다.
• 설계의 순서는 후드형식 선정 → 제어속도 결정 → 소요풍량 계산 → 반송속도 결정 → 배관내경 산출 → 후드 크기 결정 → 배관의 크기와 위치 선정 → 공기정화장치의 선정 → 송풍기의 선정 순으로 한다.
• 설치의 순서는 반드시 후드 → 덕트 → 공기정화장치 → 송풍기 → 배기구의 순으로 한다.

58

— Repetitive Learning (1회 2회 3회)

폭 a, 길이 b인 사각형관과 유체학적으로 등가인 원형관(직경 D)의 관계식으로 옳은 것은?

① D=ab/2(a+b)　　② D=2(a+b)/ab
③ D=2ab/a+b　　④ D=a+b/2ab

해설
- 상당직경은 $\dfrac{2ab}{a+b}$ 로 구한다.

⠸ 상당직경
- 사각형관과 유체학적으로 등가인 원형관의 직경을 말한다.
- 상당직경은 $\dfrac{2ab}{a+b}$ 로 구한다.

- 여과효율이 우수하려면 필터에 사용되는 섬유의 직경이 작고 조밀하게 압축되어야 한다.

4과목 **물리적 유해인자관리**

59
Repetitive Learning (1회 2회 3회)

국소배기시스템의 유입계수(C_e)에 관한 설명으로 옳지 않은 것은?

① 후드에서의 압력손실이 유량의 저하로 나타나는 현상이다.
② 유입계수란 실제유량/이론유량의 비율이다.
③ 유입계수는 속도압/후드정압의 제곱근으로 구한다.
④ 손실이 일어나지 않은 이상적인 후드가 있다면 유입계수는 0이 된다.

해설
- 유입계수 C_e가 1에 가까울수록 이상적인 후드에 가깝다.

⠸ 후드의 유입계수와 유입손실계수 [실기] 0502/0801/0901/1001/1102/
1303/1602/1603/1903/2002/2103
문제 44번의 유형별 핵심이론 ⠸ 참조

60
Repetitive Learning (1회 2회 3회)

다음 중 방진마스크의 요구사항과 가장 거리가 먼 것은?

① 포집효율이 높은 것이 좋다.
② 안면 밀착성이 큰 것이 좋다.
③ 흡기, 배기저항이 낮은 것이 좋다.
④ 흡기저항 상승률이 높은 것이 좋다.

해설
- 방진마스크 흡기저항 상승률은 낮은 것이 좋다.

⠸ 방진마스크의 필요조건
- 흡기와 배기저항 모두 낮은 것이 좋다.
- 흡기저항 상승률이 낮은 것이 좋다.
- 안면밀착성이 큰 것이 좋다.
- 포집효율이 높은 것이 좋다.
- 비휘발성 입자에 대한 보호가 가능하다.
- 무게중심은 안면에 강한 압박감을 주지 않는 위치에 있는 것이 좋다.

61
Repetitive Learning (1회 2회 3회)
1002 / 2201

음향출력이 1,000W인 음원이 반자유공간(반구면파)에 있을 때 20m 떨어진 지점에서의 음의 세기는 약 얼마인가?

① $0.2W/m^2$
② $0.4W/m^2$
③ $2.0W/m^2$
④ $4.0W/m^2$

해설
- 음향출력과 반지름이 주어졌다. 음의 세기는 $I = \dfrac{W}{S}$ 로 구한다.
- 반구이므로 구면판의 넓이는 $2\pi r^2$ 으로 구한다.
- 대입하면 음의 세기 $I = \dfrac{1,000}{2 \times 3.14 \times 20^2} = 0.3980 \cdots [w/m^2]$ 이다.

⠸ 음향출력
- 1초간에 음원으로부터 방출되는 소리의 에너지를 말하며, W[watt]로 표시한다.
- 음향출력[W]은 음의 세기(I)와 면적(S)의 곱으로 구한다.
- $W = I[W/m^2] \times S[m^2][watt]$ 로 구한다.

62
Repetitive Learning (1회 2회 3회)
1101 / 2102

밀폐공간에서 산소결핍의 원인을 소모(consumption), 치환(displacement), 흡수(absorption)로 구분할 때 소모에 해당하지 않는 것은?

① 용접, 절단, 불 등에 의한 연소
② 금속의 산화, 녹 등의 화학반응
③ 제한된 공간 내에서 사람의 호흡
④ 질소, 아르곤, 헬륨 등의 불활성 가스 사용

해설
- ④는 치환에 해당한다.

⠸ 밀폐공간 산소결핍의 원인

소모(consumption)	• 용접, 절단, 불 등에 의한 연소 • 금속의 산화, 녹 등의 화학반응 • 제한된 공간 내에서 사람의 호흡
치환(displacement)	질소, 아르곤, 헬륨 등의 불활성 가스 사용
흡수(absorption)	유해가스 누출로 인한 산소의 흡수

63
• Repetitive Learning 1회 2회 3회

고압환경에 의한 영향으로 거리가 먼 것은?

① 저산소증
② 질소의 마취작용
③ 산소 독성
④ 근육통 및 관절통

해설
• 고압환경에서는 저산소증이 아니라 산소중독 현상이 발생한다.

:: 고압 환경의 생체작용
• 1차성 압력현상 - 생체강과 환경간의 기압차이로 인한 기계적 작용으로 울혈, 부종, 출혈, 동통과 함께 귀, 부비강, 치아의 압통 등이 발생할 수 있다.
• 2차성 압력현상 - 고압하의 대기가스의 독성으로 인한 현상으로 질소마취, 산소 중독, 이산화탄소 중독 등이 있다.

64
0901 / 2101
• Repetitive Learning 1회 2회 3회

산업안전보건법상 상시 작업을 실시하는 장소에 대한 작업면의 조도 기준으로 맞는 것은?

① 초정밀작업 : 1,000럭스 이상
② 정밀작업 : 500럭스 이상
③ 보통작업 : 150럭스 이상
④ 그 밖의 작업 : 50럭스 이상

해설
• 초정밀작업은 750Lux 이상, 정밀작업은 300Lux 이상, 그 밖의 작업은 75Lux 이상을 필요로 한다.

:: 근로자가 상시 작업하는 장소의 작업면 조도(照度)

작업 구분	조도 기준
초정밀작업	750Lux 이상
정밀작업	300Lux 이상
보통작업	150Lux 이상
그 밖의 작업	75Lux 이상

65
0302 / 0402 / 1002 / 2101
• Repetitive Learning 1회 2회 3회

인체에 미치는 영향이 가장 큰 전신진동의 주파수 범위는?

① 2~100Hz
② 140~250Hz
③ 275~500HZ
④ 4,000Hz이상

해설

• 전신진동은 2~100Hz의 주파수 범위를 갖는다.

:: 전신진동
• 전신진동은 2~100Hz의 주파수 범위를 갖는다.
• 전신진동에 의한 생체반응에 관계하는 4인자는 진동의 강도, 진동수, 방향, 폭로시간이다.
• 진동이 작용하는 축에 따라 인체에 미치는 영향은 수직방향은 4~8Hz, 수평방향은 1~2Hz에서 가장 민감하다.
• 수평 및 수직진동이 동시에 가해지면 2배의 자각현상이 나타난다.

66
• Repetitive Learning 1회 2회 3회

비전리방사선에 대한 설명으로 틀린 것은?

① 적외선(IR)은 700nm~1mm의 파장을 갖는 전자파로서 열선이라고 부른다.
② 자외선(UV)은 X-선과 가시광선 사이의 파장(100nm~400nm)을 갖는 전자파이다.
③ 가시광선은 400~700nm의 파장을 갖는 전자파이며 망막을 자극해서 광각을 일으킨다.
④ 레이저는 극히 좁은 파장범위이기 때문에 쉽게 산란되며 강력하고 예리한 지향성을 지닌 특징이 있다.

해설
• 레이저광은 출력이 대단히 강력하고 극히 좁은 파장범위를 갖기 때문에 쉽게 산란하지 않는다.

:: 레이저(Lasers)
• 레이저란 자외선, 가시광선, 적외선 가운데 인위적으로 특정한 파장부위를 강력하게 증폭시켜 얻은 복사선이다.
• 양자역학을 응용하여 아주 짧은 파장의 전자기파를 증폭 또는 발진하여 발생시키며, 단일파장이고 위상이 고르며 간섭현상이 일어나기 쉬운 특성이 있는 비전리방사선이다.
• 강력하고 예리한 지향성을 지닌 광선이다.
• 출력이 대단히 강력하고 극히 좁은 파장범위를 갖기 때문에 쉽게 산란하지 않는다.
• 레이저광에 가장 민감한 표적기관은 눈이다.
• 파장, 조사량 또는 시간 및 개인의 감수성에 따라 피부에 홍반, 수포형성, 색소침착 등이 생기며 이는 가역적이다.
• 위험정도는 광선의 강도와 파장, 노출기간, 노출된 신체부위에 따라 달라진다.
• 레이저장해는 광선의 파장과 특정 조직의 광선 흡수능력에 따라 장해출현 부위가 달라진다.
• 200~400nm의 자외선 레이저광에서는 파장이 짧아질수록 눈에 대한 투과력이 감소한다.
• 피부에 대한 영향은 700nm~1mm에서 다소 강하게 작용한다.
• 레이저광 중 에너지의 양을 지속적으로 축적하여 강력한 파동을 발생시키는 것을 맥동파라 하고 이는 지속파보다 그 장해를 주는 정도가 크다.

67 ──────● Repetitive Learning 〔1회 2회 3회〕

산업안전보건법령상 고온의 노출기준을 나타낼 경우 중등작업의 계속작업 시 노출기준은 몇 ℃(WBGT)인가?

① 26.7
② 28.3
③ 29.7
④ 31.4

해설

- 중등작업은 시간당 200~350kcal의 열량이 소요되는 작업으로 물체를 들거나 밀면서 걸어다니는 일 등을 말하며, 계속작업을 수행할 때 경작업인 경우 30℃, 중등작업인 경우 26.7℃, 중작업인 경우 25.0℃가 고온의 노출기준이 된다.

⁘ 고온의 노출기준(단위 : ℃, WBGT) **실기** 0703

작업강도 작업휴식시간비	경작업	중등작업	중작업
계속 작업	30.0	26.7	25.0
매시간 75%작업, 25%휴식	30.6	28.0	25.9
매시간 50%작업, 50%휴식	31.4	29.4	27.9
매시간 25%작업, 75%휴식	32.2	31.1	30.0

- 경작업 : 200kcal까지의 열량이 소요되는 작업을 말하며, 앉아서 또는 서서 기계의 조정을 하기 위하여 손 또는 팔을 가볍게 쓰는 일 등을 뜻함
- 중등작업 : 시간당 200~350kcal의 열량이 소요되는 작업을 말하며, 물체를 들거나 밀면서 걸어다니는 일 등을 뜻함
- 중작업 : 시간당 350~500kcal의 열량이 소요되는 작업을 말하며, 곡괭이질 또는 삽질하는 일 등을 뜻함

68 ──────● Repetitive Learning 〔1회 2회 3회〕

1,000Hz에서 40dB의 음향레벨을 갖는 순음의 크기를 1로 하는 소음의 단위는?

① sone
② phon
③ NRN
④ dB(C)

해설

- phon 값은 1,000Hz에서의 순음의 음압수준(dB)에 해당한다.
- NRN은 외부의 소음을 시간, 지역, 강도, 특성 등을 고려해 만든 소음평가지수이다.
- dB(C)는 실제 마이크에 측정되는 음압을 말한다.

⁘ sone 값
- 인간이 청각으로 느끼는 소리의 크기를 측정하는 척도 중 하나이다.
- 기준 음에 비해서 몇 배의 크기를 갖느냐는 음의 sone값이 결정한다.

- 1sone은 40dB의 1,000Hz 순음의 크기로 40phon의 값을 의미한다.
- phon의 값이 주어질 때 $sone = 2^{\frac{phon-40}{10}}$ 으로 구한다.

69 ──────● Repetitive Learning 〔1회 2회 3회〕

다음 설명에 해당하는 전리방사선의 종류는?

- 원자핵에서 방출되는 입자로서 헬륨원자의 핵과 같이 두 개의 양자와 두 개의 중성자로 구성되어 있다.
- 질량과 하전여부에 따라서 그 위험성이 결정된다.
- 투과력은 가장 약하나 전리작용은 가장 강하다.

① X선
② α선
③ β선
④ γ선

해설

- 투과력은 가장 약하나 전리작용은 가장 강한 전리방사선은 알파(α) 선이다.

⁘ 알파(α) 선
- 원자핵에서 방출되는 입자로서 헬륨원자의 핵과 같이 두 개의 양자와 두 개의 중성자로 구성되어 있다.
- 질량과 하전여부에 따라서 그 위험성이 결정된다.
- 투과력은 가장 약하나 전리작용은 가장 강하다.
- 외부조사로 인한 건강상의 위해는 극히 적으나 체내 흡입 및 섭취로 인한 내부조사의 피해가 가장 크다.
- 상대적 생물학적 효과(RBE)가 가장 크다.

70 ──────● Repetitive Learning 〔1회 2회 3회〕

이상기압에 의하여 발생하는 직업병에 영향을 미치는 유해인자가 아닌 것은?

① 산소(O_2)
② 이산화황(SO_2)
③ 질소(N_2)
④ 이산화탄소(CO_2)

해설

- 고압 환경의 2차적 가압현상에 관련된 유해인자는 산소, 질소, 이산화탄소이다.

⁘ 고압 환경의 2차적 가압현상
- 산소의 분압이 2기압이 넘으면 중독증세가 나타나며 시력장해, 정신혼란, 간질모양의 경련을 나타낸다.
- 산소중독에 따라 수지와 족지의 작열통, 시력장해, 정신혼란, 근육경련 등의 증상을 보이며 나아가서는 간질 모양의 경련을 나타낸다.

- 산소의 중독 작용은 운동이나 이산화탄소의 존재로 보다 악화된다.
- 산소중독에 따른 증상은 고압산소에 대한 노출이 중지되면 멈추게 된다.
- 4기압 이상에서 공기 중의 질소가스는 마취작용을 나타내며 알코올 중독의 증상과 유사한 다행증이 발생한다.
- 이산화탄소의 증가는 산소의 독성과 질소의 마취작용을 촉진시킨다.

0302 / 1401

71 ● Repetitive Learning 1회 2회 3회

방사선단위 "rem"에 대한 설명과 가장 거리가 먼 것은?

① 생체실효선량(dose-equivalent)이다.

② rem=rad×RBE(상대적 생물학적 효과)로 나타낸다.

③ rem은 Roentgen Equivalent Man의 머리글자이다.

④ 피조사체 1g에 100erg의 에너지를 흡수한다는 의미이다.

해설

- ④는 1라드(rad)에 대한 설명이다.

❖ 등가선량
- 과거에는 렘(rem, Roentgen Equivalent Man), 현재는 시버트(Sv)를 사용한다.
- 흡수선량이 생체에 주는 영향의 정도에 기초를 둔 생체실효선량(dose-equivalent)이다.
- rem=rad×RBE(상대적 생물학적 효과)로 나타낸다.

2101

72 ● Repetitive Learning 1회 2회 3회

귀마개의 차음평가수(NRR)가 27일 경우 그 보호구의 차음효과는 얼마가 되겠는가?(단, OSHA의 계산방법을 따른다)

① 6dB
② 8dB
③ 10dB
④ 12dB

해설

- NRR이 27이므로 차음효과는 (27−7)×50%=10dB이다.

❖ OSHA의 차음효과 계산법 실기 0601/0701/1001/1403/1801
- OSHA의 차음효과는 (NRR−7)×50%[dB]로 구한다.
이때, NRR(Noise Reduction Rating)은 차음평가수를 의미한다.

0402 / 0701 / 1301 / 1403 / 1602

73 ● Repetitive Learning 1회 2회 3회

해수면의 산소분압은 약 얼마인가?(단, 표준상태 기준이며, 공기 중 산소함유량은 21vol%이다)

① 90mmHg
② 160mmHg
③ 210mmHg
④ 230mmHg

해설

- 해수면의 산소함유량은 21vol%이므로 산소의 분압은 760×0.21=159.6mmHg이다.

❖ 대기 중의 산소분압 실기 0702
- 분압이란 대기 중 특정 기체가 차지하는 압력의 비를 말한다.
- 대기압은 1atm=760mmHg=10,332mmH$_2$O=101.325kPa이다.
- 대기 중 산소는 21%의 비율로 존재하므로 산소의 분압은 760×0.21=159.6mmHg이다.
- 산소의 분압은 산소의 농도에 비례한다.

0802 / 1202

74 ● Repetitive Learning 1회 2회 3회

다음 중 저온환경에서 나타나는 생리적 반응으로 틀린 것은?

① 호흡의 증가
② 피부혈관의 수축
③ 화학적 대사작용의 증가
④ 근육긴장의 증가와 떨림

해설

- 저온환경에서는 호흡이 감소한다.

❖ 저온에 의한 생리적 영향
  ㉠ 1차적 영향
  - 피부혈관의 수축
  - 근육긴장의 증가와 전율
  - 화학적 대사작용의 증가
  - 체표면적의 감소
  ㉡ 2차적 영향
  - 말초혈관의 수축
  - 혈압의 일시적 상승
  - 조직대사의 증진과 식용항진

1203 / 2001

75 ● Repetitive Learning 1회 2회 3회

진동 발생원에 대한 대책으로 가장 적극적인 방법은?

① 발생원의 격리
② 보호구 착용
③ 발생원의 제거
④ 발생원의 재배치

- 발생원에 대한 대책에는 탄성지지, 가진력 감쇠, 기초중량의 부가 또는 경감등이 있으며, 가장 적극적인 발생원에 대한 대책은 발생원의 제거이다.

진동에 대한 대책

- 가장 적극적인 발생원에 대한 대책은 발생원의 제거이다.
- 발생원에 대한 대책에는 탄성지지, 가진력 감쇠, 기초중량의 부가 또는 경감 등이 있다.
- 전파경로 차단에는 수용자의 격리, 발진원의 격리, 구조물의 진동 최소화 등이 있다.
- 발진원과 작업자의 거리를 가능한 멀리한다.
- 보건교육을 실시한다.
- 작업시간 단축 및 교대제를 실시한다.
- 진동을 최소화하기 위하여 공학적으로 설계 및 관리한다.
- 완충물 등 방진제를 사용한다.
- 절연패드의 재질로는 코르크, 펠트(felt), 유리섬유 등을 사용한다.
- 진동공구의 무게는 10kg을 넘지 않게 하며 방진장갑 사용을 권장한다.

1101 / 1401

76 ● Repetitive Learning 〔1회 2회 3회〕

빛의 단위 중 광도(luminance)의 단위에 해당하지 않은 것은?

① nit
② Lambert
③ cd/m^2
④ lumen/m^2

- lumen/m^2은 1Lux로 조도의 단위이다.

조도(照度)

- 조도는 특정 지점에 도달하는 광의 밀도를 말한다.
- 단위는 럭스(Lux)를 사용한다.
- 1Lux는 1lumen의 빛이 1m^2의 평면상에 수직으로 비칠 때의 밝기이다.
- 반사체의 반사율과는 상관없이 일정한 값을 갖는다.
- 거리의 제곱에 반비례하고, 광도에 비례하므로 $\frac{광도}{(거리)^2}$으로 구한다.

0803

77 ● Repetitive Learning 〔1회 2회 3회〕

WBGT(Wet Bulb Globe Temperature index)의 고려 대상으로 볼 수 없는 것은?

① 기온
② 상대습도
③ 복사열
④ 작업대사량

- WBGT는 건구, 습구, 흑구(복사열)를 고려하나, 기류는 전혀 고려하지 않는 점이 감각온도와 다른 점이다.

습구흑구온도(WBGT : Wet Bulb Globe Temperature) 지수

㉠ 개요
- 건구온도, 습구온도 및 흑구온도에 비례하며, 열중증 예방을 위해 고온에서의 작업휴식시간비를 결정하는 지표로 더위지수라고도 한다.
- 표시단위는 섭씨온도(℃)로 표시하며, WBGT가 높을수록 휴식시간이 증가되어야 한다.
- 미국국립산업안전보건연구원(NIOSH)뿐만 아니라 국내에서도 습구흑구온도를 측정하고 지수를 산출하여 평가에 사용한다.
- 과거에 쓰이던 감각온도와 근사한 값인데 감각온도와 다른 점은 기류를 전혀 고려하지 않았다는 점이다.

㉡ 산출방법 **실기** 0501/0503/0602/0702/0703/1101/1201/1302/1303/1503/2102/2201/2202/2203
- 옥내에서는 WBGT＝0.7NWT＋0.3GT이다. 이때 NWT는 자연습구, GT는 흑구온도이다.(일사가 영향을 미치지 않는 옥외도 옥내로 취급한다)
- 일사가 영향을 미치는 옥외에서는 건구온도인 dB를 반영하지만 옥내에서는 일사의 영향이 없으므로 자연습구와 흑구온도만으로 WBGT가 결정된다.
- 일사가 영향을 미치는 옥외에서는 WBGT＝0.7NWT＋0.2GT＋0.1DB이며 이때 NWT는 자연습구, GT는 흑구온도, DB는 건구온도이다.

---

78 ● Repetitive Learning 〔1회 2회 3회〕

소음성 난청에 대한 설명으로 틀린 것은?

① 소음성 난청의 초기 단계를 C5-dip 현상이라 한다.
② 영구적인 난청(PTS)은 노인성 난청과 같은 현상이다.
③ 일시적인 난청(TTS)은 코르티 기관의 피로에 의해 발생한다.
④ 주로 4,000Hz부근에서 가장 많은 장해를 유발하며 진행되면 주파수영역으로 확대된다.

- 노인성 난청은 나이가 들면서 청력이 손실되어 잘 듣지 못하는 증상으로 고주파수대(약 6,000Hz)가 잘 안들리는 증상으로 소음성 난청 중 심한 소음에 반복적으로 노출되어 영구적인 청력변화가 발생하는 영구적 난청과는 다르다.

꙰ 소음성 난청 실기 0703/1501/2101

- 초기 증상을 C5-dip현상이라 한다.
- 대부분 양측성이며, 감각 신경성 난청에 속한다.
- 내이의 세포변성을 원인으로 볼 수 있다.
- 4,000Hz에 대한 청력손실이 특징적으로 나타난다.
- 고주파음역(4,000~6,000Hz)에서의 손실이 더 크다.
- 음압수준이 높을수록 유해하다.
- 소음성 난청은 심한 소음에 반복하여 노출되어 나타나는 영구적 청력 변화로 코르티 기관에 손상이 온 것이므로 회복이 불가능하다.

1401 / 2001

79 ●Repetitive Learning 〔1회 2회 3회〕

비이온화 방사선의 파장별 건강에 미치는 영향으로 옳지 않은 것은?

① UV-A : 315~400nm - 피부노화촉진
② IR-B : 780~1400nm - 백내장, 각막화상
③ UV-B : 280~315nm - 발진, 피부암, 광결막염
④ 가시광선 : 400~700nm - 광화학적이거나 열에 의한 각막손상, 피부화상

해설

- IR-B는 1400~300nm의 파장을 갖는다.

꙰ 비이온화 방사선(Non ionizing Radiation)

- 방사선을 조사했을 때 에너지가 낮아 원자를 이온화시키지 못하는 방사선을 말한다.
- 자외선(UV-A, B, C, V), 가시광선, 적외선, 각종 전파 등이 이에 해당한다.

영역	구분	파장	영향
자외선	UV-A	315~400nm	피부노화촉진
	UV-B	280~315nm	발진, 피부암, 광결막염
	UV-C	200~280nm	오존층에 흡수되어 지구 표면에 닿지 않는다.
	UV-V	100~200nm	
가시광선		400~750nm	각막손상, 피부화상
적외선	IR-A	700~1400mm	망막화상
	IR-B	1400~3000mm	각막화상, 백내장
	IR-C	3000nm~1mm	

0601 / 1001 / 1102

80 ●Repetitive Learning 〔1회 2회 3회〕

음압실효치가 $0.2N/m^2$일 때 음압도(SPL : Sound Pressure Level)는 얼마인가?(단, 기준음압은 $2 \times 10^{-5}N/m^2$로 계산한다)

① 100dB   ② 80dB
③ 60dB   ④ 40dB

해설

- $P=0.2$, $P_0 = 2 \times 10^{-5}$로 주어졌으므로 대입하면

$$SPL = 20\log\left(\frac{0.2}{2\times10^{-5}}\right) = 80[dB]$$이 된다.

꙰ 음압레벨(SPL ; Sound Pressure Level) 실기 0403/0501/0503/0901/1001/1102/1403/2004

- 기준이 되는 소리의 압력과 비교하여 로그적으로 표현한 값이다.
- $SPL = 20\log\left(\frac{P}{P_0}\right)[dB]$로 구한다. 여기서 P_0는 기준음압으로 $2 \times 10^{-5}[N/m^2]$ 혹은 $2 \times 10^{-4}[dyne/cm^2]$이다.
- 자유공간에 위치한 점음원의 음압레벨(SPL)은 음향파워레벨(PWL) - $20\log r$ - 11로 구한다. 이때 r은 소음원으로부터의 거리[m]이다. 11은 $10\log(4\pi)$의 값이다.

5과목   **산업독성학**

81 ●Repetitive Learning 〔1회 2회 3회〕

급성독성과 관련이 있는 용어는?

① TWA
② C(Ceiling)
③ ThDo(Threshold Dose)
④ NOEL(No Observed Effect Level)

해설

- 최고허용농도(Ceiling 농도)라 함은 근로자가 1일 작업시간 동안 잠시라도 노출되어서는 안 되는 최고 허용농도를 말한다.

꙰ TLV(Threshold Limit Value) 실기 0301/1602

문제 19번의 유형별 핵심이론 ꙰ 참조

82

최근 사회적 이슈가 되었던 유해인자와 그 직업병의 연결이 잘못된 것은?

① 석면-악성중피종
② 메탄올-청신경 장애
③ 노말헥산-앉은뱅이 증후군
④ 트리클로로에틸렌-스티븐슨존슨 증후군

해설
• 메탄올은 시신경 장애를 일으킨다.

유해인자와 직업병

석면	악성중피종, 폐암, 석면폐증
메탄올	시신경 장애
노말헥산	앉은뱅이 증후군
트리클로로에틸렌	스티븐슨존슨 증후군
크롬	비중격천공, 폐암
벤젠	조혈장애

83

0902 / 2101

노출에 대한 생물학적 모니터링의 단점이 아닌 것은?

① 시료채취의 어려움
② 근로자의 생물학적 차이
③ 유기시료의 특이성과 복잡성
④ 호흡기를 통한 노출만을 고려

해설
• 생물학적 모니터링은 모든 노출경로에 의한 흡수정도를 파악 가능하다.

생물학적 모니터링의 장·단점 실기 0303/1302

장점	• 모든 노출경로에 의한 흡수정도 평가 가능 • 건강상의 위험에 대해서 보다 정확한 평가 가능 • 개인시료 보다 더 직접적으로 근로자 노출을 추정 가능 • 인체에 흡수된 내재용량이나 중요한 조직 부위에 영향을 미치는 양을 모니터링 가능
단점	• 시료채취의 어려움 • 근로자의 생물학적 차이 • 유기시료의 특이성과 복잡성 • 분석 수행이 어렵고, 결과 해석이 복잡 • 접촉 부위에 건강장해를 일으키는 화학물질의 경우 적용 불가능

84

0801

수은중독 증상으로만 나열된 것은?

① 구내염, 근육진전
② 비중격천공, 인두염
③ 급성뇌증, 신근쇠약
④ 단백뇨, 칼슘대사 장애

해설
• 중독의 특징적인 증상은 근육진전, 정신증상이고, 만성노출 시 식욕부진, 신기능부전, 구내염이 발생한다.

수은(Hg)
㉠ 개요
• 인간의 연금술, 의약품 등에 가장 오래 사용해 왔던 중금속의 하나로 17세기 유럽에서 신사용 중절모자를 만드는 사람들에게 처음으로 발견되어 hatter's shake라고 하며 근육경련을 유발하는 중금속이다.
• 단백질을 침전시키며 thiol(-SH)기를 가진 효소의 작용을 억제하여 독성을 나타낸다.
• 뇌홍의 제조에 사용하며, 증기를 발생하여 산업중독을 일으킨다.
• 수은은 상온에서 액체상태로 존재하는 금속이다.
㉡ 분류
• 무기수은화합물은 대부분의 금속과 화합하여 아말감을 만든다.
• 무기수은화합물은 질산수은, 승홍, 뇌홍 등이 있으며, 유기수은화합물에는 페닐수은, 에틸수은 등이 있다.
• 유기수은 화합물로서는 아릴수은(무기수은) 화합물과 알킬수은 화합물이 있다.
• 메틸 및 에틸 등 알킬수은 화합물의 독성이 가장 강하다.
㉢ 인체에 미치는 영향과 대책 실기 0401
• 소화관으로는 2~7% 정도의 소량으로 흡수되며, 금속 형태로는 뇌, 혈액, 심장에 많이 분포된다.
• 중독의 특징적인 증상은 근육진전, 정신증상이고, 만성노출 시 식욕부진, 신기능부전, 구내염이 발생한다.
• 급성중독 시 우유와 계란의 흰자를 먹여 단백질과 해당 물질을 결합시켜 침전시키거나, BAL(dimercaprol)을 체중 1kg당 5mg을 근육주사로 투여하여야 한다.

85

0803

포르피린과 헴(heme)의 합성에 관여하는 효소를 억제하며, 소화기계 및 조혈계에 영향을 주는 물질은?

① 납
② 수은
③ 카드뮴
④ 베릴륨

- 수은은 미나마타 병과 관련되며 폐기관과 중추신경계, 위장관에 영향을 준다.
- 카드뮴은 이따이이따이 병과 관련되며 폐부종과 폐렴, 호흡기, 신장, 골 등에 영향을 준다.
- 베릴륨은 흡수경로는 주로 호흡기이고, 폐에 축적되어 폐질환을 유발하며, 만성중독은 Neighborhood cases라고 불리는 금속이다.

∷ 납중독
- 납은 원자량 207.21, 비중 11.34의 청색 또는 은회색의 연한 중금속이다.
- 납은 포르피린과 헴(heme)의 합성에 관여하는 효소를 억제하며, 소화기계 및 조혈계에 영향을 준다.
- 1~5세의 소아 이미증(pica)환자에게서 발생하기 쉽다.
- 인체에 흡수되면 뼈에 주로 축적되며, 조혈장해를 일으킨다.
- 무기성 납으로 인한 중독 시 원활한 체내 배출을 위해 사용하는 배설촉진제로 Ca-EDTA를 사용하는데 신장이 나쁜 사람에게는 사용하지 않는 것이 좋다.
- 요 중 δ-ALAD 활성치가 저하되고, 코프로포르피린과 델타 아미노레블린산은 증가한다.
- 적혈구 내 프로토포르피린이 증가한다.
- 납이 인체 내로 흡수되면 혈청 내 철과 망상적혈구의 수는 증가한다.
- 임상증상은 위장계통장해, 신경근육계통의 장해, 중추신경계통의 장해 등 크게 3가지로 나눌 수 있다.
- 주 발생사업장은 활자의 문선, 조판작업, 납 축전지 제조업, 염화비닐 취급 작업, 크리스탈 유리 원료의 혼합, 페인트, 배관공, 탄환제조 및 용접작업 등이다.

0601 / 0901 / 1301 / 2004

86
● Repetitive Learning [1회 2회 3회]

다음 중 납중독을 확인하는데 이용하는 시험으로 적절하지 않은 것은?

① 혈중의 납 농도
② 헴(heme)의 대사
③ 신경전달속도
④ EDTA 흡착능

- EDTA는 흡착능이 아니라 이동사항을 측정해야한다.

∷ 납중독 진단검사
- 소변 중 코프로포르피린이나 납, 델타-ALA의 배설량 측정
- 혈액검사(적혈구측정, 전혈비중측정)
- 혈액 중 징크-프로토포르피린(ZPP)의 측정
- 말초신경의 신경전달 속도
- 배설촉진제인 Ca-EDTA 이동사항
- 헴(Heme)합성과 관련된 효소의 혈중농도 측정
- 최근의 납의 노출정도는 혈액 중 납 농도로 확인할 수 있다.

87
● Repetitive Learning [1회 2회 3회]

다음 중 금속열을 일으키는 물질과 가장 거리가 먼 것은?

① 구리
② 아연
③ 수은
④ 마그네슘

- 주로 구리, 아연과 마그네슘, 망간산화물의 증기가 원인이 되지만 카드뮴, 안티몬, 산화아연 등에 의하여 생기기도 한다.

∷ 금속열
- 중금속 노출에 의하여 나타나는 금속열은 흄 형태의 고농도 금속을 흡입하여 발생한다.
- 월요일 출근 후에 심해져서 월요일열(monday fever)이라고도 한다.
- 감기증상과 매우 비슷하여 오한, 구토감, 기침, 전신위약감 등의 증상이 있다.
- 금속열은 보통 3~4시간 지나면 증상이 회복되며, 길어도 2~4일 안에 회복된다.
- 카드뮴, 안티몬, 산화아연, 구리, 아연, 마그네슘 등 비교적 융점이 낮은 금속의 제련, 용해, 용접 시 발생하는 산화금속 흄을 흡입할 경우 생기는 발열성 질병이다.
- 철폐증은 철 분진 흡입시 발생되는 금속열의 한 형태이다.
- 금속열이 발생하는 작업장에서는 개인 보호용구를 착용해야 한다.

0301 / 0501 / 0703 / 0902 / 1002 / 1201 / 1602

88
● Repetitive Learning [1회 2회 3회]

다음 중 체내에서 유해물질을 분해하는 데 가장 중요한 역할을 하는 것은?

① 백혈구
② 혈압
③ 효소
④ 적혈구

- 백혈구는 감염이나 외부물질에 대항하여 신체를 보호하는 면역기능을 수행한다.
- 혈압은 혈관의 벽에 대한 혈액의 압력으로 혈액을 이송하는 역할을 한다.
- 적혈구는 산소와 헤모글로빈을 운반하는 기능을 한다.

∷ 효소(enzyme)
- 단백질의 일종으로 반응을 일으키는 촉매제의 역할을 한다.
- 영양소를 소화·흡수시켜 활력을 발생시키고 새로운 조직을 만드는 역할을 한다.
- 체내의 항상성을 유지하며 유해물질을 분해하며, 병원균에 대한 저항력을 강화시킨다.
- 단백질과 콜레스테롤의 대사에 관여한다.

유해물질의 노출기준에 있어서 주의해야 할 사항이 아닌 것은?

① 노출기준은 피부로 흡수되는 양은 고려하지 않았다.

② 노출기준은 생활환경에 있어서 대기오염 정도의 판단기준으로 사용되기에는 적합하지 않다.

③ 노출기준은 1일 8시간 평균농도이므로 1일 8시간을 초과하여 작업을 하는 경우 그대로 적용할 수 없다.

④ 노출기준은 작업장에서 일하는 근로자의 건강장해를 예방하기 위해 안전 또는 위험의 한계를 표시하는 지침이다.

해설

- 노출기준은 작업장에서 일하는 근로자의 건강장해를 예방하기 한 기준이고, 유해조건을 평가하는 기준이다.

∷ 작업환경 내의 유해물질 노출기준의 적용
- 근로자들의 건강장해를 예방하기 위한 기준이다.
- 노출기준은 대기오염의 평가 또는 관리상의 지표로 사용하여서는 안 된다.
- 노출기준은 유해물질이 단독으로 존재할 때의 기준이다.
- 노출기준은 1일 8시간 평균농도이므로 1일 8시간을 초과하여 작업을 하는 경우 그대로 적용할 수 없다.
- 노출기준은 피부로 흡수되는 양은 고려하지 않았다.
- 노출기준은 작업장에서 일하는 근로자의 건강장해를 예방하기 위한 기준이고, 유해조건을 평가하는 기준이다.

접촉에 의한 알레르기성 피부감작을 증명하기 위한 시험으로 가장 적절한 것은?

① 첩포시험　　　　② 진균시험
③ 조직시험　　　　④ 유발시험

해설

- 첩포시험(Patch test)은 알레르기 원인 물질 및 의심 물질을 환자의 피부에 직접 접촉시켜 알레르기 반응이 재현되는지를 검사한다.

∷ 첩포시험(Patch test)
- 접촉에 의한 알레르기성 피부감작을 증명하기 위한 알레르기성 접촉 피부염 검사방법이다.
- 알레르기 원인 물질 및 의심 물질을 환자의 피부에 직접 접촉시켜 알레르기 반응이 재현되는지를 검사한다.

크실렌의 생물학적 노출지표로 이용되는 대사산물은?(단, 소변에 의한 측정기준이다)

① 페놀　　　　　　② 만델린산
③ 마뇨산　　　　　④ 메틸마뇨산

해설

- ①은 벤젠의 생물학적 노출지표이다.
- ②는 에틸벤젠, 스티렌의 생물학적 노출지표이다.
- ③은 톨루엔의 생물학적 노출지표이다.

∷ 유기용제별 생물학적 모니터링 대상(생체 내 대사산물) 실기 0803/1403/2101

벤젠	소변 중 총 페놀 소변 중 t,t-뮤코닉산(t,t-Muconic acid)
에틸벤젠	소변 중 만델린산
스티렌	소변 중 만델린산
톨루엔	소변 중 마뇨산(hippuric acid), o-크레졸
크실렌	소변 중 메틸마뇨산
이황화탄소	소변 중 TTCA
메탄올	혈액 및 소변 중 메틸알코올
노말헥산	소변 중 헥산디온(2,5-hexanedione)
MBK (methyl-n-butyl ketone)	소변 중 헥산디온(2,5-hexanedione)
니트로벤젠	혈액 중 메타헤로글로빈
카드뮴	혈액 및 소변 중 카드뮴(저분자량 단백질)
납	혈액 및 소변 중 납(ZPP, FEP)
일산화탄소	혈액 중 카복시헤모글로빈, 호기 중 일산화탄소

금속의 일반적인 독성작용 기전으로 옳지 않은 것은?

① 효소의 억제　　　　② 금속 평형의 파괴
③ DNA 염기의 대체　　④ 필수 금속 성분의 대체

해설

- 금속의 일반적인 독성기전에는 ①, ②, ④ 외에 간접영향으로 설프하이드릴(sulfhydryl)기와의 친화성으로 단백질 기능 변화 등이 있다.

∷ 금속의 일반적인 독성기전
- 효소의 억제
- 금속 평형의 파괴
- 필수 금속 성분의 대체
- 설프하이드릴(sulfhydryl)기와의 친화성으로 단백질 기능 변화

93
• Repetitive Learning 1회 2회 3회

망간중독에 관한 설명으로 틀린 것은?

① 호흡기 노출이 주경로이다.

② 언어장애, 균형감각상실 등의 증세를 보인다.

③ 전기용접봉 제조업, 도자기 제조업에서 발생한다.

④ 만성중독은 3가 이상의 망간화합물에 의해서 주로 발생한다.

해설

• 망간의 만성중독을 일으키는 것은 2가의 망간화합물이다.

‡ 망간중독 증상
 • 호흡기 노출이 주경로이다.
 • 언어장애, 균형감각상실 등의 증세를 보인다.
 • 전기용접봉 제조업, 도자기 제조업에서 빈번하게 발생된다.
 • 이산화망간 흄에 급성 폭로되면 열, 오한, 호흡곤란 등의 증상을 특징으로 하는 금속열을 일으킨다.
 • 금속망간의 직업성 노출은 철강제조 분야에서 많다.
 • 망간의 노출이 계속되면 파킨슨증후군과 거의 비슷하게 될 수 있다.
 • 망간의 만성중독을 일으키는 것은 2가의 망간화합물이다.

94
• Repetitive Learning 1회 2회 3회

일산화탄소 중독과 관련이 없는 것은?

① 고압산소실

② 카나리아새

③ 식염의 다량투여

④ 카르복시헤모글로빈(carboxyhemoglobin)

해설

• ③은 고온장애의 치료와 관련된다.

‡ 일산화탄소
 • 무색 무취의 기체로서 연료가 불완전연소 시 발생한다.
 • 생체 내에서 혈액과 화학작용을 일으켜서 질식을 일으킨다.
 • 혈색소와 친화도가 산소보다 강하여 COHb(카르복시헤모글로빈)를 형성하여 조직에서 산소공급을 억제하며, 혈 중 COHb의 농도가 높아지면 HbO_2의 해리작용을 방해하는 물질이다.
 • 갱도의 광부들은 일산화탄소에 민감한 카나리아 새를 이용해 탄광에서의 중독현상을 예방했다.
 • 중독 시 고압산소실에서 집중 치료가 필요하다.

95
• Repetitive Learning 1회 2회 3회

유해물질의 생리적 작용에 의한 분류에서 질식제를 단순 질식제와 화학적 질식제로 구분할 때 화학적 질식제에 해당하는 것은?

① 수소(H_2)
② 메탄(CH_4)
③ 헬륨(He)
④ 일산화탄소(CO)

해설

• 단순 질식제에는 수소, 질소, 헬륨, 이산화탄소, 메탄, 아세틸렌 등이 있다.

‡ 질식제
 • 질식제란 조직 내의 산화작용을 방해하는 화학물질을 말한다.
 • 질식제는 단순 질식제와 화학적 질식제로 구분할 수 있다.

단순 질식제	• 생리적으로는 아무 작용도 하지 않으나 공기 중에 많이 존재하여 산소분압을 저하시켜 조직에 필요한 산소의 공급부족을 초래하는 물질 • 수소, 질소, 헬륨, 이산화탄소, 메탄, 아세틸렌 등
화학적 질식제	• 혈액 중 산소운반능력을 방해하는 물질 • 일산화탄소, 아닐린, 시안화수소 등 • 기도나 폐 조직을 손상시키는 물질 • 황화수소, 포스겐 등

96
• Repetitive Learning 1회 2회 3회

유기용제의 중추신경 활성억제의 순위를 큰 것에서부터 작은 순으로 나타낸 것 중 옳은 것은?

① 알켄>알칸>알코올

② 에테르>알코올>에스테르

③ 할로겐화합물>에스테르>알켄

④ 할로겐화합물>유기산>에테르

해설

• 유기용제의 중추신경 활성 억제작용의 순위는 알칸<알켄<알코올<유기산<에스테르<에테르<할로겐화합물 순으로 커진다.

‡ 유기용제의 중추신경 활성억제 및 자극 순서
 ㉠ 억제작용의 순위
  • 알칸<알켄<알코올<유기산<에스테르<에테르<할로겐화합물
 ㉡ 자극작용의 순위
  • 알칸<알코올<알데히드 또는 케톤<유기산<아민류
 ㉢ 극성의 크기 순서
  • 파라핀<방향족 탄화수소<에스테르<케톤<알데하이드<알코올<물

97

 Repetitive Learning 1회 2회 3회

사람에 대한 안전용량(SHD)을 산출하는데 필요하지 않은 항목은?

① 독성량(TD)
② 안전인자(SF)
③ 사람의 표준 몸무게
④ 독성물질에 대한 역치(THDh)

해설

• 동물실험을 통하여 산출한 독물량의 한계치(NOED : No-Observable Effect Dose)를 사람에게 적용하기 위해 인간의 안전폭로량(SHD)을 계산할 때 안전계수와 체중, 독성물질에 대한 역치(THDh)를 고려한다.

:: 체내흡수량(SHD : Safe Human Dose) 실기 0301/0501/0601/0801/1001/1201/1402/1602/1701/2002/2003

• 사람에게 안전한 양으로 안전흡수량, 안전폭로량이라고도 한다.
• 동물실험을 통하여 산출한 독물량의 한계치(NOED : No-Observable Effect Dose)를 사람에게 적용하기 위해 인간의 안전폭로량(SHD)을 계산할 때 안전계수와 체중, 독성물질에 대한 역치(THDh)를 고려한다.
• C×T×V×R[mg]으로 구한다.
  C : 공기 중 유해물질농도[mg/m^3]
  T : 노출시간[hr]
  V : 폐환기율, 호흡률[m^3/hr]
  R : 체내잔류율(주어지지 않을 경우 1.0)

98

 Repetitive Learning 1회 2회 3회

산업안전보건법령상 석면 및 내화성 세라믹 섬유의 노출기준 표시단위로 옳은 것은?

① %
② ppm
③ 개/cm^3
④ mg/m^3

해설

• 분진 및 미스트 등 에어로졸(Aerosol)의 노출기준 표시단위는 세제곱미터당 밀리그램(mg/㎥)을 사용한다. 다만, 석면 및 내화성세라믹섬유의 노출기준 표시단위는 세제곱센티미터당 개수(개/㎤)를 사용한다.

:: 노출기준의 표시단위

• 가스 및 증기의 노출기준 표시단위는 피피엠(ppm)을 사용한다.
• 분진 및 미스트 등 에어로졸(Aerosol)의 노출기준 표시단위는 세제곱미터당 밀리그램(mg/㎥)을 사용한다. 다만, 석면 및 내화성세라믹섬유의 노출기준 표시단위는 세제곱센티미터당 개수(개/㎤)를 사용한다.

99

 Repetitive Learning 1회 2회 3회

피부 독성평가에서 고려해야 할 사항과 가장 거리가 먼 것은?

① 음주 · 흡연
② 피부 흡수 특성
③ 열 · 습기 등의 작업환경
④ 사용물질의 상호작용에 따른 독성학적 특성

해설

• 음주 · 흡연은 피부 독성평가에서 고려할 사항과 거리가 멀다.

:: 피부 독성 반응

• 피부에 접촉하는 화학물질의 통과속도는 일반적으로 각질층에서 가장 느리다.
• 인종, 성별, 계절은 직업성 피부질환에 영향을 주는 간접인자이다.
• 접촉성 피부염의 대부분은 자극성 접촉피부염이다.
• 알레르기성 접촉 피부염은 특정 화학제품에 선천적으로 민감한 일부의 사람들에게 나타나는 면역반응이다.
• 자외선은 피하지방 세포의 지방합성을 억제시켜 피부를 늙게 한다.
• 약물이 체내 대사체에 의해 피부에 영향을 준 상태에서 자외선에 노출되면 일어나는 광독성 반응은 홍반 · 부종 · 착색을 동반하기도 한다.
• 두드러기라 불리는 담마진 반응은 접촉 후 보통 30~60분 후에 발생한다.
• 고려할 사항에는 피부의 흡수특성, 열 · 습기 등의 작업환경, 사용물질의 상호작용에 따른 독성학적 특성 등이 있다.

100

Repetitive Learning 1회 2회 3회

규폐증(silicosis)을 일으키는 원인 물질로 가장 관계가 깊은 것은?

① 매연
② 암석분진
③ 일반부유분진
④ 목재분진

해설

• 규폐증의 주요 원인 물질은 0.5~5μm의 크기를 갖는 SiO_2(유리규산) 함유먼지, 암석분진 등의 혼합물질이다.

:: 규폐증(silicosis)

• 주요 원인 물질은 0.5~5μm의 크기를 갖는 SiO_2(유리규산) 함유먼지, 암석분진 등의 혼합물질이다.
• 역사적으로 보면 이집트의 미이라에서도 발견되는 오래된 질병이다.
• 건축업, 도자기 작업장, 채석장, 석재공장 등의 작업장에서 근무하는 근로자에게 발생할 수 있는 진폐증의 한 종류이다.
• 폐결핵을 합병증으로 하여 폐하엽 부위에 많이 생기는 증상을 갖는다.

출제문제 분석 · 2018년 1회

구분	1과목	2과목	3과목	4과목	5과목	합계
New유형	2	0	3	1	1	7
New문제	8	7	11	5	3	34
또나온문제	6	7	7	9	7	36
자꾸나온문제	6	6	2	6	10	30
합계	20	20	20	20	20	100

● New유형은 New문제 중 기존 기출문제와 완전히 다른 유형의 문제를 말합니다.
● New문제는 기존에 출제되지 않은 문제로 이번에 처음 출제되는 문제입니다.
● 또나온문제는 기존에 출제된 적이 1번 있는 문제를 말합니다.
● 자꾸나온문제는 기존에 출제된 적이 2번 이상 있는 문제를 말합니다. 그만큼 중요한 문제입니다.

⧖ 몇 년분의 기출문제를 공부해야 합격할 수 있을까요?

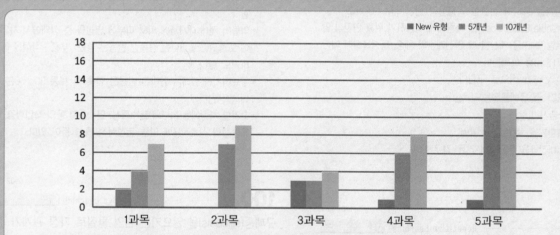

● 완전 새로운 유형의 문제는 7문제이고 93문제가 이미 출제된 문제 혹은 변형문제입니다.
● 5년분(2018~2022) 기출에서 동일문제가 31문항이 출제되었고, 10년분(2013~2022) 기출에서 동일문제가 39문항이 출제되었습니다.

🗐 실기에 나왔어요!! 일타쌍피–사전체크!!

실기시험은 필답형으로 진행됩니다. 객관식의 필기와 달리 주관식인 관계로 아는 만큼 적을 수 있습니다. 최근 계산문제의 비중이 많이 감소하고 있지만 절반 정도의 이론 문제와 절반 정도의 계산문제가 출제된다고 보시면 됩니다. 계산문제의 경우 나오는 문제유형이 거의 정해져 있습니다. 필기 공부할 때 미리 실기에 나오는 내용을 체크하시고 그부분만큼은 잘 공부해 두신다면 당 회차 실기까지 한 번에 잡을 수 있습니다.
● 총 37개의 유형별 핵심이론이 실기시험과 연동되어 있습니다.

💡 분석의견

합격률이 44.0%로 평균 수준인 회차였습니다.
10년 기출을 학습할 경우 기출과 동일한 문제가 1과목과 3과목에서 각각 7, 4문제로 과락 점수 이하로 출제되었지만 과락만 면한다면 새로 나온 유형의 문제가 적고 거의 기존 기출에서 변형되거나 동일하게 출제된 만큼 합격에 어려움이 없는 회차입니다.
10년분 기출문제와 유형별 핵심이론의 2~3회 정독이면 합격 가능한 것으로 판단됩니다.

2018년 제1회

2018년 3월 4일 필기

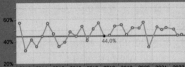

1과목 산업위생학개론

0303 / 0701

01 ●━━━━━━● Repetitive Learning [1회] [2회] [3회]

전신피로의 정도를 평가하기 위하여 맥박을 측정한 값이 심한 전신피로 상태라고 판단되는 경우는?

① HR30~60=107, HR150~180=89, HR60~90=101
② HR30~60=110, HR150~180=95, HR60~90=108
③ HR30~60=114, HR150~180=92, HR60~90=118
④ HR30~60=116, HR150~180=102, HR60~90=108

해설

• 심박수 측정 시 30~60초 사이의 평균 맥박수가 110을 초과하고, 60~90초와 150~180초의 평균 맥박수 차가 10미만인 경우 심한 전신피로상태로 판단한다.

❖ 전신피로 평가를 위한 회복기 심박수 측정 실기 1103
• 작업 종료 후 30~60초, 60~90초, 150~180초 사이의 평균 맥박수를 통해서 측정한다.
• 심한 전신피로상태

HR30~60	110 초과
HR60~90	차가 10미만인 경우
HR150~180	

0903 / 1501 / 2003

02 ●━━━━━━● Repetitive Learning [1회] [2회] [3회]

Diethyl ketone(TLV=200ppm)을 사용하는 작업장의 작업시간이 9시간일 때 허용기준을 보정하였다. OSHA 보정법법과 Brief and Scala 보정법을 적용하였을 경우 보정된 허용기준치 간의 차이는 약 몇 ppm인가?

① 5.05
② 11.11
③ 22.22
④ 33.33

해설

• 먼저 OSHA 보정으로 보정된 노출기준은 $200 \times \dfrac{8}{9} = 177.78$이다.

• Brief and Scala 보정으로 노출기준 보정계수는
$$\left(\dfrac{8}{9}\right) \times \dfrac{15}{16} = \dfrac{15}{18} = 0.833$$이므로 주어진 TLV값 200을 곱하면 166.670이 된다.

• 2개의 보정된 허용기준치의 차이는 $177.78 - 166.67 = 11.11$[ppm]이다.

❖ 보정방법
㉠ OSHA 보정

• 보정된 노출기준은 8시간 노출기준 $\times \dfrac{8시간}{1일 \ 노출시간}$으로 구한다.

• 만약 만성중독으로 작업시간이 주단위로 부여되는 경우 노출기준 $\times \dfrac{40시간}{1주 \ 노출시간}$으로 구한다.

㉡ Brief and Scala 보정 실기 0303/0401/0601/0701/0801/0802/0803/1203/1503/1603/1902/2003

• 노출기준 보정계수는 $\left(\dfrac{8}{H}\right) \times \dfrac{24-H}{16}$으로 구한 후 주어진 TLV값을 곱해준다.

• 만약 만성중독으로 작업시간이 주단위로 부여되는 경우 노출기준 보정계수는 $\left(\dfrac{40}{H}\right) \times \dfrac{168-H}{128}$으로 구한 후 주어진 TLV값을 곱해준다.

1202 / 2201

03 ●━━━━━━● Repetitive Learning [1회] [2회] [3회]

산업위생전문가들이 지켜야 할 윤리강령에 있어 전문가로서의 책임에 해당하는 것은?

① 일반 대중에 관한 사항은 정직하게 발표한다.
② 위험 요소와 예방조치에 관하여 근로자와 상담한다.
③ 과학적 방법의 적용과 자료의 해석에서 객관성을 유지한다.
④ 위험요인의 측정, 평가 및 관리에 있어서 외부의 압력에 굴하지 않고 중립적 태도를 취한다.

해설

- ①은 일반 대중에 대한 책임에 해당한다.
- ②와 ④는 근로자에 대한 책임에 해당한다.

✿ 산업위생전문가의 윤리강령 중 산업위생전문가로서의 책임
- 산업위생 활동을 통해 얻은 개인 및 기업의 정보는 누설하지 않는다.
- 전문적 판단이 타협에 의하여 좌우될 수 있거나 이해관계가 있는 상황에는 개입하지 않는다.
- 쾌적한 작업환경을 만들기 위해 산업위생이론을 적용하고 책임 있게 행동한다.
- 성실성과 학문적 실력 면에서 최고 수준을 유지한다.
- 과학적 방법의 적용과 자료의 해석에 객관성을 유지한다.
- 전문분야로서의 산업위생을 학문적으로 발전시킨다.
- 근로자, 사회 및 전문 직종의 이익을 위해 과학적 지식을 공개하고 발표한다.

04 ● Repetitive Learning 〔1회 2회 3회〕

산업안전보건법의 목적을 설명한 것으로 맞는 것은?

① 헌법에 의하여 근로조건의 기준을 정함으로써 근로자의 기본적 생활을 보장, 향상시키며 균형있는 국가경제의 발전을 도모함
② 헌법의 평등이념에 따라 고용에서 남녀의 평등한 기회와 대우를 보장하고 모성보호와 작업능력을 개발하여 근로 여성의 지위향상과 복지증진에 기여함
③ 산업안전 · 보건에 관한 기준을 확립하고 그 책임의 소재를 명확하게 하여 산업재해를 예방하고 쾌적한 작업환경을 조성함으로써 근로자의 안전과 보건을 유지 · 증진함
④ 모든 근로자가 각자의 능력을 개발, 발휘할 수 있는 직업에 취직할 기회를 제공하고, 산업에 필요한 노동력의 충족을 지원함으로써 근로자의 직업안정을 도모하고 균형있는 국민경제의 발전에 이바지함

해설

- 산업안전보건법은 산업 안전 및 보건에 관한 기준을 확립하고 그 책임의 소재를 명확하게 하여 산업재해를 예방하고 쾌적한 작업환경을 조성함으로써 노무를 제공하는 사람의 안전 및 보건을 유지 · 증진함을 목적으로 한다.

✿ 산업안전보건법의 목적
- 산업 안전 및 보건에 관한 기준을 확립하고 그 책임의 소재를 명확하게 하여 산업재해를 예방하고 쾌적한 작업환경을 조성함으로써 노무를 제공하는 사람의 안전 및 보건을 유지 · 증진함을 목적으로 한다.

0302 / 0603 / 1503

05 ● Repetitive Learning 〔1회 2회 3회〕

18세기 영국의 외과의사 Pott에 의해 직업성 암(癌)으로 보고되었고, 오늘날 검댕 속의 다환방향족 탄화수소가 원인인 것으로 밝혀진 질병은?

① 폐암
② 방광암
③ 중피종
④ 음낭암

해설

- Pott는 최초의 직업성 암인 음낭암의 원인이 검댕(Soot) 속의 다환방향족 탄화수소에 의해 발생되었음을 보고하였다.

✿ Percivall Pott
- 18세기 영국의 외과의사로 굴뚝청소부들의 직업병인 음낭암이 검댕(Soot) 속의 다환방향족 탄화수소에 의해 발생되었음을 보고하였다.
- 최초의 직업성 암에 대한 원인을 분석하였다.
- 1788년에 굴뚝 청소부법이 통과되도록 노력하였다.

06 ● Repetitive Learning 〔1회 2회 3회〕

육체적 작업능력(PWC)이 16kcal/min인 근로자가 1일 8시간 동안 물체를 운반하고 있다. 이때의 작업 대사량은 10kcal/min이고, 휴식 시의 대사량은 1.5kcal/min이다. 이 사람이 쉬지 않고 계속하여 일할 수 있는 최대 허용시간은 약 몇 분인가?(단, $\log(T_{end}) = b_0 + b_1 \cdot E$, $b_0 = 3.720$, $b_1 = -0.1949$이다)

① 60분
② 90분
③ 120분
④ 150분

해설

- 작업 대사량($E_0 = 10$)이 주어졌으므로 최대작업시간 $\log(T_{end}) = 3.720 - 0.1949 \times E_0$에 대입하면 $\log(T_{end}) = 3.720 - 0.1949 \times 10 = 3.720 - 1.949 = 1.771$이다.
- $T_{end} = 10^{1.771} = 59.020$이다.

✿ 사이또와 오시마의 실동률과 계속작업 한계시간 〔실기〕 2203
- 실노동률 $= 85 - (5 \times RMR)$[%]로 구한다.
- 작업대사율(R)이 주어질 경우 계속작업 한계시간(CMT)은 $\log(CMT) = 3.724 - 3.25\log(R)$로 구한다. 이때 R은 RMR을 의미한다.
- 작업 대사량(E_0)이 주어질 경우 최대작업시간 $\log(T_{end}) = 3.720 - 0.1949 \times E_0$으로 구한다.

07

보건관리자를 반드시 두어야 하는 사업장이 아닌 것은?

① 도금업
② 축산업
③ 연탄 생산업
④ 축전지(납 포함) 제조업

해설
- 축산업은 보건관리자를 선임해야하는 업종에 해당되지 않는다.

⁑ 보건관리자의 자격과 선임

사업의 종류	상시근로자 수	수	선임방법
1. 광업(광업 지원 서비스업은 제외한다) 2. 섬유제품 염색, 정리 및 마무리 가공업 3. 모피제품 제조업 4. 그 외 기타 의복액세서리 제조업(모피 액세서리에 한정한다)	상시근로자 50명 이상 500명 미만	1명 이상	보건관리자의 자격기준에 해당하는 자
5. 모피 및 가죽 제조업(원피가공 및 가죽 제조업은 제외한다) 6. 신발 및 신발부분품 제조업 7. 코크스, 연탄 및 석유정제품 제조업 8. 화학물질 및 화학제품 제조업; 의약품 제외	상시근로자 500명 이상 2천명 미만	2명 이상	
9. 의료용 물질 및 의약품 제조업 10. 고무 및 플라스틱제품 제조업 11. 비금속 광물제품 제조업 12. 1차 금속 제조업 13. 금속가공제품 제조업; 기계 및 가구 제외 14. 기타 기계 및 장비 제조업 15. 전자부품, 컴퓨터, 영상, 음향 및 통신장비 제조업 16. 전기장비 제조업 17. 자동차 및 트레일러 제조업 18. 기타 운송장비 제조업 19. 가구 제조업 20. 해체, 선별 및 원료 재생업 21. 자동차 종합 수리업, 자동차 전문 수리업 22. 유해물질을 제조하는 사업과 그 유해물질을 사용하는 사업 중 고용노동부장관이 특히 보건관리를 할 필요가 있다고 인정하여 고시하는 사업	상시근로자 2천명 이상	2명 이상	보건관리자의 자격기준에 해당하는 자로 선임하되, 의사나 간호사 1인을 포함
23. 기타 제조업	상시근로자 50명 이상 1천명 미만	1명 이상	보건관리자의 자격기준에 해당하는 자
	상시근로자 1천명 이상 3천명 미만	2명 이상	
	상시근로자 3천명 이상	2명 이상	보건관리자의 자격기준에 해당하는 자로 선임하되, 의사나 간호사 1인을 포함
24. 농업, 임업 및 어업 25. 전기, 가스, 증기 및 공기조절 공급업 26. 수도, 하수 및 폐기물 처리, 원료 재생업(제20호에 해당하는 사업은 제외한다) 27. 운수 및 창고업 28. 도매 및 소매업 29. 숙박 및 음식점업 30. 서적, 잡지 및 기타 인쇄물 출판업 31. 방송업 32. 우편 및 통신업	상시근로자 50명 이상 5천명 미만. 다만, 제35호의 경우에는 상시근로자 100명 이상 5천명 미만으로 한다.	1명 이상	보건관리자의 자격기준에 해당하는 자
33. 부동산업 34. 연구개발업 35. 사진 처리업 36. 사업시설 관리 및 조경 서비스업 37. 공공행정(청소, 시설관리, 조리 등 현업업무에 종사하는 사람으로서 고용노동부장관이 정하여 고시하는 사람으로 한정한다) 38. 교육서비스업 중 초등·중등·고등 교육기관, 특수학교·외국인학교 및 대안학교(청소, 시설관리, 조리 등 현업업무에 종사하는 사람으로서 고용노동부장관이 정하여 고시하는 사람으로 한정한다) 39. 청소년 수련시설 운영업 40. 보건업 41. 골프장 운영업 42. 개인 및 소비용품수리업(제21호에 해당하는 사업은 제외한다) 43. 세탁업	상시 근로자 5천명 이상	2명 이상	보건관리자의 자격기준에 해당하는 자로 선임하되, 의사나 간호사 1인을 포함

| 44. 건설업 | 공사금액 800억원 이상(토목 공사업에 속하는 공사의 경우에는 1천억 이상) 또는 상시 근로자 600명 이상 | 1명 이상[공사금액 800억원(토목공사업은 1천억원)을 기준으로 1,400억원이 증가할 때마다 또는 상시 근로자 600명을 기준으로 600명이 추가될 때마다 1명씩 추가한다] | 보건관리자의 자격기준에 해당하는 자 |

08

• Repetitive Learning 1회 2회 3회

방사성 기체로 폐암 발생의 원인이 되는 실내공기 중 오염물질은?

① 석면
② 오존
③ 라돈
④ 포름알데히드

해설

• 보기 중 방사성 물질은 라돈(Rn) 뿐이다.

❖ 라돈(Rn)

• 무색, 무취의 기체로서 흙, 콘크리트, 시멘트나 벽돌 등의 건축자재에 존재하였다가 공기 중으로 방출되며 지하공간에 더 높은 농도를 보이고, 폐암을 유발하는 실내공기 오염물질이다.
• 자연적으로 존재하는 암석이나 토양에서 발생하는 thorium, uranium의 붕괴로 인해 생성되는 방사성 가스이다.
• 라돈의 동위원소에는 Rn222, Rn220, Rn219가 있으며 이 중 반감기가 긴 Rn-222가 실내 공간에서 일체의 위해성 측면에서 주요 관심대상이다.
• 라돈의 붕괴로 방출되는 알파(α)선이 폐조직을 파괴하여 폐암을 유발한다.

09

• Repetitive Learning 1회 2회 3회

고용노동부장관은 건강장해를 발생할 수 있는 업무에 일정기간 이상 종사한 근로자에 대하여 건강관리카드를 교부하여야 한다. 건강관리카드 교부 대상 업무가 아닌 것은?

① 벤지딘염산염(중량비율 1% 초과 제제 포함)제조 취급업무
② 벤조트리클로리드 제조(태양광선에 의한 염소화반응에 제조)업무
③ 제철용 코크스 또는 제철용 가스발생로 가스제조시 로상부 또는 근접작업
④ 크롬산, 중크롬산, 또는 이들 염(중량 비율 0.1% 초과 제제 포함)을 제조하는 업무

해설

• ④의 경우 크롬산, 중크롬산, 또는 이들 염에서 중량 비율 0.1% 초과 제제가 아니라 1%를 초과하는 제제를 취급한 업무에 대해 4년 이상 근무 시 건강관리카드를 교부한다.

❖ 건강관리카드 발급 대상

구분	건강장해가 발생할 우려가 있는 업무	대상 요건
1	베타-나프틸아민 또는 그 염을 제조하거나 취급하는 업무	3개월 이상 종사한 사람
2	벤지딘 또는 그 염을 제조하거나 취급하는 업무	3개월 이상 종사한 사람
3	베릴륨 또는 그 화합물 또는 그 밖에 베릴륨 함유물질을 제조하거나 취급하는 업무	양쪽 폐부분에 베릴륨에 의한 만성 결절성 음영이 있는 사람
4	비스-(클로로메틸)에테르를 제조하거나 취급하는 업무	3년 이상 종사한 사람

10

• Repetitive Learning 1회 2회 3회

산업재해의 기본원인인 4M에 해당되지 않는 것은?

① 방식(Mode)
② 설비(Machine)
③ 작업(Media)
④ 관리(Management)

해설

• 4M은 Man, Machine, Media, Management를 말한다.

❖ 재해발생 기본원인-4M

㉠ 개요

• 재해의 연쇄관계를 분석하는 기본 검토요인으로 인간 과오(Human-Error)와 관련된다.
• Man, Machine, Media, Management를 말한다.

㉡ 4M의 내용

Man	• 인간적 요인을 말한다. • 심리적(망각, 무의식, 착오 등), 생리적(피로, 질병, 수면부족 등) 원인 등이 있다.
Machine	• 기계적 요인을 말한다. • 기계, 설비의 설계상의 결함, 점검이나 정비의 결함, 위험방호의 불량 등이 있다.
Media	• 인간과 기계를 연결하는 매개체로 작업적 요인을 말한다. • 작업의 정보, 작업방법, 환경 등이 있다.
Management	• 관리적 요인을 말한다. • 안전관리조직, 관리규정, 안전교육의 미흡 등이 있다.

11 ● Repetitive Learning [1회 2회 3회]

교대근무제에 관한 설명으로 맞는 것은?

① 야간근무 종료 후 휴식은 24시간 전후로 한다.

② 야근은 가면(假眠)을 하더라도 10시간 이내가 좋다.

③ 신체적 적응을 위하여 야간근무의 연속일수는 대략 1주일로 한다.

④ 누적 피로를 회복하기 위해서는 정교대 방식보다는 역교대 방식이 좋다.

해설

• 야근 후 다음 반으로 가는 간격은 최저 48시간을 가지도록 한다.

• 야간근무의 연속은 2~3일 정도가 좋다.

• 교대작업은 피로회복을 위해 역교대 근무 방식보다 전진근무 방식(주간근무 → 저녁근무 → 야간근무 → 주간근무)으로 하는 것이 좋다.

:: 바람직한 교대제

㉠ 기본

• 각 반의 근무시간은 8시간으로 한다.

• 2교대면 최저 3조의 정원을, 3교대면 4조 편성으로 한다.

• 근무시간의 간격은 15~16시간 이상으로 하여야 한다.

• 채용 후 건강관리로서 정기적으로 체중, 위장 증상 등을 기록해야 하며 체중이 3kg 이상 감소 시 정밀검사를 받도록 한다.

• 근무 교대시간은 근로자의 수면을 방해하지 않도록 정해야 하며, 아침 교대시간은 아침 7시 이후에 하는 것이 바람직하다.

• 근무시간은 8시간을 주기로 교대하며 야간 근무 시 충분한 휴식을 보장해주어야 한다.

• 교대작업은 피로회복을 위해 역교대 근무 방식보다 전진근무 방식(주간근무 → 저녁근무 → 야간근무 → 주간근무)으로 하는 것이 좋다.

㉡ 야간근무 **실기** 2202

• 야간근무의 연속은 2~3일 정도가 좋다.

• 야근 교대시간은 상오 0시 이전에 하는 것이 좋다.

• 야간근무 시 가면(假眠)시간은 근무시간에 따라 2~4시간으로 하는 것이 좋다.

• 야근은 가면(假眠)을 하더라도 10시간 이내가 좋다.

• 야근 후 다음 반으로 가는 간격은 최저 48시간을 가지도록 한다.

• 상대적으로 가벼운 작업을 야간 근무조에 배치하고, 업무 내용을 탄력적으로 조정한다.

12 ● Repetitive Learning [1회 2회 3회]

300명의 근로자가 근무하는 A사업장에서 지난 한 해 동안 신체장애 12급 4명과, 3급 1명의 재해자가 발생하였다. 신체장애 등급별 근로손실일수가 다음 표와 같을 때 해당 사업장의 강도율은 약 얼마인가?(단, 연간 52주, 주당 5일, 1일 8시간을 근무하였다)

신체장애등급	근로손실일수	신체장애등급	근로손실일수
1~3급	7,500일	9급	1,000일
4급	5,500일	10급	600일
5급	4,000일	11급	400일
6급	3,000일	12급	200일
7급	2,200일	13급	100일
8급	1,500일	14급	50일

① 0.33 ② 13.30

③ 25.02 ④ 52.35

해설

• 12급은 200일, 3급은 7,500일이므로 근로손실일수는 200×4+7,500=8,300일이다.

• 연간총근로시간은 300명×8시간×5일×52주=624,000시간이므로 강도율은 $\frac{8,300}{624,000} \times 1,000 = 13.30 \cdots$ 이다.

:: 강도율(SR : Severity Rate of injury) 실기 0502/0503/0602

• 재해로 인한 근로손실의 강도를 나타낸 값으로 연간 총 근로시간에서 1,000시간당 근로손실일수를 의미한다.

• 강도율 = $\frac{근로손실일수}{연간총근로시간} \times 1,000$ 으로 구한다.

• 연간 근무일수나 하루 근무시간수가 주어지지 않을 경우 하루 8시간, 1년 300일 근무하는 것으로 간주한다.

• 휴업일수가 주어질 경우 근로손실일수를 구하기 위해 $\frac{연간근무일수}{365}$ 를 곱해준다.

• 근로자의 근속연수 등이 주어지지 않을 때 평생 근로손실일수는 한 개인이 평생 동안 근로한 시간을 100,000시간으로 볼 때의 근로손실일수이므로 강도율에 100을 곱하여 구한다.

13 ● Repetitive Learning [1회 2회 3회]

유해인자와 그로 인하여 발생되는 직업병의 연결이 틀린 것은?

① 크롬 – 폐암 ② 이상기압 – 폐수종

③ 망간 – 신장염 ④ 수은 – 악성중피종

- 악성중피종은 석면이 유발시킨다.

:: 석면과 직업병
- 석면취급 작업장에 오래동안 근무한 근로자가 걸릴 수 있는 질병에는 석면폐증, 폐암, 늑막암, 위암, 악성중피종, 중피종암 등이 있다.
- 규폐증을 초래하는 유리규산(free silica)과 달리 석면(asbestos)은 악성중피종을 초래한다.

0703 / 1101 / 2004

14 ────────• Repetitive Learning (1회 2회 3회)

직업성 질환에 관한 설명으로 틀린 것은?

① 직업성 질환과 일반 질환은 그 한계가 뚜렷하다.
② 직업성 질환은 재해성 질환과 직업병으로 나눌 수 있다.
③ 직업성 질환이란 어떤 직업에 종사함으로써 발생하는 업무상 질병을 의미한다.
④ 직업병은 저농도 또는 저수준의 상태로 장시간 걸쳐 반복노출로 생긴 질병을 의미한다.

- 직업성 질환과 일반 질환은 그 한계가 불분명하다.

:: 직업성 질환
- 직업성 질환과 일반 질환은 그 한계가 불분명하다.
- 직업성 질환은 재해성 질환과 직업병으로 나눌 수 있다.
- 직업성 질환이란 어떤 직업에 종사함으로써 발생하는 업무상 질병을 의미한다.
- 직업병은 저농도 또는 저수준의 상태로 장시간 걸쳐 반복노출로 생긴 질병을 의미한다.

1501

15 ────────• Repetitive Learning (1회 2회 3회)

작업강도에 영향을 미치는 요인으로 틀린 것은?

① 작업밀도가 작다.
② 대인 접촉이 많다.
③ 열량소비량이 크다.
④ 작업대상의 종류가 많다.

- 작업밀도가 작으면 작업강도는 낮아진다.

:: 작업강도에 영향을 미치는 요인
- 작업밀도가 크다.　　　　• 대인 접촉이 많다.
- 열량소비량이 크다.　　　• 작업대상의 종류가 많다.

16 ────────• Repetitive Learning (1회 2회 3회)

근골격계 질환에 관한 설명으로 틀린 것은?

① 점액낭염(bursitis)은 관절 사이의 윤활액을 싸고 있는 윤활낭에 염증이 생기는 질병이다.
② 건초염(tenosynovitis)은 건막에 염증이 생긴 질환이며, 건염(tendonitis)은 건의 염증으로, 건염과 건초염을 정확히 구분하기 어렵다.
③ 수근관 증후군(carpal tunnel sysdrome)은 반복적이고, 지속적인 손목의 압박, 무리한 힘 등으로 인해 수근관 내부에 정중신경이 손상되어 발생한다.
④ 근염(myositis)은 근육이 잘못된 자세, 외부의 충격, 과도한 스트레스 등으로 수축되어 굳어지면 근섬유의 일부가 띠처럼 단단하게 변하여 근육의 특정 부위에 압통, 방사통, 목부위 운동제한, 두통 등의 증상이 나타난다.

- ④는 근막통증후군에 대한 설명이다.

:: 근골격계 질환의 대표적인 종류

점액낭염 (bursitis)	관절 사이의 윤활액을 싸고 있는 윤활낭에 염증이 생기는 질병이다.
건초염 (tenosynovitis)	건막에 염증이 생긴 질환이며, 건염(tendonitis)은 건의 염증으로, 건염과 건초염을 정확히 구분하기 어렵다.
수근관 증후군 (carpal tunnel sysdrome)	반복적이고, 지속적인 손목의 압박, 무리한 힘 등으로 인해 수근관 내부에 정중신경이 손상되어 발생한다.
기용터널증후군 (Guyon tunnel syndrome)	Guyon's관이라고 불리는 손목부위의 터널을 척골 신경이 통과할 때 압박을 받아 생기는 질환으로 진동이나 반복적인 둔기 외상에 의해 발생한다.
근염 (myositis)	근육에 염증이 생겨 손상되는 것으로 골격근 및 피부의 만성염증을 주증상으로 한다.
근막통증후군 (pain syndrome)	근육이 잘못된 자세, 외부의 충격, 과도한 스트레스 등으로 수축되어 굳어지면 근섬유의 일부가 띠처럼 단단하게 변하여 근육의 특정 부위에 압통, 방사통, 목부위 운동제한, 두통 등의 증상이 나타난다.
요추염좌 (lumbar sprain)	요통의 가장 흔한 원인으로 허리뼈 부위의 뼈와 뼈를 이어주는 인대가 손상되어 통증을 수반하는 염좌이다.

17

0902 / 1203

산업안전보건법령상 작업환경측정에 관한 내용으로 틀린 것은?

① 모든 측정은 개인시료채취방법으로만 실시하여야 한다.
② 작업환경측정을 실시하기 전에 예비조사를 실시하여야 한다.
③ 작업환경측정자는 그 사업장에 소속된 사람으로 산업위생관리산업기사 이상의 자격을 가진 사람이다.
④ 작업이 정상적으로 이루어져 작업시간과 유해인자에 대한 근로자의 노출정도를 정확히 평가할 수 있을 때 실시하여야 한다.

해설
- 모든 측정은 개인시료채취방법으로 하되, 개인시료채취방법이 곤란한 경우에는 지역시료채취방법으로 실시한다.

❖ 작업환경측정방법
- 작업환경측정을 하기 전에 예비조사를 할 것
- 작업이 정상적으로 이루어져 작업시간과 유해인자에 대한 근로자의 노출 정도를 정확히 평가할 수 있을 때 실시할 것
- 모든 측정은 개인시료채취방법으로 하되, 개인시료채취방법이 곤란한 경우에는 지역시료채취방법으로 실시할 것. 이 경우 그 사유를 작업환경측정 결과표에 분명하게 밝혀야 한다.
- 작업환경측정기관에 위탁하여 실시하는 경우에는 해당 작업환경측정기관에 공정별 작업내용, 화학물질의 사용실태 및 물질안전보건자료 등 작업환경측정에 필요한 정보를 제공할 것

18

0401

중량물 취급작업 시 NIOSH에서 제시하고 있는 최대허용기준(MPL)에 대한 설명으로 틀린 것은?(단, AL은 감시기준이다)

① 역학조사 결과 MPL을 초과하는 직업에서 대부분의 근로자들에게 근육, 골격 장애가 나타났다.
② 노동생리학적 연구결과, MPL에 해당되는 작업에서 요구되는 에너지 대사량은 5kcal/min를 초과하였다.
③ 인간공학적 연구결과 MPL에 해당되는 작업에서 디스크에 3400N의 압력이 부과되어 대부분의 근로자들이 이 압력에 견딜 수 없었다.
④ MPL은 3AL에 해당되는 값으로 정신물리학적 연구결과, 남성근로자의 25%미만과 여성 근로자의 1%미만에서만 MPL수준의 작업을 수행할 수 있었다.

해설
- 인간공학적 연구결과 MPL에 해당되는 작업에서 디스크에 6,400N 이상의 압력이 부과되어 대부분의 근로자들이 이 압력에 견딜 수 없었다.

❖ NIOSH에서 제시하고 있는 최대허용기준(MPL)
- 인간공학적 연구결과 MPL에 해당되는 작업에서 디스크에 6,400N 이상의 압력이 부과되어 대부분의 근로자들이 이 압력에 견딜 수 없음에서 시작되었다.
- 역학조사 결과 MPL을 초과하는 직업에서 대부분의 근로자들에게 근육, 골격 장애가 나타났다.
- 노동생리학적 연구결과, MPL에 해당되는 작업에서 요구되는 에너지 대사량은 5kcal/min를 초과하였다.
- MPL은 3AL에 해당되는 값으로 정신물리학적 연구결과, 남성 근로자의 25% 미만과 여성 근로자의 1% 미만에서만 MPL수준의 작업을 수행할 수 있었다.

19

1002

심리학적 적성검사에서 지능검사 대상에 해당되는 항목은?

① 성격, 태도, 정신상태
② 언어, 기억, 추리, 귀납
③ 수족협조능, 운동속도능, 형태지각능
④ 직무에 관련된 기본지식과 숙련도, 사고력

해설
- ①은 인성검사 대상이다.
- ③은 지각동작검사 대상이다.
- ④는 기능검사 대상이다.

❖ 심리학적 적성검사
- 지능검사, 지각동작검사, 인성검사, 기능검사가 있다.

지능검사	언어, 기억, 추리, 귀납 관련 검사
지각동작검사	수족협조능, 운동속도능, 형태지각능 관련 검사
인성검사	성격, 태도, 정신상태 관련 검사
기능검사	직무에 관련된 기본지식과 숙련도, 사고력 등 직무평가에 관련된 항목을 추리검사의 형식으로 실시

20

Repetitive Learning 1회 2회 3회

산업위생전문가의 과제가 아닌 것은?

① 작업환경의 조사
② 작업환경조사 결과의 해석
③ 유해물질과 대기오염 상관성 조사
④ 유해인자가 있는 곳의 경고 주의판 부착

- 산업위생전문가와 대기오염은 관련이 멀다.

보건관리자의 업무 실기 1402/2202

- 산업안전보건위원회 또는 노사협의체에서 심의·의결한 업무와 안전보건관리규정 및 취업규칙에서 정한 업무
- 안전인증대상기계등과 자율안전확인대상기계등 중 보건과 관련된 보호구(保護具) 구입 시 적격품 선정에 관한 보좌 및 지도·조언
- 위험성 평가에 관한 보좌 및 지도·조언
- 물질안전보건자료의 게시 또는 비치에 관한 보좌 및 지도·조언
- 산업보건의의 직무(보건관리자가 의사인 경우)
- 해당 사업장 보건교육계획의 수립 및 보건교육 실시에 관한 보좌 및 지도·조언
- 해당 사업의 근로자를 보호하기 위한 의료행위(보건관리자가 의사 및 간호사인 경우로 한정한다)
  - 자주 발생하는 가벼운 부상에 대한 치료
  - 응급처치가 필요한 사람에 대한 처치
  - 부상·질병의 악화를 방지하기 위한 처치
  - 건강진단 결과 발견된 질병자의 요양 지도 및 관리
  - 가목부터 라목까지의 의료행위에 따르는 의약품의 투여
- 작업장 내에서 사용되는 전체 환기장치 및 국소 배기장치 등에 관한 설비의 점검과 작업방법의 공학적 개선에 관한 보좌 및 지도·조언
- 사업장 순회점검, 지도 및 조치 건의
- 산업재해 발생의 원인 조사·분석 및 재발 방지를 위한 기술적 보좌 및 지도·조언
- 산업재해에 관한 통계의 유지·관리·분석을 위한 보좌 및 지도·조언
- 법 또는 법에 따른 명령으로 정한 보건에 관한 사항의 이행에 관한 보좌 및 지도·조언
- 업무 수행 내용의 기록·유지
- 그 밖에 보건과 관련된 작업관리 및 작업환경관리에 관한 사항으로서 고용노동부장관이 정하는 사항

작업위생측정 및 평가

1001

21 ———————● Repetitive Learning 1회 2회 3회

입자상 물질의 크기 표시를 하는 방법 중 입자의 면적을 이등분하는 직경으로 과소평가의 위험성이 있는 것은?

① 마틴 직경   ② 페렛 직경
③ 스토크 직경   ④ 등면적 직경

- 페렛 직경은 먼지의 한쪽 끝 가장자리와 다른 쪽 끝 가장자리 사이의 거리로 과대평가될 가능성이 있는 입자성 물질의 직경을 말한다.
- 스토크 직경이란 입자의 침강속도와 밀도가 같은 구의 직경을 말한다.
- 등면적 직경이란 먼지의 면적과 동일한 면적을 갖는 원의 직경으로 가장 정확한 입자성 물질의 직경이다.

마틴 직경(Martin diameter) 실기 0301/0302/0403/0602/0701/0803/0903/1201/1301/1703/1901/2001/2003/2101/2103

- 입자의 면적을 이등분하는 직경으로 과소평가의 위험성이 있는 입자성 물질의 직경을 말한다.
- 입자의 면적을 이등분하는 선분으로 최단거리로 측정한다.

---

22 ———————● Repetitive Learning 1회 2회 3회

시료채취 대상 유해물질과 시료채취 여과지를 잘못 짝지은 것은?

① 유리규산-PVC여과지
② 납, 철, 등 금속-MCE 여과지
③ 농약, 알칼리성 먼지-은막 여과지
④ 다핵방향족탄화수소(PAHs)-PTFE 여과지

- 농약, 알칼리성 먼지는 PTFE막 여과지가 채취에 적합하다.

PTFE막 여과지(테프론)

- 농약, 알칼리성 먼지, 콜타르피치 등을 채취한다.
- 열, 화학물질, 압력 등에 강한 특성이 있다.
- 석탄건류나 증류 등의 고열 공정에서 발생되는 다핵방향족 탄화수소를 채취할 때 사용된다.

2003

23 ———————● Repetitive Learning 1회 2회 3회

접착공정에서 본드를 사용하는 작업장에서 톨루엔을 측정하고자 한다. 노출기준의 10%까지 측정하고자 할 때, 최소시료채취시간(min)은?(단, 작업장은 25℃, 1기압이며, 톨루엔의 분자량은 92.14, 기체크로마토그래피의 분석에서 톨루엔의 정량한계는 0.5mg/m^3, 노출기준은 100ppm, 채취유량은 0.15L/분이다)

① 13.3   ② 39.6
③ 88.5   ④ 182.5

- 노출기준(100ppm)의 10%를 측정하고자 하므로 10ppm을 세제곱미터당 밀리그램(mg/m^3)으로 변환하면 $\dfrac{10 \times 92.14}{24.45} = 37.6850 \cdots mg/m^3$ 이다.
- 노출농도 $37.685 mg/m^3$인 곳에서 정량한계가 0.5mg인 활성탄관으로 분당 0.15L($0.15 \times 10^{-3} m^3$)의 속도로 채취할 때 걸리는 시간은 $37.685 mg/m^3 = \dfrac{0.5mg}{0.15 \times 10^{-3} m^3/분 \times x분}$ 으로 구할 수 있다.
- x를 기준으로 정리하면 $\dfrac{0.5}{0.15 \times 10^{-3} \times 37.685} = 88.4525 \cdots$ 이 되므로 88.5분이 된다.

✹ 노출기준

- 화학적 인자의 가스, 증기, 분진, 흄(fume), 미스트(mist) 등의 농도는 피피엠(ppm) 또는 세제곱미터당 밀리그램(mg/m^3)으로 표시한다. 다만, 석면의 농도 표시는 세제곱센티미터당 섬유개수(개/cm^3)로 표시한다.
- 피피엠(ppm)과 세제곱미터당 밀리그램(mg/m^3)간의 상호 농도변환은 노출기준(mg/m^3)= $\dfrac{\text{노출기준(ppm)} \times \text{그램분자량}}{24.45(25℃, 1기압 기준)}$ 으로 구한다.
- 소음수준의 측정단위는 데시벨[dB(A)]로 표시한다.
- 고열(복사열 포함)의 측정단위는 습구흑구온도지수(WBGT)를 구하여 섭씨온도(℃)로 표시한다.

24
Repetitive Learning 1회 2회 3회 *(1401)*

온도표시에 관한 내용으로 틀린 것은?

① 냉수는 4℃ 이하를 말한다.
② 실온은 1~35℃를 말한다.
③ 미온은 30~40℃를 말한다.
④ 온수는 60~70℃를 말한다.

해설

- 냉수는 15℃ 이하를 말한다.

✹ 온도표시

표준온도	0℃
실온	1~35℃
상온	15~25℃
미온	30~40℃
냉수	15℃ 이하
온수	60~70℃
열수	100℃

25
Repetitive Learning 1회 2회 3회

작업환경 내 유해물질 노출로 인한 위해도의 결정요인은 무엇인가?

① 반응성과 사용량
② 위해성과 노출량
③ 허용농도와 노출량
④ 반응성과 허용농도

해설

- 위해도의 결정요인은 유해물질이 인간에게 끼치는 유해성에 있으므로 위해성과 노출량이 된다.

✹ 작업환경 내 위해도

- 결정요인 : 위해성과 노출량
- 평가를 위한 고려 요인 : 공간적 분포, 조직적 특성, 시간적 빈도와 기간, 노출대상의 특성
- 평가에 영향을 미치는 것 : 유해인자의 위해성, 유해인자에 노출되는 근로자의 수, 노출되는 시간 및 공간적인 특성과 빈도

26
Repetitive Learning 1회 2회 3회 *(1102)*

흡광도 측정에서 최초광의 70%가 흡수될 경우 흡광도는 약 얼마인가?

① 0.28
② 0.35
③ 0.46
④ 0.52

해설

- 흡수율이 0.7일 경우 투과율은 0.3으로 흡광도 $A = \log \dfrac{1}{\text{투과율}}$ 로 구할 수 있다.
- 대입하면 $A = \log \dfrac{1}{0.3} = 0.5228 \cdots$ 이 된다.

✹ 흡광도 실기 1003

- 물체가 빛을 흡수하는 정도를 나타낸다.
- 흡광도 $A = \xi L c = \log \dfrac{I_o}{I_t} = \log \dfrac{1}{\text{투과율}}$ 로 구한다. 이때 ξ는 몰 흡광계수이고, 투과율은 (1−흡수율)로 구한다.

27
Repetitive Learning 1회 2회 3회

포집기를 이용하여 납을 분석한 결과 0.00189g이었을 때, 공기 중 납 농도는 약 몇 mg/m^3인가?(단, 포집기의 유량 2.0L/min, 측정시간 3시간 2분, 분석기기의 회수율은 100%이다)

① 4.61
② 5.19
③ 5.77
④ 6.35

- 공기채취량은 2.0L/min×182min×1.0=364L이므로 0.364m^3 이다.
- 납의 채취량은 0.00189g이다.
- 구하고자하는 농도의 단위는 mg/m^3이므로 납의 채취량은 1.89mg이므로 대입하면 $\frac{1.89}{0.364}=5.192\cdots$[mg/$m^3$]이다.

⁑ 시료채취 시의 농도계산 실기 0402/0403/0503/0601/0701/0703/0801/0802/0803/0901/0902/0903/1001/1002/1101/1103/1301/1401/1502/1603/1801/1802/1901/1903/2002/2004/2101/2102/2201

- 농도 $C=\frac{(W'-W)-(B'-B)}{V}$로 구한다. 이때 C는 농도 [mg/m^3], W'는 채취 후 여과지 무게[μg], W는 채취 전 여과지 무게[μg], B'는 채취 후 공여과지 무게[μg], B는 채취 전 공여과지 무게[μg], V는 공기채취량으로 펌프의 평균유속[L/min]×시료채취시간[min]으로 구한다.
- 공시료가 0인 경우 농도 $C=\frac{(W'-W)}{V}$으로 구한다.

0802 / 1402 / 1503 / 1903 / 2004

28 ──── • Repetitive Learning (1회 2회 3회)

소음의 측정시간 및 횟수의 기준에 관한 내용으로 ( )에 들어 갈 것으로 옳은 것은?(단, 고용노동부 고시를 기준으로 한다)

> 단위작업장소에서의 소음발생시간이 6시간 이내인 경우나 소음발생원에서의 발생시간이 간헐적인 경우에는 발생시간 동안 연속 측정하거나 등간격으로 나누어 ( )회 이상 측정하여야 한다.

① 2회   ② 3회
③ 4회   ④ 6회

해설

- 단위작업장소에서의 소음발생시간이 6시간 이내인 경우나 소음발생원에서의 발생시간이 간헐적인 경우에는 발생시간동안 연속 측정하거나 등간격으로 나누어 4회 이상 측정하여야 한다.

⁑ 작업환경측정을 위한 소음측정 횟수 실기 1403

- 단위작업장소에서 소음수준은 규정된 측정위치 및 지점에서 1일 작업시간 동안 6시간 이상 연속 측정하거나 작업시간을 1시간 간격으로 나누어 6회 이상 측정하여야 한다. 다만, 소음의 발생특성이 연속음으로서 측정치가 변동이 없다고 자격자 또는 지정측정기관이 판단한 경우에는 1시간 동안을 등간격으로 나누어 3회 이상 측정할 수 있다.
- 단위작업장소에서의 소음발생시간이 6시간 이내인 경우나 소음발생원에서의 발생시간이 간헐적인 경우에는 발생시간동안 연속 측정하거나 등간격으로 나누어 4회 이상 측정하여야 한다.

---

29 ──── • Repetitive Learning (1회 2회 3회)

다음 중 검지관법에 대한 설명과 가장 거리가 먼 것은?

① 반응시간이 빨라서 빠른 시간에 측정결과를 알 수 있다.
② 민감도가 낮기 때문에 비교적 고농도에만 적용이 가능하다.
③ 한 검지관으로 여러 물질을 동시에 측정할 수 있는 장점이 있다.
④ 오염물질의 농도에 비례한 검지관의 변색층 길이를 읽어 농도를 측정하는 방법과 검지관 안에서 색변화와 표준 색표를 비교하여 농도를 결정하는 방법이 있다.

해설

- 검지관은 한 가지 물질에 반응할 수 있도록 제조되어 있어 측정대상물질의 동정이 되어있어야 한다.

⁑ 검지관법의 특성

ⓐ 개요
- 오염물질의 농도에 비례한 검지관의 변색층 길이를 읽어 농도를 측정하는 방법과 검지관 안에서 색변화와 표준 색표를 비교하여 농도를 결정하는 방법이 있다.

ⓑ 장 · 단점 실기 1803/2101

장점	· 사용이 간편하고 복잡한 분석실 분석이 필요 없다. · 맨홀, 밀폐공간에서의 산소가 부족하거나 폭발성 가스로 인하여 안전이 문제가 될 때 유용하게 사용될 수 있다. · 숙련된 산업위생전문가가 아니더라도 어느 정도만 숙지하면 사용할 수 있다. · 반응시간이 빨라서 빠른 시간에 측정결과를 알 수 있다.
단점	· 민감도가 낮아 비교적 고농도에만 적용이 가능하다. · 특이도가 낮아 다른 방해물질의 영향을 받기 쉬워 오차가 크다. · 검지관은 한 가지 물질에 반응할 수 있도록 제조되어 있어 측정대상물질의 동정이 되어있어야 한다. · 색변화가 시간에 따라 변하므로 제조자가 정한 시간에 읽어야 한다. · 색변화가 선명하지 않아 주관적으로 읽을 수 있어 판독자에 따라 변이가 심하다.

1101 / 1403 / 2001

30 ──── • Repetitive Learning (1회 2회 3회)

공장 내 지면에 설치된 한 기계로부터 10m 떨어진 지점의 소음이 70dB(A)일 때, 기계의 소음이 50dB(A)로 들리는 지점은 기계에서 몇 m 떨어진 곳인가?(단, 점음원을 기준으로 하고, 기타 조건은 고려하지 않는다)

① 50   ② 100
③ 200   ④ 400

해설

- $dB_2 = dB_1 - 20\log\left(\dfrac{d_2}{d_1}\right)$에서 $dB_1 = 70$, $d_1 = 10$, $dB_2 = 50$일 때의 d_2를 구하는 문제이다.

- 대입하면 $50 = 70 - 20\log\left(\dfrac{x}{10}\right)$이고, 정리하면 $\log\left(\dfrac{x}{10}\right) = 1$이 되는 x는 100이 되어야 한다.

⁝⁝ 음압수준 [실기]1101

- 음압(Sound pressure)은 물리적으로 측정한 음의 크기를 말한다.
- 소음원으로부터 d_1만큼 떨어진 위치에서 음압수준이 dB_1일 경우 d_2만큼 떨어진 위치에서의 음압수준
  $dB_2 = dB_1 - 20\log\left(\dfrac{d_2}{d_1}\right)$로 구한다.
- 소음원으로부터 거리와 음압수준은 역비례한다.

2101

31 ──────── Repetitive Learning (1회 2회 3회)

복사기, 전기기구, 플라즈마 이온방식의 공기청정기 등에서 공통적으로 발생할 수 있는 유해물질로 가장 적절한 것은?

① 오존
② 이산화질소
③ 일산화탄소
④ 포름알데히드

해설

- 복사기, 전기기구, 프린터 등에서는 오존, 이산화질소, 휘발성 유기물질(VOCs), 중금속, 초미세먼지 등 많은 양의 유해물질이 발생한다.

⁝⁝ 오존(O_3)

- 대기중에서 질소산화물과 휘발성 유기화합물이 자외선에 의한 촉매반응을 통해 생성된 산소 원자 3개로 된 물질이다.
- 산화력이 강하다.
- 복사기, 전기기구, 플라즈마 이온방식의 공기청정기 등에서 공통적으로 발생할 수 있는 유해물질이다.

1401

32 ──────── Repetitive Learning (1회 2회 3회)

태양광선이 내리쬐지 않는 옥외 작업장에서 온도를 측정결과, 건구온도는 30℃, 자연습구온도는 30℃, 흑구온도는 34℃이었을 때 습구흑구온도지수(WBGT)는 약 몇 ℃인가? (단, 고용노동부 고시를 기준으로 한다)

① 30.4
② 30.8
③ 31.2
④ 31.6

해설

- 일사가 영향을 미치지 않는 옥외는 옥내와 마찬가지로 일사의 영향이 없어 자연습구(0.7)와 흑구온도(0.3)만으로 WBGT가 결정되므로 WBGT $= 0.7 \times 30 + 0.3 \times 34 = 21 + 10.2 = 31.2$℃가 된다.

⁝⁝ 습구흑구온도(WBGT : Wet Bulb Globe Temperature) 지수

ㄱ 개요
- 건구온도, 습구온도 및 흑구온도에 비례하며, 열중증 예방을 위해 고온에서의 작업휴식시간비를 결정하는 지표로 더위지수라고도 한다.
- 표시단위는 섭씨온도(℃)로 표시하며, WBGT가 높을수록 휴식시간이 증가되어야 한다.
- 미국국립산업안전보건연구원(NIOSH)뿐만 아니라 국내에서도 습구흑구온도를 측정하고 지수를 산출하여 평가에 사용한다.
- 과거에 쓰이던 감각온도와 근사한 값인데 감각온도와 다른 점은 기류를 전혀 고려하지 않았다는 점이다.

ㄴ 산출방법 [실기]0501/0503/0602/0702/0703/1101/1201/1302/1303/1503/2102/2201/2202/2203
- 옥내에서는 WBGT $= 0.7$NWT $+ 0.3$GT이다. 이때 NWT는 자연습구, GT는 흑구온도이다.(일사가 영향을 미치지 않는 옥외도 옥내로 취급한다)
- 일사가 영향을 미치는 옥외에서는 건구온도인 dB를 반영하지만 옥내에서는 일사의 영향이 없으므로 자연습구와 흑구온도만으로 WBGT가 결정된다.
- 일사가 영향을 미치는 옥외에서는 WBGT $= 0.7$NWT $+ 0.2$GT $+ 0.1$DB이며 이때 NWT는 자연습구, GT는 흑구온도, DB는 건구온도이다.

---

33 ──────── Repetitive Learning (1회 2회 3회)

다음 중 작업환경의 기류측정기기와 가장 거리가 먼 것은?

① 풍차풍속계
② 열선풍속계
③ 카타온도계
④ 냉온풍속계

해설

- 기류측정 기기의 종류에는 풍차풍속계, 열선풍속계, 카타온도계가 가장 대표적이다.

⁝⁝ 기류측정기기 [실기]1701

풍차풍속계	주로 옥외에서 1~150m/sec 범위의 풍속을 측정하는데 사용하는 측정기구
열선풍속계	기온과 정압을 동시에 구할 수 있어 환기시설의 점검에 사용하는 측정기구로 기류속도가 아주 낮을 때 유용
카타온도계	기류의 방향이 일정하지 않거나, 실내 0.2~0.5m/s 정도의 불감기류를 측정할 때 사용하는 측정기구

34

여러 성분이 있는 용액에서 증기가 나올 때, 증기의 각 성분의 부분압은 용액의 분압과 평형을 이룬다는 내용의 법칙은?

① 라울의 법칙(Raoult's Law)

② 픽스의 법칙(Fick's Law)

③ 게이-루삭의 법칙(Gay-Lussac's Law)

④ 보일-샤를의 법칙(Boyle-Charle's Law)

해설

- 픽스의 법칙은 분자확산에 관한 법칙으로 농도가 높은 곳에서 낮은 곳으로 분자가 확산되며, 시간이 지남에 따라 농도는 전체적으로 일정하게 됨을 증명한다.
- 게이-루삭의 법칙은 같은 온도와 같은 압력에서 반응 기체와 생성 기체의 부피는 일정한 정수가 성립함을 증명한다.
- 보일-샤를의 법칙은 기체의 압력과 온도가 변화할 때 기체의 부피는 절대온도에 비례하고 압력에 반비례함을 증명한다.
- ❖ 라울의 법칙(Raoult's Law)
  - 용액의 증기 압력 내림은 용액 속에 녹아 있는 용질의 몰분율에 비례한다.
  - 여러 성분이 있는 용액에서 증기가 나올 때, 증기의 각 성분의 부분압은 용액의 분압과 평형을 이룬다.

35

측정값이 17, 5, 3, 13, 8, 7, 12, 10일 때, 통계적인 대표값 9.0은 다음 중 어느 통계치에 해당 되는가?

① 최빈값

② 중앙값

③ 산술평균

④ 기하평균

해설

- 모두 한번씩 출현했으므로 최빈값은 없거나 전부일 수 있다.
- 주어진 데이터의 산술평균은 75/8 = 9.375이다.
- 주어진 데이터를 순서대로 나열하면 3, 5, 7, 8, 10, 12, 13, 170이다. 8개로 짝수개이므로 4번째와 5번째 자료의 평균값이 중앙값이 된다. $\frac{8+10}{2} = 9$이다.
- 기하평균은 $\sqrt[8]{17 \times 5 \times 3 \times 13 \times 8 \times 7 \times 12 \times 10} = 8.2886 \cdots$이다.
- ❖ 중앙값(median)
  - 주어진 데이터들을 순서대로 정렬하였을 때 가장 가운데 위치한 값을 말한다.
  - 주어진 데이터가 짝수인 경우 가운데 2개 값의 평균값이다.

36

전자기 복사선의 파장범위 중에서 자외선-A의 파장 영역으로 가장 적절한 것은?

① 100~280nm

② 280~315nm

③ 315~400nm

④ 400~760nm

해설

- ①은 UV-V의 파장영역이다.
- ②는 UV-B의 파장영역이다.
- ④는 가시광선의 파장영역이다.
- ❖ 비이온화 방사선(Non ionizing Radiation)
  - 방사선을 조사했을 때 에너지가 낮아 원자를 이온화시키지 못하는 방사선을 말한다.
  - 자외선(UV-A, B, C, V), 가시광선, 적외선, 각종 전파 등이 이에 해당한다.

영역	구분	파장	영향
자외선	UV-A	315~400nm	피부노화촉진
	UV-B	280~315nm	발진, 피부암, 광결막염
	UV-C	200~280nm	오존층에 흡수되어 지구 표면에 닿지 않는다.
	UV-V	100~200nm	
가시광선		400~750nm	각막손상, 피부화상
적외선	IR-A	700~1400mm	망막화상
	IR-B	1400~3000nm	각막화상, 백내장
	IR-C	3000nm~1mm	

37

두 집단의 어떤 유해물질의 측정값이 아래 도표와 같을 때 두 집단의 표준편차의 크기 비교에 대한 설명 중 옳은 것은?

① A 집단과 B 집단은 서로 같다.

② A 집단의 경우가 B 집단의 경우보다 크다.

③ A 집단의 경우가 B 집단의 경우보다 작다.

④ 주어진 도표만으로 판단하기 어렵다.

- 평균값에 밀집한 집단은 A로 A의 표준편차가 B보다 더 작다.

∷ 표준편차
- 편차의 제곱의 합을 평균을 분산이라고 하며, 분산의 양의 제곱근을 표준편차라 한다.
- 평균값으로부터 데이터에 대한 오차범위의 근사값이다.
- 표준편차가 작다는 것은 평균에 그만큼 많이 몰려있다는 의미이다.
- 표본표준편차 $S = \left[\dfrac{\sum\limits_{i=1}^{N}(x-\bar{x})^2}{N-1}\right]^{0.5}$ 로 구한다.

1403 / 2001

38 ────── Repetitive Learning 〔1회〕〔2회〕〔3회〕

금속도장 작업장의 공기 중에 혼합된 기체의 농도와 TLV가 다음 표와 같을 때, 이 작업장의 노출지수(EI)는 얼마인가? (단, 상가작용 기준이며 농도 및 TLV의 단위는ppm이다)

기체명	기체의 농도	TLV
Toluene	55	100
MIBK	25	50
Acetone	280	750
MEK	90	200

① 1.573　　　　　② 1.673

③ 1.773　　　　　④ 1.873

해설

- 이 혼합물의 노출지수를 구해보면
  $\dfrac{55}{100} + \dfrac{25}{50} + \dfrac{280}{750} + \dfrac{90}{200} = 1.873$이므로 노출기준을 초과하였다.

∷ 혼합물의 노출지수와 농도 실기 0303/0403/0501/0703/0801/0802/ 0901/0903/1002/1203/1303/1402/1503/1601/1701/1703/1801/1803/1901/2001 /2004/2101/2102/2103/2203
- 화학물질이 2종 이상 혼재하는 경우에 혼재하는 물질 간에 유해성이 인체의 서로 다른 부위에 작용한다는 증거가 없는 한 유해작용은 가중되므로 노출기준은 $\dfrac{C_1}{T_1} + \dfrac{C_2}{T_2} + \cdots + \dfrac{C_n}{T_n}$ 으로 산출하되, 산출되는 수치(노출지수)가 1을 초과하지 아니하는 것으로 한다. 이때 C는 화학물질 각각의 측정치이고, T는 화학물질 각각의 노출기준이다.
- 노출지수가 구해지면 해당 혼합물의 농도는
  $\dfrac{C_1 + C_2 + \cdots + C_n}{\text{노출지수}}$[ppm]으로 구할 수 있다.

2003

39 ────── Repetitive Learning 〔1회〕〔2회〕〔3회〕

작업장 소음에 대한 1일 8시간 노출 시 허용기준(dB(A))은? (단, 미국 OSHA의 연속소음에 대한 노출기준으로 한다)

① 45　　　　　② 60

③ 86　　　　　④ 90

해설

- 미국의 산업안전보건청은 우리나라와 같은 90dB(5dB 변화율)을 채택하고 있다.

∷ 소음 노출기준
ⓐ 국내(산업안전보건법) 소음의 허용기준
- 미국의 산업안전보건청과 같은 90dB(5dB 변화율)을 채택하고 있다.

1일 노출시간(hr)	허용 음압수준(dBA)
8	90
4	95
2	100
1	105
1/2	110
1/4	115

ⓑ ACGIH 노출기준

1일 노출시간(hr)	허용 음압수준(dBA)
8	85
4	88
2	91
1	94
1/2	97
1/4	100

0703 / 1302 / 1303

40 ────── Repetitive Learning 〔1회〕〔2회〕〔3회〕

석면측정방법 중 전자현미경법에 관한 설명으로 틀린 것은?

① 석면의 감별분석이 가능하다.

② 분석시간이 짧고 비용이 적게 소요된다.

③ 공기 중 석면시료분석에 가장 정확한 방법이다.

④ 위상차현미경으로 볼 수 없는 매우 가는 섬유도 관찰이 가능하다.

해설

- 석면의 측정방법에는 위상차현미경법이 주로 사용되나 위상차현미경법으로 검출이 불가능한 경우 전자현미경법을 사용한다. 전자현미경법은 가장 정확한 분석방법이나 비싸고 시간이 많이 소요되는 단점을 갖는다.

전자현미경법
- 석면의 감별(성분)분석이 가능하다.
- 공기 중 석면시료분석에 가장 정확한 방법이다.
- 위상차현미경으로 볼 수 없는 매우 가는 섬유도 관찰이 가능하다.
- 값이 비싸고 분석시간이 많이 소요되는 단점이 있다.

3과목	작업환경관리대책

41 ● Repetitive Learning 1회 2회 3회

작업환경 개선의 기본원칙으로 짝지어진 것은?

① 대체, 시설, 환기
② 격리, 공정, 물질
③ 물질, 공정, 시설
④ 격리, 대체, 환기

해설

- 작업환경관리의 원칙에는 대치, 격리, 환기, 교육 등이 있다.

작업환경 개선의 기본원칙 실기 0803/1103/1501/1603/2202

- 설비 개선 등의 조치 등이 어려울 경우 노출 가능성이 있는 근로자에게 보호구를 착용할 수 있도록 한다.

대치	• 가장 효과적이며 우수한 관리대책이다. • 대치의 3원칙은 시설, 공정, 물질의 변경이다. • 물질대치는 경우에 따라서 지금까지 알려지지 않았던 전혀 다른 장해를 줄 수 있음 • 장비대치는 적절한 대치방법 개발의 어려움
격리	• 작업자와 유해인자 사이에 장벽을 놓는 것 • 보호구를 사용하는 것도 격리의 한 방법 • 거리, 시간, 공정, 작업자 전체를 대상으로 실시하는 대책 • 비교적 간단하고 효과도 좋음
환기	• 설계, 시설설치, 유지보수가 필요 • 공정을 그대로 유지하면서 효율적 관리가능한 방법은 국소배기방식
교육	• 노출 근로자 관리방안으로 교육훈련 및 보호구 착용

42 ● Repetitive Learning 1회 2회 3회

다음 중 0.01μm 정도의 미세분진까지 처리할 수 있는 집진기로 가장 적합한 것은?

① 중력집진기
② 전기집진기
③ 세정식집진기
④ 원심력집진기

해설

- 0.01μm 정도의 미세분진까지 모든 종류의 고체, 액체 입자를 효율적으로 포집할 수 있는 집진기는 전기집진장치이다.

전기집진장치 실기 1801

ⓐ 개요
- 0.01μm 정도의 미세분진까지 모든 종류의 고체, 액체 입자를 효율적으로 포집할 수 있는 집진기이다.
- 코로나 방전과 정전기력을 이용하여 먼지를 처리한다.

ⓑ 장·단점

장점	• 넓은 범위의 입경과 분진농도에 집진효율이 높다. • 압력손실이 낮으므로 송풍기의 운전 및 유지비가 적게 소요된다. • 고온 가스를 처리할 수 있어 보일러와 철강로 등에 설치할 수 있다. • 낮은 압력손실로 대량의 가스를 처리할 수 있다. • 회수가치성이 있는 입자 포집이 가능하다. • 건식 및 습식으로 집진할 수 있다.
단점	• 설치 공간을 많이 차지한다. • 초기 설치비와 설치 공간이 많이 든다. • 가스물질이나 가연성 입자의 처리가 곤란하다. • 전압변동과 같은 조건변동에 적응하기 어렵다.

0801 / 1003 / 2004

43 ● Repetitive Learning 1회 2회 3회

작업대 위에서 용접할 때 흄(fume)을 포집제거하기 위해 작업면에 고정된 플랜지가 붙은 외부식 사각형 후드를 설치하였다면 소요 송풍량(m^3/min)은?(단, 개구면에서 작업지점까지의 거리는 0.25m, 제어속도는 0.5m/s, 후드 개구면적은 0.5m^2이다)

① 0.281
② 8.430
③ 16.875
④ 26.425

해설

- 작업대에 부착하며, 플랜지가 있는 경우의 외부식 후드에 해당하므로 필요 환기량 $Q = 60 \times 0.5 \times V_c(10X^2 + A)$로 구한다.
- 대입하면 $Q = 60 \times 0.5 \times 0.5(10 \times 0.25^2 + 0.5) = 16.875[m^3/min]$가 된다.

외부식 측방형 후드 실기 0401/0702/0902/1002/1502/1702/1703/1902/2103/2201

- 작업대에 부착하며, 플랜지가 있는 경우에 해당한다.
- 필요 환기량 $Q = 60 \times 0.5 \times V_c(10X^2 + A)$로 구한다. 이때 Q는 필요 환기량$[m^3/min]$, V_c는 제어속도[m/sec], A는 개구면적$[m^2]$, X는 후드의 중심선으로부터 발생원까지의 거리[m]이다.

44 ────────── Repetitive Learning 1회 2회 3회

1303 / 2201

공기 중의 포화증기압이 1.52mmHg인 유기용제가 공기 중에 도달할 수 있는 포화농도(ppm)는?

① 2,000   ② 4,000

③ 6,000   ④ 8,000

해설

• 증기압이 1.52mmHg를 대입하면

$$\frac{1.52}{760} \times 1,000,000 = 2,000[ppm]\text{이다.}$$

❖ 최고(포화)농도와 유효비중 **실기** 0302/0602/0603/0802/1001/1002/
1103/1503/1701/1802/1902/2101

• 최고(포화)농도는 $\frac{P}{760} \times 100[\%] = \frac{P}{760} \times 1,000,000[ppm]$으로 구한다.

• 유효비중은 $\dfrac{(\text{농도}\times\text{비중})+(10^{6}-\text{농도})\times\text{공기비중}(1.0)}{10^{6}}$ 으로 구한다.

45 ────────── Repetitive Learning 1회 2회 3회

송풍기에 연결된 환기 시스템에서 송풍량에 따른 압력손실 요구량을 나타내는 Q-P 특성곡선 중 Q와 P의 관계는?(단, Q는 풍량, P는 풍압이며, 유동조건은 난류형태이다)

① $P \propto Q$ ② $P^{2} \propto Q$

③ $P \propto Q^{2}$ ④ $P^{2} \propto Q^{3}$

해설

• Q-P 특성곡선은 $P \propto Q^{2}$ 관계를 보인다.

❖ Q-P 특성곡선

• 송풍기에 연결된 환기 시스템에서 송풍량에 따른 압력손실 요구량을 나타낸다.

• $P \propto Q^{2}$ 관계를 보인다.

46 ────────── Repetitive Learning 1회 2회 3회

1002

화학공장에서 작업환경을 측정하였더니 TCE농도가 10,000ppm 이었을 때 오염공기의 유효비중은?(단, TCE의 증기비중은 5.7, 공기비중은 1.0이다)

① 1.028   ② 1.047

③ 1.059   ④ 1.087

해설

• 농도가 10,000ppm, 비중이 5.7이므로 대입하면

$$\frac{(10,000 \times 5.7)+(1,000,000-10,000)}{1,000,000} = \frac{1,047,000}{1,000,000} = 1.047$$

이다.

❖ 최고(포화)농도와 유효비중 **실기** 0302/0602/0603/0802/1001/1002/
1103/1503/1701/1802/1902/2101

문제 44번의 유형별 핵심이론 ❖ 참조

47 ────────── Repetitive Learning 1회 2회 3회

그림과 같은 국소배기장치의 명칭은?

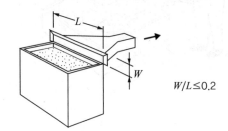

$W/L \leq 0.2$

① 수형 후드   ② 슬롯 후드

③ 포위형 후드   ④ 하방형 후드

해설

• 그림은 공간에 위치하며, 플랜지가 없는 외부식 슬롯형 후드에 해당된다.

❖ 후드의 형태

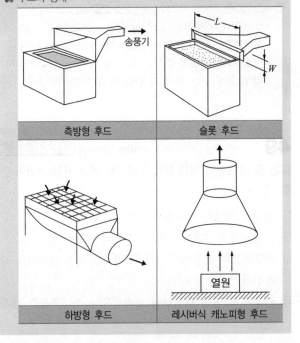

측방형 후드	슬롯 후드
하방형 후드	레시버식 캐노피형 후드

48

──────── • Repetitive Learning (1회 ᐟ 2회 ᐟ 3회)

그림과 같은 작업에서 상방흡인형의 외부식 후드의 설치를 계획하였을 때 필요한 송풍량은 약 m^3/min인가?(단, 기온에 따른 상승기류는 무시함, P=2(L+W), Vc=1m/s)

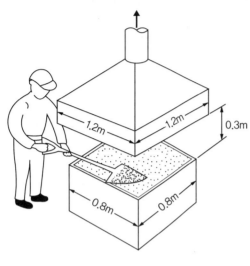

① 100

② 110

③ 120

④ 130

해설

- 개구면에서 배출원까지의 높이 0.3m, 긴 변이 1.2m이므로 H/L= 0.3/1.2=0.25로 0.3보다 작으므로 필요송풍량 Q=60×1.4×P× H× V_c으로 구한다.

- 대입하면 Q=60×1.4×2(1.2+1.2)×0.3×1=120.96[m^3/min]이다.

⁂ H/L≤0.3인 장방형 후드의 필요송풍량 【실기】1803/2201

- Q=60×1.4×P×H× V_c[m^3/min]으로 구한다.
  여기서 Q는 필요송풍량[m^3/min], H는 개구면에서의 높이[m], W는 캐노피의 짧은 변(직경)[m], V_c는 제어속도, L은 캐노피의 장변[m], P는 캐노피의 둘레길이 즉, 2(L+W)[m]이다.

49

0502

──────── • Repetitive Learning (1회 ᐟ 2회 ᐟ 3회)

다음 중 유해성이 적은 물질로 대체한 예와 가장 거리가 먼 것은?

① 분체의 원료는 입자가 큰 것으로 바꾼다.

② 야광시계의 자판에 라듐 대신 인을 사용한다.

③ 아조염료의 합성에서 디클로로벤지딘 대신 벤지딘을 사용한다.

④ 단열재 석면을 대신하여 유리섬유나 스티로폼을 대체한다.

해설

- 아조염료의 합성에 벤지딘 대신 디클로로벤지딘을 사용한다.

⁂ 대치의 원칙

시설의 변경	• 가연성 물질을 유리병 대신 철제통에 저장 • Fume 배출 드라프트의 창을 안전 유리창으로 교체
공정의 변경	• 건식공법의 습식공법으로 전환 • 전기 흡착식 페인트 분무방식 사용 • 금속을 두들겨 자르던 공정을 톱으로 절단 • 알코올을 사용한 엔진 개발 • 도자기 제조공정에서 건조 후에 하던 점토의 조합을 건조 전에 실시 • 땜질한 납 연마 시 고속회전 그라인더의 사용을 저속 Oscillating-typesander로 변경
물질의 변경	• 성냥 제조시 황린 대신 적린 사용 • 단열재 석면을 대신하여 유리섬유나 암면 또는 스티로폼 등을 사용 • 야광시계 자판에 Radium을 인으로 대치 • 금속표면을 블라스팅할 때 사용재료로서 모래 대신 철구슬을 사용 • 페인트 희석제를 석유나프타에서 사염화탄소로 대치 • 분체 입자를 큰 입자로 대체 • 금속세척 시 TCE를 대신하여 계면활성제로 변경 • 세탁 시 화재 예방을 위해 석유나프타 대신 4클로로에틸렌을 사용 • 세척작업에 사용되는 사염화탄소를 트리클로로에틸렌으로 전환 • 아조염료의 합성에 벤지딘 대신 디클로로벤지딘을 사용 • 페인트 내에 들어있는 납을 아연 성분으로 전환

50

──────── • Repetitive Learning (1회 ᐟ 2회 ᐟ 3회)

직경이 5μm이고 밀도가 2g/cm^3인 입자의 종단속도는 약 몇 cm/sec인가?

① 0.07

② 0.15

③ 0.23

④ 0.33

해설

- 입자의 직경과 비중이 주어졌으므로 대입하면
  침강속도 $V=0.003×2×5^2=0.15cm$/sec이다.

⁂ 리프만(Lippmann)의 침강속도 【실기】0302/0401/0901/1103/1203/1502/ 1603/1902

- 스토크스의 법칙을 대신하여 산업보건분야에서 간편하게 침강속도를 구하는 식으로 많이 사용된다.

$V=0.003×SG×d^2$이다.	• V: 침강속도(cm/sec) • SG: 입자의 비중(g/cm^3) • d: 입자의 직경($μm$)

51

Repetitive Learning 1회 2회 3회

후드의 압력손실계수가 0.45이고 속도압이 20mmH$_2$O일 때 압력손실(mmH$_2$O)은?

① 9
② 12
③ 20.45
④ 42.25

해설

- 후드의 압력손실은 유입손실계수×속도압이므로 0.45×20=9 mmH_2O이다.

∷ 후드의 유입계수와 유입손실수 실기 0502/0801/0901/1001/1102/1303/1602/1603/1903/2002/2103

- 후드에서의 압력손실이 유량의 저하로 나타나는 현상이다.
- 유입계수 C_e가 1에 가까울수록 이상적인 후드에 가깝다.
- 유입계수는 속도압/후드정압의 제곱근으로 구할 수 있다.
- 유입계수(C_e)= $\dfrac{실제적\ 유량}{이론적\ 유량}$ = $\dfrac{실제\ 흡인유량}{이론\ 흡인유량}$ = $\sqrt{\dfrac{1}{1+F}}$ 으로 구한다.

  이때 F는 후드의 유입손실계수로 $\dfrac{\triangle P}{VP}$ 즉, $\dfrac{압력손실}{속도압(동압)}$으로 구할 수 있다.

- 유입(압력)손실계수(F)= $\dfrac{1-C_e^2}{C_e^2}$ = $\dfrac{1}{C_e^2}-1$로 구한다.

52

1201 Repetitive Learning 1회 2회 3회

어느 관내의 속도압이 3.5mmH$_2$O일 때, 유속은 약 몇 m/min인가?(단, 공기의 밀도 1.21kg/m^{3}이고 중력가속도는 9.8m/s^2이다)

① 352
② 381
③ 415
④ 452

해설

- VP[mmH_2O]를 알면 공기속도는 $V=4.043\times\sqrt{VP}$[m/s]로 구한다.
- 대입하면 $V=4.043\times\sqrt{3.5}=7.563\cdots$[m/s]이다. 분당의 유속을 물었으므로 60을 곱해주면 453.83[m/min'이 된다.

∷ 속도압(동압) 실기 0402/0602/0803/1003/1101/1301/1402/1502/1601/1602/1703/1802/2001/2201

- 속도압(VP)은 전압(TP)에서 정압(SP)을 뺀 값으로 구한다.
- 동압 $VP=\dfrac{\gamma V^2}{2g}$ [mmH_2O]로 구한다. 이때 γ는 표준공기일 경우 1.203[kgf/m^3]이며, g는 중력가속도로 9.81[m/s^2]이다.
- VP[mmH_2O]를 알면 공기속도는 $V=4.043\times\sqrt{VP}$[m/s]로 구한다.

53

1102 Repetitive Learning 1회 2회 3회

입자상 물질을 처리하기 위한 장치 중 고효율 집진이 가능하며 원리가 직접차단, 관성충돌, 확산, 중력침강 및 정전기력 등이 복합적으로 작용하는 장치는?

① 여과집진장치
② 전기집진장치
③ 원심력집진장치
④ 관성력집진장치

해설

- 입자상 물질을 처리하기 위한 장치 중 효율이 가장 높은 것은 여과집진장치이다.

∷ 여과제진장치 실기 0702/1002

ⓐ 개요
- 여과재에 처리가스를 통과시켜 먼지를 분리, 제거하는 장치이다.
- 고효율 집진이 가능하며 직접차단, 관성충돌, 확산, 중력침강 및 정전기력 등이 복합적으로 작용하는 집진장치이다.
- 연속식은 고농도 함진 배기가스 처리에 적합하다.

ⓑ 장점
- 조작불량을 조기에 발견할 수 있다.
- 다양한 용량(송풍량)을 처리할 수 있다.
- 미세입자에 대한 집진효율이 비교적 높은 편이다.
- 집진효율이 처리가스의 양과 밀도 변화에 영향이 적다.
- 탈진방법과 여과재의 사용에 따른 설계상의 융통성이 있다.

ⓒ 단점
- 섬유 여포상에서 응축이 일어날 때 습한 가스를 취급할 수 없다.
- 압력손실은 여과속도의 제곱에 비례하므로 다른 방식에 비해 크다.
- 여과재는 고온 및 부식성 물질에 손상되어 수명이 단축된다.

54

2001 Repetitive Learning 1회 2회 3회

호흡기 보호구의 밀착도 검사(fit test)에 대한 설명이 잘못된 것은?

① 정량적인 방법에는 냄새, 맛, 자극물질 등을 이용한다.
② 밀착도 검사란 얼굴피부 접촉면과 보호구 안면부가 적합하게 밀착되는지를 측정하는 것이다.
③ 밀착도 검사를 하는 것은 작업자가 작업장에 들어가기 전 누설정도를 최소화시키기 위함이다.
④ 어떤 형태의 마스크가 작업자에게 적합한지 마스크를 선택하는데 도움을 주어 작업자의 건강을 보호한다.

해설

- ①의 설명은 정성적인 방법에 대한 설명이다.

⁑ 호흡기 보호구의 밀착도 검사(fit test)
- 밀착도 검사란 얼굴피부 접촉면과 보호구 안면부가 적합하게 밀착되는지를 측정하는 것이다.
- 밀착도 검사를 하는 것은 작업자가 작업장에 들어가기 전 누설정도를 최소화시키기 위함이다.
- 어떤 형태의 마스크가 작업자에게 적합한지 마스크를 선택하는 데 도움을 주어 작업자의 건강을 보호한다.
- 정성적인 방법에는 냄새, 맛, 자극물질 등을 이용한다.
- 정량적인 방법에는 입자계측기를 이용하거나 에어로졸, 진공상태 등에서 검사한다.

55
● Repetitive Learning (1회 2회 3회)

다음 중 방독마스크에 관한 설명과 가장 거리가 먼 것은?

① 일시적인 작업 또는 긴급용으로 사용하여야 한다.
② 산소농도가 15%인 작업장에서는 사용하면 안 된다.
③ 방독마스크이 정화통은 유해물질별로 구분하여 사용하도록 되어 있다.
④ 방독마스크 필터는 압축된 면, 모, 합성섬유 등의 재질이며 여과효율이 우수하여야 한다.

해설
- 방독마스크의 흡수제는 활성탄, 실리카겔, sodalime 등이 사용된다.

⁑ 방독마스크
- 일시적인 작업 또는 긴급용 유해물질 중독 위험작업에 사용한다.
- 산소농도가 18% 미만인 작업장에서는 사용하면 안 된다.
- 방독마스크이 정화통은 유해물질별로 구분하여 사용하도록 되어 있다.
- 방독마스크의 흡수제는 활성탄(비극성 유기증기), 실리카겔(극성물질), sodalime 등이 사용된다.

56
1303
● Repetitive Learning (1회 2회 3회)

공기 중의 사염화탄소 농도가 0.2%일 때, 방독면의 사용 가능한 시간은 몇 분인가?(단, 방독면 정화통의 정화능력이 사염화탄소 0.5%에서 60분간 사용 가능하다)

① 110
② 130
③ 150
④ 180

해설
- 방독마스크의 성능이 0.5%에서 60분이므로 대입하면
  사용 가능 시간= $\frac{0.5 \times 60}{0.2}$ =150분이 된다.

⁑ 방독마스크의 사용 가능 시간 실기 1101/1401
- 방독마스크의 유효시간, 파과시간이라고도 한다.
- 사용 가능 시간= $\frac{표준유효시간 \times 시험농도}{공기 중 유해가스농도}$ 로 구한다.
- 할당보호계수= $\frac{작업장 오염물질 농도}{방독마스크 내부 농도}$ 으로 구한다.

57
1103
● Repetitive Learning (1회 2회 3회)

다음 중 가지덕트를 주덕트에 연결하고자 할 때, 각도로 가장 적합한 것은?

① 30°
② 50°
③ 70°
④ 90°

해설
- 직경이 다른 덕트를 연결할 때는 경사 30° 이내의 테이퍼를 부착한다.

⁑ 덕트 설치 시 고려사항 실기 1301
- 가능하면 길이는 짧게 하고 굴곡부의 수는 적게 한다.
- 접속부의 안쪽은 돌출된 부분이 없도록 한다.
- 공기가 아래로 흐르도록 하향구배를 원칙으로 한다.
- 구부러짐 전·후에는 청소구를 만든다.
- 덕트 내부에 오염물질이 쌓이지 않도록 이송속도를 유지한다.
- 직경이 다른 덕트를 연결할 때는 경사 30° 이내의 테이퍼를 부착한다.
- 덕트의 직경이 15cm 미만인 경우 새우등 곡관 3개 이상, 덕트의 직경이 15cm 이상인 경우 새우등 곡관 5개 이상을 사용한다.
- 곡관의 중심선 곡률반경은 최대 덕트 직경의 2.5배 내외가 되도록 한다.
- 송풍기를 연결할 때는 최소 덕트 직경의 6배 정도는 직선구간으로 한다.
- 가급적 원형덕트를 사용하여 부득이 사각형 덕트를 사용할 경우는 가능한 한 정방형을 사용한다.
- 수분이 응축될 경우 덕트 내로 들어가지 않도록 하며 경사나 배수구를 마련한다.

58
● Repetitive Learning (1회 2회 3회)

공기의 유속을 측정할 수 있는 기구가 아닌 것은?

① 열선 유속계
② 로터미터형 유속계
③ 그네날개형 유속계
④ 회전날개형 유속계

• 로터미터형은 유량을 측정하는 기구이다.

공기 유속 측정 기구
• 피토관(pitot tube) : 덕트 내 공기의 압력을 통해 속도압 및 정압을 측정
• 풍차 풍속계 : 프로펠러를 설치해 그 회전운동을 이용해 풍속을 측정
• 열선식 풍속계 : 풍속과 풍량을 측정
• 그네날개형 유속계
• 회전날개형 유속계
• 초음파 유속계
• 레이저도플러 유속계
• 입자영상 유속계

59 ——● Repetitive Learning [1회][2회][3회]

연속방정식 Q=AV의 적용조건은?(단, Q=유량, A=단면적, V=평균속도이다)

① 압축성 정상유동
② 압축성 비정상유동
③ 비압축성 정상유동
④ 비압축성 비정상유동

해설
• 연속방정식은 정상류 흐름에 질량보존의 원리를 적용하여 얻은 유체역학적인 기본 이론으로 비압축성 정상유동에서 적용된다.

연속방정식과 질량보존의 법칙
• 연속방정식은 정상류 흐름에 질량보존의 원리를 적용하여 얻은 유체역학적인 기본 이론이다.
• 유량 Q=AV로 구한다. 이때 A는 단면적, V는 평균속도이다.
• 정상류가 흐르고 있는 유체 유동에 있어서 유관 내 모든 단면에서의 질량유량은 같다.(질량유량은 임의의 단면적을 단위 시간 동안 통과하는 유체의 질량)
• 시간변화에 상관없이 질량유량은 변하지 않는다.
• 비압축성 정상유동에서 적용된다.

60 ——● Repetitive Learning [1회][2회][3회]

슬롯의 길이가 2.4m, 폭이 0.4m인 플랜지부착 슬롯형 후드가 설치되어 있을 때, 필요송풍량은 약 몇 m^3/min인가?(단, 제어거리가 0.5m, 제어속도가 0.75m/s이다)

① 135
② 140
③ 145
④ 150

해설
• 플랜지부착 슬롯형 후드의 배풍량 $Q=60\times2.6\times L\times V_c\times X$ [m^3/min]로 구한다.
• 대입하면 필요 환기량 $Q=60\times2.6\times2.4\times0.75\times0.5=140.4$ [m^3/min]가 된다.

플랜지부착 슬롯형 후드의 필요송풍량 [실기] 1102/1103/1401/1803/2103

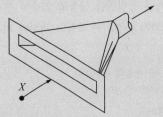

X

• 필요송풍량 $Q=60\times C\times L\times V_c\times X$로 구한다. 이때 Q는 필요송풍량[m^3/min]이고, C는 형상계수, V_c는 제어속도[m/sec], L은 슬롯의 개구면 길이, X는 포집점까지의 거리[m]이다.
• 종횡비가 0.2 이하인 플랜지부착 슬롯형 후드의 형상계수로 2.6을 사용한다.

4과목 | 물리적 유해인자관리

0803
61 ——● Repetitive Learning [1회][2회][3회]

전리방사선에 관한 설명으로 틀린 것은?

① α선은 투과력은 약하나, 전리작용은 강하다.
② β입자는 핵에서 방출되는 양자의 흐름이다.
③ γ선은 원자핵 전환에 따라 방출되는 자연 발생적인 전자파이다.
④ 양자는 조직 전리작용이 있으며 비정(飛程)거리는 같은 에너지의 α입자보다 길다.

해설
• 베타(β)입자는 원자핵에서 방출되는 전자의 흐름이다.

베타(β)입자
• 원자핵에서 방출되는 전자의 흐름으로 알파(α)입자보다 가볍고 속도는 10배 빠르므로 충돌할 때마다 튕겨져서 방향을 바꾸는 전리 방사선이다.
• 외부 조사도 잠재적 위험이나 내부 조사가 더 큰 건강상의 문제를 일으킨다.

62 ●━━━━━━━━━━● Repetitive Learning [1회 2회 3회]

제2도 동상의 증상으로 적절한 것은?

① 따갑고 가려운 느낌이 생긴다.

② 혈관이 확장하여 발적이 생긴다.

③ 수포를 가진 광범위한 삼출성 염증이 생긴다.

④ 심부조직까지 동결되면 조직의 괴사와 괴저가 일어난다.

해설

• ①과 ②는 1도 동상의 증상이다.

• ④는 3도 동상의 증상이다.

❖ 동상(Frostbite)

　㉠ 개요

　　• 피부의 동결은 −2∼0℃에서 발생한다.

　　• 동상에 대한 저항은 개인차가 있으며 일반적으로 발가락은 6℃에 도달하면 아픔을 느낀다.

　㉡ 종류와 증상

1도	발적과 경미한 부종
2도	수포형성과 삼출성 염증
3도	조직괴사로 괴저발생
4도	검고 두꺼운 가피 형성과 심한 관절통

63 ●━━━━━━━━━━● Repetitive Learning [1회 2회 3회]

전신진동에 관한 설명으로 틀린 것은?

① 말초혈관이 수축되고, 혈압상승과 맥박증가를 보인다.

② 산소소비량은 전신진동으로 증가되고, 폐환기도 촉진된다.

③ 전신진동의 영향이나 장애는 자율신경 특히 순환기에 크게 나타난다.

④ 두부와 견부는 50∼60Hz 진동에 공명하고, 안구는 10∼20Hz 진동에 공명한다.

해설

• 두부와 견부는 20∼30Hz 진동에 공명하며, 안구는 60∼90Hz 진동에 공명한다.

❖ 전신진동의 인체영향

　• 사람이 느끼는 최소 진동역치는 55±5dB이다.

　• 전신진동의 영향이나 장애는 자율신경 특히 순환기에 크게 나타난다.

　• 산소소비량은 전신진동으로 증가되고, 폐환기도 촉진된다.

　• 말초혈관이 수축되고 혈압상승, 맥박증가를 보이며 피부 전기 저항의 저하도 나타낸다.

　• 위장장해, 내장하수증, 척추이상, 내분비계 장해 등이 나타난다.

64 ●━━━━━━━━━━● Repetitive Learning [1회 2회 3회]

저기압의 작업환경에 대한 인체의 영향을 설명한 것으로 틀린 것은?

① 고도 18,000ft 이상이 되면 21% 이상의 산소를 필요로 하게 된다.

② 인체 내 산소 소모가 줄어들게 되어 호흡수, 맥박수가 감소한다.

③ 고도 10,000ft까지는 시력, 협조운동의 가벼운 장해 및 피로를 유발한다.

④ 고도상승으로 기압이 저하되면 공기의 산소분압이 저하되고 동시에 폐포내 산소분압도 저하된다.

해설

• 저기압의 영향으로 산소결핍을 보충하기 위하여 호흡수, 맥박수가 증가된다.

❖ 저기압 인체 영향

　• 저기압의 영향으로 산소결핍을 보충하기 위하여 호흡수, 맥박수가 증가된다.

　• 고도상승으로 기압이 저하되면 공기의 산소분압이 저하되고 동시에 폐포내 산소분압도 저하된다.

　• 고도 10,000ft까지는 시력, 협조운동의 가벼운 장해 및 피로를 유발한다.

　• 고도 18,000ft 이상이 되면 21% 이상의 산소를 필요로 하게 된다.

65 ●━━━━━━━━━━● Repetitive Learning [1회 2회 3회]

음의 세기가 10배로 되면 음의 세기 수준은?

① 2dB 증가　　　　② 3dB 증가

③ 6dB 증가　　　　④ 10dB 증가

해설

• 음의 세기 수준 $SIL = 10\log\left(\frac{I}{I_o}\right)$로 구하는데 괄호안이 10이 된다는 의미이므로 SIL은 10dB이 된다.

❖ 음의 세기 수준(SIL : Sound Intensity Level)

　• 음의 세기를 말하며, 그 정도를 표시하는 값이다.

　• 어떤 음의 세기와 기준 음의 세기의 비의 상용로그 값을 10배 한 것이다.

　• SIL과 SPL은 ρC가 400rayls일 때 실용적으로 일치한다고 본다.

　• 음의 세기 수준 $SIL = 10\log\left(\frac{I}{I_o}\right)$[dB]로 구한다. 여기서 I_0는 최소 가청음 세기로 10^{-12}[W/m²]이다.

66 ● Repetitive Learning 1회 2회 3회

작업장에 흔히 발생하는 일반 소음의 차음효과(transmission loss)를 위해서 장벽을 설치한다. 이때 장벽의 단위 표면적당 무게를 2배씩 증가함에 따라 차음효과는 약 얼마씩 증가하는가?

① 2dB ② 6dB
③ 10dB ④ 16dB

해설
• 단위면적당 질량이 2배로 증가하면 투과손실은 6dB 증가효과를 갖는다.

:: 투과손실
• 재료의 한쪽 면에 입사되는 소리에너지와 재료의 후면으로 통과되어 나오는 소리에너지의 차이를 말한다.
• 투과손실은 차음 성능을 dB 단위로 나타내는 수치라 할 수 있다.
• 투과손실의 값이 클수록 차음성능이 우수한 재료라 할 수 있다.
• 투과손실 TL $= 20\log\dfrac{mw}{2\rho c}$ 로 구할 수 있다. 이때 m은 질량, w는 각주파수, ρ는 공기의 밀도, c는 음속에 해당한다.
• 동일한 벽일 경우 단위면적당 질량 m이 증가할수록 투과손실이 증가한다.
• 단위면적당 질량이 2배로 증가하면 투과손실은 6dB 증가효과를 갖는다.

67 ● Repetitive Learning 1회 2회 3회

다음 중 $0.01 W/m^2$의 소리에너지를 발생시키고 있는 음원의 음향파워레벨(PWL,dB)은 얼마인가?

① 100 ② 120
③ 140 ④ 150

해설
• PWL=10log(W/Wo)dB에서 Wo는 10^{-12}W이고, W가 0.01W이므로 대입하면 $10\log\left(\dfrac{10^{-2}}{10^{-12}}\right) = 10\log 10^{10} = 100$dB이다.

:: 음향파워레벨(PWL ; Sound PoWer Level, 음력레벨) 실기 0502/1603
• 음향출력($W = I[W/m^2] \times S[m^2]$)의 양변에 대수를 취해 구한 값을 음향파워레벨, 음력레벨(PWL)이라 한다.
• PWL $= 10\log\dfrac{W}{W_0}$[dB]로 구한다. 여기서 W_0는 기준음향파워로 10^{-12}[W]이다.
• PWL=SPL+10 logS로 구한다.
이때, SPL은 음의 압력레벨, S는 음파의 확산면적[m^2]을 말한다.

68 ● Repetitive Learning 1회 2회 3회

생체 내에서 산소공급정지가 몇 분 이상이 되면 활동성이 회복되지 않을 뿐만 아니라 비가역적인 파괴가 일어나는가?

① 1분 ② 1.5분
③ 2분 ④ 3분

해설
• 산소 없이 2분이 경과되면 대뇌의 피질세포가 비가역적인 파괴가 발생한다.

:: 산소결핍
• 성인은 1분에 0.2~0.3리터의 산소를 소비한다.
• 산소 없이 2분이 경과되면 대뇌의 피질세포가 비가역적인 파괴가 발생한다.
• 산소 공급이 6~8분 중지되면 사망에 이른다.
• 산소 농도에 따른 신체 영향

19.5~23.5%	정상상태
15~19.5%	피로, 작업능력 감소
12~16%	맥박 및 호흡수 증가, 행동의 부조화
9~14%	판단력 저하와 기억상실
6~10%	의식상실, 근육경련, 중추신경장해
6% 이하	40초 내 혼수상태, 호흡정지, 사망

69 ● Repetitive Learning 1회 2회 3회

실내 자연 채광에 관한 설명으로 틀린 것은?

① 입사각은 28° 이상이 좋다.
② 조명의 균등에는 북창이 좋다.
③ 실내 각점의 개각은 40~50°가 좋다.
④ 창 면적은 방바닥의 15~20%가 좋다.

해설
• 실내각점의 개각은 4~5°, 입사각은 28° 이상이 좋다.

:: 채광계획
• 많은 채광을 요구하는 경우는 남향이 좋다.
• 균일한 조명을 요구하는 작업실은 북향이 좋다.
• 실내각점의 개각은 4~5°(개각이 클수록 밝다), 입사각은 28° 이상이 좋다.
• 창의 면적은 방바닥 면적의 15~20%가 이상적이다.
• 유리창은 청결한 상태여도 10~15% 조도가 감소되는 점을 고려한다.
• 창의 높이를 증가시키는 것이 창의 크기를 증가시킨 것보다 조도에서 더욱 효과적이다.

70

0903

———————— • Repetitive Learning (1회 2회 3회)

방사능의 방어대책으로 볼 수 없는 것은?

① 방사선을 차폐한다.
② 노출시간을 줄인다.
③ 발생량을 감소시킨다.
④ 거리를 가능한 한 멀리한다.

해설

• 방사선의 외부 노출에 대한 방어 3원칙은 거리, 시간, 차폐로 이를 적절히 병행하여 합리적으로 피폭선량을 가능한 한 낮게 유지해야 한다.

✿✿ 방사선의 외부 노출에 대한 방어 3원칙
• 거리 : 가능한 한 선원으로부터 먼 거리를 유지할 것
• 시간 : 필요 이상으로 선원이나 조사장치 근처에 오래 머무르지 말 것
• 차폐 : 선원과 작업자 사이에 차폐물을 이용할 것

71

———————— • Repetitive Learning (1회 2회 3회)

마이크로파의 생물학적 작용과 거리가 먼 것은?

① 500cm 이상의 파장은 인체 조직을 투과한다.
② 3cm 이하 파장은 외피에 흡수된다.
③ 3~10cm 파장은 1mm~1cm정도 피부 내로 투과한다.
④ 25~200cm 파장은 세포조직과 신체기관까지 투과한다.

해설

• 200cm 이상의 파장은 거의 모든 인체 조직을 투과한다.

✿✿ 마이크로파의 생물학적 작용
㉠ 개요
• 인체에 흡수된 마이크로파는 기본적으로 열로 전환된다.
• 마이크로파에 의한 표적기관은 눈이다.
• 마이크로파는 중추신경계통에 작용하며 혈압은 폭로 초기에 상승하나 곧 억제효과를 내어 저혈압을 초래한다.
• 일반적으로 150MHz 이하의 마이크로파와 라디오파는 흡수되어도 감지되지 않는다.
• 광선의 파장, 피폭시간, 피폭된 조직에 따라 장해 출현 부위가 달라진다.
㉡ 파장과 투과성
• 3cm 이하 파장은 외피에 흡수된다.
• 3~10cm 파장은 1mm~1cm정도 피부 내로 투과한다.
• 25~200cm 파장은 세포조직과 신체기관까지 투과한다.
• 200cm 이상의 파장은 거의 모든 인체 조직을 투과한다.

72

0401 / 0701 / 0903

———————— • Repetitive Learning (1회 2회 3회)

적외선의 생체작용에 관한 설명으로 틀린 것은?

① 조직에서의 흡수는 수분함량에 따라 다르다.
② 적외선이 조직에 흡수되면 화학반응을 일으켜 조직의 온도가 상승한다.
③ 적외선이 신체에 조사되면 일부는 피부에서 반사되고 나머지는 조직에 흡수된다.
④ 조사부위의 온도가 오르면 혈관이 확장되어 혈류가 증가되며 심하면 홍반을 유발하기도 한다.

해설

• 적외선이 신체조직에 흡수되면 화학반응을 일으키는 것이 아니라 구성분자의 운동에너지를 증가시킨다.

✿✿ 적외선의 생물학적 영향
• 조직에서의 흡수는 수분함량에 따라 다르다.
• 적외선이 신체에 조사되면 일부는 피부에서 반사되고 나머지는 조직에 흡수된다.
• 절대온도 이상의 모든 물체는 온도에 비례해서 적외선을 복사한다.
• 적외선이 신체조직에 흡수되면 화학반응을 일으키는 것이 아니라 구성분자의 운동에너지를 증가시킨다.
• 조사부위의 온도가 오르면 혈관이 확장되어 혈류가 증가되며 심하면 홍반을 유발하기도 한다.
• 장기간 조사 시 두통, 자극작용이 있으며, 강력한 적외선은 뇌막자극 증상을 유발할 수 있다.
• 만성폭로에 따라 눈장해인 백내장을 일으킨다.
• 근적외선은 급성 피부화상, 색소침착 등을 일으킨다.
• 신체조직에서의 흡수는 수분함량에 따라 다르며 1400nm 이상의 장파장 적외선은 1cm의 수층을 통과하지 못한다.

73

0902

———————— • Repetitive Learning (1회 2회 3회)

산업안전보건법령상 이상기압에 의한 건강장해의 예방에 있어 사용되는 용어의 정의로 틀린 것은?

① 압력이란 절대압과 게이지압의 합을 말한다.
② 이상기압이란 압력이 제곱센티미터당 1킬로그램 이상인 기압을 말한다.
③ 고압작업이란 이상기압에서 잠함공법이나 그 외의 압기공법으로 하는 작업을 말한다.
④ 잠수작업이란 물속에서 공기압축기나 호흡용 공기통을 이용하여 하는 작업을 말한다.

해설

- 압력이란 게이지 압력을 말한다.

:: 이상기압 관련 용어

압력	게이지 압력
이상기압	압력이 제곱센티미터당 1킬로그램 이상인 기압
고압작업	고기압에서 잠함공법이나 그 외의 압기 공법으로 하는 작업
기압조절실	고압작업을 하는 근로자가 가압 또는 감압을 받는 장소
잠수작업	물속에서 공기압축기나 호흡용 공기통을 이용하여 하는 작업
표면공급식 잠수작업	수면 위의 공기압축기 또는 호흡용 기체통에서 압축된 호흡용 기체를 공급받으면서 하는 작업

---

75 ● Repetitive Learning 1회 2회 3회

고압 환경의 생체작용과 가장 거리가 먼 것은?

① 고공성 폐수종
② 이산화탄소(CO_2) 중독
③ 귀, 부비강, 치아의 압통
④ 손가락과 발가락의 작열통과 같은 산소 중독

해설

- 폐수종은 저압 환경의 생체작용에 해당한다.

:: 고압 환경의 생체작용
- 1차성 압력현상 – 생체강과 환경 간의 기압차이로 인한 기계적 작용으로 울혈, 부종, 출혈, 동통과 함께 귀, 부비강, 치아의 압통 등이 발생할 수 있다.
- 2차성 압력현상 – 고압하의 대기가스의 독성으로 인한 현상으로 질소마취, 산소 중독, 이산화탄소 중독 등이 있다.

0703

74 ● Repetitive Learning 1회 2회 3회

고온노출에 의한 장애 중 열사병에 관한 설명과 거리가 가장 먼 것은?

① 중추성 체온조절 기능장애이다.
② 지나친 발한에 의한 탈수와 염분 소실이 발생한다.
③ 고온다습한 환경에서 격심한 육체노동을 할 때 발병한다.
④ 응급조치 방법으로 얼음물에 담가서 체온을 39℃ 정도까지 내려주어야 한다.

해설

- 탈수와 염분 소실이 발생하는 것은 열경련 증상이다.

:: 열사병(Heat stroke) 실기 1803/2101
ⓐ 개요
- 고열로 인하여 발생하는 건강장해 중 가장 위험성이 큰 열중증이다.
- 체온조절 중추신경계 등의 장해로 신체 내부의 체온 조절계통의 기능을 잃어 발생한다.
- 발한에 의한 체열방출이 장해됨으로써 체내(특히 뇌)에 열이 축적되어 발생한다.
- 응급조치 방법으로 얼음물에 담가서 체온을 39℃ 정도까지 내려주어야 한다.
ⓑ 증상
- 1차적으로 정신 착란, 의식결여 등의 증상이 발생하는 고열장해이다.
- 건조하고 높은 피부온도, 체온상승(직장 온도 41℃) 등이 나타나는 열중증이다.
- 피부에 땀이 나지 않아 건조할 때가 많다.

---

76 ● Repetitive Learning 1회 2회 3회

소음성 난청에 대한 설명으로 틀린 것은?

① 손상된 섬모세포는 수일 내에 회복이 된다.
② 강렬한 소음에 노출되면 일시적으로 난청이 발생될 수 있다.
③ 일주일 정도가 지나도록 회복되지 않는 청력치의 감소부분은 영구적 난청에 해당된다.
④ 강한 소음은 달팽이관 주변의 모세혈관 수축을 일으켜 이 부근에 저산소증을 유발한다.

해설

- 소음성 난청은 심한 소음에 반복하여 노출되어 나타나는 영구적 청력 변화로 코르티 기관에 손상이 온 것이므로 회복이 불가능하다.

:: 소음성 난청 실기 0703/1501/2101
- 초기 증상을 C5-dip현상이라 한다.
- 대부분 양측성이며, 감각 신경성 난청에 속한다.
- 내이의 세포변성을 원인으로 볼 수 있다.
- 4,000Hz에 대한 청력손실이 특징적으로 나타난다.
- 고주파음역(4,000~6,000Hz)에서의 손실이 더 크다.
- 음압수준이 높을수록 유해하다.
- 소음성 난청은 심한 소음에 반복하여 노출되어 나타나는 영구적 청력 변화로 코르티 기관에 손상이 온 것이므로 회복이 불가능하다.

---

77 ──────── • Repetitive Learning 〔1회〕〔2회〕〔3회〕

빛과 밝기의 단위에 관한 설명으로 틀린 것은?

① 반사율은 조도에 대한 휘도의 비로 표시한다.

② 광원으로부터 나오는 빛의 양을 광속이라고 하며 단위는 루멘을 사용한다.

③ 입사면의 단면적에 대한 광도의 비를 조도라 하며 단위는 촉광을 사용한다.

④ 광원으로부터 나오는 빛의 세기를 광도라고 하며 단위는 칸델라를 사용한다.

해설

- 입사면의 단면적에 대한 광도의 비를 조도라 하며 단위는 럭스(Lux)를 사용한다.

∷ 조도(照度)
- 조도는 특정 지점에 도달하는 광의 밀도를 말한다.
- 단위는 럭스(Lux)를 사용한다.
- 1Lux는 1lumen의 빛이 $1m^2$의 평면상에 수직으로 비칠 때의 밝기이다.
- 반사체의 반사율과는 상관없이 일정한 값을 갖는다.
- 거리의 제곱에 반비례하고, 광도에 비례하므로 $\dfrac{광도}{(거리)^2}$으로 구한다.

78 ──────── • Repetitive Learning 〔1회〕〔2회〕〔3회〕

음의 세기(I)와 음압(P) 사이의 관계는 어떠한 비례관계가 있는가?

① 음의 세기는 음압에 정비례

② 음의 세기는 음압에 반비례

③ 음의 세기는 음압의 제곱에 비례

④ 음의 세기는 음압의 역수에 반비례

해설

- 음의 세기는 진폭의 크기에 비례하고, 음압의 제곱에 비례한다.

∷ 음의 세기
- 음의 세기는 진폭의 크기에 비례한다.
- 음의 세기는 음압의 제곱에 비례한다.
- 음의 세기 $I = \dfrac{P^2}{\rho c}$ [W/m^2]로 구한다. 이때 P는 음압의 실효치 [N/m^2], ρ는 매질의 밀도[kg/m^2], c는 음속[m/s]이다.

79 ──────── • Repetitive Learning 〔1회〕〔2회〕〔3회〕

흡음재의 종류 중 다공질 재료에 해당되지 않는 것은?

① 암면

② 펠트(felt)

③ 석고보드

④ 발포수지재료

해설

- ③은 (판)진동흡음재에 해당한다.

∷ 흡음재의 종류
- 다공질 재료 – 내부의 마찰이나 점성저항 또는 소섬유 진동을 이용(섬유, 암면, 석면, 발포수지재료, 세라믹 등)
- 판진동흡음재 – 판이나 천의 막 진동을 이용(비닐시트, 석고보드, 석면 스레트 등)
- 입구가 좁은 항아리 – 공명에 의한 흡음을 이용(다공판 등)

80 ──────── • Repetitive Learning 〔1회〕〔2회〕〔3회〕

인체와 환경 간의 열교환에 관여하는 온열조건 인자가 아닌 것은?

① 대류

② 증발

③ 복사

④ 기압

해설

- 인체의 열교환에 관여하는 인자에는 복사, 대류, 전도, 증발이 있다.

∷ 인체의 열교환
  ㉠ 경로
  - 복사 – 한겨울에 햇볕을 쬐면 기온은 차지만 따스함을 느끼는 것
  - 대류 – 같은 온도에서도 바람이 부느냐 불지 않느냐에 따라 열손실이 달라지는 것
  - 전도 – 달구어진 옥상 바닥에 손바닥을 짚을 때 손바닥으로 열이 전해지는 것
  - 증발 – 피부 표면을 통해 인체의 열이 증발하는 것
  ㉡ 열교환과정 실기 0503/0801/0903/1403/1502/2201
  - S=(M−W)±R±C−E
    단, S는 열 축적, M은 대사, W는 일, R은 복사, C는 대류, E는 증발을 의미한다.
  - 한랭환경에서는 복사 및 대류는 음(−)수 값을 취한다.
  - 열교환에 영향을 미치는 요소에는 기온(Temperature), 기습(Humidity), 기류(Air movement) 등이 있다.

1103

81 ────── ● Repetitive Learning (1회 2회 3회)

다음의 설명 중 ( )안에 내용을 올바르게 나열한 것은?

> 단시간노출기준(STEL)이란 (㉠)간의 시간가중평균노출값으로서 노출농도가 시간가중평균노출기준(TWA)을 초과하고 단시간노출기준(STEL) 이하인 경우에는 (㉡) 노출 지속시간이 15분 미만이어야 한다. 이러한 상태가 1일 (㉢)회 이하로 발생하여야 하며, 각 노출의 간격은 (㉣) 이상이어야 한다.

① ㉠ : 5분, ㉡ : 1회, ㉢ : 6회, ㉣ : 30분
② ㉠ : 15분, ㉡ : 1회, ㉢ : 4회, ㉣ : 60분
③ ㉠ : 15분, ㉡ : 2회, ㉢ : 4회, ㉣ : 30분
④ ㉠ : 15분, ㉡ : 2회, ㉢ : 6회, ㉣ : 60분

해설

- 단시간노출기준(STEL)은 15분간의 시간가중평균노출값으로서 노출농도가 시간가중평균노출기준(TWA)을 초과하고 단시간노출기준(STEL) 이하인 경우에는 1회 노출 지속시간이 15분 미만이어야 하고, 이러한 상태가 1일 4회 이하로 발생하여야 하며, 각 노출의 간격은 60분 이상이어야 한다.

:: 단시간노출기준(STEL)

- 작업특성 상 노출수준이 불균일하거나 단시간에 고농도로 노출되어 단시간 노출평가가 필요하다고 판단되는 경우 노출되는 시간에 15분간씩 측정하여 단시간 노출값을 구한다.
- 15분간의 시간가중평균노출값으로서 노출농도가 시간가중평균노출기준(TWA)을 초과하고 단시간노출기준(STEL) 이하인 경우에는 1회 노출 지속시간이 15분 미만이어야 하고, 이러한 상태가 1일 4회 이하로 발생하여야 하며, 각 노출의 간격은 60분 이상이어야 한다.

1103

82 ────── ● Repetitive Learning (1회 2회 3회)

벤젠에 관한 설명으로 틀린 것은?

① 벤젠은 백혈병을 유발하는 것으로 확인된 물질이다.
② 벤젠은 지방족 화합물로서 재생불량성 빈혈을 일으킨다.
③ 벤젠은 골수독성(myelotoxin)물질이라는 점에서 다른 유기용제와 다르다.
④ 혈액조직에서 벤젠이 유발하는 가장 일반적인 독성은 백혈구 수의 감소로 인한 응고작용 결핍 등이다.

해설

- 벤젠은 방향족 탄화수소이다.

:: 벤젠(C_6H_6)

- 방향족 탄화수소 중 저농도에 장기간 노출되어 만성중독을 일으키는 경우 가장 위험하다.
- 만성노출에 의한 조혈장해를 유발시키며, 급성 골수성 백혈병을 일으키는 원인물질이다.
- 중독 시 재생불량성 빈혈을 일으켜 혈액의 모든 세포성분이 감소한다.
- 혈액조직에서 백혈구 수를 감소시켜 응고작용 결핍 등이 초래된다.
- 벤젠은 주로 페놀로 대사되며 페놀은 벤젠의 생물학적 노출지표로 이용된다.

1203 / 2004

83 ────── ● Repetitive Learning (1회 2회 3회)

2000년대 외국인 근로자에게 다발성말초신경병증을 집단으로 유발한 노말헥산(n-hexane)은 체내 대사과정을 거쳐 어떤 물질로 배설되는가?

① 2-hexanone
② 2,5-hexanedione
③ hexachlorophene
④ hexachloroethane

해설

- ①은 2-헥사논으로 용매 및 페인트에 사용되는 케톤이다.
- ③은 헥사클로로펜으로 소독제로 사용된 유기염소 화합물이다.
- ④는 헥사클로로에탄으로 연막탄과 가은 연기를 만들어내는 유기염소 화합물이다.

:: 유기용제별 생물학적 모니터링 대상(생체 내 대사산물) 실기 0803/1403/2101

벤젠	소변 중 총 페놀 소변 중 t,t-뮤코닉산(t,t-Muconic acid)
에틸벤젠	소변 중 만델린산
스티렌	소변 중 만델린산
톨루엔	소변 중 마뇨산(hippuric acid), o-크레졸
크실렌	소변 중 메틸마뇨산
이황화탄소	소변 중 TTCA
메탄올	혈액 및 소변 중 메틸알코올
노말헥산	소변 중 헥산디온(2,5-hexanedione)
MBK (methyl-n-butyl ketone)	소변 중 헥산디온(2,5-hexanedione)
니트로벤젠	혈액 중 메타헤모글로빈
카드뮴	혈액 및 소변 중 카드뮴(저분자량 단백질)
납	혈액 및 소변 중 납(ZPP, FEP)
일산화탄소	혈액 중 카복시헤모글로빈, 호기 중 일산화탄소

84 • Repetitive Learning 1회 2회 3회

인체 내 주요 장기 중 화학물질 대사능력이 가장 높은 기관은?

① 폐
② 간장
③ 소화기관
④ 신장

해설

- 폐는 공기 중의 산소를 혈액 속으로 들어오게 하고, 혈액 속의 이산화탄소를 몸 밖으로 배출하는 역할을 수행한다.
- 소화기관은 소화기능을 수행하는 기관으로 입, 식도, 위, 소장, 대장, 항문 등으로 구성된다.
- 신장은 인체에 흡수된 대부분의 중금속을 배설, 제거하는 역할을 수행한다.

❖ 간(간장)

- 소화기로 흡수된 유해물질을 해독하는 기관이다.
- 화학물질 대사능력이 가장 높은 기관이다.
- 골격근과 함께 체내 열 생산을 담당하는 기관이다.

86 • Repetitive Learning 1회 2회 3회

독성실험단계에 있어 제1단계(동물에 대한 급성노출시험)에 관한 내용과 가장 거리가 먼 것은?

① 생식독성과 최기형성 독성실험을 한다.
② 눈과 피부에 대한 자극성 실험을 한다.
③ 변이원성에 대하여 1차적인 스크리닝 실험을 한다.
④ 치사성과 기관장해에 대한 양−반응곡선을 작성한다.

해설

- 급성독성시험으로 얻을 수 있는 일반적인 정보에는 눈, 피부에 대한 자극성, 치사성, 기관장애, 변이원성 등이 있다.

❖ 급성독성시험

- 시험물질을 실험동물에 1회 투여하였을 때 단기간 내에 나타나는 독성을 질적·양적으로 검사하는 실험을 말한다.
- 급성독성시험으로 얻을 수 있는 일반적인 정보에는 눈, 피부에 대한 자극성, 치사성, 기관장애, 변이원성 등이 있다.
- 만성독성시험으로 얻을 수 있는 내용에는 장기의 독성, 변이원성, 행동특성 등이 있다.

85 • Repetitive Learning 1회 2회 3회

공기 중 입자상 물질의 호흡기계 축적기전에 해당하지 않는 것은?

① 교환
② 충돌
③ 침전
④ 확산

해설

- 입자의 호흡기계를 통한 축적 작용기전은 충돌, 침전, 차단, 확산이 있다.

❖ 입자의 호흡기계 축적

- 작용기전은 충돌, 침전, 차단, 확산이 있다.
- 호흡기 내에 침착하는데 작용하는 기전 중 가장 역할이 큰 것은 확산이다.

충돌	비강, 인후두 부위 등 공기흐름의 방향이 바뀌는 경우 입자가 공기흐름에 따라 순행하지 못하고 공기흐름이 변환되는 부위에 부딪혀 침착되는 현상
침전	기관지, 모세기관지 등 폐의 심층부에서 공기흐름이 느려지게 되면 자연스럽게 낙하하여 침착되는 현상
차단	길이가 긴 입자가 호흡기계로 들어오면 그 입자의 가장자리가 기도의 표면을 스치면서 침착하는 현상
확산	미세입자(입자의 크기가 0.5㎛ 이하)들이 주위의 기체분자와 충돌하여 무질서한 운동을 하다가 주위 세포의 표면에 침착하는 현상

87 • Repetitive Learning 1회 2회 3회

탈지용 용매로 사용되는 물질로 간장, 신장에 만성적인 영향을 미치는 것은?

① 크롬
② 유리규산
③ 메탄올
④ 사염화탄소

해설

- 크롬은 부식방지 및 도금 등에 사용되며 급성중독 시 심한 신장장해를 일으키고, 만성중독 시 코, 폐 등의 점막에 병변을 일으켜 비중격천공을 유발한다.
- 유리규산은 진폐증의 한 종류인 규폐증을 유발하는 원인 물질이다.

❖ 사염화탄소

- 피부로부터 흡수되어 전신중독을 일으킬 수 있는 물질이다.
- 인체 노출 시 간의 장해인 중심소엽성 괴사를 일으키는 지방족 할로겐화 탄화수소이다.
- 탈지용 용매로 사용되는 물질로 간장, 신장에 만성적인 영향을 미친다.
- 초기 증상으로는 지속적인 두통, 구역 또는 구토, 복부선통과 설사, 간압통 등이 나타난다.
- 고농도로 폭로되면 중추신경계 장해 외에 간장이나 신장에 장해가 일어나 황달, 단백뇨, 혈뇨의 증상을 보이며, 완전 무뇨증이 되면 사망할 수도 있다.

88 ———————● Repetitive Learning

단순 질식제로 볼 수 없는 것은?

① 메탄   ② 질소
③ 오존   ④ 헬륨

해설

- 오존은 폐기능을 저하시켜 산화작용을 방해한다는 측면에서 화학적 질식제에 가까우나 질식제로 분류하지는 않는다.

✽✽ 질식제
- 질식제란 조직 내의 산화작용을 방해하는 화학물질을 말한다.
- 질식제는 단순 질식제와 화학적 질식제로 구분할 수 있다.

단순 질식제	• 생리적으로는 아무 작용도 하지 않으나 공기 중에 많이 존재하여 산소분압을 저하시켜 조직에 필요한 산소의 공급부족을 초래하는 물질 • 수소, 질소, 헬륨, 이산화탄소, 메탄, 아세틸렌 등
화학적 질식제	• 혈액 중 산소운반능력을 방해하는 물질 • 일산화탄소, 아닐린, 시안화수소 등 • 기도나 폐 조직을 손상시키는 물질 • 황화수소, 포스겐 등

---

89 ———————● Repetitive Learning

화학물질의 투여에 의한 독성범위를 나타내는 안전역을 맞게 나타낸 것은?(단, LD는 치사량, TD는 중독량 ED는 유효량이다)

① 안전역 $= ED_1/TD_{99}$ ② 안전역 $= TD_1/ED_{99}$
③ 안전역 $= ED_1/LD_{99}$ ④ 안전역 $= LD_1/ED_{99}$

해설

- 안전역 $= \dfrac{TD_{50}}{ED_{50}} = \dfrac{LD_1}{ED_{99}}$ 으로 표시한다.

✽✽ 안전역
- 화학물질의 투여에 의한 독성범위를 나타낸다.
- 유효량 대비 중독량으로 표시한다.
- 안전역 $= \dfrac{TD_{50}}{ED_{50}} = \dfrac{LD_1}{ED_{99}}$ 으로 표시한다.

---

90 ———————● Repetitive Learning

중추신경계에 억제작용이 가장 큰 것은?

① 알칸족   ② 알코올족
③ 알켄족   ④ 할로겐족

해설

- 유기용제의 중추신경 활성 억제작용의 순위는 알칸＜알켄＜알코올＜유기산＜에스테르＜에테르＜할로겐화합물 순으로 커진다.

✽✽ 유기용제의 중추신경 활성억제 및 자극 순서
- ㉠ 억제작용의 순위
  - 알칸＜알켄＜알코올＜유기산＜에스테르＜에테르＜할로겐화합물
- ㉡ 자극작용의 순위
  - 알칸＜알코올＜알데히드 또는 케톤＜유기산＜아민류
- ㉢ 극성의 크기 순서
  - 파라핀＜방향족 탄화수소＜에스테르＜케톤＜알데하이드＜알코올＜물

---

91 ———————● Repetitive Learning

작업환경에서 발생되는 유해물질과 암의 종류를 연결한 것으로 틀린 것은?

① 벤젠－백혈병
② 비소－피부암
③ 포름알데히드－신장암
④ 1,3 부타디엔－림프육종

해설

- 포름알데히드는 인체 노출 시 혈액암, 비강암, 비인두암 등을 유발할 수 있다.
- 신장암은 중금속에 노출되었을 경우에 발생가능한 암이다.

✽✽ 포름알데히드
- 무색투명한 기체로 자극적인 냄새가 나고 강한 휘발성을 갖는 유기화합물이다.
- 인체 노출시 혈액암, 비강암, 비인두암 등을 유발할 수 있다.

---

92 ———————● Repetitive Learning

다음 표는 A 작업장의 백혈병과 벤젠에 대한 코호트 연구를 수행한 결과이다. 이때 벤젠의 백혈병에 대한 상대위험비는 약 얼마인가?

	백혈병	백혈병 없음	합계
벤젠노출	5	14	19
벤젠비노출	2	25	27
합계	7	39	46

① 3.29   ② 3.55
③ 4.64   ④ 4.82

해설

- 상대위험도는 노출군에서의 발생률을 비노출군에서의 발생률로 나누어 준 값으로 나타낸다.
- 노출군에서의 발생률은 $\frac{5}{19} = 26.3\%$이고, 비노출군에서의 발생률은 $\frac{2}{27} = 7.4\%$이다. 상대위험도는 $\frac{26.3}{7.4} = 3.55$이다.

위험도를 나타내는 지표 [실기] 0703/0902/1502/1602

상대위험비	유해인자에 노출된 집단에서의 질병발생률과 노출되지 않은 집단에서 질병발생률과의 비
기여위험도	특정 위험요인노출이 질병 발생에 얼마나 기여하는지의 정도 또는 분율
교차비 (odds ratio)	질병이 있을 때 위험인자에 노출되었을 가능성(odds)과 질병이 없을 때 위험인자에 노출되었을 가능성(odds)의 비

---

93 ————————●Repetitive Learning [1회] [2회] [3회]

1102

납중독의 초기증상으로 볼 수 없는 것은?

① 권태, 체중감소
② 식욕저하, 변비
③ 연산통, 관절염
④ 적혈구 감소, Hb의 저하

해설

- 연산통은 납중독의 중기증상이며, 관절염은 납중독과는 크게 관련이 없다.

납중독

- 납은 원자량 207.21, 비중 11.34의 청색 또는 은회색의 연한 중금속이다.
- 납은 포르피린과 헴(heme)의 합성에 관여하는 효소를 억제하며, 소화기계 및 조혈계에 영향을 준다.
- 1~5세의 소아 이미증(pica)환자에게서 발생하기 쉽다.
- 인체에 흡수되면 뼈에 주로 축적되며, 조혈장해를 일으킨다.
- 무기성 납으로 인한 중독 시 원활한 체내 배출을 위해 사용하는 배설촉진제로 Ca-EDTA를 사용하는데 신장이 나쁜 사람에게는 사용하지 않는 것이 좋다.
- 요 중 δ-ALAD 활성치가 저하되고, 코프로포르피린과 델타 아미노레블린산은 증가한다.
- 적혈구 내 프로토포르피린이 증가한다.
- 납이 인체 내로 흡수되면 혈청 내 철과 망상적혈구의 수는 증가한다.
- 임상증상은 위장계통장해, 신경근육계통의 장해, 중추신경계통의 장해 등 크게 3가지로 나눌 수 있다.
- 주 발생사업장은 활자의 문선, 조판작업, 납 축전지 제조업, 염화비닐 취급 작업, 크리스탈 유리 원료의 혼합, 페인트, 배관공, 탄환제조 및 용접작업 등이다.

---

94 ————————●Repetitive Learning [1회] [2회] [3회]

단백질을 침전시키며 thiol(-SH)기를 가진 효소의 작용을 억제하여 독성을 나타내는 것은?

① 수은
② 구리
③ 아연
④ 코발트

해설

- 아연은 금속열을 초래하는 대표물질로 전신(계통)적 장애를 유발한다.
- 구리는 급성·만성적으로 사람 건강에 장애를 유발하는 물질이며 급성 소화기계 장애를 유발, 간이나 신장에 장애를 일으킬 수 있다.
- 코발트의 분진과 흄은 주로 호흡기로 흡수되며, 흡입된 인자는 폐에 침착한 후 천천히 체내로 흡수되어 폐간질의 섬유화, 폐간질염을 일으키고 호흡기 및 피부를 감작시킨다.

수은(Hg)

ⓐ 개요
- 인간의 연금술, 의약품 등에 가장 오래 사용해 왔던 중금속의 하나로 17세기 유럽에서 신사용 중절모자를 만드는 사람들에게 처음으로 발견되어 hatter's shake라고 하며 근육경련을 유발하는 중금속이다.
- 단백질을 침전시키며 thiol(-SH)기를 가진 효소의 작용을 억제하여 독성을 나타낸다.
- 뇌홍의 제조에 사용하며, 증기를 발생하여 산업중독을 일으킨다.
- 수은은 상온에서 액체상태로 존재하는 금속이다.

ⓑ 분류
- 무기수은화합물은 대부분의 금속과 화합하여 아말감을 만든다.
- 무기수은화합물은 질산수은, 승홍, 뇌홍 등이 있으며, 유기수은화합물에는 페닐수은, 에틸수은 등이 있다.
- 유기수은 화합물로서는 아릴수은(무기수은) 화합물과 알킬수은 화합물이 있다.
- 메틸 및 에틸 등 알킬수은 화합물의 독성이 가장 강하다.

ⓒ 인체에 미치는 영향과 대책 [실기] 0401
- 소화관으로는 2~7% 정도의 소량으로 흡수되며, 금속 형태로는 뇌, 혈액, 심근에 많이 분포된다.
- 중독의 특징적인 증상은 근육진전, 정신증상이고, 만성노출 시 식욕부진, 신기능부전, 구내염이 발생한다.
- 급성중독 시 우유와 계란의 흰자를 먹여 단백질과 해당 물질을 결합시켜 침전시키거나, BAL(dimercaprol)을 체중 1kg당 5mg을 근육주사로 투여하여야 한다.

95

0403 / 0701 / 1502 / 2003

Repetitive Learning 1회 2회 3회

흡입분진의 종류에 의한 진폐증의 분류 중 무기성 분진에 의한 진폐증이 아닌 것은?

① 규폐증
② 면폐증
③ 철폐증
④ 용접공폐증

해설
- 면폐증은 유기성 분진으로 인한 진폐증에 해당한다.

❖ 흡입 분진의 종류에 의한 진폐증의 분류

무기성 분진	규폐증, 용접공폐증, 탄광부진폐증, 활석폐증, 석면폐증, 흑연폐증, 알루미늄폐증, 탄소폐증, 주석폐증, 규조토폐증 등
유기성 분진	면폐증, 설탕폐증, 농부폐증, 목조분진폐증, 연초폐증, 모발분진폐증 등

96

0501

Repetitive Learning 1회 2회 3회

사업장에서 사용되는 벤젠은 중독증상을 유발시킨다. 벤젠중독의 특이증상으로 가장 적절한 것은?

① 조혈기관의 장해
② 간과 신장의 장해
③ 피부염과 피부암발생
④ 호흡기계 질환 및 폐암 발생

해설
- 벤젠은 만성노출에 의한 조혈장해를 유발시키며, 급성 골수성 백혈병을 일으키는 원인물질이다.

❖ 벤젠(C_6H_6)
문제 82번의 유형별 핵심이론 ❖ 참조

97

Repetitive Learning 1회 2회 3회

생물학적 노출지표(BEIs) 검사 중 1차 항목 검사에서 당일작업 종료 시 채취해야 하는 유해인자가 아닌 것은?

① 크실렌
② 디클로로메탄
③ 트리클로로에틸렌
④ N,N-디메틸포름아미드

해설
- 트리클로로에틸렌은 4~5일간 연속작업 종료 직후에 시료를 채취한다.

❖ 생물학적 노출지표(BEI) 시료채취시기

당일 노출작업 종료 직후	DMF, 톨루엔, 크실렌, 헥산
4~5일간 연속작업 종료 직후	메틸클로로포름, 트리클로로에틸렌
수시	납, 니켈, 카드뮴
작업전	수은

98

0803 / 1403 / 2202

Repetitive Learning 1회 2회 3회

유해물질과 생물학적 노출지표와의 연결이 잘못된 것은?

① 벤젠-소변 중 페놀
② 톨루엔-소변 중 마뇨산(o-크레졸)
③ 크실렌-소변 중 카테콜
④ 스티렌-소변 중 만델린산

해설
- 크실렌은 소변 중 메틸마뇨산이 생물학적 노출지표이다.

❖ 유기용제별 생물학적 모니터링 대상(생체 내 대사산물) 실기 0803/1403/2101
문제 83번의 유형별 핵심이론 ❖ 참조

99

Repetitive Learning 1회 2회 3회

수은의 배설에 관한 설명으로 틀린 것은?

① 유기수은화합물은 땀으로 배설된다.
② 유기수은화합물은 주로 대변으로 배설된다.
③ 금속수은은 대변보다 소변으로 배설이 잘 된다.
④ 금속수은 및 무기수은의 배설경로는 서로 상이하다.

해설
- 금속수은과 무기수은의 배설경로는 소변, 대변으로 동일하다.

❖ 수은의 배설
- 유기수은화합물은 대변으로 주로 배설되며, 땀으로도 배설된다.
- 금속수은은 대변보다 소변으로 배설이 잘된다.
- 무기수은은 소변과 대변으로 배설된다.
- 무기수은의 혈중 반감기는 4일, 소변에서의 반감기는 40~60일 정도이다.
- 유기수은인 메틸 수은의 반감기는 60~400일 정도이다.

100 ────────● Repetitive Learning 〔1회│2회│3회〕

다음 중 가스상 물질의 호흡기계 축적을 결정하는 가장 중요한 인자는?

① 물질의 농도차
② 물질의 입자분포
③ 물질의 발생기전
④ 물질의 수용성 정도

해설

- 가스상 물질의 호흡기계 축적을 결정하는 가장 중요한 요인은 물질의 수용성이다. 이로 인해 수용성이 낮은 가스상 물질은 폐포까지 들어와 농도차에 의해 전신으로 퍼지지만 수용성이 큰 가스상 물질은 상부호흡기계 점액에 용해되어 침착하게 된다.

물질의 호흡기계 축적 실기 1602

- 호흡기계에 물질의 축적 정도를 결정하는 가장 중요한 요인은 입자의 크기이다.
- $1\mu m$ 이하의 입자는 97%가 폐포까지 도달하게 된다.
- 가스상 물질의 호흡기계 축적을 결정하는 가장 중요한 요인은 물질의 수용성이다. 이로 인해 수용성이 낮은 가스상 물질은 폐포까지 들어와 농도차에 의해 전신으로 퍼지지만 수용성이 큰 가스상 물질은 상부호흡기계 점액에 용해되어 침착하게 된다.
- 먼지가 호흡기계에 들어오면 인체는 점액 섬모운동과 폐포의 대식세포의 작용으로 방어기전을 수행한다.

구분	1과목	2과목	3과목	4과목	5과목	합계
New유형	3	2	1	1	0	7
New문제	9	8	3	4	2	26
또나온문제	6	8	12	7	5	38
자꾸나온문제	5	4	5	9	13	36
합계	20	20	20	20	20	100

- New유형은 New문제 중 기존 기출문제와 완전히 다른 유형의 문제를 말합니다.
- New문제는 기존에 출제되지 않은 문제로 이번에 처음 출제되는 문제입니다.
- 또나온문제는 기존에 출제된 적이 1번 있는 문제를 말합니다.
- 자꾸나온문제는 기존에 출제된 적이 2번 이상 있는 문제를 말합니다. 그만큼 중요한 문제입니다.

몇 년분의 기출문제를 공부해야 합격할 수 있을까요?

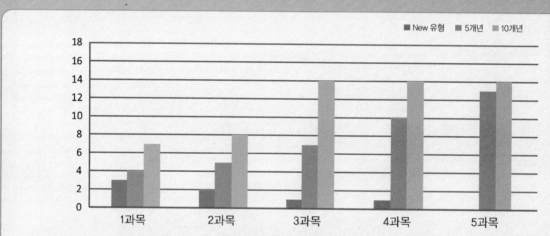

- 완전 새로운 유형의 문제는 7문제이고 93문제가 이미 출제된 문제 혹은 변형문제입니다.
- 5년분(2018~2022) 기출에서 동일문제가 39문항이 출제되었고, 10년분(2013~2022) 기출에서 동일문제가 57문항이 출제되었습니다.

 실기에 나왔어요!! 일타쌍피−사전체크!!

실기시험은 필답형으로 진행됩니다. 객관식의 필기와 달리 주관식인 관계로 아는 만큼 적을 수 있습니다. 최근 계산문제의 비중이 많이 감소하고 있지만 절반 정도의 이론 문제와 절반 정도의 계산문제가 출제된다고 보시면 됩니다. 계산문제의 경우 나오는 문제유형이 거의 정해져 있습니다. 필기 공부할 때 미리 실기에 나오는 내용을 체크하시고 그부분만큼은 잘 공부해 두신다면 당 회차 실기까지 한 번에 잡을 수 있습니다.
- 총 40개의 유형별 핵심이론이 실기시험과 연동되어 있습니다.

분석의견

합격률이 45.4%로 평균 수준인 회차였습니다.
10년 기출을 학습할 경우 기출과 동일한 문제가 1과목에서 7문제로 과락 점수 이하로 출제되었지만 과락만 면한다면 새로 나온 유형의 문제가 적고 거의 기존 기출에서 변형되거나 동일하게 출제된 만큼 합격에 어려움이 없는 회차입니다.
10년분 기출문제와 유형별 핵심이론의 2회 정독이면 합격 가능한 것으로 판단됩니다.

2018년 제2회

2018년 4월 28일 필기

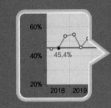

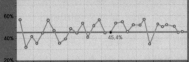

1과목 산업위생학개론

01 ────────● Repetitive Learning ⌈1회 2회 3회⌉

0703 / 1401

미국산업위생학술원(AAIH)에서 채택한 산업위생전문가로서의 책임에 해당되지 않는 것은?

① 직업병을 평가하고 관리한다.
② 성실성과 학문적 실력에서 최고 수준을 유지한다.
③ 과학적 방법의 적용과 자료 해석의 객관성 유지
④ 전문분야로서의 산업위생을 학문적으로 발전시킨다.

해설

• 직업병의 평가와 관리는 산업위생전문가의 전문가로서의 책임과 거리가 멀다.

⁂ 산업위생전문가의 윤리강령 중 산업위생전문가로서의 책임
• 산업위생 활동을 통해 얻은 개인 및 기업의 정보는 누설하지 않는다.
• 전문적 판단이 타협에 의하여 좌우될 수 있거나 이해관계가 있는 상황에는 개입하지 않는다.
• 쾌적한 작업환경을 만들기 위해 산업위생이론을 적용하고 책임 있게 행동한다.
• 성실성과 학문적 실력 면에서 최고 수준을 유지한다.
• 과학적 방법의 적용과 자료의 해석에 객관성을 유지한다.
• 전문분야로서의 산업위생을 학문적으로 발전시킨다.
• 근로자, 사회 및 전문 직종의 이익을 위해 과학적 지식을 공개하고 발표한다.

02 ────────● Repetitive Learning ⌈1회 2회 3회⌉

산업위생의 정의에 포함되지 않는 것은?

① 예측   ② 평가
③ 관리   ④ 보상

해설

• 산업위생의 4가지 활동에는 예측(Anticipation), 인지(Recognition), 평가(Evaluation), 대책(Control)이 있다.

⁂ 산업위생 활동
• 산업위생사의 3가지 기능은 인지(Recognition), 평가(Evaluation), 대책(Control)이다.
• 미국산업위생학회(AIHA)에서 예측(Anticipation)을 추가하였다.
• 예측 → 인지 → 측정 → 평가 → 관리 순으로 진행한다.

예측 (Anticipation)	• 근로자의 건강장애와 영향을 사전에 예측
인지 (Recognition)	• 존재하는 유해인자를 파악하고, 이의 특성을 분류
측정	• 정성적 · 정량적 계측
평가 (Evaluation)	• 시료의 채취와 분석 • 예비조사의 목적과 범위 결정 • 노출정도를 노출기준과 통계적인 근거로 비교하여 판정
관리/대책 (Control)	• 유해인자로부터 근로자를 보호(공학적, 행정적 관리 외에 호흡기 등의 보호구)

03 ────────● Repetitive Learning ⌈1회 2회 3회⌉

산업안전보건법상 작업장의 체적이 150m^3이면 납의 1시간당 허용소비량(1시간당 소비하는 관리대상 유해물질의 양)은 얼마인가?

① 1g   ② 10g
③ 15g   ④ 30g

해설

• 작업장 체적이 150m^3이므로 이를 15로 나누면 10g이 된다.

⁂ 허용소비량
• 작업환경측정대상인지 여부를 확인할 때 사용하는 값으로 작업시간 1시간당 소비되는 관리대상 유해물질의 양을 나타낸다.
• 허용소비량[g]은 작업장 체적(m^3)을 15로 나눈 값으로 구한다.

04 ● Repetitive Learning 1회 2회 3회

화학물질의 노출기준에 관한 설명으로 맞는 것은?

① 발암성 정보물질의 표기로 "2A"는 사람에게 충분한 발암성 증거가 있는 물질을 의미한다.
② "Skin" 표시 물질은 점막과 눈 그리고 경피로 흡수되어 전신 영향을 일으킬 수 있는 물질을 의미한다.
③ 발암성 정보물질의 표기로 "2B"는 시험동물에서 발암성 증거가 충분히 있는 물질을 의미한다.
④ 발암성 정보물질의 표기로 "1"은 사람이나 동물에서 제한된 증거가 있지만, 구분 "2"로 분류하기에는 증거가 충분하지 않은 물질을 의미한다.

해설
• 우리나라 화학물질의 노출기준은 1A, 1B, 2로 구성된다.
❖ 우리나라의 화학물질의 노출기준
   • Skin 표시 물질은 점막과 눈 그리고 경피로 흡수되어 전신 영향을 일으킬 수 있는 물질을 말한다.(피부자극성을 뜻하는 것이 아님)
   • 발암성 정보물질의 표기는 다음과 같다.

1A	사람에게 충분한 발암성 증거가 있는 물질
1B	시험동물에서 발암성 증거가 충분히 있거나, 시험동물과 사람 모두에서 제한된 발암성 증거가 있는 물질
2	사람이나 동물에서 제한된 증거가 있지만, 구분 1로 분류하기에는 증거가 충분하지 않은 물질

   • 화학물질이 IARC 등의 발암성 등급과 NTP의 R등급을 모두 갖는 경우에는 NTP의 R등급은 고려하지 아니한다.

05 ● Repetitive Learning 1회 2회 3회

실내공기질관리법상 다중이용시설의 실내공기질 권고기준 항목이 아닌 것은?

① 석면
② 곰팡이
③ 라돈
④ 이산화질소

해설
• 다중이용시설 실내공기질 권고기준 항목은 ②, ③, ④ 외에 총휘발성유기화합물이 있다.
❖ 다중이용시설 실내공기질 권고기준 항목
   • 이산화질소(ppm)
   • 라돈(Bq/m^3)
   • 총휘발성유기화합물($\mu g/m^3$)
   • 곰팡이(CFU/m^3)

06 ● Repetitive Learning 1회 2회 3회

산업 스트레스의 반응에 따른 심리적 결과에 해당되지 않는 것은?

① 가정문제
② 돌발적 사고
③ 수면방해
④ 성(性)적 역기능

해설
• 돌발적 사고는 직무 스트레스로 인한 행동적 결과에 해당한다.
❖ 직무 스트레스 반응

심리적 결과	• 우울, 불안, 자존감의 감소 • 가정문제 • 수면방해 • 성적 역기능(성욕 감퇴)
행동적 결과	• 결근, 이직, 폭력 등 돌발적 사고 • 식욕의 부진 • 흡연, 알코올 및 약물의 남용

07 ● Repetitive Learning 1회 2회 3회

산업재해 발생의 역학적 특성에 대한 설명으로 틀린 것은?

① 여름과 겨울에 빈발한다.
② 손상종류로는 골절이 가장 많다.
③ 작은 규모의 산업체에서 재해율이 높다.
④ 오전 11~12시, 오후 2~3시에 빈발한다.

해설
• 산업재해는 봄과 가을에 가장 많이 발생한다.
❖ 산업재해의 역학적 특성
   • 손상종류로는 골절, 손상부위는 손이 가장 많다.
   • 작은 규모의 산업체에서 재해율이 높다.
   • 오전 11~12시, 오후 2~3시에 빈발한다.
   • 봄과 가을에 가장 많이 발생한다.
   • 중졸 이하, 20대, 근속 1년 미만에서 가장 많이 발생한다.

08 ● Repetitive Learning 1회 2회 3회

실내 환경과 관련된 질환의 종류에 해당되지 않는 것은?

① 빌딩증후군(SBS)
② 새집증후군(SHS)
③ 시각표시단말증후군(VDTS)
④ 복합 화학물질 과민증(MCS)

09

Repetitive Learning (1회 2회 3회)

PWC가 16kcal/min인 근로자가 1일 8시간 동안 물체를 운반하고 있다. 이때 작업대사량은 6kcal/min이고, 휴식 시의 대사량은 2kcal/min이다. 작업시간은 어떻게 배분하는 것이 이상적인가?

① 5분 휴식, 55분 작업

② 10분 휴식, 50분 작업

③ 15분 휴식, 45분 작업

④ 25분 휴식, 35분 작업

해설
- PWC가 16kcal/min이므로 E_{max} 는 5.33kcal/min이다.
- E_{task} 는 6kcal/min이고, E_{rest} 는 2kcal/min이므로 값을 대입하면
$$T_{rest} = \left[\frac{5.33-6}{2-6}\right] \times 100 = \frac{0.67}{4} \times 100 = 16.75[\%]가 된다.$$
- 적정한 휴식시간은 1시간의 16.75%에 해당하는 10분이므로, 작업시간은 50분이다.

:: Hertig의 적정휴식시간 [실기] 1401

- 시간당 적정휴식시간의 백분율 $T_{rest} = \left[\dfrac{E_{max} - E_{task}}{E_{rest} - E_{task}}\right] \times 100$ [%]으로 구한다.

  - E_{max} 는 8시간 작업에 적합한 작업량으로 육체적 작업능력(PWC)의 1/3에 해당한다.
  - E_{rest} 는 휴식 대사량이다.
  - E_{task} 는 해당 작업 대사량이다.

1001 / 1403 / 2102

10

Repetitive Learning (1회 2회 3회)

다음 중 재해예방의 4원칙에 해당하지 않는 것은?

① 손실 우연의 원칙　　② 원인 조사의 원칙

③ 예방 가능의 원칙　　④ 대책 선정의 원칙

해설
- 재해예방의 4원칙에 포함되려면 원인 조사의 원칙이 아니라 원인 연계의 원칙이 되어야 한다.

:: 하인리히의 재해예방의 4원칙

대책 선정의 원칙	사고의 원인을 발견하면 반드시 대책을 세워야 하며, 모든 사고는 대책 선정이 가능하다는 원칙
손실 우연의 원칙	사고로 인한 손실은 상황에 따라 다른 우연적이라는 원칙
예방 가능의 원칙	모든 사고는 예방이 가능하다는 원칙
원인 연계의 원칙	• 사고는 반드시 원인이 있으며 이는 복합적으로 필연적인 인과관계로 작용한다는 원칙 • 원인 계기의 원칙이라고도 한다.

0302

11

Repetitive Learning (1회 2회 3회)

누적외상성장애(CTDs : Cumulative Trauma Disorders)의 원인이 아닌 것은?

① 불안전한 자세에서 장기간 고정된 한 가지 작업

② 고온 작업장에서 갑작스럽게 힘을 주는 전신작업

③ 작업속도가 빠른 상태에서 힘을 주는 반복작업

④ 작업내용의 변화가 없거나 휴식시간 없이 손과 팔을 과도하게 사용하는 작업

해설
- 고온 다습한 작업환경 등은 누적외상성 장애의 발생원인으로 분류하지 않는다.

:: 누적외상성장애(CTDs : Cumulative Trauma Disorders)

㉠ 개념
- 적어도 1주일 이상 또는 과거 1년간 적어도 한 달에 한번 이상 상지의 관절 부위(목, 어깨, 팔꿈치 및 손목)에서 지속되는 증상(통증, 쑤시는 느낌, 뻣뻣함, 화끈거리는 느낌, 무감각 또는 찌릿찌릿함)이 있고, 현재의 작업으로부터 증상이 시작되어야 한다.(미국 산업안전보건연구원)
- 반복적인 동작, 부적절한 작업자세, 무리한 힘의 사용, 날카로운 면과의 신체접촉, 진동 및 온도 등의 요인에 의하여 발생하는 건강장해로서 목, 어깨, 허리, 팔·다리의 신경·근육 및 그 주변 신체조직 등에 나타나는 질환을 말한다.

㉡ 원인
- 불안전한 자세에서 장기간 고정된 한가지 작업
- 작업속도가 빠른 상태에서 힘을 주는 반복작업
- 작업내용의 변화가 없거나 휴식시간 없이 손과 팔을 과도하게 사용하는 작업
- 장시간의 정적인 작업을 계속하는 작업

12 ──────── ● Repetitive Learning 〔1회 2회 3회〕

전신피로 정도를 평가하기 위해 작업 직후의 심박수를 측정한다. 작업종료 후 30~60초, 60~90초, 150~180초 사이의 평균 맥박수가 각각 HR30~60, HR60~90, HR150~180일 때, 심한 전신피로 상태로 판단되는 경우는?

① HR30~60이 110을 초과하고, HR150~180와 HR60~90의 차이가 10 미만인 경우

② HR60~90이 110을 초과하고, HR150~180와 HR30~60의 차이가 10 미만인 경우

③ HR150~180이 110을 초과하고, HR30~60와 HR60~90의 차이가 10 미만인 경우

④ HR30~60, HR150~180의 차이가 10 이상이고, HR150~180와 HR60~90의 차이가 10 미만인 경우

해설
- 심박수 측정 시 30~60초 사이의 평균 맥박수가 110을 초과하고, 60~90초와 150~180초의 평균 맥박수 차가 10미만인 경우 심한 전신피로상태로 판단한다.
- ✿ 전신피로 평가를 위한 회복기 심박수 측정 **실기** 1103
  - 작업 종료 후 30~60초, 60~90초, 150~180초 사이의 평균 맥박수를 통해서 측정한다.
  - 심한 전신피로상태

HR30~60	110 초과
HR60~90	차가 10미만인 경우
HR150~180	

13 ──────── ● Repetitive Learning 〔1회 2회 3회〕

알레르기성 접촉 피부염의 진단법은 무엇인가?

① 첩포시험   ② X-ray검사
③ 세균검사   ④ 자외선검사

해설
- 첩포시험(Patch test)은 알레르기 원인 물질 및 의심 물질을 환자의 피부에 직접 접촉시켜 알레르기 반응이 재현되는지를 검사한다.
- ✿ 첩포시험(Patch test)
  - 접촉에 의한 알레르기성 피부감작을 증명하기 위한 알레르기성 접촉 피부염 검사방법이다.
  - 알레르기 원인 물질 및 의심 물질을 환자의 피부에 직접 접촉시켜 알레르기 반응이 재현되는지를 검사한다.

14 ──────── ● Repetitive Learning 〔1회 2회 3회〕

매년 "화학물질과 물리적 인자에 대한 노출기준 및 생물학적 노출지수"를 발간하여 노출기준 제정에 있어서 국제적으로 선구적인 역할을 담당하고 있는 기관은?

① 미국산업위생학회(AIHA)
② 미국직업안전위생관리국(OSHA)
③ 미국국립산업안전보건연구원(NIOSH)
④ 미국정부산업위생전문가협의회(ACGIH)

해설
- ①은 유해화학물질 노출기준으로 WEEL을 정한 기관으로 산업위생을 정의한 미국의 민간기관이다.
- ②는 미국 노동부의 기관으로 미국 전체 근로자들이 쾌적하고 안전한 환경에서 일할 권리를 보장하는 것을 목적으로 일하는 기관이다.
- ③은 유해화학물질 노출기준으로 REL을 정한 미국의 대표적인 보호구 인증기관이다.
- 미국정부산업위생전문가협의회(ACGIH) **실기** 0301/1602
  - American Conference of Governmental Industrial Hygienists
  - 매년 "화학물질과 물리적 인자에 대한 노출기준 및 생물학적 노출지수"를 발간하여 노출기준 제정에 있어서 국제적으로 선구적인 역할을 담당하고 있는 기관이다.
  - 유해화학물질 노출기준으로 TLV, 생물학적 노출기준으로 BEI를 정한 기관이다.

15 ──────── ● Repetitive Learning 〔1회 2회 3회〕

신체의 생활기능을 조절하는 영양소이며 작용면에서 조절소로만 나열된 것은?

① 비타민, 무기질, 물
② 비타민, 단백질, 물
③ 단백질, 무기질, 물
④ 단백질, 지방, 탄수화물

해설
- 생활기능을 조절하는 무기질, 비타민, 물을 조절소라 한다.
- ✿ 영양소와 조절소
  - 영양소는 건강한 일상생활을 위해서 필요한 물질로 단백질, 탄수화물, 지방, 무기질, 비타민, 물 등이 있다.
  - 에너지를 제공하는 탄수화물, 지방, 단백질을 열량소라 한다.
  - 생체조직을 구성하는 무기질, 단백질, 물을 구성소라 한다.
  - 신체기능을 조절하는 무기질, 비타민, 물을 조절소라 한다.

16
Repetitive Learning 1회 2회 3회

직업병의 예방대책 중 일반적인 작업환경관리의 원칙이 아닌 것은?

① 대치
② 환기
③ 격리 또는 밀폐
④ 정리정돈 및 청결유지

해설

- 작업환경관리의 원칙에는 대치, 격리, 환기, 교육 등이 있다.

✿ 작업환경 개선의 기본원칙 실기 0803/1103/1501/1603/2202

- 설비 개선 등의 조치 등이 어려울 경우 노출 가능성이 있는 근로자에게 보호구를 착용할 수 있도록 한다.

대치	• 가장 효과적이며 우수한 관리대책이다. • 대치의 3원칙은 시설, 공정, 물질의 변경이다. • 물질대치는 경우에 따라서 지금까지 알려지지 않았던 전혀 다른 장해를 줄 수 있음 • 장비대치는 적절한 대치방법 개발의 어려움
격리	• 작업자와 유해인자 사이에 장벽을 놓는 것 • 보호구를 사용하는 것도 격리의 한 방법 • 거리, 시간, 공정, 작업자 전체를 대상으로 실시하는 대책 • 비교적 간단하고 효과도 좋음
환기	• 설계, 시설설치, 유지보수가 필요 • 공정을 그대로 유지하면서 효율적 관리가능한 방법은 국소배기방식
교육	• 노출 근로자 관리방안으로 교육훈련 및 보호구 착용

17
2202
Repetitive Learning 1회 2회 3회

산업안전보건법령상 물질안전보건자료 작성 시 포함되어야 할 항목이 아닌 것은?(단, 그 밖의 참고사항은 제외한다)

① 유해성·위험성
② 안정성 및 반응성
③ 사용빈도 및 타당성
④ 노출방지 및 개인보호구

해설

- 사용빈도 및 타당성은 물질안전보건자료(MSDS)의 내용에 포함되지 않는다.

✿ 물질안전보건자료(MSDS) 작성 시 포함되어야 할 항목과 순서

1. 화학제품과 회사에 관한 정보
2. 유해성·위험성
3. 구성성분의 명칭 및 함유량
4. 응급조치요령
5. 폭발·화재시 대처방법
6. 누출사고시 대처방법
7. 취급 및 저장방법
8. 노출방지 및 개인보호구
9. 물리화학적 특성
10. 안정성 및 반응성
11. 독성에 관한 정보
12. 환경에 미치는 영향
13. 폐기 시 주의사항
14. 운송에 필요한 정보
15. 법적규제 현황
16. 그 밖의 참고사항

18
Repetitive Learning 1회 2회 3회

앉아서 운전작업을 하는 사람들의 주의사항에 대한 설명으로 틀린 것은?

① 큰 트럭에서 내릴 때는 뛰어내려서는 안 된다.
② 차나 트랙터를 타고 내릴 때 몸을 회전해서는 안 된다.
③ 운전대를 잡고 있을 때에서 최대한 앞으로 기울이는 것이 좋다.
④ 방석과 수건을 말아서 허리에 받쳐 최대한 척추가 자연곡선을 유지하도록 한다.

해설

- 운전대를 잡고 있을 때에서 허벅지와 윗몸의 각도가 90~105도 정도로 유지할 수 있도록 허리를 펴야 피로가 적다.

✿ 앉아서 운전작업시 주의사항

- 큰 트럭에서 내릴 때는 뛰어내려서는 안 된다.
- 차나 트랙터를 타고 내릴 때 몸을 회전해서는 안 된다.
- 운전대를 잡고 있을 때에서 허벅지와 윗몸의 각도가 90~105도 정도로 유지할 수 있도록 허리를 펴야 피로가 적다.
- 방석과 수건을 말아서 허리에 받쳐 최대한 척추가 자연곡선을 유지하도록 한다.

19
2103
Repetitive Learning 1회 2회 3회

체중이 60kg인 사람이 1일 8시간 작업 시 안전흡수량이 1mg/kg인 물질의 체내흡수를 안전흡수량 이하로 유지하려면 공기 중 유해물질 농도를 몇 mg/m^3 이하로 하여야 하는가?(단, 작업 시 폐환기율은 1.25m^3/hr, 체내 잔류율은 1로 가정한다)

① 0.06
② 0.6
③ 6
④ 60

- 체내흡수량(안전흡수량)과 관련된 문제이다.
- 체내 흡수량(mg)=C×T×V×R로 구할 수 있다.
- 문제는 작업 시의 허용농도 즉, C를 구하는 문제이므로
  $\dfrac{체내흡수량}{T \times V \times R}$로 구할 수 있다.
- 체내 흡수량은 몸무게×몸무게당 안전흡수량=60×1=60이다.
- 따라서 C=60/(8×1.25×1.0)=6이 된다.

:: 체내흡수량(SHD : Safe Human Dose) 실기 0301/0501/0601/0801/
1001/1201/1402/1602/1701/2002/2003
- 사람에게 안전한 양으로 안전흡수량, 안전폭로량이라고도
  한다.
- 동물실험을 통하여 산출한 독물량의 한계치(NOED : No-
  Observable Effect Dose)를 사람에게 적용하기 위해 인간의 안
  전폭로량(SHD)을 계산할 때 안전계수와 체중, 독성물질에 대한
  역치(THDh)를 고려한다.
- C×T×V×R[mg]으로 구한다.
  C : 공기 중 유해물질농도[mg/m^3]
  T : 노출시간[hr]
  V : 폐환기율, 호흡률[m^3/hr]
  R : 체내잔류율(주어지지 않을 경우 1.0)

1203

20 ●━━━ Repetitive Learning [1회 2회 3회]

산업안전보건법령상 보건관리자의 자격에 해당하지 않는 사
람은?

① 「의료법」에 따른 의사
② 「의료법」에 따른 간호사
③ 「국가기술자격법」에 따른 산업안전기사
④ 「산업안전보건법」에 따른 산업보건지도사

- 산업안전기사는 안전관리자의 자격조건이다.

:: 보건관리자의 자격 실기 2203
- 산업보건지도사 자격을 가진 사람
- 「의료법」에 따른 의사
- 「의료법」에 따른 간호사
- 산업위생관리산업기사 또는 대기환경산업기사 이상의 자격을
  취득한 사람
- 인간공학기사 이상의 자격을 취득한 사람
- 전문대학 이상의 학교에서 산업보건 또는 산업위생 분야의 학
  위를 취득한 사람(법령에 따라 이와 같은 수준 이상의 학력이
  있다고 인정되는 사람을 포함한다)

2과목 작업위생측정 및 평가

21 ●━━━ Repetitive Learning [1회 2회 3회]

다음 중 원자흡광광도계에 대한 설명과 가장 거리가 먼 것
은?

① 증기발생 방식은 유기용제 분석에 유리하다.
② 흑연로장치는 감도가 좋으므로 생물학적 시료분석에 유
  리하다.
③ 원자화방법는 불꽃방식, 비불꽃방식, 증기발생방식이
  있다.
④ 광원, 원자화장치, 단색화장치, 검출기, 기록계 등으로
  구성되어 있다.

- 원자흡광광도계 주로 산화마그네슘, 망간, 구리 등과 같은 금속 분
  진의 무기원소 분석에 사용된다.

:: 원자흡광광도계 실기 0301/1002/1003/1103/1302/1803/2103
ㄱ 개요
- 시료를 원자화장치를 통하여 중성원자로 증기화시킨 후 바
  닥상태의 원자가 이 원자 증기층을 통과하는 특정 파장의
  빛을 흡수하는 현상을 이용하여 원자의 흡광도를 측정한다.
- 검체 중의 원소 농도를 확인할 수 있다.
- 주로 산화마그네슘, 망간, 구리 등과 같은 금속 분진의 무기
  원소 분석에 사용된다.
ㄴ 구성
- 광원, 원자화장치, 단색화장치, 검출부의 주요 요소로 구성
  된다.
- 광원은 분석하고자 하는 목적 원소가 흡수할 수 있는 빛을
  발생시키는 속빈 음극램프가 사용된다.
- 단색화장치는 특정 파장만 분리하여 검출기로 보내는 역할
  을 한다.
- 검출부는 단색화장치에서 나오는 빛의 세기를 측정 가능한
  전기적 신호로 증폭시킨 후 이 전기적 신호를 판독장치를
  통해 흡광도나 흡광률 또는 투과율 등으로 표시한다.
- 원자화장치의 원자화방법에는 불꽃방식, 전기가열(비불꽃)
  방식, 증기발생방식이 있다.
- 불꽃방식은 아세틸렌과 공기 혹은 아세틸렌과 아산화질소
  를 이용해서 불꽃을 만들며 경제적이고 조작이 쉬우며 빠르
  게 분석이 가능하다.
- 전기가열(비불꽃)방식은 흑연로에 전기가열을 하여 발생하
  는 전열에 의해 대상 원소를 원자화시키는 방식으로 감도가
  좋아 생물학적 시료분석에 유리하다.

22

Repetitive Learning 〔1회 2회 3회〕

다음의 유기용제 중 실리카겔에 대한 친화력이 가장 강한 것은?

① 알코올류
② 케톤류
③ 올레핀류
④ 에스테르류

해설

- 실리카겔에 대한 친화력은 물>알코올류>알데히드류>케톤류>에스테르류>방향족 탄화수소류>올레핀류>파라핀류 순으로 약해진다.

❖ 실리카겔에 대한 친화력 순서

- 물>알코올류>알데히드류>케톤류>에스테르류>방향족 탄화수소류>올레핀류>파라핀류 순으로 약해진다.

23

Repetitive Learning 〔1회 2회 3회〕

레이저광의 노출량을 평가할 때 주의사항이 아닌 것은?

① 직사광과 확산광을 구별하여 사용한다.
② 각막 표면에서의 조사량 또는 노출량을 측정한다.
③ 눈의 노출기준은 그 파장과 관계없이 측정한다.
④ 조사량의 노출기준은 1mm 구경에 대한 평균치이다.

해설

- 레이저광에 관한 눈의 허용량은 그 파장에 따라 수정되어야 한다.

❖ 레이저광의 폭로량 평가

- 직사광과 확산광을 구별하여 사용한다.
- 조사량의 노출기준(서한도)은 1mm 구경에 대한 평균치이다.
- 각막 표면에서의 조사량(J/cm^2) 또는 노출량 (W/cm^2)을 측정한다.
- 레이저광에 관한 눈의 허용량은 그 파장에 따라 수정되어야 한다.
- 레이저광과 같은 직사광과 형광등 또는 백열등과 같은 확산광은 구별하여 사용해야 한다.

24

Repetitive Learning 〔1회 2회 3회〕

어느 작업장의 n-Hexane의 농도를 측정한 결과가 24.5ppm, 20.2ppm, 25.1ppm, 22.4ppm, 23.9ppm일 때, 기하평균값은 약 몇 ppm인가?

① 21.2
② 22.8
③ 23.2
④ 24.1

해설

- 기하평균은 주어진 n개의 값들을 곱해서 나온 값의 n제곱근이다.
- 주어진 값을 기하평균식에 대입하면
$\sqrt[5]{24.5 \times 20.2 \times 25.1 \times 22.4 \times 23.9} = 23.1508 \cdots$이다.

❖ 기하평균(GM) 실기 0303/0403/0502/0601/0702/0801/0803/1102/1301/1403/1703/1801/2102

- 주어진 n개의 값들을 곱해서 나온 값의 n제곱근이다.
- $x_1, x_2, \cdots, x_n$의 자료가 주어질 때 기하평균 GM은
$\sqrt[n]{x_1 \times x_2 \times \cdots \times x_n}$으로 구하거나 $\log GM = \dfrac{\log X_1 + \log X_2 + \cdots + \log X_n}{N}$을 역대수를 취해서 구할 수 있다.
- 작업장에서 생화학적 측정치나 유해물질의 농도를 평가할 때 일반적으로 사용되는 평균치이다.
- 작업환경 중 분진의 측정 농도가 대수정규분포를 할 때 측정 자료의 대표치로 사용된다.
- 인구증가율, 물가상승률, 경제성장률 등의 연속적인 변화율 데이터를 기반으로 어떤 구간에서의 평균 변화율을 구할 때 사용된다.

25

Repetitive Learning 〔1회 2회 3회〕

분진 채취 전후의 여과지 무게가 각각 21.3mg, 25.8mg이고, 개인시료채취기로 포집한 공기량이 450L일 경우 분진농도는 약 몇 mg/m^3인가?

① 1
② 10
③ 20
④ 25

해설

- 공시료가 0인 경우이므로 농도 $C = \dfrac{(W' - W)}{V}$으로 구한다.
- 포집 전 여과지의 무게는 21.3mg이고, 포집 후 여과지의 무게는 25.8mg이다.
- 대입하면 $\dfrac{25.8 - 21.3}{450} = 0.01[mg/L]$인데 구하고자 하는 단위는 $[mg/m^3]$이므로 1000을 곱하면 10$[mg/m^3]$이 된다.

❖ 시료채취 시의 농도계산 실기 0402/0403/0503/0601/0701/0703/0801/0802/0803/0901/0902/0903/1001/1002/1101/1103/1301/1401/1502/1603/1801/1802/1901/1903/2002/2004/2101/2102/2201

- 농도 $C = \dfrac{(W' - W) - (B' - B)}{V}$로 구한다. 이때 C는 농도 $[mg/m^3]$, W'는 채취 후 여과지 무게$[\mu g]$, W는 채취 전 여과지 무게$[\mu g]$, B'는 채취 후 공여과지 무게$[\mu g]$, B는 채취 전 공여과지 무게$[\mu g]$, V는 공기채취량으로 펌프의 평균유속 $[L/min] \times$시료채취시간$[min]$으로 구한다.
- 공시료가 0인 경우 농도 $C = \dfrac{(W' - W)}{V}$으로 구한다.

26
• Repetitive Learning 1회 2회 3회

화학적 인자에 대한 작업환경측정 순서를 [보기]를 참고하여 올바르게 나열한 것은?

A : 예비조사   B : 시료채취 전 유량보정
C : 시료채취 후 유량보정   D : 시료채취
E : 시료채취 전략수립   F : 분석

① A→B→C→D→E→F
② A→B→E→D→C→F
③ A→E→D→B→C→F
④ A→E→B→D→C→F

해설
- 작업환경측정은 예비조사 → 시료채취 전략수립 → 시료채취 전 유량보정 → 시료채취 → 시료채취 후 유량보정 → 분석 순으로 이뤄진다.

⁂ 화학적 인자에 대한 작업환경측정 순서
- 예비조사 → 시료채취 전략수립 → 시료채취 전 유량보정 → 시료채취 → 시료채취 후 유량보정 → 분석 순으로 이뤄진다.

27
• Repetitive Learning 1회 2회 3회

다음 화학적 인자 중 농도의 단위가 다른 것은?

① 흄   ② 석면
③ 분진   ④ 미스트

해설
- 화학적 인자의 가스, 증기, 분진, 흄(fume), 미스트(mist) 등의 농도는 피피엠(ppm) 또는 세제곱미터당 밀리그램(mg/m^3)으로 표시하는데 반해 석면의 농도 표시는 세제곱센티미터당 섬유개수(개/cm^3)로 표시한다.

⁂ 작업환경측정 단위 **실기** 0803/1403
- 화학적 인자의 가스, 증기, 분진, 흄(fume), 미스트(mist) 등의 농도는 피피엠(ppm) 또는 세제곱미터당 밀리그램(mg/m^3)으로 표시한다.
- 피피엠(ppm)과 세제곱미터당 밀리그램(mg/m^3)간의 상호 농도 변환은 노출기준(mg/m^3) = $\dfrac{노출기준(ppm) \times 그램분자량}{24.45(25℃, 1기압 기준)}$ 으로 구한다.
- 석면의 농도 표시는 세제곱센티미터당 섬유개수(개/cm^3)로 표시한다.
- 소음수준의 측정단위는 데시벨[dB(A)]로 표시한다.
- 고열(복사열 포함)의 측정단위는 습구흑구온도지수(WBGT)를 구하여 섭씨온도(℃)로 표시한다.

28
• Repetitive Learning 1회 2회 3회

옥외(태양광선이 내리쬐지 않는 장소)의 온열조건이 다음과 같은 경우에 습구흑구온도 지수(WBGT)는?

건구온도 : 30℃, 자연습구온도 : 25℃, 흑구온도 : 40℃

① 28.5℃   ② 29.5℃
③ 30.5℃   ④ 31.0℃

해설
- 일사가 영향을 미치지 않는 옥외는 옥내와 마찬가지로 일사의 영향이 없어 자연습구(0.7)와 흑구온도(0.3)만으로 WBGT가 결정되므로 WBGT = 0.7×25 + 0.3×40 = 17.5 + 12 = 29.5℃가 된다.

⁂ 습구흑구온도(WBGT : Wet Bulb Globe Temperature) 지수
  ㉠ 개요
- 건구온도, 습구온도 및 흑구온도에 비례하며, 열중증 예방을 위해 고온에서의 작업휴식시간비를 결정하는 지표로 더위지수라고도 한다.
- 표시단위는 섭씨온도(℃)로 표시하며, WBGT가 높을수록 휴식시간이 증가되어야 한다.
- 미국국립산업안전보건연구원(NIOSH)뿐만 아니라 국내에서도 습구흑구온도를 측정하고 지수를 산출하여 평가에 사용한다.
- 과거에 쓰이던 감각온도와 근사한 값인데 감각온도와 다른 점은 기류를 전혀 고려하지 않았다는 점이다.
  ㉡ 산출방법 **실기** 0501/0503/0602/0702/0703/1101/1201/1302/1303/ 1503/2102/2201/2202/2203
- 옥내에서는 WBGT = 0.7NWT + 0.3GT이다. 이때 NWT는 자연습구, GT는 흑구온도이다.(일사가 영향을 미치지 않는 옥외도 옥내로 취급한다)
- 일사가 영향을 미치는 옥외에서는 건구온도인 dB를 반영하지만 옥내에서는 일사의 영향이 없으므로 자연습구와 흑구온도만으로 WBGT가 결정된다.
- 일사가 영향을 미치는 옥외에서는 WBGT = 0.7NWT + 0.2GT + 0.1DB이며 이때 NWT는 자연습구, GT는 흑구온도, DB는 건구온도이다.

29
• Repetitive Learning 1회 2회 3회

다음 중 파과 용량에 영향을 미치는 요인과 가장 거리가 먼 것은?

① 포집된 오염물질의 종류
② 작업장의 온도
③ 탈착에 사용하는 용매의 종류
④ 작업장의 습도

- 파과 용량에 영향을 미치는 요인에는 ①, ③, ④ 외에 포집을 끝마친 후부터 분석까지의 시간, 흡착제와 흡착관의 크기, 유속 등이 있다.

⁑ 파과 용량에 영향을 미치는 요인
- 포집된 오염물질의 종류와 농도
- 작업장의 온도와 습도
- 포집을 끝마친 후부터 분석까지의 시간
- 흡착제와 흡착관의 크기
- 유속

30

1002

●── Repetitive Learning [1회][2회][3회]

음압이 $10N/m^2$일 때, 음압수준은 약 몇 dB인가?(단, 기준음압은 $0.00002N/m^2$이다)

① 94
② 104
③ 114
④ 124

- $P=10$, $P_0=0.00002$로 주어졌으므로 대입하면

$$SPL = 20\log\left(\frac{10}{0.00002}\right) = 113.9794\cdots[dB]이 된다.$$

⁑ 음압레벨(SPL ; Sound Pressure Level) 실기 0403/0501/0503/0901/1001/1102/1403/2004
- 기준이 되는 소리의 압력과 비교하여 로그적으로 표현한 값이다.
- $SPL = 20\log\left(\dfrac{P}{P_0}\right)[dB]$로 구한다. 여기서 P_0는 기준음압으로 $2\times10^{-5}[N/m^2]$ 혹은 $2\times10^{-4}[dyne/cm^2]$이다.
- 자유공간에 위치한 점음원의 음압레벨(SPL)은 음향파워레벨(PWL) $-20\log r -11$로 구한다. 이때 r은 소음원으로부터의 거리[m]이다. 11은 $10\log(4\pi)$의 값이다.

31

●── Repetitive Learning [1회][2회][3회]

산업위생 통계에 적용되는 용어 정의에 대한 내용으로 옳지 않은 것은?

① 상대오차 = [(근사값-참값)/참값]으로 표현된다.
② 우발오차란 측정기기 또는 분석기기의 미비로 기인되는 오차이다.
③ 유효숫자란 측정 및 분석 값의 정밀도를 표시하는 데 필요한 숫자이다.
④ 조화평균이란 상이한 반응을 보이는 집단의 중심경향을 파악하고자 할 때 유용하게 이용된다.

- 우발오차란 한 가지 실험측정을 반복할 때 측정값들의 변동으로 발생되는 오차이다.

⁑ 우발오차 실기 1903
- 측정값들의 변동으로 인한 오차를 말한다.
- 제거할 수 없고 보정할 수 없다.
- 우발오차가 작을 때는 정밀하다고 말한다.

32

●── Repetitive Learning [1회][2회][3회]

흡광광도계에서 단색광이 어떤 시료용액을 통과할 때 그 빛의 60%가 흡수될 경우, 흡광도는 약 얼마인가?

① 0.22
② 0.37
③ 0.40
④ 1.60

- 흡수율이 0.6일 경우 투과율은 0.4로 흡광도 $A=\log\dfrac{1}{투과율}$로 구할 수 있다.
- 대입하면 $A=\log\dfrac{1}{0.4}=0.3979\cdots$가 된다.

⁑ 흡광도 실기 1003
- 물체가 빛을 흡수하는 정도를 나타낸다.
- 흡광도 $A=\xi Lc=\log\dfrac{I_o}{I_t}=\log\dfrac{1}{투과율}$로 구한다. 이때 ξ는 몰흡광계수이고, 투과율은 (1-흡수율)로 구한다.

33

1102 / 2101

●── Repetitive Learning [1회][2회][3회]

어느 작업장의 소음 레벨을 측정한 결과 85dB, 87dB, 84dB, 86dB, 89dB, 81dB, 82dB, 84dB, 83dB, 88dB을 각각 얻었다. 중앙치(median : dB)는?

① 83.5
② 84.0
③ 84.5
④ 85.0

- 주어진 데이터를 순서대로 배치하면 81, 82, 83, 84, 84, 85, 86, 87, 88, 89이고, 짝수개이므로 5번째와 6번째에 해당하는 84와 85의 산술평균인 84.5가 중앙치가 된다.

⁑ 중앙값(median)
- 주어진 데이터들을 순서대로 정렬하였을 때 가장 가운데 위치한 값을 말한다.
- 주어진 데이터가 짝수인 경우 가운데 2개 값의 평균값이다.

34 ━━━━━━━━━━━ • Repetitive Learning 〔1회〕〔2회〕〔3회〕

일정한 온도조건에서 가스의 부피와 압력이 반비례하는 것과 가장 관계가 있는 법칙은?

① 보일의 법칙
② 샤를의 법칙
③ 라울의 법칙
④ 게이-루삭의 법칙

해설

- 샤를의 법칙은 압력과 몰수가 일정할 때, 기체의 부피는 온도에 비례함을 증명한다.
- 라울의 법칙은 증기의 각 성분의 부분압은 용액의 분압과 평형을 이룬다는 것을 증명한다.
- 게이-루삭의 법칙은 같은 온도와 같은 압력에서 반응 기체와 생성 기체의 부피는 일정한 정수가 성립함을 증명한다.

⁑ 보일의 법칙
- 기체의 온도와 몰수가 일정할 때, 기체의 부피는 압력에 반비례한다.
- PV=상수이다.(온도와 몰수가 일정)

35 ━━━━━━━━━━━ • Repetitive Learning 〔1회〕〔2회〕〔3회〕

다음 2차 표준기구 중 주로 실험실에서 사용하는 것은?

① 비누거품미터
② 폐활량계
③ 유리피스톤미터
④ 습식테스트미터

해설

- ①, ②, ③은 1차 표준기구이다.
- 2차 표준기구 중 현장에서 주로 사용되는 기기는 건식가스미터이고, 실험실에서 주로 사용되는 기기는 습식테스트미터이다.

⁑ 표준기구들의 특징
- ㉠ 1차 표준기구
  - 폐활량계(Spirometer)는 폐기능을 검사와 1차 용량 표준으로 사용하는 1차 표준기구이다.
  - 가스치환병은 정확도가 높아 실험실에서 주로 사용하는 1차 표준기구이다.
  - 펌프의 유량을 보정하는 데 1차 표준으로서 비누거품미터가 가장 널리 사용된다.
  - 흑연피스톤미터는 공기시료 채취 시 공기유량과 용량을 보정하는 표준기구이다.
- ㉡ 2차 표준기구
  - 건식가스미터는 일반적 사용범위가 10~150L/분이고 정확도는 ±1%이며 주로 현장에서 사용된다.
  - 습식테스트미터는 일반적 사용범위가 0.5~230L/분이고 정확도는 ±0.5%이며 실험실에서 주로 사용된다.

36 ━━━━━━━━━━━ • Repetitive Learning 〔1회〕〔2회〕〔3회〕

다음 중 유도결합 플라스마 원자발광분석기의 특징과 가장 거리가 먼 것은?

① 분광학적 방해 영향이 전혀 없다.
② 검량선의 직선성 범위가 넓다.
③ 동시에 여러 성분의 분석이 가능하다.
④ 아르곤 가스를 소비하기 때문에 유지비용이 많이 든다.

해설

- 유도결합 플라스마 원자발광분석기는 분광학적 간섭과 매질효과에 의한 물리적 간섭, 그리고 이온화된 플라즈마로 인한 화학적 간섭이 존재한다.

⁑ 유도결합 플라스마 원자발광분석기
- 동시에 여러 성분의 분석이 가능하며, 여러 금속을 분석할 경우 시간이 적게 소요된다.
- 검량선의 직선성 범위가 넓다.
- 분석의 정밀도가 높다.
- 원자흡광광도계보다 더 좋거나 적어도 같은 정밀도를 갖는다.
- 화학물질에 의한 방해로부터 거의 영향을 받지 않는다.
- 아르곤 가스를 소비하기 때문에 유지비용이 많이 든다.
- 분광학적 간섭과 매질효과에 의한 물리적 간섭, 그리고 이온화된 플라즈마로 인한 화학적 간섭이 존재한다.

37 ━━━━━━━━━━━ • Repetitive Learning 〔1회〕〔2회〕〔3회〕

50% 톨루엔, 10% 벤젠, 40% 노말헥산으로 혼합된 원료를 사용 할 때, 이 혼합물이 공기 중으로 증발한다면 공기 중 허용농도는 약 몇 mg/m³인가?(단, 각각의 노출기준은 톨루엔 375mg/m³, 벤젠 30mg/m³, 노말헥산 180mg/m³이다)

① 115
② 125
③ 135
④ 145

해설

- 혼합물을 구성하는 각 성분의 구성비가 주어졌으므로 혼합물의 허용농도는 $\dfrac{1}{\dfrac{0.5}{375}+\dfrac{0.1}{30}+\dfrac{0.4}{180}} = 145.1612\cdots[\text{mg/m}^3]$이 된다.

⁑ 혼합물의 허용농도 〔실기〕0401/0403/0802
- 혼합물을 구성하는 각 성분의 구성비($f_1, f_2, \cdots, f_n$)이 주어지면 혼합물의 허용농도는 $\dfrac{1}{\dfrac{f_1}{TLV_1}+\dfrac{f_2}{TLV_2}+\cdots+\dfrac{f_n}{TLV_n}}[\text{mg/m}^3]$

  으로 구할 수 있다.

38 ──────── Repetitive Learning 1회 2회 3회

다음 중 직독식 기구에 대한 설명과 가장 거리가 먼 것은?

① 측정과 작동이 간편하여 인력과 분석비를 절감할 수 있다.

② 연속적인 시료 채취전략으로 작업시간 동안 완전한 시료 채취에 해당된다.

③ 현장에서 실제 작업시간이나 어떤 순간에서 유해인자의 수준과 변화를 쉽게 알 수 있다.

④ 현장에서 즉각적인 자료가 요구될 때 민감성과 특이성이 있는 경우 매우 유용하게 사용될 수 있다.

해설

• ②는 능동식 또는 수동식 시료 채취를 이용한 연속시료채취 방법에 대한 설명이다.

⁂ 직독식 측정기구 실기 1102

• 직독식 측정기구란 측정값을 직접 눈으로 확인가능한 측정기구를 이용하여 현장에서 시료를 채취하고 농도를 측정할 수 있는 것을 말한다.

• 분진측정원리는 진동주파수, 흡수광량, 산란광의 강도 등이다.

• 검지관, 진공용기 등 비교적 간단한 기구와 함께 순간 시료 채취에 이용된다.

• 측정과 작동이 간편하여 인력과 분석비를 절감할 수 있다.

• 부피가 작아 휴대하기 편해 현장에서 실제 작업시간이나 어떤 순간에서의 유해인자 수준과 변화를 쉽게 알 수 있다.

• 현장에서 즉각적인 자료가 요구될 때 민감성과 특이성이 있는 경우 매우 유용하게 사용될 수 있다.

• 민감도와 특이도가 낮아 고능도 측정은 가능하나 다른 물질의 영향을 쉽게 받는다.

• 가스모니터, 가스검지관, 휴대용 GC, 입자상 물질측정기, 휴대용 적외선 분광광도계 등이 여기에 해당한다.

39 ──────── Repetitive Learning 1회 2회 3회

소음수준의 측정 방법에 관한 설명으로 옳지 않은 것은?(단, 고용노동부 고시를 기준으로 한다)

① 소음계의 청감보정회로는 A특성으로 하여야 한다.

② 연속음 측정 시 소음계 지시침의 동작은 빠른(Fast) 상태로 한다.

③ 측정위치는 지역시료채취 방법의 경우에 소음측정기를 측정대상이 되는 근로자의 주 작업행동 범위의 작업근로자 귀 높이에 설치한다.

④ 측정시간은 1일 작업시간동안 6시간 이상 연속 측정하거나 작업시간을 1시간 간격으로 나누어 6회 이상 측정한다.

해설

• 소음계 지시침의 동작은 느린(Slow) 상태로 해야 한다.

⁂ 소음의 측정방법

• 소음측정에 사용되는 기기는 누적소음 노출량측정기, 적분형소음계 또는 이와 동등 이상의 성능이 있는 것으로 하되 개인시료채취 방법이 불가능한 경우에는 지시소음계를 사용할 수 있으며, 발생시간을 고려한 등가소음레벨 방법으로 측정할 것

단, 소음발생 간격이 1초 미만을 유지하면서 계속적으로 발생되는 소음(연속음)을 지시소음계 또는 이와 동등 이상의 성능이 있는 기기로 측정할 경우	• 소음계 지시침의 동작은 느린(Slow) 상태로 한다. • 소음계의 지시치가 변동하지 않는 경우에는 해당 지시치를 그 측정점에서의 소음수준으로 한다.

• 소음계의 청감보정회로는 A특성으로 할 것

• 누적소음노출량 측정기로 소음을 측정하는 경우에는 Criteria는 90dB, Exchange Rate는 5dB, Threshold는 80dB로 기기를 설정할 것

• 소음이 1초 이상의 간격을 유지하면서 최대음압수준이 120dB(A) 이상의 소음인 경우에는 소음수준에 따른 1분 동안의 발생횟수를 측정할 것

40 ──────── Repetitive Learning 1회 2회 3회

kata 온도계로 불감기류를 측정하는 방법에 대한 설명으로 틀린 것은?

① kata 온도계의 구(球)부를 50~60℃의 온수에 넣어 구부의 알콜을 팽창시켜 관의 상부 눈금까지 올라가게 한다.

② 온도계를 온수에서 꺼내어 구(球)부를 완전히 닦아내고 스탠드에 고정한다.

③ 알콜의 눈금이 100℉에서 65℉까지 내려가는데 소요되는 시간을 초시계로 4~5회 측정하여 평균을 낸다.

④ 눈금 하강에 소요되는 시간으로 kata 상수를 나눈 값 H는 온도계의 구부 1cm²에서 1초 동안에 방산되는 열량을 나타낸다.

해설

• 카타 온도계 표면에는 눈금이 아래위로 두 개 있는데 일반용은 아래가 95℉(35℃)이고, 위가 100℉(37.8℃)이다. 즉, 눈금이 100℉에서 95℉까지 내려가는데 소요되는 시간을 초시계로 4~5회 측정하여 평균을 낸다.

⁂ 카타(Kata)온도계

• 작업장의 환경에서 기류의 방향이 일정하지 않거나 실내 0.2~0.5m/s 정도의 불감기류를 측정할 때 사용되는 기류측정기기이다.

- 온도에 따른 알코올의 팽창, 수축원리를 이용하여 기류속도를 측정한다.
- 기기 내의 알코올이 위의 눈금에서 아래 눈금까지 하강하는데 소요되는 시간의 측정을 통해 기류를 측정한다.
- 표면에는 눈금이 아래위로 두 개 있는데 일반용은 아래가 95°F (35°C)이고, 위가 100°F(37.8°C)이다.

해설
- 오염물질의 발생원에서 비산되는 오염물질을 비산한계점 내에서 후드 개구부 내부로 흡입하는데 필요한 최소 속도를 제어속도라고 한다.
- ✿ 국소배기장치의 제어속도(Capture velocity)
  - 오염물질의 발생원에서 비산되는 오염물질을 비산한계점 내에서 후드 개구부 내부로 흡입하는데 필요한 최소 속도를 말한다.
  - 공기의 점성계수에 반비례한다.

3과목 작업환경관리대책

0803

41 ─────● Repetitive Learning 〔1회 2회 3회〕

다음 중 사용물질과 덕트 재질의 연결이 옳지 않은 것은?

① 알칼리－강판
② 전리방사선－중질 콘크리트
③ 주물사, 고온가스－흑피 강판
④ 강산, 염소계 용제－아연도금 강판

해설
- 강산이나 염소계 용제는 스테인리스스틸 강판을 주로 사용한다.
- ✿ 이송물질별 덕트의 재질

유기용제	아연도금 강판
주물사, 고온가스	흑피 강판
강산, 염소계 용제	스테인리스스틸 강판
알칼리	강판
전리방사선	중질 콘크리트 덕트

0701

42 ─────● Repetitive Learning 〔1회 2회 3회〕

국소배기장치를 설계하고 현장에서 효율적으로 적용하기 위해서는 적절한 제어속도가 필요하다. 이때 제어속도의 의미로 가장 적절한 것은?

① 공기정화기의 내부 공기의 속도
② 발생원에서 배출되는 오염물질의 발생 속도
③ 발생원에서 오염물질의 자유공간으로 확산되는 속도
④ 오염물질을 후드 안쪽으로 흡인하기 위하여 필요한 최소한의 속도

43 ─────● Repetitive Learning 〔1회 2회 3회〕

속도압에 대한 설명으로 틀린 것은?

① 속도압은 항상 양압 상태이다.
② 속도압은 속도에 비례한다.
③ 속도압은 중력가속도에 반비례한다.
④ 속도압은 정지상태에 있는 공기에 작용하여 속도 또는 가속을 일으키게 함으로써 공기를 이동하게 하는 압력이다.

해설
- 속도압은 속도의 제곱에 비례한다.
- ✿ 속도압(Velocity Pressure, VP) 실기 1003/1703/1802
  - 베르누이의 이론으로 유체의 압력과 속도, 에너지의 관계를 나타낸 법칙이다.
  - 속도압 $VP = \dfrac{r V^2}{2g} = \left[\dfrac{V}{4.043}\right]^2$ 으로 구한다. 이때 r은 공기의 비중(1.2kg/m^3), g는 중력가속도(9.8m^2/sec)이다.

1002 / 1601

44 ─────● Repetitive Learning 〔1회 2회 3회〕

다음 중 보호구의 보호 정도를 나타내는 할당보호계수(APF)에 관한 설명으로 가장 거리가 먼 것은?

① 보호구 밖의 유량과 안의 유량 비(Q_o/Q_i)로 표현된다.
② APF를 이용하여 보호구에 대한 최대사용농도를 구할 수 있다.
③ APF가 100인 보호구를 착용하고 작업장에 들어가면 착용자는 외부 유해물질로부터 적어도 100배만큼의 보호를 받을 수 있다는 의미이다.
④ 일반적인 보호계수 개념의 특별한 적용으로서 적절히 밀착된 호흡기보호구를 훈련된 일련의 착용자들이 작업장에서 착용하였을 때 기대되는 최소 보호정도치를 말한다.

- 할당보호계수는 보호구 밖의 오염물질 농도와 안의 오염물질 농도 비로 표현된다.

할당보호계수(Assigned Protection Factor, APF)

- 잘 훈련된 착용자가 보호구를 착용하였을 때 각 호흡보호구가 제공할 수 있는 보호계수의 기대치를 말한다.
- 할당보호계수는 오염물질을 제거할 수 있는 정화통이 개발된 경우 적용하여야 하며, 개발되지 않은 경우는 농도에 관계없이 송기마스크 등 양압의 공기공급식 마스크를 착용하여야 한다.
- 할당보호계수는 보호구 밖의 오염물질 농도와 안의 오염물질 농도 비로 표현된다.
- 유해비를 산출하고 유해비보다 높은 할당보호계수의 호흡보호구를 산출한다.
- 유해비는 $\dfrac{\text{오염물질 농도}}{\text{노출기준}}$ 로 구한다.
- APF가 100인 보호구를 착용하고 작업장에 들어가면 착용자는 외부 유해물질로부터 적어도 100배 만큼의 보호를 받을 수 있다는 의미이다.
- APF를 이용하여 보호구에 대한 최대사용농도를 구할 수 있다.
- APF 계수가 가장 큰 것은 양압 호흡기보호구-공기공급식 (SCBA, 압력식(개방/폐쇄식))-전면형이다.

1403

45 • Repetitive Learning 〔1회 2회 3회〕

후드로부터 0.25m 떨어진 곳에 있는 금속제품의 연마 공정에서 발생되는 금속먼지를 제거하기 위해 원형후드를 설치하였다면, 환기량은 약 몇 m^3/sec인가?(단, 제어속도는 2.5m/sec, 후드직경은 0.4m이고, 플랜지는 부착되지 않았다)

① 1.9
② 2.3
③ 3.2
④ 4.1

- 공간에 위치하며, 플랜지가 없으므로 필요 환기량 $Q=60\times V_c(10X^2+A)\,[m^3/min]$이며 $[m^3/sec]$로 구하려면 60을 나눠줘야 해서 $Q=V_c(10X^2+A)$으로 구한다.
- 단면적은 반지름이 0.2이므로 $\pi r^2=3.14\times 0.2^2=0.1256[m^2]$이다.
- 대입하면 $Q=2.5\times(10\times 0.25^2+0.1256)=1.8765[m^3/sec]$이다.

외부식 원형 또는 장방형 후드 실기 0303/0403/0503/0603/0801/1001/ 1002/1701/1703/1901/2003/2102

- 공간에 위치하며, 플랜지가 없는 경우에 해당한다.
- 기본식(Dalla Valle)은 $Q=60\times V_c(10X^2+A)$로 구한다. 이때 Q는 필요 환기량$[m^3/min]$, V_c는 제어속도[m/sec], A는 개구면적$[m^2]$, X는 후드의 중심선으로부터 발생까지의 거리[m]이다.

---

46 • Repetitive Learning 〔1회 2회 3회〕

온도 125℃, 800mmHg인 관내로 100m^3/min의 유량의 기체가 흐르고 있다. 표준상태에서 기체의 유량은 약 몇 m^3/min 인가?(단, 표준상태는 20℃, 760mmHg로 한다)

① 52
② 69
③ 77
④ 83

- 유량은 부피와 같은 개념으로 취급하면 되므로 보일-샤를의 법칙이 성립해야 하므로 $V_2=V_1\times\dfrac{T_2}{T_1}\times\dfrac{P_1}{P_2}$로 구할 수 있다.
- 대입하면 $V_2=100\times\dfrac{293}{398}\times\dfrac{800}{760}=77.492\cdots[m^3/min]$가 된다.

보일-샤를의 법칙 실기 0701/0702/0803/0901/0903/1001/1102/1302/ 1401/1403/1702/1903/2003

- 기체의 압력, 온도, 부피의 관계를 나타낸 법칙이다.
- $\dfrac{P_1 V_1}{T_1}=\dfrac{P_2 V_2}{T_2}$ 이 성립한다. 여기서 P는 압력, V는 부피, T는 절대온도(273+섭씨온도)이다.

2003

47 • Repetitive Learning 〔1회 2회 3회〕

Stokes 침강법칙에서 침강속도에 대한 설명으로 옳지 않은 것은?(단, 자유공간에서 구형의 분진 입자를 고려한다)

① 기체와 분진입자의 밀도 차에 반비례한다.
② 중력가속도에 비례한다.
③ 기체의 점도에 반비례한다.
④ 분진입자 직경의 제곱에 비례한다.

- Stokes 침강법칙에서 침강속도는 분진입자의 밀도와 공기밀도의 차에 비례한다.

스토크스(Stokes) 침강법칙에서의 침강속도 실기 0402/0502/1001/ 502

- 물질의 침강속도는 중력가속도, 입자의 직경의 제곱, 분진입자의 밀도와 공기밀도의 차에 비례한다.
- 물질의 침강속도는 공기(기체)의 점성에 반비례한다.

$V=\dfrac{g\cdot d^2(\rho_1-\rho)}{18\mu}$ 이다.	• V : 침강속도(cm/sec) • g : 중력가속도($980cm$/sec^2) • d : 입자의 직경(cm) • ρ_1 : 입자의 밀도(g/cm^3) • ρ : 공기밀도($0.0012g$/cm^3) • μ : 공기점성계수(g/$cm\cdot$sec)

---

48 ────────● Repetitive Learning (1회 2회 3회)

필요 환기량을 감소시키는 방법으로 옳지 않은 것은?

① 가급적이면 공정이 많이 포위되지 않도록 하여야 한다.
② 후드 개구면에서 기류가 균일하게 분포되도록 설계한다.
③ 공정에서 발생 또는 배출되는 오염물질의 절대량을 감소시킨다.
④ 포집형이나 레시버형 후드를 사용할 때는 가급적 후드를 배출 오염원에 가깝게 설치한다.

해설
• 가급적이면 공정을 많이 포위하도록 해야 한다.

❀ 필요 환기량 최소화 방법 **실기** 1503/2003
• 가급적이면 공정을 많이 포위하도록 해야 한다.
• 후드 개구면에서 기류가 균일하게 분포되도록 설계한다.
• 공정에서 발생 또는 배출되는 오염물질의 절대량을 감소시킨다.
• 공정 내 측면부착 차폐막이나 커튼 사용을 통해 후드 개구면 속도를 균일하게 분포시켜야 한다.
• 포집형이나 레시버형 후드를 사용할 때는 가급적 후드를 배출 오염원에 가깝게 설치한다.

49 ────────● Repetitive Learning (1회 2회 3회)

작업환경에서 환기시설 내 기류에는 유체역학적 원리가 적용된다. 다음 중 유체역학적 원리의 전제조건과 가장 거리가 먼 것은?

① 공기는 건조하다고 가정한다.
② 공기의 압축과 팽창은 무시한다.
③ 환기시설 내외의 열교환은 무시한다.
④ 대부분 환기시설에서는 공기 중에 포함된 유해물질의 무게와 용량을 고려한다.

해설
• 대부분의 환기시설에서는 공기 중에 포함된 유해물질의 무게와 용량을 무시한다.

❀ 환기시설 내 기류가 기본적 유체역학적 원리에 의하여 지배되기 위한 전제 조건 **실기** 0403/1302
• 환기시설 내외의 열교환은 무시한다.
• 공기의 압축이나 팽창을 무시한다.
• 대부분의 환기시설에서는 공기 중에 포함된 유해물질의 무게와 용량을 무시한다.
• 공기는 건조하다고 가정한다.

50 ────────● Repetitive Learning (1회 2회 3회)

A 용제가 $800m^3$ 체적을 가진 방에 저장되어 있다. 공기를 공급하기 전에 측정한 농도가 400ppm이었을 때, 이 방을 환기량 $40m^3$/분으로 환기한다면 A 용제의 농도가 100ppm으로 줄어드는데 걸리는 시간은?(단, 유해물질은 추가적으로 발생하지 않고 고르게 분포되어 있다고 가정한다)

① 약 16분   ② 약 28분
③ 약 34분   ④ 약 42분

해설
• 작업장의 기적은 $800m^3$이다.
• 유효환기량이 $40m^3$/min, C_1이 400, C_2가 100이므로 대입하면
$$t = -\frac{800}{40}ln\left(\frac{100}{400}\right) = 27.726[min]$$이다.

❀ 유해물질의 농도를 감소시키기 위한 환기
㉠ 농도 C_1에서 C_2까지 농도를 감소시키는데 걸리는 시간 **실기**
0302/0403/0602/0603/0902/1103/1301/1303/1702/1703/1802/2102
• 감소시간 $t = -\frac{V}{Q}ln\left(\frac{C_2}{C_1}\right)$로 구한다. 이때 V는 작업장 체적$[m^3]$, Q는 공기의 유입속도$[m^3/min]$, C_2는 희석후 농도[ppm], C_1은 희석전 농도[ppm]이다.
㉡ 작업을 중지한 후 t분 지난 후 농도 C_2 **실기** 1102/1903
• t분이 지난 후의 농도 $C_2 = C_1 \cdot e^{-\frac{Q}{V}t}$로 구한다.

51 ────────● Repetitive Learning (1회 2회 3회)

산업위생보호구의 점검, 보수 및 관리방법에 관한 설명 중 틀린 것은?

① 보호구의 수는 사용하여야 할 근로자의 수 이상으로 준비한다.
② 호흡용보호구는 사용 전, 사용 후 여재의 성능을 점검하여 성능이 저하된 것은 폐기, 보수, 교환 등의 조치를 취한다.
③ 보호구의 청결 유지에 노력하고, 보관할 때는 건조한 장소와 분진이나 가스 등에 영향을 받지 않는 일정한 장소에 보관한다.
④ 호흡용보호구나 귀마개 등은 특정 유해물질 취급이나 소음에 노출될 때 사용하는 것으로서 그 목적에 따라 반드시 공용으로 사용해야 한다.

- 호흡용보호구나 귀마개 등은 특정 유해물질 취급이나 소음에 노출될 때 사용하는 것으로서 그 목적에 따라 반드시 전용으로 사용해야 한다.

산업위생보호구의 관리
- 사용자는 손질방법 및 착용방법을 숙지해야 한다.
- 보호구의 수는 사용하여야 할 근로자의 수 이상으로 준비한다.
- 호흡용보호구는 사용 전, 사용 후 여재의 성능을 점검하여 성능이 저하된 것은 폐기, 보수, 교환 등의 조치를 취한다.
- 보호구의 청결 유지에 노력하고, 보관할 때는 건조한 장소와 분진이나 가스 등에 영향을 받지 않는 일정한 장소에 보관한다.
- 호흡용보호구나 귀마개 등은 특정 유해물질 취급이나 소음에 노출될 때 사용하는 것으로서 그 목적에 따라 반드시 전용으로 사용해야 한다.
- 보호구 착용으로 유해물질로부터의 모든 신체적 장해를 막을 수 없음을 인지한다.

2101

52 ●Repetitive Learning 〔1회 2회 3회〕

산업위생관리를 작업환경관리, 작업관리, 건강관리로 나눠서 구분할 때, 다음 중 작업환경관리와 가장 거리가 먼 것은?

① 유해 공정의 격리
② 유해 설비의 밀폐화
③ 전체환기에 의한 오염물질의 회석 배출
④ 보호구 사용에 의한 유해물질의 인체 침입방지

- ④는 개인건강관리 대책에 대한 설명이다.

작업환경 개선 대책

공학적 대책	대체(Substitution), 격리(Isolation), 밀폐(Enclosure) 차단(Seperation), 환기(Ventilation)
행정(관리)적 대책	작업시간과 휴식시간의 조정, 교대근무, 작업전환, 관련 교육 등
개인건강대책	각종 보호구(안전모, 보호의, 보호장갑, 보안경, 귀마개 등)의 착용

1302

53 ●Repetitive Learning 〔1회 2회 3회〕

덕트의 속도압이 35mmH$_2$O, 후드의 압력손실이 15mmH$_2$O일 때 후드의 유입계수는?

① 0.84   ② 0.75
③ 0.68   ④ 0.54

- 유입손실이 후드의 압력손실이므로 이를 대입해서 유입손실계수를 구해 유입계수를 구할 수 있다.
- 유입손실계수 = $\dfrac{유입손실}{속도압}$ 이므로 $\dfrac{15}{35} = 0.4285 \cdots$ 즉, 0.43이다.
- 유입손실계수(F) = $\dfrac{1 - C_e^2}{C_e^2} = \dfrac{1}{C_e^2} - 1$ 이므로

  유입계수 $C_e = \sqrt{\dfrac{1}{1+F}}$ 이다.
- 유입계수는 $\sqrt{\dfrac{1}{1+0.43}} = 0.8362 \cdots$ 가 된다.

후드의 유입계수와 유입손실계수 실기 0502/0801/0901/1001/1102/1303/1602/1603/1903/2002/2103

- 후드에서의 압력손실이 유량의 저하로 나타나는 현상이다.
- 유입계수 C_e가 1에 가까울수록 이상적인 후드에 가깝다.
- 유입계수는 속도압/후드정압의 제곱근으로 구할 수 있다.
- 유입계수(C_e) = $\dfrac{실제적\ 유량}{이론적\ 유량} = \dfrac{실제\ 흡인유량}{이론\ 흡인유량} = \sqrt{\dfrac{1}{1+F}}$ 으로 구한다.

  이때 F는 후드의 유입손실계수로 $\dfrac{\triangle P}{VP}$ 즉, $\dfrac{압력손실}{속도압(동압)}$으로 구할 수 있다.
- 유입(압력)손실계수(F) = $\dfrac{1 - C_e^2}{C_e^2} = \dfrac{1}{C_e^2} - 1$로 구한다.

0601

54 ●Repetitive Learning 〔1회 2회 3회〕

다음 중 장기간 사용하지 않았던 오래된 우물 속으로 작업을 위하여 들어갈 때 가장 적절한 마스크는?

① 호스 마스크
② 특급의 방진마스크
③ 유기가스용 방독마스크
④ 일산화탄소용 방독마스크

- 밀폐공간에서 작업할 때는 공기호흡기 또는 송기마스크를 지급하여야 한다.
- 호스마스크는 송기마스크의 일종이다.

환기 등 실기 2201
- 사업주는 근로자가 밀폐공간에서 작업을 하는 경우에 작업을 시작하기 전과 작업 중에 해당 작업장을 적정공기 상태가 유지되도록 환기하여야 한다. 다만, 폭발이나 산화 등의 위험으로 인하여 환기할 수 없거나 작업의 성질상 환기하기가 매우 곤란한 경우에는 근로자에게 공기호흡기 또는 송기마스크를 지급하여 착용하도록 하고 환기하지 아니할 수 있다.
- 근로자는 지급된 보호구를 착용하여야 한다.

55

---• Repetitive Learning (1회 2회 3회)

작업환경의 관리원칙 중 대치로 적절하지 않은 것은?

① 성냥 제조시에 황린 대신 적린을 사용한다.
② 분말로 출하되는 원료로 고형상태의 원료로 출하한다.
③ 광산에서 광물을 채취할 때 습식 공정 대신 건식 공정을 사용한다.
④ 단열재 석면을 대신하여 유리섬유나 암면 또는 스티로폼 등을 사용한다.

해설

• 건식공정이 습식공정으로 바뀌어야 올바른 대치가 된다.

❖ 대치의 원칙

시설의 변경	• 가연성 물질을 유리병 대신 철제통에 저장 • Fume 배출 드라프트의 창을 안전 유리창으로 교체
공정의 변경	• 건식공법의 습식공법으로 전환 • 전기 흡착식 페인트 분무방식 사용 • 금속을 두들겨 자르던 공정을 톱으로 절단 • 알코올을 사용한 엔진 개발 • 도자기 제조공정에서 건조 후에 하던 점토의 조합을 건조 전에 실시 • 땜질한 납 연마 시 고속회전 그라인더의 사용을 저속 Oscillating – typesander로 변경
물질의 변경	• 성냥 제조시 황린 대신 적린 사용 • 단열재 석면을 대신하여 유리섬유나 암면 또는 스티로폼 등을 사용 • 야광시계 자판에 Radium을 인으로 대치 • 금속표면을 블라스팅할 때 사용재료로서 모래 대신 철 구슬을 사용 • 페인트 희석제를 석유나프타에서 사염화탄소로 대치 • 분체 입자를 큰 입자로 대체 • 금속세척 시 TCE를 대신하여 계면활성제로 변경 • 세탁 시 화재 예방을 위해 석유나프타 대신 4클로로에틸렌을 사용 • 세척작업에 사용되는 사염화탄소를 트리클로로에틸렌으로 전환 • 아조염료의 합성에 벤지딘 대신 디클로로벤지딘을 사용 • 페인트 내에 들어있는 납을 아연 성분으로 전환

56

---• Repetitive Learning (1회 2회 3회)

A물질의 증기압이 50mmHg일때, 포화증기농도(%)는?(단, 표준상태를 기준으로 한다)

① 4.8   ② 6.6
③ 10.0   ④ 12.2

해설

• 증기압이 50mmHg를 대입하면 $\frac{50}{760} \times 100 = 6.578 \cdots [\%]$이다.

❖ 최고(포화)농도와 유효비중 **실기** 0302/0602/0603/0802/1001/1002/1103/1503/1701/1802/1902/2101

• 최고(포화)농도는 $\frac{P}{760} \times 100[\%] = \frac{P}{760} \times 1,000,000[ppm]$으로 구한다.

• 유효비중은 $\frac{(\text{농도} \times \text{비중}) + (10^6 - \text{농도}) \times \text{공기비중}(1.0)}{10^6}$으로 구한다.

57

---• Repetitive Learning (1회 2회 3회)

원심력 집진장치에 관한 설명 중 옳지 않은 것은?

① 비교적 적은 비용으로 집진이 가능하다.
② 분진의 농도가 낮을수록 집진효율이 증가한다.
③ 함진가스에 선회류를 일으키는 원심력을 이용한다.
④ 입자의 크기가 크고 모양이 구체에 가까울수록 집진효율이 증가한다.

해설

• 입자 입경과 밀도가 클수록 집진율이 증가한다.

❖ 원심력 집진장치
• 사이클론이라 불리우는 원심력 집진장치는 함진가스에 선회류를 일으키는 원심력을 이용해 비교적 적은 비용으로 제진이 가능한 장치이다.
• 사이크론에는 가동부가 없는 것이 기계적인 특징이다.
• 입자의 크기가 크고 모양이 구체에 가까울수록 집진효율이 증가한다.
• 사이클론 원통의 길이가 길어지면 선회류수가 증가하여 집진율이 증가한다.
• 입자 입경과 밀도가 클수록 집진율이 증가한다.
• 사이클론의 원통의 직경이 클수록 집진율이 감소한다.

58

0401 / 1102 / 1503

---• Repetitive Learning (1회 2회 3회)

송풍기의 송풍량이 $2m^3$/sec이고, 전압이 $100mmH_2O$일 때, 송풍기의 소요동력은 약 몇 kW인가?(단, 송풍기의 효율이 75%이다)

① 1.7   ② 2.6
③ 4.4   ④ 5.3

500 산업위생관리기사 필기 과년도

55 ③ 56 ② 57 ② 58 ② | **정답**

해설

- 송풍량이 초당으로 주어질 때 $\dfrac{송풍량 \times 60 \times 전압}{6,120 \times 효율} \times 여유율[kW]$ 로 구한다.
- 대입하면 $\dfrac{2 \times 60 \times 100}{6,120 \times 0.75} = 2.614 \cdots$ 가 된다.

⁂ 송풍기의 소요동력 실기 0402/0403/0602/0603/0901/1101/1201/1402/1501/1601/1802/1903

- 송풍량이 초당으로 주어질 때 $\dfrac{송풍량 \times 60 \times 전압}{6,120 \times 효율} \times 여유율$ [kW]로 구한다.
- 송풍량이 분당으로 주어질 때 $\dfrac{송풍량 \times 전압}{6,120 \times 효율} \times 여유율[kW]$로 구한다.
- 여유율이 주어지지 않을 때는 1을 적용한다.

---

59 ─────── • Repetitive Learning (1회 2회 3회)

0603 / 0701 / 1803 / 2001

전기집진장치의 장점으로 옳지 않은 것은?

① 가연성 입자의 처리에 효율적이다.
② 넓은 범위의 입경과 분진농도에 집진효율이 높다.
③ 압력손실이 낮으므로 송풍기의 가동비용이 저렴하다.
④ 고온 가스를 처리할 수 있어 보일러와 철강로 등에 설치할 수 있다.

해설

- 전기집진장치는 가스물질이나 가연성 입자의 처리가 곤란하다.

⁂ 전기집진장치 실기 1801

○ 개요
- 0.01㎛ 정도의 미세분진까지 모든 종류의 고체, 액체 입자를 효율적으로 포집할 수 있는 집진기이다.
- 코로나 방전과 정전기력을 이용하여 먼지를 처리한다.

○ 장·단점

장점	• 넓은 범위의 입경과 분진농도에 집진효율이 높다. • 압력손실이 낮으므로 송풍기의 운전 및 유지비가 적게 소요된다. • 고온 가스를 처리할 수 있어 보일러와 철강로 등에 설치할 수 있다. • 낮은 압력손실로 대량의 가스를 처리할 수 있다. • 회수가치성이 있는 입자 포집이 가능하다. • 건식 및 습식으로 집진할 수 있다.
단점	• 설치 공간을 많이 차지한다. • 초기 설치비와 설치 공간이 많이 든다. • 가스물질이나 가연성 입자의 처리가 곤란하다. • 전압변동과 같은 조건변동에 적응하기 어렵다.

---

60 ─────── • Repetitive Learning (1회 2회 3회)

보호구의 재질에 따른 효과적 보호가 가능한 화학물질을 잘못 짝지은 것은?

① 가죽 – 알콜
② 천연고무 – 물
③ 면 – 고체상 물질
④ 부틸고무 – 알콜

해설

- 가죽은 찰과상을 예방하는 용도로 사용하는 보호구 재질로 용제에는 사용을 못한다.

⁂ 보호구 재질과 적용 물질

면	고체상 물질에 효과적이다.(용제에는 사용 못함)
가죽	찰과상 예방 용도(용제에는 사용 못함)
천연고무	절단 및 찰과상 예방에 좋으며 수용성 용액, 극성 용제(물, 알콜, 케톤류 등)에 효과적이다.
부틸 고무	극성 용제(물, 알콜, 케톤류 등)에 효과적이다.
니트릴 고무 (viton)	비극성 용제(벤젠, 사염화탄소 등)에 효과적이다.
네오프렌 (Neoprene) 고무	비극성 용제(벤젠, 사염화탄소 등), 산, 부식성 물질에 효과적이다.
Ethylene Vinyl Alcohol	대부분의 화학물질에 효과적이다.

4과목 **물리적 유해인자관리**

61 ─────── • Repetitive Learning (1회 2회 3회)

방진재인 금속 스프링의 특징이 아닌 것은?

① 공진 시에 전달률이 좋지 않다.
② 환경요소에 대한 저항이 크다.
③ 저주파 차진에 좋으며 감쇠가 거의 없다.
④ 다양한 형상으로 제작이 가능하며 내구성이 좋다.

해설

- 금속 스프링은 공진 시에 전달률이 매우 크다.

⁂ 금속 스프링

- 환경요소에 대한 저항성이 크며 저주파차진에 유리하고 최대변위가 허용되지만 감쇠가 거의 없으며 공진 시에 전달률이 매우 큰 방진재료이다.
- 다양한 형상으로 제작이 가능하며 내구성이 좋다.

62

0403 / 0803 / 2103 • Repetitive Learning 1회 2회 3회

한랭노출 시 발생하는 신체적 장해에 대한 설명으로 틀린 것은?

① 동상은 조직의 동결을 말하며, 피부의 이론상 동결온도는 약 -1℃ 정도이다.
② 전신체온강하는 장시간의 한랭노출과 체열상실에 따라 발생하는 급성 중증장해이다.
③ 참호족은 동결온도 이하의 찬공기에 단기간 접촉으로 급격한 동결이 발생하는 장애이다.
④ 침수족은 부종, 저림, 작열감, 소양감 및 심한 동통을 수반하며, 수포, 궤양이 형성되기도 한다.

해설
- 참호족은 발을 오랜 시간 축축하고 차가운 상태에 노출함으로써 발생하는데 영상의 온도에서 발생한다.

※ 한랭환경에서의 건강장해
- 레이노씨 병과 같은 혈관 이상이 있을 경우에는 저온 노출로 유발되거나 그 증상이 악화된다.
- 참호족과 침수족은 지속적인 국소의 산소결핍 때문이며, 모세혈관 벽이 손상되는 것이다.(동상과 달리 영상의 온도에서 발생한다)
- 전신체온강하는 장시간 한랭노출과 체열상실로 인한 급성 중증장애로, 심부온도가 37℃에서 26.7℃ 이하로 떨어지는 것을 말한다.

63

1403 / 2102 / 2202 • Repetitive Learning 1회 2회 3회

감압에 따른 인체의 기포 형성량을 좌우하는 요인과 가장 거리가 먼 것은?

① 감압속도
② 산소공급량
③ 조직에 용해된 가스량
④ 혈류를 변화시키는 상태

해설
- 감압에 따른 질소 기포 형성량을 결정하는 요인에는 감압속도, 조직에 용해된 가스량, 혈류를 변화시키는 상태 등이 있다.

※ 감압에 따른 질소 기포 형성 요인
- 감압속도
- 고기압에 폭로된 정도와 시간, 체내의 지방량은 조직에 용해된 가스량을 결정한다.
- 감압 시 연령, 기온, 운동, 공포감, 음주 등은 혈류를 변화시키는 상태를 결정한다.

64

• Repetitive Learning 1회 2회 3회

비전리방사선 중 보통광선과는 달리 단일파장이고 강력하고 예리한 지향성을 지닌 광선은 무엇인가?

① 적외선
② 마이크로파
③ 가시광선
④ 레이저광선

해설
- 강력하고 예리한 지향성을 지닌 광선은 레이저이다.

※ 레이저(Lasers)
- 레이저란 자외선, 가시광선, 적외선 가운데 인위적으로 특정한 파장부위를 강력하게 증폭시켜 얻은 복사선이다.
- 양자역학을 응용하여 아주 짧은 파장의 전자기파를 증폭 또는 발진하여 발생시키며, 단일파장이고 위상이 고르며 간섭현상이 일어나기 쉬운 특성이 있는 비전리방사선이다.
- 강력하고 예리한 지향성을 지닌 광선이다.
- 출력이 대단히 강력하고 극히 좁은 파장범위를 갖기 때문에 쉽게 산란하지 않는다.
- 레이저광에 가장 민감한 표적기관은 눈이다.
- 파장, 조사량 또는 시간 및 개인의 감수성에 따라 피부에 홍반, 수포형성, 색소침착 등이 생기며 이는 가역적이다.
- 위험정도는 광선의 강도와 파장, 노출기간, 노출된 신체부위에 따라 달라진다.
- 레이저장해는 광선의 파장과 특정 조직의 광선 흡수능력에 따라 장해출현 부위가 달라진다.
- 200~400nm의 자외선 레이저광에서는 파장이 짧아질수록 눈에 대한 투과력이 감소한다.
- 피부에 대한 영향은 700nm~1mm에서 다소 강하게 작용한다.
- 레이저광 중 에너지의 양을 지속적으로 축적하여 강력한 파동을 발생시키는 것을 맥동파라 하고 이는 지속파보다 그 장해를 주는 정도가 크다.

65

0403 / 0902 / 1501 / 2201 • Repetitive Learning 1회 2회 3회

고압환경의 영향 중 2차적인 가압현상(화학적 장해)에 관한 설명으로 틀린 것은?

① 4기압 이상에서 공기 중의 질소가스는 마취작용을 나타낸다.
② 이산화탄소의 증가는 산소의 독성과 질소의 마취작용을 촉진시킨다.
③ 산소의 분압이 2기압을 넘으면 산소중독증세가 나타난다.
④ 산소중독은 고압산소에 대한 노출이 중지되어도 근육경련, 환청 등 후유증이 장기간 계속된다.

- 산소중독증상은 고압산소에 대한 폭로가 중지되면 즉시 멈춘다.
- 🕸 고압 환경의 2차적 가압현상
  - 산소의 분압이 2기압이 넘으면 중독증세가 나타나며 시력장해, 정신혼란, 간질모양의 경련을 나타낸다.
  - 산소중독에 따라 수지와 족지의 작열통, 시력장해, 정신혼란, 근육경련 등의 증상을 보이며 나아가서는 간질 모양의 경련을 나타낸다.
  - 산소의 중독 작용은 운동이나 이산화탄소의 존재로 보다 악화된다.
  - 산소중독에 따른 증상은 고압산소에 대한 노출이 중지되면 멈추게 된다.
  - 4기압 이상에서 공기 중의 질소가스는 마취작용을 나타내며 알코올 중독의 증상과 유사한 다행증이 발생한다.
  - 이산화탄소의 증가는 산소의 독성과 질소의 마취작용을 촉진시킨다.

1201 / 1503

66 ————● Repetitive Learning 〔1회〕〔2회〕〔3회〕

감압병 예방을 위한 이상기압 환경에 대한 대책으로 적절하지 않은 것은?

① 작업시간을 제한한다.
② 가급적 빨리 감압시킨다.
③ 순환기에 이상이 있는 사람은 취업 또는 작업을 제한한다.
④ 고압환경에서 작업 시 헬륨-산소혼합가스등으로 대체하여 이용한다.

- 감압병의 증상을 보일 경우 환자를 원래의 고압환경에 복귀시키거나 인공적 고압실에 넣어 혈관 및 조직 속에 발생한 질소의 기포를 다시 용해시킨 후 천천히 감압한다.
- 🕸 감압병의 예방 및 치료
  - 고압환경에서의 작업시간을 제한한다.
  - 감압이 끝날 무렵에 순수한 산소를 흡입시키면 감압시간을 25%가량 단축시킬 수 있다.
  - 특별히 잠수에 익숙한 사람을 제외하고는 10m/min 속도 정도로 잠수하는 것이 안전하다.
  - 고압환경에서 작업할 때는 질소를 헬륨으로 대치한 공기를 호흡시키도록 한다.
  - Haldane의 실험근거상 정상기압보다 1.25기압을 넘지 않는 고압환경에는 아무리 오랫동안 폭로되거나 아무리 빨리 감압하더라도 기포를 형성하지 않는다.
  - 감압병의 증상을 보일 경우 환자를 원래의 고압환경에 복귀시키거나 인공적 고압실에 넣어 혈관 및 조직 속에 발생한 질소의 기포를 다시 용해시킨 후 천천히 감압한다.

---

67 ————● Repetitive Learning 〔1회〕〔2회〕〔3회〕

정밀작업과 보통작업을 동시에 수행하는 작업장의 적정 조도는?

① 150럭스 이상
② 300럭스 이상
③ 450럭스 이상
④ 750럭스 이상

- 정밀작업은 300Lux 이상, 보통작업은 150Lux 이상이며, 동시에 수행하는 경우는 더 많은 조도를 필요로 하는 작업을 기준으로 한다.
- 🕸 근로자가 상시 작업하는 장소의 작업면 조도(照度)

작업 구분	조도 기준
초정밀작업	750Lux 이상
정밀작업	300Lux 이상
보통작업	150Lux 이상
그 밖의 작업	75Lux 이상

1002 / 2103 / 2202

68 ————● Repetitive Learning 〔1회〕〔2회〕〔3회〕

전기성 안염(전광선 안염)과 가장 관련이 깊은 비전리방사선은?

① 자외선
② 가시광선
③ 적외선
④ 마이크로파

- 각막염, 결막염 등 전기성 안염(전광선 안염)은 자외선으로 인해 발생한다.
- 🕸 자외선
  - 100~400nm 정도의 파장을 갖는다.
  - 피부의 색소침착 등 생물학적 작용이 활발하게 일어나서 Dorno선이라고도 한다.(이때의 파장은 280~315nm 정도이다)
  - 피부에 강한 특이적 홍반작용과 색소침착, 전기성 안염(전광선 안염), 피부암 발생 등의 장해를 일으킨다.
  - 트리클로로에틸렌을 독성이 강한 포스겐으로 전환시킬 수 있는 광화학 작용을 한다.
  - 콜타르의 유도체, 벤조피렌, 안트라센 화합물과 상호작용하여 피부암을 유발시킨다.

0903 / 1401 / 2103

69 ————● Repetitive Learning 〔1회〕〔2회〕〔3회〕

1,000Hz에서의 음압레벨을 기준으로 하여 등청감곡선을 나타내는 단위로 사용되는 것은?

① mel
② bell
③ phon
④ sone

70

1403

• Repetitive Learning (1회 2회 3회)

현재 총 흡음량이 2,000sabins인 작업장의 천장에 흡음물질을 첨가하여 3,000sabins을 더할 경우 소음감소는 어느 정도가 예측되겠는가?

① 4dB
② 6dB
③ 7dB
④ 10dB

71

0602 / 1202 / 2103

• Repetitive Learning (1회 2회 3회)

빛과 밝기에 관한 설명으로 틀린 것은?

① 광도의 단위로는 칸델라(candela)를 사용한다.
② 광원으로부터 한 방향으로 나오는 빛의 세기를 광속이라 한다.
③ 루멘(Lumen)은 1촉광의 광원으로부터 단위 입체각으로 나가는 광속의 단위이다.
④ 조도는 어떤 면에 들어오는 광속의 양에 비례하고, 입사면의 단면적에 반비례한다.

72

0901 / 2102

• Repetitive Learning (1회 2회 3회)

인체와 작업환경과의 사이에 열교환의 영향을 미치는 것으로 가장 거리가 먼 것은?

① 대류(convection)
② 열복사(radiation)
③ 증발(evaporation)
④ 열순응(acclimatization to heat)

73

2202

• Repetitive Learning (1회 2회 3회)

다음 방사선 중 입자방사선으로만 나열된 것은?

① α선, β선, γ선
② α선, β선, X선
③ α선, β선, 중성자
④ α선, β선, γ선, X선

해설

- γ선과 X선은 입자가 아니라 빛이나 전파로 존재한다.

∷ 방사선의 투과력
- 투과력을 순서대로 배열하면 중성자>X선 또는 γ선>β선>α 선 순이다.
- 입자형태의 방사선(입자방사선)은 α선, β선, 중성자선 등이 있다.
- 빛이나 전파로 존재하는 방사선(전자기방사선)은 γ선, X선이 있다.

---

74 ──────── Repetitive Learning 〔1회 2회 3회〕
2202

산업안전보건법령상 적정공기의 범위에 해당하는 것은?

① 산소농도 18% 미만
② 이황화탄소 10% 미만
③ 탄산가스 농도 10% 미만
④ 황화수소의 농도 10ppm 미만

해설

- 적정공기는 산소농도의 범위가 18퍼센트 이상 23.5퍼센트 미만, 탄산가스의 농도가 1.5퍼센트 미만, 일산화탄소의 농도가 30피피엠 미만, 황화수소의 농도가 10피피엠 미만인 수준의 공기를 말한다.

∷ 밀폐공간 관련 용어의 정의 [실기] 0603/0903/1402/1903/2203
- 적정공기는 산소농도의 범위가 18퍼센트 이상 23.5퍼센트 미만, 탄산가스의 농도가 1.5퍼센트 미만, 일산화탄소의 농도가 30피피엠 미만, 황화수소의 농도가 10피피엠 미만인 수준의 공기를 말한다.
- 산소결핍이란 공기 중의 산소농도가 18퍼센트 미만인 상태를 말한다.

---

75 ──────── Repetitive Learning 〔1회 2회 3회〕
2202

방사선의 투과력이 큰 것부터 작은 순으로 올바르게 나열한 것은?

① X>β>γ
② α>X>γ
③ X>β>α
④ γ>α>β

해설

- 투과력을 순서대로 배열하면 중성자>X선 또는 γ선>β선>α선 순이다.

∷ 방사선의 투과력
문제 73번의 유형별 핵심이론 ∷ 참조

---

76 ──────── Repetitive Learning 〔1회 2회 3회〕

국소진동에 의하여 손가락의 창백, 청색증, 저림, 냉감, 동통이 나타나는 장해를 무엇이라 하는가?

① 레이노 증후군
② 수근관통증 증후군
③ 브라운세커드 증후군
④ 스티브블래스 증후군

해설

- 그라인더 등의 손공구를 저온환경에서 사용할 때 나타나는 레이노 증후군은 국소진동에 의하여 손가락의 창백, 청색증, 저림, 냉감, 동통이 나타나는 장해이다.

∷ 레이노 현상(Raynaud's phenomenon)
- 국소진동에 의하여 손가락의 창백, 청색증, 저림, 냉감, 동통이 나타나는 장해이다.
- 그라인더 등의 손공구를 저온환경에서 사용할 때 나타나는 장해이다.

---

77 ──────── Repetitive Learning 〔1회 2회 3회〕
0301 / 0701 / 1601

열경련(Heat cramp)을 일으키는 가장 큰 원인은?

① 체온상승
② 중추신경마비
③ 순환기계 부조화
④ 체내수분 및 염분손실

해설

- 열경련은 장시간 온열환경에 노출됨으로써 수분과 염분의 소실로 인해 발생한다.

∷ 열경련(Heat cramp) [실기] 1001/1803/2101
○ 개요
- 장시간 온열환경에 노출 후 대량의 염분상실을 동반한 땀의 과다로 인하여 수의근의 유통성 경련이 발생하는 고열장해이다.
- 고온환경에서 심한 육체노동을 할 때 잘 발생한다.
- 복부와 사지 근육의 강직이 일어난다.
○ 대책
- 생리 식염수 1~2리터를 정맥 주사하거나 0.1%의 식염수를 마시게 하여 수분과 염분을 보충한다.

---

78 ──────── Repetitive Learning 〔1회 2회 3회〕

$A = \dfrac{Q}{V} = 0.1m^2$인 경우 덕트의 관경(mm)은 얼마인가?

① 352mm
② 355mm
③ 357mm
④ 359mm

- 단면적($\frac{\pi D^2}{4}$)이 0.1m^2이므로 관경(D)을 구할 수 있다.

- 대입하면 $D = \sqrt{\frac{4A}{\pi}} = \sqrt{\frac{4 \times 0.1}{3.14}} = 0.3569 \cdots [m]$가 된다.

- 덕트의 관경 단위로 mm를 묻고 있으므로 1000을 곱하면 356.9[mm]가 된다.

⚑ 유량과 유속 **실기** 0401/0403/0502/0601/0603/0701/0903/1001/1002/1003/1101/1301/1302/1402/1501/1602/1603/1703/1901/2003

- 유량 $Q = A \times V$로 구한다. 이때 Q는 유량[m^3/min], A는 단면적[m^2], V는 유속[m/min]이다.

- 유량이 일정할 때 단면적이 감소하면 유속은 증가한다. 즉, $Q = A_1 \times V_1 = A_2 \times V_2$가 성립한다.

1501

79 ──── Repetitive Learning (1회 2회 3회)

소음성 난청에 영향을 미치는 요소에 대한 설명으로 틀린 것은?

① 음압수준이 높을수록 유해하다.
② 저주파음이 고주파음보다 더 유해하다.
③ 지속적 노출이 간헐적 노출보다 더 유해하다.
④ 개인의 감수성에 따라 소음반응이 다양하다.

해설

- 고주파음역(4,000~6,000Hz)에서의 손실이 더 크다.

⚑ 소음성 난청 **실기** 0703/1501/2101

- 초기 증상을 C5-dip현상이라 한다.
- 대부분 양측성이며, 감각 신경성 난청에 속한다.
- 내이의 세포변성을 원인으로 볼 수 있다.
- 4,000Hz에 대한 청력손실이 특징적으로 나타난다.
- 고주파음역(4,000~6,000Hz)에서의 손실이 더 크다.
- 음압수준이 높을수록 유해하다.
- 소음성 난청은 심한 소음에 반복하여 노출되어 나타나는 영구적 청력 변화로 코르티 기관에 손상이 온 것이므로 회복이 불가능하다.

1103

80 ──── Repetitive Learning (1회 2회 3회)

소음이 발생하는 작업장에서 1일 8시간 근무하는 동안 100dB에 30분, 95dB에 1시간 30분, 90dB에 3시간이 노출되었다면 소음노출지수는 얼마인가?

① 1.0
② 1.1
③ 1.2
④ 1.3

해설

- 노출한계시간은 90dB일 때 8시간이 기준이므로 95dB에서는 4시간, 100dB에서는 2시간이 허용기준이다.

- $D = \left[\frac{30}{120} + \frac{90}{240} + \frac{3}{8} \right] \times 100 = 100[\%]$로 허용기준 100%이므로 1.0이 노출지수가 된다.

⚑ 서로 다른 소음수준에 노출될 때의 소음노출량

- 소음노출지수라고도 한다.(%가 아닌 숫자값으로 표시)
- 전체 작업시간 동안 서로 다른 소음수준에 노출될 때의 소음노출량 $D = \left[\frac{C_1}{T_1} + \frac{C_2}{T_2} + \cdots + \frac{C_n}{T_n} \right] \times 100$으로 구한다. C는 dB별 노출시간, T는 dB별 노출한계시간이다.
- 총 노출량 100%는 8시간 시간가중평균(TWA)이 90dB에 상응한다.

0401 / 0501 / 0502 / 0801 / 1001 / 1003 / 1202 / 1403 / 2102 / 2103

81 ──── Repetitive Learning (1회 2회 3회)

카드뮴의 인체 내 축적기관으로만 나열된 것은?

① 뼈, 근육
② 간, 신장
③ 뇌, 근육
④ 혈액, 모발

해설

- 카드뮴은 인체 내 간, 신장, 장관벽 등에 축적된다.

⚑ 카드뮴

- 카드뮴은 부드럽고 연성이 있는 금속으로 납광물이나 아연광물을 제련할 때 부산물로 얻어진다.
- 주로 니켈, 알루미늄과의 합금, 살균제, 페인트 등을 취급하는 곳에서 노출위험성이 크다.
- 흡수된 카드뮴은 혈장단백질과 결합하여 최종적으로 간이나 신장에 축적된다.
- 인체 내에서 -SH기와 결합하여 독성을 나타낸다.
- 중금속 중에서 칼슘대사에 장애를 주어 신결석을 동반한 신증후군이 나타나고 폐기종, 만성기관지염 같은 폐질환을 일으키고, 다량의 칼슘배설이 일어나 뼈의 통증, 골연화증 및 골수공증과 같은 골격계 장해를 유발한다.
- 카드뮴에 의한 급성노출 및 만성노출 후의 장기적인 속발증은 고환의 기능쇠퇴, 폐기종, 간손상 등이다.
- 체내에 노출되면 저분자 단백질인 metallothionein이라는 단백질을 합성하여 독성을 감소시킨다.

82 ──────● Repetitive Learning [1회] [2회] [3회]

산화규소는 폐암 등의 발암성이 확인된 유해인자이다. 화학물질 및 물리적 인자의 노출기준 상 산화규소 종류와 노출기준이 올바르게 연결된 것은?(단, 노출기준은 TWA기준이다)

① 결정체 석영－0.1mg/m^3

② 결정체 트리폴리－0.1mg/m^3

③ 비결정체 규소－0.01mg/m^3

④ 결정체 트리디마이트－0.01mg/m^3

해설

- 결정체 석영의 노출기준은 0.05mg/m^3이다.
- 비결정체 규소(용융된)의 노출기준은 0.1mg/m^3이고, 비결정체 침전된 규소의 노출기준은 10mg/m^3이다.
- 결정체 트리디마이트의 노출기준은 0.05mg/m^3이다.

:: 산화규소 노출기준

명칭	노출기준	비고
산화규소(결정체 석영) 산화규소(결정체 크리스토바라이트) 산화규소(결정체 트리디마이트)	0.05mg/m^3	발암성 1A, 호흡성
산화규소(결정체 트리폴리) 산화규소(비결정체 규소, 용융된)	0.1mg/m^3	호흡성
산화규소(비결정체 규조토) 산화규소(비결정체 침전된 규소) 산화규소(비결정체 실리카겔)	10mg/m^3	

83 ──────● Repetitive Learning [1회] [2회] [3회]

다음 입자상 물질의 종류 중 액체나 고체의 2가지 상태로 존재할 수 있는 것은?

① 흄(fume)

② 증기(vapor)

③ 미스트(mist)

④ 스모크(smoke)

해설

- 흄은 금속이 용해되어 공기에 의하여 산화되어 미립자가 되어 분산하는 것이다.
- 증기는 상온에서 액체형태로 존재하는 가스상의 물질을 말한다.
- 미스트는 가스나 증기의 응축 혹은 화학반응에 의해 생성된 액체형태의 공기 중 부유물질이다.

:: 스모크(smoke)

- 가연성 물질이 연소할 때 불완전 연소의 결과로 생기는 고체, 액체 상태의 미립자이다.
- 액체나 고체의 2가지 상태로 존재할 수 있다.

84 ──────● Repetitive Learning [1회] [2회] [3회]

적혈구의 산소운반 단백질을 무엇이라 하는가?

① 백혈구

② 단구

③ 혈소판

④ 헤모글로빈

해설

- 백혈구는 혈액 내 유일한 완전세포로 외부물질에 대하여 신체를 보호하는 면역기능을 수행한다.
- 단구는 혈액 내부를 돌아다니면서 세균이나 이물질을 분해하는 백혈구의 한 종류이다.
- 혈소판은 피를 응혈로 만드는 혈액응고에 중요한 역할을 하는 고형성분이다.

:: 헤모글로빈(Hemoglobin)

- 적혈구의 산소운반 단백질을 말한다.
- 철을 함유한 적색의 헴(heme) 분자와 글로빈이 결합한 물질이다.
- 산화작용에 의해 헤모글로빈의 철성분이 메트헤모글로빈으로 전환된다.
- 통상적인 작업환경 공기에서 일산화탄소의 농도가 0.1%가 되면 인체의 헤모글로빈 50%가 불활성화 된다.

85 ──────● Repetitive Learning [1회] [2회] [3회]

ACGIH에서 발암물질을 분류하는 설명으로 틀린 것은?

① Group A1 : 인체발암성 확인물질

② Group A2 : 인체발암성 의심물질

③ Group A3 : 동물발암성 확인물질, 인체발암성 모름

④ Group A4 : 인체발암성 미의심 물질

해설

- Group A4는 인체발암성 미분류물질에 해당한다.

:: 미국정부산업위생전문가협의회(ACGIH)의 발암물질 구분 **실기** 0802/0902/1402

Group A1	인체 발암성 확인 물질	인체에 대한 충분한 발암성 근거 있음
Group A2	인체 발암성 의심 물질	실험동물에 대한 발암성 근거는 충분하지만 사람에 대한 근거는 제한적임
Group A3	동물 발암성 확인 인체 발암성 모름	실험동물에 대한 발암성 입증되었으나 사람에 대한 연구에서 발암성 입증 못함
Group A4	인체 발암성 미분류 물질	인체 발암성 의심되지만 확실한 연구결과가 없음
Group A5	인체 발암성 미의심 물질	인체 발암물질이 아니라는 결론

86 ———————  Repetitive Learning (1회 2회 3회)

산업안전보건법령상 다음 유해물질 중 노출기준(ppm)이 가장 낮은 것은?(단, 노출기준은 TWA기준이다)

① 오존(O_3) ② 암모니아(NH_3)
③ 염소(Cl_2) ④ 일산화탄소(CO)

해설

- 주어진 보기의 노출기준을 낮은 것에서 높은 순으로 배열하면 오존<염소<암모니아<일산화탄소 순이다.

❖ 유해물질의 노출기준

유해물질	TWA	STEL
오존	0.08ppm	0.2ppm
암모니아	25ppm	35ppm
염소	0.5ppm	1ppm
일산화탄소	30ppm	200ppm

87 ——————— Repetitive Learning (1회 2회 3회)

유해물질의 경구투여용량에 따른 반응범위를 결정하는 독성검사에서 얻은 용량-반응곡선(dose-response curve)에서 실험동물군의 50%가 일정 시간 동안 죽는 치사량을 나타내는 것은?

① LC50 ② LD50
③ ED50 ④ TD50

해설

- LC50은 실험동물의 50%를 사망시킬 수 있는 물질의 농도(가스)를 말한다.
- ED50은 동물을 대상으로 약물을 투여했을 때 독성을 초래하지는 않지만 대상의 50%가 관찰 가능한 가역적인 반응이 나타나는 작용량을 말한다.
- TD50은 실험동물의 50%에서 심각한 독성반응이 나타나는 양을 말한다.

❖ 독성실험에 관한 용어

LD50	실험동물의 50%를 사망시킬 수 있는 물질의 양
LC50	실험동물의 50%를 사망시킬 수 있는 물질의 농도(가스)
TD50	실험동물의 50%에서 심각한 독성반응이 나타나는 양
ED50	독성을 초래하지는 않지만 대상의 50%가 관찰 가능한 가역적인 반응이 나타나는 작용량
SNARL	악영향을 나타내는 반응이 없는 농도수준(Suggested No-Adverse-Response Level, SNARL)

88 ——————— Repetitive Learning (1회 2회 3회)

골수장애로 재생불량성 빈혈을 일으키는 물질이 아닌 것은?

① 벤젠(benzene)
② 2-브로모프로판(2-bromopropane)
③ TNT(trinitrotoluene)
④ 2,4-TDI(Toluene-2,4-diisocyanate)

해설

- ④는 직업성 천식을 일으키는 원인물질이다.

❖ 골수장애로 재생불량성 빈혈을 일으키는 물질
- 벤젠(benzene)
- 2-브로모프로판(2-bromopropane)
- TNT(trinitrotoluene)

89 ——————— Repetitive Learning (1회 2회 3회)

ACGIH에서 발암성 구분이 "A1"으로 정하고 있는 물질이 아닌 것은?

① 석면 ② 텅스텐
③ 우라늄 ④ 6가크롬 화합물

해설

- 텅스텐은 ACGIH의 Group A4로 인체 발암성 미분류 물질에 해당한다.

❖ 미국정부산업위생전문가협의회(ACGIH)의 Group A1 [실기] 0903
- 인체에 대한 충분한 발암성 근거를 갖는 인체 발암성 확인 물질을 말한다.
- 6가크롬, 석면, 벤지딘, 염화비닐, 니켈 황화합물의 배출물, 흄, 먼지 등이 이에 해당한다.

90 ——————— Repetitive Learning (1회 2회 3회)

진폐증의 독성병리기전에 대한 설명으로 틀린 것은?

① 진폐증의 대표적인 병리소견은 섬유증(fibrosis)이다.
② 섬유증이 동반되는 진폐증의 원인물질로는 석면, 알루미늄, 베릴륨, 석탄분진, 실리카 등이 있다.
③ 폐포탐식세포는 분진탐식 과정에서 활성산소유리기에 의한 폐포상피세포의 증식을 유도한다.
④ 콜라겐 섬유가 증식하면 폐의 탄력성이 떨어져 호흡곤란, 지속적인 기침, 폐기능 저하를 가져온다.

해설

- 폐포탐식세포는 분진탐식 과정에서 염증매개성 물질을 분비하고 중성구와 T cell과 같은 염증세포들을 활성화시켜 폐섬유화와 조직손상을 야기시킨다.

✿ 진폐증의 독성병리기전

- 진폐증의 대표적인 병리소견은 섬유증(fibrosis)이다.
- 섬유증이 동반되는 진폐증의 원인물질로는 석면, 알루미늄, 베릴륨, 철, 흑연, 석탄분진, 실리카 등이 있다.
- 폐포탐식세포는 분진탐식 과정에서 염증매개성 물질을 분비하고 중성구와 T cell과 같은 염증세포들을 활성화시켜 폐섬유화와 조직손상을 야기시킨다.
- 콜라겐 섬유가 증식하면 폐의 탄력성이 떨어져 호흡곤란, 지속적인 기침, 폐기능 저하를 가져온다.

---

92 ──────● Repetitive Learning 〔1회 2회 3회〕

다음 중금속 취급에 의한 대표적인 직업성 질환을 연결한 것으로 서로 관련이 가장 적은 것은?

① 니켈 중독 – 백혈병, 재생불량성 빈혈
② 납중독 – 골수침입, 빈혈, 소화기장해
③ 수은 중독 – 구내염, 수전증, 정신장해
④ 망간 중독 – 신경염, 신장염, 중추신경장해

해설

- 니켈 중독은 호흡기 장해, 폐나 비강에 발암작용을 한다.

✿ 니켈

- 합금, 도금 및 전지 등의 제조에 사용되는 중금속이다.
- 알레르기 반응으로 접촉성 피부염이 발생한다.
- 폐나 비강에 발암작용이 나타난다.
- 호흡기 장해와 전신중독이 발생한다.

---

91 ──────● Repetitive Learning 〔1회 2회 3회〕

벤젠을 취급하는 근로자를 대상으로 벤젠에 대한 노출량을 추정하기 위해 호흡기 주변에서 벤젠 농도를 측정함과 동시에 생물학적 모니터링을 실시하였다. 벤젠 노출로 인한 대사산물의 결정인자(determinant)로 옳은 것은?

① 호기 중의 벤젠
② 소변 중의 마뇨산
③ 소변 중의 총 페놀
④ 혈액 중의 만델리산

해설

- ②는 톨루엔의 생체 내 대사산물이다.

✿ 유기용제별 생물학적 모니터링 대상(생체 내 대사산물) [실기] 0803/1403/2101

벤젠	소변 중 총 페놀 소변 중 t,t-뮤코닉산(t,t-Muconic acid)
에틸벤젠	소변 중 만델린산
스티렌	소변 중 만델린산
톨루엔	소변 중 마뇨산(hippuric acid), o-크레졸
크실렌	소변 중 메틸마뇨산
이황화탄소	소변 중 TTCA
메탄올	혈액 및 소변 중 메틸알코올
노말헥산	소변 중 헥산디온(2,5-hexanedione)
MBK (methyl-n-butyl ketone)	소변 중 헥산디온(2,5-hexanedione)
니트로벤젠	혈액 중 메타헤로글로빈
카드뮴	혈액 및 소변 중 카드뮴(저분자량 단백질)
납	혈액 및 소변 중 납(ZPP, FEP)
일산화탄소	혈액 중 카복시헤모글로빈, 호기 중 일산화탄소

---

93 ──────● Repetitive Learning 〔1회 2회 3회〕

동일한 독성을 가진 화학물질이 합류하여 각 물질의 독성의 합보다 큰 독성을 나타내는 작용은?

① 상승작용
② 상가작용
③ 강화작용
④ 길항작용

해설

- 상가작용은 2종 이상의 화학물질이 혼재하는 경우 그 2물질의 화학작용으로 인해 유해성이 가중되는 것을 말한다.
- 강화작용은 상가작용과 상승작용을 통칭해서 말하는 개념이다.
- 길항작용은 2종 이상의 화학물질이 혼재했을 경우 서로의 작용을 감퇴시키거나 작용이 없도록 하는 경우를 말한다.

✿ 상승작용(synergistic) [실기] 0602/1203/2201

- 2종 이상의 화학물질이 혼재해서 그 독성이 각 물질의 독성의 합보다 훨씬 커지는 것을 말한다.
- 공기 중의 두 가지 물질이 혼합되어 상대적 독성수치가 2+3=9와 같이 나타날 때의 반응이다.

---

94 ──────● Repetitive Learning 〔1회 2회 3회〕

입자상 물질의 호흡기계 침착기전 중 길이가 긴 입자가 호흡기계로 들어오면 그 입자의 가장자리가 기도의 표면을 스치게 됨으로써 침착하는 현상은?

① 충돌
② 침전
③ 차단
④ 확산

- 충돌은 비강, 인후두 부위 등 공기흐름의 방향이 바뀌는 경우 입자가 공기흐름에 따라 순행하지 못하고 공기흐름이 변환되는 부위에 부딪혀 침착되는 현상을 말한다.
- 침전은 기관지, 모세기관지 등 폐의 심층부에서 공기흐름이 느려지게 되면 자연스럽게 낙하하여 침착되는 현상을 말한다.
- 확산은 미세입자(입자의 크기가 0.5㎛ 이하)들이 주위의 기체분자와 충돌하여 무질서한 운동을 하다가 주위 세포의 표면에 침착되는 현상을 말한다.

입자의 호흡계 축적

- 작용기전은 충돌, 침전, 차단, 확산이 있다.
- 호흡기 내에 침착하는데 작용하는 기전 중 가장 역할이 큰 것은 확산이다.

충돌	비강, 인후두 부위 등 공기흐름의 방향이 바뀌는 경우 입자가 공기흐름에 따라 순행하지 못하고 공기흐름이 변환되는 부위에 부딪혀 침착되는 현상
침전	기관지, 모세기관지 등 폐의 심층부에서 공기흐름이 느려지게 되면 자연스럽게 낙하하여 침착되는 현상
차단	길이가 긴 입자가 호흡기계로 들어오면 그 입자의 가장자리가 기도의 표면을 스치면서 침착되는 현상
확산	미세입자(입자의 크기가 0.5㎛ 이하)들이 주위의 기체분자와 충돌하여 무질서한 운동을 하다가 주위 세포의 표면에 침착되는 현상

0801 / 1002 / 1003 / 2003

95 ● Repetitive Learning 1회 2회 3회

생물학적 모니터링을 위한 시료가 아닌 것은?

① 공기 중 유해인자
② 요 중의 유해인자나 대사산물
③ 혈액 중의 유해인자나 대사산물
④ 호기(exhaled air) 중의 유해인자나 대사산물

- ①은 작업환경측정 시 필요한 시료이다.

생물학적 모니터링을 위한 시료 실기 0401/0802/1602

- 요 중의 유해인자나 대사산물(가장 많이 사용)
- 혈액 중의 유해인자나 대사산물
- 호기(exhaled air) 중의 유해인자나 대사산물

96 ● Repetitive Learning 1회 2회 3회

자극성 가스이면서 화학질식제라 할 수 있는 것은?

① H_2S
② NH_3
③ Cl_2
④ CO_2

- 이산화탄소는 단순 질식제에 해당된다.

질식제

- 질식제란 조직 내의 산화작용을 방해하는 화학물질을 말한다.
- 질식제는 단순 질식제와 화학적 질식제로 구분할 수 있다.

단순 질식제	• 생리적으로는 아무 작용도 하지 않으나 공기 중에 많이 존재하여 산소분압을 저하시켜 조직에 필요한 산소의 공급부족을 초래하는 물질 • 수소, 질소, 헬륨, 이산화탄소, 메탄, 아세틸렌 등
화학적 질식제	• 혈액 중 산소운반능력을 방해하는 물질 • 일산화탄소, 아닐린, 시안화수소 등 • 기도나 폐 조직을 손상시키는 물질 • 황화수소, 포스겐 등

0902 / 1203

97 ● Repetitive Learning 1회 2회 3회

다음 표과 같은 망간중독을 스크린 하는 검사법을 개발하였다면, 이 검사법의 특이도는 얼마인가?

구분		망간중독진단		합계
		양성	음성	
검사법	양성	17	7	24
	음성	5	25	30
합계		22	32	54

① 70.8%
② 77.3%
③ 78.1%
④ 83.3%

- 실제 정상인 사람 32명 중 검사법에 의해 정상으로 판명된 경우는 25명이므로 민감도는 $\frac{25}{32}=0.78125$이므로 78.1%가 된다.

검사법의 특이도(specificity)

- 실제 정상인 사람 중에서 새로운 진단방법이 정상이라고 판명한 사람의 비율을 말한다.
- 실제 정상인 사람은 중독진단에서 음성인 인원수이다.
- 새로운 검사법에 의해 정상인 사람은 새로운 검사법에 의해 음성인 인원수이다.

0603

98 ● Repetitive Learning 1회 2회 3회

남성근로자의 생식독성 유발 유해인자와 가장 거리가 먼 것은?

① 고온
② 저혈압증
③ 항암제
④ 마이크로파

해설
- ②는 여성 근로자의 생식독성 유발 유해인자에 해당한다.

성별 생식독성 유발 유해인자

남성	고온, 항암제, 마이크로파, X선, 망간, 납, 카드뮴, 음주, 흡연, 마약 등
여성	비타민 A, 칼륨, X선, 납, 저혈압, 저산소증, 알킬화제, 농약, 음주, 흡연, 마약, 풍진 등

99 ──── Repetitive Learning [1회][2회][3회]

다음 중 납중독에서 나타날 수 있는 증상을 모두 나열한 것은?

> ㉠ 빈혈
> ㉡ 신장장해
> ㉢ 중추 및 말초신경장애
> ㉣ 소화기 장해

① ㉠, ㉢   ② ㉠, ㉡, ㉢

③ ㉡, ㉣   ④ ㉠, ㉡, ㉢, ㉣

해설
- 납중독의 임상증상은 위장계통장해, 신경근육계통의 장해, 중추신경계통의 장해 등 크게 3가지로 나눌 수 있는데 보기의 모든 증상과 관련된다.

납중독
- 납은 원자량 207.21, 비중 11.34의 청색 또는 은회색의 연한 중금속이다.
- 납은 포르피린과 헴(heme)의 합성에 관여하는 효소를 억제하며, 소화기계 및 조혈계에 영향을 준다.
- 1~5세의 소아 이미증(pica)환자에게서 발생하기 쉽다.
- 인체에 흡수되면 뼈에 주로 축적되며, 조혈장해를 일으킨다.
- 무기성 납으로 인한 중독 시 원활한 체내 배출을 위해 사용하는 배설촉진제로 Ca-EDTA를 사용하는데 신장이 나쁜 사람에게는 사용하지 않는 것이 좋다.
- 요 중 δ-ALAD 활성치가 저하되고, 코프로포르피린과 델타 아미노레블린산은 증가한다.
- 적혈구 내 프로토포르피린이 증가한다.
- 납이 인체 내로 흡수되면 혈청 내 철과 망상적혈구의 수는 증가한다.
- 임상증상은 위장계통장해, 신경근육계통의 장해, 중추신경계통의 장해 등 크게 3가지로 나눌 수 있다.
- 주 발생사업장은 활자의 문선, 조판작업, 납 축전지 제조업, 염화비닐 취급 작업, 크리스탈 유리 원료의 혼합, 페인트, 배관공, 탄환제조 및 용접작업 등이다.

100 ──── Repetitive Learning [1회][2회][3회]

금속열에 관한 설명으로 옳지 않은 것은?

① 금속열이 발생하는 작업장에서는 개인 보호용구를 착용해야 한다.

② 금속 흄에 노출된 후 일정 시간의 잠복기를 지나 감기와 비슷한 증상이 나타난다.

③ 금속열은 일주일 정도가 지나면 증상은 회복되나 후유증으로 호흡기, 시신경 장애 등을 일으킨다.

④ 아연, 마그네슘 등 비교적 융점이 낮은 금속의 제련, 용해, 용접 시 발생하는 산화금속 흄을 흡입할 경우 생기는 발열성 질병이다.

해설
- 금속열은 보통 3~4시간 지나면 증상이 회복되며, 길어도 2~4일 안에 회복된다.

금속열
- 중금속 노출에 의하여 나타나는 금속열은 흄 형태의 고농도 금속을 흡입하여 발생한다.
- 월요일 출근 후에 심해져서 월요일열(monday fever)이라고도 한다.
- 감기증상과 매우 비슷하여 오한, 구토감, 기침, 전신위약감 등의 증상이 있다.
- 금속열은 보통 3~4시간 지나면 증상이 회복되며, 길어도 2~4일 안에 회복된다.
- 카드뮴, 안티몬, 산화아연, 구리, 아연, 마그네슘 등 비교적 융점이 낮은 금속의 제련, 용해, 용접 시 발생하는 산화금속 흄을 흡입할 경우 생기는 발열성 질병이다.
- 철폐증은 철 분진 흡입시 발생되는 금속열의 한 형태이다.
- 금속열이 발생하는 작업장에서는 개인 보호용구를 착용해야 한다.

출제문제 분석 · 2018년 3회

구분	1과목	2과목	3과목	4과목	5과목	합계
New유형	2	0	2	1	1	6
New문제	8	8	8	2	3	29
또나온문제	8	5	7	8	6	34
자꾸나온문제	4	7	5	10	11	37
합계	20	20	20	20	20	100

- New유형은 New문제 중 기존 기출문제와 완전히 다른 유형의 문제를 말합니다.
- New문제는 기존에 출제되지 않은 문제로 이번에 처음 출제되는 문제입니다.
- 또나온문제는 기존에 출제된 적이 1번 있는 문제를 말합니다.
- 자꾸나온문제는 기존에 출제된 적이 2번 이상 있는 문제를 말합니다. 그만큼 중요한 문제입니다.

몇 년분의 기출문제를 공부해야 합격할 수 있을까요?

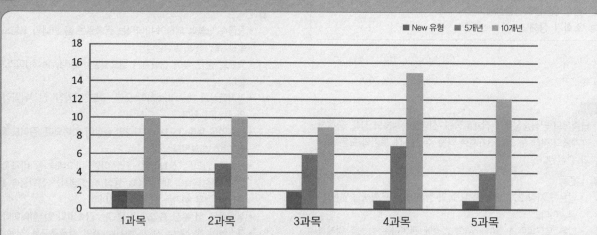

- 완전 새로운 유형의 문제는 6문제이고 94문제가 이미 출제된 문제 혹은 변형문제입니다.
- 5년분(2018~2022) 기출에서 동일문제가 24문항이 출제되었고, 10년분(2013~2022) 기출에서 동일문제가 56문항이 출제되었습니다.

실기에 나왔어요!! 일타쌍피-사전체크!!

실기시험은 필답형으로 진행됩니다. 객관식의 필기와 달리 주관식인 관계로 아는 만큼 적을 수 있습니다. 최근 계산문제의 비중이 많이 감소하고 있지만 절반 정도의 이론 문제와 절반 정도의 계산문제가 출제된다고 보시면 됩니다. 계산문제의 경우 나오는 문제유형이 거의 정해져 있습니다. 필기 공부할 때 미리 실기에 나오는 내용을 체크하시고 그부분만큼은 잘 공부해 두신다면 당 회차 실기까지 한 번에 잡을 수 있습니다.

- 총 42개의 유형별 핵심이론이 실기시험과 연동되어 있습니다.

분석의견

합격률이 53.2%로 평균을 훨씬 상회한 회차였습니다.

10년 기출을 학습할 경우 모든 과목이 과락 점수 이상으로 출제되었으며, 새로운 유형의 문제 역시 거의 출제되지 않아 기출문제를 학습하신 수험생은 대단히 쉽다고 느낄만한 회차입니다.

10년분 기출문제와 유형별 핵심이론의 2회 정독은 되어야 합격 가능한 것으로 판단됩니다.

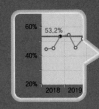
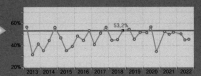
1과목 산업위생학개론

01 ● Repetitive Learning 〔1회〕〔2회〕〔3회〕

중대재해 또는 산업재해가 다발하는 사업장을 대상으로 유사사례를 감소시켜 관리하기 위하여 잠재적 위험성의 발견과 그 개선대책의 수립을 목적으로 고용노동부장관이 지정하는 자가 실시하는 조사·평가를 무엇이라 하는가?

① 안전·보건진단
② 사업장 역학조사
③ 안전·위생진단
④ 유해·위험성 평가

해설
• 유해·위험성 평가란 화학물질의 독성에 대한 연구 자료, 국내 산업계의 취급 현황, 근로자 노출 수준 및 그 위험성 등을 조사·분석하여 인체에 미치는 유해한 영향을 추정하는 일련의 과정을 말한다.
⁘ 안전·보건진단의 법률적 정의
• 산업재해를 예방하기 위하여 잠재적 위험성을 발견하고 그 개선대책을 수립할 목적으로 조사·평가하는 것을 말한다.

02 ─── ● Repetitive Learning 〔1회〕〔2회〕〔3회〕
1403 / 2101

작업장에서 누적된 스트레스를 개인차원에서 관리하는 방법에 대한 설명으로 옳지 않은 것은?

① 신체검사를 통하여 스트레스성 질환을 평가한다.
② 자신의 한계와 문제의 징후를 인식하여 해결방안을 도출한다.
③ 규칙적인 운동을 삼가하고 흡연, 음주 등을 통해 스트레스를 관리한다.
④ 명상, 요가 등의 긴장 이완훈련을 통하여 생리적 휴식상태를 점검한다.

해설
• 운동이나 직무 외의 관심을 권장해야 한다.
⁘ 스트레스의 관리

개인 차원	• 자신의 한계와 문제의 징후를 인식하여 해결방안 도출 • 명상, 요가 등 긴장 이완훈련 • 신체검사 및 건강검사 • 운동과 직무 외의 관심 • 적절한 시간관리
집단 차원	• 직무의 재설계 • 사회적 지원의 제공 • 개인의 적응수준 제고 • 참여적 의사결정 • 우호적인 직장 분위기의 조성

03 ─── ● Repetitive Learning 〔1회〕〔2회〕〔3회〕
1303

상시근로자수가 100명인 A 사업장의 연간 재해발생건수가 15건이다. 이때의 사상자가 20명 발생하였다면 이 사업장의 도수율은 약 얼마인가?(단, 근로자는 1인당 연간 2,200시간을 근무하였다)

① 68.18
② 90.91
③ 150.00
④ 200.00

해설
• 연간총근로시간은 100명×2,200시간이므로 220,000시간이므로 도수율은 $\frac{15}{220,000} \times 1,000,000 = 68.18 \cdots$이다.
⁘ 도수율(FR : frequency Rate of injury) **실기** 0502/0503/0602
• 100만 시간당 발생한 재해건수를 의미한다.
• 도수율 $= \dfrac{\text{연간 재해 건수}}{\text{연간 총근로시간}} \times 10^6$로 구한다.
• 연간 근무일수나 하루 근무시간수가 주어지지 않을 경우 하루 8시간, 1년 300일 근무하는 것으로 간주한다.

04 • Repetitive Learning 1회 2회 3회

1800년대 산업보건에 관한 법률로서 실제로 효과를 거둔 영국의 공장법의 내용과 거리가 가장 먼 것은?

① 감독관을 임명하여 공장을 감독한다.
② 근로자에게 교육을 시키도록 의무화한다.
③ 18세 미만 근로자의 야간작업을 금지한다.
④ 작업할 수 있는 연령을 8세 이상으로 제한한다.

해설

• 작업할 수 있는 연령을 9세 이상으로 제한하였다.

❖ 공장법(Factories Act)
  • 1833년에 제정된 영국의 산업보건에 관한 법률로서 실제적인 효과를 거둔 공장법 다운 공장법으로 평가받고 있다.
  • 감독관을 임명하여 공장을 감독하도록 하였다.
  • 9세 이하 아동의 노동을 전면 금지하고, 주간 작업시간을 48시간으로 제한하였다.
  • 노동시간을 9~13세 아동은 하루 9시간 이내, 13~18세 아동은 하루 12시간 이내로 제한하고, 1일 2시간 이상의 의무 교육을 실시하게 하였다.
  • 18세 미만 근로자의 야간작업을 금지한다.

05 • Repetitive Learning 1회 2회 3회

다음은 직업성 질환과 그 원인이 되는 직업이 가장 적합하게 연결된 것은?

① 평편족−VDT 작업
② 진폐증−고압, 저압작업
③ 중추신경 장해−광산작업
④ 목위팔(경견완)증후군−타이핑작업

해설

• 진폐증은 광산작업과 관련된다.
• VDT 작업은 VDT증후군과 관련된다.

❖ 작업공정과 직업성 질환

축전지 제조	납 중독, 빈혈, 소화기 장애
타이핑 작업	목위팔(경견완)증후군
광산작업, 무기분진	진폐증
방직산업	면폐증
크롬도금	피부점막, 궤양, 폐암, 비중격천공
고기압	잠함병
저기압	폐수종, 고산병, 치통, 이염, 부비강염
유리제조, 용광로, 세라믹	백내장

06 • Repetitive Learning 1회 2회 3회

사무실 등 실내 환경의 공기질 개선에 관한 설명으로 틀린 것은?

① 실내 오염원을 감소한다.
② 방출되는 물질이 없거나 매우 낮은(기준에 적합한) 건축자재를 사용한다.
③ 실외 공기의 상태와 상관없이 창문 개폐 횟수를 증가하여 실외 공기의 유입을 통한 환기 개선이 될 수 있도록 한다.
④ 단기적 방법은 베이크 아웃(bake-out)으로 새 건물에 입주하기 전에 보일러 등으로 실내를 가열하여 각종 유해물질이 빨리 나오도록 한 후 이를 충분히 환기시킨다.

해설

• 실외 공기의 상태에 따라 창문 개폐 횟수를 조절하여야 한다.

❖ 사무실 등 실내 환경 공기질 개선
  • 실내 오염원을 감소한다.
  • 방출되는 물질이 없거나 매우 낮은(기준에 적합한) 건축자재를 사용한다.
  • 실외 공기의 상태에 따라 창문 개폐 횟수를 조절하여야 한다.
  • 단기적 방법은 베이크 아웃(bake-out)으로 새 건물에 입주하기 전에 보일러 등으로 실내를 가열하여 각종 유해물질이 빨리 나오도록 한 후 이를 충분히 환기시킨다.

07 • Repetitive Learning 1회 2회 3회

여러 기관이나 단체 중에서 산업위생과 관계가 가장 먼 기관은?

① EPA
② ACGIH
③ BOHS
④ KOSHA

해설

• EPA(Environment Protection Agency)는 미국환경보건청으로 산업위생과 큰 관련이 없다.

❖ 산업위생 관련 기관 실기 0301/1101/1602/1702

국가	기관약어	기관명
한국	KOSHA	한국산업안전보건공단
미국	OSHA	미국산업안전보건청
	AIHA	미국산업위생학회
	ACGHI	미국정부산업위생전문가협의회
	NIOSH	미국국립산업안전보건연구원
영국	BOHS	영국산업위생학회

08

Repetitive Learning 1회 2회 3회

실내 공기오염과 가장 관계가 적은 인체 내의 증상은?

① 광과민증(photosensitization)
② 빌딩증후군(sick building syndrome)
③ 건물관련질병(building related disease)
④ 복합화합물질민감증(multiple chemical sensitivity)

해설

• 광과민증은 피부가 자외선 등 햇빛에 노출됐을 때 민감하게 반응하는 것을 말한다.

❖ 실내공기 오염에 따른 영향

화학적 물질	• 새차(집)증후군 • 헌집증후군	• 화학물질과민증 • 빌딩증후군
생물학적 물질	• 레지오넬라 질환 • 가습기 열병	• 과민성 폐렴

09

Repetitive Learning 1회 2회 3회

육체적 작업능력(PWC)이 16kcal/min인 근로자가 1일 8시간 동안 물체를 운반하고 있고, 이때의 작업대사량은 9kcal/min이고, 휴식 시의 대사량은 1.5kcal/min이다. 적정 휴식시간과 작업시간으로 가장 적합한 것은?

① 매시간당 25분 휴식, 35분 작업
② 매시간당 29분 휴식, 31분 작업
③ 매시간당 35분 휴식, 25분 작업
④ 매시간당 39분 휴식, 21분 작업

해설

• PWC가 16kcal/min이므로 E_{max}는 5.33kcal/min이다.
• E_{task}는 9kcal/min이고, E_{rest}는 1.5kcal/min이므로 값을 대입하면 $T_{rest} = \left[\frac{5.33-9}{1.5-9}\right] \times 100 = \frac{3.67}{7.5} \times 100 = 48.93[\%]$가 된다.
• 적정한 휴식시간은 1시간의 48.93%에 해당하는 29분이므로, 작업시간은 31분이다.

❖ Hertig의 적정휴식시간 **실기** 1401

• 시간당 적정휴식시간의 백분율 $T_{rest} = \left[\frac{E_{max}-E_{task}}{E_{rest}-E_{task}}\right] \times 100$ [%]으로 구한다.

• E_{max}는 8시간 작업에 적합한 작업량으로 육체적 작업능력(PWC)의 1/3에 해당한다.
• E_{rest}는 휴식 대사량이다.
• E_{task}는 해당 작업 대사량이다.

10

Repetitive Learning 1회 2회 3회

국소피로를 평가하기 위하여 근전도(EMG)검사를 실시하였다. 피로한 근육에서 측정된 현상을 설명한 것으로 맞는 것은?

① 총전압의 증가
② 평균 주파수 영역에서 힘(전압)의 증가
③ 저주파수(0~40Hz) 영역에서 힘(전압)의 감소
④ 고주파수(40~200Hz) 영역에서 힘(전압)의 증가

해설

• 피로한 근육은 정상근육에 비해 평균 주파수가 감소한다.
• 피로한 근육은 정상근육에 비해 저주파수에서 힘(전압)이 증가한다.
• 피로한 근육은 정상근육에 비해 고주파수에서 힘(전압)이 감소한다.

❖ 국소피로의 평가
  ㉠ 개요
    • 피로한 근육에서 측정된 근전도(EMG)를 이용해서 국소피로를 평가한다.
  ㉡ 피로한 근육의 측정값
    • 총전압이 증가한다.
    • 평균주파수가 감소한다.
    • 저주파수(0~40Hz)에서 힘(전압)이 증가한다.
    • 고주파수(40~200Hz)에서 힘(전압)이 감소한다.

11

Repetitive Learning 1회 2회 3회

직업병의 진단 또는 판정 시 유해요인 노출 내용과 정도에 대한 평가가 반드시 이루어져야 한다. 이와 관련한 사항과 가장 거리가 먼 것은?

① 작업환경측정
② 과거 직업력
③ 생물학적 모니터링
④ 노출의 추정

해설

• 유해요인의 노출 내용과 정도의 평가에 있어 과거 직업력은 거리가 멀다.

❖ 직업병 진단 시 유해요인 노출 내용과 정도에 대한 평가 요소
  • 노출의 추정
  • 유해요인 노출특성
  • 작업환경측정
  • 생물학적 모니터링

12 ●──────── Repetitive Learning [1회] [2회] [3회]

다음은 A전철역에서 측정한 오존의 농도이다. 기하평균 농도는 약 몇 ppm인가?

4.42, 5.58, 1.26, 0.57, 5.82

① 2.07   ② 2.21

③ 2.53   ④ 2.74

해설

- $\sqrt[5]{4.42 \times 5.58 \times 1.26 \times 0.57 \times 5.82} = \sqrt[5]{103.092} = 2.527 \cdots$ 이다.

기하평균(GM) [실기] 0303/0403/0502/0601/0702/0801/0803/1102/1301/1403/1703/1801/2102

- 주어진 n개의 값들을 곱해서 나온 값의 n제곱근이다.
- $x_1, x_2, \cdots, x_n$의 자료가 주어질 때 기하평균 GM은 $\sqrt[N]{x_1 \times x_2 \times \cdots \times x_n}$ 으로 구하거나 $logGM = \dfrac{logX_1 + logX_2 + \cdots + logX_n}{N}$ 을 역대수 취해서 구할 수 있다.
- 작업장에서 생화학적 측정치나 유해물질의 농도를 평가할 때 일반적으로 사용되는 평균치이다.
- 작업환경 중 분진의 측정 농도가 대수정규분포를 할 때 측정 자료의 대표치로 사용된다.
- 인구증가율, 물가상승율, 경제성장률 등의 연속적인 변화율 데이터를 기반으로 어떤 구간에서의 평균 변화율을 구할 때 사용된다.

13 ●──────── Repetitive Learning [1회] [2회] [3회]

다음 중 정상작업역에 대한 설명으로 옳은 것은?

① 두 다리를 뻗어 닿는 범위이다.

② 손목이 닿을 수 있는 범위이다.

③ 전박(前膊)과 손으로 조작할 수 있는 범위이다.

④ 상지(上肢)와 하지(下肢)를 곧게 뻗어 닿는 범위이다.

해설

- 정상작업역은 팔을 굽힌 상태에서 좌우의 손을 뻗어 닿는 영역을 말한다.

정상작업역 [실기] 0303

- 작업자가 팔꿈치를 몸에 붙이고 자연스럽게 움직일 수 있는 거리를 말한다.
- 상완을 자연스럽게 늘어뜨린 상태에서 전완을 뻗어 파악할 수 있는 영역을 말한다.
- 인간이 앉아서 작업대 위에 손을 움직여 나타나는 평면작업 중 팔을 굽히고도 편하게 작업을 하면서 좌우의 손을 움직여 생기는 작은 원호형의 영역을 말한다.

14 ●──────── Repetitive Learning [1회] [2회] [3회]

산업재해 보상에 관한 설명으로 틀린 것은?

① 업무상의 재해란 업무상의 사유에 따른 근로자의 부상 · 질병 · 장해 또는 사망을 의미한다.

② 유족이란 사망한 자의 손자녀 · 조무모 또는 형제자매를 제외한 가족의 기본구성인 배우자 · 자녀 · 부모를 의미한다.

③ 장해란 부상 또는 질병이 치유되었으나 정신적 또는 육체적 훼손으로 인하여 노동능력이 상실되거나 감소된 상태를 의미한다.

④ 치유란 부상 또는 질병이 완치되거나 치료의 효과를 더 이상 기대할 수 없고 그 증상이 고정된 상태에 이르게 된 것을 의미한다.

해설

- 유족이란 사망한 사람의 배우자(사실상 혼인 관계에 있는 사람을 포함) · 자녀 · 부모 · 손자녀 · 조부모 또는 형제자매를 말한다.

산업재해보상과 관련된 용어

용어	설명
업무상의 재해	업무상의 사유에 따른 근로자의 부상 · 질병 · 장해 또는 는 사망을 말한다.
유족	사망한 사람의 배우자(사실상 혼인 관계에 있는 사람을 포함) · 자녀 · 부모 · 손자녀 · 조부모 또는 형제자매를 말한다.
치유	부상 또는 질병이 완치되거나 치료의 효과를 더 이상 기대할 수 없고 그 증상이 고정된 상태에 이르게 된 것을 말한다.
장해	부상 또는 질병이 치유되었으나 정신적 또는 육체적 훼손으로 인하여 노동능력이 상실되거나 감소된 상태를 말한다.
중증요양 상태	업무상의 부상 또는 질병에 따른 정신적 또는 육체적 훼손으로 노동능력이 상실되거나 감소된 상태로서 그 부상 또는 질병이 치유되지 아니한 상태를 말한다.
진폐	분진을 흡입하여 폐에 생기는 섬유증식성(纖維增殖性) 변화를 주된 증상으로 하는 질병을 말한다.
출퇴근	취업과 관련하여 주거와 취업장소 사이의 이동 또는 한 취업장소에서 다른 취업장소로의 이동을 말한다.

15 ●──────── Repetitive Learning [1회] [2회] [3회]

요통이 발생되는 원인 중 작업동작에 의한 것이 아닌 것은?

① 작업 자세의 불량

② 일정한 자세의 지속

③ 정적인 작업으로 전환

④ 체력의 과신에 따른 무리

해설

- 정적인 작업으로 전환은 요통의 발생과는 무관하다.

:: 직업성 요통
- ㉠ 개요
  - 업무수행중 허리에 과도한 부담을 받아 허리부위에 발생한 급·만성 통증과 그로 인한 둔부 및 하지의 방사통을 말한다.
- ㉡ 요통발생 위험작업
  - 중량물을 들거나 밀거나 당기는 동작이 반복되는 작업
  - 허리를 과도하게 굽히거나 젖히거나 비트는 자세가 반복되는 작업
  - 과도한 전신진동에 장시간 노출되는 작업
  - 장시간 자세의 변화 없이 지속적으로 서 있거나 앉아 있는 자세로 근육 긴장을 초래하는 작업
  - 기타 허리부위에 과도한 부담을 초래하는 자세나 동작이 하나 이상 존재하는 작업

1103 / 1503

16 ——————● Repetitive Learning 〔1회 2회 3회〕

미국산업위생학회 등에서 산업위생전문가들이 지켜야 할 윤리강령을 채택한 바 있는데, 전문가로서의 책임에 해당하는 것은?

① 일반 대중에 관한 사항은 정직하게 발표한다.
② 성실성과 학문적 실력 측면에서 최고 수준을 유지한다.
③ 위험 요소와 예방 조치에 관하여 근로자와 상담한다.
④ 신뢰를 존중하여 정직하게 권고하고, 결과와 개선점을 정확히 보고한다.

해설

- ①은 일반 대중에 대한 책임에 해당한다.
- ③은 근로자에 대한 책임에 해당한다.
- ④는 기업주와 고객에 대한 책임에 해당한다.

:: 산업위생전문가의 윤리강령 중 산업위생전문가로서의 책임
- 산업위생 활동을 통해 얻은 개인 및 기업의 정보는 누설하지 않는다.
- 전문적 판단이 타협에 의하여 좌우될 수 있거나 이해관계가 있는 상황에는 개입하지 않는다.
- 쾌적한 작업환경을 만들기 위해 산업위생이론을 적용하고 책임있게 행동한다.
- 성실성과 학문적 실력 면에서 최고 수준을 유지한다.
- 과학적 방법의 적용과 자료의 해석에 객관성을 유지한다.
- 전문분야로서의 산업위생을 학문적으로 발전시킨다.
- 근로자, 사회 및 전문 직종의 이익을 위해 과학적 지식을 공개하고 발표한다.

---

17 ——————● Repetitive Learning 〔1회 2회 3회〕

산업안전보건법령에 따라 작업환경 측정방법에 있어 동일 작업근로자수가 100명을 초과하는 경우 최대 시료채취 근로자수는 몇 명으로 조정할 수 있는가?

① 10명   ② 15명
③ 20명   ④ 50명

해설

- 동일 작업근로자수가 100명을 초과하는 경우에는 최대 시료채취 근로자수를 20명으로 조정할 수 있다.

:: 시료채취 근로자 수 실기 0802/1201/2202
- 단위작업장소에서 최고 노출근로자 2명 이상에 대하여 동시에 개인시료채취 방법으로 측정하되, 단위작업장소에 근로자가 1명인 경우에는 그러하지 아니하며, 동일 작업근로자수가 10명을 초과하는 경우에는 매 5명당 1명 이상 추가하여 측정하여야 한다. 다만, 동일 작업근로자수가 100명을 초과하는 경우에는 최대 시료채취 근로자수를 20명으로 조정할 수 있다.
- 지역시료채취 방법으로 측정을 하는 경우 단위작업장소 내에서 2개 이상의 지점에 대하여 동시에 측정하여야 한다. 다만, 단위작업장소의 넓이가 50평방미터 이상인 경우에는 매 30평방미터마다 1개 지점 이상을 추가로 측정하여야 한다.

1503

18 ——————● Repetitive Learning 〔1회 2회 3회〕

작업자의 최대 작업영역(maximum working area)이란 무엇인가?

① 하지(下地)를 뻗어서 닿는 작업영역
② 상지(上肢)를 뻗어서 닿는 작업영역
③ 전박(前膊)을 뻗어서 닿는 작업영역
④ 후박(後膊)을 뻗어서 닿는 작업영역

해설

- 최대작업역은 작업자가 움직이지 않으면서 최대한 팔을 뻗어 닿는 영역을 말한다.

:: 최대작업역 실기 0303
- 최대한 팔을 뻗친 거리로 작업자가 가끔 하는 작업의 구간을 포함한다.
- 좌식 평면 작업대에서 어깨로부터 팔을 펴서 어깨를 축으로 하여 수평면상에 원을 그릴 때 부채꼴 원호의 내부지역을 말한다.
- 수평작업대에서 전완과 상완을 곧게 펴서 파악할 수 있는 구역을 말한다.

19 ────────● Repetitive Learning 〔1회 2회 3회〕

산업피로의 예방대책으로 틀린 것은?

① 작업과정에 따라 적절한 휴식을 삽입한다.
② 불필요한 동작을 피하여 에너지 소모를 적게 한다.
③ 충분한 수면은 피로회복에 대한 최적의 대책이다.
④ 작업시간 중 또는 작업 전·후의 휴식시간을 이용하여 축구, 농구 등의 운동시간을 삽입한다.

> **해설**
> • 축구, 농구 등의 운동은 과격한 운동으로 피로의 예방대책으로 볼 수 없다. 정신신경 작업자의 경우 작업 전후에 간단한 체조나 오락 같은 가벼운 운동이 산업피로 예방에 효과적이다.
> ❖ 작업에 수반된 피로의 회복대책
> • 충분한 영양을 섭취한다.
> • 목욕이나 가벼운 체조를 한다.
> • 휴식과 수면을 자주 취한다.
> • 작업환경을 정리·정돈한다.
> • 불필요한 동작을 피하고, 에너지 소모를 적게 한다.
> • 힘든 노동은 가능한 한 기계화한다.
> • 장시간 휴식하는 것보다 짧은 시간 여러 번 쉬는 것이 피로회복에 효과적이다.
> • 동적인 작업을 늘리고, 정적인 작업을 줄인다.
> • 커피, 홍차, 엽차, 비타민B, 비타민C 등의 적정한 영양제를 보급한다.
> • 음악감상과 오락 등 취미생활을 한다.

20 ────────● Repetitive Learning 〔1회 2회 3회〕

사업주가 관계 근로자 외에는 출입을 금지시키고 그 뜻을 보기 쉬운 장소에 게시하여야 하는 작업장소가 아닌 것은?

① 산소농도가 18% 미만인 장소
② 탄산가스의 농도가 1.5%를 초과하는 장소
③ 일산화탄소의 농도가 30ppm을 초과하는 장소
④ 황화수소 농도가 100만분의 1을 초과하는 장소

> **해설**
> • 적정공기란 산소농도의 범위가 18% 이상 23.5% 미만, 탄산가스의 농도가 1.5% 미만, 황화수소의 농도가 10ppm 미만인 수준의 공기를 말한다.
> ❖ 사고 시의 대피
> • 사업주는 근로자가 밀폐공간에서 작업을 하는 경우에 산소결핍이나 유해가스로 인한 질식·화재·폭발 등의 우려가 있으면 즉시 작업을 중단시키고 해당 근로자를 대피하도록 하여야 한다.

• 사업주는 근로자를 대피시킨 경우 적정공기 상태임이 확인될 때까지 그 장소에 관계자가 아닌 사람이 출입하는 것을 금지하고, 그 내용을 해당 장소의 보기 쉬운 곳에 게시하여야 한다.
• 근로자는 출입이 금지된 장소에 사업주의 허락 없이 출입하여서는 아니 된다.

2과목 **작업위생측정 및 평가**

21 ────────● Repetitive Learning 〔1회 2회 3회〕

입자상 물질을 입자의 크기별로 측정하고자 할 때 사용할 수 있는 것은?

① 가스크로마토그래피
② 사이클론
③ 원자발광분석기
④ 직경분립충돌기

> **해설**
> • 가스크로마토그래피(GC)는 혼합된 다양한 화합물을 확인하고 정량하는 분석 도구이다.
> • 사이클론(Cyclone)은 호흡성 먼지를 채취하는 원심력 집진장치이다.
> • 원자발광분석기는 배출가스 중의 금속 및 이들 화합물의 농도를 측정하는 장치이다.
> ❖ 직경분립충돌기(Cascade Impactor) 〔실기〕 0701/1003/1302
> ㉠ 개요 및 특징
> • 호흡성, 흉곽성, 흡입성 분진 입자의 관성력에 의해 충돌기의 표면에 충돌하여 채취하는 채취기구이다.
> • 공기가 옆에서 유입되지 않도록 각 충돌기의 철저한 조립과 장착이 필요하다.
> • 호흡성, 흉곽성, 흡입성 입자의 크기별 분포와 농도를 계산할 수 있다.
> • 호흡기의 부분별로 침착된 입자크기의 자료를 추정할 수 있다.
> • 입자의 질량 크기 분포를 얻을 수 있다.
> ㉡ 단점
> • 시료 채취가 까다롭고 비용이 많이 든다.
> • 되튐으로 인한 시료의 손실이 일어날 수 있다.
> • 채취 준비에 시간이 많이 걸리며 경험이 있는 전문가가 철저한 준비를 통하여 측정하여야 한다.
> • 공기가 유입되지 않도록 각 충돌기의 철저한 조립과 장착이 필요하다.

22 ●──────── Repetitive Learning 〔1회 2회 3회〕

태양광선이 내리 쬐는 옥외작업장에서 온도가 다음과 같을 때, 습구흑구온도지수는 약 몇 ℃인가?(단, 고용노동부 고시를 기준으로 한다)

> 건구온도 : 30℃, 자연습구온도 : 28℃, 흑구온도 : 32℃

① 27 　　　　　　　　② 28
③ 29 　　　　　　　　④ 31

해설

- 일사가 영향을 미치는 옥외에서는 건구온도인 dB를 반영하여 WBGT가 결정되므로 WBGT=0.7NWT+0.2GT+0.1DT이다. 주어진 값을 반영하면 WBGT=0.7×28+0.2×32+0.1×30=19.6+6.4+3=29℃이다.

⁑ 습구흑구온도(WBGT : Wet Bulb Globe Temperature) 지수

㉠ 개요
- 건구온도, 습구온도 및 흑구온도에 비례하며, 열중증 예방을 위해 고온에서의 작업휴식시간비를 결정하는 지표로 더위지수라고도 한다.
- 표시단위는 섭씨온도(℃)로 표시하며, WBGT가 높을수록 휴식시간이 증가되어야 한다.
- 미국국립산업안전보건연구원(NIOSH)뿐만 아니라 국내에서도 습구흑구온도를 측정하고 지수를 산출하여 평가에 사용한다.
- 과거에 쓰이던 감각온도와 근사한 값인데 감각온도와 다른 점은 기류를 전혀 고려하지 않았다는 점이다.

㉡ 산출방법 **실기** 0501/0503/0602/0702/0703/1101/1201/1302/1303/1503/2102/2201/2202/2203
- 옥내에서는 WBGT=0.7NWT+0.3GT이다. 이때 NWT는 자연습구, GT는 흑구온도이다.(일사가 영향을 미치지 않는 옥외도 옥내로 취급한다)
- 일사가 영향을 미치는 옥외에서는 건구온도인 dB를 반영하지만 옥내에서는 일사의 영향이 없으므로 자연습구와 흑구온도만으로 WBGT가 결정된다.
- 일사가 영향을 미치는 옥외에서는 WBGT=0.7NWT+0.2GT+0.1DB이며 이때 NWT는 자연습구, GT는 흑구온도, DB는 건구온도이다.

23 ●──────── Repetitive Learning 〔1회 2회 3회〕

다음 중 고열장해와 가장 거리가 먼 것은?

① 열사병 　　　　　　　② 열경련
③ 열호족 　　　　　　　④ 열발진

해설

- 고열장해에는 열사병, 열경련, 열발진, 열피로, 열쇠약 등이 있다.

⁑ 고열장해
- 고열환경에 의해 작업자의 신체가 적응하지 못해 발생하는 급성장해를 말한다.
- 열중증이라고도 한다.
- 종류에는 열소모, 열경련, 열허탈, 열사병, 열성발진, 열피로 등이 있다.

24 ●──────── Repetitive Learning 〔1회 2회 3회〕

다음 1차 표준기구 중 일반인적 사용범위가 10~500mL/분이고, 정확도가 ±0.05~0.25%로 높아 실험실에서 주로 사용하는 것은?

① 폐활량계 　　　　　　② 가스치환병
③ 건식가스미터 　　　　④ 습식테스트미터

해설

- 폐활량계(Spirometer)는 폐기능을 검사와 1차 용량 표준으로 사용하는 1차 표준기구이다.
- 2차 표준기기 중 현장에서 주로 사용되는 기기는 건식가스미터이고, 실험실에서 주로 사용되는 기기는 습식테스트미터이다.

⁑ 표준기구들의 특징

㉠ 1차 표준기구
- 폐활량계(Spirometer)는 폐기능을 검사와 1차 용량 표준으로 사용하는 1차 표준기구이다.
- 가스치환병은 정확도가 높아 실험실에서 주로 사용하는 1차 표준기구이다.
- 펌프의 유량을 보정하는 데 1차 표준으로서 비누거품미터가 가장 널리 사용된다.
- 흑연피스톤미터는 공기시료 채취 시 공기유량과 용량을 보정하는 표준기구이다.

㉡ 2차 표준기구
- 건식가스미터는 일반적 사용범위가 10~150L/분이고 정확도는 ±1%이며 주로 현장에서 사용된다.
- 습식테스트미터는 일반적 사용범위가 0.5~230L/분이고 정확도는 ±0.5%이며 실험실에서 주로 사용된다.

25 ●──────── Repetitive Learning 〔1회 2회 3회〕

다음 중 6가 크롬 시료 채취에 가장 적합한 것은?

① 밀리포어 여과지 　　　② 증류수를 넣은 버블러
③ 휴대용 IR 　　　　　　④ PVC막 여과지

1302

26 ────── Repetitive Learning [1회][2회][3회]

한 공정에서 음압수준이 75dB인 소음이 발생되는 장비 1대와 81dB인 소음이 발생되는 장비 1대가 각각 설치되어 있을 때, 이 장비들이 동시에 가동되는 경우 발생되는 소음의 음압수준은 약 몇 dB인가?

① 82 ② 84
③ 86 ④ 88

0701 / 1102

28 ────── Repetitive Learning [1회][2회][3회]

근로자에게 노출되는 호흡성먼지를 측정한 결과 다음과 같았다. 이때 기하평균농도는?(단, 단위는mg/m³)

2.4, 1.9, 4.5, 3.5, 5.0

① 3.04 ② 3.24
③ 3.54 ④ 3.74

27 ────── Repetitive Learning [1회][2회][3회]

제관 공장에서 오염물질 A를 측정한 결과가 다음과 같다면, 노출농도에 대한 설명으로 옳은 것은?

- 오염물질 A의 측정값 : 5.9mg/m³
- 오염물질 A의 노출기준 : 5.0mg/m³
- SAE(시료채취 분석오차) : 0.12

① 허용농도를 초과한다.
② 허용농도를 초과할 가능성이 있다.
③ 허용농도를 초과하지 않는다.
④ 허용농도를 평가할 수 없다.

0403 / 0701 / 0702 / 0901 / 1301 / 1401 / 1601 / 1602 / 1603 / 1903 / 2102 / 2202

29 ────── Repetitive Learning [1회][2회][3회]

산업안전보건법령상 누적소음노출량 측정기로 소음을 측정하는 경우의 기기설정값은?

- Criteria (Ⓐ)dB
- Exchange Rate (Ⓑ)dB
- Threshold (Ⓒ)dB

① Ⓐ : 80, Ⓑ : 10, Ⓒ : 90
② Ⓐ : 90, Ⓑ : 10, Ⓒ : 80
③ Ⓐ : 80, Ⓑ : 4, Ⓒ : 90
④ Ⓐ : 90, Ⓑ : 5, Ⓒ : 80

- 기기설정값은 Threshold=80dB, Criteria=90dB, Exchange Rate =5dB이다.

☆ 누적소음 노출량 측정기

- 작업자가 여러 작업장소를 이동하면서 작업하는 경우, 근로자에게 직접 부착하여 작업시간(8시간) 동안 작업자가 노출되는 소음 노출량을 측정하는 기계를 말한다.
- 기기설정값은 Threshold=80dB, Criteria=90dB, Exchange Rate=5dB이다.

- 혼합물을 구성하는 각 성분의 구성비가 주어졌으므로 혼합물의 허용농도는 $\dfrac{1}{\dfrac{0.3}{1,600}+\dfrac{0.5}{720}+\dfrac{0.2}{670}}=847.133\cdots[mg/m^3]$이 된다.

☆ 혼합물의 허용농도 실기 0401/0403/0802

- 혼합물을 구성하는 각 성분의 구성비($f_1, f_2, \cdots, f_n$)이 주어지면 혼합물의 허용농도는 $\dfrac{1}{\dfrac{f_1}{TLV_1}+\dfrac{f_2}{TLV_2}+\cdots+\dfrac{f_n}{TLV_n}}[mg/m^3]$ 으로 구할 수 있다.

0702 / 0802 / 1302

30 ── Repetitive Learning 〔1회 2회 3회〕

수은의 노출기준이 0.05mg/m^3이고 증기압이 0.0018mmHg인 경우, VHR(Vapor Hazard Ratio)는 약 얼마인가?(단, 25℃, 1기압 기준이며, 수은 원자량은 200.59이다)

① 306
② 321
③ 354
④ 389

- 발생농도는 0.0018mmHg이고 이는 기압으로 표시하면 $\dfrac{0.0018mmHg}{760mmHg}=\dfrac{0.0018}{760}$이 된다.
- 25℃, 1기압 기준 수은의 노출기준을 계산하기 위해서는 25℃, 1기압에서의 부피(24.45L)와 질량(200.59g)을 구해서 곱해줘야 한다.
  즉, $0.05mg/m^3 \times \dfrac{24.45\times10^{-3}m^3}{200.59\times10^3 mg}=0.05\times\dfrac{24.45\times10^{-3}}{200.59\times10^3}$이다.
- 주어진 값을 대입하면
  $\dfrac{\dfrac{0.0018}{760}}{0.05\times\dfrac{24.45\times10^{-3}}{200.59\times10^3}}=\dfrac{2.3684\cdots}{0.006094\cdots}=388.644\cdots$이다.

☆ VHR(Vapor Hazard Ratio) 실기 1401/1703/2102

- 증기화 위험비를 말한다.
- VHR은 $\dfrac{발생농도}{노출기준}$으로 구한다.

32 ── Repetitive Learning 〔1회 2회 3회〕

작업장에서 5,000ppm의 사염화에틸렌이 공기 중에 함유되었다면 이 작업장 공기의 비중은 얼마인가?(단, 표준기압, 온도이며 공기의 분자량은 29이고, 사염화에틸렌의 분자량은 166이다)

① 1.024
② 1.032
③ 1.047
④ 1.054

- ppm의 단위로 사염화에틸렌이 공기 중에 함유되었다고 하였으므로 전체 부피를 1,000,000로 계산한다.
- 공기의 비중이 1이므로 사염화에틸렌의 비중은 $\dfrac{166}{29}$로 계산한다.
- 혼합비중은 $\dfrac{\left(5,000\times\dfrac{166}{29}\right)+(995,000\times1)}{1,000,000}=1.0236\cdots$이 된다.

☆ 혼합비중의 계산

- 두 물질이 혼합되어 있을 때의 비중은 혼합된 무게가 혼합된 부피에서 차지하는 비로 구한다.
- 혼합비중은 $\dfrac{혼합무게}{혼합부피}$로 구한다.

2103

33 ── Repetitive Learning 〔1회 2회 3회〕

어느 작업장에서 샘플러를 사용하여 분진농도를 측정한 결과, 샘플링 전, 후의 필터의 무게가 각각 32.4mg, 44.7mg이었을 때, 이 작업장의 분진 농도는 몇 mg/m^3인가?(단, 샘플링에 사용된 펌프의 유량은 20L/min이고, 2시간 동안 시료를 채취하였다)

① 1.6
② 5.1
③ 6.2
④ 12.3

31 ── Repetitive Learning 〔1회 2회 3회〕

어떤 작업장에서 액체혼합물이 A가 30%, B가 50%, C가 20%인 중량비로 구성되어 있다면, 이 작업장의 혼합물의 허용농도는 몇mg/m^3인가?(단, 각 물질의 TLV는 A의 경우 1,600mg/m^3, B의 경우 720mg/m^3, C의 경우 670mg/m^3이다)

① 101
② 257
③ 847
④ 1151

해설

- 공시료가 0인 경우이므로 농도 $C = \dfrac{(W-W)}{V}$ 으로 구한다.
- 포집 전 여과지의 무게는 32.4mg이고, 포집 후 여과지의 무게는 44.7mg이다.
- 대입하면 $\dfrac{44.7-32.4}{20 \times 120} = 0.005125[mg/L]$인데 구하고자 하는 단위는 $[mg/m^3]$이므로 1000을 곱하면 $5.125[mg/m^3]$이 된다.

🔖 시료채취 시의 농도계산 **실기** 0402/0403/0503/0601/0701/0703/0801/0802/0803/0901/0902/0903/1001/1002/1101/1103/1301/1401/1502/1603/1801/1802/1901/1903/2002/2004/2101/2102/2201

- 농도 $C = \dfrac{(W-W)-(B-B)}{V}$ 로 구한다. 이때 C는 농도 $[mg/m^3]$, W는 채취 후 여과지 무게$[\mu g]$, W는 채취 전 여과지 무게$[\mu g]$, B는 채취 후 공여과지 무게$[\mu g]$, B는 채취 전 공여과지 무게$[\mu g]$, V는 공기채취량으로 펌프의 평균유속 $[L/min] \times$ 시료채취시간$[min]$으로 구한다.
- 공시료가 0인 경우 농도 $C = \dfrac{(W-W)}{V}$ 으로 구한다.

---

34 ━━━━━━ • Repetitive Learning 〔1회〕〔2회〕〔3회〕

로타미터에 관한 설명으로 옳지 않은 것은?

① 유량을 측정하는 데 가장 흔히 사용되는 기기이다.
② 바닥으로 갈수록 점점 가늘어지는 수직관과 그 안에서 자유롭게 상하로 움직이는 부자로 이루어져 있다.
③ 관은 유리나 투명 플라스틱으로 되어 있으며 눈금이 새겨져 있다.
④ 최대 유량과 최소 유량의 비율이 100:1 범위이고 ±0.5% 이내의 정확성을 나타낸다.

해설

- 대부분의 로타미터는 최대유량과 최소유량의 비율은 10:1의 범위이고, 정확도는 ±1~25% 이내이다.

🔖 로타미터(rotameter)
- 유량을 측정할 때 흔히 사용되는 2차 표준기구이다.
- 유체가 위쪽으로 흐름에 따라 float도 위로 올라가며 float와 관 벽사이의 접촉면에서 발생되는 압력강하가 float를 충분히 지지해줄 때까지 올라간 float의 눈금을 읽어 측정한다.
- 바닥으로 갈수록 점점 가늘어지는 수직관과 그 안에서 자유롭게 상, 하로 움직이는 부자로 이루어져 있다.
- 관은 유리나 투명 플라스틱으로 되어 있으며 눈금이 새겨져 있다.
- 대부분의 로타미터는 최대유량과 최소유량의 비율은 10:1의 범위이다.
- 정확도는 ±1~25% 이내이다.

---

35 ━━━━━━ • Repetitive Learning 〔1회〕〔2회〕〔3회〕

일산화탄소 $0.1m^3$가 밀폐된 차고에 방출되었다면, 이때 차고 내 공기 중 일산화탄소의 농도는 몇 ppm인가?(단, 방출 전 차고 내 일산화탄소 농도는 0ppm이며, 밀폐된 차고의 체적은 $100,000m^3$이다)

① 0.1   ② 1
③ 10   ④ 100

해설

- $0.1m^3$의 일산화탄소가 $100,000m^3$의 차고에 방출되었으므로 농도는 $\dfrac{0.1}{100,000} = \dfrac{1}{1,000,000}$ 이므로 1ppm이 된다.

🔖 ppm 단위
- 100만분의 1을 나타내는 단위이다.
- 무게 혹은 부피에 대해서 사용한다.

---

36 ━━━━━━ • Repetitive Learning 〔1회〕〔2회〕〔3회〕

어느 작업장에 있는 기계의 소음 측정 결과가 다음과 같을 때, 이 작업장에 음압레벨 합산은 약 몇 dB인가?

A기계 : 92dB(A), B기계 : 90dB(A), C기계 : 88dB(A)

① 92.3   ② 93.7
③ 95.1   ④ 98.2

해설

- 합성소음은 $10\log(10^{9.2} + 10^{9.0} + 10^{8.8}) = 10 \times 9.507 = 95.07$이 된다.

🔖 합성소음 **실기** 0401/0801/0901/1403/1602
문제 26번의 유형별 핵심이론 🔖 참조

---

37 ━━━━━━ • Repetitive Learning 〔1회〕〔2회〕〔3회〕

온도 표시에 대한 설명으로 틀린 것은?(단, 고용노동부 고시를 기준으로 한다)

① 절대온도는 K로 표시하고 절대온도 0K는 −273℃로 한다.
② 실온은 1~35℃, 미온은 30~40℃로 한다.
③ 온도의 표시는 셀시우스(Celcius)법에 따라 아라비아 숫자의 오른쪽에 ℃를 붙인다.
④ 냉수는 5℃ 이하, 온수는 60~70℃를 말한다.

522 산업위생관리기사 필기 과년도   34 ④ 35 ② 36 ③ 37 ④ **정답**

- 냉수(冷水)는 15℃ 이하, 온수(溫水)는 60~70℃, 열수(熱水)는 약 100℃를 말한다.

온도 표시

- 온도의 표시는 셀시우스(Celcius) 법에 따라 아라비아 숫자의 오른쪽에 ℃를 붙인다. 절대온도는 °K로 표시하고 절대온도 0°K는 −273℃로 한다.
- 상온은 15~25℃, 실온은 1~35℃, 미온은 30~40℃로 하고, 찬 곳은 따로 규정이 없는 한 0~15℃의 곳을 말한다.
- 냉수(冷水)는 15℃ 이하, 온수(溫水)는 60~70℃, 열수(熱水)는 약 100℃를 말한다.

0901 / 2201

38 ──────●Repetitive Learning 1회 2회 3회

산업안전보건법령상 가스상 물질의 측정에 관한 내용 중 일부이다. (   )에 들어갈 내용으로 옳은 것은?

> 가스상 물질을 검지관 방식으로 측정하는 경우 1일 작업시간 동안 1시간 간격으로 (   )회 이상 측정하되 매 측정시간마다 2회 이상 반복 측정하여 평균값을 산출하여야 한다.

① 2회 　　　　② 4회
③ 6회 　　　　④ 8회

- 검지관방식으로 측정하는 경우에는 1일 작업시간 동안 1시간 간격으로 6회 이상 측정하되 측정시간마다 2회 이상 반복 측정하여 평균값을 산출하여야 한다.

검지관 방식의 측정방법 실기 1103/1401

- 검지관방식으로 측정하는 경우에는 해당 작업근로자의 호흡기 및 가스상 물질 발생원에 근접한 위치 또는 근로자 작업행동 범위의 주 작업 위치에서의 근로자 호흡기 높이에서 측정하여야 한다.
- 검지관방식으로 측정하는 경우에는 1일 작업시간 동안 1시간 간격으로 6회 이상 측정하되 측정시간마다 2회 이상 반복 측정하여 평균값을 산출하여야 한다. 다만, 가스상 물질의 발생시간이 6시간 이내일 때에는 작업시간 동안 1시간 간격으로 나누어 측정하여야 한다.

0901 / 1103 / 2103

39 ──────●Repetitive Learning 1회 2회 3회

측정값이 1, 7, 5, 3, 9일 때, 변이계수는 약 몇 %인가?

① 13 　　　　② 63
③ 133 　　　　④ 183

- 산술평균을 구하면 $\dfrac{1+7+5+3+9}{5}=5$이다.
- 표준편차를 구하면

$$\sqrt{\dfrac{(1-5)^2+(7-5)^2+\cdots+(9-5)^2}{4}}=\sqrt{10}=3.1622\cdots \text{이다.}$$

- 변이계수 $=\dfrac{3.16}{5}\times100=63.25[\%]$가 된다.

변이계수(Coefficient of Variation) 실기 0501/0602/0702/1003

- 평균값에 대한 표준편차의 크기를 백분율[%]로 나타낸 것이다.
- 변이계수는 $\dfrac{\text{표준편차}}{\text{산술평균}}\times100$으로 구한다.
- 측정단위와 무관하게 독립적으로 산출된다.
- 단위가 서로 다른 집단이나 특성값의 상호 산포도를 비교하는 데 이용한다.
- 통계집단의 측정값들에 대한 균일성, 정밀성 정도를 표현하는 것이다.
- 평균값의 크기가 0에 가까울수록 변이계수의 의의가 작아지는 단점이 있다.

40 ──────●Repetitive Learning 1회 2회 3회

허용기준 대상 유해인자의 노출농도 측정 및 분석방법에 관한 내용으로 틀린 것은?(단, 고용노동부 고시를 기준으로 한다)

① 바탕시험을 하여 보정한다 : 시료에 대한 처리 및 측정을 할 때, 시료를 사용하지 않고 같은 방법으로 조작한 측정치를 빼는 것을 말한다.
② 감압 또는 진공 : 따로 규정이 없는 한 760mmHg 이하를 뜻한다.
③ 검출한계 : 분석기기가 검출할 수 있는 가장 작은 양을 말한다.
④ 정량한계 : 분석기기가 정량할 수 있는 가장 작은 양을 말한다.

- 감압 또는 진공이라 함은 따로 규정이 없는 한 15mmHg 이하를 뜻한다.

검출한계와 정량한계

　㉠ 검출한계(LOD, Limit Of Detection)
- 주어진 신뢰수준에서 검출가능한 분석물의 최소질량을 말한다.
- 분석신호의 크기의 비에 따라 달라진다.

3과목　작업환경관리대책

41
— Repetitive Learning 　1회　2회　3회

직경이 400mm인 환기시설을 통해서 $50m^3$/min의 표준 상태의 공기를 보낼 때 이 덕트 내의 유속(m/sec)은 얼마인가?

① 약 3.3m/sec
② 약 4.4m/sec
③ 약 6.6m/sec
④ 약 8.8m/sec

해설

• 직경이 주어졌으므로 단면적(πr^2)을 구할수 있고, 유량이 주어졌으므로 유속을 $Q = A \times V$를 이용해 $V = \dfrac{Q}{A}$로 구할 수 있다.

• 분당 유량이 $50m^3$/min이므로 초당은 $\dfrac{50}{60} = 0.833[m^3/sec]$이다.

• 대입하면 유속 $V = \dfrac{0.833}{3.14 \times 0.2^2} = 6.632 \cdots [m/sec]$가 된다.

✎ 유량과 유속 **실기** 0401/0403/0502/0601/0603/0701/0903/1001/1002/
1003/1101/1301/1302/1402/1501/1602/1603/1703/1901/2003

• 유량 $Q = A \times V$로 구한다. 이때 Q는 유량$[m^3/min]$, A는 단면적$[m^2]$, V는 유속[m/min]이다.
• 유량이 일정할 때 단면적이 감소하면 유속은 증가한다. 즉, $Q = A_1 \times V_1 = A_2 \times V_2$가 성립한다.

42
— Repetitive Learning 　1회　2회　3회

개구면적이 $0.6m^2$인 외부식 사각형 후드가 자유공간에 설치되어 있다. 개구면과 유해물질 사이의 거리는 0.5m이고 제어속도가 0.80m/s 일 때, 필요한 송풍량은 약 몇 m^3/min인가?(단, 플랜지를 부착하지 않은 상태이다)

① 126
② 149
③ 164
④ 182

해설

• 공간에 위치하며, 플랜지가 없으므로 필요 환기량 $Q = 60 \times V_c(10X^2 + A)[m^3/min]$이다.

• 대입하면 $Q = 60 \times 0.8 \times (10 \times 0.5^2 + 0.6) = 148.8[m^3/min]$이다.

✎ 외부식 원형 또는 장방형 후드 **실기** 0303/0403/0503/0603/0801/
1001/1002/1701/1703/1901/2003/2102

• 공간에 위치하며, 플랜지가 없는 경우에 해당한다.
• 기본식(Dalla Valle)은 $Q = 60 \times V_c(10X^2 + A)$로 구한다. 이때 Q는 필요 환기량$[m^3/min]$, V_c는 제어속도[m/sec], A는 개구면적$[m^2]$, X는 후드의 중심선으로부터 발생원까지의 거리[m]이다.

43
— Repetitive Learning 　1회　2회　3회

테이블에 붙여서 설치한 사각형 후드의 필요 환기량(m^3/min)을 구하는 식으로 적절한 것은?(단, 플랜지는 부착되지 않았고, A(m^2)는 개구면적, X(m)는 개구부와 오염원 사이의 거리, V(m/sec)는 제어속도이다)

① $Q = V \times (5X^2 + A)$
② $Q = V \times (7X^2 + A)$
③ $Q = 60 \times V \times (5X^2 + A)$
④ $Q = 60 \times V \times (7X^2 + A)$

해설

• 바닥면에 위치하며, 플랜지가 없는 경우의 직사각형 후드의 필요 환기량 $Q = 60 \times V_c(5X^2 + A)[m^3/min]$로 구한다.

✎ 측방 외부식 테이블 모양의 장방형(직사각형) 후드 **실기** 0302

• 면에 위치하며, 플랜지가 없는 경우에 해당한다.
• 필요 환기량 $Q = 60 \times V_c(5X^2 + A)$로 구한다. 이때 Q는 필요 환기량$[m^3/min]$, V_c는 제어속도[m/sec], A는 개구면적$[m^2]$, X는 후드의 중심선으로부터 발생원까지의 거리[m]이다.

44
— Repetitive Learning 　1회　2회　3회

다음 중 대체 방법으로 유해작업환경을 개선한 경우와 가장 거리가 먼 것은?

① 유연 휘발유를 무연 휘발유로 대체한다.
② 블라스팅 재료로서 모래를 철구슬로 대체한다.
③ 야광시계의 자판을 인에서 라듐으로 대체한다.
④ 보온재료의 석면을 유리섬유나 암면으로 대체한다.

- 작업환경 개선을 위해서는 야광시계의 경우 자판을 라듐에서 인으로 대치해야 한다.

대치의 원칙

시설의 변경	• 가연성 물질을 유리병 대신 철제통에 저장 • Fume 배출 드라프트의 창을 안전 유리창으로 교체
공정의 변경	• 건식공법의 습식공법으로 전환 • 전기 흡착식 페인트 분무방식 사용 • 금속을 두들겨 자르던 공정을 톱으로 절단 • 알코올을 사용한 엔진 개발 • 도자기 제조공정에서 건조 후에 하던 점토의 조합을 건조 전에 실시 • 땜질한 납 연마 시 고속회전 그라인더의 사용을 저속 Oscillating-typesander로 변경
물질의 변경	• 성냥 제조시 황린 대신 적린 사용 • 단열재 석면을 대신하여 유리섬유나 암면 또는 스티로폼 등을 사용 • 야광시계 자판에 Radium을 인으로 대치 • 금속표면을 블라스팅할 때 사용재료로서 모래 대신 철구슬을 사용 • 페인트 희석제를 석유나프타에서 사염화탄소로 대치 • 분체 입자를 큰 입자로 대체 • 금속세척 시 TCE를 대신하여 계면활성제로 변경 • 세탁 시 화재 예방을 위해 석유나프타 대신 4클로로에틸렌을 사용 • 세척작업에 사용되는 사염화탄소를 트리클로로에틸렌으로 전환 • 아조염료의 합성에 벤지딘 대신 디클로로벤지딘을 사용 • 페인트 내에 들어있는 납을 아연 성분으로 전환

45 ———————— ● Repetitive Learning (1회 2회 3회)

0902

직경이 2μm이고 비중이 3.5인 산화철 흄의 침강속도는?

① 0.023cm/s
② 0.036cm/s
③ 0.042cm/s
④ 0.054cm/s

- 입자의 직경과 비중이 주어졌으므로 대입하면 침강속도 $V = 0.003 \times 3.5 \times 2^2 = 0.042cm/sec$이다.

리프만(Lippmann)의 침강속도 실기 0302/0401/0901/1103/1203/1502/1603/1902

- 스토크스의 법칙을 대신하여 산업보건분야에서 간편하게 침강속도를 구하는 식으로 많이 사용된다.

$V = 0.003 \times SG \times d^2$이다.	• V : 침강속도(cm/sec) • SG : 입자의 비중(g/cm^3) • d : 입자의 직경(μm)

46 ———————— ● Repetitive Learning (1회 2회 3회)

다음 중 강제환기의 설계에 관한 내용과 가장 거리가 먼 것은?

① 공기가 배출되면서 오염장소를 통과하도록 공기배출구와 유입구의 위치를 선정한다.
② 공기배출구와 근로자의 작업 위치 사이에 오염원이 위치하지 않도록 주의하여야 한다.
③ 오염물질 배출구는 가능한 한 오염원으로부터 가까운 곳에 설치하여 점 환기의 효과를 얻는다.
④ 오염원 주위에 다른 작업공정이 있으면 공기배출량을 공급량보다 약간 크게 하여 음압을 형성하여 주위 근로자에게 오염물질이 확산되지 않도록 한다.

- 공기배출구와 근로자의 작업 위치 사이에 오염원이 위치하여야 한다.

강제환기를 실시하는 데 환기효과를 제고시킬 수 있는 필요 원칙 실기 1201/1402/1703/2001/2202

- 오염물질 사용량을 조사하여 필요 환기량을 계산한다.
- 배출공기를 보충하기 위하여 청정공기를 공급할 수 있다.
- 오염물질 배출구는 가능한 한 오염원으로부터 가까운 곳에 설치하여 점환기 효과를 얻는다.
- 공기배출구와 근로자의 작업 위치 사이에 오염원이 위치하여야 한다.
- 공기가 배출되면서 오염장소를 통과하도록 공기배출구와 유입구의 위치를 선정한다.
- 건물 밖으로 배출된 오염공기가 다시 건물 안으로 유입되지 않도록 배출구 높이를 적절히 설계하고 창문이나 문 근처에 위치하지 않도록 한다.
- 오염원 주위에 다른 작업공정이 있으면 공기배출량을 공급량보다 약간 크게 하여 음압을 형성하여 주위 근로자에게 오염물질이 확산되지 않도록 한다.

47 ———————— ● Repetitive Learning (1회 2회 3회)

0603 / 0701 / 1802 / 2001

전기집진장치의 장점으로 옳지 않은 것은?

① 가연성 입자의 처리에 효율적이다.
② 넓은 범위의 입경과 분진농도에 집진효율이 높다.
③ 압력손실이 낮으므로 송풍기의 가동비용이 저렴하다.
④ 고온 가스를 처리할 수 있어 보일러와 철강로 등에 설치할 수 있다.

- 전기집진장치는 가스물질이나 가연성 입자의 처리가 곤란하다.

⁑ 전기집진장치 실기 1801

ⓐ 개요

- 0.01μm 정도의 미세분진까지 모든 종류의 고체, 액체 입자를 효율적으로 포집할 수 있는 집진기이다.
- 코로나 방전과 정전기력을 이용하여 먼지를 처리한다.

ⓑ 장·단점

장점	• 넓은 범위의 입경과 분진농도에 집진효율이 높다. • 압력손실이 낮으므로 송풍기의 운전 및 유지비가 적게 소요된다. • 고온 가스를 처리할 수 있어 보일러와 철강로 등에 설치할 수 있다. • 낮은 압력손실로 대량의 가스를 처리할 수 있다. • 회수가치성이 있는 입자 포집이 가능하다. • 건식 및 습식으로 집진할 수 있다.
단점	• 설치 공간을 많이 차지한다. • 초기 설치비와 설치 공간이 많이 든다. • 가스물질이나 가연성 입자의 처리가 곤란하다. • 전압변동과 같은 조건변동에 적응하기 어렵다.

48 ──── ● Repetitive Learning ⟮1회 2회 3회⟯

다음 중 작업환경 개선의 기본원칙인 대체의 방법과 가장 거리가 먼 것은?

① 시간의 변경
② 시설의 변경
③ 공정의 변경
④ 물질의 변경

- 대치의 3원칙은 시설, 공정, 물질의 변경이다.

⁑ 작업환경 개선의 기본원칙 실기 0803/1103/1501/1603/2202

- 설비 개선 등의 조치 등이 어려울 경우 노출 가능성이 있는 근로자에게 보호구를 착용할 수 있도록 한다.

대치	• 가장 효과적이며 우수한 관리대책이다. • 대치의 3원칙은 시설, 공정, 물질의 변경이다. • 물질대치는 경우에 따라서 지금까지 알려지지 않았던 전혀 다른 장해를 줄 수 있음 • 장비대치는 적절한 대치방법 개발의 어려움
격리	• 작업자와 유해인자 사이에 장벽을 놓는 것 • 보호구를 사용하는 것도 격리의 한 방법 • 거리, 시간, 공정, 작업자 전체를 대상으로 실시하는 대책 • 비교적 간단하고 효과도 좋음
환기	• 설계, 시설설치, 유지보수가 필요 • 공정을 그대로 유지하면서 효율적 관리가능한 방법은 국소배기방식
교육	• 노출 근로자 관리방안으로 교육훈련 및 보호구 착용

49 ──── ● Repetitive Learning ⟮1회 2회 3회⟯

0401

조용한 대기 중에 실제로 거의 속도가 없는 상태로 가스, 증기, 흄이 발생할 때 국소환기에 필요한 제어속도범위로 가장 적절한 것은?

① 0.25~0.5m/sec
② 0.1~0.25m/sec
③ 0.05~0.1m/sec
④ 0.01~0.05m/sec

- ACGIH의 제어속도범위에서 움직이지 않는 공기 즉, 조용한 대기 중에 속도가 거의 없는 상태로 배출되는 가스, 증기, 흄의 국소환기에 필요한 제어속도범위는 0.25~0.5m/sec이다.

⁑ ACGIH의 제어속도범위

- 제어속도, 제어풍속(Control velocity) 혹은 포착속도(Capture velocity)란 발산되는 유해물질을 후드로 완전히 흡인하는데 필요한 최소한의 기류속도이다.

작업조건	작업공정 사례	제어속도 (m/sec)
• 움직이지 않는 공기 중으로 속도 없이 배출됨 • 조용한 대기 중에 실제로 거의 속도가 없는 상태로 배출됨	• 탱크에서 증발, 탈지 등 • 액면에서 가스, 증기, 흄이 발생	0.25~0.5
약간의 공기 움직임이 있고 낮은 속도로 배출됨	스프레이 도장, 용접, 도금, 저속 컨베이어 운반	0.5~1.0
발생기류가 높고 유해물질이 활발하게 발생함	스프레이도장, 용기충진, 컨베이어 적재, 분쇄기	1.0~2.5
초고속기류 내로 높은 초기 속도로 배출됨	회전연삭, 블라스팅	2.5~10.0

50 ──── ● Repetitive Learning ⟮1회 2회 3회⟯

1402

송풍기의 송풍량이 4.17m³/sec이고 송풍기 전압이 300mmH₂O인 경우 소요동력은 약 몇 kW인가?(단, 송풍기 효율은 0.85이다)

① 5.8
② 14.4
③ 18.2
④ 20.6

- 송풍량이 초당으로 주어질 때 $\dfrac{송풍량 \times 60 \times 전압}{6{,}120 \times 효율} \times 여유율[kW]$ 로 구한다.

- 대입하면 $\dfrac{4.17 \times 60 \times 300}{6{,}120 \times 0.85} = 14.429 \cdots$ 가 된다.

• 송풍량이 초당으로 주어질 때 $\dfrac{송풍량 \times 60 \times 전압}{6,120 \times 효율} \times 여유율$ [kW]로 구한다.

• 송풍량이 분당으로 주어질 때 $\dfrac{송풍량 \times 전압}{6,120 \times 효율} \times 여유율$[kW]로 구한다.

• 여유율이 주어지지 않을 때는 1을 적용한다.

해설

• 작업장의 교차기류(방해기류)의 생성을 방지하기 위해서 공기공급 시스템이 필요하다.

• 공기공급시스템
  ㉠ 개요
  • 보충용 공기의 공급장치를 말한다.
  ㉡ 필요 이유 실기 0502/1303/1601/2003
  • 연료를 절약하기 위해서
  • 작업장 내 안전사고를 예방하기 위해서
  • 국소배기장치의 적절하고 효율적인 운영을 위해서
  • 작업장의 교차기류(방해기류)의 생성을 방지하기 위해서

1002 / 1402

51 ●──── Repetitive Learning (1회 2회 3회)

다음 중 밀어당김형 후드(push-pull hood)가 가장 효과적인 경우는?

① 오염원의 발산량이 많은 경우
② 오염원의 발산농도가 낮은 경우
③ 오염원의 발산농도가 높은 경우
④ 오염원 발산면의 폭이 넓은 경우

해설

• 푸쉬-풀 후드는 도금조와 같이 오염물질 발생원의 개방면적이 큰 작업공정에 주로 많이 사용하여 포집효율을 증가시키면서 필요유량을 대폭 감소시킬 수 있는 장점을 가진다.

• 밀어당김형 후드(push-pull hood) 실기 0402/0603/1101
  • 풀(Pull)형 후드와 푸시(Push) 장치를 결합하여 만들어진 후드를 말한다.
  • 도금조와 같이 오염물질 발생원의 개방면적이 큰 작업공정에서 후드 반대편에 푸시에어(Push air)를 에어커튼 모양으로 밀어주어 적은 송풍량으로도 오염물질을 흡인할 수 있어 많이 사용한다.
  • 포집효율을 증가시키면서 필요유량을 대폭 감소시킬 수 있는 장점을 가진다.
  • 원료의 손실이 크고, 설계방법이 어려운 단점을 가진다.

---

53 ●──── Repetitive Learning (1회 2회 3회)

화재 및 폭발방지 목적으로 전체 환기시설을 설치할 때, 필요 환기량 계산에 필요 없는 것은?

① 안전 계수
② 유해물질의 분자량
③ TLV(Threshold Limit Value)
④ LEL(Lover Explosive Limit)

해설

• 화재 및 폭발방지를 위한 전체 환기량 계산을 위해서는 물질의 비중, 물질의 사용량, 안전계수, 물질의 분자량, 폭발농도의 하한치(LEL), 온도에 따른 보정상수 등이 필요하다.

• 화재 및 폭발방지를 위한 전체 환기량 실기 0301/0402/0501/0503/ 0602/0701/0702/0703/0802/0902/1002/1003/1103/1301/1302/1303/1402/ 1501/1502/1603/1801/1802/2002/2003/2101/2102/2103

• 필요 환기량 $Q = \dfrac{24.1 \times S \times W \times C \times 10^2}{MW \times LEL \times B} [m^3/min]$로 구한다.
  여기서 S는 물질의 비중, W는 인화물질의 사용량(L/mim), C는 안전계수, MW는 물질의 분자량, LEL은 폭발농도의 하한치[%], B는 온도에 따른 보정상수(120℃까지는 1.0, 120℃ 이상은 0.7)이다.

• 온도에 따른 실제 환기량 Q_a는 실제 온도로 보정을 해야 하므로 $Q_a = Q \times \dfrac{273 + 공정온도}{273 + 21} [m^3/min]$로 구한다.

0401 / 0502 / 0703 / 1002 / 1301 / 1302 / 1903

52 ●──── Repetitive Learning (1회 2회 3회)

다음 중 국소배기장치에서 공기공급시스템이 필요한 이유와 가장 거리가 먼 것은?

① 에너지 절감
② 안전사고 예방
③ 작업장의 교차기류 촉진
④ 국소배기장치의 효율 유지

1403 / 2004

54 ●──── Repetitive Learning (1회 2회 3회)

덕트의 설치 원칙과 가장 거리가 먼 것은?

① 가능한 한 후드와 먼 곳에 설치한다.
② 덕트는 강한 한 짧게 배치하도록 한다.
③ 밴드의 수는 가능한 한 적게 하도록 한다.
④ 공기가 아래로 흐르도록 하향구배를 만든다.

• 덕트는 가능한 한 짧게 배치하도록 한다.

✂ 덕트 설치 시 고려사항 실기 1301

• 가능하면 길이는 짧게 하고 굴곡부의 수는 적게 한다.
• 접속부의 안쪽은 돌출된 부분이 없도록 한다.
• 공기가 아래로 흐르도록 하향구배를 원칙으로 한다.
• 구부러짐 전·후에는 청소구를 만든다.
• 덕트 내부에 오염물질이 쌓이지 않도록 이송속도를 유지한다.
• 직경이 다른 덕트를 연결할 때는 경사 30° 이내의 테이퍼를 부착한다.
• 덕트의 직경이 15cm 미만인 경우 새우등 곡관 3개 이상, 덕트의 직경 15cm 이상인 경우 새우등 곡관 5개 이상을 사용한다.
• 곡관의 중심선 곡률반경은 최대 덕트 직경의 2.5배 내외가 되도록 한다.
• 송풍기를 연결할 때는 최소 덕트 직경의 6배 정도는 직선구간으로 한다.
• 가급적 원형덕트를 사용하여 부득이 사각형 덕트를 사용할 경우는 가능한 한 정방형을 사용한다.
• 수분이 응축될 경우 덕트 내로 들어가지 않도록 하며 경사나 배수구를 마련한다.

55
━━━━━━━━━━ • Repetitive Learning 〔1회 2회 3회〕

다음 중 방진마스크에 대한 설명으로 옳지 않은 것은?

① 포집효율이 높은 것이 좋다.
② 흡기저항 상승률이 높은 것이 좋다.
③ 비휘발성 입자에 대한 보호가 가능하다.
④ 여과효율이 우수하려면 필터에 사용되는 섬유의 직경이 작고 조밀하게 압축되어야 한다.

해설

• 방진마스크 흡기저항 상승률은 낮은 것이 좋다.

✂ 방진마스크의 필요조건
• 흡기와 배기저항 모두 낮은 것이 좋다.
• 흡기저항 상승률이 낮은 것이 좋다.
• 안면밀착성이 큰 것이 좋다.
• 포집효율이 높은 것이 좋다.
• 비휘발성 입자에 대한 보호가 가능하다.
• 무게중심은 안면에 강한 압박감을 주지 않는 위치에 있는 것이 좋다.
• 여과효율이 우수하려면 필터에 사용되는 섬유의 직경이 작고 조밀하게 압축되어야 한다.

56
━━━━━━━━━━ • Repetitive Learning 〔1회 2회 3회〕

다음 호흡용 보호구 중 안면밀착형인 것은?

① 두건형
② 반면형
③ 의복형
④ 헬멧형

해설

• 호흡용 보호구는 전면형과 반면형으로 크게 구분된다.
• 반면형은 정화통에 의해 가스 또는 증기를 여과한 청정공기를 흡입하고 배기는 배기밸브를 통하여 외기 중으로 배출하는 것으로 코 및 입부분을 덮는 구조이다.

✂ 호흡용 보호구의 형태
• 전면형은 정화통에 의해 가스 또는 증기를 여과한 청정공기를 흡입하고 배기는 배기밸브를 통하여 외기중으로 배출하는 것으로 안면부 전체를 덮는 구조를 말한다.
• 반면형은 정화통에 의해 가스 또는 증기를 여과한 청정공기를 흡입하고 배기는 배기밸브를 통하여 외기중으로 배출하는 것으로 코 및 입부분을 덮는 구조를 말한다.

57
━━━━━━━━━━ • Repetitive Learning 〔1회 2회 3회〕

후드의 정압이 $12.00\,\mathrm{mmH_2O}$이고 덕트의 속도압이 0.80 $\mathrm{mmH_2O}$일 때, 유입계수는 얼마인가?

① 0.129
② 0.194
③ 0.258
④ 0.387

해설

• 정압과 속도압이 주어졌으므로 유입계수 $C_e = \sqrt{\dfrac{VP}{SP_n}}$ 으로 구할 수 있다.
• 유입계수는 $\sqrt{\dfrac{0.8}{12}} = 0.25819 \cdots$ 가 된다.

✂ 후드의 유입계수와 유입손실계수 실기 0502/0801/0901/1001/1102/1303/1602/1603/1903/2002/2103

• 후드에서의 압력손실이 유량의 저하로 나타나는 현상이다.
• 유입계수 C_e 가 1에 가까울수록 이상적인 후드에 가깝다.
• 유입계수는 속도압/후드정압의 제곱근으로 구할 수 있다.
• 유입계수(C_e) $= \dfrac{\text{실제적 유량}}{\text{이론적 유량}} = \dfrac{\text{실제 흡인유량}}{\text{이론 흡인유량}} = \sqrt{\dfrac{1}{1+F}}$ 으로 구한다.

  이때 F는 후드의 유입손실계수로 $\dfrac{\triangle P}{VP}$ 즉,

  $\dfrac{\text{압력손실}}{\text{속도압(동압)}}$ 으로 구할 수 있다.

• 유입(압력)손실계수(F) $= \dfrac{1 - C_e^2}{C_e^2} = \dfrac{1}{C_e^2} - 1$ 로 구한다.

58

• Repetitive Learning 1회 2회 3회

21℃의 기체를 취급하는 어떤 송풍기의 송풍량이 20 m³/min 일 때, 이 송풍기가 동일한 조건에서 50℃의 기체를 취급한 다면 송풍량은 몇 m³/min인가?

① 10
② 15
③ 20
④ 25

해설

• 송풍기의 송풍량은 온도와는 무관하므로 동일 조건에서 온도만 변화하는 경우 동일한 송풍량이 주어진다.

✿✿ 송풍기의 상사법칙 실기 0402/0403/0501/0701/0803/0902/0903/1001/1102/1103/1201/1303/1401/1501/1502/1503/1603/1703/1802/1901/1903/2001/2002

송풍기 크기 일정 공기 비중 일정	• 송풍량은 회전속도(비)에 비례한다. • 풍압(정압)은 회전속도(비)의 제곱에 비례한다. • 동력은 회전속도(비)의 세제곱에 비례한다.
송풍기 회전수 일정 공기의 중량 일정	• 송풍량은 회전차 직경의 세제곱에 비례한다. • 풍압(정압)은 회전차 직경의 제곱에 비례한다. • 동력은 회전차 직경의 오제곱에 비례한다.
송풍기 회전수 일정 송풍기 크기 일정	• 송풍량은 비중과 온도에 무관하다. • 풍압(정압)은 비중에 비례, 절대온도에 반비례한다. • 동력은 비중에 비례, 절대온도에 반비례한다.

59

2102

• Repetitive Learning 1회 2회 3회

다음 중 특급 분리식 방진마스크의 여과재 분진 등의 포집 효율은?(단, 고용노동부 고시를 기준으로 한다)

① 80% 이상
② 94% 이상
③ 99.0% 이상
④ 99.95% 이상

해설

• 특급 분리식의 포집효율은 99.95% 이상, 안면부여과식은 99% 이상이다.

✿✿ 여과재 분진 등 포집효율

형태 및 등급		염화나트륨(NaCl) 및 파라핀 오일(Paraffin oil) 시험(%)
분리식	특급	99.95 이상
	1급	94.0 이상
	2급	80.0 이상

안면부 여과식	특급	99.0 이상
	1급	94.0 이상
	2급	80.0 이상

60

2103

• Repetitive Learning 1회 2회 3회

다음 중 유해물질별 송풍관의 적정 반송속도로 옳지 않은 것은?

① 가스상 물질 – 10m/sec
② 무거운 물질 – 25m/sec
③ 일반 공업물질 – 20m/sec
④ 가벼운 건조 물질 – 30m/sec

해설

• 가벼운 건조물질은 12~15m/s가 적정한 반송속도이다.

✿✿ 유해물질의 덕트 내 반송속도

발생형태	종류	반송속도(m/s)
증기 · 가스 · 연기	모든 증기, 가스 및 연기	5.0~10.0
흄	아연흄, 산화알미늄 흄, 용접 흄 등	10.0~12.5
미세하고 가벼운 분진	미세한 면분진, 미세한 목분진, 종이분진 등	12.5~15.0
건조한 분진이나 분말	고무분진, 면분진, 가죽분진, 동물털 분진 등	15.0~20.0
일반 산업분진	그라인더 분진, 일반적인 금속말분진, 모직물분진, 실리카분진, 주물분진, 석면분진 등	17.5~20.0
무거운 분진	젖은 톱밥분진, 입자가 혼입된 금속분진, 샌드블라스트 분진, 주절보링분진, 납분진	20.0~22.5
무겁고 습한 분진	습한 시멘트분진, 작은 칩이 혼입된 납분진, 석면덩어리 등	22.5 이상

61

작업장의 습도를 측정한 결과 절대습도는 4.57mmHg, 포화습도는 18.25mmHg이었다. 이 작업장의 습도 상태에 대한 설명으로 맞는 것은?

① 적당하다. ② 너무 건조하다.
③ 습도가 높은 편이다. ④ 습도가 포화상태이다.

해설
- 절대습도 $H = 4.57mmHg$, 포화습도 $H_s = 18.25mmHg$이므로 비교습도는 $\dfrac{4.57}{18.25} \times 100 = 25.04 \cdots \%$로 너무 건조한 상태이다.

❖ 습도의 구분 〔실기〕 0403

절대습도	• 공기 $1m^3$ 중에 포함된 수증기의 양을 g으로 나타낸 것 • 건조공기 1kg당 포함된 수증기의 질량
포화습도	일정 온도에서 공기가 함유할 수 있는 최대 수증기량
상대습도	포화증기압과 현재 증기압의 비
비교습도	절대습도와 포화습도의 비

62

전신진동 노출에 따른 인체의 영향에 대한 설명으로 옳지 않은 것은?

① 평형감각에 영향을 미친다.
② 산소 소비량과 폐환기량이 증가한다.
③ 작업수행 능력과 집중력이 저하된다.
④ 저속노출 시 레이노 증후군(Raynaud's phenomenon)을 유발한다.

해설
- 레이노 증후군은 국소진동에 의하여 손가락의 창백, 청색증, 저림, 냉감, 동통이 나타나는 장해이다.

❖ 전신진동의 인체영향
- 사람이 느끼는 최소 진동역치는 55±5dB이다.
- 전신진동의 영향이나 장애는 자율신경 특히 순환기에 크게 나타난다.
- 산소소비량은 전신진동으로 증가되고, 폐환기도 촉진된다.
- 말초혈관이 수축되고 혈압상승, 맥박증가를 보이며 피부 전기저항의 저하도 나타낸다.
- 위장장해, 내장하수증, 척추이상, 내분비계 장해 등이 나타난다.

63

소음에 의한 인체의 장해 정도(소음성 난청)에 영향을 미치는 요인이 아닌 것은?

① 소음의 크기 ② 개인의 감수성
③ 소음 발생 장소 ④ 소음의 주파수 구성

해설
- 소음에 의한 인체의 장해 정도(소음성 난청)에 영향을 미치는 요인에는 소음의 크기, 소음의 지속성, 주파수 구성 그리고 개인의 감수성 등이 있다.

❖ 소음에 의한 인체의 장해 정도(소음성 난청)에 영향을 미치는 요인
- 소음의 크기
- 개인의 감수성
- 소음의 지속성 여부
- 소음의 주파수 구성

64

소독작용, 비타민 D 형성, 피부색소 침착 등 생물학적 작용이 강한 특성을 가진 자외선(Dorno 선)의 파장 범위는 약 얼마인가?

① 1,000Å~2,800Å ② 2,800Å~3,150Å
③ 3,150Å~4,000Å ④ 4,000Å~4,700Å

해설
- Dorno선의 파장은 280~315nm, 2,800Å~3,150Å 범위이다.

❖ 도르노선(Dorno-ray)
- 280~315nm, 2,800Å~3,150Å의 파장을 갖는 자외선이다.
- 비전리방사선이며, 건강선이라고 불리는 광선이다.
- 소독작용, 비타민 D 형성, 피부색소 침착 등 생물학적 작용이 강하다.

65

고압환경에서 발생할 수 있는 화학적인 인체 작용이 아닌 것은?

① 일산화탄소 중독에 의한 호흡곤란
② 질소 마취작용에 의한 작업력 저하
③ 산소중독증상으로 간질 모양의 경련
④ 이산화탄소 불압증가에 의한 동통성 관절 장애

- 고압 환경의 2차적 가압현상에 관련된 유해인자는 산소, 질소, 이산화탄소이다.

⁑ 고압 환경의 2차적 가압현상
- 산소의 분압이 2기압이 넘으면 중독증세가 나타나며 시력장해, 정신혼란, 간질모양의 경련을 나타낸다.
- 산소중독에 따라 수지와 족지의 작열통, 시력장해, 정신혼란, 근육경련 등의 증상을 보이며 나아가서는 간질 모양의 경련을 나타낸다.
- 산소의 중독 작용은 운동이나 이산화탄소의 존재로 보다 악화된다.
- 산소중독에 따른 증상은 고압산소에 대한 노출이 중지되면 멈추게 된다.
- 4기압 이상에서 공기 중의 질소가스는 마취작용을 나타내며 알코올 중독의 증상과 유사한 다행증이 발생한다.
- 이산화탄소의 증가는 산소의 독성과 질소의 마취작용을 촉진시킨다.

1302 / 2201

66 ————— • Repetitive Learning 〔1회 2회 3회〕

반향시간(Reverberation time)에 관한 설명으로 맞는 것은?

① 반향시간과 작업장의 공간부피만 알면 흡음량을 추정할 수 있다.
② 소음원에서 소음발생이 중지한 후 소음의 감소는 시간의 제곱에 반비례하여 감소한다.
③ 반향시간은 소음이 닿는 면적을 계산하기 어려운 실외에서의 흡음량을 추정하기 위하여 주로 사용한다.
④ 소음원에서 발생하는 소음과 배경소음간의 차이가 40dB인 경우에는 60dB만큼 소음이 감소하지 않기 때문에 반향시간을 측정할 수 없다.

- 반향시간 $T = 0.163\dfrac{V}{A} = 0.163\dfrac{V}{\sum S_i \alpha_i}$ 로 구하므로 반향시간과 작업장의 공간부피만 알면 흡음량을 추정할 수 있다.

⁑ 반향시간(잔향시간, Reverberation time) 〔실기〕 0402
- 반(잔)향은 음이 갑자기 끊겼을 때 그 소리가 바로 그치지 않고 차츰 감쇄해가는 현상을 말하는데 그 음압레벨이 −60dB에 이르는데 걸리는 시간을 말한다.
- 반향시간과 작업장의 공간부피만 알면 흡음량을 추정할 수 있다.
- 반향시간 $T = 0.163\dfrac{V}{A} = 0.163\dfrac{V}{\sum S_i \alpha_i}$ 로 구할 수 있다. 이때 V는 공간의 부피$[m^3]$, A는 공간에서의 흡음량$[m^2]$이다.
- 반향시간은 실내공간의 크기에 비례한다.

---

67 ————— • Repetitive Learning 〔1회 2회 3회〕

이온화 방사선의 건강영향을 설명한 것으로 틀린 것은?

① α입자는 투과력이 작아 우리 피부를 직접 통과하지 못하기 때문에 피부를 통한 영향은 매우 작다.
② 방사선은 생체내 구성원자나 분자에 결합되어 전자를 유리시켜 이온화하고 원자의 들뜸현상을 일으킨다.
③ 반응성이 매우 큰 자유라디칼이 생성되어 단백질, 지질, 탄수화물, 그리고 DNA 등 생체 구성성분을 손상시킨다.
④ 방사선에 의한 분자수준의 손상은 방사선 조사 후 1시간 이후에 나타나고, 24시간 이후 DNA 손상이 나타난다.

- 방사선에 의한 분자수준의 손상은 극히 짧은 시간에 일어난다.

⁑ 이온화 방사선의 건강영향
- 방사선은 생체내 구성원자나 분자에 결합되어 전자를 유리시켜 이온화하고 원자의 들뜸현상을 일으킨다.
- 반응성이 매우 큰 자유라디칼이 생성되어 단백질, 지질, 탄수화물, 그리고 DNA 등 생체 구성성분을 손상시킨다.
- 방사선에 의한 분자수준의 손상은 극히 짧은 시간에 일어나며, 이후 세포 수준의 손상을 거쳐 조직 및 기관수준의 손상이 일어나서 암이 발생된다.

1002 / 1501

68 ————— • Repetitive Learning 〔1회 2회 3회〕

동상의 종류와 증상이 잘못 연결된 것은?

① 1도 : 발적
② 2도 : 수포형성과 염증
③ 3도 : 조직괴사로 괴저발생
④ 4도 : 출혈

- 4도 동상은 검고 두꺼운 가피 형성과 심한 관절통이 발생한다.

⁑ 동상(Frostbite)
ⓐ 개요
- 피부의 동결은 −2~0℃에서 발생한다.
- 동상에 대한 저항은 개인차가 있으며 일반적으로 발가락은 6℃에 도달하면 아픔을 느낀다.
ⓑ 종류와 증상

1도	발적과 경미한 부종
2도	수포형성과 삼출성 염증
3도	조직괴사로 괴저발생
4도	검고 두꺼운 가피 형성과 심한 관절통

69

—— Repetitive Learning 1회 2회 3회

음의 세기 레벨이 80dB에서 85dB로 증가하면 음의 세기는 약 몇 배가 증가하겠는가?

① 1.5배　　　　　　② 1.8배
③ 2.2배　　　　　　④ 2.4배

해설

- 음의 세기 레벨(SIL)이 80dB일 때의 음의 세기 $I_{80}=I_0 \times 10^{\frac{SIL}{10}}$ 이고, 이는 $10^{-12} \times 10^8 = 10^{-4}[W/m^2]$이다.
- 음의 세기 레벨(SIL)이 85dB일 때의 음의 세기 $I_{85}=I_0 \times 10^{\frac{SIL}{10}}$ 이고, 이는 $10^{-12} \times 10^{8.5} = 3.16 \times 10^{-4}[W/m^2]$이다.
- 구해진 값을 비로 표시하면

$$\frac{(3.16 \times 10^{-4}) - 10^{-4}}{10^{-4}} = \frac{2.16 \times 10^{-4}}{10^{-4}} = 2.16배이다.$$

❖ 음의 세기 수준(SIL : Sound Intensity Level)

- 음의 세기를 말하며, 그 정도를 표시하는 값이다.
- 어떤 음의 세기와 기준 음의 세기의 비의 상용로그 값을 10배 한 것이다.
- SIL과 SPL은 ρC가 400rayls(25℃, 760mmHg)일 때 실용적으로 일치한다고 본다.
- 음의 세기 수준 SIL$=10\log\left(\frac{I}{I_o}\right)[dB]$로 구한다. 여기서 I_0는 최소 가청음 세기로 $10^{-12}[W/m^2]$이다.

70

—— Repetitive Learning 1회 2회 3회

산소농도가 6% 이하인 공기 중의 산소분압으로 옳은 것은? (단, 표준상태이며, 부피기준이다)

① 45mmHg 이하　　　② 55mmHg 이하
③ 65mmHg 이하　　　④ 75mmHg 이하

해설

- 산소농도가 6% 이하이므로 산소의 분압은 760×0.06=45.6mmHg 이하이다.

❖ 대기 중의 산소분압 실기 0702

- 분압이란 대기 중 특정 기체가 차지하는 압력의 비를 말한다.
- 대기압은 1atm=760mmHg=10,332mmH$_2$O=101.325kPa이다.
- 대기 중 산소는 21%의 비율로 존재하므로 산소의 분압은 760×0.21=159.6mmHg이다.
- 산소의 분압은 산소의 농도에 비례한다.

71

—— Repetitive Learning 1회 2회 3회

소음의 종류에 대한 설명으로 맞는 것은?

① 연속음은 소음의 간격이 1초 이상을 유지하면서 계속적으로 발생하는 소음을 의미한다.
② 충격소음은 소음이 1초 미만의 간격으로 발생하면서, 1회 최대 허영기준은 120dB(A)이다.
③ 충격소음은 최대음압수준이 120dB(A)이상인 소음이 1초 이상의 간격으로 발생하는 것을 의미한다.
④ 단속음은 1일 작업 중 노출되는 여러 가지 음압수준을 나타내며 소음의 반복음의 간격이 3초 보다 큰 경우를 의미한다.

해설

- 연속음이란 하루 종일 일정한 소음이 발생하는 것으로 1초에 1회 이상일 때를 말한다.
- 단속음이란 발생되는 소음의 간격이 1초보다 클 때를 말한다.

❖ 소음 노출기준

㉠ 소음의 허용기준

1일 노출시간(hr)	허용 음압수준(dBA)
8	90
4	95
2	100
1	105
1/2	110
1/4	115

㉡ 충격소음 허용기준

- 최대 음압수준이 140dB(A)를 초과하는 충격소음에 노출되어서는 안 된다.
- 충격소음이라 함은 최대음압수준이 120dB(A) 이상인 소음이 1초 이상의 간격으로 발생하는 것을 말한다.

충격소음강도(dBA)	허용 노출 횟수(회)
140	100
130	1,000
120	10,000

72

—— Repetitive Learning 1회 2회 3회

음력이 2Watt인 소음원으로부터 50m 떨어진 지점에서의 음압수준(Sound Pressure Level)은 약 몇 dB인가? (단, 공기의 밀도는 1.2kg/m³, 공기에서의 음속은 344m/s)

① 76.6　　　　　　② 78.2
③ 79.4　　　　　　④ 80.7

- 먼저 음력을 음력레벨(PWL)로 변환해야 하므로 대입하면
$10\log\dfrac{2}{10^{-12}}=123.0103[dB]$가 된다.

- 자유공간에서의 SPL은 음향파워레벨(PWL) $-20logr-11$로 구하므로 대입하면 $SPL=120.0103-20\log50-11=78.030\cdots[dB]$가 된다.

음향파워레벨(PWL, 음력레벨) 실기 1603

- $10\log\dfrac{W}{W_0}[dB]$로 구한다. 이때 W는 대상 음력[watt]이고, W_0는 기준음력으로 $10^{-12}[watt]$이다.

음압레벨(SPL ; Sound Pressure Level) 실기 0403/0501/0503/0901/1001/1102/1403/2004

- 기준이 되는 소리의 압력과 비교하여 로그적으로 표현한 값이다.
- $SPL=20\log\left(\dfrac{P}{P_0}\right)[dB]$로 구한다. 여기서 P_0는 기준음압으로 $2\times10^{-5}[N/m^2]$ 혹은 $2\times10^{-4}[dyne/cm^2]$이다.
- 자유공간에 위치한 점음원의 음압레벨(SPL)은 음향파워레벨(PWL) $-20logr-11$로 구한다. 이때 r은 소음원으로부터의 거리[m]이다. 11은 $10\log(4\pi)$의 값이다.

1502

73 ━━━━━━● Repetitive Learning (1회 2회 3회)

진동에 대한 설명으로 틀린 것은?

① 전신진동에 대해 인체는 대략 $0.01m/s^2$까지의 진동 가속도를 느낄 수 있다.
② 진동 시스템을 구성하는 3가지 요소는 질량(mass), 탄성(elasticity)과 댐핑(damping)이다.
③ 심한 진동에 노출될 경우 일부 노출군에서 뼈, 관절 및 신경, 근육, 혈관 등 연부조직에 병변이 나타난다.
④ 간헐적인 노출시간(주당 1일)에 대해 노출기준치를 초과하는 주파수-보정, 실효치, 성분가속도에 대한 급성노출은 반드시 더 유해하다.

- 간헐적인 노출시간(주당 1일)에 대해 노출기준치를 초과하는 주파수-보정, 실효치, 성분가속도에 대한 급성노출은 반드시 더 유해하다고는 볼 수 없다.

진동

- 진동의 종류에는 정현진동, 충격진동, 감쇠진동 등이 있다.
- 진동 시스템을 구성하는 3가지 요소는 질량(mass), 탄성(elasticity)과 댐핑(damping)이다.
- 진동의 강도는 가속도, 속도, 변위로 주로 표시한다.
- 전신진동에 대해 인체는 대략 $0.01m/s^2$까지의 진동 가속도를 느낄 수 있다.

2101

74 ━━━━━━● Repetitive Learning (1회 2회 3회)

극저주파 방사선(extremely low frequency fields)에 대한 설명으로 옳지 않은 것은?

① 강한 전기장의 발생원은 고전류장비와 같은 높은 전류와 관련이 있으며 강한 자기장의 발생원은 고전압장비와 같은 높은 전하와 관련이 있다.
② 작업장에서 발전, 송전, 전기 사용에 의해 발생되며 이들 경로에 잇는 발전기에서 전력선, 전기설비, 기계, 기구 등도 잠재적인 노출원이다.
③ 주파수가 1~3000Hz에 해당되는 것으로 정의되며, 이 범위 중 50~60Hz의 전력선과 관련한 주파수의 범위가 건강과 밀접한 연관이 있다.
④ 교류전기는 1초에 60번씩 극성이 바뀌는 60Hz의 저주파를 나타내므로 이에 대한 노출평가, 생물학적 및 인체영향 연구가 많이 이루어져 왔다.

- 강한 전기장의 발생원은 고전압장비와 같은 높은 전하와 관련이 있으며 강한 자기장의 발생원은 고전류장비와 같은 높은 전류와 관련이 있다.

극저주파 방사선(extremely low frequency fields)

- 강한 전기장의 발생원은 고전압장비와 같은 높은 전하와 관련이 있으며 강한 자기장의 발생원은 고전류장비와 같은 높은 전류와 관련이 있다.
- 작업장에서 발전, 송전, 전기 사용에 의해 발생되며 이들 경로에 잇는 발전기에서 전력선, 전기설비, 기계, 기구 등도 잠재적인 노출원이다.
- 주파수가 1~3000Hz에 해당되는 것으로 정의되며, 이 범위 중 50~60Hz의 전력선과 관련한 주파수의 범위가 건강과 밀접한 연관이 있다.
- 교류전기는 1초에 60번씩 극성이 바뀌는 60Hz의 저주파를 나타내므로 이에 대한 노출평가, 생물학적 및 인체영향 연구가 많이 이루어져 왔다.

0302 / 0701 / 2201

75 ━━━━━━● Repetitive Learning (1회 2회 3회)

작업장의 조도를 균등하게 하기 위하여 국소조명과 전체조명이 병용될 때 일반적으로 전체조명의 조도는 국부조명의 어느 정도가 적당한가?

① 1/20~1/10
② 1/10~1/5
③ 1/5~1/3
④ 1/3~1/2

76

1202 ● Repetitive Learning ⌐1회⌐2회⌐3회⌐

소음에 관한 설명으로 맞는 것은?

① 소음의 원래 정의는 매우 크고 자극적인 음을 일컫는다.
② 소음과 소음이 아닌 것은 소음계를 사용하면 구분할 수 있다.
③ 작업환경에서 노출되는 소음은 크게 연속음, 단속음, 충격음 및 폭발음으로 구분할 수 있다.
④ 소음으로 인한 피해는 정신적, 심리적인 것이며 신체에 직접적인 피해를 주는 것은 아니다.

해설
- 소음이란 사람이 들을 수 있는 소리로 감각적으로 바람직하지 않다고 느껴지는 소리를 말한다.
- 소음은 주관적인 것으로 소음계를 사용한다고 구분할 수 있는 것이 아니다.
- 소음으로 인한 피해는 정신적, 심리적, 신체적인 것으로 구분할 수 있다.
- ⁂ 소음
  - 소음이란 사람이 들을 수 있는 소리로 감각적으로 바람직하지 않다고 느껴지는 소리를 말한다.
  - 소음은 주관적인 것으로 소음계를 사용한다고 구분할 수 있는 것이 아니다.
  - 소음으로 인한 피해는 정신적, 심리적, 신체적인 것으로 구분할 수 있다.

77

1101 / 1502 ● Repetitive Learning ⌐1회⌐2회⌐3회⌐

1기압(atm)에 관한 설명으로 틀린 것은?

① 약 $1kgf/cm^2$과 동일하다.
② torr로는 0.76에 해당한다.
③ 수은주로 760mmHg과 동일하다.
④ 수주(水柱)로 $10,332mmH_2O$에 해당한다.

78

● Repetitive Learning ⌐1회⌐2회⌐3회⌐

다음 그림과 같이 복사체, 열차단판, 흑구온도계, 벽체의 순서로 배열하였을 때 열차단판의 조건이 어떤 경우에 흑구온도계의 온도가 가장 낮겠는가?

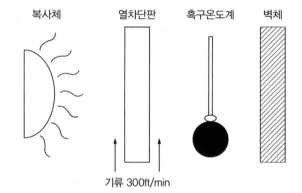

① 열차단판 양면을 흑색으로 한다.
② 열차단판 양면을 알루미늄으로 한다.
③ 복사체 쪽은 알루미늄, 온도계 쪽은 흑색으로 한다.
④ 복사체 쪽은 흑색, 온도계 쪽은 알루미늄으로 한다.

해설
- 열차단판은 열을 99% 반사시키는 알루미늄으로 만든 알루미늄 박판(foil) 또는 알루미늄 칠(paint)을 한 금속판을 사용한다.
- ⁂ 열차단판
  - 특정 방향의 복사열을 차단하기 위해 설치하는 차열판(Radiation shields)을 말한다.
  - 열을 99% 반사시키는 알루미늄으로 만든 알루미늄 박판(foil) 또는 알루미늄 칠(paint)을 한 금속판을 사용한다.

79

0303 ● Repetitive Learning ⌐1회⌐2회⌐3회⌐

전리방사선에 해당하는 것은?

① 마이크로파　　　　　② 극저주파
③ 레이져광선　　　　　④ X선

- X선은 중성자선, 알파선, 베타선과 함께 전리방사선에 해당한다.

방사선의 구분
- 이온화 성질, 주파수, 파장 등에 따라 전리방사선과 비전리방사선으로 구분한다.
- 전리방사선과 비전리방사선을 구분하는 에너지 강도는 약 12eV이다.

전리방사선	중성자, X선, 알파(α)선, 베타(β)선, 감마(γ)선,
비전리방사선	자외선, 적외선, 레이저, 마이크로파, 가시광선, 극저주파, 라디오파

1502

80 ● Repetitive Learning 〔1회 2회 3회〕

다음 설명 중 ( ) 안에 알맞은 내용으로 나열한 것은?

> 깊은 물에서 올라오거나 감압실 내에서 감압을 하는 도중에 폐압박의 경우와는 반대로 폐 속에 공기가 팽창한다. 이때는 감압에 의한 (㉠)과 (㉡)의 두 가지 건강상 문제가 발생한다.

① ㉠ 가스팽창, ㉡ 질소기포형성
② ㉠ 가스압축, ㉡ 이산화탄소중독
③ ㉠ 질소기포형성, ㉡ 산소중독
④ ㉠ 폐수종, ㉡ 저산소증

- 고기압상태에서 저기압으로 변할 때 폐 속의 공기는 팽창한다.
- 고기압상태에서 저기압으로 변할 때 체액 및 지방조직에서의 질소기포 증가로 감압병이 발생한다.

잠함병(감압병)
- 잠함과 같은 수중구조물에서 주로 발생하여 케이슨(Caisson)병이라고도 한다.
- 고기압상태에서 저기압으로 변할 때 체액 및 지방조직에 질소기포 증가로 인해 발생한다.
- 중추신경계 감압병은 고공비행사는 뇌에, 잠수사는 척수에 더 잘 발생한다.
- 동통성 관절장애(Bends)는 감압증에서 흔히 나타나는 급성장애이다
- 질소의 기포가 뼈의 소동맥을 막아서 비감염성 골괴사를 일으키기도 한다.
- 관절, 심부 근육 및 뼈에 동통이 일어나는 것을 bends라 한다.
- 흉통 및 호흡곤란은 흔하지 않은 특수형 질식이다.
- 마비는 감압증에서 주로 나타나는 중증 합병증으로 하지의 강직성 마비가 나타나는데 이는 척수나 그 혈관에 기포가 형성되어 일어난다.
- 재가압 산소요법으로 주로 치료한다.

5과목 산업독성학

1502

81 ● Repetitive Learning 〔1회 2회 3회〕

금속물질인 니켈에 대한 건강상의 영향이 아닌 것은?

① 접촉성 피부염이 발생한다.
② 폐나 비강에 발암작용이 나타난다.
③ 호흡기 장해와 전신중독이 발생한다.
④ 비타민 D를 피하주사하면 효과적이다.

- 니켈 노출에 대한 특별한 치료법은 없다.

니켈
- 합금, 도금 및 전지 등의 제조에 사용되는 중금속이다.
- 알레르기 반응으로 접촉성 피부염이 발생한다.
- 폐나 비강에 발암작용이 나타난다.
- 호흡기 장해와 전신중독이 발생한다.

1502

82 ● Repetitive Learning 〔1회 2회 3회〕

직업성 천식이 유발될 수 있는 근로자와 거리가 가장 먼 것은?

① 채석장에서 돌을 가공하는 근로자
② 목분진에 과도하게 노출되는 근로자
③ 빵집에서 밀가루에 노출되는 근로자
④ 폴리우레탄 페인트 생산에 TDI를 사용하는 근로자

- 채석장의 돌 가공은 진폐증을 유발한다.

직업성 천식
- 작업환경에서 기도의 만성 염증성 질환인 기관지 천식이 발생한 것을 말한다.
- 작업장에서의 분진, 가스, 증기 혹은 연무 등에 노출되어 발생하는 기도의 가역적인 폐쇄를 보이는 질환이다.
- 알레르기 항원이 기도로 들어와 IgE를 생성한다. 항원과 결합된 항원전달세포가 림프절 내에 작용한다. 이때 비만세포로부터 Histamine, Leukotriene 등이 분비되어 기관지 수축이 일어난다.
- 원인물질에는 금속(백금, 니켈, 크롬, 알루미늄 등), 약제(항생제, 소화제 등), 생물학적 물질(털, 동물분비물, 목재분진, 곡물가루, 밀가루, 커피가루, 진드기 등), 화학물질(TDI, TMA, 반응성 아조염료 등) 등이 있다.

83 ━━━━━━━━ ● Repetitive Learning 1회 2회 3회

급성중독 시 우유와 계란의 흰자를 먹여 단백질과 해당 물질을 결합시켜 침전시키거나, BAL(dimercaprol)을 근육주사로 투여하여야 하는 물질은?

① 납   ② 크롬
③ 수은   ④ 카드뮴

해설
- 납은 포르피린과 헴(heme)의 합성에 관여하는 효소를 억제하며, 소화기계 및 조혈계에 영향을 준다.
- 크롬은 부식방지 및 도금 등에 사용되며 급성중독 시 심한 신장장해를 일으키고, 만성중독 시 코, 폐 등의 점막에 병변을 일으켜 비중격천공을 유발한다.
- 카드뮴은 칼슘대사에 장해를 주어 신결석을 동반한 신증후군이 나타나고 다량의 칼슘배설이 일어나 뼈의 통증, 골연화증 및 골수공증과 같은 골격계장해를 유발하는 중금속이다.

ⅹ 수은(Hg)
- ㉠ 개요
  - 인간의 연금술, 의약품 등에 가장 오래 사용해 왔던 중금속의 하나로 17세기 유럽에서 신사용 중절모자를 만드는 사람들에게 처음으로 발견되어 hatter's shake라고 하며 근육경련을 유발하는 중금속이다.
  - 단백질을 침전시키며 thiol(-SH)기를 가진 효소의 작용을 억제하여 독성을 나타낸다.
  - 뇌홍의 제조에 사용하며, 증기를 발생하여 산업중독을 일으킨다.
  - 수은은 상온에서 액체상태로 존재하는 금속이다.
- ㉡ 분류
  - 무기수은화합물은 대부분의 금속과 화합하여 아말감을 만든다.
  - 무기수은화합물은 질산수은, 승홍, 뇌홍 등이 있으며, 유기수은화합물에는 페닐수은, 에틸수은 등이 있다.
  - 유기수은 화합물로서는 아릴수은(무기수은) 화합물과 알킬수은 화합물이 있다.
  - 메틸 및 에틸 등 알킬수은 화합물의 독성이 가장 강하다.
- ㉢ 인체에 미치는 영향과 대책 **실기** 0401
  - 소화관으로는 2~7% 정도의 소량으로 흡수되며, 금속 형태로는 뇌, 혈액, 심근에 많이 분포된다.
  - 중독의 특징적인 증상은 근육진전, 정신증상이고, 만성노출 시 식욕부진, 신기능부전, 구내염이 발생한다.
  - 급성중독 시 우유와 계란의 흰자를 먹여 단백질과 해당 물질을 결합시켜 침전시키거나, BAL(dimercaprol)을 체중 1kg당 5mg을 근육주사로 투여하여야 한다.

84 ━━━━━━━━ ● Repetitive Learning 1회 2회 3회

염료, 합성고무 경화제의 제조에 사용되며 급성중독으로 피부염, 급성방광염을 유발하며, 만성중독으로는 방광, 요로계 종양을 유발하는 유해물질은?

① 벤지딘   ② 이황화탄소
③ 노말헥산   ④ 이염화메틸렌

해설
- 벤지딘은 직업적으로 장기간 노출되었을 때 방광암이 발생될 수 있다.

ⅹ 벤지딘(Benzidine)
- 염료, 합성고무 경화제의 제조에 사용되며 급성중독으로 피부염, 급성방광염을 유발하며, 만성중독으로는 방광, 요로계 종양을 유발하는 유해물질이다.
- 직업적으로 장기간 노출되었을 때 방광암이 발생될 수 있다.

85 ━━━━━━━━ ● Repetitive Learning 1회 2회 3회

무기성 분진에 의한 진폐증이 아닌 것은?

① 규폐증(silicosis)
② 연초폐증(tabacosis)
③ 흑연폐증(graphite lung)
④ 용접공폐증(welder's lung)

해설
- 연초폐증은 유기성 분진으로 인한 진폐증에 해당한다.

ⅹ 흡입 분진의 종류에 의한 진폐증의 분류

무기성 분진	규폐증, 용접공폐증, 탄광부진폐증, 활석폐증, 석면폐증, 흑연폐증, 알루미늄폐증, 탄소폐증, 주석폐증, 규조토폐증 등
유기성 분진	면폐증, 설탕폐증, 농부폐증, 목조분진폐증, 연초폐증, 모발분진폐증 등

86 ━━━━━━━━ ● Repetitive Learning 1회 2회 3회

납중독에 관한 설명으로 틀린 것은?

① 혈청 내 철이 감소한다.
② 요 중 δ-ALAD 활성치가 저하된다.
③ 적혈구 내 프로토포르피린이 증가한다.
④ 임상증상은 위장계통장해, 신경근육계통의 장해, 중추신경계통의 장해 등 크게 3가지로 나눌 수 있다.

해설

- 납이 인체 내로 흡수되면 혈청 내 철은 증가한다.

∷ 납중독

- 납은 원자량 207.21, 비중 11.34의 청색 또는 은회색의 연한 중금속이다.
- 납은 포르피린과 헴(heme)의 합성에 관여하는 효소를 억제하며, 소화기계 및 조혈계에 영향을 준다.
- 1~5세의 소아 이미증(pica)환자에게서 발생하기 쉽다.
- 인체에 흡수되면 뼈에 주로 축적되며, 조혈장해를 일으킨다.
- 무기성 납으로 인한 중독 시 원활한 체내 배출을 위해 사용하는 배설촉진제로 Ca-EDTA를 사용하는데 신장이 나쁜 사람에게는 사용하지 않는 것이 좋다.
- 요 중 δ-ALAD 활성치가 저하되고, 코프로포르피린과 델타 아미노레블린산은 증가한다.
- 적혈구 내 프로토포르피린이 증가한다.
- 납이 인체 내로 흡수되면 혈청 내 철과 망상적혈구의 수는 증가한다.
- 임상증상은 위장계통장해, 신경근육계통의 장해, 중추신경계통의 장해 등 크게 3가지로 나눌 수 있다.
- 주 발생사업장은 활자의 문선, 조판작업, 납 축전지 제조업, 염화비닐 취급 작업, 크리스탈 유리 원료의 혼합, 페인트, 배관공, 탄환제조 및 용접작업 등이다.

---

87 ────────● Repetitive Learning 〔1회 2회 3회〕

작업장에서 생물학적 모니터링의 결정인자를 선택하는 근거를 설명한 것으로 틀린 것은?

① 충분히 특이적이다.
② 적절한 민감도를 갖는다.
③ 분석적인 변이나 생물학적 변이가 타당해야 한다.
④ 톨루엔에 대한 건강위험 평가는 크레졸보다 마뇨산이 신뢰성이 있는 결정인자이다.

해설

- 체내로 흡수된 톨루엔의 약 15~20%는 호기를 통해 배출된다. 그리고 나머지는 요 중 마뇨산(hippuric acid, HA)으로 그리고 일부는 크레졸(cresol)로 배설된다. 즉, 요 중에서는 마뇨산이 결정인자가 될 수 있지만 혈액과 호기의 경우는 톨루엔이 신뢰성 있는 결정인자가 되어야 한다.

∷ 생물학적 모니터링의 결정인자를 선택하는 근거

- 결정인자가 충분히 특이적이어야 한다.
- 적절한 민감도(sensitivity)를 가진 결정인자이어야 한다.
- 검사에 대한 분석적인 변이나 생물학적 변이가 타당해야 한다.
- 검체의 채취나 검사과정에서 대상자에게 불편을 주지 않아야 한다.

---

88 ────────● Repetitive Learning 〔1회 2회 3회〕

작업환경 측정과 비교한 생물학적 모니터링의 장점이 아닌 것은?

① 모든 노출경로에 의한 흡수정도를 나타낼 수 있다.
② 분석 수행이 용이하고 결과 해석이 명확하다.
③ 건강상의 위험에 대해서 보다 정확한 평가를 할 수 있다.
④ 작업환경측정(개인시료)보다 더 직접적으로 근로자 노출을 추정할 수 있다.

해설

- 생물학적 모니터링은 분석 수행이 어렵고, 결과 해석이 복잡하다.

∷ 생물학적 모니터링의 장·단점 실기 0303/1302

장점	• 모든 노출경로에 의한 흡수정도 평가 가능 • 건강상의 위험에 대해서 보다 정확한 평가 가능 • 개인시료 보다 더 직접적으로 근로자 노출을 추정 가능 • 인체에 흡수된 내재용량이나 중요한 조직 부위에 영향을 미치는 양을 모니터링 가능
단점	• 시료채취의 어려움 • 근로자의 생물학적 차이 • 유기시료의 특이성과 복잡성 • 분석 수행이 어렵고, 결과 해석이 복잡 • 접촉 부위에 건강장해를 일으키는 화학물질의 경우 적용 불가능

---

89 ────────● Repetitive Learning 〔1회 2회 3회〕

직업성 피부질환 유발에 관여하는 인자 중 간접적 인자와 가장 거리가 먼 것은?

① 인종   ② 연령
③ 땀   ④ 화학물질

해설

- 화학물질은 직업성 피부질환의 직접원인에 해당한다.

∷ 직업성 피부질환

- 작업환경 내 유해인자에 노출되어 피부 및 부속기관에 병변이 발생되거나 악화되는 질환을 직업성 피부질환이라 한다.
- 피부종양은 발암물질과의 피부의 직접 접촉뿐만 아니라 다른 경로를 통한 전신적인 흡수에 의하여도 발생될 수 있다.
- 미국을 비롯한 많은 나라들의 피부질환의 발생빈도는 대단히 높아 사회적 손실이 많이 발생하고 있다.
- 직업성 피부질환의 직접적인 요인에는 고온, 화학물질, 세균감염 등이 있다.
- 직업성 피부질환의 간접적 요인으로 연령, 땀, 인종, 아토피, 피부질환 등이 있다.

---

90 ━━━━━━━● Repetitive Learning 〔1회 2회 3회〕

피부 독성에 있어 경피흡수에 영향을 주는 인자와 가장 거리가 먼 것은?

① 온도
② 화학물질
③ 개인의 민감도
④ 용매(vehicle)

해설
- 피부 독성에 있어 경피흡수에 영향을 주는 인자에는 ②, ③, ④ 외에 작업시간이나 노출면적 등이 있다.

✿ 피부 독성에 있어 경피흡수에 영향을 주는 인자
- 화학물질
- 개인의 민감도
- 용매(vehicle)
- 작업시간이나 노출면적 등

91 ━━━━━━━● Repetitive Learning 〔1회 2회 3회〕

할로겐화 탄화수소에 관한 설명으로 틀린 것은?

① 대개 중추신경계의 억제에 의한 마취작용이 나타난다.
② 가연성과 폭발의 위험성이 높으므로 취급시 주의하여야 한다.
③ 일반적으로 할로겐화탄화수소의 독성의 정도는 화합물의 분자량이 커질수록 증가한다.
④ 일반적으로 할로겐화탄화수소의 독성의 정도는 할로겐원소의 수가 커질수록 증가한다.

해설
- 할로겐화 탄화수소에는 가연성의 것도 있고, 불연성의 것도 있다.

✿ 할로겐화 탄화수소
- 방향족 혹은 지방족 탄화수소에 하나 혹은 그 이상의 수소원소가 염소, 불소, 브롬 등과 같은 할로겐 원소로 치환된 유기용제를 말한다.
- 대개 중추신경계의 억제에 의한 마취작용이 나타난다.
- 일반적으로 할로겐화탄화수소의 독성의 정도는 화합물의 분자량이나 할로겐 원소의 수가 커질수록 증가한다.

92 ━━━━━━━● Repetitive Learning 〔1회 2회 3회〕

호흡기계 발암성과의 관련성이 가장 낮은 것은?

① 석면
② 크롬
③ 용접흄
④ 황산니켈

해설
- 용접흄은 급성중독시 폐부종, 각막염, 금속열 등을 유발하고, 만성의 경우 진폐증 등을 유발한다.

✿ 호흡기계 발암물질
- 석면 : 장기간 폭로될 경우 폐암, 악성중피종, 석면폐 등을 유발한다.
- 크롬 : 6가 크롬은 폐암이나 호흡기계 암을 유발한다.
- 황산니켈 : 폐나 비강에 암을 유발한다.
- 그 외에 비소, 산화 카디움 등이 폐암을 유발한다.

93 ━━━━━━━● Repetitive Learning 〔1회 2회 3회〕

피부는 표피와 진피로 구분하는데, 진피에만 있는 구조물이 아닌 것은?

① 혈관
② 모낭
③ 땀샘
④ 멜라닌세포

해설
- 모낭은 유해물질이 피부에 부착하여 체내로 침투되도록 확산측으로의 역할을 수행하는 진피의 구조물이다.
- 멜라닌세포는 피부의 색소를 만드는 세포로 표피 및 진피, 모낭 등에 분포한다.

✿ 표피
- 대부분 각질세포로 구성된다.
- 각질세포는 외부 환경으로부터 우리 몸을 보호하고, 우리 신체 내의 체액이 외부로 소실되는 것을 막는 방어막의 기능을 수행한다.
- 멜라닌세포와 랑게르한스세포가 존재한다.
- 멜라닌세포는 피부의 색소를 만드는 세포로 표피 및 진피, 모낭 등에 분포한다.
- 각화세포를 결합하는 조직은 케라틴 단백질이다.
- 각질층, 과립층, 유극층, 기저층으로 구성된다.
- 기저세포는 표피의 가장 아래쪽에 위치하여 진피와 접하는 기저층을 구성하는 세포이다.

94 ━━━━━━━● Repetitive Learning 〔1회 2회 3회〕

유리규산(석영) 분진에 의한 규폐성 결정과 폐포벽 파괴 등 망상내피계 반응은 분진입자의 크기가 얼마일 때 자주 일어나는가?

① $0.1 \sim 0.5 \mu m$
② $2 \sim 8 \mu m$
③ $10 \sim 15 \mu m$
④ $15 \sim 20 \mu m$

해설
- 폐포에 가장 잘 침착하는 분진은 0.5~5.0μm, 유리규산 분진이 망상내피계 반응을 가장 자주 초래하는 분진의 크기는 2~8μm 이다.
- ⁑ 분진의 크기와 인체영향
  - 0.1~1.0μm : 허파 속으로 들어가는 분진의 양이 최대가 되는 분진 크기(폐질환 초래)
  - 0.5~5.0μm : 폐포에 가장 잘 침착되는 분진 크기
  - 2~8μm : 유리규산(석영) 분진에 의한 규폐성 결정과 폐포벽 파괴 등 망상내피계 반응이 가장 자주 일어나는 분진 크기
  - 2.5~10μm : 호흡계 질환을 가진 사람에게 가장 심각한 영향을 끼치는 분진 크기
  - 10μm 이상 : 코 속의 섬모가 대부분 제거

0902 / 1403

95 — Repetitive Learning [1회] [2회] [3회]

화학적 질식제에 대한 설명으로 맞는 것은?

① 뇌순환 혈관에 존재하면서 농도에 비례하여 중추신경 작용을 억제한다.

② 피부와 점막에 작용하여 부식작용을 하거나 수포를 형성하는 물질로 고농도 하에서 호흡이 정지되고 구강 내 치아산식증 등을 유발한다.

③ 공기 중에 다량 존재하여 산소분압을 저하시켜 조직 세포에 필요한 산소를 공급하지 못하게 하여 산소부족 현상을 발생시킨다.

④ 혈액 중에서 혈색조와 결합한 후에 혈액의 산소운반 능력을 방해하거나, 또는 조직세포에 있는 철 산화요소를 불활성화시켜 세포의 산소수용 능력을 상실시킨다.

해설
- ③의 설명은 단순 질식제에 대한 설명이다.
- ⁑ 질식제
  - 질식제란 조직 내의 산화작용을 방해하는 화학물질을 말한다.
  - 질식제는 단순 질식제와 화학적 질식제로 구분할 수 있다.

단순 질식제	• 생리적으로는 아무 작용도 하지 않으나 공기 중에 많이 존재하여 산소분압을 저하시켜 조직에 필요한 산소의 공급부족을 초래하는 물질 • 수소, 질소, 헬륨, 이산화탄소, 메탄, 아세틸렌 등
화학적 질식제	• 혈액 중 산소운반능력을 방해하는 물질 • 일산화탄소, 아닐린, 시안화수소 등 • 기도나 폐 조직을 손상시키는 물질 • 황화수소, 포스겐 등

---

96 — Repetitive Learning [1회] [2회] [3회]

생물학적 모니터링을 위한 시료가 아닌 것은?

① 공기 중의 바이오 에어로졸

② 요 중의 유해인자나 대사산물

③ 혈액 중의 유해인자나 대사산물

④ 호기(exhaled air) 중의 유해인자나 대사산물

해설
- ①은 작업환경측정 시 필요한 시료이다.
- ⁑ 생물학적 모니터링을 위한 시료 실기 0401/0802/1602
  - 요 중의 유해인자나 대사산물(가장 많이 사용)
  - 혈액 중의 유해인자나 대사산물
  - 호기(exhaled air) 중의 유해인자나 대사산물

0502 / 0703 / 1403

97 — Repetitive Learning [1회] [2회] [3회]

미국정부산업위생전문가협의회(ACGIH)의 발암물질 구분으로 동물 발암성 확인물질, 인체 발암성 모름에 해당되는 Group은?

① A2　　　　　　② A3

③ A4　　　　　　④ A5

해설
- A2는 실험동물에 대한 발암성 근거는 충분하지만 사람에 대한 근거는 제한적인 물질을 말한다.
- A4는 인체 발암성 의심되지만 확실한 연구결과가 없는 물질을 말한다.
- A5는 인체 발암물질이 아니라는 결론이 난 물질을 말한다.
- ⁑ 미국정부산업위생전문가협의회(ACGIH)의 발암물질 구분 실기 0802/0902/1402

Group A1	인체 발암성 확인 물질	인체에 대한 충분한 발암성 근거 있음
Group A2	인체 발암성 의심 물질	실험동물에 대한 발암성 근거는 충분하지만 사람에 대한 근거는 제한적임
Group A3	동물 발암성 확인 인체 발암성 모름	실험동물에 대한 발암성 입증되었으나 사람에 대한 연구에서 발암성 입증 못함
Group A4	인체 발암성 미분류 물질	인체 발암성 의심되지만 확실한 연구결과가 없음
Group A5	인체 발암성 미의심 물질	인체 발암물질이 아니라는 결론

98
Repetitive Learning 1회 2회 3회

전신(계통)적 장애를 일으키는 금속 물질은?

① 납
② 크롬
③ 아연
④ 산화철

해설

- 아연은 많은 양에 노출되었을 때에만 독성을 일으키는 물질로 중독시 전신(계통)적 장애를 일으킨다.

:: 아연
- 금속열의 대표적인 원인물질에 해당한다.
- 많은 양에 노출되었을 때에만 독성을 일으키는 물질로 중독 시 전신(계통)적 장애를 일으킨다.

해설

- 단순 질식제에는 수소, 질소, 헬륨, 이산화탄소, 메탄, 아세틸렌 등이 있다.

:: 질식제
문제 95번의 유형별 핵심이론 :: 참조

0901 / 1503

99
Repetitive Learning 1회 2회 3회

공기 중 일산화탄소 농도가 10mg/m^3인 작업장에서 1일 8시간 동안 작업하는 근로자가 흡입하는 일산화탄소의 양은 몇 mg인가?(단, 근로자의 시간당 평균 흡기량은 1,250L이다)

① 10
② 50
③ 100
④ 500

해설

- 흡기량이 1,250L이므로 m^3으로 단위를 변환하면 $\frac{1,250}{1,000}=1.25$ m^3가 된다.
- 주어진 값을 대입하면 일산화탄소 흡입량은 $10 \times 8 \times 1.25 = 100$ [mg]이다.

:: 일산화탄소 흡입량
- 근로자 시간당 흡기량, 작업시간, 공기 중 일산화탄소 농도가 주어지면 일산화탄소 흡입량을 계산할 수 있다.
- 일산화탄소 흡입량[mg]은 근로자 시간당 흡기량[m^3/hr]×작업시간[hr]×공기 중 일산화탄소 농도[mg/m^3]로 구할 수 있다.

0701

100
Repetitive Learning 1회 2회 3회

단순 질식제에 해당되는 물질은?

① 탄산가스
② 아닐린가스
③ 니트로벤젠가스
④ 황화수소가스

memo

출제문제 분석 — 2019년 1회

구분	1과목	2과목	3과목	4과목	5과목	합계
New유형	1	2	0	1	1	5
New문제	4	7	8	3	4	26
또나온문제	9	6	2	4	8	29
자꾸나온문제	7	7	10	13	8	45
합계	20	20	20	20	20	100

● New유형은 New문제 중 기존 기출문제와 완전히 다른 유형의 문제를 말합니다.
● New문제는 기존에 출제되지 않은 문제로 이번에 처음 출제되는 문제입니다.
● 또나온문제는 기존에 출제된 적이 1번 있는 문제를 말합니다.
● 자꾸나온문제는 기존에 출제된 적이 2번 이상 있는 문제를 말합니다. 그만큼 중요한 문제입니다.

몇 년분의 기출문제를 공부해야 합격할 수 있을까요?

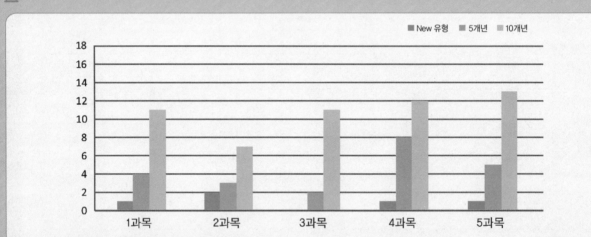

● 완전 새로운 유형의 문제는 5문제이고 95문제가 이미 출제된 문제 혹은 변형문제입니다.
● 5년분(2018~2022) 기출에서 동일문제가 22문항이 출제되었고, 10년분(2013~2022) 기출에서 동일문제가 54문항이 출제되었습니다.

실기에 나왔어요!! 일타쌍피-사전체크!!

실기시험은 필답형으로 진행됩니다. 객관식의 필기와 달리 주관식인 관계로 아는 만큼 적을 수 있습니다. 최근 계산문제의 비중이 많이 감소하고 있지만 절반 정도의 이론 문제와 절반 정도의 계산문제가 출제된다고 보시면 됩니다. 계산문제의 경우 나오는 문제유형이 거의 정해져 있습니다. 필기 공부할 때 미리 실기에 나오는 내용을 체크하시고 그부분만큼은 잘 공부해 두신다면 당 회차 실기까지 한 번에 잡을 수 있습니다.
● 총 47개의 유형별 핵심이론이 실기시험과 연동되어 있습니다.

분석의견

합격률이 54.6%로 대단히 높았던 회차였습니다.
10년 기출을 학습할 경우 모든 과목이 과락 점수 이상으로 출제되었으며, 새로운 유형의 문제 역시 거의 출제되지 않아 기출문제를 학습하신 수험생은 대단히 쉽다고 느낄만한 회차입니다.
10년분 기출문제와 유형별 핵심이론의 2회 정독은 되어야 합격 가능한 것으로 판단됩니다.

2019년 제1회

2019년 3월 3일 필기

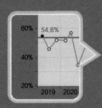

19년 1회차 필기시험
합격률 54.6%

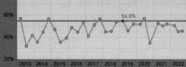

1과목 산업위생학개론

01 ──── ● Repetitive Learning (1회 2회 3회)

0902

OSHA가 의미하는 기관의 명칭으로 맞는 것은?

① 세계보건기구
② 영국보건안전부
③ 미국산업위생협회
④ 미국산업안전보건청

해설

• 세계보건기구는 WHO이다.
• 영국보건안전부는 HSE이다.
• 미국산업위생협회는 AIHA이다.

❖ 산업위생 관련 기관 실기 0301/1101/1602/1702

국가	기관약어	기관명
한국	KOSHA	한국산업안전보건공단
미국	OSHA	미국산업안전보건청
	AIHA	미국산업위생학회
	ACGHI	미국정부산업위생전문가협의회
	NIOSH	미국국립산업안전보건연구원
영국	BOHS	영국산업위생학회

02 ──── ● Repetitive Learning (1회 2회 3회)

신체적 결함과 이에 따른 부적합 작업을 짝지은 것으로 틀린 것은?

① 심계항진 – 정밀작업
② 간기능 장해 – 화학공업
③ 빈혈증 – 유기용제 취급작업
④ 당뇨증 – 외상받기 쉬운 작업

해설

• 심계항진이란 심장이 뛰는 것이 느껴져 불안감이나 긴장감을 유발하는 증상으로 격심작업이나 고소작업에 부적합하다.

❖ 신체적 결함과 부적합 작업

신체적 결함	부적합한 작업
신체허약	중근작업
빈혈증	화학공업, 중근작업, 유기용제 취급작업
편평족	서서하는 작업, 보행작업
시력부족	정밀작업, 안경을 사용하지 못하는 작업
심계항진	격심작업, 고소작업
색약	교통, 통신, 화학공업 등 색채, 음영 구별하는 작업
청력장해	통신작업, 일반기계공업, 재해위험작업
비만증	고열작업, 고소작업
천식, 만성기관지염	분진작업, 유해가스작업
고혈압	이상기온, 이상기압하에서의 작업, 정신적 긴장작업
간기능장애	화학공업
당뇨증	외상받기 쉬운 작업, 기타 중노동

03 ──── ● Repetitive Learning (1회 2회 3회)

1201 / 1203 / 1502 / 2004 / 2202

사고예방대책의 기본원리 5단계를 순서대로 나열한 것으로 맞는 것은?

① 사실의 발견 → 조직 → 분석 → 시정책(대책)의 선정 → 시정책(대책)의 적용
② 조직 → 분석 → 사실의 발견 → 시정책(대책)의 선정 → 시정책(대책)의 적용
③ 조직 → 사실의 발견 → 분석 → 시정책(대책)의 선정 → 시정책(대책)의 적용
④ 사실의 발견 → 분석 → 조직 → 시정책(대책)의 선정 → 시정책(대책)의 적용

- 하인리히의 사고예방의 기본원리 5단계는 순서대로 안전관리조직과 규정, 현상파악, 원인규명, 시정책의 선정, 시정책의 적용 순으로 적용된다.

하인리히의 사고예방대책 기본원리 5단계

단계	단계별 과정
1단계	안전관리조직과 규정
2단계	사실의 발견으로 현상파악
3단계	분석을 통한 원인규명
4단계	시정방법의 선정
5단계	시정책의 적용

---

04 ──────── • Repetitive Learning [1회 2회 3회]

다음 중 실내공기의 오염에 따른 건강상의 영향을 나타내는 용어와 가장 거리가 먼 것은?

① 새차증후군　　　② 화학물질과민증

③ 헌집증후군　　　④ 스티븐슨존슨 증후군

- 스티븐슨존슨 증후군은 약물에 의해 발생되는 피부나 점액막의 염증이다.

실내공기 오염에 따른 영향

화학적 물질	• 새차(집)증후군 • 헌집증후군	• 화학물질과민증 • 빌딩증후군
생물학적 물질	• 레지오넬라 질환 • 가습기 열병	• 과민성 폐렴

---

05 ──────── • Repetitive Learning [1회 2회 3회]

물체의 실제 무게를 미국 NIOSH의 권고 중량물한계기준(RWL : recommended weight limit)으로 나누어 준 값을 무엇이라 하는가?

① 중량상수(LC)　　　② 빈도승수(FM)

③ 비대칭승수(AM)　　④ 중량물 취급지수(LI)

- LI는 취급하는 중량물의 중량이 RWL의 몇배인지를 나타낸다.

NIOSH에서 정한 중량물 들기작업지수(Lifting index, LI)
- 물체무게[kg]/RWL[kg]로 구한다.
- 취급하는 중량물의 중량이 RWL의 몇배인지를 나타낸다.
- LI가 작을수록 좋고, 1보다 크면 요통 발생이 있다.

---

06 ──────── • Repetitive Learning [1회 2회 3회]

국가 및 기관별 허용기준에 대한 사용 명칭을 잘못 연결한 것은?

① 영국 HSE – OEL

② 미국 OSHA – PEL

③ 미국 ACGIH – TLV

④ 한국 – 화학물질 및 물리적 인자의 노출기준

- 영국의 HSE(산업안전보건청)에서는 WEL을 노출기준으로 한다.

국가 및 기관별 유해물질에 대한 허용기준 실기 1101/1702

국가	기관	노출기준
한국		화학물질 및 물리적 인자의 노출기준
미국	OSHA	PEL
	AIHA	WEEL
	ACGHI	TLV
	NIOSH	REL
영국	HSE	WEL
독일		TRGS

---

07 ──────── • Repetitive Learning [1회 2회 3회]

산업안전보건법에서 정하는 중대재해라고 볼 수 없는 것은?

① 사망자가 1명 이상 발생한 재해

② 부상자 또는 직업성질병자가 동시에 10명 이상 발생한 재해

③ 3개월 이상의 요양을 요하는 부상자가 동시에 2명 이상 발생한 재해

④ 재산피해액 5천만원 이상의 재해

- 중대재해는 재산피해의 정도와는 상관없다.

중대재해(Major Accident)
- ㉠ 개요
  - 산업재해 중 사망 등 재해 정도가 심한 것으로서 고용노동부령으로 정하는 재해를 말한다.
- ㉡ 종류
  - 사망자가 1명 이상 발생한 재해
  - 3개월 이상의 요양이 필요한 부상자가 동시에 2명 이상 발생한 재해
  - 부상자 또는 직업성 질병자가 동시에 10명 이상 발생한 재해

08

● Repetitive Learning 〔1회 2회 3회〕

1994년 ABIH(American Board of Industrial Hygiene)에서 채택된 산업위생전문가의 윤리강령 내용으로 틀린 것은?

① 산업위생 활동을 통해 얻은 개인 및 기업의 정보는 누설하지 않는다.
② 과학적 방법의 적용과 자료의 해석에서 경험을 통한 전문가의 주관성을 유지한다.
③ 전문적 판단이 타협에 의하여 좌우될 수 있거나 이해관계가 있는 상황에는 개입하지 않는다.
④ 쾌적한 작업환경을 만들기 위해 산업위생이론을 적용하고 책임있게 행동한다.

해설
• 산업위생전문가는 과학적 방법의 적용과 자료의 해석에 객관성을 유지해야 한다.

❖ 산업위생전문가의 윤리강령 중 산업위생전문가로서의 책임
  • 산업위생 활동을 통해 얻은 개인 및 기업의 정보는 누설하지 않는다.
  • 전문적 판단이 타협에 의하여 좌우될 수 있거나 이해관계가 있는 상황에는 개입하지 않는다.
  • 쾌적한 작업환경을 만들기 위해 산업위생이론을 적용하고 책임있게 행동한다.
  • 성실성과 학문적 실력 면에서 최고 수준을 유지한다.
  • 과학적 방법의 적용과 자료의 해석에 객관성을 유지한다.
  • 전문분야로서의 산업위생을 학문적으로 발전시킨다.
  • 근로자, 사회 및 전문 직종의 이익을 위해 과학적 지식을 공개하고 발표한다.

09

● Repetitive Learning 〔1회 2회 3회〕

밀폐공간과 관련된 설명으로 틀린 것은?

① 산소결핍이란 공기 중의 산소농도가 16% 미만인 상태를 말한다.
② 산소결핍증이란 산소가 결핍된 공기를 들이마심으로써 생기는 증상을 말한다.
③ 유해가스란 탄산가스, 일산화탄소, 황화수소 등의 기체로서 인체에 유해한 영향을 미치는 물질을 말한다.
④ 적정공기란 산소농도의 범위가 18% 이상 23.5% 미만, 탄산가스의 농도가 1.5% 미만, 일산화탄소의 농도가 30ppm 미만, 황화수소의 농도가 10ppm 미만인 수준의 공기를 말한다.

해설
• 산소결핍이란 공기 중의 산소농도가 18퍼센트 미만인 상태를 말한다.

❖ 밀폐공간 관련 용어 **실기** 0603/0903/1402/1903/2203

밀폐공간	산소결핍, 유해가스로 인한 질식 · 화재 · 폭발 등의 위험이 있는 장소
유해가스	탄산가스 · 일산화탄소 · 황화수소 등의 기체로서 인체에 유해한 영향을 미치는 물질
적정공기	산소농도의 범위가 18퍼센트 이상 23.5퍼센트 미만, 탄산가스의 농도가 1.5퍼센트 미만, 일산화탄소의 농도가 30피피엠 미만, 황화수소의 농도가 10피피엠 미만인 수준의 공기
산소결핍	공기 중의 산소농도가 18퍼센트 미만인 상태
산소결핍증	산소가 결핍된 공기를 들이마심으로써 생기는 증상

10

● Repetitive Learning 〔1회 2회 3회〕

최대작업영역(maximum working area)에 대한 설명으로 맞는 것은?

① 양팔을 곧게 폈을 때 도달할 수 있는 최대영역
② 팔을 위 방향으로만 움직이는 경우에 도달할 수 있는 작업영역
③ 팔을 아래 방향으로만 움직이는 경우에 도달할 수 있는 작업영역
④ 팔을 가볍게 몸체에 붙이고 팔꿈치를 구부린 상태에서 자유롭게 손이 닿는 영역

해설
• 최대작업역은 작업자가 움직이지 않으면서 최대한 팔을 뻗어 닿는 영역을 말한다.

❖ 최대작업역 **실기** 0303
  • 최대한 팔을 뻗친 거리로 작업자가 가끔 하는 작업의 구간을 포함한다.
  • 좌식 평면 작업대에서 어깨로부터 팔을 펴서 어깨를 축으로 하여 수평면상에 원을 그릴 때 부채꼴 원호의 내부지역을 말한다.
  • 수평작업대에서 전완과 상완을 곧게 펴서 파악할 수 있는 구역을 말한다.

11

● Repetitive Learning 〔1회 2회 3회〕

근육운동의 에너지원 중에서 혐기성 대사의 에너지원에 해당되는 것은?

① 지방
② 포도당
③ 글리코겐
④ 단백질

- glucose(포도당)의 경우 혐기성에서는 일부의 분자만 생성할 수 있어 주는 글리코겐이 혐기성 대사의 에너지원이 된다.

❖ 혐기성 대사 실기 1401
- 호기성 대사가 대사과정을 통해 생성된 에너지인데 반해 혐기성 대사는 근육에 저장된 화학적 에너지를 말한다.
- 혐기성 대사는 ATP(아데노신 삼인산) → CP(크레아틴 인산) → glycogen(글리코겐) 혹은 glucose(포도당)순으로 에너지를 공급받는다.
- glucose(포도당)의 경우 혐기성에서 3개의 ATP 분자를 생성하지만 호기성 대사로 39개를 생성한다. 즉, 혐기 및 호기에 모두 사용된다.

12 ———————● Repetitive Learning 1회 2회 3회

미국산업위생학회(AHIA)에서 정한 산업위생의 정의로 옳은 것은?

① 작업장에서 인종, 정치적 이념, 종교적 갈등을 배제하고 작업자의 알권리를 최대한 확보해주는 사회과학적 기술이다.

② 작업자가 단순하게 허약하지 않거나 질병이 없는 상태가 아닌 육체적, 정신적 및 사회적인 안녕 상태를 유지하도록 관리하는 과학과 기술이다.

③ 근로자 및 일반대중에게 질병, 건강장애, 불쾌감을 일으킬 수 있는 작업환경요인과 스트레스를 예측, 측정, 평가 및 관리하는 과학이며 기술이다.

④ 노동 생산성보다는 인권이 소중하다는 이념하에 노사간 갈등을 최소화하고 협력을 도모하여 최대한 쾌적한 작업환경을 유지 증진하는 사회과학이며 자연과학이다.

해설

- 미국산업위생학회(AHIA)에서는 산업위생을 근로자 및 일반대중에게 질병, 건강장애, 불쾌감을 일으킬 수 있는 작업환경요인과 스트레스를 예측, 측정, 평가 및 관리하는 과학이며 기술이라고 정의했다.

❖ 산업위생 실기 1403
- 근로자의 육체적, 정신적 건강과 사회적 건강 유지 및 증진을 위해 근로자를 생리적, 심리적으로 적합한 작업환경에 배치시키는 것을 말한다.
- 미국산업위생학회(AHIA)에서는 근로자 및 일반대중에게 질병, 건강장애, 불쾌감을 일으킬 수 있는 작업환경요인과 스트레스를 예측, 측정, 평가 및 관리하는 과학이며 기술이라고 정의했다.

- 1950년 국제노동기구(ILO)와 세계보건기구(WHO) 공동위원회에서는 근로자들의 육체적, 정신적 그리고 사회적 건강을 고도로 유지 증진시키고, 작업조건으로 인한 질병을 예방하고 건강에 유해한 취업을 방지하며, 근로자를 생리적으로나 심리적으로 적합한 작업환경에 배치하는 것이라고 정의하였다.

13 ———————● Repetitive Learning 1회 2회 3회

산업안전보건법령상 석면에 대한 작업환경측정결과 측정치가 노출기준을 초과하는 경우 그 측정일로부터 몇 개월에 몇 회 이상의 작업환경측정을 하여야 하는가?

① 1개월에 1회 이상
② 3개월에 1회 이상
③ 6개월에 1회 이상
④ 12개월에 1회 이상

해설

- 석면은 고용노동부장관이 정하여 고시하는 물질에 해당하는 화학적 인자에 해당하므로 측정치가 노출기준을 초과하는 경우 측정일부터 3개월에 1회 이상 작업환경측정을 해야 한다.

❖ 작업환경측정 주기 및 횟수 실기 1802/2004
- 사업주는 작업장 또는 작업공정이 신규로 가동되거나 변경되는 등으로 작업환경측정 대상 작업장이 된 경우에는 그날부터 30일 이내에 작업환경측정을 하고, 그 후 반기(半期)에 1회 이상 정기적으로 작업환경을 측정해야 한다. 다만, 작업환경측정 결과가 다음의 어느 하나에 해당하는 작업장 또는 작업공정은 해당 유해인자에 대하여 그 측정일부터 3개월에 1회 이상 작업환경측정을 해야 한다.
  - 고용노동부장관이 정하여 고시하는 물질에 해당하는 화학적 인자의 측정치가 노출기준을 초과하는 경우
  - 고용노동부장관이 정하여 고시하는 물질에 해당하지 않는 화학적 인자의 측정치가 노출기준을 2배 이상 초과하는 경우
- 사업주는 최근 1년간 작업공정에서 공정 설비의 변경, 작업방법의 변경, 설비의 이전, 사용 화학물질의 변경 등으로 작업환경측정 결과에 영향을 주는 변화가 없는 경우로서 다음 각 호의 어느 하나에 해당하는 경우에는 해당 유해인자에 대한 작업환경측정을 연(年) 1회 이상 할 수 있다. 다만, 고용노동부장관이 정하여 고시하는 물질을 취급하는 작업공정은 그렇지 않다.
  - 작업공정 내 소음의 작업환경측정 결과가 최근 2회 연속 85 데시벨(dB) 미만인 경우
  - 작업공정 내 소음 외의 다른 모든 인자의 작업환경측정 결과가 최근 2회 연속 노출기준 미만인 경우

14 ————————● Repetitive Learning 1회 2회 3회

직업성 질환의 범위에 대한 설명으로 틀린 것은?

① 합병증이 원발성 질환과 불가분의 관계를 가지는 경우를 포함한다.
② 직업상 업무에 기인하여 1차적으로 발생하는 원발성 질환은 제외한다.
③ 원발성 질환과 합병 작용하여 제2의 질환을 유발하는 경우를 포함한다.
④ 원발성 질환부위가 아닌 다른 부위에서도 동일한 원인에 의하여 제2의 질환을 일으키는 경우를 포함한다.

해설
• 직업상 업무에 기인하여 1차적으로 발생하는 원발성 질환은 직업성 질환에 포함된다.

❖ 직업성 질환의 범위

원발성 질환	직업상 업무에 기인하여 1차적으로 발생하는 질환
속발성 질환	원발성 질환에 기인하여 속발할 것으로 의학상 인정되는 경우 업무에 기인하지 않았다는 유력한 원인이 없는 한 직업성 질환으로 취급
합병증	• 원발성 질환과 합병하는 제2의 질환을 유발 • 합병증이 원발성 질환에 대하여 불가분의 관계를 가질 때 • 원발성 질환에서 떨어진 부위에 같은 원인에 의한 제2의 질환이 발생하는 경우

15 ————————● Repetitive Learning 1회 2회 3회

산업안전보건법에서 산업재해를 예방하기 위하여 잠재적 위험성을 발견하고 그 개선대책을 수립할 목적으로 고용노동부장관이 지정하는 조사 평가를 무엇이라 하는가?

① 위험성 평가　　　　② 작업환경측정·평가
③ 안전·보건진단　　　④ 유해성·위험성 조사

해설
• 위험성 평가란 유해·위험요인을 파악하고 해당 유해·위험요인에 의한 부상 또는 질병의 발생 가능성(빈도)과 중대성(강도)을 추정·결정하고 감소대책을 수립하여 실행하는 일련의 과정을 말한다.
• 작업환경측정이란 작업환경 실태를 파악하기 위하여 해당 근로자 또는 작업장에 대하여 사업주가 유해인자에 대한 측정계획을 수립한 후 시료(試料)를 채취하고 분석·평가하는 것을 말한다.

❖ 안전·보건진단의 법률적 정의
　• 산업재해를 예방하기 위하여 잠재적 위험성을 발견하고 그 개선대책을 수립할 목적으로 조사·평가하는 것을 말한다.

16 ————————● Repetitive Learning 1회 2회 3회

산업안전보건법상 사무실 공기관리에 있어 오염물질에 대한 관리기준이 잘못 연결된 것은?

① 오존-0.1ppm 이하
② 일산화탄소-10ppm 이하
③ 이산화탄소-1,000ppm 이하
④ 포름알데히드(HCHO)-0.1ppm 이하

해설
• 오존은 산업안전보건법상 사무실 공기관리에 있어 관리대상 오염물질에 해당하지 않는다.

❖ 오염물질 관리기준　신기 0901/1002/1502/1603/2201

미세먼지(PM10)	$100\mu g/m^3$
초미세먼지(PM2.5)	$50\mu g/m^3$
이산화탄소(CO_2)	1,000ppm
일산화탄소(CO)	10ppm
이산화질소(NO_2)	0.1ppm
포름알데히드(HCHO)	$100\mu g/m^3$
총휘발성유기화합물(TVOC)	$500\mu g/m^3$
라돈(radon)	148Bq/m^3
총부유세균	800CFU/m^3
곰팡이	500CFU/m^3

• 라돈은 지상1층을 포함한 지하에 위치한 사무실에만 적용한다.

17 ————————● Repetitive Learning 1회 2회 3회

산업피로의 대책으로 적합하지 않은 것은?

① 불필요한 동작을 피하고 에너지 소모를 적게 한다.
② 작업과정에 따라 적절한 휴식시간을 가져야 한다.
③ 작업능력에는 개인별 차이가 있으므로 각 개인마다 작업량을 조정해야 한다.
④ 동적인 작업은 피로를 더하게 하므로 가능한 한 정적인 작업으로 전환한다.

해설
• 피로 예방을 위해 동적인 작업을 늘리고, 정적인 작업을 줄인다.

❖ 작업에 수반된 피로의 회복대책
　• 충분한 영양을 섭취한다.
　• 목욕이나 가벼운 체조를 한다.
　• 휴식과 수면을 자주 취한다.
　• 작업환경을 정리·정돈한다.

- 불필요한 동작을 피하고, 에너지 소모를 적게한다.
- 힘든 노동은 가능한 한 기계화한다.
- 장시간 휴식하는 것보다 짧은 시간 여러 번 쉬는 것이 피로회복에 효과적이다.
- 동적인 작업을 늘리고, 정적인 작업을 줄인다.
- 커피, 홍차, 엽차, 비타민B, 비타민C 등의 적정한 영양제를 보급한다.
- 음악감상과 오락 등 취미생활을 한다.

0401

18 ●━━━━━━━━● Repetitive Learning 〔1회 2회 3회〕

산업피로에 대한 설명으로 틀린 것은?

① 산업피로는 원천적으로 일종의 질병이며 비가역적 생체변화이다.
② 산업피로는 건강장해에 대한 경고반응이라고 할 수 있다.
③ 육체적, 정신적 노동부하에 반응하는 생체의 태도이다.
④ 산업피로는 생산성의 저하뿐만 아니라 재해와 질병의 원인이 된다.

해설
- 산업피로는 질병이 아닌 가역적 생체변화이다.
- ✦✦ 피로와 산업피로
  - ㉠ 피로
    - 피로는 고단하다는 주관적인 느낌이라 할 수 있다.
    - 정신적 피로와 육체적 피로는 보통 구별하기 어렵다.
  - ㉡ 산업피로 **실기** 1402
    - 질병이 아닌 가역적 생체변화이다.
    - 건강장해에 대한 경고반응이라고 할 수 있다.
    - 육체적, 정신적 그리고 신경적인 노동부하에 반응하는 생체의 태도이다.
    - 생산성의 저하뿐만 아니라 재해와 질병의 원인이 된다.
    - 유발원인으로는 작업부하, 작업환경조건, 생활조건 등이 있다.
    - 작업과정 사이에 짧은 휴식이 장시간의 휴식 보다 산업피로를 경감시킨다.

19 ●━━━━━━━━● Repetitive Learning 〔1회 2회 3회〕

상시근로자 수가 1,000명인 사업장에 1년 동안 6건의 재해로 8명의 재해자가 발생하였고, 이로 인한 근로손실일수는 80일이었다. 근로자가 1일 8시간씩 매월 25일씩 근무하였다면, 이 사업장의 도수율은 얼마인가?

① 0.03　　　　　　② 2.50
③ 4.00　　　　　　④ 8.00

해설
- 연간총근로시간은 1,000명×8시간×25일×12월이므로 2,400,000시간이다.
- 도수율은 $\frac{6}{2,400,000} \times 1,000,000 = 2.5$이다.
- ✦✦ 도수율(FR : frequency Rate of injury) **실기** 0502/0503/0602
  - 100만 시간당 발생한 재해건수를 의미한다.
  - 도수율 = $\frac{\text{연간 재해 건수}}{\text{연간 총 근로시간}} \times 10^6$로 구한다.
  - 연간 근무일수나 하루 근무시간수가 주어지지 않을 경우 하루 8시간, 1년 300일 근무하는 것으로 간주한다.

0803 / 1402

20 ●━━━━━━━━● Repetitive Learning 〔1회 2회 3회〕

육체적 작업능력(PWC)이 15kcal/min인 근로자가 1일 8시간 물체를 운반하고 있다. 이때의 작업대사율이 6.5kcal/min이고, 휴식 시의 대사량이 1.5kcal/min일 때 매 시간당 적정 휴식시간은 약 얼마인가?(단, Hertig의 식을 적용한다)

① 18분　　　　　　② 25분
③ 30분　　　　　　④ 42분

해설
- PWC가 15kcal/min이므로 E_{max}는 5kcal/min이다.
- E_{task}는 6.5kcal/min이고, E_{rest}는 1.5kcal/min이므로 값을 대입하면 $T_{rest} = \left[\frac{5-6.5}{1.5-6.5} \right] \times 100 = \frac{1.5}{5} \times 100 = 30[\%]$가 된다.
- 1시간의 30%는 18분에 해당한다.
- ✦✦ Hertig의 적정휴식시간 **실기** 1401
  - 시간당 적정휴식시간의 백분율 $T_{rest} = \left[\frac{E_{max} - E_{task}}{E_{rest} - E_{task}} \right] \times 100$ [%]으로 구한다.

    - E_{max}는 8시간 작업에 적합한 작업량으로 육체적 작업능력(PWC)의 1/3에 해당한다.
    - E_{rest}는 휴식 대사량이다.
    - E_{task}는 해당 작업 대사량이다.

21

1203
● Repetitive Learning 〔1회 2회 3회〕

유사노출그룹에 대한 설명으로 틀린 것은?

① 유사노출그룹은 노출되는 유해인자의 농도와 특성이 유사하거나 동일한 근로자 그룹을 말한다.

② 역학조사를 수행할 때 사건이 발생된 근로자가 속한 유사노출그룹의 노출농도를 근거로 노출원인을 추정할 수 있다.

③ 유사노출그룹 설정을 위해 시료채취수가 과다해지는 경우가 있다.

④ 유사노출그룹은 모든 근로자의 노출 상태를 측정하는 효과를 가진다.

해설

• 유사노출그룹이란 특정 유해인자에 통계적으로 유사한 농도 혹은 강도에 노출되는 근로자의 그룹으로 분류하는 것으로 모든 근로자의 노출농도를 경제적으로 평가하고자 하는데 목적이 있다.

❖ 유사노출그룹(HEG) 설정 [실기] 0501/0601/0702/0901/1203/1303/1503

• 유사노출그룹이란 특정 유해인자에 통계적으로 유사한 농도 혹은 강도에 노출되는 근로자의 그룹으로 분류하는 것을 말한다.

• 모든 근로자의 노출농도를 평가하고자 하는데 목적이 있다.

• 조직, 공정, 작업범주 그리고 공정과 작업내용별로 구분하여 설정한다.

• 모든 근로자를 유사한 노출그룹별로 구분하고 그룹별로 대표적인 근로자를 선택하여 측정하면 측정하지 않은 근로자의 노출농도까지도 추정할 수 있다.

• 유사노출그룹 설정을 위한 목적 중 시료채취수를 경제적으로 하기 위함도 있다.

22

● Repetitive Learning 〔1회 2회 3회〕

온도 표시에 대한 설명으로 틀린 것은?(단, 고용노동부고시를 기준으로 한다)

① 절대온도는 K로 표시하고 절대온도 0K는 −273℃로 한다.

② 실온은 1~35℃, 미온은 30~40℃로 한다.

③ 온도의 표시는 셀시우스(Celcius)법에 따라 아라비아 숫자의 오른쪽에 ℃를 붙인다.

④ 냉수는 4℃ 이하, 온수는 60~70℃를 말한다.

해설

• 냉수(冷水)는 15℃ 이하, 온수(溫水)는 60~70℃, 열수(熱水)는 약 100℃를 말한다.

❖ 온도 표시

• 온도의 표시는 셀시우스(Celcius)법에 따라 아라비아 숫자의 오른쪽에 ℃를 붙인다. 절대온도는 °K로 표시하고 절대온도 0°K는 −273℃로 한다.

• 상온은 15~25℃, 실온은 1~35℃, 미온은 30~40℃로 하고, 찬 곳은 따로 규정이 없는 한 0~15℃의 곳을 말한다.

• 냉수(冷水)는 15℃ 이하, 온수(溫水)는 60~70℃, 열수(熱水)는 약 100℃를 말한다.

23

1401
● Repetitive Learning 〔1회 2회 3회〕

유기용제 작업장에서 측정한 톨루엔 농도는 65, 150, 175, 63, 83, 112, 58, 49, 205, 178ppm일 때, 산술평균과 기하평균값은 약 몇 ppm인가?

① 산술평균 108.4, 기하평균 100.4

② 산술평균 108.4, 기하평균 117.6

③ 산술평균 113.8, 기하평균 100.4

④ 산술평균 113.8, 기하평균 117.6

해설

• 산술평균은
$$\frac{65+150+175+63+83+112+58+49+205+178}{10}=\frac{1138}{10}$$
$= 113.8$이다.

• 기하평균은
$$\sqrt[10]{65\times150\times175\times63\times83\times112\times58\times49\times205\times178}$$
$= 100.3570\cdots$이다.

❖ 산술평균과 기하평균 [실기] 0601/1403

• $x_1, x_2, \cdots, x_n$의 자료가 주어질 때 산술평균은
$$\frac{x_1+x_2+\cdots+x_n}{n}$$으로 구한다.

• $x_1, x_2, \cdots, x_n$의 자료가 주어질 때 기하평균은
$$\sqrt[n]{x_1\times x_2\times\cdots\times x_n}$$으로 구한다.

24

● Repetitive Learning 〔1회 2회 3회〕

입자의 가장자리를 이등분한 직경으로 과대평가될 가능성이 있는 직경은?

① 마틴 직경　　　　　　② 페렛 직경

③ 공기역학 직경　　　　④ 등면적 직경

- 마틴 직경이란 정방형에서 투영면적을 2등분으로 하는 선분의 길이로 과소평가 가능성이 있는 입자성 물질의 직경이다.
- 공기역학 직경이란 분진과 침강속도가 동일하며 밀도가 $1g/cm^3$인 구형입자의 직경으로 입자의 특성파악에 주로 사용된다.
- 등면적 직경이란 먼지의 면적과 동일한 면적을 갖는 원의 직경으로 가장 정확한 입자성 물질의 직경이다.

:: 페렛 직경(Feret's diameter) 실기 0301/0302/0403/0602/0701/0803/0903/1201/1301/1703/1901/2001/2003/2101/2103

- 먼지의 한쪽 끝 가장자리와 다른 쪽 끝 가장자리 사이의 거리로 과대평가될 가능성이 있는 입자성 물질의 직경을 말한다.
- 무작위로 배향한 입자를 사이에 두고 각 입자에 대하여 평형선을 그었을 때의 길이를 말한다.

---

25 ● Repetitive Learning [1회][2회][3회]

다음은 공기유량을 보정하는데 사용하는 표준기구들이다. 다음 중 1차 표준기구가 아닌 것은?

① 오리피스미터
② 폐활량계
③ 가스치환병
④ 유리피스톤미터

- 오리피스미터는 대표적인 2차 표준기구에 해당한다.

:: 표준기구 실기 1203/1802/2002/2203

ⓐ 1차 표준기구
- 물리적 차원인 공간의 부피를 직접 측정할 수 있는 기구로 정확도는 ±1% 이내이다.
- 폐활량계, 가스치환병, 유리피스톤미터, 흑연피스톤미터, Pitot튜브, 비누거품미터, 가스미터 등이 있다.

ⓑ 2차 표준기구
- 2차표준기기는 1차 표준기기를 이용하여 보정해야 하는 기구로 정확도는 ±5% 이내이다.
- 습식테스트(Wet-test)미터, 벤투리미터, 열선기류계, 오리피스미터, 건식가스미터, 로타미터 등이 있다.

---

26 ● Repetitive Learning [1회][2회][3회]

원통형 비누거품미터를 이용하여 공기시료채취기의 유량을 보정하고자 한다. 원통형 비누거품미터의 내경은 4cm이고 거품막이 30cm의 거리를 이동하는데 10초의 시간이 걸렸다면 이 공기시료채취기의 유량은 약 몇(cm^3/sec)인가?

① 37.7
② 16.5
③ 8.2
④ 2.2

- 내경이 4로 반지름은 2이므로 원통형의 부피를 통해 구한 비누거품의 통과량은 $\pi r^2 l = \pi \times 2^2 \times 30 = 376.8[cm^3]$이다.
- 통과시간은 10초이므로 채취유량은 $\frac{376.8}{10} = 37.68[cm^3/s]$이다.

:: 비누거품미터 실기 0303/0803/1101/1502/1702/2001/2202

- 펌프의 유량을 보정하는데 1차 표준으로 사용된다.
- 채취유량은 단위시간동안 통과한 비누거품의 양으로 구한다.
- 채취유량은 $\frac{비누거품 통과 양}{비누거품 통과시간}$으로 구할 수 있다.

---

27 ● Repetitive Learning [1회][2회][3회]

입자의 크기에 따라 여과기전 및 채취효율이 다르다 입자크기가 0.1~0.5μm일 때 주된 여과 기전은?

① 충돌과 간섭
② 확산과 간섭
③ 차단과 간섭
④ 침강과 간섭

- 입자의 크기가 0.1~0.5μm의 경우 확산, 간섭, 0.5~1μm의 경우 충돌과 간섭이 주요 작용기전에 해당한다.

:: 입자의 크기에 따른 작용기전 실기 0303/1101/1303/1401/1803

입자의 크기		작용기전
$1\mu m$ 미만	0.01~0.1	확산
	0.1~0.5	확산, 간섭(직접차단)
	0.5~1.0	관성충돌, 간섭(직접차단)
1~5μm		침전(침강)
5~30μm		충돌

---

28 ● Repetitive Learning [1회][2회][3회]

입자상 물질을 채취하기 위해 사용하는 막여과지에 관한 설명으로 틀린 것은?

① MCE 막여과지 : 산에 쉽게 용해되므로 입자상 물질 중의 금속을 채취하여 원자흡광광도법으로 분석하는데 적당하다.

② PVC막 여과지 : 유리규산을 채취하여 X-선 회절법으로 분석하는데 적절하다.

③ PTFE막 여과지 : 농약, 알칼리성 먼지, 콜타르피치 등을 채취하는데 사용한다.

④ 은막 여과지 : 금속은, 결합제, 섬유 등을 소결하여 만든 것으로 코크스오븐에 대한 저항이 약한 단점이 있다.

- 은막 여과지는 결합제와 섬유 없이 균일한 금속은을 소결해서 만든다.

:: 은막(Silver membrane) 여과지
  - 균일한 금속은을 소결하여 만든 것이다.
  - 열적, 화학적 안정성이 있음
  - 결합제나 섬유가 포함되어 있지 않다.
  - 코크스 제조공정에서 발생되는 코크스 오븐 배출물질을 채취하는데 이용된다.

29 — ● Repetitive Learning (1회 2회 3회)

출력이 0.4W의 작은 점음원에서 10m 떨어진 곳의 음압수준은 약 몇 dB인가?(단, 공기의 밀도는 1.18kg/m^3이고, 공기에서 음속은 344.4m/sec이다)

① 80　　　　　　　② 85
③ 90　　　　　　　④ 95

해설

- 먼저 음력을 음력레벨(PWL)로 변환해야 하므로 대입하면

$$10\log\frac{0.4}{10^{-12}} = 116.020\cdots[dB]가 된다.$$

- 자유공간에서의 SPL은 음향파워레벨(PWL)$-20logr-11$로 구하므로 대입하면 SPL $= 116.02-20\log10-11 = 85.02\cdots[dB]$가 된다.

:: 음향파워레벨(PWL, 음력레벨) 실기 1603
  - $10\log\dfrac{W}{W_0}$[dB]로 구한다. 이때 W는 대상 음력[watt]이고, W_0는 기준음력으로 10^{-12}[watt]이다.

:: 음압레벨(SPL ; Sound Pressure Level) 실기 0403/0501/0503/0901/1001/1102/1403/2004
  - 기준이 되는 소리의 압력과 비교하여 로그적으로 표현한 값이다.
  - SPL $= 20\log\left(\dfrac{P}{P_0}\right)$[dB]로 구한다. 여기서 P_0는 기준음압으로 2×10^{-5}[N/m^2] 혹은 2×10^{-4}[dyne/cm^2]이다.
  - 자유공간에 위치한 점음원의 음압레벨(SPL)은 음향파워레벨(PWL)$-20logr-11$로 구한다. 이때 r은 소음원으로부터의 거리[m]이다. 11은 $10\log(4\pi)$의 값이다.

30 — ● Repetitive Learning (1회 2회 3회)

2103

입경이 20μm이고 입자비중이 1.5인 입자의 침강속도는 약 몇 cm/sec인가?

① 1.8　　　　　　　② 2.4
③ 12.7　　　　　　　④ 36.2

해설

- 입자의 직경과 비중이 주어졌으므로 대입하면 침강속도

$$V = 0.003\times1.5\times20^2 = 1.8cm/sec이다.$$

:: 리프만(Lippmann)의 침강속도 실기 0302/0401/0901/1103/1203/1502/1603/1902
  - 스토크스의 법칙을 대신하여 산업보건분야에서 간편하게 침강속도를 구하는 식으로 많이 사용된다.

$$V = 0.003\times SG\times d^2\text{이다.}$$
  - V : 침강속도(cm/sec)
  - SG : 입자의 비중(g/cm^3)
  - d : 입자의 직경(μm)

31 — ● Repetitive Learning (1회 2회 3회)

0302 / 0702

측정결과를 평가하기 위하여 "표준화값"을 산정할 때 필요한 것은?(단, 고용노동부고시를 기준으로 한다)

① 시간가중평균값(단시간 노출값)과 허용기준
② 평균농도와 표준편차
③ 측정농도과 시료채취분석오차
④ 시간가중평균값(단시간 노출값)과 평균농도

해설

- 표준화값은 시간가중평균값(TWL) 혹은 단시간 노출값(STEL)을 허용기준으로 나누어 구한다.

:: 표준화값 실기 0502/0503
  - 허용기준 이하 유지대상 유해인자의 허용기준 초과여부 평가방법이다.
  - 시간가중평균값(TWL) 혹은 단시간 노출값(STEL)을 허용기준으로 나누어 구한다. 즉,

  $$표준화값 = \frac{시간가중평균값(단시간\ 노출값)}{허용기준}으로 구한다.$$

32 — ● Repetitive Learning (1회 2회 3회)

0602

다음은 가스상 물질을 측정 및 분석하는 방법에 대한 내용이다. ( )안에 알맞은 것은?(단, 고용노동부 고시를 기준으로 한다)

> 가스상 물질을 검지관 방식으로 측정하는 경우 1일 작업시간 동안 1시간 간격으로 (㉠)회 이상 측정하되 매 측정시간마다 (㉡)회 이상 반복 측정하여 평균값을 산출하여야 한다.

① ㉠ : 6 ㉡ : 2　　　② ㉠ : 6 ㉡ : 3
③ ㉠ : 8 ㉡ : 2　　　④ ㉠ : 8 ㉡ : 3

해설

- 검지관방식으로 측정하는 경우에는 1일 작업시간 동안 1시간 간격으로 6회 이상 측정하되 측정시간마다 2회 이상 반복 측정하여 평균값을 산출하여야 한다.

- ✦ 검지관 방식의 측정방법 **실기** 1103/1401
  - 검지관방식으로 측정하는 경우에는 해당 작업근로자의 호흡기 및 가스상 물질 발생원에 근접한 위치 또는 근로자 작업행동 범위의 주 작업 위치에서의 근로자 호흡기 높이에서 측정하여야 한다.
  - 검지관방식으로 측정하는 경우에는 1일 작업시간 동안 1시간 간격으로 6회 이상 측정하되 측정시간마다 2회 이상 반복 측정하여 평균값을 산출하여야 한다. 다만, 가스상 물질의 발생시간이 6시간 이내일 때에는 작업시간 동안 1시간 간격으로 나누어 측정하여야 한다.

해설

- 평균값에 대한 표준편차의 크기를 백분율[%]로 나타낸 것이다.

- ✦ 변이계수(Coefficient of Variation) **실기** 0501/0602/0702/1003
  - 평균값에 대한 표준편차의 크기를 백분율[%]로 나타낸 것이다.
  - 변이계수는 $\dfrac{표준편차}{산술평균} \times 100$으로 구한다.
  - 측정단위와 무관하게 독립적으로 산출된다.
  - 단위가 서로 다른 집단이나 특성값의 상호 산포도를 비교하는 데 이용한다.
  - 통계집단의 측정값들에 대한 균일성, 정밀성 정도를 표현하는 것이다.
  - 평균값의 크기가 0에 가까울수록 변이계수의 의의가 작아지는 단점이 있다.

33

1002 / 1003 / 1202

Repetitive Learning 〔1회 2회 3회〕

에틸렌글리콜이 20℃, 1기압에서 공기 중에서 증기압이 0.05mmHg라면, 20℃, 1기압에서 공기 중 포화농도는 약 몇 ppm인가?

① 55.4
② 65.8
③ 73.2
④ 82.1

해설

- 증기압이 0.05mmHg를 대입하면

  $\dfrac{0.05}{760} \times 1,000,000 = 65.789 \cdots$[ppm]이다.

- ✦ 최고(포화)농도와 유효비중 **실기** 0302/0602/0603/0802/1001/1002/1103/1503/1701/1802/1902/2101
  - 최고(포화)농도는 $\dfrac{P}{760} \times 100$[%]$= \dfrac{P}{760} \times 1,000,000$[ppm]으로 구한다.
  - 유효비중은 $\dfrac{(농도 \times 비중)+(10^6 - 농도) \times 공기비중(1.0)}{10^6}$으로 구한다.

35

1102 / 1603 / 2201

Repetitive Learning 〔1회 2회 3회〕

유량, 측정시간, 회수율 및 분석에 의한 오차가 각각 18%, 3%, 9%, 5%일 때, 누적오차는 약 몇 %인가?

① 18
② 21
③ 24
④ 29

해설

- 누적오차 $E_c = \sqrt{18^2 + 3^2 + 9^2 + 5^2} = \sqrt{439} = 20.952 \cdots$[%]이다.

- ✦ 누적오차
  - 조건이 같을 경우 항상 같은 크기, 같은 방향으로 일어나는 오차를 말한다.
  - 누적오차 $E_c = \sqrt{E_1^2 + E_2^2 + \cdots + E_n^2}$으로 구한다.

34

0501 / 0802 / 1101 / 1602

Repetitive Learning 〔1회 2회 3회〕

측정방법의 정밀도를 평가하는 변이계수(coefficient of variation, CV)를 알맞게 나타낸 것은?

① 표준편차/산술평균
② 기하평균/표준편차
③ 표준오차/표준편차
④ 표준편차/표준오차

36

0502 / 0701 / 1001

Repetitive Learning 〔1회 2회 3회〕

옥외(태양광선이 내리쬐는 장소)의 습구흑구온도지수(WBGT) 산출식은?

① (0.7×자연습구온도)+(0.2×건구온도)+(0.1×흑구온도)
② (0.7×자연습구온도)+(0.2×흑구온도)+(0.1×건구온도)
③ (0.5×자연습구온도)+(0.3×건구온도)+(0.2×흑구온도)
④ (0.5×자연습구온도)+(0.3×흑구온도)+(0.2×건구온도)

- 일사가 영향을 미치는 옥외에서는 건구온도인 dB를 반영하여 WBGT가 결정되므로 WBGT=0.7NWT+0.2GT+0.1DT가 된다.

습구흑구온도(WBGT : Wet Bulb Globe Temperature) 지수

㉠ 개요
- 건구온도, 습구온도 및 흑구온도에 비례하며, 열중증 예방을 위해 고온에서의 작업휴식시간비를 결정하는 지표로 더위지수라고도 한다.
- 표시단위는 섭씨온도(℃)로 표시하며, WBGT가 높을수록 휴식시간이 증가되어야 한다.
- 미국국립산업안전보건연구원(NIOSH)뿐만 아니라 국내에서도 습구흑구온도를 측정하고 지수를 산출하여 평가에 사용한다.
- 과거에 쓰이던 감각온도와 근사한 값인데 감각온도와 다른 점은 기류를 전혀 고려하지 않았다는 점이다.

㉡ 산출방법 <u>실기</u> 0501/0503/0602/0702/0703/1101/1201/1302/1303/1503/2102/2201/2202/2203
- 옥내에서는 WBGT=0.7NWT+0.3GT이다. 이때 NWT는 자연구, GT는 흑구온도이다.(일사가 영향을 미치지 않는 옥외도 옥내로 취급한다)
- 일사가 영향을 미치는 옥외에서는 건구온도인 dB를 반영하지만 옥내에서는 일사의 영향이 없으므로 자연습구와 흑구온도만으로 WBGT가 결정된다.
- 일사가 영향을 미치는 옥외에서는 WBGT=0.7NWT+0.2GT+0.1DB이며 이때 NWT는 자연습구, GT는 흑구온도, DB는 건구온도이다.

37
Repetitive Learning 〔1회 2회 3회〕

이황화탄소(CS_2)가 배출되는 작업장에서 시료분석농도가 3시간에 3.5ppm, 2시간에 15.2ppm, 3시간에 5.8ppm일 때, 시간가중평균값은 약 몇 ppm인가?

① 3.7 　　　　② 6.4
③ 7.3 　　　　④ 8.9

- 주어진 값을 대입하면 TWA 환산값은
$$\frac{3\times3.5+2\times15.2+3\times5.8}{8}=7.2875[mg/m^3]$$ 가 된다.

시간가중평균값(TWA, Time-Weighted Average) <u>실기</u> 0302/1102/1302/1801/2002

- 1일 8시간 작업을 기준으로 한 평균노출농도이다.
- TWA 환산값= $\dfrac{C_1 \cdot T_1 + C_2 \cdot T_2 + \cdots\cdots + C_n \cdot T_n}{8}$ 로 구한다.

이때, C : 유해인자의 측정농도(단위 : ppm, mg/m³ 또는 개/cm³)
　　　T : 유해인자의 발생시간(단위 : 시간)

38
Repetitive Learning 〔1회 2회 3회〕

소음측정방법에 관한 내용으로 (　)에 알맞은 내용은?(단, 고용노동부 고시 기준)

> 소음이 1초 이상의 간격을 유지하면서 최대음압수준이 120db(A) 이상의 소음인 경우에는 소음수준에 따른 (　) 동안의 발생횟수를 측정할 것

① 1분 　　　　② 2분
③ 3분 　　　　④ 5분

- 소음이 1초 이상의 간격을 유지하면서 최대음압수준이 120dB(A) 이상의 소음인 경우에는 소음수준에 따른 1분 동안의 발생횟수를 측정한다.

소음의 측정방법

- 소음측정에 사용되는 기기는 누적소음 노출량측정기, 적분형소음계 또는 이와 동등 이상의 성능이 있는 것으로 하되 개인시료채취 방법이 불가능한 경우에는 지시소음계를 사용할 수 있으며, 발생시간을 고려한 등가소음레벨 방법으로 측정할 것

단, 소음발생 간격이 1초 미만을 유지하면서 계속적으로 발생되는 소음(연속음)을 지시소음계 또는 이와 동등 이상의 성능이 있는 기기로 측정할 경우	• 소음계 지시침의 동작은 느린(Slow) 상태로 한다. • 소음계의 지시치가 변동하지 않는 경우에는 해당 지시치를 그 측정점에서의 소음수준으로 한다.

- 소음계의 청감보정회로는 A특성으로 할 것
- 누적소음노출량 측정기로 소음을 측정하는 경우에는 Criteria는 90dB, Exchange Rate는 5dB, Threshold는 80dB로 기기를 설정할 것
- 소음이 1초 이상의 간격을 유지하면서 최대음압수준이 120dB(A) 이상의 소음인 경우에는 소음수준에 따른 1분 동안의 발생횟수를 측정할 것

39
Repetitive Learning 〔1회 2회 3회〕

다음 중 자외선에 관한 내용과 가장 거리가 먼 것은?

① 비전리방사선이다.
② 인체와 관련된 Dorno선을 포함한다.
③ 100~1000nm사이의 파장을 갖는 전자파를 총칭하는 것으로 열선이라고도 한다.
④ UV-B는 약 280~315nm의 파장의 자외선이다.

해설
• 자외선의 파장은 100~400nm 정도이다.

자외선
• 100~400nm 정도의 파장을 갖는다.
• 피부의 색소침착 등 생물학적 작용이 활발하게 일어나서 Dorno선이라고도 한다.(이때의 파장은 280~315nm 정도이다)
• 피부에 강한 특이적 홍반작용과 색소침착, 전기성 안염(전광선 안염), 피부암 발생 등의 장해를 일으킨다.
• 트리클로로에틸렌을 독성이 강한 포스겐으로 전환시킬 수 있는 광화학 작용을 한다.
• 콜타르의 유도체, 벤조피렌, 안트라센 화합물과 상호작용하여 피부암을 유발시킨다.

40 ————● Repetitive Learning 1회 2회 3회

다음 중 78℃와 동등한 온도는?

① 351K ② 189℉
③ 26℉ ④ 195K

해설
• 78℃는 351K, 172.4℉이다.

온도 표시 방법

절대 온도	• 켈빈 온도 혹은 열역학적 온도로 단위는 K(켈빈)을 사용 • 열역학 2법칙에서의 이론상 생각할 수 있는 최저온도를 기준으로 표시하는 온도 • 0℃=273.15K, 100℃=373.15K
화씨 온도	• 파렌하이트 온도로 단위는 ℉를 사용 • 1기압 대기의 물의 어는점 0℃를 32℉, 끓는점 100℃를 212℉로 정하고 이를 180등분 • $℉ = \frac{9}{5}℃ + 32$로 계산
섭씨 온도	• 셀시우스 온도로 단위는 ℃를 사용 • 1기압 물의 어는점을 0℃, 끓는점을 100℃로 하고 그 사이를 100등분

3과목 작업환경관리대책

0901 / 1603

41 ————● Repetitive Learning 1회 2회 3회

후드의 유입계수가 0.7이고 속도압이 20mmH₂O일 때, 후드의 유입손실은 약 몇 mmH₂O인가?

① 10.5 ② 20.8
③ 32.5 ④ 40.8

해설
• 유입손실계수(F) = $\frac{1-C_e^2}{C_e^2} = \frac{1}{C_e^2} - 1$이므로 대입하면

  $\frac{1}{0.7^2} - 1 = 1.0408\cdots$이다.

• 유입손실은 VP×F이므로 대입하면 20×1.041=20.82mmH₂O가 된다.

후드의 유입계수와 유입손실계수 실기 0502/0801/0901/1001/1102/1303/1602/1603/1903/2002/2103
• 후드에서의 압력손실이 유량의 저하로 나타나는 현상이다.
• 유입계수 C_e가 1에 가까울수록 이상적인 후드에 가깝다.
• 유입계수는 속도압/후드정압의 제곱근으로 구할 수 있다.
• 유입계수(C_e) = $\frac{실제적 유량}{이론적 유량} = \frac{실제 흡인유량}{이론 흡인유량} = \sqrt{\frac{1}{1+F}}$으로 구한다.

  이때 F는 후드의 유입손실계수로 $\frac{\triangle P}{VP}$ 즉, $\frac{압력손실}{속도압(동압)}$으로 구할 수 있다.
• 유입(압력)손실계수(F) = $\frac{1-C_e^2}{C_e^2} = \frac{1}{C_e^2} - 1$로 구한다.

0603 / 0702 / 1103 / 1603

42 ————● Repetitive Learning 1회 2회 3회

주물작업 시 발생되는 유해인자로 가장 거리가 먼 것은?

① 소음 발생 ② 금속흄 발생
③ 분진 발생 ④ 자외선 발생

해설
• 자외선은 주물작업시 발생 가능한 유해인자와 거리가 멀다.

주물작업 시 발생되는 유해인자
• 소음
• 온열
• 분진과 금속흄(카드뮴, 크롬, 구리, 아연, 납, 망간 등)
• 가스 및 증기(이소프로필알콜, 포름알데히드, 페놀, 암모니아 등)

43

0902 / 1103 / 1403 / 1702

● Repetitive Learning 1회 2회 3회

보호구의 보호정도와 한계를 나타내는데 필요한 보호계수(PF)를 산정하는 공식으로 옳은 것은?(단, 보호구 밖의 농도는 C_0이고, 보호구 안의 농도는 C_1이다)

① $PF = C_0/C_1$
② $PF = C_1/C_0$
③ $PF = (C_1/C_0) \times 100$
④ $PF = (C_1/C_0) \times 0.5$

해설

- PF = $\dfrac{\text{보호구 밖의 농도}}{\text{보호구 안의 농도}}$ 으로 구한다.

❖ 보호계수(Protection Factor, PF)
  - 호흡보호구 바깥쪽에서의 공기 중 오염물질 농도와 안쪽에서의 오염물질 농도비로 착용자 보호의 정도를 나타내는 척도를 말한다.
  - PF = $\dfrac{\text{보호구 밖의 농도}}{\text{보호구 안의 농도}}$ 으로 구한다.

44

● Repetitive Learning 1회 2회 3회

작업환경 개선대책 중 격리와 가장 거리가 먼 것은?

① 국소배기장치의 설치
② 원격 조정장치의 설치
③ 특수 저장창고의 설치
④ 콘크리트 방호벽의 설치

해설

- ①은 환기에 대한 설명이다.

❖ 작업환경 개선의 기본원칙 **실기** 0803/1103/1501/1603/2202
  - 설비 개선 등의 조치 등이 어려울 경우 노출 가능성이 있는 근로자에게 보호구를 착용할 수 있도록 한다.

대치	• 가장 효과적이며 우수한 관리대책이다. • 대치의 3원칙은 시설, 공정, 물질의 변경이다. • 물질대치는 경우에 따라서 지금까지 알려지지 않았던 전혀 다른 장해를 줄 수 있음 • 장비대치는 적절한 대치방법 개발의 어려움
격리	• 작업자와 유해인자 사이에 장벽을 놓는 것 • 보호구를 사용하는 것도 격리의 한 방법 • 거리, 시간, 공정, 작업자 전체를 대상으로 실시하는 대책 • 비교적 간단하고 효과도 좋음
환기	• 설계, 시설설치, 유지보수가 필요 • 공정을 그대로 유지하면서 효율적 관리가능한 방법은 국소배기방식
교육	• 노출 근로자 관리방안으로 교육훈련 및 보호구 착용

45

● Repetitive Learning 1회 2회 3회

회전수가 600rpm이고, 동력은 5kW인 송풍기의 회전수를 800rpm으로 상향조정하였을 때, 동력은 약 몇 kW인가?

① 6
② 9
③ 12
④ 15

해설

- 송풍기의 크기와 공기 비중이 일정한 상태에서 회전속도가 $\dfrac{4}{3}$ 배로 증가하면 풍압은 세제곱에 비례하므로 $\dfrac{64}{27}$ 배로 증가한다.
- $5 \times \dfrac{64}{27} = 11.85[kW]$가 된다.

❖ 송풍기의 상사법칙 **실기** 0402/0403/0501/0701/0803/0902/0903/1001/1102/1103/1201/1303/1401/1501/1502/1503/1603/1703/1802/1901/1903/2001/2002

송풍기 크기 일정 공기 비중 일정	• 송풍량은 회전속도(비)에 비례한다. • 풍압(정압)은 회전속도(비)의 제곱에 비례한다. • 동력은 회전속도(비)의 세제곱에 비례한다.
송풍기 회전수 일정 공기의 중량 일정	• 송풍량은 회전차 직경의 세제곱에 비례한다. • 풍압(정압)은 회전차 직경의 제곱에 비례한다. • 동력은 회전차 직경의 오제곱에 비례한다.
송풍기 회전수 일정 송풍기 크기 일정	• 송풍량은 비중과 온도에 무관하다. • 풍압(정압)은 비중에 비례, 절대온도에 반비례한다. • 동력은 비중에 비례, 절대온도에 반비례한다.

46

● Repetitive Learning 1회 2회 3회

어떤 작업장의 음압수준이 86dB(A)이고, 근로자는 귀덮개를 착용하고 있다. 귀덮개의 차음평가수는 NRR=19이다. 근로자가 노출되는 음압(예측)수준(dB(A))은?(단, OSHA 기준)

① 74
② 76
③ 78
④ 80

해설

- NRR이 19이므로 차음효과는 (19-7)×50%=6dB이다.
- 음압수준은 기존 작업장의 음압수준이 86dB이므로 6dB의 차음효과로 근로자가 노출되는 음압수준은 86-6=80dB이 된다.

❖ OSHA의 차음효과 계산법 **실기** 0601/0701/1001/1403/1801
  - OSHA의 차음효과는 (NRR-7)×50%[dB]로 구한다.
    이때, NRR(Noise Reduction Rating)은 차음평가수를 의미한다.

정답 | 43 ① 44 ① 45 ③ 46 ④

2019년 제1회 산업위생관리기사 | 555

47 ────── • Repetitive Learning 〔1회 2회 3회〕

국소배기시설에서 장치 배치 순서로 가장 적절한 것은?

① 송풍기 → 공기정화기 → 후드 → 덕트 → 배출구
② 공기정화기 → 후드 → 송풍기 → 덕트 → 배출구
③ 후드 → 덕트 → 공기정화기 → 송풍기 → 배출구
④ 후드 → 송풍기 → 공기정화기 → 덕트 → 배출구

해설

- 장치 배치 순서는 후드 → 덕트 → 공기정화기 → 송풍기 → 배출구 순이다.
- 🏭 국소배기시설
  - 오염원이 근로자에게 위험을 주기 전에 오염발생원 및 그 부근에서 이를 포집하여 제거하는 시설을 말한다.
  - 후드(hood), 덕트(duct), 공기정화기(air cleaner), 송풍기(fan) 등으로 구성된다.
  - 장치 배치 순서는 후드 → 덕트 → 공기정화기 → 송풍기 → 배출구 순이다.

48 ────── • Repetitive Learning 〔1회 2회 3회〕

보호구의 재질과 적용 대상 화학물질에 대한 내용으로 잘못 짝지어진 것은?

① 천연고무 – 극성 용제
② Butyl 고무 – 비극성 용제
③ Nitrile 고무 – 비극성 용제
④ Neoprene 고무 – 비극성 용제

해설

- 부틸(Butyl) 고무는 극성 용제에 효과적이다.
- 🏭 보호구 재질과 적용 물질

면	고체상 물질에 효과적이다.(용제에는 사용 못함)
가죽	찰과상 예방 용도(용제에는 사용 못함)
천연고무	절단 및 찰과상 예방에 좋으며 수용성 용액, 극성 용제(물, 알콜, 케톤류 등)에 효과적이다.
부틸 고무	극성 용제(물, 알콜, 케톤류 등)에 효과적이다.
니트릴 고무 (viton)	비극성 용제(벤젠, 사염화탄소 등)에 효과적이다.
네오프렌 (Neoprene) 고무	비극성 용제(벤젠, 사염화탄소 등), 산, 부식성 물질에 효과적이다.
Ethylene Vinyl Alcohol	대부분의 화학물질에 효과적이다.

49 ────── • Repetitive Learning 〔1회 2회 3회〕

작업장에 설치된 후드가 $100 m^3$/min으로 환기되도록 송풍기를 설치하였다. 사용함에 따라 정압이 절반으로 줄었을 때, 환기량의 변화로 옳은 것은?(단, 상사법칙을 적용한다)

① 환기량이 $33.3 m^3$/min으로 감소하였다.
② 환기량이 $50 m^3$/min으로 감소하였다.
③ 환기량이 $57.7 m^3$/min으로 감소하였다.
④ 환기량이 $70.7 m^3$/min으로 감소하였다.

해설

- 다른 모든 조건이 동일한 상태에서 후드의 정압이 절반으로 줄어들었을 때 환기량을 묻고 있다.
- 환기량은 덕트의 면적×속도인데 덕트의 면적도 일정하므로 속도와 관련된 식이다.
- 속도의 제곱이 후드의 정압과 비례하므로 환기량은 정압의 제곱근에 비례한다.
- 즉, $Q_2 = Q_1 \times \sqrt{\dfrac{SP_2}{SP_1}} = 100 \times \sqrt{0.5} = 70.71 \cdots$ 가 된다.
- 🏭 후드의 정압(SP_h) 〔실기〕 0401/0403/0503/0701/0702/0703/0902/0903/ 1001/1002/1003/1101/1303/1703/1902/2001/2101/2103
  - 정지된 공기를 덕트 내로 흡입하여 덕트 내의 동압이 속도압이 되도록 하기 위하여 후드와 덕트의 접속부분에 걸어주어야 하는 부압(Negative Pressure)을 말한다.
  - 이상적인 후드의 경우 정압은 덕트 내의 동압(VP)과 같다.
  - 일반적인 후드의 경우 공기가 후드에 유입되면서 압력손실이 발생하는데 이를 유입손실이라고 한다. 이에 정압(SP_h)은 유입손실＋동압이 된다.
  - 유입손실은 덕트내의 동압(VP)에 비례하고 이때의 비례상수가 유입손실계수이다. 그러므로 정압(SP_h)=VP(1+유입손실계수)가 된다.

50 ────── • Repetitive Learning 〔1회 2회 3회〕

공기가 20℃의 송풍관 내에서 20m/sec의 유속으로 흐르는 상태에서는 속도압은?(단, 공기밀도는 1.2kg/m^3로 한다)

① 약 $15.5 mmH_2O$
② 약 $24.5 mmH_2O$
③ 약 $33.5 mmH_2O$
④ 약 $40.2 mmH_2O$

해설

- 속도압(동압) $VP = \dfrac{\gamma V^2}{2g}[mmH_2O]$로 구한다.
- 주어진 값들을 대입하면 $VP = \dfrac{1.2 \times 20^2}{2 \times 9.8} = 24.489 \cdots [mmH_2O]$ 가 된다.

속도압(동압) 실기 0402/0602/0803/1003/1101/1301/1402/1502/1601/1602/ 1703/1802/2001/2201

- 속도압(VP)은 전압(TP)에서 정압(SP)을 뺀 값으로 구한다.
- 동압 $VP = \frac{\gamma V^2}{2g}[mmH_2O]$로 구한다. 이때 γ는 표준공기일 경우 1.203$[kgf/m^3]$이며, g는 중력가속도로 9.81$[m/s^2]$이다.
- VP$[mmH_2O]$를 알면 공기속도는 $V = 4.043 \times \sqrt{VP}$[m/s]로 구한다.

51 ● Repetitive Learning (1회 2회 3회)

작업장 내 열부하량이 5,000kcal/h이며, 외기온도 20℃, 작업장 내 온도는 35℃이다. 이때 전체 환기를 위한 필요 환기량은 약 몇 m^3/min인가?(단, 정압비열은 0.3kcal/($m^3 \cdot$ ℃)이다)

① 18.5
② 37.1
③ 185
④ 1111

해설

- 작업장 내에서 열이 발생해서 이를 방열하기 위한 목적의 환기량 이므로 필요 환기량 $Q = \frac{H_s}{0.3 \triangle t}$로 구한다.
- H_s는 5,000kcal/hr이고, $\triangle t$는 35−20=15℃이므로 대입하면 $Q = \frac{5000}{0.3 \times 15} = 1,111.11 \cdots [m^3/hr]$인데 문제에서는 분당의 환기 량을 구하므로 60으로 나눠주면 18.52$[m^3/min]$이 된다.

발열 시 방열 목적의 필요 환기량 실기 0903/1302/1401/1402/1503/ 1702/1803/1901/2103

- $Q = \frac{H_s}{0.3 \triangle t}[m^3/hr]$로 구한다. 이때 Q는 필요 환기량, H_s는 작업장 내 열 부하량[kcal/hr], $\triangle t$는 급배기의 온도차[℃]이다.

2202

52 ● Repetitive Learning (1회 2회 3회)

다음 중 도금조와 사형주조에 사용되는 후드형식으로 가장 적절한 것은?

① 부스식
② 포위식
③ 외부식
④ 장갑부착상자식

해설

- 도금조는 외부식 후드 중에서도 슬롯형을 주로 많이 사용한다.

외부식 후드

㉠ 개요
- 국소배기시설 중 가장 효과적인 형태이다.
- 도금조와 사형주조에 주로 사용된다.
- 발생원을 포위하지 않고 발생원 가까운 곳에 설치하는 후드로 다른 형태에 비해 작업자가 방해를 받지 않고 작업할 수 있는 장점을 갖는다.

㉡ 단점
- 포위식 후드보다 일반적으로 필요송풍량이 많다.
- 외부 난기류의 영향을 받아서 흡인효과가 떨어진다.
- 기류속도가 후드주변에서 매우 빠르므로 유기용제나 미세 원료분말 등과 같은 물질의 손실이 크다.

1302 / 1603

53 ● Repetitive Learning (1회 2회 3회)

주물사, 고온가스를 취급하는 공정에 환기시설을 설치하고자 할 때, 다음 중 덕트의 재료로 가장 적절한 것은?

① 아연도금 강판
② 중질 콘크리트
③ 스테인레스 강판
④ 흑피 강판

해설

- ①은 유기용제, ②는 전리방사선, ③은 염소계 용제를 취급할 때 사용하는 덕트의 재료이다.

이송물질별 덕트의 재질

유기용제	아연도금 강판
주물사, 고온가스	흑피 강판
강산, 염소계 용제	스테인리스스틸 강판
알칼리	강판
전리방사선	중질 콘크리트 덕트

1102

54 ● Repetitive Learning (1회 2회 3회)

다음 중 덕트 합류 시 댐퍼를 이용한 균형유지법의 특징과 가장 거리가 먼 것은?

① 임의로 댐퍼 조정 시 평형상태가 깨진다.
② 시설 설치 후 변경이 어렵다.
③ 설계계산이 상대적으로 간단하다.
④ 설치 후 부적당한 배기유량의 조절이 가능하다.

해설
- 댐퍼 균형유지법은 시설 설치 시 공장 내 방해물에 따른 약간의 설계 변경의 경우는 쉽게 가능하다.

❖ 덕트 합류 시 댐퍼를 이용한 균형유지법(저항조절평형법) 실기 0801/ 0802/0803/0901/1201/1301/1303/1503/1901/2102

장점	• 시설 설치 후 변경에 유연하게 대처 가능하다. • 설치 후 부적당한 배기유량 조절 가능하다. • 설계계산이 상대적으로 간단하다. • 최소유량으로 균형유지 가능하다. • 시설 설치 시 공장 내 방해물에 따른 약간의 설계 변경이 용이하다. • 임의로 유량을 조절하기 용이하다.
단점	• 임의로 댐퍼 조정시 평형상태가 깨진다. • 부분적으로 닫혀진 댐퍼의 부식, 침식 발생한다. • 시설 설치 후 균형을 맞추는 작업은 시설이 복잡해지면 매우 어렵다. • 최대 저항경로 선정이 잘못될 경우 설계 시 발견이 어렵다.

55
Repetitive Learning [1회] [2회] [3회]

다음 중 전체환기를 적용할 수 있는 상황과 가장 거리가 먼 것은?

① 유해물질의 독성이 높은 경우
② 작업장 특성상 국소배기장치의 설치가 불가능한 경우
③ 동일사업장에 다수의 오염발생원이 분산되어 있는 경우
④ 오염발생원이 근로자가 작업하는 장소로부터 멀리 떨어져 있는 경우

해설
- 오염물질의 독성이 낮은 경우 전체 환기를 적용할 수 있다.

❖ 전체 환기법을 적용할 수 있는 일반적인 상황 실기 0301/0503/0702/ 0801/0902/1101/1203/1501/1602/1803/1901/1902/2002/2003/2004/2103/ 2201
- 작업장 특성상 국소배기장치의 설치가 불가능한 경우
- 동일사업장에 다수의 오염발생원이 분산되어 있는 경우
- 오염발생원이 이동성인 경우
- 소량의 오염물질이 일정한 시간과 속도로 사업장으로 배출되는 경우
- 오염발생원의 유해물질 발생량이 적거나 유해물질의 독성이 작을 때
- 오염발생원이 근로자가 근무하는 장소로부터 멀리 떨어져 있거나 공기 중 유해물질농도가 노출기준 이하인 경우
- 배출원에서 유해물질 발생량이 적어 국소배기로 환기하면 비경제적일 때
- 오염물질이 증기나 가스일 때

56
Repetitive Learning [1회] [2회] [3회]

푸쉬풀 후드(push-pull hood)에 대한 설명으로 적합하지 않은 것은?

① 도금조와 같이 폭이 넓은 경우에 사용하면 포집효율을 증가시키면서 필요유량을 감소시킬 수 있다.
② 공정에서 작업물체를 처리조에 넣거나 꺼내는 중에 발생되는 공기막 파괴현상을 사전에 방지할 수 있다.
③ 개방조 한 변에서 압축공기를 이용하여 오염물질이 발생하는 표면에 공기를 불어 반대쪽에 오염물질이 도달하게 한다.
④ 제어속도는 푸쉬 제트기류에 의해 발생한다.

해설
- 공정에서 작업물체를 처리조에 넣거나 꺼내는 중에 공기막이 파괴되어 오염물질이 발생할 수 있다.

❖ 밀어당김형 후드(push-pull hood)의 특징
- 공정에서 작업물체를 처리조에 넣거나 꺼내는 중에 공기막이 파괴되어 오염물질이 발생할 수 있다.
- 도금조와 같이 폭이 넓은 경우에 사용하면 포집효율을 증가시키면서 필요유량을 감소시킬 수 있다.
- 노즐로는 하나의 긴 슬롯, 구멍 뚫린 파이프 또는 개별노즐을 여러개 사용하는 방법이 있다.
- 노즐의 각도는 제트공기가 방해받지 않도록 하향 방향을 향하고 최대 20° 내를 유지하도록 한다.
- 개방조 한 변에서 압축공기를 이용하여 오염물질이 발생하는 표면에 공기를 불어 반대쪽에 오염물질이 도달하게 한다.
- 제어속도는 푸쉬 제트기류에 의해 발생한다.
- 흡인후드의 송풍량은 가압노즐 송풍량의 1.5~2배 정도이다.

57
Repetitive Learning [1회] [2회] [3회]

사이클론 집진장치의 블로우 다운에 대한 설명으로 옳은 것은?

① 유효 원심력을 감소시켜 선회기류의 흐트러짐을 방지한다.
② 관 내 분진부착으로 인한 장치의 폐쇄현상을 방지한다.
③ 부분적 난류 증가로 집진된 입자가 재비산 된다.
④ 처리배기량의 50% 정도가 재유입되는 현상이다.

해설
- 블로우 다운은 먼지가 장치 내벽에 부착하여 축적되는 것을 방지한다.

58 ────── ● Repetitive Learning (1회 2회 3회)

환기량을 Q(m^3/hr), 작업장 내 체적을 V(m^3)라고 할 때, 시간당 환기 횟수(회/hr)로 옳은 것은?

① 시간당 환기횟수=Q×V
② 시간당 환기횟수=V / Q
③ 시간당 환기횟수=Q / V
④ 시간당 환기횟수=Q×$\sqrt{V}$

해설
- 작업장 기적(용적)과 필요 환기량이 주어지는 경우의 시간당 공기교환 횟수는 $\dfrac{필요환기량}{작업장\ 기적(용적)}$ 으로 구한다.

:: 시간당 공기의 교환횟수(ACH) 실기 0502/0802/1001/1102/1103/1203/
1303/1403/1503/1702/1902/2002/2102/2103/2202

- 경과시간과 이산화탄소의 농도가 주어질 경우의 시간당 공기의 교환횟수는
$$\dfrac{\ln(초기\ CO_2농도-외부\ CO_2\ 농도)-\ln(경과\ 후\ CO_2농도-외부\ CO_2\ 농도)}{경과\ 시간[hr]}$$
로 구한다.

- 작업장 기적(용적)과 필요 환기량이 주어지는 경우의 시간당 공기교환 횟수는 $\dfrac{필요환기량(m^3/hr)}{작업장\ 용적(m^3)}$ 으로 구한다.

59 ────── ● Repetitive Learning (1회 2회 3회)

다음 중 개인보호구에서 귀덮개의 장점과 가장 거리가 먼 것은?

① 귀 안에 염증이 있어도 사용 가능하다.
② 동일한 크기의 귀 덮개를 대부분의 근로자가 사용할 수 있다.
③ 멀리서도 착용유무를 확인할 수 있다.
④ 고온에서 사용해도 불편이 없다.

해설
- 고온다습한 환경에서 사용상 불편이 없는 것은 귀마개의 특성이다.

:: 귀마개와 귀덮개의 비교 실기 1603/1902/2001

귀마개	귀덮개
• 좁은 장소에서도 사용이 가능하다. • 고온 작업 장소에서도 사용이 가능하다. • 부피가 작아서 휴대하기 편리하다. • 다른 보호구와 동시 사용할 때 편리하다. • 외청도를 오염시킬 수 있으며, 외청도에 이상이 없는 경우에 사용이 가능하다. • 제대로 착용하는데 시간은 걸린다.	• 간헐적 소음 노출 시 사용한다. • 쉽게 착용할 수 있다. • 일관성 있는 차음효과를 얻을 수 있다. • 크기를 여러 가지로 할 필요가 없다. • 착용여부를 쉽게 확인할 수 있다. • 귀에 염증이 있어도 사용할 수 있다.

1303 / 1602

60 ────── ● Repetitive Learning (1회 2회 3회)

덕트 직경이 30cm이고 공기유속이 10m/sec일 때, 레이놀즈수는 약 얼마인가?(단, 공기의 점성계수는 1.85×10^{-5} kg/sec · m, 공기밀도는 1.2kg/m^3이다)

① 195,000　　　　② 215,000
③ 235,000　　　　④ 255,000

해설
- 덕트 직경, 공기유속, 점성계수, 밀도가 주어졌으므로 레이놀즈수는 $Re = \dfrac{\rho v_s L}{\mu}$ 로 구할 수 있다.
- 대입하면 $Re = \dfrac{1.2 \times 10 \times 0.3}{1.85 \times 10^{-5}} = 1.945945 \cdots \times 10^5$이 된다.

:: 레이놀즈(Reynolds)수 계산 실기 0303/0403/0502/0503/0603/0702/
1001/1201/1203/1301/1401/1601/1702/1801/1901/1902/1903/2001/2101/2103/
2201/2203

- $Re = \dfrac{\rho v_s^2/L}{\mu v_s/L^2} = \dfrac{\rho v_s L}{\mu} = \dfrac{v_s L}{\nu} = \dfrac{관성력}{점성력}$ 로 구할 수 있다.

  v_s는 유동의 평균속도[m/s]
  L은 특성길이(관의 내경, 평판의 길이 등)[m]
  μ는 유체의 점성계수[kg/sec · m]
  ν는 유체의 동점성계수[m^2/s]
  ρ는 유체의 밀도[kg/m^3]

1501 / 2102

61 ●Repetitive Learning [1회 2회 3회]

진동증후군(HAVS)에 대한 스톡홀름 워크숍의 분류로서 틀린 것은?

① 진동증후군의 단계를 0부터 4까지 5단계로 구분하였다.

② 1단계는 가벼운 증상으로 하나 또는 그 이상의 손가락 끝부분이 하얗게 변하는 증상을 의미한다.

③ 3단계는 심각한 증상으로 하나 또는 그 이상의 손가락 가운뎃 마디 부분까지 하얗게 변하는 증상이 나타나는 단계이다.

④ 4단계는 매우 심각한 증상으로 대부분의 손가락이 하얗게 변하는 증상과 함께 손끝에서 땀의 분비가 제대로 일어나지 않는 등의 변화가 나타나는 단계이다.

해설

• 3단계는 중증의 단계로 대부분의 손가락에 가끔 발작이 발생하는 단계이다.

❖ 진동증후군(HAVS)에 대한 스톡홀름 워크숍

• 진동증후군의 단계를 0부터 4까지 5단계로 구분하였다.

• 1단계는 가벼운 증상으로 하나 또는 그 이상의 손가락 끝부분이 하얗게 변하는 증상을 의미한다.

• 2단계는 중증도의 단계로 하나 또는 그 이상의 손가락 가운뎃 마디 부분까지 하얗게 변하는 증상이 나타나는 단계이다.

• 3단계는 심각한 단계로 대부분의 손가락이 하얗게 변하는 증상이 자주 나타나는 단계이다.

• 4단계는 매우 심각한 증상으로 대부분의 손가락이 하얗게 변하는 증상과 함께 손끝에서 땀의 분비가 제대로 일어나지 않는 등의 변화가 나타나는 단계이다.

0703 / 0801 / 1503

62 ●Repetitive Learning [1회 2회 3회]

다음 중 피부 투과력이 가장 큰 것은?

① α선   ② β선

③ X선   ④ 레이저

해설

• 투과력을 순서대로 배열하면 중성자>X선 또는 γ선>β선>α선 순이다.

❖ 방사선의 투과력

• 투과력을 순서대로 배열하면 중성자>X선 또는 γ선>β선>α선 순이다.

• 입자형태의 방사선(입자방사선)은 α선, β선, 중성자선 등이 있다.

• 빛이나 전파로 존재하는 방사선(전자기방사선)은 γ선, X선이 있다.

1501 / 2202

63 ●Repetitive Learning [1회 2회 3회]

다음의 빛과 밝기의 단위로 설명한 것으로 ㉠, ㉡에 해당하는 용어로 맞는 것은?

> 1루멘의 빛이 1ft²의 평면상에 수직방향으로 비칠 때, 그 평면의 빛의 양, 즉 조도를 (㉠)(이)라 하고, 1m²의 평면에 1루멘의 빛이 비칠 때의 밝기를 1(㉡)(이)라고 한다.

① ㉠ : 캔들(Candle), ㉡ : 럭스(Lux)

② ㉠ : 럭스(Lux), ㉡ : 캔들(Candle)

③ ㉠ : 럭스(Lux), ㉡ : 푸트캔들(Foot candle)

④ ㉠ : 푸트캔들(Foot candle), ㉡ : 럭스(Lux)

해설

• 평면의 빛의 밝기는 Foot candle, 특정 지점에 도달하는 빛의 밝기는 럭스이다.

❖ foot candle

• 1루멘의 빛이 1ft^2의 평면상에 수직 방향으로 비칠 때 그 평면의 빛 밝기를 말한다.

• 1fc(foot candle)은 약 10.8Lux에 해당한다.

❖ 조도(照度)

• 조도는 특정 지점에 도달하는 광의 밀도를 말한다.

• 단위는 럭스(Lux)를 사용한다.

• 1Lux는 1lumen의 빛이 1m^2의 평면상에 수직으로 비칠 때의 밝기이다.

• 반사체의 반사율과는 상관없이 일정한 값을 갖는다.

• 거리의 제곱에 반비례하고, 광도에 비례하므로 $\dfrac{광도}{(거리)^2}$ 으로 구한다.

0901 / 1501

64 ●Repetitive Learning [1회 2회 3회]

다음 중 열사병(Heat stroke)에 관한 설명으로 옳은 것은?

① 피부는 차갑고, 습한 상태로 된다.

② 지나친 발한에 의한 탈수와 염분 소실이 원인이다.

③ 보온을 시키고, 더운 커피를 마시게 한다.

④ 뇌 온도의 상승으로 체온조절중추의 기능이 장해를 받게 된다.

- ②는 열경련에 대한 설명이다.

❖ 열사병(Heat stroke) 실기 1803/2101

ㄱ 개요
- 고열로 인하여 발생하는 건강장해 중 가장 위험성이 큰 열 중증이다.
- 체온조절 중추신경계 등의 장해로 신체 내부의 체온 조절계통의 기능을 잃어 발생한다.
- 발한에 의한 체열방출이 장해됨으로써 체내(특히 뇌)에 열이 축적되어 발생한다.
- 응급조치 방법으로 얼음물에 담가서 체온을 39℃ 정도까지 내려주어야 한다.

ㄴ 증상
- 1차적으로 정신 착란, 의식결여 등의 증상이 발생하는 고열장해이다.
- 건조하고 높은 피부온도, 체온상승(직장 온도 41℃) 등이 나타나는 열중증이다.
- 피부에 땀이 나지 않아 건조할 때가 많다.

---

65 ──────● Repetitive Learning 1회 2회 3회

2003

방사선이 물질과 상호작용한 결과 그 물질의 단위질량에 흡수된 에너지(gray; Gy)의 명칭은?

① 조사산량
② 등가선량
③ 유효선량
④ 흡수선량

해설

- 질량당 단위질량당 흡수된 방사선 에너지의 양을 흡수선량이라 한다.

❖ 흡수선량
- 질량당 흡수된 방사선 에너지의 양을 나타내는 단위이다.
- 과거에는 라드(rad), 현재는 그레이(Gy)를 사용한다.
- 1Gy는 100rad에 해당한다.

---

66 ──────● Repetitive Learning 1회 2회 3회

1102 / 1401

저기압의 영향에 관한 설명으로 틀린 것은?

① 산소결핍을 보충하기 위하여 호흡수, 맥박수가 증가된다.
② 고도 18,000ft(5,468m)이상이 되면 21% 이상의 산소가 필요하게 된다.
③ 고도 10,000ft(3,048m)까지는 시력, 협조운동의 가벼운 장해 및 피로를 유발한다.
④ 고도의 상승으로 기압이 저하되면 공기의 산소분압이 상승하여 폐포 내의 산소분압도 상승한다.

해설

- 고도의 상승으로 기압이 저하되면 공기의 산소분압이 저하되어 폐포 내의 산소분압도 저하한다.

❖ 저기압 인체 영향
- 저기압의 영향으로 산소결핍을 보충하기 위하여 호흡수, 맥박수가 증가된다.
- 고도상승으로 기압이 저하되면 공기의 산소분압이 저하되고 동시에 폐포내 산소분압도 저하된다.
- 고도 10,000ft까지는 시력, 협조운동의 가벼운 장해 및 피로를 유발한다.
- 고도 18,000ft 이상이 되면 21% 이상의 산소를 필요로 하게 된다.

---

67 ──────● Repetitive Learning 1회 2회 3회

0302 / 1003 / 1201 / 2102

소음의 흡음 평가시 적용되는 반향시간(Reverberation time)에 관한 설명으로 옳은 것은?

① 반향시간은 실내공간의 크기에 비례한다.
② 실내 흡음량을 증가시키면 잔향시간도 증가한다.
③ 반향시간은 음압수준이 30dB 감소하는데 소요되는 시간이다.
④ 반향시간을 측정하려면 실내 배경소음이 90dB 이상 되어야 한다.

해설

- 반향시간 $T = 0.163 \dfrac{V}{A} = 0.163 \dfrac{V}{\sum S_i \alpha_i}$ 로 구하므로 반향시간과 작업장의 공간부피는 서로 비례한다.

❖ 반향시간(잔향시간, Reverberation time) 실기 0402
- 반(잔)향은 음이 갑자기 끊겼을 때 그 소리가 바로 그치지 않고 차츰 감쇠해가는 현상을 말하는데 그 음압레벨이 −60dB에 이르는데 걸리는 시간을 말한다.
- 반향시간과 작업장의 공간부피만 알면 흡음량을 추정할 수 있다.
- 반향시간 $T = 0.163 \dfrac{V}{A} = 0.163 \dfrac{V}{\sum S_i \alpha_i}$ 로 구할 수 있다. 이때 V는 공간의 부피$[m^3]$, A는 공간에서의 흡음량$[m^2]$이다.
- 반향시간은 실내공간의 크기에 비례한다.

---

68 ──────● Repetitive Learning 1회 2회 3회

온열지수(WBGT)를 측정하는데 있어 관련이 없는 것은?

① 기습
② 기류
③ 전도열
④ 복사열

해설

- 열교환에 영향을 미치는 요소에는 기온(Temperature), 기습(Humidity), 기류(Air movement), 복사열, 대류열, 증발열 등이 있다.

인체의 열교환
ⓐ 경로
- 복사 – 한겨울에 햇볕을 쬐면 기온은 차지만 따스함을 느끼는 것
- 대류 – 같은 온도에서도 바람이 부느냐 불지 않느냐에 따라 열손실이 달라지는 것
- 전도 – 달구어진 옥상 바닥에 손바닥을 짚을 때 손바닥으로 열이 전해지는 것
- 증발 – 피부 표면을 통해 인체의 열이 증발하는 것
ⓑ 열교환과정 실기 0503/0801/0903/1403/1502/2201
- $S=(M-W)\pm R\pm C-E$
  단, S는 열 축적, M은 대사, W는 일, R은 복사, C는 대류, E는 증발을 의미한다.
- 한랭환경에서는 복사 및 대류는 음(−)수 값을 취한다.
- 열교환에 영향을 미치는 요소에는 기온(Temperature), 기습(Humidity), 기류(Air movement) 등이 있다.

---

70 ● Repetitive Learning (1회 2회 3회)

다음 중 저온에 의한 장해에 관한 내용으로 바르지 않은 것은?

① 근육 긴장의 증가와 떨림이 발생한다.
② 혈압은 변화되지 않고 일정하게 유지된다.
③ 피부 표면의 혈관들과 피하조직이 수축된다.
④ 부종, 저림, 가려움, 심한 통증 등이 생긴다.

해설

- 저온환경에서는 혈압이 일시적으로 상승한다.

저온에 의한 생리적 영향
ⓐ 1차적 영향
- 피부혈관의 수축
- 근육긴장의 증가와 전율
- 화학적 대사작용의 증가
- 체표면적의 감소
ⓑ 2차적 영향
- 말초혈관의 수축
- 혈압의 일시적 상승
- 조직대사의 증진과 식용항진

---

69 ● Repetitive Learning (1회 2회 3회)

자연조명에 관한 설명으로 틀린 것은?

① 창의 면적은 바닥 면적의 15~20% 정도가 이상적이다.
② 개각은 4~5°가 좋으며, 개각이 작을수록 실내는 밝다.
③ 균일한 조명을 요하는 작업실은 동북 또는 북창이 좋다.
④ 입사각은 28° 이상이 좋으며, 입사각이 클수록 실내는 밝다.

해설

- 실내 각 점의 개각은 4~5°가 적당하며, 개각이 클수록 실내는 밝다.

채광계획
- 많은 채광을 요구하는 경우는 남향이 좋다.
- 균일한 조명을 요구하는 작업실은 북향이 좋다.
- 실내 각 점의 개각은 4~5°(개각이 클수록 밝다), 입사각은 28° 이상이 좋다.
- 창의 면적은 방바닥 면적의 15~20%가 이상적이다.
- 유리창은 청결한 상태여도 10~15% 조도가 감소되는 점을 고려한다.
- 창의 높이를 증가시키는 것이 창의 크기를 증가시킨 것보다 조도에서 더욱 효과적이다.

---

71 ● Repetitive Learning (1회 2회 3회)

적외선에 관한 설명과 가장 거리가 먼 것은?

① 조직에 흡수된 적외선은 화학반응을 일으키는 것이 아니라 구성분자의 운동에너지를 증대시킨다.
② 만성폭로에 따라 눈장해인 백내장을 일으킨다.
③ 700nm 이하의 단파장 적외선은 눈의 각막을 손상시킨다.
④ 적외선이 체외에서 조사되면 일부는 피부에서 반사되고 나머지만 흡수된다.

해설

- 눈의 각막을 손상시키는 것은 자외선과 가시광선이다.

적외선의 생물학적 영향
- 조직에서의 흡수는 수분함량에 따라 다르다.
- 적외선이 신체에 조사되면 일부는 피부에서 반사되고 나머지는 조직에 흡수된다.
- 절대온도 이상의 모든 물체는 온도에 비례해서 적외선을 복사한다.
- 적외선이 신체조직에 흡수되면 화학반응을 일으키는 것이 아니라 구성분자의 운동에너지를 증가시킨다.
- 조사부위의 온도가 오르면 혈관이 확장되어 혈류가 증가되며 심하면 홍반을 유발하기도 한다.

- 장기간 조사 시 두통, 자극작용이 있으며, 강력한 적외선은 뇌 막자극 증상을 유발할 수 있다.
- 만성폭로에 따라 눈장해인 백내장을 일으킨다.
- 근적외선은 급성 피부화상, 색소침착 등을 일으킨다.
- 신체조직에서의 흡수는 수분함량에 따라 다르며 1400nm 이상의 장파장 적외선은 1cm의 수층을 통과하지 못한다.

72 ──────● Repetitive Learning 〔1회 2회 3회〕

다음의 설명에서 ( )안에 들어갈 알맞은 숫자는?

> ( )기압 이상에서 공기 중의 질소가스는 마취작용을 나타내서 작업력의 저하, 기분의 변환, 여러 정도의 다행증(多幸症)이 일어난다.

① 2   ② 4

③ 6   ④ 8

해설

- 질소의 마취작용은 주로 4기압 이상에서 발생한다.
- ❊ 질소의 마취작용
  - 주로 4기압 이상에서 발생한다.
  - 작업력의 저하, 기분의 변환, 여러 정도의 다행증(多幸症)이 일어난다.

0602 / 0903 / 2202

73 ──────● Repetitive Learning 〔1회 2회 3회〕

사람이 느끼는 최소 진동역치로 맞는 것은?

① 35±5dB   ② 45±5dB

③ 55±5dB   ④ 65±5dB

해설

- 사람이 느끼는 최소 진동역치는 55±5dB이다.
- ❊ 전신진동의 인체영향
  - 사람이 느끼는 최소 진동역치는 55±5dB이다.
  - 전신진동의 영향이나 장애는 자율신경 특히 순환기에 크게 나타난다.
  - 산소소비량은 전신진동으로 증가되고, 폐환기도 촉진된다.
  - 말초혈관이 수축되고 혈압상승, 맥박증가를 보이며 피부 전기저항의 저하도 나타낸다.
  - 위장장해, 내장하수증, 척추이상, 내분비계 장해 등이 나타난다.

74 ──────● Repetitive Learning 〔1회 2회 3회〕

비전리방사선이 아닌 것은?

① 감마선   ② 극저주파

③ 자외선   ④ 라디오파

해설

- 감마선은 알파선, 베타선과 함께 전리방사선에 해당한다.
- ❊ 방사선의 구분
  - 이온화 성질, 주파수, 파장 등에 따라 전리방사선과 비전리방사선으로 구분한다.
  - 전리방사선과 비전리방사선을 구분하는 에너지 강도는 약 12eV이다.

전리방사선	중성자, X선, 알파(α)선, 베타(β)선, 감마(γ)선,
비전리방사선	자외선, 적외선, 레이저, 마이크로파, 가시광선, 극저주파, 라디오파

0303

75 ──────● Repetitive Learning 〔1회 2회 3회〕

각각 90dB, 90dB, 95dB, 100dB의 음압수준을 발생하는 소음원이 있다. 이 소음원들이 동시에 가동될 때 발생되는 음압수준은?

① 99dB   ② 102dB

③ 105dB   ④ 108dB

해설

- 합성소음은 $10\log(2 \times 10^{9.0} + 10^{9.5} + 10^{10}) = 10 \times 10.180 = 101.8$이 된다.
- ❊ 합성소음 **실기** 0401/0801/0901/1403/1602
  - 동일한 공간 내에서 2개 이상의 소음원에 대한 소음이 발생할 때 전체 소음의 크기를 말한다.
  - 합성소음[dB(A)]$= 10\log(10^{\frac{SPL_1}{10}} + \cdots + 10^{\frac{SPL_i}{10}})$으로 구할 수 있다.
    이때, $SPL_1, \cdots, SPL_i$는 개별 소음도를 의미한다.

1102

76 ──────● Repetitive Learning 〔1회 2회 3회〕

다음 중 정상인이 들을 수 있는 가장 낮은 이론적 음압은 몇 dB인가?

① 0   ② 5

③ 10   ④ 20

정답 | 72 ②   73 ③   74 ①   75 ②   76 ①

2019년 제1회 산업위생관리기사 | **563**

해설 ▶

- 인간이 들을 수 있는 가청음압은 0~120dB(0~130phon) 수준이다.

음압수준

- 음압(Sound pressure)은 물리적으로 측정한 음의 크기를 말한다.
- 인간이 들을 수 있는 가청음압은 0~120dB(0~130phon) 수준이다.
- 소음원으로부터 P_1만큼 떨어진 위치에서 음압수준이 dB_1일 경우 P_2만큼 떨어진 위치에서의 음압수준은

$$dB_2 = dB_1 - 20\log\left(\frac{P_2}{P_1}\right) 로 구한다.$$

- 소음원으로부터 거리와 음압수준은 역비례한다.

0302 / 1501

77 ●── Repetitive Learning 1회 2회 3회

감압병의 예방 및 치료에 관한 설명으로 틀린 것은?

① 고압환경에서의 작업시간을 제한한다.
② 감압이 끝날 무렵에 순수한 산소를 흡입시키면 감압시간을 25%가량 단축시킬 수 있다.
③ 특별히 잠수에 익숙한 사람을 제외하고는 10m/min 속도 정도로 잠수하는 것이 안전하다.
④ 헬륨은 질소보다 확산속도가 작고 체내에서 불안정적이므로 질소를 헬륨으로 대치한 공기로 호흡시킨다.

해설 ▶

- 고압환경에서 작업할 때는 질소를 헬륨으로 대치한 공기를 호흡시키도록 하는 이유는 헬륨이 질소보다 확산속도가 크고 체내에서 안정적이기 때문이다.

감압병의 예방 및 치료

- 고압환경에서의 작업시간을 제한한다.
- 감압이 끝날 무렵에 순수한 산소를 흡입시키면 감압시간을 25%가량 단축시킬 수 있다.
- 특별히 잠수에 익숙한 사람을 제외하고는 10m/min 속도 정도로 잠수하는 것이 안전하다.
- 고압환경에서 작업할 때는 질소를 헬륨으로 대치한 공기를 호흡시키도록 한다.
- Haldane의 실험근거상 정상기압보다 1.25기압을 넘지 않는 고압환경에는 아무리 오랫동안 폭로되거나 아무리 빨리 감압하더라도 기포를 형성하지 않는다.
- 감압병의 증상을 보일 경우 환자를 원래의 고압환경에 복귀시키거나 인공적 고압실에 넣어 혈관 및 조직 속에 발생한 질소의 기포를 다시 용해시킨 후 천천히 감압한다.

1102

78 ●── Repetitive Learning 1회 2회 3회

소음성 난청에 관한 설명으로 틀린 것은?

① 소음성 난청은 4,000~6,000Hz 정도에서 가장 많이 발생한다.
② 일시적 청력 변화 때의 각 주파수에 대한 청력 손실의 양상은 같은 소리에 의하여 생긴 영구적 청력 변화 때의 청력손실 양상과는 다르다.
③ 심한 소음에 노출되면 처음에는 일시적 청력 변화를 초래하는데, 이것은 소음 노출을 중단하면 다시 노출 전의 상태로 회복되는 변화이다.
④ 심한 소음에 반복하여 노출되면 일시적 청력 변화는 영구적 청력 변화로 변하며 코르티 기관에 손상이 온 것이므로 회복이 불가능하다.

해설 ▶

- 일시적 청력변화는 코르티 기관의 피로에 의해 발생하며, 영구적 청력변화는 코르티 기관에 손상이 온 것으로 청력손실의 양상이 비슷하다.

소음성 난청 실기 0703/1501/2101

- 초기 증상을 C5-dip현상이라 한다.
- 대부분 양측성이며, 감각 신경성 난청에 속한다.
- 내이의 세포변성을 원인으로 볼 수 있다.
- 4,000Hz에 대한 청력손실이 특징적으로 나타난다.
- 고주파음역(4,000~6,000Hz)에서의 손실이 더 크다.
- 음압수준이 높을수록 유해하다.
- 소음성 난청은 심한 소음에 반복하여 노출되어 나타나는 영구적 청력 변화로 코르티 기관에 손상이 온 것이므로 회복이 불가능하다.

79 ●── Repetitive Learning 1회 2회 3회

사무실 실내환경의 이산화탄소 농도를 측정하였더니 750ppm이었다. 이산화탄소가 750ppm인 사무실 실내환경의 직접적 건강영향은?

① 두통
② 피로
③ 호흡곤란
④ 직접적 건강영향은 없다.

해설 ▶

- 실내공기질 관리법에서 이산화탄소 농도를 1,000ppm 이하로 유지할 것을 기준으로 하고 있다.

• 실내공기질 관리법에서 이산화탄소 농도를 1,000ppm 이하로 유지할 것을 기준으로 하고 있다.

700ppm 이하	이상 없음
700~1,000ppm	불쾌감이 느껴짐
1,000~2,000ppm	피로와 졸림현상 등 컨디션 변화
2,000~3,000ppm	두통과 어깨결림
3,000ppm 초과	현기증 유발

0501 / 0803 / 1101 / 1502 / 1903

80
Repetitive Learning 1회 2회 3회

일반적으로 소음계는 A, B, C 세 가지 특성에서 측정할 수 있도록 보정되어 있다. 그중 A 특성치는 몇 phon의 등감곡선에 기준한 것인가?

① 20phon ② 40phon
③ 70phon ④ 100phon

해설
• A 특성치란 대략 40phon의 등감곡선과 비슷하게 주파수에 따른 반응을 보정하여 측정한 음압 수준을 말한다.

:: 소음계의 A, B, C 특성
• A 특성치란 대략 40phon의 등감곡선과 비슷하게 주파수에 따른 반응을 보정하여 측정한 음압 수준을 말한다.
• B 특성치와 C 특성치는 각각 70phon과 100phon의 등감곡선과 비슷하게 보정하여 측정한 값을 말한다.
• 일반적으로 소음계는 A, B, C 특성에서 음압을 측정할 수 있도록 보정되어 있으며 모든 주파수의 음압수준을 보정 없이 그대로 측정할 수도 있다. 즉, 세 값이 일치하는 주파수는 1,000Hz로 이때의 각 특성 보정치는 0이다.
• A 특성치보다 C 특성치가 많이 크면 저주파 성분이 많고, A 특성치와 C 특성치가 같으면 고주파 성분이 많다.

5과목 **산업독성학**

0301 / 1203

81
Repetitive Learning 1회 2회 3회

다음 중 작업장내 유해물질 노출에 따른 유해성(위험성)을 결정하는 주요 인자로만 나열된 것은?

① 노출기준과 노출량 ② 노출기준과 노출농도
③ 독성과 노출량 ④ 배출농도와 사용량

해설
• 유해성을 결정하는 주요 인자에는 독성과 노출량이 있다.

:: 유해성
㉠ 유해성(위험성)
• 유해성 확인이란 화학물질의 독성 및 작용기작에 대한 연구 자료를 바탕으로 화학물질이 인체에 미치는 유해한 영향을 규명하고 그 증거의 확실성을 검증하는 것을 말한다.
• 위험성 결정이란 작업자가 유해화학물질에 노출될 때 일어날 수 있는 유해 영향 발생 확률을 추정하는 과정을 말한다.
㉡ 유해물질 노출에 따른 유해성(위험성)을 결정하는 주요 인자
• 유해물질의 독성
• 노출량

1501

82
Repetitive Learning 1회 2회 3회

다음 중 납중독을 확인하는 시험이 아닌 것은?

① 소변 중 단백질
② 혈중의 납 농도
③ 말초신경의 신경전달 속도
④ ALA(Amino Levulinic Acid) 축적

해설
• 소변검사를 통해서는 코프로포르피린 배설량이나 납량, 델타-ALA을 측정한다.

:: 납중독 진단검사
• 소변 중 코프로포르피린이나 납, 델타-ALA의 배설량 측정
• 혈액검사(적혈구측정, 전혈비중측정)
• 혈액 중 징크-프로토포르피린(ZPP)의 측정
• 말초신경의 신경전달 속도
• 배설촉진제인 Ca-EDTA 이동사항
• 헴(Heme)합성과 관련된 효소의 혈중농도 측정
• 최근의 납의 노출정도는 혈액 중 납 농도로 확인할 수 있다.

1003 / 1501

83
Repetitive Learning 1회 2회 3회

유해물질의 분류에 있어 질식제로 분류되지 않는 것은?

① H_2 ② N_2
③ O_3 ④ H_2S

해설
• 수소와 질소는 단순 질식제에 해당된다.
• 황화수소는 기도나 폐조직을 손상시키는 화학적 질식제에 해당된다.

질식제

- 질식제란 조직 내의 산화작용을 방해하는 화학물질을 말한다.
- 질식제는 단순 질식제와 화학적 질식제로 구분할 수 있다.

단순 질식제	• 생리적으로는 아무 작용도 하지 않으나 공기 중에 많이 존재하여 산소분압을 저하시켜 조직에 필요한 산소의 공급부족을 초래하는 물질 • 수소, 질소, 헬륨, 이산화탄소, 메탄, 아세틸렌 등
화학적 질식제	• 혈액 중 산소운반능력을 방해하는 물질 • 일산화탄소, 아닐린, 시안화수소 등 • 기도나 폐 조직을 손상시키는 물질 • 황화수소, 포스겐 등

0902 / 1301 / 1601

84 ──────── ● Repetitive Learning 〔1회 2회 3회〕

납의 독성에 대한 인체실험 결과, 안전흡수량이 체중kg 당 0.005mg이었다. 1일 8시간 작업 시의 허용농도(mg/m^3)는?(단, 근로자의 평균 체중은 70kg, 해당 작업 시의 폐환기율은 시간당 $1.25m^3$으로 가정한다)

① 0.030
② 0.035
③ 0.040
④ 0.045

해설

- 체내흡수량(안전흡수량)과 관련된 문제이다.
- 체내 흡수량(mg)=C×T×V×R로 구할 수 있다.
- 문제는 작업 시의 허용농도 즉, C를 구하는 문제이므로 $\frac{체내흡수량}{T×V×R}$로 구할 수 있다.
- 체내 흡수량은 몸무게×몸무게당 안전흡수량=70×0.005=0.35 이다.
- 따라서 C=0.35/(8×1.25×1.0)=0.035가 된다.

∷ 체내흡수량(SHD : Safe Human Dose) 실기 0301/0501/0601/0801/1001/1201/1402/1602/1701/2002/2003

- 사람에게 안전한 양으로 안전흡수량, 안전폭로량이라고도 한다.
- 동물실험을 통하여 산출한 독물량의 한계치(NOED : No-Observable Effect Dose)를 사람에게 적용하기 위해 인간의 안전폭로량(SHD)을 계산할 때 안전계수와 체중, 독성물질에 대한 역치(THDh)를 고려한다.
- C×T×V×R[mg]으로 구한다.
  C : 공기 중 유해물질농도[mg/m^3]
  T : 노출시간[hr]
  V : 폐환기율, 호흡률[m^3/hr]
  R : 체내잔류율(주어지지 않을 경우 1.0)

---

85 ──────── ● Repetitive Learning 〔1회 2회 3회〕

메탄올에 관한 설명으로 틀린 것은?

① 특징적인 악성변화는 간 혈관육종이다.
② 자극성이 있고, 중추신경계를 억제한다.
③ 플라스틱, 필름제조와 휘발유 첨가제 등에 이용된다.
④ 시각장해의 기전은 메탄올의 대사산물인 포름알데히드가 망막조직을 손상시키는 것이다.

해설

- 간에 혈관육종을 일으키는 것은 염화비닐이다.

∷ 메탄올(CH_3OH)

- 메탄올의 생물학적 노출지표는 소변 중 메탄올이다.
- 메탄올은 호흡기 및 피부로 흡수된다.
- 메탄올은 중간대사체에 의하여 시신경에 독성을 나타낸다.
- 공업용제, 플라스틱, 필름제조와 휘발유첨가제 등에 이용된다.
- 주요 독성은 시각장해, 중추신경계 작용억제, 혼수상태를 야기한다.
- 시각장해의 기전은 메탄올의 대사산물인 포름알데히드가 망막조직을 손상시키는 것이다.
- 메탄올 중독시 중탄산염의 투여와 혈액투석 치료가 도움이 된다.

0403

86 ──────── ● Repetitive Learning 〔1회 2회 3회〕

베릴륨 중독에 관한 설명으로 틀린 것은?

① 베릴륨의 만성중독은 Neighborhood cases라고도 불리운다.
② 예방을 위해 X선 촬영과 폐기능 검사가 포함된 정기 건강검진이 필요하다.
③ 염화물, 황화물, 불화물과 같은 용해성 베릴륨화합물은 급성중독을 일으킨다.
④ 치료는 BAL 등 금속배설 촉진제를 투여하며, 피부병소에는 BAL 연고를 바른다.

해설

- ④는 수은중독에 대한 치료방법이다.

∷ 베릴륨(Be)

- 소량으로도 독성을 갖는 금속으로 연무나 먼지의 호흡기 흡입을 통해 폐 염증을 유발한다.
- 염화물, 황화물, 불화물과 같은 용해성 베릴륨화합물은 급성중독을 일으킨다.
- 만성중독은 Neighborhood cases라고 불리는 금속이다.
- 중독 예방을 위해 X선 촬영과 폐기능 검사가 포함된 정기 건강검진이 필요하다.

87 ————●Repetitive Learning [1회 2회 3회]

다음 중 인체에 흡수된 대부분의 중금속을 배설, 제거하는 데 가장 중요한 역할을 담당하는 기관은 무엇인가?

① 대장　　　　　② 소장
③ 췌장　　　　　④ 신장

해설
- 대장은 수분을 흡수하고, 비타민 B와 K를 합성하며, 대변을 형성 하여 배변해준다.
- 소장은 소화효소를 분비하여 소화를 돕고, 영양분을 흡수한다.
- 췌장은 췌장액을 분비하여 소화를 도우며, 우리 몸의 혈당을 조절 한다.
- ❖ 신장
  - 인체에 흡수된 대부분의 중금속을 배설, 제거하는 데 가장 중요 한 역할을 담당하는 기관이다.
  - 대사 산물의 노폐물을 제거하고, 체내의 수분과 염분의 양을 조절한다.
  - 혈압조절 및 조혈작용을 돕는다.

88 ————●Repetitive Learning [1회 2회 3회]

체내에 소량 흡수된 카드뮴은 체내에서 해독되는데 이들 반응에 중요한 작용을 하는 것은?

① 효소　　　　　② 임파구
③ 간과 신장　　　④ 백혈구

해설
- 카드뮴은 인체 내 간, 신장, 장관벽 등에 축적되어 해독된다.
- ❖ 카드뮴
  - 카드뮴은 부드럽고 연성이 있는 금속으로 납광물이나 아연광물 을 제련할 때 부산물로 얻어진다.
  - 주로 니켈, 알루미늄과의 합금, 살균제, 페인트 등을 취급하는 곳에서 노출위험성이 크다.
  - 흡수된 카드뮴은 혈장단백질과 결합하여 최종적으로 간이나 신장에 축적된다.
  - 인체 내에서 –SH기와 결합하여 독성을 나타낸다.
  - 중금속 중에서 칼슘대사에 장애를 주어 신결석을 동반한 신증 후군이 나타나고 폐기종, 만성기관지염 같은 폐질환을 일으키고, 다량의 칼슘배설이 일어나 뼈의 통증, 골연화증 및 골수공 증과 같은 골격계 장해를 유발한다.
  - 카드뮴에 의한 급성노출 및 만성노출 후의 장기적인 속발증은 고환의 기능쇠퇴, 폐기종, 간손상 등이다.
  - 체내에 노출되면 저분자 단백질인 metallothionein이라는 단백 질을 합성하여 독성을 감소시킨다.

89 ————●Repetitive Learning [1회 2회 3회]

이황화탄소를 취급하는 근로자를 대상으로 생물학적 모니터 링을 하는데 이용될 수 있는 생체 내 대사산물은?

① 소변 중 마뇨산
② 소변 중 메탄올
③ 소변 중 메틸마뇨산
④ 소변 중 TTCA(2-thiothiazolidine-4-carboxylic acid)

해설
- ①은 톨루엔의 생물학적 노출지표이다.
- ②는 메탄올의 생물학적 노출지표이다.
- ③은 크실렌의 생물학적 노출지표이다.
- ❖ 유기용제별 생물학적 모니터링 대상(생체 내 대사산물) [실기]0803/ 1403/2101

벤젠	소변 중 총 페놀 소변 중 t,t-뮤코닉산(t,t-Muconic acid)
에틸벤젠	소변 중 만델린산
스티렌	소변 중 만델린산
톨루엔	소변 중 마뇨산(hippuric acid), o-크레졸
크실렌	소변 중 메틸마뇨산
이황화탄소	소변 중 TTCA
메탄올	혈액 및 소변 중 메틸알코올
노말헥산	소변 중 헥산디온(2,5-hexanedione)
MBK (methyl-n-butyl ketone)	소변 중 헥산디온(2,5-hexanedione)
니트로벤젠	혈액 중 메타헤모글로빈
카드뮴	혈액 및 소변 중 카드뮴(저분자량 단백질)
납	혈액 및 소변 중 납(ZPP, FEP)
일산화탄소	혈액 중 카복시헤모글로빈, 호기 중 일산화탄소

90 ————●Repetitive Learning [1회 2회 3회]

수은중독의 예방대책이 아닌 것은?

① 수은 주입과정을 밀폐공간 안에서 자동화한다.
② 작업장 내에서 음식물 섭취와 흡연 등의 행동을 금지한다.
③ 수은 취급 근로자의 비점막 궤양 생성 여부를 면밀히 관찰한다.
④ 작업장에 흘린 수은은 신체가 닿지 않는 방법으로 즉시 제거한다.

- 비점막 궤양의 생성 여부를 관찰하는 것은 크롬 중독을 체크하기 위해서이다.

수은중독 예방대책
- 수은 주입과정을 밀폐공간 안에서 자동화한다.
- 작업장 내에서 음식물 섭취와 흡연 등의 행동을 금지한다.
- 작업장에 흘린 수은은 신체가 닿지 않는 방법으로 즉시 제거한다.

91 ──────● Repetitive Learning 〔1회 2회 3회〕

유기용제에 의한 장해의 설명으로 틀린 것은?

① 유기용제의 중추신경계 작용으로 잘 알려진 것은 마취작용이다.
② 사염화탄소는 간장과 신장을 침범하는데 반하여 이황화탄소는 중추신경계통을 침해한다.
③ 벤젠은 노출초기에는 빈혈증을 나타내고 장기간 노출되면 혈소판 감소, 백혈구 감소를 초래한다.
④ 대부분의 유기용제는 유독성의 포스겐을 발생시켜 장기간 노출 시 폐수종을 일으킬 수 있다.

해설

- 포스겐은 트리클로로에틸렌 같은 유기용제를 사용하는 작업장에서 용접시 발생할 수 있으나 대부분의 유기용제의 공통적인 특징은 중추신경계에 작용하여 마취나 환각현상을 일으키는 것이다.

유기용제와 중독
- 유기용제란 피용해물질의 성질을 변화시키지 않고 다른 물질을 녹일 수 있는 액체성 유기화합물질을 말한다.
- 유기용제가 인체로 들어오는 경로는 호흡기를 통한 경우가 가장 많으며 휘발성이 강해 다시 호흡기로 상당량이 배출된다.
- 체내로 들어온 유기용제는 산화, 환원, 가수분해로 이루어지는 생체전환과 포합체를 형성하는 포합반응인 두 단계의 대사과정을 거친다.
- 지용성의 특성을 가지며 수용성의 대상물질이 되어 신장을 통해 요 중으로 배설된다.
- 공통적인 비특이성 증상은 중추신경계에 작용하여 마취, 환각현상을 일으킨다.
- 장시간 노출시 만성중독을 발생시킨다.
- 간장 장애를 일으킨다.
- 사염화탄소는 간장과 신장을 침범하는데 반하여 이황화탄소는 중추신경계통을 침해한다.
- 벤젠은 노출초기에는 빈혈증을 나타내고 장기간 노출되면 혈소판 감소, 백혈구 감소를 초래한다.

92 ──────● Repetitive Learning 〔1회 2회 3회〕

유기용제의 종류에 따른 중추신경계 억제작용을 작은 것부터 큰 것으로 순서대로 나타낸 것은?

① 에스테르<유기산<알코올<알켄<알칸
② 에스테르<알칸<알켄<알코올<유기산
③ 알칸<알켄<알코올<유기산<에스테르
④ 알켄<알코올<에스테르<알칸<유기산

해설

- 유기용제의 중추신경 활성 억제작용의 순위는 알칸<알켄<알코올<유기산<에스테르<에테르<할로겐화합물 순으로 커진다.

유기용제의 중추신경 활성억제 및 자극 순서
⊙ 억제작용의 순위
  - 알칸<알켄<알코올<유기산<에스테르<에테르<할로겐화합물
ⓛ 자극작용의 순위
  - 알칸<알코올<알데히드 또는 케톤<유기산<아민류
ⓒ 극성의 크기 순서
  - 파라핀<방향족 탄화수소<에스테르<케톤<알데하이드<알코올<물

93 ──────● Repetitive Learning 〔1회 2회 3회〕

폐에 침착된 먼지의 정화과정에 대한 설명으로 틀린 것은?

① 어떤 먼지는 폐포벽을 통과하여 림프계나 다른 부위로 들어가기도 한다.
② 먼지는 세포가 방출하는 효소에 의해 융해되지 않으므로 점액층에 의한 방출 이외에는 체내에 축적된다.
③ 폐에 침착된 먼지는 식세포에 의하여 포위되어, 포위된 먼지의 일부는 미세 기관지로 운반되고 점액 섬모운동에 의하여 정화된다.
④ 폐에서 먼지를 포위하는 식세포는 수명이 다한 후 사멸하고 다시 새로운 식세포가 먼지를 포위하는 과정이 계속적으로 일어난다.

해설

- 폐에 존재하는 대식세포는 침착된 먼지를 제거하는 역할을 수행한다.

먼지의 정화과정

- 어떤 먼지는 폐포벽을 통과하여 림프계나 다른 부위로 들어가기도 한다.
- 폐에 침착된 먼지는 식세포에 의하여 포위되어, 포위된 먼지의 일부는 미세 기관지로 운반되고 점액 섬모운동에 의하여 정화된다.
- 점액 섬모운동을 방해하는 물질에는 카드뮴, 니켈, 황화합물 등이 있다.
- 폐에서 먼지를 포위하는 식세포는 수명이 다한 후 사멸하고 다시 새로운 식세포가 먼지를 포위하는 과정이 계속적으로 일어난다.

---

94 ─────● Repetitive Learning 〔1회 2회 3회〕

다음의 설명에서 ㉠~㉢에 해당하는 내용이 맞는 것은?

> 단시간노출기준(STEL)이란 (㉠)분 간의 시간가중평균노출값으로서 노출농도가 시간가중평균노출기준(TWA)을 초과하고 단시간노출기준(STEL) 이하인 경우에는 1회 노출 지속시간이 (㉡)분 미만이어야 하고, 이러한 상태가 1일 (㉢)회 이하로 발생하여야 하며, 각 노출의 간격은 60분 이상이어야 한다.

① ㉠ : 15, ㉡ : 20, ㉢ : 2
② ㉠ : 15, ㉡ : 15, ㉢ : 4
③ ㉠ : 20, ㉡ : 15, ㉢ : 2
④ ㉠ : 20, ㉡ : 20, ㉢ : 4

해설

- 단시간노출기준(STEL)은 15분간의 시간가중평균노출값으로서 노출농도가 시간가중평균노출기준(TWA)을 초과하고 단시간노출기준(STEL) 이하인 경우에는 1회 노출 지속시간이 15분 미만이어야 하고, 이러한 상태가 1일 4회 이하로 발생하여야 하며, 각 노출의 간격은 60분 이상이어야 한다.

단시간노출기준(STEL)

- 작업특성 상 노출수준이 불균일하거나 단시간에 고농도로 노출되어 단시간 노출평가가 필요하다고 판단되는 경우 노출되는 시간에 15분간씩 측정하여 단시간 노출값을 구한다.
- 15분간의 시간가중평균노출값으로서 노출농도가 시간가중평균노출기준(TWA)을 초과하고 단시간노출기준(STEL) 이하인 경우에는 1회 노출 지속시간이 15분 미만이어야 하고, 이러한 상태가 1일 4회 이하로 발생하여야 하며, 각 노출의 간격은 60분 이상이어야 한다.

---

95 ─────● Repetitive Learning 〔1회 2회 3회〕

메탄올의 시각장애 독성을 나타내는 대사단계의 순서로 맞는 것은?

① 메탄올 → 에탄올 → 포름산 → 포름알데히드
② 메탄올 → 아세트알데히드 → 아세테이트 → 물
③ 메탄올 → 아세트알데히드 → 포름알데히드 → 이산화탄소
④ 메탄올 → 포름알데히드 → 포름산 → 이산화탄소

해설

- 메탄올의 독성 대사단계는 메탄올 → 포름알데히드 → 포름산 → 이산화탄소 순이다.

메탄올의 시각장애 독성

- 메탄올은 인체 내의 산화효소에 의해 포름알데히드와 포름산으로 분해된다.
- 시각장해의 기전은 메탄올의 대사산물인 포름알데히드가 망막조직을 손상시키는 것이다.
- 포름산은 간에서 대사되어 망막과 시신경에 독성으로 작용한다.
- 대사단계는 메탄올 → 포름알데히드 → 포름산 → 이산화탄소 순이다.

---

96 ─────● Repetitive Learning 〔1회 2회 3회〕

주로 비강, 인후두, 기관 등 호흡기의 기도 부위에 축적됨으로써 호흡기계 독성을 유발하는 분진은?

① 흡입성 분진
② 호흡성 분진
③ 흉곽성 분진
④ 총부유 분진

해설

- 호흡성 먼지는 폐포에 침착하여 독성을 나타내며 평균입자 크기는 4μm이고, 공기 역학적 직경이 10μm 미만인 먼지를 말한다.
- 흉곽성 먼지는 기관지와 폐포 등 폐 내부의 공기통로와 가스교환 부위에 침착되는 먼지로서 공기역학적 지름이 30μm 이하의 크기를 가지며 평균입경은 10μm이다.

입자상 물질의 분류 0303/0402/0502/0701/0703/0802/1303/1402/1502/1601/1701/1802/1901/2202

흡입성 먼지	주로 비강, 인후두, 기관 등 호흡기의 기도 부위에 축적됨으로써 호흡기계 독성을 유발하는 분진으로 평균입경이 100μm이다.
흉곽성 먼지	기관지와 폐포 등 폐 내부의 공기통로와 가스교환 부위에 침착되는 먼지로서 공기역학적 지름이 30μm 이하의 크기를 가지며 평균입경은 10μm이다.
호흡성 먼지	폐포에 침착하여 독성을 나타내며 평균입자 크기는 4μm이고, 공기 역학적 직경이 10μm 미만인 먼지를 말한다.

---

97 Repetitive Learning 1회 2회 3회

할로겐화 탄화수소인 사염화탄소에 관한 설명으로 틀린 것은?

① 생식기에 대한 독성작용이 특히 심하다.
② 고농도에 노출되면 중추신경계 장애 외에 긴장과 신장장애를 유발한다.
③ 신장장애 증상으로 감뇨, 혈뇨 등이 발생하며, 완전 무뇨증이 되면 사망할 수도 있다.
④ 초기 증상으로는 지속적인 두통, 구역 또는 구토, 복부선통과 설사, 간압통 등이 나타난다.

해설

• ①은 납에 대한 설명이다.

❖ 사염화탄소
• 피부로부터 흡수되어 전신중독을 일으킬 수 있는 물질이다.
• 인체 노출 시 간의 장해인 중심소엽성 괴사를 일으키는 지방족 할로겐화 탄화소수이다.
• 탈지용 용매로 사용되는 물질로 간장, 신장에 만성적인 영향을 미친다.
• 초기 증상으로는 지속적인 두통, 구역 또는 구토, 복부선통과 설사, 간압통 등이 나타난다.
• 고농도로 폭로되면 중추신경계 장해 외에 간장이나 신장에 장해가 일어나 황달, 단백뇨, 혈뇨의 증상을 보이며, 완전 무뇨증이 되면 사망할 수도 있다.

98 Repetitive Learning 1회 2회 3회

페니실린을 비롯한 약품을 정제하기 위한 추출제 혹은 냉동제 및 합성수지에 이용되는 물질로 가장 적절한 것은?

① 벤젠
② 클로로포름
③ 브롬화메틸
④ 핵사클로로나프탈렌

해설

• 벤젠은 만성노출에 의한 조혈장해를 유발시키며, 급성 골수성 백혈병을 일으키는 대표적인 방향족 탄화수소 물질이다.

❖ 클로로포름
• 탄소와 수소, 염소로 이뤄진 화합물이다.
• 페니실린을 비롯한 약품을 정제하기 위한 추출제 혹은 냉동제 및 합성수지에 이용되는 물질이다.
• 간장, 신장의 암발생에 주로 영향을 미친다.

99 ──── Repetitive Learning 1회 2회 3회

근로자의 화학물질에 대한 노출을 평가하는 방법으로 가장 거리가 먼 것은?

① 개인시료 측정
② 생물학적 모니터링
③ 유해성확인 및 독성평가
④ 건강감시(Medical Surveillance)

해설

• ③은 근로자와 상관없이 화학물질의 유해성과 위험성을 평가하는 방법이다.

❖ 근로자의 화학물질에 대한 노출을 평가하는 방법
• 개인시료 측정
• 생물학적 모니터링
• 건강감시(Medical Surveillance)

100 ──── Repetitive Learning 1회 2회 3회

다음 중 채석장 및 모래분사 작업장(sandblasting) 작업자들이 석영을 과도하게 흡입하여 발생하는 질병은?

① 규폐증
② 석면폐증
③ 탄폐증
④ 면폐증

해설

• 규폐증은 건축업, 도자기 작업장, 채석장, 석재공장 등의 작업장에서 근무하는 근로자에게 발생할 수 있는 진폐증의 한 종류이다.

❖ 규폐증(silicosis)
• 주요 원인 물질은 0.5~5μm의 크기를 갖는 SiO_2(유리규산) 함유먼지, 암석분진 등의 혼합물질이다.
• 역사적으로 보면 이집트의 미이라에서도 발견되는 오래된 질병이다.
• 건축업, 도자기 작업장, 채석장, 석재공장 등의 작업장에서 근무하는 근로자에게 발생할 수 있는 진폐증의 한 종류이다.
• 폐결핵을 합병증으로 하여 폐하엽 부위에 많이 생기는 증상을 갖는다.

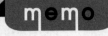

구분	1과목	2과목	3과목	4과목	5과목	합계
New유형	1	3	0	0	1	5
New문제	5	8	5	1	3	22
또나온문제	8	8	6	12	8	42
자꾸나온문제	7	4	9	7	9	36
합계	20	20	20	20	20	100

- New유형은 New문제 중 기존 기출문제와 완전히 다른 유형의 문제를 말합니다.
- New문제는 기존에 출제되지 않은 문제로 이번에 처음 출제되는 문제입니다.
- 또나온문제는 기존에 출제된 적이 1번 있는 문제를 말합니다.
- 자꾸나온문제는 기존에 출제된 적이 2번 이상 있는 문제를 말합니다. 그만큼 중요한 문제입니다.

⌛ 몇 년분의 기출문제를 공부해야 합격할 수 있을까요?

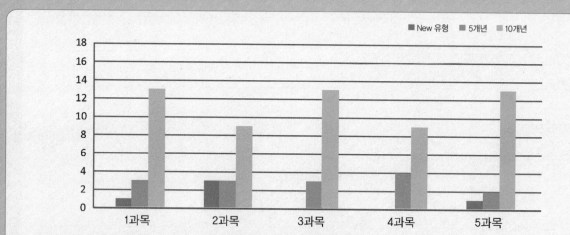

- 완전 새로운 유형의 문제는 5문제이고 95문제가 이미 출제된 문제 혹은 변형문제입니다.
- 5년분(2018~2022) 기출에서 동일문제가 15문항이 출제되었고, 10년분(2013~2022) 기출에서 동일문제가 57문항이 출제되었습니다.

📖 실기에 나왔어요!! 일타쌍피 – 사전체크!!

실기시험은 필답형으로 진행됩니다. 객관식의 필기와 달리 주관식인 관계로 아는 만큼 적을 수 있습니다. 최근 계산문제의 비중이 많이 감소하고 있지만 절반 정도의 이론 문제와 절반 정도의 계산문제가 출제된다고 보시면 됩니다. 계산문제의 경우 나오는 문제유형이 거의 정해져 있습니다. 필기 공부할 때 미리 실기에 나오는 내용을 체크하시고 그부분만큼은 잘 공부해 두신다면 당 회차 실기까지 한 번에 잡을 수 있습니다.
- 총 40개의 유형별 핵심이론이 실기시험과 연동되어 있습니다.

💡 분석의견

합격률이 45.8%로 평균 수준인 회차였습니다.
10년 기출을 학습할 경우 모든 과목이 과락 점수 이상으로 출제되었으며, 새로운 유형의 문제 역시 거의 출제되지 않아 기출문제를 학습하신 수험생은 어렵지 않다고 느낄만한 회차입니다. 2과목에서 새로운 유형의 문제가 3문제 출제되었지만 난이도를 크게 높이지는 않은 것으로 보입니다.
10년분 기출문제와 유형별 핵심이론의 2~3회 정독이면 합격 가능한 것으로 판단됩니다.

2019년 제2회

2019년 4월 27일 필기

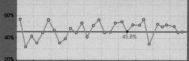

1과목 산업위생학개론

01 ● Repetitive Learning [1회 2회 3회]

산업안전보건법상 최근 1년간 작업공정에서 공정 설비의 변경, 작업방법의 변경, 설비의 이전, 사용 화학물질의 변경 등으로 작업환경측정 결과에 영향을 주는 변화가 없는 경우 작업공정 내 소음 외의 다른 모든 인자의 작업환경측정 결과가 최근 2회 연속 노출기준 미만인 사업장은 몇 년에 1회 이상 측정할 수 있는가?

① 6월 ② 1년

③ 2년 ④ 3년

해설

• 사업주는 최근 1년간 작업공정에서 공정 설비의 변경, 작업방법의 변경, 설비의 이전, 사용 화학물질의 변경 등으로 작업환경측정 결과에 영향을 주는 변화가 없는 경우로서 작업공정 내 소음 외의 다른 모든 인자의 작업환경측정 결과가 최근 2회 연속 노출기준 미만인 경우에는 해당 유해인자에 대한 작업환경측정을 연(年) 1회 이상 할 수 있다.

⁑ 작업환경측정 주기 및 횟수 실기 1802/2004

• 사업주는 작업장 또는 작업공정이 신규로 가동되거나 변경되는 등으로 작업환경측정 대상 작업장이 된 경우에는 그날부터 30일 이내에 작업환경측정을 하고, 그 후 반기(半期)에 1회 이상 정기적으로 작업환경을 측정해야 한다. 다만, 작업환경측정 결과가 다음의 어느 하나에 해당하는 작업장 또는 작업공정은 해당 유해인자에 대하여 그 측정일부터 3개월에 1회 이상 작업환경측정을 해야 한다.
– 고용노동부장관이 정하여 고시하는 물질에 해당하는 화학적 인자의 측정치가 노출기준을 초과하는 경우
– 고용노동부장관이 정하여 고시하는 물질에 해당하지 않는 화학적 인자의 측정치가 노출기준을 2배 이상 초과하는 경우

• 사업주는 최근 1년간 작업공정에서 공정 설비의 변경, 작업방법의 변경, 설비의 이전, 사용 화학물질의 변경 등으로 작업환경측정 결과에 영향을 주는 변화가 없는 경우로서 다음 각 호의 어느 하나에 해당하는 경우에는 해당 유해인자에 대한 작업환경측정을 연(年) 1회 이상 할 수 있다. 다만, 고용노동부장관이 정하여 고시하는 물질을 취급하는 작업공정은 그렇지 않다.
– 작업공정 내 소음의 작업환경측정 결과가 최근 2회 연속 85 데시벨(dB) 미만인 경우
– 작업공정 내 소음 외의 다른 모든 인자의 작업환경측정 결과가 최근 2회 연속 노출기준 미만인 경우

02 ● Repetitive Learning [1회 2회 3회]

해외 국가의 노출기준 연결이 틀린 것은?

① 영국 – WEL(Workplace Exposure Limit)

② 독일 – REL(Recommended Exposure Limit)

③ 스웨덴 – OEL(Occupational Exposure Limit)

④ 미국(ACGIH) – TLV(Threshold Limit Value)

해설

• 독일은 TRGS(The Technique Rules for Hazardous Substance)를 노출기준으로 한다.

⁑ 국가 및 기관별 유해물질에 대한 허용기준 실기 1101/1702

국가	기관	노출기준
한국		화학물질 및 물리적 인자의 노출기준
미국	OSHA	PEL
	AIHA	WEEL
	ACGHI	TLV
	NIOSH	REL
영국	HSE	WEL
독일		TRGS

03

● Repetitive Learning 〔1회 2회 3회〕

L_5/S_1 디스크에 얼마 정도의 압력이 초과되면 대부분의 근로자에게 장해가 나타나는가?

① 3,400N ② 4,400N
③ 5,400N ④ 6,400N

해설

- ①은 AL기준이고, ④는 MPL기준이다.
- MPL은 기준을 초과할 경우 대부분의 근로자에게 장해가 발생할 수 있는 기준선을 말한다.

❖ L_5/S_1 다스크에 미치는 압력과 기준
- MPL = 3AL의 관계를 갖는다.

AL (Action Limit)	• 압축력이 3,400N(340kg) 정도가 발생하는 상황 • 감시기준으로 이 기준까지는 근로자가 별 무리 없이 견딜 수 있는 기준이다.
MPL (Maximum Permissible Limit)	• 압축력이 6,400N(650kg) 정도가 발생하는 상황 • 넘어서는 안되는 상황(근로자에게 장해가 발생하는 상황)이라는 의미이다.

04

● Repetitive Learning 〔1회 2회 3회〕

Flex-Time 제도의 설명으로 맞는 것은?

① 하루 중 자기가 편한 시간을 정하여 자유롭게 출·퇴근 하는 제도

② 주휴 2일제로 주당 40시간 이상의 근무를 원칙으로 하는 제도

③ 연중 4주간 년차 휴가를 정하여 근로자가 원하는 시기에 휴가를 갖는 제도

④ 작업상 전 근로자가 일하는 중추시간(core time)을 제외하고 주당 40시간 내외의 근로조건 하에서 자유롭게 출·퇴근 하는 제도

해설

- Flex-Time은 개인의 선택에 따라 근무 시간·근무 환경을 조절할 수 있는 제도를 말한다. 선택적 근로시간제라고도 한다.

❖ 유연근무제(Flex-Time) **실기** 1802
- 개인의 선택에 따라 근무 시간·근무 환경을 조절할 수 있는 제도를 말한다. 선택적 근로시간제라고도 한다.
- 작업상 전 근로자가 일하는 중추시간(core time)을 제외하고 주당 40시간 내외의 근로조건 하에서 자유롭게 출·퇴근 하는 제도이다.

05

● Repetitive Learning 〔1회 2회 3회〕

하인리히의 사고연쇄반응 이론(도미노 이론)에서 사고가 발생하기 바로 직전의 단계에 해당하는 것은?

① 개인적 결함
② 사회적 환경
③ 선진 기술의 미적용
④ 불안전한 행동 및 상태

해설

- 하인리히의 사고연쇄반응은 사회적 환경과 유전적 요소 → 개인적인 결함 → 불안전한 행동과 상태 → 사고 → 재해 순을 거친다.

❖ 하인리히의 사고연쇄반응(도미노) 이론

1단계	사회적 환경 및 유전적 요소	통제의 부족
2단계	개인적인 결함	기본적 원인
3단계	불안전한 행동 및 불안전한 상태	직접 원인
4단계	사고	
5단계	재해	

06

● Repetitive Learning 〔1회 2회 3회〕

사업장에서의 산업보건관리업무는 크게 3가지로 구분될 수 있다. 산업보건관리업무와 가장 관련이 적은 것은?

① 안전관리 ② 건강관리
③ 환경관리 ④ 작업관리

해설

- 안전관리는 산업안전관리업무에 속한다.

❖ 산업보건관리업무
- 근로자들의 육체적·정신적·사회적 건강을 유지 증진시키며 작업조건으로 인한 질병을 예방하고 건강에 유해한 작업환경을 개선하며 근로자를 생리적으로나 심리적으로 적합한 작업환경에 배치하여 건강하게 근무하도록 하는 일이다.

07

● Repetitive Learning 〔1회 2회 3회〕

화학물질의 국내 노출기준에 관한 설명으로 틀린 것은?

① 1일 8시간을 기준으로 한다.
② 직업병 진단 기준으로 사용할 수 없다.
③ 대기오염의 평가나 관리상 지표로 사용할 수 없다.
④ 직업성 질병의 이환에 대한 반증자료로 사용할 수 있다.

- 유해인자에 대한 감수성은 개인에 따라 차이가 있고, 노출기준 이하의 작업환경에서도 직업성 질병에 이환되는 경우가 있으므로 노출기준은 직업병진단에 사용하거나 노출기준 이하의 작업환경이라는 이유만으로 직업성질병의 이환을 부정하는 근거 또는 반증자료로 사용하여서는 아니 된다.

❖ 노출기준 사용상의 유의사항

- 각 유해인자의 노출기준은 해당 유해인자가 단독으로 존재하는 경우의 노출기준을 말하며, 2종 또는 그 이상의 유해인자가 혼재하는 경우에는 각 유해인자의 상가작용으로 유해성이 증가할 수 있으므로 시간가중평균노출기준(TWA)에 따라 산출하는 노출기준을 사용하여야 한다.
- 노출기준은 1일 8시간 작업을 기준으로 하여 제정된 것이므로 이를 이용할 경우에는 근로시간, 작업의 강도, 온열조건, 이상 기압 등이 노출기준 적용에 영향을 미칠 수 있으므로 이와 같은 제반요인을 특별히 고려하여야 한다.
- 유해인자에 대한 감수성은 개인에 따라 차이가 있고, 노출기준 이하의 작업환경에서도 직업성 질병에 이환되는 경우가 있으므로 노출기준은 직업병진단에 사용하거나 노출기준 이하의 작업환경이라는 이유만으로 직업성질병의 이환을 부정하는 근거 또는 반증자료로 사용하여서는 아니 된다.
- 노출기준은 대기오염의 평가 또는 관리상의 지표로 사용하여서는 아니 된다.

---

08 ———————• Repetitive Learning 〔1회〕〔2회〕〔3회〕

인간공학에서 최대작업영역(maximum area)에 대한 설명으로 가장 적절한 것은?

① 허리에 불편 없이 적절히 조작할 수 있는 영역
② 팔과 다리를 이용하여 최대한 도달할 수 있는 영역
③ 어깨에서부터 팔을 뻗어 도달할 수 있는 최대 영역
④ 상완을 자연스럽게 몸에 붙인 채로 전완을 움직일 때 도달하는 영역

해설

- 최대작업영역은 작업자가 움직이지 않으면서 최대한 팔을 뻗어 닿는 영역을 말한다.

❖ 최대작업영역 실기 0303

- 최대한 팔을 뻗친 거리로 작업자가 가끔 하는 작업의 구간을 포함한다.
- 좌식 평면 작업대에서 어깨로부터 팔을 펴서 어깨를 축으로 하여 수평면상에 원을 그릴 때 부채꼴 원호의 내부지역을 말한다.
- 수평작업대에서 전완과 상완을 곧게 펴서 파악할 수 있는 구역을 말한다.

1102

09 ———————• Repetitive Learning 〔1회〕〔2회〕〔3회〕

최근 실내공기질에서 문제가 되고 있는 방사성 물질인 라돈에 관한 설명으로 옳지 않은 것은?

① 무색, 무취, 무미한 가스로 인간의 감각에 의해 감지할 수 없다.
② 인광석이나 산업폐기물을 포함하는 토양, 석재, 각종 콘크리트 등에서 발생할 수 있다.
③ 라돈의 감마(γ)-붕괴에 의하여 라돈의 딸핵종이 생성되며 이것이 기관지에 부착되어 감마선을 방출하여 폐암을 유발한다.
④ 우라늄 계열의 붕괴과정 일부에서 생성될 수 있다.

해설

- 라돈의 붕괴로 방출되는 알파(α)선이 폐조직을 파괴하여 폐암을 유발한다.

❖ 라돈(Rn)

- 무색, 무취의 기체로서 흙, 콘크리트, 시멘트나 벽돌 등의 건축 자재에 존재하였다가 공기 중으로 방출되며 지하공간에 더 높은 농도를 보이고, 폐암을 유발하는 실내공기 오염물질이다.
- 자연적으로 존재하는 암석이나 토양에서 발생하는 thorium, uranium의 붕괴로 인해 생성되는 방사성 가스이다.
- 라돈의 동위원소에는 Rn222, Rn220, Rn219가 있으며 이 중 반감기가 긴 Rn-222가 실내 공간에서 일체의 위해성 측면에서 주요 관심대상이다.
- 라돈의 붕괴로 방출되는 알파(α)선이 폐조직을 파괴하여 폐암을 유발한다.

0402 / 1503

10 ———————• Repetitive Learning 〔1회〕〔2회〕〔3회〕

인간공학에서 고려해야 할 인간의 특성과 가장 거리가 먼 것은?

① 감각과 지각
② 운동과 근력
③ 감정과 생산능력
④ 기술, 집단에 대한 적응능력

해설

- 인간공학이란 인간이 사용하는 물건, 설비, 환경의 설계에 인간의 생리적, 심리적인 면에서의 특성이나 한계점을 고려함으로써 인간-기계 시스템의 안전성과 편리성, 효율성을 높이는 학문 분야이다.

인간공학(Ergonomics)

㉠ 개요
- "Ergon(작업)+nomos(법칙)+ics(학문)"이 조합된 단어로 Human factors, Human engineering이라고도 한다.
- 인간의 특성과 한계 능력을 공학적으로 분석, 평가하여 이를 복잡한 체계의 설계에 응용함으로써 효율을 최대로 활용할 수 있도록 하는 학문 분야이다.
- 인간이 사용하는 물건, 설비, 환경의 설계에 인간의 생리적, 심리적인 면에서의 특성이나 한계점을 고려함으로써 인간-기계 시스템의 안전성과 편리성, 효율성을 높이는 학문 분야이다.

㉡ 인간공학에서 고려할 인간의 특성
- 인간의 습성
- 인간의 감각과 지각
- 인간의 운동과 근력
- 신체의 크기와 작업환경
- 기술, 집단에 대한 적응능력

---

11 ─────────● Repetitive Learning [1회 2회 3회]

어느 공장에서 경미한 사고가 3건이 발생하였다. 그렇다면 이 공장의 무상해 사고는 몇 건이 발생하는가?(단, 하인리히의 법칙을 활용한다)

① 25
② 31
③ 36
④ 40

해설▶
- 총 사고 발생 건수 330건을 대상으로 분석했을 때 중상 1, 경상 29, 무상해 사고 300건이 발생하므로 경상이 3건인 경우 무상해 사고는 $29:300=3:x$에서 $x=\dfrac{900}{29}=31.03$건이 된다.

∷ 하인리히의 재해구성 비율
- 중상 : 경상 : 무상해 사고가 각각 1 : 29 : 300인 재해구성 비율을 말한다.
- 총 사고 발생 건수 330건을 대상으로 분석했을 때 중상 1, 경상 29, 무상해 사고 300건이 발생했음을 의미한다.

0702 / 0803 / 1402 / 2103 / 2201

12 ─────────● Repetitive Learning [1회 2회 3회]

심한 노동 후의 피로 현상으로 단기간의 휴식에 의해 회복될 수 없는 병적상태를 무엇이라 하는가?

① 곤비
② 과로
③ 전신피로
④ 국소피로

해설▶
- 피로는 그 정도에 따라 3단계로 나눌 때 가장 심한 피로, 즉, 단기간의 휴식에 의해 회복될 수 없는 상태를 곤비라 한다.

∷ 피로의 정도에 따른 분류

보통피로	하루 저녁 잠을 잘 자고 나면 완전히 회복될 수 있는 것
과로	다음 날까지도 피로상태가 계속되는 것
곤비	심한 노동 후의 피로 현상으로 단기간의 휴식에 의해 회복될 수 없는 병적상태

0803 / 1302 / 1903

13 ─────────● Repetitive Learning [1회 2회 3회]

미국산업위생학술원(AAIH)이 채택한 윤리강령 중 산업위생 전문가가 지켜야 할 책임과 거리가 먼 것은?

① 기업체의 기밀은 누설하지 않는다.
② 과학적 방법의 적용과 자료의 해석에서 객관성을 유지한다.
③ 근로자, 사회 및 전문 직종의 이익을 위해 과학적 지식을 공개하고 발표한다.
④ 전문적 판단이 타협에 의하여 좌우될 수 있는 상황에 개입하여 객관적 자료로 판단한다.

해설▶
- 산업위생전문가는 전문적 판단이 타협에 의하여 좌우될 수 있거나 이해관계가 있는 상황에는 개입하지 않아야 한다.

∷ 산업위생전문가의 윤리강령 중 산업위생전문가로서의 책임
- 산업위생 활동을 통해 얻은 개인 및 기업의 정보는 누설하지 않는다.
- 전문적 판단이 타협에 의하여 좌우될 수 있거나 이해관계가 있는 상황에는 개입하지 않는다.
- 쾌적한 작업환경을 만들기 위해 산업위생이론을 적용하고 책임 있게 행동한다.
- 성실성과 학문적 실력 면에서 최고 수준을 유지한다.
- 과학적 방법의 적용과 자료의 해석에 객관성을 유지한다.
- 전문분야로서의 산업위생을 학문적으로 발전시킨다.
- 근로자, 사회 및 전문 직종의 이익을 위해 과학적 지식을 공개하고 발표한다.

2202

14 ─────────● Repetitive Learning [1회 2회 3회]

직업성 질환의 범위에 해당되지 않는 것은?

① 합병증
② 속발성 질환
③ 선천적 질환
④ 원발성 질환

- 직업성 질환은 원발성 질환, 속발성 질환 그리고 합병증으로 구분한다.

직업성 질환의 범위

원발성 질환	직업상 업무에 기인하여 1차적으로 발생하는 질환
속발성 질환	원발성 질환에 기인하여 속발할 것으로 의학상 인정되는 경우 업무에 기인하지 않았다는 유력한 원인이 없는 한 직업성 질환으로 취급
합병증	• 원발성 질환과 합병하는 제2의 질환을 유발 • 합병증이 원발성 질환에 대하여 불가분의 관계를 가질 때 • 원발성 질환에서 떨어진 부위에 같은 원인에 의한 제2의 질환이 발생하는 경우

15

1302

• Repetitive Learning [1회 2회 3회]

NIOSH의 권고중량한계(Recommended Weight Limit, RWL)에 사용되는 승수(multiplier)가 아닌 것은?

① 들기거리(Lift Multiplier)

② 이동거리(Distance Multiplier)

③ 수평거리(Horizontal Multiplier)

④ 비대칭각도(Asymmetry Multiplier)

- 권장무게한계는 HM, VM, DM, AM, FM, CM을 승수로 한다.

권장무게한계(RWL : Recommended Weight Limit) 실기 2003

- RWL = 23kg × HM × VM × DM × AM × FM × CM으로 구한다.

HM(수평계수)	• 63cm를 기준으로 한 수평거리 • 25/H로 구한다.
VM(수직계수)	• 75cm를 기준으로 한 수직거리 • 1−0.003(혹은 V−75)로 구한다.
DM(거리계수)	• 물체를 수직이동시킨 거리 • 0.82+4.5/D로 구한다.
AM(비대칭계수)	• 신체중심에서 물건중심까지의 비틀린 각도 • 1−0.0032A로 구한다.
FM(빈도계수)	1분 동안의 반복횟수
CM(결합계수)	손잡이의 잡기 편한 정도

- RWL 값이 클수록 좋다.

16

0403 / 0901 / 1201 / 1203 / 1602

• Repetitive Learning [1회 2회 3회]

심리학적 적성검사와 가장 거리가 먼 것은?

① 감각기능검사   ② 지능검사

③ 지각동작검사   ④ 인성검사

- 심리학적 적성검사에는 지능검사, 지각동작검사, 인성검사, 기능검사가 있다.

심리학적 적성검사

- 지능검사, 지각동작검사, 인성검사, 기능검사가 있다.

지능검사	언어, 기억, 추리, 귀납 관련 검사
지각동작검사	수족협조능, 운동속도능, 형태지각능 관련 검사
인성검사	성격, 태도, 정신상태 관련 검사
기능검사	직무에 관련된 기본지식과 숙련도, 사고력 등 직무평가에 관련된 항목을 추리검사의 형식으로 실시

17

1403

• Repetitive Learning [1회 2회 3회]

산업위생 역사에서 영국의 외과의사 Percivall Pott에 대한 내용 중 틀린 것은?

① 직업성 암을 최초로 보고하였다.

② 산업혁명 이전의 산업위생 역사이다.

③ 어린이 굴뚝 청소부에게 많이 발생하던 음낭암(Scrotal cancer)의 원인물질을 검댕(Soot)이라고 규명하였다.

④ Pott의 노력으로 1788년 영국에서는 도제 건강 및 도덕법(Health and Morals of Apprentices Act)이 통과되었다.

- Pott는 1788년에 굴뚝 청소부법이 통과되도록 노력하였다.

Percivall Pott

- 18세기 영국의 외과의사로 굴뚝청소부들의 직업병인 음낭암이 검댕(Soot) 속의 다환방향족 탄화수소에 의해 발생되었음을 보고하였다.
- 최초의 직업성 암에 대한 원인을 분석하였다.
- 1788년에 굴뚝 청소부법이 통과되도록 노력하였다.

18

1003 / 1501

• Repetitive Learning [1회 2회 3회]

산업안전법령상 사무실 공기관리의 관리대상 오염물질의 종류에 해당하지 않는 것은?

① 총휘발성유기화합물(TVOC)

② 총부유세균

③ 호흡성 분진(RPM)

④ 일산화탄소(CO)

해설

- 호흡성 분진은 사무실 공기질 측정대상에 해당되지 않는다.

:: 오염물질 관리기준 [실기] 0901/1002/1502/1603/2201

미세먼지(PM10)	$100\mu g/m^3$
초미세먼지(PM2.5)	$50\mu g/m^3$
이산화탄소(CO_2)	1,000ppm
일산화탄소(CO)	10ppm
이산화질소(NO_2)	0.1ppm
포름알데히드(HCHO)	$100\mu g/m^3$
총휘발성유기화합물(TVOC)	$500\mu g/m^3$
라돈(radon)	148Bq/m^3
총부유세균	800CFU/m^3
곰팡이	500CFU/m^3

---

19 ——————• Repetitive Learning 〔1회〕〔2회〕〔3회〕

1201

한 근로자가 트리클로로에틸렌(TLV 50ppm)이 담긴 탈지탱크에서 금속가공 제품의 표면에 존재하는 절삭유 등의 기름성분을 제거하기 위해 탈지작업을 수행하였다. 또 이 과정을 마치고 포장단계에서 표면 세척을 위해 아세톤(TLV 500ppm)을 사용하였다. 이 근로자의 작업환경 측정 결과는 트리클로로에틸렌이 45ppm, 아세톤이 100ppm 이었을 때, 노출 지수와 노출기준에 관한 설명으로 맞는 것은?(단, 두 물질은 상가작용을 한다)

① 노출지수는 0.9이며, 노출기준 미만이다.
② 노출지수는 1.1이며, 노출기준을 초과하고 있다.
③ 노출지수는 6.1이며, 노출기준을 초과하고 있다.
④ 트리클로로에틸렌의 노출지수는 0.9, 아세톤의 노출지수는 0.2이며, 혼합물로써 노출기준 미만이다.

해설

- 이 혼합물의 노출지수를 구해보면 $\frac{45}{50}+\frac{100}{500}=\frac{450+100}{500}=1.1$ 이므로 노출기준을 초과하였다.

:: 혼합물의 노출지수와 농도 [실기] 0303/0403/0501/0703/0801/0802/0901/0903/1002/1203/1303/1402/1503/1601/1701/1703/1801/1803/1901/2001/2004/2101/2102/2103/2203

- 화학물질이 2종 이상 혼재하는 경우에 혼재하는 물질 간에 유해성이 인체의 서로 다른 부위에 작용한다는 증거가 없는 한 유해작용은 가중되므로 노출기준은 $\frac{C_1}{T_1}+\frac{C_2}{T_2}+\cdots+\frac{C_n}{T_n}$ 으로 산출하되, 산출되는 수치(노출지수)가 1을 초과하지 아니하는 것으로 한다. 이때 C는 화학물질 각각의 측정치이고, T는 화학물질 각각의 노출기준이다.

- 노출지수가 구해지면 해당 혼합물의 농도는 $\frac{C_1+C_2+\cdots+C_n}{노출지수}$ [ppm]으로 구할 수 있다.

1202 / 1401

20 ——————• Repetitive Learning 〔1회〕〔2회〕〔3회〕

젊은 근로자의 약한 쪽 손의 힘은 평균 50kp이고, 이 근로자가 무게 10kg인 상자를 두손으로 들어 올릴 경우에 한 손의 작업강도(%MS)는 얼마인가?(단, 1kp는 질량 1kg을 중력의 크기로 당기는 힘을 말한다)

① 5
② 10
③ 15
④ 20

해설

- RF는 10kg, 약한 한쪽의 힘 MS가 50kg이므로 두 손은 100kg에 해당하므로 $\%MS=\frac{10}{100}\times100=10\%$이다.

:: 작업강도(%MS) [실기] 0502

- 근로자가 가지는 최대 힘(MS)에 대한 작업이 요구하는 힘(RF)을 백분율로 표시하는 값이다.
- $\frac{RF}{MS}\times100$으로 구한다. 이때 RF는 작업이 요구하는 힘, MS는 근로자가 가지고 있는 약한 손의 최대힘이다.
- 15% 미만이며 국소피로로 오지 않으며, 30% 이상일 때 불쾌감이 생기면서 국소피로를 야기한다.
- 적정작업시간(초)은 $671,120\times\%MS^{-2.222}$[초]로 구한다.

2과목   작업위생측정 및 평가

1401

21 ——————• Repetitive Learning 〔1회〕〔2회〕〔3회〕

다음 중 PVC막 여과지에 관한 설명과 가장 거리가 먼 것은?

① 수분에 대한 영향이 크지 않다.
② 공해성 먼지, 총 먼지 등의 중량분석을 위한 측정에 이용된다.
③ 유리규산을 채취하여 X-선 회절법으로 분석하는데 적절하다.
④ 코크스 제조공정에서 발생되는 코크스 오븐 배출물질을 채취하는데 이용된다.

22 — Repetitive Learning (1회 2회 3회)

어느 작업장에 9시간 작업시간 동안 측정한 유해인자의 농도는 0.045mg/m^3일 때, 95%의 신뢰도를 가진 하한치는 얼마인가?(단, 유해인자의 노출기준은 0.05mg/m^3, 시료채취 분석오차는 0.132이다)

① 0.768 ② 0.929
③ 1.032 ④ 1.258

1302

23 — Repetitive Learning (1회 2회 3회)

흡착관인 실리카겔관에 사용되는 실리카겔에 관한 설명으로 틀린 것은?

① 추출용액이 화학분석이나 기기분석에 방해물질로 작용하는 경우가 많지 않다.
② 실리카겔은 극성물질을 강하가 흡착하므로 작업장에 여러 종류의 극성물질이 공존할 때는 극성이 강한 물질이 극성이 약한 물질을 치환하게 된다.
③ 파라핀류가 케톤류보다 극성이 강하기 때문에 실리카겔에 대한 친화력도 강하다.
④ 매우 유독한 이황화탄소를 탈착용매로 사용하지 않는다.

24 — Repetitive Learning (1회 2회 3회)

상온에서 벤젠(C_6H_6)의 농도 20mg/m^3는 부피단위 농도로 약 몇 ppm인가?

① 0.06 ② 0.6
③ 6 ④ 60

1202 / 1502

25 — Repetitive Learning (1회 2회 3회)

옥내작업장에서 측정한 건구온도가 73℃이고 자연습구온도 65℃, 흑구온도 81℃일 때, WBGT는?

① 64.4℃ ② 67.4℃
③ 69.8℃ ④ 71.0℃

해설

- 일사가 영향을 미치는 옥외에서는 건구온도인 dB를 반영하지만 옥내에서는 일사의 영향이 없어 자연습구(0.7)와 흑구온도(0.3)만으로 WBGT가 결정되므로 WBGT = 0.7×65+0.3×81 = 45.5+24.3 = 69.8℃가 된다.

❖ 습구흑구온도(WBGT : Wet Bulb Globe Temperature) 지수

ㄱ 개요
- 건구온도, 습구온도 및 흑구온도에 비례하며, 열중증 예방을 위해 고온에서의 작업휴식시간비를 결정하는 지표로 더위지수라고도 한다.
- 표시단위는 섭씨온도(℃)로 표시하며, WBGT가 높을수록 휴식시간이 증가되어야 한다.
- 미국국립산업안전보건연구원(NIOSH)뿐만 아니라 국내에서도 습구흑구온도를 측정하고 지수를 산출하여 평가에 사용한다.
- 과거에 쓰이던 감각온도와 근사한 값인데 감각온도와 다른 점은 기류를 전혀 고려하지 않았다는 점이다.

ㄴ 산출방법 실기 0501/0503/0602/0702/0703/1101/1201/1302/1303/1503/2102/2201/2202/2203
- 옥내에서는 WBGT = 0.7NWT + 0.3GT이다. 이때 NWT는 자연습구, GT는 흑구온도이다.(일사가 영향을 미치지 않는 옥외도 옥내로 취급한다)
- 일사가 영향을 미치는 옥외에서는 건구온도인 dB를 반영하지만 옥내에서는 일사의 영향이 없으므로 자연습구와 흑구온도만으로 WBGT가 결정된다.
- 일사가 영향을 미치는 옥외에서는 WBGT = 0.7NWT + 0.2GT + 0.1DB이며 이때 NWT는 자연습구, GT는 흑구온도, DB는 건구온도이다.

26 ──── Repetitive Learning 1회 2회 3회

다음 중 수동식 채취기에 적용되는 이론으로 가장 적절한 것은?

① 침강원리, 분산원리
② 확산원리, 투과원리
③ 침투원리, 흡착원리
④ 충돌원리, 전달원리

해설

- 수동식 시료채취기는 확산, 투과, 흡착 원리를 이용하여 포집한다.

❖ 수동식 시료채취기(Passive sampler)의 포집원리 실기 0401
- 채취효율에 영향을 끼치는 인자는 기류, 온도, 습도 등이 있다.
- 확산, 투과, 흡착 원리를 이용하여 포집한다.
- 최소한의 기류가 없어 채취기 표면에서 일단 확산에 의하여 오염물질이 제거되면 농도가 없어지거나 감소하는 결핍현상이 발생하므로 최소한의 기류유지에 주의해야 한다.

27 ──── Repetitive Learning 1회 2회 3회

입자상 물질의 측정 및 분석방법으로 틀린 것은?(단, 고용노동부 고시를 기준으로 한다)

① 석면의 농도는 여과채취방법에 의한 계수 방법으로 측정한다.
② 규산염은 분립장치 또는 입자의 크기를 파악할 수 있는 기기를 이용한 여과채취방법으로 측정한다.
③ 광물성 분진은 여과채취방법에 따라 석영, 크리스토바라이트, 트리디마이트를 분석할 수 있는 적합한 분석방법으로 측정한다.
④ 용접흄은 여과채취방법으로 하되 용접보안면을 착용한 경우에는 그 내부에서 채취하고 중량분석방법과 원자 흡광분광기 또는 유도결합플라즈마를 이용한 분석방법으로 측정한다.

해설

- 규산염과 그 밖의 광물성분진은 중량분석방법으로 측정한다.

❖ 입자상 물질의 측정 및 분석방법 실기 0403/1303/1803/2102

석면의 농도	여과채취방법에 의한 계수방법 또는 이와 동등이상의 분석방법으로 측정할 것
광물성분진	여과채취방법에 따라 석영, 크리스토바라이트, 트리디마이트를 분석할 수 있는 적합한 분석방법으로 측정할 것. 다만 규산염과 그 밖의 광물성분진은 중량분석방법으로 측정한다.
용접흄	여과채취방법으로 하되 용접보안면을 착용한 경우에는 그 내부에서 채취하고 중량분석방법과 원자흡광광도계 또는 유도결합프라스마를 이용한 분석방법으로 측정할 것
그 외 입자상물질	여과채취방법에 따른 중량분석방법이나 유해물질 종류에 따른 적합한 분석방법으로 측정할 것
호흡성분진	호흡성분진용 분립장치 또는 호흡성분진을 채취할 수 있는 기기를 이용한 여과채취방법으로 측정할 것
흡입성분진	흡입성분진용 분립장치 또는 흡입성분진을 채취할 수 있는 기기를 이용한 여과채취방법으로 측정할 것

28 ──── Repetitive Learning 1회 2회 3회

화학공장의 작업장 내에 먼지 농도를 측정하였더니 5, 6, 5, 6, 6, 6, 4, 8, 9, 8ppm이었다. 이러한 측정치의 기하평균(ppm)은?

① 5.13
② 5.83
③ 6.13
④ 6.83

- 기하평균은 주어진 n개의 값들을 곱해서 나온 값의 n제곱근이다.
- 주어진 값을 기하평균식에 대입하면
$\sqrt[10]{5 \times 6 \times 5 \times 6 \times 6 \times 6 \times 4 \times 8 \times 9 \times 8} = 6.1277 \cdots$ 이다.

기하평균(GM) 실기 0303/0403/0502/0601/0702/0801/0803/1102/1301/1403/1703/1801/2102

- 주어진 n개의 값들을 곱해서 나온 값의 n제곱근이다.
- $x_1, x_2, \cdots, x_n$의 자료가 주어질 때 기하평균 GM은
$\sqrt[n]{x_1 \times x_2 \times \cdots \times x_n}$ 으로 구하거나 $\log GM = \dfrac{\log X_1 + \log X_2 + \cdots + \log X_n}{N}$ 을 역대수 취해서 구할 수 있다.
- 작업장에서 생화학적 측정치나 유해물질의 농도를 평가할 때 일반적으로 사용되는 평균치이다.
- 작업환경 중 분진의 측정 농도가 대수정규분포를 할 때 측정 자료의 대표치로 사용된다.
- 인구증가율, 물가상승율, 경제성장률 등의 연속적인 변화율 데이터를 기반으로 어떤 구간에서의 평균 변화율을 구할 때 사용된다.

1401

29 ● Repetitive Learning 〔1회 2회 3회〕

어느 작업환경에서 발생되는 소음원 1개의 음압수준이 92dB이라면, 이와 동일한 소음원이 8개일 때의 전체음압수준은?

① 101dB
② 103dB
③ 105dB
④ 107dB

- 92dB(A)의 소음 8개가 만드는 합성소음은
$10\log(10^{9.2} \times 8) = 101.030 \cdots \text{dB(A)}$ 이 된다.

합성소음 실기 0401/0801/0901/1403/1602

- 동일한 공간 내에서 2개 이상의 소음원에 대한 소음이 발생할 때 전체 소음의 크기를 말한다.
- 합성소음$[\text{dB(A)}] = 10\log(10^{\frac{SPL_1}{10}} + \cdots + 10^{\frac{SPL_i}{10}})$ 으로 구할 수 있다.
이때, $SPL_1, \cdots, SPL_i$는 개별 소음도를 의미한다.

---

30 ● Repetitive Learning 〔1회 2회 3회〕

다음 중 조선소에서 용접작업 시 발생 가능한 유해인자와 가장 거리가 먼 것은?

① 오존
② 자외선
③ 황산
④ 망간 흄

- 황산은 조선소 용접작업 시 일반적으로 발생 가능한 유해인자와 거리가 멀다.

조선소에서 용접작업 시 발생 가능한 유해인자

금속흄	산화철, 크롬, 니켈, 산화아연, 구리, 납, 카드뮴, 망간 등
유해가스	일산화탄소, 이산화탄소, 오존, 불화수소, 포스겐 등
물리적 인자	X선, 자외선, 가시광선, 적외선, 마이크로파, 소음 등
기타	석면 등

1202 / 1503

31 ● Repetitive Learning 〔1회 2회 3회〕

다음은 작업장 소음측정에서 관한 고용노동부 고시 내용이다. ( )안에 내용으로 옳은 것은?

> 누적소음노출량 측정기로 소음을 측정하는 경우에는 Criteria 90dB, Exchange Rate 5dB, Threshold ( )dB로 기기 설정을 하여야 한다.

① 50
② 60
③ 70
④ 80

- 누적소음노출량 측정기로 소음을 측정하는 경우에는 Criteria는 90dB, Exchange Rate는 5dB, Threshold는 80dB로 기기를 설정한다.

소음의 측정방법

- 소음측정에 사용되는 기기는 누적소음 노출량측정기, 적분형소음계 또는 이와 동등 이상의 성능이 있는 것으로 하되 개인시료채취 방법이 불가능한 경우에는 지시소음계를 사용할 수 있으며, 발생시간을 고려한 등가소음레벨 방법으로 측정할 것

단, 소음발생 간격이 1초 미만을 유지하면서 계속적으로 발생되는 소음(연속음)을 지시소음계 또는 이와 동등 이상의 성능이 있는 기기로 측정할 경우	소음계 지시침의 동작은 느린(Slow) 상태로 한다. 소음계의 지시치가 변동하지 않는 경우에는 해당 지시치를 그 측정점에서의 소음수준으로 한다.

- 소음계의 청감보정회로는 A특성으로 할 것
- 누적소음노출량 측정기로 소음을 측정하는 경우에는 Criteria는 90dB, Exchange Rate는 5dB, Threshold는 80dB로 기기를 설정할 것
- 소음이 1초 이상의 간격을 유지하면서 최대음압수준이 120dB(A) 이상의 소음인 경우에는 소음수준에 따른 1분 동안의 발생횟수를 측정할 것

---

32 ────── ● Repetitive Learning 〔1회 2회 3회〕

원자흡광광도계의 구성요소와 역할에 대한 설명 중 옳지 않은 것은?

① 광원은 속빈음극램프를 주로 사용한다.
② 광원은 분석 물질이 반사할 수 있는 표준 파장의 빛을 방출한다.
③ 단색화장치는 특정 파장만 분리하여 검출기로 보내는 역할을 한다.
④ 원자화장치에서 원자화방법에는 불꽃방식, 흑연로방식, 증기화방식이 있다.

해설 ▶

• 광원은 분석하고자 하는 목적 원소가 흡수할 수 있는 빛을 발생하는 속빈 음극램프가 사용된다.

✂ 원자흡광광도계 [실기] 0301/1002/1003/1103/1302/1803/2103

　㉠ 개요
• 시료를 원자화장치를 통하여 중성원자로 증기화시킨 후 바닥상태의 원자가 이 원자 증기층을 통과하는 특정 파장의 빛을 흡수하는 현상을 이용하여 원자의 흡광도를 측정한다.
• 검체 중의 원소 농도를 확인할 수 있다.
• 주로 산화마그네슘, 망간, 구리 등과 같은 금속 분진의 무기원소 분석에 사용된다.

　㉡ 구성
• 광원, 원자화장치, 단색화장치, 검출부의 주요 요소로 구성된다.
• 광원은 분석하고자 하는 목적 원소가 흡수할 수 있는 빛을 발생하는 속빈 음극램프가 사용된다.
• 단색화장치는 특정 파장만 분리하여 검출기로 보내는 역할을 한다.
• 검출부는 단색화장치에서 나오는 빛의 세기를 측정 가능한 전기적 신호로 증폭시킨 후 이 전기적 신호를 판독장치를 통해 흡광도나 흡광률 또는 투과율 등으로 표시한다.
• 원자화장치의 원자화방법에는 불꽃방식, 전기가열(비불꽃)방식, 증기발생방식이 있다.
• 불꽃방식은 아세틸렌과 공기 혹은 아세틸렌과 아산화질소를 이용해서 불꽃을 만들며 경제적이고 조작이 쉬우며 빠르게 분석이 가능하다.
• 전기가열(비불꽃)방식은 흑연로에 전기가열을 하여 발생하는 전열에 의해 대상 원소를 원자화시키는 방식으로 감도가 좋아 생물학적 시료분석에 유리하다.

33 ────── ● Repetitive Learning 〔1회 2회 3회〕

고체 흡착제를 이용하여 시료 채취를 할 때 영향을 주는 인자에 관한 설명으로 옳지 않은 것은?

① 온도 : 고온일수록 흡착 성질이 감소하며 파과가 일어나기 쉽다.
② 오염물질농도 : 공기 중 오염물질의 농도가 높을수록 파과 공기량이 증가한다.
③ 흡착제의 크기 : 입자의 크기가 작을수록 채취효율이 증가하나 압력강하가 심하다.
④ 시료 채취 유량 : 시료 채취 유량이 높으면 파과가 일어나기 쉬우며 코팅된 흡착제일수록 그 경향이 강하다.

해설 ▶

• 공기 중 오염물질의 농도가 높을수록 파과 용량(흡착제에 흡착된 오염물질의 양(mg))은 증가하나 파과 공기량은 감소한다.

✂ 흡착제를 이용하여 시료를 채취할 때 영향을 주는 인자

온도	일반적으로 흡착은 발열 반응이므로 열역학적으로 온도가 낮을수록 흡착에 좋은 조건이며, 고온일수록 흡착 성질이 감소하며 파과가 일어나기 쉽다.
습도	습도가 높으면 극성 흡착제를 사용할 때 파과 공기량이 적어진다.
오염물질 농도	공기 중 오염물질의 농도가 높을수록 파과 용량(흡착제에 흡착된 오염물질의 양(mg))은 증가하나 파과 공기량은 감소한다.
시료채취 유량	시료 채취 유량이 높으면 파과가 일어나기 쉬우며 코팅된 흡착제일수록 그 경향이 강하다.
흡착제의 크기	입자의 크기가 작을수록 표면적이 증가하여 채취효율이 증가하나 압력강하가 심하다.
흡착관의 크기	흡착관의 크기가 커지면 전체 흡착제의 표면적이 증가하여 채취용량이 증가하므로 파과가 쉽게 발생되지 않는다.

34 ────── ● Repetitive Learning 〔1회 2회 3회〕

다음 중 비누거품방법(Bubble Meter Method)을 이용해 유량을 보정할 때의 주의사항과 가장 거리가 먼 것은?

① 측정시간의 정확성은 ±5초 이내이어야 한다.
② 측정장비 및 유량보정계는 Tygon Tube로 연결한다.
③ 보정을 시작하기 전에 충분히 충전된 펌프를 5분간 작동한다.
④ 표준뷰렛 내부면을 세척제 용액으로 씻어서 비누거품이 쉽게 상승하도록 한다.

- 측정시간의 정확성은 ±1% 이내이어야 한다.

비누거품방법(Bubble Meter Method) 이용 유량 보정시 주의사항
- 일반적인 사용범위는 1ml/분 ~ 30L/분이다.
- 측정시간의 정확성은 ±1% 이내이어야 한다.
- 측정장비 및 유량보정계는 Tygon Tube로 연결한다.
- 보정을 시작하기 전에 충분히 충전된 펌프를 5분간 작동한다.
- 표준뷰렛 내부면을 세척제 용액으로 씻어서 비누거품이 쉽게 상승하도록 한다.

- 주어진 데이터를 순서대로 나열하면 21.6, 22.4, 22.7, 23.9, 24.1, 25.4이다. 6개로 짝수개이므로 3번째와 4번째 자료의 평균값이 중앙값이 된다. $\frac{22.7+23.9}{2} = \frac{46.6}{2} = 23.3$이다.

중앙값(median)
- 주어진 데이터들을 순서대로 정렬하였을 때 가장 가운데 위치한 값을 말한다.
- 주어진 데이터가 짝수인 경우 가운데 2개 값의 평균값이다.

35 ● Repetitive Learning 〔1회 2회 3회〕

시료공기를 흡수, 흡착 등의 과정을 거치지 않고 진공채취병 등의 채취용기에 물질을 채취하는 방법은?

① 직접채취방법 ② 여과채취방법
③ 고체채취방법 ④ 액체채취방법

- 직접채취방법은 시료공기를 흡수, 흡착 등의 과정을 거치지 아니하고 직접채취대 또는 진공채취병 등의 채취용기에 물질을 채취하는 방법이다.

작업환경측정 관련 용어 실기 0503/1101/2004/2101

액체채취방법	시료공기를 액체 중에 통과시키거나 액체의 표면과 접촉시켜 용해·반응·흡수·충돌 등을 일으키게 하여 해당 액체에 측정을 하려는 물질을 채취하는 방법
고체채취방법	시료공기를 고체의 입자층을 통해 흡입, 흡착하여 해당 고체입자에 측정하려는 물질을 채취하는 방법
직접채취방법	시료공기를 흡수, 흡착 등의 과정을 거치지 아니하고 직접채취대 또는 진공채취병 등의 채취용기에 물질을 채취하는 방법
냉각응축채취방법	시료공기를 냉각된 관 등에 접촉 응축시켜 측정하려는 물질을 채취하는 방법
여과채취방법	시료공기를 여과재를 통하여 흡인함으로써 해당 여과재에 측정하려는 물질을 채취하는 방법

1101 / 2202

36 ● Repetitive Learning 〔1회 2회 3회〕

어느 작업장에서 A물질의 농도를 측정 한 결과가 아래와 같을 때, 측정 결과의 중앙값(median; ppm)은?

23.9	21.6	22.4	24.1	22.7	25.4

① 22.7 ② 23.0
③ 23.3 ④ 23.9

37 ● Repetitive Learning 〔1회 2회 3회〕

소음의 측정방법으로 틀린 것은?(단, 고용노동부 고시를 기준으로 한다)

① 소음계의 청감보정회로는 A특성으로 한다.
② 소음계 지시침의 동작은 느린(Slow)상태로 한다.
③ 소음계의 지시치가 변동하지 않는 경우에는 해당 지시치를 그 측정점에서의 소음수준으로 한다.
④ 소음이 1초 이상의 간격을 유지하면서 최대음압수준이 120dB(A) 이상의 소음인 경우에는 소음수준에 따른 10분 동안의 발생횟수를 측정한다.

- 소음이 1초 이상의 간격을 유지하면서 최대음압수준이 120dB(A) 이상의 소음인 경우에는 소음수준에 따른 1분 동안의 발생횟수를 측정한다.

소음의 측정방법
문제 31번의 유형별 핵심이론 참조

1202 / 2202

38 ● Repetitive Learning 〔1회 2회 3회〕

다음 중 작업환경측정치의 통계처리에 활용되는 변이계수에 관한 설명과 가장 거리가 먼 것은?

① 평균값의 크기가 0에 가까울수록 변이계수의 의의는 작아진다.
② 측정단위와 무관하게 독립적으로 산출되며 백분율로 나타낸다.
③ 단위가 서로 다른 집단이나 특성값의 상호 산포도를 비교하는데 이용될 수 있다.
④ 편차의 제곱 합들의 평균값으로 통계집단의 측정값들에 대한 균일성, 정밀성 정도를 표현한다.

- 변이계수는 평균값에 대한 표준편차의 크기를 백분율[%]로 나타낸 것이다.

변이계수(Coefficient of Variation) 실기 0501/0602/0702/1003

- 평균값에 대한 표준편차의 크기를 백분율[%]로 나타낸 것이다.
- 변이계수는 $\dfrac{\text{표준편차}}{\text{산술평균}} \times 100$으로 구한다.
- 측정단위와 무관하게 독립적으로 산출된다.
- 단위가 서로 다른 집단이나 특성값의 상호 산포도를 비교하는 데 이용한다.
- 통계집단의 측정값들에 대한 균일성, 정밀성 정도를 표현하는 것이다.
- 평균값의 크기가 0에 가까울수록 변이계수의 의의가 작아지는 단점이 있다.

39 ———● Repetitive Learning 1회 2회 3회

온도 표시에 대한 내용으로 틀린 것은?(단, 고용노동부 고시를 기준으로 한다)

① 미온은 20~30℃를 말한다.
② 온수(溫水)는 60~70℃를 말한다.
③ 냉수(冷水)는 15℃ 이하를 말한다.
④ 상온은 15~25℃, 실온은 1~35℃을 말한다.

- 상온은 15~25℃, 실온은 1~35℃, 미온은 30~40℃로 하고, 찬 곳은 따로 규정이 없는 한 0~15℃의 곳을 말한다.

온도 표시

- 온도의 표시는 셀시우스(Celcius)법에 따라 아라비아 숫자의 오른쪽에 ℃를 붙인다. 절대온도는 °K로 표시하고 절대온도 0°K는 −273℃로 한다.
- 상온은 15~25℃, 실온은 1~35℃, 미온은 30~40℃로 하고, 찬 곳은 따로 규정이 없는 한 0~15℃의 곳을 말한다.
- 냉수(冷水)는 15℃ 이하, 온수(溫水)는 60~70℃, 열수(熱水)는 약 100℃를 말한다.

2201

40 ———● Repetitive Learning 1회 2회 3회

작업환경측정대상이 되는 작업장 또는 공정에서 정상적인 작업을 수행하는 동일노출집단의 근로자가 작업하는 장소는?(단, 고용노동부 고시를 기준으로 한다)

① 동일작업장소
② 단위작업장소
③ 노출측정장소
④ 측정작업장소

- 관련 고시에서 장소에 관한 정의는 단위작업장소에 관한 것 뿐이다.

작업환경측정 및 정도관리 관련 용어 실기 0601/0702/0801/0902/1002/1401/1601/2003

개인시료채취	개인시료채취기를 이용하여 가스·증기·분진·흄(fume)·미스트(mist) 등을 근로자의 호흡위치(호흡기를 중심으로 반경 30㎝인 반구)에서 채취하는 것
집단시료채취	시료채취기를 이용하여 가스·증기·분진·흄(fume)·미스트(mist) 등을 근로자의 작업행동 범위에서 호흡기 높이에 고정하여 채취하는 것
최고노출근로자	작업환경측정대상 유해인자의 발생 및 취급원에서 가장 가까운 위치의 근로자이거나 작업환경측정대상 유해인자에 가장 많이 노출될 것으로 간주되는 근로자
단위작업장소	작업환경측정대상이 되는 작업장 또는 공정에서 정상적인 작업을 수행하는 동일 노출집단의 근로자가 작업을 하는 장소
가스상물질	화학적인자가 공기 중으로 가스·증기의 형태로 발생되는 물질
정도관리	작업환경측정·분석치에 대한 정확성과 정밀도를 확보하기 위하여 지정측정기관의 작업환경측정·분석능력을 평가하고, 그 결과에 따라 지도·교육 기타 측정·분석능력 향상을 위하여 행하는 모든 관리적 수단
정확도	분석치가 참값에 얼마나 접근하였는가 하는 수치상의 표현
정밀도	일정한 물질에 대해 반복측정·분석을 했을 때 나타나는 자료 분석치의 변동크기가 얼마나 작은가를 표현

3과목 작업환경관리대책

1103 / 1501

41 ———● Repetitive Learning 1회 2회 3회

다음 중 국소배기장치에 관한 주의사항과 가장 거리가 먼 것은?

① 유독물질의 경우에는 굴뚝에 흡인장치를 보강할 것
② 흡인되는 공기가 근로자의 호흡기를 거치지 않도록 할 것
③ 배기관은 유해물질이 발산하는 부위의 공기를 모두 흡입할 수 있는 성능을 갖출 것
④ 먼지를 제거할 때는 공기속도를 조절하여 배기관 안에서 먼지가 일어나도록 할 것

- 국소배기장치의 먼지를 제거할 때는 공기속도를 조절하여 배기관 안에서 먼지가 일어나지 않도록 해야 한다.

: 국소배기장치 주의사항
- 유독물질의 경우에는 굴뚝에 흡인장치를 보강할 것
- 흡인되는 공기가 근로자의 호흡기를 거치지 않도록 할 것
- 배기관은 유해물질이 발산하는 부위의 공기를 모두 흡입할 수 있는 성능을 갖출 것
- 먼지를 제거할 때는 공기속도를 조절하여 배기관 안에서 먼지가 일어나지 않도록 해야 한다.

42 ——— • Repetitive Learning (1회 2회 3회)

다음 중 오염물질을 후드로 유입하는데 필요한 기류의 속도인 제어속도에 영향을 주는 인자와 가장 거리가 먼 것은?

① 덕트의 재질
② 후드의 모양
③ 후드에서 오염원까지의 거리
④ 오염물질의 종류 및 확산상태

- 제어속도에 영향을 주는 요인에는 후드의 모양, 후드에서 오염원까지의 거리, 오염물질의 종류 및 발생상황 등이 있다.

: 제어풍속
- 후드 전면 또는 후드 개구면에서 유해물질이 함유된 공기를 당해 후드로 흡입시킴으로써 그 지점의 유해물질을 제어할 수 있는 공기속도를 말한다.
- 포위식 및 부스식 후드에서는 후드의 개구면에서 흡입되는 기류의 풍속을 말한다.
- 외부식 및 레시버식 후드에서는 후드의 개구면으로부터 가장 먼 거리의 유해물질 발생원 또는 작업위치에서 후드 쪽으로 흡인되는 기류의 속도를 말한다.
- 제어속도에 영향을 주는 요인에는 후드의 모양, 후드에서 오염원까지의 거리, 오염물질의 종류 및 발생상황 등이 있다.

0303 / 0403 / 0802 / 1603 / 2102

43 ——— • Repetitive Learning (1회 2회 3회)

송풍기의 회전수 변화에 따른 풍량, 풍압 및 동력에 대한 설명으로 옳은 것은?

① 풍량은 송풍기의 회전수에 비례한다.
② 풍압은 송풍기의 회전수에 반비례한다.
③ 동력은 송풍기의 회전수에 비례한다.
④ 동력은 송풍기 회전수의 제곱에 비례한다.

- 송풍량은 회전속도(비)에 비례한다.

: 송풍기의 상사법칙 [실기] 0402/0403/0501/0701/0803/0902/0903/1001/ 1102/1103/1201/1303/1401/1501/1502/1503/1603/1703/1802/1901/1903/2001/ 2002

송풍기 크기 일정 공기 비중 일정	• 송풍량은 회전속도(비)에 비례한다. • 풍압(정압)은 회전속도(비)의 제곱에 비례한다. • 동력은 회전속도(비)의 세제곱에 비례한다.
송풍기 회전수 일정 공기의 중량 일정	• 송풍량은 회전차 직경의 세제곱에 비례한다. • 풍압(정압)은 회전차 직경의 제곱에 비례한다. • 동력은 회전차 직경의 오제곱에 비례한다.
송풍기 회전수 일정 송풍기 크기 일정	• 송풍량은 비중과 온도에 무관하다. • 풍압(정압)은 비중에 비례, 절대온도에 반비례한다. • 동력은 비중에 비례, 절대온도에 반비례한다.

1303

44 ——— • Repetitive Learning (1회 2회 3회)

정압이 $3.5cmH_2O$인 송풍기의 회전속도를 180rpm에서 360rpm으로 증가시켰다면, 송풍기의 정압은 약 몇 cmH_2O인가?(단, 기타 조건은 같다고 가정한다)

① 16   ② 14
③ 12   ④ 10

- 풍압(정압)은 회전속도(비)의 제곱에 비례한다.
- 송풍기의 크기와 공기 비중이 일정한 상태에서 회전속도가 2배로 증가하면 송풍기의 정압은 4배로 증가한다.
- 기존 정압이 3.5이므로 4배는 $14cmH_2O$가 된다.

: 송풍기의 상사법칙 [실기] 0402/0403/0501/0701/0803/0902/0903/1001/ 1102/1103/1201/1303/1401/1501/1502/1503/1603/1703/1802/1901/1903/2001/ 2002

문제 43번의 유형별 핵심이론 :: 참조

45 ——— • Repetitive Learning (1회 2회 3회)

1기압에서 혼합기체가 질소(N_2) 50vol%, 산소(O_2)20vol%, 탄산가스 30vol%로 구성되어 있을 때, 질소(N_2)의 분압은?

① 380mmHg   ② 228mmHg
③ 152mmHg   ④ 740mmHg

해설

- 1기압은 760mmHg이므로 질소의 분압은 $760 \times 0.5 = 380$mmHg 이다.

※ 분압 실기 0702

- 분압이란 대기 중 특정 기체가 차지하는 압력의 비를 말한다.
- 대기압은 1atm=760mmHg=10,332mmH_2O=101,325kPa이다.
- 최고농도 = $\dfrac{분압}{760} \times 10^6$[ppm]으로 구한다.

해설

- 공기는 건조하다고 가정한다.

※ 환기시설 내 기류가 기본적 유체역학적 원리에 의하여 지배되기 위한 전제 조건 실기 0403/1302

- 환기시설 내외의 열교환은 무시한다.
- 공기의 압축이나 팽창을 무시한다.
- 대부분의 환기시설에서는 공기 중에 포함된 유해물질의 무게와 용량을 무시한다.
- 공기는 건조하다고 가정한다.

0602 / 0701 / 1203 / 1603 / 1903 / 2202

46 Repetitive Learning 〔1회 2회 3회〕

스토크스식에 근거한 중력침강속도에 대한 설명으로 틀린 것은?(단, 공기 중의 입자를 고려한다)

① 중력가속도에 비례한다.
② 입자직경의 제곱에 비례한다.
③ 공기의 점성계수에 반비례한다.
④ 입자와 공기의 밀도차에 반비례한다.

해설

- Stokes 침강법칙에서 침강속도는 분진입자의 밀도와 공기밀도의 차에 비례한다.

※ 스토크스(Stokes) 침강법칙에서의 침강속도 실기 0402/0502/1001/1502

- 물질의 침강속도는 중력가속도, 입자의 직경의 제곱, 분진입자의 밀도와 공기밀도의 차에 비례한다.
- 물질의 침강속도는 공기(기체)의 점성에 반비례한다.

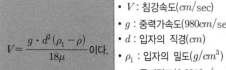

$$V = \dfrac{g \cdot d^2 (\rho_1 - \rho)}{18\mu} \text{이다.}$$

- V : 침강속도(cm/sec)
- g : 중력가속도($980 cm/sec^2$)
- d : 입자의 직경(cm)
- ρ_1 : 입자의 밀도(g/cm^3)
- ρ : 공기밀도($0.0012 g/cm^3$)
- μ : 공기점성계수($g/cm \cdot sec$)

1201 / 1701

47 Repetitive Learning 〔1회 2회 3회〕

환기시설 내 기류가 기본적인 유체역학적 원리에 따르기 위한 전제조건과 가장 거리가 먼 것은?

① 공기는 절대습도를 기준으로 한다.
② 환기시설 내외의 열교환은 무시한다.
③ 공기의 압축이나 팽창은 무시한다.
④ 공기 중에 포함된 유해물질의 무게와 용량을 무시한다.

1201

48 Repetitive Learning 〔1회 2회 3회〕

보호장구의 재질과 대상 화학물질이 잘못 짝지어진 것은?

① 부틸고무 – 극성용제
② 면 – 고체상 물질
③ 천연고무(latex) – 수용성 용액
④ Viton – 극성용제

해설

- Viton은 니트릴 고무로 비극성 용제에 효과적이다.

※ 보호구 재질과 적용 물질

면	고체상 물질에 효과적이다.(용제에는 사용 못함)
가죽	찰과상 예방 용도(용제에는 사용 못함)
천연고무	절단 및 찰과상 예방에 좋으며 수용성 용액, 극성 용제(물, 알콜, 케톤류 등)에 효과적이다.
부틸 고무	극성 용제(물, 알콜, 케톤류 등)에 효과적이다.
니트릴 고무 (viton)	비극성 용제(벤젠, 사염화탄소 등)에 효과적이다.
네오프렌 (Neoprene) 고무	비극성 용제(벤젠, 사염화탄소 등), 산, 부식성 물질에 효과적이다.
Ethylene Vinyl Alcohol	대부분의 화학물질에 효과적이다.

---

49 Repetitive Learning 〔1회 2회 3회〕

작업환경의 관리원칙인 대체 중 물질의 변경에 따른 개선 예와 가장 거리가 먼 것은?

① 성냥 제조 시 황린 대신 적린을 사용하였다.
② 세척작업에서 사염화탄소 대신 트리클로로에틸렌을 사용하였다.
③ 야광시계의 자판에서 인 대신 라듐을 사용하였다.
④ 보온 재료 사용에서 석면 대신 유리섬유를 사용하였다.

- 작업환경 개선을 위해서는 야광시계의 경우 자판을 라듐에서 인으로 대치해야 한다.

대치의 원칙

시설의 변경	• 가연성 물질을 유리병 대신 철제통에 저장 • Fume 배출 드라프트의 창을 안전 유리창으로 교체
공정의 변경	• 건식공법의 습식공법으로 전환 • 전기 흡착식 페인트 분무방식 사용 • 금속을 두들겨 자르던 공정을 톱으로 절단 • 알코올을 사용한 엔진 개발 • 도자기 제조공정에서 건조 후에 하던 점토의 조합을 건조 전에 실시 • 땜질한 납 연마 시 고속회전 그라인더의 사용을 저속 Oscillating-typesander로 변경
물질의 변경	• 성냥 제조시 황린 대신 적린 사용 • 단열재 석면을 대신하여 유리섬유나 암면 또는 스티로폼 등을 사용 • 야광시계 자판에 Radium을 인으로 대치 • 금속표면을 블라스팅할 때 사용재료로서 모래 대신 철구슬을 사용 • 페인트 희석제를 석유나프타에서 사염화탄소로 대치 • 분체 입자를 큰 입자로 대체 • 금속세척 시 TCE를 대신하여 계면활성제로 변경 • 세탁 시 화재 예방을 위해 석유나프타 대신 4클로로에틸렌을 사용 • 세척작업에 사용되는 사염화탄소를 트리클로로에틸렌으로 전환 • 아조염료의 합성에 벤지딘 대신 디클로로벤지딘을 사용 • 페인트 내에 들어있는 납을 아연 성분으로 전환

1701

50 ●Repetitive Learning (1회 2회 3회)

슬롯 후드에서 슬롯의 역할은?

① 제어속도를 감소시킨다.
② 후드 제작에 필요한 재료를 절약한다.
③ 공기가 균일하게 흡입되도록 한다.
④ 제어속도를 증가시킨다.

- 슬롯 후드에서 슬롯은 공기가 균일하게 흡입되도록 하는 역할을 한다.

슬롯 후드
- 전기도금 공정에 가장 적합한 후드이다.
- 유해물질의 발생원을 포위하지 않고 발생원 가까운 위치에 설치하는 외부식의 대표적인 후드이다.
- 슬롯 후드에서 슬롯은 공기가 균일하게 흡입되도록 하는 역할을 한다.

0401 / 1601

51 ●Repetitive Learning (1회 2회 3회)

다음 중 작업환경개선을 위해 전체환기를 적용할 수 있는 상황과 가장 거리가 먼 것은?

① 오염발생원의 유해물질 발생량이 적은 경우
② 작업자가 근무하는 장소로부터 오염발생원이 멀리 떨어져 있는 경우
③ 소량의 오염물질이 일정 속도로 작업장으로 배출되는 경우
④ 동일작업장에 오염발생원이 한 군데로 집중되어 있는 경우

- 동일사업장에 다수의 오염발생원이 분산되어 있는 경우 전체 환기를 적용할 수 있다.

전체 환기법을 적용할 수 있는 일반적인 상황 실기 0301/0503/0702/0801/0902/1101/1203/1501/1602/1803/1901/1902/2002/2003/2004/2103/2201
- 작업장 특성상 국소배기장치의 설치가 불가능한 경우
- 동일사업장에 다수의 오염발생원이 분산되어 있는 경우
- 오염발생원이 이동성인 경우
- 소량의 오염물질이 일정한 시간과 속도로 사업장으로 배출되는 경우
- 오염발생원의 유해물질 발생량이 적거나 유해물질의 독성이 작을 때
- 오염발생원이 근로자가 근무하는 장소로부터 멀리 떨어져 있거나 공기 중 유해물질농도가 노출기준 이하인 경우
- 배출원에서 유해물질 발생량이 적어 국소배기로 환기하면 비경제적일 때
- 오염물질이 증기나 가스일 때

1402

52 ●Repetitive Learning (1회 2회 3회)

다음은 분진발생 작업환경에 대한 대책이다. 옳은 것을 모두 고른 것은?

> ㉠ 연마작업에서는 국소배기장치가 필요하다.
> ㉡ 암석 굴진작업, 분쇄작업에서는 연속적인 살수가 필요하다.
> ㉢ 샌드블라스팅에 사용되는 모래를 철사(鐵砂)나 금강사(金剛砂)로 대치한다.

① ㉠, ㉡
② ㉡, ㉢
③ ㉠, ㉢
④ ㉠, ㉡, ㉢

해설

- ㉠은 비산방지, ㉡과 ㉢은 발진의 방지대책에 해당한다.
- ☷ 분진 대책 【실기】1603/1902/2103
  - 발진방지를 위해서 생산기술의 변경 및 개량, 원재료 및 사용재료의 변경, 습식화에 의한 분진발생의 억제 등을 사용한다.
  - 비산억제를 위해 밀폐 또는 포위, 국소배기장치를 설치한다.
  - 근로자의 방진대책으로 호흡용보호구 사용, 작업시간과 작업강도의 조정, 의학적 관리를 실시한다.

53
● Repetitive Learning 〔1회 2회 3회〕

20℃의 송풍관 내부에 480m/min으로 공기가 흐르고 있을 때, 속도압은 약 몇 mmH₂O인가?(단, 0℃ 공기밀도는 1.296kg/m^3로 가정한다)

① 2.3　　　　　② 3.9
③ 4.5　　　　　④ 7.3

해설

- 속도압(동압) $VP = \dfrac{\gamma V^2}{2g}[mmH_2O]$로 구한다.
- 속도는 분당 480m이므로 초당 8m/s에 해당한다.
- 주어진 값들을 대입하면 $VP = \dfrac{1.296 \times 8^2}{2 \times 9.8} = 4.231\cdots$가 되는데 되는데 0℃ 공기밀도를 대입했고, 온도가 20℃이므로
$4.231 \times \dfrac{273}{293} = 3.9429\cdots[mmH_2O]$가 된다.

- ☷ 속도압(동압) 【실기】0402/0602/0803/1003/1101/1301/1402/1502/1601/1602/1703/1802/2001/2201
  - 속도압(VP)은 전압(TP)에서 정압(SP)을 뺀 값으로 구한다.
  - 동압 $VP = \dfrac{\gamma V^2}{2g}[mmH_2O]$로 구한다. 이때 γ는 표준공기일 경우 1.203[kgf/m^3]이며, g는 중력가속도로 9.81[m/s^2]이다.
  - VP[mmH_2O]를 알면 공기속도는 $V = 4.043 \times \sqrt{VP}$[m/s]로 구한다.

0803 / 1402
54
● Repetitive Learning 〔1회 2회 3회〕

체적이 1,000m^3이고 유효환기량이 50m^3/min인 작업장에 메틸클로로포름 증기가 발생하여 100ppm의 상태로 오염되었다. 이 상태에서 증기 발생이 중지되었다면 25ppm까지 농도를 감소시키는 데 걸리는 시간은?

① 약 17분　　　② 약 28분
③ 약 32분　　　④ 약 41분

해설

- 작업장의 기적은 1,000m^3이다.
- 유효환기량이 50m^3/min, C_1이 100, C_2가 25이므로 대입하면
$t = -\dfrac{1,000}{50}ln\left(\dfrac{25}{100}\right) = 27.726$[min]이다.

- ☷ 유해물질의 농도를 감소시키기 위한 환기
  ㉠ 농도 C_1에서 C_2까지 농도를 감소시키는데 걸리는 시간 【실기】0302/0403/0602/0603/0902/1103/1301/1303/1702/1703/1802/2102
    - 감소시간 $t = -\dfrac{V}{Q}ln\left(\dfrac{C_2}{C_1}\right)$로 구한다. 이때 V는 작업장 체적[m^3], Q는 공기의 유입속도[m^3/min], C_2는 희석후 농도[ppm], C_1은 희석전 농도[ppm]이다.
  ㉡ 작업을 중지한 후 t분 지난 후 농도 C_2 【실기】1102/1903
    - t분이 지난 후의 농도 $C_2 = C_1 \cdot e^{-\frac{Q}{V}t}$로 구한다.

1201 / 1501
55
● Repetitive Learning 〔1회 2회 3회〕

어떤 작업장의 음압수준이 100dB(A)이고 근로자가 NRR이 19인 귀마개를 착용하고 있다면 차음효과는?(단, OSHA 방법 기준)

① 2dB(A)　　　② 4dB(A)
③ 6dB(A)　　　④ 8dB(A)

해설

- NRR이 19이므로 차음효과는 (19−7)×50%=6dB이다.
- 음압수준은 기존 작업장의 음압수준이 100dB이므로 6dB의 차음효과로 근로자가 노출되는 음압수준은 100−6=94dB이 된다.

- ☷ OSHA의 차음효과 계산법 【실기】0601/0701/1001/1403/1801
  - OSHA의 차음효과는 (NRR−7)×50%[dB]로 구한다. 이때, NRR(Noise Reduction Rating)은 차음평가수를 의미한다.

56
● Repetitive Learning 〔1회 2회 3회〕

다음 그림이 나타내는 국소배기장치의 후드 형식은?

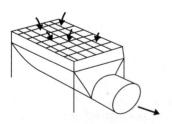

① 측방형　　　② 포위형
③ 하방형　　　④ 슬롯형

해설

• 그림은 열원 등이 아래쪽으로 이동하는 하방형이다.

후드의 형태

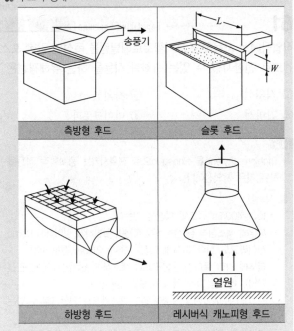

| 측방형 후드 | 슬롯 후드 |
| 하방형 후드 | 레시버식 캐노피형 후드 |

58 ──────── Repetitive Learning (1회 2회 3회)

후드로부터 0.25m 떨어진 곳에 있는 공정에서 발생되는 먼지를 제어속도가 5m/s, 후드 직경이 0.4m인 원형 후드를 이용하여 제거하고자 한다. 이때 필요한 환기량(m^3/min)은?(단, 플랜지 등 기타 조건은 고려하지 않음)

① 약 205

② 약 215

③ 약 225

④ 약 235

해설

• 공간에 위치하며, 플랜지를 고려하지 않으므로 필요 환기량
$Q = 60 \times V_c(10X^2 + A)[m^3/\text{min}]$으로 구한다.

• 단면적은 반지름이 0.20이므로 $\pi r^2 = 3.14 \times 0.2^2 = 0.1256[m^2]$이다.

• 대입하면 $Q = 60 \times 5 \times (10 \times 0.25^2 + 0.1256) = 225.18[m^3/\text{sec}]$이다.

외부식 원형 또는 장방형 후드 실기 0303/0403/0503/0603/0801/1001/1002/1701/1703/1901/2003/2102

• 공간에 위치하며, 플랜지가 없는 경우에 해당한다.

• 기본식(Dalla Valle)은 $Q = 60 \times V_c(10X^2 + A)$로 구한다. 이때 Q는 필요 환기량[m^3/min], V_c는 제어속도[m/sec], A는 개구면적[m^2], X는 후드의 중심선으로부터 발생원까지의 거리[m]이다.

57 ──────── Repetitive Learning (1회 2회 3회)

흡인 풍량이 200m^3/min, 송풍기 유효전압이 150mmH_2O, 송풍기 효율이 80%인 송풍기의 소요동력은?

① 3.5kW

② 4.8kW

③ 6.1kW

④ 9.8kW

해설

• 송풍량이 분당으로 주어질 때 $\dfrac{\text{송풍량} \times \text{전압}}{6,120 \times \text{효율}} \times \text{여유율}[kW]$로 구한다.

• 대입하면 $\dfrac{200 \times 150}{6,120 \times 0.8} = 6.127\cdots$이 된다.

송풍기의 소요동력 실기 0402/0403/0602/0603/0901/1101/1201/1402/1501/1601/1802/1903

• 송풍량이 초당으로 주어질 때 $\dfrac{\text{송풍량} \times 60 \times \text{전압}}{6,120 \times \text{효율}} \times \text{여유율}$[kW]로 구한다.

• 송풍량이 분당으로 주어질 때 $\dfrac{\text{송풍량} \times \text{전압}}{6,120 \times \text{효율}} \times \text{여유율}$[kW]로 구한다.

• 여유율이 주어지지 않을 때는 1을 적용한다.

59 ──────── Repetitive Learning (1회 2회 3회)

방진마스크에 관한 설명으로 옳지 않은 것은?

① 일반적으로 활성탄 필터가 많이 사용된다.

② 종류에는 격리식, 직결식, 면체여과식이 있다.

③ 흡기저항 상승률은 낮은 것이 좋다.

④ 비휘발성 입자에 대한 보호가 가능하다.

해설

• 방진마스크 필터의 재질은 면, 모, 합성섬유, 유리섬유, 금속섬유 등이다.

방진마스크 실기 2202

• 공기 중에 부유하는 미세 입자 물질을 흡입함으로써 인체에 장해의 우려가 있는 경우에 사용한다.

• 방진마스크의 종류에는 격리식과 직결식이 있고, 그 성능에 따라 특급, 1급 및 2급으로 나누어 진다.

• 방진마스크 필터의 재질은 면, 모, 합성섬유, 유리섬유, 금속섬유 등이다.

• 베릴륨, 석면 등에 대해서는 특급을 사용하여야 한다.

- 장시간 사용 시 분진의 포집효율이 감소하고 압력강하는 증가한다.
- 비휘발성 입자에 대한 보호만 가능하며, 가스 및 증기의 보호는 안 된다.
- 흡기저항 상승률은 낮은 것이 좋다.
- 하방 시야가 60도 이상되어야 한다.
- 반면형 마스크는 안경 및 고글을 착용한 경우 밀착에 영향을 미치므로 주의해야 한다.

1302

60 ———— Repetitive Learning (1회 2회 3회)

작업장에서 Methylene chloride(비중=1.336, 분자량=84.94, TLV=500ppm)를 500g/hr를 사용할 때, 필요한 환기량은 약 몇 m^3/min인가?(단, 안전계수는 7이고, 실내온도는 21℃이다)

① 26.3   ② 33.1
③ 42.0   ④ 51.3

해설

- 공기 중에 발생하고 있는 B물질의 용량은 0℃, 1기압에 1몰당 22.4L인데 현재 21℃라고 했으므로 $22.4 \times \frac{294}{273} = 24.12 \cdots$ L이므로 500g은 $\frac{500}{84.94} = 5.8865 \cdots$ 몰이므로 141.98L/hr이 발생한다.
- TLV는 500ppm이고 이는 500mL/m^3이므로 필요환기량 $Q = \frac{141.98 \times 1,000 \times 7}{500} = 1,987.72 m^3$/ hr이 된다.
- 구하고자 하는 필요 환기량은 분당이므로 60으로 나눠주면 $33.129 m^3$/min가 된다.

❖ 필요 환기량 [실기] 0401/0502/0601/0602/0603/0703/0801/0803/0901/0903/1001/1002/1101/1201/1302/1403/1501/1601/1602/1702/1703/1801/1803/1903/2001/2003/2004/2101/2201

- 후드로 유입되는 오염물질을 포함한 공기량을 말한다.
- 필요 환기량 Q=A·V로 구한다. 여기서 A는 개구면적, V는 제어속도이다.
- 공기 중에 계속 오염물질이 발생하고 있는 경우의 필요환기량 $Q = \frac{G \times K}{TLV}$로 구한다. 이때 G는 공기 중에 발생하고 있는 오염물질의 용량, TLV는 허용기준, K는 여유계수이다.

0701

61 ———— Repetitive Learning (1회 2회 3회)

작업장에서 사용하는 트리클로로에틸렌을 독성이 강한 포스겐으로 전환시킬 수 있는 광화학 작용을 하는 유해광선은?

① 적외선   ② 자외선
③ 감마선   ④ 마이크로파

해설

- Trichloroethylene을 Phosgen으로 전환시키는 광화학적 작용을 하는 것은 자외선이다.

❖ 자외선

- 100~400nm 정도의 파장을 갖는다.
- 피부의 색소침착 등 생물학적 작용이 활발하게 일어나서 Dorno선이라고도 한다.(이때의 파장은 280~315nm 정도이다)
- 피부에 강한 특이적 홍반작용과 색소침착, 전기성 안염(전광선 안염), 피부암 발생 등의 장해를 일으킨다.
- 트리클로로에틸렌을 독성이 강한 포스겐으로 전환시킬 수 있는 광화학 작용을 한다.
- 콜타르의 유도체, 벤조피렌, 안트라센 화합물과 상호작용하여 피부암을 유발시킨다.

2201

62 ———— Repetitive Learning (1회 2회 3회)

다음 중 체온의 상승에 따라 체온조절중추인 시상하부에서 혈액온도를 감지하거나 신경망을 통하여 정보를 받아 들여 체온 방산작용이 활발해지는 작용은?

① 정신적 조절작용(spiritual thermo regulation)
② 물리적 조절작용(physical thermo regulation)
③ 화학적 조절작용(chemical thermo regulation)
④ 생물학적 조절작용(biological thermo regulation)

해설

- 체온의 상승에 따라 발한 등을 통해서 체온 방산작용이 활발해지는 것은 물리적 조절작용에 대한 설명이다.

❖ 체온의 조절작용

- 물리적 조절작용 – 체온의 상승에 따라 체온조절중추인 시상하부에서 혈액온도를 감지하거나 신경망을 통하여 정보를 받아 들여 체온 방산작용이 활발해지는 작용이다.
- 화학적 조절작용 – 기초대사에 의한 체열의 발생에 따라 식욕을 조절하는 작용을 말한다.

63

● Repetitive Learning 1회 2회 3회

다음 중 투과력이 커서 노출 시 인체 내부에도 영향을 미칠 수 있는 방사선의 종류는?

① γ선 ② α선

③ β선 ④ 자외선

해설

- 원자의 핵에서 발생(전환 및 붕괴)되고 투과력이 커서 외부노출에 의한 문제점이 지적되는 방사선은 감마(γ)선이다.

❖ 감마(γ)선
- X-선과 동일한 특성을 가지는 자연 발생적인 전리방사선이다.
- 원자의 핵에서 발생(전환 및 붕괴)되고 투과력이 커서 외부노출에 의한 문제점이 지적되는 방사선이다.

64

1202

● Repetitive Learning 1회 2회 3회

산업안전보건법령상, 소음의 노출기준에 따르면 몇 dB(A)의 연속소음에 노출되어서는 안되는가?(단, 충격소음은 제외한다)

① 85 ② 90

③ 100 ④ 115

해설

- 국내의 기준은 90dB(5dB 변화율)을 채택하고 있으며, 최대 115dB 까지를 15분의 한계시간 내에 허용하고 있다.

❖ 소음 노출기준
- ㉠ 국내(산업안전보건법) 소음의 허용기준
  - 미국의 산업안전보건청과 같은 90dB(5dB 변화율)을 채택하고 있다.

1일 노출시간(hr)	허용 음압수준(dBA)
8	90
4	95
2	100
1	105
1/2	110
1/4	115

- ㉡ ACGIH 노출기준

1일 노출시간(hr)	허용 음압수준(dBA)
8	85
4	88
2	91
1	94
1/2	97
1/4	100

65

0602

● Repetitive Learning 1회 2회 3회

인공호흡용 혼합가스 중 헬륨-산소 혼합가스에 관한 설명으로 틀린 것은?

① 헬륨은 고압하에서 마취작용이 약하다.

② 헬륨은 분자량이 작아서 호흡저항이 적다.

③ 헬륨은 질소보다 확산속도가 작아 인체 흡수속도를 줄일 수 있다.

④ 헬륨은 체외로 배출되는 시간이 질소에 비하여 50%정도밖에 걸리지 않는다.

해설

- 헬륨은 질소보다 확산속도가 빨라 인체 흡수속도를 높일 수 있으며 혈액에 대한 용해도가 작다.

❖ 인공호흡용 헬륨-산소 혼합가스
- 헬륨은 고압 하에서 마취작용이 약하다.
- 헬륨은 분자량이 작아서 호흡저항이 적다.
- 헬륨은 질소보다 확산속도가 빨라 인체 흡수속도를 높일 수 있으며 혈액에 대한 용해도가 작다.
- 헬륨은 체외로 배출되는 시간이 질소에 비하여 50% 정도밖에 걸리지 않는다.

66

0803 / 1002

● Repetitive Learning 1회 2회 3회

현재 총 흡음량이 1,000sabins 인 작업장의 천장에 흡음물질을 첨가하여 4,000sabins을 더할 경우 소음감소는 약 얼마나 되겠는가?(단, 소수점 첫째자리에서 반올림)

① 5dB ② 6dB

③ 7dB ④ 8dB

해설

- 처리 전의 흡음량은 1,000[sabins], 처리 후의 흡음량은 1,000+4,000=5,000[sabins]이다.
- 대입하면 $NR = 10\log\dfrac{5,000}{1,000} = 6.989\cdots$[dB]이다.

❖ 흡음에 의한 소음감소(NR : Noise Reduction) 실기 0301/0303/0501/0503/0601/0702/1001/1002/1003/1102/1201/1301/1403/1701/1702/2102/2103/2202
- $NR = 10\log\dfrac{A_2}{A_1}$[dB]으로 구한다.

  이때, A_1는 처리하기 전의 총 흡음량[sabins]이고, A_2는 처리한 후의 총 흡음량[sabins]이다.

67 ──────● Repetitive Learning

개인의 평균 청력 손실을 평가하는 6분법이다. 500Hz에서 6dB, 1,000Hz에서 10dB, 2,000Hz에서 10dB, 4,000Hz에서 20dB 일 때 청력 손실은 얼마인가?

① 10dB
② 11dB
③ 12dB
④ 13dB

> **해설**
> • $a=6$, $b=10$, $c=10$, $d=20$이므로 대입하면 평균 청력 손실은
> $$\frac{6+2\times10+2\times10+20}{6}=\frac{66}{6}=11[dB]$$이 된다.
>
> ✿ 평균 청력 손실
> • 6분법에 의해 계산한다.
> • 500Hz(a), 1000Hz(b), 2000Hz(c), 4000Hz(d)로 계산하며 소수점 이하는 버린다.
> • 평균 청력 손실 = $\frac{a+2b+2c+d}{6}$으로 구한다.

68 ──────● Repetitive Learning

옥타브밴드로 소음의 주파수를 분석하였다. 낮은 쪽의 주파수가 250Hz이고, 높은 쪽의 주파수가 2배인 경우 중심주파수는 약 몇Hz인가?

① 250
② 300
③ 354
④ 375

> **해설**
> • $fc=\sqrt{fl\times fu}$ 이므로 대입하면 $\sqrt{250\times500}=353.553\cdots$Hz가 된다.
>
> ✿ 주파수 분석 **실기** 0601/0902/1401/1501/1701
> • 소음의 특성을 분석하여 소음 방지기술에 활용하는 방법이다.
> • 1/1 옥타브 밴드 분석 시 $\frac{fu}{fl}=2$, $fc=\sqrt{fl\times fu}=\sqrt{2}\,fl$로 구한다. 이때 fl은 하한 주파수, fu는 상한 주파수, fc는 중심 주파수이다.

69 ──────● Repetitive Learning

질소 마취 증상과 가장 연관이 많은 작업은?

① 잠수작업
② 용접작업
③ 냉동작업
④ 금속제조작업

> **해설**
> • 4기압 이상의 고기압에서 질소가스는 마취작용을 나타내므로 고기압 환경에 해당하는 작업은 잠수작업이다.
>
> ✿ 고압 환경의 2차적 가압현상
> • 산소의 분압이 2기압이 넘으면 중독증세가 나타나며 시력장해, 정신혼란, 간질모양의 경련을 나타낸다.
> • 산소중독에 따라 수지와 족지의 작열통, 시력장해, 정신혼란, 근육경련 등의 증상을 보이며 나아가서는 간질 모양의 경련을 나타낸다.
> • 산소의 중독 작용은 운동이나 이산화탄소의 존재로 보다 악화 된다.
> • 산소중독에 따른 증상은 고압산소에 대한 노출이 중지되면 멈추게 된다.
> • 4기압 이상에서 공기 중의 질소가스는 마취작용을 나타내며 알코올 중독의 증상과 유사한 다행증이 발생한다.
> • 이산화탄소의 증가는 산소의 독성과 질소의 마취작용을 촉진시킨다.

70 ──────● Repetitive Learning 1회 2회 3회

다음 중 전리방사선의 영향에 대하여 감수성이 가장 큰 인체 내의 기관은?

① 폐
② 혈관
③ 근육
④ 골수

> **해설**
> • 전리방사선에 대한 감수성이 가장 민감한 조직은 골수, 림프조직(임파구), 생식세포, 조혈기관, 눈의 수정체 등이 있다.
>
> ✿ 전리방사선에 대한 감수성
>
> | 고도 감수성 | 골수, 림프조직(임파구), 생식세포, 조혈기관, 눈의 수정체 |
> | --- | --- |
> | 중증도 감수성 | 피부 및 위장관의 상피세포, 혈관내피세포, 결체조직 |
> | 저 감수성 | 골, 연골, 신경, 간, 콩팥, 근육 |

71 ──────● Repetitive Learning 1회 2회 3회

사무실 책상면으로부터 수직으로 1.4m의 거리에 1,000cd (모든 방향으로 일정하다)의 광도를 가지는 광원이 있다. 이 광원에 대한 책상에서의 조도(intensity of illumination, Lux)는 약 얼마인가?

① 410
② 444
③ 510
④ 544

- 조도는 거리의 제곱에 반비례하고, 광도에 비례하므로 $\dfrac{광도}{(거리)^2}$ 으로 구한다.
- 대입하면 $\dfrac{1000}{1.4^2} = 510.204 \cdots$[Lux]이다.

조도(照度)
- 조도는 특정 지점에 도달하는 광의 밀도를 말한다.
- 단위는 럭스(Lux)를 사용한다.
- 1Lux는 1lumen의 빛이 $1m^2$의 평면상에 수직으로 비칠 때의 밝기이다.
- 반사체의 반사율과는 상관없이 일정한 값을 갖는다.
- 거리의 제곱에 반비례하고, 광도에 비례하므로 $\dfrac{광도}{(거리)^2}$으로 구한다.

---

72 ──── Repetitive Learning (1회 2회 3회)

이상기압과 건강장해에 대한 설명으로 맞는 것은?

① 고기압 조건은 주로 고공에서 비행업무에 종사하는 사람에게 나타나며 이를 다루는 학문을 항공의학 분야이다.
② 고기압 조건에서의 건강장해는 주로 기후의 변화로 인한 대기압의 변화 때문에 발생하며 휴식이 가장 좋은 대책이다.
③ 고압 조건에서 급격한 압력저하(감압)과정은 혈액과 조직에 녹아있던 질소가 기포를 형성하여 조직과 순환기계 손상을 일으킨다.
④ 고기압 조건에서 주요 건강장해 기전은 산소부족이므로 일차적인 응급치료는 고압산소실에서 치료하는 것이 바람직하다.

해설
- ①은 대표적인 저압 조건에 대한 설명이다.
- ②의 설명은 저기압 조건에서의 건강장해에 대한 설명이다.
- ④에서의 설명은 저압 조건에서의 건강장해에 대한 설명이다.

고압 환경의 2차적 가압현상
문제 69번의 유형별 핵심이론 참조

---

73 ──── Repetitive Learning (1회 2회 3회)

빛 또는 밝기와 관련된 단위가 아닌 것은?

① weber ② candela
③ lumen ④ footlambert

해설
- weber는 자속(자기 선속)의 단위이다.

빛 또는 밝기 단위

루멘(lumen, lm)	시간당 광원으로부터 나오는 빛의 양을 의미하는 광속의 단위이다.
칸델라 (candela, cd)	1steradian당 나오는 빛의 세기를 의미하는 광도의 단위이다.
룩스(lux, lx)	특정 지점에 도달하는 광의 밀도를 의미하는 조도의 단위이다.
니트(nit, cd/m^2)	광원에서 1m 떨어진 곳 범위 내에서의 반사된 빛을 포함한 빛의 밝기를 의미하는 휘도의 단위이다.

---

74 ──── Repetitive Learning (1회 2회 3회)

다음 중 단기간 동안 자외선(UV)에 초과 노출될 경우 발생할 수 있는 질병은?

① Hypothermia
② Welder's flash
③ Phossy jaw
④ White fingers syndrome

해설
- 단기간 자외선에 초과 노출되는 업무를 하는 용접공들에게서 주로 발생하는 안질환은 광자극성 각막염(Welder's flash)이다.

광자극성 각막염(Welder's flash)
- 각막이 280~315nm의 자외선에 노출되어 발생하는 안질환이다.
- 단기간 자외선에 초과 노출되는 업무를 하는 용접공들에게서 주로 발생한다.

---

75 ──── Repetitive Learning (1회 2회 3회)

참호족에 관한 설명으로 맞는 것은?

① 직장온도가 35℃ 수준 이하로 저하되는 경우를 의미한다.
② 체온이 35~32.2℃에 이르면 신경학적 억제증상으로 운동실조, 자극에 대한 반응도 저하와 언어 이상 등이 온다.
③ 27℃에서는 떨림이 멎고 혼수에 빠지게 되고, 25~23℃에 이르면 사망하게 된다.
④ 근로자의 발이 한랭에 장기간 노출됨과 동시에 지속적으로 습기나 물에 잠기게 되면 발생한다.

- 참호족은 발을 오랜 시간 축축하고 차가운 상태에 노출함으로써 발생하는데 영상의 온도에서 발생한다.

❋ 한랭환경에서의 건강장해
- 레이노씨 병과 같은 혈관 이상이 있을 경우에는 저온 노출로 유발되거나 그 증상이 악화된다.
- 참호족과 침수족은 지속적인 국소의 산소결핍 때문이며, 모세혈관 벽이 손상되는 것이다.(동상과 달리 영상의 온도에서 발생한다)
- 전신체온강화는 장시간 한랭노출과 체열상실로 인한 급성 중증 장애로, 심부온도가 37℃에서 26.7℃ 이하로 떨어지는 것을 말한다.

- 소음의 크기를 나타내는데 사용되는 무차원의 단위인

$dB = 10\log\dfrac{I}{I_0}$ 로 구하며, 이때 I_0 =기준음향의 세기, I=발생음의 세기를 나타낸다.

❋ dB(데시벨)
- 소음의 크기를 나타내는데 사용되는 단위이다.
- 음향출력, 음의 세기 및 음압 등의 양을 비교하는 무차원의 단위이다.
- $dB = 10\log\dfrac{I}{I_0}$ 로 구하며, 이때 I_0 =기준음향의 세기, I=발생음의 세기를 나타낸다.

---

76 ──────● Repetitive Learning [1회 2회 3회]

일반적으로 전신진동에 의한 생체반응에 관여하는 인자로 가장 거리가 먼 것은?

① 온도　　　　　　② 강도
③ 방향　　　　　　④ 진동수

- 전신진동에 의한 생체반응에 관계하는 4인자는 진동의 강도, 진동수, 방향, 폭로시간이다.

❋ 전신진동
- 전신진동은 2~100Hz의 주파수 범위를 갖는다.
- 전신진동에 의한 생체반응에 관계하는 4인자는 진동의 강도, 진동수, 방향, 폭로시간이다.
- 진동이 작용하는 축에 따라 인체에 미치는 영향은 수직방향은 4~8Hz, 수평방향은 1~2Hz에서 가장 민감하다.
- 수평 및 수직진동이 동시에 가해지면 2배의 자각현상이 나타난다.

---

78 ──────● Repetitive Learning [1회 2회 3회]

저기압 환경에서 발생하는 증상으로 옳은 것은?

① 이산화탄소에 의한 산소중독증상
② 폐 압박
③ 질소 마취 증상
④ 우울감, 두통, 식욕상실

- 인간은 저기압 환경에서 극도의 우울증, 두통, 오심, 구토, 식욕상실 등이 발생한다.

❋ 저기압 상태의 증상
- 저산소증(Hypoxia)
- 폐수종(Pulmonary edema)
- 고산병(mountain sickness)
- 항공치통, 항공이염, 항공부비강염 등
- 극도의 우울증, 두통, 오심, 구토, 식욕상실 등이 발생한다.

---

77 ──────● Repetitive Learning [1회 2회 3회]

다음 중 소음의 크기를 나타내는데 사용되는 단위로서 음향출력, 음의 세기 및 음압 등의 양을 비교하는 무차원의 단위인 dB을 나타내는 것은?(단, I_0 =기준음향의 세기, I=발생음의 세기를 나타낸다)

① $dB = 10\log\dfrac{I}{I_0}$　　② $dB = 20\log\dfrac{I}{I_0}$

③ $dB = 10\log\dfrac{I_0}{I}$　　④ $dB = 20\log\dfrac{I_0}{I}$

---

79 ──────● Repetitive Learning [1회 2회 3회]

고온환경에 노출된 인체의 생리적 기전과 가장 거리가 먼 것은?

① 수분부족
② 피부혈관확장
③ 근육이완
④ 갑상선자극호르몬 분비증가

- 갑상선자극호르몬 분비증가는 온도가 추울 때 일어나는 신체의 생리적 기전에 해당한다.

더울 때 인체의 생리적 기전
- 피부혈관확장
- 노출피부 표면적 증가
- 호흡촉진
- 수분부족 및 근육이완
- 항이뇨호르몬(ADH)의 분비 증가로 소변의 배설량 감소

0903 / 2201

80

●→ Repetitive Learning 〔1회〕〔2회〕〔3회〕

다음 중 진동에 의한 장해를 최소화시키는 방법과 거리가 먼 것은?

① 진동의 발생원을 격리시킨다.
② 진동의 노출시간을 최소화시킨다.
③ 훈련을 통하여 신체의 적응력을 향상시킨다.
④ 진동을 최소화하기 위하여 공학적으로 설계 및 관리한다.

해설
- 숙련자의 지정이나 진동에 대한 적응은 진동에 대한 대책이 될 수 없다.

진동에 대한 대책
- 가장 적극적인 발생원에 대한 대책은 발생원의 제거이다.
- 발생원에 대한 대책에는 탄성지지, 가진력 감쇠, 기초중량의 부가 또는 경감 등이 있다.
- 전파경로 차단에는 수용자의 격리, 발진원의 격리, 구조물의 진동 최소화 등이 있다.
- 발진원과 작업자의 거리를 가능한 멀리한다.
- 보건교육을 실시한다.
- 작업시간 단축 및 교대제를 실시한다.
- 진동을 최소화하기 위하여 공학적으로 설계 및 관리한다.
- 완충물 등 방진제를 사용한다.
- 절연패드의 재질로는 코르크, 펠트(felt), 유리섬유 등을 사용한다.
- 진동공구의 무게는 10kg을 넘지 않게 하며 방진장갑 사용을 권장한다.

81

●→ Repetitive Learning 〔1회〕〔2회〕〔3회〕

다음 중 생물학적 모니터링에서 사용되는 약어의 의미가 틀린 것은?

① B−background, 직업적으로 노출되지 않은 근로자의 검체에서 동일한 결정인자가 검출될 수 있다는 의미
② Sc−susceptibiliy(감수성), 화학물질의 영향으로 감수성이 커질 수도 있다는 의미
③ Nq−nonquantitative, 결정인자가 동 화학물질에 노출되었다는 지표일 뿐이고 측정치를 정량적으로 해석하는 것은 곤란하다는 의미
④ Ns−nonspecific(비특이적), 특정 화학물질 노출에서 뿐만 아니라 다른 화학물질에 의해서도 이 결정인자가 나타날 수 있다는 의미

해설
- ③은 Sq에 대한 설명이다.
- Nq(비정량적)는 충분한 자료가 파악되지 않아 BEI가 설정되지 않았다는 의미이다.

생물학적 모니터링에서 사용되는 약어

B−background	직업적으로 노출되지 않은 근로자의 검체에서 동일한 결정인자가 검출될 수 있다는 의미
Sc−susceptibiliy	화학물질의 영향으로 감수성이 커질 수도 있다는 의미
Nq−nonquantitative	충분한 자료가 파악되지 않아 BEI가 설정되지 않았다는 의미
Ns−nonspecific	특정 화학물질 노출에서 뿐만 아니라 다른 화학물질에 의해서도 이 결정인자가 나타날 수 있다는 의미
Sq−Semi quantitative	결정인자가 동 화학물질에 노출되었다는 지표일 뿐이고 측정치를 정량적으로 해석하는 것은 곤란하다는 의미

82

●→ Repetitive Learning 〔1회〕〔2회〕〔3회〕

산업독성학에서 LC50의 설명으로 맞는 것은?

① 실험동물의 50%가 죽게 되는 양이다.
② 실험동물의 50%가 죽게 되는 농도이다.
③ 실험동물의 50%가 살아남을 비율이다.
④ 실험동물의 50%가 살아남을 확률이다.

- LC50은 실험동물의 50%를 사망시킬 수 있는 물질의 농도(가스)를 말한다.

독성실험에 관한 용어

LD50	실험동물의 50%를 사망시킬 수 있는 물질의 양
LC50	실험동물의 50%를 사망시킬 수 있는 물질의 농도(가스)
TD50	실험동물의 50%에서 심각한 독성반응이 나타나는 양
ED50	독성을 초래하지는 않지만 대상의 50%가 관찰 가능한 가역적인 반응이 나타나는 작용량
SNARL	악영향을 나타내는 반응이 없는 농도수준(Suggested No-Adverse-Response Level, SNARL)

83 ———————— • Repetitive Learning (1회 2회 3회)

다음 중 직업성 피부질환에 관한 설명으로 틀린 것은?

① 가장 빈번한 직업성 피부질환은 접촉성 피부염이다.
② 알레르기성 접촉 피부염은 일반적인 보호 기구로도 개선 효과가 좋다.
③ 첩포시험은 알레르기성 접촉 피부염의 감작물질을 색출하는 임상시험이다.
④ 일부 화학물질과 식물은 광선에 의해서 활성화되어 피부 반응을 보일 수 있다.

해설

- 가장 빈번한 피부반응은 접촉성 피부염이고 이는 일반적인 보호기구로는 개선 효과가 거의 없다.

직업성 피부질환
- 작업환경 내 유해인자에 노출되어 피부 및 부속기관에 병변이 발생되거나 악화되는 질환을 직업성 피부질환이라 한다.
- 피부종양은 발암물질과의 피부의 직접 접촉뿐만 아니라 다른 경로를 통한 전신적인 흡수에 의하여도 발생될 수 있다.
- 미국을 비롯한 많은 나라들의 피부질환의 발생빈도는 대단히 높아 사회적 손실이 많이 발생하고 있다.
- 직업성 피부질환의 직접적인 요인에는 고온, 화학물질, 세균감염 등이 있다.
- 직업성 피부질환의 간접적 요인으로 연령, 땀, 인종, 아토피, 피부질환 등이 있다.
- 가장 빈번한 피부반응은 접촉성 피부염이고 이는 일반적인 보호기구로는 개선 효과가 거의 없다.
- 첩포시험은 알레르기성 접촉 피부염의 감작물질을 색출하는 기본시험이다.
- 일부 화학물질과 식물은 광선에 의해서 활성화되어 피부반응을 보일 수 있다.

84 ———————— • Repetitive Learning (1회 2회 3회)

노말헥산이 체내 대사과정을 거쳐 변환되는 물질로, 노말헥산에 폭로된 근로자의 생물학적 폭로지표로 이용되는데 대사 물질은?

① hippuric acid
② 2,5-hexanedione
③ hydroquonone
④ 8-hydroxy quinoline

해설

- ①은 마뇨산으로 톨루엔의 생물학적 노출지표이다.
- ②는 하이드로퀴논으로 페놀의 한 종류이다.
- ④는 금속이온의 정량적 측정에 사용되는 킬레이트제이다.

유기용제별 생물학적 모니터링 대상(생체 내 대사산물) 실기 0803/ 1403/2101

벤젠	소변 중 총 페놀 소변 중 t,t-뮤코닉산(t,t-Muconic acid)
에틸벤젠	소변 중 만델린산
스티렌	소변 중 만델린산
톨루엔	소변 중 마뇨산(hippuric acid), o-크레졸
크실렌	소변 중 메틸마뇨산
이황화탄소	소변 중 TTCA
메탄올	혈액 및 소변 중 메틸알코올
노말헥산	소변 중 헥산디온(2,5-hexanedione)
MBK (methyl-n-butyl ketone)	소변 중 헥산디온(2,5-hexanedione)
니트로벤젠	혈액 중 메타헤로글로빈
카드뮴	혈액 및 소변 중 카드뮴(저분자량 단백질)
납	혈액 및 소변 중 납(ZPP, FEP)
일산화탄소	혈액 중 카복시헤모글로빈, 호기 중 일산화탄소

85 ———————— • Repetitive Learning (1회 2회 3회)

다음 중 석면작업의 주의사항으로 적절하지 않은 것은?

① 석면 등을 사용하는 작업은 가능한 한 습식으로 하도록 한다.
② 석면을 사용하는 작업장이나 공정 등은 격리시켜 근로자의 노출을 막는다.
③ 근로자가 상시 접근할 필요가 없는 석면취급설비는 밀폐실에 넣어 양압을 유지한다.
④ 공정상 밀폐가 곤란한 경우, 적절한 형식과 기능을 갖춘 국소배기장치를 설치한다.

해설

- 근로자가 상시 접근할 필요가 없는 석면취급설비는 밀폐실에 넣어 음압을 유지해야 하고, 밀폐된 실내에 설치된 설비를 점검할 필요가 있을 경우 투명유리 등을 설치하여 실외에서 점검할 수 있는 구조로 한다.

※ 석면작업의 주의사항

- 석면 등을 사용하는 작업은 가능한 한 습식으로 하도록 한다.
- 석면을 사용하는 작업장이나 공정 등은 격리시켜 근로자의 노출을 막는다.
- 근로자가 상시 접근할 필요가 없는 석면취급설비는 밀폐실에 넣어 음압을 유지해야 하고, 밀폐된 실내에 설치된 설비를 점검할 필요가 있을 경우 투명유리 등을 설치하여 실외에서 점검할 수 있는 구조로 한다.
- 공정상 밀폐가 곤란한 경우, 적절한 형식과 기능을 갖춘 국소배기장치를 설치한다.

---

86 ●Repetitive Learning 〔1회〕〔2회〕〔3회〕

자동차 정비업체에서 우레탄 도료를 사용하는 도장작업 근로자에게서 직업성 천식이 발생되었을 때, 원인물질로 추측할 수 있는 것은?

① 시너(thinner)
② 벤젠(benzene)
③ 크실렌(Xylene)
④ TDI(Toluene diisocyanate)

해설

- 우레탄 도료는 반응성이 좋아 상온에서도 경화하기 쉬우므로 가열건조를 할 수 없는 자동차보수용, 항공기 등에서 많이 사용되나 사람의 단백질에 반응하는 TDI 등이 주성분이므로 주의해야 한다.

※ 직업성 천식

- 작업환경에서 기도의 만성 염증성 질환인 기관지 천식이 발생한 것을 말한다.
- 작업장에서의 분진, 가스, 증기 혹은 연무 등에 노출되어 발생하는 기도의 가역적인 폐쇄를 보이는 질환이다.
- 알레르기 항원이 기도로 들어와 IgE를 생성한다. 항원과 결합된 항원전달세포가 림프절 내에 작용한다. 이때 비만세포로부터 Histamine, Leukotriene 등이 분비되어 기관지 수축이 일어난다.
- 원인물질에는 금속(백금, 니켈, 크롬, 알루미늄 등), 약제(항생제, 소화제 등), 생물학적 물질(털, 동물분비물, 목재분진, 곡물가루, 밀가루, 커피가루, 진드기 등), 화학물질(TDI, TMA, 반응성 아조염료 등) 등이 있다.

---

87 ●Repetitive Learning 〔1회〕〔2회〕〔3회〕

다음 중 카드뮴의 중독, 치료 및 예방대책에 관한 설명으로 틀린 것은?

① 소변 속의 카드뮴 배설량은 카드뮴 흡수를 나타내는 지표가 된다.
② BAL 또는 Ca-EDTA등을 투여하여 신장에 대한 독작용을 제거한다.
③ 칼슘대사에 장해를 주어 신결석을 동반한 증후군이 나타나고 다량의 칼슘배설이 일어난다.
④ 폐활량 감소, 잔기량 증가 및 호흡곤란의 폐증세가 나타나며, 이 증세는 노출기간과 노출농도에 의해 좌우된다.

해설

- BAL 또는 Ca-EDTA는 납 중독 시의 배설촉진제로 카드뮴 중독 시 이를 치료제로 사용해서는 안 된다.

※ 카드뮴의 중독, 치료 및 예방대책

- 소변 속의 카드뮴 배설량은 카드뮴 흡수를 나타내는 지표가 된다.
- 칼슘대사에 장해를 주어 신결석을 동반한 증후군이 나타나고 다량의 칼슘배설이 일어난다.
- 폐활량 감소, 잔기량 증가 및 호흡곤란의 폐증세가 나타나며, 이 증세는 노출기간과 노출농도에 의해 좌우된다.
- 치료제로 BAL이나 Ca-EDTA 등 금속배설 촉진제를 투여해서는 안 된다.

---

88 ●Repetitive Learning 〔1회〕〔2회〕〔3회〕

다음 중 크롬에 관한 설명으로 틀린 것은?

① 6가 크롬은 발암성물질이다.
② 주로 소변을 통하여 배설된다.
③ 형광등 제조, 치과용 아말감 산업이 원인이 된다.
④ 만성 크롬중독인 경우 특별한 치료방법이 없다.

해설

- ③은 수은에 대한 설명이다.

※ 크롬(Cr)

- 부식방지 및 도금 등에 사용된다.
- 급성중독 시 심한 신장장해를 일으키고, 만성중독 시 코, 폐 등의 점막이 충혈되어 화농성비염이 되고 차례로 깊이 들어가서 궤양이 되고 비강암이나 비중격천공을 유발한다.
- 장기간 흡입하는 경우 원발성 기관지암과 폐암이 발생한다.
- 피부궤양 발생 시 치료에는 Sodium citrate 용액, Sodium thiosulfate 용액, 10% CaNa2EDTA 연고 등을 사용한다.

---

89 ——————● Repetitive Learning [1회 2회 3회]

납중독을 확인하기 위한 시험방법과 가장 거리가 먼 것은?

① 혈액 중 납 농도 측정
② 헴(Heme)합성과 관련된 효소의 혈중농도 측정
③ 신경전달속도 측정
④ β−ALA 이동 측정

해설

• 납중독을 확인하기 위해서는 β−ALA 이동이 아니라 축적량을 측정한다.

❖ 납중독 진단검사
  • 소변 중 코프로포르피린이나 납, 델타−ALA의 배설량 측정
  • 혈액검사(적혈구측정, 전혈비중측정)
  • 혈액 중 징크−프로토포르피린(ZPP)의 측정
  • 말초신경의 신경전달 속도
  • 배설촉진제인 Ca−EDTA 이동사항
  • 헴(Heme)합성과 관련된 효소의 혈중농도 측정
  • 최근의 납의 노출정도는 혈액 중 납 농도로 확인할 수 있다.

90 ——————● Repetitive Learning [1회 2회 3회]

동물실험에서 구해진 역치량을 사람에게 외삽하여 "사람에게 안전한 양"으로 추정한 것을 SHD(Safe Human Dose)라고 하는데 SHD 계산에 필요하지 않는 항목은?

① 배설률
② 노출시간
③ 호흡률
④ 폐흡수비율

해설

• SHD 계산에 필요한 요소에는 유해물질농도, 노출시간, 호흡률(폐흡수비율), 체내잔류율 등이 있다.

❖ 체내흡수량(SHD : Safe Human Dose) **실기** 0301/0501/0601/0801/
1001/1201/1402/1602/1701/2002/2003
  • 사람에게 안전한 양으로 안전흡수량, 안전폭로량이라고도 한다.
  • 동물실험을 통하여 산출한 독물량의 한계치(NOED : No−Observable Effect Dose)를 사람에게 적용하기 위해 인간의 안전폭로량(SHD)을 계산할 때 안전계수와 체중, 독성물질에 대한 역치(THDh)를 고려한다.
  • C×T×V×R[mg]으로 구한다.
    C : 공기 중 유해물질농도[mg/m^3]
    T : 노출시간[hr]
    V : 폐환기율, 호흡률[m^3/hr]
    R : 체내잔류율(주어지지 않을 경우 1.0)

91 ——————● Repetitive Learning [1회 2회 3회]

다음 중 유해물질의 독성 또는 건강영향을 결정하는 인자로 가장 거리가 먼 것은 무엇인가?

① 작업강도
② 인체 내 침입경로
③ 노출농도
④ 작업장 내 근로자수

해설

• 작업장 내 근로자의 수는 유해물질의 독성 또는 건강영향을 결정하는 인자와 거리가 멀다.

❖ 유해물질의 독성 또는 건강영향을 결정하는 인자
  • 작업강도
  • 인체 내 침입경로
  • 노출농도와 노출시간
  • 개인의 감수성
  • 유해물질의 물리화학적 성질

92 ——————● Repetitive Learning [1회 2회 3회]

소변 중 화학물질 A의 농도는 28mg/mL, 단위시간(분)당 배설되는 소변의 부피는 1.5mL/min, 혈장 중 화학물질 A의 농도가 0.2mg/mL라면 단위시간(분)당 화학물질 A의 제거율(mL/min)은 얼마인가?

① 120
② 180
③ 210
④ 250

해설

• 주어진 값을 대입하면 제거율은 $1.5 \times \dfrac{28}{0.2} = 210[mL/min]$이다.

❖ 인체 내 화학물질 제거율
  • 소변을 통해서 제거되는 인체 내 화학물질의 제거율은 소변의 양, 소변 내 화학물질의 농도, 혈장 내 화학물질의 농도를 알면 구할 수 있다.
  • 제거율[mL/min]은
    소변의 양[mL/min]× $\dfrac{\text{소변 내 화학물질 농도[mg/mL]}}{\text{혈장 내 화학물질 농도[mg/mL]}}$ 로 구한다.

93 ——————● Repetitive Learning [1회 2회 3회]

다음 중 피부의 색소침착(pigmentation)이 가능한 표피층 내의 세포는?

① 기저세포
② 멜라닌세포
③ 각질세포
④ 피하지방세포

해설

- 기저세포는 표피의 가장 아래쪽에 위치하여 진피와 접하는 기저층을 구성하는 세포이다.
- 멜라닌세포는 피부의 색소를 만드는 세포로 표피 및 진피, 모낭 등에 분포한다.
- 각질세포는 외부 환경으로부터 우리 몸을 보호하고, 우리 신체 내의 체액이 외부로 소실되는 것을 막는 방어막의 기능을 수행한다.
- 피하지방세포는 진피와 근육사이에 위치한 지방세포로 열손상을 방지하고 충격을 흡수하여 몸을 보호하는 역할을 한다.

▸▸ 표피

- 대부분 각질세포로 구성된다.
- 각질세포는 외부 환경으로부터 우리 몸을 보호하고, 우리 신체 내의 체액이 외부로 소실되는 것을 막는 방어막의 기능을 수행한다.
- 멜라닌세포와 랑게르한스세포가 존재한다.
- 멜라닌세포는 피부의 색소를 만드는 세포로 표피 및 진피, 모낭 등에 분포한다.
- 각화세포를 결합하는 조직은 케라틴 단백질이다.
- 각질층, 과립층, 유극층, 기저층으로 구성된다.
- 기저세포는 표피의 가장 아래쪽에 위치하여 진피와 접하는 기저층을 구성하는 세포이다.

94

 ● **Repetitive Learning** 1회 2회 3회

0902

다음 중 다핵방향족 탄화수소(PAHs)에 대한 설명으로 틀린 것은?

① 철강제조업의 석탄건류공정에서 발생한다.
② PAHs의 대사에 관여하는 효소는 시토크롬 P-448이다.
③ PAHs의 배설을 쉽게 하기 위하여 수용성으로 대사된다.
④ 벤젠고리가 2개 이상인 것으로 톨루엔이나 크실렌 등이 있다.

해설

- 톨루엔이나 크실렌은 하나의 벤젠고리로 이루어진 방향족 탄화수소이다.

▸▸ 다핵방향족 탄화수소(PAHs)

- 벤젠고리가 2개 이상이다.
- 대사가 거의 되지 않는 지용성으로 체내에서는 배설되기 쉬운 수용성 형태로 만들기 위하여 수산화가 되어야 한다.
- 대사에 관여하는 효소는 시토크롬(cytochrome) P-450의 준개체단인 시토크롬 P-448로 대사되는 중간산물이 발암성을 나타낸다.
- 나프탈렌, 벤조피렌 등이 이에 해당된다.
- 철강제조업에서 석탄을 건류할 때나 아스팔트를 콜타르 피치로 포장할 때 발생한다.

95

● **Repetitive Learning** 1회 2회 3회

다음 중 조혈장해를 일으키는 물질은?

① 납
② 망간
③ 수은
④ 우라늄

해설

- 망간은 신장염을 일으킨다.
- 수은은 미나마타 병과 관련되며 폐기관과 중추신경계, 위장관에 영향을 준다.
- 우라늄은 방사성 물질로 많은 양의 우라늄에 노출되면 신장 질환이 일어난다.

▸▸ 납중독

- 납은 원자량 207.21, 비중 11.34의 청색 또는 은회색의 연한 중금속이다.
- 납은 포르피린과 헴(heme)의 합성에 관여하는 효소를 억제하며, 소화기계 및 조혈계에 영향을 준다.
- 1~5세의 소아 이미증(pica)환자에게서 발생하기 쉽다.
- 인체에 흡수되면 뼈에 주로 축적되며, 조혈장해를 일으킨다.
- 무기성 납으로 인한 중독 시 원활한 체내 배출을 위해 사용하는 배설촉진제로 Ca-EDTA를 사용하는데 신장이 나쁜 사람에게는 사용하지 않는 것이 좋다.
- 요 중 δ-ALAD 활성치가 저하되고, 코프로포르피린과 델타 아미노레블린산은 증가한다.
- 적혈구 내 프로토포르피린이 증가한다.
- 납이 인체 내로 흡수되면 혈청 내 철과 망상적혈구의 수는 증가한다.
- 임상증상은 위장계통장해, 신경근육계통의 장해, 중추신경계통의 장해 등 크게 3가지로 나눌 수 있다.
- 주 발생사업장은 활자의 문선, 조판작업, 납 축전지 제조업, 염화비닐 취급 작업, 크리스탈 유리 원료의 혼합, 페인트, 배관공, 탄환제조 및 용접작업 등이다.

96

● **Repetitive Learning** 1회 2회 3회

0901 / 1403

다음 중 중금속에 의한 폐기능의 손상에 관한 설명으로 틀린 것은?

① 철폐증(siderosis)은 철 분진 흡입에 의한 암 발생(A1)이며, 중피종과 관련이 없다.
② 화학적 폐렴은 베릴륨, 산화카드뮴 에어로졸 노출에 의하여 발생하며 발열, 기침, 폐기종이 동반된다.
③ 금속열은 금속이 용융점 이상으로 가열될 때 형성되는 산화금속을 흄 형태로 흡입할 경우 발생한다.
④ 6가 크롬은 폐암과 비강암 유발인자로 작용한다.

해설

- 철폐증(siderosis)은 장기간 철분진을 흡입해 폐 내에 축적되어 나타나는 진폐증의 한 종류이다.

- 중금속에 의한 폐기능의 손상
  - 철폐증(siderosis)은 장기간 철분진을 흡입해 폐 내에 축적되어 나타나는 진폐증의 한 종류이다.
  - 화학적 폐렴은 베릴륨, 산화카드뮴 에어로졸 노출에 의하여 발생하며 발열, 기침, 폐기종이 동반된다.
  - 금속열은 금속이 용융점 이상으로 가열될 때 형성되는 산화금속을 흄 형태로 흡입할 경우 발생한다.
  - 6가 크롬은 폐암과 비강암 유발인자로 작용한다.

해설

- Metallothionein은 혈당단백질로 중금속을 완충하는 단백질을 유도하여 중금속의 독성을 감소시키는 역할을 하는데 중독이 진행되었다는 것은 혈중의 methallothionein이 합성되지 않았다는 것을 의미한다.

- 납중독

문제 95번의 유형별 핵심이론 **참조**

화학적 질식제(chemical asphyxiant)에 심하게 노출되었을 경우 사망에 이르게 되는 이유로 적절한 것은?

① 폐에서 산소를 제거하기 때문
② 심장의 기능을 저하시키기 때문
③ 폐 속으로 들어가는 산소의 활용을 방해하기 때문
④ 신진대사 기능을 높여 가용한 산소가 부족해지기 때문

해설

- 화학적 질식제는 혈액 중 산소운반능력을 방해하거나 기도나 폐 조직을 손상시키는 질식제를 말한다.

- 질식제
  - 질식제란 조직 내의 산화작용을 방해하는 화학물질을 말한다.
  - 질식제는 단순 질식제와 화학적 질식제로 구분할 수 있다.

단순 질식제	• 생리적으로는 아무 작용도 하지 않으나 공기 중에 많이 존재하여 산소분압을 저하시켜 조직에 필요한 산소의 공급부족을 초래하는 물질 • 수소, 질소, 헬륨, 이산화탄소, 메탄, 아세틸렌 등
화학적 질식제	• 혈액 중 산소운반능력을 방해하는 물질 • 일산화탄소, 아닐린, 시안화수소 등 • 기도나 폐 조직을 손상시키는 물질 • 황화수소, 포스겐 등

다음 중 납중독의 주요 증상에 포함되지 않는 것은?

① 혈중의 metallothionein 증가
② 적혈구 내 protoporphyrin 증가
③ 혈색소량 저하
④ 혈청 내 철 증가

다음 중 유해물질의 흡수에서 배설까지의 과정에 대한 설명으로 옳지 않은 것은?

① 흡수된 유해물질은 원래의 형태든, 대사산물의 형태로든 배설되기 위하여 수용성으로 대사된다.
② 흡수된 유해화학물질은 다양한 비특이적 효소에 의한 유해물질의 대사로 수용성이 증가되어 체외로의 배출이 용이하게 된다.
③ 간은 화학물질을 대사시키고 콩팥과 함께 배설시키는 기능을 담당하여, 다른 장기보다도 여러 유해물질의 농도가 낮다.
④ 유해물질은 조직에 분포되기 전에 먼저 몇 개의 막을 통과하여야 하며, 흡수속도는 유해물질의 물리화학적 성상과 막의 특성에 따라 결정된다.

해설

- 간은 화학물질을 대사시키고 콩팥과 함께 배설시키는 기능을 담당하여, 다른 장기보다도 여러 유해물질의 농도가 높다.

- 유해물질의 배설
  - 흡수된 유해물질은 원래의 형태든, 대사산물의 형태로든 배설되기 위하여 수용성으로 대사된다.
  - 흡수된 유해화학물질은 다양한 비특이적 효소에 의한 유해물질의 대사로 수용성이 증가되어 체외로의 배출이 용이하게 된다.
  - 유해물질은 조직에 분포되기 전에 먼저 몇 개의 막을 통과하여야 하며, 흡수속도는 유해물질의 물리화학적 성상과 막의 특성에 따라 결정된다.
  - 간은 화학물질을 대사시키고 콩팥과 함께 배설시키는 기능을 담당하여, 다른 장기보다도 여러 유해물질의 농도가 높다.
  - 유해물질의 분포량은 혈중농도에 대한 투여량으로 산출한다.
  - 유해물질의 혈장농도가 50%로 감소하는데 소요되는 시간을 반감기라고 한다.

100 ──────── Repetitive Learning 〔1회 2회 3회〕

다음 중 유해화학물질에 의한 간의 중요한 장해인 중심소엽성 괴사를 일으키는 물질로 옳은 것은?

① 수은
② 사염화탄소
③ 이황화탄소
④ 에틸렌글리콜

해설

- 인체 노출 시 간의 장해인 중심소엽성 괴사를 일으키는 지방족 할로겐화 탄화수소는 사염화탄소이다.

:: 사염화탄소
- 피부로부터 흡수되어 전신중독을 일으킬 수 있는 물질이다.
- 인체 노출 시 간의 장해인 중심소엽성 괴사를 일으키는 지방족 할로겐화 탄화수소이다.
- 탈지용 용매로 사용되는 물질로 간장, 신장에 만성적인 영향을 미친다.
- 초기 증상으로는 지속적인 두통, 구역 또는 구토, 복부선통과 설사, 간압통 등이 나타난다.
- 고농도로 폭로되면 중추신경계 장해 외에 간장이나 신장에 장해가 일어나 황달, 단백뇨, 혈뇨의 증상을 보이며, 완전 무뇨증이 되면 사망할 수도 있다.

구분	1과목	2과목	3과목	4과목	5과목	합계
New유형	3	1	1	1	0	6
New문제	8	9	3	4	5	29
또나온문제	5	2	9	6	5	27
자꾸나온문제	7	9	8	10	10	44
합계	20	20	20	20	20	100

● New유형은 New문제 중 기존 기출문제와 완전히 다른 유형의 문제를 말합니다.
● New문제는 기존에 출제되지 않은 문제로 이번에 처음 출제되는 문제입니다.
● 또나온문제는 기존에 출제된 적이 1번 있는 문제를 말합니다.
● 자꾸나온문제는 기존에 출제된 적이 2번 이상 있는 문제를 말합니다. 그만큼 중요한 문제입니다.

몇 년분의 기출문제를 공부해야 합격할 수 있을까요?

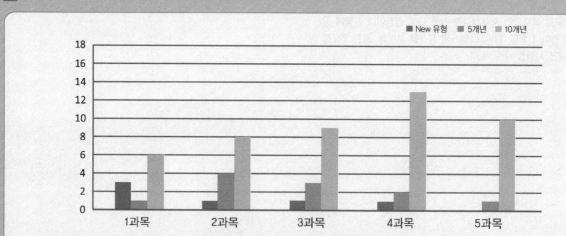

● 완전 새로운 유형의 문제는 6문제이고 94문제가 이미 출제된 문제 혹은 변형문제입니다.
● 5년분(2018~2022) 기출에서 동일문제가 11문항이 출제되었고, 10년분(2013~2022) 기출에서 동일문제가 46문항이 출제되었습니다.

실기에 나왔어요!! 일타쌍피-사전체크!!

실기시험은 필답형으로 진행됩니다. 객관식의 필기와 달리 주관식인 관계로 아는 만큼 적을 수 있습니다. 최근 계산문제의 비중이 많이 감소하고 있지만 절반 정도의 이론 문제와 절반 정도의 계산문제가 출제된다고 보시면 됩니다. 계산문제의 경우 나오는 문제유형이 거의 정해져 있습니다. 필기 공부할 때 미리 실기에 나오는 내용을 체크하시고 그부분만큼은 잘 공부해 두신다면 당 회차 실기까지 한 번에 잡을 수 있습니다.
● 총 39개의 유형별 핵심이론이 실기시험과 연동되어 있습니다.

분석의견

합격률이 51.9%로 평균을 훨씬 상회한 회차였습니다.
10년 기출을 학습할 경우 기출과 동일한 문제가 1과목에서 6문제로 과락 점수 이하로 출제되었지만 과락만 면한다면 새로 나온 유형의 문제가 적고 거의 기존 기출에서 변형되거나 동일하게 출제된 만큼 합격에 어려움이 없는 회차입니다.
10년분 기출문제와 유형별 핵심이론의 2~3회 정독이면 합격 가능한 것으로 판단됩니다.

2019년 제3회

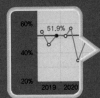
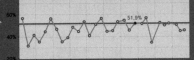
2019년 8월 4일 필기

1과목 | 산업위생학개론

01 ─────● Repetitive Learning 1회 2회 3회

1003 / 1401

다음 중 재해예방의 4원칙에 관한 설명으로 옳지 않은 것은?

① 재해발생과 손실의 관계는 우연적이므로 사고의 예방이 가장 중요하다.
② 재해발생에는 반드시 원인이 있으며, 사고와 원인의 관계는 필연적이다.
③ 재해는 예방이 불가능하므로 지속적인 교육이 필요하다.
④ 재해예방을 위한 가능한 안전대책은 반드시 존재한다.

해설

• 모든 사고는 예방이 가능하다.

하인리히의 재해예방의 4원칙

대책 선정의 원칙	사고의 원인을 발견하면 반드시 대책을 세워야 하며, 모든 사고는 대책 선정이 가능하다는 원칙
손실 우연의 원칙	사고로 인한 손실은 상황에 따라 다른 우연적이라는 원칙
예방 가능의 원칙	모든 사고는 예방이 가능하다는 원칙
원인 연계의 원칙	• 사고는 반드시 원인이 있으며 이는 복합적으로 필연적인 인과관계로 작용한다는 원칙 • 원인 계기의 원칙이라고도 한다.

02 ─────● Repetitive Learning 1회 2회 3회

다음 중 실내환경 공기를 오염시키는 요소로 볼 수 없는 것은?

① 라돈
② 포름알데히드
③ 연소가스
④ 체온

해설

• 체온은 실내공기 오염물질에 해당하지 않는다.

실내공기 오염물질

• 미세먼지, 이산화탄소, 포름알데히드, 총부유세균, 일산화탄소, 이산화탄소, 라돈, 휘발성유기화합물, 석면, 오존, 초미세먼지, 곰팡이, 벤젠, 톨루엔, 에틸벤젠, 자일렌, 스티렌 등이 있다.

03 ─────● Repetitive Learning 1회 2회 3회

0501

영국에서 최초로 직업성 암을 보고하여, 1788년에 굴뚝 청소부법이 통과되도록 노력한 사람은?

① Ramazzini
② Paracelsus
③ Percivall Pott
④ Robert Owen

해설

• Pott는 최초의 직업성 암인 음낭암의 원인이 검댕(Soot) 속의 다환방향족 탄화수소에 의해 발생되었음을 보고하였다.

Percivall Pott

• 18세기 영국의 외과의사로 굴뚝청소부들의 직업병인 음낭암이 검댕(Soot) 속의 다환방향족 탄화수소에 의해 발생되었음을 보고하였다.
• 최초의 직업성 암에 대한 원인을 분석하였다.
• 1788년에 굴뚝 청소부법이 통과되도록 노력하였다.

04 ─────● Repetitive Learning 1회 2회 3회

300명의 근로자가 1주일에 40시간, 연간 50주를 근무하는 사업장에서 1년 동안 50건의 재해로 60명의 재해자가 발생하였다. 이 사업장의 도수율은 약 얼마인가?(단, 근로자들은 질병, 기타 사유로 인하여 총 근로시간의 5%를 결근하였다)

① 93.33
② 87.72
③ 83.33
④ 77.72

- 연간총근로시간은 300명×40시간×50주이므로 600,000시간인데 5%를 결근했으므로 출근율은 95%에 해당한다. 즉, 연간총근로시간은 600,000×0.95 =570,000시간이다.
- 도수율 = $\frac{50}{570,000} \times 1,000,000 = 87.719\cdots$이다.

❖ 도수율(FR : frequency Rate of injury) [실기] 0502/0503/0602
- 100만 시간당 발생한 재해건수를 의미한다.
- 도수율 = $\frac{\text{연간재해건수}}{\text{연간총근로시간}} \times 10^6$로 구한다.
- 연간 근무일수나 하루 근무시간수가 주어지지 않을 경우 하루 8시간, 1년 300일 근무하는 것으로 간주한다.

---

05 ———————— Repetitive Learning 〔1회 2회 3회〕 1202

다음 근육운동에 동원되는 주요 에너지 생산방법 중 혐기성 대사에 사용되는 에너지원이 아닌 것은?

① 아데노신 삼인산 ② 크레아틴 인산
③ 지방 ④ 글리코겐

- 혐기성 대사에 사용되는 에너지원에는 ATP, CP, glycogen, glucose가 있다.
- 지방은 호기성 대사에 사용되는 에너지원이다.

❖ 혐기성 대사 [실기] 1401
- 호기성 대사가 대사과정을 통해 생성된 에너지인데 반해 혐기성 대사는 근육에 저장된 화학적 에너지를 말한다.
- 혐기성 대사는 ATP(아데노신 삼인산) → CP(크레아틴 인산) → glycogen(글리코겐) 혹은 glucose(포도당)순으로 에너지를 공급받는다.
- glucose(포도당)의 경우 혐기성에서 3개의 ATP 분자를 생성하지만 호기성 대사로 39개를 생성한다. 즉, 혐기 및 호기에 모두 사용된다.

---

06 ———————— Repetitive Learning 〔1회 2회 3회〕 1203

다음 중 직업병 예방을 위하여 설비 개선 등의 조치로는 어려운 경우 가장 마지막으로 적용하는 방법은?

① 격리 및 밀폐
② 개인보호구의 지급
③ 환기시설 등의 설치
④ 공정 또는 물질의 변경, 대치

- 설비 개선 등의 조치 등이 어려울 경우 노출 가능성이 있는 근로자에게 보호구를 착용할 수 있도록 한다.

❖ 작업환경 개선의 기본원칙 [실기] 0803/1103/1501/1603/2202
- 설비 개선 등의 조치 등이 어려울 경우 노출 가능성이 있는 근로자에게 보호구를 착용할 수 있도록 한다.

대치	• 가장 효과적이며 우수한 관리대책이다. • 대치의 3원칙은 시설, 공정, 물질의 변경이다. • 물질대치는 경우에 따라서 지금까지 알려지지 않았던 전혀 다른 장해를 줄 수 있음 • 장비대치는 적절한 대치방법 개발의 어려움
격리	• 작업자와 유해인자 사이에 장벽을 놓는 것 • 보호구를 사용하는 것도 격리의 한 방법 • 거리, 시간, 공정, 작업자 전체를 대상으로 실시하는 대책 • 비교적 간단하고 효과도 좋음
환기	• 설계, 시설설치, 유지보수가 필요 • 공정을 그대로 유지하면서 효율적 관리가능한 방법은 국소배기방식
교육	• 노출 근로자 관리방안으로 교육훈련 및 보호구 착용

---

07 ———————— Repetitive Learning 〔1회 2회 3회〕

다음 중 피로에 관한 설명으로 틀린 것은?

① 일반적인 피로감은 근육 내 글리코겐의 고갈, 혈중 글루코오스의 증가, 혈중 젖산의 감소와 일치하고 있다.
② 충분한 영양섭취와 휴식은 피로의 예방에 유효한 방법이다.
③ 피로의 주관적 측정방법으로는 CMI(Cornel Medical Index)를 이용한다.
④ 피로는 질병이 아니고 원래 가역적인 생체반응이며 건강장해에 대한 경고적 반응이다.

- 젖산은 피로물질로 피로감의 증가는 젖산의 증가와 관련된다.

❖ 피로
- 피로는 질병이 아니고 원래 가역적인 생체반응이며 건강장해에 대한 경고적 반응이다.
- 피로현상은 개인차가 심하여 작업에 대한 개체의 반응을 어디서부터 피로현상이라고 타각적 수치로 찾아내기는 어렵다.
- 충분한 영양섭취와 휴식은 피로의 예방에 유효한 방법이다.
- 젖산은 피로물질로 피로감의 증가는 젖산의 증가와 관련된다.
- 교감신경은 주로 주간에 활성화되며, 부교감신경은 주로 야간에 활성화된다.
- 피로의 주관적 측정방법으로는 CMI(Cornel Medical Index)를 이용한다.

1101 / 1401

08 ─────── ● Repetitive Learning 〔1회 2회 3회〕

다음 중 산업안전보건법령상 물질안전보건자료(MSDS)의 작성 원칙에 관한 설명으로 가장 거리가 먼 것은?

① MSDS의 작성단위는 「계량에 관한 법률」이 정하는 바에 의한다.

② MSDS는 한글로 작성하는 것을 원칙으로 하되 화학물질명, 외국기관명 등의 고유명사는 영어로 표기할 수 있다.

③ 각 작성항목은 빠짐없이 작성하여야 하며, 부득이 어느 항목에 대해 관련 정보를 얻을 수 없는 경우, 작성란은 공란으로 둔다.

④ 외국어로 되어 있는 MSDS를 번역하는 경우에는 자료의 신뢰성이 확보될 수 있도록 최초 작성기관명 및 시기를 함께 기재하여야 한다.

해설

• 각 작성항목은 빠짐없이 작성하여야 한다. 다만, 부득이 어느 항목에 대해 관련 정보를 얻을 수 없는 경우에는 작성란에 "자료 없음"이라고 기재하고, 적용이 불가능하거나 대상이 되지 않는 경우에는 작성란에 "해당 없음"이라고 기재한다.

물질안전보건자료(MSDS)의 작성원칙

• 물질안전보건자료는 한글로 작성하는 것을 원칙으로 하되 화학물질명, 외국기관명 등의 고유명사는 영어로 표기할 수 있다.

• 실험실에서 시험·연구목적으로 사용하는 시약으로서 물질안전보건자료가 외국어로 작성된 경우에는 한국어로 번역하지 아니할 수 있다.

• 시험결과를 반영하고자 하는 경우에는 해당국가의 우수실험실기준(GLP) 및 국제공인시험기관 인정(KOLAS)에 따라 수행한 시험결과를 우선적으로 고려하여야 한다.

• 외국어로 되어있는 물질안전보건자료를 번역하는 경우에는 자료의 신뢰성이 확보될 수 있도록 최초 작성기관명 및 시기를 함께 기재하여야 하며, 다른 형태의 관련 자료를 활용하여 물질안전보건자료를 작성하는 경우에는 참고문헌의 출처를 기재하여야 한다.

• 물질안전보건자료 작성에 필요한 용어, 작성에 필요한 기술지침은 한국산업안전보건공단이 정할 수 있다.

• 물질안전보건자료의 작성단위는 「계량에 관한 법률」이 정하는 바에 의한다.

• 각 작성항목은 빠짐없이 작성하여야 한다. 다만, 부득이 어느 항목에 대해 관련 정보를 얻을 수 없는 경우에는 작성란에 "자료 없음"이라고 기재하고, 적용이 불가능하거나 대상이 되지 않는 경우에는 작성란에 "해당 없음"이라고 기재한다.

• 화학제품에 관한 정보 중 용도는 용도분류체계에서 하나 이상을 선택하여 작성할 수 있다. 다만, 물질안전보건자료를 제출할 때에는 용도분류체계에서 하나 이상을 선택하여야 한다.

• 혼합물 내 함유된 화학물질 중 화학물질의 함유량이 한계농도인 1% 미만이거나 화학물질의 함유량이 한계농도 미만인 경우 항목에 대한 정보를 기재하지 아니할 수 있다.

• 구성 성분의 함유량을 기재하는 경우에는 함유량의 ±5퍼센트포인트(%P) 내에서 범위(하한 값~상한 값)로 함유량을 대신하여 표시할 수 있다.

• 물질안전보건자료를 작성할 때에는 취급근로자의 건강보호목적에 맞도록 성실하게 작성하여야 한다.

0901 / 1502

09 ─────── ● Repetitive Learning 〔1회 2회 3회〕

다음 중 "사무실 공기관리"에 대한 설명으로 틀린 것은?

① 관리기준은 8시간 시간가중평균농도 기준이다.

② 이산화탄소와 일산화탄소는 비분산적외선 검출기의 연속 측정에 의한 직독식 분석방법에 의한다.

③ 이산화탄소의 측정결과 평가는 각 지점에서 측정한 측정치 중 평균값을 기준으로 비교·평가한다.

④ 공기의 측정시료는 사무실 내에서 공기의 질이 가장 나쁠 것으로 예상되는 2곳 이상에서 사무실 바닥면으로부터 0.9~1.5m의 높이에서 채취한다.

해설

• 이산화탄소는 각 지점에서 측정한 측정치 중 최고값을 기준으로 비교·평가한다.

측정결과의 평가

• 관리기준은 8시간 시간가중평균농도 기준이다.

• 사무실 공기질의 측정결과는 측정치 전체에 대한 평균값을 제2조의 오염물질별 관리기준과 비교하여 평가한다. 다만, 이산화탄소는 각 지점에서 측정한 측정치 중 최고값을 기준으로 비교·평가한다.

10 ─────── ● Repetitive Learning 〔1회 2회 3회〕

다음 중 작업종류별 바람직한 작업시간과 휴식시간을 배분한 것으로 옳지 않은 것은?

① 사무작업 : 오전 4시간 중에 2회, 오후 1시에서 4시 사이에 1회, 평균 10~20분 휴식

② 정신집중작업 : 가장 효과적인 것은 60분 작업에 5분간 휴식

③ 신경운동성의 경속도 작업 : 40분간 작업과 20분간 휴식

④ 중근작업 : 1회 계속작업을 1시간 정도로 하고, 20~30분씩 오전에 3회, 오후에 2회 정도 휴식

0401 / 0702 / 1201

11
● Repetitive Learning 1회 2회 3회

미국산업안전보건연구원(NIOSH)의 중량물 취급작업 기준에서 들어 올리는 물체의 폭에 대한 기준은 얼마인가?

① 55cm 이하
② 65cm 이하
③ 75cm 이하
④ 85cm 이하

12
● Repetitive Learning 1회 2회 3회

다음 중 노동의 적응과 장애에 관련된 내용으로 적절하지 않은 것은?

① 인체는 환경에서 오는 여러 자극(stress)에 대하여 적응하려는 반응을 일으킨다.
② 인체에 적응이 일어나는 과정은 뇌하수체와 부신피질을 중심으로 한 특유의 반응이 일어나는데 이를 부적응증상군이라고 한다.
③ 직업에 따라 신체 형태와 기능에 국소적 변화가 일어나는데 이것을 직업성변이(occupational stigmata)라고 한다.
④ 외부의 환경변화나 신체활동이 반복되면 조절기능이 원활해지며, 이에 숙련 습득된 상태를 순화라고 한다.

13
● Repetitive Learning 1회 2회 3회

"근로자 또는 일반대중에게 질병, 건강장해, 불편함, 심한 불쾌감 및 능률 저하 등을 초래하는 작업요인과 스트레스를 예측, 측정, 평가하고 관리하는 과학과 기술"이라고 산업위생을 정의하는 기관은?

① 미국산업위생학회(AIHA)
② 국제노동기구(ILO)
③ 세계보건기구(WHO)
④ 산업안전보건청(OSHA)

1602

14
● Repetitive Learning 1회 2회 3회

산업안전보건법령상 단위 작업장소에서 동일 작업 근로자수가 13명일 경우 시료채취 근로자수는 얼마가 되는가?

① 1명
② 2명
③ 3명
④ 4명

- 10명 이하에서 2명+10명 초과시 매 5명마다 1명=3명이 된다.

시료채취 근로자 수 실기 0802/1201/2202

- 단위작업장소에서 최고 노출근로자 2명 이상에 대하여 동시에 개인시료채취 방법으로 측정하되, 단위작업장소에 근로자가 1명인 경우에는 그러하지 아니하며, 동일 작업근로자수가 10명을 초과하는 경우에는 매 5명당 1명 이상 추가하여 측정하여야 한다. 다만, 동일 작업근로자수가 100명을 초과하는 경우에는 최대 시료채취 근로자수를 20명으로 조정할 수 있다.
- 지역시료채취 방법으로 측정을 하는 경우 단위작업장소 내에서 2개 이상의 지점에 대하여 동시에 측정하여야 한다. 다만, 단위작업장소의 넓이가 50평방미터 이상인 경우에는 매 30평방미터마다 1개 지점 이상을 추가로 측정하여야 한다.

0502 / 1303

15 ━━━━━ ● Repetitive Learning (1회 2회 3회)

다음 중 전신피로에 관한 설명으로 틀린 것은?

① 작업에 의한 근육 내 글리코겐 농도의 변화는 작업자의 훈련유무에 따라 차이를 보인다.
② 작업강도가 증가하면 근육 내 글리코겐량이 비례적으로 증가되어 근육피로가 발생한다.
③ 작업강도가 높을수록 혈중 포도당 농도는 급속히 저하하며, 이에 따라 피로감이 빨리 온다.
④ 작업대사량의 증가에 따라 산소소비량도 비례하여 증가하나, 작업대사량이 일정 한계를 넘으면 산소소비량은 증가하지 않는다.

- 작업강도가 높을수록, 작업시간이 길어질수록 근육 내 글리코겐의 소모량이 증가하며 이는 전신피로의 원인이 된다.

전신피로

- 생리학적 원인에는 근육 내 글리코겐양의 감소, 산소공급의 부족, 혈중 포도당 농도의 저하, 젖산의 생성 및 축적 등이 있다.
- 작업에 의한 근육 내 글리코겐 농도의 변화는 작업자의 훈련유무에 따라 차이를 보인다.
- 작업강도가 높을수록, 작업시간이 길어질수록 글리코겐의 소모량이 증가하여 피로감이 빨리 온다.
- 작업강도가 높을수록 혈중 포도당 농도는 급속히 저하하며, 이에 따라 피로감이 빨리 온다.
- 작업대사량의 증가에 따라 산소소비량도 비례하여 증가하나, 작업대사량이 일정 한계를 넘으면 산소소비량은 증가하지 않는다.

0803 / 1302 / 1902

16 ━━━━━ ● Repetitive Learning (1회 2회 3회)

미국산업위생학술원(AAIH)이 채택한 윤리강령 중 산업위생 전문가가 지켜야 할 책임과 거리가 먼 것은?

① 기업체의 기밀은 누설하지 않는다.
② 과학적 방법의 적용과 자료의 해석에서 객관성을 유지한다.
③ 근로자, 사회 및 전문 직종의 이익을 위해 과학적 지식을 공개하고 발표한다.
④ 전문적 판단이 타협에 의하여 좌우될 수 있는 상황에 개입하여 객관적 자료로 판단한다.

- 산업위생전문가는 전문적 판단이 타협에 의하여 좌우될 수 있거나 이해관계가 있는 상황에는 개입하지 않아야 한다.

산업위생전문가의 윤리강령 중 산업위생전문가로서의 책임

- 산업위생 활동을 통해 얻은 개인 및 기업의 정보는 누설하지 않는다.
- 전문적 판단이 타협에 의하여 좌우될 수 있거나 이해관계가 있는 상황에는 개입하지 않는다.
- 쾌적한 작업환경을 만들기 위해 산업위생이론을 적용하고 책임 있게 행동한다.
- 성실성과 학문적 실력 면에서 최고 수준을 유지한다.
- 과학적 방법의 적용과 자료의 해석에 객관성을 유지한다.
- 전문분야로서의 산업위생을 학문적으로 발전시킨다.
- 근로자, 사회 및 전문 직종의 이익을 위해 과학적 지식을 공개하고 발표한다.

---

17 ━━━━━ ● Repetitive Learning (1회 2회 3회)

크롬에 노출되지 않은 집단의 질병발생율은 1.0이었고, 노출된 집단의 질병발생율은 1.2였을 때, 다음 설명으로 옳지 않은 것은?

① 크롬의 노출에 대한 귀속위험도는 0.2이다.
② 크롬의 노출에 대한 비교위험도는 1.2이다.
③ 크롬에 노출된 집단의 위험도가 더 큰 것으로 나타났다.
④ 비교위험도는 크롬의 노출이 기여하는 절대적인 위험률의 정도를 의미한다.

- 비교위험도는 상대위험비라고도 하며, 상대적인 위험률의 정도를 의미한다.

위험도를 나타내는 지표 실기 0703/0902/1502/1602	
상대위험비	유해인자에 노출된 집단에서의 질병발생률과 노출되지 않은 집단에서 질병발생률과의 비
기여위험도	특정 위험요인노출이 질병 발생에 얼마나 기여하는지의 정도 또는 분율
교차비 (odds ratio)	질병이 있을 때 위험인자에 노출되었을 가능성과 질병이 없을 때 위험인자에 노출되었을 가능성의 비

18

• Repetitive Learning (1회 2회 3회)

정상작업영역에 대한 정의로 옳은 것은?

① 위팔은 몸통 옆에 자연스럽게 내린 자세에서 아래팔의 움직임에 의해 편안하게 도달 가능한 작업영역
② 어깨로부터 팔을 뻗어 도달 가능한 작업영역
③ 어깨로부터 팔을 머리 위로 뻗어 도달 가능한 작업영역
④ 위팔은 몸통 옆에 자연스럽게 내린 자세에서 손에 쥔 수공구의 끝부분이 도달 가능한 작업영역

> **해설**
> • 정상작업역은 상완을 자연스럽게 늘어뜨린 상태에서 전완을 뻗어 파악할 수 있는 영역을 말한다.
>
> ❖ 정상작업역 실기 0303
> • 작업자가 팔꿈치를 몸에 붙이고 자연스럽게 움직일 수 있는 거리를 말한다.
> • 상완을 자연스럽게 늘어뜨린 상태에서 전완을 뻗어 파악할 수 있는 영역을 말한다.
> • 인간이 앉아서 작업대 위에 손을 움직여 나타나는 평면작업 중 팔을 굽히고도 편하게 작업을 하면서 좌우의 손을 움직여 생기는 작은 원호형의 영역을 말한다.

1203

19

• Repetitive Learning (1회 2회 3회)

다음 중 ACGIH에서 권고하는 TLV−TWA(시간 가중 평균치)에 대한 근로자 노출의 상한치와 노출가능시간의 연결로 옳은 것은?

① TLV−TWA의 3배 : 30분 이하
② TLV−TWA의 3배 : 60분 이하
③ TLV−TWA의 5배 : 5분 이하
④ TLV−TWA의 5배 : 15분 이하

> **해설**
> • 허용기준 상한치는 TLV−TWA의 3배인 경우 30분 이하, 5배인 경우 잠시라도 노출되어서는 안 된다.
>
> ❖ 허용기준 상한치 실기 1602
> • TWA가 설정된 물질 중에 독성자료가 부족하여 TLV−STEL이 설정되지 않은 경우 단시간 상한치를 설정해야 한다.
> • TLV−TWA의 3배 : 30분 이하
> • TLV−TWA의 5배 : 잠시라도 노출되어서는 안 됨

0903 / 1202

20

• Repetitive Learning (1회 2회 3회)

산업안전보건법상 "충격소음작업"이라 함은 몇 dB 이상의 소음을 1일 100회 이상 발생하는 작업을 말하는가?

① 110   ② 120
③ 130   ④ 140

> **해설**
> • 충격소음 허용기준에서 하루 100회의 충격소음에 노출되는 경우 140dBA, 하루 1,000회의 충격소음에 노출되는 경우 130dBA, 하루 10,000회의 충격소음에 노출되는 경우 120dBA를 초과하는 충격소음에 노출되어서는 안 된다.
>
> ❖ 소음 노출기준
> ㉠ 소음의 허용기준
>
> | 1일 노출시간(hr) | 허용 음압수준(dBA) |
> |---|---|
> | 8 | 90 |
> | 4 | 95 |
> | 2 | 100 |
> | 1 | 105 |
> | 1/2 | 110 |
> | 1/4 | 115 |
>
> ㉡ 충격소음 허용기준
> • 최대 음압수준이 140dB(A)를 초과하는 충격소음에 노출되어서는 안 된다.
> • 충격소음이라 함은 최대음압수준에 120dB(A) 이상인 소음이 1초 이상의 간격으로 발생하는 것을 말한다.
>
> | 충격소음강도(dBA) | 허용 노출 횟수(회) |
> |---|---|
> | 140 | 100 |
> | 130 | 1,000 |
> | 120 | 10,000 |

21

• Repetitive Learning (1회 2회 3회)

자연습구온도는 31℃, 흑구온도는 24℃, 건구온도는 34℃인 실내작업장에서 시간당 400칼로리가 소모된다면 계속작업을 실시하는 주조공장의 WBGT는 몇 ℃ 인가?(단, 고용노동부 고시를 기준으로 한다)

① 28.9   ② 29.9
③ 30.9   ④ 31.9

해설

• 옥내에서는 WBGT=0.7NWT+0.3GT이다. 이때 NWT는 자연습구, GT는 흑구온도이다.(일사가 영향을 미치지 않는 옥외도 옥내로 취급한다)
• 대입하면 WBGT=0.7×31+0.3×24=28.9℃가 된다.

∷ 습구흑구온도(WBGT : Wet Bulb Globe Temperature) 지수
  ㉠ 개요
    • 건구온도, 습구온도 및 흑구온도에 비례하며, 열중증 예방을 위해 고온에서의 작업휴식시간비를 결정하는 지표로 더위지수라고도 한다.
    • 표시단위는 섭씨온도(℃)로 표시하며, WBGT가 높을수록 휴식시간이 증가되어야 한다.
    • 미국국립산업안전보건연구원(NIOSH)뿐만 아니라 국내에서도 습구흑구온도를 측정하고 지수를 산출하여 평가에 사용한다.
    • 과거에 쓰이던 감각온도와 근사한 값인데 감각온도와 다른 점은 기류를 전혀 고려하지 않았다는 점이다.
  ㉡ 산출방법 실기 0501/0503/0602/0702/0703/1101/1201/1302/1303/1503/2102/2201/2202/2203
    • 옥내에서는 WBGT=0.7NWT+0.3GT이다. 이때 NWT는 자연습구, GT는 흑구온도이다.(일사가 영향을 미치지 않는 옥외도 옥내로 취급한다)
    • 일사가 영향을 미치는 옥외에서는 건구온도인 dB를 반영하지만 옥내에서는 일사의 영향이 없으므로 자연습구와 흑구온도만으로 WBGT가 결정된다.
    • 일사가 영향을 미치는 옥외에서는 WBGT=0.7NWT+0.2GT+0.1DB이며 이때 NWT는 자연습구, GT는 흑구온도, DB는 건구온도이다.

22

• Repetitive Learning (1회 2회 3회)

다음 중 석면을 포집하는데 적합한 여과지는?

① 은막 여과지   ② 섬유상 막여과지
③ PTFE 막여과지   ④ MCE 막여과지

해설

• 여과지는 산에 쉽게 용해되므로 입자상 물질 중의 금속을 채취하여 원자 흡광광도법으로 분석하거나, 시료가 여과지의 표면 또는 표면 가까운 곳에 침착되므로 석면, 유리섬유 등 현미경분석을 취한 시료채취 등에 이용된다.

∷ MCE 막(Mixed cellulose ester membrane filter)여과지
  • 여과지 구멍의 크기는 0.45~0.8㎛가 일반적으로 사용된다.
  • 여과지는 산에 쉽게 용해되므로 입자상 물질 중의 금속을 채취하여 원자 흡광광도법으로 분석하거나, 시료가 여과지의 표면 또는 표면 가까운 곳에 침착되므로 석면, 유리섬유 등 현미경분석을 취한 시료채취 등에 이용된다.
  • 납, 철, 크롬 등 금속과 석면, 유리섬유 등을 포집할 수 있다.

0802 / 1103
23

• Repetitive Learning (1회 2회 3회)

공기시료 채취 시 공기유량과 용량을 보정하는 표준기구 중 1차 표준기구는?

① 흑연피스톤미터   ② 로타미터
③ 습식테스트미터   ④ 건식가스미터

해설

• 로타미터는 유량을 측정할 때 흔히 사용되는 2차 표준기구이다.
• 습식테스트미터는 주로 실험실에서 사용하는 2차 표준기구이다.
• 건식가스미터는 주로 현장에서 사용하는 2차 표준기구이다.

∷ 표준기구 실기 1203/1802/2002/2203
  ㉠ 1차 표준기구
    • 물리적 차원인 공간의 부피를 직접 측정할 수 있는 기구로 정확도는 ±1% 이내이다.
    • 폐활량계, 가스치환병, 유리피스톤미터, 흑연피스톤미터, Pitot튜브, 비누거품미터, 가스미터 등이 있다.
  ㉡ 2차 표준기구
    • 2차표준기기는 1차 표준기기를 이용하여 보정해야 하는 기구로 정확도는 ±5% 이내이다.
    • 습식테스트(Wet-test)미터, 벤투리미터, 열선기류계, 오리피스미터, 건식가스미터, 로타미터 등이 있다.

1101
24

• Repetitive Learning (1회 2회 3회)

작업환경측정의 단위표시로 틀린 것은?(단, 고용노동부 고시를 기준으로 한다)

① 미스트, 흄의 농도는 ppm, mg/mm^3로 표시한다.
② 소음수준의 측정단위는 dB(A)로 표시한다.
③ 석면의 농도표시는 섬유개수(개/cm^3)로 표시한다.
④ 고열(복사열 포함)의 측정단위는 섭씨온도(℃)로 표시한다.

- 미스트, 흄의 농도는 mg/m^3 또는 ppm으로 표시한다.

⚙ 작업환경측정 단위 실기 0803/1403

- 화학적 인자의 가스, 증기, 분진, 흄(fume), 미스트(mist) 등의 농도는 피피엠(ppm) 또는 세제곱미터당 밀리그램(mg/m^3)으로 표시한다.
- 피피엠(ppm)과 세제곱미터당 밀리그램(mg/m^3)간의 상호 농도 변환은 노출기준(mg/m^3) = $\dfrac{노출기준(ppm) \times 그램분자량}{24.45(25℃, 1기압 기준)}$ 으로 구한다.
- 석면의 농도 표시는 세제곱센티미터당 섬유개수(개/cm^3)로 표시한다.
- 소음수준의 측정단위는 데시벨[dB(A)]로 표시한다.
- 고열(복사열 포함)의 측정단위는 습구흑구온도지수(WBGT)를 구하여 섭씨온도(℃)로 표시한다.

---

25 ───── Repetitive Learning (1회 2회 3회)

1003 / 1203 / 1601 / 1802

다음의 유기용제 중 실리카겔에 대한 친화력이 가장 강한 것은?

① 알코올류 　　　② 케톤류
③ 올레핀류 　　　④ 에스테르류

해설

- 실리카겔에 대한 친화력은 물>알코올류>알데히드류>케톤류>에스테르류>방향족 탄화수소류>올레핀류>파라핀류 순으로 약해진다.

⚙ 실리카겔에 대한 친화력 순서

- 물>알코올류>알데히드류>케톤류>에스테르류>방향족 탄화수소류>올레핀류>파라핀류 순으로 약해진다.

---

26 ───── Repetitive Learning (1회 2회 3회)

고열 측정방법에 관한 내용이다. (　) 안에 들어갈 내용으로 맞는 것은?(단, 고용노동부 고시를 기준으로 한다)

> 측정기기를 설치한 후 일정 시간 안정화시킨 후 측정을 실시하고, 고열작업에 대해 측정하고자 할 경우에는 1일 작업시간 중 최대로 높은 고열에 노출되고 있는 (㉠)시간을 (㉡)분 간격으로 연속하여 측정한다.

① ㉠ : 1, ㉡ : 5 　　② ㉠ : 2, ㉡ : 5
③ ㉠ : 1, ㉡ : 10 　④ ㉠ : 2, ㉡ : 10

- 고열의 측정방법은 측정기를 설치한 후 충분히 안정화 시킨 상태에서 1일 작업시간 중 가장 높은 고열에 노출되는 1시간을 10분 간격으로 연속하여 측정한다.

⚙ 고열의 측정방법 실기 1003

- 측정은 단위작업장소에서 측정대상이 되는 근로자의 주 작업위치에서 측정한다.
- 측정기의 위치는 바닥 면으로부터 50센티미터 이상, 150센티미터 이하의 위치에서 측정한다.
- 측정기를 설치한 후 충분히 안정화 시킨 상태에서 1일 작업시간 중 가장 높은 고열에 노출되는 1시간을 10분 간격으로 연속하여 측정한다.

---

27 ───── Repetitive Learning

0803 / 1203 / 1301 / 1602

흉곽성 입자상물질(TPM)의 평균입경(μm)은?(단, ACGIH 기준)

① 1 　　　　② 4
③ 10 　　　④ 50

해설

- 흉곽성 먼지는 기관지와 폐포 등 폐 내부의 공기통로와 가스교환 부위에 침착되는 먼지로서 공기역학적 지름이 30μm 이하의 크기를 가지며 평균입경은 10μm이다.

⚙ 입자상 물질의 분류 실기 0303/0402/0502/0701/0703/0802/1303/1402/ 1502/1601/1701/1802/1901/2202

흡입성 먼지	주로 비강, 인후두, 기관 등 호흡기의 기도 부위에 축적됨으로써 호흡기계 독성을 유발하는 분진으로 평균입경이 100μm이다.
흉곽성 먼지	기관지와 폐포 등 폐 내부의 공기통로와 가스교환 부위에 침착되는 먼지로서 공기역학적 지름이 30μm 이하의 크기를 가지며 평균입경은 10μm이다.
호흡성 먼지	폐포에 침착하여 독성을 나타내며 평균입자 크기는 4μm이고, 공기 역학적 직경이 10μm 미만인 먼지를 말한다.

---

28 ───── Repetitive Learning

0603 / 1001 / 1601

누적소음노출량(D : %)을 적용하여 시간가중평균 소음수준(TWA : dB(A))을 산출하는 공식으로 옳은 것은?(단, 고용노동부 고시를 기준으로 한다)

① TWA = 16.61log(D/100) + 80
② TWA = 19.81log(D/100) + 80
③ TWA = 16.61log(D/100) + 90
④ TWA = 19.81log(D/100) + 90

해설

- 누적소음 노출량 평가는 8시간 동안 측정치가 폭로량으로 산출되었을 경우에는 표를 이용하여 8시간 시간가중평균치로 환산하거나 TWA=16.61 log(D/100)+90으로 구한다. 이때 D는 누적소음 노출량[%]이다.

❖ 시간가중평균 소음수준(TWA)[dB(A)] 실기 0801/0902/1101/1903/2202
- 노출기준은 8시간 시간가중치를 의미하며 90dB를 설정한다.
- TWA=16.61 log$\left(\dfrac{D}{12.5\times노출시간}\right)$+90으로 구하며, D는 누적소음노출량[%]이다.
- 8시간 동안 측정치가 폭로량으로 산출되었을 경우에는 표를 이용하여 8시간 시간가중평균치로 환산한다.

0501 / 0803 / 1101 / 1502 / 1901

29 ──── Repetitive Learning 〔1회〕〔2회〕〔3회〕

일반적으로 소음계는 A, B, C 세 가지 특성에서 측정할 수 있도록 보정되어 있다. 그중 A 특성치는 몇 phon의 등감곡선에 기준한 것인가?

① 20phon
② 40phon
③ 70phon
④ 100phon

해설

- A 특성치란 대략 40phon의 등감곡선과 비슷하게 주파수에 따른 반응을 보정하여 측정한 음압 수준을 말한다.

❖ 소음계의 A, B, C 특성
- A 특성치란 대략 40phon의 등감곡선과 비슷하게 주파수에 따른 반응을 보정하여 측정한 음압 수준을 말한다.
- B 특성치와 C 특성치는 각각 70phon과 100phon의 등감곡선과 비슷하게 보정하여 측정한 값을 말한다.
- 일반적으로 소음계는 A, B, C 특성에서 음압을 측정할 수 있도록 보정되어 있으며 모든 주파수의 음압수준을 보정 없이 그대로 측정할 수도 있다. 즉, 세 값이 일치하는 주파수는 1,000Hz로 이때의 각 특성 보정치는 0이다.
- A 특성치보다 C 특성치가 많이 크면 저주파 성분이 많고, A 특성치와 C 특성치가 같으면 고주파 성분이 많다.

---

30 ──── Repetitive Learning 〔1회〕〔2회〕〔3회〕

작업환경 공기 중 A물질(TLV 10ppm) 5ppm, B물질(TLV 100ppm)이 50ppm, C물질(TLV 100ppm)이 60ppm이 있을 때, 혼합물의 허용농도는 약 몇ppm인가?(단, 상가작용 기준)

① 78
② 72
③ 68
④ 64

해설

- 이 혼합물의 노출지수를 구해보면 $\dfrac{5}{10}+\dfrac{50}{100}+\dfrac{60}{100}=\dfrac{16}{10}=1.6$ 이므로 노출기준을 초과하였다.
- 노출지수가 1.6으로 구해졌으므로 농도는 $\dfrac{5+50+60}{1.6}=71.875$ [ppm]이 된다.

❖ 혼합물의 노출지수와 농도 실기 0303/0403/0501/0703/0801/0802/ 0901/0903/1002/1203/1303/1402/1503/1601/1701/1703/1801/1803/1901/2001 /2004/2101/2102/2103/2203
- 화학물질이 2종 이상 혼재하는 경우에 혼재하는 물질 간에 유해성이 인체의 서로 다른 부위에 작용한다는 증거가 없는 한 유해작용은 가중되므로 노출기준은 $\dfrac{C_1}{T_1}+\dfrac{C_2}{T_2}+\cdots+\dfrac{C_n}{T_n}$으로 산출하되, 산출되는 수치(노출지수)가 1을 초과하지 아니하는 것으로 한다. 이때 C는 화학물질 각각의 측정치이고, T는 화학물질 각각의 노출기준이다.
- 노출지수가 구해지면 해당 혼합물의 농도는 $\dfrac{C_1+C_2+\cdots+C_n}{노출지수}$[ppm]으로 구할 수 있다.

1101 / 1503

31 ──── Repetitive Learning 〔1회〕〔2회〕〔3회〕

입자상 물질인 흄(fume)에 관한 설명으로 옳지 않은 것은?

① 용접공정에서 흄이 발생한다.
② 일반적으로 흄은 모양이 불규칙하다.
③ 흄의 입자크기는 먼지보다 매우 커 폐포에 쉽게 도달하지 않는다.
④ 흄은 상온에서 고체상태의 물질이 고온으로 액체화된 다음 증기화되고, 증기물의 응축 및 산화로 생기는 고체상의 미립자이다.

해설

- 흄의 크기는 먼지보다 작다.

❖ 흄(fume)
- 용접공정에서 흄이 발생하며, 용접 흄은 용접공폐의 원인이 된다.
- 금속이 용해되어 공기에 의하여 산화되어 미립자가 되어 분산하는 것이다.
- 흄은 상온에서 고체상태의 물질이 고온으로 액체화된 다음 증기화되고, 증기물의 응축 및 산화로 생기는 고체상의 미립자이다.
- 흄의 발생기전은 금속의 증기화, 증기물의 산화, 산화물의 응축이다.
- 일반적으로 흄은 모양이 불규칙하다.
- 상온 및 상압에서 고체상태이다.

32
● Repetitive Learning 〔1회 2회 3회〕

다음 중 0.2~0.5m/sec 이하의 실내기류를 측정하는데 사용할 수 있는 온도계는?

① 금속온도계 　　　　② 건구온도계
③ 카타온도계 　　　　④ 습구온도계

해설
- 열에 의한 금속의 팽창량을 이용하는 온도계로 휴대용 기상관측에 사용된다.
- 건구온도계란 건습구온도계의 기본 상태의 온도(기온)계를 말한다.
- 습구온도계란 건습구온도계에서 물에 적신 무명천으로 감싼 온도계를 말한다.

❖ 카타(Kata)온도계
- 작업장의 환경에서 기류의 방향이 일정하지 않거나 실내 0.2~0.5m/s 정도의 불감기류를 측정할 때 사용되는 기류측정기기이다.
- 온도에 따른 알코올의 팽창, 수축원리를 이용하여 기류속도를 측정한다.
- 기기 내의 알코올이 위의 눈금에서 아래 눈금까지 하강하는데 소요되는 시간의 측정을 통해 기류를 측정한다.
- 표면에는 눈금이 아래위로 두 개 있는데 일반용은 아래가 95°F(35°C)이고, 위가 100°F(37.8°C)이다.

33
● Repetitive Learning 〔1회 2회 3회〕

절삭작업을 하는 작업장의 오일미스트 농도 측정결과가 아래 표와 같다면 오일미스트의 TWA는 얼마인가?

측정시간	오일미스트 농도(mg/m³)
09:00 – 10:00	0
10:00 – 11:00	1.0
11:00 – 12:00	1.5
13:00 – 14:00	1.5
14:00 – 15:00	2.0
15:00 – 17:00	4.0
17:00 – 18:00	5.0

① $3.24mg/m^3$ 　　　　② $2.38mg/m^3$
③ $2.16mg/m^3$ 　　　　④ $1.78mg/m^3$

해설
- 주어진 값을 대입하면 TWA 환산값은
$$\frac{1.0+1.5+1.5+2.0+2\times4.0+5.0}{8}=2.375$$가 된다.

❖ 시간가중평균값(TWA, Time-Weighted Average) 실기 0302/1102/1302/1801/2002
- 1일 8시간 작업을 기준으로 한 평균노출농도이다.
- TWA 환산값 $= \dfrac{C_1 \cdot T_1 + C_2 \cdot T_1 + \cdots\cdots + C_n \cdot T_n}{8}$ 로 구한다.
- 이때, C : 유해인자의 측정농도(단위 : ppm, mg/m³ 또는 개/cm³)
- T : 유해인자의 발생시간(단위 : 시간)

0802 / 1402 / 1503 / 1801 / 2004
34
● Repetitive Learning 〔1회 2회 3회〕

소음의 측정시간 및 횟수의 기준에 관한 내용으로 (　)에 들어갈 것으로 옳은 것은?(단, 고용노동부 고시를 기준으로 한다)

> 단위작업장소에서의 소음발생시간이 6시간 이내인 경우나 소음발생원에서의 발생시간이 간헐적인 경우에는 발생시간 동안 연속 측정하거나 등간격으로 나누어 (　) 이상 측정하여야 한다.

① 2회 　　　　② 3회
③ 4회 　　　　④ 6회

해설
- 단위작업장소에서의 소음발생시간이 6시간 이내인 경우나 소음발생원에서의 발생시간이 간헐적인 경우에는 발생시간동안 연속 측정하거나 등간격으로 나누어 4회 이상 측정하여야 한다.

❖ 작업환경측정을 위한 소음측정 횟수 실기 1403
- 단위작업장소에서 소음수준은 규정된 측정위치 및 지점에서 1일 작업시간 동안 6시간 이상 연속 측정하거나 작업시간을 1시간 간격으로 나누어 6회 이상 측정하여야 한다. 다만, 소음의 발생특성이 연속음으로서 측정치가 변동이 없다고 자격자 또는 지정측정기관이 판단한 경우에는 1시간 동안을 등간격으로 나누어 3회 이상 측정할 수 있다.
- 단위작업장소에서의 소음발생시간이 6시간 이내인 경우나 소음발생원에서의 발생시간이 간헐적인 경우에는 발생시간동안 연속 측정하거나 등간격으로 나누어 4회 이상 측정하여야 한다.

35
● Repetitive Learning 〔1회 2회 3회〕

다음 중 표본에서 얻은 표준편차와 표본의 수만 가지고 얻을 수 있는 것은?

① 산술평균치 　　　　② 분산
③ 변이계수 　　　　④ 표준오차

해설

- 표준오차는 $\dfrac{\text{표준편차}}{\sqrt{\text{자료의 수}}}$ 로 구한다.

✽ 표준오차
- 표본 평균에 대한 표준편차이다.
- 반복실험으로 구해진 표본 평균들이 k로부터 어느 정도 흩어져 있는가를 나타내는 척도이다.
- 표준오차는 $\dfrac{\text{표준편차}}{\sqrt{\text{자료의 수}}}$ 로 구한다.

1301 / 1603

36 ─────● Repetitive Learning (1회 2회 3회)

작업장에서 오염물질 농도를 측정했을 때 일산화탄소(CO)가 0.01%이었다면 이 때 일산화탄소 농도(mg/m^3)는 약 얼마인가?(단, 25℃, 1기압 기준이다)

① 95   ② 105
③ 115   ④ 125

해설

- ppm 단위를 mg/m^3으로 변환하려면 ppm×(분자량/24.45)이다. 24.45는 표준상태(25도, 1기압)에서 기체의 부피이다.
- 주어진 온도와 기압 일산화탄소의 농도는 $\dfrac{0.01}{100}=1\times10^{-4}$이므로 100ppm이 된다.
- 일산화탄소의 분자량은 12+16=28이다.
- 주어진 값을 대입하면 $100\times\left(\dfrac{28}{24.45}\right)=114.519\cdots[mg/m^3]$이다.

✽ ppm 단위의 mg/m^3으로 변환
- ppm 단위를 mg/m^3으로 변환하려면 $\dfrac{\text{ppm}\times\text{분자량}}{\text{기체부피}}$ 이다.
- 24.45는 표준상태(25도, 1기압)에서 기체의 부피이다.
- 온도가 다를 경우 $24.45\times\dfrac{273+\text{온도}}{273+25}$로 기체의 부피를 구한다.

0701

37 ─────● Repetitive Learning (1회 2회 3회)

입자상물질을 채취하는데 이용되는 PVC 여과지에 대한 설명으로 틀린 것은?

① 유리규산을 채취하여 X-선 회절분석법에 적합하다.
② 수분에 대한 영향이 크지 않다.
③ 공해성 먼지, 총 먼지 등의 중량분석에 용이하다.
④ 산에 쉽게 용해되어 금속 채취에 적당하다.

해설

- ④는 MCE막 여과지에 대한 설명이다.

✽ PVC막 여과지 실기 0503
- 습기 및 수분에 가장 영향을 적게 받는다.
- 전기적인 전하를 가지고 있어 채취 시 입자가 반발하여 채취효율을 떨어뜨리는 경우 채취 전에 세제용액으로 처리해서 개선할 수 있다.
- 유리규산을 채취하여 X-선 회절법으로 분석하는데 적절하다.
- 6가크롬, 아연산화물의 채취에 이용한다.
- 공해성 먼지, 총 먼지 등의 중량분석에 용이하다.

---

38 ─────● Repetitive Learning (1회 2회 3회)

작업환경 측정 결과 측정치가 다음과 같을 때, 평균편차가 얼마인가?

7	5	15	20	8

① 2.8   ② 5.2
③ 11   ④ 17

해설

- 먼저 산술평균을 구한다. $\dfrac{7+5+15+20+8}{5}=11$이다.
- 편차의 합을 구해 5로 나누면
$$\dfrac{|7-11|+|5-11|+|15-11|+|20-11|+|8-11|}{5}=\dfrac{26}{5}=5.2$$
가 된다.

✽ 평균편차
- 측정치에서 평균 값을 뺀 값의 절댓값으로 표시되는 편차들의 합에서 산술평균을 말한다.
- $\dfrac{\sum\limits_{i=1}^{n}|x_i-\bar{x}|}{n}$ 으로 구한다.

1303

39 ─────● Repetitive Learning (1회 2회 3회)

초기 무게가 1.260g인 깨끗한 PVC 여과지를 하이볼륨(High-volume) 시료 채취기에 장착하여 작업장에서 오전 9시부터 오후 5시까지 2.5L/분의 유량으로 시료 채취기를 작동시킨 후 여과지의 무게를 측정한 결과가 1.280g이었다면 채취한 입자상 물질의 작업장 내 평균농도(mg/m^3)는?

① 7.8   ② 13.4
③ 16.7   ④ 19.2

- 평균농도(mg/m^3)를 물었음에 유의한다.
- 채취량은 $1280 - 1260 = 20$mg이다.
- 측정시간은 $17 - 9 = 8$시간이고, 유속은 2.5L/분이므로 공기흡입량은 $480 \times 2.5L = 1,200L$이므로 $1.2m^3$이다.
- 대입하면 평균농도 $= \dfrac{20}{1.2} = 16.666 \cdots [\text{mg}/m^3]$이 된다.

❖ 입자상 물질의 농도 평가 실기 0402/0403/0503/0601/0701/0703/0801/0802/0803/0901/0902/0903/1001/1002/1101/1103/1301/1401/1502/1603/1801/1802/1901/1903/2002/2004/2101/2102/2201

- 입자상 물질 농도는 8시간 작업 시의 평균농도로 한다.
- 평균농도는 $\dfrac{\text{채취량}}{\text{총공기흡입량}} = \dfrac{\text{채취량}}{\text{측정시간} \times \text{유속}}$으로 구할 수 있다.
- 1일 작업시간 동안 6시간 이내 측정한 경우의 입자상 물질 농도는 측정시간 동안의 시간가중평균치를 산출하여 그 기간 동안의 평균농도로 하고 이를 8시간 시간가중평균하여 8시간 작업 시의 평균농도로 한다.
- 1일 작업시간이 8시간을 초과하는 경우에는 보정노출기준($= 8$시간 노출기준 $\times (\dfrac{8}{1\text{일 노출시간}})$)을 산출하여 평가한다.

0403 / 0701 / 0702 / 0901 / 1301 / 1401 / 1601 / 1602 / 1603 / 1803 / 2102 / 2202

40 ──────● Repetitive Learning 〔1회 2회 3회〕

산업안전보건법령상 누적소음노출량 측정기로 소음을 측정하는 경우의 기기설정값은?

- Criteria (Ⓐ)dB
- Exchange Rate (Ⓑ)dB
- Threshold (Ⓒ)dB

① Ⓐ : 80, Ⓑ : 10, Ⓒ : 90
② Ⓐ : 90, Ⓑ : 10, Ⓒ : 80
③ Ⓐ : 80, Ⓑ : 4, Ⓒ : 90
④ Ⓐ : 90, Ⓑ : 5, Ⓒ : 80

- 기기설정값은 Threshold $= 80$dB, Criteria $= 90$dB, Exchange Rate $= 5$dB이다.

❖ 누적소음 노출량 측정기
- 작업자가 여러 작업장소를 이동하면서 작업하는 경우, 근로자에게 직접 부착하여 작업시간(8시간) 동안 작업자가 노출되는 소음 노출량을 측정하는 기계를 말한다.
- 기기설정값은 Threshold $= 80$dB, Criteria $= 90$dB, Exchange Rate $= 5$dB이다.

0702 / 1202

41 ──────● Repetitive Learning 〔1회 2회 3회〕

후드의 정압이 $50\,\text{mmH}_2\text{O}$ 이고 덕트 속도압이 $20\,\text{mmH}_2\text{O}$ 일 때, 후드의 압력손실계수는?

① 1.5 ② 2.0
③ 2.5 ④ 3.0

- 정압과 속도압이 주어졌으므로 유입계수를 구할 수 있다.
- 유입계수는 $\sqrt{\dfrac{20}{50}} = 0.6324 \cdots$가 된다.
- 유입손실계수(F) $= \dfrac{1 - C_e^2}{C_e^2} = \dfrac{1}{C_e^2} - 1$이므로 대입하면

$\dfrac{1}{0.6324^2} - 1 = 1.5004 \cdots$이다.

❖ 후드의 유입계수와 유입손실계수 실기 0502/0801/0901/1001/1102/1303/1602/1603/1903/2002/2103

- 후드에서의 압력손실이 유량의 저하로 나타나는 현상이다.
- 유입계수 C_e가 1에 가까울수록 이상적인 후드에 가깝다.
- 유입계수는 속도압/후드정압의 제곱근으로 구할 수 있다.
- 유입계수(C_e) $= \dfrac{\text{실제적 유량}}{\text{이론적 유량}} = \dfrac{\text{실제 흡인유량}}{\text{이론 흡인유량}} = \sqrt{\dfrac{1}{1 + F}}$으로 구한다.

  이때 F는 후드의 유입손실계수로 $\dfrac{\triangle P}{VP}$ 즉, $\dfrac{\text{압력손실}}{\text{속도압(동압)}}$으로 구할 수 있다.
- 유입(압력)손실계수(F) $= \dfrac{1 - C_e^2}{C_e^2} = \dfrac{1}{C_e^2} - 1$로 구한다.

42 ──────● Repetitive Learning 〔1회 2회 3회〕

한랭작업장에서 일하고 있는 근로자의 관리에 대한 내용으로 옳지 않은 것은?

① 가장 따뜻한 시간대에 작업을 실시한다.
② 노출된 피부나 전신의 온도가 떨어지지 않도록 온도를 높이고 기류의 속도는 낮추어야 한다.
③ 신발은 발을 압박하지 않고 습기가 있는 것을 신는다.
④ 외부 액체가 스며들지 않도록 방수 처리된 의복을 입는다.

해설

- 불편한 장갑이나 구두는 압박을 통해 국소의 혈액순환장애를 일으키고, 젖은 장갑이나 신발은 동상의 위험을 높이므로 장갑과 신발은 가능한 약간 큰 것을 습기 없이 완전 건조하여 착용한다.

:: 한랭장애 예방 **실기** 0401

- 방한복 등을 이용하여 신체를 보온하도록 한다.
- 고혈압자, 심장혈관장해 질환자와 간장 및 신장 질환자는 한랭작업을 피하도록 한다.
- 가능한 항상 발과 다리를 움직여 혈액순환을 돕는다.
- 작업환경 기온은 10℃ 이상으로 유지시키고, 바람이 있는 작업장은 방풍시설을 하여야 한다.
- 노출된 피부나 전신의 온도가 떨어지지 않도록 온도를 높이고 기류의 속도는 낮추어야 한다.
- 불편한 장갑이나 구두는 압박을 통해 국소의 혈액순환장애를 일으키고, 젖은 장갑이나 신발은 동상의 위험을 높이므로 장갑과 신발은 가능한 약간 큰 것을 습기 없이 완전 건조하여 착용한다.

43 Repetitive Learning 1회 2회 3회

0℃, 1기압에서 A기체의 밀도가 1.415kg/m^3일 때, 100℃, 1기압에서 A기체의 밀도는 몇 kg/m^3인가?

① 0.903 　　　　　② 1.036
③ 1.085 　　　　　④ 1.411

해설

- 0℃, 1기압에서 밀도가 1.415이므로 100℃, 1기압에서의 기체의 밀도는 $1.415 \times \dfrac{273}{273+100} = 1.0356\cdots$이다.

:: 밀도보정계수(d)

- 밀도보정계수는 고도와 온도에 반비례하고, 압력에 비례한다.
- 고도 및 기압이 일정한 상태에서 온도가 증가할수록 밀도보정계수는 감소한다.
- 고도 및 온도가 일정한 상태에서 압력이 증가할수록 밀도보정계수는 증가한다.
- 단위는 쓰지 않는다.

1101

44 Repetitive Learning 1회 2회 3회

내경 15mm 인 관에 40m/min의 속도로 비압축성 유체가 흐르고 있다. 같은 조건에서 내경만 10mm로 변화하였다면, 유속은 약 몇 m/min인가?(단, 관 내 유체의 유량은 같다)

① 90 　　　　　② 120
③ 160 　　　　　④ 210

해설

- 유량이 일정할 때 $Q = A_1 \times V_1 = A_2 \times V_2$가 성립한다.
- 내경이 15mm일 때 단면적은
  $\pi r^2 = 3.14 \times 0.0075^2 = 0.0001766\cdots$가 된다.
- 대입하면 유량은 $Q = 0.0001766 \times 40 = 0.007065[m^3/min]$이 된다.
- 내경이 10mm이면 단면적은 $\pi r^2 = 3.14 \times 0.005^2 = 0.0000785$가 된다.
- 대입하면 유속은 $\dfrac{0.007065}{0.0000785} = 90[m/min]$가 된다.

:: 유량과 유속 **실기** 0401/0403/0502/0601/0603/0701/0903/1001/1002/
1003/1101/1301/1302/1402/1501/1602/1603/1703/1901/2003

- 유량 $Q = A \times V$로 구한다. 이때 Q는 유량[m^3/min], A는 단면적[m^2], V는 유속[m/min]이다.
- 유량이 일정할 때 단면적이 감소하면 유속은 증가한다. 즉, $Q = A_1 \times V_1 = A_2 \times V_2$가 성립한다.

1602

45 Repetitive Learning 1회 2회 3회

다음 중 덕트 내 공기의 압력을 측정할 때 사용하는 장비로 가장 적절한 것은?

① 피토관 　　　　　② 타코메타
③ 열선유속계 　　　　　④ 회전날개형 유속계

해설

- 피토관은 덕트 내 공기의 압력을 통해 속도압 및 정압을 측정한다.

:: 덕트 내 풍속측정계 **실기** 1402/2004

- 피토관(pitot tube) : 덕트 내 공기의 압력을 통해 속도압 및 정압을 측정
- 풍차 풍속계 : 프로펠러를 설치해 그 회전운동을 이용해 풍속을 측정
- 열선식 풍속계 : 풍속과 풍량을 측정
- 그네날개형 풍속계

0502 / 0801

46 Repetitive Learning 1회 2회 3회

오후 6시 20분에 측정한 사무실 내 이산화탄소의 농도는 1,200ppm, 사무실이 빈상태로 1시간이 경과한 오후 7시 20분에 측정한 이산화탄소의 농도는 400ppm 이었다. 이 사무실의 시간당 공기교환 횟수는?(단, 외부공기 중의 이산화탄소의 농도는 330ppm이다)

① 0.56 　　　　　② 1.22
③ 2.52 　　　　　④ 4.26

- 주어진 값을 대입하면 $\dfrac{\ln(1,200-330)-\ln(400-330)}{1}=2.52$회 가 된다.

- ❖ 시간당 공기의 교환횟수(ACH) 실기 0502/0802/1001/1102/1103/1203/1303/1403/1503/1702/1902/2002/2102/2103/2202
  - 경과시간과 이산화탄소의 농도가 주어질 경우의 시간당 공기의 교환횟수는

$$\dfrac{\ln(\text{초기 } CO_2\text{농도}-\text{외부 } CO_2 \text{ 농도})-\ln(\text{경과 후 } CO_2\text{농도}-\text{외부 } CO_2 \text{ 농도})}{\text{경과 시간}[hr]}$$

  로 구한다.
  - 작업장 기적(용적)과 필요 환기량이 주어지는 경우의 시간당 공기교환 횟수는 $\dfrac{\text{필요환기량}(m^3/hr)}{\text{작업장 용적}(m^3)}$으로 구한다.

---

47 ———————● Repetitive Learning (1회 2회 3회)

1202 / 1501

귀마개의 장단점과 가장 거리가 먼 것은?

① 제대로 착용하는데 시간이 걸린다.
② 착용여부 파악이 곤란하다.
③ 보안경 착용 시 차음효과가 감소한다.
④ 귀마개 오염 시 감염 될 가능성이 있다.

- 귀마개는 보안경 등 다른 보호구와 동시 사용할 때 편리하다.
- ❖ 귀마개와 귀덮개의 비교 실기 1603/1902/2001

귀마개	귀덮개
• 좁은 장소에서도 사용이 가능하다. • 고온 작업 장소에서도 사용이 가능하다. • 부피가 작아서 휴대하기 편리하다. • 다른 보호구와 동시 사용할 때 편리하다. • 외청도를 오염시킬 수 있으며, 외청도에 이상이 없는 경우에 사용이 가능하다. • 제대로 착용하는데 시간은 걸린다.	• 간헐적 소음 노출 시 사용한다. • 쉽게 착용할 수 있다. • 일관성 있는 차음효과를 얻을 수 있다. • 크기를 여러 가지로 할 필요가 없다. • 착용여부를 쉽게 확인할 수 있다. • 귀에 염증이 있어도 사용할 수 있다.

---

48 ———————● Repetitive Learning (1회 2회 3회)

1101

다음 중 방독마스크의 카트리지의 수명에 영향을 미치는 요소와 가장 거리가 먼 것은?

① 흡착제의 질과 양
② 상대습도
③ 온도
④ 분진 입자의 크기

- ①, ②, ③ 외에 작업장 오염물질의 농도나 노출조건 등이 카트리지의 수명에 영향을 미친다.
- ❖ 방독마스크의 카트리지의 수명에 영향을 미치는 요소
  - 흡착제의 질과 양
  - 상대습도와 온도
  - 작업장 오염물질의 농도
  - 노출조건

---

49 ———————● Repetitive Learning (1회 2회 3회)

0401 / 0502 / 0703 / 1002 / 1301 / 1302 / 1803

다음 중 국소배기장치에서 공기공급시스템이 필요한 이유와 가장 거리가 먼 것은?

① 에너지 절감
② 안전사고 예방
③ 작업장의 교차기류 촉진
④ 국소배기장치의 효율 유지

- 작업장의 교차기류(방해기류)의 생성을 방지하기 위해서 공기공급시스템이 필요하다.
- ❖ 공기공급시스템
  - ㉠ 개요
    - 보충용 공기의 공급장치를 말한다.
  - ㉡ 필요 이유 실기 0502/1303/1601/2003
    - 연료를 절약하기 위해서
    - 작업장 내 안전사고를 예방하기 위해서
    - 국소배기장치의 적절하고 효율적인 운영을 위해서
    - 작업장의 교차기류(방해기류)의 생성을 방지하기 위해서

---

50 ———————● Repetitive Learning (1회 2회 3회)

1602

다음 중 작업환경 관리의 목적과 가장 거리가 먼 것은?

① 산업재해 예방
② 작업환경의 개선
③ 작업능률의 향상
④ 직업병 치료

- 작업환경 관리의 목적은 직업병을 예방하는 데 있다.
- ❖ 작업환경 관리의 목적
  - 산업재해 예방
  - 작업환경의 개선
  - 작업능률의 향상
  - 직업병 치료

51 ────────● Repetitive Learning (1회 2회 3회)

관(管)의 안지름이 200mm인 관을 통하여 공기를 55m³/min 의 유량으로 송풍할 때, 관 내 평균유속은 약 몇 m/sec인 가?

① 21.8
② 24.5
③ 29.2
④ 32.2

해설

- 유량 $Q = A \times V$에서 유속 $V = \dfrac{Q}{A}$로 구한다.

- 관의 내경이 200mm일 때 단면적은 $\pi r^2 = 3.14 \times 0.1^2 = 0.0314$ $[m^2]$이 된다.

- 분당의 유량이 $55m^3$/min이므로 초당으로 변환하면 $0.917m^3$/sec 이므로 대입하면 유속 $V = \dfrac{0.917}{0.0314} = 29.193\cdots[m/s]$가 된다.

⁑ 유량과 유속 실기 0401/0403/0502/0601/0603/0701/0903/1001/1002/ 1003/1101/1301/1302/1402/1501/1602/1603/1703/1901/2003

문제 44번의 유형별 핵심이론 ⁑ 참조

52 ────────● Repetitive Learning (1회 2회 3회)

방진마스크에 대한 설명으로 옳은 것은?

① 흡기저항 상승률이 높은 것이 좋다.
② 형태에 따라 전면형 마스크와 후면형 마스크가 있다.
③ 필터의 여과효율이 낮고 흡입저항이 클수록 좋다.
④ 비휘발성 입자에 대한 보호가 가능하고 가스 및 증기의 보호는 안 된다.

해설

- 방진마스크 흡기저항 상승률은 낮은 것이 좋다.
- 형태에 따라 전면형 마스크와 반면형 마스크가 있다.
- 흡기 및 배기저항은 낮은 것이 좋다.

⁑ 방진마스크의 필요조건
  - 흡기와 배기저항 모두 낮은 것이 좋다.
  - 흡기저항 상승률이 낮은 것이 좋다.
  - 안면밀착성이 큰 것이 좋다.
  - 포집효율이 높은 것이 좋다.
  - 비휘발성 입자에 대한 보호가 가능하다.
  - 무게중심은 안면에 강한 압박감을 주지 않는 위치에 있는 것이 좋다.
  - 여과효율이 우수하려면 필터에 사용되는 섬유의 직경이 작고 조밀하게 압축되어야 한다.

53 ────────● Repetitive Learning (1회 2회 3회)

슬롯 길이 3m, 제어속도 2m/sec인 슬롯 후드가 있다. 오염 원이 2m 떨어져 있을 경우 필요 환기량(m^3/min)은?(단, 공 간에 설치하며 플랜지는 부착되어 있지 않음)

① 1,434
② 2,664
③ 3,734
④ 4,864

해설

- 외부식 슬롯형 후드의 배풍량 $Q = 60 \times C \times L \times V_c \times X[m^3/min]$ 로 구한다.
- 대입하면 필요 환기량 $Q = 60 \times 3.7 \times 3 \times 2 \times 2 = 2,664[m^3/min]$ 가 된다.

⁑ 외부식 슬롯형 후드의 필요송풍량
  - 공간에 위치하며, 플랜지가 없는 경우에 해당한다.

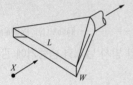

  - 필요송풍량 $Q = 60 \times C \times L \times V_c \times X$로 구한다. 이때 Q는 필 요송풍량$[m^3/min]$이고, C는 형상계수, V_c는 제어속도[m/sec], L은 슬롯의 개구면 길이, X는 포집점까지의 거리[m]이다.
  - ACGIH에서는 종횡비가 0.2 이하인 슬롯형 후드의 형상계수로 3.7을 사용한다.

전원주	5.0(ACGIH에서는 3.7)
$\frac{3}{4}$ 원주	4.1
$\frac{1}{2}$ 원주	2.8
$\frac{1}{4}$ 원주	1.6

54 ────────● Repetitive Learning (1회 2회 3회)

원심력 송풍기의 종류 중 전향 날개형 송풍기에 관한 설명 으로 옳지 않은 것은?

① 다익형 송풍기라고도 한다.
② 큰 압력손실에도 송풍량의 변동이 적은 장점이 있다.
③ 송풍기의 임펠러가 다람쥐 쳇바퀴 모양이며, 송풍기 깃 이 회전방향과 동일한 방향으로 설계되어 있다.
④ 동일 송풍량을 발생시키기 위한 임펠러 회전속도가 상대 적으로 낮아 소음문제가 거의 발생하지 않는다.

- 큰 압력손실에서 송풍량이 급격하게 떨어지는 단점이 있다.

전향 날개형 송풍기
- 다익형 송풍기라고도 한다.
- 송풍기의 임펠러가 다람쥐 쳇바퀴 모양이며, 송풍기 깃이 회전방향과 동일한 방향으로 설계되어 있다.
- 동일 송풍량을 발생시키기 위한 임펠러 회전속도가 상대적으로 낮아 소음문제가 거의 발생하지 않는다.
- 이송시켜야 할 공기량은 많으나 압력손실이 작게 걸리는 전체 환기나 공기조화용으로 널리 사용된다.
- 강도가 크게 요구되지 않기 때문에 적은 비용으로 제작가능하다.
- 큰 압력손실에서 송풍량이 급격하게 떨어지는 단점이 있다.

- Stokes 침강법칙에서 침강속도는 분진입자의 밀도와 공기밀도의 차에 비례한다.

스토크스(Stokes) 침강법칙에서의 침강속도 실기 0402/0502/1001/1502
- 물질의 침강속도는 중력가속도, 입자의 직경의 제곱, 분진입자의 밀도와 공기밀도의 차에 비례한다.
- 물질의 침강속도는 공기(기체)의 점성에 반비례한다.

$$V = \frac{g \cdot d^2 (\rho_1 - \rho)}{18\mu} \text{이다.}$$

- V : 침강속도($cm/\sec$)
- g : 중력가속도($980cm/\sec^2$)
- d : 입자의 직경(cm)
- ρ_1 : 입자의 밀도(g/cm^3)
- ρ : 공기밀도($0.0012g/cm^3$)
- μ : 공기점성계수($g/cm \cdot \sec$)

1203

55 ———————• Repetitive Learning (1회 2회 3회)

원심력 송풍기인 방사 날개형 송풍기에 관한 설명으로 틀린 것은?

① 깃이 평판으로 되어 있다.
② 플레이트형 송풍기라고도 한다.
③ 깃의 구조가 분진을 자체 정화할 수 있도록 되어 있다.
④ 큰 압력손실에서 송풍량이 급격히 떨어지는 단점이 있다.

- ④는 다익형 송풍기의 특징이다.

방사 날개형 송풍기
- 평판형, 플레이트 송풍기라고도 한다.
- 깃이 평판으로 되어 있고 강도가 매우 높게 설계되어 있다.
- 깃의 구조가 분진을 자체 정화할 수 있도록 되어 있다.
- 고농도 분진 함유 공기나 부식성이 강한 공기를 이송하는데 사용된다.

0602 / 0701 / 1203 / 1603 / 1902 / 2202

56 ———————• Repetitive Learning (1회 2회 3회)

스토크스식에 근거한 중력침강속도에 대한 설명으로 틀린 것은?(단, 공기 중의 입자를 고려한다)

① 중력가속도에 비례한다.
② 입자직경의 제곱에 비례한다.
③ 공기의 점성계수에 반비례한다.
④ 입자와 공기의 밀도차에 반비례한다.

0903 / 1203 / 1802

57 ———————• Repetitive Learning (1회 2회 3회)

필요 환기량을 감소시키는 방법으로 옳지 않은 것은?

① 가급적이면 공정이 많이 포위되지 않도록 하여야 한다.
② 후드 개구면에서 기류가 균일하게 분포되도록 설계한다.
③ 공정에서 발생 또는 배출되는 오염물질의 절대량을 감소시킨다.
④ 포집형이나 레시버형 후드를 사용할 때는 가급적 후드를 배출 오염원에 가깝게 설치한다.

- 가급적이면 공정을 많이 포위하도록 해야 한다.

필요 환기량 최소화 방법 실기 1503/2003
- 가급적이면 공정을 많이 포위하도록 해야 한다.
- 후드 개구면에서 기류가 균일하게 분포되도록 설계한다.
- 공정에서 발생 또는 배출되는 오염물질의 절대량을 감소시킨다.
- 공정 내 측면부착 차폐막이나 커튼 사용을 통해 후드 개구면 속도를 균일하게 분포시켜야 한다.
- 포집형이나 레시버형 후드를 사용할 때는 가급적 후드를 배출 오염원에 가깝게 설치한다.

1503

58 ———————• Repetitive Learning (1회 2회 3회)

다음 중 국소배기장치 설계의 순서로 가장 적절한 것은?

① 소요풍량 계산 → 후드형식 선정 → 제어속도 결정
② 제어속도 결정 → 소요풍량 계산 → 후드형식 선정
③ 후드형식 선정 → 제어속도 결정 → 소요풍량 계산
④ 후드형식 선정 → 소요풍량 계산 → 제어속도 결정

- 국소배기장치 설계의 순서는 후드형식 선정 → 제어속도 결정 → 소요풍량 계산 → 반송속도 결정 → 배관내경 산출 → 후드 크기 결정 → 배관의 크기와 위치 선정 → 공기정화장치의 선정 → 송풍기의 선정 순으로 한다.

국소배기장치의 선정, 설계, 설치 실기 1802/2003
- 국소배기장치의 효율적인 선정과 설치를 위해서는 우선적으로 필요송풍량을 결정해야 한다. 필요송풍량에 따라 송풍기의 대수 및 규모를 결정하게 되며 이를 통해 투자비용과 운전비용이 결정된다.
- 설계의 순서는 후드형식 선정 → 제어속도 결정 → 소요풍량 계산 → 반송속도 결정 → 배관내경 산출 → 후드 크기 결정 → 배관의 크기와 위치 선정 → 공기정화장치의 선정 → 송풍기의 선정 순으로 한다.
- 설치의 순서는 반드시 후드 → 덕트 → 공기정화장치 → 송풍기 → 배기구의 순으로 한다.

0602 / 1201

59 ● Repetitive Learning (1회 2회 3회)

작업환경개선을 위한 물질의 대체로 적절하지 않은 것은?

① 주물공정에서 실리카모래 대신 그린모래로 주형을 채우도록 한다.
② 보온재로 석면 대신 유리섬유나 암면 등 사용한다.
③ 금속표면을 블라스팅할 때 사용재료를 철 구슬 대신 모래를 사용한다.
④ 야광시계 자판의 라듐을 인으로 대체하여 사용한다.

해설
- 작업환경 개선을 위해서는 금속표면을 블라스팅할 때 사용재료로서 모래 대신 철구슬을 사용해야 한다.

대치의 원칙

시설의 변경	• 가연성 물질을 유리병 대신 철제통에 저장 • Fume 배출 드라프트의 창을 안전 유리창으로 교체
공정의 변경	• 건식공법의 습식공법으로 전환 • 전기 흡착식 페인트 분무방식 사용 • 금속을 두들겨 자르던 공정을 톱으로 절단 • 알코올을 사용한 엔진 개발 • 도자기 제조공정에서 건조 후에 하던 점토의 조합을 건조 전에 실시 • 땜질한 납 연마 시 고속회전 그라인더의 사용을 저속 Oscillating-typesander로 변경
물질의 변경	• 성냥 제조시 황린 대신 적린 사용 • 단열재 석면을 대신하여 유리섬유나 암면 또는 스티로폼 등을 사용 • 야광시계 자판에 Radium을 인으로 대치 • 금속표면을 블라스팅할 때 사용재료로서 모래 대신 철구슬을 사용 • 페인트 희석제를 석유나프타에서 사염화탄소로 대치 • 분체 입자를 큰 입자로 대체 • 금속세척 시 TCE를 대신하여 계면활성제로 변경 • 세탁 시 화재 예방을 위해 석유나프타 대신 4클로로에틸렌을 사용 • 세척작업에 사용되는 사염화탄소를 트리클로로에틸렌으로 전환 • 아조염료의 합성에 벤지딘 대신 디클로로벤지딘을 사용 • 페인트 내에 들어있는 납을 아연 성분으로 전환

1101

60 ● Repetitive Learning (1회 2회 3회)

국소배기시스템 설계에서 송풍기 전압이 136mmH_2O이고, 송풍량은 184m^3/min일 때, 필요한 송풍기 소요동력은 약 몇 kW인가? (단, 송풍기의 효율은 60%이다)

① 2.7 ② 4.8
③ 6.8 ④ 8.7

해설
- 송풍량이 분당으로 주어질 때 $\frac{송풍량 \times 전압}{6,120 \times 효율} \times 여유율$[kW]로 구한다.
- 대입하면 $\frac{184 \times 136}{6,120 \times 0.6} = 6.814\cdots$가 된다.

송풍기의 소요동력 실기 0402/0403/0602/0603/0901/1101/1201/1402/1501/1601/1802/1903
- 송풍량이 초당으로 주어질 때 $\frac{송풍량 \times 60 \times 전압}{6,120 \times 효율} \times 여유율$[kW]로 구한다.
- 송풍량이 분당으로 주어질 때 $\frac{송풍량 \times 전압}{6,120 \times 효율} \times 여유율$[kW]로 구한다.
- 여유율이 주어지지 않을 때는 1을 적용한다.

61 ● Repetitive Learning 〔1회　2회　3회〕

흑구온도가 260K이고, 기온이 251K일 때 평균복사온도는?
(단, 기류속도는 1m/s 이다)

① 227.8　　　　　　② 260.7

③ 287.2　　　　　　④ 300.6

해설

• 주어진 값을 대입하면

$MRT = 100\sqrt[4]{2.6^4 + 2.48 \times 1 \times 9} = 287.1807\cdots[K]$가 된다.

❖ 평균복사온도(Mean Radiant Temperature)

• 폐쇄공간에서 주위 벽 복사열의 조건을 표현하기 위한 척도로 사용된다.

• 복사에 의해 인체와 열을 교환하는 주위 표면의 평균온도를 말한다.

• $MRT = 100\sqrt{\left(\dfrac{T_g}{100}\right)^4 + 2.48\,V(T_g - T_a)}$ 로 구한다. 이때 T_g는 흑구온도[K], V는 기류속도[m/s], T_a는 기온[K]이다.

0303 / 0701 / 0901 / 1603

62 ● Repetitive Learning 〔1회　2회　3회〕

진동에 의한 생체영향과 가장 거리가 먼 것은?

① C5 dip 현상　　　② Raynaud 현상

③ 내분비계 장해　　④ 뼈 및 관절의 장해

해설

• C5 dip 현상은 소음성 난청의 초기 현상으로 진동과는 무관하다.

❖ 국소진동

• 인체에 장애를 발생시킬 수 있는 주파수 범위는 8~1,500Hz 이다.

• 그라인더 등의 손공구를 저온환경에서 사용할 때 나타나는 레이노 증후군은 국소진동에 의하여 손가락의 창백, 청색증, 저림, 냉감, 동통이 나타나는 장해이다.

1302

63 ● Repetitive Learning 〔1회　2회　3회〕

피부로 감지할 수 없는 불감기류의 최고 기류범위는 얼마인가?

① 약 0.5m/s 이하　　② 약 1.0m/s 이하

③ 약 1.3m/s 이하　　④ 약 1.5m/s 이하

해설

• 불감기류는 인체가 피부로 감지할 수 없는 기류로 보통 0.5m/s 이하의 기류를 말한다.

❖ 불감기류

• 인체가 피부로 감지할 수 없는 기류를 말한다.

• 보통 0.5m/s 이하의 기류를 말한다.

• 피부 표면에서 방열작용을 촉진하여 체온조절에 중요한 역할을 한다.

0901 / 1501

64 ● Repetitive Learning 〔1회　2회　3회〕

산업안전보건법령상 적정한 공기에 해당하는 것은?(단, 다른 성분의 조건은 적정한 것으로 가정한다)

① 탄산가스가 1.0%인 공기

② 산소농도가 16%인 공기

③ 산소농도가 25%인 공기

④ 황화수소 농도가 25ppm인 공기

해설

• 적정공기란 산소농도의 범위가 18퍼센트 이상 23.5퍼센트 미만, 탄산가스의 농도가 1.5퍼센트 미만, 일산화탄소의 농도가 30피피엠 미만, 황화수소의 농도가 10피피엠 미만인 수준의 공기를 말한다.

❖ 밀폐공간 관련 용어　**실기** 0603/0903/1402/1903/2203

밀폐공간	산소결핍, 유해가스로 인한 질식·화재·폭발 등의 위험이 있는 장소
유해가스	탄산가스·일산화탄소·황화수소 등의 기체로서 인체에 유해한 영향을 미치는 물질
적정공기	산소농도의 범위가 18퍼센트 이상 23.5퍼센트 미만, 탄산가스의 농도가 1.5퍼센트 미만, 일산화탄소의 농도가 30피피엠 미만, 황화수소의 농도가 10피피엠 미만인 수준의 공기
산소결핍	공기 중의 산소농도가 18퍼센트 미만인 상태
산소결핍증	산소가 결핍된 공기를 들이마심으로써 생기는 증상

1502

65 ● Repetitive Learning 〔1회　2회　3회〕

조명을 작업환경의 한 요인으로 볼 때, 고려해야 할 사항이 아닌 것은?

① 빛의 색

② 조명 시간

③ 눈부심과 휘도

④ 조도와 조도의 분포

해설

- 부적합한 조명은 작업자의 눈의 피로, 편두통, 두통 등의 증상을 일으켜 무기력증, 민감성, 집중력 저하 등 작업자의 건강에 영향을 주므로 신중한 선택이 필요하지만 조명 시간은 특별히 고려사항은 아니다.

⁑ 작업환경의 한 요인으로서 조명 선택시 고려할 사항
  - 빛의 색
  - 눈부심과 휘도
  - 조도와 조도의 분포

1401 / 1602

66 ──────── Repetitive Learning [1회] [2회] [3회]

높은(고)기압에 의한 건강영향이 설명으로 틀린 것은?

① 청력의 저하, 귀의 압박감이 일어나며 심하면 고막파열이 일어날 수 있다.

② 부비강 개구부 감염 혹은 기형으로 폐쇄된 경우 심한구토, 두통 등의 증상을 일으킨다.

③ 압력상승이 급속한 경우 폐 및 혈액으로 탄산가스의 일과성 배출이 일어나 호흡이 억제된다.

④ 3~4 기압의 산소 혹은 이에 상당하는 공기 중 산소분압에 의하여 중추신경계의 장해에 기인하는 운동장해를 나타내는데 이것을 산소중독이라고 한다.

해설

- 압력상승이 급속한 경우 폐 및 혈액으로 탄산가스의 일과성 배출이 억제되어 산소의 독성과 질소의 마취작용이 증가하면서 동시에 호흡이 급해진다.

⁑ 높은(고)기압이 미치는 영향
  - 청력의 저하, 귀의 압박감이 일어나며 심하면 고막파열이 일어날 수 있다.
  - 부비강 개구부 감염 혹은 기형으로 폐쇄된 경우 심한구토, 두통 등의 증상을 일으킨다.
  - 압력상승이 급속한 경우 폐 및 혈액으로 탄산가스의 일과성 배출이 억제되어 산소의 독성과 질소의 마취작용이 증가하면서 동시에 호흡이 급해진다.
  - 3~4 기압의 산소 혹은 이에 상당하는 공기 중 산소분압에 의하여 중추신경계의 장해에 기인하는 운동장해를 나타내는데 이것을 산소중독이라고 한다.

1203 / 1601

67 ──────── Repetitive Learning [1회] [2회] [3회]

소음의 생리적 영향으로 볼 수 없는 것은?

① 혈압 감소   ② 맥박수 증가
③ 위분비액 감소   ④ 집중력 감소

해설

- 소음으로 인해 혈압과 맥박수는 증가한다.

⁑ 소음의 생리적 영향
  - 혈압상승, 맥박수 증가, 말초혈관의 수축
  - 호흡속도의 감소와 호흡 크기의 증가
  - 내분비선의 호르몬 방출 증가
  - 동맥장애와 집중력 감소
  - 스트레스로 인한 소화기 장애와 호흡기 장애

68 ──────── Repetitive Learning [1회] [2회] [3회]

소음작업장에서 각 음원의 음압레벨이 A=110dB, B=80dB, C=70dB이다. 음원이 동시에 가동될 때 음압레벨(SPL)은?

① 87dB   ② 90dB
③ 95dB   ④ 110dB

해설

- 합성소음은 $10\log(10^{11} + 10^8 + 10^7) = 10 \times 11.00 = 110$이 된다.

⁑ 합성소음 [실기] 0401/0801/0901/1403/1602
  - 동일한 공간 내에서 2개 이상의 소음원에 대한 소음이 발생할 때 전체 소음의 크기를 말한다.
  - 합성소음[dB(A)] $= 10\log(10^{\frac{SPL_1}{10}} + \cdots + 10^{\frac{SPL_i}{10}})$으로 구할 수 있다.
    이때, $SPL_1, \cdots, SPL_i$ 는 개별 소음도를 의미한다.

1002 / 1401 / 2202

69 ──────── Repetitive Learning [1회] [2회] [3회]

기류의 측정에 사용되는 기구가 아닌 것은?

① 흑구온도계   ② 열선풍속계
③ 카타온도계   ④ 풍차풍속계

해설

- 흑구온도계는 복사온도를 측정한다.

⁑ 기류측정기기 [실기] 1701

풍차풍속계	주로 옥외에서 1~150m/sec 범위의 풍속을 측정하는 데 사용하는 측정기구
열선풍속계	기온과 정압을 동시에 구할 수 있어 환기시설의 점검에 사용하는 측정기구로 기류속도가 아주 낮을 때 유용
카타온도계	기류의 방향이 일정하지 않거나, 실내 0.2~0.5m/s 정도의 불감기류를 측정할 때 사용하는 측정기구

70

• Repetitive Learning 1회 2회 3회
1003

다음 중 적외선의 생물학적 영향에 관한 설명으로 틀린 것은?

① 근적외선은 급성 피부화상, 색소침착 등을 일으킨다.
② 조사 부위의 온도가 오르면 홍반이 생기고, 혈관이 확장된다.
③ 적외선이 흡수되면 화학반응에 의하여 조직온도가 상승한다.
④ 장기간 조사 시 두통, 자극작용이 있으며, 강력한 적외선은 뇌막자극 증상을 유발할 수 있다.

해설

• 적외선이 신체조직에 흡수되면 화학반응을 일으키는 것이 아니라 구성분자의 운동에너지를 증가시킨다.

❖ 적외선의 생물학적 영향
• 조직에서의 흡수는 수분함량에 따라 다르다.
• 적외선이 신체에 조사되면 일부는 피부에서 반사되고 나머지는 조직에 흡수된다.
• 절대온도 이상의 모든 물체는 온도에 비례해서 적외선을 복사한다.
• 적외선이 신체조직에 흡수되면 화학반응을 일으키는 것이 아니라 구성분자의 운동에너지를 증가시킨다.
• 조사부위의 온도가 오르면 혈관이 확장되어 혈류가 증가되며 심하면 홍반을 유발하기도 한다.
• 장기간 조사 시 두통, 자극작용이 있으며, 강력한 적외선은 뇌막자극 증상을 유발할 수 있다.
• 만성폭로에 따라 눈장해인 백내장을 일으킨다.
• 근적외선은 급성 피부화상, 색소침착 등을 일으킨다.
• 신체조직에서의 흡수는 수분함량에 따라 다르며 1400nm 이상의 장파장 적외선은 1cm의 수층을 통과하지 못한다.

71

• Repetitive Learning 1회 2회 3회
1103

일반적인 작업장의 인공조명 시 고려사항으로 적절하지 않은 것은?

① 조명도를 균등히 유지할 것
② 경제적이며 취급이 용이할 것
③ 가급적 직접조명이 되도록 설치할 것
④ 폭발성 또는 발화성이 없으며 유해가스를 발생하지 않을 것

해설

• 인공조명은 장시간 작업시 가급적 간접조명이 되도록 설치하도록 해야 한다.

❖ 인공조명시에 고려하여야 할 사항
• 조명도를 균등히 유지할 것
• 경제적이며 취급이 용이할 것
• 광색은 주광색에 가깝도록 할 것
• 장시간 작업시 가급적 간접조명이 되도록 설치할 것
• 폭발성 또는 발화성이 없으며 유해가스를 발생하지 않을 것
• 일반적인 작업 시 좌상방에서 비치도록 할 것

72

• Repetitive Learning 1회 2회 3회
1501

자유공간에 위치한 점음원의 음향파워레벨(PWL)이 110dB일 때, 이 점음원으로부터 100m 떨어진 곳의 음압레벨(SPL)은?

① 49dB ② 59dB
③ 69dB ④ 79dB

해설

• 음향파워레벨(PWL)이 110[dB]이고, 거리가 100m이므로 대입하면 SPL=110−20log100−11=110−20×2−11=110−51=59[dB]이다.

❖ 음압레벨(SPL ; Sound Pressure Level) 실기 0403/0501/0503/0901/1001/1102/1403/2004
• 기준이 되는 소리의 압력과 비교하여 로그적으로 표현한 값이다.
• $SPL = 20\log\left(\dfrac{P}{P_0}\right)$[dB]로 구한다. 여기서 P_0는 기준음압으로 2×10^{-5}[N/m^2] 혹은 2×10^{-4}[dyne/cm^2]이다.
• 자유공간에 위치한 점음원의 음압레벨(SPL)은 음향파워레벨(PWL)−20log$r$−11로 구한다. 이때 r은 소음원으로부터의 거리[m]이다.

73

• Repetitive Learning 1회 2회 3회
0301 / 1503

한랭환경으로 인하여 발생되거나 악화되는 질병과 가장 거리가 먼 것은?

① 동상(Frist bote)
② 지단자람증(Acrocyanosis)
③ 케이슨병(Caisson disease)
④ 레이노드씨 병(Raynaud's disease)

- 케이슨병(Caisson disease)은 고압환경에서 보통 기압으로 돌아올 때 발생되는 병이다. 주로 해녀들의 잠수병이 대표적인 예이다.

한랭환경에서의 건강장해
- 레이노씨 병과 같은 혈관 이상이 있을 경우에는 저온 노출로 유발되거나 그 증상이 악화된다.
- 참호족과 침수족은 지속적인 국소의 산소결핍 때문이며, 모세혈관 벽이 손상되는 것이다.(동상과 달리 영상의 온도에서 발생한다)
- 전신체온강화는 장시간 한랭노출과 체열상실로 인한 급성 중증 장애로, 심부온도가 37℃에서 26.7℃ 이하로 떨어지는 것을 말한다.

0701

74 Repetitive Learning (1회 2회 3회)

방사선을 전리방사선과 비전리방사선으로 분류하는 인자로 볼 수 없는 것은?

① 이온화하는 성질　　② 주파수
③ 투과력　　　　　　④ 파장

- 이온화 성질, 주파수, 파장 등에 따라 전리방사선과 비전리방사선으로 구분한다.

방사선의 구분
- 이온화 성질, 주파수, 파장 등에 따라 전리방사선과 비전리방사선으로 구분한다.
- 전리방사선과 비전리방사선을 구분하는 에너지 강도는 약 12eV 이다.

전리방사선	중성자, X선, 알파(α)선, 베타(β)선, 감마(γ)선,
비전리방사선	자외선, 적외선, 레이저, 마이크로파, 가시광선, 극저주파, 라디오파

0501 / 0702 / 1103 / 1501

75 Repetitive Learning (1회 2회 3회)

국소진동에 노출된 경우에 인체에 장애를 발생시킬 수 있는 주파수 범위로 알맞은 것은?

① 10~150Hz　　　② 10~300Hz
③ 8~500Hz　　　④ 8~1,500Hz

- 인체에 장애를 발생시킬 수 있는 국소진동의 주파수 범위는 8~1,500Hz이다.

국소진동
문제 62번의 유형별 핵심이론 ∷ 참조

---

76 Repetitive Learning (1회 2회 3회)

전리방사선의 단위에 관한 설명으로 틀린 것은?

① rad - 조사량과 관계없이 인체조직에 흡수된 양을 의미한다.
② rem - 1rad의 X선 혹은 감마선이 인체조직에 흡수된 양을 의미한다.
③ curoe - 1초 동안에 3.7×10^{10}개의 원자붕괴가 일어나는 방사능 물질의 양을 의미한다.
④ Roentgen(R) - 공기 중에 방사선에 의해 생성되는 이온의 양으로 주로 X선 및 감마선의 조사량을 표시할 때 쓰인다.

- rem은 흡수선량이 생체에 주는 영향의 정도에 기초를 둔 생체실효선량(dose-equivalent)이다.

전리 방사선의 단위

Roentgen(R) 노출선량	공기 중에 방사선에 의해 생성되는 이온의 양으로 주로 X선 및 감마선의 조사량을 표시할 때 쓰인다.
Curoe(Ci) 방사능 단위	• 1초 동안에 3.7×10^{10}개의 원자붕괴가 일어나는 방사능 물질의 양을 의미한다. • 현재는 베크렐(Bq)을 사용한다.
rad 흡수선량	• 조사량과 관계없이 인체조직에 흡수된 양을 의미한다. • 1rad=100erg/g을 의미한다. • 현재는 그레이(Gy)를 사용한다.
rem 등가선량	• 흡수선량이 생체에 주는 영향의 정도에 기초를 둔 생체실효선량(dose-equivalent)이다. • 현재는 시버트(Sv)를 사용한다.

0703 / 1002 / 1303

77 Repetitive Learning (1회 2회 3회)

다음 중 소음 평가치의 단위로 가장 적절한 것은?

① phon　　　　② NRN
③ NRR　　　　④ Hz

- phon 값은 1,000Hz에서의 순음의 음압수준(dB)에 해당한다.
- NRR은 차음평가지수를 나타내는 것이다.
- Hz는 음의 주파수를 나타내는 단위이다.

NRN(Noise Rating Number)
- 외부의 소음을 시간, 지역, 강도, 특성 등을 고려해 만든 소음평가지수이다.
- 청력장애, 회화방해 및 시끄러움 3가지 관점에서 평가한 것이다.

78

0301 / 0302 / 0603 / 1302

● Repetitive Learning (1회 2회 3회)

감압에 따른 기포 형성량을 좌우하는 요인이 아닌 것은?

① 감압속도

② 체내 가스의 팽창 정도

③ 조직에 용해된 가스량

④ 혈류를 변화시키는 상태

> **해설**
> • 감압에 따른 질소 기포 형성량을 결정하는 요인에는 감압속도, 조직에 용해된 가스량, 혈류를 변화시키는 상태 등이 있다.
>
> ❖ 감압에 따른 질소 기포 형성 요인
> • 감압속도
> • 고기압에 폭로된 정도와 시간, 체내의 지방량은 조직에 용해된 가스량을 결정한다.
> • 감압 시 연령, 기온, 운동, 공포감, 음주 등은 혈류를 변화시키는 상태를 결정한다.

79

0703 / 2202

● Repetitive Learning (1회 2회 3회)

도르노선(Dorno-ray)에 대한 내용으로 맞는 것은?

① 가시광선의 일종이다.

② 280~315Å 파장의 자외선을 의미한다.

③ 소독작용, 비타민 D 형성 등 생물학적 작용이 강하다.

④ 절대온도 이상의 모든 물체는 온도에 비례하여 방출한다.

> **해설**
> • Dorno선은 자외선의 일종이다.
> • Dorno선의 파장은 280~315nm, 2,800Å~3,150Å 범위이다.
>
> ❖ 도르노선(Dorno-ray)
> • 280~315nm, 2,800Å~3,150Å의 파장을 갖는 자외선이다.
> • 비전리방사선이며, 건강선이라고 불리는 광선이다.
> • 소독작용, 비타민 D 형성, 피부색소 침착 등 생물학적 작용이 강하다.

80

● Repetitive Learning (1회 2회 3회)

미국(EPA)의 차음평가수를 의미하는 것은?

① NRR

② TL

③ SNR

④ SLC80

> **해설**
> • TL(Threshold Limit)은 미국 산업위생전문가회의(ACGIH에서 채택한 허용농도의 기준을 말한다.
> • SNR(Signal to Noise Ratio)는 신호대 잡음비로 듣고자 하는 신호의 크기와 주변 소음의 크기의 비를 말한다.
> • SLC80은 호주와 뉴질랜드에서 사용하는 보호구 등급번호로 착용자의 80%를 만족시키는 권장소음범위를 말한다.
>
> ❖ NRR(Noise Reduction Rating)
> • 미국 환경보호국(EPA : Environmental Protection Agency)의 차음평가수를 의미한다.
> • 실험실 검사를 통해 청력 보호구(Hearing Protection Device, HPD)로 제공된 평균 음압 감소(감쇠)를 말한다.

5과목 산업독성학

81

0802 / 1101

● Repetitive Learning (1회 2회 3회)

다음 중 진폐증 발생에 관여하는 인자와 가장 거리가 먼 것은?

① 분진의 노출기간

② 분진의 분자량

③ 분진의 농도

④ 분진의 크기

> **해설**
> • 진폐증 발병요인에는 분진의 농도, 분진의 크기, 분진의 종류, 작업강도 및 분진에 폭로된 기간 등이 있다.
>
> ❖ 진폐증
> • 흡인된 분진이 폐 조직에 축적되어 병적인 변화를 일으키는 질환으로 폐에 분진이 쌓여 폐가 점차 굳어가는 병을 말한다.
> • 길이가 5~8μm보다 길고, 두께가 0.25~1.5μm보다 얇은 섬유성 분진이 진폐증을 가장 잘 일으킨다.
> • 진폐증 발병요인에는 분진의 농도, 분진의 크기, 분진의 종류, 작업강도 및 분진에 폭로된 기간 등이 있다.
> • 병리적 변화에 따라 교원성 진폐증과 비교원성 진폐증으로 구분된다.
>
> | 교원성 | • 폐표조직의 비가역성 변화나 파괴가 있고, 영구적이다.
• 규폐증, 석면폐증 등 |
> | --- | --- |
> | 비교원성 | • 폐조직이 정상적, 간질반응이 경미, 조직반응은 가역성이다.
• 용접공폐증, 주석폐증, 바륨폐증 등 |

0601 / 0703 / 1503

82 ──────── Repetitive Learning 〔1회 2회 3회〕

다음 중 카드뮴에 관한 설명으로 틀린 것은?

① 카드뮴은 부드럽고 연성이 있는 금속으로 납광물이나 아연광물을 제련할 때 부산물로 얻어진다.

② 흡수된 카드뮴은 혈장단백질과 결합하여 최종적으로 신장에 축적된다.

③ 인체 내에서 철을 필요로 하는 효소와의 결합반응으로 독성을 나타낸다.

④ 카드뮴 흄이나 먼지에 급성 노출되면 호흡기가 손상되며 사망에 이르기도 한다.

해설

• 인체 내에서 –SH기와 결합하여 독성을 나타낸다.

♣ 카드뮴

• 카드뮴은 부드럽고 연성이 있는 금속으로 납광물이나 아연광물을 제련할 때 부산물로 얻어진다.

• 주로 니켈, 알루미늄과의 합금, 살균제, 페인트 등을 취급하는 곳에서 노출위험성이 크다.

• 흡수된 카드뮴은 혈장단백질과 결합하여 최종적으로 간이나 신장에 축적된다.

• 인체 내에서 –SH기와 결합하여 독성을 나타낸다.

• 중금속 중에서 칼슘대사에 장애를 주어 신결석을 동반한 신증후군이 나타나고 폐기종, 만성기관지염 같은 폐질환을 일으키고, 다량의 칼슘배설이 일어나 뼈의 통증, 골연화증 및 골수공증과 같은 골격계 장해를 유발한다.

• 카드뮴에 의한 급성노출 및 만성노출 후의 장기적인 속발증은 고환의 기능쇠퇴, 폐기종, 간손상 등이다.

• 체내에 노출되면 저분자 단백질인 metallothionein이라는 단백질을 합성하여 독성을 감소시킨다.

1303

83 ──────── Repetitive Learning 〔1회 2회 3회〕

다음 중 생물학적 모니터링에 관한 설명으로 적절하지 않은 것은?

① 생물학적 모니터링은 작업자의 생물학적 시료에서 화학물질의 노출 정도를 추정하는 것을 말한다.

② 근로자 노출평가와 건강상의 영향 평가 두 가지 목적으로 모두 사용될 수 있다.

③ 내재용량은 최근에 흡수된 화학물질의 양을 말한다.

④ 내재용량은 여러 신체 부분이나 몸 전체에서 저장된 화학물질의 양을 말하는 것은 아니다.

해설

• 내재용량은 최근에 흡수된 화학물질의 양, 여러 신체 부분이나 몸 전체에서 저장된 화학물질의 양, 체내 주요 조직이나 부위의 작용과 결합한 화학물질의 양을 나타낸다.

♣ 생물학적 모니터링

• 작업자의 생물학적 시료에서 화학물질의 노출을 추정하는 것을 말한다.

• 모든 노출경로에 의한 흡수정도를 나타낼 수 있다.

• 최근의 노출량이나 과거로부터 축적된 노출량을 파악한다.

• 건강상의 위험은 생물학적 검체에서 물질별 결정인자를 생물학적 노출지수와 비교하여 평가된다.

• 근로자 노출 평가와 건강상의 영향 평가 두 가지 목적으로 모두 사용될 수 있다.

• 생물학적 검체인 호기, 소변, 혈액 등에서 결정인자를 측정하여 노출정도를 추정하는 방법이다.

• 결정인자는 공기 중에서 흡수된 화학물질이나 그것의 대사산물 또는 화학물질에 의해 생긴 가역적인 생화학적 변화이다.

• 내재용량은 최근에 흡수된 화학물질의 양, 여러 신체 부분이나 몸 전체에서 저장된 화학물질의 양, 체내 주요 조직이나 부위의 작용과 결합한 화학물질의 양을 나타낸다.

• 공기 중 노출기준(TLV)이 설정된 화학물질의 수는 생물학적 노출기준(BEI)보다 더 많다.

0502 / 0701

84 ──────── Repetitive Learning 〔1회 2회 3회〕

다음 중 실험동물을 대상으로 투여 시 독성을 초래하지는 않지만 관찰 가능한 가역적인 반응이 나타나는 양을 의미하는 용어는?

① 유효량(ED)　　② 치사량(LD)
③ 독성량(TD)　　④ 서한량(PD)

해설

• LD50은 실험동물의 50%를 사망시킬 수 있는 물질의 양을 말한다.

• TD50은 실험동물의 50%에서 심각한 독성반응이 나타나는 양을 말한다.

• 서한량이란 노출기준을 말한다.

♣ 독성실험에 관한 용어

LD50	실험동물의 50%를 사망시킬 수 있는 물질의 양
LC50	실험동물의 50%를 사망시킬 수 있는 물질의 농도(가스)
TD50	실험동물의 50%에서 심각한 독성반응이 나타나는 양
ED50	독성을 초래하지는 않지만 대상의 50%가 관찰 가능한 가역적인 반응이 나타나는 작용량
SNARL	악영향을 나타내는 반응이 없는 농도수준(Suggested No-Adverse-Response Level, SNARL)

85 ──────── • Repetitive Learning [1회 2회 3회]

유해화학물질의 노출기준을 정하고 있는 기관과 노출기준 명칭의 연결이 맞는 것은?

① OSHA : REL
② AIHA : MAC
③ ACGIH : TLV
④ NIOSH : PEL

해설

• 미국산업안전보건청(OSHA)에서 정한 노출기준은 PEL이다.
• 미국산업위생학회(AIHA)에서 정한 노출기준은 WEEL이다.
• 미국국립산업안전보건연구원(NIOSH)에서 정한 노출기준은 REL이다.

❖ 국가 및 기관별 유해물질에 대한 허용기준 [실기] 1101/1702

국가	기관	노출기준
한국		화학물질 및 물리적 인자의 노출기준
미국	OSHA	PEL
	AIHA	WEEL
	ACGHI	TLV
	NIOSH	REL
영국	HSE	WEL
독일		TRGS

86 ──────── • Repetitive Learning [1회 2회 3회]

다음 중 핵산 하나를 탈락시키거나 첨가함으로써 돌연변이를 일으키는 물질은?

① 아세톤(Acetone)
② 아닐린(Aniline)
③ 아크리딘(Acridine)
④ 아세토니트릴(Acetonitrile)

해설

• 아크리딘은 핵산 하나를 탈락시키거나 첨가함으로써 돌연변이를 일으키는 물질로, 특정한 파장의 광선과 작용하여 광알러지성 피부염을 일으킬 수 있다.

❖ 아크리딘(Acridine)

• 안트라센(anthracene)으로부터 유래된 알칼로이드이다.
• 핵산 하나를 탈락시키거나 첨가함으로써 돌연변이를 일으키는 물질이다.
• 피부에 닿으면 피부염과 광독성을 유발시킨다.
• 특정한 파장의 광선과 작용하여 광알러지성 피부염을 일으킬 수 있다.

87 ──────── • Repetitive Learning [1회 2회 3회]

다음 중 생체 내에서 혈액과 화학작용을 일으켜서 질식을 일으키는 물질은?

① 수소
② 헬륨
③ 질소
④ 일산화탄소

해설

• 일산화탄소는 생체 내에서 혈액과 화학작용을 일으켜서 질식을 일으킨다.

❖ 일산화탄소

• 무색 무취의 기체로서 연료가 불완전연소 시 발생한다.
• 생체 내에서 혈액과 화학작용을 일으켜서 질식을 일으킨다.
• 혈색소와 친화도가 산소보다 강하여 COHb(카르복시헤모글로빈)를 형성하여 조직에서 산소공급을 억제하며, 혈 중 COHb의 농도가 높아지면 HbO_2의 해리작용을 방해하는 물질이다.
• 갱도의 광부들은 일산화탄소에 민감한 카나리아 새를 이용해 탄광에서의 중독현상을 예방했다.
• 중독 시 고압산소실에서 집중 치료가 필요하다.

88 ──────── • Repetitive Learning [1회 2회 3회]

다음 표와 같은 크롬중독을 스크린하는 검사법을 개발하였다면 이 검사법의 특이도는 얼마인가?

구분		크롬중독진단		합계
		양성	음성	
검사법	양성	15	9	24
	음성	9	21	30
합계		24	30	54

① 68%
② 69%
③ 70%
④ 71%

해설

• 실제 정상인 사람 30명 중 검사법에 의해 정상으로 판명된 경우는 21명이므로 민감도는 $\frac{21}{30}=0.7$이므로 70%가 된다.

❖ 검사법의 특이도(specificity)

• 실제 정상인 사람 중에서 새로운 진단방법이 정상이라고 판명한 사람의 비율을 말한다.
• 실제 정상인 사람은 중독진단에서 음성인 인원수이다.
• 새로운 검사법에 의해 정상인 사람은 새로운 검사법에 의해 음성인 인원수이다.

89 ──────● Repetitive Learning 1회 2회 3회

다음 중 수은중독에 관한 설명으로 틀린 것은?

① 수은은 주로 골 조직과 신경에 많이 축적된다.
② 무기수은염류는 호흡기나 경구적 어느 경로라도 흡수된다.
③ 수은중독의 특징적인 증상은 구내염, 근육진전 등이 있다.
④ 전리된 수은이온은 단백질을 침전시키고, thiol기(SH)를 가진 효소작용을 억제한다.

해설

• 수은은 소화관으로는 2~7% 정도의 소량으로 흡수되며, 금속 형태로는 뇌, 혈액, 심근에 많이 분포된다.

⚭ 수은(Hg)

ⓐ 개요
• 인간의 연금술, 의약품 등에 가장 오래 사용해 왔던 중금속의 하나로 17세기 유럽에서 신사용 중절모자를 만드는 사람들에게 처음으로 발견되어 hatter's shake라고 하며 근육경련을 유발하는 중금속이다.
• 단백질을 침전시키며 thiol(-SH)기를 가진 효소의 작용을 억제하여 독성을 나타낸다.
• 뇌홍의 제조에 사용하며, 증기를 발생하여 산업중독을 일으킨다.
• 수은은 상온에서 액체상태로 존재하는 금속이다.

ⓑ 분류
• 무기수은화합물은 대부분의 금속과 화합하여 아말감을 만든다.
• 무기수은화합물은 질산수은, 승홍, 뇌홍 등이 있으며, 유기수은화합물에는 페닐수은, 에틸수은 등이 있다.
• 유기수은 화합물로서는 아릴수은(무기수은) 화합물과 알킬수은 화합물이 있다.
• 메틸 및 에틸 등 알킬수은 화합물의 독성이 가장 강하다.

ⓒ 인체에 미치는 영향과 대책 **실기** 0401
• 소화관으로는 2~7% 정도의 소량으로 흡수되며, 금속 형태로는 뇌, 혈액, 심근에 많이 분포된다.
• 중독의 특징적인 증상은 근육진전, 정신증상이고, 만성노출 시 식욕부진, 신기능부전, 구내염이 발생한다.
• 급성중독 시 우유와 계란의 흰자를 먹여 단백질과 해당 물질을 결합시켜 침전시키거나, BAL(dimercaprol)을 체중 1kg당 5mg을 근육주사로 투여하여야 한다.

90 ──────● Repetitive Learning 1회 2회 3회

직업적으로 벤지딘(Benzidine)에 장기간 노출되었을 때 암이 발생될 수 있는 인체 부위로 가장 적절한 것은?

① 피부   ② 뇌
③ 폐   ④ 방광

해설

• 벤지딘은 염료, 합성고무경화제의 제조에 사용되며 급성중독으로 피부염, 급성방광염을 유발하며, 만성중독으로는 방광, 요로계 종양을 유발하는 유해물질이다.

⚭ 벤지딘(Benzidine)
• 염료, 합성고무 경화제의 제조에 사용되며 급성중독으로 피부염, 급성방광염을 유발하며, 만성중독으로는 방광, 요로계 종양을 유발하는 유해물질이다.
• 직업적으로 장기간 노출되었을 때 방광암이 발생될 수 있다.

91 ──────● Repetitive Learning 1회 2회 3회

다음 중 달걀 썩는 것 같은 심한 부패성 냄새가 나는 물질로, 노출 시 중추신경의 억제와 후각의 마비 증상을 유발하며, 치료를 위하여 100% O_2를 투여하는 등의 조치가 필요한 물질은?

① 암모니아   ② 포스겐
③ 오존   ④ 황화수소

해설

• 달걀 썩는 것 같은 심한 부패성 냄새가 나는 물질은 황이 포함된 물질이다.

⚭ 황화수소(H_2S)
• 황과 수소로 이루어진 화합물이다.
• 달걀 썩는 것 같은 심한 부패성 냄새가 나는 물질이다.
• 천연가스, 석유정제산업, 지하석탄광업 등을 통해서 노출되며, 노출 시 중추신경의 억제와 후각의 마비 증상을 유발하며, 치료를 위하여 100% O_2를 투여하는 등의 조치가 필요하다.

92 ──────● Repetitive Learning 1회 2회 3회

다음 중 ACGIH의 발암물질 구분 중 인체 발암성 미분류 물질 구분으로 알맞은 것은?

① A2   ② A3
③ A4   ④ A5

- A2는 인체 발암성 의심 물질을 말한다.
- A3은 동물 발암성 확인 및 인체 발암성은 모르는 물질을 말한다.
- A5는 인체 발암성 미의심 물질을 말한다.

:: 미국정부산업위생전문가협의회(ACGIH)의 발암물질 구분 실기 0802/ 0902/1402

Group A1	인체 발암성 확인 물질	인체에 대한 충분한 발암성 근거 있음
Group A2	인체 발암성 의심 물질	실험동물에 대한 발암성 근거는 충분하지만 사람에 대한 근거는 제한적임
Group A3	동물 발암성 확인 인체 발암성 모름	실험동물에 대한 발암성 입증되었으나 사람에 대한 연구에서 발암성 입증 못함
Group A4	인체 발암성 미분류 물질	인체 발암성 의심되지만 확실한 연구결과가 없음
Group A5	인체 발암성 미의심 물질	인체 발암물질이 아니라는 결론

0402 / 1203

93 ──────●Repetitive Learning 〔1회 2회 3회〕

다음 중 수은중독환자의 치료 방법으로 적합하지 않는 것은?

① Ca-EDTA 투여
② BAL(British Anti-Lewisite) 투여
③ N-acetyl-D-penicillamine 투여
④ 우유와 계란의 흰자를 먹인 후 위 세척

해설 ▶

- Ca-EDTA는 무기성 납으로 인한 중독 시 원활한 체내 배출을 위해 사용하는 배설촉진제로 수은중독의 치료와는 거리가 멀다.

:: 수은(Hg)
문제 89번의 유형별 핵심이론 :: 참조

1603

94 ──────●Repetitive Learning 〔1회 2회 3회〕

ACGIH에 의하여 구분된 입자상 물질의 명칭과 입경을 연결된 것으로 틀린 것은?

① 폐포성 입자상 물질─평균입경이 $1\mu m$
② 호흡성 입자상 물질─평균입경이 $4\mu m$
③ 흉곽성 입자상 물질─평균입경이 $10\mu m$
④ 흡입성 입자상 물질─평균입경이 $0 \sim 100\mu m$

- 입자상 물질은 크게 흡입성, 흉곽성, 호흡성으로 분류된다.

:: 입자상 물질의 분류 실기 0303/0402/0502/0701/0703/0802/1303/1402/ 1502/1601/1701/1802/1901/2202
문제 27번의 유형별 핵심이론 :: 참조

1401

95 ──────●Repetitive Learning 〔1회 2회 3회〕

다음 중 인체 순환기계에 대한 설명으로 틀린 것은?

① 인체의 각 구성세포에 영양소를 공급하며, 노폐물 등을 운반한다.
② 혈관계의 동맥은 심장에서 말초혈관으로 이동하는 원심성 혈관이다.
③ 림프관은 체내에서 들어온 감염성 미생물 및 이물질을 살균 또는 식균하는 역할을 한다.
④ 신체 방어에 필요한 혈액응고효소 등을 손상받은 부위로 수송한다.

해설 ▶

- ③은 림프절의 기능에 대한 설명이다.

:: 순환기계
㉠ 개요
- 인체의 각 구성세포에 영양소를 공급하며, 노폐물 등을 운반한다.
- 혈관계의 동맥은 심장에서 말초혈관으로 이동하는 원심성 혈관이다.
- 신체 방어에 필요한 혈액응고효소 등을 손상받은 부위로 수송한다.
- 림프계를 통해 체액을 되돌리고 질병을 방어하며, 흡수된 지방을 수송한다.
㉡ 림프계

| 림프관 | 온몸에 분포하며, 림프 체액을 배출하고 집합관을 통해 체액을 정맥계로의 순환을 통해 이물질을 제거한다. |
| 림프절 | 체내에서 들어온 감염성 미생물 및 이물질을 살균 또는 는 식균하는 역할을 한다. |

96 ──────●Repetitive Learning 〔1회 2회 3회〕

할로겐화 탄화수소에 속하는 삼염화에틸렌(trichloroethylene)은 호흡기를 통하여 흡수된다. 삼염화에틸렌의 대사산물은?

① 삼염화에탄올
② 메틸마뇨산
③ 사염화에틸렌
④ 페놀

해설
- 메틸마뇨산은 크실렌, 페놀은 벤젠의 대사산물이다.
- 사염화에틸렌은 드라이크리닝 등에 사용되는 물질로 인체에서 80% 이상 인체에서 대사되지 않으며, 일부만 삼염화탄올과 삼염화초산으로 대사되어 소변으로 배출된다.

※ 트리클로로에틸렌(trichloroethylene)
- 무색의 휘발성 용액으로 염화탄화수소의 한 종류로 삼염화에틸렌이라고 한다.
- 도금 사업장에서 금속표면의 탈지 및 세정용, 드라이클리닝, 접착제 등으로 사용된다.
- 간 및 신장장해를 유발시키는 유기용제이다.
- 대사산물은 삼염화에탄올이다.
- 급성 피부질환인 스티븐슨존슨 증후군을 유발한다.

1402 / 1701 / 2201

97 ──────● Repetitive Learning ⟮1회┊2회┊3회⟯

산업안전보건법령상 기타 분진의 산화규소 결정체 함유율과 노출기준으로 맞는 것은?

① 함유율 : 0.1% 이상, 노출기준 : $5mg/m^3$
② 함유율 : 0.1% 이상, 노출기준 : $10mg/m^3$
③ 함유율 : 1% 이상, 노출기준 : $5mg/m^3$
④ 함유율 : 1% 이하, 노출기준 : $10mg/m^3$

해설
- 기타분진 산화규소 결정체 1% 이하의 노출기준은 $10mg/m^3$ 이다.

※ 기타분진(산화규소 결정체)의 노출기준
- 함유율 1% 이하
- 노출기준 $10mg/m^3$
- 산화규소 결정체 0.1% 이상인 경우 발암성 1A

1003

98 ──────● Repetitive Learning ⟮1회┊2회┊3회⟯

다음 중 혈색소와 친화도가 산소보다 강하여 COHb를 형성하여 조직에서 산소공급을 억제하며, 혈 중 COHb의 농도가 높아지면 HbO_2의 해리작용을 방해하는 물질은?

① 일산화탄소
② 에탄올
③ 리도카인
④ 염소산염

해설
- 일산화탄소는 생체 내에서 혈액과 화학작용을 일으켜서 질식을 일으킨다.

※ 일산화탄소
문제 87번의 유형별 핵심이론 ※ 참조

1503

99 ──────● Repetitive Learning ⟮1회┊2회┊3회⟯

벤젠 노출근로자의 생물학적 모니터링을 위하여 소변시료를 확보하였다. 다음 중 분석해야 하는 대사산물로 맞는 것은?

① 마뇨산(Hippuric acid)
② t,t-뮤코닉산(t,t-Muconic acid)
③ 메틸마뇨산(Methylhippuric acid)
④ 트리클로로아세트산(Trichloroacetic acid)

해설
- ①은 톨루엔의 생체 내 대사산물이다.
- ③은 크실렌의 생체 내 대사산물이다.
- ④는 고분자 물질의 생화학 실험에 사용되는 화합물이다.

※ 유기용제별 생물학적 모니터링 대상(생체 내 대사산물) 실기 0803/

1403/2101

벤젠	소변 중 총 페놀 소변 중 t,t-뮤코닉산(t,t-Muconic acid)
에틸벤젠	소변 중 만델린산
스티렌	소변 중 만델린산
톨루엔	소변 중 마뇨산(hippuric acid), o-크레졸
크실렌	소변 중 메틸마뇨산
이황화탄소	소변 중 TTCA
메탄올	혈액 및 소변 중 메틸알코올
노말헥산	소변 중 헥산디온(2,5-hexanedione)
MBK (methyl-n-butyl ketone)	소변 중 헥산디온(2,5-hexanedione)
니트로벤젠	혈액 중 메타헤모글로빈
카드뮴	혈액 및 소변 중 카드뮴(저분자량 단백질)
납	혈액 및 소변 중 납(ZPP, FEP)
일산화탄소	혈액 중 카복시헤모글로빈, 호기 중 일산화탄소

---

100 ──────● Repetitive Learning ⟮1회┊2회┊3회⟯

직업성 천식의 발생기전과 관계가 없는 것은?

① Metallothionein
② 항원공여세포
③ IgE
④ Histamine

- Metallothionein은 혈당단백질로 중금속을 완충하는 단백질을 유도하여 중금속의 독성을 감소시키는 역할을 한다.

직업성 천식

- 작업환경에서 기도의 만성 염증성 질환인 기관지 천식이 발생한 것을 말한다.
- 작업장에서의 분진, 가스, 증기 혹은 연무 등에 노출되어 발생하는 기도의 가역적인 폐쇄를 보이는 질환이다.
- 알레르기 항원이 기도로 들어와 IgE를 생성한다. 항원과 결합된 항원전달세포가 림프절 내에 작용한다. 이때 비만세포로부터 Histamine, Leukotriene 등이 분비되어 기관지 수축이 일어난다.
- 원인물질에는 금속(백금, 니켈, 크롬, 알루미늄 등), 약제(항생제, 소화제 등), 생물학적 물질(털, 동물분비물, 목재분진, 곡물가루, 밀가루, 커피가루, 진드기 등), 화학물질(TDI, TMA, 반응성 아조염료 등) 등이 있다.

출제문제 분석 — 2020년 1·2회

구분	1과목	2과목	3과목	4과목	5과목	합계
New유형	3	4	4	2	1	14
New문제	11	13	10	6	4	44
또나온문제	4	3	5	6	6	24
자꾸나온문제	5	4	5	8	10	32
합계	20	20	20	20	20	100

- New유형은 New문제 중 기존 기출문제와 완전히 다른 유형의 문제를 말합니다.
- New문제는 기존에 출제되지 않은 문제로 이번에 처음 출제되는 문제입니다.
- 또나온문제는 기존에 출제된 적이 1번 있는 문제를 말합니다.
- 자꾸나온문제는 기존에 출제된 적이 2번 이상 있는 문제를 말합니다. 그만큼 중요한 문제입니다.

⌛ 몇 년분의 기출문제를 공부해야 합격할 수 있을까요?

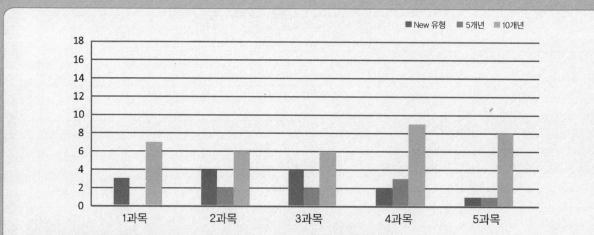

- 완전 새로운 유형의 문제는 14문제이고 86문제가 이미 출제된 문제 혹은 변형문제입니다.
- 5년분(2018~2022) 기출에서 동일문제가 8문항이 출제되었고, 10년분(2013~2022) 기출에서 동일문제가 36문항이 출제되었습니다.

📑 실기에 나왔어요!! 일타쌍피─사전체크!!

실기시험은 필답형으로 진행됩니다. 객관식의 필기와 달리 주관식인 관계로 아는 만큼 적을 수 있습니다. 최근 계산문제의 비중이 많이 감소하고 있지만 절반 정도의 이론 문제와 절반 정도의 계산문제가 출제된다고 보시면 됩니다. 계산문제의 경우 나오는 문제유형이 거의 정해져 있습니다. 필기 공부할 때 미리 실기에 나오는 내용을 체크하시고 그부분만큼은 잘 공부해 두신다면 당 회차 실기까지 한 번에 잡을 수 있습니다.
- 총 35개의 유형별 핵심이론이 실기시험과 연동되어 있습니다.

💡 분석의견

합격률이 51.7%로 평균을 훨씬 상회한 회차였습니다.

10년 기출을 학습할 경우 기출과 동일한 문제가 1,2,3과목에서 과락 점수 이하로 출제되었으며, 새로운 유형의 문제도 각각 3문제 이상 출제되어 다소 어렵게 여길만한 회차였지만 코로나로 인해 시험이 지연실시되면서 오랫동안 준비한 만큼 합격률은 비교적 높게 나온 회차였습니다.

10년분 기출문제와 유형별 핵심이론의 3회 정독이면 합격 가능한 것으로 판단됩니다.

2020년 제1·2회

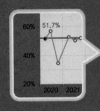

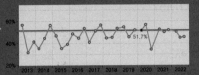

1과목 산업위생학개론

01

1503

Repetitive Learning (1회 2회 3회)

직업성 질환 발생의 요인을 직접적인 원인과 간접적인 원인으로 구분할 때 직접적인 원인에 해당되지 않는 것은?

① 물리적 환경요인

② 화학적 환경요인

③ 작업강도와 작업시간적 요인

④ 부자연스런 자세와 단순 반복 작업 등의 작업요인

해설

• ③은 간접적 요인에 해당한다.

• 직업성 질환 발생의 요인

ㄱ 직접적 원인

환경요인	• 물리적 요인 : 고열, 진동, 소음, 고기압 등 • 화학적 요인 : 이산화탄소, 일산화탄소, 수은, 납, 석면 등 • 생물학적 요인 : 각종 미생물
작업요인	• 인간공학적 요인 : 작업자세, 작업방법 등

ㄴ 간접적 원인

• 작업강도, 작업시간 등

02

Repetitive Learning (1회 2회 3회)

산업안전보건법령상 사무실 오염물질에 대한 관리기준으로 옳지 않은 것은?

① 라돈 : 148Bq/m^3 이하

② 일산화탄소 : 10ppm 이하

③ 이산화질소 : 0.1ppm 이하

④ 포름알데히드 : 500µg/m^3 이하

해설

• 포름알데히드의 관리기준은 100µg/m^3 이하이다.

• 사무실 오염물질 관리기준 [실기] 0901/1002/1502/1603/2201

미세먼지(PM10)	100µg/m^3
초미세먼지(PM2.5)	50µg/m^3
이산화탄소(CO_2)	1,000ppm
일산화탄소(CO)	10ppm
이산화질소(NO_2)	0.1ppm
포름알데히드(HCHO)	100µg/m^3
총휘발성유기화합물(TVOC)	500µg/m^3
라돈(radon)	148Bq/m^3
총부유세균	800CFU/m^3
곰팡이	500CFU/m^3

• 라돈은 지상 1층을 포함한 지하에 위치한 사무실에만 적용한다.

• 관리기준은 8시간 시간가중평균농도 기준이다.

03

1003 / 1501

Repetitive Learning (1회 2회 3회)

유해인자와 그로 인하여 발생되는 직업병이 올바르게 연결된 것은?

① 크롬－간암

② 이상기압－침수족

③ 망간－비중격천공

④ 석면－악성중피종

해설

• 크롬은 폐암, 이상기압은 폐수종, 망간은 신장염을 유발시킨다.

• 석면과 직업병

• 석면취급 작업장에 오래동안 근무한 근로자가 걸릴 수 있는 질병에는 석면폐증, 폐암, 늑막암, 위암, 악성중피종, 중피종암 등이 있다.

• 규폐증을 초래하는 유리규산(free silica)과 달리 석면(asbestos)은 악성중피종을 초래한다.

04

● Repetitive Learning [1회] [2회] [3회]

산업안전보건법령상 시간당 200~350kcal의 열량이 소요되는 작업을 매시간 50% 작업, 50% 휴식 시의 고온노출기준(WBGT)은?

① 26.7℃

② 28.0℃

③ 28.4℃

④ 29.4℃

해설

• 시간당 200~350kcal의 열량이 소요되는 작업은 중등작업이고, 매시간 50% 작업, 50% 휴식 시의 고온노출기준은 29.4℃에 해당한다.

❖ 고온의 노출기준

• 경작업은 200kcal까지의 열량이 소요되는 작업을 말하며, 앉아서 또는 서서 기계의 조정을 하기 위하여 손 또는 팔을 가볍게 쓰는 일 등을 말한다.

• 중등작업은 시간당 200~350kcal의 열량이 소요되는 작업을 말하며, 물체를 들거나 밀면서 걸어다니는 일 등을 말한다.

• 중작업은 시간당 350~500kcal의 열량이 소요되는 작업을 말하며, 곡괭이질 또는 삽질하는 일 등을 말한다.

단위 : ℃, WBGT

작업휴식시간비 \ 작업강도	경작업	중등작업	중작업
계속작업	30.0	26.7	25.0
매시간 75% 작업, 25% 휴식	30.6	28.0	25.9
매시간 50% 작업, 50% 휴식	31.4	29.4	27.9
매시간 25% 작업, 75% 휴식	32.2	31.1	30.0

05

● Repetitive Learning [1회] [2회] [3회]

근골격계 부담작업으로 인한 건강장해 예방을 위한 조치 항목으로 옳지 않은 것은?

① 근골격계 질환 예방관리 프로그램을 작성·시행 할 경우에는 노사협의를 거쳐야 한다.

② 근골격계 질환 예방관리 프로그램에는 유해요인조사, 작업환경개선, 교육·훈련 및 평가 등이 포함되어 있다.

③ 사업주는 25kg 이상의 중량물을 들어 올리는 작업에 대하여 중량과 무게중심에 대하여 안내표시를 하여야 한다.

④ 근골격계 부담작업에 해당하는 새로운 작업·설비 등을 도입한 경우, 지체 없이 유해요인조사를 실시하여야 한다.

해설

• ③의 내용은 25kg 이상의 중량물이 아니라 5kg 이상의 중량물을 들어올리는 작업에서 표시해야 할 내용이다.

❖ 5킬로그램 이상의 중량물을 들어올리는 작업에서 중량의 표시

• 주로 취급하는 물품에 대하여 근로자가 쉽게 알 수 있도록 물품의 중량과 무게중심에 대하여 작업장 주변에 안내표시를 할 것

• 취급하기 곤란한 물품은 손잡이를 붙이거나 갈고리, 진공빨판 등 적절한 보조도구를 활용할 것

06

0902

● Repetitive Learning [1회] [2회] [3회]

연평균 근로자수가 5,000명인 A사업장에서 1년 동안에 125건의 재해로 인하여 250명의 사상자가 발생하였다면 이 사업장의 연천인율은 얼마인가?(단, 이 사업장의 근로자 1인당 연간 근로시간은 2400시간이다)

① 25

② 50

③ 100

④ 200

해설

• 주어진 값을 대입하면 $\frac{250}{5,000} \times 1,000 = 50$이다.

❖ 연천인율 [실기] 0503/0602

• 1년간 평균근로자 1,000명당의 재해발생자수를 의미한다.

• 연천인율 $= \frac{\text{연간 재해자수}}{\text{연평균 근로자수}} \times 1,000$으로 구한다.

• 근로자 1명이 연평균 2,400시간을 일한다는 것을 가정할 때 연천인율은 도수율×2.4로도 구할 수 있다.

07

0803 / 1501

● Repetitive Learning [1회] [2회] [3회]

영국의 외과의사 Pott에 의하여 최초로 발견된 직업성 암은?

① 음낭암

② 비암

③ 폐암

④ 간암

해설

• Pott는 최초의 직업성 암인 음낭암의 원인이 검댕(Soot) 속의 다환방향족 탄화수소에 의해 발생되었음을 보고하였다.

❖ Percivall Pott

• 18세기 영국의 외과의사로 굴뚝청소부들의 직업병인 음낭암이 검댕(Soot) 속의 다환방향족 탄화수소에 의해 발생되었음을 보고하였다.

• 최초의 직업성 암에 대한 원인을 분석하였다.

• 1788년에 굴뚝 청소부법이 통과되도록 노력하였다.

08
● Repetitive Learning 1회 2회 3회

산업피로(Industrial fatigue)에 관한 설명으로 옳지 않은 것은?

① 산업피로의 유발원인으로는 작업부하, 작업환경조건, 생활조건 등이 있다.

② 작업과정 사이에 짧은 휴식보다 장시간의 휴식시간을 삽입하여 산업피로를 경감시킨다.

③ 산업피로의 검사방법은 한 가지 방법으로 판정하기는 어려우므로 여러 가지 검사를 종합하여 결정한다.

④ 산업피로란 일반적으로 작업현장에서 고단하다는 주관적인 느낌이 있으면서, 작업능률이 떨어지고, 생체기능의 변화를 가져오는 현상이라고 정의할 수 있다.

해설

• 작업과정 사이에 짧은 휴식이 장시간의 휴식 보다 산업피로를 경감시킨다.

∷ 피로와 산업피로

㉠ 피로
  • 피로는 고단하다는 주관적인 느낌이라 할 수 있다.
  • 정신적 피로와 육체적 피로는 보통 구별하기 어렵다.

㉡ 산업피로 **실기** 1402
  • 질병이 아닌 가역적 생체변화이다.
  • 건강장해에 대한 경고반응이라고 할 수 있다.
  • 육체적, 정신적 그리고 신경적인 노동부하에 반응하는 생체의 태도이다.
  • 생산성의 저하뿐만 아니라 재해 및 질병의 원인이 된다.
  • 유발원인으로는 작업부하, 작업환경조건, 생활조건 등이 있다.
  • 작업과정 사이에 짧은 휴식이 장시간의 휴식 보다 산업피로를 경감시킨다.

09
● Repetitive Learning 1회 2회 3회

산업안전보건법령상 보건관리자의 업무가 아닌 것은?(단, 그 밖에 작업관리 및 작업환경관리에 관한 사항은 제외한다)

① 물질안전보건자료의 게시 또는 비치에 관한 보좌 및 지도 · 조언

② 보건교육계획의 수립 및 보건교육 실시에 관한 보좌 및 지도 · 조언

③ 안전인증대상기계 등 보건과 관련된 보호구의 점검, 지도, 유지에 관한 보좌 및 지도 · 조언

④ 전체 환기장치 등에 관한 설비의 점검과 작업방법의 공학적 개선에 관한 보좌 및 지도 · 조언

해설

• 보건관리자는 보건관련 보호구의 구입 시 적격품 선정에 관한 보좌 및 지도 · 조언을 한다.

∷ 보건관리자의 업무 **실기** 1402/2202
  • 산업안전보건위원회 또는 노사협의체에서 심의 · 의결한 업무와 안전보건관리규정 및 취업규칙에서 정한 업무
  • 안전인증대상기계등과 자율안전확인대상기계등 중 보건과 관련된 보호구(保護具) 구입 시 적격품 선정에 관한 보좌 및 지도 · 조언
  • 위험성 평가에 관한 보좌 및 지도 · 조언
  • 물질안전보건자료의 게시 또는 비치에 관한 보좌 및 지도 · 조언
  • 산업보건의의 직무(보건관리자가 의사인 경우)
  • 해당 사업장 보건교육계획의 수립 및 보건교육 실시에 관한 보좌 및 지도 · 조언
  • 해당 사업장의 근로자를 보호하기 위한 의료행위(보건관리자가 의사 및 간호사인 경우로 한정한다)

  > • 자주 발생하는 가벼운 부상에 대한 치료
  > • 응급처치가 필요한 사람에 대한 처치
  > • 부상 · 질병의 악화를 방지하기 위한 처치
  > • 건강진단 결과 발견된 질병자의 요양 지도 및 관리
  > • 가목부터 라목까지의 의료행위에 따르는 의약품의 투여

  • 작업장 내에서 사용되는 전체 환기장치 및 국소 배기장치 등에 관한 설비의 점검과 작업방법의 공학적 개선에 관한 보좌 및 지도 · 조언
  • 사업장 순회점검, 지도 및 조치 건의
  • 산업재해 발생의 원인 조사 · 분석 및 재발 방지를 위한 기술적 보좌 및 지도 · 조언
  • 산업재해에 관한 통계의 유지 · 관리 · 분석을 위한 보좌 및 지도 · 조언
  • 법 또는 법에 따른 명령으로 정한 보건에 관한 사항의 이행에 관한 보좌 및 지도 · 조언
  • 업무 수행 내용의 기록 · 유지
  • 그 밖에 보건과 관련된 작업관리 및 작업환경관리에 관한 사항으로서 고용노동부장관이 정하는 사항

10
● Repetitive Learning 1회 2회 3회

작업자세는 피로 또는 작업 능률과 밀접한 관계가 있는데, 바람직한 작업자세의 조건으로 보기 어려운 것은?

① 정적 작업을 도모한다.

② 작업에 주로 사용하는 팔은 심장높이에 두도록 한다.

③ 작업물체와 눈과의 거리는 명시거리로 30cm 정도를 유지토록 한다.

④ 근육을 지속적으로 수축시키기 때문에 불안정한 자세는 피하도록 한다.

11 ● Repetitive Learning (1회 2회 3회)

지능검사, 기능검사, 인성검사는 직업 적성검사 중 어느 검사항목에 해당되는가?

① 감각적 기능검사
② 생리적 적성검사
③ 신체적 적성검사
④ 심리적 적성검사

12 ● Repetitive Learning (1회 2회 3회)

산업안전보건법령상 사무실 공기의 시료채취 방법이 잘못 연결된 것은?

① 일산화탄소 – 전기화학검출기에 의한 채취
② 이산화질소 – 캐니스터(canister)를 이용한 채취
③ 이산화탄소 – 비분산적외선검출기에 의한 채취
④ 총부유세균 – 충돌법을 이용한 부유세균채취기로 채취

13 ● Repetitive Learning (1회 2회 3회)

재해예방의 4원칙에 대한 설명으로 옳지 않은 것은?

① 재해발생에는 반드시 그 원인이 있다.
② 재해가 발생하면 반드시 손실도 발생한다.
③ 재해는 원인 제거를 통하여 예방이 가능하다.
④ 재해예방을 위한 가능한 안전대책은 반드시 존재한다.

14 ● Repetitive Learning (1회 2회 3회)

산업위생 활동 중 유해인자의 양적, 질적인 정도가 근로자들의 건강에 어떤 영향을 미칠 것인지 판단하는 의사결정단계는?

① 인지
② 예측
③ 측정
④ 평가

- 각종 노출기준과 측정값을 비교해서 의사결정을 하는 단계는 평가 단계이다.

산업위생 활동

예측	작업환경이나 새로운 작업조건이 근로자에게 미치는 영향을 예측하는 단계로 산업위생활동의 첫 번째 단계
인지	현존하거나 잠재된 유해인자를 파악하는 단계
측정	작업환경 등을 정성적, 정량적으로 계측하는 단계
평가	유해인자의 양적, 질적인 정도가 근로자들의 건강에 어떤 영향을 미칠 것인지 판단하는 의사결정단계
관리	유해인자로부터 근로자를 보호하는 모든 수단을 활용

15 ●━━━━ Repetitive Learning (1회 2회 3회)

작업환경측정기관이 작업환경측정을 한 경우 결과를 시료 채취를 마친 날부터 며칠 이내에 관할 지방고용노동관서의 장에게 제출하여야 하는가?(단, 제출기간의 연장은 고려하지 않는다)

① 30일 ② 60일
③ 90일 ④ 120일

- 작업환경측정기관이 작업환경측정을 한 경우에는 시료채취를 마친 날부터 30일 이내에 작업환경측정 결과표를 전자적 방법으로 지방고용노동관서의 장에게 제출해야 한다.

작업환경측정 결과의 보고

- 사업주는 작업환경측정을 한 경우에는 작업환경측정 결과보고서에 작업환경측정 결과표를 첨부하여 시료채취를 마친 날부터 30일 이내에 관할 지방고용노동관서의 장에게 제출해야 한다. 다만, 시료분석 및 평가에 상당한 시간이 걸려 시료채취를 마친 날부터 30일 이내에 보고하는 것이 어려운 사업장의 사업주는 고용노동부장관이 정하여 고시하는 바에 따라 그 사실을 증명하여 관할 지방고용노동관서의 장에게 신고하면 30일의 범위에서 제출기간을 연장할 수 있다.
- 작업환경측정기관이 작업환경측정을 한 경우에는 시료채취를 마친 날부터 30일 이내에 작업환경측정 결과표를 전자적 방법으로 지방고용노동관서의 장에게 제출해야 한다.
- 사업주는 작업환경측정 결과 노출기준을 초과한 작업공정이 있는 경우에는 해당 시설·설비의 설치·개선 또는 건강진단의 실시 등 적절한 조치를 하고 시료채취를 마친 날부터 60일 이내에 해당 작업공정의 개선을 증명할 수 있는 서류 또는 개선계획을 관할 지방고용노동관서의 장에게 제출해야 한다.
- 작업환경측정 결과의 보고내용, 방식 및 절차에 관한 사항은 고용노동부장관이 정하여 고시한다.

16 ●━━━━ Repetitive Learning (1회 2회 3회)

인간공학에서 고려해야 할 인간의 특성과 가장 거리가 먼 것은?

① 인간의 습성
② 신체의 크기와 작업환경
③ 기술, 집단에 대한 적응능력
④ 인간의 독립성 및 감정적 조화성

- 인간공학이란 인간이 사용하는 물건, 설비, 환경의 설계에 인간의 생리적, 심리적인 면에서의 특성이나 한계점을 고려함으로써 인간-기계 시스템의 안전성과 편리성, 효율성을 높이는 학문 분야이다.

인간공학(Ergonomics)
  ㉠ 개요
  - "Ergon(작업)+nomos(법칙)+ics(학문)"이 조합된 단어로 Human factors, Human engineering이라고도 한다.
  - 인간의 특성과 한계 능력을 공학적으로 분석, 평가하여 이를 복잡한 체계의 설계에 응용함으로써 효율을 최대로 활용할 수 있도록 하는 학문 분야이다.
  - 인간이 사용하는 물건, 설비, 환경의 설계에 인간의 생리적, 심리적인 면에서의 특성이나 한계점을 고려함으로써 인간-기계 시스템의 안전성과 편리성, 효율성을 높이는 학문 분야이다.
  ㉡ 인간공학에서 고려할 인간의 특성
  - 인간의 습성
  - 인간의 감각과 지각
  - 인간의 운동과 근력
  - 신체의 크기와 작업환경
  - 기술, 집단에 대한 적응능력

17 ●━━━━ Repetitive Learning (1회 2회 3회)

물체 무게가 2kg, 권고중량한계가 4kg일 때 NIOSH의 중량물 취급지수(LI, Lifting Index)는?

① 0.5 ② 1
③ 2 ④ 4

- LI=2kg/4kg=0.5가 된다.

NIOSH에서 정한 중량물 들기작업지수(Lifting index, LI)
- 물체무게[kg]/RWL[kg]로 구한다.
- 취급하는 중량물의 중량이 RWL의 몇배인지를 나타낸다.
- LI가 작을수록 좋고, 1보다 크면 요통 발생이 있다.

18

산업안전보건법령상 유해위험방지계획서의 제출 대상이 되는 사업이 아닌 것은?(단, 모두 전기 계약용량이 300킬로와트 이상이다)

① 항만운송사업
② 반도체 제조업
③ 식료품 제조업
④ 전자부품 제조업

해설

• 항만운송사업은 유해위험방지계획서의 제출대상 사업에 해당하지 않는다.

❖ 유해위험방지계획서의 제출대상 사업

전기 계약용량이 300킬로와트 이상인 경우	• 금속가공제품 제조업; 기계 및 가구 제외 • 비금속 광물제품 제조업 • 기타 기계 및 장비 제조업 • 자동차 및 트레일러 제조업 • 식료품 제조업 • 고무제품 및 플라스틱제품 제조업 • 목재 및 나무제품 제조업 • 기타 제품 제조업 • 1차 금속 제조업 • 가구 제조업 • 화학물질 및 화학제품 제조업 • 반도체 제조업 • 전자부품 제조업

19

0603 / 0903 / 1102 / 1402

산업위생전문가의 윤리강령 중 "전문가로서의 책임"과 가장 거리가 먼 것은 무엇인가?

① 기업체의 기밀은 누설하지 않는다.
② 과학적 방법의 적용과 자료의 해석에서 객관성을 유지한다.
③ 근로자, 사회 및 전문 직종의 이익을 위해 과학적 지식은 공개하거나 발표하지 않는다.
④ 전문적 판단이 타협에 의하여 좌우될 수 있는 상황에는 개입하지 않는다.

해설

• 산업위생전문가는 전문가로서의 책임에 있어서 근로자, 사회 및 전문 직종의 이익을 위해 과학적 지식을 공개하고 발표하여야 한다.

❖ 산업위생전문가의 윤리강령 중 산업위생전문가로서의 책임
• 산업위생 활동을 통해 얻은 개인 및 기업의 정보는 누설하지 않는다.

• 전문적 판단이 타협에 의하여 좌우될 수 있거나 이해관계가 있는 상황에는 개입하지 않는다.
• 쾌적한 작업환경을 만들기 위해 산업위생이론을 적용하고 책임 있게 행동한다.
• 성실성과 학문적 실력 면에서 최고 수준을 유지한다.
• 과학적 방법의 적용과 자료의 해석에 객관성을 유지한다.
• 전문분야로서의 산업위생을 학문적으로 발전시킨다.
• 근로자, 사회 및 전문 직종의 이익을 위해 과학적 지식을 공개하고 발표한다.

20

근로자에 있어서 약한 손(왼손잡이의 경우 오른손)의 힘은 평균 45kp라고 한다. 이 근로자가 무게 18kg인 박스를 두 손으로 들어 올리는 작업을 할 경우의 작업강도(%MS)는?

① 15%
② 20%
③ 25%
④ 30%

해설

• RF는 18kg, 약한 한쪽의 최대힘 MS가 45kg이므로 두 손은 90kg에 해당하므로 $\%MS = \dfrac{18}{90} \times 100 = 20\%$이다.

❖ 작업강도(%MS) 실기 0502
• 근로자가 가지는 최대 힘(MS)에 대한 작업이 요구하는 힘(RF)을 백분율로 표시하는 값이다.
• $\dfrac{RF}{MS} \times 100$으로 구한다. 이때 RF는 작업이 요구하는 힘, MS는 근로자가 가지고 있는 약한 손의 최대힘이다.
• 15% 미만이며 국소피로로 오지 않으며, 30% 이상일 때 불쾌감이 생기면서 국소피로를 야기한다.
• 적정작업시간(초)은 $671{,}120 \times \%MS^{-2.222}$[초]로 구한다.

2과목   작업위생측정 및 평가

21

시료채취기를 근로자에게 착용시켜 가스 · 증기 · 미스트 · 흄 또는 분진 등을 호흡기 위치에서 채취하는 것을 무엇이라고 하는가?

① 지역시료채취
② 개인시료채취
③ 작업 시료채취
④ 노출 시료채취

- 산업안전보건법에서 시료채취는 채취대상에 따라 개인시료채취와 지역시료채취로 구분한다.
- 지역시료채취란 시료채취기를 이용하여 가스 · 증기 · 분진 · 흄(fume) · 미스트(mist) 등을 근로자의 작업행동 범위에서 호흡기 높이에 고정하여 채취하는 것을 말한다.

:: 개인시료채취 **실기** 0802/1201/2202
- 개인시료채취기를 이용하여 가스 · 증기 · 분진 · 흄(fume) · 미스트(mist) 등을 근로자의 호흡위치(호흡기를 중심으로 반경 30㎝인 반구)에서 채취하는 것을 말한다.
- 단위작업장소에서 최고 노출근로자 2명 이상에 대하여 동시에 개인시료채취 방법으로 측정하되, 단위작업장소에 근로자가 1명인 경우에는 그러하지 아니하며, 동일 작업근로자수가 10명을 초과하는 경우에는 매 5명당 1명 이상 추가하여 측정하여야 한다. 다만, 동일 작업근로자수가 100명을 초과하는 경우에는 최대 시료채취 근로자수를 20명으로 조정할 수 있다.

22 ───── ● Repetitive Learning [1회] [2회] [3회]

Low Volume Air Sampler로 작업장 내 시료를 측정한 결과 2.55mg/m^3이고, 상대농도계로 10분간 측정한 결과 155이고, dark count가 6일 때 질량농도의 변환계수는?

① 0.27　　　　　　　　② 0.36
③ 0.64　　　　　　　　④ 0.85

- 주어진 값을 대입하면 질량농도 변환계수는

$$\frac{2.55}{\left(\frac{155}{10}\right)-6}=\frac{2.55}{9.5}=0.2684\cdots \text{가 된다.}$$

:: 질량농도 변환계수
- 중량분석 실측치, Digital counter의 분당측정치, dark count 수치가 주어질 경우 질량농도 변환계수를 구할 수 있다.
- 질량농도 변환계수는

$$\frac{중량분석\ 실측치}{Digital\ counter\ 분당측정치-dark\ count\ 수치}\text{로 구한다.}$$

23 ───── ● Repetitive Learning [1회] [2회] [3회]

소음작업장에서 두 기계 각각의 음압레벨이 90dB로 동일하게 나타났다면 두 기계가 모두 가동되는 이 작업장의 음압레벨(dB)은?(단, 기타 조건은 같다)

① 93　　　　　　　　② 95
③ 97　　　　　　　　④ 99

- 합성소음은 $10\log(10^{9.0}+10^{9.0})=10\times9.301=93.01$이 된다.

:: 합성소음 **실기** 0401/0801/0901/1403/1602
- 동일한 공간 내에서 2개 이상의 소음원에 대한 소음이 발생할 때 전체 소음의 크기를 말한다.
- 합성소음[dB(A)]$=10\log(10^{\frac{SPL_1}{10}}+\cdots+10^{\frac{SPL_i}{10}})$으로 구할 수 있다.
  이때, $SPL_1, \cdots, SPL_i$는 개별 소음도를 의미한다.

24 ───── ● Repetitive Learning [1회] [2회] [3회]

공장 내 지면에 설치된 한 기계로부터 10m 떨어진 지점의 소음이 70dB(A)일 때, 기계의 소음이 50dB(A)로 들리는 지점은 기계에서 몇 m 떨어진 곳인가?(단, 점음원을 기준으로 하고, 기타 조건은 고려하지 않는다)

① 50　　　　　　　　② 100
③ 200　　　　　　　　④ 400

- $dB_2=dB_1-20\log\left(\frac{d_2}{d_1}\right)$에서 $dB_1=70$, $d_1=10$, $dB_2=50$일 때의 d_2를 구하는 문제이다.
- 대입하면 $50=70-20\log\left(\frac{x}{10}\right)$이고, 정리하면 $\log\left(\frac{x}{10}\right)=1$이 되는 x는 100이 되어야 한다.

:: 음압수준 **실기** 1101
- 음압(Sound pressure)은 물리적으로 측정한 음의 크기를 말한다.
- 소음원으로부터 d_1만큼 떨어진 위치에서 음압수준이 dB_1일 경우 d_2만큼 떨어진 위치에서의 음압수준 $dB_2=dB_1-20\log\left(\frac{d_2}{d_1}\right)$로 구한다.
- 소음원으로부터 거리와 음압수준은 역비례한다.

25 ───── ● Repetitive Learning [1회] [2회] [3회]

작업환경측정 및 정도관리 등에 관한 고시상 원자흡광광도법(AAS)으로 분석할 수 있는 유해인자가 아닌 것은?

① 코발트　　　　　　　　② 구리
③ 산화철　　　　　　　　④ 카드뮴

- 코발트는 10개의 원자흡광도법(AAS)로 분석할 수 있는 유해인자에 포함되지 않는다.

** 원자흡광도법(AAS)로 분석할 수 있는 유해인자

- 구리
- 납
- 니켈
- 크롬
- 망간
- 산화마그네슘
- 산화아연
- 산화철
- 수산화나트륨
- 카드뮴

- TLV는 사업장의 유해조건을 평가하고 개선하는 지침으로 사용된다.

** 미국정부산업위생전문가협의회(ACGIH) 실기 0301/1602

- American Conference of Governmental Industrial Hygienists
- 매년 "화학물질과 물리적 인자에 대한 노출기준 및 생물학적 노출지수"를 발간하여 노출기준 제정에 있어서 국제적으로 선구적인 역할을 담당하고 있는 기관이다.
- 유해화학물질 노출기준으로 TLV, 생물학적 노출기준으로 BEI를 정한 기관이다.

26

1702

● Repetitive Learning (1회 2회 3회)

대푯값에 대한 설명 중 틀린 것은?

① 측정값 중 빈도가 가장 많은 수가 최빈값이다.
② 가중평균은 빈도를 가중치로 택하여 평균값을 계산한다.
③ 중앙값은 측정값을 모두 나열하였을 때 중앙에 위치하는 측정값이다.
④ 기하평균은 n개의 측정값이 있을 때 이들의 합을 개수로 나눈 값으로 산업위생분야에서 많이 사용한다.

- 기하평균은 주어진 n개의 값들을 곱해서 나온 값의 n제곱근이다.

** 대푯값의 종류

산술평균	주어진 값을 모두 더한 후 그 개수로 나눈 값
기하평균	주어진 n개의 값들을 곱해서 나온 값의 n제곱근
가중평균	가중값을 반영하여 구한 평균
중앙값	주어진 데이터들을 순서대로 정렬하였을 때 가장 가운데 위치한 값
최빈값	가장 자주 발생한 값

27

● Repetitive Learning (1회 2회 3회)

허용농도(TLV) 적용상 주의할 사항으로 틀린 것은?

① 대기오염평가 및 관리에 적용될 수 없다.
② 기존의 질병이나 육체적 조건을 판단하기 위한 척도로 사용될 수 없다.
③ 사업장의 유해조건을 평가하고 개선하는 지침으로 사용될 수 없다.
④ 안전농도와 위험농도를 정확히 구분하는 경계선이 아니다.

28

1403 / 1801

● Repetitive Learning (1회 2회 3회)

금속도장 작업장의 공기 중에 혼합된 기체의 농도와 TLV가 다음 표와 같을 때, 이 작업장의 노출지수(EI)는 얼마인가? (단, 상가작용 기준이며 농도 및 TLV의 단위는ppm이다)

기체명	기체의 농도	TLV
Toluene	55	100
MIBK	25	50
Acetone	280	750
MEK	90	200

① 1.573
② 1.673
③ 1.773
④ 1.873

- 이 혼합물의 노출지수를 구해보면

$$\frac{55}{100} + \frac{25}{50} + \frac{280}{750} + \frac{90}{200} = 1.873$$이므로 노출기준을 초과하였다.

** 혼합물의 노출지수와 농도 실기 0303/0403/0501/0703/0801/0802/0901/0903/1002/1203/1303/1402/1503/1601/1701/1703/1801/1803/1901/2001/2004/2101/2102/2103

- 화학물질이 2종 이상 혼재하는 경우에 혼재하는 물질 간에 유해성이 인체의 서로 다른 부위에 작용한다는 증거가 없는 한 유해작용은 가중되므로 노출기준은 $\frac{C_1}{T_1} + \frac{C_2}{T_2} + \cdots + \frac{C_n}{T_n}$으로 산출하되, 산출되는 수치(노출지수)가 1을 초과하지 아니하는 것으로 한다. 이때 C는 화학물질 각각의 측정치이고, T는 화학물질 각각의 노출기준이다.
- 노출지수가 구해지면 해당 혼합물의 농도는 $\frac{C_1 + C_2 + \cdots + C_n}{노출지수}$[ppm]으로 구할 수 있다.

29 ———————• Repetitive Learning (1회 2회 3회)

소음 측정을 위한 소음계(Sound level meter)는 주파수에 따른 사람의 느낌을 감안하여 세 가지 특성 즉 A, B 및 C 특성에서 음압을 측정 할 수 있다. 다음 내용에서 A, B 및 C 특성에서 음압을 측정 할 수 있다. 다음 내용에서 A, B 및 C 특성에 대한 설명이 바르게 된 것은?

① A 특성 보정치는 4,000Hz 수준에서 가장 크다.

② B 특성 보정치와 C 특성 보정치는 각각 70phon과 40phon의 등감곡선과 비슷하게 보정하여 측정한 값이다.

③ B 특성 보정치(dB)는 2,000Hz에서 값이 0이다.

④ A 특성 보정치(dB)는 1,000Hz에서 값이 0이다.

> **해설**
> • A 특성 보정치는 저주파에서 가장 크다.
> • B 특성치와 C 특성치는 각각 70phon과 100phon의 등감곡선과 비슷하게 보정하여 측정한 값을 말한다.
> • B 특성 보정치(dB)는 1,000Hz에서 값이 0이다.
>
> ✸ 소음계의 A, B, C 특성
> • A 특성치란 대략 40phon의 등감곡선과 비슷하게 주파수에 따른 반응을 보정하여 측정한 음압 수준을 말한다.
> • B 특성치와 C 특성치는 각각 70phon과 100phon의 등감곡선과 비슷하게 보정하여 측정한 값을 말한다.
> • 일반적으로 소음계는 A, B, C 특성에서 음압을 측정할 수 있도록 보정되어 있으며 모든 주파수의 음압수준을 보정 없이 그대로 측정할 수도 있다. 즉, 세 값이 일치하는 주파수는 1,000Hz로 이때의 각 특성 보정치는 0이다.
> • A 특성치보다 C 특성치가 많이 크면 저주파 성분이 많고, A 특성치와 C 특성치가 같으면 고주파 성분이 많다.

0803

30 ———————• Repetitive Learning (1회 2회 3회)

불꽃방식 원자흡광도계가 갖는 특징으로 틀린 것은?

① 분석시간이 흑연으로 장치에 비하여 적게 소요된다.

② 혈액이나 소변 등 생물학적 시료의 유해금속 분석에 주로 많이 사용된다.

③ 일반적으로 흑연로 장치나 유도결합플라스마−원자발광 분석기에 비하여 저렴하다.

④ 용질이 고농도로 용해되어 있는 경우 버너의 슬롯을 막을 수 있으며 점성이 큰 용액이 분무가 어려워 분무 구멍을 막아버릴 수 있다.

> **해설**
> • ②는 전기가열(비불꽃)방식 원자흡광광도계에 대한 설명이다.
>
> ✸ 불꽃방식 원자흡광광도계의 장·단점
>
> | | |
> |---|---|
> | 장점 | • 조작이 쉽고 간편하다.
• 분석시간이 흑연로 장치에 비하여 적게 소요된다.
• 정밀도가 높다.
• 일반적으로 흑연로 장치나 유도결합플라스마−원자발광 분석기에 비하여 저렴하다. |
> | 단점 | • 감도가 제한되기 때문에 저농도에서 사용이 곤란하다.
• 시료의 양이 많이 필요하다.
• 고체 시료의 경우 전처리에 의하여 매트릭스를 제거해야 한다. |

31 ———————• Repetitive Learning (1회 2회 3회)

작업환경측정결과를 통계처리시 고려해야 할 사항으로 적절하지 않은 것은?

① 대표성   ② 불변성

③ 통계적 평가   ④ 2차 정규분포 여부

> **해설**
> • 작업환경측정결과를 통계처리시 고려해야 할 사항에는 대표성, 불변성, 통계적 평가가 있다.
>
> ✸ 작업환경측정결과를 통계처리시 고려해야 할 사항
> • 대표성
> • 불변성
> • 통계적 평가

32 ———————• Repetitive Learning (1회 2회 3회)

다음 중 고열 측정기기 및 측정방법 등에 관한 내용으로 틀린 것은?

① 고열은 습구흑구온도지수를 측정할 수 있는 기기 또는 이와 동등 이상의 성능을 가진 기기를 사용한다.

② 고열을 측정하는 경우 측정기 제조자가 지정한 방법과 시간을 준수하여 사용한다.

③ 고열작업에 대한 측정은 1일 작업시간 중 최대로 고열에 노출되고 있는 1시간을 30분 간격으로 연속하여 측정한다.

④ 측정기의 위치는 바닥 면으로부터 50cm이상, 150cm 이하의 위치에서 측정한다.

- 고열의 측정방법은 측정기를 설치한 후 충분히 안정화 시킨 상태에서 1일 작업시간 중 가장 높은 고열에 노출되는 1시간을 10분 간격으로 연속하여 측정한다.

🔖 고열의 측정방법 **실기** 1003

- 측정은 단위작업장소에서 측정대상이 되는 근로자의 주 작업위치에서 측정한다.
- 측정기의 위치는 바닥 면으로부터 50센티미터 이상, 150센티미터 이하의 위치에서 측정한다.
- 측정기를 설치한 후 충분히 안정화 시킨 상태에서 1일 작업시간 중 가장 높은 고열에 노출되는 1시간을 10분 간격으로 연속하여 측정한다.

1701

33 ─────── • Repetitive Learning [1회] [2회] [3회]

1N-HCl 500mL를 만들기 위해 필요한 진한 염산의 부피(mL)는?(단, 진한 염산의 물성은 비중 1.18, 함량 35%이다)

① 약 18   ② 약 36
③ 약 44   ④ 약 66

해설

- HCl의 당량은 1eq/mol이므로 몰농도와 노르말농도가 같은 값이다.
- 1몰 HCl 용액 1L에 포함된 HCl의 양은 36.5g이므로 500ml에는 18.25g이 필요하다.
- 1N-HCl 500mL에서 진한염산의 함량이 35%이므로 진한염산은 18.25/0.35=52.14g이 필요하다.
- 비중이 주어졌으므로 부피=질량/비중에 대입하면 52.14/1.18=44.2mL가 필요하다.

🔖 몰농도

- 1L의 용액에 포함된 용질의 몰수를 말한다.
- 몰농도 = $\dfrac{\text{용질의 몰수}}{\text{용액의 부피(L)}}$ 로 구한다.

---

34 ─────── • Repetitive Learning [1회] [2회] [3회]

작업자가 유해물질에 노출된 정도를 표준화하기 위한 계산식으로 옳은 것은?(단, 고용노동부 고시를 기준으로 하며, C는 유해물질의 농도, T는 노출시간을 의미한다)

① $\dfrac{\sum_{n=1}^{m}(C_n \times T_n)}{8}$

② $\dfrac{8}{\sum_{n=1}^{m}(C_n) \times T_n}$

③ $\dfrac{\sum_{n=1}^{m}(C_n) \times T_n}{8}$

④ $\dfrac{\sum_{n=1}^{m}(C_n) + T_n}{8}$

해설

- 시간가중평균값은 1일 8시간 작업을 기준으로 한 평균노출농도이다.

🔖 시간가중평균값(TWA, Time-Weighted Average) **실기** 0302/1102/1302/1801/2002

- 1일 8시간 작업을 기준으로 한 평균노출농도이다.
- TWA 환산값 $= \dfrac{C_1 \cdot T_1 + C_i \cdot T_i + \cdots + C_n \cdot T_n}{8}$ 로 구한다.

  이때, C : 유해인자의 측정농도(단위 : ppm, mg/m³ 또는 개/cm³)
  T : 유해인자의 발생시간(단위 : 시간)

1303 / 1702

35 ─────── • Repetitive Learning [1회] [2회] [3회]

다음 중 활성탄에 흡착된 유기화합물을 탈착하는데 가장 많이 사용하는 용매는?

① 톨루엔   ② 이황화탄소
③ 클로로포름   ④ 메틸클로로포름

해설

- 활성탄으로 시료채취 시 많이 사용되는 용매는 이황화탄소이다.

🔖 흡착제 탈착을 위한 이황화탄소 용매

- 활성탄으로 시료채취 시 많이 사용된다.
- 탈착효율이 좋다.
- GC의 불꽃이온화 검출기에서 반응성이 낮아 피크가 작게 나와 분석에 유리하다.
- 독성이 매우 크기 때문에 사용할 때 주의하여야 하며 인화성이 크므로 분석하는 곳은 환기가 잘되어야 한다.

---

36 ─────── • Repetitive Learning [1회] [2회] [3회]

다음 ( )안에 들어갈 수치는?

단시간노출기준(STEL) : ( )분간의 시간가중 평균노출값

① 10   ② 15
③ 20   ④ 40

해설

- 단시간노출기준(STEL)은 15분간의 시간가중평균노출값으로서 노출농도가 시간가중평균노출기준(TWA)을 초과하고 단시간노출기준(STEL) 이하인 경우에는 1회 노출 지속시간이 15분 미만이어야 하고, 이러한 상태가 1일 4회 이하로 발생하여야 하며, 각 노출의 간격은 60분 이상이어야 한다.

1103 / 1402

37 ● Repetitive Learning 〔1회 2회 3회〕

입경이 50㎛이고 입자비중이 1.32인 입자의 침강속도는? (단, 입경이 1~50㎛인 먼지의 침강속도를 구하기 위해 산업위생 분야에서 주로 사용하는 식 적용)

① 8.6cm/sec
② 9.9cm/sec
③ 11.9cm/sec
④ 13.6cm/sec

해설

• 입자의 직경과 비중이 주어졌으므로 대입하면 침강속도
$V = 0.003 \times 1.32 \times 50^2 = 9.9 cm/sec$이다.

❖ 리프만(Lippmann)의 침강속도 **실기** 0302/0401/0901/1103/1203/1502/1603/1902

• 스토크스의 법칙을 대신하여 산업보건분야에서 간편하게 침강속도를 구하는 식으로 많이 사용된다.

$V = 0.003 \times SG \times d^2$이다.	• V : 침강속도(cm/sec)
	• SG : 입자의 비중(g/cm^3)
	• d : 입자의 직경(μm)

38 ● Repetitive Learning 〔1회 2회 3회〕

원자흡광분광법의 기본 원리가 아닌 것은?

① 모든 원자들은 빛을 흡수한다.
② 빛을 흡수할 수 있는 곳에서 빛은 각 화학적 원소에 대한 특정 파장을 갖는다.
③ 흡수되는 빛의 양은 시료에 함유되어 있는 원자의 농도에 비례한다.
④ 컬럼 안에서 시료들은 충진제와 친화력에 의해서 상호 작용하게 된다.

해설

• 모세관 컬럼을 사용하며, 컬럼 안에서 시료들은 충진제와 친화력에 의해서 상호 작용하게 하는 것은 가스크로마토그래피에 대한 설명이다.

❖ 원자흡광분광법
ⓐ 개요
• 시료를 중성원자로 증기화하여 생긴 기저상태의 원자가 그 원자증기층을 투과하는 특유 파장의 빛을 흡수하는 성질을 이용한다.
• 원자흡광장치는 광원부, 시료원자화부, 단색화부, 측광부로 구성된다.
• 가장 널리 쓰이는 광원은 중공음극 방전 램프이다.
• 분광기는 일반적으로 회절격자나 프리즘을 이용한 분광기가 사용된다.
• 선택된 파장의 빛을 시료액 층으로 통과시킨 후 흡광도를 측정하여 농도를 구한다.
• 분석의 기초가 되는 법칙은 비어-람버트(Beer-Lambert) 법칙이다.
• 표준액에 대한 흡광도와 농도의 관계를 구한 후, 시료의 흡광도를 측정하여 농도를 구한다.
ⓑ 기본원리
• 모든 원자들은 빛을 흡수한다.
• 빛을 흡수할 수 있는 곳에서 빛은 각 화학적 원소에 대한 특정 파장을 갖는다.
• 흡수되는 빛의 양은 시료에 함유되어 있는 원자의 농도에 비례한다.

39 ● Repetitive Learning 〔1회 2회 3회〕

고온의 노출기준에서 작업자가 경작업을 할 때, 휴식 없이 계속 작업할 수 있는 기준에 위배되는 온도는?(단, 고용노동부 고시를 기준으로 한다)

① 습구흑구온도지수 : 30℃
② 태양광이 내리쬐는 옥외장소
  흑구온도 : 32℃
  건구온도 : 40℃
③ 태양광이 내리쬐는 옥외장소
  자연습구온도 : 29℃
  흑구온도 : 33℃
  건구온도 : 33℃
④ 태양광이 내리쬐는 옥외 장소
  자연습구온도 : 30℃
  흑구온도 : 30℃
  건구온도 : 30℃

해설

- 경작업에서 휴식 없이 계속작업이 가능하려면 WBGT가 30℃ 이하가 되어야 한다.
- 태양광이 내리쬐는 옥외장소에서의 WBGT는 0.7NWT+0.2GT+0.1DB로 구하므로 ③은 0.7×29+0.2×33+0.1×33=30.2℃로 30℃를 초과했으므로 위배된다.

:: 고온의 노출기준
문제 4번의 유형별 핵심이론 :: 참조

40 ———————• Repetitive Learning ⟮1회 2회 3회⟯

흡수액 측정법에 주로 사용되는 주요 기구로 옳지 않은 것은?

① 테드라 백(Tedlar bag)
② 프리티드 버블러(Fritted bubbler)
③ 간이 가스 세척병(Simple gas washing bottle)
④ 유리구 충진분리관(Packed glass bead column)

해설

- 테드라 백은 가스의 포집을 위한 백이다.

:: 흡수액 측정법에 사용되는 주요 기구
- 프리티드 버블러(Fritted bubbler) : 가는 구멍이 많은 채취효율이 좋은 기구로 액체시료 포집법을 이용한 흡수액으로 시료를 채취하는 기구이다.
- 간이 가스 세척병(Simple gas washing bottle) : 흡수액을 채운 병에 가스를 흘려보내 흡수병에 특정가스를 세척하는 병이다.
- 유리구 충진분리관(Packed glass bead column)

3과목   작업환경관리대책

41 ———————• Repetitive Learning ⟮1회 2회 3회⟯

여과제진장치의 설명 중 옳은 것은?

> ㉠ 여과속도가 클수록 미세입자포집에 유리하다.
> ㉡ 연속식은 고농도 함진 배기가스 처리에 적합하다.
> ㉢ 습식제진에 유리하다.
> ㉣ 조작불량을 조기에 발견할 수 있다.

① ㉠, ㉢   ② ㉡, ㉣
③ ㉡, ㉢   ④ ㉠, ㉡

해설

- 여과속도가 클수록 미세입자포집에 불리하다.
- 습식제진에 불리하다.

:: 여과제진장치 실기 0702/1002
㉠ 개요
- 여과재에 처리가스를 통과시켜 먼지를 분리, 제거하는 장치이다.
- 고효율 집진이 가능하며 직접차단, 관성충돌, 확산, 중력침강 및 정전기력 등이 복합적으로 작용하는 집진장치이다.
- 연속식은 고농도 함진 배기가스 처리에 적합하다.
㉡ 장점
- 조작불량을 조기에 발견할 수 있다.
- 다양한 용량(송풍량)을 처리할 수 있다.
- 미세입자에 대한 집진효율이 비교적 높은 편이다.
- 집진효율이 처리가스의 양과 밀도 변화에 영향이 적다.
- 탈진방법과 여과재의 사용에 따른 설계상의 융통성이 있다.
㉢ 단점
- 섬유 여포상에서 응축이 일어날 때 습한 가스를 취급할 수 없다.
- 압력손실은 여과속도의 제곱에 비례하므로 다른 방식에 비해 크다.
- 여과재는 고온 및 부식성 물질에 손상되어 수명이 단축된다.

42 ———————• Repetitive Learning ⟮1회 2회 3회⟯

1201

확대각이 10°인 원형 확대관에서 입구직관의 정압은 −15 mmH₂O, 속도압은 35mmH₂O이고, 확대된 출구직관의 속도압은 25mmH₂O이다. 확대측의 정압(mmH₂O)은?(단, 확대각이 10°일 때 압력손실계수(ζ)는 0.28이다)

① 7.8   ② 15.6
③ −7.8   ④ −15.6

해설

- 확대 후의 정압을 구하는 문제이므로
$SP_2 = SP_1 + (1-\xi)(VP_1 - VP_2)$로 구한다.
- 대입하면 $SP_2 = -15 + (1-0.28)(35-25) = -7.8mmH_2O$이다.

:: 확대관의 압력손실 실기 1002/1203/1803/2103
- 정압회복량은 속도압의 강하량에서 압력손실의 차로 구한다.
- 정압회복량 $SP_2 - SP_1 = (1-\xi)(VP_1 - VP_2)$로 구한다. 이때 $(1-\xi)$는 정압회복계수 R이라고 한다. SP는 정압[mmH_2O]이고, VP는 속도압[mmH_2O]이다.
- 압력손실은 $\xi \times (VP_1 - VP_2)$로 구한다.

43 ──── Repetitive Learning 1회 2회 3회

무거운 분진(납분진, 주물사, 금속가루분진)의 일반적인 반송속도로 적절한 것은?

① 5m/s ② 10m/s
③ 15m/s ④ 25m/s

해설

- 납분진 등 무겁고 습한 분진의 반송속도는 22.5[m/s] 이상이다.

❖ 유해물질별 반송속도

- 반송속도란 덕트를 통하여 이동하는 유해물질이 덕트 내에서 퇴적이 일어나지 않는 상태로 이동시키기 위하여 필요한 최소속도를 말한다.

발생형태	종류	반송속도(m/s)
증기·가스·연기	모든 증기, 가스 및 연기	5.0~10.0
흄	아연흄, 산화알미늄 흄, 용접흄 등	10.0~12.5
미세하고 가벼운 분진	미세한 면분진, 미세한 목분진, 종이분진 등	12.5~15.0
건조한 분진이나 분말	고무분진, 면분진, 가죽분진, 동물털 분진 등	15.0~20.0
일반 산업분진	그라인더 분진, 일반적인 금속분말분진, 모직물분진, 실리카분진, 주물분진, 석면분진 등	17.5~20.0
무거운 분진	젖은 톱밥분진, 입자가 혼입된 금속분진, 샌드블라스트분진, 주절보링분진, 납분진	20.0~22.5
무겁고 습한 분진	습한 시멘트분진, 작은 칩이 혼입된 납분진, 석면덩어리 등	22.5 이상

44 ──── Repetitive Learning 1회 2회 3회

호흡기 보호구의 밀착도 검사(fit test)에 대한 설명이 잘못된 것은?

① 정량적인 방법에는 냄새, 맛, 자극물질 등을 이용한다.
② 밀착도 검사란 얼굴피부 접촉면과 보호구 안면부가 적합하게 밀착되는지를 측정하는 것이다.
③ 밀착도 검사를 하는 것은 작업자가 작업장에 들어가기 전 누설정도를 최소화시키기 위함이다.
④ 어떤 형태의 마스크가 작업자에게 적합한지 마스크를 선택하는데 도움을 주어 작업자의 건강을 보호한다.

해설

- ①의 설명은 정성적인 방법에 대한 설명이다.

❖ 호흡기 보호구의 밀착도 검사(fit test)

- 밀착도 검사란 얼굴피부 접촉면과 보호구 안면부가 적합하게 밀착되는지를 측정하는 것이다.
- 밀착도 검사를 하는 것은 작업자가 작업장에 들어가기 전 누설정도를 최소화시키기 위함이다.
- 어떤 형태의 마스크가 작업자에게 적합한지 마스크를 선택하는 데 도움을 주어 작업자의 건강을 보호한다.
- 정성적인 방법에는 냄새, 맛, 자극물질 등을 이용한다.
- 정량적인 방법에는 입자계측기를 이용하거나 에어로졸, 진공상태 등에서 검사한다.

45 ──── Repetitive Learning 1회 2회 3회

후드의 개구(opening) 내부로 작업환경의 오염공기를 흡인시키는데 필요한 압력차에 관한 설명 중 적합하지 않은 것은?

① 정지상태의 공기가속에 필요한 것 이상의 에너지이어야 한다.
② 개구에서 발생되는 난류손실을 보전할 수 있는 에너지이어야 한다.
③ 개구에서 발생되는 난류손실은 형태나 재질에 무관하게 일정하다.
④ 공기의 가속에 필요한 에너지는 공기의 이동에 필요한 속도압과 같다.

해설

- 개구에서 발생되는 난류손실은 형태나 재질에 따라 다르다.

❖ 후드의 개구 내부로 작업환경의 오염공기를 흡인시키는데 필요한 압력차

- 정지상태의 공기가속에 필요한 것 이상의 에너지이어야 한다.
- 개구에서 발생되는 난류손실을 보전할 수 있는 에너지이어야 한다.
- 개구에서 발생되는 난류손실은 형태나 재질에 따라 다르다.
- 공기의 가속에 필요한 에너지는 공기의 이동에 필요한 속도압과 같다.

46 ──── Repetitive Learning 1회 2회 3회

90° 곡관의 반경비가 2.0일 때 압력손실계수는 0.270이다. 속도압이 14mmH$_2$O라면 곡관의 압력손실(mmH$_2$O)은?

① 7.6 ② 5.5
③ 3.8 ④ 2.7

- 압력손실 $\triangle P = F \times VP$로 구한다.
- 대입하면 $\triangle P = 0.27 \times 14 = 3.78[mmH_2O]$이다.

덕트(원형 유체관)의 압력손실(달시의 방정식) 실기 0302/0303/0401/0501/0502/0503/0602/0701/0702/0703/0802/0901/0903/1002/1102/1201/1203/1301/1403/1501/1502/1601/1902/2002/2004/2101/2201

- 유체관을 통해 유체가 흘러갈 때 발생하는 마찰손실을 말한다.
- 압력손실 $\triangle P = F \times VP$로 구한다. F는 압력손실계수로 $4 \times f \times \dfrac{L}{D}$ 혹은 $\lambda \times \dfrac{L}{D}$로 구한다. 이 때, λ는 관의 마찰계수, D는 덕트의 직경, L은 덕트의 길이이다.

0502 / 0602 / 0902

47 ●── Repetitive Learning [1회 2회 3회]

용기충진이나 컨베이어 적재와 같이 발생기류가 높고 유해물질이 활발하게 발생하는 작업조건의 제어속도로 가장 알맞은 것은?(단, ACGIH 권고 기준)

① 2.0m/s
② 3.0m/s
③ 4.0m/s
④ 5.0m/s

- 용기충진이나 컨베이어 적재와 같이 발생기류가 높고 유해물질이 활발하게 발생될 때 제어속도의 범위는 1.0~2.5m/sec이다.

작업조건에 따른 제어속도의 범위 기준(ACGIH)

작업조건	작업공정 사례	제어속도 (m/sec)
• 움직이지 않는 공기 중으로 속도 없이 배출됨 • 조용한 대기 중에 실제로 거의 속도가 없는 상태로 배출됨	• 탱크에서 증발, 탈지 등 • 액면에서 가스, 증기, 흄이 발생	0.25~0.5
약간의 공기 움직임이 있고 낮은 속도로 배출됨	스프레이 도장, 용접, 도금, 저속 컨베이어 운반	0.5~1.0
발생기류가 높고 유해물질이 활발하게 발생함	스프레이도장, 용기충진, 컨베이어 적재, 분쇄기	1.0~2.5
초고속류 내로 높은 초기 속도로 배출됨	회전연삭, 블라스팅	2.5~10.0

---

48 ●── Repetitive Learning [1회 2회 3회]

후드 흡인기류의 불량상태를 점검할때 필요하지 않은 측정기기는?

① 열선풍속계
② Threaded thermometer
③ 연기발생기
④ Pitot tube

- 나사산 써모미터(Threaded thermometer)는 액체 및 기체로 된 유체의 온도를 측정할 때 사용한다.

후드 흡인기류의 불량상태 점검 측정기

- 열선풍속계 : 풍속과 풍량을 측정
- 연기발생기 : 오염물질의 확산이동 관찰
- Pitot tube : 덕트 내 공기의 압력을 통해 속도압 및 정압을 측정

---

49 ●── Repetitive Learning [1회 2회 3회]

어떤 공장에서 접착공정이 유기용제 중독의 원인이 되었다. 직업병 예방을 위한 작업환경관리 대책이 아닌 것은?

① 신선한 공기에 의한 희석 및 환기실시
② 공정의 밀폐 및 격리
③ 조업방법의 개선
④ 보건교육 미실시

- 작업환경관리를 위해서는 보건교육을 실시하여야 한다.

작업환경 개선의 기본원칙 실기 0803/1103/1501/1603/2202

- 설비 개선 등의 조치 등이 어려울 경우 노출 가능성이 있는 근로자에게 보호구를 착용할 수 있도록 한다.

대치	• 가장 효과적이며 우수한 관리대책이다. • 대치의 3원칙은 시설, 공정, 물질의 변경이다. • 물질대치는 경우에 따라서 지금까지 알려지지 않았던 전혀 다른 장해를 줄 수 있음 • 장비대치는 적절한 대치방법 개발의 어려움
격리	• 작업자와 유해인자 사이에 장벽을 놓는 것 • 보호구를 사용하는 것도 격리의 한 방법 • 거리, 시간, 공정, 작업자 전체를 대상으로 실시하는 대책 • 비교적 간단하고 효과도 좋음
환기	• 설계, 시설설치, 유지보수가 필요 • 공정을 그대로 유지하면서 효율적 관리가능한 방법은 국소배기방식
교육	• 노출 근로자 관리방안으로 교육훈련 및 보호구 착용

---

50 ●── Repetitive Learning [1회 2회 3회]

덕트(duct)의 압력손실에 관한 설명으로 옳지 않은 것은?

① 직관에서의 마찰손실과 형태에 따른 압력손실로 구분할 수 있다.
② 압력손실은 유체의 속도압에 반비례한다.
③ 덕트 압력손실은 배관의 길이와 정비례한다.
④ 덕트 압력손실은 관직경과 반비례한다.

- $\triangle P = F \times VP = 4 \times f \times \dfrac{L}{D} \times \dfrac{\gamma \times V^2}{2g}$ 로 직경에 반비례하고, 공기의 밀도, 유속, 길이, 마찰계수(조도) 등에 비례한다. 즉, 속도압(동압)에 비례한다.

:: 덕트(원형 유체관)의 압력손실(달시의 방정식) 실기 0302/0303/0401/0501/0502/0503/0602/0701/0702/0703/0802/0901/0902/1002/1102/1201/1203/1301/1403/1501/1502/1601/1902/2002/2004/2101/2201

문제 46번의 유형별 핵심이론 :: 참조

0902 / 1001 / 1301 / 1502

51 ──────● Repetitive Learning [1회 2회 3회]

강제환기의 효과를 제고하기 위한 원칙으로 틀린 것은?

① 오염물질 배출구는 가능한 한 오염원으로부터 가까운 곳에 설치하여 점 환기 현상을 방지한다.
② 공기배출구와 근로자의 작업 위치 사이에 오염원이 위치하여야 한다.
③ 공기가 배출되면서 오염장소를 통과하도록 공기배출구와 유입구의 위치를 선정한다.
④ 오염원 주위에 다른 작업공정이 있으면 공기배출량을 공급량보다 약간 크게 하여 음압을 형성하여 주위 근로자에게 오염물질이 확산되지 않도록 한다.

- 오염물질 배출구는 가능한 한 오염원으로부터 가까운 곳에 설치하여 점 환기효과를 얻어야 한다.

:: 강제환기를 실시하는 데 환기효과를 제고시킬 수 있는 필요 원칙
실기 1201/1402/1703/2001/2202
  - 오염물질 사용량을 조사하여 필요 환기량을 계산한다.
  - 배출공기를 보충하기 위하여 청정공기를 공급할 수 있다.
  - 오염물질 배출구는 가능한 한 오염원으로부터 가까운 곳에 설치하여 점환기 효과를 얻는다.
  - 공기배출구와 근로자의 작업 위치 사이에 오염원이 위치하여야 한다.
  - 공기가 배출되면서 오염장소를 통과하도록 공기배출구와 유입구의 위치를 선정한다.
  - 건물 밖으로 배출된 오염공기가 다시 건물 안으로 유입되지 않도록 배출구 높이를 적절히 설계하고 창문이나 문 근처에 위치하지 않도록 한다.
  - 오염원 주위에 다른 작업공정이 있으면 공기배출량을 공급량보다 약간 크게 하여 음압을 형성하여 주위 근로자에게 오염물질이 확산되지 않도록 한다.

1402

52 ──────● Repetitive Learning [1회 2회 3회]

귀덮개의 장점을 모두 짝지은 것으로 가장 올바른 것은 무엇인가?

> ㉠ 귀마개보다 쉽게 착용할 수 있다.
> ㉡ 귀마개보다 일관성 있는 차음효과를 얻을 수 있다.
> ㉢ 크기를 여러 가지로 할 필요가 없다.
> ㉣ 착용여부를 쉽게 확인할 수 있다.

① ㉠, ㉡, ㉣ 　　② ㉠, ㉡, ㉢
③ ㉠, ㉢, ㉣ 　　④ ㉠, ㉡, ㉢, ㉣

- 모두 귀덮개의 장점에 해당한다.

:: 귀마개와 귀덮개의 비교 실기 1603/1902/2001

귀마개	귀덮개
• 좁은 장소에서도 사용이 가능하다. • 고온 작업 장소에서도 사용이 가능하다. • 부피가 작아서 휴대하기 편리하다. • 다른 보호구와 동시 사용할 때 편리하다. • 외청도를 오염시킬 수 있으며, 외청도에 이상이 없는 경우에 사용이 가능하다. • 제대로 착용하는데 시간은 걸린다.	• 간헐적 소음 노출 시 사용한다. • 쉽게 착용할 수 있다. • 일관성 있는 차음효과를 얻을 수 있다. • 크기를 여러 가지로 할 필요가 없다. • 착용여부를 쉽게 확인할 수 있다. • 귀에 염증이 있어도 사용할 수 있다.

---

53 ──────● Repetitive Learning [1회 2회 3회]

목재분진을 측정하기 위한 시료채취장치로 가장 적합한 것은?

① 활성탄관(charcoal tube)
② 흡입성분진 시료채취기(IOM sampler)
③ 호흡성분진 시료채취기(aluminum cyclone)
④ 실리카겔관(silica gel tube)

- 주로 $100\,\mu m$ 이하의 입경이 큰 분진을 채취하기 위한 시료채취장치는 흡입성분진 시료채취기이다.

:: 흡입성분진 시료채취기(IOM sampler)
  - 목재분진과 같은 비교적 분진의 입경이 큰 분진을 채취하기 위한 시료채취장치이다.
  - 주로 $100\,\mu m$ 이하의 분진을 채취한다.

---

54 ●━━━━━━━━━ Repetitive Learning (1회 2회 3회)

원심력 송풍기 중 다익형 송풍기에 관한 설명으로 가장 거리가 먼 것은?

① 송풍기의 임펠러가 다람쥐 쳇바퀴 모양으로 생겼다.
② 큰 압력손실에서 송풍량이 급격하게 떨어지는 단점이 있다.
③ 고강도가 요구되기 때문에 제작비용이 비싸다는 단점이 있다.
④ 다른 송풍기와 비교하여 동일 송풍량을 발생시키기 위한 임펠러 회전속도가 상대적으로 낮기 때문에 소음이 작다.

해설
• 강도가 크게 요구되지 않기 때문에 적은 비용으로 제작가능하다.

▪▪ 전향 날개형 송풍기
• 다익형 송풍기라고도 한다.
• 송풍기의 임펠러가 다람쥐 쳇바퀴 모양이며, 송풍기 깃이 회전방향과 동일한 방향으로 설계되어 있다.
• 동일 송풍량을 발생시키기 위한 임펠러 회전속도가 상대적으로 낮아 소음문제가 거의 발생하지 않는다.
• 이송시켜야 할 공기량은 많으나 압력손실이 작게 걸리는 전체환기나 공기조화용으로 널리 사용된다.
• 강도가 크게 요구되지 않기 때문에 적은 비용으로 제작가능하다.
• 큰 압력손실에서 송풍량이 급격하게 떨어지는 단점이 있다.

55 ●━━━━━━━━━ Repetitive Learning (1회 2회 3회)

눈 보호구에 관한 설명으로 틀린 것은?(단, KS 표준 기준)

① 눈을 보호하는 보호구는 유해광선 차광 보호구와 먼지나 이물을 막아주는 방진안경이 있다.
② 400A 이상의 아크 용접 시 차광도 번호 14의 차광도 보호안경을 사용하여야 한다.
③ 눈, 지붕등으로부터 반사광을 받는 작업에서는 차광도 번호 1.2−3 정도의 차광도 보호안경을 사용하는 것이 알맞다.
④ 단순히 눈의 외상을 막는데 사용되는 보호안경은 열처리를 하거나 색깔을 넣은 렌즈를 사용할 필요가 없다.

해설
• 눈의 외상을 막는데 사용되는 보호안경이라도 필요에 의해 열처리를 하거나 색깔을 넣은 렌즈를 사용한다.

▪▪ 눈보호구
• 눈을 보호하는 보호구는 유해광선 차광 보호구와 먼지나 이물을 막아주는 방진안경이 있다.
• 400A 이상의 아크 용접 시 차광도 번호 14의 차광도 보호안경을 사용하여야 한다.
• 눈, 지붕등으로부터 반사광을 받는 작업에서는 차광도 번호 1.2−3 정도의 차광도 보호안경을 사용하는 것이 알맞다.
• 눈의 외상을 막는데 사용되는 보호안경이라도 필요에 의해 열처리를 하거나 색깔을 넣은 렌즈를 사용한다.

56 ●━━━━━━━━━ Repetitive Learning (1회 2회 3회)

송풍기 깃이 회전방향 반대편으로 경사지게 설계되어 충분한 압력을 발생시킬 수 있고, 원심력송풍기 중 효율이 가장 좋은 송풍기는?

① 후향 날개형 송풍기
② 방사날개형 송풍기
③ 전향 날개형 송풍기
④ 안내깃이 붙은 축류 송풍기

해설
• 원심력송풍기 중 효율이 가장 좋은 송풍기는 후향 날개형 송풍기이다.

▪▪ 후향 날개형 송풍기(Turbo 송풍기) 실기 2004
• 송풍량이 증가하여도 동력이 증가하지 않는 장점을 가지고 있어 한계부하 송풍기 또는 비행기 날개형 송풍기라고 한다.
• 원심력송풍기 중 효율이 가장 좋은 송풍기이다.
• 분진농도가 낮은 공기나 고농도 분진 함유 공기를 이송시킬 경우, 집진기 후단에 설치한다.
• 회전날개가 회전방향 반대편으로 경사지게 설계되어 있어 충분한 압력을 발생시킨다.
• 고농도 분진함유 공기를 이송시킬 경우 회전날개 뒷면에 퇴적되어 효율이 떨어진다.
• 고농도 분진함유 공기를 이송시킬 경우 집진기 후단에 설치하여야 한다.
• 깃의 모양은 두께가 균일한 것과 익형이 있다.

57 ●━━━━━━━━━ Repetitive Learning (1회 2회 3회)

어떤 원형덕트에 유체가 흐르고 있다. 덕트의 직경을 1/2로 하면 직관부분의 압력손실은 몇 배로 되는가?(단, 달시의 방정식을 적용한다)

① 4배　　　　　　② 8배
③ 16배　　　　　④ 32배

- $\triangle P = 4 \times f \times \dfrac{L}{D} \times \dfrac{\gamma \times V^2}{2g}$ 에서 상수값에 해당하는 f, L, γ, g를 제외하면 압력손실은 $\dfrac{V^2}{D}$ 에 비례한다.

- 유량 $Q = A \times V$에서 단면적 $A = \dfrac{\pi D^2}{4}$ 이므로 $Q = \dfrac{\pi D^2}{4} \times V$인데 이때 유량 Q는 일정하므로 직경 D가 1/2이 되면 속도는 4배로 늘어나야 한다.

- 압력손실 $\dfrac{V^2}{D}$ 에서 V가 4배, D가 1/2배로 변화하면 압력손실 $\triangle P$는 $4^2 \times 2 = 32$배가 된다.

❖ 덕트(원형 유체관)의 압력손실(달시의 방정식) 실기 0302/0303/0401/ 0501/0502/0503/0602/0701/0702/0703/0802/0901/0903/1002/1102/1201/ 1203/1301/1403/1501/1502/1601/1902/2002/2004/2101/2201

문제 46번의 유형별 핵심이론 ❖ 참조

0603 / 0701 / 1802 / 1803

58 ──────── ● Repetitive Learning (1회 2회 3회)

전기집진장치의 장점으로 옳지 않은 것은?

① 가연성 입자의 처리에 효율적이다.
② 넓은 범위의 입경과 분진농도에 집진효율이 높다.
③ 압력손실이 낮으므로 송풍기의 가동비용이 저렴하다.
④ 고온 가스를 처리할 수 있어 보일러와 철강로 등에 설치할 수 있다.

- 전기집진장치는 가스물질이나 가연성 입자의 처리가 곤란하다.

❖ 전기집진장치 실기 1801

ⓐ 개요
- 0.01μm 정도의 미세분진까지 모든 종류의 고체, 액체 입자를 효율적으로 포집할 수 있는 집진기이다.
- 코로나 방전과 정전기력을 이용하여 먼지를 처리한다.

ⓑ 장·단점

장점	• 넓은 범위의 입경과 분진농도에 집진효율이 높다. • 압력손실이 낮으므로 송풍기의 운전 및 유지비가 적게 소요된다. • 고온 가스를 처리할 수 있어 보일러와 철강로 등에 설치할 수 있다. • 낮은 압력손실로 대량의 가스를 처리할 수 있다. • 회수가치성이 있는 입자 포집이 가능하다. • 건식 및 습식으로 집진할 수 있다.
단점	• 설치 공간을 많이 차지한다. • 초기 설치비와 설치 공간이 많이 든다. • 가스물질이나 가연성 입자의 처리가 곤란하다. • 전압변동과 같은 조건변동에 적응하기 어렵다.

---

59 ──────── ● Repetitive Learning (1회 2회 3회)

국소환기시설에 필요한 공기송풍량을 계산하는 공식 중 점흡인에 해당하는 것은?

① $Q = 4\pi \times X^2 \times V_c$
② $Q = 2\pi \times L \times X \times V_c$
③ $Q = 60 \times 0.75 \times V_c(10X^2 + A)$
④ $Q = 60 \times 0.5 \times V_c(10X^2 + A)$

- ③은 플랜지가 있는 자유공간에 위치한 측방외부식 후드의 송풍량을 구할 때의 식이다.
- ④는 플랜지가 있는 바닥면(혹은 작업대)에 위치한 측방외부식 후드의 송풍량을 구할 때의 식이다.

❖ 필요 환기량 실기 0401/0502/0601/0602/0603/0703/0801/0803/0901/ 0903/1001/1002/1101/1201/1302/1403/1501/1601/1602/1702/1703/1801/1803/ 1903/2001/2003/2004/2101/2201

- 후드로 유입되는 오염물질을 포함한 공기량을 말한다.
- 필요 환기량 $Q = A \cdot V$로 구한다. 여기서 A는 개구면적, V는 제어속도이다.
- 공기 중에 계속 오염물질이 발생하고 있는 경우의 필요환기량 $Q = \dfrac{G \times K}{TLV}$ 로 구한다. 이때 G는 공기 중에 발생하고 있는 오염물질의 용량, TLV는 허용기준, K는 여유계수이다.

---

60 ──────── ● Repetitive Learning (1회 2회 3회)

소음 작업장에 소음수준을 줄이기 위하여 흡음을 중심으로 하는 소음저감대책을 수립한 후, 그 효과를 측정하였다. 소음 감소효과가 있었다고 보기 어려운 경우는?

① 음의 잔향시간을 측정하였더니 잔향시간이 약간이지만 증가한 것으로 나타났다.
② 대책 후의 총흡음량이 약간 증가하였다.
③ 소음원으로 부터 거리가 멀어질수록 소음수준이 낮아지는 정도가 대책수립 전보다 커졌다.
④ 실내상수 R을 계산해보니 R값이 대책 수립 전보다 커졌다.

- 반(잔)향은 음이 갑자기 끊겼을 때 그 소리가 바로 그치지 않고 차츰 감쇠해가는 현상을 말하는데 그 음압레벨이 −60dB에 이르는 데 걸리는 시간으로 소음감소효과와는 거리가 멀다.

⁂ 반향시간(잔향시간, Reverberation time) 실기 0402

- 반(잔)향은 음이 갑자기 끊겼을 때 그 소리가 바로 그치지 않고 차츰 감쇠해가는 현상을 말하는데 그 음압레벨이 −60dB에 이르는데 걸리는 시간을 말한다.
- 반향시간과 작업장의 공간부피만 알면 흡음량을 추정할 수 있다.
- 반향시간 $T = 0.163\dfrac{V}{A} = 0.163\dfrac{V}{\sum S_i \alpha_i}$ 로 구할 수 있다. 이때 V는 공간의 부피[m^3], A는 공간에서의 흡음량[m^2]이다.
- 반향시간은 실내공간의 크기에 비례한다.

4과목 물리적 유해인자관리

61 ● Repetitive Learning ⟮1회 2회 3회⟯

질식우려가 있는 지하 맨홀 작업에 앞서서 준비해야 할 장비나 보호구로 볼 수 없는 것은?

① 안전대
② 방독마스크
③ 송기 마스크
④ 산소농도 측정기

해설

- 밀폐공간에서 작업하는 근로자는 호흡용 보호구로 방독마스크가 아닌 공기호흡기 또는 송기마스크를 지급하여 착용하도록 하여야 한다.

⁂ 안전대 등
- 사업주는 밀폐공간에서 작업하는 근로자가 산소결핍이나 유해가스로 인하여 추락할 우려가 있는 경우에는 해당 근로자에게 안전대나 구명밧줄, 공기호흡기 또는 송기마스크를 지급하여 착용하도록 하여야 한다.
- 안전대나 구명밧줄을 착용하도록 하는 경우에 이를 안전하게 착용할 수 있는 설비 등을 설치하여야 한다.
- 근로자는 지급된 보호구를 착용하여야 한다.

62 1603 ● Repetitive Learning ⟮1회 2회 3회⟯

고소음으로 인한 소음성 난청 질환자를 예방하기 위한 작업환경관리방법 중 공학적 개선에 해당되지 않는 것은?

① 소음원의 밀폐
② 보호구의 지급
③ 소음원의 벽으로 격리
④ 작업장 흡음시설의 설치

해설

- 보호구의 지급은 개선대책이 아니라 소음 회피를 위한 소극적 대책에 해당한다.

⁂ 소음성 난청 예방을 위한 공학적 개선사항
- 소음원의 밀폐
- 소음원의 벽으로 격리
- 작업장 흡음시설의 설치

63 1203 / 1703 ● Repetitive Learning ⟮1회 2회 3회⟯

진동 발생원에 대한 대책으로 가장 적극적인 방법은?

① 발생원의 격리
② 보호구 착용
③ 발생원의 제거
④ 발생원의 재배치

해설

- 발생원에 대한 대책에는 탄성지지, 가진력 감쇠, 기초중량의 부가 또는 경감등이 있으며, 가장 적극적인 발생원에 대한 대책은 발생원의 제거이다.

⁂ 진동에 대한 대책
- 가장 적극적인 발생원에 대한 대책은 발생원의 제거이다.
- 발생원에 대한 대책에는 탄성지지, 가진력 감쇠, 기초중량의 부가 또는 경감 등이 있다.
- 전파경로 차단에는 수용자의 격리, 발진원의 격리, 구조물의 진동 최소화 등이 있다.
- 발진원과 작업자의 거리를 가능한 멀리한다.
- 보건교육을 실시한다.
- 작업시간 단축 및 교대제를 실시한다.
- 진동을 최소화하기 위하여 공학적으로 설계 및 관리한다.
- 완충물 등 방진제를 사용한다.
- 절연패드의 재질로는 코르크, 펠트(felt), 유리섬유 등을 사용한다.
- 진동공구의 무게는 10kg을 넘지 않게 하며 방진장갑 사용을 권장한다.

64 0502 ● Repetitive Learning ⟮1회 2회 3회⟯

채광계획에 관한 다음 설명 중 바르지 못한 것은?

① 창의 면적은 방바닥 면적의 15~20%가 이상적이다.
② 조도의 평등을 요하는 작업실은 남향으로 하는 것이 좋다.
③ 실내 각점의 개각은 4~5°, 입사각은 28° 이상이 되어야 한다.
④ 유리창은 청결한 상태여도 10~15% 조도가 감소되는 점을 고려한다.

- 균일한 조명을 요구하는 작업실은 북향이 좋다.

채광계획
- 많은 채광을 요구하는 경우는 남향이 좋다.
- 균일한 조명을 요구하는 작업실은 북향이 좋다.
- 실내각점의 개각은 4~5°(개각이 클수록 밝다), 입사각은 28° 이상이 좋다.
- 창의 면적은 방바닥 면적의 15~20%가 이상적이다.
- 유리창은 청결한 상태여도 10~15% 조도가 감소되는 점을 고려한다.
- 창의 높이를 증가시키는 것이 창의 크기를 증가시킨 것보다 조도에서 더욱 효과적이다.

65 ──────● Repetitive Learning 〔1회〕〔2회〕〔3회〕

전리방사선에 의한 장해에 해당하지 않는 것은?

① 참호족
② 피부장해
③ 유전적 장해
④ 조혈기능 장해

- 참호족은 발을 습기에 오래동안 비위생적이며 차가운 상태에 노출함으로써 발생하는 질병이다.

전리방사선에 의한 장해
- 급성방사선증 : 뇌간 신경계 증후군, 장관계 증후군, 조혈·혈관계 증후군 등
- 방사선 피부장해
- 내부 피폭 장해
- 만기장해 : 백혈병, 각종 장기암 등
- 유전적 장해 : 태아의 기형, 염색체 이상과 유전자 변이 등

66 ──────● Repetitive Learning 〔1회〕〔2회〕〔3회〕

감압병의 예방 및 치료의 방법으로 옳지 않은 것은?

① 감압이 끝날 무렵에 순수한 산소를 흡입시키면 예방적 효과와 함께 감압시간을 단축시킬 수 있다.
② 잠수 및 감압방법은 특별히 잠수에 익숙한 사람을 제외하고는 1분에 10m 정도씩 잠수하는 것이 안전하다.
③ 고압환경에서 작업 시 질소를 헬륨으로 대치하면 성대에 손상을 입힐 수 있으므로 할로겐 가스로 대치한다.
④ 감압병의 증상을 보일 경우 환자를 인공적 고압실에 넣어 혈관 및 조직 속에 발생한 질소의 기포를 다시 용해시킨 후 천천히 감압한다.

- 고압환경에서 작업할 때는 질소를 헬륨으로 대치한 공기를 호흡시키도록 한다.

감압병의 예방 및 치료
- 고압환경에서의 작업시간을 제한한다.
- 감압이 끝날 무렵에 순수한 산소를 흡입시키면 감압시간을 25%가량 단축시킬 수 있다.
- 특별히 잠수에 익숙한 사람을 제외하고는 10m/min 속도 정도로 잠수하는 것이 안전하다.
- 고압환경에서 작업할 때는 질소를 헬륨으로 대치한 공기를 호흡시키도록 한다.
- Haldane의 실험근거상 정상기압보다 1.25기압을 넘지 않는 고압환경에는 아무리 오랫동안 폭로되거나 아무리 빨리 감압하더라도 기포를 형성하지 않는다.
- 감압병의 증상을 보일 경우 환자를 원래의 고압환경에 복귀시키거나 인공적 고압실에 넣어 혈관 및 조직 속에 발생한 질소의 기포를 다시 용해시킨 후 천천히 감압한다.

67 ──────● Repetitive Learning 〔1회〕〔2회〕〔3회〕

비이온화 방사선의 파장별 건강에 미치는 영향으로 옳지 않은 것은?

① UV-A : 315~400nm - 피부노화촉진
② IR-B : 780~1,400nm - 백내장, 각막화상
③ UV-B : 280~315nm - 발진, 피부암, 광결막염
④ 가시광선 : 400~700nm - 광화학적이거나 열에 의한 각막손상, 피부화상

- IR-B는 1,400~3,000nm의 파장을 갖는다.

비이온화 방사선(Non ionizing Radiation)
- 방사선을 조사했을 때 에너지가 낮아 원자를 이온화시키지 못하는 방사선을 말한다.
- 자외선(UV-A, B, C, V), 가시광선, 적외선, 각종 전파 등이 이에 해당한다.

영역	구분	파장	영향
자외선	UV-A	315~400nm	피부노화촉진
	UV-B	280~315nm	발진, 피부암, 광결막염
	UV-C	200~280nm	오존층에 흡수되어 지구 표면에 닿지 않는다.
	UV-V	100~200nm	
가시광선		400~750nm	각막손상, 피부화상
적외선	IR-A	700~1400nm	망막화상
	IR-B	1400~3000nm	각막화상, 백내장
	IR-C	3000nm~1mm	

68

● Repetitive Learning 1회 2회 3회

WBGT에 대한 설명으로 옳지 않은 것은?

① 표시단위는 절대온도(K)이다.

② 기온, 기습, 기류 및 복사열을 고려하여 계산된다.

③ 태양광선이 있는 옥외 및 태양광선이 없는 옥내로 구분된다.

④ 고온에서의 작업휴식시간비를 결정하는 지표로 활용된다.

해설

• WBGT의 표시단위는 섭씨온도(℃)이며, WBGT가 높을수록 휴식시간이 증가되어야 한다.

:: 습구흑구온도(WBGT : Wet Bulb Globe Temperature) 지수

㉠ 개요
• 건구온도, 습구온도 및 흑구온도에 비례하며, 열중증 예방을 위해 고온에서의 작업휴식시간비를 결정하는 지표로 더위지수라고도 한다.
• 표시단위는 섭씨온도(℃)로 표시하며, WBGT가 높을수록 휴식시간이 증가되어야 한다.
• 미국국립산업안전보건연구원(NIOSH)뿐만 아니라 국내에서도 습구흑구온도를 측정하고 지수를 산출하여 평가에 사용한다.
• 과거에 쓰이던 감각온도와 근사한 값인데 감각온도와 다른 점은 기류를 전혀 고려하지 않았다는 점이다.

㉡ 산출방법 **실기** 0501/0503/0602/0702/0703/1101/1201/1302/1303/1503/2102/2201/2202/2203
• 옥내에서는 WBGT=0.7NWT+0.3GT이다. 이때 NWT는 자연습구, GT는 흑구온도이다.(일사가 영향을 미치지 않는 옥외도 옥내로 취급한다)
• 일사가 영향을 미치는 옥외에서는 건구온도인 dB를 반영하지만 옥내에서는 일사의 영향이 없으므로 자연습구와 흑구온도만으로 WBGT가 결정된다.
• 일사가 영향을 미치는 옥외에서는 WBGT=0.7NWT+0.2GT+0.1DB이며 이때 NWT는 자연습구, GT는 흑구온도, DB는 건구온도이다.

69

0303 / 0502 / 0601 / 1001 / 1101 / 1603 / 2101

● Repetitive Learning 1회 2회 3회

인간 생체에서 이온화시키는데 필요한 최소에너지를 기준으로 전리방사선과 비전리방사선을 구분한다. 전리방사선과 비전리방사선을 구분하는 에너지의 강도는 약 얼마인가?

① 7eV

② 12eV

③ 17eV

④ 22eV

해설

• 전리방사선과 비전리방사선을 구분하는 에너지 강도는 약 12eV이다.

:: 방사선의 구분
• 이온화 성질, 주파수, 파장 등에 따라 전리방사선과 비전리방사선으로 구분한다.
• 전리방사선과 비전리방사선을 구분하는 에너지 강도는 약 12eV이다.

전리방사선	중성자, X선, 알파(α)선, 베타(β)선, 감마(γ)선,
비전리방사선	자외선, 적외선, 레이저, 마이크로파, 가시광선, 극저주파, 라디오파

70

2202

● Repetitive Learning 1회 2회 3회

작업자 A의 4시간 작업 중 소음노출량이 76%일 때, 측정시간에 있어서의 평균치는 약 몇 dB(A)인가?

① 88

② 93

③ 98

④ 103

해설

• TWA=$16.61 \log(\frac{D}{12.5 \times 노출시간})+90$으로 구하며, D는 누적소음노출량[%]이다.
• 누적소음 노출량이 76%, 노출시간이 4시간이므로 대입하면
$16.61 \times \log(\frac{76}{(12.5 \times 4)})+90=93.02 \cdots$이다.

:: 시간가중평균 소음수준(TWA)[dB(A)] **실기** 0801/0902/1101/1903/2202
• 노출기준은 8시간 시간가중치를 의미하며 90dB를 설정한다.
• TWA=$16.61 \log(\frac{D}{12.5 \times 노출시간})+90$으로 구하며, D는 누적소음노출량[%]이다.
• 8시간 동안 측정치가 폭로량으로 산출되었을 경우에는 표를 이용하여 8시간 시간가중평균치로 환산한다.

71

0803 / 1003 / 1601

● Repetitive Learning 1회 2회 3회

빛에 관한 설명으로 옳지 않은 것은?

① 광원으로부터 나오는 빛의 세기를 조도라 한다.

② 단위 평면적에서 발산 또는 반사되는 광량을 휘도라 한다.

③ 루멘은 1촉광의 광원으로부터 단위 입체각으로 나가는 광속의 단위이다.

④ 조도는 어떤 면에 들어오는 광속의 양에 비례하고, 입사면의 단면적에 반비례한다.

0903 / 1703

72 ● Repetitive Learning (1회 2회 3회)

이상기압에 의하여 발생하는 직업병에 영향을 미치는 유해인자가 아닌 것은?

① 산소(O_2) ② 이산화황(SO_2)
③ 질소(N_2) ④ 이산화탄소(CO_2)

73 ● Repetitive Learning (1회 2회 3회)

소음에 의하여 발생하는 노인성 난청의 청력손실에 대한 설명으로 옳은 것은?

① 고주파영역으로 갈수록 큰 청력손실이 예상된다.
② 2,000Hz에서 가장 큰 청력장애가 예상된다.
③ 1,000Hz 이하에서는 20~30dB의 청력손실이 예상된다.
④ 1,000~8,000Hz 영역에서는 0~20dB의 청력손실이 예상된다.

1202

74 ● Repetitive Learning (1회 2회 3회)

태양으로부터 방출되는 복사 에너지의 52% 정도를 차지하고 피부조직 온도를 상승시켜 충혈, 혈관확장, 각막손상, 두부장해를 일으키는 유해광선은?

① 자외선 ② 적외선
③ 가시광선 ④ 마이크로파

75 ● Repetitive Learning (1회 2회 3회)

음(sound)에 관한 설명으로 옳지 않은 것은?

① 음(음파)이란 대기압보다 높거나 낮은 압력의 파동이고, 매질을 타고 전달되는 진동에너지이다.
② 주파수란 1초 동안에 음파로 발생되는 고압력 부분과 저압력 부분을 포함한 압력 변화의 완전한 주기를 말한다.
③ 음의 단위는 물리적 단위를 쓰는 것이 아니라 감각수준인 데시벨(dB)이라는 무차원의 비교단위를 사용한다.
④ 사람이 대기압에서 들을 수 있는 음압은 0.000002N/m^{2}에서부터 20N/m^{2}까지 광범위한 영역이다.

0702 / 1201

76 ——————— Repetitive Learning 〔1회〕〔2회〕〔3회〕

다음 중 한랭환경에서의 일차적인 생리적 반응이 아닌 것은?

① 피부혈관의 수축
② 근육 긴장의 증가와 떨림
③ 화학적 대사작용의 증가
④ 체표면적의 증가

해설

- 한랭환경에서의 1차적 영향에서 체표면적은 감소한다.

저온에 의한 생리적 영향

　㉠ 1차적 영향
- 피부혈관의 수축
- 근육긴장의 증가와 전율
- 화학적 대사작용의 증가
- 체표면적의 감소
　㉡ 2차적 영향
- 말초혈관의 수축
- 혈압의 일시적 상승
- 조직대사의 증진과 식용항진

---

77 ——————— Repetitive Learning 〔1회〕〔2회〕〔3회〕

흑구온도는 32℃, 건구온도는 27℃, 자연습구온도는 30℃인 실내작업장의 습구·흑구온도지수는?

① 33.3℃
② 32.6℃
③ 31.3℃
④ 30.6℃

0901 / 1403

78 ——————— Repetitive Learning 〔1회〕〔2회〕〔3회〕

고압환경에서 발생할 수 있는 생체증상으로 볼 수 없는 것은?

① 부종
② 압치통
③ 폐압박
④ 폐수종

해설

- 폐수종은 저압 환경의 생체작용에 해당한다.

고압 환경의 생체작용

- 1차성 압력현상 − 생체강과 환경간의 기압차이로 인한 기계적 작용으로 울혈, 부종, 출혈, 동통과 함께 귀, 부비강, 치아의 압통 등이 발생할 수 있다.
- 2차성 압력현상 − 고압하의 대기가스의 독성으로 인한 현상으로 질소마취, 산소 중독, 이산화탄소 중독 등이 있다.

1801

79 ——————— Repetitive Learning 〔1회〕〔2회〕〔3회〕

흡음재의 종류 중 다공질 재료에 해당되지 않는 것은?

① 암면
② 펠트(felt)
③ 석고보드
④ 발포수지재료

해설

- ③은 (판)진동흡음재에 해당한다.

흡음재의 종류

- 다공질 재료 − 내부의 마찰이나 점성저항 또는 소섬유 진동을 이용(섬유, 암면, 석면, 발포수지재료, 세라믹 등)
- 판진동흡음재 − 판이나 천의 막 진동을 이용(비닐시트, 석고보드, 석면 스레트 등)
- 입구가 좁은 항아리 − 공명에 의한 흡음을 이용(다공판 등)

0403 / 0802

80 ——————— Repetitive Learning 〔1회〕〔2회〕〔3회〕

음압 6N/m²의 음압도는 몇 dB의 음압수준인가?

① 90dB
② 100dB
③ 110dB
④ 120dB

- $P = 6$, $P_0 = 0.00002$로 주어졌으므로 대입하면

$$SPL = 20\log\left(\frac{6}{0.00002}\right) = 109.5424 \cdots [dB]이 된다.$$

음압레벨(SPL ; Sound Pressure Level) 실기 0403/0501/0503/0901/1001/1102/1403/2004

- 기준이 되는 소리의 압력과 비교하여 로그적으로 표현한 값이다.
- $SPL = 20\log\left(\dfrac{P}{P_0}\right)[dB]$로 구한다. 여기서 P_0는 기준음압으로 $2 \times 10^{-5}[N/m^2]$ 혹은 $2 \times 10^{-4}[dyne/cm^2]$이다.
- 자유공간에 위치한 점음원의 음압레벨(SPL)은 음향파워레벨(PWL) $-20\log r - 11$로 구한다. 이때 r은 소음원으로부터의 거리[m]이다. 11은 $10\log(4\pi)$의 값이다.

5과목 산업독성학

81
0303
—— Repetitive Learning 1회 2회 3회

투명한 휘발성 액체로 페인트, 시너, 잉크 등의 용제로 사용되며 장기간 노출될 경우 말초신경장해가 초래되어 사지의 지각상실과 신근마비 등 다발성 신경장해를 일으키는 파라핀계 탄화수소의 대표적인 유해물질은?

① 벤젠
② 노말헥산
③ 톨루엔
④ 클로로포름

- 벤젠은 만성노출에 의한 조혈장해를 유발시키며, 급성 골수성 백혈병을 일으키는 대표적인 방향족 탄화수소 물질이다.
- 톨루엔은 페인트, 락카, 신나 등에 쓰이는 용제로 인체에 과량 흡입될 경우 위장관계의 기능장애, 두통이나 환각증세와 같은 신경장애를 일으키는 등 중추신경계에 영향을 주는 물질이다.
- 클로로포름은 약품 정제를 하기 위한 추출제, 냉동제, 합성수지 등에 이용되는 물질로 간장, 신장의 암발생에 영향을 미친다.

노말헥산
- 파라핀계 탄화수소의 대표적인 유해물질이다.
- 투명한 휘발성 액체로 페인트, 시너, 잉크 등의 용제로 사용된다.
- 장기간 노출될 경우 말초신경장해가 초래되어 사지의 지각상실과 신근마비 등 다발성 신경장해를 일으킨다.

82
—— Repetitive Learning 1회 2회 3회

metallothionein에 대한 설명으로 옳지 않은 것은?

① 방향족 아미노산이 없다.
② 주로 간장과 신장에 많이 축적된다.
③ 카드뮴과 결합하면 독성이 강해진다.
④ 시스테인이 주성분인 아미노산으로 구성된다.

- 카드뮴이 체내에서 이동 및 분해하는 데 간여하여 독성을 낮추는 역할을 한다.

metallothionein
- 카드뮴이 체내에서 이동 및 분해하는 데는 분자량 10,500 정도의 저분자 단백질이다.
- 체내에 노출되면 단백질을 합성하여 독성을 감소시킨다.
- 방향족 아미노산이 없다.
- 시스테인이 주성분인 아미노산으로 구성된다.
- 주로 간장과 신장에 많이 축적된다.

83
1001
—— Repetitive Learning 1회 2회 3회

직업병의 유병률이란 발생율에서 어떠한 인자를 제거한 것인가?

① 기간
② 집단수
③ 장소
④ 질병종류

- 유병은 특정 시점, 발생률은 특정 기간을 의미한다.

유병률과 발생률
- 유병률은 특정 시점에서 대상 집단에서 특정 질환을 가진 개체수의 백분율을 말한다.
- 유병율은 발생율과는 달리 시간개념이 적다.
- 발생률은 질병의 발생가능성이 있는 인구집단에서 일정 기간동안 발생한 질병의 수로 위험에 노출된 인구 중 질병에 걸릴 확률의 개념이다.
- 유병률(P)은 10% 이하이고, 발생(I)과 평균이환기간(D)이 시간 경과에 따라 일정할 때 유병률과 발생률 사이의 관계는 $P = I \times D$이다.

84
0803 / 1001
—— Repetitive Learning 1회 2회 3회

무기성 분진에 의한 진폐증에 해당하는 것은?

① 면폐증
② 농부폐증
③ 규폐증
④ 목재분진폐증

- 규폐증은 가장 대표적인 무기성 분진에 의한 진폐증의 종류이다.

⚮ 흡입 분진의 종류에 의한 진폐증의 분류

무기성 분진	규폐증, 용접공폐증, 탄광부진폐증, 활석폐증, 석면폐증, 흑연폐증, 알루미늄폐증, 탄소폐증, 주석폐증, 규조토폐증 등
유기성 분진	면폐증, 설탕폐증, 농부폐증, 목조분진폐증, 연초폐증, 모발분진폐증 등

85 ——— • Repetitive Learning (1회 `2회` 3회)

급성 전신중독을 유발하는데 있어 그 독성이 가장 강한 방향족 탄화수소는?

① 벤젠(Benzene)
② 크실렌(Xylene)
③ 톨루엔(Toluene)
④ 에틸렌(Ethylene)

- 급성 전신중독 시 독성은 톨루엔>크실렌>벤젠 순이다.

⚮ 톨루엔($C_6H_5CH_3$) 실기 0801/1501/2004
- 급성 전신중독을 일으키는 가장 강한 방향족 탄화수소이다.
- 생물학적 노출지표는 요 중 마뇨산(hippuric acid), o-크레졸(오르소-크레졸)이다.
- 페인트, 락카, 신나 등에 쓰이는 용제로 스프레이 도장 작업 등에서 만성적으로 폭로된다.
- 인체에 과량 흡입될 경우 위장관계의 기능장애, 두통이나 환각증세와 같은 신경장애를 일으키는 등 중추신경계에 영향을 준다.

86 ——— • Repetitive Learning (1회 `2회` 3회)

사업장에서 노출되는 금속의 일반적인 독성기전이 아닌 것은?

① 효소억제
② 금속 평형의 파괴
③ 중추신경계 활성 억제
④ 필수 금속 성분의 대체

- 금속의 일반적인 독성기전에는 ①, ②, ④ 외에 간접영향으로 설프하이드릴(sulfhydryl)기와의 친화성으로 단백질 기능 변화 등이 있다.

⚮ 금속의 일반적인 독성기전
- 효소의 억제
- 금속 평형의 파괴
- 필수 금속 성분의 대체
- 설프하이드릴(sulfhydryl)기와의 친화성으로 단백질 기능 변화

87 ——— • Repetitive Learning (1회 `2회` 3회)

생물학적 모니터링에 대한 설명으로 옳지 않은 것은?

① 화학물질의 종합적인 흡수 정도를 평가할 수 있다.
② 노출기준을 가진 화학물질의 수보다 BEI를 가지는 화학물질의 수가 더 많다.
③ 생물학적 시료를 분석하는 것은 작업환경 측정보다 훨씬 복잡하고 취급이 어렵다.
④ 근로자의 유해인자에 대한 노출 정도를 소변, 호기, 혈액 중에서 그 물질이나 대사산물을 측정함으로써 노출 정도를 추정하는 방법을 의미한다.

- 공기 중 노출기준(TLV)은 생물학적 노출기준(BEI)보다 더 많다.

⚮ 생물학적 모니터링
- 작업자의 생물학적 시료에서 화학물질의 노출을 추정하는 것을 말한다.
- 모든 노출경로에 의한 흡수정도를 나타낼 수 있다.
- 최근의 노출량이나 과거로부터 축적된 노출량을 파악한다.
- 건강상의 위험은 생물학적 검체에서 물질별 결정인자를 생물학적 노출지수와 비교하여 평가된다.
- 근로자 노출 평가와 건강상의 영향 평가 두 가지 목적으로 모두 사용될 수 있다.
- 생물학적 검체인 호기, 소변, 혈액 등에서 결정인자를 측정하여 노출정도를 추정하는 방법이다.
- 결정인자는 공기 중에서 흡수된 화학물질이나 그것의 대사산물 또는 화학물질에 의해 생긴 가역적인 생화학적 변화이다.
- 내재용량은 최근에 흡수된 화학물질의 양, 여러 신체 부분이나 몸 전체에서 저장된 화학물질의 양, 체내 주요 조직이나 부위의 작용과 결합한 화학물질의 양을 나타낸다.
- 공기 중 노출기준(TLV)이 설정된 화학물질의 수는 생물학적 노출기준(BEI)보다 더 많다.

88 ——— • Repetitive Learning (1회 `2회` 3회)

크롬화합물 중독에 대한 설명으로 옳지 않은 것은?

① 크롬중독은 뇨 중의 크롬양을 검사하여 진단한다.
② 크롬 만성중독의 특징은 코, 폐 및 위장에 병변을 일으킨다.
③ 중독치료는 배설촉진제인 Ca-EDTA를 투약하여야 한다.
④ 정상인보다 크롬취급자는 폐암으로 인한 사망률이 약 13~31배나 높다고 보고된 바 있다.

- Ca-EDTA는 무기성 납으로 인한 중독 시 원활한 체내 배출을 위해 사용하는 배설촉진제로 크롬중독의 치료와는 거리가 멀다.

✿ 크롬(Cr)
- 부식방지 및 도금 등에 사용된다.
- 급성중독시 심한 신장장해를 일으키고, 만성중독 시 코, 폐 등의 점막이 충혈되어 화농성비염이 되고 차례로 깊이 들어가서 궤양이 되고 비강암이나 비중격천공을 유발한다.
- 장기간 흡입하는 경우 원발성 기관지암과 폐암이 발생한다.
- 피부궤양 발생 시 치료에는 Sodium citrate 용액, Sodium thiosulfate 용액, 10% CaNa2EDTA 연고 등을 사용한다.

89 ──────── Repetitive Learning (1회 2회 3회)

다음 중 니트로벤젠의 화학물질의 영향에 대한 생물학적 모니터링 대상으로 옳은 것은?

① 혈액에서의 메타헤모글로빈
② 요에서의 마뇨산
③ 요에서의 저분자량 단백질
④ 적혈구에서의 ZPP

해설
- ②는 톨루엔에 대한 생물학적 모니터링 대상이다.
- ③은 카드뮴에 대한 생물학적 모니터링 대상이다.
- ④는 납에 대한 생물학적 모니터링 대상이다.

✿ 유기용제별 생물학적 모니터링 대상(생체 내 대사산물) 실기 0803/1403/2101

벤젠	소변 중 총 페놀 소변 중 t,t-뮤코닉산(t,t-Muconic acid)
에틸벤젠	소변 중 만델린산
스티렌	소변 중 만델린산
톨루엔	소변 중 마뇨산(hippuric acid), o-크레졸
크실렌	소변 중 메틸마뇨산
이황화탄소	소변 중 TTCA
메탄올	혈액 및 소변 중 메틸알코올
노말헥산	소변 중 헥산디온(2,5-hexanedione)
MBK (methyl-n-butyl ketone)	소변 중 헥산디온(2,5-hexanedione)
니트로벤젠	혈액 중 메타헤모글로빈
카드뮴	혈액 및 소변 중 카드뮴(저분자량 단백질)
납	혈액 및 소변 중 납(ZPP, FEP)
일산화탄소	혈액 중 카복시헤모글로빈, 호기 중 일산화탄소

90 ──────── Repetitive Learning (1회 2회 3회)

직업성 천식을 유발하는 대표적인 물질로 나열된 것은?

① 알루미늄, 2-Bromopropane
② TDI(Toluene Diisocyanate), Asbestos
③ 실리카, DBCP(1,2-dibromo-3-chloropropane)
④ TDI(Toluene Diisocyanate), TMA(Trimellitic Anhydride)

해설
- 직업성 천식의 원인물질에는 금속(백금, 니켈, 크롬, 알루미늄 등), 약제(항생제, 소화제 등), 생물학적 물질(털, 동물분비물, 목재분진, 곡물가루, 밀가루, 커피가루, 진드기 등), 화학물질(TDI, TMA, 반응성 아조염료 등) 등이 있다.

✿ 직업성 천식
- 작업환경에서 기도의 만성 염증성 질환인 기관지 천식이 발생한 것을 말한다.
- 작업장에서의 분진, 가스, 증기 혹은 연무 등에 노출되어 발생하는 기도의 가역적인 폐쇄를 보이는 질환이다.
- 알레르기 항원이 기도로 들어와 IgE를 생성한다. 항원과 결합된 항원전달세포가 림프절 내에 작용한다. 이때 비만세포로부터 Histamine, Leukotriene 등이 분비되어 기관지 수축이 일어난다.
- 원인물질에는 금속(백금, 니켈, 크롬, 알루미늄 등), 약제(항생제, 소화제 등), 생물학적 물질(털, 동물분비물, 목재분진, 곡물가루, 밀가루, 커피가루, 진드기 등), 화학물질(TDI, TMA, 반응성 아조염료 등) 등이 있다.

91 ──────── Repetitive Learning (1회 2회 3회)

기관지와 폐포 등 폐 내부의 공기통로와 가스교환 부위에 침착되는 먼지로서 공기역학적 지름이 30μm 이하의 크기를 가지는 것은?

① 흉곽성 먼지 ② 호흡성 먼지
③ 흡입성 먼지 ④ 침착성 먼지

해설
- 호흡성 먼지는 폐포에 침착하여 독성을 나타내며 평균입자 크기는 4μm이고, 공기 역학적 직경이 10μm 미만인 먼지를 말한다.
- 흡입성 먼지는 주로 비강, 인후두, 기관 등 호흡기의 기도 부위에 축적됨으로써 호흡기계 독성을 유발하는 분진으로 평균입경이 100μm이다.

:: 입자상 물질의 분류 실기 0303/0402/0502/0701/0703/0802/1303/1402/1502/1601/1701/1802/1901/2202

흡입성 먼지	주로 비강, 인후두, 기관 등 호흡기의 기도 부위에 축적됨으로써 호흡기계 독성을 유발하는 분진으로 평균입경이 100μm이다.
흉곽성 먼지	기관지와 폐포 등 폐 내부의 공기통로와 가스교환 부위에 침착되는 먼지로서 공기역학적 지름이 30μm 이하의 크기를 가지며 평균입경은 10μm이다.
호흡성 먼지	폐포에 침착하여 독성을 나타내며 평균입자 크기는 4μm이고, 공기역학적 직경이 10μm 미만인 먼지를 말한다.

92 ———• Repetitive Learning 1회 2회 3회

자극성 접촉피부염에 대한 설명으로 옳지 않은 것은?

① 홍반과 부종을 동반하는 것이 특징이다.

② 작업장에서 발생빈도가 가장 높은 피부질환이다.

③ 진정한 의미의 알레르기 반응이 수반되는 것은 포함시키지 않는다.

④ 항원에 노출되고 일정 시간이 지난 후에 다시 노출되었을 때 세포매개성 과민반응에 의하여 나타나는 부작용의 결과이다.

해설

• ④는 알레르기성 접촉피부염에 대한 설명이다.

:: 자극성 접촉피부염

• 일정 농도 이상의 물질이 피부에 닿아서 자극이 일어나는 피부의 염증이다.

• 작업장에서 발생빈도가 가장 높은 피부질환이다.

• 원인물질은 크게 수분, 합성 화학물질, 생물성 화학물질로 구분할 수 있다.

• 증상은 다양하지만 홍반과 부종을 동반하는 것이 특징이다.

1003 / 1502

93 ———• Repetitive Learning 1회 2회 3회

어떤 물질의 독성에 관한 인체실험 결과 안전 흡수량이 체중 1kg 당 0.15mg이었다. 체중이 70kg인 근로자가 1일 8시간 작업할 경우 이물질의 체내 흡수를 안전흡수량 이하로 유지하려면 공기 중 농도를 얼마 이하로 하여야 하는가?(단, 작업 시 폐환기율은 $1.3m^3$/h, 체내 잔류율은 1.0으로 한다)

① $0.52\text{mg}/m^3$　　② $1.01\text{mg}/m^3$

③ $1.57\text{mg}/m^3$　　④ $2.02\text{mg}/m^3$

해설

• 체내흡수량(안전흡수량)과 관련된 문제이다.

• 체내 흡수량(mg) = C×T×V×R로 구할 수 있다.

• 문제는 작업 시의 허용농도 즉, C를 구하는 문제이므로 $\dfrac{\text{체내흡수량}}{T \times V \times R}$ 로 구할 수 있다.

• 체내 흡수량은 몸무게×몸무게당 안전흡수량=70×0.15=10.5 이다.

• 따라서 C=10.5/(8×1.3×1.0)=1.0096···이 된다.

:: 체내흡수량(SHD : Safe Human Dose) 실기 0301/0501/0601/0801/1001/1201/1402/1602/1701/2002/2003

• 사람에게 안전한 양으로 안전흡수량, 안전폭로량이라고도 한다.

• 동물실험을 통하여 산출한 독물량의 한계치(NOED : No-Observable Effect Dose)를 사람에게 적용하기 위해 인간의 안전폭로량(SHD)을 계산할 때 안전계수와 체중, 독성물질에 대한 역치(THDh)를 고려한다.

• C×T×V×R[mg]으로 구한다.

C : 공기 중 유해물질농도[mg/m^3]

T : 노출시간[hr]

V : 폐환기율, 호흡률[m^3/hr]

R : 체내잔류율(주어지지 않을 경우 1.0)

1002 / 1502

94 ———• Repetitive Learning 1회 2회 3회

생리적으로는 아무 작용도 하지 않으나 공기 중에 많이 존재하여 산소분압을 저하시켜 조직에 필요한 산소의 공급부족을 초래하는 질식제는?

① 단순 질식제　　② 화학적 질식제

③ 물리적 질식제　　④ 생물학적 질식제

해설

• 화학적 질식제는 혈액 중 산소운반능력을 방해하거나 기도나 폐 조직을 손상시키는 질식제를 말한다.

:: 질식제

• 질식제란 조직 내의 산화작용을 방해하는 화학물질을 말한다.

• 질식제는 단순 질식제와 화학적 질식제로 구분할 수 있다.

단순 질식제	• 생리적으로는 아무 작용도 하지 않으나 공기 중에 많이 존재하여 산소분압을 저하시켜 조직에 필요한 산소의 공급부족을 초래하는 물질 • 수소, 질소, 헬륨, 이산화탄소, 메탄, 아세틸렌 등
화학적 질식제	• 혈액 중 산소운반능력을 방해하는 물질 • 일산화탄소, 아닐린, 시안화수소 등 • 기도나 폐 조직을 손상시키는 물질 • 황화수소, 포스겐 등

95

0903

Repetitive Learning [1회] [2회] [3회]

중금속과 중금속이 인체에 미치는 영향을 연결한 것으로 옳지 않은 것은?

① 크롬-폐암   ② 수은-파킨슨병

③ 납-소아의 IQ 저하   ④ 카드뮴-호흡기의 손상

해설

- 심해지면 중추신경계의 특정부위를 손상시켜 파킨슨증후군과 보행장해가 두드러지는 중금속은 망간이다.

수은(Hg)

㉠ 개요
- 인간의 연금술, 의약품 등에 가장 오래 사용해 왔던 중금속의 하나로 17세기 유럽에서 신사용 중절모자를 만드는 사람들에게 처음으로 발견되어 hatter's shake라고 하며 근육경련을 유발하는 중금속이다.
- 단백질을 침전시키며 thiol(-SH)기를 가진 효소의 작용을 억제하여 독성을 나타낸다.
- 뇌홍의 제조에 사용하며, 증기를 발생하여 산업중독을 일으킨다.
- 수은은 상온에서 액체상태로 존재하는 금속이다.

㉡ 분류
- 무기수은화합물은 대부분의 금속과 화합하여 아말감을 만든다.
- 무기수은화합물은 질산수은, 승홍, 뇌홍 등이 있으며, 유기수은화합물에는 페닐수은, 에틸수은 등이 있다.
- 유기수은 화합물로서는 아릴수은(무기수은) 화합물과 알킬수은 화합물이 있다.
- 메틸 및 에틸 등 알킬수은 화합물의 독성이 가장 강하다.

㉢ 인체에 미치는 영향과 대책
- 소화관으로는 2~7% 정도의 소량으로 흡수되며, 금속 형태로는 뇌, 혈액, 심근에 많이 분포된다.
- 중독의 특징적인 증상은 근육진전, 정신증상이고, 만성노출 시 식욕부진, 신기능부전, 구내염이 발생한다.
- 급성중독 시 우유와 계란의 흰자를 먹여 단백질과 해당 물질을 결합시켜 침전시키거나, BAL(dimercaprol)을 체중 1kg당 5mg을 근육주사로 투여하여야 한다.

96

1201 / 1801

Repetitive Learning [1회] [2회] [3회]

공기 중 입자상 물질의 호흡기계 축적기전에 해당하지 않는 것은?

① 교환   ② 충돌

③ 침전   ④ 확산

해설

- 입자의 호흡기계를 통한 축적 작용기전은 충돌, 침전, 차단, 확산이 있다.

입자의 호흡기계 축적
- 작용기전은 충돌, 침전, 차단, 확산이 있다.
- 호흡기 내에 침착하는데 작용하는 기전 중 가장 역할이 큰 것은 확산이다.

충돌	비강, 인후두 부위 등 공기흐름의 방향이 바뀌는 경우 입자가 공기흐름에 따라 순행하지 못하고 공기흐름이 변환되는 부위에 부딪혀 침착되는 현상
침전	기관지, 모세기관지 등 폐의 심층부에서 공기흐름이 느려지게 되면 자연스럽게 낙하하여 침착되는 현상
차단	길이가 긴 입자가 호흡기계로 들어오면 그 입자의 가장자리가 기도의 표면을 스치면서 침착되는 현상
확산	미세입자(입자의 크기가 0.5㎛ 이하)들이 주위의 기체분자와 충돌하여 무질서한 운동을 하다가 주위 세포의 표면에 침착되는 현상

97

1303

Repetitive Learning [1회] [2회] [3회]

작업환경에서 발생 될 수 있는 망간에 관한 설명으로 옳지 않은 것은?

① 주로 철합금으로 사용되며, 화학공업에서는 건전지 제조업에 사용된다.

② 만성노출 시 언어가 느려지고 무표정하게 되며, 파킨슨 증후군 등의 증상이 나타나기도 한다.

③ 망간은 호흡기, 소화기 및 피부를 통하여 흡수되며, 이 중에서 호흡기를 통한 경로가 가장 많고 위험하다.

④ 급성중독 시 신장장애를 일으켜 요독증(uremia)으로 8~10일 이내 사망하는 경우도 있다.

해설

- 요독증을 유발하는 것은 급성수은중독에 대한 설명이다.

망간(Mn)
- 망간은 직업성 만성중독 원인물질로 주로 철합금으로 사용되며, 화학공업에서는 건전지 제조업에 사용된다.
- 망간은 호흡기, 소화기 및 피부를 통하여 흡수되며, 이 중에서 호흡기를 통한 경로가 가장 많고 위험하다.
- 전기용접봉 제조업, 도자기 제조업에서 발생한다.
- 무력증, 식욕감퇴 등의 초기증세를 보이다 심해지면 언어장애, 균형감각상실 등 중추신경계의 특정 부위를 손상시켜 파킨슨증후군과 보행장해가 두드러지는 중금속이다.

98 ──────── Repetitive Learning [1회] [2회] [3회]

0402

유해물질을 생리적 작용에 의하여 분류한 자극제에 관한 설명으로 틀린 것은?

① 호흡기관의 종말 기관지와 폐포점막에 작용하는 자극제는 물에 잘 녹는 물질로 심각한 영향을 준다.
② 상기도의 점막에 작용하는 자극제는 크롬산, 산화에틸렌 등이 해당된다.
③ 상기도 점막과 호흡기관지에 작용하는 자극제는 불소, 요오드 등이 해당된다.
④ 피부와 점막에 작용하여 부식작용을 하거나 수포를 형성하는 물질을 자극제라고 하며 고농도가 눈에 들어가면 결막염과 각막염을 일으킨다.

해설
• 호흡기관의 종말 기관지와 폐포점막에 작용하는 자극제는 상기도에 용해되지 않고 통과해야 하므로 물에 잘 녹지 않는다.

✽ 자극제
ⓐ 개요
• 피부와 점막에 작용하여 부식작용을 하거나 수포를 형성하는 물질을 자극제라고 하며 고농도가 눈에 들어가면 결막염과 각막염을 일으킨다.
• 유해물질의 용해도에 따라 자극제를 상기도 점막자극제, 상기도 점막 및 폐조직 자극제, 종말 기관지 및 폐포점막 자극제로 구분한다.

ⓑ 종류

상기도 점막 자극제	알데하이드, 암모니아, 염화수소, 불화수소, 아황산가스, 크롬산, 산화에틸렌
상기도 점막 및 폐조직 자극제	염소, 취소, 불소, 옥소, 청화염소, 오존, 요오드
종말 기관지 및 폐포점막 자극제	이산화질소, 염화비소, 포스겐($COCl_2$)

99 ──────── Repetitive Learning [1회] [2회] [3회]

0701 / 1302

미국 산업위생전문가 협의회(ACGIH)에서 규정한 유해물질 허용기준에 관한 사항과 관계없는 것은?

① TLV-C : 최고치 허용농도 기준
② TLV-TWA : 8시간 평균 노출기준
③ TLV-TLM : 시간가중 한계농도 기준
④ TLV-STEL : 단시간 노출의 허용농도 기준

해설
• TLV의 종류에는 TWA, STEL, C 등이 있다.

✽ TLV(Threshold Limit Value)
ⓐ 개요
• 미국 산업위생전문가회의(ACGIH; American Conference of Governmental Industrial Hygienists)에서 채택한 허용농도의 기준이다.
• 동물실험자료, 인체실험자료, 사업장 역학조사 등을 근거로 한다.
• 가장 대표적인 유독성 지표로 만성중독과 관련이 깊다.
• 계속적 작업으로 인한 환경에 적용되더라도 건강에 악영향을 미치지 않는 물질 농도를 말한다.

ⓑ 종류 **실기** 0403/0703/1702/2002

TLV-TWA	시간가중평균농도로 1일 8시간(1주 40시간) 작업을 기준으로 하여 유해요인의 측정농도에 발생시간을 곱하여 8시간으로 나눈 농도
TLV-STEL	근로자가 1회 15분간 유해요인에 노출되는 경우의 허용농도로 이 농도 이하에서는 1회 노출 간격이 1시간 이상인 경우 1일 작업시간 동안 4회까지 노출이 허용될 수 있는 농도
TLV-C	최고허용농도(Ceiling 농도)라 함은 근로자가 1일 작업시간 동안 잠시라도 노출되어서는 안 되는 최고 허용농도

100 ──────── Repetitive Learning [1회] [2회] [3회]

0302 / 0501 / 0901 / 1101 / 1403

먼지가 호흡기계로 들어올 때 인체가 가지고 있는 방어기전으로 가장 적정하게 조합된 것은?

① 면역작용과 폐내의 대사 작용
② 폐포의 활발한 가스교환과 대사 작용
③ 점액 섬모운동과 가스교환에 의한 정화
④ 점액 섬모운동과 폐포의 대식세포의 작용

해설
• 먼지가 호흡기계에 들어오면 인체는 점액 섬모운동과 폐포의 대식세포의 작용으로 방어기전을 수행한다.

✽ 물질의 호흡기계 축적 **실기** 1602
• 호흡기계에 물질의 축적 정도를 결정하는 가장 중요한 요인은 입자의 크기이다.
• $1\mu m$ 이하의 입자는 97%가 폐포까지 도달하게 된다.
• 가스상 물질의 호흡기계 축적을 결정하는 가장 중요한 요인은 물질의 수용성이다. 이로 인해 수용성이 낮은 가스상 물질은 폐포까지 들어와 농도차에 의해 전신으로 퍼지지만 수용성이 큰 가스상 물질은 상부호흡기계 점액에 용해되어 침착하게 된다.
• 먼지가 호흡기계에 들어오면 인체는 점액 섬모운동과 폐포의 대식세포의 작용으로 방어기전을 수행한다.

출제문제 분석 — 2020년 3회

구분	1과목	2과목	3과목	4과목	5과목	합계
New유형	1	3	2	1	0	7
New문제	7	7	12	5	2	33
또나온문제	6	8	3	5	3	25
자꾸나온문제	7	5	5	10	15	42
합계	20	20	20	20	20	100

- New유형은 New문제 중 기존 기출문제와 완전히 다른 유형의 문제를 말합니다.
- New문제는 기존에 출제되지 않은 문제로 이번에 처음 출제되는 문제입니다.
- 또나온문제는 기존에 출제된 적이 1번 있는 문제를 말합니다.
- 자꾸나온문제는 기존에 출제된 적이 2번 이상 있는 문제를 말합니다. 그만큼 중요한 문제입니다.

몇 년분의 기출문제를 공부해야 합격할 수 있을까요?

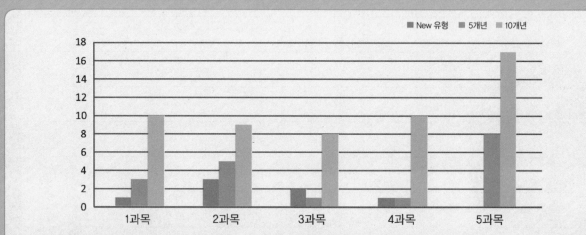

- 완전 새로운 유형의 문제는 7문제이고 93문제가 이미 출제된 문제 혹은 변형문제입니다.
- 5년분(2018~2022) 기출에서 동일문제가 18문항이 출제되었고, 10년분(2013~2022) 기출에서 동일문제가 54문항이 출제되었습니다.

실기에 나왔어요!! 일타쌍피—사전체크!!

실기시험은 필답형으로 진행됩니다. 객관식인 필기와 달리 주관식인 관계로 아는 만큼 적을 수 있습니다. 최근 계산문제의 비중이 많이 감소하고 있지만 절반 정도의 이론 문제와 절반 정도의 계산문제가 출제된다고 보시면 됩니다. 계산문제의 경우 나오는 문제유형이 거의 정해져 있습니다. 필기 공부할 때 미리 실기에 나오는 내용을 체크하시고 그부분만큼은 잘 공부해 두신다면 당 회차 실기까지 한 번에 잡을 수 있습니다.

- 총 39개의 유형별 핵심이론이 실기시험과 연동되어 있습니다.

분석의견

합격률이 56.9%로 역대급의 합격률을 보인 회차였습니다.
10년 기출을 학습할 경우 기출과 동일한 문제가 모든 과목에서 과락점수인 8개 이상 출제될 만큼 중요한 문제들이 많이 배치된 회차입니다.(기출문제가 많다는 것은 그만큼 중요한 문제가 배치되었으며, 기출문제로 학습한 수험자에게는 쉽다고 느껴집니다.)
10년분 기출문제와 유형별 핵심이론의 2회 정독이면 합격 가능한 것으로 판단됩니다.

2020년 제3회

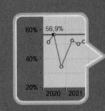

20년 3회차 필기시험
합격률 56.9%

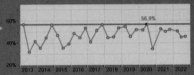

2020년 8월 22일 필기

1과목 산업위생학개론

1403
01 ━━━━━━━ ● Repetitive Learning 〔1회 2회 3회〕

주로 정적인 자세에서 인체의 특정부위를 지속적, 반복적으로 사용하거나 부적합한 자세로 장기간 작업할 때 나타나는 질환을 의미하는 것이 아닌 것은?

① 반복성긴장장애
② 누적외상성질환
③ 작업관련성 신경계질환
④ 작업관련성 근골격계질환

해설
• 우리나라에서는 근골격계 질환 관련(MSD), 미국에서는 누적외상성질환(CTD), 영국 및 호주에서는 반복성긴장장애(RSI), 스웨덴에서는 인간공학관련상해(ERI, OCD), 일본에서는 경견완증후군(Shoulder-arm syndrome)이라고 한다.

∷ 근골격계 질환 관련(MSD) 용어
• 특정 신체부위 및 근육의 과도한 사용으로 인해 근육, 관절, 혈관, 신경 등에 손상이 발생하여 해당 부위에 나타나는 만성적인 건강장해를 말한다.
• 미국에서는 누적외상성질환(CTD), 영국 및 호주에서는 반복성긴장장애(RSI), 스웨덴에서는 인간공학관련상해(ERI, OCD), 일본에서는 경견완증후군(Shoulder-arm syndrome)이라고 한다.

1201
02 ━━━━━━━ ● Repetitive Learning 〔1회 2회 3회〕

육체적 작업 시 혐기성 대사에 의해 생성되는 에너지원에 해당하지 않은 것은?

① 산소(Oxygen)
② 포도당(Glucose)
③ 크레아틴 인산(CP)
④ 아데노신 삼인산(ATP)

해설
• 혐기성 대사에 사용되는 에너지원에는 ATP, CP, glycogen, glucose가 있다.
• 산소가 있는 상태에서 탄수화물, 아미노사 및 지방이 연소하는 것은 호기성 대사이다.

∷ 혐기성 대사 [실기] 1401
• 호기성 대사가 대사과정을 통해 생성된 에너지인데 반해 혐기성 대사는 근육에 저장된 화학적 에너지를 말한다.
• 혐기성 대사는 ATP(아데노신 삼인산) → CP(코레아틴 인산) → glycogen(글리코겐) 혹은 glucose(포도당)순으로 에너지를 공급받는다.
• glucose(포도당)의 경우 혐기성에서 3개의 ATP 분자를 생성하지만 호기성 대사로 39개를 생성한다. 즉, 혐기 및 호기에 모두 사용된다.

1102 / 1303 / 1603
03 ━━━━━━━ ● Repetitive Learning 〔1회 2회 3회〕

화학적 원인에 의한 직업성 질환으로 볼 수 없는 것은?

① 정맥류
② 수전증
③ 치아산식증
④ 시신경 장해

해설
• 정맥류는 근골격계 질환 등 물리적 요인에 의한 직업성 질환이다.

∷ 직업성 질환 발생의 요인
㉠ 직접적 원인

환경요인	• 물리적 요인 : 고열, 진동, 소음, 고기압 등
	• 화학적 요인 : 이산화탄소, 일산화탄소, 수은, 납, 석면 등
	• 생물학적 요인 : 각종 미생물
작업요인	• 인간공학적 요인 : 작업자세, 작업방법 등

㉡ 간접적 원인
• 작업강도, 작업시간 등

04

Repetitive Learning 〔1회〕〔2회〕〔3회〕

산업안전보건법령상 발암성 정보물질의 표기법 중 '사람에게 충분한 발암성 증거가 있는 물질'에 대한 표기방법으로 옳은 것은?

① 1   ② 1A

③ 2A   ④ 2B

해설

- 산업안전보건법상 발암성의 구분은 구분 1A, 1B, 2를 원칙으로 한다.

❖ 산업안전보건법상 발암성(carcinogenicity) 물질 분류
- 발암성의 구분은 구분 1A, 1B, 2를 원칙으로 하되, 구분 1A와 1B의 소구분이 어려운 경우에만 구분 1, 2로 통합 적용할 수 있다.
- 발암성 구분 1의 분류기준은 구분 1A 또는 1B에 속하는 것으로 인적 경험에 의해 발암성이 있다고 인정되거나 동물시험을 통해 인체에 대해 발암성이 있다고 추정되는 물질을 말한다.

1A	사람에게 충분한 발암성 증거가 있는 물질
1B	시험동물에서 발암성 증거가 충분히 있거나, 시험동물과 사람 모두에서 제한된 발암성 증거가 있는 물질
2	사람이나 동물에서 제한된 증거가 있지만, 구분 1로 분류하기에는 증거가 충분하지 않은 물질

05

Repetitive Learning 〔1회〕〔2회〕〔3회〕

산업안전보건법령상 사업주가 사업을 할 때 근로자의 건강장해를 예방하기 위하여 필요한 보건상의 조치를 하여야 할 항목이 아닌 것은?

① 사업장에서 배출되는 기계 · 액체 또는 찌꺼기 등에 의한 건강장해

② 폭발성, 발화성 및 인화성 물질 등에 의한 위험 작업의 건강장해

③ 계측감시, 컴퓨터 단말기 조작, 정밀공작 등의 작업에 의한 건강장해

④ 단순반복작업 또는 인체에 과도한 부담을 주는 작업에 의한 건강장해

해설

- 보건조치가 필요한 경우는 ①, ③, ④ 외에 원재료 · 가스 · 증기 · 분진 · 흄 · 미스트 · 산소결핍 · 병원체 등에 의한 건강장해나 방사선 · 유해광선 · 고온 · 저온 · 초음파 · 소음 · 진동 · 이상기압 등에 의한 건강장해, 그리고 환기 · 채광 · 조명 · 보온 · 방습 · 청결 등의 적정기준을 유지하지 아니하여 발생하는 건강장해이다.

❖ 보건조치가 필요한 경우
- 원재료 · 가스 · 증기 · 분진 · 흄(fume, 열이나 화학반응에 의하여 형성된 고체증기가 응축되어 생긴 미세입자를 말한다) · 미스트(mist, 공기 중에 떠다니는 작은 액체방울을 말한다) · 산소결핍 · 병원체 등에 의한 건강장해
- 방사선 · 유해광선 · 고온 · 저온 · 초음파 · 소음 · 진동 · 이상기압 등에 의한 건강장해
- 사업장에서 배출되는 기체 · 액체 또는 찌꺼기 등에 의한 건강장해
- 계측감시(計測監視), 컴퓨터 단말기 조작, 정밀공작(精密工作) 등의 작업에 의한 건강장해
- 단순반복작업 또는 인체에 과도한 부담을 주는 작업에 의한 건강장해
- 환기 · 채광 · 조명 · 보온 · 방습 · 청결 등의 적정기준을 유지하지 아니하여 발생하는 건강장해

06

Repetitive Learning 〔1회〕〔2회〕〔3회〕

다음 중 산업위생전문가로서 근로자에 대한 책임과 가장 관계가 깊은 것은?

① 근로자의 건강 보호가 산업위생전문가의 1차적인 책임이라는 것을 인식한다.

② 이해관계가 있는 상황에서는 고객의 입장에서 관련 자료를 제시한다.

③ 기업주에 대하여는 실현 가능한 개선점으로 선별하여 보고한다.

④ 적절하고도 확실한 사실을 근거로 전문적인 견해를 발표한다.

해설

- 산업위생전문가는 근로자에 대한 책임과 관련하여 근로자의 건강 보호가 산업위생전문가의 1차적인 책임이라는 것을 인식하는 것이 가장 중요하다.

❖ 산업위생전문가의 윤리강령 중 근로자에 대한 책임
- 근로자의 건강 보호가 산업위생전문가의 1차적인 책임이라는 것을 인식해야 한다.
- 근로자와 기타 여러 사람의 건강과 안녕이 산업위생전문가의 판단에 좌우된다는 것을 깨달아야 한다.
- 위험 요소와 예방조치에 대하여 근로자와 상담해야 한다.
- 위험요인의 측정, 평가 및 관리에 있어서 외부의 압력에 굴하지 않고 중립적이고 객관적인 태도를 취한다.

07

● Repetitive Learning 　1회　2회　3회

산업안전보건법령상 작업환경측정에 대한 설명으로 옳지 않은 것은?

① 작업환경측정의 방법, 횟수 등의 필요사항은 사업주가 판단하여 정할 수 있다.
② 사업주는 작업환경의 측정 중 시료의 분석을 작업환경측정기관에 위탁할 수 있다.
③ 사업주는 작업환경측정 결과를 해당 작업장의 근로자에게 알려야한다.
④ 사업주는 근로자대표가 요구할 경우 작업환경측정 시 근로자대표를 참석시켜야 한다.

해설

- 작업환경측정의 방법·횟수, 그 밖에 필요한 사항은 고용노동부령으로 정한다.

❖ 산업안전보건법상 작업환경측정
  - 사업주는 유해인자로부터 근로자의 건강을 보호하고 쾌적한 작업환경을 조성하기 위하여 인체에 해로운 작업을 하는 작업장으로서 고용노동부령으로 정하는 작업장에 대하여 고용노동부령으로 정하는 자격을 가진 자로 하여금 작업환경측정을 하도록 하여야 한다.
  - 도급인의 사업장에서 관계수급인 또는 관계수급인의 근로자가 작업을 하는 경우에는 도급인이 자격을 가진 자로 하여금 작업환경측정을 하도록 하여야 한다.
  - 사업주는 작업환경측정을 지정받은 작업환경측정기관에 위탁할 수 있다. 이 경우 필요한 때에는 작업환경측정 중 시료의 분석만을 위탁할 수 있다.
  - 사업주는 근로자대표(관계수급인의 근로자대표를 포함)가 요구하면 작업환경측정 시 근로자대표를 참석시켜야 한다.
  - 사업주는 작업환경측정 결과를 기록하여 보존하고 고용노동부령으로 정하는 바에 따라 고용노동부장관에게 보고하여야 한다.
  - 사업주는 작업환경측정 결과를 해당 작업장의 근로자(관계수급인 및 관계수급인 근로자를 포함)에게 알려야 하며, 그 결과에 따라 근로자의 건강을 보호하기 위하여 해당 시설·설비의 설치·개선 또는 건강진단의 실시 등의 조치를 하여야 한다.
  - 사업주는 산업안전보건위원회 또는 근로자대표가 요구하면 작업환경측정 결과에 대한 설명회 등을 개최하여야 한다.
  - 작업환경측정의 방법·횟수, 그 밖에 필요한 사항은 고용노동부령으로 정한다.

1203 / 1601 / 2201

08

● Repetitive Learning 　1회　2회　3회

온도 25℃, 1기압 하에서 분당 100mL씩 60분 동안 채취한 공기 중에서 벤젠이 5mg 검출되었다면 검출된 벤젠은 약 몇 ppm인가?(단, 벤젠의 분자량은 78이다)

① 15.7
② 26.1
③ 157
④ 261

해설

- 총공기채취량은 100mL×60=6000mL이다.
- 검출된 벤젠의 양은 5mg이다.
- 농도는 $\frac{5mg}{6L} = 0.833\cdots[mg/L]=833[mg/m^3]$이 된다.
- mg/m^3을 ppm으로 변환해야 하므로 표준상태에서 $\frac{24.45}{78}$를 곱하면 $833 \times \frac{24.45}{78} = 261.113\cdots[ppm]$이 된다.

❖ mg/m^3의 ppm 단위로의 변환 　**실기** 0302/0303/0802/0902/1002/2103
  - mg/m^3단위를 ppm으로 변환하려면 $\frac{mg/m^3 \times 기체부피}{분자량}$로 구한다.
  - 24.45는 표준상태(25도, 1기압)에서 기체의 부피이다.
  - 온도가 다를 경우 $24.45 \times \frac{273+온도}{273+25}$로 기체의 부피를 구한다.

09

● Repetitive Learning 　1회　2회　3회

다음 (　)안에 들어갈 알맞은 것은?

> 산업안전보건법령상 화학물질 및 물리적 인자의 노출기준에서 "시간가중평균노출기준(TWA)"이란 1일 (A)시간 작업을 기준으로 하여 유해인자의 측정치에 발생시간을 곱하여 (B)시간으로 나눈 값을 말한다.

① A : 6, B : 6
② A : 6, B : 8
③ A : 8, B : 6
④ A : 8, B : 8

해설

- 시간가중평균값은 1일 8시간 작업을 기준으로 한 평균노출농도이다.

❖ 시간가중평균값(TWA, Time-Weighted Average) 　**실기** 0302/1102/1302/1801/2002
  - 1일 8시간 작업을 기준으로 한 평균노출농도이다.
  - TWA 환산값$= \frac{C_1 \cdot T_1 + C_i \cdot T_i + \cdots + C_n \cdot T_n}{8}$로 구한다.

  이때, C : 유해인자의 측정농도(단위 : ppm, mg/m³ 또는 개/cm³)
  T : 유해인자의 발생시간(단위 : 시간)

10

● Repetitive Learning (1회 2회 3회)

주요 실내 오염물질의 발생원으로 보기 어려운 것은?

① 호흡　　　　　② 흡연
③ 자외선　　　　④ 연소기기

해설

• 자외선은 실내 오염물질의 발생원으로 보기 어렵다.

❖ 실내 오염물질의 발생원

인간활동	• 호흡에 의한 이산화탄소 • 음식쓰레기, 대화나 기침, 재채기로 인한 세균 • 옷이나 신발에 묻어있는 먼지 • 연소기기에서 발생하는 일산화탄소, 이산화질소 • 흡연으로 인한 타르, 니코틴, 일산화탄소, 포름알데히드
생활용품 및 사무용품	• TV, 청소기, 컴퓨터, 프린터 등에서 발생하는 오존, 이산화질소, 휘발성 유기물질(VOCs), 중금속, 초미세먼지 • 책이나 신문의 표백제, 포름알데히드, 톨루엔
건축자재	• 벽지 바닥재 등의 포름알데히드, 휘발성 유기화합물
외부 대기오염	• 자동차 배기가스 등 • 황사나 공사장의 비산먼지 등

11

● Repetitive Learning (1회 2회 3회)

산업피로의 종류에 대한 설명으로 옳지 않은 것은?

① 근육의 일부 부위에만 발생하는 국소피로와 전신에 나타나는 전신피로가 있다.
② 신체피로는 육체적 노동에 의한 근육의 피로를 말하는 것으로 근육노동을 할 경우 주로 발생한다.
③ 피로는 그 정도에 따라 보통피로, 과로 및 곤비로 분류할 수 있으며 가장 경증의 피로단계는 곤비이다.
④ 정신피로는 중추신경계의 피로를 말하는 것으로 정밀작업 등과 같은 정신적 긴장을 요하는 작업 시에 발생한다.

해설

• 피로는 그 정도에 따라 3단계로 나눌 때 가장 심한 피로, 즉, 단기간의 휴식에 의해 회복될 수 없는 상태를 곤비라 한다.

❖ 피로의 정도에 따른 분류

보통피로	하루 저녁 잠을 잘 자고 나면 완전히 회복 될 수 있는 것
과로	다음 날까지도 피로상태가 계속되는 것
곤비	심한 노동 후의 피로 현상으로 단기간의 휴식에 의해 회복될 수 없는 병적상태

12

● Repetitive Learning (1회 2회 3회)

육체적 작업능력(PWC)이 16kcal/min인 남성 근로자가 1일 8시간 동안 물체를 운반하는 작업을 하고 있다. 이때 작업대사율은 10kcal/min이고, 휴식 시 대사율은 2kcal/min이다. 매 시간마다 적정한 휴식시간은 약 몇 분인가?(단, Herting의 공식을 적용하여 계산한다)

① 15분　　　　　② 25분
③ 35분　　　　　④ 45분

해설

• PWC가 16kcal/min이므로 E_{max}는 $\frac{16}{3}$kcal/min이다.

• E_{task}는 10kcal/min이고, E_{rest}는 2kcal/min이므로 값을 대입하면 $T_{rest} = \left[\frac{\frac{16}{3}-10}{2-10}\right] \times 100 = \frac{\frac{14}{3}}{8} \times 100 = 58.33\cdots$[%]가 된다.

• 1시간의 58.33%는 35분에 해당한다.

❖ Hertig의 적정휴식시간 [실기] 1401

• 시간당 적정휴식시간의 백분율 $T_{rest} = \left[\frac{E_{max}-E_{task}}{E_{rest}-E_{task}}\right] \times 100$ [%]으로 구한다.

• E_{max}는 8시간 작업에 적합한 작업량으로 육체적 작업능력(PWC)의 1/3에 해당한다.
• E_{rest}는 휴식 대사량이다.
• E_{task}는 해당 작업 대사량이다.

13

● Repetitive Learning (1회 2회 3회)

Diethyl ketone(TLV=200ppm)을 사용하는 작업장의 작업시간이 9시간일 때 허용기준을 보정하였다. OSHA 보정법과 법과 Brief and Scala 보정법을 적용하였을 경우 보정된 허용기준치 간의 차이는 약 몇 ppm인가?

① 5.05　　　　　② 11.11
③ 22.22　　　　④ 33.33

해설

• 먼저 OSHA 보정으로 보정된 노출기준은 $200 \times \frac{8}{9} = 177.780$이다.

• Brief and Scala 보정으로 노출기준 보정계수는 $\left(\frac{8}{9}\right) \times \frac{15}{16} = \frac{15}{18} = 0.833$이므로 주어진 TLV값 200을 곱하면 166.670이 된다.

• 2개의 보정된 허용기준치의 차이는 $177.78 - 166.67 = 11.11$[ppm]이다.

보정방법

⊙ OSHA 보정

- 보정된 노출기준은 8시간 노출기준 × $\dfrac{8시간}{1일\ 노출시간}$ 으로 구한다.
- 만약 만성중독으로 작업시간이 주단위로 부여되는 경우 노출기준 × $\dfrac{40시간}{1주\ 노출시간}$ 으로 구한다.

ⓛ Brief and Scala 보정 실기 0303/0401/0601/0701/0801/0802/ 0803/1203/1503/1603/1902/2003

- 노출기준 보정계수는 $\left(\dfrac{8}{H}\right) \times \dfrac{24-H}{16}$ 으로 구한 후 주어진 TLV값을 곱해준다.
- 만약 만성중독으로 작업시간이 주단위로 부여되는 경우 노출기준 보정계수는 $\left(\dfrac{40}{H}\right) \times \dfrac{168-H}{128}$ 으로 구한 후 주어진 TLV값을 곱해준다.

---

14 0901 / 1201

● Repetitive Learning 1회 2회 3회

피로의 예방대책으로 적절하지 않은 것은?

① 충분한 수면을 갖는다.
② 작업환경을 정리, 정돈한다.
③ 정적인 자세를 유지하는 작업을 동적인 작업을 전환하도록 한다.
④ 작업과정 사이에 여러 번 나누어 휴식하는 것보다 장시간의 휴식을 취한다.

해설

- 장시간 휴식하는 것보다 짧은 시간 여러 번 쉬는 것이 피로회복에 효과적이다.

:: 작업에 수반된 피로의 회복대책
- 충분한 영양을 섭취한다.
- 목욕이나 가벼운 체조를 한다.
- 휴식과 수면을 자주 취한다.
- 작업환경을 정리·정돈한다.
- 불필요한 동작을 피하고, 에너지 소모를 적게한다.
- 힘든 노동은 가능한 한 기계화한다.
- 장시간 휴식하는 것보다 짧은 시간 여러 번 쉬는 것이 피로회복에 효과적이다.
- 동적인 작업을 늘리고, 정적인 작업을 줄인다.
- 커피, 홍차, 엽차, 비타민B, 비타민C 등의 적정한 영양제를 보급한다.
- 음악감상과 오락 등 취미생활을 한다.

---

15 0301 / 1602

● Repetitive Learning 1회 2회 3회

산업위생의 역사에서 직업과 질병의 관계가 있음을 알렸고, 광산에서의 납중독을 보고한 인물은?

① Larigo
② Paracelsus
③ Percival Pott
④ Hippocrates

해설

- Loriga는 진동공구에 의한 수지(手指)의 Raynaud씨 증상을 보고하였다.
- Paracelsus는 질병의 뿌리는 정신적 고통에서 비롯된다고 주장한 독성학의 아버지이다.
- Percivall pott는 굴뚝청소부들의 직업병인 음낭암이 검댕(Soot)에 의해 발생되었음을 보고하였다.

:: 시대별 산업위생

B.C. 4세기	Hippocrates가 광산에서의 납중독을 보고하였다. 이는 역사상 최초의 직업병으로 분류
A.D. 1세기	Pilny the Elder는 아연 및 황의 인체 유해성을 주장, 먼지방지용 마스크로 동물의 방광 사용을 권장
A.D. 2세기	Galen은 해부학, 병리학에 관한 이론을 발표하였다. 아울러 구리광산의 산 증기의 위험성을 보고
1473년	Ulrich Ellenbog는 직업병과 위생에 관한 교육용 팜플렛 발간
16세기 초반	• Agricola는 광산에서의 호흡기 질환(천식증, 규폐증 등)을 주장한 광산업 관련 [광물에 대하여] 발간 및 환기와 마스크 사용을 권장함 • Philippus Paracelsus는 질병의 뿌리는 정신적 고통에서 비롯된다고 주장(독성학의 아버지)
17세기 후반	Bernarbino Ramazzini는 저서 [노동자의 질병]에서 직업병을 최초로 언급(산업보건학의 시조)
18세기	• 영국의 Percivall pott는 굴뚝청소부들의 직업병인 음낭암이 검댕(Soot)에 의해 발생되었음을 보고 • Sir George Baker는 사이다 공장에서 납에 의한 복통 발표
19세기 초반	• Robert Peel은 산업위생의 원리를 적용한 최초의 법률인 [도제건강 및 도덕법] 제정을 주도 • 1833년 산업보건에 관한 최초의 법률인 공장법 제정
19세기 후반	Rudolf Virchow는 의학의 사회성 속에서 노동자의 건강 보호를 주장하여 근대병리학의 시조로 불리움
20세기 초반	• Loriga는 진동공구에 의한 수지(手指)의 Raynaud씨 증상을 보고 • 미국의 산업위생학자이며 산업의학자인 Alice Hamilton은 유해물질 노출과 질병과의 관계를 규명

---

16 ──────● Repetitive Learning 1회 2회 3회

직업성 변이(occupational stigmata)의 정의로 옳은 것은?

① 직업에 따라 체온량의 변화가 일어나는 것이다.

② 직업에 따라 체지방량의 변화가 일어나는 것이다.

③ 직업에 따라 신체 활동량의 변화가 일어나는 것이다.

④ 직업에 따라 신체 형태와 기능에 국소적 변화가 일어나는 것이다.

해설

- 직업성 변이(occupational stigmata)란 직업에 따라 신체 형태와 기능에 국소적 변화를 말한다.

노동의 적응과 장애
- 인체는 환경에서 오는 여러 자극(stress)에 대하여 적응하려는 반응을 일으킨다.
- 적응증상군은 인체에 적응이 일어나는 과정은 뇌하수체와 부신피질을 중심으로 한 특유의 반응을 말한다.
- 직업성 변이(occupational stigmata)란 직업에 따라 신체 형태와 기능에 국소적 변화를 말한다.
- 순화란 외부의 환경변화나 신체활동이 반복되면 조절기능이 원활해지며, 이에 숙련 습득된 상태를 말한다.

17 ──────● Repetitive Learning 1회 2회 3회

근로시간 1,000시간당 발생한 재해에 의하여 손실된 총 근로 손실일수로 재해자의 수나 발생빈도와 관계없이 재해의 내용(상해정도)을 측정하는 척도로 사용되는 것은?

① 건수율   ② 연천인율

③ 재해 강도율   ④ 재해 도수율

해설

- 강도율은 재해로 인한 근로손실의 강도를 나타낸다.

강도율(SR : Severity Rate of injury) 실기 0502/0503/0602
- 재해로 인한 근로손실의 강도를 나타낸 값으로 연간 총 근로시간에서 1,000시간당 근로손실일수를 의미한다.
- 강도율 $= \dfrac{\text{근로손실일수}}{\text{연간총근로시간}} \times 1,000$으로 구한다.
- 연간 근무일수나 하루 근무시간수가 주어지지 않을 경우 하루 8시간, 1년 300일 근무하는 것으로 간주한다.
- 휴업일수가 주어질 경우 근로손실일수를 구하기 위해 $\dfrac{\text{연간근무일수}}{365}$를 곱해준다.
- 근로자의 근속연수 등이 주어지지 않을 때 평생 근로손실일수는 한 개인이 평생 동안 근로한 시간을 100,000시간으로 볼 때의 근로손실일수이므로 강도율에 100을 곱하여 구한다.

18 ──────● Repetitive Learning 1회 2회 3회

생체와 환경과의 열교환 방정식을 올바르게 나타낸 것은? (단, △S : 생체 내 열용량의 변화, M : 대사에 의한 열 생산, E : 수분증발에 의한 열 방산, R : 복사에 의한 열 득실, C : 대류 및 전도에 의한 열 득실이다)

① $\triangle S = M + E \pm R - C$

② $\triangle S = M - E \pm R \pm C$

③ $\triangle S = R + M + C + E$

④ $\triangle S = C - M - R - E$

해설

- 인체의 열교환은 S=(M−W) ± R ± C−E로 이뤄지며, 한랭환경에서 복사 및 대류는 음(−)수 값을 취한다.

인체의 열교환
㉠ 경로
- 복사 — 한겨울에 햇볕을 쬐면 기온은 차갑지만 따스함을 느끼는 것
- 대류 — 같은 온도에서도 바람이 부느냐 불지 않느냐에 따라 열손실이 달라지는 것
- 전도 — 달구어진 옥상 바닥에 손바닥을 짚을 때 손바닥으로 열이 전해지는 것
- 증발 — 피부 표면을 통해 인체의 열이 증발하는 것
㉡ 열교환과정 실기 0503/0801/0903/1403/1502/2201
- S=(M−W)±R±C−E
단, S는 열 축적, M은 대사, W는 일, R은 복사, C는 대류, E는 증발을 의미한다.
- 한랭환경에서는 복사 및 대류는 음(−)수 값을 취한다.
- 열교환에 영향을 미치는 요소에는 기온(Temperature), 기습(Humidity), 기류(Air movement) 등이 있다.

19 ──────● Repetitive Learning 1회 2회 3회

직업적성에 대한 생리적 적성검사 항목에 해당하는 것은?

① 체력검사   ② 지능검사

③ 인성검사   ④ 지각동작검사

해설

- ②, ③, ④는 심리학적 적성검사 항목이다.

생리적 적성검사

감각기능검사	혈액, 근전도, 심박수 등 검사
심폐기능검사	자전거를 이용한 운동부하 검사
체력검사	달리기, 던지기, 턱걸이 등

20 ──────────● Repetitive Learning ⟮1회⟯⟮2회⟯⟮3회⟯

다음 ( )안에 들어갈 알맞은 용어는?

> ( )은/는 근로자나 일반대중에게 질병, 건강장해와 능률
> 저하 등을 초래하는 작업환경 요인과 스트레스를 예측, 인식
> (측정), 평가, 관리하는 과학인 동시에 기술을 말한다.

① 유해인자　　　　　　② 산업위생
③ 위생인식　　　　　　④ 인간공학

해설
- 미국산업위생학회(AHIA)에서는 산업위생을 근로자 및 일반대중에게 질병, 건강장해, 불쾌감을 일으킬 수 있는 작업환경요인과 스트레스를 예측, 측정, 평가 및 관리하는 과학이며 기술이라고 정의했다.

⠿ 산업위생 실기 1403
- 근로자의 육체적, 정신적 건강과 사회적 건강 유지 및 증진을 위해 근로자를 생리적, 심리적으로 적합한 작업환경에 배치시키는 것을 말한다.
- 미국산업위생학회(AHIA)에서는 근로자 및 일반대중에게 질병, 건강장해, 불쾌감을 일으킬 수 있는 작업환경요인과 스트레스를 예측, 측정, 평가 및 관리하는 과학이며 기술이라고 정의했다.
- 1950년 국제노동기구(ILO)와 세계보건기구(WHO) 공동위원회에서는 근로자들의 육체적, 정신적 그리고 사회적 건강을 고도로 유지 증진시키고, 작업조건으로 인한 질병을 예방하고 건강에 유해한 취업을 방지하며, 근로자를 생리적으로나 심리적으로 적합한 작업환경에 배치하는 것이라고 정의하였다.

2과목　작업위생측정 및 평가

21 ──────────● Repetitive Learning ⟮1회⟯⟮2회⟯⟮3회⟯

분석용어에 대한 설명 중 틀린 것은?

① 이동상이란 시료를 이동시키는데 필요한 유동체로서 기체일 경우를 GC라고 한다.
② 크로마토그램이란 유해물질이 검출기에서 반응하여 띠 모양으로 나타난 것을 말한다.
③ 전처리는 분석물질 이외의 것들을 제거하거나 분석에 방해되지 않도록 하는 과정으로서 분석기기에 의한 정량을 포함한다.
④ AAS분석원리는 원자가 갖고 있는 고유한 흡수파장을 이용한 것이다.

해설
- 전처리는 양질의 데이터를 얻기 위해 분석하고자 하는 대상물질의 방해요인을 제거하고 최적의 상태를 만들기 위해 진행하는 작업을 말한다. 분석기기에 의한 정량은 시료 중에 분석대상물질이 얼마나 있는지를 결정하는 과정으로 전처리에 포함되지 않는다.

⠿ 분석용어

이동상	시료를 이동시키는데 필요한 유동체로서 기체일 경우를 GC라고 한다.
크로마토그램	유해물질이 검출기에서 반응하여 띠 모양으로 나타난 것을 말한다.
전처리	양질의 데이터를 얻기 위해 분석하고자 하는 대상물질의 방해요인을 제거하고 최적의 상태를 만들기 위해 진행하는 작업이다.
AAS분석원리	원자가 갖고 있는 고유한 흡수파장을 이용한 것이다.

1702

22 ──────────● Repetitive Learning ⟮1회⟯⟮2회⟯⟮3회⟯

시간당 약 150Kcal의 열량이 소모되는 경작업 조건에서 WBGT 측정치가 30.6℃일 때 고열작업 노출기준의 작업휴식조건으로 가장 적절한 것은?

① 계속 작업
② 매시간 25% 작업, 75% 휴식
③ 매시간 50% 작업, 50% 휴식
④ 매시간 75% 작업, 25% 휴식

해설
- 시간당 150Kcal의 열량을 소모하는 작업은 경작업으로 WBGT의 측정치가 30.6℃인 경우는 매시간 75%작업, 25%휴식을 취해야 하는 작업강도에 해당한다.

⠿ 고온의 노출기준(단위 : ℃, WBGT) 실기 0703

작업강도　　　작업휴식시간비	경작업	중등작업	중작업
계속 작업	30.0	26.7	25.0
매시간 75%작업, 25%휴식	30.6	28.0	25.9
매시간 50%작업, 50%휴식	31.4	29.4	27.9
매시간 25%작업, 75%휴식	32.2	31.1	30.0

- 경작업 : 200kcal까지의 열량이 소요되는 작업을 말하며, 앉아서 또는 서서 기계의 조정을 하기 위하여 손 또는 팔을 가볍게 쓰는 일 등을 뜻함
- 중등작업 : 시간당 200~350kcal의 열량이 소요되는 작업을 말하며, 물체를 들거나 밀면서 걸어다니는 일 등을 뜻함
- 중작업 : 시간당 350~500kcal의 열량이 소요되는 작업을 말하며, 곡괭이질 또는 삽질하는 일 등을 뜻함

23

● Repetitive Learning 1회 2회 3회

벤젠으로 오염된 작업장에서 무작위로 15개 지점의 벤젠의 농도를 측정하여 다음과 같은 결과를 얻었을 때, 이 작업장의 표준편차는?

| 8, 10, 15, 12, 9, 13, 16, 15, 11, 9, 12, 8, 13, 15, 14 |

① 4.7 ② 3.7
③ 2.7 ④ 0.7

해설

- 산술평균을 구하면 180/15 = 12이다.
- 편차의 제곱 합의 평균을 구하면
$$\frac{(8-12)^2+(10-12)^2+\cdots+(14-12)^2}{15-1}=\frac{104}{14}=7.4285\cdots이다.$$
- 양의 제곱근을 취하면 2.7255…이 된다.

⁘ 표준편차

- 편차의 제곱의 합을 평균을 분산이라고 하며, 분산의 양의 제곱근을 표준편차라 한다.
- 평균값으로부터 데이터에 대한 오차범위의 근사값이다.
- 표준편차가 작다는 것은 평균에 그만큼 많이 몰려있다는 의미이다.
- 표본표준편차 $S=\left[\dfrac{\sum_{i=1}^{N}(x-\bar{x})^2}{N-1}\right]^{0.5}$ 로 구한다.

24

1303 / 1702
● Repetitive Learning 1회 2회 3회

두 개의 버블러를 연속적으로 연결하여 시료를 채취할 때, 첫 번째 버블러의 채취효율이 75%이고, 두 번째 버블러의 채취효율이 90%이면 전체 채취효율(%)은?

① 91.5 ② 93.5
③ 95.5 ④ 97.5

해설

- 첫 번째 버블러의 효율이 0.75, 두 번째 버블러의 효율이 0.90이므로 대입하면 0.75 + (1−0.75)×0.9 = 0.75+0.225 = 0.975로 97.5%이다.

⁘ 2개의 버블러를 연속 연결하여 채취할 때 채취효율

- 2개의 버블러를 연결하여 채취할 때 첫 번째 버블러에서 채취하지 못한 것들을 두 번째 버블러에서 채취하는 방법이다.
- 1번째 채취효율 + (1−1번째 채취효율)×2번째 채취효율로 계산한다.

25

1901
● Repetitive Learning 1회 2회 3회

방사선이 물질과 상호작용한 결과 그 물질의 단위질량에 흡수된 에너지(gray; Gy)의 명칭은?

① 조사산량 ② 등가선량
③ 유효선량 ④ 흡수선량

해설

- 질량당 단위질량당 흡수된 방사선 에너지의 양을 흡수선량이라 한다.

⁘ 흡수선량

- 질량당 흡수된 방사선 에너지의 양을 나타내는 단위이다.
- 과거에는 라드(rad), 현재는 그레이(Gy)를 사용한다.
- 1Gy는 100rad에 해당한다.

26

● Repetitive Learning 1회 2회 3회

시료채취매체와 해당 매체로 포집할 수 있는 유해인자의 연결로 가장 거리가 먼 것은?

① 활성탄관−메탄올
② 유리섬유 여과지−캡탄
③ PVC 여과지−석탄분진
④ MCE막 여과지−석면

해설

- 메탄올은 실리카겔관을 통해 포집한다.

⁘ 시료채취매체와 유해인자

실리카겔관	메탄올
유리섬유 여과지	캡탄
PVC 여과지	석탄분진
MCE막 여과지	석면

27

0902
● Repetitive Learning 1회 2회 3회

고성능 액체크로마토그래피(HPLC)에 관한 설명으로 틀린 것은?

① 주 분석대상 화학물질은 PCB 등의 유기화학물질이다.
② 장점으로 빠른 분석 속도, 해상도, 민감도를 들 수 있다.
③ 분석물질이 이동상에 녹아야 하는 제한점이 있다.
④ 이동상인 운반가스의 친화력에 따라 용리법, 치환법으로 구분된다.

• 운반가스의 친화력을 이용하는 방법은 가스크로마토그래피이며, 용리법, 치환법 등은 고정상을 채운 분리 관에 시료를 주입하는 방법과 이동상을 흘려주는 방법에 따라 구분한 것이다.

❖ 액체크로마토그래피법(HPLC)
• 분석대상 화학물질은 PCB 등의 고분자 화학물질이다.
• 장점으로 빠른 분석속도, 해상도, 민감도를 들 수 있다.
• 분석물질이 이동상에 녹아야 하는 제한점이 있다.
• 시료의 회수가 용이하여 열안정성의 고려가 필요 없는 장점이 있다.
• 고정상을 채운 분리 관에 시료를 주입하는 방법과 이동상을 흘려주는 방법에 따라 전단분석, 치환법, 용리법 3가지 조작법으로 구분한다.

1802

28 ──── • Repetitive Learning [1회] [2회] [3회]

kata 온도계로 불감기류를 측정하는 방법에 대한 설명으로 틀린 것은?

① kata 온도계의 구(球)부를 50~60℃의 온수에 넣어 구부의 알콜을 팽창시켜 관의 상부 눈금까지 올라가게 한다.
② 온도계를 온수에서 꺼내어 구(球)부를 완전히 닦아내고 스탠드에 고정한다.
③ 알콜의 눈금이 100°F에서 65°F까지 내려가는데 소요되는 시간을 초시계로 4~5회 측정하여 평균을 낸다.
④ 눈금 하강에 소요되는 시간으로 kata 상수를 나눈 값 H는 온도계의 구부 1cm²에서 1초 동안에 방산되는 열량을 나타낸다.

• 카타 온도계 표면에는 눈금이 아래위로 두 개 있는데 일반용은 아래가 95°F(35℃)이고, 위가 100°F(37.8℃)이다. 즉, 눈금이 100°F에서 95°F까지 내려가는데 소요되는 시간을 초시계로 4~5회 측정하여 평균을 낸다.

❖ 카타(Kata)온도계
• 작업장의 환경에서 기류의 방향이 일정하지 않거나 실내 0.2~0.5m/s 정도의 불감기류를 측정할 때 사용되는 기류측정 기기이다.
• 온도에 따른 알코올의 팽창, 수축원리를 이용하여 기류속도를 측정한다.
• 기기 내의 알코올이 위의 눈금에서 아래 눈금까지 하강하는데 소요되는 시간의 측정을 통해 기류를 측정한다.
• 표면에는 눈금이 아래위로 두 개 있는데 일반용은 아래가 95°F(35℃)이고, 위가 100°F(37.8℃)이다.

29 ──── • Repetitive Learning [1회] [2회] [3회]

작업환경측정 및 정도관리 등에 관한 고시상 시료채취 근로자 수에 대한 설명 중 옳은 것은?

① 단위작업장소에서 최고 노출근로자 2명 이상에 대하여 동시에 개인시료채취 방법으로 측정하되, 단위작업장소에 근로자가 1명인 경우에는 그러하지 아니하며, 동일 작업근로자수가 20명을 초과하는 경우에는 매 5명당 1명 이상 추가하여 측정하여야 한다.
② 단위작업장소에서 최고 노출근로자 2명 이상에 대하여 동시에 개인시료채취 방법으로 측정하되, 동일 작업근로자수가 100명을 초과하는 경우에는 최대 시료채취 근로자수를 20명으로 조정할 수 있다.
③ 지역시료채취 방법으로 측정을 하는 경우 단위작업장소 내에서 3개 이상의 지점에 대하여 동시에 측정하여야 한다.
④ 지역시료채취 방법으로 측정을 하는 경우 단위작업장소의 넓이가 60평방미터 이상인 경우에는 매 30평방미터마다 1개 지점 이상을 추가로 측정하여야 한다.

• 단위작업장소에서 최고 노출근로자 2명 이상에 대하여 동시에 개인시료채취 방법으로 측정하되, 단위작업장소에 근로자가 1명인 경우에는 그러하지 아니하며, 동일 작업근로자수가 10명을 초과하는 경우에는 매 5명당 1명 이상 추가하여 측정하여야 한다.
• 지역시료채취 방법으로 측정을 하는 경우 단위작업장소 내에서 2개 이상의 지점에 대하여 동시에 측정하여야 한다. 다만, 단위작업장소의 넓이가 50평방미터 이상인 경우에는 매 30평방미터마다 1개 지점 이상을 추가로 측정하여야 한다.

❖ 시료채취 근로자수 [실기] 0802/1201/2202
• 단위작업장소에서 최고 노출근로자 2명 이상에 대하여 동시에 개인시료채취 방법으로 측정하되, 단위작업장소에 근로자가 1명인 경우에는 그러하지 아니하며, 동일 작업근로자수가 10명을 초과하는 경우에는 매 5명당 1명 이상 추가하여 측정하여야 한다. 다만, 동일 작업근로자수가 100명을 초과하는 경우에는 최대 시료채취 근로자수를 20명으로 조정할 수 있다.
• 지역시료채취 방법으로 측정을 하는 경우 단위작업장소 내에서 2개 이상의 지점에 대하여 동시에 측정하여야 한다. 다만, 단위작업장소의 넓이가 50평방미터 이상인 경우에는 매 30평방미터마다 1개 지점 이상을 추가로 측정하여야 한다.

30

1502

Repetitive Learning (1회 2회 3회)

18℃ 770mmHg인 작업장에서 methylethyl ketone의 농도가 26ppm일 때 mg/m^3단위로 환산된 농도는?(단, Methylethyl ketone의 분자량은 72g/mol이다)

① 64.5
② 79.4
③ 87.3
④ 93.2

해설

- ppm 단위를 mg/m^3으로 변환하려면 ppm×(분자량/24.45)이다. 24.45는 표준상태(25도, 1기압)에서 기체의 부피이다.
- 주어진 온도와 기압이 18℃, 770mmHg이므로 기체의 부피는 온도에는 비례하나 압력에는 반비례하므로
  $24.45 \times \dfrac{291}{298} \times \dfrac{760}{770} = 23.5655 \cdots$ mg/m^3이다.
- 주어진 값을 대입하면 $26 \times \left(\dfrac{72}{23.57}\right) = 79.422 \cdots$ [mg/m^3]이다.

ppm 단위의 mg/m^3으로 변환

- ppm 단위를 mg/m^3으로 변환하려면 $\dfrac{\text{ppm} \times \text{분자량}}{\text{기체부피}}$이다.
- 24.45는 표준상태(25도, 1기압)에서 기체의 부피이다.
- 온도가 다를 경우 $24.45 \times \dfrac{273 + \text{온도}}{273 + 25}$로 기체의 부피를 구한다.

31

1102 / 1301 / 1601 / 2004

Repetitive Learning (1회 2회 3회)

셀룰로오즈 에스테르 막여과지에 관한 설명으로 틀린 것은?

① 산에 쉽게 용해된다.
② 유해물질이 표면에 주로 침착되어 현미경 분석에 유리하다.
③ 흡습성이 적어 중량분석에 주로 적용된다.
④ 중금속 시료재취에 유리하다.

해설

- 여과지의 원료인 셀룰로오스가 수분을 흡수하기 때문에 중량분석에는 부정확하여 잘 사용하지 않는다.

MCE 막(Mixed cellulose ester membrane filter)여과지 실기 0301/ 0602/1002/1003/1103/1302/1803/2103

- 여과지 구멍의 크기는 0.45 ~ 0.8μm가 일반적으로 사용된다.
- 여과지는 산에 쉽게 용해되므로 입자상 물질 중의 금속을 채취하여 원자 흡광광도법으로 분석하거나, 시료가 여과지의 표면 또는 표면 가까운 곳에 침착되므로 석면, 유리섬유 등 현미경분석을 취한 시료채취 등에 이용된다.
- 납, 철, 크롬 등 금속과 석면, 유리섬유 등을 포집할 수 있다.
- 산업용 축전지를 제조하는 사업장에서 공기 중 납 농도를 측정하기 위해 사용할 때 사용된다.

32

Repetitive Learning (1회 2회 3회)

작업장에 작동되는 기계 두 대의 소음레벨이 각각 98dB(A), 96dB(A)로 측정되었을 때, 두 대의 기계가 동시에 작동되었을 경우에 소음레벨(dB(A))은?

① 98
② 100
③ 102
④ 104

해설

- 각각 98dB(A), 96dB(A)의 소음 2개가 만드는 합성소음은 $10\log(10^{9.8} + 10^{9.6}) = 100.124 \cdots$dB(A)가 된다.

합성소음 실기 0401/0801/0901/1403/1602

- 동일한 공간 내에서 2개 이상의 소음원에 대한 소음이 발생할 때 전체 소음의 크기를 말한다.
- 합성소음[dB(A)] $= 10\log(10^{\frac{SPL_1}{10}} + \cdots + 10^{\frac{SPL_i}{10}})$으로 구할 수 있다.
  이때, $SPL_1, \cdots, SPL_i$는 개별 소음도를 의미한다.

33

0502 / 0903 / 1101

Repetitive Learning (1회 2회 3회)

어떤 작업자에 50% acetone, 30% benzene, 20% xylene의 중량비로 조성된 용제가 증발하여 작업환경을 오염시키고 있을 때, 이 용제의 허용농도(TLV;mg/m^3)는?(단, Actone, benzene, xylene의 TVL는 각각 1,600, 720, 670mg/m^3이고, 용제의 각 성분은 상가작용을 하며, 성분 간 비휘발도 차이는 고려하지 않는다)

① 873mg/m^3
② 973mg/m^3
③ 1,073mg/m^3
④ 1,173mg/m^3

해설

- 혼합물을 구성하는 각 성분의 구성비가 주어졌으므로 혼합물의 허용농도는 $\dfrac{1}{\dfrac{0.5}{1,600} + \dfrac{0.3}{720} + \dfrac{0.2}{670}} = 973.07$[mg/$m^3$]이 된다.

혼합물의 허용농도 실기 0401/0403/0802

- 혼합물을 구성하는 각 성분의 구성비($f_1, f_2, \cdots, f_n$)이 주어지면 혼합물의 허용농도는 $\dfrac{1}{\dfrac{f_1}{TLV_1} + \dfrac{f_2}{TLV_2} + \cdots + \dfrac{f_n}{TLV_n}}$

[mg/m^3]으로 구할 수 있다.

34 ──────── • Repetitive Learning

검지관의 장·단점으로 틀린 것은?

① 측정대상물질의 동정이 미리 되어 있지 않아도 측정이 가능하다.

② 민감도가 낮으며 비교적 고농도에 적용이 가능하다.

③ 특이도가 낮다. 즉, 다른 방해물질의 영향을 받기 쉬워 오차가 크다.

④ 색이 시간에 따라 변화하므로 제조자가 정한 시간에 읽어야 한다.

> **해설**
> • 검지관은 한가지 물질에 반응할 수 있도록 제조되어 있어 측정대상물질의 동정이 되어있어야 한다.
>
> ❖ 검지관법의 특성
> ㉠ 개요
> • 오염물질의 농도에 비례한 검지관의 변색층 길이를 읽어 농도를 측정하는 방법과 검지관 안에서 색변화와 표준 색표를 비교하여 농도를 결정하는 방법이 있다.
> ㉡ 장·단점 **실기** 1803/2101

장점	• 사용이 간편하고 복잡한 분석실 분석이 필요 없다. • 맨홀, 밀폐공간에서의 산소가 부족하거나 폭발성 가스로 인하여 안전이 문제가 될 때 유용하게 사용될 수 있다. • 숙련된 산업위생전문가가 아니더라도 어느 정도만 숙지하면 사용할 수 있다. • 반응시간이 빨라서 빠른 시간에 측정결과를 알 수 있다.
단점	• 민감도가 낮아 비교적 고농도에만 적용이 가능하다. • 특이도가 낮아 다른 방해물질의 영향을 받기 쉬워 오차가 크다. • 검지관은 한가지 물질에 반응할 수 있도록 제조되어 있어 측정대상물질의 동정이 되어있어야 한다. • 색변화가 시간에 따라 변하므로 제조자가 정한 시간에 읽어야 한다. • 색변화가 선명하지 않아 주관적으로 읽을 수 있어 판독자에 따라 변이가 심하다.

35 ──────── • Repetitive Learning 1회 2회 3회

작업장 소음에 대한 1일 8시간 노출 시 허용기준(dB(A))은? (단, 미국 OSHA의 연속소음에 대한 노출기준으로 한다)

① 45

② 60

③ 86

④ 90

> **해설**
> • 미국의 산업안전보건청은 우리나라와 같은 90dB(5dB 변화율)을 채택하고 있다.
>
> ❖ 소음 노출기준
> ㉠ 국내(산업안전보건법) 소음의 허용기준
> • 미국의 산업안전보건청과 같은 90dB(5dB 변화율)을 채택하고 있다.

1일 노출시간(hr)	허용 음압수준(dBA)
8	90
4	95
2	100
1	105
1/2	110
1/4	115

> ㉡ ACGIH 노출기준

1일 노출시간(hr)	허용 음압수준(dBA)
8	85
4	88
2	91
1	94
1/2	97
1/4	100

36 ──────── • Repetitive Learning 1회 2회 3회

코크스 제조공정에서 발생되는 코크스오븐 배출물질을 채취하려고 한다. 다음 중 가장 적합한 여과지는?

① 은막(Silver membrane) 여과지

② PVC 여과지

③ 유리섬유 여과지

④ PTFE 여과지

> **해설**
> • PVC막 여과지는 유리규산을 채취하여 X-선 회절법으로 분석하거나 공해성 먼지, 총 먼지 등의 중량분석을 위한 측정에 이용된다.
> • 유리섬유 여과지는 입자상 물질의 채취를 위한 섬유상 여과지이다.
> • PTFE막 여과지는 열, 화학물질, 압력 등에 강한 특성을 갖고 있어 석탄건류나 증류 등의 고열 공정에서 발생되는 다핵방향족 탄화수소를 채취할 때 사용된다.
>
> ❖ 은막(Silver membrane) 여과지
> • 균일한 금속은을 소결하여 만든 것이다.
> • 열적, 화학적 안정성이 있음
> • 결합제나 섬유가 포함되어 있지 않다.
> • 코크스 제조공정에서 발생되는 코크스 오븐 배출물질을 채취하는데 이용된다.

37

• Repetitive Learning (1회 2회 3회)

MCE 여과지를 사용하여 금속성분을 측정, 분석한다. 샘플링에 끝난 시료를 전처리하기 위해 회화용액(ashing acid)을 사용하는데 다음 중 NIOSH에서 제시한 금속별 전처리 용액 중 적절하지 않은 것은?

① 납 : 질산

② 크롬 : 염산+인산

③ 카드뮴 : 질산, 염산

④ 다성분금속 : 질산+과염소산

> 해설
> • 크롬의 전처리 용액은 염산+질산이다.
>
> ✷✷ 금속성분 분석 시 전처리
>
> | 납 | 질산 |
> |---|---|
> | 크롬 | 염산+질산 |
> | 카드뮴 | 질산, 염산 |
> | 다성분금속 | 질산+과염소산 |

38

• Repetitive Learning (1회 2회 3회)

작업장에서 어떤 유해물질의 농도를 무작위로 측정한 결과가 아래와 같을 때, 측정값에 대한 기하평균(GM)은?

> 5, 10, 28, 46, 90, 200 (단위 : ppm)

① 11.4   ② 32.4

③ 63.2   ④ 104.5

> 해설
> • 기하평균은 주어진 n개의 값들을 곱해서 나온 값의 n제곱근이다.
> • 주어진 값을 기하평균식에 대입하면
> $\sqrt[6]{5 \times 10 \times 28 \times 46 \times 90 \times 200} = 32.4110 \cdots$ 이다.
>
> ✷✷ 기하평균(GM) 실기 0303/0403/0502/0601/0702/0801/0803/1102/1301/
> 1403/1703/1801/2102
> • 주어진 n개의 값들을 곱해서 나온 값의 n제곱근이다.
> • $x_1, x_2, \cdots, x_n$의 자료가 주어질 때 기하평균 GM은
> $\sqrt[n]{x_1 \times x_2 \times \cdots \times x_n}$ 으로 구하거나 logGM =
> $\dfrac{\log X_1 + \log X_2 + \cdots + \log X_n}{N}$ 을 역대수 취해서 구할 수 있다.
> • 작업장에서 생화학적 측정치나 유해물질의 농도를 평가할 때 일반적으로 사용되는 평균치이다.

• 작업환경 중 분진의 측정 농도가 대수정규분포를 할 때 측정자료의 대표치로 사용된다.

• 인구증가율, 물가상승율, 경제성장률 등의 연속적인 변화율 데이터를 기반으로 어떤 구간에서의 평균 변화율을 구할 때 사용된다.

1801

39

• Repetitive Learning (1회 2회 3회)

접착공정에서 본드를 사용하는 작업장에서 톨루엔을 측정하고자 한다. 노출기준의 10%까지 측정하고자 할 때, 최소시료채취시간(min)은?(단, 작업장은 25℃, 1기압이며, 톨루엔의 분자량은 92.14, 기체크로마토그래피의 분석에서 톨루엔의 정량한계는 0.5mg/m^3, 노출기준은 100ppm, 채취유량은 0.15L/분이다)

① 13.3   ② 39.6

③ 88.5   ④ 182.5

> 해설
> • 노출기준(100ppm)의 10%를 측정하고자 하므로 10ppm을 세제곱미터당 밀리그램(mg/m^3)으로 변환하면
> $\dfrac{10 \times 92.14}{24.45} = 37.6850 \cdots mg/m^3$ 이다.
> • 노출농도 37.685mg/m^3인 곳에서 정량한계가 0.5mg인 활성탄관으로 분당 0.15L($0.15 \times 10^{-3} m^3$)의 속도로 채취할 때 걸리는 시간은 $37.685 mg/m^3 = \dfrac{0.5mg}{0.15 \times 10^{-3} m^3/분 \times x분}$ 으로 구할 수 있다.
> • x를 기준으로 정리하면 $\dfrac{0.5}{0.15 \times 10^{-3} \times 37.685} = 88.4525 \cdots$ 이 되므로 88.5분이 된다.
>
> ✷✷ 노출기준
> • 화학적 인자의 가스, 증기, 분진, 흄(fume), 미스트(mist) 등의 농도는 피피엠(ppm) 또는 세제곱미터당 밀리그램(mg/m^3)으로 표시한다. 다만, 석면의 농도 표시는 세제곱센티미터당 섬유개수(개/cm^3)로 표시한다.
> • 피피엠(ppm)과 세제곱미터당 밀리그램(mg/m^3)간의 상호 농도변환은 노출기준(mg/m^3) = $\dfrac{노출기준(ppm) \times 그램분자량}{24.45(25℃, 1기압 기준)}$ 으로 구한다.
> • 소음수준의 측정단위는 데시벨[dB(A)]로 표시한다.
> • 고열(복사열 포함)의 측정단위는 습구흑구온도지수(WBGT)를 구하여 섭씨온도(℃)로 표시한다.

40   ● Repetitive Learning 〔1회 2회 3회〕

0602

실리카겔 흡착에 대한 설명으로 틀린 것은?

① 실리카겔은 규산나트륨과 황산의 반응에서 유도된 무정형의 물질이다.

② 극성을 띠고 흡습성이 강하므로 습도가 높을수록 파과용량이 증가한다.

③ 추출액이 화학분석이나 기기분석에 방해물질로 작용하는 경우가 많지 않다.

④ 활성탄으로 채취가 어려운 아닐린, 오르쏘−톨루이딘 등의 아민류나 몇몇 무기물질의 채취도 가능하다.

해설

• 실리카겔은 활성탄에 비해 극성을 띠고 흡습성이 강하므로 습도가 높을수록 파과용량이 감소하는 단점을 갖는다.

⁛ 실리카겔 흡착 실기 0502

• 실리카겔은 규산나트륨과 황산의 반응에서 유도된 무정형의 물질이다.

• 추출액이 화학분석이나 기기분석에 방해물질로 작용하는 경우가 많지 않다.

• 활성탄으로 채취가 어려운 아닐린, 오르쏘−톨루이딘 등의 아민류나 몇몇 무기물질의 채취도 가능하다.

• 극성을 띠고 흡습성이 강하므로 습도가 높을수록 파과용량이 감소한다.

• 극성물질을 채취한 경우 물, 메탄올 등 다양한 용매로 쉽게 탈착되고, 추출액이 화학분석이나 기기분석에 방해 물질로 작용하는 경우가 많지 않다.

• 유독한 이황화탄소를 탈착 용매로 사용하지 않는다.

3과목   **작업환경관리대책**

---

41   ● Repetitive Learning 〔1회 2회 3회〕

덕트 합류 시 댐퍼를 이용한 균형유지 방법의 장점이 아닌 것은?

① 시설 설치 후 변경에 유연하게 대처 가능

② 설치 후 부적당한 배기유량 조절 가능

③ 임의로 유량을 조절하기 어려움

④ 설계계산이 상대적으로 간단함

해설

• 댐퍼 균형유지법은 임의로 유량을 조절하기 용이하다.

⁛ 덕트 합류 시 댐퍼를 이용한 균형유지법(저항조절평형법) 실기 0801/
0802/0803/0901/1201/1301/1303/1503/1901/2102

장점	• 시설 설치 후 변경에 유연하게 대처 가능하다. • 설치 후 부적당한 배기유량 조절 가능하다. • 설계계산이 상대적으로 간단하다. • 최소유량으로 균형유지 가능하다. • 시설 설치 시 공장 내 방해물에 따른 약간의 설계 변경이 용이하다. • 임의로 유량을 조절하기 용이하다.
단점	• 임의로 댐퍼 조정시 평형상태가 깨진다. • 부분적으로 닫혀진 댐퍼의 부식, 침식 발생한다. • 시설 설치 후 균형을 맞추는 작업은 시설이 복잡해지면 매우 어렵다. • 최대 저항경로 선정이 잘못될 경우 설계 시 발견이 어렵다.

---

42   ● Repetitive Learning 〔1회 2회 3회〕

덕트에서 평균속도압이 $25\,mmH_2O$ 일 때, 반송속도(m/s)는?

① 101.1   ② 50.5

③ 20.2   ④ 10.1

해설

• 속도압이 주어졌으므로 유속을 $V = 4.043 \times \sqrt{VP}$ 으로 구할 수 있다.

• 대입하면 공기의 속도 $V = 4.043 \times \sqrt{25} = 20.215[m/s]$ 가 된다.

⁛ 속도압(동압) 실기 0402/0602/0803/1003/1101/1301/1402/1502/1601/1602/
1703/1802/2001/2201

• 속도압(VP)은 전압(TP)에서 정압(SP)을 뺀 값으로 구한다.

• 동압 $VP = \dfrac{\gamma V^2}{2g}[mmH_2O]$ 로 구한다. 이때 γ 는 표준공기일 경우 $1.203[kgf/m^3]$ 이며, g 는 중력가속도로 $9.81[m/s^2]$ 이다.

• $VP[mmH_2O]$ 를 알면 공기속도는 $V = 4.043 \times \sqrt{VP}[m/s]$ 로 구한다.

---

43   ● Repetitive Learning 〔1회 2회 3회〕

송풍기의 송풍량과 회전수의 관계에 대한 설명 중 옳은 것은?

① 송풍량과 회전수는 비례한다.

② 송풍량과 회전수의 제곱에 비례한다.

③ 송풍량과 회전수의 세제곱에 비례한다.

④ 송풍량과 회전수는 역비례한다.

- 송풍량은 회전속도(비)에 비례한다.

∷ 송풍기의 상사법칙 [실기] 0402/0403/0501/0701/0803/0902/0903/1001/1102/1103/1201/1303/1401/1501/1502/1503/1603/1703/1802/1901/1903/2001/2002

송풍기 크기 일정 공기 비중 일정	• 송풍량은 회전속도(비)에 비례한다. • 풍압(정압)은 회전속도(비)의 제곱에 비례한다. • 동력은 회전속도(비)의 세제곱에 비례한다.
송풍기 회전수 일정 공기의 중량 일정	• 송풍량은 회전차 직경의 세제곱에 비례한다. • 풍압(정압)은 회전차 직경의 제곱에 비례한다. • 동력은 회전차 직경의 오제곱에 비례한다.
송풍기 회전수 일정 송풍기 크기 일정	• 송풍량은 비중과 온도에 무관하다. • 풍압(정압)은 비중에 비례, 절대온도에 반비례한다. • 동력은 비중에 비례, 절대온도에 반비례한다.

44
━━━━━ ● Repetitive Learning [1회 2회 3회]

동력과 회전수의 관계로 옳은 것은?

① 동력은 송풍기 회전속도에 비례한다.
② 동력은 송풍기 회전속도의 제곱에 비례한다.
③ 동력은 송풍기 회전속도의 세제곱에 비례한다.
④ 동력은 송풍기 회전속도에 반비례한다.

해설

- 송풍기 동력은 회전속도(비)의 세제곱에 비례한다.

∷ 송풍기의 상사법칙 [실기] 0402/0403/0501/0701/0803/0902/0903/1001/1102/1103/1201/1303/1401/1501/1502/1503/1603/1703/1802/1901/1903/2001/2002

문제 43번의 유형별 핵심이론 ∷ 참조

45
━━━━━ ● Repetitive Learning [1회 2회 3회]

동일한 두께로 벽체를 만들었을 경우에 차음효과가 가장 크게 나타나는 재질은?(단, 2,000Hz 소음을 기준으로 하며, 공극률등 기타 조건은 동일하다 가정한다)

① 납
② 석고
③ 알루미늄
④ 콘크리트

해설

- 주어진 재질의 비중(밀도)를 순서대로 나열하면 석고<콘크리트<알루미늄<납의 순서로 커진다.
- 비중(밀도)가 크면 차음효과가 크다.

∷ 차음효과와 비중(밀도)

- 방음벽 재질의 비중(밀도)가 크면 차음효과가 크다.
- 주요 물질의 비중(밀도)

납	11.3
석고	2.2
알루미늄	2.7
콘크리트	2.4

1003 / 1601

46
━━━━━ ● Repetitive Learning [1회 2회 3회]

다음 보기 중 공기공급시스템(보충용 공기의 공급장치)이 필요한 이유가 모두 선택된 것은?

a. 연료를 절약하기 위해서
b. 작업장 내 안전사고를 예방하기 위해서
c. 국소배기장치를 적절하게 가동시키기 위해서
d. 작업장의 교차기류를 유지하기 위해서

① a, b
② a, b, c
③ b, c, d
④ a, b, c, d

해설

- 작업장의 교차기류(방해기류)의 생성을 방지하기 위해서 공기공급시스템이 필요하다.

∷ 공기공급시스템
 ㉠ 개요
  • 보충용 공기의 공급장치를 말한다.
 ㉡ 필요 이유 [실기] 0502/1303/1601/2003
  • 연료를 절약하기 위해서
  • 작업장 내 안전사고를 예방하기 위해서
  • 국소배기장치의 적절하고 효율적인 운영을 위해서
  • 작업장의 교차기류(방해기류)의 생성을 방지하기 위해서

47
━━━━━ ● Repetitive Learning [1회 2회 3회]

점음원과 1m 거리에서 소음을 측정한 결과 95dB로 측정되었다. 소음수준을 90dB로 하는 제한구역을 설정할 때, 제한구역의 반경(m)은?

① 3.16
② 2.20
③ 1.78
④ 1.39

- $dB_1 - dB_2 = 20\log\left(\dfrac{d_2}{d_1}\right)$ 에서 $dB_1 = 95$, $d_1 = 1$, $dB_2 = 90$를 대입하

  면 $95 - 90 = 20\log\left(\dfrac{d_2}{1}\right)$ 에서 $\log d_2 = \dfrac{5}{20} = 0.25$이다.

  즉, $d_2 = 10^{0.25}$이므로 1.77830이 된다.

음압수준 실기 1101
- 음압(Sound pressure)은 물리적으로 측정한 음의 크기를 말한다.
- 소음원으로부터 d_1만큼 떨어진 위치에서 음압수준이 dB_1일 경우 d_2만큼 떨어진 위치에서의

  음압수준 $dB_2 = dB_1 - 20\log\left(\dfrac{d_2}{d_1}\right)$ 로 구한다.
- 소음원으로부터 거리와 음압수준은 역비례한다.

1703

48 ——— Repetitive Learning 1회 2회 3회

입자상 물질을 처리하기 위한 공기정화장치로 가장 거리가 먼 것은?

① 사이클론
② 중력집진장치
③ 여과집진장치
④ 촉매산화에 의한 연소장치

해설
- 촉매산화에 의한 연소장치는 배기가스 중에 함유된 가연성 물질을 촉매에 의해 연소시키는 장치이다.

입자상 물질 처리를 위한 공기정화장치
- 사이클론
- 중력집진장치
- 여과집진장치
- 관성력집진장치
- 전기집진장치

---

49 ——— Repetitive Learning 1회 2회 3회

안전보건규칙상 국소배기장치의 덕트 설치 기준으로 틀린 것은?

① 가능하면 길이는 짧게 하고 굴곡부의 수는 적게 할 것
② 접속부의 안쪽은 돌출된 부분이 없도록 할 것
③ 덕트 내부에 오염물질이 쌓이지 않도록 이송속도를 유지할 것
④ 연결 부위 등은 내부 공기가 들어오지 않도록 할 것

해설
- 연결 부위 등은 외부 공기가 들어오지 못하도록 용접 등을 하여야 한다.

덕트 설치 시 고려사항 실기 1301
- 가능하면 길이는 짧게 하고 굴곡부의 수는 적게 한다.
- 접속부의 안쪽은 돌출된 부분이 없도록 한다.
- 공기가 아래로 흐르도록 하향구배를 원칙으로 한다.
- 구부러짐 전 · 후에는 청소구를 만든다.
- 덕트 내부에 오염물질이 쌓이지 않도록 이송속도를 유지한다.
- 직경이 다른 덕트를 연결할 때는 경사 30˚ 이내의 테이퍼를 부착한다.
- 덕트의 직경이 15cm 미만인 경우 새우등 곡관 3개 이상, 덕트의 직경이 15cm 이상인 경우 새우등 곡관 5개 이상을 사용한다.
- 곡관의 중심선 곡률반경은 최대 덕트 직경의 2.5배 내외가 되도록 한다.
- 송풍기를 연결할 때는 최소 덕트 직경의 6배 정도는 직선구간으로 한다.
- 가급적 원형덕트를 사용하여 부득이 사각형 덕트를 사용할 경우는 가능한 한 정방형을 사용한다.
- 수분이 응축될 경우 덕트 내로 들어가지 않도록 하며 경사나 배수구를 마련한다.

0601 / 0903 / 1403

50 ——— Repetitive Learning 1회 2회 3회

다음의 보호장구의 재질 중 극성용제에 가장 효과적인 것은?(단, 극성용제에는 알코올, 물, 케톤류 등을 포함한다)

① Neoprene고무
② Butyl 고무
③ Viton
④ Nitrile 고무

해설
- ①, ③, ④는 모두 비극성 용제에 효과적이다.

보호구 재질과 적용 물질

면	고체상 물질에 효과적이다.(용제에는 사용 못함)
가죽	찰과상 예방 용도(용제에는 사용 못함)
천연고무	절단 및 찰과상 예방에 좋으며 수용성 용액, 극성 용제(물, 알콜, 케톤류 등)에 효과적이다.
부틸 고무	극성 용제(물, 알콜, 케톤류 등)에 효과적이다.
니트릴 고무 (viton)	비극성 용제(벤젠, 사염화탄소 등)에 효과적이다.
네오프렌 (Neoprene) 고무	비극성 용제(벤젠, 사염화탄소 등), 산, 부식성 물질에 효과적이다.
Ethylene Vinyl Alcohol	대부분의 화학물질에 효과적이다.

---

51 ●Repetitive Learning (1회 2회 3회)

강제환기를 실시할 때 환기효과를 제고하기 위해 따르는 원칙으로 옳지 않은 것은?

① 배출공기를 보충하기 위하여 청정공기를 공급할 수 있다.
② 공기배출구와 근로자의 작업 위치 사이에 오염원이 위치하여야 한다.
③ 오염물질 배출구는 가능한 한 오염원으로부터 가까운 곳에 설치하여 점환기 현상을 방지한다.
④ 오염원 주위에 다른 작업공정이 있으면 공기배출량을 공급량보다 약간 크게 하여 음압을 형성하여 주위 근로자에게 오염물질이 확산되지 않도록 한다.

해설
- 오염물질 배출구는 가능한 한 오염원으로부터 가까운 곳에 설치하여 점환기 효과를 얻어야 한다.
- ✱✱ 강제환기를 실시하는 데 환기효과를 제고시킬 수 있는 필요 원칙
  실기 1201/1402/1703/2001/2202
  - 오염물질 사용량을 조사하여 필요 환기량을 계산한다.
  - 배출공기를 보충하기 위하여 청정공기를 공급할 수 있다.
  - 오염물질 배출구는 가능한 한 오염원으로부터 가까운 곳에 설치하여 점환기 효과를 얻는다.
  - 공기배출구와 근로자의 작업 위치 사이에 오염원이 위치하여야 한다.
  - 공기가 배출되면서 오염장소를 통과하도록 공기배출구와 유입구의 위치를 선정한다.
  - 건물 밖으로 배출된 오염공기가 다시 건물 안으로 유입되지 않도록 배출구 높이를 적절히 설계하고 창문이나 문 근처에 위치하지 않도록 한다.
  - 오염원 주위에 다른 작업공정이 있으면 공기배출량을 공급량보다 약간 크게 하여 음압을 형성하여 주위 근로자에게 오염물질이 확산되지 않도록 한다.

52 ●Repetitive Learning (1회 2회 3회)

호흡용 보호구 중 마스크의 올바른 사용법이 아닌 것은?

① 마스크를 착용할 때는 반드시 밀착성에 유의해야 한다.
② 공기정화식 가스마스크(방독마스크)는 방진마스크와는 달리 산소 결핍 작업장에서도 사용이 가능하다.
③ 정화통 혹은 흡수통(canister)은 한번 개봉하면 재사용을 피하는 것이 좋다.
④ 유해물질의 농도가 극히 높으면 자기공급식장치를 사용한다.

해설
- 방독마스크는 산소농도가 18% 이상인 작업장에서 사용해야 한다.
- ✱✱ 방독마스크
  - 일시적인 작업 또는 긴급용 유해물질 중독 위험작업에 사용한다.
  - 산소농도가 18% 미만인 작업장에서는 사용하면 안 된다.
  - 방독마스크이 정화통은 유해물질별로 구분하여 사용하도록 되어 있다.
  - 방독마스크의 흡수제는 활성탄(비극성 유기증기), 실리카겔(극성물질), sodalime 등이 사용된다.

53 ●Repetitive Learning (1회 2회 3회)

층류영역에서 직경이 2μm이며 비중이 3인 입자상 물질의 침강속도는 약 몇 cm/sec인가?

① 0.032
② 0.036
③ 0.042
④ 0.046

해설
- 스토크스의 법칙을 대신하는 리프만의 침강속도 식에서 침강속도는 $0.003 \times$ 입자의 비중$\times$입자의 직경의 제곱으로 구한다.
- 주어진 값을 대입하면 침강속도 $V = 0.003 \times 3 \times 2^2 = 0.036$이다.
- ✱✱ 리프만(Lippmann)의 침강속도 실기 0302/0401/0901/1103/1203/1502/1603/1902
  - 스토크스의 법칙을 대신하여 산업보건분야에서 간편하게 침강속도를 구하는 식으로 많이 사용된다.

  $V = 0.003 \times SG \times d^2$ 이다.
  - V : 침강속도(cm/sec)
  - SG : 입자의 비중(g/cm^3)
  - d : 입자의 직경(μm)

54 ●Repetitive Learning (1회 2회 3회)

덕트에서 속도압 및 정압을 측정할 수 있는 표준기기는?

① 피토관
② 풍차풍속계
③ 열선풍속계
④ 임핀저관

해설
- 피토관은 덕트 내 공기의 압력을 통해 속도압 및 정압을 측정한다.
- ✱✱ 덕트 내 풍속측정계 실기 1402/2004
  - 피토관(pitot tube) : 덕트 내 공기의 압력을 통해 속도압 및 정압을 측정
  - 풍차 풍속계 : 프로펠러를 설치해 그 회전운동을 이용해 풍속을 측정
  - 열선식 풍속계 : 풍속과 풍량을 측정
  - 그네날개형 풍속계

55

Repetitive Learning 1회 2회 3회

공기가 흡인되는 덕트 관 또는 공기가 배출되는 덕트 관에서 음압이 될 수 없는 압력의 종류는?

① 속도압(VP)
② 정압(SP)
③ 확대압(EP)
④ 전압(TP)

해설
- 속도압은 흡인송풍관에서도, 배기송풍관에서도 양압(+)을 갖는다.

송풍관 내 기류
- 정압은 양압(+)을 말하며, 압력이 가해지는 것을 의미한다.
- 부압은 음압(−)을 말하며, 압력이 감해지는 것을 의미한다.

압력의 종류	흡인송풍관	배기송풍관
정압	음압(−)	양압(+)
속도압	양압(+)	양압(+)
전압	양압과 음압의 크기에 의해 결정	

56

0501 / 0502 / 1502 / 1701

Repetitive Learning 1회 2회 3회

귀덮개 착용 시 일반적으로 요구되는 차음 효과는?

① 저음에서 15dB 이상, 고음에서 30dB 이상
② 저음에서 20dB 이상, 고음에서 45dB 이상
③ 저음에서 25dB 이상, 고음에서 50dB 이상
④ 저음에서 30dB 이상, 고음에서 55dB 이상

해설
- 귀덮개의 차음효과는 저음에서 20dB 이상, 고음에서 45dB 이상이어야 한다.

귀마개와 귀덮개의 차음효과
- 귀덮개의 차음효과는 저음에서 20dB 이상, 고음에서 45dB 이상이어야 한다.
- 85~115dB의 경우 귀마개 또는 귀덮개를 사용한다.
- 소음 정도가 120dB 이상인 경우는 귀마개와 귀덮개를 동시에 사용하여야 한다.

57

1201 / 1701

Repetitive Learning 1회 2회 3회

움직이지 않는 공기 중으로 속도 없이 배출되는 작업조건(작업공정 : 탱크에서 증발)의 제어속도 범위(m/s)는?(단, ACGIH 권고 기준)

① 0.1~0.3
② 0.3~0.5
③ 0.5~1.0
④ 1.0~1.5

해설
- 탱크에서의 증발 등 움직이지 않는 공기 중으로 속도 없이 배출될 때 제어속도의 범위는 0.25~0.55m/sec이다.

작업조건에 따른 제어속도의 범위 기준(ACGIH)

작업조건	작업공정 사례	제어속도 (m/sec)
• 움직이지 않는 공기 중으로 속도 없이 배출됨 • 조용한 대기 중에 실제로 거의 속도가 없는 상태로 배출됨	• 탱크에서 증발, 탈지 등 • 액면에서 가스, 증기, 흄이 발생	0.25~0.5
약간의 공기 움직임이 있고 낮은 속도로 배출됨	스프레이 도장, 용접, 도금, 저속 컨베이어 운반	0.5~1.0
발생기류가 높고 유해물질이 활발하게 발생함	스프레이도장, 용기충진, 컨베이어 적재, 분쇄기	1.0~2.5
초고속기류 내로 높은 초기 속도로 배출됨	회전연삭, 블라스팅	2.5~10.0

58

Repetitive Learning 1회 2회 3회

기류를 고려하지 않고 감각온도(effective temperature)의 근사치로 널리 사용되는 지수는?

① WBGT
② Radiation
③ eVaporation
④ Glove Temperature

해설
- WBGT는 과거에 쓰이던 감각온도와 근사한 값인데 감각온도와 다른 점은 기류를 전혀 고려하지 않았다는 점이다.

습구흑구온도(WBGT : Wet Bulb Globe Temperature) 지수
㉠ 개요
- 건구온도, 습구온도 및 흑구온도에 비례하며, 열중증 예방을 위해 고온에서의 작업휴식시간비를 결정하는 지표로 더위지수라고도 한다.
- 표시단위는 섭씨온도(℃)로 표시하며, WBGT가 높을수록 휴식시간이 증가되어야 한다.
- 미국국립산업안전보건연구원(NIOSH)뿐만 아니라 국내에서도 습구흑구온도를 측정하고 지수를 산출하여 평가에 사용한다.
- 과거에 쓰이던 감각온도와 근사한 값인데 감각온도와 다른 점은 기류를 전혀 고려하지 않았다는 점이다.
㉡ 산출방법 0501/0503/0602/0702/0703/1101/1201/1302/1303/1503/2102/2201/2202/2203
- 옥내에서는 WBGT = 0.7NWT + 0.3GT이다. 이때 NWT는 자연습구, GT는 흑구온도이다.(일사가 영향을 미치지 않는 옥외도 옥내로 취급한다)

- 일사가 영향을 미치는 옥외에서는 건구온도인 dB를 반영하지만 옥내에서는 일사의 영향이 없으므로 자연습구와 흑구온도만으로 WBGT가 결정된다.
- 일사가 영향을 미치는 옥외에서는 WBGT=0.7NWT+0.2GT+0.1DB이며 이때 NWT는 자연습구, GT는 흑구온도, DB는 건구온도이다.

59

1802 ● Repetitive Learning 1회 2회 3회

Stokes 침강법칙에서 침강속도에 대한 설명으로 옳지 않은 것은?(단, 자유공간에서 구형의 분진 입자를 고려한다)

① 기체와 분진입자의 밀도 차에 반비례한다.
② 중력가속도에 비례한다.
③ 기체의 점도에 반비례한다.
④ 분진입자 직경의 제곱에 비례한다.

해설

- Stokes 침강법칙에서 침강속도는 분진입자의 밀도와 공기밀도의 차에 비례한다.

:: 스토크스(Stokes) 침강법칙에서의 침강속도 <u>실기</u> 0402/0502/1001/1502

- 물질의 침강속도는 중력가속도, 입자의 직경의 제곱, 분진입자의 밀도와 공기밀도의 차에 비례한다.
- 물질의 침강속도는 공기(기체)의 점성에 반비례한다.

$V = \dfrac{g \cdot d^2 (\rho_1 - \rho)}{18\mu}$ 이다.

- V : 침강속도($cm/\sec$)
- g : 중력가속도($980cm/\sec^2$)
- d : 입자의 직경(cm)
- ρ_1 : 입자의 밀도(g/cm^3)
- ρ : 공기밀도($0.0012g/cm^3$)
- μ : 공기점성계수($g/cm \cdot \sec$)

60

1402 ● Repetitive Learning 1회 2회 3회

21℃, 1기압의 어느 작업장에서 톨루엔과 이소프로필알코올을 각각 100g/h씩 사용(증발)할 때, 필요 환기량(m^3/h)은? (단, 두 물질은 상가작용을 하며, 톨루엔의 분자량은 92, TLV는 50ppm, 이소프로필알코올의 분자량은 60, TLV는 200ppm이고, 각 물질의 여유계수는 10으로 동일하다)

① 약 6,250
② 약 7,250
③ 약 8,650
④ 약 9,150

해설

- 공기 중에 계속 오염물질이 발생하고 있는 경우의 필요환기량 $Q = \dfrac{G \times K}{TLV}$ 로 구하며, 두 물질간의 화학작용이 없으므로 환기량의 합을 구하는 문제이다.
- 공기 중에 발생하고 있는 톨루엔 물질의 용량은 0℃, 1기압에 1몰당 22.4L인데 현재 21℃라고 했으므로 $22.4 \times \dfrac{294}{273} = 24.12 \cdots$L이므로 100g은 $\dfrac{100}{92} = 1.086 \cdots$몰이므로 26.22L/hr이 발생한다.
- TLV = 50ppm이고 이는 50mL/m^3이므로 필요환기량 $Q = \dfrac{26.22 \times 1,000 \times 10}{50} = 5,244m^3/$ hr이 된다.
- 공기 중에 발생하고 있는 이소프로필 알콜의 용량은 0℃, 1기압에 1몰당 22.4L인데 현재 21℃라고 했으므로 $22.4 \times \dfrac{294}{273} = 24.12 \cdots$L 이므로 100g은 $\dfrac{100}{60} = 1.66 \cdots$몰이므로 40.2L/hr이 발생한다.
- TLV는 200ppm이고 이는 200mL/m^3이므로 필요환기량 $Q = \dfrac{40.2 \times 1,000 \times 10}{200} = 2,010m^3/$ hr이 된다.
- 두 물질의 환기량 합은 5,244+2,010=7,254m^3/hr가 된다.

:: 필요 환기량 <u>실기</u> 0401/0502/0601/0602/0603/0703/0801/0803/0901/0903/1001/1002/1101/1201/1302/1403/1501/1601/1602/1702/1703/1801/1803/1903/2001/2003/2004/2101/2201

- 후드로 유입되는 오염물질을 포함한 공기량을 말한다.
- 필요 환기량 Q=A · V로 구한다. 여기서 A는 개구면적, V는 제어속도이다.
- 공기 중에 계속 오염물질이 발생하고 있는 경우의 필요환기량 $Q = \dfrac{G \times K}{TLV}$ 로 구한다. 이때 G는 공기 중에 발생하고 있는 오염물질의 용량, TLV는 허용기준, K는 여유계수이다.

4과목 물리적 유해인자관리

61

1003 / 2202 ● Repetitive Learning 1회 2회 3회

지적환경(optimum working environment)을 평가하는 방법이 아닌 것은?

① 생산적(productive) 방법
② 생리적(physiological) 방법
③ 정신적(psychological) 방법
④ 생물역학적(biomechanical) 방법

- 일하는데 가장 적합한 환경을 지적환경(optimum working environment) 이라고 하며, 지적환경의 평가방법에는 생리적, 정신적, 생산적 방법이 있다.

노동적응과 장애
- 직업에 따라 일어나는 신체 형태와 기능의 국소적 변화를 직업성 변이라고 한다.
- 작업환경에 대한 인체의 적응 한도를 서한도(threshold)라고 한다.
- 일하는데 가장 적합한 환경을 지적환경(optimum working environment)이라고 한다.
- 지적환경의 평가방법에는 생리적, 정신적, 생산적 방법이 있다.

62 ●Repetitive Learning 〔1회 2회 3회〕

감압환경의 설명 및 인체에 미치는 영향으로 옳은 것은?

① 인체와 환경사이의 기압차이 때문으로 부종, 출혈, 동통 등을 동반한다.
② 화학적 장해로 작업력의 저하, 기분의 변환, 여러 종류의 다행증이 일어난다.
③ 대기가스의 독성 때문으로 시력장애, 정신혼란, 간질 모양의 경련을 나타낸다.
④ 용해질소의 기포형성 때문으로 동통성 관절장애, 호흡곤란, 무균성 골괴사 등을 일으킨다.

- ①, ②, ③은 모두 고압환경에서의 생체작용이다.

잠함병(감압병)
- 잠함과 같은 수중구조물에서 주로 발생하여 케이슨(Caisson)병 이라고도 한다.
- 고기압상태에서 저기압으로 변할 때 체액 및 지방조직에 질소 기포 증가로 인해 발생한다.
- 중추신경계 감압병은 고공비행사는 뇌에, 잠수사는 척수에 더 잘 발생한다.
- 동통성 관절장애(Bends)는 감압증에서 흔히 나타나는 급성장 애이다
- 질소의 기포가 뼈의 소동맥을 막아서 비감염성 골괴사를 일으키기도 한다.
- 관절, 심부 근육 및 뼈에 동통이 일어나는 것을 bends라 한다.
- 흉통 및 호흡곤란은 흔하지 않은 특수형 질식이다.
- 마비는 감압증에서 주로 나타나는 중증 합병증으로 하지의 강직성 마비가 나타나는데 이는 척수나 그 혈관에 기포가 형성되어 일어난다.
- 재가압 산소요법으로 주로 치료한다.

63 ●Repetitive Learning 〔1회 2회 3회〕

진동의 강도를 표현하는 방법으로 옳지 않은 것은?

① 속도(velocity)
② 투과(transmission)
③ 변위(displacement)
④ 가속도(acceleration)

- 진동의 강도는 가속도, 속도, 변위로 주로 표시한다.

진동
- 진동의 종류에는 정현진동, 충격진동, 감쇠진동 등이 있다.
- 진동 시스템을 구성하는 3가지 요소는 질량(mass), 탄성(elasticity)과 댐핑(damping)이다.
- 진동의 강도는 가속도, 속도, 변위로 주로 표시한다.
- 전신진동에 대해 인체는 대략 $0.01m/s^2$까지의 진동 가속도를 느낄 수 있다.

64 ●Repetitive Learning 〔1회 2회 3회〕

전리방사선의 흡수선량이 생체에 영향을 주는 정도를 표시하는 선당량(생체실효선량)의 단위는?

① R
② Ci
③ Sv
④ Gy

- 흡수선량이 생체에 영향을 주는 정도를 등가선량이라고 하고 이의 단위로 과거에는 렘(rem, Roentgen Equivalent Man), 현재는 시버트(Sv)를 사용한다.

등가선량
- 과거에는 렘(rem, Roentgen Equivalent Man), 현재는 시버트(Sv)를 사용한다.
- 흡수선량이 생체에 주는 영향의 정도에 기초를 둔 생체실효선량(dose-equivalent)이다.
- rem=rad×RBE(상대적 생물학적 효과)로 나타낸다.

65 ●Repetitive Learning 〔1회 2회 3회〕

실효음압이 $2 \times 10^{-3} N/m^2$인 음의 음압수준은 몇 dB인가?

① 40
② 50
③ 60
④ 70

- $P = 2 \times 10^{-3}$, $P_0 = 2 \times 10^{-5}$로 주어졌으므로 대입하면 SPL = $20\log\left(\dfrac{2 \times 10^{-3}}{2 \times 10^{-5}}\right) = 40$[dB]이 된다.

❖ 음압레벨(SPL; Sound Pressure Level) 실기 0403/0501/0503/0901/ 1001/1102/1403/2004

- 기준이 되는 소리의 압력과 비교하여 로그적으로 표현한 값이다.
- SPL = $20\log\left(\dfrac{P}{P_0}\right)$[dB]로 구한다. 여기서 P_0는 기준음압으로 2×10^{-5}[N/m²] 혹은 2×10^{-4}[dyne/㎠²]이다.
- 자유공간에 위치한 점음원의 음압레벨(SPL)은 음향파워레벨 (PWL) $- 20\log r - 11$로 구한다. 이때 r은 소음원으로부터의 거리[m]이다. 11은 $10\log(4\pi)$의 값이다.

- A 특성치보다 C 특성치가 많이 크면 저주파 성분이 많고, A 특성치와 C 특성치가 같으면 고주파 성분이 많다.

❖ 소음계의 A, B, C 특성

- A 특성치란 대략 40phon의 등감곡선과 비슷하게 주파수에 따른 반응을 보정하여 측정한 음압 수준을 말한다.
- B 특성치와 C 특성치는 각각 70phon과 100phon의 등감곡선과 비슷하게 보정하여 측정한 값을 말한다.
- 일반적으로 소음계는 A, B, C 특성에서 음압을 측정할 수 있도록 보정되어 있으며 모든 주파수의 음압수준을 보정 없이 그대로 측정할 수도 있다. 즉, 세 값이 일치하는 주파수는 1,000Hz로 이때의 각 특성 보정치는 0이다.
- A 특성치보다 C 특성치가 많이 크면 저주파 성분이 많고, A 특성치와 C 특성치가 같으면 고주파 성분이 많다.

66

● Repetitive Learning 1회 2회 3회

고압 작업환경만으로 나열된 것은?

① 고소작업, 등반작업
② 용접작업, 고소작업
③ 탈지작업, 샌드블라스트(sand blast)작업
④ 잠함(caisson)작업, 광산의 수직갱 내 작업

- 대표적인 고압의 작업환경은 잠함(caisson)작업, 광산의 수직갱 내 작업, 하저 및 해저 터널작업 등이 있다.

❖ 대표적인 고압 작업환경

- 잠함(caisson)작업
- 광산의 수직갱 내 작업
- 하저 및 해저의 터널작업

0801 / 1503

67

● Repetitive Learning 1회 2회 3회

소음계(sound level meter)로 소음측정 시 A 및 C 특성으로 측정하였다. 만약 C 특성으로 측정한 값이 A 특성으로 측정한 값보다 훨씬 크다면 소음의 주파수영역은 어떻게 추정이 되겠는가?

① 저주파수가 주성분이다.
② 중주파수가 주성분이다.
③ 고주파수가 주성분이다.
④ 중 및 고주파수가 주성분이다.

68

● Repetitive Learning 1회 2회 3회

실내 작업장에서 실내 온도 조건이 다음과 같을 때 WBGT (℃)는?

– 흡구온도 32℃
– 건구온도 27℃
– 자연습구온도 30℃

① 30.1
② 30.6
③ 30.8
④ 31.6

- 옥내에서는 WBGT = 0.7NWT + 0.3GT이다. 이때 NWT는 자연습구, GT는 흑구온도이다.(일사가 영향을 미치지 않는 옥외도 옥내로 취급한다)
- 대입하면 WBGT = 0.7×30 + 0.3×32 = 30.6℃가 된다.

❖ 습구흑구온도(WBGT : Wet Bulb Globe Temperature) 지수
문제 58번의 유형별 핵심이론 ❖ 참조

69

● Repetitive Learning 1회 2회 3회

소음성 난청에 대한 내용으로 옳지 않은 것은?

① 내이의 세포변성이 원인이다.
② 음이 강해짐에 따라 정상인에 비해 음이 급격하게 크게 들린다.
③ 청력손실은 초기에 4,000Hz 부근에서 영향이 현저하다.
④ 소음 노출과 관계없이 연령이 증가함에 따라 발생하는 청력장애를 말한다.

- ④는 노인성 난청에 대한 설명이다.

⁛ 소음성 난청 실기 0703/1501/2101
- 초기 증상을 C5-dip현상이라 한다.
- 대부분 양측성이며, 감각 신경성 난청에 속한다.
- 내이의 세포변성을 원인으로 볼 수 있다.
- 4,000Hz에 대한 청력손실이 특징적으로 나타난다.
- 고주파음역(4,000~6,000Hz)에서의 손실이 더 크다.
- 음압수준이 높을수록 유해하다.
- 소음성 난청은 심한 소음에 반복하여 노출되어 나타나는 영구적 청력 변화로 코르티 기관에 손상이 온 것이므로 회복이 불가능하다.

1101 / 1602

70 ●Repetitive Learning 1회 2회 3회

다음 중 저온에 의한 1차적 생리적 영향에 해당하는 것은?

① 말초혈관의 수축
② 근육긴장의 증가와 전율
③ 혈압의 일시적 상승
④ 조직대사의 증진과 식용항진

- ①, ③, ④는 저온에 의한 2차적 영향에 해당한다.

⁛ 저온에 의한 생리적 영향
ㄱ) 1차적 영향
  - 피부혈관의 수축
  - 근육긴장의 증가와 전율
  - 화학적 대사작용의 증가
  - 체표면적의 감소
ㄴ) 2차적 영향
  - 말초혈관의 수축
  - 혈압의 일시적 상승
  - 조직대사의 증진과 식용항진

0401

71 ●Repetitive Learning 1회 2회 3회

다음 (   )안에 들어갈 내용으로 옳은 것은?

> 일반적으로 (   )의 마이크로파는 신체를 완전히 투과하며 흡수되어도 감지되지 않는다.

① 150MHz 이하
② 300MHz 이하
③ 500MHz 이하
④ 1000MHz 이하

- 일반적으로 150MHz 이하의 마이크로파와 라디오파는 흡수되어도 감지되지 않는다.

⁛ 마이크로파의 생물학적 작용
ㄱ) 개요
  - 인체에 흡수된 마이크로파는 기본적으로 열로 전환된다.
  - 마이크로파에 의한 표적기관은 눈이다.
  - 마이크로파는 중추신경계통에 작용하며 혈압은 폭로 초기에 상승하나 곧 억제효과를 내어 저혈압을 초래한다.
  - 일반적으로 150MHz 이하의 마이크로파와 라디오파는 흡수되어도 감지되지 않는다.
  - 광선의 파장, 피폭시간, 피폭된 조직에 따라 장해 출현 부위가 달라진다.
ㄴ) 파장과 투과성
  - 3cm 이하 파장은 외피에 흡수된다.
  - 3~10cm 파장은 1mm ~ 1cm정도 피부 내로 투과한다.
  - 25~200cm 파장은 세포조직과 신체기관까지 투과한다.
  - 200cm 이상의 파장은 거의 모든 인체 조직을 투과한다.

72 ●Repetitive Learning 1회 2회 3회

다음 중 살균력이 가장 센 파장영역은?

① 1800~2100 Å
② 2800~3100 Å
③ 3800~4100 Å
④ 4800~5100 Å

- 살균작용이 가장 강한 자외선 파장 범위는 254~280nm(2,540Å ~2,800Å) 영역인데 보기 중 가장 가까운 영역을 찾으면 된다.

⁛ 살균작용이 강한 자외선
- 살균작용이 가장 강한 자외선 파장 범위는 254~280nm(2,540Å ~2,800Å) 영역이다.
- 단파장의 원자외선 영역으로 실내공기의 소독용으로 이용된다.

1503

73 ●Repetitive Learning 1회 2회 3회

전리방사선 방어의 궁극적 목적은 가능한 한 방사선에 불필요하게 노출되는 것을 최소화 하는 데 있다. 국제방사선방호위원회(ICRP)가 노출을 최소화하기 위해 정한 원칙 3가지에 해당하지 않는 것은?

① 작업의 최적화
② 작업의 다양성
③ 작업의 정당성
④ 개개인의 노출량의 한계

- 국제방사선방호위원회(ICRP) 노출 최소화 3원칙에는 작업의 최적화와 정당성, 개개인의 노출량의 한계가 있다.

❖ 국제방사선방호위원회(ICRP) 노출 최소화 3원칙
  - 작업의 최적화
  - 작업의 정당성
  - 개개인의 노출량의 한계

0901

74 ─────● Repetitive Learning (1회 2회 3회)

고압환경의 인체작용에 있어 2차적 가압현상에 해당하지 않는 것은?

① 산소 중독
② 질소 마취
③ 공기전색
④ 이산화탄소 중독

- 공기전색은 팽창된 공기가 폐혈관으로 들어가서 동맥순환에 들어가는 위험한 증상으로 감압환경에서 발생하는 생체작용에 해당한다.

❖ 고압 환경의 생체작용
  - 1차성 압력현상–생체강과 환경간의 기압차이로 인한 기계적 작용으로 울혈, 부종, 출혈, 동통과 함께 귀, 부비강, 치아의 압통 등이 발생할 수 있다.
  - 2차성 압력현상–고압하의 대기가스의 독성으로 인한 현상으로 질소마취, 산소 중독, 이산화탄소 중독 등이 있다.

1403

75 ─────● Repetitive Learning (1회 2회 3회)

레이노 현상(Raynaud's phenomenon)과 관련이 없는 것은?

① 방사선
② 국소진동
③ 혈액순환장애
④ 저온환경

- 그라인더 등의 손공구를 저온환경에서 사용할 때 나타나는 레이노 증후군은 국소진동에 의하여 손가락의 창백, 청색증, 저림, 냉감, 동통이 나타나는 장해이다.

❖ 레이노 현상(Raynaud's phenomenon)
  - 국소진동에 의하여 손가락의 창백, 청색증, 저림, 냉감, 동통이 나타나는 장해이다.
  - 그라인더 등의 손공구를 저온환경에서 사용할 때 나타나는 장해이다.

1203 / 1402

76 ─────● Repetitive Learning (1회 2회 3회)

다음 중 차음평가지수를 나타내는 것은?

① sone
② NRN
③ NRR
④ phon

- sone은 기준 음(1,000Hz, 40dB)에 비해서 몇 배의 크기를 갖는가를 나타내는 단위이다.
- NRN은 외부의 소음을 시간, 지역, 강도, 특성 등을 고려해 만든 소음평가지수이다.
- phon 값은 1,000Hz에서의 순음의 음압수준(dB)에 해당한다.

❖ NRR(Noise Reducion Rating)
  - 차음평가지수를 나타낸다.
  - 모든 소음에 대한 일반적인 차음률을 표시한다.

---

77 ─────● Repetitive Learning (1회 2회 3회)

작업장 내 조명방법에 관한 내용으로 옳지 않은 것은?

① 형광등은 백색에 가까운 빛을 얻을 수 있다.
② 나트륨등은 색을 식별하는 작업장에 가장 적합하다.
③ 수은등은 형광물질의 종류에 따라 임의의 광색을 얻을 수 있다.
④ 시계공장 등 작은 물건을 식별하는 작업을 하는 곳은 국소조명이 적합하다.

- 나트륨등은 단색 광원 아래에서 색채의 구분이 불가능하므로 색을 식별하는 작업장에 사용하기에 적합하지 않다.

❖ 작업장 내 조명방법
  - 백열전구와 고압수은등을 적절히 혼합시켜 주광에 가까운 빛을 얻는다.
  - 천정, 마루, 기계, 벽 등의 반사율을 크게 하면 조도를 일정하게 얻을 수 있다.
  - 천장에 바둑판형 형광등의 배열은 음영을 약하게 할 수 있다.
  - 형광등은 백색에 가까운 빛을 얻을 수 있다.
  - 수은등은 형광물질의 종류에 따라 임의의 광색을 얻을 수 있다.
  - 시계공장 등 작은 물건을 식별하는 작업을 하는 곳은 국소조명이 적합하다.
  - 나트륨등은 단색 광원 아래에서 색채의 구분이 불가능하므로 색을 식별하는 작업장에 사용하기에 적합하지 않다.

---

78 ●─── ► Repetitive Learning 1회 2회 3회

현재 총 흡음량이 1,200sabins인 작업장의 천장에 흡음물질을 첨가하여 2,800sabins을 더할 경우 예측되는 소음감소량(dB)은 약 얼마인가?

① 3.5 ② 4.2
③ 4.8 ④ 5.2

해설

- 처리 전의 흡음량은 1,200[sabins], 처리 후의 흡음량은 1,200+2,800=4,000[sabins]이다.
- 대입하면 $NR=10\log\dfrac{4,000}{1,200}=5.228\cdots$[dB]이다.

∷ 흡음에 의한 소음감소(NR : Noise Reduction) **실기** 0301/0303/0501/0503/0601/0702/1001/1002/1003/1102/1201/1301/1403/1701/1702/2102/2103/2202

- $NR=10\log\dfrac{A_2}{A_1}$[dB]으로 구한다.

이때, A_1는 처리하기 전의 총 흡음량[sabins]이고, A_2는 처리한 후의 총 흡음량[sabins]이다.

79 ●─── ► Repetitive Learning 1회 2회 3회

럭스(lux)의 정의로 옳은 것은?

① 1m²의 평면에 1루멘의 빛이 비칠 때의 밝기를 의미한다.
② 1촉광의 광원으로부터 한 단위 입체각으로 나가는 빛의 밝기 단위이다.
③ 지름이 1인치 되는 촛불이 수평방향으로 비칠 때의 빛의 광도를 나타내는 단위이다.
④ 1루멘의 빛이 1ft²의 평면상에 수직방향으로 비칠 때 그 평면의 빛의 양을 의미한다.

해설

- 1Lux는 1lumen의 빛이 $1m^2$의 평면상에 수직으로 비칠 때의 밝기이다.

∷ 조도(照度)

- 조도는 특정 지점에 도달하는 광의 밀도를 말한다.
- 단위는 럭스(Lux)를 사용한다.
- 1Lux는 1lumen의 빛이 $1m^2$의 평면상에 수직으로 비칠 때의 밝기이다.
- 반사체의 반사율과는 상관없이 일정한 값을 갖는다.
- 거리의 제곱에 반비례하고, 광도에 비례하므로 $\dfrac{광도}{(거리)^2}$으로 구한다.

80 ●─── ► Repetitive Learning 1회 2회 3회

유해한 환경의 산소결핍 장소에 출입 시 착용하여야 할 보호구와 가장 거리가 먼 것은?

① 방독마스크 ② 송기마스크
③ 공기호흡기 ④ 에어라인마스크

해설

- 밀폐공간에서 작업할 때는 방독마스크가 아니라 공기호흡기 또는 송기마스크를 지급하여야 한다.

∷ 환기 등 **실기** 2201

- 사업주는 근로자가 밀폐공간에서 작업을 하는 경우에 작업을 시작하기 전과 작업 중에 해당 작업장을 적정공기 상태가 유지되도록 환기하여야 한다. 다만, 폭발이나 산화 등의 위험으로 인하여 환기할 수 없거나 작업의 성질상 환기하기가 매우 곤란한 경우에는 근로자에게 공기호흡기 또는 송기마스크를 지급하여 착용하도록 하고 환기하지 아니할 수 있다.
- 근로자는 지급된 보호구를 착용하여야 한다.

5과목	산업독성학

81 ●─── ► Repetitive Learning 1회 2회 3회

유해물질의 생리적 작용에 의한 분류에서 질식제를 단순 질식제와 화학적 질식제로 구분할 때 화학적 질식제에 해당하는 것은?

① 수소(H_2) ② 메탄(CH_4)
③ 헬륨(He) ④ 일산화탄소(CO)

해설

- 단순 질식제에는 수소, 질소, 헬륨, 이산화탄소, 메탄, 아세틸렌 등이 있다.

∷ 질식제

- 질식제란 조직 내의 산화작용을 방해하는 화학물질을 말한다.
- 질식제는 단순 질식제와 화학적 질식제로 구분할 수 있다.

단순 질식제	• 생리적으로는 아무 작용도 하지 않으나 공기 중에 많이 존재하여 산소분압을 저하시켜 조직에 필요한 산소의 공급부족을 초래하는 물질 • 수소, 질소, 헬륨, 이산화탄소, 메탄, 아세틸렌 등
화학적 질식제	• 혈액 중 산소운반능력을 방해하는 물질 • 일산화탄소, 아닐린, 시안화수소 등 • 기도나 폐 조직을 손상시키는 물질 • 황화수소, 포스겐 등

82 ──────● Repetitive Learning ⟮1회 2회 3회⟯

근로자가 1일 작업시간 동안 잠시라도 노출되어서는 아니되는 기준을 나타내는 것은?

① TLV-C
② TLV-STEL
③ TLV-TWA
④ TLV-skin

해설

- TLV의 종류에는 TWA, STEL, C 등이 있다.
- TLV-TWA는 1일 8시간 작업을 기준으로 하여 유해요인의 측정농도에 발생시간을 곱하여 8시간으로 나눈 농도이다.
- TLV-STEL은 1회 노출 간격이 1시간 이상인 경우 1일 작업시간 동안 4회까지 노출이 허용될 수 있는 농도이다.

:: TLV(Threshold Limit Value) **실기** 0301/1602

㉠ 개요
- 미국 산업위생전문가회의(ACGIH; American Conference of Governmental Industrial Hygienists)에서 채택한 허용농도의 기준이다.
- 동물실험자료, 인체실험자료, 사업장 역학조사 등을 근거로 한다.
- 가장 대표적인 유독성 지표로 만성중독과 관련이 깊다.
- 계속적 작업으로 인한 환경에 적용되더라도 건강에 악영향을 미치지 않는 물질 농도를 말한다.

㉡ 종류 **실기** 0403/0703/1702/2002

TLV-TWA	시간가중평균농도로 1일 8시간(1주 40시간) 작업을 기준으로 하여 유해요인의 측정농도에 발생시간을 곱하여 8시간으로 나눈 농도
TLV-STEL	근로자가 1회 15분간 유해요인에 노출되는 경우의 허용농도로 이 농도 이하에서는 1회 노출 간격이 1시간 이상인 경우 1일 작업시간 동안 4회까지 노출이 허용될 수 있는 농도
TLV-C	최고허용농도(Ceiling 농도)라 함은 근로자가 1일 작업시간 동안 잠시라도 노출되어서는 안 되는 최고 허용농도

83 ──────● Repetitive Learning ⟮1회 2회 3회⟯

다음 중금속 취급에 의한 대표적인 직업성 질환을 연결한 것으로 서로 관련이 가장 적은 것은?

① 니켈 중독-백혈병, 재생불량성 빈혈
② 납중독-골수침입, 빈혈, 소화기장해
③ 수은 중독-구내염, 수전증, 정신장해
④ 망간 중독-신경염, 신장염, 중추신경장해

해설

- 니켈 중독은 호흡기 장해, 폐나 비강에 발암작용을 한다.

:: 니켈
- 합금, 도금 및 전지 등의 제조에 사용되는 중금속이다.
- 알레르기 반응으로 접촉성 피부염이 발생한다.
- 폐나 비강에 발암작용이 나타난다.
- 호흡기 장해와 전신중독이 발생한다.

84 ──────● Repetitive Learning ⟮1회 2회 3회⟯

생물학적 모니터링을 위한 시료가 아닌 것은?

① 공기 중 유해인자
② 요 중의 유해인자나 대사산물
③ 혈액 중의 유해인자나 대사산물
④ 호기(exhaled air) 중의 유해인자나 대사산물

해설

- ①은 작업환경측정 시 필요한 시료이다.

:: 생물학적 모니터링을 위한 시료 **실기** 0401/0802/1602
- 요 중의 유해인자나 대사산물(가장 많이 사용)
- 혈액 중의 유해인자나 대사산물
- 호기(exhaled air) 중의 유해인자나 대사산물

85 ──────● Repetitive Learning ⟮1회 2회 3회⟯

산업안전보건법령상 석면 및 내화성 세라믹 섬유의 노출기준 표시단위로 옳은 것은?

① %
② ppm
③ 개/cm^3
④ mg/m^3

해설

- 분진 및 미스트 등 에어로졸(Aerosol)의 노출기준 표시단위는 세제곱미터당 밀리그램(mg/㎥)을 사용한다. 다만, 석면 및 내화성세라믹섬유의 노출기준 표시단위는 세제곱센티미터당 개수(개/㎤)를 사용한다.

:: 노출기준의 표시단위
- 가스 및 증기의 노출기준 표시단위는 피피엠(ppm)을 사용한다.
- 분진 및 미스트 등 에어로졸(Aerosol)의 노출기준 표시단위는 세제곱미터당 밀리그램(mg/㎥)을 사용한다. 다만, 석면 및 내화성세라믹섬유의 노출기준 표시단위는 세제곱센티미터당 개수(개/㎤)를 사용한다.

86

● Repetitive Learning 1회 2회 3회

1702

3가 및 6가 크롬의 인체 작용 및 독성에 관한 내용으로 옳지 않은 것은?

① 산업장의 노출의 관점에서 보면 3가 크롬이 6가 크롬보다 더 해롭다.

② 3가 크롬은 피부 흡수가 어려우나 6가 크롬은 쉽게 피부를 통과한다.

③ 세포막을 통과한 6가 크롬은 세포 내에서 수 분 내지 수 시간 만에 발암성을 가진 3가 형태로 환원된다.

④ 6가에서 3가로의 환원이 세포질에서 일어나면 독성이 적으나 DNA의 근위부에서 일어나면 강한 변이원성을 나타낸다.

해설
- 산업장에서 노출의 관점으로 보면 3가 크롬보다 6가 크롬이 더욱 해롭다고 할 수 있다.

♣ 3가 및 6가 크롬의 인체 작용 및 독성
- 3가 크롬은 피부 흡수가 어려우나 6가 크롬은 쉽게 피부를 통과한다.
- 세포막을 통과한 6가 크롬은 세포 내에서 수 분 내지 수 시간 만에 발암성을 가진 3가 형태로 환원된다.
- 6가에서 3가로의 환원이 세포질에서 일어나면 독성이 적으나 DNA의 근위부에서 일어나면 강한 변이원성을 나타낸다.
- 3가 크롬은 세포 내에서 핵산, nuclear enzyme, necleotide와 같은 세포핵과 결합될 때 발암성을 나타낸다.
- 산업장에서 노출의 관점으로 보면 3가 크롬보다 6가 크롬이 더욱 해롭다고 할 수 있다.
- 배설은 주로 소변을 통해 배설되며 대변으로는 소량 배출된다.

87

0703 / 1501

● Repetitive Learning 1회 2회 3회

독성물질 생체 내 변환에 관한 설명으로 옳지 않은 것은?

① 1상 반응은 산화, 환원, 가수분해 등의 과정을 통해 이루어진다.

② 2상 반응은 1상 반응이 불가능한 물질에 대한 추가적 축합반응이다.

③ 생체변환의 기전은 기존의 화합물보다 인체에서 제거하기 쉬운 대사물질로 변화시키는 것이다.

④ 생체 내 변환은 독성물질이나 약물의 제거에 대한 첫 번째 기전이며, 1상 반응과 2상 반응으로 구분된다.

해설
- 2상 반응은 1상 반응을 거친 물질을 수용성으로 만드는 포합반응이다.

♣ 독성물질의 생체전환
- 생체전환은 독성물질이나 약물의 제거에 대한 첫 번째 기전이며, 제1단계 반응과 제2단계 반응으로 구분된다.
- 1상 반응은 산화, 환원, 가수분해 등으로 이루어진다.
- 2상 반응은 1상 반응을 거친 물질을 수용성으로 만드는 포합반응이다.
- 생체변화의 기전은 기존의 화합물보다 인체에서 제거하기 쉬운 대사물질로 변화시키는 것이다.

88

1101

● Repetitive Learning 1회 2회 3회

다음 중 만성중독 시 코, 폐 및 위장의 점막에 병변을 일으키며, 장기간 흡입하는 경우 원발성 기관지암과 폐암이 발생하는 것으로 알려진 대표적인 중금속은?

① 납(Pb) ② 수은(Hg)

③ 크롬(Cr) ④ 베릴륨(Be)

해설
- 납은 포르피린과 헴(heme)의 합성에 관여하는 효소를 억제하며, 소화기계 및 조혈계에 영향을 준다.
- 수은은 hatter's shake라고 하며 근육경련을 유발하는 중금속이다.
- 베릴륨은 흡수경로는 주로 호흡기이고, 폐에 축적되어 폐질환을 유발하며, 만성중독은 Neighborhood cases라고 불리는 금속이다.

♣ 크롬(Cr)
- 부식방지 및 도금 등에 사용된다.
- 급성중독시 심한 신장장해를 일으키고, 만성중독 시 코, 폐 등의 점막이 충혈되어 화농성비염이 되고 차례로 깊이 들어가서 궤양이 되고 비강암이나 비중격천공을 유발한다.
- 장기간 흡입하는 경우 원발성 기관지암과 폐암이 발생한다.
- 피부궤양 발생 시 치료에는 Sodium citrate 용액, Sodium thiosulfate 용액, 10% CaNa2EDTA 연고 등을 사용한다.

89

0403 / 0701 / 1502 / 1801

● Repetitive Learning 1회 2회 3회

흡입분진의 종류에 의한 진폐증의 분류 중 무기성 분진에 의한 진폐증이 아닌 것은?

① 규폐증 ② 면폐증

③ 철폐증 ④ 용접공폐증

- 면폐증은 유기성 분진으로 인한 진폐증에 해당한다.

흡입 분진의 종류에 의한 진폐증의 분류

무기성 분진	규폐증, 용접공폐증, 탄광부진폐증, 활석폐증, 석면폐증, 흑연폐증, 알루미늄폐증, 탄소폐증, 주석폐증, 규조토폐증 등
유기성 분진	면폐증, 설탕폐증, 농부폐증, 목조분진폐증, 연초폐증, 모발분진폐증 등

0803 / 1003 / 1401 / 1801

90 ────────── • Repetitive Learning 〔1회 2회 3회〕

다음 중 가스상 물질의 호흡기계 축적을 결정하는 가장 중요한 인자는?

① 물질의 농도차
② 물질의 입자분포
③ 물질의 발생기전
④ 물질의 수용성 정도

- 가스상 물질의 호흡기계 축적을 결정하는 가장 중요한 요인은 물질의 수용성이다. 이로 인해 수용성이 낮은 가스상 물질은 폐포까지 들어와 농도차에 의해 전신으로 퍼지지만 수용성이 큰 가스상 물질은 상부호흡기계 점액에 용해되어 침착하게 된다.

물질의 호흡기계 축적 〔실기〕1602

- 호흡기계에 물질의 축적 정도를 결정하는 가장 중요한 요인은 입자의 크기이다.
- $1\mu m$ 이하의 입자는 97%가 폐포까지 도달하게 된다.
- 가스상 물질의 호흡기계 축적을 결정하는 가장 중요한 요인은 물질의 수용성이다. 이로 인해 수용성이 낮은 가스상 물질은 폐포까지 들어와 농도차에 의해 전신으로 퍼지지만 수용성이 큰 가스상 물질은 상부호흡기계 점액에 용해되어 침착하게 된다.
- 먼지가 호흡기계에 들어오면 인체는 점액 섬모운동과 폐포의 대식세포의 작용으로 방어기전을 수행한다.

---

91 ────────── • Repetitive Learning 〔1회 2회 3회〕

피부 독성 반응의 설명으로 옳지 않은 것은?

① 가장 빈번한 피부 반응은 접촉성 피부염이다.
② 알레르기성 접촉피부염은 면역반응과 관계가 없다.
③ 광독성 반응은 홍반 · 부종 · 착색을 동반하기도 한다.
④ 담마진 반응은 접촉 후 보통 30~60분 후에 발생한다.

- 알레르기성 접촉 피부염은 특정 화학제품에 선천적으로 민감한 일부의 사람들에게 나타나는 면역반응이다.

피부 독성 반응

- 피부에 접촉하는 화학물질의 통과속도는 일반적으로 각질층에서 가장 느리다.
- 접촉성 피부염의 대부분은 자극성 접촉피부염이다.
- 알레르기성 접촉 피부염은 특정 화학제품에 선천적으로 민감한 일부의 사람들에게 나타나는 면역반응이다.
- 자외선은 피하지방 세포의 지방합성을 억제시켜 피부를 늙게 한다.
- 약물이 체내 대사체에 의해 피부에 영향을 준 상태에서 자외선에 노출되면 일어나는 광독성 반응은 홍반 · 부종 · 착색을 동반하기도 한다.
- 두드러기라 불리는 담마진 반응은 접촉 후 보통 30~60분 후에 발생한다.
- 고려할 사항에는 피부의 흡수특성, 열 · 습기 등의 작업환경, 사용물질의 상호작용에 따른 독성학적 특성 등이 있다.

0903 / 1701

92 ────────── • Repetitive Learning 〔1회 2회 3회〕

산업안전보건법령상 사람에게 충분한 발암성 증거가 있는 물질(1A)에 포함되어 있지 않은 것은?

① 벤지딘(Benzidine)
② 베릴륨(Beryllium)
③ 에틸벤젠(Ethyl benzene)
④ 염화비닐(Vinyl chloride)

- 에틸벤젠은 발암성 2에 해당한다.

발암성 1A

- 산업안전보건법령상 사람에게 충분한 발암성 증거가 있는 물질을 말한다.
- 니켈, 1,2-디클로로프로판, 린데인, 목재분진, 베릴륨 및 그 화합물, 벤젠, 벤조피렌, 벤지딘, 부탄(이성체), 비소, 산화규소, 산화에틸렌, 석면, 우라늄, 염화비닐, 크롬, 플루토늄, 황화카드뮴 등이다.

0601 / 0903 / 1201 / 1602 / 2202

93 ────────── • Repetitive Learning 〔1회 2회 3회〕

동물을 대상으로 약물을 투여했을 때 독성을 초래하지는 않지만 대상의 50%가 관찰 가능한 가역적인 반응이 나타나는 작용량을 무엇이라 하는가?

① LC50
② ED50
③ LD50
④ TD50

- LC50은 실험동물의 50%를 사망시킬 수 있는 물질의 농도(가스)를 말한다.
- LD50은 실험동물의 50%를 사망시킬 수 있는 물질의 양을 말한다.
- TD50은 실험동물의 50%에서 심각한 독성반응이 나타나는 양을 말한다.

독성실험에 관한 용어

LD50	실험동물의 50%를 사망시킬 수 있는 물질의 양
LC50	실험동물의 50%를 사망시킬 수 있는 물질의 농도(가스)
TD50	실험동물의 50%에서 심각한 독성반응이 나타나는 양
ED50	독성을 초래하지는 않지만 대상의 50%가 관찰 가능한 가역적인 반응이 나타나는 작용량
SNARL	악영향을 나타내는 반응이 없는 농도수준(Suggested No-Adverse-Response Level, SNARL)

94

0902 / 1802

Repetitive Learning 1회 2회 3회

벤젠을 취급하는 근로자를 대상으로 벤젠에 대한 노출량을 추정하기 위해 호흡기 주변에서 벤젠 농도를 측정함과 동시에 생물학적 모니터링을 실시하였다. 벤젠 노출로 인한 대사산물의 결정인자(determinant)로 옳은 것은?

① 호기 중의 벤젠
② 소변 중의 마뇨산
③ 소변 중의 총 페놀
④ 혈액 중의 만델리산

해설

- ②는 톨루엔의 생체 내 대사산물이다.

유기용제별 생물학적 모니터링 대상(생체 내 대사산물) 실기 0803/1403/2101

벤젠	소변 중 총 페놀 소변 중 t,t-뮤코닉산(t,t-Muconic acid)
에틸벤젠	소변 중 만델린산
스티렌	소변 중 만델린산
톨루엔	소변 중 마뇨산(hippuric acid), o-크레졸
크실렌	소변 중 메틸마뇨산
이황화탄소	소변 중 TTCA
메탄올	혈액 및 소변 중 메틸알코올
노말헥산	소변 중 헥산디온(2,5-hexanedione)
MBK (methyl-n-butyl ketone)	소변 중 헥산디온(2,5-hexanedione)
니트로벤젠	혈액 중 메타헤모글로빈
카드뮴	혈액 및 소변 중 카드뮴(저분자량 단백질)
납	혈액 및 소변 중 납(ZPP, FEP)
일산화탄소	혈액 중 카복시헤모글로빈, 호기 중 일산화탄소

95

0903 / 1302 / 1801

Repetitive Learning 1회 2회 3회

단백질을 침전시키며 thiol(-SH)기를 가진 효소의 작용을 억제하여 독성을 나타내는 것은?

① 수은
② 구리
③ 아연
④ 코발트

해설

- 아연은 금속열을 초래하는 대표물질로 전신(계통)적 장애를 유발한다.
- 구리는 급성·만성적으로 사람 건강에 장애를 유발하는 물질이며 급성 소화기계 장애를 유발, 간이나 신장에 장애를 일으킬 수 있다.
- 코발트의 분진과 흄은 주로 호흡기로 흡수되며, 흡인된 인자는 폐에 침착한 후 천천히 체내로 흡수되어 폐간질의 섬유화, 폐간질염을 일으키고 호흡기 및 피부를 감작시킨다.

수은(Hg)

㉠ 개요
- 인간의 연금술, 의약품 등에 가장 오래 사용해 왔던 중금속의 하나로 17세기 유럽에서 신사용 중절모자를 만드는 사람들에게 처음으로 발견되어 hatter's shake라고 하며 근육경련을 유발하는 중금속이다.
- 단백질을 침전시키며 thiol(-SH)기를 가진 효소의 작용을 억제하여 독성을 나타낸다.
- 뇌홍의 제조에 사용하며, 증기를 발생하여 산업중독을 일으킨다.
- 수은은 상온에서 액체상태로 존재하는 금속이다.

㉡ 분류
- 무기수은화합물은 대부분의 금속과 화합하여 아말감을 만든다.
- 무기수은화합물은 질산수은, 승홍, 뇌홍 등이 있으며, 유기수은화합물에는 페닐수은, 에틸수은 등이 있다.
- 유기수은 화합물로서는 아릴수은(무기수은) 화합물과 알킬수은 화합물이 있다.
- 메틸 및 에틸 등 알킬수은 화합물의 독성이 가장 강하다.

㉢ 인체에 미치는 영향과 대책 실기 0401
- 소화관으로는 2~7% 정도의 소량으로 흡수되며, 금속 형태로는 뇌, 혈액, 심근에 많이 분포된다.
- 중독의 특징적인 증상은 근육진전, 정신증상이고, 만성노출 시 식욕부진, 신기능부전, 구내염이 발생한다.
- 급성중독 시 우유와 계란의 흰자를 먹여 단백질과 해당 물질을 결합시켜 침전시키거나, BAL(dimercaprol)을 체중 1kg당 5mg을 근육주사로 투여하여야 한다.

96

1102 / 1603

• Repetitive Learning 1회 2회 3회

중금속에 중독되었을 경우에 치료제로 BAL이나 Ca-EDTA 등 금속배설 촉진제를 투여해서는 안 되는 중금속은?

① 납　　　　　　　　② 비소
③ 망간　　　　　　　④ 카드뮴

해설

• 납은 포르피린과 헴(heme)의 합성에 관여하는 효소를 억제하며, 소화기계 및 조혈계에 영향을 준다.
• 비소는 은빛 광택을 내는 비금속으로 가열하면 녹지 않고 승화되며, 피부 특히 겨드랑이나 국부 등에 습진형 피부염이 생기며 피부암을 유발한다.
• 망간은 mmT를 함유한 연료제조에 종사하는 근로자에게 노출되는 일이 많은 물질로 급성노출시 금속열과 조증 등을 유발한다.

❖ 카드뮴의 중독, 치료 및 예방대책
　• 소변 속의 카드뮴 배설량은 카드뮴 흡수를 나타내는 지표가 된다.
　• 칼슘대사에 장해를 주어 신결석을 동반한 증후군이 나타나고 다량의 칼슘배설이 일어난다.
　• 폐활량 감소, 잔기량 증가 및 호흡곤란의 폐증세가 나타나며, 이 증세는 노출기간과 노출농도에 의해 좌우된다.
　• 치료제로 BAL이나 Ca-EDTA 등 금속배설 촉진제를 투여해서는 안 된다.

97

1701

• Repetitive Learning 1회 2회 3회

다음 사례의 근로자에게서 의심되는 노출인자는?

[다음]

41세 A씨는 1990년부터 1997년까지 기계공구제조업에서 산소 용접작업을 하다가 두통, 관절통, 전신근육통, 가슴답답함, 이가 시리고 아픈 증상이 있어 건강검진을 받았다. 건강검진 결과 단백뇨와 혈뇨가 있어 신장질환 유소견자 진단을 받았다. 이 유해인자의 혈증, 소변 중 농도가 직업병 예방을 위한 생물학적 노출기준을 초과하였다.

① 납　　　　　　　　② 망간
③ 수은　　　　　　　④ 카드뮴

해설

• 납은 포르피린과 헴(heme)의 합성에 관여하는 효소를 억제하며, 소화기계 및 조혈계에 영향을 준다.
• 망간은 mmT를 함유한 연료제조에 종사하는 근로자에게 노출되는 일이 많은 물질로 급성노출시 금속열과 조증 등을 유발한다.
• 수은은 hatter's shake라고 하며 근육경련을 유발하는 중금속이다.

❖ 카드뮴

• 카드뮴은 부드럽고 연성이 있는 금속으로 납광물이나 아연광물을 제련할 때 부산물로 얻어진다.
• 주로 니켈, 알루미늄과의 합금, 살균제, 페인트 등을 취급하는 곳에서 노출위험성이 크다.
• 흡수된 카드뮴은 혈장단백질과 결합하여 최종적으로 간이나 신장에 축적된다.
• 인체 내에서 -SH기와 결합하여 독성을 나타낸다.
• 중금속 중에서 칼슘대사에 장애를 주어 신결석을 동반한 신증후군이 나타나고 폐기종, 만성기관지염 같은 폐질환을 일으키고, 다량의 칼슘배설이 일어나 뼈의 통증, 골연화증 및 골수공증과 같은 골격계 장해를 유발한다.
• 카드뮴에 의한 급성노출 및 만성노출 후의 장기적인 속발증은 고환의 기능쇠퇴, 폐기종, 간손상 등이다.
• 체내에 노출되면 저분자 단백질인 metallothionein이라는 단백질을 합성하여 독성을 감소시킨다.

98

1102 / 1403 / 1802

• Repetitive Learning 1회 2회 3회

다음 입자상 물질의 종류 중 액체나 고체의 2가지 상태로 존재할 수 있는 것은?

① 흄(fume)　　　　　② 증기(vapor)
③ 미스트(mist)　　　④ 스모크(smoke)

해설

• 흄은 금속이 용해되어 공기에 의하여 산화되어 미립자가 되어 분산하는 것이다.
• 증기는 상온에서 액체형태로 존재하는 가스상의 물질을 말한다.
• 미스트는 가스나 증기의 응축 혹은 화학반응에 의해 생성된 액체형태의 공기 중 부유물질이다.

❖ 스모크(smoke)
　• 가연성 물질이 연소할 때 불완전 연소의 결과로 생기는 고체, 액체 상태의 미립자이다.
　• 액체나 고체의 2가지 상태로 존재할 수 있다.

99

0903 / 1703

• Repetitive Learning 1회 2회 3회

유기용제의 중추신경 활성억제의 순위를 큰 것에서부터 작은 순으로 나타낸 것 중 옳은 것은?

① 알켄＞알칸＞알코올
② 에테르＞알코올＞에스테르
③ 할로겐화합물＞에스테르＞알켄
④ 할로겐화합물＞유기산＞에테르

- 유기용제의 중추신경 활성 억제작용의 순위는 알칸<알켄<알코올<유기산<에스테르<에테르<할로겐화합물 순으로 커진다.

유기용제의 중추신경 활성억제 및 자극 순서
- ㉠ 억제작용의 순위
  - 알칸<알켄<알코올<유기산<에스테르<에테르<할로겐화합물
- ㉡ 자극작용의 순위
  - 알칸<알코올<알데히드 또는 케톤<유기산<아민류
- ㉢ 극성의 크기 순서
  - 파라핀<방향족 탄화수소<에스테르<케톤<알데하이드<알코올<물

0603 / 1701

100 ── Repetitive Learning (1회 2회 3회)

이황화탄소(CS_2)에 중독될 가능성이 가장 높은 작업장은?

① 비료 제조 및 초자공 작업장
② 유리 제조 및 농약 제조 작업장
③ 타르, 도장 및 석유 정제 작업장
④ 인조견, 셀로판 및 사염화탄소 생산 작업장

- 인조견, 셀로판 및 사염화탄소의 생산과 수지와 고무제품의 용제에 이용되는 것은 이황화탄소이다.

이황화탄소(CS_2)
- 휘발성이 매우 높은 무색 액체이다.
- 인조견, 셀로판 및 사염화탄소의 생산과 수지와 고무제품의 용제에 이용된다.
- 대부분 상기도를 통해서 체내에 흡수된다.
- 생물학적 폭로지표로는 TTCA검사가 이용된다.
- 감각 및 운동신경에 장애를 유발한다.
- 중추신경계에 대한 특징적인 독성작용으로 파킨슨 증후군과 심한 급성 혹은 아급성 뇌병증을 유발한다.
- 고혈압의 유병률과 콜레스테롤치의 상승빈도가 증가되어 뇌, 심장 및 신장의 동맥 경화성 질환을 초래한다.
- 심한 경우 불안, 분노, 자살성향 등을 보이기도 한다.

출제문제 분석

2020년 4회

구분	1과목	2과목	3과목	4과목	5과목	합계
New유형	0	1	4	0	1	6
New문제	4	9	10	7	3	33
또나온문제	8	7	6	6	7	34
자꾸나온문제	8	4	4	7	10	33
합계	20	20	20	20	20	100

- New유형은 New문제 중 기존 기출문제와 완전히 다른 유형의 문제를 말합니다.
- New문제는 기존에 출제되지 않은 문제로 이번에 처음 출제되는 문제입니다.
- 또나온문제는 기존에 출제된 적이 1번 있는 문제를 말합니다.
- 자꾸나온문제는 기존에 출제된 적이 2번 이상 있는 문제를 말합니다. 그만큼 중요한 문제입니다.

몇 년분의 기출문제를 공부해야 합격할 수 있을까요?

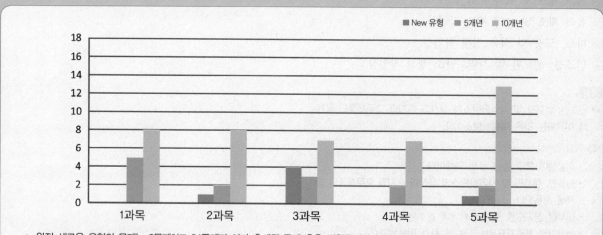

- 완전 새로운 유형의 문제는 6문제이고 94문제가 이미 출제된 문제 혹은 변형문제입니다.
- 5년분(2018~2022) 기출에서 동일문제가 14문항이 출제되었고, 10년분(2013~2022) 기출에서 동일문제가 43문항이 출제되었습니다.

실기에 나왔어요!! 일타쌍피-사전체크!!

실기시험은 필답형으로 진행됩니다. 객관식의 필기와 달리 주관식인 관계로 아는 만큼 적을 수 있습니다. 최근 계산문제의 비중이 많이 감소하고 있지만 절반 정도의 이론 문제와 절반 정도의 계산문제가 출제된다고 보시면 됩니다. 계산문제의 경우 나오는 문제유형이 거의 정해져 있습니다. 필기 공부할 때 미리 실기에 나오는 내용을 체크하시고 그부분만큼은 잘 공부해 두신다면 당 회차 실기까지 한 번에 잡을 수 있습니다.

- 총 37개의 유형별 핵심이론이 실기시험과 연동되어 있습니다.

분석의견

합격률이 34.3%로 역대급으로 낮았던 회차였습니다.

10년 기출을 학습할 경우 3, 4과목의 경우 동일한 문제가 각각 7문제로 과락점수 이하로 출제되었지만 다른 과목은 모두 과락 점수 이상으로 출제되어 현재 시점에서는 그다지 어려운 난이도는 아니라고 봅니다.

10년분 기출문제와 유형별 핵심이론의 2~3회 정독이면 합격 가능한 것으로 판단됩니다.

2020년 제4회

2020년 9월 26일 필기

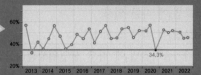

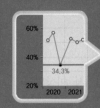

20년 4회차 필기시험 합격률 34.3%

1과목 산업위생학개론

01 ─────● Repetitive Learning 〔1회〕〔2회〕〔3회〕

0502 / 1003 / 1601

미국산업위생학술원에서 채택한 산업위생전문가의 윤리강령 중 기업주와 고객에 대한 책임과 관계될 윤리강령은?

① 기업체의 기밀은 누설하지 않는다.
② 전문적 판단이 타협에 의하여 좌우될 수 있는 상황에는 개입하지 않는다.
③ 근로자, 사회 및 전문 직종의 이익을 위해 과학적 지식을 공개하고 발표한다.
④ 결과와 결론을 뒷받침할 수 있도록 기록을 유지하고 산업위생사업을 전문가답게 운영, 관리한다.

해설
- ①과 ②, ③은 전문가로서의 책임에 해당한다.
- ❖ 산업위생전문가의 윤리강령 중 기업주와 고객에 대한 책임
  - 궁극적으로 기업주와 고객보다 근로자의 건강 보호에 있다.
  - 결과와 결론을 뒷받침할 수 있도록 기록을 유지하고 산업위생사업을 전문가답게 운영, 관리한다.
  - 신뢰를 중요시하고, 정직하게 충고하며, 결과와 권고사항을 정확히 보고한다.
  - 쾌적한 작업환경을 달성하기 위해 산업위생 원리들을 적용할 때 책임감을 갖고 행동한다.

02 ─────● Repetitive Learning 〔1회〕〔2회〕〔3회〕

1203

근육과 뼈를 연결하는 섬유조직을 무엇이라 하는가?

① 건(tendon)
② 관절(joint)
③ 뉴런(neuron)
④ 인대(ligament)

해설
- 관절(joint)은 뼈와 뼈 사이가 서로 맞닿아 연결되는 부위이다.
- 뉴런(neuron)은 신경세포로, 신경계를 구성하는 세포이다.
- 인대(ligament)는 관절 움직임을 활성화하는 섬유조직이다.

❖ 근육조직

건(tendon)	힘줄이라고도 하며, 근육과 뼈를 연결하는 섬유조직이다.
관절(joint)	뼈와 뼈 사이가 서로 맞닿아 연결되는 부위이다.
근육(muscle)	관절을 지탱하고 움직일 수 있는 힘을 제공한다.
인대(ligament)	관절 움직임을 활성화하는 섬유조직이다.
연골(cartilage)	뼈의 끝에 존재하며 무게를 지탱하게 해주고 마찰을 감소시킨다.

03 ─────● Repetitive Learning 〔1회〕〔2회〕〔3회〕

1701

산업안전보건법상 입자상 물질의 농도 평가에서 2회 이상 측정한 단시간 노출농도 값이 단시간 노출기준과 시간가중 평균 기준 값 사이일 때 노출기준 초과로 평가해야 하는 경우가 아닌 것은?

① 1일 4회를 초과하는 경우
② 15분 이상 연속 노출되는 경우
③ 노출과 노출 사이의 간격이 1시간 이내인 경우
④ 단위작업장소의 넓이가 30평방미터 이상인 경우

해설
- 입자상 물질의 농도 평가에서 2회 이상 측정한 단시간 노출농도 값이 단시간 노출기준과 시간가중 평균 기준 값 사이일 때 노출기준 초과로 평가해야 하는 경우는 ①, ②, ③ 3가지 경우에 한한다.
- ❖ 2회 이상 측정한 단시간 노출농도 값이 단시간 노출기준과 시간가중 평균 기준 값 사이일 때 노출기준 초과로 평가해야 하는 경우
  - 15분 이상 연속 노출되는 경우
  - 노출과 노출사이의 간격이 1시간 미만인 경우
  - 1일 4회를 초과하는 경우

---

04 — Repetitive Learning [1회][2회][3회]

산업안전보건법령상 보건관리자의 자격에 해당되지 않는 것은?

① 「의료법」에 따른 의사
② 「의료법」에 따른 간호사
③ 「국가기술자격법」에 따른 산업위생관리산업기사 이상의 자격을 취득한 사람
④ 「국가기술자격법」에 따른 대기환경기사이상의 자격을 취득한 사람

해설
- 산업위생관리산업기사 또는 대기환경산업기사 이상의 자격을 취득한 사람이 보건관리자가 될 수 있다.

❖ 보건관리자의 자격 실기 2203
- 산업보건지도사 자격을 가진 사람
- 「의료법」에 따른 의사
- 「의료법」에 따른 간호사
- 산업위생관리산업기사 또는 대기환경산업기사 이상의 자격을 취득한 사람
- 인간공학기사 이상의 자격을 취득한 사람
- 전문대학 이상의 학교에서 산업보건 또는 산업위생 분야의 학위를 취득한 사람(법령에 따라 이와 같은 수준 이상의 학력이 있다고 인정되는 사람을 포함한다)

05 1201 — Repetitive Learning [1회][2회][3회]

다음 중 18세기 영국에서 최초로 보고하였으며, 어린이 굴뚝 청소부에게 많이 발생하였고, 원인물질이 검댕(Soot)이라고 규명된 직업성 암은?

① 폐암   ② 음낭암
③ 후두암   ④ 피부암

해설
- Pott는 최초의 직업성 암인 음낭암의 원인이 검댕(Soot) 속의 다환방향족 탄화수소에 의해 발생되었음을 보고하였다.

❖ Percivall Pott
- 18세기 영국의 외과의사로 굴뚝청소부들의 직업병인 음낭암이 검댕(Soot) 속의 다환방향족 탄화수소에 의해 발생되었음을 보고하였다.
- 최초의 직업성 암에 대한 원인을 분석하였다.
- 1788년에 굴뚝 청소부법이 통과되도록 노력하였다.

06 1502 / 1803 — Repetitive Learning [1회][2회][3회]

다음은 직업성 질환과 그 원인이 되는 직업이 가장 적합하게 연결된 것은?

① 평편족 – VDT 작업
② 진폐증 – 고압, 저압작업
③ 중추신경 장해 – 광산작업
④ 목위팔(경견완)증후군 – 타이핑작업

해설
- 진폐증은 광산작업과 관련된다.
- VDT 작업은 VDT증후군과 관련된다.

❖ 작업공정과 직업성 질환

축전지 제조	납 중독, 빈혈, 소화기 장애
타이핑 작업	목위팔(경견완)증후군
광산작업, 무기분진	진폐증
방직산업	면폐증
크롬도금	피부점막, 궤양, 폐암, 비중격천공
고기압	잠함병
저기압	폐수종, 고산병, 치통, 이염, 부비강염
유리제조, 용광로, 세라믹	백내장

07 1003 — Repetitive Learning [1회][2회][3회]

재해발생의 주요 원인에서 불안전한 행동에 해당하는 것은?

① 보호구 미착용
② 방호장치 미설치
③ 시끄러운 주변 환경
④ 경고 및 위험표지 미설치

해설
- ②, ③, ④는 불안전한 상태를 의미한다.

❖ 불안전한 행동
- ㉠ 개요
  - 재해의 발생과 관련된 인간의 행동을 말한다.
- ㉡ 원인
  - 작업에 관계되는 위험과 그 방호방법에 대한 지식과 기능의 부족
  - 경험부족(미숙련)으로 인한 불안전한 행동
  - 의욕의 결여 및 감독자의 무관심으로 인한 불안전한 행동
  - 피로로 인한 불안전한 행동
  - 작업에의 부적응으로 인한 불안전한 행동
  - 심적갈등과 주의력 약화로 인한 불안전한 행동

08 — Repetitive Learning 1회 2회 3회

산업안전보건법령상 제조 등이 금지되는 유해물질이 아닌 것은?

① 석면
② 염화비닐
③ β-나프틸아민
④ 4-니트로티페닐

해설

- 염화비닐은 산업안전보건법상 제조·수입·양도·제공 또는 사용해서는 안되는 유해물질에 해당되지 않는다.

❖ 산업안전보건법상 제조·수입·양도·제공 또는 사용해서는 안되는 유해물질
- β-나프틸아민과 그 염(β-Naphthylamine and its salts)
- 4-니트로디페닐과 그 염(4-Nitrodiphenyl and its salts)
- 백연을 포함한 페인트(포함된 중량의 비율이 2퍼센트 이하인 것은 제외)
- 벤젠을 포함하는 고무풀(포함된 중량의 비율이 5퍼센트 이하인 것은 제외)
- 석면(Asbestos)
- 폴리클로리네이티드 터페닐(Polychlorinated terphenyls)
- 황린(黃燐) 성냥(Yellow phosphorus match)
- 「화학물질관리법」에 따른 금지물질
- 그 밖에 보건상 해로운 물질로서 산업재해보상보험및예방심의위원회의 심의를 거쳐 고용노동부장관이 정하는 유해물질

09 — Repetitive Learning 1회 2회 3회
1801

교대근무제에 관한 설명으로 맞는 것은?

① 야간근무 종료 후 휴식은 24시간 전후로 한다.
② 야근은 가면(假眠)을 하더라도 10시간 이내가 좋다.
③ 신체적 적응을 위하여 야간근무의 연속일수는 대략 1주일로 한다.
④ 누적 피로를 회복하기 위해서는 정교대 방식보다는 역교대 방식이 좋다.

해설

- 야근 후 다음 반으로 가는 간격은 최저 48시간을 가지도록 한다.
- 야간근무의 연속은 2~3일 정도가 좋다.
- 교대작업은 피로회복을 위해 역교대 근무 방식보다 전진근무 방식(주간근무→저녁근무→야간근무→주간근무)으로 하는 것이 좋다.

❖ 바람직한 교대제
- ㉠ 기본
  - 각 반의 근무시간은 8시간으로 한다.
  - 2교대면 최저 3조의 정원을, 3교대면 4조 편성으로 한다.
  - 근무시간의 간격은 15~16시간 이상으로 하여야 한다.

- 채용 후 건강관리로서 정기적으로 체중, 위장 증상 등을 기록해야 하며 체중이 3kg 이상 감소 시 정밀검사를 받도록 한다.
- 근무 교대시간은 근로자의 수면을 방해하지 않도록 정해야 하며, 아침 교대시간은 아침 7시 이후에 하는 것이 바람직하다.
- 근무시간은 8시간을 주기로 교대하며 야간 근무 시 충분한 휴식을 보장해주어야 한다.
- 교대작업은 피로회복을 위해 역교대 근무 방식보다 전진근무 방식(주간근무→저녁근무→야간근무→주간근무)으로 하는 것이 좋다.

㉡ 야간근무 신기 2202
- 야간근무의 연속은 2~3일 정도가 좋다.
- 야근 교대시간은 상오 0시 이전에 하는 것이 좋다.
- 야간근무 시 가면(假眠)시간은 근무시간에 따라 2~4시간으로 하는 것이 좋다.
- 야근은 가면(假眠)을 하더라도 10시간 이내가 좋다.
- 야근 후 다음 반으로 가는 간격은 최저 48시간을 가지도록 한다.
- 상대적으로 가벼운 작업을 야간 근무조에 배치하고, 업무 내용을 탄력적으로 조정한다.

10 — Repetitive Learning 1회 2회 3회
1001

산업안전보건법령상 영상표시단말기(VDT) 취급 근로자의 작업자세로 옳지 않은 것은?

① 팔꿈치의 내각은 90° 이상이 되도록 한다.
② 근로자의 발바닥 전면이 바닥면에 닿는 자세를 기본으로 한다.
③ 무릎의 내각(Knee Angle)은 90° 전후가 되도록 한다.
④ 근로자의 시선은 수평선상으로부터 10~15° 위로 가도록 한다.

해설

- 작업자의 시선은 수평선으로부터 아래로 10~15° 이내로 한다.

❖ 영상표시단말기(VDT)의 작업자세
- 작업자의 시선은 수평선으로부터 아래로 10~15° 이내로 한다.
- 눈과 화면의 중심 사이의 거리는 40cm 이상이 되도록 한다.
- 윗팔(Upper Arm)은 자연스럽게 늘어뜨리고, 작업자의 어깨가 들리지 않아야 하며, 팔꿈치의 내각은 90° 이상(90~100°)이 되도록 한다.
- 아랫팔은 손등과 일직선을 유지하여 손목이 꺾이지 않도록 한다.
- 무릎의 내각(Knee Angle)은 90도 전후가 되도록 한다.
- 근로자의 발바닥 전면이 바닥면에 닿는 자세를 기본으로 한다.

11 •— Repetitive Learning 1회 2회 3회

다음 산업위생의 정의 중 ( )안에 들어갈 내용으로 볼 수 없는 것은?

> 산업위생이란 근로자나 일반대중에게 질병, 건강장애 등을 초래하는 작업환경 요인과 스트레스를 ( )하는 과학과 기술이다.

① 보상
② 예측
③ 평가
④ 관리

해설

- 미국산업위생학회(AHIA)에서는 근로자 및 일반대중에게 질병, 건강장애, 불쾌감을 일으킬 수 있는 작업환경요인과 스트레스를 예측, 측정, 평가 및 관리하는 과학이며 기술이라고 정의했다.

⁑ 산업위생 실기 1403

- 근로자의 육체적, 정신적 건강과 사회적 건강 유지 및 증진을 위해 근로자를 생리적, 심리적으로 적합한 작업환경에 배치시키는 것을 말한다.
- 미국산업위생학회(AHIA)에서는 근로자 및 일반대중에게 질병, 건강장애, 불쾌감을 일으킬 수 있는 작업환경요인과 스트레스를 예측, 측정, 평가 및 관리하는 과학이며 기술이라고 정의했다.
- 1950년 국제노동기구(ILO)와 세계보건기구(WHO) 공동위원회에서는 근로자들의 육체적, 정신적 그리고 사회적 건강을 고도로 유지 증진시키고, 작업조건으로 인한 질병을 예방하고 건강에 유해한 취업을 방지하며, 근로자를 생리적으로나 심리적으로 적합한 작업환경에 배치하는 것이라고 정의하였다.

12 •— Repetitive Learning 1회 2회 3회

유해물질의 생물학적 노출지수 평가를 위한 소변 시료채취 방법 중 채취시간에 제한없이 채취할 수 있는 유해물질은 무엇인가?(단, ACGIH 권장기준이다)

① 벤젠
② 카드뮴
③ 일산화탄소
④ 트리클로로에틸렌

해설

- 생물학적 노출지수 평가를 위한 시료 채취시간에 제한없이 채취가 능한 유해물질은 납, 니켈, 카드뮴 등이다.

⁑ 생물학적 노출지표(BEI) 시료채취시기

당일 노출작업 종료 직후	DMF, 톨루엔, 크실렌, 헥산
4~5일간 연속작업 종료 직후	메틸클로로포름, 트리클로로에틸렌
수시	납, 니켈, 카드뮴
작업전	수은

13 •— Repetitive Learning 1회 2회 3회

직업성 질환에 관한 설명으로 틀린 것은?

① 직업성 질환과 일반 질환은 그 한계가 뚜렷하다.
② 직업성 질환은 재해성 질환과 직업병으로 나눌 수 있다.
③ 직업성 질환이란 어떤 직업에 종사함으로써 발생하는 업무상 질병을 의미한다.
④ 직업병은 저농도 또는 저수준의 상태로 장시간 걸쳐 반복노출로 생긴 질병을 의미한다.

해설

- 직업성 질환과 일반 질환은 그 한계가 불분명하다.

⁑ 직업성 질환

- 직업성 질환과 일반 질환은 그 한계가 불분명하다.
- 직업성 질환은 재해성 질환과 직업병으로 나눌 수 있다.
- 직업성 질환이란 어떤 직업에 종사함으로써 발생하는 업무상 질병을 의미한다.
- 직업병은 저농도 또는 저수준의 상태로 장시간 걸쳐 반복노출로 생긴 질병을 의미한다.

14 •— Repetitive Learning 1회 2회 3회

다음 최대 작업역(maximum area)에 대한 설명으로 옳은 것은?

① 작업자가 작업할 때 팔과 다리를 모두 이용하여 닿는 영역
② 작업자가 작업을 할 때 아래팔을 뻗어 파악할 수 있는 영역
③ 작업자가 작업할 때 상체를 기울여 손이 닿는 영역
④ 작업자가 작업할 때 윗팔과 아래팔을 곧게 펴서 파악할 수 있는 영역

해설

- 최대작업역은 작업자가 움직이지 않으면서 최대한 팔을 뻗어 닿는 영역을 말한다.

⁑ 최대작업역 실기 0303

- 최대한 팔을 뻗친 거리로 작업자가 가끔 하는 작업의 구간을 포함한다.
- 좌식 평면 작업대에서 어깨로부터 팔을 펴서 어깨를 축으로 하여 수평면상에 원을 그릴 때 부채꼴 원호의 내부지역을 말한다.
- 수평작업대에서 전완과 상완을 곧게 펴서 파악할 수 있는 구역을 말한다.

15 ────────●Repetitive Learning 〔1회〕〔2회〕〔3회〕

사고예방대책의 기본원리 5단계를 순서대로 나열한 것으로 맞는 것은?

① 사실의 발견 → 조직 → 분석 → 시정책(대책)의 선정 → 시정책(대책)의 적용

② 조직 → 분석 → 사실의 발견 → 시정책(대책)의 선정 → 시정책(대책)의 적용

③ 조직 → 사실의 발견 → 분석 → 시정책(대책)의 선정 → 시정책(대책)의 적용

④ 사실의 발견 → 분석 → 조직 → 시정책(대책)의 선정 → 시정책(대책)의 적용

해설

• 하인리히의 사고예방의 기본원리 5단계는 순서대로 안전관리조직과 규정, 현상파악, 원인규명, 시정책의 선정, 시정책의 적용 순으로 적용된다.

⁑ 하인리히의 사고예방대책 기본원리 5단계

단계	단계별 과정
1단계	안전관리조직과 규정
2단계	사실의 발견으로 현상파악
3단계	분석을 통한 원인규명
4단계	시정방법의 선정
5단계	시정책의 적용

16 ────────●Repetitive Learning 〔1회〕〔2회〕〔3회〕

산업 스트레스의 반응에 따른 심리적 결과에 해당되지 않는 것은?

① 가정문제 　　② 돌발적 사고
③ 수면방해 　　④ 성(性)적 역기능

해설

• 돌발적 사고는 직무 스트레스로 인한 행동적 결과에 해당한다.

⁑ 직무 스트레스 반응

심리적 결과	• 우울, 불안, 자존감의 감소 • 가정문제 • 수면방해 • 성적 역기능(성욕 감퇴)
행동적 결과	• 결근, 이직, 폭력 등 돌발적 사고 • 식욕의 부진 • 흡연, 알코올 및 약물의 남용

17 ────────●Repetitive Learning 〔1회〕〔2회〕〔3회〕

젊은 근로자의 약한 손(오른손잡이일 경우 왼손)의 힘이 평균 45kp일 경우 이 근로자가 무게 10kg인 상자를 두 손으로 들어 올릴 경우의 작업강도(%MS)는 약 얼마인가?

① 1.1 　　　　② 8.5
③ 11.1 　　　 ④ 21.1

해설

• RF는 10kg, 약한 한쪽의 최대힘 MS가 45kg이므로 두 손은 90kg에 해당하므로 $\%MS = \dfrac{10}{90} \times 100 = 11.11\cdots\%$이다.

⁑ 작업강도(%MS) 0502

• 근로자가 가지는 최대 힘(MS)에 대한 작업이 요구하는 힘(RF)을 백분율로 표시하는 값이다.

• $\dfrac{RF}{MS} \times 100$으로 구한다. 이때 RF는 작업이 요구하는 힘, MS는 근로자가 가지고 있는 약한 손의 최대힘이다.

• 15% 미만이며 국소피로로 오지 않으며, 30% 이상일 때 불쾌감이 생기면서 국소피로를 야기한다.

• 적정작업시간(초)은 $671,120 \times \%MS^{-2.222}$[초]로 구한다.

18 ────────●Repetitive Learning 〔1회〕〔2회〕〔3회〕

전신피로의 원인으로 볼 수 없는 것은?

① 산소공급의 부족
② 작업강도의 증가
③ 혈중 포도당 농도의 저하
④ 근육 내 글리코겐 양의 증가

해설

• 작업강도가 높을수록, 작업시간이 길어질수록 글리코겐의 소모량이 증가하며 이는 전신피로의 원인이 된다.

⁑ 전신피로

• 생리학적 원인에는 근육 내 글리코겐양의 감소, 산소공급의 부족, 혈중 포도당 농도의 저하, 젖산의 생성 및 축적 등이 있다.

• 작업에 의한 근육 내 글리코겐 농도의 변화는 작업자의 훈련유무에 따라 차이를 보인다.

• 작업강도가 높을수록, 작업시간이 길어질수록 글리코겐의 소모량이 증가하여 피로감이 빨리 온다.

• 작업강도가 높을수록 혈중 포도당 농도는 급속히 저하하며, 이에 따라 피로감이 빨리 온다.

• 작업대사량의 증가에 따라 산소소비량도 비례하여 증가하나, 작업대사량이 일정 한계를 넘으면 산소소비량은 증가하지 않는다.

19 ● Repetitive Learning 〔1회 2회 3회〕

A 유해물질의 노출기준은 100ppm이다. 잔업으로 인하여 작업시간이 8시간에서 10시간으로 늘었다면 이 기준치는 몇 ppm으로 보정해 주어야 하는가?(단, Brief와 Scala의 보정 방법을 적용하며 1일 노출시간을 기준으로 한다)

① 60   ② 70
③ 80   ④ 90

해설

- 1일 10시간 작업이고, 8시간 노출기준이 100ppm이므로 대입하면 보정노출기준 $= 100 \times \left(\dfrac{8}{10}\right) \times \dfrac{24-10}{16} = 100 \times \dfrac{112}{160} = 70ppm$이 된다.

❖ 보정방법

① OSHA 보정

- 보정된 노출기준은 8시간 노출기준 $\times \dfrac{8시간}{1일\ 노출시간}$ 으로 구한다.
- 만약 만성중독으로 작업시간이 주단위로 부여되는 경우 노출기준 $\times \dfrac{40시간}{1주\ 노출시간}$ 으로 구한다.

ⓛ Brief and Scala 보정 실기 0303/0401/0601/0701/0801/0802/0803/ 1203/1503/1603/1902/2003

- 노출기준 보정계수는 $\left(\dfrac{8}{H}\right) \times \dfrac{24-H}{16}$ 으로 구한 후 주어진 TLV값을 곱해준다.
- 만약 만성중독으로 작업시간이 주단위로 부여되는 경우 노출기준 보정계수는 $\left(\dfrac{40}{H}\right) \times \dfrac{168-H}{128}$ 으로 구한 후 주어진 TLV값을 곱해준다.

20 ● Repetitive Learning 〔1회 2회 3회〕

공기 중의 혼합물로서 아세톤 400ppm(TLV=750ppm), 메틸에틸케톤 100ppm(TLV=200ppm)이 서로 상가작용을 할 때 이 혼합물의 노출지수는 약 얼마인가?

① 0.82   ② 1.03
③ 1.10   ④ 1.45

해설

- 이 혼합물의 노출지수를 구해보면 $\dfrac{400}{750} + \dfrac{100}{200} = \dfrac{620}{600} = 1.03$이므로 노출기준을 초과하였다.

❖ 혼합물의 노출지수와 농도 실기 0303/0403/0501/0703/0801/0802/ 0901/0903/1002/1203/1303/1402/1503/1601/1701/1703/1801/1803/1901/2001 /2004/2101/2102/2103

- 화학물질이 2종 이상 혼재하는 경우에 혼재하는 물질 간에 유해성이 인체의 서로 다른 부위에 작용한다는 증거가 없는 한 유해작용은 가중되므로 노출기준은 $\dfrac{C_1}{T_1} + \dfrac{C_2}{T_2} + \cdots + \dfrac{C_n}{T_n}$ 으로 산출하되, 산출되는 수치(노출지수)가 1을 초과하지 아니하는 것으로 한다. 이때 C는 화학물질 각각의 측정치이고, T는 화학물질 각각의 노출기준이다.
- 노출지수가 구해지면 해당 혼합물의 농도는 $\dfrac{C_1 + C_2 + \cdots + C_n}{노출지수}$ [ppm]으로 구할 수 있다.

2과목   작업위생측정 및 평가

21 ● Repetitive Learning 〔1회 2회 3회〕

호흡성 먼지에 관한 내용으로 옳은 것은?(단, ACGIH를 기준으로 한다)

① 평균 입경은 $1\mu m$이다.
② 평균 입경은 $4\mu m$이다.
③ 평균 입경은 $10\mu m$이다.
④ 평균 입경은 $50\mu m$이다.

해설

- 호흡성 먼지는 폐포에 침착하여 독성을 나타내며 평균입자 크기는 $4\mu m$이고, 공기 역학적 직경이 $10\mu m$ 미만인 먼지를 말한다.

❖ 입자상 물질의 분류 실기 0303/0402/0502/0701/0703/0802/1303/1402/ 1502/1601/1701/1802/1901/2202

흡입성 먼지	주로 비강, 인후두, 기관 등 호흡기의 기도 부위에 축적됨으로써 호흡계 독성을 유발하는 분진으로 평균입경이 $100\mu m$이다.
흉곽성 먼지	기관지와 폐포 등 폐 내부의 공기통로와 가스교환 부위에 침착되는 먼지로서 공기역학적 지름이 $30\mu m$ 이하의 크기를 가지며 평균입경은 $10\mu m$이다.
호흡성 먼지	폐포에 침착하여 독성을 나타내며 평균입자 크기는 $4\mu m$이고, 공기 역학적 직경이 $10\mu m$ 미만인 먼지를 말한다.

22

공기 중에 카본 테트라클로라이드((TLV=10ppm) 8ppm, 1,2-디클로로에탄(TLV=50ppm) 40ppm, 1,2-디브로모에탄(TLV=20ppm) 10ppm으로 오염되었을 때, 이 작업장 환경의 허용기준 농도(ppm)는?(단, 상가작용을 기준으로 한다)

① 24.5   ② 27.6
③ 29.6   ④ 58.0

해설

• 이 혼합물의 노출지수를 구해보면 $\frac{8}{10}+\frac{40}{50}+\frac{10}{20}=\frac{21}{10}=2.1$이므로 노출기준을 초과하였다.

• 노출지수가 2.1로 구해졌으므로 농도는 $\frac{8+40+10}{2.1}=27.619\cdots$ [ppm]이 된다.

❖ 혼합물의 노출지수와 농도 **실기** 0303/0403/0501/0703/0801/0802/0901/0903/1002/1203/1303/1402/1503/1601/1701/1703/1801/1803/1901/2001/2004/2101/2102/2103/2203

문제 20번의 유형별 핵심이론 ❖ 참조

23

입자상 물질을 채취하는데 사용하는 여과지 중 막여과지(membrane filter)가 아닌 것은?

① MCE 여과지
② PVC 여과지
③ 유리섬유 여과지
④ PTFE 여과지

해설

• 막여과지의 종류에는 MCE막 여과지, PVC막 여과지, PTFE막 여과지, 은막 여과지 등이 있다.

❖ 막여과지

• 막여과지는 셀룰로오스에스테르, PVC, 니트로 아크릴 같은 중합체를 일정한 조건에서 침착시켜 만든 다공성의 얇은 막 형태이다.

• 종류에는 MCE막 여과지, PVC막 여과지, PTFE막 여과지, 은막 여과지 등이 있다.

• 막여과지에서 유해물질은 여과지 표면이나 그 근처에서 채취된다.

• 막여과지는 섬유상 여과지에 비해 공기저항이 심하다.

• 섬유상 여과지에 비하여 공기저항이 심하고 채취량이 작다.

• 여과지 표면에 채취된 입자들이 이탈되는 경향이 있다.

24

시간당 200~300kcal의 열량이 소요되는 중등작업 조건에서 WBGT 측정치가 31.1℃일 때 고열작업 노출기준의 작업 휴식조건으로 가장 적절한 것은?

① 계속 작업
② 매시간 25% 작업, 75% 휴식
③ 매시간 50% 작업, 50% 휴식
④ 매시간 75% 작업, 25% 휴식

해설

• 중등작업은 시간당 200~350kcal의 열량이 소요되는 작업을 말하며 중등작업일 경우 WBGT의 측정치가 31.1℃인 경우는 매시간 25% 작업, 75% 휴식을 취해야 하는 작업강도에 해당한다.

❖ 고온의 노출기준(단위 : ℃, WBGT) **실기** 0703

작업강도\작업휴식시간비	경작업	중등작업	중작업
계속 작업	30.0	26.7	25.0
매시간 75%작업, 25%휴식	30.6	28.0	25.9
매시간 50%작업, 50%휴식	31.4	29.4	27.9
매시간 25%작업, 75%휴식	32.2	31.1	30.0

• 경작업 : 200kcal까지의 열량이 소요되는 작업을 말하며, 앉아서 또는 서서 기계의 조정을 하기 위하여 손 또는 팔을 가볍게 쓰는 일 등을 뜻함

• 중등작업 : 시간당 200~350kcal의 열량이 소요되는 작업을 말하며, 물체를 들거나 밀면서 걸어다니는 일 등을 뜻함

• 중작업 : 시간당 350~500kcal의 열량이 소요되는 작업을 말하며, 곡괭이질 또는 삽질하는 일 등을 뜻함

1403

25

금속제품을 탈지 세정하는 공정에서 사용하는 유기용제인 트리클로로에틸렌이 근로자에게 노출되는 농도를 측정하고자 한다. 과거의 노출농도를 조사해 본 결과, 평균 50ppm이었을 때, 활성탄 관(100mg/50mg)을 이용하여 0.4L/min으로 채취하였다면 채취해야 할 시간(min)은?(단, 트키클로로에틸렌의 분자량은 131.39이고 기체크로마토그래피의 정량한계는 시료당 0.5mg, 1기압, 25℃ 기준으로 기타 조건은 고려하지 않는다)

① 2.4   ② 3.2
③ 4.7   ④ 5.3

- 50ppm을 세제곱미터당 밀리그램(mg/m^3)으로 변환하면

$$\frac{50 \times 131.39}{24.45} = 268.6912 \cdots mg/m^3 이다.$$

- 평균농도가 $268.69mg/m^3$인 곳에서 정량한계가 0.5mg인 활성탄 관으로 분당 $0.4L(0.4 \times 10^{-3}m^3)$의 속도로 채취할 때 걸리는 시간 은 $268.69mg/m^3 = \dfrac{0.5mg}{0.4 \times 10^{-3}m^3/분 \times x분}$ 으로 구할 수 있다.

- x를 기준으로 정리하면 $\dfrac{0.5}{0.4 \times 10^{-3} \times 268.69} = 4.6522 \cdots$ 가 되므로 4.7분이 된다.

노출기준

- 화학적 인자의 가스, 증기, 분진, 흄(fume), 미스트(mist) 등의 농도는 피피엠(ppm) 또는 세제곱미터당 밀리그램(mg/m^3)으로 표시한다. 다만, 석면의 농도 표시는 세제곱센티미터당 섬유 개수(개/cm^3)로 표시한다.

- 피피엠(ppm)과 세제곱미터당 밀리그램(mg/m^3)간의 상호 농도변환은 노출기준(mg/m^3)= $\dfrac{노출기준(ppm) \times 그램분자량}{24.45(25℃, 1기압 기준)}$ 으로 구한다.

- 소음수준의 측정단위는 데시벨[dB(A)]로 표시한다.

- 고열(복사열 포함)의 측정단위는 습구흑구온도지수(WBGT)를 구하여 섭씨온도(℃)로 표시한다.

1102 / 1301 / 1601 / 2003

26 ───── ● Repetitive Learning (1회 2회 3회)

셀룰로오즈 에스테르 막여과지에 관한 설명으로 틀린 것은?

① 산에 쉽게 용해된다.
② 유해물질이 표면에 주로 침착되어 현미경 분식에 유리하다.
③ 흡습성이 적어 중량분석에 주로 적용된다.
④ 중금속 시료재취에 유리하다.

- 여과지의 원료인 셀룰로오스가 수분을 흡수하기 때문에 중량분석에는 부정확하여 잘 사용하지 않는다.

MCE 막(Mixed cellulose ester membrane filter)여과지 실기 0301/0602/1002/1003/1103/1302/1803/2103

- 여과지 구멍의 크기는 $0.45 \sim 0.8\mu m$가 일반적으로 사용된다.
- 여과지는 산에 쉽게 용해되므로 입자상 물질 중의 금속을 채취하여 원자 흡광광도법으로 분석하거나, 시료가 여과지의 표면 또는 표면 가까운 곳에 침착되므로 석면, 유리섬유 등 현미경분석을 취한 시료채취 등에 이용된다.
- 납, 철, 크롬 등 금속과 석면, 유리섬유 등을 포집할 수 있다.
- 산업용 축전지를 제조하는 사업장에서 공기 중 납 농도를 측정하기 위해 사용할 때 사용된다.

27 ───── ● Repetitive Learning (1회 2회 3회)

다음 중 직독식 기구로만 나열된 것은?

① AAS, ICP, 가스모니터
② AAS, 휴대용 GC, GC
③ 휴대용 GC, ICP, 가스검지관
④ 가스모니터, 가스검지관, 휴대용 GC

- AAS(원자흡수분광기)는 원자화된 원소가 특정 파장의 빛을 흡수하여 시료의 원소조성을 확인하는 분석기로 현장에서 이용되는 직독식과는 거리가 멀다.

- ICP(유도결합플라즈마 발광분광분석기)는 원자/이온의 발광스펙트럼을 측정하여 정량분석하는 기기로 현장에서 이용되는 직독식과는 거리가 멀다.

직독식 측정기구 실기 1102

- 직독식 측정기구란 측정값을 직접 눈으로 확인가능한 측정기구를 이용하여 현장에서 시료를 채취하고 농도를 측정할 수 있는 것을 말한다.
- 분진측정원리는 진동주파수, 흡수광량, 산란광의 강도 등이다.
- 검지관, 진공용기 등 비교적 간단한 기구와 함께 순간 시료 채취에 이용된다.
- 측정과 작동이 간편하여 인력과 분석비를 절감할 수 있다.
- 부피가 작아 휴대하기 편해 현장에서 실제 작업시간이나 어떤 순간에서의 유해인자 수준과 변화를 쉽게 알 수 있다.
- 현장에서 즉각적인 자료가 요구될 때 민감성과 특이성이 있는 경우 매우 유용하게 사용될 수 있다.
- 민감도와 특이도가 낮아 고농도 측정은 가능하나 다른 물질의 영향을 쉽게 받는다.
- 가스모니터, 가스검지관, 휴대용 GC, 입자상 물질측정기, 휴대용 적외선 분광광도계 등이 여기에 해당한다.

0802 / 1402 / 1503 / 1801 / 1903

28 ───── ● Repetitive Learning (1회 2회 3회)

소음의 측정시간 및 횟수의 기준에 관한 내용으로 ( )에 들어갈 것으로 옳은 것은?(단, 고용노동부 고시를 기준으로 한다)

> 단위작업장소에서의 소음발생시간이 6시간 이내인 경우나 소음발생원에서의 발생시간이 간헐적인 경우에는 발생시간 동안 연속 측정하거나 등간격으로 나누어 ( )회 이상 측정하여야 한다.

① 2회   ② 3회
③ 4회   ④ 6회

- 단위작업장소에서의 소음발생시간이 6시간 이내인 경우나 소음발생원에서의 발생시간이 간헐적인 경우에는 발생시간동안 연속 측정하거나 등간격으로 나누어 4회 이상 측정하여야 한다.

작업환경측정을 위한 소음측정 횟수 실기 1403
  - 단위작업장소에서 소음수준은 규정된 측정위치 및 지점에서 1일 작업시간 동안 6시간 이상 연속 측정하거나 작업시간을 1시간 간격으로 나누어 6회 이상 측정하여야 한다. 다만, 소음의 발생특성이 연속음으로서 측정치가 변동이 없다고 자격자 또는 지정측정기관이 판단한 경우에는 1시간 동안을 등간격으로 나누어 3회 이상 측정할 수 있다.
  - 단위작업장소에서의 소음발생시간이 6시간 이내인 경우나 소음발생원에서의 발생시간이 간헐적인 경우에는 발생시간동안 연속 측정하거나 등간격으로 나누어 4회 이상 측정하여야 한다.

1202

29 ——— Repetitive Learning (1회 2회 3회)

직경이 5μm, 비중이 1.8인 원형 입자의 침강속도(cm/min)는?(단, 공기의 밀도는 0.0012g/㎤, 공기의 점도는 1.807 × 10⁻⁴poise이다)

① 6.1
② 7.1
③ 8.1
④ 9.1

- 입자의 직경과 비중이 주어졌으므로 대입하면 침강속도 $V = 0.003 \times 1.8 \times 5^2 = 0.135 cm/sec$이다.
- 분당의 침강속도(cm)를 구하므로 60을 곱하면 8.1cm/min이 된다.

리프만(Lippmann)의 침강속도 실기 0302/0401/0901/1103/1203/1502/1603/1902
  - 스토크스의 법칙을 대신하여 산업보건분야에서 간편하게 침강속도를 구하는 식으로 많이 사용된다.

$V = 0.003 \times SG \times d^2$이다.	V : 침강속도(cm/sec) SG : 입자의 비중(g/cm^3) d : 입자의 직경(μm)

1101 / 1403 / 1501 / 1702

30 ——— Repetitive Learning (1회 2회 3회)

연속적으로 일정한 농도를 유지하면서 만드는 방법 중 Dynamic Method에 관한 설명으로 틀린 것은?

① 농도변화를 줄 수 있다.
② 대개 운반용으로 제작된다.
③ 만들기가 복잡하고, 가격이 고가이다.
④ 소량의 누출이나 벽면에 의한 손실은 무시할 수 있다.

- 농도를 일정하게 유지하기 위해 연속적으로 희석공기와 오염물질을 흘려줘야 하므로 운반용으로 제작하기에 부적당하다.

Dynamic Method
- 알고 있는 공기 중 농도를 만드는 방법이다.
- 희석공기와 오염물질을 연속적으로 흘려주어 연속적으로 일정한 농도를 유지하면서 만드는 방법이다.

장점	• 다양한 농도범위에서 제조 가능하다. • 가스, 증기, 에어졸 실험도 가능하다. • 소량의 누출이나 벽면에 의한 손실은 무시한다. • 온·습도 조절이 가능하다. • 다양한 실험이 가능하다.
단점	• 농도를 일정하게 유지하기 위해 연속적으로 희석공기와 오염물질을 흘려줘야 하므로 운반용으로 제작하기에 부적당하다. • 만들기가 복잡하고 가격이 고가이다. • 일정한 농도 유지가 어렵고 지속적인 모니터링이 필요하다.

0402

31 ——— Repetitive Learning (1회 2회 3회)

작업장의 온도 측정결과가 다음과 같을 때, 측정결과의 기하평균은?

5, 7, 12, 18, 25, 13   (단위 : ℃)

① 11.6℃
② 12.4℃
③ 13.3℃
④ 15.7℃

- 기하평균은 주어진 n개의 값들을 곱해서 나온 값의 n제곱근이다.
- 주어진 값을 기하평균식에 대입하면
  $\sqrt[6]{5 \times 7 \times 12 \times 18 \times 25 \times 13} = 11.61629 \cdots$이다.

기하평균(GM) 실기 0303/0403/0502/0601/0702/0801/0803/1102/1301/1403/1703/1801/2102
- 주어진 n개의 값들을 곱해서 나온 값의 n제곱근이다.
- $x_1, x_2, \cdots, x_n$의 자료가 주어질 때 기하평균 GM은 $\sqrt[n]{x_1 \times x_2 \times \cdots \times x_n}$ 으로 구하거나 $logGM = \dfrac{logX_1 + logX_2 + \cdots + logX_n}{N}$ 을 역대수 취해서 구할 수 있다.
- 작업장에서 생화학적 측정치나 유해물질의 농도를 평가할 때 일반적으로 사용되는 평균치이다.
- 작업환경 중 분진의 측정 농도가 대수정규분포를 할 때 측정자료의 대표치로 사용된다.
- 인구증가율, 물가상승율, 경제성장률 등의 연속적인 변화율 데이터를 기반으로 어떤 구간에서의 평균 변화율을 구할 때 사용된다.

32

작업장의 유해인자에 대한 위해도 평가에 영향을 미치는 것과 가장 거리가 먼 것은?

① 유해인자의 위해성
② 휴식시간의 배분 정도
③ 유해인자에 노출되는 근로자수
④ 노출되는 시간 및 공간적인 특성과 빈도

해설

- 위해도 평가는 모든 유해인자 및 작업자, 공정을 대상으로 우선순위를 결정하는 작업이다.

✿ 위해도 평가(Risk assessment)
- 유해인자에 대한 노출평가방법으로 위험이 가장 큰 유해인자를 결정하는 것이다.
- 유해인자가 본래 가지고 있는 위해성과 노출요인에 의해 결정된다.
- 모든 유해인자 및 작업자, 공정을 대상으로 우선순위를 결정하는 작업이다.
- 노출이 많고 건강상의 영향이 큰 인자인 경우 위해도가 크고, 관리해야 할 우선순위가 높게 된다.

33

레이저광의 폭로량을 평가하는 사항에 해당하지 않는 항목은?

① 각막 표면에서의 조사량(J/cm^2) 또는 폭로량을 측정한다.
② 조사량의 서한도는 1mm 구경에 대한 평균치이다.
③ 레이저광과 같은 직사광파 형광등 또는 백열등과 같은 확산광은 구별하여 사용해야 한다.
④ 레이저광에 대한 눈의 허용량은 폭로 시간에 따라 수정되어야 한다.

해설

- 레이저광에 관한 눈의 허용량은 그 파장에 따라 수정되어야 한다.

✿ 레이저광의 폭로량 평가
- 직사광과 확산광을 구별하여 사용한다.
- 조사량의 노출기준(서한도)은 1mm 구경에 대한 평균치이다.
- 각막 표면에서의 조사량(J/cm^2) 또는 노출량 (W/cm^2)을 측정한다.
- 레이저광에 관한 눈의 허용량은 그 파장에 따라 수정되어야 한다.
- 레이저광과 같은 직사광과 형광등 또는 백열등과 같은 확산광은 구별하여 사용해야 한다.

34

어느 작업장의 소음 측정 결과가 다음과 같을 때, 총 음압레벨(dB(A))은?(단, A, B, C 기계는 동시에 작동된다)

A기계 : 81dB(A), B기계 : 85dB(A), C기계 : 88dB(A)

① 84.7
② 86.5
③ 88.0
④ 90.3

해설

- 합성소음은 $10\log(10^{8.1} + 10^{8.5} + 10^{8.8}) = 10 \times 9.0306 \cdots = 90.31$ 이 된다.

✿ 합성소음 [실기] 0401/0801/0901/1403/1602
- 동일한 공간 내에서 2개 이상의 소음원에 대한 소음이 발생할 때 전체 소음의 크기를 말한다.
- 합성소음[dB(A)] = $10\log(10^{\frac{SPL_1}{10}} + \cdots + 10^{\frac{SPL_i}{10}})$으로 구할 수 있다.
  이때, $SPL_1, \cdots, SPL_i$는 개별 소음도를 의미한다.

35

작업환경공기 중의 물질 A(TLV 50ppm)가 55ppm이고, 물질B(TLV 50ppm)가 47ppm이며, 물질C(TLV 50ppm)가 52ppm이었다면, 공기의 노출농도 초과도는?(단, 상가작용을 기준으로 한다)

① 3.62
② 3.08
③ 2.73
④ 2.33

해설

- 이 혼합물의 노출지수를 구해보면 $\frac{55}{50} + \frac{47}{50} + \frac{52}{50} = \frac{154}{50} = 3.08$ 로 노출기준을 초과하였다.

✿ 혼합물의 노출지수와 농도 [실기] 0303/0403/0501/0703/0801/0802/0901/0903/1002/1203/1303/1402/1503/1601/1701/1703/1801/1803/1901/2001/2004/2101/2102/2103/2203
문제 20번의 유형별 핵심이론 ✿ 참조

36

분석 기기에서 바탕선량(background)과 구별하여 분석될 수 있는 최소의 양은?

① 검출한계
② 정량한계
③ 정성한계
④ 정도한계

- 정량한계는 분석기기가 검출할 수 있는 신뢰성을 가질 수 있는 최소 양이나 농도를 말한다.

검출한계와 정량한계
- ㉠ 검출한계(LOD, Limit Of Detection)
  - 주어진 신뢰수준에서 검출가능한 분석물의 최소질량을 말한다.
  - 분석신호의 크기의 비에 따라 달라진다.
- ㉡ 정량한계(LOQ)
  - 분석기기가 검출할 수 있는 신뢰성을 가질 수 있는 최소 양이나 농도를 말한다.
  - 검출한계가 정량분석에서 만족스런 개념을 제공하지 못하기 때문에 검출한계의 개념을 보충하기 위해 도입되었다.
  - 표준편차의 10배 또는 검출한계의 3배 또는 3.3배로 정의한다.

37 • Repetitive Learning 〔1회 2회 3회〕

5M 황산을 이용하여 0.004M 황산용액 3L를 만들기 위해 필요한 5M 황산의 부피(mL)는?

① 5.6 ② 4.8
③ 3.1 ④ 2.4

- $NV = N'V'$으로 구할 수 있다.
- 0.004M 황산용액 3000mL = 5M 황산 xmL 여야 한다.
- 당량이나 분자량 등이 모두 동일하므로 변화가능한 값만을 통해서 구하면 된다.
- $0.004 \times 3,000 = 5 \times x$에서 $x = \frac{12}{5} = 2.4[\text{mL}]$가 된다.

중화적정
- 이미 알고 있는 산 또는 염기의 용액을 사용하여 농도를 모르는 염기 또는 산의 농도를 알아내는 방법이다.
- $NV = N'V'$으로 구할 수 있다.

0403 / 0901 / 1501

38 • Repetitive Learning 〔1회 2회 3회〕

다음 중 활성탄관과 비교한 실리카겔관의 장점과 가장 거리가 먼 것은?

① 수분을 잘 흡수하여 습도에 대한 민감도가 높다.
② 매우 유독한 이황화탄소를 탈착용매로 사용하지 않는다.
③ 극성물질을 채취한 경우 물, 에탄올 등 다양한 용매로 쉽게 탈착된다.
④ 추출액이 화학분석이나 기기분석에 방해물질로 작용하는 경우가 많지 않다.

- 실리카겔은 활성탄에 비해 극성을 띠고 흡습성이 강하므로 습도가 높을수록 파과용량이 감소하는 단점을 갖는다.

실리카겔 흡착 〔실기〕 0502
- 실리카겔은 규산나트륨과 황산의 반응에서 유도된 무정형의 물질이다.
- 추출액이 화학분석이나 기기분석에 방해물질로 작용하는 경우가 많지 않다.
- 활성탄으로 채취가 어려운 아닐린, 오르쏘—톨루이딘 등의 아민류나 몇몇 무기물질의 채취도 가능하다.
- 극성을 띠고 흡습성이 강하므로 습도가 높을수록 파과용량이 감소한다.
- 극성물질을 채취한 경우 물, 메탄올 등 다양한 용매로 쉽게 탈착되고, 추출액이 화학분석이나 기기분석에 방해 물질로 작용하는 경우가 많지 않다.
- 유독한 이황화탄소를 탈착 용매로 사용하지 않는다.

39 • Repetitive Learning 〔1회 2회 3회〕

다음 중 정밀도를 나타내는 통계적 방법과 가장 거리가 먼 것은?

① 오차 ② 산포도
③ 표준편차 ④ 변이계수

- 오차는 정확도를 나타내는 통계적 방법이다.

정밀도
- 측정값들의 퍼짐의 정도가 좁은지를 표현하는 방법이다.
- 표준편차, 범위, 평균편차, 상대표준편차, 산포도, 변이계수 등을 통해 확인할 수 있다.

0402

40 • Repetitive Learning 〔1회 2회 3회〕

빛의 파장의 단위로 사용되는 Å(Ångström)을 국제표준 단위계(SI)로 나타낸 것은?

① 10^{-6}m ② 10^{-8}m
③ 10^{-10}m ④ 10^{-12}m

- $1\text{Å} = 10^{-10}$m = 0.1nm에 해당한다.

옹스트롬(Å, Ångström)
- 빛의 파장의 단위로 사용된다.
- $1\text{Å} = 10^{-10}$m = 0.1nm에 해당한다.

41

Repetitive Learning (1회 2회 3회)

두 분지관이 동일 합류점에서 만나 합류관을 이루도록 설계되어 있다. 한쪽 분지관의 송풍량은 $200m^3$/min, 합류점에서의 이 관의 정압은 $-34mmH_2O$이며, 다른 쪽 분지관의 송풍량은 $160m^3$/min, 합류점에서의 이 관의 정압은 $-30mmH_2O$이다. 합류점에서 유량의 균형을 유지하기 위해서는 압력손실이 더 적은 관을 통해 흐르는 송풍량(m^3/min)을 얼마로 해야 하는가?

① 165
② 170
③ 175
④ 180

해설

- 설계계산 시 높은 쪽 정압과 낮은 쪽 정압의 비(정압비)가 1.2 이하일 때는 정압이 낮은 쪽의 유량을 증가시켜 압력을 조정한다.
- 정압비는 $\frac{-34}{-30} = 1.133\cdots$이므로 1.2 이하로 낮은 쪽의 유량을 조정하여야 한다.
- 송풍량은 정압비의 제곱근에 비례하므로
  $160 \times \sqrt{\left(\frac{-34}{-30}\right)} = 170.33[m^3/min]$이 된다.

✿✿ 합류점에서의 압력조정 **실기** 2103
- 설계계산 시 높은 쪽 정압과 낮은 쪽 정압의 비(정압비)가 1.2 이하일 때는 정압이 낮은 쪽의 유량을 증가시켜 압력을 조정한다.
- 정압비가 1.2보다 클 경우는 에너지 손실이 늘어나고, 후드의 개구면 유속이 필요 이상으로 커져 작업에 방해를 일으키므로 정압이 낮은 쪽을 재설계해야 한다.

42

0601

Repetitive Learning (1회 2회 3회)

전체환기시설을 설치하기 위한 기본원칙으로 가장 거리가 먼 것은?

① 오염물질 사용량을 조사하여 필요 환기량을 계산한다.
② 공기배출구와 근로자의 작업 위치 사이에 오염원이 위치해야 한다.
③ 오염물질 배출구는 가능한 한 오염원으로부터 가까운 곳에 설치하여 점환기 효과를 얻는다.
④ 오염원 주위에 다른 작업공정이 있으면 공기 공급량을 배출량보다 크게 하여 양압을 형성시킨다.

해설

- 오염원 주위에 다른 작업공정이 있으면 공기배출량을 공급량보다 약간 크게 하여 음압을 형성하여 주위 근로자에게 오염물질이 확산되지 않도록 한다.

✿✿ 강제환기를 실시하는 데 환기효과를 제고시킬 수 있는 필요 원칙 **실기** 1201/1402/1703/2001/2202
- 오염물질 사용량을 조사하여 필요 환기량을 계산한다.
- 배출공기를 보충하기 위하여 청정공기를 공급할 수 있다.
- 오염물질 배출구는 가능한 한 오염원으로부터 가까운 곳에 설치하여 점환기 효과를 얻는다.
- 공기배출구와 근로자의 작업 위치 사이에 오염원이 위치하여야 한다.
- 공기가 배출되면서 오염장소를 통과하도록 공기배출구와 유입구의 위치를 선정한다.
- 건물 밖으로 배출된 오염공기가 다시 건물 안으로 유입되지 않도록 배출구 높이를 적절히 설계하고 창문이나 문 근처에 위치하지 않도록 한다.
- 오염원 주위에 다른 작업공정이 있으면 공기배출량을 공급량보다 약간 크게 하여 음압을 형성하여 주위 근로자에게 오염물질이 확산되지 않도록 한다.

43

0501 / 1501

Repetitive Learning (1회 2회 3회)

송풍관(duct) 내부에서 유속이 가장 빠른 곳은?(단, d는 송풍관의 직경을 의미한다)

① 위에서 1/10d 지점
② 위에서 1/5d 지점
③ 위에서 1/3d 지점
④ 위에서 1/2d 지점

해설

- 관 내에서 유속이 가장 빠른 곳은 중심부($\frac{1}{2}$d)이다.

✿✿ 송풍관(duct)
- 오염공기를 공기청정장치를 통해 송풍기까지 운반하는 도관과 송풍기에서 배기구까지 운반하는 도관으로 구성된다.
- 관 내에서 유속이 가장 빠른 곳은 중심부($\frac{1}{2}$d)이다.
- 유체가 송풍관 내에 흐를 때 압력손실과 인자

비례	반비례
관의 길이 유체의 밀도 유체의 속도제곱 관내의 거칠기(조도)	관의 직경

44 ────────── • Repetitive Learning (1회 2회 3회)

페인트 도장이나 농약 살포와 같이 공기 중에 가스 및 증기상 물질과 분진이 동시에 존재하는 경우 호흡 보호구에 이용되는 가장 적절한 공기 정화기는?

① 필터
② 만능형 캐니스터
③ 요오드를 입힌 활성탄
④ 금속산화물을 도포한 활성탄

해설

- 만능형 캐니스터는 방진마스크와 방독마스크의 기능을 합한 공기 정화기이다.
- **만능형 캐니스터**
  - 방진마스크와 방독마스크의 기능을 합한 공기정화기이다.
  - 페인트 도장이나 농약 살포와 같이 공기 중에 가스 및 증기상 물질과 분진이 동시에 존재하는 경우의 호흡 보호구로 가장 적절하다.

45 ────────── • Repetitive Learning (1회 2회 3회)

국소배기시설이 희석환기시설보다 오염물질을 제거하는 데 효과적이므로 선호도가 높다. 이에 대한 이유가 아닌 것은?

① 설계가 잘된 경우 오염물질의 제거가 거의 완벽하다.
② 오염물질의 발생 즉시 배기시키므로 필요 공기량이 적다.
③ 오염발생원의 이동성이 큰 경우에도 적용 가능하다.
④ 오염물질 독성이 클 때도 효과적 제거가 가능하다.

해설

- 오염발생원이 이동성인 경우 전체 환기를 적용할 수 있다.
- **전체 환기법을 적용할 수 있는 일반적인 상황** 실기 0301/0503/0702/ 0801/0902/1101/1203/1501/1602/1803/1901/1902/2002/2003/2004/2103/ 2201
  - 작업장 특성상 국소배기장치의 설치가 불가능한 경우
  - 동일사업장에 다수의 오염발생원이 분산되어 있는 경우
  - 오염발생원이 이동성인 경우
  - 소량의 오염물질이 일정한 시간과 속도로 사업장으로 배출되는 경우
  - 오염발생원의 유해물질 발생량이 적거나 유해물질의 독성이 작을 때
  - 오염발생원이 근로자가 근무하는 장소로부터 멀리 떨어져 있거나 공기 중 유해물질농도가 노출기준 이하인 경우
  - 배출원에서 유해물질 발생량이 적어 국소배기로 환기하면 비경제적일 때
  - 오염물질이 증기나 가스일 때

46 ────────── • Repetitive Learning (1회 2회 3회)

작업장 용적이 $10m \times 3m \times 40m$이고 필요환기량이 $120m^3$/min일 때 시간당 공기교환 횟수는?

① 360회
② 60회
③ 6회
④ 0.6회

해설

- 작업장 용적과 필요환기량이 주어졌으므로 대입하면 된다.
- $\dfrac{120}{10 \times 3 \times 40}$인데 이는 분당의 공기교환횟수이므로 시간당으로 바꾸기 위해 60을 곱하면 6회가 된다.
- **시간당 공기의 교환횟수(ACH)** 실기 0502/0802/1001/1102/1103/1203/ 1303/1403/1503/1702/1902/2002/2102/2103/2202
  - 경과시간과 이산화탄소의 농도가 주어질 경우의 시간당 공기의 교환횟수는
    $\dfrac{\ln(초기\ CO_2농도 - 외부\ CO_2\ 농도) - \ln(경과\ 후\ CO_2농도 - 외부\ CO_2\ 농도)}{경과\ 시간[hr]}$
    로 구한다.
  - 작업장 기적(용적)과 필요 환기량이 주어지는 경우의 시간당 공기교환 횟수는 $\dfrac{필요환기량(m^3/hr)}{작업장\ 용적(m^3)}$으로 구한다.

47 ────────── • Repetitive Learning (1회 2회 3회)

총 흡음량이 900sabins인 소음발생작업장에 흡음재를 천장에 설치하여 2,000sabins 더 추가하였다. 이 작업장에서 기대되는 소음 감소치(NR; db(A))는?

① 약 3
② 약 5
③ 약 7
④ 약 9

해설

- 처리 전의 흡음량은 900[sabins], 처리 후의 흡음량은 900 + 2,000 = 2,900[sabins]이다.
- 대입하면 $NR = 10\log\dfrac{2,900}{900} = 5.08\cdots$[dB]이다.
- **흡음에 의한 소음감소(NR : Noise Reduction)** 실기 0301/0303/0501/ 0503/0601/0702/1001/1002/1003/1102/1201/1301/1403/1701/1702/2102/2103 /2202
  - $NR = 10\log\dfrac{A_2}{A_1}$[dB]으로 구한다.
    이때, A_1는 처리하기 전의 총 흡음량[sabins]이고, A_2는 처리한 후의 총 흡음량[sabins]이다.

48

• Repetitive Learning 1회 2회 3회

산업안전보건법령상 관리대상 유해물질 관련 국소배기장치 후드의 제어풍속(m/s)의 기준으로 옳은 것은?

① 가스상태(포위식 포위형) : 0.4
② 가스상태(외부식 상방흡인형) : 0.5
③ 입자상태(포위식 포위형) : 1.0
④ 입자상태(외부식 상방흡인형) : 1.5

해설

- 가스상태의 외부식 상방흡인형의 제어풍속은 1.0m/s이다.
- 입자상태의 포위식 포위형의 제어풍속은 0.7m/s이다.
- 입자상태의 외부식 상방흡인형의 제어풍속은 1.2m/s이다.

❖ 후드의 제어풍속 기준
- 포위식 후드에서는 후드 개구면에서의 풍속을 말한다.
- 외부식 후드에서는 해당 후드에 의하여 관리대상 유해물질을 빨아들이려는 범위 내서 해당 후드 개구면으로부터 가장 먼 거리의 작업위치에서의 풍속을 말한다.

상태	후드의 형식	제어풍속(m/s)
가스상태	포위식 포위형	0.4
	외부식 측방흡인형	0.5
	외부식 하방흡인형	0.5
	외부식 상방흡인형	1.0
입자상태	포위식 포위형	0.7
	외부식 측방흡인형	1.0
	외부식 하방흡인형	1.0
	외부식 상방흡인형	1.2

49

1701

• Repetitive Learning 1회 2회 3회

송풍기의 효율이 큰 순서대로 나열된 것은?

① 평판송풍기>다익송풍기>터보송풍기
② 다익송풍기>평판송풍기>터보송풍기
③ 터보송풍기>다익송풍기>평판송풍기
④ 터보송풍기>평판송풍기>다익송풍기

해설

- 원심력식 송풍기 효율은 터보송풍기>평판송풍기>다익송풍기 순이다.

❖ 원심력식 송풍기
- 케이싱 안에 장치된 회전차의 회전으로 발생된 원심력을 이용해 기체를 압송하는 송풍기이다.
- 효율은 터보송풍기>평판송풍기>다익송풍기 순이다.

50

• Repetitive Learning 1회 2회 3회

외부식 후드(포집형 후드)의 단점이 아닌 것은?

① 포위식 후드보다 일반적으로 필요송풍량이 많다.
② 외부 난기류의 영향을 받아서 흡인효과가 떨어진다.
③ 근로자가 발생원과 환기시설 사이에서 작업하게 되는 경우가 많다.
④ 기류속도가 후드 주변에서 매우 빠르므로 쉽게 흡인되는 물질의 손실이 크다.

해설

- 외부식 후드는 발생원을 포위하지 않고 발생원 가까운 곳에 설치하는 후드로 다른 형태에 비해 작업자가 방해를 받지 않고 작업할 수 있는 장점을 갖는다.

❖ 외부식 후드
ⓐ 개요
- 국소배기시설 중 가장 효과적인 형태이다.
- 도금조와 사형주조에 주로 사용된다.
- 발생원을 포위하지 않고 발생원 가까운 곳에 설치하는 후드로 다른 형태에 비해 작업자가 방해를 받지 않고 작업할 수 있는 장점을 갖는다.
ⓑ 단점
- 포위식 후드보다 일반적으로 필요송풍량이 많다.
- 외부 난기류의 영향을 받아서 흡인효과가 떨어진다.
- 기류속도가 후드주변에서 매우 빠르므로 유기용제나 미세 원료분말 등과 같은 물질의 손실이 크다.

51

• Repetitive Learning 1회 2회 3회

송풍기 입구 전압이 280mmH$_2$O이고 송풍기 출구 정압이 100mmH$_2$O이다. 송풍기 출구 속도압이 200mmH$_2$O일 때, 전압(mmH$_2$O)은?

① 20   ② 40
③ 80   ④ 180

해설

- 전압 FTP=송풍기 출구 전압−송풍기 입구 전압이다.
- 송풍기 출구 전압은 출구 정압+출구 속도압이다.
- 전압 FTP=(100+200)−280=20mmH$_2$O가 된다.

❖ 송풍기 전압(FTP) 실기 0301/0501/0803/1201/1403/1702/1802/2002
- 전압 FTP=송풍기 출구 전압−송풍기 입구 전압이다.
- 송풍기 출구 전압은 출구 정압+출구 속도압이다.
- 송풍기 입구 전압은 입구 정압+입구 속도압이다.

52 ── ● Repetitive Learning 〔1회〕〔2회〕〔3회〕

플레넘형 환기시설의 장점이 아닌 것은?

① 연마분진과 같이 끈적거리거나 보풀거리는 분진의 처리가 용이하다.
② 주관의 어느 위치에서도 분지관을 추가하거나 제거할 수 있다.
③ 주관은 입경이 큰 분진을 제거할 수 있는 침강식의 역할이 가능하다.
④ 분지관으로부터 송풍기까지 낮은 압력손실을 제공하여 운전동력을 최소화할 수 있다.

해설
- 플레넘형 환기시설은 연마분진과 같이 끈적거리거나 보풀거리는 분진의 처리에 부적당하다.

✿ 플레넘형 환기시설
- 통풍조절장치나 덕트를 대신하여 사용된 공기를 모아 재순환시키는 환기방식을 말한다.
- 주관의 어느 위치에서도 분지관을 추가하거나 제거할 수 있다.
- 주관은 입경이 큰 분진을 제거할 수 있는 침강식의 역할이 가능하다.
- 분지관으로부터 송풍기까지 낮은 압력손실을 제공하여 운전동력을 최소화할 수 있다.

53 ── ● Repetitive Learning 〔1회〕〔2회〕〔3회〕
1802

산업위생보호구의 점검, 보수 및 관리방법에 관한 설명 중 틀린 것은?

① 보호구의 수는 사용하여야 할 근로자의 수 이상으로 준비한다.
② 호흡용보호구는 사용 전, 사용 후 여재의 성능을 점검하여 성능이 저하된 것은 폐기, 보수, 교환 등의 조치를 취한다.
③ 보호구의 청결 유지에 노력하고, 보관할 때는 건조한 장소와 분진이나 가스 등에 영향을 받지 않는 일정한 장소에 보관한다.
④ 호흡용보호구나 귀마개 등은 특정 유해물질 취급이나 소음에 노출될 때 사용하는 것으로서 그 목적에 따라 반드시 공용으로 사용해야 한다.

해설
- 호흡용보호구나 귀마개 등은 특정 유해물질 취급이나 소음에 노출될 때 사용하는 것으로서 그 목적에 따라 반드시 전용으로 사용해야 한다.

✿ 산업위생보호구의 관리
- 사용자는 손질방법 및 착용방법을 숙지해야 한다.
- 보호구의 수는 사용하여야 할 근로자의 수 이상으로 준비한다.
- 호흡용보호구는 사용 전, 사용 후 여재의 성능을 점검하여 성능이 저하된 것은 폐기, 보수, 교환 등의 조치를 취한다.
- 보호구의 청결 유지에 노력하고, 보관할 때는 건조한 장소와 분진이나 가스 등에 영향을 받지 않는 일정한 장소에 보관한다.
- 호흡용보호구나 귀마개 등은 특정 유해물질 취급이나 소음에 노출될 때 사용하는 것으로서 그 목적에 따라 반드시 전용으로 사용해야 한다.
- 보호구 착용으로 유해물질로부터의 모든 신체적 장해를 막을 수 없음을 인지한다.

54 ── ● Repetitive Learning 〔1회〕〔2회〕〔3회〕
0502

레시버식 캐노피형 후드를 설치할 때, 적절한 H/E는?(단, E는 배출원의 크기이고, H는 후드면과 배출원간의 거리를 의미한다)

① 0.7 이하　　　　② 0.8 이하
③ 0.9 이하　　　　④ 1.0 이하

해설
- 레시버식 캐노피형 후드에서 배출원의 크기(E)에 대한 후드면과 배출원간의 거리(H)의 비(H/E)는 0.7 이하로 설계하는 것이 적절하다.

✿ 레시버식 캐노피형 후드
- 용융로, 열처리로, 배소로 등의 고온의 배기를 포집하기 위한 후드이다.
- 열원으로부터 대류에 의하여 상승하는 열기류가 위로 올라갈수록 주위로부터 유도기류를 빨아들이면서 퍼진다. 열기류는 열원의 바로 위에서 조금 확산되고 다음에 다소 수축했다가 다시 넓게 퍼지면서 상승한다. 이 경우의 주위에 커다란 난기류가 없으면 퍼지는 각도가 약 20° 내외이다.
- 실제로는 아무리 바람이 적은 실내에서도 다소의 난기류는 있기 때문에 그 영향을 고려하여 열원의 주위에 퍼짐각도 40°를 갖는(열원의 주위에 높이 0.8배의 덮개를 더한다) 크기로 한다.
- 배출원의 크기(E)에 대한 후드면과 배출원간의 거리(H)의 비(H/E)는 0.7 이하로 설계하는 것이 적절하다.

55 ── ● Repetitive Learning 〔1회〕〔2회〕〔3회〕

귀덮개의 차음성능기준상 중심주파수가 1,000Hz인 음원의 차음치(dB)는?

① 10 이상　　　　② 20 이상
③ 25 이상　　　　④ 35 이상

해설

- 중심주파수가 1,000Hz인 경우 차음치는 귀마개(EP-1) 20dB 이상, 귀마개(EP-2) 20dB 미만, 귀덮개(EM) 25dB 이상이다.

:: 귀마개 · 귀덮개 차음성능 기준

중심주파수(Hz)	차음치(dB)		
	EP-1	EP-2	EM
125	10 이상	10 미만	5 이상
250	15 이상	10 미만	10 이상
500	15 이상	10 미만	20 이상
1,000	20 이상	20 미만	25 이상
2,000	25 이상	20 이상	30 이상
4,000	25 이상	25 이상	35 이상
8,000	20 이상	20 이상	20 이상

해설

- 시간, 공간, 물체와 구분짓는 장벽을 이용하는 대책은 격리에 해당한다.

:: 공학적 작업환경관리 대책과 유의점

제거 또는 대치	• 가장 효과적이며 우수한 관리대책이다. • 물질대치는 경우에 따라서 지금까지 알려지지 않았던 전혀 다른 장해를 줄 수 있음 • 장비대치는 적절한 대치방법 개발의 어려움
격리	• 작업자와 유해인자 사이에 장벽을 놓는 것 • 보호구를 사용하는 것도 격리의 한 방법 • 거리, 시간, 공정, 작업자 전체를 대상으로 실시하는 대책 • 비교적 간단하고 효과도 좋음
환기	• 설계, 시설설치, 유지보수가 필요 • 공정을 그대로 유지하면서 효율적 관리가능한 방법은 국소배기방식

56 ──────── Repetitive Learning 1회 2회 3회

세정제진장치의 특징으로 틀린 것은?

① 배출수의 재가열이 필요없다.
② 포집효율을 변화시킬 수 있다.
③ 유출수가 수질오염을 야기할 수 있다.
④ 가연성, 폭발성 분진을 처리할 수 있다.

해설

- 백연발생으로 인한 배출수의 재가열시설이 필요하다.

:: 세정제진장치의 특징

- ㉠ 장점
  - 포집효율을 변화시킬 수 있다.
  - 가연성, 폭발성 분진을 처리할 수 있다.
  - 고온가스의 취급이 용이하다.
- ㉡ 단점
  - 유출수가 수질오염을 야기할 수 있다.
  - 공업용수를 많이 사용한다.
  - 한랭기에 의한 동결이 발생한다.
  - 배기의 상승 확산력이 저하된다.
  - 백연발생으로 인한 배출수의 재가열시설이 필요하다.

57 ──────── Repetitive Learning 1회 2회 3회

다음 중 작업장에서 거리, 시간, 공정, 작업자 전체를 대상으로 실시하는 대책은?

① 대체   ② 격리
③ 환기   ④ 개인보호구

1403 / 1803

58 ──────── Repetitive Learning 1회 2회 3회

덕트의 설치 원칙과 가장 거리가 먼 것은?

① 가능한 한 후드와 먼 곳에 설치한다.
② 덕트는 강한 한 짧게 배치하도록 한다.
③ 밴드의 수는 가능한 한 적게 하도록 한다.
④ 공기가 아래로 흐르도록 하향구배를 만든다.

해설

- 덕트는 가능한 한 짧게 배치하도록 한다.

:: 덕트 설치 시 고려사항 실기 1301

- 가능하면 길이는 짧게 하고 굴곡부의 수는 적게 한다.
- 접속부의 안쪽은 돌출된 부분이 없도록 한다.
- 공기가 아래로 흐르도록 하향구배를 원칙으로 한다.
- 구부러짐 전 · 후에는 청소구를 만든다.
- 덕트 내부에 오염물질이 쌓이지 않도록 이송속도를 유지한다.
- 직경이 다른 덕트를 연결할 때는 경사 30° 이내의 테이퍼를 부착한다.
- 덕트의 직경이 15cm 미만인 경우 새우등 곡관 3개 이상, 덕트의 직경이 15cm 이상인 경우 새우등 곡관 5개 이상을 사용한다.
- 곡관의 중심선 곡률반경은 최대 덕트 직경의 2.5배 내외가 되도록 한다.
- 송풍기를 연결할 때는 최소 덕트 직경의 6배 정도는 직선구간으로 한다.
- 가급적 원형덕트를 사용하여 부득이 사각형 덕트를 사용할 경우는 가능한 한 정방형을 사용한다.
- 수분이 응축될 경우 덕트 내로 들어가지 않도록 하며 경사나 배수구를 마련한다.

59 ● Repetitive Learning

작업대 위에서 용접할 때 흄(fume)을 포집제거하기 위해 작업면에 고정된 플랜지가 붙은 외부식 사각형 후드를 설치하였다면 소요 송풍량(m^3/min)은?(단, 개구면에서 작업지점까지의 거리는 0.25m, 제어속도는 0.5m/s, 후드 개구면적은 $0.5m^2$이다)

① 0.281
② 8.430
③ 16.875
④ 26.425

해설

- 작업대에 부착하며, 플랜지가 있는 경우의 외부식 후드에 해당하므로 필요 환기량 $Q = 60 \times 0.5 \times V_c(10X^2 + A)$로 구한다.
- 대입하면 $Q = 60 \times 0.5 \times 0.5(10 \times 0.25^2 + 0.5) = 16.875[m^3/min]$가 된다.

외부식 측방형 후드 실기 0401/0702/0902/1002/1502/1702/1703/1902/2103/2201

- 작업대에 부착하며, 플랜지가 있는 경우에 해당한다.
- 필요 환기량 $Q = 60 \times 0.5 \times V_c(10X^2 + A)$로 구한다. 이때 Q는 필요 환기량[m^3/min], V_c는 제어속도[m/sec], A는 개구면적[m^2], X는 후드의 중심선으로부터 발생원까지의 거리[m]이다.

60 ● Repetitive Learning

다음은 직관의 압력손실에 관한 설명으로 잘못된 것은?

① 직관의 마찰계수에 비례한다.
② 직관의 길이에 비례한다.
③ 직관의 직경에 비례한다.
④ 속도(관내유속)의 제곱에 비례한다.

해설

- $\triangle P = F \times VP = 4 \times f \times \dfrac{L}{D} \times \dfrac{\gamma \times V^2}{2g}$로 직경에 반비례하고, 공기의 밀도, 유속, 길이, 마찰계수(조도) 등에 비례한다.

덕트(원형 유체관)의 압력손실(달시의 방정식) 실기 0302/0303/0401/0501/0502/0503/0602/0701/0702/0703/0802/0901/0903/1002/1102/1201/1203/1301/1403/1501/1502/1601/1902/2002/2004/2101/2201

- 유체관을 통해 유체가 흘러갈 때 발생하는 마찰손실을 말한다.
- 마찰손실의 계산은 등거리방법 또는 속도압방법을 적용한다.
- 압력손실 $\triangle P = F \times VP$로 구한다. F는 압력손실계수로 $4 \times f \times \dfrac{L}{D}$ 혹은 $\lambda \times \dfrac{L}{D}$로 구한다. 이 때, λ는 관의 마찰계수, D는 덕트의 직경, L은 덕트의 길이이다.

---

61 ● Repetitive Learning

다음에서 설명하고 있는 측정기구는?

> 작업장의 환경에서 기류의 방향이 일정하지 않거나 실내 0.2~0.5m/s 정도의 불감기류를 측정할 때 사용되며 온도에 따른 알코올의 팽창, 수축원리를 이용하여 기류속도를 측정한다.

① 풍차풍속계
② 카타(Kata)온도계
③ 가열온도풍속계
④ 습구흑구온도계(WBGT)

해설

- 풍차풍속계는 주로 옥외에서 1~150m/sec 범위의 풍속을 측정하는데 사용하는 측정기구이다.
- 습구흑구온도계(WBGT)는 작업환경의 열적응성 평가 및 일사병 예방 가이드로 사용되는 WBGT 지수를 측정하는 계측기기이다.

카타(Kata)온도계

- 작업장의 환경에서 기류의 방향이 일정하지 않거나 실내 0.2~0.5m/s 정도의 불감기류를 측정할 때 사용되는 기류측정기기이다.
- 온도에 따른 알코올의 팽창, 수축원리를 이용하여 기류속도를 측정한다.
- 기기 내의 알코올이 위의 눈금에서 아래 눈금까지 하강하는데 소요되는 시간의 측정을 통해 기류를 측정한다.
- 표면에는 눈금이 아래위로 두 개 있는데 일반용은 아래가 95℉(35℃)이고, 위가 100℉(37.8℃)이다.

62 ● Repetitive Learning

이상기압의 대책에 관한 내용으로 옳지 않은 것은?

① 고압실 내의 작업에서는 탄산가스의 분압이 증가하지 않도록 신선한 공기를 송기한다.
② 고압환경에서 작업하는 근로자에게는 질소의 양을 증가시킨 공기를 호흡시킨다.
③ 귀 등의 장해를 예방하기 위하여 압력을 가하는 속도를 매 분당 $0.8kg/cm^2$ 이하가 되도록 한다.
④ 감압병의 증상이 발생하였을 때는 환자를 바로 원래의 고압환경 상태로 복귀시키거나, 인공고압실에서 천천히 감압한다.

- 고압 환경에서 작업할 때는 질소를 헬륨으로 대치한 공기를 호흡시킨다.

:: 이상기압에서의 작업방법
- 감압병이 발생하였을 때는 환자를 바로 고압환경에 복귀시킨다.
- 특별히 잠수에 익숙한 사람을 제외하고는 1분에 10m 정도씩 잠수하는 것이 안전하다.
- 감압의 속도로 매분 매제곱센티미터당 0.8킬로그램 이하로 할 것
- 감압이 끝날 무렵에 순수한 산소를 흡입시키면 감압시간을 단축시킬 수 있다.
- 고기압에서 작업을 행할 때는 규정시간을 넘지 않도록 한다.
- 고압 환경에서 작업할 때는 질소를 헬륨으로 대치한 공기를 호흡시킨다.

63 ──────●Repetitive Learning 〔1회 2회 3회〕

비전리방사선 중 유도방출에 의한 광선을 증폭시킴으로서 얻는 복사선으로, 쉽게 산란하지 않으며 강력하고 예리한 지향성을 지닌 것은?

① 적외선 　　　　　② 마이크로파
③ 가시광선 　　　　④ 레이저광선

해설

- 강력하고 예리한 지향성을 지닌 광선은 레이저이다.

:: 레이저(Lasers)
- 레이저란 자외선, 가시광선, 적외선 가운데 인위적으로 특정한 파장부위를 강력하게 증폭시켜 얻은 복사선이다.
- 양자역학을 응용하여 아주 짧은 파장의 전자기파를 증폭 또는 발진하여 발생시키며, 단일파장이고 위상이 고르며 간섭현상이 일어나기 쉬운 특성이 있는 비전리방사선이다.
- 강력하고 예리한 지향성을 지닌 광선이다.
- 출력이 대단히 강력하고 극히 좁은 파장범위를 갖기 때문에 쉽게 산란하지 않는다.
- 레이저광에 가장 민감한 표적기관은 눈이다.
- 파장, 조사량 또는 시간 및 개인의 감수성에 따라 피부에 홍반, 수포형성, 색소침착 등이 생기며 이는 가역적이다.
- 위험정도는 광선의 강도와 파장, 노출기간, 노출된 신체부위에 따라 달라진다.
- 레이저장해는 광선의 파장과 특정 조직의 광선 흡수능력에 따라 장해출현 부위가 달라진다.
- 200~400nm의 자외선 레이저광에서는 파장이 짧아질수록 눈에 대한 투과력이 감소한다.
- 피부에 대한 영향은 700nm~1mm에서 다소 강하게 작용한다.
- 레이저광 중 에너지의 양을 지속적으로 축적하여 강력한 파동을 발생시키는 것을 맥동파라 하고 이는 지속파보다 그 장해를 주는 정도가 크다.

64 ──────●Repetitive Learning 〔1회 2회 3회〕

진동에 의한 작업자의 건강장해를 예방하기 위한 대책으로 옳지 않은 것은?

① 공구의 손잡이를 세게 잡지 않는다.
② 가능한 한 무거운 공구를 사용하여 진동을 최소화한다.
③ 진동 공구를 사용하는 작업시간을 단축시킨다.
④ 진동 공구와 손 사이 공간에 방진재료를 채워 놓는다.

해설

- 진동공구의 파워 및 무게는 작업자가 효과적인 작업 수행을 할 수 있는 범위 내에서 최소한의 것으로 선택한다.

:: 진동에 의한 작업자의 예방대책
- 진동전파 경로를 차단한다.
- 진동 수공구를 적절하게 유지보수하고 진동이 많이 발생되는 기구는 교체한다.
- 진동공구의 파워 및 무게는 작업자가 효과적인 작업 수행을 할 수 있는 범위 내에서 최소한의 것으로 선택한다.
- 공구의 손잡이를 너무 세게 잡지 않는다.
- 진동공구 사용시간의 단축 및 적절한 휴식시간을 부여한다.
- 진동공구와 비진동공구를 교대 사용토록 직무 배치한다.
- 완충물 등 방진재료를 사용한다.
- 진동방지장갑 착용한다.
- 진동의 감수성을 촉진시키는 물리적, 화학적 유해물질을 제거하거나 격리시킨다.
- 초과된 진동을 최소화시키기 위한 공학적인 설계와 관리를 철저히 한다.

0303 / 0502 / 0702 / 1301

65 ──────●Repetitive Learning 〔1회 2회 3회〕

다음 중 전리방사선에 대한 감수성이 가장 낮은 인체조직은?

① 골수 　　　　　② 생식선
③ 신경조직 　　　④ 임파조직

해설

- ①, ②, ④는 가장 감수성이 높은 인체조직에 해당된다.

:: 전리방사선에 대한 감수성

고도 감수성	골수, 림프조직(임파구), 생식세포, 조혈기관, 눈의 수정체
중증도 감수성	피부 및 위장관의 상피세포, 혈관내피세포, 결체조직
저 감수성	골, 연골, 신경, 간, 콩팥, 근육

66

• Repetitive Learning 1회 2회 3회

마이크로파가 인체에 미치는 영향으로 옳지 않은 것은?

① 1,000~10,000Hz의 마이크로파는 백내장을 일으킨다.
② 두통, 피로감, 기억력 감퇴 등의 증상을 유발시킨다.
③ 마이크로파의 열작용에 많은 영향을 받는 기관은 생식기와 눈이다.
④ 중추신경계는 1,400~2,800Hz 마이크로파 범위에서 가장 영향을 많이 받는다.

해설

• 중추신경에 대하여는 300~1,200MHz의 주파수 범위에서 가장 민감하다.

⁂ 마이크로파(Microwave)
  • 주파수의 범위는 10~30,000MHz 정도이다.
  • 중추신경에 대하여는 300~1,200MHz의 주파수 범위에서 가장 민감하다.
  • 주파수 1,000~10,000Hz의 영역에서 백내장을 일으키며, 이는 조직온도의 상승과 관계가 있다.
  • 마이크로파의 열작용에 많은 영향을 받는 기관은 생식기와 눈이다.
  • 두통, 피로감, 기억력 감퇴 등의 증상을 유발시킨다.
  • 유전 및 생식기능에 영향을 주며, 중추신경계의 증상으로 성적 흥분 감퇴, 정서 불안정 등을 일으킨다.
  • 혈액 내의 백혈구 수의 증가, 망상 적혈구의 출현, 혈소판의 감소가 나타난다.
  • 체표면은 조기에 온감을 느낀다.
  • 마이크로파의 에너지량은 거리의 제곱에 반비례한다.

67

0601 / 1402 / 1803

• Repetitive Learning 1회 2회 3회

산소농도가 6% 이하인 공기 중의 산소분압으로 옳은 것은? (단, 표준상태이며, 부피기준이다)

① 45mmHg 이하
② 55mmHg 이하
③ 65mmHg 이하
④ 75mmHg 이하

해설

• 산소농도가 6% 이하이므로 산소의 분압은 760×0.06=45.6mmHg 이하이다.

⁂ 대기 중의 산소분압 실기 0702
  • 분압이란 대기 중 특정 기체가 차지하는 압력의 비를 말한다.
  • 대기압은 1atm=760mmHg=10,332mmH_2O=101.325kPa이다.
  • 대기 중 산소는 21%의 비율로 존재하므로 산소의 분압은 760×0.21=159.6mmHg이다.
  • 산소의 분압은 산소의 농도에 비례한다.

68

0401 / 0502 / 1001

• Repetitive Learning 1회 2회 3회

감압에 따르는 조직 내 질소기포 형성량에 영향을 주는 요인인 조직에 용해된 가스량을 결정하는 인자로 가장 적절한 것은?

① 감압 속도
② 혈류의 변화정도
③ 노출정도와 시간 및 체내 지방량
④ 폐 내의 이산화탄소 농도

해설

• 고기압에의 노출정도와 체내의 지방량은 조직에 용해된 가스량을 결정하는 주요 요소이다.

⁂ 감압에 따른 질소 기포 형성 요인
  • 감압속도
  • 고기압에 폭로된 정도와 시간, 체내의 지방량은 조직에 용해된 가스량을 결정한다.
  • 감압 시 연령, 기온, 운동, 공포감, 음주 등은 혈류를 변화시키는 상태를 결정한다.

69

1301

• Repetitive Learning 1회 2회 3회

한랭환경에서 발생할 수 있는 건강장해에 관한 설명으로 옳지 않은 것은?

① 혈관의 이상은 저온 노출로 유발되거나 악화된다.
② 참호족과 침수족은 지속적인 국소의 산소결핍 때문이며, 모세혈관 벽이 손상되는 것이다.
③ 전신체온강화는 단시간의 한랭폭로에 따른 일시적 체온상실에 따라 발생하는 중증장해에 속한다.
④ 동상에 대한 저항은 개인에 따라 차이가 있으나 중증환자의 경우 근육 및 신경조직 등 심부조직이 손상된다.

해설

• 전신체온강화는 장시간 한랭노출과 체열상실로 인한 급성 중증장애로, 심부온도가 37℃에서 26.7℃ 이하로 떨어지는 것을 말한다.

⁂ 한랭환경에서의 건강장해
  • 레이노씨 병과 같은 혈관 이상이 있을 경우에는 저온 노출로 유발되거나 그 증상이 악화된다.
  • 참호족과 침수족은 지속적인 국소의 산소결핍 때문이며, 모세혈관 벽이 손상되는 것이다.(동상과 달리 영상의 온도에서 발생한다)
  • 전신체온강화는 장시간 한랭노출과 체열상실로 인한 급성 중증장애로, 심부온도가 37℃에서 26.7℃ 이하로 떨어지는 것을 말한다.

70 ──────● Repetitive Learning (1회 2회 3회)

일반소음의 차음효과는 벽체의 단위표적면에 대하여 벽체의 무게를 2배로 할 때 또는 주파수가 2배로 증가될 때 차음은 몇 dB 증가 하는가?

① 2dB
② 6dB
③ 10dB
④ 15dB

해설

- 단위면적당 질량이 2배로 증가하면 투과손실은 6dB 증가효과를 갖는다.

투과손실
- 재료의 한쪽 면에 입사되는 소리에너지와 재료의 후면으로 통과되어 나오는 소리에너지의 차이를 말한다.
- 투과손실은 차음 성능을 dB 단위로 나타내는 수치라 할 수 있다.
- 투과손실의 값이 클수록 차음성능이 우수한 재료라 할 수 있다.
- 투과손실 $TL = 20\log\dfrac{mw}{2\rho c}$ 로 구할 수 있다. 이때 m은 질량, w는 각주파수, ρ는 공기의 밀도, c는 음속에 해당한다.
- 동일한 벽일 경우 단위면적당 질량 m이 증가할수록 투과손실이 증가한다.
- 단위면적당 질량이 2배로 증가하면 투과손실은 6dB 증가효과를 갖는다.

71 ──────● Repetitive Learning (1회 2회 3회)

$3N/m^2$의 음압은 약 몇 dB의 음압수준인가?

① 95
② 104
③ 110
④ 115

해설

- $P=3$, $P_0=0.00002$로 주어졌으므로 대입하면
$$SPL = 20\log\left(\frac{3}{0.00002}\right) = 103.5218\cdots[dB]이 된다.$$

음압레벨(SPL ; Sound Pressure Level) 실기 0403/0501/0503/0901/1001/1102/1403/2004
- 기준이 되는 소리의 압력과 비교하여 로그적으로 표현한 값이다.
- $SPL = 20\log\left(\dfrac{P}{P_0}\right)[dB]$로 구한다. 여기서 P_0는 기준음압으로 $2\times10^{-5}[N/m^2]$ 혹은 $2\times10^{-4}[dyne/cm^2]$이다.
- 자유공간에 위치한 점음원의 음압레벨(SPL)은 음향파워레벨(PWL) $-20\log r -11$로 구한다. 이때 r은 소음원으로부터의 거리[m]이다. 11은 $10\log(4\pi)$의 값이다.

72 ──────● Repetitive Learning (1회 2회 3회)

손가락의 말초혈관운동의 장애로 인한 혈액순환장애로 손가락의 감각이 마비되고, 창백해지며, 추운 환경에서 더욱 심해지는 레이노(Raynaud) 현상의 주요 원인으로 옳은 것은?

① 진동
② 소음
③ 조명
④ 기압

해설

- 그라인더 등의 손공구를 저온환경에서 사용할 때 나타나는 레이노 증후군은 국소진동에 의하여 손가락의 창백, 청색증, 저림, 냉감, 동통이 나타나는 장해이다.

레이노 현상(Raynaud's phenomenon)
- 국소진동에 의하여 손가락의 창백, 청색증, 저림, 냉감, 동통이 나타나는 장해이다.
- 그라인더 등의 손공구를 저온환경에서 사용할 때 나타나는 장해이다.

73 ──────● Repetitive Learning (1회 2회 3회)

음압이 $20N/m^2$일 경우 음압수준(Sound pressure level)은 얼마인가?

① 100dB
② 110dB
③ 120dB
④ 130dB

해설

- $P=20$, $P_0=0.00002$로 주어졌으므로 대입하면
$$SPL = 20\log\left(\frac{20}{0.00002}\right) = 120[dB]이 된다.$$

음압레벨(SPL ; Sound Pressure Level) 실기 0403/0501/0503/0901/1001/1102/1403/2004
문제 71번의 유형별 핵심이론 **참조**

74 ──────● Repetitive Learning (1회 2회 3회)

난청에 관한 설명으로 옳지 않은 것은?

① 일시적 난청은 청력의 일시적인 피로현상이다.
② 영구적 난청은 노인성 난청과 같은 현상이다.
③ 일반적으로 초기청력 손실을 C5-dip 현상이라 한다.
④ 소음성 난청은 내이의 세포변성을 원인으로 볼 수 있다.

- 노인성 난청은 나이가 들면서 청력이 손실되어 잘 듣지 못하는 증상으로 고주파수대(약 6,000Hz)가 잘 안들리는 증상으로 소음성 난청 중 심한 소음에 반복적으로 노출되어 영구적인 청력변화가 발생하는 영구적 난청과는 다르다.

소음성 난청 실기 0703/1501/2101
- 초기 증상을 C5-dip현상이라 한다.
- 대부분 양측성이며, 감각 신경성 난청에 속한다.
- 내이의 세포변성을 원인으로 볼 수 있다.
- 4,000Hz에 대한 청력손실이 특징적으로 나타난다.
- 고주파음역(4,000~6,000Hz)에서의 손실이 더 크다.
- 음압수준이 높을수록 유해하다.
- 소음성 난청은 심한 소음에 반복하여 노출되어 나타나는 영구적 청력 변화로 코르티 기관에 손상이 온 것이므로 회복이 불가능하다.

1102

75 ——— Repetitive Learning 1회 2회 3회

작업장 내의 직접조명에 관한 설명으로 옳은 것은?

① 장시간 작업에도 눈이 부시지 않는다.
② 조명기구가 간단하고, 조명기구의 효율이 좋다.
③ 벽이나 천정의 색조에 좌우되는 경향이 있다.
④ 작업장 내의 균일한 조도의 확보가 가능하다.

- 직접조명은 눈부심이 일어나기 쉽고, 눈의 피로도가 크다.
- 직접조명은 천장이나 벽에 의한 반사율의 영향이 적어 색조 등에 크게 좌우되지 않는다.
- 직접조명은 공간에 균일한 조도를 얻기 어렵고, 휘도가 크다.

직접조명
- 광원으로부터 빛을 작업면에 직접 조사하는 방식을 말한다.
- 조명기구가 간단하고, 조명기구의 효율이 좋다.
- 천장이나 벽에 의한 반사율의 영향이 적어 색조 등에 크게 좌우되지 않는다.
- 공간에 균일한 조도를 얻기 어렵고, 휘도가 크다.
- 눈부심이 일어나기 쉽고, 눈의 피로도가 크다.
- 강한 음영으로 불쾌감이 있다.

0901 / 1103

76 ——— Repetitive Learning 1회 2회 3회

다음 중 1fc(foot candle)은 약 몇 럭스(lux)인가?

① 3.9
② 8.9
③ 10.8
④ 13.4

- 1fc(foot candle)은 약 10.8Lux에 해당한다.

foot candle
- 1루멘의 빛이 $1ft^2$의 평면상에 수직 방향으로 비칠 때 그 평면의 빛 밝기를 말한다.
- 1fc(foot candle)은 약 10.8Lux에 해당한다.

77 ——— Repetitive Learning 1회 2회 3회

고열장해에 대한 내용으로 옳지 않은 것은?

① 열경련(Heat cramps) : 고온 환경에서 고된 육체적인 작업을 하면서 땀을 많이 흘릴 때 많은 물을 마시지만 신체의 염분 손실을 충당하지 못할 경우 발생한다.
② 열허탈(Heat collapse) : 고열작업에 순화되지 못해 말초혈관이 확장되고, 신체 말단에 혈액이 과다하게 저류되어 뇌의 산소부족이 나타난다.
③ 열소모(Heat exhaustion) : 과다발한으로 수분/염분손실에 의하여 나타나며, 두통, 구역감, 현기증 등이 나타나지만 체온은 정상이거나 조금 높아진다.
④ 열사병(Heat stroke) : 작업환경에서 가장 흔히 발생하는 피부장해로서 땀에 젖은 피부 각질층이 떨어져 땀구멍을 막아 염증성 반응을 일으켜 붉은 구진 형태로 나타난다.

- ④의 설명은 열발진에 대한 설명이다.

열사병(Heat stroke) 실기 1803/2101
㉠ 개요
- 고열로 인하여 발생하는 건강장해 중 가장 위험성이 큰 열중증이다.
- 체온조절 중추신경계 등의 장해로 신체 내부의 체온 조절계통의 기능을 잃어 발생한다.
- 발한에 의한 체열방출이 장해됨으로써 체내(특히 뇌)에 열이 축적되어 발생한다.
- 응급조치 방법으로 얼음물에 담가서 체온을 39℃ 정도까지 내려주어야 한다.
㉡ 증상
- 1차적으로 정신 착란, 의식결여 등의 증상이 발생하는 고열장해이다.
- 건조하고 높은 피부온도, 체온상승(직장 온도 41℃) 등이 나타나는 열중증이다.
- 피부에 땀이 나지 않아 건조할 때가 많다.

78

• Repetitive Learning 1회 2회 3회

1801

고압 환경의 생체작용과 가장 거리가 먼 것은?

① 고공성 폐수종
② 이산화탄소(CO_2) 중독
③ 귀, 부비강, 치아의 압통
④ 손가락과 발가락의 작열통과 같은 산소 중독

해설

• 폐수종은 저압 환경의 생체작용에 해당한다.

❖ 고압 환경의 생체작용
• 1차성 압력현상 – 생체강과 환경간의 기압차이로 인한 기계적 작용으로 울혈, 부종, 출혈, 동통과 함께 귀, 부비강, 치아의 압통 등이 발생할 수 있다.
• 2차성 압력현상 – 고압하의 대기가스의 독성으로 인한 현상으로 질소마취, 산소 중독, 이산화탄소 중독 등이 있다.

79

• Repetitive Learning 1회 2회 3회

1003 / 1403 / 1701

25℃일 때, 공기 중에서 1,000Hz인 음의 파장은 약 몇 m 인가?

① 0.035
② 0.35
③ 3.5
④ 35

해설

• 25℃에서의 음속은 $V = 331.3 \times \sqrt{\dfrac{298}{273.15}} = 346.042 \cdots$이다.

• 음의 파장 $\lambda = \dfrac{346.042}{1,000} = 0.3460 \cdots$이 된다.

❖ 음의 파장
• 음의 파동이 주기적으로 반복되는 모양을 나타내는 구간의 길이를 말한다.
• 파장 $\lambda = \dfrac{V}{f}$로 구한다. V는 음의 속도, f는 주파수이다.
• 음속은 보통 0℃ 1기압에서 331.3m/sec, 15℃에서 340m/sec의 속도를 가지며, 온도에 따라서 $331.3\sqrt{\dfrac{T}{273.15}}$로 구하는데 이때 T는 절대온도이다.

80

• Repetitive Learning 1회 2회 3회

0902 / 1202

다음 전리방사선 중 투과력이 가장 약한 것은?

① 중성자
② γ선
③ β선
④ α선

해설

• 투과력을 순서대로 배열하면 중성자>X선 또는 γ선>β선>α선 순이다.

❖ 방사선의 투과력
• 투과력을 순서대로 배열하면 중성자>X선 또는 γ선>β선>α선 순이다.
• 입자형태의 방사선(입자방사선)은 α선, β선, 중성자선 등이 있다.
• 빛이나 전파로 존재하는 방사선(전자기방사선)은 γ선, X선이 있다.

5과목 **산업독성학**

81

0802 / 1403

• Repetitive Learning 1회 2회 3회

물질 A의 독성에 관한 인체실험 결과, 안전흡수량이 체중 kg당 0.1mg이었다. 체중이 50kg인 근로자가 1일 8시간 작업할 경우 이 물질의 체내 흡수를 안전흡수량 이하로 유지하려면 공기 중 농도를 몇 mg/m^3 이하로 하여야 하는가?(단, 작업 시 폐환기율은 $1.25m^3$/h, 체내 잔류율은 1.0으로 한다)

① 0.5
② 1.0
③ 1.5
④ 2.0

해설

• 체내흡수량(안전흡수량)과 관련된 문제이다.
• 체내 흡수량(mg)=C×T×V×R로 구할 수 있다.
• 문제는 작업 시의 허용농도 즉, C를 구하는 문제이므로
$\dfrac{체내흡수량}{T \times V \times R}$로 구할 수 있다.
• 체내 흡수량은 몸무게×몸무게당 안전흡수량=50×0.1=50이다.
• 따라서 C=5/(8×1.25×1.0)=0.5가 된다.

❖ 체내흡수량(SHD : Safe Human Dose) 실기 0301/0501/0601/0801/
1001/1201/1402/1602/1701/2002/2003
• 사람에게 안전한 양으로 안전흡수량, 안전폭로량이라고도 한다.
• 동물실험을 통하여 산출한 독물량의 한계치(NOED : No-Observable Effect Dose)를 사람에게 적용하기 위해 인간의 안전폭로량(SHD)을 계산할 때 안전계수와 체중, 독성물질에 대한 역치(THDh)를 고려한다.
• C×T×V×R[mg]으로 구한다.
  C : 공기 중 유해물질농도[mg/m^3]
  T : 노출시간[hr]
  V : 폐환기율, 호흡률[m^3/hr]
  R : 체내잔류율(주어지지 않을 경우 1.0)

82

● Repetitive Learning 1회 2회 3회

소변을 이용한 생물학적 모니터링의 특징으로 옳지 않은 것은?

① 비파괴적 시료채취 방법이다.
② 많은 양의 시료확보가 가능하다.
③ EDTA와 같은 항응고제를 첨가한다.
④ 크레아티닌 농도 및 비중으로 보정이 필요하다.

해설

• EDTA는 독성 중금속을 소변으로 배출하기 위한 약제로 생물학적 모니터링의 특징과 거리가 멀다.

❖ 소변을 이용한 생물학적 모니터링의 특징
• 비파괴적 시료채취 방법이다.
• 많은 양의 시료확보가 가능하다.
• 시료채취과정에서 오염될 가능성이 높다.
• 불규칙한 소변으로 크레아티닌 농도 및 비중의 보정이 필요하다.

83

1003

● Repetitive Learning 1회 2회 3회

톨루엔(Toluene)의 노출에 대한 생물학적 모니터링 지표 중 소변에서 확인 가능한 대사산물은?

① thiocyante
② glucuronate
③ hippuric acid
④ organic sulfate

해설

• ①은 티오시안산이온으로 청산가리 해독제로 티오황산나트륨을 사용했을 때 생성되어 배출된다.
• ②는 글루쿠론산으로 동물 체내에서 산화되기 어려운 독물(페놀, 멘톨 등)을 간에서 해독했을 때 생성되어 배출된다.
• ④는 유기황산염으로 미세먼지에 의해 생성된다.

❖ 톨루엔($C_6H_5CH_3$)
• 급성 전신중독을 일으키는 가장 강한 방향족 탄화수소이다.
• 생물학적 노출지표는 요 중 마뇨산(hippuric acid), o-크레졸(오르소-크레졸)이다.
• 페인트, 락카, 신나 등에 쓰이는 용제로 스프레이 도장 작업 등에서 만성적으로 폭로된다.

84

1303

● Repetitive Learning 1회 2회 3회

직업성 폐암을 일으키는 물질을 가장 거리가 먼 것은?

① 니켈
② 석면
③ β-나프틸아민
④ 결정형 실리카

해설

• β-나프틸아민은 담배에 포함된 발암물질이다.

❖ 직업성 폐암 원인물질
• 석면이 가장 큰 원인물질이다.
• 그 외에도 다핵방향종탄화수소(PAH), 6가 크롬, 결정형 유리규산, 니켈화합물, 비소, 베릴륨, 카드뮴, 디젤 흄, 실리카 등이 있다.

85

0802 / 1401

● Repetitive Learning 1회 2회 3회

생물학적 모니터링 방법 중 생물학적 결정인자로 보기 어려운 것은?

① 체액의 화학물질 또는 그 대사산물
② 표적조직에 작용하는 활성 화학물질의 양
③ 건강상의 영향을 초래하지 않은 부위나 조직
④ 처음으로 접촉하는 부위에 직접 독성영향을 야기하는 물질

해설

• 생물학적 결정인자에는 ①, ②, ③ 외에 비표적 조직에 작용하는 활성 화학물질의 양이 있다.

❖ 생물학적 모니터링 방법 중 생물학적 결정인자
• 체액의 화학물질 또는 그 대사산물
• 표적 및 비표적 조직에 작용하는 활성 화학물질의 양
• 건강상의 영향을 초래하지 않은 부위나 조직

86

● Repetitive Learning 1회 2회 3회

진폐증의 독성병리기전과 거리가 먼 것은?

① 천식
② 섬유증
③ 폐 탄력성 저하
④ 콜라겐 섬유 증식

해설

• 천식은 유전자, 환경조건 및 영양 상태사이의 복잡한 상호작용으로 발생되는 아동기의 만성질환으로 진폐증과는 다른 기전을 갖는다.

❖ 진폐증의 독성병리기전
• 진폐증의 대표적인 병리소견은 섬유증(fibrosis)이다.
• 섬유증이 동반되는 진폐증의 원인물질로는 석면, 알루미늄, 베릴륨, 철, 흑연, 석탄분진, 실리카 등이 있다.
• 폐포탐식세포는 분진탐식 과정에서 염증매개성 물질을 분비하고 중성구와 T cell과 같은 염증세포들을 활성화시켜 폐섬유화와 조직손상을 야기시킨다.
• 콜라겐 섬유가 증식하면 폐의 탄력성이 떨어져 호흡곤란, 지속적인 기침, 폐기능 저하를 가져온다.

87 ──────── ● Repetitive Learning 〔1회〕〔2회〕〔3회〕

작업환경 내의 유해물질과 그로 인한 대표적인 장애를 잘못 연결한 것은?

① 벤젠-시신경 장애
② 염화비닐-간 장애
③ 톨루엔-중추신경계 억제
④ 이황화탄소-생식기능 장애

해설
- 벤젠의 특이증상은 조혈 장애이다.

유기용제별 중독의 특이증상

벤젠	조혈 장애
에틸렌글리콜에테르	생식기능 장애
메탄올	시신경 장애
노르말헥산	다발성 주변신경 장애
메틸부틸케톤	말초신경 장애
이황화탄소	중추신경 및 말초신경 장애
염화탄화수소	간 장애
염화비닐	간 장애
톨루엔	중추신경 장애
크실렌	중추신경 장애

88 ──────── ● Repetitive Learning 〔1회〕〔2회〕〔3회〕

합금, 도금 및 전지 등의 제조에 사용되며, 알레르기 반응, 폐암 및 비강암을 유발할 수 있는 중금속은?

① 비소　　　　② 니켈
③ 베릴륨　　　④ 안티몬

해설
- 비소는 은빛 광택을 내는 비금속으로 가열하면 녹지 않고 승화되며, 피부 특히 겨드랑이나 국부 등에 습진형 피부염이 생기며 피부암을 유발한다.
- 베릴륨은 흡수경로는 주로 호흡기이고, 폐에 축적되어 폐질환을 유발하며, 만성중독은 Neighborhood cases라고 불리는 금속이다.

니켈
- 합금, 도금 및 전지 등의 제조에 사용되는 중금속이다.
- 알레르기 반응으로 접촉성 피부염이 발생한다.
- 폐나 비강에 발암작용이 나타난다.
- 호흡기 장해와 전신중독이 발생한다.

89 ──────── ● Repetitive Learning 〔1회〕〔2회〕〔3회〕

독성을 지속기간에 따라 분류할 때 만성독성(chronic toxicity)에 해당되는 독성물질 투여(노출)기간은?(단, 실험동물에 외인성 물질을 투여하는 경우로 한정한다)

① 1일 이상~14일 정도
② 30일 이상~60일 정도
③ 3개월 이상~1년 정도
④ 1년 이상~3년 정도

해설
- 만성독성 및 반복투여(노출)독성은 무영향관찰용량/농도 등은 별도의 자료가 없는 경우 90일간 수행한 독성시험결과에 따른다.

만성독성 및 반복투여(노출)독성
- 만성독성 및 반복투여(노출)독성은 무영향관찰용량/농도를 기준으로 평가하되, 이 값은 일반적인 만성독성시험 등에서 규정된 조사해야 할 항목의 측정수치와 대조군 수치와의 통계상 유의적인 차이, 회복성, 재현성 및 용량반응 관계를 고려한다. 다만, 독성학적으로 적절하다고 판단되는 경우 무영향관찰용량/농도에 의하지 아니하고 최소영향관찰용량/농도를 기준으로 평가할 수 있다.
- 무영향관찰용량/농도 등은 별도의 자료가 없는 경우 90일간 수행한 독성시험결과에 따른다. 다만, 시험기간이 이와 다른 경우는 시험기간을 고려하여 환산하거나 외삽하여 평가할 수 있다.

90 ──────── ● Repetitive Learning 〔1회〕〔2회〕〔3회〕

독성물질의 생체과정인 흡수, 분포, 생전환, 배설 등에 변화를 일으켜 독성이 낮아지는 길항작용(antagonism)은?

① 화학적 길항작용　　② 기능적 길항작용
③ 배분적 길항작용　　④ 수용체 길항작용

해설
- 독성물질의 생체과정인 흡수, 분포, 생전환, 배설 등의 변화를 일으켜 독성이 낮아지는 경우를 배분적 길항작용이라고 한다.

길항작용(antagonism) 실기 0602/0603/1203/1502/2201/2203
- 2종 이상의 화학물질이 혼재했을 경우 서로의 작용을 감퇴시키거나 작용이 없도록 하는 경우를 말한다.
- 공기 중의 두 가지 물질이 혼합되어 상대적 독성수치가 2+3=0과 같이 나타날 때의 반응이다.
- 기능적 길항작용, 배분적 길항작용, 수용적 길항작용, 화학적 길항작용 등이 있다.
- 독성물질의 생체과정인 흡수, 분포, 생전환, 배설 등의 변화를 일으켜 독성이 낮아지는 경우를 배분적 길항작용이라고 한다.

91 ——————— • Repetitive Learning 〔1회 2회 3회〕

단시간 노출기준이 시간가중평균농도(TLV-TWA)와 단기간 노출기준(TLV-STEL) 사이일 경우 충족시켜야 하는 3가지 조건에 해당하지 않는 것은?

① 1일 4회를 초과해서는 안 된다.

② 15분 이상 지속 노출되어서는 안 된다.

③ 노출과 노출 사이에는 60분 이상의 간격이 있어야 한다.

④ TLV-TWA의 3배 농도에는 30분 이상 노출되어서는 안 된다.

해설

• TLV-STEL의 3가지 조건은 ①, ②, ③이다.

❖ TLV(Threshold Limit Value) 실기 0301/1602

㉠ 개요
- 미국 산업위생전문가회의(ACGIH ; American Conference of Governmental Industrial Hygienists)에서 채택한 허용농도의 기준이다.
- 동물실험자료, 인체실험자료, 사업장 역학조사 등을 근거로 한다.
- 가장 대표적인 유독성 지표로 만성중독과 관련이 깊다.
- 계속적 작업으로 인한 환경에 적용되더라도 건강에 악영향을 미치지 않는 물질 농도를 말한다.

㉡ 종류 실기 0403/0703/1702/2002

TLV-TWA	시간가중평균농도로 1일 8시간(1주 40시간) 작업을 기준으로 하여 유해요인의 측정농도에 발생시간을 곱하여 8시간으로 나눈 농도
TLV-STEL	근로자가 1회 15분간 유해요인에 노출되는 경우의 허용농도로 이 농도 이하에서는 1회 노출 간격이 1시간 이상인 경우 1일 작업시간 동안 4회까지 노출이 허용될 수 있는 농도
TLV-C	최고허용농도(Ceiling 농도)라 함은 근로자가 1일 작업시간 동안 잠시라도 노출되어서는 안 되는 최고 허용농도

92 ——————— • Repetitive Learning 〔1회 2회 3회〕

2000년대 외국인 근로자에게 다발성말초신경병증을 집단으로 유발한 노말헥산(n-hexane)은 체내 대사과정을 거쳐 어떤 물질로 배설되는가?

① 2-hexanone

② 2,5-hexanedione

③ hexachlorophene

④ hexachloroethane

해설

- ①은 2-헥사논으로 용매 및 페인트에 사용되는 케톤이다.
- ③은 헥사클로로펜으로 소독제로 사용된 유기염소 화합물이다.
- ④는 헥사클로로에탄으로 연막탄과 같은 연기를 만들어내는 유기염소 화합물이다.

❖ 유기용제별 생물학적 모니터링 대상(생체 내 대사산물) 실기 0803/ 1403/2101

벤젠	소변 중 총 페놀 소변 중 t,t-뮤코닉산(t,t-Muconic acid)
에틸벤젠	소변 중 만델린산
스티렌	소변 중 만델린산
톨루엔	소변 중 마뇨산(hippuric acid), o-크레졸
크실렌	소변 중 메틸마뇨산
이황화탄소	소변 중 TTCA
메탄올	혈액 및 소변 중 메틸알코올
노말헥산	소변 중 헥산디온(2,5-hexanedione)
MBK (methyl-n-butyl ketone)	소변 중 헥산디온(2,5-hexanedione)
니트로벤젠	혈액 중 메타헤모글로빈
카드뮴	혈액 및 소변 중 카드뮴(저분자량 단백질)
납	혈액 및 소변 중 납(ZPP, FEP)
일산화탄소	혈액 중 카복시헤모글로빈, 호기 중 일산화탄소

93 ——————— • Repetitive Learning 〔1회 2회 3회〕

비중격천공을 유발시키는 물질은?

① 납(Pb) ② 크롬(Cr)

③ 수은(Hg) ④ 카드뮴(Cd)

해설

- 납은 포르피린과 헴(heme)의 합성에 관여하는 효소를 억제하며, 소화기계 및 조혈계에 영향을 준다.
- 수은은 hatter's shake라고 하며 근육경련을 유발하는 중금속이다.
- 카드뮴은 칼슘대사에 장해를 주어 신결석을 동반한 신증후군이 나타나고 다량의 칼슘배설이 일어나 뼈의 통증, 골연화증 및 골수공증과 같은 골격계장해를 유발하는 중금속이다.

❖ 크롬(Cr)
- 부식방지 및 도금 등에 사용된다.
- 급성중독 시 심한 신장장해를 일으키고, 만성중독 시 코, 폐 등의 점막이 충혈되어 화농성비염이 되고 차례로 깊이 들어가서 궤양이 되고 비강암이나 비중격천공을 유발한다.
- 장기간 흡입하는 경우 원발성 기관지암과 폐암이 발생한다.
- 피부궤양 발생 시 치료에는 Sodium citrate 용액, Sodium thiosulfate 용액, 10% CaNa2EDTA 연고 등을 사용한다.

94 ──────── • Repetitive Learning 〔1회 2회 3회〕

중금속 노출에 의하여 나타나는 금속열은 흄 형태의 금속을 흡입하여 발생되는데, 감기증상과 매우 비슷하여 오한, 구토감, 기침, 전신위약감 등의 증상이 있으며 월요일 출근 후에 심해져서 월요일열(monday fever)이라고도 한다. 다음 중 금속열을 일으키는 물질이 아닌 것은?

① 납
② 카드뮴
③ 안티몬
④ 산화아연

해설

• 주로 구리, 아연과 마그네슘, 망간산화물의 증기가 원인이 되지만 카드뮴, 안티몬, 산화아연 등에 의하여 생기기도 한다.

:: 금속열

  • 중금속 노출에 의하여 나타나는 금속열은 흄 형태의 고농도 금속을 흡입하여 발생한다.
  • 월요일 출근 후에 심해져서 월요일열(monday fever)이라고도 한다.
  • 감기증상과 매우 비슷하여 오한, 구토감, 기침, 전신위약감 등의 증상이 있다.
  • 금속열은 보통 3~4시간 지나면 증상이 회복되며, 길어도 2~4일 안에 회복된다.
  • 카드뮴, 안티몬, 산화아연, 구리, 아연, 마그네슘 등 비교적 융점이 낮은 금속의 제련, 용해, 용접 시 발생하는 산화금속 흄을 흡입할 경우 생기는 발열성 질병이다.
  • 철폐증은 철 분진 흡입시 발생되는 금속열의 한 형태이다.
  • 금속열이 발생하는 작업장에서는 개인 보호용구를 착용해야 한다.

95 ──────── • Repetitive Learning 〔1회 2회 3회〕

암모니아(NH_3)가 인체에 미치는 영향으로 가장 적합한 것은?

① 전구증상이 없이 치사량에 이를 수 있으며, 심한 경우 호흡부전에 빠질 수 있다.
② 고농도일 때 기도의 염증, 폐수종, 치아산식증, 위장장해 등을 초래한다.
③ 용해도가 낮아 하기도까지 침투하며, 급성 증상으로는 기침, 천명, 흉부압박감 외에 두통, 오심 등이 온다.
④ 피부 점막에 작용하여 눈의 결막, 각막을 자극하며 폐부종, 성대경련, 호흡장애 및 기관지경련 등을 초래한다.

해설

• 암모니아는 특유의 자극적인 냄새가 나는 무색의 기체로 피부 점막에 작용하여 눈의 결막, 각막을 자극하며 폐부종, 성대경련, 호흡장애 및 기관지경련 등을 초래한다.

:: 암모니아(NH_3)

  • 특유의 자극적인 냄새가 나는 무색의 기체이다.
  • 코와 인후를 자극하며, 중등도 이하의 농도에서 두통, 흉통, 오심, 구토, 무후각증을 일으킨다.
  • 피부 점막에 작용하여 눈의 결막, 각막을 자극하며 폐부종, 성대경련, 호흡장애 및 기관지경련 등을 초래한다.

96 ──────── • Repetitive Learning 〔1회 2회 3회〕

유기용제 중 벤젠에 대한 설명으로 옳지 않은 것은?

① 벤젠은 백혈병을 일으키는 원인물질이다.
② 벤젠은 만성장해로 조혈장해를 유발하지 않는다.
③ 벤젠은 빈혈을 일으켜 혈액의 모든 세포성분이 감소한다.
④ 벤젠은 주로 페놀로 대사되며 페놀은 벤젠의 생물학적 노출지표로 이용된다.

해설

• 벤젠은 만성장해로서 조혈장해를 유발시킨다.

:: 벤젠(C_6H_6)

  • 방향족 탄화수소 중 저농도에 장기간 노출되어 만성중독을 일으키는 경우 가장 위험하다.
  • 만성노출에 의한 조혈장해를 유발시키며, 급성 골수성 백혈병을 일으키는 원인물질이다.
  • 중독 시 재생불량성 빈혈을 일으켜 혈액의 모든 세포성분이 감소한다.
  • 혈액조직에서 백혈구 수를 감소시켜 응고작용 결핍 등이 초래된다.
  • 벤젠은 주로 페놀로 대사되며 페놀은 벤젠의 생물학적 노출지표로 이용된다.

97 ──────── • Repetitive Learning 〔1회 2회 3회〕

독성실험단계에 있어 제1단계(동물에 대한 급성노출시험)에 관한 내용과 가장 거리가 먼 것은?

① 생식독성과 최기형성 독성실험을 한다.
② 눈과 피부에 대한 자극성 실험을 한다.
③ 변이원성에 대하여 1차적인 스크리닝 실험을 한다.
④ 치사성과 기관장해에 대한 양-반응곡선을 작성한다.

- 급성독성시험으로 얻을 수 있는 일반적인 정보에는 눈, 피부에 대한 자극성, 치사성, 기관장애, 변이원성 등이 있다.

급성독성시험
- 시험물질을 실험동물에 1회 투여하였을 때 단기간 내에 나타나는 독성을 질적·양적으로 검사하는 실험을 말한다.
- 급성독성시험으로 얻을 수 있는 일반적인 정보에는 눈, 피부에 대한 자극성, 치사성, 기관장애, 변이원성 등이 있다.
- 만성독성시험으로 얻을 수 있는 내용에는 장기의 독성, 변이원성, 행동특성 등이 있다.

98 — Repetitive Learning 1회 2회 3회

지방족 할로겐화 탄화수소물 중 인체 노출 시 간의 장해인 중심소엽성 괴사를 일으키는 물질은?

① 톨루엔　　　　② 노말헥산
③ 사염화탄소　　④ 트리클로로에틸렌

- 인체 노출 시 간의 장해인 중심소엽성 괴사를 일으키는 지방족 할로겐화 탄화수소는 사염화탄소이다.

사염화탄소
- 피부로부터 흡수되어 전신중독을 일으킬 수 있는 물질이다.
- 인체 노출 시 간의 장해인 중심소엽성 괴사를 일으키는 지방족 할로겐화 탄화수소이다.
- 탈지용 용매로 사용되는 물질로 간장, 신장에 만성적인 영향을 미친다.
- 초기 증상으로는 지속적인 두통, 구역 또는 구토, 복부선통과 설사, 간압통 등이 나타난다.
- 고농도로 폭로되면 중추신경계 장해 외에 간장이나 신장에 장해가 일어나 황달, 단백뇨, 혈뇨의 증상을 보이며, 완전 무뇨증이 되면 사망할 수도 있다.

0901 / 1702
99 — Repetitive Learning 1회 2회 3회

근로자의 유해물질 노출 및 흡수 정도를 종합적으로 평가하기 위하여 생물학적 측정이 필요하다. 또한 유해물질 배출 및 축적 속도에 따라 시료 채취시기를 적절히 정해야 하는데, 시료 채취시기에 제한을 가장 작게 받는 것은?

① 요중 납　　　　② 호기중 벤젠
③ 요중 총 페놀　　④ 혈중 총 무기수은

- 요중 납은 아무 때나 수시로 채취한다.
- 요중 페놀은 응급노출 72시간 이내 작업종료 후 채취한다.
- 혈중 무기수은은 목요일이나 금요일 또는 4~5일간의 연속작업 작업종료 2시간 전부터 직후까지 채취한다.

생물학적 노출지표(BEI) 시료채취시기
문제 12번의 유형별 핵심이론 참조

0601 / 0901 / 1301 / 1703
100 — Repetitive Learning 1회 2회 3회

다음 중 납중독을 확인하는데 이용하는 시험으로 적절하지 않은 것은?

① 혈중의 납 농도　　② 헴(heme)의 대사
③ 신경전달속도　　　④ EDTA 흡착능

- EDTA는 흡착능이 아니라 이동사항을 측정해야 한다.

납중독·진단검사
- 소변 중 코프로포르피린이나 납, 델타-ALA의 배설량 측정
- 혈액검사(적혈구측정, 전혈비중측정)
- 혈액 중 징크-프로토포르피린(ZPP)의 측정
- 말초신경의 신경전달 속도
- 배설촉진제인 Ca-EDTA 이동사항
- 헴(Heme)합성과 관련된 효소의 혈중농도 측정
- 최근의 납의 노출정도는 혈액 중 납 농도로 확인할 수 있다.

구분	1과목	2과목	3과목	4과목	5과목	합계
New유형	3	2	5	0	0	10
New문제	10	13	12	5	7	47
또나온문제	6	5	4	6	4	25
자꾸나온문제	4	2	4	9	9	28
합계	20	20	20	20	20	100

- New유형은 New문제 중 기존 기출문제와 완전히 다른 유형의 문제를 말합니다.
- New문제는 기존에 출제되지 않은 문제로 이번에 처음 출제되는 문제입니다.
- 또나온문제는 기존에 출제된 적이 1번 있는 문제를 말합니다.
- 자꾸나온문제는 기존에 출제된 적이 2번 이상 있는 문제를 말합니다. 그만큼 중요한 문제입니다.

몇 년분의 기출문제를 공부해야 합격할 수 있을까요?

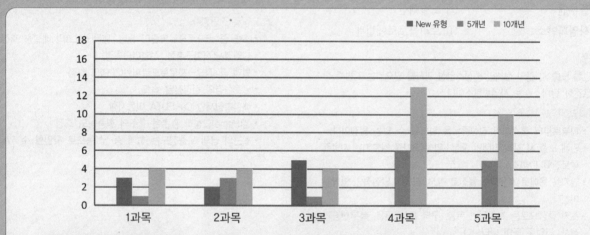

- 완전 새로운 유형의 문제는 10문제이고 90문제가 이미 출제된 문제 혹은 변형문제입니다.
- 5년분(2018~2022) 기출에서 동일문제가 16문항이 출제되었고, 10년분(2013~2022) 기출에서 동일문제가 35문항이 출제되었습니다.

실기에 나왔어요!! 일타쌍피 — 사전체크!!

실기시험은 필답형으로 진행됩니다. 객관식의 필기와 달리 주관식인 관계로 아는 만큼 적을 수 있습니다. 최근 계산문제의 비중이 많이 감소하고 있지만 절반 정도의 이론 문제와 절반 정도의 계산문제가 출제된다고 보시면 됩니다. 계산문제의 경우 나오는 문제유형이 거의 정해져 있습니다. 필기 공부할 때 미리 실기에 나오는 내용을 체크하시고 그부분만큼은 잘 공부해 두신다면 당 회차 실기까지 한 번에 잡을 수 있습니다.

- 총 42개의 유형별 핵심이론이 실기시험과 연동되어 있습니다.

분석의견

합격률이 52.6%로 평균보다 훨씬 높았던 회차였습니다.

10년 기출을 학습할 경우 1,2,3과목이 과락 점수 보다 훨씬 낮은 수준으로 출제가 되었으며, 새로운 유형 역시 3과목에서는 5문제나 출제될 만큼 기출문제를 학습하신 수험생은 어렵다고 느낄만한 회차입니다. 그러나 과목과락만 면한다면 크게 어렵지는 않았던 시험으로 평가됩니다.

10년분 기출문제와 유형별 핵심이론의 2~3회 정독은 되어야 합격 가능한 것으로 판단됩니다.

2021년 제1회

2021년 3월 7일 필기

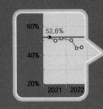

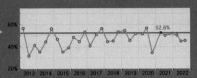

1과목 산업위생학개론

01
Repetitive Learning 1회 2회 3회

산업재해의 원인을 직접원인(1차원인)과 간접원인(2차원인)으로 구분할 때 직접원인에 대한 설명으로 옳지 않은 것은?

① 불완전한 상태와 불안전한 행위로 나눌 수 있다.

② 근로자의 신체적 원인(두통, 현기증, 만취상태 등)이 있다.

③ 근로자의 방심, 태만, 무모한 행위에서 비롯되는 인적 원인이 있다.

④ 작업장소의 결함, 보호장구의 결함 등의 물적 원인이 있다.

해설
• ②의 신체적 원인은 2차원인으로 간접원인에 해당한다.

재해발생의 직접원인

인적 원인 (불안전한 행동)	• 위험장소 접근 • 안전장치기능 제거 • 불안전한 속도 조작 • 위험물 취급 부주의 • 보호구 미착용 • 작업자와의 연락 불충분
물적 원인 (불안전한 상태)	• 물(物) 자체의 결함 • 주변 환경의 미정리 • 생산 공정의 결함 • 물(物)의 배치 및 작업장소의 불량 • 방호장치의 결함

02
Repetitive Learning 1회 2회 3회

다음 중 직업병의 발생 원인으로 볼 수 없는 것은?

① 국소 난방

② 과도한 작업량

③ 유해물질의 취급

④ 불규칙한 작업시간

해설
• 국소난방은 직업병의 발생 원인으로 볼 수 없다.

직업성 질환 발생의 요인

㉠ 직접적 원인

환경요인	• 물리적 요인 : 고열, 진동, 소음, 고기압 등 • 화학적 요인 : 이산화탄소, 일산화탄소, 수은, 납, 석면 등 • 생물학적 요인 : 각종 미생물
작업요인	• 인간공학적 요인 : 작업자세, 작업방법 등

㉡ 간접적 원인
• 작업강도, 작업시간 등

03
Repetitive Learning 1회 2회 3회

단순반복동작 작업으로 손, 손가락 또는 손목의 부적절한 작업방법과 자세 등으로 주로 손목 부위에 주로 발생하는 근골격계질환은?

① 테니스엘보

② 회전근개손상

③ 수근관증후군

④ 흉곽출구증후군

해설
• 테니스엘보는 팔꿈치 통증 증상이다.
• 회전근개손상은 회전근개(어깨와 팔을 연결하는 근육) 손상이다.
• 흉곽출구증후군은 흉곽에서 상지의 액와로 이어지는 연결부위의 손상이다.

수근관증후군(carpal tunnel sysdrome)
• 반복적이고, 지속적인 손목의 압박, 무리한 힘 등으로 인해 수근관 내부에 정중신경이 손상되어 발생한다.
• 단순반복동작 작업으로 인해 주로 발생한다.
• 손, 손가락 또는 손목의 부적절한 작업방법과 자세 등으로 인해 발생한다.
• 손목 부위에 주로 발생하는 근골격계질환이다.

04 ──────── • Repetitive Learning (1회 2회 3회)

작업장에서 누적된 스트레스를 개인차원에서 관리하는 방법에 대한 설명으로 옳지 않은 것은?

① 신체검사를 통하여 스트레스성 질환을 평가한다.
② 자신의 한계와 문제의 징후를 인식하여 해결방안을 도출한다.
③ 규칙적인 운동을 삼가하고 흡연, 음주 등을 통해 스트레스를 관리한다.
④ 명상, 요가 등의 긴장 이완훈련을 통하여 생리적 휴식상태를 점검한다.

해설
• 운동이나 직무 외의 관심을 권장해야 한다.

❖ 스트레스의 관리

개인 차원	• 자신의 한계와 문제의 징후를 인식하여 해결방안 도출 • 명상, 요가 등 긴장 이완훈련 • 신체검사 및 건강검사 • 운동과 직무 외의 관심 • 적절한 시간관리
집단 차원	• 직무의 재설계 • 사회적 지원의 제공 • 개인의 적응수준 제고 • 참여적 의사결정 • 우호적인 직장 분위기의 조성

05 ──────── • Repetitive Learning (1회 2회 3회)

인체의 항상성(homeostasis) 유지기전의 특성에 해당하지 않는 것은?

① 확산성(diffusion)
② 보상성(compensatory)
③ 자기조절성(self-regulatory)
④ 되먹이기전(feedback mechanism)

해설
• 항상성 유지기전의 특성은 자기조절성, 보상성, 되먹이기전 등이 있다.

❖ 인체의 항상성(homeostasis) 유지기전
• 항상성이란 유해인자의 노출에 대해서 인체가 적응하는 성질을 말한다.
• 항상성 유지기전의 특성은 자기조절성, 보상성, 되먹이기전 등이 있다.

06 ──────── • Repetitive Learning (1회 2회 3회)

어느 사업장에서 톨루엔($C_6H_5CH_3$)의 농도가 0℃일 때 100ppm이었다. 기압의 변화 없이 기온이 25℃로 올라갈 때 농도는 약 몇 mg/m^3인가?

① 325mg/m^3 ② 346mg/m^3
③ 365mg/m^3 ④ 376mg/m^3

해설
• ppm 단위를 mg/m^3으로 변환하려면 ppm×(분자량/24.45)이다. 이때 24.45는 표준상태(25도, 1기압)에서 기체의 부피이다.
• 주어진 온도와 기압에서 톨루엔의 농도는 100ppm이고, 분자량은 (12×7)+(8×1)=92이다.
• 주어진 값을 대입하면 $100 \times \left(\dfrac{92}{24.45} \right) = 376.278 \cdots [mg/m^3]$이다.

❖ ppm 단위의 mg/m^3으로 변환
• ppm 단위를 mg/m^3으로 변환하려면 $\dfrac{ppm×분자량}{기체부피}$이다.
• 24.45는 표준상태(25도, 1기압)에서 기체의 부피이다.
• 온도가 다를 경우 $24.45 \times \dfrac{273+온도}{273+25}$로 기체의 부피를 구한다.

07 ──────── • Repetitive Learning (1회 2회 3회)

산업안전보건법령상 위험성 평가를 실시하여야 하는 사업장의 사업주가 위험성 평가의 결과와 조치사항을 기록할 때 포함되어야 하는 사항으로 볼 수 없는 것은?

① 위험성 결정의 내용
② 위험성 평가 대상의 유해·위험요인
③ 위험성 평가에 소요된 기간, 예산
④ 위험성 결정에 따른 조치의 내용

해설
• ①, ②, ④ 외에 위험성평가의 실시내용을 확인하기 위하여 필요한 사항으로서 고용노동부장관이 정하여 고시하는 사항이 있다.

❖ 위험성 평가 실시내용 및 결과의 기록·보존 실기 2202/2203
  ㉠ 기록·보존 내용
    • 위험성평가 대상의 유해·위험요인
    • 위험성 결정의 내용
    • 위험성 결정에 따른 조치의 내용
    • 그 밖에 위험성평가의 실시내용을 확인하기 위하여 필요한 사항으로서 고용노동부장관이 정하여 고시하는 사항
  ㉡ 보존기간
    • 자료를 3년간 보존해야 한다.

08
• Repetitive Learning 〔1회 2회 3회〕

산업안전보건법령상 밀폐공간작업으로 인한 건강장해의 예방에 있어 다음 각 용어의 정의로 옳지 않은 것은?

① "밀폐공간"이란 산소결핍, 유해가스로 인한 화재, 폭발 등의 위험이 있는 장소이다.
② "산소결핍"이란 공기 중의 산소농도가 16% 미만인 상태를 말한다.
③ "적정한 공기"란 산소농도의 범위가 18% 이상 23.5% 미만, 탄산가스 농도가 1.5% 미만, 황화수소의 농도가 10ppm 미만인 수준의 공기를 말한다.
④ "유해가스"란 탄산가스·일산화탄소·황화수소 등의 기체로서 인체에 유해한 영향을 미치는 물질을 말한다.

해설
• 산소결핍이란 공기 중의 산소농도가 18퍼센트 미만인 상태를 말한다.

◆◆ 밀폐공간 관련 용어 실기 0603/0903/1402/1903/2203

밀폐공간	산소결핍, 유해가스로 인한 질식·화재·폭발 등의 위험이 있는 장소
유해가스	탄산가스·일산화탄소·황화수소 등의 기체로서 인체에 유해한 영향을 미치는 물질
적정공기	산소농도의 범위가 18퍼센트 이상 23.5퍼센트 미만, 탄산가스의 농도가 1.5퍼센트 미만, 일산화탄소의 농도가 30피피엠 미만, 황화수소의 농도가 10피피엠 미만인 수준의 공기
산소결핍	공기 중의 산소농도가 18퍼센트 미만인 상태
산소결핍증	산소가 결핍된 공기를 들이마심으로써 생기는 증상

09
1002 / 1303 / 1703
• Repetitive Learning 〔1회 2회 3회〕

하인리히는 사고예방대책의 기본원리 5단계를 맞게 나타낸 것은?

① 조직 → 사실의 발견 → 분석·평가 → 시정책의 선정 → 시정책의 적용
② 조직 → 분석·평가 → 사실의 발견 → 시정책의 선정 → 시정책의 적용
③ 사실의 발견 → 조직 → 분석·평가 → 시정책의 선정 → 시정책의 적용
④ 사실의 발견 → 조직 → 시정책의 선정 → 시정책의 적용 → 분석·평가

해설
• 하인리히의 사고예방의 기본원리 5단계는 순서대로 안전관리조직과 규정, 현상파악, 원인규명, 시정책의 선정, 시정책의 적용 순으로 적용된다.

◆◆ 하인리히의 사고예방대책 기본원리 5단계

단계	단계별 과정
1단계	안전관리조직과 규정
2단계	사실의 발견으로 현상파악
3단계	분석을 통한 원인규명
4단계	시정방법의 선정
5단계	시정책의 적용

10
0702
• Repetitive Learning 〔1회 2회 3회〕

혈액을 이용한 생물학적 모니터링의 단점으로 옳지 않은 것은?

① 보관, 처치에 주의를 요한다.
② 시료채취 시 오염되는 경우가 많다.
③ 시료채취 시 근로자가 부담을 가질 수 있다.
④ 약물동력학적 변이 요인들의 영향을 받는다.

해설
• 혈액은 시료의 채취 시 오염 가능성이 극히 적다.

◆◆ 혈액을 이용한 생물학적 모니터링의 특징
• 시료의 채취 시 오염 가능성이 극히 적다.
• 보관, 처치에 주의를 요한다.
• 시료채취 시 근로자가 부담을 가질 수 있다.
• 약물동력학적 변이 요인들의 영향을 받는다.

11
1002 / 1501
• Repetitive Learning 〔1회 2회 3회〕

미국산업위생학회 등에서 산업위생전문가들이 지켜야 할 윤리강령을 채택한 바 있는데 다음 중 전문가로서의 책임에 해당되지 않는 것은?

① 기업체의 기밀은 누설하지 않는다.
② 전문분야로서의 산업위생 발전에 기여한다.
③ 근로자, 사회 및 전문분야의 이익을 위해 과학적 지식을 공개한다.
④ 위험요인의 측정, 평가 및 관리에 있어서 외부의 압력에 굴하지 않고 중립적 태도를 취한다.

- ④는 근로자에 대한 책임에 해당한다.

산업위생전문가의 윤리강령 중 산업위생전문가로서의 책임

- 산업위생 활동을 통해 얻은 개인 및 기업의 정보는 누설하지 않는다.
- 전문적 판단이 타협에 의하여 좌우될 수 있거나 이해관계가 있는 상황에는 개입하지 않는다.
- 쾌적한 작업환경을 만들기 위해 산업위생이론을 적용하고 책임 있게 행동한다.
- 성실성과 학문적 실력 면에서 최고 수준을 유지한다.
- 과학적 방법의 적용과 자료의 해석에 객관성을 유지한다.
- 전문분야로서의 산업위생을 학문적으로 발전시킨다.
- 근로자, 사회 및 전문 직종의 이익을 위해 과학적 지식을 공개하고 발표한다.

- 산업위생과 기계의 품질 향상은 거리가 멀다.

산업위생 실기 1403

- 근로자의 육체적, 정신적 건강과 사회적 건강 유지 및 증진을 위해 근로자를 생리적, 심리적으로 적합한 작업환경에 배치시키는 것을 말한다.
- 미국산업위생학회(AHIA)에서는 근로자 및 일반대중에게 질병, 건강장애, 불쾌감을 일으킬 수 있는 작업환경요인과 스트레스를 예측, 측정, 평가 및 관리하는 과학이며 기술이라고 정의했다.
- 1950년 국제노동기구(ILO)와 세계보건기구(WHO) 공동위원회에서는 근로자들의 육체적, 정신적 그리고 사회적 건강을 고도로 유지 증진시키고, 작업조건으로 인한 질병을 예방하고 건강에 유해한 취업을 방지하며, 근로자를 생리적으로나 심리적으로 적합한 작업환경에 배치하는 것이라고 정의하였다.

---

12 ● Repetitive Learning 1회 2회 3회   1203

다음 중 턱뼈의 괴사를 유발하여 영국에서 사용 금지된 최초의 물질은 무엇인가?

① 황린(Yellow Phosphorus)
② 적린(Red Phosphorus)
③ 벤지딘(Benzidine)
④ 청석면(Crocidolite)

- 턱뼈의 괴사를 유발하여 영국에서 사용 금지된 물질은 황린이다.

황린(Yellow Phosphorus)

- P_4로 제3류 위험물에 해당하는 자연발화성 물질이다.
- 물에 녹지 않아 물속에 저장한다.
- 턱뼈의 괴사를 유발하여 영국에서 사용 금지된 최초의 물질이다.

---

13 ● Repetitive Learning 1회 2회 3회

AIHA(American Industrial Hygiene Association)에서 정의하고 있는 산업위생의 범위에 해당하지 않는 것은?

① 근로자의 작업 스트레스를 예측하여 관리하는 기술
② 작업장 내 기계의 품질 향상을 위해 관리하는 기술
③ 근로자에게 비능률을 초래하는 작업환경요인을 예측하는 기술
④ 지역사회 주민들에게 건강장애를 초래하는 작업환경요인을 평가하는 기술

---

14 ● Repetitive Learning 1회 2회 3회   0803

인간공학에서 최대작업역(Maximum area)에 대한 설명으로 가장 적절한 것은?

① 허리의 불편 없이 적절히 조작할 수 있는 영역
② 팔과 다리를 이용하여 최대한 도달할 수 있는 영역
③ 어깨에서부터 팔을 뻗어 도달할 수 있는 최대 영역
④ 상완을 자연스럽게 몸에 붙인 채로 전완을 움직일 때 도달하는 영역

- 최대작업역은 작업자가 움직이지 않으면서 최대한 팔을 뻗어 닿는 영역을 말한다.

최대작업역 실기 0303

- 최대한 팔을 뻗친 거리로 작업자가 가끔 하는 작업의 구간을 포함한다.
- 좌식 평면 작업대에서 어깨로부터 팔을 펴서 어깨를 축으로 하여 수평면상에 원을 그릴 때 부채꼴 원호의 내부지역을 말한다.
- 수평작업대에서 전완과 상완을 곧게 펴서 파악할 수 있는 구역을 말한다.

---

15 ● Repetitive Learning 1회 2회 3회   0802 / 1403

온도 25℃, 1기압 하에서 분당 100mL씩 60분 동안 채취한 공기 중에서 벤젠이 3mg 검출되었다면 이때 검출된 벤젠은 약 몇 ppm인가?(단, 벤젠의 분자량은 78이다)

① 11
② 15.7
③ 111
④ 157

- 총공기채취량은 100mL×60=6000mL이다.
- 검출된 벤젠의 양은 3mg이다.
- 농도는 $\frac{3mg}{6L}=0.5[mg/L]=500[mg/m^3]$이 된다.
- mg/m^3을 ppm으로 변환해야 하므로 표준상태에서 $\frac{24.45}{78}$를 곱하면 $500\times\frac{24.45}{78}=156.73\cdots[ppm]$이 된다.

❖ mg/m^3의 ppm 단위로의 변환 실기 0302/0303/0802/0902/1002/2103

- mg/m^3 단위를 ppm으로 변환하려면 $\frac{mg/m^3\times기체부피}{분자량}$로 구한다.
- 24.45는 표준상태(25도, 1기압)에서 기체의 부피이다.
- 온도가 다를 경우 $24.45\times\frac{273+온도}{273+25}$로 기체의 부피를 구한다.

---

16 ●── Repetitive Learning 〔1회 2회 3회〕

다음 물질에 관한 생물학적 노출지수를 측정하려 할 때 시료의 채취시기가 다른 하나는?

① 크실렌
② 이황화탄소
③ 일산화탄소
④ 트리클로로에틸렌

- ①, ②, ③은 당일 작업종료 직후 채취하나, ④의 트리클로로에틸렌은 4~5일간 연속작업 종료 직후에 시료를 채취한다.

❖ 생물학적 노출지표(BEI) 시료채취시기

당일 노출작업 종료 직후	DMF, 톨루엔, 크실렌, 헥산
4~5일간 연속작업 종료 직후	메틸클로로포름, 트리클로로에틸렌
수시	납, 니켈, 카드뮴
작업전	수은

---

17 ●── Repetitive Learning 〔1회 2회 3회〕

산업안전보건법령상 강렬한 소음작업에 대한 정의로 옳지 않은 것은?

① 90데시벨 이상의 소음이 1일 8시간 이상 발생하는 작업
② 105데시벨 이상의 소음이 1일 1시간 이상 발생하는 작업
③ 110데시벨 이상의 소음이 1일 30분 이상 발생하는 작업
④ 115데시벨 이상의 소음이 1일 10분 이상 발생하는 작업

- 강렬한 소음작업이 되려면 115dB 이상인 경우 1일 15분 이상 발생하는 작업이 되어야 한다.

❖ 소음작업과 강렬한 소음작업

- 소음작업이란 1일 8시간 작업을 기준으로 85데시벨 이상의 소음이 발생하는 작업을 말한다.
- 강렬한 소음작업

  - 90데시벨 이상의 소음이 1일 8시간 이상 발생하는 작업
  - 95데시벨 이상의 소음이 1일 4시간 이상 발생하는 작업
  - 100데시벨 이상의 소음이 1일 2시간 이상 발생하는 작업
  - 105데시벨 이상의 소음이 1일 1시간 이상 발생하는 작업
  - 110데시벨 이상의 소음이 1일 30분 이상 발생하는 작업
  - 115데시벨 이상의 소음이 1일 15분 이상 발생하는 작업

1103

18 ●── Repetitive Learning 〔1회 2회 3회〕

심한 작업이나 운동 시 호흡조절에 영향을 주는 요인과 거리가 먼 것은?

① 산소
② 수소이온
③ 혈중 포도당
④ 이산화탄소

- 혈중 포도당은 혈류를 통해 에너지가 필요한 조직과 세포에 이동해서 호르몬을 분비하고, 지방 및 단백질 합성에도 관여하나 호흡조절과는 거리가 멀다.

❖ 호흡의 조절

- 대뇌피질에 의한 수의적 조절과 호흡중추에 의한 자율조절계로 구분된다.
- 호흡의 화학적 조절에 해당하는 폐포환기는 이산화탄소, 수소이온, 산소 및 pH변화에 의해 조절된다.

---

19 ●── Repetitive Learning 〔1회 2회 3회〕

교대 근무제의 효과적인 운영방법으로 옳지 않은 것은?

① 업무효율을 위해 연속근무를 실시한다.
② 근무 교대시간은 근로자의 수면을 방해하지 않도록 정해야 한다.
③ 근무시간은 8시간을 주기로 교대하며 야간 근무 시 충분한 휴식을 보장해주어야 한다.
④ 교대작업은 피로회복을 위해 역교대 근무 방식보다 전진근무 방식(주간근무 → 저녁근무 → 야간근무 → 주간근무)으로 하는 것이 좋다.

- 근로자 건강 및 업무효율을 위해 연속근무는 되도록 피해야 한다.

⚙ 바람직한 교대제
　ⓐ 기본
- 각 반의 근무시간은 8시간으로 한다.
- 2교대면 최저 3조의 정원을, 3교대면 4조 편성으로 한다.
- 근무시간의 간격은 15~16시간 이상으로 하여야 한다.
- 채용 후 건강관리로서 정기적으로 체중, 위장 증상 등을 기록해야 하며 체중이 3kg 이상 감소 시 정밀검사를 받도록 한다.
- 근무 교대시간은 근로자의 수면을 방해하지 않도록 정해야 한다.
- 근무시간은 8시간을 주기로 교대하며 야간 근무 시 충분한 휴식을 보장해주어야 한다.
- 교대작업은 피로회복을 위해 역교대 근무 방식보다 전진근무 방식(주간근무→저녁근무→야간근무→주간근무)으로 하는 것이 좋다.
　ⓑ 야간근무 실기 2202
- 야간근무의 연속은 2~3일 정도가 좋다.
- 야근 교대시간은 상오 0시 이전에 하는 것이 좋다.
- 야간근무 시 가면(假眠)시간은 근무시간에 따라 2~4시간으로 하는 것이 좋다.
- 야근은 가면(假眠)을 하더라도 10시간 이내가 좋다.
- 야근 후 다음 반으로 가는 간격은 최저 48시간을 가지도록 한다.
- 상대적으로 가벼운 작업을 야간 근무조에 배치하고, 업무 내용을 탄력적으로 조정한다.

⚙ 사이또와 오시마의 실동률과 계속작업 한계시간 실기 2203
- 실노동률=$85 - (5 \times RMR)$[%]로 구한다.
- 작업대사율(R)이 주어질 경우 계속작업 한계시간(CMT)은 $\log(CMT) = 3.724 - 3.25\log(R)$로 구한다. 이때 R은 RMR을 의미한다.
- 작업 대사량(E_0)이 주어질 경우 최대작업시간 $\log(T_{end}) = 3.720 - 0.1949 \times E_0$으로 구한다.

---

20 ──── ● Repetitive Learning 〔1회 2회 3회〕

0702

38세 된 남성근로자의 육체적 작업능력(PWC)은 15kcal/min이다. 이 근로자가 1일 8시간 동안 물체를 운반하고 있으며 이때의 작업대사량이 7kcal/min이고, 휴식 시 대사량이 1.2kcal/min일 경우 이 사람이 쉬지 않고 계속하여 일을 할 수 있는 최대 허용시간(T_{end})은?(단, $\log(T_{end}) = 3.720 - 0.1949 \times E$이다)

① 7분
② 98분
③ 227분
④ 3,063분

- 작업 대사량($E_0 = 7$)이 주어졌으므로 최대작업시간 $\log(T_{end}) = 3.720 - 0.1949 \times E_0$에 대입하면 $\log(T_{end}) = 3.720 - 0.1949 \times 7 = 3.720 - 1.364 = 2.356$이다.
- $T_{end} = 10^{2.356} = 226.98$이다.

2과목 작업위생측정 및 평가

1102 / 1802

21 ──── ● Repetitive Learning 〔1회 2회 3회〕

어느 작업장의 소음 레벨을 측정한 결과 85dB, 87dB, 84dB, 86dB, 89dB, 81dB, 82dB, 84dB, 83dB, 88dB을 각각 얻었다. 중앙치(median : dB)는?

① 83.5
② 84.0
③ 84.5
④ 85.0

- 주어진 데이터를 순서대로 배치하면 81, 82, 83, 84, 84, 85, 86, 87, 88, 89이고, 짝수개이므로 5번째와 6번째에 해당하는 84와 85의 산술평균인 84.5가 중앙치가 된다.

⚙ 중앙값(median)
- 주어진 데이터들을 순서대로 정렬하였을 때 가장 가운데 위치한 값을 말한다.
- 주어진 데이터가 짝수인 경우 가운데 2개 값의 평균값이다.

---

22 ──── ● Repetitive Learning 〔1회 2회 3회〕

산업안전보건법령상 고열 측정 시간과 간격으로 옳은 것은?

① 작업시간 중 노출되는 고열의 평균온도에 해당하는 1시간, 10분 간격
② 작업시간 중 노출되는 고열의 평균온도에 해당하는 1시간, 5분 간격
③ 작업시간 중 가장 높은 고열에 노출되는 1시간, 5분 간격
④ 작업시간 중 가장 높은 고열에 노출되는 1시간, 10분 간격

- 고열의 측정방법은 측정기를 설치한 후 충분히 안정화 시킨 상태에서 1일 작업시간 중 가장 높은 고열에 노출되는 1시간을 10분 간격으로 연속하여 측정한다.

:: 고열의 측정방법 `실기` 1003
- 측정은 단위작업장소에서 측정대상이 되는 근로자의 주 작업위치에서 측정한다.
- 측정기의 위치는 바닥 면으로부터 50센티미터 이상, 150센티미터 이하의 위치에서 측정한다.
- 측정기를 설치한 후 충분히 안정화 시킨 상태에서 1일 작업시간 중 가장 높은 고열에 노출되는 1시간을 10분 간격으로 연속하여 측정한다.

23 ──── Repetitive Learning (1회 2회 3회)

측정기구와 측정하고자하는 물리적 인자의 연결이 틀린 것은?

① 피토관 – 정압
② 흑구온도 – 복사온도
③ 아스만통풍건습계 – 기류
④ 가이거뮬러카운터 – 방사능

- 아스만 통풍건습계는 풍속의 영향을 최소화하기 위해 강제통풍장치를 이용한 건습구습도계이다.

:: 아스만 통풍건습계
- 풍속의 영향을 최소화하기 위해 강제통풍장치를 이용한 건습구습도계이다.
- 습구온도는 강제적인 통풍에 의한 건습구온도에 해당된다.
- 고열 측정을 위한 측정시간 기준은 15분 이상이다.
- 습도 측정을 위한 측정시간 기준은 25분 이상이다.

24 ──── Repetitive Learning (1회 2회 3회)

직경 25mm 여과지(유효면적 $385mm^2$)를 사용하여 백석면을 채취하여 분석한 결과 단위 시야 당 시료는 3.15개, 공시료는 0.05개였을 때 석면의 농도(개/cc)는?(단, 측정시간은 100분, 펌프유량은 2.0L/min, 단위 시야의 면적은 0.00785 mm^2이다)

① 0.74
② 0.76
③ 0.78
④ 0.80

- 채취한 석면의 개수는 대입하면 $(3.15-0.05)\times385=1,193.5$[개 · mm^2]이다.
- 채집공기량은 $0.00785\times100\times2.0=1.57$[$mm^2$ · L]이다.
- 구하고자 하는 단위가 cc이고 이는 mL개념이므로 석면의 농도는 $\frac{1,193.5}{1.57\times1,000}=0.76019\cdots$[개/cc]가 된다.

:: 여과지를 사용한 석면농도의 측정 및 계산
- 여과지를 사용하여 채취한 석면은 공시료를 뺀 단위 시야당 시료의 개수를 이용해서 구한다. 즉, $(C_s-C_b)\times A_s$으로 구한다. 이때 C_s는 단위시야당 시료의 개수, C_b는 공시료의 개수, A_s는 여과지의 유효면적이다.
- 석면의 농도를 구하기 위한 채집공기량은 측정시간, 펌프유량, 단위 시야 면적을 통해서 구한다. 즉, $A_f\times T\times R$로 구한다. 이때 A_f는 단위시야 면적, T는 측정시간[분], R은 분당 펌프유량[L/min]으로 구한다.
- 석면의 농도는 $\frac{채취한\ 석면의\ 갯수}{채집공기량}$[개/$cm^3$]으로 구한다.

25 ──── Repetitive Learning (1회 2회 3회)

소음의 변동이 심하지 않은 작업장에서 1시간 간격으로 8회 측정한 산술평균의 소음수준이 93.5dB(A)이었을 때, 작업시간이 8시간인 근로자의 하루 소음노출량(Noise dose; %)은?(단, 기준소음노출시간과 수준 및 exchange rate은 OHSA 기준을 준용한다)

① 104
② 135
③ 162
④ 234

- TWA=$16.61 \log(\frac{D}{12.5\times노출시간})+90$으로 구하며, D는 누적소음노출량[%]이다.
- 산술평균의 소음수준이 93.5이므로 대입하면 $16.61\times\log(\frac{x}{100})+90=93.5$를 만족하는 x를 구하는 문제이다. $\log(\frac{x}{100})=\frac{3.5}{16.61}=0.2107$이므로 $\frac{x}{100}=1.62244$이므로 x는 162.44가 된다.

:: 시간가중평균 소음수준(TWA)[dB(A)] `실기` 0801/0902/1101/1903/2202
- 노출기준은 8시간 시간가중치를 의미하며 90dB를 설정한다.
- TWA=$16.61 \log(\frac{D}{12.5\times노출시간})+90$으로 구하며, D는 누적소음노출량[%]이다.
- 8시간 동안 측정치가 폭로량으로 산출되었을 경우에는 표를 이용하여 8시간 시간가중평균치로 환산한다.

26

• Repetitive Learning 1회 2회 3회

양자역학을 응용하여 아주 짧은 파장의 전자기파를 증폭 또
는 발진하여 발생시키며, 단일파장이고 위상이 고르며 간섭
현상이 일어나기 쉬운 특성이 있는 비전리방사선은?

① X-ray
② Microwave
③ Laser
④ gamma-ray

해설

• 레이저란 자외선, 가시광선, 적외선 가운데 인위적으로 특정한 파
  장부위를 강력하게 증폭시켜 얻은 복사선이다.

❖ 레이저(Lasers)

• 레이저란 자외선, 가시광선, 적외선 가운데 인위적으로 특정한
  파장부위를 강력하게 증폭시켜 얻은 복사선이다.
• 양자역학을 응용하여 아주 짧은 파장의 전자기파를 증폭 또는
  발진하여 발생시키며, 단일파장이고 위상이 고르며 간섭현상이
  일어나기 쉬운 특성이 있는 비전리방사선이다.
• 강력하고 예리한 지향성을 지닌 광선이다.
• 출력이 대단히 강력하고 극히 좁은 파장범위를 갖기 때문에 쉽
  게 산란하지 않는다.
• 레이저광에 가장 민감한 표적기관은 눈이다.
• 파장, 조사량 또는 시간 및 개인의 감수성에 따라 피부에 홍반,
  수포형성, 색소침착 등이 생기며 이는 가역적이다.
• 위험정도는 광선의 강도와 파장, 노출기간, 노출된 신체부위에
  따라 달라진다.
• 레이저장해는 광선의 파장과 특정 조직의 광선 흡수능력에 따
  라 장해출현 부위가 달라진다.
• 200~400nm의 자외선 레이저광에서는 파장이 짧아질수록 눈
  에 대한 투과력이 감소한다.
• 피부에 대한 영향은 700nm~1mm에서 다소 강하게 작용한다.
• 레이저광 중 에너지의 양을 지속적으로 축적하여 강력한 파동
  을 발생시키는 것을 맥동파라 하고 이는 지속파보다 그 장해를
  주는 정도가 크다.

27

• Repetitive Learning 1회 2회 3회

태양광선이 내리쬐지 않는 옥외 장소의 습구흑구온도지수
(WBGT)를 산출하는 식은?

① WBGT=0.7×자연습구온도+0.3×흑구온도
② WBGT=0.3×자연습구온도+0.7×흑구온도
③ WBGT=0.3×자연습구온도+0.7×건구온도
④ WBGT=0.7×자연습구온도+0.3×건구온도

해설

• 일사가 영향을 미치지 않는 옥외도 옥내로 취급하므로 WBGT=
  0.7NWT+0.3GT이다.

❖ 습구흑구온도(WBGT : Wet Bulb Globe Temperature) 지수

ㄱ 개요

• 건구온도, 습구온도 및 흑구온도에 비례하며, 열중증 예방을
  위해 고온에서의 작업휴식시간비를 결정하는 지표로 더위
  지수라고도 한다.
• 표시단위는 섭씨온도(℃)로 표시하며, WBGT가 높을수록 휴
  식시간이 증가되어야 한다.
• 미국국립산업안전보건연구원(NIOSH)뿐만 아니라 국내에서
  도 습구흑구온도를 측정하고 지수를 산출하여 평가에 사용
  한다.
• 과거에 쓰이던 감각온도와 근사한 값인데 감각온도와 다른
  점은 기류를 전혀 고려하지 않았다는 점이다.

ㄴ 산출방법 실기 0501/0503/0602/0702/0703/1101/1201/1302/1303/
1503/2102/2201/2202/2203

• 옥내에서는 WBGT=0.7NWT+0.3GT이다. 이때 NWT는 자
  연습구, GT는 흑구온도이다.(일사가 영향을 미치지 않는 옥
  외도 옥내로 취급한다)
• 일사가 영향을 미치는 옥외에서는 건구온도인 dB를 반영하
  지만 옥내에서는 일사의 영향이 없으므로 자연습구와 흑구
  온도만으로 WBGT가 결정된다.
• 일사가 영향을 미치는 옥외에서는 WBGT=0.7NWT+0.2GT
  +0.1DB이며 이때 NWT는 자연습구, GT는 흑구온도, DB는
  건구온도이다.

28

1101 / 1102 / 1301 / 1502 / 1503 / 1802
• Repetitive Learning 1회 2회 3회

일정한 온도조건에서 가스의 부피와 압력이 반비례하는 것
과 가장 관계가 있는 법칙은?

① 보일의 법칙
② 샤를의 법칙
③ 라울의 법칙
④ 게이-루삭의 법칙

해설

• 샤를의 법칙은 압력과 몰수가 일정할 때, 기체의 부피는 온도에 비
  례함을 증명한다.
• 라울의 법칙은 증기의 각 성분의 부분압은 용액의 분압과 평형을
  이룬다는 것을 증명한다.
• 게이-루삭의 법칙은 같은 온도와 같은 압력에서 반응 기체와 생
  성 기체의 부피는 일정한 정수가 성립함을 증명한다.

❖ 보일의 법칙

• 기체의 온도와 몰수가 일정할 때, 기체의 부피는 압력에 반비례
  한다.
• PV=상수이다.(온도와 몰수가 일정)

29 ──── ● Repetitive Learning ⟮1회 2회 3회⟯

소음의 단위 중 음원에서 발생하는 에너지를 의미하는 음력(sound power)의 단위는?

① dB
② Phon
③ W
④ Hz

해설

• dB와 Phon은 음의 크기를 나타내는 단위이다.
• Hz는 음의 주파수를 나타내는 단위이다.

음력(sound power)
  • 음원으로부터 단위시간에 발생하는 에너지를 말한다.
  • 단위는 watt(W)를 사용한다.

30 ──── ● Repetitive Learning ⟮1회 2회 3회⟯

산업안전보건법령상 유해인자와 단위의 연결이 틀린 것은?

① 소음 : dB
② 흄 : mg/m^3
③ 석면 : 개/cm^3
④ 고열 : 습구흑구온도지수, ℃

해설

• 소음수준의 측정단위는 데시벨[dB(A)]로 표시한다.

작업환경측정 단위 실기 0803/1403
  • 화학적 인자의 가스, 증기, 분진, 흄(fume), 미스트(mist) 등의 농도는 피피엠(ppm) 또는 세제곱미터당 밀리그램(mg/m^3)으로 표시한다.
  • 피피엠(ppm)과 세제곱미터당 밀리그램(mg/m^3)간의 상호 농도 변환은 노출기준(mg/m^3)= $\dfrac{노출기준(ppm) \times 그램분자량}{24.45(25℃, 1기압 기준)}$ 으로 구한다.
  • 석면의 농도 표시는 세제곱센티미터당 섬유개수(개/cm^3)로 표시한다.
  • 소음수준의 측정단위는 데시벨[dB(A)]로 표시한다.
  • 고열(복사열 포함)의 측정단위는 습구흑구온도지수(WBGT)를 구하여 섭씨온도(℃)로 표시한다.

31 ──── ● Repetitive Learning ⟮1회 2회 3회⟯

0.04M HCl이 2% 해리되어 있는 수용액의 pH는?

① 3.1
② 3.3
③ 3.5
④ 3.7

해설

• 해리되었다는 의미는 분자가 분해되어 이온이 되었다는 의미이다. 2% 해리된 0.04M의 염산(HCl)이므로 이의 수소이온 농도는 0.04×0.02=0.0008M이 된다.
• 수소이온농도가 주어졌으므로 pH=$-\log(0.0008 \times 1)$=3.0969···가 된다.

수소이온농도지수(pH)
  • 용액 1ℓ 속에 존재하는 수소이온의 g이온수 즉, 몰농도(혹은 N 농도×전리도)를 말한다.
  • 수소이온은 매우 작은 값으로 존재하므로 수소이온의 역수에 상용로그값을 취하여 사용한다.

$$pH = \log\frac{1}{[H^+]} = -\log[H^+]$$

  • 순수한 물의 경우 1기압 25℃에서 수소이온의 농도가 약 10^{-7} g이온이므로 이를 pH 7 중성이라고 하고, 이보다 클 때 알카리성, 이보다 작을 때 산성이라고 한다.
  • 수소이온농도지수[pH]+수산화이온농도지수[pOH]=14이다.

32 ──── ● Repetitive Learning ⟮1회 2회 3회⟯

유기용제 취급 사업장의 메탄올 농도 측정 결과가 100, 89, 94, 99, 120ppm일 때, 이 사업장의 메탄올 농도 기하평균(ppm)은?

① 99.4
② 99.9
③ 100.4
④ 102.3

해설

• 기하평균은 주어진 n개의 값들을 곱해서 나온 값의 n제곱근이다.
• 주어진 값을 기하평균식에 대입하면
$\sqrt[5]{100 \times 89 \times 94 \times 99 \times 120}$=99.8773···이다.

기하평균(GM) 실기 0303/0403/0502/0601/0702/0801/0803/1102/1301/1403/1703/1801/2102
  • 주어진 n개의 값들을 곱해서 나온 값의 n제곱근이다.
  • $x_1, x_2, \cdots, x_n$의 자료가 주어질 때 기하평균 GM은 $\sqrt[n]{x_1 \times x_2 \times \cdots \times x_n}$으로 구하거나 logGM= $\dfrac{\log X_1 + \log X_2 + \cdots + \log X_n}{N}$을 역대수 취해서 구할 수 있다.
  • 작업장에서 생화학적 측정치나 유해물질의 농도를 평가할 때 일반적으로 사용되는 평균치이다.
  • 작업환경 중 분진의 측정 농도가 대수정규분포를 할 때 측정 자료의 대표치로 사용된다.
  • 인구증가율, 물가상승률, 경제성장률 등의 연속적인 변화율 데이터를 기반으로 어떤 구간에서의 평균 변화율을 구할 때 사용된다.

33
• Repetitive Learning 1회 2회 3회

작업장의 기본적인 특성을 파악하는 예비조사의 목적으로 가장 적절한 것은?

① 유사 노출그룹 설정
② 노출기준 초과여부 판정
③ 작업장과 공정의 특성파악
④ 발생되는 유해인자 특성조사

해설

• 예비조사는 유해인자 측정 전 작업장의 기본적인 특성을 파악하는 조사로 사업장, 작업공정, 대책 등을 파악하여 동일(유사) 노출그룹을 설정을 목적으로 한다.

⁑ 예비조사
  ㉠ 개요
    • 유해인자 측정 전 작업장의 기본적인 특성을 파악하는 조사이다.
    • 사업장의 일반적인 위생상태를 파악한다.
    • 작업공정을 잘 이해한다.
    • 현재 쓰이고 있는 대책을 파악한다.
  ㉡ 목적 실기 1501
    • 동일(유사) 노출그룹 설정
    • 발생되는 유해인자 특성조사
    • 작업장과 공정의 특성파악

34
• Repetitive Learning 1회 2회 3회

벤젠이 배출되는 작업장에서 채취한 시료의 벤젠농도 분석결과가 3시간 동안 4.5ppm, 2시간 동안 12.8ppm, 1시간 동안 6.8ppm일 때, 이 작업장의 벤젠 TWA(ppm)는?

① 4.5
② 5.7
③ 7.4
④ 9.8

해설

• 주어진 값을 대입하면 TWA 환산값은

$$\frac{3 \times 4.5 + 2 \times 12.8 + 1 \times 6.8}{8} = \frac{45.9}{8} = 5.7375$$ 가 된다.

⁑ 시간가중평균값(TWA, Time-Weighted Average) 실기 0302/1102/1302/1801/2002
  • 1일 8시간 작업을 기준으로 한 평균노출농도이다.
  • TWA 환산값 $= \dfrac{C_1 \cdot T_1 + C_1 \cdot T_1 + \cdots + C_n \cdot T_n}{8}$ 로 구한다.

  이때, C : 유해인자의 측정농도(단위 : ppm, mg/m³ 또는 개/㎤)
       T : 유해인자의 발생시간(단위 : 시간)

35
0703
• Repetitive Learning 1회 2회 3회

흡착제를 이용하여 시료 채취를 할 때 영향을 주는 인자에 관한 설명으로 틀린 것은?

① 흡착제의 크기 : 입자의 크기가 작을수록 표면적이 증가하여 채취효율이 증가하나 압력강하가 심하다.
② 흡착관의 크기 : 흡착관의 크기가 커지면 전체 흡착제의 표면적이 증가하여 채취용량이 증가하므로 파과가 쉽게 발생되지 않는다.
③ 습도 : 극성 흡착제를 사용할 때 수증기가 흡착되기 때문에 파과가 일어나기 쉽다.
④ 온도 : 온도가 높을수록 기공활동이 활발하여 흡착능이 증가하나 흡착제의 변형이 일어날 수 있다.

해설

• 고온일수록 흡착 성질이 감소하며 파과가 일어나기 쉽다.

⁑ 흡착제를 이용하여 시료를 채취할 때 영향을 주는 인자

온도	일반적으로 흡착은 발열 반응이므로 열역학적으로 온도가 낮을수록 흡착에 좋은 조건이며, 고온일수록 흡착 성질이 감소하며 파과가 일어나기 쉽다.
습도	습도가 높으면 극성 흡착제를 사용할 때 파과 공기량이 적어진다.
오염물질 농도	공기 중 오염물질의 농도가 높을수록 파과 용량(흡착제에 흡착된 오염물질의 양(mg))은 증가하나 파과 공기량은 감소한다.
시료채취 유량	시료 채취 유량이 높으면 파과가 일어나기 쉬우며 코팅된 흡착제일수록 그 경향이 강하다.
흡착제의 크기	입자의 크기가 작을수록 표면적이 증가하여 채취효율이 증가하나 압력강하가 심하다.
흡착관의 크기	흡착관의 크기가 커지면 전체 흡착제의 표면적이 증가하여 채취용량이 증가하므로 파과가 쉽게 발생되지 않는다.

36
• Repetitive Learning 1회 2회 3회

먼지를 크기별 분포로 측정한 결과를 가지고 기하표준편차 (GSD)를 계산하고자 할 때 필요한 자료가 아닌 것은?

① 15.9%의 분포를 가진 값
② 18.1%의 분포를 가진 값
③ 50.0%의 분포를 가진 값
④ 84.1%의 분포를 가진 값

- 기하표준편차(GSD) = $\dfrac{\text{누적 } 84.1\% \text{ 값}}{\text{기하평균}}$ 혹은 $\dfrac{\text{기하평균}}{\text{누적 } 15.9\% \text{ 값}}$ 으로 구한다.

기하표준편차와 기하평균(GM) 실기 0303/0403/0502/0703/0801/0803/ 1102/1302/1403/1703/1802

- 기하표준편차는 대수정규누적분포도에서 누적퍼센트 84.1%에 값 대비 기하평균의 값으로 한다.
- 기하표준편차(GSD) = $\dfrac{\text{누적 } 84.1\% \text{ 값}}{\text{기하평균}}$ 혹은 $\dfrac{\text{기하평균}}{\text{누적 } 15.9\% \text{ 값}}$ 으로 구한다.
- 기하표준편차(GSD)는 $\log GSD =$
$$\left[\frac{(\log X_1 - \log GM)^2 + (\log X_2 - \log GM)^2 + \cdots + (\log X_n - \log GM)^2}{N-1}\right]^{0.5}$$ 를 구해서 역대수를 취한다.

1801

37 ●─── Repetitive Learning [1회] [2회] [3회]

복사기, 전기기구, 플라즈마 이온방식의 공기청정기 등에서 공통적으로 발생할 수 있는 유해물질로 가장 적절한 것은?

① 오존
② 이산화질소
③ 일산화탄소
④ 포름알데히드

해설

- 복사기, 전기기구, 프린터 등에서는 오존, 이산화질소, 휘발성 유기물질(VOCs), 중금속, 초미세먼지 등 많은 양의 유해물질이 발생한다.

오존(O_3)

- 대기중에서 질소산화물과 휘발성 유기화합물이 자외선에 의한 촉매반응을 통해 생성된 산소 원자 3개로 된 물질이다.
- 산화력이 강하다.
- 복사기, 전기기구, 플라즈마 이온방식의 공기청정기 등에서 공통적으로 발생할 수 있는 유해물질이다.

38 ●─── Repetitive Learning [1회] [2회] [3회]

포집효율이 90%와 50%의 임핀저(impinger)를 직렬로 연결하여 작업장 내 가스를 포집할 경우 전체 포집효율(%)은?

① 93
② 95
③ 97
④ 99

해설

- 임핀저(Impinger)는 액체에 공기 중 가스상의 물질을 흡수하여 채취하는 기구이다.
- 전체 포집효율 $\eta_T = 0.9 + 0.5 \times (1-0.9) = 0.95$ 이므로 95%이다.

전체 포집효율(총 집진율) 실기 0702/0803/1401/1701/2003

- 임핀저를 이용한 가스 포집에서 전체 포집효율은 1차의 포집효율과 1차에서 포집하지 못한 가스를 2차에서 포집한 효율과의 합으로 구한다.
- 전체 포집효율 $\eta_T = \eta_1 + \eta_2(1-\eta_1)$ 로 구한다.

39 ●─── Repetitive Learning [1회] [2회] [3회]

입자상 물질의 여과원리와 가장 거리가 먼 것은?

① 차단
② 확산
③ 흡착
④ 관성충돌

해설

- 여과포집이론의 기전은 중력침강, 관성충돌, 직접차단, 확산, 체질, 정전기력으로 분류된다.

여과포집이론의 기전 실기 0301/0501/0901/1201/1901/2001/2002/2003/ 2102/2202

- 여과지의 공극보다 작은 입자가 여과지에 채취되는 기전을 말한다.
- 중력침강, 관성충돌, 직접차단, 확산, 체질, 정전기력으로 분류된다.

40 ●─── Repetitive Learning [1회] [2회] [3회]

산화마그네슘, 망간, 구리 등의 금속 분진을 분석하기 위한 장비로 가장 적절한 것은?

① 자외선/가시광선 분광광도계
② 가스크로마토그래피
③ 핵자기공명분광계
④ 원자흡광광도계

해설

- 자외선/가시광선 분광광도계는 자외선 및 가시광선 영역의 빛을 사용하면 분자의 결합전자가 들뜨게 되면서 빛의 흡수가 일어나는데 이를 측정하는데 주로 파이 전자계를 확인하는데 사용된다.
- 가스크로마토그래피는 기화된 시료가 캐리어가스에 의해 칼럼을 통과하는 중 고정상과의 작용에 의해 성분을 분리하여 확인 및 정량을 구하는 시험기계이다.
- 핵자기공명분광계는 자기장 속에 놓인 원자핵이 특정 주파수의 전자기파와 공명하는 현상을 이용하여 분자의 물리·화학·전기적 성질을 알아내는 기계이다.

원자흡광광도계 실기 0301/1002/1003/1103/1302/1803/2103

ⓐ 개요
- 시료를 원자화장치를 통하여 중성원자로 증기화시킨 후 바닥상태의 원자가 이 원자 증기층을 통과하는 특정 파장의 빛을 흡수하는 현상을 이용하여 원자의 흡광도를 측정한다.
- 검체 중의 원소 농도를 확인할 수 있다.
- 주로 산화마그네슘, 망간, 구리 등과 같은 금속 분진의 무기 원소 분석에 사용된다.

ⓑ 구성
- 광원, 원자화장치, 단색화장치, 검출부의 주요 요소로 구성된다.
- 광원은 분석하고자 하는 목적 원소가 흡수할 수 있는 빛을 발생하는 속빈 음극램프가 사용된다.
- 단색화장치는 특정 파장만 분리하여 검출기로 보내는 역할을 한다.
- 검출부는 단색화장치에서 나오는 빛의 세기를 측정 가능한 전기적 신호로 증폭시킨 후 이 전기적 신호를 판독장치를 통해 흡광도나 흡광률 또는 투과율 등으로 표시한다.
- 원자화장치의 원자화방법에는 불꽃방식, 전기가열(비불꽃)방식, 증기발생방식이 있다.
- 불꽃방식은 아세틸렌과 공기 혹은 아세틸렌과 아산화질소를 이용해서 불꽃을 만들며 경제적이고 조작이 쉬우며 빠르게 분석이 가능하다.
- 전기가열(비불꽃)방식은 흑연로에 전기가열을 하여 발생하는 전열에 의해 대상 원소를 원자화시키는 방식으로 감도가 좋아 생물학적 시료분석에 유리하다.

3과목 작업환경관리대책

41 ──── Repetitive Learning [1회 2회 3회]

입자상 물질 집진기의 집진원리를 설명한 것이다. 아래의 설명에 해당하는 집진원리는?

> 분진의 입경이 클 때, 분진은 가스흐름의 궤도에서 벗어나게 된다. 즉, 입자의 크기에 따라 비교적 큰 분진은 가스통과 경로를 따라 발산하지 못하고 작은 분진은 가스와 같이 발산한다.

① 직접차단 ② 관성충돌
③ 원심력 ④ 확산

해설
- 직접차단은 입경이 작아 관성력이 작은 입자는 유선방향에 따라 여과재에 접근할 경우 입자중심과 여과재의 간격이 입자의 반경보다 짧아 입자가 여과재에 충돌 후 부착되는 현상을 말한다.
- 확산은 입경이 $0.1\mu m$ 이하인 아주 작은 입자가 브라운 운동을 통해 확산에 의해 포집되는 현상을 말한다.

관성충돌
- 중력침강, 관성충돌, 직접차단, 확산, 체질, 정전기력으로 분류되는 여과포집이론의 기전 중 하나로 입자상 물질 집진기의 집진원리에 해당한다.
- 입경이 커서 배출가스 유선에 관계없이 관성에 의해 입자가 여과재에 충돌 후 부착되는 현상을 말한다.
- 분진의 입경이 클 때, 분진은 가스흐름의 궤도에서 벗어나게 된다. 즉, 입자의 크기에 따라 비교적 큰 분진은 가스통과 경로를 따라 발산하지 못하고 작은 분진은 가스와 같이 발산한다.

42 ──── Repetitive Learning [1회 2회 3회]

유해물질의 증기 발생률에 영향을 미치는 요소로 가장 거리가 먼 것은?

① 물질의 비중 ② 물질의 사용량
③ 물질의 증기압 ④ 물질의 노출기준

해설
- 물질의 노출기준은 해당 유해물질의 증기를 환기시키는 데 필요한 환기량을 구할 때 사용된다.

증기발생량 실기 0603/1303/1603/2002/2004
- 공기 중에 발생하는 오염물질의 양은 물질의 사용량과 비중, 온도와 증기압을 통해서 구할 수 있다.
- 오염물질의 증발량×비중으로 물질의 사용량을 구할 수 있다.
- 구해진 물질의 사용량의 몰수를 확인하면 0℃, 1기압에 1몰당 22.4L이므로 이 물질이 공기 중에 발생하는 증기의 부피를 구할 수 있다.

1103 / 1602
43 ──── Repetitive Learning [1회 2회 3회]

회전차 외경이 600mm인 원심 송풍기의 풍량은 $200\,m^3$/min이다. 회전차 외경이 1000mm인 동류(상사구조)의 송풍기가 동일한 회전수로 운전된다면 이 송풍기의 풍량(m^3/min)은?(단, 두 경우 모두 표준공기를 취급한다)

① 333 ② 556
③ 926 ④ 2572

해설

- 송풍량은 회전차 직경의 세제곱에 비례한다.
- 송풍기의 회전수와 공기의 중량이 일정한 상태에서 회전차 직경이 $\frac{10}{6}$ 배로 증가하면 풍량은 $\left(\frac{10}{6}\right)^3$ 배로 증가한다.
- $200 \times \left(\frac{10}{6}\right)^3 = 925.925\cdots[m^3/min]$이 된다.

송풍기의 상사법칙 실기 0402/0403/0501/0701/0803/0902/0903/1001/
1102/1103/1201/1303/1401/1501/1502/1503/1603/1703/1802/1901/1903/2001/
2002

송풍기 크기 일정 공기 비중 일정	• 송풍량은 회전속도(비)에 비례한다. • 풍압(정압)은 회전속도(비)의 제곱에 비례한다. • 동력은 회전속도(비)의 세제곱에 비례한다.
송풍기 회전수 일정 공기의 중량 일정	• 송풍량은 회전차 직경의 세제곱에 비례한다. • 풍압(정압)은 회전차 직경의 제곱에 비례한다. • 동력은 회전차 직경의 오제곱에 비례한다.
송풍기 회전수 일정 송풍기 크기 일정	• 송풍량은 비중과 온도에 무관하다. • 풍압(정압)은 비중에 비례, 절대온도에 반비례한다. • 동력은 비중에 비례, 절대온도에 반비례한다.

44 ——— Repetitive Learning 1회 2회 3회

철재 연마공정에서 생기는 철가루의 비산을 방지하기 위해 가로 50cm, 높이 20cm인 직사각형 후드를 플랜지를 부착하여 바닥면에 설치하고자 할 때, 필요환기량(m^3/min)은?(단, 제어풍속은 ACGIH 권고치 기준의 하한으로 설정하며, 제어풍속이 미치는 최대거리는 개구면으로부터 30cm라 가정한다)

① 112   ② 119
③ 253   ④ 238

해설

- 작업대나 바닥에 부착하며, 플랜지가 있는 경우의 외부식 후드에 해당하므로 필요 환기량 $Q = 60 \times 0.5 \times V_c(10X^2 + A)$로 구한다.
- 철재연마공정에서의 ACGIH 권고치 기준 하한 제어풍속은 3.7m/s이므로 대입하면 $Q = 60 \times 0.5 \times 3.7(10 \times 0.3^2 + (0.5 \times 0.2))$ $= 111[m^3/min]$이 된다.

외부식 측방형 후드 실기 0401/0702/0902/1002/1502/1702/1703/1902/
2103/2201

- 작업대에 부착하며, 플랜지가 있는 경우에 해당한다.
- 필요 환기량 $Q = 60 \times 0.5 \times V_c(10X^2 + A)$로 구한다. 이때 Q는 필요 환기량[m^3/min], V_c는 제어속도[m/sec], A는 개구면적[m^2], X는 후드의 중심선으로부터 발생원까지의 거리[m]이다.

45 ——— Repetitive Learning 1회 2회 3회

후드의 유입계수가 0.82, 속도압이 50mmH$_2$O일 때 후드의 유입손실(mmH$_2$O)은?

① 22.4   ② 24.4
③ 26.4   ④ 28.4

해설

- 유입손실계수(F)$= \frac{1 - C_e^2}{C_e^2} = \frac{1}{C_e^2} - 1$이므로 대입하면 $\frac{1}{0.82^2} - 1 = 0.4872\cdots$이다.
- 유입손실은 VP×F이므로 대입하면 $50 \times 0.4872 = 24.36 mmH_2O$가 된다.

후드의 유입계수와 유입손실계수 실기 0502/0801/0901/1001/1102/
1303/1602/1603/1903/2002/2103

- 후드에서의 압력손실이 유량의 저하로 나타나는 현상이다.
- 유입계수 C_e가 1에 가까울수록 이상적인 후드에 가깝다.
- 유입계수는 속도압/후드정압의 제곱근으로 구할 수 있다.
- 유입계수(C_e)$= \frac{실제적\ 유량}{이론적\ 유량} = \frac{실제\ 흡인유량}{이론\ 흡인유량} = \sqrt{\frac{1}{1 + F}}$으로 구한다.

  이때 F는 후드의 유입손실계수로 $\frac{\triangle P}{VP}$ 즉, $\frac{압력손실}{속도압(동압)}$으로 구할 수 있다.
- 유입(압력)손실계수(F)$= \frac{1 - C_e^2}{C_e^2} = \frac{1}{C_e^2} - 1$로 구한다.

46 ——— Repetitive Learning 1회 2회 3회

산업안전보건법령상 안전인증 방독마스크에 안전인증 표시 외에 추가로 표시되어야 할 항목이 아닌 것은?

① 포집효율   ② 파과곡선도
③ 사용시간 기록카드   ④ 사용상의 주의사항

해설

- 포집효율은 표시하지 않으며, ②, ③, ④ 외에 정화통 외부측면의 표시 색이 추가로 표시해야 할 사항에 해당한다.

방독마스크 안전인증 표시 외 추가 표시사항
- 파과곡선도
- 사용시간 기록카드
- 정화통의 외부측면의 표시 색
- 사용상의 주의사항

47 ●—————————● Repetitive Learning 1회 2회 3회

어느 실내의 길이, 폭, 높이가 각각 25m, 10m, 3m이며 실내에 1시간당 18회의 환기를 하고자 한다. 직경 50cm의 개구부를 통하여 공기를 공급하고자 하면 개구부를 통과하는 공기의 유속(m/sec)은?

① 13.7   ② 15.3
③ 17.2   ④ 19.1

해설

- 공기교환 횟수가 $\frac{필요환기량}{작업장\ 기적(용적)}$ 이므로 필요환기량은 공기교환횟수×작업장 용적이다.
- 작업장 용적이 $25\times10\times3=750m^3$이고, 환기횟수가 시간당 18회이므로 계산하면 필요환기량은 $13,500m^3$/h이고 이를 초당으로 변형하면 $\frac{13500}{3600}=3.75m^3$/sec이다.
- 환기량 Q=AV에서 단면적 A는 $3.14\times0.25^2=0.19625m^2$이므로 $V=\frac{3.75}{0.19625}=19.108\cdots$[m/s]가 된다.

시간당 공기의 교환횟수(ACH) 실기 0502/0802/1001/1102/1103/1203/1303/1403/1503/1702/1902/2002/2102/2103/2202

- 경과시간과 이산화탄소의 농도가 주어질 경우의 시간당 공기의 교환횟수는
$$\frac{ln(초기\ CO_2농도-외부\ CO_2\ 농도)-ln(경과\ 후\ CO_2농도-외부\ CO_2\ 농도)}{경과\ 시간[hr]}$$
로 구한다.
- 작업장 기적(용적)과 필요 환기량이 주어지는 경우의 시간당 공기교환 횟수는 $\frac{필요환기량(m^3/hr)}{작업장\ 용적(m^3)}$ 으로 구한다.

48 ●—————————● Repetitive Learning 1회 2회 3회

곡관에서 곡률반경비(R/D)가 1.0일 때 압력손실계수 값이 가장 작은 곡관의 종류는?

① 2조각관   ② 3조각관
③ 4조각관   ④ 5조각관

해설

- 곡률반경비(R/D)가 일정한 경우 조각관의 조각수가 클수록 압력손실계수가 작아진다.

곡관에서의 압력손실계수 실기 1601

- 곡률반경비(R/D)가 일정한 경우 조각관의 조각수가 클수록 압력손실계수가 작아진다.
- 곡관의 곡률반경비가 클수록 압력손실계수가 작아진다.

49 ●—————————● Repetitive Learning 1회 2회 3회

다음 중 위생보호구에 대한 설명과 가장 거리가 먼 것은?

① 사용자는 손질방법 및 착용방법을 숙지해야 한다.
② 근로자 스스로 폭로대책으로 사용할 수 있다.
③ 규격에 적합한 것을 사용해야 한다.
④ 보호구 착용으로 유해물질로부터의 모든 신체적 장해를 막을 수 있다.

해설

- 보호구 착용으로 유해물질로부터의 모든 신체적 장해를 막을 수 없음을 인지한다.

산업위생보호구의 관리

- 사용자는 손질방법 및 착용방법을 숙지해야 한다.
- 보호구의 수는 사용하여야 할 근로자의 수 이상으로 준비한다.
- 호흡용보호구는 사용 전, 사용 후 여재의 성능을 점검하여 성능이 저하된 것은 폐기, 보수, 교환 등의 조치를 취한다.
- 보호구의 청결 유지에 노력하고, 보관할 때는 건조한 장소와 분진이나 가스 등에 영향을 받지 않는 일정한 장소에 보관한다.
- 호흡용보호구나 귀마개 등은 특정 유해물질 취급이나 소음에 노출될 때 사용하는 것으로서 그 목적에 따라 반드시 전용으로 사용해야 한다.
- 보호구 착용으로 유해물질로부터의 모든 신체적 장해를 막을 수 없음을 인지한다.

50 ●—————————● Repetitive Learning 1회 2회 3회

고열 배출원이 아닌 탱크 위에 한 변이 2m인 정방형 모양의 캐노피형 후드를 3측면이 개방되도록 설치하고자 한다. 제어속도가 0.25m/s, 개구면과 배출원 사이의 높이가 1.0m일 때 필요송풍량(m^3/min)은?

① 2.44   ② 146.46
③ 249.15   ④ 435.81

해설

- 3측면 개방 외부식 캐노피형 후드의 필요송풍량
$Q=60\times8.5\times H^{1.8}\times W^{0.2}\times V_c$로 구한다.
- 대입하면 $Q=60\times8.5\times1^{1.8}\times2^{0.2}\times0.25=146.459\cdots[m^3$/min]이다.

3측면 개방 외부식 캐노피형 후드

- 필요송풍량 $Q=60\times8.5\times H^{1.8}\times W^{0.2}\times V_c$로 구한다.
(단, $0.3<H/W\le0.75$인 장방형, 원형 캐노피의 경우) 이때, Q는 필요송풍량[m^3/min], H는 개구면에서의 높이[m], W는 캐노피의 짧은 변(직경)[m], V_c는 제어속도이다.

51

작업 중 발생하는 먼지에 대한 설명으로 옳지 않은 것은?

① 일반적으로 특별한 유해성이 없는 먼지는 불활성 먼지 또는 공해성 먼지라고 하며, 이러한 먼지에 노출된 경우 일반적으로 폐용량에 이상이 나타나지 않으며, 먼지에 대한 폐의 조직반응은 가역적이다.

② 결정형 유리규산(free silica)은 규산의 종류에 따라 Cristobalite, Quartz, Tridymite, Tripoli가 있다.

③ 용융규산(fused silica)은 비결정형 규산으로 노출기준은 총먼지로 $10mg/m^3$이다.

④ 일반적으로 호흡성 먼지란 종말 모세기관지나 폐포 영역의 가스교환이 이루어지는 영역까지 도달하는 미세먼지를 말한다.

해설

• 용융규산은 비결정체 규산으로 노출기준은 $0.1mg/m^3$이다.

산화규소 노출기준

명칭	노출기준	비고
산화규소(결정체 석영) 산화규소(결정체 크리스토바라이트) 산화규소(결정체 트리디마이트)	$0.05mg/m^3$	발암성 1A, 호흡성
산화규소(결정체 트리폴리) 산화규소(비결정체 규소, 용융된)	$0.1mg/m^3$	호흡성
산화규소(비결정체 규조토) 산화규소(비결정체 침전된 규소) 산화규소(비결정체 실리카겔)	$10mg/m^3$	

1203 / 1501

52

강제환기를 실시할 때 환기효과를 제고시킬 수 있는 방법이 아닌 것은?

① 공기배출구와 근로자의 작업 위치 사이에 오염원이 위치 하지 않도록 하여야 한다.

② 배출구가 창문이나 문 근처에 위치하지 않도록 한다.

③ 오염물질 배출구는 가능한 한 오염원으로부터 가까운 곳에 설치하여 점환기 효과를 얻는다.

④ 공기가 배출되면서 오염장소를 통과하도록 공기배출구와 유입구의 위치를 선정한다.

해설

• 공기배출구와 근로자의 작업 위치 사이에 오염원이 위치하여야 한다.

강제환기를 실시하는 데 환기효과를 제고시킬 수 있는 필요 원칙
실기 1201/1402/1703/2001/2202

• 오염물질 사용량을 조사하여 필요 환기량을 계산한다.

• 배출공기를 보충하기 위하여 청정공기를 공급할 수 있다.

• 오염물질 배출구는 가능한 한 오염원으로부터 가까운 곳에 설치하여 점환기 효과를 얻는다.

• 공기배출구와 근로자의 작업 위치 사이에 오염원이 위치하여야 한다.

• 공기가 배출되면서 오염장소를 통과하도록 공기배출구와 유입구의 위치를 선정한다.

• 건물 밖으로 배출된 오염공기가 다시 건물 안으로 유입되지 않도록 배출구 높이를 적절히 설계하고 창문이나 문 근처에 위치하지 않도록 한다.

• 오염원 주위에 다른 작업공정이 있으면 공기배출량을 공급량보다 약간 크게 하여 음압을 형성하여 주위 근로자에게 오염물질이 확산되지 않도록 한다.

53

에틸벤젠의 농도가 400ppm인 $1,000m^3$ 체적의 작업장 환기를 위해 $90m^3$/min 속도로 외부 공기를 유입한다고 할 때, 이 작업장의 에틸벤젠 농도가 노출기준(TLV) 이하로 감소되기 위한 최소소요시간(min)은?(단, 에틸벤젠의 TLV는 100ppm이고 외부유입공기 중 에틸벤젠의 농도는 0ppm이다)

① 11.8
② 15.4
③ 19.2
④ 23.6

해설

• 작업장의 기적은 $1,000m^3$이다.

• 유효환기량이 $90m^3$/min, C_1이 400, C_2가 100이므로 대입하면

$$t = -\frac{1,000}{90}ln\left(\frac{100}{400}\right) = 15.403[min]이다.$$

유해물질의 농도를 감소시키기 위한 환기

㉠ 농도 C_1에서 C_2까지 농도를 감소시키는데 걸리는 시간 실기
0302/0403/0602/0603/0902/1103/1301/1303/1702/1703/1802/2102

• 감소시간 $t = -\dfrac{V}{Q}ln\left(\dfrac{C_2}{C_1}\right)$로 구한다. 이때 V는 작업장 체적$[m^3]$, Q는 공기의 유입속도$[m^3/min]$, C_2는 희석후 농도[ppm], C_1은 희석전 농도[ppm]이다.

㉡ 작업을 중지한 후 t분 지난 후 농도 C_2 실기 1102/1903

• t분이 지난 후의 농도 $C_2 = C_1 \cdot e^{-\frac{Q}{V}t}$로 구한다.

54 ──────── Repetitive Learning 1회 2회 3회

그림과 같은 형태로 설치하는 후드는?

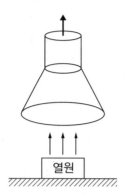

① 레시버식 캐노피형(Receiving Canopy Hoods)
② 포위식 커버형(Enclosures cover Hoods)
③ 부스식 드래프트 챔버형(Boooth Draft Chamber Hoods)
④ 외부식 그리드형(Exterior Capturing Grid Hoods)

해설

• 그림은 열원이 상향으로 이동하는 형태로 레시버식이며, 열원을 후드로 완전히 포위하는 캐노피형이다.

∷ 후드의 형태

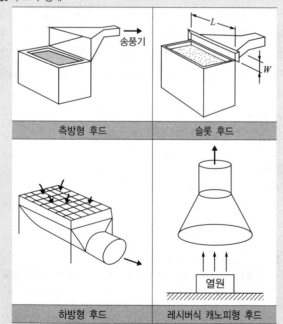

| 측방형 후드 | 슬롯 후드 |
| 하방형 후드 | 레시버식 캐노피형 후드 |

---

55 ──────── Repetitive Learning 1회 2회 3회

덕트에서 공기 흐름의 평균속도압이 $25\,mmH_2O$였다면 덕트에서의 공기의 반송속도(m/s)는?(단, 공기밀도는 1.21kg/m^3로 동일하다)

① 10　　　　　　② 15
③ 20　　　　　　④ 25

해설

• 속도압과 밀도가 주어졌으므로 $VP = \dfrac{\gamma V^2}{2g}$를 이용하여 공기의 유속을 구할 수 있다. 공기의 유속 $V = \sqrt{\dfrac{VP \times 2g}{\gamma}}$로 구한다.

• 대입하면 공기의 속도 $V = \sqrt{\dfrac{25 \times 2 \times 9.8}{1.21}} = 20.123\cdots[m/s]$가 된다.

∷ 속도압(동압) 실기 0402/0602/0803/1003/1101/1301/1402/1502/1601/1602/1703/1802/2001/2201

• 속도압(VP)은 전압(TP)에서 정압(SP)을 뺀 값으로 구한다.

• 동압 $VP = \dfrac{\gamma V^2}{2g}[mmH_2O]$로 구한다. 이때 γ는 표준공기일 경우 1.203[kgf/m^3]이며, g는 중력가속도로 9.81[m/s^2]이다.

• VP[mmH_2O]를 알면 공기속도는 $V = 4.043 \times \sqrt{VP}[m/s]$로 구한다.

---

56 ──────── Repetitive Learning 1회 2회 3회

산업위생관리를 작업환경관리, 작업관리, 건강관리로 나눠서 구분할 때, 다음 중 작업환경관리와 가장 거리가 먼 것은?

① 유해 공정의 격리
② 유해 설비의 밀폐화
③ 전체환기에 의한 오염물질의 회석 배출
④ 보호구 사용에 의한 유해물질의 인체 침입방지

해설

• ④는 개인건강관리 대책에 대한 설명이다.

∷ 작업환경 개선 대책

공학적 대책	대체(Substitution), 격리(Isolation), 밀폐(Enclosure), 차단(Seperation), 환기(Ventilation)
행정(관리)적 대책	작업시간과 휴식시간의 조정, 교대근무, 작업전환, 관련 교육 등
개인건강대책	각종 보호구(안전모, 보호의, 보호장갑, 보안경, 귀마개 등)의 착용

---

57 ————— Repetitive Learning (1회 2회 3회)

전기집진장치의 장·단점으로 틀린 것은?

① 운전 및 유지비가 많이 든다.
② 고온가스처리가 가능하다.
③ 설치 공간이 많이 든다.
④ 압력손실이 낮다.

해설

• 전기집진장치는 운전 및 유지비가 적게 소요된다.

❖ 전기집진장치 실기 1801

　㉠ 개요
　　• 0.01μm 정도의 미세분진까지 모든 종류의 고체, 액체 입자를 효율적으로 포집할 수 있는 집진기이다.
　　• 코로나 방전과 정전기력을 이용하여 먼지를 처리한다.

　㉡ 장·단점

장점	• 넓은 범위의 입경과 분진농도에 집진효율이 높다. • 압력손실이 낮으므로 송풍기의 운전 및 유지비가 적게 소요된다. • 고온 가스를 처리할 수 있어 보일러와 철강로 등에 설치할 수 있다. • 낮은 압력손실로 대량의 가스를 처리할 수 있다. • 회수가치성이 있는 입자 포집이 가능하다. • 건식 및 습식으로 집진할 수 있다.
단점	• 설치 공간을 많이 차지한다. • 초기 설치비와 설치 공간이 많이 든다. • 가스물질이나 가연성 입자의 처리가 곤란하다. • 전압변동과 같은 조건변동에 적응하기 어렵다.

58 ————— Repetitive Learning (1회 2회 3회)

국소환기시스템의 슬롯(slot) 후드에 설치된 충만실(plenum chamber)에 관한 설명 중 옳지 않은 것은?

① 후드가 크게 되면 충만실의 공기속도 손실도 고려해야 한다.
② 제어속도는 슬롯속도와는 관계가 없어 슬롯속도가 높다고 흡인력을 증가시키지는 않는다.
③ 슬롯에서의 병목현상으로 인하여 유체의 에너지가 손실된다.
④ 충만실의 목적은 슬롯의 공기유속을 결과적으로 일정하게 상승시키는 것이다.

해설

• 충만실은 슬롯 후드의 외형단면적이 연결덕트의 단면적보다 현저히 큰 경우 압력을 균일하게 유지하기 위해 후드와 덕트 사이에 설치한다.

❖ 충만실(Plenum chamber) 실기 1301/1703

• 슬롯 후드의 외형단면적이 연결덕트의 단면적보다 현저히 큰 경우 압력을 균일하게 유지하기 위해 후드와 덕트 사이에 설치한다.
• 충만실의 깊이는 연결 덕트 지름의 0.75배 이상으로 하거나 충만실의 기류속도를 슬로트 개구면 속도의 0.5배 이내로 하여야 한다.
• 후드가 크게 되면 충만실의 공기속도 손실도 고려해야 한다.
• 제어속도는 슬롯속도와는 관계가 없어 슬롯속도가 높다고 흡인력을 증가시키지는 않는다.
• 슬롯에서의 병목현상으로 인하여 유체의 에너지가 손실된다.

0603

59 ————— Repetitive Learning (1회 2회 3회)

덕트 설치 시 고려해야 할 사항으로 가장 거리가 먼 것은?

① 직경이 다른 덕트를 연결할 때는 경사 30° 이내의 테이퍼를 부착한다.
② 곡관의 곡률반경은 최대 덕트 직경의 3.0 이상으로 하며 주로 4.0을 사용한다.
③ 송풍기를 연결할 때는 최소 덕트 직경의 6배 정도는 직선구간으로 한다.
④ 가급적 원형덕트를 사용하여 부득이 사각형 덕트를 사용할 경우는 가능한 한 정방형을 사용한다.

해설

• 곡관의 중심선 곡률반경은 최대 덕트 직경의 2.5배 내외가 되도록 한다.

❖ 덕트 설치 시 고려사항 실기 1301

• 가능하면 길이는 짧게 하고 굴곡부의 수는 적게 한다.
• 접속부의 안쪽은 돌출된 부분이 없도록 한다.
• 공기가 아래로 흐르도록 하향구배를 원칙으로 한다.
• 구부러짐 전·후에는 청소구를 만든다.
• 덕트 내부에 오염물질이 쌓이지 않도록 이송속도를 유지한다.
• 직경이 다른 덕트를 연결할 때는 경사 30° 이내의 테이퍼를 부착한다.
• 덕트의 직경이 15cm 미만인 경우 새우등 곡관 3개 이상, 덕트의 직경이 15cm 이상인 경우 새우등 곡관 5개 이상을 사용한다.
• 곡관의 중심선 곡률반경은 최대 덕트 직경의 2.5배 내외가 되도록 한다.
• 송풍기를 연결할 때는 최소 덕트 직경의 6배 정도는 직선구간으로 한다.
• 가급적 원형덕트를 사용하여 부득이 사각형 덕트를 사용할 경우는 가능한 한 정방형을 사용한다.
• 수분이 응축될 경우 덕트 내로 들어가지 않도록 하며 경사나 배수구를 마련한다.

60
Repetitive Learning 1회 2회 3회

다음 중 귀마개에 관한 설명으로 옳지 않은 것은?

① 휴대가 편하다.
② 고온작업장에서도 불편 없이 사용할 수 있다.
③ 근로자들이 착용하였는지 쉽게 확인할 수 있다.
④ 제대로 착용하는데 시간이 걸리고 요령을 습득해야 한다.

해설
- 귀덮개는 착용여부를 쉽게 확인가능하나 귀마개의 경우는 착용여부의 확인이 쉽지 않다.

∷ 귀마개와 귀덮개의 비교 실기 1603/1902/2001

귀마개	귀덮개
• 좁은 장소에서도 사용이 가능하다. • 고온 작업 장소에서도 사용이 가능하다. • 부피가 작아서 휴대하기 편리하다. • 다른 보호구와 동시 사용할 때 편리하다. • 외청도를 오염시킬 수 있으며, 외청도에 이상이 없는 경우에 사용이 가능하다. • 제대로 착용하는데 시간은 걸린다.	• 간헐적 소음 노출 시 사용한다. • 쉽게 착용할 수 있다. • 일관성 있는 차음효과를 얻을 수 있다. • 크기를 여러 가지로 할 필요가 없다. • 착용여부를 쉽게 확인할 수 있다. • 귀에 염증이 있어도 사용할 수 있다.

4과목 물리적 유해인자관리

61
Repetitive Learning 1회 2회 3회

귀마개의 차음평가수(NRR)가 27일 경우 그 보호구의 차음효과는 얼마가 되겠는가?(단, OSHA의 계산방법을 따른다)

① 6dB
② 8dB
③ 10dB
④ 12dB

해설
- NRR이 27이므로 차음효과는 $(27-7) \times 50\% = 10dB$이다.

∷ OSHA의 차음효과 계산법 실기 0601/0701/1001/1403/1801
  - OSHA의 차음효과는 $(NRR-7) \times 50\%[dB]$로 구한다.
  이때, NRR(Noise Reduction Rating)은 차음평가수를 의미한다.

62
Repetitive Learning 1회 2회 3회

소음성 난청에 영향을 미치는 요소의 설명으로 옳지 않은 것은?

① 음압 수준 : 높을수록 유해하다.
② 소음의 특성 : 저주파음이 고주파음보다 유해하다.
③ 노출시간 : 간헐적 노출이 계속적 노출보다 덜 유해하다.
④ 개인의 감수성 : 소음에 노출된 사람이 똑같이 반응하지는 않으며, 감수성이 매우 높은 사람이 극소수 존재한다.

해설
- 고주파음역(4,000~6,000Hz)에서의 손실이 더 크다.

∷ 소음성 난청 실기 0703/1501/2101
  - 초기 증상을 C5-dip현상이라 한다.
  - 대부분 양측성이며, 감각 신경성 난청에 속한다.
  - 내이의 세포변성을 원인으로 볼 수 있다.
  - 4,000Hz에 대한 청력손실이 특징적으로 나타난다.
  - 고주파음역(4,000~6,000Hz)에서의 손실이 더 크다.
  - 음압수준이 높을수록 유해하다.
  - 소음성 난청은 심한 소음에 반복하여 노출되어 나타나는 영구적 청력 변화로 코르티 기관에 손상이 온 것이므로 회복이 불가능하다.

63
Repetitive Learning 1회 2회 3회

다음 중 피부에 강한 특이적 홍반작용과 색소침착, 피부암 발생 등의 장해를 모두 일으키는 것은?

① 가시광선
② 적외선
③ 마이크로파
④ 자외선

해설
- 자외선은 피부에 강한 특이적 홍반작용과 색소침착, 전기성 안염(전광선 안염), 피부암 발생 등의 장해를 일으킨다.

∷ 자외선
  - 100~400nm 정도의 파장을 갖는다.
  - 피부의 색소침착 등 생물학적 작용이 활발하게 일어나서 Dorno선이라고도 한다.(이때의 파장은 280~315nm 정도이다)
  - 피부에 강한 특이적 홍반작용과 색소침착, 전기성 안염(전광선 안염), 피부암 발생 등의 장해를 일으킨다.
  - 트리클로로에틸렌을 독성이 강한 포스겐으로 전환시킬 수 있는 광화학 작용을 한다.
  - 콜타르의 유도체, 벤조피렌, 안트라센 화합물과 상호작용하여 피부암을 유발시킨다.

64 ────● Repetitive Learning 〔1회 2회 3회〕

진동 작업장의 환경관리 대책이나 근로자의 건강보호를 위한 조치로 옳지 않은 것은?

① 발진원과 작업자의 거리를 가능한 멀리한다.

② 작업자의 체온을 낮게 유지시키는 것이 바람직하다.

③ 절연패드의 재질로는 코르크, 펠트(felt), 유리섬유 등을 사용한다.

④ 진동공구의 무게는 10kg을 넘지 않게 하며 방진장갑 사용을 권장한다.

해설
- 진동에 대한 환경적인 대책에서 작업자의 체온은 따뜻하게 유지시키는 것이 좋다.
- **진동에 대한 대책**
  - 가장 적극적인 발생원에 대한 대책은 발생원의 제거이다.
  - 발생원에 대한 대책에는 탄성지지, 가진력 감쇠, 기초중량의 부가 또는 경감 등이 있다.
  - 전파경로 차단에는 수용자의 격리, 발진원의 격리, 구조물의 진동 최소화 등이 있다.
  - 발진원과 작업자의 거리를 가능한 멀리한다.
  - 보건교육을 실시한다.
  - 작업시간 단축 및 교대제를 실시한다.
  - 진동을 최소화하기 위하여 공학적으로 설계 및 관리한다.
  - 완충물 등 방진제를 사용한다.
  - 절연패드의 재질로는 코르크, 펠트(felt), 유리섬유 등을 사용한다.
  - 진동공구의 무게는 10kg을 넘지 않게 하며 방진장갑 사용을 권장한다.

65 ────● Repetitive Learning 〔1회 2회 3회〕

한랭환경에 의한 건강장해에 대한 설명으로 옳지 않은 것은?

① 레이노씨 병과 같은 혈관 이상이 있을 경우에는 증상이 악화된다.

② 제2도 동상은 수포와 함께 광범위한 삼출성 염증이 일어나는 경우를 의미한다.

③ 참호족은 지속적인 국소의 영양결핍 때문이며, 한랭에 의한 신경조직의 손상이 발생한다.

④ 전신 저체온의 첫 증상은 억제하기 어려운 떨림과 냉(冷) 감각이 생기고 심박동이 불규칙하고 느려지며, 맥박은 약해지고 혈압이 낮아진다.

해설
- 참호족과 침수족은 지속적인 국소의 산소결핍 때문이며, 모세혈관 벽이 손상되는 것이다.
- **한랭환경에서의 건강장해**
  - 레이노씨 병과 같은 혈관 이상이 있을 경우에는 저온 노출로 유발되거나 그 증상이 악화된다.
  - 참호족과 침수족은 지속적인 국소의 산소결핍 때문이며, 모세혈관 벽이 손상되는 것이다.(동상과 달리 영상의 온도에서 발생한다)
  - 전신체온강화는 장시간 한랭노출과 체열상실로 인한 급성 중증 장애로, 심부온도가 37℃에서 26.7℃ 이하로 떨어지는 것을 말한다.

66 ────● Repetitive Learning 〔1회 2회 3회〕

음력이 1.2W인 소음원으로부터 35m 되는 자유공간 지점에서의 음압수준은 약 얼마인가?

① 62dB   ② 74dB

③ 79dB   ④ 121dB

해설
- 먼저 음력을 음력레벨(PWL)로 변환해야 하므로 대입하면 $10\log\dfrac{1.2}{10^{-12}} = 120.7918\cdots[dB]$가 된다.
- 자유공간에서의 SPL은 음향파워레벨(PWL) $-20\log r -11$로 구하므로 대입하면 SPL = $120.79-20\log 35-11 = 78.91\cdots[dB]$가 된다.
- **음향파워레벨(PWL, 음력레벨)** 실기 1603
  - $10\log\dfrac{W}{W_0}[dB]$로 구한다. 이때 W는 대상 음력[watt]이고, W_0는 기준음력으로 $10^{-12}[watt]$이다.
- **음압레벨(SPL ; Sound Pressure Level)** 실기 0403/0501/0503/0901/1001/1102/1403/2004
  - 기준이 되는 소리의 압력과 비교하여 로그적으로 표현한 값이다.
  - SPL = $20\log\left(\dfrac{P}{P_0}\right)[dB]$로 구한다. 여기서 P_0는 기준음압으로 $2\times10^{-5}[N/m^2]$ 혹은 $2\times10^{-4}[dyne/cm^2]$이다.
  - 자유공간에 위치한 점음원의 음압레벨(SPL)은 음향파워레벨(PWL) $-20\log r -11$로 구한다. 이때 r은 소음원으로부터의 거리[m]이다. 11은 $10\log(4\pi)$의 값이다.

67 ────● Repetitive Learning 〔1회 2회 3회〕

인체에 미치는 영향이 가장 큰 전신진동의 주파수 범위는?

① 2~100Hz   ② 140~250Hz

③ 275~500HZ   ④ 4,000Hz이상

- 전신진동은 2~100Hz의 주파수 범위를 갖는다.

전신진동

- 전신진동은 2~100Hz의 주파수 범위를 갖는다.
- 전신진동에 의한 생체반응에 관계하는 4인자는 진동의 강도, 진동수, 방향, 폭로시간이다.
- 진동이 작용하는 축에 따라 인체에 미치는 영향은 수직방향은 4~8Hz, 수평방향은 1~2Hz에서 가장 민감하다.
- 수평 및 수직진동이 동시에 가해지면 2배의 자각현상이 나타난다.

1803

68 ────── Repetitive Learning 1회 2회 3회

극저주파 방사선(extremely low frequency fields)에 대한 설명으로 옳지 않은 것은?

① 강한 전기장의 발생원은 고전류장비와 같은 높은 전류와 관련이 있으며 강한 자기장의 발생원은 고전압장비와 같은 높은 전하와 관련이 있다.

② 작업장에서 발전, 송전, 전기 사용에 의해 발생되며 이들 경로에 잇는 발전기에서 전력선, 전기설비, 기계, 기구 등도 잠재적인 노출원이다.

③ 주파수가 1~3000Hz에 해당되는 것으로 정의되며, 이 범위 중 50~60Hz의 전력선과 관련한 주파수의 범위가 건강과 밀접한 연관이 있다.

④ 교류전기는 1초에 60번씩 극성이 바뀌는 60Hz의 저주파를 나타내므로 이에 대한 노출평가, 생물학적 및 인체영향 연구가 많이 이루어져 왔다.

해설

- 강한 전기장의 발생원은 고전압장비와 같은 높은 전하와 관련이 있으며 강한 자기장의 발생원은 고전류장비와 같은 높은 전류와 관련이 있다.

극저주파 방사선(extremely low frequency fields)

- 강한 전기장의 발생원은 고전압장비와 같은 높은 전하와 관련이 있으며 강한 자기장의 발생원은 고전류장비와 같은 높은 전류와 관련이 있다.
- 작업장에서 발전, 송전, 전기 사용에 의해 발생되며 이들 경로에 잇는 발전기에서 전력선, 전기설비, 기계, 기구 등도 잠재적인 노출원이다.
- 주파수가 1~3000Hz에 해당되는 것으로 정의되며, 이 범위 중 50~60Hz의 전력선과 관련한 주파수의 범위가 건강과 밀접한 연관이 있다.
- 교류전기는 1초에 60번씩 극성이 바뀌는 60Hz의 저주파를 나타내므로 이에 대한 노출평가, 생물학적 및 인체영향 연구가 많이 이루어져 왔다.

0602 / 0802 / 1603 / 1902

69 ────── Repetitive Learning 1회 2회 3회

다음 중 전리방사선의 영향에 대하여 감수성이 가장 큰 인체 내의 기관은?

① 폐
② 혈관
③ 근육
④ 골수

해설

- 전리방사선에 대한 감수성이 가장 민감한 조직은 골수, 림프조직(임파구), 생식세포, 조혈기관, 눈의 수정체 등이 있다.

전리방사선에 대한 감수성

고도 감수성	골수, 림프조직(임파구), 생식세포, 조혈기관, 눈의 수정체
중증도 감수성	피부 및 위장관의 상피세포, 혈관내피세포, 결체조직
저 감수성	골, 연골, 신경, 간, 콩팥, 근육

0303 / 1203 / 1503

70 ────── Repetitive Learning 1회 2회 3회

다음 중 1루멘의 빛이 $1\,ft^2$의 평면상에 수직 방향으로 비칠 때 그 평면의 빛 밝기를 무엇이라고 하는가?

① 1Lux
② 1candela
③ 1촉광
④ 1foot candle

해설

- 1Lux는 1lumen의 빛이 $1m^2$의 평면상에 수직으로 비칠 때의 밝기이다.
- 1candela는 1스테라디안 당 나오는 1cd의 빛이 나올때의 빛의 양이다.
- 1촉광은 지름이 1인치 되는 촛불이 수평방향으로 비칠 때의 밝기이다.

foot candle

- 1루멘의 빛이 $1\,ft^2$의 평면상에 수직 방향으로 비칠 때 그 평면의 빛 밝기를 말한다.
- 1fc(foot candle)은 약 10.8Lux에 해당한다.

1102 / 1801

71 ────── Repetitive Learning 1회 2회 3회

인체와 환경 간의 열교환에 관여하는 온열조건 인자가 아닌 것은?

① 대류
② 증발
③ 복사
④ 기압

- 인체의 열교환에 관여하는 인자에는 복사, 대류, 전도, 증발이 있다.

∷ 인체의 열교환

ⓐ 경로
- 복사 - 한겨울에 햇볕을 쬐면 기온은 차지만 따스함을 느끼는 것
- 대류 - 같은 온도에서도 바람이 부느냐 불지 않느냐에 따라 열손실이 달라지는 것
- 전도 - 달구어진 옥상 바닥에 손바닥을 짚을 때 손바닥으로 열이 전해지는 것
- 증발 - 피부 표면을 통해 인체의 열이 증발하는 것

ⓑ 열교환과정 실기 0503/0801/0903/1403/1502/2201
- $S=(M-W)\pm R\pm C-E$

  단, S는 열 축적, M은 대사, W는 일, R은 복사, C는 대류, E는 증발을 의미한다.
- 한랭환경에서는 복사 및 대류는 음(−)수 값을 취한다.
- 열교환에 영향을 미치는 요소에는 기온(Temperature), 기습(Humidity), 기류(Air movement) 등이 있다.

0301 / 0402 / 0702 / 1301 / 1601 / 1801 / 2103

72
● Repetitive Learning 1회 2회 3회

작업장에 흔히 발생하는 일반 소음의 차음효과(transmission loss)를 위해서 장벽을 설치한다. 이때 장벽의 단위 표면적당 무게를 2배씩 증가함에 따라 차음효과는 약 얼마씩 증가하는가?

① 2dB ② 6dB
③ 10dB ④ 16dB

- 단위면적당 질량이 2배로 증가하면 투과손실은 6dB 증가효과를 갖는다.

∷ 투과손실
- 재료의 한쪽 면에 입사되는 소리에너지와 재료의 후면으로 통과되어 나오는 소리에너지의 차이를 말한다.
- 투과손실은 차음 성능을 dB 단위로 나타내는 수치라 할 수 있다.
- 투과손실의 값이 클수록 차음성능이 우수한 재료라 할 수 있다.
- 투과손실 $TL = 20\log\frac{mw}{2\rho c}$ 로 구할 수 있다. 이때 m은 질량, w는 각주파수, ρ는 공기의 밀도, c는 음속에 해당한다.
- 동일한 벽일 경우 단위면적당 질량 m이 증가할수록 투과손실이 증가한다.
- 단위면적당 질량이 2배로 증가하면 투과손실은 6dB 증가효과를 갖는다.

73
● Repetitive Learning 1회 2회 3회

감압병의 증상에 대한 설명으로 옳지 않은 것은?

① 관절, 심부 근육 및 뼈에 동통이 일어나는 것을 bends라 한다.
② 흉통 및 호흡곤란은 흔하지 않은 특수형 질식이다.
③ 산소의 기포가 뼈의 소동맥을 막아서 후유증으로 무균성 골괴사를 일으킨다.
④ 마비는 감압증에서 보는 중증 합병증이며 하지의 강직성 마비가 나타나는데 이는 척수나 그 혈관에 기포가 형성되어 일어난다.

- 질소의 기포가 뼈의 소동맥을 막아서 비감염성 골괴사를 일으키기도 한다.

∷ 잠함병(감압병)
- 잠함과 같은 수중구조물에서 주로 발생하여 케이슨(Caisson)병이라고도 한다.
- 고기압상태에서 저기압으로 변할 때 체액 및 지방조직에 질소기포 증가로 인해 발생한다.
- 중추신경계 감압병은 고공비행사는 뇌에, 잠수사는 척수에 더 잘 발생한다.
- 동통성 관절장애(Bends)는 감압증에서 흔히 나타나는 급성장애이다.
- 질소의 기포가 뼈의 소동맥을 막아서 비감염성 골괴사를 일으키기도 한다.
- 관절, 심부 근육 및 뼈에 동통이 일어나는 것을 bends라 한다.
- 흉통 및 호흡곤란은 흔하지 않은 특수형 질식이다.
- 마비는 감압증에서 주로 나타나는 중증 합병증으로 하지의 강직성 마비가 나타나는데 이는 척수나 그 혈관에 기포가 형성되어 일어난다.
- 재가압 산소요법으로 주로 치료한다.

74
● Repetitive Learning 1회 2회 3회

고온환경에서 심한 육체노동을 할 때 잘 발생하며, 그 기전은 지나친 발한에 의한 탈수와 염분소실로 나타나는 건강장해는?

① 열경련(Heat cramps)
② 열피로(Heat fatigue)
③ 열실신(Heat syncope)
④ 열발진(Heat rashes)

- 열피로는 고온환경에서 육체노동에 종사할 때 일어나기 쉬운 것으로 탈수로 인하여 혈장량이 감소할 때 발생하는 건강장해이다.
- 열발진은 작업환경에서 가장 흔히 발생하는 피부장해로서 땀에 젖은 피부 각질층이 떨어져 땀구멍을 막아 염증성 반응을 일으켜 붉은 구진 형태로 나타난다.

열경련(Heat cramp) 실기 1001/1803/2101

ⓐ 개요
- 장시간 온열환경에 노출 후 대량의 염분상실을 동반한 땀의 과다로 인하여 수의근의 유통성 경련이 발생하는 고열장해이다.
- 고온환경에서 심한 육체노동을 할 때 잘 발생한다.
- 복부와 사지 근육의 강직이 일어난다.

ⓑ 대책
- 생리 식염수 1~2리터를 정맥 주사하거나 0.1%의 식염수를 마시게 하여 수분과 염분을 보충한다.

---

75 ──── Repetitive Learning (1회 2회 3회)

작업환경 조건을 측정하는 기기 중 기류를 측정하는 것이 아닌 것은?

① Kata 온도계
② 풍차풍속계
③ 열선풍속계
④ Assmann 통풍건습계

해설

- Assmann 통풍건습계는 신뢰성 높은 습도계의 표준기이다.

기류측정기기 실기 1701

풍차풍속계	주로 옥외에서 1~150m/sec 범위의 풍속을 측정하는 데 사용하는 측정기구
열선풍속계	기온과 정압을 동시에 구할 수 있어 환기시설의 점검에 사용하는 측정기구로 기류속도가 아주 낮을 때 유용
카타온도계	기류의 방향이 일정하지 않거나, 실내 0.2~0.5m/s 정도의 불감기류를 측정할 때 사용하는 측정기구

1801

76 ──── Repetitive Learning (1회 2회 3회)

음의 세기(I)와 음압(P) 사이의 관계는 어떠한 비례관계가 있는가?

① 음의 세기는 음압에 정비례
② 음의 세기는 음압에 반비례
③ 음의 세기는 음압의 제곱에 비례
④ 음의 세기는 음압의 역수에 반비례

해설

- 음의 세기는 진폭의 크기에 비례하고, 음압의 제곱에 비례한다.

음의 세기
- 음의 세기는 진폭의 크기에 비례한다.
- 음의 세기는 음압의 제곱에 비례한다.
- 음의 세기 $I = \dfrac{P^2}{\rho c}$ [W/m^2]로 구한다. 이때 P는 음압의 실효치 [N/m^2], ρ는 매질의 밀도[kg/m^2], c는 음속[m/s]이다.

0303 / 0502 / 0601 / 1001 / 1101 / 1603 / 2001

77 ──── Repetitive Learning (1회 2회 3회)

인간 생체에서 이온화시키는데 필요한 최소에너지를 기준으로 전리방사선과 비전리방사선을 구분한다. 전리방사선과 비전리방사선을 구분하는 에너지의 강도는 약 얼마인가?

① 7eV
② 12eV
③ 17eV
④ 22eV

해설

- 전리방사선과 비전리방사선을 구분하는 에너지 강도는 약 12eV 이다.

방사선의 구분
- 이온화 성질, 주파수, 파장 등에 따라 전리방사선과 비전리방사선으로 구분한다.
- 전리방사선과 비전리방사선을 구분하는 에너지 강도는 약 12eV이다.

전리방사선	중성자, X선, 알파(α)선, 베타(β)선, 감마(γ)선.
비전리방사선	자외선, 적외선, 레이저, 마이크로파, 가시광선, 극저주파, 라디오파

0801 / 1202

78 ──── Repetitive Learning (1회 2회 3회)

고압환경의 인체작용에 있어 2차적인 가압현상에 대한 내용이 아닌 것은?

① 흉곽이 잔기량보다 적은 용량까지 압축되면 폐압박 현상이 나타난다.
② 4기압 이상에서 공기 중의 질소가스는 마취작용을 나타낸다.
③ 산소의 분압이 2기압을 넘으면 산소중독증세가 나타난다.
④ 이산화탄소는 산소의 독성과 질소의 마취작용을 증강시킨다.

- ①은 고압환경의 1차성 압력현상에 대한 설명이다.

고압 환경의 2차적 가압현상

- 산소의 분압이 2기압이 넘으면 중독증세가 나타나며 시력장해, 정신혼란, 간질모양의 경련을 나타낸다.
- 산소중독에 따라 수지와 족지의 작열통, 시력장해, 정신혼란, 근육경련 등의 증상을 보이며 나아가서는 간질 모양의 경련을 나타낸다.
- 산소의 중독 작용은 운동이나 이산화탄소의 존재로 보다 악화된다.
- 산소중독에 따른 증상은 고압산소에 대한 노출이 중지되면 멈추게 된다.
- 4기압 이상에서 공기 중의 질소가스는 마취작용을 나타내며 알코올 중독의 증상과 유사한 다행증이 발생한다.
- 이산화탄소의 증가는 산소의 독성과 질소의 마취작용을 촉진시킨다.

---

79 ─────── ● Repetitive Learning 1회 2회 3회

산업안전보건법령상 근로자가 밀폐공간에서 작업을 하는 경우, 사업주가 조치해야할 사항으로 옳지 않은 것은?

① 사업주는 밀폐공간 작업 프로그램을 수립하여 시행하여야 한다.

② 사업주는 사업장 특성 상 환기가 곤란한 경우 방독마스크를 지급하여 착용하도록 하고 환기를 하지 않을 수 있다.

③ 사업주는 근로자가 밀폐공간에서 작업을 하는 경우에 그 장소에 근로자를 입장시킬 때와 퇴장시킬 때마다 인원을 점검하여야 한다.

④ 사업주는 밀폐공간에는 관계 근로자가 아닌 사람의 출입을 금지하고, 출입금지 표지를 밀폐공간 근처의 보기 쉬운 장소에 게시하여야 한다.

- 환기가 곤란한 경우 방독마스크가 아니라 공기호흡기 또는 송기마스크를 지급하여야 한다.

환기 등 실기 2201

- 사업주는 근로자가 밀폐공간에서 작업을 하는 경우에 작업을 시작하기 전과 작업 중에 해당 작업장을 적정공기 상태가 유지되도록 환기하여야 한다. 다만, 폭발이나 산화 등의 위험으로 인하여 환기할 수 없거나 작업의 성질상 환기하기가 매우 곤란한 경우에는 근로자에게 공기호흡기 또는 송기마스크를 지급하여 착용하도록 하고 환기하지 아니할 수 있다.
- 근로자는 지급된 보호구를 착용하여야 한다.

---

80 ─────── ● Repetitive Learning 1회 2회 3회

산업안전보건법상 상시 작업을 실시하는 장소에 대한 작업면의 조도 기준으로 맞는 것은?

① 초정밀 작업 : 1,000럭스 이상

② 정밀 작업 : 500럭스 이상

③ 보통 작업 : 150럭스 이상

④ 그 밖의 작업 : 50럭스 이상

- 초정밀작업은 750Lux 이상, 정밀작업은 300Lux 이상, 그 밖의 작업은 75Lux 이상을 필요로 한다.

근로자가 상시 작업하는 장소의 작업면 조도(照度)

작업 구분	조도 기준
초정밀작업	750Lux 이상
정밀작업	300Lux 이상
보통작업	150Lux 이상
그 밖의 작업	75Lux 이상

5과목 ┃ 산업독성학

81 ─────── ● Repetitive Learning 1회 2회 3회

산화규소는 폐암 등의 발암성이 확인된 유해인자이다. 화학물질 및 물리적 인자의 노출기준 상 산화규소 종류와 노출기준이 올바르게 연결된 것은?(단, 노출기준은 TWA기준이다)

① 결정체 석영 $-0.1\text{mg}/m^3$

② 결정체 트리폴리 $-0.1\text{mg}/m^3$

③ 비결정체 규소 $-0.01\text{mg}/m^3$

④ 결정체 트리디마이트 $-0.01\text{mg}/m^3$

- 결정체 석영의 노출기준은 $0.05\text{mg}/m^3$이다.
- 비결정체 규소(용융된)의 노출기준은 $0.1\text{mg}/m^3$이고, 비결정체 침전된 규소의 노출기준은 $10\text{mg}/m^3$이다.
- 결정체 트리디마이트의 노출기준은 $0.05\text{mg}/m^3$이다.

산화규소 노출기준
문제 51번의 유형별 핵심이론 참조

---

82 ●──────────● Repetitive Learning 1회 2회 3회

납중독에 대한 치료방법의 일환으로 체내에 축적된 납을 배출하도록 하는데 사용되는 것은?

① Ca-EDTA
② DMPS
③ 2-PAM
④ Atropin

해설
- 무기성 납으로 인한 중독 시 원활한 체내 배출을 위해 사용하는 배설촉진제로 Ca-EDTA를 사용한다.

⁜ 납중독
- 납은 원자량 207.21, 비중 11.34의 청색 또는 은회색의 연한 중금속이다.
- 납은 포르피린과 헴(heme)의 합성에 관여하는 효소를 억제하며, 소화기계 및 조혈계에 영향을 준다.
- 1~5세의 소아 이미증(pica)환자에게서 발생하기 쉽다.
- 인체에 흡수되면 뼈에 주로 축적되며, 조혈장해를 일으킨다.
- 무기성 납으로 인한 중독 시 원활한 체내 배출을 위해 사용하는 배설촉진제로 Ca-EDTA를 사용하는데 신장이 나쁜 사람에게는 사용하지 않는 것이 좋다.
- 요 중 δ-ALAD 활성치가 저하되고, 코프로포르피린과 델타 아미노레블린산은 증가한다.
- 적혈구 내 프로토포르피린이 증가한다.
- 납이 인체 내로 흡수되면 혈청 내 철과 망상적혈구의 수는 증가한다.
- 임상증상은 위장계통장해, 신경근육계통의 장해, 중추신경계통의 장해 등 크게 3가지로 나눌 수 있다.
- 주 발생사업장은 활자의 문선, 조판작업, 납 축전지 제조업, 염화비닐 취급 작업, 크리스탈 유리 원료의 혼합, 페인트, 배관공, 탄환제조 및 용접작업 등이다.

83 ●──────────● Repetitive Learning 1회 2회 3회

다음에서 설명하고 있는 유해물질 관리기준은?

> 이것은 유해물질에 폭로된 생체시료 중의 유해물질 또는 그 대사물질 등에 대한 생물학적 감시(monitoring)을 실시하여 생체 내에 침입한 유해물질의 총량 또는 유해물질에 의하여 일어난 생체변화의 강도를 지수로 표현한 것이다.

① TLV(threshold limit value)
② BEI(biological exposure indices)
③ THP(total health promotion plan)
④ STEL(short term exposure limit)

해설
- TLV는 미국 산업위생전문가회의(ACGIH; American Conference of Governmental Industrial Hygienists)에서 채택한 허용농도의 기준이다.
- THP는 총제적인 건강증진계획을 말한다.
- STEL은 단시간 노출기준으로 근로자가 1회 15분 동안 유해인자에 노출되는 경우의 기준을 말한다.

⁜ BEI(Biological Exposure Indices)
- 작업장의 유해물질을 공기 중 허용농도에 의존하는 것 이외에 근로자의 노출상태를 측정하는 방법으로, 근로자들의 조직과 체액 또는 호기를 검사하는 건강장애를 일으키는 일이 없이 노출될 수 있는 양을 규정한 것이다.
- 유해물질에 폭로된 생체시료 중의 유해물질 또는 그 대사물질 등에 대한 생물학적 감시(monitoring)을 실시하여 생체 내에 침입한 유해물질의 총량 또는 유해물질에 의하여 일어난 생체변화의 강도를 지수로 표현한 것이다.
- 시료는 소변, 호기 및 혈액 등이 주로 이용된다.
- 유해물질의 대사산물, 유해물질 자체 및 생화학적 변화 등을 총칭한다.
- 배출이 빠르고 반감기가 5분 이내인 물질에 대해서는 시료재취 시기가 대단히 중요하다.

84 ●──────────● Repetitive Learning 1회 2회 3회

호흡기에 대한 자극작용은 유해물질의 용해도에 따라 구분되는데 다음 중 상기도 점막 자극제에 해당하지 않는 것은?

① 염화수소
② 아황산가스
③ 암모니아
④ 이산화질소

해설
- 이산화질소는 종말 기관지 및 폐포점막 자극제이다.

⁜ 자극제의 종류

상기도 점막 자극제	알데하이드, 암모니아, 염화수소, 불화수소, 아황산가스, 크롬산, 산화에틸렌
상기도 점막 및 폐조직 자극제	염소, 취소, 불소, 옥소, 청화염소, 오존, 요오드
종말 기관지 및 폐포점막 자극제	이산화질소, 염화비소, 포스겐(COCl₂)

85 ●──────────● Repetitive Learning 1회 2회 3회

중추신경계에 억제작용이 가장 큰 것은?

① 알칸족
② 알코올족
③ 알켄족
④ 할로겐족

1001 / 1702

86 ——— Repetitive Learning [1회] [2회] [3회]

수치로 나타낸 독성의 크기가 각각 2와 3인 두 물질이 화학적 상호작용에 의해 상대적 독성이 9로 상승하였다면 이러한 상호작용을 무엇이라 하는가?

① 상가작용
② 가승작용
③ 상승작용
④ 길항작용

87 ——— Repetitive Learning [1회] [2회] [3회]

망간중독에 대한 설명으로 옳지 않은 것은?

① 금속망간의 직업성 노출은 철강제조 분야에서 많다.
② 망간의 만성중독을 일으키는 것은 2가의 망간화합물이다.
③ 치료제는 Ca-EDTA가 있으며 중독 시 신경이나 뇌세포 손상 회복에 효과가 크다.
④ 이산화망간 흄에 급성 폭로되면 열, 오한, 호흡곤란 등의 증상을 특징으로 하는 금속열을 일으킨다.

0902 / 1703

88 ——— Repetitive Learning [1회] [2회] [3회]

노출에 대한 생물학적 모니터링의 단점이 아닌 것은?

① 시료채취의 어려움
② 근로자의 생물학적 차이
③ 유기시료의 특이성과 복잡성
④ 호흡기를 통한 노출만을 고려

1801

89 ——— Repetitive Learning [1회] [2회] [3회]

인체 내 주요 장기 중 화학물질 대사능력이 가장 높은 기관은?

① 폐
② 간장
③ 소화기관
④ 신장

- 폐는 공기 중의 산소를 혈액 속으로 들어오게 하고, 혈액 속의 이산화탄소를 몸 밖으로 배출하는 역할을 수행한다.
- 소화기관은 소화기능을 수행하는 기관으로 입, 식도, 위, 소장, 대장, 항문 등으로 구성된다.
- 신장은 인체에 흡수된 대부분의 중금속을 배설, 제거하는 역할을 수행한다.

:: 간(간장)
- 소화기로 흡수된 유해물질을 해독하는 기관이다.
- 화학물질 대사능력이 가장 높은 기관이다.
- 골격근과 함께 체내 열 생산을 담당하는 기관이다.

0501 / 0802

90 ●━━━━━ Repetitive Learning 〔1회 2회 3회〕

다음 단순 에스테르 중 독성이 가장 높은 것은?

① 초산염 ② 개미산염
③ 부틸산염 ④ 프로피온산염

- 단순 에스테르 중 독성이 가장 높은 것은 부틸산염이다.

:: 에스테르
- 알코올이 유기산 또는 무기산과 반응하여 물을 잃고 축합하여 만든 화합물을 말한다.
- 단순 에스테르 중 독성이 가장 높은 것은 부틸산염이다.

0701

91 ●━━━━━ Repetitive Learning 〔1회 2회 3회〕

근로자의 소변 속에서 마뇨산(hippuric acid)이 다량검출 되었다면 이 근로자는 다음 중 어떤 유해물질에 폭로되었다고 판단되는가?

① 톨루엔 ② 에탄올
③ 클로로벤젠 ④ 트리클로로에틸렌

- 에탄올의 대사산물은 아세트알데히드이다.
- 클로로벤젠의 대사산물은 클로로카테콜이다.
- 트리클로로에틸렌의 대사산물은 총삼염화물 또는 삼염화초산이다.

:: 톨루엔($C_6H_5CH_3$)
- 급성 전신중독을 일으키는 가장 강한 방향족 탄화수소이다.
- 생물학적 노출지표는 요 중 마뇨산(hippuric acid), o-크레졸(오르소-크레졸)이다.
- 페인트, 락카, 신나 등에 쓰이는 용제로 스프레이 도장 작업 등에서 만성적으로 폭로된다.

---

92 ●━━━━━ Repetitive Learning 〔1회 2회 3회〕

작업장에서 생물학적 모니터링의 결정인자를 선택하는 기준으로 옳지 않은 것은?

① 검체의 채취나 검사과정에서 대상자에게 불편을 주지 않아야 한다.
② 적절한 민감도(sensitivity)를 가진 결정인자이어야 한다.
③ 검사에 대한 분석적인 변이나 생물학적 변이가 타당해야 한다.
④ 결정인자는 노출된 화학물질로 인해 나타나는 결과가 특이하지 않고 평범해야 한다.

- 결정인자는 충분히 특이적이어야 한다.

:: 생물학적 모니터링의 결정인자를 선택하는 근거
- 결정인자가 충분히 특이적이어야 한다.
- 적절한 민감도(sensitivity)를 가진 결정인자이어야 한다.
- 검사에 대한 분석적인 변이나 생물학적 변이가 타당해야 한다.
- 검체의 채취나 검사과정에서 대상자에게 불편을 주지 않아야 한다.

1003 / 1803

93 ●━━━━━ Repetitive Learning 〔1회 2회 3회〕

유리규산(석영) 분진에 의한 규폐성 결절과 폐포벽 파괴 등 망상내피계 반응은 분진입자의 크기가 얼마일 때 자주 일어나는가?

① $0.1 \sim 0.5 \mu m$ ② $2 \sim 8 \mu m$
③ $10 \sim 15 \mu m$ ④ $15 \sim 20 \mu m$

- 폐포에 가장 잘 침착하는 분진은 $0.5 \sim 5.0 \mu m$, 유리규산 분진이 망상내피계 반응을 가장 자주 초래하는 분진의 크기는 $2 \sim 8 \mu m$이다.

:: 분진의 크기와 인체영향
- $0.1 \sim 1.0 \mu m$: 허파 속으로 들어가는 분진의 양이 최대가 되는 분진 크기(폐질환 초래)
- $0.5 \sim 5.0 \mu m$: 폐포에 가장 잘 침착되는 분진 크기
- $2 \sim 8 \mu m$: 유리규산(석영) 분진에 의한 규폐성 결절과 폐포벽 파괴 등 망상내피계 반응이 가장 자주 일어나는 분진 크기
- $2.5 \sim 10 \mu m$: 호흡계 질환을 가진 사람에게 가장 심각한 영향을 끼치는 분진 크기
- $10 \mu m$ 이상 : 코 속의 섬모가 대부분 제거

---

94 ──────● Repetitive Learning 〔1회〕〔2회〕〔3회〕

카드뮴의 만성중독 증상으로 볼 수 없는 것은?

① 폐기능장해 ② 골격계의 장해
③ 신장기능장해 ④ 시각기능장해

해설

- 카드뮴은 중금속 중에서 칼슘대사에 장애를 주어 신결석을 동반한 신증후군이 나타나고 폐기종, 만성기관지염 같은 폐질환을 일으키고, 다량의 칼슘배설이 일어나 뼈의 통증, 골연화증 및 골수공증과 같은 골격계 장해를 유발한다.

∷ 카드뮴

- 카드뮴은 부드럽고 연성이 있는 금속으로 납광물이나 아연광물을 제련할 때 부산물로 얻어진다.
- 주로 니켈, 알루미늄과의 합금, 살균제, 페인트 등을 취급하는 곳에서 노출위험성이 크다.
- 흡수된 카드뮴은 혈장단백질과 결합하여 최종적으로 간이나 신장에 축적된다.
- 인체 내에서 −SH기와 결합하여 독성을 나타낸다.
- 중금속 중에서 칼슘대사에 장애를 주어 신결석을 동반한 신증후군이 나타나고 폐기종, 만성기관지염 같은 폐질환을 일으키고, 다량의 칼슘배설이 일어나 뼈의 통증, 골연화증과 같은 골격계 장해를 유발한다.
- 카드뮴에 의한 급성노출 및 만성노출 후의 장기적인 속발증은 고환의 기능쇠퇴, 폐기종, 간손상 등이다.
- 체내에 노출되면 저분자 단백질인 metallothionein이라는 단백질을 합성하여 독성을 감소시킨다.

95 ──────● Repetitive Learning 〔1회〕〔2회〕〔3회〕
1101 / 1702

인체에 흡수된 납(Pb) 성분이 주로 축적되는 곳은?

① 간 ② 뼈
③ 신장 ④ 근육

해설

- 납이 인체에 흡수되면 뼈에 주로 축적되며, 조혈장해를 일으킨다.

∷ 납중독

문제 82번의 유형별 핵심이론 ∷ 참조

96 ──────● Repetitive Learning 〔1회〕〔2회〕〔3회〕

약품 정제를 하기 위한 추출제 등에 이용되는 물질로 간장, 신장의 암발생에 주로 영향을 미치는 것은?

① 크롬 ② 벤젠
③ 유리규산 ④ 클로로포름

해설

- 크롬은 부식방지 및 도금 등에 사용되며 급성중독 시 심한 신장장해를 일으키고, 만성중독 시 코, 폐 등의 점막에 병변을 일으켜 비중격천공을 유발한다.
- 벤젠은 만성노출에 의한 조혈장해를 유발시키며, 급성 골수성 백혈병을 일으키는 대표적인 방향족 탄화수소 물질이다.
- 유리규산은 진폐증의 일종인 규폐증을 일으키는 원인물질이다.

∷ 클로로포름

- 탄소와 수소, 염소로 이뤄진 화합물이다.
- 페니실린을 비롯한 약품을 정제하기 위한 추출제 혹은 냉동제 및 합성수지에 이용되는 물질이다.
- 간장, 신장의 암발생에 주로 영향을 미친다.

97 ──────● Repetitive Learning 〔1회〕〔2회〕〔3회〕
0903 / 1101 / 1401 / 1802

입자상 물질의 호흡기계 침착기전 중 길이가 긴 입자가 호흡기계로 들어오면 그 입자의 가장자리가 기도의 표면을 스치게 됨으로써 침착하는 현상은?

① 충돌 ② 침전
③ 차단 ④ 확산

해설

- 충돌은 비강, 인후두 부위 등 공기흐름의 방향이 바뀌는 경우 입자가 공기흐름에 따라 순행하지 못하고 공기흐름이 변환되는 부위에 부딪혀 침착되는 현상을 말한다.
- 침전은 기관지, 모세기관지 등 폐의 심층부에서 공기흐름이 느려지게 되면 자연스럽게 낙하하여 침착되는 현상을 말한다.
- 확산은 미세입자(입자의 크기가 $0.5\mu m$ 이하)들이 주위의 기체분자와 충돌하여 무질서한 운동을 하다가 주위 세포의 표면에 침착되는 현상을 말한다.

∷ 입자의 호흡기계 축적

- 작용기전은 충돌, 침전, 차단, 확산이 있다.
- 호흡기 내에 침착하는데 작용하는 기전 중 가장 역할이 큰 것은 확산이다.

충돌	비강, 인후두 부위 등 공기흐름의 방향이 바뀌는 경우 입자가 공기흐름에 따라 순행하지 못하고 공기흐름이 변환되는 부위에 부딪혀 침착되는 현상
침전	기관지, 모세기관지 등 폐의 심층부에서 공기흐름이 느려지게 되면 자연스럽게 낙하하여 침착되는 현상
차단	길이가 긴 입자가 호흡기계로 들어오면 그 입자의 가장자리가 기도의 표면을 스치면서 침착되는 현상
확산	미세입자(입자의 크기가 $0.5\mu m$ 이하)들이 주위의 기체분자와 충돌하여 무질서한 운동을 하다가 주위 세포의 표면에 침착되는 현상

98 ──── • Repetitive Learning 1회 2회 3회

1403

중금속의 노출 및 독성기전에 대한 설명으로 옳지 않은 것은?

① 작업환경 중 작업자가 흡입하는 금속형태는 흄과 먼지 형태이다.
② 대부분의 금속이 배설되는 가장 중요한 경로는 신장이다.
③ 크롬은 6가 크롬보다 3가 크롬이 체내흡수가 많이 된다.
④ 납에 노출될 수 있는 업종은 축전지 제조, 합금업체, 전자산업 등이다.

> **해설**
> • 3가 크롬은 피부 흡수가 어려우나 6가 크롬은 쉽게 피부를 통과한다.
>
> ✱✱ 3가 및 6가 크롬의 인체 작용 및 독성
> • 3가 크롬은 피부 흡수가 어려우나 6가 크롬은 쉽게 피부를 통과한다.
> • 세포막을 통과한 6가 크롬은 세포 내에서 수 분 내지 수 시간 만에 발암성을 가진 3가 형태로 환원된다.
> • 6가에서 3가로의 환원이 세포질에서 일어나면 독성이 적으나 DNA의 근위부에서 일어나면 강한 변이원성을 나타낸다.
> • 3가 크롬은 세포 내에서 핵산, nuclear enzyme, necleotide와 같은 세포핵과 결합될 때 발암성을 나타낸다.
> • 산업장에서 노출의 관점으로 보면 3가 크롬보다 6가 크롬이 더욱 해롭다고 할 수 있다.
> • 배설은 주로 소변을 통해 배설되며 대변으로는 소량 배출된다.

99 ──── • Repetitive Learning 1회 2회 3회

다음에서 설명하는 물질은?

> 이것은 소방제나 세척액 등으로 사용되었으나 현재는 강한 독성 때문에 이용되지 않으며 고농도의 이 물질에 노출되면 중추신경계 장애 외에 간장과 신장 장애를 유발한다. 대표적인 초기증상으로는 두통, 구토, 설사 등이 있으며 그 후에 일부 민뇨, 혈뇨 및 혈중 Urea 수치의 상승 등의 증상이 있다.

① 납
② 수은
③ 황화수은
④ 사염화탄소

> **해설**
> • 사염화탄소는 탈지용 용매로 사용되는 물질로 간장, 신장에 만성적인 영향을 미친다.

✱✱ 사염화탄소
• 피부로부터 흡수되어 전신중독을 일으킬 수 있는 물질이다.
• 인체 노출 시 간의 장해인 중심소엽성 괴사를 일으키는 지방족 할로겐화 탄화수소이다.
• 탈지용 용매로 사용되는 물질로 간장, 신장에 만성적인 영향을 미친다.
• 초기 증상으로는 지속적인 두통, 구역 또는 구토, 복부선통과 설사, 간압통 등이 나타난다.
• 고농도로 폭로되면 중추신경계 장해 외에 간장이나 신장에 장해가 일어나 황달, 단백뇨, 혈뇨의 증상을 보이며, 완전 무뇨증이 되면 사망할 수도 있다.

100 ──── • Repetitive Learning 1회 2회 3회

0401 / 0602 / 0903

다음 중 악성 중피종(mesothelioma)을 유발시키는 대표적인 인자는?

① 석면
② 주석
③ 아연
④ 크롬

> **해설**
> • 크롬은 부식방지 및 도금 등에 사용되며 급성중독 시 심한 신장장해를 일으키고, 만성중독 시 코, 폐 등의 점막에 병변을 일으켜 비중격천공을 유발한다.
> • 규폐증을 초래하는 유리규산(free silica)과 달리 석면(asbestos)은 악성중피종을 초래한다.
>
> ✱✱ 석면과 직업병
> • 석면취급 작업장에 오래동안 근무한 근로자가 걸릴 수 있는 질병에는 석면폐증, 폐암, 늑막암, 위암, 악성중피종, 중피종암 등이 있다.
> • 규폐증을 초래하는 유리규산(free silica)과 달리 석면(asbestos)은 악성중피종을 초래한다.

구분	1과목	2과목	3과목	4과목	5과목	합계
New유형	1	4	0	1	0	6
New문제	7	7	9	3	2	28
또나온문제	7	7	7	7	5	33
자꾸나온문제	6	6	4	10	13	39
합계	20	20	20	20	20	100

- New유형은 New문제 중 기존 기출문제와 완전히 다른 유형의 문제를 말합니다.
- New문제는 기존에 출제되지 않은 문제로 이번에 처음 출제되는 문제입니다.
- 또나온문제는 기존에 출제된 적이 1번 있는 문제를 말합니다.
- 자꾸나온문제는 기존에 출제된 적이 2번 이상 있는 문제를 말합니다. 그만큼 중요한 문제입니다.

몇 년분의 기출문제를 공부해야 합격할 수 있을까요?

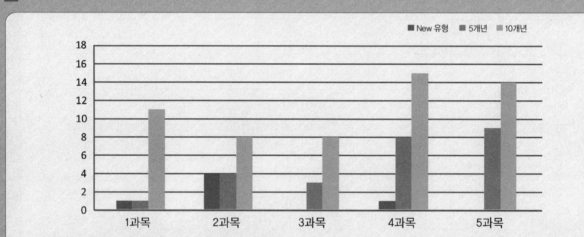

- 완전 새로운 유형의 문제는 6문제이고 94문제가 이미 출제된 문제 혹은 변형문제입니다.
- 5년분(2018~2022) 기출에서 동일문제가 25문항이 출제되었고, 10년분(2013~2022) 기출에서 동일문제가 56문항이 출제되었습니다.

실기에 나왔어요!! 일타쌍피-사전체크!!

실기시험은 필답형으로 진행됩니다. 객관식의 필기와 달리 주관식인 관계로 아는 만큼 적을 수 있습니다. 최근 계산문제의 비중이 많이 감소하고 있지만 절반 정도의 이론 문제와 절반 정도의 계산문제가 출제된다고 보시면 됩니다. 계산문제의 경우 나오는 문제유형이 거의 정해져 있습니다. 필기 공부할 때 미리 실기에 나오는 내용을 체크하시고 그부분만큼은 잘 공부해 두신다면 당 회차 실기까지 한 번에 잡을 수 있습니다.

- 총 30개의 유형별 핵심이론이 실기시험과 연동되어 있습니다.

분석의견

합격률이 50.1%로 평균을 약간 상회하는 회차였습니다.

10년 기출을 학습할 경우 기출과 동일한 문제가 모든 과목에서 과락 이상으로 출제되고, 새롭게 출제되는 유형의 문제도 적어 기출문제로 시험을 준비하신 수험생들이 쉽다고 느낄만한 회차입니다.

10년분 기출문제와 유형별 핵심이론의 2~3회 정독이면 합격 가능한 것으로 판단됩니다.

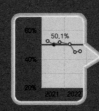

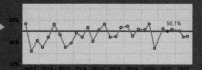

2021년 제2회

2021년 5월 15일 필기

1과목 산업위생학개론

01 ─── Repetitive Learning 〔1회〕〔2회〕〔3회〕

산업안전보건법령상 물질안전보건자료 대상물질을 제조 · 수입하려는 자가 물질안전보건자료에 기재해야하는 사항에 해당되지 않는 것은?(단, 그 밖에 고용노동부장관이 정하는 사항은 제외한다)

① 응급조치 요령
② 물리 · 화학적 특성
③ 안전관리자의 직무범위
④ 폭발 · 화재 시의 대처방법

해설

• 안전관리자의 직무범위는 물질안전보건자료(MSDS)의 내용에 포함되지 않는다.

❖❖ 물질안전보건자료(MSDS) 작성 시 포함되어야 할 항목과 순서
  1. 화학제품과 회사에 관한 정보
  2. 유해성 · 위험성
  3. 구성성분의 명칭 및 함유량
  4. 응급조치요령
  5. 폭발 · 화재시 대처방법
  6. 누출사고시 대처방법
  7. 취급 및 저장방법
  8. 노출방지 및 개인보호구
  9. 물리화학적 특성
  10. 안정성 및 반응성
  11. 독성에 관한 정보
  12. 환경에 미치는 영향
  13. 폐기 시 주의사항
  14. 운송에 필요한 정보
  15. 법적규제 현황
  16. 그 밖의 참고사항

---

02 ─── Repetitive Learning 〔1회〕〔2회〕〔3회〕

산업피로에 대한 대책으로 맞는 것은?

① 커피, 홍차, 엽차 및 비타민 B_1은 피로회복에 도움이 되므로 공급한다.
② 피로한 후 장시간 휴식하는 것이 휴식시간을 여러 번으로 나누는 것보다 효과적이다.
③ 움직이는 작업은 피로를 가중시키므로 될수록 정적인 작업으로 전환하도록 한다.
④ 신체 리듬의 적용을 위하여 야간근무는 연속으로 7일 이상 실시하도록 한다.

해설

• 장시간 휴식하는 것보다 짧은 시간 여러 번 쉬는 것이 피로회복에 효과적이다.
• 피로 예방을 위해 동적인 작업을 늘리고, 정적인 작업을 줄인다.
• 야간근무는 연속으로 3일을 초과하지 않도록 한다.

❖❖ 작업에 수반된 피로의 회복대책
  • 충분한 영양을 섭취한다.
  • 목욕이나 가벼운 체조를 한다.
  • 휴식과 수면을 자주 취한다.
  • 작업환경을 정리 · 정돈한다.
  • 불필요한 동작을 피하고, 에너지 소모를 적게 한다.
  • 힘든 노동은 가능한 한 기계화한다.
  • 장시간 휴식하는 것보다 짧은 시간 여러 번 쉬는 것이 피로회복에 효과적이다.
  • 동적인 작업을 늘리고, 정적인 작업을 줄인다.
  • 커피, 홍차, 엽차, 비타민B, 비타민C 등의 적정한 영양제를 보급한다.
  • 음악감상과 오락 등 취미생활을 한다.

- 해치(Hatch)의 양-반응관계곡선의 기관장해 3단계는 항상성 유지단계, 보상단계, 고장단계로 구성된다.

해치(Hatch)의 양-반응관계곡선의 기관장해 3단계

항상성 유지단계	정상상태를 유지하면서 유해인자 노출에 적응하는 단계
보상단계	방어기전을 이용해 기능장해를 방어하는 단계
고장단계	보상이 불가능하여 기관이 파괴되는 단계

---

03 0303 / 0701 / 0703 / 0801 / 1002 / 1101 / 1402

Repetitive Learning 1회 2회 3회

다음 중 역사상 최초로 기록된 직업병은 무엇인가?

① 규폐증
② 폐질환
③ 음낭암
④ 납중독

- 기원전 4C에 Hippocrates가 광산에서의 납중독을 보고하였으며, 이를 최초의 직업병으로 분류한다.

시대별 산업위생

B.C. 4세기	Hippocrates가 광산에서의 납중독을 보고하였다. 이는 역사상 최초의 직업병으로 분류
A.D. 1세기	Pilny the Elder는 아연 및 황의 인체 유해성을 주장, 먼지방지용 마스크로 동물의 방광 사용을 권장
A.D. 2세기	Galen은 해부학, 병리학에 관한 이론을 발표하였다. 아울러 구리광산의 산 증기의 위험성을 보고
1473년	Ulrich Ellenbog는 직업병과 위생에 관한 교육용 팜플렛 발간
16세기 초반	• Agricola는 광산에서의 호흡기 질환(천식증, 규폐증) 등을 주장한 광산업 관련 [광물에 대하여] 발간 및 환기와 마스크 사용을 권장함 • Philippus Paracelsus는 질병의 뿌리는 정신적 고통에서 비롯된다고 주장(독성학의 아버지)
17세기 후반	Bernarbino Ramazzini는 저서 [노동자의 질병]에서 직업병을 최초로 언급(산업보건학의 시조)
18세기	• 영국의 Percivall pott는 굴뚝청소부들의 직업병인 음낭암이 검댕(Soot)에 의해 발생되었음을 보고 • Sir George Baker는 사이다 공장에서 납에 의한 복통 발표
19세기 초반	• Robert Peel은 산업위생의 원리를 적용한 최초의 법률인 [도제건강 및 도덕법] 제정을 주도 • 1833년 산업보건에 관한 최초의 법률인 공장법 제정
19세기 후반	Rudolf Virchow는 의학의 사회성 속에서 노동자의 건강 보호를 주장하여 근대병리학의 시조로 불리움
20세기 초반	• Loriga는 진동공구에 의한 수지(手指)의 Raynaud 씨 증상을 보고 • 미국의 산업위생학자이며 산업의학자인 Alice Hamilton은 유해물질 노출과 질병과의 관계를 규명

---

04 1702

Repetitive Learning 1회 2회 3회

근로자가 노동환경에 노출될 때 유해인자에 대한 해치(Hatch)의 양-반응관계곡선의 기관장해 3단계에 해당하지 않는 것은?

① 보상단계
② 고장단계
③ 회복단계
④ 항상성 유지단계

---

05 1301

Repetitive Learning 1회 2회 3회

톨루엔(TLV = 50ppm)을 사용하는 작업장의 작업시간이 10시간일 때 허용기준을 보정하여야 한다. OSHA 보정법과 Brief and Scala 보정법을 적용하였을 경우 보정 보정된 허용기준치 간의 차이는 얼마인가?

① 1ppm
② 2.5ppm
③ 5ppm
④ 10ppm

- OSHA 보정법에서는 1일 10시간 작업이고, 8시간 노출기준이 50ppm이므로 대입하면 보정노출기준 $= 50 \times (\frac{8}{10} = 0.8) = 40ppm$ 이 된다.
- Brief and Scala 보정법에서는 1일 10시간 작업이고, 8시간 노출기준이 50ppm이므로 대입하면 보정노출기준
  $$= 50 \times (\frac{8}{10}) \times \frac{24-10}{16} = 50 \times \frac{112}{160} = 35ppm$$ 이 된다.
- 두 보정법의 차이는 40 - 35 = 5ppm이다.

보정방법

ⓐ OSHA 보정
- 보정된 노출기준은 8시간 노출기준 $\times \frac{8시간}{1일\ 노출시간}$ 으로 구한다.
- 만약 만성중독으로 작업시간이 주단위로 부여되는 경우 노출기준 $\times \frac{40시간}{1주\ 노출시간}$ 으로 구한다.

ⓑ Brief and Scala 보정 **실기** 0303/0401/0601/0701/0801/0802/
0803/1203/1503/1603/1902/2003
- 노출기준 보정계수는 $(\frac{8}{H}) \times \frac{24-H}{16}$ 으로 구한 후 주어진 TLV값을 곱해준다.
- 만약 만성중독으로 작업시간이 주단위로 부여되는 경우 노출기준 보정계수는 $(\frac{40}{H}) \times \frac{168-H}{128}$ 으로 구한 후 주어진 TLV값을 곱해준다.

06 ——— ● Repetitive Learning (1회 2회 3회)

근골격계질환에 관한 설명으로 옳지 않은 것은?

① 점액낭염(bursitis)은 관절 사이의 윤활액을 싸고 있는 윤활낭에 염증이 생기는 질병이다.
② 건초염(tendosynovitis)은 건막에 염증이 생긴 질환이며, 건염(tendonitis)은 건의 염증으로, 건염과 건초염을 정확히 구분하기 어렵다.
③ 수근관 증후군(carpal tunnel wyndrome)은 반복적이고, 지속적인 손목의 압박, 무리한 힘 등으로 인해 수근관 내부에 정중신경이 손상되어 발생한다.
④ 요추 염좌(lumbar sprain)는 근육이 잘못된 자세, 외부의 충격, 과도한 스트레스 등으로 수축되어 굳어지면 근섬유의 일부가 띠처럼 단단하게 변하여 근육의 특정 부위에 압통, 방사통, 목부위 운동제한, 두통 등의 증상이 나타난다.

해설
• ④는 근막통증후군에 대한 설명이다.

❖ 근골격계 질환의 대표적인 종류

점액낭염 (bursitis)	관절 사이의 윤활액을 싸고 있는 윤활낭에 염증이 생기는 질병이다.
건초염 (tenosynovitis)	건막에 염증이 생긴 질환이며, 건염(tendonitis)은 건의 염증으로, 건염과 건초염을 정확히 구분하기 어렵다.
수근관 증후군 (carpal tunnel sysdrome)	반복적이고, 지속적인 손목의 압박, 무리한 힘 등으로 인해 수근관 내부에 정중신경이 손상되어 발생한다.
기용터널증후군 (Guyon tunnel syndrome)	Guyon's관이라고 불리는 손목부위의 터널을 척골 신경이 통과할 때 압박을 받아 생기는 질환으로 진동이나 반복적인 둔기 외상에 의해 발생한다.
근염 (myositis)	근육에 염증이 생겨 손상되는 것으로 골격근 및 피부의 만성염증을 주증상으로 한다.
근막통증후군 (pain syndrome)	근육이 잘못된 자세, 외부의 충격, 과도한 스트레스 등으로 수축되어 굳어지면 근섬유의 일부가 띠처럼 단단하게 변하여 근육의 특정 부위에 압통, 방사통, 목부위 운동제한, 두통 등의 증상이 나타난다.
요추염좌 (lumbar sprain)	요통의 가장 흔한 원인으로 허리뼈 부위의 뼈와 뼈를 이어주는 인대가 손상되어 통증을 수반하는 염좌이다.

07 ——— ● Repetitive Learning (1회 2회 3회)

산업피로의 용어에 관한 설명으로 옳지 않은 것은?

① 곤비란 단시간의 휴식으로 회복될 수 있는 피로를 말한다.
② 다음 날까지도 피로상태가 계속되는 것을 과로라 한다.
③ 보통 피로는 하룻밤 잠을 자고 나면 다음날 회복되는 정도이다.
④ 정신피로는 중추신경계의 피로를 말하는 것으로 정밀작업 등과 같은 정신적 긴장을 요하는 작업 시에 발생된다.

해설
• 곤비란 심한 노동 후의 피로 현상으로 단기간의 휴식에 의해 회복될 수 없는 병적상태를 말한다.

❖ 피로의 정도에 따른 분류

보통피로	하루 저녁 잠을 잘 자고 나면 완전히 회복될 수 있는 것
과로	다음 날까지도 피로상태가 계속되는 것
곤비	심한 노동 후의 피로 현상으로 단기간의 휴식에 의해 회복될 수 없는 병적상태

08 ——— ● Repetitive Learning (1회 2회 3회)

사무실 공기관리 지침에 관한 내용으로 옳지 않은 것은?(단, 고용노동부 고시를 기준으로 한다)

① 오염물질인 미세먼지(PM10)의 관리기준은 $100\mu g/m^3$ 이다.
② 사무실 공기의 관리기준은 8시간 시간가중평균농도를 기준으로 한다.
③ 총부유세균의 시료채취방법은 충돌법을 이용한 부유세균 채취기(bioair sampler)로 채취한다.
④ 사무실 공기질의 모든 항목에 대한 측정결과는 측정치 전체에 대한 평균값을 이용하여 평가한다.

해설
• 이산화탄소는 각 지점에서 측정한 측정치 중 최고값을 기준으로 비교·평가한다.

❖ 측정결과의 평가
• 관리기준은 8시간 시간가중평균농도 기준이다.
• 사무실 공기질의 측정결과는 측정치 전체에 대한 평균값을 제2조의 오염물질별 관리기준과 비교하여 평가한다. 다만, 이산화탄소는 각 지점에서 측정한 측정치 중 최고값을 기준으로 비교·평가한다.

09

Repetitive Learning 1회 2회 3회

산업안전보건법령에서 정하고 있는 제조 등이 금지되는 유해물질에 해당되지 않는 것은?

① 석면(Asbestos)

② 크롬산 아연(Zinc chromates)

③ 황린 성냥(Yellow phosphorus match)

④ β−나프틸아민과 그 염(β−Naphthylamine and its salts)

해설

- 크롬산 아연은 산업안전보건법상 제조·수입·양도·제공 또는 사용해서는 안되는 유해물질에 해당되지 않는다.
- 산업안전보건법상 제조·수입·양도·제공 또는 사용해서는 안되는 유해물질
  - β−나프틸아민과 그 염(β−Naphthylamine and its salts)
  - 4−니트로디페닐과 그 염(4−Nitrodiphenyl and its salts)
  - 백연을 포함한 페인트(포함된 중량의 비율이 2퍼센트 이하인 것은 제외)
  - 벤젠을 포함하는 고무풀(포함된 중량의 비율이 5퍼센트 이하인 것은 제외)
  - 석면(Asbestos)
  - 폴리클로리네이티드 터페닐(Polychlorinated terphenyls)
  - 황린(黃燐) 성냥(Yellow phosphorus match)
  - 「화학물질관리법」에 따른 금지물질
  - 그 밖에 보건상 해로운 물질로서 산업재해보상보험및예방심의위원회의 심의를 거쳐 고용노동부장관이 정하는 유해물질

10

1101
Repetitive Learning 1회 2회 3회

토양이나 암석 등에 존재하는 우라늄의 자연적 붕괴로 생성되어 건물의 균열을 통해 실내공기로 유입되는 발암성 오염물질은?

① 라돈   ② 석면

③ 알레르겐   ④ 포름알데히드

해설

- 토양이나 암석 등에 존재하는 우라늄과 토륨의 자연적 붕괴로 생성되는 것은 라돈으로 폐암 발생의 원인이 되는 실내공기 중 오염물질이다.
- 라돈
  - 방사성 비활성기체로 폐암 발생의 원인이 되는 실내공기 중 오염물질이다.
  - 토양이나 암석 등에 존재하는 우라늄과 토륨의 자연적 붕괴로 생성되어 건물의 균열을 통해 실내공기로 유입된다.

11

Repetitive Learning 1회 2회 3회

산업안전보건법령상 근로자에 대해 실시하는 특수건강진단 대상 유해인자에 해당되지 않는 것은?

① 에탄올(Ethanol)

② 가솔린(Gasoline)

③ 니트로벤젠(Nitrobenzene)

④ 디에틸 에테르(Diethyl ether)

해설

- ②, ③, ④는 특수건강진단 대상 유해인자 중 화학적 인자에 해당한다.
- 메탄올은 특수건강진단 대상 유해인자 중 화학적 인자에 해당하나 에탄올은 해당되지 않는다.
- 특수건강진단 대상 유해인자
  - 화학적 인자(유기화합물 109종, 금속류 20종, 산 및 알칼리류 8종, 가스상태 물질류 14종, 허가대상 유해물질 12종)
  - 분진(7종)
  - 물리적 인자(8종)
  - 야간작업(2종)

12

Repetitive Learning 1회 2회 3회

산업안전보건법령상 중대재해에 해당되지 않는 것은?

① 사망사가 2명이 발생한 재해

② 상해는 없으나 재산피해 정도가 심각한 재해

③ 4개월의 요양이 필요한 부상자가 동시에 2명이 발생한 재해

④ 부상자 또는 직업성 질병자가 동시에 12명이 발생한 재해

해설

- 중대재해는 재산피해의 정도와는 상관없다.
- 중대재해(Major Accident)
  - ㉠ 개요
    - 산업재해 중 사망 등 재해 정도가 심한 것으로서 고용노동부령으로 정하는 재해를 말한다.
  - ㉡ 종류
    - 사망자가 1명 이상 발생한 재해
    - 3개월 이상의 요양이 필요한 부상자가 동시에 2명 이상 발생한 재해
    - 부상자 또는 직업성 질병자가 동시에 10명 이상 발생한 재해

13

직업성 질환 중 직업상의 업무에 의하여 1차적으로 발생하는 질환은?

① 합병증
② 일반 질환
③ 원발성 질환
④ 속발성 질환

해설
- 직업성 질환은 원발성 질환, 속발성 질환 그리고 합병증으로 구분한다.
- 합병증은 원발성 질환과 합병 작용하는 직업성 질환을 말한다.
- 속발성 질환은 원발성 질환에 기인하여 속발된 질환이다.

❖ 직업성 질환의 범위

원발성 질환	직업상 업무에 기인하여 1차적으로 발생하는 질환
속발성 질환	원발성 질환에 기인하여 속발할 것으로 의학상 인정되는 경우 업무에 기인하지 않았다는 유력한 원인이 없는 한 직업성 질환으로 취급
합병증	• 원발성 질환과 합병하는 제2의 질환을 유발 • 합병증이 원발성 질환에 대하여 불가분의 관계를 가질 때 • 원발성 질환에서 떨어진 부위에 같은 원인에 의한 제2의 질환이 발생하는 경우

14

다음 중 근육운동을 하는 동안 혐기성 대사에 동원되는 에너지원과 가장 거리가 먼 것은 무엇인가?

① 아세트알데히드
② 크레아틴 인산(CP)
③ 글리코겐
④ 아데노신 삼인산(ATP)

해설
- 혐기성 대사에 사용되는 에너지원에는 ATP, CP, glycogen, glucose 가 있다.

❖ 혐기성 대사 실기 1401
- 호기성 대사가 대사과정을 통해 생성된 에너지인데 반해 혐기성 대사는 근육에 저장된 화학적 에너지를 말한다.
- 혐기성 대사는 ATP(아데노신 삼인산) → CP(크레아틴 인산) → glycogen(글리코겐) 혹은 glucose(포도당)순으로 에너지를 공급받는다.
- glucose(포도당)의 경우 혐기성에서 3개의 ATP 분자를 생성하지만 호기성 대사로 39개를 생성한다. 즉, 혐기 및 호기에 모두 사용된다.

15

다음 중 재해예방의 4원칙에 해당하지 않는 것은?

① 손실 우연의 원칙
② 원인 조사의 원칙
③ 예방 가능의 원칙
④ 대책 선정의 원칙

해설
- 재해예방의 4원칙에 포함되려면 원인 조사의 원칙이 아니라 원인 연계의 원칙이 되어야 한다.

❖ 하인리히의 재해예방의 4원칙

대책 선정의 원칙	사고의 원인을 발견하면 반드시 대책을 세워야 하며, 모든 사고는 대책 선정이 가능하다는 원칙
손실 우연의 원칙	사고로 인한 손실은 상황에 따라 다른 우연적이라는 원칙
예방 가능의 원칙	모든 사고는 예방이 가능하다는 원칙
원인 연계의 원칙	• 사고는 반드시 원인이 있으며 이는 복합적으로 필연적인 인과관계로 작용한다는 원칙 • 원인 계기의 원칙이라고도 한다.

16

NIOSH에서 제시한 권장무게한계가 6kg이고, 근로자가 실제 작업하는 중량물의 무게가 12kg일 경우 중량물 취급지수(LI)는?

① 0.5
② 1.0
③ 2.0
④ 6.0

해설
- LI=12kg/6kg=2가 된다.

❖ NIOSH에서 정한 중량물 들기작업지수(Lifting index, LI)
- 물체무게[kg]/RWL[kg]로 구한다.
- 취급하는 중량물의 중량이 RWL의 몇배인지를 나타낸다.
- LI가 작을수록 좋고, 1보다 크면 요통 발생이 있다.

17

산업위생활동 중 평가(Evaluation)의 주요과정에 대한 설명으로 옳지 않은 것은?

① 시료를 채취하고 분석한다.
② 예비조사의 목적과 범위를 결정한다.
③ 현장조사로 정량적인 유해인자의 양을 측정한다.
④ 바람직한 작업환경을 만드는 최종적인 활동이다.

해설

- ④는 공학적인 관리, 작업방법, 행정적인 관리 등을 통해 유해인자로부터 근로자를 보호하는 관리/대책(Control)에 해당한다.

⚙ 산업위생 활동

- 산업위생사의 3가지 기능은 인지(Recognition), 평가(Evaluation), 대책(Control)이다.
- 미국산업위생학회(AIHA)에서 예측(Anticipation)을 추가하였다.
- 예측 → 인지 → 측정 → 평가 → 관리 순으로 진행한다.

예측 (Anticipation)	• 근로자의 건강장애와 영향을 사전에 예측
인지 (Recognition)	• 존재하는 유해인자를 파악하고, 이의 특성을 분류
측정	• 정성적 · 정량적 계측
평가 (Evaluation)	• 시료의 채취와 분석 • 예비조사의 목적과 범위 결정 • 노출정도를 노출기준과 통계적인 근거로 비교하여 판정
관리/대책 (Control)	• 유해인자로부터 근로자를 보호(공학적, 행정적 관리 외에 호흡기 등의 보호구)

19

마이스터(D.Meister)가 정의한 내용으로 시스템으로부터 요구된 작업결과(Performance)와의 차이(Deviation)는 무엇을 의미하는가?

① 무의식 행동 ② 인간실수

③ 주변적 동작 ④ 지름길 반응

해설

- 마이스터(D.Meister)는 인간실수를 시스템으로부터 요구된 작업결과(Performance)와의 차이(Deviation)라고 정의했다.

⚙ 인간실수

- 스웨인(Swain)은 허용되는 한계를 넘어서 나타나는 인간행동이라고 정의했다.
- 마이스터(D.Meister)는 시스템으로부터 요구된 작업결과(Performance)와의 차이(Deviation)라고 정의했다.
- 하인리히(Heinrich)는 불안전한 행동에 의해서 일어난다고 주장했다.

18

미국산업위생학술원(American Academy of Industrial Hygiene)에서 산업위생 분야에 종사하는 사람들이 반드시 지켜야 할 윤리강령 중 전문가로서의 책임 부분에 해당하지 않는 것은?

① 기업체의 기밀은 누설하지 않는다.

② 근로자의 건강 보호 책임을 최우선으로 한다.

③ 전문 분야로서의 산업위생을 학문적으로 발전시킨다.

④ 과학적 방법의 적용과 자료의 해석에서 객관성을 유지한다.

해설

- ②는 근로자에 대한 책임에 대한 설명이다.

⚙ 산업위생전문가의 윤리강령 중 산업위생전문가로서의 책임

- 산업위생 활동을 통해 얻은 개인 및 기업의 정보는 누설하지 않는다.
- 전문적 판단이 타협에 의하여 좌우될 수 있거나 이해관계가 있는 상황에는 개입하지 않는다.
- 쾌적한 작업환경을 만들기 위해 산업위생이론을 적용하고 책임 있게 행동한다.
- 성실성과 학문적 실력 면에서 최고 수준을 유지한다.
- 과학적 방법의 적용과 자료의 해석에 객관성을 유지한다.
- 전문분야로서의 산업위생을 학문적으로 발전시킨다.
- 근로자, 사회 및 전문 직종의 이익을 위해 과학적 지식을 공개하고 발표한다.

20

작업대사율이 3인 강한작업을 하는 근로자의 실동률(%)은?

① 50 ② 60

③ 70 ④ 80

해설

- 사이또와 오시마의 실노동률 공식에 주어진 작업대사율을 대입하면 실동률은 $85 - (5 \times 3) = 70[\%]$가 된다.

⚙ 사이또와 오시마의 실동률과 계속작업 한계시간 실기 2203

- 실노동률 = $85 - (5 \times RMR)[\%]$로 구한다.
- 작업대사율(R)이 주어질 경우 계속작업 한계시간(CMT)은 $\log(CMT) = 3.724 - 3.25\log(R)$로 구한다. 이때 R은 RMR을 의미한다.
- 작업 대사량(E_0)이 주어질 경우 최대작업시간 $\log(T_{end}) = 3.720 - 0.1949 \times E_0$으로 구한다.

21　　● Repetitive Learning 〔1회 2회 3회〕

0902

가스상 물질의 분석 및 평가를 위한 열탈착에 관한 설명으로 틀린 것은?

① 용매 탈착시 이황화탄소는 독성 및 인화성이 크고 작업이 번잡하며 열탈착이 보다 간편한 방법이다.

② 활성탄관을 이용하여 시료를 채취한 경우, 열탁착에 필요한 300℃ 이상에서는 많은 분석물질이 분해되어 사용이 제한된다.

③ 열탈착은 용매 탈착에 비하여 흡착제에 채취된 일부 분석물질만 기기로 주입되어 감도가 떨어진다.

④ 열탈착은 대개 자동으로 수행되며 탈착된 분석물질이 가스크로마토그래피로 직접 주입되도록 되어 있다.

해설

• 열탈착은 자동으로 전체 물질이 탈착된 분석물질이 가스크로마토그래피로 직접 주입되므로 한번의 분석만 가능하다.

** 열탈착

• 용매 탈착시 이황화탄소는 독성 및 인화성이 크고 작업이 번잡하며 열탈착이 보다 간편한 방법이다.

• 활성탄관을 이용하여 시료를 채취한 경우, 열탁착에 필요한 300℃ 이상에서는 많은 분석물질이 분해되어 사용이 제한된다.

• 열탈착은 자동으로 전체 물질이 탈착된 분석물질이 가스크로마토그래피로 직접 주입되므로 한번의 분석만 가능하다.

22　　● Repetitive Learning 〔1회 2회 3회〕

0902 / 1202

정량한계에 관한 설명으로 옳은 것은?

① 표준편차의 3배 또는 검출한계의 5 또는 5.5배로 정의

② 표준편차의 5배 또는 검출한계의 3 또는 3.3배로 정의

③ 표준편차의 3배 또는 검출한계의 10 또는 10.3배로 정의

④ 표준편차의 10배 또는 검출한계의 3 또는 3.3배로 정의

해설

• 정량한계는 표준편차의 10배 또는 검출한계의 3배 또는 3.3배로 정의한다.

** 검출한계와 정량한계

㉠ 검출한계(LOD, Limit Of Detection)

• 주어진 신뢰수준에서 검출가능한 분석물의 최소질량을 말한다.

• 분석신호의 크기의 비에 따라 달라진다.

㉡ 정량한계(LOQ)

• 분석기기가 검출할 수 있는 신뢰성을 가질 수 있는 최소 양이나 농도를 말한다.

• 검출한계가 정량분석에서 만족스런 개념을 제공하지 못하기 때문에 검출한계의 개념을 보충하기 위해 도입되었다.

• 표준편차의 10배 또는 검출한계의 3배 또는 3.3배로 정의한다.

23　　● Repetitive Learning 〔1회 2회 3회〕

0802

고온의 노출기준을 구분하는 작업강도 중 중등작업에 해당하는 열량(kcal/h)은?(단, 고용노동부 고시를 기준으로 한다)

① 130　　　　　　② 221

③ 365　　　　　　④ 445

해설

• 중등도 작업의 소요대사량(작업강도)은 시간당 200~250kcal이다. 가장 가까운 값을 찾는다.

** 작업대사율(RMR : Relative Metabolic Rate)

㉠ 개요

• RMR은 특정 작업을 수행하는데 있어 작업강도를 작업에 사용되는 열량 측면에서 보는 한 가지 지표이다.

• 작업으로 소모되는 열량을 계산하기 위해 연령, 성별, 체격의 크기를 고려하여 사용하는 지수이다.

• $RMR = \dfrac{작업대사량}{기초대사량}$

　$= \dfrac{작업시 산소소모량 - 안정시 산소소모량}{기초대사량(산소소비량)}$ 로 구한다.

㉡ 작업강도 구분

작업 구분	RMR	실노동률	1일 소비열량 [kcal]	소요 대사량
격심 작업	7 이상	50% 이하	남 : 3,500 이상 여 : 2,920 이상	
중(重) 작업	4~7	50~67%	남 : 3,050~3,500 여 : 2,600~2,920	350~500 kcal/hr
강 작업	2~4	67~76%	남 : 2,550~3,050 여 : 2,220~2,600	250~350 kcal/hr
중등 작업	1~2	76~80%	남 : 2,200~2,550 여 : 1,900~2,220	200~250 kcal/hr
경(輕) 작업	0~1	80% 이상	남 : 2,200 이하 여 : 1,900 이하	200kcal/hr

24
● Repetitive Learning ⟮1회 2회 3회⟯

고열(Heat stress) 환경의 온열 측정과 관련된 내용으로 틀린 것은?

① 흑구온도와 기온과의 차를 실효복사온도라 한다.
② 실제 환경의 복사온도를 평가할 때는 평균복사온도를 이용한다.
③ 고열로 인한 환경적인 요인은 기온, 기류, 습도 및 복사열이다.
④ 습구흑구온도지수(WBGT) 계산 시에는 반드시 기류를 고려하여야 한다.

> **해설**
> • WBGT는 건구, 습구, 흑구(복사열)를 고려하나, 기류는 전혀 고려하지 않는 점이 감각온도와 다른 점이다.
>
> ✦ 습구흑구온도(WBGT : Wet Bulb Globe Temperature) 지수
> ㉠ 개요
> • 건구온도, 습구온도 및 흑구온도에 비례하며, 열중증 예방을 위해 고온에서의 작업휴식시간비를 결정하는 지표로 더위지수라고도 한다.
> • 표시단위는 섭씨온도(℃)로 표시하며, WBGT가 높을수록 휴식시간이 증가되어야 한다.
> • 미국국립산업안전보건연구원(NIOSH)뿐만 아니라 국내에서도 습구흑구온도를 측정하고 지수를 산출하여 평가에 사용한다.
> • 과거에 쓰이던 감각온도와 근사한 값인데 감각온도와 다른 점은 기류를 전혀 고려하지 않았다는 점이다.
> ㉡ 산출방법 실기 0501/0503/0602/0702/0703/1101/1201/1302/1303/1503/2102/2201/2202/2203
> • 옥내에서는 WBGT＝0.7NWT＋0.3GT이다. 이때 NWT는 자연습구, GT는 흑구온도이다.(일사가 영향을 미치지 않는 옥외도 옥내로 취급한다)
> • 일사가 영향을 미치는 옥외에서는 건구온도인 dB를 반영하지만 옥내에서는 일사의 영향이 없으므로 자연습구와 흑구온도만으로 WBGT가 결정된다.
> • 일사가 영향을 미치는 옥외에서는 WBGT＝0.7NWT＋0.2GT＋0.1DB이며 이때 NWT는 자연습구, GT는 흑구온도, DB는 건구온도이다.

25
1203 / 1301 / 1603 / 1901
● Repetitive Learning ⟮1회 2회 3회⟯

입자의 크기에 따라 여과기전 및 채취효율이 다르다. 입자크기가 0.1～0.5㎛일 때 주된 여과 기전은?

① 충돌과 간섭
② 확산과 간섭
③ 차단과 간섭
④ 침강과 간섭

> **해설**
> • 입자의 크기가 0.1～0.5㎛의 경우 확산, 간섭, 0.5～1㎛의 경우 충돌과 간섭이 주요 작용기전에 해당한다.
>
> ✦ 입자의 크기에 따른 작용기전 실기 0303/1101/1303/1401/1803
>
> | 입자의 크기 | | 작용기전 |
> |---|---|---|
> | 1㎛ 미만 | 0.01～0.1 | 확산 |
> | | 0.1～0.5 | 확산, 간섭(직접차단) |
> | | 0.5～1.0 | 관성충돌, 간섭(직접차단) |
> | 1～5㎛ | | 침전(침강) |
> | 5～30㎛ | | 충돌 |

26
0902 / 1202
● Repetitive Learning ⟮1회 2회 3회⟯

정량한계에 관한 설명으로 옳은 것은?

① 표준편차의 3배 또는 검출한계의 5 또는 5.5배로 정의
② 표준편차의 5배 또는 검출한계의 3 또는 3.3배로 정의
③ 표준편차의 3배 또는 검출한계의 10 또는 10.3배로 정의
④ 표준편차의 10배 또는 검출한계의 3 또는 3.3배로 정의

> **해설**
> • 정량한계는 표준편차의 10배 또는 검출한계의 3배 또는 3.3배로 정의한다.
>
> ✦ 검출한계와 정량한계
> **문제 22번의 유형별 핵심이론 ✦ 참조**

27
● Repetitive Learning ⟮1회 2회 3회⟯

고체흡착관의 뒷층에서 분석된 양이 앞층의 25%였다. 이에 대한 분석자의 결정으로 바람직하지 않은 것은?

① 파과가 일어났다고 판단하였다.
② 파과실험의 중요성을 인식하였다.
③ 시료채취과정에서 오차가 발생되었다고 판단하였다.
④ 분석된 앞층과 뒷층을 합하여 분석결과로 이용하였다.

> **해설**
> • 고체흡착관의 뒷층에서 분석된 양이 앞층의 10% 이상일 경우 파과가 일어난 것으로 판단하므로 측정결과로 사용할 수 없다.
>
> ✦ 고체흡착관의 뒷층에서 분석된 양이 앞층의 25%인 경우의 분석
> • 고체흡착관의 뒷층에서 분석된 양이 앞층의 10% 이상일 경우 파과가 일어난 것으로 판단하므로 측정결과로 사용할 수 없다.
> • 파과실험의 중요성을 인식한다.
> • 시료채취과정에서 오차가 발생되었다고 판단한다.

28

• Repetitive Learning 1회 2회 3회

1% Sodium bisulfite의 흡수액 20mL를 취한 유리제품의 미드젯임핀져를 고속시료포집 펌프에 연결하여 공기시료 0.480m^3를 포집하였다. 가시광선흡광광도계를 사용하여 시료를 실험실에서 분석한 값이 표준검량선의 외삽법에 의하여 50μg/mL가 지시되었다. 표준상태에서 시료포집기간 동안의 공기 중 포름알데히드 증기의 농도(ppm)는?(단, 포름알데히드 분자량은 30g/mol이다)

① 1.7　　　　　　② 2.5
③ 3.4　　　　　　④ 4.8

해설
- 주어진 자료로 포름알데히드의 농도를 확인하려고 한다.
- 농도는 질량/부피로 구할 수 있으므로 대입하면
  $\frac{20ml \times 50\mu g/ml}{0.480m^3} = 2083.33 \cdots [\mu g/m^3]$인데 이를 $[mg/m^3]$으로
  변환하기 위해 1000을 나누면 2.083$[mg/m^3]$이 된다.
- mg/m^3을 ppm으로 변환해야 하므로 표준상태에서 $\frac{24.45}{30}$를 곱
  하면 $2.083 \times \frac{24.45}{30} = 1.6976 \cdots [ppm]$이 된다.

❖ mg/m^3의 ppm 단위로의 변환 실기 0302/0303/0802/0902/1002/2103
- mg/m^3 단위를 ppm으로 변환하려면 $\frac{mg/m^3 \times 기체부피}{분자량}$로 구
  한다.
- 24.45는 표준상태(25도, 1기압)에서 기체의 부피이다.
- 온도가 다를 경우 $24.45 \times \frac{273 + 온도}{273 + 25}$로 기체의 부피를 구
  한다.

1701 / 2103

29

• Repetitive Learning 1회 2회 3회

옥내의 습구흑구온도지수(WBGT)를 산출하는 공식은?

① WBGT=0.7NWT+0.2GT+0.1DT
② WBGT=0.7NWT+0.3GT
③ WBGT=0.7NWT+0.1GT+0.2DT
④ WBGT=0.7NWT+0.12GT

해설
- 일사가 영향을 미치는 옥외에서는 건구온도인 dB를 반영하지만 옥내에서는 일사의 영향이 없으므로 자연습구(0.7)와 흑구온도(0.3)만으로 WBGT가 결정된다.

❖ 습구흑구온도(WBGT : Wet Bulb Globe Temperature) 지수
문제 24번의 유형별 핵심이론 ❖ 참조

30

• Repetitive Learning 1회 2회 3회

활성탄관에 대한 설명으로 틀린 것은?

① 흡착관은 길이 7cm, 외경 6mm인 것을 주로 사용한다.
② 흡입구 방향으로 가장 앞쪽에는 유리섬유가 장착되어 있다.
③ 활성탄 입자는 크기가 20~40mesh인 것을 선별하여 사용한다.
④ 앞층과 뒷층을 우레탄 폼으로 구분하며 뒷층이 100mg으로 앞층 보다 2배 정도 많다.

해설
- 앞층과 뒷층을 우레탄 폼으로 구분하며 앞층이 100mg으로 뒷층보다 2배 정도 많다.

❖ 활성탄관
- 흡착관은 길이 7cm, 외경 6mm인 것을 주로 사용한다.
- 흡입구 방향으로 가장 앞쪽에는 유리섬유가 장착되어 있다.
- 활성탄 입자는 크기가 20~40mesh인 것을 선별하여 사용한다.
- 앞층과 뒷층을 우레탄 폼으로 구분하며 앞층이 100mg으로 뒷층 보다 2배 정도 많다.

0403 / 0701 / 0702 / 0901 / 1301 / 1401 / 1601 / 1602 / 1603 / 1803 / 1903 / 2202

31

• Repetitive Learning 1회 2회 3회

산업안전보건법령상 누적소음노출량 측정기로 소음을 측정하는 경우의 기기설정값은?

- Criteria (Ⓐ)dB
- Exchange Rate (Ⓑ)dB
- Threshold (Ⓒ)dB

① Ⓐ : 80, Ⓑ : 10, Ⓒ : 90
② Ⓐ : 90, Ⓑ : 10, Ⓒ : 80
③ Ⓐ : 80, Ⓑ : 4, Ⓒ : 90
④ Ⓐ : 90, Ⓑ : 5, Ⓒ : 80

해설
- 기기설정값은 Threshold=80dB, Criteria=90dB, Exchange Rate=5dB이다.

❖ 누적소음 노출량 측정기
- 작업자가 여러 작업장소를 이동하면서 작업하는 경우, 근로자에게 직접 부착하여 작업시간(8시간) 동안 작업자가 노출되는 소음 노출량을 측정하는 기계를 말한다.
- 기기설정값은 Threshold=80dB, Criteria=90dB, Exchange Rate=5dB이다.

32 ———————————— • Repetitive Learning 〔1회〕〔2회〕〔3회〕

처음 측정한 측정치는 유량, 측정시간, 회수율, 분석에 의한 오차가 각각 15%, 3%, 10%, 7%이었으나 유량에 의한 오차가 개선되어 10%로 감소되었다면 개선 전 측정치의 누적오차와 개선후의 측정치의 누적오차의 차이는 약 몇%인가?

① 6.5 ② 5.5
③ 4.5 ④ 3.5

> **해설**
> • 변경 전의 누적오차
> $$E_c = \sqrt{15^2 + 3^2 + 10^2 + 7^2} = \sqrt{383} = 19.570 \cdots [\%] \text{이다.}$$
> • 변경 후의 누적오차
> $$E_c = \sqrt{10^2 + 3^2 + 10^2 + 7^2} = \sqrt{258} = 16.062 \cdots [\%] \text{이다.}$$
> • 누적오차의 차이는 $19.570 - 16.062 = 3.508[\%]$이다.
>
> ◆◆ 누적오차
> • 조건이 같을 경우 항상 같은 크기, 같은 방향으로 일어나는 오차를 말한다.
> • 누적오차 $E_c = \sqrt{E_1^2 + E_2^2 + \cdots + E_n^2}$ 으로 구한다.

33 ———————————— • Repetitive Learning 〔1회〕〔2회〕〔3회〕

작업환경 내 105dB(A)의 소음이 30분, 110dB(A)소음이 15분, 115dB(A) 5분 발생하였을 때, 작업환경의 소음 정도는? (단, 105dB(A), 110dB(A), 115dB(A)의 1일 노출허용시간은 각각 1시간, 30분, 15분이고, 소음은 단속음이다)

① 허용기준초과
② 허용기준미달
③ 허용기준과 일치
④ 평가할 수 없음(조건부족)

> **해설**
> • $D = \left[\dfrac{30}{60} + \dfrac{15}{30} + \dfrac{5}{15}\right] \times 100$이므로 계산하면 $\dfrac{80}{60} \times 100 = 133.33$ [%]로 허용기준 100%를 초과하였다.
>
> ◆◆ 서로 다른 소음수준에 노출될 때의 소음노출량
> • 소음노출지수라고도 한다.(%가 아닌 숫자값으로 표시)
> • 전체 작업시간 동안 서로 다른 소음수준에 노출될 때의 소음노출량 $D = \left[\dfrac{C_1}{T_1} + \dfrac{C_2}{T_2} + \cdots + \dfrac{C_n}{T_n}\right] \times 100$으로 구한다. C는 dB별 노출시간, T는 dB별 노출한계시간이다.
> • 총 노출량 100%는 8시간 시간가중평균(TWA)이 90dB에 상응한다.

34 ———————————— • Repetitive Learning 〔1회〕〔2회〕〔3회〕

산업위생통계에서 적용하는 변이계수에 대한 설명으로 틀린 것은?

① 표준오차에 대한 평균값의 크기를 나타낸 수치이다.
② 통계집단의 측정값들에 대한 균일성, 정밀성 정도를 표현하는 것이다.
③ 단위가 서로 다른 집단이나 특성값의 상호 산포도를 비교하는데 이용될 수 있다.
④ 평균값의 크기가 0에 가까울수록 변이계수의 의의가 작아지는 단점이 있다.

> **해설**
> • 평균값에 대한 표준편차의 크기를 백분율[%]로 나타낸 것이다.
>
> ◆◆ 변이계수(Coefficient of Variation) 〔실기〕0501/0602/0702/1003
> • 평균값에 대한 표준편차의 크기를 백분율[%]로 나타낸 것이다.
> • 변이계수는 $\dfrac{\text{표준편차}}{\text{산술평균}} \times 100$으로 구한다.
> • 측정단위와 무관하게 독립적으로 산출된다.
> • 단위가 서로 다른 집단이나 특성값의 상호 산포도를 비교하는데 이용한다.
> • 통계집단의 측정값들에 대한 균일성, 정밀성 정도를 표현하는 것이다.
> • 평균값의 크기가 0에 가까울수록 변이계수의 의의가 작아지는 단점이 있다.

35 ———————————— • Repetitive Learning 〔1회〕〔2회〕〔3회〕

금속가공유를 사용하는 절단작업 시 주로 발생할 수 있는 공기 중 부유물질의 형태로 가장 적합한 것은?

① 미스트(mist) ② 먼지(dust)
③ 가스(gas) ④ 흄(fume)

> **해설**
> • 먼지는 콜로이드보다 큰 고체입자로 공기나 가스 중에 부유하는 것이다.
> • 흄은 금속이 용해되어 공기에 의하여 산화되어 미립자가 되어 분산하는 것이다.
> • 가스는 상온에서 기체의 형태로 존재하는 물질을 말한다.
>
> ◆◆ 미스트(mist)
> • 금속가공유를 사용하는 절단작업 시 주로 발생할 수 있는 공기 중 부유물질의 형태이다.
> • 가스나 증기의 응축 혹은 화학반응에 의해 생성된 액체형태의 입자이다.

36

석면농도를 측정하는 방법에 대한 설명 중 (   )안에 들어갈 적절한 기체는?(단, NIOSH 방법 기준)

공기 중 석면농도를 측정하는 방법으로는 충전식 휴대용펌프를 이용하여 여과지를 통하여 공기를 통과시켜 시료를 채취한 다음, 이 여과지에 (㉠)증기를 씌우고 (㉡)시약을 가한 후 위상차 현미경으로 400~450배의 배율에서 섬유수를 계수한다.

① 솔벤트, 메틸에틸케톤
② 아황산가스, 클로로포름
③ 아세톤, 트리아세틴
④ 트리클로로에탄, 트리클로로에틸렌

해설

- 공기 중 석면을 막여과지에 채취한 후 투명하게 전처리하는 방법 중 아세톤-트리아세틴 방식을 이용하여 석면농도를 측정하는 방법에 대한 설명이다.

✱ 위상차현미경법

- 실내 공기 중 석면 및 섬유상 먼지의 농도를 측정하기 위한 주 시험방법으로 사용된다.
- 공기 중 석면을 막여과지에 채취한 후 투명하게 전처리(아세톤-트리아세틴 혹은 디메틸프탈레이트-디에틸옥살레이트)하여 분석하는 방법이다.
- 사용방법이 간편하나 석면의 감별에 어려움이 있다.

37

두 집단의 어떤 유해물질의 측정값이 아래 도표와 같을 때 두 집단의 표준편차의 크기 비교에 대한 설명 중 옳은 것은?

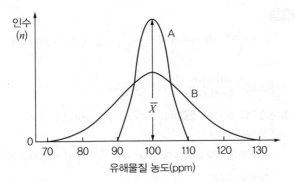

① A 집단과 B 집단은 서로 같다.
② A 집단의 경우가 B 집단의 경우보다 크다.
③ A 집단의 경우가 B 집단의 경우보다 작다.
④ 주어진 도표만으로 판단하기 어렵다.

해설

- 평균값에 밀집한 집단은 A로 A의 표준편차가 B보다 더 작다.

✱ 표준편차

- 편차의 제곱의 합을 평균을 분산이라고 하며, 분산의 양의 제곱근을 표준편차라 한다.
- 평균값으로부터 데이터에 대한 오차범위의 근사값이다.
- 표준편차가 작다는 것은 평균에 그만큼 많이 몰려있다는 의미이다.
- 표본표준편차 $S = \left[\dfrac{\sum\limits_{i=1}^{N}(x-\overline{x})^2}{N-1}\right]^{0.5}$ 로 구한다.

38

방사성 물질의 단위에 대한 설명이 잘못된 것은?

① 방사능의 SI단위는 Becquerel(Bq)이다.
② 1Bq는 3.7×10^{10}dps이다.
③ 물질에 조사되는 선량은 röntgen(R)으로 표시한다.
④ 방사선의 흡수선량은 Gray(Gy)로 표시한다.

해설

- ②는 퀴리(Ci)에 대한 설명이다.

✱ 전리 방사선의 단위

Roentgen(R) 노출선량	공기 중에 방사선에 의해 생성되는 이온의 양으로 주로 X선 및 감마선의 조사량을 표시할 때 쓰인다.
Curoe(Ci) 방사능 단위	• 1초 동안에 3.7×10^{10}개의 원자붕괴가 일어나는 방사능 물질의 양을 의미한다. • 현재는 베크렐(Bq)을 사용한다.
rad 흡수선량	• 조사량과 관계없이 인체조직에 흡수된 양을 의미한다. • 1rad=100erg/g을 의미한다. • 현재는 그레이(Gy)를 사용한다.
rem 등가선량	• 흡수선량이 생체에 주는 영향의 정도에 기초를 둔 생체실효선량(dose-equivalent)이다. • 현재는 시버트(Sv)를 사용한다.

39 — Repetitive Learning 1회 2회 3회

채취시료 10mL를 채취하여 분석한 결과 납(Pb)의 양이 8.5µg 이고 Blank 시료도 동일한 방법으로 분석한 결과 납의 양이 0.7µg이다. 총 흡인 유량이 60L일 때 작업환경 중 납의 농도(mg/m³)는?(단, 탈착효율은 0.95이다)

① 0.14 ② 0.21
③ 0.65 ④ 0.70

해설

- 흡인유량이 60L(탈착효율 0.95)이고, 분석된 시료의 양은 $8.5\mu g$, 공시료 분석농도는 $0.7\mu g$이므로 대입하면

$$\frac{(8.5-0.7)}{60\times 0.95}=0.1368\cdots[\mu g/L]$$이므로 단위를 $[mg/m^3]$으로 변환

하기 위해 분모와 분자에 각각 1,000을 나누어도 같은 값이 된다.

:: 농도계산 **실기** 0402/0403/0503/0601/0701/0703/0801/0802/0803/0901/0902/0903/1001/1002/1101/1103/1301/1401/1502/1603/1801/1802/1901/1903/2002/2004/2101/2102/2201

- 농도 $C=\dfrac{\text{분석농도}\times\text{용액의 부피}}{\text{공기채취량}}$ 으로 구한다.

- 공시료가 주어질 경우

농도 $C=\dfrac{(\text{시료농도}-\text{공시료농도})\times\text{용액의 부피}}{\text{공기채취량}}$ 로 구한다. 이

때 회수율은 공기채취량에 관련된 값이다.

---

40 ────────● **Repetitive Learning** [1회][2회][3회]

0403 / 1503

세 개의 소음원의 소음수준을 한 지점에서 각각 측정해보니 첫 번째 소음원만 가동될 때 88dB, 두 번째 소음원만 가동될 때 86dB, 세 번째 소음원만이 가동될 때 91dB이었다. 세 개의 소음원이 동시에 가동될 때 측정 지점에서의 음압수준(dB)은?

① 91.6

② 93.6

③ 95.4

④ 100.2

해설

- 각각 88dB(A), 86dB(A), 91dB(A)의 소음 3개가 만드는 합성소음은 $10\log(10^{8.8}+10^{8.6}+10^{9.1})=93.594\cdots dB(A)$가 된다.

:: 합성소음 **실기** 0401/0801/0901/1403/1602

- 동일한 공간 내에서 2개 이상의 소음원에 대한 소음이 발생할 때 전체 소음의 크기를 말한다.

- 합성소음$[dB(A)]=10\log(10^{\frac{SPL_1}{10}}+\cdots+10^{\frac{SPL_4}{10}})$으로 구할 수 있다.

이때, $SPL_1,\cdots,SPL_4$는 개별 소음도를 의미한다.

3과목 **작업환경관리대책**

41 ────────● **Repetitive Learning** [1회][2회][3회]

1803

다음 중 특급 분리식 방진마스크의 여과재 분진 등의 포집효율은?(단, 고용노동부 고시를 기준으로 한다)

① 80% 이상

② 94% 이상

③ 99.0% 이상

④ 99.95% 이상

해설

- 특급 분리식의 포집효율은 99.95% 이상, 안면부여과식은 99% 이상이다.

:: 여과재 분진 등 포집효율

형태 및 등급		염화나트륨(NaCl) 및 파라핀 오일(Paraffin oil) 시험(%)
분리식	특급	99.95 이상
	1급	94.0 이상
	2급	80.0 이상
안면부 여과식	특급	99.0 이상
	1급	94.0 이상
	2급	80.0 이상

---

42 ────────● **Repetitive Learning** [1회][2회][3회]

1902

흡인 풍량이 $200m^3/min$, 송풍기 유효전압이 $150mmH_2O$, 송풍기 효율이 80%인 송풍기의 소요동력은?

① 3.5kW

② 4.8kW

③ 6.1kW

④ 9.8kW

해설

- 송풍량이 분당으로 주어질 때 $\dfrac{\text{송풍량}\times\text{전압}}{6,120\times\text{효율}}\times\text{여유율}[kW]$로 구한다.

- 대입하면 $\dfrac{200\times150}{6,120\times0.8}=6.127\cdots$이 된다.

:: 송풍기의 소요동력 **실기** 0402/0403/0602/0603/0901/1101/1201/1402/1501/1601/1802/1903

- 송풍량이 초당으로 주어질 때 $\dfrac{\text{송풍량}\times60\times\text{전압}}{6,120\times\text{효율}}\times\text{여유율}$ [kW]로 구한다.

- 송풍량이 분당으로 주어질 때 $\dfrac{\text{송풍량}\times\text{전압}}{6,120\times\text{효율}}\times\text{여유율}[kW]$로 구한다.

- 여유율이 주어지지 않을 때는 1을 적용한다.

43 ──────● Repetitive Learning 〔1회 2회 3회〕

다음은 방진마스크에 대한 설명이다. 옳지 않은 것은?

① 방진마스크는 인체에 유해한 분진, 연무, 흄, 미스트, 스프레이 입자를 작업자가 흡입하지 않도록 하는 보호구이다.
② 방진마스크의 종류에는 격리식과 직결식, 면체여과식이 있다.
③ 방진마스크의 필터는 활성탄과 실리카겔이 주로 사용된다.
④ 비휘발성 입자에 대한 보호만 가능하며, 가스 및 증기의 보호는 안 된다.

> **해설**
> • 방진마스크 필터의 재질은 면, 모, 합성섬유, 유리섬유, 금속섬유 등이다.
>
> ❖ **방진마스크** 실기 2202
> • 공기 중에 부유하는 미세 입자 물질을 흡입함으로써 인체에 장해의 우려가 있는 경우에 사용한다.
> • 방진마스크의 종류에는 격리식과 직결식이 있고, 그 성능에 따라 특급, 1급 및 2급으로 나누어 진다.
> • 방진마스크 필터의 재질은 면, 모, 합성섬유, 유리섬유, 금속섬유 등이다.
> • 베릴륨, 석면 등에 대해서는 특급을 사용하여야 한다.
> • 장시간 사용 시 분진의 포집효율이 감소하고 압력강하는 증가한다.
> • 비휘발성 입자에 대한 보호만 가능하며, 가스 및 증기의 보호는 안 된다.
> • 흡기저항 상승률은 낮은 것이 좋다.
> • 하방 시야가 60도 이상되어야 한다.
> • 반면형 마스크는 안경 및 고글을 착용한 경우 밀착에 영향을 미치므로 주의해야 한다.

44 ──────● Repetitive Learning 〔1회 2회 3회〕

국소환기장치 설계에서 제어속도에 대한 설명으로 옳은 것은?

① 작업장 내의 평균유속을 말한다.
② 발산되는 유해물질을 후드로 흡인하는데 필요한 기류속도이다.
③ 덕트 내의 기류속도를 말한다.
④ 일명 반송속도라고도 한다.

> **해설**
> • 오염물질의 발생원에서 비산되는 오염물질을 비산한계점 내에서 후드 개구부 내부로 흡입하는데 필요한 최소 속도를 제어속도라고 한다.
>
> ❖ **국소배기장치의 제어속도(Capture velocity)**
> • 오염물질의 발생원에서 비산되는 오염물질을 비산한계점 내에서 후드 개구부 내부로 흡입하는데 필요한 최소 속도를 말한다.
> • 공기의 점성계수에 반비례한다.

45 ──────● Repetitive Learning 〔1회 2회 3회〕

지름이 100cm인 원형 후드 입구로부터 200cm 떨어진 지점에 오염물질이 있다. 제어풍속이 3m/s일 때, 후드의 필요 환기량(m^3/s)은?(단, 자유공간에 위치하며 플랜지는 없다)

① 143
② 122
③ 103
④ 83

> **해설**
> • 공간에 위치하며, 플랜지가 없으므로 필요 환기량 $Q = 60 \times V_c(10X^2 + A)$로 구한다.
> • 개구면적은 반지름이 0.5m이므로 $3.14 \times 0.5^2 = 0.785[m^2]$이다.
> • 대입하면 $Q = 60 \times 3(10 \times 2^2 + 0.785) = 7,341.3[m^3/min]$이다. 구하고자 하는 값은 초당의 환기량이므로 60으로 나눠주면 $122.355[m^3/sec]$이다.
>
> ❖ **외부식 원형 또는 장방형 후드** 실기 0303/0403/0503/0603/0801/1001/1002/1701/1703/1901/2003/2102
> • 공간에 위치하며, 플랜지가 없는 경우에 해당한다.
> • 기본식(Dalla Valle)은 $Q = 60 \times V_c(10X^2 + A)$로 구한다. 이때 Q는 필요 환기량$[m^3/min]$, V_c는 제어속도[m/sec], A는 개구면적$[m^2]$, X는 후드의 중심선으로부터 발생원까지의 거리[m]이다.

46 ──────● Repetitive Learning 〔1회 2회 3회〕

플랜지 없는 외부식 사각형 후드가 설치되어 있다. 성능을 높이기 위해 플랜지 있는 외부식 사각형 후드로 작업대에 부착했을 때, 필요 환기량의 변화로 옳은 것은?(단, 포촉거리, 개구면적, 제어속도는 같다)

① 기존 대비 10%로 줄어든다.
② 기존 대비 25%로 줄어든다.
③ 기존 대비 50%로 줄어든다.
④ 기존 대비 75%로 줄어든다.

• 플랜지 없는 자유공간의 상방 외부식 장방형 후드의 환기량 $Q = 60 \times V_c(10X^2 + A)$로 구하는데 반해, 작업대에 부착하는 플랜지 있는 외부식 측방형 후드의 환기량 $Q = 60 \times 0.5 \times V_c(10X^2 + A)$로 구하므로 절반의 환기량으로도 같은 환기량을 만들 수 있다.

:: 외부식 측방형 후드 실기 0401/0702/0902/1002/1502/1702/1703/1902/2103/2201

- 작업대에 부착하며, 플랜지가 있는 경우에 해당한다.
- 필요 환기량 $Q = 60 \times 0.5 \times V_c(10X^2 + A)$로 구한다. 이때 Q는 필요 환기량$[m^3/min]$, V_c는 제어속도[m/sec], A는 개구면적$[m^2]$, X는 후드의 중심선으로부터 발생원까지의 거리[m]이다.

:: 외부식 원형 또는 장방형 후드 실기 0303/0403/0503/0603/0801/1001/1002/1701/1703/1901/2003/2102

- 공간에 위치하며, 플랜지가 없는 경우에 해당한다.
- 기본식(Dalla Valle)은 $Q = 60 \times V_c(10X^2 + A)$로 구한다. 이때 Q는 필요 환기량$[m^3/min]$, V_c는 제어속도[m/sec], A는 개구면적$[m^2]$, X는 후드의 중심선으로부터 발생원까지의 거리[m]이다.

0802

47 ──────•Repetitive Learning 1회 2회 3회

보호구의 재질과 적용 물질에 대한 내용으로 틀린 것은?

① 면 : 고체상 물질에 효과적이다.
② 부틸(Butyl) 고무 : 극성 용제에 효과적이다.
③ 니트릴(Nitrile) 고무 : 비극성 용제에 효과적이다.
④ 천연 고무(latex) : 비극성 용제에 효과적이다.

• 천연고무(latex)는 절단 및 찰과상 예방에 좋으며 수용성 용액, 극성 용제에 효과적으로 적용할 수 있다.

:: 보호구 재질과 적용 물질

면	고체상 물질에 효과적이다.(용제에는 사용 못함)
가죽	찰과상 예방 용도(용제에는 사용 못함)
천연고무	절단 및 찰과상 예방에 좋으며 수용성 용액, 극성 용제(물, 알콜, 케톤류 등)에 효과적이다.
부틸 고무	극성 용제(물, 알콜, 케톤류 등)에 효과적이다.
니트릴 고무 (viton)	비극성 용제(벤젠, 사염화탄소 등)에 효과적이다.
네오프렌 (Neoprene) 고무	비극성 용제(벤젠, 사염화탄소 등), 산, 부식성 물질에 효과적이다.
Ethylene Vinyl Alcohol	대부분의 화학물질에 효과적이다.

48 ──────•Repetitive Learning 1회 2회 3회

덕트 내 공기흐름에서의 레이놀즈수(Reynolds Number)를 계산하기 위해 알아야 하는 모든 요소는?

① 공기속도, 공기점성계수, 공기밀도, 덕트의 직경
② 공기속도, 공기밀도, 중력가속도
③ 공기속도, 공기온도, 덕트의 길이
④ 공기속도, 공기점성계수, 덕트의 길이

• 레이놀즈의 수를 구하기 위해서는 공기속도, 도관의 직경, 점성계수, 동점성계수, 유체의 밀도를 알아야 한다.

:: 레이놀즈(Reynolds)수 계산 실기 0303/0403/0502/0503/0603/0702/1001/1201/1203/1301/1401/1601/1702/1801/1901/1902/1903/2001/2101/2103/2201/2203

• $Re = \dfrac{\rho v_s^2/L}{\mu v_s/L^2} = \dfrac{\rho v_s L}{\mu} = \dfrac{v_s L}{\nu} = \dfrac{관성력}{점성력}$로 구할 수 있다.

v_s는 유동의 평균속도[m/s]
L은 특성길이(관의 내경, 평판의 길이 등)[m]
μ는 유체의 점성계수$[kg/sec \cdot m]$
ν는 유체의 동점성계수$[m^2/s]$
ρ는 유체의 밀도$[kg/m^3]$

49 ──────•Repetitive Learning 1회 2회 3회

50℃의 송풍관에 15m/s의 유속으로 흐르는 기체의 속도압 (mmH_2O)은?(단, 기체의 밀도는 1.293kg/m^3이다)

① 32.4 ② 22.6
③ 14.8 ④ 7.2

• 속도압(동압) $VP = \dfrac{\gamma V^2}{2g}[mmH_2O]$로 구한다.

• 주어진 값들을 대입하면 $VP = \dfrac{1.293 \times 15^2}{2 \times 9.8} = 14.843 \cdots [mmH_2O]$가 된다.

:: 속도압(동압) 실기 0402/0602/0803/1003/1101/1301/1402/1502/1601/1602/1703/1802/2001/2201

- 속도압(VP)은 전압(TP)에서 정압(SP)을 뺀 값으로 구한다.
- 동압 $VP = \dfrac{\gamma V^2}{2g}[mmH_2O]$로 구한다. 이때 γ는 표준공기일 경우 1.203$[kgf/m^3]$이며, g는 중력가속도로 9.81$[m/s^2]$이다.
- VP$[mmH_2O]$를 알면 공기속도는 $V = 4.043 \times \sqrt{VP}[m/s]$로 구한다.

50 ———— Repetitive Learning (1회 2회 3회)

작업환경관리 대책 중 물질의 대체에 해당되지 않는 것은?

① 성냥을 만들 때 백린을 적린으로 교체한다.
② 보온재료인 유리섬유를 석면으로 교체한다.
③ 야광시계의 자판에 라듐 대신 인을 사용한다.
④ 분체 입자를 큰 입자로 대체한다.

해설

- 작업환경 개선을 위해서는 보온재료로 석면 대신 유리섬유나 암면을 사용해야 한다.

⁑ 대치의 원칙

시설의 변경	• 가연성 물질을 유리병 대신 철제통에 저장 • Fume 배출 드라프트의 창을 안전 유리창으로 교체
공정의 변경	• 건식공법의 습식공법으로 전환 • 전기 흡착식 페인트 분무방식 사용 • 금속을 두들겨 자르던 공정을 톱으로 절단 • 알코올을 사용한 엔진 개발 • 도자기 제조공정에서 건조 후에 하던 점토의 조합을 건조 전에 실시 • 땜질한 납 연마 시 고속회전 그라인더의 사용을 저속 Oscillating−typesander로 변경
물질의 변경	• 성냥 제조시 황린 대신 적린 사용 • 단열재 석면을 대신하여 유리섬유나 암면 또는 스티로폼 등을 사용 • 야광시계 자판에 Radium을 인으로 대치 • 금속표면을 블라스팅할 때 사용재료로서 모래 대신 철구슬을 사용 • 페인트 희석제를 석유나프타에서 사염화탄소로 대치 • 분체 입자를 큰 입자로 대체 • 금속세척 시 TCE를 대신하여 계면활성제로 변경 • 세탁 시 화재 예방을 위해 석유나프타 대신 4클로로에틸렌을 사용 • 세척작업에 사용되는 사염화탄소를 트리클로로에틸렌으로 전환 • 아조염료의 합성에 벤지딘 대신 디클로로벤지딘을 사용 • 페인트 내에 들어있는 납을 아연 성분으로 전환

51 ———— Repetitive Learning (1회 2회 3회)

7m×14m×3m의 체적을 가진 방에 톨루엔이 저장되어 있고 공기를 공급하기 전에 측정한 농도가 300ppm이었다. 이 방으로 $10m^3$/min의 환기량을 공급한 후 노출기준인 100ppm으로 도달하는데 걸리는 시간(min)은?

① 12
② 16
③ 24
④ 32

해설

- 작업장의 기적은 $7×14×3=294m^3$이다.
- 유효환기량이 $10m^3$/min, C_1이 300, C_2가 100이므로 대입하면
$t=-\dfrac{294}{10}ln\left(\dfrac{100}{300}\right)=32.299$[min]이다.

⁑ 유해물질의 농도를 감소시키기 위한 환기

ⓐ 농도 C_1에서 C_2까지 농도를 감소시키는데 걸리는 시간 **실기**
0302/0403/0602/0603/0902/1103/1301/1303/1702/1703/1802/2102

- 감소시간 $t=-\dfrac{V}{Q}ln\left(\dfrac{C_2}{C_1}\right)$로 구한다. 이때 V는 작업장 체적$[m^3]$, Q는 공기의 유입속도$[m^3$/min], C_2는 희석후 농도[ppm], C_1은 희석전 농도[ppm]이다.

ⓑ 작업을 중지한 후 t분 지난 후 농도 C_2 **실기** 1102/1903

- t분이 지난 후의 농도 $C_2=C_1\cdot e^{-\frac{Q}{V}t}$로 구한다.

52 ———— Repetitive Learning (1회 2회 3회)

후드의 선택에서 필요 환기량을 최소화하기 위한 방법이 아닌 것은?

① 측면 조절판 또는 커텐 등으로 가능한 공정을 둘러 쌀 것
② 후드를 오염원에 가능한 가깝게 설치 할 것
③ 후드 개구부로 유입되는 기류속도 분포가 균일하게 되도록 할 것
④ 공정 중 발생되는 오염물질의 비산속도를 크게 할 것

해설

- 공정 중 발생되는 오염물질의 비산속도가 클 경우 외부식 후드를 사용하기가 어려워진다. 비산속도는 적정한 수준으로 유지할 필요가 있다.

⁑ 후드 설치의 유의사항 **실기** 1101

- 유해물질을 충분히 제어할 수 있는 구조와 크기로 한다.
- 후드는 발생원을 가능한 한 포위하는 형태인 포위식 형식의 구조로 하고, 발생원을 포위할 수 없을 때는 발생원과 가장 가까운 위치에 외부식 후드를 설치하여야 한다. 다만, 유해물질이 일정한 방향성을 가지고 발생될 때는 레시버식 후드를 설치하여야 한다.
- 후드의 흡입방향은 가급적 비산 또는 확산된 유해물질이 작업자의 호흡영역을 통과하지 않도록 하여야 한다.
- 오염 공기의 성질, 발생상태, 발생원인을 파악한다.
- 후드 개구부로 유입되는 기류속도 분포가 균일하게 되도록 한다.
- 공정에서 발생하는 오염물질의 절대량을 감소시킨다.

53 •Repetitive Learning 1회 2회 3회

송풍기의 회전수 변화에 따른 풍량, 풍압 및 동력에 대한 설명으로 옳은 것은?

① 풍량은 송풍기의 회전수에 비례한다.
② 풍압은 송풍기의 회전수에 반비례한다.
③ 동력은 송풍기의 회전수에 비례한다.
④ 동력은 송풍기 회전수의 제곱에 비례한다.

해설

• 송풍량은 회전속도(비)에 비례한다.

▮▮ 송풍기의 상사법칙 실기 0402/0403/0501/0701/0803/0902/0903/1001/ 1102/1103/1201/1303/1401/1501/1502/1503/1603/1703/1802/1901/1903/2001/ 2002

송풍기 크기 일정 공기 비중 일정	• 송풍량은 회전속도(비)에 비례한다. • 풍압(정압)은 회전속도(비)의 제곱에 비례한다. • 동력은 회전속도(비)의 세제곱에 비례한다.
송풍기 회전수 일정 공기의 중량 일정	• 송풍량은 회전차 직경의 세제곱에 비례한다. • 풍압(정압)은 회전차 직경의 제곱에 비례한다. • 동력은 회전차 직경의 오제곱에 비례한다.
송풍기 회전수 일정 송풍기 크기 일정	• 송풍량은 비중과 온도에 무관하다. • 풍압(정압)은 비중에 비례, 절대온도에 반비례한다. • 동력은 비중에 비례, 절대온도에 반비례한다.

54 •Repetitive Learning 1회 2회 3회

1기압에서 혼합기체의 부피비가 질소 71%, 산소 14%, 탄산가스 15%로 구성되어 있을 때, 질소의 분압(mmHg)은?

① 433.2
② 539.6
③ 646.0
④ 653.6

해설

• 1기압은 760mmHg이므로 질소의 분압은 $760 \times 0.71 = 539.6$mmHg 이다.

▮▮ 분압 실기 0702

• 분압이란 대기 중 특정 기체가 차지하는 압력의 비를 말한다.
• 대기압은 1atm=760mmHg=10,332mmH$_2$O=101.325kPa이다.
• 최고농도 $= \dfrac{분압}{760} \times 10^6$[ppm]으로 구한다.

55 •Repetitive Learning 1회 2회 3회

공기정화장치의 한 종류인 원심력 집진기에서 절단입경 (cut-size, Dc)은 무엇을 의미하는가?

① 100% 분리 포집되는 입자의 최소 입경
② 100% 처리효율로 제거되는 입자크기
③ 90% 이상 처리효율로 제거되는 입자크기
④ 50% 처리효율로 제거되는 입자크기

해설

• ②는 입계입경을 설명하고 있다.

▮▮ 분리한계입경

• 원심력 집진기에서 분진을 포집할 때 분리한계(포집한계)가 되는 분진의 크기를 말한다.
• 절단경 또는 절단입경은 부분집진효율 50%를 말한다.
• 입계입경은 부분집진효율 100%를 말한다.

56 •Repetitive Learning 1회 2회 3회

원심력 송풍기 중 다익형 송풍기에 관한 설명과 가장 거리가 먼 것은?

① 큰 압력손실에서도 송풍량이 안정적이다.
② 송풍기의 임펠러가 다람쥐 쳇바퀴 모양으로 생겼다.
③ 강도가 크게 요구되지 않기 때문에 적은 비용으로 제작 가능하다.
④ 다른 송풍기와 비교하여 동일 송풍량을 발생시키기 위한 임펠러 회전속도가 상대적으로 낮기 때문에 소음이 작다.

해설

• 큰 압력손실에서 송풍량이 급격하게 떨어지는 단점이 있다.

▮▮ 전향 날개형 송풍기

• 다익형 송풍기라고도 한다.
• 송풍기의 임펠러가 다람쥐 쳇바퀴 모양이며, 송풍기 깃이 회전 방향과 동일한 방향으로 설계되어 있다.
• 동일 송풍량을 발생시키기 위한 임펠러 회전속도가 상대적으로 낮아 소음문제가 거의 발생하지 않는다.
• 이송시켜야 할 공기량은 많으나 압력손실이 작게 걸리는 전체환기나 공기조화용으로 널리 사용된다.
• 강도가 크게 요구되지 않기 때문에 적은 비용으로 제작가능하다.
• 큰 압력손실에서 송풍량이 급격하게 떨어지는 단점이 있다.

57

57 ──────●ᴿᵉᵖᵉᵗⁱᵗⁱᵛᵉ ᴸᵉᵃʳⁿⁱⁿᵍ (1회 2회 3회)

유입계수가 0.82인 원형 후드가 있다. 원형 덕트의 면적이 $0.0314m^2$이고 필요 환기량이 $30m^3$/min이라고 할 때, 후드의 정압(mmH₂O)은?(단, 공기밀도는 1.2kg/m^3이다)

① 16　　　　　　　　② 23

③ 32　　　　　　　　④ 37

해설

- 필요환기량=덕트의 면적×속도이므로 속도=30/0.0314가 되는데 환기량의 단위가 분당이므로 이를 초당으로 바꾸어서 계산한다. 즉, 속도=$\frac{(30/60)}{0.0314}=15.923\cdots$[m/s]이 된다.

- 속도압은 $\frac{\gamma V^2}{2g}$이므로 대입하면 $\frac{1.2\times15.9^2}{2\times9.8}=15.478\cdots mmH_2O$ 이다.

- 유입손실계수(F)=$\frac{1-C_e^2}{C_e^2}=\frac{1}{C_e^2}-1$이므로 대입하면

  $\frac{1}{0.82^2}-1=0.4872\cdots$이다.

- 후드의 정압(SP_h)은 VP(1+유입손실계수)이므로 대입하면 $15.48\times(1+0.4872)=23.02mmH_2O$가 된다.

- ❖ 후드의 정압(SP_h) **실기** 0401/0403/0503/0701/0702/0703/0902/0903/ 1001/1002/1003/1101/1303/1703/1902/2001/2101/2103

  - 정지된 공기를 덕트 내로 흡입하여 덕트 내의 동압이 속도압이 되도록 하기 위하여 후드와 덕트의 접속부분에 걸어주어야 하는 부압(Negative Pressure)을 말한다.
  - 이상적인 후드의 경우 정압은 덕트 내의 동압(VP)과 같다.
  - 일반적인 후드의 경우 공기가 후드에 유입되면서 압력손실이 발생하는데 이를 유입손실이라고 한다. 이에 정압(SP_h)은 유입손실+동압이 된다.
  - 유입손실은 덕트내의 동압(VP)에 비례하고 이때의 비례상수가 유입손실계수이다. 그러므로 정압(SP_h)=VP(1+유입손실계수)가 된다.

58 ──────●ᴿᵉᵖᵉᵗⁱᵗⁱᵛᵉ ᴸᵉᵃʳⁿⁱⁿᵍ (1회 2회 3회)

방사날개형 송풍기에 관한 설명과 가장 거리가 먼 것은?

① 고농도 분진함유 공기나 부식성이 강한 공기를 이송시키는 데 많이 이용된다.

② 깃이 평판으로 되어 있다.

③ 가격이 저렴하고 효율이 높다.

④ 깃의 구조가 분진을 자체 정화할 수 있도록 되어 있다.

해설

- ③은 축류 송풍기의 특징이다.

- ❖ 방사 날개형 송풍기
  - 평판형, 플레이트 송풍기라고도 한다.
  - 깃이 평판으로 되어 있고 강도가 매우 높게 설계되어 있다.
  - 깃의 구조가 분진을 자체 정화할 수 있도록 되어 있다.
  - 고농도 분진 함유 공기나 부식성이 강한 공기를 이송하는데 사용된다.

59 ──────●ᴿᵉᵖᵉᵗⁱᵗⁱᵛᵉ ᴸᵉᵃʳⁿⁱⁿᵍ (1회 2회 3회)

다음 중 작업환경 개선에서 공학적인 대책과 가장 거리가 먼 것은?

① 환기　　　　　　　② 대체

③ 교육　　　　　　　④ 격리

해설

- 공학적 작업환경관리 대책에는 제거 또는 대치, 격리, 환기 등이 있다.

- ❖ 공학적 작업환경관리 대책과 유의점

제거 또는 대치	• 가장 효과적이며 우수한 관리대책이다. • 물질대치는 경우에 따라서 지금까지 알려지지 않았던 전혀 다른 장해를 줄 수 있음 • 장비대치는 적절한 대치방법 개발의 어려움
격리	• 작업자와 유해인자 사이에 장벽을 놓는 것 • 보호구를 사용하는 것도 격리의 한 방법 • 거리, 시간, 공정, 작업자 전체를 대상으로 실시하는 대책 • 비교적 간단하고 효과도 좋음
환기	• 설계, 시설설치, 유지보수가 필요 • 공정을 그대로 유지하면서 효율적 관리가능한 방법은 국소배기방식

60 ──────●ᴿᵉᵖᵉᵗⁱᵗⁱᵛᵉ ᴸᵉᵃʳⁿⁱⁿᵍ (1회 2회 3회)

온도 50℃인 기체가 관을 통하여 $20m^3$/min으로 흐르고 있을 때, 같은 조건의 0℃에서 유량(m^3/min)은?(단, 관내압력 및 기타 조건은 일정하다)

① 14.7　　　　　　　② 16.9

③ 20.0　　　　　　　④ 23.7

해설

- 속도압이나 유량은 절대온도의 비에 비례하므로 유량은

  $20\times\frac{273}{273+50}=16.90[m^3$/min]이다.

실기 0401/0403/0502/0601/0603/0701/0903/1001/1002/
1003/1101/1301/1302/1402/1501/1602/1603/1703/1901/2003

:: 유량과 유속

- 유량 $Q = A \times V$로 구한다. 이때 Q는 유량[m^3/min], A는 단면적[m^2], V는 유속[m/min]이다.
- 유량이 일정할 때 단면적이 감소하면 유속은 증가한다. 즉, $Q = A_1 \times V_1 = A_2 \times V_2$가 성립한다.

4과목 　물리적 유해인자관리

61
● Repetitive Learning 〔1회〕〔2회〕〔3회〕

다음에서 설명하는 고열장해는?

> 이것은 작업환경에서 가장 흔히 발생하는 피부장해로서 땀띠(prickly heat)라고도 말하며, 땀에 젖은 피부 각질층이 떨어져 막아 한선 내에 땀의 압력으로 염증성 반응을 일으켜 붉은 구진(papules) 형태로 나타난다.

① 열사병(Heat stroke)
② 열허탈(Heat collapse)
③ 열경련(Heat cramps)
④ 열발진(Heat rashes)

해설

- 열사병은 고온다습한 환경에서 격심한 육체노동을 할 때 발병하는 중추성 체온조절 기능장애이다.
- 열허탈은 고열작업에 순화되지 못해 말초혈관이 확장되고, 신체 말단에 혈액이 과다하게 저류되어 뇌의 산소부족이 나타난다.
- 열경련은 장시간 온열환경에 노출 후 대량의 염분상실을 동반한 땀의 과다로 인하여 수의근의 유통성 경련이 발생하는 고열장해이다.

:: 열발진(Heat rashes)
　㉠ 개요
　　• 땀띠(prickly heat)라고도 한다.
　　• 피부가 땀에 오래 젖어서 생기는 것으로 고온다습하고 통풍이 잘되지 않는 환경에서 작업할 때 많이 발생한다.
　　• 땀에 젖은 피부 각질층이 떨어져 막아 한선 내에 땀의 압력으로 염증성 반응을 일으켜 붉은 구진(papules) 형태로 나타난다.
　㉡ 대책
　　• 고온환경에서 벗어나 땀을 흘리지 않으면 곧 치유된다.
　　• 냉수 목욕을 한 다음, 피부를 잘 건조시키고 칼라민 로션이나 아연화연고를 바른다.

1501 / 1901

62
● Repetitive Learning 〔1회〕〔2회〕〔3회〕

진동증후군(HAVS)에 대한 스톡홀름 워크숍의 분류로서 틀린 것은?

① 진동증후군의 단계를 0부터 4까지 5단계로 구분하였다.
② 1단계는 가벼운 증상으로 하나 또는 그 이상의 손가락 끝부분이 하얗게 변하는 증상을 의미한다.
③ 3단계는 심각한 증상으로 하나 또는 그 이상의 손가락 가운뎃 마디 부분까지 하얗게 변하는 증상이 나타나는 단계이다.
④ 4단계는 매우 심각한 증상으로 대부분의 손가락이 하얗게 변하는 증상과 함께 손끝에서 땀의 분비가 제대로 일어나지 않는 등의 변화가 나타나는 단계이다.

해설

- 3단계는 중증의 단계로 대부분의 손가락에 가끔 발작이 발생하는 단계이다.

:: 진동증후군(HAVS)에 대한 스톡홀름 워크숍
- 진동증후군의 단계를 0부터 4까지 5단계로 구분하였다.
- 1단계는 가벼운 증상으로 하나 또는 그 이상의 손가락 끝부분이 하얗게 변하는 증상을 의미한다.
- 2단계는 중증도의 단계로 하나 또는 그 이상의 손가락 가운뎃 마디 부분까지 하얗게 변하는 증상이 나타나는 단계이다.
- 3단계는 심각한 단계로 대부분의 손가락이 하얗게 변하는 증상이 자주 나타나는 단계이다.
- 4단계는 매우 심각한 증상으로 대부분의 손가락이 하얗게 변하는 증상과 함께 손끝에서 땀의 분비가 제대로 일어나지 않는 등의 변화가 나타나는 단계이다.

63
● Repetitive Learning 〔1회〕〔2회〕〔3회〕

산업안전보건법령상 이상기압에 의한 건강장해의 예방에 있어 사용되는 용어의 정의로 옳지 않은 것은?

① 압력이란 절대압과 게이지압의 합을 말한다.
② 고압작업이란 고기압에서 잠함공법이나 그 외의 압기공법으로 하는 작업을 말한다.
③ 기압조절실이란 고압작업을 하는 근로자 또는 잠수작업을 하는 근로자가 가압 또는 감압을 받는 장소를 말한다.
④ 표면공급식 잠수작업이란 수면 위의 공기압축기 또는 호흡용 기체통에서 압축된 호흡용 기체를 공급받으면서 하는 작업을 말한다.

- 압력이란 게이지 압력을 말한다.

❖ 이상기압 관련 용어

압력	게이지 압력
이상기압	압력이 제곱센티미터당 1킬로그램 이상인 기압
고압작업	고기압에서 잠함공법이나 그 외의 압기 공법으로 하는 작업
기압조절실	고압작업을 하는 근로자가 가압 또는 감압을 받는 장소
잠수작업	물속에서 공기압축기나 호흡용 공기통을 이용하여 하는 작업
표면공급식 잠수작업	수면 위의 공기압축기 또는 호흡용 기체통에서 압축된 호흡용 기체를 공급받으면서 하는 작업

64

1303

● Repetitive Learning 〔1회 2회 3회〕

비전리방사선의 종류 중 옥외작업을 하면서 콜타르의 유도체, 벤조피렌, 안트라센 화합물과 상호작용하여 피부암을 유발시키는 것으로 알려진 비전리방사선은?

① γ선
② 자외선
③ 적외선
④ 마이크로파

- 콜타르의 유도체, 벤조피렌, 안트라센 화합물과 상호작용하여 피부암을 유발시키는 것은 자외선이다.

❖ 자외선
- 100~400nm 정도의 파장을 갖는다.
- 피부의 색소침착 등 생물학적 작용이 활발하게 일어나서 Dorno선이라고도 한다.(이때의 파장은 280~315nm 정도이다)
- 피부에 강한 특이적 홍반작용과 색소침착, 전기성 안염(전광선 안염), 피부암 발생 등의 장해를 일으킨다.
- 트리클로로에틸렌을 독성이 강한 포스겐으로 전환시킬 수 있는 광화학 작용을 한다.
- 콜타르의 유도체, 벤조피렌, 안트라센 화합물과 상호작용하여 피부암을 유발시킨다.

65

0701 / 1001 / 1803

● Repetitive Learning 〔1회 2회 3회〕

소독작용, 비타민 D 형성, 피부색소 침착 등 생물학적 작용이 강한 특성을 가진 자외선(Dorno 선)의 파장 범위는 약 얼마인가?

① 1,000Å~2,800Å
② 2,800Å~3,150Å
③ 3,150Å~4,000Å
④ 4,000Å~4,700Å

- Dorno선의 파장은 280~315nm, 2,800Å~3,150Å 범위이다.

❖ 도르노선(Dorno-ray)
- 280~315nm, 2,800Å~3,150Å의 파장을 갖는 자외선이다.
- 비전리방사선이며, 건강선이라고 불리는 광선이다.
- 소독작용, 비타민 D 형성, 피부색소 침착 등 생물학적 작용이 강하다.

66

0901 / 1802

● Repetitive Learning 〔1회 2회 3회〕

인체와 작업환경과의 사이에 열교환의 영향을 미치는 것으로 가장 거리가 먼 것은?

① 대류(convection)
② 열복사(radiation)
③ 증발(evaporation)
④ 열순응(acclimatization to heat)

- 인체의 열교환에 관여하는 인자에는 복사, 대류, 전도, 증발이 있다.

❖ 인체의 열교환
- ㉠ 경로
  - 복사 – 한겨울에 햇볕을 쬐면 기온은 차지만 따스함을 느끼는 것
  - 대류 – 같은 온도에서도 바람이 부느냐 불지 않느냐에 따라 열손실이 달라지는 것
  - 전도 – 달구어진 옥상 바닥에 손바닥을 짚을 때 손바닥으로 열이 전해지는 것
  - 증발 – 피부 표면을 통해 인체의 열이 증발하는 것
- ㉡ 열교환과정 실기 0503/0801/0903/1403/1502/2201
  - $S=(M-W)\pm R\pm C-E$
    단, S는 열 축적, M은 대사, W는 일, R은 복사, C는 대류, E는 증발을 의미한다.
  - 한랭환경에서는 복사 및 대류는 음(−)수 값을 취한다.
  - 열교환에 영향을 미치는 요소에는 기온(Temperature), 기습(Humidity), 기류(Air movement) 등이 있다.

67

1301

● Repetitive Learning 〔1회 2회 3회〕

다음 중 이상기압의 인체작용으로 2차적인 가압현상과 가장 거리가 먼 것은?(단, 화학적 장해를 말한다)

① 질소마취
② 산소 중독
③ 이산화탄소의 중독
④ 일산화탄소의 작용

해설

- 고압 환경의 2차성 압력현상에는 질소마취, 산소 중독, 이산화탄소 중독 등이 있다.

⁑ 고압 환경의 생체작용
- 1차성 압력현상−생체강과 환경간의 기압차로 인한 기계적 작용으로 울혈, 부종, 출혈, 동통과 함께 귀, 부비강, 치아의 압통 등이 발생할 수 있다.
- 2차성 압력현상−고압하의 대기가스의 독성으로 인한 현상으로 질소마취, 산소 중독, 이산화탄소 중독 등이 있다.

0502 / 1203

68 ──────── ● Repetitive Learning 〔1회 2회 3회〕

전리방사선 중 전자기방사선에 속하는 것은?

① α선 　　　　　② β선
③ γ선 　　　　　④ 중성자

해설

- 빛이나 전파로 존재하는 방사선(전자기방사선)은 γ선, X선이 있다.

⁑ 방사선의 투과력
- 투과력을 순서대로 배열하면 중성자>X선 또는 γ선>β선>α선 순이다.
- 입자형태의 방사선(입자방사선)은 α선, β선, 중성자선 등이 있다.
- 빛이나 전파로 존재하는 방사선(전자기방사선)은 γ선, X선이 있다.

1501

69 ──────── ● Repetitive Learning 〔1회 2회 3회〕

1sone이란 몇 Hz에서, 몇 dB의 음압레벨을 갖는 소음의 크기를 말하는가?

① 2,000Hz, 48dB 　　　② 1,000Hz, 40dB
③ 1,500Hz, 45dB 　　　④ 1,200Hz, 45dB

해설

- 1sone은 40dB의 1,000Hz 순음의 크기로 40phon의 값을 의미한다.

⁑ sone 값
- 인간이 청각으로 느끼는 소리의 크기를 측정하는 척도 중 하나이다.
- 기준 음에 비해서 몇 배의 크기를 갖느냐는 음의 sone값이 결정한다.
- 1sone은 40dB의 1,000Hz 순음의 크기로 40phon의 값을 의미한다.
- phon의 값이 주어질 때 $sone = 2^{\frac{phon-40}{10}}$ 으로 구한다.

0502 / 1603

70 ──────── ● Repetitive Learning 〔1회 2회 3회〕

출력이 10Watt의 작은 점음원으로부터 자유공간의 10m 떨어져 있는 곳의 음압레벨(Sound Pressure Level)은 몇 dB 정도인가?

① 89 　　　　　② 99
③ 161 　　　　　④ 229

해설

- 출력이 10W인 점음원의 $PWL = 10\log\left(\dfrac{10}{10^{-12}}\right) = 10 \times 13 = 130$ [dB]이다.
- $SPL = PWL - (20\log(r)) - 11$이므로 $SPL = 130 - (20\log10) - 11 = 99$[dB]이 된다.

⁑ 음향파워레벨(PWL ; Sound PoWer Level, 음력레벨) 〔실기〕 0502/1603
- 음향출력($W = I[W/m^2] \times S[m^2]$)의 양변에 대수를 취해 구한 값을 음향파워레벨, 음력레벨(PWL)이라 한다.
- $PWL = 10\log\dfrac{W}{W_0}$[dB]로 구한다. 여기서 W_0는 기준음향파워로 10^{-12}[W]이다.
- $PWL = SPL + 10\ \log S$로 구한다.
  이때, SPL은 음의 압력레벨, S는 음파의 확산면적[m^2]을 말한다.

0603 / 0901 / 1901

71 ──────── ● Repetitive Learning 〔1회 2회 3회〕

자연조명에 관한 설명으로 틀린 것은?

① 창의 면적은 바닥 면적의 15~20% 정도가 이상적이다.
② 개각은 4~5°가 좋으며, 개각이 작을수록 실내는 밝다.
③ 균일한 조명을 요하는 작업실은 동북 또는 북창이 좋다.
④ 입사각은 28° 이상이 좋으며, 입사각이 클수록 실내는 밝다.

해설

- 실내 각 점의 개각은 4~5°가 적당하며, 개각이 클수록 실내는 밝다.

⁑ 채광계획
- 많은 채광을 요구하는 경우는 남향이 좋다.
- 균일한 조명을 요구하는 작업실은 북향이 좋다.
- 실내 각 점의 개각은 4~5°(개각이 클수록 밝다), 입사각은 28° 이상이 좋다.
- 창의 면적은 방바닥 면적의 15~20%가 이상적이다.
- 유리창은 청결한 상태여도 10~15% 조도가 감소되는 점을 고려한다.
- 창의 높이를 증가시키는 것이 창의 크기를 증가시킨 것보다 조도에서 더욱 효과적이다.

---

72 ──────● Repetitive Learning 〔1회 2회 3회〕

1803

전신진동 노출에 따른 인체의 영향에 대한 설명으로 옳지 않은 것은?

① 평형감각에 영향을 미친다.
② 산소 소비량과 폐환기량이 증가한다.
③ 작업수행 능력과 집중력이 저하된다.
④ 저속노출 시 레이노 증후군(Raynaud's phenomenon)을 유발한다.

해설
- 레이노 증후군은 국소진동에 의하여 손가락의 창백, 청색증, 저림, 냉감, 동통이 나타나는 장해이다.
- ❖ 전신진동의 인체영향
  - 사람이 느끼는 최소 진동역치는 55±5dB이다.
  - 전신진동의 영향이나 장애는 자율신경 특히 순환기에 크게 나타난다.
  - 산소소비량은 전신진동으로 증가되고, 폐환기도 촉진된다.
  - 말초혈관이 수축되고 혈압상승, 맥박증가를 보이며 피부 전기 저항의 저하도 나타낸다.
  - 위장장해, 내장하수증, 척추이상, 내분비계 장해 등이 나타난다.

---

73 ──────● Repetitive Learning 〔1회 2회 3회〕

1701

한랭환경에서 인체의 일차적 생리적 반응으로 볼 수 없는 것은?

① 피부혈관의 팽창
② 체표면적의 감소
③ 화학적 대사작용의 증가
④ 근육긴장의 증가와 떨림

해설
- 한랭환경에서의 1차적 영향에서 피부혈관은 수축한다.
- ❖ 저온에 의한 생리적 영향
  - ㉠ 1차적 영향
    - 피부혈관의 수축
    - 근육긴장의 증가와 전율
    - 화학적 대사작용의 증가
    - 체표면적의 감소
  - ㉡ 2차적 영향
    - 말초혈관의 수축
    - 혈압의 일시적 상승
    - 조직대사의 증진과 식욕항진

---

74 ──────● Repetitive Learning 〔1회 2회 3회〕

1003 / 1803 / 2202

소음에 의한 인체의 장해 정도(소음성 난청)에 영향을 미치는 요인이 아닌 것은?

① 소음의 크기
② 개인의 감수성
③ 소음 발생 장소
④ 소음의 주파수 구성

해설
- 소음에 의한 인체의 장해 정도(소음성 난청)에 영향을 미치는 요인에는 소음의 크기, 소음의 지속성, 주파수 구성 그리고 개인의 감수성 등이 있다.
- ❖ 소음에 의한 인체의 장해 정도(소음성 난청)에 영향을 미치는 요인
  - 소음의 크기
  - 개인의 감수성
  - 소음의 지속성 여부
  - 소음의 주파수 구성

---

75 ──────● Repetitive Learning 〔1회 2회 3회〕

0501 / 1201 / 0801

1촉광의 광원으로부터 한 단위 입체각으로 나가는 광속의 단위를 무엇이라 하는가?

① 럭스(Lux)
② 램버트(Lambert)
③ 캔들(Candle)
④ 루멘(Lumen)

해설
- 1루멘은 1cd의 광도를 갖는 광원에서 단위입체각으로 발산되는 광속의 단위이다.
- ❖ 루멘(lumen)
  - 1cd의 광도를 갖는 광원에서 단위입체각으로 발산되는 광속의 단위이다.
  - $1m^2$당 1lumen의 빛이 비칠 때의 밝기를 1Lux라 한다.

---

76 ──────● Repetitive Learning 〔1회 2회 3회〕

1302

다음 중 전리방사선에 대한 감수성의 크기를 올바른 순서대로 나열한 것은?

㉠ 상피세포
㉡ 골수, 흉선 및 림프조직(조혈기관)
㉢ 근육세포
㉣ 신경조직

① ㉠>㉡>㉢>㉣
② ㉡>㉠>㉢>㉣
③ ㉠>㉣>㉡>㉢
④ ㉡>㉢>㉣>㉠

- 전리방사선에 대한 감수성이 가장 민감한 조직은 골수, 림프조직(임파구), 생식세포, 조혈기관, 눈의 수정체 등이 있다.
- 전리방사선에 대한 감수성이 가장 둔감한 조직은 골, 연골, 신경, 간, 콩팥, 근육조직 등이 있다.

전리방사선에 대한 감수성

고도 감수성	골수, 림프조직(임파구), 생식세포, 조혈기관, 눈의 수정체
중증도 감수성	피부 및 위장관의 상피세포, 혈관내피세포, 결체조직
저 감수성	골, 연골, 신경, 간, 콩팥, 근육

1401

77 Repetitive Learning (1회 2회 3회)

10시간 동안 측정한 누적 소음노출량이 300%일 때 측정시간 평균 소음 수준은 약 얼마인가?

① 94.2dB(A) ② 96.3dB(A)
③ 97.4dB(A) ④ 98.6dB(A)

- TWA $=16.61\ \log(\dfrac{D}{12.5\times노출시간})+90$으로 구하며, D는 누적소음 노출량[%]이다.
- 누적소음 노출량이 300%, 노출시간이 10시간이므로 대입하면 $16.61\times\log(\dfrac{300}{12.5\times10})+90=96.315\cdots$이다.

시간가중평균 소음수준(TWA)[dB(A)] 실기 0801/0902/1101/1903/2202
- 노출기준은 8시간 시간가중치를 의미하며 90dB를 설정한다.
- TWA $=16.61\ \log(\dfrac{D}{12.5\times노출시간})+90$으로 구하며, D는 누적소음노출량[%]이다.
- 8시간 동안 측정치가 폭로량으로 산출되었을 경우에는 표를 이용하여 8시간 시간가중평균치로 환산한다.

1101 / 1703

78 Repetitive Learning (1회 2회 3회)

밀폐공간에서 산소결핍의 원인을 소모(consumption), 치환(displacement), 흡수(absorption)로 구분할 때 소모에 해당하지 않는 것은?

① 용접, 절단, 불 등에 의한 연소
② 금속의 산화, 녹 등의 화학반응
③ 제한된 공간 내에서 사람의 호흡
④ 질소, 아르곤, 헬륨 등의 불활성 가스 사용

- ④는 치환에 해당한다.

밀폐공간 산소결핍의 원인

소모(consumption)	• 용접, 절단, 불 등에 의한 연소 • 금속의 산화, 녹 등의 화학반응 • 제한된 공간 내에서 사람의 호흡
치환(displacement)	질소, 아르곤, 헬륨 등의 불활성 가스 사용
흡수(absorption)	유해가스 누출로 인한 산소의 흡수

0302 / 1003 / 1201 / 1901

79 Repetitive Learning (1회 2회 3회)

소음의 흡음 평가 시 적용되는 반향시간(Reverberation time)에 관한 설명으로 옳은 것은?

① 반향시간은 실내공간의 크기에 비례한다.
② 실내 흡음량을 증가시키면 잔향시간도 증가한다.
③ 반향시간은 음압수준이 30dB 감소하는데 소요되는 시간이다.
④ 반향시간을 측정하려면 실내 배경소음이 90dB 이상 되어야 한다.

- 반향시간 $T=0.163\dfrac{V}{A}=0.163\dfrac{V}{\sum S_i\alpha_i}$로 구하므로 반향시간과 작업장의 공간부피는 서로 비례한다.

반향시간(잔향시간, Reverberation time) 실기 0402
- 반(잔)향은 음이 갑자기 끊겼을 때 그 소리가 바로 그치지 않고 차츰 감쇠해가는 현상을 말하는데 그 음압레벨이 −60dB에 이르는데 걸리는 시간을 말한다.
- 반향시간과 작업장의 공간부피만 알면 흡음량을 추정할 수 있다.
- 반향시간 $T=0.163\dfrac{V}{A}=0.163\dfrac{V}{\sum S_i\alpha_i}$로 구할 수 있다. 이때 V는 공간의 부피[m^3], A는 공간에서의 흡음량[m^2]이다.
- 반향시간은 실내공간의 크기에 비례한다.

1403 / 1802 / 2202

80 Repetitive Learning (1회 2회 3회)

감압에 따른 인체의 기포 형성량을 좌우하는 요인과 가장 거리가 먼 것은?

① 감압속도
② 산소공급량
③ 조직에 용해된 가스량
④ 혈류를 변화시키는 상태

- 감압에 따른 질소 기포 형성량을 결정하는 요인에는 감압속도, 조직에 용해된 가스량, 혈류를 변화시키는 상태 등이 있다.

:: 감압에 따른 질소 기포 형성 요인
- 감압속도
- 고기압에 폭로된 정도와 시간, 체내의 지방량은 조직에 용해된 가스량을 결정한다.
- 감압 시 연령, 기온, 운동, 공포감, 음주 등은 혈류를 변화시키는 상태를 결정한다.

5과목　산업독성학

81
1601
● Repetitive Learning [1회 2회 3회]

건강영향에 따른 분진의 분류와 유발물질의 종류를 잘못 짝지은 것은?

① 유기성 분진－목분진, 면, 밀가루
② 알레르기성 분진－크롬산, 망간, 황
③ 진폐성 분진－규산, 석면, 활석, 흑연
④ 발암성 분진－석면, 니켈카보닐, 아민계 색소

- 크롬산은 자극성 분진, 망간과 황은 중독성 분진에 속한다.

:: 건강영향에 따른 분진의 분류와 유발물질

유기성 분진	목분진, 면, 밀가루
알레르기성 분진	꽃가루, 털, 나무가루 등의 유기성 분진
진폐성 분진	규산, 석면, 활석, 흑연
발암성 분진	석면, 니켈카보닐, 아민계 색소
불활성 분진	석탄, 시멘트, 탄화규소
자극성 분진	산·알칼리·불화물, 크롬산
중독성 분진	수은, 납, 카드뮴, 망간, 안티몬, 베릴륨, 인, 황

82
1101 / 1303
● Repetitive Learning [1회 2회 3회]

다음 중 칼슘대사에 장해를 주어 신결석을 동반한 신증후군이 나타나고 다량의 칼슘배설이 일어나 뼈의 통증, 골연화증 및 골수공증과 같은 골격계장해를 유발하는 중금속은?

① 망간(Mn)
② 수은(Hg)
③ 비소(As)
④ 카드뮴(Cd)

- 망간은 무력증, 식욕감퇴 등의 초기증세를 보이다 심해지면 중추신경계의 특정부위를 손상시켜 파킨슨증후군과 보행장해가 두드러지는 중금속이다.
- 수은은 hatter's shake라고 하며 근육경련을 유발하는 중금속이다.
- 비소는 은빛 광택을 내는 비금속으로 가열하면 녹지 않고 승화되며, 피부 특히 겨드랑이나 국부 등에 습진형 피부염이 생기며 피부암을 유발한다.

:: 카드뮴
- 카드뮴은 부드럽고 연성이 있는 금속으로 납광물이나 아연광물을 제련할 때 부산물로 얻어진다.
- 주로 니켈, 알루미늄과의 합금, 살균제, 페인트 등을 취급하는 곳에서 노출위험성이 크다.
- 흡수된 카드뮴은 혈장단백질과 결합하여 최종적으로 간이나 신장에 축적된다.
- 인체 내에서 —SH기와 결합하여 독성을 나타낸다.
- 중금속 중에서 칼슘대사에 장애를 주어 신결석을 동반한 신증후군이 나타나고 폐기종, 만성기관지염 같은 폐질환을 일으키고, 다량의 칼슘배설이 일어나 뼈의 통증, 골연화증 및 골수공증과 같은 골격계 장해를 유발한다.
- 카드뮴에 의한 급성노출 및 만성노출 후의 장기적인 속발증은 고환의 기능쇠퇴, 폐기종, 간손상 등이다.
- 체내에 노출되면 저분자 단백질인 metallothionein이라는 단백질을 합성하여 독성을 감소시킨다.

83
0601 / 0603 / 0803
● Repetitive Learning [1회 2회 3회]

화학물질의 상호작용인 길항작용 중 독성물질의 생체과정인 흡수, 대사 등에 변화를 일으켜 독성이 감소되는 것을 무엇이라 하는가?

① 화학적 길항작용
② 배분적 길항작용
③ 수용체 길항작용
④ 기능적 길항작용

- 독성물질의 생체과정인 흡수, 분포, 생전환, 배설 등의 변화를 일으켜 독성이 낮아지는 경우를 배분적 길항작용이라고 한다.

:: 길항작용(antagonism) 실기 0602/0603/1203/1502/2201/2203
- 2종 이상의 화학물질이 혼재했을 경우 서로의 작용을 감퇴시키거나 작용이 없도록 하는 경우를 말한다.
- 공기 중의 두 가지 물질이 혼합되어 상대적 독성수치가 2+3=0과 같이 나타날 때의 반응이다.
- 기능적 길항작용, 배분적 길항작용, 수용적 길항작용, 화학적 길항작용 등이 있다.
- 독성물질의 생체과정인 흡수, 분포, 생전환, 배설 등의 변화를 일으켜 독성이 낮아지는 경우를 배분적 길항작용이라고 한다.

84 ──────── Repetitive Learning 〔1회〕〔2회〕〔3회〕

폐에 침착된 먼지의 정화과정에 대한 설명으로 틀린 것은?

① 어떤 먼지는 폐포벽을 통과하여 림프계나 다른 부위로 들어가기도 한다.

② 먼지는 세포가 방출하는 효소에 의해 융해되지 않으므로 점액층에 의한 방출 이외에는 체내에 축적된다.

③ 폐에 침착된 먼지는 식세포에 의하여 포위되어, 포위된 먼지의 일부는 미세 기관지로 운반되고 점액 섬모운동에 의하여 정화된다.

④ 폐에서 먼지를 포위하는 식세포는 수명이 다한 후 사멸하고 다시 새로운 식세포가 먼지를 포위하는 과정이 계속적으로 일어난다.

해설

- 폐에 존재하는 대식세포는 침착된 먼지를 제거하는 역할을 수행한다.

❖ 먼지의 정화과정
- 어떤 먼지는 폐포벽을 통과하여 림프계나 다른 부위로 들어가기도 한다.
- 폐에 침착된 먼지는 식세포에 의하여 포위되어, 포위된 먼지의 일부는 미세 기관지로 운반되고 점액 섬모운동에 의하여 정화된다.
- 점액 섬모운동을 방해하는 물질에는 카드뮴, 니켈, 황화합물 등이 있다.
- 폐에서 먼지를 포위하는 식세포는 수명이 다한 후 사멸하고 다시 새로운 식세포가 먼지를 포위하는 과정이 계속적으로 일어난다.

85 ──────── Repetitive Learning 〔1회〕〔2회〕〔3회〕

생물학적 모니터링(biological monitoring)에 관한 설명으로 옳지 않은 것은?

① 주목적은 근로자 채용 시기를 조정하기 위하여 실시한다.

② 건강에 영향을 미치는 바람직하지 않은 노출상태를 파악하는 것이다.

③ 최근의 노출량이나 과거로부터 축적된 노출량을 파악한다.

④ 건강상의 위험은 생물학적 검체에서 물질별 결정인자를 생물학적 노출지수와 비교하여 평가된다.

해설

- 생물학적 모니터링의 주 목적은 근로자 노출 평가와 건강상의 영향 평가에 있다.

❖ 생물학적 모니터링
- 작업자의 생물학적 시료에서 화학물질의 노출을 추정하는 것을 말한다.
- 모든 노출경로에 의한 흡수정도를 나타낼 수 있다.
- 최근의 노출량이나 과거로부터 축적된 노출량을 파악한다.
- 건강상의 위험은 생물학적 검체에서 물질별 결정인자를 생물학적 노출지수와 비교하여 평가된다.
- 근로자 노출 평가와 건강상의 영향 평가 두 가지 목적으로 모두 사용될 수 있다.
- 생물학적 검체인 호기, 소변, 혈액 등에서 결정인자를 측정하여 노출정도를 추정하는 방법이다.
- 결정인자는 공기 중에서 흡수된 화학물질이나 그것의 대사산물 또는 화학물질에 의해 생긴 가역적인 생화학적 변화이다.
- 내재용량은 최근에 흡수된 화학물질의 양, 여러 신체 부분이나 몸 전체에서 저장된 화학물질의 양, 체내 주요 조직이나 부위의 작용과 결합한 화학물질의 양을 나타낸다.
- 공기 중 노출기준(TLV)이 설정된 화학물질의 수는 생물학적 노출기준(BEI)보다 더 많다.

86 ──────── Repetitive Learning 〔1회〕〔2회〕〔3회〕

흡입분진의 종류에 따른 진폐증의 분류 중 유기성 분진에 의한 진폐증에 해당하는 것은?

① 규폐증　　　　　② 활석폐증
③ 연초폐증　　　　④ 석면폐증

해설

- 연초폐증은 유기성 분진으로 인한 진폐증에 해당한다.

❖ 흡입 분진의 종류에 의한 진폐증의 분류

무기성 분진	규폐증, 용접공폐증, 탄광부진폐증, 활석폐증, 석면폐증, 흑연폐증, 알루미늄폐증, 탄소폐증, 주석폐증, 규조토폐증 등
유기성 분진	면폐증, 설탕폐증, 농부폐증, 목조분진폐증, 연초폐증, 모발분진폐증 등

87 ──────── Repetitive Learning 〔1회〕〔2회〕〔3회〕

카드뮴의 인체 내 축적기관으로만 나열된 것은?

① 뼈, 근육　　　　② 간, 신장
③ 뇌, 근육　　　　④ 혈액, 모발

- 카드뮴은 인체 내 간, 신장, 장관벽 등에 축적된다.

:: 카드뮴
문제 82번의 유형별 핵심이론 :: 참조

1101 / 1701

88 ● Repetitive Learning 1회 2회 3회

직업성 천식에 대한 설명으로 틀린 것은?

① 작업환경 중 천식을 유발하는 대표물질로 톨루엔 디이소시안산염(TDI), 무수트리멜리트산(TMA)을 들 수 있다.
② 항원공여세포가 탐식되면 T림프구 중 I형 T림프구(Type I killer T cell)가 특정 알레르기 항원을 인식한다.
③ 일단 질환에 이환하게 되면 작업환경에서 추후 소량의 동일한 유발물질에 노출되더라도 지속적으로 증상이 발현된다.
④ 직업성 천식은 근무시간에 증상이 점점 심해지고, 휴일 같은 비상근무시간에 증상이 완화되거나 없어지는 특징이 있다.

해설

- 항원공여세포가 탐식되면 T림프구 중 I형 T림프구(Type I killer T cell)가 특정 알레르기 항원을 인식하지 못한다.

:: 직업성 천식의 기전과 증상
- 작업환경 중 천식을 유발하는 대표물질로 톨루엔 디이소시안산염(TDI), 무수트리멜리트산(TMA)을 들 수 있다.
- 항원공여세포가 탐식되면 T림프구 중 I형 T림프구(Type I killer T cell)가 특정 알레르기 항원을 인식하지 못한다.
- 일단 질환에 이환하게 되면 작업환경에서 추후 소량의 동일한 유발물질에 노출되더라도 지속적으로 증상이 발현된다.
- 직업성 천식은 근무시간에 증상이 점점 심해지고, 휴일 같은 비상근무시간에 증상이 완화되거나 없어지는 특징이 있다.

1401 / 1802

89 ● Repetitive Learning 1회 2회 3회

다음 중 납중독에서 나타날 수 있는 증상을 모두 나열한 것은?

| ㉠ 빈혈 | ㉡ 신장장해 |
| ㉢ 중추 및 말초신경장애 | ㉣ 소화기 장해 |

① ㉠, ㉢
② ㉠, ㉡, ㉢
③ ㉡, ㉣
④ ㉠, ㉡, ㉢, ㉣

해설

- 납중독의 임상증상은 위장계통장해, 신경근육계통의 장해, 중추신경계통의 장해 등 크게 3가지로 나눌 수 있는데 보기의 모든 증상과 관련된다.

:: 납중독
- 납은 원자량 207.21, 비중 11.34의 청색 또는 은회색의 연한 중금속이다.
- 납은 포르피린과 헴(heme)의 합성에 관여하는 효소를 억제하며, 소화기계 및 조혈계에 영향을 준다.
- 1~5세의 소아 이미증(pica)환자에서 발생하기 쉽다.
- 인체에 흡수되면 뼈에 주로 축적되며, 조혈장해를 일으킨다.
- 무기성 납으로 인한 중독 시 원활한 체내 배출을 위해 사용하는 배설촉진제로 Ca-EDTA를 사용하는데 신장이 나쁜 사람에게는 사용하지 않는 것이 좋다.
- 요 중 δ-ALAD 활성치가 저하되고, 코프로포르피린과 델타 아미노레블린산은 증가한다.
- 적혈구 내 프로토포르피린이 증가한다.
- 납이 인체 내로 흡수되면 혈청 내 철과 망상적혈구의 수는 증가한다.
- 임상증상은 위장계통장해, 신경근육계통의 장해, 중추신경계통의 장해 등 크게 3가지로 나눌 수 있다.
- 주 발생사업장은 활자의 문선, 조판작업, 납 축전지 제조업, 염화비닐 취급 작업, 크리스탈 유리 원료의 혼합, 페인트, 배관공, 탄환제조 및 용접작업 등이다.

90 ● Repetitive Learning 1회 2회 3회

단순 질식제에 해당되는 물질은?

① 아닐린
② 황화수소
③ 이산화탄소
④ 니트로벤젤

해설

- 단순 질식제에는 수소, 질소, 헬륨, 이산화탄소, 메탄, 아세틸렌 등이 있다.

:: 질식제
- 질식제란 조직 내의 산화작용을 방해하는 화학물질을 말한다.
- 질식제는 단순 질식제와 화학적 질식제로 구분할 수 있다.

| 단순 질식제 | • 생리적으로는 아무 작용도 하지 않으나 공기 중에 많이 존재하여 산소분압을 저하시켜 조직에 필요한 산소의 공급부족을 초래하는 물질
• 수소, 질소, 헬륨, 이산화탄소, 메탄, 아세틸렌 등 |
| 화학적 질식제 | • 혈액 중 산소운반능력을 방해하는 물질
• 일산화탄소, 아닐린, 시안화수소 등
• 기도나 폐 조직을 손상시키는 물질
• 황화수소, 포스겐 등 |

91 Repetitive Learning 1회 2회 3회

이황화탄소를 취급하는 근로자를 대상으로 생물학적 모니터링을 하는데 이용될 수 있는 생체 내 대사산물은?

① 소변 중 마뇨산

② 소변 중 메탄올

③ 소변 중 메틸마뇨산

④ 소변 중 TTCA(2-thiothiazolidine-4-carboxylic acid)

해설

• ①은 톨루엔의 생물학적 노출지표이다.

• ②는 메탄올의 생물학적 노출지표이다.

• ③은 크실렌의 생물학적 노출지표이다.

∷ 유기용제별 생물학적 모니터링 대상(생체 내 대사산물) 실기 0803/ 1403/2101

벤젠	소변 중 총 페놀 소변 중 t,t-뮤코닉산(t,t-Muconic acid)
에틸벤젠	소변 중 만델린산
스티렌	소변 중 만델린산
톨루엔	소변 중 마뇨산(hippuric acid), o-크레졸
크실렌	소변 중 메틸마뇨산
이황화탄소	소변 중 TTCA
메탄올	혈액 및 소변 중 메틸알코올
노말헥산	소변 중 헥산디온(2.5-hexanedione)
MBK (methyl-n-butyl ketone)	소변 중 헥산디온(2.5-hexanedione)
니트로벤젠	혈액 중 메타헤모글로빈
카드뮴	혈액 및 소변 중 카드뮴(저분자량 단백질)
납	혈액 및 소변 중 납(ZPP, FEP)
일산화탄소	혈액 중 카복시헤모글로빈, 호기 중 일산화탄소

92 Repetitive Learning 1회 2회 3회

할로겐화 탄화수소인 사염화탄소에 관한 설명으로 틀린 것은?

① 생식기에 대한 독성작용이 특히 심하다.

② 고농도에 노출되면 중추신경계 장애 외에 긴장과 신장장애를 유발한다.

③ 신장장애 증상으로 감뇨, 혈뇨 등이 발생하며, 완전 무뇨증이 되면 사망할 수도 있다.

④ 초기 증상으로는 지속적인 두통, 구역 또는 구토, 복부선통과 설사, 간압통 등이 나타난다.

해설

• ①은 납에 대한 설명이다.

∷ 사염화탄소

• 피부로부터 흡수되어 전신중독을 일으킬 수 있는 물질이다.

• 인체 노출 시 간의 장해인 중심소엽성 괴사를 일으키는 지방족 할로겐화 탄화수소이다.

• 탈지용 용매로 사용되는 물질로 간장, 신장에 만성적인 영향을 미친다.

• 초기 증상으로는 지속적인 두통, 구역 또는 구토, 복부선통과 설사, 간압통 등이 나타난다.

• 고농도로 폭로되면 중추신경계 장해 외에 간장이나 신장에 장해가 일어나 황달, 단백뇨, 혈뇨의 증상을 보이며, 완전 무뇨증이 되면 사망할 수도 있다.

93 Repetitive Learning 1회 2회 3회

다음의 설명에서 ㉠~㉢에 해당하는 내용이 맞는 것은?

단시간노출기준(STEL)이란 (㉠)분 간의 시간가중평균노출값으로서 노출농도가 시간가중평균노출기준(TWA)을 초과하고 단시간노출기준(STEL) 이하인 경우에는 1회 노출 지속시간이 (㉡)분 미만이어야 하고, 이러한 상태가 1일 (㉢)회 이하로 발생하여야 하며, 각 노출의 간격은 60분 이상이어야 한다.

① ㉠ : 15, ㉡ : 20, ㉢ : 2

② ㉠ : 15, ㉡ : 15, ㉢ : 4

③ ㉠ : 20, ㉡ : 15, ㉢ : 2

④ ㉠ : 20, ㉡ : 20, ㉢ : 4

해설

• 단시간노출기준(STEL)은 15분간의 시간가중평균노출값으로서 노출농도가 시간가중평균노출기준(TWA)을 초과하고 단시간노출기준(STEL) 이하인 경우에는 1회 노출 지속시간이 15분 미만이어야 하고, 이러한 상태가 1일 4회 이하로 발생하여야 하며, 각 노출의 간격은 60분 이상이어야 한다.

∷ 단시간노출기준(STEL)

• 작업특성 상 노출수준이 불균일하거나 단시간에 고농도로 노출되어 단시간 노출평가가 필요하다고 판단되는 경우 노출되는 시간에 15분간씩 측정하여 단시간 노출값을 구한다.

• 15분간의 시간가중평균노출값으로서 노출농도가 시간가중평균노출기준(TWA)을 초과하고 단시간노출기준(STEL) 이하인 경우에는 1회 노출 지속시간이 15분 미만이어야 하고, 이러한 상태가 1일 4회 이하로 발생하여야 하며, 각 노출의 간격은 60분 이상이어야 한다.

94

Repetitive Learning 1회 2회 3회

다음 중 중추신경의 자극작용이 가장 강한 유기용제는?

① 아민
② 알코올
③ 알칸
④ 알데히드

해설

- 유기용제의 중추신경 자극작용의 순위는 알칸<알코올<알데히드 또는 케톤<유기산<아민류 순으로 커진다.

- 유기용제의 중추신경 활성억제 및 자극 순서
  ㉠ 억제작용의 순위
    - 알칸<알켄<알코올<유기산<에스테르<에테르<할로겐 화합물
  ㉡ 자극작용의 순위
    - 알칸<알코올<알데히드 또는 케톤<유기산<아민류
  ㉢ 극성의 크기 순서
    - 파라핀<방향족 탄화수소<에스테르<케톤<알데하이드< 알코올<물

95

0401 / 0803

Repetitive Learning 1회 2회 3회

다음 중 상기도 점막 자극제로 볼 수 없는 것은?

① 포스겐
② 암모니아
③ 크롬산
④ 염화수소

해설

- 포스겐($COCl_2$)은 종말 기관지 및 폐포점막 자극제이다.

- 자극제의 종류

상기도 점막 자극제	알데하이드, 암모니아, 염화수소, 불화수소, 아황산가스, 크롬산, 산화에틸렌
상기도 점막 및 폐조직 자극제	염소, 취소, 불소, 옥소, 청화염소, 오존, 요오드
종말 기관지 및 폐포점막 자극제	이산화질소, 염화비소, 포스겐($COCl_2$)

96

Repetitive Learning 1회 2회 3회

유기용제별 중독의 대표적인 증상으로 올바르게 연결된 것은?

① 벤젠-간 장애
② 크실렌-조혈 장애
③ 염화탄화수소-시신경 장애
④ 에틸렌글리콜에테르-생식기능 장애

해설

- 벤젠의 특이증상은 조혈 장애이다.
- 크실렌의 특이증상은 중추신경 장애이다.
- 염화탄화수소의 특이증상은 간 장애이다.

- 유기용제별 중독의 특이증상

벤젠	조혈 장애
에틸렌글리콜에테르	생식기능 장애
메탄올	시신경 장애
노르말헥산	다발성 주변신경 장애
메틸부틸케톤	말초신경 장애
이황화탄소	중추신경 및 말초신경 장애
염화탄화수소	간 장애
염화비닐	간 장애
톨루엔	중추신경 장애
크실렌	중추신경 장애

97

0402 / 1303 / 1803

Repetitive Learning 1회 2회 3회

할로겐화 탄화수소에 관한 설명으로 틀린 것은?

① 대개 중추신경계의 억제에 의한 마취작용이 나타난다.
② 가연성과 폭발의 위험성이 높으므로 취급시 주의하여야 한다.
③ 일반적으로 할로겐화탄화수소의 독성의 정도는 화합물의 분자량이 커질수록 증가한다.
④ 일반적으로 할로겐화탄화수소의 독성의 정도는 할로겐원소의 수가 커질수록 증가한다.

해설

- 할로겐화 탄화수소에는 가연성의 것도 있고, 불연성의 것도 있다.

- 할로겐화 탄화수소
  - 방향족 혹은 지방족 탄화수소에 하나 혹은 그 이상의 수소원소가 염소, 불소, 브롬 등과 같은 할로겐 원소로 치환된 유기용제를 말한다.
  - 대개 중추신경계의 억제에 의한 마취작용이 나타난다.
  - 일반적으로 할로겐화탄화수소의 독성의 정도는 화합물의 분자량이나 할로겐 원소의 수가 커질수록 증가한다.

98

1301 / 1802

Repetitive Learning 1회 2회 3회

적혈구의 산소운반 단백질을 무엇이라 하는가?

① 백혈구
② 단구
③ 혈소판
④ 헤모글로빈

해설

- 백혈구는 혈액 내 유일한 완전세포로 외부물질에 대하여 신체를 보호하는 면역기능을 수행한다.
- 단구는 혈액 내부를 돌아다니면서 세균이나 이물질을 분해하는 백혈구의 한 종류이다.
- 혈소판은 피를 응혈로 만드는 혈액응고에 중요한 역할을 하는 고형성분이다.

헤모글로빈(Hemoglobin)
- 적혈구의 산소운반 단백질을 말한다.
- 철을 함유한 적색의 헴(heme) 분자와 글로빈이 결합한 물질이다.
- 산화작용에 의해 헤모글로빈의 철성분이 메트헤모글로빈으로 전환된다.
- 통상적인 작업환경 공기에서 일산화탄소의 농도가 0.1%가 되면 인체의 헤모글로빈 50%가 불활성화 된다.

99 ────── Repetitive Learning 1회 2회 3회

다음 표는 A 작업장의 백혈병과 벤젠에 대한 코호트 연구를 수행한 결과이다. 이때 벤젠의 백혈병에 대한 상대위험비는 약 얼마인가?

	백혈병	백혈병 없음	합계
벤젠노출	5	14	19
벤젠비노출	2	25	27
합계	7	39	46

① 3.29
② 3.55
③ 4.64
④ 4.82

해설

- 상대위험도는 노출군에서의 발생률을 비노출군에서의 발생률로 나누어 준 값으로 나타낸다.
- 노출군에서의 발생률은 $\frac{5}{19}=26.3\%$이고, 비노출군에서의 발생률은 $\frac{2}{27}=7.4\%$이다. 상대위험도는 $\frac{26.3}{7.4}=3.55$이다.

위험도를 나타내는 지표 실기 0703/0902/1502/1602

상대위험비	유해인자에 노출된 집단에서의 질병발생률과 노출되지 않은 집단에서 질병발생률과의 비
기여위험도	특정 위험요인노출이 질병 발생에 얼마나 기여하는지의 정도 또는 분율
교차비 (odds ratio)	질병이 있을 때 위험인자에 노출되었을 가능성과 질병이 없을 때 위험인자에 노출되었을 가능성의 비

100 ────── Repetitive Learning 1회 2회 3회

다음 중 중절모자를 만드는 사람들에게 처음으로 발견되어 hatter's shake라고 하며 근육경련을 유발하는 중금속은?

① 카드뮴
② 수은
③ 망간
④ 납

해설

- 카드뮴은 칼슘대사에 장해를 주어 신결석을 동반한 신증후군이 나타나고 다량의 칼슘배설이 일어나 뼈의 통증, 골연화증 및 골수공증과 같은 골격계장해를 유발하는 중금속이다.
- 망간은 무력증, 식욕감퇴 등의 초기증세를 보이다 심해지면 중추신경계의 특정부위를 손상시켜 파킨슨증후군과 보행장해가 두드러지는 중금속이다.
- 납은 포르피린과 헴(heme)의 합성에 관여하는 효소를 억제하며, 소화기계 및 조혈계에 영향을 준다.

수은(Hg)
ⓐ 개요
- 인간의 연금술, 의약품 등에 가장 오래 사용해 왔던 중금속의 하나로 17세기 유럽에서 신사용 중절모자를 만드는 사람들에게 처음으로 발견되어 hatter's shake라고 하며 근육경련을 유발하는 중금속이다.
- 단백질을 침전시키며 thiol(-SH)기를 가진 효소의 작용을 억제하여 독성을 나타낸다.
- 뇌홍의 제조에 사용하며, 증기를 발생하여 산업중독을 일으킨다.
- 수은은 상온에서 액체상태로 존재하는 금속이다.

ⓑ 분류
- 무기수은화합물은 대부분의 금속과 화합하여 아말감을 만든다.
- 무기수은화합물은 질산수은, 승홍, 뇌홍 등이 있으며, 유기수은화합물에는 페닐수은, 에틸수은 등이 있다.
- 유기수은 화합물로서는 아릴수은(무기수은) 화합물과 알킬수은 화합물이 있다.
- 메틸 및 에틸 등 알킬수은은 화합물의 독성이 가장 강하다.

ⓒ 인체에 미치는 영향과 대책 실기 0401
- 소화관으로는 2~7% 정도의 소량으로 흡수되며, 금속 형태로는 뇌, 혈액, 심근에 많이 분포된다.
- 중독의 특징적인 증상은 근육진전, 정신증상이고, 만성노출 시 식욕부진, 신기능부전, 구내염이 발생한다.
- 급성중독 시 우유와 계란의 흰자를 먹여 단백질과 해당 물질을 결합시켜 침전시키거나, BAL(dimercaprol)을 체중 1kg당 5mg을 근육주사로 투여하여야 한다.

출제문제 분석 — 2021년 3회

구분	1과목	2과목	3과목	4과목	5과목	합계
New유형	3	1	4	0	0	8
New문제	12	6	9	5	5	37
또나온문제	4	10	7	5	3	29
자꾸나온문제	4	4	4	10	12	34
합계	20	20	20	20	20	100

- New유형은 New문제 중 기존 기출문제와 완전히 다른 유형의 문제를 말합니다.
- New문제는 기존에 출제되지 않은 문제로 이번에 처음 출제되는 문제입니다.
- 또나온문제는 기존에 출제된 적이 1번 있는 문제를 말합니다.
- 자꾸나온문제는 기존에 출제된 적이 2번 이상 있는 문제를 말합니다. 그만큼 중요한 문제입니다.

몇 년분의 기출문제를 공부해야 합격할 수 있을까요?

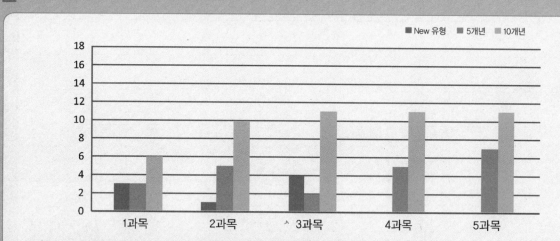

- 완전 새로운 유형의 문제는 8문제이고 92문제가 이미 출제된 문제 혹은 변형문제입니다.
- 5년분(2018~2022) 기출에서 동일문제가 22문항이 출제되었고, 10년분(2013~2022) 기출에서 동일문제가 49문항이 출제되었습니다.

실기에 나왔어요!! 일타쌍피 – 사전체크!!

실기시험은 필답형으로 진행됩니다. 객관식의 필기와 달리 주관식인 관계로 아는 만큼 적을 수 있습니다. 최근 계산문제의 비중이 많이 감소하고 있지만 절반 정도의 이론 문제와 절반 정도의 계산문제가 출제된다고 보시면 됩니다. 계산문제의 경우 나오는 문제유형이 거의 정해져 있습니다. 필기 공부할 때 미리 실기에 나오는 내용을 체크하시고 그부분만큼은 잘 공부해 두신다면 당 회차 실기까지 한 번에 잡을 수 있습니다.

- 총 38개의 유형별 핵심이론이 실기시험과 연동되어 있습니다.

분석의견

합격률이 51.8%로 평균을 약간 상회하는 회차였습니다.

10년 기출을 학습할 경우 기출과 동일한 문제가 1과목에서 6개로 과락점수 이하로 출제되었지만 그 외 과목에서는 기출 비중이 높으며, 새로운 유형의 문제수도 적어 기출문제로 시험을 준비하신 수험생들이 쉽다고 느낄만한 회차입니다.

10년분 기출문제와 유형별 핵심이론의 2~3회 정독이면 합격 가능한 것으로 판단됩니다.

2021년 제3회

2021년 8월 14일 필기

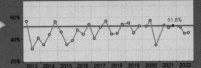

1과목 산업위생학개론

0501 / 1301 / 2003

01 ● Repetitive Learning 1회 2회 3회

산업안전보건법령상 발암성 정보물질의 표기법 중 '사람에게 충분한 발암성 증거가 있는 물질'에 대한 표기방법으로 옳은 것은?

① 1   ② 1A

③ 2A   ④ 2B

해설

• 산업안전보건법상 발암성의 구분은 구분 1A, 1B, 2를 원칙으로 한다.

∷ 산업안전보건법상 발암성(carcinogenicity) 물질 분류
  • 발암성의 구분은 구분 1A, 1B, 2를 원칙으로 하되, 구분 1A와 1B의 소구분이 어려운 경우에만 구분 1, 2로 통합 적용할 수 있다.
  • 발암성 구분 1의 분류기준은 구분 1A 또는 1B에 속하는 것으로 인적 경험에 의해 발암성이 있다고 인정되거나 동물시험을 통해 인체에 대해 발암성이 있다고 추정되는 물질을 말한다.

1A	사람에게 충분한 발암성 증거가 있는 물질
1B	시험동물에서 발암성 증거가 충분히 있거나, 시험동물과 사람 모두에서 제한된 발암성 증거가 있는 물질
2	사람이나 동물에서 제한된 증거가 있지만, 구분 1로 분류하기에는 증거가 충분하지 않은 물질

1102 / 1601

02 ● Repetitive Learning 1회 2회 3회

미국산업안전보건연구원(NIOSH)에서 제시한 중량물의 들기작업에 관한 감시기준(Action Limit)과 최대 허용기준(Maximum Permissible Limit)의 관계를 바르게 나타낸 것은?

① MPL=3AL   ② MPL=5AL

③ MPL=10AL   ④ MPL=$\sqrt{2}$ AL

해설

• AL과 MPL은 MPL=3AL 관계를 갖는다.

∷ NIOSH에서 제안한 중량물 취급작업의 권고치 중 감시기준(AL)
  • 허리의 LS/S1 부위에서 압축력 3,400N(350kg중) 미만일 경우 대부분의 근로자가 견딜 수 있다는 것에서 만들어졌다.
  • AL=40(kg)×(15/H)×{1−(0.004|V−75|)}×{0.7+(7.5/D)}×{1−(F/F_{max})}로 구한다. 여기서 H는 들기 시작지점에서의 손과 발목의 수평거리, V는 수직거리, D는 수직 이동거리, F는 분당 빈도수, F_{max}는 최대 들기작업 빈도수이다.
  • MPL=3AL 관계를 갖는다.

03 ● Repetitive Learning 1회 2회 3회

휘발성 유기화합물의 특징이 아닌 것은?

① 물질에 따라 인체에 발암성을 보이기도 한다.
② 대기 중에 반응하여 광화학 스모그를 유발한다.
③ 증기압이 낮아 대기 중으로 쉽게 증발하지 않고 실내에 장기간 머무른다.
④ 지표면 부근 오존 생성에 관여하여 결과적으로 지구온난화에 간접적으로 기여한다.

해설

• 휘발성 유기화합물은 비점(끓는 점)이 낮아 대기 중에 쉽게 증발되는 액체 또는 기체상의 유기화합물을 말한다.

∷ 휘발성 유기 화합물(Volatile Organic Compounds : VOC)
  • 비점(끓는 점)이 낮아 대기 중에 쉽게 증발되는 액체 또는 기체상의 유기화합물을 말한다.
  • 물질에 따라 인체에 발암성을 보이기도 한다.
  • 대기 중에 반응하여 광화학 스모그를 유발한다.
  • 지표면 부근 오존 생성에 관여하여 결과적으로 지구온난화에 간접적으로 기여한다.

04

산업안전보건법령상 작업환경측정에 관한 내용으로 옳지 않은 것은?

① 모든 측정은 지역시료채취방법을 우선으로 실시하여야 한다.

② 작업환경측정을 실시하기 전에 예비조사를 실시하여야 한다.

③ 작업환경측정자는 그 사업장에 소속된 사람으로 산업위생관리산업기사 이상의 자격을 가진 사람이다.

④ 작업이 정상적으로 이루어져 작업시간과 유해인자에 대한 근로자의 노출 정도를 정확히 평가할 수 있을 때 실시하여야 한다.

해설

- 모든 측정은 개인시료채취방법으로 하되, 개인시료채취방법이 곤란한 경우에는 지역시료채취방법으로 실시한다.

❖ 작업환경측정방법
- 작업환경측정을 하기 전에 예비조사를 할 것
- 작업이 정상적으로 이루어져 작업시간과 유해인자에 대한 근로자의 노출 정도를 정확히 평가할 수 있을 때 실시할 것
- 모든 측정은 개인시료채취방법으로 하되, 개인시료채취방법이 곤란한 경우에는 지역시료채취방법으로 실시할 것. 이 경우 그 사유를 작업환경측정 결과표에 분명하게 밝혀야 한다.
- 작업환경측정기관에 위탁하여 실시하는 경우에는 해당 작업환경측정기관에 공정별 작업내용, 화학물질의 사용실태 및 물질안전보건자료 등 작업환경측정에 필요한 정보를 제공할 것

05

직업병 및 작업관련성 질환에 관한 설명으로 옳지 않은 것은?

① 작업관련성 질환은 작업에 의하여 악화되거나 작업과 관련하여 높은 발병률을 보이는 질병이다.

② 직업병은 일반적으로 단일요인에 의해, 작업관련성 질환은 다수의 원인 요인에 의해서 발병된다.

③ 직업병은 직업에 의해 발생된 질병으로서 직업 환경 노출과 특정 질병 간에 인과관계는 불분명하다.

④ 작업관련성 질환은 작업환경과 업무수행상의 요인들이 다른 위험요인과 함께 질병발생의 복합적 병인 중 한 요인으로서 기여한다.

해설

- 직업병은 직업에 의해 발생된 질병으로서 직업 환경 노출과 특정 질병 간에 인과관계는 분명하다.

❖ 직업병 및 직업관련성 질환
- 작업관련성 질환은 작업에 의하여 악화되거나 작업과 관련하여 높은 발병률을 보이는 질병이다.
- 직업병은 일반적으로 단일요인에 의해, 작업관련성 질환은 다수의 원인 요인에 의해서 발병된다.
- 직업병은 직업에 의해 발생된 질병으로서 직업 환경 노출과 특정 질병 간에 인과관계는 분명하다.
- 작업관련성 질환은 작업환경과 업무수행상의 요인들이 다른 위험요인과 함께 질병발생의 복합적 병인 중 한 요인으로서 기여한다.

06

체중이 60kg인 사람이 1일 8시간 작업 시 안전흡수량이 1mg/kg인 물질의 체내흡수를 안전흡수량 이하로 유지하려면 공기 중 유해물질 농도를 몇 mg/m^3이하로 하여야 하는가?(단, 작업 시 폐환기율은 $1.25m^3$/hr, 체내 잔류율은 1로 가정한다)

① 0.06 ② 0.6
③ 6 ④ 60

해설

- 체내흡수량(안전흡수량)과 관련된 문제이다.
- 체내 흡수량(mg)=C×T×V×R로 구할 수 있다.
- 문제는 작업 시의 허용농도 즉, C를 구하는 문제이므로 $\frac{체내흡수량}{T \times V \times R}$로 구할 수 있다.
- 체내 흡수량은 몸무게×몸무게당 안전흡수량=60×1=60이다.
- 따라서 C=60/(8×1.25×1.0)=6이 된다.

❖ 체내흡수량(SHD : Safe Human Dose) **실기** 0301/0501/0601/0801/1001/1201/1402/1602/1701/2002/2003
- 사람에게 안전한 양으로 안전흡수량, 안전폭로량이라고도 한다.
- 동물실험을 통하여 산출한 독물량의 한계치(NOED : No-Observable Effect Dose)를 사람에게 적용하기 위해 인간의 안전폭로량(SHD)을 계산할 때 안전계수와 체중, 독성물질에 대한 역치(THDh)를 고려한다.
- C×T×V×R[mg]으로 구한다.
  C : 공기 중 유해물질농도[mg/m^3]
  T : 노출시간[hr]
  V : 폐환기율, 호흡률[m^3/hr]
  R : 체내잔류율(주어지지 않을 경우 1.0)

07

Repetitive Learning 1회 2회 3회

근골격계질환 평가방법 중 JSI(Job Strain Index)에 대한 설명으로 옳지 않은 것은?

① 특히 허리와 팔을 중심으로 이루어지는 작업 평가에 유용하게 사용된다.

② JSI 평가결과의 점수가 7점 이상은 위험한 작업이므로 즉시 작업개선이 필요한 작업으로 관리기준을 제시하게 된다.

③ 이 기법은 힘, 근육사용 기간, 작업 자세, 하루 작업시간 등 6개의 위험요소로 구성되어, 이를 곱한 값으로 상지질환의 위험성을 평가한다.

④ 이 평가방법은 손목의 특이적인 위험성만을 평가하고 있어 제한적인 작업에 대해서만 평가가 가능하고, 손, 손목 부위에서 중요한 진동에 대한 위험요인이 배제되었다는 단점이 있다.

해설

• 이 기법은 힘, 근육사용 기간, 작업 자세, 하루 작업시간 등 6개의 위험요소로 구성되어, 이를 곱한 값으로 상지질환의 위험성을 평가한다.

JSI(Job Strain Index) 실기 1801

• 이 기법은 힘, 근육사용 기간, 작업 자세, 하루 작업시간 등 6개의 위험요소로 구성되어, 이를 곱한 값으로 상지질환의 위험성을 평가한다.

• JSI 평가결과의 점수가 7점 이상은 위험한 작업이므로 즉시 작업개선이 필요한 작업으로 관리기준을 제시하게 된다.

• 이 평가방법은 손목의 특이적인 위험성만을 평가하고 있어 제한적인 작업에 대해서만 평가가 가능하고, 손, 손목 부위에서 중요한 진동에 대한 위험요인이 배제되었다는 단점이 있다.

• 평가과정은 지속적인 힘에 대해 5등급으로 나누어 평가하고, 힘을 필요로 하는 작업의 비율, 손목의 부적절한 작업자세, 반복성, 작업속도, 작업시간 등 총 6가지 요소를 평가한 후 각각의 점수를 곱하여 최종 점수를 산출하게 된다.

08

Repetitive Learning 1회 2회 3회

다음 중 산업안전보건법령상 제조 등이 허가되는 유해물질에 해당하는 것은?

① 석면(Asbestos)

② 베릴륨(Beryllium)

③ 황린 성냥(Yellow phosphorus match)

④ β-나프틸아민과 그 염(β-Naphthylamine and its salts)

해설

• ①, ③, ④는 제조 등이 금지된 유해물질에 해당한다.

허가대상 유해물질

• α-나프틸아민[134-32-7] 및 그 염(α-Naphthylamine and its salts)

• 디아니시딘[119-90-4] 및 그 염(Dianisidine and its salts)

• 디클로로벤지딘[91-94-1] 및 그 염(Dichlorobenzidine and its salts)

• 베릴륨(Beryllium ; 7440-41-7)

• 벤조트리클로라이드(Benzotrichloride; 98-07-7)

• 비소[7440-38-2] 및 그 무기화합물(Arsenic and its inorganic compounds)

• 염화비닐(Vinyl chloride; 75-01-4)

• 콜타르피치[65996-93-2] 휘발물(Coal tar pitch volatiles)

• 크롬광 가공(열을 가하여 소성 처리하는 경우만 해당한다)(Chromite ore processing)

• 크롬산 아연(Zinc chromates ; 13530-65-9 등)

• o-톨리딘[119-93-7] 및 그 염(o-Tolidine and its salts)

• 황화니켈류(Nickel sulfides; 12035-72-2, 16812-54-7)

09

Repetitive Learning 1회 2회 3회

사무실 공기관리 지침 상 오염물질과 관리기준이 잘못 연결된 것은?(단, 관리기준은 8시간 시간가중평균농도이며, 고용노동부 고시를 따른다)

① 총부유세균-800CFU/m^3

② 일산화탄소(CO)-10ppm

③ 초미세먼지(PM2.5)-50μg/m^3

④ 포름알데히드(HCHO)-150μg/m^3

해설

• 포름알데히드(HCHO)의 관리기준은 100μg/m^3이다.

오염물질 관리기준 실기 0901/1002/1502/1603/2201

미세먼지(PM10)	100μg/m^3
초미세먼지(PM2.5)	50μg/m^3
이산화탄소(CO_2)	1,000ppm
일산화탄소(CO)	10ppm
이산화질소(NO_2)	0.1ppm
포름알데히드(HCHO)	100μg/m^3
총휘발성유기화합물(TVOC)	500μg/m^3
라돈(radon)	148Bq/m^3
총부유세균	800CFU/m^3
곰팡이	500CFU/m^3

10 ──● Repetitive Learning 〔1회 2회 3회〕

업무상 사고나 업무상 질병을 유발할 수 있는 불안전한 행동의 직접원인에 해당되지 않는 것은?

① 지식의 부족
② 기능의 미숙
③ 태도의 불량
④ 의식의 우회

해설
- ④는 부주의의 발생원인에 해당한다.
- ◆◆ 불안전한 행동
  - ㉠ 개요
    - 재해의 발생과 관련된 인간의 행동을 말한다.
  - ㉡ 원인
    - 작업에 관계되는 위험과 그 방호방법에 대한 지식과 기능의 부족
    - 경험부족(미숙련)으로 인한 불안전한 행동
    - 의욕의 결여 및 감독자의 무관심으로 인한 불안전한 행동
    - 피로로 인한 불안전한 행동
    - 작업에의 부적응으로 인한 불안전한 행동
    - 심적갈등과 주의력 약화로 인한 불안전한 행동

11 ──● Repetitive Learning 〔1회 2회 3회〕

미국산업위생학술원(AAIH)이 채택한 윤리강령 중 사업주에 대한 책임에 해당되는 내용은?

① 일반 대중에 관한 사항은 정직하게 발표한다.
② 위험 요소와 예방 조치에 관하여 근로자와 상담한다.
③ 성실성과 학문적 실력 면에서 최고 수준을 유지한다.
④ 근로자의 건강에 대한 궁극적인 책임은 사업주에게 있음을 인식시킨다.

해설
- ①은 일반 대중에 대한 책임에 해당한다.
- ②는 근로자에 대한 책임에 해당한다.
- ③은 전문가로서의 책임에 해당한다.
- ◆◆ 산업위생전문가의 윤리강령 중 기업주와 고객에 대한 책임
  - 궁극적으로 기업주와 고객보다 근로자의 건강 보호에 있다.
  - 결과와 결론을 뒷받침할 수 있도록 기록을 유지하고 산업위생 사업을 전문가답게 운영, 관리한다.
  - 신뢰를 중요시하고, 정직하게 충고하며, 결과와 권고사항을 정확히 보고한다.
  - 쾌적한 작업환경을 달성하기 위해 산업위생 원리들을 적용할 때 책임감을 갖고 행동한다.

12 ──● Repetitive Learning 〔1회 2회 3회〕

산업위생의 목적과 가장 거리가 먼 것은?

① 근로자의 건강을 유지시키고 작업능률을 향상시킴
② 근로자들의 육체적, 정신적, 사회적 건강을 증진시킴
③ 유해한 작업환경 및 조건으로 발생한 질병을 진단하고 치료함
④ 작업 환경 및 작업 조건이 최적화되도록 개선하여 질병을 예방함

해설
- 질병의 진단 및 치료는 의학의 영역으로 산업위생과 거리가 멀다.
- ◆◆ 산업위생의 목적
  - 작업환경의 개선
  - 작업자의 건강 보호
  - 작업조건의 인간공학적 개선
  - 산업재해의 예방

1001
13 ──● Repetitive Learning 〔1회 2회 3회〕

교대근무에 있어 야간작업의 생리적 현상으로 옳지 않은 것은?

① 체중의 감소가 발생한다.
② 체온이 주간보다 올라간다.
③ 주간 근무에 비하여 피로를 쉽게 느낀다.
④ 수면 부족 및 식사시간의 불규칙으로 위장장애를 유발한다.

해설
- 체온은 야간작업 시 주간보다 더 내려간다.
- ◆◆ 교대근무에서 야간작업의 생리적 현상 **실기** 2203
  - 체중의 감소가 발생한다.
  - 체온이 주간보다 더 내려간다.
  - 주간 수면의 효율이 좋지 않다.
  - 주간근무에 비하여 피로가 쉽게 온다.

14 ──● Repetitive Learning 〔1회 2회 3회〕

직업병 진단 시 유해요인 노출 내용과 정도에 대한 평가 요소와 가장 거리가 먼 것은?

① 성별
② 노출의 추정
③ 작업환경측정
④ 생물학적 모니터링

- 유해요인의 노출 내용과 정도의 평가에 있어 성별은 거리가 멀다.

:: 직업병 진단 시 유해요인 노출 내용과 정도에 대한 평가 요소
  - 노출의 추정
  - 유해요인 노출특성
  - 작업환경측정
  - 생물학적 모니터링

15 ●━━━━ Repetitive Learning 〔1회〕〔2회〕〔3회〕

미국에서 1910년 납(lead) 공장에 대한 조사를 시작으로 레이온 공장의 이황화탄소 중독, 구리 광산에서 규폐증, 수은 광산에서의 수은 중독 등을 조사하여 미국의 산업보건 분야에 크게 공헌한 선구자는?

① Leonard Hill
② Max Von Pettenkofer
③ Edward Chadwick
④ Alice Hamilton

- Max Von Pettenkofer는 환경위생학의 시조이며 실험위생학을 확립했다.

:: Alice Hamilton
  - 미국의 산업위생학자이며 산업의학자로 유해물질 노출과 질병과의 관계를 규명하였다.
  - 1910년 납(lead) 공장에 대한 조사를 시작으로 레이온 공장의 이황화탄소 중독, 구리 광산에서 규폐증, 수은 광산에서의 수은 중독 등을 조사하였다.
  - 각종 직업병을 발견하고 작업환경개선에 힘썼으며 Havard 대학 교수로 재직하였다.

0601 / 0702 / 1301 / 1501

16 ●━━━━ Repetitive Learning 〔1회〕〔2회〕〔3회〕

직업적성검사 가운데 생리적 기능검사의 항목에 해당하지 않는 것은?

① 지각동작검사
② 감각기능 검사
③ 심폐기능검사
④ 체력검사

- ①은 심리학적 적성검사 항목이다.

:: 생리적 적성검사

감각기능검사	혈액, 근전도, 심박수 등 검사
심폐기능검사	자전거를 이용한 운동부하 검사
체력검사	달리기, 던지기, 턱걸이 등

17 ●━━━━ Repetitive Learning 〔1회〕〔2회〕〔3회〕

산업안전보건법령상 작업환경측정 대상 유해인자(분진)에 해당하지 않는 것은?(단, 그 밖에 고용노동부장관이 정하여 고시하는 인체에 해로운 유해인자는 제외한다)

① 면 분진(Cotton dusts)
② 목재 분진(Wood dusts)
③ 지류 분진(Paper dusts)
④ 곡물 분진(Grain dusts)

- 산업안전보건법상 작업환경측정 대상의 분진에는 ①, ②, ④ 외에 광물성 분진, 석면 분진, 용접 흄, 유리섬유 등이 있다.

:: 작업환경측정 대상 분진 실기 2202
  - 광물성 분진(Mineral dust)
  - 곡물 분진(Grain dusts)
  - 면 분진(Cotton dusts)
  - 목재 분진(Wood dusts)
  - 석면 분진(Asbestos dusts)
  - 용접 흄(Welding fume)
  - 유리섬유(Glass fibers)

1302

18 ●━━━━ Repetitive Learning 〔1회〕〔2회〕〔3회〕

RMR이 10인 격심한 작업을 하는 근로자의 실동률(A)과 계속작업의 한계시간(B)으로 옳은 것은?(단, 실동률은 사이또 오시마식을 적용한다)

① A : 55%, B : 약 7분
② A : 45%, B : 약 5분
③ A : 35%, B : 약 3분
④ A : 25%, B : 약 1분

- 실노동률 $= 85 - (5 \times RMR)$[%]로 구한다.
- RMR이 10이므로 대입하면 $85 - (5 \times 10) = 35$%가 된다.
- 주어진 작업대사율을 대입하면 $\log(CMT) = 3.724 - 3.25\log(10) = 0.474$이므로 $CMT = 2.9785$분이다.

:: 사이또와 오시마의 실동률과 계속작업 한계시간 실기 2203
  - 실노동률 $= 85 - (5 \times RMR)$[%]로 구한다.
  - 작업대사율(R)이 주어질 경우 계속작업 한계시간(CMT)은 $\log(CMT) = 3.724 - 3.25\log(R)$로 구한다. 이때 R은 RMR을 의미한다.
  - 작업 대사량(E_0)이 주어질 경우 최대작업시간 $\log(T_{end}) = 3.720 - 0.1949 \times E_0$으로 구한다.

19

● Repetitive Learning [1회] [2회] [3회]

산업재해 통계 중 재해발생건수(100만 배)를 총 연인원의 근로시간수로 나누어 산정하는 것으로 재해발생의 정도를 표현하는 것은?

① 강도율
② 도수율
③ 발생율
④ 연천인율

해설

• 도수율은 100만 시간당 발생한 재해의 건수이다.

❖ 도수율(FR : frequency Rate of injury) [실기] 0502/0503/0602
• 100만 시간당 발생한 재해건수를 의미한다.
• 도수율 $= \dfrac{연간 재해건수}{연간총 근로시간} \times 10^6$ 로 구한다.
• 연간 근무일수나 하루 근무시간수가 주어지지 않을 경우 하루 8시간, 1년 300일 근무하는 것으로 간주한다.

20

0702 / 0803 / 1402 / 1902 / 2201
● Repetitive Learning [1회] [2회] [3회]

심한 노동 후의 피로 현상으로 단기간의 휴식에 의해 회복될 수 없는 병적상태를 무엇이라 하는가?

① 곤비
② 과로
③ 전신피로
④ 국소피로

해설

• 피로는 그 정도에 따라 3단계로 나눌 때 가장 심한 피로, 즉, 단기간의 휴식에 의해 회복될 수 없는 상태를 곤비라 한다.

❖ 피로의 정도에 따른 분류

보통피로	하루 저녁 잠을 잘 자고 나면 완전히 회복될 수 있는 것
과로	다음 날까지도 피로상태가 계속되는 것
곤비	심한 노동 후의 피로 현상으로 단기간의 휴식에 의해 회복될 수 없는 병적상태

2과목 **작업위생측정 및 평가**

21

● Repetitive Learning [1회] [2회] [3회]

87℃와 동등한 온도는?(단, 정수로 반올림한다)

① 351K
② 189°F
③ 700°R
④ 186K

해설

• 섭씨 87℃를 절대온도로 변환하면 87+273=360K이다.
• 섭씨 87℃를 화씨 온도로 변환하는 것이므로 대입하면 화씨 온도(°F)는 87×1.8+32=188.6(°F)가 된다.
• 화씨 온도를 랭킨 온도로 변환하려면 화씨 온도에 459.67°F를 더해야 하므로 랭킨 온도는 648.27(°R)이 된다.

❖ 섭씨 온도(℃)를 화씨 온도(°F)로 변환 [실기] 1503
• 섭씨 온도(℃)는 캘빈 온도 눈금에 관하여 정의되는 유도 눈금이다.
• 화씨 온도(°F)는 절대 온도 눈금이다.
• 화씨(°F)=섭씨(℃)×1.8+32가 된다.

22

1201
● Repetitive Learning [1회] [2회] [3회]

금속탈지 공정에서 측정한 트리클로로에틸렌의 농도(ppm)가 다음과 같다면 기하평균 농도(ppm)는?

101, 45, 51, 87, 36, 54, 40

① 53.2
② 55.2
③ 57.2
④ 59.2

해설

• 기하평균은 주어진 n개의 값들을 곱해서 나온 값의 n제곱근이다.
• 주어진 값을 기하평균식에 대입하면
$\sqrt{101 \times 45 \times 51 \times 87 \times 36 \times 54 \times 40} = 55.2328 \cdots$ 이다.

❖ 기하평균(GM) [실기] 0303/0403/0502/0601/0702/0801/0803/1102/1301/1403/1703/1801/2102
• 주어진 n개의 값들을 곱해서 나온 값의 n제곱근이다.
• $x_1, x_2, \cdots, x_n$의 자료가 주어질 때 기하평균 GM은 $\sqrt[n]{x_1 \times x_2 \times \cdots \times x_n}$ 으로 구하거나 logGM = $\dfrac{\log X_1 + \log X_2 + \cdots + \log X_n}{N}$ 을 역대수 취해서 구할 수 있다.
• 작업장에서 생화학적 측정치나 유해물질의 농도를 평가할 때 일반적으로 사용되는 평균치이다.
• 작업환경 중 분진의 측정 농도가 대수정규분포를 할 때 측정자료의 대표치로 사용된다.
• 인구증가율, 물가상승율, 경제성장률 등의 연속적인 변화율 데이터를 기반으로 어떤 구간에서의 평균 변화율을 구할 때 사용된다.

23

1201 / 1502
● Repetitive Learning [1회] [2회] [3회]

실리카겔과 친화력이 가장 큰 물질은?

① 알데하이드류
② 올레핀류
③ 파라핀류
④ 에스테르류

- 실리카겔에 대한 친화력은 물>알코올류>알데히드류>케톤류>에스테르류>방향족 탄화수소류>올레핀류>파라핀류 순으로 약해진다.

❖ 실리카겔에 대한 친화력 순서
  - 물>알코올류>알데히드류>케톤류>에스테르류>방향족 탄화수소류>올레핀류>파라핀류 순으로 약해진다.

24 ──── Repetitive Learning (1회 2회 3회)

공기 중 먼지를 채취하여 채취된 입자 크기의 중앙값(median)은 1.12μm이고 84%에 해당하는 크기가 2.68μm일 때, 기하표준편차 값은?(단, 채취된 입경의 분포는 대수정규분포를 따른다)

① 0.42 ② 0.94
③ 2.25 ④ 2.39

- 기하표준편차와 누적 84.1% 값이 주어졌으므로 기하평균을 구할 수 있다.
- 기하평균은 $\dfrac{\text{누적 84.1\% 값}}{\text{기하표준편차}}$ 로 구하므로 대입하면

  $\dfrac{2.68}{1.12} = 2.3928 \cdots$ 이다.

❖ 기하표준편차와 기하평균(GM) 실기 0303/0403/0502/0703/0801/0803/1102/1302/1403/1703/1802
  - 기하표준편차는 대수정규누적분포도에서 누적퍼센트 84.1%에 값 대비 기하평균의 값으로 한다.
  - 기하표준편차(GSD) = $\dfrac{\text{누적 84.1\% 값}}{\text{기하평균}}$ 혹은 $\dfrac{\text{기하평균}}{\text{누적 15.9\% 값}}$ 으로 구한다.
  - 기하표준편차(GSD)는 logGSD =
    $\left[\dfrac{(\log X_1 - \log GM)^2 + (\log X_2 - \log GM)^2 + \cdots + (\log X_n - \log GM)^2}{N-1}\right]^{0.5}$ 를
    구해서 역대수를 취한다.

25 ──── Repetitive Learning (1회 2회 3회)
1502

근로자 개인의 청력 손실 여부를 알기 위하여 사용하는 청력 측정용 기기를 무엇이라고 하는가?

① Audiometer
② Sound level meter
③ Noise dos meter
④ Impact sound level meter

- Sound level meter는 휴대용 소음측정기이다.
- Noise dos meter는 소음 노출량계 혹은 누적소음 노출량 측정기로 작업자가 여러 작업장소를 이동하면서 작업하는 경우, 근로자에게 직접 부착하여 작업시간(8시간) 동안 작업자가 노출되는 소음 노출량을 측정하는 기계를 말한다.
- Impact sound level meter는 충격성 소음 측정기이다.

❖ Audiometer
  - 청력기, 청력계, 오디오미터라고 불리운다.
  - 근로자 개인의 청력 손실 여부를 알기 위하여 사용하는 청력 측정용 기기를 말한다.

26 ──── Repetitive Learning (1회 2회 3회)
1901

입경이 20μm이고 입자비중이 1.5인 입자의 침강속도는 약 몇 cm/sec인가?

① 1.8 ② 2.4
③ 12.7 ④ 36.2

- 입자의 직경과 비중이 주어졌으므로 대입하면 침강속도
  $V = 0.003 \times 1.5 \times 20^2 = 1.8 cm/sec$ 이다.

❖ 리프만(Lippmann)의 침강속도 실기 0302/0401/0901/1103/1203/1502/1603/1902
  - 스토크스의 법칙을 대신하여 산업보건분야에서 간편하게 침강속도를 구하는 식으로 많이 사용된다.

  $V = 0.003 \times SG \times d^2$ 이다.

  - V : 침강속도(cm/sec)
  - SG : 입자의 비중(g/cm^3)
  - d : 입자의 직경(μm)

27 ──── Repetitive Learning (1회 2회 3회)
1701 / 2102

옥내의 습구흑구온도지수(WBGT)를 산출하는 공식은?

① WBGT = 0.7NWT + 0.2GT + 0.1DT
② WBGT = 0.7NWT + 0.3GT
③ WBGT = 0.7NWT + 0.1GT + 0.2DT
④ WBGT = 0.7NWT + 0.12GT

- 일사가 영향을 미치는 옥외에서는 건구온도인 dB를 반영하지만 옥내에서는 일사의 영향이 없으므로 자연습구(0.7)와 흑구온도(0.3)만으로 WBGT가 결정된다.

습구흑구온도(WBGT : Wet Bulb Globe Temperature) 지수

㉠ 개요
- 건구온도, 습구온도 및 흑구온도에 비례하며, 열중증 예방을 위해 고온에서의 작업휴식시간비를 결정하는 지표로 더위 지수라고도 한다.
- 표시단위는 섭씨온도(℃)로 표시하며, WBGT가 높을수록 휴식시간이 증가되어야 한다.
- 미국국립산업안전보건연구원(NIOSH)뿐만 아니라 국내에서도 습구흑구온도를 측정하고 지수를 산출하여 평가에 사용한다.
- 과거에 쓰이던 감각온도와 근사한 값인데 감각온도와 다른 점은 기류를 전혀 고려하지 않았다는 점이다.

㉡ 산출방법 실기 0501/0503/0602/0702/0703/1101/1201/1302/1303/1503/2102/2201/2202/2203
- 옥내에서는 WBGT＝0.7NWT＋0.3GT이다. 이때 NWT는 자연습구, GT는 흑구온도이다.(일사가 영향을 미치지 않는 옥외도 옥내로 취급한다)
- 일사가 영향을 미치는 옥외에서는 건구온도인 dB를 반영하지만 옥내에서는 일사의 영향이 없으므로 자연습구와 흑구온도만으로 WBGT가 결정된다.
- 일사가 영향을 미치는 옥외에서는 WBGT＝0.7NWT＋0.2GT＋0.1DB이며 이때 NWT는 자연습구, GT는 흑구온도, DB는 건구온도이다.

---

28 ─────● Repetitive Learning (1회 2회 3회)

어느 작업장에서 작동하는 기계 각각의 소음 측정결과가 아래와 같을 때, 총 음압수준(dB)은?(단, A, B, C기계는 동시에 작동된다)

| A기계 : 93dB(A), B기계 : 89dB(A), C기계 : 88dB(A) |

① 91.5　　　　　　　　② 92.7
③ 95.3　　　　　　　　④ 96.8

해설
- 합성소음은 $10\log(10^{9.3}＋10^{8.9}＋10^{8.8})＝10 \times 9.534＝95.34$가 된다.

✱✱ 합성소음 실기 0401/0801/0901/1403/1602
- 동일한 공간 내에서 2개 이상의 소음원에 대한 소음이 발생할 때 전체 소음의 크기를 말한다.
- 합성소음[dB(A)]＝$10\log(10^{\frac{SPL_1}{10}}＋\cdots＋10^{\frac{SPL_i}{10}})$으로 구할 수 있다.
  이때, $SPL_1, \cdots, SPL_i$는 개별 소음도를 의미한다.

---

29 ─────● Repetitive Learning (1회 2회 3회)

Fick 법칙이 적용된 확산포집방법에 의하여 시료가 포집될 경우, 포집량에 영향을 주는 요인과 가장 거리가 먼 것은?

① 공기 중 포집대상물질 농도와 포집매체에 함유된 포집대상물질의 농도 차이
② 포집기의 표면이 공기에 노출된 시간
③ 대상물질과 확산매체와의 확산계수 차이
④ 포집기에서 오염물질이 포집되는 면적

해설
- 확산계수 D는 일정하다

✱✱ Fick 법칙이 적용된 확산포집방법의 포집량
- 농도가 높은 곳에서 낮은 곳으로 확산이 이뤄지며 이는 농도구배에 따른다.
- 이동속도 $W＝D(\frac{A}{L})(C_i－C_o)$ 혹은 $\frac{M}{At}＝D\frac{(C_i－C_o)}{L}$로 구한다.
  이때, D는 확산계수이다.
  $C_i－C_o$는 농도차를 말한다.
  A는 오염물질이 포집되는 면적이다.
  L은 확산경로의 길이이다.
  M은 물질의 질량이다.
  t는 공기에 노출된 시간이다.

---

30 ─────● Repetitive Learning (1회 2회 3회)

시료채취방법 중 유해물질에 따른 흡착제의 연결이 적절하지 않은 것은?

① 방향족 유기용제류－Charcoal tube
② 방향족 아민류－Silicagel tube
③ 니트로 벤젠－Silicagel tube
④ 알코올류－Amberlite(XAD－2)

해설
- 알코올류는 비극성으로 활성탄을 흡착제로 사용한다.

✱✱ 활성탄(Activated charcoal)
- 작업장 내 다습한 공기에 포함된 비극성이고 분자의 크기가 큰 유기증기를 채취하기 가장 적합한 흡착제이다.
- 다른 흡착제에 비하여 큰 비표면적을 갖고 있다.
- 주로 알코올류, 할로겐화 탄화수소류, 에스테르류, 방향족 탄화수소류를 포집한다.

31

────── ● Repetitive Learning 〔1회 2회 3회〕

입자상 물질을 채취하는 방법 중 직경분립충돌기의 장점으로 틀린 것은?

① 호흡기에 부분별로 침착된 입자크기의 자료를 추정할 수 있다.

② 흡입성, 흉곽성, 호흡성 입자의 크기별 분포와 농도를 계산할 수 있다.

③ 시료 채취 준비에 시간이 적게 걸리며 비교적 채취가 용이하다.

④ 입자의 질량 크기 분포를 얻을 수 있다.

해설

- 직경분립충돌기는 채취 준비에 시간이 많이 걸리며 시료 채취가 까다롭다.

:: 직경분립충돌기(Cascade Impactor) 실기 0701/1003/1302

㉠ 개요 및 특징
- 호흡성, 흉곽성, 흡입성 분진 입자의 관성력에 의해 충돌기의 표면에 충돌하여 채취하는 채취기구이다.
- 공기가 옆에서 유입되지 않도록 각 충돌기의 철저한 조립과 장착이 필요하다.
- 호흡성, 흉곽성, 흡입성 입자의 크기별 분포와 농도를 계산할 수 있다.
- 호흡기의 부분별로 침착된 입자크기의 자료를 추정할 수 있다.
- 입자의 질량 크기 분포를 얻을 수 있다.

㉡ 단점
- 시료 채취가 까다롭고 비용이 많이 든다.
- 되튐으로 인한 시료의 손실이 일어날 수 있다.
- 채취 준비에 시간이 많이 걸리며 경험이 있는 전문가가 철저한 준비를 통하여 측정하여야 한다.
- 공기가 유입되지 않도록 각 충돌기의 철저한 조립과 장착이 필요하다.

32

────── ● Repetitive Learning 〔1회 2회 3회〕

어느 작업장에서 샘플러를 사용하여 분진농도를 측정한 결과, 샘플링 전, 후의 필터의 무게가 각각 32.4mg, 44.7mg이었을 때, 이 작업장의 분진 농도는 몇 mg/m^3인가?(단, 샘플링에 사용된 펌프의 유량은 20L/min이고, 2시간 동안 시료를 채취하였다)

① 1.6   ② 5.1

③ 6.2   ④ 12.3

해설

- 공시료가 0인 경우이므로 농도 $C = \dfrac{(W-W)}{V}$으로 구한다.

- 포집 전 여과지의 무게는 32.4mg이고, 포집 후 여과지의 무게는 44.7mg이다.

- 대입하면 $\dfrac{44.7-32.4}{20 \times 120} = 0.005125$[mg/L]인데 구하고자 하는 단위는 $[mg/m^3]$이므로 1000을 곱하면 $5.125$$[mg/m^3]$이 된다.

:: 시료채취 시의 농도계산 실기 0402/0403/0503/0601/0701/0703/0801/0802/0803/0901/0902/0903/1001/1002/1101/1103/1301/1401/1502/1603/1801/1802/1901/1903/2002/2004/2101/2102/2201

- 농도 $C = \dfrac{(W-W)-(B-B)}{V}$로 구한다. 이때 C는 농도 $[mg/m^3]$, W는 채취 후 여과지 무게$[\mu g]$, W는 채취 전 여과지 무게$[\mu g]$, B는 채취 후 공여과지 무게$[\mu g]$, B는 채취 전 공여과지 무게$[\mu g]$, V는 공기채취량으로 펌프의 평균유속[L/min]×시료채취시간[min]으로 구한다.

- 공시료가 0인 경우 농도 $C = \dfrac{(W-W)}{V}$으로 구한다.

33

────── ● Repetitive Learning 〔1회 2회 3회〕

어떤 작업장의 8시간 작업 중 연속음 소음 100dB(A)가 1시간, 95dB(A)가 2시간 발생하고 그 외 5시간은 기준 이하의 소음이 발생되었을 때, 이 작업장의 누적소음도에 대한 노출기준 평가로 옳은 것은?

① 0.75로 기준 이하였다.

② 1.0으로 기준과 같았다.

③ 1.25로 기준을 초과하였다.

④ 1.50으로 기준을 초과하였다.

해설

- 노출한계시간은 90dB일 때 8시간이 기준이므로 95dB에서는 4시간, 100dB에서는 2시간이 허용기준이다.

- $D = \left[\dfrac{1}{2} + \dfrac{2}{4}\right] \times 100$이므로 계산하면 $\dfrac{4}{4} \times 100 = 100$[%]로 허용기준과 같다.

:: 서로 다른 소음수준에 노출될 때의 소음노출량

- 소음노출지수라고도 한다.(%가 아닌 숫자값으로 표시)

- 전체 작업시간 동안 서로 다른 소음수준에 노출될 때의 소음노출량 $D = \left[\dfrac{C_1}{T_1} + \dfrac{C_2}{T_2} + \cdots + \dfrac{C_n}{T_n}\right] \times 100$으로 구한다. C는 dB별 노출시간, T는 dB별 노출한계시간이다.

- 총 노출량 100%는 8시간 시간가중평균(TWA)이 90dB에 상응한다.

34 ●━━━━━ Repetitive Learning 〔1회 2회 3회〕

다음은 소음 측정방법에 관한 내용이다. (　)안에 맞는 내용은?(단, 고시 기준)

> 소음이 1초 이상의 간격을 유지하면서 최대음압수준이 (　　) 이상인 소음인 경우에는 소음수준에 따른 1분 동안의 발생횟수를 측정하여야 한다.

① 110dB(A)　　　　　　　② 120dB(A)
③ 130dB(A)　　　　　　　④ 140dB(A)

해설

- 소음이 1초 이상의 간격을 유지하면서 최대음압수준이 120dB(A) 이상의 소음인 경우에는 소음수준에 따른 1분 동안의 발생횟수를 측정한다.

▮▮ 소음의 측정방법

- 소음측정에 사용되는 기기는 누적소음 노출량측정기, 적분형소음계 또는 이와 동등 이상의 성능이 있는 것으로 하되 개인시료채취 방법이 불가능한 경우에는 지시소음계를 사용할 수 있으며, 발생시간을 고려한 등가소음레벨 방법으로 측정할 것

단, 소음발생 간격이 1초 미만을 유지하면서 계속적으로 발생되는 소음(연속음)을 지시소음계 또는 이와 동등 이상의 성능이 있는 기기로 측정할 경우	• 소음계 지시침의 동작은 느린 (Slow) 상태로 한다. • 소음계의 지시치가 변동하지 않는 경우에는 해당 지시치를 그 측정점에서의 소음수준으로 한다.

- 소음계의 청감보정회로는 A특성으로 할 것
- 누적소음노출량 측정기로 소음을 측정하는 경우에는 Criteria는 90dB, Exchange Rate는 5dB, Threshold는 80dB로 기기를 설정할 것
- 소음이 1초 이상의 간격을 유지하면서 최대음압수준이 120dB(A) 이상의 소음인 경우에는 소음수준에 따른 1분 동안의 발생횟수를 측정할 것

35 ●━━━━━ Repetitive Learning 〔1회 2회 3회〕

다음 중 직독식 기구에 대한 설명과 가장 거리가 먼 것은?

① 측정과 작동이 간편하여 인력과 분석비를 절감할 수 있다.
② 연속적인 시료 채취전략으로 작업시간 동안 완전한 시료 채취에 해당된다.
③ 현장에서 실제 작업시간이나 어떤 순간에서 유해인자의 수준과 변화를 쉽게 알 수 있다.
④ 현장에서 즉각적인 자료가 요구될 때 민감성과 특이성이 있는 경우 매우 유용하게 사용될 수 있다.

해설

- ②는 능동식 또는 수동식 시료 채취를 이용한 연속시료채취 방법에 대한 설명이다.

▮▮ 직독식 측정기구 〔실기〕 1102

- 직독식 측정기구란 측정값을 직접 눈으로 확인가능한 측정기구를 이용하여 현장에서 시료를 채취하고 농도를 측정할 수 있는 것을 말한다.
- 분진측정원리는 진동주파수, 흡수광량, 산란광의 강도 등이다.
- 검지관, 진공용기 등 비교적 간단한 기구와 함께 순간 시료 채취에 이용된다.
- 측정과 작동이 간편하여 인력과 분석비를 절감할 수 있다.
- 부피가 작아 휴대하기 편해 현장에서 실제 작업시간이나 어떤 순간에서의 유해인자 수준과 변화를 쉽게 알 수 있다.
- 현장에서 즉각적인 자료가 요구될 때 민감성과 특이성이 있는 경우 매우 유용하게 사용될 수 있다.
- 민감도와 특이도가 낮아 고능도 측정은 가능하나 다른 물질의 영향을 쉽게 받는다.
- 가스모니터, 가스검지관, 휴대용 GC, 입자상 물질측정기, 휴대용 적외선 분광광도계 등이 여기에 해당한다.

36 ●━━━━━ Repetitive Learning 〔1회 2회 3회〕

공기 중 유기용제 시료를 활성탄관으로 채취하였을 때 가장 적절한 탈착용매는?

① 황산　　　　　　　② 사염화탄소
③ 중크롬산칼륨　　　　④ 이황화탄소

해설

- 활성탄으로 시료채취 시 많이 사용되는 용매는 이황화탄소이다.

▮▮ 흡착제 탈착을 위한 이황화탄소 용매

- 활성탄으로 시료채취 시 많이 사용된다.
- 탈착효율이 좋다.
- GC의 불꽃이온화 검출기에서 반응성이 낮아 피크가 작게 나와 분석에 유리하다.
- 독성이 매우 크기 때문에 사용할 때 주의하여야 하며 인화성이 크므로 분석하는 곳은 환기가 잘되어야 한다.

37 ●━━━━━ Repetitive Learning 〔1회 2회 3회〕

산업안전보건법령상 단위작업장소에서 작업근로자수가 17명일 때, 측정해야 할 근로자수는?(단, 시료채취는 개인시료 채취로 한다)

① 1　　　　　　　② 2
③ 3　　　　　　　④ 4

- 10명까지는 2명을 채취대상으로 하며, 10명을 초과할 때 5명마다 1명씩을 채취대상으로 하므로 17명의 근로자를 대상으로는 2+2=4명이 된다.

❖ 개인시료채취 **실기** 0802/1201/2202
- 개인시료채취기를 이용하여 가스·증기·분진·흄(fume)·미스트(mist) 등을 근로자의 호흡위치(호흡기를 중심으로 반경 30cm인 반구)에서 채취하는 것을 말한다.
- 단위작업장소에서 최고 노출근로자 2명 이상에 대하여 동시에 개인시료채취 방법으로 측정하되, 단위작업장소에 근로자가 1명인 경우에는 그러하지 아니하며, 동일 작업근로자수가 10명을 초과하는 경우에는 매 5명당 1명 이상 추가하여 측정하여야 한다. 다만, 동일 작업근로자수가 100명을 초과하는 경우에는 최대 시료채취 근로자수를 20명으로 조정할 수 있다.

---

38 ——————● Repetitive Learning 〔1회 2회 3회〕

유해인자에 대한 노출평가방법인 위해도 평가(Risk assessment)를 설명한 것으로 가장 거리가 먼 것은?

① 위험이 가장 큰 유해인자를 결정하는 것이다.
② 유해인자가 본래 가지고 있는 위해성과 노출요인에 의해 결정된다.
③ 모든 유해인자 및 작업자, 공정을 대상으로 동일한 비중을 두면서 관리하기 위한 방안이다.
④ 노출량이 높고 건강상의 영향이 큰 유해인자인 경우 관리해야 할 우선순위도 높게 된다.

해설
- 위해도 평가는 모든 유해인자 및 작업자, 공정을 대상으로 우선순위를 결정하는 작업이다.

❖ 위해도 평가(Risk assessment)
- 유해인자에 대한 노출평가방법으로 위험이 가장 큰 유해인자를 결정하는 것이다.
- 유해인자가 본래 가지고 있는 위해성과 노출요인에 의해 결정된다.
- 모든 유해인자 및 작업자, 공정을 대상으로 우선순위를 결정하는 작업이다.
- 노출이 많고 건강상의 영향이 큰 인자인 경우 위해도가 크고, 관리해야 할 우선순위가 높게 된다.
- 4단계는 ① 위험성 확인 ② 노출량 반응 평가 ③ 노출 평가 ④ 위해도 결정으로 이뤄진다.

---

39 ——————● Repetitive Learning 〔1회 2회 3회〕

검지관의 장·단점에 관한 내용으로 옳지 않은 것은?

① 사용이 간편하고 복잡한 분석실 분석이 필요 없다.
② 맨홀, 밀폐공간 등 산소결핍이나 폭발성 가스로 인한 위험이 있는 경우 사용이 가능하다.
③ 민감도 및 특이도가 낮고 색변화가 선명하지 않아 판독자에 따라 변이가 심하다.
④ 측정대상물질의 동정이 미리 되어있지 않아도 측정을 용이하게 할 수 있다.

해설
- 검지관은 한 가지 물질에 반응할 수 있도록 제조되어 있어 측정대상물질의 동정이 되어있어야 한다.

❖ 검지관법의 특성
ㄱ 개요
- 오염물질의 농도에 비례한 검지관의 변색층 길이를 읽어 농도를 측정하는 방법과 검지관 안에서 색변화와 표준 색표를 비교하여 농도를 결정하는 방법이 있다.
ㄴ 장·단점 **실기** 1803/2101

장점	• 사용이 간편하고 복잡한 분석실 분석이 필요 없다. • 맨홀, 밀폐공간에서의 산소가 부족하거나 폭발성 가스로 인하여 안전이 문제가 될 때 유용하게 사용될 수 있다. • 숙련된 산업위생전문가가 아니더라도 어느 정도만 숙지하면 사용할 수 있다. • 반응시간이 빨라서 빠른 시간에 측정결과를 알 수 있다.
단점	• 민감도가 낮아 비교적 고농도에만 적용이 가능하다. • 특이도가 낮아 다른 방해물질의 영향을 받기 쉬워 오차가 크다. • 검지관은 한 가지 물질에 반응할 수 있도록 제조되어 있어 측정대상물질의 동정이 되어있어야 한다. • 색변화가 시간에 따라 변하므로 제조자가 정한 시간에 읽어야 한다. • 색변화가 선명하지 않아 주관적으로 읽을 수 있어 판독자에 따라 변이가 심하다.

---

40 ——————● Repetitive Learning 〔1회 2회 3회〕

측정값이 1, 7, 5, 3, 9일 때, 변이계수는 약 몇 %인가?

① 13
② 63
③ 133
④ 183

- 산술평균을 구하면 $\dfrac{1+7+5+3+9}{5}=5$이다.
- 표준편차를 구하면

$$\sqrt{\dfrac{(1-5)^2+(7-5)^2+\cdots+(9-5)^2}{4}}=\sqrt{10}=3.1622\cdots$$ 이다.

- 변이계수는 $\dfrac{3.16}{5}\times100=63.25[\%]$가 된다.

변이계수(Coefficient of Variation) 실기 0501/0602/0702/1003

- 평균값에 대한 표준편차의 크기를 백분율[%]로 나타낸 것이다.
- 변이계수는 $\dfrac{표준편차}{산술평균}\times100$으로 구한다.
- 측정단위와 무관하게 독립적으로 산출된다.
- 단위가 서로 다른 집단이나 특성값의 상호 산포도를 비교하는 데 이용한다.
- 통계집단의 측정값들에 대한 균일성, 정밀성 정도를 표현하는 것이다.
- 평균값의 크기가 0에 가까울수록 변이계수의 의의가 작아지는 단점이 있다.

3과목 **작업환경관리대책**

1802

41 ────────── ● Repetitive Learning 1회 2회 3회

보호구의 재질에 따른 효과적 보호가 가능한 화학물질을 잘못 짝지은 것은?

① 가죽 – 알콜
② 천연고무 – 물
③ 면 – 고체상 물질
④ 부틸고무 – 알콜

해설

- 가죽은 찰과상을 예방하는 용도로 사용하는 보호구 재질로 용제에는 사용을 못한다.

보호구 재질과 적용 물질

면	고체상 물질에 효과적이다.(용제에는 사용 못함)
가죽	찰과상 예방 용도(용제에는 사용 못함)
천연고무	절단 및 찰과상 예방에 좋으며 수용성 용액, 극성 용제(물, 알콜, 케톤류 등)에 효과적이다.
부틸 고무	극성 용제(물, 알콜, 케톤류 등)에 효과적이다.
니트릴 고무 (viton)	비극성 용제(벤젠, 사염화탄소 등)에 효과적이다.
네오프렌 (Neoprene) 고무	비극성 용제(벤젠, 사염화탄소 등), 산, 부식성 물질에 효과적이다.
Ethylene Vinyl Alcohol	대부분의 화학물질에 효과적이다.

42 ────────── ● Repetitive Learning 1회 2회 3회

호흡기 보호구에 대한 설명으로 옳지 않은 것은?

① 호흡기 보호구를 선정할 때는 기대되는 공기 중의 농도를 노출기준으로 나눈 값을 위해비(HR)라 하는데, 위해비보다 할당보호계수(APF)가 작은 것을 선택한다.
② 할당보호계수(APF)가 100인 보호구를 착용하고 작업장에 들어가면 외부 유해물질로부터 적어도 100배 만큼의 보호를 받을 수 있다는 의미이다.
③ 보호구를 착용함으로써 유해물질로부터 얼마만큼 보호해주는지 나타내는 것은 보호계수(PF)이다.
④ 보호계수(PF)는 보호구 밖의 농도(Co)와 안의 농도(Ci)의 비(Co/Ci)로 표현할 수 있다.

해설

- 호흡기 보호구를 선정할 때는 기대되는 공기 중의 농도를 노출기준으로 나눈 값을 위해비(HR)라 하는데, 위해비보다 할당보호계수(APF)가 큰 것을 선택한다.

호흡기 보호구의 할당보호계수(APF)

- 보호구를 착용함으로써 유해물질로부터 얼마만큼 보호해주는지 나타내는 것은 보호계수(PF)이다.
- 보호계수(PF)는 보호구 밖의 농도(Co)와 안의 농도(Ci)의 비(Co/Ci)로 표현할 수 있다.
- 할당보호계수(APF)가 100인 보호구를 착용하고 작업장에 들어가면 외부 유해물질로부터 적어도 100배 만큼의 보호를 받을 수 있다는 의미이다.
- 호흡기 보호구를 선정할 때는 기대되는 공기 중의 농도를 노출기준으로 나눈 값을 위해비(HR)라 하는데, 위해비보다 할당보호계수(APF)가 큰 것을 선택한다.

43 ────────── ● Repetitive Learning 1회 2회 3회

전기도금 공정에 가장 적합한 후드 형태는?

① 캐노피 후드
② 슬롯 후드
③ 포위식 후드
④ 종형 후드

해설

- 전기도금 공정에 가장 적합한 후드는 슬롯 후드이다.

슬롯 후드

- 전기도금 공정에 가장 적합한 후드이다.
- 유해물질의 발생원을 포위하지 않고 발생원 가까운 위치에 설치하는 외부식의 대표적인 후드이다.
- 슬롯 후드에서 슬롯은 공기가 균일하게 흡입되도록 하는 역할을 한다.

44

• Repetitive Learning (1회 2회 3회)

흡입관의 정압과 속도압이 각각 $-30.5 \text{mmH}_2\text{O}$, $7.2 \text{mmH}_2\text{O}$이고, 배출관의 정압과 속도압이 각각 $20.0 \text{mmH}_2\text{O}$, $15 \text{mmH}_2\text{O}$이면, 송풍기의 유효전압은?

① $58.3 \text{mmH}_2\text{O}$
② $64.2 \text{mmH}_2\text{O}$
③ $72.3 \text{mmH}_2\text{O}$
④ $81.1 \text{mmH}_2\text{O}$

해설

• 전압 FTP=송풍기 출구 전압－송풍기 입구 전압이다.
• 송풍기 출구 전압은 출구 정압+출구 속도압이다.
• 송풍기 입구 전압은 입구 정압+입구 속도압이다.
• 전압 FTP=$(20+15)-(-30.5+7.2)=58.3 mmH_2O$가 된다.

❖ 송풍기 전압(FTP) 실기 0301/0501/0803/1201/1403/1702/1802/2002
  • 전압 FTP=송풍기 출구 전압－송풍기 입구 전압이다.
  • 송풍기 출구 전압은 출구 정압+출구 속도압이다.
  • 송풍기 입구 전압은 입구 정압+입구 속도압이다.

45

• Repetitive Learning (1회 2회 3회)

호흡용 보호구 중 방독/방진 마스크에 대한 설명 중 옳지 않은 것은?

① 방진 마스크의 흡기저항과 배기저항은 모두 낮은 것이 좋다.
② 방진 마스크의 포집효율과 흡기저항 상승률은 모두 높은 것이 좋다.
③ 방독 마스크는 사용 중에 조금이라도 가스냄새가 나는 경우 새로운 정화통으로 교체하여야 한다.
④ 방독 마스크의 흡수제는 활성탄, 실리카겔, sodalime 등이 사용된다.

해설

• 방진마스크 포집효율은 높은 것이 좋으나, 흡기저항 상승률은 낮은 것이 좋다.

❖ 방진마스크의 필요조건
  • 흡기와 배기저항 모두 낮은 것이 좋다.
  • 흡기저항 상승률이 낮은 것이 좋다.
  • 안면밀착성이 큰 것이 좋다.
  • 포집효율이 높은 것이 좋다.
  • 비휘발성 입자에 대한 보호가 가능하다.
  • 무게중심은 안면에 강한 압박감을 주지 않는 위치에 있는 것이 좋다.
  • 여과효율이 우수하려면 필터에 사용되는 섬유의 직경이 작고 조밀하게 압축되어야 한다.

46

• Repetitive Learning (1회 2회 3회)

환기시설 내 기류가 기본적 유체역학적 원리에 의하여 지배되기 위한 전제 조건에 관한 내용으로 틀린 것은?

① 환기시설 내외의 열교환은 무시한다.
② 공기의 압축이나 팽창을 무시한다.
③ 공기는 포화 수증기 상태로 가정한다.
④ 대부분의 환기시설에서는 공기 중에 포함된 유해물질의 무게와 용량을 무시한다.

해설

• 공기는 건조하다고 가정한다.

❖ 환기시설 내 기류가 기본적 유체역학적 원리에 의하여 지배되기 위한 전제 조건 실기 0403/1302
  • 환기시설 내외의 열교환은 무시한다.
  • 공기의 압축이나 팽창을 무시한다.
  • 대부분의 환기시설에서는 공기 중에 포함된 유해물질의 무게와 용량을 무시한다.
  • 공기는 건조하다고 가정한다.

47

• Repetitive Learning (1회 2회 3회)

보호구에 대한 설명으로 틀린 것은?

① 정전복은 마찰에 의하여 발생되는 정전기의 대전을 방지하기 위하여 사용된다.
② 방열의에는 석면제나 섬유에 알루미늄 등을 증착한 알루미나이즈 방열의가 사용된다.
③ 위생복(보호의)에서 방한복, 방한화, 방한모는 $-8℃$ 이하인 급냉동 창고 하역작업 등에 이용된다.
④ 안면 보호구에는 일반 보호면, 용접면, 안전모, 방진마스크 등이 있다.

해설

• 안전모는 머리 보호구이고, 방진마스크는 호흡용 보호구이다.

❖ 보호구
  • 보호구는 안전모(머리 보호구), 눈 보호구, 안면 보호구, 귀 보호구, 호흡용 보호구, 손 보호구, 발 보호구, 안전대, 신체 보호구 등으로 구분된다.
  • 신체 보호구에는 내열 방화복, 정전복, 위생보호복, 앞치마 등이 있다.
  • 안면 보호구에는 보안경, 보안면 등이 있다.
  • 호흡용 보호구에는 방진마스크, 방독마스크, 송기마스크, 공기호흡기 등이 있다.

48 — Repetitive Learning (1회 2회 3회)

슬롯(Slot) 후드의 종류 중 전원주형의 배기량은 1/4 원주형 대비 약 몇 배인가?

① 2배   ② 3배
③ 4배   ④ 5배

해설

- 슬롯형 후드의 배기량(송풍량)에 있어서 전원주형과 1/4원주형의 차이는 형상계수에서 비롯된다.
- 일반적인 전원주형의 형상계수는 5.0이고, 1/4 원주형의 형상계수는 1.6으로 3배의 차이를 갖는다.

외부식 슬롯형 후드의 필요송풍량
- 공간에 위치하며, 플랜지가 없는 경우에 해당한다.

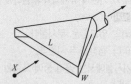

- 필요송풍량 $Q = 60 \times C \times L \times V_c \times X$로 구한다. 이때 Q는 필요송풍량[m^3/min]이고, C는 형상계수, V_c는 제어속도[m/sec], L은 슬롯의 개구면 길이, X는 포집점까지의 거리[m]이다.
- ACGIH에서는 종횡비가 0.2 이하인 슬롯형 후드의 형상계수로 3.7을 사용한다.

전원주	5.0(ACGIH에서는 3.7)
$\frac{3}{4}$ 원주	4.1
$\frac{1}{2}$ 원주	2.8
$\frac{1}{4}$ 원주	1.6

49 — Repetitive Learning (1회 2회 3회)

국소환기시설 설계에 있어 정압조절평형법의 장점으로 틀린 것은?

① 예기치 않은 침식 및 부식이나 퇴적문제가 일어나지 않는다.
② 설계 설치된 시설의 개조가 용이하여 장치변경이나 확장에 대한 유연성이 크다.
③ 설계가 정확할 때는 가장 효율적인 시설이 된다.
④ 설계 시 잘못 설계된 분지관 또는 저항이 제일 큰 분지관을 쉽게 발견 할 수 있다.

해설

- 정압조절평형법은 설치 후 변경이나 변경에 대한 유연성이 낮다.

정압조절평형법(유속조절평형법, 정압균형유지법) 실기 0801/0901/1301/1303/1901
- 저항이 큰 쪽의 덕트 직경을 약간 크게 혹은 작게함으로써 저항을 줄이거나 늘려 합류점의 정압이 같아지도록 하는 방법을 말한다.
- 분지관의 수가 적고 고독성 물질이나 폭발성, 방사성 분진을 대상으로 사용한다.

장점	• 설계가 정확할 때는 가장 효율적인 시설이 된다. • 송풍량은 근로자나 운전자의 의도대로 쉽게 변경되지 않는다. • 유속의 범위가 적절히 선택되면 덕트의 폐쇄가 일어나지 않는다. • 설계 시 잘못 설계된 분지관 또는 저항이 가장 큰 분지관을 쉽게 발견할 수 있다. • 예기치 않은 침식 및 부식이나 퇴적문제가 일어나지 않는다.
단점	• 설계가 어렵고 시간이 많이 걸린다. • 설계 시 잘못된 유량의 수정이 어렵다. • 때에 따라 전체 필요한 최소유량보다 더 초과될 수 있다. • 설치 후 변경이나 변경에 대한 유연성이 낮다.

0902 / 1503
50 — Repetitive Learning (1회 2회 3회)

비중량이 1.255kgf/m^3인 공기가 20m/s의 속도로 덕트를 통과하고 있을 때의 동압은?

① 15mmH$_2$O   ② 20mmH$_2$O
③ 25mmH$_2$O   ④ 30mmH$_2$O

해설

- 속도압(동압) $VP = \dfrac{\gamma V^2}{2g}[mmH_2O]$로 구한다.
- 주어진 값들을 대입하면 $VP = \dfrac{1.255 \times 20^2}{2 \times 9.8} = 25.612 \cdots [mmH_2O]$ 가 된다.

속도압(동압) 실기 0402/0602/0803/1003/1101/1301/1402/1502/1601/1602/1703/1802/2001/2201
- 속도압(VP)은 전압(TP)에서 정압(SP)을 뺀 값으로 구한다.
- 동압 $VP = \dfrac{\gamma V^2}{2g}[mmH_2O]$로 구한다. 이때 γ는 표준공기일 경우 1.203[kgf/m^3]이며, g는 중력가속도로 9.81[m/s^2]이다.
- VP[mmH_2O]를 알면 공기속도는 $V = 4.043 \times \sqrt{VP}$[m/s]로 구한다.

51 ●━━━━━━━━━ Repetitive Learning ⌈1회⌉⌈2회⌉⌈3회⌉

터보(Turbo) 송풍기에 관한 설명으로 틀린 것은?

① 후향 날개형 송풍기라고도 한다.

② 송풍기의 깃이 회전방향 반대편으로 경사지게 설계되어 있다.

③ 고농도 분진함유 공기를 이송시킬 경우, 집진기 후단에 설치하여 사용해야 한다.

④ 방사날개형이나 전향 날개형 송풍기에 비해 효율이 떨어진다.

해설

• 원심력송풍기 중 효율이 가장 좋은 송풍기는 후향 날개형 송풍기이다.

▪▪ 후향 날개형 송풍기(Turbo 송풍기) 실기 2004

• 송풍량이 증가하여도 동력이 증가하지 않는 장점을 가지고 있어 한계부하 송풍기 또는 비행기 날개형 송풍기라고 한다.

• 원심력송풍기 중 효율이 가장 좋은 송풍기이다.

• 분진농도가 낮은 공기나 고농도 분진 함유 공기를 이송시킬 경우, 집진기 후단에 설치한다.

• 회전날개가 회전방향 반대편으로 경사지게 설계되어 있어 충분한 압력을 발생시킨다.

• 고농도 분진함유 공기를 이송시킬 경우 회전날개 뒷면에 퇴적되어 효율이 떨어진다.

• 고농도 분진함유 공기를 이송시킬 경우 집진기 후단에 설치하여야 한다.

• 깃의 모양은 두께가 균일한 것과 익형이 있다.

52 ●━━━━━━━━━ Repetitive Learning ⌈1회⌉⌈2회⌉⌈3회⌉

송풍기의 풍량조절기법 중에서 풍량(Q)을 가장 크게 조절할 수 있는 것은?

① 회전수 조절법　　　② 안내익 조절법

③ 댐퍼부착 조절법　　④ 흡입압력 조절법

해설

• 풍량을 가장 크게 조절할 수 있는 방법은 회전수 조절법이다.

▪▪ 회전수 조절법

• 송풍기의 회전수를 변화시켜 풍량을 변화시킴으로써 덕트 내의 정압을 설정치로 유지하는 방법이다.

• 풍량을 가장 크게 조절할 수 있는 방법이다.

• 비용이 많이 소요된다.

53 ●━━━━━━━━━ Repetitive Learning ⌈1회⌉⌈2회⌉⌈3회⌉

정압회복계수가 0.72이고 정압회복량이 7.2mmH$_2$O인 원형 확대관의 압력손실은?

① 2.8mmH$_2$O　　　② 3.6mmH$_2$O

③ 4.2mmH$_2$O　　　④ 5.3mmH$_2$O

해설

• 정압회복량 $SP_2 - SP_1 = (1-\xi)(VP_1 - VP_2) = 7.2$이다.

• 정압회복계수$(1-\xi)$가 0.72이므로 ξ는 0.280이고, $(VP_1 - VP_2) = 10$이다.

• 압력손실은 $\xi \times (VP_1 - VP_2)$이므로 대입하면 $0.28 \times 10 = 2.8$ mmH_2O이다.

▪▪ 확대관의 압력손실 실기 1002/1203/1803/2103

• 정압회복량은 속도압의 강하량에서 압력손실의 차로 구한다.

• 정압회복량 $SP_2 - SP_1 = (1-\xi)(VP_1 - VP_2)$로 구한다. 이때 $(1-\xi)$는 정압회복계수 R이라고 한다. SP는 정압$[mmH_2O]$이고, VP는 속도압$[mmH_2O]$이다.

• 압력손실은 $\xi \times (VP_1 - VP_2)$로 구한다.

54 ●━━━━━━━━━ Repetitive Learning ⌈1회⌉⌈2회⌉⌈3회⌉

심한 난류상태의 덕트 내에서 마찰계수를 결정하는데 가장 큰 영향을 미치는 요소는?

① 덕트의 직경

② 공기점토와 밀도

③ 덕트의 표면조도

④ 레이놀즈수

해설

• 벽면이 거친 관의 마찰계수는 레이놀즈수 외에 관벽의 오철의 크기와 관계된다. 이런 관 내부 요철을 절대조도라 하는데 이 절대조도를 관의 지름으로 나눈 값을 상대조도라 한다. 난류 영역에서 달시 마찰계수는 상대조도만의 함수이다.

▪▪ 달시(Darcy) 마찰계수(λ) 실기 1201/1402

• 달시 마찰계수는 레이놀즈수와 상대조도의 함수이다.

• 벽면이 거친 관의 마찰계수는 레이놀즈수 외에 관벽의 오철의 크기와 관계된다. 이런 관 내부 요철을 절대조도라 하는데 이 절대 조도를 관의 지름으로 나눈 값을 상대조도라 한다.

• 층류 영역에서 달시 마찰계수는 레이놀즈수만의 함수이다.

• 전이 영역에서 달시 마찰계수는 레이놀즈수와 상대조도의 함수이다.

• 난류 영역에서 달시 마찰계수는 상대조도만의 함수이다.

55 ──────── • Repetitive Learning (1회 2회 3회)

회전차 외경이 600mm인 원심 송풍기의 풍량은 $200\,m^3$/min이다. 회전차 외경이 1,200mm인 동류(상사구조)의 송풍기가 동일한 회전수로 운전된다면 이 송풍기의 풍량은? (단, 두 경우 모두 표준공기를 취급한다)

① $1,000\,m^3$/min 　② $1,200\,m^3$/min

③ $1,400\,m^3$/min 　④ $1,600\,m^3$/min

해설

- 송풍량은 회전차 직경의 세제곱에 비례한다.
- 송풍기의 회전수와 공기의 중량이 일정한 상태에서 회전차 직경이 2배로 증가하면 풍량은 2^3배로 증가한다.
- $200 \times 2^3 = 1600[m^3/min]$이 된다.

❖ 송풍기의 상사법칙 [실기] 0402/0403/0501/0701/0803/0902/0903/1001/1102/1103/1201/1303/1401/1501/1502/1503/1603/1703/1802/1901/1903/2001/2002

송풍기 크기 일정 공기 비중 일정	• 송풍량은 회전속도(비)에 비례한다. • 풍압(정압)은 회전속도(비)의 제곱에 비례한다. • 동력은 회전속도(비)의 세제곱에 비례한다.
송풍기 회전수 일정 공기의 중량 일정	• 송풍량은 회전차 직경의 세제곱에 비례한다. • 풍압(정압)은 회전차 직경의 제곱에 비례한다. • 동력은 회전차 직경의 오제곱에 비례한다.
송풍기 회전수 일정 송풍기 크기 일정	• 송풍량은 비중과 온도에 무관하다. • 풍압(정압)은 비중에 비례, 절대온도에 반비례한다. • 동력은 비중에 비례, 절대온도에 반비례한다.

56 ──────── • Repetitive Learning (1회 2회 3회)

다음 중 유해물질별 송풍관의 적정 반송속도로 옳지 않은 것은?

① 가스상 물질－10m/sec

② 무거운 물질－25m/sec

③ 일반 공업물질－20m/sec

④ 가벼운 건조 물질－30m/sec

해설

- 가벼운 건조물질은 12~15m/s가 적정한 반송속도이다.

❖ 유해물질의 덕트 내 반송속도

발생형태	종류	반송속도(m/s)
증기·가스·연기	모든 증기, 가스 및 연기	5.0~10.0
흄	아연흄, 산화알미늄 흄, 용접 흄 등	10.0~12.5
미세하고 가벼운 분진	미세한 면분진, 미세한 목분진, 종이분진 등	12.5~15.0
건조한 분진이나 분말	고무분진, 면분진, 가죽분진, 동물털 분진 등	15.0~20.0
일반 산업분진	그라인더 분진, 일반적인 금속분말분진, 모직물분진, 실리카분진, 주물분진, 석면분진 등	17.5~20.0
무거운 분진	젖은 톱밥분진, 입자가 혼입된 금속분진, 샌드블라스트 분진, 주절보링분진, 납분진	20.0~22.5
무겁고 습한 분진	습한 시멘트분진, 작은 칩이 혼입된 납분진, 석면덩어리 등	22.5 이상

57 ──────── • Repetitive Learning (1회 2회 3회)

송풍기 축의 회전수를 측정하기 위한 측정기구는?

① 열선풍속계(Hot wire anemometer)

② 타코미터(Tachometer)

③ 마노미터(Manometer)

④ 피토관(Pitot tube)

해설

- 열선풍속계는 공기의 흐름(풍속과 풍량)을 측정하는 기구이다.
- 마노미터는 압력에 의해 올라간 액체 기둥의 높이를 측정해 압력을 측정하는 기구이다.
- 피토관은 흐르고 있는 유체 내부에 설치하여 유체의 속도를 측정하는 장치이다.

❖ 타코미터(Tachometer)

- 송풍기 축의 회전속도를 측정하는 센서장치이다.
- 분당 회전수(RPM)를 표시한다.

58 ──────── • Repetitive Learning (1회 2회 3회)

20℃, 1기압에서 공기유속은 5m/s, 원형덕트의 단면적은 $1.13\,m^2$일 때, Reynolds 수는?(단, 공기의 점성계수는 1.8×10^{-5}kg/s·m이고, 공기의 밀도는 1.2kg/m^3이다)

① 4.0×10^5 　② 3.0×10^5

③ 2.0×10^5 　④ 1.0×10^5

해설

- 단면적이 주어졌으므로 원형덕트의 특성길이인 내경을 구할 수 있다. $\dfrac{\pi D^2}{4} m^2 = 1.130$이므로 $D^2 = \dfrac{(4 \times 1.13)}{\pi} = 1.439 \cdots$이므로 $D = 1.2m$이다.
- 공기의 점성계수 $\mu = 1.8 \times 10^{-5}$, 밀도는 $1.2 kg/m^3$, 유속은 5m/s, 관의 직경 $L = 1.2m$이 주어졌으므로 $Re = \dfrac{\rho v_s L}{\mu}$에 대입하면 $\dfrac{1.2 \times 5 \times 1.2}{1.8 \times 10^{-5}} = 400,000$이 된다.

레이놀즈(Reynolds)수 계산 [실기] 0303/0403/0502/0503/0603/0702/1001/1201/1203/1301/1401/1601/1702/1801/1901/1902/1903/2001/2101/2103/2201/2203

- $Re = \dfrac{\rho v_s^2 / L}{\mu v_s / L^2} = \dfrac{\rho v_s L}{\mu} = \dfrac{v_s L}{\nu} = \dfrac{관성력}{점성력}$ 로 구할 수 있다.

  v_s는 유동의 평균속도[m/s]

  L은 특성길이(관의 내경, 평판의 길이 등)[m]

  μ는 유체의 점성계수[kg/sec·m]

  ν는 유체의 동점성계수[m^2/s]

  ρ는 유체의 밀도[kg/m^3]

---

60 ─── Repetitive Learning [1회][2회][3회]

전체환기의 목적에 해당되지 않는 것은?

① 발생된 유해물질을 완전히 제거하여 건강을 유지·증진한다.

② 유해물질의 농도를 감소시켜 건강을 유지·증진한다.

③ 화재나 폭발을 예방한다.

④ 실내의 온도와 습도를 조절한다.

해설

- 전체 환기란 국소배기가 어려운 곳에서 공간 내 유해물질이나 불필요하게 상승한 온도를 제거하기 위해 외부의 신선한 공기를 공급하는 것으로 유해물질을 완전히 제거하는 것이 아니다.

전체환기의 목적
- 유해물질의 농도를 감소시켜 건강을 유지·증진한다.
- 화재나 폭발을 예방한다.
- 실내의 온도와 습도를 조절한다.

---

59 ─── Repetitive Learning [1회][2회][3회]

유기용제 취급 공정의 작업환경관리대책으로 가장 거리가 먼 것은?

① 근로자에 대한 정신건강관리 프로그램 운영

② 유기용제의 대체사용과 작업공정 배치

③ 유기용제 발산원의 밀폐 등 조치

④ 국소배기장치의 설치 및 관리

해설

- 근로자에 대한 정신건강관리 프로그램을 운영하는 것은 작업환경관리대책과는 거리가 멀다.

작업환경 개선 대책

공학적 대책	대체(Substitution), 격리(Isolation), 밀폐(Enclosure) 차단(Seperation), 환기(Ventilation)
행정(관리)적 대책	작업시간과 휴식시간의 조정, 교대근무, 작업전환, 관련 교육 등
개인건강대책	각종 보호구(안전모, 보호의, 보호장갑, 보안경, 귀마개 등)의 착용

4과목 ── 물리적 유해인자관리

61 ─── Repetitive Learning [1회][2회][3회]

전기성 안염(전광선 안염)과 가장 관련이 깊은 비전리방사선은?

① 자외선   ② 가시광선

③ 적외선   ④ 마이크로파

해설

- 각막염, 결막염 등 전기성 안염(전광선 안염)은 자외선으로 인해 발생한다.

자외선
- 100~400nm 정도의 파장을 갖는다.
- 피부의 색소침착 등 생물학적 작용이 활발하게 일어나서 Dorno 선이라고도 한다.(이때의 파장은 280~315nm 정도이다)
- 피부에 강한 특이적 홍반작용과 색소침착, 전기성 안염(전광선 안염), 피부암 발생 등의 장해를 일으킨다.
- 트리클로로에틸렌을 독성이 강한 포스겐으로 전환시킬 수 있는 광화학 작용을 한다.
- 콜타르의 유도체, 벤조피렌, 안트라센 화합물과 상호작용하여 피부암을 유발시킨다.

62

Repetitive Learning

산업안전보건법령상 고온의 노출기준을 나타낼 경우 중등작업의 계속작업 시 노출기준은 몇 ℃(WBGT)인가?

① 26.7

② 28.3

③ 29.7

④ 31.4

해설

- 중등작업은 시간당 200~350kcal의 열량이 소요되는 작업으로 물체를 들거나 밀면서 걸어다니는 일 등을 말하며, 계속작업을 수행할 때 경작업인 경우 30℃, 중등작업인 경우 26.7℃, 중작업인 경우 25.0℃가 고온의 노출기준이 된다.

- 고온의 노출기준(단위 : ℃, WBGT) 실기 0703

작업강도 작업휴식시간비	경작업	중등작업	중작업
계속 작업	30.0	26.7	25.0
매시간 75%작업, 25%휴식	30.6	28.0	25.9
매시간 50%작업, 50%휴식	31.4	29.4	27.9
매시간 25%작업, 75%휴식	32.2	31.1	30.0

- 경작업 : 200kcal까지의 열량이 소요되는 작업을 말하며, 앉아서 또는 서서 기계의 조정을 하기 위하여 손 또는 팔을 가볍게 쓰는 일 등을 뜻함
- 중등작업 : 시간당 200~350kcal의 열량이 소요되는 작업을 말하며, 물체를 들거나 밀면서 걸어다니는 일 등을 뜻함
- 중작업 : 시간당 350~500kcal의 열량이 소요되는 작업을 말하며, 곡괭이질 또는 삽질하는 일 등을 뜻함

63

Repetitive Learning

심한 소음에 반복 노출되면, 일시적인 청력 변화는 영구적 청력변화로 변하게 되는데, 이는 다음 중 어느 기관의 손상으로 인한 것인가?

① 원형창

② 코르티기관

③ 삼반규관

④ 유스타키오관

해설

- 원형창은 깊은 수심에 다이빙하는 다이버들이 수중에서 압력차에 의해서 주로 손상받는 기관이다.
- 삼반규관은 회전가속도를 감지하는 평형감각기관이다.
- 유스타키오관은 대기의 압력에 따라 중이의 압력을 조절하는 기관이다.

- 코르티기관(Corti's organ)
  - 내이의 달팽이관(cochlea) 속에 있는 청각 수용기관이다.
  - 심한 소음에 반복 노출되면 코르티기관이 손상되어 일시적인 청력 변화는 영구적 청력변화로 변한다.

64

Repetitive Learning

다음 중 레이노 현상(Raynaud's phenomenon)의 주요 원인으로 옳은 것은?

① 전신진동

② 고온환경

③ 국소진동

④ 다습환경

해설

- 그라인더 등의 손공구를 저온환경에서 사용할 때 나타나는 레이노 증후군은 국소진동에 의하여 손가락의 창백, 청색증, 저림, 냉감, 동통이 나타나는 장해이다.

- 레이노 현상(Raynaud's phenomenon)
  - 국소진동에 의하여 손가락의 창백, 청색증, 저림, 냉감, 동통이 나타나는 장해이다.
  - 그라인더 등의 손공구를 저온환경에서 사용할 때 나타나는 장해이다.

65

Repetitive Learning

다음 파장 중 살균 작용이 가장 강한 자외선의 파장범위는?

① 220~234nm

② 254~280nm

③ 290~315nm

④ 325~400nm

해설

- 살균작용이 가장 강한 자외선 파장 범위는 254~280nm(2,540Å~2,800Å) 영역이다.

- 살균작용이 강한 자외선
  - 살균작용이 가장 강한 자외선 파장 범위는 254~280nm(2,540Å~2,800Å) 영역이다.
  - 단파장의 원자외선 영역으로 실내공기의 소독용으로 이용된다.

66

Repetitive Learning

산업안전보건법령상 소음작업의 기준은?

① 1일 8시간 작업을 기준으로 80데시벨 이상의 소음이 발생하는 작업

② 1일 8시간 작업을 기준으로 85데시벨 이상의 소음이 발생하는 작업

③ 1일 8시간 작업을 기준으로 90데시벨 이상의 소음이 발생하는 작업

④ 1일 8시간 작업을 기준으로 95데시벨 이상의 소음이 발생하는 작업

- 소음작업이란 1일 8시간 작업을 기준으로 85데시벨 이상의 소음이 발생하는 작업을 말한다.

✔ 소음작업과 강렬한 소음작업

- 소음작업이란 1일 8시간 작업을 기준으로 85데시벨 이상의 소음이 발생하는 작업을 말한다.
- 강렬한 소음작업

| • 90데시벨 이상의 소음이 1일 8시간 이상 발생하는 작업 |
| • 95데시벨 이상의 소음이 1일 4시간 이상 발생하는 작업 |
| • 100데시벨 이상의 소음이 1일 2시간 이상 발생하는 작업 |
| • 105데시벨 이상의 소음이 1일 1시간 이상 발생하는 작업 |
| • 110데시벨 이상의 소음이 1일 30분 이상 발생하는 작업 |
| • 115데시벨 이상의 소음이 1일 15분 이상 발생하는 작업 |

0301 / 0402 / 0702 / 1301 / 1601 / 1801 / 2101

67

작업장에 흔히 발생하는 일반 소음의 차음효과(transmission loss)를 위해서 장벽을 설치한다. 이때 장벽의 단위 표면적당 무게를 2배씩 증가함에 따라 차음효과는 약 얼마씩 증가하는가?

① 2dB
② 6dB
③ 10dB
④ 16dB

- 단위면적당 질량이 2배로 증가하면 투과손실은 6dB 증가효과를 갖는다.

✔ 투과손실

- 재료의 한쪽 면에 입사되는 소리에너지와 재료의 후면으로 통과되어 나오는 소리에너지의 차이를 말한다.
- 투과손실은 차음 성능을 dB 단위로 나타내는 수치라 할 수 있다.
- 투과손실의 값이 클수록 차음성능이 우수한 재료라 할 수 있다.
- 투과손실 $TL = 20\log\dfrac{mw}{2\rho c}$ 로 구할 수 있다. 이때 m은 질량, w는 각주파수, ρ는 공기의 밀도, c는 음속에 해당한다.
- 동일한 벽일 경우 단위면적당 질량 m이 증가할수록 투과손실이 증가한다.
- 단위면적당 질량이 2배로 증가하면 투과손실은 6dB 증가효과를 갖는다.

1102

68

다음 중 방진재료로 적절하지 않은 것은?

① 코일 용수철
② 방진고무
③ 코르크
④ 유리섬유

- 유리섬유는 녹이 슬지 않으며 단열성이 뛰어나 단열재료로 많이 사용된다.

✔ 방진재료의 종류

방진고무	소형 또는 중형기계에 주로 많이 사용하며 적절한 방진설계를 하면 높은 효과를 얻을 수 있는 방진 방법이다.
공기스프링	지지하중이 크게 변하는 경우에는 높이 조정변에 의해 그 높이를 조절할 수 있어 설비의 높이를 일정레벨을 유지시킬 수 있으며, 하중 변화에 따라 고유진동수를 일정하게 유지할 수 있고, 부하능력이 광범위하고 자동제어가 가능한 방진재료이다.
금속스프링	환경요소에 대한 저항성이 크며 저주파 차진에 좋으나 감쇠가 거의 없으며 공진 시에 전달률이 매우 큰 방진재료이다.
코르크	재질이 일정하지 않으며 균일하지 않으므로 정확한 설계가 곤란하고 처짐을 크게 할 수 없으며 고유진동수가 10Hz 전후밖에 되지 않아 진동방지보다는 고체음의 전파방지에 유익한 방진재료이다.
펠트	양모의 축융성을 이용하여 양모 또는 양모와 다른 섬유와의 혼합섬유를 수분, 열, 압력을 가하여 문질러서 얻는 재료로 양탄자 등을 만들 때 사용하는 방진재료이다.

0403 / 0803 / 1802

69

한랭노출 시 발생하는 신체적 장해에 대한 설명으로 틀린 것은?

① 동상은 조직의 동결을 말하며, 피부의 이론상 동결온도는 약 -1℃ 정도이다.
② 전신체온강하는 장시간의 한랭노출과 체열상실에 따라 발생하는 급성 중증장해이다.
③ 참호족은 동결온도 이하의 찬공기에 단기간 접촉으로 급격한 동결이 발생하는 장애이다.
④ 침수족은 부종, 저림, 작열감, 소양감 및 심한 동통을 수반하며, 수포, 궤양이 형성되기도 한다.

- 참호족은 발을 오랜 시간 축축하고 차가운 상태에 노출함으로써 발생하는데 영상의 온도에서 발생한다.

✔ 한랭환경에서의 건강장해

- 레이노씨 병과 같은 혈관 이상이 있을 경우에는 저온 노출로 유발되거나 그 증상이 악화된다.
- 참호족과 침수족은 지속적인 국소의 산소결핍 때문이며, 모세혈관벽이 손상되는 것이다.(동상과 달리 영상의 온도에서 발생한다)
- 전신체온강화는 장시간 한랭노출과 체열상실로 인한 급성 중증장애로, 심부온도가 37℃에서 26.7℃ 이하로 떨어지는 것을 말한다.

70

산업안전보건법에서 정하는 밀폐공간의 정의 중 "적정한 공기"에 해당하지 않는 것은 무엇인가?(단, 다른 성분의 조건은 적정한 것으로 가정한다)

① 일산화탄소 농도 100ppm 미만

② 황화수소 농도 10ppm 미만

③ 탄산가스 농도 1.5% 미만

④ 산소 농도 18% 이상 23.5% 미만

해설

• 적정공기란 산소농도의 범위가 18퍼센트 이상 23.5퍼센트 미만, 탄산가스의 농도가 1.5퍼센트 미만, 일산화탄소의 농도가 30피피엠 미만, 황화수소의 농도가 10피피엠 미만인 수준의 공기를 말한다.

❖ 밀폐공간 관련 용어 실기 0603/0903/1402/1903/2203

밀폐공간	산소결핍, 유해가스로 인한 질식·화재·폭발 등의 위험이 있는 장소
유해가스	탄산가스·일산화탄소·황화수소 등의 기체로서 인체에 유해한 영향을 미치는 물질
적정공기	산소농도의 범위가 18퍼센트 이상 23.5퍼센트 미만, 탄산가스의 농도가 1.5퍼센트 미만, 일산화탄소의 농도가 30피피엠 미만, 황화수소의 농도가 10피피엠 미만인 수준의 공기
산소결핍	공기 중의 산소농도가 18퍼센트 미만인 상태
산소결핍증	산소가 결핍된 공기를 들이마심으로써 생기는 증상

71

1,000Hz에서의 음압레벨을 기준으로 하여 등청감곡선을 나타내는 단위로 사용되는 것은?

① mel
② bell
③ phon
④ sone

해설

• mel은 상대적으로 느껴지는 다른 주파수 음의 음조를 나타내는 단위이다.

• sone은 기준 음(1,000Hz, 40dB)에 비해서 몇 배의 크기를 갖는가를 나타내는 단위이다.

❖ Phon

• phon 값은 1,000Hz에서의 순음의 음압수준(dB)에 해당한다.

• 즉, 음압수준이 120dB일 경우 1,000Hz에서의 phon값은 120이 된다.

72

인체와 작업환경 사이의 열교환이 이루어지는 조건에 해당되지 않는 것은?

① 대류에 의한 열교환

② 복사에 의한 열교환

③ 증발에 의한 열교환

④ 기온에 의한 열교환

해설

• 인체의 열교환에 관여하는 인자에는 복사, 대류, 전도, 증발이 있다.

❖ 인체의 열교환

ㄱ 경로

• 복사 – 한겨울에 햇볕을 쬐면 기온은 차지만 따스함을 느끼는 것

• 대류 – 같은 온도에서도 바람이 부느냐 불지 않느냐에 따라 열손실이 달라지는 것

• 전도 – 달구어진 옥상 바닥에 손바닥을 짚을 때 손바닥으로 열이 전해지는 것

• 증발 – 피부 표면을 통해 인체의 열이 증발하는 것

ㄴ 열교환과정 실기 0503/0801/0903/1403/1502/2201

• $S = (M-W) \pm R \pm C - E$
단, S는 열 축적, M은 대사, W는 일, R은 복사, C는 대류, E는 증발을 의미한다.

• 한랭환경에서는 복사 및 대류는 음(−)수 값을 취한다.

• 열교환에 영향을 미치는 요소에는 기온(Temperature), 기습(Humidity), 기류(Air movement) 등이 있다.

73

전리방사선이 인체에 미치는 영향에 관여하는 인자와 가장 거리가 먼 것은?

① 전리작용
② 회절과 산란
③ 피폭선량
④ 조직의 감수성

해설

• 전리방사선이 인체에 미치는 영향은 전리방사선의 투과력, 전리작용, 피폭방법, 피폭선량, 조직감수성 등에 따라 달라진다.

❖ 전리방사선의 영향

• 전리방사선의 물리적 에너지는 생체 내에서 전리작용을 함으로 인해 생체에 파괴적으로 작용하여 염색체, 세포 그리고 조직의 파괴와 사멸을 초래한다.

• 인체에 미치는 영향은 전리방사선의 투과력, 전리작용, 피폭방법, 피폭선량, 조직감수성 등에 따라 달라진다.

74
● Repetitive Learning (1회 2회 3회)

비전리방사선이 아닌 것은?

① 적외선　　　　　　② 레이저
③ 라디오파　　　　　④ 알파(α)선

해설

- 알파선은 감마선, 베타선과 함께 전리방사선에 해당한다.

❖ 방사선의 구분

- 이온화 성질, 주파수, 파장 등에 따라 전리방사선과 비전리방사선으로 구분한다.
- 전리방사선과 비전리방사선을 구분하는 에너지 강도는 약 12eV이다.

전리방사선	중성자, X선, 알파(α)선, 베타(β)선, 감마(γ)선,
비전리방사선	자외선, 적외선, 레이저, 마이크로파, 가시광선, 극저주파, 라디오파

75
● Repetitive Learning (1회 2회 3회)

산업안전보건법령상 정밀작업을 수행하는 작업장의 조도기준은?

① 150럭스 이상　　　② 300럭스 이상
③ 450럭스 이상　　　④ 750럭스 이상

해설

- 보통작업은 150Lux 이상, 초정밀작업은 750Lux 이상의 조도가 필요하다.

❖ 근로자가 상시 작업하는 장소의 작업면 조도(照度)

작업 구분	조도 기준
초정밀작업	750Lux 이상
정밀작업	300Lux 이상
보통작업	150Lux 이상
그 밖의 작업	75Lux 이상

76
● Repetitive Learning (1회 2회 3회)

음원으로부터 40m 되는 지점에서 음압수준이 75dB로 측정되었다면 10m 되는 지점에서의 음압수준(dB)은 약 얼마인가?

① 84　　　　　　　　② 87
③ 90　　　　　　　　④ 93

해설

- $dB_2 = dB_1 - 20\log\left(\dfrac{d_2}{d_1}\right)$에서 $dB_1 = 75$, $d_1 = 40$, $d_2 = 10$를 대입하면 $dB_2 = 75 - 20\log\left(\dfrac{10}{40}\right) = 87.0411\cdots$이다.

❖ 음압수준 실기 1101

- 음압(Sound pressure)은 물리적으로 측정한 음의 크기를 말한다.
- 소음원으로부터 d_1만큼 떨어진 위치에서 음압수준이 dB_1일 경우 d_2만큼 떨어진 위치에서의

  음압수준 $dB_2 = dB_1 - 20\log\left(\dfrac{d_2}{d_1}\right)$로 구한다.
- 소음원으로부터 거리와 음압수준은 역비례한다.

0701 / 1102

77
● Repetitive Learning (1회 2회 3회)

고압환경의 2차적인 가압현상(화학적 장해) 중 산소중독에 관한 설명으로 틀린 것은?

① 산소의 중독작용은 운동이나 이산화탄소의 존재로 다소 완화될 수 있다.
② 일반적으로 산소의 분압이 2기압이 넘으면 산소중독증세가 나타난다.
③ 수지와 족지의 작열통, 시력장해, 정신혼란, 근육 경련 등의 증상을 보이며 나아가서는 간질 모양의 경련을 나타낸다.
④ 산소중독에 따른 증상은 고압산소에 대한 노출이 중지되면 멈추게 된다.

해설

- 산소의 중독 작용은 운동이나 이산화탄소의 존재로 보다 악화된다.

❖ 고압 환경의 2차적 가압현상

- 산소의 분압이 2기압이 넘으면 중독증세가 나타나며 시력장해, 정신혼란, 간질모양의 경련을 나타낸다.
- 산소중독에 따라 수지와 족지의 작열통, 시력장해, 정신혼란, 근육 경련 등의 증상을 보이며 나아가서는 간질 모양의 경련을 나타낸다.
- 산소의 중독 작용은 운동이나 이산화탄소의 존재로 보다 악화된다.
- 산소중독에 따른 증상은 고압산소에 대한 노출이 중지되면 멈추게 된다.
- 4기압 이상에서 공기 중의 질소가스는 마취작용을 나타내며 알코올 중독의 증상과 유사한 다행증이 발생한다.
- 이산화탄소의 증가는 산소의 독성과 질소의 마취작용을 촉진시킨다.

78

● Repetitive Learning 〔1회 2회 3회〕

다음 중 감압병의 예방대책으로 적절하지 않은 것은?

① 감압병 발생 시 원래의 고압환경으로 복귀시키거나 인공 고압실에 넣는다.
② 고압실 작업에서는 탄산가스의 분압이 증가하지 않도록 신선한 공기를 송기한다.
③ 호흡용 혼합가스의 산소에 대한 질소의 비율을 증가시 킨다.
④ 호흡기 또는 순환기에 이상이 있는 사람은 작업에 투입 하지 않는다.

해설
• 잠함병은 고기압상태에서 저기압으로 변할 때 체액 및 지방조직에 질소기포 증가로 인해 발생한다.

❖ 잠함병(감압병)
  • 잠함과 같은 수중구조물에서 주로 발생하여 케이슨(Caisson)병 이라고도 한다.
  • 고기압상태에서 저기압으로 변할 때 체액 및 지방조직에 질소 기포 증가로 인해 발생한다.
  • 중추신경계 감압병은 고공비행사는 뇌에, 잠수사는 척수에 더 잘 발생한다.
  • 동통성 관절장애(Bends)는 감압증에서 흔히 나타나는 급성장 애이다
  • 질소의 기포가 뼈의 소동맥을 막아서 비감염성 골괴사를 일으 키기도 한다.
  • 관절, 심부 근육 및 뼈에 동통이 일어나는 것을 bends라 한다.
  • 흉통 및 호흡곤란은 흔하지 않은 특수형 질식이다.
  • 마비는 감압증에서 주로 나타나는 중증 합병증으로 하지의 강 직성 마비가 나타나는데 이는 척수나 그 혈관에 기포가 형성되 어 일어난다.
  • 재가압 산소요법으로 주로 치료한다.

79

● Repetitive Learning 〔1회 2회 3회〕

빛과 밝기에 관한 설명으로 틀린 것은?

① 광도의 단위로는 칸델라(candela)를 사용한다.
② 광원으로부터 한 방향으로 나오는 빛의 세기를 광속이라 한다.
③ 루멘(Lumen)은 1촉광의 광원으로부터 단위 입체각으로 나가는 광속의 단위이다.
④ 조도는 어떤 면에 들어오는 광속의 양에 비례하고, 입사 면의 단면적에 반비례한다.

해설
• 광속은 단위시간에 통과하는 광량을 말하며, 광원으로부터 나오는 빛의 세기는 광도를 의미한다.

❖ 광도
  • 광원으로부터 나오는 빛의 세기를 말한다.
  • 단위 시간당 특정 지역을 통과하는 광속으로 특정 방향에서의 광원이 갖는 빛의 강도를 의미한다.
  • 단위는 cd(칸델라)를 사용한다.

80

● Repetitive Learning 〔1회 2회 3회〕

다음 중 이상기압의 영향으로 발생되는 고공성 폐수종에 관 한 설명으로 틀린 것은?

① 어른보다 아이들에게서 많이 발생한다.
② 고공 순화된 사람이 해면에 돌아올 때에도 흔히 일어난다.
③ 산소공급과 해면 귀환으로 급속히 소실되며, 증세는 반 복해서 발병하는 경향이 있다.
④ 진해성 기침과 호흡곤란이 나타나고 폐동맥 혈압이 급격 히 낮아진다.

해설
• 고공성 폐수종으로 폐동맥 혈압이 상승한다.

❖ 고공성 폐수종
  • 어른보다 아이들에게서 많이 발생한다.
  • 고공 순화된 사람이 해면에 돌아올 때에도 흔히 일어난다.
  • 산소공급과 해면 귀환으로 급속히 소실되며, 증세는 반복해서 발병하는 경향이 있다.
  • 진해성 기침과 호흡곤란이 나타나고 폐동맥 혈압이 상승한다.

5과목 **산업독성학**

81

● Repetitive Learning 〔1회 2회 3회〕

근로자의 소변 속에서 마뇨산(hippuric acid)이 다량검출 되 었다면 이 근로자는 다음 중 어떤 유해물질에 폭로되었다고 판단되는가?

① 클로로포름
② 초산메틸
③ 벤젠
④ 톨루엔

- 요 중 마뇨산(hippuric acid)이 검출된 경우는 톨루엔의 경우이다.

‡‡ 톨루엔($C_6H_5CH_3$)
  - 급성 전신중독을 일으키는 가장 강한 방향족 탄화수소이다.
  - 생물학적 노출지표는 요 중 마뇨산(hippuric acid), o-크레졸 (오르소-크레졸)이다.
  - 페인트, 락카, 신나 등에 쓰이는 용제로 스프레이 도장 작업 등에서 만성적으로 폭로된다.

---

82 ● Repetitive Learning [1회 2회 3회]

다음 중 카드뮴의 중독, 치료 및 예방대책에 관한 설명으로 틀린 것은?

① 소변 속의 카드뮴 배설량은 카드뮴 흡수를 나타내는 지표가 된다.

② BAL 또는 Ca-EDTA등을 투여하여 신장에 대한 독작용을 제거한다.

③ 칼슘대사에 장해를 주어 신결석을 동반한 증후군이 나타나고 다량의 칼슘배설이 일어난다.

④ 폐활량 감소, 잔기량 증가 및 호흡곤란의 폐증세가 나타나며, 이 증세는 노출기간과 노출농도에 의해 좌우된다.

- BAL 또는 Ca-EDTA는 납 중독 시의 배설촉진제로 카드뮴 중독 시 이를 치료제로 사용해서는 안 된다.

‡‡ 카드뮴의 중독, 치료 및 예방대책
  - 소변 속의 카드뮴 배설량은 카드뮴 흡수를 나타내는 지표가 된다.
  - 칼슘대사에 장해를 주어 신결석을 동반한 증후군이 나타나고 다량의 칼슘배설이 일어난다.
  - 폐활량 감소, 잔기량 증가 및 호흡곤란의 폐증세가 나타나며, 이 증세는 노출기간과 노출농도에 의해 좌우된다.
  - 치료제로 BAL이나 Ca-EDTA 등 금속배설 촉진제를 투여해서는 안 된다.

---

83 ● Repetitive Learning [1회 2회 3회]

대사과정에 의해서 변화된 후에만 발암성을 나타내는 간접 발암원으로만 나열된 것은?

① benzo(a)pyrene, ethyl bromide

② PAH, methyl nitrosourea

③ benzo(a)pyrene, dimethyl sulfate

④ nitro samine, ethyl methanesulfonate

- methyl nitrosourea, dimethyl sulfate, EMS(ethyl methane sulfonate)은 직접적인 발암물질에 해당한다.

‡‡ 선행발암물질(Procarcinogen)
  - 신진대사에 의해 변화된 후에 발암성을 나타내는 간접 발암원을 말한다.
  - PAH, Nitro samine, benzo(a)pyrene, ethyl bromide 등이 대표적이다.

---

84 ● Repetitive Learning [1회 2회 3회]

다음 중 무기연에 속하지 않는 것은?

① 금속연   ② 일산화연

③ 사산화삼연   ④ 4메틸연

- 4메틸연은 유기연의 종류에 해당한다.

‡‡ 무기연(鉛)
  - 무기납(inorganic lead)은 호흡기, 입, 피부 등으로 흡수된다.
  - 무기납의 종류에는 금속연과 그 산화물(일산화연, 사산화삼연, 삼산화이연) 등이 있다.
  - 급성중독 증세로 사지마비, 안면창백, 구토, 혈변, 복부산통 등이 있다.
  - 만성중독 증세로 혈액장애(빈혈 등), 소화기장애, 신경 및 근육장애, 정신 및 신경장애. 만성신부전 등이 있다.

---

85 ● Repetitive Learning [1회 2회 3회]

접촉에 의한 알레르기성 피부감작을 증명하기 위한 시험으로 가장 적절한 것은?

① 첩포시험   ② 진균시험

③ 조직시험   ④ 유발시험

- 첩포시험(Patch test)은 알레르기 원인 물질 및 의심 물질을 환자의 피부에 직접 접촉시켜 알레르기 반응이 재현되는지를 검사한다.

‡‡ 첩포시험(Patch test)
  - 접촉에 의한 알레르기성 피부감작을 증명하기 위한 알레르기성 접촉 피부염 검사방법이다.
  - 알레르기 원인 물질 및 의심 물질을 환자의 피부에 직접 접촉시켜 알레르기 반응이 재현되는지를 검사한다.

86

86 ──────● Repetitive Learning [1회][2회][3회]

피부는 표피와 진피로 구분하는데, 진피에만 있는 구조물이 아닌 것은?

① 혈관
② 모낭
③ 땀샘
④ 멜라닌세포

해설
- 모낭은 유해물질이 피부에 부착하여 체내로 침투되도록 확산측로의 역할을 수행하는 진피의 구조물이다.
- 멜라닌세포는 피부의 색소를 만드는 세포로 표피 및 진피, 모낭 등에 분포한다.

✿ 표피
- 대부분 각질세포로 구성된다.
- 각질세포는 외부 환경으로부터 우리 몸을 보호하고, 우리 신체 내의 체액이 외부로 소실되는 것을 막는 방어막의 기능을 수행한다.
- 멜라닌세포와 랑게르한스세포가 존재한다.
- 멜라닌세포는 피부의 색소를 만드는 세포로 표피 및 진피, 모낭 등에 분포한다.
- 각화세포를 결합하는 조직은 케라틴 단백질이다.
- 각질층, 과립층, 유극층, 기저층으로 구성된다.
- 기저세포는 표피의 가장 아래쪽에 위치하여 진피와 접하는 기저층을 구성하는 세포이다.

87 ──────● Repetitive Learning [1회][2회][3회]

규폐증(silicosis)을 일으키는 원인 물질로 가장 관계가 깊은 것은?

① 매연
② 암석분진
③ 일반부유분진
④ 목재분진

해설
- 규폐증의 주요 원인 물질은 0.5~5μm의 크기를 갖는 SiO_2(유리규산) 함유먼지, 암석분진 등의 혼합물질이다.

✿ 규폐증(silicosis)
- 주요 원인 물질은 0.5~5μm의 크기를 갖는 SiO_2(유리규산) 함유먼지, 암석분진 등의 혼합물질이다.
- 역사적으로 보면 이집트의 미이라에서도 발견되는 오래된 질병이다.
- 건축업, 도자기 작업장, 채석장, 석재공장 등의 작업장에서 근무하는 근로자에게 발생할 수 있는 진폐증의 한 종류이다.
- 폐결핵을 합병증으로 하여 폐하엽 부위에 많이 생기는 증상을 갖는다.

88 ──────● Repetitive Learning [1회][2회][3회]

접촉성 피부염의 특징으로 옳지 않은 것은?

① 작업장에서 발생빈도가 높은 피부질환이다.
② 증상은 다양하지만 홍반과 부종을 동반하는 것이 특징이다.
③ 원인물질은 크게 수분, 합성화학물질, 생물성 화학물질로 구분할 수 있다.
④ 면역학적 반응에 따라 과거 노출경험이 있어야만 반응이 나타난다.

해설
- 알레르기성 접촉 피부염은 특정 화학제품에 선천적으로 민감한 일부의 사람들에게 나타나는 면역반응이다.

✿ 접촉성 피부염
- 알레르기성 접촉 피부염은 특정 화학제품에 선천적으로 민감한 일부의 사람들에게 나타나는 면역반응이다.
- 알레르기성 반응은 극소량 노출에 의해서도 피부염이 발생할 수 있는 것이 특징이다.
- 알레르기 반응을 일으키는 관련세포는 대식세포, 림프구, 랑게르한스 세포로 구분된다.
- 작업장에서 발생빈도가 높은 피부질환이다.
- 증상은 다양하지만 홍반과 부종을 동반하는 것이 특징이다.
- 원인물질은 크게 수분, 합성화학물질, 생물성 화학물질로 구분할 수 있다.
- 항원에 노출되고 일정시간이 지난 후에 다시 노출되었을 때 세포매개성 과민반응에 의하여 나타나는 부작용의 결과이다.
- 약물이 체내 대사체에 의해 피부에 영향을 준 상태에서 자외선에 노출되면 일어나는 광독성 반응은 홍반·부종·착색을 동반하기도 한다.

89 ──────● Repetitive Learning [1회][2회][3회]

금속열에 관한 설명으로 옳지 않은 것은?

① 금속열이 발생하는 작업장에서는 개인 보호용구를 착용해야 한다.
② 금속 흄에 노출된 후 일정 시간의 잠복기를 지나 감기와 비슷한 증상이 나타난다.
③ 금속열은 일주일 정도가 지나면 증상은 회복되나 후유증으로 호흡기, 시신경 장애 등을 일으킨다.
④ 아연, 마그네슘 등 비교적 융점이 낮은 금속의 제련, 용해, 용접 시 발생하는 산화금속 흄을 흡입할 경우 생기는 발열성 질병이다.

해설

- 금속열은 보통 3~4시간 지나면 증상이 회복되며, 길어도 2~4일 안에 회복된다.

금속열

- 중금속 노출에 의하여 나타나는 금속열은 흄 형태의 고농도 금속을 흡입하여 발생한다.
- 월요일 출근 후에 심해져서 월요일열(monday fever)이라고도 한다.
- 감기증상과 매우 비슷하여 오한, 구토감, 기침, 전신위약감 등의 증상이 있다.
- 금속열은 보통 3~4시간 지나면 증상이 회복되며, 길어도 2~4일 안에 회복된다.
- 카드뮴, 안티몬, 산화아연, 구리, 아연, 마그네슘 등 비교적 융점이 낮은 금속의 제련, 용해, 용접 시 발생하는 산화금속 흄을 흡입할 경우 생기는 발열성 질병이다.
- 철폐증은 철 분진 흡입 시 발생되는 금속열의 한 형태이다.
- 금속열이 발생하는 작업장에서는 개인 보호용구를 착용해야 한다.

0802 / 1401

90 ● Repetitive Learning 〔1회 2회 3회〕

대상 먼지와 침강속도가 같고, 밀도가 1이며 구형인 먼지의 직경으로 환산하여 표현하는 입자상 물질의 직경을 무엇이라 하는가?

① 입체적 직경
② 등면적 직경
③ 기하학적 직경
④ 공기역학적 직경

해설

- 입자를 측정할 때 취급되는 직경은 크게 공기역학적 직경과 기하학적 직경으로 구분할 수 있다.
- 등면적 직경은 먼지면과 동일면적 원의 직경으로 가장 정확한 것으로 물리적 직경의 한 종류에 해당한다.
- 기하학적 직경은 공기역학적 직경과 달리 물리적인 직경을 말한다.

공기역학적 직경(Aerodynamic diameter) 실기 0603/0703/0901/1101/1402/1502/1701/1803/1903

- 대상 먼지와 침강속도가 같고, 밀도가 1이며 구형인 먼지의 직경으로 환산하여 표현하는 입자상 물질의 직경을 말한다.
- 입자의 공기 중 운동이나 호흡기 내의 침착기전을 설명할 때 유용하게 사용된다.
- 스토크스(Stokes) 입경과 함께 대표적인 역학적 등가직경을 구성한다.
- 역학적 특성, 즉 침강속도 또는 종단속도에 의해 측정되는 먼지 크기이다.
- 직경분립충돌기(Cascade impactor)를 이용해 입자의 크기 및 형태 등을 분리한다.

---

91 ● Repetitive Learning 〔1회 2회 3회〕

직업성 피부질환에 영향을 주는 직접적인 요인에 해당되는 것은?

① 연령
② 인종
③ 고온
④ 피부의 종류

해설

- 직업성 피부질환의 간접요인으로는 인종, 연령, 계절, 피부의 종류 등이 있다.

직업성 피부질환

- 작업환경에서 근로자가 취급하는 물질의 물리적 또는 화학적, 생물학적 요인에 의해 발생하는 피부질환을 말한다.
- 직업성 피부질환의 대부분은 화학물질에 의한 접촉피부염이다.(80%는 자극에 의한 원발성 피부염, 20%는 알레르기에 의한 접촉피부염)
- 정확한 발생빈도와 원인물질의 추정은 거의 불가능하다.
- 직업성 피부질환의 간접요인으로는 인종, 연령, 계절, 피부의 종류 등이 있다.
- 개인적 차원의 예방대책으로는 보호구, 피부 세척제, 보호크림의 활용이라 할 수 있다.

1102

92 ● Repetitive Learning 〔1회 2회 3회〕

다음 중 호흡기계로 들어온 입자상 물질에 대한 제거기전의 조합으로 가장 적절한 것은?

① 면역작용과 대식세포의 작용
② 폐포의 활발한 가스교환과 대식세포의 작용
③ 점액 섬모운동과 대식세포에 의한 정화
④ 점액 섬모운동과 면역작용에 의한 정화

해설

- 먼지가 호흡기계에 들어오면 인체는 점액 섬모운동과 폐포의 대식세포의 작용으로 방어기전을 수행한다.

물질의 호흡기계 축적 실기 1602

- 호흡기계에 물질의 축적 정도를 결정하는 가장 중요한 요인은 입자의 크기이다.
- $1\mu m$ 이하의 입자는 97%가 폐포까지 도달하게 된다.
- 가스상 물질의 호흡기계 축적을 결정하는 가장 중요한 요인은 물질의 수용성이다. 이로 인해 수용성이 낮은 가스상 물질은 폐포까지 들어와 농도차에 의해 전신으로 퍼지지만 수용성이 큰 가스상 물질은 상부호흡기계 점액에 용해되어 침착하게 된다.
- 먼지가 호흡기계에 들어오면 인체는 점액 섬모운동과 폐포의 대식세포의 작용으로 방어기전을 수행한다.

---

93 ────────● Repetitive Learning (1회 2회 3회)

노말헥산이 체내 대사과정을 거쳐 변환되는 물질로, 노말헥산에 폭로된 근로자의 생물학적 폭로지표로 이용되는데 대사 물질은?

① hippuric acid

② 2,5-hexanedione

③ hydroquonone

④ 8-hydroxy quinoline

해설

- ①은 마뇨산으로 톨루엔의 생물학적 노출지표이다.
- ②는 하이드로퀴논으로 페놀의 한 종류이다.
- ④는 금속이온의 정량적 측정에 사용되는 킬레이트제이다.

유기용제별 생물학적 모니터링 대상(생체 내 대사산물) 실기 0803/1403/2101

벤젠	소변 중 총 페놀 소변 중 t,t-뮤코닉산(t,t-Muconic acid)
에틸벤젠	소변 중 만델린산
스티렌	소변 중 만델린산
톨루엔	소변 중 마뇨산(hippuric acid), o-크레졸
크실렌	소변 중 메틸마뇨산
이황화탄소	소변 중 TTCA
메탄올	혈액 및 소변 중 메틸알코올
노말헥산	소변 중 헥산디온(2,5-hexanedione)
MBK (methyl-n-butyl ketone)	소변 중 헥산디온(2,5-hexanedione)
니트로벤젠	혈액 중 메타헤모글로빈
카드뮴	혈액 및 소변 중 카드뮴(저분자량 단백질)
납	혈액 및 소변 중 납(ZPP, FEP)
일산화탄소	혈액 중 카복시헤모글로빈, 호기 중 일산화탄소

94 ────────● Repetitive Learning (1회 2회 3회)

근로자가 1일 작업시간 동안 잠시라도 노출되어서는 아니되는 기준을 나타내는 것은?

① TLV-C

② TLV-STEL

③ TLV-TWA

④ TLV-skin

해설

- TLV의 종류에는 TWA, STEL, C 등이 있다.
- TLV-TWA는 1일 8시간 작업을 기준으로 하여 유해요인의 측정농도에 발생시간을 곱하여 8시간으로 나눈 농도이다.
- TLV-STEL은 1회 노출 간격이 1시간 이상인 경우 1일 작업시간 동안 4회까지 노출이 허용될 수 있는 농도이다.

TLV(Threshold Limit Value) 실기 0301/1602

⑦ 개요

- 미국 산업위생전문가회의(ACGIH ; American Conference of Governmental Industrial Hygienists)에서 채택한 허용농도의 기준이다.
- 동물실험자료, 인체실험자료, 사업장 역학조사 등을 근거로 한다.
- 가장 대표적인 유독성 지표로 만성중독과 관련이 깊다.
- 계속적 작업으로 인한 환경에 적용되더라도 건강에 악영향을 미치지 않는 물질 농도를 말한다.

ⓒ 종류 실기 0403/0703/1702/2002

TLV-TWA	시간가중평균농도로 1일 8시간(1주 40시간) 작업을 기준으로 하여 유해요인의 측정농도에 발생시간을 곱하여 8시간으로 나눈 농도
TLV-STEL	근로자가 1회 15분간 유해요인에 노출되는 경우의 허용농도로 이 농도 이하에서는 1회 노출 간격이 1시간 이상인 경우 1일 작업시간 동안 4회까지 노출이 허용될 수 있는 농도
TLV-C	최고허용농도(Ceiling 농도)라 함은 근로자가 1일 작업시간 동안 잠시라도 노출되어서는 안 되는 최고 허용농도

95 ────────● Repetitive Learning (1회 2회 3회)

카드뮴의 인체 내 축적기관으로만 나열된 것은?

① 뼈, 근육

② 간, 신장

③ 뇌, 근육

④ 혈액, 모발

해설

- 카드뮴은 인체 내 간, 신장, 장관벽 등에 축적된다.

카드뮴

- 카드뮴은 부드럽고 연성이 있는 금속으로 납광물이나 아연광물을 제련할 때 부산물로 얻어진다.
- 주로 니켈, 알루미늄과의 합금, 살균제, 페인트 등을 취급하는 곳에서 노출위험성이 크다.
- 흡수된 카드뮴은 혈장단백질과 결합하여 최종적으로 간이나 신장에 축적된다.
- 인체 내에서 -SH기와 결합하여 독성을 나타낸다.
- 중금속 중에서 칼슘대사에 장애를 주어 신결석을 동반한 신증후군이 나타나고 폐기종, 만성기관지염 같은 폐질환을 일으키고, 다량의 칼슘배설이 일어나 뼈의 통증, 골연화증 및 골수공증과 같은 골격계 장해를 유발한다.
- 카드뮴에 의한 급성노출 및 만성노출 후의 장기적인 속발증은 고환의 기능쇠퇴, 폐기종, 간손상 등이다.
- 체내에 노출되면 저분자 단백질인 metallothionein이라는 단백질을 합성하여 독성을 감소시킨다.

96

0802 / 0903

● Repetitive Learning 〔1회 2회 3회〕

방향족 탄화수소 중 만성노출에 의한 조혈장해를 유발시키는 것은?

① 벤젠
② 톨루엔
③ 클로로포름
④ 나프탈렌

해설

- 벤젠은 만성노출에 의한 조혈장해를 유발시키며, 급성 골수성 백혈병을 일으키는 원인물질이다.
- 톨루엔은 인체에 과량 흡입될 경우 위장관계의 기능장애, 두통이나 환각증세와 같은 신경장애를 일으키는 등 중추신경계에 영향을 준다.
- 나프탈렌은 악취제거와 방충을 목적으로 사용해 온 물질로 급성 중독의 경우 구토, 복통, 식욕부진이 나타나고, 만성 중독의 경우 말초신경염과 만성신부전증을 초래하는 발암물질이다.

∷ 벤젠(C_6H_6)

- 방향족 탄화수소 중 저농도에 장기간 노출되어 만성중독을 일으키는 경우 가장 위험하다.
- 만성노출에 의한 조혈장해를 유발시키며, 급성 골수성 백혈병을 일으키는 원인물질이다.
- 중독 시 재생불량성 빈혈을 일으켜 혈액의 모든 세포성분이 감소한다.
- 혈액조직에서 백혈구 수를 감소시켜 응고작용 결핍 등이 초래된다.
- 벤젠은 주로 페놀로 대사되며 페놀은 벤젠의 생물학적 노출지표로 이용된다.

97

0302 / 0801 / 1802

● Repetitive Learning 〔1회 2회 3회〕

유해물질의 경구투여용량에 따른 반응범위를 결정하는 독성 검사에서 얻은 용량–반응곡선(dose-response curve)에서 실험동물군의 50%가 일정 시간 동안 죽는 치사량을 나타내는 것은?

① LC50
② LD50
③ ED50
④ TD50

해설

- LC50은 실험동물의 50%를 사망시킬 수 있는 물질의 농도(가스)를 말한다.
- ED50은 동물을 대상으로 약물을 투여했을 때 독성을 초래하지 않지만 대상의 50%가 관찰 가능한 가역적인 반응이 나타나는 작용량을 말한다.
- TD50은 실험동물의 50%에서 심각한 독성반응이 나타나는 양을 말한다.

∷ 독성실험에 관한 용어

LD50	실험동물의 50%를 사망시킬 수 있는 물질의 양
LC50	실험동물의 50%를 사망시킬 수 있는 물질의 농도(가스)
TD50	실험동물의 50%에서 심각한 독성반응이 나타나는 양
ED50	독성을 초래하지는 않지만 대상의 50%가 관찰 가능한 가역적인 반응이 나타나는 작용량
SNARL	악영향을 나타내는 반응이 없는 농도수준(Suggested No-Adverse-Response Level, SNARL)

98

0301 / 1601

● Repetitive Learning 〔1회 2회 3회〕

무색의 휘발성 용액으로 도금 사업장에서 금속표면의 탈지 및 세정용, 드라이클리닝, 접착제 등으로 사용되며, 간 및 신장장해를 유발시키는 유기용제는?

① 톨루엔
② 노르말헥산
③ 트리클로로에틸렌
④ 클로로포름

해설

- 톨루엔은 페인트, 락카, 신나 등에 쓰이는 용제로 인체에 과량 흡입될 경우 위장관계의 기능장애, 두통이나 환각증세와 같은 신경장애를 일으키는 등 중추신경계에 영향을 주는 물질이다.
- 노말헥산은 투명한 휘발성 액체로 페인트, 시너, 잉크 등의 용제로 사용되며 장기간 노출될 경우 말초신경장해가 초래되어 사지의 지각상실과 신근마비 등 다발성 신경장해를 일으키는 물질이다.
- 클로로포름은 약품 정제를 하기 위한 추출제, 냉동제, 합성수지 등에 이용되는 물질로 간장, 신장의 암발생에 영향을 미친다.

∷ 트리클로로에틸렌(trichloroethylene)

- 무색의 휘발성 용액으로 염화탄화수소의 한 종류로 삼염화에틸렌이라고 한다.
- 도금 사업장에서 금속표면의 탈지 및 세정용, 드라이클리닝, 접착제 등으로 사용된다.
- 간 및 신장장해를 유발시키는 유기용제이다.
- 대사산물은 삼염화에탄올이다.
- 급성 피부질환인 스티븐슨존슨 증후군을 유발한다.

99

● Repetitive Learning 〔1회 2회 3회〕

납이 인체에 흡수됨으로 초래되는 결과로 옳지 않은 것은?

① δ-ALAD 활성치 저하
② 혈청 및 요중 δ-ALA 증가
③ 망상적혈구 수의 감소
④ 적혈구 내 프로토폴피린 증가

- 납이 인체 내로 흡수되면 망상적혈구의 수는 증가한다.

납중독

- 납은 원자량 207.21, 비중 11.34의 청색 또는 은회색의 연한 중금속이다.
- 납은 포르피린과 헴(heme)의 합성에 관여하는 효소를 억제하며, 소화기계 및 조혈계에 영향을 준다.
- 1~5세의 소아 이미증(pica)환자에게서 발생하기 쉽다.
- 인체에 흡수되면 뼈에 주로 축적되며, 조혈장해를 일으킨다.
- 무기성 납으로 인한 중독 시 원활한 체내 배출을 위해 사용하는 배설촉진제로 Ca-EDTA를 사용하는데 신장이 나쁜 사람에게는 사용하지 않는 것이 좋다.
- 요 중 δ-ALAD 활성치가 저하되고, 코프로포르피린과 델타 아미노레블린산은 증가한다.
- 적혈구 내 프로토포르피린이 증가한다.
- 납이 인체 내로 흡수되면 혈청 내 철과 망상적혈구의 수는 증가한다.
- 임상증상은 위장계통장해, 신경근육계통의 장해, 중추신경계통의 장해 등 크게 3가지로 나눌 수 있다.
- 주 발생사업장은 활자의 문선, 조판작업, 납 축전지 제조업, 염화비닐 취급 작업, 크리스탈 유리 원료의 혼합, 페인트, 배관공, 탄환제조 및 용접작업 등이다.

0701 / 1003

100 ─────── ● Repetitive Learning 〔 1회 2회 3회 〕

인체 내에서 독성이 강한 화학물질과 무독한 화학물질이 상호작용하여 독성이 증가되는 현상을 무엇이라 하는가?

① 상가작용
② 상승작용
③ 가승작용
④ 길항작용

- 상가작용은 공기 중의 두 가지 물질이 혼합되어 상대적 독성수치가 2+3=5와 같이 나타날 때의 반응이다.
- 상승작용은 공기 중의 두 가지 물질이 혼합되어 상대적 독성수치가 2+3=9와 같이 나타날 때의 반응이다.
- 길항(상쇄)작용은 공기 중의 두 가지 물질이 혼합되어 상대적 독성수치가 2+3=0과 같이 나타날 때의 반응이다.

가승작용(potentiation) 실기 0602/1203/2201/2203

- 인체 내에서 독성이 강한 화학물질과 무독한 화학물질이 상호작용하여 독성이 증가되는 현상을 말한다.
- 공기 중의 두 가지 물질이 혼합되어 상대적 독성수치가 2+0=10과 같이 나타날 때의 반응이다.

구분	1과목	2과목	3과목	4과목	5과목	합계
New유형	0	2	5	0	0	7
New문제	7	10	11	2	2	32
또나온문제	9	6	4	4	5	28
자꾸나온문제	4	4	5	14	13	40
합계	20	20	20	20	20	100

- New유형은 New문제 중 기존 기출문제와 완전히 다른 유형의 문제를 말합니다.
- New문제는 기존에 출제되지 않은 문제로 이번에 처음 출제되는 문제입니다.
- 또나온문제는 기존에 출제된 적이 1번 있는 문제를 말합니다.
- 자꾸나온문제는 기존에 출제된 적이 2번 이상 있는 문제를 말합니다. 그만큼 중요한 문제입니다.

몇 년분의 기출문제를 공부해야 합격할 수 있을까요?

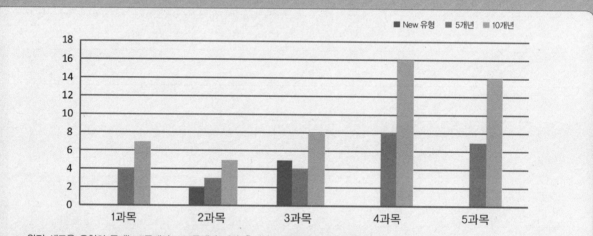

- 완전 새로운 유형의 문제는 7문제이고 93문제가 이미 출제된 문제 혹은 변형문제입니다.
- 5년분(2018~2022) 기출에서 동일문제가 26문항이 출제되었고, 10년분(2013~2022) 기출에서 동일문제가 50문항이 출제되었습니다.

실기에 나왔어요!! 일타쌍피-사전체크!!

실기시험은 필답형으로 진행됩니다. 객관식의 필기와 달리 주관식인 관계로 아는 만큼 적을 수 있습니다. 최근 계산문제의 비중이 많이 감소하고 있지만 절반 정도의 이론 문제와 절반 정도의 계산문제가 출제된다고 보시면 됩니다. 계산문제의 경우 나오는 문제유형이 거의 정해져 있습니다. 필기 공부할 때 미리 실기에 나오는 내용을 체크하시고 그부분만큼은 잘 공부해 두신다면 당 회차 실기까지 한 번에 잡을 수 있습니다.

- 총 31개의 유형별 핵심이론이 실기시험과 연동되어 있습니다.

분석의견

합격률이 50.6%로 평균보다 훨씬 높았던 회차였습니다.

10년 기출을 학습할 경우 1,2과목이 과락 점수 보다 낮은 수준으로 출제가 되었으며, 새로운 유형 역시 3과목에서는 5문제나 출제될 만큼 기출문제를 학습하신 수험생은 어렵다고 느낄만한 회차입니다. 그러나 과목과락만 면한다면 크게 어려지는 않았던 시험으로 평가됩니다.

10년분 기출문제와 유형별 핵심이론의 2~3회 정독은 되어야 합격 가능한 것으로 판단됩니다.

2022년 제1회

2022년 3월 5일 필기

22년 1회차 필기시험
합격률 50.6%

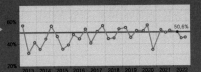

1과목 산업위생학개론

01
Repetitive Learning [1회 2회 3회]

1202

중량물 취급으로 인한 요통발생에 관여하는 요인으로 볼 수 없는 것은?

① 근로자의 육체적 조건
② 작업빈도와 대상의 무게
③ 습관성 약물의 사용 유무
④ 작업습관과 개인적인 생활태도

해설

• 습관성 약물의 사용 유무와 요통 발생은 크게 관련이 없다.

◆◆ 직업성 요통

㉠ 개요
  • 업무수행중 허리에 과도한 부담을 받아 허리부위에 발생한 급·만성 통증과 그로 인한 둔부 및 하지의 방사통을 말한다.

㉡ 요통발생 위험작업
  • 중량물을 들거나 밀거나 당기는 동작이 반복되는 작업
  • 허리를 과도하게 굽히거나 젖히거나 비트는 자세가 반복되는 작업
  • 과도한 전신진동에 장시간 노출되는 작업
  • 장시간 자세의 변화 없이 지속적으로 서 있거나 앉아 있는 자세로 근육 긴장을 초래하는 작업
  • 기타 허리부위에 과도한 부담을 초래하는 자세나 동작이 하나 이상 존재하는 작업

02
Repetitive Learning [1회 2회 3회]

1002

다음 중 규폐증을 일으키는 원인물질은?

① 면분진
② 석탄분진
③ 유리규산
④ 납흄

해설

• 규폐증의 주요 원인 물질은 0.5~5μm의 크기를 갖는 SiO_2(유리규산) 함유먼지, 암석분진 등의 혼합물질이다.

◆◆ 규폐증(silicosis)

  • 주요 원인 물질은 0.5~5μm의 크기를 갖는 SiO_2(유리규산) 함유먼지, 암석분진 등의 혼합물질이다.
  • 역사적으로 보면 이집트의 미이라에서도 발견되는 오래된 질병이다.
  • 건축업, 도자기 작업장, 채석장, 석재공장 등의 작업장에서 근무하는 근로자에게 발생할 수 있는 진폐증의 한 종류이다.
  • 폐결핵을 합병증으로 하여 폐하엽 부위에 많이 생기는 증상을 갖는다.

03
Repetitive Learning [1회 2회 3회]

A사업장에서 중대재해인 사망사고가 1년간 4건 발생하였다면 이 사업장의 1년간 4일 미만의 치료를 요하는 경미한 사고건수는 몇 건이 발생하는지 예측되는가?(단, Heinrich의 이론에 근거하여 추정한다)

① 116
② 120
③ 1,160
④ 1,200

해설

• 총 사고 발생 건수 330건을 대상으로 분석했을 때 중상 1, 경상 29, 무상해 사고 300건이 발생한다. A사업장에서 중상에 해당하는 사망사고가 1년간 4건이 발생했으므로 경비한 사고는 29×4=116회 발생하며, 무상해사고는 300×4=1,200건이 발생한다.

◆◆ 하인리히의 재해구성 비율

  • 중상 : 경상 : 무상해 사고가 각각 1 : 29 : 300인 재해구성 비율을 말한다.
  • 총 사고 발생 건수 330건을 대상으로 분석했을 때 중상 1, 경상 29, 무상해 사고 300건이 발생했음을 의미한다.

04

● Repetitive Learning 1회 2회 3회

산업위생의 기본적인 과제에 해당하지 않는 것은?

① 작업환경이 미치는 건강장애에 관한 연구
② 작업능률 저하에 따른 작업조건에 관한 연구
③ 작업환경의 유해물질이 대기오염에 미치는 영향에 관한 연구
④ 작업환경에 의한 신체적 영향과 최적환경의 연구

해설
- 대기오염은 산업위생과 비교적 거리가 먼 연구과제에 해당한다.

❖ 산업위생의 기본적인 과제
- 작업환경에 의한 신체적 영향과 최적환경의 연구
- 작업능력의 신장 및 저하에 따른 작업조건의 연구
- 작업능률 저하에 따른 작업조건에 관한 연구
- 작업환경이 미치는 건강장애에 관한 연구
- 노동 재생산과 사회 경제적 조건의 연구

05

0302

● Repetitive Learning 1회 2회 3회

38세 된 남성근로자의 육체적작업능력(PWC)은 15kcal/min이다. 이 근로자가 1일 8시간 동안 물체를 운반하고 있으며 이때의 작업대사량은 7kcal/min이고, 휴식 시 대사량은 1.2kcal/min이다. 이 사람의 휴식시간과 작업시간의 배분(매 시간별)은 어떻게 하는 것이 이상적인가?

① 12분 휴식 48분 작업　　② 17분 휴식 43분 작업
③ 21분 휴식 39분 작업　　④ 27분 휴식 33분 작업

해설
- PWC가 15kcal/min이므로 E_{max}는 5kcal/min이다.
- E_{task}는 7kcal/min이고, E_{rest}는 1.2kcal/min이므로 값을 대입하면 $T_{rest} = \left[\dfrac{5-7}{1.2-7}\right] \times 100 = \dfrac{2}{5.8} \times 100 = 34.48[\%]$가 된다.
- 적정한 휴식시간은 1시간의 34.48%에 해당하는 21분이므로, 작업시간은 39분이다.

❖ Hertig의 적정휴식시간 **실기** 1401
- 시간당 적정휴식시간의 백분율 $T_{rest} = \left[\dfrac{E_{max} - E_{task}}{E_{rest} - E_{task}}\right] \times 100$ [%]으로 구한다.

  - E_{max}는 8시간 작업에 적합한 작업량으로 육체적 작업능력(PWC)의 1/3에 해당한다.
  - E_{rest}는 휴식 대사량이다.
  - E_{task}는 해당 작업 대사량이다.

06

0903 / 1402 / 1703

● Repetitive Learning 1회 2회 3회

작업시작 및 종료 시 호흡의 산소소비량에 대한 설명으로 옳지 않은 것은?

① 산소소비량은 작업부하가 계속 증가하면 일정한 비율로 계속 증가한다.
② 작업이 끝난 후에도 맥박과 호흡수가 작업개시 수준으로 즉시 돌아오지 않고 서서히 감소한다.
③ 작업부하 수준이 최대 산소소비량 수준보다 높아지게 되면, 젖산의 제거 속도가 생성 속도에 못 미치게 된다.
④ 작업이 끝난 후에 남아 있는 젖산을 제거하기 위해서는 산소가 더 필요하며, 이 때 동원되는 산소소비량을 산소부채(oxygen debt)라 한다.

해설
- 일정 한계까지는 작업부하가 증가하면 산소소비량 역시 증가하지만 일정 한계 이상이 되면 작업부하가 증가하더라도 산소소비량은 증가하지 않는다.

❖ 작업시작 및 종료 시 호흡의 산소소비량
- 일정 한계까지는 작업부하가 증가하면 산소소비량 역시 증가하지만 일정 한계 이상이 되면 작업부하가 증가하더라도 산소소비량은 증가하지 않는다.
- 작업이 끝난 후에도 맥박과 호흡수가 작업개시 수준으로 즉시 돌아오지 않고 서서히 감소한다.
- 작업부하 수준이 최대 산소소비량 수준보다 높아지게 되면, 젖산의 제거 속도가 생성 속도에 못 미치게 된다.
- 작업이 끝난 후에 남아 있는 젖산을 제거하기 위해서는 산소가 더 필요하며, 이때 동원되는 산소소비량을 산소부채(oxygen debt)라 한다.

07

● Repetitive Learning 1회 2회 3회

산업안전보건법령상 자격을 갖춘 보건관리자가 해당 사업장의 근로자를 보호하기 위한 조치에 해당하는 의료행위를 모두 고른 것은?(단, 보건관리자는 의료법에 따른 의사로 한정한다)

가. 자주 발생하는 가벼운 부상에 대한 치료
나. 응급처치가 필요한 사람에 대한 처치
다. 부상·질병의 악화를 방지하기 위한 처치
라. 건강진단 결과 발견된 질병자의 요양 지도 및 관리

① 가, 나　　　　　　　② 가, 다
③ 가, 다, 라　　　　　④ 가, 나, 다, 라

- 보건관리자의 업무는 가, 나, 다, 라 외에 의료행위에 따르는 의약품의 투여가 포함된다.

보건관리자의 업무 실기 1402/2202
- 산업안전보건위원회 또는 노사협의체에서 심의·의결한 업무와 안전보건관리규정 및 취업규칙에서 정한 업무
- 안전인증대상기계등과 자율안전확인대상기계등 중 보건과 관련된 보호구(保護具) 구입 시 적격품 선정에 관한 보좌 및 지도·조언
- 위험성 평가에 관한 보좌 및 지도·조언
- 물질안전보건자료의 게시 또는 비치에 관한 보좌 및 지도·조언
- 산업보건의의 직무(보건관리자가 의사인 경우)
- 해당 사업장 보건교육계획의 수립 및 보건교육 실시에 관한 보좌 및 지도·조언
- 해당 사업장의 근로자를 보호하기 위한 의료행위(보건관리자가 의사 및 간호사인 경우로 한정한다)

  - 자주 발생하는 가벼운 부상에 대한 치료
  - 응급처치가 필요한 사람에 대한 처치
  - 부상·질병의 악화를 방지하기 위한 처치
  - 건강진단 결과 발견된 질병자의 요양 지도 및 관리
  - 가목부터 라목까지의 의료행위에 따르는 의약품의 투여

- 작업장 내에서 사용되는 전체 환기장치 및 국소 배기장치 등에 관한 설비의 점검과 작업방법의 공학적 개선에 관한 보좌 및 지도·조언
- 사업장 순회점검, 지도 및 조치 건의
- 산업재해 발생의 원인 조사·분석 및 재발 방지를 위한 기술적 보좌 및 지도·조언
- 산업재해에 관한 통계의 유지·관리·분석을 위한 보좌 및 지도·조언
- 법 또는 법에 따른 명령으로 정한 보건에 관한 사항의 이행에 관한 보좌 및 지도·조언
- 업무 수행 내용의 기록·유지
- 그 밖에 보건과 관련된 작업관리 및 작업환경관리에 관한 사항으로서 고용노동부장관이 정하는 사항

- Percivall Pott는 굴뚝청소부의 직업병인 음낭암에 대해 보고하였다.
- G. Agricola는 광산에서의 호흡기 질환에 대해서 보고하였다.
- Bernardino Ramazzini는 직업병을 최초로 언급하였다.

시대별 산업위생

B.C. 4세기	Hippocrates가 광산에서의 납중독을 보고하였다. 이는 역사상 최초의 직업병으로 분류
A.D. 1세기	Pilny the Elder는 아연 및 황의 인체 유해성을 주장, 먼지방지용 마스크로 동물의 방광 사용을 권장
A.D. 2세기	Galen은 해부학, 병리학에 관한 이론을 발표하였다. 아울러 구리광산의 산 증기의 위험성을 보고
1473년	Ulrich Ellenbog는 직업병과 위생에 관한 교육용 팜플렛 발간
16세기 초반	• Agricola는 광산에서의 호흡기 질환(천식증, 규폐증) 등을 주장한 광산업 관련 [광물에 대하여] 발간 및 환기와 마스크 사용을 권장함 • Philippus Paracelsus는 질병의 뿌리는 정신적 고통에서 비롯된다고 주장(독성학의 아버지)
17세기 후반	Bernarbino Ramazzini는 저서 [노동자의 질병]에서 직업병을 최초로 언급(산업보건학의 시조)
18세기	• 영국의 Percivall pott는 굴뚝청소부들의 직업병인 음낭암이 검댕(Soot)에 의해 발생되었음을 보고 • Sir George Baker는 사이다 공장에서 납에 의한 복통 발표
19세기 초반	• Robert Peel은 산업위생의 원리를 적용한 최초의 법률인 [도제건강 및 도덕법] 제정을 주도 • 1833년 산업보건에 관한 최초의 법률인 공장법 제정
19세기 후반	Rudolf Virchow는 의학의 사회성 속에서 노동자의 건강 보호를 주창하여 근대병리학의 시조로 불리움
20세기 초반	• Loriga는 진동공구에 의한 수지(手指)의 Raynaud씨 증상을 보고 • 미국의 산업위생학자이며 산업의학자인 Alice Hamilton은 유해물질 노출과 질병과의 관계를 규명

1202

08 ────────● Repetitive Learning [1회] [2회] [3회]

다음 중 산업위생의 역사에 있어 주요 인물과 업적의 연결이 올바른 것은?

① Percivall Pott : 구리광산의 산 증기 위험성 보고
② Hippocrates : 역사상 최초의 직업병(납중독) 보고
③ G. Agricola : 검댕에 의한 직업성 암의 최초 보고
④ Bernardino Ramazzini : 금속 중독과 수은의 위험성 규명

1202 / 1801

09 ────────● Repetitive Learning [1회] [2회] [3회]

산업위생전문가들이 지켜야 할 윤리강령에 있어 전문가로서의 책임에 해당하는 것은?

① 일반 대중에 관한 사항은 정직하게 발표한다.
② 위험 요소와 예방조치에 관하여 근로자와 상담한다.
③ 과학적 방법의 적용과 자료의 해석에서 객관성을 유지한다.
④ 위험요인의 측정, 평가 및 관리에 있어서 외부의 압력에 굴하지 않고 중립적 태도를 취한다.

해설

- ①은 일반 대중에 대한 책임에 해당한다.
- ②와 ④는 근로자에 대한 책임에 해당한다.

:: 산업위생전문가의 윤리강령 중 산업위생전문가로서의 책임
- 산업위생 활동을 통해 얻은 개인 및 기업의 정보는 누설하지 않는다.
- 전문적 판단이 타협에 의하여 좌우될 수 있거나 이해관계가 있는 상황에는 개입하지 않는다.
- 쾌적한 작업환경을 만들기 위해 산업위생이론을 적용하고 책임 있게 행동한다.
- 성실성과 학문적 실력 면에서 최고 수준을 유지한다.
- 과학적 방법의 적용과 자료의 해석에 객관성을 유지한다.
- 전문분야로서의 산업위생을 학문적으로 발전시킨다.
- 근로자, 사회 및 전문 직종의 이익을 위해 과학적 지식을 공개하고 발표한다.

11 ──────● Repetitive Learning 〔1회 2회 3회〕

온도 25℃, 1기압 하에서 분당 100mL씩 60분 동안 채취한 공기 중에서 벤젠이 5mg 검출되었다면 검출된 벤젠은 약 몇 ppm인가?(단, 벤젠의 분자량은 78이다)

① 15.7
② 26.1
③ 157
④ 261

해설

- 총공기채취량은 100mL×60=6000mL이다.
- 검출된 벤젠의 양은 5mg이다.
- 농도는 $\frac{5mg}{6L}=0.833\cdots[mg/L]=833[mg/m^3]$이 된다.
- mg/m^3을 ppm으로 변환해야 하므로 표준상태에서 $\frac{24.45}{78}$를 곱하면 $833\times\frac{24.45}{78}=261.113\cdots[ppm]$이 된다.

:: mg/m^3의 ppm 단위로의 변환 **실기** 0302/0303/0802/0902/1002/2103
- mg/m^3 단위를 ppm으로 변환하려면 $\frac{mg/m^3 \times 기체부피}{분자량}$로 구한다.
- 24.45는 표준상태(25도, 1기압)에서 기체의 부피이다.
- 온도가 다를 경우 $24.45\times\frac{273+온도}{273+25}$로 기체의 부피를 구한다.

10 ──────● Repetitive Learning 〔1회 2회 3회〕

화학물질 및 물리적 인자의 노출기준 고시상 다음 ( )에 들어갈 유해물질들 간의 상호작용은?

(노출기준 사용상의 유의사항) 각 유해인자의 노출기준은 해당 유해인자가 단독으로 존재하는 경우의 노출기준을 말하며, 2종 또는 그 이상의 유해인자가 혼재하는 경우에는 각 유해인자의 (   )으로 유해성이 증가할 수 있으므로 법에 따라 산출하는 노출기준을 사용하여야 한다.

① 상승작용
② 강화작용
③ 상가작용
④ 길항작용

해설

- 상승작용은 2종 이상의 화학물질이 혼재해서 그 독성이 각 물질의 독성의 합보다 훨씬 커지는 것을 말한다.
- 강화작용은 상가작용과 상승작용을 통칭해서 말하는 개념이다.
- 길항작용은 2종 이상의 화학물질이 혼재했을 경우 서로의 작용을 감퇴시키거나 작용이 없도록 하는 경우를 말한다.

:: 상가작용(Addition) **실기** 0602/1203/2201/2203
- 2종 이상의 화학물질이 혼재하는 경우 그 2물질의 화학작용으로 인해 유해성이 가중되는 것을 말한다.
- 공기 중의 두 가지 물질이 혼합되어 상대적 독성수치가 2+3=5와 같이 나타날 때의 반응이다.
- 화학물질 및 물리적 인자의 노출기준에서 2종 이상의 화학물질이 공기 중에 혼재하는 경우, 유해성이 인체의 서로 다른 조직에 영향을 미치는 근거가 없는 한, 유해물질들간의 상호작용(상가작용)으로 인해 유해성이 증가할 수 있다고 규정한다.

12 ──────● Repetitive Learning 〔1회 2회 3회〕

작업장에 존재하는 유해인자와 직업성 질환의 연결이 옳지 않은 것은?

① 망간－신경염
② 무기 분진－진폐증
③ 6가크롬－비중격천공
④ 이상기압－레이노씨 병

해설

- 레이노 증후군은 국소진동에 의하여 손가락의 창백, 청색증, 저림, 냉감, 동통이 나타나는 장해이다.

:: 작업공정과 직업성 질환

축전지 제조	납 중독, 빈혈, 소화기 장애
타이핑 작업	목위팔(경견완)증후군
광산작업, 무기분진	진폐증
방직산업	면폐증
크롬도금	피부점막, 궤양, 폐암, 비중격천공
고기압	잠함병
저기압	폐수종, 고산병, 치통, 이염, 부비강염
유리제조, 용광로, 세라믹	백내장

13

0402

— Repetitive Learning (1회 2회 3회)

어떤 플라스틱 제조공장에 200명의 근로자가 근무하고 있다. 1년에 40건의 재해가 발생하였다면 이 공장의 도수율은?(단, 1일 8시간 연간 290일 근무기준)

① 200
② 86.2
③ 17.3
④ 4.4

해설
- 연간총근로시간은 200명×8시간×290일이므로 464,000시간이므로 도수율은 $\frac{40}{464,000} \times 1,000,000 = 86.206 \cdots$ 이다.
- ⁂ 도수율(FR : frequency Rate of injury) **실기** 0502/0503/0602
  - 100만 시간당 발생한 재해건수를 의미한다.
  - 도수율 $= \frac{\text{연간 재해 건 수}}{\text{연간총근로시간}} \times 10^6$ 로 구한다.
  - 연간 근무일수나 하루 근무시간수가 주어지지 않을 경우 하루 8시간, 1년 300일 근무하는 것으로 간주한다.

14

— Repetitive Learning (1회 2회 3회)

산업스트레스에 대한 반응을 심리적 결과와 행동적 결과로 구분할 때 행동적 결과로 볼수 없는 것은?

① 수면방해
② 약물남용
③ 식욕부진
④ 돌발행동

해설
- 수면방해는 심리적 결과에 해당한다.
- ⁂ 직무 스트레스 반응

심리적 결과	• 우울, 불안, 자존감의 감소 • 가정문제 • 수면방해 • 성적 역기능(성욕 감퇴)
행동적 결과	• 결근, 이직, 폭력 등 돌발적 사고 • 식욕의 부진 • 흡연, 알코올 및 약물의 남용

15

1201

— Repetitive Learning (1회 2회 3회)

산업안전보건법령상 충격소음의 강도가 130dB(A)일 때 1일 노출회수 기준으로 옳은 것은?

① 50
② 100
③ 500
④ 1,000

해설
- 충격소음 허용기준은 120dBA에서 140dBA까지 주어지며, 120dBA일 때 10,000회, 130dBA일 때 1,000회, 140dBA일 때 100회의 노출을 허용한다.
- ⁂ 충격소음 허용기준

충격소음강도(dBA)	허용 노출 횟수(회)
140	100
130	1,000
120	10,000

16

1502

— Repetitive Learning (1회 2회 3회)

다음 중 일반적인 실내공기질 오염과 가장 관계가 적은 질환은?

① 규폐증(silicosis)
② 가습기 열(humidifier fever)
③ 레지오넬라병(Legionnaires disease)
④ 과민성 폐렴(Hypersensitivity pneumonitis)

해설
- 규폐증은 규산 성분이 있는 돌가루가 폐에 쌓여 발생하는 질환으로 광부, 석공, 도공 등에 유발되는 질환이다.
- ⁂ 실내공기질 오염으로 인한 질환
  - 복합적인 실내환경으로 인한 인체의 영향으로 발생하는 빌딩증후군(SBS, Sick Building Syndrome)은 불특정 증상(눈, 코, 목자극 및 피로, 집중력 감소 등)이 나타나나 노출지역을 벗어나면 호전된다.
  - BRI(Building Related Illness)는 SBS와 달리 건물 또는 건물과 관련된 자재나 설비로 인해 발생되었다는 확증이 있을 때의 증상이나 병을 말한다.
  - 생물학적 물질로 인한 질환으로 노출지역을 벗어나더라도 호전되지 않아 치료가 요구되는 질환에는 레지오넬라병(Legionnaires disease), 과민성 폐렴(Hypersensitivity pneumonitis), 가습기 열(humidifier fever) 등이 있다.

17

1901

— Repetitive Learning (1회 2회 3회)

물체의 실제 무게를 미국 NIOSH의 권고 중량물한계기준(RWL : recommended weight limit)으로 나누어 준 값을 무엇이라 하는가?

① 중량상수(LC)
② 빈도승수(FM)
③ 비대칭승수(AM)
④ 중량물 취급지수(LI)

18 ──────● Repetitive Learning (1회 2회 3회)

산업안전보건법령상 사업주가 위험성 평가의 결과와 조치사항을 기록·보존할 때 포함되어야 할 사항이 아닌 것은?(단, 그 밖에 위험성 평가의 실시내용을 확인하기 위하여 필요한 사항은 제외한다)

① 위험성 결정의 내용
② 유해위험방지계획서 수립 유무
③ 위험성 결정에 따른 조치의 내용
④ 위험성 평가 대상의 유해·위험요인

19 ──────● Repetitive Learning (1회 2회 3회)

교대작업이 생기게 된 배경으로 옳지 않은 것은?

① 사회 환경의 변화로 국민생활과 이용자들의 편의를 위한 공공사업의 증가
② 의학의 발달로 인한 생체주기 등의 건강상 문제 감소 및 의료기관의 증가
③ 석유화학 및 제철업 등과 같이 공정상 조업중단이 불가능한 산업의 증가
④ 생산설비의 완전가동을 통해 시설투자비용을 조속히 회수하려는 기업의 증가

0702 / 0803 / 1402 / 1902 / 2103

20 ──────● Repetitive Learning (1회 2회 3회)

심한 노동 후의 피로 현상으로 단기간의 휴식에 의해 회복될 수 없는 병적상태를 무엇이라 하는가?

① 곤비   ② 과로
③ 전신피로   ④ 국소피로

2과목　작업위생측정 및 평가

1201

21 ──────● Repetitive Learning (1회 2회 3회)

불꽃방식의 원자흡광광도계의 특징으로 옳지 않은 것은?

① 조작이 쉽고 간편하다.
② 분석시간이 흑연로장치에 비하여 적게 소요된다.
③ 주입 시료액의 대부분이 불꽃부분으로 보내지므로 감도가 높다.
④ 고체 시료의 경우 전처리에 의하여 매트릭스를 제거해야 한다.

해설

- 불꽃방식은 감도가 제한되기 때문에 저농도에서 사용이 곤란하다.

❖ 불꽃방식 원자흡광광도계의 장·단점

장점	• 조작이 쉽고 간편하다. • 분석시간이 흑연로 장치에 비하여 적게 소요된다. • 정밀도가 높다. • 일반적으로 흑연로 장치나 유도결합플라스마 – 원자발광 분석기에 비하여 저렴하다.
단점	• 감도가 제한되기 때문에 저농도에서 사용이 곤란하다. • 시료의 양이 많이 필요하다. • 고체 시료의 경우 전처리에 의하여 매트릭스를 제거해야 한다.

0901 / 1602

22
● Repetitive Learning (1회 2회 3회)

고체 흡착제를 이용하여 시료채취를 할 때 영향을 주는 인자에 관한 설명으로 틀린 것은?

① 오염물질 농도 : 공기 중 오염물질의 농도가 높을수록 파과 용량은 증가한다.
② 습도 : 습도가 높으면 극성 흡착제를 사용할 때 파과 공기량이 적어진다.
③ 온도 : 일반적으로 흡착은 발열 반응이므로 열역학적으로 온도가 낮을수록 흡착에 좋은 조건이다.
④ 시료채취유량 : 시료 채취유량이 높으면 쉽게 파과가 일어나나 코팅된 흡착제인 경우는 그 경향이 약하다.

해설

- 시료 채취 유량이 높으면 파과가 일어나기 쉬우며 코팅된 흡착제일수록 그 경향이 강하다.

❖ 흡착제를 이용하여 시료를 채취할 때 영향을 주는 인자

온도	일반적으로 흡착은 발열 반응이므로 열역학적으로 온도가 낮을수록 흡착에 좋은 조건이며, 고온일수록 흡착 성질이 감소하며 파과가 일어나기 쉽다.
습도	습도가 높으면 극성 흡착제를 사용할 때 파과 공기량이 적어진다.
오염물질 농도	공기 중 오염물질의 농도가 높을수록 파과 용량(흡착제에 흡착된 오염물질의 양(mg))은 증가하나 파과 공기량은 감소한다.
시료채취 유량	시료 채취 유량이 높으면 파과가 일어나기 쉬우며 코팅된 흡착제일수록 그 경향이 강하다.
흡착제의 크기	입자의 크기가 작을수록 표면적이 증가하여 채취효율이 증가하나 압력강하가 심하다.
흡착관의 크기	흡착관의 크기가 커지면 전체 흡착제의 표면적이 증가하여 채취용량이 증가하므로 파과가 쉽게 발생되지 않는다.

23
● Repetitive Learning (1회 2회 3회)

산업안전보건법령상 다음과 같이 정의되는 용어는?

> 작업환경측정·분석 결과에 대한 정확성과 정밀도를 확보하기 위하여 작업환경측정기관의 측정·분석능력을 확인하고, 그 결과에 따라 지도·교육 등 측정·분석능력 향상을 위하여 행하는 모든 관리적 수단

① 정밀관리
② 정확관리
③ 적정관리
④ 정도관리

해설

- 고용노동부의 작업환경측정 및 정도관리에 관한 고시에서 정도관리에 대해서 정의하고 있다.

❖ 작업환경측정 및 정도관리에서의 용어 실기 1003/1402

단위작업 장소	작업환경측정대상이 되는 작업장 또는 공정에서 정상적인 작업을 수행하는 동일 노출집단의 근로자가 작업을 하는 장소를 말한다.
개인시료 채취	개인시료채취기를 이용하여 가스·증기·분진·흄(fume)·미스트(mist) 등을 근로자의 호흡위치(호흡기를 중심으로 반경 30㎝인 반구)에서 채취하는 것을 말한다.
지역시료 채취	시료채취기를 이용하여 가스·증기·분진·흄(fume)·미스트(mist) 등을 근로자의 작업행동 범위에서 호흡기 높이에 고정하여 채취하는 것을 말한다.
정도관리	작업환경측정·분석 결과에 대한 정확성과 정밀도를 확보하기 위하여 작업환경측정기관의 측정·분석능력을 확인하고, 그 결과에 따라 지도·교육 등 측정·분석능력 향상을 위하여 행하는 모든 관리적 수단을 말한다.

1102 / 1603 / 1901

24
● Repetitive Learning (1회 2회 3회)

유량, 측정시간, 회수율 및 분석에 의한 오차가 각각 18%, 3%, 9%, 5%일 때, 누적오차는 약 몇 %인가?

① 18
② 21
③ 24
④ 29

해설

- 누적오차 $E_c = \sqrt{18^2 + 3^2 + 9^2 + 5^2} = \sqrt{439} = 20.952\cdots$[%]이다.

❖ 누적오차

- 조건이 같을 경우 항상 같은 크기, 같은 방향으로 일어나는 오차를 말한다.
- 누적오차 $E_c = \sqrt{E_1^2 + E_2^2 + \cdots + E_n^2}$ 으로 구한다.

25

산업안전보건법령상 소음의 측정시간에 관한 내용 중 A에 들어갈 숫자는?

> 단위작업장소에서 소음수준은 규정된 측정위치 및 지점에서 1일 작업시간 동안 A시간 이상 연속 측정하거나 작업시간을 1시간 간격으로 나누어 A회 이상 측정하여야 한다. 다만, …… (후략)

① 2
② 4
③ 6
④ 8

해설

- 시간가중평균기준(TWA)이 설정되어 있는 대상물질을 측정하는 경우에는 1일 작업시간 동안 6시간 이상 연속 측정하거나 작업시간을 등간격으로 나누어 6시간 이상 연속분리하여 측정하여야 한다.

❧ 노출기준의 종류별 측정시간
- 시간가중평균기준(TWA)이 설정되어 있는 대상물질을 측정하는 경우에는 1일 작업시간 동안 6시간 이상 연속 측정하거나 작업시간을 등간격으로 나누어 6시간 이상 연속분리하여 측정하여야 한다.
- 대상물질의 발생시간 동안 측정하는 경우
  - 대상물질의 발생시간이 6시간 이하인 경우
  - 불규칙작업으로 6시간 이하의 작업
  - 발생원에서의 발생시간이 간헐적인 경우

26

한 근로자가 하루 동안 TCE에 노출되는 것을 측정한 결과가 아래와 같을 때, 8시간 시간가중 평균치(TWA; ppm)는?

측정시간	노출농도(ppm)
1시간	10.0
2시간	15.0
4시간	17.5
1시간	0.0

① 15.7
② 14.2
③ 13.8
④ 10.6

해설

- 주어진 값을 대입하면 TWA 환산값은
$$\frac{1 \times 10.0 + 2 \times 15.0 + 4 \times 17.5 + 1 \times 0.0}{8} = 13.75$$가 된다.

❧ 시간가중평균값(TWA, Time-Weighted Average)
- 1일 8시간 작업을 기준으로 한 평균노출농도이다.
- TWA 환산값$= \dfrac{C_1 \cdot T_1 + C_1 \cdot T_1 + \cdots\cdots + C_n \cdot T_n}{8}$로 구한다.

이때, C : 유해인자의 측정농도(단위 : ppm, mg/m³ 또는 개/cm³)
T : 유해인자의 발생시간(단위 : 시간)

27

피토관(Pitot tube)에 대한 설명 중 옳은 것은?(단, 측정 기체는 공기이다)

① Pitot tube의 정확성에는 한계가 있어 정밀한 측정에서는 경사마노미터를 사용한다.
② Pitot tube를 이용하여 곧바로 기류를 측정할 수 있다.
③ Pitot tube를 이용하여 총압과 속도압을 구하여 정압을 계산한다.
④ 속도압이 25mmH₂O일 때 기류속도는 28.58m/s이다.

해설

- 피토튜브는 베르누이 원리를 이용해 유체의 속도를 측정하는 장치이다.
- 피토튜브를 이용해 총압과 정압을 구해 속도압을 계산한다.
- 속도압이 25mmH₂O이면 기류속도는 20.22m/s이다.

❧ 피토관(Pitot tube)
- 덕트 내 공기의 압력을 통해 속도압 및 정압을 측정하는 기기이다.
- 정확성에는 한계가 있어 정밀한 측정에서는 경사마노미터를 사용한다.

28

같은 작업 장소에서 동시에 5개의 공기시료를 동일한 채취 조건하에서 채취하여 벤젠에 대해 아래의 도표와 같은 분석 결과를 얻었다. 이때 벤젠농도 측정의 변이계수(CV%)는?

공기시료번호	벤젠농도(ppm)
1	5.0
2	4.5
3	4.0
4	4.6
5	4.4

① 8%
② 14%
③ 56%
④ 96%

- 산술평균을 구하면 $\frac{5+4.5+4+4.6+4.4}{5}=4.5$이다.
- 표준편차를 구하면

$$\sqrt{\frac{(5-4.5)^2+(4.5-4.5)^2+\cdots+(4.4-4.5)^2}{4}}=\sqrt{0.13}=0.3605\cdots$$

이다.

- 변이계수 $=\frac{0.36}{4.5}\times 100 = 8.012\cdots[\%]$가 된다.

⁂ 변이계수(Coefficient of Variation) 실기 0501/0602/0702/1003
- 평균값에 대한 표준편차의 크기를 백분율[%]로 나타낸 것이다.
- 변이계수는 $\frac{\text{표준편차}}{\text{산술평균}}\times 100$으로 구한다.
- 측정단위와 무관하게 독립적으로 산출된다.
- 단위가 서로 다른 집단이나 특성값의 상호 산포도를 비교하는 데 이용한다.
- 통계집단의 측정값들에 대한 균일성, 정밀성 정도를 표현하는 것이다.
- 평균값의 크기가 0에 가까울수록 변이계수의 의의가 작아지는 단점이 있다.

29 ●Repetitive Learning [1회] [2회] [3회]

벤젠과 톨루엔이 혼합된 시료를 길이 30cm, 내경 3mm인 충진관이 장치된 기체크로마토그래피로 분석한 결과가 아래와 같을 때, 혼합 시료의 분리효율을 99.7%로 증가시키는 데 필요한 충진관의 길이(cm)는?(단, N, H, L, W, R_s, t_R은 각각 이론단수, 높이(HETP), 길이, 봉우리 너비, 분리계수, 머무름 시간을 의미하며, 문자 위 "–"(bar)는 평균값을, 하첨자 A와 B는 각각의 물질을 의미하며, 분리효율이 99.7%가 되기 위한 R_s는 1.5이다)

[크로마토그램 결과]

분석물질	머무름 시간(Retention time)	봉우리 너비(Peak width)
벤젠	16.4분	1.15분
톨루엔	17.6분	1.25분

[크로마토그램 관계식]

$$N=16\left(\frac{t_R}{W}\right)^2,\quad H=\frac{L}{N}$$

$$R_s=\frac{2(t_{R,A}-t_{R,B})}{W_A+W_B},\quad \frac{\overline{N_1}}{\overline{N_2}}=\frac{R_{S,1}^2}{R_{S,2}^2}$$

① 60
② 62.5
③ 67.5
④ 72.5

- 기존 분리계수는 $R_s=\frac{2(17.6-16.4)}{(1.15+1.25)}=\frac{2.4}{2.4}=1$인데 분리효율이 99.7%가 되기 위한 분리계수는 1.5라고 하였다.
- $H=\frac{L}{N}$에서 충진관의 길이와 이론단수는 비례한다.
- 분리계수 제곱비는 $1:1.5^2=1:2.25$가 되는데 이는 이론단수와 비례하므로 충진관의 길이 역시 이와 비례한다.
- 기존 충진관의 길이가 30cm인데 분리계수 제곱비는 1:2.25이므로 분리효율이 99.7%가 되기 위한 충진관의 길이는 $30\times 2.25=67.5$cm가 되어야 한다.

⁂ 크로마토그램에서 유령피크
  ㉠ 개요
  - 시료 측정 시 측정하고자 하는 시료의 피크와는 전혀 관계가 없는 피크가 크로마토그램에 때때로 나타나는 경우를 말한다.
  - HPLC 분석 시 주로 나타난다.
  ㉡ 원인
  - 칼럼이 충분하게 묵힘(aging)이 되지 않아서 칼럼에 남아있던 성분들이 배출되는 경우
  - 주입부에 있던 오염물질이 증발되어 배출되는 경우
  - 주입부에 사용하는 격막(Septum)에서 오염물질이 방출되는 경우

0901

30 ●Repetitive Learning [1회] [2회] [3회]

단위작업장소에서 소음의 강도가 불규칙적으로 변동하는 소음을 누적소음 노출량측정기로 측정하였다. 누적소음 노출량이 300%인 경우, 시간가중평균 소음수준(dB(A))은?

① 92
② 98
③ 103
④ 106

- TWA$=16.61\log\left(\frac{D}{12.5\times\text{노출시간}}\right)+90$으로 구하며, D는 누적소음 노출량[%]이다.
- 누적소음 노출량이 300%이므로 대입하면 $16.61\times\log\left(\frac{300}{100}\right)+90=97.924\cdots$이다.

⁂ 시간가중평균 소음수준(TWA)[dB(A)] 실기 0801/0902/1101/1903/2202
- 노출기준은 8시간 시간가중치를 의미하며 90dB를 설정한다.
- TWA$=16.61\log\left(\frac{D}{12.5\times\text{노출시간}}\right)+90$으로 구하며, D는 누적소음노출량[%]이다.
- 8시간 동안 측정치가 폭로량으로 산출되었을 경우에는 표를 이용하여 8시간 시간가중평균치로 환산한다.

31

● Repetitive Learning (1회 2회 3회)

작업환경측정대상이 되는 작업장 또는 공정에서 정상적인 작업을 수행하는 동일노출집단의 근로자가 작업하는 장소는?(단, 고용노동부 고시를 기준으로 한다)

① 동일작업장소
② 단위작업장소
③ 노출측정장소
④ 측정작업장소

해설

• 관련 고시에서 장소에 관한 정의는 단위작업장소에 관한 것 뿐이다.

✱✱ 작업환경측정 및 정도관리 관련 용어 **실기** 0601/0702/0801/0902/1002/1401/1601/2003

개인시료 채취	개인시료채취기를 이용하여 가스 · 증기 · 분진 · 흄(fume) · 미스트(mist) 등을 근로자의 호흡위치(호흡기를 중심으로 반경 30cm인 반구)에서 채취하는 것
집단 시료채취	시료채취기를 이용하여 가스 · 증기 · 분진 · 흄(fume) · 미스트(mist) 등을 근로자의 작업행동 범위에서 호흡기 높이에 고정하여 채취하는 것
최고노출 근로자	작업환경측정대상 유해인자의 발생 및 취급원에서 가장 가까운 위치의 근로자이거나 작업환경측정대상 유해인자에 가장 많이 노출될 것으로 간주되는 근로자
단위 작업장소	작업환경측정대상이 되는 작업장 또는 공정에서 정상적인 작업을 수행하는 동일 노출집단의 근로자가 작업을 하는 장소
가스상 물질	화학적인자가 공기 중으로 가스 · 증기의 형태로 발생되는 물질
정도관리	작업환경측정 · 분석치에 대한 정확성과 정밀도를 확보하기 위하여 지정측정기관의 작업환경측정 · 분석능력을 평가하고, 그 결과에 따라 지도 · 교육 기타 측정 · 분석능력 향상을 위하여 행하는 모든 관리적 수단
정확도	분석치가 참값에 얼마나 접근하였는가 하는 수치상의 표현
정밀도	일정한 물질에 대해 반복측정 · 분석을 했을 때 나타나는 자료 분석치의 변동크기가 얼마나 작은가를 표현

32

● Repetitive Learning (1회 2회 3회)

산업안전보건법령상 가스상 물질의 측정에 관한 내용 중 일부이다. (   )에 들어갈 내용으로 옳은 것은?

가스상 물질을 검지관 방식으로 측정하는 경우 1일 작업시간 동안 1시간 간격으로 (   )회 이상 측정하되 매 측정시간마다 2회 이상 반복 측정하여 평균값을 산출하여야 한다.

① 2회
② 4회
③ 6회
④ 8회

해설

• 검지관방식으로 측정하는 경우에는 1일 작업시간 동안 1시간 간격으로 6회 이상 측정하되 측정시간마다 2회 이상 반복 측정하여 평균값을 산출하여야 한다.

✱✱ 검지관 방식의 측정방법 **실기** 1103/1401

• 검지관방식으로 측정하는 경우에는 해당 작업근로자의 호흡기 및 가스상 물질 발생원에 근접한 위치 또는 근로자 작업행동 범위의 주 작업 위치에서의 근로자 호흡기 높이에서 측정하여야 한다.

• 검지관방식으로 측정하는 경우에는 1일 작업시간 동안 1시간 간격으로 6회 이상 측정하되 측정시간마다 2회 이상 반복 측정하여 평균값을 산출하여야 한다. 다만, 가스상 물질의 발생시간이 6시간 이내일 때에는 작업시간 동안 1시간 간격으로 나누어 측정하여야 한다.

33

● Repetitive Learning (1회 2회 3회)

근로자가 일정시간 동안 일정 농도의 유해물질에 노출될 때 체내에 흡수되는 유해물질의 양은 아래의 식을 적용하여 구한다. 각 인자에 대한 설명이 틀린 것은?

$$체내 흡수량(mg) = C \times T \times V \times R$$

① C : 공기 중 유해물질 농도
② T : 노출시간
③ R : 체내 잔류율
④ V : 작업공간 공기의 부피

해설

• V는 폐환기율 혹은 호흡률을 의미한다.

✱✱ 체내흡수량(SHD : Safe Human Dose) **실기** 0301/0501/0601/0801/1001/1201/1402/1602/1701/2002/2003

• 사람에게 안전한 양으로 안전흡수량, 안전폭로량이라고도 한다.

• 동물실험을 통하여 산출한 독물량의 한계치(NOED : No-Observable Effect Dose)를 사람에게 적용하기 위해 인간의 안전폭로량(SHD)을 계산할 때 안전계수와 체중, 독성물질에 대한 역치(THDh)를 고려한다.

• $C \times T \times V \times R$[mg]으로 구한다.

  C : 공기 중 유해물질농도[mg/m^3]

  T : 노출시간[hr]

  V : 폐환기율, 호흡률[m^3/hr]

  R : 체내잔류율(주어지지 않을 경우 1.0)

34 ━━━━━━━━━ • Repetitive Learning (1회 2회 3회)

고열(Heat stress)의 작업환경 평가와 관련된 내용으로 틀린 것은?

① 가장 일반적인 방법은 습구흑구온도(WBGT)를 측정하는 방법이다.

② 자연습구온도는 대기온도를 측정하긴 하지만 습도와 공기의 움직임에 영향을 받는다.

③ 흑구온도는 복사열에 의해 발생하는 온도이다.

④ 습도가 높고 대기 흐름이 적을 때 낮은 습구온도가 발생한다.

해설

• 습구온도는 상대습도가 100% 때의 온도로 습도와 상관없이 일정하다.

❖ 습구흑구온도(WBGT : Wet Bulb Globe Temperature) 지수

ㄱ) 개요

• 건구온도, 습구온도 및 흑구온도에 비례하며, 열중증 예방을 위해 고온에서의 작업휴식시간비를 결정하는 지표로 더위지수라고도 한다.

• 표시단위는 섭씨온도(℃)로 표시하며, WBGT가 높을수록 휴식시간이 증가되어야 한다.

• 미국국립산업안전보건연구원(NIOSH)뿐만 아니라 국내에서도 습구흑구온도를 측정하고 지수를 산출하여 평가에 사용한다.

• 과거에 쓰이던 감각온도와 근사한 값인데 감각온도와 다른 점은 기류를 전혀 고려하지 않았다는 점이다.

ㄴ) 산출방법 **실기** 0501/0503/0602/0702/0703/1101/1201/1302/1303/1503/2102/2201/2202/2203

• 옥내에서는 WBGT =0.7NWT +0.3GT이다. 이때 NWT는 자연습구, GT는 흑구온도이다.(일사가 영향을 미치지 않는 옥외도 옥내로 취급한다)

• 일사가 영향을 미치는 옥외에서는 건구온도인 dB를 반영하지만 옥내에서는 일사의 영향이 없으므로 자연습구와 흑구온도만으로 WBGT가 결정된다.

• 일사가 영향을 미치는 옥외에서는 WBGT =0.7NWT +0.2GT +0.1DB이며 이때 NWT는 자연습구, GT는 흑구온도, DB는 건구온도이다.

35 ━━━━━━━━━ • Repetitive Learning (1회 2회 3회)

작업환경 중 분진의 측정 농도가 대수정규분포를 할 때, 측정 자료의 대표치에 해당되는 용어는?

① 기하평균치   ② 산술평균치

③ 최빈치   ④ 중앙치

해설

• 인구증가율, 물가상승율, 경제성장률 등의 연속적인 변화율 데이터를 기반으로 어떤 구간에서의 평균 변화율을 구할 때 사용되는 기하평균은 작업환경 중 분진의 측정 농도가 대수정규분포를 할 때, 측정 자료의 대표치로도 사용된다.

❖ 기하평균(GM) **실기** 0303/0403/0502/0601/0702/0801/0803/1102/1301/1403/1703/1801/2102

• 주어진 n개의 값들을 곱해서 나온 값의 n제곱근이다.

• $x_1, x_2, \cdots, x_n$의 자료가 주어질 때 기하평균 GM은 $\sqrt[n]{x_1 \times x_2 \times \cdots \times x_n}$으로 구하거나 $\log GM = \dfrac{\log X_1 + \log X_2 + \cdots + \log X_n}{N}$을 역대수 취해서 구할 수 있다.

• 작업장에서 생화학적 측정치나 유해물질의 농도를 평가할 때 일반적으로 사용되는 평균치이다.

• 작업환경 중 분진의 측정 농도가 대수정규분포를 할 때 측정 자료의 대표치로 사용된다.

• 인구증가율, 물가상승율, 경제성장률 등의 연속적인 변화율 데이터를 기반으로 어떤 구간에서의 평균 변화율을 구할 때 사용된다.

36 ━━━━━━━━━ • Repetitive Learning (1회 2회 3회)

WBGT 측정기의 구성요소로 적절하지 않은 것은?

① 습구온도계   ② 건구온도계

③ 카타온도계   ④ 흑구온도계

해설

• WBGT 측정기는 건구온도, 습구온도 및 흑구온도를 통해 습구흑구온도(WBGT : Wet Bulb Globe Temperature) 지수를 측정하는 기구이다.

❖ 습구흑구온도(WBGT : Wet Bulb Globe Temperature) 지수

문제 34번의 유형별 핵심이론 ❖ 참조

0301

37 ━━━━━━━━━ • Repetitive Learning (1회 2회 3회)

흡광광도법에 관한 설명으로 틀린 것은?

① 광원에서 나오는 빛을 단색화 장치를 통해 넓은 파장 범위의 단색 빛으로 변화시킨다.

② 선택된 파장의 빛을 시료액 층으로 통과시킨 후 흡광도를 측정하여 농도를 구한다.

③ 분석의 기초가 되는 법칙은 램버어트-비어의 법칙이다.

④ 표준액에 대한 흡광도와 농도의 관계를 구한 후, 시료의 흡광도를 측정하여 농도를 구한다.

해설

- 원자흡광분광법은 시료를 중성원자로 증기화하여 생긴 기저상태의 원자가 그 원자증기층을 투과하는 특유 파장의 빛을 흡수하는 성질을 이용한다.

❞ 원자흡광분광법

ⓐ 개요
- 시료를 중성원자로 증기화하여 생긴 기저상태의 원자가 그 원자증기층을 투과하는 특유 파장의 빛을 흡수하는 성질을 이용한다.
- 원자흡광장치는 광원부, 시료원자화부, 단색화부, 측광부로 구성된다.
- 가장 널리 쓰이는 광원은 중공음극 방전 램프이다.
- 분광기는 일반적으로 회절격자나 프리즘을 이용한 분광기가 사용된다.
- 선택된 파장의 빛을 시료액 층으로 통과시킨 후 흡광도를 측정하여 농도를 구한다.
- 분석의 기초가 되는 법칙은 비어-람버트(Beer-Lambert) 법칙이다.
- 표준액에 대한 흡광도와 농도의 관계를 구한 후, 시료의 흡광도를 측정하여 농도를 구한다.

ⓑ 기본원리
- 모든 원자들은 빛을 흡수한다.
- 빛을 흡수할 수 있는 곳에서 빛은 각 화학적 원소에 대한 특정 파장을 갖는다.
- 흡수되는 빛의 양은 시료에 함유되어 있는 원자의 농도에 비례한다.

---

38 ──────── • Repetitive Learning (1회 2회 3회)

작업장 내 다습한 공기에 포함된 비극성 유기증기를 채취하기 위해 이용할 수 있는 흡착제의 종류로 가장 적절한 것은?

① 활성탄(Activated charcoal)
② 실리카겔(Silica Gel)
③ 분자체(Molecular sieve)
④ 알루미나(Alumina)

해설

- 실리카겔과 알루미나는 극성 증기를 채취 시 사용되는 흡착제이다.
- 분자체 탄소는 비극성 중 분자의 크기가 작은 유기증기를 채취할 때 사용되는 흡착제이다.

❞ 활성탄(Activated charcoal)
- 작업장 내 다습한 공기에 포함된 비극성이고 분자의 크기가 큰 유기증기를 채취하기 가장 적합한 흡착제이다.
- 다른 흡착제에 비하여 큰 비표면적을 갖고 있다.
- 주로 할로겐화 탄화수소류, 에스테르류, 방향족 탄화수소류를 포집한다.

---

39 ──────── • Repetitive Learning (1회 2회 3회)

공장에서 A용제 30%(TLV 1,200mg/m³), B용제 30%(TLV 1,400mg/m³) 및 C용제 40%(TLV 1,600mg/m³)의 중량비로 조성된 액체 용제가 증발되어 작업환경을 오염시킬 경우 이 혼합물의 허용농도(mg/m³)는?(단, 혼합물의 성분은 상가작용을 한다)

① 약 1,400
② 약 1,450
③ 약 1,500
④ 약 1,550

해설

- 혼합물을 구성하는 각 성분의 구성비가 주어졌으므로 혼합물의 허용농도는 $\dfrac{1}{\dfrac{0.3}{1,200}+\dfrac{0.3}{1,400}+\dfrac{0.4}{1,600}}=1,400[mg/m^3]$이 된다.

❞ 혼합물의 허용농도 실기 0401/0403/0802
- 혼합물을 구성하는 각 성분의 구성비($f_1, f_2, \cdots, f_n$)이 주어지면 혼합물의 허용농도는 $\dfrac{1}{\dfrac{f_1}{TLV_1}+\dfrac{f_2}{TLV_2}+\cdots+\dfrac{f_n}{TLV_n}}$

[mg/m³]으로 구할 수 있다.

---

40 ──────── • Repetitive Learning (1회 2회 3회)

진동을 측정하기 위한 기기는?

① 충격측정기(Impulse meter)
② 레이저판독판(Laser readout)
③ 가속측정기(Accelerometer)
④ 소음측정기(Sound level meter)

해설

- 가속측정기(Accelerometer)는 진동 또는 구조물의 운동 가속을 측정하는 장치이다.

❞ 가속측정기(Accelerometer)
- 진동 또는 구조물의 운동 가속을 측정하는 장치이다.
- 전하는 힘에 비례하고 질량은 일정하므로 전하는 가속에 비례하는 원리를 이용한다.

41

0402 / 1703 / 1901

Repetitive Learning 1회 2회 3회

국소배기시설에서 장치 배치 순서로 가장 적절한 것은?

① 송풍기 → 공기정화기 → 후드 → 덕트 → 배출구
② 공기정화기 → 후드 → 송풍기 → 덕트 → 배출구
③ 후드 → 덕트 → 공기정화기 → 송풍기 → 배출구
④ 후드 → 송풍기 → 공기정화기 → 덕트 → 배출구

해설
- 장치 배치 순서는 후드 → 덕트 → 공기정화기 → 송풍기 → 배출구 순이다.
- **국소배기시설**
  - 오염원이 근로자에게 위험을 주기 전에 오염발생원 및 그 부근에서 이를 포집하여 제거하는 시설을 말한다.
  - 후드(hood), 덕트(duct), 공기정화기(air cleaner), 송풍기(fan) 등으로 구성된다.
  - 장치 배치 순서는 후드 → 덕트 → 공기정화기 → 송풍기 → 배출구 순이다.

42

1001 / 1403

Repetitive Learning 1회 2회 3회

금속을 가공하는 음압수준이 98dB(A)인 공정에서 NRR이 17인 귀마개를 착용한다면 차음효과는 얼마인가?(단, OSHA에서 차음효과를 예측하는 방법을 적용)

① 2dB(A)　　　　② 3dB(A)
③ 5dB(A)　　　　④ 7dB(A)

해설
- NRR이 17이므로 차음효과는 (17−7)×50%=5dB이다.
- 음압수준은 기존 작업장의 음압수준이 98dB이므로 5dB의 차음효과로 근로자가 노출되는 음압수준은 98−5=93dB이 된다.
- **OSHA의 차음효과 계산법** 실기 0601/0701/1001/1403/1801
  - OSHA의 차음효과는 (NRR−7)×50%[dB]로 구한다. 이때, NRR(Noise Reduction Rating)은 차음평가수를 의미한다.

43

Repetitive Learning 1회 2회 3회

다음 중 중성자의 차폐(shielding) 효과가 가장 적은 물질은?

① 물　　　　② 파라핀
③ 납　　　　④ 흑연

해설
- 납은 감마선 차폐에 주로 이용되는 물질이다.
- **방사선의 차폐(shielding)**
  - 인체가 강한 방사선에 노출되거나 방사성물질을 흡수하면 세포의 손상과 함께 위험해지므로 이를 방지하기 위해 차폐하는 것을 말한다.
  - γ(감마)선 차폐에는 밀도가 높은 납이 주로 이용된다.
  - 중성자 차폐에는 물, 파라핀, 붕소, 흑연, 콘크리트 등이 이용된다.

44

1803

Repetitive Learning 1회 2회 3회

테이블에 붙여서 설치한 사각형 후드의 필요 환기량(m^3/min)을 구하는 식으로 적절한 것은?(단, 플랜지는 부착되지 않았고, A(m^2)는 개구면적, X(m)는 개구부와 오염원 사이의 거리, V(m/sec)는 제어속도이다)

① $Q=V\times(5X^2+A)$
② $Q=V\times(7X^2+A)$
③ $Q=60\times V\times(5X^2+A)$
④ $Q=60\times V\times(7X^2+A)$

해설
- 바닥면에 위치하며, 플랜지가 없는 경우의 직사각형 후드의 필요 환기량 $Q=60\times V_c(5X^2+A)[m^3/min]$로 구한다.
- **측방 외부식 테이블 모양의 장방형(직사각형) 후드** 실기 0302
  - 면에 위치하며, 플랜지가 없는 경우에 해당한다.
  - 필요 환기량 $Q=60\times V_c(5X^2+A)$로 구한다. 이때 Q는 필요 환기량$[m^3/min]$, V_c는 제어속도[m/sec], A는 개구면적$[m^2]$, X는 후드의 중심선으로부터 발생원까지의 거리[m]이다.

45

1702

Repetitive Learning 1회 2회 3회

작업장에서 작업 공구와 재료 등에 적용할 수 있는 진동대책과 가장 거리가 먼 것은?

① 진동공구의 무게는 10kg 이상 초과하지 않도록 만들어야 한다.
② 강철로 코일용수철을 만들면 설계를 자유스럽게 할 수 있으나 Oil damper 등의 저항요소가 필요할 수 있다.
③ 방진고무를 사용하면 공진 시 진폭이 지나치게 커지지 않지만 내구성, 내약품성이 문제가 될 수 있다.
④ 코르크는 정확하게 설계할 수 있고 고유진동수가 20Hz 이상이므로 진동 방지에 유용하게 사용할 수 있다.

- 코르크는 재질이 일정하지 않으며 균일하지 않으므로 정확한 설계가 곤란하고 처짐을 크게 할 수 없으며 고유진동수가 10Hz 전후밖에 되지 않아 진동방지보다는 고체음의 전파방지에 유익한 방진재료이다.

❖ 방진재료의 종류

방진 고무	소형 또는 중형기계에 주로 많이 사용하며 적절한 방진 설계를 하면 높은 효과를 얻을 수 있는 방진 방법이다.
공기 스프링	지지하중이 크게 변하는 경우에는 높이 조정변에 의해 그 높이를 조절할 수 있어 설비의 높이를 일정레벨을 유지시킬 수 있으며, 하중 변화에 따라 고유진동수를 일정하게 유지할 수 있고, 부하능력이 광범위하고 자동제어가 가능한 방진재료이다.
금속 스프링	환경요소에 대한 저항성이 크며 저주파 차진에 좋으나 감쇠가 거의 없으며 공진 시에 전달률이 매우 큰 방진재료이다.
코르크	재질이 일정하지 않으며 균일하지 않으므로 정확한 설계가 곤란하고 처짐을 크게 할 수 없으며 고유진동수가 10Hz 전후밖에 되지 않아 진동방지보다는 고체음의 전파방지에 유익한 방진재료이다.
펠트	양모의 축융성을 이용하여 양모 또는 양모와 다른 섬유와의 혼합섬유를 수분, 열, 압력을 가하여 문질러서 얻는 재료로 양탄자 등을 만들 때 사용하는 방진재료이다.

46 ──────── ● Repetitive Learning (1회 2회 3회)

원심력 집진장치에 관한 설명 중 옳지 않은 것은?

① 비교적 적은 비용으로 집진이 가능하다.
② 분진의 농도가 낮을수록 집진효율이 증가한다.
③ 함진가스에 선회류를 일으키는 원심력을 이용한다.
④ 입자의 크기가 크고 모양이 구체에 가까울수록 집진효율이 증가한다.

- 입자 입경과 밀도가 클수록 집진율이 증가한다.

❖ 원심력 집진장치

- 사이클론이라 불리우는 원심력 집진장치는 함진가스에 선회류를 일으키는 원심력을 이용해 비교적 적은 비용으로 제진이 가능한 장치이다.
- 사이크론에는 가동부가 없는 것이 기계적인 특징이다.
- 입자의 크기가 크고 모양이 구체에 가까울수록 집진효율이 증가한다.
- 사이클론 원통의 길이가 길어지면 선회류수가 증가하여 집진율이 증가한다.
- 입자 입경과 밀도가 클수록 집진율이 증가한다.
- 사이클론의 원통의 직경이 클수록 집진율이 감소한다.

47 ──────── ● Repetitive Learning (1회 2회 3회)

직경이 38cm, 유효높이 2.5m의 원통형 백필터를 사용하여 $60\,\mathrm{m^3/min}$의 함진가스를 처리할 때 여과속도(cm/s)는?

① 25 ② 34
③ 43 ④ 64

- 여포의 총 면적은 $3.14 \times 0.38 \times 2.5 = 2.983[m^2]$이다.
- 대입하면 여과속도는 $\dfrac{60}{2.983} = 20.11 \cdots [\mathrm{m/min}]$이나 구하고자 하는 단위가 [cm/sec]이므로 100을 곱하고(m → cm) 60을 나누면 (분 → 초) 33.52[cm/sec]가 된다.

❖ 여과속도

- 여포제진장치에서 여과속도 $= \dfrac{\text{배기가스량}}{\text{여포 총면적}}$ [m/sec]로 구한다. 이때 배기가스량$[m^3/sec]$, 여포 총면적$[m^2]$이다.

48 ──────── ● Repetitive Learning (1회 2회 3회)

방진마스크의 성능 기준 및 사용 장소에 대한 설명 중 옳지 않은 것은?

① 방진마스크 등급 중 2급은 포집효율이 분리식과 안면부 여과식 모두 90% 이상이어야 한다.
② 방진마스크 등급 중 특급의 포집효율은 분리식의 경우 99.95% 이상, 안면부 여과식의 경우 99.0% 이상이어야 한다.
③ 베릴륨 등과 같이 독성이 강한 물질들을 함유한 분진이 발생하는 장소에서는 특급 방진마스크를 착용하여야 한다.
④ 금속흄 등과 같이 열적으로 생기는 분진이 발생하는 장소에서는 1급 방진마스크를 착용하여야 한다.

- 방진마스크 2급은 포집효율이 모두 80% 이상이어야 한다.

❖ 여과재 분진 등 포집효율

형태 및 등급		염화나트륨(NaCl) 및 파라핀 오일(Paraffin oil) 시험(%)
분리식	특급	99.95 이상
	1급	94.0 이상
	2급	80.0 이상
안면부 여과식	특급	99.0 이상
	1급	94.0 이상
	2급	80.0 이상

49

• Repetitive Learning (1회 2회 3회)

표준상태(STP; 0℃, 1기압)에서 공기의 밀도가 1.293kg/m^3
일 때, 40℃, 1기압에서 공기의 밀도(kg/m^3)는?

① 1.040
② 1.128
③ 1.185
④ 1.312

해설

- 공기의 밀도는 온도에 반비례하므로 40℃에서의 공기의 밀도는
  $1.293 \times \dfrac{273}{313} = 1.1277 \cdots [kg/m^3]$이 된다.

∷ 속도압(동압) 실기 0402/0602/0803/1003/1101/1301/1402/1502/1601/1602/
1703/1802/2001/2201

- 속도압(VP)은 전압(TP)에서 정압(SP)을 뺀 값으로 구한다.
- 동압 $VP = \dfrac{\gamma V^2}{2g}[mmH_2O]$로 구한다. 이때 γ는 표준공기일
  경우 1.203[kgf/m^3]이며, g는 중력가속도로 9.81[m/s^2]이다.
- VP[mmH_2O]를 알면 공기속도는 $V = 4.043 \times \sqrt{VP}$[m/s]로
  구한다.

50

• Repetitive Learning (1회 2회 3회)

여과집진장치의 여과지에 대한 설명으로 틀린 것은?

① 0.1μm 이하의 입자는 주로 확산에 의해 채취된다.
② 압력강하가 적으면 여과지의 효율이 크다.
③ 여과지의 특성을 나타내는 항목으로 기공의 크기, 여과
   지의 두께 등이 있다.
④ 혼합섬유 여과지로 가장 많이 사용되는 것은 microsorban
   여과지이다.

해설

- 섬유상 여과지는 유리섬유 여과지, 셀룰로오스섬유 여과지, 석영
  여과지가 주로 사용된다.

∷ 여과집진장치의 여과지

- 0.1μm 이하의 입자는 주로 확산에 의해 채취된다.
- 압력강하가 적으면 여과지의 효율이 크다.
- 여과지의 특성을 나타내는 항목으로 기공의 크기, 여과지의 두
  께 등이 있다.
- 여과지에는 막여과지(membrane filter)와 섬유상 여과지가
  있다.
- 막여과지에는 MCE막, PVC막, PTFE막, 은막, 핵기공 여과지가
  있다.
- 섬유상 여과지는 유리섬유 여과지, 셀룰로오스섬유 여과지, 석
  영 여과지가 주로 사용된다.

51

• Repetitive Learning (1회 2회 3회)

국소배기장치로 외부식 측방형 후드를 설치할 때, 제어풍속
을 고려하여야 할 위치는?

① 후드의 개구면
② 작업자의 호흡 위치
③ 발산되는 오염 공기 중의 중심위치
④ 후드의 개구면으로부터 가장 먼 작업 위치

해설

- 외부식 및 레시버식 후드에서 제어풍속은 후드의 개구면으로부터
  가장 먼 거리의 유해물질 발생원 또는 작업위치에서 후드 쪽으로
  흡인되는 기류의 속도를 말한다

∷ 제어풍속

- 후드 전면 또는 후드 개구면에서 유해물질이 함유된 공기를 당
  해 후드로 흡입시킴으로써 그 지점의 유해물질을 제어할 수 있
  는 공기속도를 말한다.
- 포위식 및 부스식 후드에서는 후드의 개구면에서 흡입되는 기
  류의 풍속을 말한다.
- 외부식 및 레시버식 후드에서는 후드의 개구면으로부터 가장
  먼 거리의 유해물질 발생원 또는 작업위치에서 후드 쪽으로 흡
  인되는 기류의 속도를 말한다.
- 제어속도에 영향을 주는 요인에는 후드의 모양, 후드에서 오염
  원까지의 거리, 오염물질의 종류 및 발생상황 등이 있다.

52

0501 / 1603

• Repetitive Learning (1회 2회 3회)

정상류가 흐르고 있는 유체 유동에 관한 연속방정식을 설명
하는데 적용된 법칙은?

① 관성의 법칙
② 운동량의 법칙
③ 질량보존의 법칙
④ 점성의 법칙

해설

- 연속방정식은 정상류 흐름에 질량보존의 원리를 적용하여 얻은 유
  체역학적인 기본 이론이다.

∷ 연속방정식과 질량보존의 법칙

- 연속방정식은 정상류 흐름에 질량보존의 원리를 적용하여 얻은
  유체역학적인 기본 이론이다.
- 유량 Q=AV로 구한다. 이때 A는 단면적, V는 평균속도이다.
- 정상류가 흐르고 있는 유체 유동에 있어서 유관 내 모든 단면
  에서의 질량유량은 같다.(질량유량은 임의의 단면적을 단위 시
  간 동안 통과하는 유체의 질량)
- 시간변화에 상관없이 질량유량은 변하지 않는다.
- 비압축성 정상유동에서 적용된다.

53 ─────── • Repetitive Learning 〔 1회 2회 3회 〕

일반적인 후드 설치의 유의사항으로 가장 거리가 먼 것은?

① 오염원 전체를 포위시킬 것

② 후드는 오염원에 가까이 설치할 것

③ 오염 공기의 성질, 발생상태, 발생원인을 파악할 것

④ 후드의 흡인 방향과 오염 가스의 이동방향은 반대로 할 것

해설

• 후드의 흡입방향은 가급적 비산 또는 확산된 유해물질이 작업자의 호흡영역을 통과하지 않도록 하여야 한다.

❈ 후드 설치의 유의사항 실기 1101

• 유해물질을 충분히 제어할 수 있는 구조와 크기로 한다.

• 후드는 발생원을 가능한 한 포위하는 형태인 포위식 형식의 구조로 하고, 발생원을 포위할 수 없을 때는 발생원과 가장 가까운 위치에 외부식 후드를 설치하여야 한다. 다만, 유해물질이 일정한 방향성을 가지고 발생될 때는 레시버식 후드를 설치하여야 한다.

• 후드의 흡입방향은 가급적 비산 또는 확산된 유해물질이 작업자의 호흡영역을 통과하지 않도록 하여야 한다.

• 오염 공기의 성질, 발생상태, 발생원인을 파악한다.

• 후드 개구부로 유입되는 기류속도 분포가 균일하게 되도록 할 것

54 ─────── • Repetitive Learning 〔 1회 2회 3회 〕

호흡기 보호구의 사용 시 주의사항과 가장 거리가 먼 것은?

① 보호구의 능력을 과대평가 하지 말아야 한다.

② 보호구 내 유해물질 농도는 허용기준 이하로 유지해야 한다.

③ 보호구를 사용할 수 있는 최대 사용가능농도는 노출기준에 할당보호계수를 곱한 값이다.

④ 유해물질의 농도가 즉시 생명에 위태로울 정도인 경우는 공기 정화식 보호구를 착용해야 한다.

해설

• 유해물질의 농도가 즉시 생명에 위태로울 정도인 경우는 공기호흡기나 송기마스크를 착용해야 한다.

❈ 호흡기 보호구의 사용 시 주의사항

• 보호구의 능력을 과대평가 하지 말아야 한다.

• 보호구 내 유해물질 농도는 허용기준 이하로 유지해야 한다.

• 보호구를 사용할 수 있는 최대 사용가능농도는 노출기준에 할당보호계수를 곱한 값이다.

• 유해물질의 농도가 즉시 생명에 위태로울 정도인 경우는 공기호흡기나 송기마스크를 착용해야 한다.

55 ─────── • Repetitive Learning 〔 1회 2회 3회 〕

앞으로 구부리고 수행하는 작업공정에서 올바른 작업자세라고 볼 수 없는 것은?

① 작업 점의 높이는 팔꿈치보다 낮게 한다.

② 바닥의 얼룩을 닦을 때에는 허리를 구부리지 말고 다리를 구부려서 작업한다.

③ 상체를 구부리고 작업을 하다가 일어설 때는 무릎을 굴절시켰다가 다리 힘으로 일어난다.

④ 신체의 중심이 물체의 중심보다 뒤쪽에 있도록 한다.

해설

• 물체를 최대한 작업자의 신체에 가깝게 하고, 물체의 중심이 신체의 중심과 일직선이 되도록 하며, 대상물을 양발 사이에서 다리를 굽혀 들어올려야 한다.

❈ 앞으로 구부리는 작업에서의 올바른 작업자세

• 가능한 한 중량물 취급 작업 전부 또는 일부를 자동화하거나 기계화하여 근로자의 허리부담을 경감시키도록 노력한다.

• 작업 점의 높이는 팔꿈치보다 낮게 한다.

• 바닥의 얼룩을 닦을 때에는 허리를 구부리지 말고 다리를 구부려서 작업한다.

• 상체를 구부리고 작업을 하다가 일어설 때는 무릎을 굴절시켰다가 다리 힘으로 일어난다.

• 물체를 최대한 작업자의 신체에 가깝게 하고, 물체의 중심이 신체의 중심과 일직선이 되도록 하며, 대상물을 양발 사이에서 다리를 굽혀 들어올려야 한다.

56 ─────── • Repetitive Learning 〔 1회 2회 3회 〕

흡인구와 분사구의 등속선에서 노즐의 분사구 개구면 유속을 100%라고 할 때 유속이 10% 수준이 되는 지점은 분사구 내경(d)의 몇 배 거리인가?

① 5d
② 10d
③ 30d
④ 40d

해설

• 입구속도의 10%는 입구지름의 1배 위치이지만, 출구속도의 10%는 출구지름 30배(30d)의 위치이다.

❈ 배기(송풍력)와 흡기(흡인력)의 차이

• 입구지름 1배(1d)인 지점에서 입구속도의 10%이다.

• 출구지름 30배(30d)인 지점에서 출구속도의 10%이다.

57

● Repetitive Learning 1회 2회 3회

레시버식 캐노피형 후드 설치에 있어 열원 주위 상부의 퍼짐각도는?(단, 실내에는 다소의 난기류가 존재한다)

① 20°
② 40°
③ 60°
④ 90°

해설

- 아무리 바람이 적은 실내에서도 다소의 난기류는 있기 때문에 그 영향을 고려하여 열원의 주위에 퍼짐각도 40°를 갖는(열원의 주위에 높이 0.8배의 덮개를 더한다) 크기로 한다.

❖ 레시버식 캐노피형 후드

- 용융로, 열처리로, 배소로 등의 고온의 배기를 포집하기 위한 후드이다.
- 열원으로부터 대류에 의하여 상승하는 열기류가 위로 올라갈수록 주위로부터 유도기류를 빨아들이면서 퍼진다. 열기류는 열원의 바로 위에서 조금 확산되고 다음에 다소 수축했다가 다시 넓게 퍼지면서 상승한다. 이 경우의 주위에 커다란 난기류가 없으면 퍼지는 각도가 약 20° 내외이다.
- 실제로는 아무리 바람이 적은 실내에서도 다소의 난기류는 있기 때문에 그 영향을 고려하여 열원의 주위에 퍼짐각도 40°를 갖는(열원의 주위에 높이 0.8배의 덮개를 더한다) 크기로 한다.
- 배출원의 크기(E)에 대한 후드면과 배출원간의 거리(H)의 비(H/E)는 0.7 이하로 설계하는 것이 적절하다.

58

0402 / 0403 / 0703 / 1703

● Repetitive Learning 1회 2회 3회

국소배기시설의 투자비용과 운전비를 적게하기 위한 조건으로 옳은 것은?

① 제어속도 증가
② 필요송풍량 감소
③ 후드개구면적 증가
④ 발생원과의 원거리 유지

해설

- 국소배기장치의 효율적인 선정과 설치를 위해서는 우선적으로 필요송풍량을 결정해야 한다. 필요송풍량에 따라 송풍기의 대수 및 규모를 결정하게 되며 이를 통해 투자비용과 운전비용이 결정된다.

❖ 국소배기장치의 선정, 설계, 설치 실기 1802/2003

- 국소배기장치의 효율적인 선정과 설치를 위해서는 우선적으로 필요송풍량을 결정해야 한다. 필요송풍량에 따라 송풍기의 대수 및 규모를 결정하게 되며 이를 통해 투자비용과 운전비용이 결정된다.

- 설계의 순서는 후드형식 선정 → 제어속도 결정 → 소요풍량 계산 → 반송속도 결정 → 배관내경 산출 → 후드 크기 결정 → 배관의 크기와 위치 선정 → 공기정화장치의 선정 → 송풍기의 선정 순으로 한다.
- 설치의 순서는 반드시 후드 → 덕트 → 공기정화장치 → 송풍기 → 배기구의 순으로 한다.

59

1303 / 1801

● Repetitive Learning 1회 2회 3회

공기 중의 포화증기압이 1.52mmHg인 유기용제가 공기 중에 도달할 수 있는 포화농도(ppm)는?

① 2,000
② 4,000
③ 6,000
④ 8,000

해설

- 증기압이 1.52mmHg를 대입하면

$$\frac{1.52}{760} \times 1,000,000 = 2,000[ppm]$$이다.

❖ 최고(포화)농도와 유효비중 실기 0302/0602/0603/0802/1001/1002/1103/1503/1701/1802/1902/2101

- 최고(포화)농도는 $\frac{P}{760} \times 100[\%] = \frac{P}{760} \times 1,000,000[ppm]$으로 구한다.
- 유효비중은 $\frac{(농도 \times 비중) + (10^6 - 농도) \times 공기비중(1.0)}{10^6}$으로 구한다.

60

● Repetitive Learning 1회 2회 3회

표준공기(21℃)에서 동압이 5mmHg일 때 유속(m/s)은?

① 9
② 15
③ 33
④ 45

해설

- 760mmHg = 10,332 mmH_2O이므로 5mmHg = 67.97 mmH_2O이다.
- 공기속도 $V = 4.043 \times \sqrt{VP}$에 대입하면
$V = 4.043 \times \sqrt{67.97} = 33.33 \cdots [m/s]$이 된다.

❖ 속도압(동압) 실기 0402/0602/0803/1003/1101/1301/1402/1502/1601/1602/1703/1802/2001/2201

문제 49번의 유형별 핵심이론 ❖ 참조

1203 / 1601 / 1902

61 ──────── Repetitive Learning (1회 2회 3회)

일반적으로 전신진동에 의한 생체반응에 관여하는 인자로 가장 거리가 먼 것은?

① 온도   ② 강도
③ 방향   ④ 진동수

해설

- 전신진동에 의한 생체반응에 관계하는 4인자는 진동의 강도, 진동수, 방향, 폭로시간이다.

** 전신진동
- 전신진동은 2~100Hz의 주파수 범위를 갖는다.
- 전신진동에 의한 생체반응에 관계하는 4인자는 진동의 강도, 진동수, 방향, 폭로시간이다.
- 진동이 작용하는 축에 따라 인체에 미치는 영향은 수직방향은 4~8Hz, 수평방향은 1~2Hz에서 가장 민감하다.
- 수평 및 수직진동이 동시에 가해지면 2배의 자각현상이 나타난다.

1003 / 1502

62 ──────── Repetitive Learning (1회 2회 3회)

다음 중 산소결핍이 진행되면서 생체에 나타나는 영향을 올바르게 나열한 것은?

| ㉠ 가벼운 어지러움 | ㉡ 사망 |
| ㉢ 대뇌피질의 기능 저하 | ㉣ 중추성 기능장애 |

① ㉠→㉢→㉣→㉡
② ㉠→㉣→㉢→㉡
③ ㉢→㉠→㉣→㉡
④ ㉢→㉣→㉠→㉡

해설

- ㉠은 산소농도 12~16%, ㉡은 산소농도 6% 이하, ㉢은 산소농도 9~14%, ㉣은 산소농도 6~10%에서 일어나는 증상이다.

** 산소 농도에 따른 인체 증상

12~16%	호흡·맥박의 증가, 두통·매스꺼움, 집중력 저하, 계산 착오 등
9~14%	판단력 저하, 불안정한 정신상태, 기억상실, 대뇌피질 기능 저하, 의식몽롱 등
6~10%	의식상실, 중추신경장해, 안면창백, 전신근육 경련
6% 이하	호흡정지, 경련, 6분 이상 사망

1302 / 1803

63 ──────── Repetitive Learning (1회 2회 3회)

반향시간(Reverberation time)에 관한 설명으로 맞는 것은?

① 반향시간과 작업장의 공간부피만 알면 흡음량을 추정할 수 있다.
② 소음원에서 소음발생이 중지한 후 소음의 감소는 시간의 제곱에 반비례하여 감소한다.
③ 반향시간은 소음이 닿는 면적을 계산하기 어려운 실외에서의 흡음량을 추정하기 위하여 주로 사용한다.
④ 소음원에서 발생하는 소음과 배경소음간의 차이가 40dB인 경우에는 60dB만큼 소음이 감소하지 않기 때문에 반향시간을 측정할 수 없다.

해설

- 반향시간 $T = 0.163 \dfrac{V}{A} = 0.163 \dfrac{V}{\sum S_i \alpha_i}$로 구하므로 반향시간과 작업장의 공간부피만 알면 흡음량을 추정할 수 있다.

** 반향시간(잔향시간, Reverberation time) 실기 0402
- 반(잔)향은 음이 갑자기 끊겼을 때 그 소리가 바로 그치지 않고 차츰 감쇠해가는 현상을 말하는데 그 음압레벨이 −60dB에 이르는데 걸리는 시간을 말한다.
- 반향시간과 작업장의 공간부피만 알면 흡음량을 추정할 수 있다.
- 반향시간 $T = 0.163 \dfrac{V}{A} = 0.163 \dfrac{V}{\sum S_i \alpha_i}$로 구할 수 있다. 이때 V는 공간의 부피$[m^3]$, A는 공간에서의 흡음량$[m^2]$이다.
- 반향시간은 실내공간의 크기에 비례한다.

1603

64 ──────── Repetitive Learning (1회 2회 3회)

자외선으로부터 눈을 보호하기 위한 차광보호구를 선정하고자 하는데 차광도가 큰 것이 없어 두 개를 겹쳐서 사용하였다. 각각의 차광도가 6과 3이었다면 두 개를 겹쳐서 사용한 경우의 차광도는 얼마인가?

① 6   ② 8
③ 9   ④ 18

해설

- 차광도가 각각 6, 3이므로 합성차광도 T=6+3−1=8이다.

** 차광도
- 빛을 차단하는 정도를 표시하는 단위이다.
- 차광도가 각각 a, b인 2개의 차광보호구를 겹쳐 사용할 경우의 차광도 T=a+b−1로 구한다.

65

● Repetitive Learning (1회 2회 3회)

산업안전보건법령상 이상기압과 관련된 용어의 정의가 옳지 않은 것은?

① 압력이란 게이지 압력을 말한다.

② 표면공급식 잠수작업은 호흡용 기체통을 휴대하고 하는 작업을 말한다.

③ 고압작업이란 고기압에서 잠함공법이나 그 외의 압기 공법으로 하는 작업을 말한다.

④ 기압조절실이란 고압작업을 하는 근로자가 가압 또는 감압을 받는 장소를 말한다.

해설

• 표면공급식 잠수작업이란 수면 위의 공기압축기 또는 호흡용 기체통에서 압축된 호흡용 기체를 공급받으면서 하는 작업을 말한다.

◆◆ 이상기압 관련 용어

압력	게이지 압력
이상기압	압력이 제곱센티미터당 1킬로그램 이상인 기압
고압작업	고기압에서 잠함공법이나 그 외의 압기 공법으로 하는 작업
기압조절실	고압작업을 하는 근로자가 가압 또는 감압을 받는 장소
잠수작업	물속에서 공기압축기나 호흡용 공기통을 이용하여 하는 작업
표면공급식 잠수작업	수면 위의 공기압축기 또는 호흡용 기체통에서 압축된 호흡용 기체를 공급받으면서 하는 작업

66

1403

● Repetitive Learning (1회 2회 3회)

전리방사선의 종류에 해당하지 않는 것은?

① γ선   ② 중성자
③ 레이저   ④ β선

해설

• 레이저는 자외선, 적외선과 같은 비전리방사선에 해당한다.

◆◆ 방사선의 구분

• 이온화 성질, 주파수, 파장 등에 따라 전리방사선과 비전리방사선으로 구분한다.

• 전리방사선과 비전리방사선을 구분하는 에너지 강도는 약 12eV이다.

전리방사선	중성자, X선, 알파(α)선, 베타(β)선, 감마(γ)선,
비전리방사선	자외선, 적외선, 레이저, 마이크로파, 가시광선, 극저주파, 라디오파

67

0603 / 1001 / 1302 / 1801

● Repetitive Learning (1회 2회 3회)

빛과 밝기의 단위에 관한 설명으로 틀린 것은?

① 반사율은 조도에 대한 휘도의 비로 표시한다.

② 광원으로부터 나오는 빛의 양을 광속이라고 하며 단위는 루멘을 사용한다.

③ 입사면의 단면적에 대한 광도의 비를 조도라 하며 단위는 촉광을 사용한다.

④ 광원으로부터 나오는 빛의 세기를 광도라고 하며 단위는 칸델라를 사용한다.

해설

• 입사면의 단면적에 대한 광도의 비를 조도라 하며 단위는 럭스 (Lux)를 사용한다.

◆◆ 조도(照度)

• 조도는 특정 지점에 도달하는 광의 밀도를 말한다.

• 단위는 럭스(Lux)를 사용한다.

• 1Lux는 1lumen의 빛이 $1m^2$의 평면상에 수직으로 비칠 때의 밝기이다.

• 반사체의 반사율과는 상관없이 일정한 값을 갖는다.

• 거리의 제곱에 반비례하고, 광도에 비례하므로 $\dfrac{광도}{(거리)^2}$으로 구한다.

68

1902

● Repetitive Learning (1회 2회 3회)

다음 중 체온의 상승에 따라 체온조절중추인 시상하부에서 혈액온도를 감지하거나 신경망을 통하여 정보를 받아 들여 체온 방산작용이 활발해지는 작용은?

① 정신적 조절작용(spiritual thermo regulation)

② 물리적 조절작용(physical thermo regulation)

③ 화학적 조절작용(chemical thermo regulation)

④ 생물학적 조절작용(biological thermo regulation)

해설

• 체온의 상승에 따라 발한 등을 통해서 체온 방산작용이 활발해지는 것은 물리적 조절작용에 대한 설명이다.

◆◆ 체온의 조절작용

• 물리적 조절작용 – 체온의 상승에 따라 체온조절중추인 시상하부에서 혈액온도를 감지하거나 신경망을 통하여 정보를 받아 들여 체온 방산작용이 활발해지는 작용이다.

• 화학적 조절작용 – 기초대사에 의한 체열의 발생에 따라 식욕을 조절하는 작용을 말한다.

69 ── • Repetitive Learning 1회 2회 3회

다음 중 방사선에 감수성이 가장 큰 인체 조직은?

① 눈의 수정체
② 뼈 및 근육조직
③ 신경조직
④ 결합조직과 지방조직

해설

• 전리방사선에 대한 감수성이 가장 민감한 조직은 골수, 림프조직(임파구), 생식세포, 조혈기관, 눈의 수정체 등이 있다.

❖ 전리방사선에 대한 감수성

고도 감수성	골수, 림프조직(임파구), 생식세포, 조혈기관, 눈의 수정체
중증도 감수성	피부 및 위장관의 상피세포, 혈관내피세포, 결체조직
저 감수성	골, 연골, 신경, 간, 콩팥, 근육

70 ── • Repetitive Learning 1회 2회 3회

다음 중 진동에 의한 장해를 최소화시키는 방법과 거리가 먼 것은?

① 진동의 발생원을 격리시킨다.
② 진동의 노출시간을 최소화시킨다.
③ 훈련을 통하여 신체의 적응력을 향상시킨다.
④ 진동을 최소화하기 위하여 공학적으로 설계 및 관리한다.

해설

• 숙련자의 지정이나 진동에 대한 적응은 진동에 대한 대책이 될 수 없다.

❖ 진동에 대한 대책

• 가장 적극적인 발생원에 대한 대책은 발생원의 제거이다.
• 발생원에 대한 대책에는 탄성지지, 가진력 감쇠, 기초중량의 부가 또는 경감 등이 있다.
• 전파경로 차단에는 수용자의 격리, 발진원의 격리, 구조물의 진동 최소화 등이 있다.
• 발진원과 작업자의 거리를 가능한 멀리한다.
• 보건교육을 실시한다.
• 작업시간 단축 및 교대제를 실시한다.
• 진동을 최소화하기 위하여 공학적으로 설계 및 관리한다.
• 완충물 등 방진제를 사용한다.
• 절연패드의 재질로는 코르크, 펠트(felt), 유리섬유 등을 사용한다.
• 진동공구의 무게는 10kg을 넘지 않게 하며 방진장갑 사용을 권장한다.

71 ── • Repetitive Learning 1회 2회 3회

다음 중 저온에 의한 장해에 관한 내용으로 바르지 않은 것은?

① 근육 긴장의 증가와 떨림이 발생한다.
② 혈압은 변화되지 않고 일정하게 유지된다.
③ 피부 표면의 혈관들과 피하조직이 수축된다.
④ 부종, 저림, 가려움, 심한 통증 등이 생긴다.

해설

• 저온환경에서는 혈압이 일시적으로 상승한다.

❖ 저온에 의한 생리적 영향

㉠ 1차적 영향
• 피부혈관의 수축
• 근육긴장의 증가와 전율
• 화학적 대사작용의 증가
• 체표면적의 감소
㉡ 2차적 영향
• 말초혈관의 수축
• 혈압의 일시적 상승
• 조직대사의 증진과 식용항진

72 ── • Repetitive Learning 1회 2회 3회

다음 중 음압이 2배로 증가하면 음압레벨(sound pressure level)은 몇 dB 증가하는가?

① 2
② 3
③ 6
④ 12

해설

• 기준음은 그대로인데 측정하려는 음압이 2배 증가했으므로 SPL은 $20log\left(\frac{2}{1}\right)$[dB] 증가하는 것이 되므로 $20 \times 0.301 = 6.02$[dB]이 증가한다.

❖ 음압레벨(SPL ; Sound Pressure Level) **실기** 0403/0501/0503/0901/1001/1102/1403/2004

• 기준이 되는 소리의 압력과 비교하여 로그적으로 표현한 값이다.
• $SPL = 20log\left(\frac{P}{P_0}\right)$[dB]로 구한다. 여기서 P_0는 기준음압으로 2×10^{-5}[N/m^2] 혹은 2×10^{-4}[$dyne/cm^2$]이다.
• 자유공간에 위치한 점음원의 음압레벨(SPL)은 음향파워레벨(PWL)$-20log r -11$로 구한다. 이때 r은 소음원으로부터의 거리[m]이다.

73

0302 / 0701 / 1803

Repetitive Learning 1회 2회 3회

작업장의 조도를 균등하게 하기 위하여 국소조명과 전체조명이 병용될 때 일반적으로 전체조명의 조도는 국부조명의 어느 정도가 적당한가?

① 1/20~1/10
② 1/10~1/5
③ 1/5~1/3
④ 1/3~1/2

해설

• 국소조명과 전체조명이 병용될 때 전체조명의 조도는 국부조명에 의한 조도의 1/10 ~ 1/5 정도가 되도록 조절한다.

❖ 전체조명의 조도
  • 국부조명에만 의존할 경우 작업장의 조도가 균등하지 못해서 눈의 피로를 가져올 수 있다.
  • 국소조명과 전체조명이 병용될 때 전체조명의 조도는 국부조명에 의한 조도의 1/10 ~ 1/5 정도가 되도록 조절한다.

74

1101 / 1701

Repetitive Learning 1회 2회 3회

소음에 의한 청력장해가 가장 잘 일어나는 주파수는?

① 1,000Hz
② 2,000Hz
③ 4,000Hz
④ 8,000Hz

해설

• 소음성 난청의 초기 증상을 C5-dip현상이라 하며, 이는 4,000Hz에 대한 청력손실이 특징적으로 나타난다.

❖ 소음성 난청 [실기] 0703/1501/2101
  • 초기 증상을 C5-dip현상이라 한다.
  • 대부분 양측성이며, 감각 신경성 난청에 속한다.
  • 내이의 세포변성을 원인으로 볼 수 있다.
  • 4,000Hz에 대한 청력손실이 특징적으로 나타난다.
  • 고주파음역(4,000~6,000Hz)에서의 손실이 더 크다.
  • 음압수준이 높을수록 유해하다.
  • 소음성 난청은 심한 소음에 반복하여 노출되어 나타나는 영구적 청력 변화로 코르티 기관에 손상이 온 것이므로 회복이 불가능하다.

75

0802 / 1501

Repetitive Learning 1회 2회 3회

다음 중 감압과정에서 감압속도가 너무 빨라서 나타나는 종격기종, 기흉의 원인이 되는 가스는?

① 산소
② 이산화탄소
③ 질소
④ 일산화탄소

해설

• 잠함병은 고기압상태에서 저기압으로 변할 때 체액 및 지방조직에 질소기포 증가로 인해 발생한다.

❖ 잠함병(감압병)
  • 잠함과 같은 수중구조물에서 주로 발생하여 케이슨(Caisson)병이라고도 한다.
  • 고기압상태에서 저기압으로 변할 때 체액 및 지방조직에 질소기포 증가로 인해 발생한다.
  • 중추신경계 감압병은 고공비행사는 뇌에, 잠수사는 척수에 더 잘 발생한다.
  • 동통성 관절장애(Bends)는 감압증에서 흔히 나타나는 급성장애이다.
  • 질소의 기포가 뼈의 소동맥을 막아서 비감염성 골괴사를 일으키기도 한다.
  • 관절, 심부 근육 및 뼈에 동통이 일어나는 것을 bends라 한다.
  • 흉통 및 호흡곤란은 흔하지 않은 특수형 질식이다.
  • 마비는 감압증에서 주로 나타나는 중증 합병증으로 하지의 강직성 마비가 나타나는데 이는 척수나 그 혈관에 기포가 형성되어 일어난다.
  • 재가압 산소요법으로 주로 치료한다.

76

Repetitive Learning 1회 2회 3회

다음에서 설명하는 고열 건강장해는?

고온 환경에서 강한 육체적 노동을 할 때 잘 발생하며, 지나친 발한에 의한 탈수와 염분소실이 발생하며 수의근의 유통성 경련 증상이 나타나는 것이 특징이다.

① 열성 발진(Heat rashes)
② 열사병(Heat stroke)
③ 열 피로(Heat fatigue)
④ 열 경련(Heat cramps)

해설

• 작업 시 많이 사용한 수의근의 유통성 경련은 열경련의 대표적인 증상이다.

❖ 열경련(Heat cramp) [실기] 1001/1803/2101
  ㉠ 개요
    • 장시간 온열환경에 노출 후 대량의 염분상실을 동반한 땀의 과다로 인하여 수의근의 유통성 경련이 발생하는 고열장해이다.
    • 고온환경에서 심한 육체노동을 할 때 잘 발생한다.
    • 복부와 사지 근육의 강직이 일어난다.
  ㉡ 대책
    • 생리 식염수 1~2리터를 정맥 주사하거나 0.1%의 식염수를 마시게 하여 수분과 염분을 보충한다.

77

다음 중 마이크로파와 라디오파에 관한 설명으로 틀린 것은?

① 마이크로파의 주파수는 10~3,000MHz 정도이며, 지역에 따라 범위의 규정이 각각 다르다.

② 라디오파의 파장은 1MHz와 자외선 사이의 범위를 말한다.

③ 마이크로파와 라디오파의 생체작용 중 대표적인 것은 온감을 느끼는 열작용이다.

④ 마이크로파의 생물학적 작용은 파장 뿐만 아니라 출력, 노출시간, 노출된 조직에 따라 다르다.

해설

- 라디오파의 파장은 매우 길어 1,000kHz의 파장은 대략 작은 마을 사이의 거리에 해당하는 3킬로미터에 이른다.
- 자외선은 마이크로파를 지나 적외선, 가시광선 너머의 전자파로 라디오파와는 거리가 멀다.

※ 마이크로파와 라디오파
- 마이크로파의 주파수는 10~3,000㎒ 정도이며, 지역에 따라 범위의 규정이 각각 다르다.
- 마이크로파의 파장은 약 1~300cm까지 이르며, 신체조직에 대한 투과력은 파장에 따라서 다르다.
- 라디오파의 파장은 매우 길어 1,000kHz의 파장은 대략 작은 마을 사이의 거리에 해당하는 3킬로미터에 이른다.
- 마이크로파와 라디오파의 생체작용 중 대표적인 것은 온감을 느끼는 열작용이다.
- 마이크로파의 생물학적 작용은 파장 뿐만 아니라 출력, 노출시간, 노출된 조직에 따라 다르다.

78

음향출력이 1,000W인 음원이 반자유공간(반구면파)에 있을 때 20m 떨어진 지점에서의 음의 세기는 약 얼마인가?

① 0.2W/m²   ② 0.4W/m²

③ 2.0W/m²   ④ 4.0W/m²

해설

- 음향출력과 반지름이 주어졌다. 음의 세기는 $I = \dfrac{W}{S}$로 구한다.
- 반구이므로 구면판의 넓이는 $2\pi r^2$으로 구한다.
- 대입하면 음의 세기 $I = \dfrac{1000}{2 \times 3.14 \times 20^2} = 0.3980\cdots$[w/$m^2$]이다.

※ 음향출력
- 1초간에 음원으로부터 방출되는 소리의 에너지를 말하며, W[watt]로 표시한다.
- 음향출력[W]은 음의 세기(I)와 면적(S)의 곱으로 구한다.
- $W = I[W/m^2] \times S[m^2]$[watt]로 구한다.

79

고압환경의 영향 중 2차적인 가압현상(화학적 장해)에 관한 설명으로 틀린 것은?

① 4기압 이상에서 공기 중의 질소가스는 마취작용을 나타낸다.

② 이산화탄소의 증가는 산소의 독성과 질소의 마취작용을 촉진시킨다.

③ 산소의 분압이 2기압을 넘으면 산소중독증세가 나타난다.

④ 산소중독은 고압산소에 대한 노출이 중지되어도 근육경련, 환청 등 후유증이 장기간 계속된다.

해설

- 산소중독증상은 고압산소에 대한 폭로가 중지되면 즉시 멈춘다.

※ 고압 환경의 2차적 가압현상
- 산소의 분압이 2기압이 넘으면 중독증세가 나타나며 시력장해, 정신혼란, 간질모양의 경련을 나타낸다.
- 산소중독에 따라 수지와 족지의 작열통, 시력장해, 정신혼란, 근육경련 등의 증상을 보이며 나아가서는 간질 모양의 경련을 나타낸다.
- 산소의 중독 작용은 운동이나 이산화탄소의 존재로 보다 악화된다.
- 산소중독에 따른 증상은 고압산소에 대한 노출이 중지되면 멈추게 된다.
- 4기압 이상에서 공기 중의 질소가스는 마취작용을 나타내며 알코올 중독의 증상과 유사한 다행증이 발생한다.
- 이산화탄소의 증가는 산소의 독성과 질소의 마취작용을 촉진시킨다.

80

18℃ 공기 중에서 800Hz인 음의 파장은 약 몇 m 인가?

① 0.35   ② 0.43

③ 3.5   ④ 4.3

해설

- 18℃에서의 음속은 $V = 331.3 \times \sqrt{\dfrac{291}{273.15}} = 341.953\cdots$이다.
- 음의 파장 $\lambda = \dfrac{341.953}{800} = 0.4274\cdots$가 된다.

해설

음의 파장

- 음의 파동이 주기적으로 반복되는 모양을 나타내는 구간의 길이를 말한다.
- 파장 $\lambda = \dfrac{V}{f}$ 로 구한다. V는 음의 속도, f는 주파수이다.
- 음속은 보통 0℃ 1기압에서 331.3m/sec, 15℃에서 340m/sec의 속도를 가지며, 온도에 따라서 $331.3\sqrt{\dfrac{T}{273.15}}$ 로 구하는데 이때 T는 절대온도이다.

5과목 산업독성학

81

——● Repetitive Learning 〔1회〕〔2회〕〔3회〕

산업안전보건법령상 사람에게 충분한 발암성 증거가 있는 유해물질에 해당하지 않는 것은?

① 석면(모든 형태)
② 크롬광 가공(크롬산)
③ 알루미늄(용접 흄)
④ 황화니켈(흄 및 분진)

해설
- 알루미늄은 DHHS, EPA 등에서도 발암물질로 분류되지 않는다. 아울러 동물에게도 암을 유발하는 물질에 포함되지 않는 물질이다.

발암성 1A
- 산업안전보건법령상 사람에게 충분한 발암성 증거가 있는 물질을 말한다.
- 니켈, 1,2-디클로로프로판, 린데인, 목재분진, 베릴륨 및 그 화합물, 벤젠, 벤조피렌, 벤지딘, 부탄(이성체), 비소, 산화규소, 산화에틸렌, 석면, 우라늄, 염화비닐, 크롬, 플루토늄, 황화카드뮴 등이다.

1101 / 1502

82

——● Repetitive Learning 〔1회〕〔2회〕〔3회〕

다음 설명에 해당하는 중금속은?

- 뇌홍의 제조에 사용
- 소화관으로는 2~7% 정도의 소량으로 흡수
- 금속 형태로는 뇌, 혈액, 심근에 많이 분포
- 만성노출 시 식욕부진, 신기능부전, 구내염 발생

① 납(Pb)
② 수은(Hg)
③ 카드뮴(Cd)
④ 안티몬(Sb)

해설

- 납은 포르피린과 헴(heme)의 합성에 관여하는 효소를 억제하며, 소화기계 및 조혈계에 영향을 준다.
- 카드뮴은 칼슘대사에 장해를 주어 신결석을 동반한 신증후군이 나타나고 다량의 칼슘배설이 일어나 뼈의 통증, 골연화증 및 골수공증과 같은 골격계장해를 유발하는 중금속이다.

수은(Hg)

㉠ 개요
- 인간의 연금술, 의약품 등에 가장 오래 사용해 왔던 중금속의 하나로 17세기 유럽에서 신사용 중절모자를 만드는 사람들에게 처음으로 발견되어 hatter's shake라고 하며 근육경련을 유발하는 중금속이다.
- 단백질을 침전시키며 thiol(-SH)기를 가진 효소의 작용을 억제하여 독성을 나타낸다.
- 뇌홍의 제조에 사용하며, 증기를 발생하여 산업중독을 일으킨다.
- 수은은 상온에서 액체상태로 존재하는 금속이다.

㉡ 분류
- 무기수은화합물은 대부분의 금속과 화합하여 아말감을 만든다.
- 무기수은화합물은 질산수은, 승홍, 뇌홍 등이 있으며, 유기수은화합물에는 페닐수은, 에틸수은 등이 있다.
- 유기수은 화합물로서는 아릴수은(무기수은) 화합물과 알킬수은 화합물이 있다.
- 메틸 및 에틸 등 알킬수은 화합물의 독성이 가장 강하다.

㉢ 인체에 미치는 영향과 대책 실기 0401
- 소화관으로는 2~7% 정도의 소량으로 흡수되며, 금속 형태로는 뇌, 혈액, 심근에 많이 분포된다.
- 중독의 특징적인 증상은 근육진전, 정신증상이고, 만성노출 시 식욕부진, 신기능부전, 구내염이 발생한다.
- 급성중독 시 우유와 계란의 흰자를 먹여 단백질과 해당 물질을 결합시켜 침전시키거나, BAL(dimercaprol)을 체중 1kg당 5mg을 근육주사로 투여하여야 한다.

1503 / 1901

83

——● Repetitive Learning 〔1회〕〔2회〕〔3회〕

수은중독의 예방대책이 아닌 것은?

① 수은 주입과정을 밀폐공간 안에서 자동화한다.
② 작업장 내에서 음식물 섭취와 흡연 등의 행동을 금지한다.
③ 수은 취급 근로자의 비점막 궤양 생성 여부를 면밀히 관찰한다.
④ 작업장에 흘린 수은은 신체가 닿지 않는 방법으로 즉시 제거한다.

• 비점막 궤양의 생성 여부를 관찰하는 것은 크롬 중독을 체크하기 위해서이다.

❇️ 수은중독 예방대책
• 수은 주입과정을 밀폐공간 안에서 자동화한다.
• 작업장 내에서 음식물 섭취와 흡연 등의 행동을 금지한다.
• 작업장에 흘린 수은은 신체가 닿지 않는 방법으로 즉시 제거한다.

84 •——— Repetitive Learning (1회 2회 3회)
1802

골수장애로 재생불량성 빈혈을 일으키는 물질이 아닌 것은?

① 벤젠(benzene)
② 2-브로모프로판(2-bromopropane)
③ TNT(trinitrotoluene)
④ 2,4-TDI(Toluene-2,4-diisocyanate)

해설 ▸

• ④는 직업성 천식을 일으키는 원인물질이다.

❇️ 골수장애로 재생불량성 빈혈을 일으키는 물질
• 벤젠(benzene)
• 2-브로모프로판(2-bromopropane)
• TNT(trinitrotoluene)

85 •——— Repetitive Learning (1회 2회 3회)
1703

일산화탄소 중독과 관련이 없는 것은?

① 고압산소실
② 카나리아새
③ 식염의 다량투여
④ 카르복시헤모글로빈(carboxyhemoglobin)

해설 ▸

• ③은 고온장애의 치료와 관련된다.

❇️ 일산화탄소
• 무색 무취의 기체로서 연료가 불완전연소시 발생한다.
• 생체 내에서 혈액과 화학작용을 일으켜서 질식을 일으킨다.
• 혈색소와 친화도가 산소보다 강하여 COHb(카르복시헤모글로빈)를 형성하여 조직에서 산소공급을 억제하며, 혈 중 COHb의 농도가 높아지면 HbO_2의 해리작용을 방해하는 물질이다.
• 갱도의 광부들은 일산화탄소에 민감한 카나리아 새를 이용해 탄광에서의 중독현상을 예방했다.
• 중독 시 고압산소실에서 집중 치료가 필요하다.

86 •——— Repetitive Learning (1회 2회 3회)
1501

다음 중 호흡성 먼지(Respirabledust)에 대한 미국 ACGIH의 정의로 옳은 곳은?

① 크기가 10~100㎛로 코와 인후두를 통하여 기관지나 폐에 침착한다.
② 폐포에 도달하는 먼지로, 입경이 7.1㎛ 미만인 먼지를 말한다.
③ 평균 입경이 4㎛이고, 공기 역학적 직경이 10㎛ 미만인 먼지를 말한다.
④ 평균입경이 10㎛인 먼지로 흉곽성(thoracic)먼지라고도 말한다.

해설 ▸

• 호흡성 먼지는 폐포에 침착하여 독성을 나타내며 평균입자 크기는 4㎛이고, 공기역학적 직경이 10㎛ 미만인 먼지를 말한다.

❇️ 입자상 물질의 분류 실기  0303/0402/0502/0701/0703/0802/1303/1402/ 1502/1601/1701/1802/1901/2202

흡입성 먼지	주로 비강, 인후두, 기관 등 호흡기의 기도 부위에 축적됨으로써 호흡기계 독성을 유발하는 분진으로 평균입경이 100㎛이다.
흉곽성 먼지	기관지와 폐포 등 폐 내부의 공기통로와 가스교환 부위에 침착되는 먼지로서 공기역학적 지름이 30㎛ 이하의 크기를 가지며 평균입경은 10㎛이다.
호흡성 먼지	폐포에 침착하여 독성을 나타내며 평균입자 크기는 4㎛이고, 공기역학적 직경이 10㎛ 미만인 먼지를 말한다.

87 •——— Repetitive Learning (1회 2회 3회)
0903 / 1803

무기성 분진에 의한 진폐증이 아닌 것은?

① 규폐증(silicosis)
② 연초폐증(tabacosis)
③ 흑연폐증(graphite lung)
④ 용접공폐증(welder's lung)

해설 ▸

• 연초폐증은 유기성 분진으로 인한 진폐증에 해당한다.

❇️ 흡입 분진의 종류에 의한 진폐증의 분류

| 무기성 분진 | 규폐증, 용접공폐증, 탄광부진폐증, 활석폐증, 석면폐증, 흑연폐증, 알루미늄폐증, 탄소폐증, 주석폐증, 규조토폐증 등 |
| 유기성 분진 | 면폐증, 설탕폐증, 농부폐증, 목조분진폐증, 연초폐증, 모발분진폐증 등 |

88
● Repetitive Learning 〔1회〕〔2회〕〔3회〕

다음 보기는 노출에 대한 생물학적 모니터링에 관한 설명이다. 보기 중 틀린 것으로만 조합된 것은?

- Ⓐ 생물학적 검체인 호기, 소변, 혈액 등에서 결정인자를 측정하여 노출정도를 추정하는 방법이다.
- Ⓑ 결정인자는 공기 중에서 흡수된 화학물질이나 그것의 대사산물 또는 화학물질에 의해 생긴 비가역적인 생화학적 변화이다.
- Ⓒ 공기 중의 농도를 측정하는 것이 개인의 건강위험을 보다 직접적으로 평가할 수 있다.
- Ⓓ 목적은 화학물질에 대한 현재나 과거의 노출이 안전한 것인지를 확인하는 것이다.
- Ⓔ 공기 중 노출기준이 설정된 화학물질의 수만큼 노출기준(BEI)이 있다.

① Ⓐ, Ⓑ, Ⓒ
② Ⓐ, Ⓒ, Ⓓ
③ Ⓑ, Ⓒ, Ⓔ
④ Ⓑ, Ⓓ, Ⓔ

해설

- Ⓑ에서 결정인자는 화학물질에 의해 생긴 가역적인 생화학적 변화이다.
- Ⓒ에서 공기 중의 농도를 측정하는 것은 개인의 건강위험을 간접적으로 평가할 수 있다.
- Ⓔ에서 공기 중 노출기준(TLV)은 생물학적 노출기준(BEI)보다 더 많다.

⁘ 생물학적 모니터링
- 작업자의 생물학적 시료에서 화학물질의 노출을 추정하는 것을 말한다.
- 모든 노출경로에 의한 흡수정도를 나타낼 수 있다.
- 최근의 노출량이나 과거로부터 축적된 노출량을 파악한다.
- 건강상의 위험은 생물학적 검체에서 물질별 결정인자를 생물학적 노출지수와 비교하여 평가된다.
- 근로자 노출 평가와 건강상의 영향 평가 두 가지 목적으로 모두 사용될 수 있다.
- 생물학적 검체인 호기, 소변, 혈액 등에서 결정인자를 측정하여 노출정도를 추정하는 방법이다.
- 결정인자는 공기 중에서 흡수된 화학물질이나 그것의 대사산물 또는 화학물질에 의해 생긴 가역적인 생화학적 변화이다.
- 내재용량은 최근에 흡수된 화학물질의 양, 여러 신체 부분이나 몸 전체에서 저장된 화학물질의 양, 체내 주요 조직이나 부위의 작용과 결합한 화학물질의 양을 나타낸다.
- 공기 중 노출기준(TLV)이 설정된 화학물질의 수는 생물학적 노출기준(BEI)보다 더 많다.

89
● Repetitive Learning 〔1회〕〔2회〕〔3회〕

체내에 노출되면 metallothionein이라는 단백질을 합성하여 노출된 중금속의 독성을 감소시키는 경우가 있는데 이에 해당되는 중금속은?

① 납
② 니켈
③ 비소
④ 카드뮴

해설

- 납은 포르피린과 헴(heme)의 합성에 관여하는 효소를 억제하며, 소화기계 및 조혈계에 영향을 준다.
- 니켈은 합금, 도금 및 전지 등의 제조에 사용되며, 알레르기 반응, 폐암 및 비강암을 유발할 수 있는 중금속이다.
- 비소는 은빛 광택을 내는 비금속으로 가열하면 녹지 않고 승화되며, 피부 특히 겨드랑이나 국부 등에 습진형 피부염이 생기며 피부암을 유발한다.

⁘ 카드뮴
- 카드뮴은 부드럽고 연성이 있는 금속으로 납광물이나 아연광물을 제련할 때 부산물로 얻어진다.
- 주로 니켈, 알루미늄과의 합금, 살균제, 페인트 등을 취급하는 곳에서 노출위험성이 크다.
- 흡수된 카드뮴은 혈장단백질과 결합하여 최종적으로 간이나 신장에 축적된다.
- 인체 내에서 −SH기와 결합하여 독성을 나타낸다.
- 중금속 중에서 칼슘대사에 장애를 주어 신결석을 동반한 신증후군이 나타나고 폐기종, 만성기관지염 같은 폐질환을 일으키고, 다량의 칼슘배설이 일어나 뼈의 통증, 골연화증 및 골수공증과 같은 골격계 장해를 유발한다.
- 카드뮴에 의한 급성노출 및 만성노출 후의 장기적인 속발증은 고환의 기능쇠퇴, 폐기종, 간손상 등이다.
- 체내에 노출되면 저분자 단백질인 metallothionein이라는 단백질을 합성하여 독성을 감소시킨다.

90
● Repetitive Learning 〔1회〕〔2회〕〔3회〕

다음 중 다핵방향족 탄화수소(PAHs)에 대한 설명으로 틀린 것은?

① 벤젠고리가 2개 이상이다.
② 대사가 활발한 다핵 고리화합물로 되어있으며 수용성이다.
③ 시토크롬(cytochrome) P−450의 준개체단에 의하여 대사된다.
④ 철강제조업에서 석탄을 건류할 때나 아스팔트를 콜타르 피치로 포장할 때 발생한다.

해설

- 다핵방향족 탄화수소(PAHs)는 지용성이다.

:: 다핵방향족 탄화수소(PAHs)
  - 벤젠고리가 2개 이상이다.
  - 대사가 거의 되지 않는 지용성으로 체내에서는 배설되기 쉬운 수용성 형태로 만들기 위하여 수산화가 되어야 한다.
  - 대사에 관여하는 효소는 시토크롬(cytochrome) P-450의 준개체단인 시토크롬 P-448로 대사되는 중간산물이 발암성을 나타낸다.
  - 나프탈렌, 벤조피렌 등이 이에 해당된다.
  - 철강제조업에서 석탄을 건류할 때나 아스팔트를 콜타르 피치로 포장할 때 발생한다.

0303 / 1301

91 Repetitive Learning (1회 2회 3회)

다음 중 유해인자에 노출된 집단에서의 질병발생률과 노출되지 않은 집단에서 질병발생률과의 비를 무엇이라 하는가?

① 교차비　② 상대위험비
③ 발병비　④ 기여위험비

해설

- 위험도를 나타내는 지표에는 상대위험비, 기여위험도, 교차비 등이 있다.
- 교차비는 질병이 있을 때 위험인자에 노출되었을 가능성과 질병이 없을 때 위험인자에 노출되었을 가능성의 비를 말한다.
- 기여위험비는 특정 위험요인노출이 질병 발생에 얼마나 기여하는지의 정도 또는 분율을 말한다.

:: 위험도를 나타내는 지표 실기 0703/0902/1502/1602

상대위험비	유해인자에 노출된 집단에서의 질병발생률과 노출되지 않은 집단에서 질병발생률과의 비
기여위험도	특정 위험요인노출이 질병 발생에 얼마나 기여하는지의 정도 또는 분율
교차비 (odds ratio)	질병이 있을 때 위험인자에 노출되었을 가능성과 질병이 없을 때 위험인자에 노출되었을 가능성의 비

0702 / 0801

92 Repetitive Learning (1회 2회 3회)

벤젠의 생물학적 지표가 되는 대사물질은?

① Phenol
② Coproporphyrin
③ Hydroquinone
④ 1,2,4-Trihydroxybenzene

해설

- ②는 납중독의 대사물질이다.
- ③은 페놀의 한 종류에 해당하는 방향족 유기 화합물이다.
- ④는 샴푸나 화장품에 사용되는 화합물로 모발의 색상을 변화시킨다.

:: 유기용제별 생물학적 모니터링 대상(생체 내 대사산물) 실기 0803/1403/2101

벤젠	소변 중 총 페놀 소변 중 t,t-뮤코닉산(t,t-Muconic acid)
에틸벤젠	소변 중 만델린산
스티렌	소변 중 만델린산
톨루엔	소변 중 마뇨산(hippuric acid), o-크레졸
크실렌	소변 중 메틸마뇨산
이황화탄소	소변 중 TTCA
메탄올	혈액 및 소변 중 메틸알코올
노말헥산	소변 중 헥산디온(2,5-hexanedione)
MBK (methyl-n-butyl ketone)	소변 중 헥산디온(2,5-hexanedione)
니트로벤젠	혈액 중 메타헤로글로빈
카드뮴	혈액 및 소변 중 카드뮴(저분자량 단백질)
납	혈액 및 소변 중 납(ZPP, FEP)
일산화탄소	혈액 중 카복시헤모글로빈, 호기 중 일산화탄소

1302 / 1801

93 Repetitive Learning (1회 2회 3회)

단순 질식제로 볼 수 없는 것은?

① 메탄　② 질소
③ 오존　④ 헬륨

해설

- 오존은 폐기능을 저하시켜 산화작용을 방해한다는 측면에서 화학적 질식제에 가까우나 질식제로 분류하지는 않는다.

:: 질식제
  - 질식제란 조직 내의 산화작용을 방해하는 화학물질을 말한다.
  - 질식제는 단순 질식제와 화학적 질식제로 구분할 수 있다.

단순 질식제	• 생리적으로는 아무 작용도 하지 않으나 공기 중에 많이 존재하여 산소분압을 저하시켜 조직에 필요한 산소의 공급부족을 초래하는 물질 • 수소, 질소, 헬륨, 이산화탄소, 메탄, 아세틸렌 등
화학적 질식제	• 혈액 중 산소운반능력을 방해하는 물질 • 일산화탄소, 아닐린, 시안화수소 등
	• 기도나 폐 조직을 손상시키는 물질 • 황화수소, 포스겐 등

91 ② 92 ① 93 ③ 정답

94

유기용제의 흡수 및 대사에 관한 설명으로 옳지 않은 것은?

① 유기용제가 인체로 들어오는 경로는 호흡기를 통한 경우가 가장 많다.

② 대부분의 유기용제는 물에 용해되어 지용성 대사산물로 전환되어 체외로 배설된다.

③ 유기용제는 휘발성이 강하기 때문에 호흡기를 통하여 들어간 경우에 다시 호흡기로 상당량이 배출된다.

④ 체내로 들어온 유기용제는 산화, 환원, 가수분해로 이루어지는 생전환과 포합체를 형성하는 포합반응인 두 단계의 대사과정을 거친다.

해설

• 많은 지용성 유기용제는 수용성의 대상물질이 되어 신장을 통해 요 중으로 배설된다.

:: 유기용제와 중독

• 유기용제란 피용해물질의 성질을 변화시키지 않고 다른 물질을 녹일 수 있는 액체성 유기화합물질을 말한다.

• 유기용제가 인체로 들어오는 경로는 호흡기를 통한 경우가 가장 많으며 휘발성이 강해 다시 호흡기로 상당량이 배출된다.

• 체내로 들어온 유기용제는 산화, 환원, 가수분해로 이루어지는 생전환과 포합체를 형성하는 포합반응인 두 단계의 대사과정을 거친다.

• 지용성의 특성을 가지며 수용성의 대상물질이 되어 신장을 통해 요 중으로 배설된다.

• 공통적인 비특이성 증상은 중추신경계에 작용하여 마취, 환각 현상을 일으킨다.

• 장시간 노출시 만성중독을 발생시킨다.

• 간장 장애를 일으킨다.

• 사염화탄소는 간장과 신장을 침범하는데 반하여 이황화탄소는 중추신경계통을 침해한다.

• 벤젠은 노출초기에는 빈혈증을 나타내고 장기간 노출되면 혈소판 감소, 백혈구 감소를 초래한다.

95

산업안전보건법령상 기타 분진의 산화규소 결정체 함유율과 노출기준으로 맞는 것은?

① 함유율 : 0.1% 이상, 노출기준 : 5mg/m^3

② 함유율 : 0.1% 이상, 노출기준 : 10mg/m^3

③ 함유율 : 1% 이상, 노출기준 : 5mg/m^3

④ 함유율 : 1% 이하, 노출기준 : 10mg/m^3

해설

• 기타분진 산화규소 결정체 1% 이하의 노출기준은 10mg/m^3이다.

:: 기타분진(산화규소 결정체)의 노출기준

• 함유율 1% 이하

• 노출기준 10mg/m^3

• 산화규소 결정체 0.1% 이상인 경우 발암성 1A

96

산업안전보건법령상 다음 유해물질 중 노출기준(ppm)이 가장 낮은 것은?(단, 노출기준은 TWA기준이다)

① 오존(O_3) ② 암모니아(NH_3)

③ 염소(Cl_2) ④ 일산화탄소(CO)

해설

• 주어진 보기의 노출기준을 낮은 것에서 높은 순으로 배열하면 오존<염소<암모니아<일산화탄소 순이다.

:: 유해물질의 노출기준

유해물질	TWA	STEL
오존	0.08ppm	0.2ppm
암모니아	25ppm	35ppm
염소	0.5ppm	1ppm
일산화탄소	30ppm	200ppm

97

유해물질이 인체에 미치는 영향을 결정하는 인자와 가장 거리가 먼 것은?

① 개인의 감수성

② 유해물질의 독립성

③ 유해물질의 농도

④ 유해물질의 노출시간

해설

• 유해물질이 인체에 미치는 영향을 결정하는 인자에는 ①, ③, ④ 외에 작업강도 및 호흡량, 기상조건 등이 있다.

:: 유해물질이 인체에 미치는 영향을 결정하는 인자

• 작업강도 및 호흡량

• 개인의 감수성

• 유해물질의 농도

• 유해물질의 노출시간

• 기상조건

98 ──────● Repetitive Learning 1회 2회 3회

증상으로는 무력증, 식욕감퇴, 보행장해 등의 증상을 나타내며, 계속적인 노출 시에는 파킨슨씨 증상을 초래하는 유해물질은?

① 산화마그네슘
② 망간
③ 산화칼륨
④ 카드뮴

해설

• 산화마그네슘은 위, 십이지장궤양 등의 제산작용 및 증상의 개선 등 의약품으로도 사용된다.
• 산화칼륨은 식물용 비료의 재료로 사용된다.
• 카드뮴은 칼슘대사에 장해를 주어 신결석을 동반한 신증후군이 나타나고 다량의 칼슘배설이 일어나 뼈의 통증, 골연화증 및 골수공증과 같은 골격계장해를 유발하는 중금속이다.

❖ 망간(Mn)

• 망간은 직업성 만성중독 원인물질로 주로 철합금으로 사용되며, 화학공업에서는 건전지 제조업에 사용된다.
• 망간은 호흡기, 소화기 및 피부를 통하여 흡수되며, 이 중에서 호흡기를 통한 경로가 가장 많고 위험하다.
• 전기용접봉 제조업, 도자기 제조업에서 발생한다.
• 무력증, 식욕감퇴 등의 초기증세를 보이다 심해지면 언어장애, 균형감각상실 등 중추신경계의 특정 부위를 손상시켜 파킨슨증후군과 보행장해가 두드러지는 중금속이다.

99 ──────● Repetitive Learning 1회 2회 3회

다음의 유기용제 중 중추신경 활성 억제작용이 가장 큰 것은?

① 유기산
② 알코올
③ 에테르
④ 알칸

해설

• 유기용제의 중추신경 활성 억제작용의 순위는 알칸<알켄<알코올<유기산<에스테르<에테르<할로겐화합물 순으로 커진다.

❖ 유기용제의 중추신경 활성억제 및 자극 순서

　㉠ 억제작용의 순위
　　• 알칸<알켄<알코올<유기산<에스테르<에테르<할로겐화합물
　㉡ 자극작용의 순위
　　• 알칸<알코올<알데히드 또는 케톤<유기산<아민류
　㉢ 극성의 크기 순서
　　• 파라핀<방향족 탄화수소<에스테르<케톤<알데하이드<알코올<물

100 ──────● Repetitive Learning 1회 2회 3회

금속의 일반적인 독성작용 기전으로 옳지 않은 것은?

① 효소의 억제
② 금속 평형의 파괴
③ DNA 염기의 대체
④ 필수 금속 성분의 대체

해설

• 금속의 일반적인 독성기전에는 ①, ②, ④ 외에 간접영향으로 설프하이드릴(sulfhydryl)기와의 친화성으로 단백질 기능 변화 등이 있다.

❖ 금속의 일반적인 독성기전

• 효소의 억제
• 금속 평형의 파괴
• 필수 금속 성분의 대체
• 설프하이드릴(sulfhydryl)기와의 친화성으로 단백질 기능 변화

memo

출제문제 분석 2022년 2회

구분	1과목	2과목	3과목	4과목	5과목	합계
New유형	0	3	2	0	0	5
New문제	3	12	13	3	1	32
또나온문제	12	4	2	8	7	33
자꾸나온문제	5	4	5	9	12	35
합계	20	20	20	20	20	100

- New유형은 New문제 중 기존 기출문제와 완전히 다른 유형의 문제를 말합니다.
- New문제는 기존에 출제되지 않은 문제로 이번에 처음 출제되는 문제입니다.
- 또나온문제는 기존에 출제된 적이 1번 있는 문제를 말합니다.
- 자꾸나온문제는 기존에 출제된 적이 2번 이상 있는 문제를 말합니다. 그만큼 중요한 문제입니다.

몇 년분의 기출문제를 공부해야 합격할 수 있을까요?

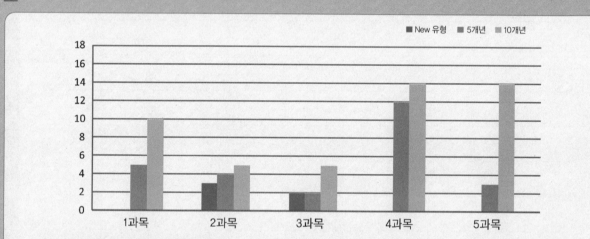

- 완전 새로운 유형의 문제는 5문제이고 95문제가 이미 출제된 문제 혹은 변형문제입니다.
- 5년분(2018~2022) 기출에서 동일문제가 26문항이 출제되었고, 10년분(2013~2022) 기출에서 동일문제가 48문항이 출제되었습니다.

실기에 나왔어요!! 일타쌍피-사전체크!!

실기시험은 필답형으로 진행됩니다. 객관식의 필기와 달리 주관식인 관계로 아는 만큼 적을 수 있습니다. 최근 계산문제의 비중이 많이 감소하고 있지만 절반 정도의 이론 문제와 절반 정도의 계산문제가 출제된다고 보시면 됩니다. 계산문제의 경우 나오는 문제유형이 거의 정해져 있습니다. 필기 공부할 때 미리 실기에 나오는 내용을 체크하시고 그부분만큼은 잘 공부해 두신다면 당 회차 실기까지 한 번에 잡을 수 있습니다.

- 총 39개의 유형별 핵심이론이 실기시험과 연동되어 있습니다.

분석의견

합격률이 46.1%로 평균 수준인 회차였습니다.
10년 기출을 학습할 경우 기출과 동일한 문제가 2, 3과목에서 각각 5문제로 과락 점수 이하로 출제되었지만 과락만 면한다면 전체적으로는 꽤 많은 동일문제가 출제되어 합격에 어려움이 없는 회차입니다.
10년분 기출문제와 유형별 핵심이론의 2~3회 정독이면 합격 가능한 것으로 판단됩니다.

2022년 제2회

2022년 4월 24일 필기

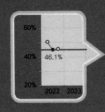

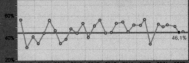

1과목 산업위생학개론

01 ● Repetitive Learning (1회 2회 3회)

0802 / 1402

현재 총 흡음량이 1,200sabins인 작업장의 천장에 흡음물질을 첨가하여 2,400sabins을 추가할 경우 예측되는 소음감음량(NR)은 약 몇 dB인가?

① 2.6

② 3.5

③ 4.8

④ 5.2

해설

- 처리 전의 흡음량은 1,200[sabins], 처리 후의 흡음량은 1,200 + 2,400 = 3,600[sabins]이다.

- 대입하면 $NR = 10\log\dfrac{3,600}{1,200} = 4.771\cdots$[dB]이다.

- **흡음에 의한 소음감소(NR : Noise Reduction)** 실기 0301/0303/0501/ 0503/0601/0702/1001/1002/1003/1102/1201/1301/1403/1701/1702/2102/2103 /2202

- $NR = 10\log\dfrac{A_2}{A_1}$[dB]으로 구한다.

  이때, A_1는 처리하기 전의 총 흡음량[sabins]이고, A_2는 처리한 후의 총 흡음량[sabins]이다.

02 ● Repetitive Learning (1회 2회 3회)

1002

누적외상성 질환(CTDs) 또는 근골격계질환(MSDs)에 속하는 것으로 보기 어려운 것은?

① 건초염(Tendosynoitis)

② 스티븐스존슨증후군(Stevens Johnson syndrome)

③ 손목뼈터널증후군(Carpal tunnel syndrome)

④ 기용터널증후군(Guyon tunnel syndrome)

해설

- 스티븐스존슨증후군(Stevens Johnson syndrome)은 약물에 의해 발생하는 피부나 점액의 염증으로 근골격계 질환과는 거리가 멀다.

- **근골격계 질환의 대표적인 종류**

점액낭염 (bursitis)	관절 사이의 윤활액을 싸고 있는 윤활낭에 염증이 생기는 질병이다.
건초염 (tenosynovitis)	건막에 염증이 생긴 질환이며, 건염(tendonitis)은 건의 염증으로, 건염과 건초염을 정확히 구분하기 어렵다.
수근관 증후군 (carpal tunnel sysdrome)	반복적이고, 지속적인 손목의 압박, 무리한 힘 등으로 인해 수근관 내부에 정중신경이 손상되어 발생한다.
기용터널증후군 (Guyon tunnel syndrome)	Guyon's관이라고 불리는 손목부위의 터널을 척골 신경이 통과할 때 압박을 받아 생기는 질환으로 진동이나 반복적인 둔기 외상에 의해 발생한다.
근염 (myositis)	근육에 염증이 생겨 손상되는 것으로 골격근 및 피부의 만성염증을 주증상으로 한다.
근막통증후군 (pain syndrome)	근육이 잘못된 자세, 외부의 충격, 과도한 스트레스 등으로 수축되어 굳어지면 근섬유의 일부가 띠처럼 단단하게 변하여 근육의 특정 부위에 압통, 방사통, 목부위 운동제한, 두통 등의 증상이 나타난다.
요추염좌 (lumbar sprain)	요통의 가장 흔한 원인으로 허리뼈 부위의 뼈와 뼈를 이어주는 인대가 손상되어 통증을 수반하는 염좌이다.

03 ● Repetitive Learning (1회 2회 3회)

1101

젊은 근로자에 있어서 약한 쪽 손의 힘은 평균 45kp라고 한다. 이러한 근로자가 무게 8kg인 상자를 양손으로 들어 올릴 경우 작업강도 (%MS)는 약 얼마인가?

① 17.8%

② 8.9%

③ 4.4%

④ 2.3%

- RF는 8kg, 약한 한쪽의 최대힘 MS가 45kg이므로 두 손은 90kg에 해당하므로 %MS $= \dfrac{8}{90} \times 100 = 8.88 \cdots$%이다.

✻ 작업강도(%MS) 실기 0502

- 근로자가 가지는 최대 힘(MS)에 대한 작업이 요구하는 힘(RF)을 백분율로 표시하는 값이다.
- $\dfrac{RF}{MS} \times 100$으로 구한다. 이때 RF는 작업이 요구하는 힘, MS는 근로자가 가지고 있는 약한 손의 최대힘이다.
- 15% 미만이며 국소피로로 오지 않으며, 30% 이상일 때 불쾌감이 생기면서 국소피로를 야기한다.
- 적정작업시간(초)은 $671,120 \times \%MS^{-2.222}$[초]로 구한다.

04

심리학적 적성검사에 해당하는 것은?

① 지각동작검사　　　　② 감각기능검사
③ 심폐기능검사　　　　④ 체력검사

해설

- 심리학적 적성검사에는 지능검사, 지각동작검사, 인성검사, 기능검사가 있다.

✻ 심리학적 적성검사

- 지능검사, 지각동작검사, 인성검사, 기능검사가 있다.

지능검사	언어, 기억, 추리, 귀납 관련 검사
지각동작검사	수족협조능, 운동속도능, 형태지각능 관련 검사
인성검사	성격, 태도, 정신상태 관련 검사
기능검사	직무에 관련된 기본지식과 숙련도, 사고력 등 직무평가에 관련된 항목을 추리검사의 형식으로 실시

05

사무실 공기관리 지침상 근로자가 건강장해를 호소하는 경우 사무실 공기관리 상태를 평가하기 위해 사업주가 실시해야 하는 조사 항목으로 옳지 않은 것은?

① 사무실 조명의 조도 조사
② 외부의 오염물질 유입경로 조사
③ 공기정화시설 환기량의 적정여부 조사
④ 근로자가 호소하는 증상(호흡기, 눈, 피부 자극 등)에 대한 조사

해설

- 사무실 공기관리 상태평가방법에는 ②, ③, ④ 외에 사무실 내 오염원 조사가 있다.

✻ 사무실 공기관리 상태평가방법

- 근로자가 호소하는 증상(호흡기, 눈ㆍ피부 자극 등) 조사
- 공기정화설비의 환기량이 적정한지 여부조사
- 외부의 오염물질 유입경로 조사
- 사무실 내 오염원 조사 등

06

산업위생의 4가지 주요 활동에 해당하지 않는 것은?

① 예측　　　　② 평가
③ 관리　　　　④ 제거

해설

- 산업위생의 4가지 활동에는 예측(Anticipation), 인지(Recognition), 평가(Evaluation), 대책(Control)이 있다.

✻ 산업위생 활동

- 산업위생사의 3가지 기능은 인지(Recognition), 평가(Evaluation), 대책(Control)이다.
- 미국산업위생학회(AIHA)에서 예측(Anticipation)을 추가하였다.
- 예측 → 인지 → 측정 → 평가 → 관리 순으로 진행한다.

예측 (Anticipation)	• 근로자의 건강장애와 영향을 사전에 예측
인지 (Recognition)	• 존재하는 유해인자를 파악하고, 이의 특성을 분류
측정	• 정성적ㆍ정량적 계측
평가 (Evaluation)	• 시료의 채취와 분석 • 예비조사의 목적과 범위 결정 • 노출정도를 노출기준과 통계적인 근거로 비교하여 판정
관리/대책 (Control)	• 유해인자로부터 근로자를 보호(공학적, 행정적 관리 외에 호흡기 등의 보호구)

07

산업안전보건법령상 보건관리자의 자격 기준에 해당하지 않는 사람은?

①「의료법」에 따른 의사
②「의료법」에 따른 간호사
③「국가기술자격법」에 따른 환경기능사
④「산업안전보건법」에 따른 산업보건지도사

- 산업위생관리산업기사 또는 대기환경산업기사 이상의 자격을 취득한 사람이 보건관리자가 될 수 있다.

보건관리자의 자격 실기 2203
- 산업보건지도사 자격을 가진 사람
- 「의료법」에 따른 의사
- 「의료법」에 따른 간호사
- 산업위생관리산업기사 또는 대기환경산업기사 이상의 자격을 취득한 사람
- 인간공학기사 이상의 자격을 취득한 사람
- 전문대학 이상의 학교에서 산업보건 또는 산업위생 분야의 학위를 취득한 사람(법령에 따라 이와 같은 수준 이상의 학력이 있다고 인정되는 사람을 포함한다)

---

08 ●━━━━━━━━● Repetitive Learning 〔1회〕〔2회〕〔3회〕 1901

근육운동의 에너지원 중에서 혐기성 대사의 에너지원에 해당되는 것은?

① 지방
② 포도당
③ 글리코겐
④ 단백질

- glucose(포도당)의 경우 혐기성에서는 일부의 분자만 생성할 수 있어 주는 글리코겐이 혐기성 대사의 에너지원이 된다.

혐기성 대사 실기 1401
- 호기성 대사가 대사과정을 통해 생성된 에너지인데 반해 혐기성 대사는 근육에 저장된 화학적 에너지를 말한다.
- 혐기성 대사는 ATP(아데노신 삼인산)→CP(코레아틴 인산)→glycogen(글리코겐) 혹은 glucose(포도당)순으로 에너지를 공급받는다.
- glucose(포도당)의 경우 혐기성에서 3개의 ATP 분자를 생성하지만 호기성 대사로 39개를 생성한다. 즉, 혐기 및 호기에 모두 사용된다.

---

09 ●━━━━━━━━● Repetitive Learning 〔1회〕〔2회〕〔3회〕 1101 / 1901

산업피로의 대책으로 적합하지 않은 것은?

① 불필요한 동작을 피하고 에너지 소모를 적게 한다.
② 작업과정에 따라 적절한 휴식시간을 가져야 한다.
③ 작업능력에는 개인별 차이가 있으므로 각 개인마다 작업량을 조정해야 한다.
④ 동적인 작업은 피로를 더하게 하므로 가능한 한 정적인 작업으로 전환한다.

- 피로 예방을 위해 동적인 작업을 늘리고, 정적인 작업을 줄인다.

작업에 수반된 피로의 회복대책
- 충분한 영양을 섭취한다.
- 목욕이나 가벼운 체조를 한다.
- 휴식과 수면을 자주 취한다.
- 작업환경을 정리·정돈한다.
- 불필요한 동작을 피하고, 에너지 소모를 적게 한다.
- 힘든 노동은 가능한 한 기계화한다.
- 장시간 휴식하는 것보다 짧은 시간 여러 번 쉬는 것이 피로회복에 효과적이다.
- 동적인 작업을 늘리고, 정적인 작업을 줄인다.
- 커피, 홍차, 엽차, 비타민B, 비타민C 등의 적정한 영양제를 보급한다.
- 음악감상과 오락 등 취미생활을 한다.

---

10 ●━━━━━━━━● Repetitive Learning 〔1회〕〔2회〕〔3회〕 0702

산업재해의 기본원인을 4M(Management, Machine, Media, Man)이라고 할 때 다음 중 Man(사람)에 해당되는 것은?

① 안전교육과 훈련의 부족
② 인간관계·의사소통의 불량
③ 부하에 대한 지도·감독부족
④ 작업자세·작업동작의 결함

- Man은 인간적 요인을 말한다.

재해발생 기본원인-4M
ⓐ 개요
- 재해의 연쇄관계를 분석하는 기본 검토요인으로 인간 과오(Human-Error)와 관련된다.
- Man, Machine, Media, Management를 말한다.
ⓑ 4M의 내용

Man	• 인간적 요인을 말한다. • 심리적(망각, 무의식, 착오 등), 생리적(피로, 질병, 수면부족 등) 원인 등이 있다.
Machine	• 기계적 요인을 말한다. • 기계, 설비의 설계상의 결함, 점검이나 정비의 결함, 위험방호의 불량 등이 있다.
Media	• 인간과 기계를 연결하는 매개체로 작업적 요인을 말한다. • 작업의 정보, 작업방법, 환경 등이 있다.
Management	• 관리적 요인을 말한다. • 안전관리조직, 관리규정, 안전교육의 미흡 등이 있다.

---

11 ● Repetitive Learning (1회 2회 3회)

사고예방대책의 기본원리 5단계를 순서대로 나열한 것으로 맞는 것은?

① 사실의 발견 → 조직 → 분석 → 시정책(대책)의 선정 → 시정책(대책)의 적용

② 조직 → 분석 → 사실의 발견 → 시정책(대책)의 선정 → 시정책(대책)의 적용

③ 조직 → 사실의 발견 → 분석 → 시정책(대책)의 선정 → 시정책(대책)의 적용

④ 사실의 발견 → 분석 → 조직 → 시정책(대책)의 선정 → 시정책(대책)의 적용

해설

• 하인리히의 사고예방의 기본원리 5단계는 순서대로 안전관리조직과 규정, 현상파악, 원인규명, 시정책의 선정, 시정책의 적용 순으로 적용된다.

❖ 하인리히의 사고예방대책 기본원리 5단계

단계	단계별 과정
1단계	안전관리조직과 규정
2단계	사실의 발견으로 현상파악
3단계	분석을 통한 원인규명
4단계	시정방법의 선정
5단계	시정책의 적용

12 ● Repetitive Learning (1회 2회 3회)

18세기에 Percivall Pott가 어린이 굴뚝청소부에게서 발견한 직업성 질환은?

① 백혈병　　　　　② 골육종
③ 진폐증　　　　　④ 음낭암

해설

• Pott는 최초의 직업성 암인 음낭암의 원인이 검댕(Soot) 속의 다환방향족 탄화수소에 의해 발생되었음을 보고하였다.

❖ Percivall Pott

• 18세기 영국의 외과의사로 굴뚝청소부들의 직업병인 음낭암이 검댕(Soot) 속의 다환방향족 탄화수소에 의해 발생되었음을 보고하였다.
• 최초의 직업성 암에 대한 원인을 분석하였다.
• 1788년에 굴뚝 청소부법이 통과되도록 노력하였다.

13 ● Repetitive Learning (1회 2회 3회)

직업성 질환의 범위에 해당되지 않는 것은?

① 합병증　　　　　② 속발성 질환
③ 선천적 질환　　　④ 원발성 질환

해설

• 직업성 질환은 원발성 질환, 속발성 질환 그리고 합병증으로 구분한다.

❖ 직업성 질환의 범위

원발성 질환	직업상 업무에 기인하여 1차적으로 발생하는 질환
속발성 질환	원발성 질환에 기인하여 속발할 것으로 의학상 인정되는 경우 업무에 기인하지 않았다는 유력한 원인이 없는 한 직업성 질환으로 취급
합병증	• 원발성 질환과 합병하는 제2의 질환을 유발 • 합병증이 원발성 질환에 대하여 불가분의 관계를 가질 때 • 원발성 질환에서 떨어진 부위에 같은 원인에 의한 제2의 질환이 발생하는 경우

14 ● Repetitive Learning (1회 2회 3회)

다음 중 점멸-융합 테스트(Flicker test)의 용도로 가장 적합한 것은?

① 진동 측정　　　　② 소음 측정
③ 피로도 측정　　　④ 열중증 판정

해설

• 플리커 검사(CFF)는 인지역치를 이용한 정신적 피로를 측정하는 생리적인 검사방법이다.

❖ 플리커 현상과 CFF
　ⓐ 플리커(Flicker) 현상
　　• 텔레비전 화면이나 형광등에서 흔들림과 같은 광도의 주기적 변화가 인간의 시각으로 느껴지는 현상을 말한다.
　　• 정신피로의 정도를 측정하는 도구이다.
　ⓑ CFF(Critical Flicker Fusion)
　　• 임계융합주파수 혹은 점멸융합주파수(Flicker Fusion Frequency)라고 하는데 깜빡이는 광원이 계속 켜진 것처럼 보일 때의 주파수를 말한다.
　　• 피로의 검사방법에서 인지역치를 이용한 생리적인 검사방법이다.
　　• 정신피로의 기준으로 사용되며 피곤할 경우 주파수의 값이 낮아진다.

15

●──────── Repetitive Learning 1회 2회 3회

ACGIH에서 제정한 TLVs(Threshold Limit Values)의 설정 근거가 아닌 것은?

① 동물실험자료　　　　② 인체실험자료
③ 사업장 역학조사　　　④ 선진국 허용기준

해설

• TLV는 동물실험자료, 인체실험자료, 사업장 역학조사 등을 근거로 한다.

TLV(Threshold Limit Value) 실기 0301/1602

　㉠ 개요

　　• 미국 산업위생전문가회의(ACGIH ; American Conference of Governmental Industrial Hygienists)에서 채택한 허용농도의 기준이다.
　　• 동물실험자료, 인체실험자료, 사업장 역학조사 등을 근거로 한다.
　　• 가장 대표적인 유독성 지표로 만성중독과 관련이 깊다.
　　• 계속적 작업으로 인한 환경에 적용되더라도 건강에 악영향을 미치지 않는 물질 농도를 말한다.

　㉡ 종류 실기 0403/0703/1702/2002

TLV-TWA	시간가중평균농도로 1일 8시간(1주 40시간) 작업을 기준으로 하여 유해요인의 측정농도에 발생시간을 곱하여 8시간으로 나눈 농도
TLV-STEL	근로자가 1회 15분간 유해요인에 노출되는 경우의 허용농도로 이 농도 이하에서는 1회 노출 간격이 1시간 이상인 경우 1일 작업시간 동안 4회까지 노출이 허용될 수 있는 농도
TLV-C	최고허용농도(Ceiling 농도)라 함은 근로자가 1일 작업시간 동안 잠시라도 노출되어서는 안 되는 최고 허용농도

16

1202 / 1701

●──────── Repetitive Learning 1회 2회 3회

방직 공장의 면 분진 발생공정에서 측정한 공기 중 면 분진 농도가 2시간 2.5mg/m^3, 3시간은 1.8mg/m^3, 3시간은 2.6mg/m^3일 때, 해당 공정의 시간가중평균노출기준 환산값은 약 얼마인가?

① 0.86mg/m^3　　　　② 2.28mg/m^3
③ 2.35mg/m^3　　　　④ 2.60mg/m^3

해설

• 주어진 값을 대입하면 TWA 환산값은

$$\frac{2 \times 2.5 + 3 \times 1.8 + 3 \times 2.6}{8} = 2.275[mg/m^3]$$가 된다.

시간가중평균값(TWA, Time-Weighted Average) 실기 0302/1102/ 1302/1801/2002

• 1일 8시간 작업을 기준으로 한 평균노출농도이다.
• TWA 환산값 $= \dfrac{C_1 \cdot T_1 + C_1 \cdot T_1 + \cdots + C_n \cdot T_n}{8}$ 로 구한다.

이때, C : 유해인자의 측정농도(단위 : ppm, mg/m^3 또는 개/cm^3)
　　　T : 유해인자의 발생시간(단위 : 시간)

17

1802

●──────── Repetitive Learning 1회 2회 3회

산업안전보건법령상 물질안전보건자료 작성 시 포함되어야 할 항목이 아닌 것은?(단, 그 밖의 참고사항은 제외한다)

① 유해성 · 위험성　　　② 안정성 및 반응성
③ 사용빈도 및 타당성　　④ 노출방지 및 개인보호구

해설

• 사용빈도 및 타당성은 물질안전보건자료(MSDS)의 내용에 포함되지 않는다.

물질안전보건자료(MSDS) 작성 시 포함되어야 할 항목과 순서

　1. 화학제품과 회사에 관한 정보
　2. 유해성 · 위험성
　3. 구성성분의 명칭 및 함유량
　4. 응급조치요령
　5. 폭발 · 화재시 대처방법
　6. 누출사고시 대처방법
　7. 취급 및 저장방법
　8. 노출방지 및 개인보호구
　9. 물리화학적 특성
　10. 안정성 및 반응성
　11. 독성에 관한 정보
　12. 환경에 미치는 영향
　13. 폐기 시 주의사항
　14. 운송에 필요한 정보
　15. 법적규제 현황
　16. 그 밖의 참고사항

18

0501 / 0902 / 1702

●──────── Repetitive Learning 1회 2회 3회

미국산업위생학술원(AAIH)에서 채택한 산업위생분야에 종사하는 사람들이 지켜야 할 윤리강령에 포함되지 않는 것은?

① 국가에 대한 책임
② 전문가로서의 책임
③ 일반대중에 대한 책임
④ 기업주와 고객에 대한 책임

19 ● Repetitive Learning [1회 2회 3회]

다음 중 직업병의 원인이 되는 유해요인, 대상 직종과 직업병 종류의 연결이 잘못된 것은 무엇인가?

① 면분진-방직공-면폐증
② 이상기압-항공기조종-잠함병
③ 크롬-도금-피부점막 궤양 폐암
④ 납-축전지제조-빈혈, 소화기장애

해설
- 잠함병은 이상기압 중에서 고기압인 경우의 직업성 질환이고, 항공기 조종은 이상기압 중 저기압 환경을 말한다.
- **작업공정과 직업성 질환**

축전지 제조	납 중독, 빈혈, 소화기 장애
타이핑 작업	목위팔(경견완)증후군
광산작업, 무기분진	진폐증
방직산업	면폐증
크롬도금	피부점막, 궤양, 폐암, 비중격천공
고기압	잠함병
저기압	폐수종, 고산병, 치통, 이염, 부비강염
유리제조, 용광로, 세라믹	백내장

20 ● Repetitive Learning [1회 2회 3회]

산업안전보건법령상 특수건강진단 대상자에 해당하지 않는 것은?

① 고온환경 하에서 작업하는 근로자
② 소음환경 하에서 작업하는 근로자
③ 자외선 및 적외선을 취급하는 근로자
④ 저기압 하에서 작업하는 근로자

해설
- 고온이나 저온과 같은 환경에서 작업하는 근로자는 특수건강진단 대상자에 해당하지 않는다.
- **특수건강진단 대상자**
  - 유해 화학적인자에 노출되는 근로자
  - 분진 작업장에서 작업하는 근로자
  - 소음, 진동, 방사선, 고기압, 저기압, 유해광선 환경에서 작업하는 근로자
  - 야간작업(6개월간 밤 12시부터 오전 5시까지의 시간을 포함하여 계속되는 8시간 작업을 월 평균 4회 이상 수행하는 경우, 6개월간 오후 10시부터 다음날 오전 6시 사이의 시간 중 작업을 월 평균 60시간 이상 수행하는 경우) 종사자

2과목 작업위생측정 및 평가

21 ● Repetitive Learning [1회 2회 3회]

다음 중 작업환경측정치의 통계처리에 활용되는 변이계수에 관한 설명과 가장 거리가 먼 것은?

① 평균값의 크기가 0에 가까울수록 변이계수의 의의는 작아진다.
② 측정단위와 무관하게 독립적으로 산출되며 백분율로 나타낸다.
③ 단위가 서로 다른 집단이나 특성값의 상호 산포도를 비교하는데 이용될 수 있다.
④ 편차의 제곱 합들의 평균값으로 통계집단의 측정값들에 대한 균일성, 정밀성 정도를 표현한다.

해설
- 변이계수는 평균값에 대한 표준편차의 크기를 백분율[%]로 나타낸 것이다.
- **변이계수(Coefficient of Variation)** 실기 0501/0602/0702/1003
  - 평균값에 대한 표준편차의 크기를 백분율[%]로 나타낸 것이다.
  - 변이계수는 $\dfrac{표준편차}{산술평균} \times 100$으로 구한다.
  - 측정단위와 무관하게 독립적으로 산출된다.
  - 단위가 서로 다른 집단이나 특성값의 상호 산포도를 비교하는데 이용한다.
  - 통계집단의 측정값들에 대한 균일성, 정밀성 정도를 표현하는 것이다.
  - 평균값의 크기가 0에 가까울수록 변이계수의 의의가 작아지는 단점이 있다.

22

• Repetitive Learning (1회 2회 3회)

산업안전보건법령상 1회라도 초과노출되어서는 안되는 충격소음의 음압수준(dB(A)) 기준은?

① 120
② 130
③ 140
④ 150

해설
• 충격소음 허용기준에서 하루 100회의 충격소음에 노출되는 경우 140dBA, 하루 1,000회의 충격소음에 노출되는 경우 130dBA, 하루 10,000회의 충격소음에 노출되는 경우 120dBA를 초과하는 충격소음에 노출되어서는 안 된다.
• 최대 음압수준이 140dB(A)를 초과하는 충격소음에 노출되어서는 안 된다.
∷ 소음 노출기준
㉠ 소음의 허용기준

1일 노출시간(hr)	허용 음압수준(dBA)
8	90
4	95
2	100
1	105
1/2	110
1/4	115

㉡ 충격소음 허용기준
• 최대 음압수준이 140dB(A)를 초과하는 충격소음에 노출되어서는 안 된다.
• 충격소음이라 함은 최대음압수준에 120dB(A) 이상인 소음이 1초 이상의 간격으로 발생하는 것을 말한다.

충격소음강도(dBA)	허용 노출 횟수(회)
140	100
130	1,000
120	10,000

0403 / 0701 / 0702 / 0901 / 1301 / 1401 / 1601 / 1602 / 1603 / 1803 / 1903 / 2102

23

• Repetitive Learning (1회 2회 3회)

산업안전보건법령상 누적소음노출량 측정기로 소음을 측정하는 경우의 기기설정값은?

• Criteria (Ⓐ)dB
• Exchange Rate (Ⓑ)dB
• Threshold (Ⓒ)dB

① Ⓐ : 80, Ⓑ : 10, Ⓒ : 90
② Ⓐ : 90, Ⓑ : 10, Ⓒ : 80
③ Ⓐ : 80, Ⓑ : 4, Ⓒ : 90
④ Ⓐ : 90, Ⓑ : 5, Ⓒ : 80

해설
• 기기설정값은 Threshold＝80dB, Criteria＝90dB, Exchange Rate＝5dB이다.
∷ 누적소음 노출량 측정기
• 작업자가 여러 작업장소를 이동하면서 작업하는 경우, 근로자에게 직접 부착하여 작업시간(8시간) 동안 작업자가 노출되는 소음 노출량을 측정하는 기계를 말한다.
• 기기설정값은 Threshold＝80dB, Criteria＝90dB, Exchange Rate＝5dB이다.

24

• Repetitive Learning (1회 2회 3회)

예비조사 시 유해인자 특성파악에 해당되지 않는 것은?

① 공정보고서 작성
② 유해인자의 목록 작성
③ 월별 유해물질 사용량 조사
④ 물질별 유해성 자료 조사

해설
• 예비조사는 유해인자 측정 전 작업장의 기본적인 특성을 파악하는 조사이다. 공정보고서는 본조사 이후에 작성한다.
∷ 예비조사
㉠ 개요
• 유해인자 측정 전 작업장의 기본적인 특성을 파악하는 조사이다.
• 사업장의 일반적인 위생상태를 파악한다.
• 작업공정을 잘 이해한다.
• 현재 쓰이고 있는 대책을 파악한다.
㉡ 목적 **실기** 1501
• 동일(유사) 노출그룹 설정
• 발생되는 유해인자 특성조사
• 작업장과 공정의 특성파악

0702 / 1401 / 1701

25

• Repetitive Learning (1회 2회 3회)

직경분립충돌기에 관한 설명으로 틀린 것은?

① 흡입성, 흉곽성, 호흡성 입자의 크기별 분포와 농도를 계산할 수 있다.
② 호흡기의 부분별로 침착된 입자크기를 추정할 수 있다.
③ 입자의 질량 크기 분포를 얻을 수 있다.
④ 되튐 또는 과부하로 인한 시료 손실이 없어 비교적 정확한 측정이 가능하다.

- 직경분립충돌기는 되튐으로 인한 시료의 손실이 일어날 수 있다.

직경분립충돌기(Cascade Impactor) 실기 0701/1003/1302

　㉠ 개요 및 특징
- 호흡성, 흉곽성, 흡입성 분진 입자의 관성력에 의해 충돌기의 표면에 충돌하여 채취하는 채취기구이다.
- 공기가 옆에서 유입되지 않도록 각 충돌기의 철저한 조립과 장착이 필요하다.
- 호흡성, 흉곽성, 흡입성 입자의 크기별 분포와 농도를 계산할 수 있다.
- 호흡기의 부분별로 침착된 입자크기의 자료를 추정할 수 있다.
- 입자의 질량 크기 분포를 얻을 수 있다.

　㉡ 단점
- 시료 채취가 까다롭고 비용이 많이 든다.
- 되튐으로 인한 시료의 손실이 일어날 수 있다.
- 채취 준비에 시간이 많이 걸리며 경험이 있는 전문가가 철저한 준비를 통하여 측정하여야 한다.
- 공기가 유입되지 않도록 각 충돌기의 철저한 조립과 장착이 필요하다.

26

0301

● Repetitive Learning 〔 1회 2회 3회 〕

분석에서 언급되는 용어에 대한 설명으로 옳은 것은?

① LOD는 LOQ의 10배로 정의하기도 한다.
② LOQ는 분석결과가 신뢰성을 가질 수 있는 양이다.
③ 회수율(%)은 첨가량/분석량×100으로 정의된다.
④ LOQ란 검출한계를 말한다.

- LOQ는 정량한계로 표준편차의 10배 또는 LOD의 3배 또는 3.3배로 정의한다.
- 회수율은 채취한 금속류 등의 분석 값을 보정하는데 필요한 것으로, 시료채취 매체와 동일한 재질의 매체에 첨가된 양과 분석량의 비로 표현된 것을 말한다.

검출한계와 정량한계

　㉠ 검출한계(LOD, Limit Of Detection)
- 주어진 신뢰수준에서 검출가능한 분석물의 최소질량을 말한다.
- 분석신호의 크기의 비에 따라 달라진다.

　㉡ 정량한계(LOQ)
- 분석기기가 검출할 수 있는 신뢰성을 가질 수 있는 최소 양이나 농도를 말한다.
- 검출한계가 정량분석에서 만족스런 개념을 제공하지 못하기 때문에 검출한계의 개념을 보충하기 위해 도입되었다.
- 표준편차의 10배 또는 검출한계의 3배 또는 3.3배로 정의한다.

27

● Repetitive Learning 〔 1회 2회 3회 〕

작업환경 내 유해물질 노출로 인한 위험성(위해도)의 결정 요인은?

① 반응성과 사용량
② 위해성과 노출요인
③ 노출기준과 노출량
④ 반응성과 노출기준

- 위해도 평가는 유해인자가 본래 가지고 있는 위해성과 노출요인에 의해 결정된다.

위해도 평가(Risk assessment)
- 유해인자에 대한 노출평가방법으로 위험이 가장 큰 유해인자를 결정하는 것이다.
- 유해인자가 본래 가지고 있는 위해성과 노출요인에 의해 결정된다.
- 모든 유해인자 및 작업자, 공정을 대상으로 우선순위를 결정하는 작업이다.
- 노출이 많고 건강상의 영향이 큰 인자인 경우 위해도가 크고, 관리해야 할 우선순위가 높게 된다.
- 4단계는 ① 위험성 확인 ② 노출량 반응 평가 ③ 노출 평가 ④ 위해도 결정으로 이뤄진다.

28

● Repetitive Learning 〔 1회 2회 3회 〕

IHA에서 정한 유사노출군(SEG)별로 노출농도 범위, 분포 등을 평가하며 역학조사에 가장 유용하게 활용되는 측정방법은?

① 진단모니터링
② 기초모니터링
③ 순응도(허용기준 초과여부)모니터링
④ 공정안전조사

- 작업장 내에 존재하는 근로자 모두에 대해 개인노출을 평가하는 것이 바람직하나 시간적·경제적 사유로 불가능하여 대표적인 근로자를 선정하여 측정·평가를 실시하고 그 결과를 유사노출군에 적용하고자 하기 위해 IHA에서 정한 유사노출군(SEG)별로 노출농도 범위, 분포 등을 평가하는 것을 기초모니터링이라 한다.

기초모니터링
- IHA에서 정한 유사노출군(SEG)별로 노출농도 범위, 분포 등을 평가하며 역학조사에 가장 유용하게 활용되는 측정방법이다.
- 작업장 내에 존재하는 근로자 모두에 대해 개인노출을 평가하는 것이 바람직하나 시간적·경제적 사유로 불가능하여 대표적인 근로자를 선정하여 측정·평가를 실시하고 그 결과를 유사노출군에 적용하기 위해 실시한다.

29

Repetitive Learning 1회 2회 3회

알고 있는 공기 중 농도를 만드는 방법인 Dynamic Method 에 관한 내용으로 틀린 것은?

① 만들기가 복잡하고 가격이 고가이다.

② 온습도 조절이 가능하다.

③ 소량의 누출이나 벽면에 의한 손실은 무시할 수 있다.

④ 대개 운반용으로 제작하기가 용이하다.

해설

- 농도를 일정하게 유지하기 위해 연속적으로 희석공기와 오염물질을 흘려줘야 하므로 운반용으로 제작하기에 부적당하다.

❖ Dynamic Method
- 알고 있는 공기 중 농도를 만드는 방법이다.
- 희석공기와 오염물질을 연속적으로 흘려주어 연속적으로 일정한 농도를 유지하면서 만드는 방법이다.

장점	• 다양한 농도범위에서 제조 가능하다. • 가스, 증기, 에어로졸 실험도 가능하다. • 소량의 누출이나 벽면에 의한 손실은 무시한다. • 온 · 습도 조절이 가능하다. • 다양한 실험이 가능하다.
단점	• 농도를 일정하게 유지하기 위해 연속적으로 희석공기와 오염물질을 흘려줘야 하므로 운반용으로 제작하기에 부적당하다. • 만들기가 복잡하고 가격이 고가이다. • 일정한 농도 유지가 어렵고 지속적인 모니터링이 필요하다.

30

1101 / 1902

Repetitive Learning 1회 2회 3회

어느 작업장에서 A물질의 농도를 측정 한 결과가 아래와 같을 때, 측정 결과의 중앙값(median ; ppm)은?

23.9	21.6	22.4	24.1	22.7	25.4

① 22.7

② 23.0

③ 23.3

④ 23.9

해설

- 주어진 데이터를 순서대로 나열하면 21.6, 22.4, 22.7, 23.9, 24.1, 25.4이다. 6개로 짝수개이므로 3번째와 4번째 자료의 평균값이 중앙값이 된다. $\frac{22.7+23.9}{2} = \frac{46.6}{2} = 23.3$이다.

❖ 중앙값(median)
- 주어진 데이터들을 순서대로 정렬하였을 때 가장 가운데 위치한 값을 말한다.
- 주어진 데이터가 짝수인 경우 가운데 2개 값의 평균값이다.

31

Repetitive Learning 1회 2회 3회

기체크로마토그래피 검출기 중 PCBs나 할로겐 원소가 포함된 유기계 농약성분을 분석할 때 가장 적당한 것은?

① NPD(질소인검출기)

② ECD(전자포획검출기)

③ FID(불꽃이온화검출기)

④ TCD(열전도검출기)

해설

- 할로겐, 과산화물, 퀴논, 니트로기와 같은 전기음성도가 큰 작용기에 대하여 대단히 예민하게 반응한다.

❖ 전자포획검출기(ECD)
- 시료와 운반가스가 β선을 방출하는 검출기를 통과할 때 이 β선에 의해 운반가스(흔히 질소를 사용함)의 원자로부터 많은 전자를 방출하게 만들고 따라서 일정한 전류가 흐르게 하는 것이다.
- 질소, 사염화탄소(CCl_4)를 분석하고자 할 때 감도가 가장 높은 검출기이다.
- 할로겐, 과산화물, 퀴논, 니트로기와 같은 전기음성도가 큰 작용기에 대하여 대단히 예민하게 반응한다.
- 아민, 알콜류, 탄화수소와 같은 화합물에는 감응하지 않는다.
- 검출한계는 약 50pg 정도이다.
- 염소를 함유한 농약의 검출에 널리 사용된다.

32

Repetitive Learning 1회 2회 3회

호흡성 먼지(PRM)의 입경(㎛) 범위는?(단, 미국 ACGIH 정의 기준)

① 0~10

② 0~20

③ 0~25

④ 10~100

해설

- 호흡성 먼지는 폐포에 침착하여 독성을 나타내며 평균입자 크기는 4㎛이고, 공기 역학적 직경이 10㎛ 미만인 먼지를 말한다.

❖ 입자상 물질의 분류 0303/0402/0502/0701/0703/0802/1303/1402/1502/1601/1701/1802/1901/2202

흡입성 먼지	주로 비강, 인후두, 기관 등 호흡기의 기도 부위에 축적됨으로써 호흡기계 독성을 유발하는 분진으로 평균입경이 100㎛이다.
흉곽성 먼지	기관지와 폐포 등 폐 내부의 공기통로와 가스교환 부위에 침착되는 먼지로서 공기역학적 지름이 30㎛ 이하의 크기를 가지며 평균입경은 10㎛이다.
호흡성 먼지	폐포에 침착하여 독성을 나타내며 평균입자 크기는 4㎛이고, 공기역학적 직경이 10㎛ 미만인 먼지를 말한다.

33

• Repetitive Learning 1회 2회 3회

원자흡광광도계의 표준시약으로서 적당한 것은?

① 순도가 1급 이상인 것
② 풍화에 의한 농도변화가 있는 것
③ 조해에 의한 농도변화가 있는 것
④ 화학변화 등에 의한 농도변화가 있는 것

해설

• 분석에 사용되는 표준품은 원칙적으로 특급시약을 사용하여야 한다.

❖ 화학시험의 일반사항 중 시약 및 표준물질

• 분석에 사용하는 시약은 따로 규정이 없는 한 특급 또는 1급 이상이거나 이와 동등한 규격의 것을 사용하여야 한다.
• 분석에 사용되는 표준품은 원칙적으로 특급시약을 사용하여야 한다.
• 시료의 시험, 바탕시험 및 표준액에 대한 시험을 일련의 동일시험으로 행할 때에 사용하는 시약 또는 시액은 동일 로트로 조제된 것을 사용한다.
• 분석에 사용하는 시약 중 단순히 염산으로 표시하였을 때는 농도 35.0~37.0%(비중은 약 1.18) 이상의 것을 말한다.

34

1201

• Repetitive Learning 1회 2회 3회

여과지에 관한 설명으로 옳지 않은 것은?

① 막여과지에서 유해물질은 여과지 표면이나 그 근처에서 채취된다.
② 막여과지는 섬유상 여과지에 비해 공기저항이 심하다.
③ 막여과지는 여과지 표면에 채취된 입자의 이탈이 없다.
④ 섬유상 여과지는 여과지 표면뿐 아니라 단면 깊게 입자상 물질이 들어가므로 더 많은 입자상 물질을 채취할 수 있다.

해설

• 여과지 표면에 채취된 입자들이 이탈되는 경향이 있다.

❖ 막여과지

• 막여과지는 셀룰로오스에스테르, PVC, 니트로 아크릴 같은 중합체를 일정한 조건에서 침착시켜 만든 다공성의 얇은 막 형태이다.
• 종류에는 MCE막 여과지, PVC막 여과지, PTFE막 여과지, 은막 여과지 등이 있다.
• 막여과지에서 유해물질은 여과지 표면이나 그 근처에서 채취된다.
• 막여과지는 섬유상 여과지에 비해 공기저항이 심하다.
• 섬유상 여과지에 비하여 공기저항이 심하고 채취량이 작다.
• 여과지 표면에 채취된 입자들이 이탈되는 경향이 있다.

35

0402

• Repetitive Learning 1회 2회 3회

공기 중 acetone 500ppm, sec-butyl acetate 100ppm 및 methyl ketone 150ppm이 혼합물로서 존재할 때 복합노출지수(ppm)는? (단, acetone, sec-butyl acetate 및 methyl ethyl ketone의 TLV는 각각 750, 200, 200ppm이다)

① 1.25   ② 1.56
③ 1.74   ④ 1.92

해설

• 이 혼합물의 노출지수를 구해보면

$\dfrac{500}{750} + \dfrac{100}{200} + \dfrac{150}{200} = 1.92$이므로 노출기준을 초과하였다.

❖ 혼합물의 노출지수와 농도 **실기** 0303/0403/0501/0703/0801/0802/0901/0903/1002/1203/1303/1402/1503/1601/1701/1703/1801/1803/1901/2001/2004/2101/2102/2103/2203

• 화학물질이 2종 이상 혼재하는 경우에 혼재하는 물질 간에 유해성이 인체의 서로 다른 부위에 작용한다는 증거가 없는 한 유해작용은 가중되므로 노출기준은 $\dfrac{C_1}{T_1} + \dfrac{C_2}{T_2} + \cdots + \dfrac{C_n}{T_n}$으로 산출하되, 산출되는 수치(노출지수)가 1을 초과하지 아니하는 것으로 한다. 이때 C는 화학물질 각각의 측정치이고, T는 화학물질 각각의 노출기준이다.
• 노출지수가 구해지면 해당 혼합물의 농도는 $\dfrac{C_1 + C_2 + \cdots + C_n}{노출지수}$[ppm]으로 구할 수 있다.

36

• Repetitive Learning 1회 2회 3회

산업안전보건법령에서 사용하는 용어의 정의로 틀린 것은?

① 신뢰도란 분석치가 참값에 얼마나 접근하였는가 하는 수치상의 표현을 말한다.
② 가스상 물질이란 화학적 인자가 공기 중으로 가스·증기의 형태로 발생되는 물질을 말한다.
③ 정도관리란 작업환경측정·분석 결과에 대한 정확성과 정밀도를 확보하기 위하여 작업환경측정기관의 측정·분석능력을 확인하고, 그 결과에 따라 지도·교육 등 측정·분석능력 향상을 위하여 행하는 모든 관리적 수단을 말한다.
④ 정밀도란 일정한 물질에 대해 반복측정·분석을 했을 때 나타나는 자료 분석치의 변동크기가 얼마나 작은가 하는 수치상의 표현을 말한다.

- ①은 정확도에 대한 설명이다.

❖ 작업환경측정 및 정도관리 관련 용어 실기 0601/0702/0801/0902/ 1002/1401/1601/2003

개인시료 채취	개인시료채취기를 이용하여 가스 · 증기 · 분진 · 흄(fume) · 미스트(mist) 등을 근로자의 호흡위치(호흡기를 중심으로 반경 30㎝인 반구)에서 채취하는 것
집단 시료채취	시료채취를 이용하여 가스 · 증기 · 분진 · 흄(fume) · 미스트(mist) 등을 근로자의 작업행동 범위에서 호흡기 높이에 고정하여 채취하는 것
최고노출 근로자	작업환경측정대상 유해인자의 발생 및 취급원에서 가장 가까운 위치의 근로자이거나 작업환경측정대상 유해인자에 가장 많이 노출될 것으로 간주되는 근로자
단위 작업장소	작업환경측정대상이 되는 작업장 또는 공정에서 정상적인 작업을 수행하는 동일 노출집단의 근로자가 작업을 하는 장소
가스상 물질	화학적인자가 공기 중으로 가스 · 증기의 형태로 발생되는 물질
정도관리	작업환경측정 · 분석치에 대한 정확성와 정밀도를 확보하기 위하여 지정측정기관의 작업환경측정 · 분석능력을 평가하고, 그 결과에 따라 지도 · 교육 기타 측정 · 분석능력 향상을 위하여 행하는 모든 관리적 수단
정확도	분석치가 참값에 얼마나 접근하였는가 하는 수치상의 표현
정밀도	일정한 물질에 대해 반복측정 · 분석을 했을 때 나타나는 자료 분석치의 변동크기가 얼마나 작은가를 표현

❖ 복사선(Radiation)

- 복사선은 전리작용의 유무에 따라 전리복사선과 비전리복사선으로 구분한다.
- 비전리복사선에는 자외선, 가시광선, 적외선 등이 있고, 전리복사선에는 X선, γ선 등이 있다.
- 전리복사선이 인체에 영향을 미치는 정도는 복사선의 형태, 조사량, 신체조직, 연령 등에 따라 다르다.
- 비전리복사선은 에너지 수준이 낮아 원자를 이온화시키지는 못하나 분자의 진동과 온도의 상승과 함께 일부(자외선 등)의 경우는 특정 분자의 에너지를 흡수하여 화학반응을 하는 등 분자구조나 생물학적 세포조직에 영향을 미친다.

---

37 ── Repetitive Learning 〔1회 2회 3회〕

복사선(Radiation)에 관한 설명 중 틀린 것은?

① 복사선은 전리작용의 유무에 따라 전리복사선과 비전리복사선으로 구분한다.

② 비전리복사선에는 자외선, 가시광선, 적외선 등이 있고, 전리복사선에는 X선, γ선 등이 있다.

③ 비전리복사선은 에너지 수준이 낮아 분자구조나 생물학적 세포조직에 영향을 미치지 않는다.

④ 전리복사선이 인체에 영향을 미치는 정도는 복사선의 형태, 조사량, 신체조직, 연령 등에 따라 다르다.

- 비전리복사선은 에너지 수준이 낮아 원자를 이온화시키지는 못하나 분자의 진동과 온도의 상승과 함께 일부(자외선 등)의 경우는 특정 분자의 에너지를 흡수하여 화학반응을 하는 등 분자구조나 생물학적 세포조직에 영향을 미친다.

---

38 ── Repetitive Learning 〔1회 2회 3회〕 1803

다음 중 고열장해와 가장 거리가 먼 것은?

① 열사병   ② 열경련

③ 열호족   ④ 열발진

- 고열장해에는 열사병, 열경련, 열발진, 열피로, 열쇠약 등이 있다.

❖ 고열장해

- 고열환경에 의해 작업자의 신체가 적응하지 못해 발생하는 급성장해를 말한다.
- 열중증이라고도 한다.
- 종류에는 열소모, 열경련, 열허탈, 열사병, 열성발진, 열피로 등이 있다.

---

39 ── Repetitive Learning 〔1회 2회 3회〕

화학공장의 작업장 내에 Toluene 농도를 측정하였더니 5, 6, 5, 6, 6, 6, 4, 8, 9, 20ppm일 때, 측정치의 기하표준편차(GSD)는?

① 1.6   ② 3.2

③ 4.8   ④ 6.4

- 기하평균은 주어진 n개의 값들을 곱해서 나온 값의 n제곱근이다.
- 주어진 값을 기하평균식에 대입하면
  $\sqrt[10]{5\times6\times5\times6\times6\times6\times4\times8\times9\times20}=6.7157\cdots$이다.
- $\log6.7157=0.8270$이므로 $\log GSD=$
  $$\left[\frac{(\log5-0.827)^2+(\log6-0.827)^2+\cdots+(\log20-0.827)^2}{9}\right]^{0.5}$$
  $=0.19425\cdots$이다.
- 역대수를 취하면 $GSD=1.564\cdots$가 된다.

- 기하표준편차는 대수정규누적분포도에서 누적퍼센트 84.1%에 값 대비 기하평균의 값으로 한다.
- 기하표준편차(GSD) = $\dfrac{\text{누적 84.1\% 값}}{\text{기하평균}}$ 혹은 $\dfrac{\text{기하평균}}{\text{누적 15.9\% 값}}$ 으로 구한다.
- 기하표준편차(GSD)는 logGSD = $\left[\dfrac{(\log X_1 - \log GM)^2 + (\log X_2 - \log GM)^2 + \cdots + (\log X_n - \log GM)^2}{N-1}\right]^{0.5}$ 를 구해서 역대수를 취한다.

- 일사가 영향을 미치는 옥외에서는 건구온도인 dB를 반영하지만 옥내에서는 일사의 영향이 없으므로 자연습구와 흑구온도만으로 WBGT가 결정된다.
- 일사가 영향을 미치는 옥외에서는 WBGT = 0.7NWT + 0.2GT + 0.1DB이며 이때 NWT는 자연습구, GT는 흑구온도, DB는 건구온도이다.

40
● Repetitive Learning (1회 2회 3회)

옥외(태양광선이 내리쬐지 않는 장소)의 온열조건이 아래와 같을 때, WBGT(℃)는?

- 건구온도 30℃
- 흑구온도 40℃
- 자연습구온도 25℃

① 26.5 ② 29.5
③ 33 ④ 55.5

해설

- 옥내에서는 WBGT = 0.7NWT + 0.3GT이다. 이때 NWT는 자연습구, GT는 흑구온도이다.(일사가 영향을 미치지 않는 옥외도 옥내로 취급한다)
- 대입하면 WBGT = 0.7×25 + 0.3×40 = 29.5℃가 된다.

✿✿ 습구흑구온도(WBGT : Wet Bulb Globe Temperature) 지수

ⓐ 개요
- 건구온도, 습구온도 및 흑구온도에 비례하며, 열중증 예방을 위해 고온에서의 작업휴식시간비를 결정하는 지표로 더위지수라고도 한다.
- 표시단위는 섭씨온도(℃)로 표시하며, WBGT가 높을수록 휴식시간이 증가되어야 한다.
- 미국국립산업안전보건연구원(NIOSH)뿐만 아니라 국내에서도 습구흑구온도를 측정하고 지수를 산출하여 평가에 사용한다.
- 과거에 쓰이던 감각온도와 근사한 값인데 감각온도와 다른 점은 기류를 전혀 고려하지 않았다는 점이다.

ⓑ 산출방법 실기 0501/0503/0602/0702/0703/1101/1201/1302/1303/1503/2102/2201/2202/2203
- 옥내에서는 WBGT = 0.7NWT + 0.3GT이다. 이때 NWT는 자연습구, GT는 흑구온도이다.(일사가 영향을 미치지 않는 옥외도 옥내로 취급한다)

41
● Repetitive Learning (1회 2회 3회)

환기시스템에서 포착속도(capture velocity)에 대한 설명 중 틀린 것은?

① 먼지나 가스의 성상, 확산조건, 발생원 주변 기류 등에 따라서 크게 달라질 수 있다.
② 제어풍속이라고도 하며 후드 앞 오염원에서의 기류로서 오염공기를 후드로 흡인하는데 필요하며, 방해기류를 극복해야 한다.
③ 유해물질의 발생기류가 높고 유해물질이 활발하게 발생할 때는 대략 15~20m/s이다.
④ 유해물질이 낮은 기류로 발생하는 도금 또는 용접 작업공정에서는 대략 0.5~1.0m/s이다.

해설

- 유해물질의 발생기류가 높고 유해물질이 활발하게 발생할 때는 대략 1~2.5m/s이다.

✿✿ 작업조건에 따른 제어속도의 범위 기준(ACGIH)

작업조건	작업공정 사례	제어속도 (m/sec)
• 움직이지 않는 공기 중으로 속도 없이 배출됨 • 조용한 대기 중에 실제로 거의 속도가 없는 상태로 배출됨	• 탱크에서 증발, 탈지 등 • 액면에서 가스, 증기, 흄이 발생	0.25~0.5
약간의 공기 움직임이 있고 낮은 속도로 배출됨	스프레이 도장, 용접, 도금, 저속 컨베이어 운반	0.5~1.0
발생기류가 높고 유해물질이 활발하게 발생함	스프레이도장, 용기충진, 컨베이어 적재, 분쇄기	1.0~2.5
초고속기류 내로 높은 초기 속도로 배출됨	회전연삭, 블라스팅	2.5~10.0

42

• Repetitive Learning (1회 2회 3회)

후드 제어속도에 대한 내용 중 틀린 것은?

① 제어속도는 오염물질의 증발속도와 후드 주위의 난기류 속도를 합한 것과 같아야 한다.

② 포위식 후드의 제어속도를 결정하는 지점은 후드의 개구 면이 된다.

③ 외부식 후드의 제어속도를 결정하는 지점은 유해물질이 흡인되는 범위 안에서 후드의 개구 면으로부터 가장 멀리 떨어진 지점이 된다.

④ 오염물질의 발생상황에 따라서 제어속도는 달라진다.

해설

• 난기류가 너무 클 경우에는 국소배기로 제어속도 이상의 흡인기류를 만드는 것이 거의 불가능하다.

❖ 제어풍속

• 후드 전면 또는 후드 개구면에서 유해물질이 함유된 공기를 당해 후드로 흡입시킴으로써 그 지점의 유해물질을 제어할 수 있는 공기속도를 말한다.

• 포위식 및 부스식 후드에서는 후드의 개구면에서 흡입되는 기류의 풍속을 말한다.

• 외부식 및 레시버식 후드에서는 후드의 개구면으로부터 가장 먼 거리의 유해물질 발생원 또는 작업위치에서 후드 쪽으로 흡인되는 기류의 속도를 말한다.

• 제어속도에 영향을 주는 요인에는 후드의 모양, 후드에서 오염원까지의 거리, 오염물질의 종류 및 발생상황 등이 있다.

43

• Repetitive Learning (1회 2회 3회)

$760\,mmH_2O$를 mmHg로 환산한 것으로 옳은 것은?

① 5.6   ② 56

③ 560   ④ 760

해설

• 760mmHg가 $10,332\,mmH_2O$이므로 $760\,mmH_2O$는

$$\frac{760 \times 760}{10,332} = 55.903 \cdots mmHg가 된다.$$

❖ 대기 중의 산소분압 실기 0702

• 분압이란 대기 중 특정 기체가 차지하는 압력의 비를 말한다.

• 대기압은 1atm=760mmHg=$10,332\,mmH_2O$=101.325kPa이다.

• 대기 중 산소는 21%의 비율로 존재하므로 산소의 분압은 760×0.21=159.6mmHg이다.

• 산소의 분압은 산소의 농도에 비례한다.

44

• Repetitive Learning (1회 2회 3회)

전기집진장치에 대한 설명 중 틀린 것은?

① 초기 설치비가 많이 든다.

② 운전 및 유지비가 비싸다.

③ 가연성 입자의 처리가 곤란하다.

④ 고온가스를 처리할 수 있어 보일러와 철강로 등에 설치할 수 있다.

해설

• 전기집진장치는 운전 및 유지비가 적게 소요된다.

❖ 전기집진장치 실기 1801

㉠ 개요

• 0.01㎛ 정도의 미세분진까지 모든 종류의 고체, 액체 입자를 효율적으로 포집할 수 있는 집진기이다.

• 코로나 방전과 정전기력을 이용하여 먼지를 처리한다.

㉡ 장·단점

장점	• 넓은 범위의 입경과 분진농도에 집진효율이 높다. • 압력손실이 낮으므로 송풍기의 운전 및 유지비가 적게 소요된다. • 고온 가스를 처리할 수 있어 보일러와 철강로 등에 설치할 수 있다. • 낮은 압력손실로 대량의 가스를 처리할 수 있다. • 회수가치성이 있는 입자 포집이 가능하다. • 건식 및 습식으로 집진할 수 있다.
단점	• 설치 공간을 많이 차지한다. • 초기 설치비와 설치 공간이 많이 든다. • 가스물질이나 가연성 입자의 처리가 곤란하다. • 전압변동과 같은 조건변동에 적응하기 어렵다.

0402 / 1001

45

• Repetitive Learning (1회 2회 3회)

사이클론 설계 시 블로우다운 시스템에 적용되는 처리량으로 가장 적절한 것은?

① 처리 배기량의 1~2%   ② 처리 배기량의 5~10%

③ 처리 배기량의 40~50%   ④ 처리 배기량의 80~90%

해설

• 블로우 다운은 집진함 또는 호퍼로부터 처리 배기량의 5~10%를 흡인해줌으로서 난류현상을 억제한다.

❖ 사이클론의 블로우 다운(Blow down) 실기 0501/0802/1602/2004

• 사이클론 내의 난류현상을 억제하여 집진먼지의 비산을 억제시켜 사이클론의 집진율을 높이는 방법이다.

• 집진함 또는 호퍼로부터 처리 배기량의 5~10%를 흡인해줌으로서 난류현상을 억제한다.

• 관 내 분진부착으로 인한 장치의 폐쇄현상을 방지한다.

46 ———————— • Repetitive Learning (1회 2회 3회)

후드의 유입계수가 0.86, 속도압 $25mmH_2O$ 일 때 후드의 압력손실(mmH_2O)은?

① 8.8

② 12.2

③ 15.4

④ 17.2

해설

- 유입손실계수(F)$= \dfrac{1-C_e^2}{C_e^2} = \dfrac{1}{C_e^2}-1$이므로 대입하면

  $\dfrac{1}{0.86^2}-1 = 0.3520\cdots$이다.

- 후드의 압력손실은 유입손실계수×속도압이므로 $0.3520 \times 25 = 8.8020mmH_2O$이다.

∷ 후드의 유입계수와 유입손실계수 실기 0502/0801/0901/1001/1102/ 1303/1602/1603/1903/2002/2103
- 후드에서의 압력손실이 유량의 저하로 나타나는 현상이다.
- 유입계수 C_e 가 1에 가까울수록 이상적인 후드에 가깝다.
- 유입계수는 속도압/후드정압의 제곱근으로 구할 수 있다.
- 유입계수(C_e)$= \dfrac{실제적 유량}{이론적 유량} = \dfrac{실제 흡인유량}{이론 흡인유량} = \sqrt{\dfrac{1}{1+F}}$으로 구한다.

  이때 F는 후드의 유입손실계수로 $\dfrac{\triangle P}{VP}$ 즉, $\dfrac{압력손실}{속도압(동압)}$으로 구할 수 있다.
- 유입(압력)손실계수(F)$= \dfrac{1-C_e^2}{C_e^2} = \dfrac{1}{C_e^2}-1$로 구한다.

47 ———————— • Repetitive Learning (1회 2회 3회)

국소배기시스템 설계과정에서 두 덕트가 한 합류점에서 만났다. 정압(절대치)이 낮은 쪽 대 정압이 높은 쪽의 정압비가 1:1.1로 나타났을 때, 적절한 설계는?

① 정압이 낮은 쪽의 유량을 증가시킨다.

② 정압이 낮은 쪽의 덕트직경을 줄여 압력손실을 증가시킨다.

③ 정압이 높은 쪽의 덕트직경을 늘려 압력손실을 감소시킨다.

④ 정압의 차이를 무시하고 높은 정압을 지배정압으로 계속 계산해 나간다.

해설

- 설계계산 시 높은 쪽 정압과 낮은 쪽 정압의 비(정압비)가 1.2 이하 일 때는 정압이 낮은 쪽의 유량을 증가시켜 압력을 조정한다.

∷ 합류점에서의 압력조정 실기 2103
- 설계계산 시 높은 쪽 정압과 낮은 쪽 정압의 비(정압비)가 1.2 이하 일 때는 정압이 낮은 쪽의 유량을 증가시켜 압력을 조정한다.
- 정압비가 1.2보다 클 경우는 에너지 손실이 늘어나고, 후드의 개구면 유속이 필요 이상으로 커져 작업에 방해를 일으키므로 정압이 낮은 쪽을 재설계해야 한다.

48 ———————— • Repetitive Learning (1회 2회 3회)

어떤 사업장의 산화 규소 분진을 측정하기 위한 방법과 결과가 아래와 같을 때, 다음 설명 중 옳은 것은?(단, 산화규소(결정체 석영)의 호흡성 분진 노출기준은 $0.045mg/m^3$이다)

시료 채취 방법 및 결과		
사용장치	시료채취시간(min)	무게측정결과(μg)
10mm 나일론 사이클론(1.7LPM)	480	38

① 8시간 시간가중평가노출기준을 초과한다.

② 공기채취유량을 알 수가 없어 농도계산이 불가능하므로 위의 자료로는 측정결과를 알 수가 없다.

③ 산화규소(결정체 석영)는 진폐증을 일으키는 분진이므로 흡입성 먼지를 측정하는 것이 바람직하므로 먼지시료를 채취하는 방법이 잘못됐다.

④ $38\mu g$은 0.038mg이므로 단시간 노출기준을 초과하지 않는다.

해설

- 주어진 산화규소의 노출기준 $0.045mg/m^3$은 TWA로 8시간 시간가중평균노출기준이다.
- 1.7LPM은 분당 1.7L를 채취하는 것이므로 480분간은 816L를 채취하였으며 이때 포함된 시료의 무게는 $38\mu g$이므로 이를 mg/m^3으로 변환하면 $\dfrac{0.038}{0.816} = 0.046568\cdots[mg/m^3]$이므로 8시간 시간가중평가노출기준을 초과했다.

∷ 산화규소 노출기준

명칭	노출기준	비고
산화규소(결정체 석영) 산화규소(결정체 크리스토바라이트) 산화규소(결정체 트리디마이트)	$0.05mg/m^3$	발암성 1A, 호흡성
산화규소(결정체 트리폴리) 산화규소(비결정체 규소, 용융된)	$0.1mg/m^3$	호흡성
산화규소(비결정체 규조토) 산화규소(비결정체 침전된 규소) 산화규소(비결정체 실리카겔)	$10mg/m^3$	

49

• Repetitive Learning [1회] [2회] [3회]

마스크 본체 자체가 필터 역할을 하는 방진마스크의 종류는?

① 격리식 방진마스크

② 직결식 방진마스크

③ 안면부여과식 마스크

④ 전동식 마스크

해설

• 안면부여과식 마스크는 여과재가 안면부로 구성된 마스크로 본체 자체가 필터 역할을 한다.

⁑ 안면부여과식 마스크

• 여과재로 된 안면부와 머리끈으로 구성되며 여과재인 안면부에 의해 분진 등을 여과한 깨끗한 공기가 흡입되고 체내의 공기는 여과재인 안면부를 통해 외기중으로 배기되는 것으로(배기밸브가 있는 것은 배기밸브를 통하여 배출) 부품이 교환될 수 없는 것을 말한다.

• 본체 자체가 필터 역할을 한다.

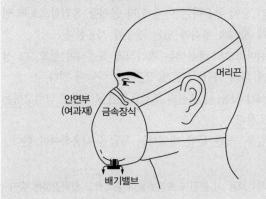

머리끈

안면부
(여과재) 금속장식

배기밸브

50

0902

• Repetitive Learning [1회] [2회] [3회]

국소배기시설에서 필요 환기량을 감소시키기 위한 방법으로 틀린 것은?

① 후드 개구면에서 기류가 균일하게 분포되도록 설계한다.

② 공정에서 발생 또는 배출되는 오염물질의 절대량을 감소시킨다.

③ 포집형이나 레시버형 후드를 사용할 때에는 가급적 후드를 배출 오염원에 가깝게 설치한다.

④ 공정 내 측면부착 차폐막이나 커튼 사용을 줄여 오염물질의 희석을 유도한다.

해설

• 공정 내 측면부착 차폐막이나 커튼 사용을 통해 후드 개구면 속도를 균일하게 분포시켜야 한다.

⁑ 필요 환기량 최소화 방법 [실기] 1503/2003

• 가급적이면 공정을 많이 포위하도록 해야 한다.

• 후드 개구면에서 기류가 균일하게 분포되도록 설계한다.

• 공정에서 발생 또는 배출되는 오염물질의 절대량을 감소시킨다.

• 공정 내 측면부착 차폐막이나 커튼 사용을 통해 후드 개구면 속도를 균일하게 분포시켜야 한다.

• 포집형이나 레시버형 후드를 사용할 때는 가급적 후드를 배출 오염원에 가깝게 설치한다.

51

• Repetitive Learning [1회] [2회] [3회]

샌드 블라스트(sand blast) 그라인더 분진 등 보통 산업분진을 덕트로 운반할 때의 최소설계속도(m/s)로 가장 적절한 것은?

① 10   ② 15

③ 20   ④ 25

해설

• 젖은 톱밥분진, 입자가 혼입된 금속분진, 샌드블라스트분진, 주철보링분진, 납분진과 같은 무거운 분진의 반송속도는 20~22.55[m/s]이다.

⁑ 유해물질별 반송속도

• 반송속도란 덕트를 통하여 이동하는 유해물질이 덕트 내에서 퇴적이 일어나지 않는 상태로 이동시키기 위하여 필요한 최소 속도를 말한다.

발생형태	종류	반송속도(m/s)
증기·가스·연기	모든 증기, 가스 및 연기	5.0~10.0
흄	아연흄, 산화알미늄 흄, 용접흄 등	10.0~12.5
미세하고 가벼운 분진	미세한 면분진, 미세한 목분진, 종이분진 등	12.5~15.0
건조한 분진이나 분말	고무분진, 면분진, 가죽분진, 동물털 분진 등	15.0~20.0
일반 산업분진	그라인더 분진, 일반적인 금속분말분진, 모직물분진, 실리카분진, 주물분진, 석면분진 등	17.5~20.0
무거운 분진	젖은 톱밥분진, 입자가 혼입된 금속분진, 샌드블라스트분진, 주철보링분진, 납분진	20.0~22.5
무겁고 습한 분진	습한 시멘트분진, 작은 칩이 혼입된 납분진, 석면덩어리 등	22.5 이상

52 ————————● Repetitive Learning ⟮1회 2회 3회⟯

어떤 공장에서 1시간에 0.2L의 벤젠이 증발되어 공기를 오염시키고 있다. 전체환기를 위해 필요한 환기량(m^3/s)은? (단, 벤젠의 안전계수, 밀도 및 노출기준은 각각 6, 0.879g/mL, 0.5ppm이며, 환기량은 21℃, 1기압을 기준으로 한다)

① 82
② 91
③ 146
④ 181

해설

- 공기 중에 계속 오염물질이 발생하고 있는 경우의 필요환기량 $Q=\dfrac{G\times K}{TLV}$로 구한다.
- 증발하는 벤젠의 양은 있지만 공기 중에 발생하는 오염물질의 양은 없으므로 공기 중에 발생하는 오염물질의 양을 구한다.
- 비중은 질량/부피이므로 이를 이용하면 벤젠 0.2L는 200ml×0.879=175.8g/hr이다.
- 공기 중에 발생하고 있는 오염물질의 용량은 0℃, 1기압에 1몰당 22.4L인데 현재 21℃라고 했으므로 $22.4\times\dfrac{294}{273}=24.12\cdots$L이므로 175.8g은 $\dfrac{175.8}{78}=2.25$몰이므로 54.36L/hr이 발생한다.
- TLV는 0.5ppm이고 이는 0.5mL/m^3이므로 필요환기량 $Q=\dfrac{54.36\times1,000\times6}{0.5}=652,320m^3/hr$이 된다.
- 초당의 환기량을 물었으므로 3,600으로 나눠주면 181.2m^3/sec가 된다.

⁂ 필요 환기량 〔실기〕0401/0502/0601/0602/0603/0703/0801/0803/0901/0903/1001/1002/1101/1201/1302/1403/1501/1601/1602/1702/1703/1801/1803/1903/2001/2003/2004/2101/2201

- 후드로 유입되는 오염물질을 포함한 공기량을 말한다.
- 필요 환기량 Q=A·V로 구한다. 여기서 A는 개구면적, V는 제어속도이다.
- 공기 중에 계속 오염물질이 발생하고 있는 경우의 필요환기량 $Q=\dfrac{G\times K}{TLV}$로 구한다. 이때 G는 공기 중에 발생하고 있는 오염물질의 용량, TLV는 허용기준, K는 여유계수이다.

1901

53 ————————● Repetitive Learning ⟮1회 2회 3회⟯

다음 중 도금조와 사형주조에 사용되는 후드형식으로 가장 적절한 것은?

① 부스식
② 포위식
③ 외부식
④ 장갑부착상자식

해설

- 도금조는 외부식 후드 중에서도 슬롯형을 주로 많이 사용한다.

⁂ 외부식 후드
- ㉠ 개요
  - 국소배기시설 중 가장 효과적인 형태이다.
  - 도금조와 사형주조에 주로 사용된다.
  - 발생원을 포위하지 않고 발생원 가까운 곳에 설치하는 후드로 다른 형태에 비해 작업자가 방해를 받지 않고 작업할 수 있는 장점을 갖는다.
- ㉡ 단점
  - 포위식 후드보다 일반적으로 필요송풍량이 많다.
  - 외부 난기류의 영향을 받아서 흡인효과가 떨어진다.
  - 기류속도가 후드주변에서 매우 빠르므로 유기용제나 미세원료분말 등과 같은 물질의 손실이 크다.

54 ————————● Repetitive Learning ⟮1회 2회 3회⟯

방진마스크에 대한 설명 중 틀린 것은?

① 공기 중에 부유하는 미세 입자 물질을 흡입함으로써 인체에 장해의 우려가 있는 경우에 사용한다.
② 방진마스크의 종류에는 격리식과 직결식이 있고, 그 성능에 따라 특급, 1급 및 2급으로 나누어 진다.
③ 장시간 사용 시 분진의 포집효율이 증가하고 압력강하는 감소한다.
④ 베릴륨, 석면 등에 대해서는 특급을 사용하여야 한다.

해설

- 장시간 사용 시 분진의 포집효율이 감소하고 압력강하는 증가한다.

⁂ 방진마스크 〔실기〕2202
- 공기 중에 부유하는 미세 입자 물질을 흡입함으로써 인체에 장해의 우려가 있는 경우에 사용한다.
- 방진마스크의 종류에는 격리식과 직결식이 있고, 그 성능에 따라 특급, 1급 및 2급으로 나누어 진다.
- 방진마스크 필터의 재질은 면, 모, 합성섬유, 유리섬유, 금속섬유 등이다.
- 베릴륨, 석면 등에 대해서는 특급을 사용하여야 한다.
- 장시간 사용 시 분진의 포집효율이 감소하고 압력강하는 증가한다.
- 비휘발성 입자에 대한 보호만 가능하며, 가스 및 증기의 보호는 안 된다.
- 흡기저항 상승률은 낮은 것이 좋다.
- 하방 시야가 60도 이상되어야 한다.
- 반면형 마스크는 안경 및 고글을 착용한 경우 밀착에 영향을 미치므로 주의해야 한다.

55 ──────● Repetitive Learning 〔1회　2회　3회〕

스토크스식에 근거한 중력침강속도에 대한 설명으로 틀린 것은?(단, 공기 중의 입자를 고려한다)

① 중력가속도에 비례한다.

② 입자직경의 제곱에 비례한다.

③ 공기의 점성계수에 반비례한다.

④ 입자와 공기의 밀도차에 반비례한다.

해설

- Stokes 침강법칙에서 침강속도는 분진입자의 밀도와 공기밀도의 차에 비례한다.

❖ 스토크스(Stokes) 침강법칙에서의 침강속도 실기 0402/0502/1001/1502

- 물질의 침강속도는 중력가속도, 입자의 직경의 제곱, 분진입자의 밀도와 공기밀도의 차에 비례한다.
- 물질의 침강속도는 공기(기체)의 점성에 반비례한다.

$$V = \frac{g \cdot d^2 (\rho_1 - \rho)}{18\mu} \text{이다.}$$

- V : 침강속도(cm/sec)
- g : 중력가속도($980cm/sec^2$)
- d : 입자의 직경(cm)
- ρ_1 : 입자의 밀도(g/cm^3)
- ρ : 공기밀도($0.0012g/cm^3$)
- μ : 공기점성계수($g/cm \cdot sec$)

56 ──────● Repetitive Learning 〔1회　2회　3회〕

정압이 $-1.6cmH_2O$이고, 전압이 $-0.7cmH_2O$로 측정되었을 때, 속도압(VP; cmH_2O)과 유속(V; m/s)은?

① VP : 0.9, V : 3.8　　　② VP : 0.9, V : 12

③ VP : 2.3, V : 3.8　　　④ VP : 2.3, V : 12

해설

- 속도압 VP는 $-0.7-(-1.6)=0.9cmH_2O$가 된다.
- 공기속도 $V=4.043 \times \sqrt{VP}$에서 VP는 mmH_2O가 되어야 하므로 9를 대입하면 $V=4.043 \times \sqrt{9}=12.129[m/s]$가 된다.

❖ 속도압(동압) 실기 0402/0602/0803/1003/1101/1301/1402/1502/1601/1602/1703/1802/2001/2201

- 속도압(VP)은 전압(TP)에서 정압(SP)을 뺀 값으로 구한다.
- 동압 $VP=\frac{\gamma V^2}{2g}[mmH_2O]$로 구한다. 이때 γ는 표준공기일 경우 $1.203[kgf/m^3]$이며, g는 중력가속도로 $9.81[m/s^2]$이다.
- $VP[mmH_2O]$를 알면 공기속도는 $V=4.043 \times \sqrt{VP}[m/s]$로 구한다.

57 ──────● Repetitive Learning 〔1회　2회　3회〕

다음 중 차음보호구인 귀마개(Ear Plug)에 대한 설명과 가장 거리가 먼 것은?

① 차음효과는 일반적으로 귀덮개보다 우수하다.

② 외청도에 이상이 없는 경우에 사용이 가능하다.

③ 더러운 손으로 만짐으로써 외청도를 오염시킬 수 있다.

④ 귀덮개와 비교하면 제대로 착용하는데 시간은 걸리나 부피가 작아서 휴대하기 편리하다.

해설

- 귀마개는 차음효과에 있어 귀덮개에 비해 떨어진다.

❖ 귀마개와 귀덮개의 비교 실기 1603/1902/2001

귀마개	귀덮개
- 좁은 장소에서도 사용이 가능하다. - 고온 작업 장소에서도 사용이 가능하다. - 부피가 작아서 휴대하기 편리하다. - 다른 보호구와 동시 사용할 때 편리하다. - 외청도를 오염시킬 수 있으며, 외청도에 이상이 없는 경우에 사용이 가능하다. - 제대로 착용하는데 시간은 걸린다.	- 간헐적 소음 노출 시 사용한다. - 쉽게 착용할 수 있다. - 일관성 있는 차음효과를 얻을 수 있다. - 크기를 여러 가지로 할 필요가 없다. - 착용여부를 쉽게 확인할 수 있다. - 귀에 염증이 있어도 사용할 수 있다.

58 ──────● Repetitive Learning 〔1회　2회　3회〕

오염물질의 농도가 200ppm까지 도달하였다가 오염물질 발생이 중지되었을 때, 공기 중 농도가 200ppm에서 19ppm으로 감소하는데 걸리는 시간은?(단, 환기를 통한 오염물질의 농도는 시간에 대한 지수함수(1차 반응)으로 근사된다고 가정하고 환기가 필요한 공간의 부피 V=3,000m^3, 환기량 Q=1.17m^3/s이다)

① 약 89분　　　② 약 101분

③ 약 109분　　　④ 약 115분

해설

- 작업장의 기적은 3,000m^3이다.
- 유효환기량이 1.17m^3/sec이므로 60을 곱해야 m^3/min가 되며, C_1이 200, C_2가 19이므로 대입하면

$$t=-\frac{3,000}{1.17 \times 60}ln\left(\frac{19}{200}\right)=100.593[min]\text{이다.}$$

⁂ 유해물질의 농도를 감소시키기 위한 환기

⊙ 농도 C_1에서 C_2까지 농도를 감소시키는데 걸리는 시간 **실기**

0302/0403/0602/0603/0902/1103/1301/1303/1702/1703/1802/2102

- 감소시간 $t = -\dfrac{V}{Q}ln\left(\dfrac{C_2}{C_1}\right)$로 구한다. 이때 V는 작업장 체적$[m^3]$, Q는 공기의 유입속도$[m^3/min]$, C_2는 희석후 농도$[ppm]$, C_1은 희석전 농도$[ppm]$이다.

⊙ 작업을 중지한 후 t분 지난 후 농도 C_2 **실기** 1102/1903

- t분이 지난 후의 농도 $C_2 = C_1 \cdot e^{-\frac{Q}{V}t}$로 구한다.

---

59 ●——— Repetitive Learning [1회] [2회] [3회]

길이가 2.4m, 폭이 0.4m인 플랜지 부착 슬롯형 후드가 바닥에 설치되어 있다. 포촉점까지의 거리가 0.5m, 제어속도가 0.4m/s일 때 필요송풍량(m^3/min)은?(단, 1/4 원주 슬롯형, C=1.6 적용)

① 20.2

② 46.1

③ 80.6

④ 161.3

해설

- 플랜지부착 슬롯형 후드의 필요송풍량 $Q = 60 \times C \times L \times V_c \times X$로 구한다.
- 주어진 값들을 대입하면 $Q = 60 \times 1.6 \times 2.4 \times 0.4 \times 0.5 = 46.08$ $[m^3/min]$이다.

⁂ 플랜지부착 슬롯형 후드의 필요송풍량 **실기** 1102/1103/1401/1803/2103

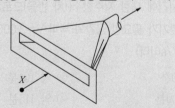

- 필요송풍량 $Q = 60 \times C \times L \times V_c \times X$로 구한다. 이때 Q는 필요송풍량$[m^3/min]$이고, C는 형상계수, V_c는 제어속도$[m/sec]$, L은 슬롯의 개구면 길이, X는 포집점까지의 거리$[m]$이다.
- 종횡비가 0.2 이하인 플랜지부착 슬롯형 후드의 형상계수로 2.6을 사용한다.

---

60 ●——— Repetitive Learning [1회] [2회] [3회]

레시버식 캐노피형 후드의 유량비법에 의한 필요송풍량(Q)을 구하는 식에서 "A"는?(단, q는 오염원에서 발생하는 오염기류의 양을 의미한다)

$$Q = q \times (1 + A)$$

① 열상승 기류량   ② 누입한계유량비

③ 설계 유량비   ④ 유도 기류량

해설

- 난기류가 없을 경우 $Q_T = Q_1 + Q_2$으로 구한다. $Q_2 = Q_1 \times K_L$이므로 $Q_T = Q_1 \times (1 + \dfrac{Q_2}{Q_1}) = Q_1 \times (1 + K_L)$이 된다. K_L은 누입한계유량비이다.

⁂ 레시버식 캐노피형 후드의 유량비법에 의한 필요송풍량 **실기** 0301/0401/0503/0601/0603/1302/1402

- 난기류가 없을 경우 $Q_T = Q_1 + Q_2$으로 구한다. 이 때 Q_T는 필요송풍량$[m^3/min]$, Q_1은 열상승기류량$[m^3/min]$, Q_2는 유도기류량$[m^3/min]$이다. 유도기류량 $Q_2 = Q_1 \times K_L$인데 K_L은 누입한계유량비이다.
- 난기류가 있을 경우 $Q_T = Q_1 \times [1 + (m \times K_L)]$로 구한다. 이 때 Q_T는 필요송풍량$[m^3/min]$, Q_1은 열상승기류량$[m^3/min]$, m은 누출안전계수, K_L은 누입한계유량비이다. $m \times K_L = K_D$와 같다. K_D는 설계유량비이다.

4과목 **물리적 유해인자관리**

61 ●——— Repetitive Learning [1회] [2회] [3회]

산업안전보건법령상 충격소음의 노출기준과 관련된 내용으로 옳은 것은?

① 충격소음의 강도가 120dB(A)일 경우 1일 최대 노출 회수는 1,000회이다.

② 충격소음의 강도가 130dB(A)일 경우 1일 최대 노출 회수는 100회이다.

③ 최대 음압수준이 135dB(A)를 초과하는 충격소음에 노출되어서는 안 된다.

④ 충격소음이란 최대 음압수준에 120dB(A) 이상인 소음이 1초 이상의 간격으로 발생하는 것을 말한다.

1002 / 1802 / 2103

62 ──────● Repetitive Learning 1회 2회 3회

전기성 안염(전광선 안염)과 가장 관련이 깊은 비전리방사선은?

① 자외선 ② 가시광선
③ 적외선 ④ 마이크로파

1802

64 ──────● Repetitive Learning 1회 2회 3회

방사선의 투과력이 큰 것부터 작은 순으로 올바르게 나열한 것은?

① X>β>γ ② α>X>γ
③ X>β>α ④ γ>α>β

0702

63 ──────● Repetitive Learning 1회 2회 3회

일반적으로 눈을 부시게 하지 않고 조도가 균일하여 눈의 피로를 줄이는데 가장 효과적인 조명 방법은?

①  ②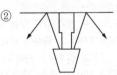

③ 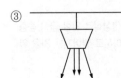 ④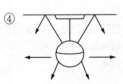

1003 / 1803 / 2102

65 ──────● Repetitive Learning 1회 2회 3회

소음에 의한 인체의 장해 정도(소음성 난청)에 영향을 미치는 요인이 아닌 것은?

① 소음의 크기 ② 개인의 감수성
③ 소음 발생 장소 ④ 소음의 주파수 구성

66 ● Repetitive Learning 〔1회〕〔2회〕〔3회〕

도르노선(Dorno-ray)에 대한 내용으로 맞는 것은?

① 가시광선의 일종이다.
② 280~315Å 파장의 자외선을 의미한다.
③ 소독작용, 비타민 D 형성 등 생물학적 작용이 강하다.
④ 절대온도 이상의 모든 물체는 온도에 비례하여 방출한다.

해설
- Dorno선은 자외선의 일종이다.
- Dorno선의 파장은 280~315nm, 2,800Å~3,150Å 범위이다.

:: 도르노선(Dorno-ray)
- 280~315nm, 2,800Å~3,150Å의 파장을 갖는 자외선이다.
- 비전리방사선이며, 건강선이라고 불리는 광선이다.
- 소독작용, 비타민 D 형성, 피부색소 침착 등 생물학적 작용이 강하다.

67 ● Repetitive Learning 〔1회〕〔2회〕〔3회〕

작업환경측정 및 정도관리 등에 관한 고시상 고열 측정방법으로 옳지 않은 것은?

① 예비조사가 목적인 경우 검지관방식으로 측정할 수 있다.
② 측정은 단위작업장소에서 측정대상이 되는 근로자의 주 작업 위치에서 측정한다.
③ 측정기의 위치는 바닥면으로부터 50cm 이상 150cm 이하의 위치에서 측정한다.
④ 측정기를 설치한 후 충분히 안정화 시킨 상태에서 1일 작업시간 중 가장 높은 고열에 노출되는 1시간을 10분 간격으로 연속하여 측정한다.

해설
- 검지관방식은 유해인자 중 가스상 물질의 측정에 사용하는 측정방식이다.

:: 고열의 측정방법 **실기** 1003
- 측정은 단위작업장소에서 측정대상이 되는 근로자의 주 작업 위치에서 측정한다.
- 측정기의 위치는 바닥 면으로부터 50센티미터 이상, 150센티미터 이하의 위치에서 측정한다.
- 측정기를 설치한 후 충분히 안정화 시킨 상태에서 1일 작업시간 중 가장 높은 고열에 노출되는 1시간을 10분 간격으로 연속하여 측정한다.

68 ● Repetitive Learning 〔1회〕〔2회〕〔3회〕

감압에 따른 인체의 기포 형성량을 좌우하는 요인과 가장 거리가 먼 것은?

① 감압속도
② 산소공급량
③ 조직에 용해된 가스량
④ 혈류를 변화시키는 상태

해설
- 감압에 따른 질소 기포 형성량을 결정하는 요인에는 감압속도, 조직에 용해된 가스량, 혈류를 변화시키는 상태 등이 있다.

:: 감압에 따른 질소 기포 형성 요인
- 감압속도
- 고기압에 폭로된 정도와 시간, 체내의 지방량은 조직에 용해된 가스량을 결정한다.
- 감압 시 연령, 기온, 운동, 공포감, 음주 등은 혈류를 변화시키는 상태를 결정한다.

69 ● Repetitive Learning 〔1회〕〔2회〕〔3회〕

한랭작업과 관련권 설명으로 옳지 않은 것은?

① 저체온증은 몸의 심부온도가 35℃ 이하로 내려간 것을 말한다.
② 손가락의 온도가 내려가면 손동작의 정밀도가 떨어지고 시간이 많이 걸려 작업능률이 저하된다.
③ 동상은 혹심한 한냉에 노출됨으로써 피부 및 피하조직 자체가 동결하여 조직이 손상되는 것을 말한다.
④ 근로자의 발이 한랭에 장기간 노출되고 동시에 지속적으로 습기나 물에 잠기게 되면 '선단자람증'의 원인이 된다.

해설
- ④는 참호족 혹은 침수족에 대한 설명이다.

:: 한랭환경에서의 건강장해
- 레이노씨 병과 같은 혈관 이상이 있을 경우에는 저온 노출로 유발되거나 그 증상이 악화된다.
- 참호족과 침수족은 지속적인 국소의 산소결핍 때문이며, 모세혈관 벽이 손상되는 것이다.(동상과 달리 영상의 온도에서 발생한다)
- 전신체온강화는 장시간 한랭노출과 체열상실로 인한 급성 중증 장애로, 심부온도가 37℃에서 26.7℃ 이하로 떨어지는 것을 말한다.

70 ──── ● Repetitive Learning

지적환경(optimum working environment)을 평가하는 방법이 아닌 것은?

① 생산적(productive) 방법

② 생리적(physiological) 방법

③ 정신적(psychological) 방법

④ 생물역학적(biomechanical) 방법

해설

- 일하는데 가장 적합한 환경을 지적환경(optimum working environment)이라고 하며, 지적환경의 평가방법에는 생리적, 정신적, 생산적 방법이 있다.

∷ 노동적응과 장애

- 직업에 따라 일어나는 신체 형태와 기능의 국소적 변화를 직업성 변이라고 한다.
- 작업환경에 대한 인체의 적응 한도를 서한도(threshold)라고 한다.
- 일하는데 가장 적합한 환경을 지적환경(optimum working environment)이라고 한다.
- 지적환경의 평가방법에는 생리적, 정신적, 생산적 방법이 있다.

71 ──── ● Repetitive Learning

기류의 측정에 사용되는 기구가 아닌 것은?

① 흑구온도계

② 열선풍속계

③ 카타온도계

④ 풍차풍속계

해설

- 흑구온도계는 복사온도를 측정한다.

∷ 기류측정기기 실기 1701

풍차풍속계	주로 옥외에서 1~150m/sec 범위의 풍속을 측정하는데 사용하는 측정기구
열선풍속계	기온과 정압을 동시에 구할 수 있어 환기시설의 점검에 사용하는 측정기구로 기류속도가 아주 낮을 때 유용
카타온도계	기류의 방향이 일정하지 않거나, 실내 0.2~0.5m/s 정도의 불감기류를 측정할 때 사용하는 측정기구

72 ──── ● Repetitive Learning

다음 방사선 중 입자방사선으로만 나열된 것은?

① α선, β선, γ선

② α선, β선, X선

③ α선, β선, 중성자

④ α선, β선, γ선, X선

해설

- γ선과 X선은 입자가 아니라 빛이나 전파로 존재한다.

∷ 방사선의 투과력

문제 64번의 유형별 핵심이론 ∷ 참조

73 ──── ● Repetitive Learning

다음의 빛과 밝기의 단위로 설명한 것으로 ㉠, ㉡에 해당하는 용어로 맞는 것은?

> 1루멘의 빛이 1ft² 의 평면상에 수직방향으로 비칠 때, 그 평면의 빛의 양, 즉 조도를 (㉠)(이)라 하고, 1m² 의 평면에 1루멘의 빛이 비칠 때의 밝기를 1(㉡)(이)라고 한다.

① ㉠ : 캔들(Candle), ㉡ : 럭스(Lux)

② ㉠ : 럭스(Lux), ㉡ : 캔들(Candle)

③ ㉠ : 럭스(Lux), ㉡ : 푸트캔들(Foot candle)

④ ㉠ : 푸트캔들(Foot candle), ㉡ : 럭스(Lux)

해설

- 평면의 빛의 밝기는 Foot candle, 특정 지점에 도달하는 빛의 밝기는 럭스이다.

∷ foot candle

- 1루멘의 빛이 $1ft^2$ 의 평면상에 수직 방향으로 비칠 때 그 평면의 빛 밝기를 말한다.
- 1fc(foot candle)은 약 10.8Lux에 해당한다.

∷ 조도(照度)

- 조도는 특정 지점에 도달하는 광의 밀도를 말한다.
- 단위는 럭스(Lux)를 사용한다.
- 1Lux는 1lumen의 빛이 $1m^2$ 의 평면상에 수직으로 비칠 때의 밝기이다.
- 반사체의 반사율과는 상관없이 일정한 값을 갖는다.
- 거리의 제곱에 반비례하고, 광도에 비례하므로 $\dfrac{광도}{(거리)^2}$ 으로 구한다.

74 ──── ● Repetitive Learning

공장 내 각기 다른 3대의 기계에서 각각 90dB(A), 95dB(A), 88dB(A)의 소음이 발생된다면 동시에 기계를 가동시켰을 때의 합산 소음(dB(A))은 약 얼마인가?

① 96

② 97

③ 98

④ 99

해설

- 합성소음은 $10\log(10^{9.5} + 10^{9.0} + 10^{8.8}) = 10 \times 9.680 = 96.8$이 된다.

:: 합성소음 [실기] 0401/0801/0901/1403/1602
- 동일한 공간 내에서 2개 이상의 소음원에 대한 소음이 발생할 때 전체 소음의 크기를 말한다.
- 합성소음[dB(A)] $= 10\log(10^{\frac{SPL_1}{10}} + \cdots + 10^{\frac{SPL_i}{10}})$으로 구할 수 있다.
  이때, $SPL_1, \cdots, SPL_i$는 개별 소음도를 의미한다.

1003 / 1702

75 ● Repetitive Learning [1회] [2회] [3회]

고압환경에서의 2차적 가압현상에 의한 생체변환과 거리가 먼 것은?

① 질소마취   ② 산소 중독
③ 질소기포의 형성   ④ 이산화탄소의 영향

해설

- ③은 감압과정에 발생하는 생체변환에 해당한다.

:: 고압 환경의 생체작용
- 1차성 압력현상 – 생체강과 환경 간의 기압차이로 인한 기계적 작용으로 울혈, 부종, 출혈, 동통과 함께 귀, 부비강, 치아의 압통 등이 발생할 수 있다.
- 2차성 압력현상 – 고압하의 대기가스의 독성으로 인한 현상으로 질소마취, 산소 중독, 이산화탄소 중독 등이 있다.

0602 / 0903 / 1901

76 ● Repetitive Learning [1회] [2회] [3회]

사람이 느끼는 최소 진동역치로 맞는 것은?

① 35 ± 5dB   ② 45 ± 5dB
③ 55 ± 5dB   ④ 65 ± 5dB

해설

- 사람이 느끼는 최소 진동역치는 55 ± 5dB이다.

:: 전신진동의 인체영향
- 사람이 느끼는 최소 진동역치는 55 ± 5dB이다.
- 전신진동의 영향이나 장애는 자율신경 특히 순환기에 크게 나타난다.
- 산소소비량은 전신진동으로 증가되고, 폐환기도 촉진된다.
- 말초혈관이 수축되고 혈압상승, 맥박증가를 보이며 피부 전기저항의 저하도 나타낸다.
- 위장장해, 내장하수증, 척추이상, 내분비계 장해 등이 나타난다.

0403

77 ● Repetitive Learning [1회] [2회] [3회]

공장내부에 기계 및 설비가 복잡하게 설치되어 있는 경우에 작업장 기계에 의한 흡음이 고려되지 않아 실제흡음보다 과소평가되기 쉬운 흡음측정방법은?

① Sabin method
② Reverberation time method
③ Sound power method
④ Loss due to distance method

해설

- Reverberation time method는 잔향시간 60dB 측정방법으로 사운드 소스가 꺼진 후 측정된 음압레벨이 60dB만큼 감소하는데 걸리는 시간을 측정한다.

:: Sabin method
- 공장내부에 기계 및 설비가 복잡하게 설치되어 있는 경우에 작업장 기계에 의한 흡음이 고려되지 않아 실제흡음 보다 과소평가되기 쉬운 흡음측정방법이다.

0901

78 ● Repetitive Learning [1회] [2회] [3회]

다음 중 진동에 의한 감각적 영향에 관한 설명으로 틀린 것은?

① 맥박수가 증가한다.
② 1~3Hz에서 호흡이 힘들고 산소소비가 증가한다.
③ 13Hz에서 허리, 가슴 및 등 쪽에 감각적으로 가장 심한 통증을 느낀다.
④ 신체의 공진현상은 앉아 있을 때가 서 있을 때보다 심하게 나타난다.

해설

- 인체의 경우 각 부분마다 공명하는 주파수가 다른데 가슴 및 등 쪽의 경우 6Hz에서 가장 큰 통증을 느낀다.

:: 주파수 대역별 인체의 공명
- 1~3Hz에서 신체가 함께 움직여 멀미(motion sickness)와 같은 동요감을 느끼면서 호흡이 힘들고 산소소비가 증가한다.
- 4~12Hz에서 압박감과 동통감을 받게 된다.
- 6Hz에서 가슴과 등에 심한 통증을 느낀다.
- 20~30Hz 진동에 두부와 견부는 공명하며 시력 및 청력장애가 나타난다.
- 60~90Hz 진동에 안구는 공명한다.

79

Repetitive Learning (1회 2회 3회)

작업자 A의 4시간 작업 중 소음노출량이 76%일 때, 측정시간에 있어서의 평균치는 약 몇 dB(A)인가?

① 88
② 93
③ 98
④ 103

해설

- TWA=16.61 log($\frac{D}{12.5 \times 노출시간}$)+90으로 구하며, D는 누적소음노출량[%]이다.
- 누적소음 노출량이 76%, 노출시간이 4시간이므로 대입하면
  $16.61 \times \log(\frac{76}{12.5 \times 4}) + 90 = 93.02\cdots$이다.

시간가중평균 소음수준(TWA)[dB(A)] 실기 0801/0902/1101/1903/2202
- 노출기준은 8시간 시간가중치를 의미하며 90dB를 설정한다.
- TWA=16.61 log($\frac{D}{12.5 \times 노출시간}$)+90으로 구하며, D는 누적소음노출량[%]이다.
- 8시간 동안 측정치가 폭로량으로 산출되었을 경우에는 표를 이용하여 8시간 시간가중평균치로 환산한다.

80

Repetitive Learning (1회 2회 3회)

산업안전보건법령상 적정공기의 범위에 해당하는 것은?

① 산소농도 18% 미만
② 이황화탄소 10% 미만
③ 탄산가스 농도 10% 미만
④ 황화수소의 농도 10ppm 미만

해설

- 적정공기는 산소농도의 범위가 18퍼센트 이상 23.5퍼센트 미만, 탄산가스의 농도가 1.5퍼센트 미만, 일산화탄소의 농도가 30피피엠 미만, 황화수소의 농도가 10피피엠 미만인 수준의 공기를 말한다.

밀폐공간 관련 용어의 정의 실기 0603/0903/1402/1903/2203
- 적정공기는 산소농도의 범위가 18퍼센트 이상 23.5퍼센트 미만, 탄산가스의 농도가 1.5퍼센트 미만, 일산화탄소의 농도가 30피피엠 미만, 황화수소의 농도가 10피피엠 미만인 수준의 공기를 말한다.
- 산소결핍이란 공기 중의 산소농도가 18퍼센트 미만인 상태를 말한다.

81

Repetitive Learning (1회 2회 3회)

규폐증(silicosis)에 관한 설명으로 옳지 않은 것은?

① 직업적으로 석영 분진에 노출될 때 발생하는 진폐증의 일종이다.
② 석면의 고농도분진을 단기적으로 흡입할 때 주로 발생되는 질병이다.
③ 채석장 및 모래분사 작업장에 종사하는 작업자들이 잘 걸리는 폐질환이다.
④ 역사적으로 보면 이집트의 미이라에서도 발견되는 오래된 질병이다.

해설

- 규폐증의 주요 원인 물질은 0.5~5μm의 크기를 갖는 SiO_2(유리규산) 함유먼지, 암석분진 등의 혼합물질이다.

규폐증(silicosis)
- 주요 원인 물질은 0.5~5μm의 크기를 갖는 SiO_2(유리규산) 함유먼지, 암석분진 등의 혼합물질이다.
- 역사적으로 보면 이집트의 미이라에서도 발견되는 오래된 질병이다.
- 건축업, 도자기 작업장, 채석장, 석재공장 등의 작업장에서 근무하는 근로자에게 발생할 수 있는 진폐증의 한 종류이다.
- 폐결핵을 합병증으로 하여 폐하엽 부위에 많이 생기는 증상을 갖는다.

82

Repetitive Learning (1회 2회 3회)

다음 중 20년간 석면을 사용하여 브레이크 라이닝과 패드를 만들었던 근로자가 걸릴 수 있는 질병과 가장 거리가 먼 것은?

① 폐암
② 급성골수성백혈병
③ 석면폐증
④ 악성중피종

해설

- 급성골수성백혈병의 원인은 정확히 규명되지 않았으나 주로 유전적 소인, 흡연이나 방사선 조사, 화학약품 등에 기인한다.

석면과 직업병
- 석면취급 작업장에 오래동안 근무한 근로자가 걸릴 수 있는 질병에는 석면폐증, 폐암, 늑막암, 위암, 악성중피종, 중피종암 등이 있다.
- 규폐증을 초래하는 유리규산(free silica)과 달리 석면(asbestos)은 악성중피종을 초래한다.

---

83 ── Repetitive Learning [1회 2회 3회]

입자상 물질의 하나인 흄(Fume)의 발생기전 3단계에 해당하지 않는 것은?

① 산화
② 응축
③ 입자화
④ 증기화

해설

- 흄의 발생기전은 금속의 증기화, 증기물의 산화, 산화물의 응축이다.

:: 흄(fume) [실기] 1402

- 용접공정에서 흄이 발생하며, 용접 흄은 용접공폐의 원인이 된다.
- 금속이 용해되어 공기에 의하여 산화되어 미립자가 되어 분산하는 것이다.
- 흄은 상온에서 고체상태의 물질이 고온으로 액체화된 다음 증기화되고, 증기물의 응축 및 산화로 생기는 고체상의 미립자이다.
- 흄의 발생기전은 금속의 증기화, 증기물의 산화, 산화물의 응축이다.
- 일반적으로 흄은 모양이 불규칙하다.
- 상온 및 상압에서 고체상태이다.

84 ── Repetitive Learning [1회 2회 3회]

동물을 대상으로 약물을 투여했을 때 독성을 초래하지는 않지만 대상의 50%가 관찰 가능한 가역적인 반응이 나타나는 작용량을 무엇이라 하는가?

① LC50
② ED50
③ LD50
④ TD50

해설

- LC50은 실험동물의 50%를 사망시킬 수 있는 물질의 농도(가스)를 말한다.
- LD50은 실험동물의 50%를 사망시킬 수 있는 물질의 양을 말한다.
- TD50은 실험동물의 50%에서 심각한 독성반응이 나타나는 양을 말한다.

:: 독성실험에 관한 용어

LD50	실험동물의 50%를 사망시킬 수 있는 물질의 양
LC50	실험동물의 50%를 사망시킬 수 있는 물질의 농도(가스)
TD50	실험동물의 50%에서 심각한 독성반응이 나타나는 양
ED50	독성을 초래하지는 않지만 대상의 50%가 관찰 가능한 가역적인 반응이 나타나는 작용량
SNARL	악영향을 나타내는 반응이 없는 농도수준(Suggested No-Adverse-Response Level, SNARL)

85 ── Repetitive Learning [1회 2회 3회]

다음 중 유해물질의 생체 내 배설과 관련된 설명으로 틀린 것은?

① 유해물질은 대부분 위(胃)에서 대사된다.
② 흡수된 유해물질은 수용성으로 대사된다.
③ 유해물질의 분포량은 혈중농도에 대한 투여량으로 산출한다.
④ 유해물질의 혈장농도가 50%로 감소하는데 소요되는 시간을 반감기라고 한다.

해설

- 유해물질은 주로 간에서 대사된다.

:: 유해물질의 배설

- 흡수된 유해물질은 원래의 형태든, 대사산물의 형태로든 배설되기 위하여 수용성으로 대사된다.
- 흡수된 유해화학물질은 다양한 비특이적 효소에 의한 유해물질의 대사로 수용성이 증가되어 체외로의 배출이 용이하게 된다.
- 유해물질은 조직에 분포되기 전에 먼저 몇 개의 막을 통과하여야 하며, 흡수속도는 유해물질의 물리화학적 성상과 막의 특성에 따라 결정된다.
- 간은 화학물질을 대사시키고 콩팥과 함께 배설시키는 기능을 담당하여, 다른 장기보다도 여러 유해물질의 농도가 높다.
- 유해물질의 분포량은 혈중농도에 대한 투여량으로 산출한다.
- 유해물질의 혈장농도가 50%로 감소하는데 소요되는 시간을 반감기라고 한다.

86 ── Repetitive Learning [1회 2회 3회]

화학물질의 생리적 작용에 의한 분류에서 종말기관지 및 폐포점막 자극제에 해당되는 유해가스는?

① 불화수소
② 염화수소
③ 아황산가스
④ 이산화질소

해설

- ①, ②, ③은 모두 상기도 점막 자극제에 해당한다.

:: 자극제의 종류

상기도 점막 자극제	알데하이드, 암모니아, 염화수소, 불화수소, 아황산가스, 크롬산, 산화에틸렌
상기도 점막 및 폐조직 자극제	염소, 취소, 불소, 옥소, 청화염소, 오존, 요오드
종말 기관지 및 폐포점막 자극제	이산화질소, 염화비소, 포스겐(COCl₂)

87

● Repetitive Learning 〔1회┃2회┃3회〕

다음 중 조혈장기에 장해를 입히는 정도가 가장 낮은 것은?

① 망간
② 벤젠
③ 납
④ TNT

해설

- 벤젠은 만성노출에 의한 조혈장해를 유발시키며, 급성 골수성 백혈병을 일으키는 원인물질이다.
- 납은 포르피린과 헴(heme)의 합성에 관여하는 효소를 억제하며, 소화기계 및 조혈계에 영향을 준다.

❖ 망간(Mn)
  - 망간은 직업성 만성중독 원인물질로 주로 철합금으로 사용되며, 화학공업에서는 건전지 제조업에 사용된다.
  - 망간은 호흡기, 소화기 및 피부를 통하여 흡수되며, 이 중에서 호흡기를 통한 경로가 가장 많고 위험하다.
  - 전기용접봉 제조업, 도자기 제조업에서 발생한다.
  - 무력증, 식욕감퇴 등의 초기증세를 보이다 심해지면 언어장애, 균형감각상실 등 중추신경계의 특정 부위를 손상시켜 파킨슨증후군과 보행장해가 두드러지는 중금속이다.

88

● Repetitive Learning 〔1회┃2회┃3회〕

다음 중 금속의 독성에 관한 일반적인 특성을 설명한 것으로 틀린 것은?

① 금속의 대부분은 이온상태로 작용한다.
② 생리과정에 이온상태의 금속이 활용되는 정도는 용해도에 달려있다.
③ 용해성 금속염은 생체 내 여러 가지 물질과 작용하여 수용성 화합물로 전환된다.
④ 금속이온과 유기화합물 사이의 강한 결합력은 배설율에도 영향을 미치게 한다.

해설

- 용해성 금속염은 생체 내 여러 가지 물질과 작용하여 지용성 화합물로 전환된다.

❖ 금속의 독성에 관한 일반적인 특성
  - 금속의 대부분은 이온상태로 작용한다.
  - 생리과정에 이온상태의 금속이 활용되는 정도는 용해도에 달려있다.
  - 용해성 금속염은 생체 내 여러 가지 물질과 작용하여 지용성 화합물로 전환된다.
  - 금속이온과 유기화합물 사이의 강한 결합력은 배설율에도 영향을 미치게 한다.

89

● Repetitive Learning 〔1회┃2회┃3회〕

작업자가 납 흄에 장기간 노출되어 혈액 중 납의 농도가 높아졌을 때 일어나는 혈액 내 현상이 아닌 것은?

① K+와 수분이 손실된다.
② 삼투압에 의하여 적혈구가 위축된다.
③ 적혈구 생존시간이 감소한다.
④ 적혈구 내 전해질이 급격히 증가한다.

해설

- 납의 농도가 높아지면 적혈구의 생존시간과 적혈구 내 전해질이 감소한다.

❖ 납중독이 혈액에 미치는 영향
  - K+와 수분이 손실된다.
  - 삼투압에 의하여 적혈구가 위축된다.
  - 적혈구의 생존시간과 적혈구 내 전해질이 감소한다.
  - 헴(heme)의 합성에 관여하는 효소들의 활동을 억제해 혈색소량이 감소한다.
  - 적혈구 내 프로토포르피린이 증가한다.
  - 혈청 내 철과 망상적혈구의 수는 증가한다.

90

● Repetitive Learning 〔1회┃2회┃3회〕

단시간노출기준(STEL)은 근로자가 1회 얼마 동안 유해인자에 노출되는 경우의 기준을 말하는가?

① 5분
② 10분
③ 15분
④ 30분

해설

- 단시간노출기준(STEL)은 15분간의 시간가중평균노출값으로서 노출농도가 시간가중평균노출기준(TWA)을 초과하고 단시간노출기준(STEL) 이하인 경우에는 1회 노출 지속시간이 15분 미만이어야 하고, 이러한 상태가 1일 4회 이하로 발생하여야 하며, 각 노출의 간격은 60분 이상이어야 한다.

❖ 단시간노출기준(STEL)
  - 작업특성 상 노출수준이 불균일하거나 단시간에 고농도로 노출되어 단시간 노출평가가 필요하다고 판단되는 경우 노출되는 시간에 15분간씩 측정하여 단시간 노출값을 구한다.
  - 15분간의 시간가중평균노출값으로서 노출농도가 시간가중평균노출기준(TWA)을 초과하고 단시간노출기준(STEL) 이하인 경우에는 1회 노출 지속시간이 15분 미만이어야 하고, 이러한 상태가 1일 4회 이하로 발생하여야 하며, 각 노출의 간격은 60분 이상이어야 한다.

| 87 ① 88 ③ 89 ④ 90 ③

2022년 제2회 산업위생관리기사 **865**

91

• Repetitive Learning (1회 2회 3회)

폴리비닐 중합체를 생산하는 데 많이 쓰이며, 간장해와 발암작용이 있다고 알려진 물질은?

① 납
② PCB
③ 염화비닐
④ 포름알데히드

해설

• 플라스틱, 파이프, 케이블 코팅 재료 등 폴리비닐 중합체를 생산하는데 많이 사용되는 물질은 염화비닐이다.

❖ 염화비닐
  • 플라스틱, 파이프, 케이블 코팅 재료 등 폴리비닐 중합체를 생산하는 데 많이 사용되는 물질이다.
  • 가연성, 폭발성, 반응성 물질로 취급에 주의해야 한다.
  • 간장해와 발암작용을 가진다.
  • 장기간 노출된 경우 간 조직세포에 섬유화증상이 나타나고, 특징적인 악성변화로 간에 혈관육종(hemangio-sarcoma)을 일으킨다.

92

0602 / 1403

• Repetitive Learning (1회 2회 3회)

알레르기성 접촉 피부염에 관한 설명으로 옳지 않은 것은?

① 알레르기성 반응은 극소량 노출에 의해서도 피부염이 발생할 수 있는 것이 특징이다.
② 알레르기 반응을 일으키는 관련세포는 대식세포, 림프구, 랑게르한스 세포로 구분된다.
③ 항원에 노출되고 일정시간이 지난 후에 다시 노출되었을 때 세포매개성 과민반응에 의하여 나타나는 부작용의 결과이다.
④ 알레르기원에 노출되고 이 물질이 알레르기원으로 작용하기 위해서는 일정기간이 소요되며 그 기간을 휴지기라 한다.

해설

• ④는 유도기에 대한 설명이다.

❖ 접촉성 피부염
  • 알레르기성 접촉 피부염은 특정 화학제품에 선천적으로 민감한 일부의 사람들에게 나타나는 면역반응이다.
  • 알레르기성 반응은 극소량 노출에 의해서도 피부염이 발생할 수 있는 것이 특징이다.
  • 알레르기 반응을 일으키는 관련세포는 대식세포, 림프구, 랑게르한스 세포로 구분된다.
  • 작업장에서 발생빈도가 높은 피부질환이다.
  • 증상은 다양하지만 홍반과 부종을 동반하는 것이 특징이다.

• 원인물질은 크게 수분, 합성화학물질, 생물성 화학물질로 구분할 수 있다.
• 항원에 노출되고 일정시간이 지난 후에 다시 노출되었을 때 세포매개성 과민반응에 의하여 나타나는 부작용의 결과이다.
• 약물이 체내 대사체에 의해 피부에 영향을 준 상태에서 자외선에 노출되면 일어나는 광독성 반응은 홍반·부종·착색을 동반하기도 한다.

93

0602 / 0901 / 1202 / 1703

• Repetitive Learning (1회 2회 3회)

망간중독에 관한 설명으로 틀린 것은?

① 호흡기 노출이 주경로이다.
② 언어장애, 균형감각상실 등의 증세를 보인다.
③ 전기용접봉 제조업, 도자기 제조업에서 발생한다.
④ 만성중독은 3가 이상의 망간화합물에 의해서 주로 발생한다.

해설

• 망간의 만성중독을 일으키는 것은 2가의 망간화합물이다.

❖ 망간중독 증상
  • 호흡기 노출이 주경로이다.
  • 언어장애, 균형감각상실 등의 증세를 보인다.
  • 전기용접봉 제조업, 도자기 제조업에서 빈번하게 발생된다.
  • 이산화망간 흄에 급성 폭로되면 열, 오한, 호흡곤란 등의 증상을 특징으로 하는 금속열을 일으킨다.
  • 금속망간의 직업성 노출은 철강제조 분야에서 많다.
  • 망간의 노출이 계속되면 파킨슨증후군과 거의 비슷하게 될 수 있다.
  • 망간의 만성중독을 일으키는 것은 2가의 망간화합물이다.

94

0303

• Repetitive Learning (1회 2회 3회)

연(납)의 인체내 침입경로 가운데 피부를 통하여 침입하는 것은?

① 일산화연
② 4메틸연
③ 아질산연
④ 금속연

해설

• 4메틸연, 4에틸연, 4알킬연은 연(납)의 인체내 침입경로 가운데 피부를 통하여 빠르게 흡수되는 특성을 갖는다.

❖ 4메틸연
  • 가솔린의 노킹방지제로 사용되고 있다.
  • 연(납)의 인체내 침입경로 가운데 피부를 통하여 빠르게 흡수된다.
  • 성욕감퇴나 발기부전, 만성중독 시 심한 정신지체를 유발한다.

95 ────────── ▶ Repetitive Learning 〔1회 2회 3회〕

유해물질과 생물학적 노출지표와의 연결이 잘못된 것은?

① 벤젠-소변 중 페놀

② 톨루엔-소변 중 마뇨산(o-크레졸)

③ 크실렌-소변 중 카테콜

④ 스티렌-소변 중 만델린산

해설

• 크실렌은 소변 중 메틸마뇨산이 생물학적 노출지표이다.

✷✷ 유기용제별 생물학적 모니터링 대상(생체 내 대사산물) 실기 0803/1403/2101

벤젠	소변 중 총 페놀 소변 중 t,t-뮤코닉산(t,t-Muconic acid)
에틸벤젠	소변 중 만델린산
스티렌	소변 중 만델린산
톨루엔	소변 중 마뇨산(hippuric acid), o-크레졸
크실렌	소변 중 메틸마뇨산
이황화탄소	소변 중 TTCA
메탄올	혈액 및 소변 중 메틸알코올
노말헥산	소변 중 헥산디온(2,5-hexanedione)
MBK (methyl-n-butyl ketone)	소변 중 헥산디온(2,5-hexanedione)
니트로벤젠	혈액 중 메타헤로글로빈
카드뮴	혈액 및 소변 중 카드뮴(저분자량 단백질)
납	혈액 및 소변 중 납(ZPP, FEP)
일산화탄소	혈액 중 카복시헤모글로빈, 호기 중 일산화탄소

96 ────────── ▶ Repetitive Learning 〔1회 2회 3회〕

남성 근로자의 생식독성 유발요인이 아닌 것은?

① 흡연   ② 망간

③ 풍진   ④ 카드뮴

해설

• 풍진은 관절통, 발진 등의 경증의 증상을 일으키는 전염성 바이러스성 감염이지만 산모가 임신 중 감염될 경우 중증의 선천적 결함을 야기할 수 있다.

✷✷ 성별 생식독성 유발 유해인자

남성	고온, 항암제, 마이크로파, X선, 망간, 납, 카드뮴, 음주, 흡연, 마약 등
여성	비타민 A, 칼륨, X선, 납, 저혈압, 저산소증, 알킬화제, 농약, 음주, 흡연, 마약, 풍진 등

97 ────────── ▶ Repetitive Learning 〔1회 2회 3회〕

산업역학에서 이용되는 "상대위험도＝1"이 의미하는 것은?

① 질병의 위험이 증가함

② 노출군 전부가 발병하였음

③ 질병에 대한 방어효과가 있음

④ 노출과 질병 발생 사이에 연관 없음

해설

• 상대위험비는 유해인자에 노출된 집단에서의 질병발생률과 노출되지 않은 집단에서 질병발생률과의 비를 말하는데 이 값이 1이라는 것은 노출집단과 노출되지 않은 집단의 질병발생률이 같다는 의미이다.

✷✷ 위험도를 나타내는 지표 실기 0703/0902/1502/1602

상대위험비	유해인자에 노출된 집단에서의 질병발생률과 노출되지 않은 집단에서 질병발생률과의 비
기여위험도	특정 위험요인노출이 질병 발생에 얼마나 기여하는지의 정도 또는 분율
교차비 (odds ratio)	질병이 있을 때 위험인자에 노출되었을 가능성과 질병이 없을 때 위험인자에 노출되었을 가능성의 비

98 ────────── ▶ Repetitive Learning 〔1회 2회 3회〕

다음의 유기용제 중 중추신경 활성 억제작용이 가장 큰 것은?

① 유기산   ② 알코올

③ 에테르   ④ 알칸

해설

• 유기용제의 중추신경 활성 억제작용의 순위는 알칸<알켄<알코올<유기산<에스테르<에테르<할로겐화합물 순으로 커진다.

✷✷ 유기용제의 중추신경 활성억제 및 자극 순서

ⓐ 억제작용의 순위

• 알칸<알켄<알코올<유기산<에스테르<에테르<할로겐화합물

ⓑ 자극작용의 순위

• 알칸<알코올<알데히드 또는 케톤<유기산<아민류

ⓒ 극성의 크기 순서

• 파라핀<방향족 탄화수소<에스테르<케톤<알데하이드<알코올<물

99 ● Repetitive Learning 1회 2회 3회

다음 설명에 해당하는 중금속의 종류는?

이 중금속 중독의 특징적인 증상은 구내염, 근육진전, 정신증상이다. 급성중독 시 우유나 계란의 흰자를 먹이며, 만성중독시 취급을 즉시 중지하고 BAL을 투여한다.

① 납

② 크롬

③ 수은

④ 카드뮴

해설

- 납은 포르피린과 헴(heme)의 합성에 관여하는 효소를 억제하며, 소화기계 및 조혈계에 영향을 준다.
- 크롬은 부식방지 및 도금 등에 사용되며 급성중독시 심한 신장장해를 일으키고, 만성중독 시 코, 폐 등의 점막에 병변을 일으켜 비중격천공을 유발한다.
- 카드뮴은 칼슘대사에 장해를 주어 신결석을 동반한 신증후군이 나타나고 다량의 칼슘배설이 일어나 뼈의 통증, 골연화증 및 골수공증과 같은 골격계장해를 유발하는 중금속이다.

∷ 수은(Hg)

　㉠ 개요

- 인간의 연금술, 의약품 등에 가장 오래 사용해 왔던 중금속의 하나로 17세기 유럽에서 신사용 중절모자를 만드는 사람들에게 처음으로 발견되어 hatter's shake라고 하며 근육경련을 유발하는 중금속이다.
- 단백질을 침전시키며 thiol(-SH)기를 가진 효소의 작용을 억제하여 독성을 나타낸다.
- 뇌홍의 제조에 사용하며, 증기를 발생하여 산업중독을 일으킨다.
- 수은은 상온에서 액체상태로 존재하는 금속이다.

　㉡ 분류

- 무기수은화합물은 대부분의 금속과 화합하여 아말감을 만든다.
- 무기수은화합물은 질산수은, 승홍, 뇌홍 등이 있으며, 유기수은화합물에는 페닐수은, 에틸수은 등이 있다.
- 유기수은 화합물로서는 아릴수은(무기수은) 화합물과 알킬수은 화합물이 있다.
- 메틸 및 에틸 등 알킬수은 화합물의 독성이 가장 강하다.

　㉢ 인체에 미치는 영향과 대책 [실기] 0401

- 소화관으로는 2~7% 정도의 소량으로 흡수되며, 금속 형태로는 뇌, 혈액, 심근에 많이 분포된다.
- 중독의 특징적인 증상은 근육진전, 정신증상이고, 만성노출 시 식욕부진, 신기능부전, 구내염이 발생한다.
- 급성중독 시 우유와 계란의 흰자를 먹여 단백질과 해당 물질을 결합시켜 침전시키거나, BAL(dimercaprol)을 체중 1kg당 5mg을 근육주사로 투여하여야 한다.

100 ● Repetitive Learning 1회 2회 3회

납에 노출된 근로자가 납중독 되었는지를 확인하기 위하여 소변을 시료로 채취하였을 경우 다음 중 측정할 수 있는 항목이 아닌 것은?

① 델타-ALA

② 납 정량

③ coproporphyrin

④ protoporphyrin

해설

- ④는 혈액검사로 채취하는 내용이다.

∷ 납중독 진단검사

- 소변 중 코프로포르피린이나 납, 델타-ALA의 배설량 측정
- 혈액검사(적혈구측정, 전혈비중측정)
- 혈액 중 징크-프로토포르피린(ZPP)의 측정
- 말초신경의 신경전달 속도
- 배설촉진제인 Ca-EDTA 이동사항
- 헴(Heme)합성과 관련된 효소의 혈중농도 측정
- 최근의 납의 노출정도는 혈액 중 납 농도로 확인할 수 있다.

memo